实战001 Camera Raw的污点去除功能

▶ 视频位置：视频\实战001.avi
▶ 难易指数：★★☆☆☆

实战002 Camera Raw的径向滤镜

▶ 视频位置：视频\实战002.avi
▶ 难易指数：★★☆☆☆

实战003 “镜头校正”校正图像

▶ 视频位置：视频\实战003.avi
▶ 难易指数：★★☆☆☆

实战004 防抖拯救失真

▶ 视频位置：视频\实战004.avi
▶ 难易指数：★★☆☆☆

实战005 调整图像大小的改进

▶ 视频位置：视频\实战005.avi
▶ 难易指数：★★☆☆☆

实战006 可编辑的圆角矩形

▶ 视频位置：视频\实战006.avi
▶ 难易指数：★☆☆☆☆

实战007 选择多个路径

▶ 视频位置：视频\实战007.avi
▶ 难易指数：★☆☆☆☆

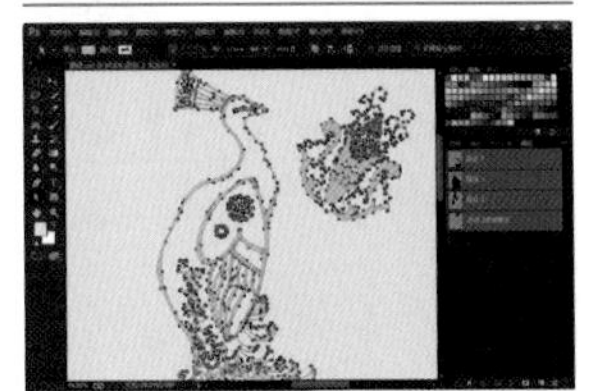

实战008 选择多个路径

▶ 视频位置：视频\实战008.avi
▶ 难易指数：★☆☆☆☆

实战009 改进的智能锐化滤镜

▶ 视频位置：视频\实战009.avi
▶ 难易指数：★★☆☆☆

实战010 认识工具箱

▶ 视频位置：视频\实战010.avi
▶ 难易指数：★☆☆☆☆

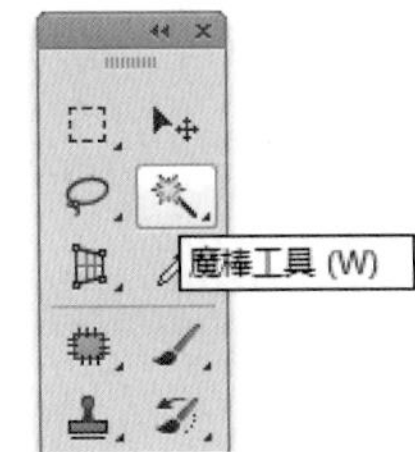

实战011 工作区的切换

▶ 视频位置：视频\实战011.avi
▶ 难易指数：★☆☆☆☆

实战012 隔离图层

▶ 视频位置：视频\实战012.avi
▶ 难易指数：★★☆☆☆

实战013 创建一个新文件

▶ 视频位置：视频\实战013.avi
▶ 难易指数：★★☆☆☆

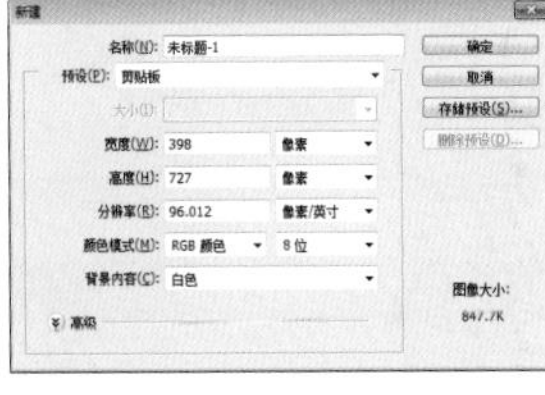

实战014 使用“打开”命令打开文件

▶ 视频位置：视频\实战014.avi
▶ 难易指数：★☆☆☆☆

实战015 打开EPS文件

▶ 视频位置：视频\实战015.avi
▶ 难易指数：★★☆☆☆

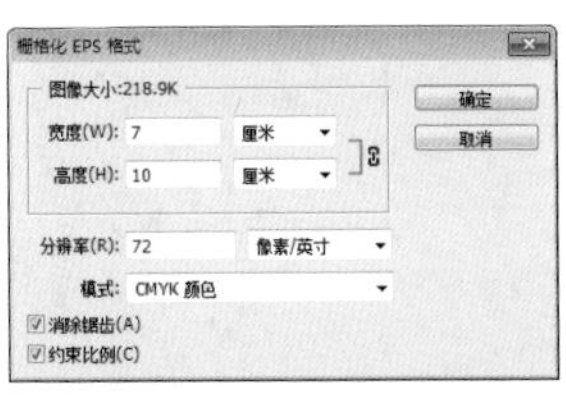

实战016 将一个分层文件存储为JPG格式

▶ 视频位置：视频\实战016.avi
▶ 难易指数：★★☆☆☆

实战017 调整标尺原点

▶ 视频位置：视频\实战017.avi
▶ 难易指数：★☆☆☆☆

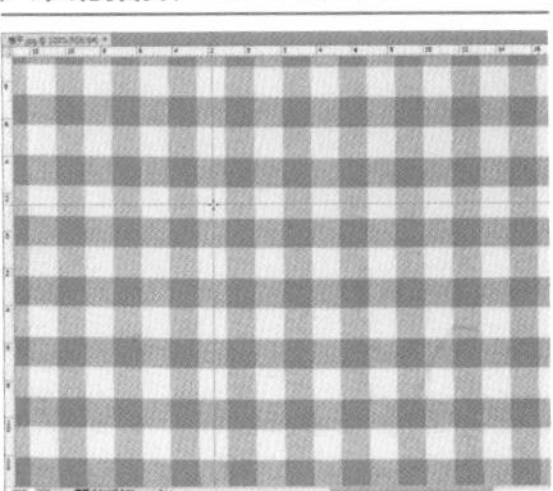

实战018 使用参考线

▶ 视频位置：视频\实战018.avi
▶ 难易指数：★☆☆☆☆

实战019 使用智能参考线

▶ 视频位置：视频\实战019.avi
▶ 难易指数：★☆☆☆☆

实战020 使用网格

▶ 视频位置：视频\实战020.avi
▶ 难易指数：★☆☆☆☆

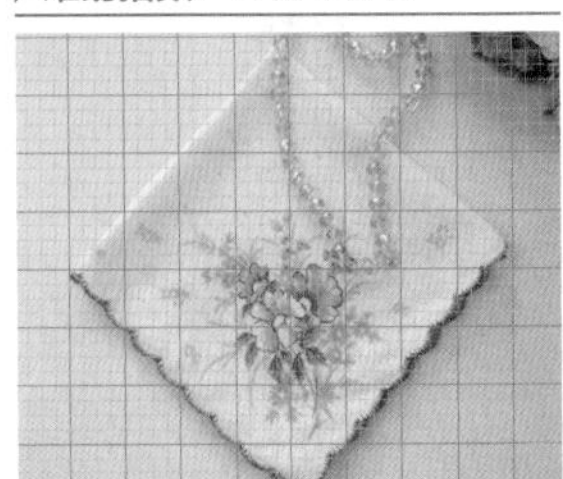

实战021 使用标尺工具

▶ 视频位置：视频\实战021.avi
▶ 难易指数：★★☆☆☆

实战022 利用"标尺工具"校正倾斜照片

▶ 视频位置：视频\实战022.avi
▶ 难易指数：★★☆☆☆

实战023 使用对齐功能

▶ 视频位置：视频\实战023.avi
▶ 难易指数：★☆☆☆☆

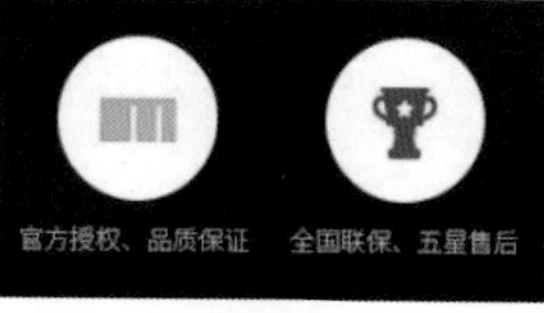

实战024 显示或隐藏额外内容

▶ 视频位置：视频\实战024.avi
▶ 难易指数：★☆☆☆☆

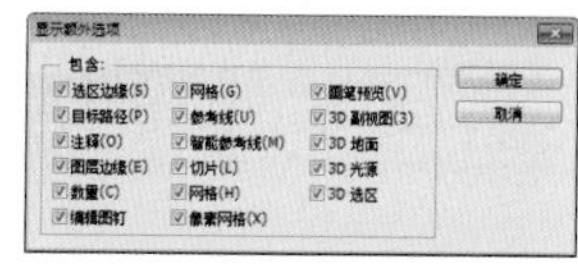

实战025 还原文件

▶ 视频位置：视频\实战025.avi
▶ 难易指数：★★☆☆☆

实战026 前进一步与后退一步

▶ 视频位置：视频\实战026.avi
▶ 难易指数：★★☆☆☆

实战028 使用"历史记录"面板

▶ 视频位置：视频\实战028.avi
▶ 难易指数：★★☆☆☆

实战029 使用"缩放工具"缩放图像

▶ 视频位置：视频\实战029.avi
▶ 难易指数：★★☆☆☆

实战030 使用"旋转视图工具"旋转画布

▶ 视频位置：视频\实战030.avi
▶ 难易指数：★☆☆☆☆

实战031 使用"抓手工具"查看图像

▶ 视频位置：视频\实战031.avi
▶ 难易指数：★☆☆☆☆

实战032 使用注释工具

▶ 视频位置：视频\实战032.avi
▶ 难易指数：★★☆☆☆

实战033 使用"导航器"查看图像

▶ 视频位置：视频\实战033.avi
▶ 难易指数：★★☆☆☆

实战034 使用"裁剪工具"裁剪图像

▶ 视频位置：视频\实战034.avi
▶ 难易指数：★★☆☆☆

实战035 使用"裁剪"命令裁剪图像

▶ 视频位置：视频\实战35.avi
▶ 难易指数：★☆☆☆☆

实战036 使用"裁切"命令裁切图像

▶ 视频位置：视频\实战036.avi
▶ 难易指数：★☆☆☆☆

实战037 自由变换图像

▶ 视频位置：视频\实战037.avi
▶ 难易指数：★★☆☆☆

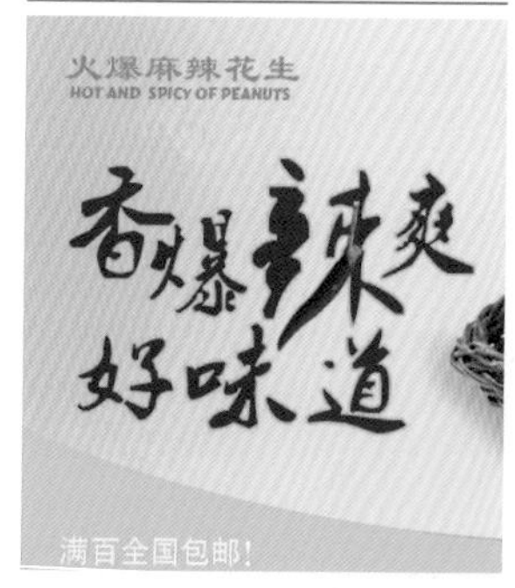

实战038 使用矩形选框工具创建选区

▶ 视频位置：视频\实战038.avi
▶ 难易指数：★★☆☆☆

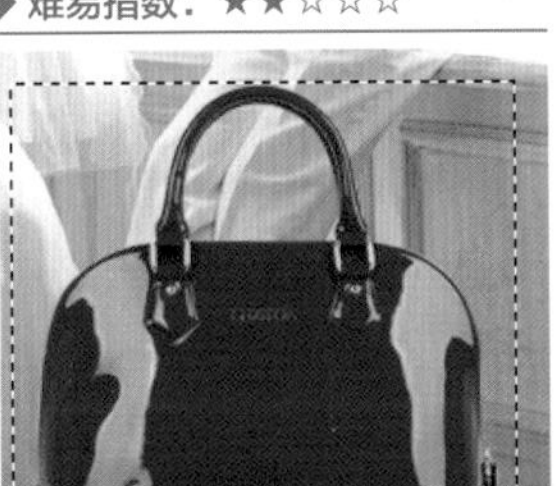

实战039 使用椭圆选框工具创建选区

▶ 视频位置：视频\实战039.avi
▶ 难易指数：★★☆☆☆

实战040 使用单行、单列选框工具创建选区

▶ 视频位置：视频\实战040.avi
▶ 难易指数：★☆☆☆☆

实战041 使用套索工具选择图像

▶ 视频位置：视频\实战041.avi
▶ 难易指数：★★☆☆☆

实战042 使用多边形套索工具选择图像

▶ 视频位置：视频\实战042.avi
▶ 难易指数：★★☆☆☆

实战043 使用磁性套索工具选择图像

▶ 视频位置：视频\实战043.avi
▶ 难易指数：★★★☆☆

实战044 使用魔棒工具选择图像

▶ 视频位置：视频\实战044.avi
▶ 难易指数：★★★☆☆

实战045 使用快速选择工具创建选区

▶ 视频位置：视频\实战045.avi
▶ 难易指数：★★☆☆☆

实战046 全选图像

▶ 视频位置：视频\实战046.avi
▶ 难易指数：★☆☆☆☆

实战047 反选选区

▶ 视频位置：视频\实战047.avi
▶ 难易指数：★☆☆☆☆

实战048 移动选区

▶ 视频位置：视频\实战048.avi
▶ 难易指数：★☆☆☆☆

实战049 变换选区

▶ 视频位置：视频\实战049.avi
▶ 难易指数：★★★☆☆

实战050 边界选区

▶ 视频位置：视频\实战050.avi
▶ 难易指数：★☆☆☆☆

实战051 平滑选区

▶ 视频位置：视频\实战051.avi
▶ 难易指数：★☆☆☆☆

实战052 扩展选区

▶ 视频位置：视频\实战052.avi
▶ 难易指数：★☆☆☆☆

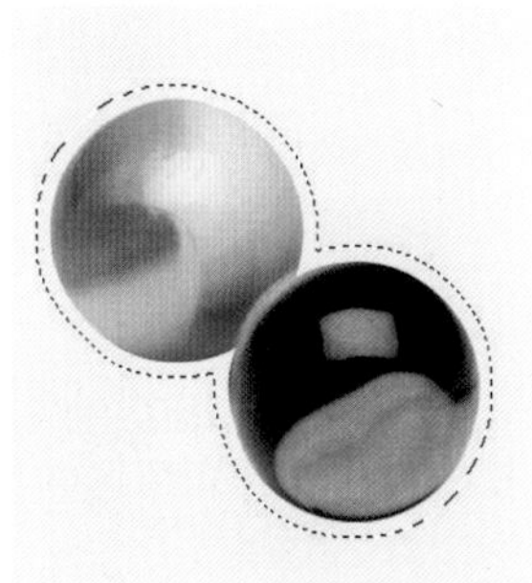

实战053 收缩选区

▶ 视频位置：视频\实战053.avi
▶ 难易指数：★☆☆☆☆

实战054 羽化选区

▶ 视频位置：视频\实战054.avi
▶ 难易指数：★★☆☆☆

实战055 选区的填充

▶ 视频位置：视频\实战055.avi
▶ 难易指数：★☆☆☆☆

实战056 选区的描边

▶ 视频位置：视频\实战056.avi
▶ 难易指数：★☆☆☆☆

实战057 使用“色彩范围”命令创建选区

▶ 视频位置：视频\实战057.avi
▶ 难易指数：★★★☆☆

实战058 自定义图案

▶ 视频位置：视频\实战058.avi
▶ 难易指数：★★★☆☆

实战059 使用污点修复画笔工具修复污点

▶ 视频位置：视频\实战059.avi
▶ 难易指数：★★★☆☆

实战060 使用修复画笔工具去除斑点

▶ 视频位置：视频\实战060.avi
▶ 难易指数：★★☆☆☆

实战061 使用修补工具修补图像

▶ 视频位置：视频\实战061.avi
▶ 难易指数：★★☆☆☆

实战062 使用内容感知移动工具替换图像

▶ 视频位置：视频\实战062.avi
▶ 难易指数：★★★☆☆

实战063 使用模糊工具模糊图像

▶ 视频位置：视频\实战063.avi
▶ 难易指数：★★☆☆☆

实战064 使用锐化工具清晰图像

▶ 视频位置：视频\实战064.avi
▶ 难易指数：★★☆☆☆

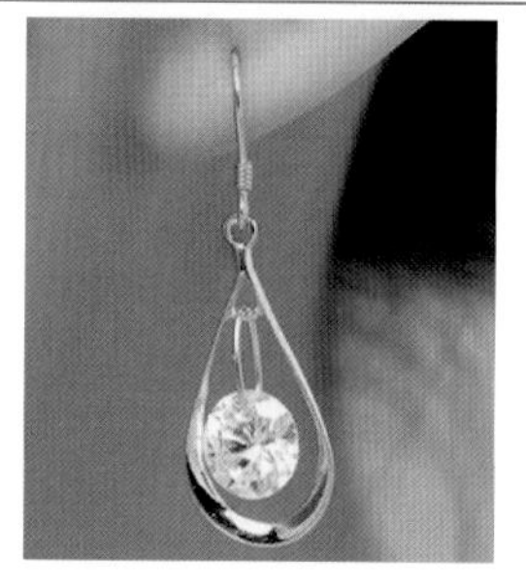

实战065 使用减淡工具淡化图像

▶ 视频位置：视频\实战065.avi
▶ 难易指数：★★☆☆☆

实战066 使用加深工具加深图像

▶ 视频位置：视频\实战066.avi
▶ 难易指数：★★☆☆☆

实战067 使用锐化工具清晰图像

▶ 视频位置：视频\实战067.avi
▶ 难易指数：★☆☆☆☆

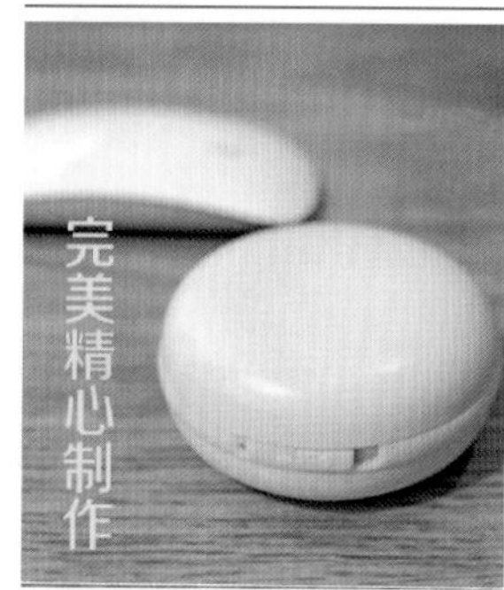

实战068 创建点文字

▶ 视频位置：视频\实战068.avi
▶ 难易指数：★☆☆☆☆

实战069 创建段落文字

▶ 视频位置：视频\实战069.avi
▶ 难易指数：★★☆☆☆

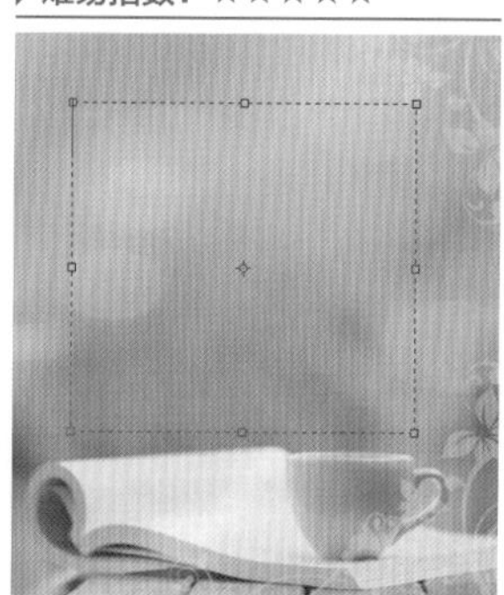

实战070 利用文字外框调整文字

▶视频位置：视频\实战070.avi
▶难易指数：★★☆☆☆

实战071 定位和选择文字

▶视频位置：视频\实战071.avi
▶难易指数：★★☆☆☆

实战072 移动文字

▶视频位置：视频\实战072.avi
▶难易指数：★☆☆☆☆

实战073 更改文字方向

▶视频位置：视频\实战073.avi
▶难易指数：★★☆☆☆

实战074 栅格化文字层

▶视频位置：视频\实战074.avi
▶难易指数：★☆☆☆☆

实战075 认识“字符”面板

▶视频位置：视频\实战075.avi
▶难易指数：★★☆☆☆

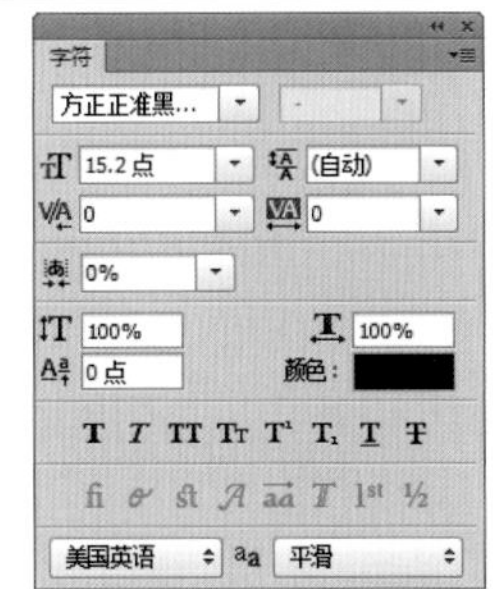

实战076 切换文字字体

▶视频位置：视频\实战076.avi
▶难易指数：★☆☆☆☆

实战077 切换字体样式

▶视频位置：视频\实战077.avi
▶难易指数：★☆☆☆☆

实战078 更改字体大小

▶视频位置：视频\实战078.avi
▶难易指数：★☆☆☆☆

实战079 水平/垂直缩放文字

▶视频位置：视频\实战079.avi
▶难易指数：★☆☆☆☆

实战080 更改文本颜色

▶视频位置：视频\实战080.avi
▶难易指数：★☆☆☆☆

实战081 切换文字方向

▶视频位置：视频\实战081.avi
▶难易指数：★★☆☆☆

实战082 消除文字锯齿

▶视频位置：视频\实战082.avi
▶难易指数：★☆☆☆☆

实战083 创建路径文字

▶视频位置：视频\实战083.avi
▶难易指数：★★★☆☆

实战084 创建和取消文字变形

▶视频位置：视频\实战084.avi
▶难易指数：★★★☆☆

实战085 基于文字创建工作路径

▶视频位置：视频\实战085.avi
▶难易指数：★★☆☆☆

实战086 将文字转换为形状

▶ 视频位置：视频\实战086.avi
▶ 难易指数：★★☆☆☆

实战087 查看路径

▶ 视频位置：视频\实战087.avi
▶ 难易指数：★☆☆☆☆

实战088 绘制形状

▶ 视频位置：视频\实战088.avi
▶ 难易指数：★★☆☆☆

实战089 绘制直线段

▶ 视频位置：视频\实战089.avi
▶ 难易指数：★☆☆☆☆

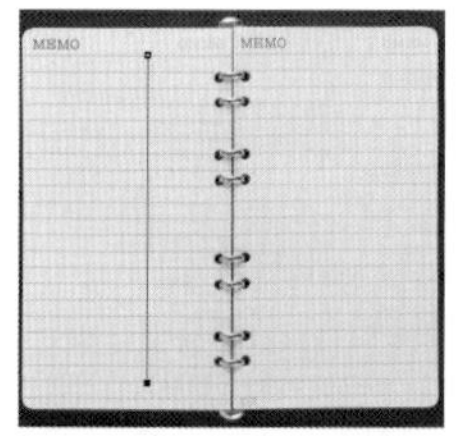

实战090 绘制曲线

▶ 视频位置：视频\实战090.avi
▶ 难易指数：★★☆☆☆

实战091 绘制路径

▶ 视频位置：视频\实战091.avi
▶ 难易指数：★★☆☆☆

实战092 添加锚点

▶ 视频位置：视频\实战092.avi
▶ 难易指数：★☆☆☆☆

实战093 删除锚点

▶ 视频位置：视频\实战093.avi
▶ 难易指数：★☆☆☆☆

实战094 从路径建立选区

▶ 视频位置：视频\实战094.avi
▶ 难易指数：★☆☆☆☆

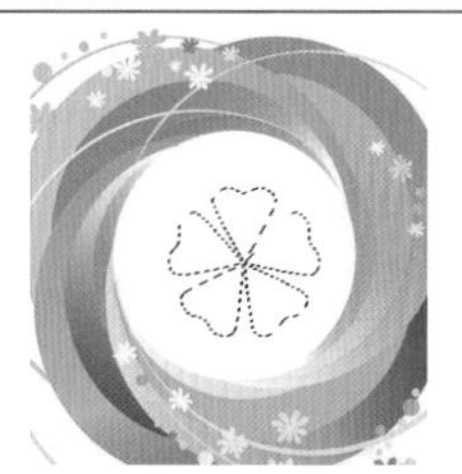

实战095 从选区生成路径

▶ 视频位置：视频\实战095.avi
▶ 难易指数：★☆☆☆☆

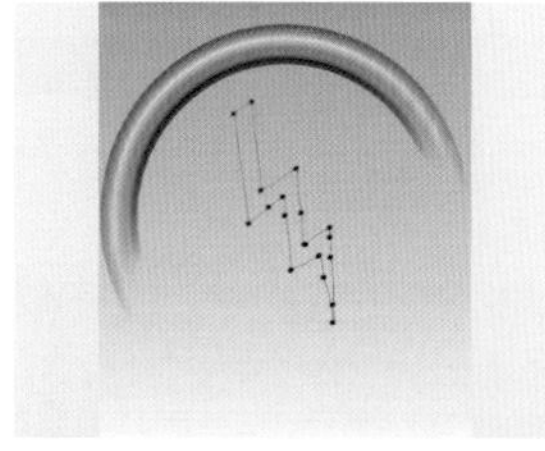

实战096 使用矩形工具绘制矩形

▶ 视频位置：视频\实战096.avi
▶ 难易指数：★☆☆☆☆

实战097 使用圆角矩形工具绘制圆角矩形

▶ 视频位置：视频\实战097.avi
▶ 难易指数：★★☆☆☆

实战098 使用椭圆工具绘制椭圆

▶ 视频位置：视频\实战098.avi
▶ 难易指数：★☆☆☆☆

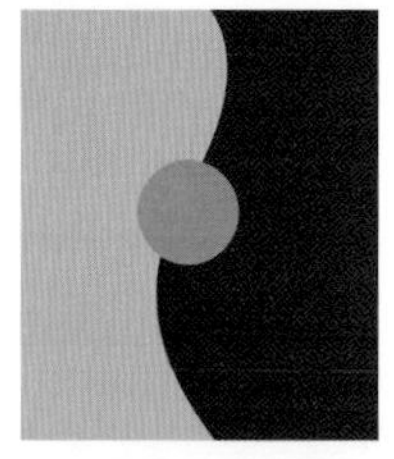

实战099 使用多边形工具绘制五角星

▶ 视频位置：视频\实战099.avi
▶ 难易指数：★★☆☆☆

实战100 使用直线工具绘制直线

▶ 视频位置：视频\实战100.avi
▶ 难易指数：★☆☆☆☆

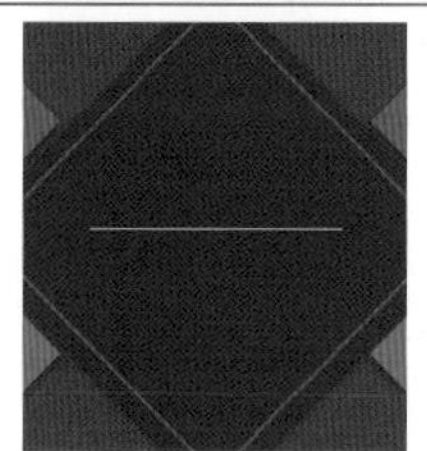

实战101 使用画笔工具绘制图像

▶ 视频位置：视频\实战101.avi
▶ 难易指数：★★☆☆☆

实战102 使用铅笔工具绘制图像

▶ 视频位置：视频\实战102.avi
▶ 难易指数：★★☆☆☆

实战103 使用颜色替换工具替换颜色

▶ 视频位置：视频\实战102.avi
▶ 难易指数：★★☆☆☆

实战104 使用历史记录艺术画笔工具添加特效

▶ 视频位置：视频\实战104.avi
▶ 难易指数：★★☆☆☆

实战105 认识画笔预设

▶ 视频位置：视频\实战105.avi
▶ 难易指数：★★☆☆☆

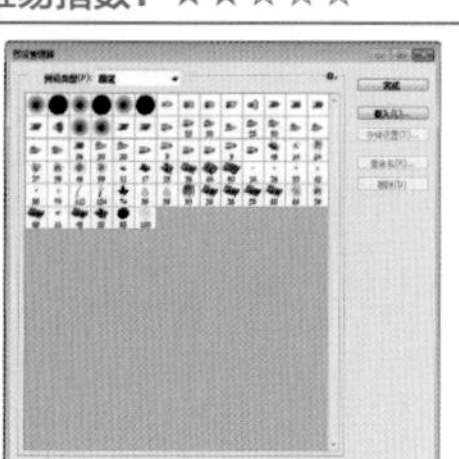

实战106 使用橡皮擦工具擦除多余图像

▶ 视频位置：视频\实战106.avi
▶ 难易指数：★★☆☆☆

实战107 使用背景橡皮擦工具擦除背景

▶ 视频位置：视频\实战107.avi
▶ 难易指数：★★☆☆☆

实战108 使用魔术橡皮擦工具擦除背景

▶ 视频位置：视频\实战108.avi
▶ 难易指数：★★☆☆☆

实战109 创建新图层

▶ 视频位置：视频\实战109.avi
▶ 难易指数：★☆☆☆☆

实战110 转换背景图层

▶ 视频位置：视频\实战110.avi
▶ 难易指数：★☆☆☆☆

实战111 创建图层组

▶ 视频位置：视频\实战111.avi
▶ 难易指数：★☆☆☆☆

实战112 创建调整图层

▶ 视频位置：视频\实战112.avi
▶ 难易指数：★☆☆☆☆

实战113 创建形状图层

▶ 视频位置：视频\实战113.avi
▶ 难易指数：★★☆☆☆

实战114 创建智能对象

▶ 视频位置：视频\实战114.avi
▶ 难易指数：★☆☆☆☆

实战115 移动图层

▶ 视频位置：视频\实战115.avi
▶ 难易指数：★☆☆☆☆

实战116 复制图层

▶ 视频位置：视频\实战116.avi
▶ 难易指数：★☆☆☆☆

实战117 删除图层

▶ 视频位置：视频\实战117.avi
▶ 难易指数：★☆☆☆☆

实战118 更改图层排列顺序

▶ 视频位置：视频\实战118.avi
▶ 难易指数：★☆☆☆☆

实战119 更改图层显示颜色

▶ 视频位置：视频\实战119.avi
▶ 难易指数：★☆☆☆☆

实战120 链接图层

▶ 视频位置：视频\实战120.avi
▶ 难易指数：★★☆☆☆

实战121 搜索图层

▶ 视频位置：视频\实战121.avi
▶ 难易指数：★★☆☆☆

实战122 对齐图层对象

▶ 视频位置：视频\实战122.avi
▶ 难易指数：★★☆☆☆

实战123 将图层与选区对齐

▶ 视频位置：视频\实战123.avi
▶ 难易指数：★★☆☆☆

实战124 栅格化图层

▶ 视频位置：视频\实战124.avi
▶ 难易指数：★★☆☆☆

实战125 合并图层

▶ 视频位置：视频\实战125.avi
▶ 难易指数：★★☆☆☆

实战126 盖印图层

▶ 视频位置：视频\实战126.avi
▶ 难易指数：★★☆☆☆

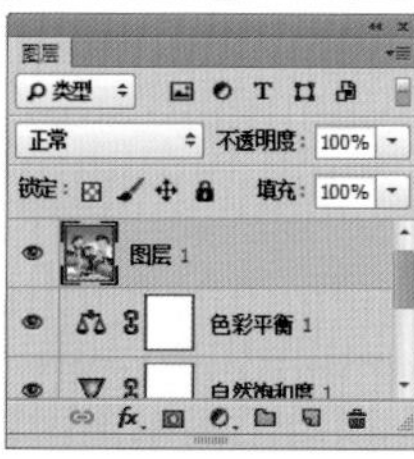

实战127 使用“溶解”模式创建粒子边缘

▶ 视频位置：视频\实战127.avi
▶ 难易指数：★☆☆☆☆

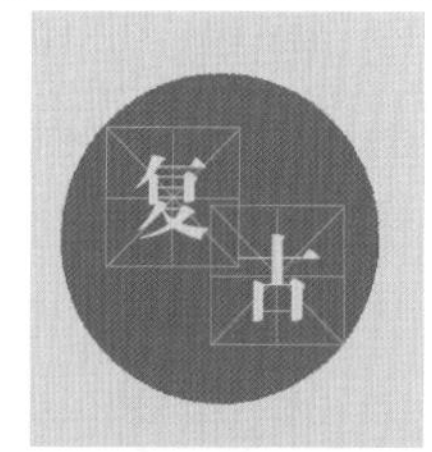

实战128 使用“正片叠底”模式加深图像

▶ 视频位置：视频\实战128.avi
▶ 难易指数：★★☆☆☆

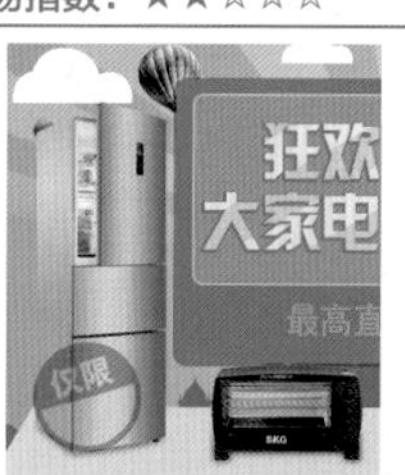

实战129 使用“变暗”模式调低暗底

▶ 视频位置：视频\实战129.avi
▶ 难易指数：★☆☆☆☆

实战130 使用“颜色加深”模式降低亮度

▶ 视频位置：视频\实战130.avi
▶ 难易指数：★★☆☆☆

实战131 使用“线性加深”模式加深图像

▶ 视频位置：视频\实战131.avi
▶ 难易指数：★☆☆☆☆

实战132 使用“变亮”模式提高亮度

▶ 视频位置：视频\实战132.avi
▶ 难易指数：★★☆☆☆

实战133 使用“深色”模式增强图像

▶ 视频位置：视频\实战133.avi
▶ 难易指数：★☆☆☆☆

实战134 使用“滤色”模式提高亮度

▶ 视频位置：视频\实战134.avi
▶ 难易指数：★★☆☆☆

实战135 使用“颜色减淡”模式减淡图像

▶ 视频位置：视频\实战135.avi
▶ 难易指数：★☆☆☆☆

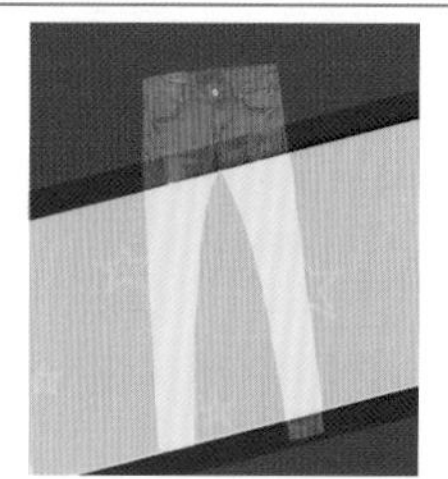

实战136 使用“线性减淡（添加）”模式减淡图像

▶ 视频位置：视频\实战136.avi
▶ 难易指数：★★☆☆☆

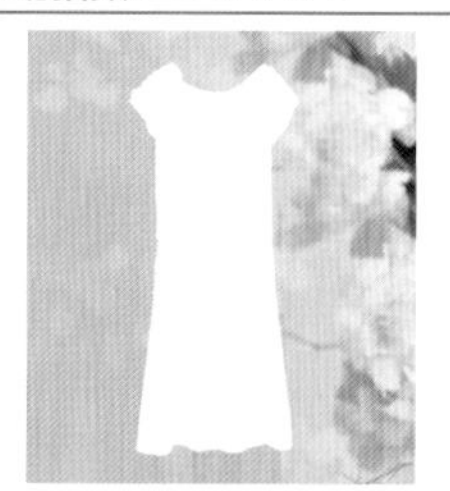

实战137 使用“浅色”模式过曝图像

▶ 视频位置：视频\实战137.avi
▶ 难易指数：★★☆☆☆

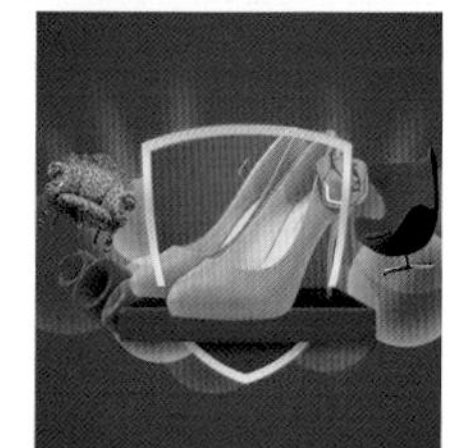

实战138 使用“叠加”模式组合图像

▶ 视频位置：视频\实战138.avi
▶ 难易指数：★★☆☆☆

实战139 使用“柔光”模式降低亮度

▶ 视频位置：视频\实战139.avi
▶ 难易指数：★★☆☆☆

实战140 使用“强光”模式增强对比度

▶ 视频位置：视频\实战140.avi
▶ 难易指数：★★☆☆☆

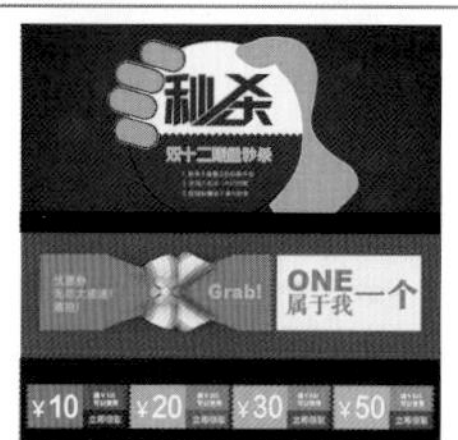

实战141 使用“亮光”模式调亮图像

▶ 视频位置：视频\实战141.avi
▶ 难易指数：★☆☆☆☆

实战142 使用“线性光”模式制作强对比效果

▶ 视频位置：视频\实战142.avi
▶ 难易指数：★★☆☆☆

实战143 使用“点光”模式增强暗部亮度

▶ 视频位置：视频\实战143.avi
▶ 难易指数：★★☆☆☆

实战144 使用“实色混合”模式分离颜色

▶ 视频位置：视频\实战144.avi
▶ 难易指数：★★☆☆☆

实战145 使用“差值”模式混合颜色

▶ 视频位置：视频\实战145.avi
▶ 难易指数：★☆☆☆☆

实战146 使用“排除”模式反相颜色

▶ 视频位置：视频\实战146.avi
▶ 难易指数：★★☆☆☆

实战147 使用“减去”模式减掉混合色

▶ 视频位置：视频\实战147.avi
▶ 难易指数：★★☆☆☆

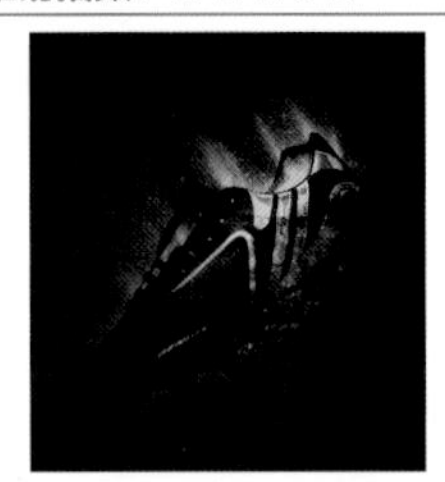

实战148 使用“划分”模式分割混合色

▶ 视频位置：视频\实战148.avi
▶ 难易指数：★☆☆☆☆

实战149 使用“色相”模式创建结果色

▶ 视频位置：视频\实战149.avi
▶ 难易指数：★★☆☆☆

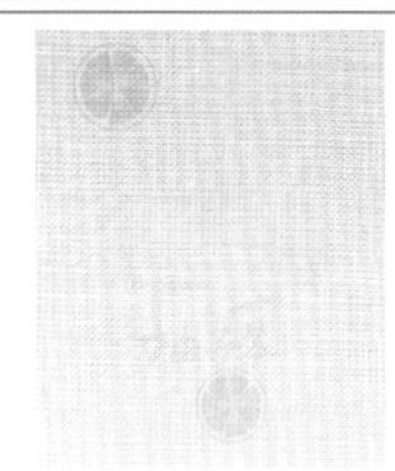

实战150 使用“饱和度”模式减去颜色

▶ 视频位置：视频\实战150.avi
▶ 难易指数：★★☆☆☆

实战151 使用“颜色”模式减弱对比度

▶ 视频位置：视频\实战151.avi
▶ 难易指数：★★☆☆☆

实战152 使用“明度”模式将图像去色

▶ 视频位置：视频\实战152.avi
▶ 难易指数：★★☆☆☆

实战153 利用斜面和浮雕创建立体效果

▶ 视频位置：视频\实战153.avi
▶ 难易指数：★★☆☆☆

实战154 利用“描边”样式增强边缘

▶ 视频位置：视频\实战154.avi
▶ 难易指数：★★☆☆☆

实战155 利用“投影”样式制作投影效果

▶ 视频位置：视频\实战155.avi
▶ 难易指数：★★☆☆☆

实战156 利用“外发光”样式添加发光效果

▶ 视频位置：视频\实战156.avi
▶ 难易指数：★★☆☆☆

实战157 利用“内阴影”样式制作内投影效果

▶ 视频位置：视频\实战157.avi
▶ 难易指数：★★☆☆☆

实战158 利用“内发光”样式制作内部发光

▶ 视频位置：视频\实战158.avi
▶ 难易指数：★★☆☆☆

实战159 利用“光泽”样式增强光泽度

▶ 视频位置：视频\实战159.avi
▶ 难易指数：★★☆☆☆

实战160 利用“颜色叠加”填充颜色

▶ 视频位置：视频\实战160.avi
▶ 难易指数：★☆☆☆☆

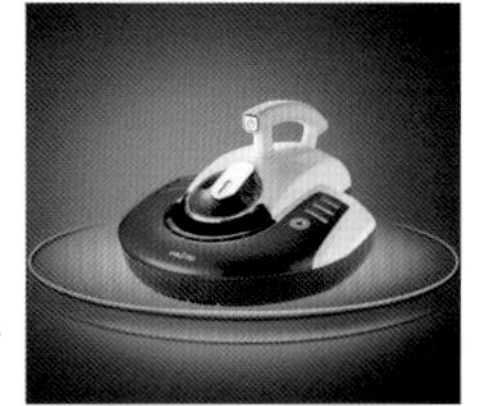

实战161 利用“渐变叠加”添加渐变效果

▶ 视频位置：视频\实战161.avi
▶ 难易指数：★★☆☆☆

实战162 利用“图案叠加”叠加图像

▶ 视频位置：视频\实战162.avi
▶ 难易指数：★★☆☆☆

实战163 复制图层样式

▶ 视频位置：视频\实战163.avi
▶ 难易指数：★★☆☆☆

实战164 将图层样式转换为图层

▶ 视频位置：视频\实战164.avi
▶ 难易指数：★★☆☆☆

实战165 转换灰度模式

▶ 视频位置：视频\实战165.avi
▶ 难易指数：★☆☆☆☆

实战166 转换双色调

▶视频位置：视频\实战166.avi
▶难易指数：★☆☆☆☆

实战167 预览直方图调整信息

▶视频位置：视频\实战167.avi
▶难易指数：★★☆☆☆

实战168 使用"自动色调"命令校正图像色调

▶视频位置：视频\实战168.avi
▶难易指数：★★☆☆☆

实战169 使用"自动对比度"命令校正对比度

▶视频位置：视频\实战169.avi
▶难易指数：★☆☆☆☆

实战170 使用"自动颜色"命令校正颜色

▶视频位置：视频\实战170.avi
▶难易指数：★☆☆☆☆

实战171 使用"亮度/对比度"命令调整亮度

▶视频位置：视频\实战171.avi
▶难易指数：★★☆☆☆

实战172 使用"色阶"命令调整高光和阴影

▶视频位置：视频\实战172.avi
▶难易指数：★★☆☆☆

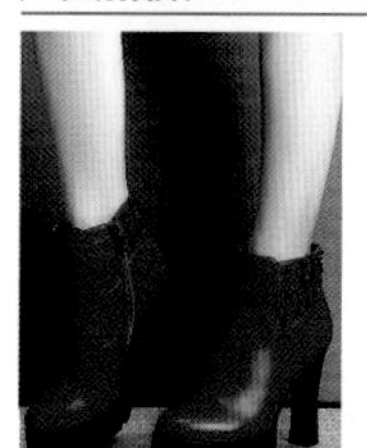

实战173 使用"曲线"命令调整明暗度

▶视频位置：视频\实战173.avi
▶难易指数：★★☆☆☆

实战174 使用"曝光度"命令调整曝光度

▶视频位置：视频\实战174.avi
▶难易指数：★★☆☆☆

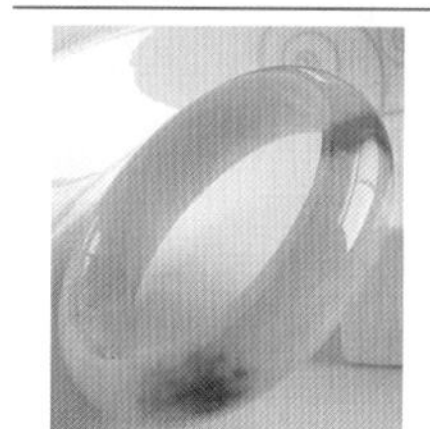

实战175 使用"阴影/高光"命令调整阴影和高光

▶视频位置：视频\实战175.avi
▶难易指数：★★☆☆☆

实战176 使用"HDR色调"命令制作HDR色调

▶视频位置：视频\实战176.avi
▶难易指数：★★☆☆☆

实战177 使用"自然饱和度"命令调整饱和度

▶视频位置：视频\实战177.avi
▶难易指数：★☆☆☆☆

实战178 使用"色相/饱和度"命令调整色相和饱和度

▶视频位置：视频\实战178.avi
▶难易指数：★★☆☆☆

实战179 使用"色彩平衡"命令校正颜色

▶视频位置：视频\实战179.avi
▶难易指数：★★☆☆☆

实战180 使用"通道混合器"命令对图像调色

▶视频位置：视频\实战180.avi
▶难易指数：★★☆☆☆

实战181 使用"反相"命令反相颜色

▶视频位置：视频\实战181.avi
▶难易指数：★★☆☆☆

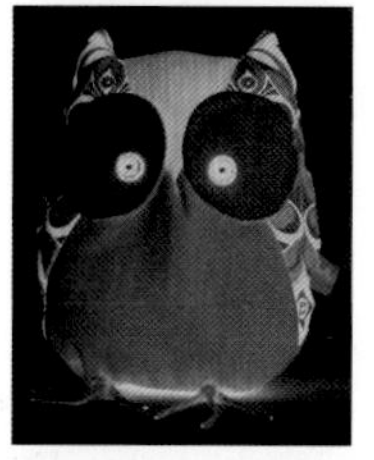

实战182 使用"可选颜色"命令校正颜色

▶视频位置：视频\实战182.avi
▶难易指数：★★☆☆☆

实战183 使用"替换颜色"命令替换抱枕颜色

▶视频位置：视频\实战183.avi
▶难易指数：★★★☆☆

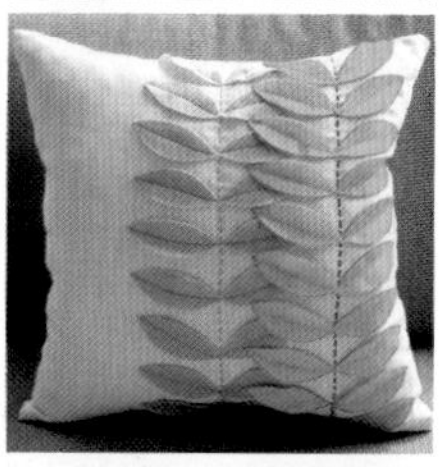

实战184 使用"黑白"命令转换黑白图像

▶视频位置：视频\实战184.avi
▶难易指数：★★☆☆☆

实战185 使用"照片滤镜"命令增加色温

▶视频位置：视频\实战185.avi
▶难易指数：★★☆☆☆

实战186 使用"色调分离"命令分离色调

▶视频位置：视频\实战186.avi
▶难易指数：★☆☆☆☆

实战187 使用"阈值"命令制作黑白图像

▶视频位置：视频\实战187.avi
▶难易指数：★★☆☆☆

实战188 使用"渐变映射"命令添加渐变映射

▶视频位置：视频\实战188.avi
▶难易指数：★★☆☆☆

实战189 使用"去色"命令去除彩色

▶视频位置：视频\实战189.avi
▶难易指数：★★☆☆☆

实战190 使用"色调均化"命令调整色调

▶视频位置：视频\实战190.avi
▶难易指数：★☆☆☆☆

实战191 使用普通滤镜

▶视频位置：视频\实战191.avi
▶难易指数：★☆☆☆☆

实战192 智能滤镜可逆操作

▶视频位置：视频\实战192.avi
▶难易指数：★☆☆☆☆

实战193 使用滤镜库

▶视频位置：视频\实战193.avi
▶难易指数：★☆☆☆☆

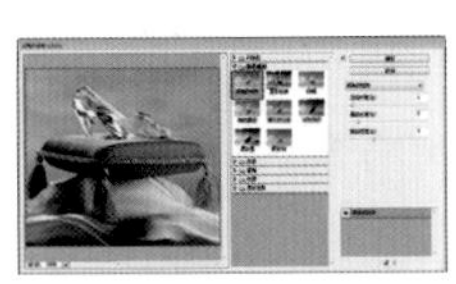

实战194 使用“液化”滤镜变形水果

▶视频位置：视频\实战194.avi
▶难易指数：★★☆☆☆

实战195 使用“油画”滤镜打造油画图像

▶视频位置：视频\实战195.avi
▶难易指数：★★☆☆☆

实战196 使用“查找边缘”滤镜查找图像边缘

▶视频位置：视频\实战196.avi
▶难易指数：★☆☆☆☆

实战197 使用“等高线”滤镜勾画图像轮廓线

▶视频位置：视频\实战197.avi
▶难易指数：★★☆☆☆

实战198 利用“风”滤镜制作风吹效果

▶视频位置：视频\实战198.avi
▶难易指数：★★☆☆☆

实战199 使用“浮雕效果”滤镜制作浮雕效果

▶视频位置：视频\实战199.avi
▶难易指数：★★☆☆☆

实战200 使用“自定”扩展滤镜

▶视频位置：视频\实战200.avi
▶难易指数：★★☆☆☆

实战201 使用“扩散”滤镜添加毛边效果

▶视频位置：视频\实战201.avi
▶难易指数：★★☆☆☆

实战202 使用“拼贴”滤镜制作拼贴效果

▶视频位置：视频\实战202.avi
▶难易指数：★★☆☆☆

实战203 使用“曝光过度”滤镜制作曝光过度图像

▶视频位置：视频\实战203.avi
▶难易指数：★★★☆☆

实战204 使用“凸出”滤镜制作立体图像效果

▶视频位置：视频\实战204.avi
▶难易指数：★★☆☆☆

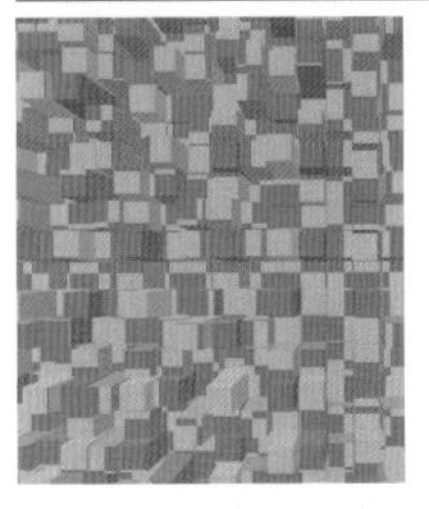

实战205 使用“场景模糊”滤镜制作场景模糊效果

▶视频位置：视频\实战\205.avi
▶难易指数：★★★☆☆

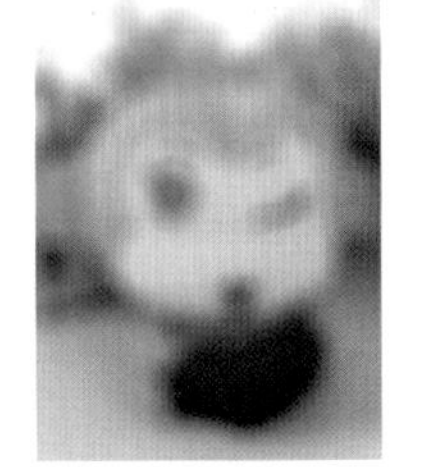

实战206 使用“光圈模糊”滤镜模拟镜头光圈

▶视频位置：视频\实战206.avi
▶难易指数：★★★☆☆

实战207 使用“移轴模糊”滤镜添加模糊特效

▶视频位置：视频\实战207.avi
▶难易指数：★★★☆☆

实战208 使用“便条纸”滤镜制作压痕效果

▶视频位置：视频\实战208.avi
▶难易指数：★★★☆☆

实战209 使用“表面模糊”滤镜模糊中心图像

▶视频位置：视频\实战209.avi
▶难易指数：★★★☆☆

实战210 使用“动感模糊”滤镜添加动感特效

▶视频位置：视频\实战210.avi
▶难易指数：★★☆☆☆

实战211 使用“方框模糊”滤镜制作规则模糊

▶视频位置：视频\实战211.avi
▶难易指数：★★☆☆☆

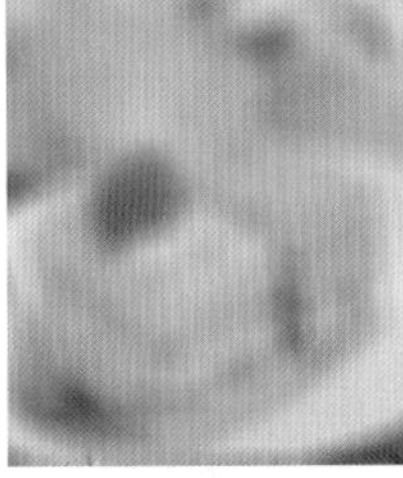

实战212 使用“高斯模糊”滤镜模糊图像

▶视频位置：视频\实战212.avi
▶难易指数：★★☆☆☆

实战213 利用“模糊”和“进一步模糊”模糊图像

▶视频位置：视频\实战213.avi
▶难易指数：★☆☆☆☆

实战214 使用“径向模糊”滤镜制作放射效果

▶视频位置：视频\实战214.avi
▶难易指数：★★☆☆☆

实战215 使用“镜头模糊”滤镜模拟景深

▶视频位置：视频\实战215.avi
▶难易指数：★★☆☆☆

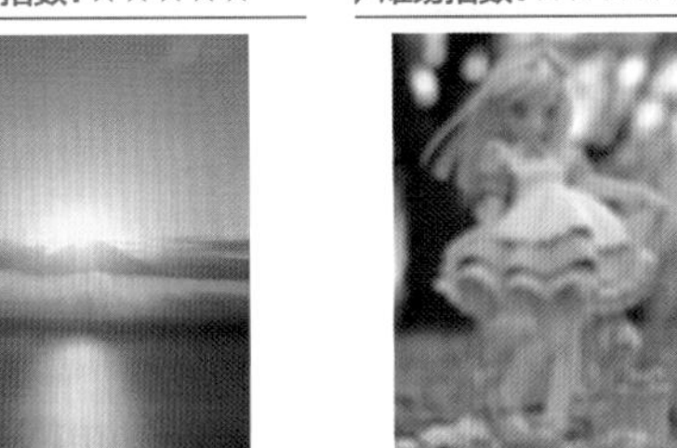

实战216 使用“平均”滤镜创建平滑效果

▶视频位置：视频\实战216.avi

▶难易指数：★★☆☆☆

实战217 使用“特殊模糊”滤镜清晰图像边缘

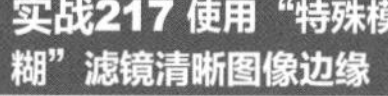

▶视频位置：视频\实战217.avi

▶难易指数：★★☆☆☆

实战218 使用“形状模糊”滤镜创建形状模糊

▶视频位置：视频\实战218.avi

▶难易指数：★★☆☆☆

实战219 使用“波浪”滤镜模拟波浪效果

▶视频位置：视频\实战219.avi

▶难易指数：★★☆☆☆

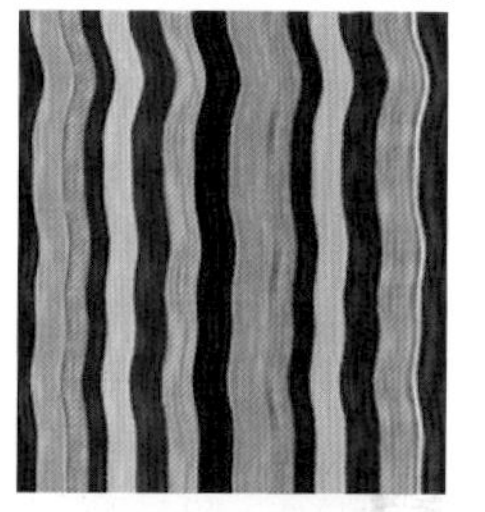

实战220 使用“极坐标”滤镜扭曲图像

▶视频位置：视频\实战220.avi

▶难易指数：★★☆☆☆

实战221 使用“挤压”滤镜创建挤压效果

▶视频位置：视频\实战221.avi

▶难易指数：★★☆☆☆

实战222 使用“切变”滤镜扭曲图像

▶视频位置：视频\实战222.avi

▶难易指数：★★☆☆☆

实战223 使用“球面化”滤镜球面化图像

▶视频位置：视频\实战223.avi

▶难易指数：★☆☆☆☆

实战224 使用“水波”滤镜制作水波

▶视频位置：视频\实战224.avi

▶难易指数：★★☆☆☆

实战225 使用“旋转扭曲”滤镜扭曲图像

▶视频位置：视频\实战225.avi

▶难易指数：★☆☆☆☆

实战226 使用“USM锐化”滤镜锐化图像

▶视频位置：视频\实战226.avi

▶难易指数：★★☆☆☆

实战227 使用“进一步锐化”和“锐化”滤镜锐化图像

▶视频位置：视频\实战227.avi

▶难易指数：★☆☆☆☆

实战228 使用“锐化边缘”滤镜锐化图像边缘

▶视频位置：视频\实战228.avi

▶难易指数：★★☆☆☆

实战229 使用“智能锐化”滤镜锐化图像

▶视频位置：视频\实战229.avi

▶难易指数：★★☆☆☆

实战230 使用“彩块化”滤镜柔和图像

▶视频位置：视频\实战230.avi

▶难易指数：★☆☆☆☆

实战231 使用“彩色半调”滤镜制作圆点图像

▶视频位置：视频\实战231.avi

▶难易指数：★★☆☆☆

实战232 使用“点状化”滤镜添加点状化效果

▶视频位置：视频\实战232.avi

▶难易指数：★★☆☆☆

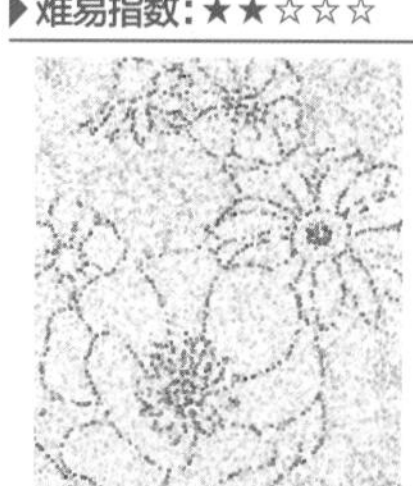

实战233 使用“晶格化”滤镜制作晶格化图像

▶视频位置：视频\实战233.avi

▶难易指数：★★☆☆☆

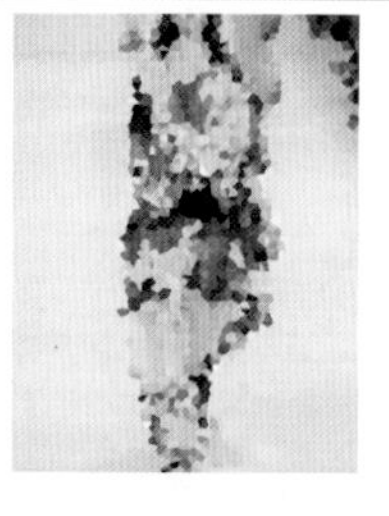

实战234 使用“马赛克”滤镜打造马赛克特效

▶视频位置：视频\实战234.avi

▶难易指数：★★☆☆☆

实战235 使用“碎片”滤镜制作重叠位移效果

▶视频位置：视频\实战235.avi

▶难易指数：★☆☆☆☆

实战236 使用“铜版雕刻”滤镜制作雕刻特效

▶视频位置：视频\实战236.avi

▶难易指数：★★☆☆☆

实战237 使用“分层云彩”滤镜制作分层云彩效果

▶视频位置：视频\实战237.avi

▶难易指数：★★☆☆☆

实战238 使用“镜头光晕”滤镜添加镜头光晕效果

▶视频位置：视频\实战238.avi

▶难易指数：★★☆☆☆

实战239 使用“纤维”滤镜制作纤维图像

▶视频位置：视频\实战239.avi

▶难易指数：★★☆☆☆

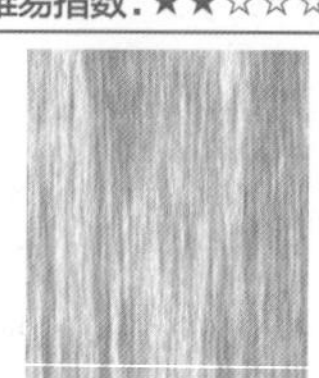

实战240 使用“云彩”滤镜制作云彩效果

▶视频位置：视频\实战240.avi

▶难易指数：★★☆☆☆

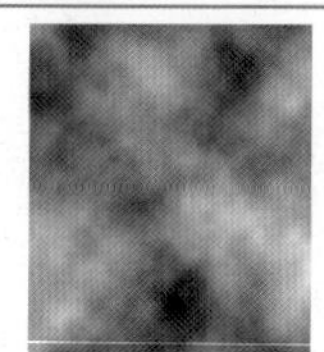

实战241 使用“减少杂色”滤镜减少图像杂色

▶视频位置：视频\实战241.avi
▶难易指数：★★☆☆☆

实战242 使用“蒙尘与划痕”滤镜修复图像缺陷

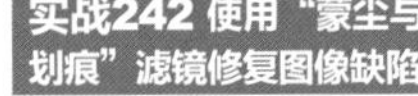

▶视频位置：视频\实战242.avi
▶难易指数：★★☆☆☆

实战243 使用“去斑”滤镜去除图像斑点

▶视频位置：视频\实战243.avi
▶难易指数：★☆☆☆☆

实战244 使用“添加杂色”滤镜为图像添加杂色

▶视频位置：视频\实战244.avi
▶难易指数：★★☆☆☆

实战245 使用“中间值”滤镜模糊图像

▶视频位置：视频\实战245.avi
▶难易指数：★★☆☆☆

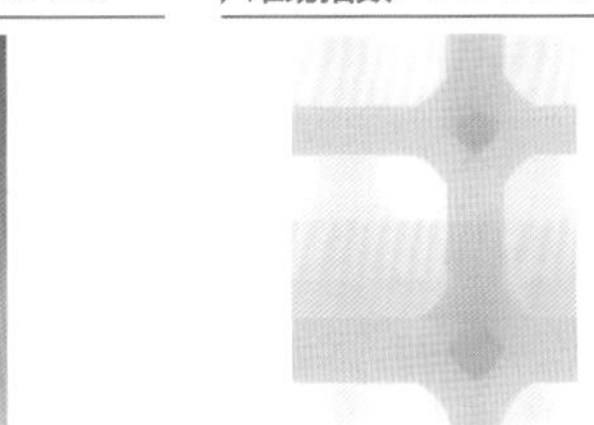

实战246 使用“高反差保留”滤镜保留图像边缘细节

▶视频位置：视频\实战246.avi
▶难易指数：★★☆☆☆

实战247 使用“位移”滤镜添加位移效果

▶视频位置：视频\实战247.avi
▶难易指数：★★☆☆☆

实战248 使用“嵌入水印”滤镜为图像嵌入水印

▶视频位置：视频\实战248.avi
▶难易指数：★★☆☆☆

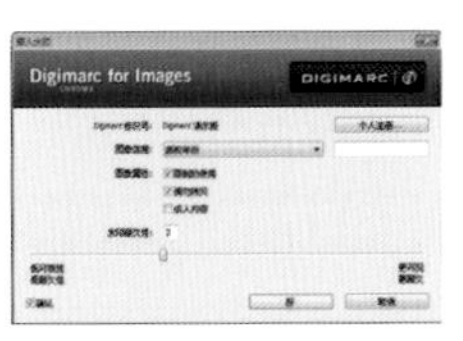

实战249 创建Alpha通道

▶视频位置：视频\实战249.avi
▶难易指数：★☆☆☆☆

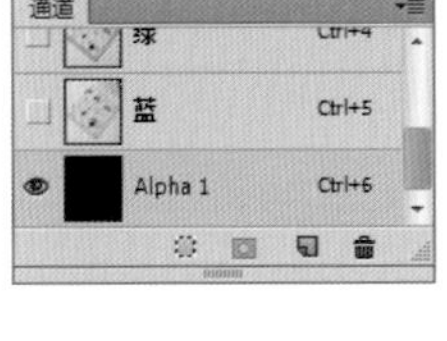

实战250 复制通道

▶视频位置：视频\实战250.avi
▶难易指数：★☆☆☆☆

实战251 删除通道

▶视频位置：视频\实战251.avi
▶难易指数：★☆☆☆☆

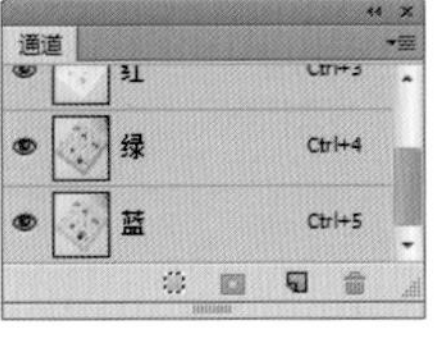

实战252 存储选区

▶视频位置：视频\实战252.avi
▶难易指数：★★☆☆☆

实战254 创建图层蒙版

▶视频位置：视频\实战254.avi
▶难易指数：★★★☆☆

实战255 利用“可选颜色”调整高贵宝石项链

▶视频位置：视频\实战255.avi
▶难易指数：★☆☆☆☆

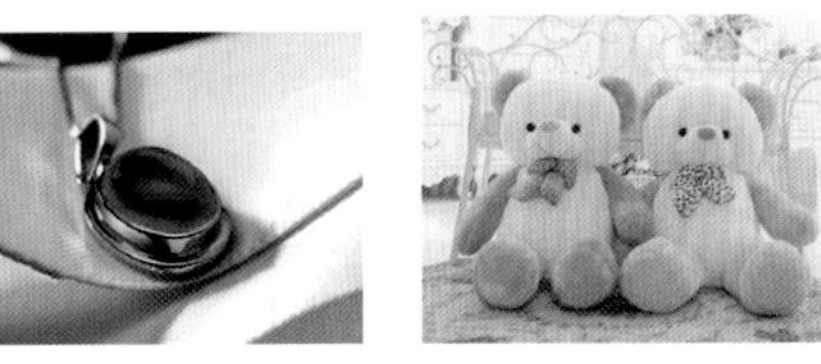

实战256 利用“自然饱和度”调整情侣抱抱熊

▶视频位置：视频\实战256.avi
▶难易指数：★★☆☆☆

实战257 利用“色阶”调整唯美温馨家纺

▶视频位置：视频\实战257.avi
▶难易指数：★★☆☆☆

实战258 利用“曲线”调整可爱飞机暖水袋

▶视频位置：视频\实战258.avi
▶难易指数：★★☆☆☆

实战259 利用“色相/饱和度”调整可爱卡通小孩

▶视频位置：视频\实战259.avi
▶难易指数：★★☆☆☆

实战260 利用“色相/饱和度”调整情侣羽绒服

▶视频位置：视频\实战260.avi
▶难易指数：★★☆☆☆

实战261 利用“色彩平衡”调整青春松糕鞋

▶视频位置：视频\实战261.avi
▶难易指数：★★★☆☆

实战262 利用“曝光度”调整紫色抱枕

▶视频位置：视频\实战262.avi
▶难易指数：★★☆☆☆

实战263 利用“色阶”调整靓丽格子包包

▶视频位置：视频\实战263.avi
▶难易指数：★★★☆☆

实战264 利用“可选颜色”调整甜美碎花裙

▶视频位置：视频\实战264.avi
▶难易指数：★★☆☆☆

实战265 利用“色相/饱和度”调整青春时尚板鞋

▶视频位置：视频\实战265.avi
▶难易指数：★★★☆☆

实战266 利用“曲线”和“可选颜色”调整甜美公主羽绒服

▶视频位置：视频\实战266.avi
▶难易指数：★★★☆☆

实战267 利用“纯色”调整可爱萌兔耳机

▶视频位置：视频\实战267.avi
▶难易指数：★★☆☆☆

实战268 利用“曲线”和“自然饱和度”调整时尚蓝色鞋子

▶视频位置：视频\实战268.avi
▶难易指数：★★☆☆☆

实战269 利用“亮度/对比度”调整靓丽公主耳机

▶视频位置：视频\实战269.avi
▶难易指数：★★☆☆☆

实战270 利用“曲线”和“色阶”调整甜美马卡龙暖手宝

▶视频位置：视频\实战270.avi
▶难易指数：★★★☆☆

实战271 利用“亮度/对比度”调整猫头鹰保温袋

▶视频位置：视频\实战271.avi
▶难易指数：★★☆☆☆

实战272 利用“曲线”调整可爱卡通婴儿

▶视频位置：视频\实战272.avi
▶难易指数：★★☆☆☆

实战273 利用“色相/饱和度”调整可爱小马摆件

▶视频位置：视频\实战273.avi
▶难易指数：★★☆☆☆

实战274 利用“色相/饱和度”调整可爱阿狸

▶视频位置：视频\实战274.avi
▶难易指数：★★☆☆☆

实战275 利用“可选颜色”调整精品陶瓷茶杯

▶视频位置：视频\实战275.avi
▶难易指数：★★★☆☆

实战276 利用“色相/饱和度”调整宝石手链

▶视频位置：视频\实战276.avi
▶难易指数：★★☆☆☆

实战277 利用“色相/饱和度”调整风情长裙

▶视频位置：视频\实战277.avi
▶难易指数：★★★☆☆

实战278 校正偏色鞋子

▶视频位置：视频\实战278.avi
▶难易指数：★★☆☆☆

实战279 校正偏色抱枕

▶视频位置：视频\实战279.avi
▶难易指数：★★☆☆☆

实战280 为播放器更改颜色

▶视频位置：视频\实战280.avi
▶难易指数：★★☆☆☆

实战281 为iPhone机身更换颜色

▶视频位置：视频\实战281.avi
▶难易指数：★★★☆☆

实战282 调整蓝色英伦鞋

▶视频位置：视频\实战282.avi
▶难易指数：★★☆☆☆

实战283 为移动电源更换颜色

▶视频位置：视频\实战283.avi
▶难易指数：★★☆☆☆

实战284 利用“阴影/高光”调整精致日式小台灯

▶视频位置：视频\实战284.avi
▶难易指数：★★☆☆☆

实战285 利用“可选颜色”调整复古情侣表

▶视频位置：视频\实战285.avi
▶难易指数：★★★☆☆

实战286 利用“曲线”调整品质牛皮登山鞋

▶视频位置：视频\实战286.avi
▶难易指数：★★★☆☆

实战287 利用“可选颜色”调整可爱旅行包

▶视频位置：视频\实战287.avii
▶难易指数：★★☆☆☆

实战288 利用“色相/饱和度”调整精品萌猴小挂饰

▶视频位置：视频\实战288.avi
▶难易指数：★★★☆☆

实战289 利用“照片滤镜”调整奢侈钱包

▶视频位置：视频\实战289.avi
▶难易指数：★★☆☆☆

实战290 利用“曲线”和“照片滤镜”调整高档牛皮鞋

▶视频位置：视频\实战290.avi
▶难易指数：★★☆☆☆

实战291 利用“曲线”和“可选颜色”调整富贵手镯

▶视频位置：视频\实战291.avi
▶难易指数：★★☆☆☆

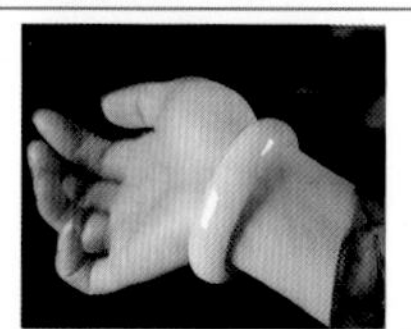

实战292 利用“曲线”调整品质珍珠耳坠

▶视频位置：视频\实战292.avi
▶难易指数：★★☆☆☆

实战293 利用“曝光度”调整英伦手提包

▶视频位置：视频\实战293.avi
▶难易指数：★★☆☆☆

实战294 利用“照片滤镜”调整质感手工靴

▶视频位置：视频\实战294.avi
▶难易指数：★★★☆☆

实战295 利用“色相/饱和度”调整精美貉皮钱包

▶视频位置：视频\实战295.avi
▶难易指数：★★☆☆☆

实战296 利用“曲线”和“自然饱和度”调整可爱鸭舌帽

▶视频位置：视频\实战296.avi
▶难易指数：★★☆☆☆

实战297 利用"可选颜色"和"色阶"调整奢华裸钻项链

▶视频位置：视频\实战297.avi
▶难易指数：★★★☆☆

实战298 利用"可选颜色"和"曲线"调整世界名表

▶视频位置：视频\实战298.avi
▶难易指数：★★★☆☆

实战299 利用"曲线"和"色阶"调整质感马丁靴

▶视频位置：视频\实战299.avi
▶难易指数：★★☆☆☆

实战300 利用"自然饱和度"调整质感头戴耳机

▶视频位置：视频\实战300.avi
▶难易指数：★★☆☆☆

实战301 利用"可选颜色"调整精品陶瓷茶具

▶视频位置：视频\实战301.avi
▶难易指数：★★☆☆☆

实战302 利用"曲线"调整精致日式茶具

▶视频位置：视频\实战302.avi
▶难易指数：★★★☆☆

实战303 利用"色相/饱和度"调整舒适运动鞋

▶视频位置：视频\实战303.avi
▶难易指数：★★★☆☆

实战304 利用"可选颜色"和"色阶"调整可爱乌龟玩具

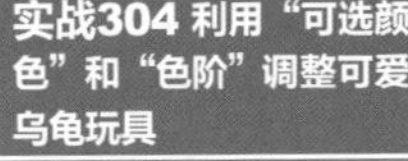

▶视频位置：视频\实战304.avi
▶难易指数：★★☆☆☆

实战305 利用"亮度/对比度"调整精致透明手表

▶视频位置：视频\实战305.avi
▶难易指数：★★☆☆☆

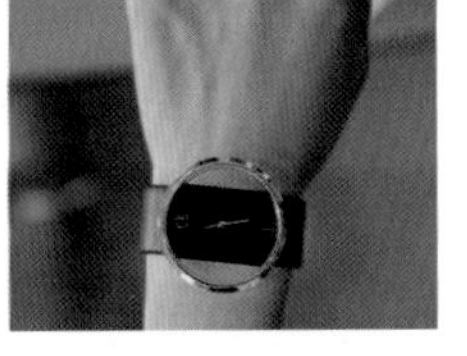

实战306 利用"自然饱和度"调整精致老人手机

▶视频位置：视频\实战306.avi
▶难易指数：★★★☆☆

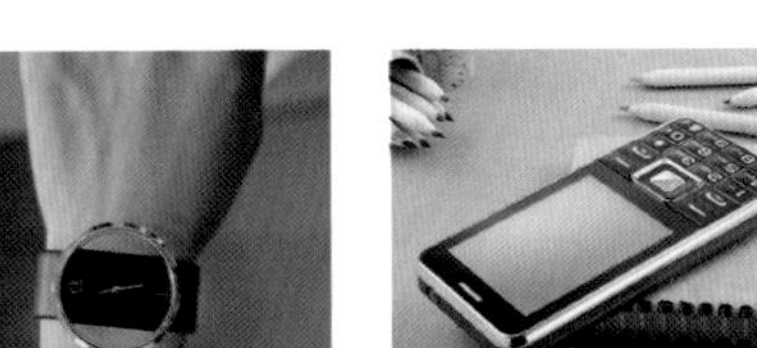

实战307利用自然饱和度和调整时尚精工名表

▶视频位置：视频\实战307.avi
▶难易指数：★★☆☆☆

实战308 利用"可选颜色"和"照片滤镜"调整精致小马挂饰

▶视频位置：视频\实战308.avi
▶难易指数：★★★☆☆

实战309 魔术橡皮擦工具快速抠取手表

▶视频位置：视频\实战309.avi
▶难易指数：★★☆☆☆

实战310 魔棒工具快速抠取包包

▶视频位置：视频\实战310.avi
▶难易指数：★★☆☆☆

实战311 磁性套索工具抠取baby帽

▶视频位置：视频\实战311.avi
▶难易指数：★★★☆☆

实战312 图层混合模式抠取戒指

▶视频位置：视频\实战312.avi
▶难易指数：★☆☆☆☆

实战313 磁性套索工具抠取鞋子

▶视频位置：视频\实战313.avi
▶难易指数：★★☆☆☆

实战314 利用通道抠取抱枕

▶视频位置：视频\实战314.avi
▶难易指数：★★★☆☆

实战315 自由钢笔工具抠取高帮鞋

▶视频位置：视频\实战315.avi
▶难易指数：★★☆☆☆

实战316 利用通道抠取天鹅摆件

▶视频位置：视频\实战316.avi
▶难易指数：★★★☆☆

实战317 钢笔工具抠取雨伞

▶视频位置：视频\实战317.avi
▶难易指数：★★☆☆☆

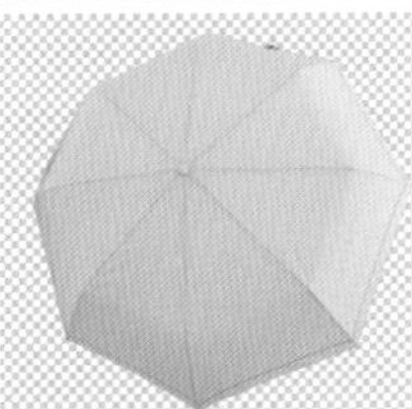

实战318 钢笔工具抠取蒸脸器

▶视频位置：视频\实战318.avi
▶难易指数：★★★☆☆

实战319 钢笔工具抠取白色茶杯

▶视频位置：视频\实战319.avi
▶难易指数：★★★☆☆

实战320 钢笔工具抠取茶具

▶视频位置：视频\实战320.avi
▶难易指数：★★★☆☆

实战321 钢笔工具抠取木质茶杯

▶视频位置：视频\实战321.avi
▶难易指数：★★★☆☆

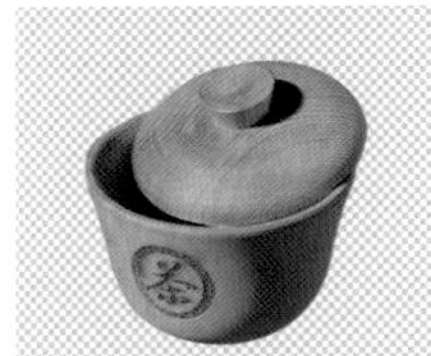

实战322 同色背景抠图

▶视频位置：视频\实战322.avi
▶难易指数：★☆☆☆☆

实战323 图层混合模式添加烟花

▶视频位置：视频\实战323.avi
▶难易指数：★☆☆☆☆

实战324 自由钢笔工具抠取骨头靠枕

▶视频位置：视频\实战324.avi
▶难易指数：★★☆☆☆

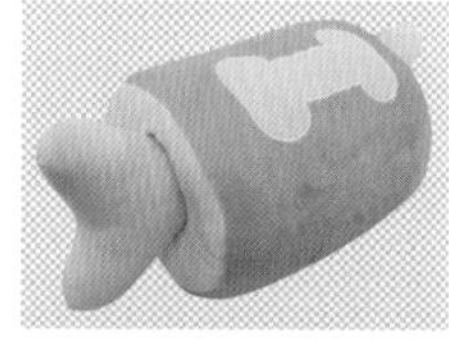

实战325 磁性钢笔工具抠取毛绒公仔

▶视频位置：视频\实战325.avi
▶难易指数：★★★☆☆

实战326 简单白云背景

▶视频位置：视频\实战326.avi
▶难易指数：★★☆☆☆

实战327 经典斜纹背景

▶视频位置：视频\实战327.avi
▶难易指数：★☆☆☆☆

实战328 蓝色系背景

▶视频位置：视频\实战328.avi
▶难易指数：★★☆☆☆

实战329 分割背景

▶视频位置：视频\实战329.avi
▶难易指数：★☆☆☆☆

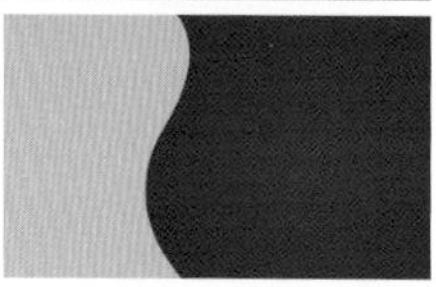

实战330 金色图形背景

▶视频位置：视频\实战330.avi
▶难易指数：★★☆☆☆

实战331 双色背景

▶视频位置：视频\实战331.avi
▶难易指数：★☆☆☆☆

实战332 版块背景

▶视频位置：视频\实战332.avi
▶难易指数：★★☆☆☆

实战333 麻布背景

▶视频位置：视频\实战333.avi
▶难易指数：★★☆☆☆

实战334 放射光晕背景

▶视频位置：视频\实战334.avi
▶难易指数：★★☆☆☆

实战335 小方格背景

▶视频位置：视频\实战335.avi
▶难易指数：★★☆☆☆

实战336 立体方块背景

▶视频位置：视频\实战336.avi
▶难易指数：★★★☆☆

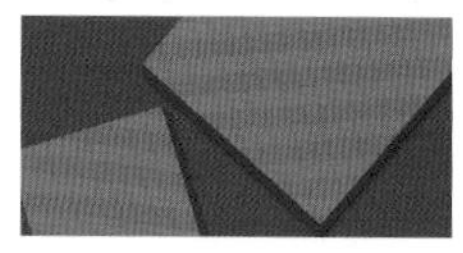

实战337 圆点背景

▶视频位置：视频\实战337.avi
▶难易指数：★★☆☆☆

实战338 运动跑道背景

▶视频位置：视频\实战338.avi
▶难易指数：★★☆☆☆

实战339 蓝卡其条纹背景

▶视频位置：视频\实战339.avi
▶难易指数：★★☆☆☆

实战340 圆盘放射背景

▶视频位置：视频\实战340.avi
▶难易指数：★★☆☆☆

实战341 双色对比背景

▶视频位置：视频\实战341.avi
▶难易指数：★★★☆☆

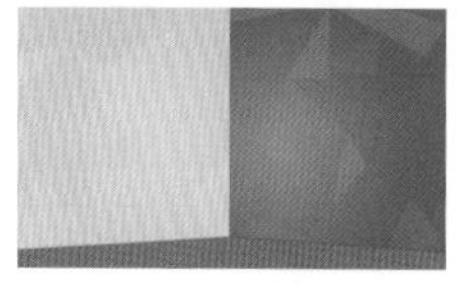

实战342 菱形分割背景

▶视频位置：视频\实战342.avi
▶难易指数：★★☆☆☆

实战343 夏日蓝背景

▶视频位置：视频\实战343.avi
▶难易指数：★★☆☆☆

实战344 飞絮背景

▶视频位置：视频\实战344.avi
▶难易指数：★★☆☆☆

实战345 立体金属孔背景

▶视频位置：视频\实战345.avi
▶难易指数：★★★☆☆

实战346 日出祥云背景

▶视频位置：视频\实战346.avi
▶难易指数：★★☆☆☆

实战347 方格纹理背景

▶视频位置：视频\实战347.avi
▶难易指数：★★☆☆☆

实战348 绿色底座背景

▶视频位置：视频\实战348.avi
▶难易指数：★★☆☆☆

实战349 放射矩形背景

▶视频位置：视频\实战349.avi
▶难易指数：★★★☆☆

实战350 切割质感背景

▶视频位置：视频\实战350.avi
▶难易指数：★★☆☆☆

实战351 光晕背景

▶视频位置：视频\实战351.avi
▶难易指数：★★☆☆☆

实战352 图形图像组合背景
▶视频位置：视频\实战352.avi
▶难易指数：★★☆☆☆

实战353 柔和绿背景
▶视频位置：视频\实战353.avi
▶难易指数：★★★☆☆

实战354 柠檬黄背景
▶视频位置：视频\实战354.avi
▶难易指数：★★☆☆☆

实战355 甜蜜初恋背景
▶视频位置：视频\实战355.avi
▶难易指数：★☆☆☆☆

实战356 潮流城市背景
▶视频位置：视频\实战356.avi
▶难易指数：★★☆☆☆

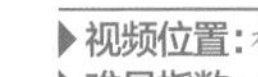

实战357 卡通条纹背景
▶视频位置：视频\实战357.avi
▶难易指数：★★☆☆☆

实战358 时尚线条背景
▶视频位置：视频\实战358.avi
▶难易指数：★★☆☆☆

实战359 心跳背景
▶视频位置：视频\实战359.avi
▶难易指数：★★☆☆☆

实战360 连接线背景
▶视频位置：视频\实战360.avi
▶难易指数：★★★☆☆

实战361 糖果背景
▶视频位置：视频\实战361.avi
▶难易指数：★★☆☆☆

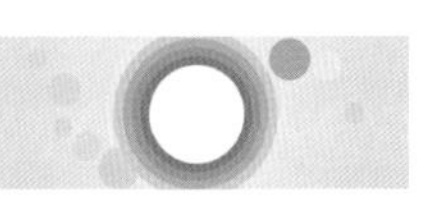

实战362 新潮背景
▶视频位置：视频\实战362.avi
▶难易指数：★★★☆☆

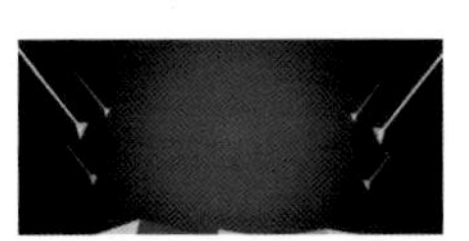

实战363 多边形背景
▶视频位置：视频\实战363.avi
▶难易指数：★★☆☆☆

实战364 炫彩泡泡背景
▶视频位置：视频\实战364.avi
▶难易指数：★★☆☆☆

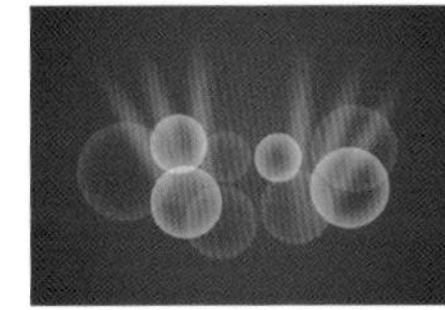

实战365 color背景
▶视频位置：视频\实战365.avi
▶难易指数：★★☆☆☆

实战366 手绘城市背景
▶视频位置：视频\实战366.avi
▶难易指数：★★★☆☆

实战367 立体多边形背景
▶视频位置：视频\实战367.avi
▶难易指数：★★☆☆☆

实战368 散落多边形背景
▶视频位置：视频\实战368.avi
▶难易指数：★★☆☆☆

实战369 旅行元素背景
▶视频位置：视频\实战369.avi
▶难易指数：★★☆☆☆

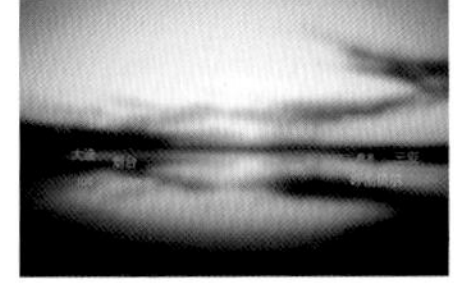

实战370 环绕瓷贴背景
▶视频位置：视频\实战370.avi
▶难易指数：★★★☆☆

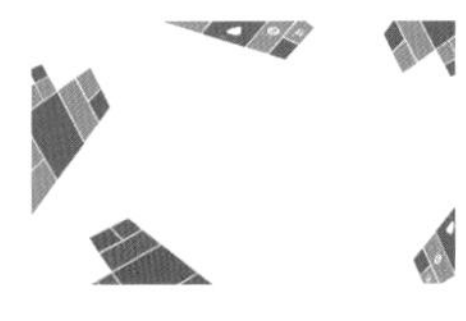

实战371 立体展台背景
▶视频位置：视频\实战371.avi
▶难易指数：★★★☆☆

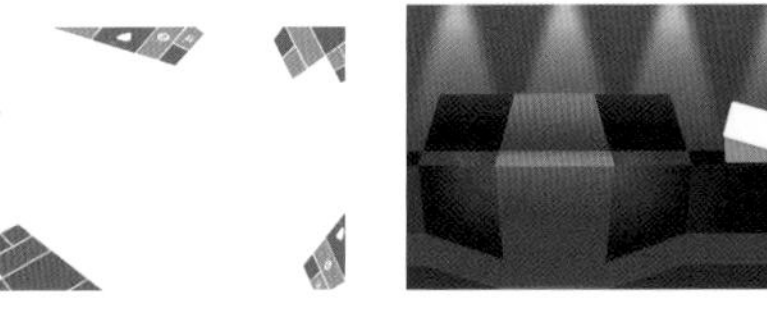

实战372 条纹律动背景
▶视频位置：视频\实战372.avi
▶难易指数：★★☆☆☆

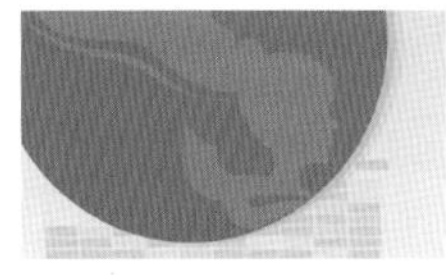

实战373 城市舞台背景
▶视频位置：视频\实战373.avi
▶难易指数：★★★☆☆

实战374 自然木质背景
▶视频位置：视频\实战374.avi
▶难易指数：★★☆☆☆

实战375 冰爽背景
▶视频位置：视频\实战375.avi
▶难易指数：★★☆☆☆

实战376 世界主题背景
▶视频位置：视频\实战376.avi
▶难易指数：★★☆☆☆

实战377 城市背景
▶视频位置：视频\实战377.avi
▶难易指数：★★★☆☆

实战378 天空背景
▶视频位置：视频\实战378.avi
▶难易指数：★★★☆☆

实战379 水墨背景
▶视频位置：视频\实战379.avi
▶难易指数：★★☆☆☆

实战380 冬日元素背景
▶视频位置：视频\实战380.avi
▶难易指数：★★☆☆☆

实战381 古典祥云背景
▶视频位置：视频\实战381.avi
▶难易指数：★★☆☆☆

实战382 喜庆背景

▶ 视频位置：视频\实战382.avi
▶ 难易指数：★☆☆☆☆

实战383 春绿背景

▶ 视频位置：视频\实战383.avi
▶ 难易指数：★☆☆☆☆

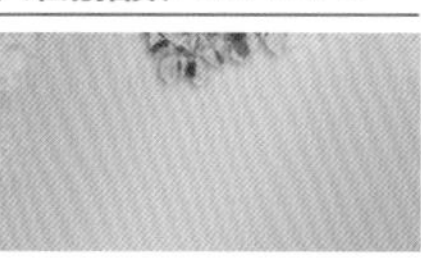

实战384 彩虹背景

▶ 视频位置：视频\实战384.avi
▶ 难易指数：★☆☆☆☆

实战385 春天背景

▶ 视频位置：视频\实战385.avi
▶ 难易指数：★★★☆☆

实战386 卡通太空背景

▶ 视频位置：视频\实战386.avi
▶ 难易指数：★★☆☆☆

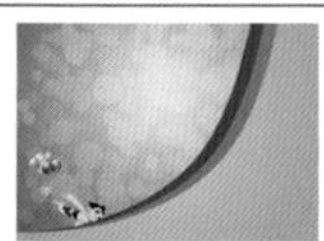

实战387 模拟舞台背景

▶ 视频位置：视频\实战387.avi
▶ 难易指数：★★★☆☆

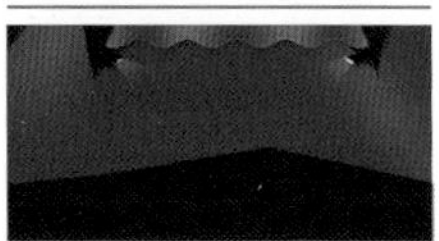

实战388 赛道背景

▶ 视频位置：视频\实战388.avi
▶ 难易指数：★★☆☆☆

实战389 立体弧形字

▶ 视频位置：视频\实战389.avi
▶ 难易指数：★★★☆☆

实战390 折叠字

▶ 视频位置：视频\实战390.avi
▶ 难易指数：★★★☆☆

实战391 犀利闪电字

▶ 视频位置：视频\实战391.avi
▶ 难易指数：★★☆☆☆

实战392 立体条纹字

▶ 视频位置：视频\实战392.avi
▶ 难易指数：★★☆☆☆

实战393 金属镂空铭牌字

▶ 视频位置：视频\实战393.avi
▶ 难易指数：★★☆☆☆

实战394 低价字

▶ 视频位置：视频\实战394.avi
▶ 难易指数：★★★☆☆

实战395 时装字

▶ 视频位置：视频\实战395.avi
▶ 难易指数：★★☆☆☆

实战396 金属展示字

▶ 视频位置：视频\实战396.avi
▶ 难易指数：★★★☆☆

实战397 磨砂金字

▶ 视频位置：视频\实战397.avi
▶ 难易指数：★★☆☆☆

实战398 圆形镂空字

▶ 视频位置：视频\实战398.avi
▶ 难易指数：★★☆☆☆

实战399 梯形字

▶ 视频位置：视频\实战399.avi
▶ 难易指数：★★☆☆☆

实战400 图形文字

▶ 视频位置：视频\实战400.avi
▶ 难易指数：★★★☆☆

实战401 新款字体

▶ 视频位置：视频\实战401.avi
▶ 难易指数：★★☆☆☆

实战402 娱乐游戏字

▶ 视频位置：视频\实战402.avi
▶ 难易指数：★★★☆☆

实战403 展台字

▶ 视频位置：视频\实战403.avi
▶ 难易指数：★★★☆☆

实战404 拼贴字

▶ 视频位置：视频\实战404.avi
▶ 难易指数：★★★☆☆

实战405 商业立体字

▶ 视频位置：视频\实战405.avi
▶ 难易指数：★★☆☆☆

实战406 滑雪主题字

▶ 视频位置：视频\实战406.avi
▶ 难易指数：★★☆☆☆

实战407 秒杀字

▶ 视频位置：视频\实战407.avi
▶ 难易指数：★★☆☆☆

实战408 喷溅色彩字

▶ 视频位置：视频\实战408.avi
▶ 难易指数：★★☆☆☆

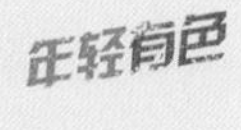

实战409 火焰组合字

▶ 视频位置：视频\实战409.avi
▶ 难易指数：★★★☆☆

实战410 自然亮光字

▶ 视频位置：视频\实战410.avi
▶ 难易指数：★★★☆☆

实战411 火爆辣椒字

▶ 视频位置：视频\实战411.avi
▶ 难易指数：★★☆☆☆

实战412 招牌字

▶ 视频位置：视频\实战412.avi
▶ 难易指数：★★☆☆☆

实战413 速度激情字

▶ 视频位置：视频\实战413.avi
▶ 难易指数：★★☆☆☆

实战414 初恋字

▶ 视频位置：视频\实战414.avi
▶ 难易指数：★★★☆☆

实战415 限时秒杀字

▶ 视频位置：视频\实战415.avi
▶ 难易指数：★★★☆☆

实战416 火焰主题字

▶ 视频位置：视频\实战416.avi
▶ 难易指数：★★☆☆☆

实战417 主题元素字

▶视频位置：视频\实战417.avi
▶难易指数：★★★☆☆

实战418 狂欢节字

▶视频位置：视频\实战418.avi
▶难易指数：★★★☆☆

实战419 双十一促销字

▶视频位置：视频\实战419.avi
▶难易指数：★★☆☆☆

实战420 象形字

▶视频位置：视频\实战420.avi
▶难易指数：★★★☆☆

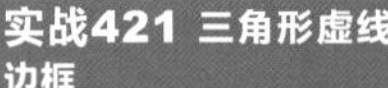

实战421 三角形虚线边框

▶视频位置：视频\实战421.avi
▶难易指数：★★★☆☆

实战422 条纹边框

▶视频位置：视频\实战422.avi
▶难易指数：★★☆☆☆

实战423 中华元素边框

▶视频位置：视频\实战423.avi
▶难易指数：★★☆☆☆

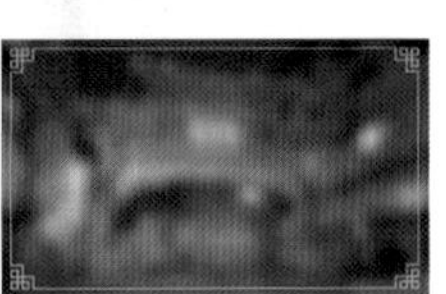

实战424 手绘虚线边框

▶视频位置：视频\实战424.avi
▶难易指数：★★★☆☆

实战425 撕纸边框

▶视频位置：视频\实战425.avi
▶难易指数：★★★☆☆

实战426 锯齿边框

▶视频位置：视频\实战426.avi
▶难易指数：★★★☆☆

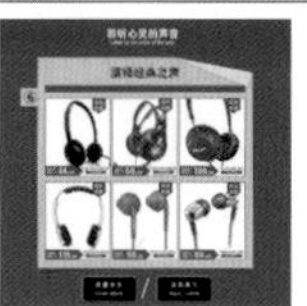

实战427 奶油边框

▶视频位置：视频\实战427.avi
▶难易指数：★★☆☆☆

实战428 银色质感边框

▶视频位置：视频\实战428.avi
▶难易指数：★★☆☆☆

实战429 圣诞元素边框

▶视频位置：视频\实战429.avi
▶难易指数：★★☆☆☆

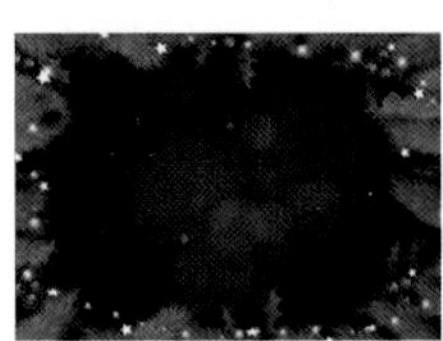

实战430 金质边框

▶视频位置：视频\实战430.avi
▶难易指数：★★☆☆☆

实战431 欧式高端边框

▶视频位置：视频\实战431.avi
▶难易指数：★★☆☆☆

实战432 冬日元素边框

▶视频位置：视频\实战432.avi
▶难易指数：★★★☆☆

实战433 吊牌标签

▶视频位置：视频\实战433.avi
▶难易指数：★★☆☆☆

实战434 立体矩形标签

▶视频位置：视频\实战434.avi
▶难易指数：★★★☆☆

实战435 镂空组合标签

▶视频位置：视频\实战435.avi
▶难易指数：★★☆☆☆

实战436 燕尾组合标签

▶视频位置：视频\实战436.avi
▶难易指数：★★★☆☆

实战437 指向性标签

▶视频位置：视频\实战437.avi
▶难易指数：★★☆☆☆

实战438 对话样式标签

▶视频位置：视频\实战438.avi
▶难易指数：★★☆☆☆

实战439 可爱提示标签

▶视频位置：视频\实战439.avi
▶难易指数：★★★☆☆

实战440 拟物标签

▶视频位置：视频\实战440.avi
▶难易指数：★★☆☆☆

实战441 提示标签

▶视频位置：视频\实战441.avi
▶难易指数：★★☆☆☆

实战442 促销标签

▶视频位置：视频\实战442.avi
▶难易指数：★★☆☆☆

实战443 投影标签

▶视频位置：视频\实战443.avi
▶难易指数：★★☆☆☆

实战444 复合标签

▶视频位置：视频\实战444.avi
▶难易指数：★★☆☆☆

实战445 花形标签

▶视频位置：视频\实战445.avi
▶难易指数：★★★☆☆

实战446 多边形对话标签

▶视频位置：视频\实战446.avi
▶难易指数：★★☆☆☆

实战447 立体指向标签

▶视频位置：视频\实战447.avi
▶难易指数：★★★☆☆

实战448 双色多边形标签

▶视频位置：视频\实战448.avi
▶难易指数：★★☆☆☆

实战449 弧形燕尾标签

▶视频位置：视频\实战449.avi
▶难易指数：★★★☆☆

实战450 便签纸标识

▶视频位置：视频\实战450.avi
▶难易指数：★★☆☆☆

实战451 放射多边形标识

▶视频位置：视频\实战451.avi
▶难易指数：★★☆☆☆

实战452 收藏标识

▶视频位置：视频\实战452.avi
▶难易指数：★★★☆☆

实战453 猪头标识

▶视频位置：视频\实战453.avi
▶难易指数：★★☆☆☆

实战454 圆字组合标识

▶视频位置：视频\实战454.avi
▶难易指数：★★★☆☆

实战455 镂空箭头标识

▶视频位置：视频\实战455.avi
▶难易指数：★★☆☆☆

实战456 长条形标识

▶视频位置：视频\实战456.avi
▶难易指数：★★☆☆☆

实战457 镂空对比标识

▶视频位置：视频\实战457.avi
▶难易指数：★★☆☆☆

实战458 双色拼字标识

▶视频位置：视频\实战458.avi
▶难易指数：★★★☆☆

实战459 卡通手握标识

▶视频位置：视频\实战459.avi
▶难易指数：★★★☆☆

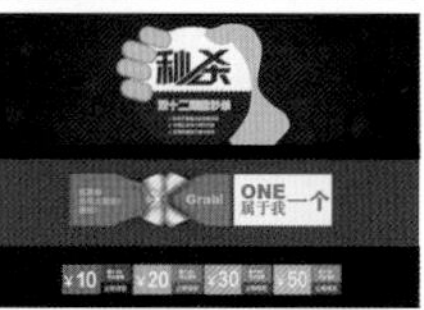

实战460 悬吊标识

▶视频位置：视频\实战460.avi
▶难易指数：★★☆☆☆

实战461 重叠燕尾标识

▶视频位置：视频\实战461.avi
▶难易指数：★★★☆☆

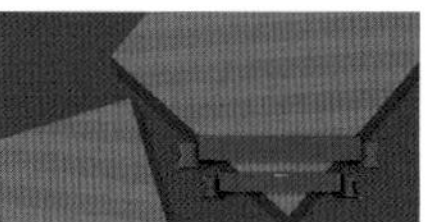

实战462 开口图像

▶视频位置：视频\实战462.avi
▶难易指数：★★★☆☆

实战463 百变装饰图形

▶视频位置：视频\实战463.avi
▶难易指数：★★☆☆☆

实战464 妈咪座垫

▶视频位置：视频\实战464.avi
▶难易指数：★★☆☆☆

实战465 弧形分割图形

▶视频位置：视频\实战465.avi
▶难易指数：★★☆☆☆

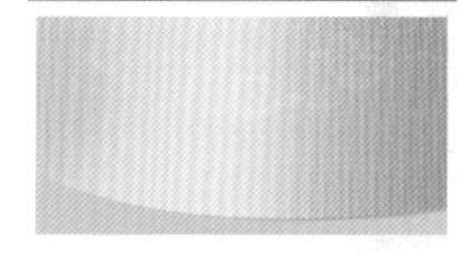

实战466炫酷展台标识

▶视频位置：视频\实战466.avi
▶难易指数：★★★☆☆

实战467 悬挂页面

▶视频位置：视频\实战467.avi
▶难易指数：★★☆☆☆

实战468 拟物化展板

▶视频位置：视频\实战468.avi
▶难易指数：★★☆☆☆

实战469 透明底座

▶视频位置：视频\实战469.avi
▶难易指数：★★★☆☆

实战470 招牌图形

▶视频位置：视频\实战470.avi
▶难易指数：★★★☆☆

实战471 唯美展板

▶视频位置：视频\实战471.avi
▶难易指数：★★☆☆☆

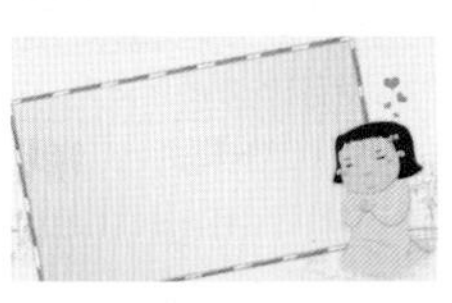

实战472 盾牌装饰

▶视频位置：视频\实战472.avi
▶难易指数：★★☆☆☆

实战473 木质展台

▶视频位置：视频\实战473.avi
▶难易指数：★★★☆☆

实战474 动感泡泡

▶视频位置：视频\实战474.avi
▶难易指数：★★★☆☆

实战475 展示图形

▶视频位置：视频\实战475.avi
▶难易指数：★★☆☆☆

实战476 电饭煲特征

▶视频位置：视频\实战476.avi
▶难易指数：★★★☆☆

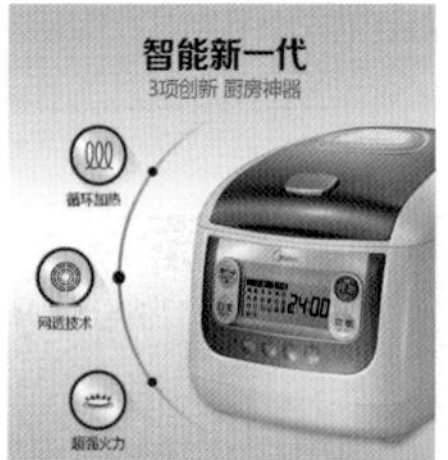

实战477 拱形图像

▶ 视频位置：视频\实战477.avi
▶ 难易指数：★★★☆☆

实战478 星星图形

▶ 视频位置：视频\实战478.avi
▶ 难易指数：★★☆☆☆

实战479 特征装饰图形

▶ 视频位置：视频\实战479.avi
▶ 难易指数：★★☆☆☆

实战480 透明展示牌

▶ 视频位置：视频\实战480.avi
▶ 难易指数：★★☆☆☆

实战481 口袋图形

▶ 视频位置：视频\实战481.avi
▶ 难易指数：★★☆☆☆

实战482 撕纸特效

▶ 视频位置：视频\实战482.avi
▶ 难易指数：★★★☆☆

实战483 黄金底座

▶ 视频位置：视频\实战483.avi
▶ 难易指数：★★★☆☆

实战484 牛肉详细描述

▶ 视频位置：视频\实战484.avi
▶ 难易指数：★★☆☆☆

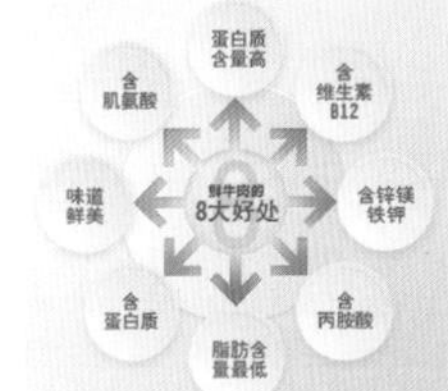

实战485 抵用券

▶ 视频位置：视频\实战485.avi
▶ 难易指数：★★☆☆☆

实战486 票据式优惠券

▶ 视频位置：视频\实战486.avi
▶ 难易指数：★★★☆☆

实战487 金袋优惠券

▶ 视频位置：视频\实战487.avi
▶ 难易指数：★★☆☆☆

实战488 食品优惠券

▶ 视频位置：视频\实战488.avi
▶ 难易指数：★★★☆☆

实战489 简洁优惠券

▶ 视频位置：视频\实战489.avi
▶ 难易指数：★★☆☆☆

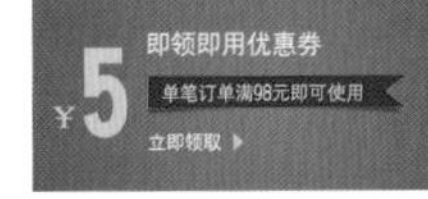

实战490 蝴蝶结式优惠券

▶ 视频位置：视频\实战490.avi
▶ 难易指数：★★★☆☆

实战491 动感洗发水广告设计

▶ 视频位置：视频\实战491.avi
▶ 难易指数：★★★☆☆

实战492 精致剃须刀广告设计

▶ 视频位置：视频\实战492.avi
▶ 难易指数：★★★☆☆

实战493 洗护满减广告设计

▶ 视频位置：视频\实战493.avi
▶ 难易指数：★★☆☆☆

实战494 高档化妆品广告设计

▶ 视频位置：视频\实战494.avi
▶ 难易指数：★★☆☆☆

实战495 洗护组合广告设计

▶ 视频位置：视频\实战495.avi
▶ 难易指数：★★☆☆☆

实战496 香氛洗浴广告设计

▶ 视频位置：视频\实战496.avi
▶ 难易指数：★★★☆☆

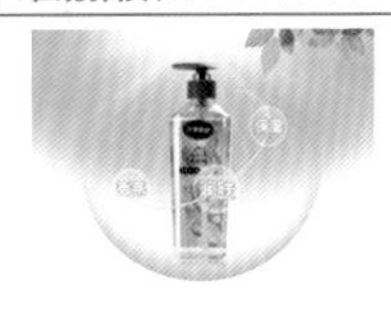

实战497 新机上市硬广设计

▶ 视频位置：视频\实战497.avi
▶ 难易指数：★★☆☆☆

实战498 吸尘器硬广设计

▶ 视频位置：视频\实战498.avi
▶ 难易指数：★★★☆☆

实战499 家电超市促销硬广设计

▶ 视频位置：视频\实战499.avi
▶ 难易指数：★★★☆☆

实战500 女性手机周硬广设计

▶ 视频位置：视频\实战500.avi
▶ 难易指数：★★☆☆☆

实战501 电视换新硬广设计

▶ 视频位置：视频\实战501.avi
▶ 难易指数：★★☆☆☆

实战502 科技手机硬广设计

▶ 视频位置：视频\实战502.avi
▶ 难易指数：★★☆☆☆

实战503 平板电脑硬广设计

▶ 视频位置：视频\实战503.avi
▶ 难易指数：★★☆☆☆

实战504 手机硬广设计

▶ 视频位置：视频\实战504.avi
▶ 难易指数：★★★☆☆

实战505 游戏电脑硬广设计

▶ 视频位置：视频\实战505.avi
▶ 难易指数：★★★☆☆

实战506 手机促销硬广设计

▶ 视频位置：视频\实战506.avi
▶ 难易指数：★★☆☆☆

实战507 音箱秒杀硬广设计
- 视频位置：视频\实战507.avi
- 难易指数：★★☆☆☆

实战508 潮流数码硬广设计
- 视频位置：视频\实战508.avi
- 难易指数：★★★☆☆

实战509 女人手机硬广设计
- 视频位置：视频\实战509.avi
- 难易指数：★★☆☆☆

实战510 投影仪硬广设计
- 视频位置：视频\实战510.avi
- 难易指数：★★★☆☆

实战511 女装促销硬广设计
- 视频位置：视频\实战511.avi
- 难易指数：★★☆☆☆

实战512 春装上市硬广设计
- 视频位置：视频\实战512.avi
- 难易指数：★★☆☆☆

实战513 时尚男人志硬广设计
- 视频位置：视频\实战513.avi
- 难易指数：★★☆☆☆

实战514 亮色羽绒服硬广设计
- 视频位置：视频\实战514.avi
- 难易指数：★★☆☆☆

实战515 糖果毛衣硬广设计
- 视频位置：视频\实战515.avi
- 难易指数：★★★☆☆

实战516 超轻运动鞋硬广设计
- 视频位置：视频\实战516.avi
- 难易指数：★★★☆☆

实战517 鹿皮皮鞋硬广设计
- 视频位置：视频\实战517.avi
- 难易指数：★★☆☆☆

实战518 百变男装硬广设计
- 视频位置：视频\实战518.avi
- 难易指数：★★★☆☆

实战519 美丽裙子硬广设计
- 视频位置：视频\实战519.avi
- 难易指数：★★☆☆☆

实战520 绿色心情包包硬广设计
- 视频位置：视频\实战520.avi
- 难易指数：★★☆☆☆

实战521 运动鞋广告硬广设计
- 视频位置：视频\实战521.avi
- 难易指数：★★★☆☆

实战522 春季新运动硬广设计
- 视频位置：视频\实战522.avi
- 难易指数：★★☆☆☆

实战523 家装节硬广设计
- 视频位置：视频\实战523.avi
- 难易指数：★★★☆☆

实战524 炫酷运动鞋硬广设计
- 视频位置：视频\实战524.avi
- 难易指数：★★☆☆☆

实战525 元旦活动硬广设计
- 视频位置：视频\实战525.avi
- 难易指数：★★☆☆☆

实战526 家居展台硬广设计
- 视频位置：视频\实战526.avi
- 难易指数：★★☆☆☆

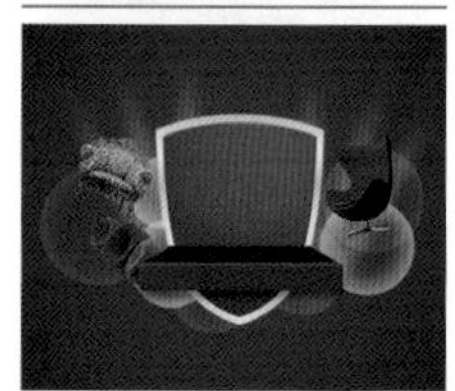
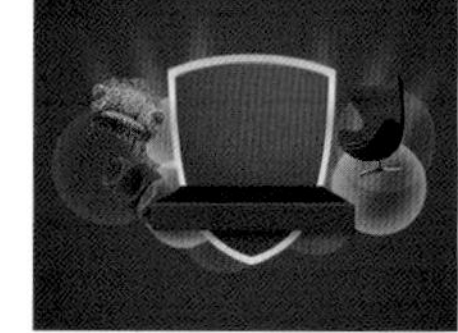

实战527 男鞋硬广设计
- 视频位置：视频\实战527.avi
- 难易指数：★★★☆☆

实战528 春装上新硬广设计
- 视频位置：视频\实战528.avi
- 难易指数：★★☆☆☆

实战529 跑向春天硬广设计
- 视频位置：视频\实战529.avi
- 难易指数：★★☆☆☆

实战530 个性女鞋硬广设计
- 视频位置：视频\实战530.avi
- 难易指数：★★☆☆☆

实战531 三色毛衣硬广设计
- 视频位置：视频\实战531.avi
- 难易指数：★★☆☆☆

实战532 电烤锅硬广设计
- 视频位置：视频\实战532.avi
- 难易指数：★★☆☆☆

实战533 厨电促销硬广设计
- 视频位置：视频\实战533.avi
- 难易指数：★★☆☆☆

实战534 浪漫床品硬广设计
- 视频位置：视频\实战534.avi
- 难易指数：★★☆☆☆

实战535 秋冬新品男鞋硬广设计
- 视频位置：视频\实战535.avi
- 难易指数：★★☆☆☆

实战536 炫酷运动鞋上新硬广设计
- 视频位置：视频\实战536.avi
- 难易指数：★★☆☆☆

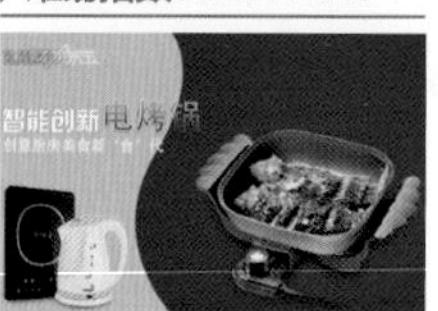

实战537 茶叶广告设计

▶视频位置：视频\实战537.avi
▶难易指数：★★☆☆☆

实战538 养生品广告设计

▶视频位置：视频\实战538.avi
▶难易指数：★★☆☆☆

实战539 XO酱牛肉粒广告设计

▶视频位置：视频\实战539.avi
▶难易指数：★★☆☆☆

实战540 麻辣花生广告设计

▶视频位置：视频\实战540.avi
▶难易指数：★★☆☆☆

实战541 春天的味道广告设计

▶视频位置：视频\实战541.avi
▶难易指数：★★☆☆☆

实战542 干果展示页

▶视频位置：视频\实战542.avi
▶难易指数：★★☆☆☆

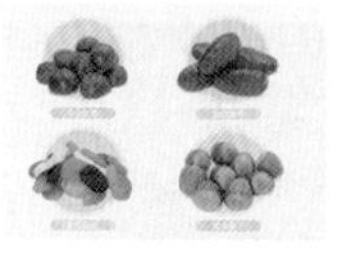

实战543 美食团购

▶视频位置：视频\实战543.avi
▶难易指数：★★☆☆☆

实战544 冲调橙汁广告设计

▶视频位置：视频\实战544.avi
▶难易指数：★★☆☆☆

实战545 食材组合装

▶视频位置：视频\实战545.avi
▶难易指数：★★☆☆☆

实战546 苹果详细展示

▶视频位置：视频\实战546.avi
▶难易指数：★★☆☆☆

实战547 柚子茶广告设计

▶视频位置：视频\实战547.avi
▶难易指数：★★☆☆☆

实战548 气泡酒广告设计

▶视频位置：视频\实战548.avi
▶难易指数：★★☆☆☆

实战549 水果大促

▶视频位置：视频\实战549.avi
▶难易指数：★★☆☆☆

实战550 圣诞大促

▶视频位置：视频\实战550.avi
▶难易指数：★★☆☆☆

实战551 疯狂送

▶视频位置：视频\实战551.avi
▶难易指数：★★☆☆☆

实战552 优惠券派送

▶视频位置：视频\实战552.avi
▶难易指数：★★★☆☆

实战553 潮装换新季

▶视频位置：视频\实战553.avi
▶难易指数：★★☆☆☆

实战554 双12来了

▶视频位置：视频\实战554.avi
▶难易指数：★★★☆☆

实战555 购物季疯抢

▶视频位置：视频\实战555.avi
▶难易指数：★★★☆☆

实战556 年终盛典

▶视频位置：视频\实战556.avi
▶难易指数：★★★☆☆

实战557 约惠春天

▶视频位置：视频\实战557.avi
▶难易指数：★★☆☆☆

实战558 潮礼福箱

▶视频位置：视频\实战558.avi
▶难易指数：★★☆☆☆

实战559 情人节促销

▶视频位置：视频\实战559.avi
▶难易指数：★★★☆☆

实战560 开春礼

▶视频位置：视频\实战560.avi
▶难易指数：★★☆☆☆

实战561 再战双12

▶视频位置：视频\实战561.avi
▶难易指数：★★★☆☆

实战562 促销信息

▶视频位置：视频\实战562.avi
▶难易指数：★★★☆☆

实战563 年终大促

▶视频位置：视频\实战563.avi
▶难易指数：★★☆☆☆

实战564 疯狂底价

▶视频位置：视频\实战564.avi
▶难易指数：★★★☆☆

实战565 决战双十一

▶视频位置：视频\实战565.avi
▶难易指数：★★★☆☆

实战566 春季8折

▶视频位置：视频\实战566.avi
▶难易指数：★★★☆☆

实战567 低价风暴

▶视频位置：视频\实战567.avi
▶难易指数：★★★☆☆

实战568 旅游广告设计

▶视频位置：视频\实战568.avi
▶难易指数：★★☆☆☆

实战569 旅行页设计

▶视频位置：视频\实战569.avi
▶难易指数：★★☆☆☆

实战570 汽车背景设计

▶视频位置：视频\实战570.avi
▶难易指数：★★☆☆☆

实战571 航空保险设计

▶视频位置：视频\实战571.avi
▶难易指数：★★★☆☆

实战572 汽车座椅广告设计
▶视频位置：视频\实战572.avi
▶难易指数：★★☆☆☆

实战573 儿童座椅广告设计
▶视频位置：视频\实战573.avi
▶难易指数：★★☆☆☆

实战574 机车改装广告设计
▶视频位置：视频\实战574.avi
▶难易指数：★★★☆☆

实战575 汽车用品广告设计
▶视频位置：视频\实战575.avi
▶难易指数：★★☆☆☆

实战576 春装banner设计
▶视频位置：视频\实战576.avi
▶难易指数：★★☆☆☆

实战577 美丽的鞋子banner设计
▶视频位置：视频\实战577.avi
▶难易指数：★★☆☆☆

实战578 时装banner设计
▶视频位置：视频\实战578.avi
▶难易指数：★★★★☆

实战579 春茶上新banner设计
▶视频位置：视频\实战579.avi
▶难易指数：★★☆☆☆

实战580 保暖衣banner设计
▶视频位置：视频\实战580.avi
▶难易指数：★★★☆☆

实战581 文艺时装banner设计
▶视频位置：视频\实战581.avi
▶难易指数：★★★★☆

实战582 运动季banner设计
▶视频位置：视频\实战582.avi
▶难易指数：★★★★☆

实战583 女人节疯狂购banner设计
▶视频位置：视频\实战583.avi
▶难易指数：★★★★☆

实战584 羽绒被banner设计
▶视频位置：视频\实战584.avi
▶难易指数：★★☆☆☆

实战585 早春童鞋banner设计
▶视频位置：视频\实战585.avi
▶难易指数：★★☆☆☆

实战586 樱花季婚纱banner设计
▶视频位置：视频\实战586.avi
▶难易指数：★★☆☆☆

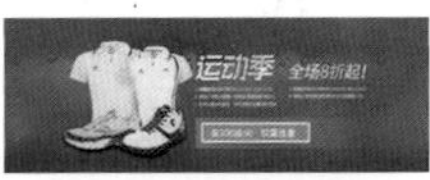

实战587 雪纺衫banner设计
▶视频位置：视频\实战587.avi
▶难易指数：★★★★☆

实战588 包包banner设计
▶视频位置：视频\实战588.avi
▶难易指数：★★☆☆☆

实战589 素雅banner设计
▶视频位置：视频\实战589.avi
▶难易指数：★★☆☆☆

实战590 亲近自然banner设计
▶视频位置：视频\实战590.avi
▶难易指数：★★☆☆☆

实战591 女人节新品banner设计
▶视频位置：视频\实战591.avi
▶难易指数：★★★★☆

实战592 洗护促销banner设计
▶视频位置：视频\实战592.avi
▶难易指数：★★★★☆

实战593 倾情让利banner设计
▶视频位置：视频\实战593.avi
▶难易指数：★★★★☆

实战594 职场新装banner设计
▶视频位置：视频\实战594.avi
▶难易指数：★★☆☆☆

实战595 开春单鞋banner设计
▶视频位置：视频\实战595.avi
▶难易指数：★★☆☆☆

实战596 彩虹banner设计
▶视频位置：视频\实战596.avi
▶难易指数：★★★★☆

实战597 节日banner设计
▶视频位置：视频\实战597.avi
▶难易指数：★★☆☆☆

实战598 旗舰店招banner设计
▶视频位置：视频\实战598.avi
▶难易指数：★★★★☆

实战599 棉衣banner设计
▶视频位置：视频\实战599.avi
▶难易指数：★★★☆☆

实战600 变形本banner设计
▶视频位置：视频\实战600.avi
▶难易指数：★★★☆☆

Photoshop CC 淘宝网店设计与装修实战视频教程

水木居士 编著

人民邮电出版社
北京

图书在版编目（C I P）数据

Photoshop CC淘宝网店设计与装修实战视频教程 / 水木居士编著. -- 北京 : 人民邮电出版社, 2017.1
ISBN 978-7-115-43120-2

Ⅰ. ①P… Ⅱ. ①水… Ⅲ. ①图象处理软件－教材 Ⅳ. ①TP391.413

中国版本图书馆CIP数据核字(2016)第224921号

内 容 提 要

本书通过600个实例介绍了使用Photoshop CC软件进行淘宝店铺装修的操作方法，具体内容包括初识Photoshop、基本功能的操作与使用、图像色调与色彩校正、滤镜及通道使用进阶、商品的调色、商品抠图技法、店铺装修背景制作、艺术字和主题字体制作、边框设计、标签与标识的设计、装饰图形的制作、优惠券制作、个护化妆广告设计、数码时代硬广设计、淘宝服饰家居硬广设计、淘宝食品饮料广告设计、节日促销广告制作、车友会与旅行文化广告制作和网店的banner设计与制作等诸多内容。读者学习后可以举一反三，轻松打造出完美的店铺装修效果。

本书结构清晰，语言精练。随书光盘提供了600个实例的素材文件和效果文件，以及操作演示视频。本书适合网店店主、淘宝美工及相关从业人员学习使用，不管有无基础，都可以通过学习本书熟练掌握网店装修技法。同时，本书还可以作为大中专院校、计算机培训中心和职业技能学校的辅导教材。

◆ 编　　著　水木居士
　责任编辑　张丹阳
　责任印制　陈　犇
◆ 人民邮电出版社出版发行　　北京市丰台区成寿寺路11号
　邮编　100164　　电子邮件　315@ptpress.com.cn
　网址　http://www.ptpress.com.cn
　三河市中晟雅豪印务有限公司印刷
◆ 开本：787×1092　1/16
　印张：51.25　　彩插：12
　字数：1698千字　　2017年1月第1版
　印数：1－3 000册　　2017年1月河北第1次印刷

定价：99.00元（附光盘）

读者服务热线：(010)81055410　印装质量热线：(010)81055316
反盗版热线：(010)81055315

前言

本书是一本针对淘宝开店装修而精心编写的书籍，它以淘宝店铺装修的需求为切入点，以大量的实例来全方位解读淘宝装修，整本书包含600个实例，内容丰富，实用性强，实例以店铺装修所需要的软件基础知识为开端，依次至中级再到高级部分的装修操作，完整地讲解了店铺装修的具体操作及相关技巧。

• 本书特色 •

特色1： 全实战！本书是为读者倾心奉献的针对淘宝开店装修全方面操作的超实用书籍，书中囊括了600个精品实例，实例以循序渐进的方法，步步深入，从讲解、操作、技巧直达店铺装修知识的精髓部分，通过大量实例的练习，读者可以在熟练地进行软件操作的基础之上完全掌握淘宝店铺的装修技巧，汲取精华知识，从而成为软件应用达人、店铺设计高手，这就为新手成长至高手铺设了一条成功之道！

特色2： 全视频！随书籍附赠书中600个实例的全程高清语音教学视频，全程清晰重现了所有实例的操作过程，读者可以将视频与书本结合进行学习，同时还可以在电脑、手机或平板电脑等设备中专心观看视频讲解。

特色3： 随时学！本书开创了手机/平板学习模式，其提供的高清视频格式可以供读者复制到手机、平板电脑及相关便携设备中观看，以便随时随地学习，完美利用闲暇时间不断加油充电！

• 本书内容 •

本书共分为5篇，分别为软件入门篇、调色抠图篇、背景制作篇、元素制作篇和商业广告篇，具体章节内容如下。

软件入门篇： 第1~4章。本篇讲解了Photoshop软件的基础知识，包括Photoshop的面貌、基础操作与使用、色彩调整命令及使用进阶等相关内容。

调色抠图篇： 第5~7章。本篇讲解了店铺装修中的调色与抠图相关实例的操作方法，此篇也是店铺装修中的偏基础部分。

背景制作篇： 第8~10章。本篇讲解了店铺装修中的多种风格背景的制作方法，其中包括经典背景、潮流背景以及主题背景制作的具体操作方法。

元素制作篇： 第11~17章。本篇讲解了淘宝店铺装修中的相关元素的制作方法，其中包括字体、边框、标签、标识、装饰图形及优惠券的制作，这一篇也是店铺装修中非常重要的一部分，它囊括了店铺装修中的大部分构成。

商业广告篇： 第18~24章。本篇讲解了店铺装修中的具体实例的制作方法，其中包括化妆、数码、服饰、食品、饮料、汽车及banner等多种实例的讲解。

• 读者服务 •

本书由水木居士主编，在此感谢所有创作人员对本书付出的艰辛。在创作的过程中，由于时间仓促，错误在所难免，希望广大读者批评指正。如果在学习过程中发现问题，或有更好的建议，欢迎发邮件到bookshelp@163.com与我们联系。

编 者

2016年11月

目录

第 1 章 初识Photoshop

1.1 Photoshop CC新增功能 14
实战001 Camera Raw的污点去除功能 14
实战002 Camera Raw的径向滤镜 14
实战003 “镜头校正”校正图像 15
实战004 防抖拯救失真 15
实战005 调整图像大小的改进 16
实战006 可编辑的圆角矩形 16
实战007 选择多个路径 16
实战008 隔离图层 17
实战009 改进的智能锐化滤镜 17
1.2 Photoshop CC的工作界面 17
实战010 认识工具箱 17
实战011 工作区的切换 18
实战012 定制自己的工作区 18
1.3 创建工作环境 18
实战013 创建一个新文件 18
实战014 使用“打开”命令打开文件 19
实战015 打开 EPS 文件 19
实战016 将一个分层文件存储为JPG格式 19
1.4 标尺、参考线及历史记录 20
实战017 调整标尺原点 20
实战018 使用参考线 20
实战019 使用智能参考线 20
实战020 使用网格 21
实战021 使用标尺工具 21
实战022 利用“标尺工具”校正倾斜照片 21
实战023 使用对齐功能 22
实战024 显示或隐藏额外内容 22
实战025 还原文件 22
实战026 前进一步与后退一步 22
实战027 恢复文件 23
实战028 使用“历史记录”面板 23
实战029 使用“缩放工具”缩放图像 23
1.5 图像查看 23
实战030 使用“旋转视图工具”旋转画布 24
实战031 使用“抓手工具”查看图像 24
实战032 使用注释工具 24
实战033 使用“导航器”查看图像 24

第 2 章 基本功能的操作与使用

2.1 图像编辑及操作 26
实战034 使用“裁剪工具”裁剪图像 26
实战035 使用“裁剪”命令裁剪图像 26
实战036 使用“裁切”命令裁切图像 26
实战037 自由变换图像 26
2.2 选区的创建 27
实战038 使用矩形选框工具创建选区 27
实战039 使用椭圆选框工具创建选区 27
实战040 使用单行、单列选框工具创建选区 27
实战041 使用套索工具选择图像 28
实战042 使用多边形套索工具选择图像 28
实战043 使用磁性套索工具选择图像 28
实战044 使用魔棒工具选择图像 29
实战045 使用快速选择工具创建选区 29
2.3 编辑选区 29
实战046 全选图像 29
实战047 反选选区 30
实战048 移动选区 30
实战049 变换选区 30
实战050 边界选区 31
实战051 平滑选区 31
实战052 扩展选区 31
实战053 收缩选区 32
实战054 羽化选区 32
实战055 选区的填充 33
实战056 选区的描边 33
实战057 使用“色彩范围”命令创建选区 34
2.4 图像编辑工具 34
实战058 自定义图案 34
实战059 使用污点修复画笔工具修复污点 35
实战060 使用修复画笔工具去除斑点 35
实战061 使用修补工具修补图像 35
实战062 使用内容感知移动工具替换图像 36
实战063 使用模糊工具模糊图像 36
实战064 使用锐化工具清晰图像 36
实战065 使用减淡工具淡化图像 37
实战066 使用加深工具加深图像 37
2.5 文字工具的应用 37
实战067 使用横排和直排文字工具 37
实战068 创建点文字 38
实战069 创建段落文字 38
实战070 利用文字外框调整文字 38

实战071 定位和选择文字 38
实战072 移动文字 39
实战073 更改文字方向 39
实战074 栅格化文字层 39
实战075 认识“字符”面板 39
实战076 切换文字字体 40
实战077 切换字体样式 40
实战078 更改字体大小 40
实战079 水平/垂直缩放文字 41
实战080 更改文本颜色 41
实战081 切换文字方向 41
实战082 消除文字锯齿 41
实战083 创建路径文字 42
实战084 创建和取消文字变形 42
实战085 基于文字创建工作路径 43
实战086 将文字转换为形状 43

2.6 钢笔工具与路径操作 43

实战087 查看路径 43
实战088 绘制形状 44
实战089 绘制直线段 44
实战090 绘制曲线 44
实战091 绘制路径 44
实战092 添加锚点 45
实战093 删除锚点 45
实战094 从路径建立选区 45
实战095 从选区生成路径 46

2.7 形状工具 46

实战096 使用矩形工具绘制矩形 46
实战097 使用圆角矩形工具绘制圆角矩形 46
实战098 使用椭圆工具绘制椭圆 46
实战099 使用多边形工具绘制五角星 47
实战100 使用直线工具绘制直线 47

2.8 绘画工具 47

实战101 使用画笔工具绘制图像 47
实战102 使用铅笔工具绘制图像 48
实战103 使用颜色替换工具替换颜色 48
实战104 使用历史记录艺术画笔工具添加特效 48
实战105 认识画笔预设 48
实战106 使用橡皮擦工具擦除多余图像 49
实战107 使用背景橡皮擦工具擦除背景 49
实战108 使用魔术橡皮擦工具擦除背景 49

2.9 图层的创建与操作 50

实战109 创建新图层 50
实战110 转换背景图层 50
实战111 创建图层组 50
实战112 创建调整图层 50
实战113 创建形状图层 51
实战114 创建智能对象 51
实战115 移动图层 51
实战116 复制图层 52
实战117 删除图层 52
实战118 更改图层排列顺序 52
实战119 更改图层显示颜色 53
实战120 链接图层 53
实战121 搜索图层 53
实战122 对齐图层对象 53
实战123 将图层与选区对齐 54
实战124 栅格化图层 54
实战125 合并图层 54
实战126 盖印图层 55

2.10 图层混合模式 55

实战127 使用“溶解”模式创建粒子边缘 55
实战128 使用“正片叠底”模式加深图像 55
实战129 使用“变暗”模式调低暗底 56
实战130 使用“颜色加深”模式降低亮度 56
实战131 使用“线性加深”模式加深图像 56
实战132 使用“变亮”模式提高亮度 56
实战133 使用“深色”模式增强图像 57
实战134 使用“滤色”模式提高亮度 57
实战135 使用“颜色减淡”模式减淡图像 57
实战136 使用“线性减淡（添加）”模式减淡图像 .58
实战137 使用“浅色”模式过曝图像 58
实战138 使用“叠加”模式组合图像 58
实战139 使用“柔光”模式降低亮度 58
实战140 使用“强光”模式增强对比度 59
实战141 使用“亮光”模式调亮图像 59
实战142 使用“线性光”模式制作强对比效果 59
实战143 使用“点光”模式增强暗部亮度 59
实战144 使用“实色混合”模式分离颜色 60
实战145 使用“差值”模式混合颜色 60
实战146 使用“排除”模式反相颜色 60
实战147 使用“减去”模式减掉混合色 60
实战148 使用“划分”模式分割混合色 61
实战149 使用“色相”模式创建结果色 61
实战150 使用“饱和度”模式减去颜色 61
实战151 使用“颜色”模式减弱对比度 61
实战152 使用“明度”模式将图像去色 62

2.11 图层样式 62

实战153 利用斜面和浮雕创建立体效果 62
实战154 利用“描边”样式增强边缘 62
实战155 利用“投影”样式制作投影效果 63
实战156 利用“外发光”样式添加发光效果 63

实战157 利用“内阴影”样式制作内投影效果........63
实战158 利用“内发光”样式制作内部发光..........64
实战159 利用“光泽”样式增强光泽度.................64
实战160 利用“颜色叠加”填充颜色......................64
实战161 利用“渐变叠加”添加渐变效果..............65
实战162 利用“图案叠加”叠加图像......................65
实战163 复制图层样式..65
实战164 将图层样式转换为图层............................65

第 3 章 图像色调与色彩校正

3.1 图层模式的转换及直方图............................68
实战165 转换灰度模式..68
实战166 转换双色调..68
实战167 预览直方图调整信息................................68
3.2 调整图像色调..68
实战168 使用“自动色调”命令校正图像色调........69
实战169 使用“自动对比度”命令校正对比度........69
实战170 使用“自动颜色”命令校正颜色..............69
实战171 使用“亮度/对比度”命令调整亮度..........70
实战172 使用“色阶”命令调整高光和阴影...........70
实战173 使用“曲线”命令调整明暗度..................70
实战174 使用“曝光度”命令调整曝光度..............71
实战175 使用“阴影/高光”命令调整阴影和高光....71
实战176 使用“HDR色调”命令制作HDR色调.....72
实战177 使用“自然饱和度”命令调整饱和度........72
实战178 使用“色相/饱和度”命令调整色相和饱和度...73
实战179 使用“色彩平衡”命令校正颜色..............73
实战180 使用“通道混合器”命令对图像调色........73
实战181 使用“反相”命令反相颜色......................74
实战182 使用“可选颜色”命令校正颜色..............74
实战183 使用“替换颜色”命令替换抱枕颜色........75
实战184 使用“黑白”命令转换黑白图像..............75
实战185 使用“照片滤镜”命令增加色温..............76
实战186 使用“色调分离”命令分离色调..............76
实战187 使用“阈值”命令制作黑白图像..............76
实战188 使用“渐变映射”命令添加渐变映射........77
实战189 使用“去色”命令去除彩色......................77
实战190 使用“色调均化”命令调整色调..............78

第 4 章 滤镜及通道使用进阶

4.1 滤镜的使用..80
实战191 使用普通滤镜..80
实战192 智能滤镜可逆操作....................................80
实战193 使用滤镜库..80
实战194 使用“液化”滤镜变形水果......................80
实战195 使用“油画”滤镜打造油画图像..............81
实战196 使用“查找边缘”滤镜查找图像边缘........81
实战197 使用“等高线”滤镜勾画图像轮廓线........81
实战198 利用“风”滤镜制作风吹效果..................82
实战199 使用“浮雕效果”滤镜制作浮雕效果........82
实战200 使用“自定”扩展滤镜............................83
实战201 使用“扩散”滤镜添加毛边效果..............83
实战202 使用“拼贴”滤镜制作拼贴效果..............84
实战203 使用“曝光过度”滤镜制作曝光过度图像 .84
实战204 使用“凸出”滤镜制作立体图像效果........84
实战205 使用“场景模糊”滤镜制作场景模糊效果 .85
实战206 使用“光圈模糊”滤镜模拟镜头光圈........85
实战207 使用“移轴模糊”滤镜添加模糊特效........85
实战208 使用“便条纸”滤镜制作压痕效果...........86
实战209 使用“表面模糊”滤镜模糊中心图像........86
实战210 使用“动感模糊”滤镜添加动感特效........87
实战211 使用“方框模糊”滤镜制作规则模糊........87
实战212 使用“高斯模糊”滤镜模糊图像..............88
实战213 利用“模糊”滤镜和“进一步模糊”滤镜模糊图像........88
实战214 使用“径向模糊”滤镜制作放射效果........88
实战215 使用“镜头模糊”滤镜模拟景深..............89
实战216 使用“平均”滤镜创建平滑效果..............89
实战217 使用“特殊模糊”滤镜清晰图像边缘........89
实战218 使用“形状模糊”滤镜创建形状模糊........90
实战219 使用“波浪”滤镜模拟波浪效果..............90
实战220 使用“极坐标”滤镜扭曲图像..................91
实战221 使用“挤压”滤镜创建挤压效果..............91
实战222 使用“切变”滤镜扭曲图像......................91
实战223 使用“球面化”滤镜球面化图像..............92
实战224 使用“水波”滤镜制作水波......................92
实战225 使用“旋转扭曲”滤镜扭曲图像..............93
实战226 使用“USM锐化”滤镜锐化图像..............93
实战227 使用“进一步锐化”滤镜和“锐化”滤镜锐化图像........93
实战228 使用“锐化边缘”滤镜锐化图像边缘........94
实战229 使用“智能锐化”滤镜锐化图像..............94
实战230 使用“彩块化”滤镜柔和图像..................94
实战231 使用“彩色半调”滤镜制作圆点图像........95
实战232 使用“点状化”滤镜添加点状化效果........95
实战233 使用“晶格化”滤镜制作晶格化图像........96
实战234 使用“马赛克”滤镜打造马赛克特效........96
实战235 使用“碎片”滤镜制作重叠位移效果........96

实战236 使用“铜版雕刻”滤镜制作雕刻特效........97
实战237 使用“分层云彩”滤镜制作分层云彩效果.97
实战238 使用“镜头光晕”滤镜添加镜头光晕效果....97
实战239 使用“纤维”滤镜制作纤维图像...............98
实战240 使用“云彩”滤镜制作云彩效果...............98
实战241 使用“减少杂色”滤镜减少图像杂色........98
实战242 使用“蒙尘与划痕”滤镜修复图像缺陷.....99
实战243 使用“去斑”滤镜去除图像斑点...............99
实战244 使用“添加杂色”滤镜为图像添加杂色.....99
实战245 使用“中间值”滤镜模糊图像................100
实战246 使用“高反差保留”滤镜保留图像边缘细化...100
实战247 使用“位移”滤镜添加位移效果.............101
实战248 使用“嵌入水印”滤镜为图像嵌入水印...101
4.2 通道..101
实战249 创建Alpha通道...101
实战250 复制通道...102
实战251 删除通道...102
实战252 存储选区...102
实战253 快速蒙版转换模式....................................102
实战254 创建图层蒙版..103

第5章 调出唯美潮流色

实战255 利用“可选颜色”调整高贵宝石项链......105
实战256 利用“自然饱和度”调整情侣抱抱熊......106
实战257 利用“色阶”调整唯美温馨家纺............107
实战258 利用“曲线”调整可爱飞机暖水袋..........108
实战259 利用“色相/饱和度”调整可爱卡通小孩...109
实战260 利用“色相/饱和度”调整情侣羽绒服.....110
实战261 利用“色彩平衡”调整青春松糕鞋..........111
实战262 利用“曝光度”调整紫色抱枕.................112
实战263 利用“色阶”调整靓丽格子包包.............114
实战264 利用“可选颜色”调整甜美碎花裙..........115
实战265 利用“色相/饱和度”调整青春时尚板鞋...116
实战266 利用“曲线”和“可选颜色”调整甜美公主羽绒服..118
实战267 利用“纯色”调整可爱萌兔耳机.............119
实战268 利用“曲线”和“自然饱和度”调整时尚蓝色鞋子..120
实战269 利用“亮度/对比度”调整靓丽公主耳机..121
实战270 利用“曲线”和“色阶”调整甜美马卡龙暖手宝..122
实战271 利用“亮度/对比度”调整猫头鹰保温袋...124
实战272 利用“曲线”调整可爱卡通婴儿.............125
实战273 利用“色相/饱和度”调整可爱小马摆件..126
实战274 利用“色相/饱和度”调整可爱阿狸.........127
实战275 利用“可选颜色”调整精品陶瓷茶杯......129
实战276 利用“色相/饱和度”调整宝石手链.........131
实战277 利用“色相/饱和度”调整风情长裙.........132

第6章 经典流行色调色法

实战278 校正偏色鞋子..136
实战279 校正偏色抱枕..137
实战280 为播放器更改颜色.....................................139
实战281 为iPhone机身更换颜色..............................139
实战282 调整蓝色英伦鞋..140
实战283 为移动电源更换颜色..................................141
实战284 利用“阴影/高光”调整精致日式小台灯...142
实战285 利用“可选颜色”调整复古情侣表..........143
实战286 利用“曲线”调整品质牛皮登山鞋..........145
实战287 利用“可选颜色”调整可爱旅行包..........146
实战288 利用“色相/饱和度”调整精品萌猴小挂饰...148
实战289 利用“照片滤镜”调整奢侈钱包.............150
实战290 利用“曲线”和“照片滤镜”调整高档牛皮鞋..151
实战291 利用“曲线”和“可选颜色”调整富贵手镯...152
实战292 利用“曲线”调整品质珍珠耳坠.............154
实战293 利用“曝光度”调整英伦手提包.............155
实战294 利用“照片滤镜”调整质感手工靴..........156
实战295 利用“色相/饱和度”调整精美貉皮钱包...157
实战296 利用“曲线”和“自然饱和度”调整可爱鸭舌帽..159
实战297 利用“可选颜色”和“色阶”调整奢华裸钻项链..160
实战298 利用“可选颜色”和“曲线”调整世界名表...162
实战299 利用“曲线”和“色阶”调整质感马丁靴...163
实战300 利用“自然饱和度”调整质感头戴耳机...165
实战301 利用“可选颜色”调整精品陶瓷茶具......167
实战302 利用“曲线”调整精致日式茶具.............168
实战303 利用“色相/饱和度”调整舒适运动鞋.....169
实战304 利用“可选颜色”和“色阶”调整可爱乌龟玩具..170
实战305 利用“亮度/对比度”调整精致透明手表...172
实战306 利用“自然饱和度”调整精致老人手机...173
实战307 利用“自然饱和度”调整时尚精工名表...175
实战308 利用“可选颜色”和“照片滤镜”调整精致小马挂饰..176

第 7 章 网店经典抠图技法

实战309 魔术橡皮擦工具快速抠取手表......179
实战310 魔棒工具快速抠取包包......179
实战311 磁性套索工具抠取baby帽......180
实战312 图层混合模式抠取戒指......181
实战313 磁性套索工具抠取鞋子......181
实战314 利用通道抠取抱枕......182
实战315 自由钢笔工具抠取高帮鞋......183
实战316 利用通道抠取天鹅摆件......184
实战317 钢笔工具抠取雨伞......185
实战318 钢笔工具抠取蒸脸器......186
实战319 钢笔工具抠取白色茶杯......187
实战320 钢笔工具抠取茶具......188
实战321 钢笔工具抠取木质茶杯......189
实战322 同色背景抠图......189
实战323 图层混合模式添加烟花......190
实战324 自由钢笔工具抠取骨头靠枕......191
实战325 磁性钢笔工具抠取毛绒公仔......192

第 8 章 网店常用背景制作

实战326 简单白云背景......194
实战327 经典斜纹背景......194
实战328 蓝色系背景......195
实战329 分割背景......196
实战330 金色图形背景......197
实战331 双色背景......198
实战332 版块背景......199
实战333 麻布背景......201
实战334 放射光晕背景......201
实战335 小方格背景......203
实战336 立体方块背景......205
实战337 圆点背景......207
实战338 运动跑道背景......209
实战339 蓝卡其条纹背景......211
实战340 圆盘放射背景......212
实战341 双色对比背景......214
实战342 菱形分割背景......216
实战343 夏日蓝背景......217
实战344 飞絮背景......218
实战345 立体金属孔背景......220
实战346 日出祥云背景......222
实战347 方格纹理背景......224
实战348 绿色底座背景......226
实战349 放射矩形背景......229
实战350 切割质感背景......231
实战351 光晕背景......234
实战352 图形图像组合背景......237
实战353 柔和绿背景......239

第 9 章 网店潮流背景制作

实战354 柠檬黄背景......244
实战355 甜蜜初恋背景......245
实战356 潮流城市背景......246
实战357 卡通条纹背景......247
实战358 时尚线条背景......248
实战359 心跳背景......249
实战360 连接线背景......251
实战361 糖果背景......254
实战362 新潮背景......256
实战363 多边形背景......260
实战364 炫彩泡泡背景......263
实战365 color背景......265
实战366 手绘城市背景......266
实战367 立体多边形背景......269
实战368 散落多边形背景......271
实战369 旅行元素背景......272
实战370 环绕瓷贴背景......274
实战371 立体展台背景......276
实战372 条纹律动背景......283
实战373 城市舞台背景......285

第 10 章 主题背景制作

实战374 自然木质背景......291
实战375 冰爽背景......292
实战376 世界主题背景......293
实战377 城市背景......294
实战378 天空背景......297
实战379 水墨背景......300
实战380 冬日元素背景......301

实战381 古典祥云背景 302
实战382 喜庆背景 303
实战383 春绿背景 304
实战384 彩虹背景 306
实战385 春天背景 308
实战386 卡通太空背景 309
实战387 模拟舞台背景 312
实战388 赛道背景 316

第 11 章 传统艺术字的制作

实战389 立体弧形字 320
实战390 折叠字 322
实战391 犀利闪电字 326
实战392 立体条纹字 329
实战393 金属镂空铭牌字 331
实战394 低价字 332
实战395 时装字 334
实战396 金属展示字 336
实战397 磨砂金字 337
实战398 圆形镂空字 341
实战399 梯形字 342
实战400 图形文字 343
实战401 新款字体 346
实战402 娱乐游戏字 348
实战403 展台字 353

第 12 章 新潮主题文字的制作

实战404 拼贴字 359
实战405 商业立体字 360
实战406 滑雪主题字 364
实战407 秒杀字 366
实战408 喷溅色彩字 367
实战409 火焰组合字 368
实战410 自然亮光字 370
实战411 火爆辣椒字 374
实战412 招牌字 375
实战413 速度激情字 377
实战414 初恋字 378
实战415 限时秒杀字 379
实战416 火焰主题字 381
实战417 主题元素字 385
实战418 狂欢节字 387
实战419 双十一促销字 389
实战420 象形字 392

第 13 章 打造华丽边框

实战421 三角形虚线边框 396
实战422 条纹边框 397
实战423 中华元素边框 398
实战424 手绘虚线边框 400
实战425 撕纸边框 403
实战426 锯齿边框 405
实战427 奶油边框 409
实战428 银色质感边框 410
实战429 圣诞元素边框 412
实战430 金质边框 414
实战431 欧式高端边框 416
实战432 冬日元素边框 418

第 14 章 绘制贴心标签

实战433 吊牌标签 422
实战434 立体矩形标签 424
实战435 镂空组合标签 426
实战436 燕尾组合标签 427
实战437 指向性标签 430
实战438 对话样式标签 431
实战439 可爱提示标签 432
实战440 拟物标签 434
实战441 提示标签 437
实战442 促销标签 439
实战443 投影标签 440
实战444 复合标签 442
实战445 花形标签 443
实战446 多边形对话标签 444
实战447 立体指向标签 446
实战448 双色多边形标签 447
实战449 弧形燕尾标签 449

第 15 章 醒目标识设计

实战450 便签纸标识 453
实战451 放射多边形标识 454
实战452 收藏标识 454
实战453 猪头标识 457
实战454 圆字组合标识 458
实战455 镂空箭头标识 459
实战456 长条形标识 461
实战457 镂空对比标识 462
实战458 双色拼字标识 463
实战459 卡通手握标识 465
实战460 悬吊标识 467
实战461 重叠燕尾标识 469

第 16 章 绘制装饰图形

实战462 开口图像 473
实战463 百变装饰图形 474
实战464 妈咪座垫 475
实战465 弧形分割图形 476
实战466 炫酷展台 477
实战467 悬挂页面 479
实战468 拟物化展板 480
实战469 透明底座 481
实战470 招牌图形 483
实战471 唯美展板 486
实战472 盾牌装饰 489
实战473 木质展台 491
实战474 动感泡泡 493
实战475 展示图形 495
实战476 电饭煲特征 497
实战477 拱形图像 499
实战478 星星图形 502
实战479 特征装饰图形 504
实战480 透明展示牌 507
实战481 口袋图形 509
实战482 撕纸特效 511
实战483 黄金底座 513
实战484 牛肉详细描述 515

第 17 章 常用优惠券制作

实战485 抵用券 523
实战486 票据式优惠券 525
实战487 金袋优惠券 528
实战488 食品优惠券 530
实战489 简洁优惠券 532
实战490 蝴蝶结式优惠券 534

第 18 章 个护化妆广告设计

实战491 动感洗发水广告设计 540
实战492 精致剃须刀广告设计 543
实战493 洗护满减广告设计 546
实战494 高档化妆品广告设计 548
实战495 洗护组合广告设计 550
实战496 香氛洗浴广告设计 553

第 19 章 数码时代硬广设计

实战497 新机上市硬广设计 560
实战498 吸尘器硬广设计 561
实战499 家电超市促销硬广设计 562
实战500 女性手机周硬广设计 564
实战501 电视换新硬广设计 565
实战502 科技手机硬广设计 568
实战503 平板电脑硬广设计 570
实战504 手机硬广设计 572
实战505 游戏电脑硬广设计 574
实战506 手机促销硬广设计 575
实战507 音箱秒杀硬广设计 577
实战508 潮流数码硬广设计 580
实战509 女人手机硬广设计 582
实战510 投影仪硬广设计 585

第 20 章 淘宝服饰家居硬广设计

实战511 女装促销硬广设计 589
实战512 春装上市硬广设计 589

实战513 时尚男人志硬广设计......591
实战514 亮色羽绒服硬广设计......593
实战515 糖果毛衣硬广设计......594
实战516 超轻运动鞋硬广设计......596
实战517 鹿皮皮鞋硬广设计......599
实战518 百变男装硬广设计......602
实战519 美丽裙子硬广设计......604
实战520 绿色心情包包硬广设计......605
实战521 运动鞋广告硬广设计......607
实战522 春季新运动硬广设计......609
实战523 家装节硬广设计......612
实战524 炫酷运动鞋硬广设计......615
实战525 元旦活动硬广设计......616
实战526 家居展台硬广设计......618
实战527 男鞋硬广设计......620
实战528 春装上新硬广设计......622
实战529 跑向春天硬广设计......623
实战530 个性女鞋硬广设计......625
实战531 三色毛衣硬广设计......627
实战532 电烤锅硬广设计......630
实战533 厨电促销硬广设计......632
实战534 浪漫床品硬广设计......634
实战535 秋冬新品男鞋硬广设计......636
实战536 炫酷运动鞋上新硬广设计......641

第21章 淘宝食品饮料广告设计

实战537 茶叶广告设计......646
实战538 养生品广告设计......648
实战539 XO酱牛肉粒广告设计......650
实战540 麻辣花生广告设计......653
实战541 春天的味道广告设计......654
实战542 干果展示页......656
实战543 美食团购......658
实战544 冲调橙汁广告设计......661
实战545 食材组合装......664
实战546 苹果详细展示......667
实战547 柚子茶广告设计......670
实战548 气泡酒广告设计......672
实战549 水果大促......676

第22章 节日促销广告

实战550 圣诞大促......682
实战551 疯狂送......684
实战552 优惠券派送......688
实战553 潮装换新季......691
实战554 双12来了......693
实战555 购物季疯抢......696
实战556 年终盛典......700
实战557 约惠春天......703
实战558 潮礼福箱......707
实战559 情人节促销......708
实战560 开春礼......709
实战561 再战双12......711
实战562 促销信息......714
实战563 年终大促......716
实战564 疯狂底价......720
实战565 决战双十一......725
实战566 春季8折......728
实战567 低价风暴......733

第23章 纵情车友会与旅行文化

实战568 旅游广告设计......740
实战569 旅行页设计......741
实战570 汽车背景设计......743
实战571 航空保险设计......744
实战572 汽车座椅广告设计......747
实战573 儿童座椅广告设计......750
实战574 机车改装广告设计......753
实战575 汽车用品广告设计......759

第24章 网店banner设计与制作

实战576 春装banner设计......764
实战577 美丽的鞋子banner设计......765
实战578 时装banner设计......766
实战579 春茶上新banner设计......769
实战580 保暖衣banner设计......771
实战581 文艺时装banner设计......773
实战582 运动季banner设计......777
实战583 女人节疯狂购banner设计......779
实战584 羽绒被banner设计......782
实战585 早春童鞋banner设计......784
实战586 樱花季婚纱banner设计......785
实战587 雪纺衫banner设计......788
实战588 包包banner设计......789

实战589 素雅banner设计 790
实战590 亲近自然banner设计 792
实战591 女人节新品banner设计 794
实战592 洗护促销banner设计 795
实战593 倾情让利banner设计 800
实战594 职场新装banner设计 802
实战595 开春单鞋banner设计 805
实战596 彩虹banner设计 806
实战597 节日banner设计 808
实战598 旗舰店招banner设计 811
实战599 棉衣banner设计 815
实战600 变形本banner设计 818

第1章 初识Photoshop

本章导读

Photoshop是Adobe公司开发的一款十分优秀的图形处理软件，它的功能极奇强大。本章主要讲解Photoshop软件的基础知识，学会使用Photoshop是掌握网店装修操作方法的前提，通过对本章基础知识的学习我们可以对软件有一个基本的了解，从而使我们在后期的学习过程中更加得心应手。

要点索引

- 了解Photoshop CC的新增功能
- 认识Photoshop CC的工作界面
- 学习创建工作环境

1.1 Photoshop CC新增功能

Adobe Photoshop CC为Adobe Photoshop Creative Cloud简写，是Photoshop CS6 的下一个全新版本。新版本除了Adobe推崇的Creative Cloud云概念之外也简单更新了部分功能。

实战001 Camera Raw的污点去除功能

▶素材位置：素材\第1章\枕头.jpg
▶案例位置：效果\第1章\污点去除功能.jpg
▶视频位置：视频\实战001.avi
▶难易指数：★★☆☆☆

• 实例介绍 •

Camera Raw的“污点去除”功能有很大的改进，它不再需要每次去除污点时修改笔触大小的复杂操作，直接按住鼠标拖动即可涂抹一个修复范围。污点去除前后效果如图1.1所示。

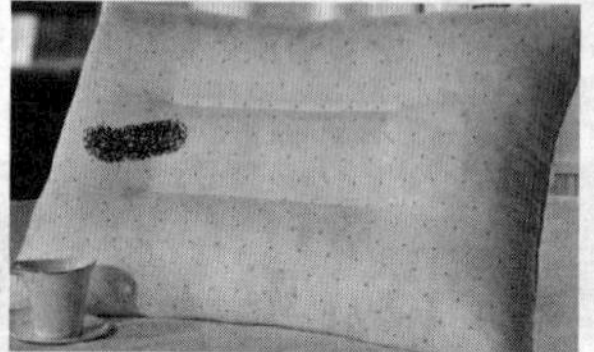

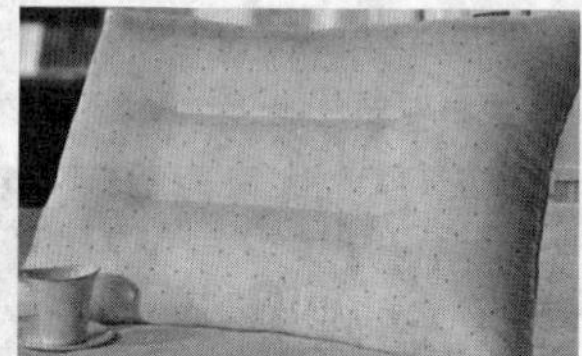

图1.1 污点去除前后效果

• 操作步骤 •

STEP 01 执行菜单栏中的“文件”|“打开”命令，打开“枕头.jpg”文件。

STEP 02 执行菜单栏中的“滤镜”|“Camera Raw滤镜”命令，在弹出的对话框中单击上方的“污点去除”按钮，在画预览区中的图像污点位置涂抹，此时污点将自动消失，被替换为完好图像，如图1.2所示。

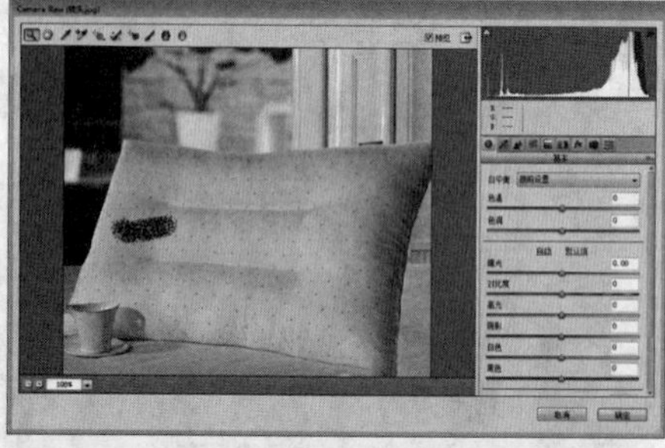

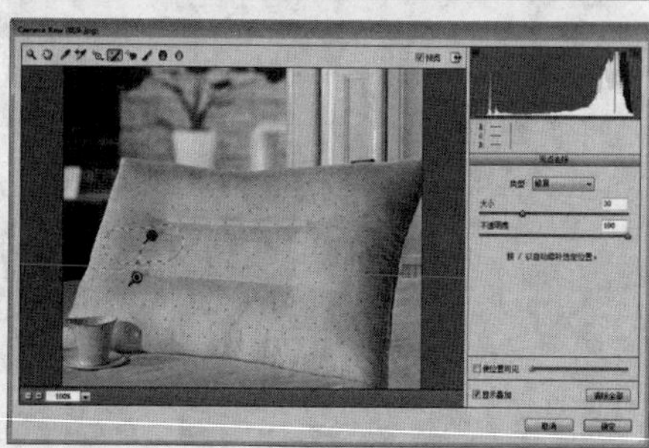

图1.2 污点修复操作过程

实战002 Camera Raw的径向滤镜

▶素材位置：素材\第1章\月夜.jpg
▶案例位置：无
▶视频位置：视频\实战002.avi
▶难易指数：★★☆☆☆

• 实例介绍 •

全新“径向滤镜”工具可以通过绘制椭圆选框，将局部校正功能应用到这些区域。径向滤镜前后效果如图1.3所示。

图1.3 径向滤镜前后效果

• 操作步骤 •

STEP 01 执行菜单栏中的“文件”|“打开”命令，打开“月夜.jpg”文件。

STEP 02 执行菜单栏中的“滤镜”|“Camera Raw滤镜”命令，在弹出的对话框中，单击上方的“径向滤镜”按钮，拖动鼠标即可观察到图像的变化，如图1.4所示。

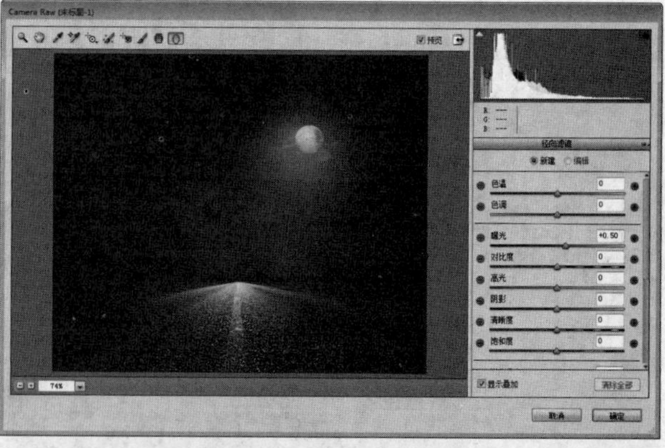

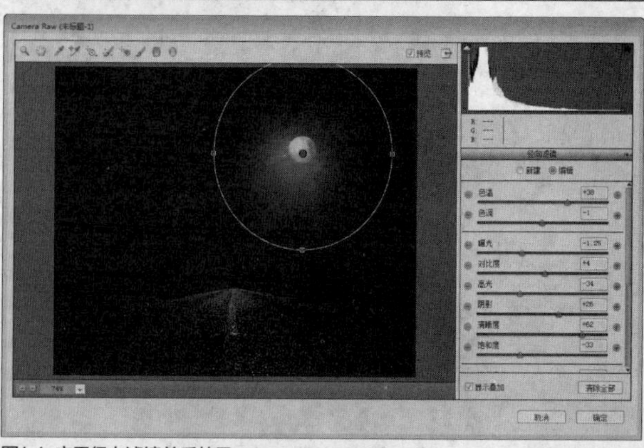

图1.4 应用径向滤镜前后效果

实战 003 “镜头校正”校正图像

▶素材位置：素材\第1章\街景.jpg
▶案例位置：效果\第1章\镜头校正.jpg
▶视频位置：视频\实战003.avi
▶难易指数：★★☆☆☆

• 实例介绍 •

在Camera Raw 中单击“镜头校正”选项，并切换到“手动”选项卡，我们可以通过此选项卡中的选项对图像进行自动的拉直校正，垂直模式会自动校正照片中元素的透视，该功能具有四个选项设置。镜头校正图像前后效果如图1.5所示。

图1.5 镜头校正图像前后效果

• 操作步骤 •

STEP 01 执行菜单栏中的“文件”|“打开”命令，打开“街景.jpg”文件。

STEP 02 执行菜单栏中的“滤镜”|“Camera Raw滤镜”命令，在Camera Raw 中单击“镜头校正”选项，并切换到“手动”选项卡，选择“完全”按钮。“完全”功能是集自动、水平和纵向透视校正的组合，应用该功能的前后效果对比如图1.6所示。

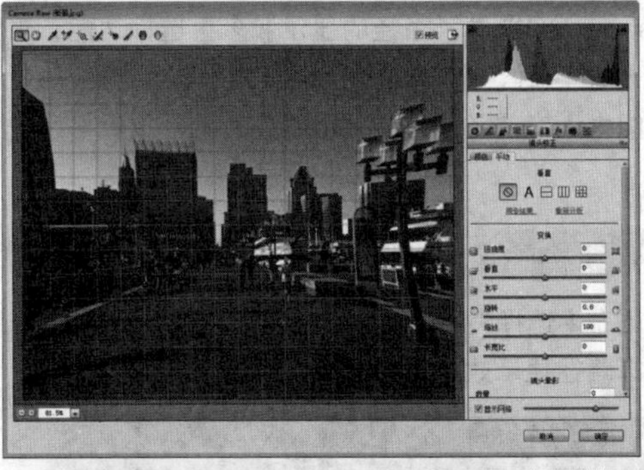

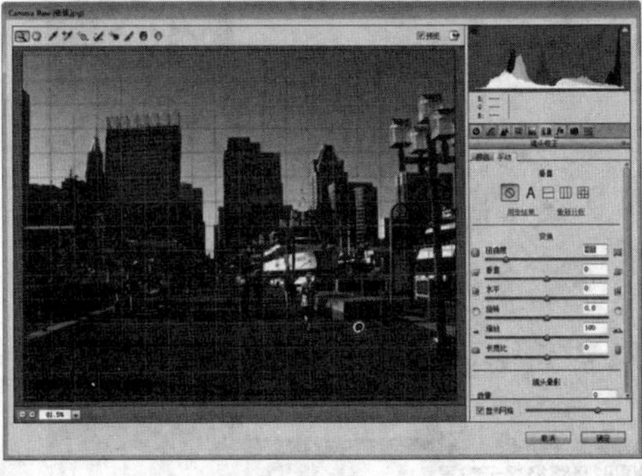

图1.6 校正前后效果

实战 004 防抖拯救失真

▶素材位置：素材\第1章\财神.jpg
▶案例位置：效果\第1章\防抖.jpg
▶视频位置：视频\实战004.avi
▶难易指数：★★☆☆☆

• 实例介绍 •

相机防抖的强大功能从前两个版本就已经开始被宣传，现在终于在最新CC版本上出现，为Photoshop增添了更加令人期待的新功能。防抖拯救失真前后效果如图1.7所示。

图1.7 防抖拯救失真前后效果

• 操作步骤 •

STEP 01 执行菜单栏中的“文件”|“打开”命令，打开“财神.jpg”文件。

STEP 02 执行菜单栏中的“滤镜”|“锐化”|“防抖”命令，在弹出的对话框预览区中拖动控制框以更改应用防抖区域，完成之后单击“确定”按钮，如图1.8所示。

图1.8 “防抖”滤镜应用前后效果

实战 005 调整图像大小的改进

▶素材位置：素材\第1章\盆景.jpg
▶案例位置：无
▶视频位置：视频\实战005.avi
▶难易指数：★★☆☆☆

• 实例介绍 •

在设计过程中，我们经常会遇到要使用的素材太小，需要将图片放大才能使用的情况，但非常不幸的是，放大后图像会变得模糊并且杂色增多，这在以前的Photoshop版本中是无法解决的。当然Photoshop CC出现以后，这种问题就可以解决了，即调整图像大小的同时保留更多细节，以及锐度的采样模式的改进。图1.9所示为放大前后的效果对比。

图1.9 调整图像大小前后效果

• 操作步骤 •

STEP 01 执行菜单栏中的“文件”|“打开”命令，打开“盆景.jpg”文件。

STEP 02 执行菜单栏中的“图像”|“图像大小”命令，在弹出的对话框中更改图像大小参数，完成之后单击“确定”按钮，如图1.10所示。

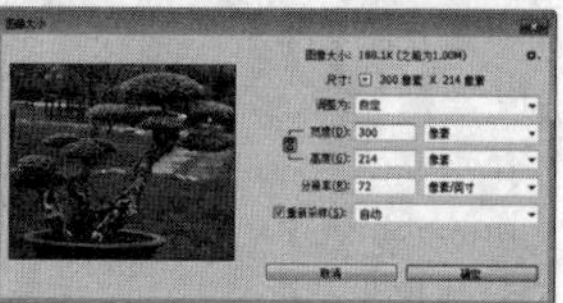

图1.10 更改图像大小

实战 006 可编辑的圆角矩形

▶素材位置：无
▶案例位置：无
▶视频位置：视频\实战006.avi
▶难易指数：★☆☆☆☆

• 实例介绍 •

Photoshop CC在“属性”面板中也进行了改进，特别是对矩形圆角化的改进，这点对于设计师来说非常实用，特别是网页设计师，它不但可以对矩形4个边角进行圆角编辑，还可以独立编辑4个边角圆角度，非常方便。

• 操作步骤 •

STEP 01 选择工具箱中的“圆角矩形工具”，在画布中绘制一个圆角矩形。

STEP 02 在弹出的“属性”面板中的下方通过更改每个角的半径值即可对其进行单独编辑，如图1.11所示。

图1.11 编辑矩形圆角前后效果

提示

新增的可编辑矩形圆角功能只对形状或路径绘图模式的“矩形工具”或“圆角矩形工具”起作用。

提示

单击“将角半径值链接到一起”按钮，此时更改任意一个角的半径值，其他几个角也相应地发生改变，在这种情况下就失去了单独编辑的意义，所以一般情况下此项功能不用激活。

实战 007 选择多个路径

▶素材位置：无
▶案例位置：无
▶视频位置：视频\实战007.avi
▶难易指数：★☆☆☆☆

• 实例介绍 •

Photoshop CC提供了路径的显示和多重选择功能，当选择矢量图形路径时，在“路径”面板中将显示这些路径层，这种功能大大方便了路径的各种操作，从而提高了工作效率。

• 操作步骤 •

STEP 01 在画布中选择矢量图形。

STEP 02 选择路径显示效果，如图1.12所示。

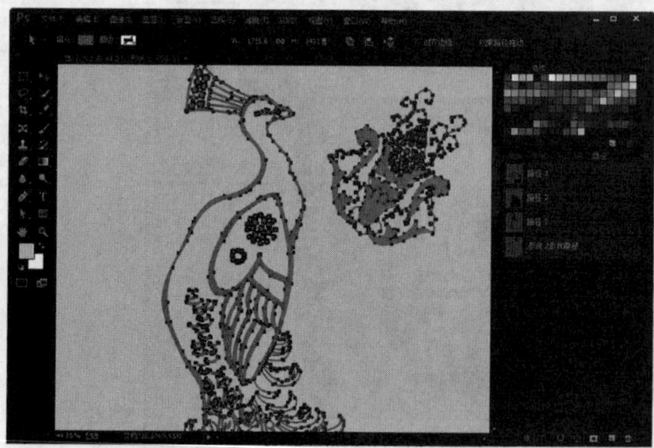

图1.12 选择矢量图形及路径显示效果

实战 008

隔离图层

▶素材位置：无
▶案例位置：无
▶视频位置：视频\实战008.avi
▶难易指数：★☆☆☆☆

• 实例介绍 •

Photoshop CC增加了隔离图层的功能，该功能可以将特别标注或者独立出来的图层隔离。

• 操作步骤 •

STEP 01 选中想要隔离的图层。

STEP 02 执行菜单栏中的“选择”|“隔离图层”命令，或在画布中单击鼠标右键，从弹出的快捷菜单中选择“隔离图层”命令即可，如图1.13所示。

图1.13 图层隔离前后效果

提示

隔离后在“图层”面板中将只显示当前图层，其他图层会处于隔离状态，在当前图层的编辑过程中不会对其他图层造成任何影响，图1.13所示为图层隔离前后的效果对比。

实战 009

改进的智能锐化滤镜

▶素材位置：素材\第1章\大猴子.jpg
▶案例位置：无
▶视频位置：视频\实战009.avi
▶难易指数：★★☆☆☆

• 实例介绍 •

在Photoshop CC中智能锐化滤镜得到了更大的改进，新功能的智能程度能够让软件分辨出真实细节与噪点，做到只对细节锐化，忽略噪点，使锐化图像变得更加真实和自然，更能体现出“智能”的内涵。

• 操作步骤 •

STEP 01 执行菜单栏中的“文件”|“打开”命令，打开“大猴子.jpg”文件。

STEP 02 执行菜单栏中的“滤镜”|“锐化”|“智能锐化”命令，在弹出的对话框中调整参数，完成之后单击“确定”按钮，即可对图像进行智能锐化操作，如图1.14所示。

图1.14 使用“智能锐化”前后效果

1.2 Photoshop CC的工作界面

我们可以使用各种元素，如面板、栏以及窗口等来创建和处理文档和文件。这些元素的任何排列方式都被称为工作区。我们可以通过从多个预设工作区中进行选择或创建自己的工作区来调整各个应用程序。

Photoshop CC的工作区主要由应用程序栏、菜单栏、选项栏、选项卡式文档窗口、工具箱、面板组和状态栏等组成。

实战 010

认识工具箱

▶素材位置：无
▶案例位置：无
▶视频位置：视频\实战010.avi
▶难易指数：★☆☆☆☆

• 实例介绍 •

工具箱在初始状态下一般位于窗口的左侧。利用工具箱中所提供的工具，可以进行选择、绘画、取样、编辑、移动、注释和查看图像等操作，还可以更改前景色和背景色以及进行图像的快速蒙版等操作。若想知道各个工具的快捷键，可以将鼠标分别指向工具箱中的某个工具按钮图标。

• 操作步骤 •

STEP 01 将光标移至工具箱中的“快速选择工具”位置。

STEP 02 稍等片刻后，光标的位置即会出现一个工具名称的提示，提示括号中的字母即为该工具的快捷键，如图1.15所示。

提示

工具提示右侧括号中的字母为该工具的快捷键，有些处于一个隐藏组中的工具有相同的快捷键，如“魔棒工具”和“快速选择工具”的快捷键都是W，此时可以按Shift + W组合键，在工具中进行循环选择。

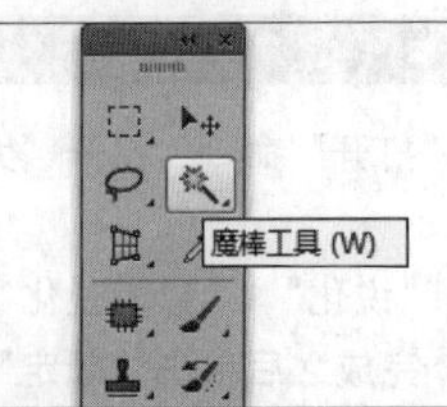

图1.15 工具提示效果

实战011 工作区的切换

▶素材位置：无
▶案例位置：无
▶视频位置：视频\实战011.avi
▶难易指数：★☆☆☆☆

• 实例介绍 •

Photoshop CC提供了多种默认的工作区，用户可以通过执行菜单栏中的“窗口”|“工作区”命令，然后从其子菜单中进行选择，以快速切换不同的工作区。

• 操作步骤 •

STEP 01 执行菜单栏中的“文件”|“打开”命令，打开“夺宝奇兵.jpg”文件，如图1.16所示。

STEP 02 执行菜单栏中的“窗口”|“工作区”|“绘画”命令，此时将转换为绘画工作区，如图1.17所示。

图1.16 打开素材

图1.17 转换工作区

实战012 定制自己的工作区

▶素材位置：无
▶案例位置：无
▶视频位置：视频\实战012.avi
▶难易指数：★★☆☆☆

• 实例介绍 •

PhotoshopCC 还提供了自定工作区的方法，用户可以根据自己的需要，定制属于自己的工作区。

• 操作步骤 •

STEP 01 用户可以根据自己的需要，对工具和面板进行拆分、组合、停靠或堆叠，还可以根据自己的需要关闭或打开工具或面板，创建属于自己的工作区。

STEP 02 执行菜单栏中的“窗口”|“工作区”|“新建工作区”命令，打开“新建工作区”对话框，如图1.18所示。设置完成后，单击“存储”按钮，即可将当前的工作区进行保存，存储后的工作区将显示在“窗口”|“工作区”的子菜单中。

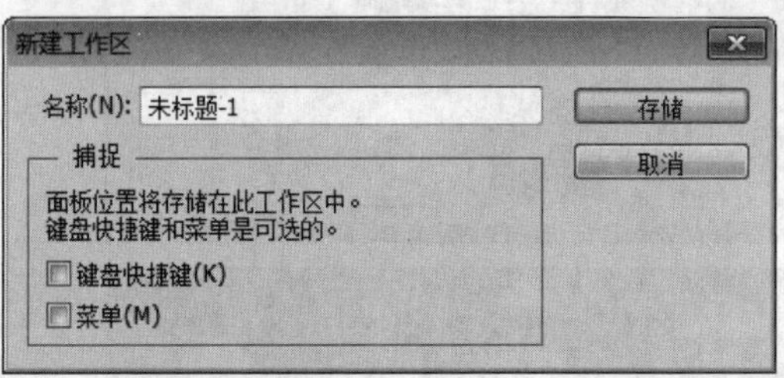

图1.18 “新建工作区”对话框

提示

如果要删除工作区，可以执行菜单栏中的“窗口”|“工作区”命令，然后从其子菜单中选择“删除工作区”命令，打开“删除工作区”对话框，从“工作区”下拉菜单中选择要删除的工作区名称，然后单击“删除”按钮即可。

1.3 创建工作环境

在进行文档的编辑操作之前我们首先需要认识工作环境，这里包括图像文件的新建、打开、存储和置入等基本操作，为以后的深入学习打下一个良好的基础。

实战013 创建一个新文件

▶素材位置：无
▶案例位置：无
▶视频位置：视频\实战013.avi
▶难易指数：★★☆☆☆

• 实例介绍 •

创建新文件的方法非常简单，通过“新建”命令创建即可。

• 操作步骤 •

STEP 01 执行菜单栏中的“文件”|“新建”命令，打开“新建”对话框。

STEP 02 在弹出的对话框中设置各项参数，完成之后单击“确定”按钮，如图1.19所示。

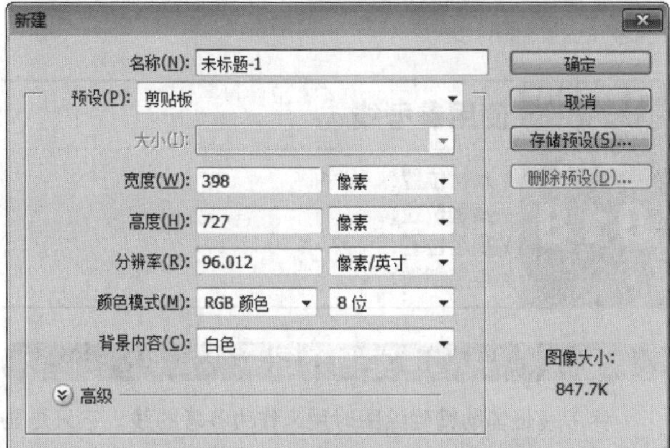

图1.19 “新建”对话框

技巧

按键盘上的Ctrl+N组合键，可以快速打开“新建”对话框。

提示

如果将图像复制到剪贴板中，然后执行菜单栏中的“文件”|“新建”命令，则弹出的“新建”对话框中的尺寸、分辨率和色彩模式等参数与复制到剪贴板中的图像文件的参数相同。

实战 014 使用“打开”命令打开文件

- 素材位置：无
- 案例位置：无
- 视频位置：视频\实战014.avi
- 难易指数：★☆☆☆☆

• 实例介绍 •

要编辑或修改已存在的Photoshop文件或其他软件生成的图像文件时，可以使用“打开”命令将其打开。

• 操作步骤 •

STEP 01 执行菜单栏中的“文件”|“打开”命令，或在工作区的空白处双击，弹出“打开”对话框，如图1.20所示。

STEP 02 单击选择要打开的文档文件，单击“打开”按钮，即可将该文档文件打开，打开的效果如图1.21所示。

图1.20 “打开”对话框

图1.21 打开的文档

技巧

按Ctrl+O组合键，可以快速启动“打开”对话框。

实战 015 打开 EPS 文件

- 素材位置：无
- 案例位置：无
- 视频位置：视频\实战015.avi
- 难易指数：★★☆☆☆

• 实例介绍 •

EPS格式文件是 PostScript的简称，它主要是Adobe Illustrator软件生成的。当打开包含矢量图片的EPS文件时，Photoshop CC将对它进行栅格化，矢量图片中经过数学定义的直线和曲线会转换为位图图像的像素或位。

• 操作步骤 •

STEP 01 执行菜单栏中的“文件”|“打开”命令，在“打开”对话框中选择一个EPS文件，如图1.22所示。

STEP 02 此时将弹出“栅格化EPS格式”对话框，在弹出的对话框中设置各项参数，完成之后单击“确定”按钮，如图1.23所示。

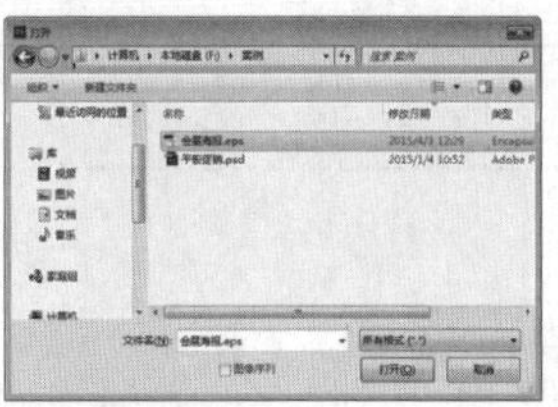

图1.22 对话框

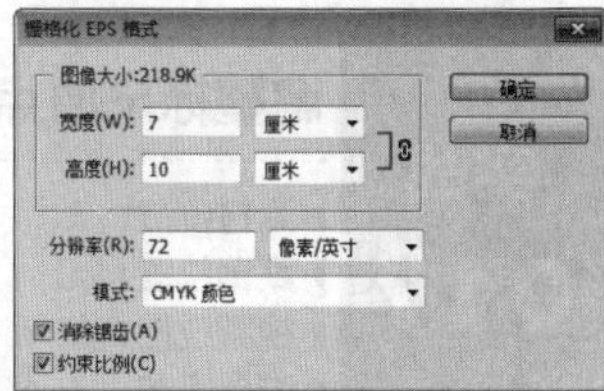

图1.23 栅格化EPS格式

实战 016 将一个分层文件存储为JPG格式

- 素材位置：无
- 案例位置：无
- 视频位置：视频\实战016.avi
- 难易指数：★★☆☆☆

• 实例介绍 •

当我们完成一件作品或者处理完一幅打开的图像时，需要将完成的图像进行存储，这时就可以应用存储命令。

• 操作步骤 •

STEP 01 首先打开一个分层图像，如图1.24所示。

STEP 02 执行菜单栏中的“文件”|“存储为”命令，打开“存储为”对话框，指定保存的位置和文件名后，在“格式”下拉菜单中选择jpeg格式，单击“保存”按钮，即可将图像保存为JPG格式，如图1.25所示。

图1.24 打开分层图像

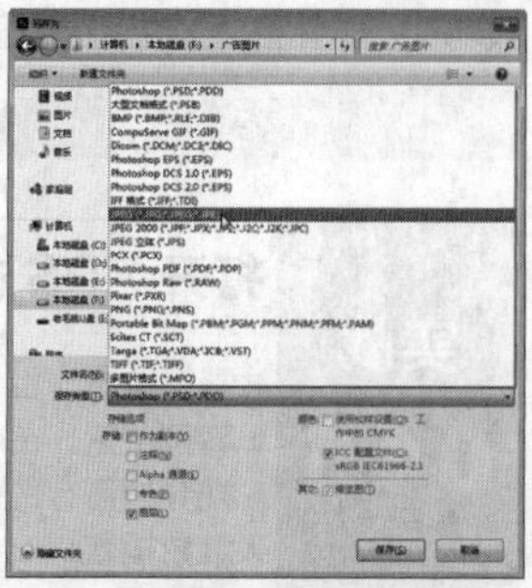

图1.25 存储图像

技巧

“存储”的快捷键为Ctrl+S；“存储为”的快捷键为Ctrl+Shift+S。

提示

JPG和JPEG是完全一样的一种图像格式，只是一般习惯将JPEG简写为JPG。

1.4 标尺、参考线及历史记录

标尺和参考线主要用来辅助做图，它们可以帮助精确定位图像或元素，历史记录可以记录之前的操作过程。

实战017 调整标尺原点

▶素材位置：无
▶案例位置：无
▶视频位置：视频\实战017.avi
▶难易指数：★☆☆☆☆

• 实例介绍 •

标尺可以准确地确认具体位置，在绘图时起到辅助的作用。标尺的原点即是0点位置，它关系到绘图时的准备位置起点。但原点是可以调整的，调整的方法也很简单。调整原点的操作效果如图1.26所示。

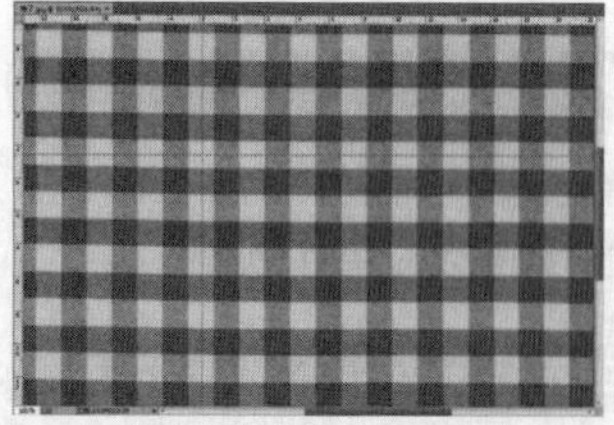

图1.26 调整原点的操作效果

• 操作步骤 •

STEP 01 执行菜单栏中的“视图”|“标尺”命令，在“标尺”命令的左侧出现一个对号，即可启动标尺。

STEP 02 将鼠标光标移动到图像窗口左上角的标尺交叉处，然后按住鼠标向外侧拖动，此时，跟随鼠标会出现一组十字线，释放鼠标后，标尺上的新原点就出现在刚才释放鼠标的位置，如图1.27所示。

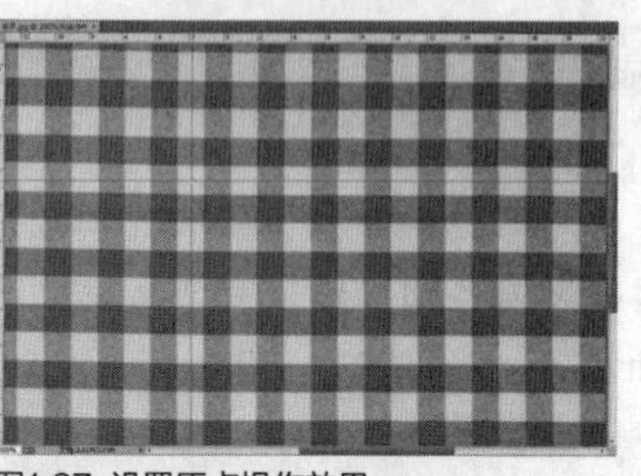

图1.27 设置原点操作效果

实战018 使用参考线

▶素材位置：无
▶案例位置：无
▶视频位置：视频\实战018.avi
▶难易指数：★☆☆☆☆

• 实例介绍 •

参考线是辅助精确绘图时用来作为参考的线，它只是显示在文档画面中方便对齐图像，并不参加打印。我们可以移动或删除参考线；也可以锁定参考线，以免不小心移动它。它的优点在于可以任意设置其位置。

• 操作步骤 •

STEP 01 将鼠标光标移动到水平标尺上，按住鼠标向下拖动，即可创建一条水平参考线。

STEP 02 将鼠标光标移动到垂直标尺上，按住鼠标向右拖动，即可创建一条垂直参考线，如图1.28所示。

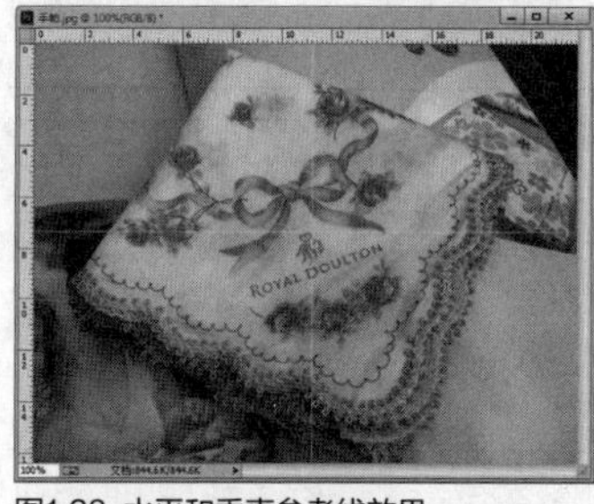

图1.28 水平和垂直参考线效果

提示

按住Alt键，从垂直标尺上拖动可以创建水平参考线，从水平标尺上拖动可以创建垂直参考线。

实战019 使用智能参考线

▶素材位置：无
▶案例位置：无
▶视频位置：视频\实战019.avi
▶难易指数：★☆☆☆☆

• 实例介绍 •

在移动图像时，智能参考线可以与其他的图像、选区、切片等进行对齐。

• 操作步骤 •

STEP 01 执行菜单栏中的“视图”|“显示”|“智能参考线”命令。

STEP 02 选中任意图层，在画布中移动图层中的对象即可自动与相邻的对象对齐，如图1.29所示。

图1.29 智能参考线对齐效果

实战 020 使用网格

▶素材位置：无
▶案例位置：无
▶视频位置：视频\实战020.avi
▶难易指数：★☆☆☆☆

• 实例介绍 •

网格的主要用途是对齐参考线，以便在操作中对齐物体，方便作图时位置排放的准确操作。

• 操作步骤 •

STEP 01 执行菜单栏中的“视图”|“显示”|“网格”命令。

STEP 02 网格显示前后的效果对比如图1.30所示。

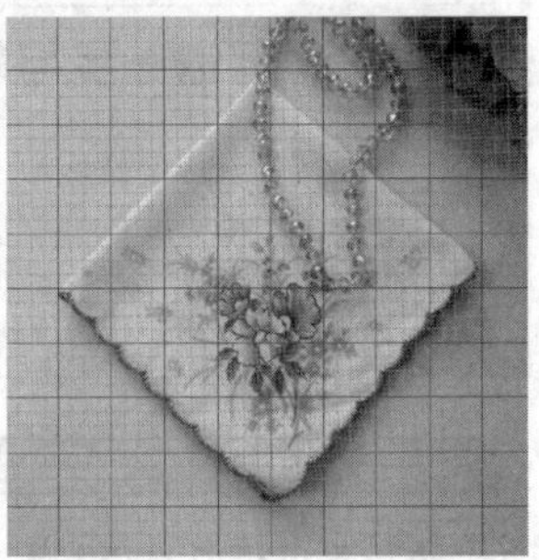

图1.30 网格显示前后效果

实战 021 使用标尺工具

▶素材位置：无
▶案例位置：无
▶视频位置：视频\实战021.avi
▶难易指数：★★☆☆☆

• 实例介绍 •

标尺工具可以度量图像任意两点之间的距离，也可以度量物体的角度，还可以校正倾斜的图像。

• 操作步骤 •

STEP 01 选择“标尺工具”，在图像文件中需要测量长度的开始位置单击鼠标，然后按住鼠标拖动到结束的位置并释放鼠标即可。

STEP 02 打开“信息”面板可以看到测量的结果，如图1.31所示。

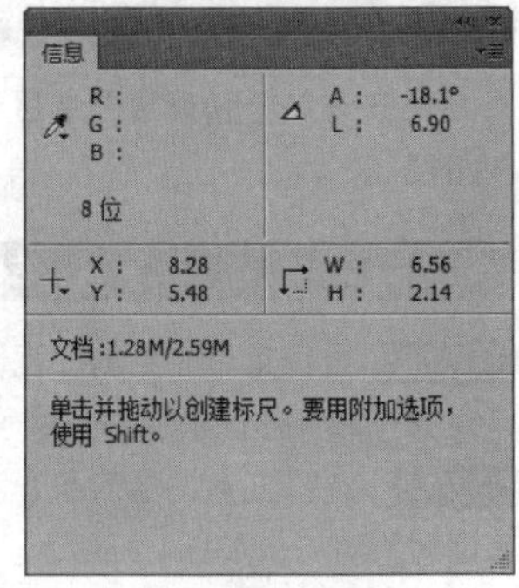

图1.31 度量效果

实战 022 利用“标尺工具”校正倾斜照片

▶素材位置：无
▶案例位置：无
▶视频位置：视频\实战022.avi
▶难易指数：★★☆☆☆

• 实例介绍 •

使用“标尺工具”可以非常容易地矫正照片。

• 操作步骤 •

STEP 01 选择“标尺工具”。

STEP 02 在图像中按住鼠标沿着图像的倾斜水平面拉出一条直线，单击选项栏中的“拉直图层”按钮即可将其拉直，如图1.32所示。

图1.32 拉直图像

提示

在矫正照片的同时，也会有一些局部的景物丢失，这是不可避免的。

实战 023 使用对齐功能

▶素材位置：无
▶案例位置：无
▶视频位置：视频\实战023.avi
▶难易指数：★☆☆☆☆

• 实例介绍 •

对齐有助于精确放置选区边缘、裁切选框、切片、形状和路径。

• 操作步骤 •

STEP 01 执行菜单栏中的“视图”|“对齐”命令，可以看到“对齐”命令左侧出现一个对号标记。

STEP 02 选择任意图层对象，在画布中移动对象即可将其与其他对象对齐，如图1.33所示。

图1.33 对齐对象

实战 024 显示或隐藏额外内容

▶素材位置：无
▶案例位置：无
▶视频位置：视频\实战024.avi
▶难易指数：★☆☆☆☆

• 实例介绍 •

额外内容可以帮助选择、移动或编辑图像和对象，打开或关闭一个额外内容或额外内容的任意组合对图像没有影响。

• 操作步骤 •

STEP 01 执行菜单栏中的“视图”|“显示”|“显示额外选项”命令。

STEP 02 在弹出的对话框中勾选其中想要隐藏或者显示的内容名称前的复选框来显示或者隐藏额外内容，如图1.34所示。

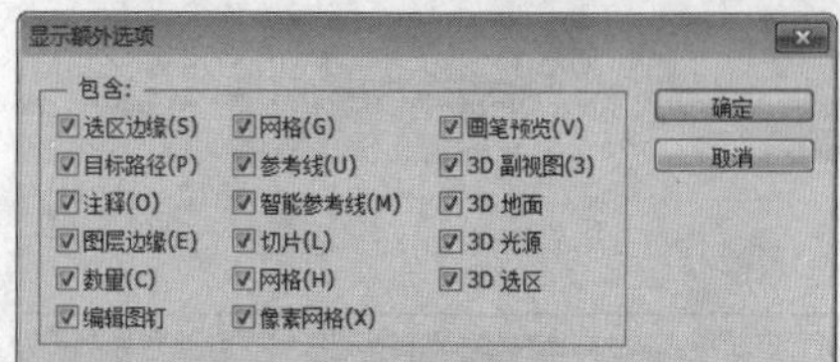

图1.34 “显示额外选项”对话框

提示

隐藏额外内容只是禁止显示额外内容，并不关闭这些选项。

实战 025 还原文件

▶素材位置：无
▶案例位置：无
▶视频位置：视频\实战025.avi
▶难易指数：★★☆☆☆

• 实例介绍 •

使用“还原”命令可以撤销对图像进行的最后一步操作。

• 操作步骤 •

STEP 01 在正在编辑的图像中执行菜单栏中的“编辑”|“还原”命令，将图像还原至之前状态。

STEP 02 执行“编辑”|“重做”命令可执行取消还原操作，如图1.35所示。

图1.35 还原及重做效果

实战 026 前进一步与后退一步

▶素材位置：无
▶案例位置：无
▶视频位置：视频\实战026.avi
▶难易指数：★★☆☆☆

• 实例介绍 •

执行菜单栏中的“编辑”|“后退一步”命令，可以连续还原操作，执行菜单栏中的“编辑”|“前进一步”命令，可以连续取消还原。

• 操作步骤 •

STEP 01 执行菜单栏中的“编辑”|“还原”命令，还原最后一步操作。

STEP 02 重复执行菜单栏中的“编辑”|“后退一步”命令，连续还原操作，如图1.36所示。

图1.36 还原及后退一步

提示

使用Ctrl+Alt+Z组合键可以连续还原操作，使用Ctrl+Shift+Z组合键可以连续取消还原。

实战 027 恢复文件

▶素材位置：无
▶案例位置：无
▶视频位置：视频\实战027.avi
▶难易指数：★★☆☆☆

• 实例介绍 •

当我们打开一个图像，对其进行编辑后，如果发现错误，想恢复到打开之前的效果，利用“恢复”命令即可。

• 操作步骤 •

如果想直接恢复到上次保存的版本状态，我们可以执行菜单栏中的“文件”|“恢复”命令，将其一次恢复到上次保存的状态。

提示

“恢复”与其他撤销不同，它的操作将作为历史记录被添加到“历史记录”面板中，并可以还原。

技巧

按F12键可以快速执行“恢复”命令。

实战 028 使用“历史记录”面板

▶素材位置：无
▶案例位置：无
▶视频位置：视频\实战028.avi
▶难易指数：★★☆☆☆

• 实例介绍 •

“历史记录面板”记录了Photoshop最近的一些操作步骤，利用该面板可以进行历史记录的恢复和还原操作。

• 操作步骤 •

STEP 01 按F9键打开“历史记录”面板。

STEP 02 在面板中选择不同的记录即可查看当前编辑状态，如图1.37所示。

图1.37 “历史记录”面板还原操作步骤

实战 029 使用“缩放工具”缩放图像

▶素材位置：无
▶案例位置：无
▶视频位置：视频\实战029.avi
▶难易指数：★★☆☆☆

• 实例介绍 •

“缩放工具”可以将文件的局部放大或缩小。缩小、放大图像的效果如图1.38所示。

图1.38 缩小、放大图像的效果

• 操作步骤 •

STEP 01 选择“缩放工具”🔍，将光标移至图像中。

STEP 02 在图像上单击放大图像，如图1.39所示。如果按住Alt键单击鼠标，则可以缩小图像。

图1.39 放大图像

提示

图像最大可以放大到3200%，此时光标将变成🔍状，表示不能再进行放大。

1.5 图像查看

使用图像查看相关工具可以以不同的视角查看图像或画布。

实战030 使用“旋转视图工具”旋转画布

▶素材位置：无
▶案例位置：无
▶视频位置：视频\实战030.avi
▶难易指数：★☆☆☆☆

• 实例介绍 •

使用“旋转视图工具”可以在不破坏图像的情况下旋转画布。

• 操作步骤 •

STEP 01 选择“旋转视图工具”，如图1.40所示。

STEP 02 将光标移动到画布中，此时光标将变成状，按下鼠标拖动即可旋转当前的画面，如图1.41所示。

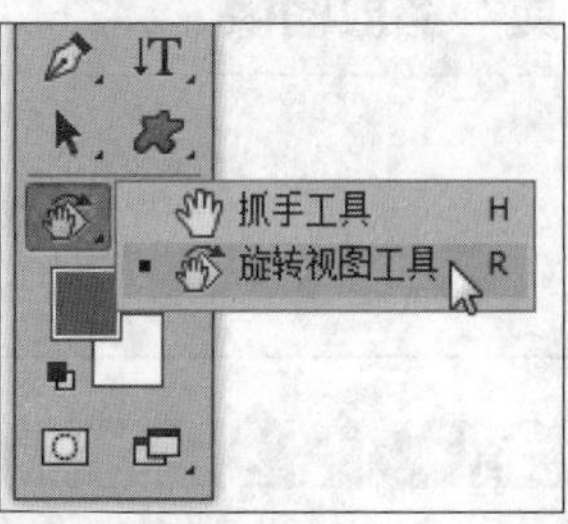

图1.40 选择工具

图1.41 光标效果

提示

要想应用旋转视图功能，需要启用显卡的OpenGL绘图功能。

实战031 使用“抓手工具”查看图像

▶素材位置：无
▶案例位置：无
▶视频位置：视频\实战031.avi
▶难易指数：★☆☆☆☆

• 实例介绍 •

使用“抓手工具”可以移动图像的显示区域。

• 操作步骤 •

STEP 01 将图像放大到出现滑块，选择“抓手工具”。

STEP 02 将鼠标指针移至图像窗口中，按住鼠标左键，然后将其拖动到合适的位置释放鼠标即可，如图1.42所示。

图1.42 拖动前后的效果

实战032 使用注释工具

▶素材位置：无
▶案例位置：无
▶视频位置：视频\实战032.avi
▶难易指数：★★☆☆☆

• 实例介绍 •

“注释工具”可以为图像添加注释，用来标注图像的内容。

• 操作步骤 •

STEP 01 在工具箱中选择“注释工具”，将光标移动到图像上。

STEP 02 单击鼠标即可添加一个注释，如图1.43所示。

图1.43 添加注释操作效果

实战033 使用“导航器”查看图像

▶素材位置：无
▶案例位置：无
▶视频位置：视频\实战033.avi
▶难易指数：★★☆☆☆

• 实例介绍 •

利用该面板可以对图像进行快速的定位和缩放。

• 操作步骤 •

STEP 01 执行菜单栏中的“窗口”|“导航器”命令，将打开“导航器”面板，如图1.44所示。

STEP 02 在“导航器”面板中按住鼠标左键拖动即可快速地定位至或者查看当前图像区域，如图1.45所示。

图1.44 打开导航器面板

图1.45 拖动鼠标

第  章

基本功能的操作与使用

本章导读

本章讲解Photoshop CC 的操作与使用，以相关辅助功能为起点，以图像的查看、操作与编辑，以及文字、钢笔工具等相应工具及命令的使用为主要内容。通过本章的学习我们可以很好地掌握Photoshop CC 的操作与使用方法，为日后更深入的学习打下扎实的基础。

要点索引

- 了解标尺、参考线及历史记录
- 学习图像的编辑与操作方法
- 学会选区的编辑方法
- 学会使用文字工具
- 学习钢笔工具与路径操作的使用方法
- 掌握形状及绘画工具的使用方法
- 学习创建图层及设置图层混合模式
- 学会使用图层样式

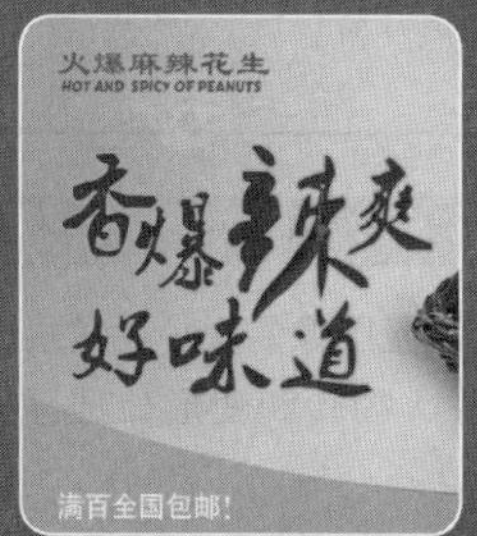

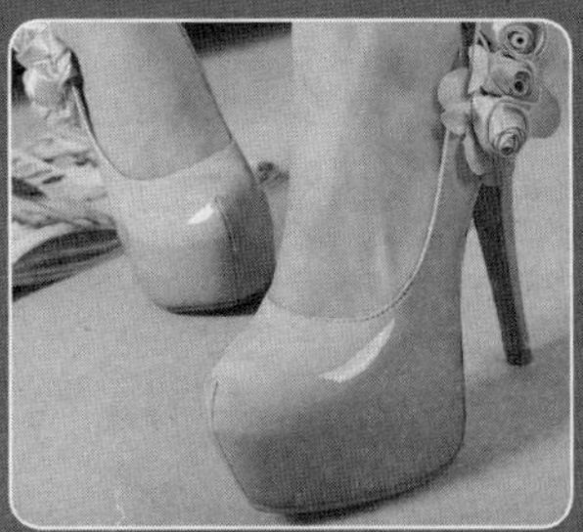

2.1 图像编辑及操作

使用图像的操作及编辑功能我们可以对图像进行裁切、自变换等操作。

实战034 使用“裁剪工具”裁剪图像

▶素材位置：素材\第2章\茶.jpg
▶案例位置：效果\第2章\使用“裁剪工具”裁剪图像.jpg
▶视频位置：视频\实战034.avi
▶难易指数：★★☆☆☆

• 实例介绍 •

使用“裁剪工具”裁剪图像不仅可以自由控制裁切范围的大小和位置，还可以在裁切的同时对图像进行旋转、透视等操作。

• 操作步骤 •

STEP 01 执行菜单栏中的“文件”|“打开”命令，打开“茶.jpg”文件。

STEP 02 选择工具箱中的“裁剪工具”，图像窗口中出现8个控制点，拖动控制点选择裁剪区域，按Enter键完成裁切，如图2.1所示。

图2.1 裁切图像

技巧

在裁剪画布时，按Enter键，可快速提交当前裁剪操作；按ESC键，可快速取消当前裁剪操作。

实战035 使用“裁剪”命令裁剪图像

▶素材位置：素材\第2章\手提包.jpg
▶案例位置：效果\第2章\使用“裁剪”命令裁剪图像.jpg
▶视频位置：视频\实战035.avi
▶难易指数：★☆☆☆☆

• 实例介绍 •

“裁剪”命令主要是基于当前选区对图像进行裁剪。

• 操作步骤 •

STEP 01 执行菜单栏中的“文件”|“打开”命令，打开“手提包.jpg”文件。

STEP 02 使用选区工具选择要保留的图像区域，执行菜单栏中的“图像”|“裁剪”命令，裁剪图像，如图2.2所示。

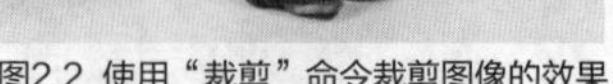

图2.2 使用“裁剪”命令裁剪图像的效果

实战036 使用“裁切”命令裁切图像

▶素材位置：素材\第2章\手表.jpg
▶案例位置：效果\第2章\使用“裁切”命令裁剪图像.jpg
▶视频位置：视频\实战036.avi
▶难易指数：★☆☆☆☆

• 实例介绍 •

“裁切”命令主要通过图像周围的透明像素或指定的颜色背景像素来裁剪图像。

• 操作步骤 •

STEP 01 执行菜单栏中的“文件”|“打开”命令，打开“手表.psd”文件。

执行菜单栏中的“图像”|“裁切”命令，打开“裁切”对话框，如图2.3所示。

STEP 02 在对话框中勾选“基于透明像素”单选按钮，完成之后单击“确定”按钮，如图2.4所示。

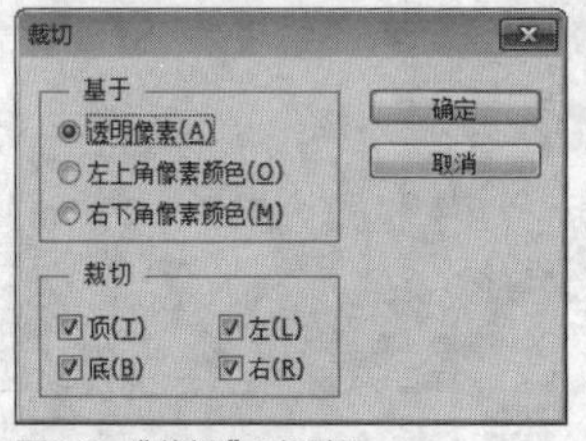

图2.3 “裁切”对话框

图2.4 裁剪前后效果

实战037 自由变换图像

▶素材位置：素材\第2章\辣椒字.psd
▶案例位置：效果\第2章\自由变换图像.jpg
▶视频位置：视频\实战037.avi
▶难易指数：★★☆☆☆

• 实例介绍 •

在编辑处理图像时，常常需要调整图像的大小、角度，或者对图像进行斜切、扭曲、透视、翻转和变形处理等，“自由变换”命令可实现这些功能。

• 操作步骤 •

STEP 01 执行菜单栏中的“文件”|“打开”命令，打开“辣椒字.psd”文件。

STEP 02 选中“辣椒”图层，按Ctrl+T组合键对其执行“自由变换”命令，拖动变形框任意控制点可任意缩放图像，如图2.5所示。

图2.5 变换图像前后效果

2.2 选区的创建

创建选区所使用的工具包括“矩形选框工具”、“椭圆选框工具”、“单行选框工具”、“单列选框工具”、“套索工具”、“多边形套索”和“磁性套索工具”。

实战 038 使用矩形选框工具创建选区

- 素材位置：素材\第2章\红色包包.jpg
- 案例位置：无
- 视频位置：视频\实战038.avi
- 难易指数：★★☆☆☆

• 实例介绍 •

使用“矩形选框工具”可以创建矩形选区。

• 操作步骤 •

STEP 01 执行菜单栏中的“文件”|“打开”命令，打开“红色包包.jpg”文件。

STEP 02 选择“矩形选框工具”，将鼠标移动到当前图像左上角位置，在合适的位置按住鼠标拖动到合适的位置后，释放鼠标即可创建一个矩形选区，如图2.6所示。

图2.6 创建矩形选区

技巧

使用选框工具、套索工具、多边形套索工具、磁性套索工具和魔棒工具进行添加到选区操作时，按住Shift键的同时绘制选区，是在原有选区的基础上建立新的选区，也可以在原有选区上添加新的选区范围。

实战 039 使用椭圆选框工具创建选区

- 素材位置：素材\第2章\足球.jpg
- 案例位置：无
- 视频位置：视频\实战039.avi
- 难易指数：★★☆☆☆

• 实例介绍 •

“椭圆选框工具”适合选择圆形或是椭圆形的图形。

• 操作步骤 •

STEP 01 执行菜单栏中的“文件”|“打开”命令，打开“足球.jpg”文件。

STEP 02 选择“椭圆选框工具”，将鼠标移动到当前图像中，按住鼠标拖动到合适的位置后，释放鼠标即可创建一个椭圆形选区，如图2.7所示。

图2.7 创建椭圆选区

技巧

使用选框工具、套索工具、多边形套索工具、磁性套索工具和魔棒工具进行从选区减去操作时，按住Alt键的同时绘制选区，可达到从选区减去的效果，如果新绘制的选区与原选区没有重合，则选区不会有任何变化。

实战 040 使用单行、单列选框工具创建选区

- 素材位置：素材\第2章\手机.jpg
- 案例位置：无
- 视频位置：视频\实战040.avi
- 难易指数：★☆☆☆☆

• 实例介绍 •

“单行选框工具”和“单列选框工具”主要用来创建单行或单列选区。

• 操作步骤 •

STEP 01 执行菜单栏中的“文件”|“打开”命令，打开“手机.jpg”文件。

STEP 02 选择“单行选框工具”或“单列选框工具”，然后将鼠标移动到当前画布中，单击鼠标左键，即可在当前图形中创建水平单行选区或垂直单行选区，高度或宽度只有1像素，如图2.8所示。

图2.8 创建垂直单行选区

实战041 使用套索工具选择图像

- 素材位置：素材\第2章\耳坠.jpg
- 案例位置：无
- 视频位置：视频\实战041.avi
- 难易指数：★★☆☆☆

• 实例介绍 •

“套索工具”在使用上非常自由，可以比较随意地创建任意形状的选区。

• 操作步骤 •

STEP 01 执行菜单栏中的“文件”|“打开”命令，打开“耳坠.jpg”文件。

STEP 02 在工具箱中单击选择“套索工具”，将鼠标光标移至图像窗口，在需要选取图像处按住并拖动鼠标选取需要的范围，当鼠标拖回到起点位置时，释放鼠标左键，即可将图像选中，如图2.9所示。

图2.9 使用“套索工具”选取图像

提示

使用套索工具可以随意创建任意形状的选区，但对于创建精确度要求较高的选区，使用该工具会很不方便。

技巧

使用选框工具、套索工具、多边形套索工具、磁性套索工具和魔棒工具进行添加到选区操作时，按住Shift + Alt组合键的同时绘制选区，可以保留与原有选区相交的部分，如果新绘制的选区与原选区没有重合，则选区消失。

实战042 使用多边形套索工具选择图像

- 素材位置：素材\第2章\红色手机.jpg
- 案例位置：无
- 视频位置：视频\实战042.avi
- 难易指数：★★☆☆☆

• 实例介绍 •

“多边形套索工具”的使用方法与“套索工具”有些区别。

• 操作步骤 •

STEP 01 执行菜单栏中的“文件”|“打开”命令，打开“红色手机.jpg”文件。

STEP 02 选择“多边形套索工具”，将光标移动到文档操作窗口中，在靠近图像的顶点位置单击鼠标以确定起点，移动鼠标到下一个顶点位置，直到选中所有的范围并回到起点，当“多边形套索工具”光标的右下角出现一个小圆圈时单击，即可封闭并选中该区域，如图2.10所示。

图2.10 利用“多边形套索工具”选择图像

技巧

在绘制过程中，可以随时双击鼠标，此时系统将从起点到鼠标双击点创建一条直线，并封闭该选区。

实战043 使用磁性套索工具选择图像

- 素材位置：素材\第2章\棒球帽.jpg
- 案例位置：无
- 视频位置：视频\实战043.avi
- 难易指数：★★★☆☆

• 实例介绍 •

利用磁性套索工具即可选择图像。

• 操作步骤 •

STEP 01 执行菜单栏中的“文件”|“打开”命令，打开“棒球帽.jpg”文件。

STEP 02 选择“磁性套索工具”，将鼠标光标移动到文档操作窗口中，在要选择图像的合适的边缘位置单击以设置第一个点，沿着要选取的物体边缘移动鼠标，当鼠标光标返回到起点位置时，光标右下角会出现一个小圆圈，单击即可完成选取，如图2.11所示。

图2.11 利用“磁性套索工具”选择图像

实战044 使用魔棒工具选择图像

▶素材位置：素材\第2章\女款钱包.jpg
▶案例位置：无
▶视频位置：视频\实战044.avi
▶难易指数：★★★☆☆

• 实例介绍 •

“魔棒工具”根据颜色对图像进行选取，用于选择图像中颜色相同或者相近的区域。

• 操作步骤 •

STEP 01 执行菜单栏中的“文件”|“打开”命令，打开“女款钱包.jpg”文件。

STEP 02 在工具箱中选择“魔棒工具”，将光标移至图像中纯色的区域，单击鼠标左键以创建选区，如图2.12所示。

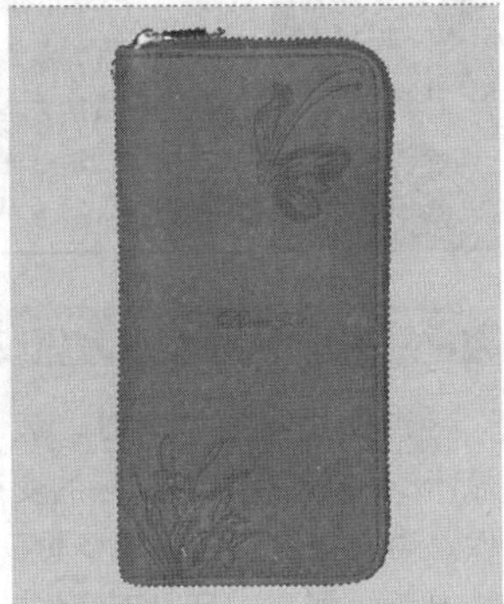

图2.12 利用“魔棒工具”选取图像

实战045 使用快速选择工具创建选区

▶素材位置：素材\第2章\叮当.jpg
▶案例位置：无
▶视频位置：视频\实战045.avi
▶难易指数：★★☆☆☆

• 实例介绍 •

“快速选择工具”可以调整画笔的笔触进而快速地通过单击创建选区。

• 操作步骤 •

STEP 01 执行菜单栏中的“文件”|“打开”命令，打开“叮当.jpg”文件。

STEP 02 在工具箱中，单击选择“快速选择工具”，在画布中将光标移至图像中想要选取的区域，单击鼠标左键以创建选区，如图2.13所示。

图2.13 利用“快速选择工具”创建选区

技巧

按住Shift键可加选图像。

2.3 编辑选区

创建选区后可以对选区进行移动及变换，下面就来讲解选区的常用调整与编辑。

实战046 全选图像

▶素材位置：素材\第2章\小狗.jpg
▶案例位置：无
▶视频位置：视频\实战046.avi
▶难易指数：★☆☆☆☆

• 实例介绍 •

执行“全选”命令可以选中所有对象。

• 操作步骤 •

STEP 01 执行菜单栏中的“文件”|“打开”命令，打开“小狗.jpg”文件。

STEP 02 执行菜单栏中的"选择"|"全部"命令，可以将当前图层中的图像全部选中，如图2.14所示。

图2.14 全选图像

技巧

按Ctrl+A组合键同样可以全选图像。

实战047 反选选区

▶素材位置：素材\第2章\茶杯.jpg
▶案例位置：无
▶视频位置：视频\实战047.avi
▶难易指数：★☆☆☆☆

• 实例介绍 •

"反向"命令的作用是将选区进行反向选择。

• 操作步骤 •

STEP 01 执行菜单栏中的"文件"|"打开"命令，打开"茶杯.jpg"文件。

STEP 02 创建一个选区，执行菜单栏中的"选择"|"反向"命令，可以将图像中的选区进行反向选择。选区反向的操作过程如图2.15所示。

图2.15 反选选区

技巧

按Shift+Ctrl+I组合键可快速反选选区。

实战048 移动选区

▶素材位置：素材\第2章\彩球.jpg
▶案例位置：无
▶视频位置：视频\实战048.avi
▶难易指数：★☆☆☆☆

• 实例介绍 •

移动选区的目的主要是对不同的对象进行编辑。

• 操作步骤 •

STEP 01 执行菜单栏中的"文件"|"打开"命令，打开"彩球.jpg"文件。

STEP 02 选择任意一个选框或套索工具，将光标置于选区中，此时光标变为▷⬚，按住鼠标向需要的位置拖动，即可移动选区，如图2.16所示。

图2.16 移动选区

提示

按键盘上的方向键同样可以将选区移动。

提示

要将方向限定为45度的倍数，请先开始拖动，然后再按住Shift键继续拖动；使用键盘上的方向键可以以1个像素的增量移动选区；按住Shift键并使用键盘上的方向键，可以以10个像素的增量移动选区。

实战049 变换选区

▶素材位置：素材\第2章\卡通相框.jpg
▶案例位置：无
▶视频位置：视频\实战049.avi
▶难易指数：★★★☆☆

• 实例介绍 •

当使用变换命令时，选区四周将出现一个变换框，并显示8个控制点，对选区的变换主要就是对这8个控制点的操作。中心点在默认情况下位于变换框的正中心位置，它是变换对象的中心，可以通过拖动的方法来移动中心点的位置，以调整变换中心点，制作出不同的变换效果。

• 操作步骤 •

STEP 01 执行菜单栏中的“文件”|“打开”命令，打开“卡通相框.jpg”文件。

STEP 02 选择任意选区工具，将光标移至选区中，单击鼠标右键，从弹出的快捷菜单中选择“变换选区”命令，即可看到变形框，拖动变形框即可变换选区，如图2.17所示。

图2.17 变换框的组成

提示

中心点在变换中起至关重要的作用，读者可以利用下面讲解的相关变换方法，移动中心点的位置进行变换，体会中心点的功能作用。

实战 050 边界选区

▶素材位置：素材\第2章\金相框.jpg
▶案例位置：无
▶视频位置：视频\实战050.avi
▶难易指数：★☆☆☆☆

• 实例介绍 •

有时需要将选区变为边界选区。

• 操作步骤 •

STEP 01 执行菜单栏中的“文件”|“打开”命令，打开“金相框.jpg”文件。

STEP 02 选择工具箱中的“矩形选框工具”⬚创建一个矩形选区，执行菜单栏中的“选择”|“修改”|“边界”命令，在弹出的“边界选区”对话框中输入数值，比如10像素，即可将当前选区改变为边界选区，如图2.18所示。

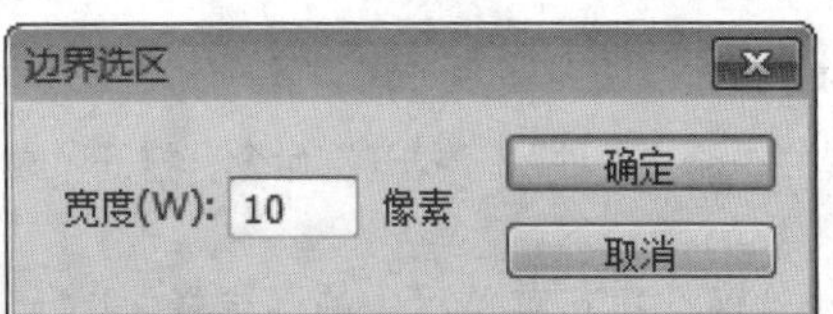

图2.18 创建边界选区的操作过程

实战 051 平滑选区

▶素材位置：素材\第2章\精致茶杯.jpg
▶案例位置：无
▶视频位置：视频\实战051.avi
▶难易指数：★☆☆☆☆

• 实例介绍 •

当使用选框工具或其他选区命令选取时容易得到比较细碎或尖突的选区，该选区处于严重的锯齿状态。

• 操作步骤 •

STEP 01 执行菜单栏中的“文件”|“打开”命令，打开“精致茶杯.jpg”文件。

STEP 02 创建一个选区，执行菜单栏中的“选择”|“修改”|“平滑”命令，在打开的“平滑选区”对话框中，设置“取样半径”的值，比如为10像素，即可使选区的边界平滑。平滑选区的操作过程如图2.19所示。

图2.19 平滑选区的操作过程

实战 052 扩展选区

▶素材位置：素材\第2章\桌球.jpg
▶案例位置：无
▶视频位置：视频\实战052.avi
▶难易指数：★☆☆☆☆

• 实例介绍 •

在编辑过程中可以对选区的范围进行扩展操作。

• 操作步骤 •

STEP 01 执行菜单栏中的"文件"|"打开"命令，打开"桌球.jpg"文件。

STEP 02 创建一个选区，执行菜单栏中的"选择"|"修改"|"扩展"命令，打开"扩展选区"对话框，设置选区的"扩展量"，比如设置"扩展量"的值为10像素，然后单击"确定"按钮，即可将选区的范围向外扩展10像素，如图2.20所示。

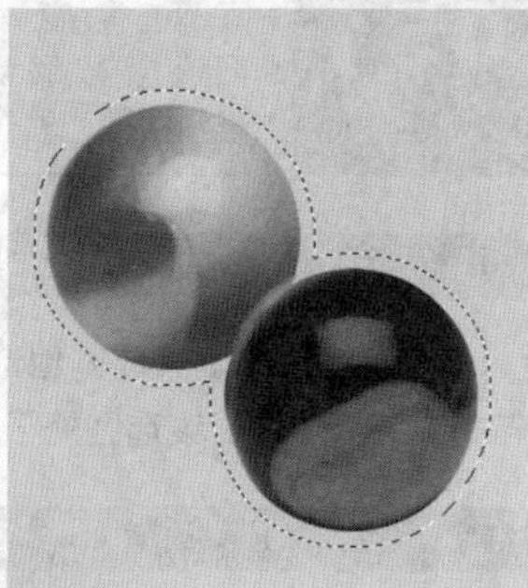

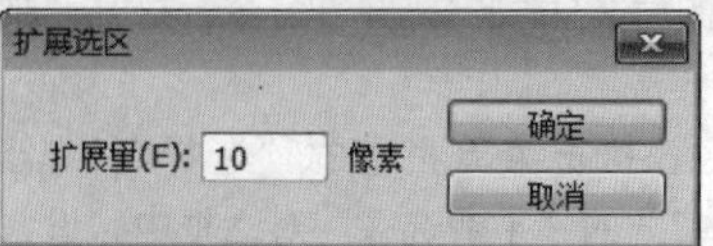

图2.20 扩展选区的操作过程

实战053 收缩选区

▶素材位置：素材\第2章\烧制茶杯.jpg
▶案例位置：无
▶视频位置：视频\实战053.avi
▶难易指数：★☆☆☆☆

• 实例介绍 •

选区的收缩是将选区的范围进行收缩处理。

• 操作步骤 •

STEP 01 执行菜单栏中的"文件"|"打开"命令，打开"烧制茶杯.jpg"文件。

STEP 02 创建一个选区，执行菜单栏中的"选择"|"修改"|"收缩"命令，打开"收缩选区"对话框，在"收缩量"文本框中，输入要收缩的量，比如输入10像素，即可使得选区向内收缩相应数值的像素，如图2.21所示。

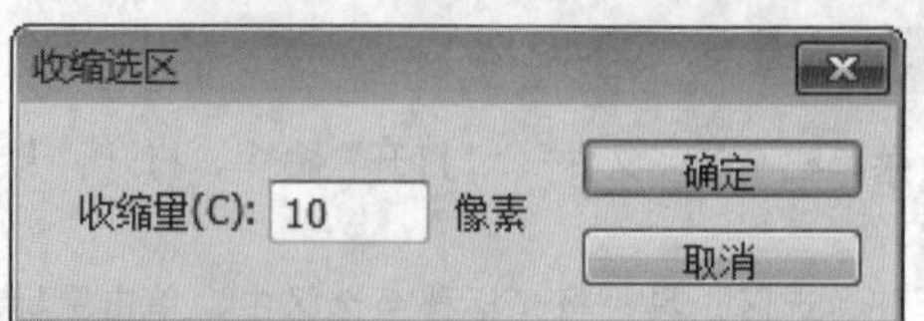

图2.21 收缩选区的操作过程

实战054 羽化选区

▶素材位置：素材\第2章\马卡龙暖手宝.jpg
▶案例位置：无
▶视频位置：视频\实战054.avi
▶难易指数：★★☆☆☆

• 实例介绍 •

在该命令文本框中输入数值即可创建边缘柔化的选区。

• 操作步骤 •

STEP 01 执行菜单栏中的"文件"|"打开"命令，打开"马卡龙暖手宝.jpg"文件。

STEP 02 创建一个选区，执行菜单栏中的"选择"|"修改"|"羽化"命令，打开"羽化选区"对话框，在"羽化半径"文本框中输入要羽化的量，比如输入10像素，即可以将选区羽化，如图2.22所示。

图2.22 收缩选区的操作过程

实战055 选区的填充

▶素材位置：素材\第2章\金色花纹.jpg
▶案例位置：无
▶视频位置：视频\实战055.avi
▶难易指数：★☆☆☆☆

• 实例介绍 •

在Photoshop中如果需要在某一个区域内填充颜色，可以首先创建一个选区，然后在选区中填充颜色（前景色或背景色），还可以使用图案进行填充。

• 操作步骤 •

STEP 01 执行菜单栏中的“文件”|“打开”命令，打开“金色花纹.jpg”文件。

STEP 02 在画布中创建一个选区，执行菜单栏中的“编辑”|“填充”命令，打开“填充”对话框，对选区进行填充设置，如图2.23所示。

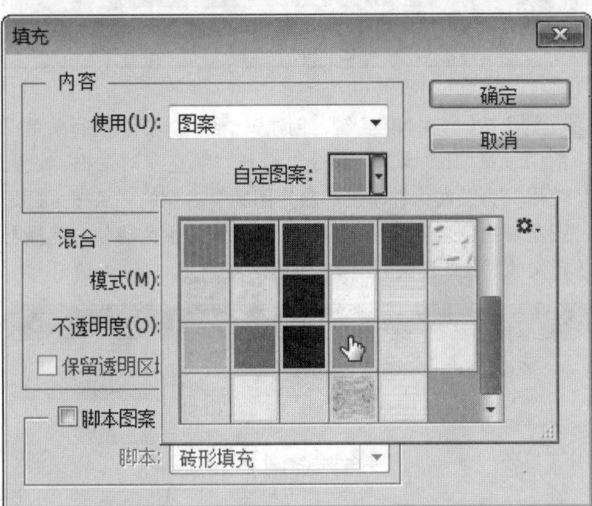

图2.23 添加填充的效果

提示

这里的填充其实与图层颜色的填充是一样的，只是这里用来填充的选项更多，操作更复杂。选区也可以使用与图层填充相同的方法填充颜色。

实战 056

选区的描边

▶素材位置：素材\第2章\尊贵花纹.jpg
▶案例位置：无
▶视频位置：视频\实战056.avi
▶难易指数：★☆☆☆☆

• 实例介绍 •

使用“描边”命令可以为选区描边。

• 操作步骤 •

STEP 01 执行菜单栏中的“文件”|“打开”命令，打开“尊贵花纹.jpg”文件。

STEP 02 在画布中创建选区，执行菜单栏中的“编辑”|“描边”命令，在弹出的对话框中设置对话框各项参数，设置完成之后单击“确定”按钮，如图2.24所示。

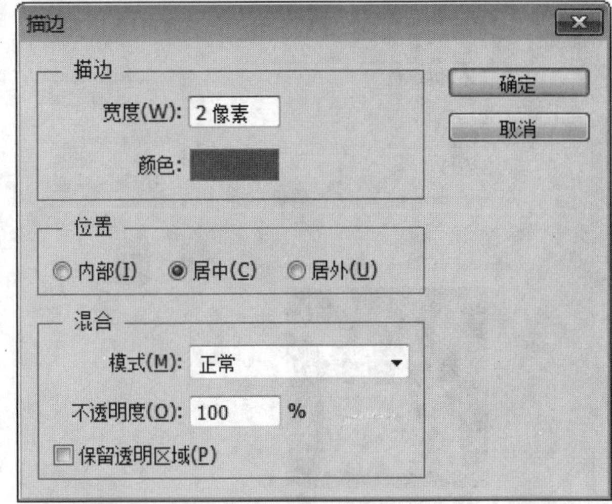

图2.24 添加描边的效果

实战 057

使用“色彩范围”命令创建选区

▶素材位置：素材\第2章\花枕头.jpg
▶案例位置：无
▶视频位置：视频\实战057.avi
▶难易指数：★★★☆☆

• 实例介绍 •

使用“色彩范围”命令可以创建选区。

• 操作步骤 •

STEP 01 执行菜单栏中的“文件”|“打开”命令，打开“花枕头.jpg”文件。

STEP 02 执行菜单栏中的“选择”|“色彩范围”命令，打开“色彩范围”对话框，在该对话框中部的矩形预览区可显示选择范围或图像，如图2.25所示。

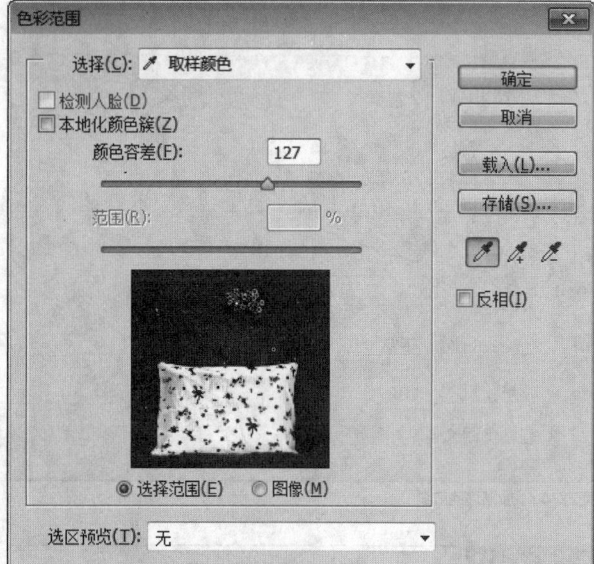

图2.25 “色彩范围”对话框

2.4 图像编辑工具

在应用填充工具进行填充时，Photoshop为用户提供了各种默认图案，也可以自定义创建新图案，然后存储起来，供不同的工具和命令使用。

实战058 自定义图案

▶素材位置：素材\第2章\蝴蝶.jpg
▶案例位置：效果\第2章\自定义图案.psd
▶视频位置：视频\实战058.avi
▶难易指数：★★★☆☆

• 实例介绍 •

定义图案，就是将打开的图片素材定义为图案，以填充其他画布制作背景或用于其他用途。

• 操作步骤 •

STEP 01 执行菜单栏中的“文件”|“打开”命令，打开“蝴蝶.jpg”文件，如图2.26所示。

STEP 02 执行菜单栏中的“编辑”|“定义图案”命令，打开“图案名称”对话框，为图案进行命名，如“整体图案”，如图2.27所示，然后单击“确定”按钮，完成图案的定义。

图2.26 打开的图片

图2.27 “图案名称”对话框

STEP 03 按Ctrl + N组合键，创建一个画布。然后执行菜单栏中的“编辑”|“填充”命令，打开“填充”对话框，设置“使用”为图案，并单击“自定图案”右侧的“点按可打开‘图案’拾色器”区域，打开“‘图案’拾色器”，选择刚才定义的“整体图案”图案，如图2.28所示。

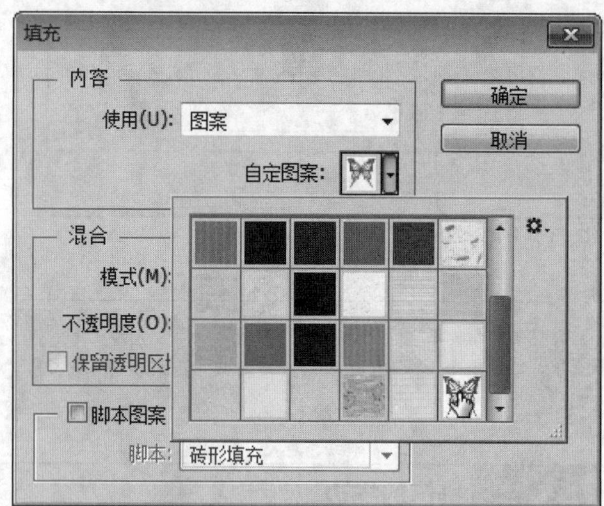

图2.28 “填充”对话框

技巧

按Shift+F5组合键，可以快速打开“填充”对话框。

提示

“填充”对话框中的“点按可打开‘图案’拾色器”的图案与使用“油漆桶工具”时工具选项栏中的图案相同。

STEP 04 设置完成后，单击“确定”按钮，确认图案填充，即可将选择的图案填充到当前的画布中，填充后的效果如图2.29所示。

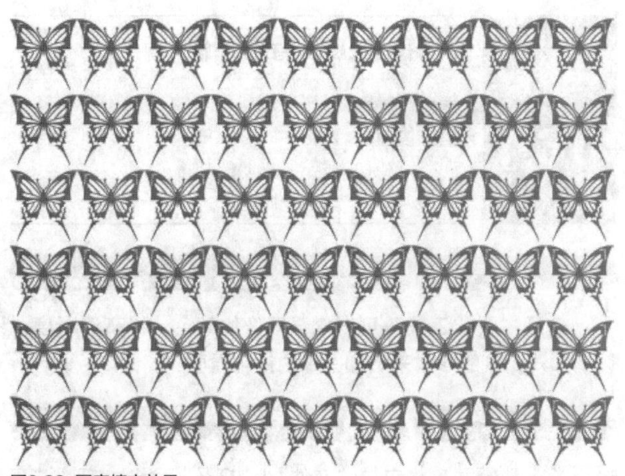

图2.29 图案填充效果

实战 059 使用污点修复画笔工具修复污点

▶素材位置：素材\第2章\蓝色高跟鞋.jpg
▶案例位置：效果\第2章\污点修复画笔工具修复污点.jpg
▶视频位置：视频\实战059.avi
▶难易指数：★★★☆☆

• 实例介绍 •

“污点修复画笔工具”主要用来修复图像中的污点，一般多用于对小污点的修复。

• 操作步骤 •

STEP 01 执行菜单栏中的“文件”|“打开”命令，打开“蓝色高跟鞋.jpg”文件。

STEP 02 选择“污点修复画笔工具”，在图像的污点处单击或拖动，释放鼠标即可将其修复，修复图像的效果如图2.30所示。

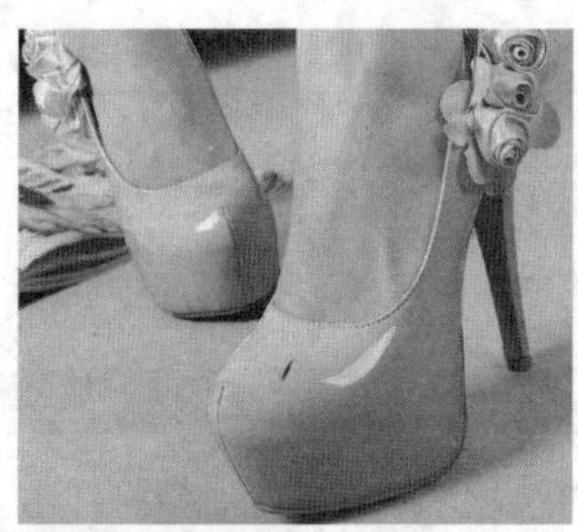

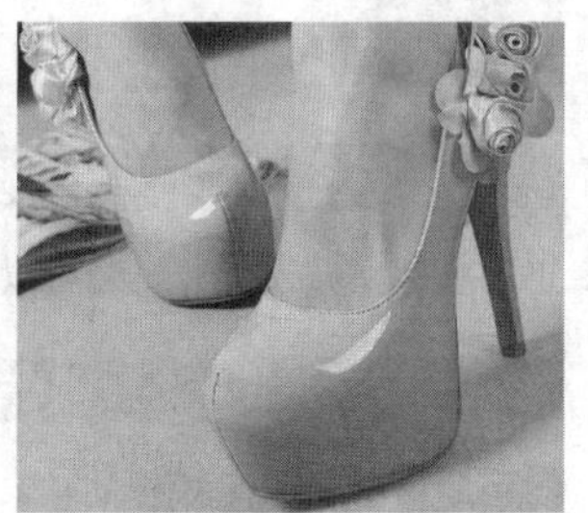

图2.30 修复图像的前后效果

实战 060 使用修复画笔工具去除斑点

▶素材位置：素材\第2章\手帕.jpg
▶案例位置：效果\第2章\修复画笔工具去除斑点.jpg
▶视频位置：视频\实战060.avi
▶难易指数：★★☆☆☆

• 实例介绍 •

使用“修复画笔工具”可以将图像中的划痕、污点和斑点等轻松去除。

• 操作步骤 •

STEP 01 执行菜单栏中的“文件”|“打开”命令，打开“手帕.jpg”文件。

STEP 02 选择“修复画笔工具”，在图像的污点旁边相似图像位置按住Alt键取样，在污点位置单击或拖动将其修复，如图2.31所示。

图2.31 修复图像的前后效果

实战 061 使用修补工具修补图像

▶素材位置：素材\第2章\白枕头.jpg
▶案例位置：效果\第2章\修补工具修补图像.jpg
▶视频位置：视频\实战061.avi
▶难易指数：★★☆☆☆

• 实例介绍 •

“修补工具”以选区的形式选择取样图像或使用图案填充来修补图像。

• 操作步骤 •

STEP 01 执行菜单栏中的“文件”|“打开”命令，打开“白枕头.jpg”文件，选择“修补工具”，在画布中的污点位置绘制选区将其选中。

STEP 02 将选区拖至图像旁边的完好区域将其修复，如图2.32所示。

图2.32 修复图像的前后效果

实战 062 使用内容感知移动工具替换图像

▶素材位置：素材\第2章\婴儿服.jpg
▶案例位置：效果\第2章\内容感知移动工具替换图像.jpg
▶视频位置：视频\实战062.avi
▶难易指数：★★★☆☆

• 实例介绍 •

用“内容识别移动工具”选中对象并移动或扩展到图像

的其他区域，然后内容识别移动功能会重组和混合对象，产生出色的视觉效果。扩展模式可对头发、树或建筑等对象进行扩展或收缩。移动模式可将对象置于完全不同的位置中，当对象与背景相似时效果最佳。

• 操作步骤 •

STEP 01 执行菜单栏中的“文件”|“打开”命令，打开“婴儿服.jpg”文件。

STEP 02 将选区移至想要修复的区域位置将其替换。使用修补工具修补图像的前后效果如图2.33所示。

图2.33 替换前后的效果

实战063 使用模糊工具模糊图像

▶素材位置：素材\第2章\相框.jpg
▶案例位置：效果\第2章\模糊工具模糊图像.jpg
▶视频位置：视频\实战063.avi
▶难易指数：★★☆☆☆

• 实例介绍 •

“模糊工具”可柔化图像中因过度锐化而产生的生硬边界，也可以用于柔化图像的高亮区或阴影区。

• 操作步骤 •

STEP 01 执行菜单栏中的“文件”|“打开”命令，打开“相框.jpg”文件，选择“模糊工具”，将光标移至需要模糊的区域。

STEP 02 按住鼠标涂抹，将图像部分区域进行模糊处理，如图2.34所示。

图2.34 模糊图像的前后效果

实战064 使用锐化工具清晰图像

▶素材位置：素材\第2章\亮耳坠.jpg
▶案例位置：效果\第2章\锐化工具清晰图像.jpg
▶视频位置：视频\实战064.avi
▶难易指数：★★☆☆☆

• 实例介绍 •

使用“锐化工具”可以增强图像的颜色，提高清晰度，以增加对比度的形式来增加图像的锐化程度。

• 操作步骤 •

STEP 01 执行菜单栏中的“文件”|“打开”命令，打开“亮耳坠.jpg”文件，选择“锐化工具”，将光标移至需要锐化的区域。

STEP 02 按住鼠标拖动，将图像部分区域进行锐化，如图2.35所示。

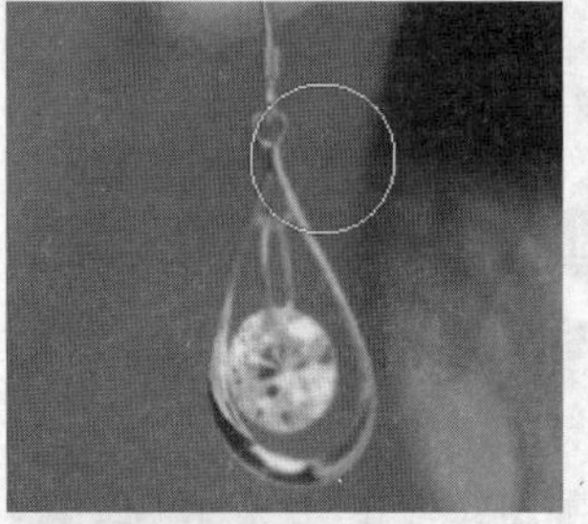

图2.35 锐化图像前后的效果

实战065 使用减淡工具淡化图像

▶素材位置：素材\第2章\小手表.jpg
▶案例位置：效果\第2章\减淡工具淡化图像.jpg
▶视频位置：视频\实战065.avi
▶难易指数：★★☆☆☆

• 实例介绍 •

使用“减淡工具”可以改善图像的曝光效果。

• 操作步骤 •

STEP 01 执行菜单栏中的“文件”|“打开”命令，打开“小手表.jpg”文件，选择“减淡工具”，在画布中将光标移至需要减淡的区域。

STEP 02 按住鼠标涂抹，将图像减淡，如图2.36所示。

图2.36 图像减淡的前后效果

实战066 使用加深工具加深图像

▶素材位置：素材\第2章\草莓耳坠.jpg
▶案例位置：效果\第2章\加深图像.jpg
▶视频位置：视频\实战066.avi
▶难易指数：★★☆☆☆

• 实例介绍 •

“加深工具”与“减淡工具”在应用效果上正好相反，它可以使图像变暗。

• 操作步骤 •

STEP 01 执行菜单栏中的“文件”|“打开”命令，打开“草莓耳坠.jpg”文件，选择“加深工具”，将光标移至想要加深的图像区域。

STEP 02 在图像中按住鼠标拖动，对图像中的耳坠区域进行加深处理，如图2.37所示。

图2.37 加深图像的前后效果

2.5 文字工具的应用

文字是作品的灵魂，可以起到画龙点睛的作用。Photoshop 中的文字由基于矢量的文字轮廓组成。尽管Photoshop CC是一个图像设计和处理软件，但其文本处理功能也是十分强大的。

实战067 使用横排和直排文字工具

▶素材位置：素材\第2章\白色盒子.jpg
▶案例位置：无
▶视频位置：视频\实战067.avi
▶难易指数：★☆☆☆☆

• 实例介绍 •

文字工具用于文本的输入。

• 操作步骤 •

STEP 01 执行菜单栏中的“文件”|“打开”命令，打开“白色盒子.jpg”文件。

STEP 02 选择“横排文字工具”，在背景中单击创建水平文字，如图2.38中左图所示。

STEP 03 选择“直排文字工具”，在背景中单击创建垂直文字，如图2.38中右图所示。

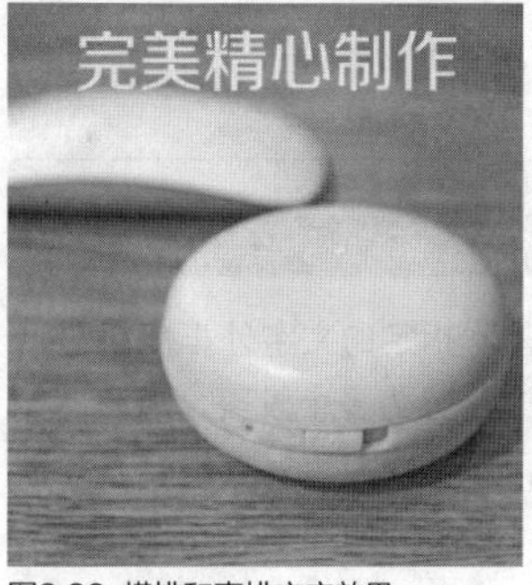

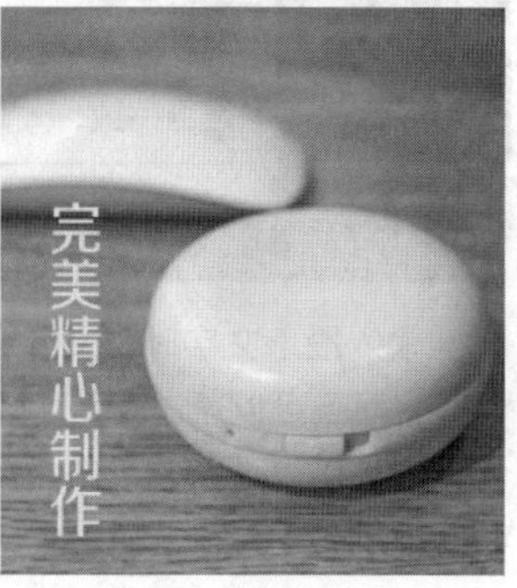

图2.38 横排和直排文字效果

实战068 创建点文字

▶素材位置：素材\第2章\红皮书.jpg
▶案例位置：无
▶视频位置：视频\实战068.avi
▶难易指数：★☆☆☆☆

• 实例介绍 •

创建点文字时，每行文字都是独立的，单行的长度会随着文字的增加而增长。

• 操作步骤 •

STEP 01 执行菜单栏中的“文件”|“打开”命令，打开“红皮书.jpg”文件。

STEP 02 在工具箱中选择文字工具组中的任意一个文字工具，输入文字后在图像位置单击鼠标，为文字设置插入点，此时可以看到图像上有一个闪动的竖线光标。

STEP 03 在选项栏中设置文字的字体、字号、颜色等参数，也可以通过“字符”面板来设置，设置完成后直接输入文字即可。如果想完成文字输入，可以单击选项栏中的“提交所有当前编辑”按钮。输入点文字后的效果如图2.39所示。

图2.39 创建点文字的效果

技巧

按Ctrl+Enter组合键同样可以完成编辑。

实战069 创建段落文字

▶素材位置：素材\第2章\绿色.jpg
▶案例位置：无
▶视频位置：视频\实战069.avi
▶难易指数：★★☆☆☆

• 实例介绍 •

输入段落文字时，文字会基于指定的文字外框大小进行换行，而且可以通过Enter键将文字分为多个段落，通过调整外框的大小来调整文字的排列，还可以利用外框旋转、缩放和斜切文字。

• 操作步骤 •

STEP 01 执行菜单栏中的“文件”|“打开”命令，打开“绿色.jpg”文件。

STEP 02 在工具箱中选择文字工具组中的任意一个文字工具，比如选择“横排文字工具”，在文档窗口中的合适位置按住鼠标，在不释放鼠标的情况下沿对角线方向拖动形成一个矩形框，为文字定义一个文字框，释放鼠标即可创建一个段落文字框，创建效果如图2.40所示。

图2.40 拖动鼠标创建段落文字框的效果

实战070 利用文字外框调整文字

▶素材位置：素材\第2章\福茶杯.jpg
▶案例位置：无
▶视频位置：视频\实战070.avi
▶难易指数：★★☆☆☆

• 实例介绍 •

如果文字是点文字，可以在编辑模式下按住Ctrl键显示文字外框；如果是段落文字，输入文字时就会显示文字外框；如果是已经输入完成的段落文字，则可以将其切换到编辑模式，以显示文字外框。

• 操作步骤 •

STEP 01 执行菜单栏中的“文件”|“打开”命令，打开“福茶杯.jpg”文件。

STEP 02 输入文字后，将光标放置在文字外框的四个角的任意控制点上，当光标变成双箭头↗时，拖动鼠标即可调整文字外框大小或文字大小，如图2.41所示。

图2.41 调整点文字外框的操作效果

实战071 定位和选择文字

▶素材位置：素材\第2章\纯棉T恤.jpg
▶案例位置：无
▶视频位置：视频\实战071.avi
▶难易指数：★★☆☆☆

• 实例介绍 •

我们可以对已经输入的文字进行编辑。

• 操作步骤 •

STEP 01 执行菜单栏中的“文件”|“打开”命令，打开“纯棉T恤.jpg”文件。

STEP 02 在工具箱中选择文字工具输入文字，将光标放置在在文字附近，当光标变为I时，单击鼠标，定位光标的位置，然后输入文字即可。按住鼠标拖动，可以选择文字，选取的文字将出现反白效果，如图2.42所示。

图2.42 定位和选择文字

技巧

除了上面讲解的最基本的拖动选择文字外，还有一些常用的选择方式：在文本中单击，然后按住Shift键单击可以选择一定范围的字符；双击一个字可以选择该字，单击3次可以选择一行，单击4次可以选择一段，单击5次可以选择文本外框中的全部文字；在“图层”面板中双击文字层文字图标可以选择图层中的所有文字。

实战 072 移动文字

▶素材位置：素材\第2章\针织毛衣.jpg
▶案例位置：无
▶视频位置：视频\实战072.avi
▶难易指数：★☆☆☆☆

• 实例介绍 •

我们在输入文字的过程中可以移动文字。

• 操作步骤 •

STEP 01 执行菜单栏中的“文件”|“打开”命令，打开“针织毛衣.jpg”文件。

STEP 02 输入文字，将光标移至文字旁边的位置，当光标变成▸状，按住鼠标可以拖动文字的位置，如图2.43所示。

图2.43 移动文字前后效果

提示

选择、移动文字针对的只能是横排文字或直排文字，不能是蒙版文字。

实战 073 更改文字方向

▶素材位置：素材\第2章\笔记本.jpg
▶案例位置：无
▶视频位置：视频\实战073.avi
▶难易指数：★★☆☆☆

• 实例介绍 •

我们在输入文字时，选择的文字工具决定了输入文字的方向，如果已经输入了文字确定了文字方向，还可以使用相关命令来更改文字方向。

• 操作步骤 •

STEP 01 执行菜单栏中的“文件”|“打开”命令，打开“笔记本.jpg”文件。

STEP 02 选择要更改的文字，单击选项栏中的“切换文本取向”按钮，即可更改文字方向，如图2.44所示。

图2.44 更改文字方向前后效果

实战 074 栅格化文字层

▶素材位置：素材\第2章\时光故事.psd
▶案例位置：无
▶视频位置：视频\实战074.avi
▶难易指数：★☆☆☆☆

• 实例介绍 •

文字本身是矢量图形，要对其使用滤镜等相关位图命令时需要将文字转换为位图才可以。

• 操作步骤 •

STEP 01 执行菜单栏中的“文件”|“打开”命令，打开“时光故事.psd”文件。

STEP 02 选中想要栅格化的文字所在的图层，执行菜单栏中的“图层”|“栅格化”|“文字”命令，如图2.45所示。

图2.45 栅格化文字的操作效果

技巧

在“图层”面板中，在文字层上单击鼠标右键，在弹出的快捷菜单中，选择“栅格化文字”命令，也可以栅格化文字层。

实战 075 认识“字符”面板

▶素材位置：素材\第2章\创意时钟.psd
▶案例位置：无
▶视频位置：视频\实战075.avi
▶难易指数：★★☆☆☆

• 实例介绍 •

默认情况下，“字符”面板是不显示的。我们可以通过执行相关命令显示“字符”面板。

• 操作步骤 •

STEP 01 执行菜单栏中的“文件”|“打开”命令，打开“创意时钟.psd”文件。

STEP 02 选中文字所在图层，执行菜单栏中的“窗口”|“字符”命令，或单击选项栏中的“切换字符和段落面板”按钮，可以打开“字符”面板，如图2.46所示。

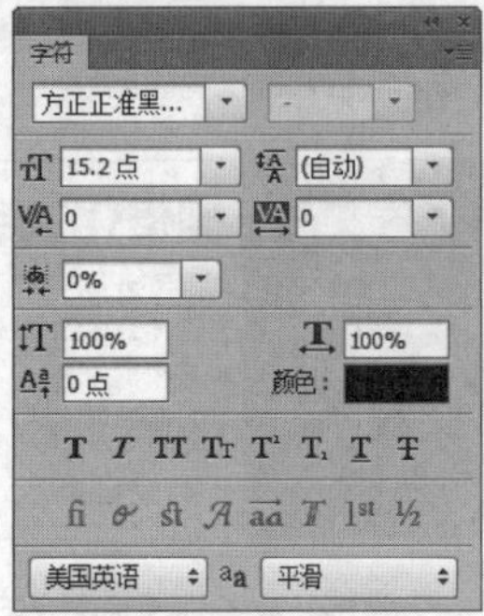

图2.46 打开“字符”面板

实战 076 切换文字字体

▶素材位置：素材\第2章\漂亮格子.jpg
▶案例位置：无
▶视频位置：视频\实战076.avi
▶难易指数：★☆☆☆☆

• 实例介绍 •

通过“设置字体系列”下拉列表，我们可以为文字设置不同的字体。

• 操作步骤 •

STEP 01 执行菜单栏中的“文件”|“打开”命令，打开“漂亮格子.jpg”文件。

STEP 02 选择要修改字体的文字，在“字符”面板中单击“设置字体系列”右侧的下三角按钮，从弹出的字体下拉菜单中选择一种合适的字体，如图2.47所示。

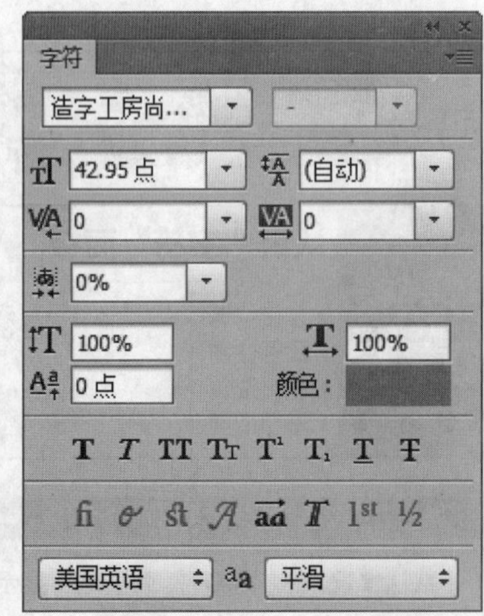

图2.47 更改字体的操作效果

实战 077 切换字体样式

▶素材位置：素材\第2章\绿色世界.jpg
▶案例位置：无
▶视频位置：视频\实战077.avi
▶难易指数：★☆☆☆☆

• 实例介绍 •

字体样式通常包括Regular（规则的）、Italic（仿斜体）、Bold（仿粗体）和Bold Italic（粗斜体）4个选项。

• 操作步骤 •

STEP 01 执行菜单栏中的“文件”|“打开”命令，打开“绿色世界.jpg”文件。

STEP 02 选择要修改字体的文字，在“字符”面板中，单击“仿斜体”图标，即可为文字添加仿斜体样式，如图2.48所示。

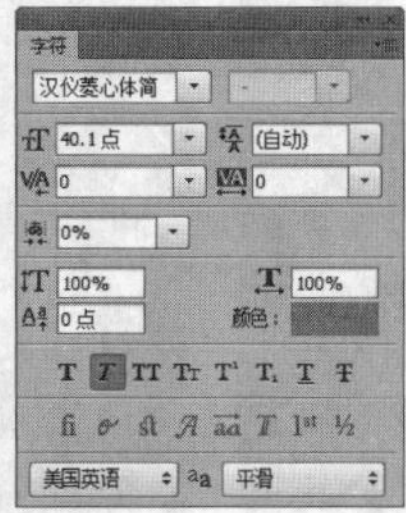

图2.48 不同文字样式的操作效果

提示

有些文字是没有字体样式的，该下拉列表将显示为不可用状态。

实战 078 更改字体大小

▶素材位置：素材\第2章\小雅日记.jpg
▶案例位置：无
▶视频位置：视频\实战078.avi
▶难易指数：★☆☆☆☆

• 实例介绍 •

通过“字符”面板中的“设置字体大小”文本框，我们可以设置文字的大小，可以从下拉列表中选择常用的字符尺寸。

• 操作步骤 •

STEP 01 执行菜单栏中的“文件”|“打开”命令，打开“小雅日记.jpg”文件。

STEP 02 选择要修改字体的文字，在“字符”面板中单击“设置字体系列”右侧的下三角按钮，从弹出的字体下拉菜单中，选择一种合适的大小，即可将文字的字体修改，如图2.49所示。

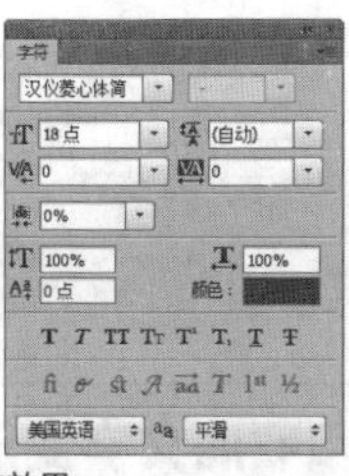

图2.49 更改字体大小的操作效果

实战 079 水平/垂直缩放文字

- 素材位置：素材\第2章\大嘴猴.jpg
- 案例位置：无
- 视频位置：视频\实战079.avi
- 难易指数：★☆☆☆☆

• 实例介绍 •

除了拖动文字框改变文字的大小外，我们还可以使用“字符”面板中的“水平缩放”和“垂直缩放”，来调整文字的缩放效果。

• 操作步骤 •

STEP 01 执行菜单栏中的“文件”|“打开”命令，打开“大嘴猴.jpg”文件。

STEP 02 选择要修改字体的文字，在“字符”面板中的“垂直缩放”后方的文本框中输入百分比数值，如图2.50所示。

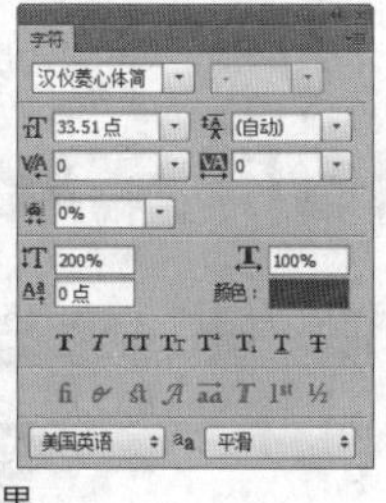

图2.50 文字缩放的操作效果

实战 080 更改文本颜色

- 素材位置：素材\第2章\童话夜空.jpg
- 案例位置：无
- 视频位置：视频\实战080.avi
- 难易指数：★☆☆☆☆

• 实例介绍 •

默认情况下，输入的文字颜色使用的是当前前景色。我们可以在输入文字之前或之后更改文字的颜色。

• 操作步骤 •

STEP 01 执行菜单栏中的“文件”|“打开”命令，打开“童话夜空.jpg”文件。

STEP 02 选中想要更改颜色的文字，在“字符”面板中单击颜色块，在打开的“拾色器”对话框中选择一个颜色，如图2.51所示。

提示

按Alt+Delete组合键用前景色填充文字，按Ctrl+Delete组合键用背景色填充文字。

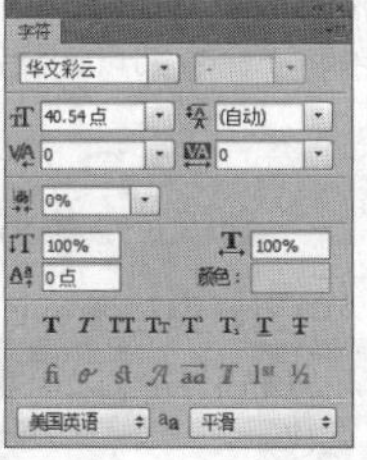

图2.51 更改文本颜色的操作

实战 081 切换文字方向

- 素材位置：素材\第2章荷花\.jpg
- 案例位置：无
- 视频位置：视频\实战081.avi
- 难易指数：★★☆☆☆

• 实例介绍 •

在处理横排或直排文字时，我们可以将字符方向进行更改。

• 操作步骤 •

STEP 01 执行菜单栏中的“文件”|“打开”命令，打开“荷花.jpg”文件。

STEP 02 选择要横排或直排的文字，从“字符”面板菜单中，单击右上角的图标，在弹出的菜单中选择“更改文本方向”命令，即可修改字条方向，如图2.52所示。

图2.52 更改文字方向前后效果

实战 082 消除文字锯齿

- 素材位置：素材\第2章\开春.jpg
- 案例位置：无
- 视频位置：视频\实战082.avi
- 难易指数：★☆☆☆☆

• 实例介绍 •

“消除锯齿”命令是通过部分地填充边缘像素来产生边缘平滑的文字，使文字边缘混合到背景中的。

• 操作步骤 •

STEP 01 执行菜单栏中的“文件”|“打开”命令，打开“开春.jpg”文件。

STEP 02 输入文字选中文字图层，执行菜单栏中的“类型”|“消除锯齿”|“锐利”命令即可消除锯齿，如图2.53所示。

图2.53 消除锯齿前后效果

实战083 创建路径文字

▶素材位置：素材\第2章\双十二.jpg
▶案例位置：无
▶视频位置：视频\实战083.avi
▶难易指数：★★★☆☆

• 实例介绍 •

我们可以使用文字工具沿钢笔或形状工具创建的路径边缘输入文字。

• 操作步骤 •

STEP 01 执行菜单栏中的“文件”|“打开”命令，打开“双十二.jpg”文件。

STEP 02 选择“钢笔工具”，沿背景弧形图像边缘绘制一条曲线路径，如图2.54所示。

STEP 03 选择“横排文字工具”T，移动光标到路径上，当光标变成状时单击鼠标，路径上将出现一个闪动的光标，此时即可输入文字，如图2.55所示。

图2.54 绘制路径

图2.55 添加文字

提示

使用“直排文字工具”IT、“横排文字蒙版工具”和“直排文字蒙版工具”创建路径文字与使用“横排文字工具”T是一样的。

实战084 创建和取消文字变形

▶素材位置：素材\第2章\限时折扣.psd
▶案例位置：无
▶视频位置：视频\实战084.avi
▶难易指数：★★★☆☆

• 实例介绍 •

应用文字变形可以单击选项栏中的“创建文字变形”按钮，或执行菜单栏中的“类型”|“文字变形”命令。

• 操作步骤 •

STEP 01 执行菜单栏中的“文件”|“打开”命令，打开“限时折扣.psd”文件。

STEP 02 选中想要变形的文字，执行菜单栏中的“类型”|“文字变形”命令，在弹出的对话框中单击“样式”后方的下拉按钮，在弹出的下拉菜单中选择一个样式，比如选择“扇形”，完成之后单击“确定”按钮，如图2.56所示。

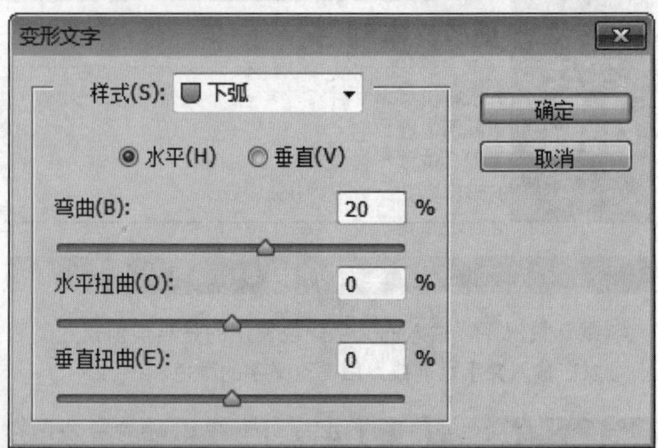

图2.56 将文字变形

提示

不能变形包含“仿粗体”格式设置的文字图层，也不能变形使用不包含轮廓数据的字体（如位图字体）的文字图层。

实战 085 基于文字创建工作路径

▶素材位置：素材\第2章\折扣字.psd
▶案例位置：效果\第2章\创建工作路径.psd
▶视频位置：视频\实战085.avi
▶难易指数：★★☆☆☆

• 实例介绍 •

利用“创建工作路径”命令我们可以将文字转换为用于定义形状轮廓的临时工作路径，可以将这些文字用作矢量形状。

• 操作步骤 •

STEP 01 执行菜单栏中的“文件”|“打开”命令，打开“折扣字.psd”文件。

STEP 02 选择文字图层，执行菜单栏中的“类型”|“创建工作路径”命令，也可以直接在文字图层上单击鼠标右键，从弹出的快捷菜单中选择“创建工作路径”命令，即可基于文字创建工作路径，在“路径”面板中生成一个工作路径，如图2.57所示。

图2.57 创建工作路径前后效果

提示

我们无法基于不包含轮廓数据的字体（如位图字体）创建工作路径。

实战 086 将文字转换为形状

▶素材位置：素材\第2章\旧时回忆.jpg
▶案例位置：效果\第2章\旧时回忆.psd
▶视频位置：视频\实战086.avi
▶难易指数：★★☆☆☆

• 实例介绍 •

文字图层可以转换为形状图层。

• 操作步骤 •

STEP 01 执行菜单栏中的“文件”|“打开”命令，打开“旧时回忆.jpg”文件。

STEP 02 选择文字所在图层，执行菜单栏中的“类型”|“转换为形状”命令，也可以直接在文字图层上单击鼠标右键，从弹出的快捷菜单中选择“转换为形状”命令，即可将当前文字层转换为形状层，如图2.58所示。

图2.58 将文字转换为形状

提示

不能基于不包含轮廓数据的字体（如位图字体）创建形状。

2.6 钢笔工具与路径操作

钢笔工具是创建路径的最基本工具，使用该工具可以创建各种精确的直线或曲线路径。钢笔工具是制作复杂图形的一把利器，它几乎可以绘制任何图形，同时还可以对路径进行编辑操作。

实战 087 查看路径

▶素材位置：素材\第2章\可爱小象.jpg
▶案例位置：无
▶视频位置：视频\实战087.avi
▶难易指数：★☆☆☆☆

• 实例介绍 •

路径是利用“钢笔工具”或形状工具的路径工作状态制作的直线或曲线。路径其实是一些矢量线条。

• 操作步骤 •

STEP 01 执行菜单栏中的“文件”|“打开”命令，打开“可爱小象.jpg”文件。

STEP 02 选择“钢笔工具”，在选项栏中单击“设置形状描边类型”按钮，在弹出的选项中选择“路径”，在画布中绘制路径，打开“路径”面板，即可看到生成的路径，如图2.59所示。

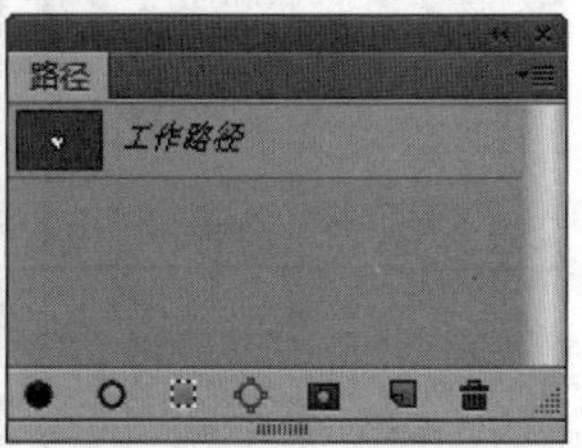

图2.59 绘制路径效果

实战 088 绘制形状

▶素材位置：素材\第2章\兔耳摆件.jpg
▶案例位置：无
▶视频位置：视频\实战088.avi
▶难易指数：★★☆☆☆

• 实例介绍 •

我们可以通过绘制形状来创建矢量图形。

• 操作步骤 •

STEP 01 执行菜单栏中的“文件”|“打开”命令，打开“兔耳摆件.jpg”文件。

STEP 02 选择“钢笔工具”，在选项栏中单击“选择工具模式”按钮，在弹出的选项中选择“形状”，在画布中绘制形状，如图2.60所示。

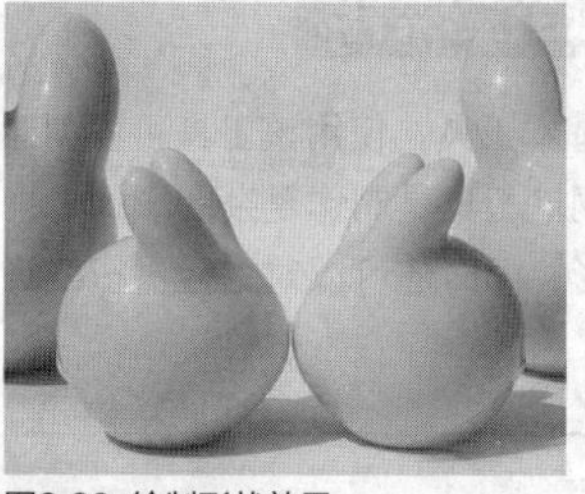

图2.60 绘制形状效果

实战 089 绘制直线段

▶素材位置：素材\第2章\记事本.jpg
▶案例位置：无
▶视频位置：视频\实战089.avi
▶难易指数：★☆☆☆☆

• 实例介绍 •

使用“钢笔工具”我们可以绘制最简单的直线路径。

• 操作步骤 •

STEP 01 执行菜单栏中的“文件”|“打开”命令，打开“记事本.jpg”文件。

STEP 02 选择“钢笔工具”，移动光标到文档窗口中，在合适的位置单击确定路径的起点，单击其他要设置锚点的位置可以得到第2个锚点，在当前锚点和前一个锚点之间会以直线连接，如图2.61所示。

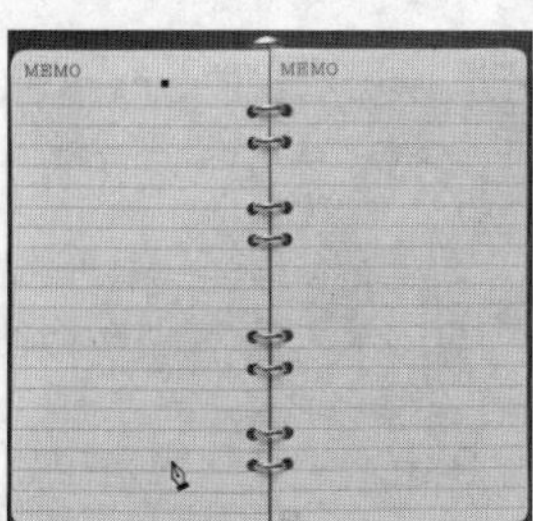

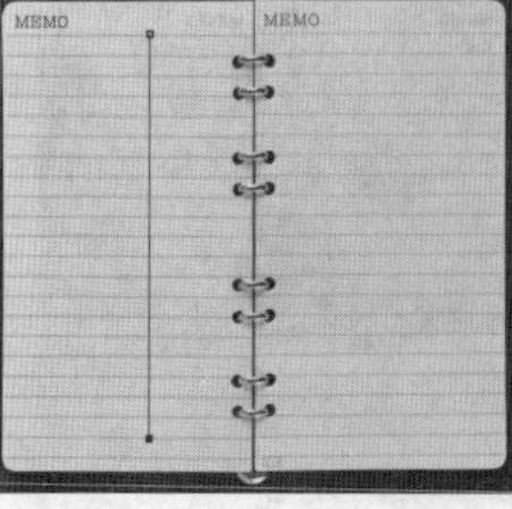

图2.61 绘制直线路径效果

技巧

在绘制路径时，如果想中止绘制，可以按住Ctrl键的同时在文档窗口中路径以外的任意位置单击鼠标，绘制出不封闭的路径。按住Ctrl键光标将变成直接选择工具形状，此时可以移动锚点或路径线段的位置。按住Shift键进行绘制，可以绘制成45度角倍数的路径。

提示

在绘制直线段时，注意单击时不要拖动鼠标，否则将绘制出曲线效果。

实战 090 绘制曲线

▶素材位置：素材\第2章\彩虹.jpg
▶案例位置：无
▶视频位置：视频\实战090.avi
▶难易指数：★★☆☆☆

• 实例介绍 •

绘制曲线相对来说比较复杂一点，在曲线改变方向的位置添加一个锚点，然后拖动构成曲线形状的方向线即可。方向线的长度和斜度决定了曲线的形状。

• 操作步骤 •

STEP 01 执行菜单栏中的“文件”|“打开”命令，打开“彩虹.jpg”文件。

STEP 02 选择“钢笔工具”，将钢笔工具定位到曲线的起点，并按住鼠标按钮拖动，以设置要创建的曲线段的斜度，然后松开鼠标按钮，如图2.62所示。

图2.62 绘制曲线效果

技巧

在绘制曲线路径时，如果要创建尖锐的曲线，即在某锚点处改变切线方向，可以先释放鼠标，然后按住Alt键的同时拖动控制点改变曲线形状，也可以在按住Alt键的同时拖动该锚点，拖动控制线来修改曲线形状。

实战 091 绘制路径

▶素材位置：素材\第2章\黄色包包.jpg
▶案例位置：无
▶视频位置：视频\实战091.avi
▶难易指数：★★☆☆☆

• 实例介绍 •

路径的强大之处在于，它具有灵活的编辑功能，对应的编辑工具也相当丰富。

• 操作步骤 •

STEP 01 执行菜单栏中的“文件”|“打开”命令，打开“黄色包包.jpg”文件。

STEP 02 选择“钢笔工具”，将钢笔工具定位到起点，并按住鼠标按钮拖动，以设置要创建的路径的角度，然后松开鼠标按钮，再下一处单击确定下一个锚点，依次创建路径，如图2.63所示。

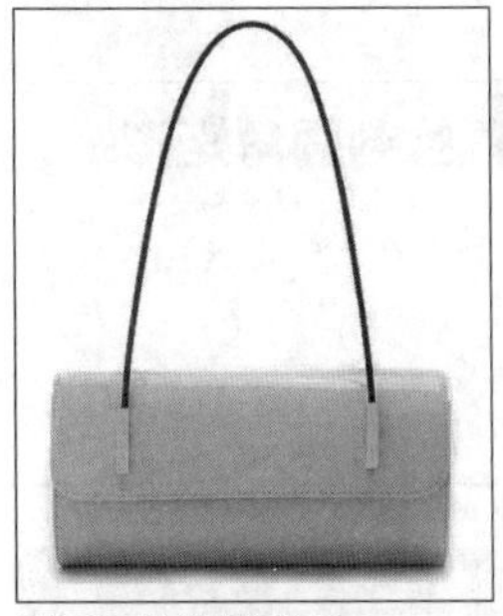
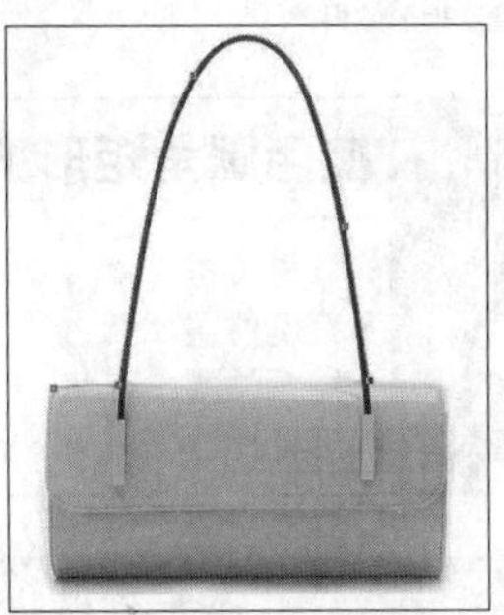

图2.63 绘制路径效果

技巧

使用路径选择工具或直接选择工具，利用拖动框的形式也可以选择多个路径或路径锚点。

实战 092 添加锚点

- 素材位置：素材\第2章\矢量画.psd
- 案例位置：无
- 视频位置：视频\实战092.avi
- 难易指数：★☆☆☆☆

• 实例介绍 •

使用“添加锚点工具”工具在路径上单击，可以为路径添加新的锚点。

• 操作步骤 •

STEP 01 执行菜单栏中的“文件”|“打开”命令，打开“矢量画.psd”文件。

STEP 02 选择“添加锚点工具”，然后将光标移动到要添加锚点的路径位置，此时光标的右下角将出现一个加号标志，单击鼠标即可在该路径位置添加一个锚点。以同样的方法可以添加更多的锚点，如图2.64所示。

图2.64 添加锚点的操作效果

实战 093 删除锚点

- 素材位置：素材\第2章\雪景.psd
- 案例位置：无
- 视频位置：视频\实战093.avi
- 难易指数：★☆☆☆☆

• 实例介绍 •

删除锚点后路径将根据其他的锚点重新定义路径的形状。

• 操作步骤 •

STEP 01 执行菜单栏中的“文件”|“打开”命令，打开“雪景.psd”文件。

STEP 02 选择“删除锚点工具”，将光标移动到路径中想要删除的锚点上，此时光标的右下角将出现一个减号标志，单击鼠标左键即可将该锚点删除，如图2.65所示。

图2.65 删除锚点的操作效果

实战 094 从路径建立选区

- 素材位置：素材\第2章\矢量小花.psd
- 案例位置：无
- 视频位置：视频\实战094.avi
- 难易指数：★☆☆☆☆

• 实例介绍 •

我们不但可以从封闭的路径创建选区，还可以将开放的路径转换为选区。

• 操作步骤 •

STEP 01 执行菜单栏中的“文件”|“打开”命令，打开“矢量小花.psd”文件。

STEP 02 选中路径或形状图层，按Ctrl+Enter组合键，即可从路径快速建立选区，如图2.66所示。

图2.66 转换为选区

实战 095 从选区生成路径

▶素材位置：素材\第2章\矢量彩虹.jpg
▶案例位置：无
▶视频位置：视频\实战095.avi
▶难易指数：★☆☆☆☆

• 实例介绍 •

从选区生成路经可以更加方便编辑操作。

• 操作步骤 •

STEP 01 执行菜单栏中的“文件”|“打开”命令，打开“矢量彩虹.jpg”文件。

STEP 02 选择工具箱中的任意选区工具并创建选区，单击鼠标右键，从弹出的快捷菜单中选择“建立工作路径”命令，在弹出的对话框中设置合适的“容差”值，完成之后单击“确定”按钮，如图2.67所示。

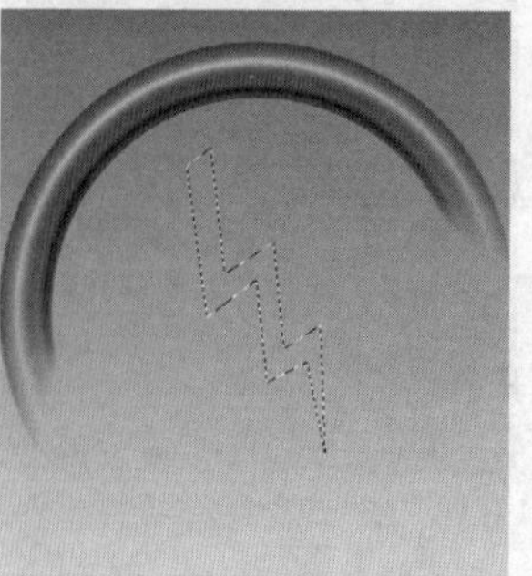

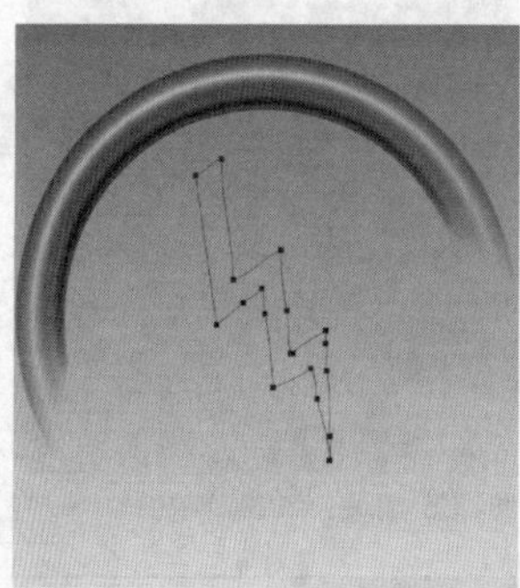

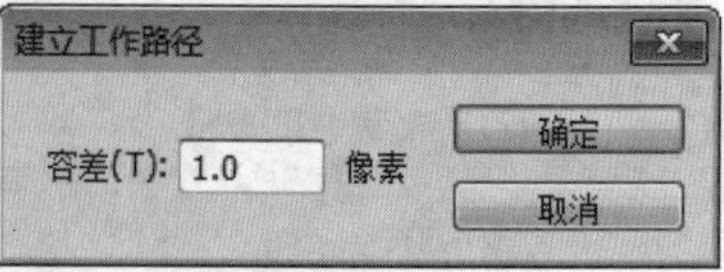

图2.67 从选区生成路径

2.7 形状工具

利用形状工具可以绘制出各种简单的形状图形或路径。

实战 096 使用矩形工具绘制矩形

▶素材位置：素材\第2章\小格子背景.jpg
▶案例位置：无
▶视频位置：视频\实战096.avi
▶难易指数：★☆☆☆☆

• 实例介绍 •

“矩形工具”主要用来绘制矩形、正方形的形状或路径。

• 操作步骤 •

STEP 01 执行菜单栏中的“文件”|“打开”命令，打开“小格子背景.jpg”文件。

STEP 02 选择“矩形工具”，将光标移至画布中的适当位置，按住鼠标拖动即可进行绘制，如图2.68所示。

图2.68 绘制矩形效果

实战 097 使用圆角矩形工具绘制圆角矩形

▶素材位置：素材\第2章\蓝色系背景.jpg
▶案例位置：无
▶视频位置：视频\实战097.avi
▶难易指数：★★☆☆☆

• 实例介绍 •

“圆角矩形工具”主要用来绘制带有一定圆角度的圆角矩形。

• 操作步骤 •

STEP 01 执行菜单栏中的“文件”|“打开”命令，打开“蓝色系背景.jpg”文件。

STEP 02 选择“圆角矩形工具”，将光标移至画布中的适当位置，按住鼠标拖动即可进行绘制，绘制的圆角矩形效果如图2.69所示。

图2.69 绘制圆角矩形效果

技巧

按住Shift键的同时在文档窗口中拖动可以绘制正圆角矩形。

实战 098 使用椭圆工具绘制椭圆

▶素材位置：素材\第2章\分割背景.jpg
▶案例位置：无
▶视频位置：视频\实战098.avi
▶难易指数：★☆☆☆☆

• 实例介绍 •

“椭圆工具”主要用来绘制椭圆或圆形。

• 操作步骤 •

STEP 01 执行菜单栏中的“文件”|“打开”命令，打开“分割背景.jpg”文件。

STEP 02 选择“椭圆工具”，将光标移至画布中的适当位置，按住鼠标拖动即可进行绘制，绘制的椭圆效果如图2.70所示。

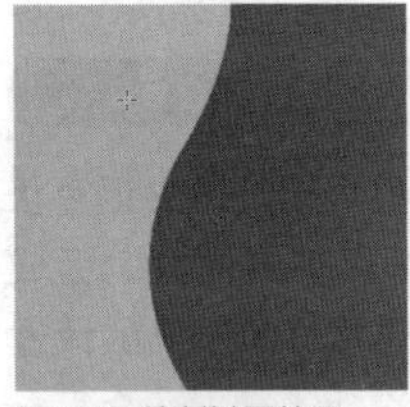

图2.70 绘制椭圆效果

实战 099 使用多边形工具绘制五角星

- 素材位置：素材\第2章\条纹背景.jpg
- 案例位置：无
- 视频位置：视频\实战099.avi
- 难易指数：★★☆☆☆

• 实例介绍 •

“多边形工具”主要用来绘制多边形和各种星形。

• 操作步骤 •

STEP 01 执行菜单栏中的“文件”|“打开”命令，打开“条纹背景.jpg”文件。

STEP 02 选择“多边形工具”，在选项栏中单击图标，在弹出的面板中勾选“星形”复选框，将“缩进边依据”更改为50%，在画布中按住鼠标绘制图形，如图2.71所示。

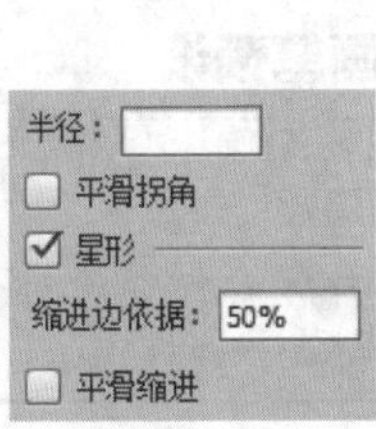

图2.71 绘制多边形图形效果

实战 100 使用直线工具绘制直线

- 素材位置：素材\第2章\版块背景.jpg
- 案例位置：无
- 视频位置：视频\实战100.avi
- 难易指数：★☆☆☆☆

• 实例介绍 •

“直线工具”主要用来绘制直线或带有各种箭头的直线段。

• 操作步骤 •

STEP 01 执行菜单栏中的“文件”|“打开”命令，打开“版块背景.jpg”文件。

STEP 02 选择“直线工具”，将光标移至背景中的适当位置，按住鼠标拖动即可进行绘制，如图2.72所示。

图2.72 绘制直线效果

2.8 绘画工具

Photoshop CC 为用户提供了多个绘画工具，主要包括“画笔工具”、“铅笔工具”、“混合器画笔工具”、“历史记录画笔工具”、“历史记录艺术画笔工具”、“橡皮擦工具”、“背景橡皮擦工具”和“魔术橡皮擦工具”等。

实战 101 使用画笔工具绘制图像

- 素材位置：素材\第2章\青花纹.jpg
- 案例位置：无
- 视频位置：视频\实战101.avi
- 难易指数：★★☆☆☆

• 实例介绍 •

“画笔工具”创建的笔触较柔和。

• 操作步骤 •

STEP 01 执行菜单栏中的“文件”|“打开”命令，打开“青花纹.jpg”文件。

STEP 02 选择“画笔工具”，将光标移至当前画布中，按住鼠标并拖动绘制图像，如图2.73所示。

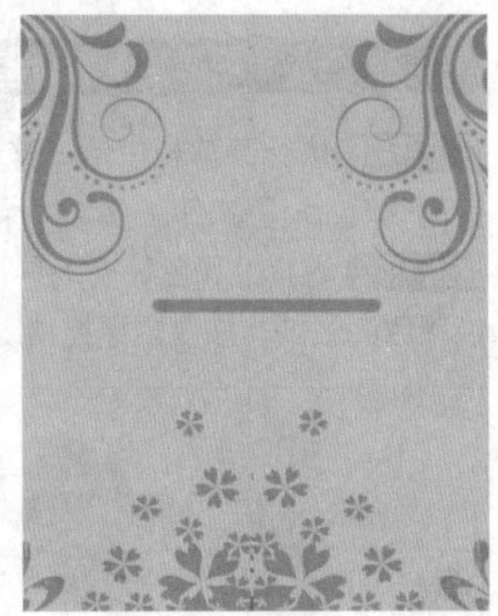

图2.73 “画笔工具”绘画效果

实战102 使用铅笔工具绘制图像

▶素材位置：素材\第2章\蓝天与海水.jpg
▶案例位置：无
▶视频位置：视频\实战102.avi
▶难易指数：★★☆☆☆

• 实例介绍 •

“铅笔工具”创建的笔触较生硬。

• 操作步骤 •

STEP 01 执行菜单栏中的“文件”|“打开”命令，打开“蓝天与海水.jpg”文件。

STEP 02 选择“铅笔工具”，将光标移至当前画布中，按住鼠标拖动绘制图像，如图2.74所示。

图2.74 “铅笔工具”绘画效果

技巧

按住Shift键可绘制直线。

实战103 使用颜色替换工具替换颜色

▶素材位置：素材\第2章\时尚高跟鞋.jpg
▶案例位置：效果\第2章\颜色替换工具替换颜色.jpg
▶视频位置：视频\实战103.avi
▶难易指数：★★☆☆☆

• 实例介绍 •

“颜色替换工具”可使用已设置的颜色替换原有的颜色。

• 操作步骤 •

STEP 01 执行菜单栏中的“文件”|“打开”命令，打开“时尚高跟鞋.jpg”文件。

STEP 02 选择“颜色替换工具”，将光标移至图像中需要替换颜色的区域，按住鼠标拖动以替换颜色，如图2.75所示。

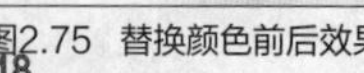

图2.75 替换颜色前后效果

实战104 使用历史记录艺术画笔工具添加特效

▶素材位置：素材\第2章\牡丹.jpg
▶案例位置：效果\第2章\历史记录艺术画笔工具添加特效.jpg
▶视频位置：视频\实战104.avi
▶难易指数：★★☆☆☆

• 实例介绍 •

“历史记录艺术画笔工具”可以使用指定历史记录状态或快照中的源数据，通过尝试使用不同的绘画样式、区域和容差选项，可以用不同的色彩和艺术风格模拟绘画的纹理以产生各种不同的艺术效果。

• 操作步骤 •

STEP 01 执行菜单栏中的“文件”|“打开”命令，打开“牡丹.jpg”文件。

STEP 02 选择“历史记录艺术画笔工具”，将光标移至当前图像中的叶子区域，在图像中涂抹以制作特殊效果，如图2.76所示。

图2.76 添加特效

实战105 认识画笔预设

▶素材位置：素材\第2章\海滩风情.jpg
▶案例位置：无
▶视频位置：视频\实战105.avi
▶难易指数：★★☆☆☆

• 实例介绍 •

画笔预设其实就是一种存储画笔笔尖，带有诸如大小、形状和硬度等定义的特性。画笔预设可以创建属于自己的画笔笔尖。

• 操作步骤 •

STEP 01 执行菜单栏中的“文件”|“打开”命令，打开“海滩风情.jpg”文件。

STEP 02 选择“画笔工具”，在画布中单击鼠标右键，此时将弹出面板，单击面板右上角图标，在弹出的菜单中选择“预设管理器”，此时将弹出“预设管理器”对话框，如图2.77所示。

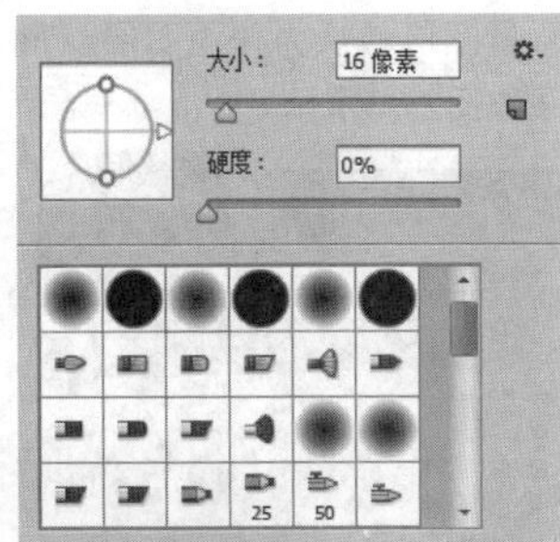

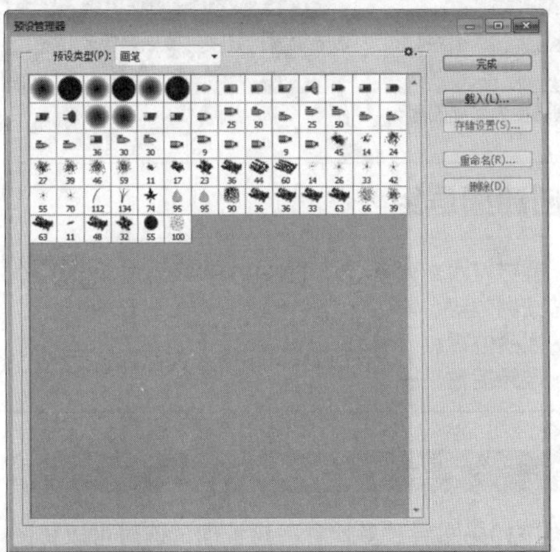

图2.77 预设管理器

实战 106 使用橡皮擦工具擦除多余图像

▶素材位置：素材\第2章\手绘钱包.jpg
▶案例位置：效果\第2章\橡皮擦工具擦除多余图像.jpg
▶视频位置：视频\实战106.avi
▶难易指数：★★☆☆☆

• 实例介绍 •

“橡皮擦工具”可以擦除不需要的图像。

• 操作步骤 •

STEP 01 执行菜单栏中的“文件”|“打开”命令，打开“手绘钱包.jpg”文件。

STEP 02 选择“橡皮擦工具”，将光标移至图像中多余的区域，在多余的区域涂抹将图像隐藏，如图2.78所示。

图2.78 擦除多余图像效果

实战 107 使用背景橡皮擦工具擦除背景

▶素材位置：素材\第2章\女式棒球帽.jpg
▶案例位置：效果\第2章\背景橡皮擦工具擦除背景.psd
▶视频位置：视频\实战107.avi
▶难易指数：★★☆☆☆

• 实例介绍 •

“背景橡皮工具”工具可以将画布中的背景图像擦除。

• 操作步骤 •

STEP 01 执行菜单栏中的“文件”|“打开”命令，打开“女式棒球帽.jpg”文件。

STEP 02 选择“背景橡皮工具”，将光标移至背景画布中，按住鼠标拖动即可将背景擦除，如图2.79所示。

图2.79 擦除背景效果

实战 108 使用魔术橡皮擦工具擦除背景

▶素材位置：素材\第2章\智能手机.jpg
▶案例位置：效果\第2章\魔术橡皮擦工具擦除背景.psd
▶视频位置：视频\实战108.avi
▶难易指数：★★☆☆☆

• 实例介绍 •

“魔术橡皮擦工具”可以将相似的所有图像擦除。

• 操作步骤 •

STEP 01 执行菜单栏中的“文件”|“打开”命令，打开“智能手机.jpg”文件。

STEP 02 选择“魔术橡皮擦工具”，将光标移至画布中不需要的图像区域，单击鼠标左键将相似的图像部分擦除，如图2.80所示。

图2.80 擦除背景效果

2.9 图层的创建与操作

图层是对图像编辑最重要的部分，同时，我们也可以对创建好的图层进行编辑及操作。

实战109 创建新图层

- 素材位置：素材\第2章\玩具.jpg
- 案例位置：无
- 视频位置：视频\实战109.avi
- 难易指数：★☆☆☆☆

• 实例介绍 •

空白图层是最普通的图层，我们在处理或编辑图像的时候经常要建立空白图层。

• 操作步骤 •

STEP 01 执行菜单栏中的“文件”|“打开”命令，打开“玩具.jpg”文件。

STEP 02 按F7键打开“图层”面板，如图2.81所示，单击底部的“创建新图层”按钮，创建一个空白图层，如图2.82所示。

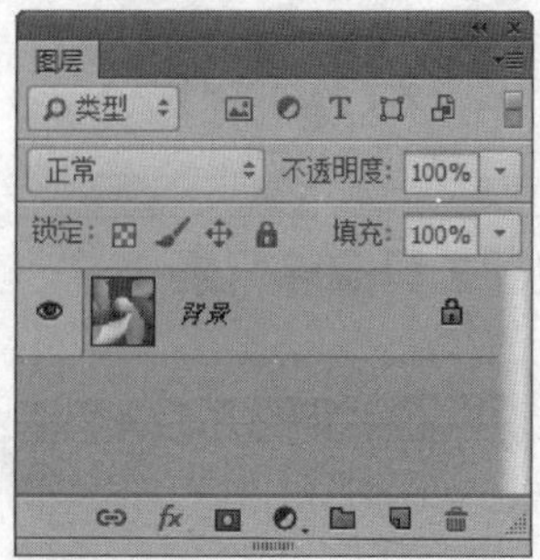

图2.81 打开图层

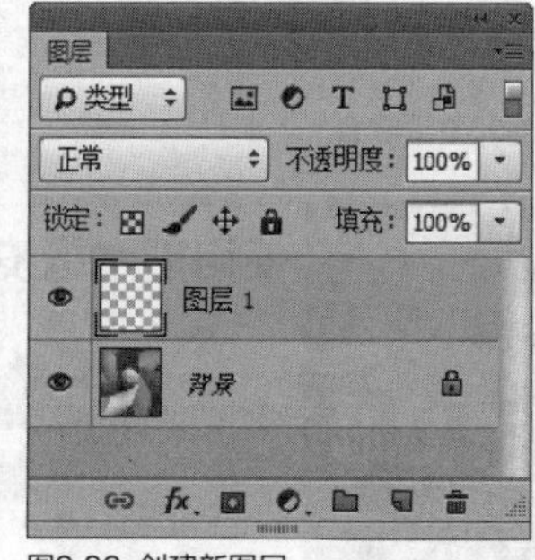

图2.82 创建新图层

实战110 转换背景图层

- 素材位置：素材\第2章\童话世界.jpg
- 案例位置：无
- 视频位置：视频\实战110.avi
- 难易指数：★☆☆☆☆

• 实例介绍 •

在新建文档时，系统会自动创建一个背景图层。背景图层在默认状态下是全部锁定的，是对原图像的一种保护。默认的背景图层不能进行图层不透明度、混合模式和顺序的更改，但可以复制背景图层。

• 操作步骤 •

STEP 01 执行菜单栏中的“文件”|“打开”命令，打开“童话世界.jpg”文件。

STEP 02 按F7键打开图层面板，双击“背景”图层名称，将弹出一个“新建图层”对话框，单击“确定”按钮，即可将背景图层转换为普通图层，将背景图层转换为普通图层的效果如图2.83所示。

图2.83 将背景图层转换为普通图层

实战111 创建图层组

- 素材位置：素材\第2章\运动跑道.jpg
- 案例位置：无
- 视频位置：视频\实战111.avi
- 难易指数：★☆☆☆☆

• 实例介绍 •

在制作过程中如果图层过多就会不易管理，这时可以将图层编组。

• 操作步骤 •

STEP 01 执行菜单栏中的“文件”|“打开”命令，打开“运动跑道.jpg”文件。

STEP 02 按F7键打开图层面板，单击“图层”面板底部的“创建新组”按钮，在当前图层上方创建一个图层组，创建效果如图2.84所示。

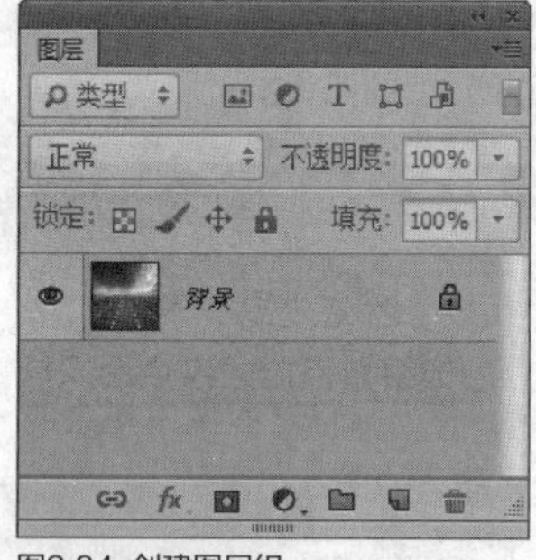

图2.84 创建图层组

实战112 创建调整图层

- 素材位置：素材\第2章\时尚包包.jpg
- 案例位置：无
- 视频位置：视频\实战112.avi
- 难易指数：★☆☆☆☆

• 实例介绍 •

调整图层主要用来调整图像的色彩，比如曲线、色彩平衡等调整层，调整图层单独存在于一个独立的层中，不会对其他层的像素进行改变。

• 操作步骤 •

STEP 01 执行菜单栏中的“文件”|“打开”命令，打开“时尚包包.jpg”文件，如图2.85所示。

STEP 02 在“图层”面板中，单击“创建新的填充或调整图层”按钮，从弹出的菜单中选择一个调整命令，如选择“色彩平衡”命令，在弹出的面板中拖动调整滑块以增加或减少图像中的某种颜色，如图2.86所示。

图2.85 打开图像

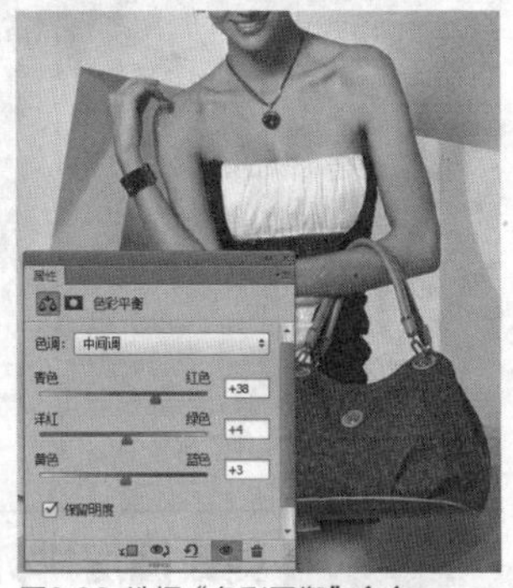
图2.86 选择“色彩平衡”命令

实战 113

创建形状图层

▶素材位置：素材\第2章\美丽世界.jpg
▶案例位置：无
▶视频位置：视频\实战113.avi
▶难易指数：★★☆☆☆

• 实例介绍 •

形状图层的最大优点是可以对其进行反复的调整、修改，它的操作是可逆的。

• 操作步骤 •

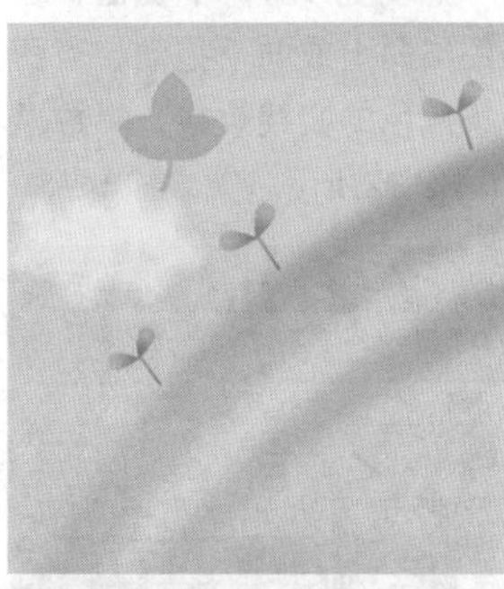

STEP 01 执行菜单栏中的“文件”|“打开”命令，打开“美丽世界.jpg”文件。

STEP 02 选择“自定形状工具”，将光标移至画布中的适当位置，按住鼠标绘制图形，此时将自动产生一个形状图层，如图2.87所示。

图2.87 绘制形状

实战 114

创建智能对象

▶素材位置：素材\第2章\路在远方.psd
▶案例位置：无
▶视频位置：视频\实战114.avi
▶难易指数：★☆☆☆☆

• 实例介绍 •

智能对象可以保存源内容的所有原始特征，这是一种非破坏性的编辑功能。

• 操作步骤 •

STEP 01 执行菜单栏中的“文件”|“打开”命令，打开“路在远方.psd”文件。

STEP 02 在“图层”面板中选择一个或多个图层，执行菜单栏中的“图层”|“智能对象”|“转换为智能对象”命令，可将所选图层转换成智能对象层，如图2.88所示。

图2.88 转换为智能对象

技巧

在“图层”面板中，在当前图层名称上单击鼠标右键，从弹出的快捷菜单中选择“转换为智能对象”，同样可以将其转换为智能对象。

实战 115

移动图层

▶素材位置：素材\第2章\订购标签.psd
▶案例位置：无
▶视频位置：视频\实战115.avi
▶难易指数：★☆☆☆☆

• 实例介绍 •

在编辑图像时，移动图层的操作是很频繁的，我们可以通过“移动工具”来移动图层中的图像。

• 操作步骤 •

STEP 01 执行菜单栏中的“文件”|“打开”命令，打开“订购标签.psd”文件。

STEP 02 选中想要移动的图像的所在图层，选择“移动工具”，在画布中按住鼠标拖动即可移动图像，如图2.89所示。

图2.89 移动图像前后效果

技巧

在移动图层时，按住Shift键拖动图层，可以使图层中的图像按45度倍数方向移动。如果创建了链接图层、图层组或剪贴组，则图层内容将一起移动。

实战116 复制图层

▶素材位置：素材\第2章\蘑菇.jpg
▶案例位置：无
▶视频位置：视频\实战116.avi
▶难易指数：★☆☆☆☆

• 实例介绍 •

复制图层可复制两份甚至多份图层。

• 操作步骤 •

STEP 01 执行菜单栏中的“文件”|“打开”命令，打开“蘑菇.jpg”文件。

STEP 02 选中需要复制的图层，将选中的图层拖动至面板底部的“创建新图层”按钮上即可复制，如图2.90所示。

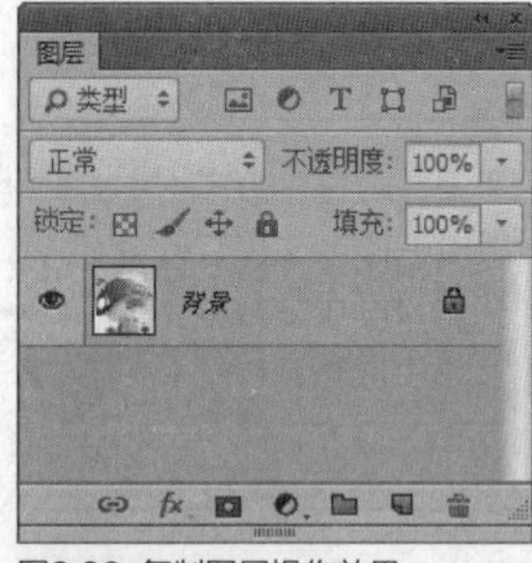

图2.90 复制图层操作效果

实战117 删除图层

▶素材位置：素材\第2章\小猫.psd
▶案例位置：无
▶视频位置：视频\实战117.avi
▶难易指数：★☆☆☆☆

• 实例介绍 •

删除图层的操作非常简单。

• 操作步骤 •

STEP 01 执行菜单栏中的“文件”|“打开”命令，打开“小猫.psd”文件。

STEP 02 在“图层”面板中选择要删除的图层，将选中的图层拖动到“图层”面板底部的“删除图层”按钮上即可将其删除，如图2.91所示。

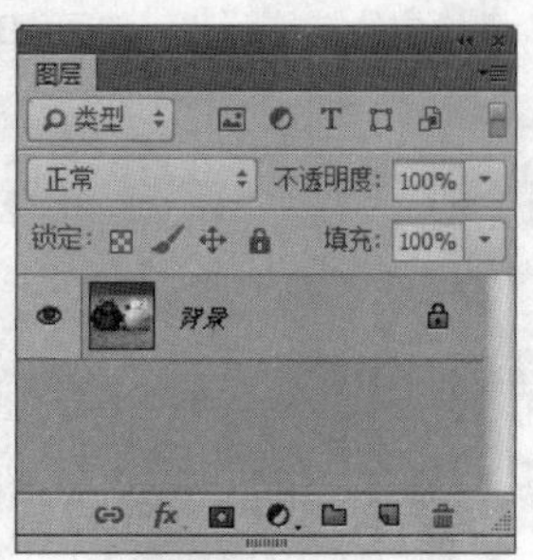

图2.91 删除图层操作效果

实战118 更改图层排列顺序

▶素材位置：素材\第2章\悬吊标识.jpg
▶案例位置：无
▶视频位置：视频\实战118.avi
▶难易指数：★☆☆☆☆

• 实例介绍 •

更改图层顺序可以将当前图层中的图像置于其他图层上方或者下方，同时还可以移至图层最顶部或者最底部。

• 操作步骤 •

STEP 01 执行菜单栏中的“文件”|“打开”命令，打开“悬吊标识.psd”文件。

STEP 02 在“图层”面板中，选中想要更改顺序的图层，在选中的图层名称上按住鼠标，将图层向上或向下拖动，当图层到达需要的位置时，将显示一条黑色的实线效果，释放鼠标后，图层会移动到当前位置，如图2.92所示。

图2.92 图层排列的操作过程

技巧

按Shift+Ctrl+]组合键可以快速地将当前图层置为顶层；按Shift+Ctrl+[组合键可以快速地将当前图层置为底层；按Ctrl+]组合键可以快速地将当前图层前移一层；按Ctrl+[组合键可以快速地将当前图层后移一层。

实战119 更改图层显示颜色

▶素材位置：素材\第2章\箭头标识.psd
▶案例位置：无
▶视频位置：视频\实战119.avi
▶难易指数：★☆☆☆☆

• 实例介绍 •

为了便于图层的区分与修改，我们还可以根据需要对当前图层的显示颜色进行修改。

• 操作步骤 •

STEP 01 执行菜单栏中的“文件”|“打开”命令，打开“箭头标识.psd”文件。

STEP 02 在“图层”面板中选中想要更改属性的图层，在图层上单击鼠标右键，在打开的菜单栏中，可以选择一个颜色以指定当前图层的颜色，如图2.93所示。

图2.93 更改图层显示颜色

实战120 链接图层

▶素材位置：素材\第2章\猪头标识.psd
▶案例位置：无
▶视频位置：视频\实战120.avi
▶难易指数：★★☆☆☆

• 实例介绍 •

链接图层可以更加方便多个图层的操作，比如同时对多个图层进行旋转、缩放、对齐、合并等。

• 操作步骤 •

STEP 01 执行菜单栏中的“文件”|“打开”命令，打开“猪头标识.psd”文件。

STEP 02 在“图层”面板中选择要进行链接的图层，单击“图层”面板底部的“链接图层”按钮，或执行菜单栏中的“图层”|“链接图层”命令，即可将选择的图层进行链接，如图2.94所示。

提示

链接图层可以是2个图层或者多个图层。

图2.94 链接多个图层

实战121 搜索图层

▶素材位置：素材\第2章\组合标识.psd
▶案例位置：无
▶视频位置：视频\实战121.avi
▶难易指数：★★☆☆☆

• 实例介绍 •

当图像图层太过繁多时，需快速找到某个图层。可使用“查找图层”的方法快速找到需要的图层。

• 操作步骤 •

STEP 01 执行菜单栏中的“文件”|“打开”命令，打开“组合标识.psd”文件。

STEP 02 执行菜单栏中“选择”|“查找图层”命令，此时“图层”面板上方会出现一个文本框，在文本框中输入图层的名称，“图层”面板中将会只显示该图层，如图2.95所示。

图2.95 查找图层

实战122 对齐图层对象

▶素材位置：素材\第2章\手机广告.psd
▶案例位置：无
▶视频位置：视频\实战122.avi
▶难易指数：★★☆☆☆

• 实例介绍 •

对齐图层其实就是对齐图层中的图像，在操作多个图层时，经常会用到图层的对齐。要想对齐图层，首先要选择或链接相关的图层，对齐对象至少有两个时才可以应用。

• 操作步骤 •

STEP 01 执行菜单栏中的“文件”|“打开”命令，打开“手机广告.psd”文件。

STEP 02 选择“移动工具”，在选项栏中可以看到对齐按钮处于激活状态，这时就可以应用对齐命令，同时选中需要对齐的图层，单击选项栏中想要对齐的方式的图标，如图2.96所示。

图2.96 对齐效果

实战123 将图层与选区对齐

▶素材位置：素材\第2章\放射标识.psd
▶案例位置：无
▶视频位置：视频\实战123.avi
▶难易指数：★★☆☆☆

• 实例介绍 •

为了方便对图像进行编辑，我们可以将图层与选区对齐。

• 操作步骤 •

STEP 01 执行菜单栏中的“文件”|“打开”命令，打开“放射标识.psd”文件。

STEP 02 在图像中绘制一个选区，执行菜单栏中的“图层”|“将图层与选区对齐”命令，单击子菜单中的某个对齐命令，可基于选区对齐所选图层，如图2.97所示。

图2.97 将图层与选区对齐前后效果

实战124 栅格化图层

▶素材位置：素材\第2章\组合标签.psd
▶案例位置：无
▶视频位置：视频\实战124.avi
▶难易指数：★★☆☆☆

• 实例介绍 •

我们在操作文字、矢量蒙版、形状等矢量图层时，需要将它们栅格化，转化为位图图层，才能进行处理。

• 操作步骤 •

STEP 01 执行菜单栏中的“文件”|“打开”命令，打开“组合标签.psd”文件。

STEP 02 选择一个图层，执行菜单栏中的“图层”|“栅格化”命令，然后在其子菜单中选择相应的栅格命令即可。栅格化后的图层缩略图将发生变化。文字层的图层栅格化前后效果如图2.98所示。

图2.98 文字层栅格化前后效果

实战125 合并图层

▶素材位置：素材\第2章\特产广告.jpg
▶案例位置：无
▶视频位置：视频\实战125.avi
▶难易指数：★★☆☆☆

• 实例介绍 •

在编辑图像时，我们对一些确定的图层内容可以不必单独存放在独立的图层中，可以将它们合并成一个图层。

• 操作步骤 •

STEP 01 执行菜单栏中的“文件”|“打开”命令，打开“特产广告.psd”文件。

STEP 02 同时选中需要合并的图层，执行菜单栏中的“图层”|“合并图层”命令，即可将图层合并，如图2.99所示。

图2.99 向下合并图层的前后效果

技巧

按Ctrl+E组合键可以快速向下合并图层或合并选择的图层；按Shift+Ctrl+E组合键可快速合并可见图层。

实战 126 盖印图层

- ▶素材位置：素材\第2章\幸福一家.psd
- ▶案例位置：无
- ▶视频位置：视频\实战126.avi
- ▶难易指数：★★☆☆☆

• 实例介绍 •

“盖印图层”是一个非常实用的命令，使用此命令可以在不合并其他图层的情况下，得到一个合并了多个图层的新图层。如果在编辑图像时想保持原有图层的完整性，又想得到多个图层的合并效果，可以使用该命令。

• 操作步骤 •

STEP 01 执行菜单栏中的“文件”|“打开”命令，打开“幸福一家.psd”文件。

STEP 02 在“图层”面板中，选中最上方图层，按Shift+Ctrl+Alt+E组合键，可执行“盖印可见图层”命令，如图2.100所示。

图2.100 盖印图层操作效果

提示

盖印图层只对可见图层有效。

2.10 图层混合模式

在Photoshop中，混合模式被应用于很多地方，比如画笔、图章和图层等，具有相当重要的作用。模式不同得到的效果也不同。利用混合模式，我们可以制作出许多意想不到的艺术效果。

实战 127 使用“溶解”模式创建粒子边缘

- ▶素材位置：素材\第2章\复古.psd
- ▶案例位置：无
- ▶视频位置：视频\实战127.avi
- ▶难易指数：★☆☆☆☆

• 实例介绍 •

当前图层上的图像呈点状粒子效果，在不透明度小于100%时，效果会更加明显。

• 操作步骤 •

STEP 01 执行菜单栏中的“文件”|“打开”命令，打开“复古.psd”文件。

STEP 02 选中当前图像所在图层，将当前图层的混合模式更改为“溶解”，如图2.101所示。

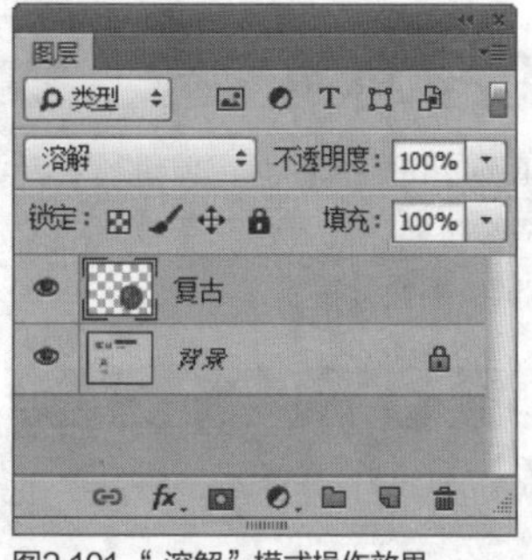

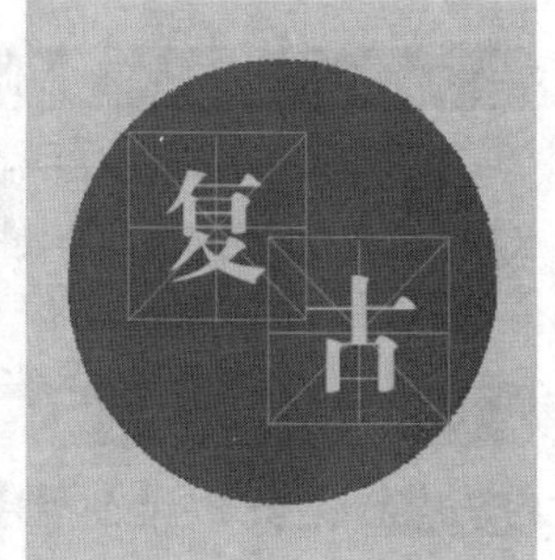

图2.101 “溶解”模式操作效果

实战 128 使用“正片叠底”模式加深图像

- ▶素材位置：素材\第2章\镂空标识.psd
- ▶案例位置：无
- ▶视频位置：视频\实战128.avi
- ▶难易指数：★★☆☆☆

• 实例介绍 •

当前图层图像颜色值与下层图像颜色值相乘，再除以数值255，会得到最终像素的颜色值。

• 操作步骤 •

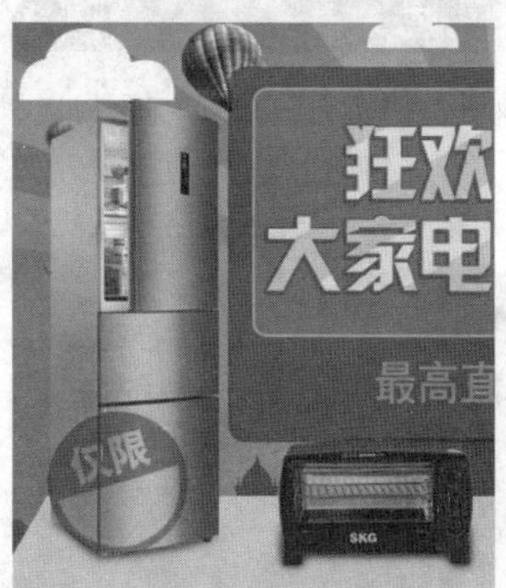

图2.102 使用“正片叠底”模式前后效果

STEP 01 执行菜单栏中的“文件”|“打开”命令，打开“镂空标识.psd”文件。

STEP 02 选中当前图像所在图层，将当前图层混合模式更改为“正片叠底”，如图2.102所示。

实战129 使用“变暗”模式调低暗底

- 素材位置：素材\第2章\牛仔裤.psd
- 案例位置：无
- 视频位置：视频\实战129.avi
- 难易指数：★☆☆☆☆

• 实例介绍 •

将当前图层中的图像颜色值与下层图像的颜色值进行混合比较，比混合颜色值亮的像素将被替换，比混合颜色值暗的像素将保持不变，最终会得到暗色调的图像效果。

• 操作步骤 •

STEP 01 执行菜单栏中的“文件”|“打开”命令，打开“牛仔裤.psd”文件。

STEP 02 选中当前图像所在图层，将当前图层混合模式更改为“变暗”，如图2.103所示。

图2.103 使用“变暗”模式前后效果

实战130 使用“颜色加深”模式降低亮度

- 素材位置：素材\第2章\川味.psd
- 案例位置：无
- 视频位置：视频\实战130.avi
- 难易指数：★★☆☆☆

• 实例介绍 •

该模式可以使图像变暗，功能类似于加深工具。

• 操作步骤 •

STEP 01 执行菜单栏中的“文件”|“打开”命令，打开“川味.psd”文件。

STEP 02 选中当前图像所在图层，将当前图层混合模式更改为“颜色加深”，如图2.104所示。

图2.104 使用“颜色加深”模式前后效果

实战131 使用“线性加深”模式加深图像

- 素材位置：素材\第2章\鞋子.psd
- 案例位置：无
- 视频位置：视频\实战131.avi
- 难易指数：★☆☆☆☆

• 实例介绍 •

该模式可以使图像变暗，与颜色加深有些类似，不同的是，该模式是通过降低各通道颜色的亮度来加深图像。

• 操作步骤 •

STEP 01 执行菜单栏中的“文件”|“打开”命令，打开“鞋子.psd”文件。

STEP 02 选中当前图像所在图层，将当前图层混合模式更改为“线性加深”，如图2.105所示。

图2.105 使用“线性加深”模式前后效果

实战132 使用“变亮”模式提高亮度

- 素材位置：素材\第2章\厨电.psd
- 案例位置：无
- 视频位置：视频\实战132.avi
- 难易指数：★★☆☆☆

• 实例介绍 •

该模式可以将当前图像或混合色中较亮的颜色作为结果色。

• 操作步骤 •

STEP 01 执行菜单栏中的“文件”|“打开”命令，打开“厨电.psd”文件。

STEP 02 选中当前图像所在图层，将当前图层混合模式更改为“变亮”，如图2.106所示。

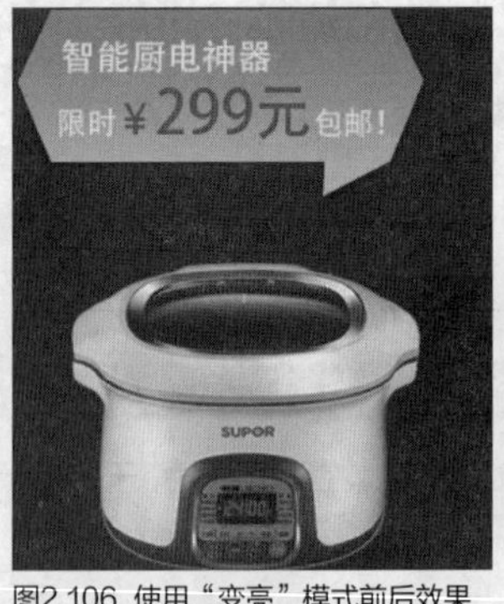

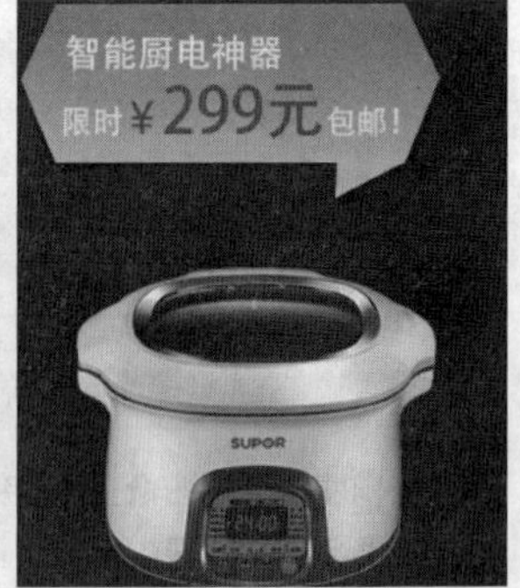

图2.106 使用“变亮”模式前后效果

实战 133 使用“深色”模式增强图像

▶素材位置：素材\第2章\羽绒服.psd
▶案例位置：无
▶视频位置：视频\实战133.avi
▶难易指数：★☆☆☆☆

• 实例介绍 •

该模式会比较混合色与当前图像的所有通道值的总和，并显示值较小的颜色。

• 操作步骤 •

STEP 01 执行菜单栏中的“文件”|“打开”命令，打开“羽绒服.psd”文件。

STEP 02 选中当前图像所在图层，将当前图层混合模式更改为“深色”，如图2.107所示。

图2.107 使用“深色”模式前后效果

实战 134 使用“滤色”模式提高亮度

▶素材位置：素材\第2章\运动鞋.psd
▶案例位置：无
▶视频位置：视频\实战134.avi
▶难易指数：★★☆☆☆

• 实例介绍 •

该模式与正片叠底效果相反，通常会显示一种图像被漂白的效果。

• 操作步骤 •

STEP 01 执行菜单栏中的“文件”|“打开”命令，打开“运动鞋.psd”文件。

STEP 02 选中“鞋子 拷贝”图层，将当前图层混合模式更改为“滤色”，如图2.108所示。

图2.108 使用“滤色”模式前后效果

实战 135 使用“颜色减淡”模式减淡图像

▶素材位置：素材\第2章\做旧牛仔裤.psd
▶案例位置：无
▶视频位置：视频\实战135.avi
▶难易指数：★☆☆☆☆

• 实例介绍 •

该模式可以使图像变亮，其功能类似于减淡工具。

• 操作步骤 •

STEP 01 执行菜单栏中的“文件”|“打开”命令，打开“做旧牛仔裤.psd”文件。

STEP 02 选中当前图像所在图层，将当前图层混合模式更改为“颜色减淡”，如图2.109所示。

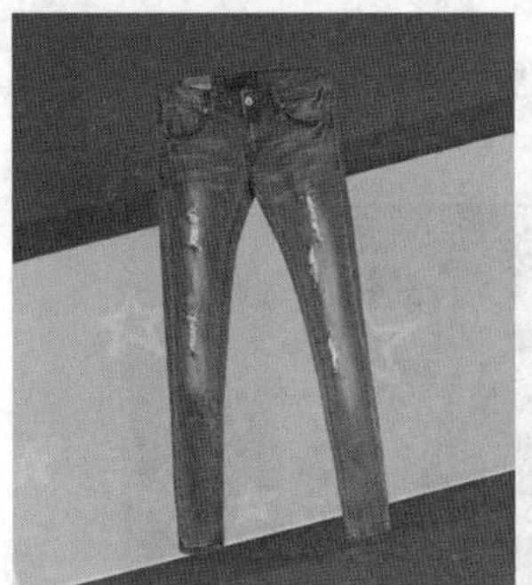

图2.109 使用“颜色减淡”模式前后效果

实战136 使用“线性减淡（添加）”模式减淡图像

▶素材位置：素材\第2章\美丽裙子.psd
▶案例位置：无
▶视频位置：视频\实战136.avi
▶难易指数：★★☆☆☆

• 实例介绍 •

该模式可以使图像变亮，其功能类似于减淡工具。

• 操作步骤 •

STEP 01 执行菜单栏中的“文件”|“打开”命令，打开“美丽裙子.psd”文件。

STEP 02 选中当前图像所在图层，将当前图层混合模式更改为“线性减淡（添加）”，如图2.110所示。

图2.110 使用“线性减淡（添加）”模式前后效果

实战137 使用“浅色”模式过曝图像

▶素材位置：素材\第2章\家居展台.psd
▶案例位置：无
▶视频位置：视频\实战137.avi
▶难易指数：★★☆☆☆

• 实例介绍 •

该模式会比较混合色和当前图像所有通道值的总和并显示值较大的颜色。

• 操作步骤 •

STEP 01 执行菜单栏中的“文件”|“打开”命令，打开“家居展台.psd”文件。

STEP 02 选中当前图像所在图层，将当前图层混合模式更改为“浅色”，如图2.111所示。

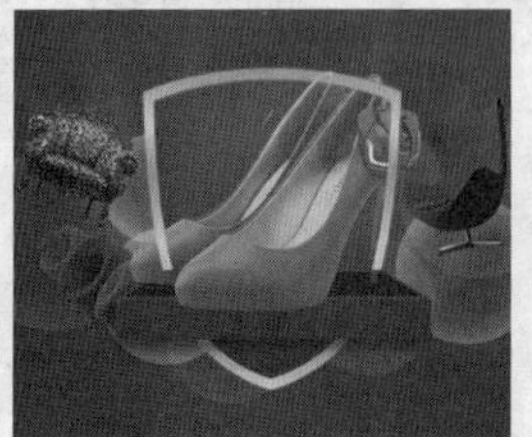

图2.111 使用“浅色”模式前后效果

实战138 使用“叠加”模式组合图像

▶素材位置：素材\第2章\标签.psd
▶案例位置：无
▶视频位置：视频\实战138.avi
▶难易指数：★★☆☆☆

• 实例介绍 •

该模式可以复合或过滤颜色，具体取决于当前图像的颜色。

• 操作步骤 •

STEP 01 执行菜单栏中的“文件”|“打开”命令，打开“标签.psd”文件。

STEP 02 选中当前图像所在图层，将当前图层混合模式更改为“叠加”，如图2.112所示。

图2.112 使用“叠加”模式前后效果

实战139 使用“柔光”模式降低亮度

▶素材位置：素材\第2章\电烤锅.psd
▶案例位置：无
▶视频位置：视频\实战139.avi
▶难易指数：★★☆☆☆

• 实例介绍 •

该模式可以使图像变亮或变暗，具体取决于混合色。

• 操作步骤 •

STEP 01 执行菜单栏中的“文件”|“打开”命令，打开“电烤锅.psd”文件。

STEP 02 选中当前图像所在图层，将当前图层混合模式更改为“柔光”，如图2.113所示。

图2.113 使用“柔光”模式前后效果

实战 140 使用“强光”模式增强对比度

▶素材位置：素材\第2章\秒杀.psd
▶案例位置：无
▶视频位置：视频\实战140.avi
▶难易指数：★★☆☆☆

• 实例介绍 •

该模式可以产生一种强烈的聚光灯照射在图像上的效果。

• 操作步骤 •

STEP 01 执行菜单栏中的“文件”|“打开”命令，打开“秒杀.psd”文件。

STEP 02 选中当前图像所在图层，将当前图层混合模式更改为“强光”，如图2.114所示。

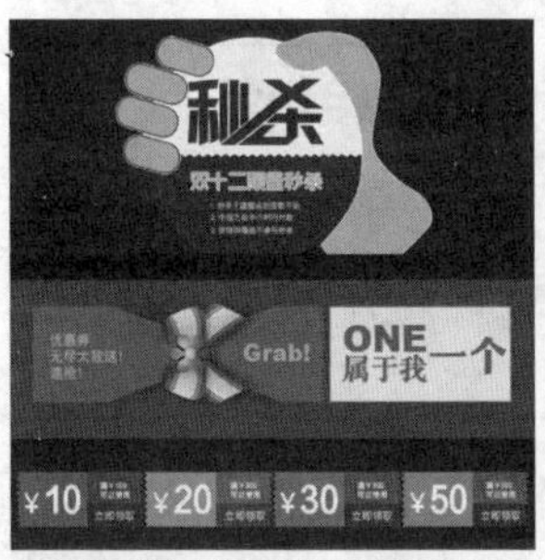

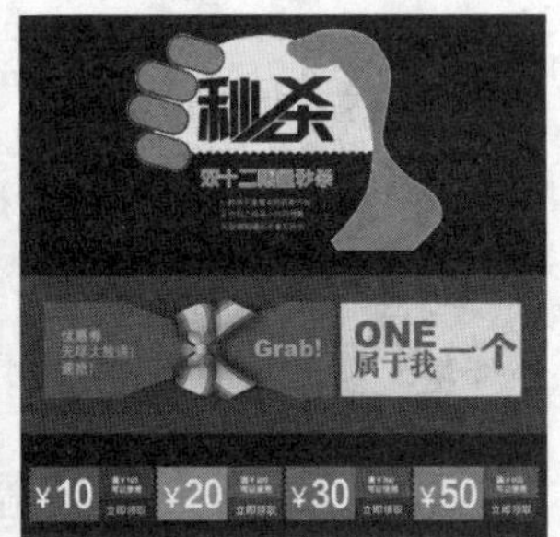

图2.114 使用“强光”模式前后效果

实战 141 使用“亮光”模式调亮图像

▶素材位置：素材\第2章\红色鞋子.psd
▶案例位置：无
▶视频位置：视频\实战141.avi
▶难易指数：★☆☆☆☆

• 实例介绍 •

该模式通过调整对比度加深或减淡颜色。

• 操作步骤 •

STEP 01 执行菜单栏中的“文件”|“打开”命令，打开“红色鞋子.psd”文件。

STEP 02 选中当前图像所在图层，将当前图层混合模式更改为“亮光”，如图2.115所示。

图2.115 使用“亮光”模式前后效果

实战 142 使用“线性光”模式制作强对比效果

▶素材位置：素材\第2章\牛皮鞋.psd
▶案例位置：无
▶视频位置：视频\实战142.avi
▶难易指数：★★☆☆☆

• 实例介绍 •

该模式通过调整亮度加深或减淡颜色。如果混合色比50%灰度要亮，图像将增加亮度使图像变浅，反之会降低亮度使图像变深。

• 操作步骤 •

STEP 01 执行菜单栏中的“文件”|“打开”命令，打开“牛皮鞋.psd”文件。

STEP 02 选中当前图像所在图层，将当前图层混合模式更改为“线性光”，如图2.116所示。

图2.116 使用“线性光”模式前后效果

实战 143 使用“点光”模式增强暗部亮度

▶素材位置：素材\第2章\亮色羽绒服.psd
▶案例位置：无
▶视频位置：视频\实战143.avi
▶难易指数：★★☆☆☆

• 实例介绍 •

该模式通过置换像素混合图像，如果混合色比50%灰度亮，则比当前图像暗的像素将被取代，而比当前图像亮的像素则保持不变。

• 操作步骤 •

STEP 01 执行菜单栏中的“文件”|“打开”命令，打开“亮色羽绒服.psd”文件。

STEP 02 选中当前图像所在图层，将当前图层混合模式更改为“点光”，如图2.117所示。

图2.117 使用"点光"模式前后效果

实战144 使用"实色混合"模式分离颜色

▶素材位置：素材\第2章\气泡酒.psd
▶案例位置：无
▶视频位置：视频\实战144.avi
▶难易指数：★★☆☆☆

• 实例介绍 •

该模式会将混合颜色的红色、绿色和蓝色通道值添加到当前的RGB值中。如果通道的结果总和大于或等于255，则值为255；如果小于255，则值为0。

• 操作步骤 •

STEP 01 执行菜单栏中的"文件"|"打开"命令，打开"气泡酒.psd"文件。

STEP 02 选中当前图像所在图层，将当前图层混合模式更改为"实色混合"，如图2.118所示。

图2.118 使用"实色混合"模式前后效果

实战145 使用"差值"模式混合颜色

▶素材位置：素材\第2章\食材.psd
▶案例位置：无
▶视频位置：视频\实战145.avi
▶难易指数：★☆☆☆☆

• 实例介绍 •

当前像素的颜色值与下层图像像素的颜色值差值的绝对值就是混合后像素的颜色值。

• 操作步骤 •

STEP 01 执行菜单栏中的"文件"|"打开"命令，打开"食材.psd"文件。

STEP 02 选中当前图像所在图层，将当前图层混合模式更改为"差值"，如图2.119所示。

图2.119 使用"差值"模式前后效果

实战146 使用"排除"模式反相颜色

▶素材位置：素材\第2章\辣椒花生.psd
▶案例位置：无
▶视频位置：视频\实战146.avi
▶难易指数：★★☆☆☆

• 实例介绍 •

该模式与差值模式非常相似，但得到的图像效果比差值模式更淡。

• 操作步骤 •

STEP 01 执行菜单栏中的"文件"|"打开"命令，打开"辣椒花生.psd"文件。

STEP 02 选中当前图像所在图层，将当前图层混合模式更改为"排除"，如图2.120所示。

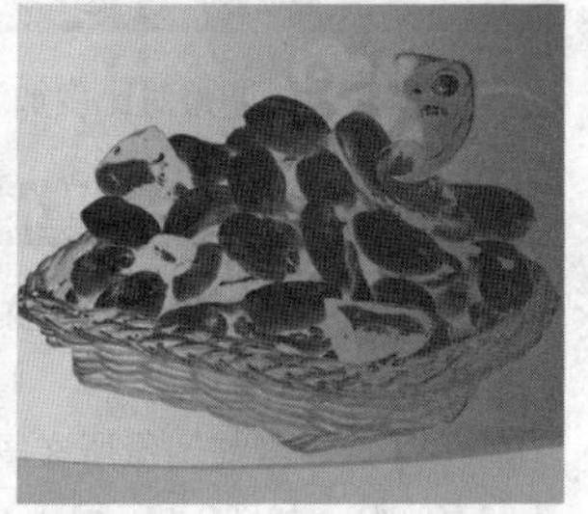

图2.120 使用"排除"模式前后效果

实战147 使用"减去"模式减掉混合色

▶素材位置：素材\第2章\绿色鞋子.psd
▶案例位置：无
▶视频位置：视频\实战147.avi
▶难易指数：★★☆☆☆

• 实例介绍 •

该模式可以查看每个通道中的颜色信息，并从基色中减去混合色。

• 操作步骤 •

STEP 01 执行菜单栏中的“文件”|“打开”命令，打开“绿色鞋子.psd”文件。

STEP 02 选中当前图像所在图层，将当前图层混合模式更改为“减去”，如图2.121所示。

图2.121 使用“减去”模式前后效果

实战148 使用“划分”模式分割混合色

▶素材位置：素材\第2章\春季运动鞋.psd
▶案例位置：无
▶视频位置：视频\实战148.avi
▶难易指数：★☆☆☆☆

• 实例介绍 •

该模式可以查看每个通道中的颜色信息，并从基色中分割混合色。

• 操作步骤 •

STEP 01 执行菜单栏中的“文件”|“打开”命令，打开“春季运动鞋.psd”文件。

STEP 02 选中当前图像所在图层，将当前图层混合模式更改为“划分”，如图2.122所示。

图2.122 使用“划分”模式前后效果

实战149 使用“色相”模式创建结果色

▶素材位置：素材\第2章\柚子茶.psd
▶案例位置：无
▶视频位置：视频\实战149.avi
▶难易指数：★★☆☆☆

• 实例介绍 •

该模式可以使用当前图像的亮度、饱和度以及混合色的色相创建结果色。

• 操作步骤 •

STEP 01 执行菜单栏中的“文件”|“打开”命令，打开“柚子茶.psd”文件。

STEP 02 选中当前图像所在图层，将当前图层混合模式更改为“色相”，如图2.123所示。

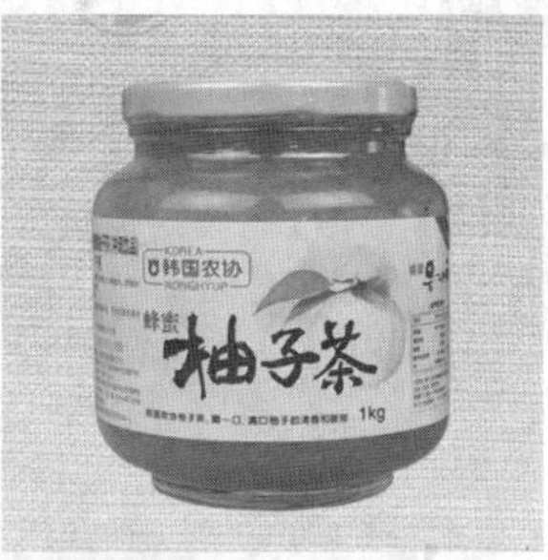

图2.123 使用“色相”模式前后效果

实战150 使用“饱和度”模式减去颜色

▶素材位置：素材\第2章\英伦鞋.psd
▶案例位置：无
▶视频位置：视频\实战150.avi
▶难易指数：★★☆☆☆

• 实例介绍 •

该模式可以根据当前图像的色相值与下层图像的亮度值和饱和度值创建结果色。

• 操作步骤 •

STEP 01 执行菜单栏中的“文件”|“打开”命令，打开“英伦鞋.psd”文件。

STEP 02 选中当前图像所在图层，将当前图层混合模式更改为“饱和度”，如图2.124所示。

图2.124 使用'“饱和度”模式前后效果

实战151 使用“颜色”模式减弱对比度

▶素材位置：素材\第2章\气球.psd
▶案例位置：无
▶视频位置：视频\实战151.avi
▶难易指数：★★☆☆☆

• 实例介绍 •

该模式是根据当前图像的亮度以及混合色的色相和饱和度

创建结果色。

• 操作步骤 •

STEP 01 执行菜单栏中的“文件”|“打开”命令，打开“气球.psd”文件。

STEP 02 选中当前图像所在图层，将当前图层混合模式更改为“颜色”，如图2.125所示。

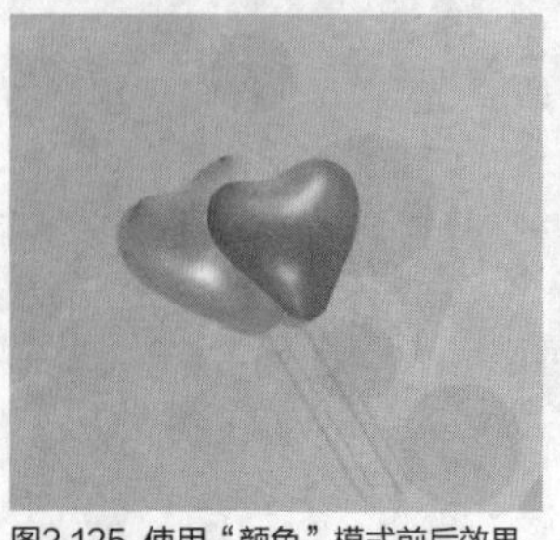

图2.125 使用“颜色”模式前后效果

实战152 使用“明度”模式将图像去色

▶素材位置：素材\第2章\养生品.psd
▶案例位置：无
▶视频位置：视频\实战152.avi
▶难易指数：★★☆☆☆

• 实例介绍 •

该模式可以使用当前图像的色相、饱和度以及混合色的亮度创建最终颜色。

• 操作步骤 •

STEP 01 执行菜单栏中的“文件”|“打开”命令，打开“养生品.psd”文件。

STEP 02 选中当前图像所在图层，将当前图层混合模式更改为“明度”，如图2.126所示。

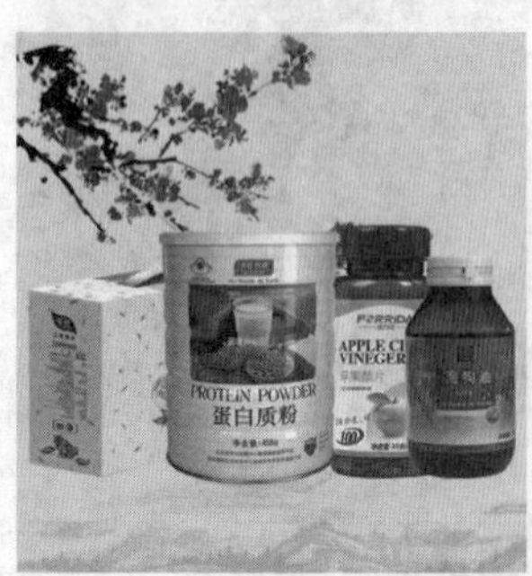

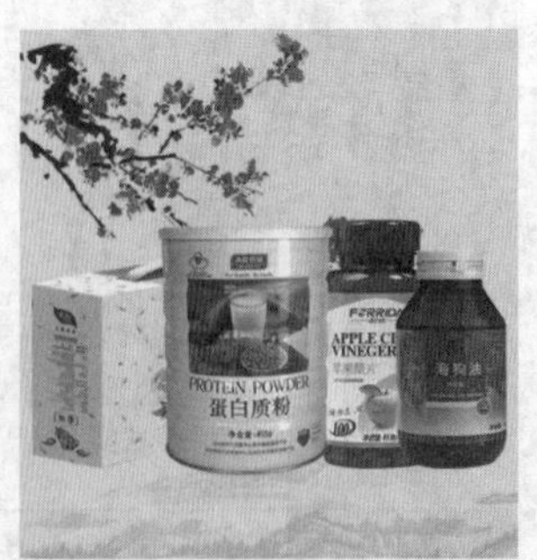

图2.126 使用“明度”模式前后效果

2.11 图层样式

图层样式是Photoshop最具特色的功能之一，在设计中应用相当广泛，是构成图像效果的关键。Photoshop CC提供了众多的图层样式命令，包括投影、内阴影、外发光、内发光、斜面和浮雕、光泽、颜色叠加等。

要想应用图层样式，执行菜单栏中的“图层”|“图层样式”命令，从其子菜单中选择图层样式相关命令，或单击“图层”面板底部的“添加图层样式”fx按钮，从弹出的菜单中选择图层样式相关命令，打开“图层样式”对话框，设置相关的样式属性即可。

提示

图层样式不能应用在背景层，也不能锁定全部的图层或图层组。

实战153 利用斜面和浮雕创建立体效果

▶素材位置：素材\第2章\疯狂送.psd
▶案例位置：效果\第2章\斜面和浮雕创建立体效果.psd
▶视频位置：视频\实战153.avi
▶难易指数：★★☆☆☆

• 实例介绍 •

利用“斜面和浮雕”选项我们可以为当前图层中的图像添加不同组合方式的高光和阴影区域，从而产生斜面浮雕效果。

• 操作步骤 •

STEP 01 执行菜单栏中的“文件”|“打开”命令，打开“疯狂送.psd”文件。

STEP 02 在“图层”面板中选择需要添加斜面与浮雕的图层，单击面板底部的“添加图层样式”fx按钮，在菜单中选择“斜面与浮雕”命令，在弹出的对话框中设置相关参数，如图2.127所示。

图2.127 添加斜面浮雕效果

实战154 利用“描边”样式增强边缘

▶素材位置：素材\第2章\冲调果汁.psd
▶案例位置：效果\第2章\描边增强边缘.psd
▶视频位置：视频\实战154.avi
▶难易指数：★★☆☆☆

• 实例介绍 •

我们可以使用颜色、渐变或图案工具为当前图形描绘一个边缘。

• 操作步骤 •

STEP 01 执行菜单栏中的“文件”|“打开”命令，打开“冲调果汁.psd”文件。

STEP 02 在“图层”面板中选择需要添加描边的图层，单击面板底部的“添加图层样式”fx按钮，在菜单中选择“描边”命令，在弹出的对话框中设置相关参数，如图2.128所示。

图2.128 添加描边效果

实战 155 利用“投影”样式制作投影效果

▶素材位置：素材\第2章\棉鞋.psd
▶案例位置：效果\第2章\投影制作投影效果.psd
▶视频位置：视频\实战155.avi
▶难易指数：★★☆☆☆

• 实例介绍 •

投影是在图层对象背后产生阴影的一种视觉效果。

• 操作步骤 •

STEP 01 执行菜单栏中的“文件”|“打开”命令，打开“棉鞋.psd”文件。

STEP 02 在“图层”面板中选择需要添加投影的图层，单击面板底部的“添加图层样式”fx按钮，在菜单中选择“投影”命令，在弹出的对话框中设置相关参数，如图2.129所示。

图2.129 添加投影效果

实战 156 利用“外发光”样式添加发光效果

▶素材位置：素材\第2章\果园.psd
▶案例位置：效果\第2章\外发光添加发光.psd
▶视频位置：视频\实战156.avi
▶难易指数：★★☆☆☆

• 实例介绍 •

在图像制作过程中，我们经常会用到文字或是物体发光的效果，“发光”效果在直觉上比“阴影”效果更具有电脑色彩。

• 操作步骤 •

STEP 01 执行菜单栏中的“文件”|“打开”命令，打开“果园.psd”文件。

STEP 02 在“图层”面板中选择需要添加外发光的图层，单击面板底部的“添加图层样式”fx按钮，在菜单中选择“外发光”命令，在弹出的对话框中设置相关参数，如图2.130所示。

图2.130 添加外发光效果

实战 157 利用“内阴影”样式制作内投影效果

▶素材位置：素材\第2章\平板电脑.psd
▶案例位置：效果\第2章\内阴影制作内投影效果.psd
▶视频位置：视频\实战157.avi
▶难易指数：★★☆☆☆

• 实例介绍 •

内阴影是在图层内部产生投影效果，即在图层以内区域产生一个图像阴影，使图层具有凹陷外观。

• 操作步骤 •

STEP 01 执行菜单栏中的“文件”|“打开”命令，打开“平板电脑.psd”文件。

STEP 02 在“图层”面板中选择需要添加内阴影的图层，单击面板底部的“添加图层样式”fx按钮，在菜单中选择“内阴影”命令，在弹出的对话框中设置相关参数，如图2.131所示。

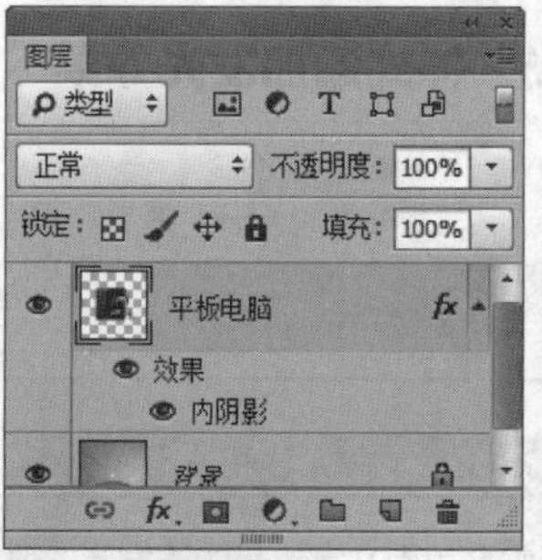

图2.131 添加内阴影效果

实战158 利用“内发光”样式制作内部发光

- 素材位置：素材\第2章\大屏手机.psd
- 案例位置：效果\第2章\内发光制作内部发光.psd
- 视频位置：视频\实战158.avi
- 难易指数：★★☆☆☆

• 实例介绍 •

内发光是在图像的内边缘或图中心创建发光效果。

• 操作步骤 •

STEP 01 执行菜单栏中的“文件”|“打开”命令，打开“大屏手机.psd”文件。

STEP 02 在“图层”面板中选择需要添加内发光的图层，单击面板底部的“添加图层样式”fx按钮，在菜单中选择“内发光”命令，在弹出的对话框中设置相关参数，如图2.132所示。

图2.132 添加内发光效果

实战159 利用“光泽”样式增强光泽度

- 素材位置：素材\第2章\投影仪. psd
- 案例位置：效果\第2章\光泽增强光泽度.psd
- 视频位置：视频\实战159.avi
- 难易指数：★★☆☆☆

• 实例介绍 •

光泽选项可以在图像内部产生类似光泽的效果。

• 操作步骤 •

STEP 01 执行菜单栏中的“文件”|“打开”命令，打开“投影仪.psd”文件。

STEP 02 在“图层”面板中选择需要添加光泽的图层，单击面板底部的“添加图层样式”fx按钮，在菜单中选择“光泽”命令，在弹出的对话框中设置相关参数，如图2.133所示。

图2.133 添加光泽效果

实战160 利用“颜色叠加”填充颜色

- 素材位置：素材\第2章\吸尘器.psd
- 案例位置：效果\第2章\颜色叠加定义颜色.psd
- 视频位置：视频\实战160.avi
- 难易指数：★☆☆☆☆

• 实例介绍 •

利用颜色叠加选项可以在图层内容上填充一种纯色。

• 操作步骤 •

STEP 01 执行菜单栏中的“文件”|“打开”命令，打开“吸尘器.psd”文件。

STEP 02 在“图层”面板中选择需要添加颜色叠加的图层，单击面板底部的“添加图层样式”fx按钮，在菜单中选择“颜色叠加”命令，在弹出的对话框中设置相关参数，如图2.134所示。

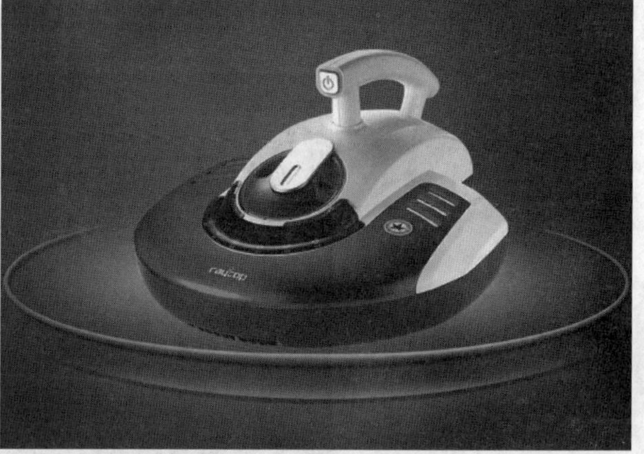

图2.134 添加颜色叠加效果

实战 161 利用“渐变叠加”添加渐变效果

- 素材位置：素材\第2章\超轻运动鞋.psd
- 案例位置：效果\第2章\渐变叠加添加渐变.psd
- 视频位置：视频\实战161.avi
- 难易指数：★★☆☆☆

• 实例介绍 •

利用“渐变叠加”可以在图层内容上填充一种渐变颜色。

• 操作步骤 •

STEP 01 执行菜单栏中的“文件”|“打开”命令，打开“超轻运动鞋.psd”文件。

STEP 02 在“图层”面板中选择需要添加渐变叠加的图层，单击面板底部的“添加图层样式”fx按钮，在菜单中选择“渐变叠加”命令，在弹出的对话框中设置相关参数，如图2.135所示。

图2.135 添加渐变叠加效果

实战 162 利用“图案叠加”叠加图像

- 素材位置：素材\第2章\红心.psd
- 案例位置：效果\第2章\图案叠加图像.psd
- 视频位置：视频\实战162.avi
- 难易指数：★★☆☆☆

• 实例介绍 •

利用图案叠加可以在图层内容上填充一种图案。

• 操作步骤 •

STEP 01 执行菜单栏中的“文件”|“打开”命令，打开“红心.psd”文件。

STEP 02 在“图层”面板中选择需要添加图案叠加的图层，单击面板底部的“添加图层样式”fx按钮，在菜单中选择“图案叠加”命令，在弹出的对话框中设置相关参数，如图2.136所示。

图2.136 添加图案叠加效果

实战 163 复制图层样式

- 素材位置：素材\第2章\限量秒杀.psd
- 案例位置：效果\第2章\复制图层样式.psd
- 视频位置：视频\实战163.avi
- 难易指数：★★☆☆☆

• 实例介绍 •

可以使用复制图层样式的方法，快速将想要应用相同样式的图层应用相同的样式。

• 操作步骤 •

STEP 01 执行菜单栏中的“文件”|“打开”命令，打开“限量秒杀.psd”文件。

STEP 02 选中需要复制图层样式的图层，在其图层名称上单击鼠标右键，从弹出的快捷菜单中选择“拷贝图层样式”命令，选中想要应用相同图层样式的图层，在其图层名称上单击鼠标右键，从弹出的快捷菜单中选择“粘贴图层样式”命令，如图2.137所示。

图2.137 复制并粘贴图层样式

实战 164 将图层样式转换为图层

- 素材位置：素材\第2章\水果大促.psd
- 案例位置：效果\第2章\将图层样式转换为图层.psd
- 视频位置：视频\实战164.avi
- 难易指数：★★☆☆☆

• 实例介绍 •

创建图层样式后，只能通过“图层样式”对话框对样式进行修改，却不能对样式进行其他的操作，比如使用滤镜功能，这时就可以将图层样式转换为图像图层，以便对样式进行更加丰富的效果处理。

● 操作步骤 ●

STEP 01 执行菜单栏中的“文件”|“打开”命令，打开“水果大促.psd”文件。

STEP 02 选中带有图层样式的图层，在图层样式名称上单击鼠标右键，从弹出的快捷菜单中选择“创建图层”命令，此时将生成一个独立的图层，如图2.138所示。

图2.138 将图层样式转换为图层

第3章 图像色调与色彩校正

本章导读

本章主要讲解色调与色彩校正，首先讲解颜色模式的转换，然后讲解图像色调的调整及颜色编辑工具、图像颜色的校正及特殊图像颜色的调色应用，通过对专业调色案例的讲解，让读者在学习命令的同时学习到真正的调色实战应用技能。通过本章的学习，读者应该能够认识颜色的基本原理、掌握色彩模式的转换及图像色调和颜色的调整方法与技巧。

要点索引

- 学习图层模式的转换方法及认识直方图
- 学会使用调整命令

3.1 图层模式的转换及直方图

针对图像不同的制作目的，我们时常需要在各种颜色模式之间进行转换。在Photoshop中转换颜色模式的操作方法很简单。“直方图”面板是查看图像色彩的关键，利用该面板可以查看图像的阴影、高光和色彩等信息，它在色彩调整中占有相当重要的位置。

实战165 转换灰度模式

- 素材位置：素材\第3章\小熊.jpg
- 案例位置：无
- 视频位置：视频\实战165.avi
- 难易指数：★☆☆☆☆

• 实例介绍 •

针对图像不同的制作目的，我们可以在各种颜色模式之间进行灰度转换。

• 操作步骤 •

STEP 01 执行菜单栏中的“文件”|“打开”命令，打开“小熊.jpg”文件。

STEP 02 执行菜单栏中的“图像”|“模式”|“灰度”命令，即可对图像应用该命令。应用该功能的前后效果如图3.1所示。

图3.1 转换灰度模式前后效果

实战166 转换双色调

- 素材位置：素材\第3章\冰淇淋.jpg
- 案例位置：无
- 视频位置：视频\实战166.avi
- 难易指数：★☆☆☆☆

• 实例介绍 •

要得到双色调模式的图像，我们应该先将其他模式的图像转换为灰度模式，再进行双色调转换。

• 操作步骤 •

STEP 01 执行菜单栏中的“文件”|“打开”命令，打开“冰淇淋.jpg”文件，执行菜单栏中的“图像”|“模式”|“灰度”命令。

STEP 02 执行菜单栏中的“图像”|“模式”|“双色调”命令，在弹出的对话框中调整参数，调整效果如图3.2所示。

图3.2 转换双色调前后效果

实战167 预览直方图调整信息

- 素材位置：素材\第3章\照片墙.jpg
- 案例位置：无
- 视频位置：视频\实战167.avi
- 难易指数：★★☆☆☆

• 实例介绍 •

通过“直方图”面板我们可以预览任何颜色或色彩校正对直方图所产生的影响。

• 操作步骤 •

STEP 01 执行菜单栏中的“文件”|“打开”命令，打开“照片墙.jpg”文件，执行菜单栏中的“图像”|“调整”|“色阶”命令。

STEP 02 在调整色阶参数时执行菜单栏中的“窗口”|“直方图”命令，在弹出的面板中即可观察直方图信息，如图3.3所示。

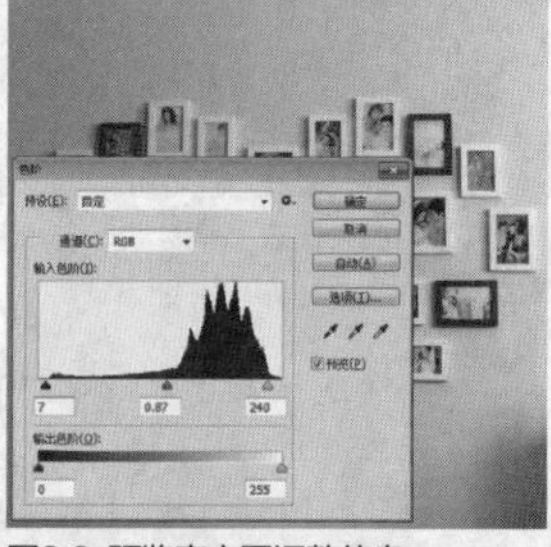
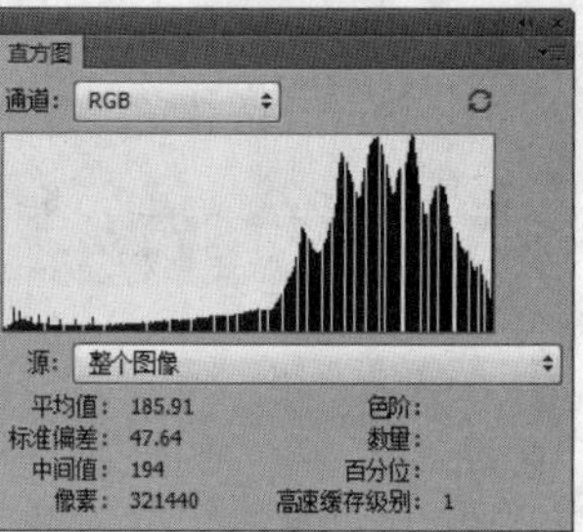

图3.3 预览直方图调整信息

3.2 调整图像色调

要改变图像中的最暗、最亮以及中间色调区域，可执行菜单栏中的“图像”|“调整”子菜单中的“色阶”“曲线”或“阴影与高光”命令。具体选择哪一条命令调整图像的这些元素，通常取决于图像本身和使用这些工具的熟练程度。有时可能需要多个命令来完成这些操作。

实战 168　使用“自动色调”命令校正图像色调

▶素材位置：素材\第3章\裙子.jpg
▶案例位置：无
▶视频位置：视频\实战168.avi
▶难易指数：★★☆☆☆

• 实例介绍 •

我们可以使用“自动色调”命令对图像中不正常的阴影、中间色调和高光区进行处理以达到一种理想的状态。

• 操作步骤 •

STEP 01 执行菜单栏中的“文件”|“打开”命令，打开“裙子.jpg”文件。

STEP 02 执行菜单栏中的“图像”|“自动色调”命令，即可对图像应用该命令，如图3.4所示。

技巧

按Shift+Ctrl+L组合键可以快速应用“自动色调”命令。

图3.4 使用“自动色调”命令校正图像色调前后效果

实战 169　使用“自动对比度”命令校正对比度

▶素材位置：素材\第3章\手链.jpg
▶案例位置：无
▶视频位置：视频\实战169.avi
▶难易指数：★☆☆☆☆

• 实例介绍 •

“自动对比度”命令用于调节图像像素间的对比程度。

• 操作步骤 •

STEP 01 执行菜单栏中的“文件”|“打开”命令，打开“手链.jpg”文件。

STEP 02 执行菜单栏中的“图像”|“自动对比度”命令，即可对图像应用该命令，如图3.5所示。

图3.5 使用“自动对比度”命令前后效果

技巧

按Alt+Shift+Ctrl+L组合键可以快速应用“自动对比度”命令。

实战 170　使用“自动颜色”命令校正颜色

▶素材位置：素材\第3章\唇彩.jpg
▶案例位置：无
▶视频位置：视频\实战170.avi
▶难易指数：★☆☆☆☆

• 实例介绍 •

“自动颜色”命令用于调整图像的对比度和色调。

• 操作步骤 •

STEP 01 执行菜单栏中的“文件”|“打开”命令，打开“唇彩.jpg”文件。

STEP 02 执行菜单栏中的“图像”|“自动颜色”命令，即可对图像应用该命令，如图3.6所示。

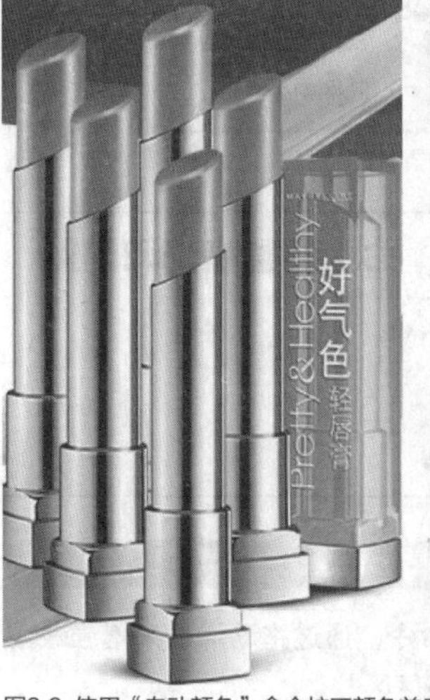

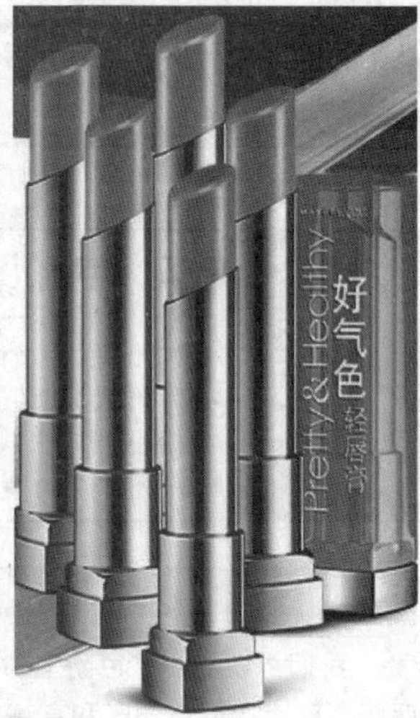

图3.6 使用“自动颜色”命令校正颜色前后效果

技巧

按Shift+Ctrl+B组合键可以快速应用“自动颜色”命令。

实战171 使用“亮度/对比度”命令调整亮度

▶素材位置：素材\第3章\头结.jpg
▶案例位置：无
▶视频位置：视频\实战171.avi
▶难易指数：★★☆☆☆

• 实例介绍 •

“亮度/对比度”命令用于调节图像的亮度和对比度。

• 操作步骤 •

STEP 01 执行菜单栏中的“文件”|“打开”命令，打开“头结.jpg”文件。

STEP 02 执行菜单栏中的“图像”|“调整”|“亮度/对比度”命令，打开“亮度/对比度”对话框，在弹出的对话框中将“亮度”更改为20，“对比度”更改为24。应用“亮度/对比度”命令调整图像的前后效果如图3.7所示。

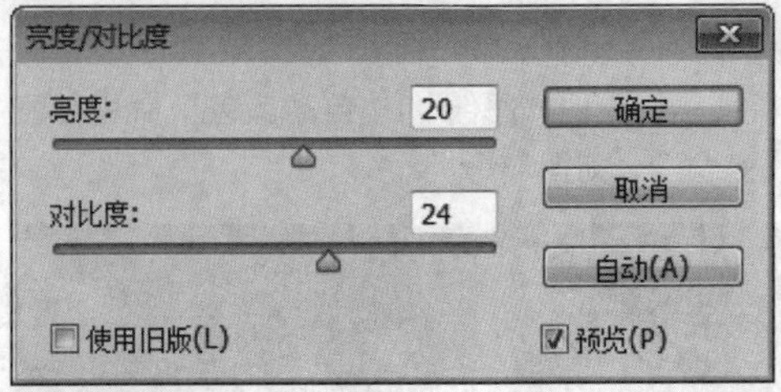

图3.7 调整亮度/对比度操作效果

实战172 使用“色阶”命令调整高光和阴影

▶素材位置：素材\第3章\红色高跟鞋.jpg
▶案例位置：无
▶视频位置：视频\实战172.avi
▶难易指数：★★☆☆☆

• 实例介绍 •

我们可以利用“色阶”命令，通过拖动滑块来增强或削弱阴影区、中间色调区和高亮度区。

• 操作步骤 •

STEP 01 执行菜单栏中的“文件”|“打开”命令，打开“红色高跟鞋.jpg”文件。

STEP 02 执行菜单栏中的“图像”|“调整”|“色阶”命令，在对话框中拖动滑块，如图3.8所示。

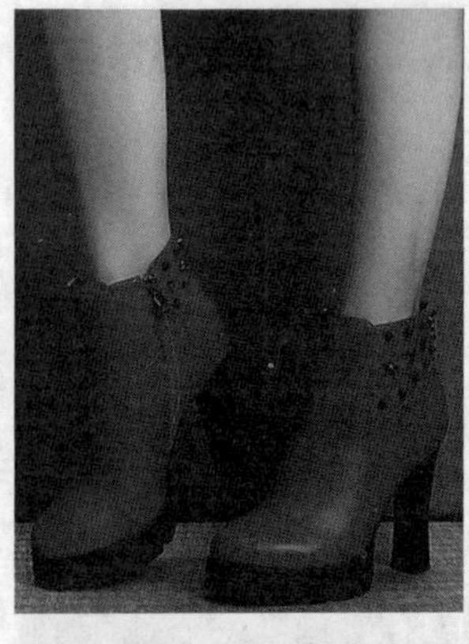

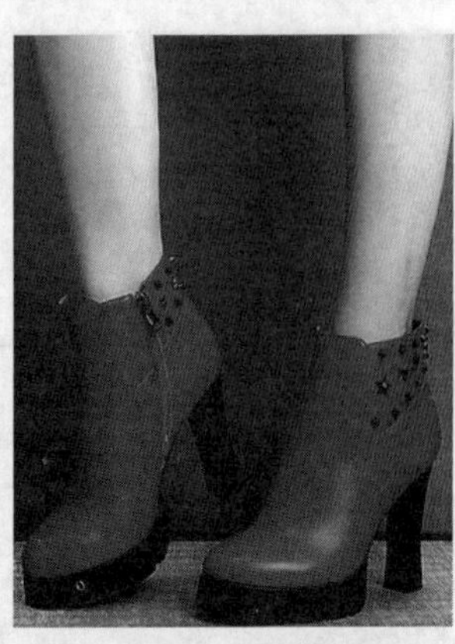

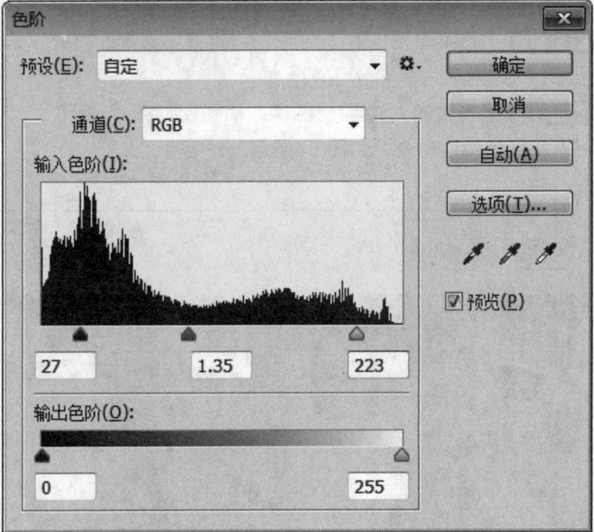

图3.8 调整色阶效果

技巧

按Ctrl+L组合键可以快速打开“色阶”对话框。

实战173 使用“曲线”命令调整明暗度

▶素材位置：素材\第3章\黄色外套.jpg
▶案例位置：无
▶视频位置：视频\实战173.avi
▶难易指数：★★☆☆☆

• 实例介绍 •

“曲线”的功能和“色阶”相同，不同的是，它比“色阶”命令有更多的选项设置。用曲线调整明暗度不但可以调整图像整体的色调，还可以精确地控制多个色调区域的明暗度。

• 操作步骤 •

STEP 01 执行菜单栏中的“文件”|“打开”命令，打开“黄色外套.jpg”文件。

STEP 02 执行菜单栏中的“图像”|“调整”|“曲线”命令，在打开的“曲线”对话框中拖动预览区中的曲线增强图像对比度，如图3.9所示。

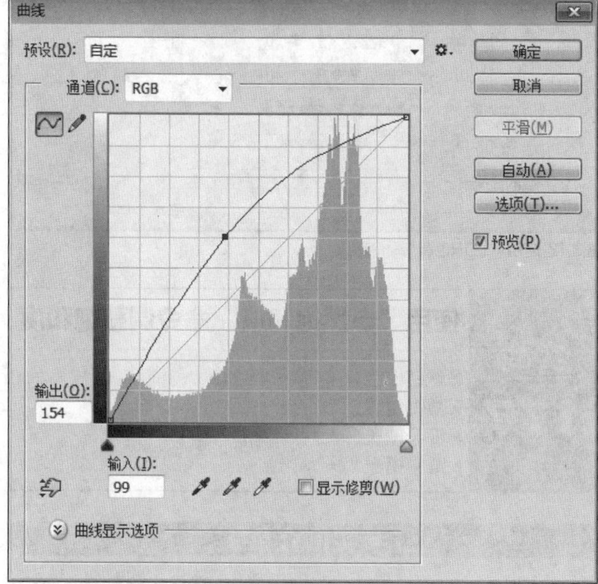

图3.9 调整曲线效果

技巧

按Ctrl+M组合键可以快速打开“曲线”对话框。

实战 174 使用“曝光度”命令调整曝光度

- **素材位置：** 素材\第3章\玉手镯.jpg
- **案例位置：** 无
- **视频位置：** 视频\实战174.avi
- **难易指数：** ★★☆☆☆

• 实例介绍 •

利用“曝光度”命令，我们可以将拍摄中产生的曝光过度或曝光不足的图片处理成正常效果。

• 操作步骤 •

STEP 01 执行菜单栏中的“文件”|“打开”命令，打开“玉手镯.jpg”文件。

STEP 02 选中图像，执行菜单栏中的“图像”|“调整”|“曝光度”命令，在打开的对话框中可以对曝光度进行详细的调整，如图3.10所示。

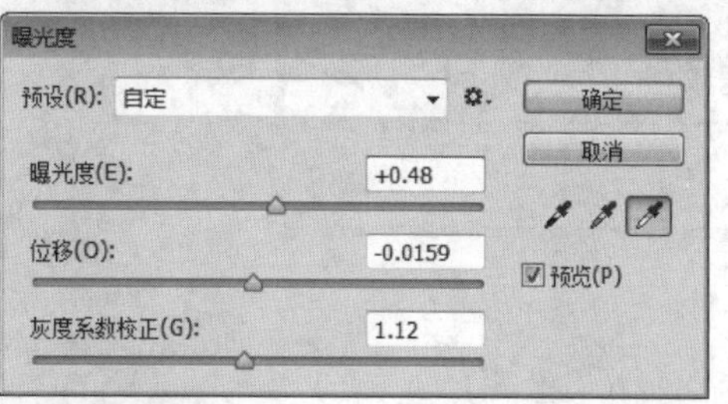

图3.10 调整曝光度效果

实战 175 使用“阴影/高光”命令调整阴影和高光

- **素材位置：** 素材\第3章\波西米亚裙子.jpg
- **案例位置：** 无
- **视频位置：** 视频\实战175.avi
- **难易指数：** ★★☆☆☆

• 实例介绍 •

“阴影/高光”命令可以使阴影局部发亮，但不能调整图像的高光和黑暗，它仅照亮或变暗图像中黑暗和高光的周围像素。

• 操作步骤 •

STEP 01 执行菜单栏中的“文件”|“打开”命令，打开“波西米亚裙子.jpg”文件。

STEP 02 执行菜单栏中的“图像”|“调整”|“阴影/高光”命令，打开“阴影和高光”对话框，适当调整数值，应用“阴影/高光”命令，如图3.11所示。

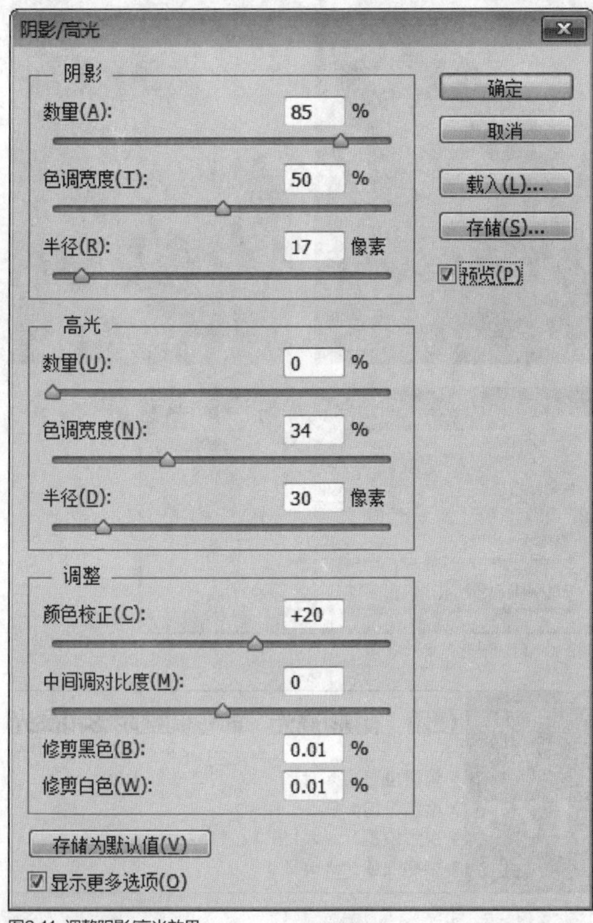

图3.11 调整阴影/高光效果

实战176 使用“HDR色调”命令制作HDR色调

- 素材位置：素材\第3章\维尼.jpg
- 案例位置：无
- 视频位置：视频\实战176.avi
- 难易指数：★★☆☆☆

• 实例介绍 •

HDR的全称是High Dynamic Range，即高动态范围。

• 操作步骤 •

STEP 01 执行菜单栏中的“文件”|“打开”命令，打开“维尼.jpg”文件。

STEP 02 执行菜单栏中的“图像”|“调整”|“HDR色调”命令，设置参数并应用命令，应用后的效果如图3.12所示。

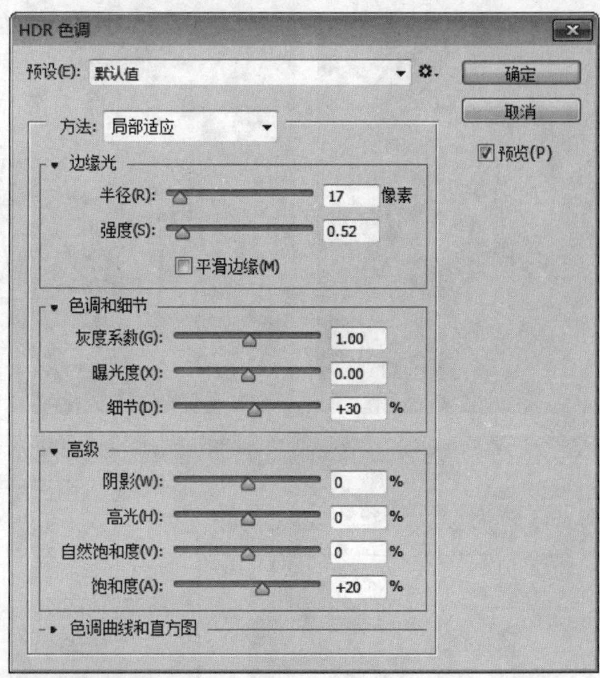

图3.12 应用“HDR色调”命令效果

实战177 使用“自然饱和度”命令调整饱和度

- 素材位置：素材\第3章\花裙.jpg
- 案例位置：无
- 视频位置：视频\实战177.avi
- 难易指数：★☆☆☆☆

• 实例介绍 •

“自然饱和度”命令主要用来调整图像的饱和度。此命令还可防止肤色过度饱和。

• 操作步骤 •

STEP 01 执行菜单栏中的“文件”|“打开”命令，打开“花裙.jpg”文件。

STEP 02 执行菜单栏中的“图像”|“调整”|“自然饱和度”命令，调整图像饱和度的前后效果对比如图3.13所示。

图3.13 调整图像饱和度效果

实战 178 使用“色相/饱和度”命令调整色相和饱和度

▶素材位置：素材\第3章\笔筒.jpg
▶案例位置：无
▶视频位置：视频\实战178.avi
▶难易指数：★★☆☆☆

• 实例介绍 •

“色相/饱和度”命令主要用于改变图像的色相及饱和度。

• 操作步骤 •

STEP 01 执行菜单栏中的“文件”|“打开”命令，打开“笔筒.jpg”文件。

STEP 02 执行菜单栏中的“图像”|“调整”|“色相/饱和度”命令，调整数值，如图3.14所示。

图3.14 调整色相/饱和度效果

技巧

按Ctrl+U组合键可以快速打开“色相/饱和度”对话框。

实战 179 使用“色彩平衡”命令校正颜色

▶素材位置：素材\第3章\小猪.jpg
▶案例位置：无
▶视频位置：视频\实战179.avi
▶难易指数：★★☆☆☆

• 实例介绍 •

“色彩平衡”命令允许在图像中混合各种颜色，以增加颜色均衡效果。

• 操作步骤 •

STEP 01 执行菜单栏中的“文件”|“打开”命令，打开“小猪.jpg”文件。

STEP 02 执行菜单栏中的“图像”|“调整”|“色彩平衡”命令，打开“色彩平衡”对话框。将滑块向右移动，将为图像添加该滑块对应的颜色，将滑块向左移动，可为图像添加该滑块对应的补色，如图3.15所示。

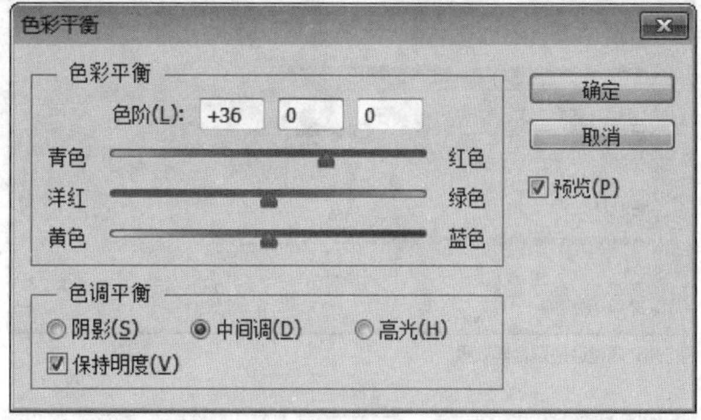

图3.15 调整色彩平衡效果

技巧

按Ctrl+B组合键可以快速打开“色彩”对话框。

实战 180 使用“通道混合器”命令对图像调色

▶素材位置：素材\第3章\小鹿.jpg
▶案例位置：无
▶视频位置：视频\实战180.avi
▶难易指数：★★☆☆☆

• 实例介绍 •

“通道混合器”命令可以通过对当前图像的颜色通道的混合来修改图像的颜色通道，达到修改图像颜色的目的。

• 操作步骤 •

STEP 01 执行菜单栏中的“文件”|“打开”命令，打开“小鹿.jpg”文件。

STEP 02 执行菜单栏中的“图像”|“调整”|“通道混合器”命令，打开“通道混合器”对话框，如图3.16所示。

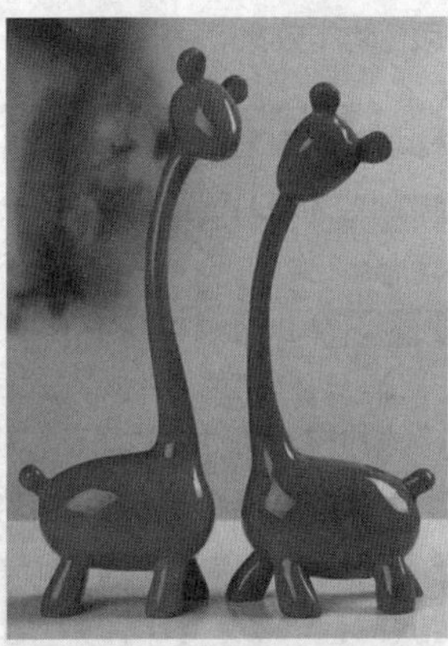

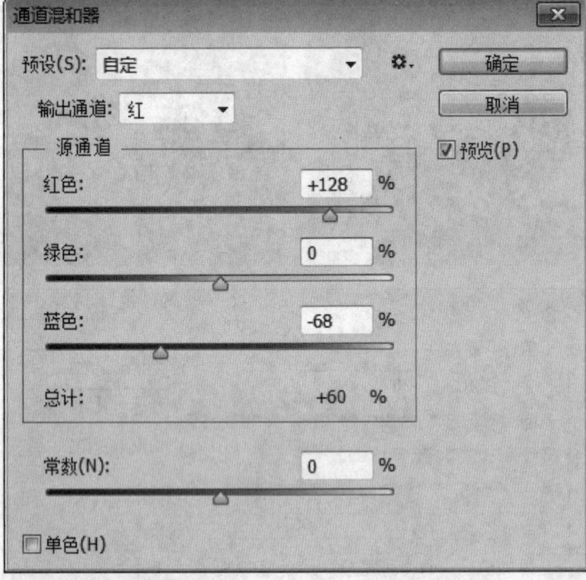

图3.16 调整通道混合器效果

实战 181 使用“反相”命令反相颜色

▶素材位置：素材\第3章\猫头鹰.jpg
▶案例位置：无
▶视频位置：视频\实战181.avi
▶难易指数：★☆☆☆☆

• 实例介绍 •

此命令可使图像反相，将它变成初始图像的负片。

• 操作步骤 •

STEP 01 执行菜单栏中的“文件”|“打开”命令，打开“猫头鹰.jpg”文件。

STEP 02 执行菜单栏中的“图像”|“调整”|“反相”命令，即可将其进行反相处理，效果如图3.17所示。

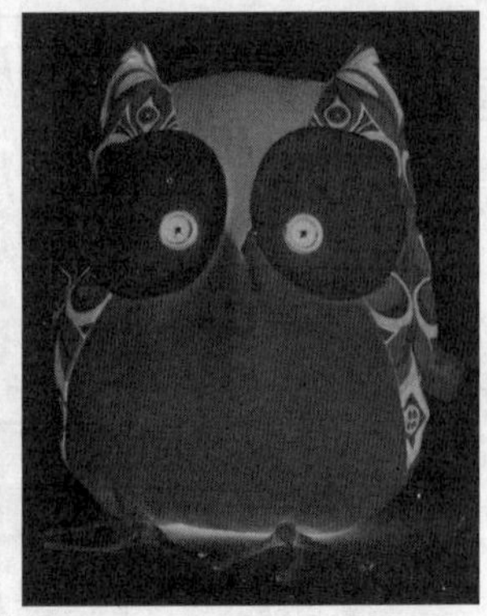

图3.17 应用“反相”命令反相颜色前后的效果

技巧

按Ctrl+I组合键可以快速应用“反相”命令。

实战 182 使用“可选颜色”命令校正颜色

▶素材位置：素材\第3章\靠枕.jpg
▶案例位置：无
▶视频位置：视频\实战182.avi
▶难易指数：★★☆☆☆

• 实例介绍 •

使用“可选颜色”命令我们可以对图像中指定的颜色进行校正，以调整图像中不平衡的颜色。

• 操作步骤 •

STEP 01 执行菜单栏中的“文件”|“打开”命令，打开“靠枕.jpg”文件。

STEP 02 执行菜单栏中的“图像”|“调整”|“可选颜色”命令，打开“可选颜色”对话框，应用“可选颜色”命令，如图3.18所示。

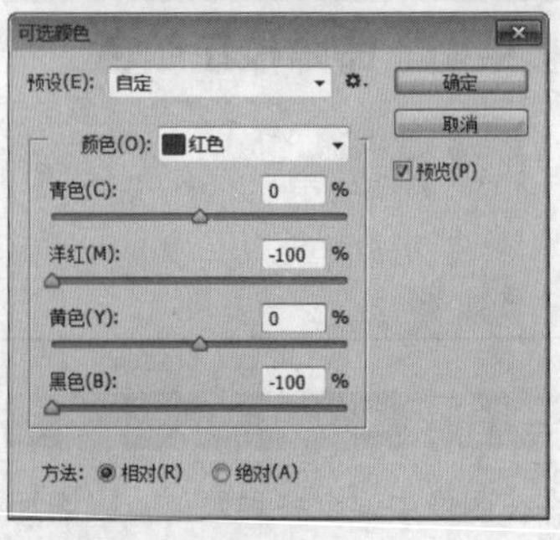

图3.18 调整可选颜色效果

实战 183　使用“替换颜色”命令替换抱枕颜色

▶素材位置：素材\第3章\抱枕.jpg
▶案例位置：无
▶视频位置：视频\实战183.avi
▶难易指数：★★★☆☆

• 实例介绍 •

使用“替换颜色”命令我们可在特定的颜色区域上创建一个蒙版，并允许在蒙版中的区域上改变色相、饱和度和亮度。

• 操作步骤 •

STEP 01 执行菜单栏中的“文件”|“打开”命令，打开“抱枕.jpg”文件，执行菜单栏中的“图像”|“调整”|“替换颜色”命令，打开“替换颜色”对话框，将光标放置在红色叶片上，单击鼠标进行取样。

STEP 02 在“替换颜色”对话框中，拖动“颜色容差”滑块可以在蒙版内扩大或缩小颜色范围，通过色相、饱和度和明度值即可调整图像的色彩，如图3.19所示。

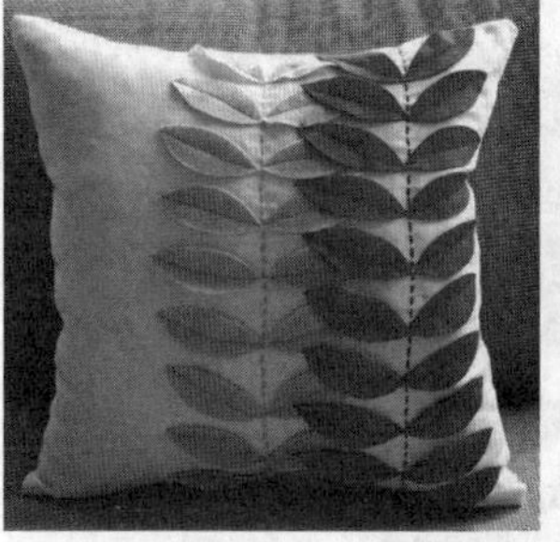

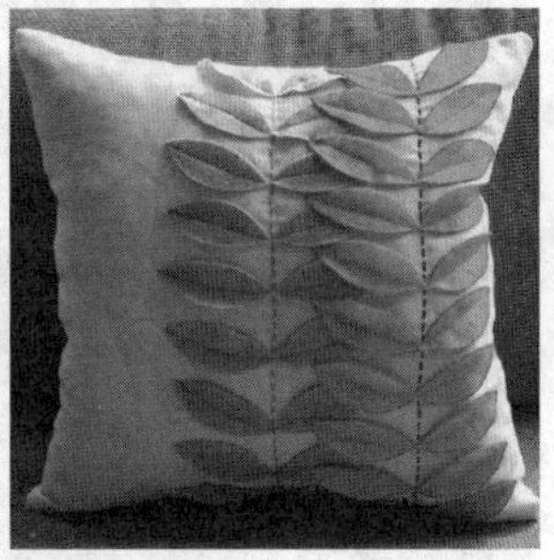

图3.19 应用“替换颜色”命令替换抱枕颜色前后效果

实战 184　使用“黑白”命令转换黑白图像

▶素材位置：素材\第3章\花儿.jpg
▶案例位置：无
▶视频位置：视频\实战184.avi
▶难易指数：★★☆☆☆

• 实例介绍 •

“黑白”命令主要用来处理黑白图像，创建各种风格的黑白效果。

• 操作步骤 •

STEP 01 执行菜单栏中的“文件”|“打开”命令，打开“花儿.jpg”文件。

STEP 02 执行菜单栏中的“图像”|“调整”|“黑白”命令，打开“黑白”对话框，对图像进行设置，如图3.20所示。

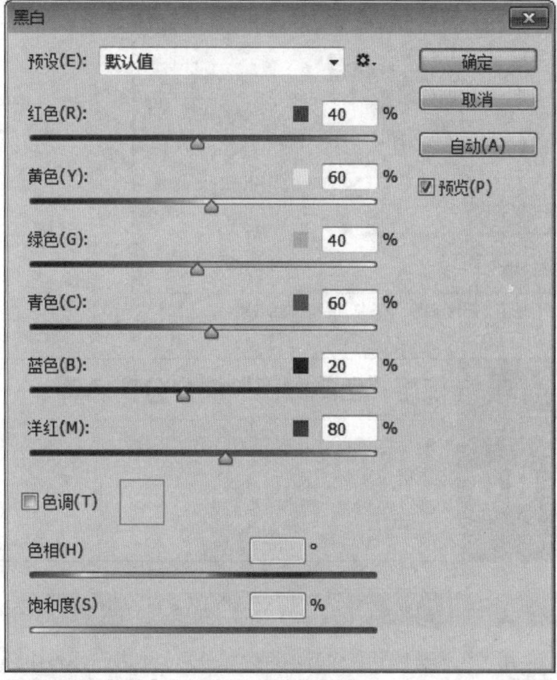

图3.20 应用“黑白”命令转换黑白图像前后效果

实战185 使用“照片滤镜”命令增加色温

▶素材位置：素材\第3章\台灯.jpg
▶案例位置：无
▶视频位置：视频\实战185.avi
▶难易指数：★★☆☆☆

• 实例介绍 •

“照片滤镜”命令可以模拟一个有色滤镜放在相机的镜头前方，从而调整图像的色彩平衡。

• 操作步骤 •

STEP 01 执行菜单栏中的“文件”|“打开”命令，打开“台灯.jpg”文件。

STEP 02 执行菜单栏中的“图像”|“调整”|“照片滤镜”命令，打开“照片滤镜”对话框，选择使用“冷却滤镜(82)”，“浓度”设置为40%，如图3.21所示。

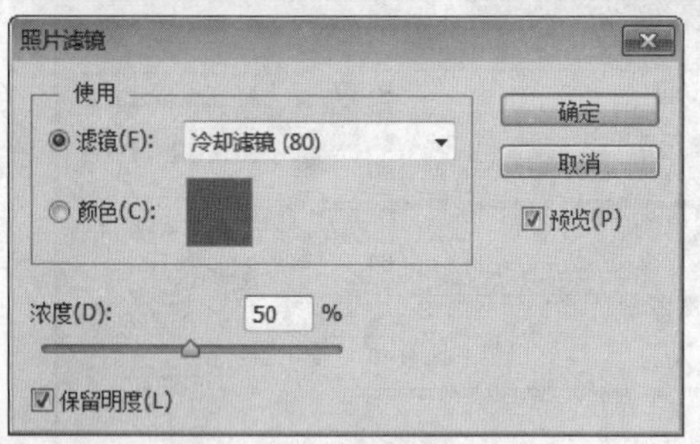

图3.21 使用“照片滤镜”命令增加色温前后效果

实战186 使用“色调分离”命令分离色调

▶素材位置：素材\第3章\花儿.jpg
▶案例位置：无
▶视频位置：视频\实战186.avi
▶难易指数：★☆☆☆☆

• 实例介绍 •

使用“色调分离”命令我们可以减少彩色或灰阶图像中色调等级的数目。

• 操作步骤 •

STEP 01 执行菜单栏中的“文件”|“打开”命令，打开“花儿.jpg”文件。

STEP 02 执行菜单栏中的“图像”|“调整”|“色调分离”命令，如图3.22所示。

图3.22 使用“色调分离”命令分离色调前后效果

技巧

在“色调分离”对话框中，我们可以使用上下方向键来快速试用不同的色调等级数值。

实战187 使用“阈值”命令制作黑白图像

▶素材位置：素材\第3章\美少女摆件.jpg
▶案例位置：无
▶视频位置：视频\实战187.avi
▶难易指数：★★☆☆☆

• 实例介绍 •

阈值又叫临界值，是指一个效应能够产生的最低值或最高值。

• 操作步骤 •

STEP 01 执行菜单栏中的“文件”|“打开”命令，打开“美

少女摆件.jpg”文件。

STEP 02 执行菜单栏中的“图像”|“调整”|“阈值”命令，如图3.23所示。

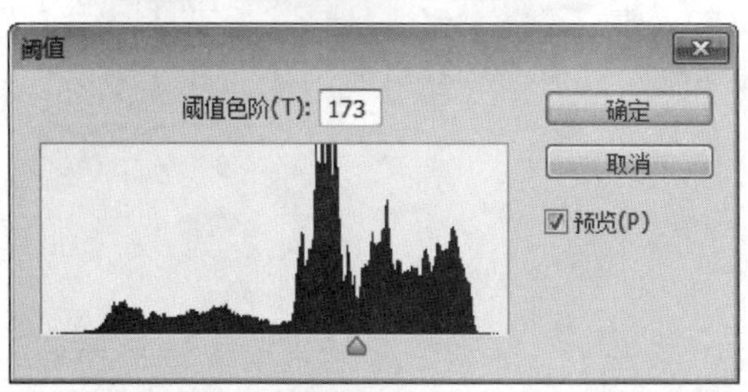

图3.23 使用“阈值”命令前后效果

实战188 使用“渐变映射”命令添加渐变映射

▶素材位置：素材\第3章\芭比.jpg
▶案例位置：无
▶视频位置：视频\实战188.avi
▶难易指数：★★☆☆☆

• 实例介绍 •

“渐变映射”命令可以应用渐变重新调整图像，应用原始图像的灰度图像细节，加入所选渐变的颜色。

• 操作步骤 •

STEP 01 执行菜单栏中的“文件”|“打开”命令，打开“芭比.jpg”文件。

STEP 02 执行菜单栏中的“图像”|“调整”|“渐变映射”命令，即可打开“渐变映射”对话框，如图3.24所示。

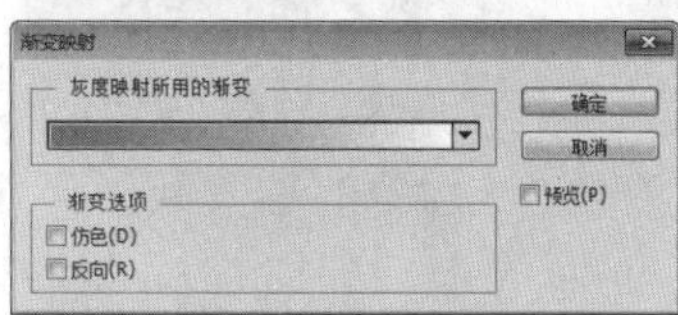

图3.24 添加渐变映射前后效果

实战189 使用“去色”命令去除彩色

▶素材位置：素材\第3章\连衣裙.jpg
▶案例位置：无
▶视频位置：视频\实战189.avi
▶难易指数：★★☆☆☆

• 实例介绍 •

“去色”命令可以将图像中的彩色去除，将图像所有的颜色饱和度变为0，将彩色图像转换为灰色图像。

• 操作步骤 •

STEP 01 执行菜单栏中的“文件”|“打开”命令，打开“连衣裙.jpg”文件。

STEP 02 执行菜单栏中的“图像”|“调整”|“去色”命令，即可将图像中的颜色去除，如图3.25所示。

图3.25 去色前后效果

技巧

按Shift+Ctrl+U组合键可以快速执行“去色”命令。

实战 190 使用“色调均化”命令调整色调

- 素材位置：素材\第3章\蜗牛.jpg
- 案例位置：无
- 视频位置：视频\实战190.avi
- 难易指数：★☆☆☆☆

• 实例介绍 •

“色调均化”命令能重新分布图像中的亮度值。

• 操作步骤 •

STEP 01 执行菜单栏中的“文件”|“打开”命令，打开“蜗牛.jpg”文件。

STEP 02 执行菜单栏中的“图像”|“调整”|“色调均化”命令，如图3.26所示。

图3.26 色调均化前后效果

第4章 滤镜及通道使用进阶

本章导读

本章主要讲解使用进阶。通过前几章的学习，我们对Photoshop的操作与使用有了一个很熟悉的认识，同时也学会了使用。本章将为大家讲解关于本软件的使用进阶。通过对本章的学习再结合前几章的内容，我们不但可以熟练操作软件，同时还可以学习到更深层次的使用方法及技巧。本章主要分为两大部分，即滤镜和通道，熟练掌握这两项知识之后我们可以制作出更加炫酷的作品。

要点索引

- 学习滤镜的使用方法
- 掌握通道的操作方法

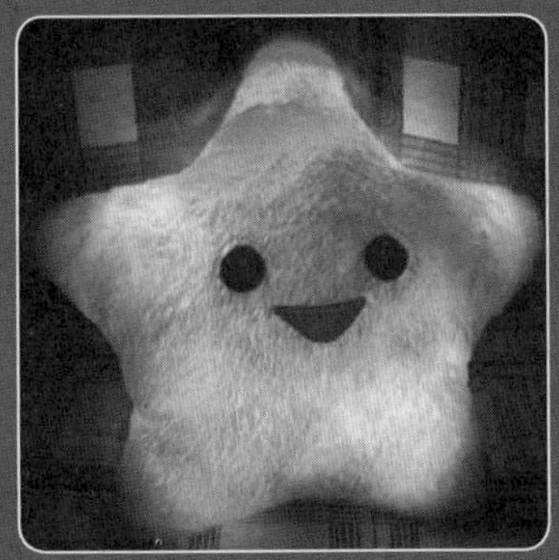

4.1 滤镜的使用

滤镜是Photoshop CC非常强大的工具，它能够在强化图像效果的同时遮盖图像的缺陷，并对图像效果进行优化处理，制作出炫丽的艺术作品。

实战191 使用普通滤镜

▶素材位置：素材\第4章\洋娃娃.jpg
▶案例位置：无
▶视频位置：视频\实战191.avi
▶难易指数：★☆☆☆☆

• 实例介绍 •

在Photoshop中，普通滤镜是通过修改像素来生成效果的，如果保存图像并关闭，就无法将图像恢复为原始状态。

• 操作步骤 •

STEP 01 执行菜单栏中的“文件”|“打开”命令，打开“洋娃娃.jpg”文件。

STEP 02 为图像添加滤镜效果，此时将直接对图像本身进行修改，如图4.1所示。

图4.1 使用普通滤镜前后效果

实战192 智能滤镜可逆操作

▶素材位置：素材\第4章\洋娃娃.jpg.
▶案例位置：无
▶视频位置：视频\实战192.avi
▶难易指数：★☆☆☆☆

• 实例介绍 •

智能滤镜是一种非破坏性的滤镜，其滤镜效果应用于智能对象上以后不会修改图像的原始数据。

• 操作步骤 •

STEP 01 执行菜单栏中的“文件”|“打开”命令，打开“洋娃娃.jpg”文件，为当前图层中的图像添加滤镜效果。

STEP 02 单击智能滤镜前面的眼睛图标，可将滤镜效果隐藏，如图4.2所示。

图4.2 智能滤镜操作效果

实战193 使用滤镜库

▶素材位置：素材\第4章\水晶鞋.jpg
▶案例位置：无
▶视频位置：视频\实战193.avi
▶难易指数：★☆☆☆☆

• 实例介绍 •

“滤镜库”是一个集中了大部分滤镜效果的集合库，它将滤镜作为一个整体放置在该库中，利用“滤镜库”可以对图像进行滤镜操作，这样就很好地避免了多次单击滤镜菜单、选择不同滤镜的繁杂操作。

• 操作步骤 •

STEP 01 执行菜单栏中的“文件”|“打开”命令，打开“水晶鞋.jpg”文件。

STEP 02 选择菜单栏中的“滤镜”|“滤镜库”命令，即可打开“滤镜库”对话框，如图4.3所示。

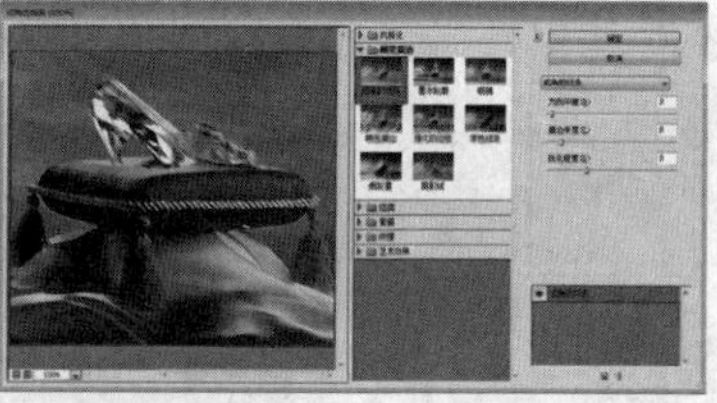

图4.3 打开“滤镜库”对话框

实战194 使用“液化”滤镜变形水果

▶素材位置：素材\第4章\桃子.jpg
▶案例位置：无
▶视频位置：视频\实战194.avi
▶难易指数：★★☆☆☆

• 实例介绍 •

使用“液化”滤镜的相关工具在图像上拖动或单击，可以扭曲图像进行变形处理。

• 操作步骤 •

STEP 01 执行菜单栏中的“文件”|“打开”命令，打开“桃子.jpg”文件。

STEP 02 执行菜单栏中的“滤镜”|“液化”命令，即可打开“液化”对话框，在此对图像进行液化操作并显示最终效果，如图4.4所示。

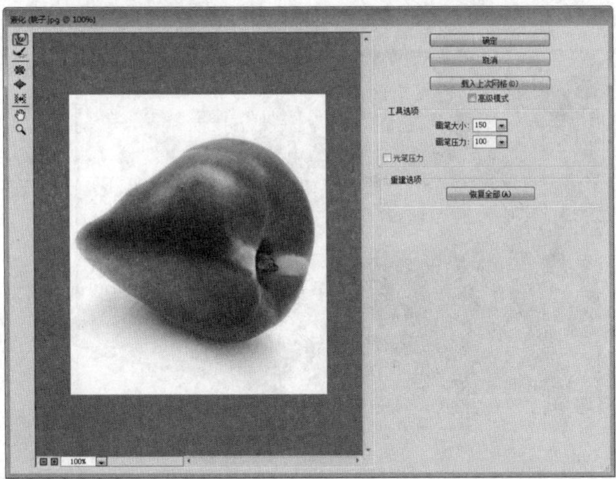

图4.4 使用“液化”滤镜前后效果

技巧

将鼠标指针移至预览区域中，按住空格键，可以使用抓手工具移动图像。

实战 195 使用“油画”滤镜打造油画图像

▶素材位置：素材\第4章\手巾.jpg
▶案例位置：无
▶视频位置：视频\实战195.avi
▶难易指数：★★☆☆☆

• 实例介绍 •

使用“油画”滤镜可将图像转换为油画效果。

• 操作步骤 •

STEP 01 执行菜单栏中的“文件”|“打开”命令，打开“手巾.jpg”文件。

STEP 02 执行菜单栏中的“滤镜”|“油画”命令，打开“油画”对话框，原图与使用“油画”命令后的效果如图4.5所示。

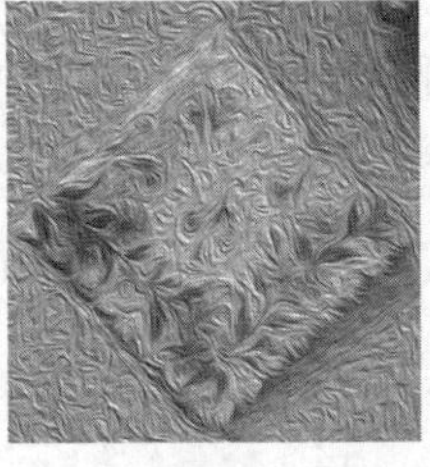

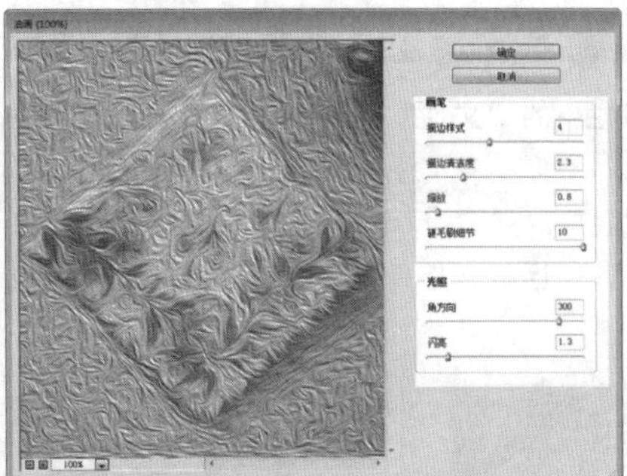

图4.5 转换油画前后效果

实战 196 使用“查找边缘”滤镜查找图像边缘

▶素材位置：素材\第4章\布艺娃娃.jpg
▶案例位置：无
▶视频位置：视频\实战196.avi
▶难易指数：★☆☆☆☆

• 实例介绍 •

“查找边缘”滤镜主要用来搜索颜色像素对比度变化强烈的边界，将高反差区变亮，低反差区变暗，其他区域则介于这两者之间。

• 操作步骤 •

STEP 01 执行菜单栏中的“文件”|“打开”命令，打开“布艺娃娃.jpg”文件。

STEP 02 执行菜单栏中的“滤镜”|“风格化”|“查找边缘”命令，如图4.6所示。

图4.6 使用“查找边缘”滤镜前后效果

实战 197 使用“等高线”滤镜勾画图像轮廓线

▶素材位置：素材\第4章\发光靠枕.jpg
▶案例位置：无
▶视频位置：视频\实战197.avi
▶难易指数：★★☆☆☆

• 实例介绍 •

使用“等高线”滤镜可以查找主要亮度区域的轮廓，将其边缘位置勾画出轮廓线，以此产生等高线效果。

• 操作步骤 •

STEP 01 执行菜单栏中的“文件”|“打开”命令，打开“发光靠枕.jpg”文件。

STEP 02 执行菜单栏中的“滤镜”|“风格化”|“等高线”命令，打开“等高线”对话框，使用“等高线”命令的前后效果如图4.7所示。

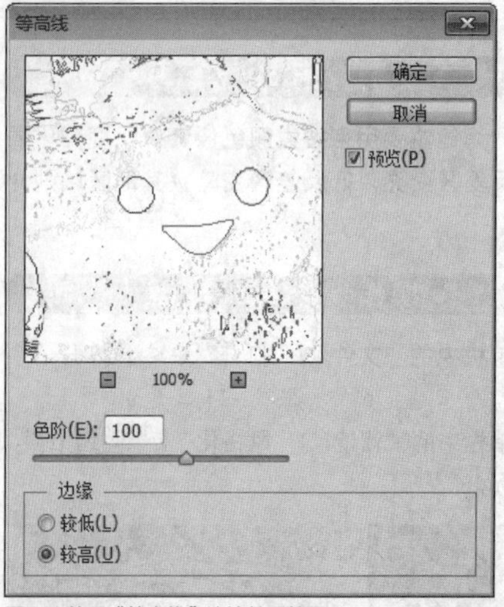

图4.7 使用“等高线”滤镜前后效果

实战198 利用“风”滤镜制作风吹效果

- 素材位置：素材\第4章\假花.jpg
- 案例位置：无
- 视频位置：视频\实战198.avi
- 难易指数：★★☆☆☆

• 实例介绍 •

“风”滤镜可以通过在图像中添加一些小的方向线来制作出起风的效果。

• 操作步骤 •

STEP 01 执行菜单栏中的“文件”|“打开”命令，打开“假花.jpg”文件。

STEP 02 执行菜单栏中的“滤镜”|“风格化”|“风”命令，打开“风”对话框，原图与使用“风”命令后的前后效果如图4.8所示。

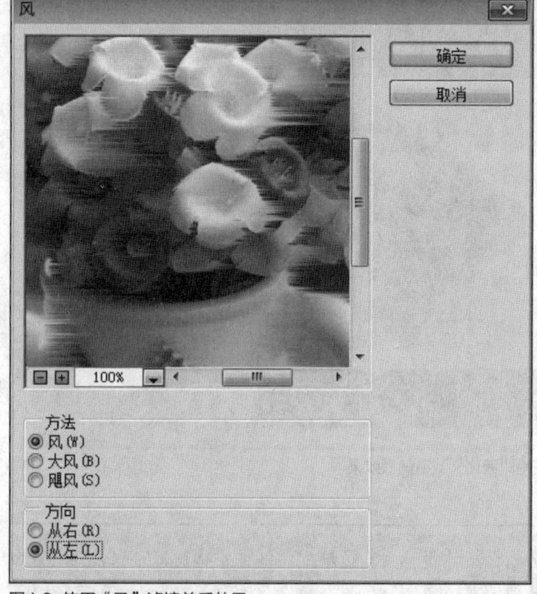

图4.8 使用“风”滤镜前后效果

实战199 使用“浮雕效果”滤镜制作浮雕效果

- 素材位置：素材\第4章\小黄人.jpg
- 案例位置：无
- 视频位置：视频\实战199.avi
- 难易指数：★★☆☆☆

• 实例介绍 •

“浮雕效果”滤镜用来制作图像的浮雕效果，它是将整个图像转换成灰色图像，并通过勾画图像的轮廓，从而使图像产生凸起或凹陷以制作出浮雕效果的。

• 操作步骤 •

STEP 01 执行菜单栏中的“文件”|“打开”命令，打开“小黄人.jpg”文件。

STEP 02 执行菜单栏中的“滤镜”|“风格化”|“浮雕效果”命令，打开“浮雕效果”对话框，原图与使用“浮雕效果”命令后的前后效果如图4.9所示。

图4.9 使用“浮雕效果”滤镜前后效果

实战 200 使用“自定”扩展滤镜

▶素材位置：素材\第4章\卡通小孩.jpg
▶案例位置：无
▶视频位置：视频\实战200.avi
▶难易指数：★★☆☆☆

• 实例介绍 •

“自定”滤镜可以让您根据自己的需要设计自己的滤镜，根据周围的像素值为每个像素重新指定一个值，从而产生锐化、模糊、浮雕等效果。

• 操作步骤 •

STEP 01 执行菜单栏中的“文件”|“打开”命令，打开“卡通小孩.jpg”文件。

STEP 02 执行菜单栏中的“滤镜”|“其它”|“自定”命令，打开“自定”对话框，原图与使用“自定”命令后的前后效果如图4.10所示。

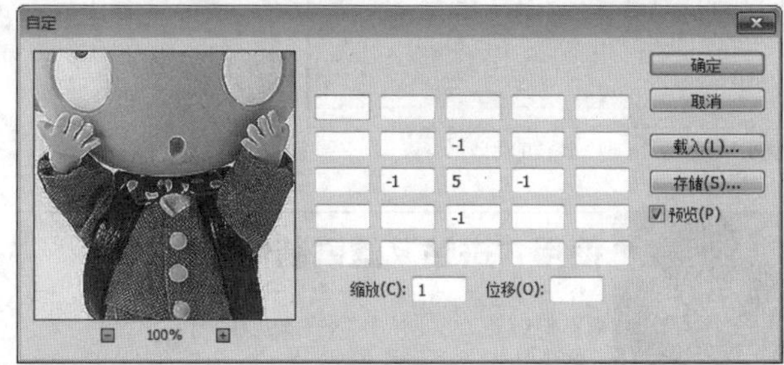

图4.10 使用“自定”滤镜前后效果

实战 201 使用“扩散”滤镜添加毛边效果

▶素材位置：素材\第4章\酥饼.jpg
▶案例位置：无
▶视频位置：视频\实战201.avi
▶难易指数：★★☆☆☆

• 实例介绍 •

“扩散”滤镜可以根据设置的选项移动像素的位置，使图像看起来像是聚焦不足，产生油画或毛玻璃的分离模糊效果。

• 操作步骤 •

STEP 01 执行菜单栏中的“文件”|“打开”命令，打开“酥饼.jpg”文件。

STEP 02 执行菜单栏中的“滤镜”|“风格化”|“扩散”命令，打开“扩散”对话框，原图与使用“扩散”命令后的前后效果如图4.11所示。

图4.11 使用“扩散”滤镜前后效果

实战202 使用“拼贴”滤镜制作拼贴效果

▶素材位置：素材\第4章\红包包.jpg
▶案例位置：无
▶视频位置：视频\实战202.avi
▶难易指数：★★☆☆☆

• 实例介绍 •

“拼贴”滤镜可以根据设置的拼贴数，将图像分割成许多的小方块，通过最大位移的设置，让每个小方块之间产生一定的位移。

• 操作步骤 •

STEP 01 执行菜单栏中的“文件”|“打开”命令，打开“红包包.jpg”文件。

STEP 02 执行菜单栏中的“滤镜”|“风格化”|“拼贴”命令，打开“拼贴”对话框，这里将背景色设置为白色。原图与使用“拼贴”命令后的前后效果如图4.12所示。

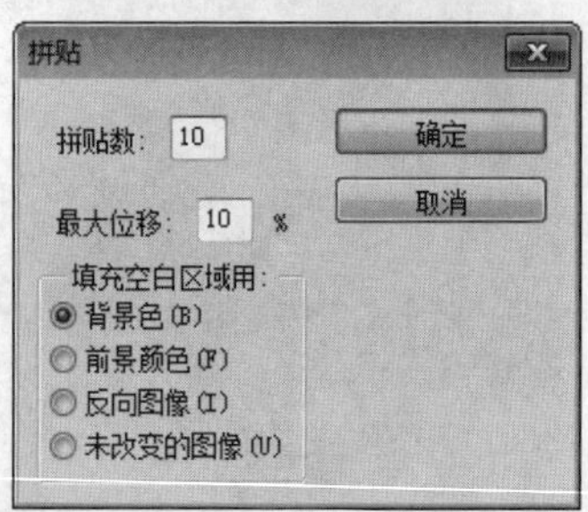

图4.12 使用“拼贴”滤镜前后效果

实战203 使用“曝光过度”滤镜制作曝光过度图像

▶素材位置：素材\第4章\红酒.jpg
▶案例位置：无
▶视频位置：视频\实战203.avi
▶难易指数：★★★☆☆

• 实例介绍 •

“曝光过度”滤镜是将图像的正片和负片进行混合，将图像进行曝光处理，从而产生过度曝光的效果。

• 操作步骤 •

STEP 01 执行菜单栏中的“文件”|“打开”命令，打开“红酒.jpg”文件。

STEP 02 执行菜单栏中的“滤镜”|“风格化”|“曝光过度”命令，即可对图像应用“曝光过度”滤镜。原图与使用“曝光过度”命令后的前后效果如图4.13所示。

图4.13 使用“曝光过度”滤镜前后效果

实战204 使用“凸出”滤镜制作立体图像效果

▶素材位置：素材\第4章\方格.jpg
▶案例位置：无
▶视频位置：视频\实战204.avi
▶难易指数：★★☆☆☆

• 实例介绍 •

“凸出”滤镜可以根据设置的类型，将图像制作成三维块状立体图或金字塔状立体图。

• 操作步骤 •

STEP 01 执行菜单栏中的“文件”|“打开”命令，打开“方格.jpg”文件。

STEP 02 执行菜单栏中的“滤镜”|“风格化”|“凸出”命令，打开“凸出”对话框。原图与使用“凸出”命令后的前后效果如图4.14所示。

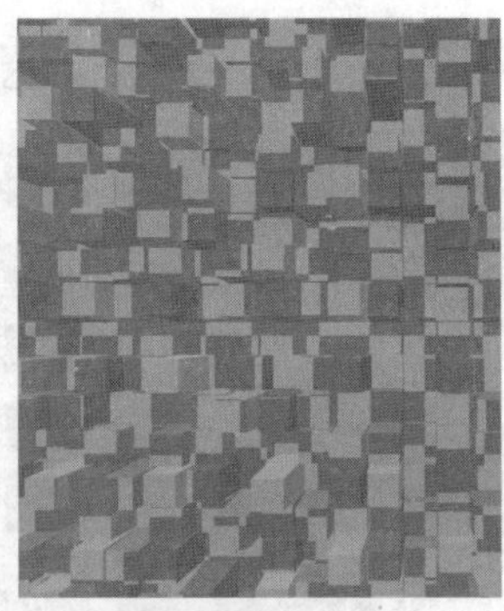

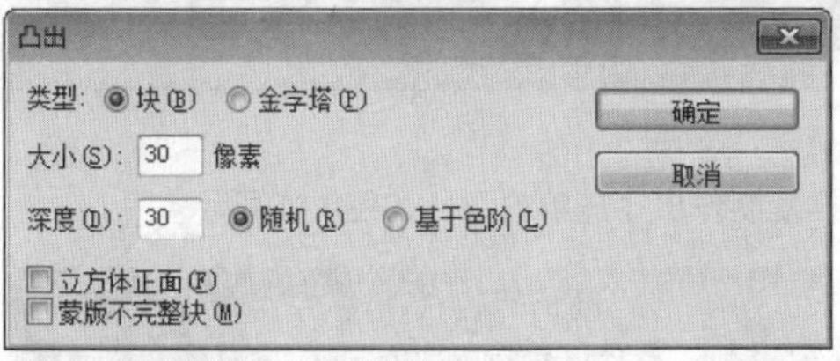

图4.14 使用“凸出”滤镜前后效果

实战 205 使用“场景模糊”滤镜制作场景模糊效果

▶素材位置：素材\第4章\猴子.jpg
▶案例位置：无
▶视频位置：视频\实战205.avi
▶难易指数：★★★☆☆

• 实例介绍 •

“场景模糊”滤镜可以通过设置图钉的方式产生渐变模糊效果。

• 操作步骤 •

STEP 01 执行菜单栏中的“文件”|“打开”命令，打开“猴子.jpg”文件。

STEP 02 执行菜单栏中的“滤镜”|“模糊”|“场景模糊”命令，打开“场景模糊”面板。原图与使用“场景模糊”命令后的前后效果如图4.15所示。

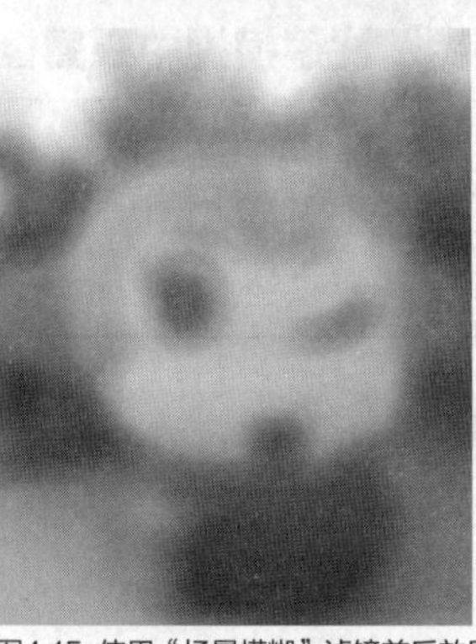

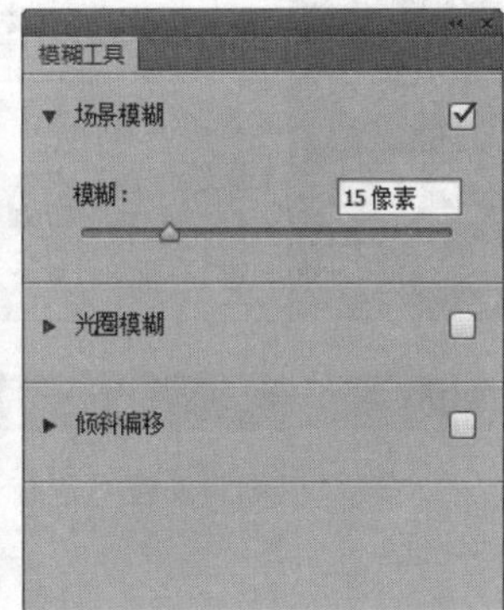

图4.15 使用“场景模糊”滤镜前后效果

实战 206 使用“光圈模糊”滤镜模拟镜头光圈

▶素材位置：素材\第4章\盆景.jpg
▶案例位置：无
▶视频位置：视频\实战206.avi
▶难易指数：★★★☆☆

• 实例介绍 •

使用“光圈模糊”滤镜可将一个或多个焦点添加到图像中。

• 操作步骤 •

STEP 01 执行菜单栏中的“文件”|“打开”命令，打开“盆景.jpg”文件。

STEP 02 执行菜单栏中的“滤镜”|“模糊”|“光圈模糊”命令，单击并拖曳图像上的控制点可调整“光圈模糊”参数，如图4.16所示。

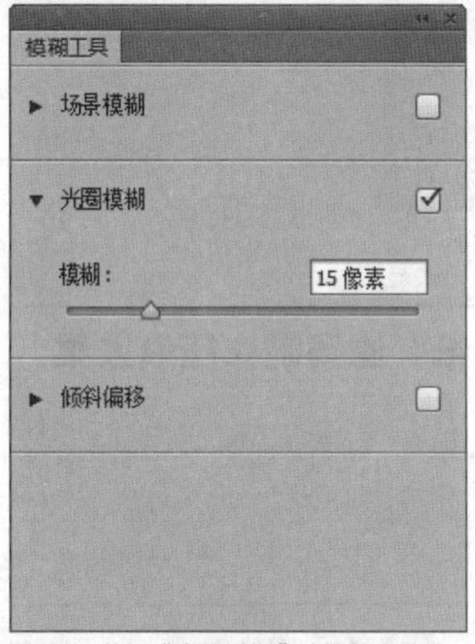

图4.16 使用“光圈模糊”滤镜前后效果

实战 207 使用“移轴模糊”滤镜添加模糊特效

▶素材位置：素材\第4章\小摆件.jpg
▶案例位置：无
▶视频位置：视频\实战207.avi
▶难易指数：★★★☆☆

• 实例介绍 •

“移轴模糊”滤镜可以使模糊程度与一个或多个平面一致。

• 操作步骤 •

STEP 01 执行菜单栏中的“文件”|“打开”命令，打开“小摆件.jpg”文件。

STEP 02 执行菜单栏中的“滤镜”|“模糊”|“移轴模糊”命令，打开“移轴模糊”对话框，调整图像中的控制点并设置“移轴模糊”参数，如图4.17所示。

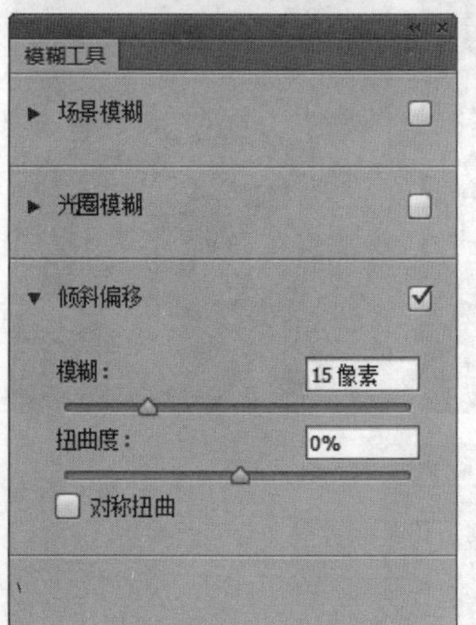

图4.17 使用“移轴模糊”滤镜前后效果

实战 208 使用“便条纸”滤镜制作压痕效果

▶素材位置：素材\第4章\背影.jpg
▶案例位置：无
▶视频位置：视频\实战208.avi
▶难易指数：★★★☆☆

• 实例介绍 •

“便条纸”滤镜可以使图像产生类似浮雕的凹陷压印效果。

• 操作步骤 •

STEP 01 执行菜单栏中的“文件”|“打开”命令，打开“背影.jpg”文件。

STEP 02 将前景色设置为黑色，背景色设置为白色。执行菜单栏中的“滤镜”|“滤镜库”|“素描”|“便条纸”命令，打开“滤镜库”对话框，设置“图像平衡”的值为29，“粒度”的值为11，“凸现”的值为19，如图4.18所示。

图4.18 滤镜库

STEP 03 这样就制作出了压痕效果，如图4.19所示。

图4.19 使用“便条纸”滤镜前后效果

实战 209 使用“表面模糊”滤镜模糊中心图像

▶素材位置：素材\第4章\娅琪娃娃.jpg
▶案例位置：无
▶视频位置：视频\实战209.avi
▶难易指数：★★★☆☆

• 实例介绍 •

“表面模糊”滤镜可以在保留边缘的同时对图像进行模糊处理。

• 操作步骤 •

STEP 01 执行菜单栏中的“文件”|“打开”命令，打开“娅琪娃娃.jpg”文件。

STEP 02 执行菜单栏中的“滤镜”|“模糊”|“表面模糊”命令，打开“表面模糊”对话框，原图与使用“表面模糊”命令后的前后效果如图4.20所示。

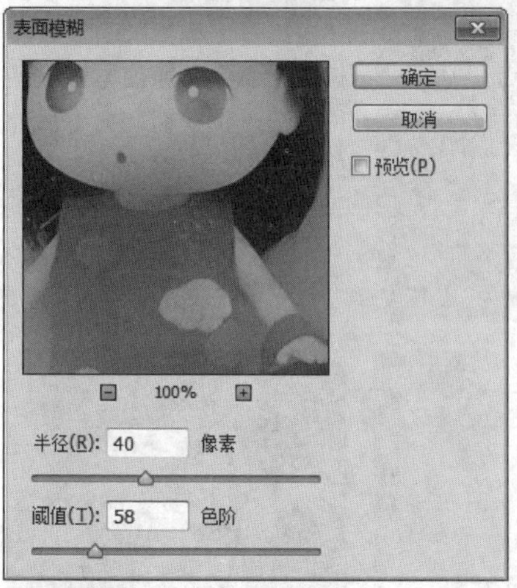

图4.20 使用“表面模糊”滤镜前后效果

实战 210 使用“动感模糊”滤镜添加动感特效

▶素材位置：素材\第4章\玻璃.jpg
▶案例位置：无
▶视频位置：视频\实战210.avi
▶难易指数：★★☆☆☆

• 实例介绍 •

使用“动感模糊”滤镜可以对图像像素进行线性位移操作，从而产生沿某一方向运动的模糊效果。

• 操作步骤 •

STEP 01 执行菜单栏中的“文件”|“打开”命令，打开“玻璃.jpg”文件。

STEP 02 执行菜单栏中的“滤镜”|“模糊”|“动感模糊”命令，原图与使用“动感模糊”命令后的前后效果如图4.21所示。

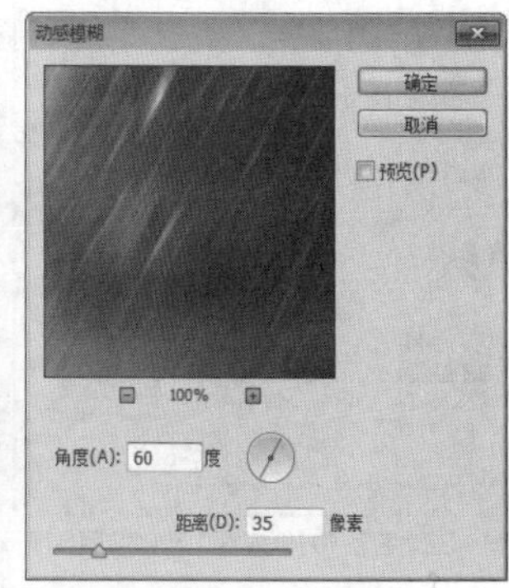

图4.21 使用“动感模糊”滤镜前后效果

实战 211 使用“方框模糊”滤镜制作规则模糊

▶素材位置：素材\第4章\蛋糕.jpg
▶案例位置：无
▶视频位置：视频\实战211.avi
▶难易指数：★★☆☆☆

• 实例介绍 •

“方框模糊”滤镜可以基于相邻像素的平均颜色值来模糊图像。

• 操作步骤 •

STEP 01 执行菜单栏中的“文件”|“打开”命令，打开“蛋糕.jpg”文件。

STEP 02 执行菜单栏中的“滤镜”|“模糊”|“方框模糊”命令，打开“方框模糊”对话框。原图与使用“方框模糊”命令后的前后效果如图4.22所示。

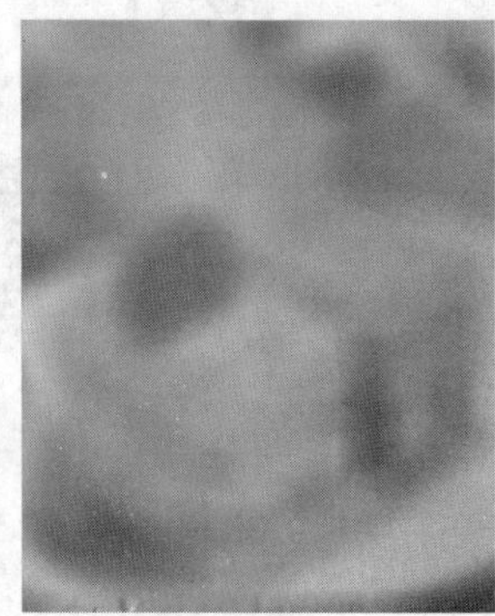

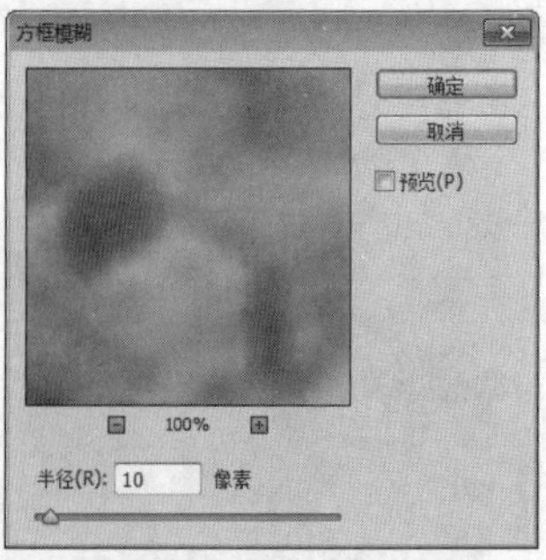

图4.22 使用"方框模糊"滤镜前后效果

实战212 使用"高斯模糊"滤镜模糊图像

▶素材位置：素材\第4章\日式娃娃.jpg
▶案例位置：无
▶视频位置：视频\实战212.avi
▶难易指数：★★☆☆☆

• 实例介绍 •

"高斯模糊"滤镜可以利用高斯曲线的分布模式有选择的模糊图像。

• 操作步骤 •

STEP 01 执行菜单栏中的"文件"|"打开"命令，打开"日式娃娃.jpg"文件。

STEP 02 执行菜单栏中的"滤镜"|"模糊"|"高斯模糊"命令，打开"高斯模糊"对话框。原图与使用"高斯模糊"命令后的前后效果如图4.23所示。

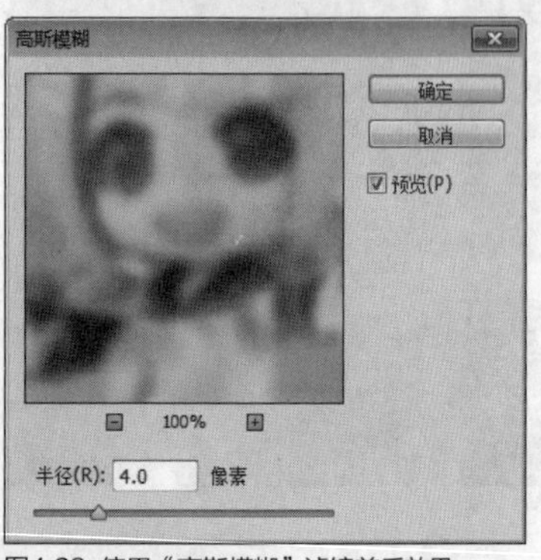

图4.23 使用"高斯模糊"滤镜前后效果

实战213 利用"模糊"滤镜和"进一步模糊"滤镜模糊图像

▶素材位置：素材\第4章\日式娃娃.jpg
▶案例位置：无
▶视频位置：视频\实战213.avi
▶难易指数：★☆☆☆☆

• 实例介绍 •

这两个滤镜都是对图像进行模糊处理。"模糊"滤镜是利用相邻像素的平均值来代替相似的图像区域，从而达到柔化图像边缘的效果；"进一步模糊"滤镜比"模糊"滤镜效果更加明显，大概为"模糊"滤镜的3~4倍。

• 操作步骤 •

STEP 01 执行菜单栏中的"文件"|"打开"命令，打开"日式娃娃.jpg"文件。

STEP 02 执行菜单栏中的"滤镜"|"模糊"|"进一步模糊"命令，原图与多次使用"进一步模糊"命令后的前后效果如图4.24所示。

图4.24 使用"模糊"滤镜与"进一步模糊"滤镜前后效果

实战214 使用"径向模糊"滤镜制作放射效果

▶素材位置：素材\第4章\日落.jpg
▶案例位置：无
▶视频位置：视频\实战214.avi
▶难易指数：★★☆☆☆

• 实例介绍 •

使用"径向模糊"滤镜不但可以制作出旋转动态的模糊效果，还可以制作出从图像中心向四周辐射的模糊效果。

• 操作步骤 •

STEP 01 执行菜单栏中的“文件”|“打开”命令，打开“日落.jpg”文件。

STEP 02 执行菜单栏中的“滤镜”|“模糊”|“径向模糊”命令，打开“径向模糊”对话框，原图与多次使用“径向模糊”命令后的前后效果如图4.25所示。

图4.25 使用“径向模糊”滤镜前后效果

实战 215 使用“镜头模糊”滤镜模拟景深

▶素材位置：素材\第4章\娃娃与小虫.jpg
▶案例位置：无
▶视频位置：视频\实战215.avi
▶难易指数：★★☆☆☆

• 实例介绍 •

使用“镜头模糊”滤镜可以模拟亮光在照相机镜头所产生的折射效果，制作镜头景深模糊效果。

• 操作步骤 •

STEP 01 执行菜单栏中的“文件”|“打开”命令，打开“娃娃与小虫.jpg”文件。

STEP 02 执行菜单栏中的“滤镜”|“模糊”|“镜头模糊”命令，打开“镜头模糊”对话框。原图与使用“镜头模糊”命令后的前后效果如图4.26所示。

图4.26 使用“镜头模糊”滤镜前后效果

实战 216 使用“平均”滤镜创建平滑效果

▶素材位置：素材\第4章\小花.jpg
▶案例位置：无
▶视频位置：视频\实战216.avi
▶难易指数：★★☆☆☆

• 实例介绍 •

“平均”滤镜可以将图层或选区中的颜色平均分布产生一种新颜色，然后用该颜色填充图像或选区以创建平滑外观。

• 操作步骤 •

STEP 01 执行菜单栏中的“文件”|“打开”命令，打开“小花.jpg”文件。

STEP 02 执行菜单栏中的“滤镜”|“模糊”|“平均”命令，即可对图像应用“平均”滤镜，原图与使用“平均”命令后的前后效果如图4.27所示。

图4.27 使用“平均”滤镜前后效果

实战 217 使用“特殊模糊”滤镜清晰图像边缘

▶素材位置：素材\第4章\哆啦A梦.jpg
▶案例位置：无
▶视频位置：视频\实战217.avi
▶难易指数：★★☆☆☆

• 实例介绍 •

“特殊模糊”滤镜是对图像进行精细的模糊处理，它只对有微弱颜色变化的区域进行模糊，能够产生一种清晰边缘的模糊效果。

• 操作步骤 •

STEP 01 执行菜单栏中的“文件”|“打开”命令，打开“哆啦A梦.jpg”文件。

STEP 02 执行菜单栏中的“滤镜”|“模糊”|“特殊模糊”命令，打开“特殊模糊”对话框。原图与使用“特殊模糊”命令后的前后效果如图4.28所示。

图4.28 使用“特殊模糊”滤镜前后效果

实战218 使用“形状模糊”滤镜创建形状模糊

- 素材位置：素材\第4章\格子布.jpg
- 案例位置：无
- 视频位置：视频\实战218.avi
- 难易指数：★★☆☆☆

• 实例介绍 •

“形状模糊”滤镜可以根据预置的形状或自定义的形状对图像进行模糊处理。

• 操作步骤 •

STEP 01 执行菜单栏中的“文件”|“打开”命令，打开“格子布.jpg”文件。

STEP 02 执行菜单栏中的“滤镜”|“模糊”|“形状模糊”命令，打开“形状模糊”对话框，原图与使用“形状模糊”命令后的前后效果如图4.29所示。

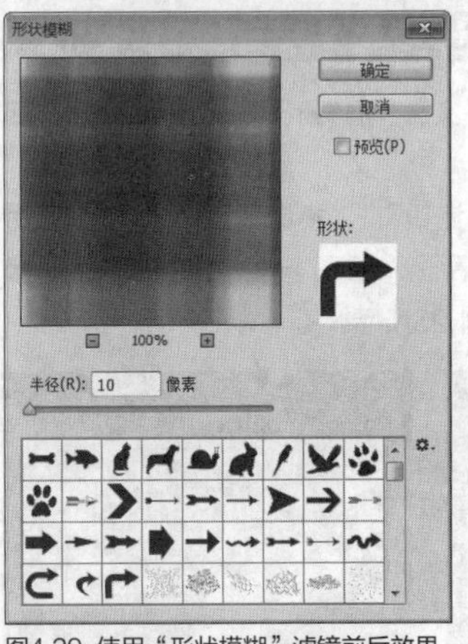

图4.29 使用“形状模糊”滤镜前后效果

实战219 使用“波浪”滤镜模拟波浪效果

- 素材位置：素材\第4章\民族布.jpg
- 案例位置：无
- 视频位置：视频\实战219.avi
- 难易指数：★★☆☆☆

• 实例介绍 •

“波浪”滤镜可以根据用户设置的不同波长和波幅模拟不同的波纹效果。

• 操作步骤 •

STEP 01 执行菜单栏中的“文件”|“打开”命令，打开“民族布.jpg”文件。

STEP 02 执行菜单栏中的“滤镜”|“扭曲”|“波浪”命令，打开如图所示的“波浪”对话框，原图与使用“波浪”命令后的前后效果如图4.30所示。

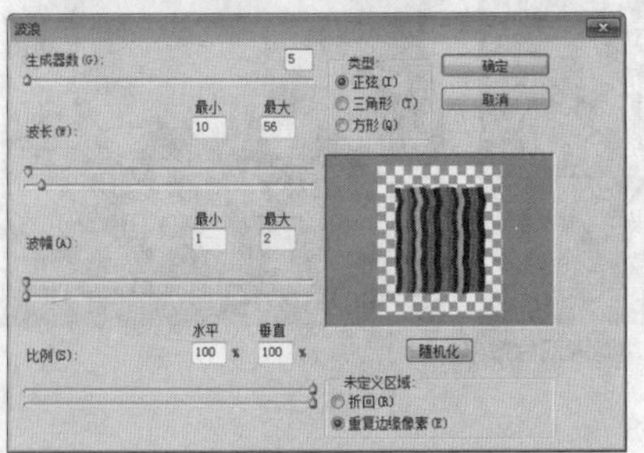

图4.30 使用“波浪”滤镜前后效果

实战 220 使用“极坐标”滤镜扭曲图像

▶素材位置：素材\第4章\粗布.jpg
▶案例位置：无
▶视频位置：视频\实战220.avi
▶难易指数：★★☆☆☆

• 实例介绍 •

“极坐标”滤镜可以将图像从平面坐标转换到极坐标，或将图像从极坐标转换为平面坐标以产生扭曲图像的效果。

• 操作步骤 •

STEP 01 执行菜单栏中的“文件”|“打开”命令，打开“粗布.jpg”文件。

STEP 02 执行菜单栏中的“滤镜”|“扭曲”|“极坐标”命令，打开“极坐标”对话框。原图与使用“极坐标”命令后的前后效果如图4.31所示。

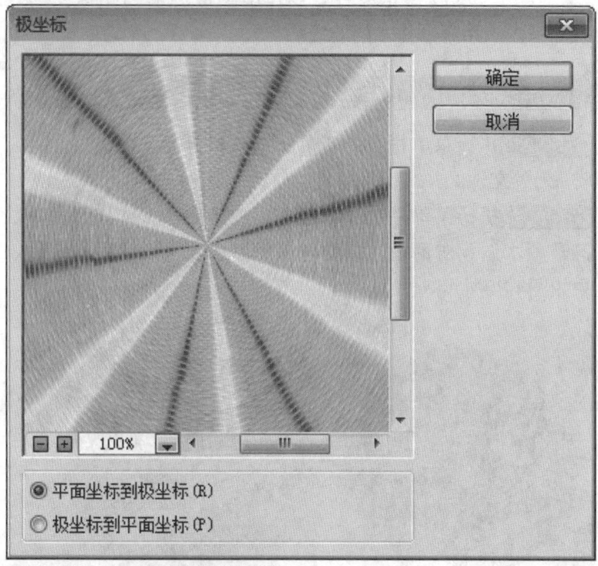

图4.31 使用“极坐标”滤镜前后效果

实战 221 使用“挤压”滤镜创建挤压效果

▶素材位置：素材\第4章\钥匙包.jpg
▶案例位置：无
▶视频位置：视频\实战221.avi
▶难易指数：★★☆☆☆

• 实例介绍 •

“挤压”滤镜可以将整个图像向内或向外进行挤压变形。

• 操作步骤 •

STEP 01 执行菜单栏中的“文件”|“打开”命令，打开“钥匙包.jpg”文件。

STEP 02 执行菜单栏中的“滤镜”|“扭曲”|“挤压”命令，打开“挤压”对话框。原图与使用“挤压”命令后的前后效果如图4.32所示。

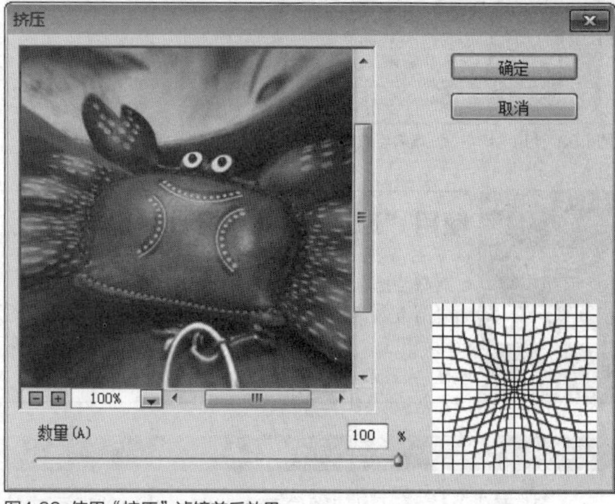

图4.32 使用“挤压”滤镜前后效果

实战 222 使用“切变”滤镜扭曲图像

▶素材位置：素材\第4章\格子图案.jpg
▶案例位置：无
▶视频位置：视频\实战222.avi
▶难易指数：★★☆☆☆

• 实例介绍 •

“切变”滤镜允许用户按自己设置的曲线来扭曲图像。

• 操作步骤 •

STEP 01 执行菜单栏中的“文件”|“打开”命令，打开“格子图案.jpg”文件。

STEP 02 执行菜单栏中的“滤镜”|“扭曲”|“切变”命令，打开“切变”对话框。原图与使用“切变”命令后的前后效果如图4.33所示。

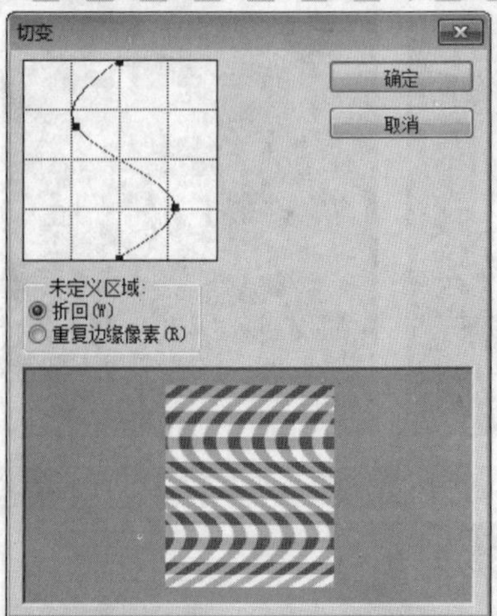

图4.33 使用“切变”滤镜前后效果

实战 223 使用“球面化”滤镜球面化图像

▶素材位置：素材\第4章\肥青蛙.jpg
▶案例位置：无
▶视频位置：视频\实战223.avi
▶难易指数：★☆☆☆☆

• 实例介绍 •

“球面化”滤镜可以使图像产生凹陷或凸出的球面或柱面效果，就像图像被包裹在球面上或柱面上一样，产生立体效果。

• 操作步骤 •

STEP 01 执行菜单栏中的“文件”|“打开”命令，打开“肥青蛙.jpg”文件。

STEP 02 执行菜单栏中的“滤镜”|“扭曲”|“球面化”命令，打开“球面化”对话框，原图与使用“球面化”命令后的前后效果如图4.34所示。

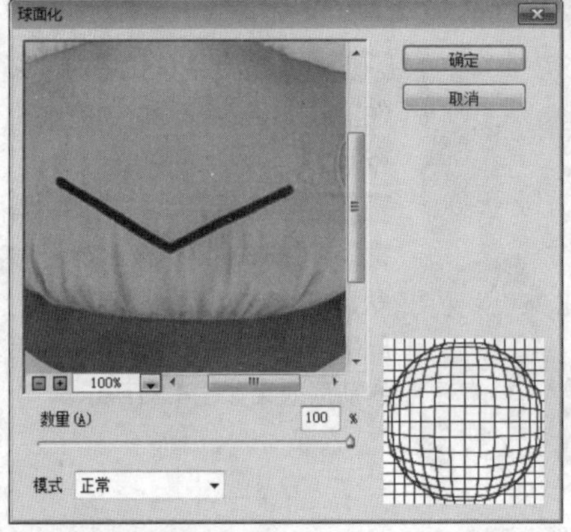

图4.34 使用“球面化”滤镜前后效果

实战 224 使用“水波”滤镜制作水波

▶素材位置：素材\第4章\咖啡.jpg
▶案例位置：无
▶视频位置：视频\实战224.avi
▶难易指数：★★☆☆☆

• 实例介绍 •

使用“水波”滤镜可以制作出类似涟漪的图像变形效果。它多被用来制作水的波纹。

• 操作步骤 •

STEP 01 执行菜单栏中的“文件”|“打开”命令，打开“咖啡.jpg”文件。

STEP 02 执行菜单栏中的“滤镜”|“扭曲”|“水波”命令，打开“水波”对话框。原图与使用“水波”命令后的前后效果如图4.35所示。

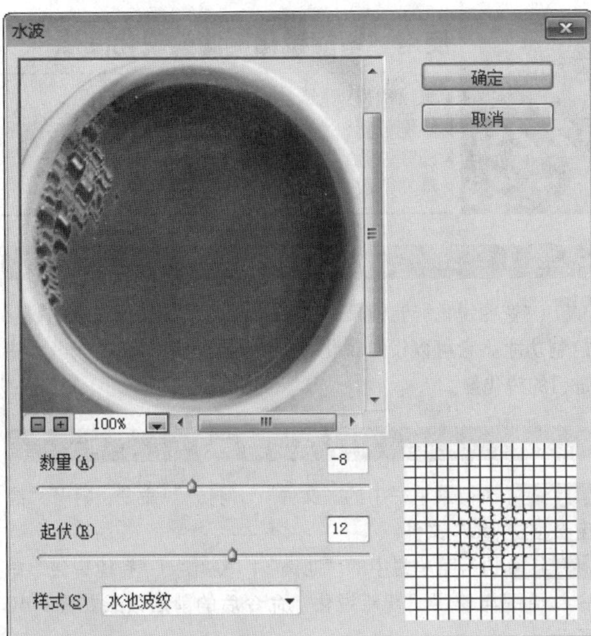

图4.35 使用“水波”滤镜前后效果

实战225 使用“旋转扭曲”滤镜扭曲图像

▶素材位置：素材\第4章\水面.jpg
▶案例位置：无
▶视频位置：视频\实战225.avi
▶难易指数：★☆☆☆☆

• 实例介绍 •

“旋转扭曲”滤镜是以图像中心为旋转中心，对图像进行旋转扭曲。

• 操作步骤 •

STEP 01 执行菜单栏中的“文件”|“打开”命令，打开“水面.jpg”文件。

STEP 02 执行菜单栏中的“滤镜”|“扭曲”|“旋转扭曲”命令，打开“旋转扭曲”对话框。原图与使用“旋转扭曲”命令后的前后效果如图4.36所示。

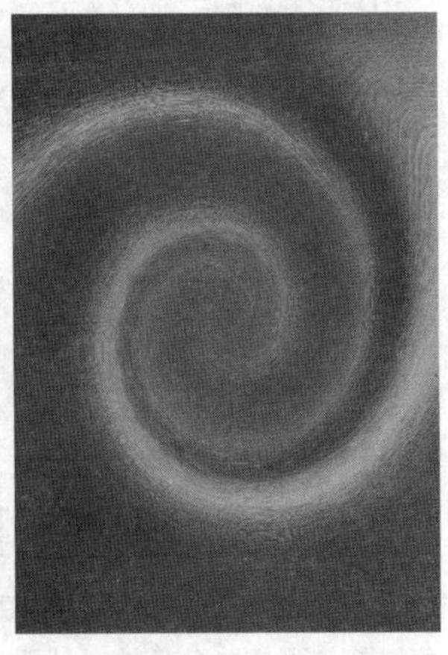

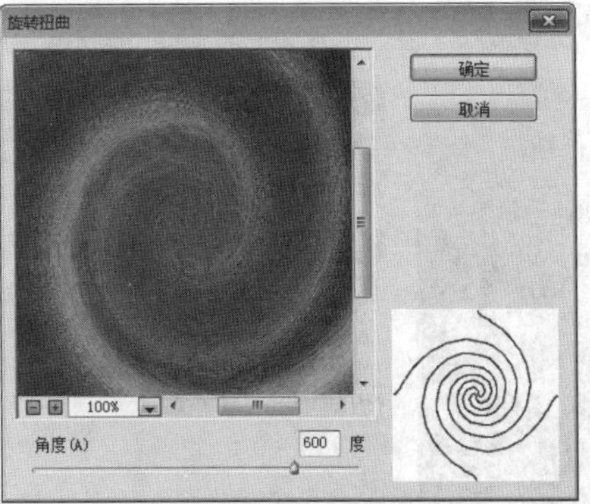

图4.36 使用“旋转扭曲”滤镜前后效果

实战226 使用“USM锐化”滤镜锐化图像

▶素材位置：素材\第4章\铭牌.jpg
▶案例位置：无
▶视频位置：视频\实战226.avi
▶难易指数：★★☆☆☆

• 实例介绍 •

“USM锐化”滤镜可以在图像边缘的每一侧都生成一条亮线和一条暗线，以此来产生轮廓的锐化效果。

• 操作步骤 •

STEP 01 执行菜单栏中的“文件”|“打开”命令，打开“铭牌.jpg”文件。

STEP 02 执行菜单栏中的“滤镜”|“锐化”|“USM锐化”命令，打开“USM锐化”对话框。原图与使用“USM锐化”命令后的前后效果如图4.37所示。

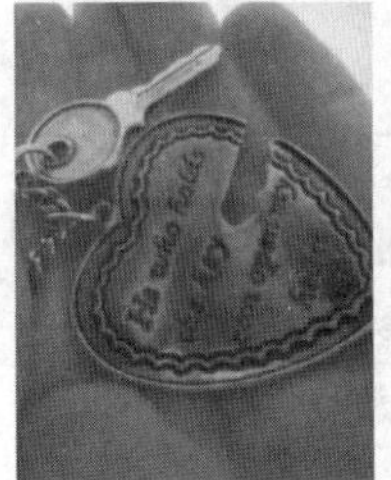

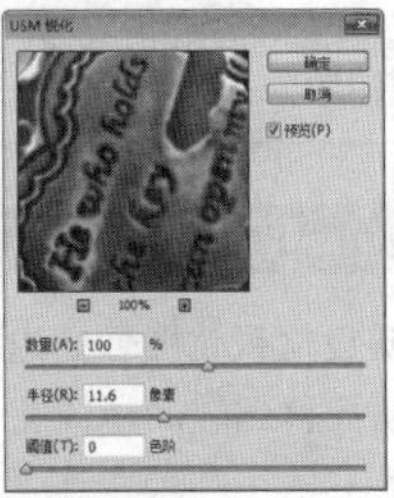

图4.37 使用“USM锐化”滤镜前后效果

实战227 使用“进一步锐化”滤镜和“锐化”滤镜锐化图像

▶素材位置：素材\第4章\铭牌.jpg
▶案例位置：无
▶视频位置：视频\实战227.avi
▶难易指数：★☆☆☆☆

• 实例介绍 •

“锐化”滤镜可以对图像进行锐化处理，但锐化的效果并不是很大；而“进一步锐化”滤镜却比“锐化”滤镜效果更加强烈，一般是“锐化”滤镜的3到4倍。

• 操作步骤 •

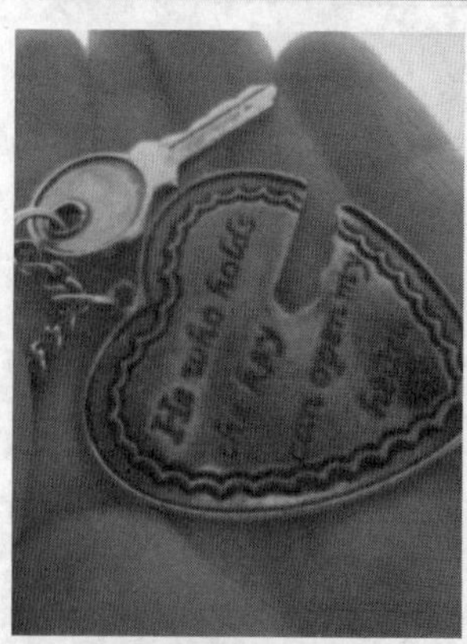

STEP 01 执行菜单栏中的“文件”|“打开”命令，打开“铭牌.jpg”文件。

STEP 02 选中图像，分别为其添加5次“锐化”及4次“进一步锐化”滤镜效果，如图4.38所示。

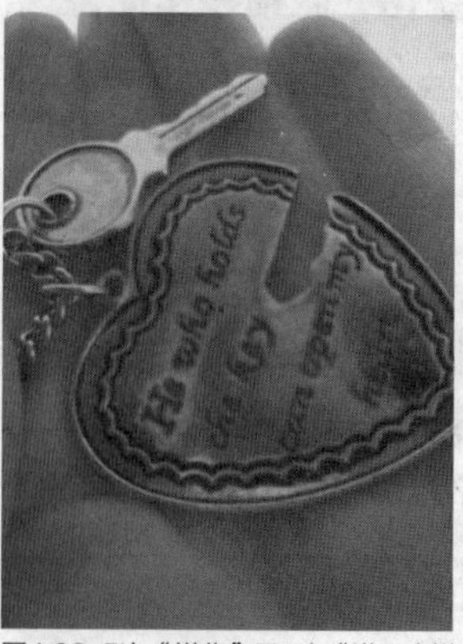
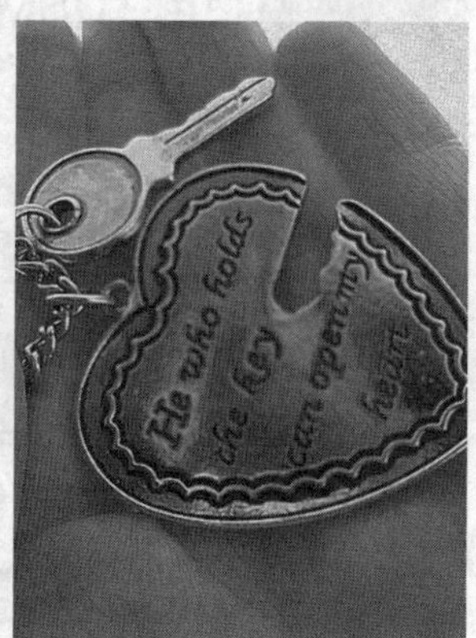

图4.38 5次“锐化”及4次“进一步锐化”滤镜效果

实战228 使用“锐化边缘”滤镜锐化图像边缘

▶素材位置：素材\第4章\女式手表.jpg
▶案例位置：无
▶视频位置：视频\实战228.avi
▶难易指数：★★☆☆☆

• 实例介绍 •

“锐化边缘”滤镜仅锐化图像的边缘轮廓，使不同颜色的分界更为明显，从而得到较清晰的图像效果，而且不会影响到图像的细节部分。

• 操作步骤 •

STEP 01 执行菜单栏中的“文件”|“打开”命令，打开“女式手表.jpg”文件。

STEP 02 执行菜单栏中的“滤镜”|“锐化”|“锐化边缘”命令。原图与使用“锐化边缘”命令之后的前后效果如图4.39所示。

图4.39 使用“锐化边缘”滤镜前后效果

实战229 使用“智能锐化”滤镜锐化图像

▶素材位置：素材\第4章\绿宝石项链.jpg
▶案例位置：无
▶视频位置：视频\实战229.avi
▶难易指数：★★☆☆☆

• 实例介绍 •

“智能锐化”滤镜具有“USM 锐化”滤镜所没有的锐化控制功能。它可以设置锐化算法或控制在阴影和高光区域中进行的锐化量。

• 操作步骤 •

STEP 01 执行菜单栏中的“文件”|“打开”命令，打开“绿宝石项链.jpg”文件。

STEP 02 执行菜单栏中的“滤镜”|“锐化”|“智能锐化”命令，原图与使用“智能锐化”命令后的前后效果如图4.40所示。

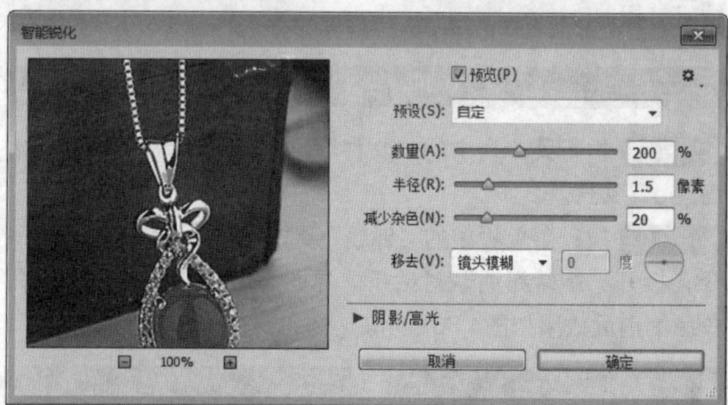

图4.40 使用“智能锐化”滤镜前后效果

实战230 使用“彩块化”滤镜柔和图像

▶素材位置：素材\第4章\玫瑰.jpg
▶案例位置：无
▶视频位置：视频\实战230.avi
▶难易指数：★☆☆☆☆

• 实例介绍 •

“彩块化”滤镜可以将图像中的纯色或颜色相近的像素集结起来形成彩色色块，从而产生彩块化效果。

• 操作步骤 •

STEP 01 执行菜单栏中的“文件”|“打开”命令，打开“玫瑰.jpg”文件。

STEP 02 执行菜单栏中的“滤镜”|“像素化”|“彩块化”命令，按Ctrl+F组合键多次使用“彩块化”命令后的效果如图4.41所示。

图4.41 使用“彩块化”滤镜前后效果

实战 231 使用“彩色半调”滤镜制作圆点图像

▶素材位置：素材\第4章\钥匙挂件.jpg
▶案例位置：无
▶视频位置：视频\实战231.avi
▶难易指数：★★☆☆☆

• 实例介绍 •

“彩色半调”滤镜可以模拟对图像的每个通道产生放大的半调网屏的效果。

• 操作步骤 •

STEP 01 执行菜单栏中的“文件”|“打开”命令，打开“钥匙挂件.jpg”文件。

STEP 02 执行菜单栏中的“滤镜”|“像素化”|“彩色半调”命令，打开“彩色半调”对话框。原图与使用“彩色半调”命令后的前后效果如图4.42所示。

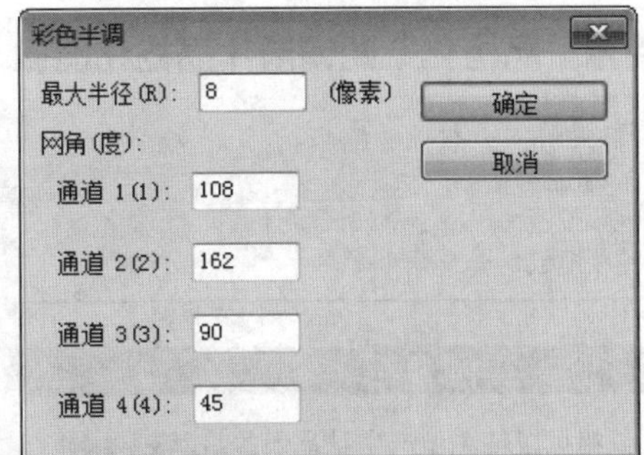

图4.42 使用“彩色半调”滤镜前后效果

实战 232 使用“点状化”滤镜添加点状化效果

▶素材位置：素材\第4章\荷花.jpg
▶案例位置：无
▶视频位置：视频\实战232.avi
▶难易指数：★★☆☆☆

• 实例介绍 •

“点状化”滤镜可以将图像中的颜色分解为随机分布的网点，并使用背景色作为网点之间的画布颜色，形成类似点状化绘图的效果。

• 操作步骤 •

STEP 01 执行菜单栏中的“文件”|“打开”命令，打开“荷花.jpg”文件。

STEP 02 执行菜单栏中的“滤镜”|“像素化”|“点状化”命令，打开“点状化”对话框。原图与使用“点状化”命令后的前后效果如图4.43所示。

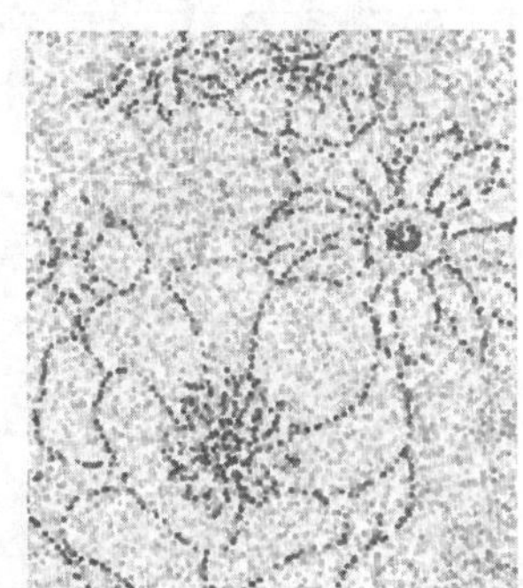

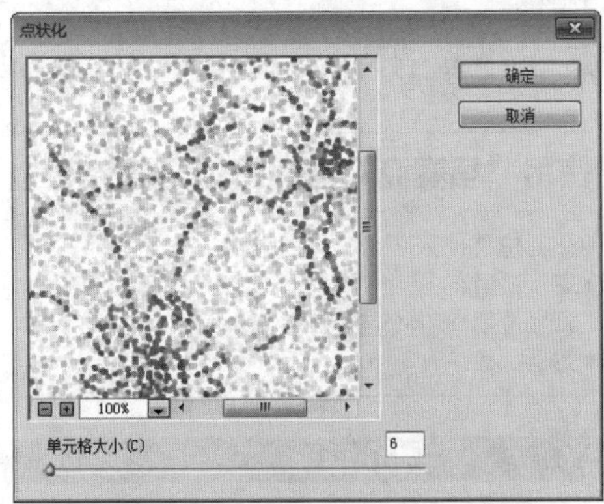

图4.43 使用“点状化”滤镜前后效果

实战233 使用“晶格化”滤镜制作晶格化图像

▶素材位置：素材\第4章\时装.jpg
▶案例位置：无
▶视频位置：视频\实战233.avi
▶难易指数：★★☆☆☆

• 实例介绍 •

“晶格化”滤镜可以使图像产生结晶般的块状效果。

• 操作步骤 •

STEP 01 执行菜单栏中的“文件”|“打开”命令，打开“时装.jpg”文件。

STEP 02 执行菜单栏中的“滤镜”|“像素化”|“晶格化”命令，打开“晶格化”对话框。原图与使用“晶格化”命令后的前后效果如图4.44所示。

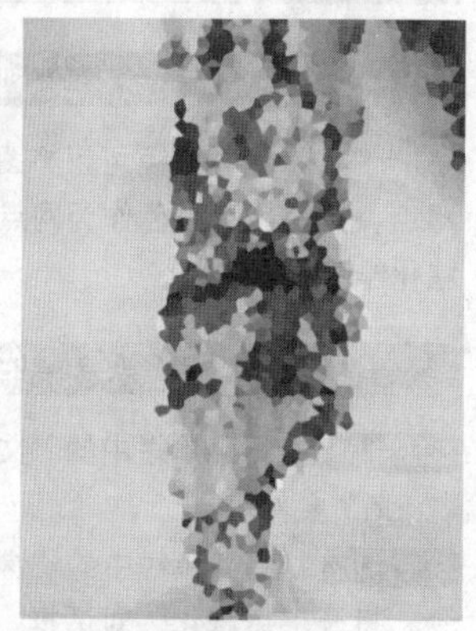

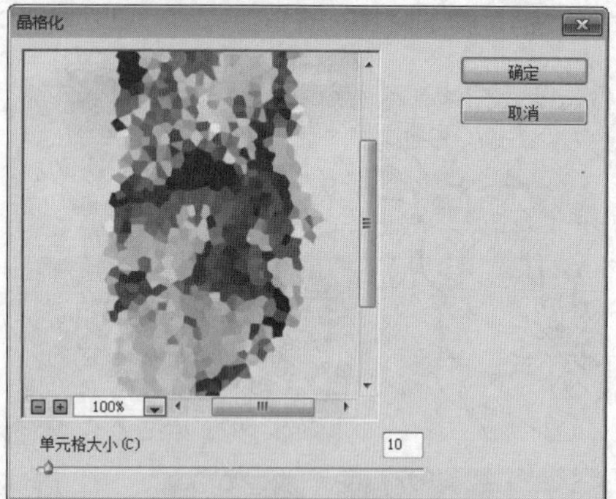

图4.44 使用“晶格化”滤镜前后效果

实战234 使用“马赛克”滤镜打造马赛克特效

▶素材位置：素材\第4章\牛宝石.jpg
▶案例位置：无
▶视频位置：视频\实战234.avi
▶难易指数：★★☆☆☆

• 实例介绍 •

“马赛克”滤镜可以让图像中的像素集结成块状效果。

• 操作步骤 •

STEP 01 执行菜单栏中的“文件”|“打开”命令，打开“牛宝石.jpg”文件。

STEP 02 执行菜单栏中的“滤镜”|“像素化”|“马赛克”命令，打开“马赛克”对话框。原图与使用“马赛克”命令后的前后效果如图4.45所示。

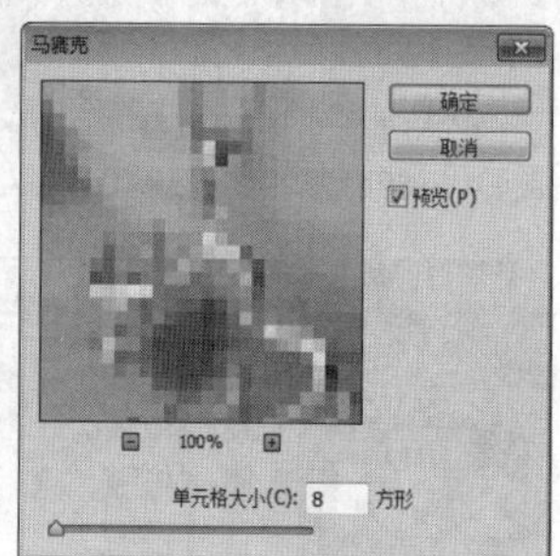

图4.45 使用“马赛克”滤镜前后效果

实战235 使用“碎片”滤镜制作重叠位移效果

▶素材位置：素材\第4章\假荷花.jpg
▶案例位置：无
▶视频位置：视频\实战235.avi
▶难易指数：★☆☆☆☆

• 实例介绍 •

“碎片”滤镜可以使图像产生重叠位移的模糊效果。该滤镜没有任何参数设置，如果想使其模糊效果更加明显，可以多次执行该滤镜。

• 操作步骤 •

STEP 01 执行菜单栏中的“文件”|“打开”命令，打开“假荷花.jpg”文件。

STEP 02 执行菜单栏中的“滤镜”|“像素化”|“碎片”命令，原图与使用“碎片”命令后的前后效果如图4.46所示。

图4.46 使用“碎片”滤镜前后效果

实战 236 使用“铜版雕刻”滤镜制作雕刻特效

▶素材位置：素材\第4章\个性时装.jpg
▶案例位置：无
▶视频位置：视频\实战236.avi
▶难易指数：★★☆☆☆

• 实例介绍 •

“铜版雕刻”滤镜可以使用点状、短线、长线和长边等多种类型，将图像制作出像在铜版上雕刻的效果。

• 操作步骤 •

STEP 01 执行菜单栏中的“文件”|“打开”命令，打开“个性时装.jpg”文件。

STEP 02 执行菜单栏中的“滤镜”|“像素化”|“铜版雕刻”命令，打开“铜版雕刻”对话框。原图与使用“铜版雕刻”命令后的前后效果如图4.47所示。

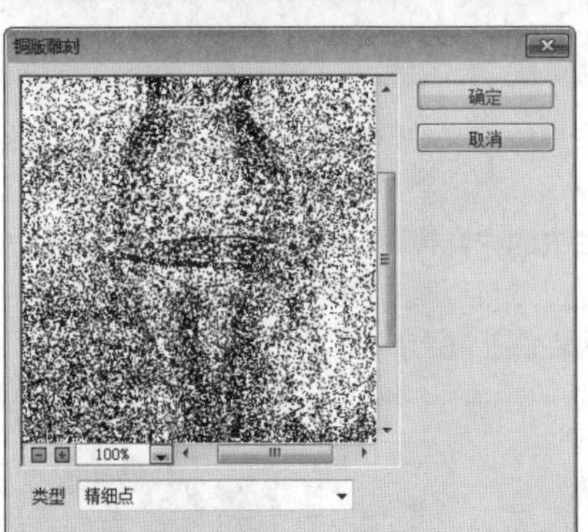

图4.47 使用“铜版雕刻”滤镜前后效果

实战 237 使用“分层云彩”滤镜制作分层云彩效果

▶素材位置：素材\第4章\蓝天荷花.jpg
▶案例位置：无
▶视频位置：视频\实战237.avi
▶难易指数：★★☆☆☆

• 实例介绍 •

“分层云彩”滤镜可以根据前景色和背景色的混合生成云彩图像，并将生成的云彩与原图像运用差值模式进行混合。该滤镜没有任何的参数设置，可以通过多次执行该滤镜来创建不同的分层云彩效果。

• 操作步骤 •

STEP 01 执行菜单栏中的“文件”|“打开”命令，打开“蓝天花朵.jpg”文件。

STEP 02 原图与使用“分层云彩”命令后的前后效果如图4.48所示。

图4.48 使用“分层云彩”滤镜前后效果

实战 238 使用“镜头光晕”滤镜添加镜头光晕效果

▶素材位置：素材\第4章\海边日落.jpg
▶案例位置：无
▶视频位置：视频\实战238.avi
▶难易指数：★★☆☆☆

• 实例介绍 •

“镜头光晕”滤镜可以模拟照相机镜头由于亮光而产生的镜头光斑效果。

• 操作步骤 •

STEP 01 执行菜单栏中的“文件”|“打开”命令，打开“海边日落.jpg”文件。

STEP 02 执行菜单栏中的“滤镜”|“渲染”|“镜头光晕”命令，打开“镜头光晕”对话框。原图与使用“镜头光晕”命令后的前后效果如图4.49所示。

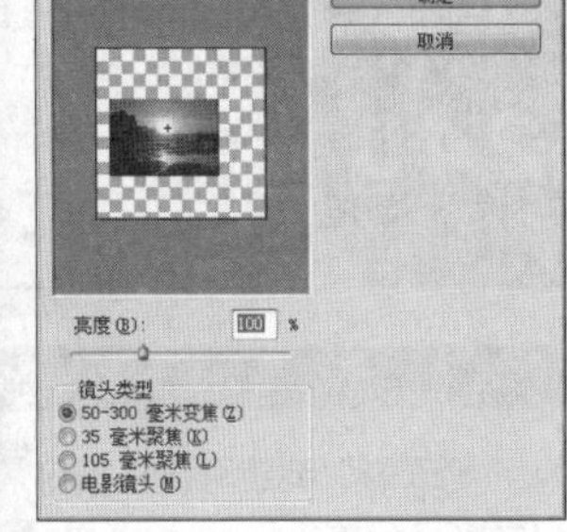

图4.49 使用“镜头光晕”滤镜前后效果

实战239 使用“纤维”滤镜制作纤维图像

▶素材位置：素材\第4章\布艺花.jpg
▶案例位置：无
▶视频位置：视频\实战239.avi
▶难易指数：★★☆☆☆

• 实例介绍 •

“纤维”滤镜可以将前景色和背景色进行混合处理，从而生成具有纤维效果的图像。

• 操作步骤 •

STEP 01 执行菜单栏中的“文件”|“打开”命令，打开“布艺花.jpg”文件。

STEP 02 执行菜单栏中的“滤镜”|“渲染”|“纤维”命令，打开“纤维”对话框。原图与使用“纤维”命令后的前后效果如图4.50所示。

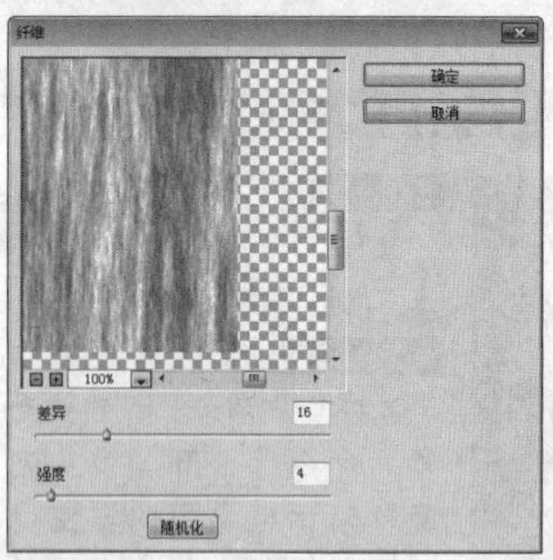

图4.50 使用“纤维”滤镜前后效果

实战240 使用“云彩”滤镜制作云彩效果

▶素材位置：素材\第4章\小湖泊.jpg
▶案例位置：无
▶视频位置：视频\实战240.avi
▶难易指数：★★☆☆☆

• 实例介绍 •

“云彩”滤镜可以根据前景色和背景色的混合，制作出类似云彩的效果。

• 操作步骤 •

STEP 01 执行菜单栏中的“文件”|“打开”命令，打开“小湖泊.jpg”文件。

STEP 02 执行菜单栏中的“滤镜”|“渲染”|“云彩”命令，即可创建云彩效果。原图与使用“云彩”命令后的前后效果如图4.51所示。

图4.51 使用“云彩”滤镜前后效果

提示

云彩根据前景色和背景色的不同颜色也不同。

实战241 使用“减少杂色”滤镜减少图像杂色

▶素材位置：素材\第4章\裙子.jpg
▶案例位置：无
▶视频位置：视频\实战241.avi
▶难易指数：★★☆☆☆

• 实例介绍 •

“减少杂色”滤镜可以通过对整个图像或各个通道的设置减少图像中的杂色。

• 操作步骤 •

STEP 01 执行菜单栏中的“文件”|“打开”命令，打开“裙子.jpg”文件。

STEP 02 执行菜单栏中的“滤镜”|“杂色”|“减少杂色”命令，打开“减少杂色”对话框。原图与多次使用“减少杂色”命令后的前后效果如图4.52所示。

图4.52 使用“减少杂色”滤镜前后效果

实战 242 使用“蒙尘与划痕”滤镜修复图像缺陷

▶素材位置：素材\第4章\美少女插画.jpg
▶案例位置：无
▶视频位置：视频\实战242.avi
▶难易指数：★★☆☆☆

• 实例介绍 •

“蒙尘与划痕”滤镜可以去除像素邻近区差别较大的像素，以减少杂色，修复图像的细小缺陷。

• 操作步骤 •

STEP 01 执行菜单栏中的“文件”|“打开”命令，打开“美少女插画.jpg”文件。

STEP 02 执行菜单栏中的“滤镜”|“杂色”|“蒙尘与划痕”命令，打开“蒙尘与划痕”对话框，原图与使用“蒙尘与划痕”命令后的前后效果如图4.53所示。

蒙尘与划痕
确定
取消
预览(P)
100%
半径(R): 183 像素
阈值(T): 133 色阶

图4.53 使用“蒙尘与划痕”滤镜前后效果

实战 243 使用“去斑”滤镜去除图像斑点

▶素材位置：素材\第4章\玉石.jpg
▶案例位置：无
▶视频位置：视频\实战243.avi
▶难易指数：★☆☆☆☆

• 实例介绍 •

“去斑”滤镜用于探测图像中有明显颜色改变的区域，并模糊除边缘区域以外的所有部分，此模糊效果可在去掉杂色的同时保留细节。该滤镜没有对话框，可以多次执行“去斑”命令来加深祛斑效果。

• 操作步骤 •

STEP 01 执行菜单栏中的“文件”|“打开”命令，打开“玉石.jpg”文件。

STEP 02 执行菜单栏中的“滤镜”|“杂色”|“去斑”命令，原图与多次使用“去斑”命令后的前后效果如图4.54所示。

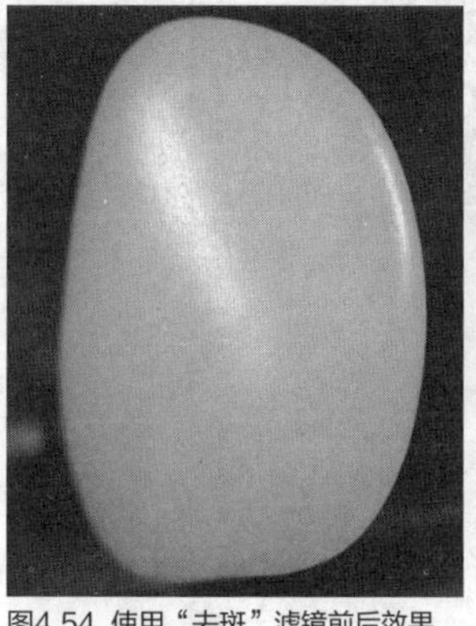

图4.54 使用“去斑”滤镜前后效果

实战 244 使用“添加杂色”滤镜为图像添加杂色

▶素材位置：素材\第4章\花瓶.jpg
▶案例位置：无
▶视频位置：视频\实战244.avi
▶难易指数：★★☆☆☆

• 实例介绍 •

“添加杂色”滤镜可以在图像上随机添加一些杂点，产生杂色的图像效果。

• 操作步骤 •

STEP 01 执行菜单栏中的“文件”|“打开”命令，打开“花瓶.jpg”文件。

STEP 02 执行菜单栏中的“滤镜”|“杂色”|“添加杂色”命令，打开“添加杂色”对话框。原图与使用“添加杂色”命令后的前后效果如图4.55所示。

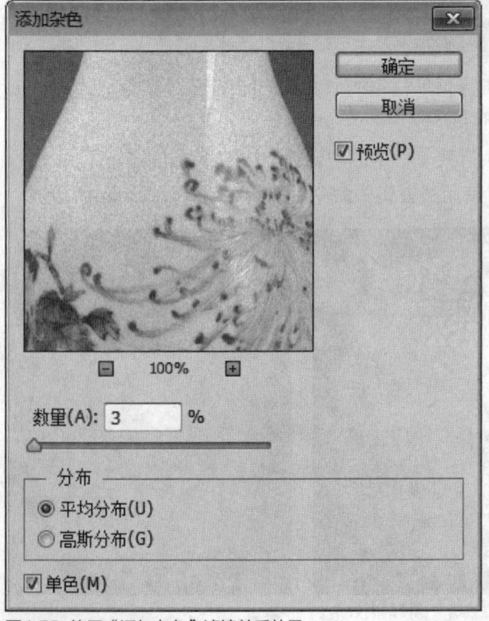

图4.55 使用"添加杂色"滤镜前后效果

实战245 使用"中间值"滤镜模糊图像

▶素材位置：素材\第4章\花格子.jpg
▶案例位置：无
▶视频位置：视频\实战245.avi
▶难易指数：★★☆☆☆

• 实例介绍 •

"中间值"滤镜可以在邻近的像素中搜索，去除与邻近像素相差过大的像素，用得到的像素中间亮度来替换中心像素的亮度值，使图像变得模糊。

• 操作步骤 •

STEP 01 执行菜单栏中的"文件"|"打开"命令，打开"花格子.jpg"文件。

STEP 02 执行菜单栏中的"滤镜"|"杂色"|"中间值"命令，打开"中间值"对话框，原图与使用"中间值"命令后的前后效果如图4.56所示。

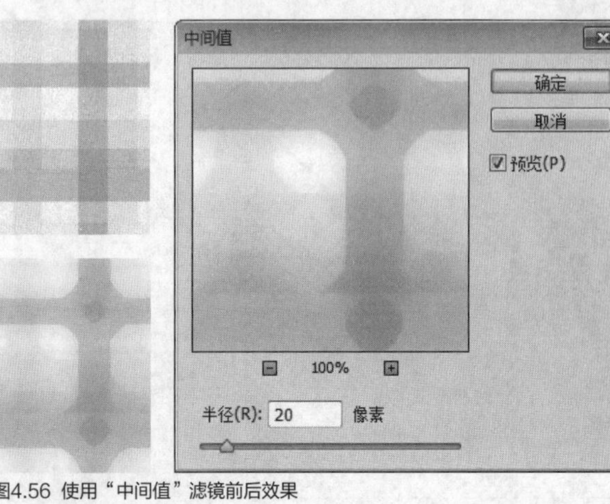

图4.56 使用"中间值"滤镜前后效果

实战246 使用"高反差保留"滤镜保留图像边缘细化

▶素材位置：素材\第4章\套裙.jpg
▶案例位置：无
▶视频位置：视频\实战246.avi
▶难易指数：★★☆☆☆

• 实例介绍 •

"高反差保留"滤镜可以在明显的颜色过渡处，删除图像中亮度逐渐变化的低频率细节，保留边缘细节，并且不显示图像的其余部分。

• 操作步骤 •

STEP 01 执行菜单栏中的"文件"|"打开"命令，打开"套裙.jpg"文件。

STEP 02 执行菜单栏中的"滤镜"|"其它"|"高反差保留"命令，打开"高反差保留"对话框。原图与使用"高反差保留"命令后的前后效果如图4.57所示。

图4.57 使用"高反差保留"滤镜前后效果

实战 247 使用“位移”滤镜添加位移效果

▶素材位置：素材\第4章\花海.jpg
▶案例位置：无
▶视频位置：视频\实战247.avi
▶难易指数：★★☆☆☆

• 实例介绍 •

“位移”滤镜可以将图像进行水平或垂直移动，并可以指定移动后原位置的图像效果。

• 操作步骤 •

STEP 01 执行菜单栏中的“文件”|“打开”命令，打开“花海.jpg”文件。

STEP 02 执行菜单栏中的“滤镜”|“其它”|“位移”命令，打开“位移”对话框。原图与使用“位移”命令后的前后效果如图4.58所示。

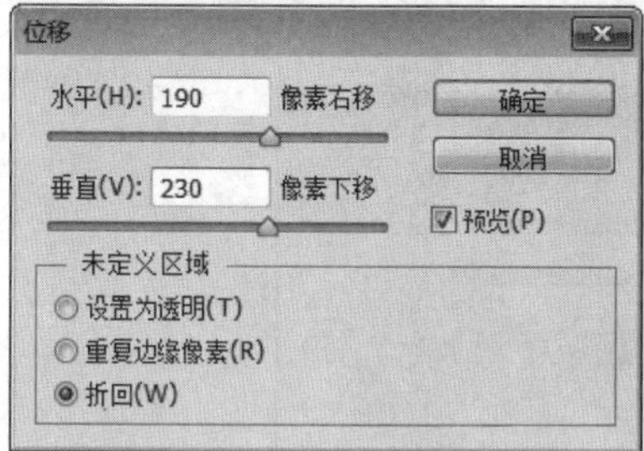

图4.58 使用“位移”滤镜前后效果

实战 248 使用“嵌入水印”滤镜为图像嵌入水印

▶素材位置：无
▶案例位置：无
▶视频位置：视频\实战248.avi
▶难易指数：★★☆☆☆

• 实例介绍 •

“嵌入水印”滤镜可以为图像嵌入水印。

• 操作步骤 •

STEP 01 执行菜单栏中的“滤镜”|Digimarc（作品保护）|“嵌入水印”命令，打开“嵌入水印”对话框。

STEP 02 在打开的对话框中设置参数，完成之后单击“确定”按钮，如图4.59所示。

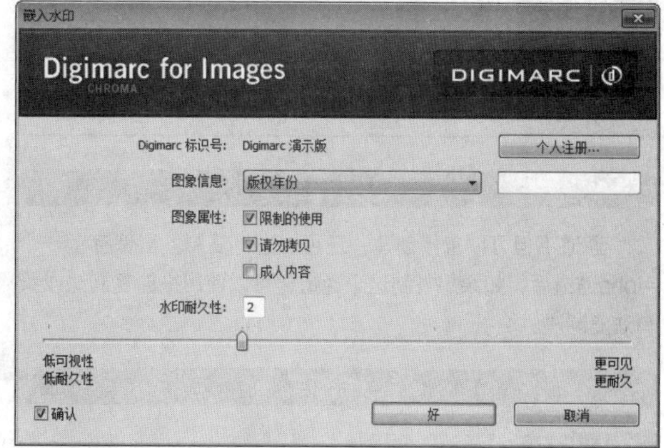

图4.59 嵌入水印

技巧

每个图像只可嵌入一个数字水印，该滤镜不会对之前已嵌入水印的图像起作用。如果要处理分层图像，应在向其嵌入水印之前拼合图像；否则，水印将只影响当前图层。

4.2 通道

通道是存储不同类型信息的灰度图像。每个颜色通道对应图像中的一种颜色。不同的颜色模式图像所显示的通道也不相同。

实战 249 创建Alpha通道

▶素材位置：无
▶案例位置：无
▶视频位置：视频\实战249.avi
▶难易指数：★☆☆☆☆

• 实例介绍 •

创建Alpha通道与创建图层方法相似。

• 操作步骤 •

STEP 01 打开“通道”面板。

STEP 02 单击“通道”面板下方的“创建新通道”按钮，即可创建一个全新的Alpha 1通道，创建时其名称将依次更改为Alpha 1，Alpha 2，……，如图4.60所示。

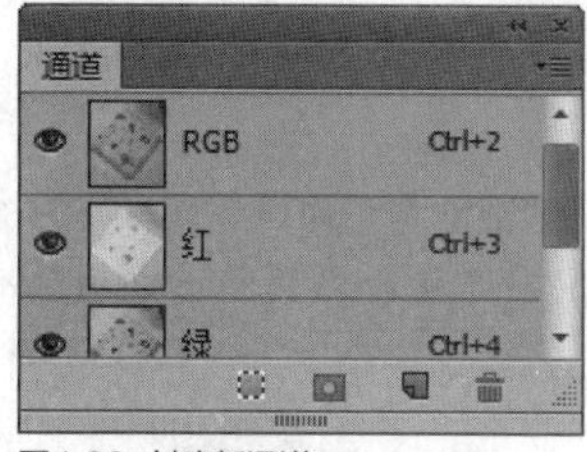

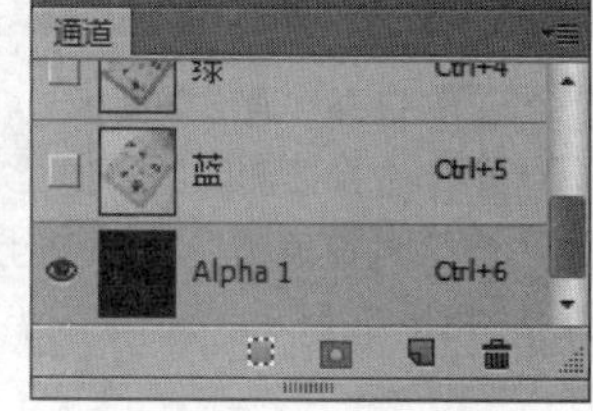

图4.60 创建新通道

实战 250 复制通道

▶素材位置：无
▶案例位置：无
▶视频位置：视频\实战250.avi
▶难易指数：★☆☆☆☆

• 实例介绍 •

通道不但可以直接创建，还可以进行复制。当保存了一个Alpha通道后，如果想复制这个通道，可以使用拖动复制法或菜单法复制法。

• 操作步骤 •

STEP 01 打开“通道”面板。

STEP 02 选择要复制的Alpha通道，按住鼠标将该通道拖动到面板下方的“创建新通道”按钮上，然后释放鼠标即可复制一个通道，默认的复制通道的名称为“原通道名称 + 拷贝”。使用拖动法复制通道的操作效果如图4.61所示。

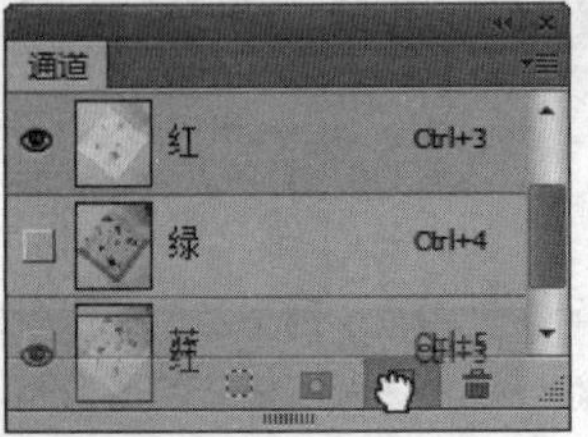

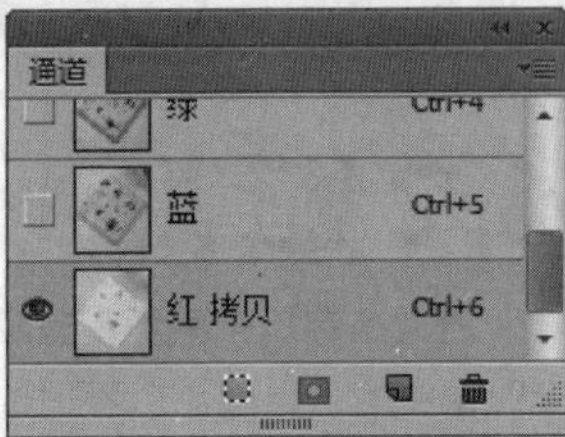

图4.61 复制通道

提示

使用拖动法复制通道，一次可以拖动一个或多个通道进行复制。

实战 251 删除通道

▶素材位置：无
▶案例位置：无
▶视频位置：视频\实战251.avi
▶难易指数：★☆☆☆☆

• 实例介绍 •

通道有时只是辅助图像的设计制作，在最终保存成品设计时，可以将不需要的通道删除。要删除没有用的通道，可以使用拖动法或右键菜单法。

• 操作步骤 •

STEP 01 打开“通道”面板。

STEP 02 选择要删除的通道，将其拖动到“通道”面板下方的“删除当前通道”按钮上，释放鼠标即可将该通道删除，如图4.62所示。

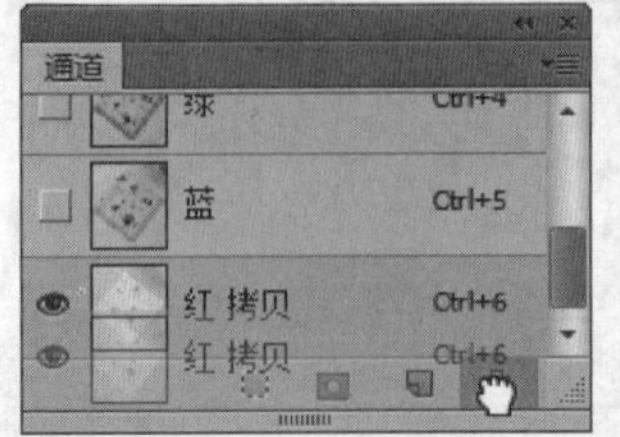

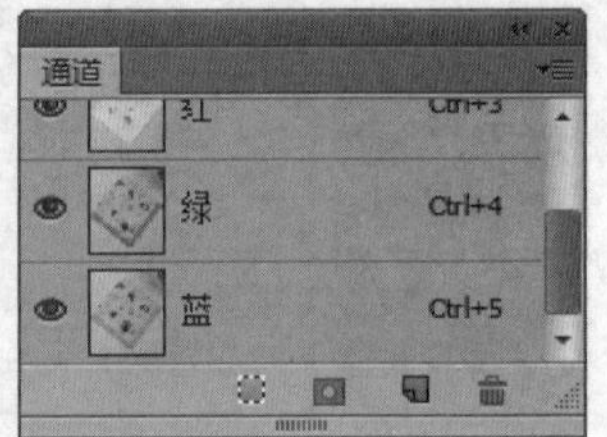

图4.62 删除通道

提示

使用拖动法复制通道，一次可以拖动一个或多个通道进行删除。

实战 252 存储选区

▶素材位置：无
▶案例位置：无
▶视频位置：视频\实战252.avi
▶难易指数：★★☆☆☆

• 实例介绍 •

存储选区其实就是将选区存储起来，以备后面的调用或运算使用，存储的选区将以通道的形式保存的“通道”面板中，可以像使用通道那样来调用选区。

• 操作步骤 •

STEP 01 在任意图像或者画布中建立好一个选区。

STEP 02 执行菜单栏中的“选择”|“存储选区”命令，打开“存储选区”对话框，在对话框中为选区命名后单击“确定”按钮，如图4.63所示。

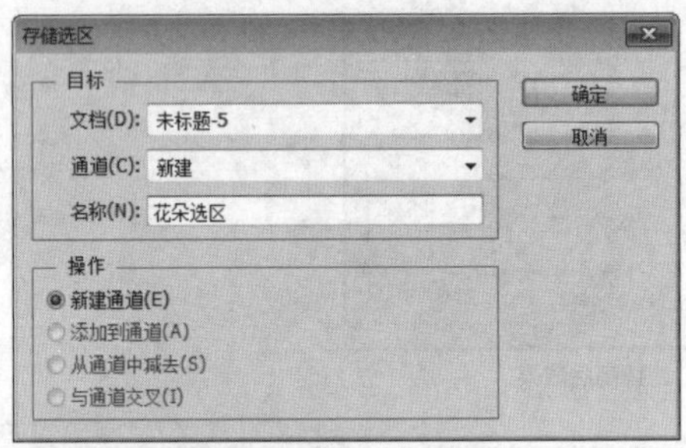

图4.63 存储选区

实战 253 快速蒙版转换模式

▶素材位置：无
▶案例位置：无
▶视频位置：视频\实战253.avi
▶难易指数：★★☆☆☆

• 实例介绍 •

理解蒙版和通道间关系的最简单方法，就是从Photoshop中的快速蒙版模式开始，该模式可创建一个临时的蒙版和一个临时的Alpha通道。

• 操作步骤 •

STEP 01 在工具箱底部，单击“以快速蒙版模式编辑”按钮，该图标将显示为凹陷状态，变成“以标准模式编辑”按钮，如图4.64所示。

STEP 02 在标准模式下，单击该按钮可以将快速蒙版取消，没有蒙版的区域将会转换为选区，如图4.65所示。

图4.64 以快速蒙版模式编辑

图4.65 以标准模式编辑

技巧

使用快速蒙版模式编辑功能，可以很自然地创建具有毛边边缘的图像选区。

实战 254 创建图层蒙版

▶素材位置：无
▶案例位置：无
▶视频位置：视频\实战254.avi
▶难易指数：★★★☆☆

• 实例介绍 •

图层蒙版分为两种：图层蒙版和矢量蒙版。图层蒙版是位图图像，是由绘图或选择工具创建的，可以使用画笔或橡皮擦等工具进行修改；矢量蒙版是矢量图形，它是由钢笔工具或形状等工具创建的，不能使用画笔或橡皮擦等位图编辑工具进行修改。

• 操作步骤 •

STEP 01 在“图层”面板中选择要创建蒙版的图层。

STEP 02 执行菜单栏中的“图层”|“图层蒙版”|“显示全部”命令，或单击“图层”面板底部的“添加图层蒙版”按钮，即可创建一个图层蒙版，如图4.66所示。

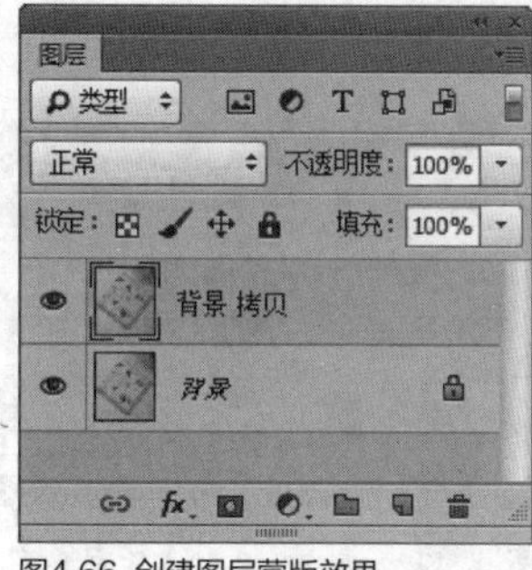

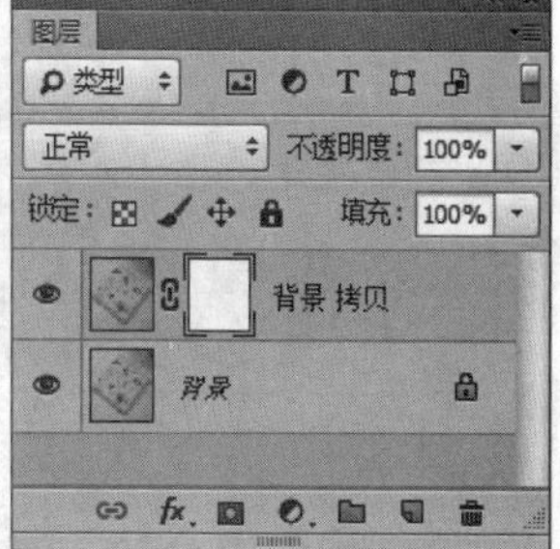

图4.66 创建图层蒙版效果

第5章 调出唯美潮流色

本章导读

本章讲解唯美潮流色调的调整方法。潮流色调的调整思路是将图像转换为更精彩的视觉效果，以图像中商品的本身色调为原则，围绕图像在可扩展色调的范围内进行调整，它重点突出了图像的唯美感、潮流感，同时整个调整对色彩有一个基本的认可。通过本章的学习我们可以对每一种潮流色彩形成自己的概念。

要点索引

- 学会家居类图像调色方法
- 掌握唯美调色技巧
- 了解潮流色调的定义
- 学习新潮色调的调整方法
- 学会潮流色调的广泛应用

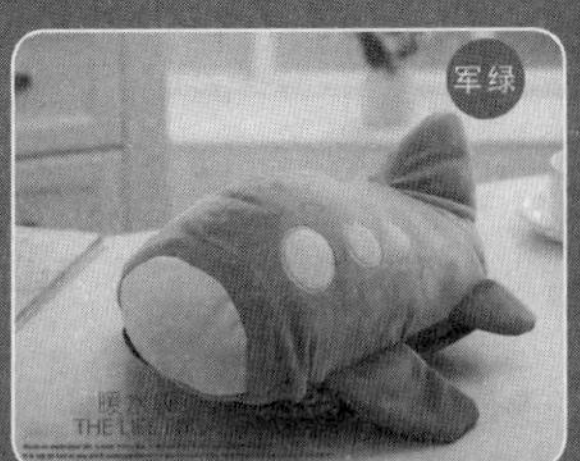

实战 255 利用“可选颜色”调整高贵宝石项链

▶素材位置：素材\第5章\宝石项链.jpg
▶案例位置：效果\第5章\高贵宝石项链.psd
▶视频位置：视频\实战255.avi
▶难易指数：★☆☆☆☆

• 实例介绍 •

饰品类的商品在调色操作中占有相当一大部分比重，此类商铺也是淘宝商城中比较火热的商品类型，本例的调整就以宝石的光泽为视觉亮点，最终效果如图5.1所示。

图5.1 最终效果

• 操作步骤 •

STEP 01 执行菜单栏中的“文件”|“打开”命令，打开“宝石项链.jpg”文件，如图5.2所示。

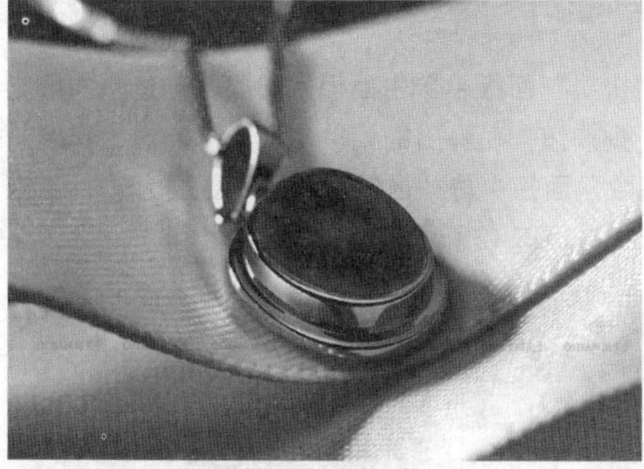

图5.2 打开素材

STEP 02 在“图层”面板中单击面板底部的“创建新的填充或调整图层”按钮，在弹出的菜单中选中“可选颜色”命令，在“属性”面板中将“颜色”更改为红色，将“洋红”更改为30%，“黄色”更改为45%，如图5.3所示。

图5.3 调整红色

STEP 03 选择“颜色”为黄色，将其数值更改为“洋红”100%，如图5.4所示。

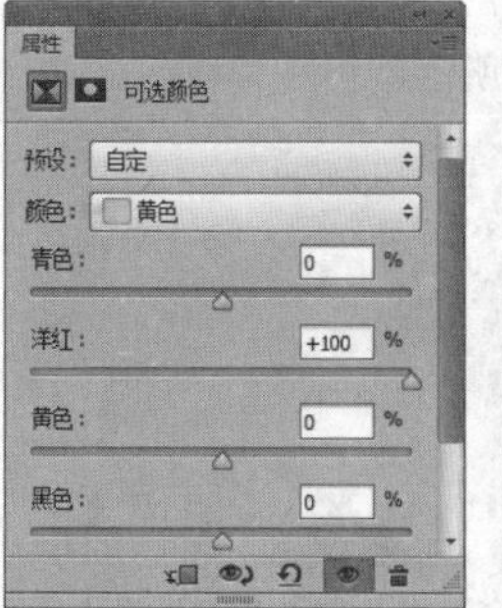

图5.4 调整黄色

STEP 04 选择“颜色”为蓝色，将其数值更改为“黑色”-100%，如图5.5所示。

图5.5 调整蓝色

STEP 05 选择“颜色”为白色，将其数值更改为“黑色”50%，如图5.6所示。

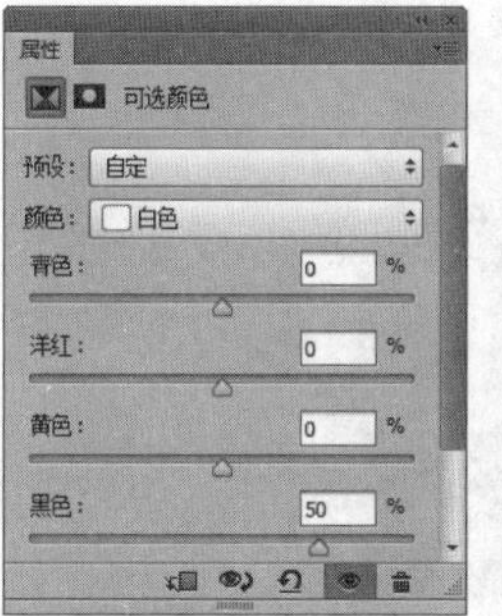

图5.6 调整白色

STEP 06 在“图层”面板中单击面板底部的“创建新的填充或调整图层”按钮，在弹出的中选中“色相/饱和度”命令，在“属性”面板中选择“蓝色”通道，将其“饱和度”数值更改为75，如图5.7所示。

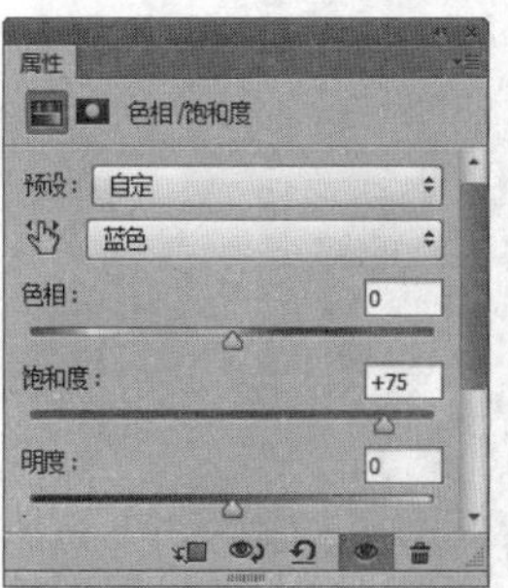

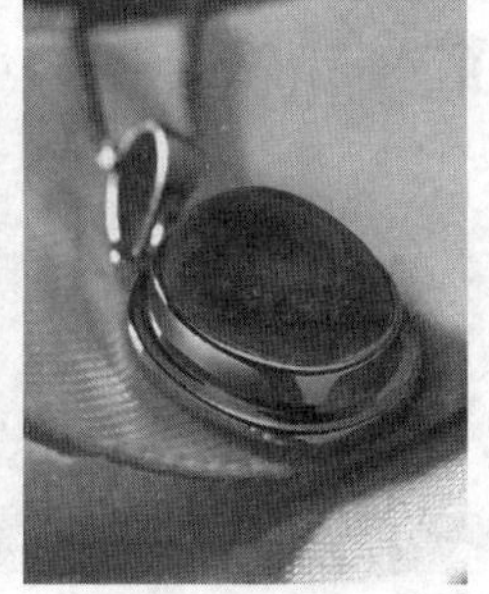

图5.7 调整饱和度

STEP 07 在“图层”面板中单击面板底部的“创建新的填充或调整图层”按钮，在弹出菜单中选择“色阶”命令，在“属性”面板中将其数值更改为（7，1.02，243），这样就完成了效果制作，最终效果如图5.8所示。

图5.8 最终效果

实战256 利用“自然饱和度”调整情侣抱抱熊

▶素材位置：素材\第5章\抱抱熊.jpg
▶案例位置：效果\第5章\情侣抱抱熊.psd
▶视频位置：视频\实战256.avi
▶难易指数：★★☆☆☆

• 实例介绍 •

本例讲解的是情侣抱抱熊的调色操作方法，整个画布的色彩轻快、鲜艳且柔和，很好地表现出了完美色调，最终效果如图5.9所示。

图5.9 最终效果

• 操作步骤 •

STEP 01 执行菜单栏中的“文件”|“打开”命令，打开“抱抱熊.jpg”文件，如图5.10所示。

图5.10 打开素材

STEP 02 在“图层”面板中单击面板底部的“创建新的填充或调整图层”按钮，在弹出菜单中选中“可选颜色”命令，在“属性”面板中选择“颜色”为黄色，将其数值更改为“青色”-32%，“洋红”60%，“黑色”20%，如图5.11所示。

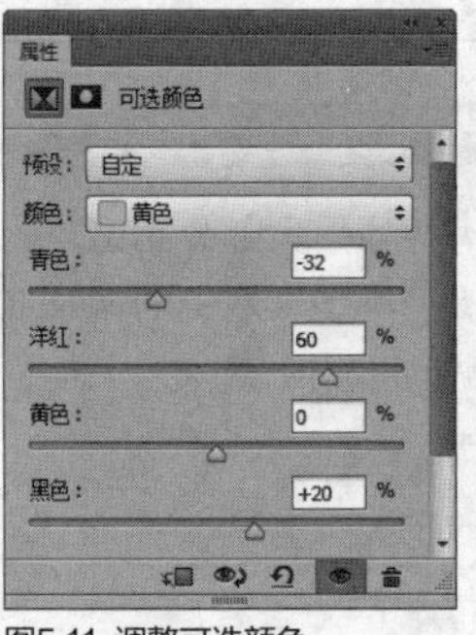

图5.11 调整可选颜色

STEP 03 选择“颜色”为绿色，将其数值更改为“青色”100%，“黄色”100%，“黑色”25%，如图5.12所示。

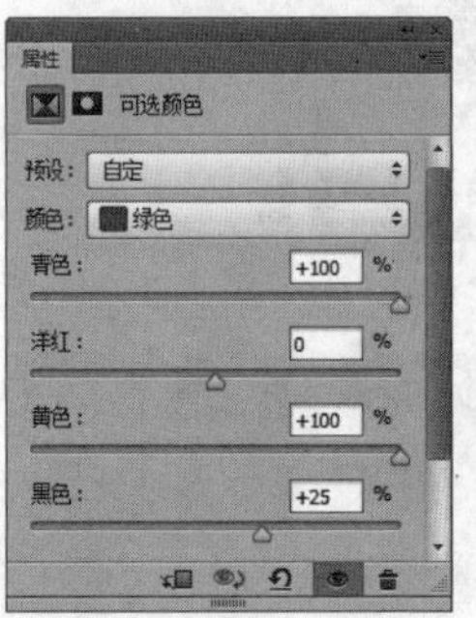

图5.12 设置绿色

STEP 04 在“图层”面板中单击面板底部的“创建新的填充或调整图层”按钮，在弹出的菜单中选中“自然饱和度”命令，在“属性”面板中将“自然饱和度”更改为60，“饱和度”更改为6，如图5.13所示。

图5.13 设置自然饱和度

STEP 05 单击面板底部的“创建新图层”按钮，新建一个“图层1”图层，如图5.14所示。

STEP 06 选中“图层1”图层，按Ctrl+Alt+Shift+E组合键执行“盖印可见图层”命令，如图5.15所示。

STEP 07 按Ctrl+Alt+2组合键将图像中的高光载入选区，按Ctrl+Shift+I组合键将选区反向，如图5.16所示。

STEP 08 选中“图层1”图层，执行菜单栏中的“图层”|“新建”|“通过拷贝的图层”命令，此时将生成一个“图层2”图层，如图5.17所示。

图5.14 新建图层

图5.15 盖印可见图层

图5.16 载入选区

图5.17 通过复制的图层

STEP 09 在“图层”面板中选中“图层2”图层，将其图层混合模式设置为“滤色”，“不透明度”更改为60%，这样就完成了效果制作，最终效果如图5.18所示。

图5.18 最终效果

实战 257 利用“色阶”调整唯美温馨家纺

- 素材位置：素材\第5章\家纺.jpg
- 案例位置：效果\第5章\唯美温馨家纺.psd
- 视频位置：视频\实战257.avi
- 难易指数：★★☆☆☆

• 实例介绍 •

本例讲解唯美温馨家纺的调色操作方法。家纺的色调通常比较注重色彩的搭配，无论鲜艳或是淡雅都应当建立在完美的色调之上，最终效果如图5.19所示。

图5.19 最终效果

• 操作步骤 •

STEP 01 执行菜单栏中的“文件”|“打开”命令，打开“家纺.jpg”文件，如图5.20所示。

图5.20 打开素材

STEP 02 在“图层”面板中单击面板底部的“创建新的填充或调整图层”按钮，在弹出的菜单中选中“曲线”命令，在“属性”面板中调整曲线，增强图像暗处亮度，如图5.21所示。

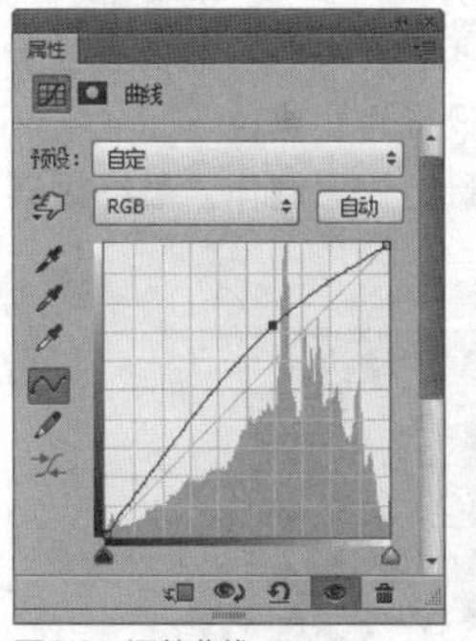

图5.21 调整曲线

STEP 03 在“图层”面板中单击面板底部的“创建新的填充或调整图层”按钮，在弹出菜单中选中“自然饱和度”命令，在“属性”面板中将“自然饱和度”更改为50，“饱和度”更改为40，如图5.22所示。

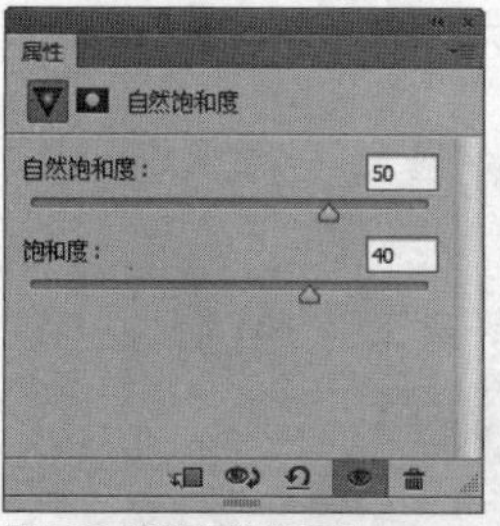

图5.22 设置自然饱和度

STEP 04 在“图层”面板中单击面板底部的“创建新的填充或调整图层”按钮，在弹出的菜单中选中“色阶”命令，在“属性”面板中将数值更改为（18，1.44，255），如图5.23所示。

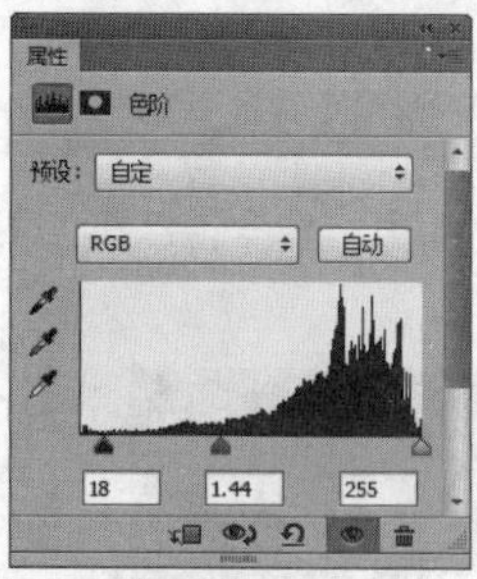

图5.23 调整色阶

STEP 05 选中“背景”图层，按Ctrl+Alt+2组合键将图像中的高光载入选区，按Ctrl+Shift+I组合键将选区反选，按Ctrl+J组合键执行“通过拷贝的图层”命令，此时将生成一个新的“图层1”图层，如图5.24所示。

图5.24 通过复制的图层

STEP 06 在“图层”面板中选中“图层1”图层，将其移至所有图层上方，再将其图层混合模式设置为“滤色”，“不透明度”更改为80%，这样就完成了最终效果制作，最终效果如图5.25所示。

图5.25 最终效果

实战 258 利用“曲线”调整可爱飞机暖水袋

- 素材位置：素材\第5章\暖水袋.jpg
- 案例位置：效果\第5章\可爱飞机暖水袋.psd
- 视频位置：视频\实战258.avi
- 难易指数：★★☆☆☆

• 实例介绍 •

本例讲解暖水袋的调色操作方法，此款商品的质地以毛绒为主，同时浅色的背景可以很好地衬托出商品颜色，在调色操作过程中要多加留意色彩及曝光度之间的联系，最终效果如图5.26所示。

图5.26 最终效果

• 操作步骤 •

STEP 01 执行菜单栏中的“文件”|“打开”命令，打开“暖水袋.jpg”文件，如图5.27所示。

图5.27 打开素材

STEP 02 在“图层”面板中单击面板底部的“创建新的填充或调整图层”按钮，在弹出菜单中选中“曲线”命令，在“属性”面板中调整曲线，增强图像暗处亮度，如图5.28所示。

STEP 03 在“图层”面板中单击面板底部的“创建新的填充或调整图层”按钮，在弹出菜单中选中“自然饱和度”命令，在“属性”面板中将“自然饱和度”更改为45，“饱和度”更改为35，如图5.29所示。

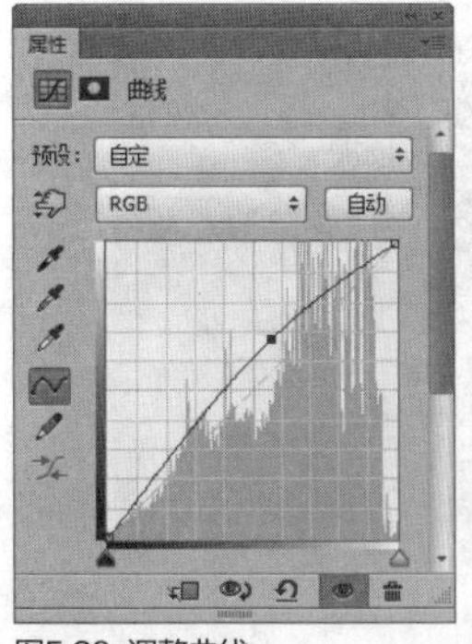

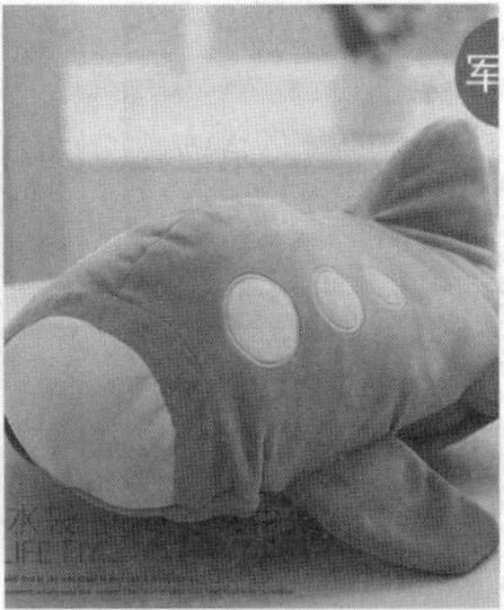

图5.28 调整曲线

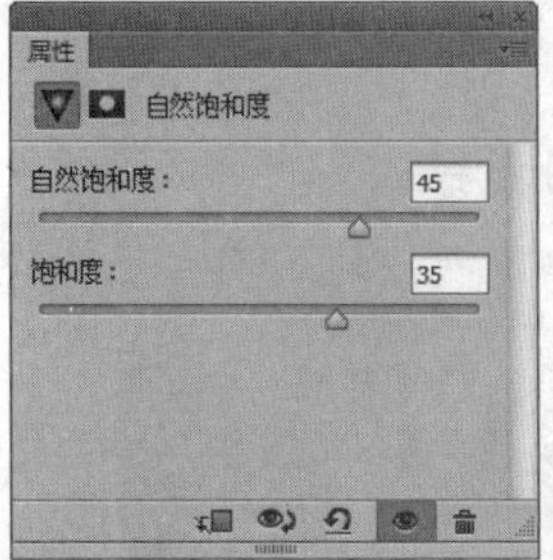

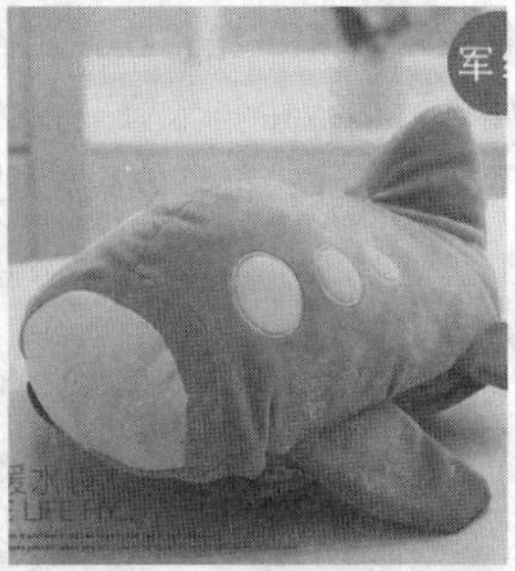

图5.29 设置自然饱和度

STEP 04 在“图层”面板中单击面板底部的“创建新的填充或调整图层”按钮，在弹出菜单中选中“可选颜色”命令，在“属性”面板中选择“颜色”为黄色，将其数值更改为“青色”45%，“黑色”-6%，如图5.30所示。

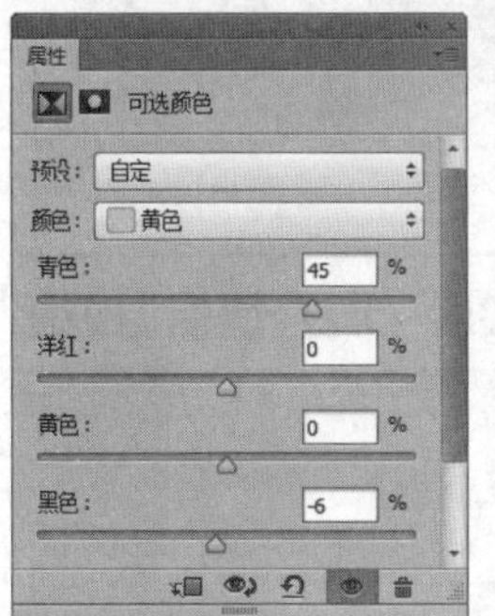

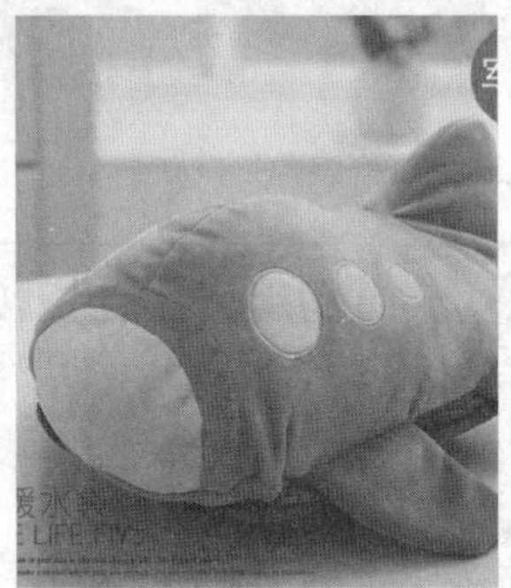

图5.30 设置黄色

STEP 05 选择“颜色”为绿色，将“黑色”数值更改为100%，如图5.31所示。

图5.31 设置绿色

STEP 06 选择“颜色”为白色，将其数值更改为“黄色”-20%，如图5.32所示。

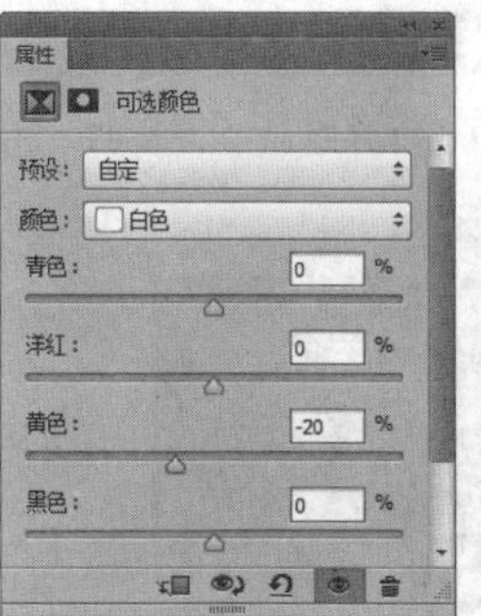

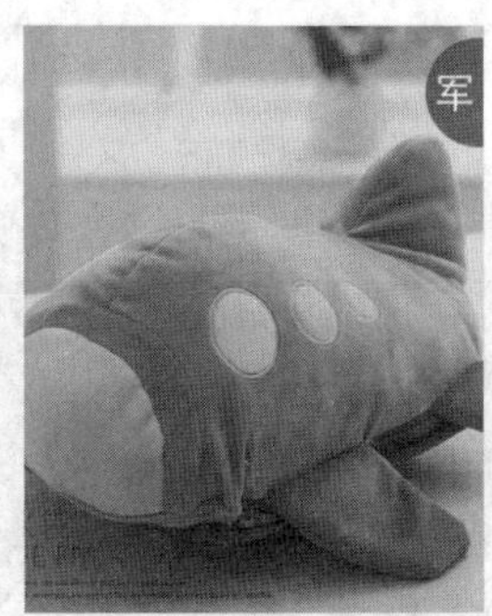

图5.32 设置白色

STEP 07 在“图层”面板中单击面板底部的“创建新的填充或调整图层”按钮，在弹出菜单中选中“色阶”命令，在“属性”面板中将数值更改为（20，1.18，255），这样就完成了效果制作，最终效果如图5.33所示。

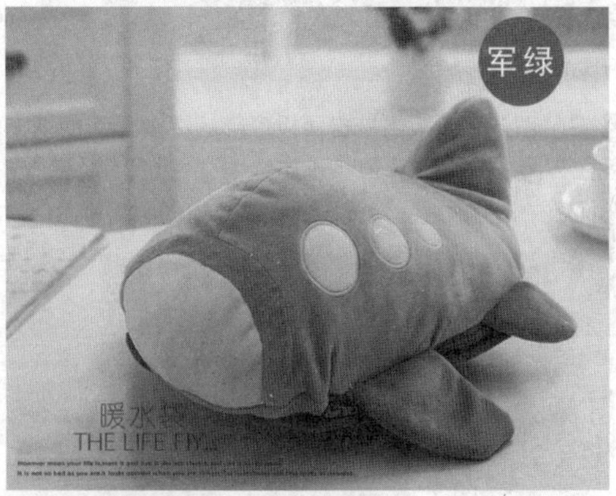

图5.33 最终效果

实战 259 利用“色相/饱和度”调整可爱卡通小孩

- 素材位置：素材\第5章\卡通小孩.jpg
- 案例位置：效果\第5章\可爱卡通小孩.psd
- 视频位置：视频\实战259.avi
- 难易指数：★★☆☆☆

• 实例介绍 •

本例讲解可爱卡通小孩商品的调色操作方法，在调色过程中应当注意主次商品之间的联系，通常色彩的对比能体现出商品的最大特点，最终效果如图5.34所示。

图5.34 最终效果

• 操作步骤 •

STEP 01 执行菜单栏中的“文件”|“打开”命令，打开“卡通小孩.jpg”文件，如图5.35所示。

图5.35 打开素材

STEP 02 在“图层”面板中单击面板底部的“创建新的填充或调整图层”按钮，在弹出菜单中选中“曲线”命令，在“属性”面板中调整曲线，增强图像亮度，如图5.36所示。

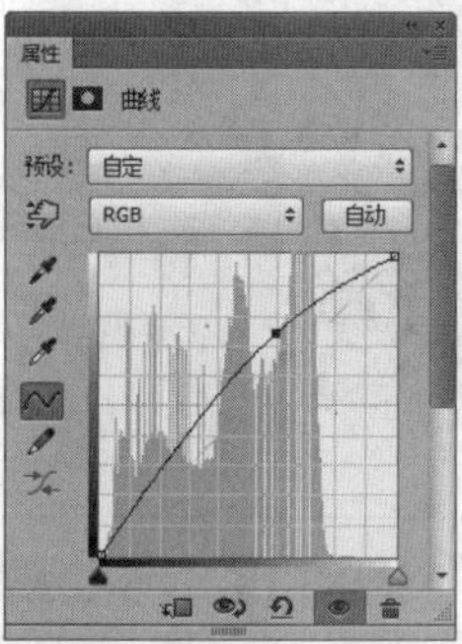

图5.36 调整曲线

STEP 03 在“图层”面板中单击面板底部的“创建新的填充或调整图层”按钮，在弹出菜单中选中“色相/饱和度”命令，在“属性”面板中将“饱和度”更改为30，如图5.37所示。

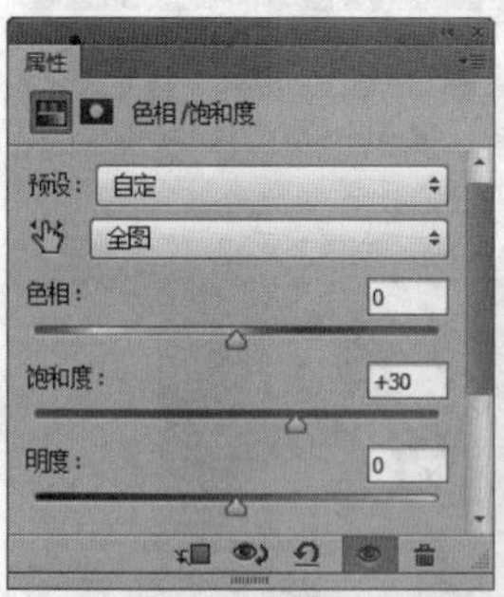

图5.37 设置饱和度

STEP 04 在“图层”面板中单击面板底部的“创建新的填充或调整图层”按钮，在弹出的菜单中选中“可选颜色”命令，在“属性”面板中选择“颜色”为绿色，将“青色”更改为70%，如图5.38所示。

图5.38 调整绿色

STEP 05 在“图层”面板中单击面板底部的“创建新的填充或调整图层”按钮，在弹出的菜单中选中“色阶”命令，在“属性”面板中将数值更改为（14，1.2，234），这样就完成了效果制作，最终效果如图5.39所示。

图5.39 最终效果

实战 260 利用“色相/饱和度”调整情侣羽绒服

▶素材位置：素材\第5章\羽绒服.jpg
▶案例位置：效果\第5章\情侣羽绒服.psd
▶视频位置：视频\实战260.avi
▶难易指数：★★☆☆☆

• 实例介绍 •

情侣羽绒服的调色方法主要是将色调区分开，本例以青春激情的双色作对比，很好地体现出了情侣羽绒服的颜色特点，最终效果如图5.40所示。

图5.40 最终效果

• 操作步骤 •

STEP 01 执行菜单栏中的“文件”|“打开”命令，打开“羽绒服.jpg”文件，如图5.41所示。

图5.41 打开素材

STEP 02 在“图层”面板中选中“背景”图层，将其拖至面板底部的“创建新图层”按钮上，复制1个“背景 拷贝”图层，将“背景 拷贝”图层的混合模式更改为正片叠底，如图5.42所示。

STEP 03 选中“背景 拷贝”图层，按Ctrl+T组合键对其执行“自由变换”命令，将光标移至出现的变形框上右击，从弹出的快捷菜单中选择“水平翻转”命令，完成之后按Enter键确认，再将图像等比例缩小，如图5.43所示。

图5.42 复制图层设置图层混合模式　图5.43 变换图像

STEP 04 在“图层”面板中单击面板底部的“创建新的填充或调整图层”按钮，在弹出的菜单中选中“色相/饱和度”命令，在“属性”面板中选择“红色”通道，将“色相”更改为180，并单击“剪切到图层”按钮，这样就完成了颜色的调整，如图5.44所示。

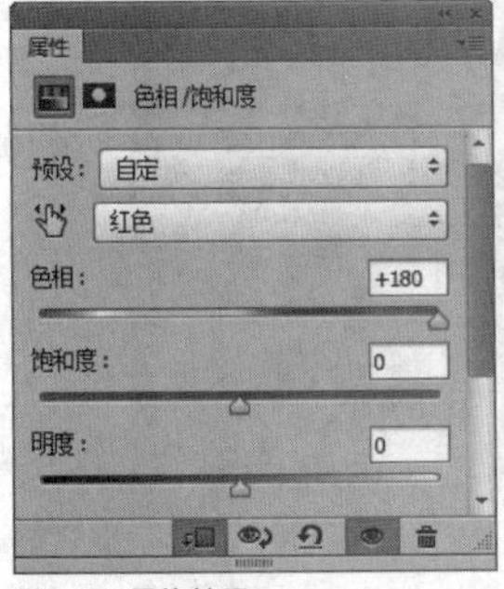

图5.44 最终效果

实战 261 利用“色彩平衡”调整青春松糕鞋

- 素材位置：素材\第5章\松糕鞋.jpg
- 案例位置：效果\第5章\青春松糕鞋.psd
- 视频位置：视频\实战261.avi
- 难易指数：★★★☆☆

• 实例介绍 •

本例中的色调偏年轻化，以淡黄色和绿色为主，通过两种色彩的碰撞从而达到青春激情的视觉感受，最终效果如图5.45所示。

图5.45 最终效果

• 操作步骤 •

STEP 01 执行菜单栏中的“文件”|“打开”命令，打开“松糕鞋.jpg”文件，如图5.46所示。

图5.46 打开素材

STEP 02 在“图层”面板中单击面板底部的“创建新的填充或调整图层”按钮，在弹出菜单中选中“色相/饱和度”命令，在弹出的“属性”面板中将“饱和度”更改为15，如图5.47所示。

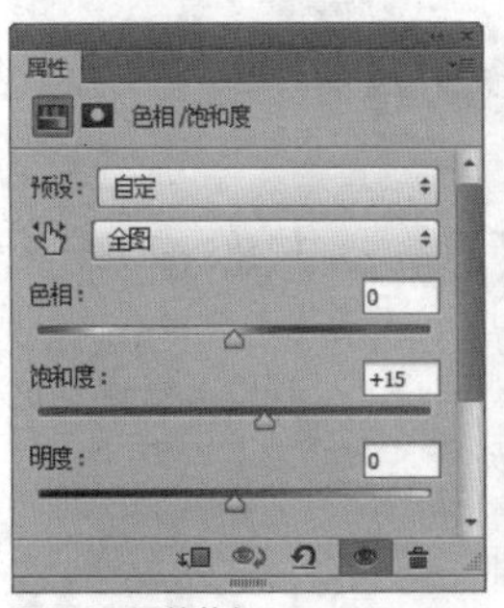

图5.47 调整黄色

STEP 03 选择工具箱中的“画笔工具”，在选项栏中单击“点按可打开‘画笔预设’选取器”按钮，在“属性”面板中选择一个圆角笔触，将“大小”更改为300像素，将“硬度”更改为0%。

STEP 04 将前景色更改为黑色，单击“色相/饱和度1”图层蒙版缩览图，在画布中间区域单击，将部分调整效果隐藏，如图5.48所示。

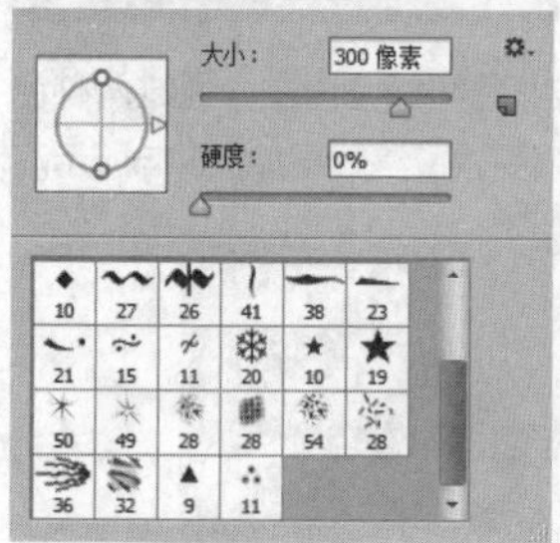

图5.48 隐藏效果

STEP 05 在“图层”面板中单击面板底部的“创建新的填充或调整图层”按钮，在弹出的菜单中选中“色彩平衡”命令，在弹出的“属性”面板中选择色调为“阴影”，将其调整为偏绿色10，偏蓝色20，如图5.49所示。

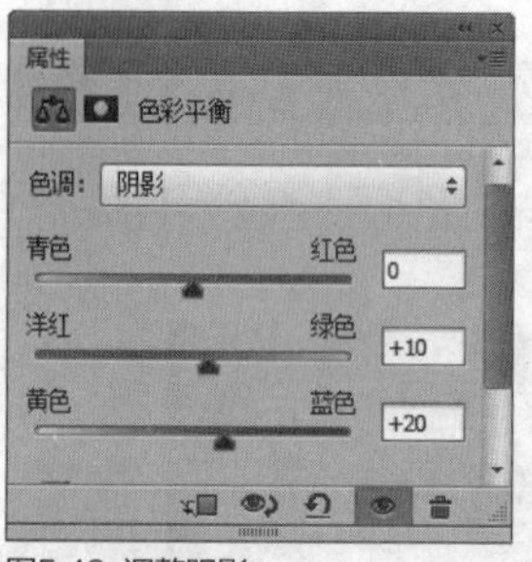

图5.49 调整阴影

STEP 06 在“图层”面板中单击面板底部的“创建新的填充或调整图层”按钮，在弹出的菜单中选中“曝光度”命令，在弹出的“属性”面板中将“曝光度”更改为0.3，将“位移”更改为-0.006，如图5.50所示。

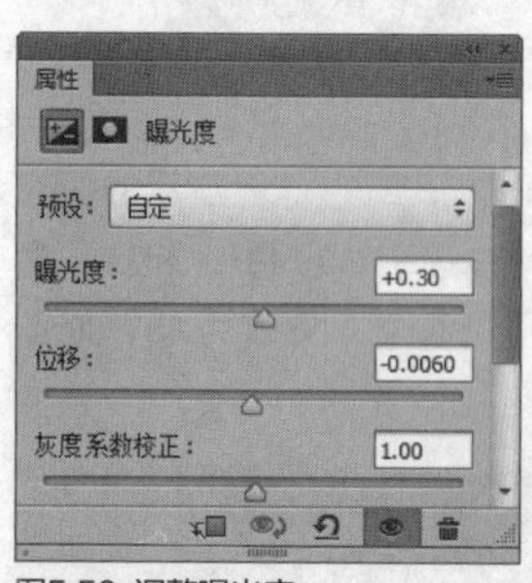

图5.50 调整曝光度

STEP 07 单击面板底部的“创建新图层”按钮，新建一个“图层1”图层，如图5.51所示。

STEP 08 选中“图层1”图层，按Ctrl+Alt+Shift+E组合键执行“盖印可见图层”命令，如图5.52所示。

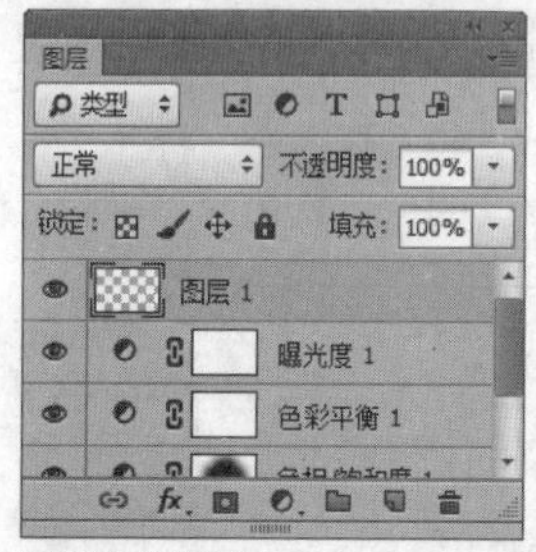

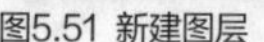

图5.51 新建图层

图5.52 “盖印可见图层”

STEP 09 选择“图层1”图层。将其图层混合模式设置为“滤色”，“不透明度”更改为20%，这样就完成了最终效果制作，最终效果如图5.53所示。

图5.53 最终效果

实战 262 利用“曝光度”调整紫色抱枕

- 素材位置：素材\第5章\抱枕.jpg
- 案例位置：效果\第5章\紫色抱枕.psd
- 视频位置：视频\实战262.avi
- 难易指数：★★☆☆☆

• 实例介绍 •

本例中的抱枕本身色彩比较平庸，经过调整之后色彩十分艳丽，惹人喜爱，最终效果如图5.54所示。

图5.54 最终效果

• 操作步骤 •

STEP 01 执行菜单栏中的“文件”|“打开”命令，打开“抱枕.jpg”文件，如图5.55所示。

图5.55 打开素材

STEP 02 在“图层”面板中单击面板底部的“创建新的填充或调整图层”按钮，在弹出菜单中选中“可选颜色”命令，在“属性”面板中选择“颜色”为“蓝色”，将其数值更改为“青色”-100%，“洋红”100%，“黄色”100%，“黑色”100%，如图5.56所示。

图5.56 调整蓝色

STEP 03 选择“颜色”为洋红，将其数值更改为“青色”50%，“洋红”40%，“黑色”50%，如图5.57所示。

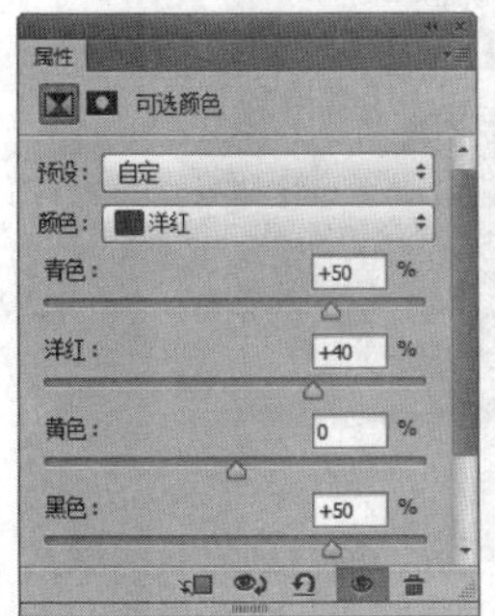

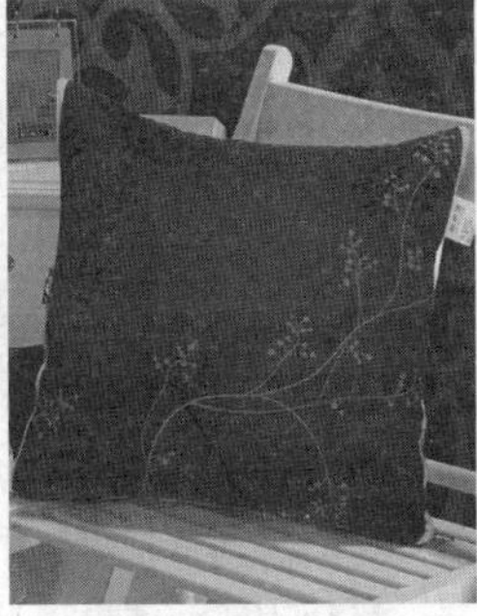

图5.57 调整洋红

STEP 04 选择“颜色”为黑色，将黑色数值更改为10%，如图5.58所示。

图5.58 调整黑色

STEP 05 在“图层”面板中单击面板底部的“创建新的填充或调整图层”按钮，在弹出菜单中选中“自然饱和度”命令，在“属性”面板中将其数值更改为“自然饱和度”33，“饱和度”更改为15，如图5.59所示。

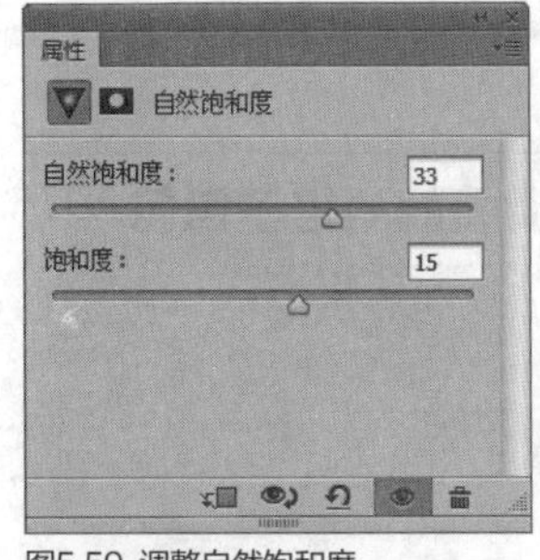

图5.59 调整自然饱和度

STEP 06 在“图层”面板中单击面板底部的“创建新的填充或调整图层”按钮，在弹出菜单中选中“曝光度”命令，在“属性”面板中将“曝光度”更改为0.64，如图5.60所示。

图5.60 调整曝光度

STEP 07 选择工具箱中的“画笔工具”，在画布中单击鼠标右键，在“属性”面板中选择一种圆角笔触，将“大小”更改为100像素，“硬度”更改为0%，如图5.61所示。

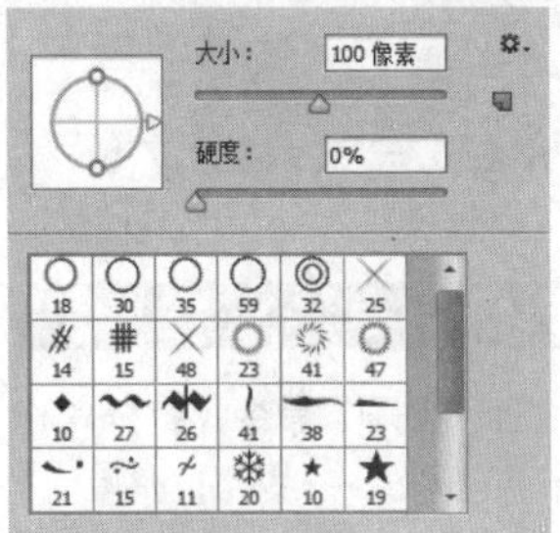

图5.61 设置笔触

STEP 08 将前景色更改为黑色，单击“曝光度 1”图层蒙版缩览图，在画布中抱枕以外区域涂抹将其隐藏，这样就完成了效果制作，最终效果如图5.62所示。

图5.62 最终效果

实战263 利用“色阶”调整靓丽格子包包

▶素材位置：素材\第5章\格子包包.jpg
▶案例位置：效果\第5章\靓丽格子包包.psd
▶视频位置：视频\实战263.avi
▶难易指数：★★★☆☆

• 实例介绍 •

格子包包的最大特点是体现出包包的格子特征，在本例的调整过程中首先是提高包包的自然饱和度，然后调亮包包，完成效果制作，最终效果如图5.63所示。

图5.63 最终效果

• 操作步骤 •

STEP 01 执行菜单栏中的“文件”|“打开”命令，打开“格子包包.jpg”文件，如图5.64所示。

图5.64 打开素材

STEP 02 在“图层”面板中单击面板底部的“创建新的填充或调整图层”按钮，在弹出的菜单中选中“曲线”命令，在“属性”面板中调整曲线，增强图像亮度，如图5.65所示。

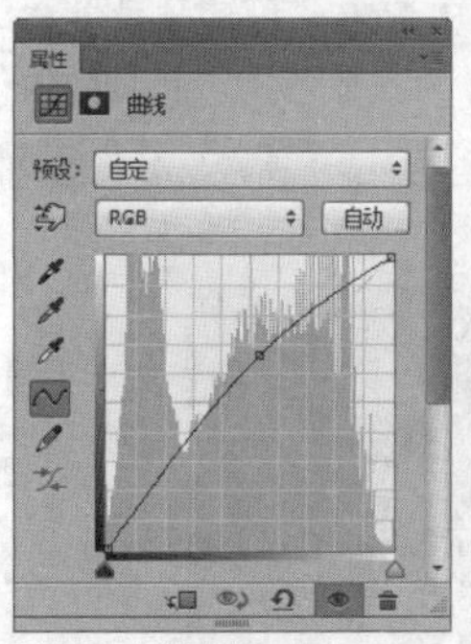

图5.65 调整曲线

STEP 03 在“图层”面板中单击面板底部的“创建新的填充或调整图层”按钮，在弹出的菜单中选择“自然饱和度”命令，在“属性”面板中将“自然饱和度”更改为20，“饱和度”更改为8，如图5.66所示。

图5.66 调整自然饱和度

STEP 04 在“图层”面板中单击面板底部的“创建新的填充或调整图层”按钮，在弹出菜单中选择“色阶”命令，在“属性”面板中将其数值更改为0，1.26，232，如图5.67所示。

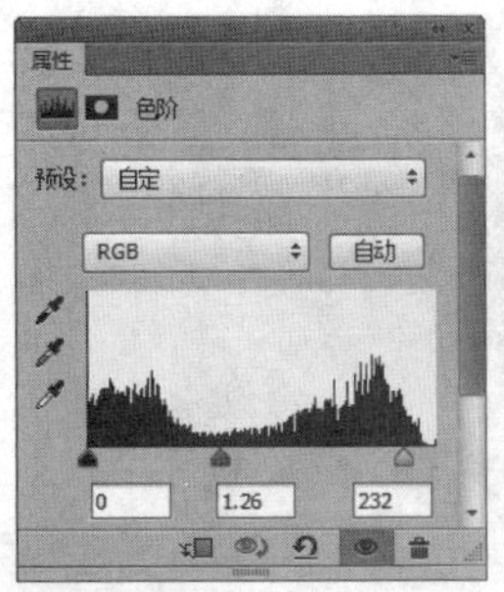

图5.67 调整色阶

STEP 05 选择工具箱中的“画笔工具”，在画布中单击鼠标右键，在“属性”面板中选择一种圆角笔触，将“大小”更改为100像素，“硬度”更改为0%，如图5.68所示。

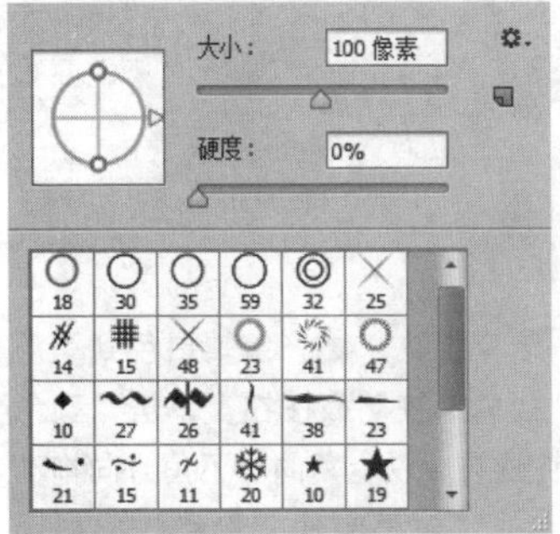

图5.68 设置笔触

STEP 06 将前景色更改为黑色，单击“曝光度 1”图层蒙版缩览图，在画布中包包以外区域涂抹将其隐藏，这样就完成了效果制作，最终效果如图5.69所示。

图5.69 最终效果

实战 264 利用“可选颜色”调整甜美碎花裙

- 素材位置：素材\第5章\碎花裙.jpg
- 案例位置：效果\第5章\甜美碎花裙.psd
- 视频位置：视频\实战264.avi
- 难易指数：★★☆☆☆

• 实例介绍 •

本例讲解的是甜美碎花裙的调色制作方法，图像整体的色调偏暖，同时柔和的色调使裙子的色彩十分出色，最终效果如图5.70所示。

图5.70 最终效果

• 操作步骤 •

STEP 01 执行菜单栏中的“文件”|“打开”命令，打开“碎花裙.jpg”文件，如图5.71所示。

图5.71 打开素材

STEP 02 在“图层”面板中单击面板底部的“创建新的填充或调整图层”按钮，在弹出菜单中选中“可选颜色”命令，在“属性”面板中选择“红色”，将其数值更改为“黄色”-20%，“黑色”30%，如图5.72所示。

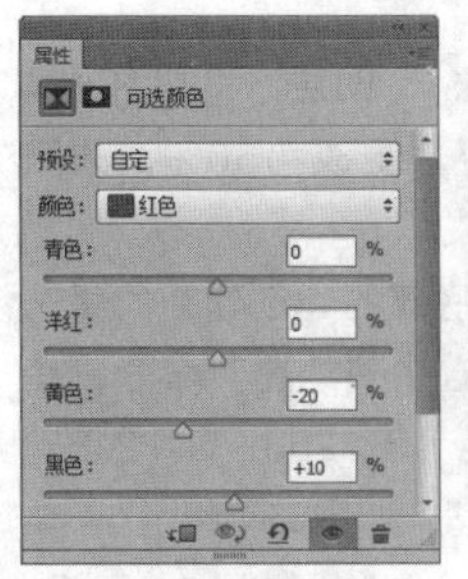

图5.72 调整红色

STEP 03 选择“颜色”为白色，将其数值更改为“洋红”-15%，“黄色”-50%，“黑色”-15%，如图5.73所示。

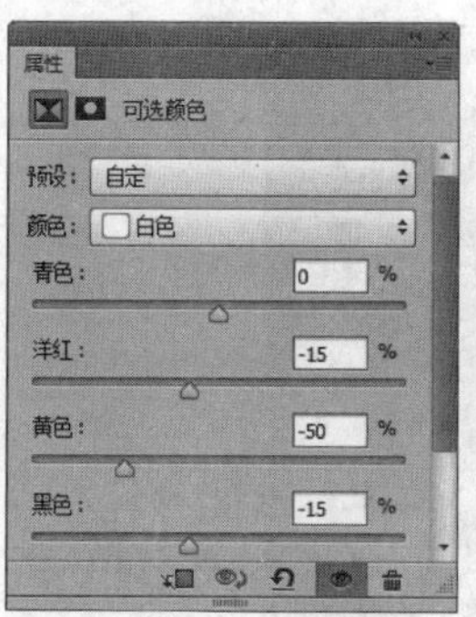

图5.73 调整白色

STEP 04 在“图层”面板中单击面板底部的“创建新的填充或调整图层”按钮，在弹出菜单中选中“色相/饱和度”命令，在“属性”面板中将“饱和度”更改为30，如图5.74所示。

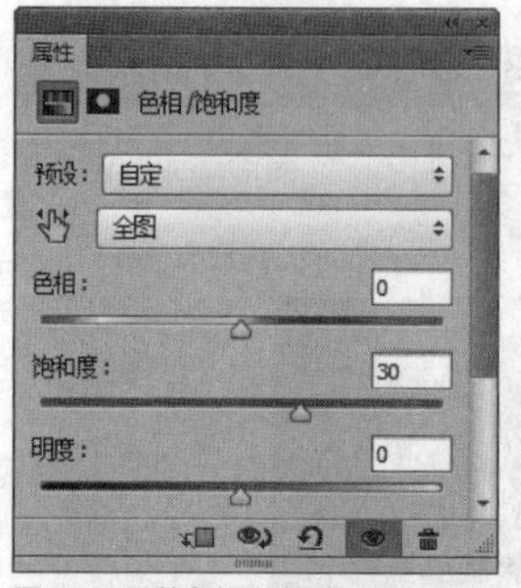

图5.74 调整色相/饱和度

STEP 05 单击面板底部的“创建新图层”按钮，新建一个“图层1”图层，如图5.75所示。

STEP 06 选中“图层1”图层，按Ctrl+Alt+Shift+E组合键执行“盖印可见图层”命令，如图5.76所示。

图5.75 新建图层

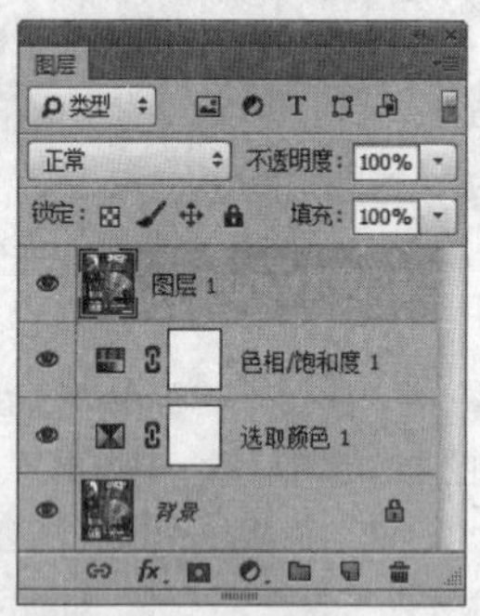

图5.76 “盖印可见图层”

STEP 07 在“图层”面板中选中“图层1”图层，将其图层混合模式设置为“滤色”，“不透明度”更改为50%，如图5.77所示。

STEP 08 在“图层”面板中单击面板底部的“创建新的填充或调整图层”按钮，在弹出菜单中选中“纯色”命令，在弹出的对话框中将“颜色”更改为黄色（R：253，G：246，B：210），完成之后单击“确定”按钮，如图5.78所示。

图5.77 设置图层混合模式

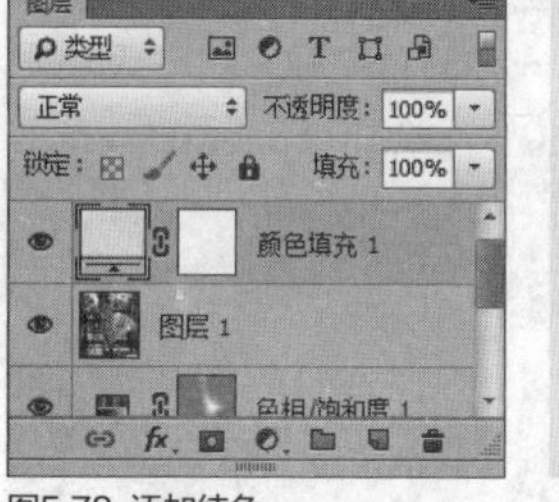

图5.78 添加纯色

STEP 09 选择工具箱中的“渐变工具”，编辑白色到黑色的渐变，单击选项栏中的“径向渐变”按钮，单击“颜色填充 1”图层蒙版缩览图，在画布中左上角向右下角方向拖动将部分颜色隐藏，这样就完成了效果制作，最终效果如图5.79所示。

图5.79 最终效果

实战 265 利用“色相/饱和度”调整青春时尚板鞋

- 素材位置：素材\第5章\板鞋.jpg
- 案例位置：效果\第5章\青春时尚板鞋.psd
- 视频位置：视频\实战265.avi
- 难易指数：★★★☆☆

• 实例介绍 •

青春板鞋的最大特征是设计青春化、色调很正，在对其进行调色操作时应先确定其基本色调，同时需要注意饱和度的增减，最终效果如图5.80所示。

图5.80 最终效果

• 操作步骤 •

STEP 01 执行菜单栏中的“文件”|“打开”命令，打开“板鞋.jpg”文件，如图5.81所示。

图5.81 打开素材

STEP 02 按Ctrl+Alt+2组合键将图像中高光区域载入选区，按Ctrl+Shift+I组合键将选区反向，如图5.82所示。

STEP 03 按Ctrl+J组合键执行“通过拷贝的图层”命令，此时将生成一个“图层1”图层，如图5.83所示。

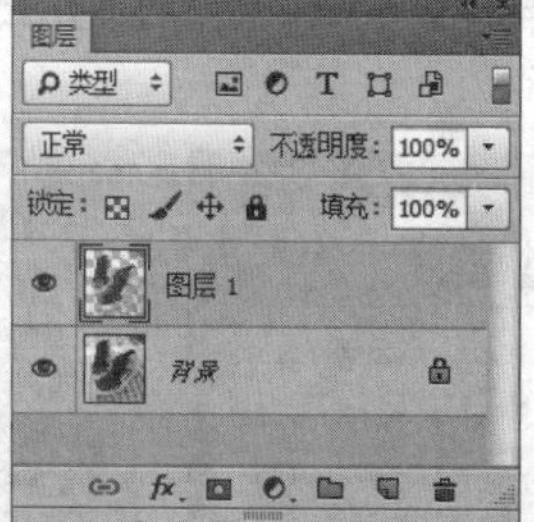

图5.82 载入选区并将其反向　图5.83 通过复制的图层

STEP 04 在“图层”面板中选中“图层1”图层，将其图层混合模式设置为“滤色”，如图5.84所示。

图5.84 设置图层混合模式

STEP 05 单击面板底部的“创建新图层”按钮，新建一个“图层2”图层，如图5.85所示。

STEP 06 选中“图层2”图层，按Ctrl+Alt+Shift+E组合键执行“盖印可见图层”命令，如图5.86所示。

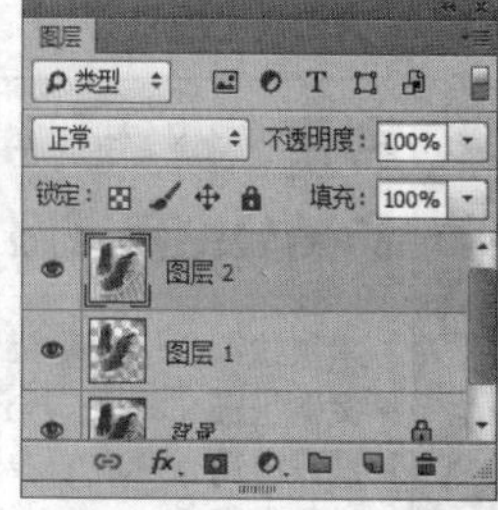

图5.85 新建图层　图5.86 “盖印可见图层”

STEP 07 在“图层”面板中单击面板底部的“创建新的填充或调整图层”按钮，在弹出的菜单中选中“色相/饱和度”命令，在“属性”面板中选择“红色”通道，将“饱和度”更改为20，如图5.87所示。

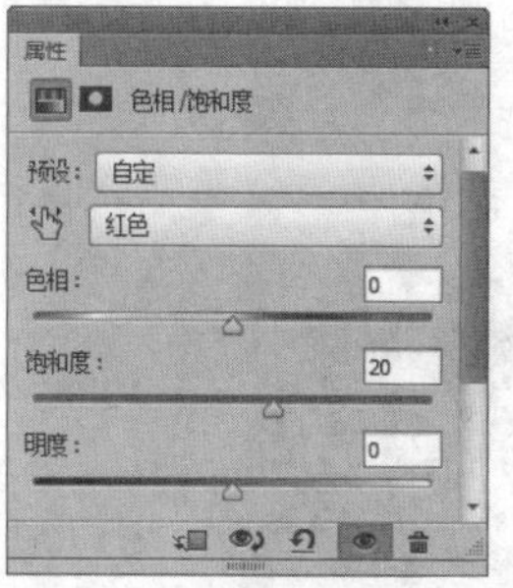

图5.87 调整红色

STEP 08 选择“蓝色”通道，将“饱和度”更改为50，如图5.88所示。

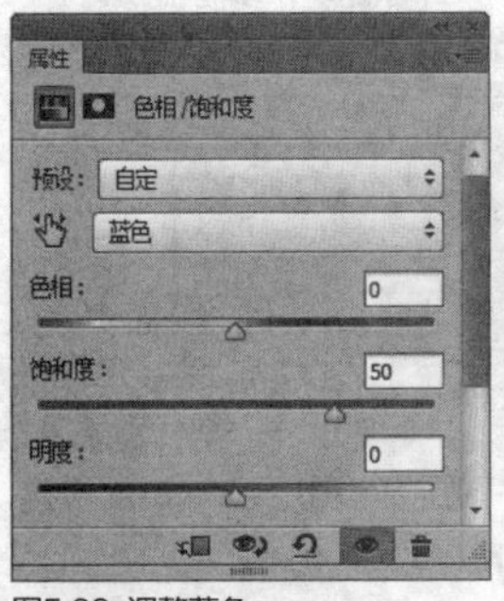

图5.88 调整蓝色

STEP 09 在“图层”面板中单击面板底部的“创建新的填充或调整图层”按钮，在弹出菜单中选中“自然饱和度”命令，在“属性”面板中将“自然饱和度”更改为50，这样就完成了效果制作，最终效果如图5.89所示。

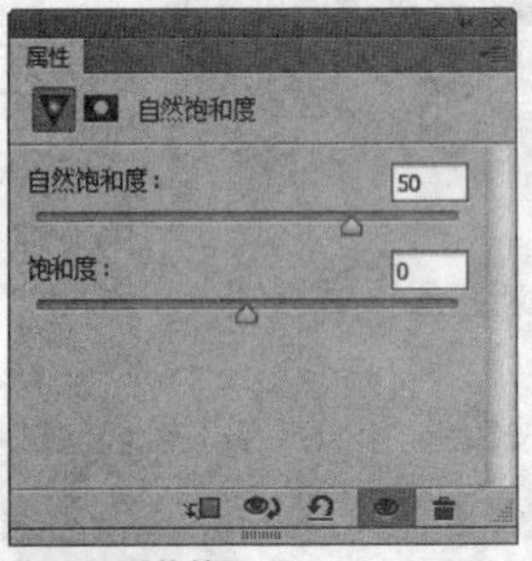

图5.89 最终效果

实战266 利用“曲线”和“可选颜色”调整甜美公主羽绒服

- 素材位置：素材\第5章\公主羽绒服.jpg
- 案例位置：效果\第5章\甜美公主羽绒服.psd
- 视频位置：视频\实战266.avi
- 难易指数：★★★☆☆

• 实例介绍 •

本例讲解甜美公主羽绒服色彩的调整方法，整个调整过程应当围绕公主元素进行调色，一定要突出幽雅、柔和与可爱的特点，最终效果如图5.90所示。

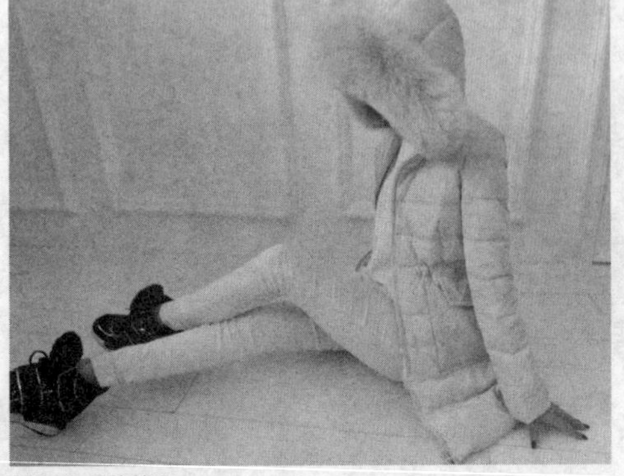

图5.90 最终效果

• 操作步骤 •

STEP 01 执行菜单栏中的“文件”|“打开”命令，打开“公主羽绒服.jpg”文件，如图5.91所示。

图5.91 打开素材

STEP 02 在“图层”面板中单击面板底部的“创建新的填充或调整图层”按钮，在弹出菜单中选中“曲线”命令，在“属性”面板中调整曲线，增强图像亮度，如图5.92所示。

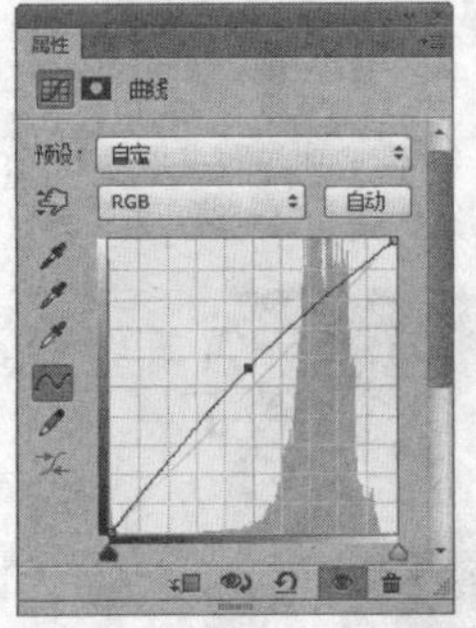

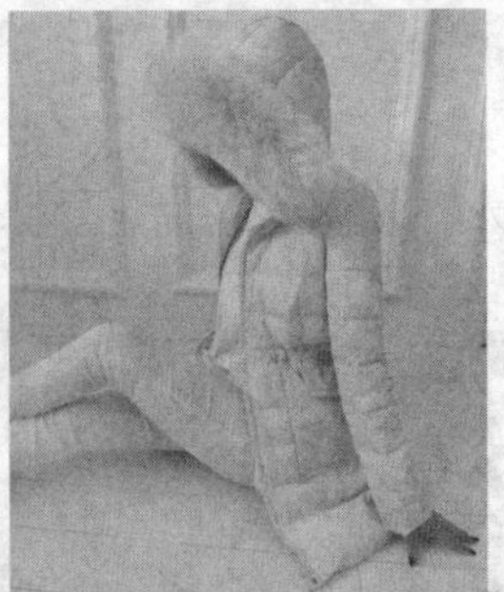

图5.92 调整曲线

STEP 03 在“图层”面板中单击面板底部的“创建新的填充或调整图层”按钮，在弹出菜单中选中“可选颜色”命令，在“属性”面板中选择“颜色”为白色，将其数值更改为“青色”-10%，“洋红”-10%，如图5.93所示。

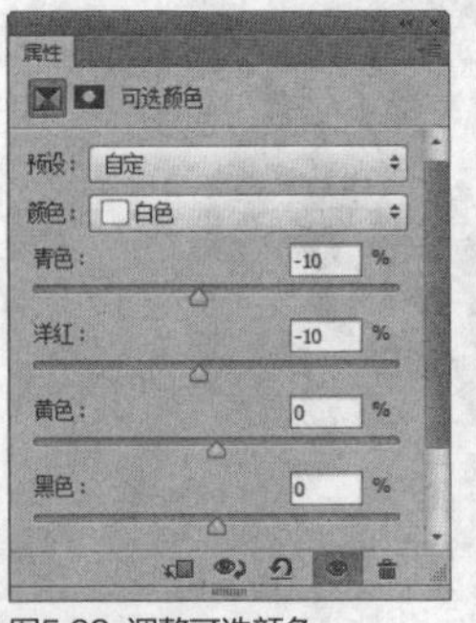

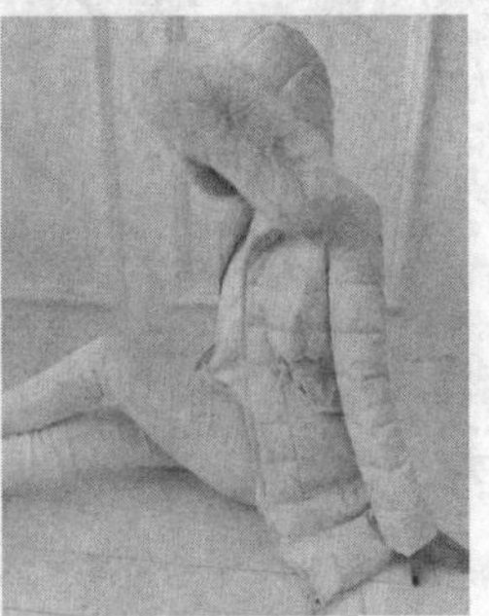

图5.93 调整可选颜色

STEP 04 在“图层”面板中单击面板底部的“创建新的填充或调整图层”按钮，在弹出的菜单中选中“色相/饱和度”命令，在“属性”面板中选择“红色”通道，将“饱和度”更改为20，如图5.94所示。

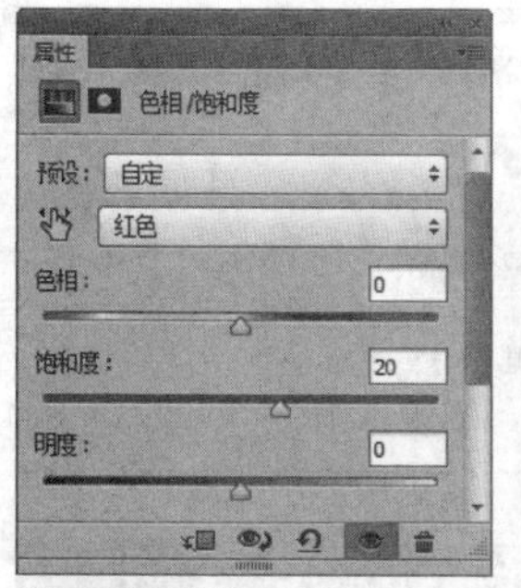

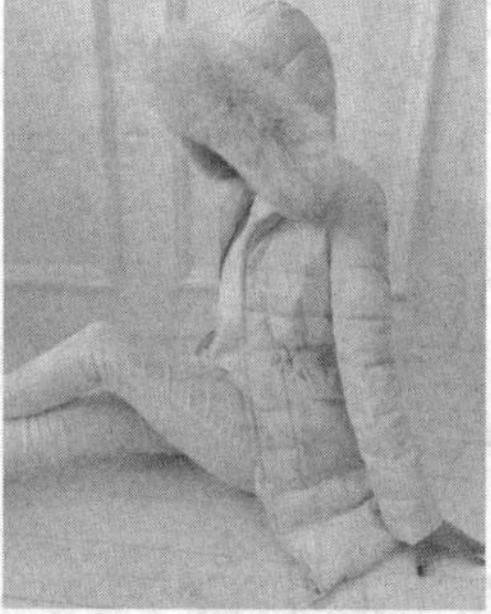

图5.94 调整红色

STEP 05 在"图层"面板中单击面板底部的"创建新的填充或调整图层"按钮，在弹出菜单中选中"自然饱和度"命令，在"属性"面板中将"自然饱和度"更改为80，如图5.95所示。

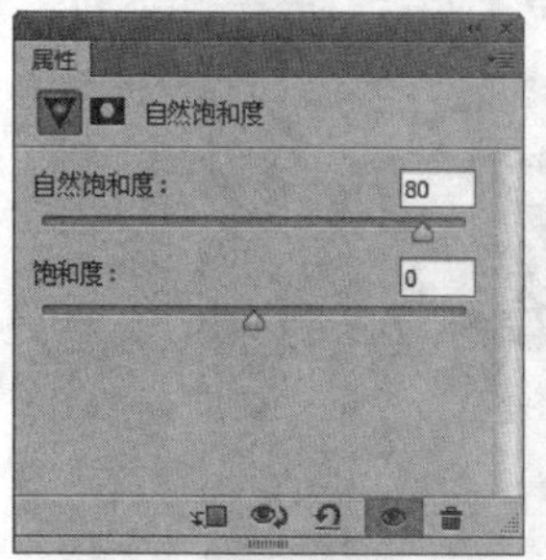

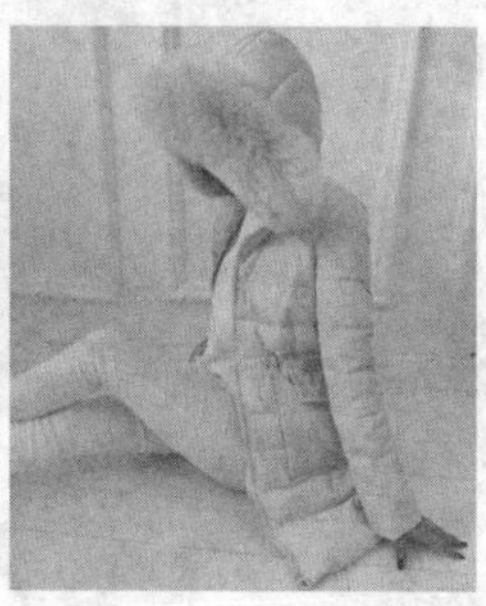

图5.95 调整自然饱和度

STEP 06 在"图层"面板中单击面板底部的"创建新的填充或调整图层"按钮，在弹出菜单中选中"色阶"命令，在"属性"面板中将数值更改为0，1.20，255，这样就完成了效果制作，最终效果如图5.96所示。

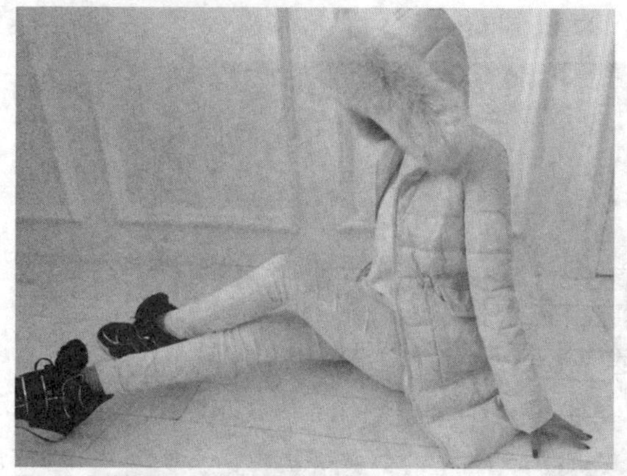

图5.96 最终效果

实战267 利用"纯色"调整可爱萌兔耳机

- 素材位置：素材\第5章\萌兔耳机.jpg
- 案例位置：效果\第5章\可爱萌兔耳机.psd
- 视频位置：视频\实战267.avi
- 难易指数：★★☆☆☆

• 实例介绍 •

本例讲解可爱萌萌兔耳机的色调调整方法，本例的色调以可爱萌为主，所以要尽量体现出耳机的柔和色调，最终效果如图5.97所示。

图5.97 最终效果

• 操作步骤 •

STEP 01 执行菜单栏中的"文件"|"打开"命令，打开"萌兔耳机.jpg"文件，如图5.98所示。

图5.98 打开素材

STEP 02 在"图层"面板中单击面板底部的"创建新的填充或调整图层"按钮，在弹出菜单中选中"曲线"命令，在"属性"面板中调整曲线，增加图像亮度，如图5.99所示。

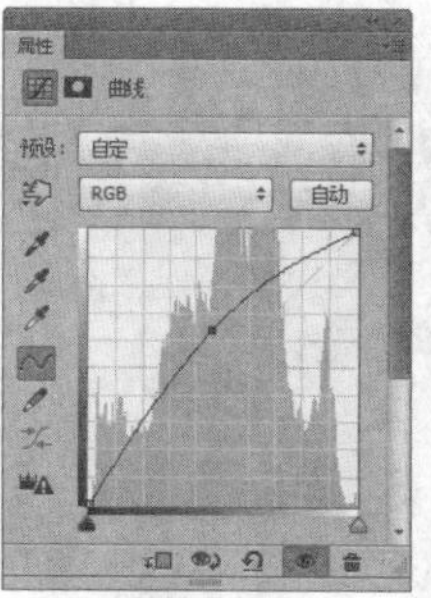

图5.99 调整曲线

STEP 03 在"图层"面板中单击面板底部的"创建新的填充或调整图层"按钮，在弹出的菜单中选中"色相/饱和度"命令，在"属性"面板中将"饱和度"更改为25，如图5.100所示。

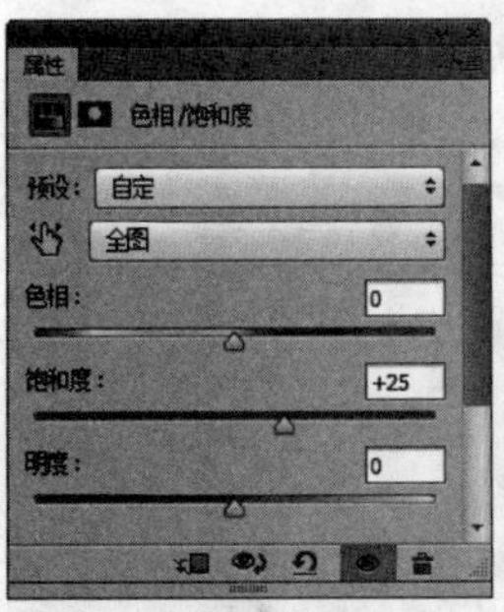

图5.100 调整饱和度

STEP 04 按Ctrl+Alt+2组合键载入高光选区，再按Ctrl+Shift+I组合键将选区反向，如图5.101所示。

图5.101 将选区反向

STEP 05 在“图层”面板中单击面板底部的“创建新的填充或调整图层”按钮，在弹出的菜单中选中“纯色”命令，在弹出的对话框中将将其数值更改为浅粉色（R：254，G：217，B：225），完成之后单击“确定”按钮，如图5.102所示。

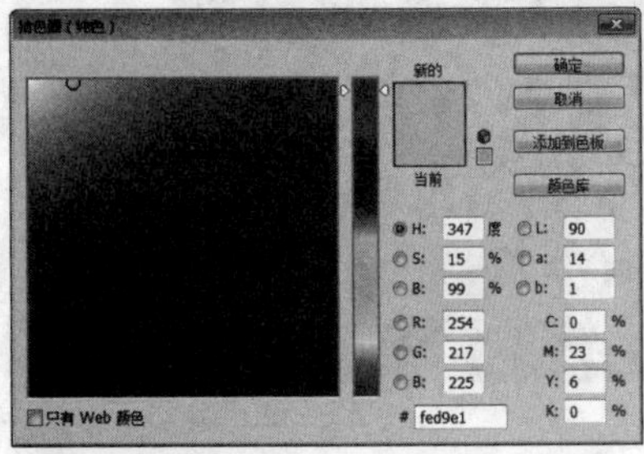

图5.102 设置纯色

STEP 06 在“图层”面板中选中“颜色填充 1”图层，将其图层混合模式设置为“柔光”，这样就完成了效果制作，最终效果如图5.103所示。

图5.103 最终效果

实战268 利用“曲线”和“自然饱和度”调整时尚蓝色鞋子

- 素材位置：素材\第5章\鞋子.jpg
- 案例位置：效果\第5章\时尚蓝色鞋子.psd
- 视频位置：视频\实战268.avi
- 难易指数：★★☆☆☆

• 实例介绍 •

本例中的鞋子原图色彩比较灰暗，因此在调色中增强鞋子中的蓝色的同时应当注意背景的影响，最终效果如图5.104所示。

图5.104 最终效果

• 操作步骤 •

STEP 01 执行菜单栏中的“文件”|“打开”命令，打开“鞋子.jpg”文件，如图5.105所示。

图5.105 打开素材

STEP 02 在“图层”面板中单击面板底部的“创建新的填充或调整图层”按钮，在弹出的菜单中选中“曲线”命令，在“属性”面板中调整曲线，增强图像亮度，如图5.106所示。

STEP 03 在“图层”面板中单击面板底部的“创建新的填充或调整图层”按钮，在弹出的菜单中选中“自然饱和度”命令，在“属性”面板中将“自然饱和度”更改为80，“饱和度”更改为20，如图5.107所示。

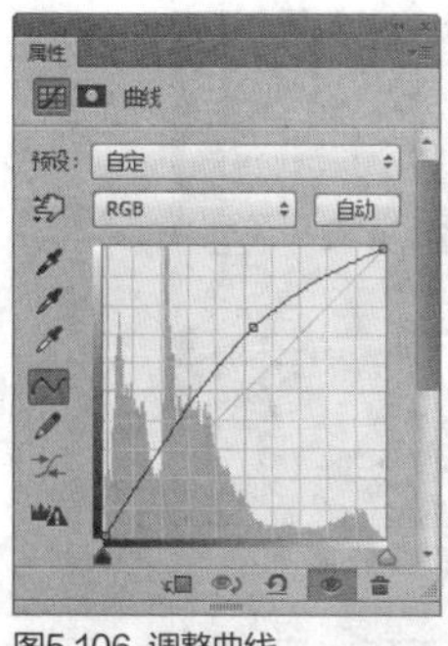

图5.106 调整曲线

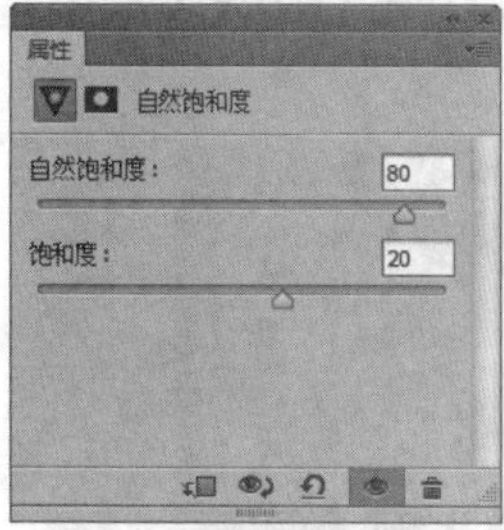

图5.107 设置自然饱和度

STEP 04 选中“背景”图层，按Ctrl+Alt+2组合键将图像中的高光区域载入选区，按Ctrl+Shift+I组合键将选区反向，如图5.108所示。

STEP 05 选中“背景”图层，执行菜单栏中的“图层”|“新建”|“通过拷贝的图层”命令，此时将生成一个“图层1”图层，如图5.109所示。

图5.108 载入选区

图5.109 通过复制的图层

STEP 06 选中“图层1”图层，将其移至所有图层上方，再将其图层混合模式更改为“滤色”，“不透明度”更改为80%，这样就完成了效果制作，最终效果如图5.110所示。

图5.110 最终效果

实战 269 利用“亮度/对比度”调整靓丽公主耳机

- 素材位置：素材\第5章\公主耳机.jpg
- 案例位置：效果\第5章\靓丽公主耳机.psd
- 视频位置：视频\实战269.avi
- 难易指数：★★☆☆☆

• 实例介绍 •

本例讲解靓丽公主耳机的调色操作方法。此款耳机的色彩十分鲜艳，在调色的时候应当适当增强饱和度，这样会产生十分沉郁的视觉效果，并且具有较强的代表性，最终效果如图5.111所示。

图5.111 最终效果

• 操作步骤 •

STEP 01 执行菜单栏中的“文件”|“打开”命令，打开“公主耳机.jpg”文件，如图5.112所示。

图5.112 打开素材

STEP 02 在“图层”面板中单击面板底部的“创建新的填充或调整图层”按钮，在弹出的菜单中选中“亮度/对比度”命令，在“属性”面板中将“亮度”更改为40，“对比度”更改为15，如图5.113所示。

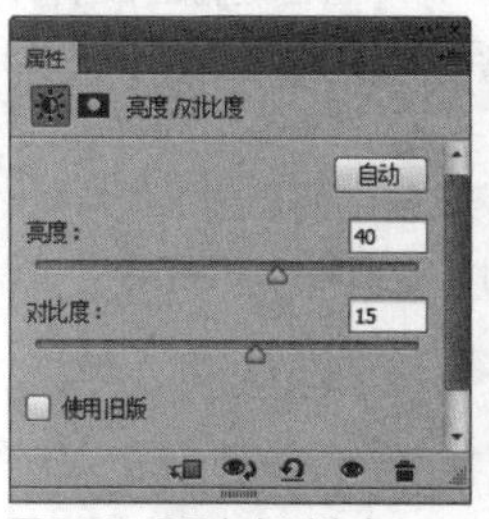
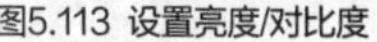

图5.113 设置亮度/对比度

STEP 03 在“图层”面板中单击面板底部的“创建新的填充或调整图层”按钮，在弹出的菜单中选中“色相/饱和度”命令，在“属性”面板中选择“红色”通道，将“饱和度”更改为15，如图5.114所示。

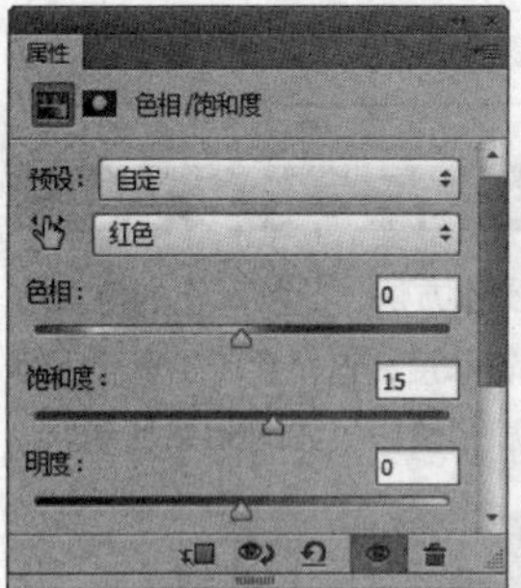

图5.114 设置红色饱和度

STEP 04 选择“洋红”饱和度通道，将“饱和度”更改为25，如图5.115所示。

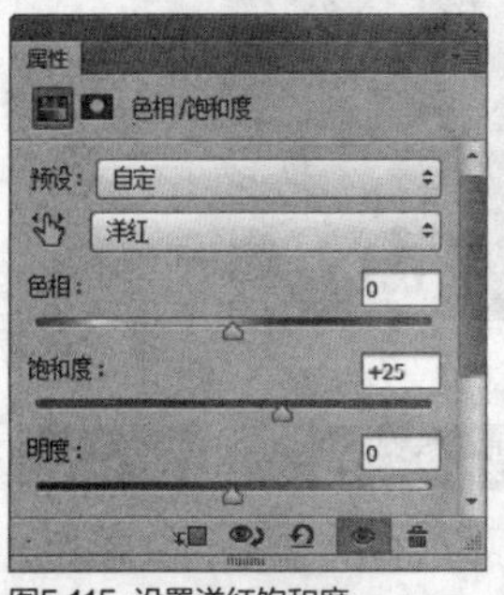

图5.115 设置洋红饱和度

STEP 05 在“图层”面板中单击面板底部的“创建新的填充或调整图层”按钮，在弹出的菜单中选中“可选颜色”命令，在“属性”面板中选择“颜色”为黄色，将其数值更改为“洋红”-60%，如图5.116所示。

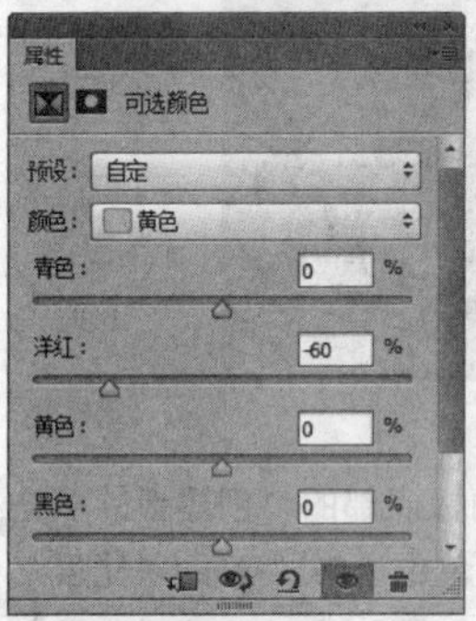

图5.116 设置黄色

STEP 06 选中“背景”图层，按Ctrl+Alt+2组合键将图像中的高光区域载入选区，按Ctrl+Shift+I组合键将选区反向，如图5.117所示。

STEP 07 选中“背景”图层，执行菜单栏中的“图层”|“新建”|“通过拷贝的图层”命令，此时将生成一个“图层1”图层，如图5.118所示。

图5.117 载入选区

图5.118 通过复制的图层

STEP 08 选中“图层1”图层，将其移至所有图层上方，再将其图层混合模式更改为“滤色”，这样就完成了效果制作，最终效果如图5.119所示。

图5.119 最终效果

实战270 利用“曲线”和“色阶”调整甜美马卡龙暖手宝

- 素材位置：素材\第5章\马卡龙暖手宝.jpg
- 案例位置：效果\第5章\甜美马卡龙暖手宝.psd
- 视频位置：视频\实战270.avi
- 难易指数：★★★☆☆

• 实例介绍 •

本例讲解的是一款暖手宝的调色操作方法。本例中的暖手宝以食品拟物化的方法制作而成，色彩鲜艳，在调色过程中应当重点注意颜色的浓度，最终效果如图5.120所示。

图5.120 最终效果

• 操作步骤 •

STEP 01 执行菜单栏中的“文件”|“打开”命令，打开“马卡龙暖手宝.jpg”文件，如图5.121所示。

图5.121 打开素材

STEP 02 在“图层”面板中单击面板底部的“创建新的填充或调整图层”按钮，在弹出的菜单中选中“曲线”命令，在“属性”面板中调整曲线，增强图像亮度，如图5.122所示。

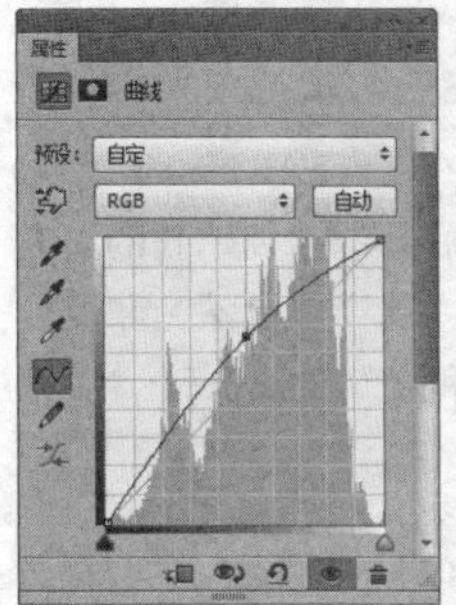

图5.122 调整曲线

STEP 03 在“图层”面板中单击面板底部的“创建新的填充或调整图层”按钮，在弹出的菜单中选中“自然饱和度”命令，在“属性”面板中将“自然饱和度”更改为40，“饱和度”更改为10，如图5.123所示。

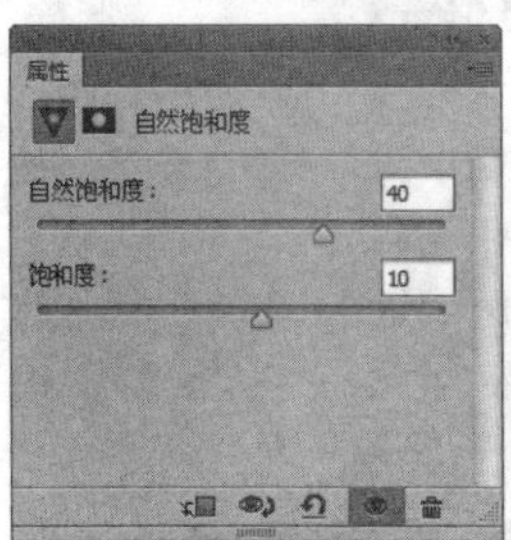

图5.123 设置自然饱和度

STEP 04 在“图层”面板中单击面板底部的“创建新的填充或调整图层”按钮，在弹出的菜单中选中“可选颜色”命令，在“属性”面板中选择“颜色”为红色，将其数值更改为“洋红”40%，如图5.124所示。

STEP 05 选择“颜色”为黄色，将其数值更改为“青色”75%，“黑色”-20%，如图5.125所示。

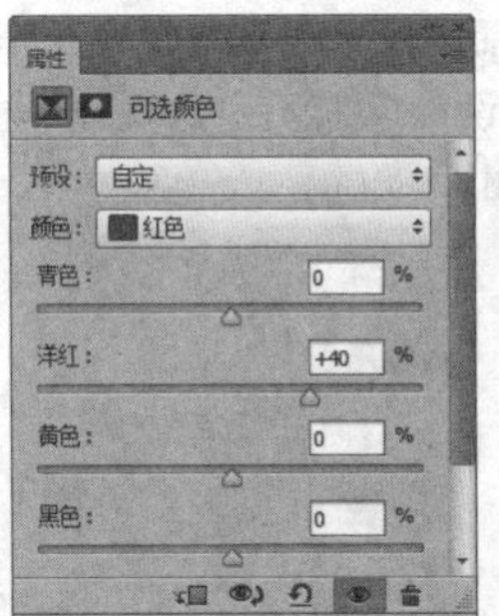

图5.124 设置红色

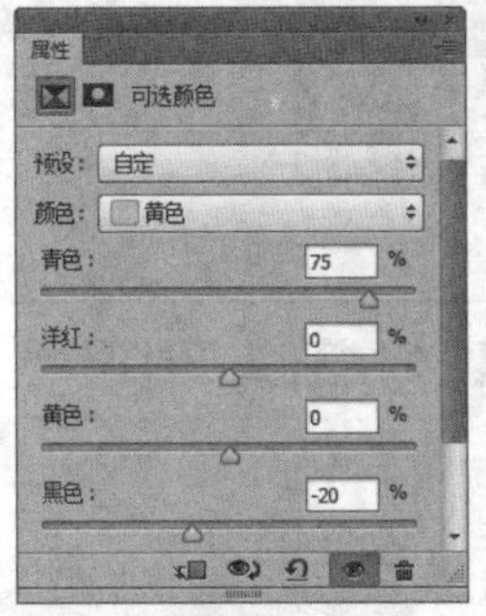

图5.125 设置黄色

STEP 06 在“图层”面板中单击面板底部的“创建新的填充或调整图层”按钮，在弹出的菜单中选中“色阶”命令，在“属性”面板中将数值更改为（30，1.18，243），如图5.126所示。

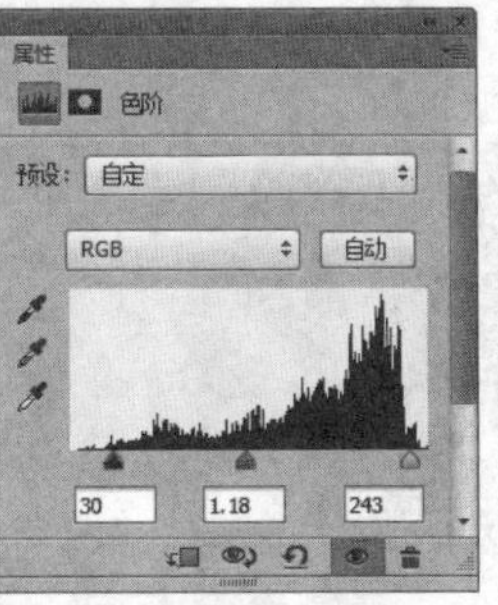

图5.126 设置色阶

STEP 07 选择“背景”图层，在图像中按Ctrl+Alt+2组合键将图像中的高光载入选区，按Ctrl+Shift+I组合键将选区反选，按Ctrl+J组合键执行“通过拷贝的图层”命令，此时将生成一个新的图层——“图层1”图层，如图5.127所示。

图 5.127 通过复制的图层

STEP 08 在“图层”面板中选中“图层1”图层，将其移至所有图层上方，再将其图层混合模式设置为“滤色”，这样就完成了最终效果制作，最终效果如图5.128所示。

图5.128 最终效果

实战271 利用“亮度/对比度”调整猫头鹰保温袋

▶素材位置：素材\第5章\保温袋.jpg
▶案例位置：效果\第5章\猫头鹰保温袋.psd
▶视频位置：视频\实战271.avi
▶难易指数：★★☆☆☆

• 实例介绍 •

本例讲解胶质保温袋的调色操作方法。区别于传统的毛绒材质，在对胶质的商品进行调色的过程中应当将色彩与材质相联系，通过材质的对比更好地体现出商品的特点，最终效果如图5.129所示。

图5.129 最终效果

• 操作步骤 •

STEP 01 执行菜单栏中的“文件”|“打开”命令，打开“保温袋.jpg”文件，如图5.130所示。

STEP 02 在“图层”面板中单击面板底部的“创建新的填充或调整图层”按钮，在弹出的菜单中选中“亮度/对比度”命令，在“属性”面板中将“亮度”更改为20，“对比度”更改为10，如图5.131所示。

图5.130 打开素材

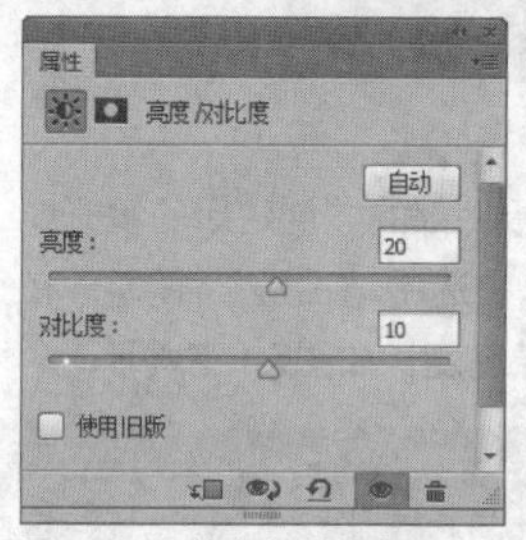

图5.131 调整亮度/对比度

STEP 03 在“图层”面板中单击面板底部的“创建新的填充或调整图层”按钮，在弹出的菜单中选中“自然饱和度”命令，在“属性”面板中将“自然饱和度”更改为50，“饱和度”更改为5，如图5.132所示。

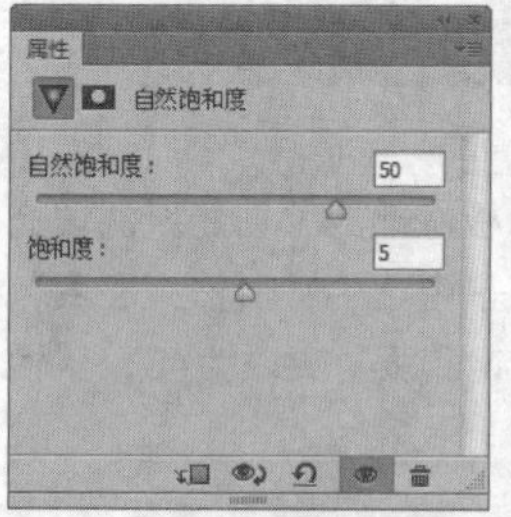

图5.132 设置自然饱和度

STEP 04 按Ctrl+Alt+2组合键将图像中的高光载入选区，按Ctrl+Shift+I组合键将选区反向，如图5.133所示。

STEP 05 选中“背景”图层，按Ctrl+J组合键执行“通过拷贝的图层”命令，此时将生成一个新的图层——“图层1”图层，如图5.134所示。

图5.133 载入选区

图5.134 通过复制的图层

STEP 06 在“图层”面板中选中“图层1”图层，将其移至所有图层上方，再将其图层混合模式设置为“滤色”，“不透明度”更改为80%，这样就完成了最终效果制作，最终效果如图5.135所示。

图5.135 最终效果

实战 272 利用“曲线”调整可爱卡通婴儿

▶素材位置：素材\第5章\卡通婴儿.jpg
▶案例位置：效果\第5章\可爱卡通婴儿.psd
▶视频位置：视频\实战272.avi
▶难易指数：★★☆☆☆

• 实例介绍 •

本例讲解的是可爱卡通婴儿的调色操作方法。本例中的玩偶十分精巧可爱，整体的色彩鲜艳明快，最终效果如图5.136所示。

图5.136 最终效果

• 操作步骤 •

STEP 01 执行菜单栏中的“文件”|“打开”命令，打开“卡通婴儿.jpg”文件，如图5.137所示。

STEP 02 在“图层”面板中单击面板底部的“创建新的填充或调整图层” 按钮，在弹出的菜单中选中“曲线”命令，在“属性”面板中调整曲线，增强图像亮度，如图5.138所示。

图5.137 打开素材

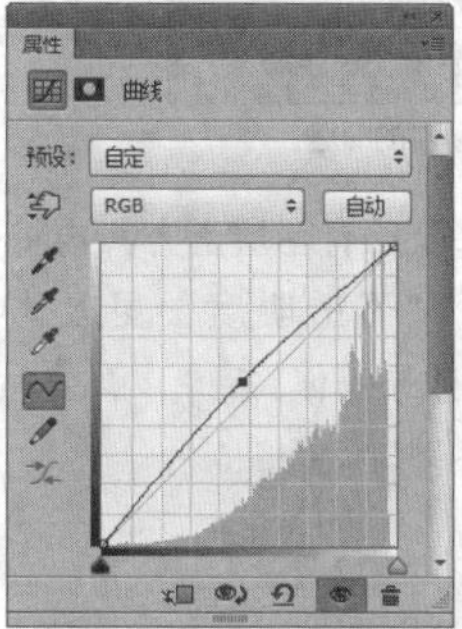

图5.138 调整曲线

STEP 03 在“图层”面板中单击面板底部的“创建新的填充或调整图层” 按钮，在弹出的菜单中选中“色相/饱和度”命令，在“属性”面板中将“饱和度”更改为50，如图5.139所示。

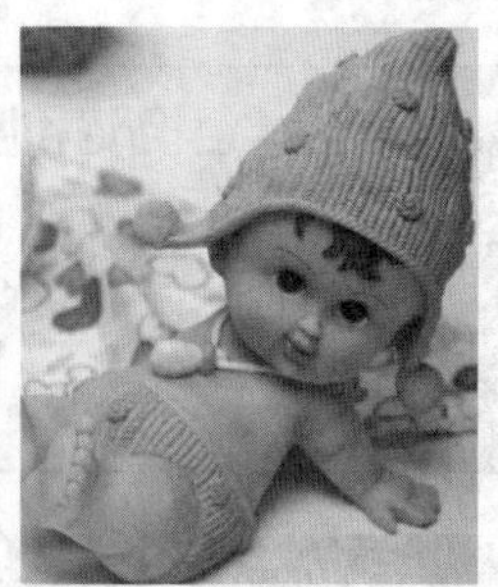

图5.139 调整饱和度

STEP 04 选择“红色”通道，将“饱和度”更改为-25，如图5.140所示。

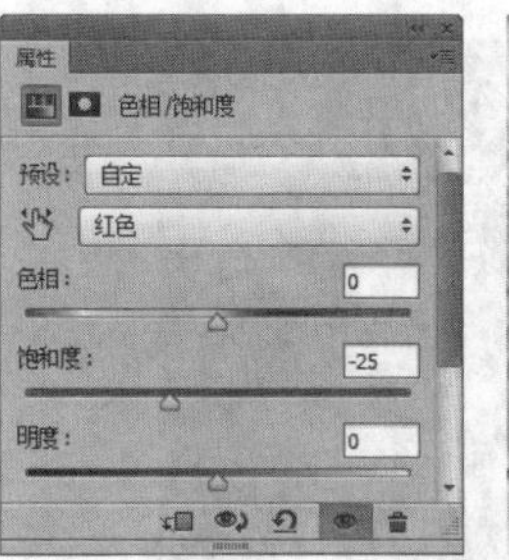

图5.140 设置红色

STEP 05 选中“背景”图层，按Ctrl+Alt+2组合键将图像中的高光区域载入选区，按Ctrl+Shift+I组合键将选区反向，如图5.141所示。

STEP 06 选中“背景”图层，执行菜单栏中的“图层”|“新建”|“通过拷贝的图层”命令，此时将生成一个“图层1”图层，如图5.142所示。

图5.141 载入选区　图5.142 通过复制的图层

STEP 07 选中“图层1”图层，将其移至所有图层上方，再将其图层混合模式更改为“滤色”，“不透明度”更改为80%，如图5.143所示，这样就完成了效果制作。

图5.143 最终效果

实战 273 利用“色相/饱和度”调整可爱小马摆件

▶素材位置：素材\第5章\小马摆件.jpg
▶案例位置：效果\第5章\可爱小马摆件.psd
▶视频位置：视频\实战273.avi
▶难易指数：★★☆☆☆

• 实例介绍 •

本例讲解小马摆件的调色操作方法。本例中的小马整体色彩比较简单，在调色的时候应适当增强整个画面的立体感，最终效果如图5.144所示。

图5.144 最终效果

• 操作步骤 •

• 打开素材

STEP 01 执行菜单栏中的“文件”|“打开”命令，打开“小马摆件.jpg”文件，如图5.145所示。

图5.145 打开素材

STEP 02 执行菜单栏中的“图像”|“调整”|“阴影/高光”命令，在弹出的对话框中直接单击“确定”按钮，如图5.146所示。

图5.146 调整阴影和高光

• 增强对比度

STEP 01 在“图层”面板中单击面板底部的“创建新的填充或调整图层”按钮，在弹出的菜单中选中“色阶”命令，在“属性”面板中将数值更改为（15，1.17，222），如图5.147所示。

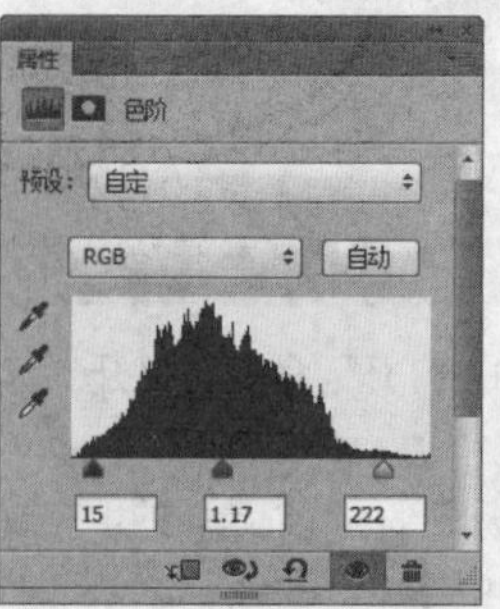

图5.147 调整色阶

STEP 02 在“图层”面板中单击面板底部的“创建新的填充或调整图层”按钮，在弹出的菜单中选中“色相/饱和度”命令，在“属性”面板中将“饱和度”更改为40，如图5.148所示。

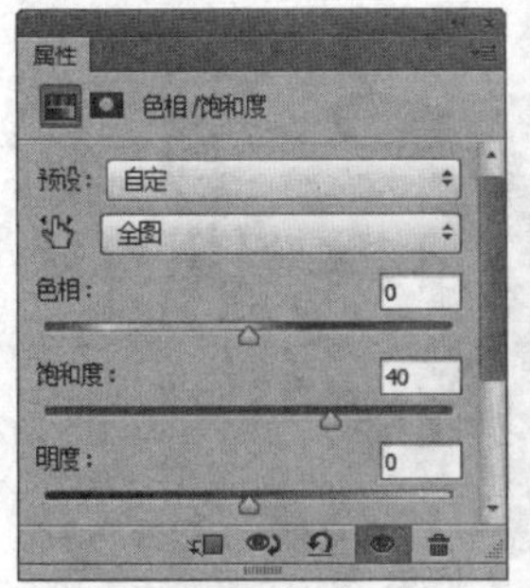

图5.148 调整全图

STEP 03 选择“黄色”通道，将“饱和度”更改为–35，如图5.149所示。

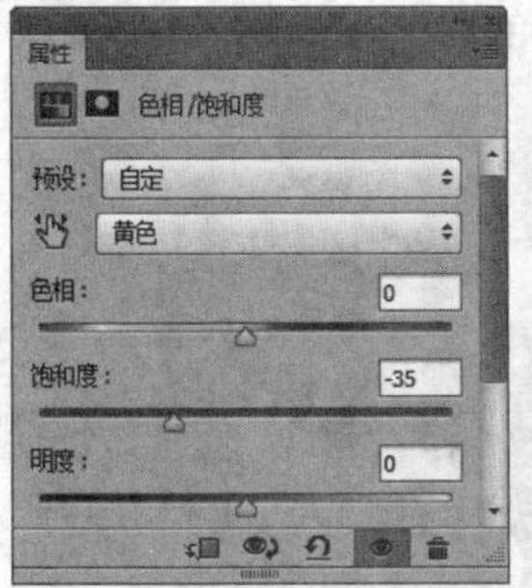

图5.149 调整黄色

STEP 04 在“图层”面板中单击面板底部的“创建新的填充或调整图层”按钮，在弹出的菜单中选中“可选颜色”命令，在“属性”面板中选择“红色”通道，将“黑色”更改为50%，如图5.150所示。

图5.150 调整红色

STEP 05 选择“颜色”为白色，将数值更改为“黑色”–100%，如图5.151所示。

STEP 06 选中“背景”图层，按Ctrl+Alt+2组合键将图像中的高光区域载入选区，按Ctrl+Shift+I组合键将选区反向，如图5.152所示。

STEP 07 选中“背景”图层，执行菜单栏中的“图层”|“新建”|“通过拷贝的图层”命令，此时将生成一个“图层1”图层，如图5.153所示。

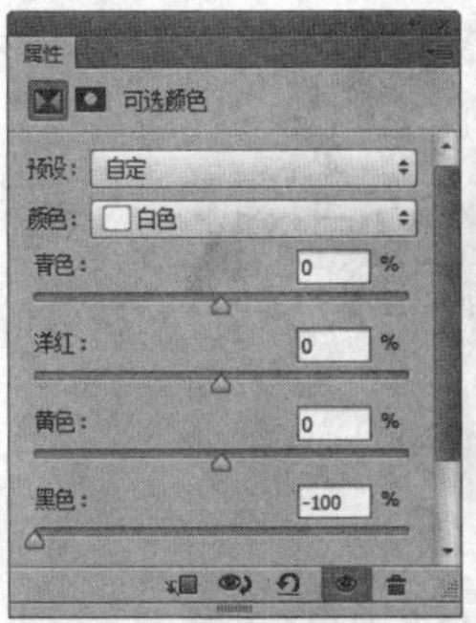

图5.151 调整黑色

图5.152 载入选区

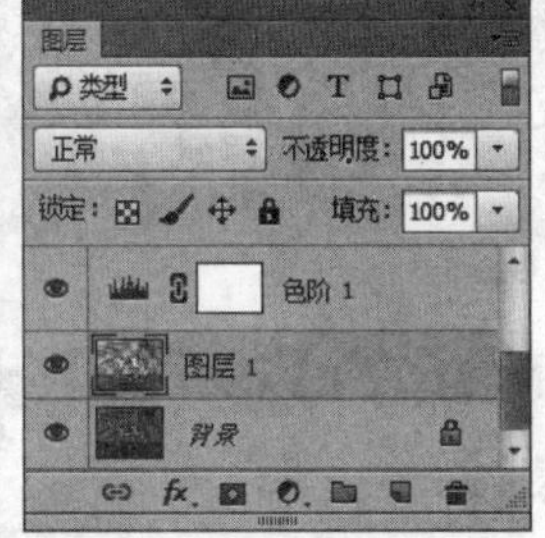

图5.153 通过复制的图层

STEP 08 选中“图层1”图层，将其移至所有图层上方，再将其图层混合模式更改为“滤色”，“不透明度”更改为80%，这样就完成了效果制作，最终效果如图5.154所示。

图5.154 最终效果

实战 274 利用“色相/饱和度”调整可爱阿狸

▶素材位置：素材\第5章\阿狸.jpg
▶案例位置：效果\第5章\可爱阿狸.psd
▶视频位置：视频\实战274.avi
▶难易指数：★★☆☆☆

• 实例介绍 •

本例讲解的是一款阿狸公仔的调色操作方法，原图色彩较平庸，整个调整应当突出公仔的鲜艳色彩，最终效果如图5.155所示。

图5.155 最终效果

• 操作步骤 •

• 打开素材

STEP 01 执行菜单栏中的“文件”|“打开”命令，打开“阿狸.jpg”文件，如图5.156所示。

图5.156 打开素材

STEP 02 在“图层”面板中单击面板底部的“创建新的填充或调整图层”按钮，在弹出的菜单中选中“曲线”命令，在“属性”面板中调整曲线，增加图像亮度，如图5.157所示。

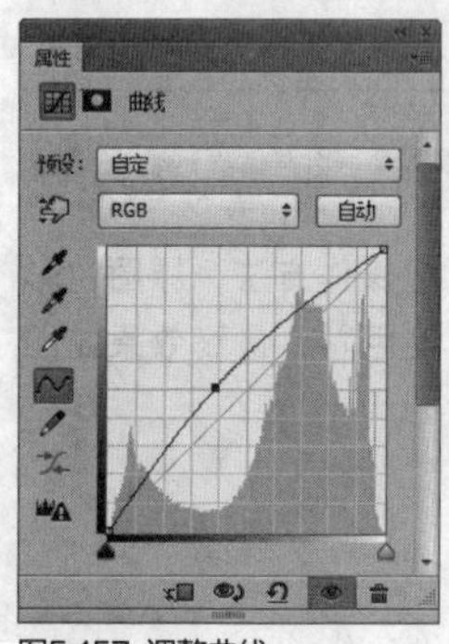

图5.157 调整曲线

STEP 03 在“图层”面板中单击面板底部的“创建新的填充或调整图层”按钮，在弹出的菜单中选中“色相/饱和度”命令，在“属性”面板中选择“红色”通道，将“饱和度”更改为17，如图5.158所示。

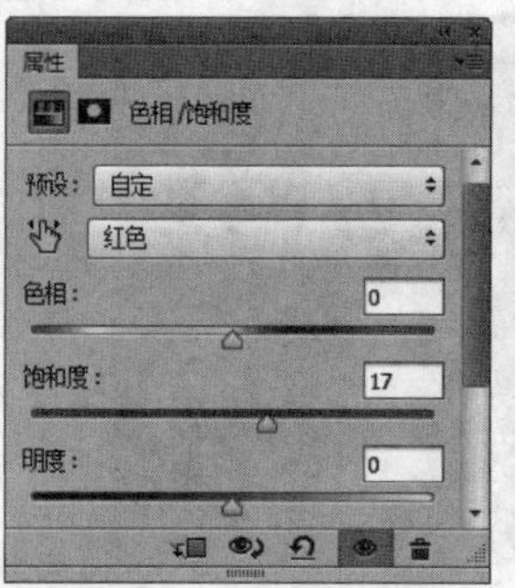

图5.158 调整红色

STEP 04 在“图层”面板中单击面板底部的“创建新的填充或调整图层”按钮，在弹出的菜单中选中“可选颜色”命令，在“属性”面板中选择“颜色”为红色，将其数值更改为“黑色”20%，如图5.159所示。

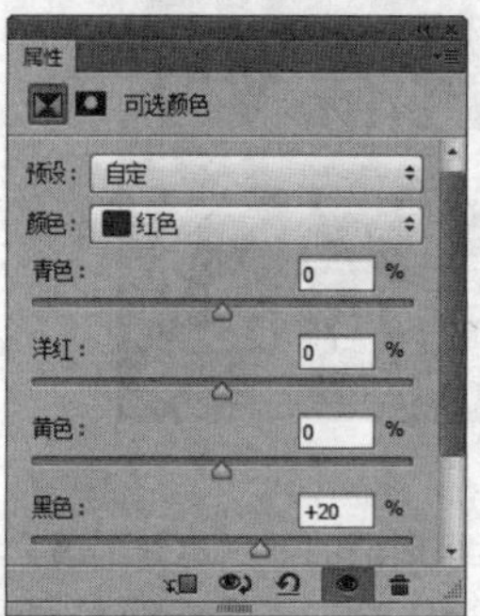

图5.159 调整红色

STEP 05 选择“颜色”为黄色，将其数值更改为“青色”100%，“洋红”-50%，“黑色”50%，如图5.160所示。

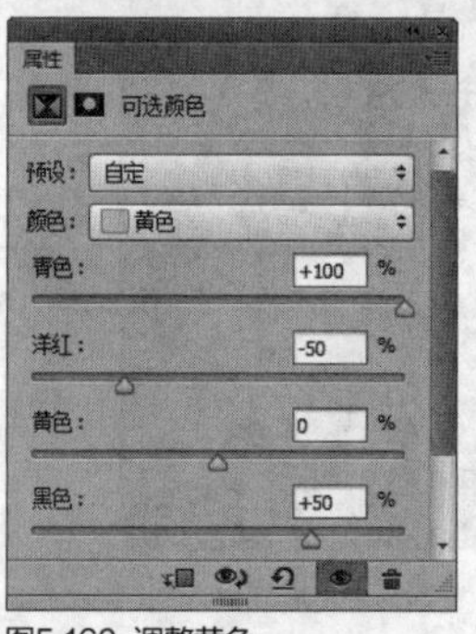

图5.160 调整黄色

• 调整对比度

STEP 01 在“图层”面板中单击面板底部的“创建新的填充或调整图层”按钮，在弹出的菜单中选中“色阶”命令，在“属性”面板中将其数值更改为（30，1.09，255），如图5.161所示。

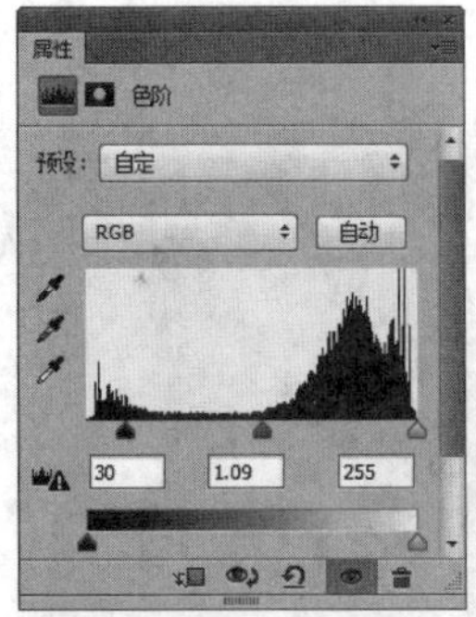

图5.161 调整色阶

STEP 02 单击面板底部的“创建新图层”按钮，新建一个“图层1”图层，如图5.162所示。

STEP 03 选中“图层1”图层，按Ctrl+Alt+Shift+E组合键执行“盖印可见图层”命令，如图5.163所示。

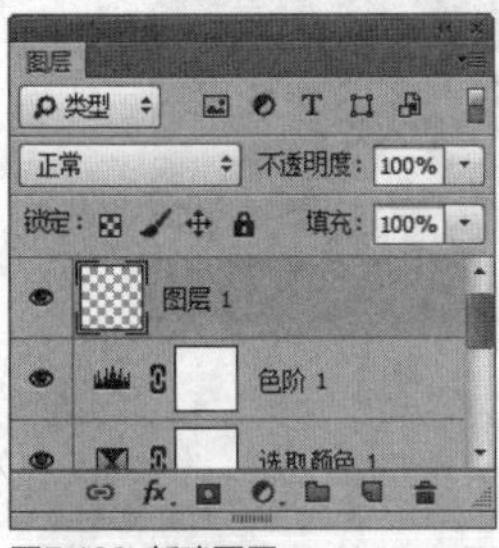

图5.162 新建图层

图5.163 “盖印可见图层”

STEP 04 按Ctrl+Alt+2组合键将图像中的高光区域载入选区，按Ctrl+Shift+I组合键将选区反向，如图5.164所示。

STEP 05 选中“图层1”图层，执行菜单栏中的“图层”|“新建”|“通过拷贝的图层”命令，此时将生成一个“图层2”图层，如图5.165所示。

图5.164 载入选区

图5.165 通过复制的图层

STEP 06 在“图层”面板中选中“图层2”图层，将其图层混合模式设置为“柔光”，“不透明度”更改为80%，这样就完成了效果制作，最终效果如图5.166所示。

图5.166 最终效果

实战 275 利用“可选颜色”调整精品陶瓷茶杯

- 素材位置：素材\第5章\茶杯.jpg
- 案例位置：效果\第5章\精品陶瓷茶杯.psd
- 视频位置：视频\实战275.avi
- 难易指数：★★★☆☆

• 实例介绍 •

本例讲解精品陶瓷茶杯的制作方法。本例中的茶杯色调鲜艳、明快，同时陶瓷质感十分典雅，在调整色彩的时候要多加留意质感变化，最终效果如图5.167所示。

图5.167 最终效果

• 操作步骤 •

● 打开素材

STEP 01 执行菜单栏中的“文件”|“打开”命令，打开“茶杯.jpg”文件，如图5.168所示。

图5.168 打开素材

STEP 02 按Ctrl+Alt+2组合键将图像中的高光区域载入选区，按Ctrl+Shift+I组合键将选区反向，如图5.169所示。

图5.169 选区反向

• 提高亮度

STEP 01 在“图层”面板中单击面板底部的“创建新的填充或调整图层”按钮，在弹出的菜单中选中“曲线”命令，在“属性”面板中调整曲线，增强图像中暗处的亮度，如图5.170所示。

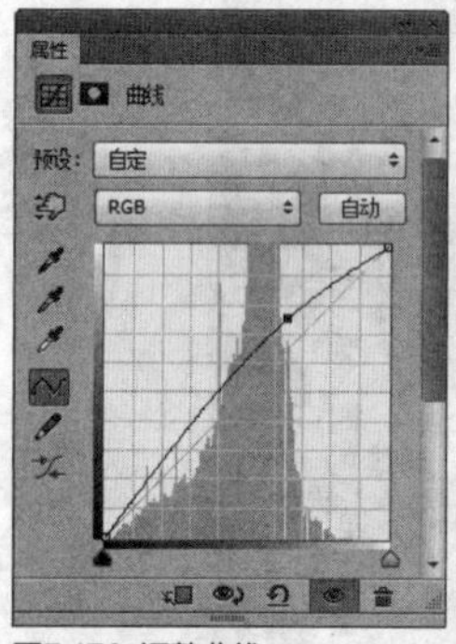

图5.170 调整曲线

STEP 02 在“图层”面板中单击面板底部的“创建新的填充或调整图层”按钮，在弹出的菜单中选中“色相/饱和度”命令，在“属性”面板中将“饱和度”更改为40，如图5.171所示。

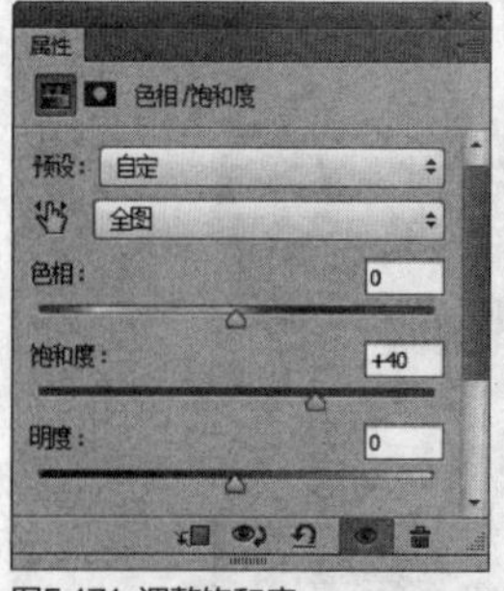

图5.171 调整饱和度

STEP 03 在“图层”面板中单击面板底部的“创建新的填充或调整图层”按钮，在弹出的菜单中选中“可选颜色”命令，在“属性”面板中选择“颜色”为黄色，将“黄色”更改为-44%，“黑色”更改为-37%，如图5.172所示。

STEP 04 选择“颜色”为洋红，将其数值更改为“洋红”100%，“黑色”100%，如图5.173所示。

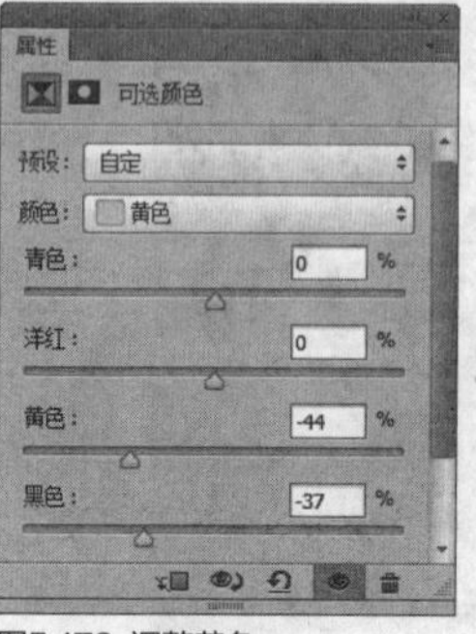

图5.172 调整黄色

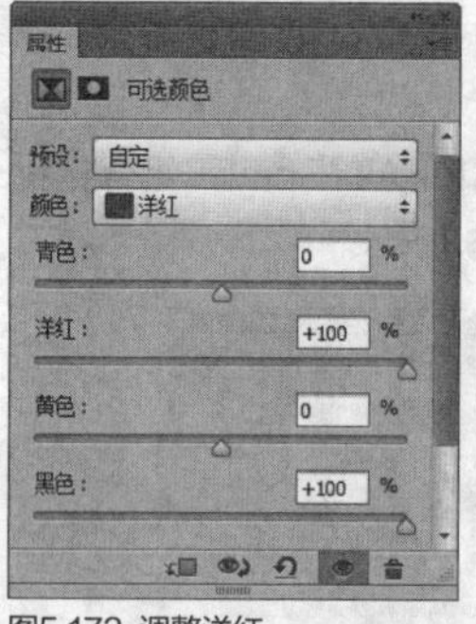

图5.173 调整洋红

• 增强饱和度

STEP 01 在“图层”面板中单击面板底部的“创建新的填充或调整图层”按钮，在弹出的菜单中选中“自然饱和度”命令，在“属性”面板中将“自然饱和度”更改为60，如图5.174所示。

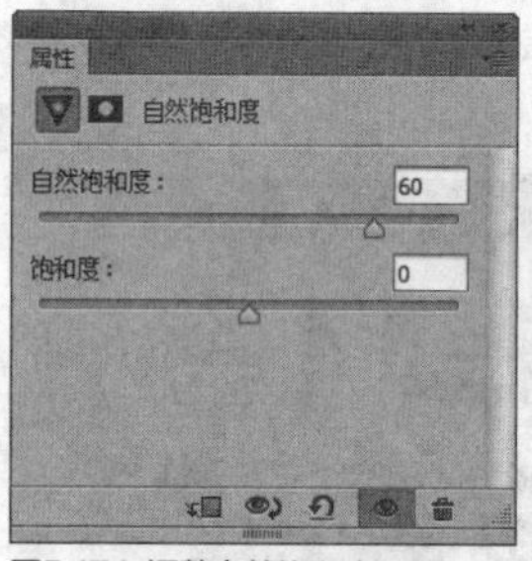

图5.174 调整自然饱和度

STEP 02 单击面板底部的“创建新图层”按钮，新建一个“图层1”图层，如图5.175所示。

STEP 03 选中“图层1”图层，按Ctrl+Alt+Shift+E组合键执行“盖印可见图层”命令，如图5.176所示。

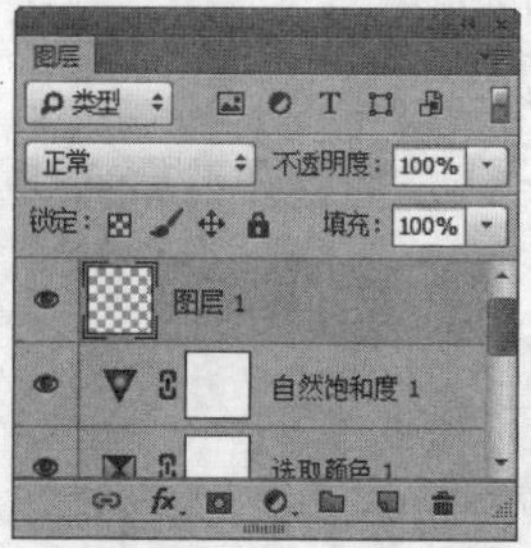

图5.175 新建图层

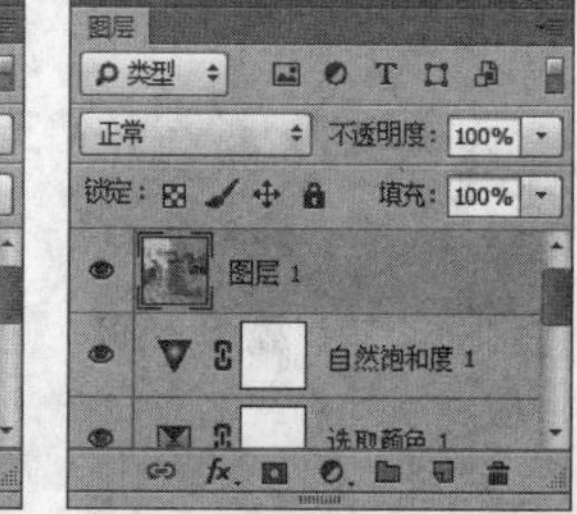

图5.176 盖印可见图层

STEP 04 选中“图层1”图层，按Ctrl+Alt+2组合键将图像中的高光区域载入选区，按Ctrl+Shift+I组合键将选区反向，如图5.177所示。

STEP 05 选中“图层1”图层，执行菜单栏中的“图层”|“新建”|“通过拷贝的图层”命令，此时将生成一个“图层2”图层，如图5.178所示。

图5.177 载入选区并反向

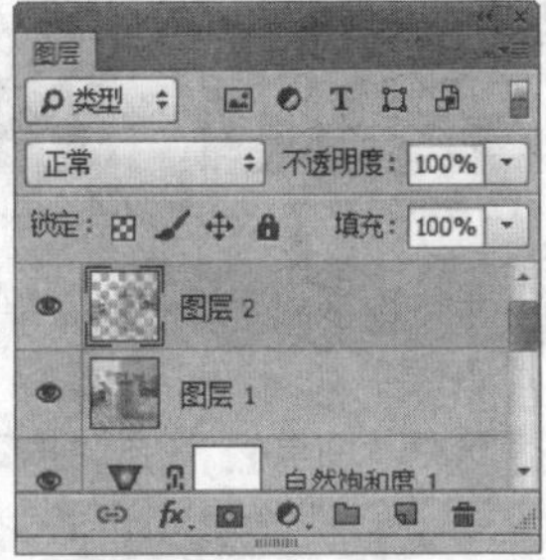

图5.178 通过复制的图层

STEP 06 在“图层”面板中选中“图层 2”图层，将其图层混合模式设置为“柔光”，这样就完成了效果制作，最终效果如图5.179所示。

图5.179 最终效果

实战 276 利用“色相/饱和度”调整宝石手链

▶素材位置：素材\第5章\手链.jpg
▶案例位置：效果\第5章\宝石手链.psd
▶视频位置：视频\实战276.avi
▶难易指数：★★☆☆☆

• 实例介绍 •

宝石手链是由多个珠子串串而成的，在调色操作过程中应当留意每个独立珠子的色泽及质感，最终效果如图5.180所示。

图5.180 最终效果

• 操作步骤 •

• 打开素材

STEP 01 执行菜单栏中的“文件”|“打开”命令，打开“手链.jpg”文件，如图5.181所示。

图5.181 打开素材

STEP 02 在“图层”面板中单击面板底部的“创建新的填充或调整图层”按钮，在弹出的单中选中“曲线”命令，在“属性”面板中调整曲线，增加图像亮度，如图5.182所示。

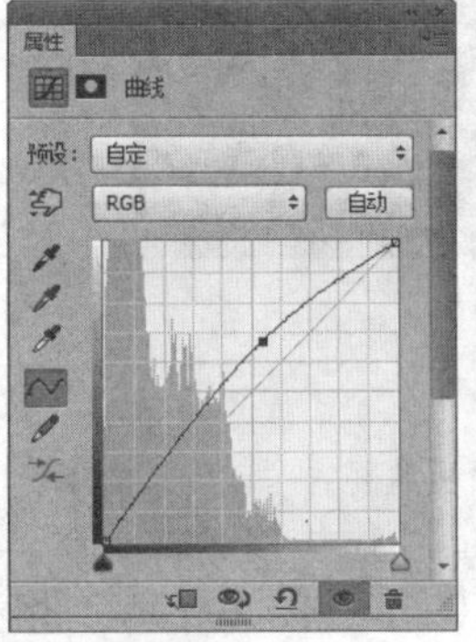

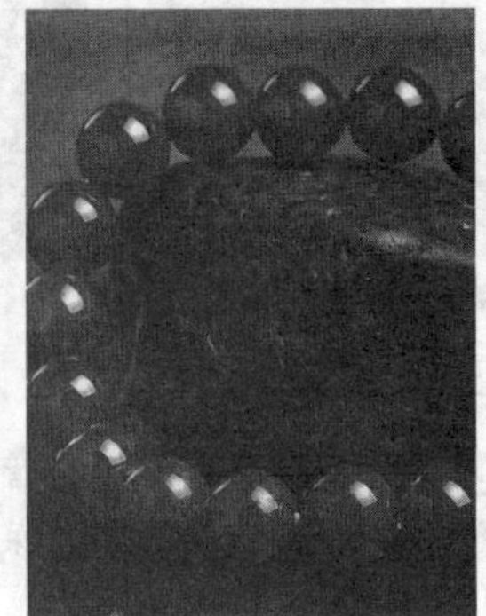

图5.182 调整曲线

STEP 03 在“图层”面板中单击面板底部的“创建新的填充或调整图层”按钮，在弹出的菜单中选中“色相/饱和度”命令，在“属性”面板中将“饱和度”更改为25，如图5.183所示。

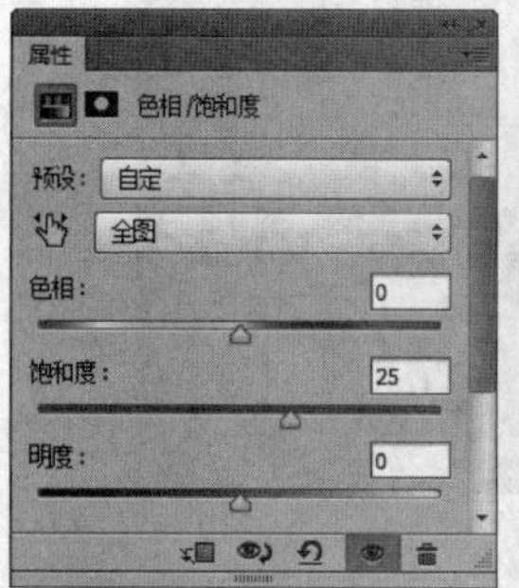
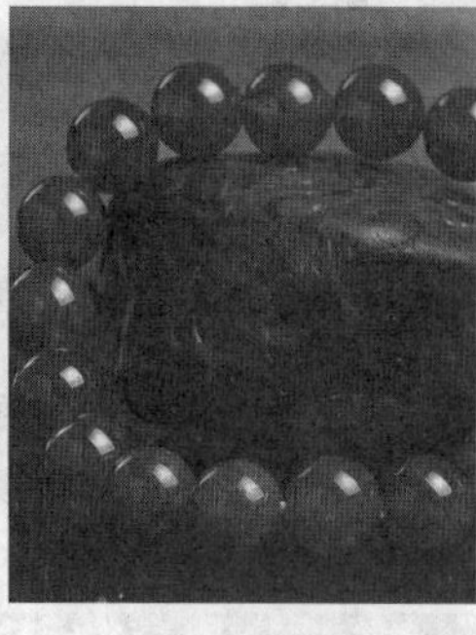

图5.183 调整饱和度

STEP 04 选择“红色”通道，将“饱和度”更改为15，如图5.184所示。

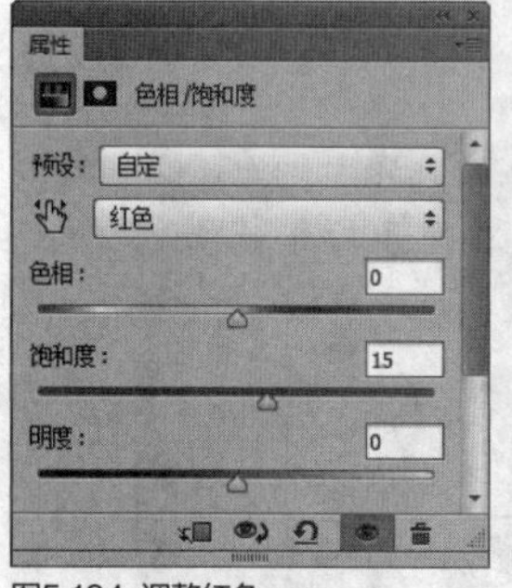

图5.184 调整红色

STEP 05 在“图层”面板中单击面板底部的“创建新的填充或调整图层”按钮，在弹出的菜单中选中“自然饱和度”命令，在“属性”面板中将“自然饱和度”更改为100，如图5.185所示。

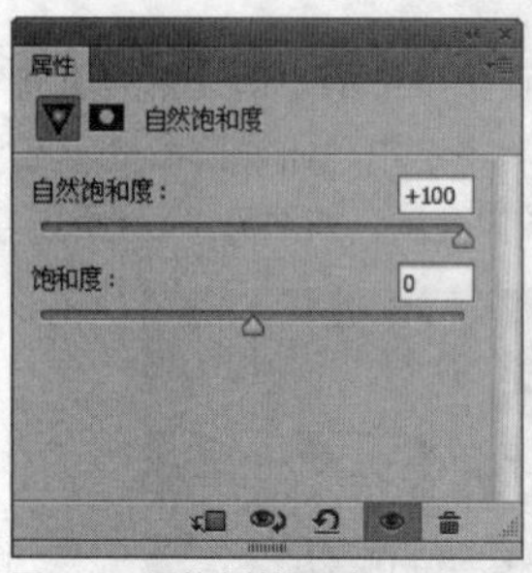

图5.185 调整自然饱和度

- **调整对比度**

STEP 01 在“图层”面板中单击面板底部的“创建新的填充或调整图层”按钮，在弹出的菜单中选中“色阶”命令，在“属性”面板中将其数值更改为（20，1.27，237），如图5.186所示。

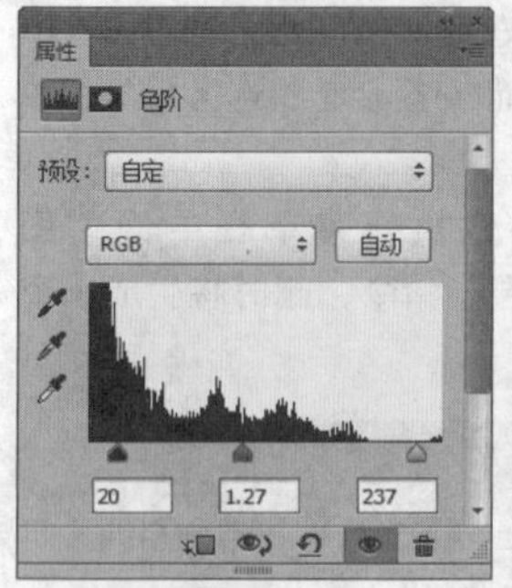

图5.186 调整色阶

STEP 02 单击面板底部的“创建新图层”按钮，新建一个“图层1”图层，如图5.187所示。

STEP 03 选中“图层1”图层，按Ctrl+Alt+Shift+E组合键执行“盖印可见图层”命令，如图5.188所示。

图5.187 新建图层

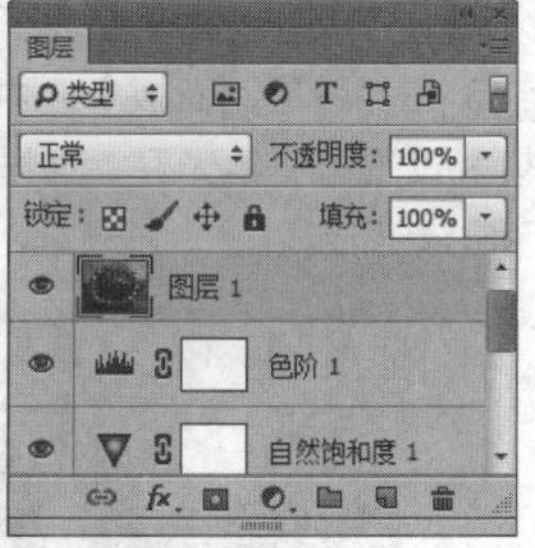

图5.188 盖印可见图层

- **减淡图像**

STEP 01 选择工具箱中的“减淡工具”，在画布中单击鼠标右键，选择一种圆角笔触，将“大小”更改为50像素，“硬度”更改为0%，如图5.189所示，在选项栏中将“曝光度”更改为20%。

STEP 02 选中“图层1”图层，在手链部分区域涂抹减淡图像，这样就完成了效果制作，最终效果如图5.190所示。

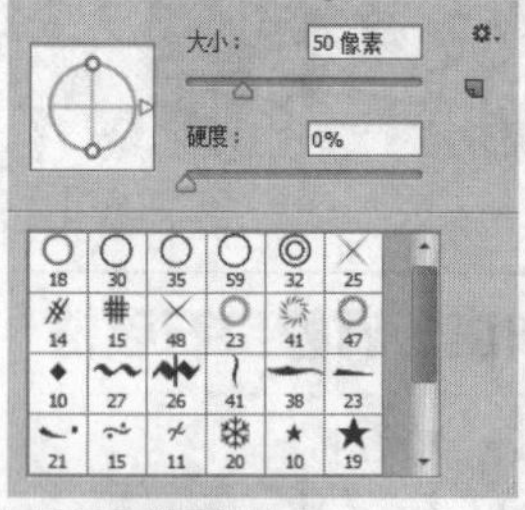
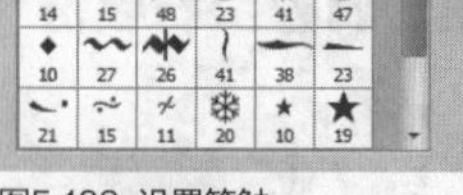

图5.189 设置笔触

图5.190 最终效果

实战277 利用“色相/饱和度”调整风情长裙

- 素材位置：素材\第5章\长裙.jpg
- 案例位置：效果\第5章\风情长裙.psd
- 视频位置：视频\实战277.avi
- 难易指数：★★★☆☆

• 实例介绍 •

本例中的风情长裙十分富有律动感，整体的画面感较强，在调色过程中要留意背景色调对裙子的影响，最终效果如图5.191所示。

图5.191 最终效果

• 操作步骤 •

• 打开素材

STEP 01 执行菜单栏中的“文件”|“打开”命令，打开“长裙.jpg”文件，如图5.192所示。

图5.192 打开素材

STEP 02 在“图层”面板中单击面板底部的“创建新的填充或调整图层”按钮，在弹出快捷菜单中选中“可选颜色”命令，选择“颜色”为黄色，将其数值更改为“洋红”35%，“黄色”-55，如图5.193所示。

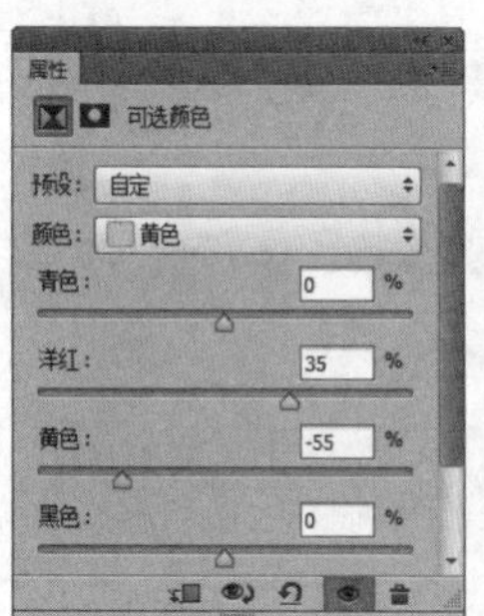

图5.193 调整黄色

STEP 03 选择“颜色”为蓝色，将其数值更改为“黑色”20%，如图5.194所示。

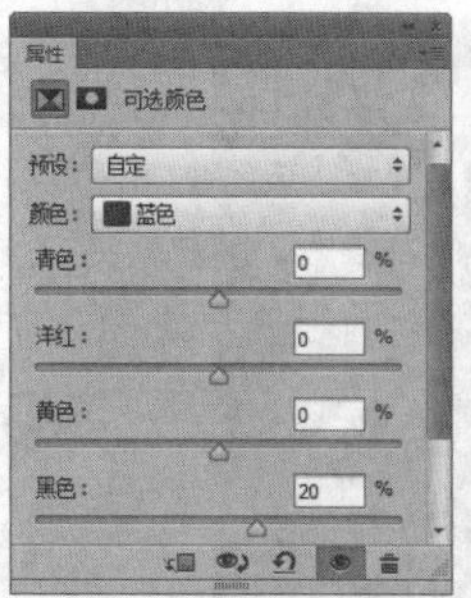

图5.194 调整蓝色

STEP 04 选择“颜色”为白色，将其数值更改为“黑色”100%，如图5.195所示。

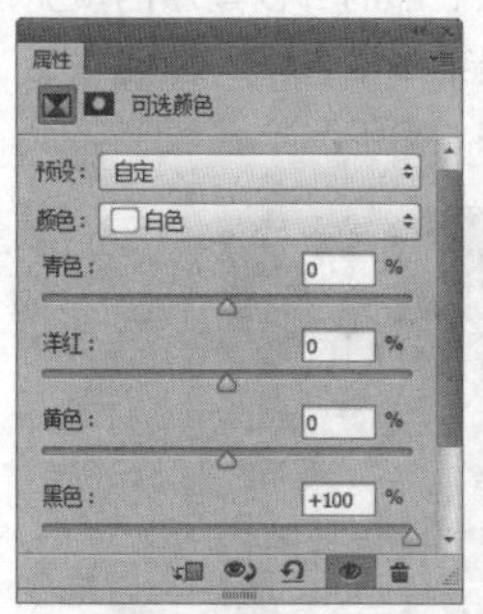

图5.195 调整白色

• 调整饱和度

STEP 01 在“图层”面板中单击面板底部的“创建新的填充或调整图层”按钮，在弹出的快捷菜单中选中“色相/饱和度”命令，在弹出的面板中将“饱和度”更改为20，如图5.196所示。

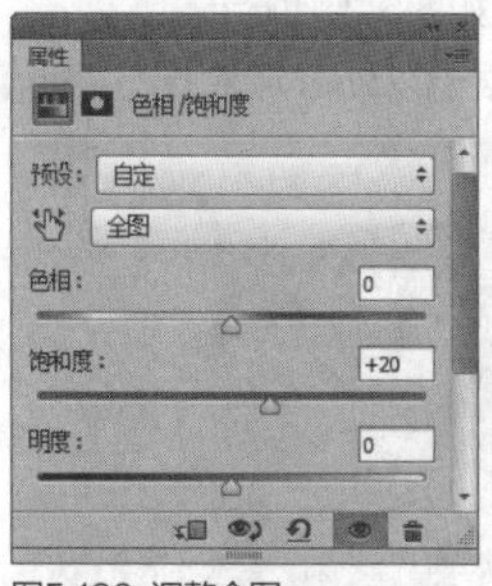

图5.196 调整全图

STEP 02 选择“红色”，将“饱和度”更改为-20，如图5.197所示。

图5.197 调整红色

STEP 03 选择“黄色”，将“饱和度”更改为-30，如图5.198所示。

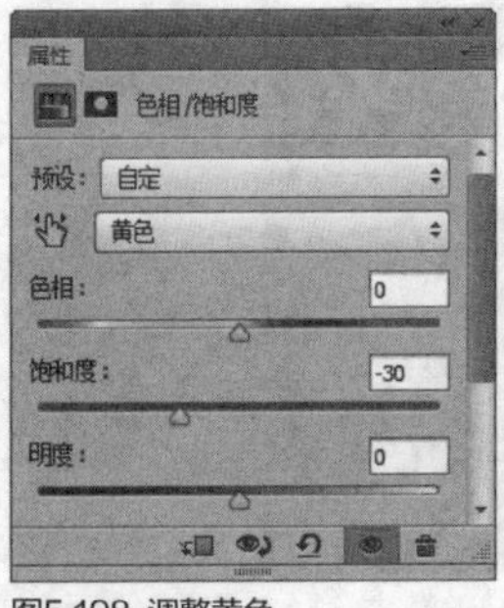

图5.198 调整黄色

• 调整亮度

STEP 01 在“图层”面板中单击面板底部的“创建新的填充或调整图层”按钮，在弹出的快捷菜单中选中“曲线”命令，在弹出的面板中调整曲线，如图5.199所示。

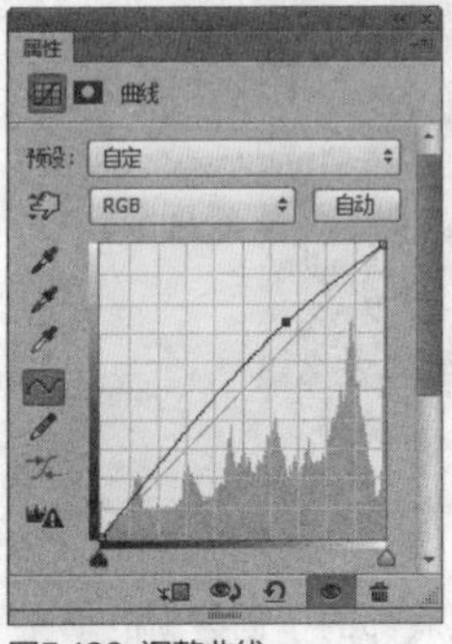

图5.199 调整曲线

STEP 02 选择工具箱中的“画笔工具”，在画布中单击鼠标右键，在弹出的面板中选择一种圆角笔触，将“大小”更改为100像素，“硬度”更改为0%，如图5.200所示。

STEP 03 将前景色更改为黑色，在裙子以外区域涂抹将部分调整效果隐藏，如图5.201所示。

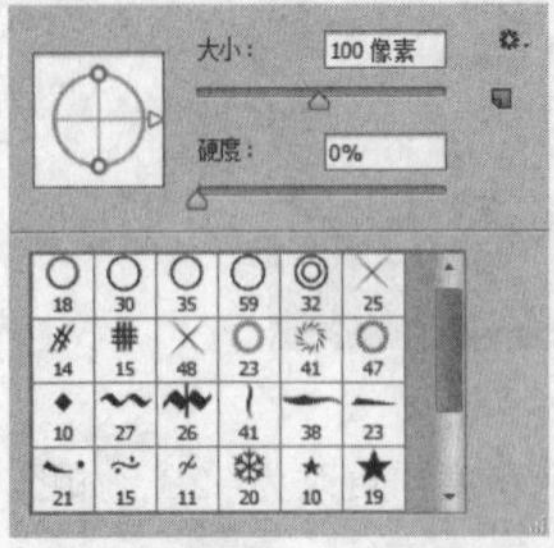
图5.200 调整笔触

图5.201 隐藏调整效果

STEP 04 按Ctrl+Alt+2组合键，将图像中的高光区域载入选区，按Ctrl+Shift+I组合键将选区反向，如图5.202所示。

STEP 05 选中“背景”图层，按Ctrl+J组合键执行“通过拷贝的图层”命令，此时将生成一个新的图层——“图层1”图层，如图5.203所示。

STEP 06 在“图层”面板中选中“图层 1”图层，将其图层混合模式设置为“滤色”，“不透明度”更改为60%，再将其移至所有图层上方，如图5.204所示。

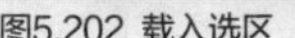
图5.202 载入选区

图5.203 通过复制的图层

图5.204 设置图层混合模式

• 修改调整效果

STEP 01 在“图层”面板中选中“图层1”图层，单击面板底部的“添加图层蒙版”按钮，为其图层添加图层蒙版，如图5.205所示。

STEP 02 选择工具箱中的“画笔工具”，在画布中单击鼠标右键，在弹出的面板中选择一种圆角笔触，将“大小”更改为100像素，“硬度”更改为0%，如图5.206所示。

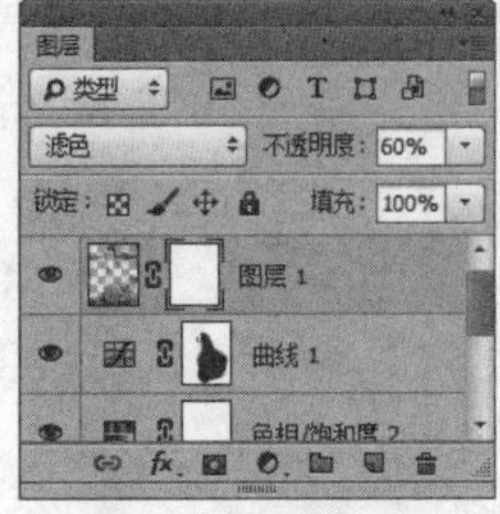
图5.205 添加图层蒙版

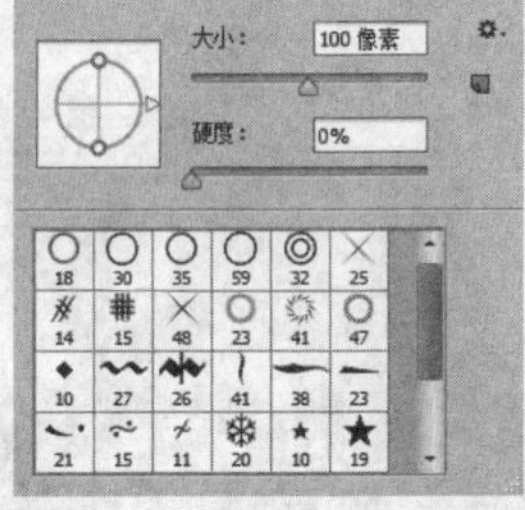
图5.206 设置笔触

STEP 03 将前景色更改为黑色，在画布中除裙子以外区域涂抹将其隐藏，这样就完成了效果制作，最终效果如图5.207所示。

图5.207 最终效果

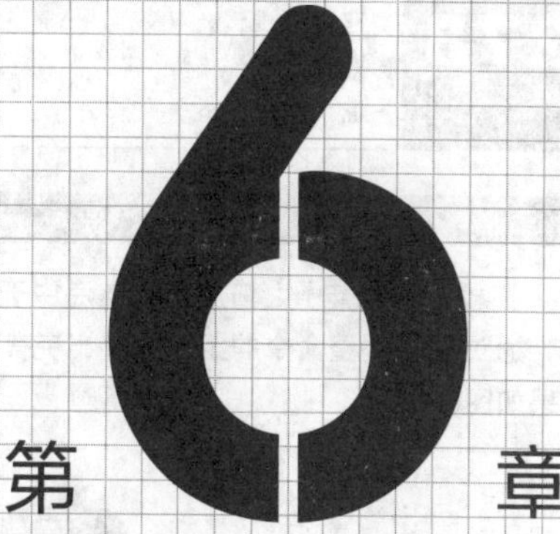

第 6 章

经典流行色调色法

本章导读

本章主要讲解如何调出经典流行色。经典流行色的调色原则是不破坏图像本身的色彩，大多以简洁有效的方法对图像进行调色，整个过程有较强的原则性，同时提升图像的色彩美是本章学习的重点。

要点索引

- 学习调整经典色调
- 掌握经典精致色调的调整方法
- 学习流行色的调整思路
- 学会经典色调的调整方法
- 了解传统经典色调的调整方法

实战 278 校正偏色鞋子

- 素材位置：素材\第6章\偏色鞋子.jpg
- 案例位置：效果\第6章\校正偏色鞋子.psd
- 视频位置：视频\实战278.avi
- 难易指数：★★☆☆☆

• 实例介绍 •

在校正偏色鞋子之前应当在脑海中确定好鞋子的最终色调，通过多种调整命令的组合调整出完美色彩的鞋子，最终效果如图6.1所示。

图6.1 最终效果

• 操作步骤 •

STEP 01 执行菜单栏中的“文件”|“打开”命令，打开“偏色鞋子.jpg”文件，如图6.2所示。

图6.2 打开素材

STEP 02 在“图层”面板中单击面板底部的“创建新的填充或调整图层”按钮，在弹出的菜单中选中“曲线”命令，在“属性”面板中调整曲线，增加图像亮度，如图6.3所示。

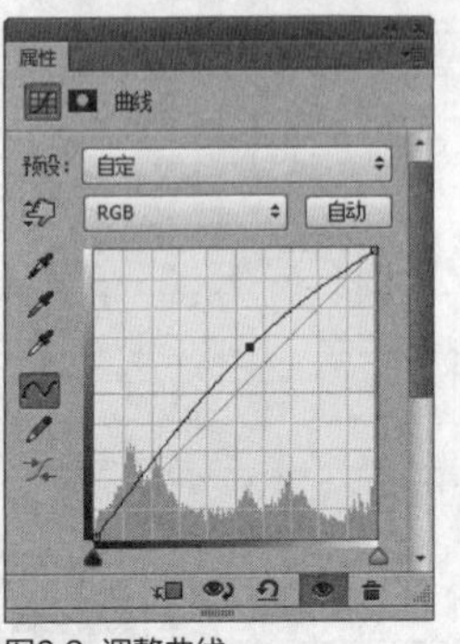

图6.3 调整曲线

STEP 03 在“图层”面板中单击面板底部的“创建新的填充或调整图层”按钮，在弹出的菜单中选中“可选颜色”命令，在“属性”面板中选择“颜色”为“红色”，将“洋红”更改为80%，“黑色”更改为-55%，如图6.4所示。

图6.4 调整红色

STEP 04 选择“颜色”为洋红，将“洋红”更改为100%，如图6.5所示。

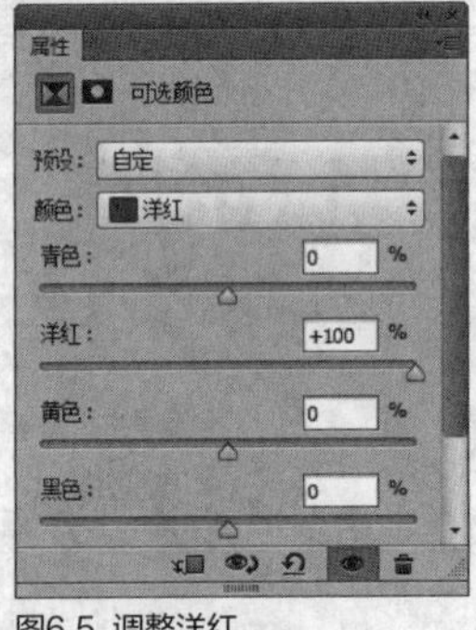

图6.5 调整洋红

STEP 05 单击面板底部的“创建新图层”按钮，新建一个“图层1”图层，如图6.6所示。

STEP 06 选中“图层1”图层，按Ctrl+Alt+Shift+E组合键执行“盖印可见图层”命令，如图6.7所示。

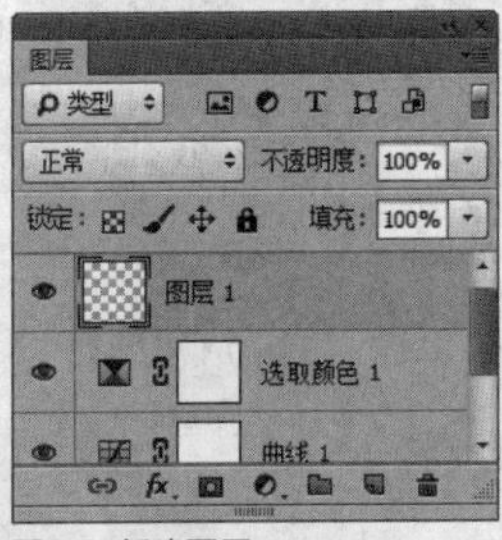

图6.6 新建图层

图6.7 盖印可见图层

STEP 07 选中“图层1”图层，按Ctrl+Alt+2组合键将图像的高光区域载入选区，再按Ctrl+Shift+I组合键将选区反向，如图6.8所示。

STEP 08 选中“图层1”图层，执行菜单栏中的“图层”|“通过拷贝的图层”命令，此时将生成一个“图层2”图层，如图6.9所示。

图6.8 载入选区并反向

图6.9 通过复制的图层

STEP 09 在“图层”面板中选中“图层2”图层，将其图层混合模式设置为“滤色”，“不透明度”更改为60%，这样就完成了最终效果制作，最终效果如图6.10所示。

图6.10 最终效果

实战 279 校正偏色抱枕

▶素材位置：素材\第6章\偏色抱枕.jpg
▶案例位置：效果\第6章\校正偏色抱枕.psd
▶视频位置：视频\实战279.avi
▶难易指数：★★☆☆☆

• 实例介绍 •

本例讲解如何校正偏色抱枕。本例中的原图明显偏蓝，给人的视觉感受十分糟糕，通过提升图像亮度及调整色彩平衡可以达到完美的色彩效果，最终效果如图6.11所示。

图6.11 最终效果

• 操作步骤 •

STEP 01 执行菜单栏中的“文件”|“打开”命令，打开“偏色抱枕.jpg”文件，如图6.12所示。

STEP 02 按Ctrl+Alt+2组合键将图像中的高光区域载入选区，按Ctrl+Shift+I组合键将选区反向，如图6.13所示。

图6.12 打开素材

图6.13 载入选区

STEP 03 在“图层”面板中单击面板底部的“创建新的填充或调整图层”按钮，在弹出的菜单中选中“曲线”命令，在“属性”面板中调整曲线，增加图像亮度，如图6.14所示。

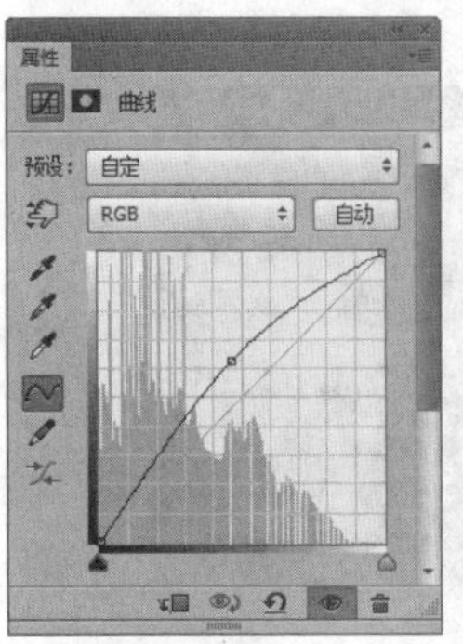

图6.14 调整曲线

STEP 04 在“图层”面板中单击面板底部的“创建新的填充或调整图层”按钮，在弹出的菜单中选中“色彩平衡”命令，在“属性”面板中选择色调为“阴影”，将其调整为偏红色5，偏黄色-13，如图6.15所示。

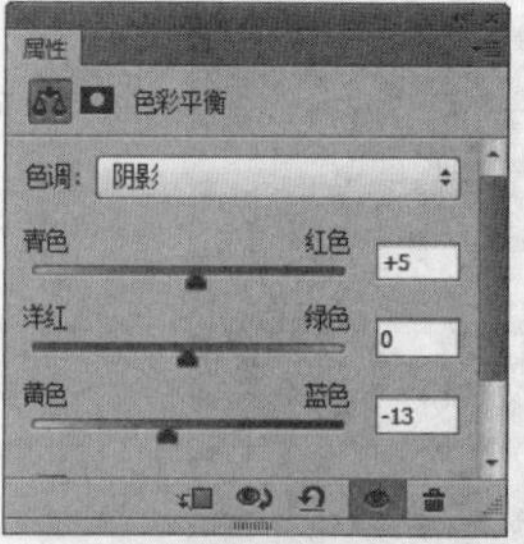

图6.15 调整阴影

STEP 05 选择“色调”为中间调，将其数值更改为偏黄色-15，如图6.16所示。

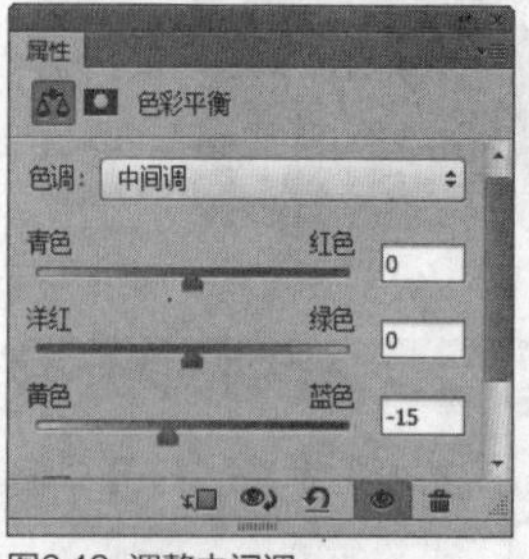

图6.16 调整中间调

STEP 06 选择“色调”为高光，将其数值更改为偏黄色-25，如图6.17所示。

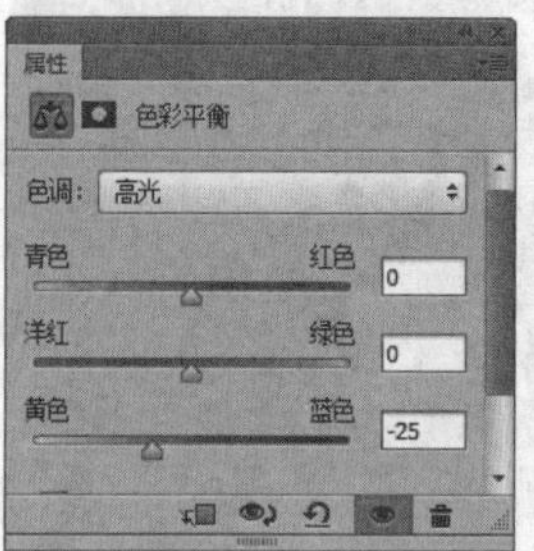

图6.17 调整高光

STEP 07 在“图层”面板中单击面板底部的“创建新的填充或调整图层”按钮，在弹出的菜单中选中“亮度/对比度”命令，在“属性”面板中将“对比度”更改为30，如图6.18所示。

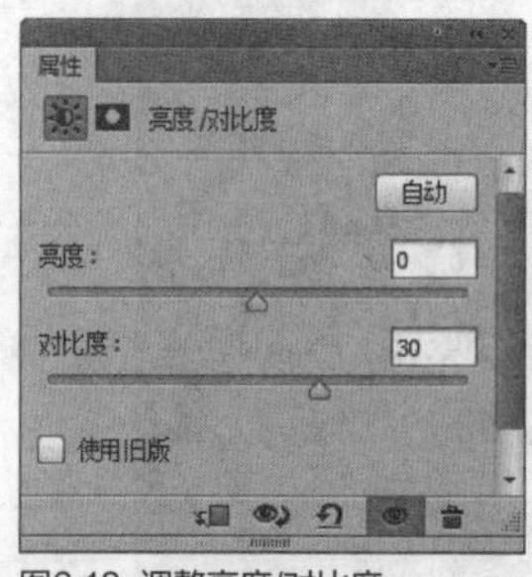

图6.18 调整亮度/对比度

STEP 08 在“图层”面板中单击面板底部的“创建新的填充或调整图层”按钮，在弹出的菜单中选中“色相/饱和度”命令，在“属性”面板中选择“蓝色”通道，将“饱和度”更改为-15，如图6.19所示。

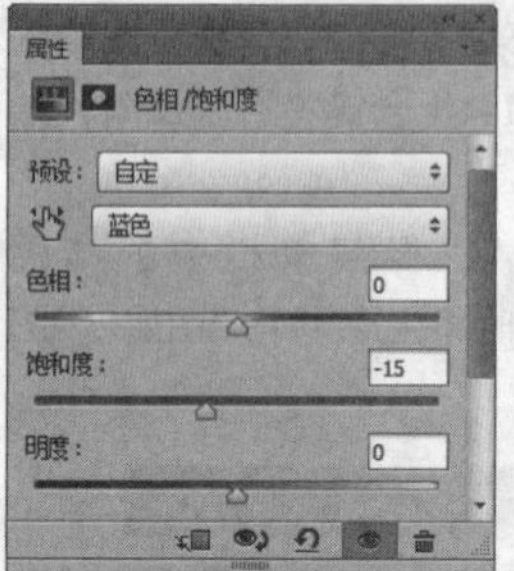

图6.19 调整色相/饱和度

STEP 09 选择“洋红”通道，将“饱和度”更改为-35，如图6.20所示。

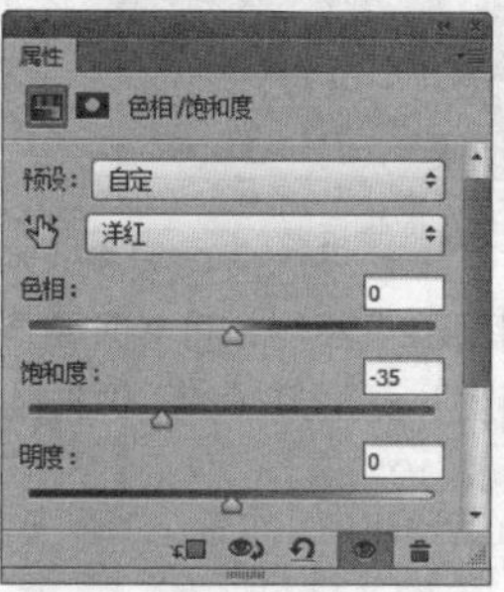

图6.20 调整洋红

STEP 10 单击面板底部的“创建新图层”按钮，新建一个“图层1”图层，如图6.21所示。

STEP 11 选中“图层1”图层，按Ctrl+Alt+Shift+E组合键执行“盖印可见图层”命令，如图6.22所示。

图6.21 新建图层

图6.22 盖印可见图层

STEP 12 选中“图层1”图层，按Ctrl+Alt+2组合键将图像中的高光载入选区，按Ctrl+Shift+I组合键将选区反向，按Ctrl+J组合键执行“通过拷贝的图层”命令，此时将生成一个“图层2”图层，如图6.23所示。

图6.23 通过复制的图层

STEP 13 在“图层”面板中选中“图层2”图层，将其移至所有图层上方，再将其图层混合模式设置为“滤色”，“不透明度”更改为50%，如图6.24所示。

图6.24 最终效果

实战 280 为播放器更改颜色

▶素材位置：素材\第6章\播放器.jpg
▶案例位置：效果\第6章\为播放器更改颜色.psd
▶视频位置：视频\实战280.avi
▶难易指数：★★☆☆☆

• 实例介绍 •

为播放器更改颜色的操作方法十分简单，仅需1种命令即可完美实现，最终效果如图6.25所示。

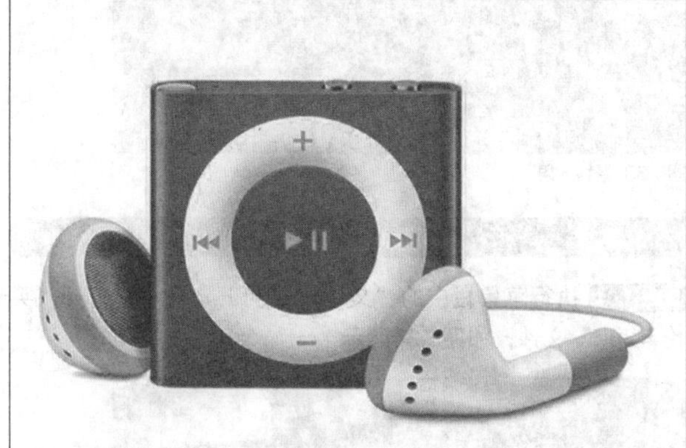
图6.25 最终效果

• 操作步骤 •

STEP 01 执行菜单栏中的“文件”|“打开”命令，打开“播放器.jpg”文件，如图6.26所示。

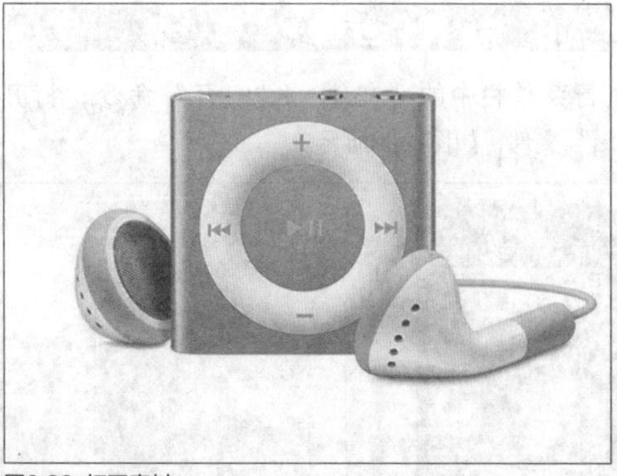
图6.26 打开素材

STEP 02 在“图层”面板中单击面板底部的“创建新的填充或调整图层”按钮，在弹出的菜单中选中“色相/饱和度”命令，在“属性”面板中将“色相”更改为-86，“饱和度”更改为10，这样就完成了效果制作，最终效果如图6.27所示。

图6.27 最终效果

实战 281 为iPhone机身更换颜色

▶素材位置：素材\第6章\iPhone.jpg
▶案例位置：效果\第6章\为iPhone机身更换颜色.psd
▶视频位置：视频\实战281.avi
▶难易指数：★★★☆☆

• 实例介绍 •

iphone的机身颜色本身十分鲜艳，整个调整过程十分简单，需要把握好最终色彩的饱和度，最终效果如图6.28所示。

图6.28 最终效果

• 操作步骤 •

STEP 01 执行菜单栏中的“文件”|“打开”命令，打开“iPhone.jpg”文件，如图6.29所示。

图6.29 打开素材

STEP 02 在“图层”面板中单击面板底部的“创建新的填充或调整图层”按钮，在弹出的菜单中选中“色相/饱和度”命令，在“属性”面板中选择“绿色”通道，将“色相”更改为105，如图6.30所示。

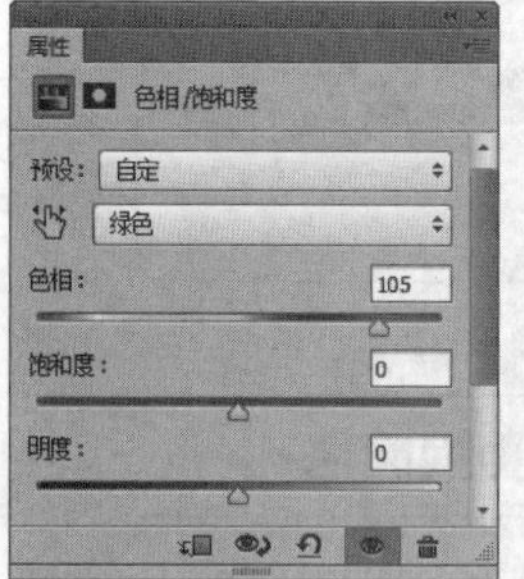

图6.30 调整色相

STEP 03 选择工具箱中的“矩形选框工具”，在画布中的手机屏幕位置绘制一个与其大小相同的矩形选区，如图6.31所示。

图6.31 绘制选区

STEP 04 单击“色相/饱和度 1”图层蒙版缩览图，将选区填充为黑色，将部分调整效果隐藏，完成之后按Ctrl+D组合键将选区取消，这样就完成了效果制作，最终效果如图6.32所示。

图6.32 最终效果

实战 282 调整蓝色英伦鞋

- 素材位置：素材\第6章\英伦鞋.jpg
- 案例位置：效果\第6章\蓝色英伦鞋.psd
- 视频位置：视频\实战282.avi
- 难易指数：★★☆☆☆

• 实例介绍 •

本例中的色调调整与颜色替换类似，将酒红色的鞋子调整为蓝色，同时色彩的更改可以让人们有更多的色彩选择，最终效果如图6.33所示。

图6.33 最终效果

• 操作步骤 •

STEP 01 执行菜单栏中的“文件”|“打开”命令，打开“英伦鞋.jpg”文件，如图6.34所示。

图6.34 打开素材

STEP 02 在“图层”面板中单击面板底部的“创建新的填充或调整图层”按钮，在弹出的菜单中选中“色相/饱和度”命令，在“属性”面板中将“色相”更改为-145，“饱和度”更改为7，如图6.35所示。

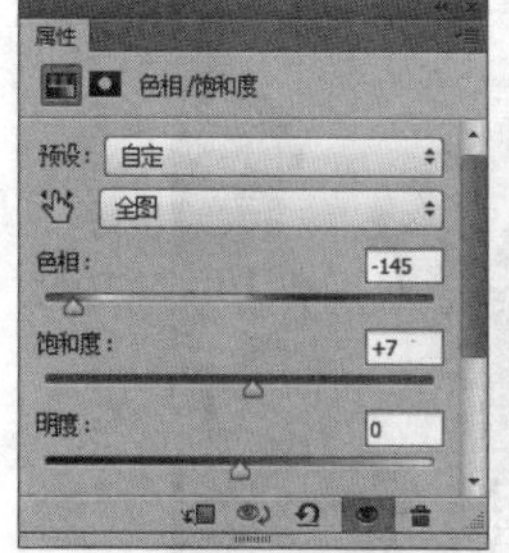

图6.35 调整色相/饱和度

STEP 03 选择工具箱中的“画笔工具”，在画布中单击鼠标右键，在面板中选择一种圆角笔触，将“大小”更改为50像素，“硬度”更改为90%，如图6.36所示。

STEP 04 将前景色更改为黑色，在画布中除鞋子之外的区域进行涂抹，将多余的调整效果隐藏，如图6.37所示。

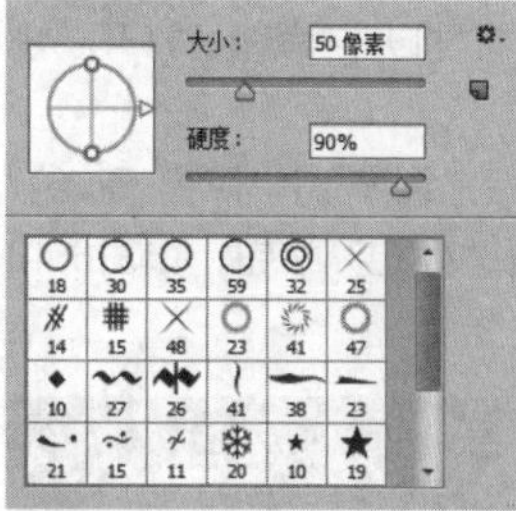

图6.36 设置笔触

图6.37 隐藏调整效果

STEP 05 在“图层”面板中单击面板底部的“创建新的填充或调整图层”按钮，在弹出的菜单中选中“自然饱和度”命令，在面板中将“自然饱和度”更改为60，如图6.38所示。

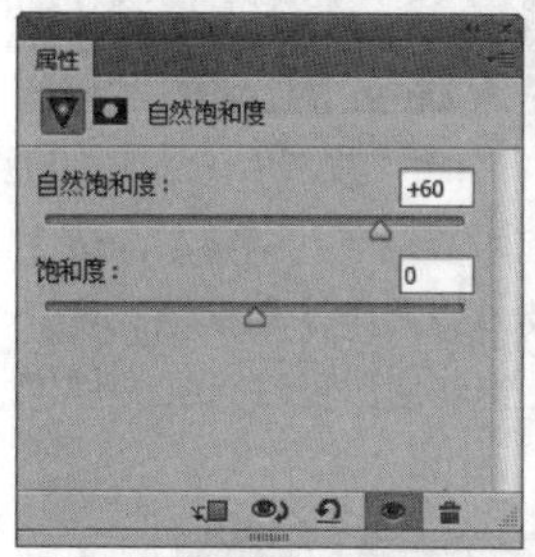

图6.38 调整自然饱和度

STEP 06 在“图层”面板中单击面板底部的“创建新的填充或调整图层”按钮，在弹出的菜单中选中“色阶”命令，在面板中将其数值更改为（5，1.2，230），这样就完成了效果制作，最终效果如图6.39所示。

图6.39 最终效果

实战 283

为移动电源更换颜色

- 素材位置：素材\第6章\移动电源.jpg
- 案例位置：效果\第6章\为移动电源更换颜色.psd
- 视频位置：视频\实战283.avi
- 难易指数：★★☆☆☆

• 实例介绍 •

对商品进行颜色更换的操作普遍比较简单，我们在整个操作过程中应当多加留意饱和度的变化，最终效果如图6.40所示。

图6.40 最终效果

• 操作步骤 •

STEP 01 执行菜单栏中的“文件”|“打开”命令，打开“移动电源.jpg”文件，如图6.41所示。

图6.41 打开素材

STEP 02 执行菜单栏中的“图像”|“调整”|“替换颜色”命令，当弹出对话框以后在图像中的移动电源图像区域单击取样，将“色相”更改为130，“饱和度”更改为17，完成之后单击“确定”按钮，如图6.42所示。

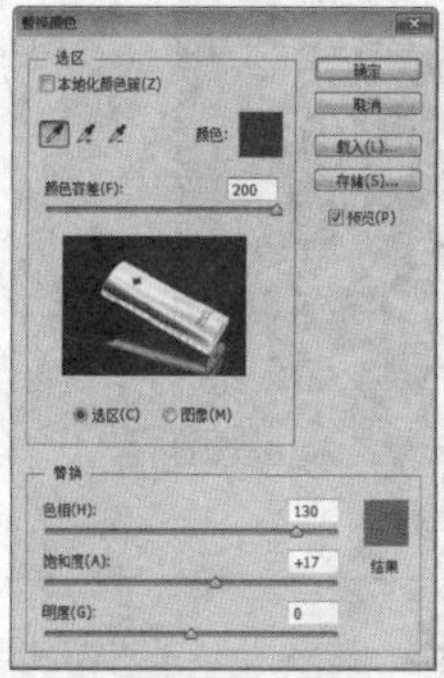

图6.42 设置替换颜色

STEP 03 在“图层”面板中单击面板底部的“创建新的填充或调整图层”按钮，在弹出的菜单中选中“可选颜色”命令，在“属性”面板中选择“颜色”为白色，将“洋红”更改为-100%，这样就完成了效果制作，最终效果如图6.43所示。

图6.43 最终效果

实战 284

利用“阴影/高光”调整精致日式小台灯

- 素材位置：素材\第6章\小台灯.jpg
- 案例位置：效果\第6章\精致日式小台灯.psd
- 视频位置：视频\实战284.avi
- 难易指数：★★☆☆☆

• 实例介绍 •

本例讲解精致日式小台灯的调色操作方法。本例以突出体现小台灯精致的特点为主，同时柔和的主色调令整个图像看上去十分舒适，最终效果如图6.44所示。

图6.44 最终效果

• 操作步骤 •

STEP 01 执行菜单栏中的“文件”|“打开”命令，打开“小台灯.jpg”文件，如图6.45所示。

STEP 02 执行菜单栏中的“图像”|“调整”|“阴影/高光”命令，在弹出的对话框中直接单击“确定”按钮，如图6.46所示。

图6.45 打开素材

图6.46 调整阴影/高光

STEP 03 在“图层”面板中单击面板底部的“创建新的填充或调整图层”按钮，在弹出的菜单中选中“自然饱和度”命令，在“属性”面板中将“自然饱和度”更改为80，“饱和度”更改为10，如图6.47所示。

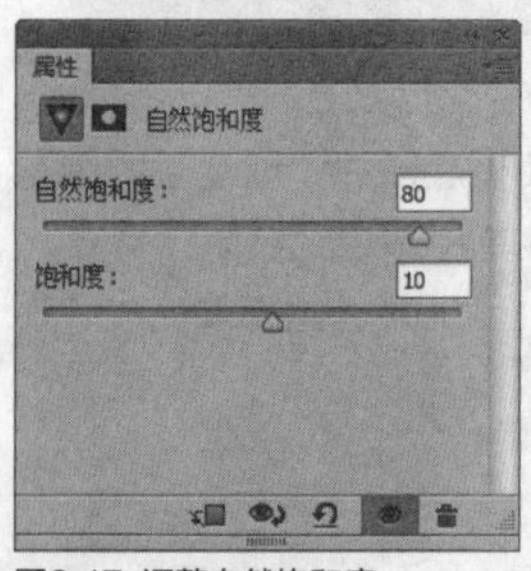

图6.47 调整自然饱和度

STEP 04 选中“背景”图层，按Ctrl+Alt+2组合键将图像中的高光区域载入选区，按Ctrl+Shift+I组合键将选区反向，如图6.48所示。

STEP 05 选中“背景”图层，执行菜单栏中的“图层”|“新建”|“通过拷贝的图层”命令，此时将生成一个“图层1”图层，如图6.49所示。

图6.48 载入选区

图6.49 通过复制的图层

STEP 06 选中“图层1”图层，将其移至所有图层上方，再将其图层混合模式更改为“柔光”，“不透明度”更改为50%，如图6.50所示。

图6.50 设置图层混合模式

STEP 07 在“图层”面板中单击面板底部的“创建新的填充或调整图层”按钮，在弹出的菜单中选中“色阶”命令，在“属性”面板中将数值更改为（0，1.24，250），这样就完成了效果制作，最终效果如图6.51所示。

图6.51 最终效果

实战 285 利用“可选颜色”调整复古情侣表

- 素材位置：素材\第6章\情侣表.jpg
- 案例位置：效果\第6章\复古情侣表.psd
- 视频位置：视频\实战285.avi
- 难易指数：★★★☆☆

• 实例介绍 •

复古风的色调以偏素色为主，在对情侣表进行调色的时候首先要校正整体色调，同时要注意整个色彩的空间感，最终效果如图6.52所示。

图6.52 最终效果

• 操作步骤 •

STEP 01 执行菜单栏中的“文件”|“打开”命令，打开“情侣表.jpg”文件，如图所1.53示。

图6.53 打开素材

STEP 02 在“图层”面板中单击面板底部的“创建新的填充或调整图层”按钮，在弹出的菜单中选中“曲线”命令，在“属性”面板中选择“RGB”通道将其曲线向上拉，调整图像整体亮度，如图6.54所示。

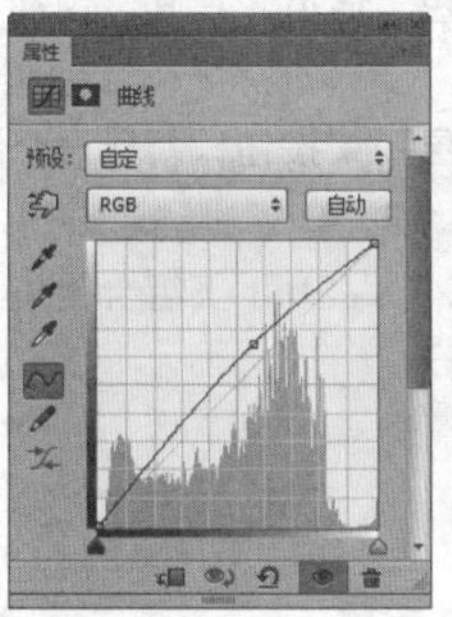

图6.54 调整曲线

STEP 03 在“图层”面板中单击面板底部的“创建新的填充或调整图层”按钮，在弹出的菜单中选中“可选颜色”命令，在“属性”面板中选择“颜色”为“青色”，将其数值更改为“黑色”40%，如图6.55所示。

图6.55 调整青色

STEP 04 选择“颜色”为白色，将其数值更改为“黑色”-60%，如图6.56所示。

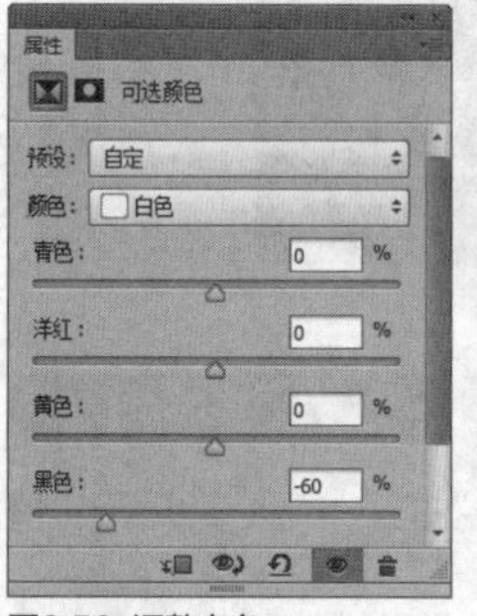

图6.56 调整白色

STEP 05 在“图层”面板中单击面板底部的“创建新的填充或调整图层”按钮，在弹出的菜单中选中“色相/饱和度”命令，在“属性”面板中选择“全图”通道，将其“饱和度”更改为25，如图6.57所示。

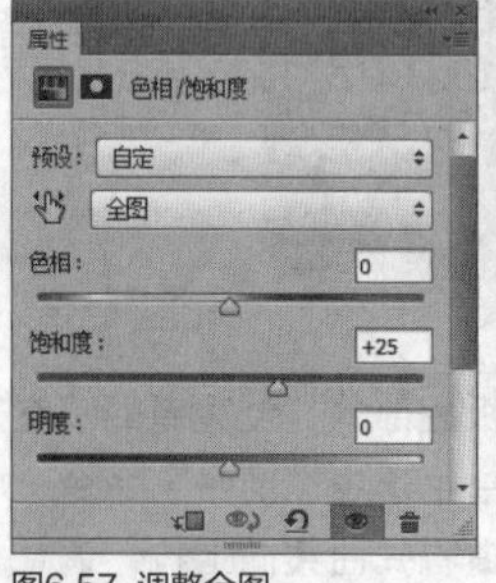

图6.57 调整全图

STEP 06 在“属性”面板中选择“黄色”通道，将其“饱和度”更改为15，如图6.58所示。

STEP 07 单击面板底部的“创建新图层”按钮，新建一个“图层1”图层，如图6.59所示。

STEP 08 选中“图层1”图层，按Ctrl+Alt+Shift+E组合键执行“盖印可见图层”命令，如图6.60所示。

图6.58 调整黄色

图6.59 新建图层　图6.60 盖印可见图层

STEP 09 按Ctrl+Alt+2组合键将图像中的高光载入选区，按Ctrl+Shift+I组合键将选区反选，按Ctrl+J组合键执行“通过拷贝的图层”命令，此时将生成一个新的图层——“图层2”图层，如图6.61所示。

图6.61 通过复制的图层

STEP 10 在“图层”面板中选中“图层2”图层，将其图层混合模式设置为“滤色”，这样就完成了最终效果制作，最终效果如图6.62所示。

图6.62 最终效果

实战 286 利用“曲线”调整品质牛皮登山鞋

▶素材位置：素材\第6章\登山鞋.jpg
▶案例位置：效果\第6章\品质牛皮登山鞋.psd
▶视频位置：视频\实战286.avi
▶难易指数：★★★☆☆

• 实例介绍 •

本例中的鞋子图像占据了画布的大部分区域，整体以体现鞋子的品质为主，在调色过程中要尽量注意细节处色调的调整，最终效果如图6.63所示。

图6.63 最终效果

• 操作步骤 •

STEP 01 执行菜单栏中的“文件”|“打开”命令，打开“登山鞋.jpg”文件，如图6.64所示。

图6.64 打开素材

STEP 02 在“图层”面板中单击面板底部的“创建新的填充或调整图层”按钮，在弹出的菜单中选中“曲线”命令，在“属性”面板中选择“RGB”通道，将其曲线向上拉，调整图像整体亮度，如图6.65所示。

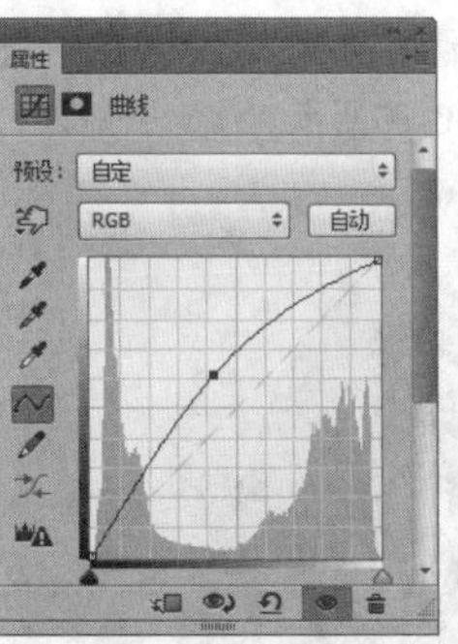

图6.65 调整RGB

STEP 03 选择“蓝”通道，将其曲线向下拉，调低图像中蓝色通道的整体亮度，如图6.66所示。

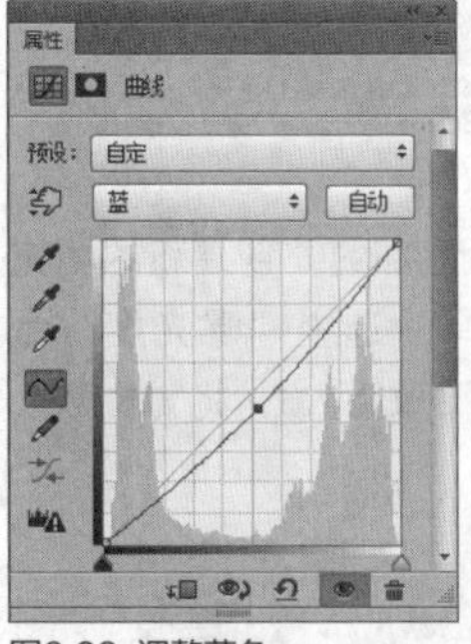

图6.66 调整蓝色

STEP 04 在“图层”面板中单击面板底部的“创建新的填充或调整图层”按钮，在弹出的菜单中选中“色彩平衡”命令，在“属性”面板中选择“色调”为中间调，将其调整为偏黄色-15，如图6.67所示。

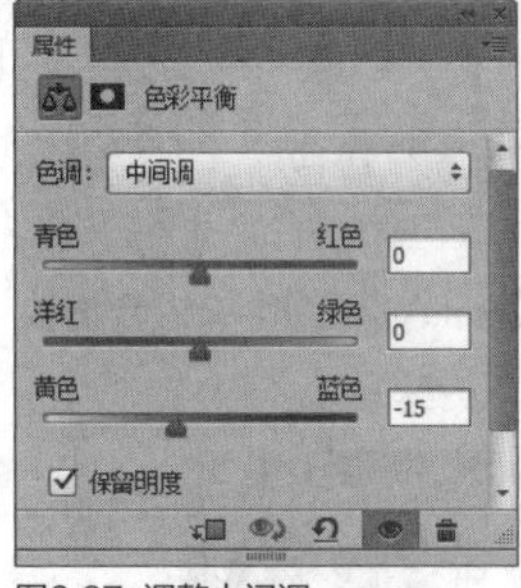

图6.67 调整中间调

STEP 05 单击面板底部的“创建新图层”按钮，新建一个“图层1”图层，如图6.68所示。

STEP 06 选中“图层1”图层，按Ctrl+Alt+Shift+E组合键执行“盖印可见图层”命令，如图6.69所示。

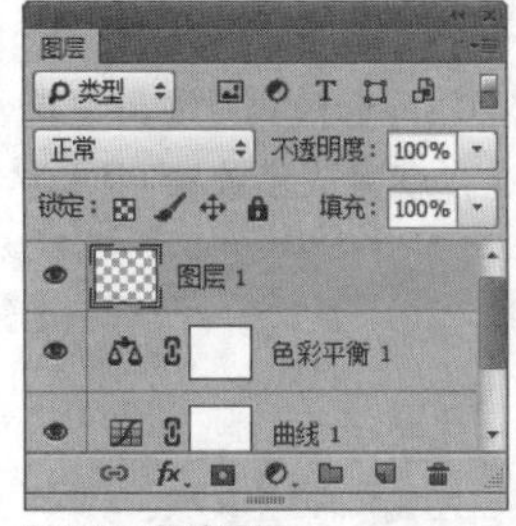

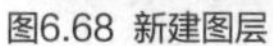

图6.68 新建图层

图6.69 盖印可见图层

STEP 07 按Ctrl+Alt+2组合键，将图像中的高光载入选区，按Ctrl+Shift+I组合键将选区反选，如图6.70所示。

图6.70 载入选区

STEP 08 在“图层”面板中单击面板底部的“创建新的填充或调整图层”按钮，在弹出的菜单中选中“曝光度”命令，在“属性”面板中将“曝光度”更改为1.6，将“位移”更改为0.001，如图6.71所示。

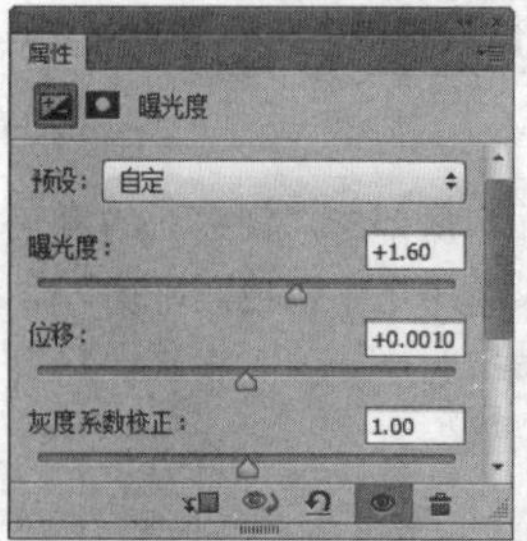

图6.71 调整曝光度

STEP 09 单击面板底部的“创建新图层”按钮，新建一个“图层2”图层，如图6.72所示。

STEP 10 选中“图层2”图层，按Ctrl+Alt+Shift+E组合键执行“盖印可见图层”命令，如图6.73所示。

图6.72 新建图层　图6.73 盖印可见图层

STEP11 选择“图层2”图层，将其图层混合模式设置为“滤色”，“不透明度”更改为30%，这样就完成了效果制作，最终效果如图6.74所示。

图6.74 最终效果

实战287 利用“可选颜色”调整可爱旅行包

▶素材位置：素材\第6章\旅行包.jpg
▶案例位置：效果\第6章\可爱旅行包.psd
▶视频位置：视频\实战287.avi
▶难易指数：★★☆☆☆

• 实例介绍 •

包包的图案很萌、很可爱，在色彩的调整过程中以舒适的色调为主，最终效果如图6.75所示。

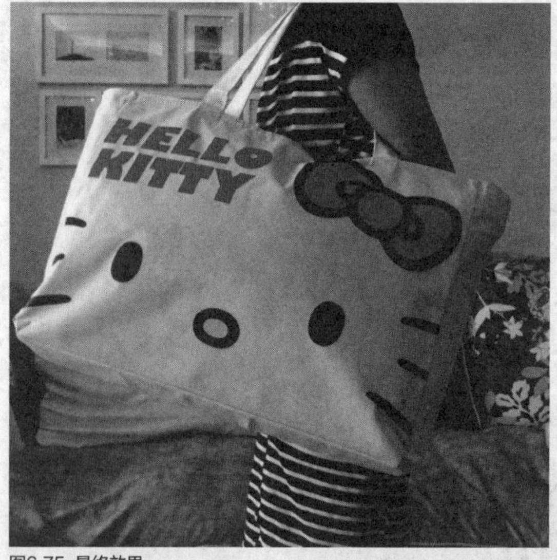

图6.75 最终效果

• 操作步骤 •

STEP 01 执行菜单栏中的“文件”|“打开”命令，打开“旅行包.jpg”文件，如图6.76所示。

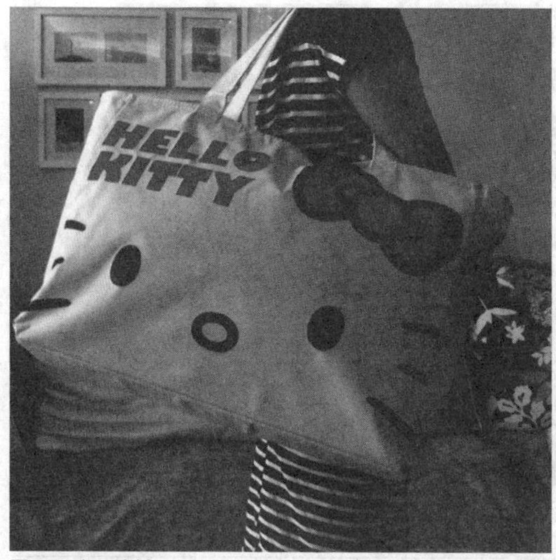

图6.76 打开素材

STEP 02 在“图层”面板中单击面板底部的“创建新的填充或调整图层”按钮，在弹出的菜单中选中“可选颜色”命令，在“属性”面板中选择“颜色”为蓝色，将其数值更改为“青色”-100%，“黑色”-70，如图6.77所示。

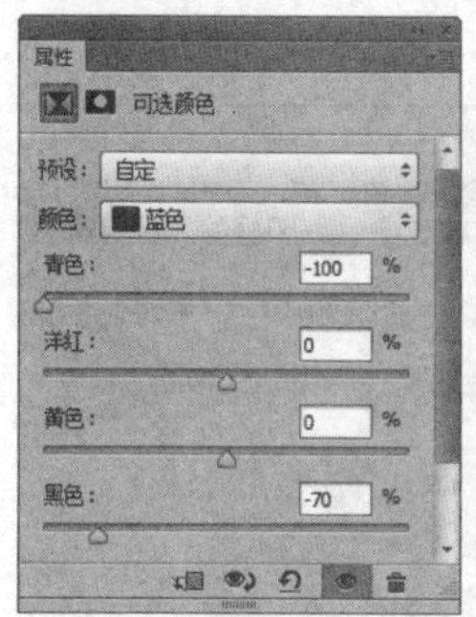

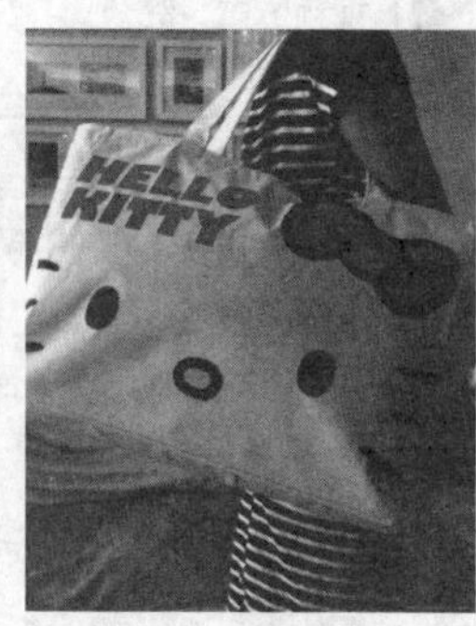

图6.77 调整蓝色

STEP 03 选择“颜色”为洋红，将其数值更改为“黑色”-100，如图6.78所示。

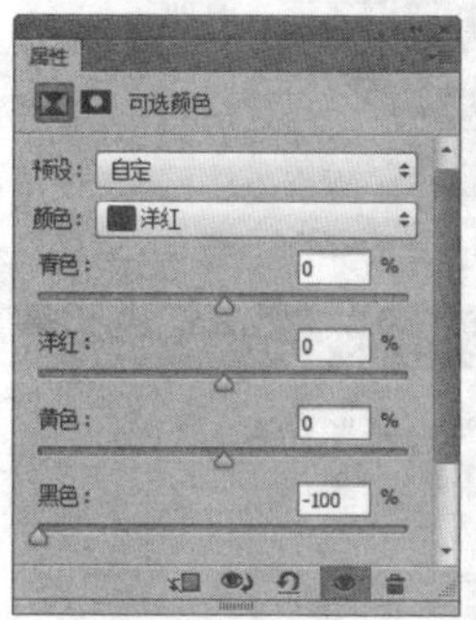

图6.78 调整洋红

STEP 04 在“属性”面板中选择“颜色”为白色，将其数值更改为“青色”-40%，如图6.79所示。

STEP 05 选择“颜色”为黑色，将其数值更改为“黑色”30%，如图6.80所示。

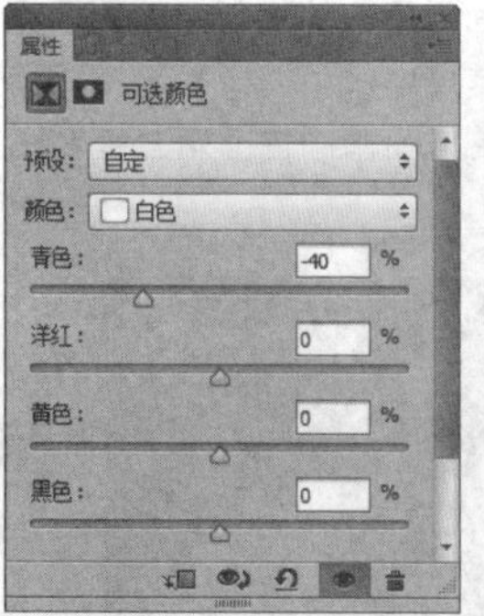

图6.79 调整青色

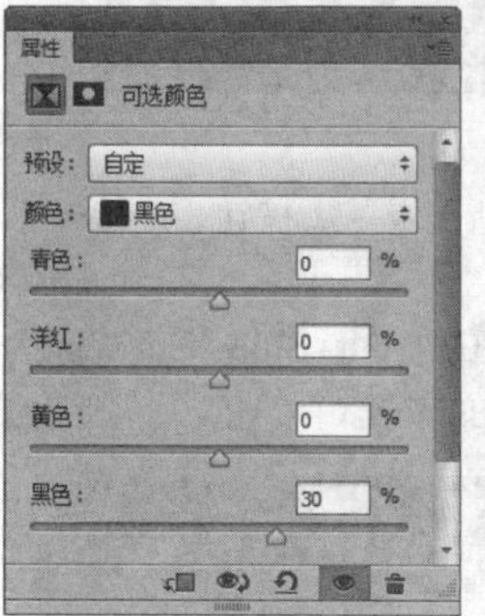

图6.80 调整黑色

STEP 06 在“图层”面板中单击面板底部的“创建新的填充或调整图层”按钮，在弹出的菜单中选中“色相/饱和度”命令，在“属性”面板中选择“全图”通道，将其“饱和度”更改为18，如图6.81所示。

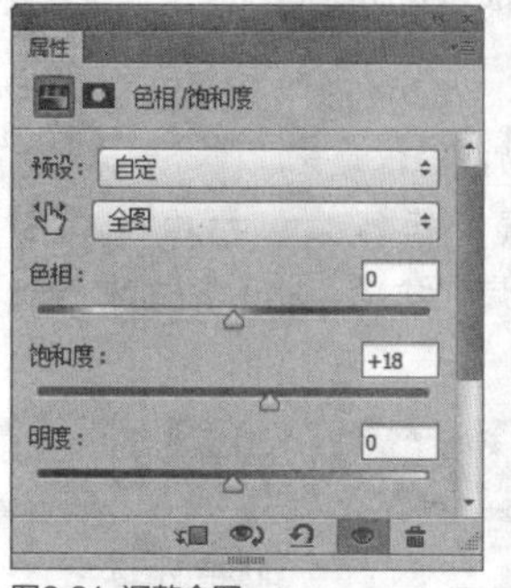

图6.81 调整全图

STEP 07 选择“蓝色”通道，将其“饱和度”更改为-80，如图6.82所示。

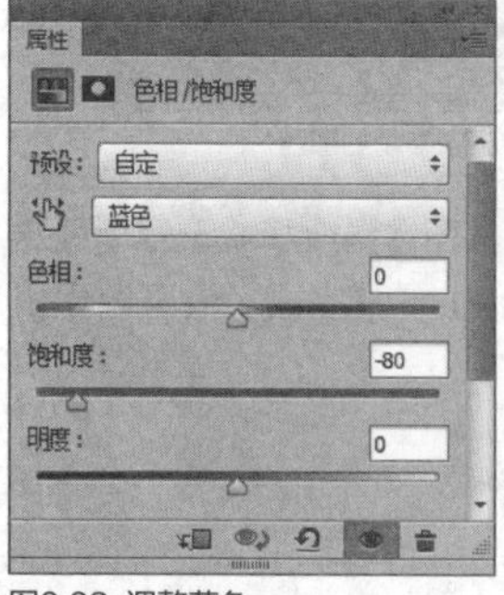

图6.82 调整蓝色

STEP 08 在“图层”面板中单击面板底部的“创建新的填充或调整图层”按钮，在弹出的菜单中选中“色彩平衡”命令，在“属性”面板中选择“色调”为中间调，将其调整为偏黄色-20，如图6.83所示。

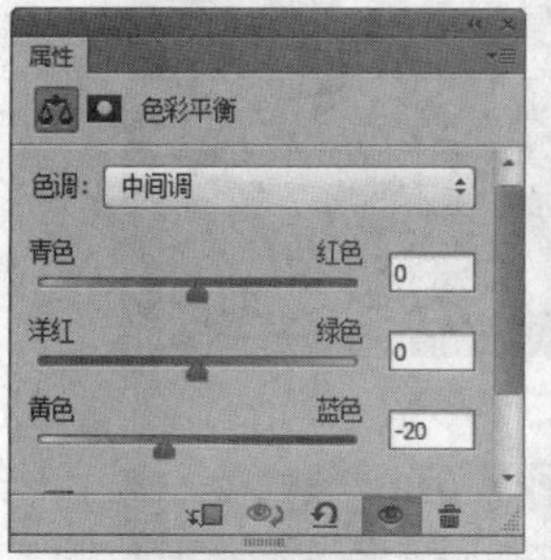

图6.83 调整中间调

STEP 09 单击面板底部的“创建新图层”按钮，新建一个“图层1”图层，如图6.84所示。

STEP 10 选中“图层1”图层，按Ctrl+Alt+Shift+E组合键执行“盖印可见图层”命令，如图6.85所示。

图6.84 新建图层

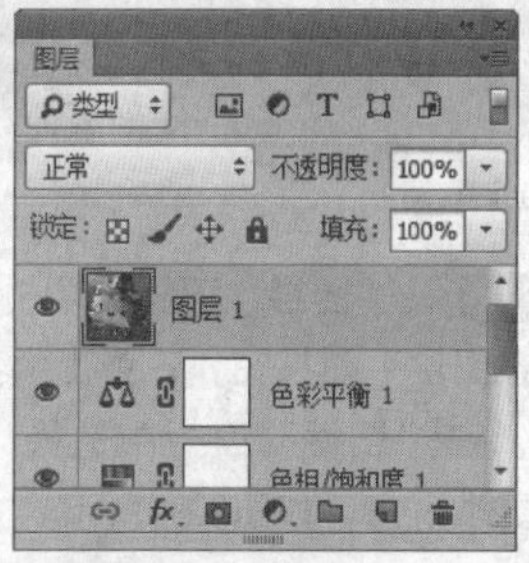

图6.85 盖印可见图层

STEP 11 按Ctrl+Alt+2组合键将图像中的高光载入选区，按Ctrl+Shift+I组合键将选区反选，如图6.86所示。

STEP 12 选中“图层1”图层，执行菜单栏中的“图层”|“新建”|“通过拷贝的图层”命令，此时将生成一个“图层2”图层，如图6.87所示。

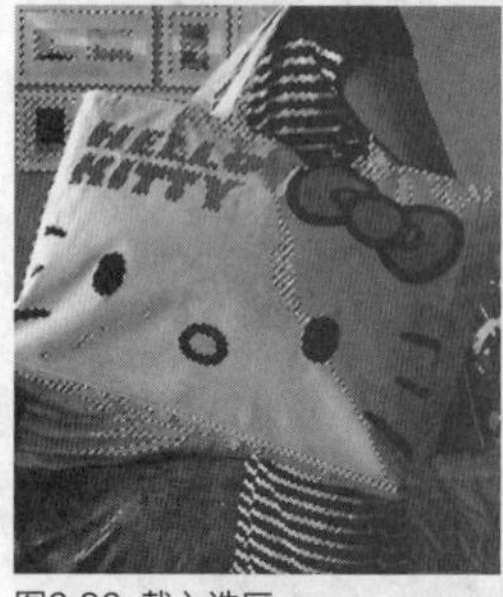

图6.86 载入选区

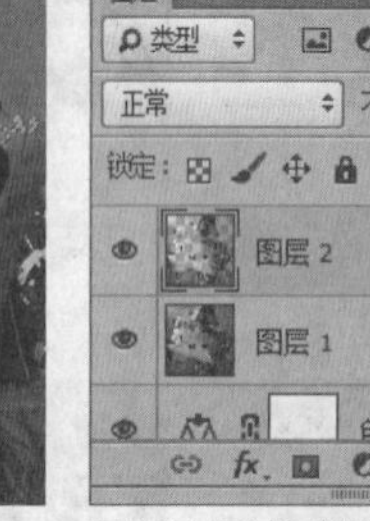

图6.87 通过复制的图层

STEP 13 选择“图层2”图层，将其图层混合模式设置为“滤色”，“不透明度”更改为75%，这样就完成了效果制作，最终效果如图6.88所示。

图6.88 最终效果

实战288 利用“色相/饱和度”调整精品萌猴小挂饰

- 素材位置：素材\第6章\小摆件.jpg
- 案例位置：效果\第6章\精品萌猴小挂饰.psd
- 视频位置：视频\实战288.avi
- 难易指数：★★★☆☆

• 实例介绍 •

本例中的小挂饰图像色彩浓郁，颜色比较鲜艳，在调色过程中要注意调整小挂饰的色彩浓度，最终效果如图6.89所示。

图6.89 最终效果

• 操作步骤 •

STEP 01 执行菜单栏中的“文件”|“打开”命令，打开“小摆件.jpg”文件，如图6.90所示。

图6.90 打开素材

STEP 02 在“图层”面板中单击面板底部的“创建新的填充或调整图层”按钮，在弹出的菜单中选中“曲线”命令，选择“RGB”通道，将其曲线向上拉，调整图像整体亮度，如图6.91所示。

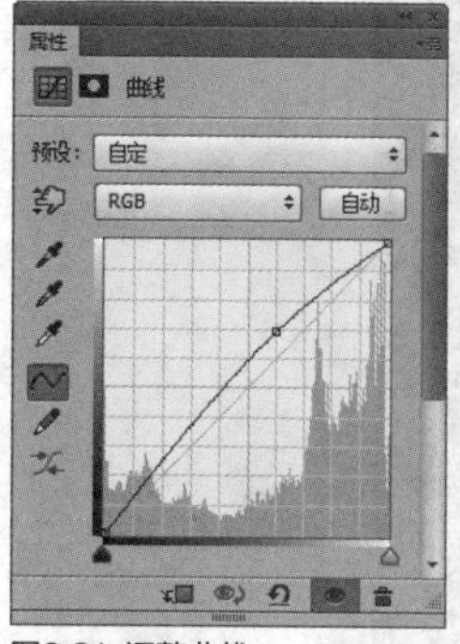

图6.91 调整曲线

STEP 03 在“图层”面板中单击面板底部的“创建新的填充或调整图层”按钮，在弹出的菜单中选中“可选颜色”命令，在“属性”面板中选择“颜色”为黄色，将其数值更改为“黑色”45，如图6.92所示。

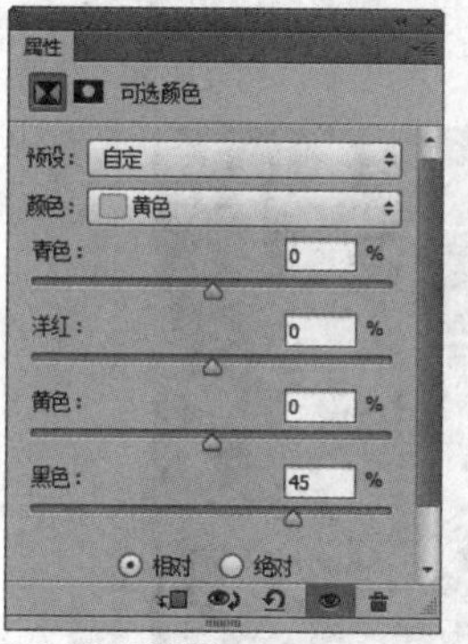

图6.92 调整黄色

STEP 04 选择“颜色”为洋红，将其数值更改为“黑色”17，如图6.93所示。

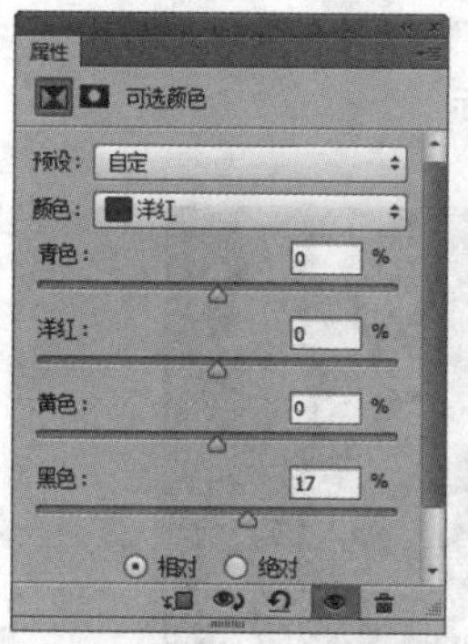

图6.93 调整洋红

STEP 05 选择“颜色”为白色，将其数值更改为“黑色”57，如图6.94所示。

STEP 06 在“图层”面板中单击面板底部的“创建新的填充或调整图层”按钮，在弹出的菜单中选中“色相/饱和度”命令，在“属性”面板中选择“全图”通道，将“饱和度”更改为15，如图6.95所示。

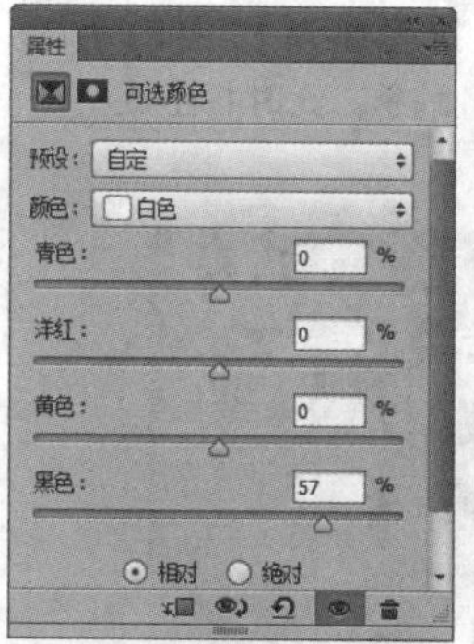

图6.94 调整白色

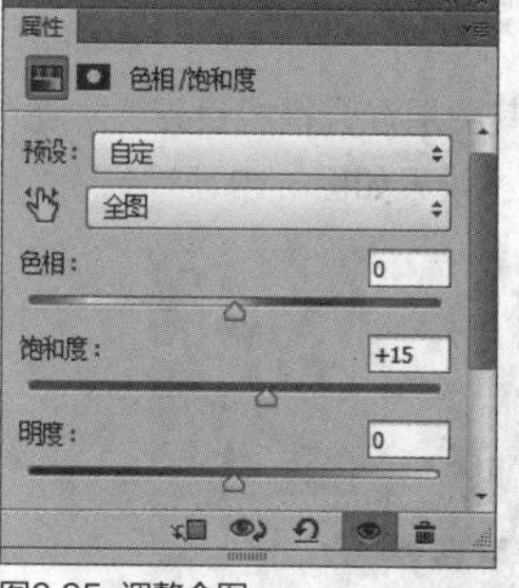

图6.95 调整全图

STEP 07 选择“黄色”通道，将其“饱和度”更改为-25，如图6.96所示。

图6.96 调整黄色

STEP 08 单击面板底部的“创建新图层”按钮，新建一个“图层1”图层，如图6.97所示。

STEP 09 选中“图层1”图层，按Ctrl+Alt+Shift+E组合键执行“盖印可见图层”命令，如图6.98所示。

图6.97 新建图层

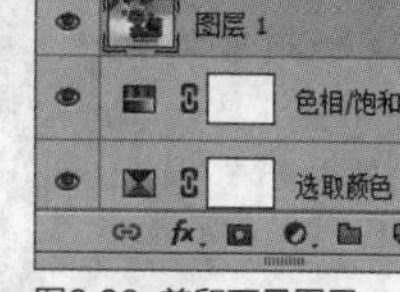

图6.98 盖印可见图层

STEP 10 按Ctrl+Alt+2组合键将图像中的高光载入选区，按Ctrl+Shift+I组合键将选区反选，如图6.99所示。

STEP 11 选中“图层1”图层，执行菜单栏中的“图层”|“新建”|“通过拷贝的图层”命令，此时将生成一个“图层2”图层，如图6.100所示。

图6.99 载入选区

图6.100 通过复制的图层

STEP 12 选择“图层2”图层，将其图层混合模式设置为“滤色”，这样就完成了效果制作，最终效果如图6.101所示。

图6.101 最终效果

实战 289 利用“照片滤镜”调整奢侈钱包

▶素材位置：素材\第6章\钱包.jpg
▶案例位置：效果\第6章\奢侈钱包.psd
▶视频位置：视频\实战289.avi
▶难易指数：★★☆☆☆

• 实例介绍 •

奢侈类的商品要体现出商标及细节等特征，在本例中需要重点留意钱包的高光及商标处的色调，最终效果如图6.102所示。

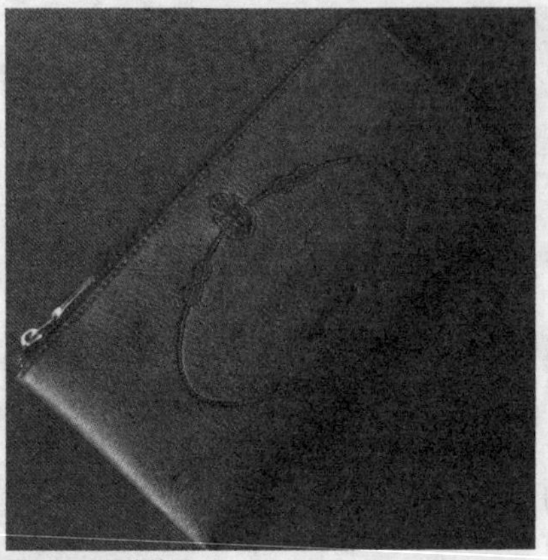
图6.102 最终效果

• 操作步骤 •

STEP 01 执行菜单栏中的“文件”|“打开”命令，打开“钱包.jpg”文件，如图6.103所示。

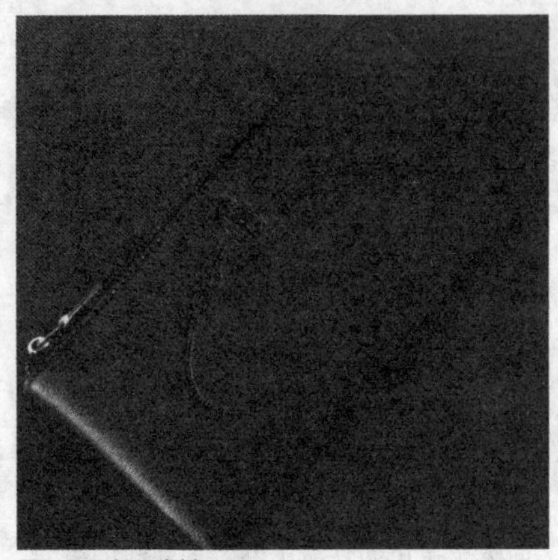
图6.103 打开素材

STEP 02 在“图层”面板中单击面板底部的“创建新的填充或调整图层”按钮，在弹出的菜单中选中“曲线”命令，选择“RGB”通道，将其曲线向上拉，调整图像整体亮度，如图6.104所示。

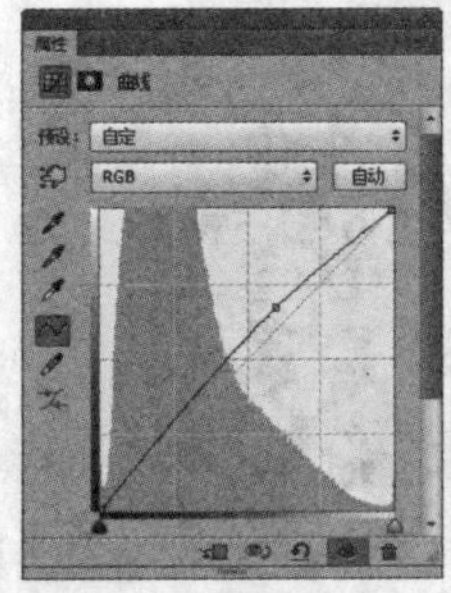

图6.104 调整曲线

STEP 03 在“图层”面板中单击面板底部的“创建新的填充或调整图层”按钮，在弹出的菜单中选中“照片滤镜”命令，在“属性”面板中将“滤镜”更改为冷却滤镜（82），“浓度”更改为20%，如图6.105所示。

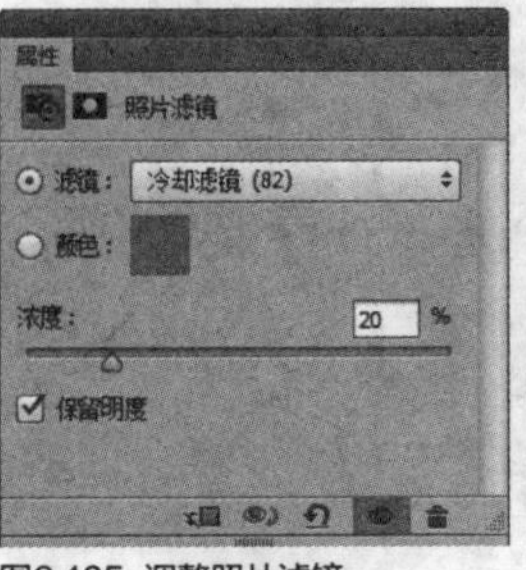

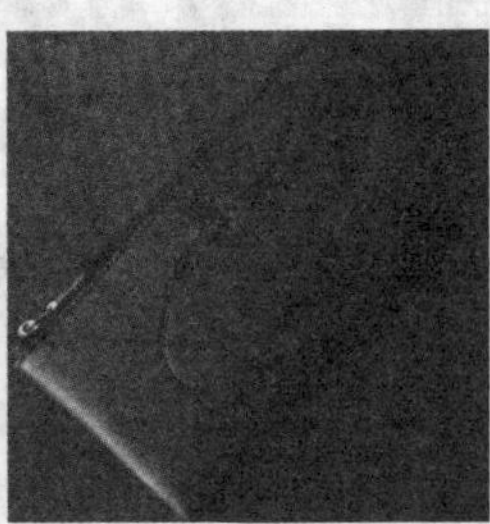
图6.105 调整照片滤镜

STEP 04 在“图层”面板中选中“照片滤镜 1”图层，将其图层混合模式设置为“变亮”，“不透明度”更改为80%，如图6.106所示。

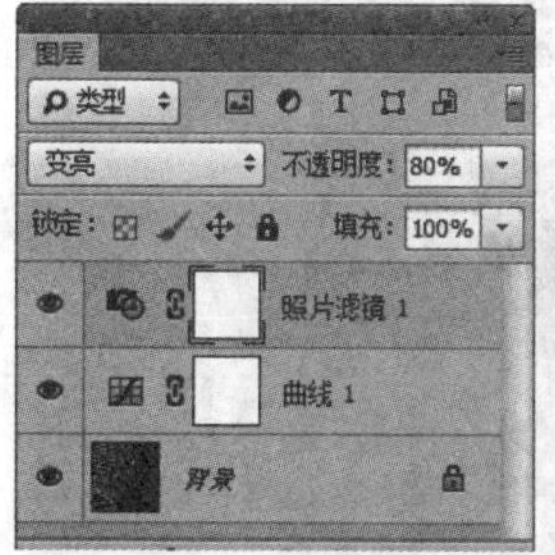
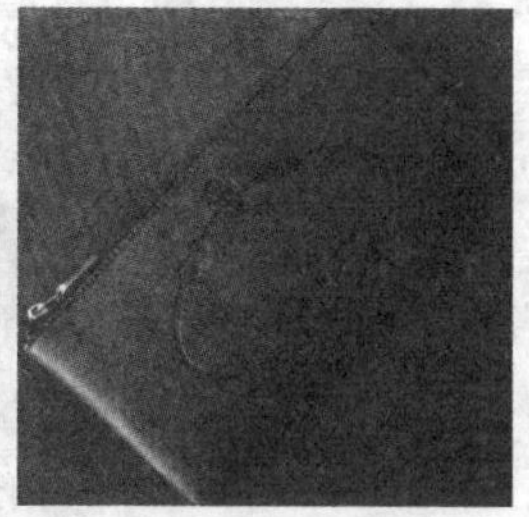

图6.106 设置图层混合模式

STEP 05 单击面板底部的“创建新图层”按钮，新建一个“图层1”图层，如图6.107所示。

STEP 06 选中“图层1”图层，按Ctrl+Alt+Shift+E组合键执行“盖印可见图层”命令，如图6.108所示。

图6.107 新建图层

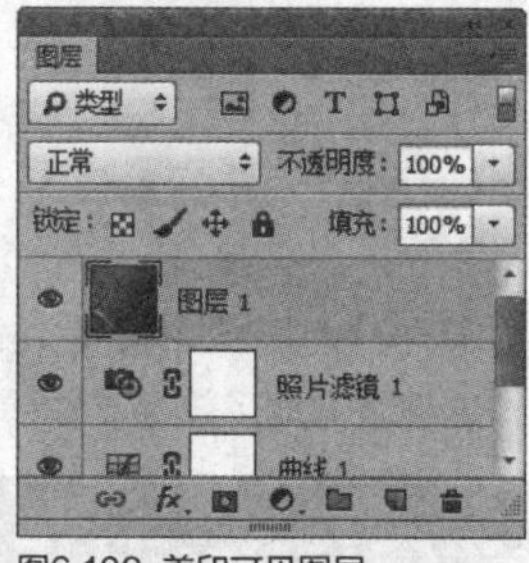

图6.108 盖印可见图层

STEP 07 选择工具箱中的“减淡工具”，在画布中单击鼠标右键，在面板中选择一种圆角笔触，将“大小”更改为180像素，“硬度”更改为0%，如图6.109所示。

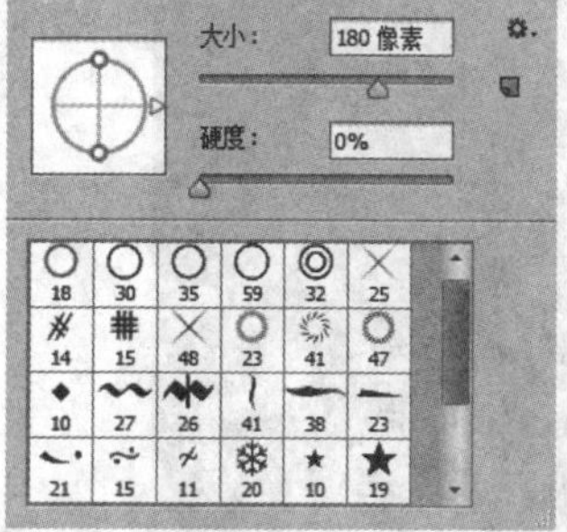

图6.109 设置笔触

STEP 08 选中“图层1”图层，在钱包图像的部分区域涂抹减淡图像，这样就完成了效果制作，最终效果如图6.110所示。

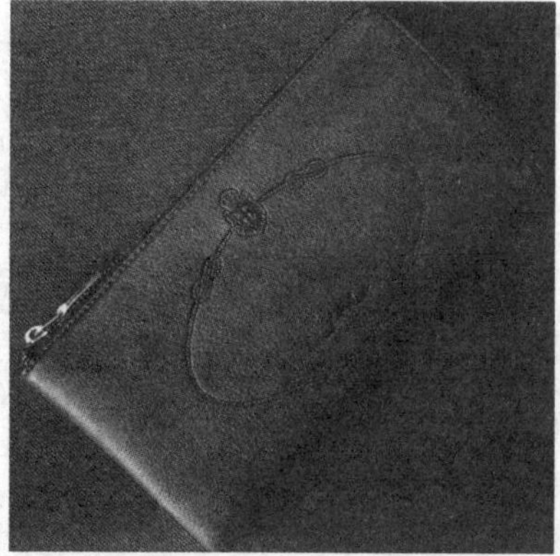

图6.110 最终效果

实战290 利用“曲线”和“照片滤镜”调整高档牛皮鞋

- 素材位置：素材\第6章\牛皮鞋.jpg
- 案例位置：效果\第6章\高档牛皮鞋.psd
- 视频位置：视频\实战290.avi
- 难易指数：★★☆☆☆

• 实例介绍 •

本例在调整的过程中要重点注意牛皮质感的体现，以增强色调并加强质感为目的，最终效果如图6.111所示。

图6.111 最终效果

• 操作步骤 •

• 打开素材

STEP 01 执行菜单栏中的“文件”|“打开”命令，打开“牛皮鞋.jpg”文件，如图6.112所示。

图6.112 打开素材

STEP 02 在“图层”面板中单击面板底部的“创建新的填充或调整图层”按钮，在弹出的菜单中选中“曲线”命令，在“属性”面板中调整曲线，增加图像亮度，如图6.113所示。

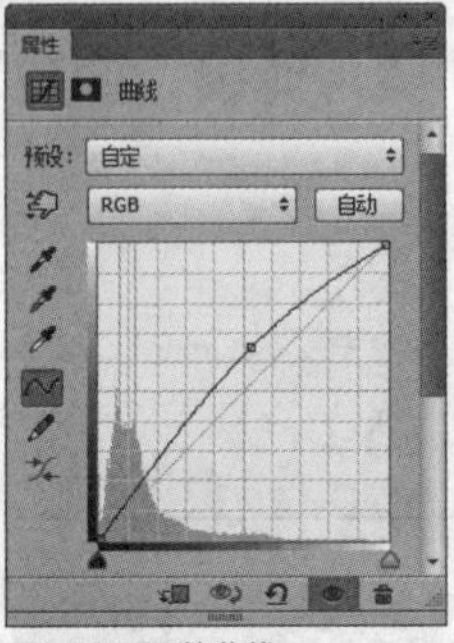

图6.113 调整曲线

STEP 03 在"图层"面板中单击面板底部的"创建新的填充或调整图层"按钮，在弹出的菜单中选中"色相/饱和度"命令，在"属性"面板中选择"黄色"通道，将"饱和度"更改为50，如图6.114所示。

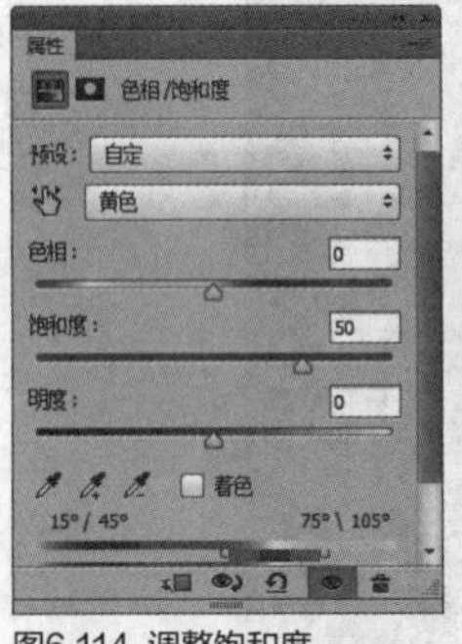

图6.114 调整饱和度

- **增强色调**

STEP 01 在"图层"面板中单击面板底部的"创建新的填充或调整图层"按钮，在弹出的菜单中选中"照片滤镜"命令，在"属性"面板中将"浓度"更改为30%，如图6.115所示。

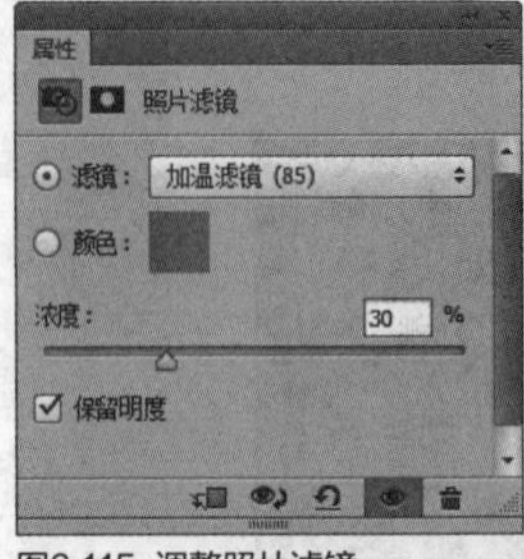

图6.115 调整照片滤镜

STEP 02 单击面板底部的"创建新图层"按钮，新建一个"图层1"图层，如图6.116所示。

STEP 03 选中"图层1"图层，按Ctrl+Alt+Shift+E组合键执行"盖印可见图层"命令，如图6.117所示。

STEP 04 选择工具箱中的"减淡工具"，在画布中单击鼠标右键，在面板中选择一种圆角笔触，将"大小"更改为180像素，"硬度"更改为0%，如图6.118所示。

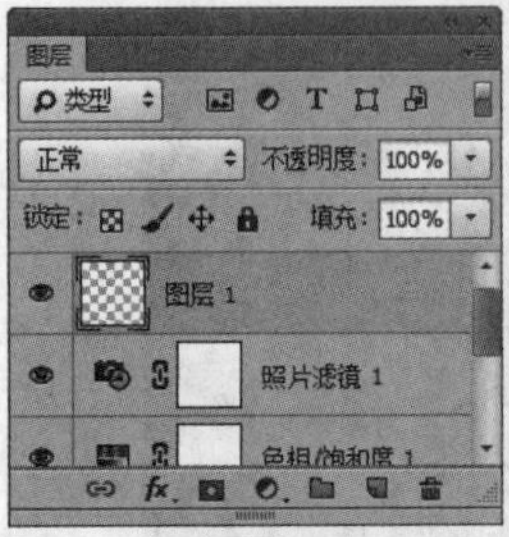
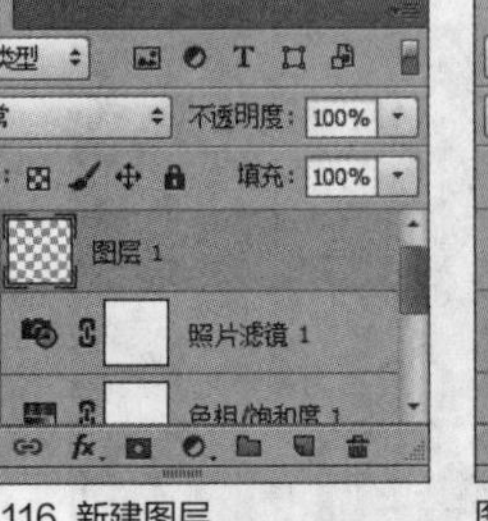

图6.116 新建图层

图6.117 盖印可见图层

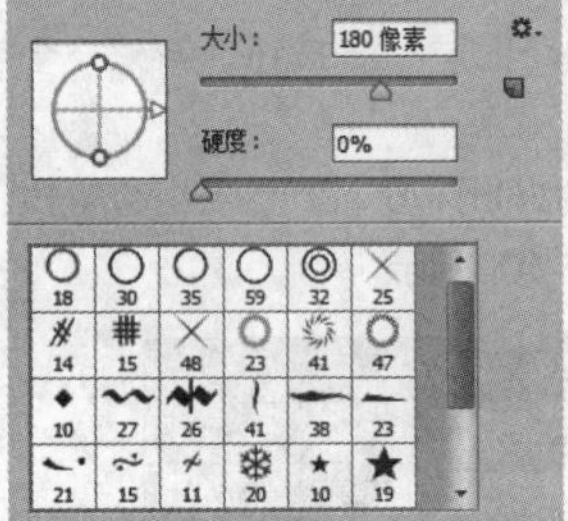

图6.118 设置笔触

STEP 05 选中"图层1"图层，在鞋子图像的部分区域涂抹减淡图像，这样就完成了效果制作，最终效果如图6.119所示。

图6.119 最终效果

实战 291 利用"曲线"和"可选颜色"调整富贵手镯

▶素材位置：素材\第6章\手镯.jpg
▶案例位置：效果\第6章\富贵手镯.psd
▶视频位置：视频\实战291.avi
▶难易指数：★★☆☆☆

• 实例介绍 •

本例的调色以体现手镯的品质为主，通过一系列组合命令的使用最终体现出手镯的富贵品质，最终效果如图6.120所示。

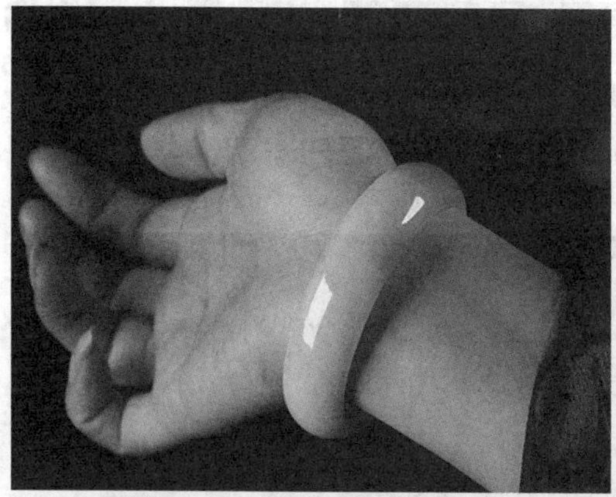

图6.120 最终效果

• 操作步骤 •

• 打开素材

STEP 01 执行菜单栏中的“文件”|“打开”命令，打开“手镯.jpg”文件，如图6.121所示。

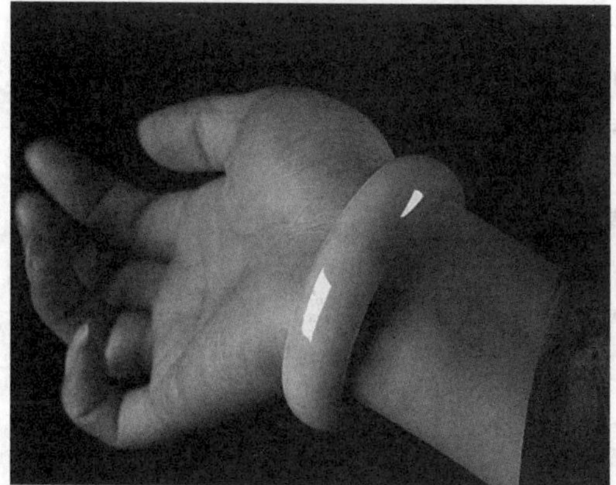

图6.121 打开素材

STEP 02 在“图层”面板中单击面板底部的“创建新的填充或调整图层”按钮，在弹出的菜单中选中“曲线”命令，在“属性”面板中调整曲线，增加图像亮度，如图6.122所示。

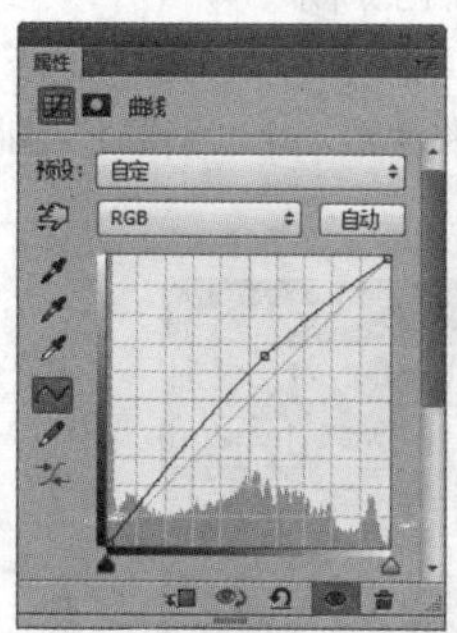

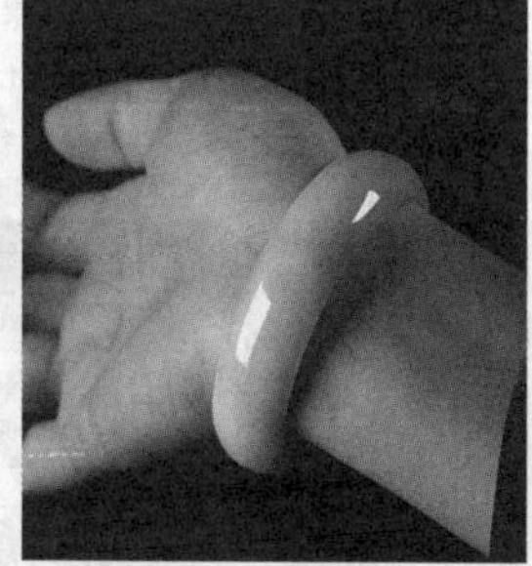

图6.122 调整曲线

STEP 03 在“图层”面板中单击面板底部的“创建新的填充或调整图层”按钮，在弹出的菜单中选中“可选颜色”命令，在“属性”面板中选择“颜色”为黄色，将“洋红”的数值更改为5，“黄色”为-50%，“黑色”为30%，如图6.123所示。

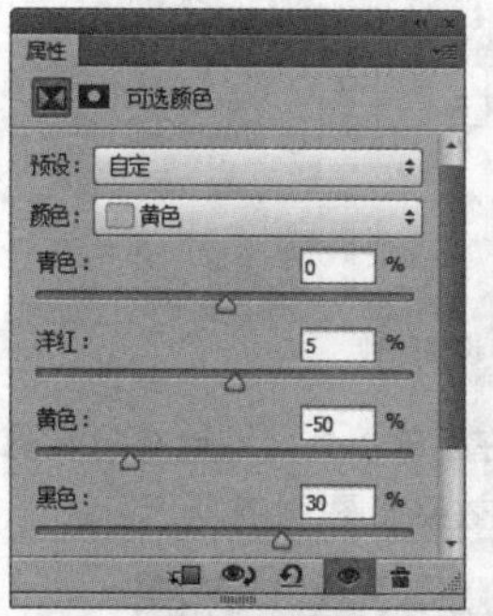

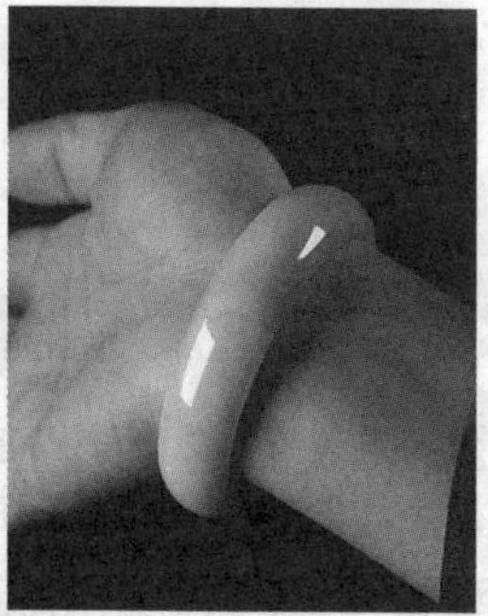

图6.123 调整可选颜色

STEP 04 按Ctrl+Alt+2组合键将图像中的高光区域载入选区，按Ctrl+Shift+I组合键将选区反向，如图6.124所示。

STEP 05 选中“背景”图层，按Ctrl+J组合键执行“通过拷贝的图层”命令，此时将生成一个新的图层——“图层1”图层，如图6.125所示。

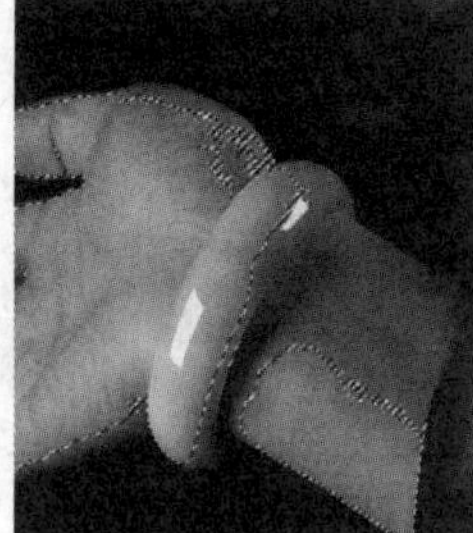

图6.124 载入选区

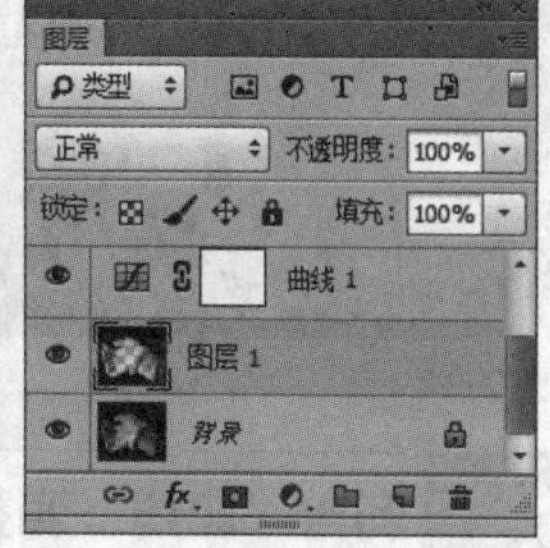

图6.125 通过复制的图层

增加亮度

STEP 01 在“图层”面板中选中“图层 1”图层，将其图层混合模式设置为“滤色”，再将其移至所有图层上方，如图6.126所示。

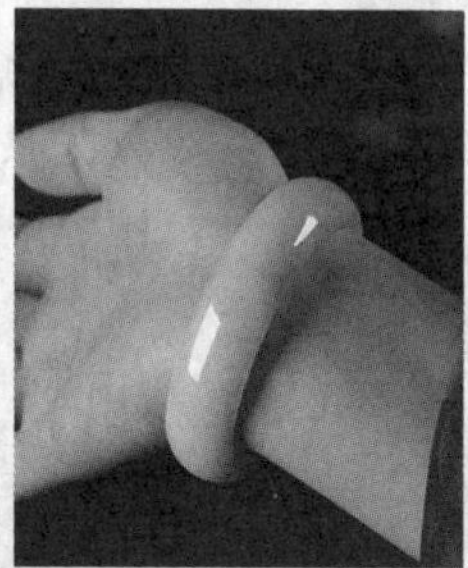

图6.126 更改图层顺序并设置图层混合模式

STEP 02 在“图层”面板中选中“图层1”图层，单击面板底部的“添加图层蒙版”按钮，为其图层添加图层蒙版，如图6.127所示。

STEP 03 选择工具箱中的“画笔工具”，在画布中单击鼠标右键，在“属性”面板中选择一种圆角笔触，将“大小”更改为100像素，“硬度”更改为0%，如图6.128所示。

图6.127 添加图层蒙版

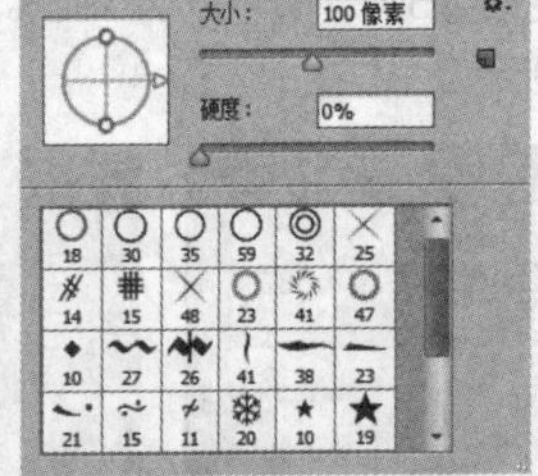

图6.128 设置笔触

STEP 04 将前景色更改为黑色，在手部以外区域涂抹将其隐藏，这样就完成了效果制作，最终效果如图6.129所示。

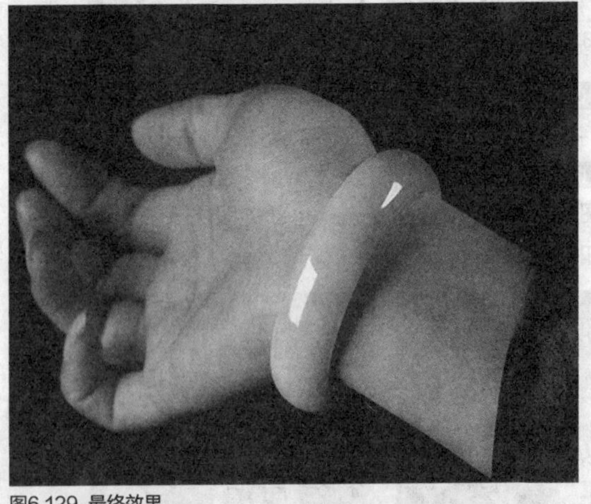

图6.129 最终效果

实战 292 利用“曲线”调整品质珍珠耳坠

- 素材位置：素材\第6章\耳坠.jpg
- 案例位置：效果\第6章\品质耳坠.psd
- 视频位置：视频\实战292.avi
- 难易指数：★★☆☆☆

• 实例介绍 •

本例中的耳坠原图像偏灰暗，经过调整之后品质显著，很好地体现出了珍珠的特点，最终效果如图6.130所示。

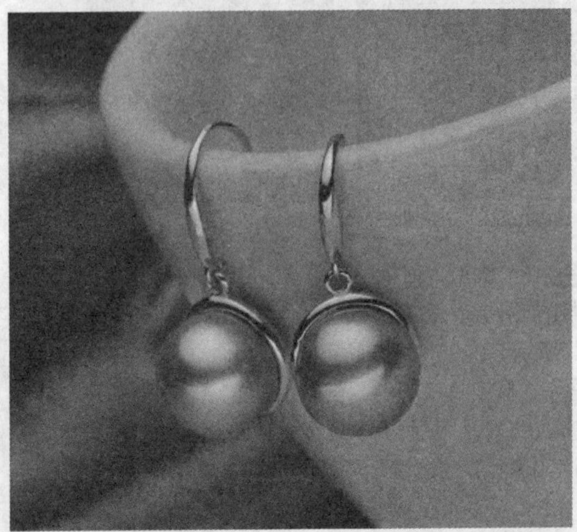

图6.130 最终效果

• 操作步骤 •

• 打开素材

STEP 01 执行菜单栏中的“文件”|“打开”命令，打开“耳坠.jpg”文件，如图6.131所示。

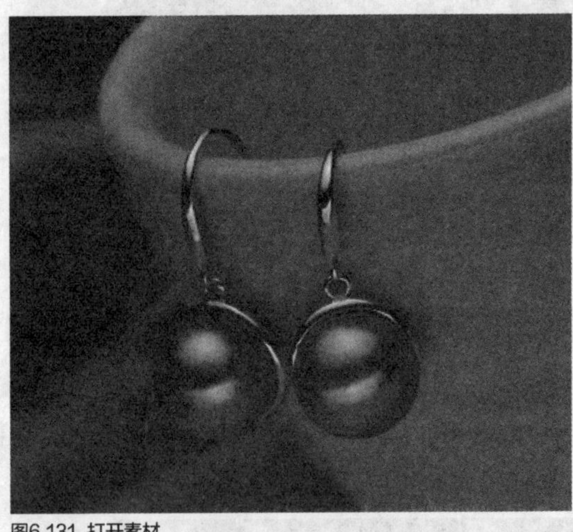

图6.131 打开素材

STEP 02 在“图层”面板中单击面板底部的“创建新的填充或调整图层”按钮，在弹出的菜单中选中“曲线”命令，在“属性”面板中调整曲线，增强图像亮度，如图6.132所示。

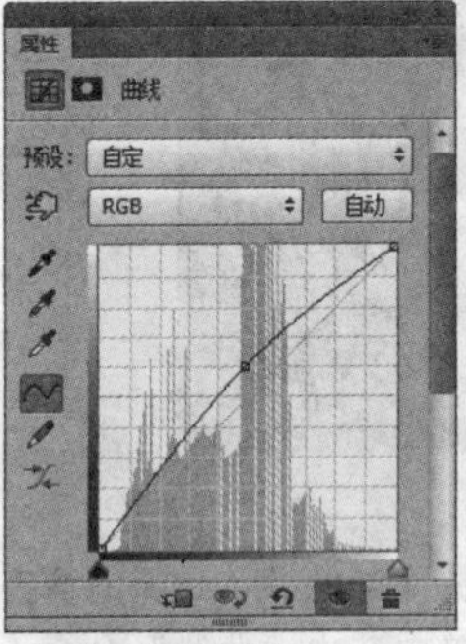

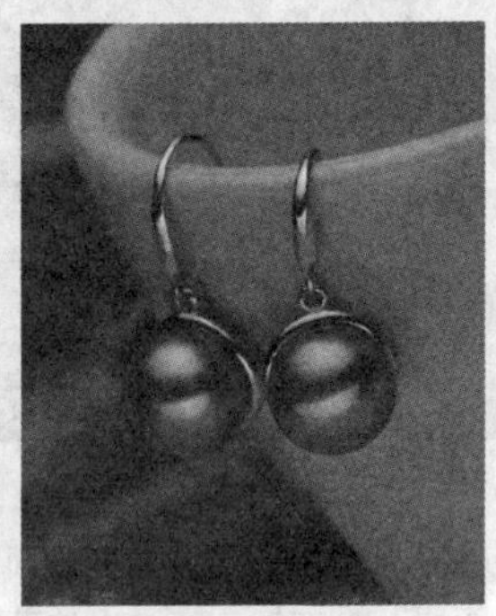

图6.132 调整曲线

STEP 03 按Ctrl+Alt+2组合键将图像中的高光载入选区，按Ctrl+Shift+I组合键将选区反选，如图6.133所示。

STEP 04 选中“背景”图层，执行菜单栏中的“图层”|“新建”|“通过拷贝的图层”命令，此时将生成一个“图层1”图层，如图6.134所示。

图6.133 载入选区

图6.134 通过复制的图层

- **提高亮度**

STEP 01 选择“图层1”图层，将其移至所有图层上方，再将其图层混合模式设置为“滤色”，如图6.135所示。

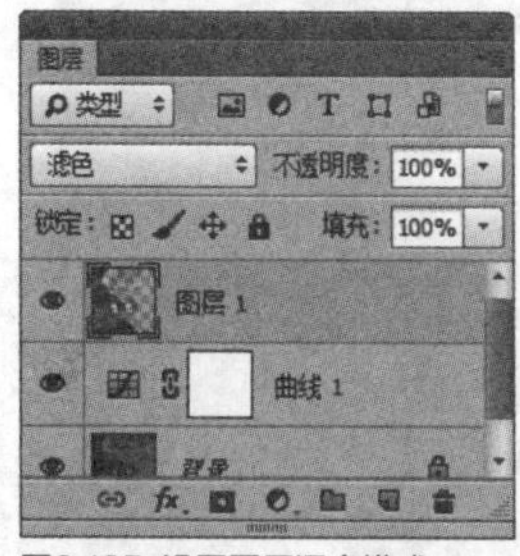

图6.135 设置图层混合模式

STEP 02 单击面板底部的“创建新图层”按钮，新建一个“图层2”图层，如图6.136所示。

STEP 03 选中“图层2”图层，按Ctrl+Alt+Shift+E组合键执行“盖印可见图层”命令，如图6.137所示。

图6.136 新建图层

图6.137 盖印可见图层

STEP 04 选择工具箱中的“减淡工具”，在画布中单击鼠标右键，在面板中选择一种圆角笔触，将“大小”更改为100像素，“硬度”更改为0%，如图6.138所示。

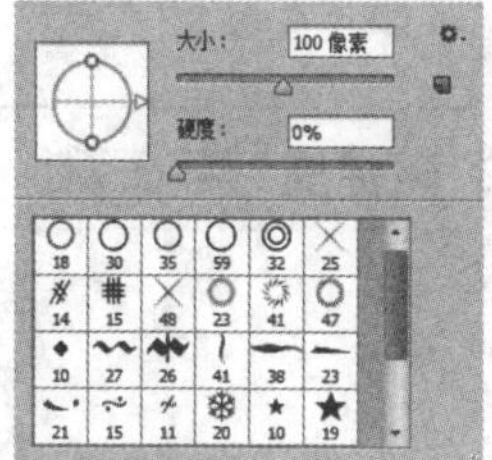

图6.138 设置笔触

STEP 05 选中“图层1”图层，在耳坠图像的部分区域涂抹，减淡图像，这样就完成了效果制作，最终效果如图6.139所示。

图6.139 最终效果

实战 293 利用“曝光度”调整英伦手提包

- 素材位置：素材\第6章\手提包.jpg
- 案例位置：效果\第6章\英伦手提包.psd
- 视频位置：视频\实战293.avi
- 难易指数：★★☆☆☆

• 实例介绍 •

英伦手提包以突出体现英伦风这一特点为主，本例在调整过程中强调了包包的皮质，同时色彩十分具有英伦风，最终效果如图6.140所示。

图6.140 最终效果

• 操作步骤 •

- **打开素材**

STEP 01 执行菜单栏中的“文件”|“打开”命令，打开“手提包.jpg”文件，如图6.141所示。

图6.141 打开素材

STEP 02 在“图层”面板中单击面板底部的“创建新的填充或调整图层”按钮，在弹出的菜单中选中“色相/饱和度”命令，在“属性”面板中选择“红色”通道，将“饱和度”更改为10，如图6.142所示。

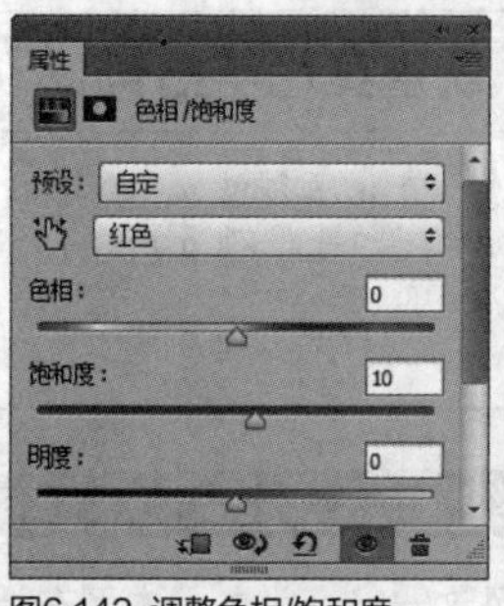

图6.142 调整色相/饱和度

STEP 03 在“图层”面板中单击面板底部的“创建新的填充或调整图层”按钮，在弹出的菜单中选中“曝光度”命令，在“属性”面板中将“曝光度”更改为1，如图6.143所示。

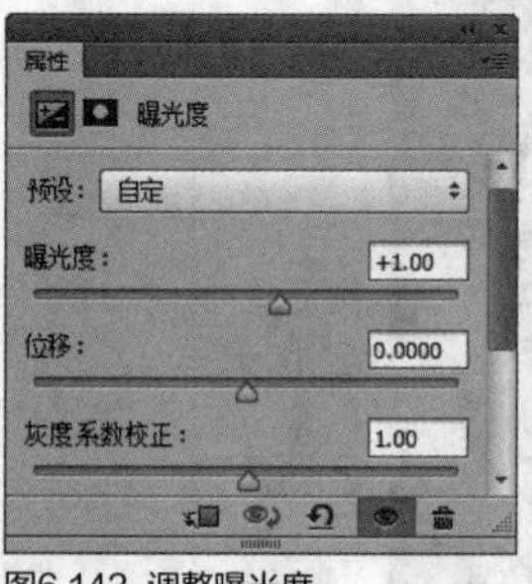

图6.143 调整曝光度

STEP 04 选择工具箱中的“画笔工具”，在画布中单击鼠标右键，在面板中选择一种圆角笔触，将“大小”更改为100像素，“硬度”更改为0%，如图6.144所示。

STEP 05 将前景色设置为黑色，单击“曝光度1”图层蒙版缩览图，在除包包之外的区域涂抹，将部分调整效果隐藏，如图6.145所示。

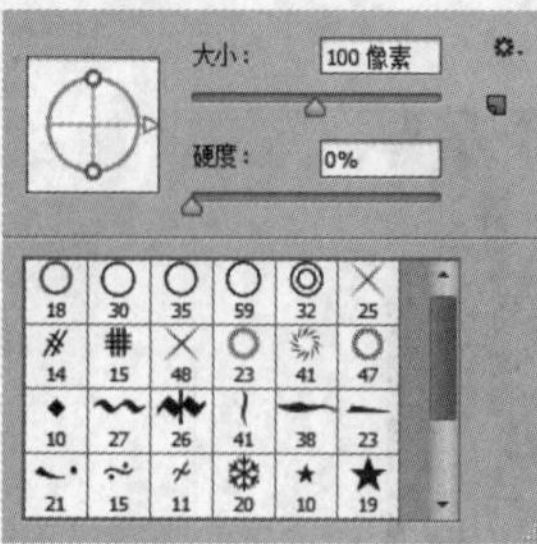
图6.144 设置笔触

图6.145 隐藏调整效果

STEP 06 单击面板底部的“创建新图层”按钮，新建一个“图层1”图层，如图6.146所示。

STEP 07 选中“图层1”图层，按Ctrl+Alt+Shift+E组合键执行“盖印可见图层”命令，如图6.147所示。

图6.146 新建图层

图6.147 盖印可见图层

- **减淡图像**

STEP 01 选择工具箱中的“减淡工具”，在画布中单击鼠标右键，在面板中选择一种圆角笔触，将“大小”更改为100像素，“硬度”更改为0%，如图6.148所示。

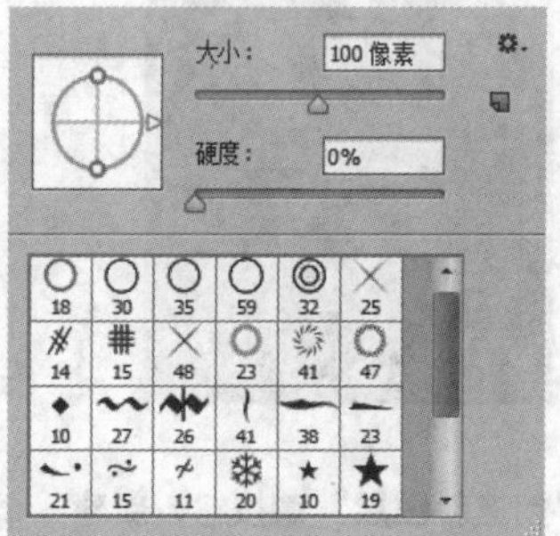
图6.148 设置笔触

STEP 02 选中“图层1”图层，在包包图像的部分区域涂抹，减淡图像，这样就完成了效果制作，最终效果如图6.149所示。

图6.149 最终效果

实战294 利用“照片滤镜”调整质感手工靴

- 素材位置：素材\第6章\靴子.jpg
- 案例位置：效果\第6章\质感手工靴.psd
- 视频位置：视频\实战294.avi
- 难易指数：★★★☆☆

• 实例介绍 •

手工靴以体现靴子的细节为主，同时鲜明的色调给人一种十分舒适的视觉感受，最终效果如图6.150所示。

图6.150 最终效果

• 操作步骤 •

• 打开素材

STEP 01 执行菜单栏中的“文件”|“打开”命令，打开“靴子.jpg”文件，如图6.151所示。

图6.151 打开素材

STEP 02 在“图层”面板中单击面板底部的“创建新的填充或调整图层”按钮，在弹出的菜单中选中“自然饱和度”命令，在“属性”面板中将“自然饱和度”更改为30，“饱和度”更改为17，如图6.152所示。

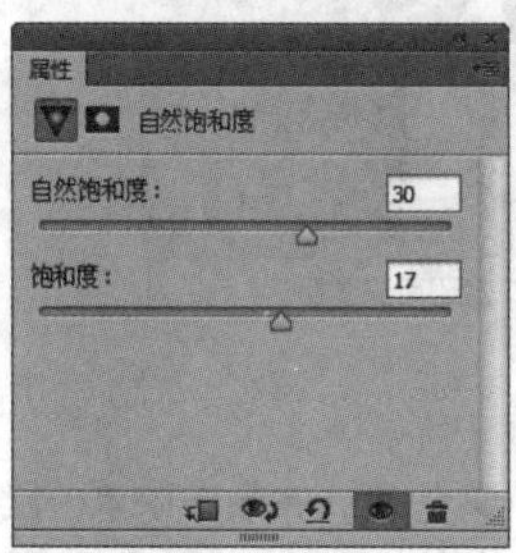

图6.152 调整自然饱和度

STEP 03 在“图层”面板中单击面板底部的“创建新的填充或调整图层”按钮，在弹出的菜单中选中“照片滤镜”命令，在“属性”面板中选择“滤镜”为加温滤镜（85），“浓度”更改为20%，如图6.153所示。

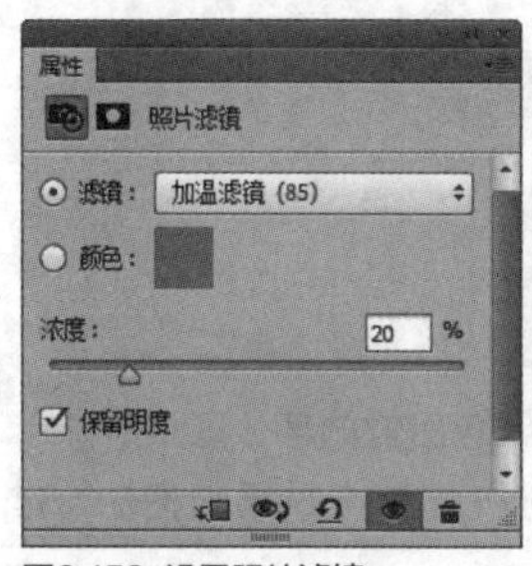

图6.153 设置照片滤镜

• 增强对比度

STEP 01 在“图层”面板中选中“照片滤镜 1”图层，将其图层混合模式设置为“柔光”，“不透明度”更改为20%，如图6.154所示。

图6.154 设置图层混合模式

STEP 02 按Ctrl+Alt+2组合键将图像中的高光载入选区，按Ctrl+Shift+I组合键将选区反选，选择“背景”图层，按Ctrl+J组合键执行“通过拷贝的图层”命令，此时将生成一个新的图层——“图层1”图层，如图6.155所示。

图6.155 通过复制的图层

STEP 03 在“图层”面板中选中“图层1”图层，将其图层混合模式设置为“滤色”，这样就完成了最终效果制作，最终效果如图6.156所示。

图6.156 最终效果

实战 295 利用“色相/饱和度”调整精美貉皮钱包

▶素材位置：素材\第6章\貉皮钱包.jpg
▶案例位置：效果\第6章\精美貉皮钱包.psd
▶视频位置：视频\实战295.avi
▶难易指数：★★☆☆☆

• 实例介绍 •

貉皮是一种比较珍贵的皮质材料，它具有鲜明的色彩及质感特征，在本例中应当围绕皮质本身的特点进行调色，最终效果如图6.157所示。

图6.157 最终效果

• 操作步骤 •

• 打开素材

STEP 01 执行菜单栏中的“文件”|“打开”命令，打开“貉皮钱包.jpg”文件，如图6.158所示。

图6.158 打开素材

STEP 02 在“图层”面板中单击面板底部的“创建新的填充或调整图层”按钮，在弹出的菜单中选中“自然饱和度”命令，在“属性”面板中将“自然饱和度”更改为45，“饱和度”更改为25，如图6.159所示。

图6.159 调整自然饱和度

STEP 03 在“图层”面板中单击面板底部的“创建新的填充或调整图层”按钮，在弹出的菜单中选中“色相/饱和度”命令，在“属性”面板中选择“红色”通道，将“饱和度”更改为20，如图6.160所示。

图6.160 调整色相/饱和度

STEP 04 单击面板底部的“创建新图层”按钮，新建一个“图层1”图层，如图6.161所示。

STEP 05 选中“图层1”图层，按Ctrl+Alt+Shift+E组合键执行“盖印可见图层”命令，如图6.162所示。

图6.161 新建图层

图6.162 盖印可见图层

• 减淡图像

STEP 01 选择工具箱中的“减淡工具”，在画布中单击鼠标右键，在面板中选择一种圆角笔触，将“大小”更改为100像素，“硬度”更改为0%，如图6.163所示。

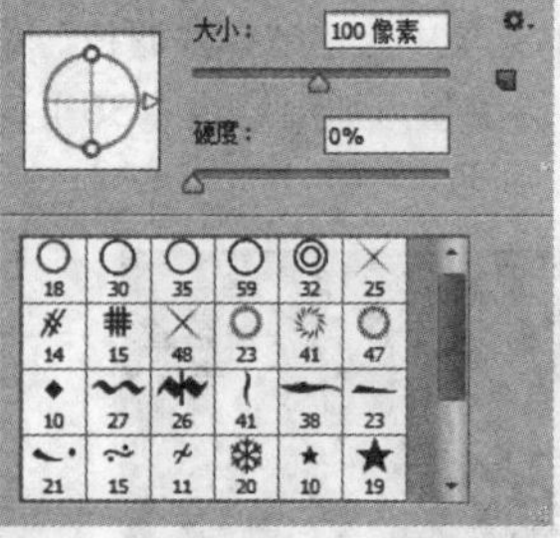

图6.163 设置笔触

STEP 02 选中“图层1”图层，在钱包图像的部分区域涂抹，减淡图像，这样就完成了效果制作，最终效果如图6.164所示。

图6.164 最终效果

利用“曲线”和“自然饱和度”调整可爱鸭舌帽

▶素材位置：素材\第6章\鸭舌帽.jpg
▶案例位置：效果\第6章\可爱鸭舌帽.psd
▶视频位置：视频\实战296.avi
▶难易指数：★★☆☆☆

• 实例介绍 •

本例中的鸭舌帽色彩鲜艳，色调比较轻快舒适，在调色过程中应当围绕可爱、鲜明的主题进行调色操作，最终效果如图6.165所示。

图6.165 最终效果

• 操作步骤 •

• 打开素材

STEP 01 执行菜单栏中的“文件”|“打开”命令，打开“鸭舌帽.jpg”文件，如图6.166所示。

STEP 02 在“图层”面板中单击面板底部的“创建新的填充或调整图层”按钮，在弹出的菜单中选中“曲线”命令，在“属性”面板中调整曲线，增加图像亮度，如图6.167所示。

图6.166 打开素材

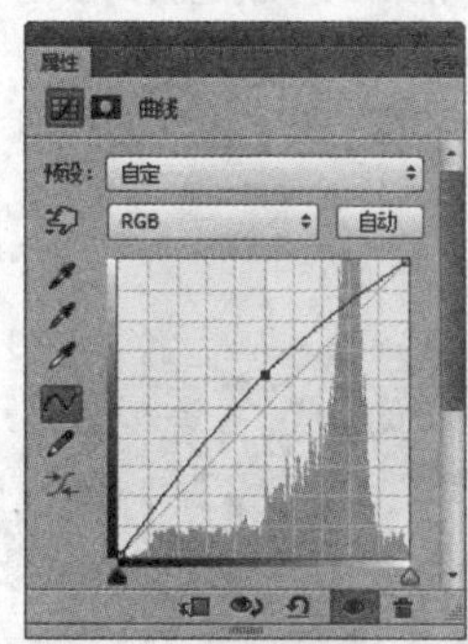

图6.167 调整自然饱和度

STEP 03 在“图层”面板中单击面板底部的“创建新的填充或调整图层”按钮，在弹出的菜单中选中“色相/饱和度”命令，在“属性”面板中选择“青色”通道，将“饱和度”更改为20，如图6.168所示。

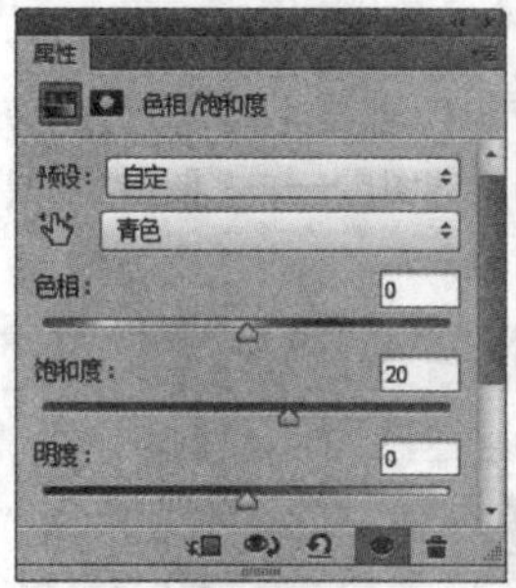

图6.168 调整青色

STEP 04 选择“绿色”通道，将“饱和度”更改为40，如图6.169所示。

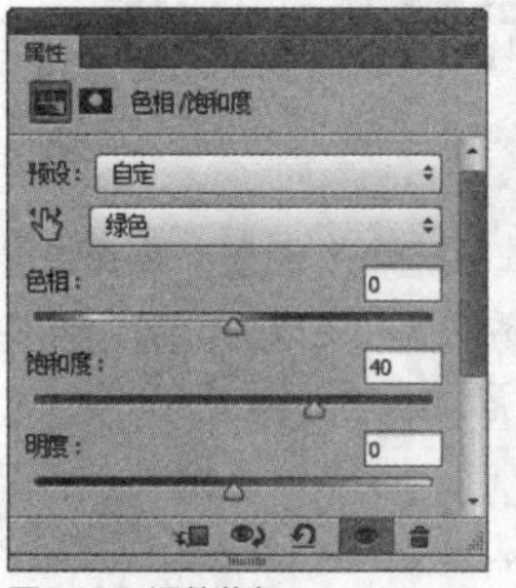

图6.169 调整蓝色

STEP 05 选择“蓝色”通道，将“饱和度”更改为40，如图6.170所示。

图6.170 调整蓝色

STEP 06 在“图层”面板中单击面板底部的“创建新的填充或调整图层”按钮，在弹出的菜单中选中“自然饱和度”命令，在“属性”面板中将“自然饱和度”更改为50，如图6.171所示。

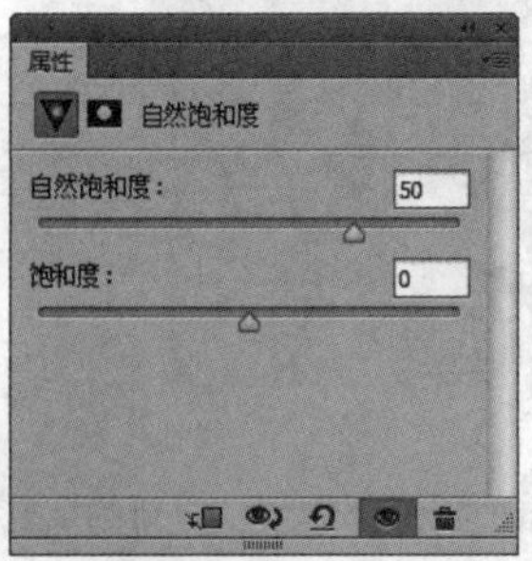

图6.171 调整自然饱和度

STEP 07 选择“背景”图层，按Ctrl+Alt+2组合键将图像中的高光区域载入选区，按Ctrl+Shift+I组合键将选区反向，如图6.172所示。

STEP 08 选中“背景”图层，按Ctrl+J组合键执行“通过拷贝的图层”命令，此时将生成一个新的图层——“图层1”图层，如图6.173所示。

图6.172 载入选区

图6.173 通过复制的图层

• **提高亮度**

STEP 01 在“图层”面板中选中“图层 1”图层，将其图层混合模式设置为“滤色”，“不透明度”更改为80%，再将其移至所有图层上方，如图6.174所示。

图6.174 设置图层混合模式并更改图层顺序

STEP 02 在“图层”面板中选中“图层1”图层，单击面板底部的“添加图层蒙版”按钮，为其图层添加图层蒙版，如图6.175所示。

STEP 03 选择工具箱中的“画笔工具”，在画布中单击鼠标右键，在面板中选择一种圆角笔触，将“大小”更改为100像素，“硬度”更改为0%，如图6.176所示。

图6.175 添加图层蒙版

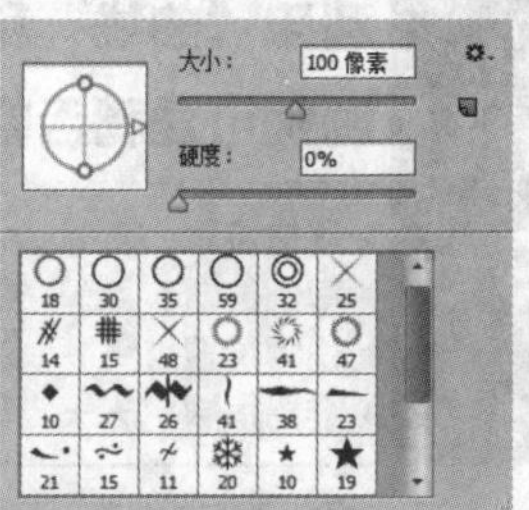

图6.176 设置笔触

STEP 04 将前景色更改为黑色，单击“图层1”图层蒙版缩览图，在除帽子以外的区域涂抹将其隐藏，这样就完成了效果制作，最终效果如图6.177所示。

图6.177 最终效果

实战297 利用“可选颜色”和“色阶”调整奢华裸钻项链

▶素材位置：素材\第6章\裸钻项链.jpg
▶案例位置：效果\第6章\奢华裸钻项链.psd
▶视频位置：视频\实战297.avi
▶难易指数：★★★☆☆

• 实例介绍 •

本例讲解奢华裸钻项链的调色方法。本例的调色方向性十分明确，重点是要突出宝石的奢华特征，同时调整时需要注意明暗及商品质感的对比，最终效果如图6.178所示。

图6.178 最终效果

• 操作步骤 •

• 打开素材

STEP 01 执行菜单栏中的"文件"|"打开"命令，打开"裸钻项链.jpg"文件，如图6.179所示。

图6.179 打开素材

STEP 02 按Ctrl+Alt+2组合键将图像中高光区域载入选区，再按Ctrl+Shift+I组合键将选区反向，如图6.180所示。

STEP 03 按Ctrl+J组合键执行"通过拷贝的图层"命令，此时将生成一个"图层1"图层，如图6.181所示。

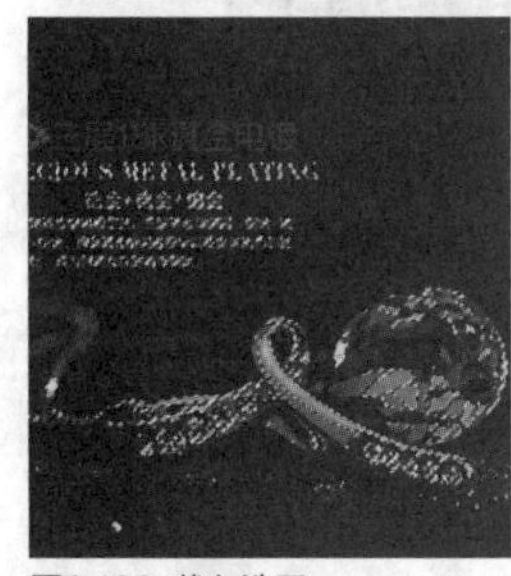

图6.180 载入选区

图6.181 通过复制的图层

STEP 04 在"图层"面板中选中"图层1"图层，将其图层混合模式设置为"滤色"，如图6.182所示。

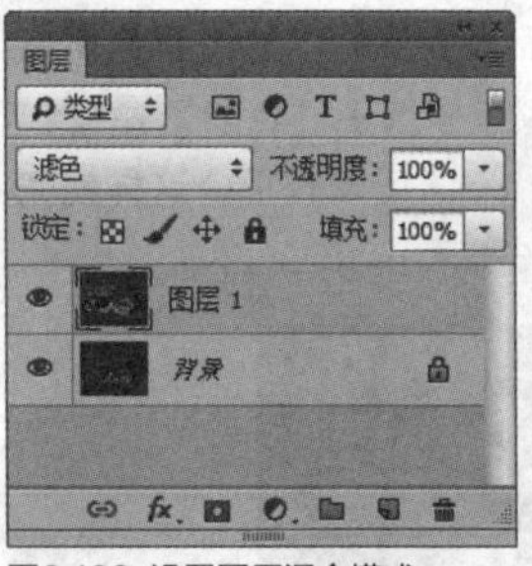

图6.182 设置图层混合模式

• 校正颜色

STEP 01 在"图层"面板中单击面板底部的"创建新的填充或调整图层"按钮，在弹出的菜单中选中"可选颜色"命令，在"属性"面板中选择"颜色"为青色，将"青色"数值更改为100%，"黑色"50%，如图6.183所示。

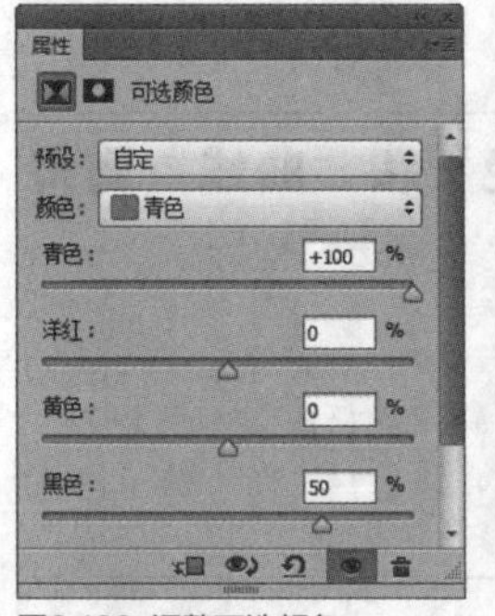

图6.183 调整可选颜色

STEP 02 选择"颜色"为蓝色，将其数值更改为"青色"80%，如图6.184所示。

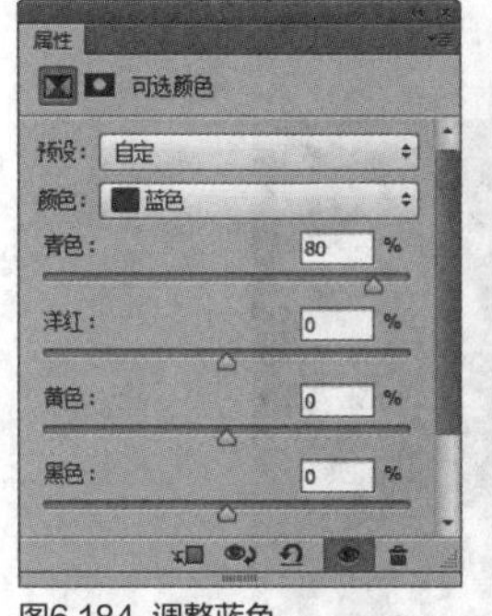

图6.184 调整蓝色

STEP 03 选择"颜色"为白色，将其数值更改为"黑色"-80%，如图6.185所示。

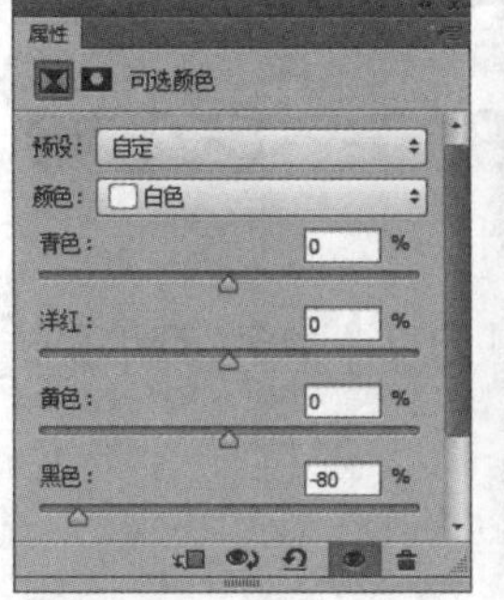

图6.185 调整白色

STEP 04 在“图层”面板中单击面板底部的“创建新的填充或调整图层”按钮，在弹出的菜单中选中“色阶”命令，在“属性”面板中将其数值更改为（7，1，217），这样就完成了效果制作，最终效果如图6.186所示。

图6.186 最终效果

实战 298 利用“可选颜色”和“曲线”调整世界名表

- 素材位置：素材\第6章\裸钻项链.jpg
- 案例位置：效果\第6章\奢华裸钻项链.psd
- 视频位置：视频\实战298.avi
- 难易指数：★★★☆☆

• 实例介绍 •

本例中的手表以城市为背景，很好地体现出了世界级名表的特征，整个调色操作以体现出手表的品质感为主，最终效果如图6.187所示。

图6.187 最终效果

• 操作步骤 •

• 打开素材

STEP 01 执行菜单栏中的“文件”|“打开”命令，打开“手表.jpg”文件，如图6.188所示。

图6.188 打开素材

STEP 02 在“图层”面板中单击面板底部的“创建新的填充或调整图层”按钮，在弹出的菜单中选中“可选颜色”命令，在“属性”面板中将“颜色”更改为红色，将“洋红”更改为50%，“黄色”更改为30%，“黑色”更改为-50%，如图6.189所示。

图6.189 调整可选颜色

STEP 03 选择“颜色”为黄色，将其数值更改为“洋红”50%，“黄色”100%，“黑色”25%，如图6.190所示。

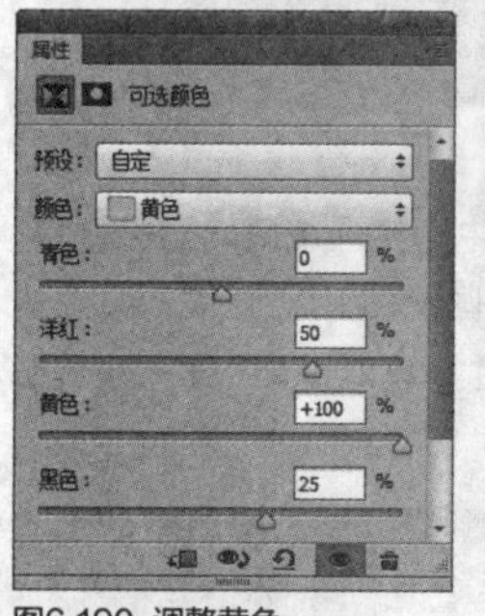

图6.190 调整黄色

STEP 04 选择“颜色”为白色，将其数值更改为“黑色”-100%，如图6.191所示。

STEP 05 选择“颜色”为黑色，将其数值更改为“黑色”30%，如图6.192所示。

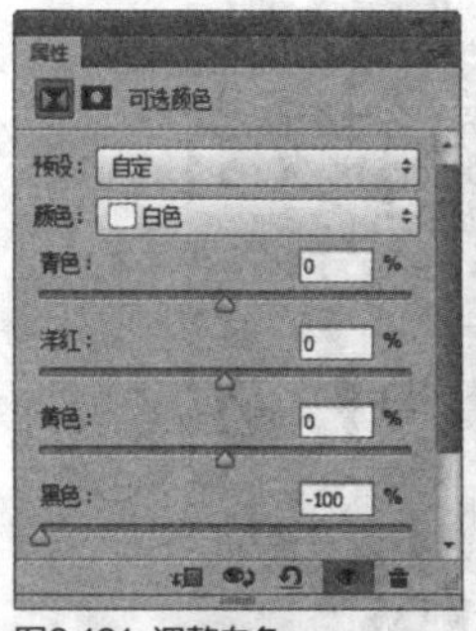

图6.191 调整白色

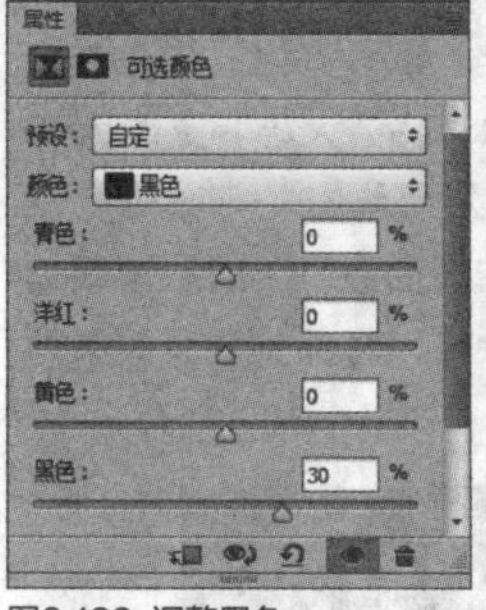

图6.192 调整黑色

• 提高亮度

STEP 01 在“图层”面板中单击面板底部的“创建新的填充或调整图层”按钮，在弹出的菜单中选中“曲线”命令，在“属性”面板中调整曲线，增加图像亮度，如图6.193所示。

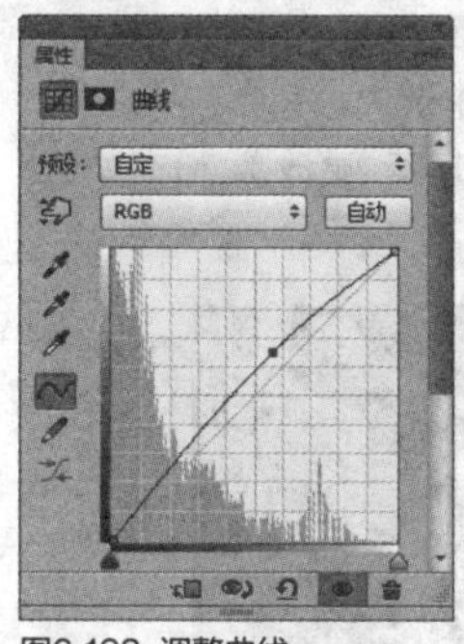

图6.193 调整曲线

STEP 02 在“图层”面板中单击面板底部的“创建新的填充或调整图层”按钮，在弹出的菜单中选中“色相/饱和度”命令，在“属性”面板中将“饱和度”更改为30，如图6.194所示。

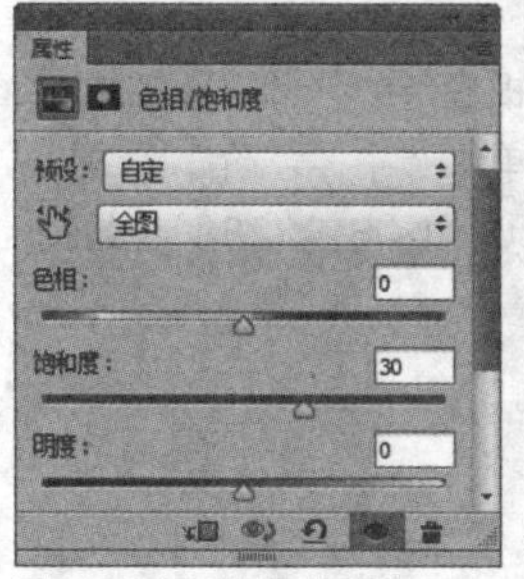

图6.194 调整色相/饱和度

STEP 03 选择工具箱中的“画笔工具”，在画布中单击鼠标右键，在面板中选择一种圆角笔触，将“大小”更改为50像素，“硬度”更改为50%，如图6.195所示。

STEP 04 单击“色相/饱和度 1”图层蒙版缩览图，将前景色更改为黑色，在手表表盘区域进行涂抹，将部分调整效果隐藏，如图6.196所示。

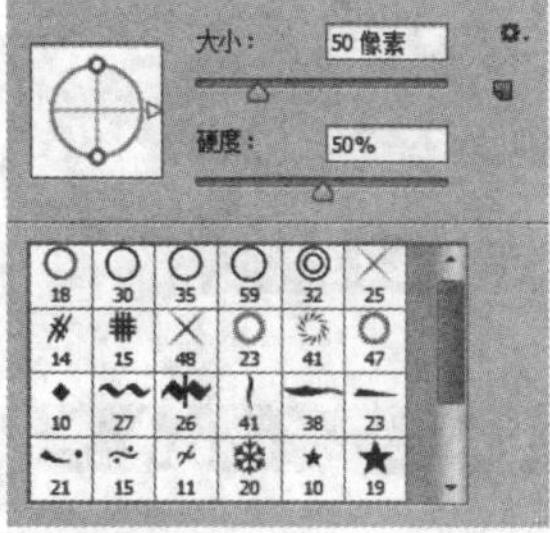

图6.195 设置笔触

图6.196 隐藏调整效果

STEP 05 在“图层”面板中单击面板底部的“创建新的填充或调整图层”按钮，在弹出的菜单中选中“色阶”命令，在“属性”面板中将其数值更改为（10，1，230），这样就完成了效果制作，最终效果如图6.197所示。

图6.197 最终效果

实战 299 利用“曲线”和“色阶”调整质感马丁靴

- 素材位置：素材\第6章\马丁靴.jpg
- 案例位置：效果\第6章\质感马丁靴.psd
- 视频位置：视频\实战299.avi
- 难易指数：★★☆☆☆

• 实例介绍 •

本例讲解的是质感马丁靴的调整方法。马丁靴的最大特点是皮质质感较强，它能很好地表现出鞋子的质地，最终效果如图6.198所示。

图6.198 最终效果

• 操作步骤 •

• 打开素材

STEP 01 执行菜单栏中的“文件”|“打开”命令，打开“马丁靴.jpg”文件，如图6.199所示。

图6.199 打开素材

STEP 02 在“图层”面板中单击面板底部的“创建新的填充或调整图层” 按钮，在弹出的菜单中选中“曲线”命令，在“属性”面板中调整曲线，增加图像亮度，如图6.200所示。

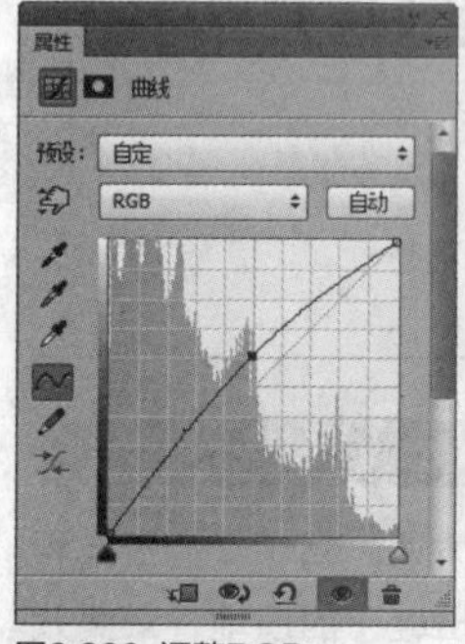

图6.200 调整RGB

STEP 03 选择“红”通道，调整曲线，增加图像中红色区域的亮度，如图6.201所示。

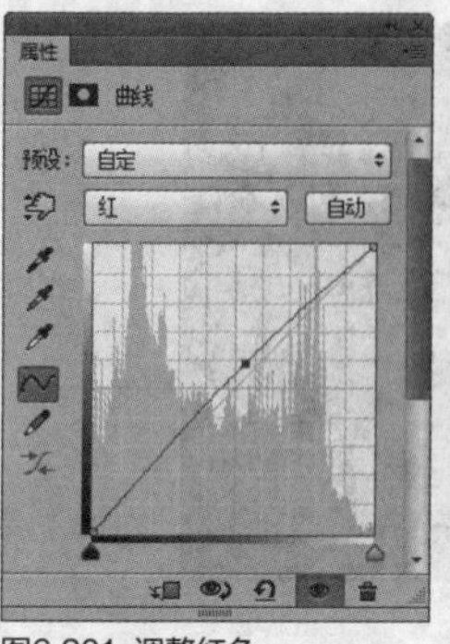

图6.201 调整红色

STEP 04 选择工具箱中的“画笔工具”，在画布中单击鼠标右键，在面板中选择一种圆角笔触，将“大小”更改为50像素，“硬度”更改为0%，如图6.202所示。

STEP 05 将前景色更改为黑色，单击“曲线 1”图层蒙版缩览图，在画布中除鞋子之外的区域涂抹，将部分调整效果隐藏，如图6.203所示。

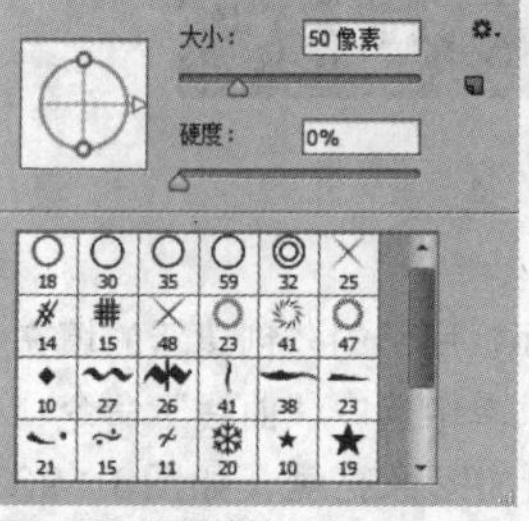

图6.202 设置笔触

图6.203 隐藏调整效果

STEP 06 在“图层”面板中单击面板底部的“创建新的填充或调整图层” 按钮，在弹出的菜单中选中“色相/饱和度”命令，在“属性”面板中将其“饱和度”更改为20，如图6.204所示。

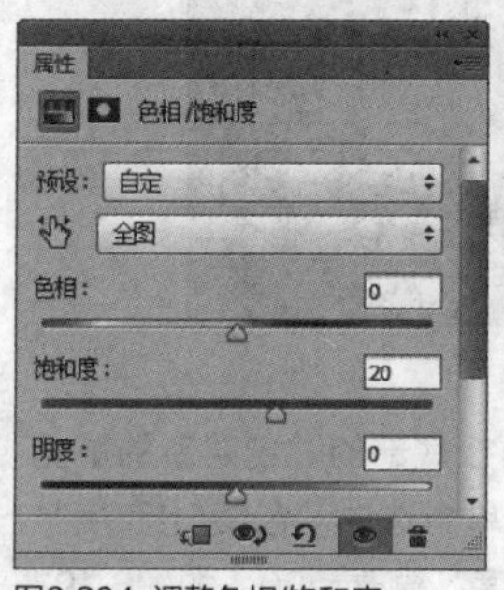

图6.204 调整色相/饱和度

• 调整对比度

STEP 01 在“图层”面板中单击面板底部的“创建新的填充或调整图层” 按钮，在弹出的菜单中选中“色阶”命令，在“属性”面板中将数值更改为（0，1.08，220），如图6.205所示。

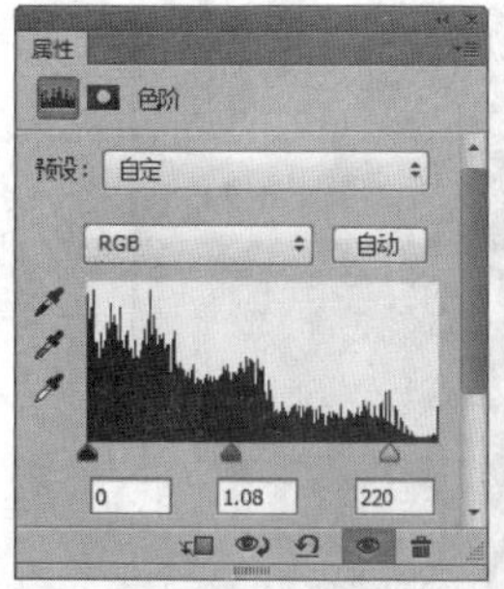

图6.205 调整色阶

STEP 02 单击面板底部的“创建新图层”按钮，新建一个“图层1”图层，如图6.206所示。

STEP 03 选中“图层1”图层，按Ctrl+Alt+Shift+E组合键执行“盖印可见图层”命令，如图6.207所示。

图6.206 新建图层

图6.207 盖印可见图层

STEP 04 选择工具箱中的“减淡工具”，在画布中单击鼠标右键，在“属性”面板中选择一种圆角笔触，将“大小”更改为100像素，“硬度”更改为0%，在选项栏中将“曝光度”更改为30%，如图6.208所示。

STEP 05 选中“图层1”图层，在靴子图像区域涂抹，将其颜色减淡并提高亮度，如图6.209所示。

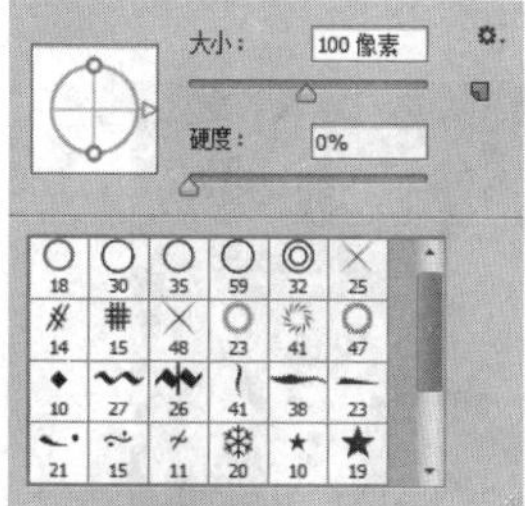

图6.208 设置笔触

图6.209 减淡图像

STEP 06 选中“背景”图层，按Ctrl+Alt+2组合键将图像中的高光载入选区，按Ctrl+Shift+I组合键将选区反选，按Ctrl+J组合键执行“通过拷贝的图层”命令，此时将生成一个新的图层——“图层2”图层，如图6.210所示。

图6.210 通过复制的图层

STEP 07 在“图层”面板中选中“图层2”图层，将其移至所有图层上方，再将其图层混合模式设置为“柔光”，“不透明度”更改为50%，这样就完成了最终效果制作，最终效果如图6.211所示。

图6.211 最终效果

实战 300 利用“自然饱和度”调整质感头戴耳机

- 素材位置：素材\第6章\头戴耳机.jpg
- 案例位置：效果\第6章\质感头戴耳机.psd
- 视频位置：视频\实战300.avi
- 难易指数：★★☆☆☆

• 实例介绍 •

本例讲解质感耳机的色调调整方法。原图的色彩十分平庸，同时耳机本身的色调比较素雅，在整个调整过程中要多增强耳机的质感，最终效果如图6.212所示。

图6.212 最终效果

• 操作步骤 •

• 打开素材

STEP 01 执行菜单栏中的“文件”|“打开”命令，打开“头戴耳机.jpg”文件，如图6.213所示。

图6.213 打开素材

STEP 02 在“图层”面板中单击面板底部的“创建新的填充或调整图层”按钮，在弹出的菜单中选中“曲线”命令，在“属性”面板中调整曲线，增加图像亮度，如图6.214所示。

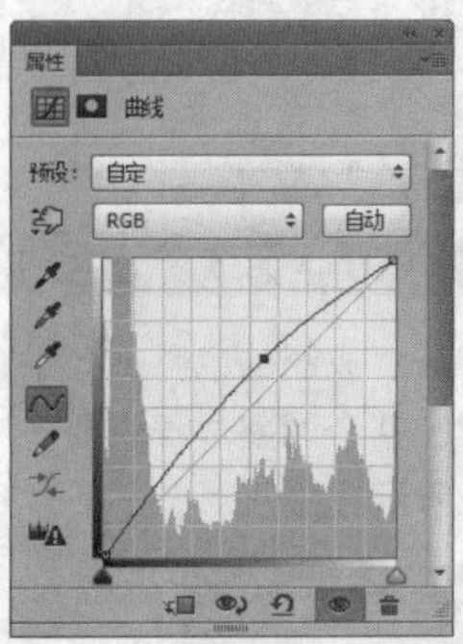

图6.214 调整曲线

STEP 03 在“图层”面板中单击面板底部的“创建新的填充或调整图层”按钮，在弹出的菜单中选中“可选颜色”命令，在“属性”面板中选择“颜色”为红色，将“洋红”更改为100%，如图6.215所示。

图6.215 调整红色

STEP 04 选择“颜色”为白色，将其数值更改为“黑色”-70%，如图6.216所示。

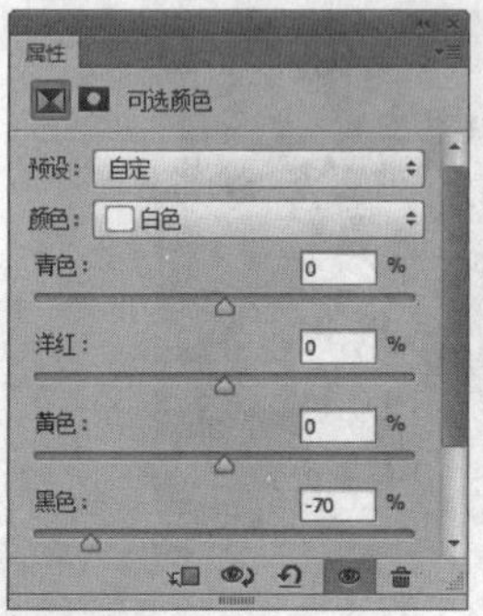

图6.216 设置白色

● 提高亮度

STEP 01 在“图层”面板中单击面板底部的“创建新的填充或调整图层”按钮，在弹出的菜单中选中“自然饱和度”命令，在“属性”面板中将“自然饱和度”更改为50，“饱和度”更改为30，如图6.217所示。

图6.217 设置自然饱和度

STEP 02 在“图层”面板中单击面板底部的“创建新的填充或调整图层”按钮，在弹出的菜单中选中“色阶”命令，在“属性”面板中将数值更改为（0，1.22，255），这样就完成了效果制作，最终效果如图6.218所示。

图6.218 最终效果

实战 301 利用“可选颜色”调整精品陶瓷茶具

▶素材位置：素材\第6章\茶具.jpg
▶案例位置：效果\第6章\精品陶瓷茶具.psd
▶视频位置：视频\实战301.avi
▶难易指数：★★☆☆☆

• 实例介绍 •

陶瓷商品的色彩直接影响到它本身的质感，所以整个调色操作过程应当审慎而行，最终效果如图6.219所示。

图6.219 最终效果

• 操作步骤 •

• 打开素材

STEP 01 执行菜单栏中的“文件”|“打开”命令，打开“茶具.jpg”文件，如图6.220所示。

图6.220 打开素材

STEP 02 在“图层”面板中单击面板底部的“创建新的填充或调整图层”按钮，在弹出的菜单中选中“曲线”命令，在“属性”面板中调整曲线，增强图像亮度，如图6.221所示。

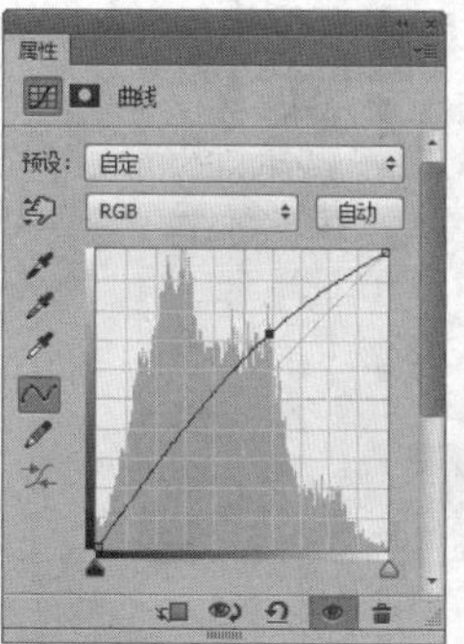

图6.221 调整曲线

STEP 03 在“图层”面板中单击面板底部的“创建新的填充或调整图层”按钮，在弹出的菜单中选中“自然饱和度”命令，在“属性”面板中将“自然饱和度”更改为50，“饱和度”更改为20，如图6.222所示。

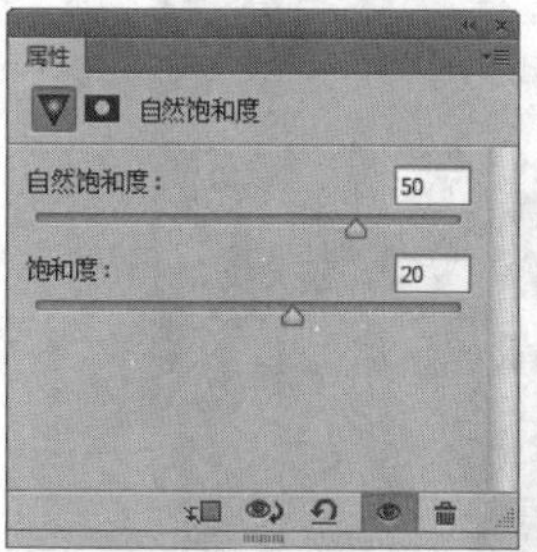

图6.222 设置自然饱和度

STEP 04 在“图层”面板中单击面板底部的“创建新的填充或调整图层”按钮，在弹出的菜单中选中“可选颜色”命令，在“属性”面板中选择“颜色”为白色，将“黄色”更改为-30%，“黑色”更改为-26%，如图6.223所示。

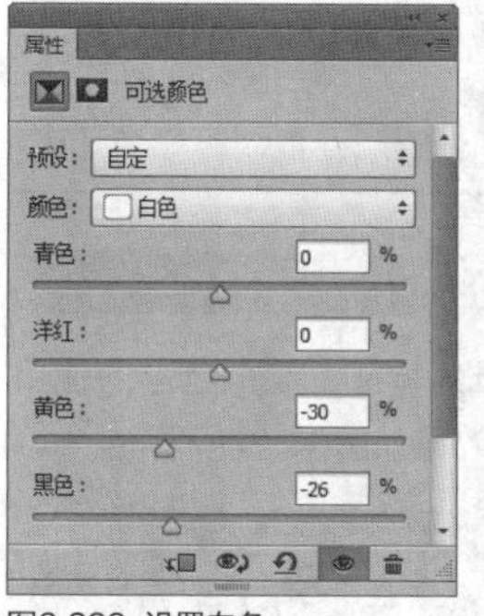

图6.223 设置白色

• 提高亮度

STEP 01 选中“背景”图层，按Ctrl+Alt+2组合键将图像中的高光区域载入选区，按Ctrl+Shift+I组合键将选区反向，如图6.224所示。

STEP 02 选中“背景”图层，执行菜单栏中的“图层”|“新建”|“通过拷贝的图层”命令，此时将生成一个“图层1”图层，如图6.225所示。

STEP 03 选中“图层1”图层，将其移动到所有图层的上方，再将其混合模式更改为“滤色”，这样就完成了效果制作，最终效果如图6.226所示。

图6.224 载入选区

图6.225 通过复制的图层

图6.226 最终效果

实战 302 利用“曲线”调整精致日式茶具

- 素材位置：素材\第6章\日式茶具.jpg
- 案例位置：效果\第6章\精致日式茶具.psd
- 视频位置：视频\实战302.avi
- 难易指数：★★★☆☆

• 实例介绍 •

日式茶具重点突出精致、清新的特征，整个色彩的使用比较简单且看上去十分舒适，最终效果如图6.227所示。

图6.227 最终效果

• 操作步骤 •

• 打开素材

STEP 01 执行菜单栏中的“文件”|“打开”命令，打开“日式茶具.jpg”文件，如图6.228所示。

图6.228 打开素材

STEP 02 在“图层”面板中单击面板底部的“创建新的填充或调整图层”按钮，在弹出的菜单中选中“曲线”命令，在“属性”面板中调整曲线，增强图像亮度，如图6.229所示。

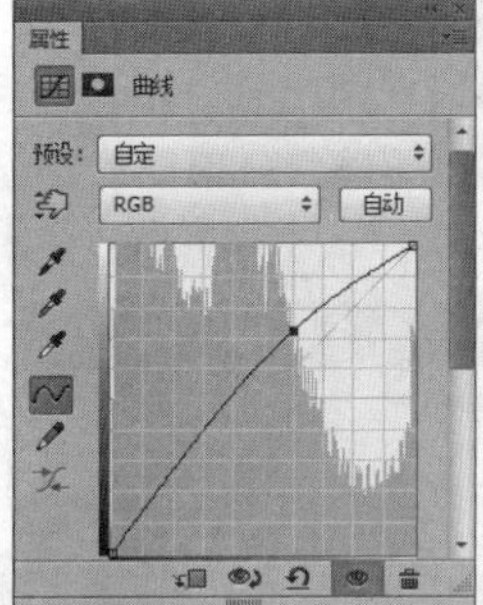

图6.229 调整曲线

STEP 03 在“图层”面板中单击面板底部的“创建新的填充或调整图层”按钮，在弹出的菜单中选中“色相/饱和度”命令，在“属性”面板中将“饱和度”更改为35，如图6.230所示。

STEP 04 选中“背景”图层，按Ctrl+Alt+2组合键将图像中的高光区域载入选区，按Ctrl+Shift+I组合键将选区反向，如图6.231所示。

图6.230 调整饱和度

- **提高亮度**

STEP 01 选中“背景”图层，执行菜单栏中的“图层”|“新建”|“通过拷贝的图层”命令，此时将生成一个“图层1”图层，如图6.232所示。

图6.231 载入选区

图6.232 通过复制的图层

STEP 02 选中“图层1”图层，将其移至所有图层的上方，再将其图层混合模式更改为“滤色”，这样就完成了效果制作，最终效果如图6.233所示。

图6.233 最终效果

实战 303 利用“色相/饱和度”调整舒适运动鞋

- 素材位置：素材\第6章\运动鞋.jpg
- 案例位置：效果\第6章\舒适运动鞋.psd
- 视频位置：视频\实战303.avi
- 难易指数：★★★☆☆

• 实例介绍 •

本例讲解的是一款舒适运动鞋的调色操作方法，整体的画面以略显灰暗的背景为衬托，整体以体现运动鞋的舒适为主，所以在色彩的调整过程中应当注意背景与商品的色调对应关系，最终效果如图6.234所示。

图6.234 最终效果

• 操作步骤 •

- **打开素材**

STEP 01 执行菜单栏中的“文件”|“打开”命令，打开“运动鞋.jpg”文件，如图6.235所示。

图6.235 打开素材

STEP 02 按Ctrl+Alt+2组合键将图像中的高光区域载入选区，按Ctrl+Shift+I组合键将选区反向，如图6.236所示。

图6.236 将选区反向

STEP 03 在“图层”面板中单击面板底部的“创建新的填充或调整图层”按钮，在弹出的菜单中选中“曲线”命令，在“属性”面板中调整曲线，增强图像暗部的亮度，如图6.237所示。

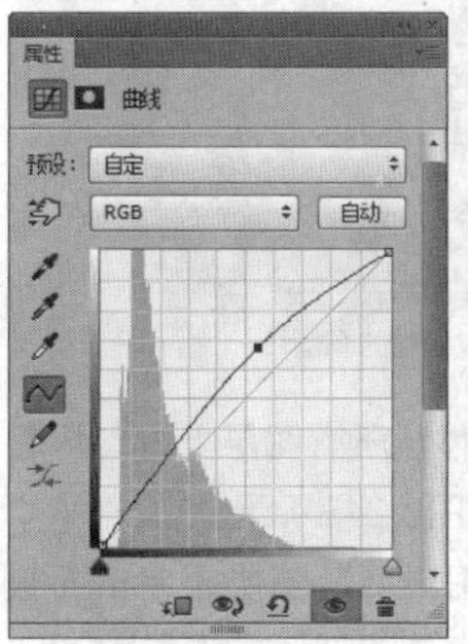

图6.237 调整曲线

STEP 04 在“图层”面板中单击面板底部的“创建新的填充或调整图层”按钮，在弹出的菜单中选中“自然饱和度”命令，在“属性”面板中将“自然饱和度”更改为50，“饱和度”更改为20，如图6.238所示。

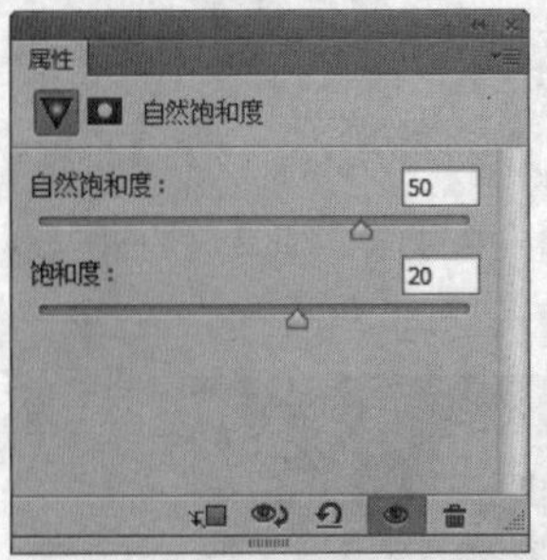

图6.238 设置自然饱和度

● **增强饱和度**

STEP 01 在“图层”面板中单击面板底部的“创建新的填充或调整图层” 按钮，在弹出的菜单中选中“色相/饱和度”命令，在“属性”面板中选择“黄色”通道，将“饱和度”更改为50，如图6.239所示。

图6.239 设置饱和度

STEP 02 选中“背景”图层，按Ctrl+Alt+2组合键将图像中的高光区域载入选区，按Ctrl+Shift+I组合键将选区反向，如图6.240所示。

STEP 03 选中“背景”图层，执行菜单栏中的“图层”|“新建”|“通过拷贝的图层”命令，此时将生成一个“图层1”图层，如图6.241所示。

图6.240 载入选区

图6.241 通过复制的图层

STEP 04 选中“图层1”图层，将其移至所有图层上方，再将其图层混合模式更改为“柔光”，如图6.242所示。

STEP 05 在“图层”面板中选中“图层 1”图层，单击面板底部的“添加图层蒙版” 按钮，为其图层添加图层蒙版，如图6.243所示。

STEP 06 选择工具箱中的“画笔工具” ，在画布中单击鼠标右键，在面板中选择一种圆角笔触，将“大小”更改为150像素，“硬度”更改为0%，如图6.244所示。

图6.242 设置图层混合模式

图6.243 添加图层蒙版

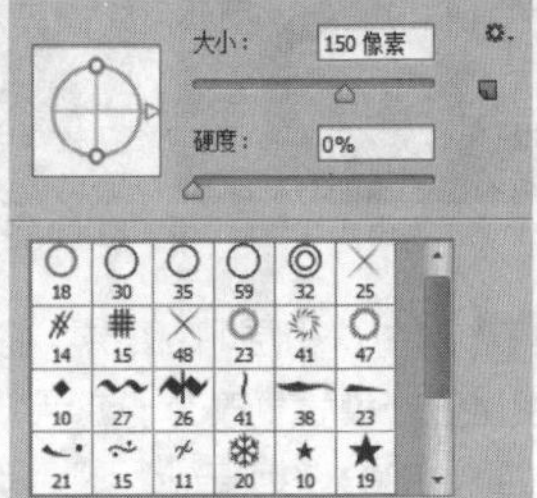

图6.244 设置笔触

STEP 07 将前景色更改为黑色，在除鞋子之外的区域涂抹，将多余的调整效果隐藏，这样就完成了效果制作，最终效果如图6.245所示。

图6.245 最终效果

实战 304

利用“可选颜色”和“色阶”调整可爱乌龟玩具

▶素材位置：素材\第6章\乌龟.jpg
▶案例位置：效果\第6章\可爱乌龟玩具.psd
▶视频位置：视频\实战304.avi
▶难易指数：★★☆☆☆

• 实例介绍 •

本例讲解可爱乌龟玩具的调色操作方法。本例中的乌龟玩具色彩十分鲜艳，在调色过程中将浓郁的商品色彩与素雅的背景作为对应可以很好地体现出商品特点，最终效果如图6.246所示。

图6.246 最终效果

• 操作步骤 •

• 打开素材

STEP 01 执行菜单栏中的“文件”|“打开”命令，打开“乌龟.jpg”文件，如图6.247所示。

图6.247 打开素材

STEP 02 按Ctrl+Alt+2组合键，按Ctrl+Shift+I组合键将选区反向，如图6.248所示。

图6.248 将选区反向

• 提高亮度

STEP 01 在“图层”面板中单击面板底部的“创建新的填充或调整图层”按钮，在弹出的菜单中选中“曲线”命令，在“属性”面板中调整曲线，增强图像亮度，如图6.249所示。

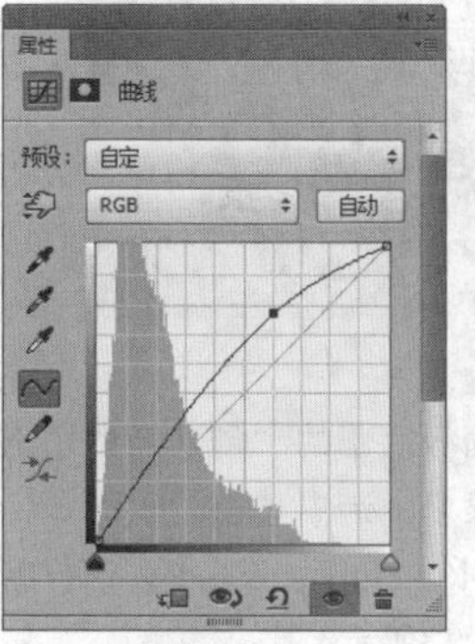

图6.249 调整曲线

STEP 02 在“图层”面板中单击面板底部的“创建新的填充或调整图层”按钮，在弹出的菜单中选中“自然饱和度”命令，在“属性”面板中将“自然饱和度”更改为40，“饱和度”更改为15，如图6.250所示。

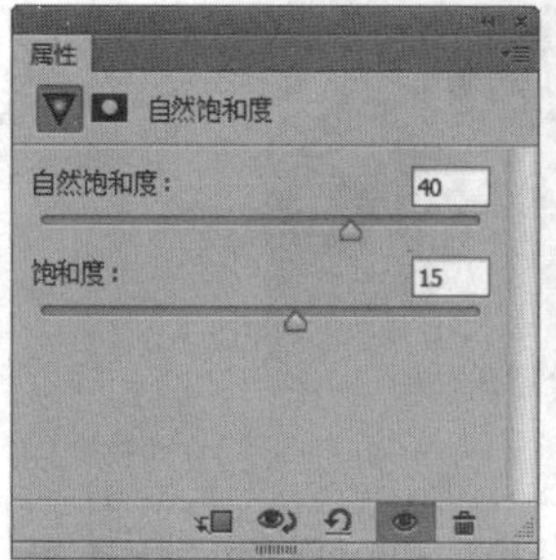

图6.250 设置自然饱和度

STEP 03 在“图层”面板中单击面板底部的“创建新的填充或调整图层”按钮，在弹出的菜单中选中“可选颜色”命令，在“属性”面板中选择“颜色”为黄色，将“青色”更改为60%，如图6.251所示。

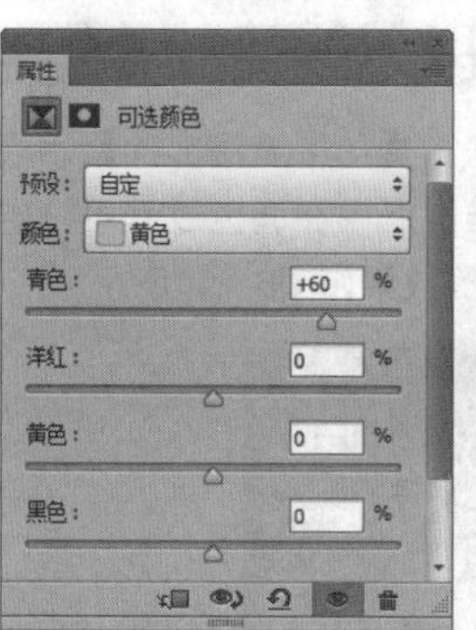

图6.251 设置黄色

STEP 04 选择“颜色”为绿色，将“青色”更改为100%，“黑色”更改为30%，如图6.252所示。

图6.252 设置绿色

STEP 05 在“图层”面板中单击面板底部的“创建新的填充或调整图层”按钮，在弹出的菜单中选中“色阶”命令，在“属性”面板中将数值更改为（12，1.17，255），这样就完成了效果制作，最终效果如图6.253所示。

图6.253 最终效果

实战 305 利用“亮度/对比度”调整精致透明手表

- 素材位置：素材\第6章\透明手表.jpg
- 案例位置：效果\第6章\精致透明手表.psd
- 视频位置：视频\实战305.avi
- 难易指数：★★☆☆☆

• 实例介绍 •

本例讲解透明手表的调色方法。透明手表讲究的是手表的透明质感，以通透的质地为标准，所以在调色过程中一定要注意手腕与表盘之间的关系，最终效果如图6.254所示。

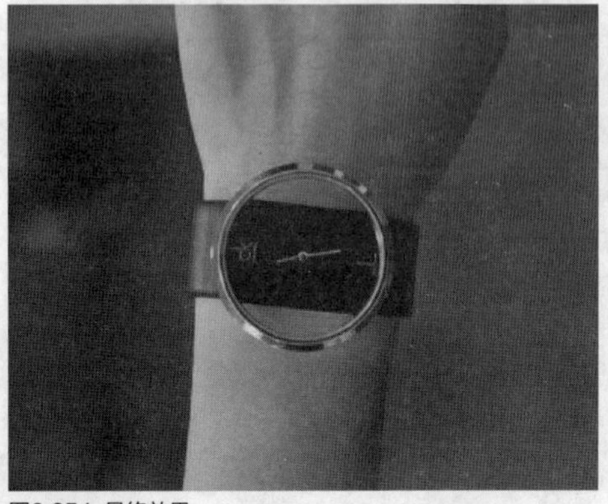

图6.254 最终效果

• 操作步骤 •

• 打开素材

STEP 01 执行菜单栏中的“文件”|“打开”命令，打开“透明手表.jpg”文件，如图6.255所示。

STEP 02 按Ctrl+Alt+2组合键将选区中的高光区域载入选区，按Ctrl+Shift+I组合键将选区反向，如图6.256所示。

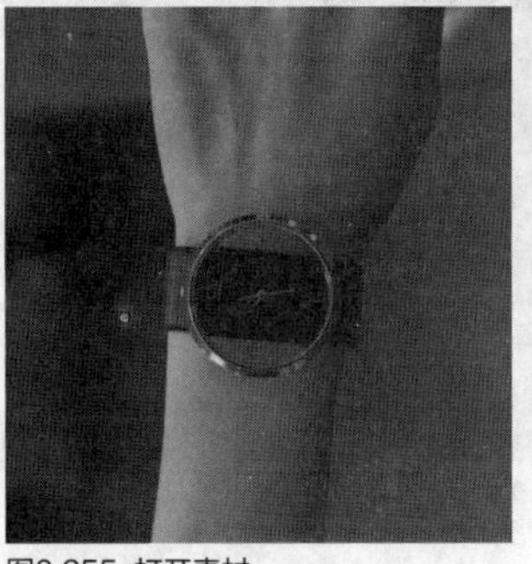

图6.255 打开素材

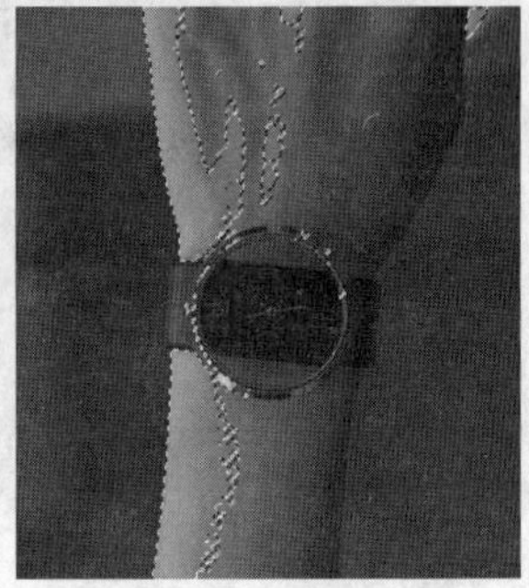

图6.256 载入选区

STEP 03 在“图层”面板中单击面板底部的“创建新的填充或调整图层”按钮，在弹出的菜单中选中“色阶”命令，在“属性”面板中将其数值更改为（7，1.24，214），如图6.257所示。

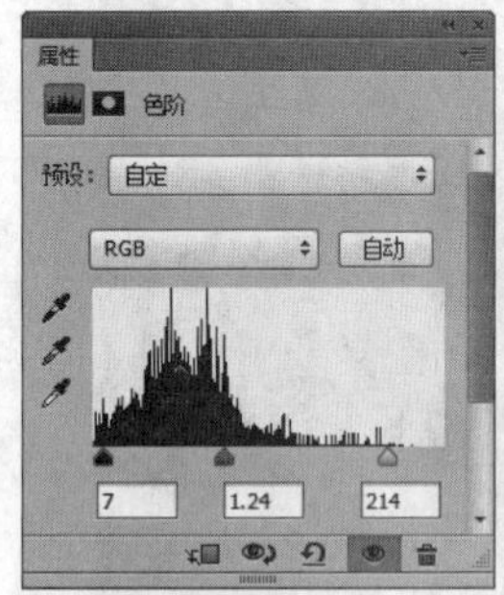

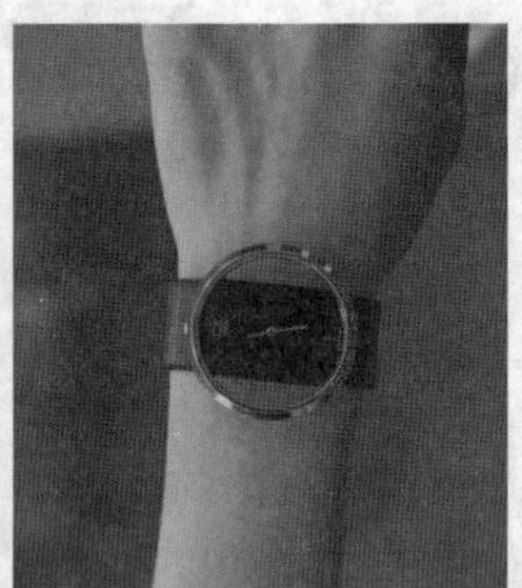

图6.257 调整曲线

STEP 04 在“图层”面板中单击面板底部的“创建新的填充或调整图层”按钮，在弹出的菜单中选中“自然饱和度”命令，在“属性”面板中将“自然饱和度”更改为50，如图6.258所示。

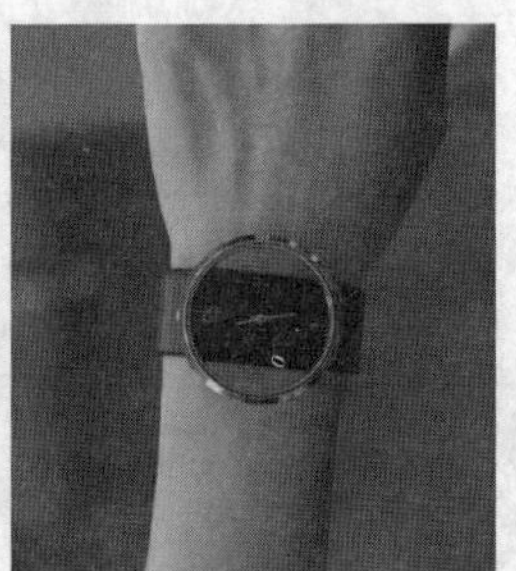

图6.258 设置自然饱和度

• 调整对比度

STEP 01 在“图层”面板中单击面板底部的“创建新的填充或调整图层”按钮，在弹出的菜单中选中“亮度/对比度”命令，在“属性”面板中将“对比度”更改为25，如图6.259所示。

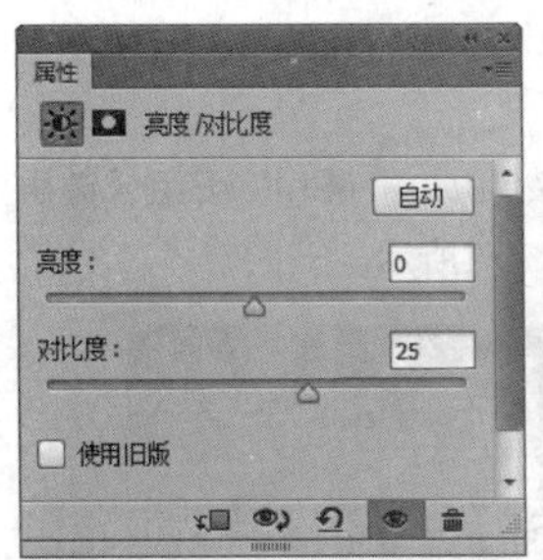

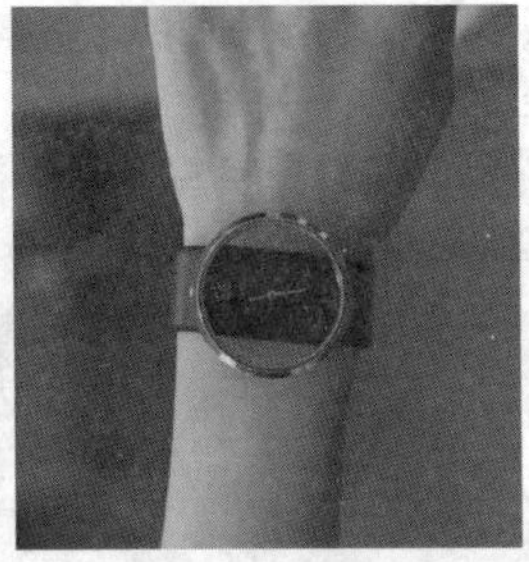

图6.259 设置亮度/对比度

STEP 02 单击面板底部的“创建新图层”按钮，新建一个“图层1”图层，如图6.260所示。

STEP 03 选中“图层1”图层，按Ctrl+Alt+Shift+E组合键执行“盖印可见图层”命令，如图6.261所示。

图6.260 新建图层

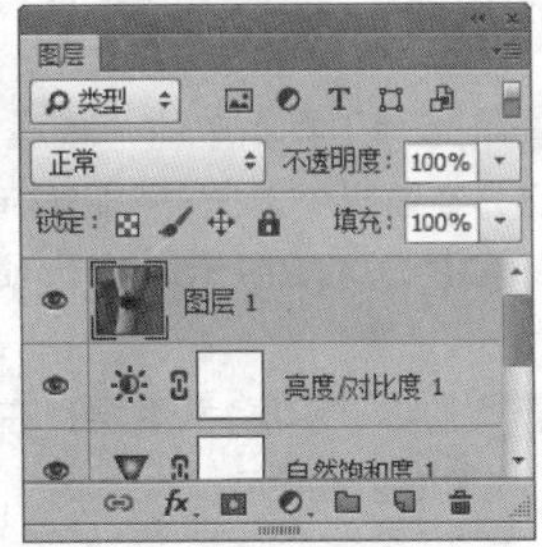

图6.261 盖印可见图层

STEP 04 选择工具箱中的“减淡工具”，在画布中单击鼠标右键，在面板中选择一种圆角笔触，将“大小”更改为80像素，“硬度”更改为0%，如图6.262所示。

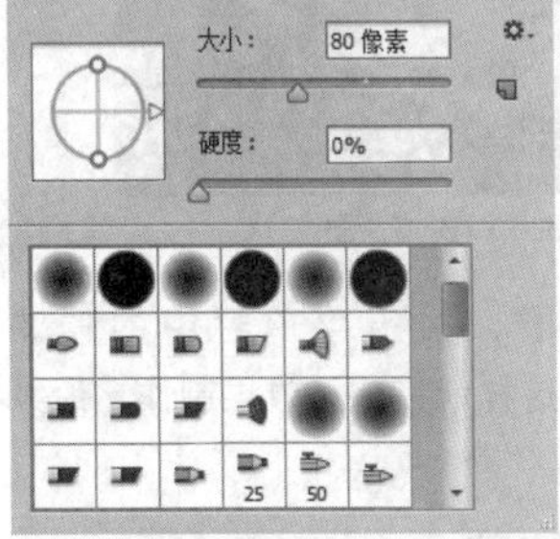

图6.262 设置笔触

STEP 05 选中“图层1”图层，在手表图像上涂抹，减淡图像，这样就完成了效果制作，最终效果如图6.263所示。

图6.263 最终效果

实战 306 利用“自然饱和度”调整精致老人手机

- 素材位置：素材\第6章\老人手机.jpg
- 案例位置：效果\第6章\精致老人手机.psd
- 视频位置：视频\实战306.avi
- 难易指数：★★★☆☆

• 实例介绍 •

本例讲解老人手机的调色方法。本例中的手机质感十分出色，同时素色背景的衬托也令商品的特点十分明显，最终效果如图6.264所示。

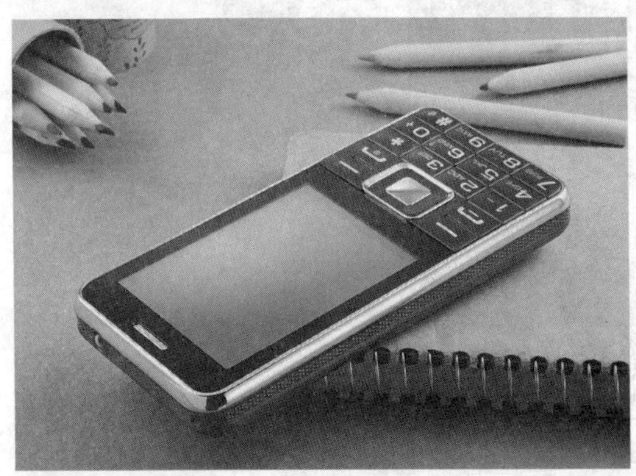

图6.264 最终效果

• 操作步骤 •

• 打开素材

STEP 01 执行菜单栏中的“文件”|“打开”命令，打开“老人手机.jpg”文件，如图6.265所示。

图6.265 打开素材

STEP 02 在“图层”面板中单击面板底部的“创建新的填充或调整图层”按钮，在弹出的菜单中选中“曲线”命令，在“属性”面板中调整曲线，增强图像亮度，如图6.266所示。

STEP 03 在“图层”面板中单击面板底部的“创建新的填充或调整图层”按钮，在弹出的菜单中选中“自然饱和度”命令，在“属性”面板中将“自然饱和度”更改为60，“饱和度”更改为20，如图6.267所示。

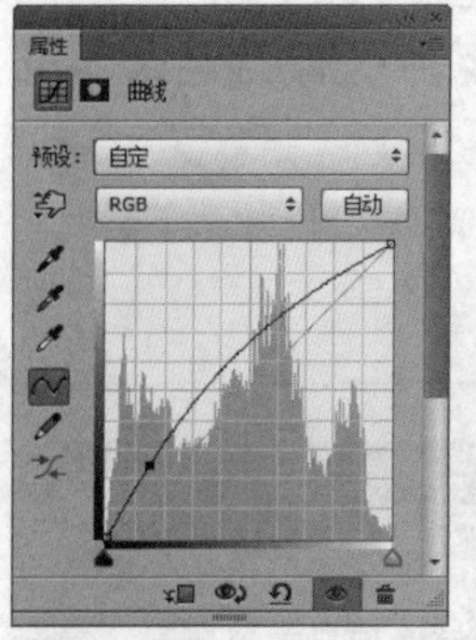

图6.266 调整曲线

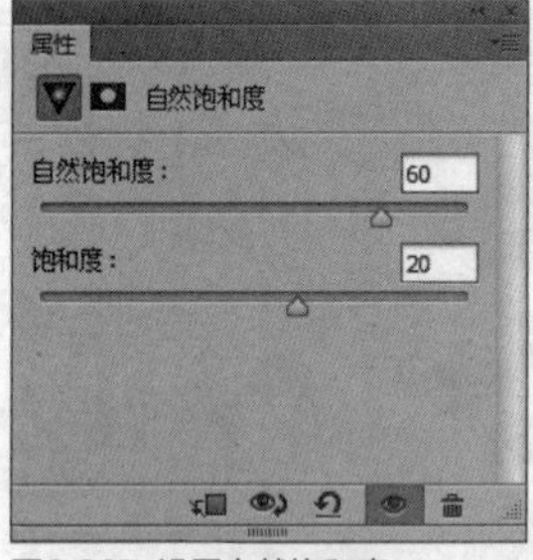

图6.267 设置自然饱和度

STEP 04 在“图层”面板中单击面板底部的“创建新的填充或调整图层”按钮，在弹出的菜单中选中“可选颜色”命令，在“属性”面板中选择“颜色”为红色，将其数值更改为“洋红”20%，“黑色”20%，如图6.268所示。

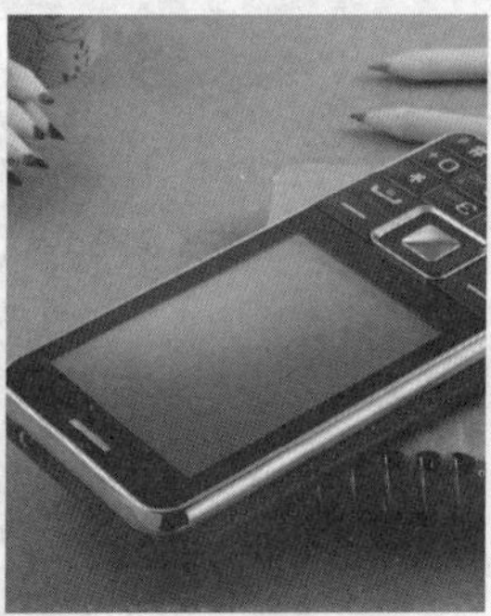

图6.268 设置可选颜色

STEP 05 选择“颜色”为黄色，将其数值更改为“洋红”-50%，如图6.269所示。

图6.269 设置黄色

STEP 06 单击面板底部的“创建新图层”按钮，新建一个“图层1”图层，如图6.270所示。

STEP 07 选中“图层1”图层，按Ctrl+Alt+Shift+E组合键执行“盖印可见图层”命令，如图6.271所示。

图6.270 新建图层

图6.271 盖印可见图层

● 提升质感

STEP 01 选择工具箱中的“减淡工具”，在画布中单击鼠标右键，在面板中选择一个圆角笔触，将“大小”更改为150像素，如图6.272所示，在选项栏中将“曝光度”更改为30%。

STEP 02 选中“图层1”图层，在手机图像区域涂抹，将颜色减淡，如图6.273所示。

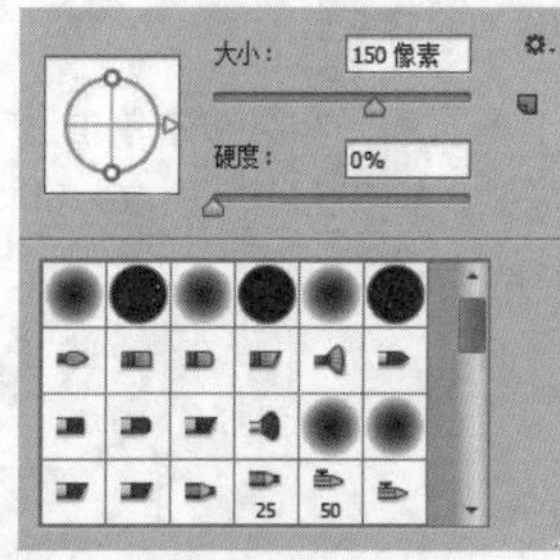

图6.272 设置笔触

图6.273 减淡图像

STEP 03 选中“图层1”图层，执行菜单栏中的“滤镜”|“锐化”|“锐化”命令，这样就完成了效果制作，最终效果如图6.274所示。

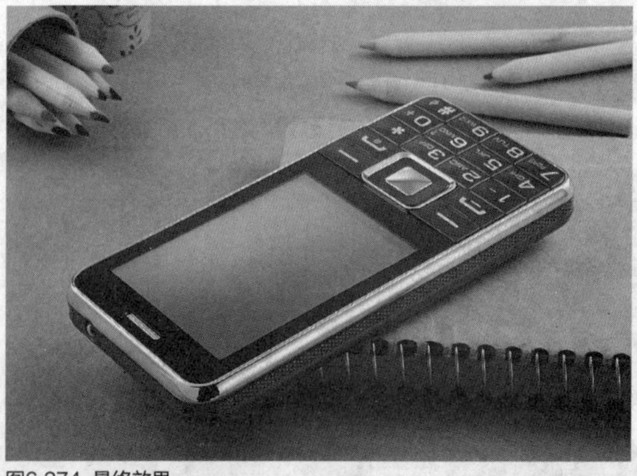

图6.274 最终效果

实战 307 利用“自然饱和度”调整时尚精工名表

▶素材位置：素材\第6章\精工名表

▶案例位置：效果\第6章\时尚精工名表.psd

▶视频位置：视频\实战307.avi

▶难易指数：★★★☆☆

• 实例介绍 •

本例在调色操作过程中以经典的素色图文为背景，很好地体现出了手表的精工之处，在调色操作时应当多加留意图像的亮度及对比度，最终效果如图6.275所示。

图6.275 最终效果

• 操作步骤 •

• 打开素材

STEP 01 执行菜单栏中的“文件”|“打开”命令，打开“精工名表.jpg”文件，如图6.276所示。

图6.276 打开素材

STEP 02 在“图层”面板中单击面板底部的“创建新的填充或调整图层”按钮，在弹出的菜单中选中“曲线”命令，在“属性”面板中调整曲线，增强图像亮度，如图6.277所示。

STEP 03 在“图层”面板中单击面板底部的“创建新的填充或调整图层”按钮，在弹出的菜单中选中“色相/饱和度”命令，在“属性”面板中将“饱和度”更改为35，如图6.278所示。

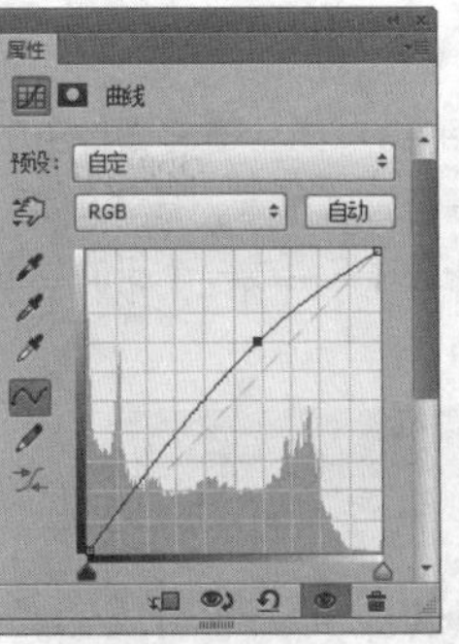

图6.277 调整曲线

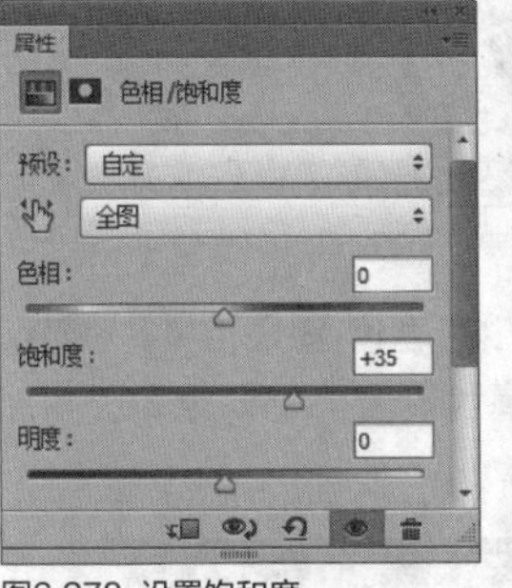

图6.278 设置饱和度

STEP 04 在“图层”面板中单击面板底部的“创建新的填充或调整图层”按钮，在弹出的菜单中选中“可选颜色”命令，在“属性”面板中选择“颜色”为红色，将其数值更改为“黄色”100%，“黑色”30%，如图6.279所示。

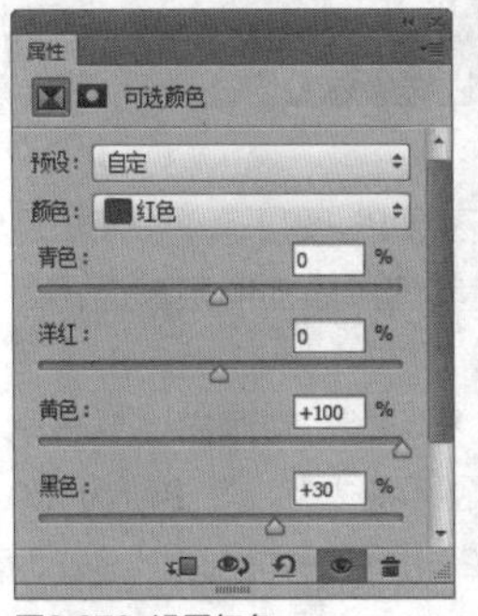

图6.279 设置红色

STEP 05 选择“颜色”为白色，将其数值更改为“黄色”-50%，“黑色”30%，如图6.280所示。

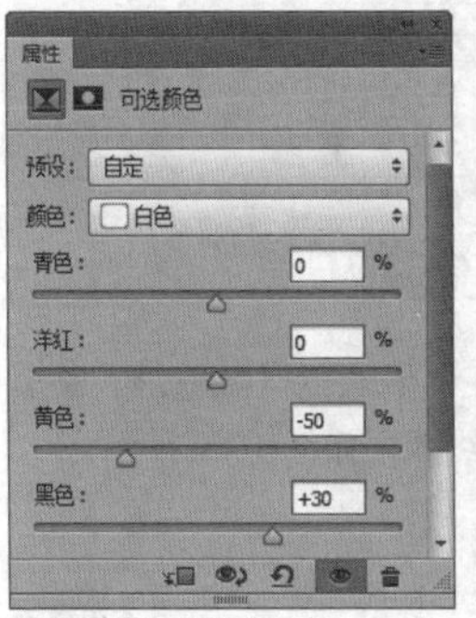

图6.280 设置白色

● **提高亮度**

STEP 01 选中“背景”图层，按Ctrl+Alt+2组合键将图像中的高光载入选区，按Ctrl+Shift+I组合键将选区反选，按Ctrl+J组合键执行“通过拷贝的图层”命令，此时将生成一个新的“图层1”图层，如图6.281所示。

图6.281 通过复制的图层

STEP 02 在“图层”面板中选中“图层1”图层，将其移至所有图层上方，再将其图层混合模式设置为“滤色”，如图6.282所示。

图6.282 设置图层混合模式

STEP 03 在“图层”面板中选中“图层1”图层，单击面板底部的“添加图层蒙版”按钮，为其图层添加图层蒙版，如图6.283所示。

STEP 04 选择工具箱中的“画笔工具”，在画布中单击鼠标右键，在面板中选择一种圆角笔触，将“大小”更改为150像素，“硬度”更改为0%，如图6.284所示。

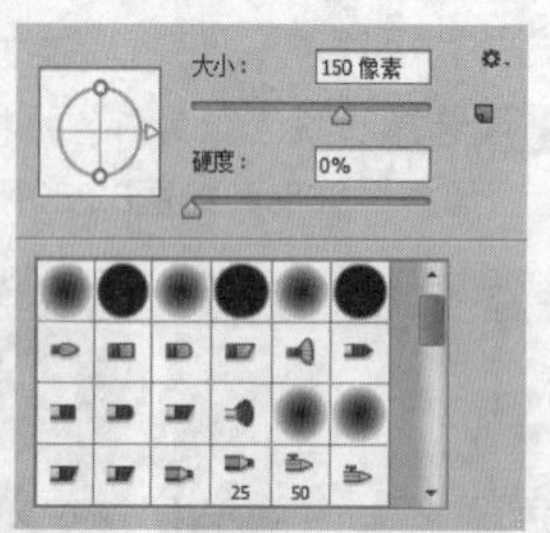

图6.283 添加图层蒙版

图6.284 设置笔触

STEP 05 将前景色更改为黑色，在手表表盘区域涂抹，将其隐藏，这样就完成了效果制作，最终效果如图6.285所示。

图6.285 最终效果

实战 308 利用“可选颜色”和“照片滤镜”调整精致小马挂饰

▶素材位置：素材\第6章\小马挂饰.jpg
▶案例位置：效果\第6章\精致小马挂饰.psd
▶视频位置：视频\实战308.avi
▶难易指数：★★★☆☆

• 实例介绍 •

挂饰类商品的体积通常较小，在调整色彩的过程中以强调局部及细节的特征为主，最终效果如图6.286所示。

• 操作步骤 •

● **打开素材**

STEP 01 执行菜单栏中的“文件”|“打开”命令，打开“小马挂饰.jpg”文件，如图6.287所示。

图6.286 最终效果

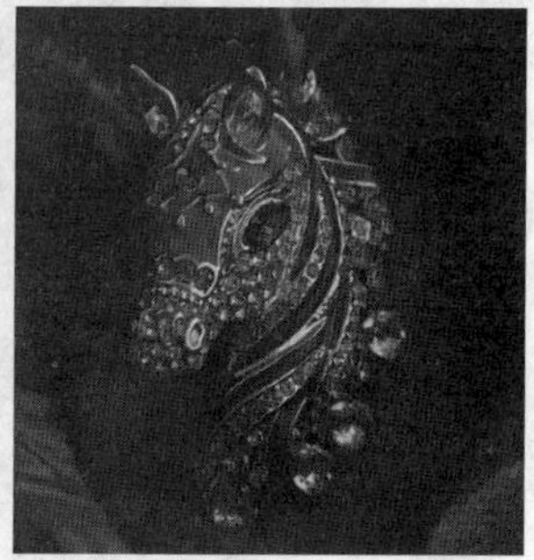

图6.287 打开素材

STEP 02 在“图层”面板中单击面板底部的“创建新的填充或调整图层”按钮，在弹出的菜单中选择“可选颜色”命令，在“属性”面板中选择“蓝色”，将其数值更改为“青色”-30%，“黑色”45%，如图6.288所示。

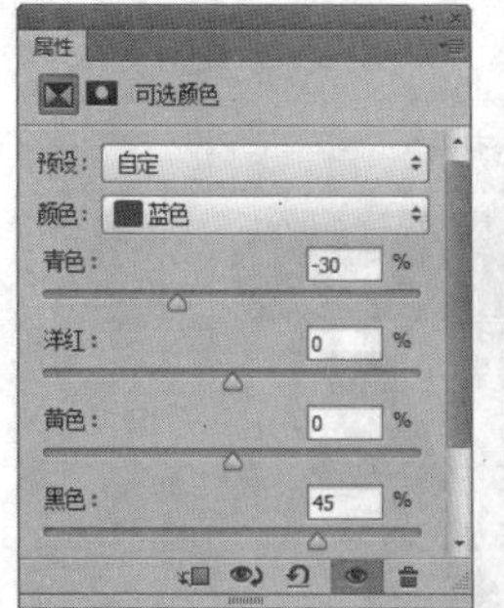

图6.288 调整蓝色

STEP 03 选择“颜色”为白色，将其数值更改为“黑色”-100%，如图6.289所示。

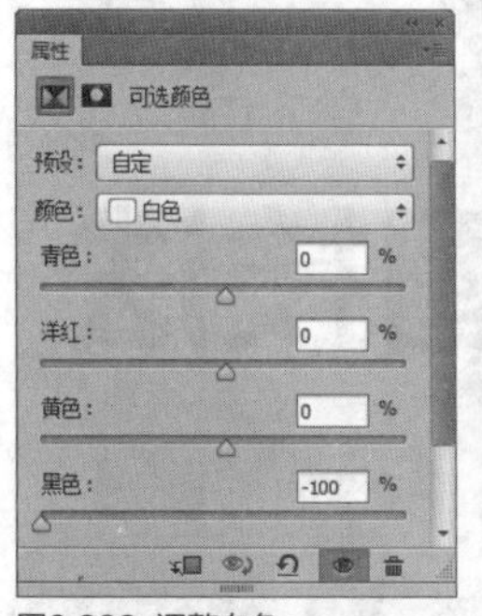

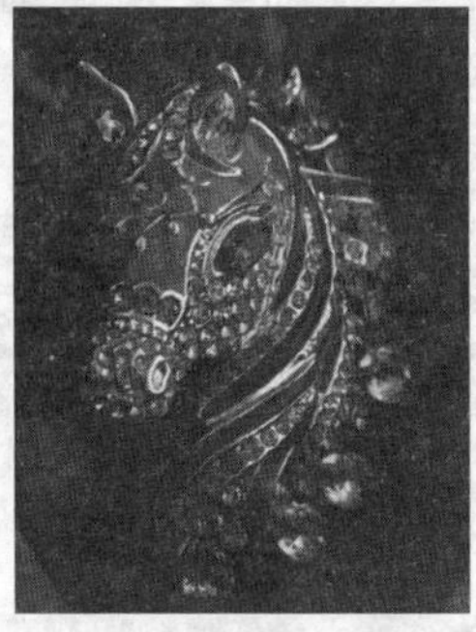

图6.289 调整白色

● 校正色调

STEP 01 在“图层”面板中单击面板底部的“创建新的填充或调整图层”按钮，在弹出的菜单中选中“照片滤镜”命令，在“属性”面板中选择“滤镜”为冷却滤镜（80），如图6.290所示。

图6.290 调整照片滤镜

STEP 02 按Ctrl+Alt+2组合键将图像中的高光载入选区，按Ctrl+Shift+I组合键将选区反选，如图6.291所示。

STEP 03 选中“背景”图层，执行菜单栏中的“图层”|“新建”|“通过拷贝的图层”命令，此时将生成一个“图层1”图层，如图6.292所示。

STEP 04 选择“图层1”图层，将其移至所有图层上方，再将其图层混合模式设置为“滤色”，“不透明度”更改为80%，如图6.293所示。

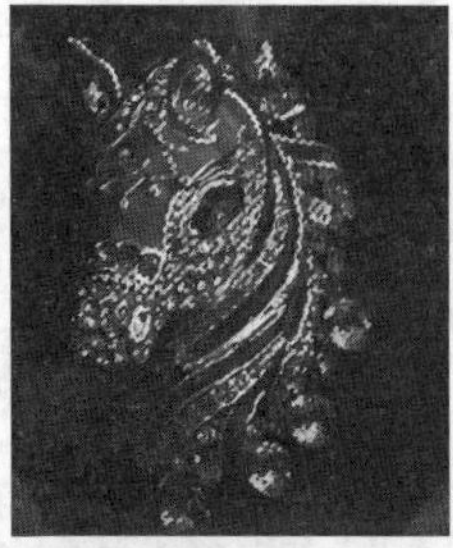

图6.291 载入选区

图6.292 通过复制的图层

图6.293 设置图层混合模式

● 提高局部亮度

STEP 01 单击面板底部的“创建新图层”按钮，新建一个“图层2”图层，如图6.294所示。

STEP 02 选中“图层2”图层，按Ctrl+Alt+Shift+E组合键执行“盖印可见图层”命令，如图6.295所示。

图6.294 新建图层

图6.295 盖印可见图层

STEP 03 选择工具箱中的“减淡工具”，在画布中单击鼠标右键，在面板中选择一种圆角笔触，将“大小”更改为100像素，“硬度”更改为0%，如图6.296所示。

STEP 04 选中“图层1”图层，在小马图像的部分区域涂抹，减淡图像，这样就完成了效果制作，最终效果如图6.297所示。

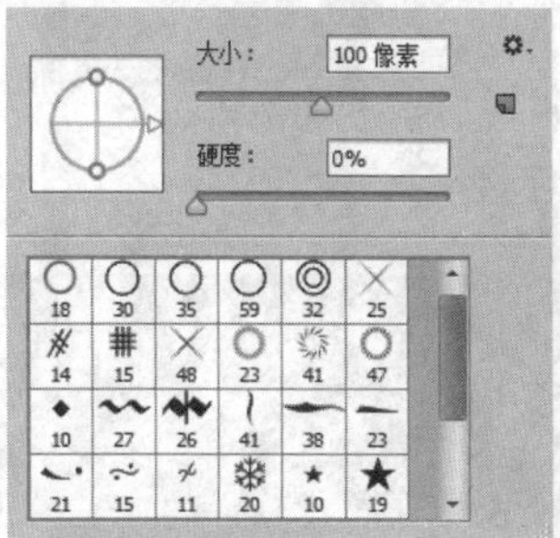

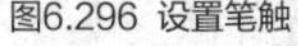

图6.296 设置笔触

图6.297 最终效果

第7章 网店经典抠图技法

本章导读

本章主要讲解淘宝商品的实用抠图技法。在一些常见的网店广告中抠图的技法也是经常被用到的，在对产品本身进行优化、处理，或者在制作网店广告的时候作为素材添加时，抠取图像为必备技法。在本章中我们选取了多个具有代表性的商品图像，通过对这些图像的实战抠图我们可以熟练掌抠图基础及技巧。

要点索引

- 学会抠取服饰类图像
- 掌握家居类图像的抠图方法
- 了解传统抠图的技巧
- 学习快速有效的抠图思路

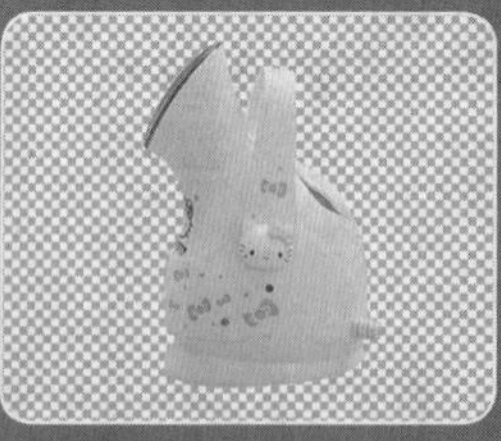

实战309 魔术橡皮擦工具快速抠取手表

▶素材位置：素材\第7章\手表.jpg
▶案例位置：效果\第7章\魔术橡皮擦工具快速抠取手表.psd
▶视频位置：视频\实战309.avi
▶难易指数：★★☆☆☆

• 实例介绍 •

本例讲解快速抠取手表的方法，首先确定手表图像的源文件是纯色，这样可以仅利用高效的工具直接将背景擦除从而得到手表图像，最终效果如图7.1所示。

图7.1 最终效果

• 操作步骤 •

STEP 01 执行菜单栏中的“文件”|“打开”命令，打开“手表.jpg”文件，如图7.2所示。

图7.2 打开素材

STEP 02 选择工具箱中的“魔术橡皮擦工具”，在选项栏中将“容差”更改为10，在图像中除手表以外的白色图像区域单击，将不需要的颜色擦除，这样就完成了抠图，最终效果如图7.3所示。

图7.3 最终效果

实战310 魔棒工具快速抠取包包

▶素材位置：素材\第7章\包包.jpg
▶案例位置：效果\第7章\魔棒工具快速抠取包包.psd
▶视频位置：视频\实战310.avi
▶难易指数：★★☆☆☆

• 实例介绍 •

本例讲解快速抠取包包的方法。我们在本例中讲解的是一种最为常用的抠取所需图像的工具，使用方法十分简单，最终效果如图7.4所示。

图7.4 最终效果

• 操作步骤 •

STEP 01 执行菜单栏中的“文件”|“打开”命令，在弹出的对话框中选择配套光盘中的“调用素材\第7章\包包.jpg”文件，如图7.5所示。

STEP 02 双击“背景”图层名称，在弹出的对话框中单击“确定”按钮，其图层名称将更改为“图层0”，如图7.6所示。

图7.5 打开素材

图7.6 转换为普通图层

STEP 03 选择工具箱中的“魔棒工具”，在选项栏中将“容差”更改为40，在图像中的黄色区域单击，将不需要的部分载入选区，如图7.7所示。

STEP 04 选中“图层0”图层，按Delete键将选区中的图像删除，如图7.8所示。

图7.7 抠取图像

图7.8 删除图像

STEP 05 以同样的方法将其他黄色区域图像删除，这样就完成了包包的抠取，最终效果如图7.9所示。

图7.9 删除图像

技巧

在删除其他相同的多余图像时可以按住Shift键将其载入选区，同时将不需要的区域删除，此方法更加快捷。假如有多选的情况发生，可以按住Alt键将其从选区中减去。

实战311 磁性套索工具抠取baby帽

▶素材位置：素材\第7章\ baby帽.jpg
▶案例位置：效果\第7章\磁性套索工具抠取baby帽.psd
▶视频位置：视频\实战311.avi
▶难易指数：★★★☆☆

• 实例介绍 •

本例讲解抠取baby帽的方法。本例中的帽子图像边缘与背景很好区别，所以可以使用一种较快捷的方法将帽子选中，从而抠取所需图像，最终效果如图7.10所示。

图7.10 最终效果

• 操作步骤 •

STEP 01 执行菜单栏中的“文件”|“打开”命令，打开“baby帽.jpg”文件，如图7.11所示。

STEP 02 双击“背景”图层名称，在弹出的对话框中单击“确定”按钮，其图层名称将更改为“图层0”，如图7.12所示。

图7.11 打开素材

图7.12 转换为普通图层

STEP 03 选择工具箱中的“磁性套索工具”，在画布中帽子图像的边缘位置单击确定起点，再沿帽子边缘移动鼠标将帽子选中，如图7.13所示。

STEP 04 执行菜单栏中的“选择”|“反向”命令，将选区反选，选中“图层0”图层，按Delete键将选区中的图像删除，这样就完成了帽子图像的抠取操作，最终效果如图7.14所示。

图7.13 抠取图像

图7.14 最终效果

图层混合模式抠取戒指

▶素材位置：素材\第7章\戒指.jpg、花朵.jpg
▶案例位置：效果\第7章\图层混合模式抠取戒指.psd
▶视频位置：视频\实战312.avi
▶难易指数：★☆☆☆☆

• 实例介绍 •

本例讲解抠取戒指的方法。本例中的抠图方法十分简单，不需要使用任何工具即可将所需图像进行抠取，但对图层混合模式要有一定认识，最终效果如图7.15所示。

图7.15 最终效果

• 操作步骤 •

STEP 01 执行菜单栏中的“文件”|“打开”命令，打开“戒指.jpg、花朵.jpg”文件，如图7.16所示。

图7.16 打开素材

STEP 02 将“戒指”图像拖入“花朵”文件中，其图层名称将更改为“图层1”，如图7.17所示。

STEP 03 选中“图层1”图层，按Ctrl+T组合键对其执行“自由变换”命令，单击鼠标右键，从弹出的快捷菜单中选择“水平翻转”命令，再按住Atl+Shift组合键将图像等比例缩小，完成之后按Enter键确认，如图7.18所示。

图7.17 添加图像

图7.18 变换图像

STEP 04 选中“图层1”图层，将其图层混合模式设置为“正片叠底”，这样就完成了效果制作，最终效果如图7.19所示。

图7.19 最终效果

实战
313

磁性套索工具抠取鞋子

▶素材位置：素材\第7章\鞋子.jpg
▶案例位置：效果\第7章\磁性套索工具抠取鞋子.psd
▶视频位置：视频\实战313.avi
▶难易指数：★★☆☆☆

• 实例介绍 •

本例讲解抠取鞋子的方法。本例中鞋子的抠取方法同样比较简单，首先确定鞋子图像边缘与背景的关系，然后选择一种最为快捷有效的工具进行抠取，最终效果如图7.20所示。

图7.20 最终效果

• 操作步骤 •

STEP 01 执行菜单栏中的“文件”|“打开”命令，打开“鞋子.jpg”文件，如图7.21所示。

STEP 02 双击“背景”图层名称，在弹出的对话框中单击“确定”按钮，其图层名称将更改为“图层0”，如图7.22所示。

图7.21 打开素材

图7.22 转换为普通图层

STEP 03 选择工具箱中的“磁性套索工具”，在画布中沿鞋子边缘绘制一个封闭选区，如图7.23所示。

图7.23 绘制选区

STEP 04 执行菜单栏中的“选择”|“反向”命令，将选区反向，按Delete键将选区中的图像删除，完成之后按Ctrl+D组合键将选区取消，这样就完成了效果制作，最终效果如图7.24所示。

图7.24 最终效果

实战 314 利用通道抠取抱枕

- 素材位置：素材\第7章\抱枕.jpg
- 案例位置：效果\第7章\利用通道抠取抱枕.psd
- 视频位置：视频\实战314.avi
- 难易指数：★★★☆☆

• 实例介绍 •

本例讲解抠取抱枕的方法。由于抱枕的颜色十分突出，所以可以利用强大的通道进行抠取，最终效果如图7.25所示。

图7.25 最终效果

• 操作步骤 •

STEP 01 执行菜单栏中的“文件”|“打开”命令，打开“抱枕.jpg”文件，如图7.26所示。

STEP 02 双击“背景”图层名称，将其转换为普通图层，如图7.27所示。

图7.26 打开素材

图7.27 转换为通道图层

STEP 03 在“通道”面板中选中“绿”通道，将其拖至面板底部的“创建新图层”按钮上，复制1个“绿 拷贝”通道，如图7.28所示。

图7.28 复制通道

STEP 04 选中“绿 拷贝”通道，执行菜单栏中的“图像”|“调整”|“色阶”命令，在弹出的对话框中将其数值更改为（12，0.85，195），完成之后单击“确定”按钮，如图7.29所示。

STEP 05 选择工具箱中的“画笔工具”，在画布中单击鼠标右键，在弹出的面板中选择一种圆角笔触，将“大小”更改为30像素，“硬度”更改为0%，如图7.30所示。

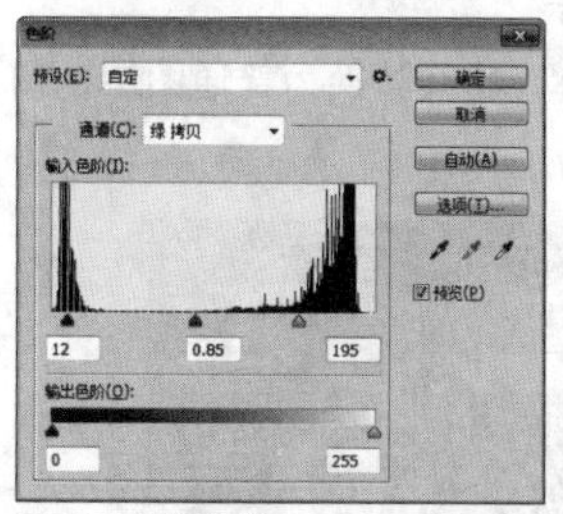
图7.29 设置色阶

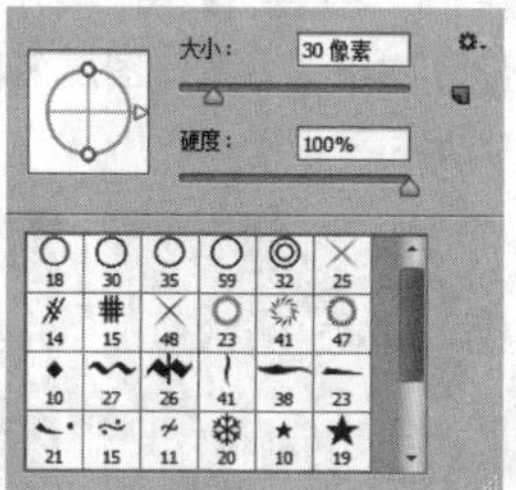

图7.30 设置笔触

STEP 06 将前景色更改为白色，在画布中的灰色区域涂抹，将其变成白色，如图7.31所示。

STEP 07 按住Ctrl键单击“绿 拷贝”通道，将其载入选区，如图7.32所示。

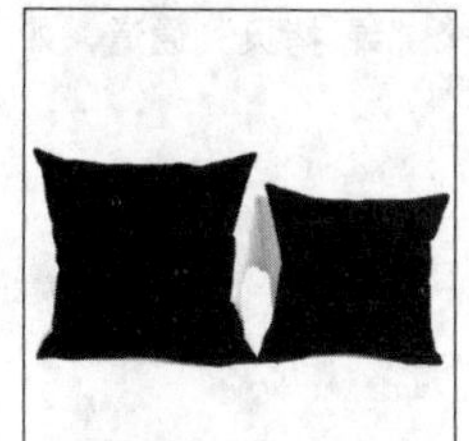
图7.31 变成白色

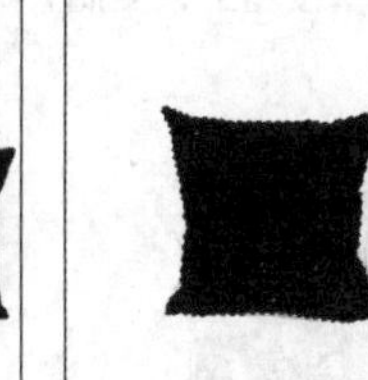
图7.32 载入选区

STEP 08 选中“RGB”通道，将选区中的图像删除，完成之后按Ctrl+D组合键将选区取消，这样就完成了效果制作，最终效果如图7.33所示。

图7.33 最终效果

自由钢笔工具抠取高帮鞋

- 素材位置：素材\第7章\高帮鞋.jpg
- 案例位置：效果\第7章\自由钢笔工具抠取高帮鞋.psd
- 视频位置：视频\实战315.avi
- 难易指数：★★☆☆☆

• 实例介绍 •

本例讲解抠取高帮鞋的方法，鞋子图像由于其边缘复杂的原因通常在抠取的过程中稍微会有一些复杂，可以根据鞋子边缘的颜色与背景的关系选择一种最恰当的抠图方式，最终效果如图7.34所示。

图7.34 最终效果

• 操作步骤 •

STEP 01 执行菜单栏中的“文件”|“打开”命令，打开“高帮鞋.jpg”文件，如图7.35所示。

STEP 02 双击“背景”图层名称，将其转换为普通图层，如图7.36所示。

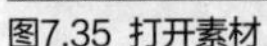

图7.35 打开素材

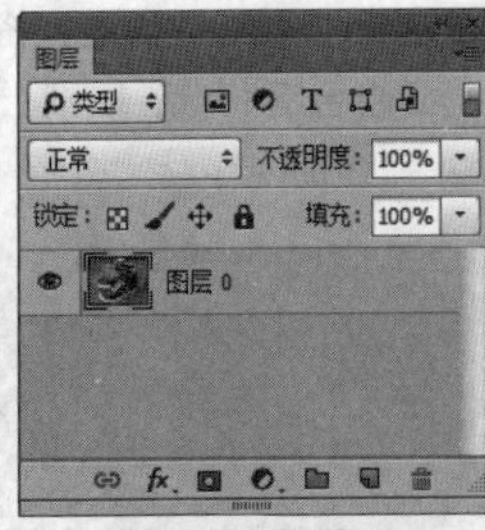

图7.36 转换为通道图层

STEP 03 选择工具箱中的“自由钢笔工具”，在选项栏中勾选“磁性的”复选框，在画布中沿鞋子边缘拖动，将鞋子选中，如图7.37所示。

STEP 04 选择工具箱中的“直接选择工具”，拖动鞋子边缘与鞋子没有贴合的锚点，如图7.38所示。

图7.37 绘制路径

图7.38 调整路径

STEP 05 按Ctrl+Enter组合键将路径转换为选区，如图7.39所示。

图7.39 转换选区

STEP 06 执行菜单栏中的“选择”|“反向”命令，将选区反向，按Delete键将选区中的图像删除，完成之后按Ctrl+D组合键将选区取消，这样就完成了效果制作，最终效果如图7.40所示。

图7.40 最终效果

实战 316 利用通道抠取天鹅摆件

▶素材位置：素材\第7章\天鹅摆件.jpg
▶案例位置：效果\第7章\利用通道抠取天鹅摆件.psd
▶视频位置：视频\实战316.avi
▶难易指数：★★★☆☆

• 实例介绍 •

本例讲解抠取天鹅摆件的方法。本例中的天鹅摆件的抠取步骤相对繁琐，它是以颜色对比的方法利用通道进行图像的抠取，最终效果如图7.41所示。

图7.41 最终效果

• 操作步骤 •

STEP 01 执行菜单栏中的“文件”|“打开”命令，打开“天鹅摆件.jpg”文件，如图7.42所示。

STEP 02 双击“背景”图层名称，将其转换为普通图层，如图7.43所示。

图7.42 打开素材

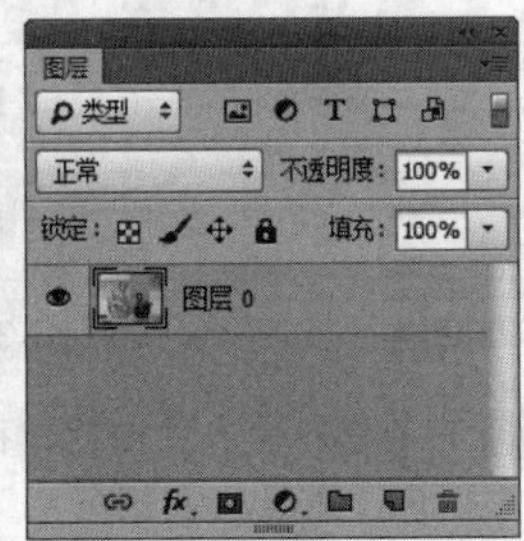

图7.43 转换为普通图层

STEP 03 在“通道”面板中选中“绿”图层，将其拖至面板底部的“创建新图层”按钮上，复制1个“绿 拷贝”通道，如图7.44所示。

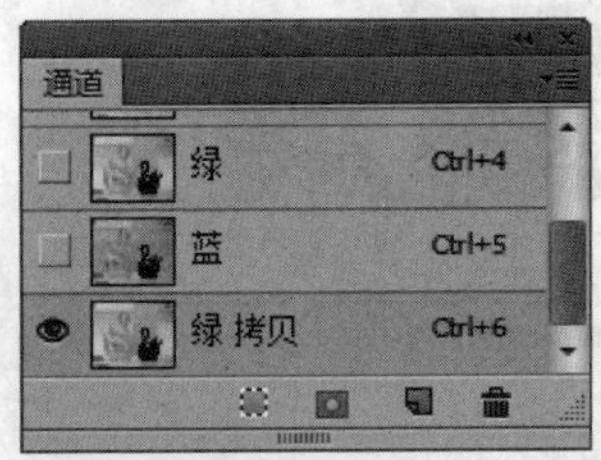

图7.44 复制通道

STEP 04 选中“绿 拷贝”通道，执行菜单栏中的“图像”|“调整”|“色阶”命令，在弹出的对话框中将数值更改为（70，1，196），完成之后单击“确定”按钮，如图7.45所示。

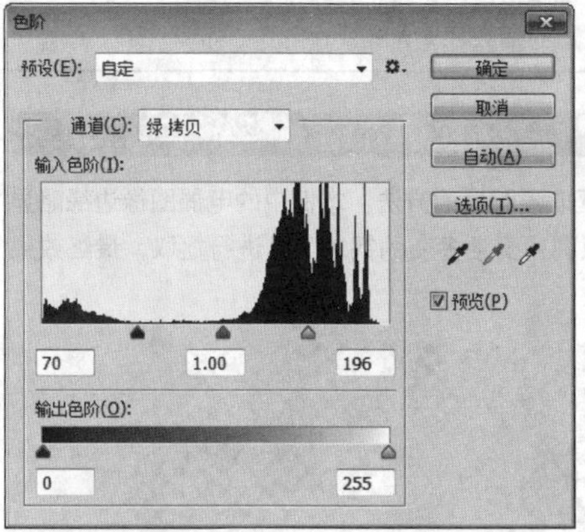

图7.45 调整色阶

STEP 05 选择工具箱中的“画笔工具”，在画布中单击鼠标右键，在弹出的面板中选择一种圆角笔触，将“大小”更改为100像素，“硬度”更改为0%，如图7.46所示。

STEP 06 将前景色更改为白色，将画布中的深灰色区域涂抹成白色，如图7.47所示。

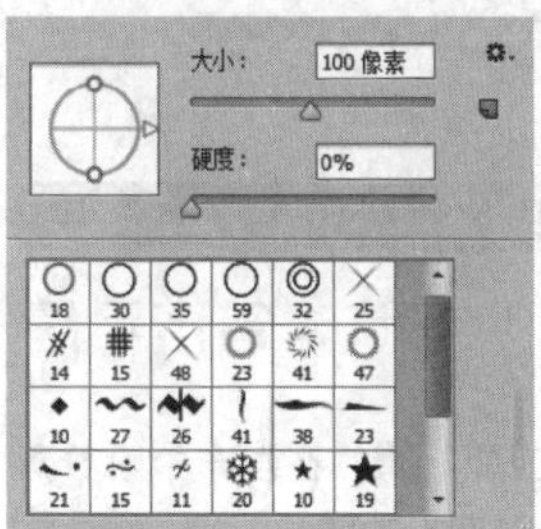

图7.46 设置笔触

图7.47 更改颜色

STEP 07 按住Ctrl键单击“绿 拷贝”通道缩览图，将其载入选区，再选中“RGB”通道，如图7.48所示。

STEP 08 选择工具箱中的“套索工具”，在画布中天鹅图像未添加至选区的区域按住Shift键拖动鼠标，将其添加至选区，如图7.49所示。

图7.48 载入选区　　图7.49 减去部分选区

STEP 09 选中“图层0”图层，将选区中的图像删除，完成之后按Ctrl+D组合键将选区取消，如图7.50所示。

图7.50 删除图像

提示

删除的时候可以按数次Delete键使删除后的边界更加清晰。

STEP 10 选择工具箱中的“多边形套索工具”，在天鹅图像的底部位置绘制一个选区，将多余的杂边图像选中，按Delete键将选区中的图像删除，完成之后按Ctrl+D组合键将选区取消，这样就完成了效果制作，最终效果如图7.51所示。

图7.51 最终效果

实战 317 钢笔工具抠取雨伞

- 素材位置：素材\第7章\雨伞.jpg
- 案例位置：效果\第7章\钢笔工具抠取雨伞.psd
- 视频位置：视频\实战317.avi
- 难易指数：★★☆☆☆

• 实例介绍 •

本例讲解抠取雨伞的方法。雨伞图像的造型比较统一，并且其边缘比较明显，所以可以利用钢笔工具抠取，最终效果如图7.52所示。

图7.52 最终效果

• 操作步骤 •

STEP 01 执行菜单栏中的“文件”|“打开”命令，打开“雨伞.jpg”文件，如图7.53所示。

STEP 02 选择工具箱中的“钢笔工具”，在画布中沿着雨伞图像边缘绘制一个封闭路径，如图7.54所示。

图7.53 打开素材

图7.54 绘制路径

STEP 03 按Ctrl+Enter组合键将路径转换为选区，如图7.55所示。

STEP 04 执行菜单栏中的“图层”|“新建”|“通过拷贝的图层”命令，此时将生成一个“图层1”图层，如图7.56所示。

图7.55 转换选区

图7.56 通过复制的图层

STEP 05 继续以同样的方法在雨伞边缘细节处绘制路径并转换选区，删除多余的部分图像，最后将“背景”图层隐藏即可观察到抠图效果，最终效果如图7.57所示。

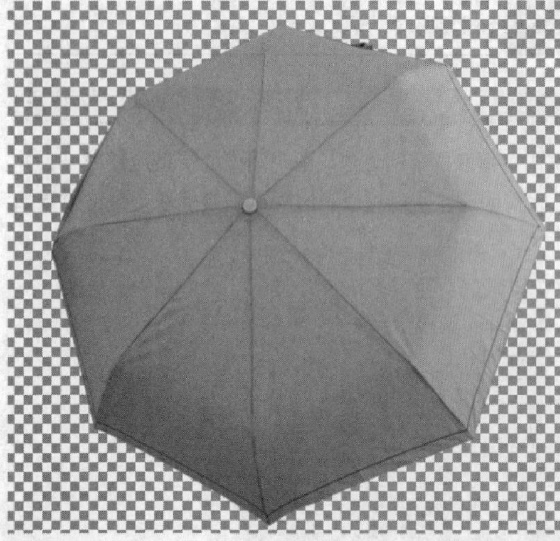
图7.57 最终效果

实战 318 钢笔工具抠取蒸脸器

▶素材位置：素材\第7章\蒸脸器.jpg
▶案例位置：效果\第7章\钢笔工具抠取蒸脸器.psd
▶视频位置：视频\实战318.avi
▶难易指数：★★★☆☆

• 实例介绍 •

本例讲解抠取蒸脸器的方法。本例中的电器图像边缘略显复杂，所以可以利用灵活多变的钢笔工具进行抠取，最终效果如图7.58所示。

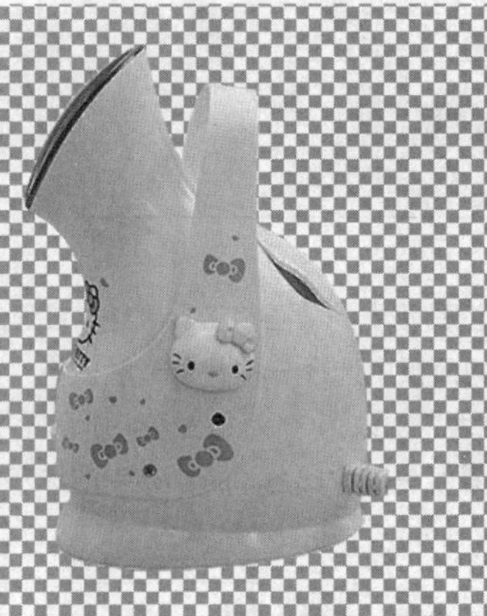
图7.58 最终效果

• 操作步骤 •

STEP 01 执行菜单栏中的“文件”|“打开”命令，打开“蒸脸器.jpg”文件，如图7.59所示。

STEP 02 选择工具箱中的“钢笔工具”，在画布中沿着蒸脸器图像边缘绘制一个封闭路径，如图7.60所示。

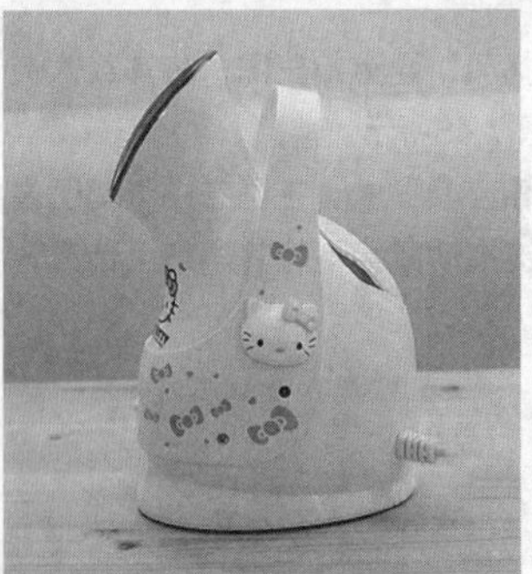
图7.59 打开素材

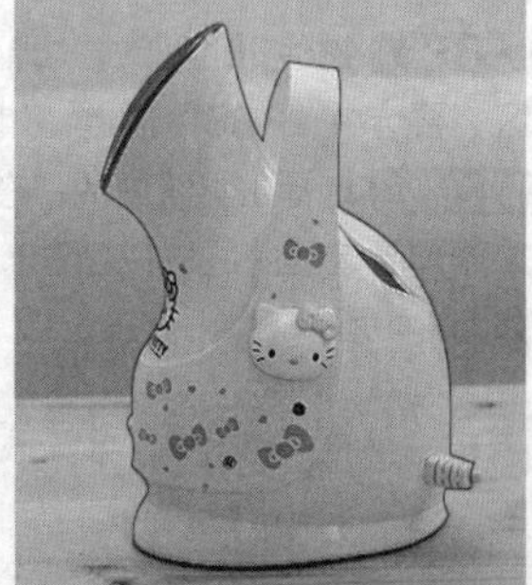
图7.60 绘制路径

STEP 03 按Ctrl+Enter组合键将路径转换为选区，如图7.61所示。

STEP 04 执行菜单栏中的“图层”|“新建”|“通过拷贝的图层”命令，此时将生成一个“图层1”图层，如图7.62所示。

图7.61 转换选区

图7.62 通过复制的图层

STEP 05 将“背景”图层隐藏即可观察到抠图效果，最终效果如图7.63所示。

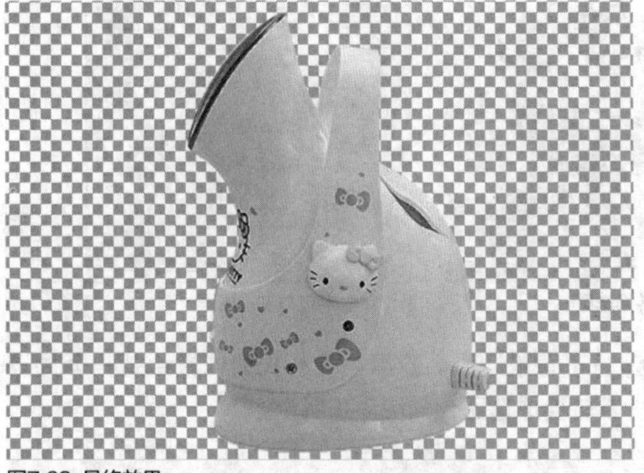

图7.63 最终效果

提示

对边界不够清晰的图像进行抠图时可以适当调整其色阶再抠取。

实战 319

钢笔工具抠取白色茶杯

- 素材位置：素材\第7章\茶杯.jpg
- 案例位置：效果\第7章\钢笔工具抠取白色茶杯.psd
- 视频位置：视频\实战319.avi
- 难易指数：★★★☆☆

• 实例介绍 •

本例讲解抠取白色茶杯的方法。本例中的的茶杯图像的边缘与背景很好区分，在绘制路径的时候同样比较简单，最终效果如图7.64所示。

图7.64 最终效果

• 操作步骤 •

STEP 01 执行菜单栏中的“文件”|“打开”命令，打开“茶杯.jpg”文件，如图7.65所示。

STEP 02 选择工具箱中的“钢笔工具”，在画布中沿着茶杯图像边缘绘制一个封闭路径，如图7.66所示。

图7.65 打开素材

图7.66 绘制路径

STEP 03 按Ctrl+Enter组合键将路径转换为选区，如图7.67所示。

STEP 04 执行菜单栏中的“图层”|“新建”|“通过拷贝的图层”命令，此时将生成一个“图层1”图层，如图7.68所示。

图7.67 转换选区

图7.68 通过复制的图层

STEP 05 将“背景”图层隐藏，在杯把的位置绘制一个封闭路径并将其转换成选区，如图7.69所示。

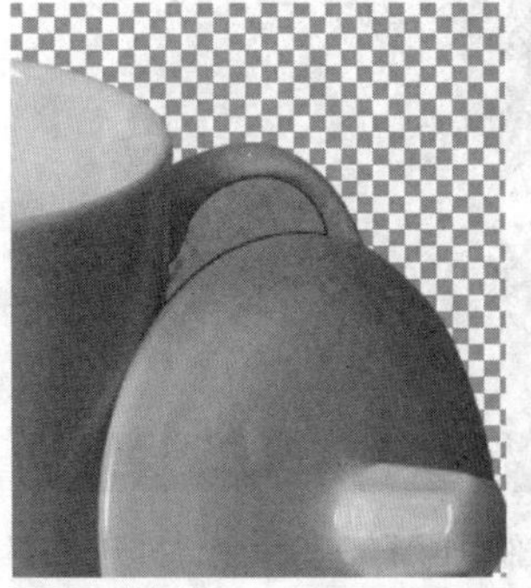

图7.69 转换选区

STEP 06 选中“图层1”图层，将选区中的图像删除，完成之后按Ctrl+D组合键将选区取消，这样就完成了效果制作，最终效果如图7.70所示。

图7.70 最终效果

钢笔工具抠取茶具

- 素材位置：素材\第7章\茶具.jpg
- 案例位置：效果\第7章\钢笔工具抠取茶具.psd
- 视频位置：视频\实战320.avi
- 难易指数：★★★☆☆

• 实例介绍 •

本例讲解抠取茶具的方法。本例中茶具图像边缘与背景的关系比较清晰明了，所以利用钢笔工具是最为合适的一种方法，最终效果如图7.71所示。

图7.71 最终效果

• 操作步骤 •

STEP 01 执行菜单栏中的“文件”|“打开”命令，打开“茶具.jpg”文件，如图7.72所示。

STEP 02 选择工具箱中的“钢笔工具”，在画布中沿着茶具图像边缘绘制一个封闭路径，如图7.73所示。

STEP 03 按Ctrl+Enter组合键将路径转换为选区，如图7.74所示。

STEP 04 执行菜单栏中的“图层”|“新建”|“通过拷贝的图层”命令，此时将生成一个“图层1”图层，如图7.75所示。

图7.72 打开素材

图7.73 绘制路径

图7.74 转换选区

图7.75 通过复制的图层

STEP 05 将“背景”图层隐藏，在杯把的位置绘制一个封闭路径并将其转换成选区，如图7.76所示。

图7.76 转换选区

STEP 06 选中“图层1”图层，将选区中的图像删除，完成之后按Ctrl+D组合键将选区取消，这样就完成了效果制作，最终效果如图7.77所示。

图7.77 最终效果

实战 321 钢笔工具抠取木质茶杯

▶素材位置：素材\第7章\木质茶杯.jpg
▶案例位置：效果\第7章\钢笔工具抠取木质茶杯.psd
▶视频位置：视频\实战321.avi
▶难易指数：★★★☆☆

• 实例介绍 •

本例讲解抠取木质茶杯的方法。茶杯的图像边缘比较圆滑，可以利用绘制路径的方法快速抠取，最终效果如图7.78所示。

图7.78 最终效果

• 操作步骤 •

STEP 01 执行菜单栏中的“文件”|“打开”命令，打开“木质茶杯.jpg”文件，如图7.79所示。

STEP 02 选择工具箱中的“钢笔工具”，在画布中沿着茶杯图像边缘绘制一个封闭路径，如图7.80所示。

图7.79 打开素材

图7.80 绘制路径

STEP 03 按Ctrl+Enter组合键将路径转换为选区，如图7.81所示。

STEP 04 执行菜单栏中的“图层”|“新建”|“通过拷贝的图层”命令，此时将生成一个“图层1”图层，如图7.82所示。

图7.81 转换选区

图7.82 通过复制的图层

STEP 05 将“背景”图层隐藏，即可观察到抠取的茶杯效果，这样就完成了效果制作，最终效果如图7.83所示。

图7.83 最终效果

实战 322 同色背景抠图

▶素材位置：素材\第7章\手机.jpg、手机2.jpg
▶案例位置：效果\第7章\同背景抠图.psd
▶视频位置：视频\实战322.avi
▶难易指数：★☆☆☆☆

• 实例介绍 •

本例讲解同背景色的抠图方法。同背景色的抠图方法十分简单，无需任体命令即可完美地将同背景色图像抠取或组合，最终效果如图7.84所示。

图7.84 最终效果

• 操作步骤 •

STEP 01 执行菜单栏中的“文件”|“打开”命令，打开“手机.jpg、手机2.jpg”文件，如图7.85所示。

图7.85 新建画布并添加素材

STEP 02 将背景色设置为白色，选择工具箱中的“裁剪工具”，此时将出现一个裁剪框，向右侧拖动裁剪框，增加画布宽度，完成之后按Enter键确认，如图7.86所示。

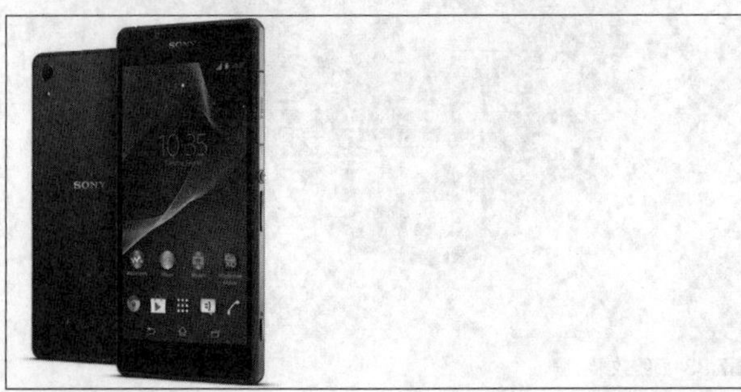

图7.86 扩展画布

STEP 03 将打开的“手机2”图像拖入手机素材文件中，并将其移至画布靠右侧位置，这样就完成了效果制作，最终效果如图7.87所示。

图7.87 最终效果

实战 323

图层混合模式添加烟花

▶素材位置：素材\第7章\夜景.jpg、烟花.jpg
▶案例位置：效果\第7章\图层混合模式添加烟花.psd
▶视频位置：视频\实战323.avi
▶难易指数：★☆☆☆☆

• 实例介绍 •

本例讲解添加烟花的操作方法。和同背景色的抠图方法类似，在本例中同样无需任何工具，以图层混合模式命令即可对图像执行完美的抠图制作，最终效果如图7.88所示。

图7.88 最终效果

• 操作步骤 •

STEP 01 执行菜单栏中的“文件”|“打开”命令，打开“夜景.jpg、烟花.jpg”文件，将打开的烟花图像拖入画布中的靠上方位置，其图层名称将更改为“图层1”，如图7.89所示。

图7.89 打开并添加素材

STEP 02 在“图层”面板中选中“图层1”图层，将其图层混合模式设置为“滤色”，如图7.90所示。

图7.90 设置图层混合模式

STEP 03 选中“图层1”图层，将图像缩小，这样就完成了效果制作，最终效果如图7.91所示。

图7.91 最终效果

实战 324 自由钢笔工具抠取骨头靠枕

▶素材位置：素材\第7章\骨头靠枕.jpg
▶案例位置：效果\第7章\自由钢笔工具抠取骨头靠枕.psd
▶视频位置：视频\实战324.avi
▶难易指数：★★☆☆☆

• 实例介绍 •

本例讲解抠取骨头靠枕的方法。本例中的靠枕边缘比较清晰，可以利用绘制路径的方法将其快速抠取，最终效果如图7.92所示。

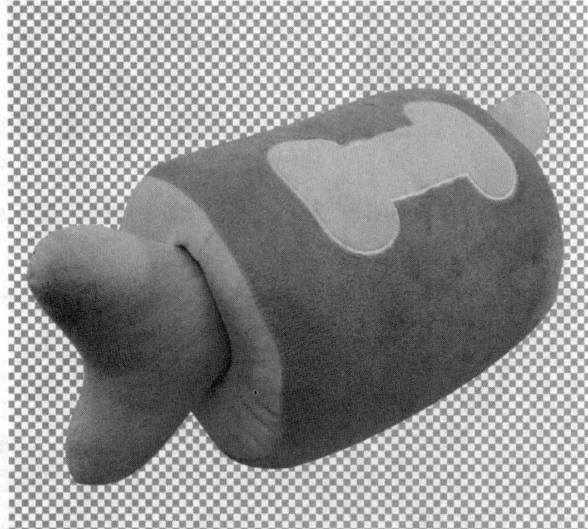

图7.92 最终效果

• 操作步骤 •

STEP 01 执行菜单栏中的“文件”|“打开”命令，打开“骨头靠枕.jpg”文件，如图7.93所示。

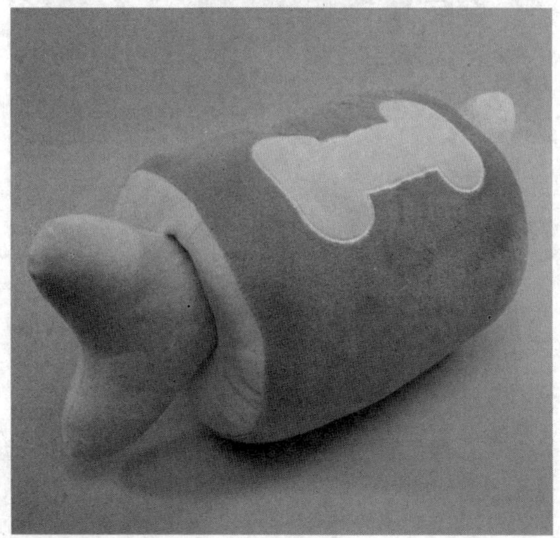

图7.93 打开素材

STEP 02 选择工具箱中的“自由钢笔工具”，在选项栏中勾选“磁性的”复选框，在画布中沿靠枕边缘绘制路径，如图7.94所示。

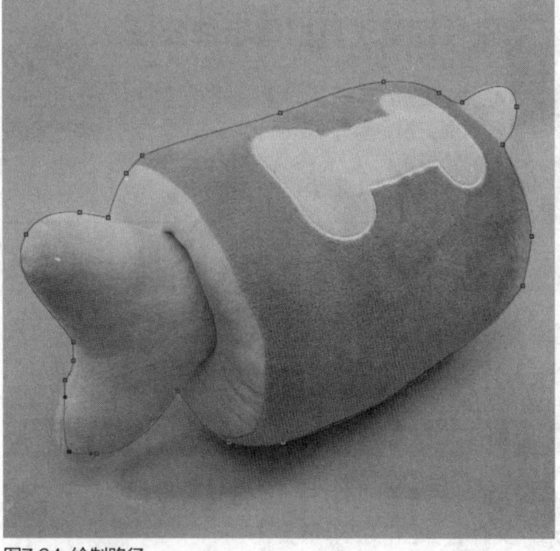

图7.94 绘制路径

STEP 03 选择工具箱中的“直接选择工具”调整锚点，如图7.95所示。

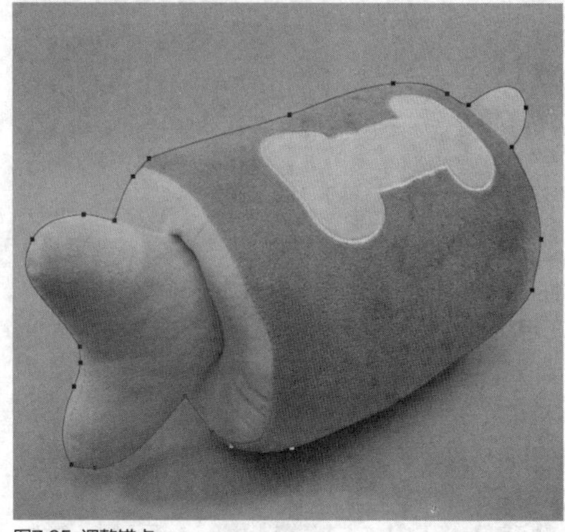

图7.95 调整锚点

STEP 04 按Ctrl+Enter组合键将路径转换为选区，执行菜单栏中的“图层”|“新建”|“通过拷贝的图层”命令，此时将生成一个“图层1”图层，将“背景”图层隐藏即可观察到抠取靠枕后的效果，最终效果如图7.96所示。

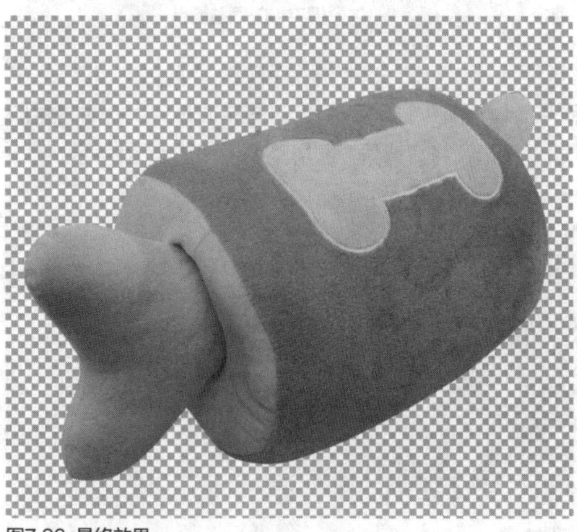

图7.96 最终效果

实战 325

磁性钢笔工具抠取毛绒公仔

▶素材位置：素材\第7章\毛绒公仔.jpg
▶案例位置：效果\第7章\磁性钢笔工具抠取毛绒公仔.psd
▶视频位置：视频\实战325.avi
▶难易指数：★★★☆☆

• 实例介绍 •

本例讲解抠取毛绒公仔的方法。本例中的公仔图像的边缘色彩比较鲜艳，可以很好地快速抠图，最终效果如图7.97所示。

• 操作步骤 •

STEP 01 执行菜单栏中的“文件”|“打开”命令，打开“毛绒公仔.jpg”文件，如图7.98所示。

图7.97 最终效果

图7.98 打开素材

STEP 02 选择工具箱中的“自由钢笔工具”，在选项栏中勾选“磁性的”复选框，在画布中沿靠公仔边缘绘制路径，如图7.99所示。

STEP 03 选择工具箱中的“直接选择工具”调整锚点，如图7.100所示。

图7.99 绘制路径

图7.100 调整锚点

STEP 04 按Ctrl+Enter组合键将路径转换为选区，执行菜单栏中的“图层”|“新建”|“通过拷贝的图层”命令，此时将生成一个“图层1”图层，将“背景”图层隐藏，如图7.101所示。

图7.101 抠取图像

STEP 05 选择工具箱中的“钢笔工具”，沿公仔图像中的腋窝位置边缘绘制路径以选中多余的背景部分，如图7.102所示。

STEP 06 按Ctrl+Enter组合键将路径转换为选区，选中“图层1”图层，按Delete键将选区中多余的背景图像部分删除，如图7.103所示。

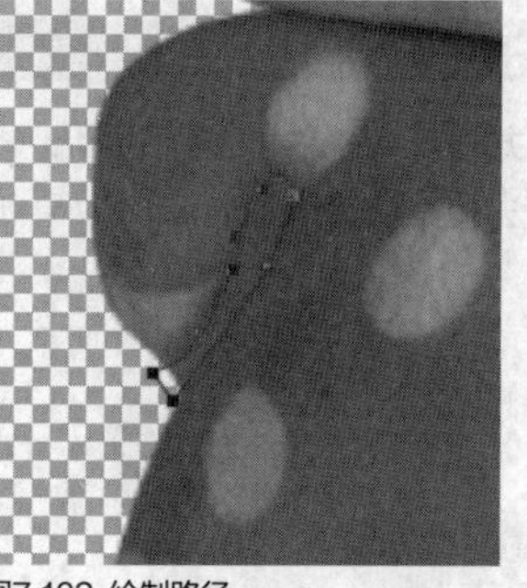

图7.102 绘制路径

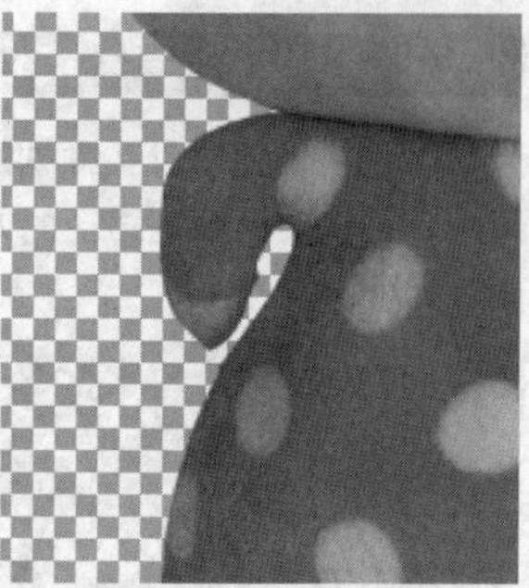

图7.103 删除图像

STEP 07 以同样的方法将右侧腋窝下多余的图像删除，这样就完成了抠取操作，最终效果如图7.104所示。

图7.104 最终效果

第 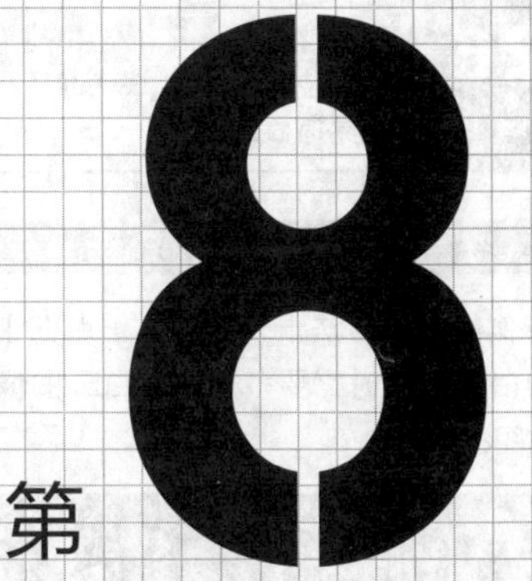 章

网店常用背景制作

本章导读

背景在广告中起一个绝对的视觉引导效应，它是广告整体的根基，所有完美的广告都是建立在合适的背景之上的。本章讲解了多个以经典背景为代表的案例，通过实战练习我们可以熟练掌握背景的制作方法。

要点索引

- 学习质感背景的制作方法
- 了解炫光特效图像的设计方法
- 学习特效背景的制作方法
- 掌握传统背景的设计思路
- 学会炫彩背景的制作方法

实战 326 简单白云背景

▶素材位置：无
▶案例位置：效果\第8章\简单白云背景.psd
▶视频位置：视频\实战326.avi
▶难易指数：★★☆☆☆

• 实例介绍 •

本例的制作方法十分简单，重点在于钢笔工具的使用，在绘制白云图像时需要多加留意白云图像的不规则性，最终效果如图8.1所示。

图8.1 最终效果

• 操作步骤 •

STEP 01 执行菜单栏中的“文件”|“新建”命令，在弹出的对话框中设置“宽度”为700像素，“高度”为420像素，“分辨率”为72像素/英寸，“颜色模式”为RGB颜色，新建一个空白画布，将画布填充为紫色（R：234，G：13，B：92）。

STEP 02 选择工具箱中的“椭圆工具”，在选项栏中将“填充”更改为白色，“描边”更改为无，在画布靠左侧的位置绘制一个椭圆图形，此时将生成一个“椭圆1”图层，如图8.2所示。

图8.2 新建画布并绘制图形

STEP 03 选中“椭圆1”图层，在选项栏中单击“路径操作”图标，在弹出的选项中选择“合并形状”，在画布中继续绘制大小不一的图形并组合成一个白云形状的图形，如图8.3所示。

技巧

按住Shift键将绘制的图形与当前图层中的图形合并。

提示

在绘制图形的时候可以随意发挥，不需要刻意地调整图形大小，只需要绘制出白云形状的绵延效果图形即可。

图8.3 绘制图形

STEP 04 选择工具箱中的“钢笔工具”，在选项栏中单击“选择工具模式”路径按钮，在弹出的选项中选择“形状”，单击“路径操作”图标，在弹出的选项中选择“合并形状”，在刚才绘制的图形下方的空缺位置再次绘制图形，这样就完成了效果制作，最终效果如图8.4所示。

图8.4 最终效果

实战 327 经典斜纹背景

▶素材位置：无
▶案例位置：效果\第8章\经典斜纹背景.psd
▶视频位置：视频\实战327.avi
▶难易指数：★☆☆☆☆

• 实例介绍 •

经典斜纹背景的制作方法十分简单，以倾斜的线条作为主题元素将其复制并铺满整个画布即可完成效果制作，最终效果如图8.5所示。

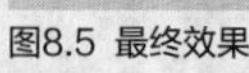

图8.5 最终效果

• 操作步骤 •

STEP 01 执行菜单栏中的“文件”|“新建”命令，在弹出的对话框中设置“宽度”为800像素，“高度”为480像素，“分辨率”为72像素/英寸，“颜色模式”为RGB颜色，新建一个空白画布，将画布填充为浅蓝色（R：233，G：240，B：248）。

STEP 02 选择工具箱中的“直线工具”，在选项栏中将“填充”更改为黑色，“描边”更改为无，“粗细”更改为1像素，在画布中靠顶部边缘按住Shift键绘制一条比画布稍宽的线段，此时将生成一个“形状1”图层，如图8.6所示。

图8.6 绘制图形

STEP 03 在“图层”面板中选中“形状1”图层，将其图层混合模式设置为“柔光”，“不透明度”更改为60%，如图8.7所示。

图8.7 设置图层混合模式

STEP 04 选中“形状1”图层，按住Alt+Shift组合键向下拖动，将线段复制多份并铺满整个画布，同时选中除“背景”之外的所有图层，单击选项栏中的“垂直居中分布”按钮将线段对齐，如图8.8所示。

图8.8 复制并对齐线段

STEP 05 同时选中除“背景”之外的所有图层，按Ctrl+T组合键对其执行“自由变换”命令将线段适当旋转，完成之后按Enter键确认，这样就完成了效果制作，最终效果如图8.9所示。

图8.9 最终效果

实战 328 蓝色系背景

▶素材位置：无
▶案例位置：效果\第8章\蓝色系背景.psd
▶视频位置：视频\实战328.avi
▶难易指数：★★☆☆☆

• 实例介绍 •

本例在制作过程中以弧形为分隔图形，同时背景采用经典蓝色系，在视觉感受上比较和谐舒适，最终效果如图8.10所示。

图8.10 最终效果

• 操作步骤 •

STEP 01 执行菜单栏中的“文件”|“新建”命令，在弹出的对话框中设置“宽度”为700像素，“高度”为420像素，“分辨率”为72像素/英寸，“颜色模式”为RGB颜色，新建一个空白画布。

STEP 02 选择工具箱中的“渐变工具”，编辑蓝色（R：0，G：87，B：196）到深蓝色（R：0，G：40，B：75）的渐变，单击选项栏中的“径向渐变”按钮，在画布中从下至上拖动，为画布填充渐变，如图8.11所示。

图8.11 填充渐变

STEP 03 选择工具箱中的“钢笔工具”，在选项栏中单击“选择工具模式”按钮，在弹出的选项中选择“形状”，将“填充”更改为白色，“描边”更改为无，在画布靠下部分位置绘制一个与画布相同宽度的弧形图形，此时将生成一个“形状1”图层，如图8.12所示。

图8.12 绘制图形

STEP 04 在“图层”面板中选中“形状1”图层，单击面板底部的“添加图层蒙版”按钮，为其图层添加图层蒙版，如图8.13所示。

STEP 05 选择工具箱中的“渐变工具”，编辑黑色到白色的渐变，单击选项栏中的“线性渐变”按钮，在其图像上从下至上拖动，将部分图形隐藏，如图8.14所示。

图8.13 添加图层蒙版

图8.14 设置渐变并隐藏图形

STEP 06 选中“形状1”图层，将其图层混合模式设置为“叠加”，“不透明度”更改为40%，这样就完成了效果制作，最终效果如图8.15所示。

图8.15 最终效果

实战 329

分割背景

▶素材位置：无
▶案例位置：效果\第8章\分割背景.psd
▶视频位置：视频\实战329.avi
▶难易指数：★☆☆☆☆

• 实例介绍 •

本例讲解分割背景的制作方法，双色图形的组合将图形分隔开，同时弧形的划分使整个画布看起来更加柔和，最终效果如图8.16所示。

图8.16 最终效果

• 操作步骤 •

STEP 01 执行菜单栏中的“文件”|“新建”命令，在弹出的对话框中设置“宽度”为700像素，“高度”为420像素，“分辨率”为72像素/英寸，“颜色模式”为RGB颜色，新建一个空白画布。

STEP 02 选择工具箱中的“渐变工具”，编辑红色（R：215，G：0，B：13）到深红色（R：164，G：0，B：10）的渐变，单击选项栏中的“径向渐变”按钮，在画布中靠右侧的位置向右下角方向拖动，为画布填充渐变，如图8.17所示。

图8.17 填充渐变

STEP 03 选择工具箱中的“钢笔工具”，在选项栏中单击“选择工具模式”按钮，在弹出的选项中选择“形状”，将“填充”更改为黄色（R：247，G：204，B：63），“描边”更改为无，在画布靠左侧的位置绘制一个不规则图形，这样就完成了效果制作，最终效果如图8.18所示。

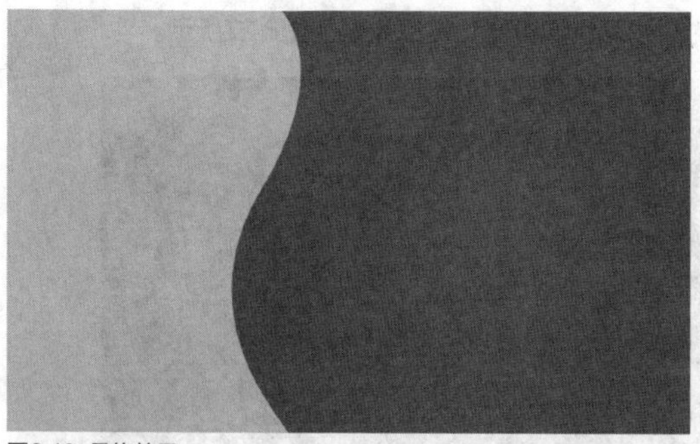

图8.18 最终效果

实战 330

金色图形背景

▶素材位置：无
▶案例位置：效果\第8章\金色图形背景.psd
▶视频位置：视频\实战330.avi
▶难易指数：★★☆☆☆

• 实例介绍 •

本例讲解金色图形背景的制作方法。本例在制作过程中以金色的不规则图形与深黄色背景相搭配，同时在版式排列上呈现一种不规则分割的效果，高端大气，最终效果如图8.19所示。

图8.19 最终效果

• 操作步骤 •

STEP 01 执行菜单栏中的“文件”|“新建”命令，在弹出的对话框中设置“宽度”为700像素，“高度”为350像素，“分辨率”为72像素/英寸，“颜色模式”为RGB颜色，新建一个空白画布，将画布填充为深黄色（R：140，G：76，B：12）。

STEP 02 选择工具箱中的“矩形工具”■，在选项栏中将“填充”更改为任意颜色，“描边”更改为无，在画布中靠右侧的位置绘制一个高度大于画布的矩形并适当旋转，此时将生成一个“矩形1”图层，如图8.20所示。

图8.20 绘制图形

提示

绘制的矩形颜色可以根据自己的习惯设置，容易观察图形的大小及位置即可。

STEP 03 在“图层”面板中选中“矩形1”图层，单击面板底部的“添加图层样式”fx按钮，在菜单中选择“描边”命令，在弹出的对话框中将“大小”更改为10像素，“位置”更改为内部，设置“填充类型”为渐变，将“渐变”更改为浅黄色（R：255，G：240，B：184）到深黄色（R：230，G：140，B：24）到浅黄色（R：255，G：240，B：184）再到深黄色（R：230，G：140，B：24），“样式”更改为径向，“角度”更改为0度，如图8.21所示。

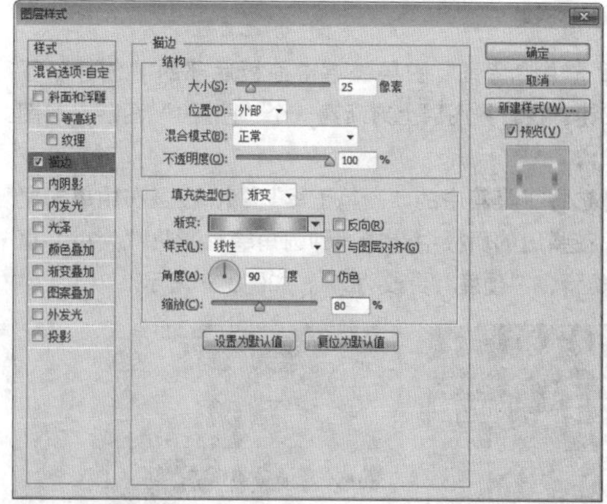

图8.21 设置描边

STEP 04 勾选“渐变叠加”复选框，将“不透明度”更改为90%，渐变颜色更改为深黄色（R：190，G：110，B：34）到黄色（R：240，G：200，B：42），如图8.22所示。

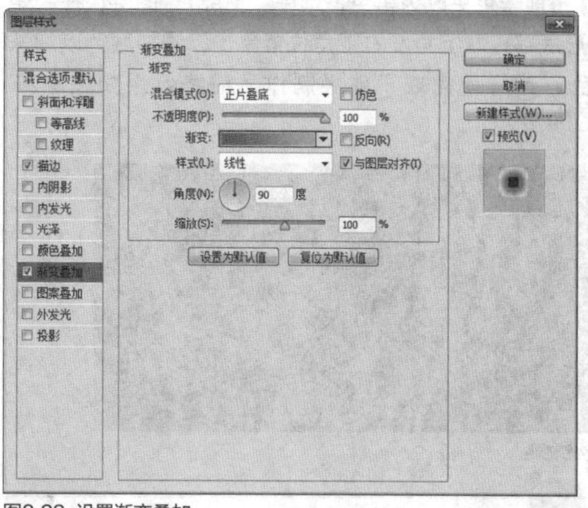

图8.22 设置渐变叠加

STEP 05 勾选“图案叠加”复选框，单击“图案”后方的按钮，在弹出的面板中单击右上角的⚙图标，在弹出的菜单中选择“彩色纸”|“亚麻编织纸”，设置完成之后单击“确定”按钮，如图8.23所示。

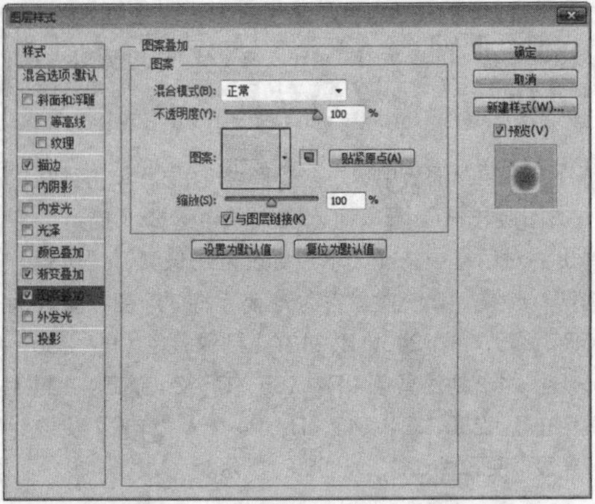

图8.23 设置图案叠加

STEP 06 选中“背景”图层，单击面板底部的“创建新图层”按钮，在背景图层上方新建一个“图层1”图层，如图8.24所示。

STEP 07 选择工具箱中的“画笔工具”，在画布中单击鼠标右键，在弹出的面板中选择一种圆角笔触，将“大小”更改为200像素，“硬度”更改为0%，如图8.25所示。

图8.24 新建图层

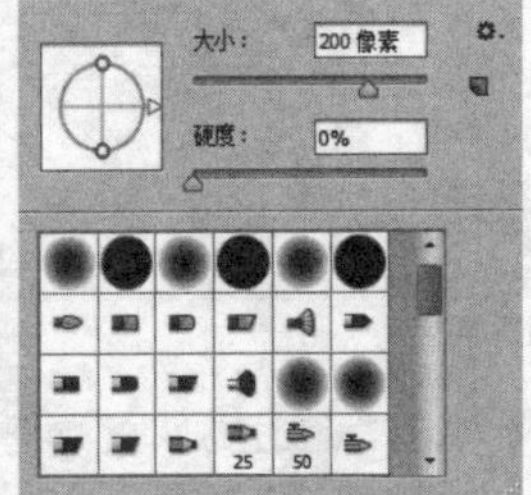

图8.25 设置笔触

STEP 08 将前景色更改为黑色，选中“图层1”图层，在“矩形1”图形底部、左上角及右下角位置单击，添加颜色以加深画布颜色，这样就完成了效果制作，最终效果如图8.26所示。

图8.26 最终效果

实战 331 双色背景

▶素材位置：无
▶案例位置：效果\第8章\双色背景.psd
▶视频位置：视频\实战331.avi
▶难易指数：★☆☆☆☆

• 实例介绍 •

双色背景的特点是具有明显的色彩对撞感，本例中的图像以经典的深浅双色作对比，最终效果如图8.27所示。

图8.27 最终效果

• 操作步骤 •

STEP 01 执行菜单栏中的“文件”|“新建”命令，在弹出的对话框中设置“宽度”为700像素，“高度”为420像素，“分辨率”为72像素/英寸，“颜色模式”为RGB颜色，新建一个空白画布，将画布填充为紫色（R：225，G：66，B：96）。

STEP 02 选择工具箱中的“矩形工具”，在选项栏中将“填充”更改为红色（R：213，G：47，B：85），“描边”更改为无，在画布中绘制一个和画布大小相同的矩形，此时将生成一个“矩形1”图层，如图8.28所示。

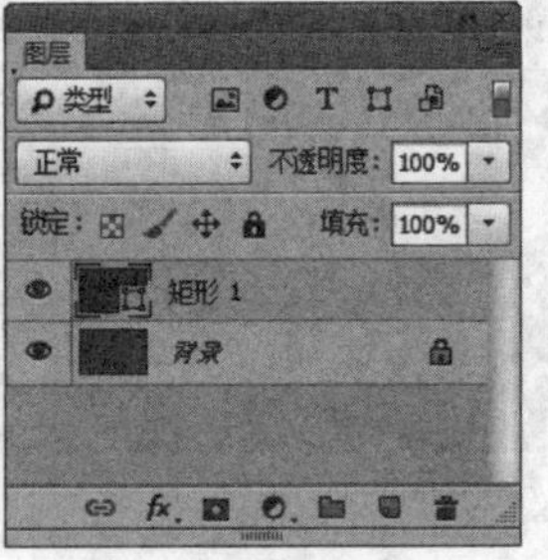

图8.28 绘制图形

STEP 03 选择工具箱中的“直接选择工具”，选中刚才所绘制的矩形左上角锚点，按Delete键将其删除，这样就完成了效果制作，最终效果如图8.29所示。

图8.29 最终效果

实战332 版块背景

▶素材位置：无
▶案例位置：效果\第8章\版块背景.psd
▶视频位置：视频\实战332.avi
▶难易指数：★★☆☆☆

• 实例介绍 •

版块背景的制作过程比较简单，重点注意版块图形的大小及色彩的对比效果，最终效果如图8.30所示。

图8.30 最终效果

• 操作步骤 •

• 新建画布

STEP 01 执行菜单栏中的“文件”|“新建”命令，在弹出的对话框中设置“宽度”为800像素，“高度”为400像素，“分辨率”为72像素/英寸，然后将背景填充为红色（R：230，G：29，B：63）。

STEP 02 选择工具箱中的“矩形工具”▇，在选项栏中将“填充”更改为紫色（R：187，G：18，B：85），“描边”更改为无，在画布中按住Shift键绘制一个矩形，此时将生成一个“矩形1”图层，如图8.31所示。

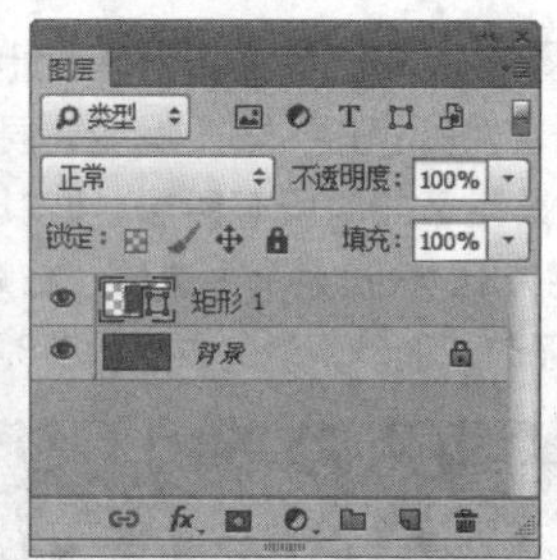

图8.31 新建画布并绘制图形

STEP 03 选中“矩形1”图层，按Ctrl+T组合键对其执行“自由变换”命令，在选项栏中的“旋转”后方的文本框中输入45，完成之后按Enter键确认，如图8.32所示。

STEP 04 在“图层”面板中选中“矩形1”图层，将其拖至面板底部的“创建新图层”▇按钮上，复制1个“矩形1 拷贝”图层，如图8.33所示。

STEP 05 选中“矩形1 拷贝”图层，按Ctrl+T组合键对其执行“自由变换”命令，将图形等比例缩小，然后将其填充设置为无，描边设置为洋红色（R：223，G：62，B：106），“大小”设置为3点，完成之后按Enter键确认，如图8.34所示。

图8.32 变换图形

图8.33 复制图层　图8.34 变换图形

STEP 06 在“图层”面板中选中“矩形1”图层，将其拖至面板底部的“创建新图层”▇按钮上，复制1个“矩形1 拷贝2”图层，如图8.35所示。

STEP 07 选中“矩形1 拷贝2”图层，将其图形颜色更改为红色（R：192，G：22，B：50），按Ctrl+T组合键对其执行“自由变换”命令，将图形等比例缩小，完成之后按Enter键确认，再将其向左侧平移，如图8.36所示。

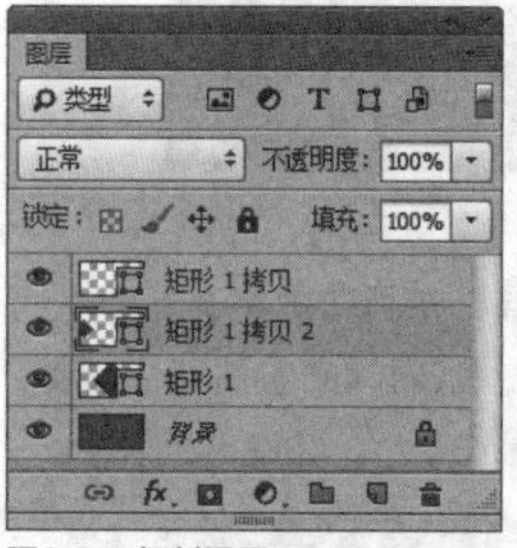

图8.35 复制图层　图8.36 变换图形

STEP 08 在“图层”面板中选中“矩形1 拷贝2”图层，将其拖至面板底部的“创建新图层”▇按钮上，复制1个“矩形1 拷贝3”图层，如图8.37所示。

STEP 09 选中“矩形1 拷贝3”图层，将其图形颜色更改为浅紫色（R：255，G：106，B：162），再按Ctrl+T组合键对其执行“自由变换”命令，将图形等比例缩小，完成之后按Enter键确认，再将其向右下方平移，如图8.38所示。

STEP 10 以同样的方法将图形再次复制1份并缩小、移动，如图8.39所示。

图8.37 复制图层　图8.38 移动图形

图8.39 复制图层并变换图形

- **更改颜色**

STEP 01 在“图层”面板中选中“矩形 1 拷贝 2”图层，在其图层名称上单击鼠标右键，从弹出的快捷菜单中选择“栅格化图层”命令，再单击面板上方的“锁定透明像素”按钮，然后选择“矩形选框工具”绘制一个选区，如图8.40所示。

图8.40 绘制选区

STEP 02 选中“矩形1 拷贝2”图层，在画布中将选区填充为红色（R：180，G：13，B：40），以同样的方法选中其他2个相对较小的矩形，将其栅格化后填充颜色，如图8.41所示。

图8.41 更改颜色

STEP 03 同时选中左侧3个矩形，按住Alt+Shift组合键将其拖至画布右侧的相对位置，再按Ctrl+T组合键对其执行“自由变换”命令，单击鼠标右键，从弹出的快捷菜单中选择“水平翻转”命令，完成之后按Enter键确认，如图8.42所示。

图8.42 复制并变换图形

STEP 04 在“图层”面板中选中“矩形1”图层，单击面板底部的“添加图层样式”按钮，在菜单中选择“投影”命令，在弹出的对话框中将“不透明度”更改为30%，取消“使用全局光”复选框，将“角度”更改为90度，“距离”更改为4像素，“大小”更改为10像素，完成之后单击“确定”按钮，如图8.43所示。

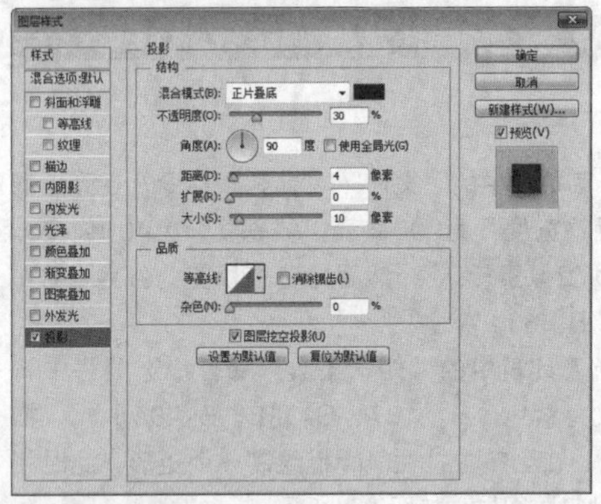

图8.43 设置投影

STEP 05 在“矩形1”图层上单击鼠标右键，从弹出的快捷菜单中选择“拷贝图层样式”命令，同时选中除“矩形1 拷贝”及“背景”之外的所有图层，在其图层名称上单击鼠标右键，从弹出的快捷菜单中选择“粘贴图层样式”命令，这样就完成了效果制作，最终效果如图8.44所示。

图8.44 最终效果

实战 333 麻布背景

▶素材位置：素材\第8章\麻布.jpg
▶案例位置：效果\第8章\麻布背景.psd
▶视频位置：视频\实战333.avi
▶难易指数：★★☆☆☆

● 实例介绍 ●

麻布背景的制作以突出麻布纹理为重点，具有质感的视觉效果是本例的一大亮点，最终效果如图8.45所示。

图8.45 最终效果

● 操作步骤 ●

● **添加素材**

STEP 01 执行菜单栏中的“文件”|“打开”命令，打开“麻布.jpg”文件，如图8.46所示。

STEP 02 单击面板底部的“创建新图层”按钮，新建一个“图层1”图层，如图8.47所示。

图8.46 打开素材

图8.47 新建图层

● **填充渐变**

STEP 01 选择工具箱中的“渐变工具”，编辑深黄色（R：192，B：136，B：70）到浅黄色（R：250，G：242，B：213）的渐变，单击选项栏中的“线性渐变”按钮，选中“图层1”图层，在画布中从上至下拖动，为画布填充渐变，如图8.48所示。

STEP 02 在选中“图层1”图层，将其图层混合模式设置为“叠加”，“不透明度”更改为80%，这样就完成了效果制作，最终效果如图8.49所示。

图8.48 设置并填充渐变

图8.49 最终效果

实战 334 放射光晕背景

▶素材位置：无
▶案例位置：效果\第8章\放射光晕背景.psd
▶视频位置：视频\实战334.avi
▶难易指数：★★☆☆☆

● 实例介绍 ●

放射光晕背景的制作重点是以较强的视觉冲击效果凸现出背景的亮点，最终效果如图8.50所示。

图8.50 最终效果

● 操作步骤 ●

● **新建画布**

STEP 01 执行菜单栏中的“文件”|“新建”命令，在弹出的

对话框中设置“宽度”为800像素，“高度”为600像素，“分辨率”为72像素/英寸。

STEP 02 选择工具箱中的“椭圆工具”，在选项栏中将“填充”更改为绿色（R：64，G：178，B：43），“描边”更改为无，在画布靠上的位置绘制一个比画布稍大的椭圆图形，此时将生成一个“椭圆1”图层，如图8.51所示。

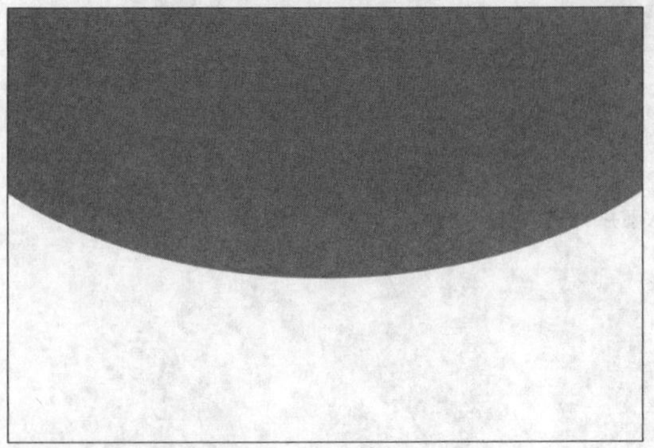

图8.51 新建画布并绘制图形

STEP 03 在“图层”面板中选中“椭圆1”图层，将其拖至面板底部的“创建新图层”按钮上，复制1个“椭圆1 拷贝”图层，将“椭圆1 拷贝”图形的填充颜色更改为白色，如图8.52所示。

STEP 04 在“椭圆1”图层名称上单击鼠标右键，从弹出的快捷菜单中选择“转换为智能对象”命令，如图8.53所示。

图8.52 复制图层　图8.53 转换为智能对象

提示

为了方便观察对“椭圆1”图形的编辑效果，可以先将“椭圆1 拷贝”图层隐藏。

提示

转换智能对象之后，在为当前图层添加滤镜命令之后可以反复对其进行修改，它的操作是可逆的，一定要灵活使用此命令。

STEP 05 选中“椭圆1”图层，执行菜单栏中的“滤镜”|“模糊”|“高斯模糊”命令，在弹出的对话框中将“半径”更改为50像素，完成之后单击“确定”按钮，如图8.54所示。

STEP 06 选中“椭圆1 拷贝”图层，按Ctrl+T组合键对其执行“自由变换”命令，将图像等比例缩小，完成之后按Enter键确认，再以同样的方法将其转换为智能对象并添加高斯模糊效果，如图8.55所示。

图8.54 设置高斯模糊

图8.55 转换智能对象添加高斯模糊效果

● 制作特效

STEP 01 在“通道”面板中单击面板底部的“创建新图层”按钮，新建一个“Alpha 1”通道，如图8.56所示。

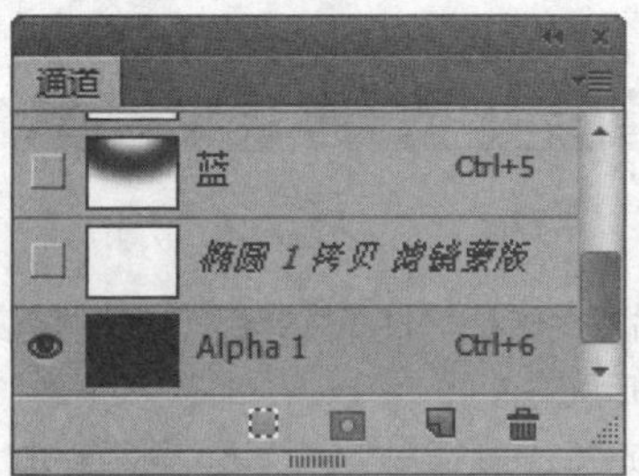

图8.56 新建通道

STEP 02 执行菜单栏中的“滤镜”|“渲染”|“纤维”命令，在弹出的对话框中直接单击“确定”按钮，如图8.57所示。

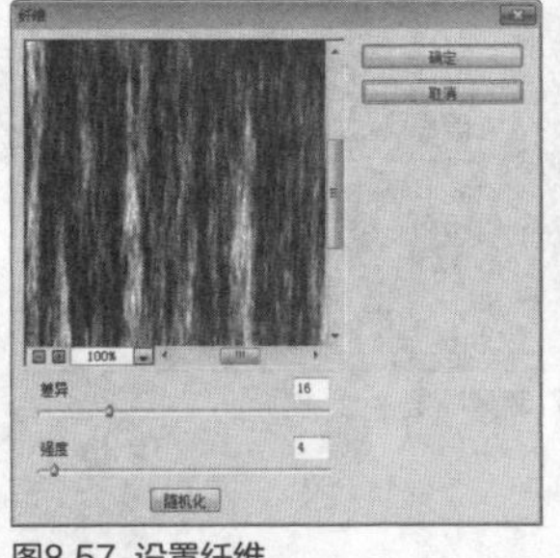

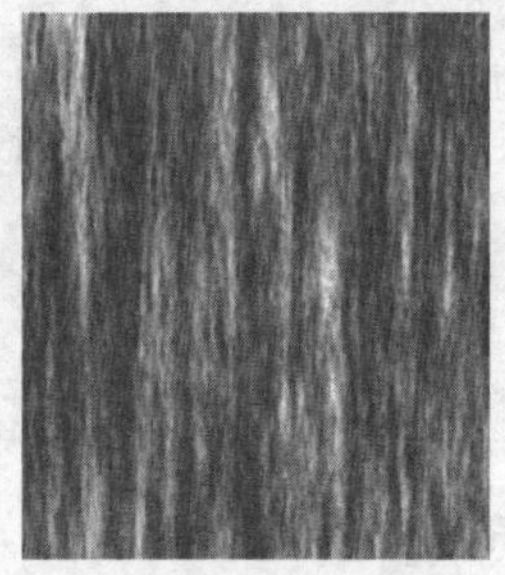

图8.57 设置纤维

STEP 03 执行菜单栏中的“滤镜”|“模糊”|“动感模糊”命令，在弹出的对话框中将“角度”更改为90度，“距离”更改为2000，完成之后单击“确定”按钮，如图8.58所示。

STEP 04 执行菜单栏中的“滤镜”|“扭曲”|“极坐标”命令，在弹出的对话框中勾选“平面坐标到极坐标”单选按钮，完成之后单击“确定”按钮，如图8.59所示。

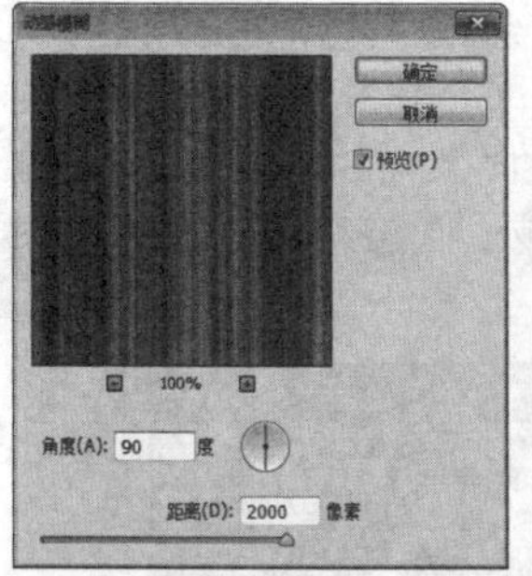

图8.58 设置动感模糊

图8.59 设置极坐标

STEP 05 按住Ctrl键单击“Alpha 1”通道将其载入选区，如图8.60所示。

图8.60 载入选区

STEP 06 单击“RGB”通道，将“Alpha 1”通道隐藏，在“图层”面板中单击面板底部的“创建新图层”按钮，新建一个“图层1”图层，如图8.61所示。

STEP 07 选中“图层1”图层，将选区填充为白色，填充完成之后按Ctrl+D组合键将选区取消，如图8.62所示。

图8.61 新建图层

图8.62 填充颜色

STEP 08 选中“图层 1”图层，按Ctrl+T组合键对其执行“自由变换”命令，增加图像高度，完成之后按Enter键确认，如图8.63所示。

图8.63 变换图像

STEP 09 在“图层”面板中选中“图层1”图层，单击面板底部的“添加图层蒙版”按钮，为其图层添加图层蒙版，如图8.64所示。

STEP 10 选择工具箱中的“画笔工具”，在画布中单击鼠标右键，在弹出的面板中选择一种圆角笔触，将“大小”更改为350像素，“硬度”更改为0%，如图8.65所示。

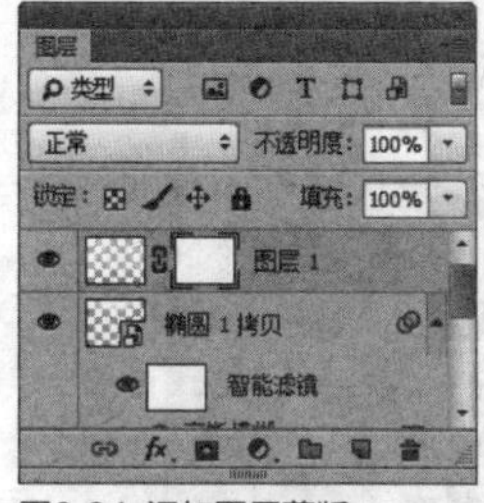
图8.64 添加图层蒙版

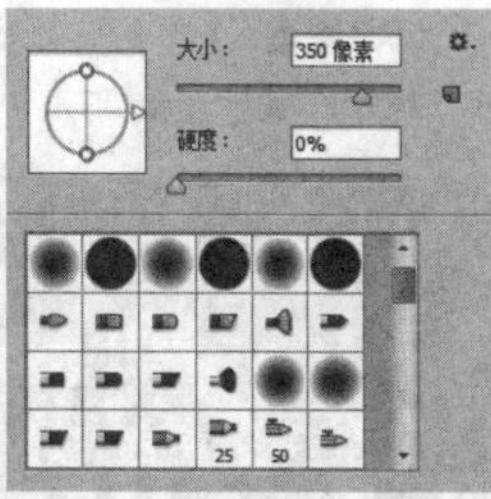
图8.65 设置笔触

STEP 11 将前景色更改为黑色，在图像上的部分区域涂抹，将多余光线图像隐藏，这样就完成了效果制作，最终效果如图8.66所示。

图8.66 最终效果

实战 335 小方格背景

- 素材位置：素材\第8章\柠檬.psd
- 案例位置：效果\第8章\小方格背景.psd
- 视频位置：视频\实战335.avi
- 难易指数：★★☆☆☆

• 实例介绍 •

本例讲解小方格背景的制作方法。本例的制作方法比较简单，小方格纹理与水果图案的组合是此背景的最大亮点，最终效果如图8.67所示。

图8.67 最终效果

• 操作步骤 •

• 新建画布

STEP 01 执行菜单栏中的“文件”|“新建”命令，在弹出的对话框中设置“宽度”为800像素，“高度”为450像素，“分辨率”为72像素/英寸，将画布填充为红色（R：228，G：67，B：75），如图8.68所示。

图8.68 新建画布并填充颜色

STEP 02 执行菜单栏中的“文件”|“新建”命令，在弹出的对话框中设置“宽度”为11像素，“高度”为11像素，“分辨率”为72像素/英寸，“颜色模式”为RGB颜色，“背景”为透明，新建一个空白画布并将画布适当放大，如图8.69所示。

图8.69 放大画布

STEP 03 选择工具箱中的“直线工具”，在选项栏中将“填充”更改为红色（R：248，G：137，B：156），“描边”更改为无，“粗细”更改为1像素，在画布中按住Shift键绘制一条水平线段，此时将生成一个“形状1”图层，如图8.70所示。

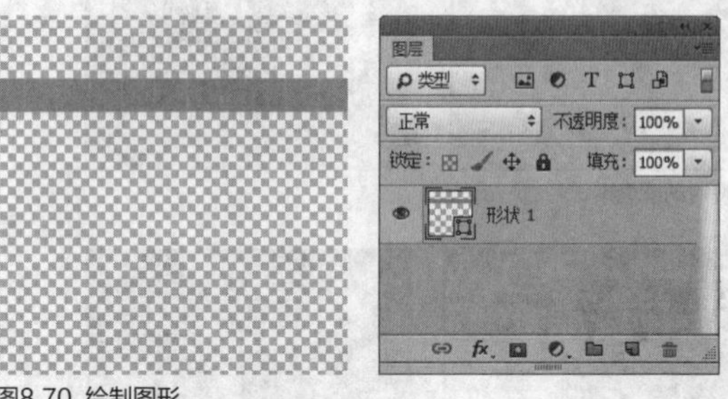

图8.70 绘制图形

STEP 04 选中“形状1”图层，按住Alt+Shift组合键向下拖动，将线段复制2份，如图8.71所示。

STEP 05 同时选中所有图层，按Ctrl+E组合键将其合并，此时将生成一个“形状1 拷贝2”图层，选中“形状1 拷贝2”图层，将其拖至面板底部的“创建新图层”按钮上，复制1个“形状1 拷贝3”图层，如图8.72所示。

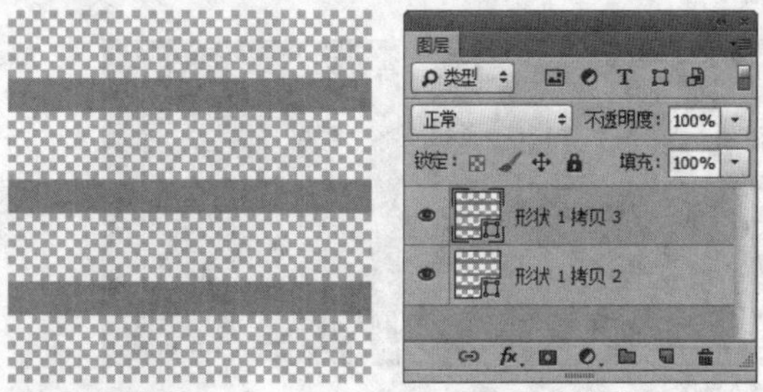

图8.71 复制图形　图8.72 合并图层

STEP 06 选中“形状1 拷贝3”图层，按Ctrl+T组合键对其执行“自由变换”命令，单击鼠标右键，从弹出的快捷菜单中选择“旋转90度（顺时针）”命令，完成之后按Enter键确认，如图8.73所示。

STEP 07 同时选中“形状1 拷贝3”及“形状1 拷贝2”图层，按Ctrl+E组合键将其合并，如图8.74所示。

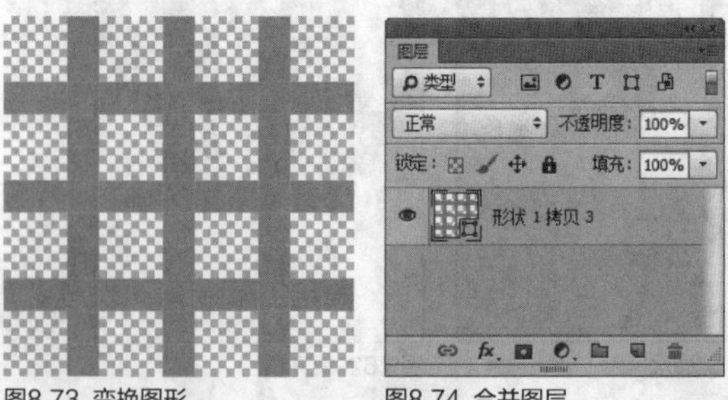

图8.73 变换图形　图8.74 合并图层

STEP 08 执行菜单栏中的“编辑”|“定义图案”命令，在弹出的对话框中将“名称”更改为纹理，完成之后单击“确定”按钮，如图8.75所示。

图8.75 设置定义图案

STEP 09 在之前的文档中单击面板底部的“创建新图层”按钮，新建一个“图层1”图层，选中“图层1”图层，将其填充为白色，如图8.76所示。

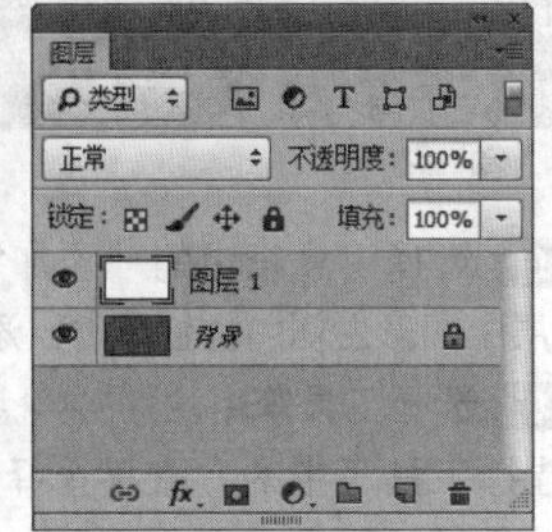
图8.76 新建图层并填充颜色

- **添加纹理**

STEP 01 在“图层”面板中选中“图层1”图层，单击面板底部的“添加图层样式”按钮，在菜单中选择“图案叠加”命令，在弹出的对话框中将“混合模式”更改为叠加，“不透明度”更改为80%，单击“图案”后方的按钮，在弹出的面板中选择刚才定义的纹理图案，完成之后单击“确定”按钮，如图8.77所示。

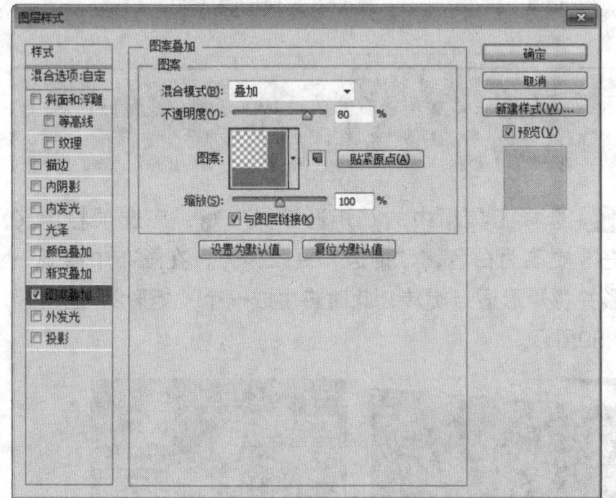
图8.77 设置图案叠加

STEP 02 在“图层”面板中选中“图层1”图层，将其图层“填充”更改为0%，如图8.78所示。

图8.78 更改填充

STEP 03 执行菜单栏中的“文件”|“打开”命令，打开“柠檬.psd”文件，将打开的素材拖入画布中并适当缩小，如图8.79所示。

图8.79 添加素材

STEP 04 在“图层”面板中选中“柠檬”图层，将其图层混合模式设置为“柔光”，“不透明度”更改为20%，如图8.80所示。

图8.80 设置图层混合模式

STEP 05 分别选中“柠檬”组中的“柠檬”及“柠檬2”图层，按住Alt键将图形复制数份并放在不同位置，这样就完成了效果制作，最终效果如图8.81所示。

图8.81 最终效果

实战 336 立体方块背景

- 素材位置：无
- 案例位置：效果\第8章\立体方块背景.psd
- 视频位置：视频\实战336.avi
- 难易指数：★★★☆☆

• 实例介绍 •

本例讲解立体方块背景的制作方法。本例的制作方法比较简单，它以矩形组合的方法制作出具有立体视觉效果的图形，同时为立体图形添加装饰效果，整个背景具有较强的立体感，最终效果如图8.82所示。

图8.82 最终效果

• 操作步骤 •

• 新建画布

STEP 01 执行菜单栏中的“文件”|“新建”命令，在弹出的对话框中设置“宽度”为800像素，“高度”为400像素，“分辨率”为72像素/英寸。

STEP 02 选择工具箱中的“矩形工具”，在选项栏中将“填充”更改为红色（R：230，G：70，B：100），“描边”更改为无，在画布中绘制一个矩形并适当旋转，此时将生成一个“矩形1”图层，如图8.83所示。

图8.83 新建画布并绘制图形

STEP 03 在“图层”面板中选中“矩形1”图层，将其拖至面板底部的“创建新图层”按钮上，复制1个“矩形1 拷贝”图层，如图8.84所示。

STEP 04 选中“矩形1”图层，将图形颜色更改为深红色（R：174，G：20，B：50），将图形向下垂直移动，如图8.85所示。

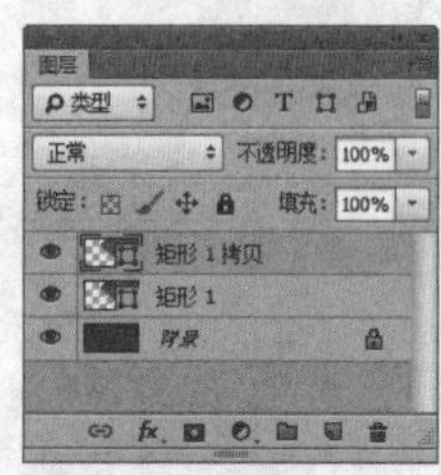

图8.84 复制图层

图8.85 移动图形

STEP 05 选择工具箱中的“直接选择工具”，选中“矩形1 拷贝”图形左侧锚点向左侧稍微拖动，如图8.86所示。

图8.86 拖动锚点

STEP 06 选择工具箱中的“添加锚点工具”，在“矩形1”图层中图形左侧的位置单击，添加锚点，如图8.87所示。

STEP 07 选择工具箱中的“转换点工具”，单击添加的锚点，选择工具箱中的“直接选择工具”拖动转换后的锚点，如图8.88所示。

图8.87 添加锚点

图8.88 转换并拖动锚点

提示

为了方便观察添加及编辑的效果，在添加及拖动锚点之前需要暂时将“矩形1 拷贝”图层隐藏。

STEP 08 选择工具箱中的“矩形工具”，在选项栏中将“填充”更改为白色，“描边”更改为无，在画布中绘制一个矩形并将矩形适当旋转，此时将生成一个“矩形2”图层，如图8.89所示。

图8.89 绘制图形

STEP 09 在“图层”面板中选中“矩形2”图层，将图层混合模式设置为“柔光”，“不透明度”更改为15%，按Ctrl+Alt+G组合键创建剪贴蒙版，将部分图形隐藏，如图8.90所示。

图8.90 设置图层混合模式并创建剪贴蒙版

STEP 10 选中“矩形2”图层，按住Alt键向下拖动，将图形复制数份铺满“矩形1 拷贝”图层，如图8.91所示。

图8.91 复制图形

- **添加阴影**

STEP 01 在“图层”面板中选中“矩形 1”图层，单击面板底部的“添加图层样式”fx按钮，在菜单中选择“投影”命令，在弹出的对话框中将“不透明度”更改为40%，“距离”更改为4像素，“大小”更改为10像素，完成之后单击“确定”按钮，如图8.92所示。

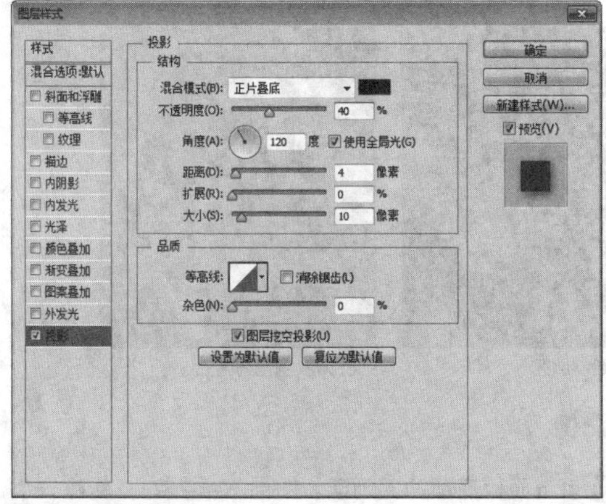

图8.92 设置投影

STEP 02 以同样的方法在画布靠左下角的位置再次绘制一个相似的立体方块图形，如图8.93所示。

STEP 03 在“矩形1”图层上单击鼠标右键，从弹出的快捷菜单中选择“拷贝图层样式”命令，在“矩形3”图层上单击鼠标右键，从弹出的快捷菜单中选择“粘贴图层样式”命令，这样就完成了效果制作，最终效果如图8.94所示。

图8.93 绘制图形

图8.94 最终效果

提示

在绘制矩形的时候有前后顺序，在粘贴图层样式的时候找准方块图形底部矩形的所在图层即可。

实战 337

圆点背景

- 素材位置：无
- 案例位置：效果\第8章\圆点背景.psd
- 视频位置：视频\实战337.avi
- 难易指数：★★☆☆☆

• 实例介绍 •

本例讲解圆点背景的制作方法。本例在制作过程中利用滤镜命令制作出了自然的圆点效果，整个红色系的图像过渡十分自然，同时绘制的椭圆图形使整个背景的视觉元素更加丰富，最终效果如图8.95所示。

图8.95 最终效果

• 操作步骤 •

• 新建画布

STEP 01 执行菜单栏中的“文件”|“新建”命令，在弹出的对话框中设置“宽度”为800像素，“高度”为700像素，“分辨率”为72像素/英寸，“颜色模式”为RGB颜色，新建一个空白画布。

STEP 02 选择工具箱中的“渐变工具”，在选项栏中单击“点按可编辑渐变”按钮，在弹出的对话框中将渐变颜色更改为深红色（R：183，G：36，B：35）到深红色（R：121，G：20，B：19），设置完成之后单击“确定”按钮，再单击选项栏中的“径向渐变”按钮，在画布中从偏右上角向左下角方向拖动，为画布填充渐变，如图8.96所示。

图8.96 设置并填充渐变

STEP 03 选择工具箱中的“椭圆工具”，在选项栏中将“填充”更改为红色（R：150，G：24，B：23），“描边”更改为无，在画布靠左侧的位置按住Shift键绘制一个正圆图形，此时将生成一个“椭圆1”图层，如图8.97所示。

图8.97 绘制图形

STEP 04 在“图层”面板中选中“椭圆1”图层，将其拖至面板底部的“创建新图层”按钮上，复制1个“椭圆1 拷贝”图层，如图8.98所示。

STEP 05 选中“椭圆1 拷贝”图层，按Ctrl+T组合键对其执行“自由变换”命令，按住Alt+Shift组合键将图形等比例缩小，完成之后按Enter键确认，如图8.99所示。

图8.98 复制图层

图8.99 缩放图形

STEP 06 以同样的方法将椭圆图形复制数份并适当缩小，适当降低图形的不透明度，如图8.100所示。

图8.100 降低图形不透明度

STEP 07 选择工具箱中的“椭圆选框工具”，按住Shift键绘制一个椭圆选区，如图8.101所示。

STEP 08 执行菜单栏中的“选择”|“修改”|“羽化”命令，在弹出的对话框中将“半径”更改为150像素，完成之后单击“确定”按钮，如图8.102所示。

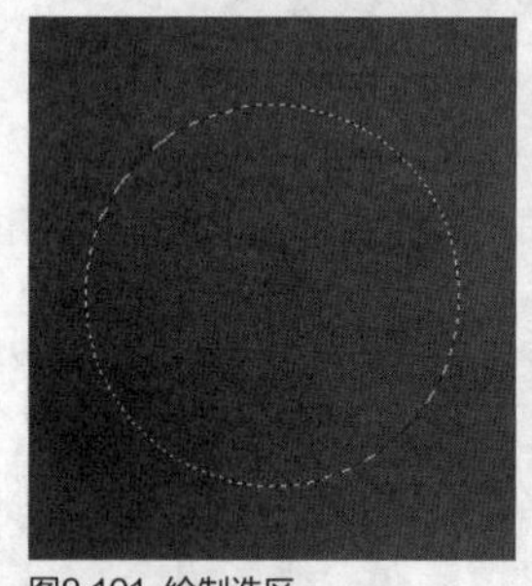

图8.101 绘制选区

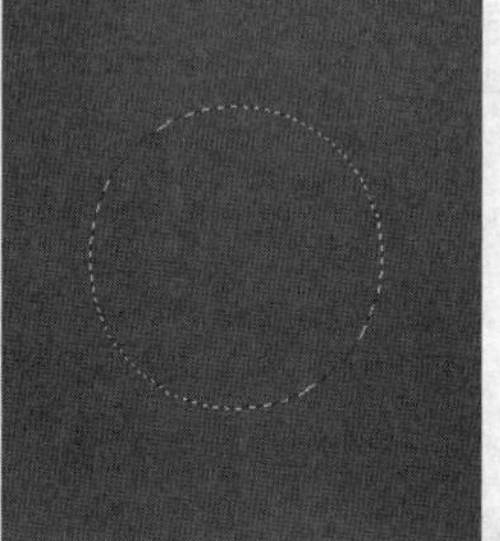

图8.102 羽化选区

• 绘制图像

STEP 01 单击面板底部的“创建新图层”按钮，新建一个“图层1”图层，如图8.103所示。

STEP 02 选中“图层1”图层，将选区填充为红色（R：192，G：8，B：8），填充完成之后按Ctrl+D组合键将选区取消，如图8.104所示。

图8.103 新建图层

图8.104 填充颜色

STEP 03 选中“图层1”图层，执行菜单栏中的“滤镜”“像素化”|“彩色半调”命令，在弹出的对话框中将“最大半径”更改为13像素，将“通道1（1）”“通道2（2）”、“通道3（3）”“通道4（4）”更改为10，完成之后单击“确定”按钮，如图8.105所示。

图8.105 设置彩色半调

STEP 04 选中“图层1”图层，将其图层混合模式设置为“浅色”，“不透明度”更改为30%，这样就完成了效果制作，最终效果如图8.106所示。

图8.106 最终效果

实战 338 运动跑道背景

▶素材位置：素材\第8章\背景.jpg
▶案例位置：效果\第8章\运动跑道背景.psd
▶视频位置：视频\实战338.avi
▶难易指数：★★☆☆☆

• 实例介绍 •

本例讲解运动路道背景的制作方法。本例的制作过程比较简单，为公路添加文字标记并将其变形即可，最终效果如图8.107所示。

图8.107 最终效果

• 操作步骤 •

• 新建画布

STEP 01 执行菜单栏中的“文件”|“新建”命令，在弹出的对话框中设置“宽度”为800像素，“高度”为600像素，“分辨率”为72像素/英寸，“颜色模式”为RGB颜色，新建一个空白画布。

STEP 02 执行菜单栏中的“文件”|“打开”命令，打开“背景.jpg”文件，将打开的素材拖入画布中并适当缩小至与画布相同大小，此时其图层名称将自动更改为“图层1”，如图8.108所示。

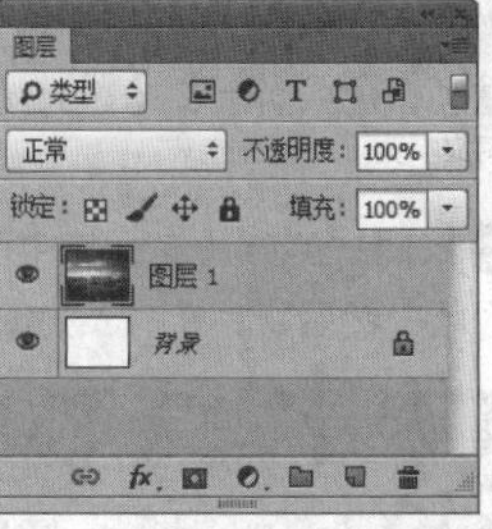

图8.108 添加素材

STEP 03 选中“图层1”图层，执行菜单栏中的“图像”|“调整”|“曲线”命令，在弹出的对话框中调整曲线，加强图像整体对比度，完成之后单击“确定”按钮，如图8.109所示。

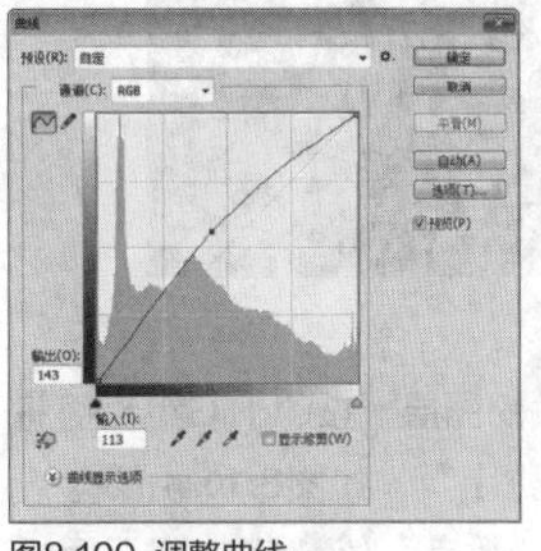

图8.109 调整曲线

• 添加文字

STEP 01 选择工具箱中的“横排文字工具”T，在画布中靠底部的位置添加文字（字体：Arial Black），如图8.110所示。

STEP 02 选中“4”图层，在其名称上单击鼠标右键，从弹出的快捷菜单中选择“转换为形状”命令，如图8.111所示。

图8.110 添加文字

图8.111 转换形状

STEP 03 选中“4”图层，按Ctrl+T组合键对其执行“自由变换”命令，单击鼠标右键，从弹出的快捷菜单中选择“扭曲”命令，拖动变形框控制点将其扭曲变形，完成之后按Enter键确认，如图8.12所示。

图8.112 将文字变形

STEP 04 以同样的方法在画布中的底部位置添加文字并将其转换成形状，然后将其变形，如图8.113所示。

图8.113 添加文字并变形

STEP 05 同时选中所有和文字相关的图层，按Ctrl+G组合键将其编组，将生成的组名称更改为“数字”，如图8.114所示。

STEP 06 在“图层”面板中选中“数字”组，将其拖至面板底部的“创建新图层”按钮上，复制1个“数字 拷贝”组，选中“数字 拷贝”组，按Ctrl+E组合键将其合并，此时将生成一个“数字 拷贝”图层，如图8.115所示。

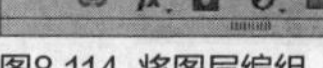

图8.114 将图层编组

图8.115 合并组

STEP 07 选中“文字 拷贝”图层，执行菜单栏中的“滤镜”|“杂色”|“添加杂色”命令，在弹出的对话框中勾选“平均分布”单选按钮和“单色”复选框，将“数量”更改为8%，完成之后单击“确定”按钮，如图8.116所示。

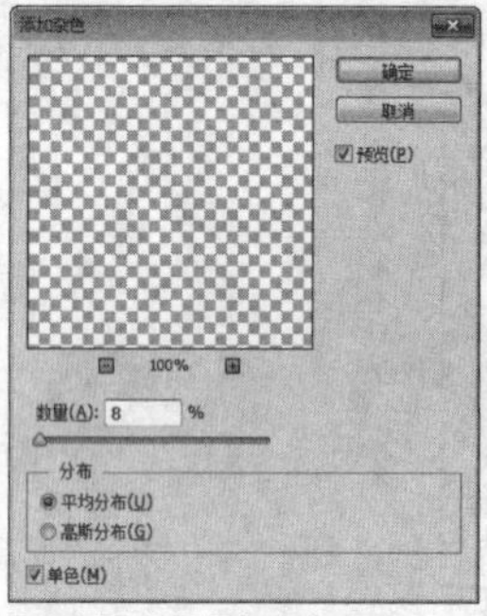

图8.116 设置添加杂色

STEP 08 选择工具箱中的“矩形工具”，在选项栏中将“填充”更改为深黄色（R：54，G：36，B：4），“描边”更改为无，在画布中绘制一个与其相同大小的矩形，此时将生成一个“矩形1”图层，如图8.117所示。

图8.117 绘制图形

STEP 09 在“图层”面板中选中“矩形1”图层，单击面板底部的“添加图层蒙版”按钮，为其图层添加图层蒙版，如图8.118所示。

STEP 10 选择工具箱中的“渐变工具”，编辑黑色到白色的渐变，单击选项栏中的“径向渐变”按钮，从中间向右上角方向拖动，将部分图形隐藏，如图8.119所示。

STEP 11 在“图层”面板中选中“矩形1”图层，将其图层混合模式设置为“叠加”，“不透明度”更改为50%，这样就完成了效果制作，最终效果如图8.120所示。

图8.118 添加图层蒙版

图8.119 隐藏图形

图8.120 最终效果

实战 339

蓝卡其条纹背景

- 素材位置：无
- 案例位置：效果\第8章\蓝卡其条纹背景.psd
- 视频位置：视频\实战339.avi
- 难易指数：★★☆☆☆

• 实例介绍 •

卡其色以黄色系为主，但本例是以蓝色作为主色调，而线条的布局则是传统卡其纹，最终效果如图8.121所示。

图8.121 最终效果

• 操作步骤 •

• 新建画布

STEP 01 执行菜单栏中的“文件”|“新建”命令，在弹出的对话框中设置“宽度”为700像素，“高度”为420像素，“分辨率”为72像素/英寸，“颜色模式”为RGB颜色，新建一个空白画布。

STEP 02 选择工具箱中的“渐变工具”，在选项栏中单击“点按可编辑渐变”按钮，在弹出的对话框中将渐变颜色更改为稍浅的蓝色（R：43，G：50，B：137）到蓝色（R：36，G：42，B：112），设置完成之后单击“确定”按钮，再单击选项栏中的“径向渐变”按钮，在画布中从中间向边缘方向拖动，为画布填充渐变，如图8.122所示。

图8.122 填充渐变

STEP 03 选择工具箱中的“矩形工具”，在选项栏中将“填充”更改为蓝色（R：45，G：54，B：145），“描边”更改为无，在画布中绘制一个高度大于画布的细长矩形，此时将生成一个“矩形1”图层，如图8.123所示。

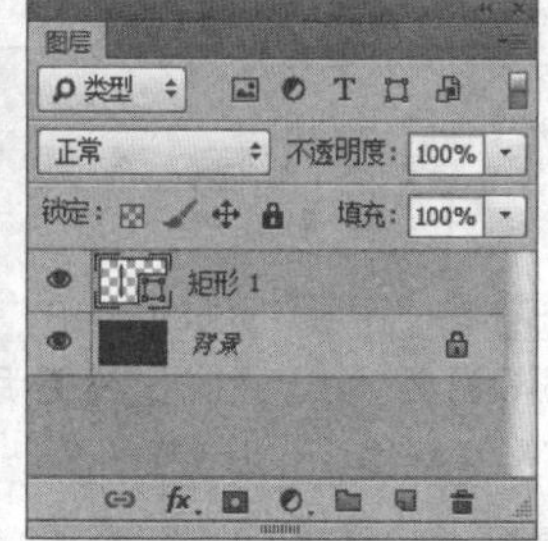
图8.123 绘制图形

• 复制图形

STEP 01 选中“矩形1”图层，按Ctrl+T组合键对其执行“自由变换”命令，将图形适当旋转，完成之后按Enter键确认，再将其移至画布左上角的位置，如图8.124所示。

图8.124 栅格化形状

STEP 02 在“图层”面板中按住Ctrl键单击“矩形1”图层缩览图，将其载入选区，如图8.125所示。

STEP 03 选中“矩形1”图层，按Ctrl+Alt+T组合键对其执行复制变换命令，当出现变形框以后向右下角方向稍微移动，完成之后按Enter键确认，如图8.126所示。

图8.125 载入选区

图8.126 复制变换

STEP 04 按住Ctrl+Alt+Shift组合键的同时按T键多次，执行多重复制命令，将图形复制多份，如图8.127所示。

图8.127 多重复制

提示

在执行多重复制命令之前需要将图形载入选区，如果不载入选区则每复制一个图形都将生成一个图层。

STEP 05 在“图层”面板中选中“矩形1”图层，将其图层混合模式设置为“浅色”，“不透明度”更改为30%，这样就完成了效果制作，最终效果如图8.128所示。

图8.128 最终效果

实战 340 圆盘放射背景

▶素材位置：无
▶案例位置：效果\第8章\圆盘放射背景.psd
▶视频位置：视频\实战340.avi
▶难易指数：★★☆☆☆

• 实例介绍 •

本例中的背景为组合图形，通过圆盘图形与放射图形的组合形成一种圆盘放射背景，最终效果如图8.129所示。

图8.129 最终效果

• 操作步骤 •

• 新建画布

STEP 01 执行菜单栏中的“文件”|“新建”命令，在弹出的对话框中设置“宽度”为800像素，“高度”为400像素，“分辨率”为72像素/英寸，“颜色模式”为RGB颜色，新建一个空白画布。

STEP 02 选择工具箱中的“渐变工具”，在选项栏中单击“点按可编辑渐变”按钮，在弹出的对话框中将渐变颜色更改为稍浅的黄色（R：255，G：236，B：142）到黄色（R：255，G：188，B：91），设置完成之后单击“确定”按钮，再单击选项栏中的“径向渐变”按钮，在画布中从中间靠底部的位置向上拖动为画布填充渐变，如图8.130所示。

图8.130 新建画布并填充渐变

STEP 03 选择工具箱中的“矩形工具”，在选项栏中将“填充”更改为白色，“描边”更改为无，在画布中绘制一个矩形，此时将生成一个“矩形1”图层，如图8.131所示。

STEP 04 选中“矩形1”图层，执行菜单栏中的“图层”|“栅格化”|“图形”命令，将当前图形删格化，如图8.132所示。

图8.131 绘制图形

图8.132 栅格化图层

STEP 05 选中“矩形1”图层，按Ctrl+T组合键对其执行“自由变换”命令，单击鼠标右键，从弹出的快捷菜单中选择“透视”命令，将光标移至变形框右下角向里侧拖动，使图形形成一种透视效果，完成之后按Enter键确认，如图8.133所示。

图8.133 变换图形

STEP 06 在“图层”面板中按住Ctrl键单击“矩形1”图层缩览图，将其载入选区，按Ctrl+Alt+T组合键对其执行复制变换命令，当出现变形框以后将变形框中心点拖至右侧，然后将图形顺时针稍微旋转，完成之后按Enter键确认，如图8.134所示。

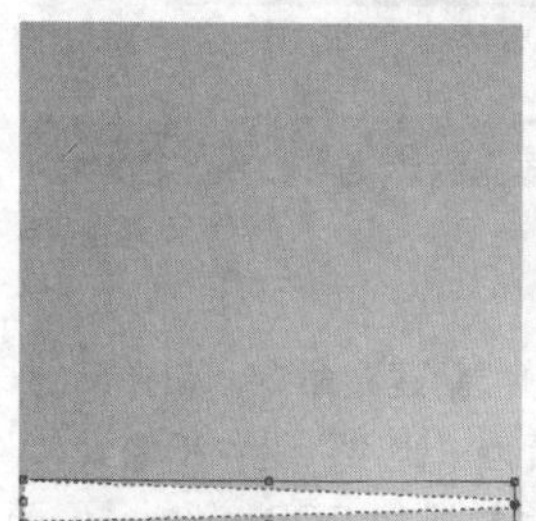
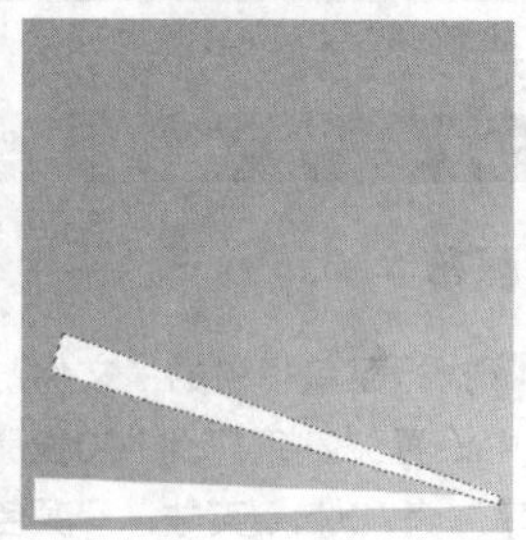

图8.34 复制变换

STEP 07 在画布中按住Ctrl+Alt+Shift组合键的同时按T键多次，重复执行复制变换命令，完成之后按Ctrl+D组合键将选区取消，如图8.135所示。

图8.135 重复执行复制变换

STEP 08 选中“矩形1”图层，按Ctrl+T组合键对其执行“自由变换”命令，将图形等比例放大，使其大小超过画布并稍微旋转，完成之后按Enter键确认，如图8.136所示。

图8.136 变换图形

STEP 09 在“图层”面板中选中“矩形1”图层，单击面板底部的“添加图层蒙版”按钮，为其图层添加图层蒙版，如图8.137所示。

STEP 10 选择工具箱中的“渐变工具”，选择“黑白渐变”，单击选项栏中的“径向渐变”按钮，从中间向边缘方向拖动，将部分图像隐藏，再将其图层“不透明度”更改为30%，如图8.138所示。

图8.137 添加图层蒙版

图8.138 更改不透明度

- **绘制图形**

STEP 01 选择工具箱中的“矩形工具”，在选项栏中将“填充”更改为白色，“描边”更改为无，在画布靠底部边缘绘制一个矩形，此时将生成一个“矩形2”图层，如图8.139所示。

图8.139 绘制图形

STEP 02 在“图层”面板中选中“矩形2”图层，单击面板底部的“添加图层样式”按钮，在菜单中选择“渐变叠加”命令，在弹出的对话框中将渐变颜色更改为橙色（R：252，G：116，B：4）到稍浅的橙色（R：254，G：150，B：29），完成之后单击“确定”按钮，如图8.140所示。

STEP 03 选择工具箱中的“椭圆工具”，在选项栏中将“填充”更改为白色，“描边”更改为无，在画布中间位置按住Shift键绘制一个正圆，此时将生成一个“椭圆1”图层，如图8.141所示。

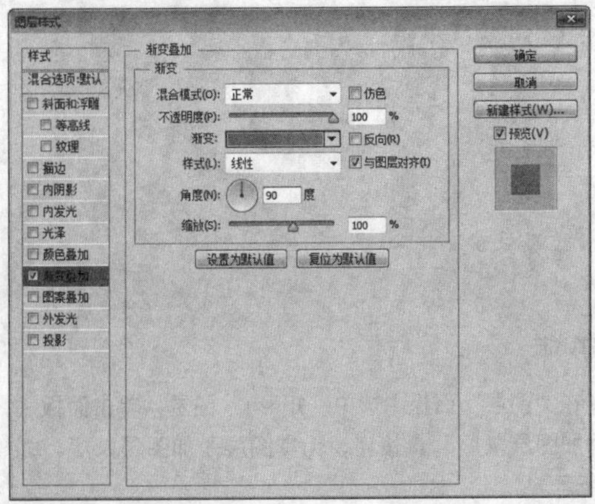
图8.140 设置渐变叠加

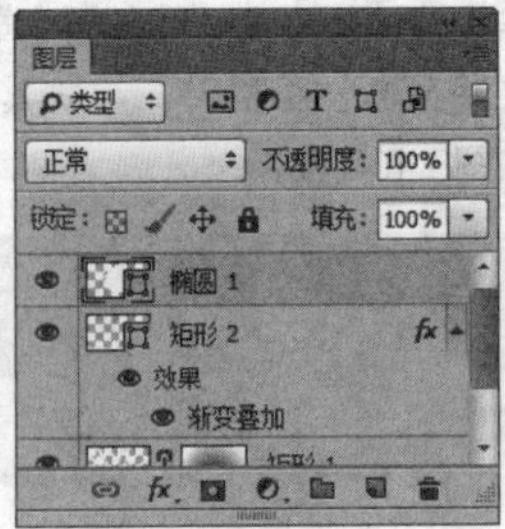
图8.141 绘制图形

STEP 04 在“矩形2”图层上单击鼠标右键，从弹出的快捷菜单中选择“拷贝图层样式”命令，在“椭圆1”图层上单击鼠标右键，从弹出的快捷菜单中选择“粘贴图层样式”命令，如图8.142所示。

图8.142 复制并粘贴图层样式

STEP 05 在“图层”面板中双击“椭圆1”图层样式名称，在弹出的对话框中将渐变颜色更改为浅蓝色（R：166，G：216，B：241）到蓝色（R：55，G：153，B：216），“样式”为径向，“缩放”更改为145，设置完成之后单击“确定”按钮，这样就完成了效果制作，最终效果如图8.143所示。

图8.143 最终效果

实战341 双色对比背景

▶素材位置：无
▶案例位置：效果\第8章\双色对比背景.psd
▶视频位置：视频\实战341.avi
▶难易指数：★★★☆☆

• 实例介绍 •

本例讲解双色对比背景的制作方法。双色对比背景的分隔效果十分明显，这样可以对广告的布局起到很好的引导作用，最终效果如图8.144所示。

图8.144 最终效果

• 操作步骤 •

● 新建画布

STEP 01 执行菜单栏中的“文件”|“新建”命令，在弹出的对话框中设置“宽度”为700像素，“高度”为420像素，“分辨率”为72像素/英寸，“颜色模式”为RGB。

STEP 02 选择工具箱中的“矩形工具”，在选项栏中将“填充”更改为浅黄色（R：255，G：223，B：114），“描边”更改为无，在画布左侧位置绘制一个宽度占据画布一半的矩形，此时将生成一个“矩形1”图层，如图8.145所示。

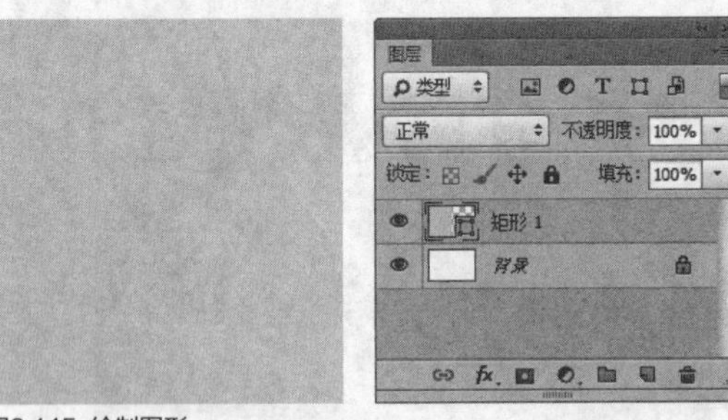
图8.145 绘制图形

STEP 03 在“图层”面板中选中“矩形1”图层，单击面板底部的“添加图层样式”按钮，在菜单中选择“渐变叠加”命令，在弹出的对话框中将渐变颜色更改为黄色（R：255，G：225，B：119）到黄色（R：255，G：205，B：88），“样式”更改为径向，“角度”更改为0度，“缩放”更改为130%，完成之后单击“确定”按钮，如图8.146所示。

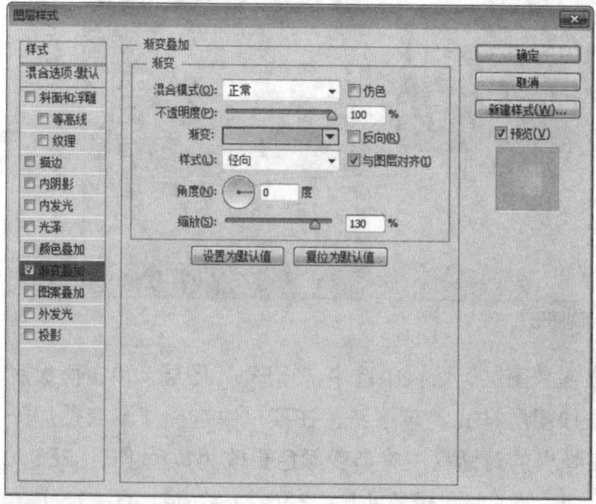

图8.146 设置渐变叠加

STEP 04 在“图层”面板中选中“矩形1”图层，将其拖至面板底部的“创建新图层” 按钮上，复制一个“矩形1 拷贝”图层，如图8.147所示。

STEP 05 选中“矩形1 拷贝”图层，按住Shift键向右侧平移并与原图形对齐，双击“矩形1 拷贝”图层样式名称，在弹出的对话框中将渐变颜色更改为蓝色（R：22，G：151，B：216）到蓝色（R：14，G：93，B：168），“角度”更改为180度，完成之后单击“确定”按钮，如图8.148所示。

图8.147 复制图层

图8.148 移动图形

● **绘制图形**

STEP 01 选择工具箱中的“钢笔工具” ，在选项栏中单击“选择工具模式”按钮，在弹出的下拉列表中选择“形状”，将“填充”更改为白色，“描边”更改为无，在画布靠左侧的位置绘制一个不规则图形，此时将生成一个“形状1”图层，如图8.149所示。

图8.149 绘制图形

STEP 02 选中“形状1”图层，将其图层“不透明度”更改为10%，如图8.150所示。

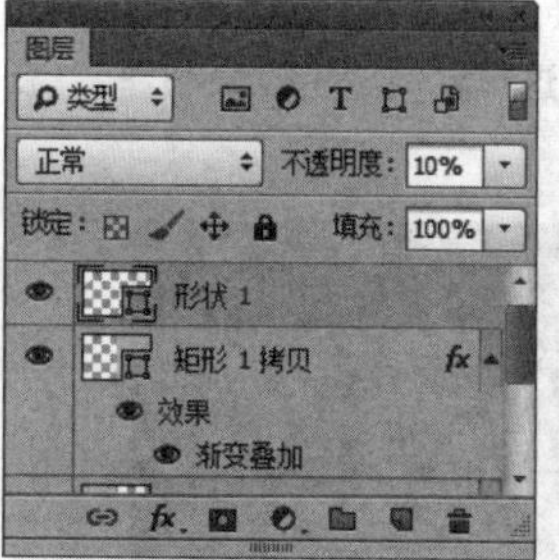

图8.150 更改图层不透明度

STEP 03 以同样的方法在画布中的适当位置绘制数个不规则图形并放在不同位置，然后更改其不透明度，如图8.151所示。

图8.151 绘制图形

STEP 04 选择工具箱中的“矩形工具” ，在选项栏中将“填充”更改为红色（R：227，G：80，B：58），“描边”更改为无，在画布靠底部位置绘制一个与画布相同宽度的矩形，此时将生成一个“矩形2”图层，如图8.152所示。

图8.152 绘制图形

STEP 05 选择工具箱中的“添加锚点工具” ，在图形的中间位置单击，添加锚点，如图8.153所示。

STEP 06 选择工具箱中的“转换点工具” ，单击刚才添加的锚点，如图8.154所示。

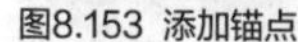
图8.153 添加锚点

图8.154 转换锚点

STEP 07 选择工具箱中的“直接选择工具”，选中刚才添加的锚点向上拖动将图形变形，这样就完成了效果制作，最终效果如图8.155所示。

图8.155 最终效果

实战342 菱形分割背景

▶素材位置：无
▶案例位置：效果\第8章\菱形分割背景.psd
▶视频位置：视频\实战342.avi
▶难易指数：★★☆☆☆

• 实例介绍 •

本例讲解的是一款经典的分割背景的制作方法。将菱形图形作为背景，同时利用大红色图形与其分割，具有很好的分类作用，最终效果如图8.156所示。

图8.156 最终效果

• 操作步骤 •

• 新建画布

STEP 01 执行菜单栏中的“文件”|“新建”命令，在弹出的对话框中设置“宽度”为700像素，“高度”为420像素，“分辨率”为72像素/英寸，“颜色模式”为RGB。

STEP 02 选择工具箱中的“矩形工具”，在选项栏中将“填充”更改为黄色（R：255，G：205，B：84），“描边”更改为无，在画布中靠上方的位置绘制一个与画布相同宽度的矩形，此时将生成一个“矩形1”图层，如图8.157所示。

图8.157 绘制图形

STEP 03 在“图层”面板中选中“矩形1”图层，单击面板底部的“添加图层样式”按钮，在菜单中选择“渐变叠加”命令，在弹出的对话框中将渐变颜色更改为黄色（R：255，G：205，B：84）到橙色（R：250，G：64，B：13），“样式”更改为径向，“角度”更改为0度，完成之后单击“确定”按钮，如图8.158所示。

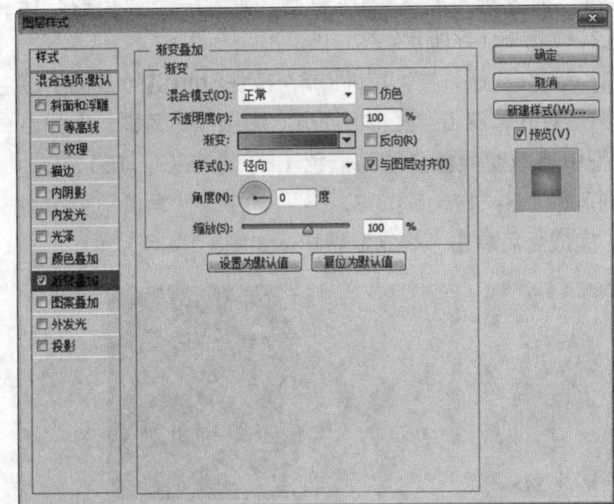

图8.158 设置渐变叠加

STEP 04 在“图层”面板中选中“矩形1”图层，将其拖至面板底部的“创建新图层”按钮上，复制一个“矩形1 拷贝”图层，如图8.159所示。

STEP 05 选中“矩形1 拷贝”图层，将其“垂直翻转”，再按住Shift键向下垂直移动并与原图形对齐，双击“矩形1 拷贝”图层样式名称，在弹出的对话框中将渐变颜色更改为浅红色（R：244，G：90，B：86）到红色（R：216，G：13，B：9），完成之后单击“确定”按钮，如图8.160所示。

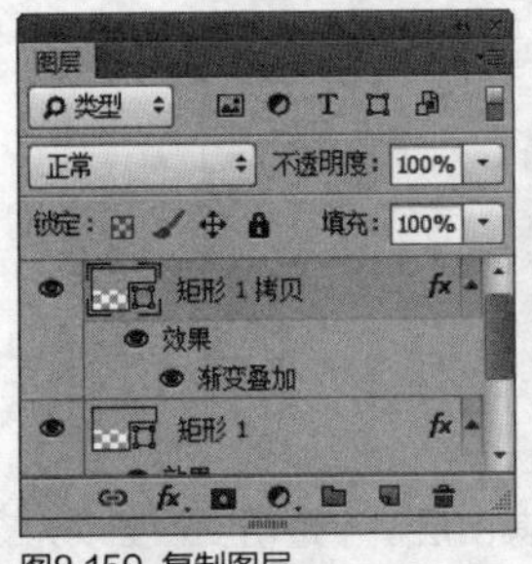

图8.159 复制图层

图8.160 变换图形

● **绘制图形**

STEP 01 选择工具箱中的“矩形工具”▇，在选项栏中将“填充”更改为白色，“描边”更改为无，在画布中靠左上角的位置按住Shift键绘制一个矩形，此时将生成一个“矩形2”图层，如图8.161所示。

图8.161 绘制图形

STEP 02 选中“矩形2”图层，按Ctrl+T组合键对其执行“自由变换”命令，当出现变形框以后，在选项栏中“旋转”后面的文本框中输入45，完成之后按Enter键确认，再将其移至画布左上角位置并与左侧和顶部边缘对齐，再将其图层“不透明度”更改为10%，如图8.162所示。

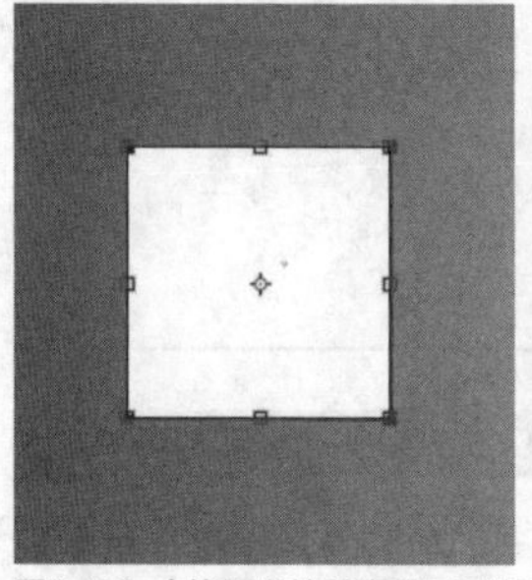

图8.162 变换图形并更改图层不透明度

STEP 03 选中“矩形2”图层，在画布中按住Alt键将图形复制数份并放在不同位置，这样就完成了效果制作，最终效果如图8.163所示。

图8.163 最终效果

提示

为了方便对图层进行管理，可以将复制的图形合并。

实战 343　夏日蓝背景

▶素材位置：无
▶案例位置：效果\第8章\夏日蓝背景.psd
▶视频位置：视频\实战343.avi
▶难易指数：★★☆☆☆

• 实例介绍 •

本例讲解夏日蓝背景的制作方法。本例的制作十分简单，重点在于背景的整体层次感，最终效果如图8.164所示。

图8.164 最终效果

• 操作步骤 •

● **新建画布**

STEP 01 执行菜单栏中的“文件”|“新建”命令，在弹出的对话框中设置“宽度”为700像素，“高度”为400像素，“分辨率”为72像素/英寸。

STEP 02 选择工具箱中的“渐变工具”▇，在选项栏中单击“点按可编辑渐变”按钮，在弹出的对话框中将渐变颜色更改为蓝色（R：0，G：130，B：220）到蓝色（R：119，G：210，B：255），设置完成之后单击“确定”按钮，再单击选项栏中的“线性渐变”▇按钮，在画布中按住Shift键从上至下拖动为画布填充渐变，如图8.165所示。

图8.165 新建画布并填充渐变

STEP 03 选择工具箱中的“矩形工具”▇，在选项栏中将“填充”更改为蓝色（R：0，G：70，B：158），“描边”更改为无，在画布靠顶部的位置绘制一个与画布相同宽度的矩形，此时将生成一个“矩形1”图层，如图8.166所示。

图8.166 绘制图形

STEP 04 在“图层”面板中选中“矩形1”图层，单击面板底部的“添加图层蒙版”按钮，为其图层添加图层蒙版，如图8.167所示。

STEP 05 选择工具箱中的“渐变工具”，选择“黑白渐变”，单击选项栏中的“线性渐变”按钮，在图形上按住Shift键从下至上拖动，将部分图形隐藏，如图8.168所示。

图8.167 添加图层蒙版

图8.168 设置渐变并隐藏图形

• 绘制图形

STEP 01 选择工具箱中的“钢笔工具”，在选项栏中单击“选择工具模式”按钮，在弹出的选项中选择“形状”，将“填充”更改为深蓝色（R：0，G：70，B：158），“描边”更改为无，在画布靠左下角的位置绘制一个不规则图形，此时将生成一个“形状1”图层，如图8.169所示。

图8.169 绘制图形

STEP 02 选中“椭圆1”图层，执行菜单栏中的“滤镜”|“模糊”|“高斯模糊”命令，在弹出的对话框中将“半径”更改为10，完成之后单击“确定”按钮，如图8.170所示。

STEP 03 选中“椭圆1”图层，执行菜单栏中的“滤镜”|“模糊”|“动感模糊”命令，在弹出的对话框中将“角度”更改为0度，“距离”更改为800像素，设置完成之后单击“确定”按钮，这样就完成了效果制作，最终效果如图8.171所示。

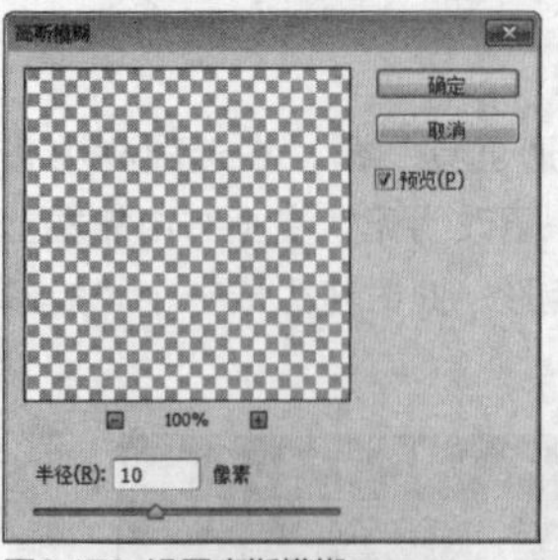

图8.170 设置高斯模糊

图8.171 最终效果

实战 344 飞絮背景

▶素材位置：无
▶案例位置：效果\第8章\飞絮背景.psd
▶视频位置：视频\实战344.avi
▶难易指数：★★☆☆☆

• 实例介绍 •

本例讲解飞絮背景的制作方法。本例的制作过程稍显麻烦，在制作飞絮图像的时候要注意与背景的融合，最终效果如图8.172所示。

图8.172 最终效果

• 操作步骤 •

• 新建画布

STEP 01 执行菜单栏中的“文件”|“新建”命令，在弹出的对话框中设置“宽度”为1000像素，“高度”为500像素，“分辨率”为72像素/英寸，“颜色模式”为RGB颜色。

STEP 02 选择工具箱中的“渐变工具”，编辑绿色（R：10，G：80，B：62）到黑色的渐变，单击选项栏中的“径向渐变”按钮，在画布中从中间向右下角方向拖动为画布填充渐变，如图8.173所示。

图8.173 新建画布并填充渐变

STEP 03 选择工具箱中的“钢笔工具”，在画布的中间位置绘制一个封闭路径，如图8.174所示。

图8.174 绘制路径

STEP 04 选择工具箱中的“画笔工具”，在画布中单击鼠标右键，在弹出的面板中选择一种圆角笔触，将“大小”更改为2像素，“硬度”更改为100%，如图8.175所示。

STEP 05 单击面板底部的“创建新图层”按钮，新建一个“图层1”图层，如图8.176所示。

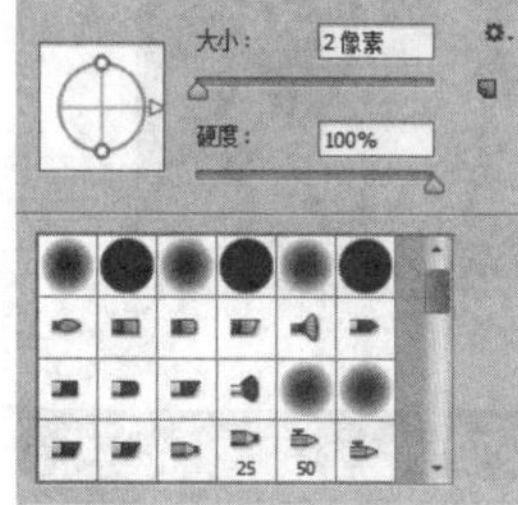

图8.175 设置笔触

图8.176 新建图层

STEP 06 选中“图层1”图层，将前景色更改为黑色，在“路径”面板中的路径名称上单击鼠标右键，在弹出的对话框中选择“工具”为画笔，确认勾选“模拟压力”复选框，完成之后单击“确定”按钮，如图8.177所示。

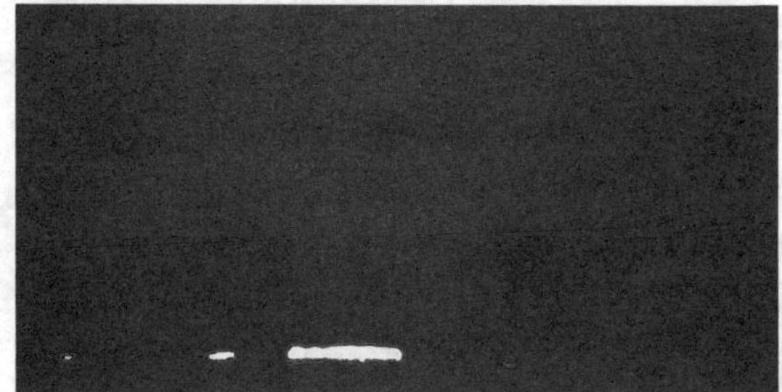

图8.177 描边路径

STEP 07 按住Ctrl键单击“图层1”图层缩览图将选区载入，执行菜单栏中的“编辑”|“定义画笔预设”命令，在弹出的对话框中将“名称”更改为线条，完成之后单击“确定”按钮，如图8.178所示。

图8.178 设置画笔预设

STEP 08 在“画笔”面板中选中定义的笔触，将“大小”更改为500像素，“间距”更改为5%，如图8.179所示。

STEP 09 勾选“形状动态”复选框，将“角度抖动”更改为20%，如图8.180所示。

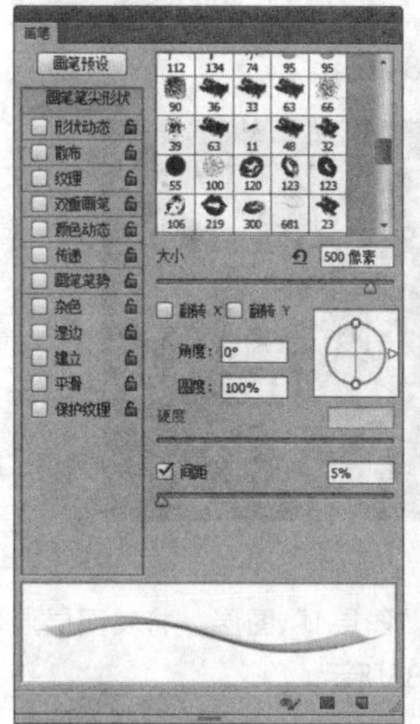

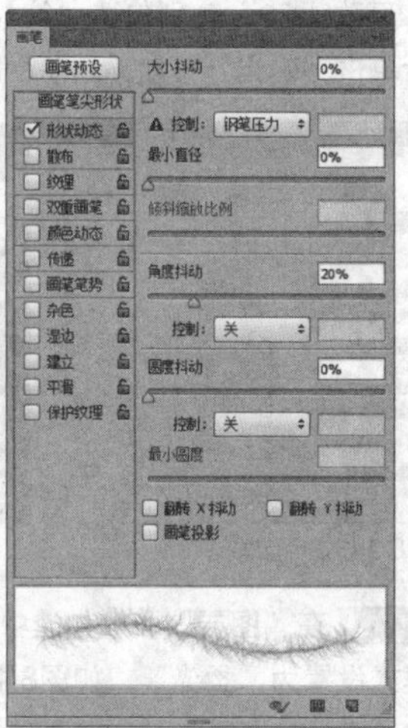

图8.179 设置画笔笔尖形状　图8.180 设置形状动态

STEP 10 勾选“散布”复选框，将“散布”更改为500%，如图8.181所示。

STEP 11 勾选“平滑”复选框，如图8.182所示。

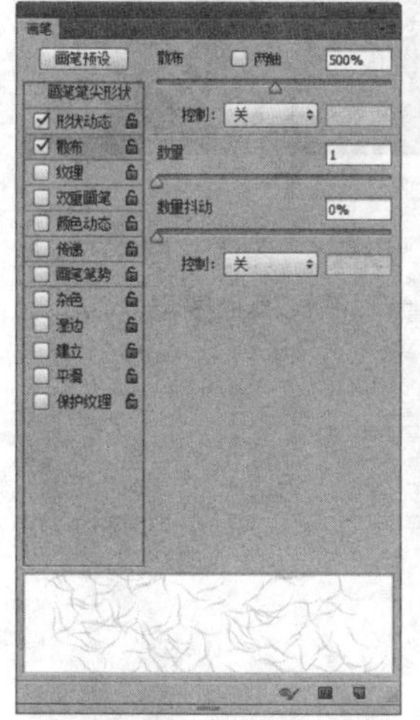

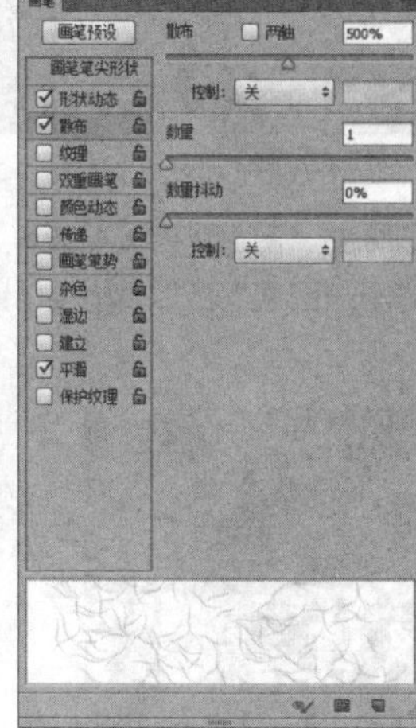

图8.181 设置散布　图8.182 勾选平滑

● 添加图像

STEP 01 选中“图层1”图层，按Ctrl+A组合键执行“全选”命令，再将图层中的图像删除，完成之后按Ctrl+D组合键将选区取消，将前景色更改为白色，在画布中拖动鼠标添加图像，如图8.183所示。

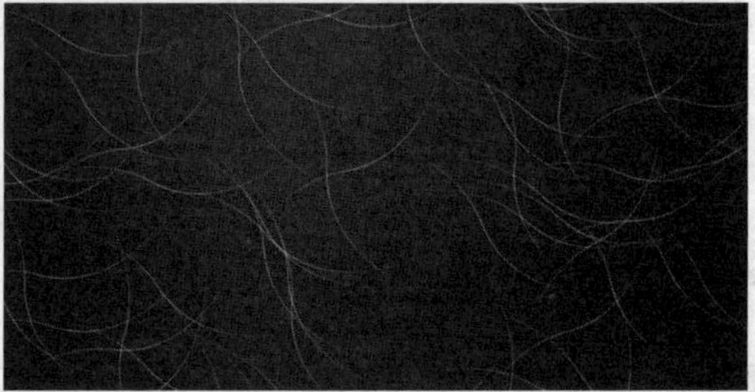
图8.183 添加图像

STEP 02 选中“图层1”图层，执行菜单栏中的“滤镜”|“模糊”|“径向模糊”命令，在弹出的对话框中将“数量”更改为50，分别勾选“缩放”及“好”单选按钮，完成之后单击“确定”按钮，如图8.184所示。

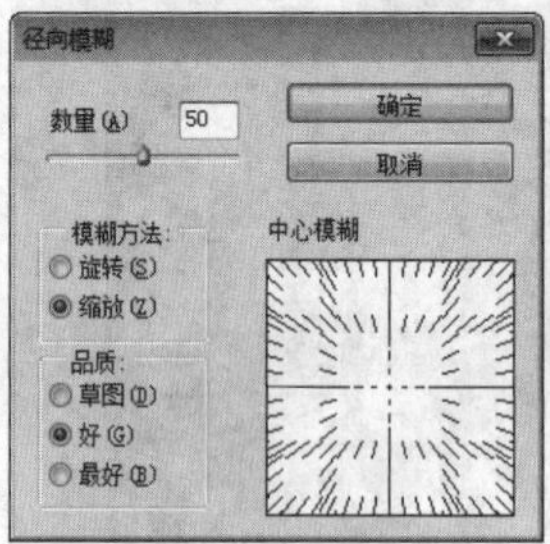

图8.184 设置径向模糊

STEP 03 在“图层”面板中选中“图层1”图层，将其图层混合模式设置为“柔光”，如图8.185所示。

图8.185 设置图层混合模式

STEP 04 在“图层”面板中选中“图层1”图层，单击面板底部的“添加图层蒙版”按钮，为其图层添加图层蒙版，如图8.186所示。

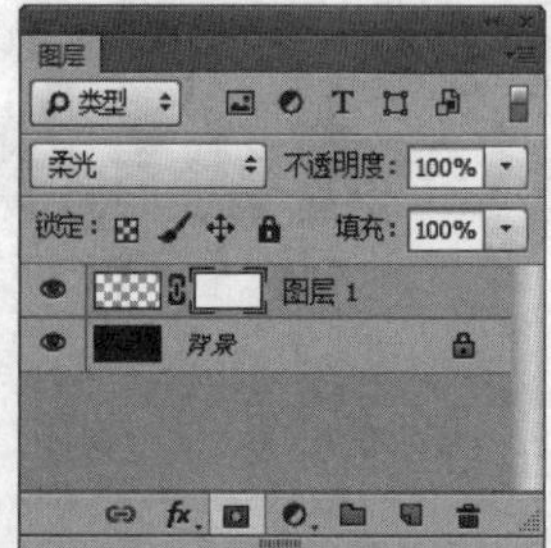

图8.186 添加图层蒙版

STEP 05 选择工具箱中的“渐变工具”，编辑黑色到白色的渐变，单击选项栏中的“线性渐变”按钮，在图像上从下至上拖动，将部分图像隐藏，这样就完成了效果制作，最终效果如图8.187所示。

图8.187 最终效果

实战 345 立体金属孔背景

▶素材位置：无
▶案例位置：效果\第8章\立体金属孔背景.psd
▶视频位置：视频\实战345.avi
▶难易指数：★★★☆☆

• 实例介绍 •

本例的制作稍显复杂，需要掌握好对定义图案的操作，同时渐变颜色的变化会对质感产生较大的影响，最终效果如图8.188所示。

图8.188 最终效果

• 操作步骤 •

● 新建画布

STEP 01 执行菜单栏中的“文件”|“新建”命令，在弹出的对话框中设置“宽度”为800像素，“高度”为480像素，“分辨率”为72像素/英寸，“颜色模式”为RGB颜色，新建一个空白画布。

STEP 02 选择工具箱中的“渐变工具”，编辑灰色（R：32，G：33，B：40）到灰色（R：125，G：127，B：137）的渐变，选择“线性渐变”，在画布中从左向右拖动为画布填充渐变，如图8.189所示。

图8.189 新建画布并填充渐变

STEP 03 执行菜单栏中的“文件”|“新建”命令，在弹出的对话框中设置“宽度”为12像素，“高度”为12像素，“分辨率”为72像素/英寸，“颜色模式”为RGB颜色，“背景”为透明，新建一个空白画布。

STEP 04 选择工具箱中的“椭圆工具”，在选项栏中将“填充”更改为黑色，“描边”更改为无，在画布中按住Shift键绘制一个正圆图形，此时将生成一个“椭圆1”图层，如图8.190所示。

图8.190 绘制图形

提示

将画布放大之后当前图形会产生失真的现象，这时无需理会，因为图形本身是正常的。为了方便观察可以将画布放大，这样会更加方便绘制。

STEP 05 在“图层”面板中选中“椭圆1”图层，单击面板底部的“添加图层样式”按钮，在菜单中选择“外发光”命令，在弹出的对话框中将“混合模式”更改为正常，“颜色”更改为深蓝色（R：4，G：27，B：30），“大小”更改为1像素，完成之后单击“确定”按钮，如图8.191所示。

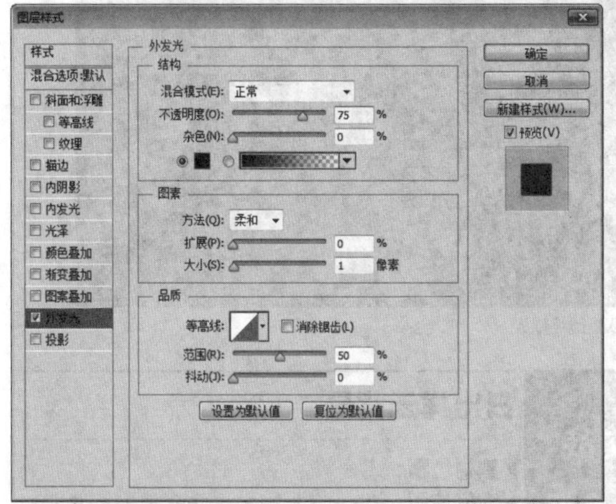

图8.191 设置外发光

STEP 06 执行菜单栏中的“编辑”|“定义图案”命令，在弹出的对话框中将“名称”更改为小孔，完成之后单击“确定”按钮，如图8.192所示。

图8.192 设置定义图案

STEP 07 返回最先创建的画布中，单击面板底部的“创建新图层”按钮，新建一个“图层1”图层，选中“图层1”图层，将其填充为任意颜色，再将其“填充”更改为0%，如图8.193所示。

图8.193 新建图层填充颜色并更改填充

STEP 08 在“图层”面板中选中“图层1”图层，单击面板底部的“添加图层样式”按钮，在菜单中选择“图案叠加”命令，在弹出的对话框中单击“图案”后方的按钮，在弹出的面板中选择刚才定义的“小孔”图像，完成之后单击“确定”按钮，如图8.194所示。

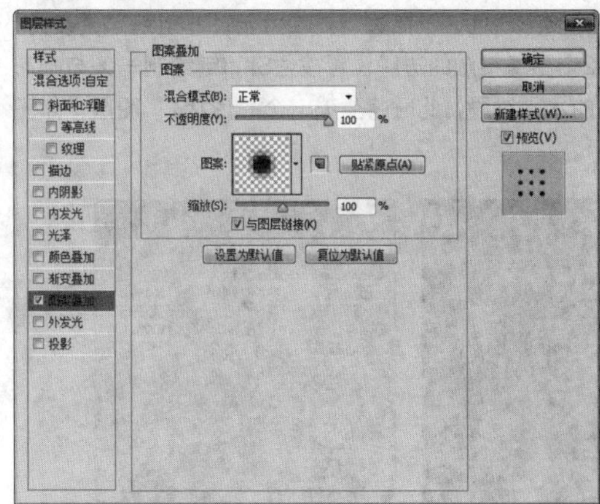

图8.194 设置图案叠加

● 制作立体效果

STEP 01 在“图层”面板中选中“图层1”图层，在其图层名称上单击鼠标右键，从弹出的快捷菜单中选择“栅格化图层样式”命令，如图8.195所示。

STEP 02 在“图层”面板中选中“图层1”图层，将其拖至面板底部的“创建新图层”按钮上，复制1个“图层1 拷贝”图层，如图8.196所示。

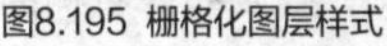

图8.195 栅格化图层样式　图8.196 复制图层

STEP 03 选中“图层1”图层，按Ctrl+T组合键对其执行“自由变换”命令，单击鼠标右键，从弹出的快捷菜单中选择“透视”命令，拖动变形框控制点将图像透视变形，完成之后按Enter键确认，将“图层1 拷贝”图层向上稍做移动，如图8.197所示。

图8.197 将图像变形

● **添加质感**

STEP 01 选择工具箱中的“直线工具”，在选项栏中将“填充”更改为白色，“描边”更改为无，“粗细”更改为1像素，在2个图像接触的边缘位置按住Shift键绘制一条与画布相同宽度的水平线段，此时将生成一个“形状1”图层，如图8.198所示。

图8.198 绘制图形

STEP 02 选中“形状1”图层，执行菜单栏中的“滤镜”|“模糊”|“高斯模糊”命令，在弹出的对话框中将“半径”更改为4像素，完成之后单击“确定”按钮，再将其图层混合模式更改为“叠加”，如图8.199所示。

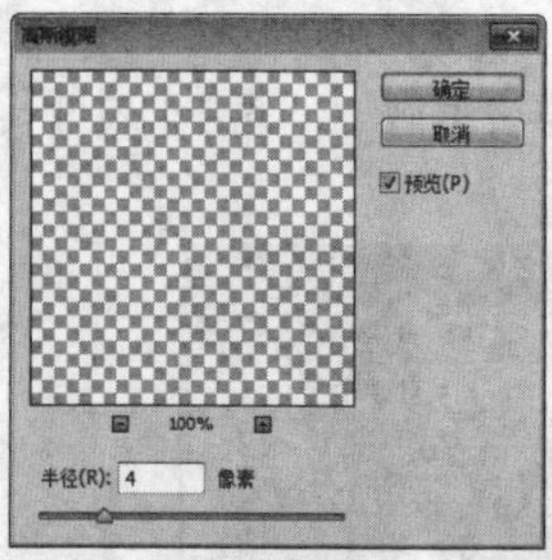

图8.199 设置高斯模糊

STEP 03 选择工具箱中的“椭圆工具”，在选项栏中将“填充”更改为白色，“描边”更改为无，在画布靠右侧的位置绘制一个椭圆图形，此时将生成一个“椭圆1”图层，如图8.200所示。

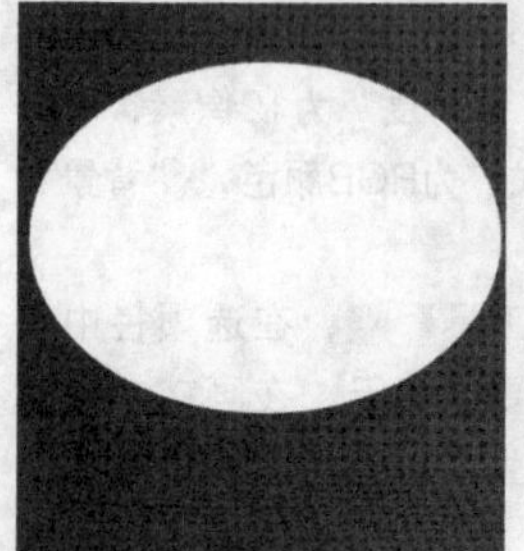

图8.200 绘制图形

STEP 04 选中“椭圆1”图层，执行菜单栏中的“滤镜”|“模糊”|“高斯模糊”命令，打开“高斯模糊”命令对话框，在弹出的对话框中将“半径”更改为115像素，完成之后单击“确定”按钮，如图8.201所示。

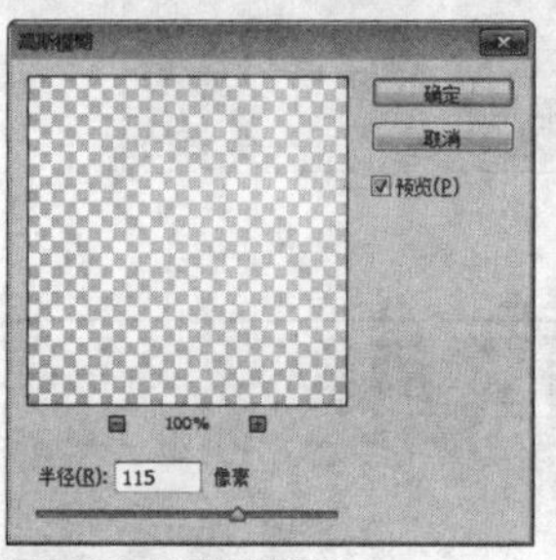

图8.201 设置高斯模糊

STEP 05 在“图层”面板中选中“椭圆 1”图层，将其图层混合模式设置为“叠加”，这样就完成了效果制作，最终效果如图8.202所示。

图8.202 最终效果

实战346 日出祥云背景

▶素材位置：无
▶案例位置：效果\第8章\日出祥云背景.psd
▶视频位置：视频\实战346.avi
▶难易指数：★★☆☆☆

• 实例介绍 •

本例讲解日出祥云背景的制作方法。祥云背景的制作以大量的祥云元素为基础，同时渐变色彩的添加与日出的视觉效果相呼应，最终效果如图8.203所示。

图8.203 最终效果

• 操作步骤 •

● 新建画布

STEP 01 执行菜单栏中的“文件”|“新建”命令，在弹出的对话框中设置“宽度”为800像素，“高度”为400像素，“分辨率”为72像素/英寸。

STEP 02 选择工具箱中的“椭圆工具”，在选项栏中将“填充”更改为白色，“描边”更改为红色（R：220，G：0，B：0），“大小”更改为6点，在画布靠左上角的位置按住Shift键绘制一个正圆图形，此时将生成一个“椭圆1”图层，如图8.204所示。

STEP 03 在“图层”面板中选中“椭圆1”图层，将其拖至面板底部的“创建新图层”按钮上，复制2个“拷贝”图层，如图8.205所示。

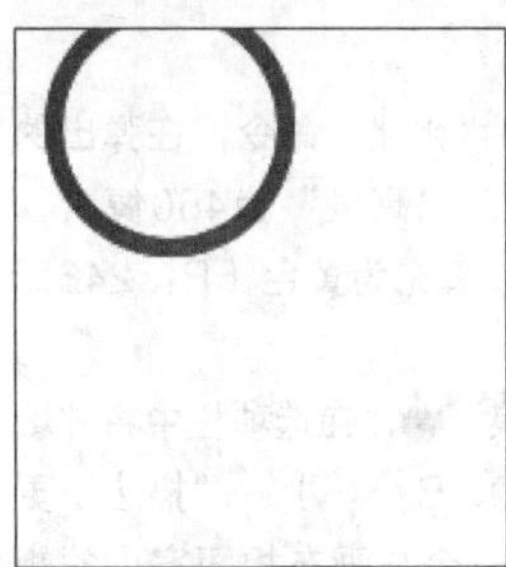

图8.204 绘制图形

图8.205 复制图层

STEP 04 选中“椭圆1 拷贝”图层，按Ctrl+T组合键对其执行“自由变换”命令，将图像等比例缩小，完成之后按Enter键确认，以同样的方法选中“椭圆1 拷贝2”图层，将其图形等比例缩小，如图8.206所示。

图8.206 变换图形

STEP 05 选中“椭圆1”图层，执行菜单栏中的“滤镜”|“模糊”|“高斯模糊”命令，在弹出的对话框中将“半径”更改为1像素，完成之后单击“确定”按钮，如图8.207所示。

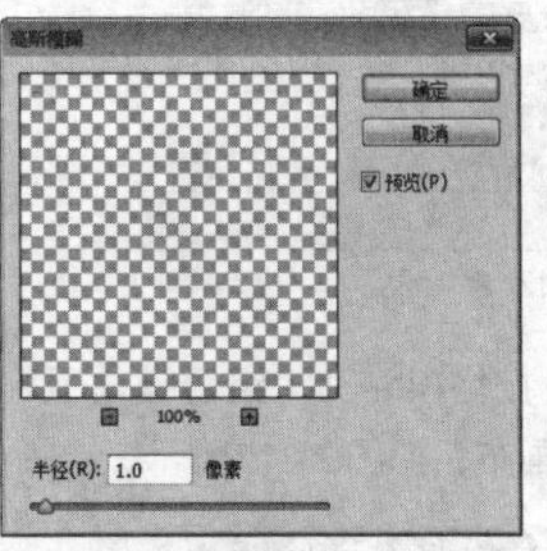

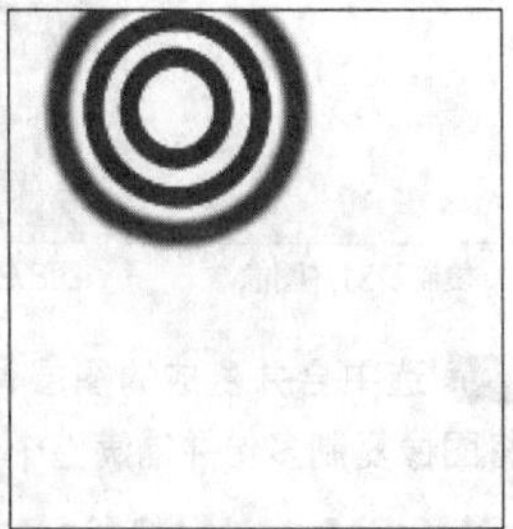

图8.207 设置高斯模糊

STEP 06 分别选中“椭圆1 拷贝”及“椭圆1 拷贝2”图层，按Ctrl+F组合键为其添加高斯模糊效果，如图8.208所示。

STEP 07 同时选中除“背景”之外的所有图层，按Ctrl+E组合键将图层合并，将生成的图层名称更改为“云”，如图8.209所示。

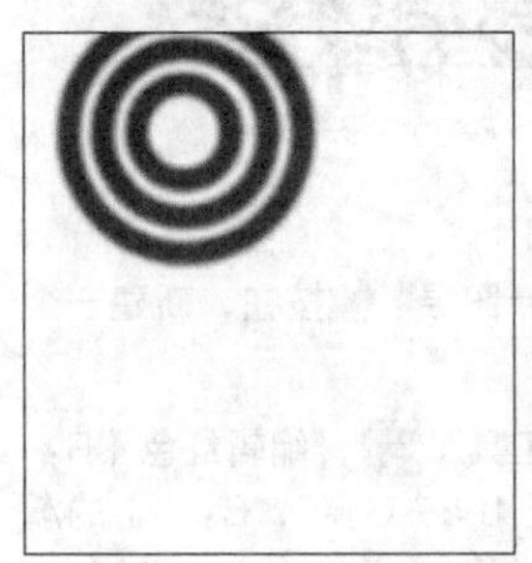

图8.208 添加高斯模糊效果

图8.209 合并图层

● 复制图像

STEP 01 在“图层”面板中选中“云”图层，将其拖至面板底部的“创建新图层”按钮上，复制1个“云 拷贝”图层，选中“云 拷贝”图层，在画布中将图像向右侧平移，如图8.210所示。

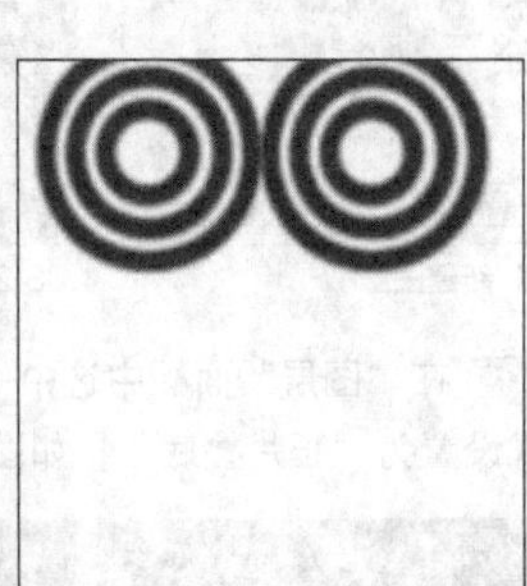

图8.210 复制图层并变换图像

STEP 02 选中“云”及“云 拷贝”图层，在画布中按住Alt+Shift组合键将其复制多份，同时选中除“背景”之外的所有图层，单击选项栏中的“水平居中分布”按钮将图像对齐，如图8.211所示。

STEP 03 同时选中除“背景”之外的所有图层，按Ctrl+E组合键将其合并，如图8.212所示。

图8.211 复制及对齐图像

图8.212 合并图层

STEP 04 选中合并生成的图层，按住Alt+Shift组合键向下拖动，将图像复制多份并铺满整个画布，如图8.213所示。

图8.213 复制图像

● **添加颜色**

STEP 01 单击面板底部的“创建新图层”按钮，新建一个“图层1”图层，如图8.214所示。

STEP 02 选择工具箱中的“渐变工具”，编辑红色（R：250，G：2，B：2）到红色（R：165，G：0，B：0）的渐变，单击选项栏中的“线性渐变”按钮，选中“图层1”图层，在画布中从上至下拖动，填充渐变，如图8.215所示。

图8.214 新建图层

图8.215 填充渐变

STEP 03 在“图层”面板中选中“图层1”图层，将其图层混合模式设置为“正片叠底”，如图8.216所示。

图8.216 设置图层混合模式

实战347 方格纹理背景

▶素材位置：无
▶案例位置：效果\第8章\方格纹理背景.psd
▶视频位置：视频\实战347.avi
▶难易指数：★★☆☆☆

• 实例介绍 •

本例主要讲解方格纹理背景的制作方法，首先绘制纹理并将其定义为图案，然后通过“填充”命令将图案填充画布完成效果制作，最终效果如图8.217所示。

图8.217 最终效果

• 操作步骤 •

● **新建画布**

STEP 01 执行菜单栏中的“文件”|“新建”命令，在弹出的对话框中设置“宽度”为800像素，“高度”为450像素，“分辨率”为72像素/英寸，将画布填充为黄色（R：246，G：180，B：5）。

STEP 02 选择工具箱中的“矩形工具”，在选项栏中将“填充”更改为红色（R：245，G：100，B：75），“描边”更改为无，在画布中靠下的位置绘制一个与画布相同宽度的矩形，此时将生成一个“矩形1”图层，如图8.218所示。

图8.218 绘制图形

STEP 03 执行菜单栏中的“文件”|“新建”命令，在弹出的对话框中设置“宽度”为10像素，“高度”为10像素，“分辨率”为72像素/英寸，“颜色模式”为RGB颜色，“背景”为透明，新建一个空白画布并将画布适当放大，如图8.219所示。

图8.219 放大画布

● 定义图案

STEP 01 选择工具箱中的“矩形工具”■，在选项栏中将“填充”更改为白色，“描边”更改为无，在画布靠左上角的位置绘制一个宽度为2像素的矩形，此时将生成一个“矩形1”图层，如图8.220所示。

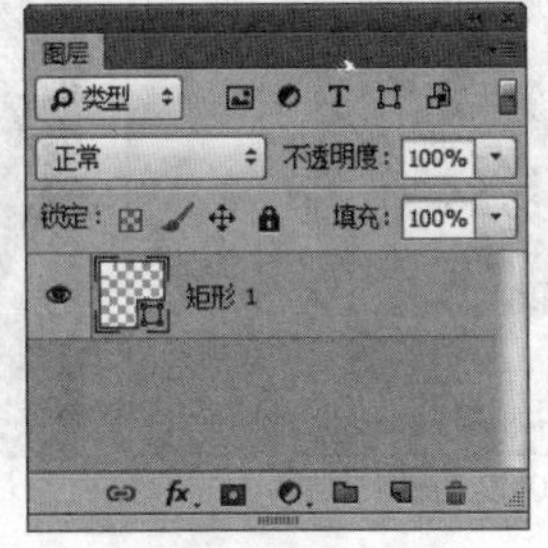

图8.220 绘制图形

STEP 02 在“图层”面板中选中“矩形1”图层，单击面板底部的“添加图层样式”fx按钮，在菜单中选择“外发光”命令，在弹出的对话框中将“混合模式”更改为正常，“不透明度”更改为30%，“颜色”更改为黑色，“大小”更改为1像素，完成之后单击“确定”按钮，如图8.221所示。

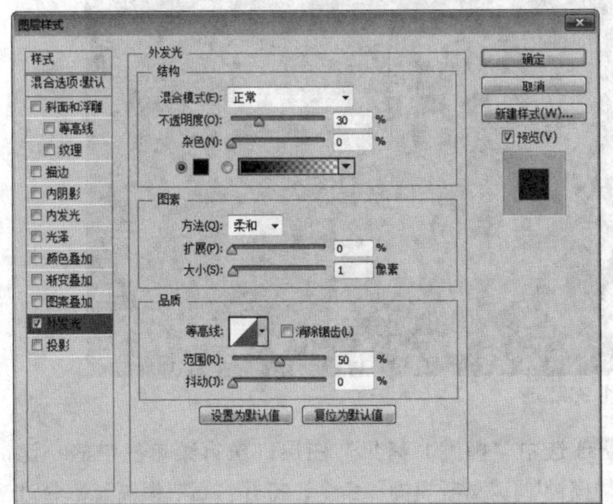

图8.221 设置外发光

STEP 03 选中“矩形1”图层，按住Alt键拖动，将图形复制多份，如图8.222所示。

STEP 04 同时选中所有图层，按Ctrl+E组合键将其合并，如图8.223所示。

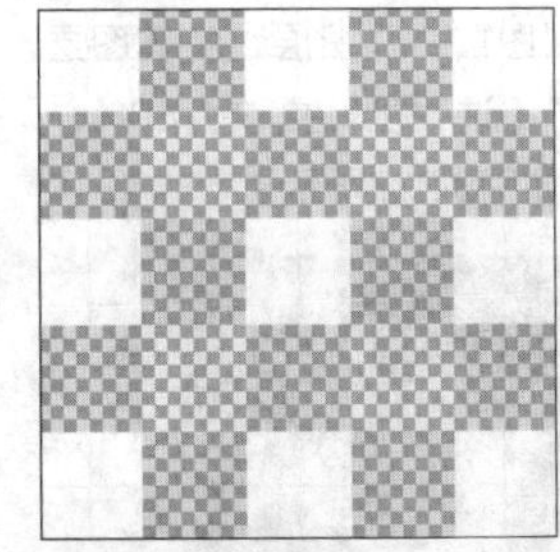

图8.222 复制图形

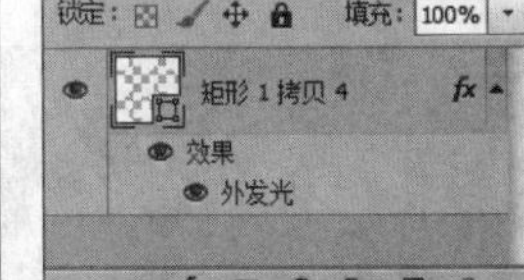

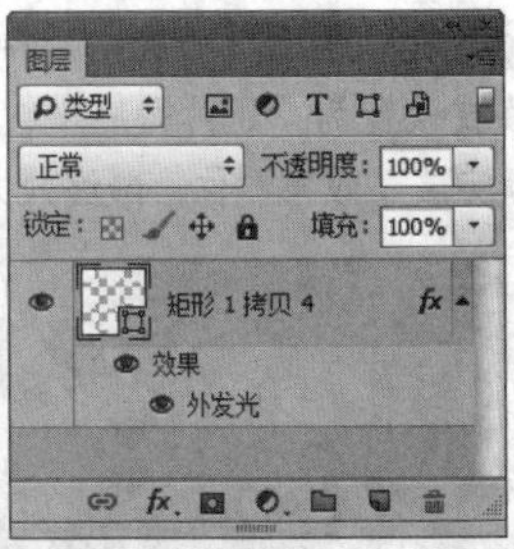

图8.223 合并图层

STEP 05 执行菜单栏中的“编辑”|“定义图案”命令，在弹出的对话框中将“名称”更改为小方格图像，完成之后单击“确定”按钮，如图8.224所示。

图8.224 设置定义图案

STEP 06 在之前的文档中单击面板底部的“创建新图层”■按钮，新建一个“图层1”图层，如图8.225所示。

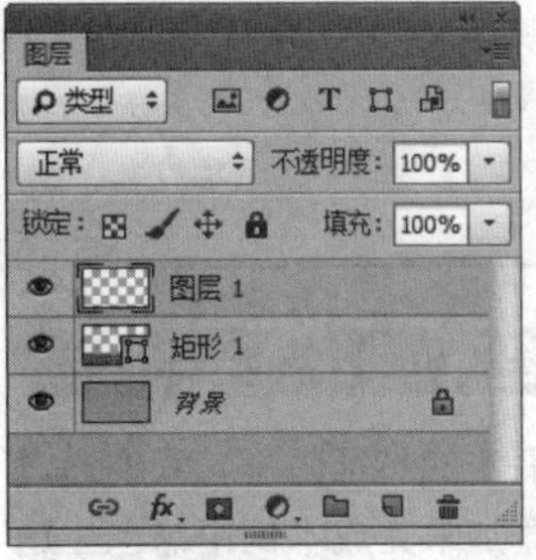

图8.225 新建图层

• 操作步骤 •

● 填充图形

STEP 01 选中“图层1”图层，执行菜单栏中“编辑”|“填充”命令，在弹出的对话框中选择“使用”为图案，单击“自定图案”后方的按钮，在弹出的面板中选择之前定义的“小方格图像”图案，完成之后单击“确定”按钮，如图8.226所示。

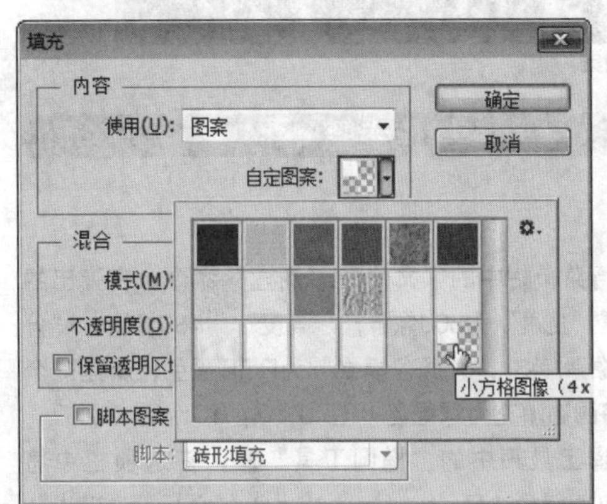

图8.226 设置填充

STEP 02 在“图层”面板中选中“图层 1”图层，将其图层混合模式设置为“正片叠底”，“不透明度”更改为80%，这样就完成了效果制作，最终效果如图8.227所示。

图8.227 最终效果

提示

由于不同的电脑显示器的分辨率不同，所以定义的图案需要将画布100%显示才会完全可见。

实战 348 绿色底座背景

▶素材位置：无
▶案例位置：效果\第8章\绿色底座背景.psd
▶视频位置：视频\实战348.avi
▶难易指数：★★☆☆☆

• 实例介绍 •

绿色底座背景的制作以突出底座的特征为主，我们通过对椭圆图形的变形及高光质感的添加来完成本例中绿色主题背景的制作，最终效果如图8.228所示。

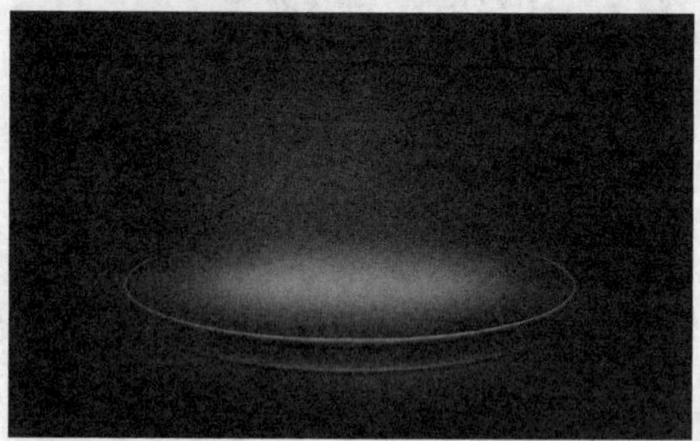

图8.228 最终效果

• 操作步骤 •

• 新建画布

STEP 01 执行菜单栏中的“文件”|“新建”命令，在弹出的对话框中设置“宽度”为800像素，“高度”为480像素，“分辨率”为72像素/英寸，“颜色模式”为RGB颜色，新建一个空白画布，将画布填充为深绿色（R：0，G：10，B：0）。

STEP 02 选择工具箱中的“椭圆工具”，在选项栏中将“填充”更改为绿色（R：6，G：112，B：30），“描边”更改为无，在画布中绘制一个椭圆图形，此时将生成一个“椭圆1”图层，选中“椭圆1”图层，将其拖至面板底部的“创建新图层”按钮上，复制1个“椭圆1 拷贝”图层，如图8.229所示。

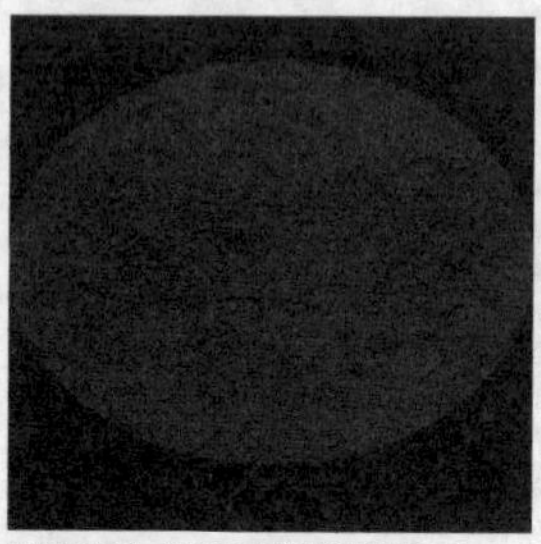

图8.229 绘制图形并复制图层

STEP 03 选中“椭圆1”图层，执行菜单栏中的“滤镜”|“模糊”|“高斯模糊”命令，在弹出的对话框中将“半径”更改为160像素，设置完成之后单击“确定”按钮，如图8.230所示。

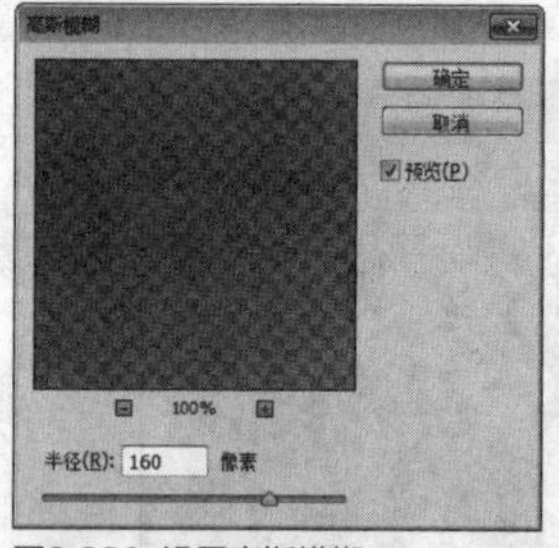

图8.230 设置高斯模糊

STEP 04 选中“椭圆1 拷贝”图层，按Ctrl+T组合键对其执行“自由变换”命令，按住Alt+Shift组合键将图形等比例缩小，完成之后按Enter键确认，再将其图形颜色更改为稍浅的绿色（R：78，G：155，B：40），如图8.231所示。

图8.231 变换图形

STEP 05 选中“椭圆1 拷贝”图层，执行菜单栏中的“滤镜”|“模糊”|“高斯模糊”命令，打开“高斯模糊”命令对话框，在弹出的对话框中将“半径”更改为100像素，完成之后单击“确定”按钮，如图8.232所示。

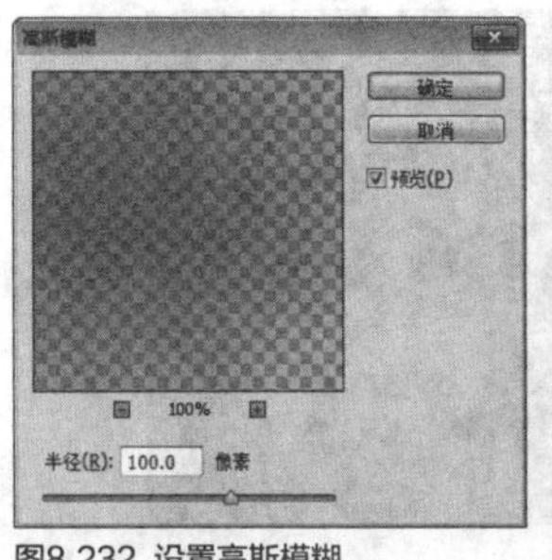

图8.232 设置高斯模糊

● 绘制图形

STEP 01 选择工具箱中的“椭圆工具”，在选项栏中单击“选择工具模式”按钮，在弹出的选项中选择“路径”，在画布中绘制一个椭圆路径，如图8.233所示。

图8.233 绘制路径

STEP 02 选择工具箱中的“添加锚点工具”，在绘制的路径靠左上角的位置单击，添加锚点，以同样的方法在路径右侧相同的位置单击，再次添加锚点，如图8.234所示。

图8.234 添加锚点

STEP 03 选择工具箱中的“直接选择工具”，选中路径顶部中间锚点，按Delete键将其删除，如图8.235所示。

图8.235 删除锚点

STEP 04 单击面板底部的“创建新图层”按钮，新建一个“图层1”图层，如图8.236所示。

STEP 05 选择工具箱中的“画笔工具”，在画布中单击鼠标右键，在弹出的面板中选择一种圆角笔触，将“大小”更改为15像素，“硬度”更改为100%，如图8.237所示。

图8.236 新建图层

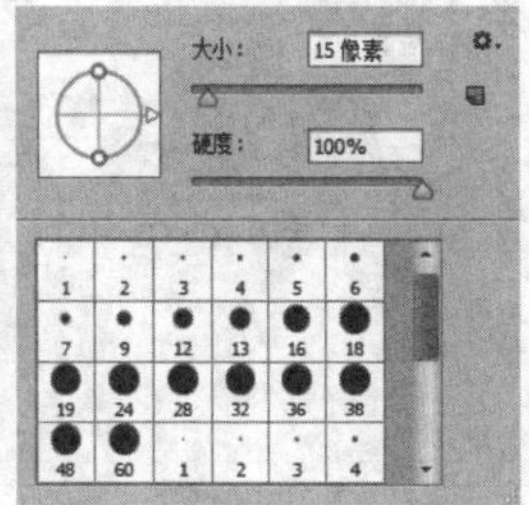
图8.237 设置笔触

STEP 06 选中“图层1”图层，将前景色更改为绿色（R：88，G：140，B：24），在“路径”面板中，在路径名称上单击鼠标右键，从弹出的快捷菜单中选择“描边路径”命令，在弹出的对话框中选择“工具”为画笔，确认勾选“模拟压力”复选框，完成之后单击“确定”按钮，如图8.238所示。

图8.238 设置描边路径

STEP 07 在“图层”面板中选中“图层1”图层，单击面板底部的“添加图层样式”按钮，在菜单中选择“斜面与浮雕”命令，在弹出的对话框中将“大小”更改为6像素，“软化”更改为6像素，“高光模式”中的“颜色”更改为浅黄色（R：234，G：248，B：170），“不透明度”更改为100%，“阴影模式”中的“颜色”更改为绿色（R：0，G：100，B：18），“不透明度”更改为100%，如图8.239所示。

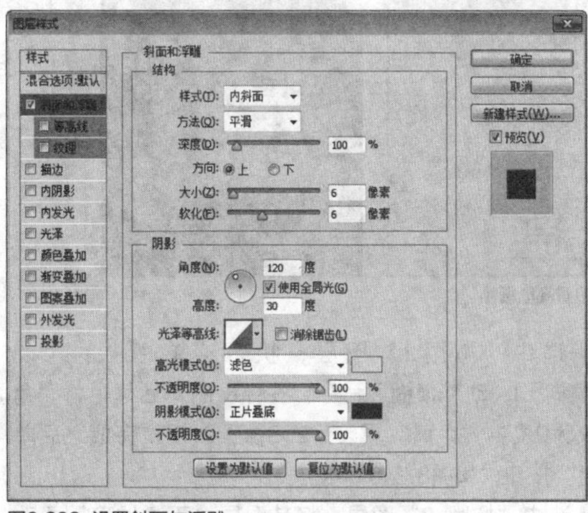
图8.239 设置斜面与浮雕

STEP 08 勾选“投影”复选框，将“距离”更改为5像素，“大小”更改为5像素，完成之后单击“确定”按钮，如图8.240所示。

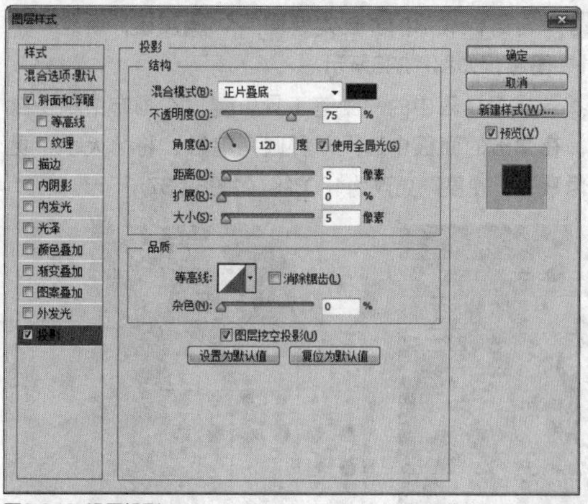

图8.240 设置投影

● 绘制特效

STEP 01 选择工具箱中的“椭圆工具”，在选项栏中将“填充”更改为白色，“描边”更改为无，在刚才绘制的图形内部绘制一个椭圆图形，此时将生成一个“椭圆2”图层，如图8.241所示。

图8.241 绘制图形

STEP 02 选中“椭圆 2”图层，执行菜单栏中的“滤镜”|“模糊”|“高斯模糊”命令，在弹出的对话框中将“半径”更改为25像素，设置完成之后单击“确定”按钮，如图8.242所示。

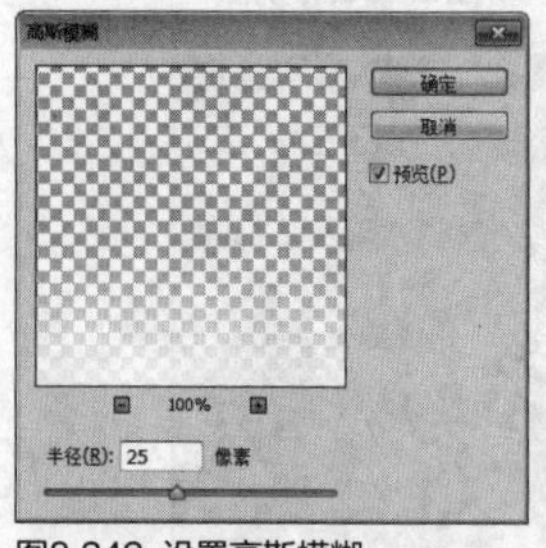

图8.242 设置高斯模糊

STEP 03 选中“椭圆2”图层，执行菜单栏中的“滤镜”|“模糊”|“动感模糊”命令，在弹出的对话框中将“角度”更改为0度，“距离”更改为200像素，设置完成之后单击“确定”按钮，如图8.243所示。

STEP 04 选中“椭圆 2”图层，将其图层“不透明度”更改为70%，如图8.244所示。

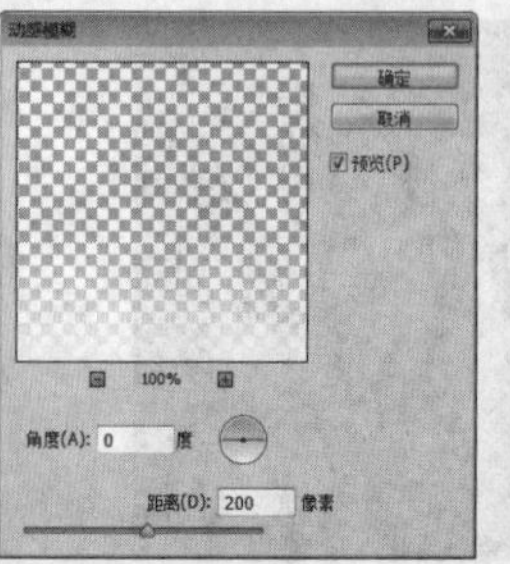

图8.243 设置动感模糊

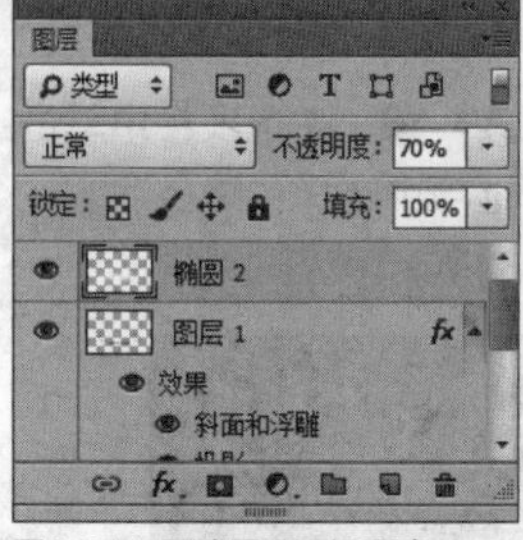

图8.244 更改图层不透明度

STEP 05 选择工具箱中的“椭圆工具”，在选项栏中将“填充”更改为白色，“描边”更改为无，在刚才绘制的图形下方绘制一个椭圆图形，此时将生成一个“椭圆3”图层，选中“椭圆3”图层，单击面板底部的“添加图层蒙版”按钮，为其图层添加图层蒙版，如图8.245所示。

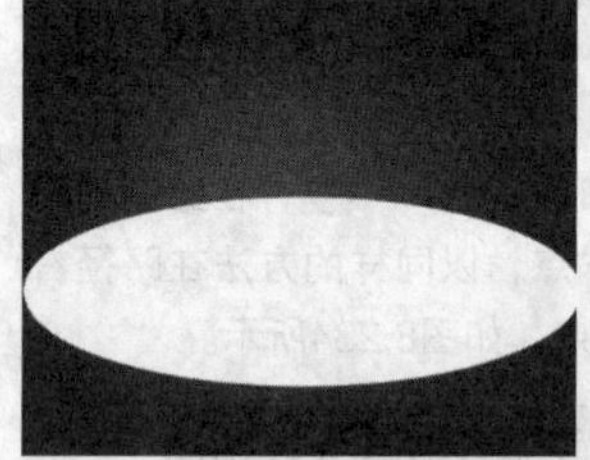

图8.245 绘制图形并添加图层蒙版

STEP 06 选择工具箱中的“画笔工具”，在画布中单击鼠标右键，在弹出的面板中选择一种圆角笔触，将“大小”更改为250像素，“硬度”更改为0%，如图8.246所示。

STEP 07 将前景色更改为黑色，在图形靠上的区域涂抹，将部分图形隐藏，如图8.247所示。

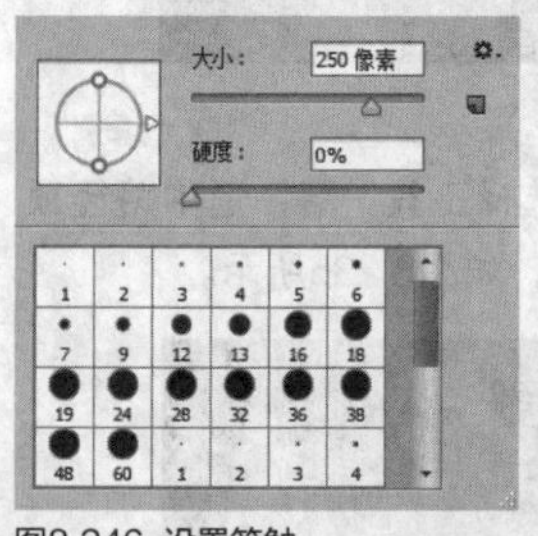

图8.246 设置笔触

图8.247 隐藏图形

STEP 08 选择工具箱中的“椭圆工具”，在选项栏中将“填充”更改为绿色（R：88，G：140，B：24），“描边”更改为无，在画布靠左侧的位置绘制一个椭圆图形，此时将生成一个“椭圆4”图层，将“椭圆4”图层移至“背景”图层上方，如图8.248所示。

图8.248 绘制图形

STEP 09 选中“椭圆4”图层，执行菜单栏中的“滤镜”|“模糊”|“高斯模糊”命令，在弹出的对话框中将“半径”更改为30像素，设置完成之后单击“确定”按钮，如图8.249所示。

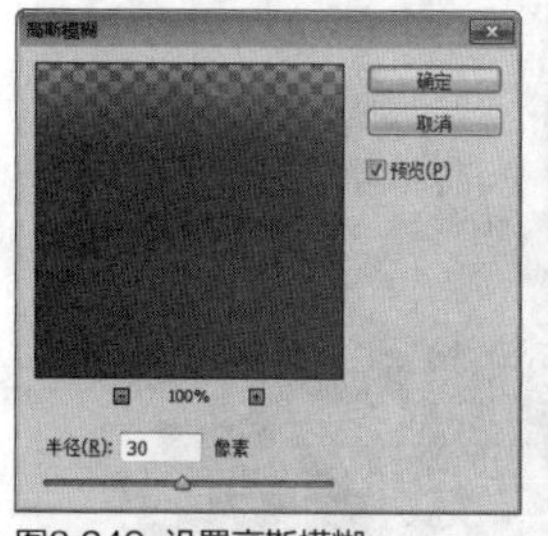

图8.249 设置高斯模糊

STEP 10 在“图层”面板中选中“椭圆4”图层，单击面板底部的“添加图层蒙版”按钮，为其图层添加图层蒙版，如图8.250所示。

STEP 11 按住Ctrl键单击“椭圆 3”图层缩览图，将其载入选区，如图8.251所示。

图8.250 添加图层蒙版

图8.251 载入选区

STEP 12 将选区填充为黑色，将部分图像隐藏，完成之后，按Ctrl+D组合键将选区取消，这样就完成了最终效果的制作，如图8.252所示。

图8.252 最终效果

提示

将“椭圆4”图层中的部分图形隐藏之后可以利用画笔工具设置合适笔触再将前景色更改为黑色，单击其图层蒙版，在画布中将其图形上方多余的图形部分隐藏。

实战 349 放射矩形背景

- 素材位置：素材\第8章\云.jpg
- 案例位置：效果\第8章\放射矩形背景.psd
- 视频位置：视频\实战349.avi
- 难易指数：★★★☆☆

• 实例介绍 •

放射矩形的背景具有极强的视觉冲击感，在广告制作中可以很好地抓人眼球，在短时间内向人们传达必要的信息，最终效果如图8.253所示。

图8.253 最终效果

• 操作步骤 •

• 新建画布

STEP 01 执行菜单栏中的“文件”|“新建”命令，在弹出的对话框中设置“宽度”为800像素，“高度”为450像素，“分辨率”为72像素/英寸，将画布填充为蓝色（R：38，G：163，B：209）。

STEP 02 选择工具箱中的“椭圆工具”，在选项栏中将“填充”更改为蓝色（R：150，G：227，B：255），“描边”更改为无，在画布中绘制一个椭圆图形，此时将生成一个“椭圆1”图层，如图8.254所示。

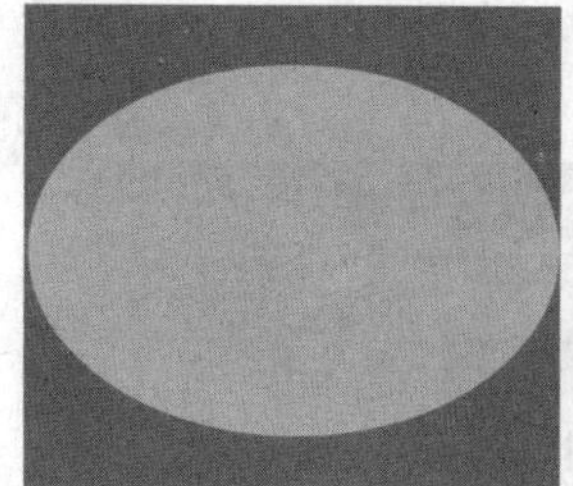

图8.254 绘制图形

STEP 03 选中“椭圆 1”图层，执行菜单栏中的“滤镜”|“模糊”|“高斯模糊”命令，在弹出的对话框中将“半径”更改为115像素，完成之后单击“确定”按钮，如图8.255所示。

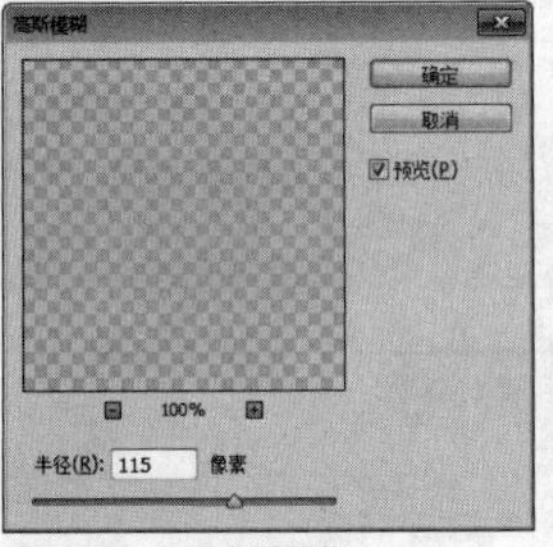

图8.255 设置高斯模糊

STEP 04 选择工具箱中的“矩形工具”，在选项栏中将“填充”更改为白色，“描边”更改为无，在画布靠左侧的位置绘制一个矩形，此时将生成一个“矩形1”图层，如图8.256所示。

图8.256 绘制图形

STEP 05 在“图层”面板中选中“矩形1”图层，将其图层混合模式设置为“柔光”，“不透明度”更改为70%，如图8.257所示。

图8.257 设置图层混合模式

● 绘制特效

STEP 01 将”矩形1”复制多份，同时选中除“背景”和“椭圆1”之外的所有图层，按Ctrl+E组合键将图层合并，将生成的图层名称更改为“矩形”，如图8.258所示。

图8.258 合并及栅格化图层

STEP 02 选中“矩形”图层，执行菜单栏中的“滤镜”|“扭曲”|“极坐标”命令，在弹出的对话框中勾选“平面坐标到极坐标”单选按钮，完成之后单击“确定”按钮，如图8.259所示。

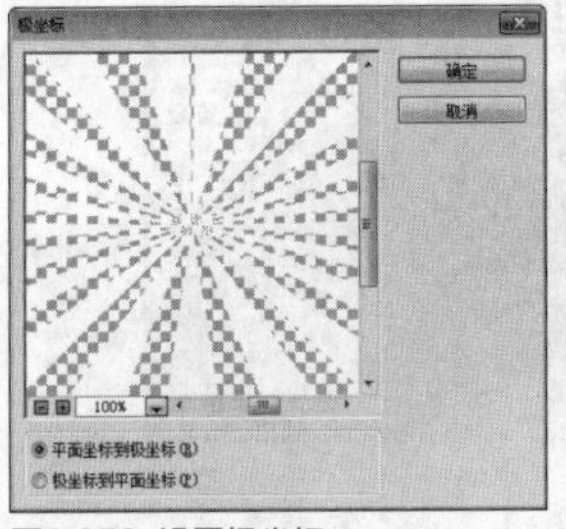

图8.259 设置极坐标

STEP 03 选中“矩形”图层，按Ctrl+T组合键对其执行“自由变换”命令，单击鼠标右键，从弹出的快捷菜单中选择“垂直翻转”命令，完成之后按Enter键确认，再将图像稍微移动，如图8.260所示。

图8.260 变换图像

● 添加素材

STEP 01 执行菜单栏中的“文件”|“打开”命令，打开“云.jpg”文件，将打开的素材拖入画布中并适当缩小并变形，其图层名称将更改为“图层1”，在画布中将其图像高度缩小，如图8.261所示。

图8.261 添加素材

STEP 02 在“图层”面板中选中“图层 1”图层，将其图层混合模式设置为“滤色”，如图8.262所示。

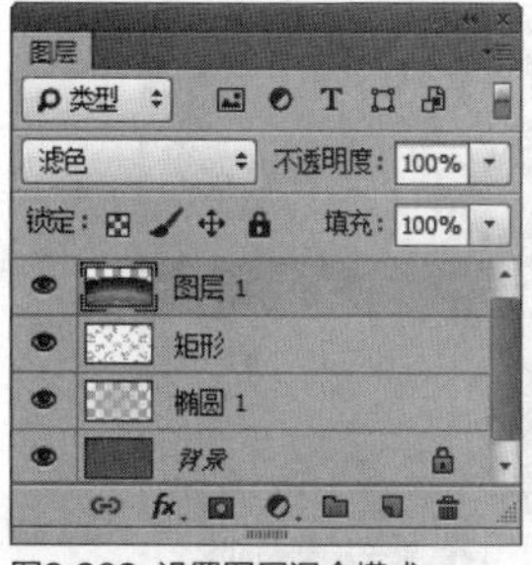

图8.262 设置图层混合模式

STEP 03 在“图层”面板中分别选中“图层 1”和“矩形”图层，单击面板底部的“添加图层蒙版”按钮，添加图层蒙版，如图8.263所示。

STEP 04 选择工具箱中的“画笔工具”，在画布中单击鼠标右键，在弹出的面板中选择一种圆角笔触，将“大小”更改为250像素，“硬度”更改为0%，如图8.264所示。

图8.263 添加图层蒙版

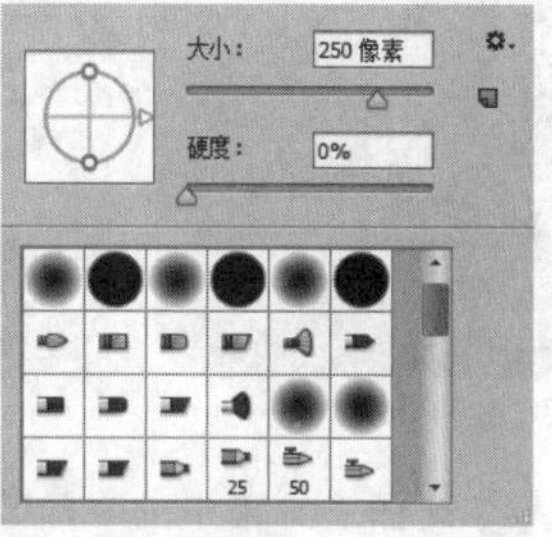

图8.264 设置笔触

STEP 05 将前景色更改为黑色，分别单击“图层1”及“矩形”图层蒙版缩览图，在图像部分区域涂抹，将其隐藏，这样就完成了效果制作，最终效果如图8.265所示。

图8.265 最终效果

实战 350 切割质感背景

▶素材位置：素材\第8章\牛皮纸.jpg
▶案例位置：效果\第8章\切割质感背景.psd
▶视频位置：视频\实战350.avi
▶难易指数：★★☆☆☆

• 实例介绍 •

本例讲解切切割质感背景的制作方法。本例中的背景图像将质感图像与一般图形相结合，很好地分清了图像的主次关系，最终效果如图8.266所示。

图8.266 最终效果

• 操作步骤 •

● 新建画布

STEP 01 执行菜单栏中的“文件”|“新建”命令，在弹出的对话框中设置“宽度”为800像素，“高度”为600像素，“分辨率”为72像素/英寸，将画布填充为深红色（R：102，G：0，B：22），如图8.267所示。

STEP 02 在“图层”面板中选中“背景”图层，将其拖至面板底部的“创建新图层”按钮上，复制一个“背景 拷贝”图层，如图8.268所示。

图8.267 新建画布

图8.268 复制图层

技巧

选中当前图层按Ctrl+J组合键可快速复制图层。

STEP 03 在“图层”面板中选中“背景 拷贝”图层，单击面板底部的“添加图层样式”按钮，在菜单中选择“渐变叠加”命令，在弹出的对话框中将渐变颜色更改为浅红色（R：236，G：72，B：110）到深红色（R：102，G：0，B：22），“样式”更改为径向，“角度”更改为22度，设置完成之后单击“确定”按钮，如图8.269所示。

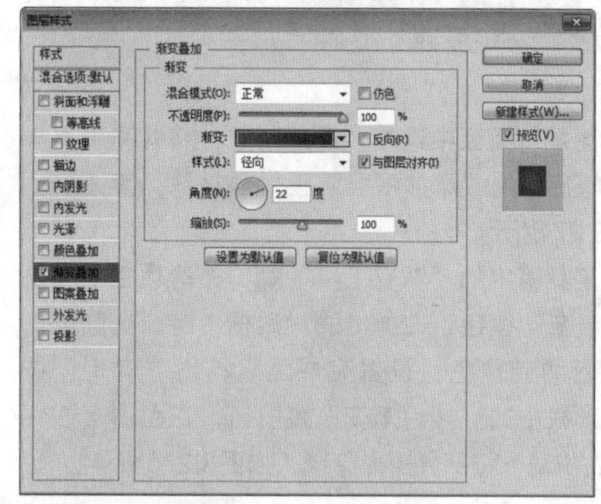

图8.269 设置渐变叠加

● 制作质感图像

STEP 01 执行菜单栏中的“文件”|“打开”命令，打开“牛皮纸.jpg”文件，将打开的素材拖入画布中靠上方的位置，此时其图层名称将自动更改为“图层1”，如图8.270所示。

STEP 02 选中“图层1”图层，执行菜单栏中的“图像”|“调整”|“去色”命令，将当前图像中的颜色去除，如图8.271所示。

图8.270 添加素材

图8.271 去色

STEP 03 在“图层”面板中选中“图层1”图层，将其图层混合模式设置为“叠加”，如图8.272所示。

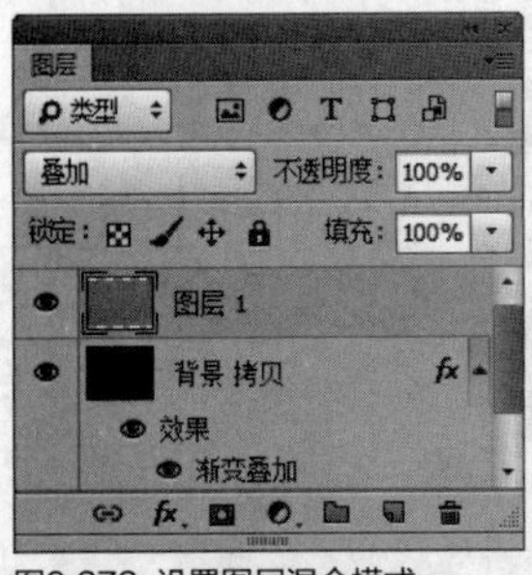

图8.272 设置图层混合模式

STEP 04 在“图层”面板中同时选中“背景 拷贝”及“图层1”图层，按Ctrl+G组合键将图层编组，将生成的组名称更改为“质感”，如图8.273所示。

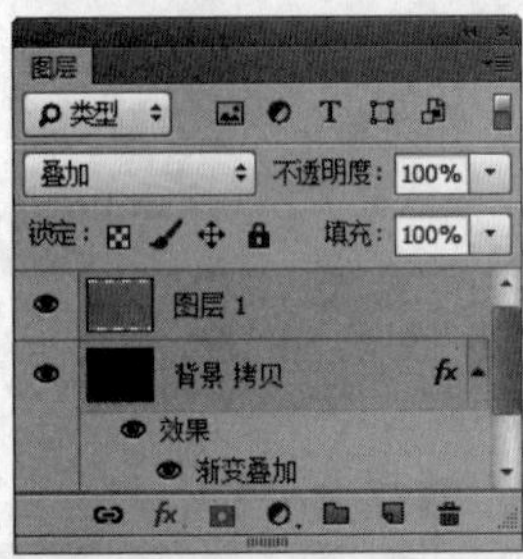

图8.273 合并图层

STEP 05 在“图层”面板中选中“质感”组，将其高度适当缩小，单击面板底部的“添加图层蒙版”按钮，为图层添加蒙版，如图8.274所示。

STEP 06 选择工具箱中的“渐变工具”，在选项栏中单击“点按可编辑渐变”按钮，在弹出的对话框中将渐变颜色更改为黑色到白色再到黑色，设置完成之后单击“确定”按钮，再单击选项栏中的“线性渐变”按钮，在图形上按住Shift键从左至右拖动，将部分图形隐藏，如图8.275所示。

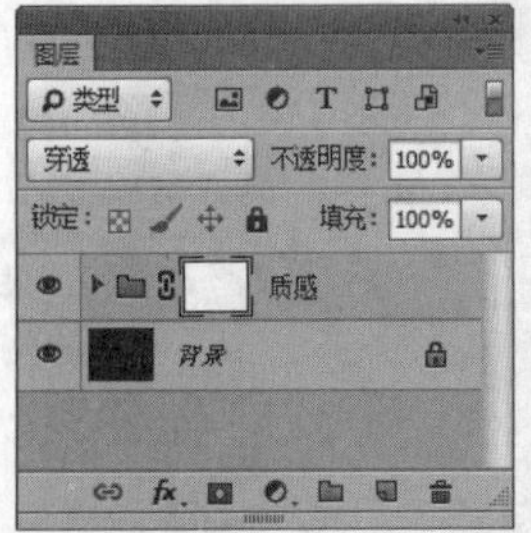

图8.274 添加图层蒙版

图8.275 设置渐变并隐藏图像

STEP 07 选择工具箱中的“矩形工具”，在选项栏中将“填充”更改为深红色（R：128，G：6，B：26），“描边”更改为无，在画布中靠顶部的位置绘制一个与画布相同宽度的矩形，此时将生成一个“矩形1”图层，如图8.276所示。

图8.276 绘制图形

STEP 08 选择工具箱中的“椭圆工具”，在选项栏中将“填充”更改为深红色（R：92，G：0，B：15），“描边”更改为无，在画布靠顶部的位置绘制一个椭圆图形，此时将生成一个“椭圆1”图层，如图8.277所示。

图8.277 绘制图形

STEP 09 选中“椭圆1”图层，执行菜单栏中的“滤镜”|“模糊”|“高斯模糊”命令，在弹出的对话框中将“半径”更改为13像素，完成之后单击“确定”按钮，如图8.278所示。

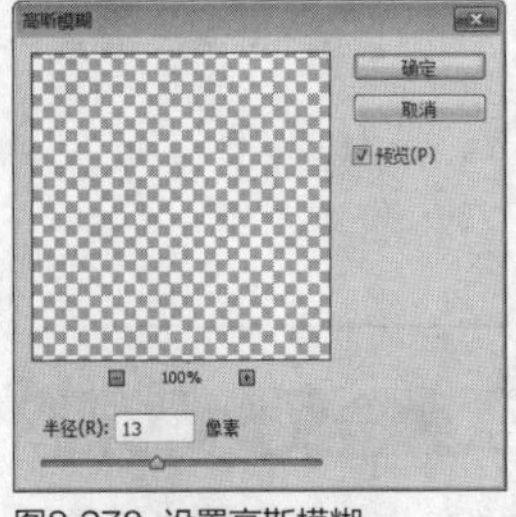

图8.278 设置高斯模糊

STEP 10 按住Ctrl键单击“矩形1”图层缩览图，将其载入选区，执行菜单栏中的“选择”|“反向”命令将选区反向，选

中“椭圆1”图层，按Delete键将图像删除，完成之后按Ctrl+D组合键将选区取消，如图8.279所示。

图8.279 删除图像

- **绘制图形**

STEP 01 选择工具箱中的“矩形工具”，在选项栏中将“填充”更改为深红色（R：92，G：0，B：15），“描边”更改为无，在画布中靠下半部分的位置绘制一个与画布相同宽度的矩形，此时将生成一个“矩形2”图层，如图8.280所示。

图8.280 绘制图形

STEP 02 在“图层”面板中选中“矩形2”图层，将其拖至面板底部的“创建新图层”按钮上，复制1个“矩形2 拷贝”图层，选中“矩形2 拷贝”图层，在画布中将其向上移动并盖住下方的质感图像，如图8.281所示。

图8.281 复制图层并移动图形

STEP 03 在“图层”面板中选中“矩形2 拷贝”图层，单击面板底部的“添加图层蒙版”按钮，为其图层添加图层蒙版，如图8.282所示。

STEP 04 选择工具箱中的“画笔工具”，在画布中单击鼠标右键，在弹出的面板中选择一种圆角笔触，将“大小”更改为150像素，“硬度”更改为0%，如图8.283所示。

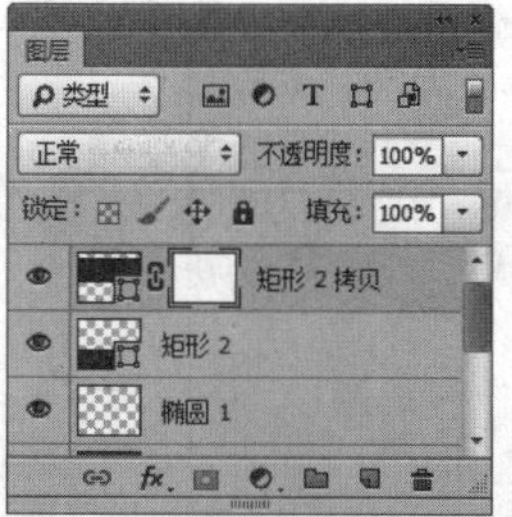

图8.282 添加图层蒙版

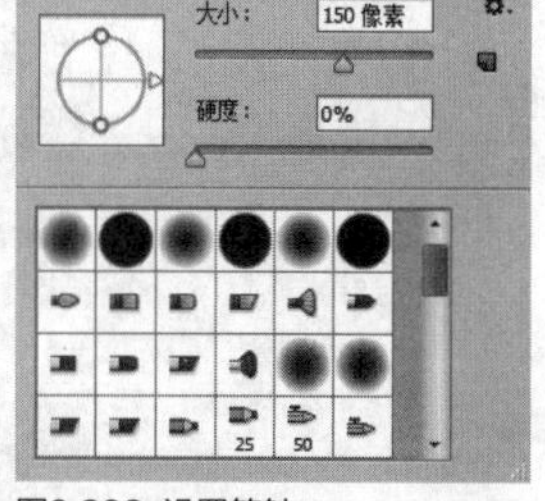

图8.283 设置笔触

STEP 05 将前景色更改为黑色，在图像部分区域涂抹，将其隐藏，如图8.284所示。

图8.284 隐藏图像

STEP 06 选择工具箱中的“直线工具”，在选项栏中将“填充”更改为白色，“描边”更改为无，“粗细”更改为1像素，在质感图像的顶部边缘位置按住Shift键绘制一条水平线段，此时将生成一个“形状1”图层，如图8.285所示。

图8.285 绘制图形

STEP 07 在“图层”面板中选中“形状1”图层，单击面板底部的“添加图层样式”按钮，在菜单中选择“渐变叠加”命令，在弹出的对话框中将“混合模式”更改为叠加，“渐变”更改为透明到白色再到透明，“角度”更改为0度，完成之后单击“确定”按钮，如图8.286所示。

STEP 08 在“图层”面板中选中“形状1”图层，将其图层“填充”更改为0%，如图8.287所示。

STEP 09 选中“形状1”图层，在画布中按住Alt+Shift组合键向下拖动至质感图像的底部边缘位置，将图像复制，这样就完成了效果制作，最终效果如图8.288所示。

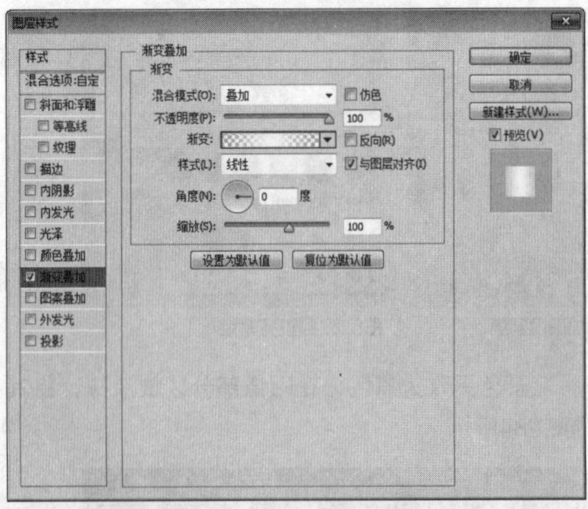

图8.286 设置渐变叠加

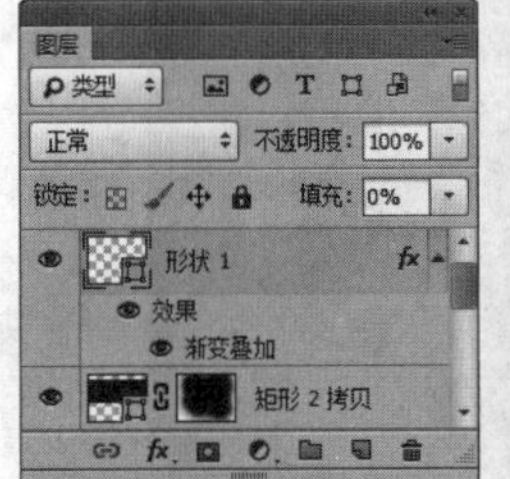

图8.287 更改填充

图8.288 最终效果

实战 351

光晕背景

- 素材位置：无
- 案例位置：效果\第8章\光晕背景.psd
- 视频位置：视频\实战351.avi
- 难易指数：★★☆☆☆

• 实例介绍 •

光晕背景的制作方法比较简单，但是需要重点注意画笔的笔触设置，最终效果如图8.289所示。

图8.289 最终效果

• 操作步骤 •

● 新建画布

STEP 01 执行菜单栏中的“文件”|“新建”命令，在弹出的对话框中设置“宽度”为800像素，“高度”为550像素，“分辨率”为72像素/英寸。

STEP 02 选择工具箱中的“渐变工具”，编辑深红色（R：105，G：35，B：35）到红色（R：166，G：44，B：40）的渐变，单击选项栏中的“线性渐变”按钮，在画布中从上至下拖动，为画布填充渐变，如图8.290所示。

图8.290 新建画布填充渐变

STEP 03 单击面板底部的“创建新图层”按钮，新建一个“图层1”图层，如图8.291所示。

STEP 04 选择工具箱中的“画笔工具”，在画布中单击鼠标右键，在弹出的面板中选择一种圆角笔触，将“大小”更改为250像素，“硬度”更改为0%，如图8.292所示。

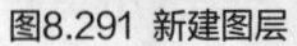

图8.291 新建图层

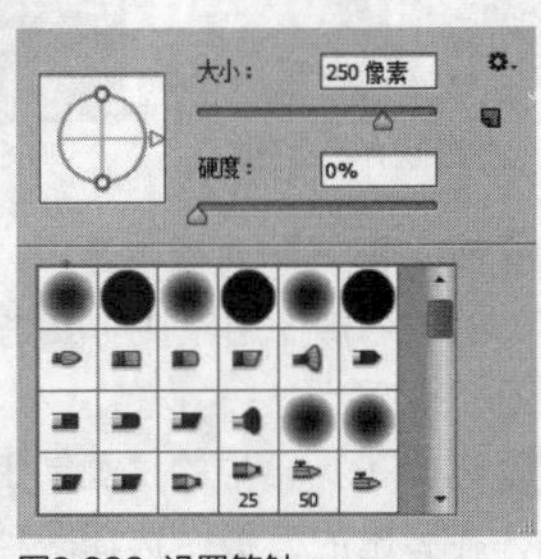

图8.292 设置笔触

STEP 05 将前景色更改为红色（R：223，G：85，B：50），选中“图层1”图层，在画布中的部分位置单击并拖动，添加笔触效果，如图8.293所示。

图8.293 添加图像

STEP 06 选中“图层1”图层，执行菜单栏中的“滤镜”|“模糊”|“高斯模糊”命令，在弹出的对话框中将“半径”更改为30像素，完成之后单击“确定”按钮，如图8.294所示。

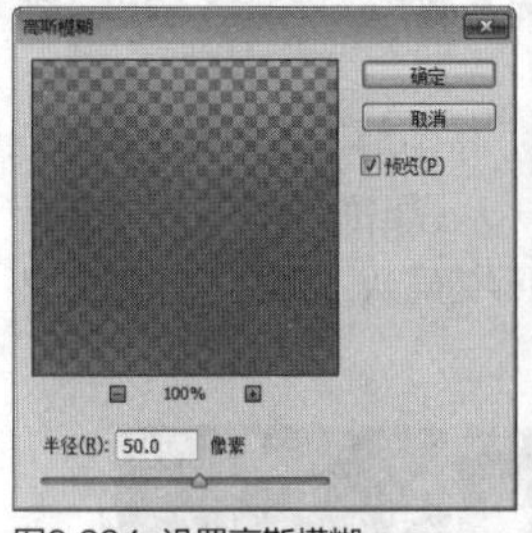

图8.294 设置高斯模糊

• 绘制图像

STEP 01 在“画笔”面板中选择一个圆角笔触，将“大小”更改为60像素，“距离”更改为100%，“间距”更改为180，如图8.295所示。

STEP 02 勾选“形状动态”复选框，将“大小抖动”更改为50%，如图8.296所示。

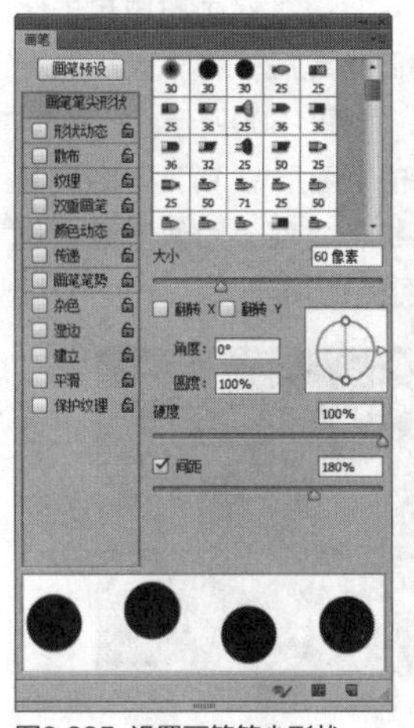

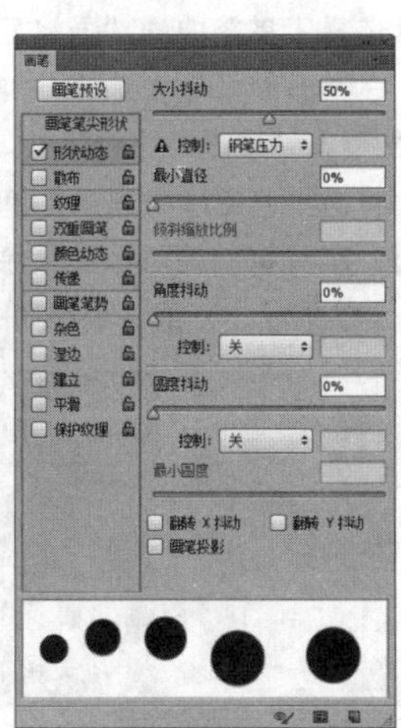

图8.295 设置画笔笔尖形状　图8.296 设置形状动态

STEP 03 勾选“散布”复选框，将“散布”更改为500%，如图8.297所示。

STEP 04 勾选“平滑”复选框，如图8.298所示。

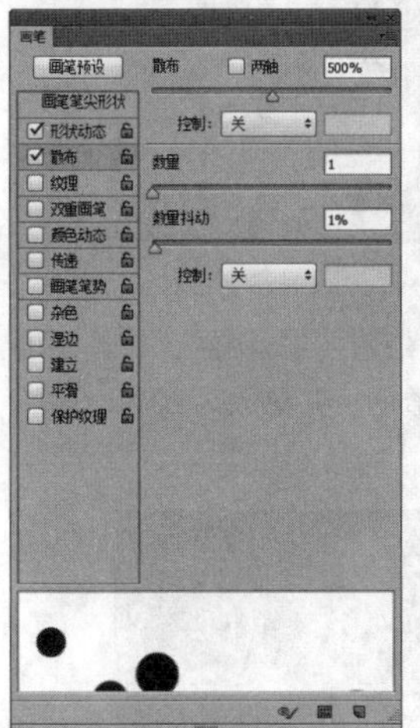

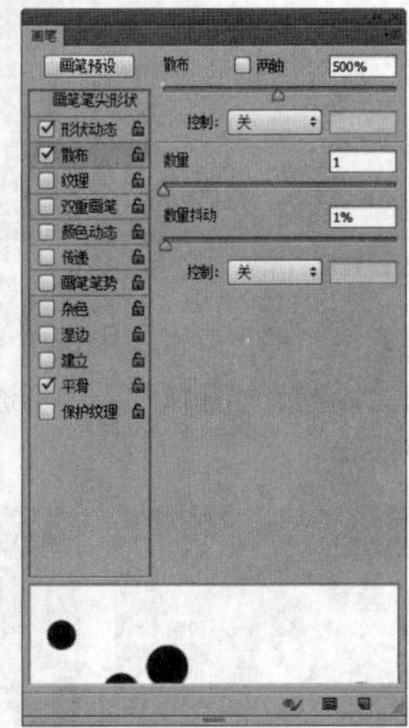

图8.297 设置散布　图8.298 勾选平滑

STEP 05 单击面板底部的“创建新图层”按钮，新建一个“图层2”图层，如图8.299所示。

STEP 06 选中“图层2”图层，将前景色更改为白色，在画布中拖动鼠标，添加图像，如图8.300所示。

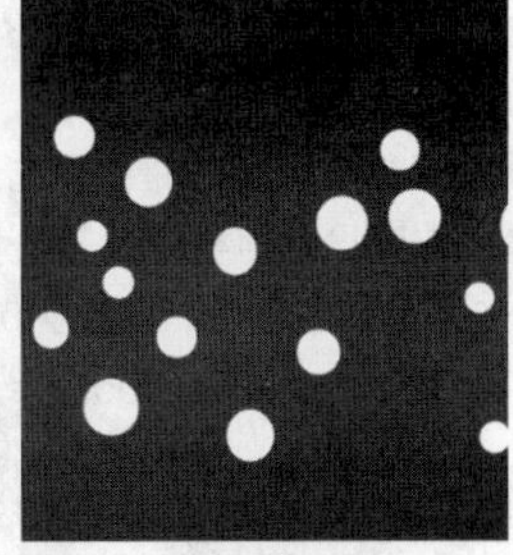

图8.299 新建图层　图8.300 添加图像

STEP 07 在“图层2”图层名称上单击鼠标右键，从弹出的快捷菜单中选择“转换为智能对象”命令，如图8.301所示。

图8.301 转换为智能对象

STEP 08 选中“图层2”图层，执行菜单栏中的“滤镜”|“模糊”|“高斯模糊”命令，在弹出的对话框中将“半径”更改为3像素，完成之后单击“确定”按钮，如图8.302所示。

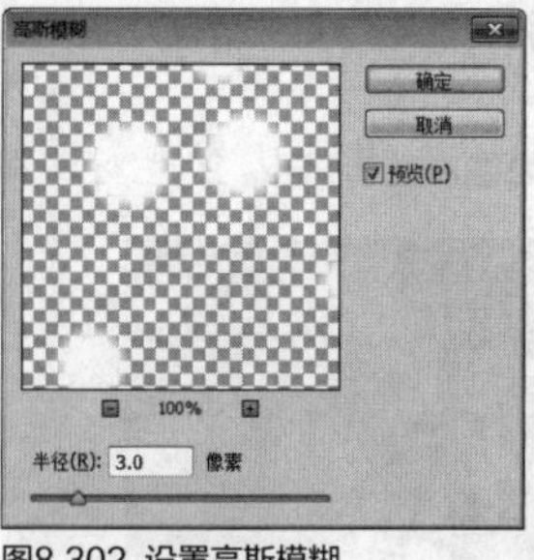

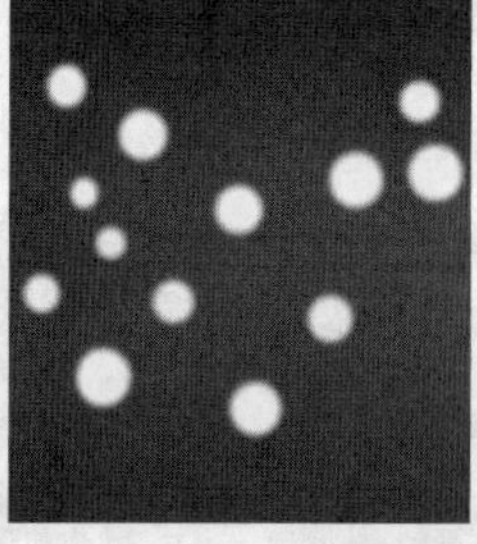

图8.302 设置高斯模糊

STEP 09 在“图层”面板中选中“图层 2”图层，将其图层混合模式设置为“叠加”，“不透明度”更改为20%，如图8.303所示。

图8.303 设置图层混合模式

STEP 10 在“图层”面板中选中“图层 2”图层，单击面板底部的“添加图层蒙版”按钮，为其图层添加图层蒙版，如图8.304所示。

STEP 11 选择工具箱中的“画笔工具”，在画布中单击鼠标右键，在弹出的面板中选择一种圆角笔触，将“大小”更改为100像素，“硬度”更改为0%，在选项栏中将“不透明度”更改为50%，如图8.305所示。

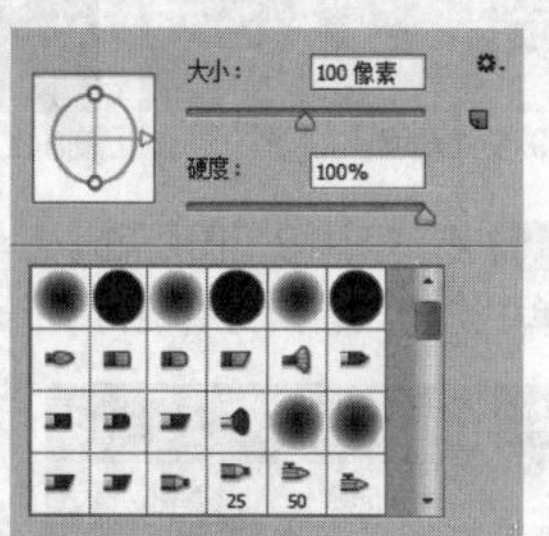

图8.304 添加图层蒙版 图8.305 设置笔触

提示

在设置笔触的过程中需要在“画笔”面板中取消勾选所有复选框。

STEP 12 将前景色更改为黑色，在图像的部分区域涂抹，将其隐藏，如图8.306所示。

图8.306 隐藏图像

提示

在隐藏图像的过程中需要每隔一个圆图像进行涂抹，这样经过隐藏的光晕效果更加自然。

● 调整特效

STEP 01 在“图层”面板中选中“图层2”图层，将其拖至面板底部的“创建新图层”按钮上，复制1个“图层2 拷贝”图层，如图8.307所示。

STEP 02 选中“图层2 拷贝”图层，按Ctrl+T组合键对其执行“自由变换”命令，单击鼠标右键，从弹出的快捷菜单中选择“水平翻转”命令，完成之后按Enter键确认，再将图像稍微移动，如图8.308所示。

图8.307 复制图层 图8.308 变换图像

STEP 03 选择工具箱中的“画笔工具”，在画布中单击鼠标右键，在弹出的面板中选择一种圆角笔触，将“大小”更改为100像素，“硬度”更改为0%，如图8.309所示。

STEP 04 将前景色更改为黑色，单击“图层 2 拷贝”图层蒙版缩览图，在图像上的部分区域涂抹，将部分图像隐藏，这样就完成了效果制作，最终效果如图8.310所示。

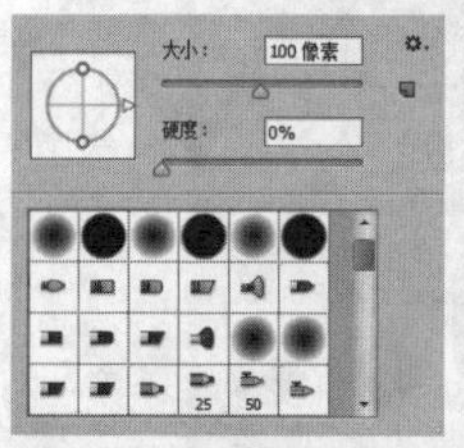

图8.309 设置笔触 图8.310 最终效果

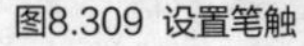

实战 352 图形图像组合背景

▶素材位置：素材\第8章\核桃.psd、核桃2.psd、红枣.psd
▶案例位置：效果\第8章\图形图像组合背景.psd
▶视频位置：视频\实战352.avi
▶难易指数：★★☆☆☆

• 实例介绍 •

图形图像组合背景在制作过程中要掌握好图形与图像元素的摆放，最终效果如图8.311所示。

图8.311 最终效果

• 操作步骤 •

• 新建画布

STEP 01 执行菜单栏中的“文件”|“新建”命令，在弹出的对话框中设置“宽度”为800像素，“高度”为450像素，“分辨率”为72像素/英寸。

STEP 02 执行菜单栏中的“文件”|“打开”命令，打开“核桃.psd、核桃2.psd”文件，将打开的素材拖入画布中并适当缩小，如图8.312所示。

图8.312 添加素材

STEP 03 选择工具箱中的“钢笔工具”，在选项栏中单击“选择工具模式”路径按钮，在弹出的选项中选择“形状”，将“填充”更改为黄色（R：255，G：240，B：0），“描边”更改为无，在画布中绘制一个不规则图形，此时将生成一个“形状1”图层，如图8.313所示。

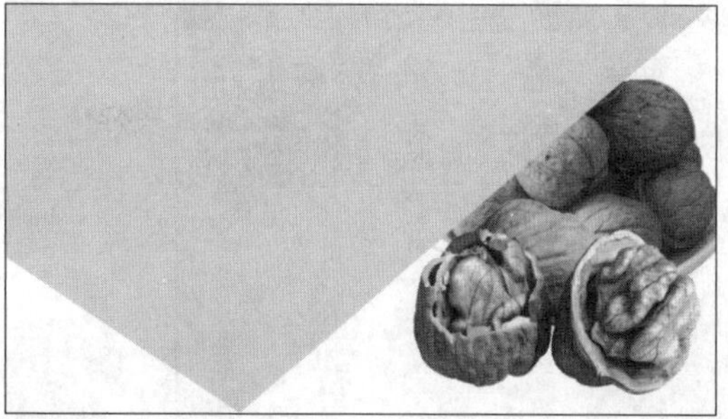
图8.313 绘制图形

STEP 04 选择工具箱中的“矩形工具”，在选项栏中将“填充”更改为黄色（R：255，G：240，B：0），“描边”更改为无，在画布靠底部的位置绘制一个与画布相同宽度的矩形，此时将生成一个“矩形1”图层，将“矩形1”图层移至“形状1”图层下方，如图8.314所示。

图8.314 绘制图形

• 将图形变形

STEP 01 选择工具箱中的“直接选择工具”，选中矩形右上角锚点向左侧拖动，如图8.315所示。

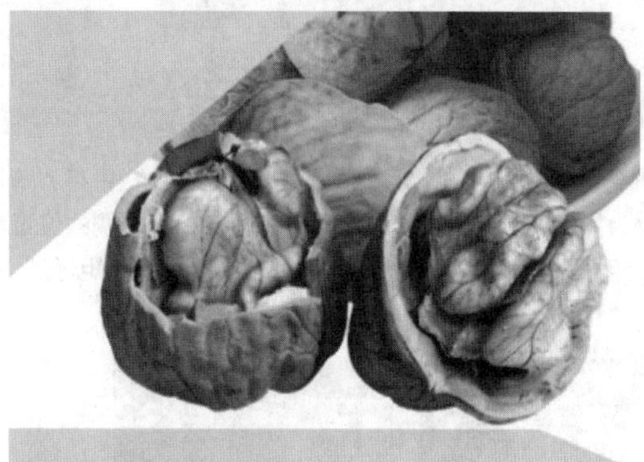
图8.315 拖动锚点

STEP 02 在“图层”面板中选中“形状1”图层，单击面板底部的“添加图层样式”fx按钮，在菜单中选择“内阴影”命令，在弹出的对话框中将“混合模式”更改为叠加，“颜色”更改为白色，取消“使用全局光”复选框，将“角度”更改为-40度，“距离”更改为2像素，“阻塞”更改为100%，“大小”更改为1像素，如图8.316所示。

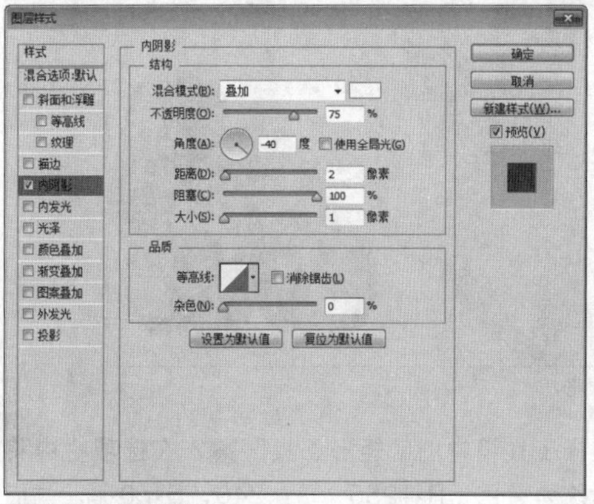

图8.316 设置内阴影

STEP 03 勾选“投影”复选框，将“不透明度”更改为30%，取消“使用全局光”复选框，将“角度”更改为170度，“距离”更改为4像素，“大小”更改为16像素，完成之后单击“确定”按钮，如图8.317所示。

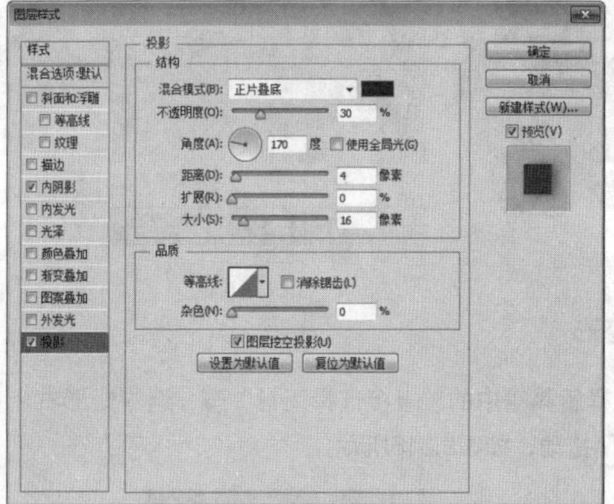

图8.317 设置投影

• 添加渐变

STEP 01 选择工具箱中的“矩形工具”■，在选项栏中将“填充”更改为黑色，“描边”更改为无，在画布中靠右侧的位置绘制一个矩形，此时将生成一个“矩形2”图层，将“矩形2”图层移至“背景”图层上方，如图8.318所示。

图8.318 绘制图形

提示

绘制黑色矩形的目的是方便观察图形在画布中的位置，在制作过程中可以根据自己的习惯将其更改为任意颜色。

STEP 02 在“图层”面板中选中“矩形2”图层，单击面板底部的“添加图层样式”fx按钮，在菜单中选择“渐变叠加”命令，在弹出的对话框中将“渐变”更改为白色到浅粉色（R：250，G：237，B：225），“角度”更改为58度，完成之后单击“确定”按钮，如图8.319所示。

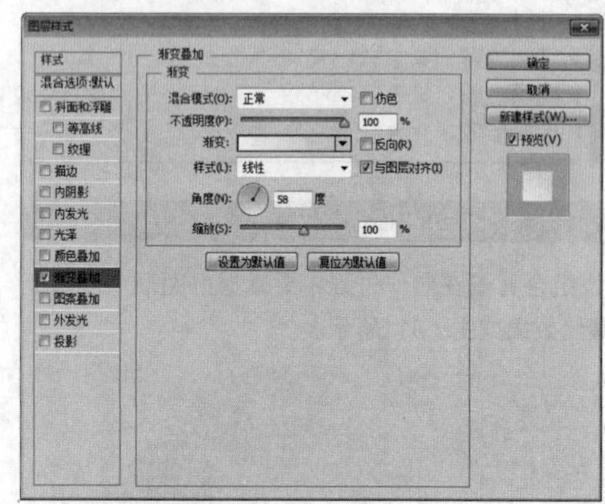

图8.319 设置渐变叠加

STEP 03 在“图层”面板中选中“核桃 2”图层，单击面板底部的“创建新的填充或调整图层”◐按钮，在弹出的面板中将其数值更改为偏洋红-29，偏黄色-55，如图8.320所示。

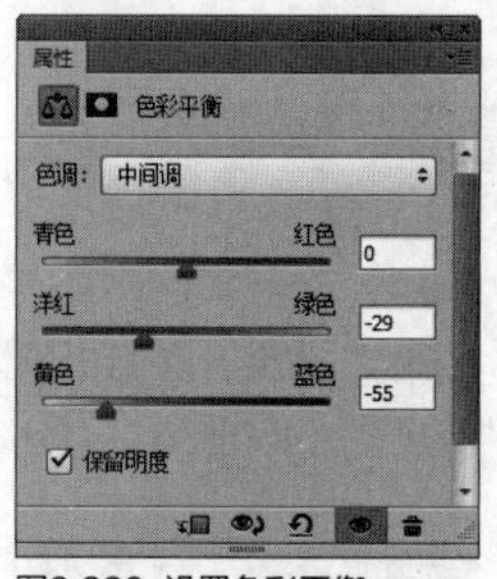

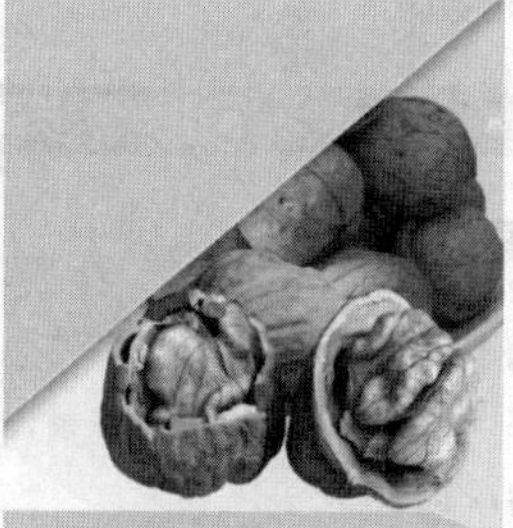

图8.320 设置色彩平衡

提示

调整色彩平衡的目的是让“核桃”图像颜色与图形颜色更加协调。

STEP 04 在“图层”面板中选中“核桃2”图层，单击面板底部的“添加图层样式”fx按钮，在菜单中选择“投影”命令，在弹出的对话框中将“不透明度”更改为40%，取消“使用全局光”复选框，将“角度”更改为-45度，“距离”更改为5像素，“大小”更改为10像素，完成之后单击“确定”按钮，如图8.321所示。

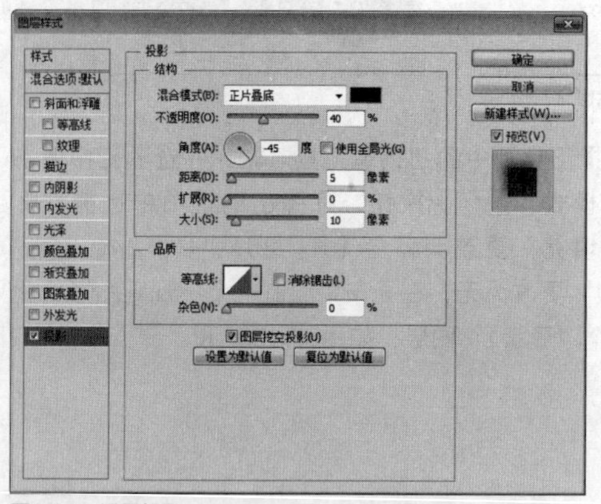

图8.321 设置投影

● 添加素材

STEP 01 执行菜单栏中的“文件”|“打开”命令，打开“红枣.psd”文件，将打开的素材拖入画布中靠左侧的位置并适当缩小，如图8.322所示。

图8.322 添加素材

STEP 02 在“核桃 2”图层上单击鼠标右键，从弹出的快捷菜单中选择“拷贝图层样式”命令，在“红枣”图层上单击鼠标右键，从弹出的快捷菜单中选择“粘贴图层样式”命令，这样就完成了效果制作，最终效果如图8.323所示。

图8.323 最终效果

实战 353 柔和绿背景

▶素材位置：素材\第8章\竹叶.psd
▶案例位置：效果\第8章\柔和绿背景.psd
▶视频位置：视频\实战353.avi
▶难易指数：★★★☆☆

● 实例介绍 ●

本例讲解柔和绿背景的制作方法。柔和绿的背景给人一种十分舒适的浏览体验，最终效果如图8.324所示。

图8.324 最终效果

● 操作步骤 ●

● 新建画布

STEP 01 执行菜单栏中的“文件”|“新建”命令，在弹出的对话框中设置“宽度”为800像素，“高度”为400像素，“分辨率”为72像素/英寸。

STEP 02 选择工具箱中的“渐变工具”，编辑黄色（R：248，G：247，B：213）到绿色（R：195，G：210，B：70）的渐变，单击选项栏中的“线性渐变”按钮，在画布中从左向右侧拖动，为画布填充渐变，如图8.325所示。

图8.325 填充渐变

STEP 03 选择工具箱中的“椭圆工具”，在选项栏中将“填充”更改为浅黄色（R：254，G：248，B：222），“描边”更改为无，在画布靠右侧的位置绘制一个椭圆图形，此时将生成一个“椭圆1”图层，如图8.326所示。

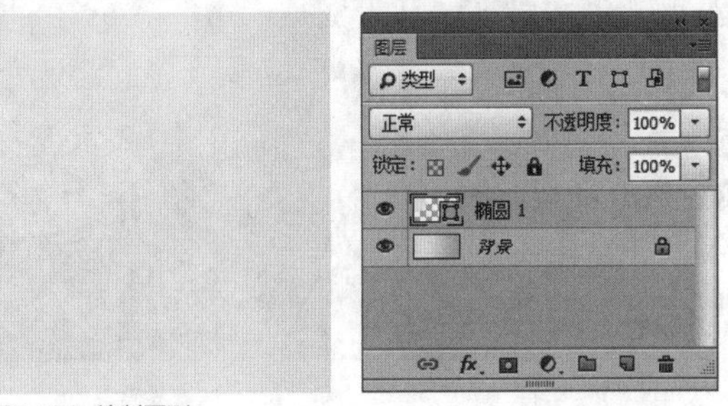

图8.326 绘制图形

STEP 04 选中“椭圆1”图层，执行菜单栏中的“滤镜”|“模糊”|“高斯模糊”命令，在弹出的对话框中将“半径”更改为70像素，完成之后单击“确定”按钮，如图8.327所示。

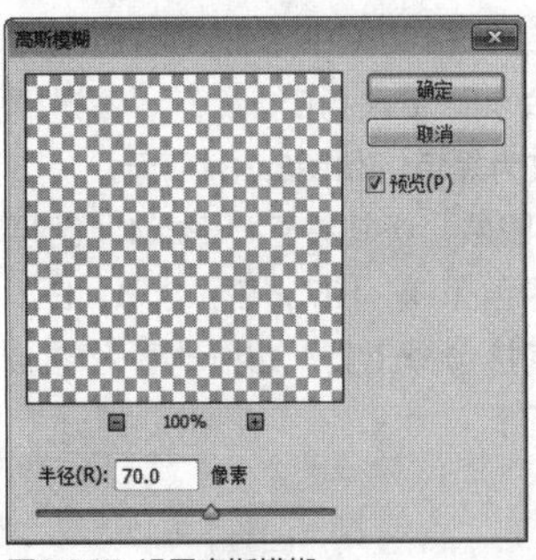

图8.327 设置高斯模糊

● 绘制图形

STEP 01 选择工具箱中的“钢笔工具”，在选项栏中单击“选择工具模式” 按钮，在弹出的选项中选择“形状”，将“填充”更改为白色，“描边”更改为无，在画布右侧的位置绘制一个不规则图形，此时将生成一个“形状1”图层，如图8.328所示。

STEP 02 在“图层”面板中选中“形状1”图层，将其拖至面板底部的“创建新图层”按钮上，复制1个“形状1 拷贝”图层，如图8.329所示。

图8.328 绘制图形

图8.329 复制图层

STEP 03 在“图层”面板中选中“形状1”图层，将其图层混合模式设置为“叠加”，“不透明度”更改为50%，如图8.330所示。

图8.330 设置图层混合模式

提示

在设置图层混合的时候可以先将“形状1 拷贝”图层暂时隐藏以方便观察编辑的图形效果。

STEP 04 在“图层”面板中选中“形状1”图层，单击面板底部的“添加图层样式”按钮，在菜单中选择“描边”命令，在弹出的对话框中将“大小”更改为6像素，“不透明度”更改为6%，“颜色”更改为黑色，如图8.331所示。

STEP 05 选中“形状1 拷贝”图层，将其移至“形状1”图层下方，再将填充颜色更改为绿色（R：197，G：210，B：90），再选择工具箱中的“直接选择工具”拖动图形锚点将图形稍微变大，如图8.332所示。

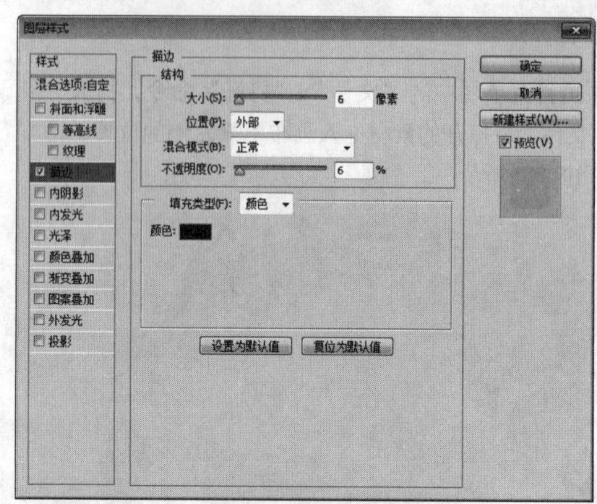

图8.331 设置描边

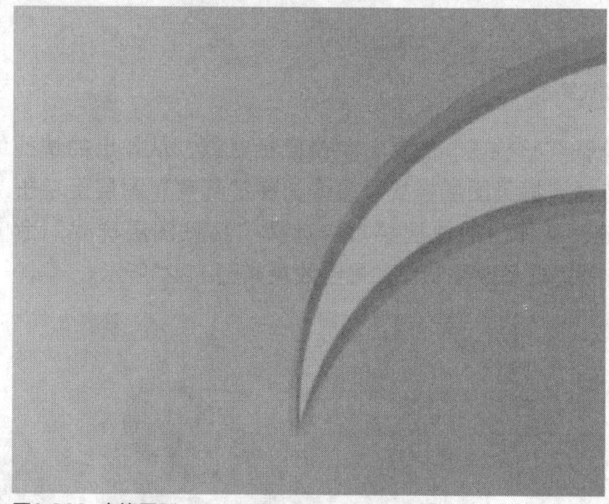

图8.332 变换图形

STEP 06 在“图层”面板中选中“形状1 拷贝”图层，单击面板底部的“添加图层蒙版”按钮，为其图层添加图层蒙版，如图8.333所示。

STEP 07 按住Ctrl键单击“形状1 拷贝”图层缩览图，将其载入选区，如图8.334所示。

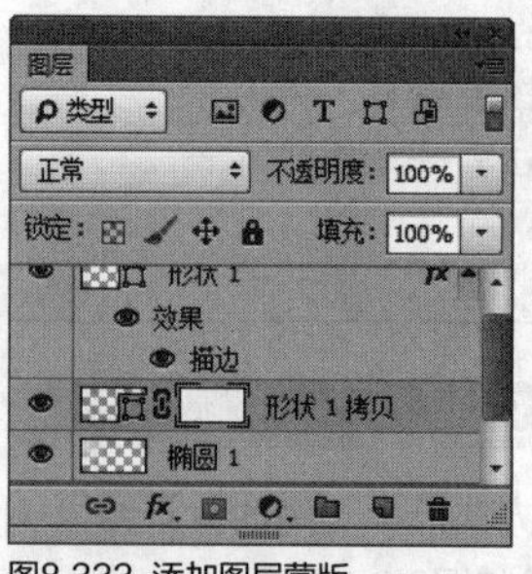

图8.333 添加图层蒙版

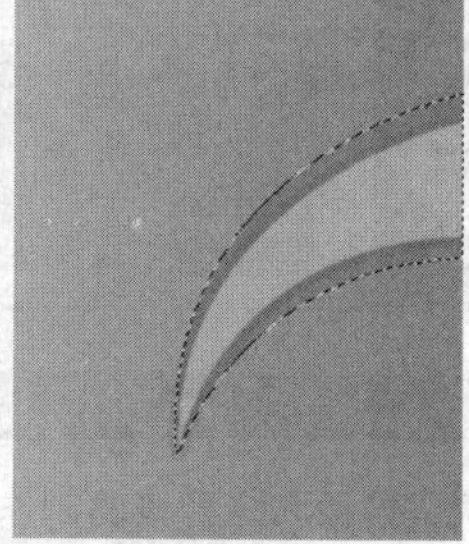

图8.334 载入选区

STEP 08 执行菜单栏中的“选择”|“修改”|“收缩”命令，在弹出的对话框中将“收缩量”更改为5像素，完成之后单击“确定”按钮，如图8.335所示。

STEP 09 将选区填充为黑色，将部分图形隐藏，完成之后按Ctrl+D组合键将选区取消，如图8.336所示。

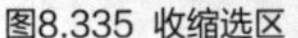

图8.335 收缩选区

图8.336 隐藏图形

STEP 10 在“图层”面板中同时选中“形状1”及“形状 1拷贝”图层，将其拖至面板底部的“创建新图层”按钮上，复制1个拷贝图层，按Ctrl+T组合键对其执行“自由变换”命令，将图形适当旋转，完成之后按Enter键确认，如图8.337所示。

图8.337 复制图层并旋转图形

STEP 11 同时选中除“背景”“椭圆1”图层，按Ctrl+G组合键将其编组，将生成的组名称更改为“图形”，选中“图形”组，单击面板底部的“添加矢量蒙版”按钮，为其添加蒙版，如图8.338所示。

STEP 12 选择工具箱中的“画笔工具”，在画布中单击鼠标右键，在弹出的面板中选择一种圆角笔触，将“大小”更改为200像素，“硬度”更改为0%，如图8.339所示。

图8.338 添加图层蒙版

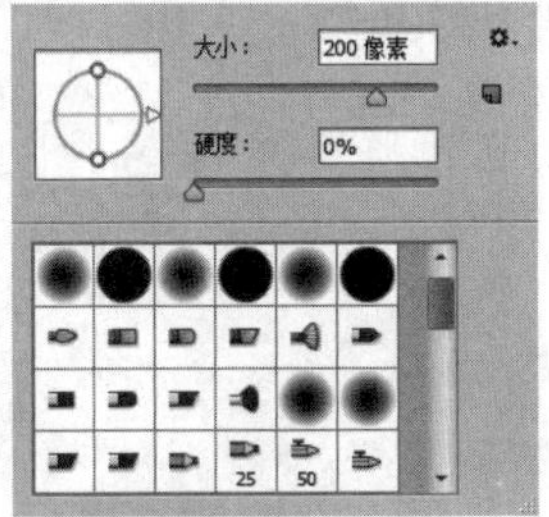

图8.339 设置笔触

STEP 13 将前景色更改为黑色，在图像左下角位置拖动，将部分图形隐藏，如图8.340所示。

STEP 14 选择工具箱中的“椭圆工具”，在选项栏中将“填充”更改为白色，“描边”更改为无，在画布靠右侧的位置按住Shift键绘制一个正圆图形，此时将生成一个“椭圆2”图层，如图8.341所示。

图8.340 隐藏图像

图8.341 绘制图形

STEP 15 在“图层”面板中选中“椭圆2”图层，单击面板底部的“添加图层样式”按钮，在菜单中选择“外发光”命令，在弹出的对话框中将“混合模式”更改为正常，“颜色”更改为绿色（R：220，G：237，B：94），“大小”更改为13像素，完成之后单击“确定”按钮，如图8.342所示。

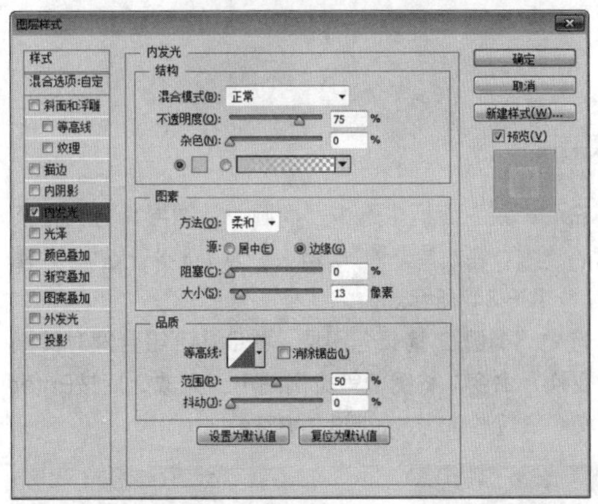

图8.342 设置外发光

STEP 16 在“图层”面板中选中“椭圆2”图层，将其图层“填充”更改为0%，在其图层名称上单击鼠标右键，从弹出的快捷菜单中选择“栅格化图层样式”命令，如图8.343所示。

STEP 17 在“图层”面板中选中“椭圆2”图层，单击面板底部的“添加图层蒙版”按钮，为其图层添加图层蒙版，如图8.344所示。

STEP 18 选择工具箱中的“画笔工具”，在画布中单击鼠标右键，在弹出的面板中选择一种圆角笔触，将“大小”更改为250像素，“硬度”更改为0%，如图8.345所示。

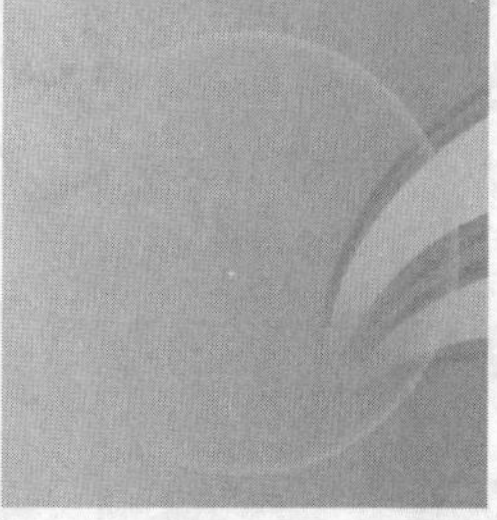

图8.343 更改填充并栅格化图层样式

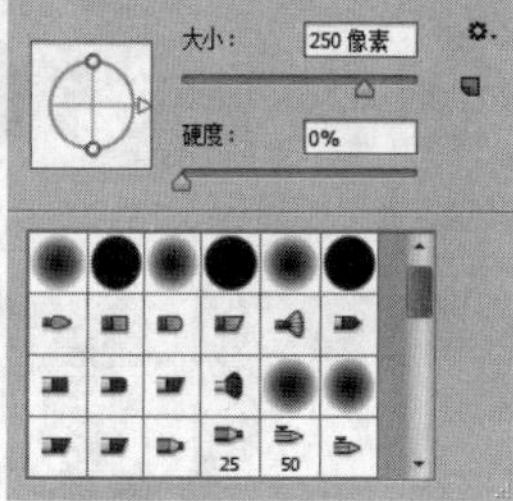

图8.344 添加图层蒙版　　图8.345 设置笔触

STEP 19 将前景色更改为黑色，在图像上的部分区域涂抹，将其隐藏，如图8.346所示。

图8.346 隐藏图像

STEP 20 在“图层”面板中选中“椭圆 2”图层，将其拖至面板底部的“创建新图层”按钮上，复制1个“椭圆 2 拷贝”图层，如图8.347所示。

STEP 21 选中“椭圆 2 拷贝”图层，按Ctrl+T组合键对其执行“自由变换”命令，将图像等比例缩小，完成之后按Enter键确认并将图像适当移动，如图8.348所示。

图8.347 复制图层　　图8.348 变换图像

提示

在变换图像之后可单击其图层蒙版缩览图，将部分图像隐藏。

• 添加素材

STEP 01 执行菜单栏中的“文件”|“打开”命令，打开“竹叶.psd”文件，将打开的素材拖入画布中靠左上角的位置并适当缩小，如图8.349所示。

图8.349 添加素材

STEP 02 选中“竹叶”图层，执行菜单栏中的“滤镜”|“模糊”|“高斯模糊”命令，在弹出的对话框中将“半径”更改为2，完成之后单击“确定”按钮，这样就完成了效果制作，最终效果如图8.350所示。

图8.350 最终效果

第 9 章

网店潮流背景制作

本章导读

本章讲解潮流背景的制作方法。潮流背景的制作思路稍显特别，个别案例的制作步骤略显复杂，它主要体现出商品的潮流特点，在整个视觉效果上十分新颖，同时更加注重视觉上的华丽效果。通过本章的学习我们可以对潮流风格背景有一个真正的认识，同时在制作过程中会更加得心应手。

要点索引

- 学习动感背景的设计方法
- 了解潮流背景的设计思路
- 学习唯美背景的制作方法
- 掌握特效背景的制作方法
- 学会特色背景的制作方法

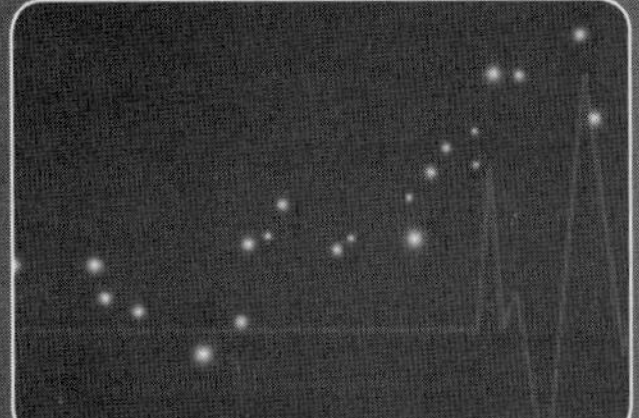

实战 354 柠檬黄背景

- 素材位置：无
- 案例位置：效果\第9章\柠檬黄背景.psd
- 视频位置：视频\实战354.avi
- 难易指数：★★☆☆☆

• 实例介绍 •

柠檬黄背景在制作过程中以美味的柠檬黄为主色调，通过不规则图形的组合使整个画布呈现一种立体空间感，同时折纸特效图形可以带给人们更多遐想，最终效果如图9.1所示。

图9.1 最终效果

• 操作步骤 •

STEP 01 执行菜单栏中的“文件”|“新建”命令，在弹出的对话框中设置“宽度”为800像素，“高度”为500像素，“分辨率”为72像素/英寸。

STEP 02 选择工具箱中的“渐变工具”，编辑黄色（R：254，G：188，B：30）到黄色（R：250，G：177，B：0）的渐变，单击选项栏中的“线性渐变”按钮，在画布中从左至右拖动，为其填充渐变，如图9.2所示。

图9.2 填充渐变

STEP 03 选择工具箱中的“矩形工具”，在选项栏中将“填充”更改为黄色（R：220，G：156，B：0），“描边”更改为无，在画布靠底部的位置绘制一个矩形，此时将生成一个“矩形1”图层，如图9.3所示。

图9.3 绘制图形

STEP 04 选择工具箱中的“直接选择工具”，拖动图形锚点将其变形，如图9.4所示。

图9.4 将图形变形

STEP 05 选择工具箱中的“钢笔工具”，在选项栏中单击“选择工具模式”按钮，在弹出的选项中选择“形状”，将“填充”更改为白色，“描边”更改为无，在画布右侧位置绘制一个不规则图形，此时将生成一个“形状1”图层，如图9.5所示。

图9.5 绘制图形

STEP 06 在“图层”面板中选中“形状1”图层，单击面板底部的“添加图层样式”按钮，在菜单中选择“渐变叠加”命令，在弹出的对话框中将“渐变”更改为黄色（R：255，G：210，B：85）到黄色（R：255，G：204，B：60），“角度”更改为0度，如图9.6所示。

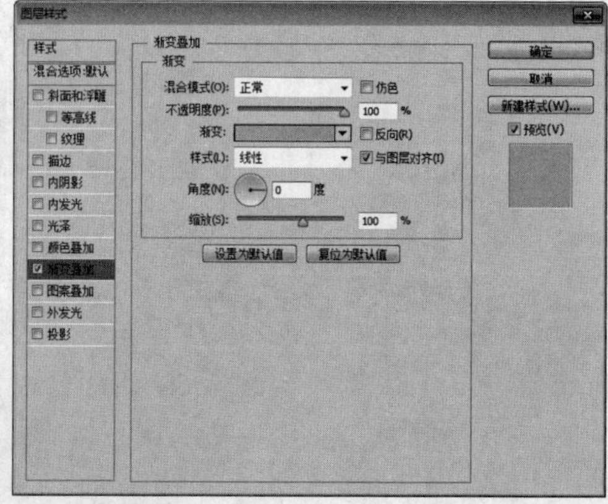

图9.6 设置渐变叠加

STEP 07 勾选“投影”复选框，将“不透明度”更改为10%，取消“使用全局光”复选框，“角度”更改为90度，“距离”更改为6像素，“大小”更改为15像素，完成之后单击“确定”按钮，如图9.7所示。

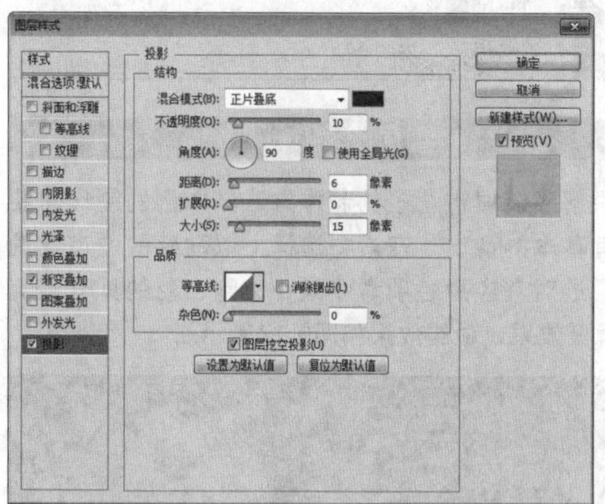

图9.7 设置投影

STEP 08 以同样的方法再次绘制一个不规则图形——“形状2”，将其填充为黄色（R：202，G：1，B：0），并将其移至“形状1”图层下方，如图9.8所示。

图9.8 绘制图形

STEP 09 在“图层”面板中选中“形状2”图层，单击面板底部的“添加图层样式”按钮，在菜单中选择“投影”命令，在弹出的对话框中将“不透明度”更改为10%，取消“使用全局光”复选框，“角度”更改为55，“距离”更改为6像素，“大小”更改为10像素，完成之后单击“确定”按钮，如图9.9所示。

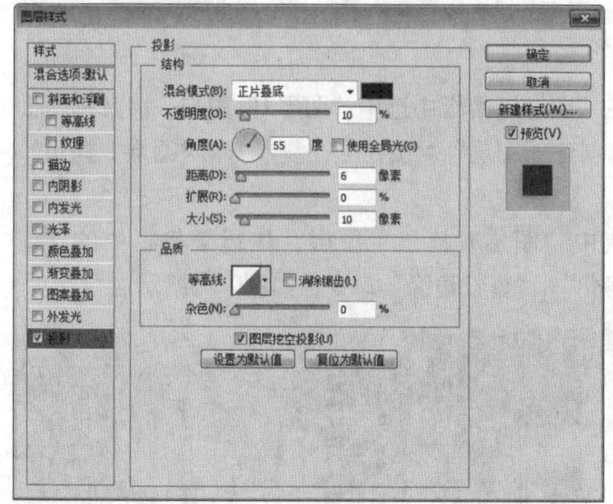

图9.9 设置投影

STEP 10 以同样的方法在画布左上角的位置再次绘制2个不规则图形，这样就完成了效果制作，最终效果如图9.10所示。

图9.10 最终效果

实战 355

甜蜜初恋背景

- 素材位置：素材\第9章\插画城市.jpg
- 案例位置：效果\第9章\甜蜜初恋背景.psd
- 视频位置：视频\实战355.avi
- 难易指数：★☆☆☆☆

• 实例介绍 •

甜蜜初恋背景将唯美色调与手绘图像组合在一起，整个背景效果紧扣主题，最终效果如图9.11所示。

图9.11 最终效果

• 操作步骤 •

STEP 01 执行菜单栏中的“文件”|“新建”命令，在弹出的对话框中设置“宽度”为800像素，“高度”为450像素，“分辨率”为72像素/英寸，将画布填充为浅红色（R：254，G：243，B：240）。

STEP 02 执行菜单栏中的“文件”|“打开”命令，打开“插画城市.jpg”文件，将打开的素材拖入画布中并适当缩小，其图层名称将更改为“图层1”，如图9.12所示。

图9.12 添加素材

STEP 03 在“图层”面板中选中“图层 1”图层，将其图层混合模式设置为“正片叠底”，如图9.13所示。

图9.13 设置图层混合模式

STEP 04 在“图层”面板中选中“图层1”图层，单击面板底部的“添加图层蒙版”按钮，为其图层添加图层蒙版，如图9.14所示。

STEP 05 选择工具箱中的“画笔工具”，在画布中单击鼠标右键，在弹出的面板中选择一种圆角笔触，将“大小”更改为150像素，“硬度”更改为0%，如图9.15所示。

图9.14 添加图层蒙版

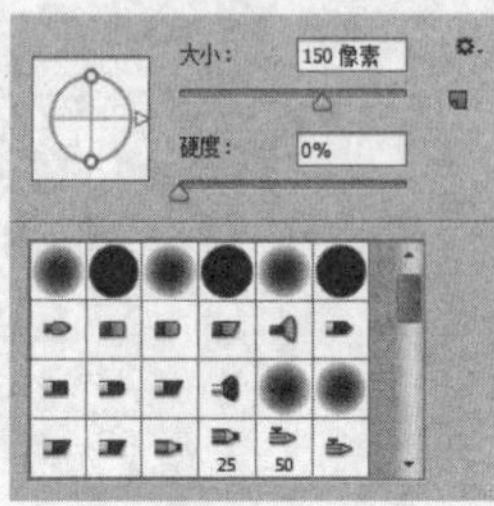

图9.15 设置笔触

STEP 06 将前景色更改为黑色，在图像上的部分区域涂抹，将其隐藏。

STEP 07 选择工具箱中的“矩形选框工具”，在插画左侧“花”图像的位置绘制一个矩形选区以选中部分图像，按Ctrl+T组合键对其执行“自由变换”命令，将图像移至画布靠左侧的位置，这样就完成了效果制作，最终效果如图9.16所示。

图9.16 最终效果

实战 356 潮流城市背景

▶素材位置：素材\第9章\城市夜景.jpg
▶案例位置：效果\第9章\潮流城市背景.psd
▶视频位置：视频\实战356.avi
▶难易指数：★★☆☆☆

• 实例介绍 •

本例讲解潮流城市背景的制作方法。本例的制作需要对色彩感有基本的认识，在素材选择上以动感的城市夜景为素材，通过对其应用各项命令最终达到出色的具有潮流感的城市背景效果，最终效果如图9.17所示。

图9.17 最终效果

• 操作步骤 •

STEP 01 执行菜单栏中的“文件”|“新建”命令，在弹出的对话框中设置“宽度”为1000像素，“高度”为400像素，“分辨率”为72像素/英寸。

STEP 02 执行菜单栏中的“文件”|“打开”命令，打开“城市夜景.jpg”文件，将打开的素材拖入画布中并适当缩小，其图层名称将更改为“图层1”，如图9.18所示。

图9.18 添加素材

STEP 03 在“图层”面板中选中“图层1”图层，将其拖至面板底部的“创建新图层”按钮上，复制1个“图层1 拷贝”图层。

STEP 04 选中“图层1 拷贝”图层，执行菜单栏中的“滤镜”|“风格化”|“查找边缘”命令，如图9.19所示。

图9.19 复制图层并添加特效

STEP 05 选中“图层1 拷贝”图层，按Ctrl+I组合键执行“反相”命令，如图9.20所示。

图9.20 将图像反相

STEP 06 在“图层”面板中选中“图层1 拷贝”图层，将其图层混合模式设置为“颜色减淡”，“不透明度”更改为60%，如图9.21所示。

图9.21 设置图层混合模式

STEP 07 在“图层”面板中选中“图层 1”图层，将其拖至面板底部的“创建新图层”按钮上，复制1个“图层 1 拷贝 2”图层，将“图层 1 拷贝 2”图层移至所有图层上方，如图9.22所示。

STEP 08 选中“图层 1 拷贝 2”图层，按Ctrl+Shift+U组合键执行“去色”命令，如图9.23所示。

图9.22 复制图层更改图层顺序

图9.23 去色

STEP 09 选中“图层1 拷贝 2”图层，执行菜单栏中的“滤镜”|“模糊”|“高斯模糊”命令，在弹出的对话框中将“半径”更改为2像素，完成之后单击“确定”按钮，如图9.24所示。

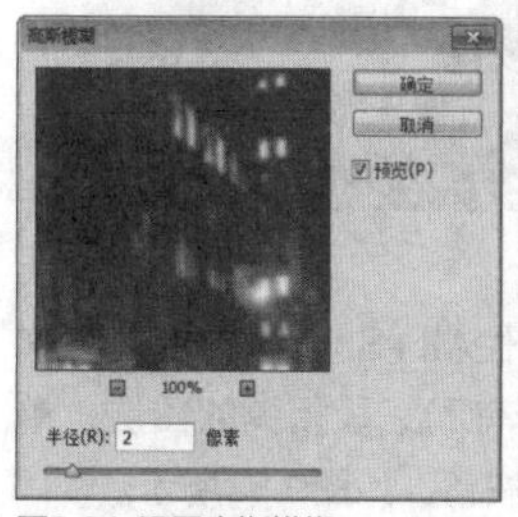

图9.24 设置高斯模糊

STEP 10 在“图层”面板中选中“图层1 拷贝 2”图层，将其图层的“不透明度”更改为80%，然后单击面板底部的“创建新的填充或调整图层”按钮，在弹出的菜单中选择“照片滤镜”命令，在弹出的面板中选择“滤镜”为加温滤镜（85），将“浓度”更改为50%，如图9.25所示。

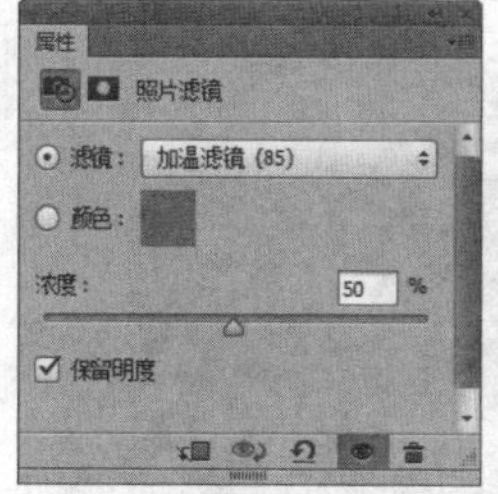

图9.25 调整照片滤镜

STEP 11 在“图层”面板中选中“照片滤镜 1”图层，将其图层混合模式设置为“正片叠底”，“不透明度”更改为60%，这样就完成了效果制作，最终效果如图9.26所示。

图9.26 最终效果

实战 357 卡通条纹背景

▶素材位置：素材\第9章\海绵宝宝.psd
▶案例位置：效果\第9章\卡通条纹背景.psd
▶视频位置：视频\实战357.avi
▶难易指数：★★☆☆☆

• 实例介绍 •

本例讲解卡通条纹背景的制作方法，在制作过程中多加留意卡通元素与条纹的组合即可，最终效果如图9.27所示。

图9.27 最终效果

• 操作步骤 •

STEP 01 执行菜单栏中的“文件”|“新建”命令，在弹出的

对话框中设置“宽度”为800像素，“高度”为450像素，“分辨率”为72像素/英寸，将画布填充为蓝色（R：100，G：198，B：204）。

STEP 02 选择工具箱中的“矩形工具”■，在选项栏中将“填充”更改为蓝色（R：95，G：190，B：196），“描边”更改为无，在画布靠左侧的位置绘制一个与画布相同高度的矩形，此时将生成一个“矩形1”图层，如图9.28所示。

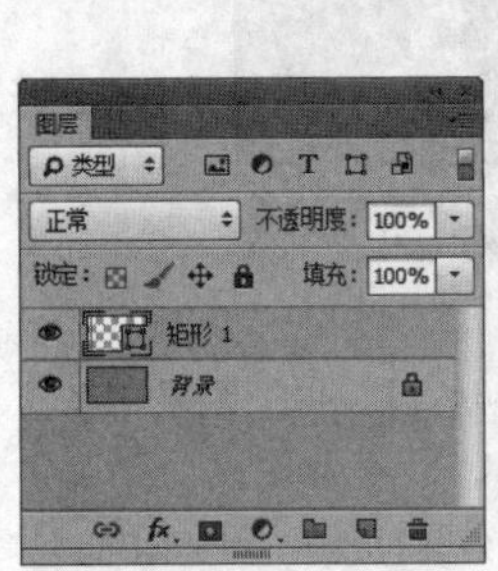

图9.28 绘制图形

STEP 03 选中“矩形1”图层，按住Alt+Shift组合键向右侧拖动，将图形复制多份并覆盖住整个画布，如图9.29所示。

图9.29 复制图形

STEP 04 执行菜单栏中的“文件”|“打开”命令，打开“海绵宝宝.psd”文件，将打开的素材拖入画布中右下角的位置并适当缩小，此时其图层名称将自动更改为“图层3”。

STEP 05 选中“图层3”图层，将其图层混合模式更改为“正片叠底”，“不透明度”更改为20%，这样就完成了效果制作，最终效果如图9.30所示。

图9.30 最终效果

实战 358 时尚线条背景

▶素材位置：无
▶案例位置：效果\第9章\时尚线条背景.psd
▶视频位置：视频\实战358.avi
▶难易指数：★★☆☆☆

• 实例介绍 •

本例讲解时尚线条背景的制作方法，热情大红的颜色与编织的线条相组合是本例最大的亮点，最终效果如图9.31所示。

图9.31 最终效果

• 操作步骤 •

STEP 01 执行菜单栏中的“文件”|“新建”命令，在弹出的对话框中设置“宽度”为600像素，“高度”为450像素，“分辨率”为72像素/英寸，将画布填充为红色（R：187，G：2，B：34）。

STEP 02 选择工具箱中的“直线工具”╱，在选项栏中将“填充”更改为深红色（R：50，G：7，B：15），“描边”更改为无，“粗细”更改为1像素，在画布中按住Shift键绘制一条与画布相同宽度的线段，此时将生成一个“形状1”图层，如图9.32所示。

图9.32 绘制图形

STEP 03 选中“形状1”图层，按住Alt+Shift组合键向下拖动，将线段复制数份，同时选中所有和线段相关的图层，单击选项栏中的“垂直居中分布”按钮，如图9.33所示。

图9.33 复制图形

STEP 04 同时选中所有线条图形，在“图层”面板中，将其拖至面板底部的“创建新图层”按钮上，复制拷贝图层，再按Ctrl+T组合键对其执行“自由变换”命令，单击鼠标右键，从弹出的快捷菜单中选择“旋转90度（顺时针）”命令，完成之后按Enter键确认，如图9.34所示。

图9.34 复制并变换图形

提示

在复制线段的时候一定要多复制几份，这样，在后面的变形中可以将横竖线段完美组合成正方格图形。

STEP 05 选择工具箱中的“直线工具”，在画布中横竖线段交叉的位置再次绘制一个倾斜的线段，如图9.35所示。

图层
类型
正常　不透明度：100%
锁定：　填充：100%
形状 2
形状 1 拷贝 14
形状 1 拷贝 13

图9.35 绘制线段

STEP 06 选中“形状2”图层，在画布中将线段复制数份并将之前绘制的线段相连接，这样就完成了效果制作，最终效果如图9.36所示。

图9.36 最终效果

实战 359

心跳背景

- 素材位置：无
- 案例位置：效果\第9章\心跳背景.psd
- 视频位置：视频\实战359.avi
- 难易指数：★★☆☆☆

• 实例介绍 •

本例的制作重点在于心跳元素的添加，整个制作过程比较简单，同时圆点图像的点缀也避免了单一的线条图像带来的生硬感，最终效果如图9.37所示。

图9.37 最终效果

• 操作步骤 •

• 新建画布

STEP 01 执行菜单栏中的“文件”|“新建”命令，在弹出的对话框中设置“宽度”为700像素，“高度”为420像素，“分辨率”为72像素/英寸，“颜色模式”为RGB颜色，新建一个空白画布。

STEP 02 选择工具箱中的“渐变工具”，编辑渐变颜色为红色（R：223，G：0，B：44）到深红色（R：153，G：0，B：20），单击选项栏中的“径向渐变”按钮，在画布中按住Shift键从中心至外拖动，为画布填充渐变，如图9.38所示。

图9.38 填充渐变

STEP 03 选择工具箱中的“钢笔工具”，在画布中绘制一条不规则路径，如图9.39所示。

图9.39 绘制路径

STEP 04 单击面板底部的“创建新图层”按钮，新建一个“图层1”图层，如图9.40所示。

STEP 05 选择工具箱中的“画笔工具”，在画布中单击鼠标右键，在弹出的面板中选择一种圆角笔触，将“大小”更改为3像素，“硬度”更改为100%，如图9.41所示。

大小：3像素
硬度：100%

图9.40 新建图层　　图9.41 设置笔触

STEP 06 选中“图层1”图层，将前景色更改为白色，在“路径”面板中选中“工作路径”，在其名称上单击鼠标右键，从弹出的快捷菜单中选择“描边路径”命令，选择“工具”为画笔，确认取消“模拟压力”复选框，完成之后单击“确定”按钮，如图9.42所示。

图9.42 设置描边路径

STEP 07 在“图层”面板中选中“图层 1”图层，将其图层混合模式设置为“叠加”，如图9.43所示。

图9.43 设置图层混合模式

STEP 08 在“图层”面板中选中“图层1”图层，单击面板底部的“添加图层样式”按钮，在菜单中选择“外发光”命令，在弹出的对话框中将“混合模式”更改为正常，“不透明度”更改为60%，“颜色”更改为红色（R：255，G：0，B：50），“大小”更改为5像素，完成之后单击“确定”按钮，如图9.44所示。

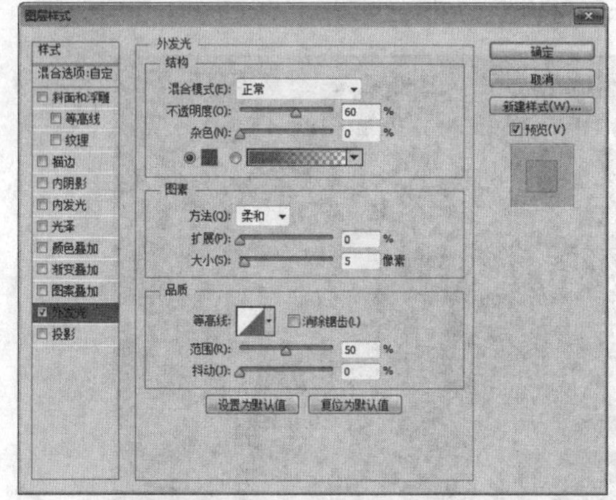

图9.44 设置外发光

• 添加图像

STEP 01 在“画笔”面板中选择一个圆角笔触，将“大小”更改为35像素，“硬度”为0%，“间距”更改为140%，如图9.45所示。

STEP 02 勾选“形状动态”复选框，将“大小抖动”更改为70%，如图9.46所示。

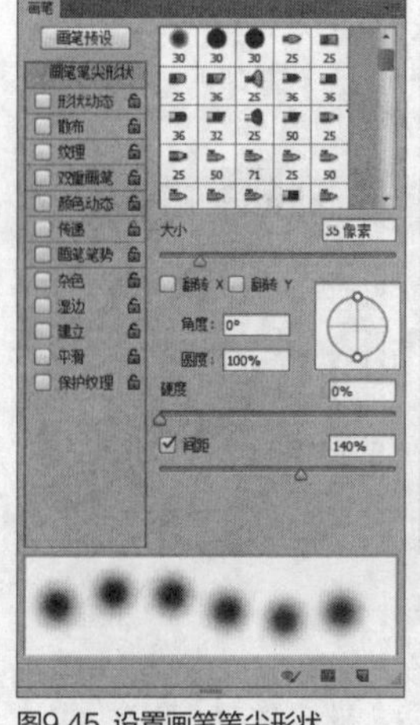

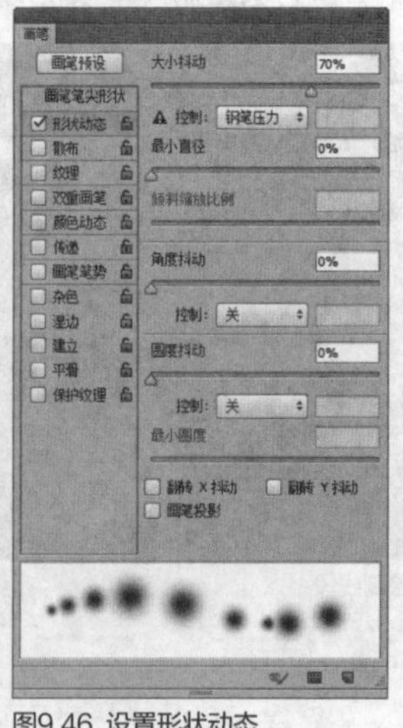

图9.45 设置画笔笔尖形状　　图9.46 设置形状动态

STEP 03 勾选“散布”复选框，将“散布”更改为450%，如图9.47所示。

STEP 04 勾选“平滑”复选框，如图9.48所示。

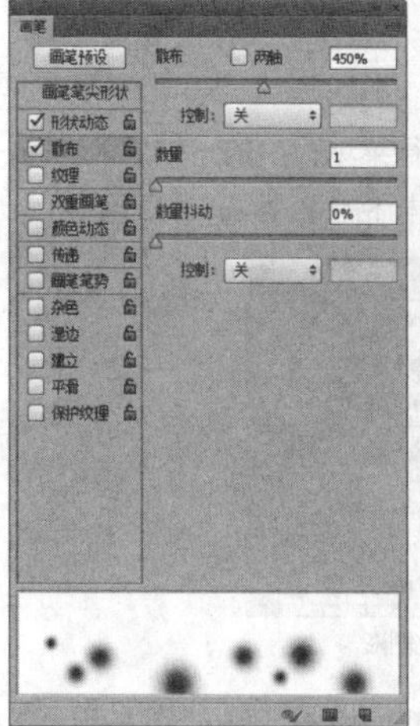

图9.47 设置散布

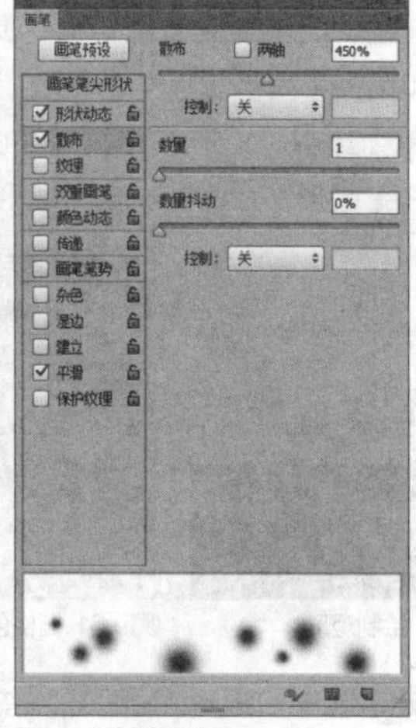

图9.48 勾选平滑

STEP 05 单击面板底部的“创建新图层”按钮，新建一个“图层2”图层，如图9.49所示。

STEP 06 选中“图层2”图层，将前景色更改为白色，在画布中靠左侧的位置拖动鼠标，添加图像，如图9.50所示。

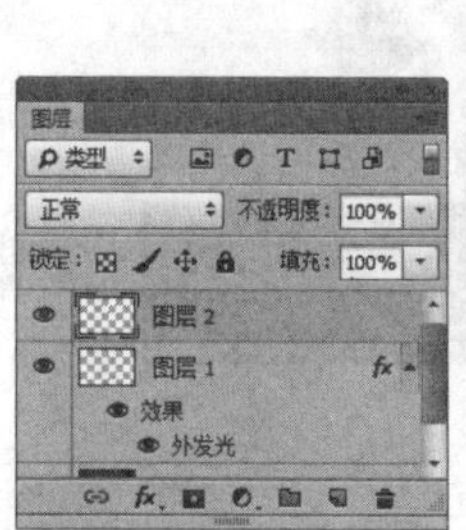

图9.49 新建图层

图9.50 添加画笔笔触

STEP 07 在“图层”面板中选中“图层 2”图层，将其拖至面板底部的“创建新图层”按钮上，复制一个“图层 2 拷贝”图层，如图9.51所示。

STEP 08 选中“图层 2 拷贝”图层，按Ctrl+T组合键对其执行“自由变换”命令，单击鼠标右键，从弹出的快捷菜单中选择“水平翻转”命令，完成之后按Enter键确认，再将其向右侧平移，如图9.52所示。

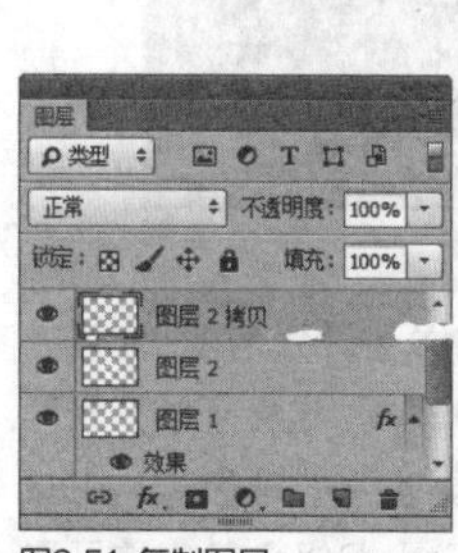

图9.51 复制图层

图9.52 变换图形像

STEP 09 在“图层”面板中同时选中“图层2 拷贝”及“图层2”图层，执行菜单栏中的“图层”|“合并图层”命令将图层合并，此时将生成一个“图层2 拷贝”图层，如图9.53所示。

STEP 10 在“图层”面板中选中“图层2 拷贝”图层，单击面板底部的“添加图层蒙版”按钮，为其图层添加图层蒙版，如图9.54所示。

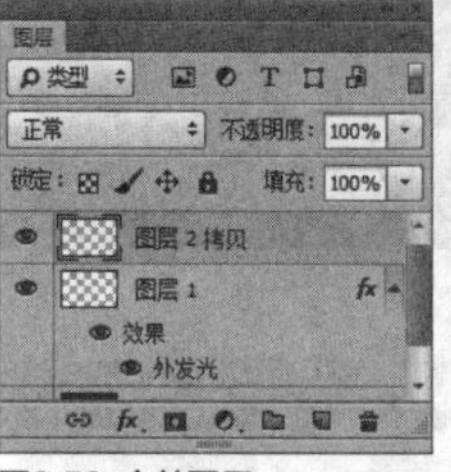

图9.53 合并图层

图9.54 添加图层蒙版

STEP 11 选择工具箱中的“渐变工具”，选择“黑白渐变”，单击选项栏中的“径向渐变”按钮，在画布中从中间向边缘方向拖动，将部分图像隐藏，如图9.55所示。

图9.55 隐藏笔触效果

STEP 12 在“图层”面板中选中“图层 2 拷贝”图层，将其图层混合模式设置为“叠加”，“不透明度”更改为60%，这样就完成了效果制作，最终效果如图9.56所示。

图9.56 最终效果

实战 360

连接线背景

- 素材位置：素材\第9章\连线.psd
- 案例位置：效果\第9章\连接线背景.psd
- 视频位置：视频\实战360.avi
- 难易指数：★★★☆☆

• 实例介绍 •

连接线背景的制作以连接线为思路，我们可以通过将绘制的不规则线条进行组合来完成本例中连接线背景的制作，最终效果如图9.57所示。

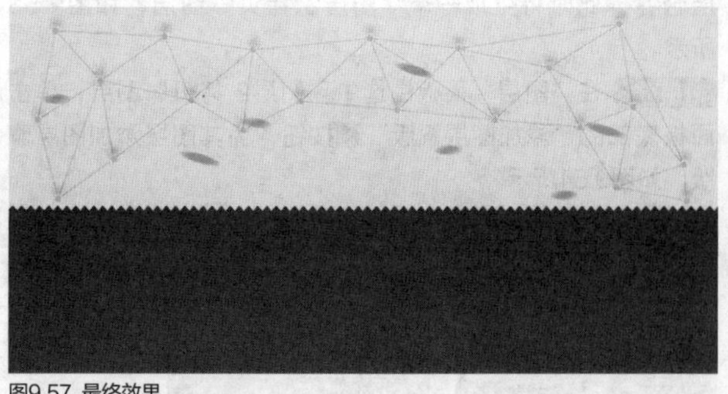
图9.57 最终效果

• 操作步骤 •

• 新建画布

STEP 01 执行菜单栏中的“文件”|“新建”命令，在弹出的对话框中设置“宽度”为1000像素，“高度”为500像素，“分辨率”为72像素/英寸，“颜色模式”为RGB颜色，新建一个空白画布，将画布填充为浅黄色（R：247，G：245，B：236）。

STEP 02 选择工具箱中的“矩形工具”，在选项栏中将“填充”更改为红色（R：147，G：0，B：0），“描边”更改为无，在画布下半部分位置绘制一个与其宽度相同的矩形，此时将生成一个“矩形1”图层，如图9.58所示。

图9.58 绘制图形

STEP 03 在“图层”面板中选中“矩形1”图层，单击面板底部的“添加图层样式”按钮，在菜单中选择“渐变叠加”命令，在弹出的对话框中将“渐变”更改为透明到深红色（R：75，G：0，B：10），“缩放”更改为115%，完成之后单击“确定”按钮，如图9.59所示。

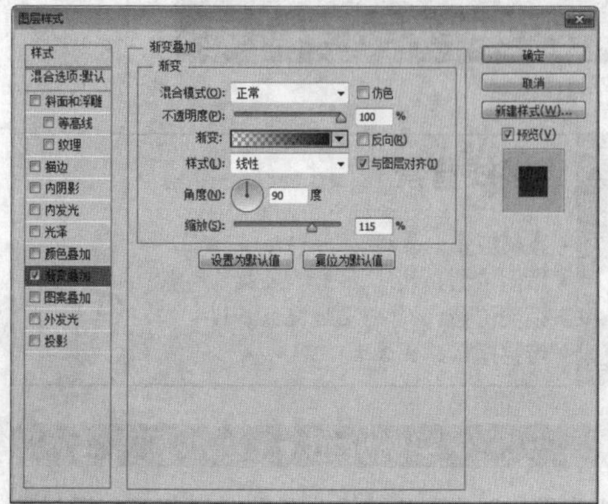

图9.59 设置渐变叠加

• 制作锯齿

STEP 01 选择工具箱中的“矩形工具”，在选项栏中将其“填充”更改为黑色，“描边”更改为无，在画布中的任意位置按住Shift键绘制一个矩形，此时将生成一个“矩形2”图层，如图9.60所示。

STEP 02 选中“矩形2”图层，执行菜单栏中的“图层”|“栅格化”|“图形”命令，将当前图形栅格化，如图9.61所示。

图9.60 绘制矩形

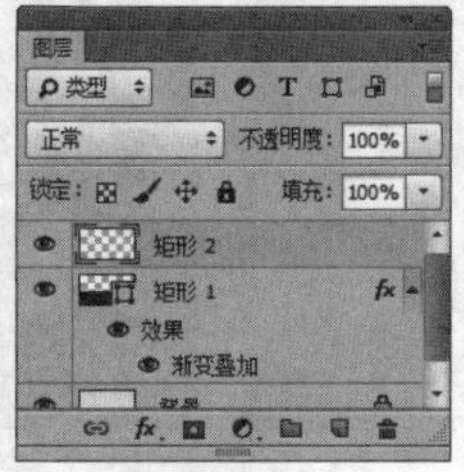

图9.61 栅格化图形

STEP 03 选中“矩形2”图层，按Ctrl+T组合键对其执行“自由变换”命令，在选项栏中的“旋转”的文本框中输入-45度，将光标移至变形框底部，按住Alt键将其上下缩小，完成之后按Enter键确认，如图9.62所示。

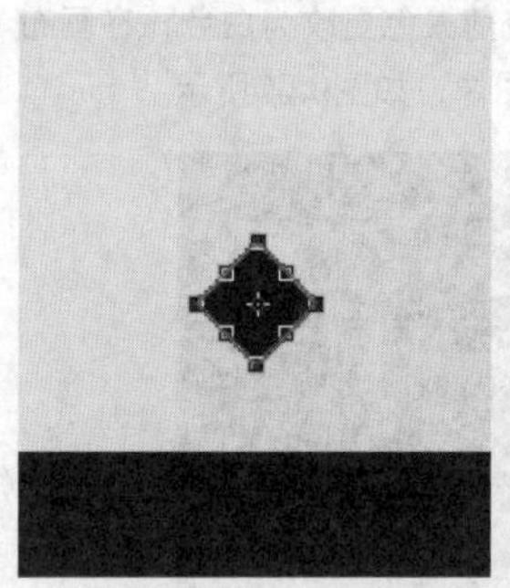

图9.62 变形图形

STEP 04 选择工具箱中的“矩形选框工具”，选中“矩形2”图层，在画布中绘制选区选中部分图形，按Delete键将多余图形删除，删除完成之后按Ctrl+D组合键将选区取消，如图9.63所示。

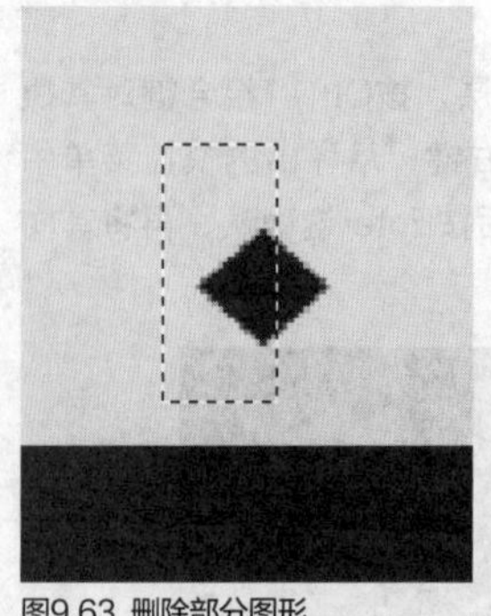

图9.63 删除部分图形

STEP 05 在“图层”面板中按住Ctrl键单击“矩形2”图层，将其载入选区，执行菜单栏中 的“编辑”|“定义画笔预设”命令，在出现的对话框中将“名称”更改为“锯齿”，完成之后单击“确定”按钮，完成之后按Ctrl+D组合键将选区取消，如图9.64所示。

图9.64 定义画笔预设

STEP 06 选中“矩形2”图层，在画布中按Ctrl+A组合键将图层中的小三角图形选中，按Delete键将其删除，完成之后按Ctrl+D组合键将选区取消，如图9.65所示。

图9.65 删除图形

STEP 07 选择工具箱中的“画笔工具”，在“画笔”面板中选择刚才所定义的“锯齿”笔触，将“大小”更改为17像素，“角度”更改为90度，将“间距”更改为150%，设置完成之后关闭面板，如图9.66所示。

STEP 08 勾选平滑复选框，如图9.67所示。

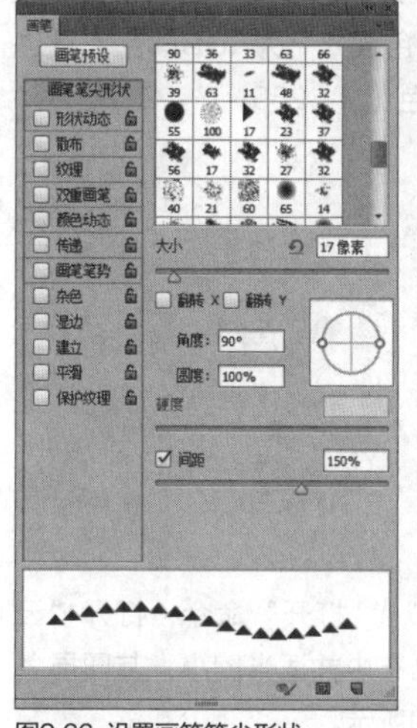
图9.66 设置画笔笔尖形状

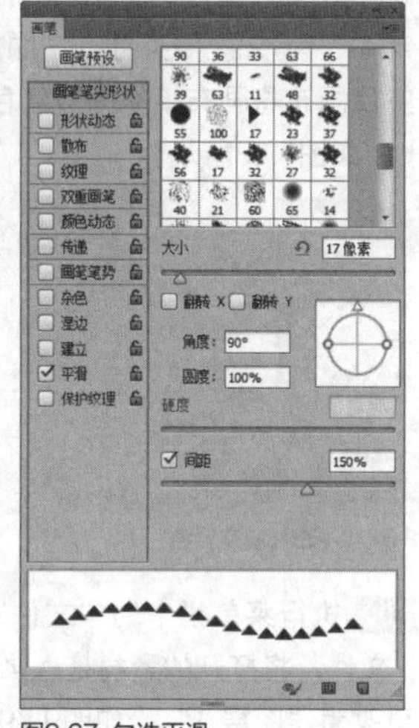
图9.67 勾选平滑

STEP 09 选中“矩形2”图层，将前景色更改为红色（R：200，G：0，B：0）在画布的左下角位置单击，再按住Shift键在右下角位置再次单击，如图9.68所示。

图9.68 绘制图形

STEP 10 在“图层”面板中选中“矩形1”图层，单击面板底部的“添加图层蒙版”按钮，为其图层添加图层蒙版，如图9.69所示。

STEP 11 在“图层”面板中选中“矩形2”图层，将其拖至面板底部的“创建新图层”按钮上，复制1个“矩形2 拷贝”图层，如图9.70所示。

图9.69 添加图层蒙版

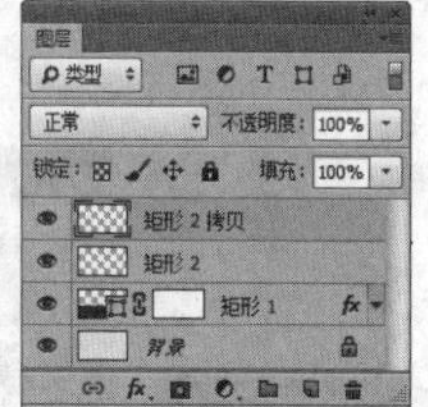
图9.70 复制图层

STEP 12 选中“矩形2 拷贝”图层，按Ctrl+T组合键对其执行“自由变换”命令，单击鼠标右键，从弹出的快捷菜单中选择“垂直翻转”命令，完成之后按Enter键确认，再将图形向上移至“矩形1”图层顶部边缘位置，如图9.71所示。

STEP 13 按住Ctrl键单击“矩形2 拷贝”图层缩览图，将其载入选区，将选区填充为黑色，将部分图形隐藏，完成之后按Ctrl+D组合键将选区取消，如图9.72所示。

图9.71 复制并变换图形

图9.72 隐藏图形

提示

隐藏图形之后“矩形2 拷贝”图层无用，可以将其删除。

● 添加素材

STEP 01 执行菜单栏中的“文件”|“打开”命令，打开“连线.psd”文件，将打开的素材拖入画布中上半部分的位置并适当缩小，如图9.73所示。

图9.73 添加素材

STEP 02 选择工具箱中的"椭圆工具"，在选项栏中将"填充"更改为黄色（R：252，G：180，B：13），"描边"更改为无，在画布中绘制一个椭圆图形，此时将生成一个"椭圆1"图层，如图9.74所示。

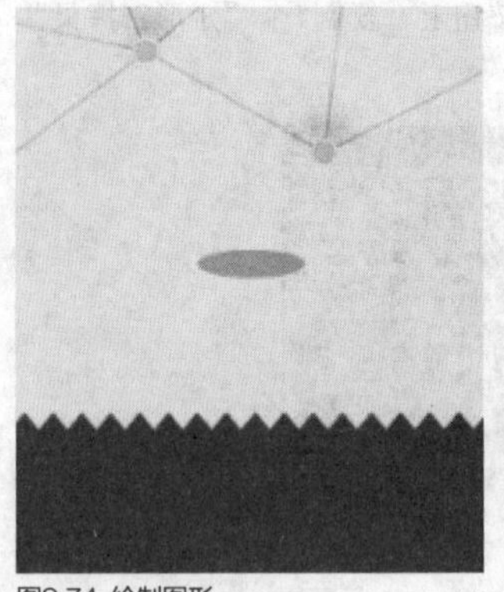

图9.74 绘制图形

STEP 03 选中"椭圆1"图层，将椭圆旋转一定的角度，执行菜单栏中的"滤镜"|"模糊"|"动感模糊"命令，在弹出的对话框中将"角度"更改为-23度，"距离"更改为16像素，设置完成之后单击"确定"按钮，如图9.75所示。

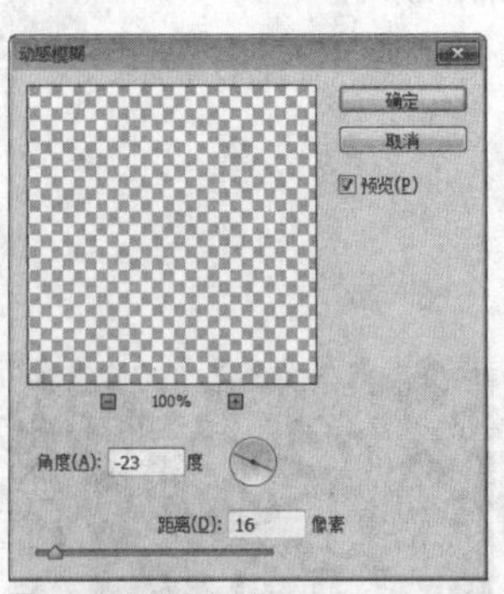

图9.75 设置动感模糊

STEP 04 以同样的方法再次绘制椭圆图形并添加动感模糊效果，将绘制的图形复制数份并放在画布中适当的位置，使画布整体布局更加饱满，这样就完成了效果制作，最终效果如图9.76所示。

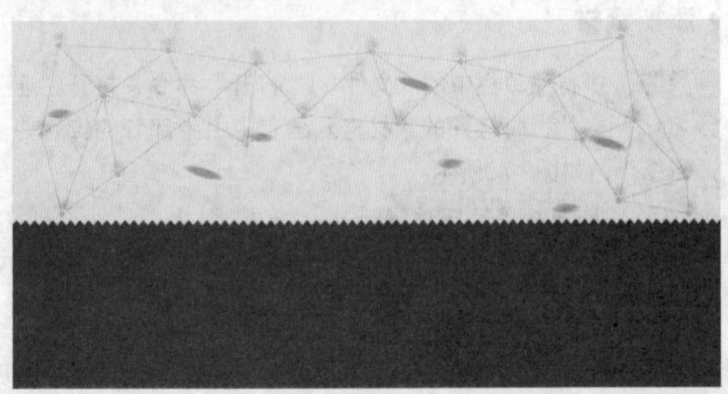

图9.76 最终效果

实战 361 糖果背景

▶素材位置：素材\第9章\云.jpg
▶案例位置：效果\第9章\糖果背景.psd
▶视频位置：视频\实战361.avi
▶难易指数：★★☆☆☆

• 实例介绍 •

本例讲解糖果背景的制作方法，背景的整体色彩以淡色天空为主，以多个圆点图像作为装饰，整体效果十分出色，最终效果如图9.77所示。

图9.77 最终效果

• 操作步骤 •

• 新建画布

STEP 01 执行菜单栏中的"文件"|"新建"命令，在弹出的对话框中设置"宽度"为1000像素，"高度"为350像素，"分辨率"为72像素/英寸，"颜色模式"为RGB颜色，新建一个空白画布将画布填充为浅红色（R：255，G：227，B：243），如图9.78所示。

图9.78 新建画布并填充颜色

STEP 02 执行菜单栏中的"文件"|"打开"命令，打开"云.jpg"文件，将打开的素材拖入画布中并适当缩小，其图层名称将更改为"图层 1"，如图9.79所示。

图9.79 添加素材

STEP 03 选中"图层1"图层，将其图层"不透明度"更改为10%，如图9.80所示。

图9.80 更改图层不透明度

STEP 04 单击面板底部的“创建新图层”按钮，新建一个“图层2”图层，如图9.81所示。

STEP 05 选中“图层2”图层，将其填充为白色，如图9.82所示。

图9.81 新建图层

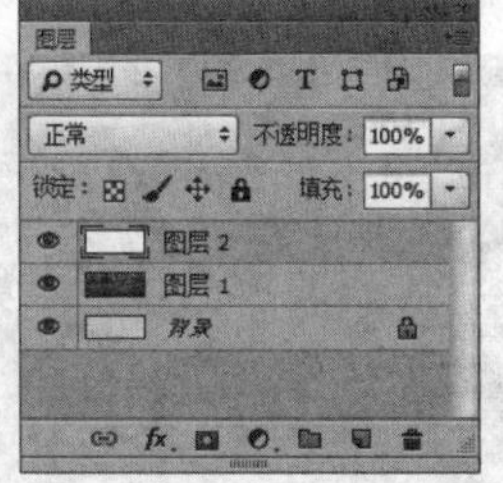
图9.82 填充颜色

STEP 06 选中“图层2”图层，将其图层“不透明度”更改为30%，如图9.83所示。

图9.83 更改不透明度

● 调整色调

STEP 01 单击面板底部的“创建新图层”按钮，新建一个“图层3”图层，如图9.84所示。

STEP 02 选择工具箱中的“渐变工具”，编辑蓝色（R：0，G：187，B：234）到白色再到蓝色（R：0，G：187，B：234）的渐变，单击选项栏中的“线性渐变”按钮，从左侧向右侧拖动，为画布填充渐变，如图9.85所示。

图9.84 新建图层

图9.85 填充渐变

STEP 03 在“图层”面板中选中“图层3”图层，将其图层混合模式设置为“柔光”，如图9.86所示。

图9.86 设置图层混合模式

STEP 04 在“图层”面板中选中“图层3”图层，将其拖至面板底部的“创建新图层”按钮上，复制1个“图层3 拷贝”图层，将“图层3 拷贝”图层混合模式更改为“正常”，“不透明度”更改为20%，如图9.87所示。

图9.87 复制图层并更改不透明度

● 绘制图形

STEP 01 选择工具箱中的“椭圆工具”，在选项栏中将“填充”更改为淡粉色（R：254，G：232，B：244），“描边”更改为无，在画布中间位置按住Shift键绘制一个正圆图形，此时将生成一个“椭圆1”图层，如图9.88所示。

图9.88 绘制图形

STEP 02 在“图层”面板中选中“椭圆1”图层，将其拖至面板底部的“创建新图层”按钮上，复制1个“椭圆1 拷贝”图层，如图9.89所示。

STEP 03 选中“椭圆1 拷贝”图层，将其图形颜色更改为浅红色（R：252，G：195，B：230），再按Ctrl+T组合键对其执行“自由变换”命令，将图形等比例缩小，完成之后按Enter键确认，如图9.90所示。

图9.89 复制图层

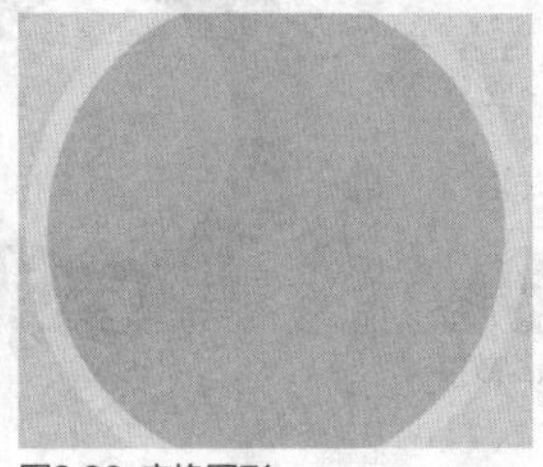
图9.90 变换图形

STEP 04 以同样的方法将椭圆形所在图层复制多份，将相应的拷贝图形缩小并更改颜色，如图9.91所示。

图9.91 复制并变换图形

提示

将最后一个图形缩小后将其图形颜色更改为白色。

STEP 05 选择工具箱中的“椭圆工具”，在选项栏中将“填充”更改为浅红色（R：252，G：195，B：230），“描边”更改为无，在画布的左上角位置按住Shift键绘制一个正圆图形，此时将生成一个“椭圆2”图层，如图9.92所示。

图9.92 绘制图形

STEP 06 选中“椭圆2”图层，将其图层“不透明度”更改为40%，如图9.93所示。

图9.93 更改不透明度

STEP 07 选中“椭圆2”图层，按住Alt键将图形复制多份，将部分图形适当缩放及更改颜色，并旋转在不同的位置，这样就完成了效果制作，最终效果如图9.94所示。

图9.94 最终效果

实战 362 新潮背景

▶素材位置：无
▶案例位置：效果\第9章\新潮背景.psd
▶视频位置：视频\实战362.avi
▶难易指数：★★★☆☆

• 实例介绍 •

新潮背景的制作重点在于突出视觉上的新潮感受，本例采用略显低调的深紫色为主色调，同时以锐利的图像作为装饰使整个背景的新潮感十足，最终效果如图9.95所示。

图9.95 最终效果

• 操作步骤 •

• 新建画布

STEP 01 执行菜单栏中的“文件”|“新建”命令，在弹出的对话框中设置“宽度”为1000像素，“高度”为450像素，“分辨率”为72像素/英寸，“颜色模式”为RGB颜色，新建一个空白画布，将画布填充为深蓝色（R：22，G：0，B：32）。

STEP 02 选择工具箱中的“椭圆工具”，在选项栏中将“填充”更改为紫色（R：155，G：5，B：136），“描边”更改为无，在画布中间位置按住Shift键绘制一个正圆图形，此时将生成一个“椭圆1”图层，如图9.96所示。

图9.96 新建画布并绘制图形

STEP 03 选中“椭圆1”图层，执行菜单栏中的“滤镜”|“模糊”|“高斯模糊”命令，在弹出的对话框中将“半径”更改为100像素，完成之后单击“确定”按钮，如图9.97所示。

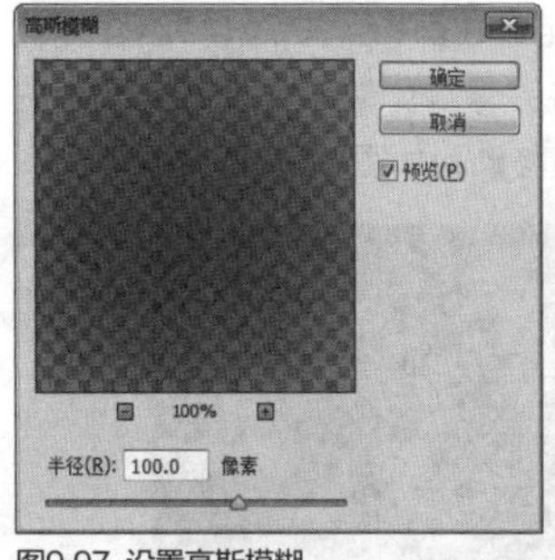

图9.97 设置高斯模糊

STEP 04 选择工具箱中的“矩形工具”，在选项栏中将“填充”更改为白色，“描边”更改为无，在画布左侧绘制一个矩形，此时将生成一个“矩形1”图层，如图9.98所示。

图9.98 绘制图形

STEP 05 在“图层”面板中选中“矩形1”图层，将其图层混合模式设置为“叠加”，“不透明度”更改为20%，如图9.99所示。

图9.99 设置图层混合模式

STEP 06 以同样的方法绘制多个不同宽度的矩形，将其旋转一定的角度，并设置图层混合模式和不同的透明度，如图9.100所示。

图9.100 绘制图形

提示

在绘制图形的时候可以先绘制2至3种宽度不一的图形再复制即可。

STEP 07 同时选中除“背景”及“椭圆1”图层，按Ctrl+G组合键将图层编组，此时将生成一个“组1”组，选中“组1”组，单击面板底部的“添加图层蒙版”按钮，为其添加图层蒙版，如图9.101所示。

STEP 08 按Ctrl键单击“椭圆1”图层缩览图，将其载入选区，如图9.102所示。

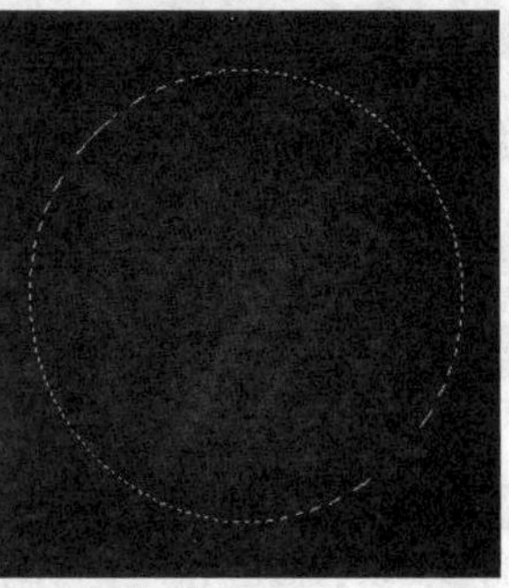

图9.101 将添加图层蒙版　图9.102 载入选区

STEP 09 将选区填充为黑色，将部分图形隐藏，如图9.103所示。

图9.103 隐藏图形

● 绘制图形

STEP 01 选择工具箱中的“钢笔工具”，在选项栏中单击“选择工具模式”按钮，在弹出的选项中选择“形状”，将“填充”更改为蓝色（R：0，G：160，B：240），“描边”更改为无，在画布左侧位置绘制一个三角形图形，此时将生成一个“形状1”图层，如图9.104所示。

图9.104 绘制图形

STEP 02 在“图层”面板中选中“形状1”图层，将其拖至面板底部的“创建新图层”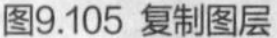按钮上，复制1个“形状1 拷贝”及“形状1 拷贝2”图层，如图9.105所示。

STEP 03 分别选中复制生成的拷贝图层，将图形更改为不同深浅的蓝色，再选择工具箱中的“直接选择工具”拖动图形锚点将其变形，如图9.106所示。

图9.105 复制图层

图9.106 将图形变形

STEP 04 选择工具箱中的“矩形工具”，在选项栏中将“填充”更改为蓝色（R：0，G：235，B：254），“描边”更改为无，在刚才绘制的图形左上角的位置绘制一个矩形，此时将生成一个“矩形4”图层，将“矩形4”图层移至“形状1”图层下方，并将其适当旋转，如图9.107所示。

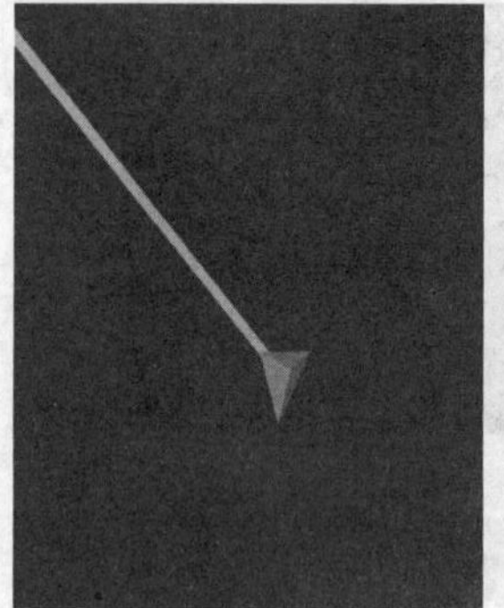

图9.107 绘制图形

STEP 05 同时选中“形状1 拷贝2”“形状1 拷贝”“形状1”及“矩形4”图层，按Ctrl+G组合键将图层编组，此时将生成一个“组2”组，如图9.108所示。

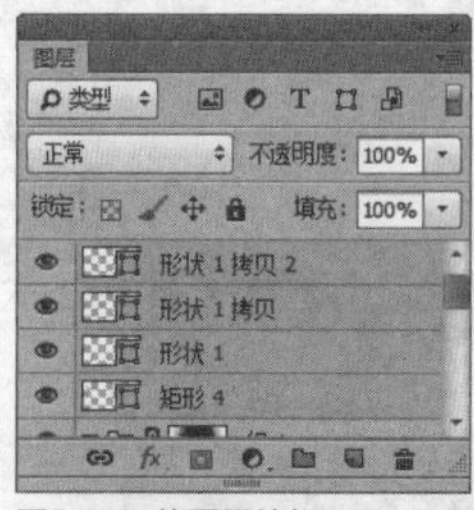

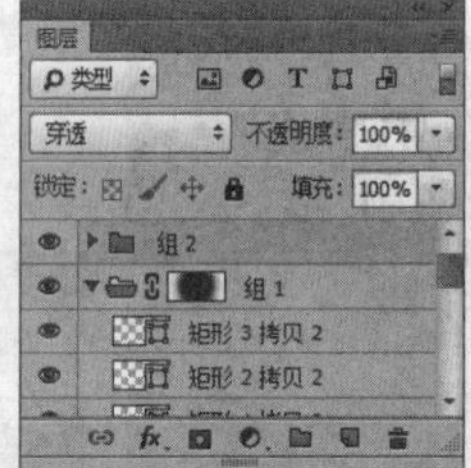

图9.108 将图层编组

STEP 06 在“图层”面板中选中“组 2”组，将其拖至面板底部的“创建新图层”按钮上，复制1个“组 2 拷贝”组，如图9.109所示。

STEP 07 选中“组 2 拷贝”组，在画布中按Ctrl+T组合键对其执行“自由变换”命令，将图像等比例缩小，完成之后按Enter键确认，再将其向下稍微移动，如图9.110所示。

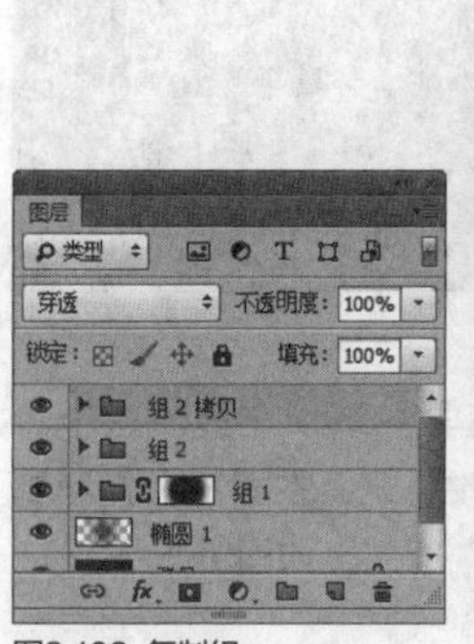

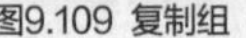

图9.109 复制组

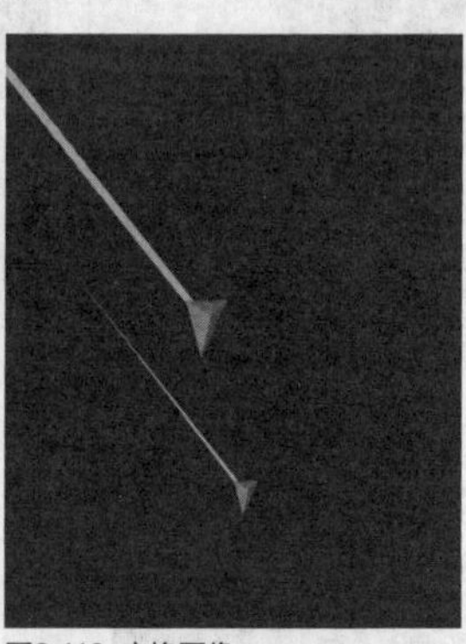

图9.110 变换图像

STEP 08 在“图层”面板中选中“组2 拷贝”组，单击底部的“创建新的填充或调整图层”按钮，在弹出快捷菜单中选中“色相/饱和度”命令，在弹出的面板中单击面板底部的“此调整影响下面的所有图层”按钮，将“色相”更改为-170，如图9.111所示。

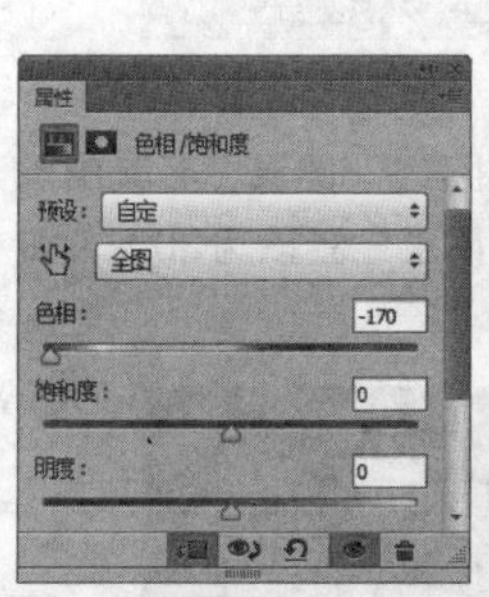

图9.111 调整色相

STEP 09 在“图层”面板中同时选中“组2 拷贝”组及“色相/饱和度”调整图层，将其拖至面板底部的“创建新图层”按钮上，复制1个“拷贝”图层，再按Ctrl+T组合键执行“自由变换”命令，将图形等比例缩小，如图9.112所示。

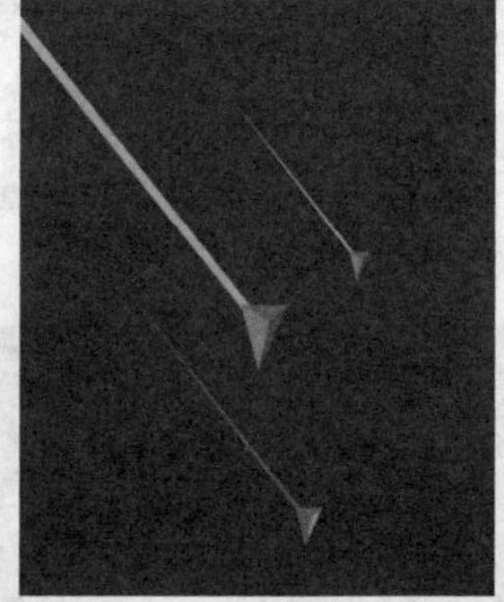

图9.112 复制图层及组并变换图形

STEP 10 选择“色相/饱和度 拷贝”图层名称，在弹出的面板中将“色相”更改为-100，“饱和度”更改为-17，如图9.113所示。

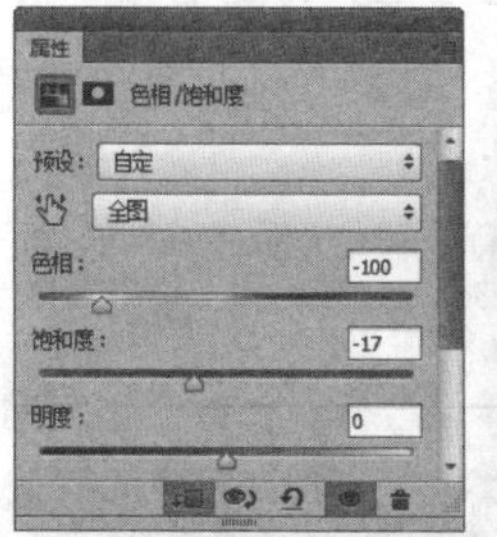

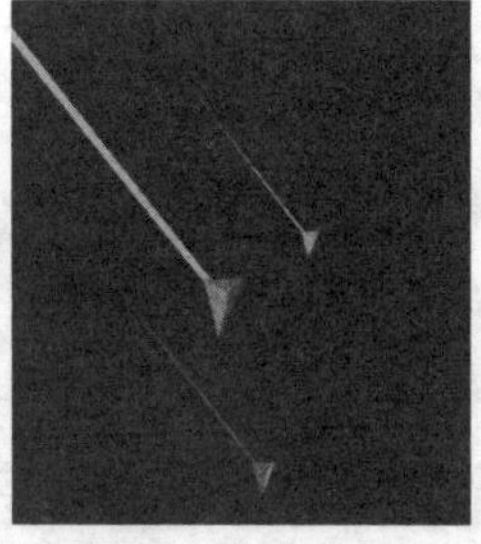

图9.113 调整色相/饱和度

STEP 11 同时选中画布左侧刚才绘制的3个图形，按住Alt+Shift组合键向右侧拖动将其复制，再按Ctrl+T组合键对其执行“自由变换”命令，单击鼠标右键，从弹出的快捷菜单中选择“水平翻转”命令，完成之后按Enter键确认，如图9.114所示。

图9.114 复制并变换图形

STEP 12 同时选中左右两侧图形所在图层，按Ctrl+G组合键将其编组，此时将生成一个“组3”组，如图9.115所示。

图9.115 编组

STEP 13 在“图层”面板中选中“组3”组，单击面板底部的“添加图层样式”按钮，在菜单中选择“外发光”命令，在弹出的对话框中将“混合模式”更改为叠加，“颜色”更改为白色，“大小”更改为10像素，完成之后单击“确定”按钮，如图9.116所示。

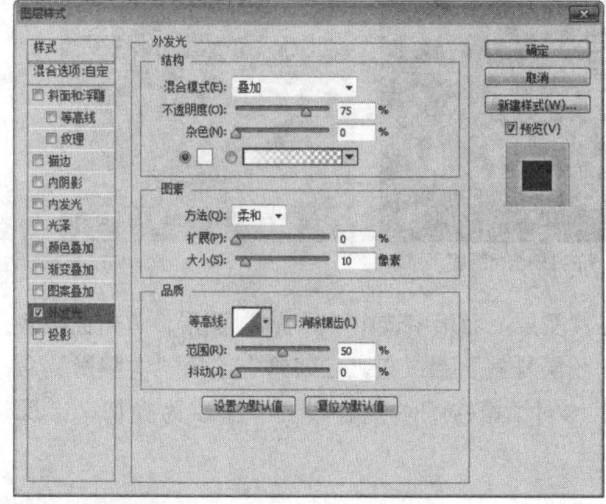

图9.116 设置外发光

STEP 14 选择工具箱中的“钢笔工具”，在选项栏中单击“选择工具模式”按钮，在弹出的选项中选择“形状”，将“填充”更改为蓝色（R：0，G：235，B：254），“描边”更改为无，在画布底部位置绘制一个不规则图形，此时将生成一个“形状2”图层，如图9.117所示。

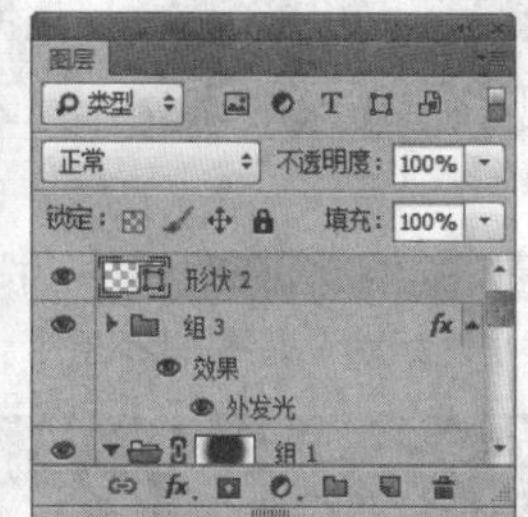

图9.117 绘制图形

STEP 15 在“图层”面板中选中“形状2”图层，将其拖至面板底部的“创建新图层”按钮上，复制1个“形状 2 拷贝”图层，如图9.118所示。

STEP 16 选中“形状2 拷贝”图层，将图形颜色更改为紫色（R：67，G：6，B：125），再选择工具箱中的“直接选择工具”，拖动图形锚点将其变形，如图9.119所示。

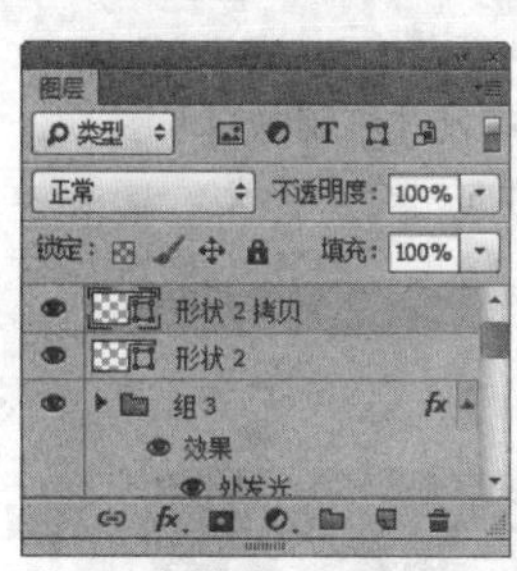

图9.118 复制图层

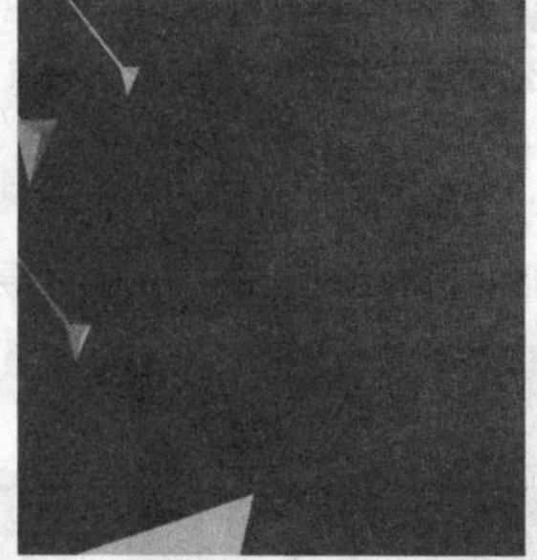

图9.119 变换图形

STEP 17 以同样的方法将图层复制数份，将图形变形并填充不同的颜色，如图9.120所示。

图9.120 复制图层并变换图形

- **绘制图形**

STEP 01 选择工具箱中的“椭圆工具”，在选项栏中将“填充”更改为无，“描边”更改为紫色（R：167，G：7，B：142），“大小”更改为1点，在画布底部位置按住Shift键绘制一个正圆图形，此时将生成一个“椭圆2”图层，如图9.121所示。

图9.121 绘制图形

STEP 02 选中“椭圆2”图层，按住Alt键将图形复制数份并适当缩小及移动，如图9.122所示。

图9.122 复制并变换图形

STEP 03 选择工具箱中的“直线工具”，在选项栏中将“填充”更改为无，“描边”更改为紫色（R：167，G：7，B：142），“大小”更改为1点，在刚才绘制的椭圆图形右下角的位置绘制一条线段，此时将生成一个“形状3”图层，将“形状3”图层移至“背景”图层上方，如图9.123所示。

图9.123 绘制图形

STEP 04 以同样的方法绘制多条线段，将绘制的圆形连接，这样就完成了效果制作，最终效果如图9.124所示。

图9.124 最终效果

实战363 多边形背景

▶素材位置：无

▶案例位置：效果\第9章\多边形背景.psd

▶视频位置：视频\实战363.avi

▶难易指数：★★☆☆☆

• 实例介绍 •

多边形背景的制作比较简单，可以以任意多种图形进行组合，最终效果如图9.125所示。

图9.125 最终效果

• 操作步骤 •

• 新建画布

STEP 01 执行菜单栏中的“文件”|“新建”命令，在弹出的对话框中设置“宽度”为800像素，“高度”为500像素，“分辨率”为72像素/英寸，“颜色模式”为RGB颜色，将画布填充为深红色（R：124，G：0，B：10）。

STEP 02 选择工具箱中的“钢笔工具”，在选项栏中单击“选择工具模式”按钮，在弹出的选项中选择“形状”，将“填充”更改为红色（R：134，G：0，B：10），“描边”更改为无，在画布中靠左侧的位置绘制一个不规则图形，此时将生成一个“形状1”图层，选中“形状1”图层，如图9.126所示。

图9.126 绘制图形并栅格化图层

STEP 03 在“图层”面板中选中“形状1”图层，单击面板底部的“添加图层样式”按钮，在菜单中选择“内阴影”命令，在弹出的对话框中将“混合模式”更改为叠加，“颜色”更改为白色，“不透明度”更改为40%，取消“使用全局光”复选框，“角度”更改为0度，“距离”更改为1像素，“大小”更改为1像素，如图9.127所示。

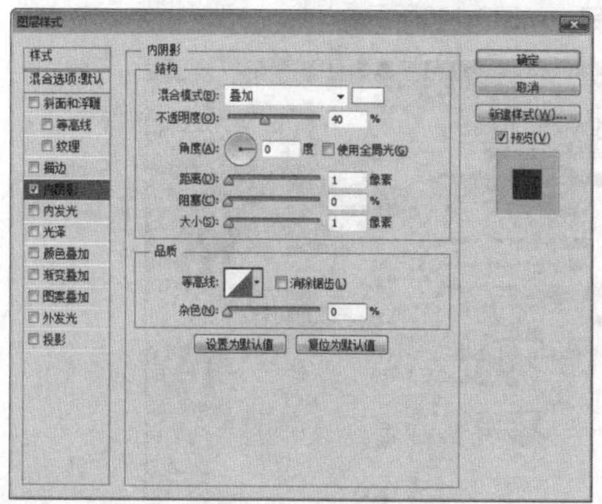

图9.127 设置内阴影

STEP 04 勾选“投影”复选框，将“不透明度”更改为50%，“距离”更改为4像素，“大小”更改为13像素，完成之后单击“确定”按钮，如图9.128所示。

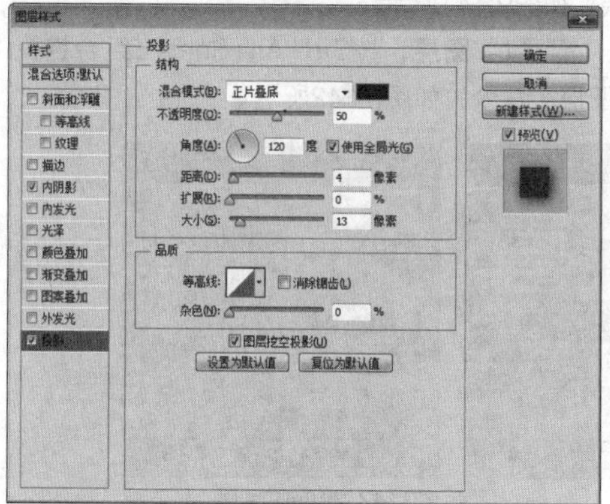

图9.128 设置投影

STEP 05 在“图层”面板中选中“形状 1”图层，将其拖至面板底部的“创建新图层”按钮上，复制1个“形状 1 拷贝”图层，如图9.129所示。

STEP 06 选中“形状 1 拷贝”图层，将其“水平翻转”，然后平移至画布右侧与原图像相对的位置，双击“形状1 拷贝”图层样式名称，在弹出的对话框中选中“内阴影”，“角度”更改为180度，如图9.130所示。

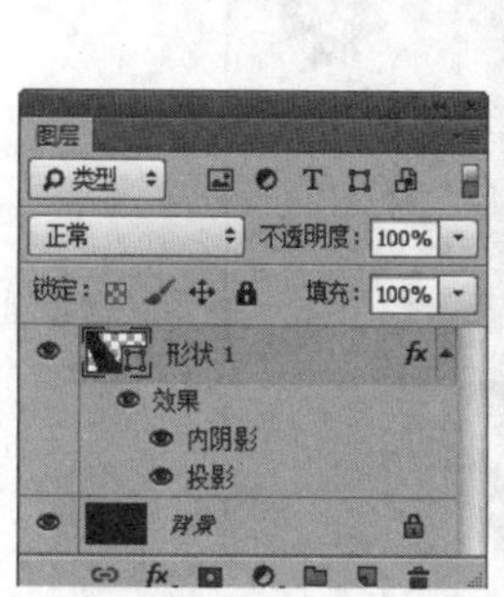

图9.129 复制图层

图9.130 变换图像

STEP 07 选择工具箱中的“钢笔工具”，在选项栏中单击“选择工具模式”路径按钮，在弹出的选项中选择“形状”，将“填充”更改为红色（R：134，G：0，B：10），“描边”更改为无，在两个图形的中间位置绘制一个不规则图形，此时将生成一个“形状2”图层，如图9.131所示。

STEP 08 在“图层”面板中选中“形状2”图层，将其拖至面板底部的“创建新图层”按钮上，复制1个“形状2 拷贝”图层，如图9.132所示。

图9.131 绘制图形

图9.132 复制图层

STEP 09 在“图层”面板中选中“形状2”图层，单击面板底部的“添加图层样式”按钮，在菜单中选择“外发光”命令，在弹出的对话框中将“混合模式”更改为正常，“不透明度”更改为15%，“颜色”更改为黑色，“大小”更改为10像素，如图9.133所示。

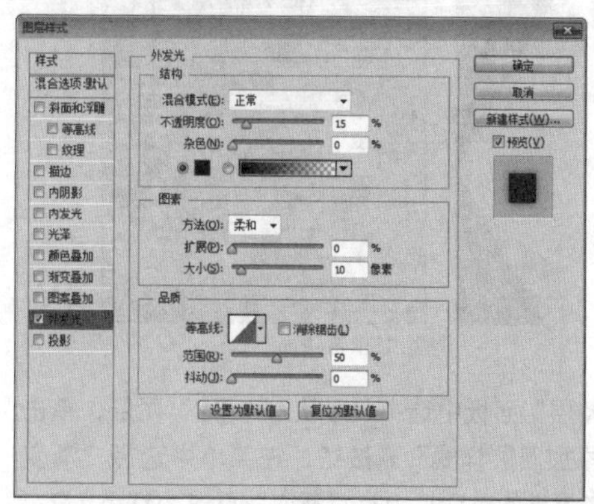

图9.133 设置外发光

STEP 10 勾选“投影”复选框，将“混合模式”更改为叠加，“颜色”更改为白色，取消“使用全局光”复选框，“角度”更改为90度，“距离”更改为1像素，“大小”更改为1像素，完成之后单击“确定”按钮，如图9.134所示。

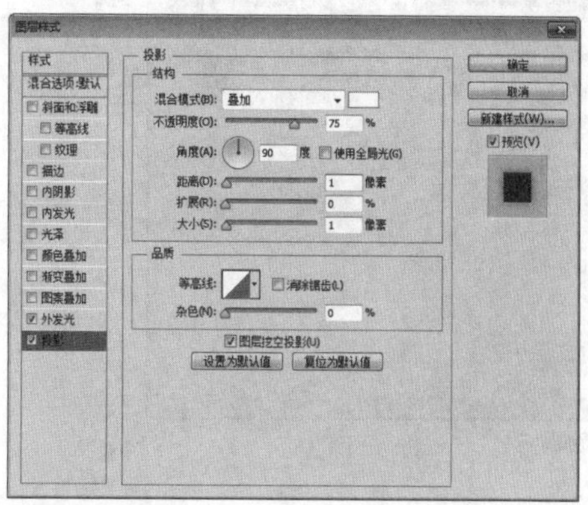

图9.134 设置投影

STEP 11 选中“形状2 拷贝”图层，将填充颜色更改为白色，如图9.135所示。

STEP 12 选中“形状2 拷贝”图层，将其拖至面板底部的“创建新图层”按钮上，复制1个“形状2 拷贝2”图层，如图9.136所示。

图9.135 变换图形

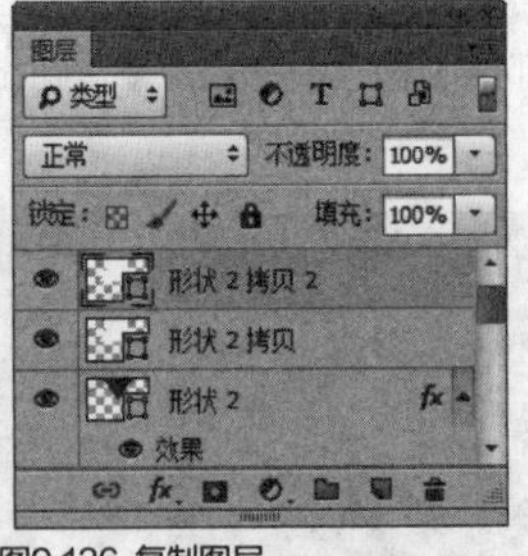
图9.136 复制图层

STEP 13 选中“形状 2 拷贝2”图层，按Ctrl+T组合键对其执行“自由变换”命令，单击鼠标右键，从弹出的快捷菜单中选择“垂直翻转”命令，完成之后按Enter键确认，再将图形与原图形对齐，如图9.137所示。

STEP 14 同时选中“形状 2 拷贝 2”及“形状 2 拷贝”图层，按Ctrl+E组合键将图层合并，此时将生成一个“形状 2 拷贝 2”图层，如图9.138所示。

图9.137 变换图形

图9.138 合并图层

STEP 15 在“图层”面板中选中“形状2 拷贝2”图层，单击面板底部的“添加图层样式”按钮，在菜单中选择“渐变叠加”命令，在弹出的对话框中将“渐变”更改为红色（R：200，G：2，B：32）到红色（R：144，G：2，B：17），“角度”更改为0度，如图9.139所示。

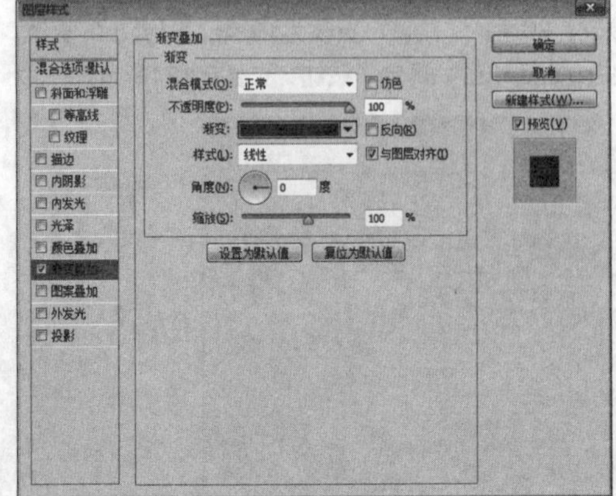
图9.139 设置渐变叠加

STEP 16 勾选“投影”复选框，将“不透明度”更改为30%，取消“使用全局光”复选框，“角度”更改为90度，“距离”更改为5像素，“大小”更改为10像素，完成之后单击“确定”按钮，如图9.140所示。

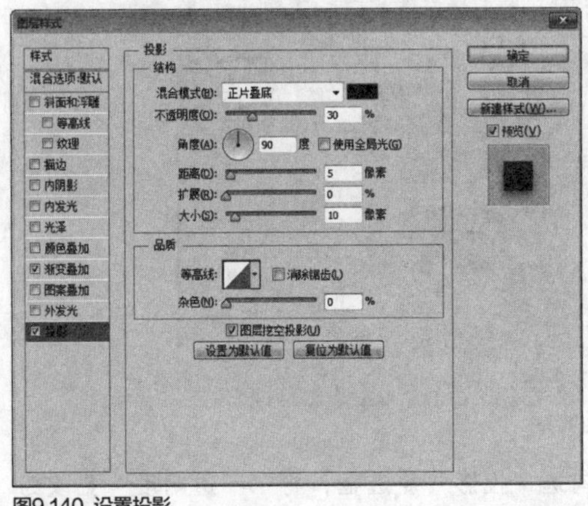
图9.140 设置投影

STEP 17 单击面板底部的“创建新图层”按钮，新建一个“图层1”图层，如图9.141所示。

STEP 18 选中“图层1”图层，按Ctrl+Alt+Shift+E组合键执行“盖印可见图层”命令，如图9.142所示。

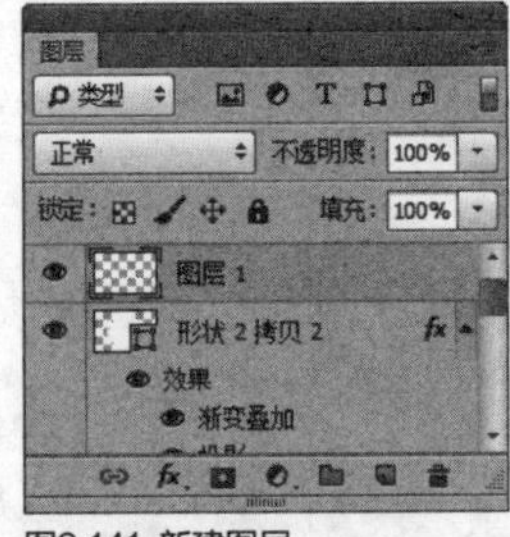
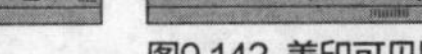
图9.141 新建图层

图9.142 盖印可见图层

STEP 19 在“图层”面板中选中“图层1”图层，单击面板底部的“添加图层样式”按钮，在菜单中选择“描边”命令，在弹出的对话框中将“大小”更改为13像素，“位置”更改为内部，“颜色”更改为红色（R：200，G：20，B：33），完成之后单击“确定”按钮，如图9.143所示。

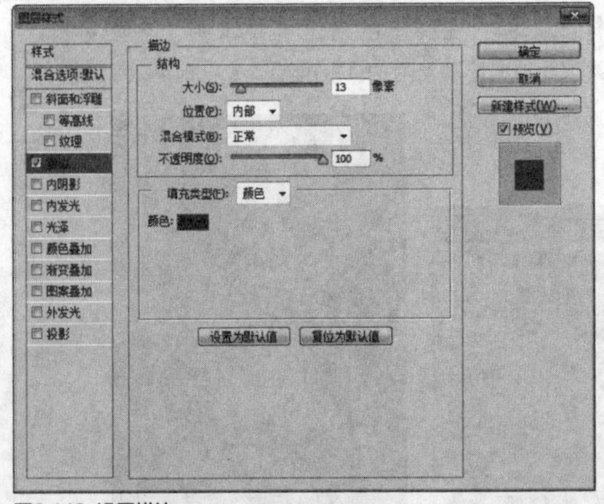
图9.143 设置描边

● **减淡图像**

STEP 01 选择工具箱中的"减淡工具"，在画布中单击鼠标右键，在弹出的面板中选择一种圆角笔触，将"大小"更改为180像素，"硬度"更改为0%，如图9.144所示。

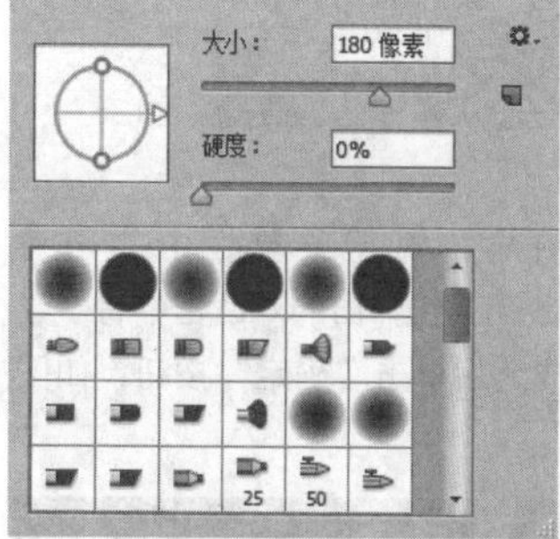

图9.144 设置笔触

STEP 02 选中"图层 1"图层，在图像上的部分区域涂抹，将部分图像减淡，制作高光效果，这样就完成了效果制作，最终效果如图9.145所示。

图9.145 最终效果

实战 364 炫彩泡泡背景

▶素材位置：无
▶案例位置：效果\第9章\炫彩泡泡背景.psd
▶视频位置：视频\实战364.avi
▶难易指数：★★☆☆☆

• 实例介绍 •

炫彩泡泡背景的制作以椭圆图形为基础，通过对图形的变换及相应图层样式的添加制作出本例中美丽的泡泡背景，最终效果如图9.146所示。

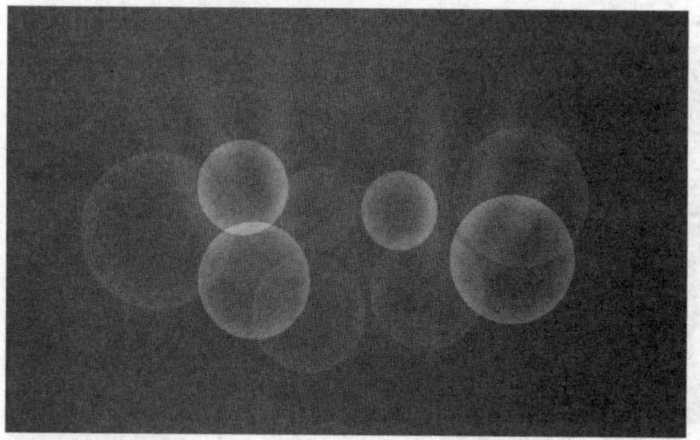

图9.146 最终效果

• 操作步骤 •

● **新建画布**

STEP 01 执行菜单栏中的"文件"|"新建"命令，在弹出的对话框中设置"宽度"为800像素，"高度"为550像素，"分辨率"为72像素/英寸，"颜色模式"为RGB颜色，新建一个空白画布。

STEP 02 选择工具箱中的"渐变工具"，在选项栏中单击"点按可编辑渐变"按钮，在弹出的对话框中将渐变颜色更改为红色（R：223，G：24，B：80）到红色（R：135，G：0，B：40），设置完成之后单击"确定"按钮，再单击选项栏中的"径向渐变"按钮，在画布中从中间向右下角方向拖动，为画布填充渐变，如图9.147所示。

图9.147 新建画布并填充渐变

STEP 03 选择工具箱中的"椭圆工具"，在选项栏中将"填充"更改为白色，"描边"更改为无，在画布靠左侧的位置按住Shift键绘制一个正圆图形，此时将生成一个"椭圆 1"图层，如图9.148所示。

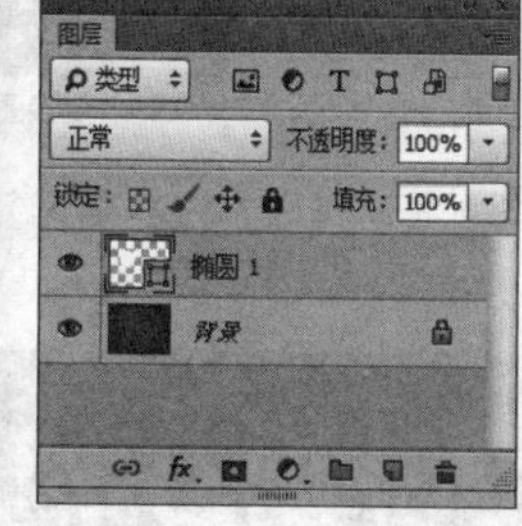

图9.148 绘制图形

STEP 04 在"图层"面板中选中"椭圆1"图层，单击面板底部的"添加图层样式"按钮，在菜单中选择"内发光"命令，在弹出的对话框中将"颜色"更改为红色（R：206，G：26，B：55），"大小"更改为50像素，如图9.149所示。

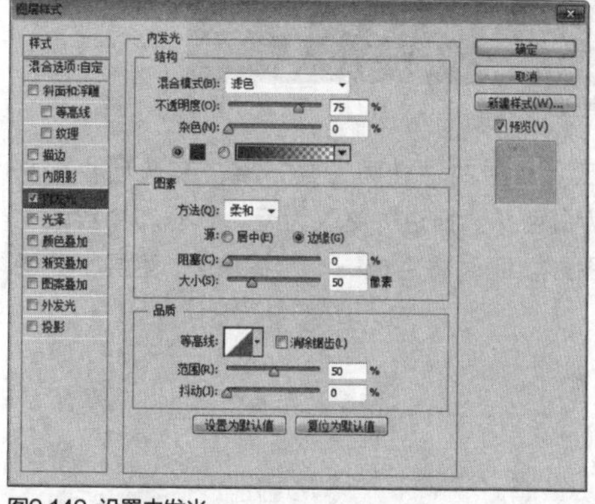

图9.149 设置内发光

STEP 05 在“图层”面板中选中“椭圆1”图层，将其图层“填充”更改为0%，如图9.150所示。

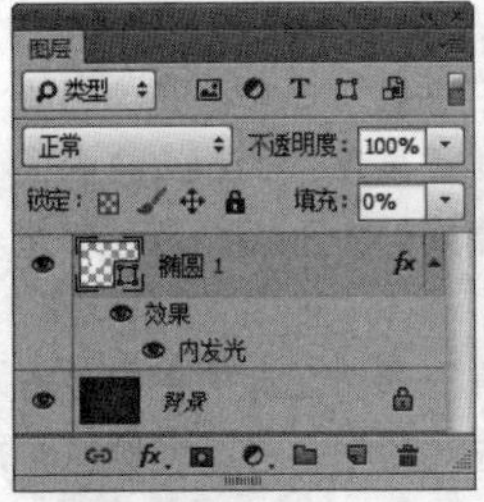

图9.150 更改填充

• **绘制泡泡**

STEP 01 在“图层”面板中选中“椭圆1”图层，将其拖至面板底部的“创建新图层”按钮上，复制1个“椭圆1 拷贝”图层，如图9.151所示。

STEP 02 选中“椭圆1 拷贝”图层，按Ctrl+T组合键对其执行“自由变换”命令，按住Alt+Shift组合键将图形等比例缩小，完成之后按Enter键确认，再将其向右下角稍微移动。

STEP 03 双击“椭圆1 拷贝”图层样式名称，在弹出的对话框中将“不透明度”更改为50%，“颜色”更改为白色，完成之后单击“确定”按钮，如图9.152所示。

图9.151 复制图层

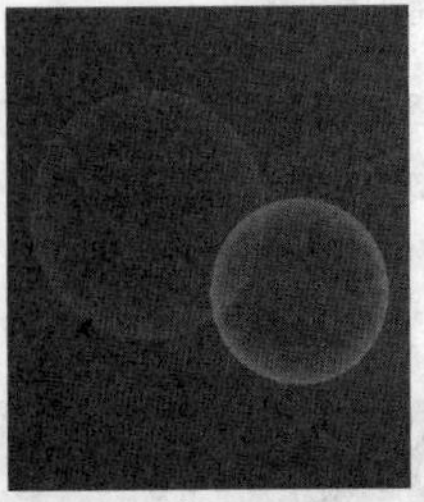

图9.152 变换图形

STEP 04 以刚才同样的方法将图形复制多份并变换，如图9.153所示。

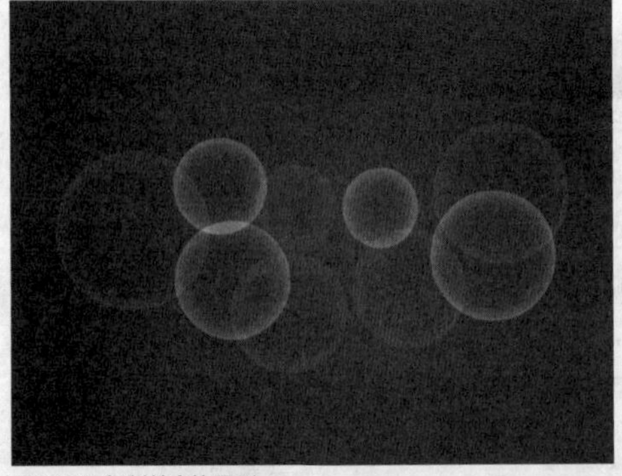

图9.153 复制并变换图形

STEP 05 选择工具箱中的“椭圆工具”，在选项栏中将“填充”更改为白色，“描边”更改为无，在画布中绘制一个稍扁的椭圆图形，此时将生成一个“椭圆2”图层，如图9.154所示。

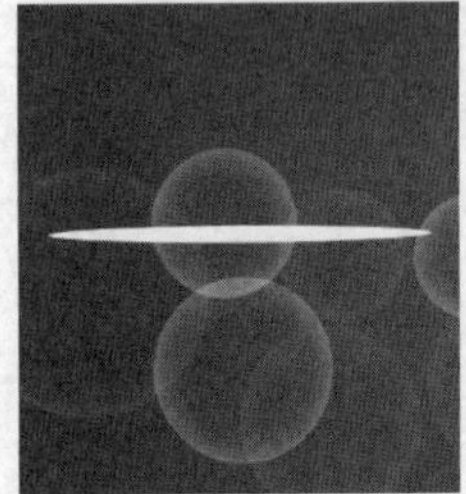

图9.154 绘制图形

STEP 06 选中“椭圆2”图层，执行菜单栏中的“滤镜”|“模糊”|“高斯模糊”命令，在弹出的对话框中将“半径”更改为20像素，设置完成之后单击“确定”按钮，如图9.155所示。

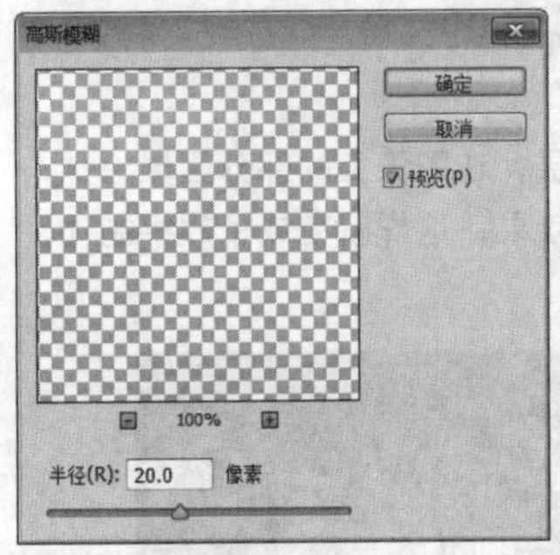

图9.155 设置高斯模糊

STEP 07 选中“椭圆2”图层，执行菜单栏中的“滤镜”|“模糊”|“动感模糊”命令，在弹出的对话框中将“角度”更改为0度，“距离”更改为300像素，设置完成之后单击“确定”按钮，如图9.156所示。

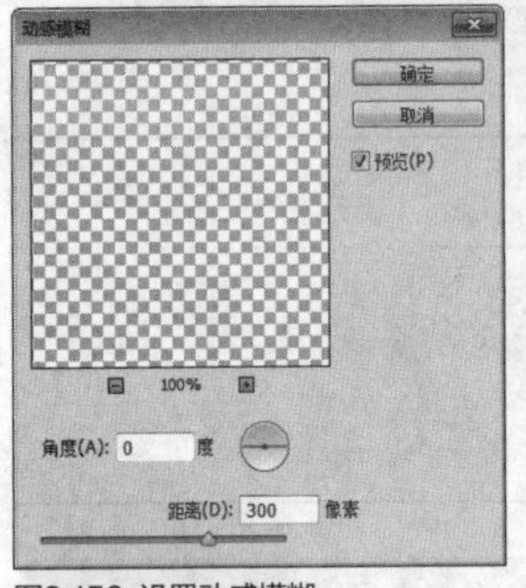
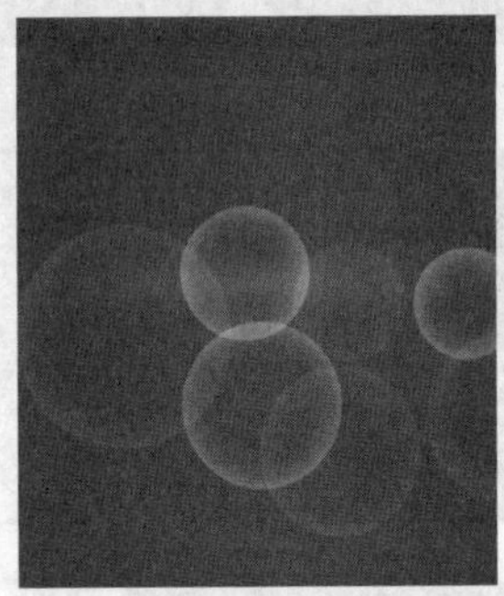

图9.156 设置动感模糊

STEP 08 选中“椭圆2”图层，按Ctrl+T组合键对其执行“自由变换”命令，将图形顺时针适当旋转，完成之后按Enter键确认，再将其向下移至“背景”图层上方，如图9.157所示。

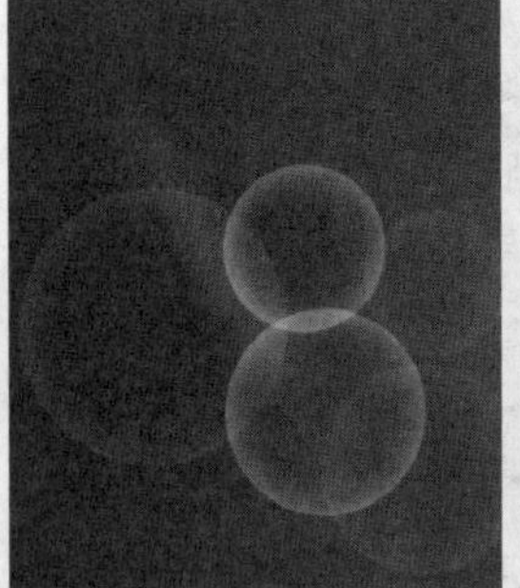

图9.157 旋转图形并更改图层顺序

STEP 09 将椭圆图形复制数份并适当旋转，这样就完成了效果制作，最终效果如图9.158所示。

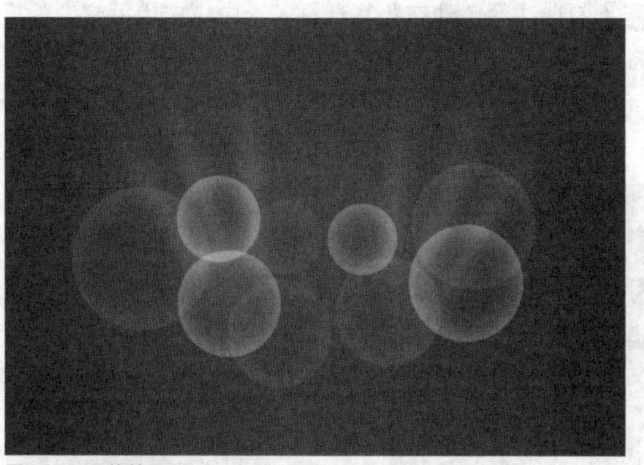

图9.158 最终效果

实战 365 color背景

▶素材位置：无
▶案例位置：效果\第9章\ color背景.psd
▶视频位置：视频\实战365.avi
▶难易指数：★★☆☆☆

• 实例介绍 •

Color背景的主题是色彩，所以在制作过程中应当一切以色彩为中心，本例以渐变颜色为背景，同时将不规则图形的绘制作为铺垫，添加的多彩圆圈是整个背景中最出色的亮点，最终效果如图9.159所示。

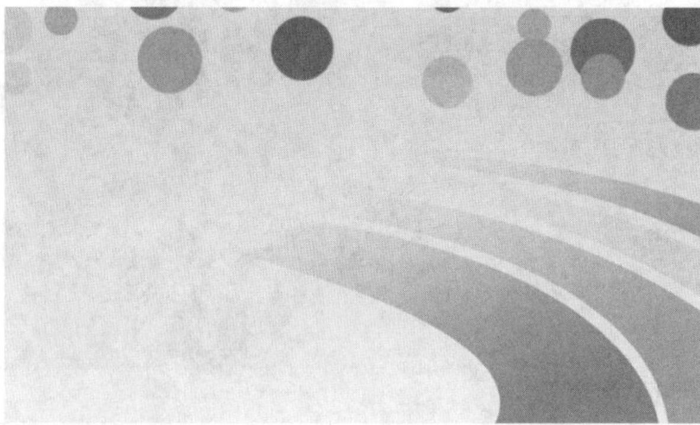

图9.159 最终效果

• 操作步骤 •

• 新建画布

STEP 01 执行菜单栏中的“文件”|“新建”命令，在弹出的对话框中设置“宽度”为1000像素，“高度”为500像素，“分辨率”为72像素/英寸。

STEP 02 选择工具箱中的“渐变工具”，编辑浅红色（R：246，G：240，B：238）到浅红色（R：250，G：250，B：250）的渐变，单击选项栏中的“线性渐变”按钮，在画布中从上至下拖动，为其填充渐变，如图9.160所示。

图9.160 新建画布并填充渐变

STEP 03 选择工具箱中的“钢笔工具”，在选项栏中单击“选择工具模式”按钮，在弹出的选项中选择“形状”，将“填充”更改为红色（R：253，G：162，B：160），“描边”更改为无，在画布右侧的位置绘制一个不规则图形，此时将生成一个“形状1”图层，如图9.161所示。

图9.161 绘制图形

STEP 04 在“图层”面板中选中“形状1”图层，将其拖至面板底部的“创建新图层”按钮上，复制1个“形状1 拷贝”图层，如图9.162所示。

STEP 05 选择工具箱中的“直接选择工具”，拖动“形状1 拷贝”图层中图形锚点将其变形，将图形填充颜色更改为绿色（R：174，G：222，B：112），如图9.163所示。

图9.162 复制图层

图9.163 变形并更改颜色

STEP 06 以同样的方法将图形再复制2份，分别更改图形颜色并变形，如图9.164所示。

图9.164 更改图形颜色并将其变形

STEP 07 同时选中除“背景”之外所有图层，按Ctrl+G组合键将其编组，此时将生成一个“组1”组，如图9.165所示。

STEP 08 在“图层”面板中选中“组1”组，单击面板底部的“添加图层蒙版”按钮，为其图层添加图层蒙版，如图9.166所示。

图9.165 将图层编组

图9.166 添加图层蒙版

STEP 09 选择工具箱中的“渐变工具”，编辑黑色到白色的渐变，单击选项栏中的“线性渐变”按钮，在图形上拖动，将部分图形隐藏，如图9.167所示。

图9.167 隐藏图形

• **添加图像**

STEP 01 在“画笔”面板中选择“画笔笔尖形状”，选择一个圆角笔触，将“大小”更改为80像素，“硬度”更改为100%，“间距”更改为155%，如图9.168所示。

STEP 02 勾选“形状动态”复选框，将“大小抖动”更改为50%，如图9.169所示。

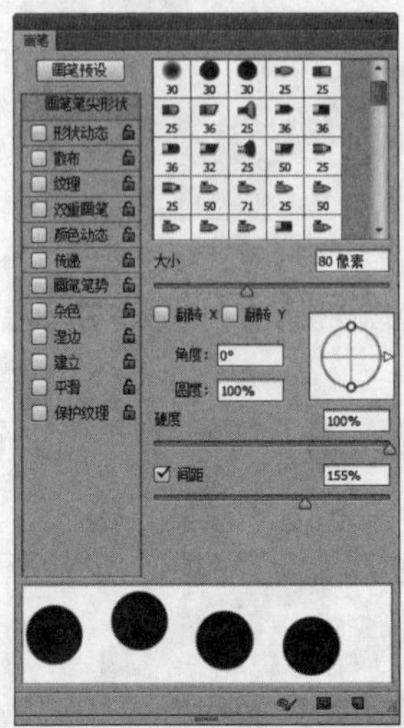
图9.168 设置画笔笔尖形状

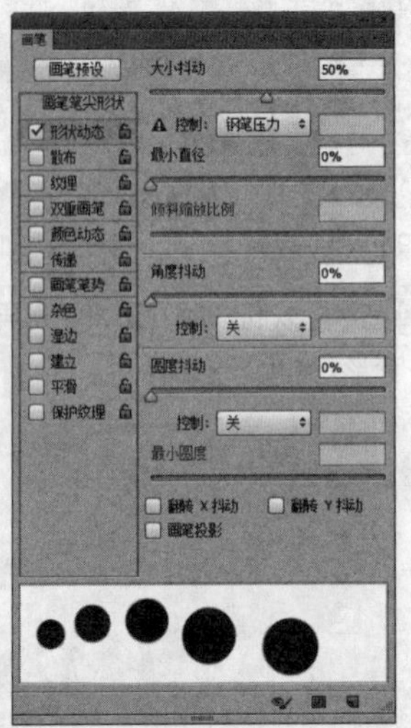
图9.169 设置形状动态

STEP 03 勾选“散布”复选框，将“散布”更改为500%，“数量”更改为3，如图9.170所示。

STEP 04 勾选“颜色动态”复选框，选中“应用每笔尖”复选框将“前景/背景抖动”更改为60%，“色相抖动”更改为80%，“饱和度抖动”更改为5%，“亮度抖动”更改为10%，如图9.171所示。

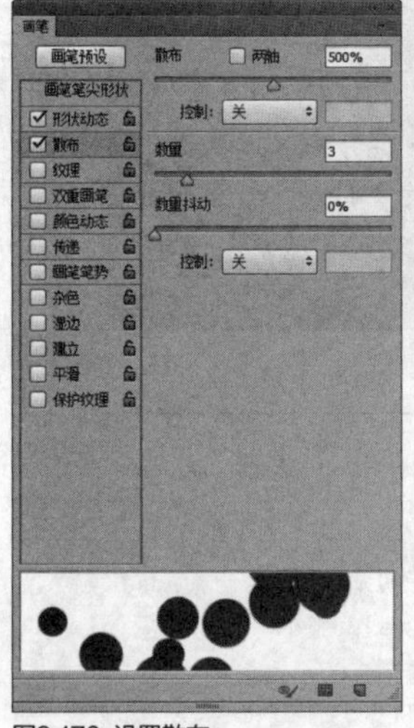
图9.170 设置散布

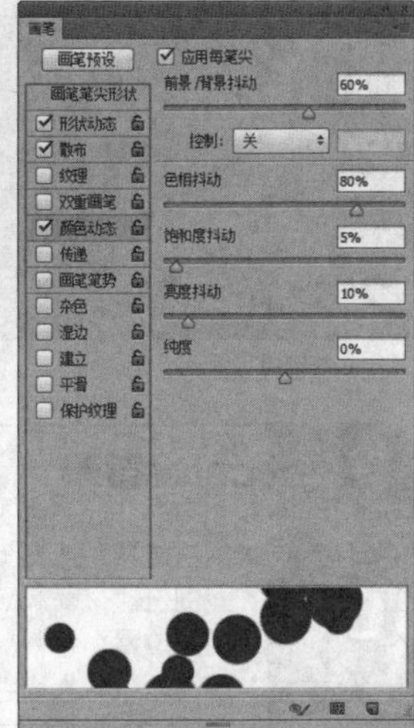
图9.171 设置颜色动态

STEP 05 单击面板底部的“创建新图层”按钮，新建一个“图层1”图层，将前景色更改为绿色（R：174，G：222，B：112），背景色更改为黄色（R：250，G：250，B：148），在画布顶部的位置拖动鼠标添加图像，这样就完成了效果制作，最终效果如图9.172所示。

图9.172 最终效果

实战 366

手绘城市背景

▶素材位置：素材\第9章\城市.jpg
▶案例位置：效果\第9章\手绘城市背景.psd
▶视频位置：视频\实战366.avi
▶难易指数：★★★☆☆

• 实例介绍 •

手绘城市背景的制作以手绘城市为重点素材，手绘图像令整个画面更加富有生动感，最终效果如图9.173所示。

图9.173 最终效果

• 操作步骤 •

• 新建画布

STEP 01 执行菜单栏中的“文件”|“新建”命令，在弹出的对话框中设置“宽度”为700像素，“高度”为550像素，“分辨率”为72像素/英寸，“颜色模式”为RGB颜色，新建一个空白画布。

STEP 02 选择工具箱中的“渐变工具”，在选项栏中单击“点按可编辑渐变”按钮，在弹出的对话框中将渐变颜色更改为浅灰色（R：253，G：253，B：253）到灰色（R：210，G：210，B：210），设置完成之后单击“确定”按钮，单击选项栏中的“线性渐变”按钮，在画布中从上至下拖动，为画布填充渐变，如图9.174所示。

图9.174 填充渐变

STEP 03 执行菜单栏中的“文件”|“打开”命令，打开“城市.jpg”文件，将打开的素材拖入画布中并适当缩小，此时其图层名称将自动更改为“图层1”，如图9.175所示。

图9.175 添加素材

STEP 04 在“图层”面板中选中“图层 1”图层，将其图层混合模式设置为“正片叠底”，如图9.176所示。

图9.176 设置图层混合模式

• 绘制图像

STEP 01 选择工具箱中的“钢笔工具”，在画布中绘制一个不规则封闭路径，如图9.177所示。

图9.177 绘制路径

STEP 02 按Ctrl+Enter组合键，将路径转换成选区，如图9.178所示。

STEP 03 单击面板底部的“创建新图层”按钮，新建一个“图层2”图层，并将其移至“图层1”下方，如图9.179所示。

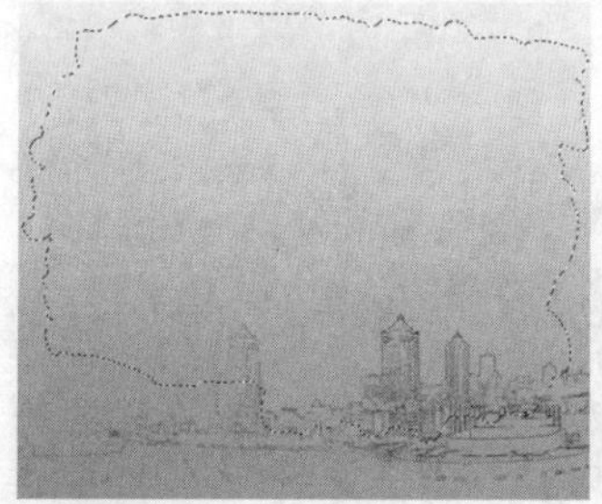
图9.178 转换选区

图9.179 新建图层

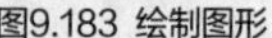

图9.183 绘制图形

图9.184 复制图层

STEP 04 选中“图层 2”图层，将选区填充为白色，完成之后按Ctrl+D组合键将选区取消，如图9.180所示。

STEP 05 选择工具箱中的“模糊工具”，在画布中单击鼠标右键，在弹出的面板中选择一种圆角笔触，将“大小”更改为200像素，“硬度”更改为0%，如图9.181所示。

图9.180 填充颜色

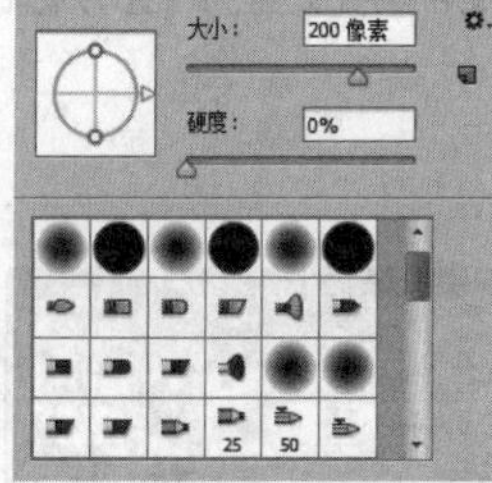
图9.181 设置笔触

STEP 06 选中“图层2”图层，在图像顶部区域涂抹，添加局部模糊效果，如图9.182所示。

图9.182 模糊图像

STEP 07 选择工具箱中的“钢笔工具”，在选项栏中单击“选择工具模式” 按钮，在弹出的选项中选择“形状”，将“填充”更改为绿色（R：202，G：237，B：188），“描边”更改为无，在刚才绘制的图像下半部分的位置绘制一个不规则图形，此时将生成一个“形状1”图层，如图9.183所示。

STEP 08 在“图层”面板中选中“形状1”图层，将其移至“图层2”图层上方，再将其拖至面板底部的“创建新图层”按钮上，复制1个“形状1 拷贝”图层，如图9.184所示。

STEP 09 选中“形状1”图层，将其图形颜色更改为白色，再选中“形状1 拷贝”图层，按Ctrl+T组合键对其执行“自由变换”命令，将图形等比例缩小，完成之后按Enter键确认，如图9.185所示。

图9.185 变换图形

STEP 10 选中“形状1 拷贝”图层，执行菜单栏中的“滤镜”|“模糊”|“高斯模糊”命令，在弹出的对话框中将“半径”更改为20像素，完成之后单击“确定”按钮，如图9.186所示。

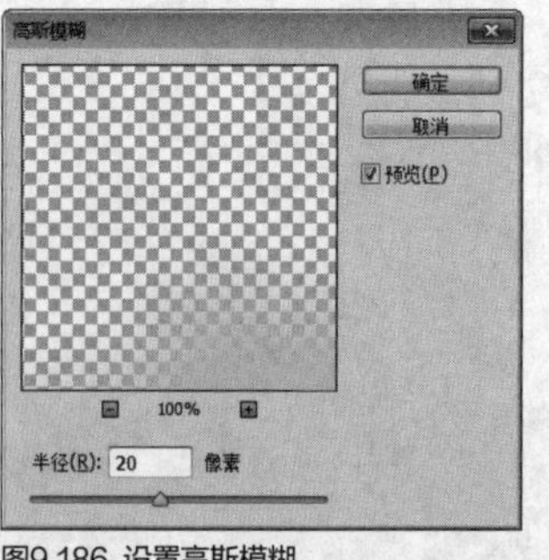

图9.186 设置高斯模糊

STEP 11 选择工具箱中的“画笔工具”，在画布中单击鼠标右键，在弹出的面板中选择一种圆角笔触，将“大小”更改为180像素，“硬度”更改为0%，在选项栏中将“不透明度”更改为20%，如图9.187所示。

STEP 12 分别将前景色更改为黄色（R：253，G：242，B：176）和绿色（R：202，G：237，B：188），选中“图层2”图层，在图像上方的区域单击或拖动，添加颜色，如图9.188所示。

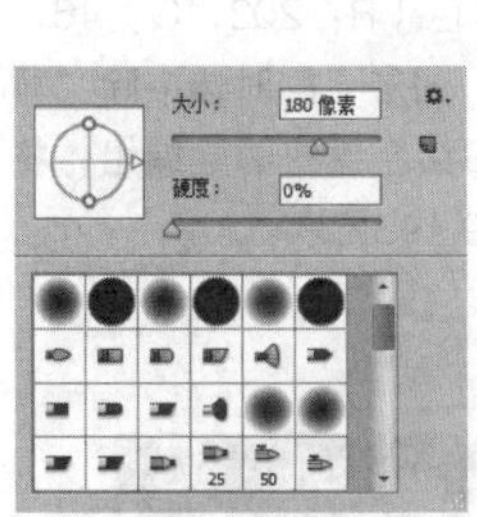

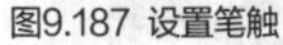
图9.187 设置笔触

图9.188 添加图像

STEP 13 同时选中“形状1 拷贝”及“形状1”图层，按Ctrl+E组合键将其合并，此时将生成一个“形状1 拷贝”图层，如图9.189所示。

STEP 14 在“图层”面板中选中“形状1 拷贝”图层，单击面板底部的“添加图层蒙版”按钮，为其图层添加图层蒙版，如图9.190所示。

图9.189 合并图层

图9.190 添加图层蒙版

STEP 15 按住Ctrl键单击“图层 2”图层缩览图，将其载入选区，执行菜单栏中的“选择”|“反向”命令将选区反向，将选区填充为黑色，将部分图像隐藏，完成之后按Ctrl+D组合键将选区取消，这样就完成了效果制作，最终效果如图9.191所示。

图9.191 最终效果

实战 367

立体多边形背景

- 素材位置：无
- 案例位置：效果\第9章\立体多边形背景.psd
- 视频位置：视频\实战367.avi
- 难易指数：★★☆☆☆

• 实例介绍 •

本例首先制作单个立体图形效果，然后将制作的立体图形复制并铺满整个画布即可实现整体的立体视觉效果，最终效果如图9.192所示。

图9.192 最终效果

• 操作步骤 •

• 新建画布

STEP 01 执行菜单栏中的“文件”|“新建”命令，在弹出的对话框中设置“宽度”为700像素，“高度”为420像素，“分辨率”为72像素/英寸，“颜色模式”为RGB颜色，新建一个空白画布。

STEP 02 选择工具箱中的“渐变工具”，编辑红色（R：154，G：7，B：13）到红色（R：220，G：33，B：47）再到红色（R：154，G：7，B：13）的渐变，单击选项栏中的“线性渐变”按钮，在画布中从左向右拖动，为画布填充渐变，如图9.193所示。

图9.193 填充渐变

STEP 03 选择工具箱中的“钢笔工具”，单击选项栏中的“选择工具模式”按钮，在弹出的选项中选择“形状”，将“填充”更改为紫色（R：180，G：18，B：63），“描边”更改为无，在画布左上角的位置绘制一个不规则图形，此时将生成一个“形状1”图层，如图9.194所示。

图9.194 绘制图形

STEP 04 在“图层”面板中选中“形状1”图层，将其拖至面板底部的“创建新图层”按钮上，复制1个“形状1 拷贝”图层，如图9.195所示。

STEP 05 选中“形状1 拷贝”图层，在画布中将其图形颜色更改为紫色（R：208，G：30，B：70），再按Ctrl+T组合键对其执行“自由变换”命令，单击鼠标右键，从弹出的快捷菜单中选择“水平翻转”命令，完成之后按Enter键确认，再将其与原图形对齐，如图9.196所示。

图9.195 复制图层

图9.196 变换图形

STEP 06 选择工具箱中的“钢笔工具”，单击选项栏中的“选择工具模式”按钮，在弹出的选项中选择“形状”，将“填充”更改为紫色（R：180，G：18，B：63），“描边”更改为无，在刚才绘制的图形上方的位置绘制一个不规则图形，此时将生成一个“形状2”图层，如图9.197所示。

图9.197 绘制图形

● **绘制图形**

STEP 01 以刚才同样的方法在图形上方的位置再次绘制一个不规则图形，并将图形颜色更改为紫色（R：203，G：46，B：64），此时将生成一个“形状3”图层，同时选中除“背景”图层之外的所有图层，按Ctrl+G组合键将图层编组，将生成的组名称更改为“底纹”，如图9.198所示。

图9.198 绘制图形

STEP 02 选中“底纹”组，在画布中按住Alt+Shift组合键将图形复制多份并铺满整个画布，如图9.199所示。

STEP 03 同时选中所有组，按Ctrl+G组合键将其编组，将生成的组名称更改为“底纹图形”，如图9.200所示。

图9.199 复制图层

图9.200 将组编组

STEP 04 在“图层”面板中选中“底纹图形”组，将其混合模式设置为“明度”，“不透明度”更改为20%，这样就完成了效果制作，最终效果如图9.201所示。

图9.201 最终效果

实战 368 散落多边形背景

▶素材位置：无
▶案例位置：效果\第9章\散落多边形背景.psd
▶视频位置：视频\实战368.avi
▶难易指数：★★☆☆☆

• 实例介绍 •

本例的制作思路十分简单，即将绘制的多边形图形无规律地摆放，给人一种散落的视觉感受，此种风格的背景多用于时尚、前卫的商品广告中，最终效果如图9.202所示。

图9.202 最终效果

• 操作步骤 •

● 新建画布

STEP 01 执行菜单栏中的“文件”|“新建”命令，在弹出的对话框中设置“宽度”为720像素，“高度”为400像素，“分辨率”为72像素/英寸，“颜色模式”为RGB颜色，新建一个空白画布，将画布填充为紫色（R：153，G：38，B：66）。

STEP 02 选择工具箱中的“矩形工具”■，在选项栏中将“填充”更改为深紫色（R：80，G：15，B：35），“描边”更改为无，在画布中绘制一个与画布相同大小的矩形，此时将生成一个“矩形1”图层，如图9.203所示。

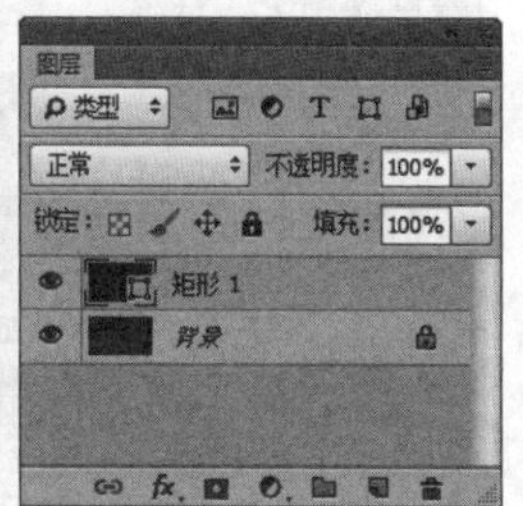

图9.203 绘制图形

STEP 03 在“图层”面板中选中“矩形1”图层，单击面板底部的“添加图层蒙版”■按钮，为其图层添加图层蒙版，如图9.204所示。

STEP 04 选择工具箱中的“画笔工具”，在画布中单击鼠标右键，在弹出的面板中选择一种圆角笔触，将“大小”更改为300像素，“硬度”更改为0%，如图9.205所示。

图9.204 添加图层蒙版

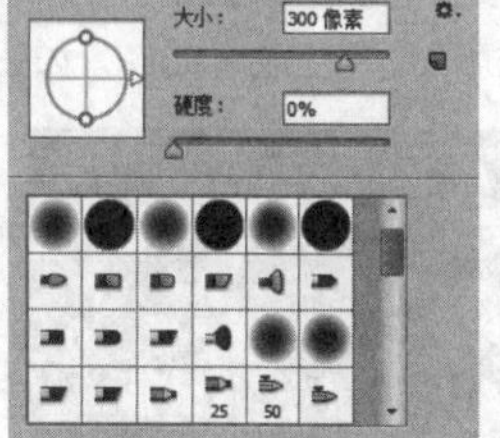

图9.205 设置渐变并隐藏图形

STEP 05 将前景色更改为黑色，在画布中涂抹，将部分图形隐藏，如图9.206所示。

图9.206 隐藏图形

● 绘制图形

STEP 01 选择工具箱中的“钢笔工具”，在选项栏中单击“选择工具模式” 路径 按钮，在弹出的选项中选择“形状”，将“填充”更改为深紫色（R：84，G：5，B：28），“描边”更改为无，在画布靠左侧的位置绘制一个不规则图形，此时将生成一个“形状1”图层，如图9.207所示。

图9.207 绘制图形

STEP 02 在“图层”面板中选中“形状1”图层，单击面板底部的“添加图层蒙版”按钮，为其图层添加图层蒙版，如图9.208所示。

STEP 03 选择工具箱中的“渐变工具”，在选项栏中单击“点按可编辑渐变”按钮，在弹出的对话框中选择“黑白渐变”，设置完成之后单击“确定”按钮，再单击选项栏中的“线性渐变”按钮，在图形上拖动，将部分图形隐藏，将其图层“不透明度”更改为50%，如图9.209所示。

图9.208 添加图层蒙版

图9.209 设置渐变

STEP 04 以同样的方法绘制数个相似的图形，这样就完成了效果制作，最终效果如图9.210所示。

图9.210 最终效果

实战 369 旅行元素背景

▶素材位置：素材\第9章\风景.jpg
▶案例位置：效果\第9章\旅行元素背景.psd
▶视频位置：视频\实战369.avi
▶难易指数：★★☆☆☆

• 实例介绍 •

本例讲解旅行元素背景的制作方法，图像采用水边日落美景，给人以无限遐想，而大量的旅行城市名称的加入与背景一同构成了旅行元素的背景，最终效果如图9.211所示。

图9.211 最终效果

• 操作步骤 •

● 打开素材

STEP 01 执行菜单栏中的“文件”|“打开”命令，打开“风景.jpg”文件，如图9.212所示。

图9.212 打开图像

STEP 02 在“图层”面板中单击面板底部的“创建新的填充或调整图层”按钮，在弹出的菜单中选择“可选颜色”命令，在弹出的面板中选择“颜色”为红色，将“黄色”更改为100%，设置完成之后单击“确定”按钮，如图9.213所示。

STEP 03 选择“颜色”为黄色，将“黄色”更改为100%，如图9.214所示。

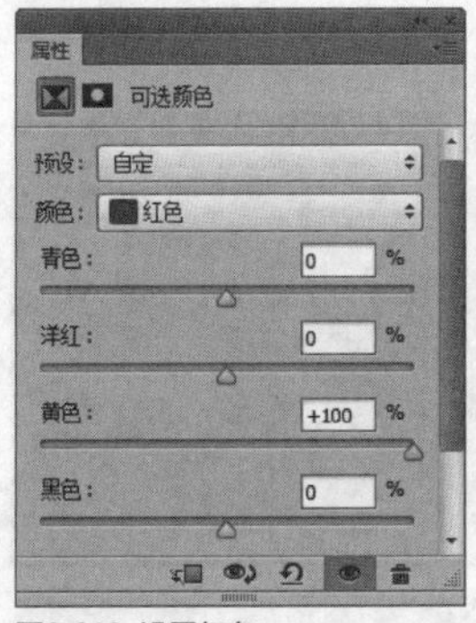

图9.213 设置红色

图9.214 设置黄色

STEP 04 选择"颜色"为中性色，将"黄色"更改为20%，如图9.215所示。

STEP 05 选择"颜色"为黑色，将"黄色"更改为10%，如图9.216所示。

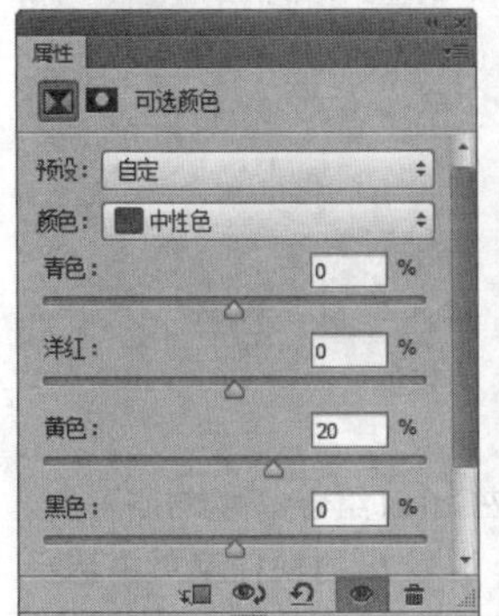

图9.215 设置中性色

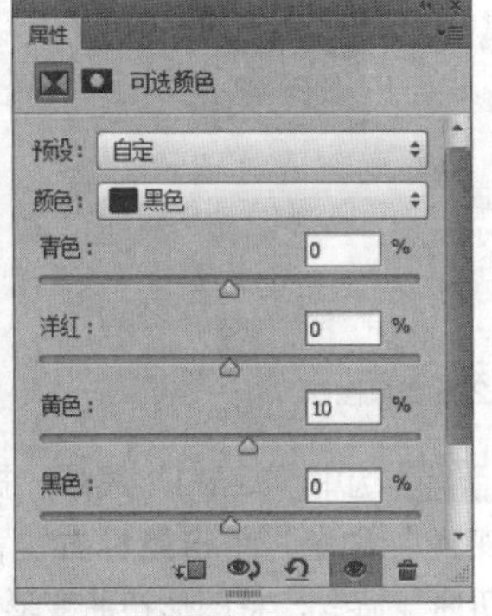

图9.216 设置黑色

STEP 06 在"图层"面板中单击面板底部的"创建新的填充或调整图层"按钮，在弹出的菜单中选择"照片滤镜"命令，在弹出的面板中选择"滤镜"为"加温滤镜（85）"，"浓度"更改为25%，如图9.217所示。

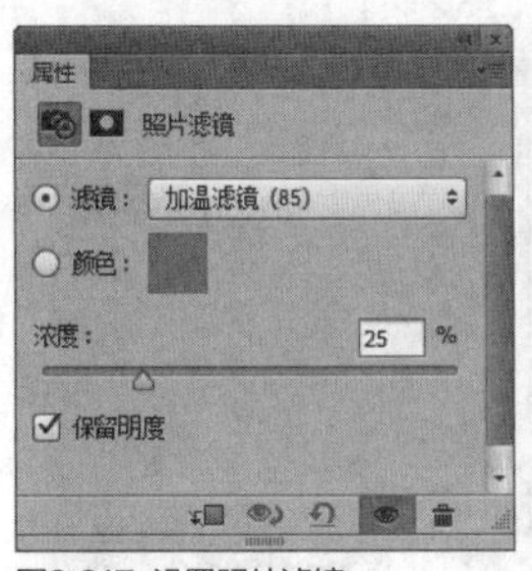

图9.217 设置照片滤镜

STEP 07 单击面板底部的"创建新图层"按钮，新建一个"图层1"图层，如图9.218所示。

STEP 08 选中"图层1"图层，按Ctrl+Alt+Shift+E组合键执行"盖印可见图层"命令，如图9.219所示。

图9.218 新建图层

图9.219 盖印可见图层

STEP 09 选中"图层1"图层，执行菜单栏中的"滤镜"|"模糊"|"高斯模糊"命令，在弹出的对话框中将"半径"更改为6像素，设置完成之后单击"确定"按钮，如图9.220所示。

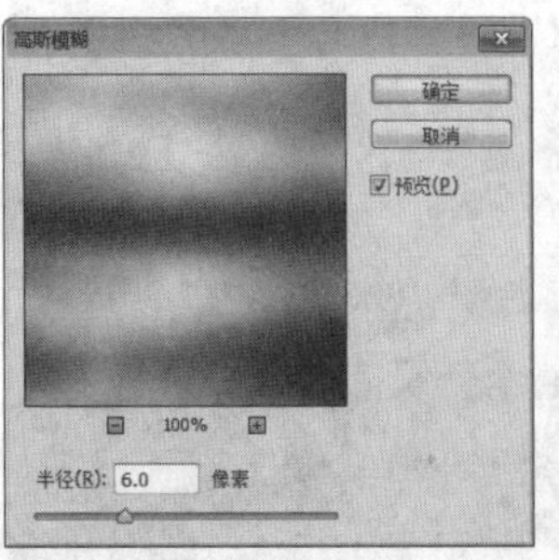

图9.220 设置高斯模糊

STEP 10 执行菜单栏中的"滤镜"|"模糊"|"动感模糊"命令，在弹出的对话框中将"角度"更改为0度，"距离"更改为10像素，设置完成之后单击"确定"按钮，如图9.221所示。

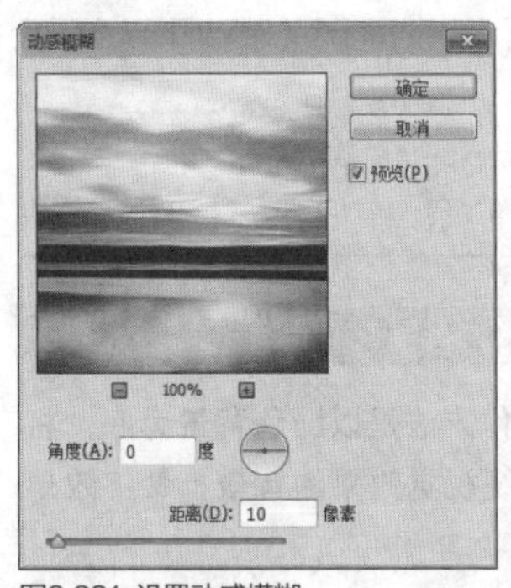

图9.221 设置动感模糊

提示

添加动感模糊滤镜的作用是增强图像层次感，使其更加富有动感。

● 添加文字

STEP 01 选择工具箱中的"横排文字工具"，在画布中的适当位置添加文字，如图9.222所示。

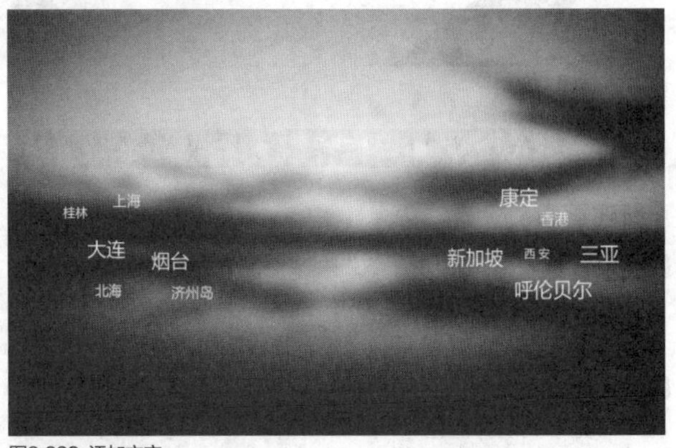

图9.222 添加文字

STEP 02 在"图层"面板中选中刚才添加的文字，分别更改其大小和不透明度，这样就完成了效果制作，最终效果如图9.223所示。

图9.223 最终效果

实战370 环绕瓷贴背景

▶素材位置：素材\第9章\UI.psd
▶案例位置：效果\第9章\环绕瓷贴背景.psd
▶视频位置：视频\实战370.avi
▶难易指数：★★★☆☆

• 实例介绍 •

本例中环绕瓷贴背景的制作方法是以纯色背景为底，将绘制的图形变形组合成具有环绕视觉效果的背景，最终效果如图9.224所示。

图9.224 最终效果

• 操作步骤 •

• 新建画布

STEP 01 执行菜单栏中的“文件”|“新建”命令，在弹出的对话框中设置“宽度”为700像素，“高度”为420像素，“分辨率”为72像素/英寸，“颜色模式”为RGB。

STEP 02 颜色选择工具箱中的“矩形工具”■，在选项栏中将“填充”更改为蓝色（R：11，G：147，B：225），“描边”更改为无，在画布靠左侧的位置按住Shift键绘制一个矩形，此时将生成一个“矩形1”图层，如图9.225所示。

图9.225 绘制图形

STEP 03 选中“矩形1”图层，按Ctrl+T组合键对其执行“自由变换”命令，单击鼠标右键，从弹出的快捷菜单中选择“扭曲”命令，将图形扭曲变形，完成之后按Enter键确认，如图9.226所示。

STEP 04 在“图层”面板中选中“矩形1”图层，将其拖至面板底部的“创建新图层”■按钮上，复制一个“矩形1 拷贝”图层，如图9.227所示。

图9.226 将图形变形

图9.227 复制图层

STEP 05 选中“矩形1 拷贝”图层，选择工具箱中的“矩形工具”■，在选项栏中将“填充”更改为蓝色（R：17，G：83，B：170），在画布中将其向下稍微移动，再选择工具箱中的“直接选择工具”↖拖动图形锚点将其适当变形，如图9.228所示。

STEP 06 以同样的方法绘制图形或复制，将其变形，如图9.229所示。

图9.228 变换图形

图9.229 其他变形效果

提示

在继续绘制图形的过程中可以将之前绘制的矩形复制并变形，或者绘制新的矩形。

STEP 07 同时选中除“背景”之外的所有图层，按Ctrl+G组合键将其编组，将生成的组名称更改为“图形”，如图9.230所示。

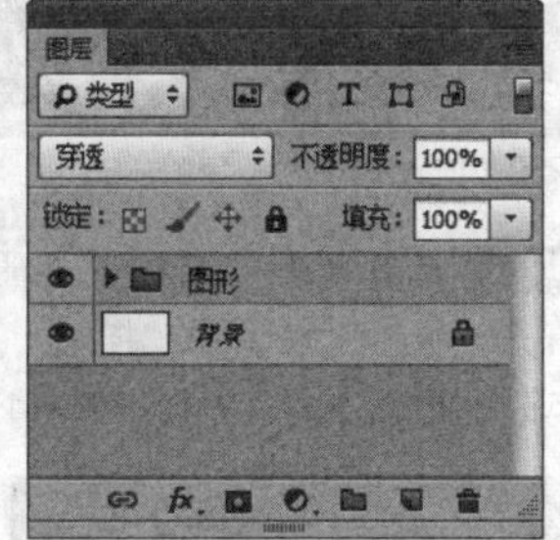

图9.230 将图层编组

STEP 08 在“图层”面板中选中“图形”组，将其拖至面板底部的“创建新图层”按钮上，复制一个“图形 拷贝”组，如图9.231所示。

STEP 09 选中“图形 拷贝”组，按Ctrl+T组合键对其执行“自由变换”命令，单击鼠标右键，从弹出的快捷菜单中选择“旋转180度”命令，完成之后按Enter键确认，再将图形移至画布右上角的位置，如图9.232所示。

图9.231 复制组

图9.232 变换图形

STEP 10 以同样的方法将“图形”组再复制3份，并分别将其变形，围绕整个画布，再选中其中的一个“图形”组，将其展开分别选中图层，将其图形颜色更改为红色系，如图9.233所示。

图9.233 复制并变换图形

● 添加素材

STEP 01 执行菜单栏中的“文件”|“打开”命令，打开“UI.psd”文件，将打开的素材拖入画布中靠顶部图形旁边的位置并适当缩小，如图9.234所示。

图9.234 添加素材

STEP 02 在“图层”面板中选中“UI”组，将其展开，选中“1”图层，将图像移至刚才所绘制的部分图形上，按Ctrl+T组合键对其执行“自由变换”命令，单击鼠标右键，从弹出的快捷菜单中选择“扭曲”命令，将图形扭曲变形，完成之后按Enter键确认，以同样的方法分别选中“2”“3”图层，将其扭曲变形，如图9.235所示。

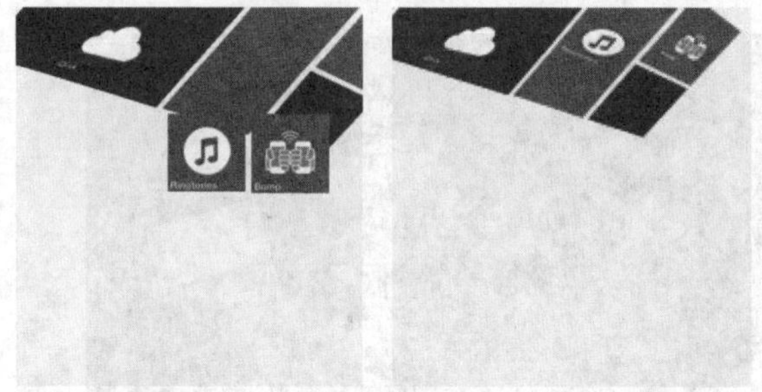

图9.235 变换图像

STEP 03 在“图层”面板中选中“UI”组，将其拖至面板底部的“创建新图层”按钮上，复制一个“UI 拷贝”组，如图9.236所示。

图9.236 复制组

STEP 04 选中“UI 拷贝”组，在画布中将其移至画布右下角位置，再将其展开，以刚才同样的方法分别选中每个图层，将其扭曲变形，完成之后按Enter键确认，这样就完成了效果制作，最终效果如图9.237所示。

图9.237 最终效果

实战371 立体展台背景

- ▶素材位置：无
- ▶案例位置：效果\第9章\立体展台背景.psd
- ▶视频位置：视频\实战371.avi
- ▶难易指数：★★★☆☆

• 实例介绍 •

本例中的立体展台由多个图形拼接组合而成，整个背景的立体感较强，同时和谐的色彩搭配可以运用于多种商品广告中，最终效果如图9.238所示。

图9.238 最终效果

• 操作步骤 •

• 绘制画布

STEP 01 执行菜单栏中的"文件"|"新建"命令，在弹出的对话框中设置"宽度"为700像素，"高度"为450像素，"分辨率"为72像素/英寸，"颜色模式"为RGB颜色，新建一个空白画布。

STEP 02 选择工具箱中的"渐变工具"，在选项栏中单击"点按可编辑渐变"按钮，在弹出的对话框中将渐变颜色更改为紫色（R：109，G：44，B：138）到紫色（R：75，G：26，B：84），设置完成之后单击"确定"按钮，再单击选项栏中的"线性渐变"按钮，在画布中从上至下拖动，为画布填充渐变，如图9.239所示。

图9.239 填充渐变

STEP 03 选择工具箱中的"矩形工具"，在选项栏中将"填充"更改为白色，"描边"更改为无，在画布中绘制一个矩形，此时将生成一个"矩形1"图层，如图9.240所示。

图9.240 绘制图形

STEP 04 选中"矩形1"图层，执行菜单栏中的"滤镜"|"模糊"|"动感模糊"命令，在弹出的对话框中将"角度"更改为90度，"半径"更改为100像素，设置完成之后单击"确定"按钮，如图9.241所示。

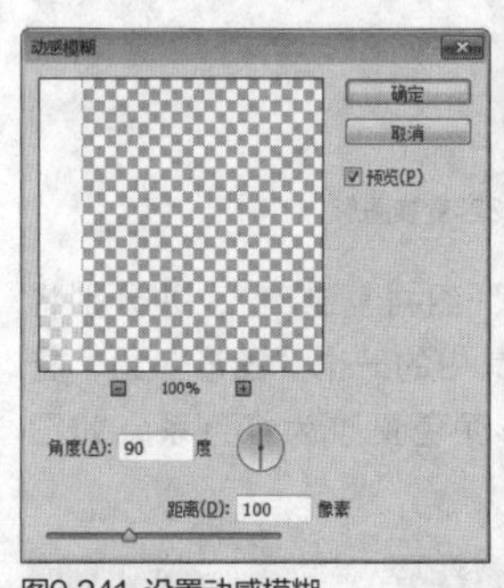

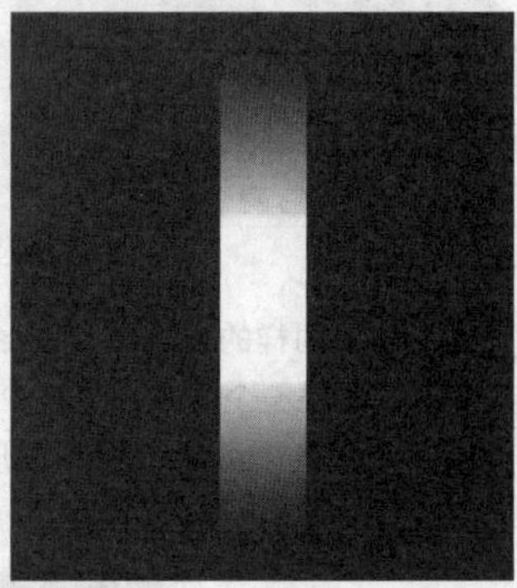
图9.241 设置动感模糊

STEP 05 选中"矩形1"图层，按Ctrl+T组合键对其执行"自由变换"命令，单击鼠标右键，从弹出的快捷菜单中选择"透视"命令，拖动控制点将图像透视变形，完成之后按Enter键确认并将图像移动，如图9.242所示。

图9.242 变换图形

STEP 06 选中“矩形 1”图层，执行菜单栏中的“滤镜”|“模糊”|“高斯模糊”命令，在弹出的对话框中将“半径”更改为10像素，设置完成之后单击“确定”按钮，如图9.243所示。

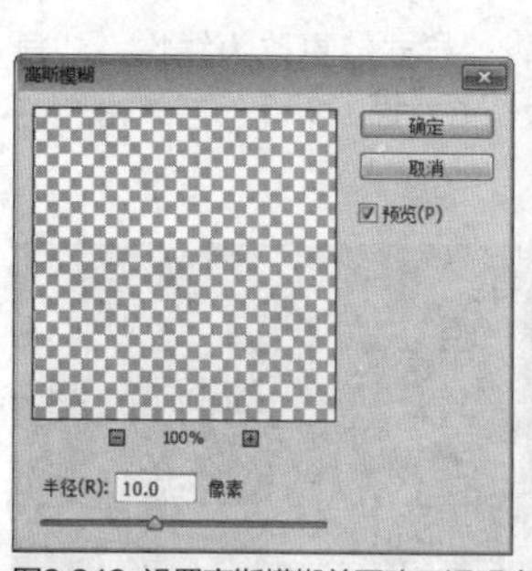

图9.243 设置高斯模糊并更改不透明度

STEP 07 选中“矩形 1”图层，将其图层“不透明度”更改为70%。

STEP 08 选中“矩形1”图层，将其移至靠左上角的位置，按住Alt键向右侧拖动，将图形复制3份，如图9.244所示。

图9.244 复制图形

提示

复制图像之后可以根据实际总体的大小将图像适当缩小及移动。

● 绘制图形

STEP 01 选择工具箱中的“矩形工具”■，在选项栏中将“填充”更改为白色，“描边”更改为无，在画布靠左下角的位置绘制一个矩形，此时将生成一个“矩形2”图层，如图9.245所示。

图9.245 绘制图形

STEP 02 选择工具箱中的“直接选择工具”，选中矩形顶部2个锚点向左侧拖动，将图形变形，如图9.246所示。

图9.246 将图形变形

STEP 03 在“图层”面板中选中“矩形2”图层，单击面板底部的“添加图层样式”fx按钮，在菜单中选择“渐变叠加”命令，在弹出的对话框中将渐变颜色更改为紫色（R：164，G：35，B：138）到紫色（R：48，G：3，B：60），“样式”更改为径向，“角度”更改为40度，“缩放”更改为130%，完成之后单击“确定”按钮，如图9.247所示。

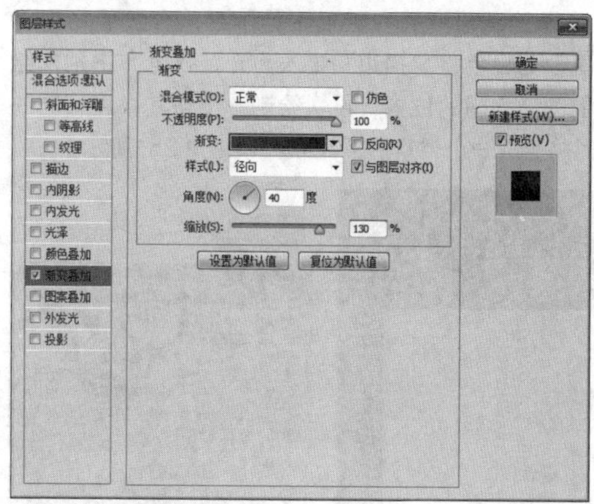

图9.247 设置渐变叠加

提示

在设置渐变叠加的过程中，将光标移至画布中图形的位置按住鼠标左键拖动，更改渐变位置。

STEP 04 在“图层”面板中选中“矩形 2”图层，将其拖至面板底部的“创建新图层”■按钮上，复制一个“矩形 2 拷贝”图层，如图9.248所示。

STEP 05 选中“矩形 2 拷贝”图层，再按Ctrl+T组合键对其执行“自由变换”命令，单击鼠标右键，从弹出的快捷菜单中选择“水平翻转”命令，完成之后按Enter键确认，将图形向右侧平移，如图9.249所示。

图9.248 复制图形

图9.249 变换图形

STEP 06 在“图层”面板中双击“矩形 2 拷贝”图层样式名称，当弹出图层样式对话框以后，在画布中按住鼠标左键拖动，以改变渐变颜色的位置，如图9.250所示。

图9.250 更改渐变颜色位置

STEP 07 选择工具箱中的“矩形工具”，在选项栏中将“填充”更改为白色，“描边”更改为无，在画布中刚才绘制及复制的图形之间的位置，再次绘制一个与其高度相同的矩形，此时将生成一个“矩形3”图层，如图9.251所示。

图9.251 绘制图形

STEP 08 选中“矩形3”图层，按Ctrl+T组合键对其执行“自由变换”命令，单击鼠标右键，从弹出的快捷菜单中选择“透视”命令，拖动控制点将图形透视变形，完成之后按Enter键确认，如图9.252所示。

图9.252 变换图形

STEP 09 在“矩形 2 拷贝”图层上单击鼠标右键，从弹出的快捷菜单中选择“拷贝图层样式”命令，在“矩形 3”图层上单击鼠标右键，从弹出的快捷菜单中选择“粘贴图层样式”命令，如图9.253所示。

STEP 10 双击“矩形3”图层样式名称，在弹出的对话框中将渐变颜色更改为红色（R：187，G：7，B：77）到红色（R：240，G：88，B：140），“样式”更改为线性，“角度”更改为90度，“缩放”更改为100%，完成之后单击“确定”按钮，如图9.254所示。

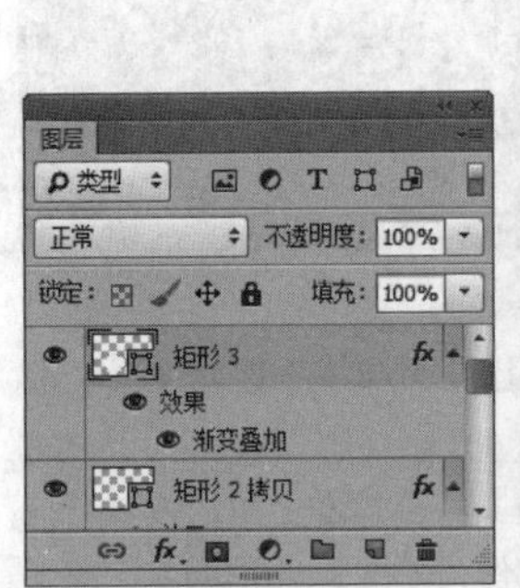

图9.253 粘贴图层样式

图9.254 修改图层样式

STEP 11 选择工具箱中的“矩形工具”，在选项栏中将“填充”更改为白色，“描边”更改为无，在画布中再次绘制一个矩形，此时将生成一个“矩形4”图层，将“矩形4”图层移至“矩形1”图层下方，如图9.255所示。

图9.255 绘制图形

STEP 12 在“图层”面板中选中“矩形4”图层，单击面板底部的“添加图层样式”按钮，在菜单中选择“渐变叠加”命令，在弹出的对话框中将“渐变”更改为紫色（R：164，

G：35，B：138）到深紫色（R：48，G：3，B：60），“角度”更改为0度，完成之后单击“确定”按钮，如图9.256所示。

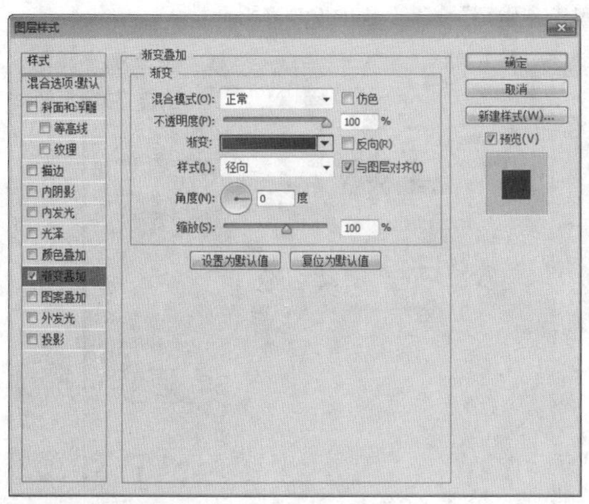

图9.256 设置渐变叠加

STEP 13 选择工具箱中的“矩形工具”■，在选项栏中将“填充”更改为白色，“描边”更改为无，在左侧矩形位置绘制矩形，此时将生成一个“矩形5”图层，如图9.257所示。

图9.257 绘制图形

STEP 14 选择工具箱中的“直接选择工具”，选中“矩形5”图层中图形顶部锚点向右侧拖动，将图形变形，如图9.258所示。

图9.258 将图形变形

STEP 15 在“图层”面板中选中“矩形4”图层，在其图层名称上单击鼠标右键，从弹出的快捷菜单中选择“拷贝图层样式”命令，在“矩形5”图层名称上单击鼠标右键，从弹出的快捷菜单中选择“粘贴图层样式”命令。

STEP 16 双击其图层样式名称，在弹出的对话框中将渐变颜色更改为紫色（R：210，G：3，B：133）到紫色（R：160，G：6，B：100），“角度”更改为0度，“缩放”更改为100%，完成之后单击“确定”按钮，如图9.259所示。

图9.259 复制粘贴图层样式

STEP 17 在“图层”面板中选中“矩形 5”图层，将其拖至面板底部的“创建新图层”按钮上，复制一个“矩形 5拷贝”图层，如图9.260所示。

STEP 18 选中“矩形 5拷贝”图层，在画布中按住Shift键将其向右侧移动，再按Ctrl+T组合键对其执行“自由变换”命令，单击鼠标右键，从弹出的快捷菜单中选择“水平翻转”命令，完成之后按Enter键确认，如图9.261所示。

图9.260 复制图形

图9.261 变换图形

STEP 19 在“图层”面板中双击“矩形 5 拷贝”图层样式名称，当弹出图层样式对话框以后在画布中按住鼠标左键拖动以改变渐变颜色的位置。

STEP 20 选择工具箱中的“矩形工具”■，在选项栏中将“填充”更改为白色，“描边”更改为无，在画布中刚才绘制及复制的图形之间的位置再次绘制一个与其高度相同的矩形，此时将生成一个“矩形6”图层，如图9.262所示。

图9.262 绘制图形

STEP 21 选中“矩形6”图层，按Ctrl+T组合键对其执行“自由变换”命令，单击鼠标右键，从弹出的快捷菜单中选择“透视”命令，当出现变形框以后拖动控制点，将图形透视变形，完成之后按Enter键确认，如图9.263所示。

图9.263 变换图形

STEP 22 在“图层”面板中选中“矩形6”图层，在其图层名称上单击鼠标右键，从弹出的快捷菜单中选择“粘贴图层样式”命令，双击“矩形6”图层样式名称，在弹出的对话框中将渐变颜色更改为红色（R：243，G：94，B：145）到红色（R：210，G：26，B：98），“样式”更改为线性，“角度”更改为90度，“缩放”更改为130%，完成之后单击“确定”按钮，如图9.264所示。

图9.264 设置渐变叠加

STEP 23 在“图层”面板中选中“矩形 2”图层，将其拖至面板底部的“创建新图层”按钮上，复制一个“矩形 2拷贝2”图层，如图9.265所示。

STEP 24 选中“矩形 2拷贝2”图层，按Ctrl+T组合键对其执行“自由变换”命令，单击鼠标右键，从弹出的快捷菜单中选择“垂直翻转”命令，完成之后按Enter键确认，将图形向上移动，再选择工具箱中的“直接选择工具”，选中图形顶部锚点向右侧拖动将图形变形，如图9.266所示。

图9.265 复制图层

图9.266 变换图形

STEP 25 在“图层”面板中双击“矩形2 拷贝2”图层样式名称，在弹出的对话框中勾选“反向”复选框，将“样式”更改为线性，“角度”更改为90度，“缩放”更改为100%，完成之后单击“确定”按钮，如图9.267所示。

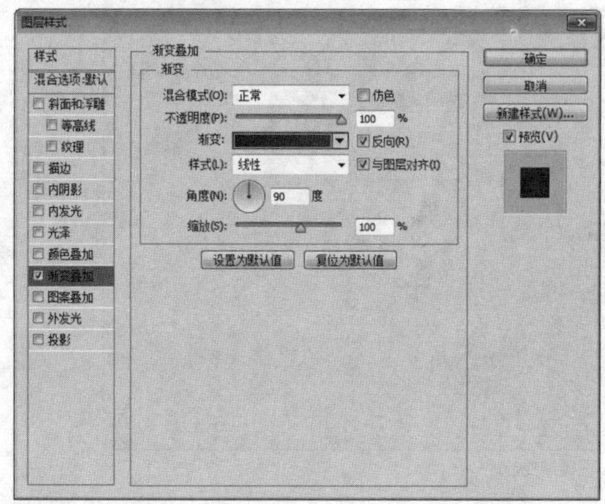

图9.267 设置渐变

提示

在“渐变叠加”图层样式对话框打开的情况下，在画布中的图形上按住鼠标左键拖动可以更改渐变叠加的位置。

STEP 26 在“图层”面板中选中“矩形 2 拷贝 2”图层，将其拖至面板底部的“创建新图层”按钮上，复制一个“矩形 2 拷贝 3”图层，如图9.268所示。

STEP 27 选中“矩形 2 拷贝 3”图层，按Ctrl+T组合键对其执行“自由变换”命令，单击鼠标右键，从弹出的快捷菜单中选择“水平翻转”命令，再将其向右移动并与下方图形对齐，完成之后按Enter键确认，如图9.269所示。

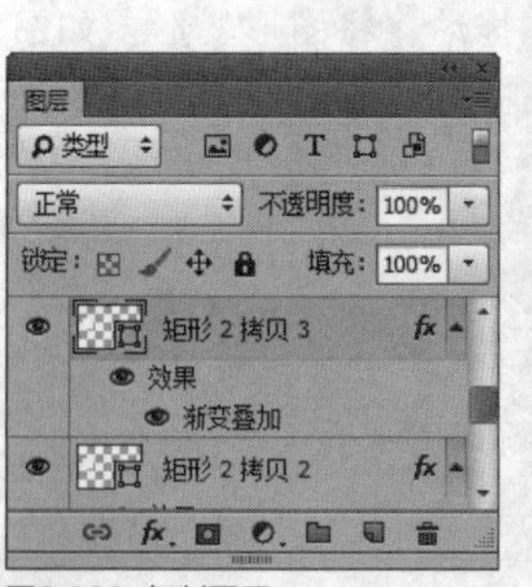

图9.268 复制图层

图9.269 变换图形

STEP 28 选择工具箱中的“矩形工具”，在选项栏中将“填充”更改为白色，“描边”更改为无，在画布中刚才复制的图形中间的位置绘制一个矩形，此时将生成一个“矩形7”图层，如图9.270所示。

图9.270 绘制图形

STEP 29 以刚才同样的方法将图形透视变形并添加渐变叠加图层样式，如图9.271所示。

图9.271 变换图形并添加图层样式

STEP 30 选择工具箱中的“矩形工具”■，在选项栏中将“填充”更改为白色，“描边”更改为无，在刚才变换的图形右侧绘制一个矩形，此时将生成一个“矩形8”图层，如图9.272所示。

图9.272 绘制图形

STEP 31 选择工具箱中的“直接选择工具”，在画布中拖动图形锚点将其变形，并以刚才同样的方法为其添加渐变叠加图层样式，如图9.273所示。

图9.273 变换图形

STEP 32 选择工具箱中的“矩形工具”■，在选项栏中将“填充”更改为紫色（R：48，G：3，B：60），“描边”更改为无，在画布中靠左侧的位置绘制一个矩形，此时将生成一个“矩形9”图层，选中“矩形9”图层，将其移至“矩形5”图层下方，如图9.274所示。

图9.274 绘制图形并更改图层顺序

STEP 33 选择工具箱中的“钢笔工具”，在选项栏中单击“选择工具模式” 按钮，在弹出的选项中选择“形状”，将“填充”更改为紫色（R：174，G：16，B：90），“描边”更改为无，在画布靠底部的位置绘制一个不规则图形，此时将生成一个“形状1”图层，如图9.275所示。

STEP 34 在“图层”面板中选中“形状1”图层，将其拖至面板底部的“创建新图层”按钮上，复制1个“形状1 拷贝”图层，如图9.276所示。

图9.275 绘制图形

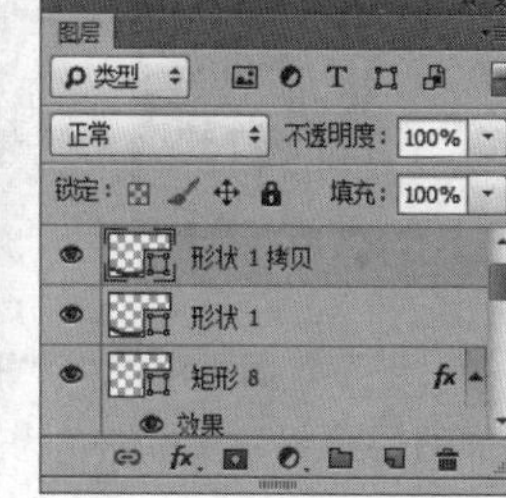

图9.276 复制图层

STEP 35 在“图层”面板中选中“形状1”图层，单击面板底部的“添加图层样式” 按钮，在菜单中选择“渐变叠加”命令，在弹出的对话框中将“渐变”更改为紫色（R：130，G：20，B：103）到紫色（R：220，G：16，B：98）再到紫色（R：130，G：20，B：103），“角度”更改为0度，完成之后单击“确定”按钮，如图9.277所示。

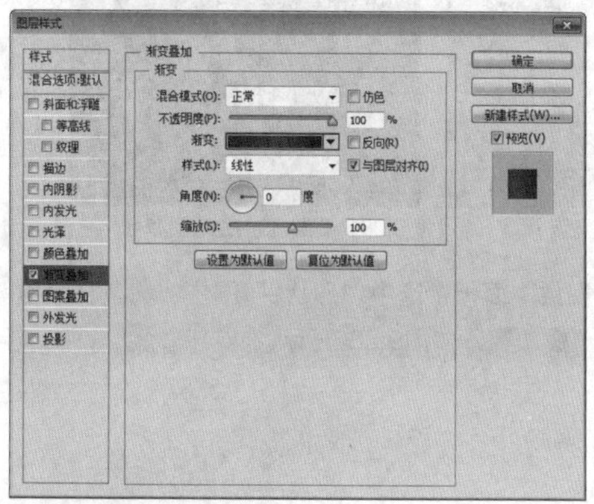

图9.277 设置渐变叠加

STEP 36 选中“形状1”图层，在画布中将其向上稍微移动，如图9.278所示。

图9.278 更改图形颜色并移动图形

● **添加质感**

STEP 01 选择工具箱中的“直线工具”，在选项栏中将“填充”更改为白色，“描边”更改为无，“粗细”更改为1像素，在画布中部分图形的边缘位置按住Shift键绘制一条水平线段，此时将生成一个“形状2”图层，如图9.279所示。

图9.279 绘制图形

STEP 02 在“图层”面板中选中“形状2”图层，单击面板底部的“添加图层蒙版”按钮，为其图层添加图层蒙版，如图9.280所示。

STEP 03 选择工具箱中的“渐变工具”，编辑黑色到白色的渐变，单击选项栏中的“线性渐变”按钮，在图形上从左至右拖动，将部分图形隐藏，如图9.281所示。

图9.280 添加图层蒙版

图9.281 设置渐变并隐藏图形

STEP 04 在“图层”面板中选中“形状2”图层，将其图层混合模式设置为“叠加”，如图9.282所示。

图9.282 设置图层混合模式

STEP 05 以同样的方法在其他图形的边缘位置绘制线段，制作高光质感效果，如图9.283所示。

图9.283 添加质感

STEP 06 选择工具箱中的“圆角矩形工具”，在选项栏中将“填充”更改为红色（R：254，G：113，B：166），“描边”更改为无，“半径”更改为5像素，在画布靠右侧的位置绘制一个圆角矩形，此时将生成一个“圆角矩形1”图层，如图9.284所示。

图9.284 绘制图形

STEP 07 在“图层”面板中选中“圆角矩形1”图层，单击面板底部的“添加图层样式”按钮，在菜单中选择“投影”命令，在弹出的对话框中将“不透明度”更改为50%，“距离”更改为2像素，“大小”更改为2像素，完成之后单击“确定”按钮，如图9.285所示。

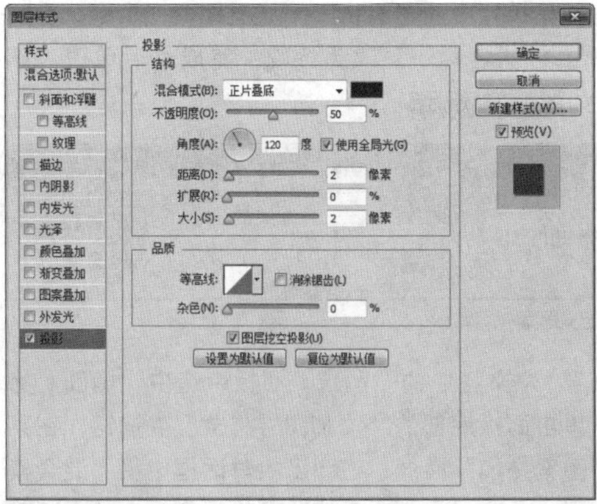
图9.285 设置投影

STEP 08 在“图层”面板中选中“圆角矩形 1”图层，将其拖至面板底部的“创建新图层”按钮上，复制1个“圆角矩形 1 拷贝”图层，选中“圆角矩形 1 拷贝”图层，将其图形颜色更改为白色，如图9.286所示。

图9.286 复制图层更改图形颜色

STEP 09 选中“圆角矩形 1 拷贝”图层，按Ctrl+T组合键对其执行“自由变换”命令，将图形适当旋转，完成之后按Enter键确认，这样就完成了效果制作，最终效果如图9.287所示。

图9.287 最终效果

实战 372

条纹律动背景

▶素材位置：素材\第9章\头像.psd
▶案例位置：效果\第9章\条纹律动背景.psd
▶视频位置：视频\实战372.avi
▶难易指数：★★☆☆☆

• 实例介绍 •

本例讲解条纹律动背景的制作方法。本例在制作过程中以女性化视角通过柔和的色彩搭配及图案的添加使整个背景的视觉效果十分美观，最终效果如图9.288所示。

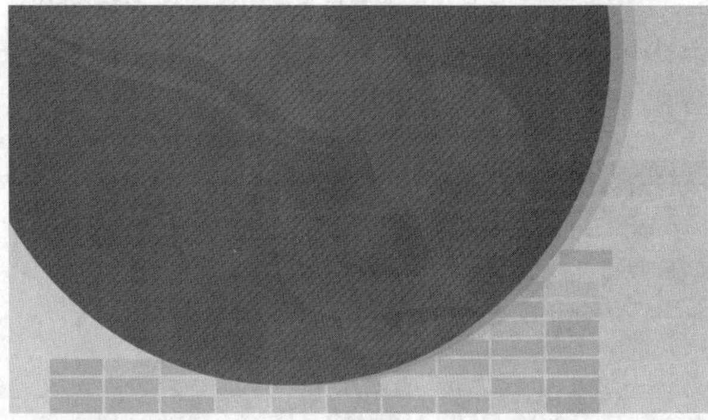
图9.288 最终效果

• 操作步骤 •

• 新建画布

STEP 01 执行菜单栏中的“文件”|“新建”命令，在弹出的对话框中设置“宽度”为800像素，“高度”为450像素，“分辨率”为72像素/英寸。

STEP 02 选择工具箱中的“渐变工具”，编辑浅红色（R：254，G：230，B：237）到浅红色（R：254，G：217，B：225）的渐变，单击选项栏中的“线性渐变”按钮，在画布中从下向上拖动，为画布填充渐变，如图9.289所示。

图9.289 填充渐变

STEP 03 选择工具箱中的“椭圆工具”，在选项栏中将“填充”更改为洋红色（R：253，G：55，B：117），“描边”更改为无，在画布靠左上角的位置按住Shift键绘制一个稍大的正圆图形，此时将生成一个“椭圆1”图层，如图9.290所示。

图9.290 绘制图形

STEP 04 在“图层”面板中选中“椭圆1”图层，将其拖至面板底部的“创建新图层”按钮上，复制1个“椭圆1 拷贝”图层，将“椭圆1”图层中图形颜色更改为浅红色（R：250，G：178，B：196），并将其向右侧平移，如图9.291所示。

图9.291 更改颜色并移动图形

STEP 05 在“图层”面板中选中“椭圆1”图层，将其拖至面板底部的“创建新图层”按钮上，复制1个“椭圆1 拷贝2”图层，将“椭圆1”图层“不透明度”更改为30%，并将“椭圆1 拷贝2”向左侧平移，如图9.292所示。

图9.292 复制图层并移动图形

• 定义图案

STEP 01 执行菜单栏中的“文件”|“新建”命令，在弹出的对话框中设置“宽度”为10像素，“高度”为10像素，“分辨率”为72像素/英寸，“背景内容”为透明。

STEP 02 选择工具箱中的“直线工具”，在选项栏中将“填充”更改为红色（R：182，G：0，B：57），“描边”更改为无，“粗细”更改为2点，在画布中绘制一条倾斜线段，此时将生成一个“形状1”图层，如图9.293所示。

图9.293 绘制图形

STEP 03 执行菜单栏中的“编辑”|“定义图案”命令，在弹出的对话框中将“名称”更改为线段，完成之后单击“确定”按钮，如图9.294所示。

图9.294 设置定义图案

STEP 04 在第1个文档中的“图层”面板中选中“椭圆1 拷贝”图层，单击面板底部的“添加图层样式”按钮，在菜单中选择“图案叠加”命令，在弹出的对话框中将“混合模式”更改为正片叠底，“不透明度”更改为30%，单击“图案”后方的按钮，在弹出的面板中选择刚才定义的“线段”图像，完成之后单击“确定”按钮，如图9.295所示。

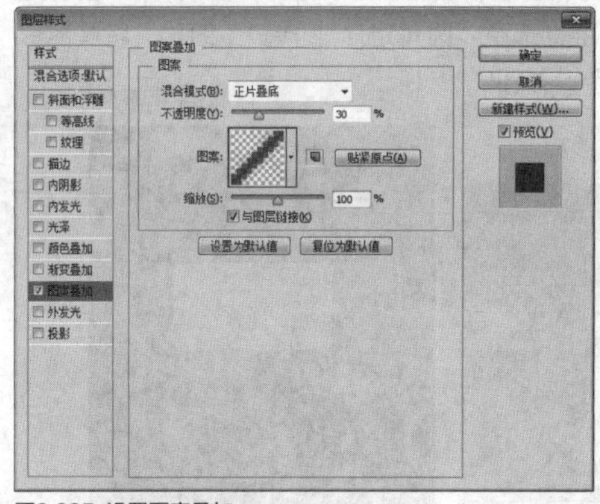

图9.295 设置图案叠加

• 添加素材

STEP 01 执行菜单栏中的“文件”|“打开”命令，打开“头像.psd”文件，将打开的素材拖入画布中刚才绘制的图形位置并适当缩小，如图9.296所示。

图9.296 添加素材

STEP 02 选中“头像”图层，将其图层“不透明度”更改为15%，执行菜单栏中的“图层”|“创建剪贴蒙版”命令，为当前图层创建剪贴蒙版，将部分图像隐藏，如图9.297所示。

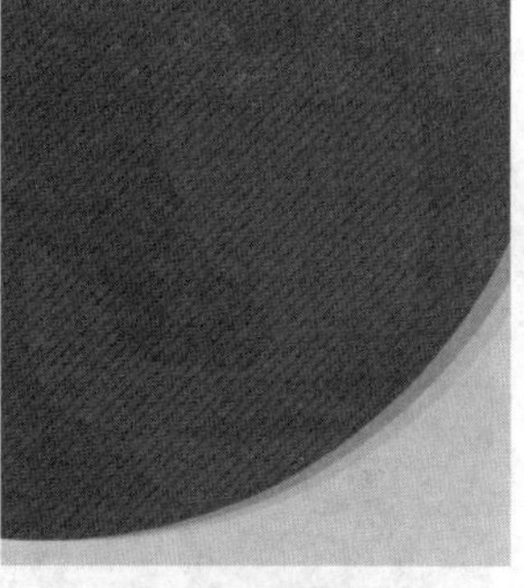

图9.297 创建剪贴蒙版

STEP 03 选择工具箱中的“钢笔工具”，在选项栏中单击“选择工具模式” 按钮，在弹出的选项中选择“形状”，将“填充”更改为白色，“描边”更改为无，在头像的左上角位置绘制一个不规则图形，此时将生成一个“形状1”图层，如图9.298所示。

图9.298 绘制图形

STEP 04 以刚才同样的方法更改当前图层的不透明度，并为其创建剪贴蒙版，将部分图形隐藏，如图9.279所示。

图9.299 更改不透明度并创建剪贴蒙版

- **绘制图形**

STEP 01 以同样的方法在刚才绘制的图形下方位置再次绘制一个相似图形，然后为其创建剪贴蒙版并修改不透明度，如图9.300所示。

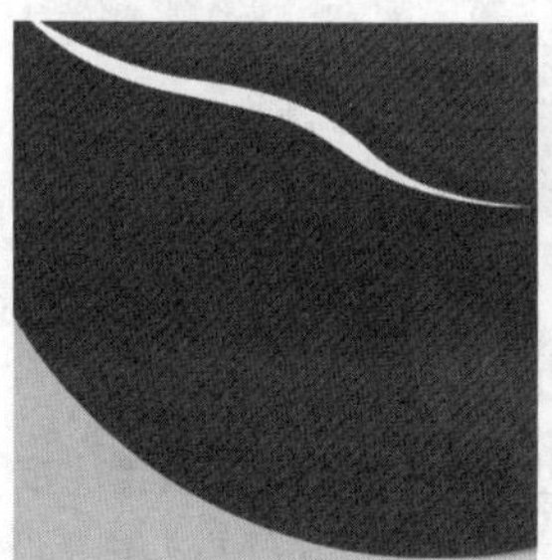

图9.300 创建剪贴蒙版并更改不透明度

STEP 02 选择工具箱中的“圆角矩形工具”，在选项栏中将“填充”更改为浅红色（R：255，G：202，B：212），“描边”更改为无，“半径”更改为2像素，在画布靠左下角的位置绘制一个圆角矩形，此时将生成一个“圆角矩形1”图层，将“圆角矩形1”图层移至“背景”图层上方，如图9.301所示。

图9.301 绘制图形

STEP 03 选中“圆角矩形1”图层，按住Alt键将图形复制多份并组合成具有律动感的图像效果，如图9.302所示。

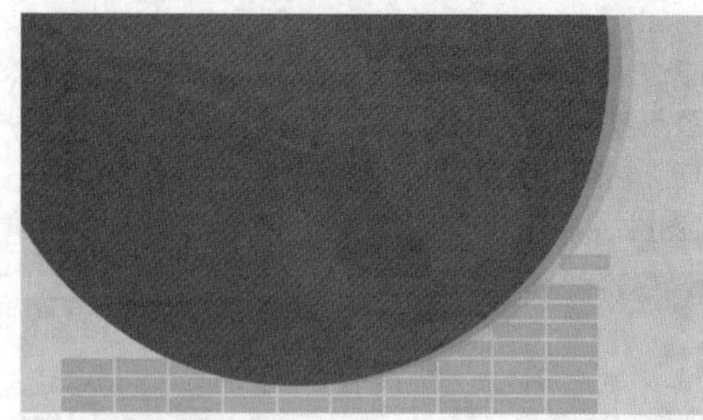

图9.302 复制图形

STEP 04 分别更改部分图形的不透明度，这样就完成了效果制作，最终效果如图9.303所示。

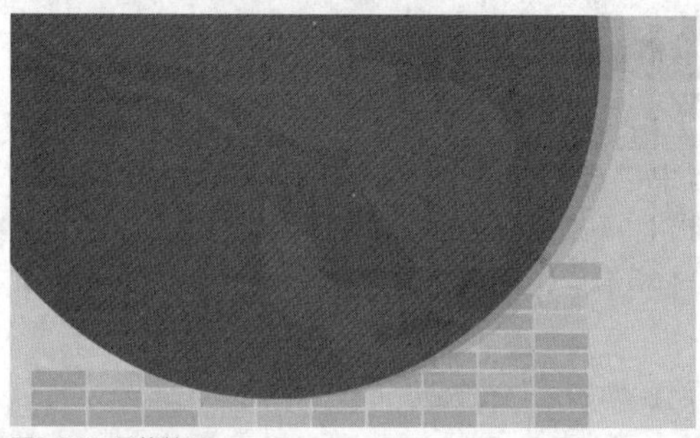

图9.303 最终效果

实战 373 城市舞台背景

- 素材位置：素材\第9章\城市剪影.psd、热气球.psd
- 案例位置：效果\第9章\城市舞台背景.psd
- 视频位置：视频\实战373.avi
- 难易指数：★★★☆☆

• 实例介绍 •

城市舞台背景的元素比较丰富，拟物化的多种城市元素的绘制与装饰图像的添加令整个背景显得生动活泼，最终效果如图9.304所示。

图9.304 最终效果

• 操作步骤 •

• 新建画布

STEP 01 执行菜单栏中的“文件”|“新建”命令，在弹出的对话框中设置“宽度”为800像素，“高度”为450像素，“分辨率”为72像素/英寸，将画布填充为蓝色（R：38，G：163，B：209）。

STEP 02 选择工具箱中的“椭圆工具”，在选项栏中将“填充”更改为蓝色（R：150，G：227，B：255），“描边”更改为无，在画布中绘制一个椭圆图形，此时将生成一个“椭圆1”图层，如图9.305所示。

图9.305 绘制图形

STEP 03 选中“椭圆 1”图层，执行菜单栏中的“滤镜”|“模糊”|“高斯模糊”命令，在弹出的对话框中将“半径”更改为115像素，完成之后单击“确定”按钮，如图9.306所示。

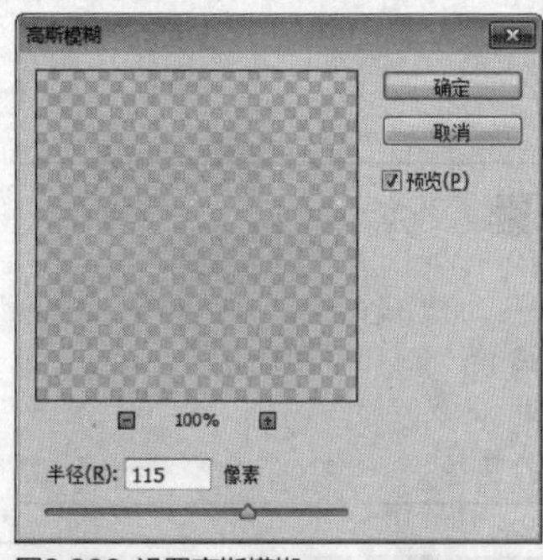

图9.306 设置高斯模糊

STEP 04 选择工具箱中的“矩形工具”，在选项栏中将“填充”更改为白色，“描边”更改为无，在画布靠左侧的位置绘制一个矩形，此时将生成一个“矩形1”图层，如图9.307所示。

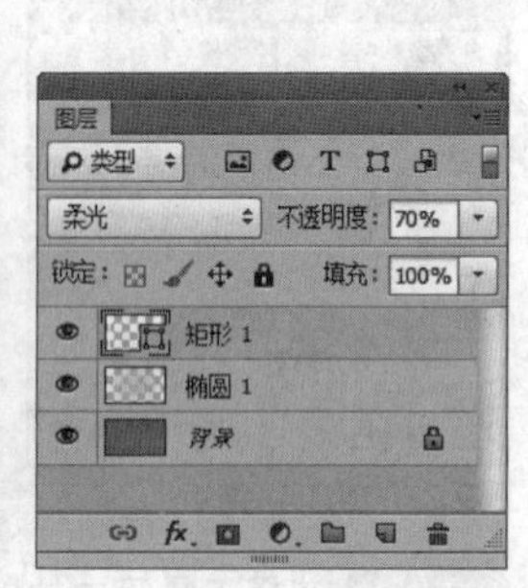

图9.307 绘制图形

STEP 05 在“图层”面板中选中“矩形1”图层，将其图层混合模式设置为“柔光”，“不透明度”更改为70%，如图9.308所示。

图9.308 设置图层混合模式

STEP 06 选中“矩形1”图层，在画布中按住Alt+Shift组合键向右侧拖动，将图形复制多份并铺满整个画布，如图9.309所示。

图9.309 复制图形

提示

在复制图形的时候，铺满画布的同时多复制几个矩形，将其移至画布之外，稍微增加矩形的数量。

• 制作特效

STEP 01 同时选中除“背景”和“椭圆1”之外的所有图层，按Ctrl+E组合键将图层合并，将生成的图层名称更改为“矩形”，如图9.310所示。

图9.310 合并及栅格化图层

STEP 02 选中“矩形”图层，执行菜单栏中的“滤镜”|“扭曲”|“极坐标”命令，在弹出的对话框中勾选“平面坐标到极坐标”单选按钮，完成之后单击“确定”按钮，如图9.311所示。

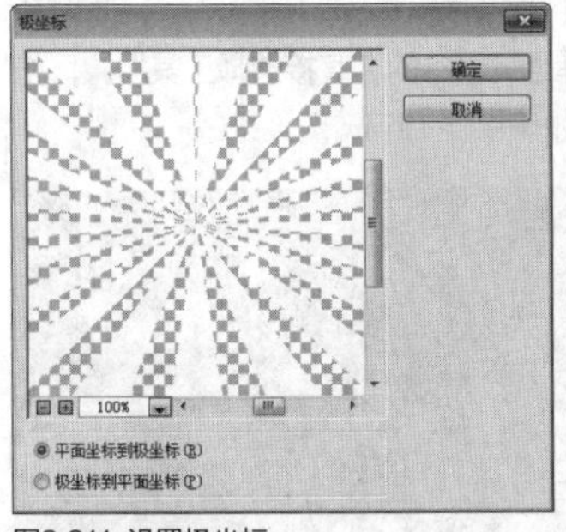

图9.311 设置极坐标

STEP 03 选中“矩形”图层，按Ctrl+T组合键对其执行“自由变换”命令，单击鼠标右键，从弹出的快捷菜单中选择“垂直翻转”命令，完成之后按Enter键确认，再将图像稍微移动，如图9.312所示。

图9.312 变换图像

STEP 04 在“图层”面板中选中“矩形”图层，单击面板底部的“添加图层蒙版”按钮，为其图层添加图层蒙版，如图9.313所示。

STEP 05 选择工具箱中的“画笔工具”，在画布中单击鼠标右键，在弹出的面板中选择一种圆角笔触，将“大小”更改为300像素，“硬度”更改为0%，如图9.314所示。

图9.313 添加图层蒙版

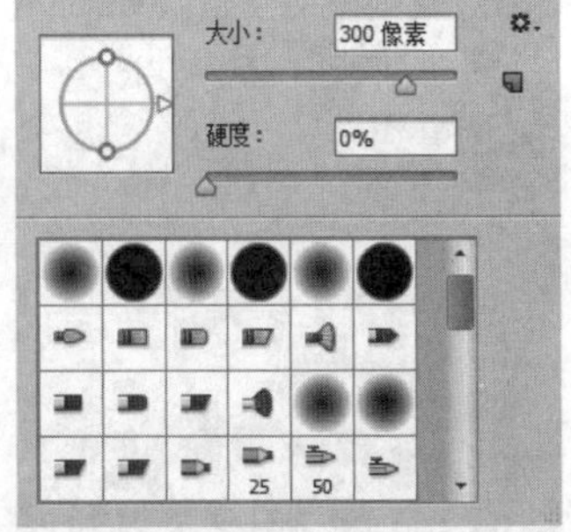

图9.314 设置笔触

STEP 06 将前景色更改为黑色，在图像上的部分区域涂抹，将其隐藏，如图9.315所示。

图9.315 隐藏图像

• 添加素材

STEP 01 执行菜单栏中的“文件”|“打开”命令，打开“城市剪影.psd”文件，将打开的素材拖入画布中靠底部的位置，并适当放大至与画布相同宽度，再选择工具箱中的“直接选择工具”，拖动图形底部锚点增加图形高度，如图9.316所示。

图9.316 添加素材

STEP 02 选择工具箱中的“钢笔工具”，在选项栏中单击“选择工具模式”按钮，在弹出的选项中选择“形状”，将“填充”更改为白色，“描边”更改为无，在画布左上角的位置绘制云朵图形，此时将生成一个“形状1”图层，如图9.317所示。

图9.317 绘制图形

STEP 03 选中“形状1”图层，在画布中按住Alt键，将图形复制数份，并将部分图形适当缩小，如图9.318所示。

图9.318 复制并变换图形

STEP 04 选择工具箱中的“矩形工具”，在选项栏中将“填充”更改为灰色（R：223，G：223，B：223），“描边”更改为无，在画布靠底部的位置绘制一个矩形，此时将生成一个“矩形1”图层，如图9.319所示。

图9.319 绘制图形

STEP 05 选中“矩形1”图层，按Ctrl+T组合键对其执行“自由变换”命令，单击鼠标右键，从弹出的快捷菜单中选择“透视”命令，拖动变形框控制点将图形变形，完成之后按Enter键确认，如图9.320所示。

图9.320 将图形变形

STEP 06 选择工具箱中的“矩形工具”，在选项栏中将“填充”更改为灰色（R：177，G：177，B：177），“描边”更改为无，在刚才绘制的矩形下方位置再次绘制一个矩形，此时将生成一个“矩形2”图层，选择工具箱中的“直接选择工具”，拖动矩形锚点将其稍微变形，如图9.321所示。

图9.321 绘制图形并将其变形

● 添加素材

STEP 01 执行菜单栏中的“文件”|“打开”命令，打开“热气球.psd”文件，将打开的素材拖入画布中靠左上角的位置并适当缩小，如图9.322所示。

图9.322 添加素材

STEP 02 在“图层”面板中选中“热气球”图层，将其拖至面板底部的“创建新图层”按钮上，复制1个“热气球 拷贝”图层，如图9.323所示。

STEP 03 选中“热气球 拷贝”图层，按Ctrl+T组合键对其执行“自由变换”命令，将图像等比例缩小，完成之后按Enter键确认，再将图像向左侧稍移动，如图9.324所示。

图9.323 复制图层

图9.324 变换图像

STEP 04 选中“热气球 拷贝”图层，执行菜单栏中的“滤镜”|“模糊”|“高斯模糊”命令，在弹出的对话框中将“半径”更改为1像素，完成之后单击“确定”按钮，如图9.325所示。

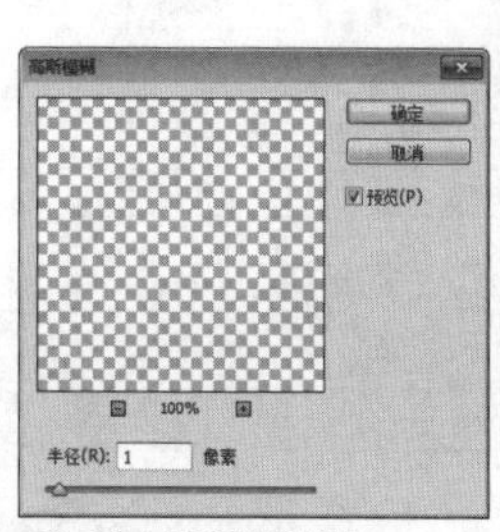

图9.325 设置高斯模糊

STEP 05 分别选中“热气球”及“热气球 拷贝”图层，按住Alt键将图像复制1份，这样就完成了效果制作，最终效果如图9.326所示。

图9.326 最终效果

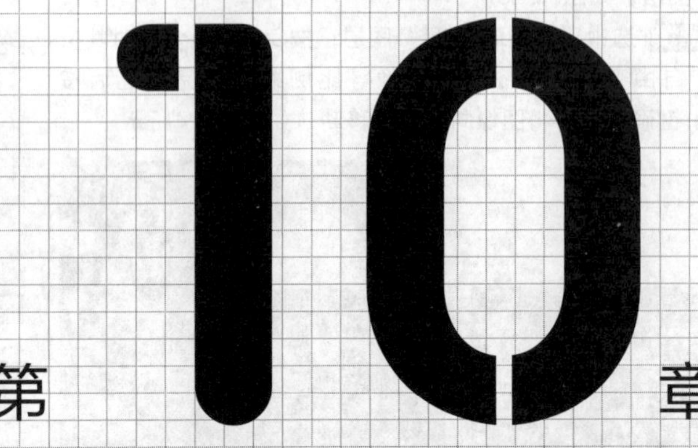

第10章 主题背景制作

本章导读

本章讲解主题背景的制作方法。主题背景的制作一般围绕特定的主题进行，通常此类背景具有明确的使用方向，以指定某种商品广告或者某种宣传效果为主，同时作为广告的最基础的铺垫，主题背景在制作前一定要勾画好准确的思路。通过本章的学习我们可以熟练掌握主题类背景的制作手法。

要点索引

- 了解中国风背景的设计方法
- 学会四季背景的制作方法
- 掌握多元化背景的设计思路
- 学习传统文化背景的制作方法

实战 374 自然木质背景

▶素材位置：素材\第10章\自然木质背景
▶案例位置：效果\第10章\自然木质背景.psd
▶视频位置：视频\实战374.avi
▶难易指数：★★☆☆☆

• 实例介绍 •

本例讲解自然木质的背景的制作方法，绿叶图像与原生木材相搭配，给人一种极佳的自然视觉感受，最终效果如图10.1所示。

图10.1 最终效果

• 操作步骤 •

STEP 01 执行菜单栏中的“文件”|“新建”命令，在弹出的对话框中设置“宽度”为800像素，“高度”为500像素，“分辨率”为72像素/英寸。

STEP 02 执行菜单栏中的“文件”|“打开”命令，打开“木板.jpg、绿叶边框.psd”文件，将打开的素材拖入画布中并适当缩小，“木板”图层名称将自动更改为“图层1”，如图10.2所示。

图10.2 新建画布并添加素材

提示

添加素材之后可以将图像稍微变形，尽量与画布对齐。

STEP 03 在“图层”面板中选中“绿叶边框”图层，单击面板底部的“添加图层样式”fx按钮，在菜单中选择“投影”命令，在弹出的对话框中将“距离”更改为5像素，“扩展”更改为15%，“大小”更改为15像素，完成之后单击“确定”按钮，如图10.3所示。

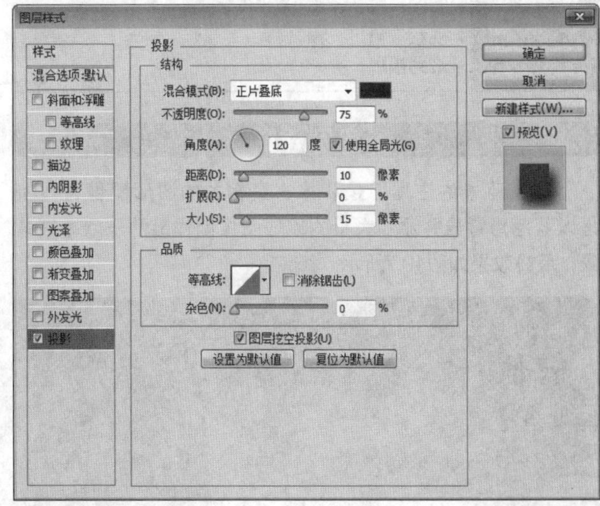

图10.3 设置投影

STEP 04 单击面板底部的“创建新图层”按钮，新建一个“图层2”图层，如图10.4所示。

STEP 05 选中“图层2”图层，按Ctrl+Alt+Shift+E组合键执行“盖印可见图层”命令，如图10.5所示。

图10.4 新建图层

图10.5 盖印可见图层

STEP 06 在“图层”面板中选中“图层 2”图层，将其图层混合模式设置为“柔光”，“不透明度”更改为50%，这样就完成了效果制作，最终效果如图10.6所示。

图10.6 最终效果

提示

设置图层混合模式的目的是增强图像的对比度。

实战 375 冰爽背景

- 素材位置：素材\第10章\冰爽背景
- 案例位置：效果\第10章\冰爽背景.psd
- 视频位置：视频\实战375.avi
- 难易指数：★★☆☆☆

• 实例介绍 •

冰爽背景的主题即是和冰、爽相关的图形图像，本例是以蓝色为背景并添加大量的冰块图像制作出的一款冰爽背景，最终效果如图10.7所示。

图10.7 最终效果

• 操作步骤 •

STEP 01 执行菜单栏中的“文件”|“新建”命令，在弹出的对话框中设置“宽度”为800像素，“高度”为550像素，“分辨率”为72像素/英寸，“颜色模式”为RGB颜色。

STEP 02 执行菜单栏中的“文件”|“打开”命令，打开“海洋.jpg”文件，将打开的素材拖入画布中并适当缩小，如图10.8所示。

图10.8 添加素材

STEP 03 选择工具箱中的“椭圆工具”，在选项栏中将“填充”更改为白色，“描边”更改为无，在画布中绘制一个椭圆图形，此时将生成一个“椭圆1”图层，如图10.9所示。

图10.9 绘制图形

STEP 04 选中“椭圆1”图层，执行菜单栏中的“滤镜”|“模糊”|“高斯模糊”命令，在弹出的对话框中将“半径”更改为80像素，设置完成之后单击“确定”按钮，如图10.10所示。

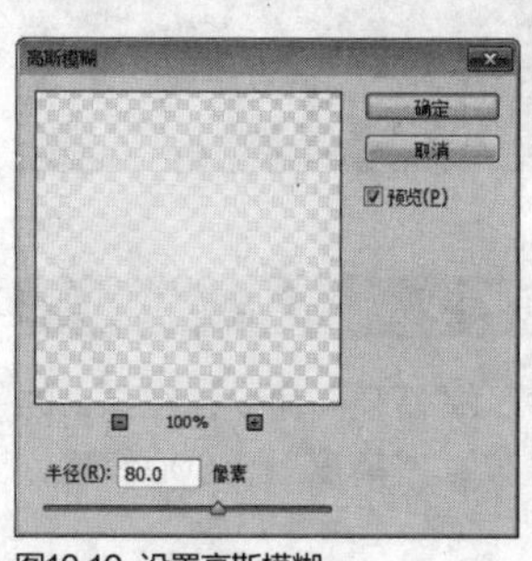

图10.10 设置高斯模糊

STEP 05 执行菜单栏中的“文件”|“打开”命令，打开“冰冻水果.psd”文件，将打开的素材拖入画布中靠底部的位置，并适当缩小，这样就完成了效果制作，最终效果如图10.11所示。

图10.11 最终效果

实战 376

世界主题背景

▶素材位置：素材\第10章\线条图.psd
▶案例位置：效果\第10章\世界主题背景.psd
▶视频位置：视频\实战376.avi
▶难易指数：★★☆☆☆

• 实例介绍 •

世界主题背景的制作以地球线条图为主题，蓝色的分割图形是整个背景中的最出色之处，最终效果如图10.12所示。

图10.12 最终效果

• 操作步骤 •

STEP 01 执行菜单栏中的“文件”|“新建”命令，在弹出的对话框中设置“宽度”为700像素，“高度”为420像素，“分辨率”为72像素/英寸，“颜色模式”为RGB颜色，新建一个空白画布。

STEP 02 选择工具箱中的“渐变工具”，在选项栏中单击“点按可编辑渐变”按钮，在弹出的对话框中将渐变颜色更改为浅蓝色（R：64，G：168，B：255）到蓝色（R：30，G：138，B：229），设置完成之后单击“确定”按钮，再单击选项栏中的“线性渐变”按钮，在画布中从底部位置向上拖动，为画布填充渐变，如图10.13所示。

图10.13 填充渐变

STEP 03 执行菜单栏中的“文件”|“打开”命令，打开“线条图.psd”文件，将打开的素材拖入画布中，如图10.14所示。

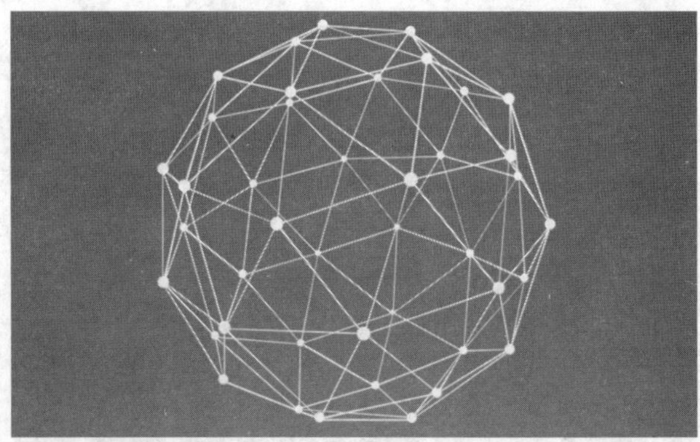

图10.14 添加素材

STEP 04 在“图层”面板中选中“线条图”图层，将其图层混合模式设置为“叠加”，“不透明度”更改为20%，如图10.15所示。

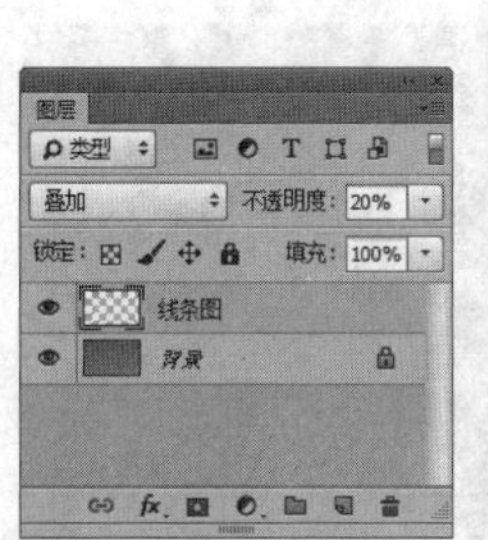

图10.15 设置图层混合模式

STEP 05 选择工具箱中的“矩形工具”，在选项栏中将“填充”更改为蓝色（R：23，G：132，B：223），“描边”更改为无，在画布靠底部边缘绘制一个与画布宽度相同的矩形，此时将生成一个“矩形1”图层，如图10.16所示。

图10.16 绘制图形

STEP 06 在“图层”面板中选中“矩形1”图层，将其拖至面板底部的“创建新图层”按钮上，复制一个“矩形1 拷贝”图层，再单击面板底部的“添加图层蒙版”按钮，为其图层添加图层蒙版，如图10.17所示。

STEP 07 选中“矩形1 拷贝”图层，将其图形颜色更改为深蓝色（R：16，G：116，B：200），如图10.18所示。

图10.17 添加图层蒙版

图10.18 更改图形颜色

STEP 08 选择工具箱中的“渐变工具”，在选项栏中单击“点按可编辑渐变”按钮，在弹出的对话框中选择“黑白渐变”，设置完成之后单击“确定”按钮，再单击选项栏中的“线性渐变”按钮，在图形上从下至上拖动，将部分图形隐藏，这样就完成了效果制作，最终效果如图10.19所示。

图10.19 最终效果

实战377 城市背景

- 素材位置：素材\第10章\城市背景
- 案例位置：效果\第10章\城市背景.psd
- 视频位置：视频\实战377.avi
- 难易指数：★★★☆☆

• 实例介绍 •

本例讲解城市背景的制作方法，整个背景以略暗的城市背景和发光的装饰图形相结合，整体的搭配很好地体现出了城市背景之美，最终效果如图10.20所示。

图10.20 最终效果

• 操作步骤 •

STEP 01 执行菜单栏中的“文件”|“新建”命令，在弹出的对话框中设置“宽度”为1000像素，“高度”为500像素，“分辨率”为72像素/英寸，“颜色模式”为RGB颜色，新建一个空白画布，将画布填充为红色（R：130，G：0，B：8）。

STEP 02 选择工具箱中的“直线工具”，在选项栏中将“填充”更改为深红色（R：107，G：0，B：8），“描边”更改为无，“粗细”更改为2像素，在画布左侧按住Shift键绘制一条垂直线段，此时将生成一个“形状1”图层，如图10.21所示。

图10.21 新建画布并绘制线段

STEP 03 选中“形状1”图层，按住Alt+Shift组合键向右侧拖动，将线段复制多分并铺满整个画布，同时选中包括“形状1”在内的所有拷贝图层，单击选项栏中的“水平居中分布”按钮将线段对齐，如图10.22所示。

图10.22 复制并对齐线段

STEP 04 选择工具箱中的“直线工具”，在选项栏中将“填充”更改为深红色（R：107，G：0，B：8），“描边”更改为无，“粗细”更改为2像素，在画布靠上方的位置按住Shift键绘制一条水平线段，此时将生成一个“形状2”图层，如图10.23所示。

图10.23 绘制线段

STEP 05 选中“形状2”图层，按住Alt+Shift组合键向下方拖动，将线段复制多分并铺满整个画布，同时选中包括“形状2”在内的所有拷贝图层，单击选项栏中的“垂直居中分布” 按钮将图形对齐，如图10.24所示。

图10.24 复制并对齐线段

STEP 06 选择工具箱中的“直线工具” ，在选项栏中将“填充”更改为深红色（R：107，G：0，B：8），“描边”更改为无，“粗细”更改为1像素，在画布靠左下角的方格图形之间绘制一条倾斜线段，此时将生成一个“形状3”图层，将“形状3”图层“不透明度”更改为80%，如图10.25所示。

图10.25 绘制线段并更改不透明度

STEP 07 选中“形状3”图层，按住Alt键将线段复制多份铺满整个画布，如图10.26所示。

图10.26 复制线段

STEP 08 选择工具箱中的“椭圆工具” ，在选项栏中将“填充”更改为红色（R：232，G：3，B：35），“描边”更改为无，在画布靠中间的位置按住Shift键绘制一个正圆图形，此时将生成一个“椭圆1”图层，如图10.27所示。

STEP 09 选中“椭圆1”图层，执行菜单栏中的“滤镜”|“模糊”|“高斯模糊”命令，在弹出的对话框中将“半径”更改为80像素，完成之后单击“确定”按钮，如图10.28所示。

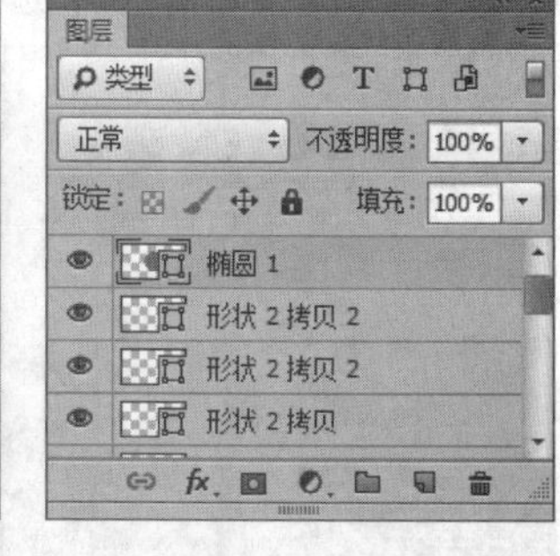

图10.27 绘制图形

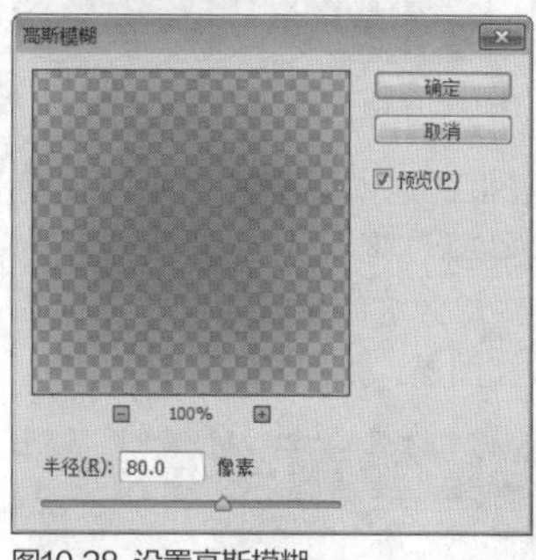

图10.28 设置高斯模糊

STEP 10 选择工具箱中的“矩形工具” ，在选项栏中将“填充”更改为红色（R：226，G：21，B：73），“描边”更改为无，在画布靠左侧的位置绘制一个矩形并将矩形适当旋转，此时将生成一个“矩形1”图层，如图10.29所示。

图10.29 绘制图形

STEP 11 在“图层”面板中，选中“矩形1”图层，单击面板底部的“添加图层蒙版” 按钮，为其图层添加图层蒙版，如图10.30所示。

STEP 12 选择工具箱中的“渐变工具” ，编辑黑色到白色的渐变，单击选项栏中的“线性渐变” 按钮，在图形上拖动，将部分图形隐藏，如图10.31所示。

图10.30 添加图层蒙版

图10.31 隐藏图形

STEP 13 在“图层”面板中，选中“矩形1”图层，将其图层混合模式设置为“叠加”，如图10.32所示。

图10.32 设置图层混合模式

STEP 14 选择工具箱中的“椭圆工具”，在选项栏中将“填充”更改为黄色（R：252，G：200，B：3），“描边”更改为无，在刚才绘制的矩形旁边的位置绘制一个椭圆图形，此时将生成一个“椭圆2”图层，如图10.33所示。

图10.33 绘制图形

STEP 15 选中“椭圆2”图层，执行菜单栏中的“滤镜”|“模糊”|“高斯模糊”命令，在弹出的对话框中将“半径”更改为10，完成之后单击“确定”按钮，如图10.34所示。

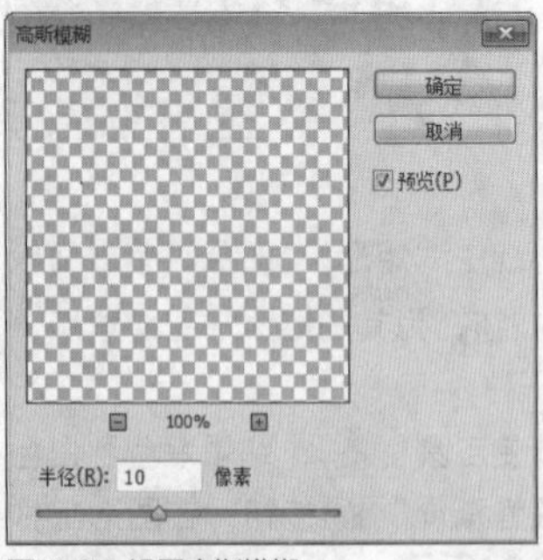

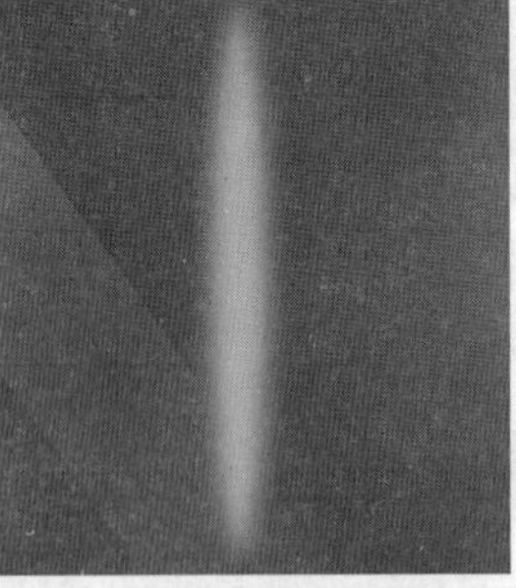

图10.34 设置高斯模糊

STEP 16 在“图层”面板中选中“椭圆2”图层，单击面板底部的“添加图层蒙版”按钮，为其图层添加图层蒙版，如图10.35所示。

STEP 17 选中“椭圆2”图层，按Ctrl+T组合键对其执行“自由变换”命令，将图像适当旋转，完成之后按Enter键确认，如图10.36所示。

图10.35 添加图层蒙版

图10.36 旋转图像

STEP 18 按住Ctrl键单击“矩形1”图层缩览图，将其载入选区，执行菜单栏中的“选择”|“反向”命令，将选区反向后再将其填充为黑色，将部分图像隐藏，完成之后按Ctrl+D组合键将选区取消，如图10.37所示。

图10.37 隐藏图像

STEP19 在“图层”面板中同时选中“矩形1”及“椭圆2”图层，将其拖至面板底部的“创建新图层”按钮上，复制图层，如图10.38所示。

STEP 20 按Ctrl+T组合键对其执行“自由变换”命令，单击鼠标右键，从弹出的快捷菜单中选择“水平翻转”命令，完成之后按Enter键确认，将图像平移至画布靠右侧的位置，如图10.39所示。

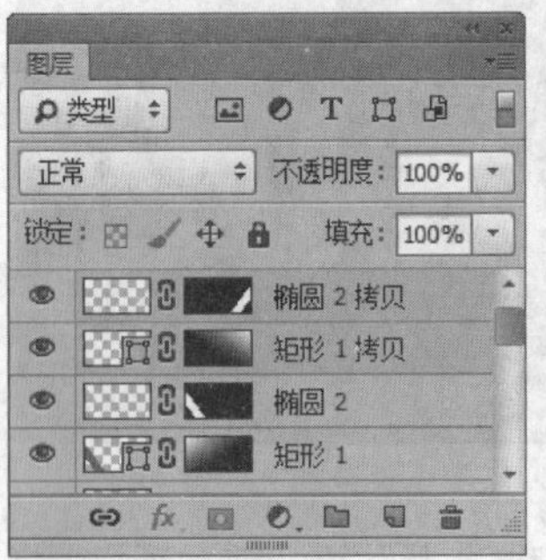

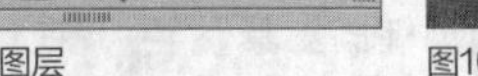

图10.38 复制图层

图10.39 变换图像

STEP 21 在“图层”面板中选中“矩形1”图层，将其拖至面板底部的“创建新图层”按钮上，复制1个“矩形1 拷贝2”图层，如图10.40所示。

STEP 22 选中“矩形1 拷贝2”图层，在画布中将图形向上移动，如图10.41所示。

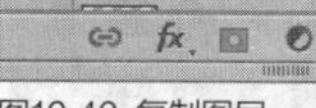

图10.40 复制图层

图10.41 移动图形

STEP 23 在“图层”面板中选中“矩形1 拷贝 2”图层，将其拖至面板底部的“创建新图层”按钮上，复制1个“矩形1 拷贝3”图层，如图10.42所示。

STEP 24 选中“矩形1 拷贝3”图层，按Ctrl+T组合键对其执行“自由变换”命令，单击鼠标右键，从弹出的快捷菜单中选择“水平翻转”命令，完成之后按Enter键确认，将图像平移至画布靠右侧的位置，如图10.43所示。

图10.42 复制图层

图10.43 变换图形

STEP 25 执行菜单栏中的“文件”|“打开”命令，打开“城市夜景.jpg”文件，将打开的素材拖入画布中并适当缩小，其图层名称将更改为“图层1”，如图10.44所示。

图10.44 添加素材

STEP 26 选中“图层1”图层，将其图层“不透明度”更改为30%，这样就完成了效果制作，最终效果如图10.45所示。

图10.45 最终效果

实战 378 天空背景

▶素材位置：无
▶案例位置：效果\第10章\天空背景.psd
▶视频位置：视频\实战378.avi
▶难易指数：★★★☆☆

• 实例介绍 •

天空背景的制作围绕天空元素进行，我们通过将淡蓝色的渐变与手绘云朵进行组合完成此款天空背景的制作，最终效果如图10.46所示。

图10.46 最终效果

• 操作步骤 •

• 新建画布

STEP 01 执行菜单栏中的“文件”|“新建”命令，在弹出的对话框中设置“宽度”为800像素，“高度”为500像素，“分辨率”为72像素/英寸，“颜色模式”为RGB颜色，新建一个空白画布。

STEP 02 选择工具箱中的“渐变工具”，在选项栏中单击“点按可编辑渐变”按钮，在弹出的对话框中将“渐变”更改为蓝色（R：177，G：233，B：236）到蓝色（R：105，G：207，B：217），设置完成之后单击“确定”按钮，再单击选项栏中的“线性渐变”按钮，在画布中从下至上拖动，为画布填充渐变，如图10.47所示。

图10.47 新建画布并填充渐变

STEP 03 选择工具箱中的“矩形工具”■，在选项栏中将“填充”更改为白色，“描边”更改为无，在画布靠左侧的位置绘制一个高度与画布相同的矩形，此时将生成一个“矩形1”图层，如图10.48所示。

图10.48 绘制图形

STEP 04 选中“矩形1”图层，按住Alt+Shift组合键向右侧拖动，将图形复制多份并铺满整个画布，如图10.49所示。

图10.49 复制图形

提示

在复制图形铺满画布的同时多复制几个矩形，将其移至画布之外，稍微增加矩形的数量。

- **制作特效**

STEP 01 同时选中除“背景”之外的所有图层，按Ctrl+E组合键将图层合并，将生成的图层名称更改为“矩形”，选中“矩形”图层，在其图层名称上单击鼠标右键，从弹出的快捷菜单中选择“栅格化图层”命令，如图10.50所示。

图10.50 合并及栅格化图层

STEP 02 选中“矩形”图层，执行菜单栏中的“滤镜”|“扭曲”|“极坐标”命令，在弹出的对话框中勾选“平面坐标到极坐标”单选按钮，完成之后单击“确定”按钮，如图10.51所示。

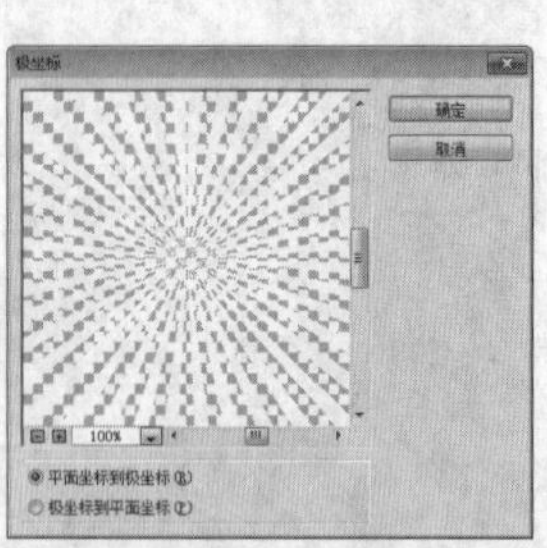

图10.51 设置极坐标

STEP 03 选中“矩形”图层，按Ctrl+T组合键对其执行“自由变换”命令，单击鼠标右键，从弹出的快捷菜单中选择“垂直翻转”命令，完成之后按Enter键确认，再将图像稍微移动，如图10.52所示。

图10.52 变换图像

STEP 04 在“图层”面板中选中“矩形”图层，将其图层混合模式设置为“柔光”，“不透明度”更改为30%，然后为“矩形”图层添加图层蒙版，如图10.53所示。

图10.53 设置图层混合模式

STEP 05 选择工具箱中的“渐变工具”，编辑白色到黑色的渐变，单击选项栏中的“径向渐变”按钮，在图像上从中间向右下角方向拖动，将部分图像隐藏，如图10.54所示。

图10.54 隐藏图像

● **绘制图形**

STEP 01 选择工具箱中的“钢笔工具”，在选项栏中单击“选择工具模式”按钮，在弹出的选项中选择“形状”，将“填充”更改为白色，“描边”更改为无，在画布中靠左下角的位置绘制一个不规则图形，此时将生成一个“形状1”图层，如图10.55所示。

图10.55 绘制图形

STEP 02 以同样的方法在刚才绘制的图形上方及画布的右侧再次绘制不规则图形，此时将生成一个“形状2”及“形状3”图层，如图10.56所示。

图10.56 绘制图形

STEP 03 在“图层”面板中选中“形状2”图层，单击面板底部的“添加图层蒙版”按钮，为其图层添加图层蒙版，如图10.57所示。

STEP 04 选择工具箱中的“渐变工具”，在选项栏中单击“点按可编辑渐变”按钮，在弹出的对话框中选择“黑白渐变”，设置完成之后单击“确定”按钮，再单击选项栏中的“线性渐变”按钮，在图形上从下至上拖动，将部分图形隐藏，如图10.58所示。

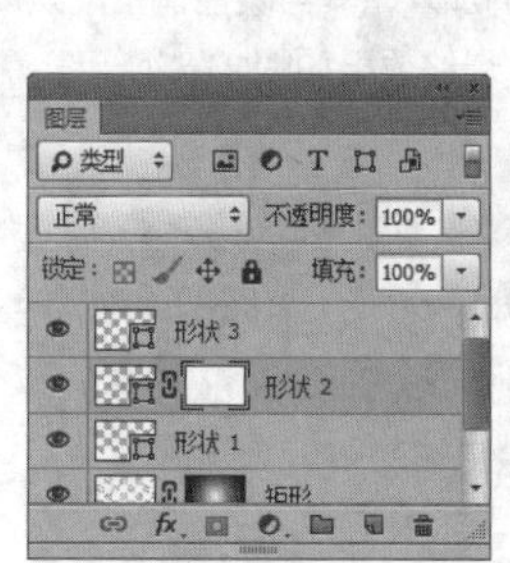

图10.57 添加图层蒙版

图10.58 隐藏图形

STEP 05 以同样的方法为“形状 3”图层添加图层蒙版，再以同样的方法利用“渐变工具”将部分图形隐藏，如图10.59所示。

STEP 06 在“图层”面板中选中“形状3”图层，将其拖至面板底部的“创建新图层”按钮上，复制1个“形状3 拷贝”图层，如图10.60所示。

图10.59 隐藏图形

图10.60 复制图层

STEP 07 选中“形状3 拷贝”图层，按Ctrl+T组合键对其执行“自由变换”命令，按住Alt+Shift组合键将图形等比例缩小，完成之后按Enter键确认，再将图形向右下角方向稍微移动，这样就完成了效果制作，最终效果如图10.61所示。

图10.61 最终效果

实战379 水墨背景

▶素材位置：素材\第10章\水墨背景
▶案例位置：效果\第10章\水墨背景.psd
▶视频位置：视频\实战379.avi
▶难易指数：★★☆☆☆

• 实例介绍 •

水墨背景的最大特点是水墨元素的加入，其与暖色调搭配呈现出了一种十分出色的水墨背景效果，最终效果如图10.62所示。

图10.62 最终效果

• 操作步骤 •

• 新建画布

STEP 01 执行菜单栏中的“文件”|“新建”命令，在弹出的对话框中设置“宽度”为800像素，“高度”为420像素，“分辨率”为72像素/英寸，将画布填充为黄色（R：242，G：240，B：224）。

STEP 02 执行菜单栏中的“文件”|“打开”命令，打开“水墨画.jpg”文件，将打开的素材拖入画布中并适当缩小，其图层名称将更改为“图层1”，如图10.63所示。

图10.63 新建画布添加素材

STEP 03 在“图层”面板中选中“图层1”图层，将其图层混合模式设置为“正片叠底”，“不透明度”更改为20%，如图10.64所示。

STEP 04 选中“图层1”图层，按Ctrl+T组合键对其执行“自由变换”命令，将图像高度适当缩小，完成之后按Enter键确认，如图10.65所示。

图10.64 设置图层混合模式

图10.65 缩放图像

• 新建画布

STEP 01 在“图层”面板中选中“图层1”图层，将其拖至面板底部的“创建新图层”按钮上，复制1个“图层1 拷贝”图层，选中“图层1 拷贝”图层，将图像向左侧平移，如图10.66所示。

图10.66 复制图层并移动图像

STEP 02 在“图层”面板中选中“图层 1 拷贝”图层，单击面板底部的“添加图层蒙版”按钮，为其图层添加图层蒙版，如图10.67所示。

STEP 03 选择工具箱中的“画笔工具”，在画布中单击鼠标右键，在弹出的面板中选择一种圆角笔触，将“大小”更改为200像素，“硬度”更改为0%，如图10.68所示。

图10.67 添加图层蒙版

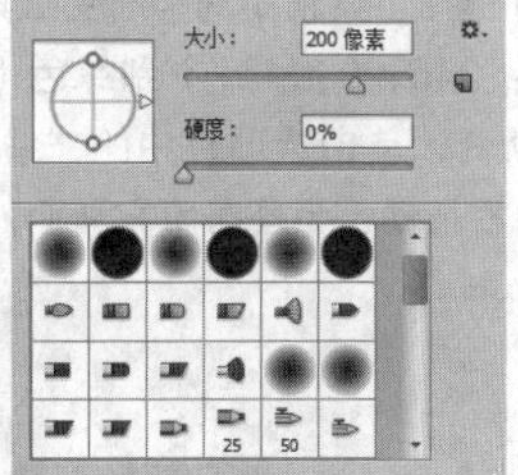
图10.68 设置笔触

STEP 04 将前景色更改为黑色，在图像上的部分区域涂抹，将其隐藏，如图10.69所示。

图10.69 隐藏图像

● 添加装饰

STEP 01 执行菜单栏中的“文件”|“打开”命令，打开“梅花.jpg”文件，将打开的素材拖入画布中靠左上角的位置并适当缩小，其图层名称将更改为“图层2”，如图10.70所示。

STEP 02 在“图层”面板中选中“图层 2”图层，将其图层混合模式设置为“正片叠底”，这样就完成了效果制作，最终效果如图10.71所示。

图10.70 添加素材

图10.71 最终效果

实战 380 冬日元素背景

▶素材位置：素材\第10章\冬日元素背景
▶案例位置：效果\第10章\冬日元素背景.psd
▶视频位置：视频\实战380.avi
▶难易指数：★★☆☆☆

● 实例介绍 ●

冬日元素背景的制作方法有很多种，在本例中加入的雪花素材使整个背景看起来简洁直观，最终效果如图10.72所示。

图10.72 最终效果

● 操作步骤 ●

● 新建画布

STEP 01 执行菜单栏中的“文件”|“新建”命令，在弹出的对话框中设置“宽度”为800像素，“高度”为400像素，“分辨率”为72像素/英寸。

STEP 02 选择工具箱中的“渐变工具”，编辑红色（R：190，G：25，B：57）到红色（R：210，G：22，B：72）的渐变，单击选项栏中的“线性渐变”按钮，在画布中从左向右拖动，为画布填充渐变，如图10.73所示。

图10.73 填充渐变

STEP 03 执行菜单栏中的“文件”|“打开”命令，打开“雪花.psd”文件，将打开的素材拖入画布中并适当缩小，如图10.74所示。

图10.74 添加素材

● 调整图像

STEP 01 在“图层”面板中选中“雪花”图层，将其图层混合模式设置为“柔光”，“不透明度”更改为50%，如图10.75所示。

图10.75 设置图层混合模式

STEP 02 选中“雪花”图层，按住Alt键将图像复制数份并将部分图像等比例缩小，这样就完成了效果制作，最终效果如图10.76所示。

图10.76 最终效果

实战 381 古典祥云背景

▶素材位置：无
▶案例位置：效果\第10章\古典祥云背景.psd
▶视频位置：视频\实战381.avi
▶难易指数：★★☆☆☆

• 实例介绍 •

古典祥云背景的制作以突出祥云为主，同时简洁的背景效果可以适用于多种传统文化广告，最终效果如图10.77所示。

图10.77 最终效果

• 操作步骤 •

● 新建画布

STEP 01 执行菜单栏中的“文件”|“新建”命令，在弹出的对话框中设置“宽度”为800像素，“高度”为420像素，“分辨率”为72像素/英寸。

STEP 02 选择工具箱中的“渐变工具”，编辑浅绿色（R：230，G：245，B：157）到绿色（R：152，G：170，B：88）的渐变，单击选项栏中的“线性渐变”按钮，在画布中从左向右拖动，为画布填充渐变，如图10.78所示。

图10.78 填充渐变

STEP 03 选择工具箱中的“椭圆工具”，在选项栏中将“填充”更改为绿色（R：190，G：212，B：96），“描边”更改为无，在画布靠左侧的位置绘制一个椭圆图形，此时将生成一个“椭圆1”图层，如图10.79所示。

图10.79 绘制图形

STEP 04 选中“椭圆1”图层，执行菜单栏中的“滤镜”|“模糊”|“高斯模糊”命令，在弹出的对话框中将“半径”更改为80像素，完成之后单击“确定”按钮，如图10.80所示。

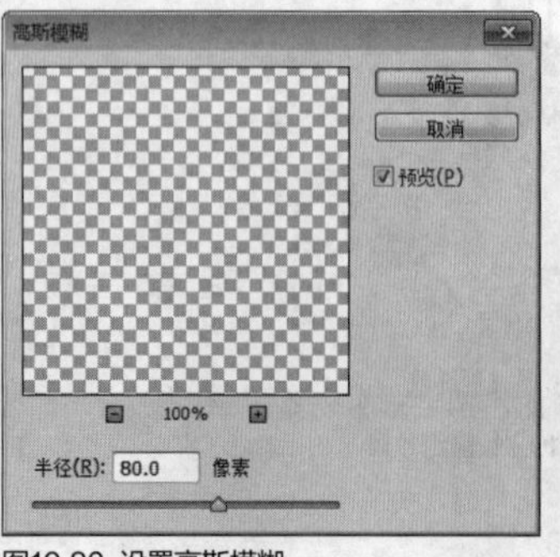

图10.80 设置高斯模糊

● **绘制图形**

STEP 01 选择工具箱中的“钢笔工具”，在选项栏中单击“选择工具模式”按钮，在弹出的选项中选择“形状”，将“填充”更改为白色，“描边”更改为无，在画布靠右侧的位置绘制一个祥云图形，此时将生成一个“形状1”图层，如图10.81所示。

图10.81 绘制图形

STEP 02 在“图层”面板中选中“形状1”图层，将其拖至面板底部的“创建新图层”按钮上，复制1个“形状1 拷贝”图层，如图10.82所示。

STEP 03 选中“形状1 拷贝”图层，按Ctrl+T组合键对其执行“自由变换”命令，将图形适当缩小，完成之后按Enter键确认，如图10.83所示。

图10.82 复制图层

图10.83 变换图形

STEP 04 以同样的方法在画布靠右上角的位置绘制一个不规则图形，此时将生成一个“形状2”图层，如图10.84所示。

STEP 05 以同样的方法将“形状2”图层复制，并将图形等比例缩小，移至画布靠左侧的位置，如图10.85所示。

图10.84 绘制图形

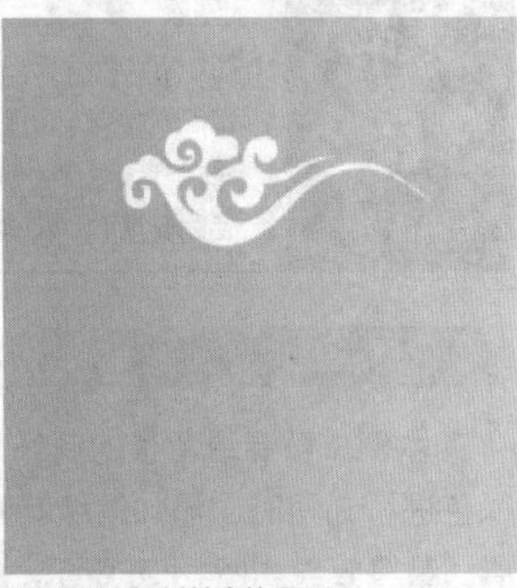

图10.85 复制并变换图形

提示

“祥云”图像的复制比较复杂，在绘制过程中一定要重点留意锚点及控制杆的变化，同时还可以利用一些小技巧，如绘制一个图形之后将其复制再合并，这样效率得到提升的同时绘制的效果也更佳。

STEP 06 在“图层”面板中同时选中除“背景”及“椭圆1”之外的所有图层，将其图层混合模式设置为“柔光”，“不透明度”更改为30%，这样就完成了效果制作，最终效果如图10.86所示。

图10.86 最终效果

实战 382 喜庆背景

▶素材位置：素材\第10章\喜庆背景
▶案例位置：效果\第10章\喜庆背景.psd
▶视频位置：视频\实战382.avi
▶难易指数：★☆☆☆☆

● 实例介绍 ●

本例讲解喜庆背景的制作方法。本例的制作方法相当简单，以喜庆元素为主视觉，同时搭配柔和的色彩从而制作出美丽的喜庆背景效果，最终效果如图10.87所示。

图10.87 最终效果

● 操作步骤 ●

● **新建画布**

STEP 01 执行菜单栏中的“文件”|“新建”命令，在弹出的对话框中设置“宽度”为800像素，“高度”为400像素，“分辨率”为72像素/英寸，将画布填充为浅红色（R：254，G：233，B：228）。

STEP 02 选择工具箱中的"椭圆工具"，在选项栏中将"填充"更改为白色，"描边"更改为无，在画布靠中间的位置绘制一个椭圆图形，此时将生成一个"椭圆1"图层，如图10.88所示。

图10.88 新建画布绘制图形

STEP 03 选中"椭圆 1"图层，执行菜单栏中的"滤镜"|"模糊"|"高斯模糊"命令，在弹出的对话框中将"半径"更改为50像素，完成之后单击"确定"按钮，如图10.89所示。

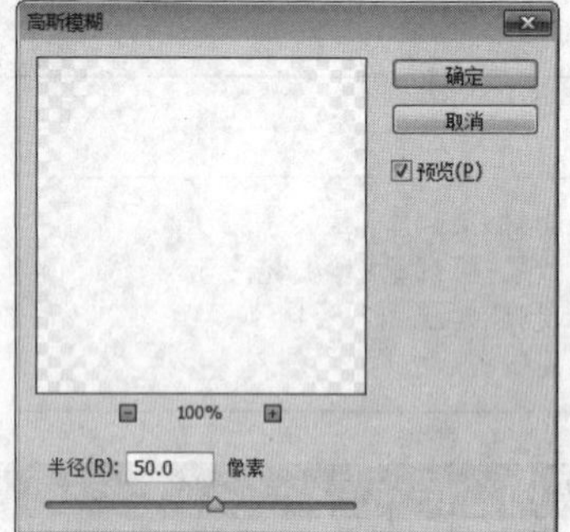

图10.89 设置高斯模糊

STEP 04 在"图层"面板中选中"椭圆 1"图层，将其图层混合模式设置为"柔光"，如图10.90所示。

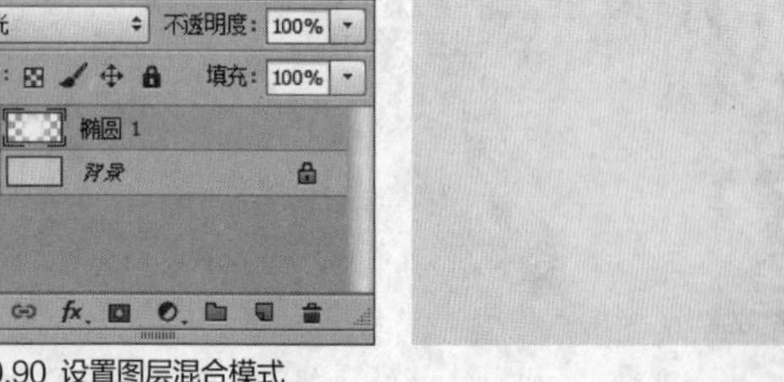

图10.90 设置图层混合模式

• 添加素材

STEP 01 执行菜单栏中的"文件"|"打开"命令，打开"灯笼.psd"文件，将打开的素材拖入画布中靠左侧的位置并适当缩小，如图10.91所示。

STEP 02 选择工具箱中的"横排文字工具"，在添加的素材图像的位置添加文字，如图10.92所示。

图10.91 添加素材

图10.92 添加文字

STEP 03 在"图层"面板中同时选中"囍"及"灯笼"图层，将其图层"不透明度"更改为15%，如图10.93所示。

图10.93 更改图层不透明度

STEP 04 同时选中"囍"及"灯笼"图层，按住Alt+Shift组合键向右侧拖动，将图像复制，再按Ctrl+T组合键对其执行"自由变换"命令，单击鼠标右键，从弹出的快捷菜单中选择"水平翻转"命令，完成之后按Enter键确认，这样就完成了效果制作，最终效果如图10.94所示。

图10.94 最终效果

实战 383 春绿背景

▶素材位置：素材\第10章\春绿背景
▶案例位置：效果\第10章\春绿背景.psd
▶视频位置：视频\实战383.avi
▶难易指数：★☆☆☆☆

• 实例介绍 •

本例讲解春绿背景的制作方法，整个制作过程围绕春天和绿色进行，同时，添加的绿叶素材图像也体现出了背景的立体感，最终效果如图10.95所示。

图10.95 最终效果

• 操作步骤 •

• 新建画布

STEP 01 执行菜单栏中的“文件”|“新建”命令，在弹出的对话框中设置“宽度”为800像素，“高度”为420像素，“分辨率”为72像素/英寸。

STEP 02 选择工具箱中的“渐变工具”，编辑绿色（R：160，G：194，B：90）到黄绿色（R：205，G：222，B：128）再到绿色（R：160，G：194，B：90）的渐变，单击选项栏中的“线性渐变”按钮，在画布中从左上角向右下角方向拖动，为画布填充渐变，如图10.96所示。

图10.96 填充渐变

STEP 03 执行菜单栏中的“文件”|“打开”命令，打开“绿叶.psd”文件，将打开的素材拖入画布中并适当缩小，将图像复制数份，如图10.97所示。

图10.97 添加素材并复制图像

STEP 04 在“图层”面板中同时选中素材拷贝图层，将其图层“混合模式”更改为柔光，再分别选中每个拷贝图层，单击面板底部的“添加图层蒙版”按钮，为其添加图层蒙版，如图10.98所示。

STEP 05 选择工具箱中的“画笔工具”，在画布中单击鼠标右键，在弹出的面板中选择一种圆角笔触，将“大小”更改为150像素，“硬度”更改为0%，在选项栏中将“不透明度”更改为30%，如图10.99所示。

图10.98 添加图层蒙版

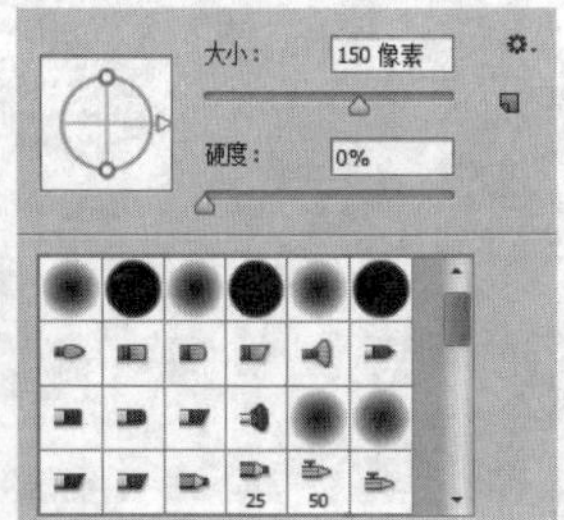

图10.99 设置笔触

STEP 06 将前景色更改为黑色，分别单击拷贝图层蒙版缩览图，在图像上的部分区域涂抹，将其隐藏，如图10.100所示。

图10.100 隐藏图像

• 添加投影

STEP 01 在“图层”面板中选中“绿叶”图层，将其拖至面板底部的“创建新图层”按钮上，复制1个图层，如图10.101所示。

STEP 02 在“图层”面板中选中“绿叶”图层，单击面板上方的“锁定透明像素”按钮，将当前图层中的透明像素锁定，在画布中将图像填充为深绿色（R：10，G：53，B：13），填充完成之后再次单击此按钮将其解除锁定，如图10.102所示。

图10.101 复制图层

图10.102 锁定透明像素并填充颜色

STEP 03 选中“绿叶”图层，执行菜单栏中的“滤镜”|“模糊”|“高斯模糊”命令，在弹出的对话框中将“半径”更改为8像素，完成之后单击“确定”按钮，再将其图层“不透明

度”更改为50%，这样就完成了效果制作，最终效果如图10.103所示。

图10.103 最终效果

实战 384 彩虹背景

▶素材位置：无
▶案例位置：效果\第10章\彩虹背景.psd
▶视频位置：视频\实战384.avi
▶难易指数：★☆☆☆☆

• 实例介绍 •

彩虹背景的制作重点是彩虹效果的制作，同时，柔和的背景使彩虹图像十分自然而不突兀，最终效果如图10.104所示。

图10.104 最终效果

• 操作步骤 •

• 新建画布

STEP 01 执行菜单栏中的“文件”|“新建”命令，在弹出的对话框中设置“宽度”为800像素，“高度”为480像素，“分辨率”为72像素/英寸，“颜色模式”为RGB颜色，新建一个空白画布。

STEP 02 选择工具箱中的“渐变工具”，编辑粉色（R：248，G：210，B：228）到黄色（R：252，G：240，B：195）到粉色（R：248，G：210，B：228）的渐变，单击选项栏中的“线性渐变”按钮，在画布中从上向下拖动，为画布填充渐变，如图10.105所示。

图10.105 填充渐变

STEP 03 选择工具箱中的“钢笔工具”，单击选项栏中的“选择工具模式”按钮，在弹出的选项中选择“形状”，将“填充”更改为无，“描边”更改为红色（R：240，G：170，B：182），“大小”更改为15点，绘制一个弧形不规则图形，此时将生成一个“形状1”图层，如图10.106所示。

图10.106 绘制图形

STEP 04 在“图层”面板中选中“形状1”图层，将其拖至面板底部的“创建新图层”按钮上，复制1个“形状1 拷贝”图层，如图10.107所示。

STEP 05 选中“形状1 拷贝”图层，在选项栏中将“描边”更改为黄色（R：242，G：206，B：157），如图10.108所示。

图10.107 复制图层

图10.108 更改描边颜色

STEP 06 以同样的方法选中“形状1”图层，将其复制数份并分别更改其复制图形的颜色，如黄色（R：244，G：240，B：182），绿色（R：187，G：217，B：157），浅蓝色（R：220，G：233，B：218），如图10.109所示。

图10.109 复制图形并更改颜色

STEP 07 同时选中除“背景”图层之外的所有图层，按Ctrl+G组合键将图层编组，将生成的组名称更改为“彩虹条”，选中“彩虹条”组，按Ctrl+E组合键将其合并，如图10.110所示。

图10.110 将图层编组并合并组

提示

不同颜色的形状图层无法直接合并，合并后会发生变化。

• 调整图像

STEP 01 在“图层”面板中选中“彩虹条”图层，单击面板底部的“添加图层蒙版”按钮，为其图层添加图层蒙版，如图10.111所示。

STEP 02 选择工具箱中的“画笔工具”，在画布中单击鼠标右键，在弹出的面板中选择一种圆角笔触，将“大小”更改为500像素，“硬度”更改为0%，如图10.112所示。

图10.111 添加图层蒙版

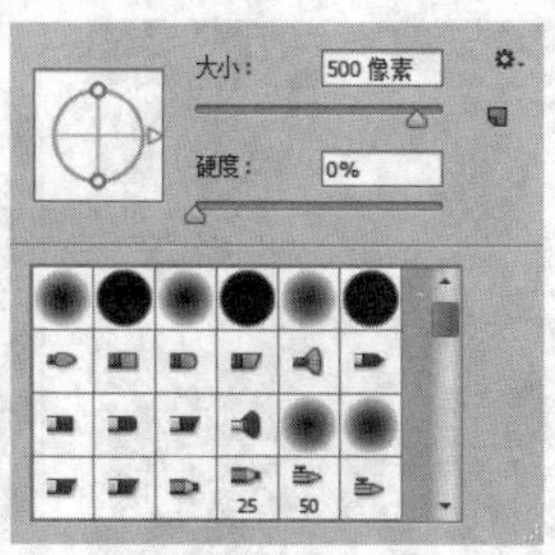

图10.112 设置笔触

STEP 03 将前景色更改为黑色，在图形上的部分区域涂抹，将部分图像隐藏，如图10.113所示。

STEP 04 选中“彩虹条”图层，将其图层“不透明度”更改为80%，如图10.114所示。

图10.113 隐藏图像

图10.114 更改图层不透明度

STEP 05 选择工具箱中的“矩形工具”，在选项栏中将“填充”更改为白色，“描边”更改为无，在画布中绘制一个与其宽度相同的矩形，此时将生成一个“矩形1”图层，如图10.115所示。

图10.115 绘制图形

STEP 06 在“图层”面板中选中“矩形1”图层，单击面板底部的“添加图层蒙版”按钮，为其图层添加图层蒙版。

STEP 07 选择工具箱中的“渐变工具”，编辑黑色到白色的渐变，单击选项栏中的“线性渐变”按钮，在图形上拖动，将部分图形隐藏，提高画布顶部区域的亮度，这样就完成了效果制作，最终效果如图10.116所示。

图10.116 最终效果

实战 385 春天背景

▶素材位置：素材\第10章\春天背景
▶案例位置：效果\第10章\春天背景.psd
▶视频位置：视频\实战385.avi
▶难易指数：★★★☆☆

• 实例介绍 •

春天背景的制作以大量的春天元素为主，同时在本例中绿色和红色的碰撞使整个背景看上去更加活跃，在商业广告中红色和绿色的搭配相对比较忌讳，但在添加其他元素并适当组合以后视觉效果也十分出色，最终效果如图10.117所示。

图10.117 最终效果

• 操作步骤 •

• 新建画布

STEP 01 执行菜单栏中的“文件”|“新建”命令，在弹出的对话框中设置“宽度”为1024像素，“高度”为768像素，“分辨率”为72像素/英寸，“颜色模式”为RGB颜色，新建一个空白画布，将画布填充为绿色（R：126，G：172，B：14），如图10.118所示。

图10.118 新建画布并填充颜色

STEP 02 执行菜单栏中的“文件”|“打开”命令，打开“插画.jpg”文件，将打开的素材拖入画布中并适当缩小，如图10.119所示。

图10.119 添加素材

STEP 03 执行菜单栏中的“文件”|“打开”命令，打开“雪草.psd”文件，将打开的素材拖入画布中并适当缩小，如图10.120所示。

STEP 04 选中“雪草”图层，按Ctrl+T组合键对其执行“自由变换”命令，单击鼠标右键，从弹出的快捷菜单中选择“垂直翻转”命令，完成之后按Enter键确认，再将其移至插画图像顶部的边缘位置，如图10.121所示。

图10.120 添加素材

图10.121 变换图像

• 绘制图形

STEP 01 选择工具箱中的“矩形工具”，在选项栏中将“填充”更改为红色（R：177，G：0，B：25），“描边”更改为无，在画布中绘制一个与画布相同宽度的矩形，此时将生成一个“矩形1”图层，如图10.122所示

图10.122 绘制图形

STEP 02 选择工具箱中的“钢笔工具”，单击选项栏中的“选择工具模式”按钮，在弹出的选项中选择“形状”，以刚才同样的方法将“填充”更改为红色（R：153，G：0，B：22），“描边”更改为无，在刚才绘制的图形左上角的位置绘制一个不规则图形，此时将生成一个“形状1”图层，如图10.123所示。

图10.123 绘制图形

STEP 03 以同样的方法绘制数个不规则图形并填充不同深浅的红色，这样就完成了效果制作，最终效果如图10.124所示。

图10.124 最终效果

实战 386

卡通太空背景

- 素材位置：素材\第10章\卡通太空背景
- 案例位置：效果\第10章\卡通太空背景.psd
- 视频位置：视频\实战386.avi
- 难易指数：★★☆☆☆

• 实例介绍 •

本例讲解卡通太空背景的制作方法。本例的制作稍显复杂，在制作过程中以大量的太空元素为主，同时，素材图像的添加也很好地体现出了卡通的定义，最终效果如图10.125所示。

图10.125 最终效果

• 操作步骤 •

• 新建画布

STEP 01 执行菜单栏中的“文件”|“新建”命令，在弹出的对话框中设置“宽度”为800像素，“高度”为620像素，“分辨率”为72像素/英寸。

STEP 02 选择工具箱中的“渐变工具”，编辑蓝色（R：175，G：222，B：248）到蓝色（R：78，G：170，B：215）的渐变，单击选项栏中的“径向渐变”按钮，在画布中从中心向右下角拖动，为画布填充渐变，如图10.126所示。

图10.126 填充渐变

STEP 03 选择工具箱中的“钢笔工具”，在选项栏中单击“选择工具模式”按钮，在弹出的选项中选择“形状”，将“填充”更改为蓝色（R：0，G：58，B：148），“描边”更改为无，在画布中绘制一个1/4圆形的不规则图形，此时将生成一个“形状1”图层，如图10.127所示。

图10.127 绘制图形

STEP 04 在“图层”面板中选中“形状1”图层，将其拖至面板底部的“创建新图层”按钮上，复制1个“形状1 拷贝”图层，如图10.128所示。

STEP 05 选中“形状1”图层，将其图形颜色更改为蓝色（R：0，G：122，B：185），将其向右侧平移，如图10.129所示。

图10.128 复制图层　　图10.129 移动图形

STEP 06 在“图层”面板中选中“形状1 拷贝”图层，将其拖至面板底部的“创建新图层”按钮上，复制1个“形状1 拷贝2”图层，如图10.130所示。

STEP 07 选中“形状1 拷贝2”图层，将其图形颜色更改为任意颜色，在画布中将其向左侧平移，如图10.131所示。

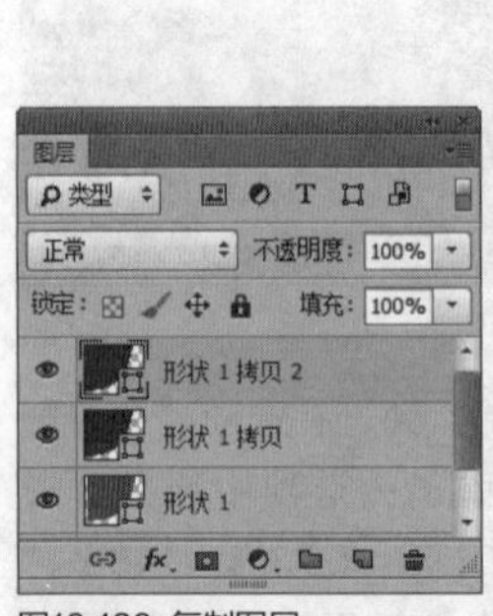

图10.130 复制图层　　图10.131 移动图形

STEP 08 在“图层”面板中选中“形状 1 拷贝 2”图层，单击面板底部的“添加图层样式”按钮，在菜单中选择“渐变叠加”命令，在弹出的对话框中将“渐变”更改为淡蓝色（R：225，G：230，B：244）到蓝色（R：52，G：93，B：172），将第1个蓝色色标的位置更改为7%，“样式”更改为径向，“角度”更改为0度，“缩放”更改为150%，完成之后单击“确定”按钮，如图10.132所示。

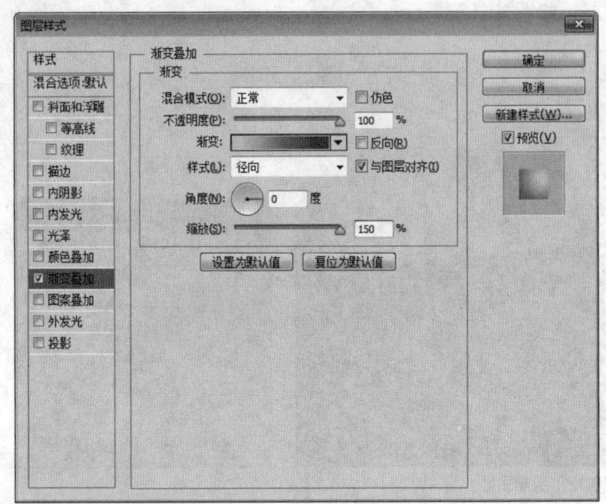

图10.132 设置渐变叠加

● 添加图像

STEP 01 在“画笔”面板中选择一个圆角笔触，将“大小”更改为80像素，“硬度”更改为100%，“间距”更改为100%，如图10.133所示。

STEP 02 勾选“形状动态”复选框，将“大小抖动”更改为50%，如图10.134所示。

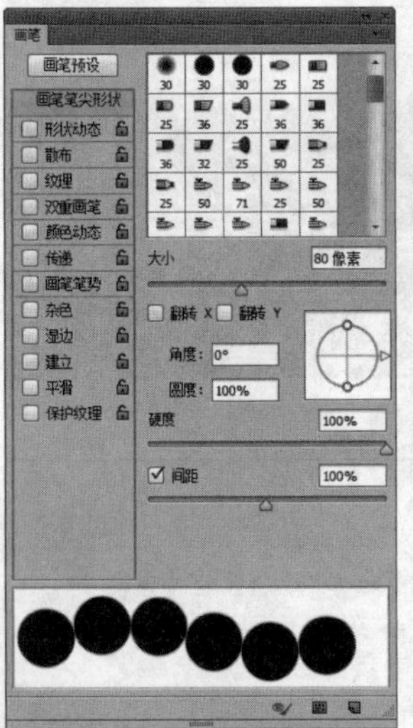

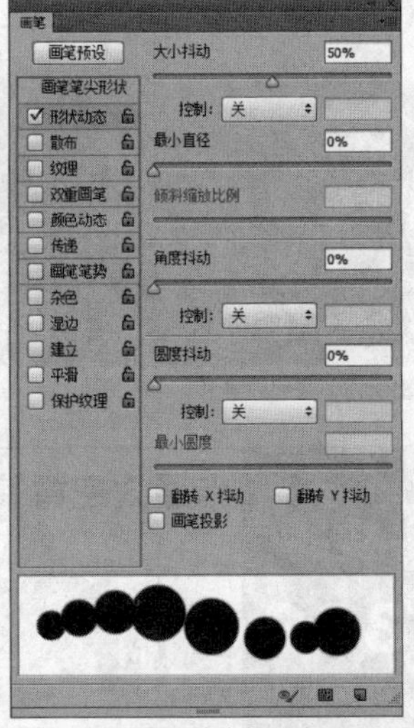

图10.133 设置画笔笔尖形状　　图10.134 设置形状动态

STEP 03 勾选“散布”复选框，将“散布”更改为350%，如图10.135所示。

STEP 04 勾选“传递”复选框，将“不透明度抖动”更改为100%，“控制”更改为渐隐，如图10.136所示。

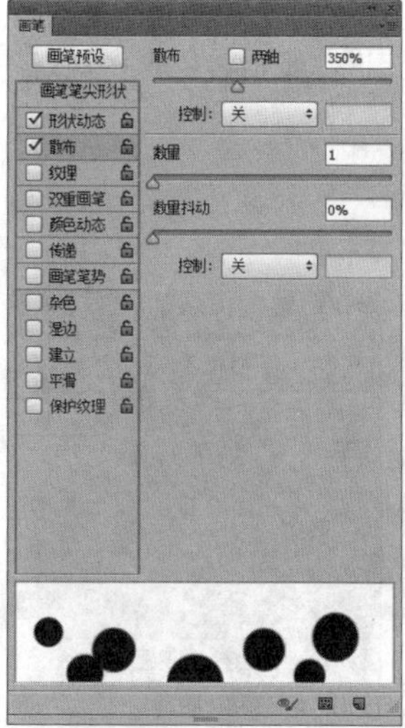

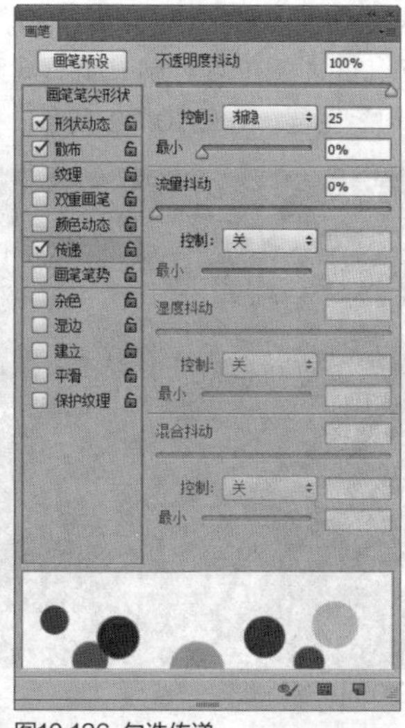

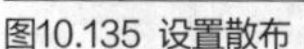
图10.135 设置散布

图10.136 勾选传递

STEP 05 单击面板底部的“创建新图层”按钮，新建一个“图层1”图层，如图10.137所示。

STEP 06 选中“图层1”图层，将前景色更改为白色，在画布中拖动鼠标添加图像，如图10.138所示。

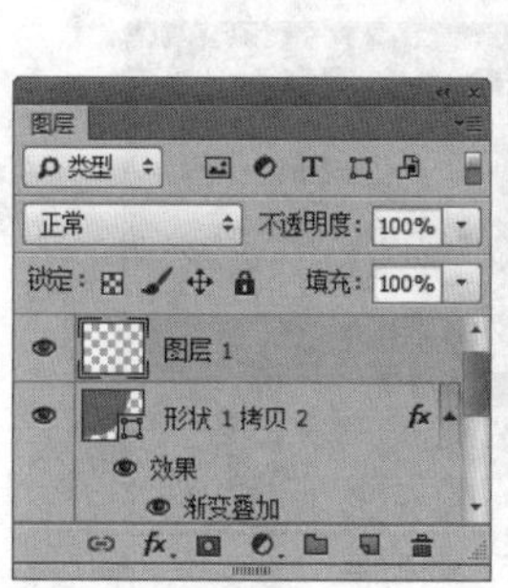

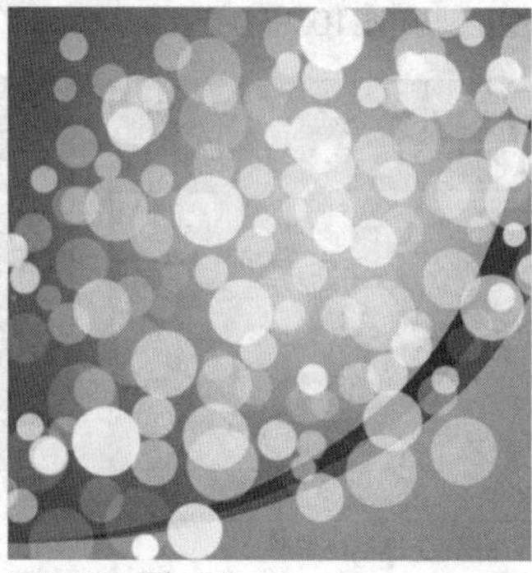

图10.137 新建图层

图10.138 添加图像

STEP 07 在“图层”面板中选中“图层 1”图层，将其图层“混合模式”更改为叠加，“不透明度”更改为30%，单击面板底部的“添加图层蒙版”按钮，为其图层添加图层蒙版，如图10.139所示。

STEP 08 按住Ctrl键单击“形状 1 拷贝 2”图层缩览图，将其载入选区，执行菜单栏中的“选择”|“反向”命令将选区反向，将选区填充为黑色，将部分图像隐藏，完成之后按Ctrl+D组合键将选区取消，如图10.140所示。

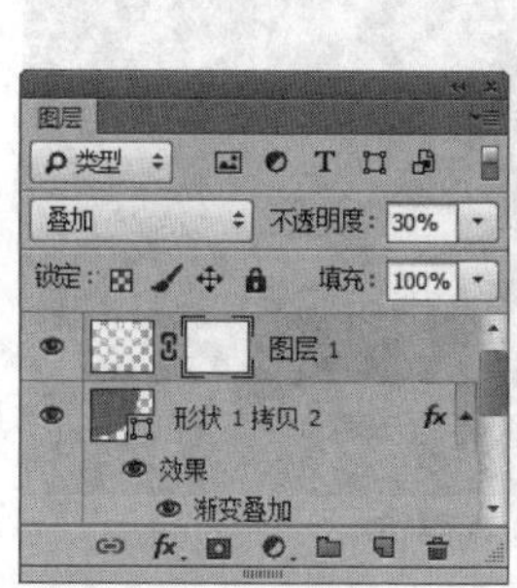

图10.139 添加图层蒙版

图10.140 隐藏图像

● 添加素材

STEP 01 执行菜单栏中的“文件”|“打开”命令，打开“卡通小人.psd、气球.psd”文件，将打开的素材拖入画布中靠左下角的位置并适当缩小，如图10.141所示。

STEP 02 在“图层”面板中选中“卡通小人”图层，将其拖至面板底部的“创建新图层”按钮上，复制1个“卡通小人拷贝”图层，如图10.142所示。

图10.141 添加素材

图10.142 复制图层

STEP 03 选中“卡通小人”图层，执行菜单栏中的“滤镜”|“模糊”|“动感模糊”命令，在弹出的对话框中将“角度”更改为-20度，“距离”更改为50像素，设置完成之后单击“确定”按钮，如图10.143所示。

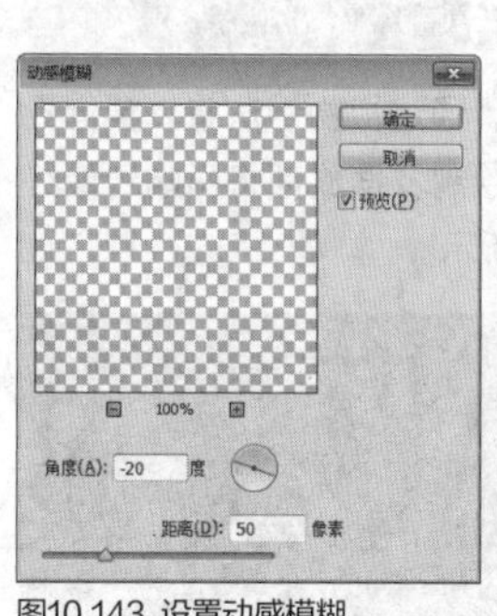

图10.143 设置动感模糊

STEP 04 在“图层”面板中选中“卡通小人”图层，单击面板底部的“添加图层蒙版”按钮，为其图层添加图层蒙版，如图10.144所示。

STEP 05 选择工具箱中的“画笔工具”，在画布中单击鼠标右键，在弹出的面板中选择一种圆角笔触，将“大小”更改为100像素，“硬度”更改为0%，如图10.145所示。

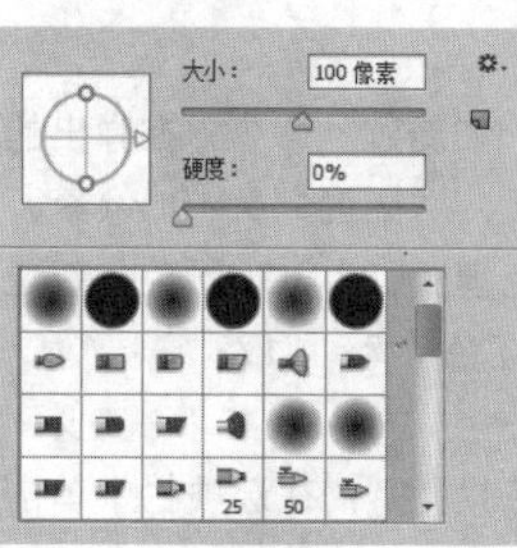

图10.144 添加图层蒙版

图10.145 设置笔触

STEP 06 将前景色更改为黑色，在图像上的部分区域涂抹，将其隐藏，这样就完成了效果制作，最终效果如图10.146所示。

图10.146 最终效果

实战 387 模拟舞台背景

▶素材位置：素材\第10章\模拟舞台背景
▶案例位置：效果\第10章\模拟舞台背景.psd
▶视频位置：视频\实战387.avi
▶难易指数：★★★☆☆

• 实例介绍 •

模拟舞台背景的制作重点在于，通过拟物手法将真实世界里的舞台绘制出来，图形、图像的绘制及摆放都将影响到最终的整体效果，最终效果如图10.147所示。

图10.147 最终效果

• 操作步骤 •

• 新建画布

STEP 01 执行菜单栏中的“文件”|“新建”命令，在弹出的对话框中设置“宽度”为800像素，“高度”为400像素，“分辨率”为72像素/英寸，“颜色模式”为RGB颜色，新建一个空白画布，将画布填充为深红色（R：117，G：11，B：15），如图10.148所示。

STEP 02 选择工具箱中的“钢笔工具”，在选项栏中单击“路径”按钮，在弹出的选项中选择“形状”，将“填充”更改为深红色（R：144，G：19，B：23），“描边”更改为无，在左侧位置绘制一个不规则图形，此时将生成一个“形状1”图层，如图10.149所示。

图10.148 绘制图形

图10.149 栅格化图层

STEP 03 选中“形状1”图层，执行菜单栏中的“图层”|“栅格化”|“图形”命令，将当前图形栅格化，如图10.150所示。

STEP 04 在“图层”面板中选中“形状1”图层，将其拖至面板底部的“创建新图层”按钮上，复制一个“形状1 拷贝”图层，如图10.151所示。

图10.150 栅格化图形

图10.151 复制图层

STEP 05 选择工具箱中的“减淡工具”，在画布中单击鼠标右键，在弹出的面板中选择一种圆角笔触，将“大小”更改为400像素，“硬度”更改为0%，在选项栏中将“曝光度”更改为30%，如图10.152所示。

STEP 06 选中“形状1 拷贝”图层，在图形上靠上方的位置涂抹，将部分区域颜色减淡，如图10.153所示。

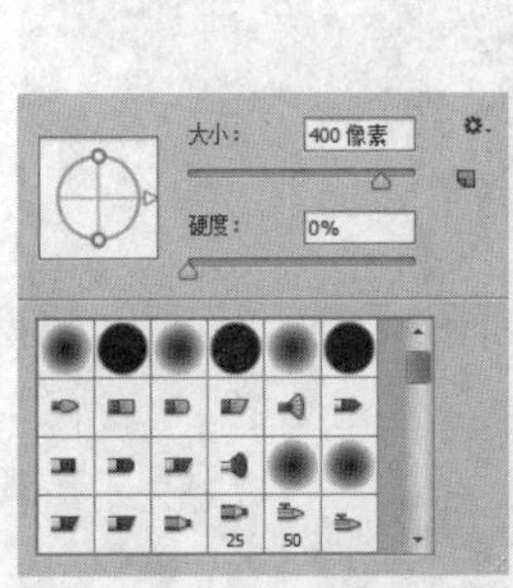

图10.152 设置笔触

图10.153 减淡颜色

STEP 07 选中“形状1”图层，将其图形向左上角方向稍微移动，如图10.154所示。

图10.154 移动图形

STEP 08 在“图层”面板中选中“形状1”图层，单击面板底部的“添加图层样式”fx按钮，在菜单中选择“投影”命令，在弹出的对话框中将“不透明度”更改为35%，“角度”更改为135度，“距离”更改为4像素，“大小”更改为10像素，设置完成之后单击“确定”按钮，如图10.155所示。

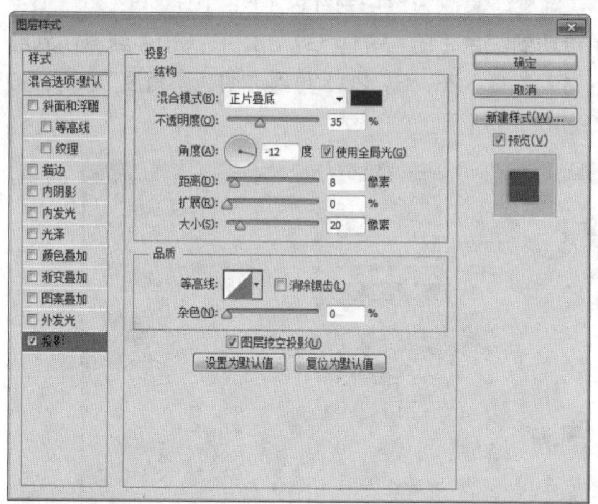

图10.155 设置投影

STEP 09 在画布右侧的位置以同样的方法绘制一个不规则图形，此时将生成一个“形状2”图层，如图10.156所示。

图10.156 绘制图形

STEP 10 选中“形状2”图层，将图层复制，执行减淡颜色等操作，在画布中以同样的方法为其制作相对的立体图像效果，如图10.157所示。

图10.157 制作立体图形

提示

制作立体效果的时候需要注意为后方图形添加投影。

● 绘制图形

STEP 01 选择工具箱中的“矩形工具”■，在选项栏中将“填充”更改为红色（R：245，G：62，B：56），“描边”更改为无，在画布中靠顶部的位置绘制一个矩形，此时将生成一个“矩形1”图层，如图10.158所示。

STEP 02 选中“矩形1”图层，在其图层名称上单击鼠标右键，从弹出的快捷菜单中选择“栅格化图层”命令，如图10.159所示。

图10.158 绘制图形

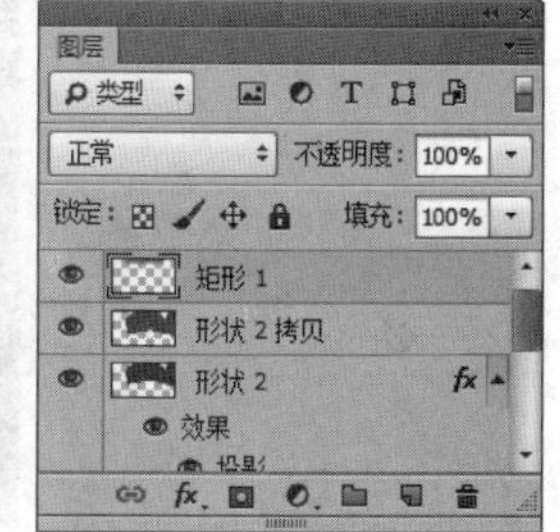

图10.159 栅格化图层

STEP 03 选中“矩形1”图层，执行菜单栏中“滤镜”|“扭曲”|“波浪”命令，在弹出的对话框中将“生成器数”更改为1，“波长”中的“最小”更改为20，“最大”更改为50，“波幅”中的“最小”更改为1，“最大”更改为12，设置完成之后单击“确定”按钮，如图10.160所示。

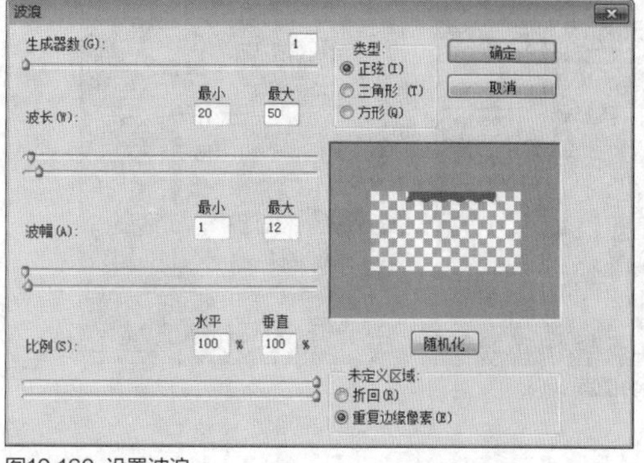

图10.160 设置波浪

STEP 04 选中“矩形1”图层，将图像向上移动，再选择工具箱中的“矩形选框工具”，在图像靠左侧的位置绘制一个选区以选中部分图像，如图10.161所示。

STEP 05 选中“矩形1”图层，按Ctrl+J组合键执行“通过拷贝的图层”命令，此时将生成一个“图层1”图层，如图10.162所示。

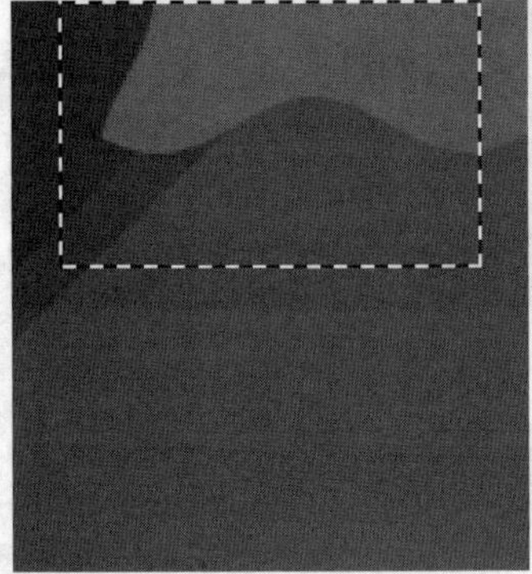
图10.161 绘制选区

图10.162 通过复制的图层

STEP 06 在“图层”面板中选中“图层1”图层，将其拖至面板底部的“创建新图层”按钮上，复制一个“图层1 拷贝”图层，如图10.163所示。

STEP 07 选中“图层1 拷贝”图层，按Ctrl+T组合键对其执行“自由变换”命令，单击鼠标右键，从弹出的快捷菜单中选择“水平翻转”命令，完成之后按Enter键确认，将其图像平移至右侧相对的位置并与下方图像重叠，如图10.164所示。

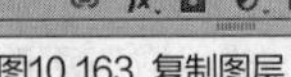
图10.163 复制图层

图10.164 变换图形

STEP 08 同时选中“图层1 拷贝”“图层1”及“矩形1”图层，按Ctrl+E组合键将图层合并，将生成的图层名称更改为“条幅”，如图10.165所示。

图10.165 合并图层

STEP 09 在“图层”面板中选中“条幅”图层，单击面板底部的“添加图层样式”按钮，在菜单中选择“内阴影”命令，在弹出的对话框中将“混合模式”更改为叠加，“颜色”更改为白色，“不透明度”更改为50%，取消“使用全局光”复选框，“角度”更改为-90度，“距离”更改为2像素，“大小”更改为2像素，如图10.166所示。

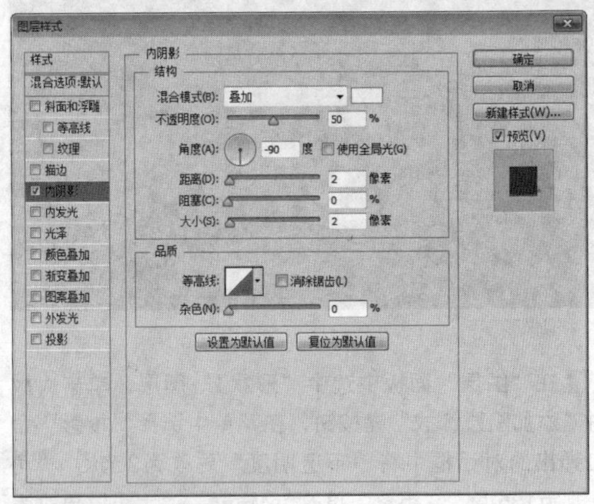

图10.166 设置内阴影

STEP 10 勾选“渐变叠加”复选框，将“不透明度”更改为85%，“渐变”更改为透明到红色（R：191，G：26，B：30）到透明到红色（R：191，G：26，B：30）到透明到红色（R：191，G：26，B：30）再到透明，“角度”更改为0度，如图10.167所示。

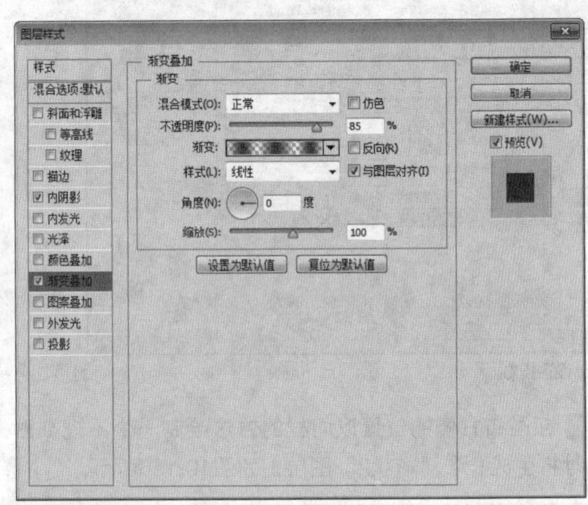

图10.167 设置渐变叠加

STEP 11 勾选“投影”复选框，将“不透明度”更改为20%，取消“使用全局光”复选框，“角度”更改为90度，“距离”更改为5像素，“大小”更改为10像素，设置完成之后单击“确定”按钮，如图10.168所示。

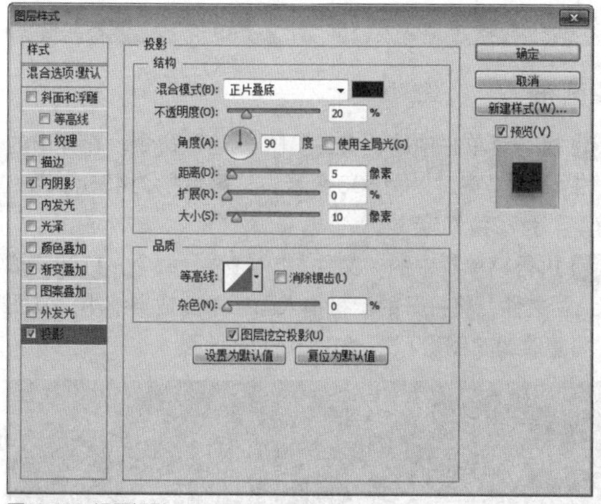
图10.168 设置投影

● 添加素材

STEP 01 执行菜单栏中的“文件”|“打开”命令，打开“灯.psd”文件，将打开的素材拖入画布中靠左上角的位置并适当缩小，如图10.169所示。

图10.169 添加素材

STEP 02 在“图层”面板中选中“灯”图层，单击面板底部的“添加图层样式”按钮，在菜单中选择“投影”命令，在弹出的对话框中将“不透明度”更改为40%，取消“使用全局光”复选框，将“角度”更改为40度，“距离”更改为10像素，“大小”更改为10像素，完成之后单击“确定”按钮，如图10.170所示。

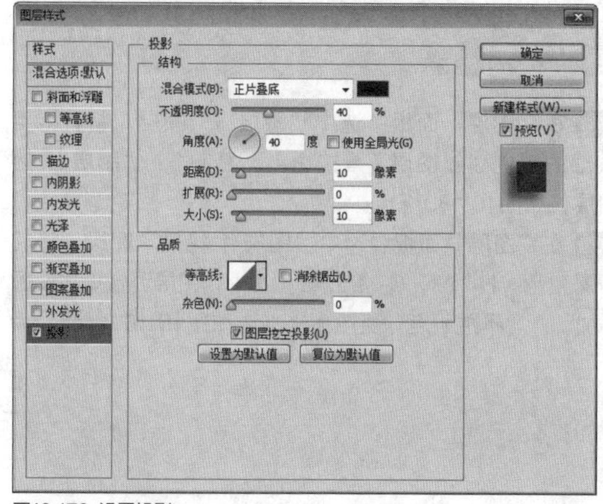
图10.170 设置投影

STEP 03 选择工具箱中的“钢笔工具”，在选项栏中单击“选择工具模式”按钮，在弹出的选项中选择“形状”，将“填充”更改为白色，“描边”更改为无，在添加的素材图像的位置绘制一个不规则图形，此时将生成一个“形状3”图层，将“形状3”图层移至“灯”图层下方，如图10.171所示。

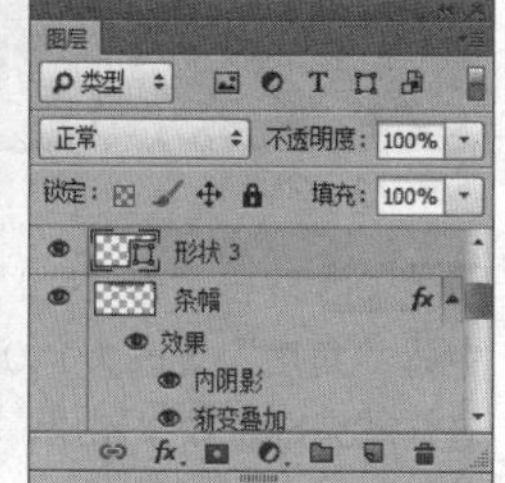
图10.171 绘制图形

STEP 04 在“图层”面板中选中“形状3”图层，单击面板底部的“添加图层蒙版”按钮，为其图层添加图层蒙版，如图10.172所示。

图10.172 添加图层蒙版

STEP 05 选择工具箱中的“渐变工具”，在选项栏中单击“点按可编辑渐变”按钮，在弹出的对话框中选择“黑白渐变”，设置完成之后单击“确定”按钮，再单击选项栏中的“线性渐变”按钮，在图形上拖动，将部分图形隐藏，如图10.173所示。

图10.173 设置渐变并隐藏图形

STEP 06 在“图层”面板中同时选中“灯”及“形状3”图层，将其拖至面板底部的“创建新图层”按钮上，复制“灯拷贝”及“形状3 拷贝”两个新图层，如图10.174所示。

STEP 07 同时选中复制生成的2个新图层，按Ctrl+T组合键对其执行“自由变换”命令，单击鼠标右键，从弹出的快捷菜单中选择“水平翻转”命令，完成之后按Enter键确认，如图10.175所示。

图10.174 复制图层

图10.175 变换图像

STEP 08 双击“灯 拷贝”图层样式名称，在弹出的对话框中将“角度”更改为140度，完成之后单击“确定”按钮，这样就完成了效果制作，最终效果如图10.176所示。

图10.176 最终效果

实战388 赛道背景

- 素材位置：素材\第10章\赛道背景
- 案例位置：效果\第10章\赛道背景.psd
- 视频位置：视频\实战388.avi
- 难易指数：★★☆☆☆

• 实例介绍 •

本例讲解速度背景的制作方法。本例中添加的公路素材图像与马路组合成了一个完美的公路元素背景，同时极易使人联想到速度元素，最终效果如图10.177所示。

图10.177 最终效果

• 操作步骤 •

• 新建画布

STEP 01 执行菜单栏中的“文件”|“新建”命令，在弹出的对话框中设置“宽度”为800像素，“高度”为430像素，“分辨率”为72像素/英寸。

STEP 02 执行菜单栏中的“文件”|“打开”命令，打开“柏油路.jpg”文件，将打开的素材拖入画布中并适当缩小，其图层名称将更改为“图层1”，如图10.178所示。

图10.178 添加素材

STEP 03 选中“图层 1”图层，按Ctrl+T组合键对其执行“自由变换”命令，单击鼠标右键，从弹出的快捷菜单中选择“扭曲”命令，拖动变形框控制点将图像变形，完成之后按Enter键确认，如图10.179所示。

图10.179 将图像变形

提示

在拖动控制点的时候注意图像的扭曲方向以制作出接近于透视效果为准。

STEP 04 在“图层”面板中选中“图层 1”图层，将其拖至面板底部的“创建新图层”按钮上，复制1个“图层 1 拷贝”图层，如图10.180所示。

STEP 05 在“图层”面板中选中“图层 1 拷贝”图层，将其填充为深灰色（R：11，G：25，B：26），图层混合模式设置为“叠加”，“不透明度”更改为60%，如图10.181所示。

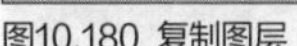

图10.180 复制图层　　图10.181 设置图层混合模式

● 添加高光

STEP 01 单击面板底部的“创建新图层”按钮，新建一个“图层2”图层，选中“图层2”图层，将其填充为蓝色（R：235，G：250，B：255），如图10,182所示。

图10.182 新建图层并填充颜色

STEP 02 在“图层”面板中选中“图层 2”图层，将其图层混合模式设置为“叠加”，如图10.183所示。

图10.183 设置图层混合模式

STEP 03 在“图层”面板中选中“图层 2”图层，单击面板底部的“添加图层蒙版”按钮，为其图层添加图层蒙版，如图10.184所示。

STEP 04 选择工具箱中的“画笔工具”，在画布中单击鼠标右键，在弹出的面板中选择一种圆角笔触，将“大小”更改为350像素，“硬度”更改为0%，如图10.185所示。

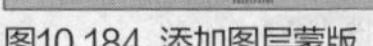
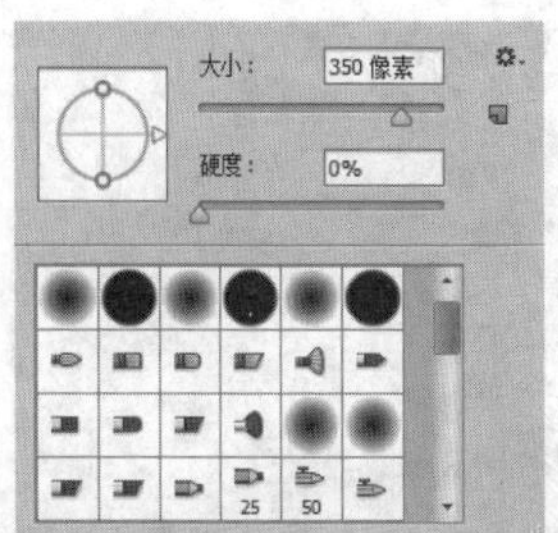

图10.184 添加图层蒙版　　图10.185 设置笔触

STEP 05 将前景色更改为黑色，在图像上的部分区域涂抹，将其隐藏，如图10.186所示。

图10.186 隐藏图像

● 绘制图形

STEP 01 在“图层”面板中选中“图层2”图层，将其拖至面板底部的“创建新图层”按钮上，复制1个“图层2 拷贝”图层，将“图层2 拷贝”图层混合模式更改为“正常”，“不透明度”更改为80%，如图10.187所示。

STEP 02 以刚才同样的方法利用“画笔工具”在图像上的部分区域涂抹，将部分图像隐藏，如图10.188所示。

图10.187 复制图层更改不透明度　　图10.188 隐藏图像

STEP 03 选择工具箱中的“矩形工具”，在选项栏中将“填充”更改为白色，“描边”更改为无，在画布中靠下方的位置绘制一个与画布相同宽度的矩形，此时将生成一个“矩形1”图层，如图10.189所示。

图10.189 绘制图形

STEP 04 在“图层”面板中选中“矩形1”图层，将其图层混合模式设置为“叠加”，如图10.190所示。

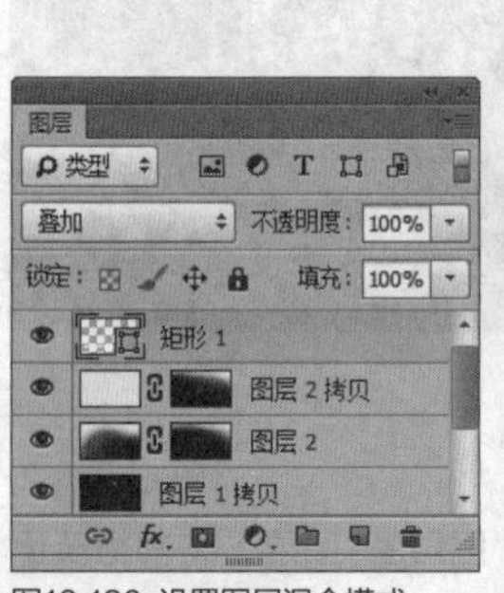

图10.190 设置图层混合模式

STEP 05 选中“矩形1”图层，按Ctrl+T组合键对其执行“自由变换”命令，单击鼠标右键，从弹出的快捷菜单中选择“变形”命令，当出现变形框以后单击“变形”后方的 自定 按钮，在弹出的选项中选择“弯曲”，将“弯曲”更改为-10，完成之后按Enter键确认，如图10.191所示。

图10.191 将图像变形

STEP 06 在“图层”面板中选中“矩形 1”图层，将其拖至面板底部的“创建新图层”按钮上，复制1个“矩形 1 拷贝”图层，选中“矩形 1 拷贝”图层，将其图形颜色更改为黄色（R：255，G：210，B：0），如图10.192所示。

图10.192 复制图层并更改图形颜色

STEP 07 在“图层”面板中选中“矩形 1 拷贝”图层，将其图层混合模式设置为“柔光”，“不透明度”更改为60%，这样就完成了效果制作，最终效果如图10.193所示。

图10.193 最终效果

第 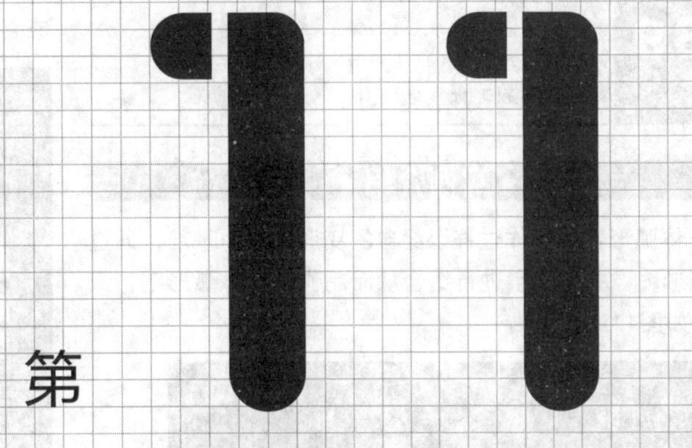 章

传统艺术字的制作

本章导读

传统艺术字的制作方法比较简单，它主要表现文字的美感，围绕广告商品本身给艺术字体一个全新的定位。艺术字有多种制作类型，针对不同类型的广告我们可以给其一个合适的定位，从而延伸出相对应的网格的艺术字体。通过本章的学习我们可以对具有不同视觉效果的艺术字体有一个全新的认识，同时在制作方面有一个能力的全面提升。

要点索引

- 学会制作圆形镂空字
- 了解梯形字与图文字的制作方法
- 学会平台字的制作技巧
- 了解传统艺术字的制作方法
- 学会制作经典艺术字体

实战389 立体弧形字

▶素材位置：素材\第11章\立体弧形字
▶案例位置：效果\第11章\立体弧形字.psd
▶视频位置：视频\实战389.avi
▶难易指数：★★★☆☆

• 实例介绍 •

立体弧形字的制作过程以经典的变形操作为基准，通过绘制弧形图像并与文字进行组合从而制作出立体弧形字，最终效果如图11.1所示。

图11.1 最终效果

• 操作步骤 •

STEP 01 执行菜单栏中的“文件”|“打开”命令，打开“背景.jpg”文件，如图11.2所示。

图11.2 打开素材

STEP 02 选择工具箱中的“横排文字工具” T，在画布中的适当位置添加文字，如图11.3所示。

STEP 03 在“图层”面板中选中“终极心跳”图层，在其图层名称上单击鼠标右键，从弹出的快捷菜单中选择“转换为形状”命令，如图11.4所示。

图11.3 添加文字

图11.4 转换形状

STEP 04 选中“终极心跳”图层，按Ctrl+T组合键对其执“自由变换”命令，单击鼠标右键，从弹出的快捷菜单中选择“变形”命令，拖动变形框的不同控制点将文字变形，完成之后按Enter键确认，如图11.5所示。

图11.5 将文字变形

STEP 05 选择工具箱中的“钢笔工具”，在选项栏中单击“选择工具模式” 路径 按钮，在弹出的选项中选择“形状”，将“填充”更改为黑色，“描边”更改为无，在文字位置绘制一个不规则图形，此时将生成一个“形状1”图层，将“形状1”图层移至“终极心跳”图层下方，如图11.6所示。

图11.6 绘制图形

提示

设置图形颜色为黑色的目的是很好地与文字颜色相区分。

STEP 06 在“图层”面板中选中“形状 1”图层，单击面板底部的“添加图层样式” fx 按钮，在菜单中选择“渐变叠加”命令，在弹出的对话框中将渐变颜色更改为深红色（R：77，G：0，B：6）到深红色（R：106，G：0，B：7），“样式”更改为径向，“角度”更改为0度，完成之后单击“确定”按钮，如图11.7所示。

STEP 07 在“形状1”图层上单击鼠标右键，从弹出的快捷菜单中选择“拷贝图层样式”命令，在“终极心跳”图层上单击鼠标右键，从弹出的快捷菜单中选择“粘贴图层样式”命令，双击“终极心跳”图层样式名称，在弹出的对话框中将其渐变颜色更改为黄色（R：190，G：155，B：107）到黄色（R：255，G：218，B：160），“样式”更改为径向，“角度”更改为0度，完成之后单击“确定”按钮，如图11.8所示。

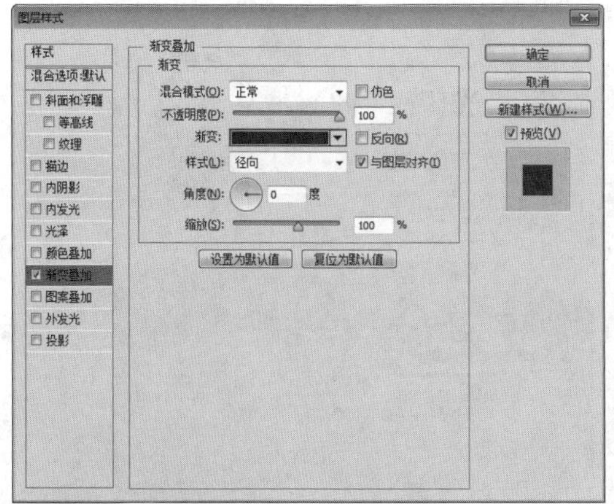

图11.7 设置渐变叠加

图11.8 复制并粘贴图层样式

STEP 08 选择工具箱中的“钢笔工具”，在选项栏中单击“选择工具模式”按钮，在弹出的选项中选择“形状”，将“填充”更改为白色，“描边”更改为无，在文字底部的位置绘制一个不规则图形，此时将生成一个“形状2”图层，如图11.9所示。

图11.9 绘制图形

STEP 09 在“终极心跳”图层上单击鼠标右键，从弹出的快捷菜单中选择“拷贝图层样式”命令，在“形状 2”图层上单击鼠标右键，从弹出的快捷菜单中选择“粘贴图层样式”命令，如图11.10所示。

图11.10 拷贝并粘贴图层样式

STEP 10 选择工具箱中的“钢笔工具”，在刚才绘制的图形与文字之间的位置再次绘制一个不规则图形，此时将生成一个“形状3”图层，将“形状3”图层移至“背景”图层上方，如图11.11所示。

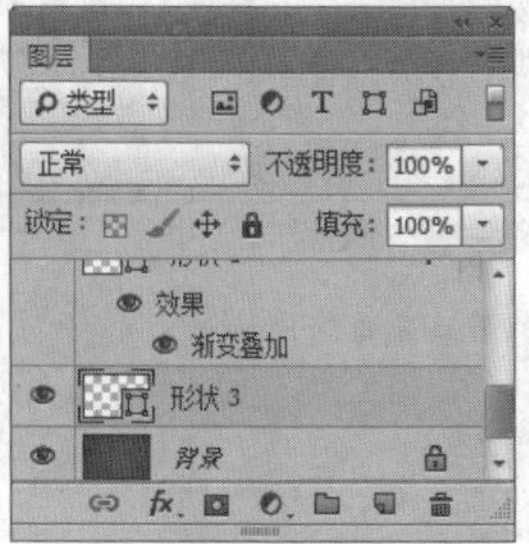

图11.11 绘制图形

STEP 11 在“形状1”图层上单击鼠标右键，从弹出的快捷菜单中选择“拷贝图层样式”命令，在“形状 3”图层上单击鼠标右键，从弹出的快捷菜单中选择“粘贴图层样式”命令，如图11.12所示。

图11.12 复制并粘贴图层样式

STEP 12 选择工具箱中的“横排文字工具”，在画布中的适当位置添加文字，如图11.13所示。

图11.13 添加文字

STEP 13 在“终极心跳”图层上单击鼠标右键，从弹出的快捷菜单中选择“拷贝图层样式”命令，在“一年一次”图层上单击鼠标右键，从弹出的快捷菜单中选择“粘贴图层样式”命令，如图11.14所示。

STEP 14 选择工具箱中的“多边形工具”，在选项栏中将“填充”更改为白色，“描边”更改为无，单击图标，在弹出的面板中将“缩进边依据”更改为80%，将“边”更改为4，如图11.15所示。

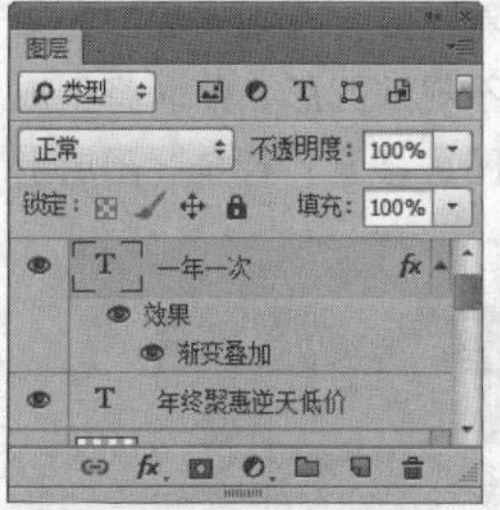

图11.14 复制并粘贴图层样式

半径：
平滑拐角
星形
缩进边依据：80%
平滑缩进

图11.15 设置多边形

STEP 15 在画布中的适当位置按住Shift键绘制一个多边形，此时将生成一个“多边形1”图层，如图11.16所示。

图11.16 绘制图形

STEP 16 选中“多边形1”图层，按Ctrl+T组合键对其执行“自由变换”命令，单击鼠标右键，从弹出的快捷菜单中选择“扭曲”命令，分别拖动不同控制点将图形变形，完成之后按Enter键确认，如图11.17所示。

图11.17 将图形变形

STEP 17 在“图层”面板中选中“多边形1”图层，单击面板底部的“添加图层样式”fx按钮，在菜单中选择“外发光”命令，在弹出的对话框中将“混合模式”更改为正常，“颜色”更改为黄色（R：255，G：234，B：0），“大小”更改为10像素，完成之后单击“确定”按钮，如图11.18所示。

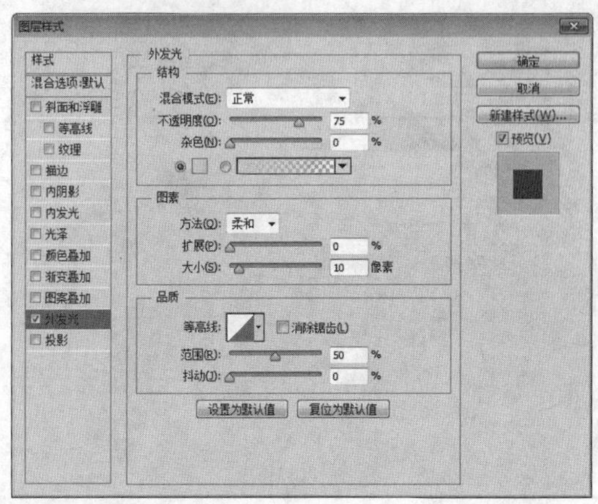

图11.18 设置外发光

STEP 18 选中“多边形 1”图层，执行菜单栏中的“滤镜”|“模糊”|“高斯模糊”命令，打开“高斯模糊”命令对话框，在弹出的对话框中将“半径”更改为1像素，设置完成之后单击“确定”按钮，如图11.19所示。

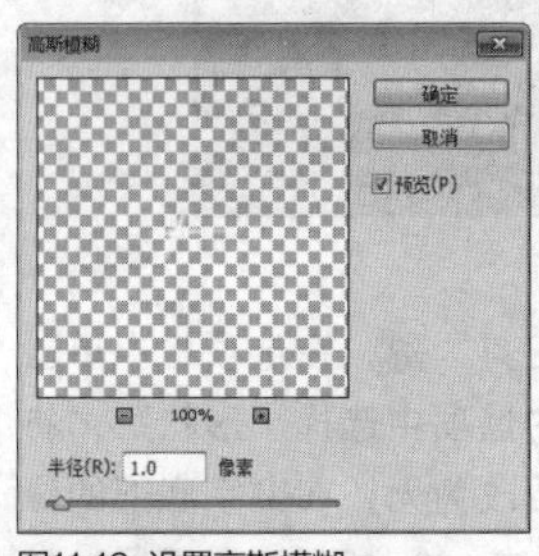

图11.19 设置高斯模糊

STEP 19 选中“多边形 1”图层，按住Alt键将其复制数份并分别放在文字的不同位置，将复制的部分图像适当缩小及变形，这样就完成了效果制作，最终效果如图11.20所示。

图11.20 最终效果

实战 390 折叠字

- 素材位置：素材\第11章\折叠字
- 案例位置：效果\第11章\折叠字.psd
- 视频位置：视频\实战390.avi
- 难易指数：★★★☆☆

• 实例介绍 •

本例讲解折叠字的制作方法。折叠字的最大特点是给人一种立体折叠的视觉效果，本例通过独特的图形变形制作出了真实的折叠效果，最终效果如图11.21所示。

图11.21 最终效果

• 操作步骤 •

STEP 01 执行菜单栏中的“文件”|“打开”命令，打开“背景.jpg”文件，如图11.22所示。

图11.22 打开素材

STEP 02 选择工具箱中的“矩形工具”，在选项栏中将“填充”更改为白色，“描边”更改为无，在画布中靠左上角的位置绘制一个矩形，此时将生成一个“矩形1”图层，如图11.23所示。

图11.23 绘制图形

STEP 03 选中“矩形1”图层，按Ctrl+T组合键对其执行“自由变换”命令，单击鼠标右键，从弹出的快捷菜单中选择“透视”命令，将光标移至变形框左上角向右侧拖动，直至两个控制点重叠使图形形成一个三角形，完成之后按Enter键确认，如图11.24所示。

图11.24 变换图形

提示

在对矩形进行变形时我们可以利用选择工具箱中的“直接选择工具”拖动锚点的方法。此种方法虽然比较简单，但是需要对图形的造型十分熟悉。同时我们还可以利用“钢笔工具”直接绘制图形。在绘制的过程中我们可以选择自己习惯的一种方法。

STEP 04 在“图层”面板中选中“矩形1”图层，单击面板底部的“添加图层样式”按钮，在菜单中选择“渐变叠加”命令，在弹出的对话框中将渐变颜色更改为蓝色（R：18，G：155，B：207）到稍深的蓝色（R：25，G：106，B：153）“角度”更改为0度，设置完成之后单击“确定”按钮，如图11.25所示。

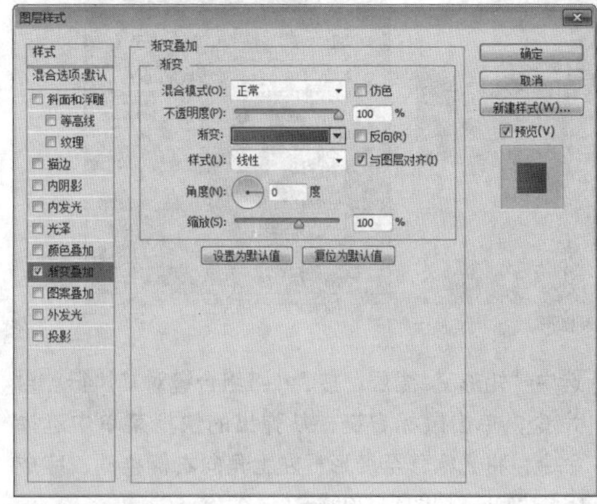

图11.25 设置渐变叠加

STEP 05 选择工具箱中的“矩形工具”，在选项栏中将“填充”更改为蓝色（R：18，G：155，B：207），“描边”更改为无，在图形下方的位置绘制一个矩形，此时将生成一个“矩形2”图层，如图11.26所示。

图11.26 绘制图形

STEP 06 在“图层”面板中选中“矩形1”图层，将其拖至面板底部的“创建新图层”按钮上，复制一个“矩形1 拷贝”图层，如图11.27所示。

STEP 07 选中“矩形1 拷贝”图层，按Ctrl+T组合键对其执行“自由变换”命令，单击鼠标右键，从弹出的快捷菜单中选择“旋转90度（顺时针）”命令，完成之后按Enter键确认，再将其向下移动并与“矩形2”图形底部对齐，如图11.28所示。

图11.27 复制图层　图11.28 变换图形

STEP 08 选择工具箱中的“矩形工具”，在选项栏中将“填充”更改为白色，“描边”更改为无，在图形右侧的位置绘制一个矩形，此时将生成一个“矩形3”图层，如图11.29所示。

图11.29 绘制图形

STEP 09 选中“矩形3”图层，按Ctrl+T组合键对其执行“自由变换”命令，单击鼠标右键，从弹出的快捷菜单中选择“透视”命令，将光标移至变形框左上角向右侧拖动，完成之后按Enter键确认，如图11.30所示。

图11.30 变换图形

STEP 10 在“矩形1”图层上单击鼠标右键，从弹出的快捷菜单中选择“拷贝图层样式”命令，在“矩形3”图层上单击鼠标右键，从弹出的快捷菜单中选择“粘贴图层样式”命令，如图11.31所示。

STEP 11 双击“矩形3”图层样式名称，在弹出的对话框中将“角度”更改为180度，完成之后单击“确定”按钮，如图11.32所示。

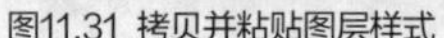

图11.31 拷贝并粘贴图层样式　图11.32 修改图层样式

STEP 12 选中“矩形2”图层，按住Alt+Shift组合键向右侧拖动，将图形复制，此时将生成一个“矩形2 拷贝”图层，如图11.33所示。

图11.33 复制图形

STEP 13 选中“矩形2 拷贝”图层，按Ctrl+T组合键对其执行“自由变换”命令，将光标移至变形框顶部，按住Alt键向上拖动，增加图形高度，完成之后按Enter键确认，如图11.34所示。

STEP 14 在“图层”面板中选中“矩形2 拷贝”图层，将其向上移至“矩形3”图层上方，如图11.35所示。

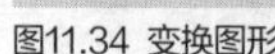

图11.34 变换图形　图11.35 更改图层顺序

提示

在此处可以选择工具箱中的“直接选择工具”拖动图形锚点增加图形高度。

STEP 15 在“图层”面板中选中“矩形2 拷贝”图层，在其图层名称上单击鼠标右键，从弹出的快捷菜单中选择“粘贴图层样式”命令，双击“矩形2 拷贝”图层样式名称，在弹出的对话框中将“角度”更改为-90度，完成之后单击“确定”按钮，如图11.36所示。

图11.36 粘贴图层样式

STEP 16 选中“矩形3”图层，按住Alt+Shift组合键向下方拖动并与“矩形2 拷贝”图层中的图形对齐，将图形复制，此时将生成一个“矩形3 拷贝”图层，如图11.37所示。

STEP 17 选中“矩形3 拷贝”图层，按Ctrl+T组合键对其执行“自由变换”命令，单击鼠标右键，从弹出的快捷菜单中选择“垂直翻转”命令，完成之后按Enter键确认，如图11.38所示。

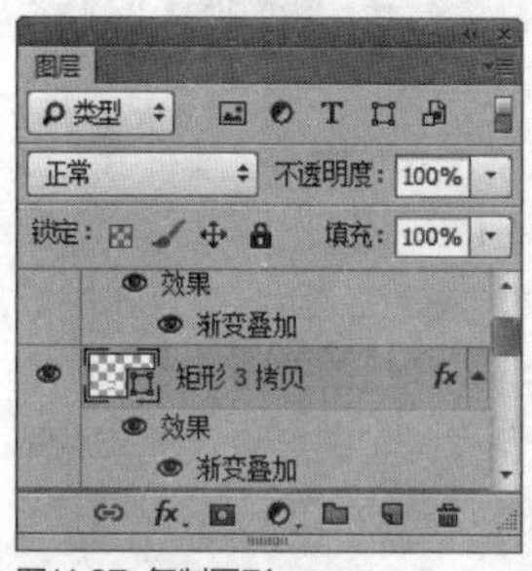

图11.37 复制图形

图11.38 变换图形

STEP 18 在“图层”面板中双击“矩形3 拷贝”图层样式名称，在弹出的对话框中将“角度”更改为0度，完成之后单击“确定”按钮，如图11.39所示。

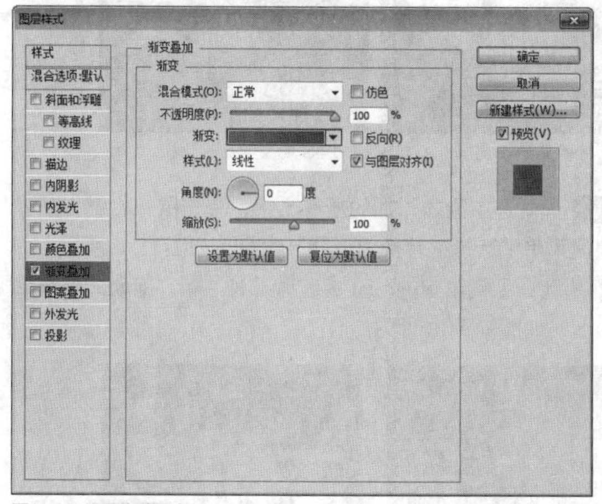

图11.39 设置渐变叠加

STEP 19 选中“矩形2 拷贝”图层，按Ctrl+T组合键对其执行“自由变换”命令，单击鼠标右键，从弹出的快捷菜单中选择“透视”命令，将光标移至变形框左上角向下方拖动，完成之后按Enter键确认，如图11.40所示。

图11.40 变换图形

STEP 20 选中“矩形2 拷贝”图层，按住Alt+Shift组合键向右侧拖动，将图形复制，此时将生成一个“矩形2 拷贝2”图层，如图11.41所示。

图11.41 复制图形

STEP 21 选中“矩形2 拷贝2”图层，按Ctrl+T组合键对其执行“自由变换”命令，单击鼠标右键，从弹出的快捷菜单中选择“水平翻转”命令，完成之后按Enter键确认，再将图形对齐，如图11.42所示。

图11.42 变换图形

STEP 22 在“图层”面板中双击“矩形2 拷贝2”图层样式名称，在弹出的对话框中将“角度”更改为90度，完成之后单击“确定”按钮，如图11.43所示。

STEP 23 在“图层”面板中选中“矩形3 拷贝”图层，将其移至“矩形2 拷贝”图层上方“矩形2 拷贝2”下方，这样就完成了效果制作，最终效果如图11.44所示。

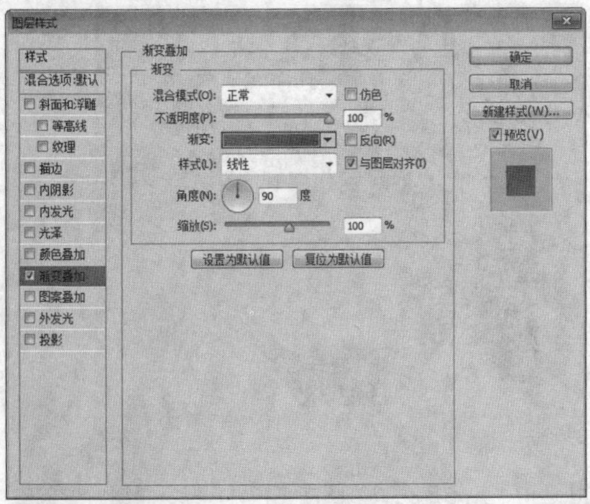
图11.43 设置渐变叠加

图11.44 最终效果

实战391 犀利闪电字

- 素材位置：素材\第11章\犀利闪电字
- 案例位置：效果\第11章\犀利闪电字.psd
- 视频位置：视频\实战391.avi
- 难易指数：★★☆☆☆

• 实例介绍 •

本例讲解犀利闪电字的制作方法。本例中的字体在制作过程中强调了字体与主题的协调性，围绕主题信息进行文字的创作是最基本的原则，最终效果如图11.45所示。

图11.45 最终效果

• 操作步骤 •

STEP 01 执行菜单栏中的“文件”|“打开”命令，打开“背景.jpg”文件，如图11.46所示。

图11.46 打开背景

STEP 02 选择工具箱中的“横排文字工具” T，在画布中添加文字（字体：汉仪菱心体简），如图11.47所示。

STEP 03 选中刚才添加的文字图层，按Ctrl+T组合键对其执行“自由变换”命令，单击鼠标右键，从弹出的快捷菜单中选择“斜切”命令，将光标移至顶部控制点向右侧拖动，将文字变形，完成之后按Enter键确认，如图11.48所示。

图11.47 添加文字

图11.48 将文字变形

STEP 04 同时选中刚才添加的所有文字，单击鼠标右键，从弹出的快捷菜单中选择“转换为形状”命令，如图11.49所示。

STEP 05 选择工具箱中的“直接选择工具”，拖动文字锚点将其变形，如图11.50所示。

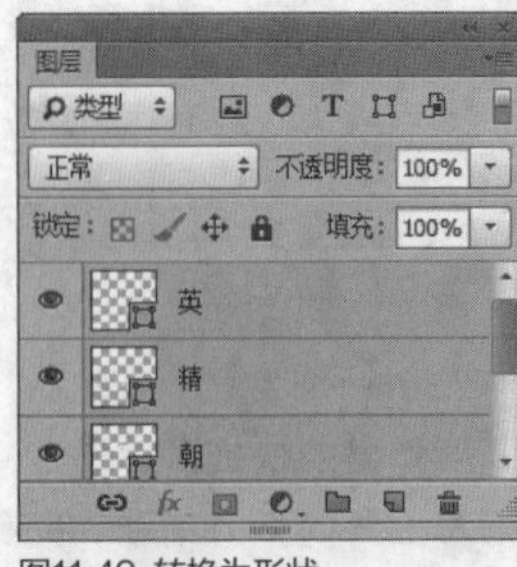

图11.49 转换为形状

图11.50 将文字变形

STEP 06 同时选中“王”“朝”“精”及“英”文字图层，按Ctrl+E组合键将其合并，将生成的图层名称更改为“文字”，如图11.51所示。

STEP 07 在“图层”面板中选中“文字”图层，将其拖至面板底部的“创建新图层”按钮上，复制1个“文字 拷贝”图层，如图11.52所示。

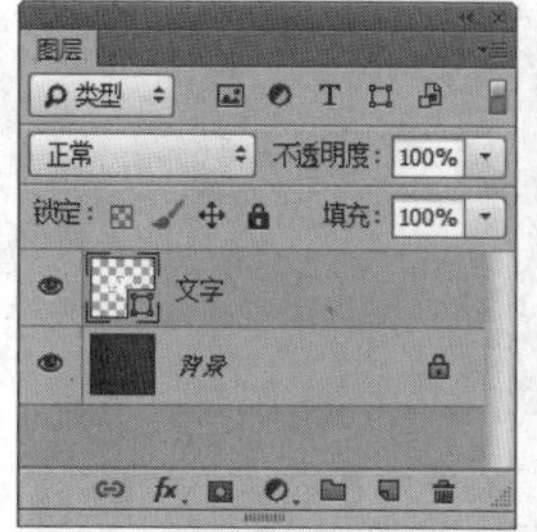

图11.51 合并图层

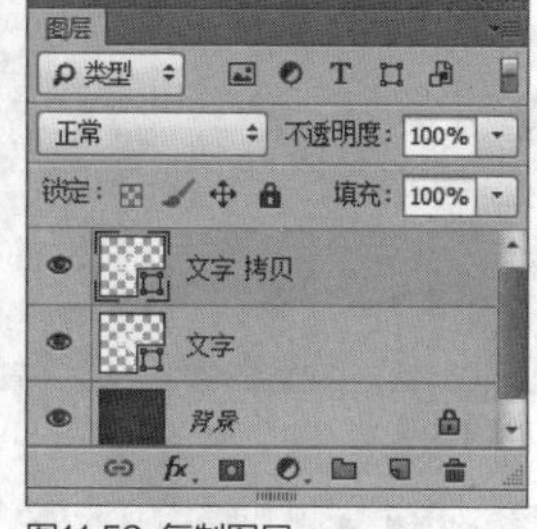

图11.52 复制图层

STEP 08 在“图层”面板中选中“文字”图层，单击面板底部的“添加图层样式”按钮，在菜单中选择“内发光”命令，在弹出的对话框中将“混合模式”更改为正常，“不透明度”更改为50%，“颜色”更改为黑色，“大小”更改为10像素，如图11.53所示。

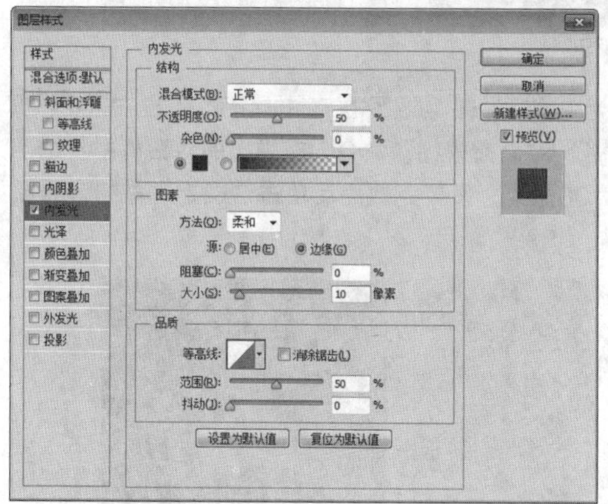

图11.53 设置内发光

STEP 09 勾选“投影”复选框，将“不透明度”更改为20%，“距离”更改为1像素，“扩展”更改为100%，“大小”更改为1像素，完成之后单击“确定”按钮，如图11.54所示。

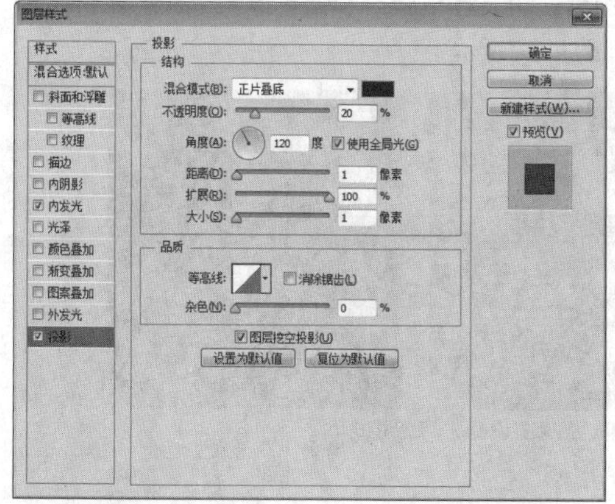

图11.54 设置投影

STEP 10 执行菜单栏中的“文件”|“打开”命令，打开“生锈金属.jpg”文件，将打开的素材拖入画布中文字的位置，适当缩小并将文字覆盖，此时其图层名称将自动更改为“图层1”，如图11.55所示。

STEP 11 在“图层”面板中选中“图层1”图层，将其拖至面板底部的“创建新图层”按钮上，复制1个“图层1 拷贝”图层，如图11.56所示。

图11.55 添加素材

图11.56 复制图层

STEP 12 选中“图层1”图层，执行菜单栏中的“滤镜”|“模糊”|“动感模糊”命令，在弹出的对话框中将“角度”更改为65度，“距离”更改为120像素，设置完成之后单击“确定”按钮，如图11.57所示。

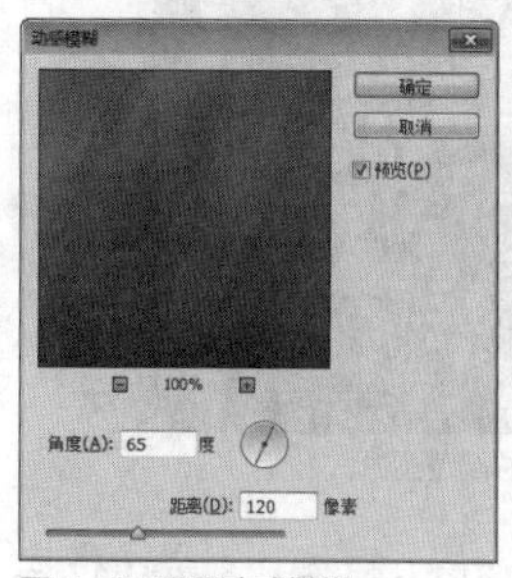

图11.57 设置动感模糊

STEP 13 选中“图层1”图层，执行菜单栏中的“图像”|“调整”|“曲线”命令，在弹出的对话框中调整曲线，增加图像亮度，完成之后单击“确定”按钮，如图11.58所示。

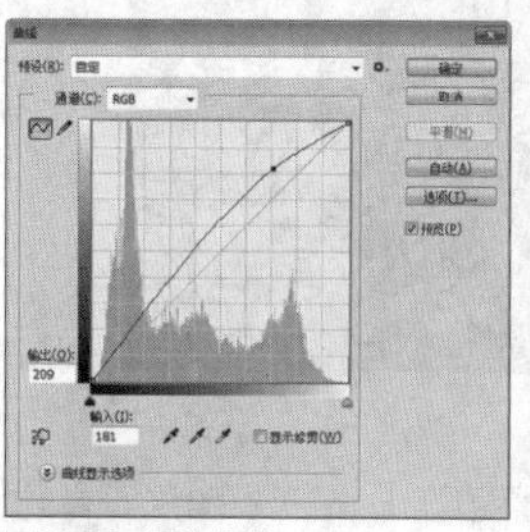

图11.58 调整曲线

STEP 14 在“图层”面板中选中“图层1”图层，单击面板底部的“添加图层蒙版”按钮，为其图层添加图层蒙版，如图11.59所示。

STEP 15 按住Ctrl键单击“文字 拷贝”图层蒙版缩览图，将其载入选区。

STEP 16 执行菜单栏中的“选择”|“反向”命令，将选区反向，将选区填充为黑色，将部分图像隐藏，完成之后按Ctrl+D组合键将选区取消，如图11.60所示。

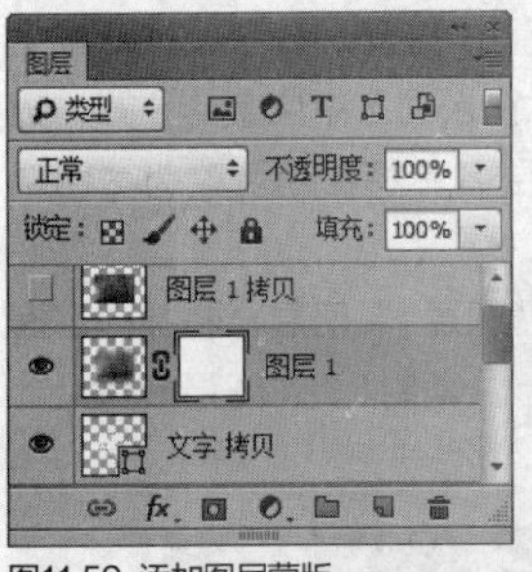

图11.59 添加图层蒙版

图11.60 隐藏图像

提示

为了观察“图层1”图层的调整情况，可以先将“图层1拷贝”图层隐藏。

STEP 17 以同样的方法为“图层1 拷贝”图层添加图层蒙版，并将其图层中的部分图像隐藏，如图11.61所示。

STEP 18 选中“文字 拷贝”图层，将其颜色更改为黄色（R：255，G：174，B：0），再将其向下稍微移动，如图11.62所示。

图11.61 添加图层蒙版

图11.62 隐藏图像

STEP 19 在“图层”面板中选中“图层1 拷贝”图层，将其图层混合模式设置为“强光”，如图11.63所示。

图11.63 设置图层混合模式

STEP 20 在“图层”面板中选中“图层 1 拷贝”图层，单击面板底部的“添加图层样式”fx按钮，在菜单中选择“投影”命令，在弹出的对话框中将“不透明度”更改为20%，“距离”更改为8像素，“大小”更改为1像素，完成之后单击“确定”按钮，如图11.64所示。

STEP 21 选择工具箱中的“椭圆工具”，在选项栏中将“填充”更改为黄色（R：253，G：240，B：64），“描边”更改为无，在文字下方的位置绘制一个椭圆图形，此时将生成一个“椭圆1”图层，如图11.65所示。

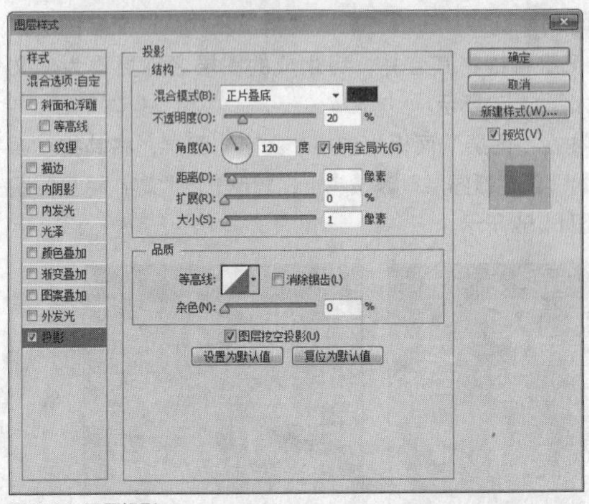

图11.64 设置投影

图11.65 绘制图形

STEP 22 选中“椭圆1”图层，执行菜单栏中的“滤镜”|“模糊”|“高斯模糊”命令，在弹出的对话框中将“半径”更改为30像素，设置完成之后单击“确定”按钮，如图11.66所示。

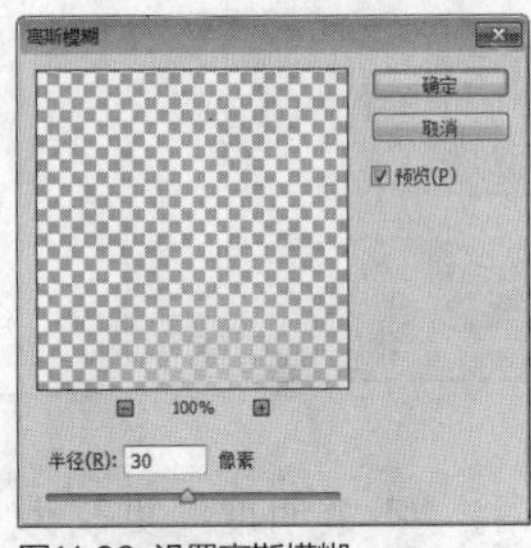

图11.66 设置高斯模糊

STEP 23 选中“椭圆1”图层，执行菜单栏中的“图层”|“创建剪贴蒙版”命令，为当前图层创建剪贴蒙版，将部分图像隐藏，再将图层混合模式更改为“颜色减淡（添加）”，如图11.67所示。

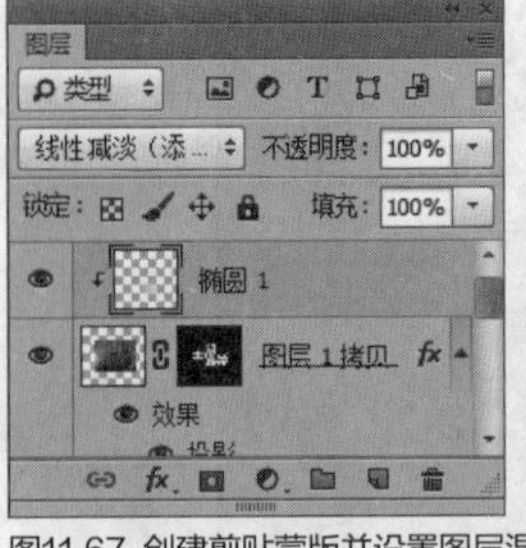

图11.67 创建剪贴蒙版并设置图层混合模式

STEP 24 选择工具箱中的“直线工具”，在选项栏中将“填充”更改为白色，“描边”更改为无，“粗细”更改为4像素，在文字左下角的位置按住Shift键绘制一条水平线段，此时将生成一个“形状1”图层，如图11.68所示。

图11.68 绘制图形

STEP 25 在“图层”面板中选中“形状1”图层，单击面板底部的“添加图层蒙版”按钮，为其图层添加图层蒙版，如图11.69所示。

STEP 26 选择工具箱中的“渐变工具”，在选项栏中单击“点按可编辑渐变”按钮，在弹出的对话框中选择“黑白渐变”，设置完成之后单击“确定”按钮，再单击选项栏中的“线性渐变”按钮，在图形上从左向右拖动，将部分线段隐藏，如图11.70所示。

图11.69 添加图层蒙版

图11.70 隐藏图形

STEP 27 在“图层”面板中选中“形状1”图层，将其拖至面板底部的“创建新图层”按钮上，复制1个“形状1 拷贝”图层，如图11.71所示。

STEP 28 选中“形状1 拷贝”图层，将图形向左侧稍微移动，并适当调整隐藏效果，如图11.72所示。

图11.71 复制图层

图11.72 调整图形

STEP 29 选择工具箱中的“横排文字工具”，在画布中添加文字，这样就完成了效果制作，最终效果如图11.73所示。

图11.73 最终效果

提示

为了使文字整体看上去更加美观，在添加文字的时候可以将部分文字稍微变形使整体更加和谐。

实战 392

立体条纹字

- 素材位置：素材\第11章\立体条纹字
- 案例位置：效果\第11章\立体条纹字.psd
- 视频位置：视频\实战392.avi
- 难易指数：★★☆☆☆

• 实例介绍 •

立体条纹字的制作方法比较简单，首先制作出立体文字效果，然后为其添加条纹纹理即可，本例中的字体以突出春装的特点为主，最终效果如图11.74所示。

图11.74 最终效果

• 操作步骤 •

STEP 01 执行菜单栏中的“文件”|“打开”命令，打开“背景.jpg”文件，如图11.75所示。

图11.75 打开素材

STEP 02 选择工具箱中的“横排文字工具”T，在画布中的适当位置添加文字（字体为华康俪金黑W8（P），大小为88点），如图11.76所示。

图11.76 添加文字

STEP 03 在“图层”面板中选中刚才所添加的文字图层，单击面板底部的“添加图层样式”fx按钮，从快捷菜单中选择“描边”命令，在弹出的对话框中将“大小”更改为2像素，“颜色”更改为绿色（R：133，G：179，B：36），如图11.77所示。

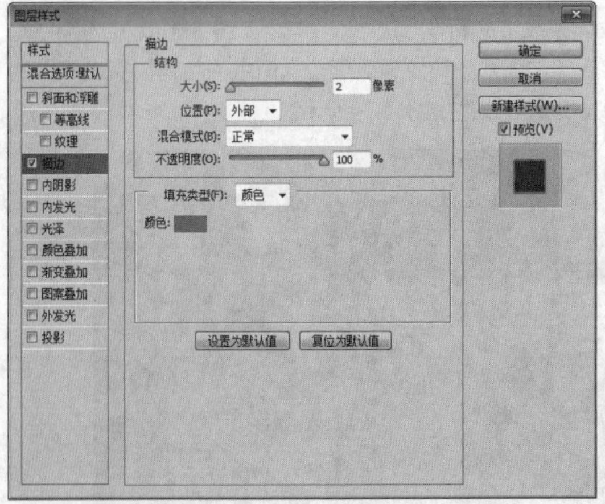

图11.77 设置描边

STEP 04 勾选“投影”复选框，将“距离”更改为3，“大小”更改为5，完成之后单击“确定”按钮，如图11.78所示。

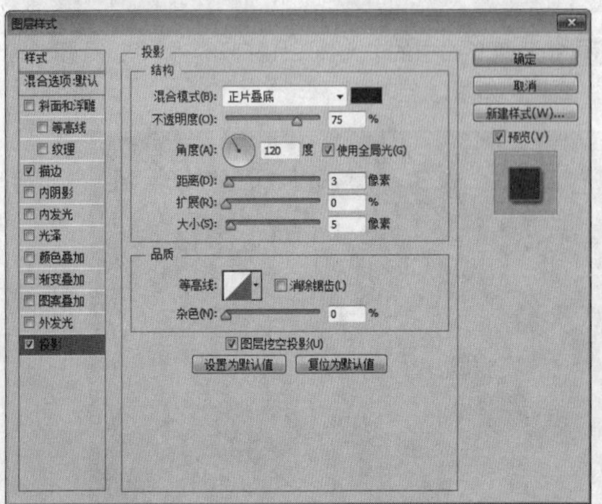

图11.78 设置投影

STEP 05 在“图层”面板中选中“春装特卖会”图层，将其拖至面板底部的“创建新图层”按钮上复制一个文字副本图层，选中“春装特卖会 拷贝”图层，将其向左下角方向稍微移动，如图11.79所示。

图11.79 复制文字并移动

STEP 06 选择工具箱中的“直线工具”，在选项栏中将“填充”更改为绿色（R：133，G：179，B：36），“描边”更改为无，“粗细”更改为1像素，在文字靠左上方的位置绘制一个倾斜的直线，此时将生成一个“形状1”图层，如图11.80所示。

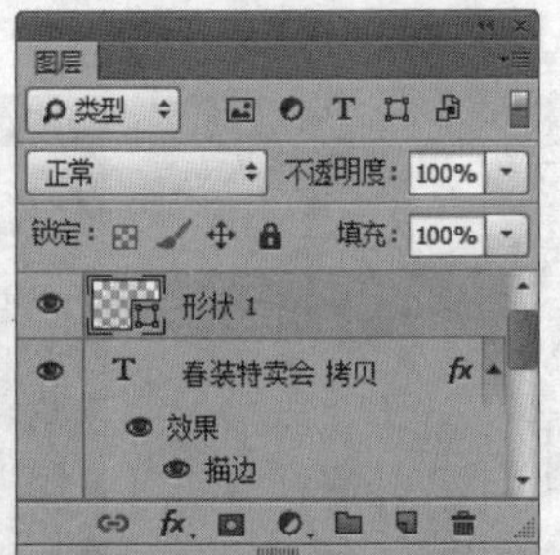

图11.80 绘制图形

STEP 07 在“图层”面板中按住Ctrl键单击“形状1”图层，将其载入选区，按Ctrl+Alt+T组合键对其执行“复制变换”命令，将其向下以及向右移动一定距离，按Enter键确认，如图11.81所示。

STEP 08 按Ctrl+Alt+Shift组合键的同时，多次按T键多重复制，直至将文字完全覆盖，如图11.82所示。

图11.81 变换复制　　图11.82 多重复制

STEP 09 选中“形状1”图层，执行菜单栏中的“图层”|“创建剪贴蒙版”命令，为当前图层创建剪贴蒙版效果，将文字之外的图形隐藏，这样就完成了效果制作，最终效果如图11.83所示。

图11.83 最终效果

技巧

选中当前图层或组按Ctrl+Alt+G组合键可快速执行剪贴蒙版命令。

提示

在为一个形状图层创建剪贴蒙版命令之后形状的路径在画布中会显示，只有在选中其他图层的情况下最终的剪贴蒙版效果才可见，当前形状显示的边缘并不影响印刷以及发布，它只会在画布中进行编辑的时候出现。

实战 393 金属镂空铭牌字

- 素材位置：素材\第11章\金属镂空铭牌字
- 案例位置：效果\第11章\金属镂空铭牌字.psd
- 视频位置：视频\实战393.avi
- 难易指数：★★☆☆☆

• 实例介绍 •

金属镂空铭牌字的制作以金属质感图像作为铺垫，然后将文字与图形进行组合并删除部分图像从而得到完美的镂空效果，最终效果如图11.84所示。

图11.84 最终效果

• 操作步骤 •

STEP 01 执行菜单栏中的“文件”|“打开”命令，打开“背景.jpg”文件，如图11.85所示。

图11.85 打开素材

STEP 02 选择工具箱中的“矩形工具”，在选项栏中将“填充”更改为白色，“描边”更改为无，在画布中的适当位置绘制一个矩形，此时将生成一个“矩形1”图层，如图11.86所示。

图11.86 绘制图形

STEP 03 在“图层”面板中选中“矩形1”图层，单击面板底部的“添加图层样式”按钮，在菜单中选择“渐变叠加”命令，在弹出的对话框中将渐变颜色更改为深黄色（R：242，G：143，B：0）到深黄色（R：160，G：79，B：0），“样式”更改为径向，“角度”更改为27度，“缩放”更改为150%，如图11.87所示。

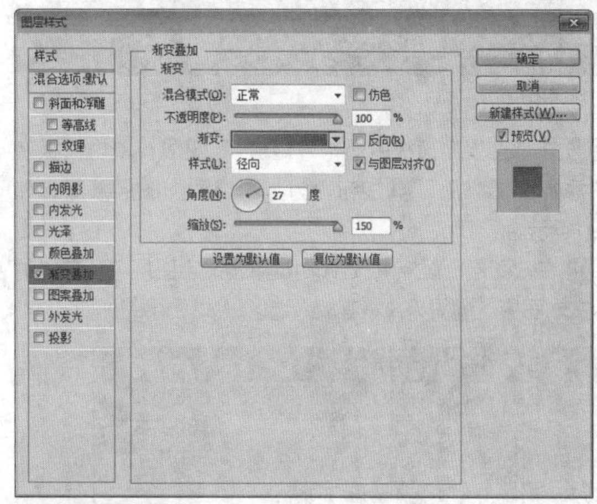

图11.87 设置渐变叠加

STEP 04 勾选“投影”复选框，将其“不透明度”更改为50%，“角度”更改为90度，取消“使用全局光”复选框，“距离”更改为2像素，“大小”更改为2像素，设置完成之后单击“确定”按钮，如图11.88所示。

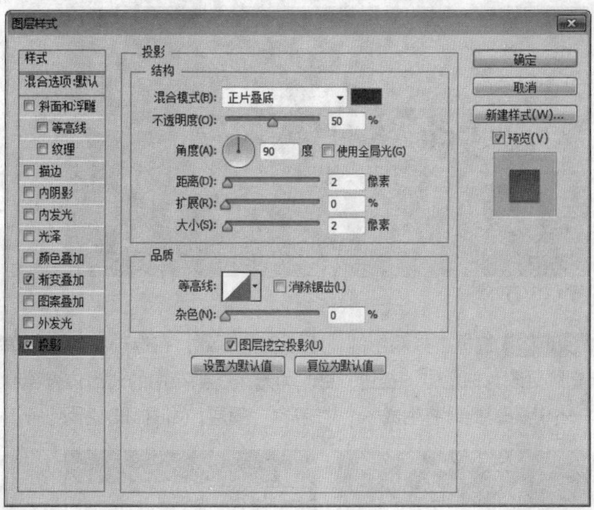

图11.88 设置投影

STEP 05 选择工具箱中的“横排文字工具”T，在矩形上添加文字（字体为Estrangelo Ed... 大小为37），如图11.89所示。

图11.89 添加文字

STEP 06 在“图层”面板中选中“矩形1”图层，单击面板底部的“添加图层蒙版”按钮，为其图层添加图层蒙版，如图11.90所示。

STEP 07 在“图层”面板中按住Ctrl键单击文字图层名称前方的“指示文本图层”T图标，将其载入选区，如图11.91所示。

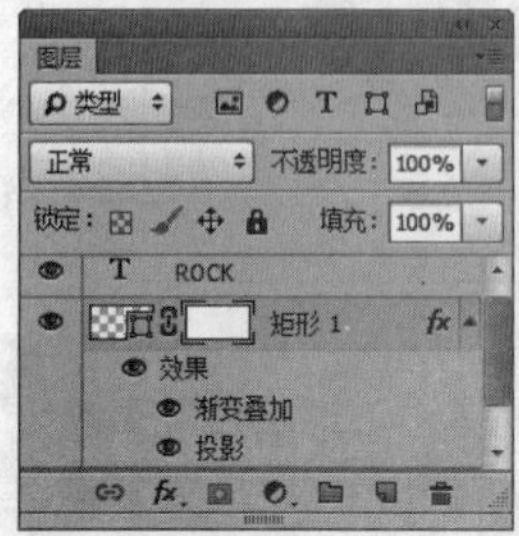

图11.90 添加图层蒙版

图11.91 载入选区

STEP 08 将选区填充为黑色，将部分图形隐藏，完成之后按Ctrl+D组合键将选区取消，最后将文字层删除，这样就完成了效果制作，最终效果如图11.92所示。

图11.92 最终效果

实战394 低价字

▶素材位置：素材\第11章\低价字
▶案例位置：效果\第11章\低价字.psd
▶视频位置：视频\实战394.avi
▶难易指数：★★★☆☆

• 实例介绍 •

本例中的低价字经过变形后很好地诠释了低价的力度，同时，经过变形后的文字看起来更加生动活泼，最终效果如图11.93所示。

图11.93 最终效果

• 操作步骤 •

STEP 01 执行菜单栏中的“文件”|“打开”命令，打开“背景.jpg”文件，如图11.94所示。

图11.94 打开素材

STEP 02 选择工具箱中的“横排文字工具” T，在画布中的适当位置添加文字（字体为MStiffHei PRC，大小为50点）如图11.95所示。

STEP 03 在“图层”面板中选中“最低价”图层，在其图层名称上单击鼠标右键，从弹出的快捷菜单中选择“转换为形状”命令，将其转换为形状图层，以同样的方法选中“史上”图层，将其转换为形状图层，如图11.96所示。

图11.95 添加文字

图11.96 转换为形状

STEP 04 选择工具箱中的“直接选择工具”，分别选中文字不同位置锚点，将其变换，如图11.97所示。

图11.97 变形文字

STEP 05 选择工具箱中的“自定形状工具”，在画布中单击鼠标右键，从弹出的快捷菜单中选择“箭头9”，如图11.98所示。

图11.98 设置形状

STEP 06 在选项栏中将“填充”更改为白色，“描边”更改为无，在画布中“低”字下方的位置按住Shift键绘制一个箭头图形，此时将生成一个“形状1”图层，如图11.99所示。

图11.99 绘制图形

STEP 07 选中“形状1”图层，按Ctrl+T组合键对其执行“自由变换”命令，将图形适当旋转并与文字图形对齐，如图11.100所示。

STEP 08 选择工具箱中的“直接选择工具”，选中箭头图形上的部分锚点，将其变换，如图11.101所示。

图11.100 旋转图形

图11.101 变换图形

STEP 09 同时选中“最低价”“史上”及“形状 1”图层，按Ctrl+G组合键将图层编组，将生成的组名称更改为“文字”，如图11.102所示。

图11.102 从图层新建组

STEP 10 在“图层”面板中选中“文字”图层，单击面板底部的“添加图层样式” fx 按钮，在菜单中选择“投影”命令，在弹出的对话框中将“不透明度”更改为50%，“角度”更改为45度，“距离”更改为2像素，“大小”更改为2像素，完成之后单击“确定”按钮，如图11.103所示。

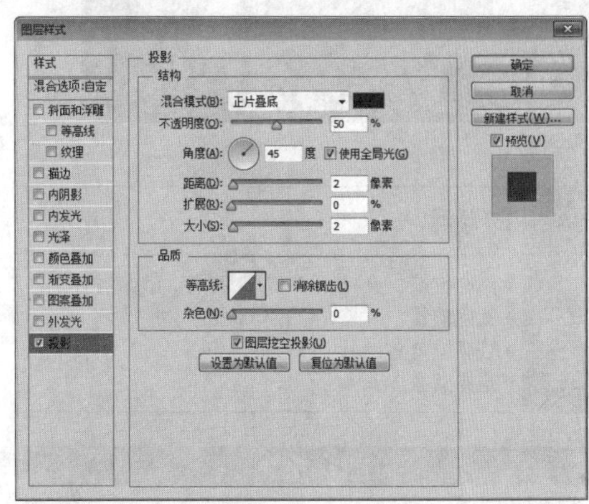

图11.103 设置投影

STEP 11 选择工具箱中的“多边形套索工具”，在文字和图形接触的位置绘制一个不规则选区，如图11.104所示。

STEP 12 单击面板底部的“创建新图层”按钮，新建一个“图层1”图层，如图11.105所示。

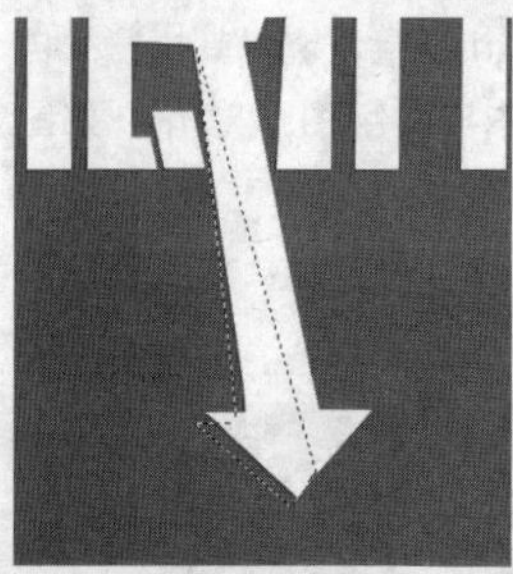
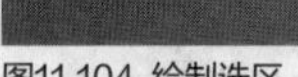

图11.104 绘制选区

图11.105 新建图层

STEP 13 选中“图层1”图层，将选区填充为黑色，填充完成之后按Ctrl+D组合键将选区取消，如图11.106所示。

图11.106 填充颜色

STEP 14 选中“图层1”图层，将其图层“不透明度”更改为25%，再将其向下移至“文字”组下方，这样就完成了效果制作，最终效果如图11.107所示。

图11.107 最终效果

实战 395

时装字

- 素材位置：素材\第11章\时装字.jpg
- 案例位置：效果\第11章\时装字.psd
- 视频位置：视频\实战395.avi
- 难易指数：★★☆☆☆

• 实例介绍 •

本例讲解时装字的制作方法。时装字顾名思义是以时装为元素进行字体的创作，最终效果如图11.108所示。

图11.108 最终效果

• 操作步骤 •

打开素材

STEP 01 执行菜单栏中的“文件”|“打开”命令，打开“背景.jpg”文件，如图11.109所示。

图11.109 打开素材

STEP 02 选择工具箱中的“横排文字工具” T，在画布中的适当位置添加文字，如图11.110所示。

图11.110 添加文字

添加素材

STEP 01 执行菜单栏中的“文件”|“打开”命令，打开“时装.jpg”文件，将打开的素材拖入画布中并适当缩小，其图层

名称将更改为“图层1”，将“图层1”图层移至“2019”图层上方，如图11.111所示。

图11.111 添加素材

STEP 02 选中“图层 1”图层，执行菜单栏中的“图层”|“创建剪贴蒙版”命令，为当前图层创建剪贴蒙版，将部分图像隐藏，再将图像适当旋转，如图11.112所示。

图11.112 创建剪贴蒙版

STEP 03 以同样的方法添加其他3个“时装”素材图像，并分别为其创建剪贴蒙版，将部分图像隐藏，如图11.113所示。

图11.113 添加素材并创建剪贴蒙版

STEP 04 在“图层”面板中选中“国际大牌”图层，单击面板底部的“添加图层样式”按钮，在菜单中选择“投影”命令，在弹出的对话框中将“不透明度”更改为30%，取消“使用全局光”复选框，将“角度”更改为-90度，“距离”更改为2像素，“扩展”更改为100%，“大小”更改为1像素，完成之后单击“确定”按钮，如图11.114所示。

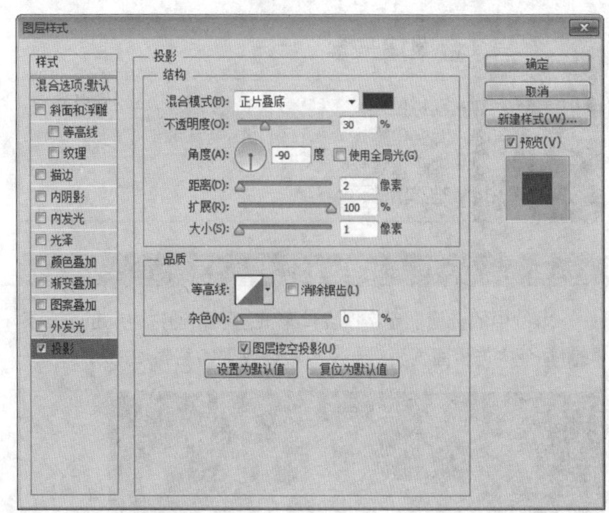

图11.114 设置投影

STEP 05 在“图层”面板中选中“New look”图层，单击面板底部的“添加图层蒙版”按钮，为其图层添加图层蒙版，如图11.115所示。

STEP 06 选择工具箱中的“矩形选框工具”，在文字位置绘制一个矩形选区，将选区填充为黑色，将部分文字隐藏，完成之后按Ctrl+D组合键将选区取消，如图11.116所示。

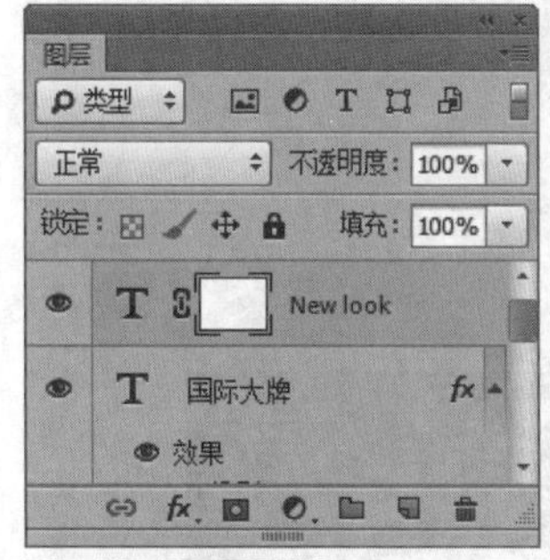

图11.115 添加图层蒙版

图11.116 绘制选区

STEP 07 选择工具箱中的“横排文字工具”，在刚才隐藏的文字位置添加文字，这样就完成了效果制作，最终效果如图11.117所示。

图11.117 最终效果

实战 396 金属展示字

▶素材位置：素材\第11章\金属展示字
▶案例位置：效果\第11章\金属展示字.psd
▶视频位置：视频\实战396.avi
▶难易指数：★★★☆☆

• 实例介绍 •

本例中的金属展示字以立体形式呈现，通过立体的视觉效果使整个广告页面画面感十足，最终效果如图11.118所示。

图11.118 最终效果

• 操作步骤 •

打开素材

STEP 01 执行菜单栏中的“文件”|“打开”命令，打开“背景.jpg”文件，如图11.119所示。

图11.119 打开素材

STEP 02 选择工具箱中的“横排文字工具”T，在画布中添加文字，如图11.120所示。

STEP 03 在“全美家居”图层名称上单击鼠标右键，从弹出的快捷菜单中选择“转换为形状”命令，如图11.121所示。

图11.120 添加文字

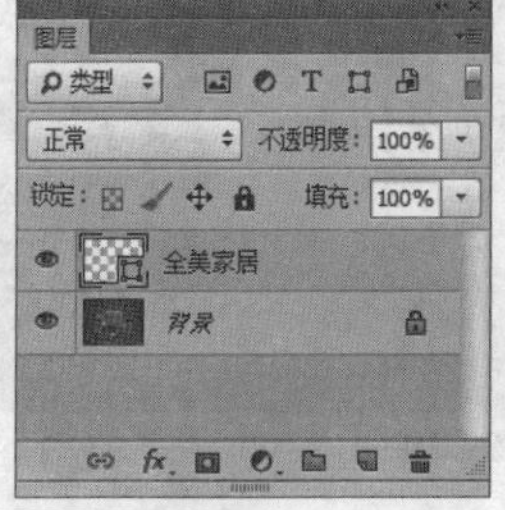

图11.121 转换形状

STEP 04 分别选择工具箱中的“直接选择工具”、“转换点工具”，拖动“家”文字顶部锚点将其稍微变形，如图11.122所示。

图11.122 拖动锚点将文字变形

提示

对文字变形的目的是让文字的整体轮廓更加明显，边角更加犀利。

添加质感

STEP 01 在“图层”面板中选中“全美家居”图层，单击面板底部的“添加图层样式”fx按钮，在菜单中选择“描边”命令，在弹出的对话框中将“大小”更改为1像素，“填充类型”更改为“渐变”，“渐变”更改为深红色（R：142，G：18，B：0），到红色（R：250，G：20，B：13）再到深红色（R：142，G：18，B：0），“角度”更改为90度，如图11.123所示。

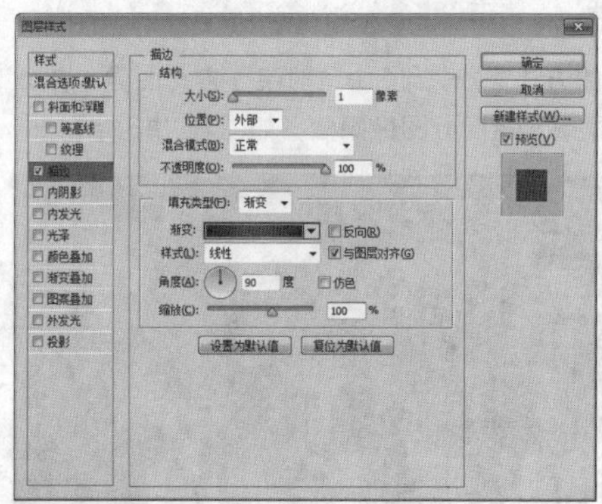

图11.123 设置描边

STEP 02 勾选“内阴影”复选框，将“距离”更改为1像素，如图11.124所示。

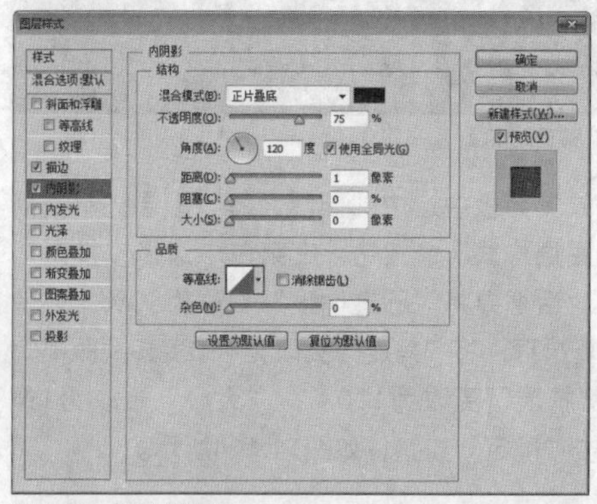

图11.124 设置内阴影

STEP 03 勾选“渐变叠加”复选框，将“渐变”更改为灰色（R：172，G：172，B：172）到灰色（R：250，G：250，B：250）再到灰色（R：172，G：172，B：172），完成之后单击“确定”按钮，如图11.125所示。

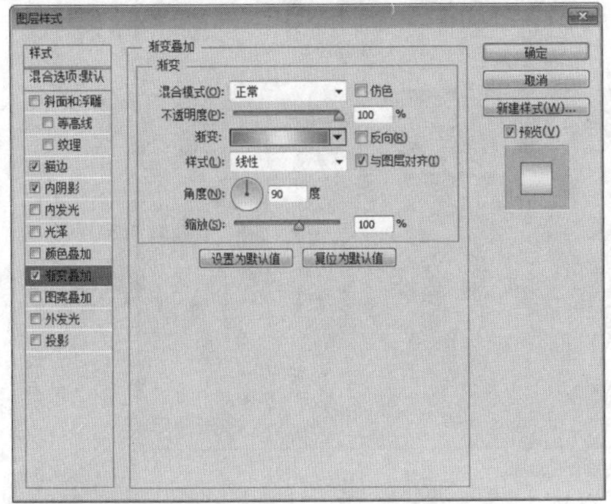

图11.125 设置渐变叠加

STEP 04 选择工具箱中的“钢笔工具”，在选项栏中单击“选择工具模式” 路径 按钮，在弹出的选项中选择“形状”，将“填充”更改为深红色（R：37，G：10，B：7），“描边”更改为无，在文字位置绘制一个不规则图形，此时将生成一个“形状1”图层，将“形状1”图层移至“全美家居”图层下方，如图11.126所示。

图11.126 绘制图形

STEP 05 选择工具箱中的“椭圆工具”，在选项栏中将“填充”更改为黑色，“描边”更改为无，在文字底部位置绘制一个椭圆图形，此时将生成一个“椭圆1”图层，将“椭圆1”图层移至“全美家居”图层下方，如图11.127所示。

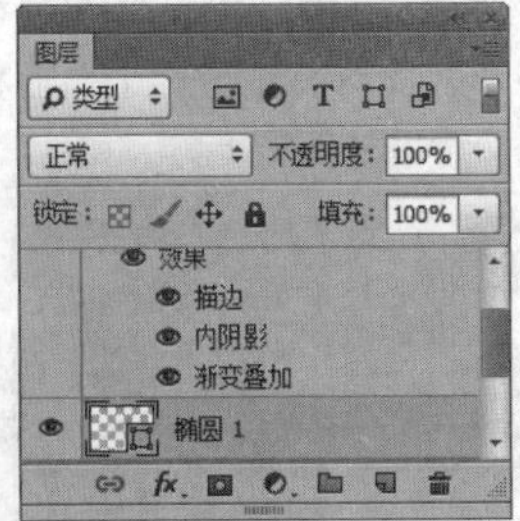

图11.127 绘制图形

STEP 06 选中“椭圆 1”图层，执行菜单栏中的“滤镜”|“模糊”|“高斯模糊”命令，在弹出的对话框中将“半径”更改为5像素，完成之后单击“确定”按钮，如图11.128所示。

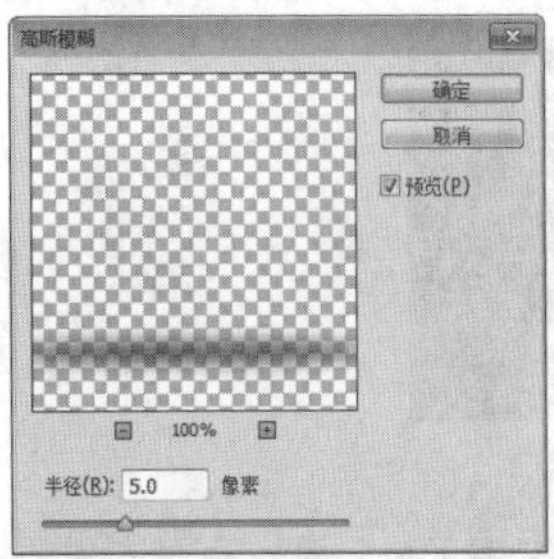

图11.128 设置高斯模糊

STEP 07 选择工具箱中的“横排文字工具” T，在画布中的适当位置添加文字，这样就完成了效果制作，最终效果如图11.129所示。

图11.129 最终效果

实战 397

磨砂金字

- 素材位置：素材\第11章\磨砂金字
- 案例位置：效果\第11章\磨砂金字.psd
- 视频位置：视频\实战397.avi
- 难易指数：★★☆☆☆

• 实例介绍 •

磨砂金字的制作重点在于突出字体的质感，同时颜色的取值将会影响字体的最终效果，最终效果如图11.130所示。

图11.130 最终效果

• 操作步骤 •

• 打开素材

STEP 01 执行菜单栏中的“文件”|“打开”命令，打开“背景.jpg”文件，如图11.131所示。

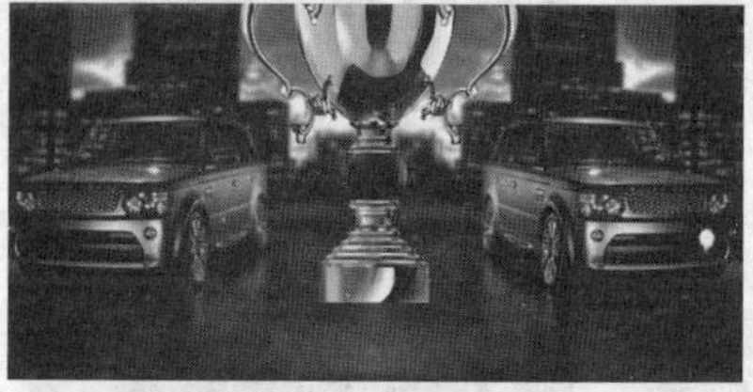

图11.131 打开素材

STEP 02 选择工具箱中的"横排文字工具"T，在画布中添加文字，如图11.132所示。

图11.132 添加文字

STEP 03 选中"年度盘点"图层，执行菜单栏中的"滤镜"|"杂色"|"添加杂色"命令，在弹出的对话框中分别勾选"平均分布"单选按钮及"单色"复选框，将"数量"更改为3%，完成之后单击"确定"按钮，如图11.133所示。

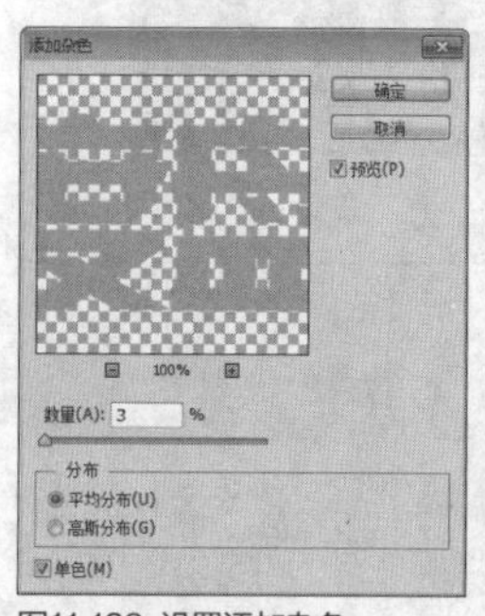

图11.133 设置添加杂色

STEP 04 在"图层"面板中选中"年度盘点"图层，单击面板底部的"添加图层样式"fx按钮，在菜单中选择"斜面与浮雕"命令，在弹出的对话框中将"大小"更改为2像素，"光泽等高线"更改为"等高线"|"陡降斜面-参差"，如图11.134所示。

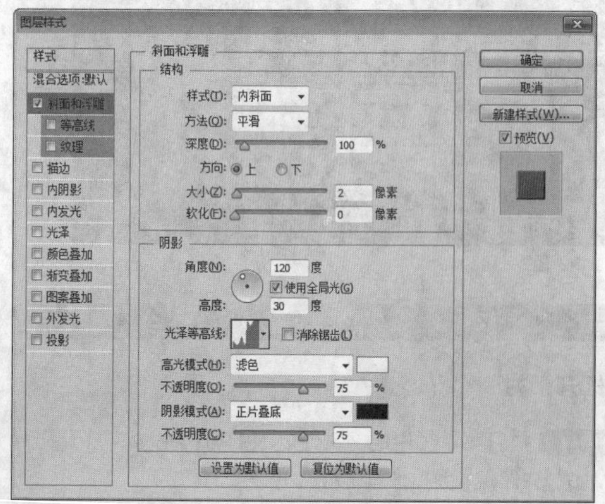

图11.134 设置斜面与浮雕

STEP 05 勾选"渐变叠加"复选框，将"混合模式"更改为叠加，"渐变"更改为白色到黑色，"样式"更改为径向，"角度"更改为0度，如图11.135所示。

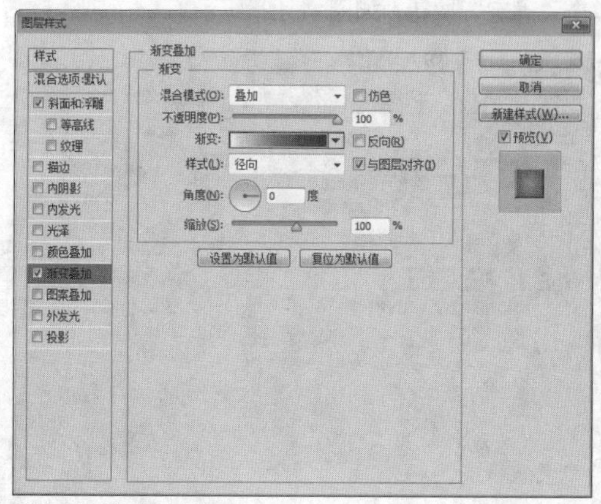

图11.135 设置渐变叠加

STEP 06 勾选"外发光"复选框，将"混合模式"更改为正常，"颜色"更改为深蓝色（R：2，G：25，B：38），"大小"更改为50像素，完成之后单击"确定"按钮，如图11.136所示。

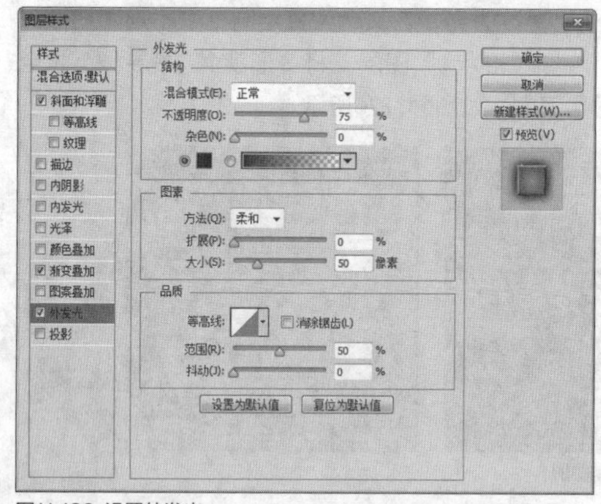

图11.136 设置外发光

STEP 07 选择工具箱中的"钢笔工具"，在选项栏中单击"选择工具模式"路径按钮，在弹出的选项中选择"形状"，将"填充"更改为深蓝色（R：2，G：25，B：38），"描边"更改为无，沿文字轮廓的边缘位置绘制一个不规则图形，此时将生成一个"形状1"图层，将"形状1"图层移至"背景"图层上方，如图11.137所示。

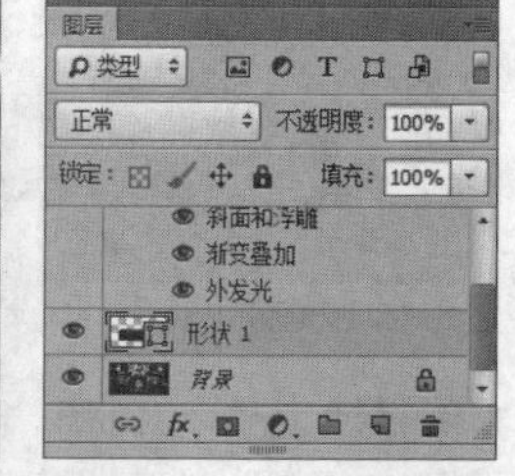

图11.137 绘制图形

● **绘制图形**

STEP 01 选择工具箱中的“直线工具”，在选项栏中将“填充”更改为橙色（R：255，G：137，B：0），“描边”更改为无，“粗细”更改为2像素，在文字底部位置按住Shift键绘制一条水平线段，此时将生成一个“形状2”图层，如图11.138所示。

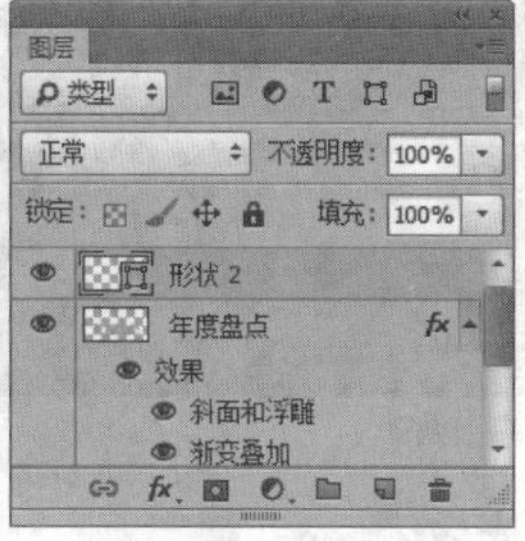

图11.138 绘制图形

STEP 02 在“图层”面板中选中“形状 2”图层，单击面板底部的“添加图层蒙版”按钮，为其图层添加图层蒙版，如图11.139所示。

STEP 03 选择工具箱中的“渐变工具”，编辑黑色到白色再到黑色的渐变，单击选项栏中的“线性渐变”按钮，在图形上从左向右拖动将部分图形隐藏，修改图层混合模式为“线性减淡”，如图11.140所示。

图11.139 添加图层蒙版

图11.140 设置渐变并隐藏图形

STEP 04 选中“形状2”图层，按住Alt键将图形复制数份并放在文字四周靠边缘的位置，如图11.141所示。

图11.141 复制图形

STEP 05 选择工具箱中的“矩形工具”，在选项栏中将“填充”更改为深蓝色（R：2，G：25，B：38），“描边”更改为无，在文字上方绘制一个矩形，此时将生成一个“矩形1”图层，如图11.142所示。

图11.142 绘制图形

STEP 06 选择工具箱中的“添加锚点工具”，在矩形左侧边缘的中间位置单击添加锚点，如图11.143所示。

STEP 07 选择工具箱中的“转换点工具”，单击添加的锚点，如图11.144所示。

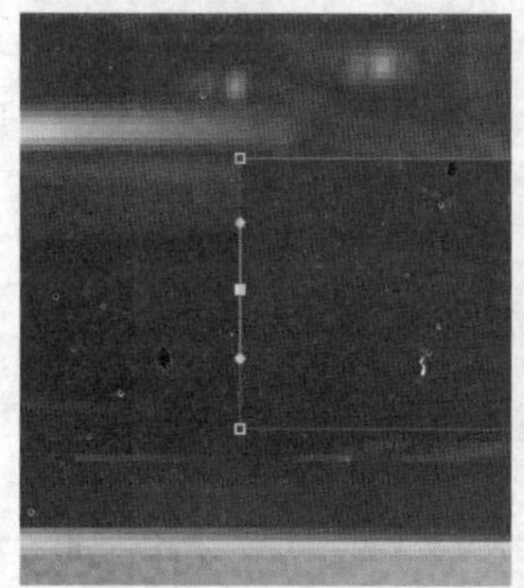

图11.143 添加锚点

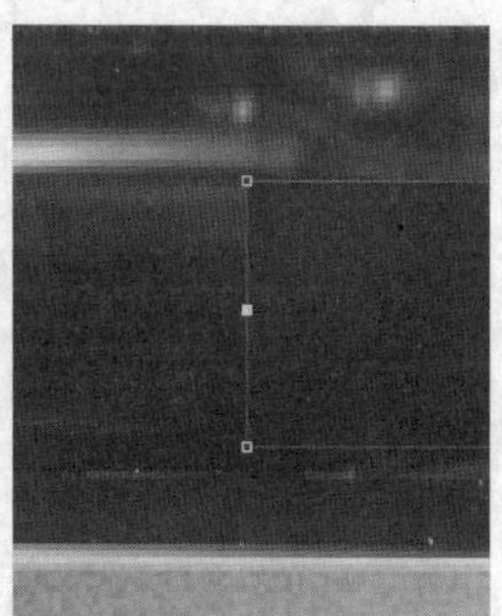

图11.144 转换锚点

STEP 08 选择工具箱中的“直接选择工具”，选中锚点向右侧拖动，将图形变形，用同样的方法在矩形右侧相对的位置进行变形，如图11.145所示。

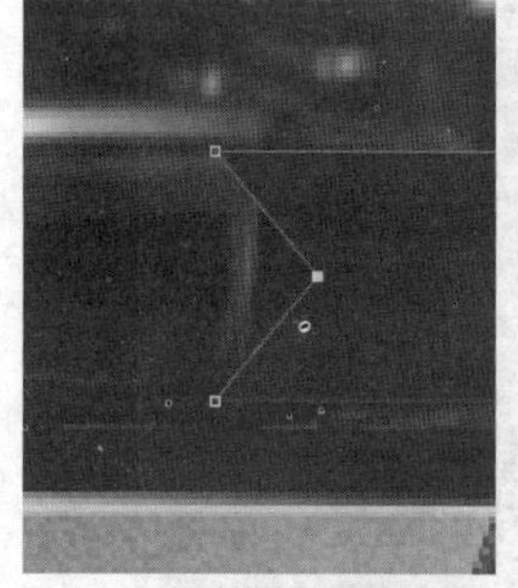

图11.145 拖动锚点将图形变形

STEP 09 选择工具箱中的“横排文字工具”，在画布中添加文字，如图11.146所示。

图11.146 添加文字

STEP 10 选择工具箱中的“横排文字工具”T，在画布中添加文字，在“图层”面板中选中“2019汽车用品”图层，单击面板底部的“添加图层样式”fx按钮，在菜单中选择“渐变叠加”命令，在弹出的对话框中将“渐变”更改为黄色（R：255，G：240，B：144）到浅黄色（R：250，G：255，B：248），完成之后单击“确定”按钮，如图11.147所示。

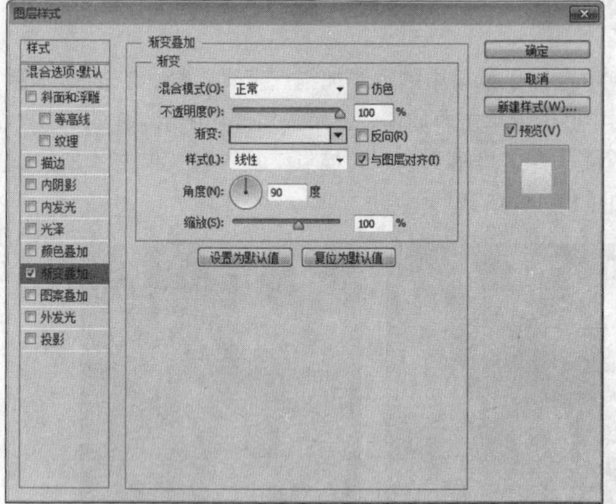

图11.147 设置渐变叠加

● 添加素材

STEP 01 执行菜单栏中的“文件”|“打开”命令，打开“爆炸.jpg”文件，将打开的素材拖入画布中的文字位置并适当缩小，其图层名称将更改为“图层1”，如图11.148所示。

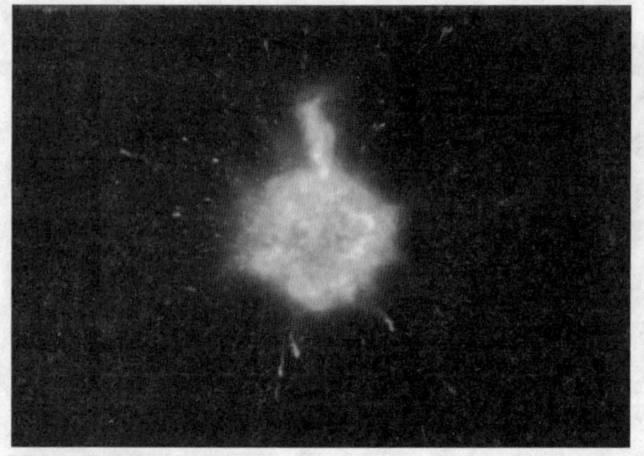

图11.148 添加素材

STEP 02 在“图层”面板中选中“图层 1”图层，将其图层混合模式设置为“滤色”，再将其移至“背景”图层上方，如图11.149所示。

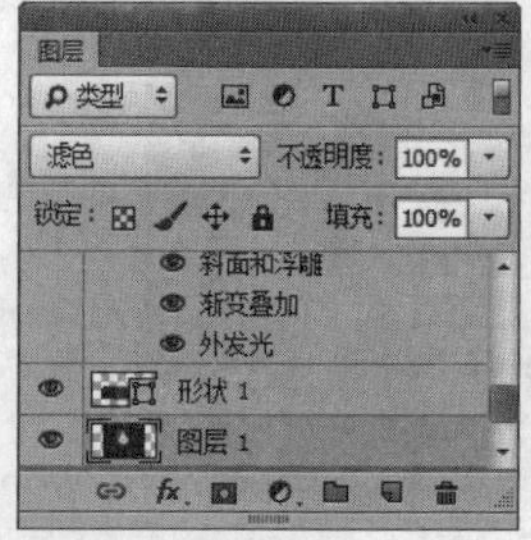

图11.149 设置图层混合模式

STEP 03 选中“图层1”图层，按住Alt键将图像复制2份，并分别放在左右两侧，如图11.150所示。

STEP 04 执行菜单栏中的“文件”|“打开”命令，打开“ipad.psd”文件，将打开的素材拖入画布中文字右上角的位置并适当缩小，如图11.151所示。

图11.150 复制图像

图11.151 添加素材

● 添加光效

STEP 01 选择工具箱中的“椭圆工具”，在选项栏中将“填充”更改为白色，“描边”更改为无，在文字左上角的位置按住Shift键绘制一个正圆图形，此时将生成一个“椭圆1”图层，如图11.152所示。

图11.152 绘制图形

STEP 02 选中“椭圆1”图层，执行菜单栏中的“滤镜”|“模糊”|“高斯模糊”命令，在弹出的对话框中将“半径”更改为45像素，完成之后单击“确定”按钮，如图11.153所示。

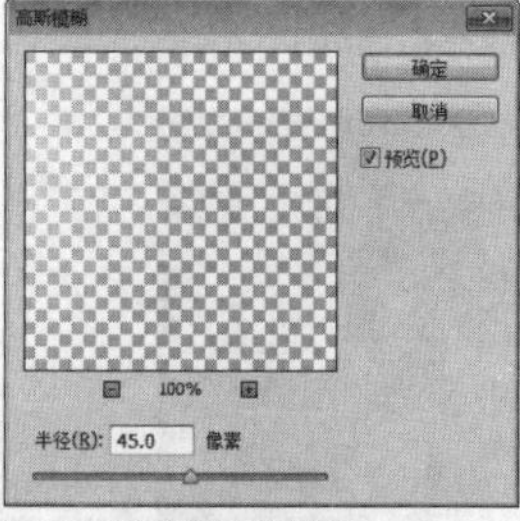

图11.153 设置高斯模糊

STEP 03 在“图层”面板中选中“椭圆1”图层，单击面板底部的“添加图层样式”fx按钮，在菜单中选择“渐变叠加”命令，在弹出的对话框中将“混合模式”更改为线性减淡（添加），“渐变”更改为黄色（R：255，G：246，B：0）到红色（R：255，G：78，B：0），“样式”更改为径向，“缩放”更改为100%，完成之后单击“确定”按钮，如图11.154所示。

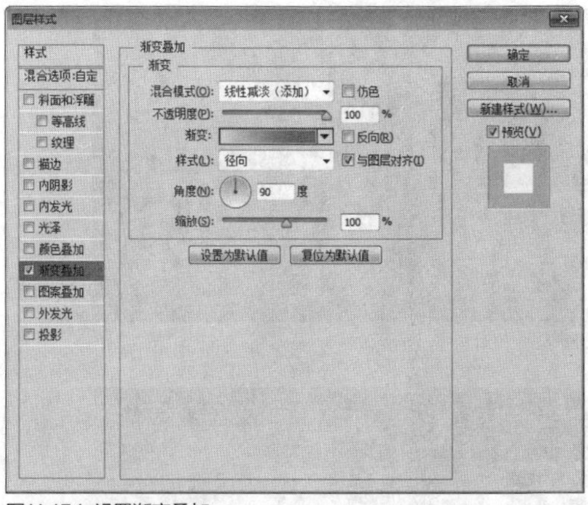

图11.154 设置渐变叠加

STEP 04 在“图层”面板中选中“椭圆 1”图层，将其图层“填充”更改为0%，这样就完成了效果制作，最终效果如图11.155所示。

图11.155 最终效果

实战 398

圆形镂空字

- 素材位置：素材\第11章\圆形镂空字
- 案例位置：效果\第11章\圆形镂空字.psd
- 视频位置：视频\实战398.avi
- 难易指数：★★☆☆☆

• 实例介绍 •

圆形镂空字是商业广告中最常用的一种字体效果，它的制作方法比较简单，由图形与文字相结合制作而成，最终效果如图11.156所示。

图11.156 最终效果

• 操作步骤 •

• 打开素材

STEP 01 执行菜单栏中的“文件”|“打开”命令，打开“背景.jpg”文件，如图11.157所示。

图11.157 打开素材

STEP 02 选择工具箱中的“椭圆工具”，在选项栏中将“填充”更改为绿色（R：68，G：138，B：0），“描边”更改为无，在画布右侧的位置按住Shift键绘制一个正圆图形，此时将生成一个“椭圆1”图层，如图11.158所示。

图11.158 绘制图形

STEP 03 选中“椭圆1”图层，按住Alt键将图形复制3份，如图11.159所示。

STEP 04 同时选中除“背景”图层之外的所有图层，按Ctrl+E组合键将图层合并，将生成的图层名称更改为“椭圆”，如图11.160所示。

图11.159 绘制图形

图11.160 合并图层

• 添加文字

STEP 01 选择工具箱中的“横排文字工具”T，在椭圆图形位置添加文字，如图11.161所示。

STEP 02 在“图层”面板中选中“椭圆”图层，单击面板底部的“添加图层蒙版”按钮，为其图层添加图层蒙版，如图11.162所示。

STEP 03 按住Ctrl键单击文字图层缩览图，将其载入选区，将选区填充为黑色，将部分图形隐藏，完成之后按Ctrl+D组合键将选区取消，如图11.163所示。

图11.161 添加文字

图11.162 添加图层蒙版

图11.163 最终效果

实战 399

梯形字

▶素材位置：素材\第11章\梯形字

▶案例位置：效果\第11章\梯形字.psd

▶视频位置：视频\实战399.avi

▶难易指数：★★☆☆☆

• 实例介绍 •

本例讲解梯形字的制作方法，其制作方法同样十分简单，通过对文字的变形从而得到一种具有透视感的文字效果，最终效果如图11.164所示。

图11.164 最终效果

• 操作步骤 •

• 打开素材

STEP 01 执行菜单栏中的“文件”|“打开”命令，打开“背景.jpg”文件，如图11.165所示。

STEP 02 选择工具箱中的“横排文字工具”T，在画布中的适当位置添加文字，如图11.166所示。

STEP 03 在“元旦 爆款”文字图层上单击鼠标右键，从弹出的快捷菜单中选择“转换为形状”命令，如图11.167所示。

图11.165 打开素材

图11.166 添加文字

图11.167 转换为形状

STEP 04 选择工具箱中的“直接选择工具”，拖动文字锚点将其变形，如图11.168所示。

STEP 05 选中“元旦 爆款”图层，按Ctrl+T组合键对其执行“自由变换”命令，单击鼠标右键，从弹出的快捷菜单中选择“透视”命令，将文字变形完成之后按Enter键确认，如图11.169所示。

图11.168 拖动锚点

图11.169 变换文字

STEP 06 在“图层”面板中选中“元旦 爆款”图层，将其拖至面板底部的“创建新图层”按钮上，复制1个“元旦 爆款 拷贝”图层，如图11.170所示。

STEP 07 选中“元旦 爆款”图层，将其颜色更改为黑色，再将其“不透明度”更改为20%，并向下稍微移动，如图11.171所示。

图11.170 复制图层

图11.171 移动文字

● 绘制图形

STEP 01 选择工具箱中的“矩形工具”，在选项栏中将“填充”更改为无，“描边”更改为白色，“大小”更改为5点，在文字左侧的位置按住Shift键绘制一个矩形，此时将生成一个“矩形1”图层，如图11.172所示。

图11.172 绘制图形

STEP 02 选中“矩形1”图层，按Ctrl+T组合键对其执行“自由变换”命令，在选项栏中“旋转”后方的文本框中输入45度，完成之后按Enter键确认，如图11.173所示。

STEP 03 选择工具箱中的“直接选择工具”，选中图形右侧锚点将其删除，如图11.174所示。

图11.173 变换图形　　图11.174 删除锚点

STEP 04 将“矩形1”图层复制1份，更改“矩形1”图层的填充颜色为黑色，“不透明度”为20%，并向下稍微移动，制作阴影效果，如图11.175所示。

图11.175 更改颜色及不透明度并移动图形

STEP 05 在“图层”面板中同时选中“矩形1 拷贝”及“矩形1”图层，将其拖至面板底部的“创建新图层”按钮上，复制1个拷贝图层，再按Ctrl+T组合键对其执行“自由变换”命令，单击鼠标右键，从弹出的快捷菜单中选择“水平翻转”命令，完成之后按Enter键确认，将图形移至文字右侧的相对位置，这样就完成了效果制作，最终效果如图11.176所示。

图11.176 最终效果

实战 400

图形文字

▶素材位置：素材\第11章\图形文字
▶案例位置：效果\第11章\图形文字.psd
▶视频位置：视频\实战400.avi
▶难易指数：★★★☆☆

• 实例介绍 •

图文字的制作难点在于图形与文字的结合所带来的协调感，尤其在没有素材图像的广告中，文字对人们的心理影响最直接，最终效果如图11.177所示。

图11.177 最终效果

• 操作步骤 •

● 打开素材

STEP 01 执行菜单栏中的“文件”|“打开”命令，打开“背景.jpg”文件，如图11.178所示。

图11.178 打开素材

STEP 02 选择工具箱中的“横排文字工具”，在画布中添加文字，如图11.179所示。

图11.179 添加文字

- **绘制图形**

STEP 01 选择工具箱中的“椭圆工具”，在选项栏中将“填充”更改为无，“描边”更改为黄色（R：250，G：222，B：42），“大小”更改为10点，在文字右上角的位置绘制一个椭圆图形，此时将生成一个“椭圆1”图层，如图11.180所示。

图11.180 绘制图形

STEP 02 在“图层”面板中选中“6折”图层，单击面板底部的“添加图层蒙版”按钮，为其图层添加图层蒙版，如图11.181所示。

STEP 03 按住Ctrl键单击“椭圆1”图层缩览图，将其载入选区，将选区填充为黑色，将部分文字隐藏，完成之后按Ctrl+D组合键将选区取消，如图11.182所示。

图11.181 添加图层蒙版

图11.182 隐藏文字

STEP 04 选择工具箱中的“矩形工具”，在选项栏中将“填充”更改为黄色（R：250，G：222，B：42），“描边”更改为无，在椭圆图形内部绘制一个矩形，此时将生成一个“矩形1”图层，如图11.183所示。

STEP 05 选中“矩形1”图层，按住Alt键将图形复制5份并适当旋转，如图11.184所示。

STEP 06 选择工具箱中的“椭圆工具”，在选项栏中将“填充”更改为黄色（R：250，G：222，B：42），“描边”更改为无，在椭圆图形的中心位置再次绘制一个椭圆图形，此时将生成一个“椭圆2”图层，如图11.185所示。

图11.183 绘制图形

图11.184 复制图形

图11.185 绘制图形

STEP 07 再次复制矩形制作表针效果，同时选中除“背景”和“文字”图层之外的所有图层，按Ctrl+G组合键将图层编组，将生成的组名称更改为“表盘”，如图11.186所示。

图11.186 将图层编组

STEP 08 在“图层”面板中选中“果蔬 生鲜”图层，单击面板底部的“添加图层样式”按钮，在菜单中选择“投影”命令，在弹出的对话框中将颜色更改为深红色（R：112，G：7，B：12），“距离”更改为3像素，“大小”更改为2像素，完成之后单击“确定”按钮，如图11.187所示。

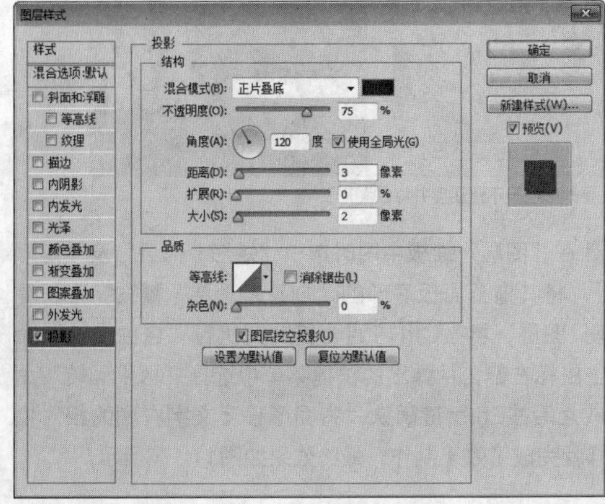

图11.187 设置投影

STEP 09 在“果蔬 生鲜”图层上单击鼠标右键，从弹出的快捷菜单中选择“拷贝图层样式”命令，同时选中除“背景”层以外的所有图层及“表盘”组，单击鼠标右键，从弹出的快捷菜单中选择“粘贴图层样式”命令，双击“表盘”组图层样式名称，在弹出的对话框中将“不透明度”更改为20%，“角度”更改为180度，“距离”更改为4像素，如图11.188所示。

图11.188 复制并粘贴图层样式

STEP 10 选择工具箱中的“钢笔工具”，在选项栏中单击“选择工具模式”按钮，在弹出的选项中选择“形状”，将“填充”更改为黄色（R：250，G：222，B：42），“描边”更改为无，在文字靠下部分的位置绘制一个不规则图形，此时将生成一个“形状1”图层，将“形状1”图层移至“表盘”组下方，如图11.189所示。

图11.189 绘制图形

STEP 11 在“图层”面板中选中“形状1”图层，单击面板底部的“添加图层蒙版”按钮，为其图层添加图层蒙版，如图11.190所示。

STEP 12 按住Ctrl键单击“起”图层缩览图将其载入选区，再同时按住Ctrl+Shift组合键单击“6折”及“果蔬 生鲜”图层缩览图，将其添加至选区，按Ctrl+Shift+I组合键将选区反选将选区填充为黑色，将部分图形隐藏，完成之后按Ctrl+D组合键将选区取消，如图11.191所示。

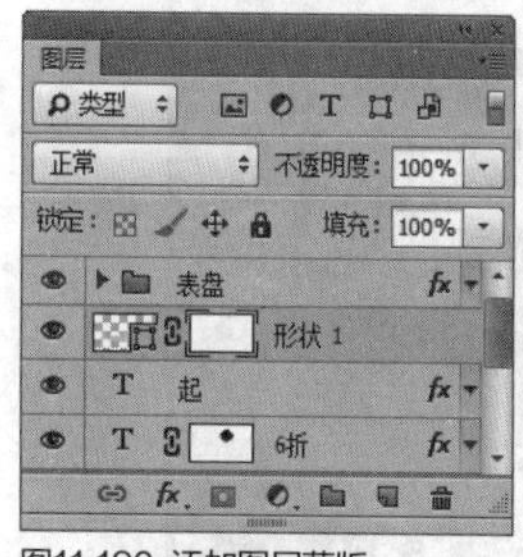

图11.190 添加图层蒙版

图11.191 隐藏图形

STEP 13 选择工具箱中的“画笔工具”，在画布中单击鼠标右键，在弹出的面板中选择一种圆角笔触，将“大小”更改为150像素，“硬度”更改为0%，如图11.192所示。

STEP 14 将前景色更改为黑色，将文字选区载入，在图形左侧部分的位置涂抹，将颜色减淡，如图11.193所示。

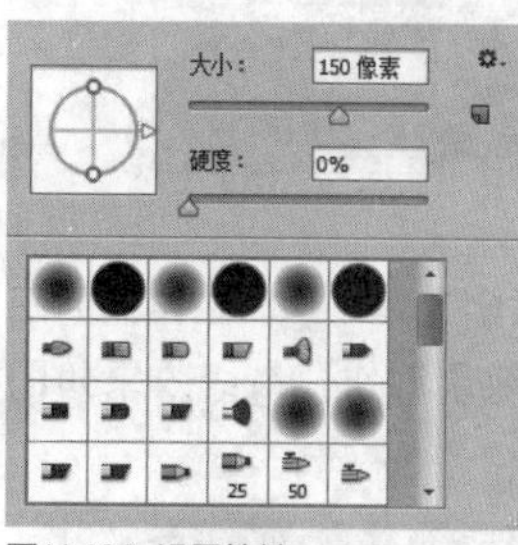

图11.192 设置笔触

图11.193 隐藏图形

STEP 15 选择工具箱中的“直线工具”，在选项栏中将“填充”更改为白色，“描边”更改为无，“粗细”更改为2像素，在文字下方的位置按住Shift键绘制一条水平线段，此时将生成一个“形状2”图层，如图11.194所示。

图11.194 绘制图形

STEP 16 选择工具箱中的“横排文字工具”，在刚才绘制的图形右侧的位置添加文字，如图11.195所示。

STEP 17 选中“形状2”图层，按住Alt+Shift组合键将其拖至文字右侧，如图11.196所示。

图11.195 添加文字

图11.196 复制图形

STEP 18 选择工具箱中的“矩形工具”，在选项栏中将“填充”更改为红色（R：220，G：48，B：68），“描边”更改为无，在画布靠底部的位置绘制一个与画布相同宽度的矩形，此时将生成一个“矩形2”图层，如图11.197所示。

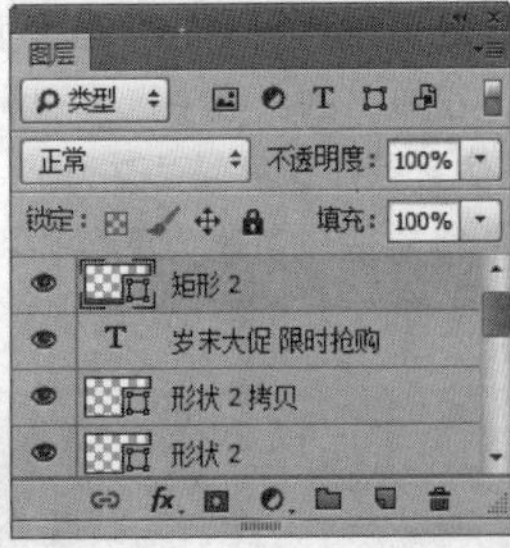

图11.197 绘制图形

STEP 19 选择工具箱中的“横排文字工具”T，在绘制的图形位置添加文字，这样就完成了效果制作，最终效果如图11.198所示。

图11.198 最终效果

实战401 新款字体

▶素材位置：素材\第11章\新款字体

▶案例位置：效果\第11章\新款字体.psd

▶视频位置：视频\实战401.avi

▶难易指数：★★☆☆☆

• 实例介绍 •

本例讲解新款字体的制作方法。本例中的字体经过多样化变形，再加上文字的说明形成了一种清晰明了的文字信息效果，最终效果如图11.199所示。

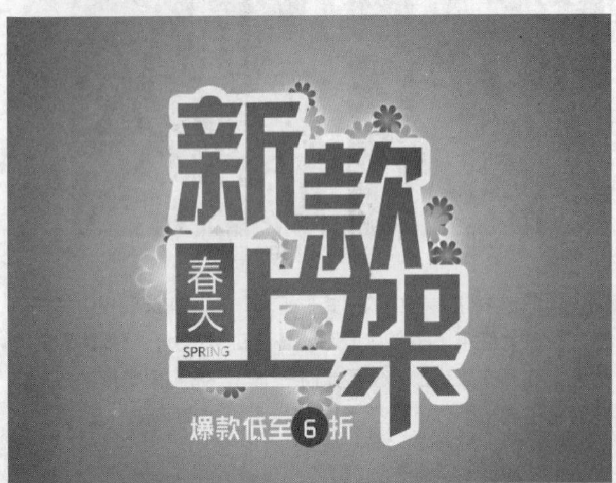

图11.199 最终效果

• 操作步骤 •

• 打开素材

STEP 01 执行菜单栏中的“文件”|“打开”命令，打开“背景.jpg”文件，如图11.200所示。

图11.200 打开素材

STEP 02 选择工具箱中的“横排文字工具”T，在画布中的适当位置添加文字（字体为汉仪菱心体简，大小为177点），如图11.201所示。

STEP 03 同时选中刚才添加的文字图层，单击鼠标右键，从弹出的快捷菜单中选择“转换为形状”命令，将文字转换为形状，如图11.202所示。

图11.201 添加文字

图11.202 转换为形状

STEP 04 选择工具箱中的“直接选择工具”，拖动文字的锚点将其变形，如图11.203所示。

STEP 05 同时选中除“背景”图层之外所有图层，按Ctrl+E组合键将其合并，将生成的图层名称更改为“文字”，如图11.204所示。

图11.203 将文字变形

图11.204 合并图层

提示

为了方便观察文字变形的效果，在添加文字的时候尽量将其更改为醒目的颜色。

STEP 06 在“图层”面板中选中“文字”图层，单击面板底部的“添加图层样式” fx 按钮，在菜单中选择“描边”命令，在弹出的对话框中将“大小”更改为12像素，“颜色”更改为白色，如图11.205所示。

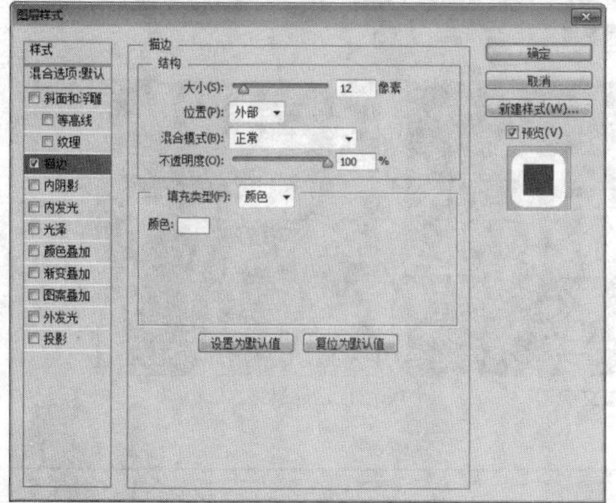

图11.205 设置描边

STEP 07 勾选“渐变叠加”复选框，将“渐变”更改为蓝色（R：57，G：125，B：188）到蓝色（R：1，G：168，B：236）再到蓝色（R：57，G：125，B：188），“角度”更改为60度，完成之后单击“确定”按钮，如图11.206所示。

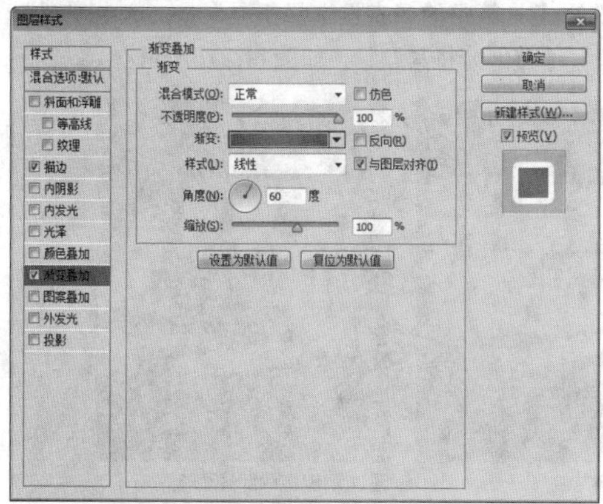

图11.206 设置渐变叠加

- **绘制图形**

STEP 01 选择工具箱中的“矩形工具”，在选项栏中将“填充”更改为白色，“描边”更改为无，在文字左下角的空隙位置绘制一个矩形，此时将生成一个“矩形1”图层，如图11.207所示。

STEP 02 在“文字”图层上单击鼠标右键，从弹出的快捷菜单中选择“拷贝图层样式”命令，在“矩形1”图层上单击鼠标右键，从弹出的快捷菜单中选择“粘贴图层样式”命令，如图11.208所示。

STEP 03 选择工具箱中的文字工具，在刚才绘制的图形上及其底部位置添加文字，如图11.209所示。

图11.207 绘制图形

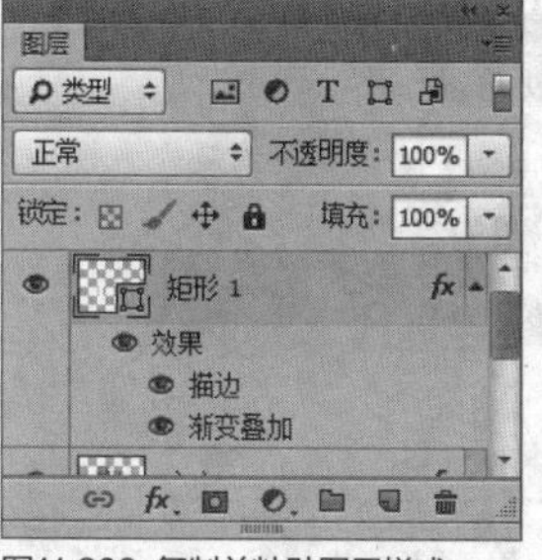

图11.208 复制并粘贴图层样式　　图11.209 添加文字

STEP 04 在“图层”面板中选中“SPRING”图层，单击面板底部的“添加图层样式” fx 按钮，在菜单中选择“渐变叠加”命令，在弹出的对话框中选择“色谱”渐变，“角度”更改为0，完成之后单击“确定”按钮，如图11.210所示。

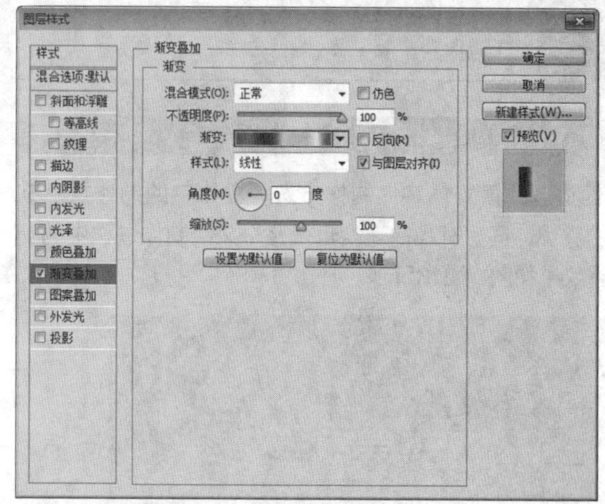

图11.210 设置渐变叠加

STEP 05 选择工具箱中的“椭圆工具”，在选项栏中将“填充”更改为蓝色（R：0，G：118，B：188），“描边”更改为无，在画布靠底的部位置按住Shift键绘制一个正圆图形，此时将生成一个“椭圆1”图层，如图11.211所示。

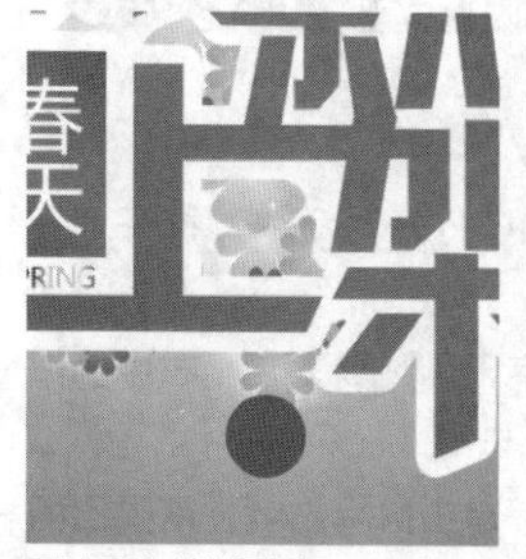

图11.211 绘制图形

STEP 06 选择工具箱中的"横排文字工具" T，在画布底部的位置添加文字，这样就完成了效果制作，最终效果如图11.212所示。

图11.212 最终效果

提示

添加的图层样式数值可根据整体的视觉效果灵活调整。

实战 402 娱乐游戏字

▶素材位置：素材\第11章\娱乐游戏字
▶案例位置：效果\第11章\娱乐游戏字.psd
▶视频位置：视频\实战402.avi
▶难易指数：★★★☆☆

• 实例介绍 •

本例讲解放射立体字的制作方法。立体字的制作重点在于质感的实现，同时有趣的造型也是整个文字制作过程中的亮点，最终效果如图11.213所示。

图11.213 最终效果

• 操作步骤 •

• 打开素材

STEP 01 执行菜单栏中的"文件"|"打开"命令，打开"背景.jpg"文件，如图11.214所示。

STEP 02 选择工具箱中的"横排文字工具" T，在画布中的适当位置添加文字，如图11.215所示。

STEP 03 同时选中所有的文字图层，单击鼠标右键，从弹出的快捷菜单中选择"转换为形状"命令，将文字图层转换为形状图层，如图11.216所示。

图11.214 打开素材

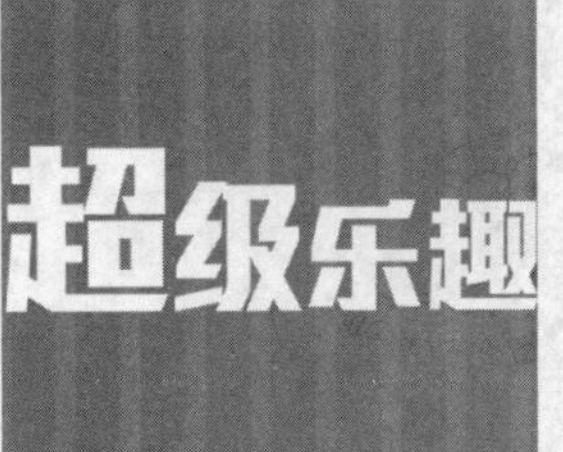

图11.215 添加文字

图11.216 转换为形状

提示

由于后期要对文字进行变换操作，在添加文字的时候需要注意文字的大小。

STEP 04 选中"超"图层，按Ctrl+T组合键对其执行"自由变换"命令，单击鼠标右键，从弹出的快捷菜单中选择"扭曲"命令，将光标移至右上角和右下角控制点拖动，将文字扭曲变形，完成之后按Enter键确认，如图11.217所示。

STEP 05 选择工具箱中的"直接选择工具"，选中"超"字中的"口"部首部分将其删除，如图11.218所示。

图11.217 变换文字

图11.218 删除部分图形

STEP 06 选择工具箱中的"直接选择工具"，继续对文字进行变形操作，如图11.219所示。

图11.219 将文字变形

提示

当文字扭曲后在字体的体形上会有一些变化，所以需要在后期对其变形使其恢复到原来的体形。

● 绘制图形

STEP 01 选择工具箱中的“多边形工具”，在选项栏中单击图标，在弹出的面板中勾选“星形”复选框，将“缩进边依据”更改为30%，“边”更改为5，将“填充”更改为白色，“描边”更改为无，在刚才删除文字后所留下的空隙位置绘制一个星形，此时将生成一个“多边形1”图层，如图11.220所示。

图11.220 绘制图形

STEP 02 选择工具箱中的“多边形工具”，选中“多边形1”图层，按住Alt键绘制相同的星形，将部分图形减去，如图11.221所示。

图11.221 将图形减去

STEP 03 分别选中所有文字相关内容，将其颜色更改为深红色（R：130，G：20，B：0），再按Ctrl+T组合键对其执行“自由变换”命令，将文字扭曲变形。

STEP 04 选择工具箱中的“直接选择工具”，选中部分文字锚点，继续对其进行变形操作，如图11.222所示。

图11.222 将文字变形

提示

因为在对文字进行变形操作的时候星形图形会受到影响，所以在对文字变形的同时也需要将星形图形变形。

● 编辑文字

STEP 01 同时选中除“背景”之外的所有图层，按Ctrl+E组合键将图层合并，将生成的图层名称更改为“文字”，如图11.223所示。

STEP 02 在“图层”面板中选中“文字”图层，将其拖至面板底部的“创建新图层”按钮上，复制1个“文字 拷贝”图层，如图11.224所示。

图11.223 合并图层

图11.224 复制图层

STEP 03 在“图层”面板中选中“文字”图层，单击面板底部的“添加图层样式”按钮，在菜单中选择“内发光”命令，在弹出的对话框中将“混合模式”更改为叠加，“不透明度”更改为50%，“颜色”更改为白色，“大小”更改为5像素，如图11.225所示。

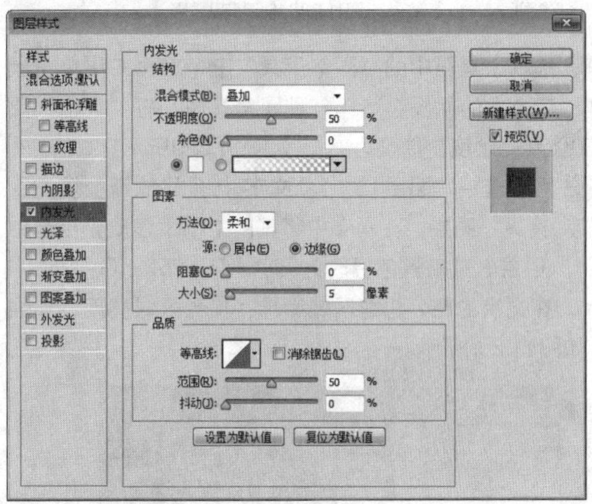

图11.225 设置内发光

STEP 04 在“图层”面板中选中“文字 拷贝”图层，单击面板底部的“添加图层样式”按钮，在菜单中选择“渐变叠加”命令，在弹出的对话框中将“渐变”更改为橙色（R：246，G：72，B：20）到黄色（R：255，G：243，B：80），完成之后单击“确定”按钮，如图11.226所示。

STEP 05 在“图层”面板中选中“文字 拷贝”图层，在其图层名称上单击鼠标右键，从弹出的快捷菜单中选择“创建图层”命令，此时将生成一个“‘文字 拷贝’的渐变填充”图层，如图11.227所示。

STEP 06 单击面板底部的“创建新图层”按钮，新建一个“图层1”图层并将其移至“‘文字 拷贝’的渐变填充”图层上方，选中“图层1”图层，执行菜单栏中的“图层”|“创建剪贴蒙版”命令，为当前图层创建剪贴蒙版，如图11.228所示。

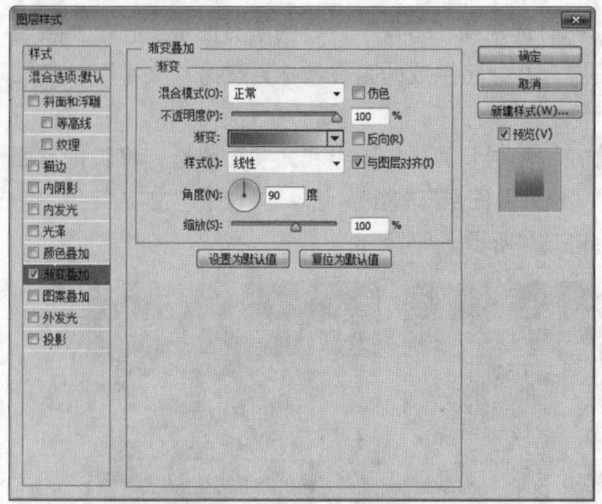

图11.226 设置渐变叠加

图11.227 创建图层　图11.228 创建剪贴蒙版

STEP 07 选择工具箱中的“画笔工具”，在画布中单击鼠标右键，在弹出的面板中选择一种圆角笔触，将“大小”更改为100像素“硬度”更改为0%，如图11.229所示。

STEP 08 同时选中“图层1”“‘文字 拷贝’的渐变填充”及“文字 拷贝”图层，在画布中将其向上稍微移动，再选中“图层1”图层，将前景色更改为黄色（R：252，G：255，B：0），在文字的部分边缘区域涂抹，提升区域亮度，加强质感，如图11.230所示。

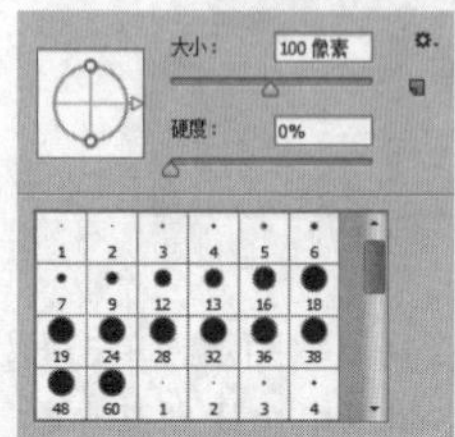

图11.229 设置笔触

图11.230 加强质感

提示

在提升文字亮度的时候可以尝试不断更改画笔笔触大小及硬度，这样提升亮度后的效果更加自然。

STEP 09 在“图层”面板中按住Ctrl键单击“文字 拷贝”图层缩览图，将其载入选区，如图11.231所示。

STEP 10 单击面板底部的“创建新图层”按钮，新建一个“图层2”图层，选中“图层2”图层，将其移至“文字”图层上方，如图11.232所示。

图11.231 载入选区　图11.232 新建图层

STEP 11 选中“图层2”图层，将选区填充为黑色，填充完成之后按Ctrl+D组合键将选区取消，执行菜单栏中的“滤镜”|“模糊”|“高斯模糊”命令，在弹出的对话框中将“半径”更改为2像素，完成之后单击“确定”按钮，如图11.233所示。

图11.233 设置高斯模糊

STEP 12 在“图层”面板中选中“图层2”图层，将图层混合模式设置为“柔光”，在画布中将其向下稍微移动，如图11.234所示。

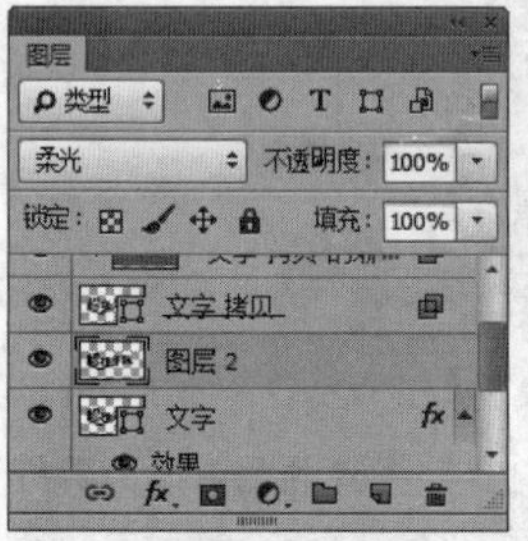

图11.234 设置图层混合模式并移动图像

STEP 13 选择工具箱中的“横排文字工具”，在画布中的适当位置再次添加文字，如图11.235所示。

STEP 14 同时选中“双倍”及“得分”图层，按Ctrl+G组合键将其编组，将生成的组名称更改为“文字 2”，如图11.236所示。

图11.235 添加文字

图11.236 将图层编组

STEP 15 在“图层”面板中选中“文字 2”图层，单击面板底部的“添加图层样式” 按钮，在菜单中选择“渐变叠加”命令，在弹出的对话框中将“渐变”更改为浅蓝色（R：228，G：252，B：254）到白色，如图11.237所示。

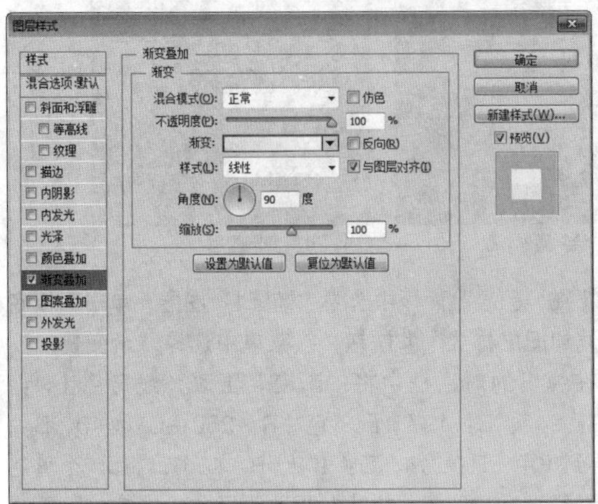

图11.237 设置渐变叠加

STEP 16 勾选“投影”复选框，将“颜色”更改为蓝色（R：16，G：112，B：124），取消“使用全局光”复选框，“角度”更改为98度，“距离”更改为5像素，“扩展”更改为100%，“大小”更改为2像素，完成之后单击“确定”按钮，如图11.238所示。

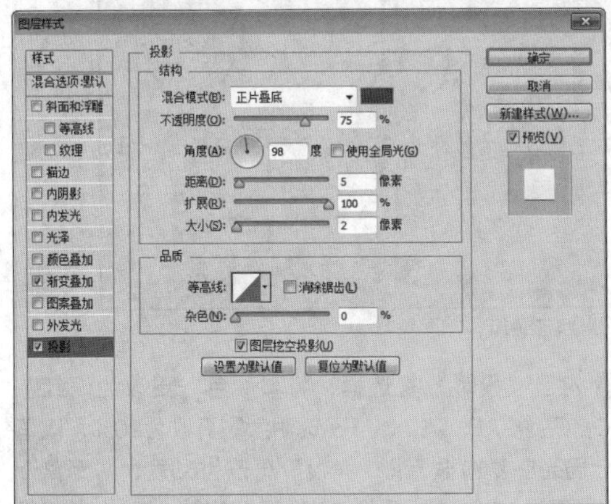

图11.238 设置投影

绘制图形

STEP 01 选择工具箱中的“钢笔工具” ，单击选项栏中的“选择工具模式” 按钮，在弹出的选项中选择“形状”，将“填充”更改为白色，“描边”更改为无，在文字左上角的位置绘制一个不规则图形，此时将生成一个“形状1”图层，如图11.239所示。

STEP 02 在“图层”面板中选中“形状1”图层，单击面板底部的“添加图层样式” 按钮，在菜单中选择“内阴影”命令，在弹出的对话框中将“混合模式”更改为正常，“颜色”更改为黄色（R：254，G：225，B：16），取消“使用全局光”复选框，“角度”更改为153度，“距离”更改为4像素，“大小”更改为5像素，如图11.240所示。

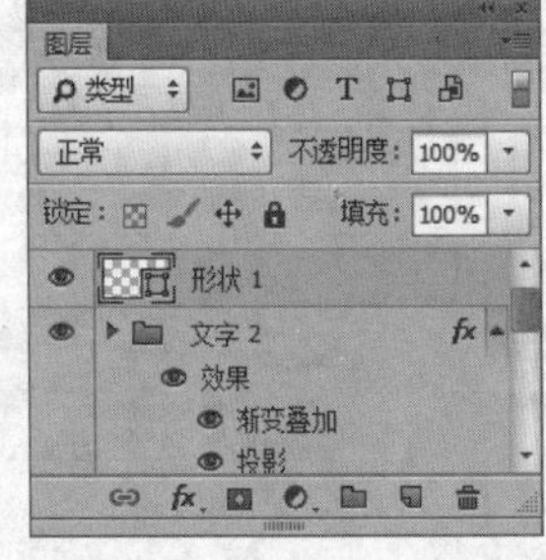

图11.239 绘制图形

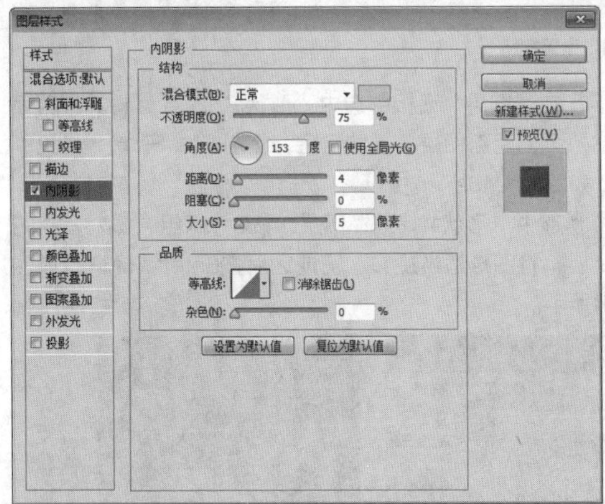

图11.240 设置内阴影

STEP 03 勾选“渐变叠加”复选框，将“渐变”更改为橙色（R：253，G：166，B：37）到深橙色（R：250，G：95，B：20），“角度”更改为0，如图11.241所示。

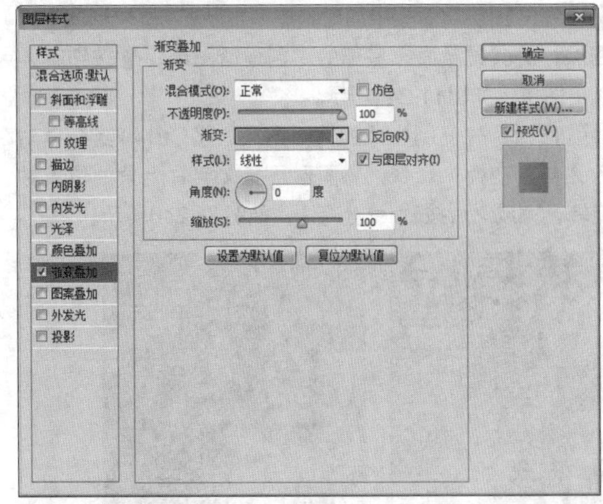

图11.241 设置渐变叠加

STEP 04 勾选“投影”复选框，将“混合模式”更改为正常，“颜色”更改为深红色（R：116，G：2，B：2），“距离”更改为2像素，“扩展”更改为100%，“大小”更改为1像素，完成之后单击“确定”按钮，如图11.242所示。

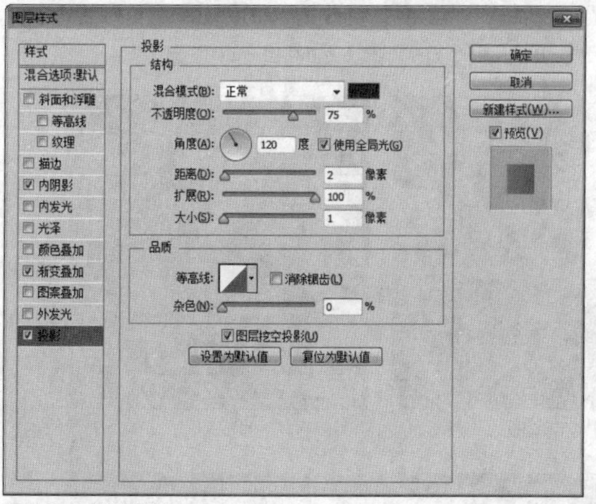

图11.242 设置投影

STEP 05 在“图层”面板中选中“形状1”图层，将其拖至面板底部的“创建新图层”按钮上，复制1个“形状1 拷贝”图层，如图11.243所示。

STEP 06 选中“形状1 拷贝”图层，按Ctrl+T组合键对其执行自由变换，将图形适当旋转，完成之后按Enter键确认，如图11.244所示。

图11.243 复制图层

图11.244 旋转图形

STEP 07 在“图层”面板中同时选中“形状1”及“形状1 拷贝”图层，将其拖至面板底部的“创建新图层”按钮上，复制拷贝图层，如图11.245所示。

STEP 08 同时选中复制生成的拷贝图层，按Ctrl+T组合键对其执行“自由变换”命令，将图形移至文字右上角的位置并适当旋转，完成之后按Enter键确认，如图11.246所示。

图11.245 复制图层

图11.246 变换图形

STEP 09 选择工具箱中的“椭圆工具”，在选项栏中将“填充”更改为白色，“描边”更改为无，在文字右下角的位置按住Shift键绘制一个正圆图形，此时将生成一个“椭圆1”图层，如图11.247所示。

STEP 10 在“图层”面板中选中“椭圆1”图层，将其拖至面板底部的“创建新图层”按钮上，复制1个“椭圆1 拷贝”图层，如图11.248所示。

图11.247 绘制图形

图11.248 复制图层

STEP 11 在“图层”面板中选中“椭圆1”图层，单击面板底部的“添加图层样式”按钮，在菜单中选择“渐变叠加”命令，在弹出的对话框中将“渐变”更改为浅黄色（R：247，G：242，B：197）到黄色（R：252，G：240，B：122）再到橙色（R：214，G：102，B：40），将第2个黄色色标位置更改为30%，“样式”更改为径向，“缩放”更改为130%，如图11.249所示。

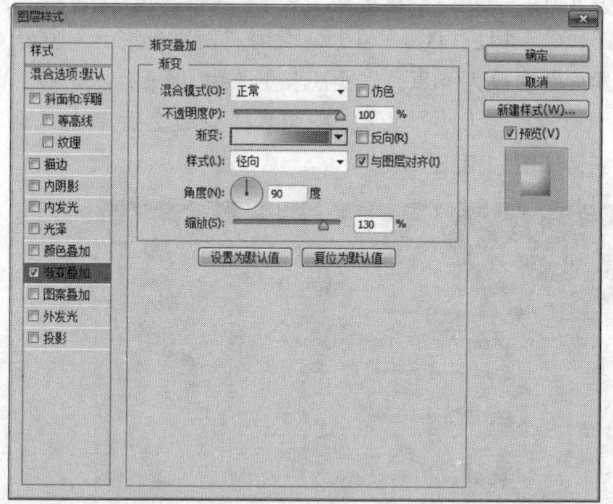

图11.249 设置渐变叠加

STEP 12 勾选“投影”复选框，将“颜色”更改为深红色（R：16，G：4，B：7），“不透明度”更改为20%，取消“使用全局光”复选框，将“角度”更改为65度，“距离”更改为8像素，“大小”更改为8像素，完成之后单击“确定”按钮，如图11.250所示。

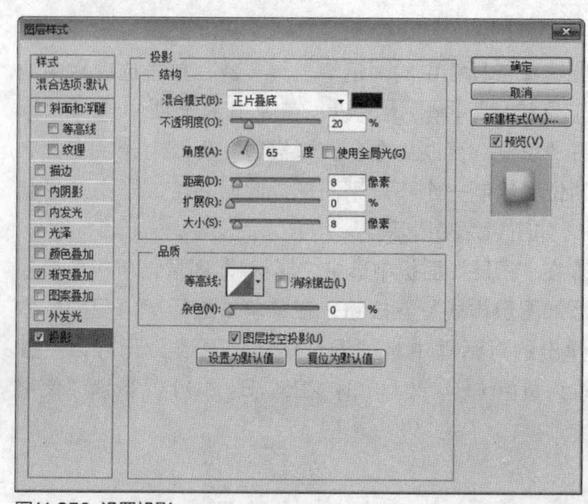

图11.250 设置投影

STEP 13 选中“椭圆1 拷贝”图层，按Ctrl+T组合键对其执行“自由变换”命令，将图形等比例缩小，完成之后按Enter键确认，如图11.251所示。

STEP 14 在“图层”面板中选中“椭圆1 拷贝”图层，单击面板底部的“添加图层蒙版”按钮，为其图层添加图层蒙版，如图11.252所示。

图11.251 变换图形

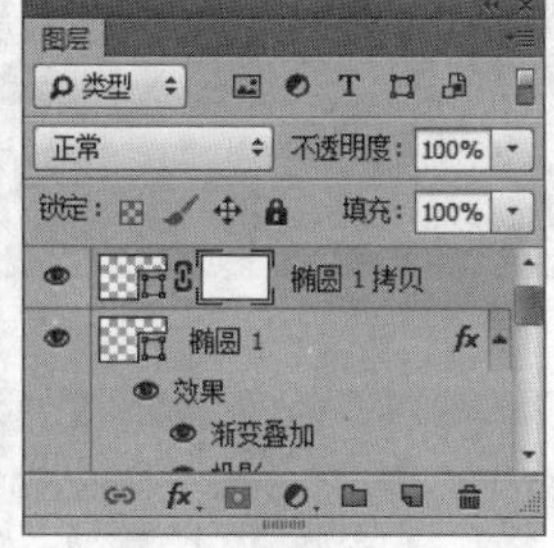

图11.252 添加图层蒙版

STEP 15 选择工具箱中的“画笔工具”，在画布中单击鼠标右键，在弹出的面板中选择一种圆角笔触，将“大小”更改为200像素，“硬度”更改为0%，如图11.253所示。

STEP 16 将前景色更改为黑色，在图形上涂抹，将部分图形隐藏，如图11.254所示。

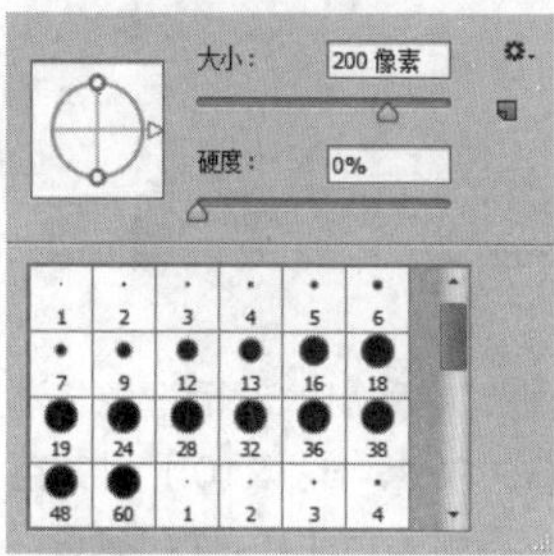

图11.253 设置笔触

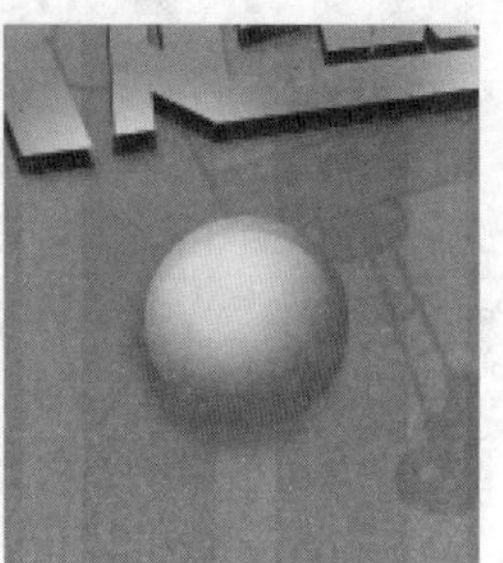
图11.254 隐藏图形

STEP 17 在“图层”面板中选中“椭圆1”和“椭圆1 拷贝”图层，将其拖至面板底部的“创建新图层”按钮上，复制拷贝图层，将其移至“文字 2”组下方，然后在画布中移至文字靠左上角的位置并等比例缩小，如图11.255所示。

图11.255 复制图层并变换图形

STEP 18 将“椭圆1 拷贝2”图层中的“渐变叠加”图层样式删除，再双击其图层样式名称，在弹出的对话框中勾选“内阴影”复选框，将“颜色”更改为蓝色（R：22，G：160，B：170），取消“使用全局光”复选框，“角度”更改为-57度，“距离”更改为7像素，“大小”更改为10像素，如图11.256所示。

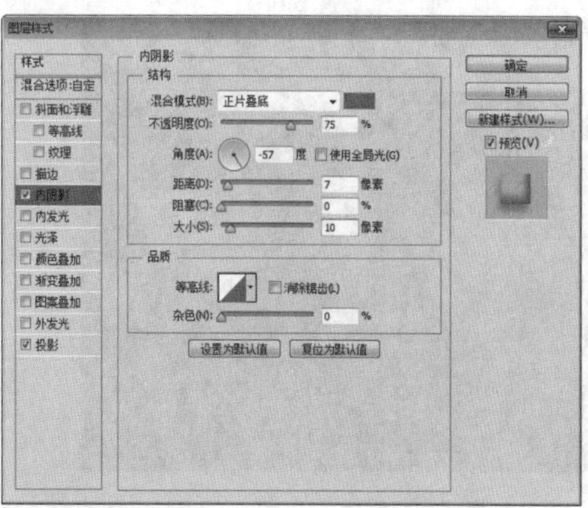
图11.256 设置内阴影

STEP 19 选中“投影”复选框，将“角度”更改为106度，完成之后单击“确定”按钮，如图11.257所示。

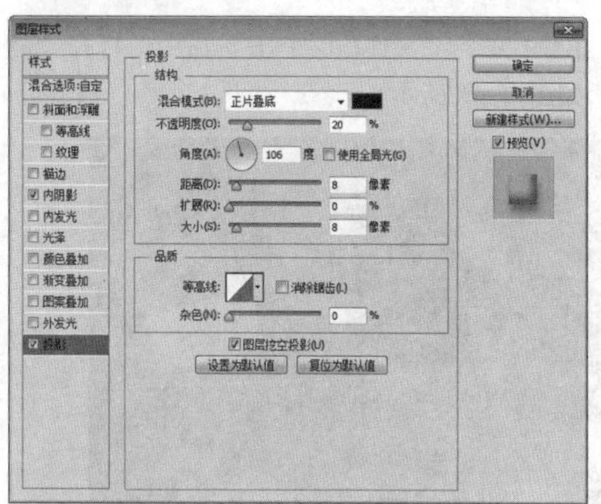
图11.257 设置投影

STEP 20 在“图层”面板中选中“椭圆 1 拷贝 2”图层，将图层“填充”更改为0%，这样就完成了效果制作，最终效果如图11.258所示。

图11.258 最终效果

实战 403

展台字

▶素材位置：素材\第11章\展台字
▶案例位置：效果\第11章\展台字.psd
▶视频位置：视频\实战403.avi
▶难易指数：★★★☆☆

• 实例介绍 •

展台字通常以立体形式呈现，通过对不同区域文字的变形等操作我们可以完美地诠释展台字的制作方法，最终效果如图11.259所示。

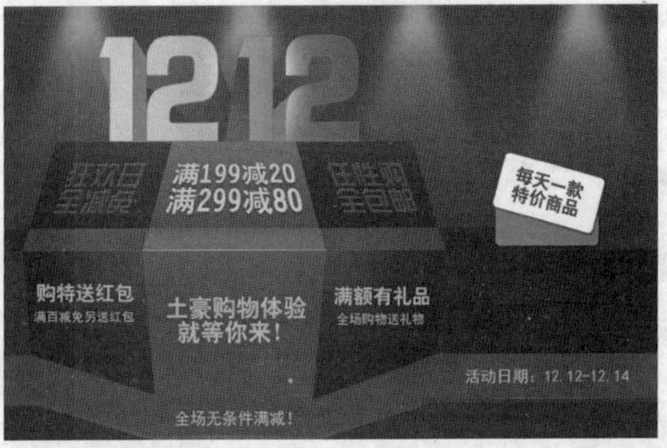

图11.259 最终效果

• 操作步骤 •

• 打开素材

STEP 01 执行菜单栏中的“文件”|“打开”命令，打开“背景.jpg”文件，如图11.260所示。

图11.260 打开素材

STEP 02 选择工具箱中的“横排文字工具” T，在画布中添加文字，如图11.261所示。

STEP 03 在“图层”面板中，在“1212”图层名称上单击鼠标右键，从弹出的快捷菜单中选择“转换为形状”命令，如图11.262所示。

图11.261 添加文字

图11.262 转换为形状

STEP 04 选择工具箱中的“直接选择工具”，拖动锚点将文字变形，如图11.263所示。

STEP 05 在“图层”面板中选中“1212”图层，单击面板底部的“添加图层样式” fx 按钮，在菜单中选择“描边”命令，在弹出的对话框中将“大小”更改为1像素，“位置”更改为内部，“颜色”更改为黄色（R：213，G：128，B：12），如图11.264所示。

图11.263 将文字变形

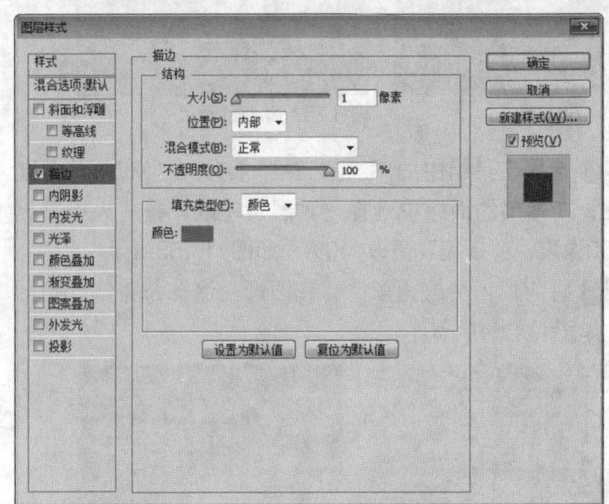

图11.264 设置描边

STEP 06 勾选“渐变叠加”复选框，在弹出的对话框中将渐变颜色更改为黄色（R：250，G：234，B：210）到黄色（R：238，G：197，B：140）再到黄色（R：174，G：94，B：30），“角度”更改为0度，完成之后单击“确定”按钮，如图11.265所示。

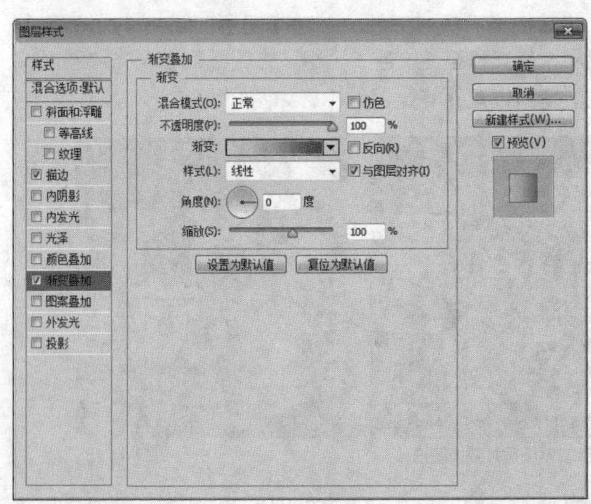

图11.265 设置渐变叠加

• 添加高光

STEP 01 选择工具箱中的“椭圆工具”，在选项栏中将“填充”更改为白色，“描边”更改为无，在刚才添加的文字的中间位置绘制一个椭圆，此时将生成一个“椭圆1”图层，如图11.266所示。

图11.266 绘制图形

STEP 02 选中“椭圆1”图层，执行菜单栏中的“滤镜”|“模糊”|“高斯模糊”命令，在弹出的对话框中将“半径”更改为10像素，设置完成之后单击“确定”按钮，如图11.267所示。

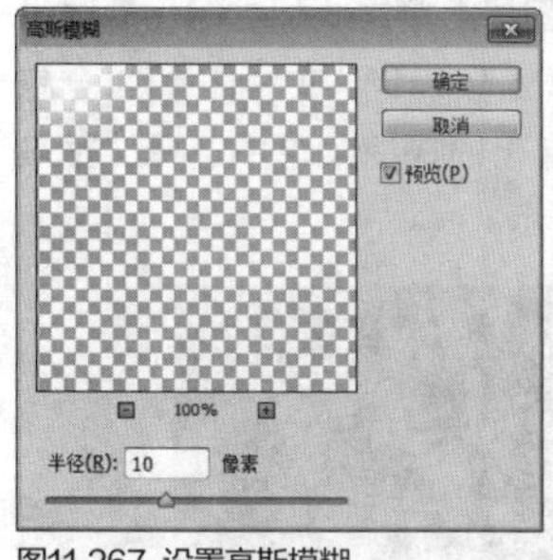

图11.267 设置高斯模糊

STEP 03 在“图层”面板中按住Ctrl键单击“1212”图层缩览图，将其载入选区，如图11.268所示。

STEP 04 选择工具箱中的“矩形选框工具”，按住Alt键绘制选区，将“1”位置的选区减去，如图11.269所示。

图11.268 载入选区

图11.269 减去部分选区

STEP 05 在画布中执行菜单栏中的“选择”|“反向”命令，将刚才创建的选区反向，选中“椭圆1”图层，将选区中的图像删除，完成之后按Ctrl+D组合键将选区取消，如图11.270所示。

图11.270 删除图像

- **绘制图像**

STEP 01 选择工具箱中的“钢笔工具”，在选项栏中单击“选择工具模式” 路径 按钮，在弹出的选项中选择“形状”，将“填充”更改为黄色（R：214，G：150，B：80），“描边”更改为无，在文字靠左侧的位置绘制一个不规则图形，此时将生成一个“形状1”图层，将“形状1”图层移至“背景”图层上方，如图11.271所示。

图11.271 绘制图形

STEP 02 以同样的方法在刚才绘制的图形的旁边位置再绘制一个图形，为文字制作厚度效果，此时将生成一个“形状2”图层，如图11.272所示。

图11.272 绘制图形

STEP 03 选中“图层2”图层，单击面板底部的“添加图层样式”按钮，在菜单中选择“渐变叠加”命令，在弹出的对话框中将渐变颜色更改为黄色（R：187，G：104，B：26）到深黄色（R：116，G：50，B：4），“角度”更改为-50度，完成之后单击“确定”按钮，如图11.273所示。

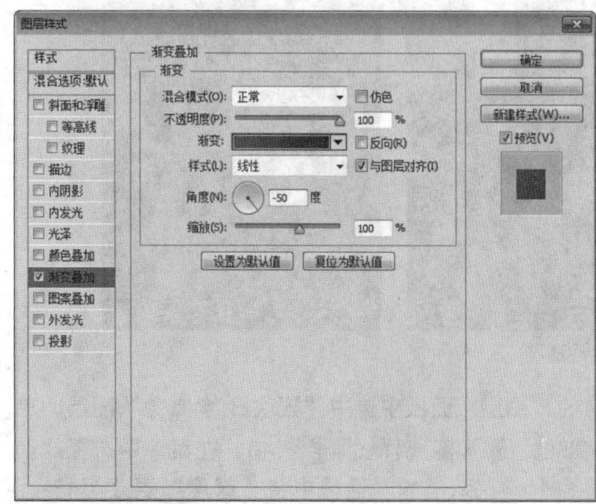

图11.273 设置渐变叠加

STEP 04 以同样的方法在文字的其他位置再次绘制数个不规则图形，如图11.274所示。

图11.274 绘制图形

• 添加文字

STEP 01 选择工具箱中的“横排文字工具”T，在画布其他位置添加文字，如图11.275所示。

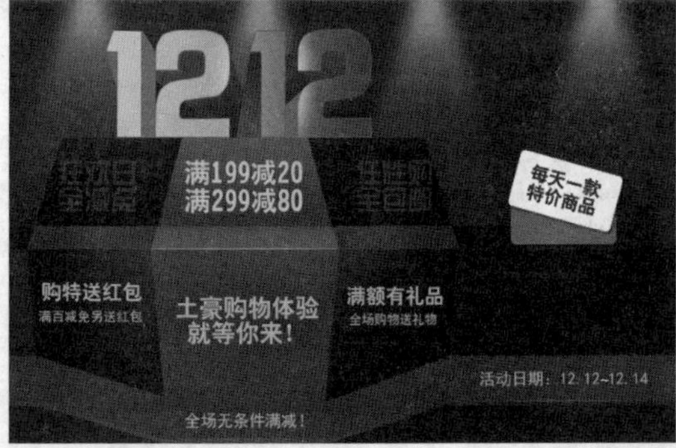

图11.275 添加文字

STEP 02 选中“狂欢日 全减免”图层，按Ctrl+T组合键对其执行“自由变换”命令，单击鼠标右键，从弹出的快捷菜单中选择“斜切”命令，拖动控制点将文字变形，以同样的方法选中“任性购 全包邮”图层，在画布中将文字变形，如图11.276所示。

图11.276 变形文字

STEP 03 在“图层”面板中选中“狂欢日 全减免”图层，单击面板底部的“添加图层样式”fx按钮，在菜单中选择“斜面浮雕”命令，在弹出的对话框中将“深度”更改为1%，“大小”更改为1像素，完成之后单击“确定”按钮，如图11.277所示。

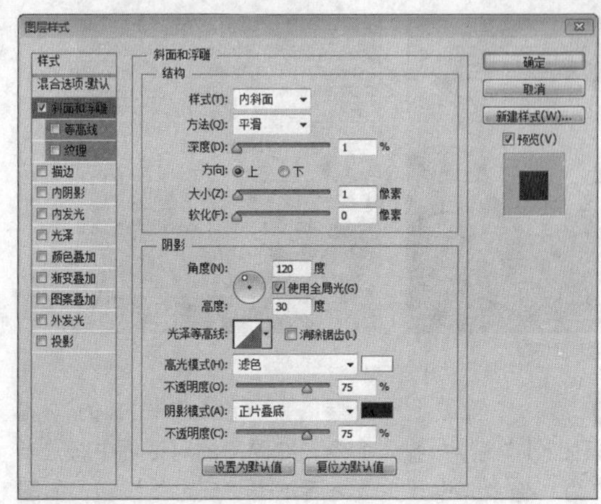

图11.277 设置斜面与浮雕

STEP 04 在“狂欢日 全减免”图层上单击鼠标右键，从弹出的快捷菜单中选择“拷贝图层样式”命令，在“任性购 全包邮”图层上单击鼠标右键，从弹出的快捷菜单中选择“粘贴图层样式”命令，如图11.278所示。

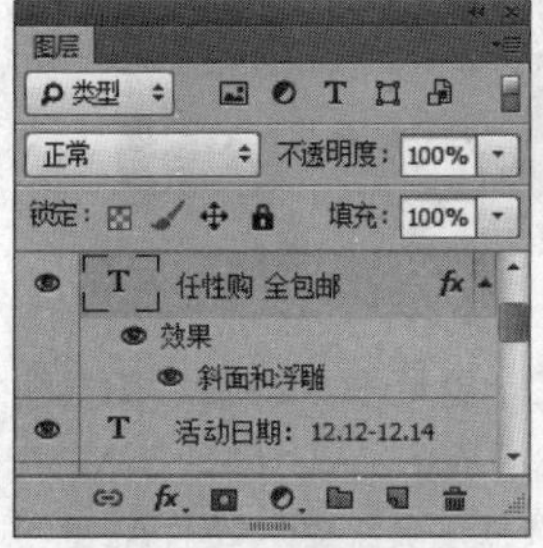

图11.278 复制并粘贴图层样式

STEP 05 选中“满199减20 满299减80”图层，在其图层名称上单击鼠标右键，从弹出的快捷菜单中选择“转换为形状”命令，如图11.279所示。

STEP 06 选中“满199减20 满299减80”图层，按Ctrl+T组合键对其执行“自由变换”命令，单击鼠标右键，从弹出的快捷菜单中选择“透视”命令，拖动控制点将文字变形，完成之后按Enter键确认，如图11.280所示。

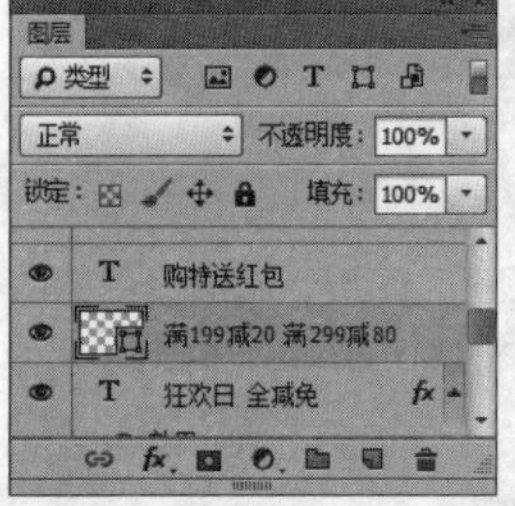

图11.279 转换为形状　　图11.280 将文字变形

STEP 07 在“图层”面板中选中“满199减20 满299减80”图层，将其拖至面板底部的“创建新图层”按钮上，复制1个“满199减20 满299减80 拷贝”图层，如图11.281所示。

STEP 08 选中“满199减20 满299减80”图层，将其文字颜色更改为黑色，在画布中向下稍微移动，如图11.282所示。

图11.281 复制图层

图11.282 更改颜色并移动文字

STEP 09 选中“满199减20 满299减80”图层，执行菜单栏中的“滤镜”|“模糊”|“动感模糊”命令，在弹出的对话框中将“角度”更改为90度，“距离”更改为8像素，设置完成之后单击“确定”按钮，如图11.283所示。

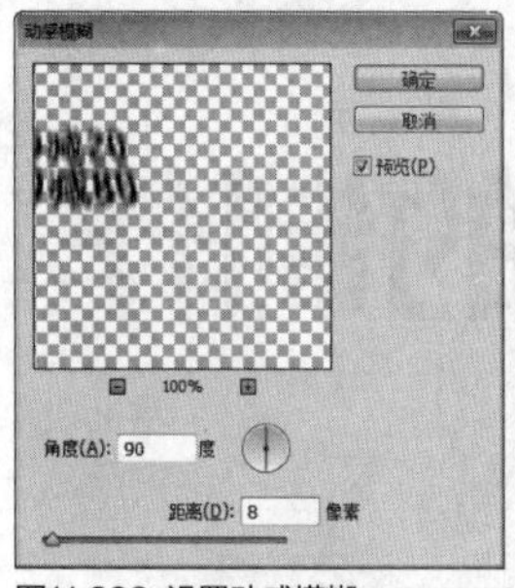

图11.283 设置动感模糊

STEP 10 选中“满199减20 满299减80”图层，将其图层“不透明度”更改为50%，这样就完成了效果制作，最终效果如图11.284所示。

图11.284 最终效果

第12章

新潮主题文字的制作

本章导读

本章讲解新潮主题字的制作方法。新潮主题字区别于其他传统的艺术字体，它重点在于强调新潮等特点，通过独特的制作及别样的视觉表达方式呈现一种别具一格的文字效果。通过本章的学习我们会对新潮主题字有一个自己的独特认识，同时在制作方面可以学习到更多的技巧。

要点索引

- 学习主题字的制作
- 了解特效文字的设计方法
- 掌握促销类广告的设计方法
- 学习如何应用主题广告文字
- 学习制作经典主题字

实战 404 拼贴字

▶素材位置：素材\第12章\拼贴字
▶案例位置：效果\第12章\拼贴字.psd
▶视频位置：视频\实战404.avi
▶难易指数：★★★☆☆

• 实例介绍 •

本例中的拼贴字采用立体叠加的制作方法，与周围的红包元素组合十分协调，最终效果如图12.1所示。

图12.1 最终效果

• 操作步骤 •

STEP 01 执行菜单栏中的“文件”|“打开”命令，打开“背景.jpg”文件，如图12.2所示。

图12.2 打开素材

STEP 02 选择工具箱中的“矩形工具”▭，在选项栏中将“填充”更改为红色（R：234，G：16，B：40），“描边”更改为无，在画布中绘制一个矩形，此时将生成一个“矩形1”图层，如图12.3所示。

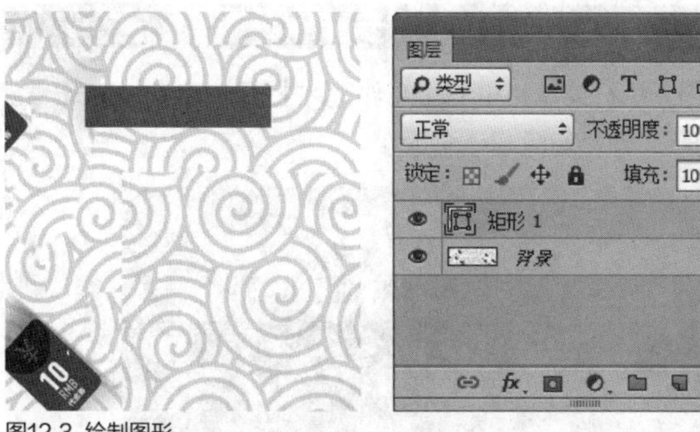

图12.3 绘制图形

STEP 03 在“图层”面板中选中“矩形1”图层，单击面板底部的“添加图层样式”fx按钮，在菜单中选择“渐变叠加”命令，在弹出的对话框中将“渐变”更改为深红色（R：186，G：6，B：26）到红色（R：217，G：15，B：37），“角度”更改为0度，完成之后单击“确定”按钮，如图12.4所示。

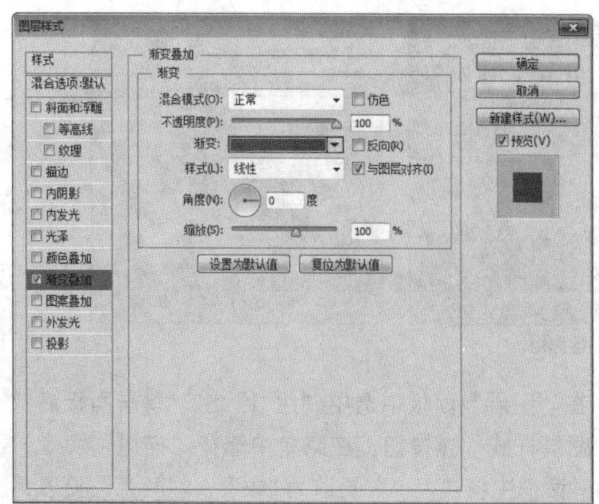

图12.4 设置渐变叠加

STEP 04 在“图层”面板中选中“矩形1”图层，将其拖至面板底部的“创建新图层”▣按钮上，复制1个“矩形1 拷贝”图层，如图12.5所示。

STEP 05 选中“矩形1 拷贝”图层，缩短矩形宽度并旋转移动，再双击其图层样式名称，在弹出的对话框中将“渐变”更改为深红色（R：166，G：12，B：30）到红色（R：234，G：16，B：40），“角度”更改为103度，完成之后单击“确定”按钮，如图12.6所示。

图12.5 复制图层　　图12.6 变换图形

STEP 06 以同样的方法复制多个图形，将其变换后更改图层样式，如图12.7所示。

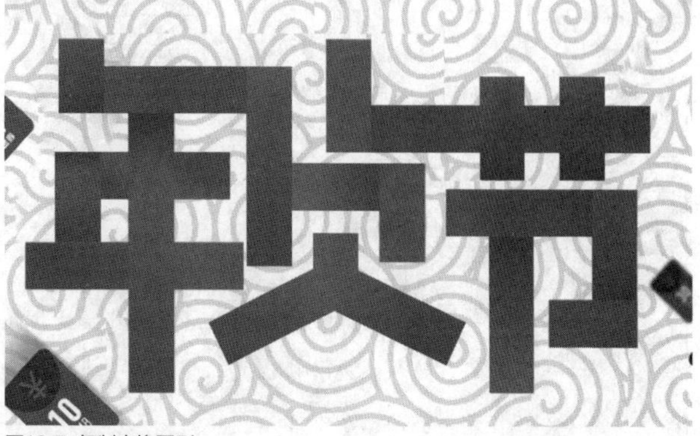

图12.7 复制变换图形

STEP 07 同时选中除“背景”图层之外的所有图层，按Ctrl+G组合键将图层编组，此时将生成一个“组1”组，如图12.8所示。

图12.8 将图层编组

STEP 08 在“图层”面板中选中“组 1”组，单击面板底部的“添加图层样式” fx 按钮，在菜单中选择“描边”命令，在弹出的对话框中将“大小”更改为1像素，“颜色”更改为白色，如图12.9所示。

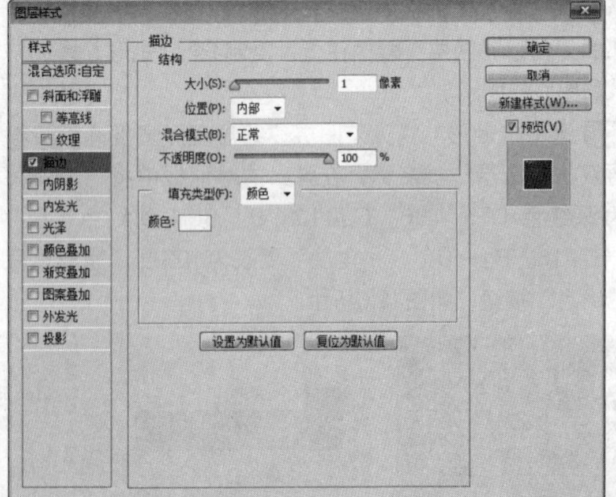

图12.9 设置描边

STEP 09 勾选“投影”复选框，将“不透明度”更改为20%，取消“使用全局光”复选框，将“角度”更改为90度，“距离”更改为5像素，“大小”更改为5像素，完成之后单击“确定”按钮，如图12.10所示。

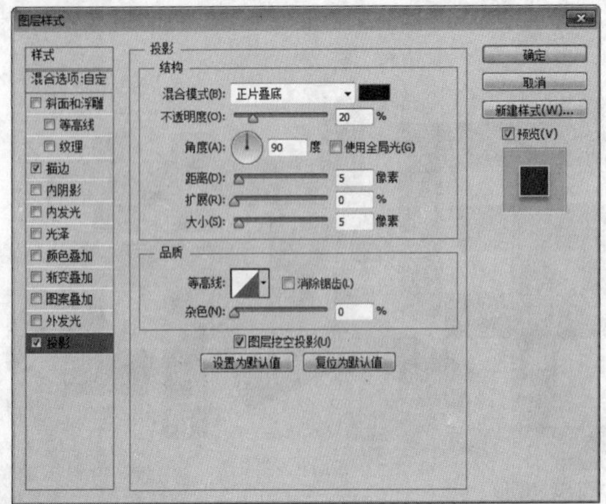

图12.10 设置投影

STEP 10 选择工具箱中的“横排文字工具” T，在画布中的适当位置添加文字，这样就完成了效果制作，最终效果如图12.11所示。

图12.11 最终效果

实战 405

商业立体字

- ▶素材位置：素材\第12章\商业立体字
- ▶案例位置：效果\第12章\商业立体字.psd
- ▶视频位置：视频\实战405.avi
- ▶难易指数：★★☆☆☆

• 实例介绍 •

商业立体字的样式有多种，本例讲解的是一款经典的透视效果文字，字体的制作比较简单，立体效果实现得十分容易，最终效果如图12.12所示。

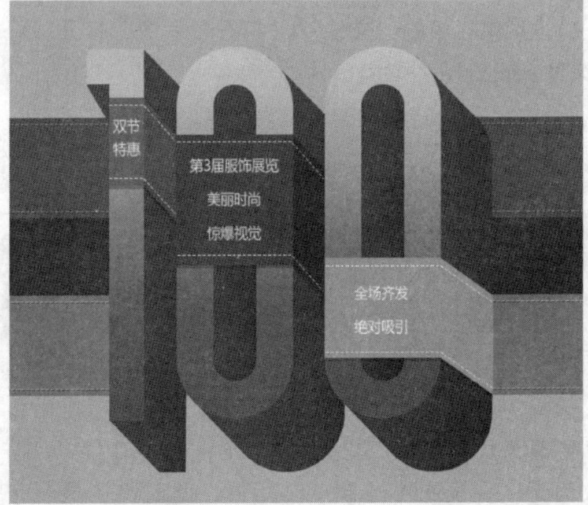

图12.12 最终效果

• 操作步骤 •

STEP 01 执行菜单栏中的“文件”|“打开”命令，打开“背景.jpg”文件，如图12.13所示。

图12.13 打开素材

STEP 02 选择工具箱中的“矩形工具”，在选项栏中将“填充”更改为白色，“描边”更改为无，在画布左侧绘制一个矩形，此时将生成一个“矩形1”图层，如图12.14所示。

图12.14 绘制图形

STEP 03 在“图层”面板中选中“矩形1”图层，单击面板底部的“添加图层样式”按钮，在菜单中选择“渐变叠加”命令，在弹出的对话框中将“渐变”更改为红色（R：233，G：87，B：136）到浅红色（R：250，G：228，B：234），完成之后单击“确定”按钮，如图12.15所示。

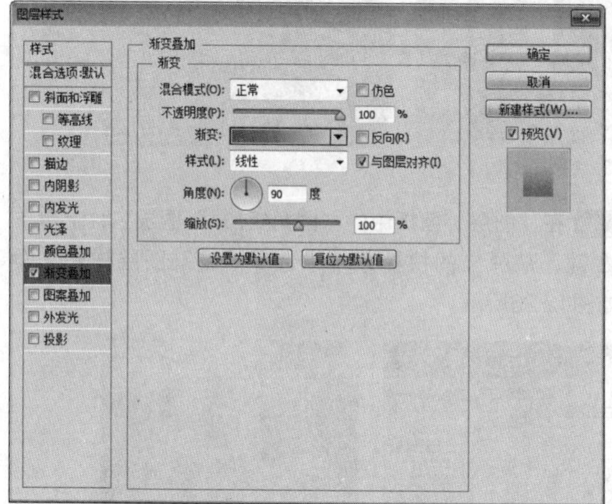

图12.15 设置渐变叠加

STEP 04 选择工具箱中的“矩形工具”，在选项栏中将“填充”更改为浅红色（R：250，G：219，B：228），“描边”更改为无，在矩形的左上角位置绘制一个矩形，此时将生成一个“矩形2”图层，如图12.16所示。

图12.16 绘制图形

STEP 05 选择工具箱中的“钢笔工具”，在选项栏中单击“选择工具模式”按钮，在弹出的选项中选择“形状”，将“填充”更改为白色，“描边”更改为无，在两个图形之间的位置绘制一个不规则图形，此时将生成一个“形状1”图层，如图12.17所示。

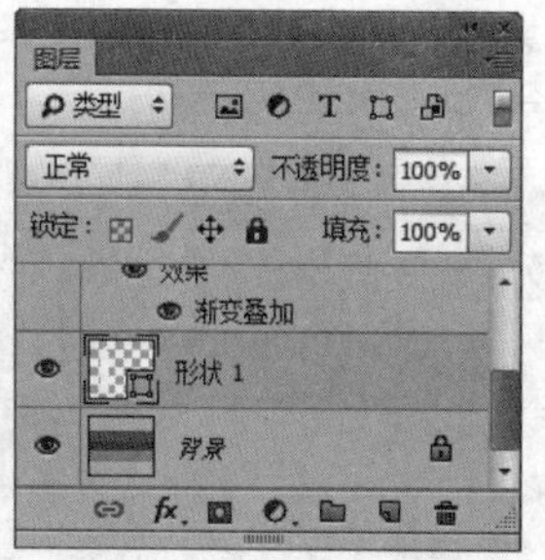

图12.17 绘制图形

STEP 06 在“图层”面板中选中“形状1”图层，单击面板底部的“添加图层样式”按钮，在菜单中选择“渐变叠加”命令，在弹出的对话框中将“渐变”更改为紫色（R：227，G：20，B：113）到深紫色（R：170，G：12，B：93），“角度”更改为-5，完成之后单击“确定”按钮，如图12.18所示。

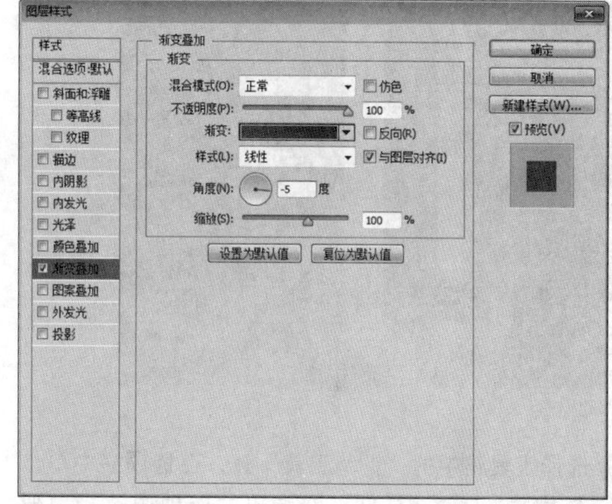

图12.18 设置渐变叠加

STEP 07 选择工具箱中的“圆角矩形工具”，在选项栏中将“填充”更改为无，“描边”更改为白色，“大小”更改为44点，“半径”更改为200像素，在图形右侧的位置绘制一个圆角矩形，此时将生成一个“圆角矩形1”图层，如图12.19所示。

STEP 08 在“图层”面板中选中“圆角矩形1”图层，将其拖至面板底部的“创建新图层”按钮上，复制1个“圆角矩形1 拷贝”图层，如图12.20所示。

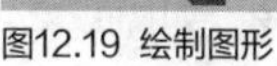

图12.19 绘制图形

图12.20 复制图层

STEP 09 在“矩形1”图层上单击鼠标右键，从弹出的快捷菜单中选择“拷贝图层样式”命令，在“圆角矩形1拷贝”图层上单击鼠标右键，从弹出的快捷菜单中选择“粘贴图层样式”命令，如图12.21所示。

图12.21 复制并粘贴图层样式

STEP 10 选中“圆角矩形1”图层，将图形向右下角方向移动，如图12.22所示。

图12.22 移动图形

STEP 11 选择工具箱中的“钢笔工具”，在选项栏中单击“选择工具模式” 按钮，在弹出的选项中选择“形状”，将“填充”更改为白色，“描边”更改为无，在刚才绘制的图形的右下角位置绘制一个不规则图形，此时将生成一个“形状2”图层，如图12.23所示。

图12.23 绘制图形

STEP 12 同时选中“形状2”与“圆角矩形1”图层，按Ctrl+E组合键将其合并，此时将生成一个“形状2”图层，在“形状1”图层上单击鼠标右键，从弹出的快捷菜单中选择“拷贝图层样式”命令，在“形状2”图层上单击鼠标右键，从弹出的快捷菜单中选择“粘贴图层样式”命令，如图12.24所示。

图12.24 合并拷贝图层并粘贴图层样式

STEP 13 选择工具箱中的“圆角矩形工具”，在选项栏中将“填充”更改为白色“描边”更改为无，在圆角矩形的圆孔位置再次绘制一个圆角矩形，此时将生成一个“圆角矩形1”图层，将其移至“圆角矩形1 拷贝”图层下方，如图12.25所示。

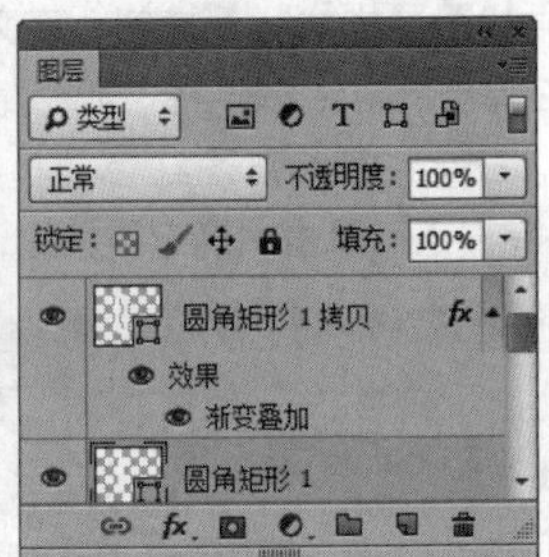

图12.25 绘制图形

STEP 14 在“图层”面板中的“圆角矩形1”图层名称上单击鼠标右键，从弹出的快捷菜单中选择“粘贴图层样式”命令，如图12.26所示。

图12.26 粘贴图层样式

STEP 15 同时选中“圆角矩形 1 拷贝”“圆角矩形 1”及“形状2”图层，按住Alt键向右侧拖动，将图形复制，效果如图12.27所示。

图12.27 复制图形

STEP 16 选择工具箱中的“矩形工具”■，在选项栏中将“填充”更改为浅蓝色（R：48，G：173，B：227），“描边”更改为无，在“矩形1”图层中图形靠上方的位置绘制一个矩形，此时将生成一个“矩形3”图层，如图12.28所示。

图12.28 绘制图形

STEP 17 在“图层”面板中选中“矩形3”图层，将其拖至面板底部的“创建新图层”按钮上，复制1个“矩形3 拷贝”图层，如图12.29所示。

STEP 18 选中“矩形3 拷贝”图层，将其图形颜色更改为浅蓝色（R：0，G：148，B：208），再按Ctrl+T组合键对其执行“自由变换”命令，单击鼠标右键，从弹出的快捷菜单中选择“斜切”命令，拖动变形框控制点将图形变形，完成之后按Enter键确认，效果如图12.30所示。

图12.29 复制图层　　图12.30 变换图形

STEP 19 选择工具箱中的“钢笔工具”，在选项栏中单击“选择工具模式” 路径 按钮，在弹出的选项中选择“形状”，将“填充”更改为无，“描边”更改为白色，“大小”为1点，单击“设置形状描边类型”按钮，在弹出的选项中选择第2种类型，在刚才绘制的图形的边缘位置绘制一个不规则虚线，此时将生成一个“形状3”图层，如图12.31所示。

STEP 20 选中“形状3”图层，按住Alt+Shift组合键向下拖动，将图形复制，如图12.32所示。

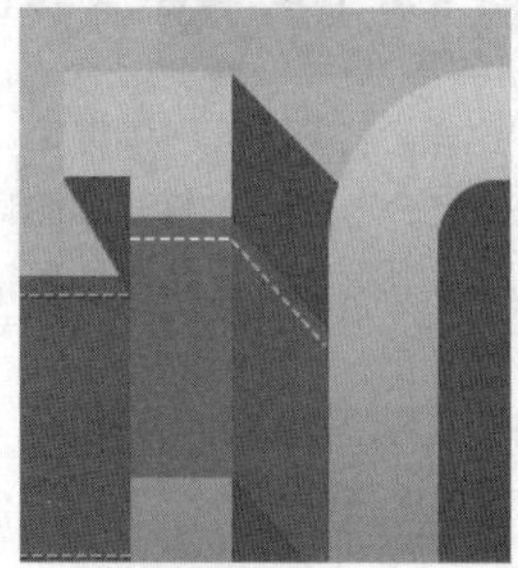
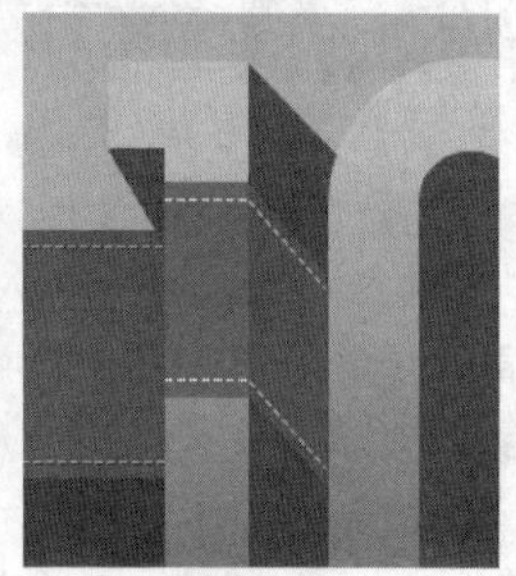

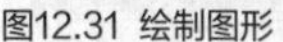

图12.31 绘制图形　　图12.32 复制图形

STEP 21 同时选中“矩形3”及“矩形3 拷贝”图层，按Ctrl+G组合键将其编组，此时将生成一个“组1”组，如图12.33所示。

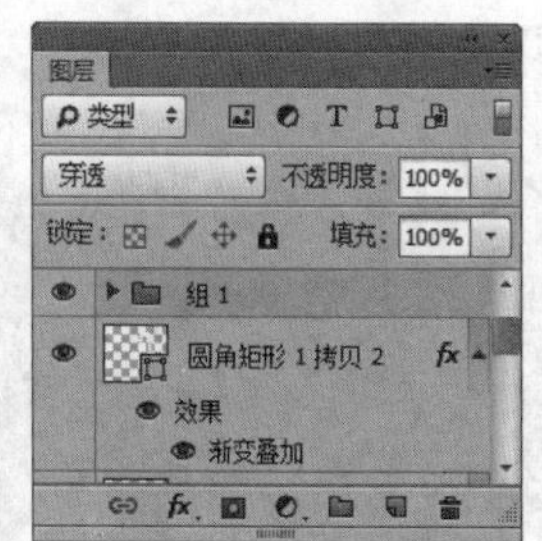

图12.33 将图层编组

STEP 22 在“图层”面板中选中“组1”组，单击面板底部的“添加图层样式”fx按钮，在菜单中选择“投影”命令，在弹出的对话框中将“不透明度”更改为15%，取消“使用全局光”复选框，将“角度”更改为90度，“距离”更改为4像素，“扩展”更改为100，完成之后单击“确定”按钮，如图12.34所示。

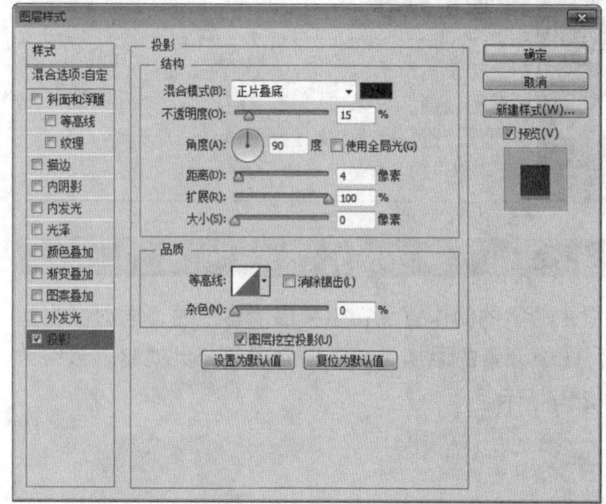

图12.34 设置投影

STEP 23 以同样的方法再次绘制2组图形，如图12.35所示。

图12.35 绘制图形

提示

在添加投影效果的时候可以利用复制、粘贴图层样式的方法。

STEP 24 选择工具箱中的“横排文字工具” T，在画布中的适当位置添加文字，这样就完成了效果制作，最终效果如图12.36所示。

图12.36 最终效果

实战406 滑雪主题字

▶素材位置：素材\第12章\滑雪主题字
▶案例位置：效果\第12章\滑雪主题字.psd
▶视频位置：视频\实战406.avi
▶难易指数：★★☆☆☆

• 实例介绍 •

滑雪主题字的制作重点在于突出滑雪主题，同时突出运动效果，图像元素的添加为文字增添了几分灵动感，最终效果如图12.37所示。

图12.37 最终效果

• 操作步骤 •

STEP 01 执行菜单栏中的“文件”|“打开”命令，打开“背景.jpg”文件，如图12.38所示。

图12.38 打开素材

STEP 02 选择工具箱中的“横排文字工具” T，在画布中的适当位置添加文字，如图12.39所示。

STEP 03 同时选中“运动季”及“溜冰滑雪”图层，在其图层名称上单击鼠标右键，从弹出的快捷菜单中选择“转换为形状”命令，如图12.40所示。

图12.39 添加文字　图12.40 转换为形状

STEP 04 选中“溜冰滑雪”图层，按Ctrl+T组合键对其执行“自由变换”命令，单击鼠标右键，从弹出的快捷菜单中选择“斜切”命令，拖动文字变形框将其变形，以同样的方法选中“运动季”图层，将文字变形，如图12.41所示。

图12.41 将文字变形

STEP 05 选择工具箱中的“直接选择工具”，拖动文字锚点将其变形，如图12.42所示。

图12.42 将文字变形

STEP 06 执行菜单栏中的“文件”|“打开”命令，打开“图标.psd”文件，将打开的素材拖入画布中文字右上角的位置并适当缩小，如图12.43所示。

STEP 07 拖动“雪”字右上角锚点将其变形，如图12.44所示。

图12.43 添加素材

图12.44 拖动锚点

STEP 08 同时选中"图标"及"溜冰滑雪"图层按Ctrl+E组合键将其合并，此时将生成一个"图标"图层，如图12.45所示。

图12.45 合并图层

STEP 09 在"图层"面板中选中"图标"图层，单击面板底部的"添加图层样式" fx 按钮，在菜单中选择"描边"命令，在弹出的对话框中将"大小"更改为2像素，"混合模式"更改为叠加，"颜色"更改为白色，如图12.46所示。

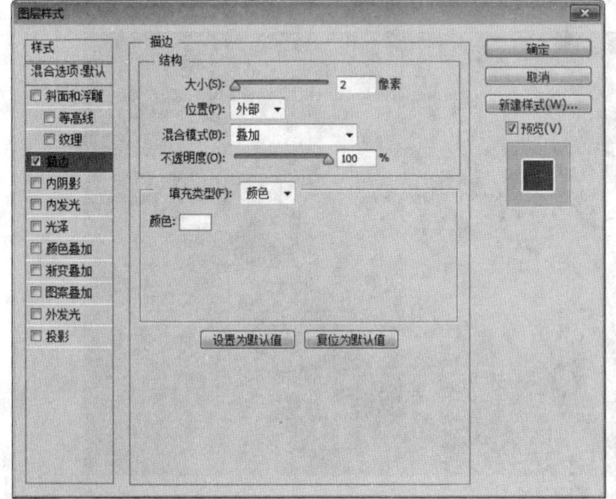

图12.46 设置描边

STEP 10 勾选"渐变叠加"复选框，将"渐变"更改为深蓝色（R：33，G：66，B：127）到蓝色（R：68，G：140，B：255），"角度"更改为90度，"缩放"更改为50%，完成之后单击"确定"按钮，如图12.47所示。

STEP 11 在"图标"图层上单击鼠标右键，从弹出的快捷菜单中选择"拷贝图层样式"命令，在"运动季"图层上单击鼠标右键，从弹出的快捷菜单中选择"粘贴图层样式"命令，如图12.48所示。

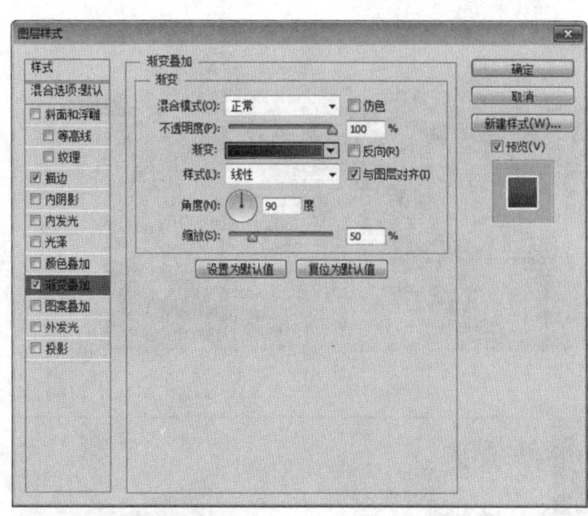

图12.47 设置渐变叠加

图12.48 复制并粘贴图层样式

STEP 12 选中"背景"图层，单击面板底部的"创建新图层"按钮，新建一个"图层1"图层，选中"图层1"图层，将其填充为黑色，如图12.49所示。

图12.49 新建图层并填充颜色

STEP 13 选中"图层1"图层，执行菜单栏中的"滤镜"|"渲染"|"镜头光晕"命令，在弹出的对话框中勾选"50-300毫米变焦"单选按钮，将"亮度"更改为100%，完成之后单击"确定"按钮，如图12.50所示。

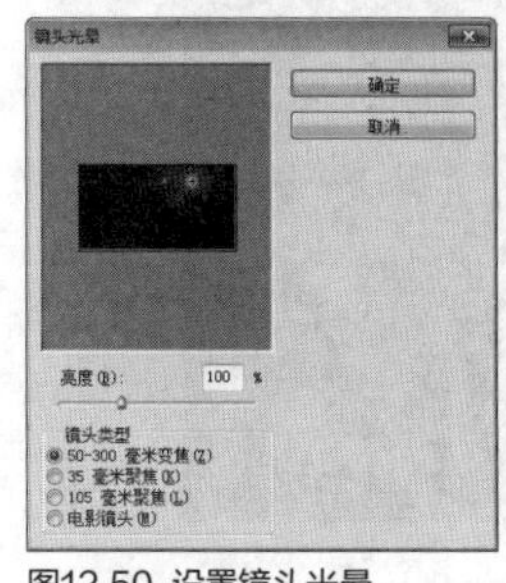

图12.50 设置镜头光晕

STEP 14 在"图层"面板中选中"图层 1"图层，将其图层混合模式设置为"滤色"，这样就完成了效果制作，最终效果如图12.51所示。

图12.51 最终效果

实战407 秒杀字

▶素材位置：素材\第12章\秒杀字
▶案例位置：效果\第12章\秒杀字.psd
▶视频位置：视频\实战407.avi
▶难易指数：★★☆☆☆

• 实例介绍 •

秒杀字体的最大特点是突出字体的视觉冲击感，在制作过程上需要对文字的造型有一定的把控能力，最终效果如图12.52所示。

图12.52 最终效果

• 操作步骤 •

STEP 01 执行菜单栏中的“文件”|“打开”命令，打开“背景.jpg”文件，如图12.53所示。

图12.53 打开素材

STEP 02 选择工具箱中的“横排文字工具”T，在画布中添加文字，如图12.54所示。

STEP 03 在“秒杀”图层名称上单击鼠标右键，从弹出的快捷菜单中选择“转换为形状”命令，如图12.55所示。

图12.54 添加文字

图12.55 转换形状

STEP 04 选中“秒杀”图层，按Ctrl+T组合键对其执行“自由变换”命令，单击鼠标右键，从弹出的快捷菜单中选择“斜切”命令，拖动文字变形框控制点将文字变形，完成之后按Enter键确认，如图12.56所示。

STEP 05 选择工具箱中的“直接选择工具”，选中“秒”字右下角部分图形，将其删除，如图12.57所示。

图12.56 将文字变形

图12.57 删除图形

STEP 06 选择工具箱中的“直接选择工具”，拖动文字锚点将其变形，如图12.58所示。

图12.58 将文字变形

STEP 07 在“图层”面板中选中“秒杀”图层，将其拖至面板底部的“创建新图层”按钮上，复制1个“秒杀 拷贝”图层，然后选中“秒杀 拷贝”图层，将其填充颜色更改为黄色（R：255，G：241，B：0），将文字向左侧稍微移动，如图12.59所示。

STEP 08 在“图层”面板中选中“秒杀 拷贝”图层，单击面板底部的“添加图层样式”按钮，在菜单中选择“投影”命令，在弹出的对话框中将“颜色”更改为深红色（R：143，G：7，B：18），取消“使用全局光”复选框，将“角度”更改为153度，“距离”更改为4像素，“扩展”更改为

100%，“大小”更改为2像素，完成之后单击“确定”按钮，如图12.60所示。

图12.59 复制图层并移动文字

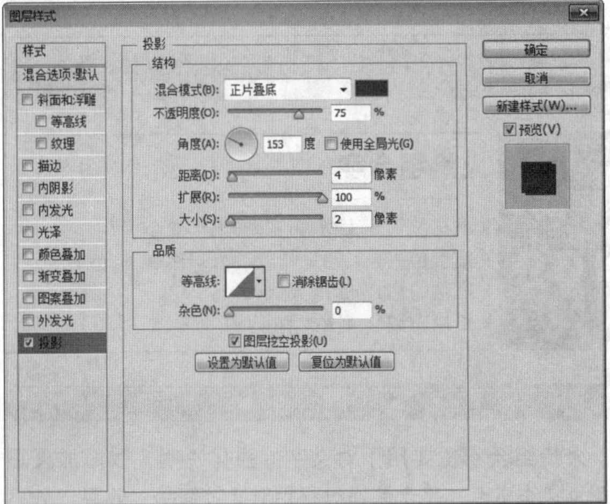

图12.60 设置投影

STEP 09 选择工具箱中的“横排文字工具” T，在文字下方再次添加文字，以刚才同样的方法将文字斜切变形，如图12.61所示。

图12.61 添加文字并将其变形

STEP 10 在“秒杀 拷贝”图层上单击鼠标右键，从弹出的快捷菜单中选择“拷贝图层样式”命令，在“sale”图层上单击鼠标右键，从弹出的快捷菜单中选择“粘贴图层样式”命令，这样就完成了效果制作，最终效果如图12.62所示。

图12.62 最终效果

实战 408 喷溅色彩字

▶素材位置：素材\第12章\喷溅色彩字

▶案例位置：效果\第12章\喷溅色彩字.psd

▶视频位置：视频\实战408.avi

▶难易指数：★★☆☆☆

• 实例介绍 •

本例讲解喷溅色彩字，喷溅色彩字的特点在于喷溅效果的实现，最终效果如图12.63所示。

图12.63 最终效果

• 操作步骤 •

STEP 01 执行菜单栏中的“文件”|“打开”命令，打开“背景.jpg”文件，如图12.64所示。

图12.64 打开素材

STEP 02 选择工具箱中的“横排文字工具” T，在画布中的适当位置添加文字（字体为汉仪菱心体简，大小为100点），如图12.65所示。

图12.65 添加文字

STEP 03 选中刚才所添加的文字图层，按Ctrl+T组合键对其执行“自由变换”命令，单击鼠标右键，从弹出的快捷菜单中选择“斜切”命令，将光标移至变形框顶部控制点向右侧拖动将文字变形，再将其适当旋转，完成之后按Enter键确认，如图12.66所示。

STEP 04 在“图层”面板中选中“年轻有色”文字图层，单击面板底部的“添加图层蒙版”按钮，为其图层添加图层蒙版，如图12.67所示。

图12.66 变换文字

图12.67 添加图层蒙版

STEP 05 执行菜单栏中的“文件”|“打开”命令，打开“喷溅.psd”文件，将打开的素材拖入画布中，如图12.68所示。

图12.68 添加素材

STEP 06 在“图层”面板中选中“喷溅”图层将其隐藏，再按住Ctrl键单击“喷溅”图层缩览图将其载入选区，如图12.69所示。

图12.69 载入选区

STEP 07 选择工具箱中的任意选区工具，将选区稍微移动并与文字部分区域相叠加，再单击“年轻有色”图层蒙版缩览图，将选区填充更改为黑色，将部分文字隐藏，这样就完成了效果制作，最终效果如图12.70所示。

图12.70 最终效果

提示

隐藏之后可以将“喷溅”图层删除。

实战409 火焰组合字

▶素材位置：素材\第12章\火焰组合字
▶案例位置：效果\第12章\火焰组合字.psd
▶视频位置：视频\实战409.avi
▶难易指数：★★★☆☆

• 实例介绍 •

火焰组合字主要用于对文字的强化说明，以添加火焰元素为制作亮点，整个制作过程相对比较简单，效果十分不错，最终效果如图12.71所示

图12.71 最终效果

• 操作步骤 •

• 打开素材

STEP 01 执行菜单栏中的“文件”|“打开”命令，打开“背景.jpg”文件，如图12.72所示。

STEP 02 选择工具箱中的“横排文字工具” T，在画布中添加文字，如图12.73所示。

STEP 03 选中“双节超级对决”图层，按Ctrl+T组合键对其执行“自由变换”命令，单击鼠标右键，从弹出的快捷菜单中选择“斜切”命令，将文字斜切变形，完成之后按Enter键确认，如图12.74所示。

图12.72 打开素材

图12.73 添加文字

图12.74 将文字变形

STEP 04 在“图层”面板中选中文字图层，单击面板底部的“添加图层样式”fx按钮，在菜单中选择“投影”命令，在弹出的对话框中将“不透明度”更改为50%，“距离”更改为3像素，“大小”更改为3像素，完成之后单击“确定”按钮，如图12.75所示。

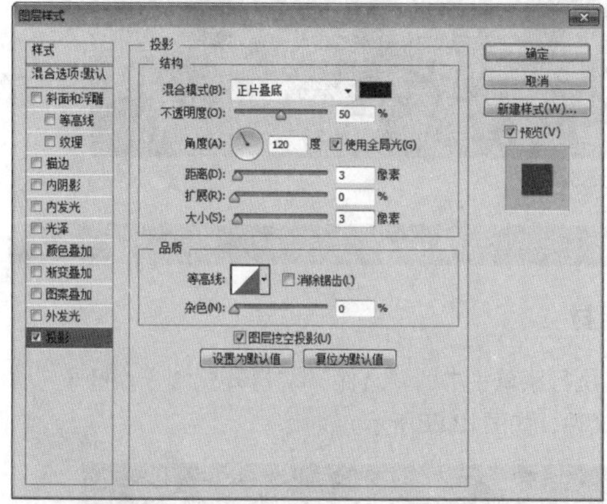

图12.75 设置投影

• 添加素材

STEP 01 执行菜单栏中的“文件”|“打开”命令，打开“火焰.jpg”文件，将打开的素材拖入画布中文字右侧的位置并适当缩小，其图层名称将更改为“图层1”，如图12.76所示。

图12.76 添加素材

STEP 02 选中“图层1”图层，执行菜单栏中的“图层”|“创建剪贴蒙版”命令，为当前图层创建剪贴蒙版，将部分图像隐藏，如图12.77所示。

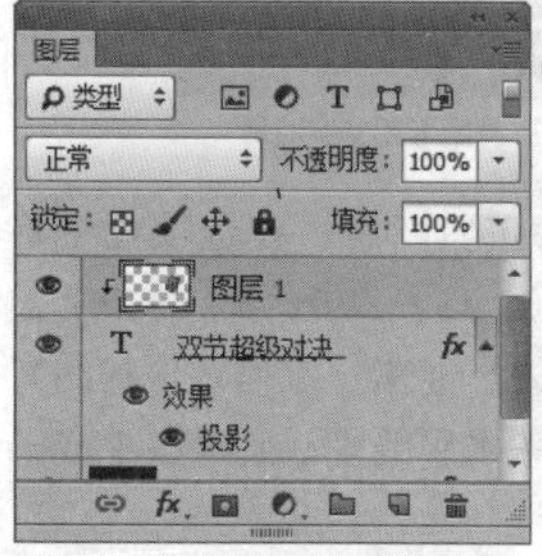

图12.77 创建剪贴蒙版隐藏图像

STEP 03 在经过变形的文字顶部位置再次添加文字，将部分文字变形，如图12.78所示。

STEP 04 选中“价格抄底”图层，在其图层名称上单击鼠标右键，从弹出的快捷菜单中选择“转换为形状”命令，如图12.79所示。

图12.78 添加文字并变形

图12.79 转换形状

STEP 05 选择工具箱中的“直接选择工具”，拖动“价格抄底”文字中的“抄”字底部部分锚点将文字变形，如图12.80所示。

图12.80 将文字变形

STEP 06 选择工具箱中的“矩形工具”，在选项栏中将“填充”更改为灰色（R：230，G：228，B：203），“描边”更改为无，在添加的部分文字的位置绘制一个矩形，此时将生成一个“矩形1”图层，如图12.81所示。

STEP 07 选择工具箱中的“直接选择工具”，选中绘制的矩形左上角和右上角锚点向右侧拖动将图形变形，再添加“国庆开心乐翻天 超级抢购”文字图层将其斜切变形，如图12.82所示。

图12.81 绘制图形

图12.82 将图形和文字变形

STEP 08 选择工具箱中的“直线工具”，在选项栏中将“填充”更改为淡黄色（R：230，G：228，B：203），“描边”更改为无，“粗细”更改为1像素，在刚才添加的文字底部位置，按住Shift键绘制一条水平线段，此时将生成一个“形状1”图层，如图12.83所示。

图12.83 绘制图形

STEP 09 在“图层”面板中选中“形状1”图层，单击面板底部的“添加图层蒙版”按钮，为其图层添加图层蒙版，如图12.84所示。

STEP 10 选择工具箱中的“渐变工具”，编辑黑色到白色再到黑色的渐变，单击选项栏中的“线性渐变”按钮，在图形上从左至右拖动，将部分线段隐藏，如图12.85所示。

图12.84 添加图层蒙版

图12.85 隐藏图形

STEP 11 选择工具箱中的“横排文字工具”，在画布中的适当位置添加文字，这样就完成了效果制作，最终效果如图12.86所示。

图12.86 添加文字及最终效果

实战 410 自然亮光字

- 素材位置：素材\第12章\自然亮光字
- 案例位置：效果\第12章\自然亮光字.psd
- 视频位置：视频\实战410.avi
- 难易指数：★★★☆☆

• 实例介绍 •

自然亮光字的制作采用与大自然元素相结合的形式。在本例中，亮光字的效果极易实现，最终效果如图12.87所示。

图12.87 最终效果

• 操作步骤 •

• 打开素材

STEP 01 执行菜单栏中的“文件”|“打开”命令，打开“背景.jpg”文件，如图12.88所示。

图12.88 打开素材

STEP 02 选择工具箱中的"矩形工具"，在选项栏中将"填充"更改为褐色（R：40，G：16，B：4），"描边"更改为无，在画布左上角位置绘制一个矩形，此时将生成一个"矩形1"图层，如图12.89所示。

图12.89 绘制图形

STEP 03 选择工具箱中的"直接选择工具"，选中刚才绘制的图形锚点，然后拖动将图形变形，如图12.90所示。

图12.90 将图形变形

STEP 04 以同样的方法绘制多个图形并将图形进行调整变形，如图12.91所示。

图12.91 绘制图形并变形

添加文字

STEP 01 选择工具箱中的"横排文字工具"，在画布中的适当位置添加文字，如图12.92所示。

STEP 02 在"新"图层名称上单击鼠标右键，从弹出的快捷菜单中选择"转换为形状"命令，如图12.92所示。

STEP 03 选择工具箱中的"直接选择工具"，选中"新"字部分锚点，然后拖动将文字变形，如图12.94所示。

图12.92 添加文字

图12.93 转换为形状　　图12.94 将文字变形

STEP 04 在"图层"面板中选中"春天购物季"图层，单击面板底部的"添加图层样式"按钮，在菜单中选择"渐变叠加"命令，在弹出的对话框中将"渐变"更改为黄色（R：255，G：255，B：0）到橙色（R：255，G：110，B：0），"样式"更改为径向，"角度"更改为0度，完成之后单击"确定"按钮，如图12.95所示。

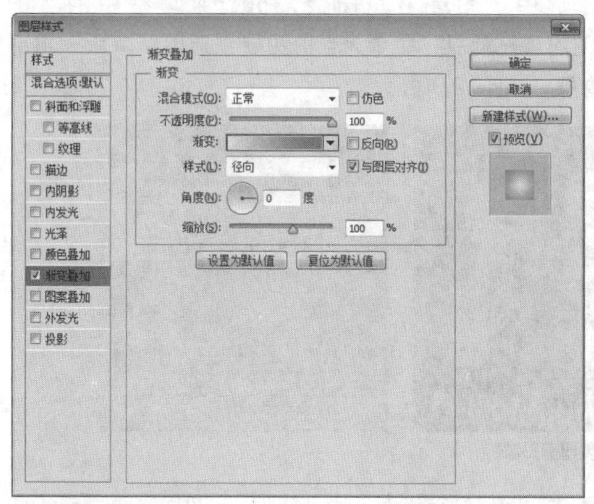

图12.95 设置渐变叠加

STEP 05 在"图层"面板中选中"新款春装上架 火热抢购中！"图层，单击面板底部的"添加图层样式"按钮，在菜单中选择"渐变叠加"命令，在弹出的对话框中将"渐变"更改为橙色（R：252，G：202，B：0）到橙色（R：240，G：142，B：0），"样式"更改为径向，"角度"更改为90度，完成之后单击"确定"按钮，如图12.96所示。

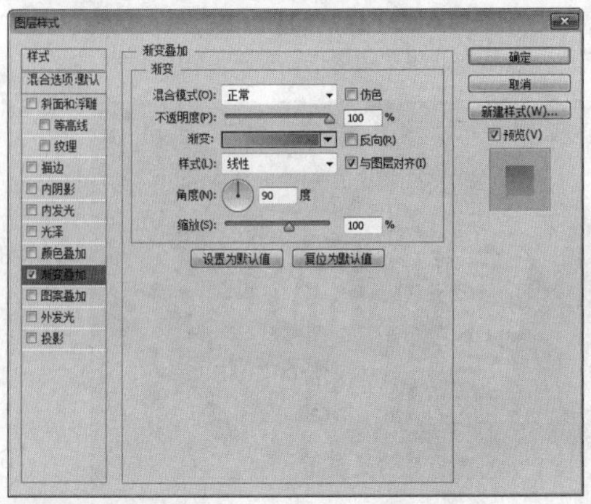

图12.96 设置渐变叠加

STEP 06 同时选中“新”及“春装 季上”图层，按Ctrl+G组合键将其编组，此时将生成一个“组1”组，如图12.97所示。

STEP 07 执行菜单栏中的“文件”|“打开”命令，打开“生锈.jpg”文件，将打开的素材拖入画布中并适当缩小，将春装范围的文字覆盖，其图层名称将更改为“图层 1”，将“图层 1”移至“组1”组上方并适当旋转，如图12.98所示。

图12.97 将图层编组

图12.98 添加素材

STEP 08 选中“图层 1”图层，执行菜单栏中的“图层”|“创建剪贴蒙版”命令为当前图层创建剪贴蒙版，将部分图像隐藏，如图12.99所示。

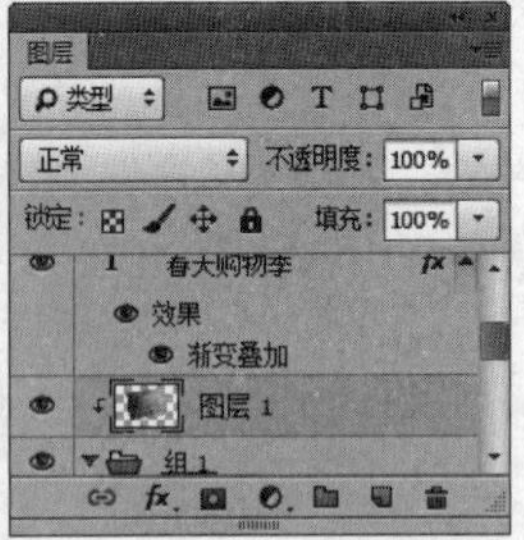

图12.99 创建剪贴蒙版

STEP 09 在“图层”面板中选中“图层1”图层，单击面板底部的“添加图层蒙版”按钮，为其图层添加图层蒙版，如图12.100所示。

STEP 10 选择工具箱中的“画笔工具”，在画布中单击鼠标右键，在弹出的面板中选择一种圆角笔触，将“大小”更改为150像素，“硬度”更改为0%，在选项栏中将“不透明度”更改为50%，如图12.101所示。

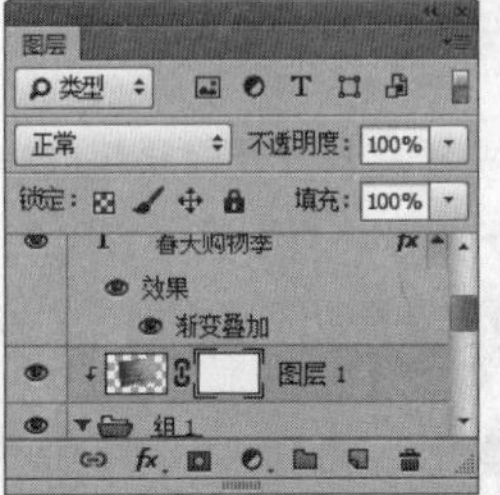

图12.100 添加图层蒙版

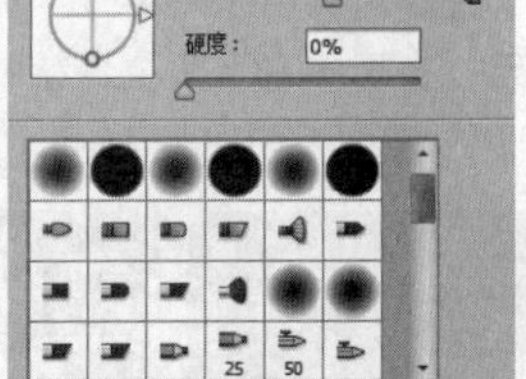

图12.101 设置笔触

STEP 11 将前景色更改为黑色，在图像的上部区域单击或涂抹，将部分图像隐藏，如图12.102所示。

图12.102 隐藏图像

STEP 12 单击面板底部的“创建新图层”按钮，新建一个“图层2”图层，执行菜单栏中的“图层”|“创建剪贴蒙版”命令，为当前图层创建剪贴蒙版，如图12.103所示。

STEP 13 选择工具箱中的“画笔工具”，将前景色分别更改为橙色（R：238，B：124，B：2）和黄色（R：240，G：185，B：13），选中“图层2”图层，在文字部分区域单击添加颜色，如图12.104所示。

图12.103 创建剪贴蒙版

图12.104 添加颜色

提示

选中当前图层，单击面板底部的“创建新图层”按钮即可在当前图层上方创建新图层。

STEP 14 在“图层”面板中选中“图层2”图层，将其图层混合模式设置为“叠加”，如图12.105所示。

图12.105 设置图层混合模式

提示

在添加颜色的过程中可以不断更改画笔笔触大小，这样添加的颜色效果更加自然。

提示

在添加颜色的过程中需要不断地按X键切换前景色和背景色，这样就可以添加双重颜色。

STEP 15 在“图层”面板中选中“组 1”组，单击面板底部的“添加图层样式” fx 按钮，在菜单中选择“投影”命令，在弹出的对话框中取消“使用全局光”复选框，将“角度”更改为160度，“距离”更改为6像素，“大小”更改为8像素，完成之后单击“确定”按钮，如图12.106所示。

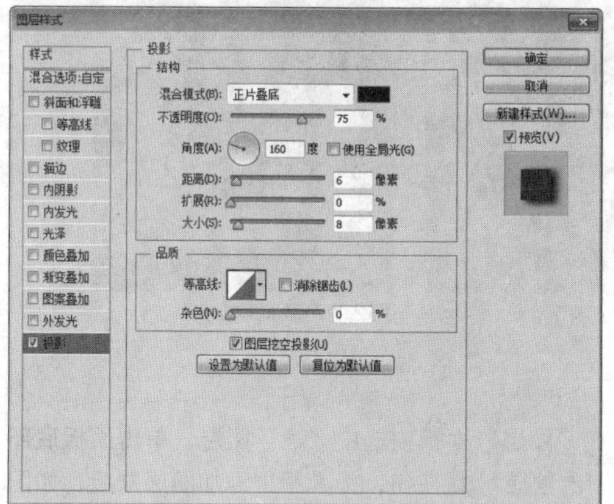

图12.106 设置投影

STEP 16 单击面板底部的“创建新图层” 按钮，新建一个“图层3”图层，如图12.107所示。

STEP 17 选择工具箱中的“画笔工具” ，在画布中单击鼠标右键，在弹出的面板中选择一种圆角笔触，将“大小”更改为250像素，“硬度”更改为0%，如图12.108所示。

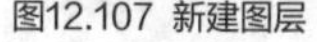

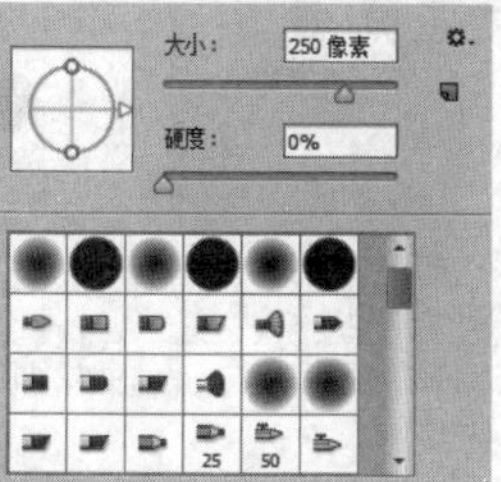

图12.107 新建图层　　图12.108 设置笔触

STEP 18 将前景色更改为橙色（R：240，G：185，B：13），选中“图层 3”图层，在画布中的不同位置单击，添加笔触图像，如图12.109所示。

图12.109 添加图像

提示

在添加颜色的过程中可以不断更改画笔笔触大小，这样添加的颜色效果更加自然。

STEP 19 在“图层”面板中选中“图层3”图层，将其图层混合模式设置为“亮光”，“不透明度”更改为80%，如图12.110所示。

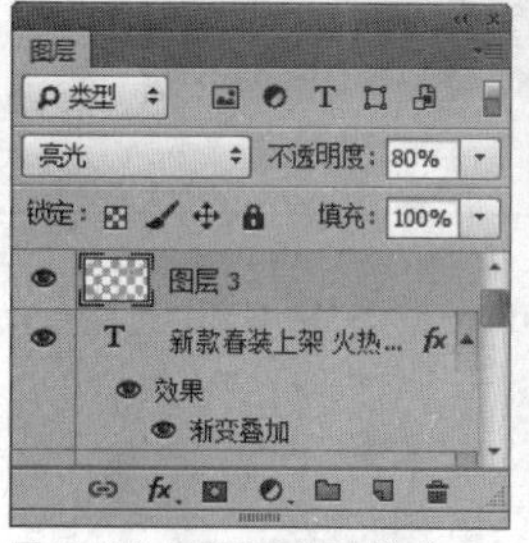

图12.110 设置图层混合模式

STEP 20 单击面板底部的“创建新图层” 按钮，新建一个“图层4”图层，选中“图层4”图层，将其填充为黑色，如图12.111所示。

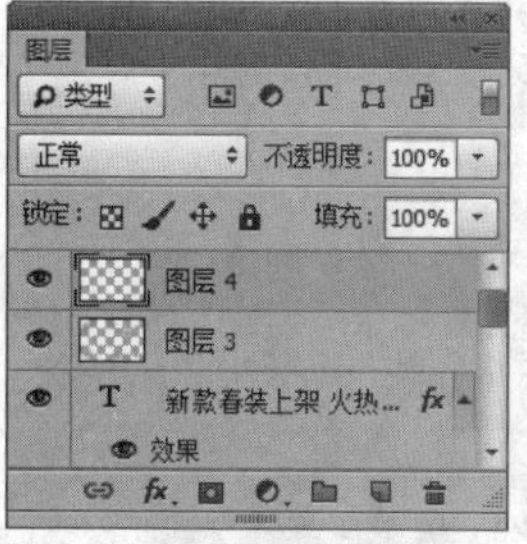

图12.111 新建图层并填充颜色

STEP 21 选中“图层4”图层，执行菜单栏中的“滤镜”|“渲染”|“镜头光晕”命令，在弹出的对话框中勾选“50-300毫米变焦”单选按钮，将“亮度”更改为100%，完成之后单击“确定”按钮，如图12.112所示。

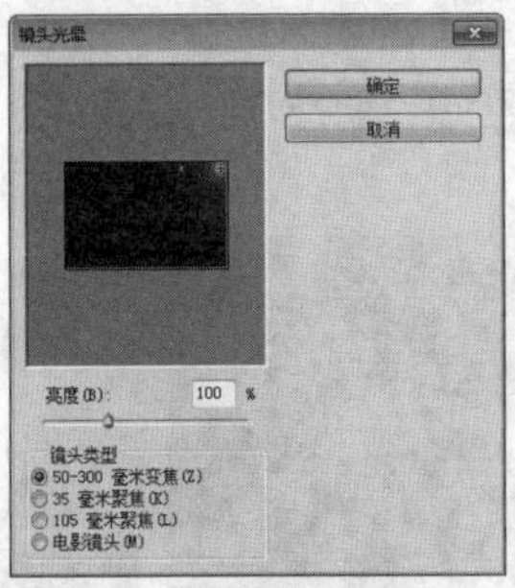

图12.112 设置镜头光晕

STEP 22 在“图层”面板中选中“图层 4”图层，将其图层混合模式设置为“滤色”，这样就完成了效果制作，最终效果如图12.113所示。

图12.113 最终效果

实战 411 火爆辣椒字

- 素材位置：素材\第12章\火爆辣椒字
- 案例位置：效果\第12章\火爆辣椒字.psd
- 视频位置：视频\实战411.avi
- 难易指数：★★☆☆☆

• 实例介绍 •

本例讲解火爆辣椒字的制作过程。本例以象形手法打造了一款十分形象的主题字，在制作过程中以辣椒图像代替文字的本身结构，整体的视觉效果十分出色，很好地表现出了主题，最终效果如图12.114所示。

图12.114 最终效果

• 操作步骤 •

添加文字

STEP 01 执行菜单栏中的“文件”|“打开”命令，打开“背景.jpg”文件，如图12.115所示。

图12.115 打开素材

STEP 02 选择工具箱中的“横排文字工具” T，在画布中靠左侧的位置添加文字，如图12.116所示。

STEP 03 执行菜单栏中的“文件”|“打开”命令，打开“辣椒.psd”文件，将打开的素材拖入画布中“辣”字位置并适当缩小，如图12.117所示。

图12.116 添加文字

图12.117 添加素材

调整文字

STEP 01 在“图层”面板中选中“辣”图层，单击面板底部的“添加图层蒙版”按钮，为其图层添加图层蒙版，如图12.118所示。

STEP 02 选择工具箱中的“画笔工具”，在画布中单击鼠标右键，在弹出的面板中选择一种圆角笔触，将“大小”更改为10像素，“硬度”更改为100%，如图12.119所示。

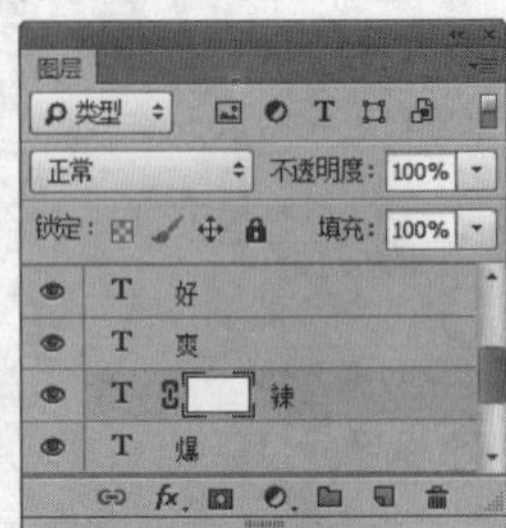

图12.118 添加图层蒙版

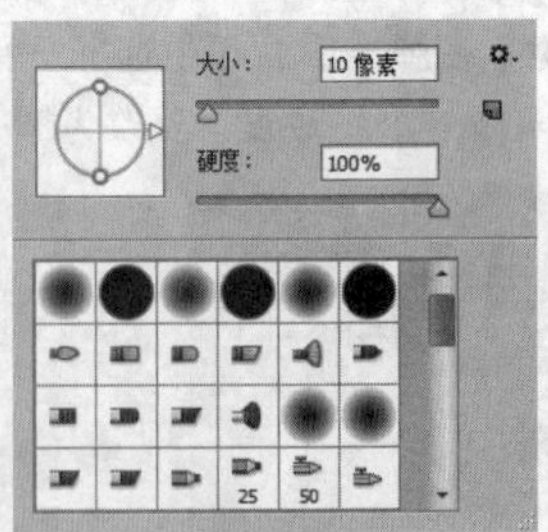

图12.119 设置笔触

STEP 03 将前景色更改为黑色，在图像上的部分区域进行涂抹，将其隐藏，如图12.120所示。

图12.120 隐藏图像

STEP 04 在“图层”面板中选中“香”图层，单击面板底部的“添加图层样式” fx 按钮，在菜单中选择“描边”命令，在弹出的对话框中将“大小”更改为2像素，“颜色”更改为橙色（R：255，G：211，B：77），完成之后单击“确定”按钮，如图12.121所示。

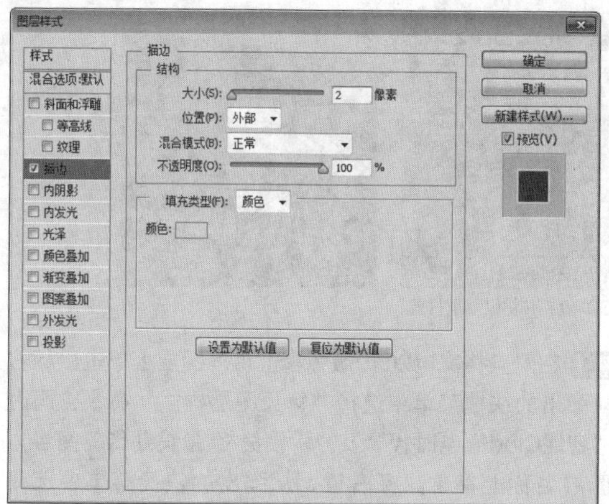

图12.121 设置描边

STEP 05 在“香”图层上单击鼠标右键，从弹出的快捷菜单中选择“拷贝图层样式”命令，同时选中“爆”“辣”“爽”“好”“味”及“道”图层，在其图层名称上单击鼠标右键，从弹出的快捷菜单中选择“粘贴图层样式”命令，这样就完成了效果制作，最终效果如图12.122所示。

图12.122 最终效果

实战 412 招牌字

- 素材位置：素材\第12章\招牌字
- 案例位置：效果\第12章\招牌字.psd
- 视频位置：视频\实战412.avi
- 难易指数：★★☆☆☆

• 实例介绍 •

本例中的招牌文字制作比较简单，在招牌图像上添加文字，然后经过简单变形即可，最终效果如图12.123所示。

图12.123 最终效果

• 操作步骤 •

• 打开素材

STEP 01 执行菜单栏中的“文件”|“打开”命令，打开“背景.jpg”文件，如图12.124所示。

图12.124 打开素材

STEP 02 选择工具箱中的“横排文字工具” T，在画布中的适当位置添加文字，如图12.125所示。

STEP 03 在“全新升级”图层名称上单击鼠标右键，从弹出的快捷菜单中选择“转换为形状”命令，如图12.126所示。

STEP 04 选择工具箱中的“直接选择工具”，拖动文字锚点将文字变形，如图12.127所示。

图12.125 添加文字

图12.126 转换为形状

图12.127 将文字变形

- **添加质感**

STEP 01 在“图层”面板中选中“全新升级”图层，单击面板底部的“添加图层样式” fx 按钮，在菜单中选择“描边”命令，在弹出的对话框中将“大小”更改为1像素，“混合模式”更改为叠加，“颜色”更改为白色，如图12.128所示。

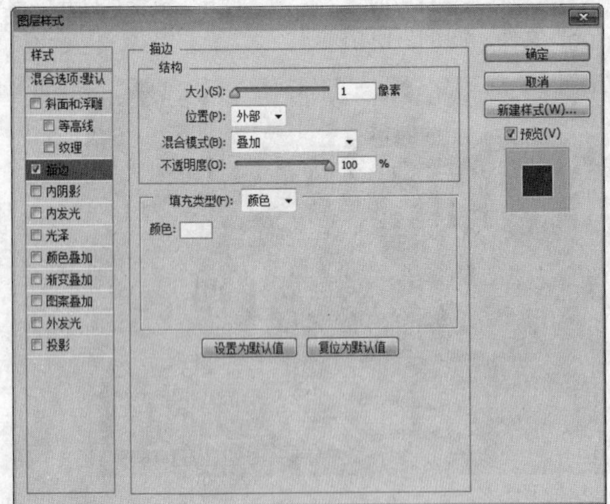
图12.128 设置描边

STEP 02 勾选“投影”复选框，将“不透明度”更改为20%，取消“使用全局光”复选框，“角度”更改为55度，“距离”更改为4像素，“大小”更改为7像素，完成之后单击“确定”按钮，如图12.129所示。

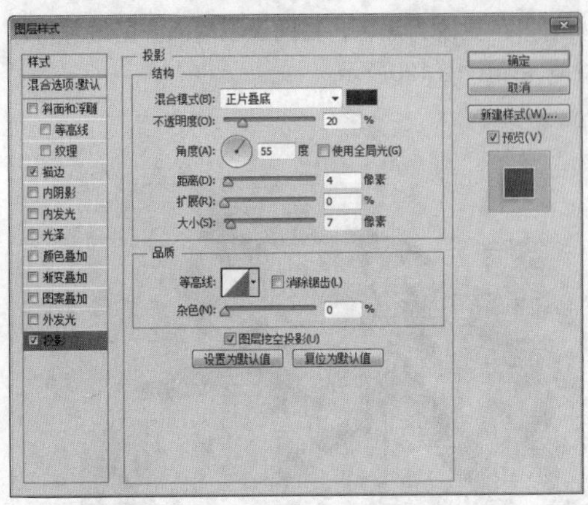
图12.129 设置投影

STEP 03 在“全新升级”图层上单击鼠标右键，从弹出的快捷菜单中选择“拷贝图层样式”命令，在“美格家电2019版惊喜上市”图层上单击鼠标右键，从弹出的快捷菜单中选择“粘贴图层样式”命令，双击“美格家电2019版惊喜上市”图层样式名称，在弹出的对话框中选中“投影”复选框，将“距离”更改为3像素，“大小”更改为5像素，完成之后单击“确定”按钮，如图12.130所示。

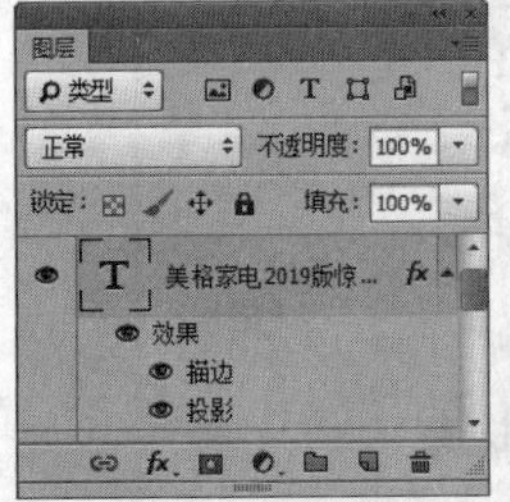

图12.130 复制并粘贴图层样式

STEP 04 在“美格家电2019版惊喜上市”图层上单击鼠标右键，从弹出的快捷菜单中选择“拷贝图层样式”命令，同时选中“智能Clod家电时代”及“幸福美格 最美期待”图层，在其图层名称上单击鼠标右键，从弹出的快捷菜单中选择“粘贴图层样式”命令，这样就完成了效果制作，最终效果如图12.131所示。

图12.131 最终效果

实战 413

速度激情字

▶素材位置：素材\第12章\速度激情字
▶案例位置：效果\第12章\速度激情字.psd
▶视频位置：视频\实战413.avi
▶难易指数：★★☆☆☆

• 实例介绍 •

速度激情字的制作思路十分明确，整个制作过程都围绕主题进行。本例的制作十分简单，最终效果如图12.132所示。

图12.132 最终效果

• 操作步骤 •

● 打开素材

STEP 01 执行菜单栏中的“文件”|“打开”命令，打开“背景.jpg”文件，如图12.133所示。

图12.133 打开素材

STEP 02 选择工具箱中的“横排文字工具” T，在画布中靠左侧的位置添加文字，如图12.134所示。

STEP 03 在“快速向前”文字图层上单击鼠标右键，从弹出的快捷菜单中选择“转换为形状”命令，如图12.135所示。

图12.134 添加文字

图12.135 转换为形状

STEP 04 选择工具箱中的“直接选择工具”，选中“速”字的圆点部分，将其删除，如图12.136所示。

STEP 05 选择工具箱中的“矩形工具”，在选项栏中将“填充”更改为黄色（R：255，G：210，B：0），“描边”更改为无，在删除圆点的位置绘制一个矩形，此时将生成一个“矩形1”图层，将“矩形1”图层移至“快速向前”文字图层下方，如图12.137所示。

图12.136 删除图形

图12.137 绘制图形

提示

更改图层顺序的目的是合并图层之后当前图层将自动以上方的图层命名。

● 将文字变形

STEP 01 同时选中“矩形1”及“快速向前”图层，按Ctrl+E组合键将图层合并，此时将生成一个“快速向前”图层，如图12.138所示。

STEP 02 选中“快速向前”图层，按Ctrl+T组合键对其执行“自由变换”命令，单击鼠标右键，从弹出的快捷菜单中选择“斜切”命令，拖动变形框控制点将文字变形，完成之后按Enter键确认，如图12.139所示。

图12.138 合并图层

图12.139 将文字变形

STEP 03 选择工具箱中的“直接选择工具”，拖动文字锚点将文字变形，如图12.140所示。

STEP 04 在“图层”面板中选中“快速向前”图层，将其拖至面板底部的“创建新图层”按钮上复制1个“快速向前 拷贝”图层，选中“快速向前”图层，将其文字颜色更改为黑色，如图12.141所示。

STEP 05 选中“快速向前”图层，执行菜单栏中的“滤镜”|“模糊”|“高斯模糊”命令，在弹出的对话框中将“半径”更改为2，完成之后单击“确定”按钮，这样就完成了效果制作，最终效果如图12.142所示。

图12.140 将文字变形

图12.141 复制图层并更改颜色

图12.142 设置高斯模糊及最终效果

实战 414

初恋字

- 素材位置：素材\第12章\初恋字
- 案例位置：效果\第12章\初恋字.psd
- 视频位置：视频\实战414.avi
- 难易指数：★★★☆☆

• 实例介绍 •

初恋字的制作围绕主题进行，整个制作过程比较简单，需要注意图形与文字的结合，以及色彩对人们心情的影响，最终效果如图12.143所示。

图12.143 最终效果

• 操作步骤 •

• 打开素材

STEP 01 执行菜单栏中的“文件”|“打开”命令，打开“背景.jpg”文件，如图12.144所示。

图12.144 打开素材

STEP 02 选择工具箱中的“横排文字工具” T，在画布中的适当位置添加文字，如图12.145所示。

STEP 03 同时选中所有的文字图层，在其图层名称上单击鼠标右键，从弹出的快捷菜单中选择“转换为形状”命令，如图12.146所示。

图12.145 添加文字

图12.146 转换为形状

提示

在添加文字的过程中需要注意文字“一”的颜色。

• 绘制图形

STEP 01 选择工具箱中的“自定形状工具”，在画布中单击鼠标，在弹出的面板中选择“红心形卡”图形，在选项栏中将“填充”更改为浅红色（R：247，G：137，B：155），“描边”更改为无，在“一”字位置绘制一个心形图形并将其适当旋转，此时将生成一个“形状1”图层，如图12.147所示。

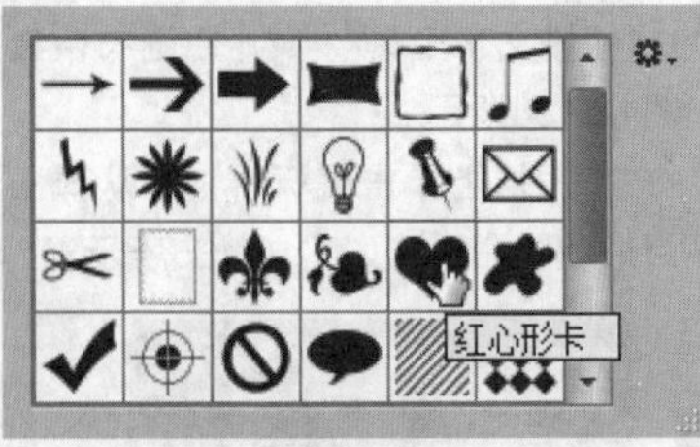

图12.147 设置形状并绘制图形

STEP 02 在“图层”面板中选中“形状1”图层，将其拖至面板底部的“创建新图层”按钮上复制1个“形状1 拷贝”图层，将“形状1 拷贝”图层移至“背景”图层上方，再将其“不透明度”更改为10%，再按Ctrl+T组合键对其执行“自由变换”命令，将图像等比例放大并旋转，完成之后按Enter键确认，如图12.148所示。

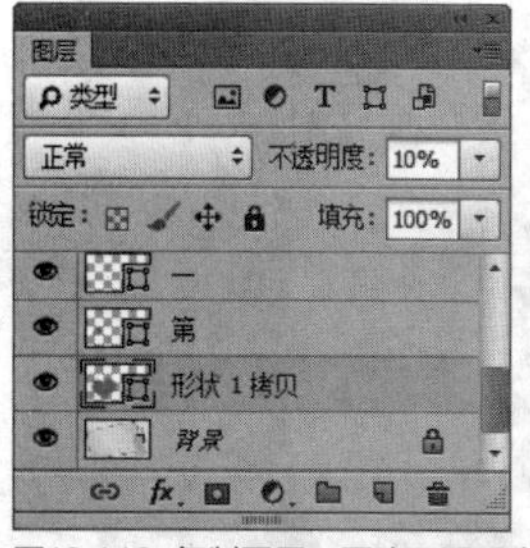

图12.148 复制图层、更改不透明度并变换图形

STEP 03 选中“一”图层，将其移至所有图层上方，如图12.149所示。

STEP 04 选择工具箱中的“直接选择工具”，拖动文字锚点将其变形，如图12.150所示。

图12.149 更改图层顺序

图12.150 将文字变形

STEP 05 同时选中除“背景”和“形状1 拷贝”之外的所有图层，按Ctrl+G组合键将其编组，如图12.151所示。

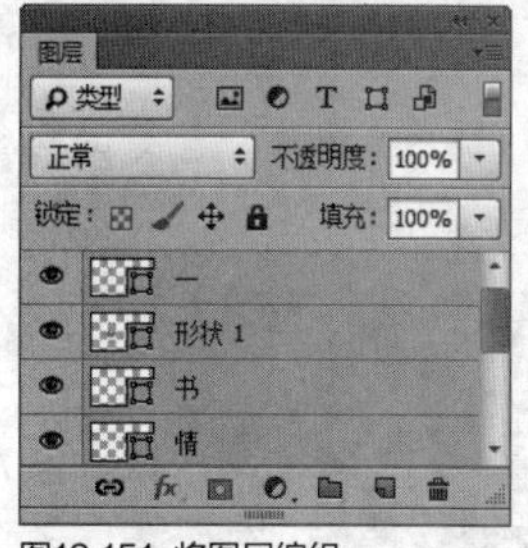

图12.151 将图层编组

STEP 06 在“图层”面板中选中“组1”组，单击面板底部的“添加图层样式”fx按钮，在菜单中选择“描边”命令，在弹出的对话框中将“大小”更改为5像素，“颜色”更改为浅红色（R：255，G：192，B：202），完成之后单击“确定”按钮，如图12.152所示。

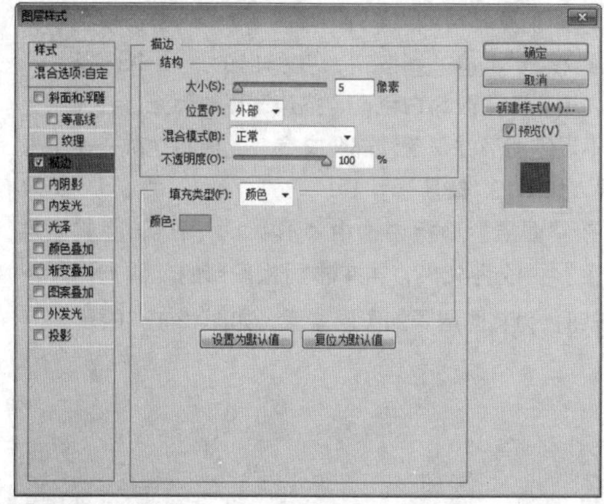

图12.152 设置描边

STEP 07 选择工具箱中的“横排文字工具”T，在添加的文字上方再次添加文字，如图12.153所示。

图12.153 添加文字

STEP 08 在“组1”组上单击鼠标右键，从弹出的快捷菜单中选择“拷贝图层样式”命令，在“2019の约定”图层上单击鼠标右键，从弹出的快捷菜单中选择“粘贴图层样式”命令，如图12.154所示。

图12.154 复制并粘贴图层样式

STEP 09 双击“2019の约定”图层样式名称，在弹出的对话框中将“大小”更改为3像素，完成之后单击“确定”按钮，这样就完成了制作，最终效果如图12.155所示。

图12.155 最终效果

实战 415 限时秒杀字

▶素材位置：素材\第12章\限时秒杀字

▶案例位置：效果\第12章\限时秒杀字.psd

▶视频位置：视频\实战415.avi

▶难易指数：★★★☆☆

• 实例介绍 •

限时秒杀字是以时针表盘为背景，通过对时间元素的阐述来指定一个明确的主题，最终效果如图12.156所示。

图12.156 最终效果

• 操作步骤 •

• 打开素材

STEP 01 执行菜单栏中的“文件”|“打开”命令，打开“背景.jpg”文件，如图12.157所示。

图12.157 打开素材

STEP 02 选择工具箱中的“横排文字工具” T ，在画布表盘位置添加文字，如图12.158所示。

STEP 03 选中“秒杀”图层，在其图层名称上单击鼠标右键，从弹出的快捷菜单中选择“转换为形状”命令，如图12.159所示。

图12.158 添加文字　　图12.159 转换为形状

STEP 04 选择工具箱中的“直接选择工具”，选中文字的部分锚点并拖动，将文字变形，如图12.160所示。

STEP 05 在“图层”面板中选中“秒杀”图层，单击面板底部的“添加图层样式” fx 按钮，在菜单中选择“渐变叠加”命令，在弹出的对话框中将“混合模式”更改为正片叠底，“渐变”更改为深红色（R：90，G：6，B：8）到红色（R：240，G：0，B：24），完成之后单击“确定”按钮，如图12.161所示。

图12.160 将文字变形

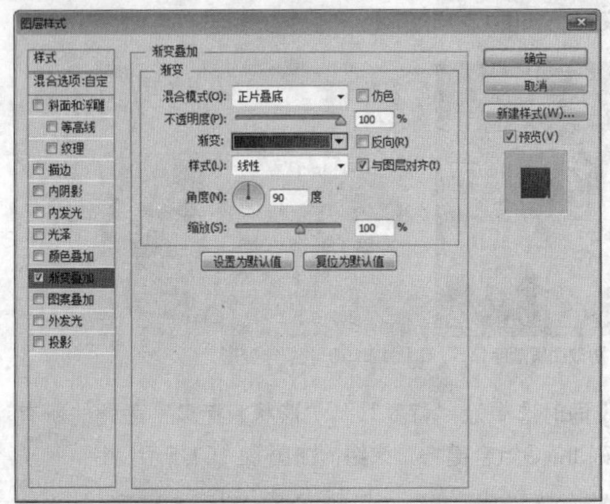

图12.161 设置渐变叠加

STEP 06 在“图层”面板中选中“秒杀”图层，将其图层“填充”更改为0%，如图12.162所示。

图12.162 更改填充

• 添加高光

STEP 01 选择工具箱中的“钢笔工具”，单击选项栏中的“选择工具模式” 路径 按钮，在弹出的选项中选择“形状”，将“填充”更改为白色，“描边”更改为无，在文字上绘制一个不规则图形并覆盖住部分文字，此时将生成一个“形状1”图层，如图12.163所示。

STEP 02 在“图层”面板中选中“形状1”图层，将其图层“不透明度”更改为40%，再单击面板底部的“添加图层蒙版”按钮，为其图层添加图层蒙版，如图12.164所示。

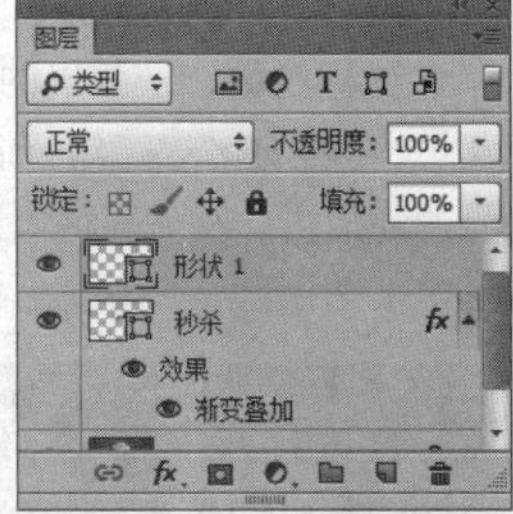

图12.163 绘制图形并更改图层不透明度

图12.164 添加图层蒙版并更改不透明度

STEP 03 按住Ctrl键单击“秒杀”图层缩览图，将其载入选区，在画布中执行菜单栏中的“选择”|“反向”命令，将选区反向，将选区填充为黑色，将部分图像隐藏，完成之后按Ctrl+D组合键将选区取消，这样就完成了效果制作，最终效果如图12.165所示。

图12.165 最终效果

实战 416

火焰主题字

▶素材位置：素材\第12章\火焰主题字
▶案例位置：效果\第12章\火焰主题字.psd
▶视频位置：视频\实战416.avi
▶难易指数：★★☆☆☆

• 实例介绍 •

本例讲解火焰主题字的制作过程。火焰主题的重点在于火焰元素的添加，在本例中该元素将以华丽的背景作衬托，完美地展示文字的最大特点，最终效果如图12.166所示。

图12.166 最终效果

• 操作步骤 •

• 打开素材

STEP 01 执行菜单栏中的“文件”|“打开”命令，打开“背景.jpg”文件，选择工具箱中的“横排文字工具”T，在画布中添加文字，如图12.167所示。

图12.167 打开素材并添加文字

STEP 02 选中文字图层，按Ctrl+T组合键对其执行“自由变换”命令，单击鼠标右键，从弹出的快捷菜单中选择“斜切”命令，将光标移至出现的变形框顶部的控制点，向右侧拖动，将文字变形完成之后按Enter键确认，如图12.168所示。

图12.168 将文字变形

STEP 03 在“图层”面板中选中“跨年超低价”图层，单击面板底部的“添加图层样式”fx按钮，在菜单中选择“描边”命令，在弹出的对话框中将“大小”更改为12像素，“填充类型”更改为“渐变”，“渐变”更改为蓝色（R：20，G：67，B：155）到深蓝色（R：6，G：25，B：55）线性渐变，“角度”更改为-88度，如图12.169所示。

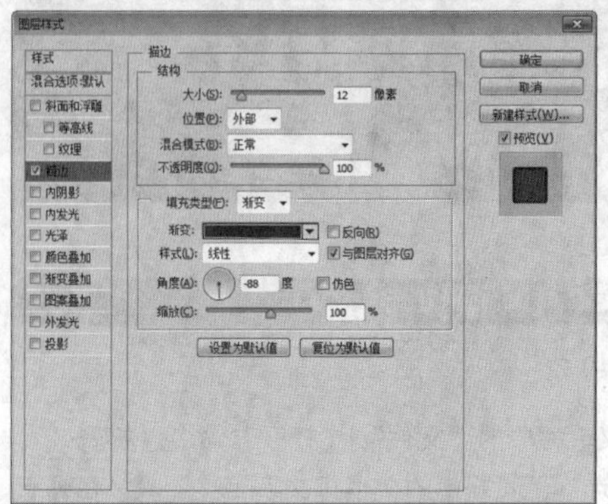

图12.169 设置描边

STEP 04 勾选“渐变叠加”复选框，将“渐变”更改为浅黄色（R：250，G：246，B：232）到黄色（R：254，G：240，B：170）再到黄色（R：255，G：167，B：0），“角度”更改为-85度，“缩放”更改为130%，如图12.170所示。

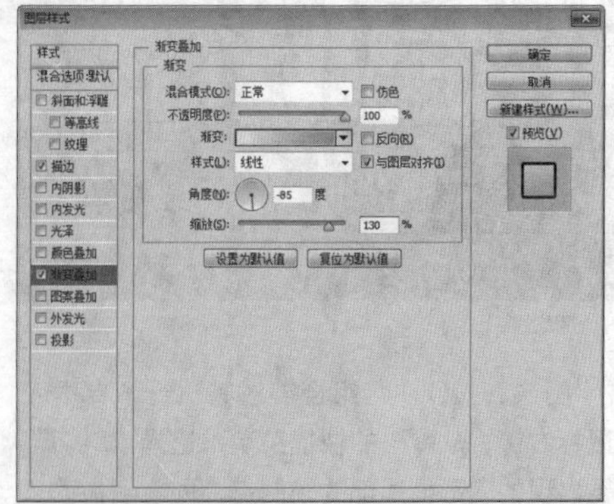

图12.170 设置渐变叠加

STEP 05 勾选“外发光”复选框，将“混合模式”更改为正常，“不透明度”更改为100%，“颜色”更改为白色，“扩展”更改为10%，“大小”更改为40像素，完成之后单击“确定”按钮，如图12.171所示。

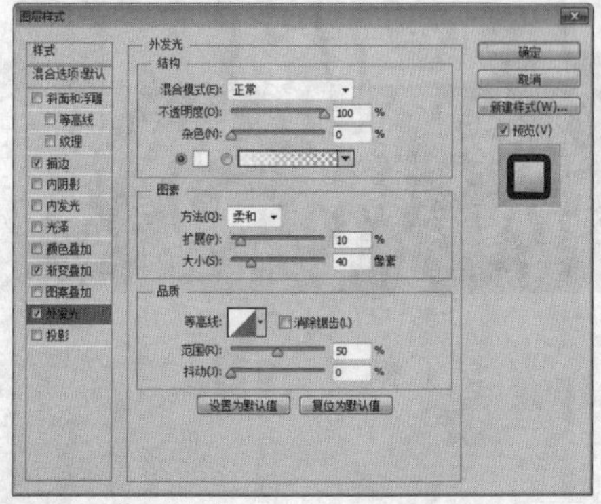

图12.171 设置外发光

STEP 06 在“图层”面板中选中“跨年超低价”图层，在其图层名称上单击鼠标右键，从弹出的快捷菜单中选择“创建图层”命令，此时将生成“‘跨年超低价’的渐变填充”“‘跨年超低价’的外描边”及“‘跨年超低价’的外发光”3个新图层，如图12.172所示。

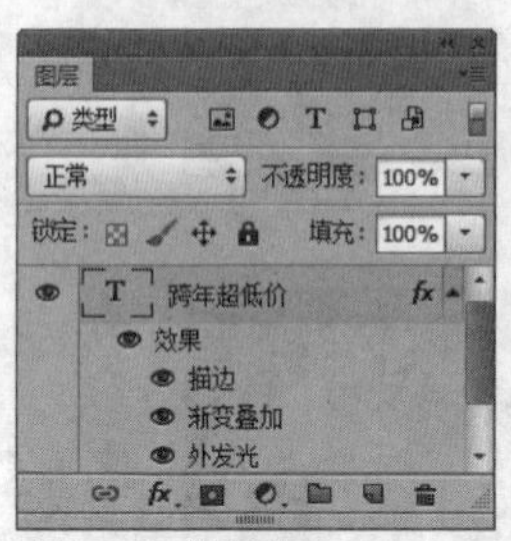

图12.172 创建图层

提示

在带有图层样式的图层名称上单击鼠标右键选择“创建图层”命令的时候，画布中的图层本身的图像不会发生任何变化，它只是把图层本身的图层样式分离出来。

● 绘制图形

STEP 01 选择工具箱中的“钢笔工具”，在选项栏中单击“选择工具模式”路径按钮，在弹出的选项中选择“形状”，将“填充”更改为深蓝色（R：6，G：25，B：55），“描边”更改为无，沿文字边缘绘制一个不规则图形，以覆盖住文字右侧的空缺部分，此时将生成一个“形状1”图层，将“形状1”图层移至““跨年超低价”的外描边”图层下方，如图12.173所示。

图12.173 绘制图形

STEP 02 选择工具箱中的“钢笔工具”，单击选项栏中的“选择工具模式”路径按钮，在弹出的选项中选择“形状”，用刚才同样的方法将“填充”更改为深黄色（R：255，G：117，B：26），“描边”更改为无，在文字左侧部分的位置绘制一个不规则图形，此时将生成一个“形状2”图层，如图12.174所示。

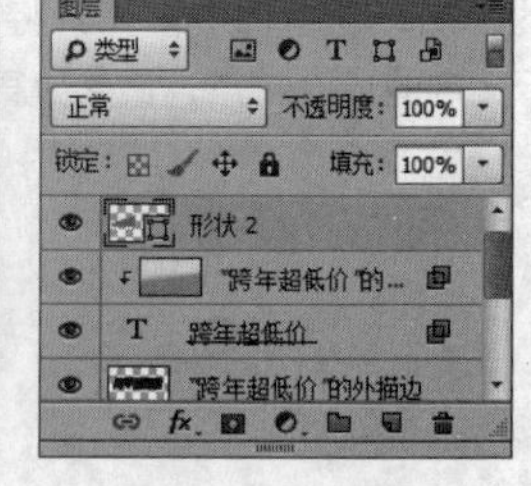

图12.174 绘制图形

STEP 03 在“图层”面板中选中“形状2”图层，单击面板底部的“添加图层蒙版”按钮，为其图层添加图层蒙版，如图12.175所示。

STEP 04 按住Ctrl键单击“跨年超低价”图层蒙版缩览图，将其载入选区，在画布中执行菜单栏中的“选择”|“反向”命令，将选区反向，将选区填充为黑色，将部分图形隐藏，完成之后按Ctrl+D组合键将选区取消，如图12.176所示。

图12.175 添加图层蒙版

图12.176 隐藏图形

STEP 05 选择工具箱中的“画笔工具”，在画布中单击鼠标右键，在弹出的面板中选择一种圆角笔触，将“大小”更改为180像素，“硬度”更改为0%，如图12.177所示。

STEP 06 单击“形状2”图层，将前景色更改为黑色，在图形下半部分进行涂抹，将部分图形隐藏，如图12.178所示。

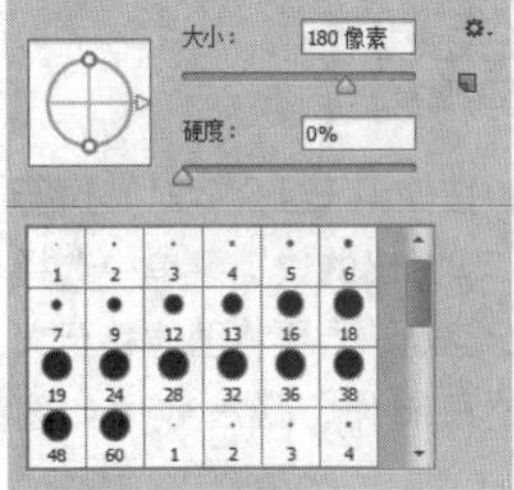

图12.177 设置笔触

图12.178 隐藏图形

STEP 07 在“图层”面板中选中“形状2”图层，将其拖至面板底部的“创建新图层”按钮上复制1个“形状2 拷贝”图层，单击“形状2 拷贝”图层缩览图将其“填充”更改为白色，如图12.179所示。

STEP 08 选中“形状2 拷贝”图层，按Ctrl+T组合键对其执行“自由变换”命令，将图形等比例放大，完成之后按Enter键确认，选择工具箱中的“直接选择工具”拖动图形锚点将其变形，如图12.180所示。

图12.179 填充白色

图12.180 调整图形

STEP 09 用刚才同样的方法修改图层蒙版，将部分图形隐藏，如图12.181所示。

图12.181 隐藏图形

- **添加素材**

STEP 01 执行菜单栏中的“文件”|“打开”命令，打开“火苗.psd”文件，将打开的素材拖入画布中文字底部的位置并适当缩小，如图12.182所示。

图12.182 添加素材

STEP 02 在“图层”面板中选中“火苗”图层，将其拖至面板底部的“创建新图层”按钮上，复制1个“火苗 拷贝”图层，如图12.183所示。

STEP 03 选中“火苗 拷贝”图层，按Ctrl+T组合键对其执行“自由变换”命令，单击鼠标右键，从弹出的快捷菜单中选择“水平翻转”命令，完成之后按Enter键确认，并将图像与原图像对齐，如图12.184所示。

图12.183 复制图层

图12.184 变换图像

STEP 04 选择工具箱中的“横排文字工具”，在画布中的适当位置再次添加文字，并分别选中“198元”“全场任选！”及“一年一次！”图层，按Ctrl+T组合键对其执行“自由变换”命令，单击鼠标右键，从弹出的快捷菜单中选择“斜切”命令，将光标移至出现的变形框顶部的控制点，向右侧拖动，将文字变形完成之后按Enter键确认，如图12.185所示。

图12.185 添加并变形文字

STEP 05 选择工具箱中的"椭圆工具"，在选项栏中将"填充"更改为黄色（R：234，G：240，B：173），"描边"更改为无，在文字左下角位置绘制一个椭圆图形，此时将生成一个"椭圆1"图层，将"椭圆1"图层移至"背景"图层上方，如图12.186所示。

图12.186 绘制图形

STEP 06 选中"椭圆1"图层，执行菜单栏中的"滤镜"|"模糊"|"高斯模糊"命令，在弹出的对话框中将"半径"更改为10像素，完成之后单击"确定"按钮，如图12.187所示。

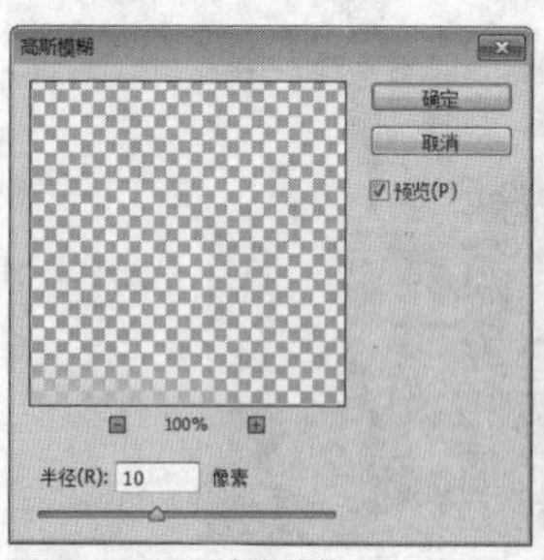

图12.187 设置高斯模糊

STEP 07 在"图层"面板中选中"椭圆1"图层，单击面板底部的"添加图层蒙版"按钮，为其图层添加图层蒙版，如图12.188所示。

STEP 08 选择工具箱中的"矩形选框工具"，在"椭圆1"图层中的图形下方与文字接触的位置绘制一个矩形选区，如图12.189所示。

图12.188 添加图层蒙版　图12.189 绘制选区

STEP 09 将选区填充为黑色，将部分图像隐藏，完成之后按Ctrl+D组合键将选区取消，如图12.190所示。

STEP 10 在"图层"面板中选中"椭圆1"图层，将其拖至面板底部的"创建新图层"按钮上复制1个"椭圆1 拷贝"图层，如图12.191所示。

图12.190 隐藏图像　图12.191 复制图层

STEP 11 选中"椭圆1 拷贝"图层，按Ctrl+T组合键对其执行"自由变换"命令，单击鼠标右键，从弹出的快捷菜单中选择"垂直翻转"命令，完成之后按Enter键确认，再将图像移至文字右上角的位置，这样就完成了效果制作，最终效果如图12.192所示。

图12.192最终效果

提示

变换图像之后可以稍微移动部分文字使其与图像对齐。

实战 417 主题元素字

▶素材位置：素材\第12章\主题元素字
▶案例位置：效果\第12章\主题元素字.psd
▶视频位置：视频\实战417.avi
▶难易指数：★★★☆☆

• 实例介绍 •

主题元素字的制作是建立在原有的主题图像之上的，整个制作过程以主题为线索，通过对其进行剖析从而制作出定位准确的文字效果，最终效果如图12.193所示。

图12.193 最终效果

• 操作步骤 •

● 打开素材

STEP 01 执行菜单栏中的“文件”|“打开”命令，打开“背景.jpg”文件，如图12.194所示。

图12.194 打开素材

STEP 02 选择工具箱中的“横排文字工具” T，在画布中的适当位置添加文字，如图12.195所示。

STEP 03 在“图层”面板中选中“烤”图层，在其图层名称上单击鼠标右键，从弹出的快捷菜单中选择“转换为形状”命令，如图12.196所示。

STEP 04 选择工具箱中的“直接选择工具”，选中文字左侧的部分图形，将其删除，如图12.197所示。

图12.195 添加文字

图12.196 转换形状

图12.197 删除图形

● 绘制图形

STEP 01 选择工具箱中的“钢笔工具”，在选项栏中单击“选择工具模式” 路径 按钮，在弹出的选项中选择“形状”，将“填充”更改为白色，“描边”更改为无，在刚才删除图形的位置绘制一个火焰形状的图形，此时将生成一个“形状1”图层，如图12.198所示。

图12.198 绘制图形

STEP 02 以同样的方法，选中其他部分上的锚点，将部分图形删除，如图12.199所示

STEP 03 选中“形状1”图层，将其复制数份并分别变换，放在文字的不同位置，如图12.200所示。

图12.199 删除图形

图12.200 复制并变换

STEP 04 同时选中除“背景”之外的所有图层，按Ctrl+E组合键将其合并，将生成的图层名称更改为“文字”，如图12.201所示。

图12.201 合并图层

STEP 05 在“图层”面板中选中“文字”图层，单击面板底部的“添加图层样式”fx按钮，在菜单中选择“描边”命令，在弹出的对话框中将“大小”更改为1像素，“混合模式”更改为叠加，“填充类型”更改为渐变，“渐变”更改为深红色（R：106，G：2，B：10）到白色，如图12.202所示。

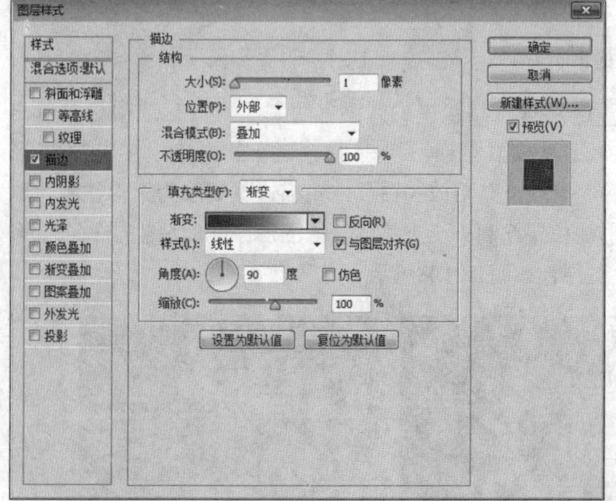

图12.202 设置描边

STEP 06 勾选“渐变叠加”复选框，将“渐变”更改为红色（R：255，G：0，B：0）到黄色（R：255，G：204，B：0），将黄色色标位置更改为50%，完成之后单击“确定”按钮，如图12.203所示。

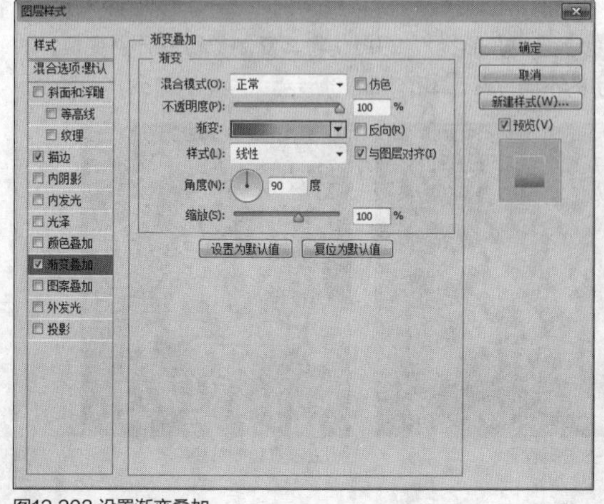

图12.203 设置渐变叠加

● 添加特效

STEP 01 在“图层”面板中选中“文字”图层，将其拖至面板底部的“创建新图层”按钮上复制1个“文字 拷贝”图层，如图12.204所示。

STEP 02 在“图层”面板中选中“文字”图层，在其图层名称上单击鼠标右键，从弹出的快捷菜单中选择“栅格化图层样式”命令，如图12.205所示。

图12.204 复制图层

图12.205 栅格化图层样式

STEP 03 选中“文字”图层，执行菜单栏中的“滤镜”|“模糊”|“动感模糊”命令，在弹出的对话框中将“角度”更改为90度，“距离”更改为30像素，设置完成之后单击“确定”按钮，如图12.206所示。

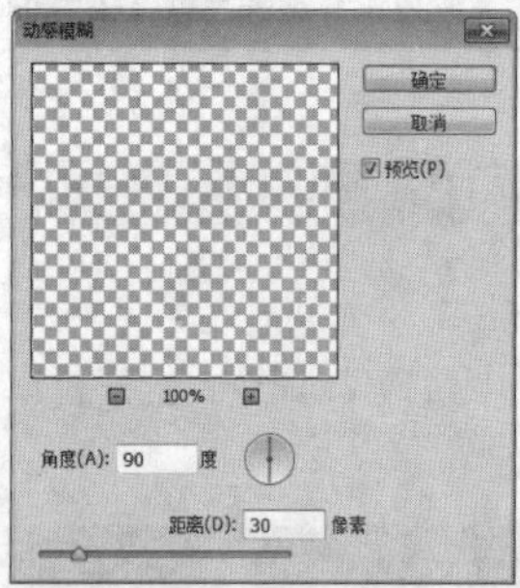

图12.206 设置动感模糊

STEP 04 在“图层”面板中选中“文字”图层，单击面板底部的“添加图层蒙版”按钮，为其图层添加图层蒙版，如图12.207所示。

STEP 05 选择工具箱中的“画笔工具”，在画布中单击鼠标右键，在弹出的面板中选择一种圆角笔触，将“大小”更改为150像素，“硬度”更改为0%，如图12.208所示。

图12.207 添加图层蒙版

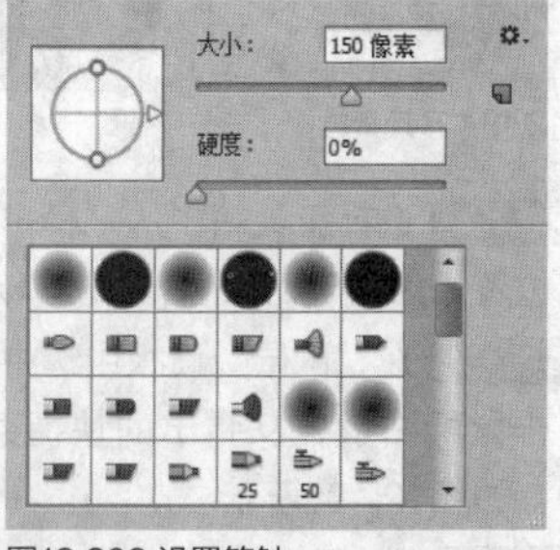

图12.208 设置笔触

STEP 06 将前景色更改为黑色，在图像上的部分区域进行涂抹将其隐藏，这样就完成了效果制作，最终效果如图12.209所示。

图12.209 最终效果

实战 418

狂欢节字

▶素材位置：素材\第12章\狂欢节字
▶案例位置：效果\第12章\狂欢节字.psd
▶视频位置：视频\实战418.avi
▶难易指数：★★★☆☆

• 实例介绍 •

狂欢节字的制作方法有多种，在本例中我们将采用独特造型的方式，通过对文字部分的结构变形制作出一种令人心跳的字体效果，最终效果如图12.210所示。

图12.210 最终效果

• 操作步骤 •

• 打开素材

STEP 01 执行菜单栏中的“文件”|“打开”命令，打开“背景.jpg”文件，如图12.211所示。

图12.211 打开素材

STEP 02 选择工具箱中的“横排文字工具”T，在画布中的适当位置添加文字，如图12.212所示。

STEP 03 在“图层”面板中的“购物狂欢节”图层名称上单击鼠标右键，从弹出的快捷菜单中选择“转换为形状”命令，如图12.213所示。

图12.212 添加文字

图12.213 转换为形状

STEP 04 选择工具箱中的“直接选择工具”将文字进行变形，如图12.214所示。

STEP 05 选择工具箱中的“横排文字工具”T，在经过变形的文字左上角的位置再次添加文字，如图12.215所示。

图12.214 将文字变形

图12.215 添加文字

提示

在对文字变形的过程中可以利用绘制图形的方法添加需要的图形以使整个文字更加形象。

STEP 06 执行菜单栏中的“窗口”|“标尺”命令，在出现的水平标尺上，按住鼠标左键向下拖动至文字顶部，创建一个参考线，然后以同样的方法，在文字底部再次创建一条参考线，如图12.216所示。

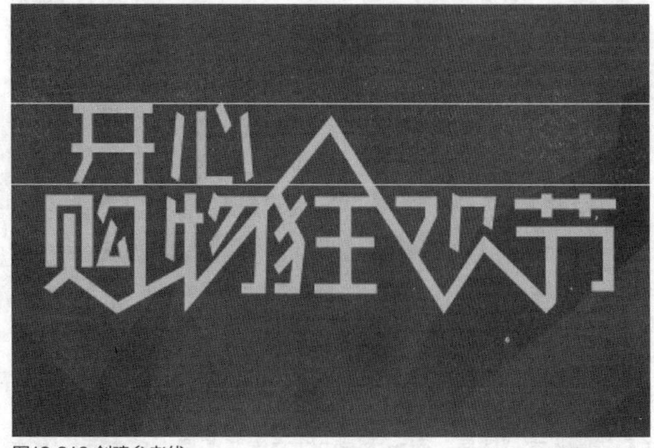

图12.216 创建参考线

● 绘制图形

STEP 01 选择工具箱中的“矩形工具”■，在选项栏中将“填充”更改为浅红色（R：255，G：211，B：216），“描边”更改为无，在文字右侧按住Shift键绘制一个矩形，此时将生成一个“矩形1”图层，将绘制的矩形顶部与上方的参考线对齐，如图12.217所示。

图12.217 绘制图形

STEP 02 选中“矩形1”图层，按住Alt键将图形复制多份，组合成2个数字，如图12.218所示。

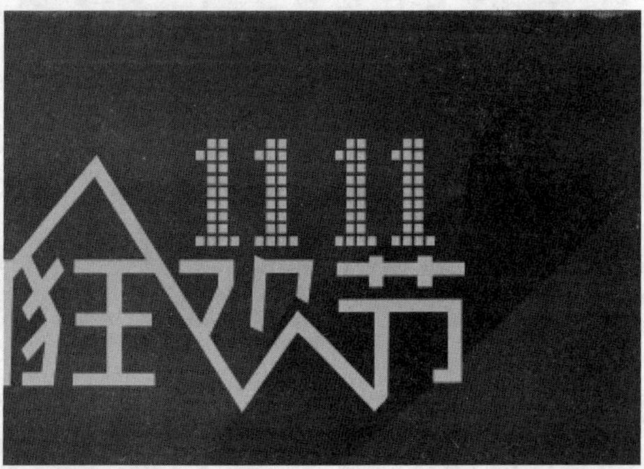

图12.218 复制图形

STEP 03 在“图层”面板中同时选中除“背景”图层之外的所有图层，按Ctrl+G组合键将图层编组，将生成的组名称更改为“文字”，如图12.219所示。

STEP 04 在“图层”面板中选中“文字”组，将其拖至面板底部的“创建新图层”■按钮上复制1个“文字 拷贝”组，选中“文字”组，按Ctrl+E组合键将其合并，如图12.220所示。

图12.219 将图层编组　　图12.220 复制及合并组

STEP 05 在“图层”面板中选中“文字”图层，单击面板上方的“锁定透明像素”■按钮，将其填充为深红色（R：53，G：6，B：19），填充完成之后再次单击此按钮将其解除锁定，然后将其向上稍微移动，如图12.221所示。

图12.221 填充颜色并移动图像

STEP 06 在“图层”面板中选中“文字”图层，单击面板底部的“添加图层蒙版”■按钮，为其图层添加图层蒙版，如图12.222所示。

STEP 07 选择工具箱中的“渐变工具”■，在选项栏中单击“点按可编辑渐变”按钮，在弹出的对话框中将渐变颜色更改为黑色到白色，设置完成之后单击“确定”按钮，再单击选项栏中的“线性渐变”■按钮，在图形上从下至上拖动，将底部图形颜色减淡隐藏，如图12.223所示。

图12.222 添加图层蒙版

图12.223 设置渐变

STEP 08 选择工具箱中的“圆角矩形工具”■，在选项栏中将“填充”更改为黄色（R：250，G：196，B：65），“描边”更改为无，“半径”更改为30像素，在左下方位置绘制一个圆角矩形，此时将生成一个“圆角矩形1”图层，如图12.224所示。

图12.224 绘制图形

STEP 09 选中“圆角矩形1”图层，按住Alt+Shift组合键向右侧拖动，将图形复制2份，此时将生成“圆角矩形1 拷贝”及“圆角矩形1 拷贝2”两个新的图层，如图12.225所示。

STEP 10 选择工具箱中的“矩形工具”■，在选项栏中将“填充”更改为黄色（R：250，G：196，B：65），“描边”更改为无，在刚才绘制的3个圆角矩形位置绘制一个矩形将其连接，此时将生成一个“矩形2”图层，如图12.226所示。

图12.225 复制图形

图12.226 绘制图形

STEP 11 在“图层”面板中同时选中“矩形2”“圆角矩形1拷贝2”“圆角矩形1 拷贝”及“圆角矩形1”图层，按Ctrl+E组合键将其合并，此时将生成一个“矩形2”图层，如图12.227所示。

图12.227 合并图层

STEP 12 在“图层”面板中选中“矩形2”图层，单击面板底部的“添加图层样式”按钮，在菜单中选择“描边”命令，在弹出的对话框中将“大小”更改为3像素，“颜色”更改为紫色（R：133，G：32，B：56），完成之后单击“确定”按钮，如图12.228所示。

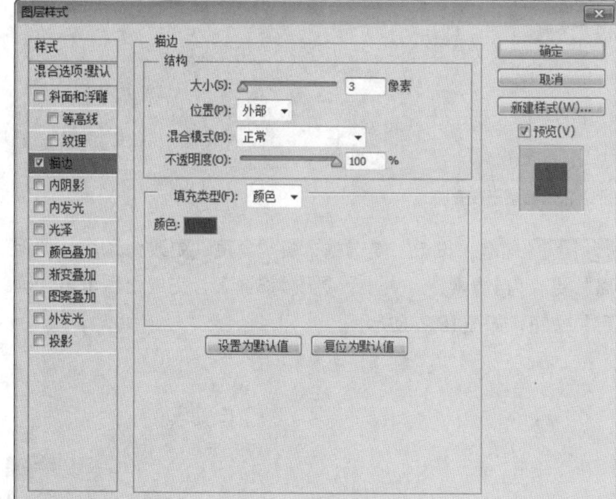

图12.228 设置描边

STEP 13 选择工具箱中的“矩形工具”，在选项栏中将“填充”更改为黑色，“描边”更改为无，在顶部位置按住Shift键绘制一个矩形，此时将生成一个“矩形3”图层，如图12.229所示。

图12.229 绘制图形

STEP 14 在“图层”面板中选中“矩形3”图层，将其拖至面板底部的“创建新图层”按钮上复制2个拷贝图层，如图12.230所示。

STEP 15 分别选中“矩形3 拷贝2”及“矩形3 拷贝”图层，将图形向右侧平移，适当调整两个图形的大小，并将“矩形3拷贝2”图形颜色更改为绿色（R：142，G：197，B：67），如图12.231所示。

图12.230 复制图层

图12.231 变换图形

STEP 16 选择工具箱中的“横排文字工具”添加文字，这样就完成了效果的制作，最终效果如图12.232所示。

图12.232 最终效果

实战 419

双十一促销字

▶素材位置：素材\第12章\双十一促销字
▶案例位置：效果\第12章\双十一促销字.psd
▶视频位置：视频\实战419.avi
▶难易指数：★★☆☆☆

• 实例介绍 •

双十一促销字的最大特点是突出体现节日的氛围，建立一种独特的造型效果来引导人们的视觉，最终效果如图12.233所示。

图12.233 最终效果

• 操作步骤 •

• 打开素材

STEP 01 执行菜单栏中的“文件”|“打开”命令，打开“背景.jpg”文件，如图12.234所示。

图12.234 打开素材

STEP 02 选择工具箱中的“横排文字工具” T，在画布中的适当位置添加文字（MStiffHei PRC，大小为100点），如图12.235所示。

STEP 03 在“图层”面板中同时选中创建的文字图层，在其图层名称上单击鼠标右键，从弹出的快捷菜单中选择“转换为形状”命令，如图12.236所示。

图12.235 添加文字

图12.236 转换为形状

• 变形文字

STEP 01 选择工具箱中的“直接选择工具”，在画布中分别选中文字的锚点，将其变换，如图12.237所示。

图12.237 变换文字

STEP 02 在“图层”面板中同时选中“11”及“双 来了”图层，执行菜单栏中的“图层”|“合并图层”命令将图层合并，将生成的图层名称更改为“文字”，如图12.238所示。

图12.238 合并图层

STEP 03 在“图层”面板中选中“文字”图层，单击面板底部的“添加图层样式” fx 按钮，在菜单中选择“渐变叠加”命令，在弹出的对话框中将渐变颜色更改为浅黄色（R：252，G：240，B：140）到黄色（R：254，G：203，B：36），如图12.239所示。

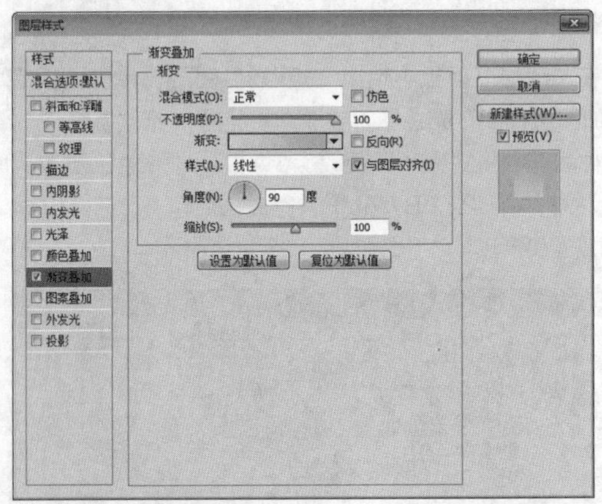

图12.239 设置渐变叠加

STEP 04 勾选“投影”复选框，将“角度”更改为50度，“距离”更改为4像素，“大小”更改为3像素，完成之后单击“确定”按钮，如图12.240所示。

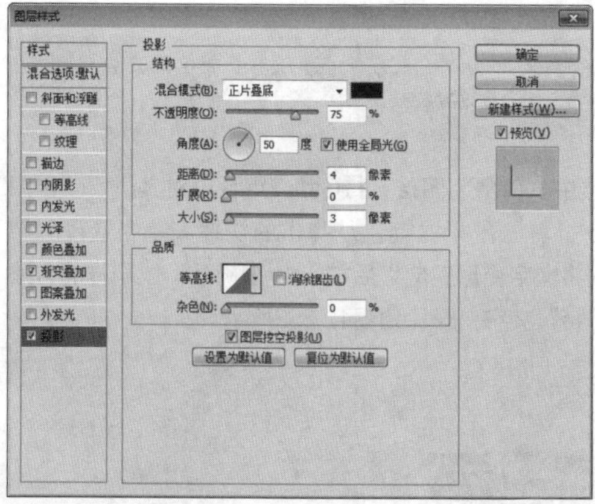

图12.240 设置投影

STEP 05 选择工具箱中的“横排文字工具”T，在文字下方位置再次添加文字，如图12.241所示。

图12.241 添加文字

STEP 06 选中“2019.11.11”文字图层，按Ctrl+T组合键对其执行“自由变换”命令，单击鼠标右键，从弹出的快捷菜单中选择“斜切”命令将文字变换，完成之后按Enter键确认，然后以同样的方法选中右侧文字，将其变换，如图12.242所示。

图12.242 将文字变形

STEP 07 在“文字”图层上单击鼠标右键，从弹出的快捷菜单中选择“拷贝图层样式”命令，在“2019.11.11”图层上单击鼠标右键，从弹出的快捷菜单中选择“粘贴图层样式”命令，将“2019.11.11”图层样式中的“投影”样式删除，再双击其图层样式名称，在弹出的对话框中选中“渐变叠加”复选框，将“角度”更改为-90度，完成之后单击“确定”按钮，如图12.243所示。

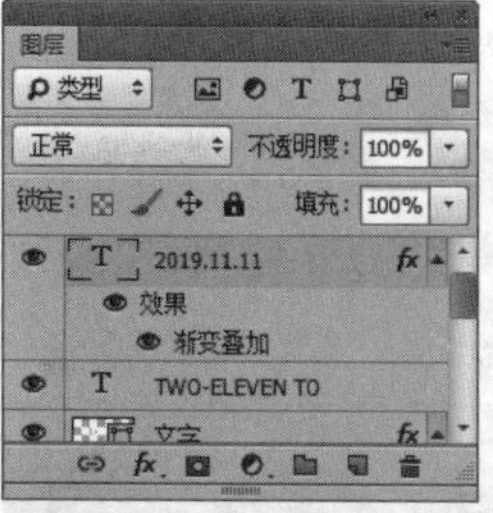

图12.243 复制并粘贴图层样式

STEP 08 在“2019.11.11”图层上单击鼠标右键，从弹出的快捷菜单中选择“拷贝图层样式”命令，在“TWO-ELEVEN TO”图层上单击鼠标右键，从弹出的快捷菜单中选择“粘贴图层样式”命令，如图12.244所示。

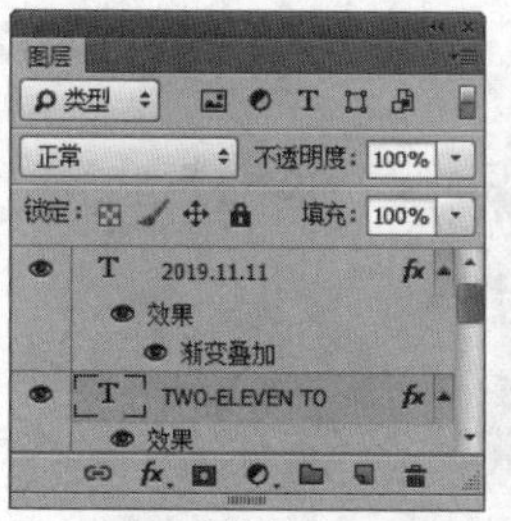

图12.244 复制并粘贴图层样式

● **绘制图形**

STEP 01 选择工具箱中的“自定形状工具”，在画布中单击鼠标右键，在弹出的面板中选择“红形心卡”形状，如图12.245所示。

STEP 02 在选项栏中将“填充”更改为白色，“描边”更改为无，按住Shift键绘制一个心形，此时将生成一个“形状1”图层，如图12.246所示。

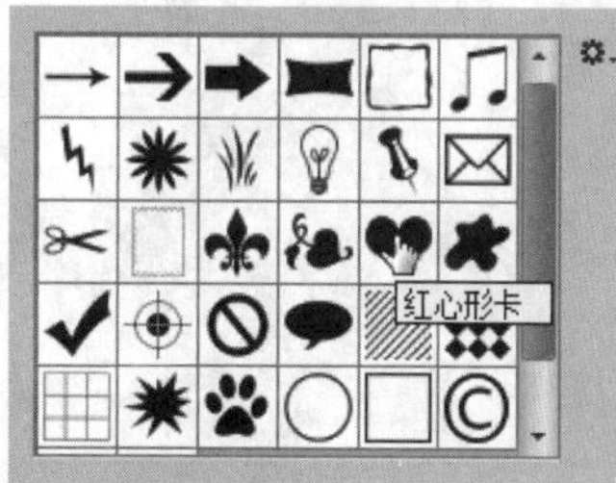

图12.245 设置形状

图12.246 绘制图形

STEP 03 在“文字”图层上单击鼠标右键，从弹出的快捷菜单中选择“拷贝图层样式”命令，在“形状 1”图层上单击鼠标右键，从弹出的快捷菜单中选择“粘贴图层样式”命令，这样就完成了效果制作，最终效果如图12.247所示。

图12.247 最终效果

实战 420

象形字

- 素材位置：素材\第12章\象形字
- 案例位置：效果\第12章\象形字.psd
- 视频位置：视频\实战420.avi
- 难易指数：★★★☆☆

• 实例介绍 •

象形字是围绕广告的主题与文字进行结合制作而成的，本例中的象形字是将地域特色与文字进行结合从而得到了一种十分协调的文字效果，最终效果如图12.248所示。

图12.248 最终效果

• 操作步骤 •

• 打开素材

STEP 01 执行菜单栏中的“文件”|“打开”命令，打开“背景.jpg”文件，如图12.249所示。

图12.249 打开素材

STEP 02 选择工具箱中的“横排文字工具” T，在画布中的适当位置添加文字，如图12.250所示。

STEP 03 选择所有文字图层，在文字图层上单击鼠标右键，从弹出的快捷菜单中选择“转换为形状”命令，如图12.251所示。

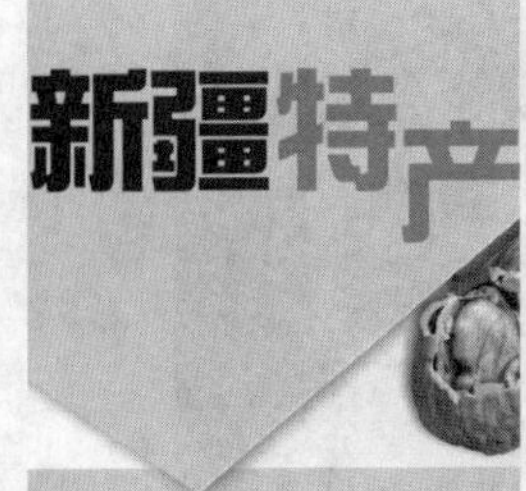

图12.250 添加文字

图12.251 转换为形状

提示

为了方便对文字进行编辑，在添加文字的时候尽量将文字分为单独的图层。

STEP 04 选中“新疆”图层，按Ctrl+T组合键对其执行“自由变换”命令，单击鼠标右键，从弹出的快捷菜单中选择“斜切”命令，将文字变形完成之后按Enter键确认，以同样的方法将“产”“特”文字变形，如图12.252所示。

图12.252 变换文字

提示

将文字变形之后可以根据实际的间距及大小对其进行适当的移动及缩放，由于文字已经被转换为形状，所以在缩放的时候不会存在失真的情况。

STEP 05 选择工具箱中的“直接选择工具”，拖动文字锚点将其变形，如图12.253所示。

图12.253 拖动锚点将文字变形

• 制作象形图形

STEP 01 选择工具箱中的“横排文字工具” T，在画布中的适当位置添加文字符号，如图12.254所示。

STEP 02 在“}”图层上单击鼠标右键，从弹出的快捷菜单中选择“转换为形状”命令，如图12.255所示。

图12.254 添加文字

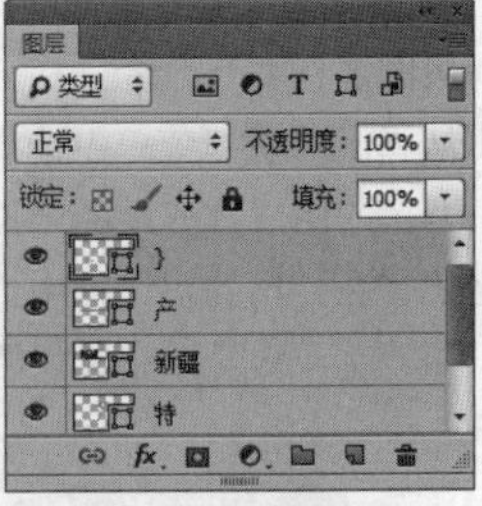

图12.255 转换为形状

STEP 03 选中“}”图层，按Ctrl+T组合键对其执行“自由变换”命令，再单击鼠标右键，从弹出的快捷菜单中选择“旋转90度（逆时针）”命令，如图12.256所示。

STEP 04 单击鼠标右键，从弹出的快捷菜单中选择“斜切”命令，将符号变形完成之后按Enter键确认，如图12.257所示。

图12.256 旋转图形

图12.257 将图形变形

STEP 05 选择工具箱中的“删除锚点工具”，在图形的部分位置单击，将部分锚点删除，如图12.258所示。

STEP 06 选择工具箱中的“添加锚点工具”，在图形顶部的位置单击添加锚点，并删除其他位置的部分锚点，将图形继续变形，如图12.259所示。

图12.258 删除锚点

图12.259 将图形变形

STEP 07 在“图层”面板中选中“}”图层，将其拖至面板底部的“创建新图层”按钮上复制2个“拷贝”图层，如图12.260所示。

STEP 08 选中“} 拷贝”图层，将图形向右侧平移，再选中“} 拷贝2”图层，将图形放大并移至2个图形中间靠上的位置，如图12.261所示。

图12.260 复制图层

图12.261 移动及变换图形

● 制作投影

STEP 01 在“图层”面板中选中“产”图层，单击面板底部的“添加图层样式”按钮，在菜单中选择“投影”命令，在弹出的对话框中将“不透明度”更改为30%，取消“使用全局光”复选框，将“角度”更改为15度，“距离”更改为5像素，“扩展”更改为40%，“大小”更改为5像素，完成之后单击“确定”按钮，如图12.262所示。

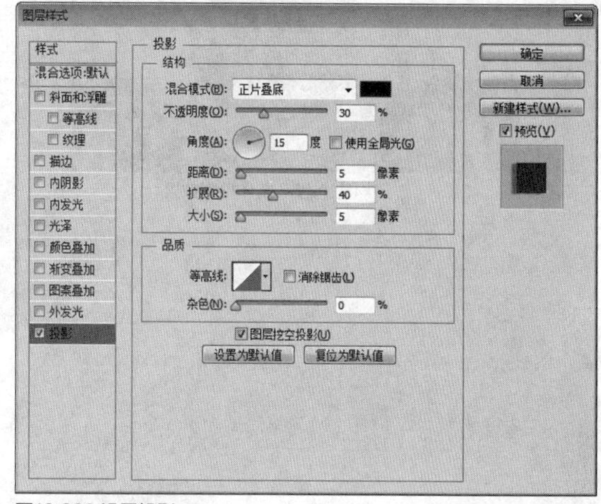

图12.262 设置投影

STEP 02 在“图层”面板中“产”图层的样式名称上单击鼠标右键，从弹出的快捷菜单中选择“创建图层”命令，此时将生成“‘产’的投影”图层，如图12.263所示。

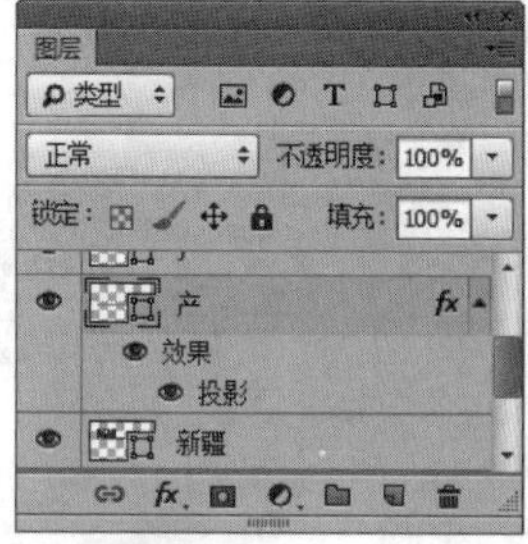

图12.263 创建图层

STEP 03 在“图层”面板中选中“‘产’的投影”图层，单击面板底部的“添加图层蒙版”按钮，为其图层添加图层蒙版，如图12.164所示。

STEP 04 选择工具箱中的“画笔工具”，在画布中单击鼠标右键，在弹出的面板中选择一种圆角笔触，将“大小”更改为100像素，“硬度”更改为0%，如图12.265所示。

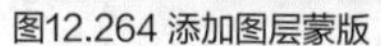

图12.264 添加图层蒙版

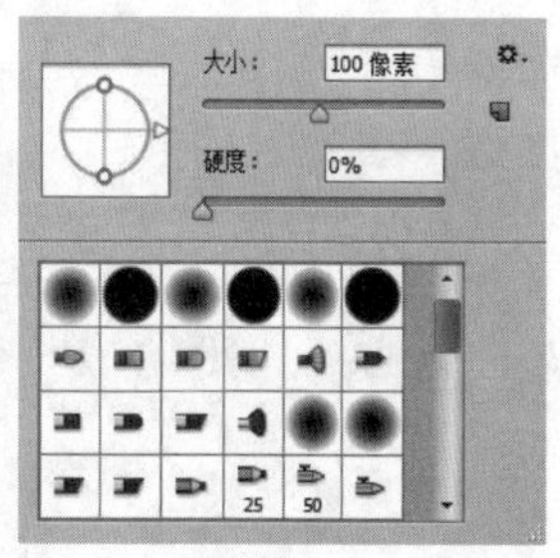

图12.265 设置笔触

STEP 05 将前景色更改为黑色，在图像上的部分区域进行涂抹，将其隐藏，如图12.266所示。

STEP 06 以同样的方法为“特”图层添加投影效果，并创建图层、添加蒙版，将部分投影效果隐藏，如图12/267所示。

图12.266 隐藏图像

图12.267 制作投影效果

STEP 07 选择工具箱中的“横排文字工具” T，在靠底部的位置添加文字，这样就完成了效果制作，最终效果如图12.268所示。

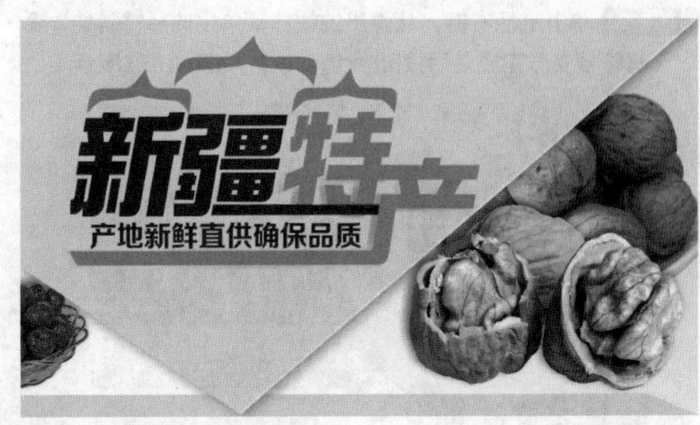

图12.268 最终效果

第13章

打造华丽边框

本章导读

本章讲解打造华丽边框的方法。边框是淘宝商品广告制作中必不可少的元素之一，它在整个广告页面中起到概括性的作用，同时可以使整个页品内容有一种整体的视觉效果。边框的种类多种多样，针对不同的产品及定位有相对应的边框制作类型。通过本章的学习我们可以熟练掌握边框类广告元素的制作。

要点索引

- 学习主题边框的制作方法
- 掌握节日类广告边框的设计方法
- 了解方向性边框的设计方法
- 学会制作传统边框
- 学习经典边框的制作方法

实战421 三角形虚线边框

▶素材位置：素材\第13章\三角形虚线边框
▶案例位置：效果\第13章\三角形虚线边框.psd
▶视频位置：视频\实战421.avi
▶难易指数：★★★☆☆

●实例介绍●

三角形虚线边框是以三角形为轮廓，通过图形的组合变换得来的，它具有一定的包容性与装饰效果，最终效果如图13.1所示。

图13.1 最终效果

●操作步骤●

STEP 01 执行菜单栏中的“文件”|“打开”命令，打开“背景.jpg”文件，如图13.2所示。

图13.2 打开素材

STEP 02 选择工具箱中的“矩形工具”■，在选项栏中将“填充”更改为无，“描边”更改为黄色（R：255，G：254，B：164），“大小”更改为15点，在画布中绘制一个矩形，此时将生成一个“矩形1”图层，如图13.3所示。

图13.3 绘制图形

STEP 03 选择工具箱中的“删除锚点工具”，单击图形右上角的锚点将其删除，如图13.4所示。

STEP 04 选择工具箱中的“直接选择工具”，选中锚点并拖动，将其变形，如图13.5所示。

图13.4 删除锚点

图13.5 拖动锚点

STEP 05 在“图层”面板中选中“矩形1”图层，单击面板底部的“添加图层蒙版”按钮，为其图层添加图层蒙版，如图13.6所示。

STEP 06 选择工具箱中的“多边形套索工具”，在图形上绘制选区以选中部分图形，如图13.7所示。

图13.6 添加图层蒙版

图13.7 绘制选区

提示

在绘制选区的时候可按住Shift键加选选区。

STEP 07 将选区填充为黑色，将部分图形隐藏，完成之后，按Ctrl+D组合键将选区取消，如图13.8所示。

STEP 08 在“图层”面板中选中“矩形1”图层，将其拖至面板底部的“创建新图层”按钮上复制1个“矩形1 拷贝”图层，如图13.9所示。

图13.8 隐藏图形

图13.9 复制图层

STEP 09 选中“矩形1 拷贝”图层，在选项栏中将“填充”

更改为无，“描边”更改为橙色（R：255，G：120，B：0），“大小”更改为2点，单击“设置形状描边类型”按钮，在弹出的选项中选择第2种描边类型。

STEP 10 按Ctrl+T组合键对其执行“自由变换”命令，将图形等比例缩小，完成之后按Enter键确认，这样就完成了效果制作，最终效果如图13.10所示。

图13.10 最终效果

实战 422 条纹边框

▶素材位置：素材\第13章\条纹边框.jpg
▶案例位置：效果\第13章\条纹边框.psd
▶视频位置：视频\实战422.avi
▶难易指数：★★☆☆☆

• 实例介绍 •

条纹边框是从信封元素发展而来的，它在视觉效果上最具有包容性，同时更加容易吸引目光，最终效果如图13.11所示。

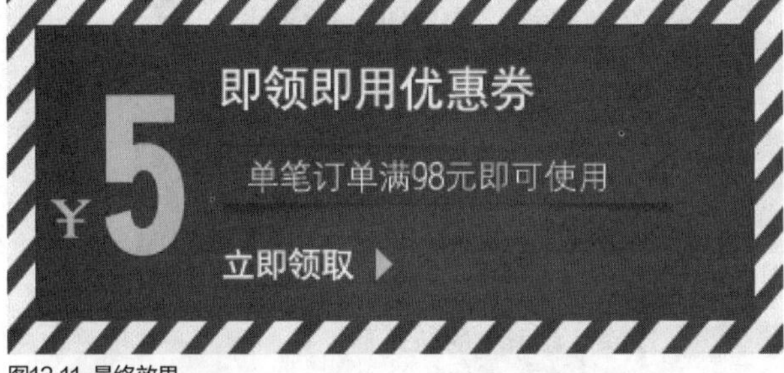

图13.11 最终效果

• 操作步骤 •

STEP 01 执行菜单栏中的“文件”|“打开”命令，打开“背景.jpg”文件，如图13.12所示。

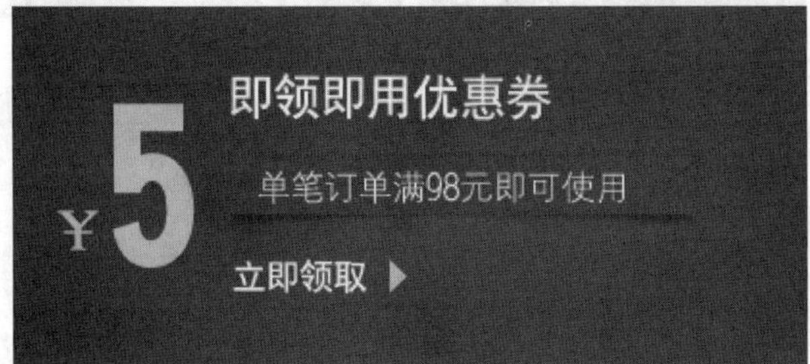

图13.12 打开并添加素材

STEP 02 选择工具箱中的“矩形工具”，在选项栏中将“填充”更改为浅黄色（R：250，G：252，B：235），“描边”更改为无，绘制一个与画布相同大小的矩形，此时将生成一个“矩形1”图层，如图13.13所示。

图13.13 绘制图形

STEP 03 在“图层”面板中选中“矩形1”图层，单击面板底部的“添加图层蒙版”按钮，为其图层添加图层蒙版，如图13.14所示。

STEP 04 选择工具箱中的“矩形选框工具”，绘制一个比画布稍小的矩形选区，如图13.15所示。

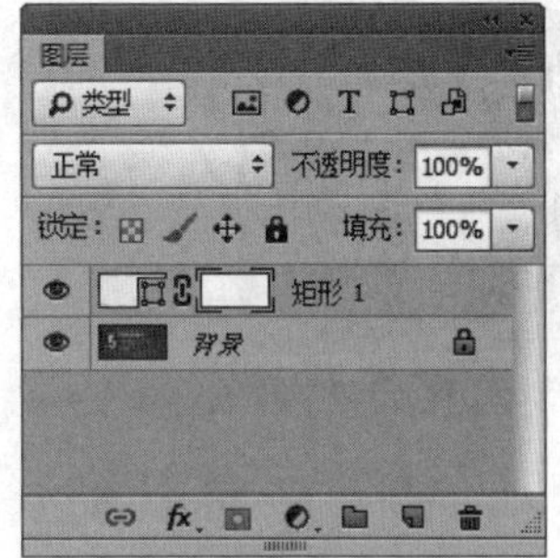

图13.14 添加图层蒙版

图13.15 绘制选区

STEP 05 将选区填充为黑色，将部分图形隐藏，完成之后按Ctrl+D组合键将选区取消，如图13.16所示。

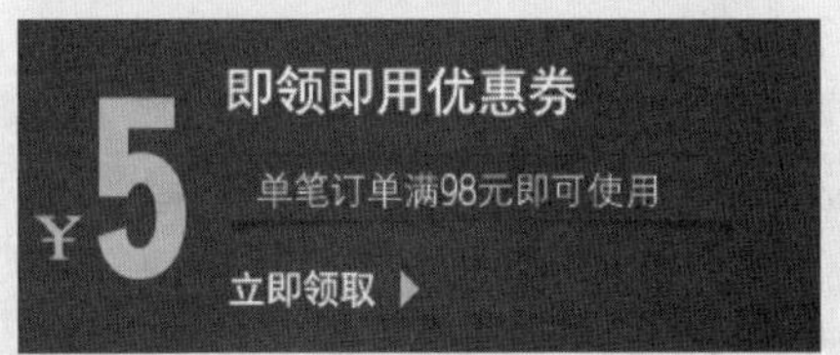

图13.16 隐藏图形

STEP 06 选择工具箱中的“矩形工具”，在选项栏中将“填充”更改为红色（R：213，G：10，B：30），“描边”更改为无，绘制一个细长矩形，此时将生成一个“矩形2”图层，如图13.17所示。

图13.17 绘制图形

STEP 07 选中“矩形1”图层，按住Alt+Shift组合键向右侧拖动，将图形复制多份铺满整个画布，此时将生成多个图层，如图13.18所示。

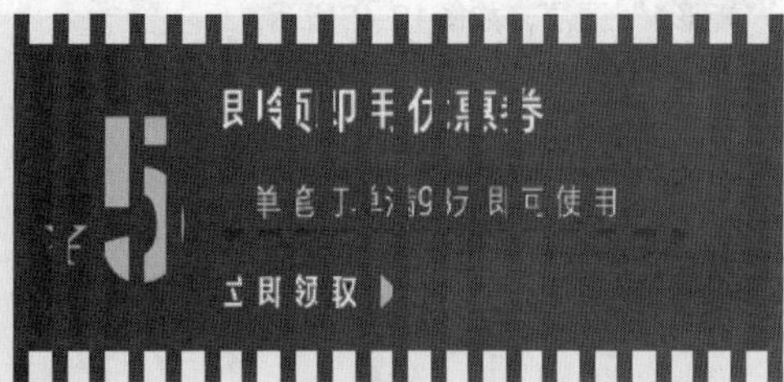

图13.18 复制图形

STEP 08 同时选中除“背景”及“矩形1”之外的所有图层，按Ctrl+E组合键将图层合并，将生成的图层名称更改为“条纹”，选中“条纹”图层，按Ctrl+T组合键对其执行“自由变换”命令，将图形适当旋转，完成之后按Enter键确认，如图13.19所示。

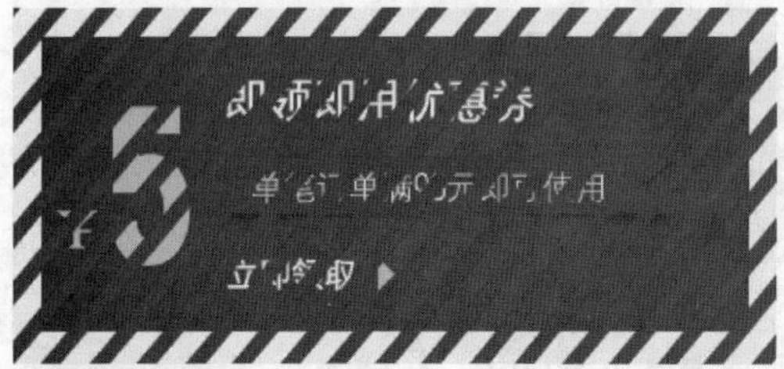

图13.19 旋转图形

STEP 09 在“图层”面板中选中“条纹”图层，单击面板底部的“添加图层蒙版”按钮，为其图层添加图层蒙版，如图13.20所示。

STEP 10 按住Ctrl键单击“矩形1”图层蒙版缩览图将其载入选区，按Ctrl+Shift+I组合键将选区反向，如图13.21所示。

图13.20 添加图层蒙版

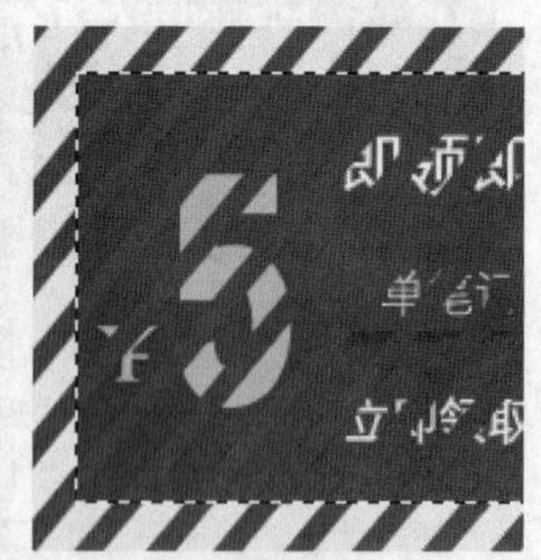

图13.21 全选并变换选区

STEP 11 将选区填充为黑色将部分图像隐藏，这样就完成了效果制作，最终效果如图13.22所示。

图13.22 最终效果

实战 423 中华元素边框

▶素材位置：素材\第13章\中华元素边框
▶案例位置：效果\第13章\中华元素边框.psd
▶视频位置：视频\实战423.avi
▶难易指数：★★☆☆☆

• 实例介绍 •

本例讲解中华元素边框。本例中的边框可以体现出浓郁的中华元素，制作过程略显麻烦，需要对图像的造型有一定的把握能力，最终效果如图13.23所示。

图13.23 最终效果

• 操作步骤 •

STEP 01 执行菜单栏中的“文件”|“打开”命令，打开“背景.jpg”文件，如图13.24所示。

图13.24 打开素材

STEP 02 选择工具箱中的“矩形工具”，在选项栏中将“填充”更改为无，“描边”更改为黄色（R：240，G：172，B：30），“大小”更改为2点，在画布靠左上角的位置按住Shift键绘制一个矩形，此时将生成一个“矩形1”图层，如图13.25所示。

图13.25 绘制图形

STEP 03 选中“矩形1”图层，按住Alt+Shift组合键将图形复制2份，如图13.26所示。

图13.26 复制图形

STEP 04 选择工具箱中的“矩形工具”，在刚才复制生成的图形位置再次绘制一个稍大的矩形，此时将生成一个“矩形2”图层，如图13.27所示。

图13.27 绘制图形

STEP 05 选择工具箱中的“直接选择工具”，选中刚才绘制的矩形左侧的部分图形，按Delete键将其删除，如图13.28所示。

图13.28 删除部分图形

STEP 06 在“图层”面板中选中“矩形2”图层，将其拖至面板底部的“创建新图层”按钮上，复制1个“矩形2 拷贝”图层，如图13.29所示。

STEP 07 选中“矩形2 拷贝”图层，按Ctrl+T组合键对其执行“自由变换”命令，单击鼠标右键，从弹出的快捷菜单中选择“水平翻转”命令，再单击鼠标右键，从弹出的快捷菜单中选择“旋转90度（逆时针）”，完成之后按Enter键确认，如图13.30所示。

图13.29 复制图层

图13.30 变换图形

STEP 08 选择工具箱中的“直线工具”，在选项栏中将“填充”更改为黄色（R：240，G：172，B：30），“描边”更改为无，“大小”更改为2像素，在刚才绘制的图形位置绘制线段将其连接，如图13.31所示。

图13.31 绘制图形

STEP 09 选择工具箱中的“直线工具”，在刚才绘制的图形的右侧位置绘制一条稍长的线段，此时将生成一个“形状2”图层，如图13.32所示。

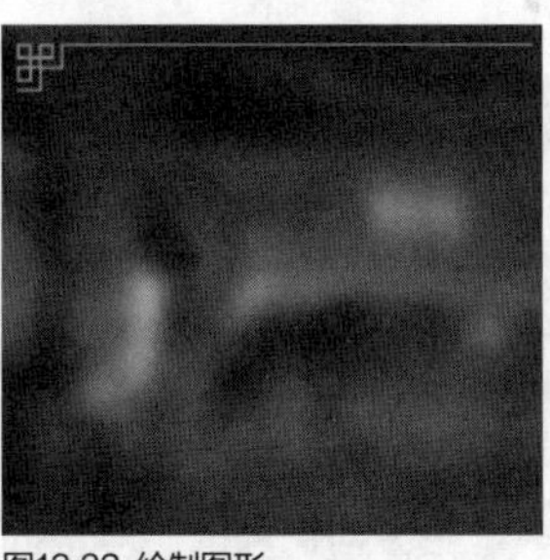

图13.32 绘制图形

STEP 10 同时选中除“背景”之外的所有图层，按Ctrl+E组合键将图层合并，将生成的图层名称更改为“边框”，选中“边框”图层，将其拖至面板底部的“创建新图层”按钮上，复制1个“边框 拷贝”图层，如图13.33所示。

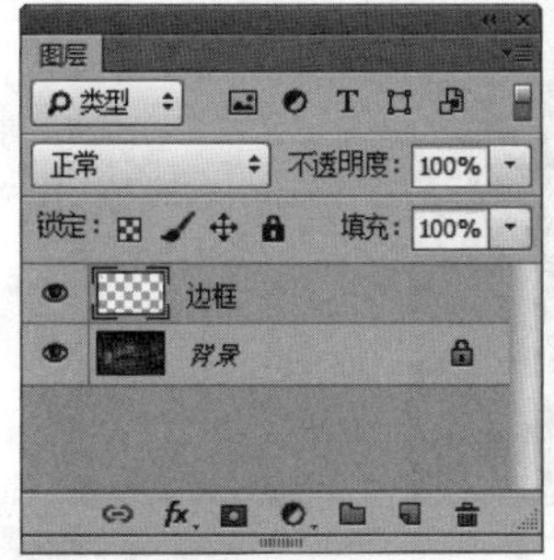

图13.33 复制图层

STEP 11 选中“边框 拷贝”图层，按Ctrl+T组合键对其执行“自由变换”命令，单击鼠标右键，从弹出的快捷菜单中选择“水平翻转”命令，完成之后按Enter键确认，然后移动图像，如图13.34所示。

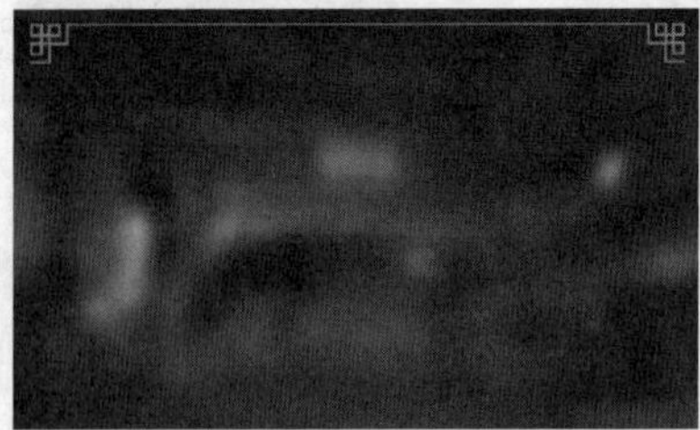

图13.34 变换图像

STEP 12 同时选中“边框 拷贝”及“边框”图层，按住Alt+Shift组合键向下拖动将图像复制，再按Ctrl+T组合键对其执行“自由变换”命令，单击鼠标右键，从弹出的快捷菜单中选择“垂直翻转”命令将图像变换，完成之后按Enter键确认，然后移动图像，如图13.35所示。

图13.35 变换图像

STEP 13 选择工具箱中的“直线工具”，在左侧位置绘制一个垂直线段将图像连接，此时将生成一个“形状1”图层，如图13.36所示。

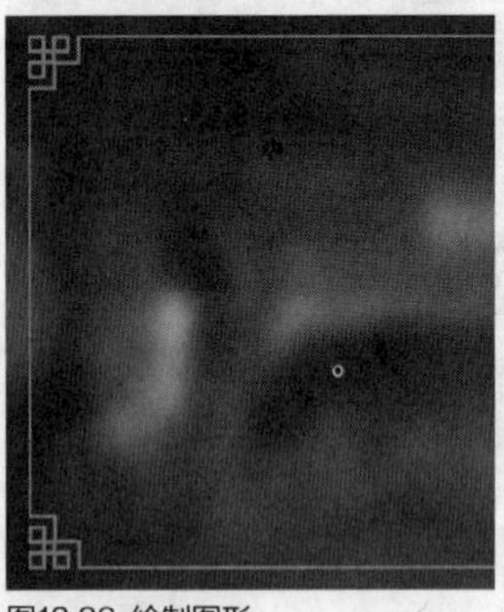

图13.36 绘制图形

STEP 14 选中“形状1”图层，按住Alt+Shift组合键向右侧拖动将图形复制，这样就完成了效果制作，最终效果如图13.37所示。

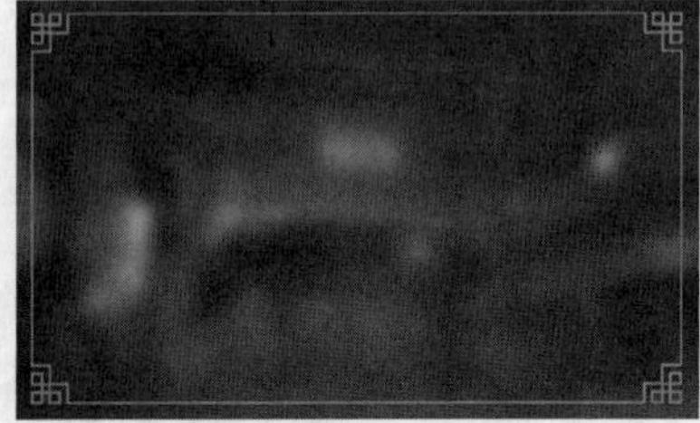

图13.37 最终效果

实战 424 手绘虚线边框

▶素材位置：素材\第13章\手绘虚线边框

▶案例位置：效果\第13章\手绘虚线边框.psd

▶视频位置：视频\实战424.avi

▶难易指数：★★★☆☆

• 实例介绍 •

手绘虚线边框以体现边框中漂亮的图像为目的，它能以柔和的样式使人们对图像有一种全新的认知，最终效果如图13.38所示。

图13.38 最终效果

• 操作步骤 •

• 打开素材

STEP 01 执行菜单栏中的“文件”|“打开”命令，打开“背景.jpg”文件，如图13.39所示。

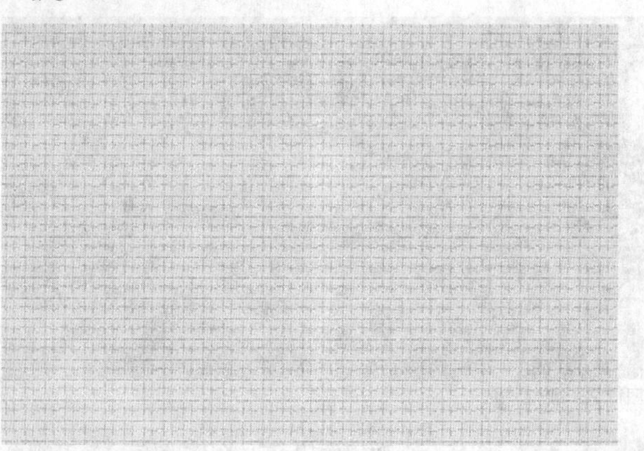

图13.39 打开素材

STEP 02 选择工具箱中的“钢笔工具”，在选项栏中单击“选择工具模式” 路径 按钮，在弹出的选项中选择“形状”，将“填充”更改为绿色（R：20，G：124，B：4），“描边”更改为无，在底部位置绘制一个不规则图形，此时将生成一个“形状1”图层，如图13.40所示。

STEP 03 在“图层”面板中选中“形状1”图层，将其拖至面板底部的“创建新图层”按钮上，复制1个“形状1 拷贝”图层，如图13.41所示。

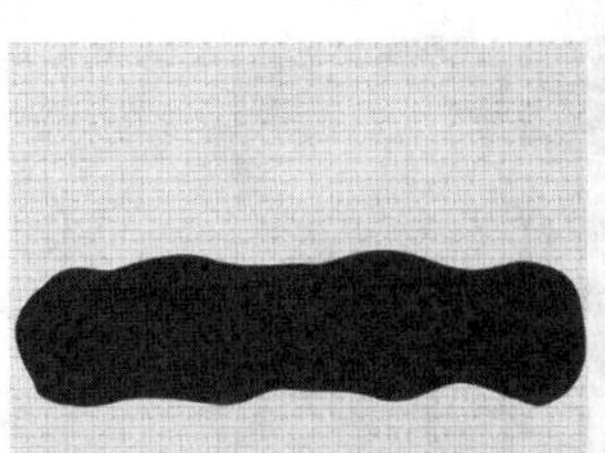
图13.40 绘制图形

图13.41 复制图层

STEP 04 选中“形状1 拷贝”图层，将其图形颜色更改为白色，将图形适当缩小，选中“形状1”图层，将其图层“不透明度”更改为10%，如图13.42所示。

图13.42 变换图形

STEP 05 在“路径”面板中选中“形状 1 拷贝形状路径”路径，将其拖至面板底部的“创建新图层”按钮上，复制1个“形状 1 拷贝形状路径 拷贝”路径，如图13.43所示。

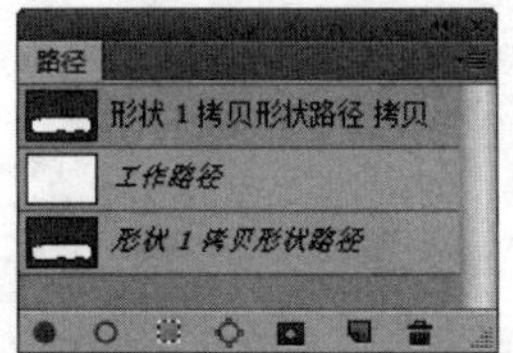
图13.43 复制路径

STEP 06 选中“形状 1 拷贝形状路径 拷贝”路径，按Ctrl+T组合键对其执行“自由变换”命令，将路径适当缩小，完成之后按Enter键确认，如图13.44所示。

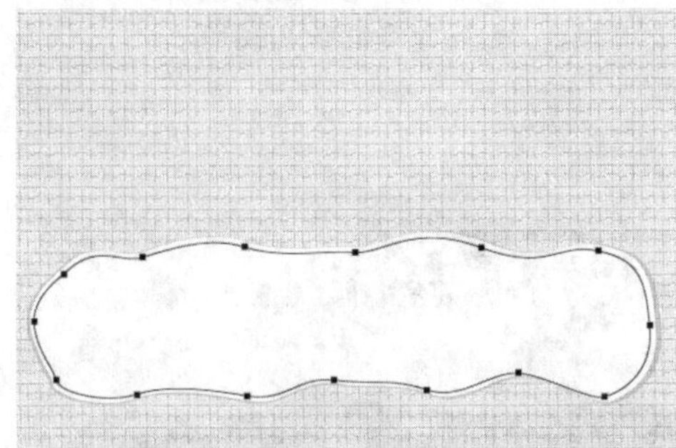
图13.44 变换路径

STEP 07 在“画笔”面板中选择一个圆角笔触，将“大小”更改为3像素，“硬度”更改为100%，“间距”更改为150%，如图13.45所示。

STEP 08 勾选“平滑”复选框，如图13.46所示。

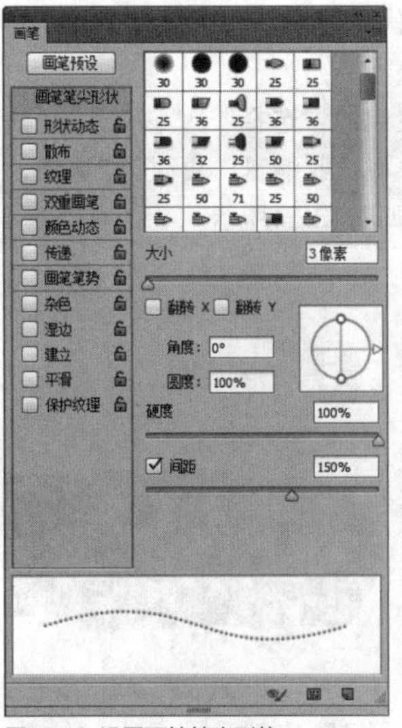
图13.45 设置画笔笔尖形状

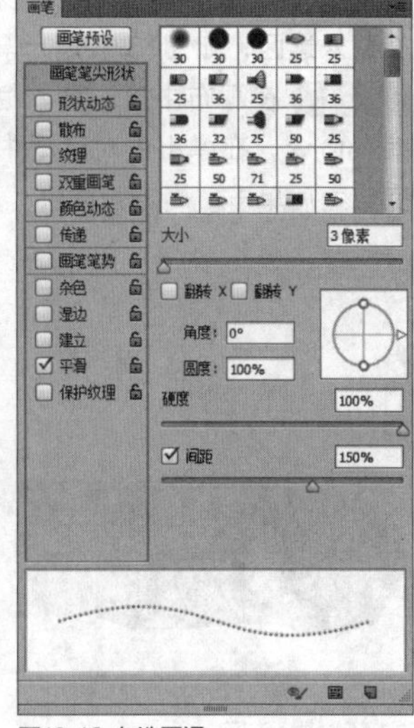
图13.46 勾选平滑

STEP 09 单击面板底部的“创建新图层”按钮，新建一个“图层1”图层，如图13.47所示。

STEP 10 将前景色更改为绿色（R：20，G：124，B：4），在“形状 1 拷贝形状路径 拷贝”路径名称上单击鼠标右键，从弹出的快捷菜单中选择“描边路径”命令，在弹出的对话框中选择“工具”为画笔，勾选“模拟压力”复选框，完成之后单击“确定”按钮，如图13.48所示。

图13.47 新建图层

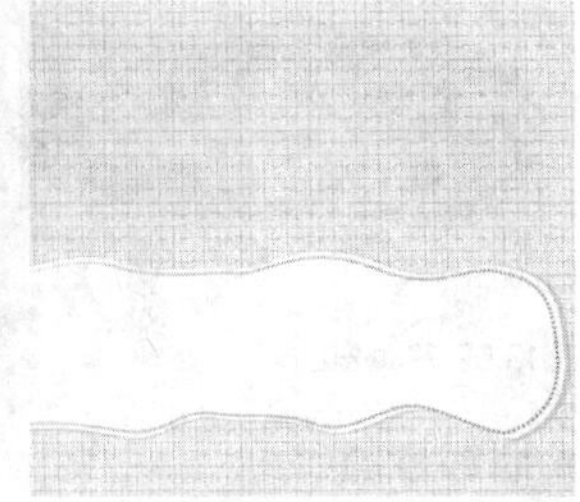
图13.48 描边路径

STEP 11 在“图层”面板中选中“形状 1 ”图层，将其拖至面板底部的“创建新图层”按钮上，复制1个“形状 1 拷贝 2”图层。

STEP 12 选中“形状 1 拷贝 2”图层，将其图层“不透明度”更改为100%，将图形适当缩小，再单击面板底部的“添加图层蒙版”按钮为其添加图层蒙版，如图13.49所示。

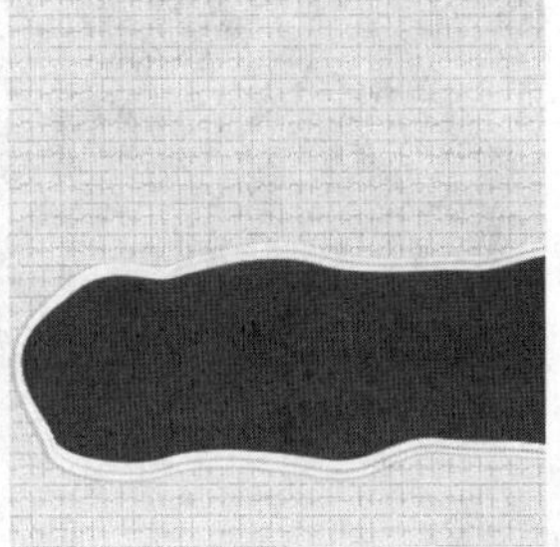
图13.49 变换图形并添加蒙版

STEP 13 按住Ctrl键单击“形状 1 拷贝 2”图层缩览图，将其载入选区，如图13.50所示。

STEP 14 在画布中执行菜单栏中的“选择”|“修改”|“收缩”命令，在弹出的对话框中将“收缩量”更改为2像素，完成之后单击“确定”按钮，如图13.51所示。

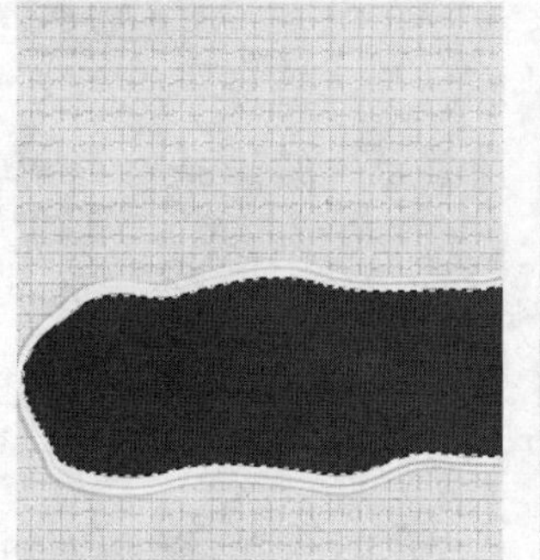
图13.50 载入选区

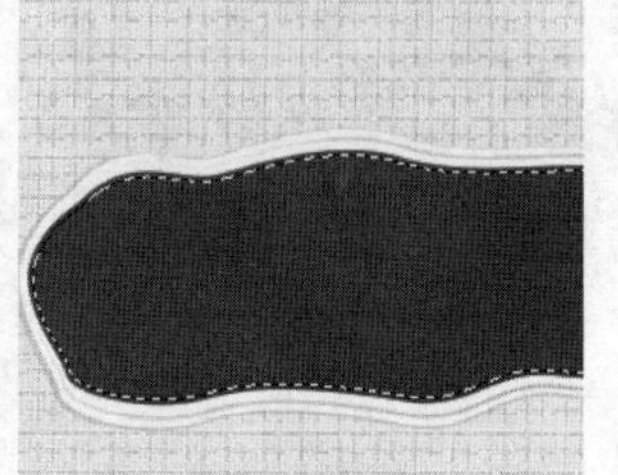
图13.51 收缩选区

STEP 15 选择工具箱中任意选区工具，将选区向上稍微移动，如图13.52所示。

STEP 16 将选区填充为黑色，将部分图形隐藏，完成之后按Ctrl+D组合键将选区取消，如图13.53所示。

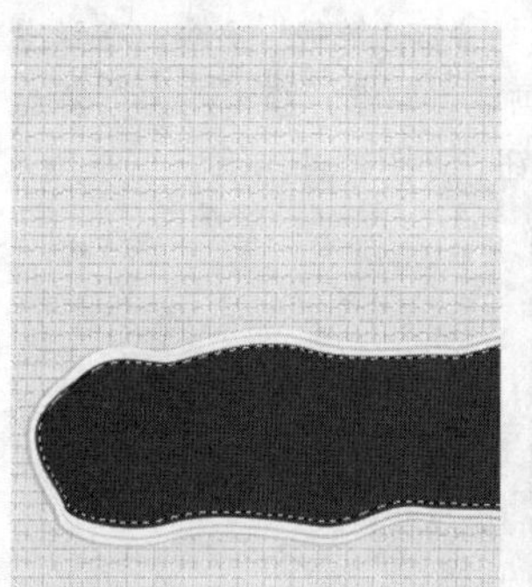
图13.52 移动选区

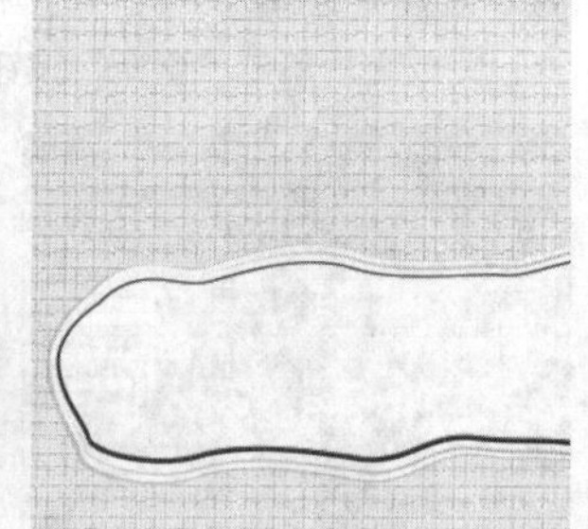
图13.53 隐藏图形

- **添加素材**

STEP 01 执行菜单栏中的“文件”|“打开”命令，打开“牛肉干.jpg”文件，将打开的素材拖入画布中并适当缩小，其图层名称将更改为“图层2”，如图13.54所示。

图13.54 添加素材

STEP 02 按Ctrl+T组合键对其执行“自由变换”命令，将图像等比例缩小，完成之后按Enter键确认，如图13.55所示。

图13.55 变换图像

提示

在变换图形时，为了查看效果，此时可以适当降低图形不透明度，以方便查看。

STEP 03 在“图层”面板中选中“图层2”图层，单击面板底部的“添加图层蒙版”按钮，为其图层添加图层蒙版，如图13.56所示。

STEP 04 按住Ctrl键单击“形状 1 拷贝 2”图层蒙版缩览图将其载入选区，将选区填充为黑色，将部分图像隐藏，完成之后按Ctrl+D组合键将选区取消，如图13.57所示。

图13.56 添加图层蒙版

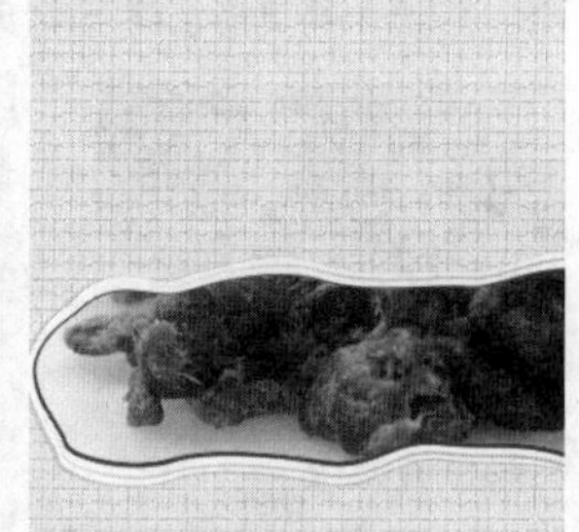
图13.57 隐藏图像

STEP 05 执行菜单栏中的“文件”|“打开”命令，打开“文字.psd”文件，将打开的素材拖入画布中并适当缩小，这样就完成了效果制作，最终效果如图13.58所示。

图13.58 添加素材

实战 425 撕纸边框

▶素材位置：素材\第13章\撕纸边框
▶案例位置：效果\第13章\撕纸边框.psd
▶视频位置：视频\实战425.avi
▶难易指数：★★★☆☆

• 实例介绍 •

撕纸边框的制作略显麻烦，制作重点在于撕纸效果的实现，最终效果如图13.59所示。

图13.59 最终效果

• 操作步骤 •

• 打开素材

STEP 01 执行菜单栏中的“文件”|“打开”命令，打开“背景.jpg”文件，如图13.60所示。

图13.60 打开素材

STEP 02 选择工具箱中的“钢笔工具”，在选项栏中单击“选择工具模式” 路径 按钮，在弹出的选项中选择“形状”，将“填充”更改为任意颜色，“描边”更改为无，在顶部位置绘制一个与画布相同宽度的不规则图形，此时将生成一个“形状1”图层，如图13.61所示。

图13.61 绘制图形

提示

虽然可以填充任意颜色，但由于背景为白色，因此为了方便查看，不要填充为白色。

STEP 03 在“图层”面板中将“形状1”复制1份，选中“形状 1 拷贝”图层，单击面板底部的“添加图层样式” fx 按钮在菜单中选择“描边”命令，在弹出的对话框中将“大小”更改为1像素，“颜色”更改为红色（R：152，G：0，B：8），完成之后单击“确定”按钮，如图13.62所示。

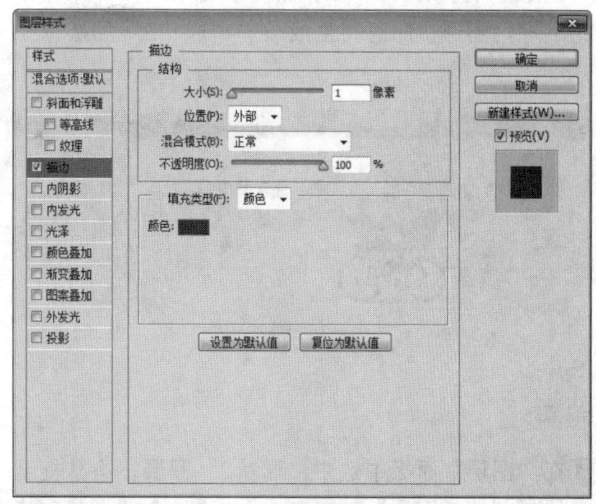

图13.62 设置描边

STEP 04 在“图层”面板中选中“形状1 拷贝”图层，将其图层“填充”更改为0%，将图形向下及左侧稍微移动，如图13.63所示。

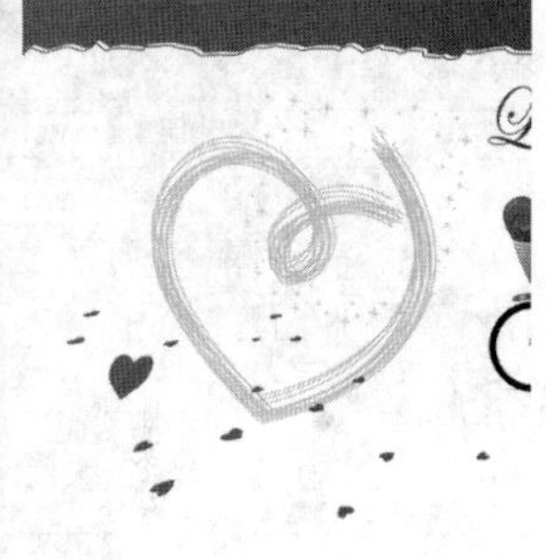
图13.63 更改填充

STEP 05 在“图层”面板中选中“形状1”图层，单击面板底部的“添加图层样式” fx 按钮，在菜单中选择“渐变叠加”命令，在弹出的对话框中将“渐变”更改为红色（R：183，G：14，B：23）到红色（R：216，G：10，B：22），完成之后单击“确定”按钮，如图13.64所示。

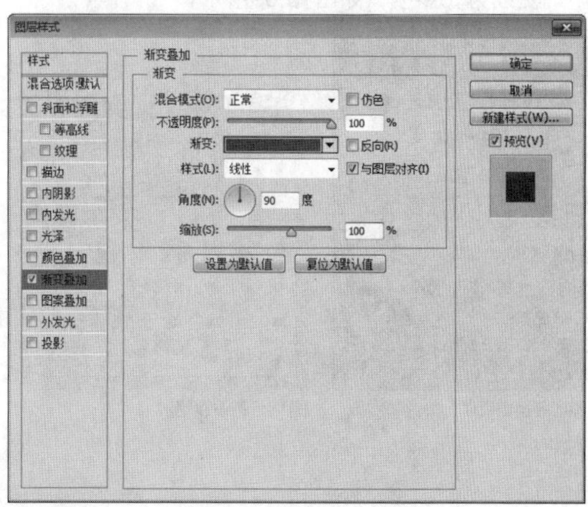

图13.64 设置渐变叠加

● 绘制图形

STEP 01 选择工具箱中的“钢笔工具”，在选项栏中单击“选择工具模式” 路径 按钮，在弹出的选项中选择“形状”，将“填充”更改为粉红色（R：250，G：215，B：207），“描边”更改为无，在顶部再次绘制一个与画布相同宽度的不规则图形，此时将生成一个“形状2”图层，如图13.65所示。

图13.65 绘制图形

STEP 02 在“图层”面板中选中“形状2”图层，将其拖至面板底部的“创建新图层”按钮上，复制1个“形状2 拷贝”图层，如图13.66所示。

STEP 03 选中“形状2”图层，将图形颜色更改为白色并将其向下稍微移动，如图13.67所示。

图13.66 复制图层

图13.67 更改图形颜色并移动图形

STEP 04 在“图层”面板中选中“形状 2”图层，单击面板底部的“添加图层蒙版”按钮，为其图层添加图层蒙版，如图13.68所示。

STEP 05 选择工具箱中的“画笔工具”，在画布中单击鼠标右键，在弹出的面板中，选择“圆扇形细硬毛刷”笔触，将“大小”更改为10像素，如图13.69所示。

图13.68 添加图层蒙版

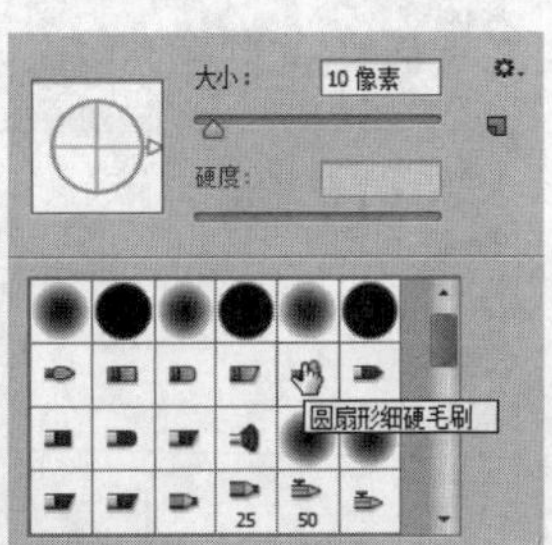

图13.69 设置笔触

STEP 06 将前景色设置为黑色，在图形底部边缘进行拖动，将部分图形隐藏以制作毛边效果，如图13.70所示。

图13.70 隐藏图形

STEP 07 选择工具箱中的“画笔工具”，在画布中单击鼠标右键，在弹出的面板中单击右上角的图标，在弹出的菜单中选择“载入画笔”命令，打开“嘴唇.abr”文件，在面板靠底部位置选择载入的嘴唇图案，如图13.71所示。

STEP 08 单击面板底部的“创建新图层”按钮，新建一个“图层1”图层，如图13.72所示。

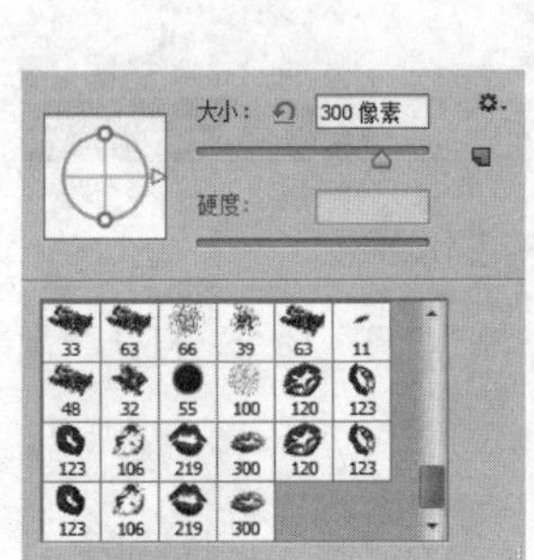

图13.71 载入笔触

图13.72 新建图层

STEP 09 在“画笔”面板中选择刚才载入的笔触，将“大小”更改为50像素，“间距”更改为300%，如图13.73所示。

STEP 10 勾选“形状动态”复选框，将“大小抖动”更改为70%，“角度抖动”更改为10%，如图13.74所示。

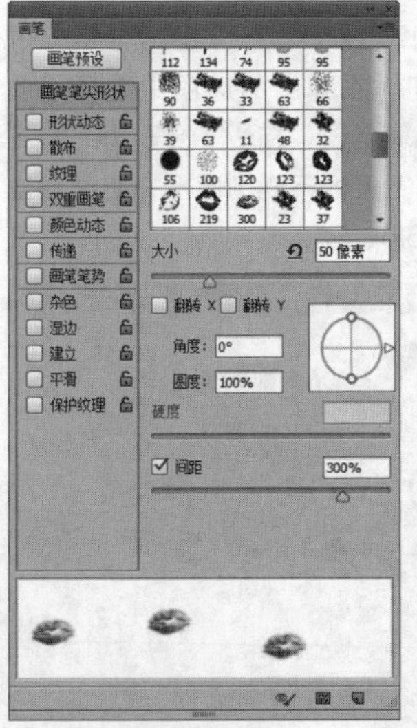

图13.73 设置画笔笔尖形状

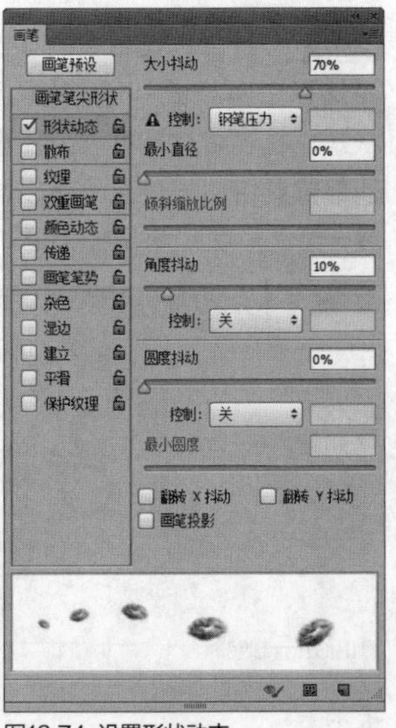

图13.74 设置形状动态

STEP 11 勾选“散布”复选框，将“散布”更改为200%，如图13.75所示。

STEP 12 勾选“平滑”复选框，如图13.76所示。

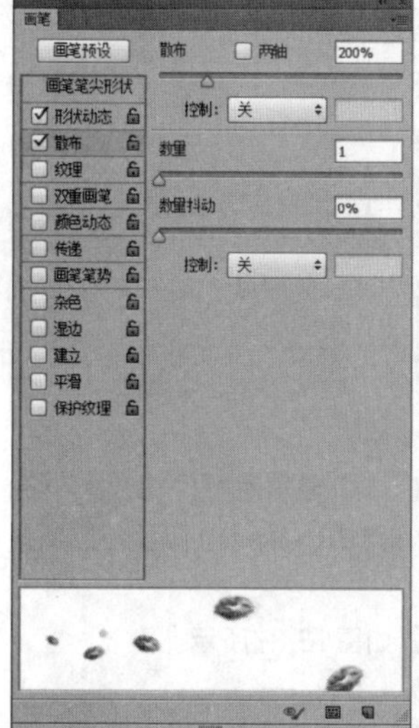

图13.75 设置散布

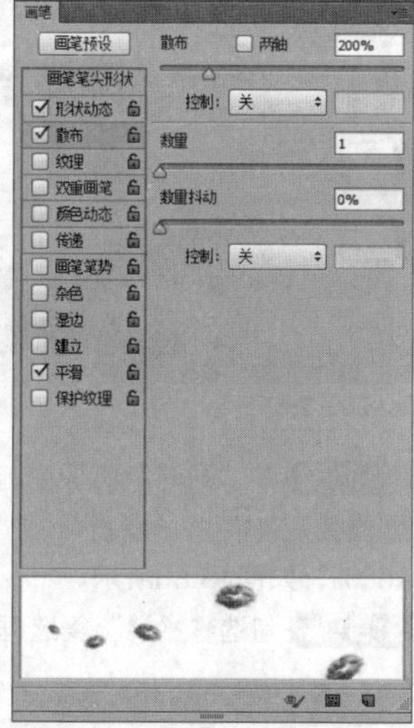

图13.76 勾选平滑

STEP 13 将前景色更改为红色（R：255，G：0，B：0），选中“图层1”图层，在顶部区域拖动鼠标添加红唇图像，如图13.77所示。

图13.77 添加图像

STEP 14 选中“图层 1”图层，执行菜单栏中的“图层”|“创建剪贴蒙版”命令为当前图层创建剪贴蒙版，将部分图像隐藏，如图13.78所示。

图13.78 创建剪贴蒙版隐藏图像

STEP 15 同时选中除“背景”之外的所有图层，按Ctrl+G组合键将图层编组，此时将生成一个“组1”组，选中“组1”组，将其拖至面板底部的“创建新图层”按钮上，复制1个“组1 拷贝”组，如图13.79所示。

图13.79 将图层编组

STEP 16 选中“组1 拷贝”组，按Ctrl+T组合键对其执行“自由变换”命令，单击鼠标右键，从弹出的快捷菜单中选择“垂直翻转”命令，完成之后按Enter键确认，将图像移至画布靠底部位置，这样就完成了效果制作，最终效果如图13.80所示。

图13.80 最终效果

实战 426

锯齿边框

- 素材位置：素材\第13章\锯齿边框
- 案例位置：效果\第13章\锯齿边框.psd
- 视频位置：视频\实战426.avi
- 难易指数：★★★☆☆

• 实例介绍 •

锯齿边框通常以模拟纸质图像为主，同时它也代表了拟物化的一种类型，最终效果如图13.81所示。

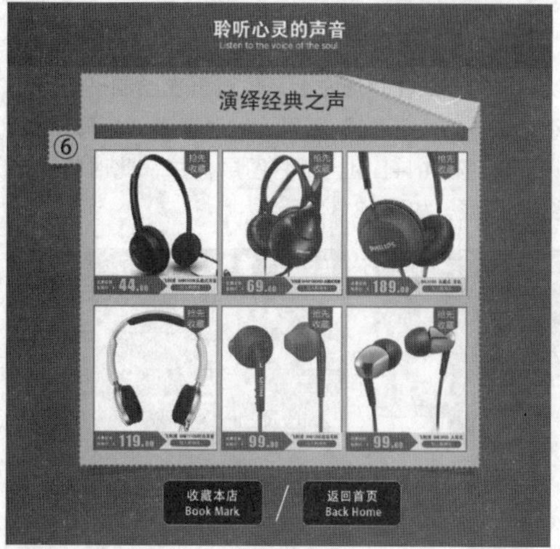

图13.81 最终效果

• 操作步骤 •

• 打开素材

STEP 01 执行菜单栏中的“文件”|“打开”命令，打开“背景.jpg、图片.psd”文件，将打开的图片素材拖入背景中，如图13.82所示。

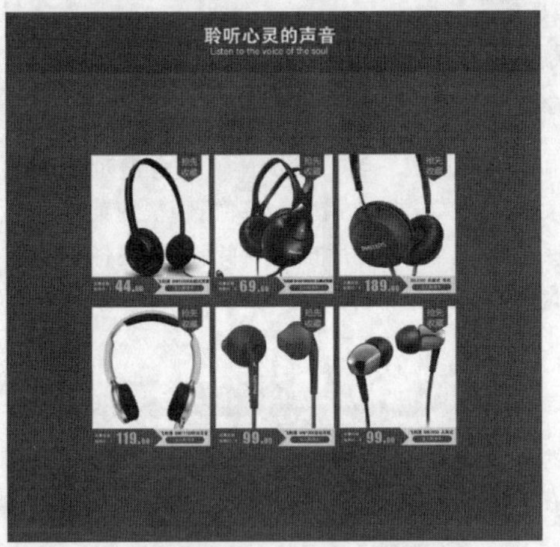

图13.82 打开并添加素材

STEP 02 选择工具箱中的“矩形工具”，在选项栏中将“填充”更改为黄色（R：254，G：204，B：20），“描边”更改为无，在图片位置绘制一个矩形，此时将生成一个“矩形1”图层，将“矩形1”图层移至“图片”图层下方，如图13.83所示。

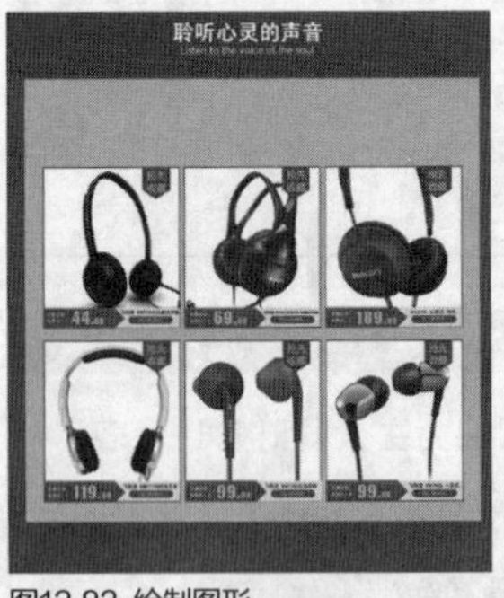

图13.83 绘制图形

STEP 03 以同样的方法在矩形左上角位置再次绘制一个稍小的矩形，将生成一个“矩形2”图层，同时选中“矩形2”及“矩形1”图层，按Ctrl+E组合键将图层合并，此时将生成一个“矩形2”图层，如图13.84所示。

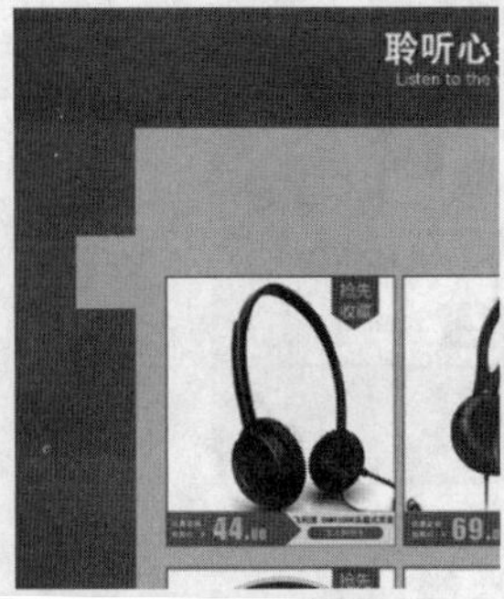

图13.84 绘制图形并合并图层

• 制作锯齿

STEP 01 在“路径”面板中选中“矩形2形状路径”路径，将其拖至面板底部的“创建新图层”按钮上，复制1个“矩形2形状路径 拷贝”路径，如图13.85所示。

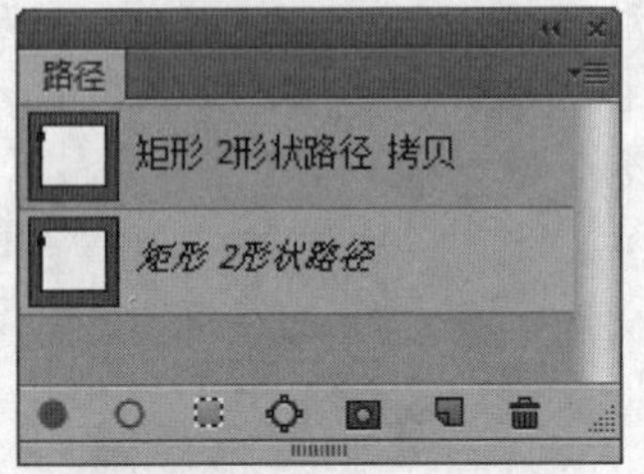

图13.85 复制路径

STEP 02 在“画笔”面板中选择一个圆角笔触，将“大小”更改为8像素，“硬度”更改为100%，“间距”更改为100%，如图13.86所示。

STEP 03 勾选“平滑”复选框，如图13.87所示。

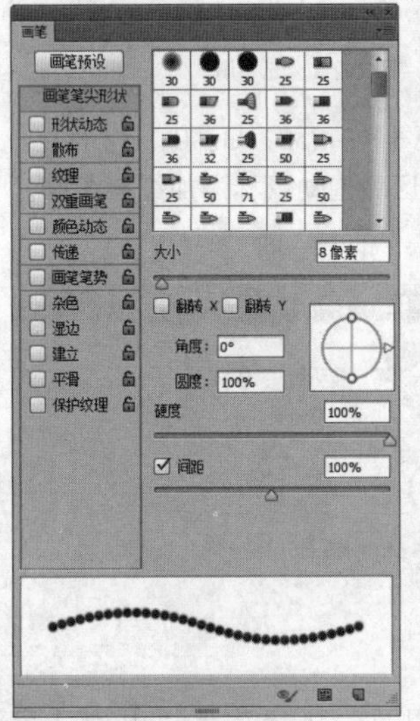

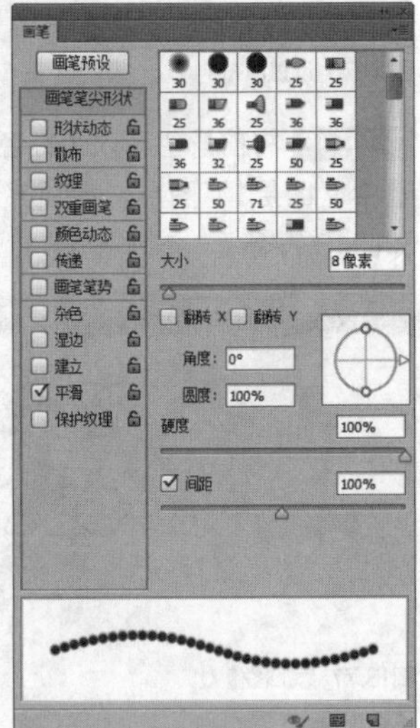

图13.86 设置画笔笔尖形状　　图13.87 勾选平滑

STEP 04 单击面板底部的“创建新图层”按钮，新建一个“图层1”图层，如图13.88所示。

STEP 05 将前景色更改为黑色，选中“图层1”图层，在“矩形2形状路径 拷贝”路径上单击鼠标右键，从弹出的快捷菜单中选择“描边路径”命令，在弹出的对话框中选择“工具”为“画笔”，完成之后单击“确定”按钮，如图13.89所示。

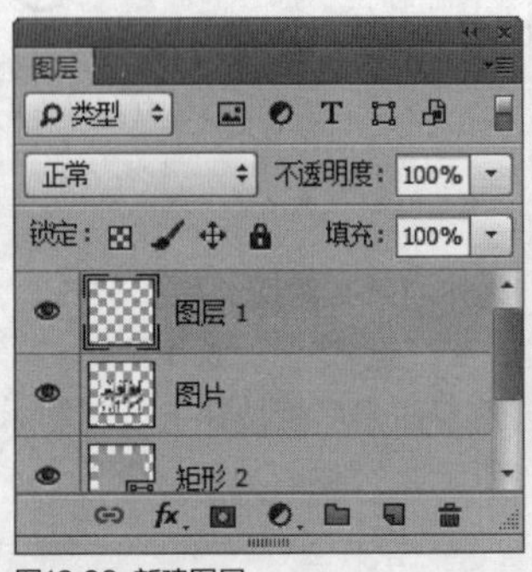

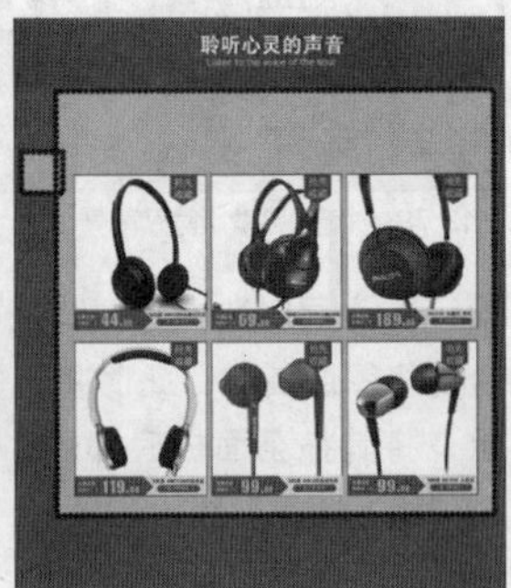

图13.88 新建图层　　图13.89 描边路径

STEP 06 在“图层”面板中选中“矩形2”图层，在其图层名称上单击鼠标右键，从弹出的快捷菜单中选择“栅格化图层”命令，单击面板底部的“添加图层蒙版”按钮为其图层添加图层蒙版，如图13.90所示。

STEP 07 按住Ctrl键单击“图层1”图层缩览图将其载入选区，将选区填充为黑色，将部分图形隐藏，完成之后按Ctrl+D组合键将选区取消，如图13.91所示。

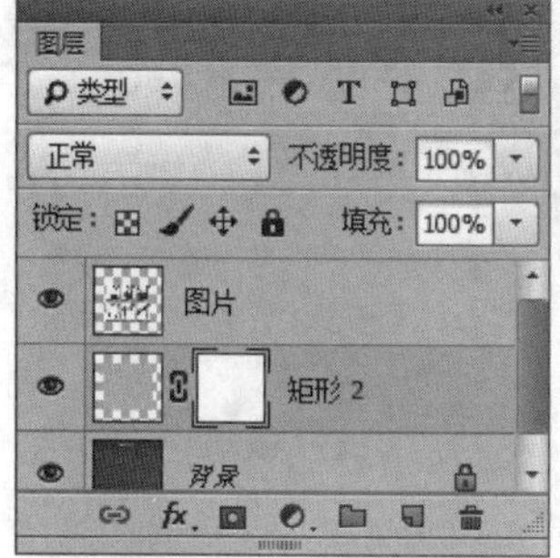

图13.90 添加图层蒙版

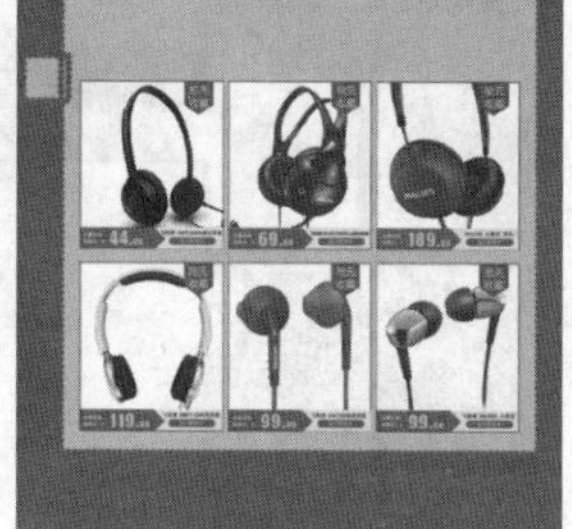

图13.91 载入选区隐藏图形

STEP 08 选择工具箱中的“画笔工具”，在画布中单击鼠标右键，在弹出的面板中选择一种圆角笔触，将“大小”更改为8像素，“硬度”更改为100%，如图13.92所示。

STEP 09 将前景色更改为白色，单击“矩形2”图层蒙版缩览图，在图形左上角位置进行拖动，显示部分图像，如图13.93所示。

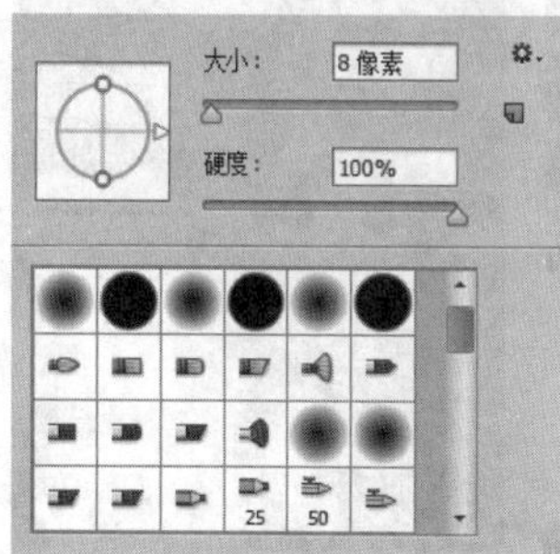

图13.92 设置笔触

图13.93 显示图形

提示

在显示图像的时候需要将画笔复位。

STEP 10 选择工具箱中的“矩形选框工具”，在“矩形2”图层中图形靠顶部的位置绘制一个矩形选区，如图13.94所示。

STEP 11 将选区填充为黑色，将部分图形隐藏，如图13.95所示。

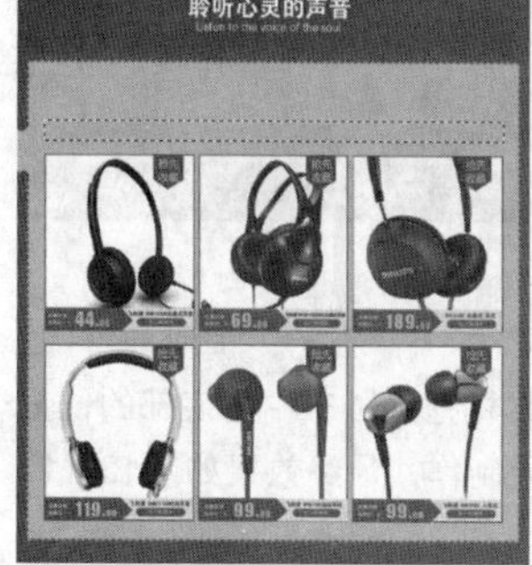

图13.94 绘制选区

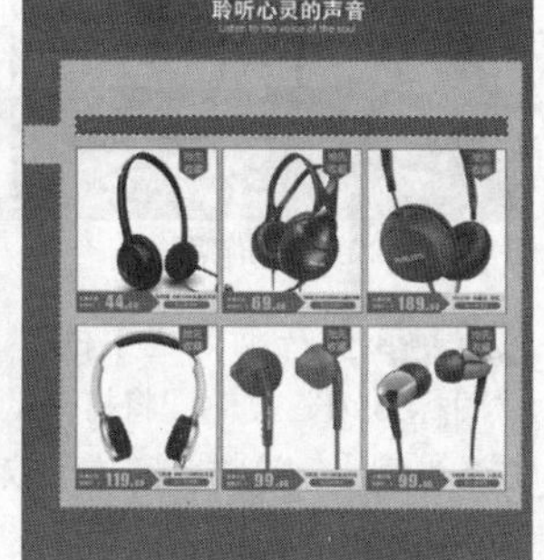

图13.95 隐藏图形

STEP 12 选择工具箱中任意选区工具，将选区垂直向上移动以选中图像顶部边缘锯齿图像，如图13.96所示。

STEP 13 在“矩形2”图层蒙版上单击鼠标右键，从弹出的快捷菜单中选择“应用图层蒙版”命令，如图13.97所示。

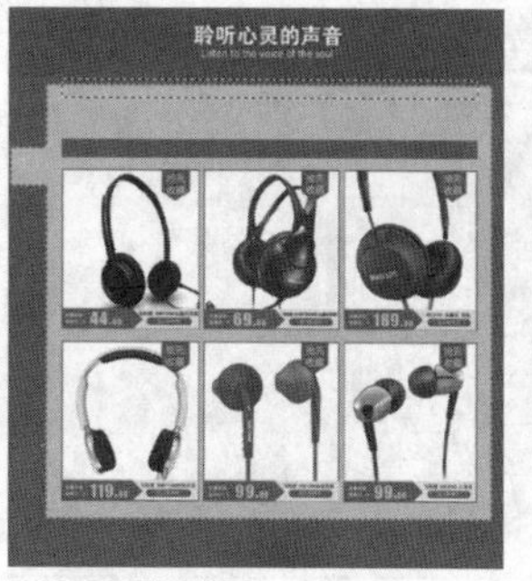

图13.96 移动选区

图13.97 应用图层蒙版

STEP 14 选中“矩形2”图层，执行菜单栏中的“图层”|“新建”|“通过拷贝的图层”命令，此时将生成一个“图层1”图层，如图13.98所示。

STEP 15 选中“图层1”图层，按Ctrl+T组合键对其执行“自由变换”命令，单击鼠标右键，从弹出的快捷菜单中选择“垂直翻转”命令，完成之后按Enter键确认，再将图像向下移动，如图13.99所示。

图13.98 通过复制的图层

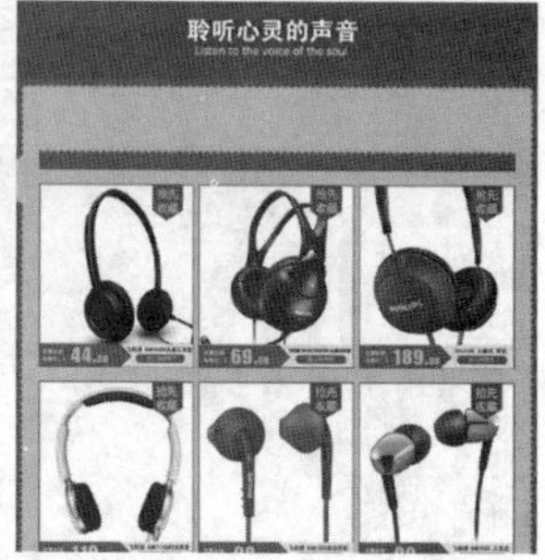

图13.99 变换图像

STEP 16 选择工具箱中的“椭圆工具”，在选项栏中将“填充”更改为无，“描边”更改为黑色，“大小”更改为1点，在图像左上角的位置按住Shift键绘制一个正圆图形，如图13.100所示。

STEP 17 选择工具箱中的“横排文字工具”，在画布中的适当位置添加文字，如图13.101所示。

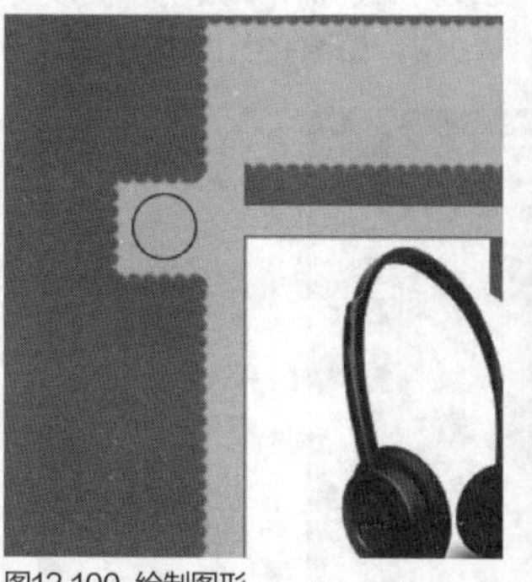

图13.100 绘制图形

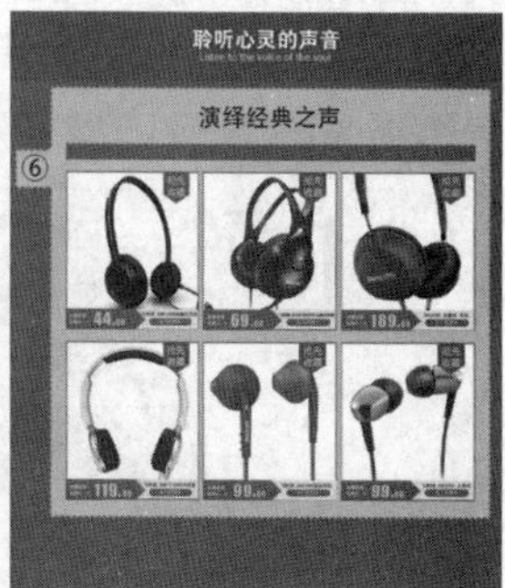

图13.101 添加文字

STEP 18 选择工具箱中的“多边形套索工具”，在边框右上角位置绘制一个三角形选区以选中部分图像，如图13.102

所示。

STEP 19 选中“矩形2”图层，执行菜单栏中的“图层”|“新建”|“通过拷贝的图层”命令，此时将生成一个“图层2”图层，如图13.103所示。

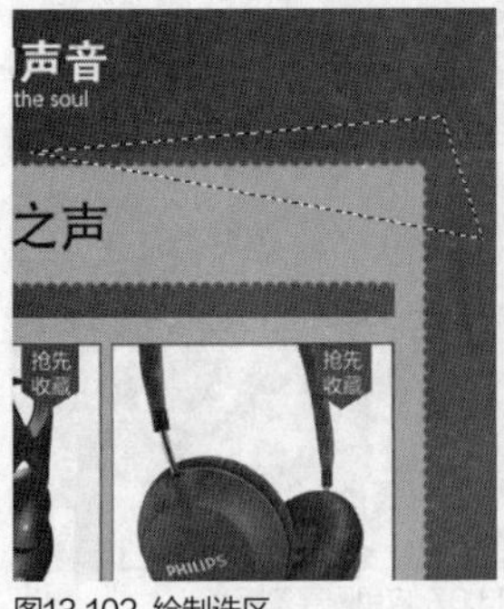

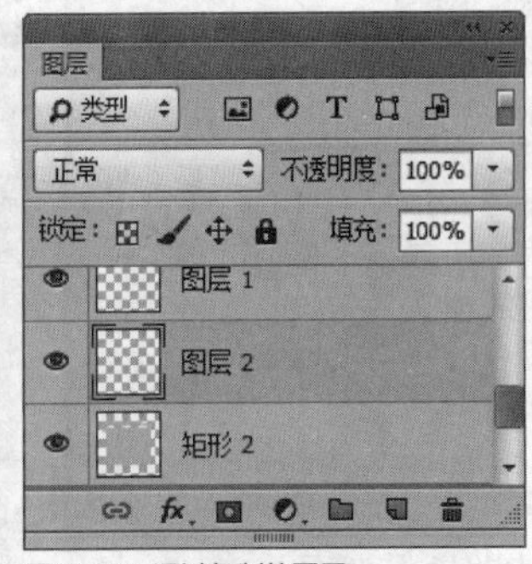

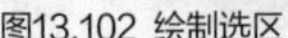
图13.102 绘制选区

图13.103 通过复制的图层

STEP 20 在“图层”面板中选中“图层2”图层，单击面板上方的“锁定透明像素”按钮，将当前图层中的透明像素锁定，将图像填充为黄色（R：254，G：230，B：94），填充完成之后再次单击此按钮将其解除锁定，如图13.104所示。

STEP 21 选中“图层2”图层，按Ctrl+T组合键对其执行“自由变换”命令，单击鼠标右键，从弹出的快捷菜单中选择“垂直翻转”命令，完成之后按Enter键确认，再将图像稍微移动旋转，如图13.105所示。

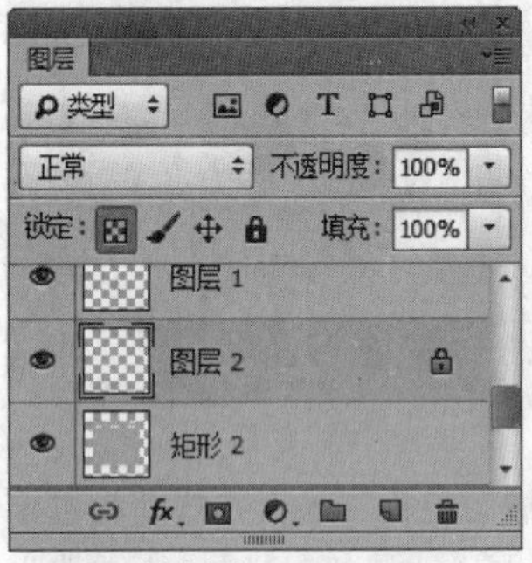

图13.104 填充颜色

图13.105 变换图像

STEP 22 在“图层”面板中选中“图层2”图层，单击面板底部的“添加图层样式”按钮，在菜单中选择“投影”命令，在弹出的对话框中将“不透明度”更改为10%，“距离”更改为2像素，“扩展”更改为100%，“大小”更改为1像素，完成之后单击“确定”按钮，如图13.106所示。

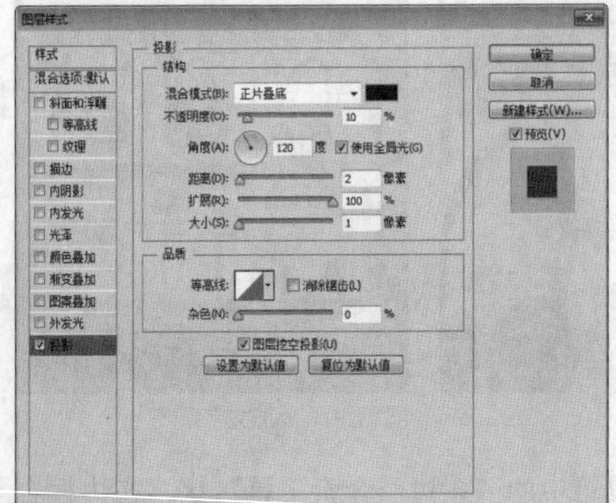

图13.106 设置投影

STEP 23 选择工具箱中的“矩形工具”，在选项栏中将“填充”更改为黑色，“描边”更改为无，在边框左上角的数字位置绘制一个矩形，此时将生成一个“矩形3”图层，将“矩形3”移至“背景”图层上方，在“矩形3”图层名称上单击鼠标右键，从弹出的快捷菜单中选择“栅格化图层”命令，如图13.107所示。

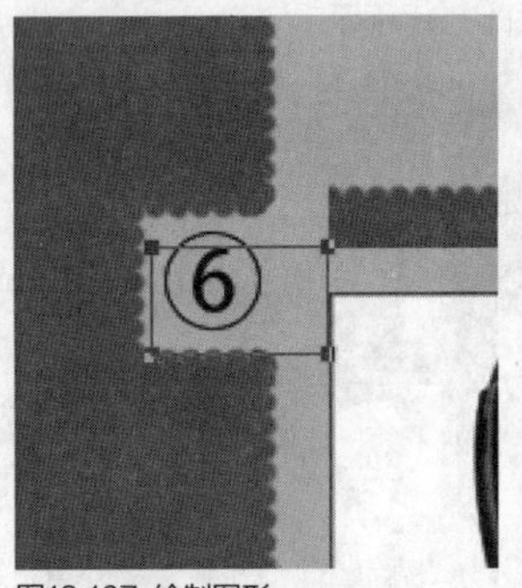

图13.107 绘制图形

STEP 24 选中“矩形3”图层，按Ctrl+T组合键对其执行“自由变换”命令，单击鼠标右键，从弹出的快捷菜单中选择“变形”命令，将图像扭曲变形，完成之后按Enter键确认，如图13.108所示。

STEP 25 选中“矩形3”图层，将其图层“不透明度”更改为20%，如图13.109所示。

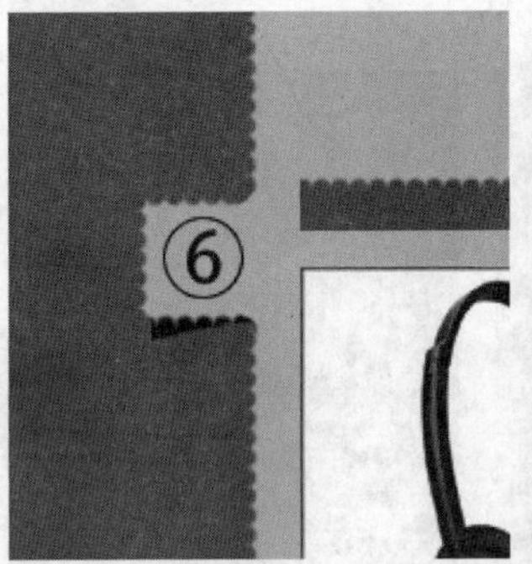

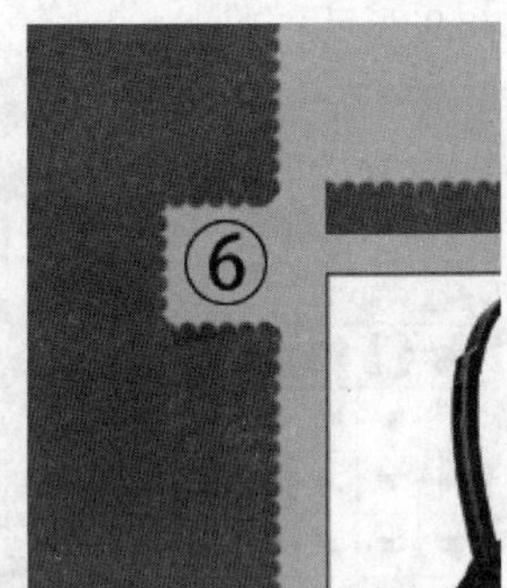

图13.108 将图像变形

图13.109 更改不透明度

STEP 26 以同样的方法在边框底部位置绘制图形，并以刚才同样的方法制作阴影效果，如图13.110所示。

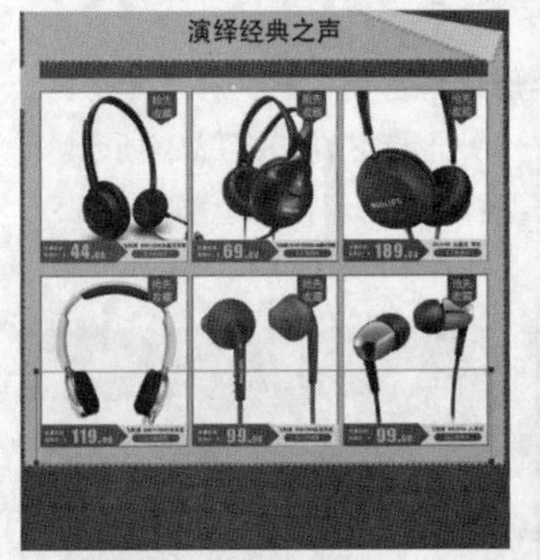

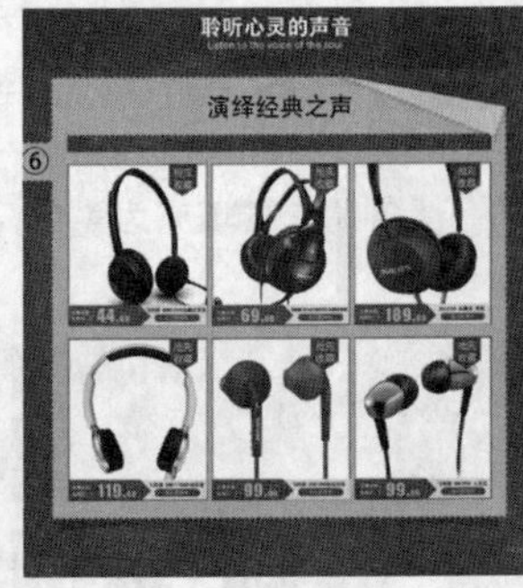

图13.110 绘制图形制作阴影

STEP 27 执行菜单栏中的“文件”|“打开”命令，打开“图标.psd”文件，将打开的素材拖入画布中靠底部的位置并适当缩小，这样就完成了效果制作，最终效果如图13.111所示。

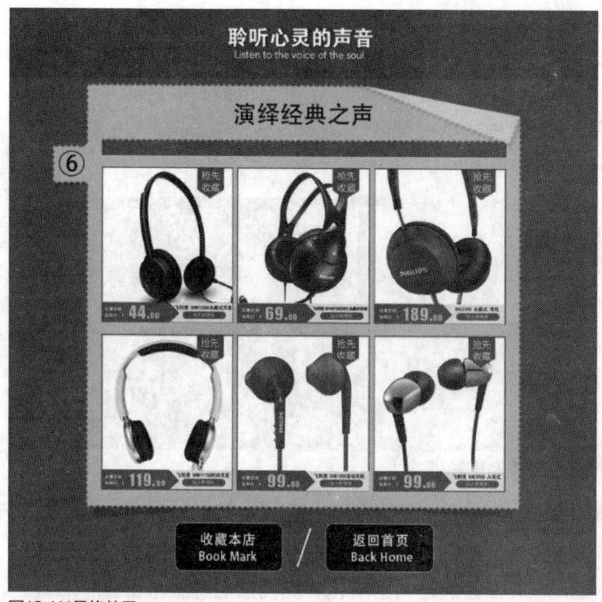

图13.111最终效果

实战 427 奶油边框

- ▶素材位置：素材\第13章\奶油边框
- ▶案例位置：效果\第13章\奶油边框.psd
- ▶视频位置：视频\实战427.avi
- ▶难易指数：★★☆☆☆

• 实例介绍 •

奶油边框的制作以体现图像内容为主，我们可以通过奶油边框的绘制向人们传递一种食品概念，最终效果如图13.112所示。

图13.112 最终效果

• 操作步骤 •

• 打开素材

STEP 01 执行菜单栏中的“文件”|“打开”命令，打开“背景.jpg”文件。

STEP 02 选择工具箱中的“圆角矩形工具”，在选项栏中将“填充”更改为无，“描边”更改为深黄色（R：222，G：140，B：10），“大小”更改为5点，“半径”更改为5像素，在画布中绘制一个比画布稍小的圆角矩形，此时将生成一个“圆角矩形1”图层，如图13.113所示。

图13.113 绘制图形

STEP 03 选中“圆角矩形1”图层，执行菜单栏中的“滤镜”|“扭曲”|“波浪”命令，在弹出的对话框中将“生成器数”更改为1，“波长”中的“最小”更改为2，“最大”更改为20，“波幅”中的“最小”更改为2，“最大”更改为3，完成之后单击“确定”按钮，如图13.114所示。

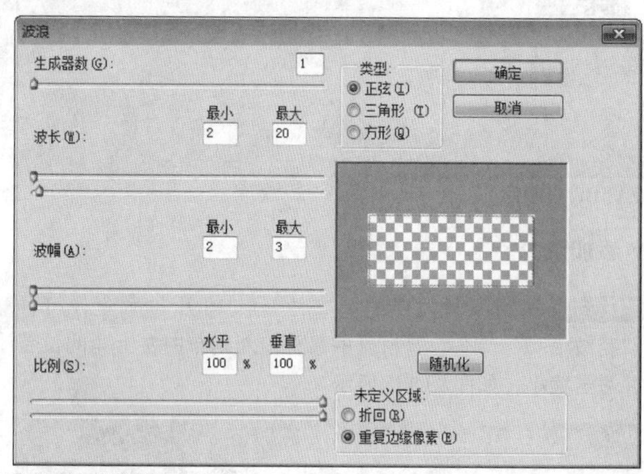

图13.114 设置波浪

STEP 04 在“图层”面板中选中“圆角矩形1”图层，单击面板底部的“添加图层样式”fx按钮，在菜单中选择“外发光”命令，在弹出的对话框中将“混合模式”更改为柔光，“颜色”更改为白色，“大小”更改为3像素，如图13.115所示。

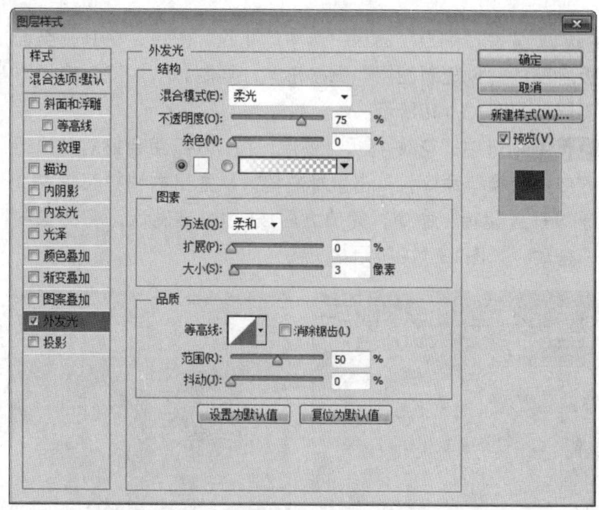

图13.115 设置外发光

STEP 05 勾选“投影”复选框，将“不透明度”更改为30%，取消“使用全局光”复选框，将“角度”更改为90度，“距离”更改为2像素，“大小”更改为2像素，完成之后单击“确定”按钮，如图13.116所示。

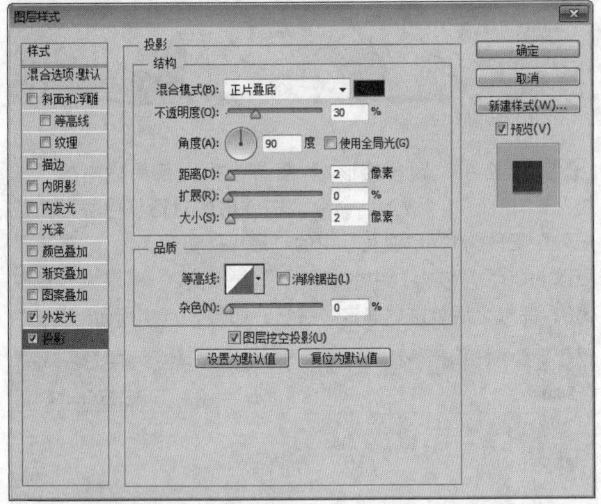

图13.116 设置投影

- **添加素材**

STEP 01 执行菜单栏中的“文件”|“打开”命令，打开“花纹.psd”文件，将打开的素材拖入画布中左上角的位置并适当缩小，如图13.117所示。

图13.117 添加素材

STEP 02 在“图层”面板中选中“花纹”图层，将其拖至面板底部的“创建新图层”按钮上，复制1个“花纹 拷贝”图层，如图13.118所示。

STEP 03 选中“花纹 拷贝”图层，按Ctrl+T组合键对其执行“自由变换”命令，单击鼠标右键，从弹出的快捷菜单中选择“垂直翻转”命令，完成之后按Enter键确认，将图像向下拖动，如图13.119所示。

图13.118 复制图层

图13.119 变换图像

STEP 04 同时选中“花纹 拷贝”及“花纹”图层，按住Alt+Shift组合键向右侧拖动将图像复制，再按Ctrl+T组合键对其执行“自由变换”命令，单击鼠标右键，从弹出的快捷菜单中选择“水平翻转”命令，完成之后按Enter键确认，如图13.120所示。

图13.120 复制并变换图像

STEP 05 在“圆角矩形1”图层上单击鼠标右键，从弹出的快捷菜单中选择“拷贝图层样式”命令，同时选中“花纹”及其所有相关的复制图层，在其图层名称上单击鼠标右键，从弹出的快捷菜单中选择“粘贴图层样式”命令，这样就完成了效果制作，最终效果如图13.121所示。

图13.121 最终效果

实战 428

银色质感边框

- 素材位置：素材\第13章\银色质感边框
- 案例位置：效果\第13章\银色质感边框.psd
- 视频位置：视频\实战428.avi
- 难易指数：★★☆☆☆

• 实例介绍 •

银色质感边框的制作以体现质感为原则，本例中的图像就有较强的银色质感，同时立体效果的添加也是该边框的特点所在，最终效果如图13.122所示。

图13.122 最终效果

• 操作步骤 •

• 打开素材

STEP 01 执行菜单栏中的“文件”|“打开”命令，打开“背景.jpg”文件，如图13.123所示。

图13.123 打开素材

STEP 02 选择工具箱中的“圆角矩形工具”，在选项栏中将“填充”更改为无，“描边”更改为白色，“大小”更改为9点，“半径”更改为40像素，在画布中绘制一个圆角矩形，此时将生成一个“圆角矩形1”图层，如图13.124所示。

图13.124 绘制图形

STEP 03 在“图层”面板中选中“圆角矩形1”图层，单击面板底部的“添加图层样式”按钮，在菜单中选择“渐变叠加”命令，在弹出的对话框中将“渐变”更改为灰色（R：202，G：188，B：186）到灰色（R：242，G：242，B：240），“角度更改为0度，完成之后单击“确定”按钮，如图13.125所示。

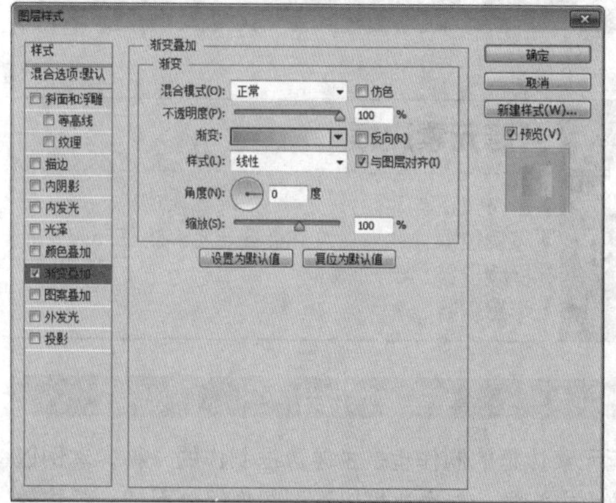

图13.125 设置渐变叠加

STEP 04 在“图层”面板中选中“圆角矩形1”图层，将其拖至面板底部的“创建新图层”按钮上，复制1个“圆角矩形1 拷贝”图层，如图13.126所示。

STEP 05 双击“圆角矩形1”图层样式名称，在弹出的对话框中将“渐变”更改为灰色（R：140，G：128，B：130）到灰色（R：122，G：120，B：120），按Ctrl+T组合键对其执行“自由变换”命令，将图形宽度缩小，如图13.127所示。

图13.126 复制图层

图13.127 变换图形

STEP 06 同时选中“圆角矩形1 拷贝”及“圆角矩形1”图层，按Ctrl+G组合键将其编组，将生成的组名称更改为“边框”，如图13.128所示。

STEP 07 在“图层”面板中选中“边框”图层，将其拖至面板底部的“创建新图层”按钮上，复制1个“边框 拷贝”图层。

STEP 08 选中“边框”组，按Ctrl+E组合键将其合并，选中“边框”图层，单击面板上方的“锁定透明像素”按钮将图像填充为黑色，如图13.129所示，填充完成之后再次单击此按钮将其解除锁定。

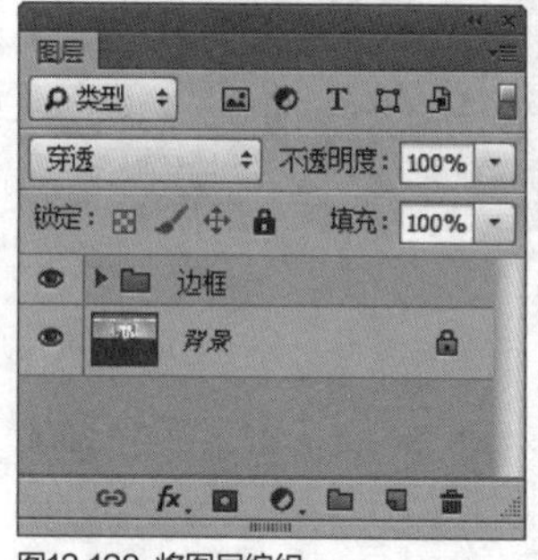

图13.128 将图层编组

图13.129 合并图层并填充颜色

STEP 09 选中“边框”图层，执行菜单栏中的“滤镜”|“模糊”|“高斯模糊”命令，在弹出的对话框中将“半径”更改为5像素，完成之后单击“确定”按钮，再将其图层“不透明度”更改为50%，如图13.130所示。

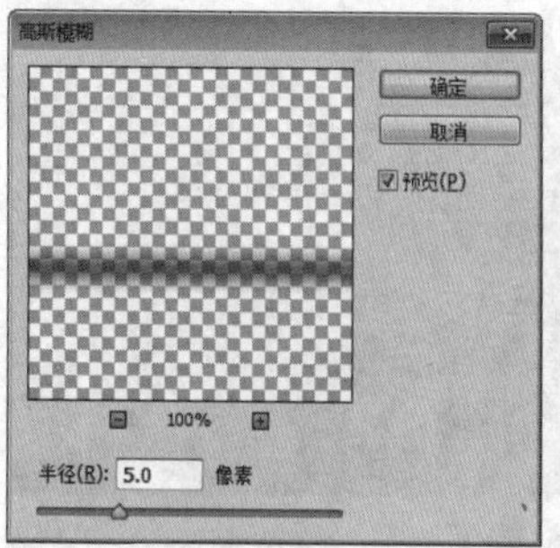

图13.130 设置高斯模糊

STEP 10 在“图层”面板中选中“边框”图层，单击面板底部的“添加图层蒙版”按钮为其图层添加图层蒙版，如图13.131所示。

STEP 11 选择工具箱中的“画笔工具”，在画布中单击鼠标右键，在弹出的面板中选择一种圆角笔触，将“大小”更改为300像素，“硬度”更改为0%，在选项栏中将“不透明度”更改为50%，如图13.132所示。

图13.131 添加图层蒙版

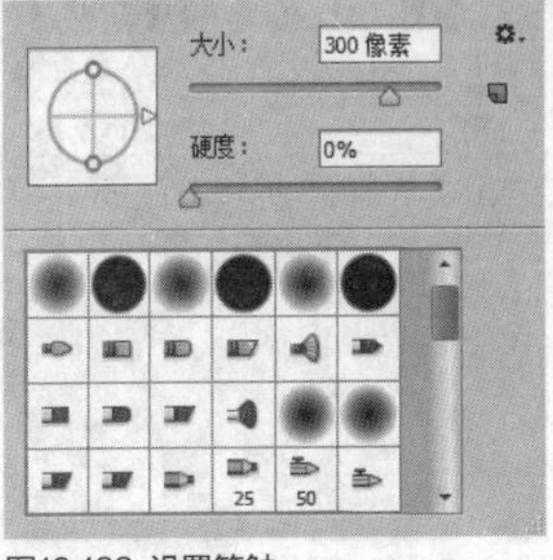
图13.132 设置笔触

STEP 12 将前景色更改为黑色，在图像上的部分区域进行涂抹将其隐藏，选中“边框”图层，将其向下稍微移动，如图13.133所示。

图13.133 隐藏图像

● 添加素材

STEP 01 执行菜单栏中的“文件”|“打开”命令，打开“蝴蝶.psd、草.psd”文件，将打开的素材拖入画布中方框图像顶部的位置并适当缩小，如图13.134所示。

图13.134 添加素材

STEP 02 在“图层”面板中选中“草”图层，单击面板底部的“添加图层样式”按钮，在菜单中选择“投影”命令，在弹出的对话框中将“距离”更改为2像素，“大小”更改为3像素，完成之后单击“确定”按钮，如图13.135所示。

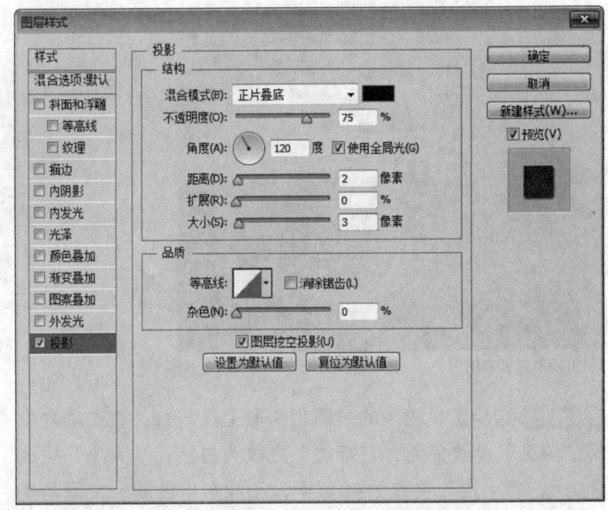
图13.135 设置投影

STEP 03 在“草”图层上单击鼠标右键，从弹出的快捷菜单中选择“拷贝图层样式”命令，在“草2”图层上单击鼠标右键，从弹出的快捷菜单中选择“粘贴图层样式”命令，这样就完成了效果制作，最终效果如图13.136所示。

图13.136 最终效果

实战 429 圣诞元素边框

▶素材位置：素材\第13章\圣诞元素边框
▶案例位置：效果\第13章\圣诞元素边框.psd
▶视频位置：视频\实战429.avi
▶难易指数：★★☆☆☆

• 实例介绍 •

圣诞元素边框的制作也是主题边框制作的一种，本例以圣诞图像为主视觉，整个边框以圣诞图像组合而成，最终效果如图13.137所示。

图13.137 最终效果

• 操作步骤 •

• 打开素材

STEP 01 执行菜单栏中的“文件”|“打开”命令，打开“背景.jpg、元素.psd”文件，并将打开的元素素材拖入背景画布中，如图13.138所示。

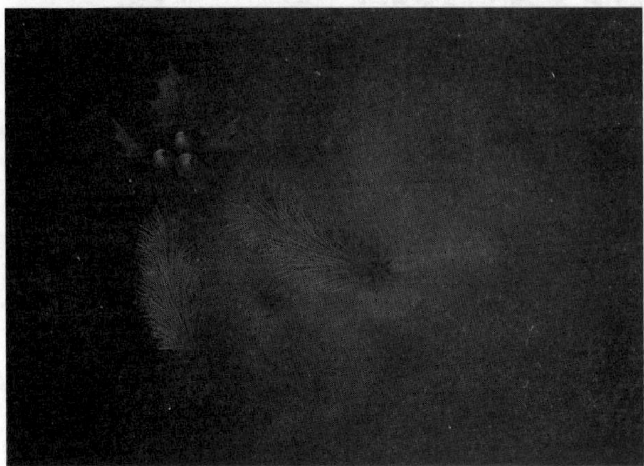
图13.138 打开并添加素材

STEP 02 将元素素材分别复制数份并适当旋转及缩小，如图13.139所示。

图13.139 复制并变换图像

提示

为了方便对图层的管理，可以将复制生成的拷贝图层编组。

• 绘制图形

STEP 01 选择工具箱中的“多边形工具”，在选项栏中将“颜色”更改为黄色（R：255，G：252，B：180），单击图标，在弹出的面板中勾选“星形”复选框，将“缩进边依据”更改为40%，在画布中的适当位置按住Shift键绘制一个星形，此时将生成一个“多边形1”图层，如图13.140所示。

图13.140 绘制图形

STEP 02 选中“多边形1”图层，按住Alt键将图形复制数份，并将部分图形缩小及变形，如图13.141所示。

图13.141 复制及变换图形

提示

在对图形进行变形及缩放时可随意操作而不会失真。

STEP 03 选择工具箱中的“画笔工具”，在“画笔”面板中选择一个圆角笔触，将“大小”更改为25像素，“硬度”更改为0%，“间距”更改为430%，如图13.142所示。
STEP 04 勾选“形状动态”复选框，将“大小抖动”更改为100%，如图13.143所示。

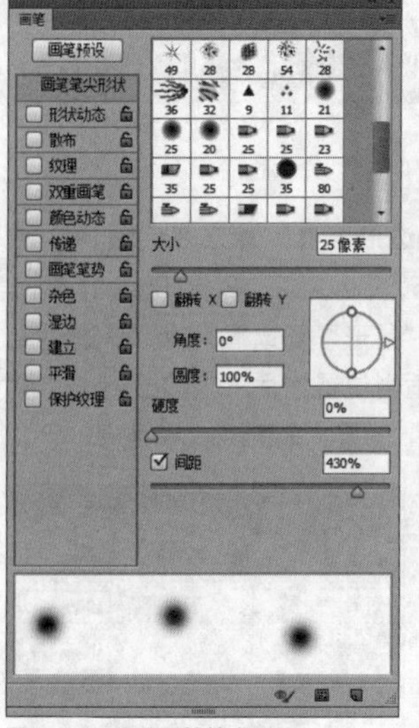

图13.142 设置画笔笔尖形状

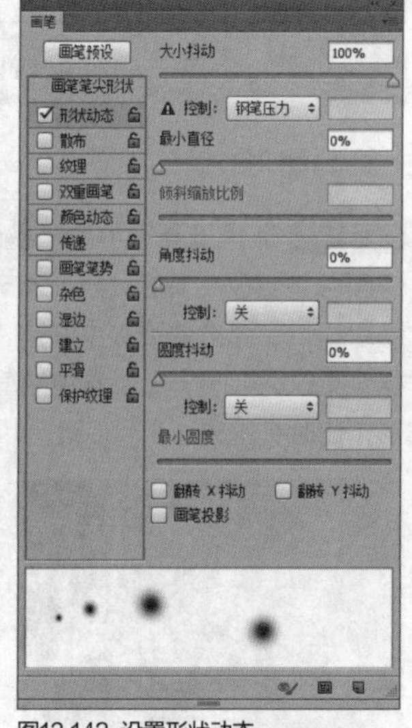
图13.143 设置形状动态

STEP 05 单击面板底部的“创建新图层”按钮，新建一个“图层1”图层，如图13.144所示。

STEP 06 将前景色更改为黄色（R：255，G：252，B：180），选中“图层1”图层，在松针叶区域涂抹添加笔触图像，如图13.145所示。

图13.144 新建图层

图13.145 添加图像

STEP 07 单击面板底部的“创建新图层”按钮，新建一个“图层2”图层，如图13.146所示。

STEP 08 选择工具箱中的“画笔工具”，在画布中单击鼠标右键，在弹出的面板中选择“混合画笔”|“交叉排线4”笔触，如图13.147所示。

图13.146 新建图层

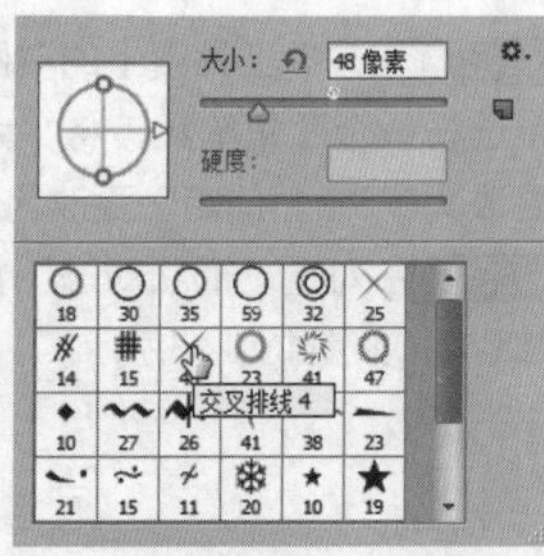
图13.147 设置笔触

STEP 09 选中“图层2”图层，在刚才添加的画笔图像位置单击，添加星光效果，这样就完成了效果制作，最终效果如图13.148所示。

图13.148 最终效果

实战 430

金质边框

▶素材位置：素材\第13章\金质边框
▶案例位置：效果\第13章\金质边框.psd
▶视频位置：视频\实战430.avi
▶难易指数：★★☆☆☆

• 实例介绍 •

金质边框的最大特点是体现金色质感效果，它在视觉上具有一种反射的效果，此类边框通常用于精品类商品广告中，最终效果如图13.149所示。

图13.149 最终效果

• 操作步骤 •

• 打开素材

STEP 01 执行菜单栏中的“文件”|“打开”命令，打开“背景.jpg”文件，如图13.150所示。

图13.150 打开素材

STEP 02 选择工具箱中的"圆角矩形工具"，在选项栏中将"填充"更改为白色，"描边"更改为无，"半径"更改为50像素，在画布中绘制一个圆角矩形，此时将生成一个"圆角矩形1"图层，如图13.151所示。

STEP 03 在"图层"面板中选中"圆角矩形1"图层，将其拖至面板底部的"创建新图层"按钮上，复制1个"圆角矩形1 拷贝"图层，如图13.152所示。

图13.151 绘制图形

图13.152 复制图层

STEP 04 在"图层"面板中选中"圆角矩形1 拷贝"图层，单击面板底部的"添加图层样式"按钮，在菜单中选择"描边"命令，在弹出的对话框中将"大小"更改为4像素，"填充类型"更改为渐变，"渐变"更改为黄色（R：255，G：250，B：87）到黄色（R：255，G：205，B：3），"角度"更改为0，如图13.153所示。

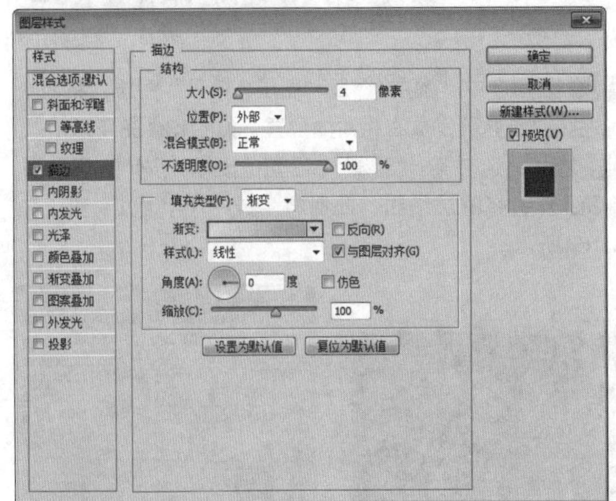
图13.153 设置描边

STEP 05 勾选"渐变叠加"复选框，将"渐变"更改为灰色（R：138，G：137，B：130）到灰色（R：37，G：30，B：8），"样式"更改为径向，完成之后单击"确定"按钮，如图13.154所示。

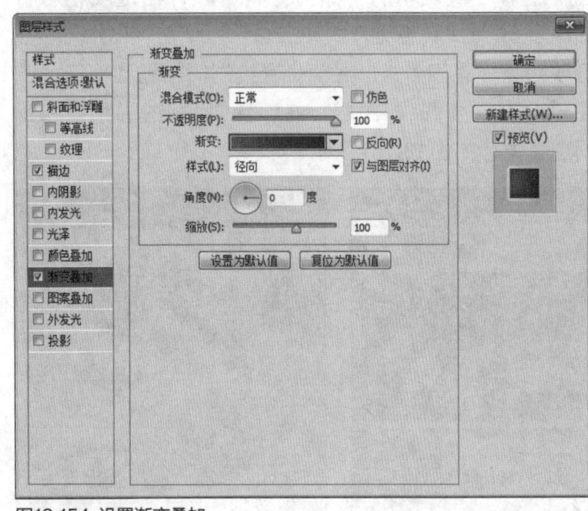
图13.154 设置渐变叠加

STEP 06 在"图层"面板中选中"圆角矩形1"图层，单击面板底部的"添加图层样式"按钮，在菜单中选择"渐变叠加"命令，在弹出的对话框中将"渐变"更改为黄色（R：255，G：204，B：0）到黄色（R：252，G：242，B：158），"角度"更改为45度，完成之后单击"确定"按钮，如图13.155所示。

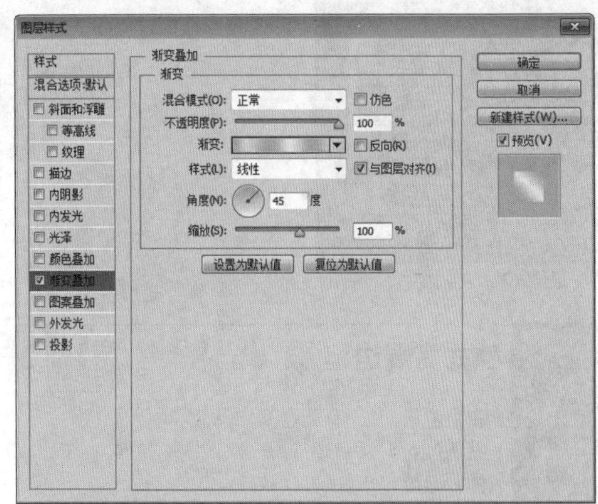
图13.155 设置渐变叠加

STEP 07 选中"圆角矩形 1 拷贝"图层，按Ctrl+T组合键对其执行"自由变换"命令，分别将图形宽度和高度等比例缩小，完成之后按Enter键确认，如图13.156所示。

图13.156 变换图形

- **制作阴影**

STEP 01 选择工具箱中的“椭圆工具”，在选项栏中将“填充”更改为深黄色（R：35，G：28，B：6），“描边”更改为无，在圆角矩形底部位置绘制一个椭圆图形，此时将生成一个“椭圆1”图层，将“椭圆1”图层移至“背景”图层上方，如图13.157所示。

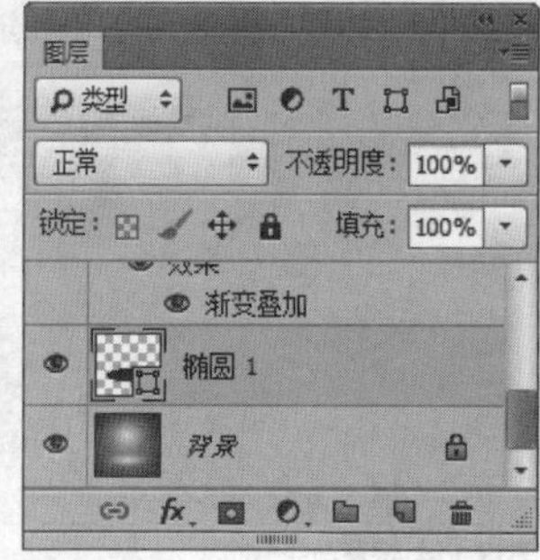

图13.157 绘制图形

STEP 02 选中“椭圆1”图层，执行菜单栏中的“滤镜”|“模糊”|“高斯模糊”命令，在弹出的对话框中将“半径”更改为35，完成之后单击“确定”按钮，这样就完成了效果制作，最终效果如图13.158所示。

图13.158 最终效果

实战 431 欧式高端边框

- 素材位置：素材\第13章\欧式高端边框
- 案例位置：效果\第13章\欧式高端边框.psd
- 视频位置：视频\实战431.avi
- 难易指数：★★☆☆☆

• 实例介绍 •

在所有的边框中欧式边框最为常见，它代表了一种边框文化，也是最经典的一种边框，最终效果如图13.159所示。

图13.159 最终效果

• 操作步骤 •

- **打开素材**

STEP 01 执行菜单栏中的“文件”|“打开”命令，打开“背景.jpg、牛皮纸.jpg”文件，将牛皮纸素材移至图像靠左侧边缘位置，其图层名称将更改为“图层1”，如图13.160所示。

图13.160 打开及添加素材

STEP 02 在“图层”面板中选中“图层1”图层，将其拖至面板底部的“创建新图层”按钮上，复制1个“图层1 拷贝”图层，如图13.161所示。

STEP 03 选中“图层1 拷贝”图层，按Ctrl+T组合键对其执行“自由变换”命令，单击鼠标右键，从弹出的快捷菜单中选择“旋转90度（顺时针）”命令，完成之后按Enter键确认，将图像移至顶部边缘位置，如图13.162所示。

图13.161 复制图层

图13.162 变换图像

STEP 04 分别选中“图层1”及“图层1 拷贝”图层，将两个图层各复制1份并分别放在相对的位置，如图13.163所示。

STEP 05 同时选中除“背景”图层之外的所有图层，按Ctrl+G组合键将图层编组，此时将生成一个“组1”组，如图13.164所示。

图13.163 复制图层

图13.164 编组

STEP 06 选择工具箱中的“矩形工具”■，在选项栏中将“填充”更改为黑色，“描边”更改为无，在画布中绘制一个矩形，此时将生成一个“矩形1”图层，为“矩形1”图层创建剪贴蒙版，如图13.165所示。

图13.165 绘制图形创建剪贴蒙版

STEP 07 在“图层”面板中选中“矩形1”图层，将其图层混合模式设置为“叠加”，如图13.166所示。

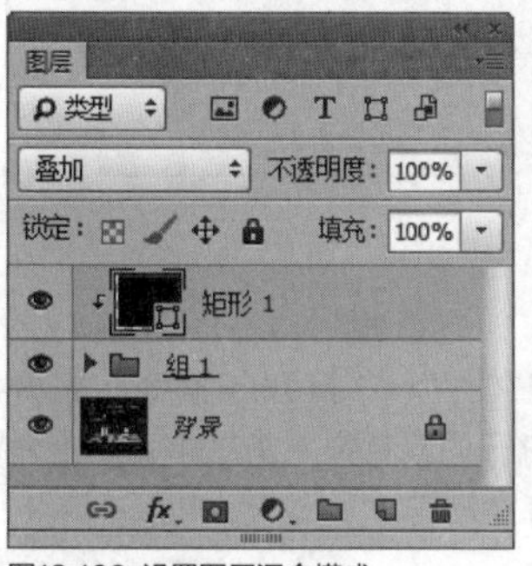

图13.166 设置图层混合模式

● **添加素材**

STEP 01 执行菜单栏中的“文件”|“打开”命令，打开“花纹.psd”文件，将打开的素材拖入画布中靠左下角的位置并适当缩小，如图13.167所示。

图13.167 添加素材

STEP 02 在“图层”面板中选中“花纹”图层，将其拖至面板底部的“创建新图层”■按钮上，复制1个“花纹 拷贝”图层，如图13.168所示。

STEP 03 选中“花纹 拷贝”图层，按Ctrl+T组合键对其执行“自由变换”命令，单击鼠标右键，从弹出的快捷菜单中选择“垂直翻转”命令，完成之后按Enter键确认，将图像移至画布左上角位置，如图13.169所示。

图13.168 复制图层　　图13.169 变换图像

STEP 04 同时选中“花纹”及“花纹 拷贝”图层，按住Alt+Shift组合键向右侧拖动复制图像，此时将生成2个“花纹 拷贝2”图层，如图13.170所示。

图13.170 复制图层

STEP 05 同时选中2个“花纹 拷贝2”图层，按Ctrl+T组合键对其执行“自由变换”命令，单击鼠标右键，从弹出的快捷菜单中选择“水平翻转”命令，完成之后按Enter键确认，这样就完成了效果制作，最终效果如图13.171所示。

图13.171 最终效果

实战 432 冬日元素边框

▶素材位置：素材\第13章\冬日元素边框
▶案例位置：效果\第13章\冬日元素边框.psd
▶视频位置：视频\实战432.avi
▶难易指数：★★★☆☆

• 实例介绍 •

冬日元素边框的制作思路比较简单，其整个制作过程围绕冬日场景中的元素进行，其图像有多种样式，最终效果如图13.172所示。

图13.72 最终效果

• 操作步骤 •

• 打开素材

STEP 01 执行菜单栏中的“文件”|“打开”命令，打开“背景.jpg”文件，如图13.173所示。

图13.173 打开素材

STEP 02 选择工具箱中的“矩形工具”，在选项栏中将“填充”更改为无，“描边”更改为白色，“大小”更改为6点，在画布中绘制一个比画布稍小的矩形，此时将生成一个“矩形1”图层，如图13.174所示。

图13.174 绘制图形

STEP 03 在“图层”面板中选中“矩形1”图层，单击面板底部的“添加图层样式”按钮，在菜单中选择“投影”命令，在弹出的对话框中将“不透明度”更改为10%，“距离”更改为3像素，“扩展”更改为100%，“大小”更改为4像素，完成之后单击“确定”按钮，如图13.175所示。

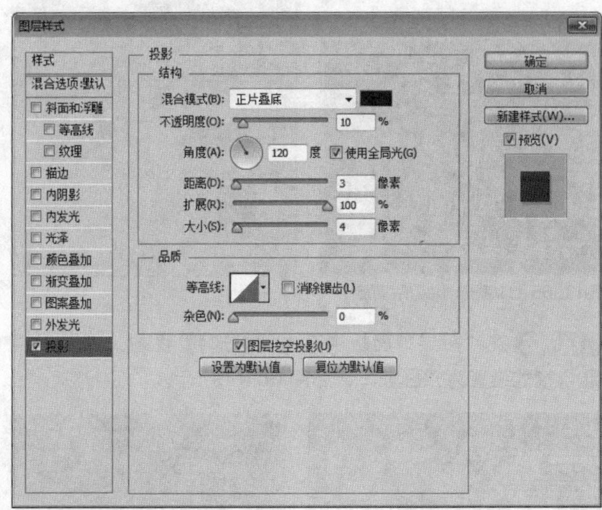

图13.175 设置投影

• 添加素材

STEP 01 执行菜单栏中的“文件”|“打开”命令，打开“糖果彩旗.psd”文件，将打开的素材拖入画布中靠右上角的位置并适当缩小，如图13.176所示。

图13.176 添加素材

STEP 02 在“图层”面板中选中“糖果彩旗”图层，将其拖至面板底部的“创建新图层”按钮上，复制1个“糖果彩旗 拷贝”图层，如图13.177所示。

STEP 03 选中“糖果彩旗 拷贝”图层，按Ctrl+T组合键对其执行“自由变换”命令，单击鼠标右键，从弹出的快捷菜单中选择“变形”命令，单击选项栏中的 自定 按钮，在弹出的选项中选择“扇形”，将“弯曲”更改为-20，完成之后按Enter键确认，如图13.178所示。

图13.177 复制图层

图13.178 变换图像

STEP 04 在“图层”面板中选中“糖果彩旗”图层，单击面板底部的“添加图层样式”按钮，在菜单中选择“投影”命令，在弹出的对话框中将“距离”更改为12像素，“大小”更改为6像素，完成之后单击“确定”按钮，如图13.179所示。

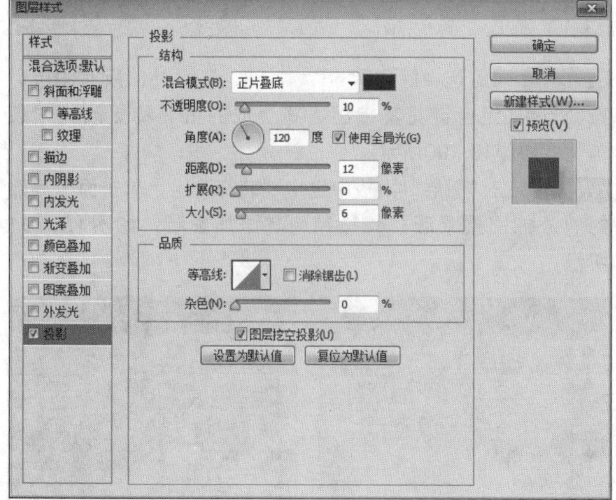

图13.179 设置投影

STEP 05 在“糖果彩旗”图层上单击鼠标右键，从弹出的快捷菜单中选择“拷贝图层样式”命令，在“糖果彩旗 拷贝”图层上单击鼠标右键，从弹出的快捷菜单中选择“粘贴图层样式”命令，如图13.180所示。

图13.180 复制并粘贴图层样式

● 绘制图形

STEP 01 选择工具箱中的“钢笔工具”，在选项栏中单击“选择工具模式” 路径 按钮，在弹出的选项中选择“形状”，将“填充”更改为白色，“描边”更改为无，在边框底部位置绘制一个不规则图形以制作积雪图像效果，此时将生成一个“形状1”图层，如图13.181所示。

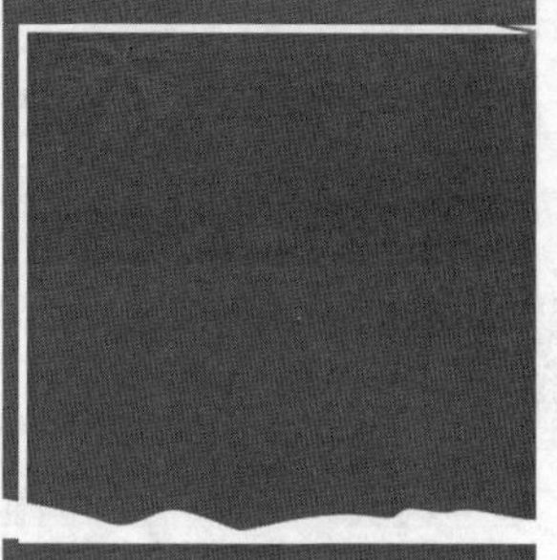

图13.181 绘制图形

STEP 02 在“图层”面板中选中“形状1”图层，单击面板底部的“添加图层样式”按钮，在菜单中选择“斜面与浮雕”命令，在弹出的对话框中将“深度”更改为225%，“大小”更改为90像素，“高光模式”更改为正常，将其“不透明度”更改为12%，“颜色”更改为黑色，“阴影模式”更改为0%，完成之后单击“确定”按钮，如图13.182所示。

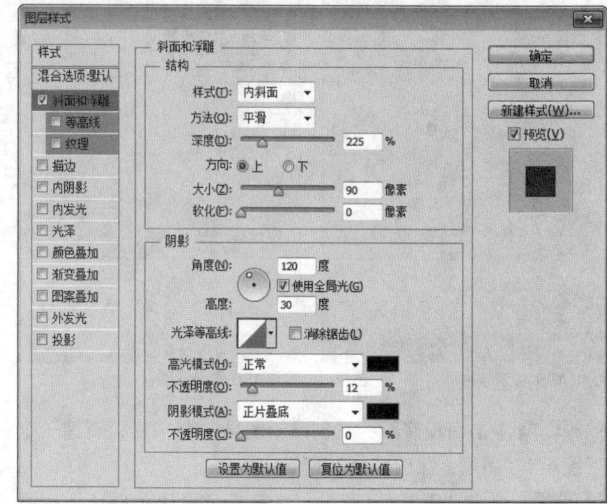

图13.182 设置斜面与浮雕

STEP 03 在“画笔”面板中选择一个圆角笔触，将“大小”更改为5像素，“硬度”更改为0%，“间距”更改为50%，如图13.183所示。

STEP 04 勾选“形状动态”复选框，将“大小抖动”更改为100%，“圆度抖动”更改为60%，如图13.184所示。

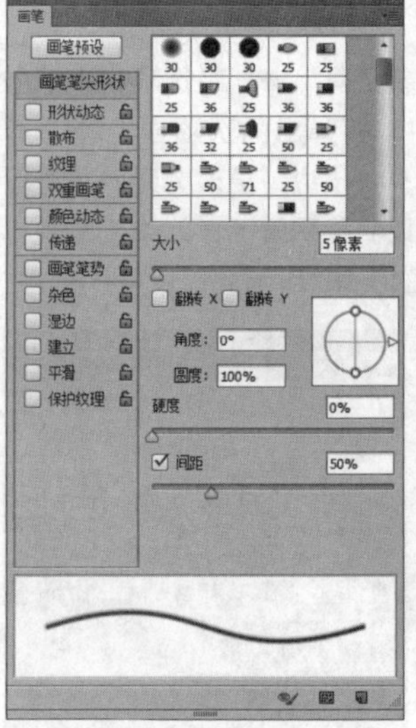

图13.183 设置画笔笔尖形状

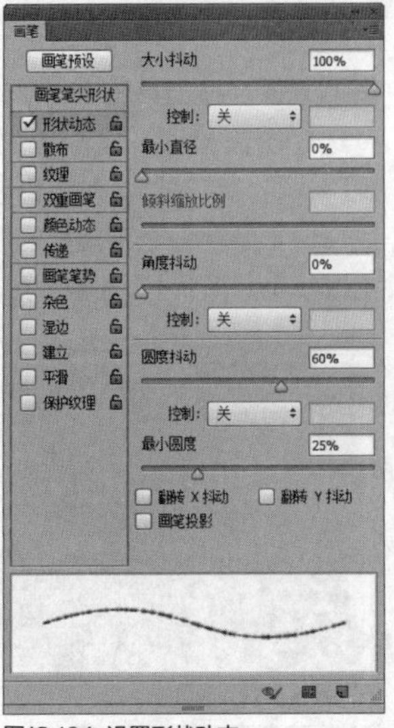

图13.184 设置形状动态

STEP 05 勾选“散布”复选框，将“散布”更改为800%，如图13.185所示。

STEP 06 勾选“平滑”复选框，如图13.186所示。

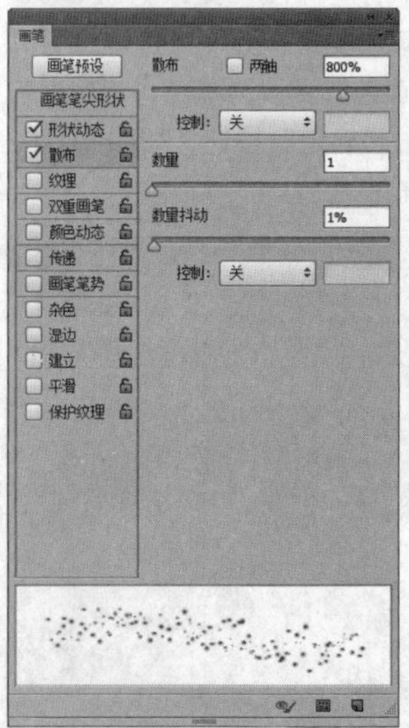

图13.185 设置散布

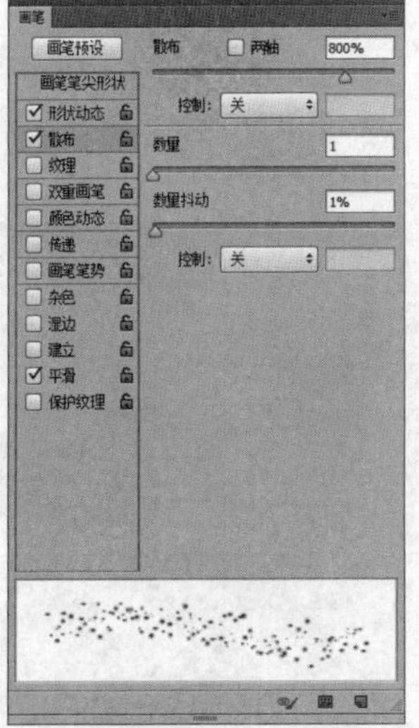

图13.186 勾选平滑

STEP 07 单击面板底部的“创建新图层”按钮，新建一个“图层1”图层，如图13.187所示。

STEP 08 选中“图层1”图层，将前景色更改为白色，在积雪图形上半部分的位置涂抹添加图像，如图13.188所示。

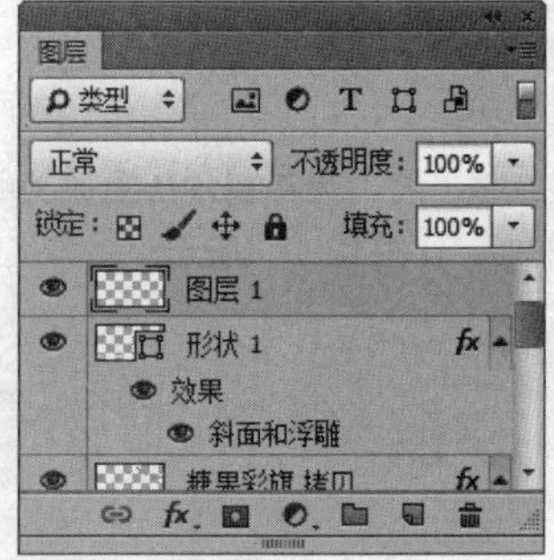

图13.187 新建图层

图13.188 添加图像

STEP 09 将画笔笔触大小更改为3像素，继续绘制图像，再将笔触大小更改为1像素，在其上方再次添加，如图13.189所示。

图13.189 添加图像

提示

反复更改画笔笔触大小会使添加的雪花效果更加自然。

STEP 10 同时选中除“背景”“矩形1”之外的所有图层，按Ctrl+G组合键将其编组，将生成的组名称更改为“装饰”，如图13.190所示。

STEP 11 在“图层”面板中选中“装饰”组，单击面板底部的“添加图层蒙版”按钮为其添加蒙版，如图13.191所示。

图13.190 将图层编组

图13.191 添加蒙版

STEP 12 按住Ctrl键单击“矩形1”图层缩览图将其载入选区，执行菜单栏中的“选择”|“反向”命令将选区反向，将选区填充为黑色将部分图像隐藏，完成之后按Ctrl+D组合键将选区取消，这样就完成了效果制作，最终效果如图13.192所示。

图13.192 最终效果

第 14 章

绘制贴心标签

本章导读

本章讲解贴心标签的绘制方法。标签主要用于广告的商品提示，很多时候广告中的图文信息不一定足够清晰明了，而此时贴心标签的加入可以起到画龙点睛的作用。通过对本章的学习读者可以熟练掌握贴心标签的绘制手法，以及针对不同的广告类型应使用的绘制标签的独特思路。

要点索引

- 学习拟物化与传统标签的制作方法
- 掌握多边形标签的设计方法
- 学会传统标签的制作方法
- 了解特色标签的制作方法
- 学会制作指向性标签

实战 433 吊牌标签

▶素材位置：素材\第14章\吊牌标签
▶案例位置：效果\第14章\吊牌标签.psd
▶视频位置：视频\实战433.avi
▶难易指数：★★☆☆☆

• 实例介绍 •

吊牌标签的绘制方法与拟物化优惠券的制作方法类似，两者都是以模拟真实的图形为主，本例中的吊牌样式绘制方法比较简单，最终效果如图14.1所示。

图14.1 最终效果

• 操作步骤 •

STEP 01 执行菜单栏中的“文件“|“打开”命令，打开“背景.jpg”文件，如图14.2所示。

图14.2 打开素材

STEP 02 选择工具箱中的“圆角矩形工具”，在选项栏中将“填充”更改为粉红色（R：255，G：113，B：167），“描边”更改为无，“半径”更改为3像素，在画布靠右侧位置绘制一个圆角矩形，此时将生成一个“圆角矩形1”图层，如图14.3所示。

图14.3 绘制图形

STEP 03 选中“圆角矩形1”图层，按Ctrl+T组合键对其执行“自由变换”命令，单击鼠标右键，从弹出的快捷菜单中选择“透视”命令，将图形透视变形再适当旋转，完成之后按Enter键确认，如图14.4所示。

图14.4 旋转图形

STEP 04 在“图层”面板中选中“圆角矩形1”图层，将其拖至面板底部的“创建新图层”按钮上，复制1个“圆角矩形1 拷贝”图层，如图14.5所示。

STEP 05 选中“圆角矩形1 拷贝”图层，将图形颜色更改为淡粉色（R：254，G：242，B：247），再按Ctrl+T组合键对其执行“自由变换”命令，将图形适当旋转，完成之后按Enter键确认，如图14.6所示。

图14.5 复制图层

图14.6 旋转图形

STEP 06 在“图层”面板中选中“圆角矩形1”图层，单击面板底部的“添加图层样式”按钮，在菜单中选择“投影”命令，在弹出的对话框中将“不透明度”更改为20%，取消“使用全局光”复选框，将“角度”更改为130度，“距离”更改为6像素，“大小”更改为5像素，完成之后单击“确定”按钮，如图14.7所示。

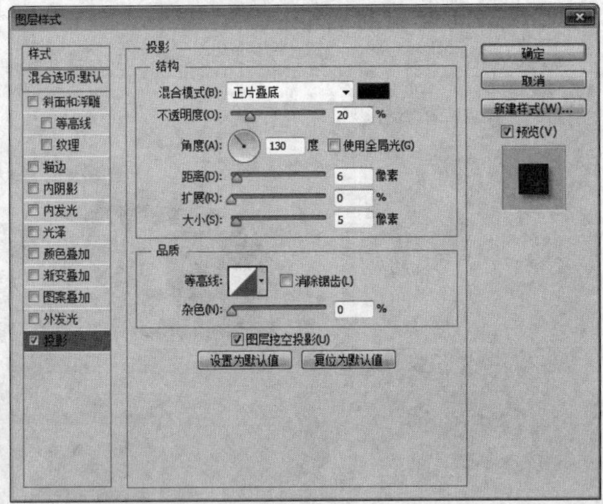

图14.7 设置投影

STEP 07 在“圆角矩形1”图层上单击鼠标右键，从弹出的快捷菜单中选择“拷贝图层样式”命令，在“圆角矩形1 拷贝”图层上单击鼠标右键，从弹出的快捷菜单中选择“粘贴图层样式”命令，如图14.8所示。

图14.8 复制并粘贴图层样式

STEP 08 选择工具箱中的“钢笔工具”，在选项栏中单击“选择工具模式”按钮，在弹出的选项中选择“形状”，将“填充”更改为无，“描边”更改为深灰色（R：67，G：67，B：67），“大小”更改为0.5点，在圆角矩形左侧位置绘制一个不规则图形，此时将生成一个“形状1”图层，如图14.9所示。

图14.9 绘制图形

STEP 09 选择工具箱中的“椭圆工具”，在选项栏中将“填充”更改为无，“描边”更改为深灰色（R：67，G：67，B：67），“大小”更改为1点，按住Shift键绘制一个正圆图形，此时将生成一个“椭圆1”图层，如图14.10所示。

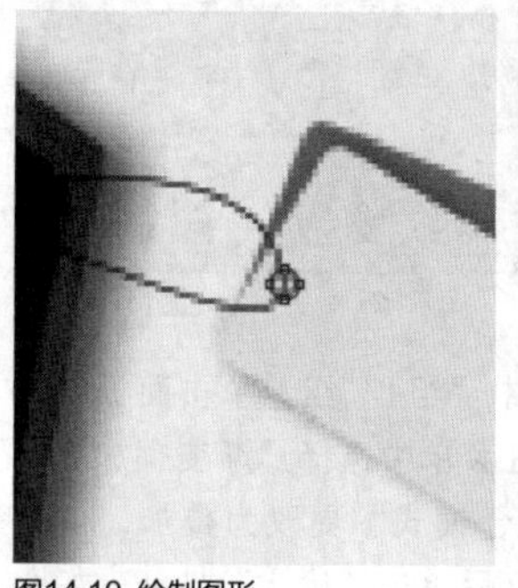
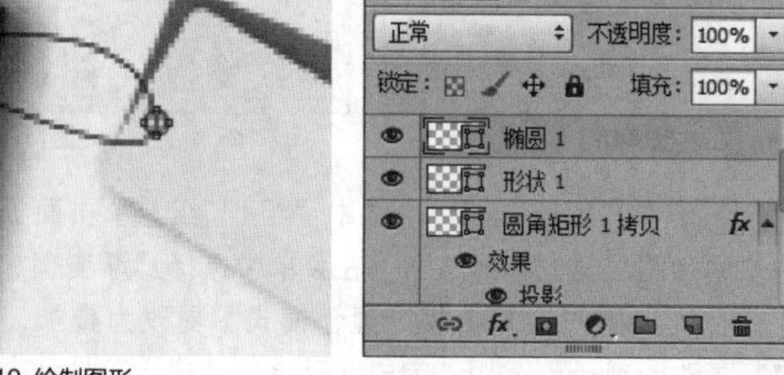

图14.10 绘制图形

STEP 10 在“图层”面板中选中“形状1”图层，单击面板底部的“添加图层蒙版”按钮，为其图层添加图层蒙版，如图14.11所示。

STEP 11 选择工具箱中的“画笔工具”，在画布中单击鼠标右键，在弹出的面板中选择一种圆角笔触，将“大小”更改为10像素，“硬度”更改为100%，如图14.12所示。

图14.11 添加图层蒙版

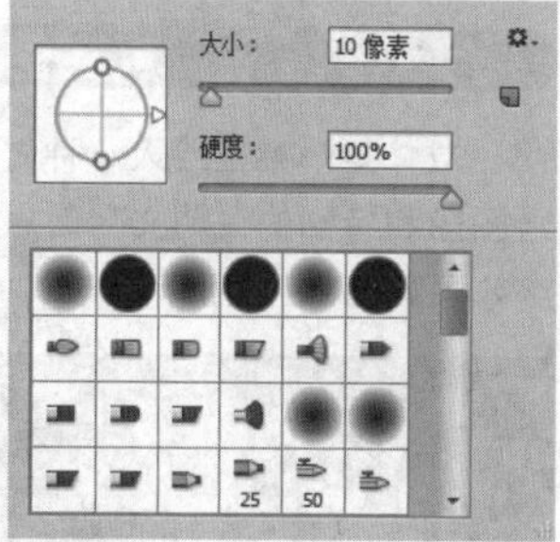

图14.12 设置笔触

STEP 12 将前景色更改为黑色，在图形上的部分区域进行涂抹将其隐藏，如图14.13所示。

图14.13 隐藏图像

STEP 13 选择工具箱中的“横排文字工具”，在吊牌图形位置添加文字，这样就完成了效果制作，最终效果如图14.14所示。

图14.14 最终效果

实战 434 立体矩形标签

▶素材位置：素材\第14章\立体矩形标签
▶案例位置：效果\第14章\立体矩形标签.psd
▶视频位置：视频\实战434.avi
▶难易指数：★★★☆☆

• 实例介绍 •

立体矩形标签给人一种立体的视觉效果，通过绘制的组合图形和特别的说明文字信息，使整个画布富有立体感，最终效果如图14.15所示。

图14.15 最终效果

• 操作步骤 •

STEP 01 执行菜单栏中的“文件”|“打开”命令，打开“背景.jpg”文件，如图14.16所示。

图14.16 打开素材

STEP 02 选择工具箱中的“矩形工具”▣，在选项栏中将“填充”更改为浅红色（R：255，G：90，B：100），“描边”更改为无，在画布靠左上角位置绘制一个矩形，此时将生成一个“矩形1”图层，如图14.17所示。

图14.17 绘制图形

STEP 03 选择工具箱中的“椭圆工具”●，在选项栏中将“填充”更改为黄色（R：250，G：240，B：174），“描边”更改为无，在矩形右侧位置绘制一个椭圆图形，此时将生成一个“椭圆1”图层，如图14.18所示。

图14.18 绘制图形

STEP 04 选中“椭圆1”图层，执行菜单栏中的“图层”|“创建剪贴蒙版”命令，为当前图层创建剪贴蒙版，将部分图形隐藏，如图14.19所示。

图14.19 创建剪贴蒙版

STEP 05 同时选中“椭圆1”及“矩形1”图层，按Ctrl+G组合键将图层编组，此时将生成一个“组1”，如图14.20所示。

图14.20 将图层编组

STEP 06 在“图层”面板中选中“组1”组，单击面板底部的“添加图层样式”fx按钮，在菜单中选择“渐变叠加”命令，在弹出的对话框中将“混合模式”更改为叠加，“渐变”更改为黑色到透明，完成之后单击“确定”按钮，如图14.21所示。

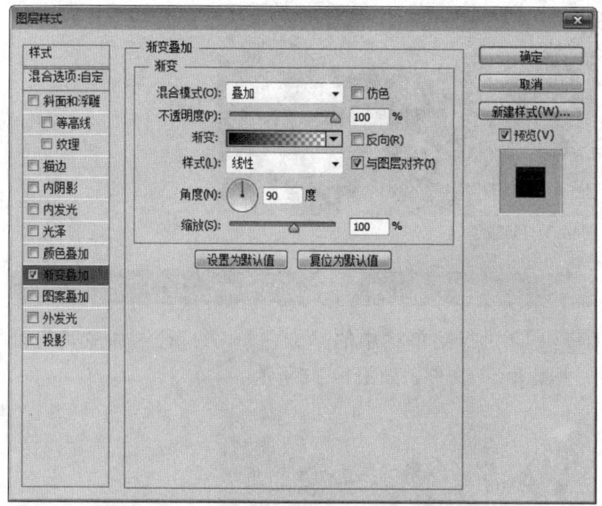

图14.21 设置渐变叠加

STEP 07 选择工具箱中的“矩形工具”，在选项栏中将“填充”更改为黄色（R：246，G：215，B：166），“描边”更改为无，在图形底部位置绘制一个矩形，此时将生成一个“矩形2”图层，如图14.22所示。

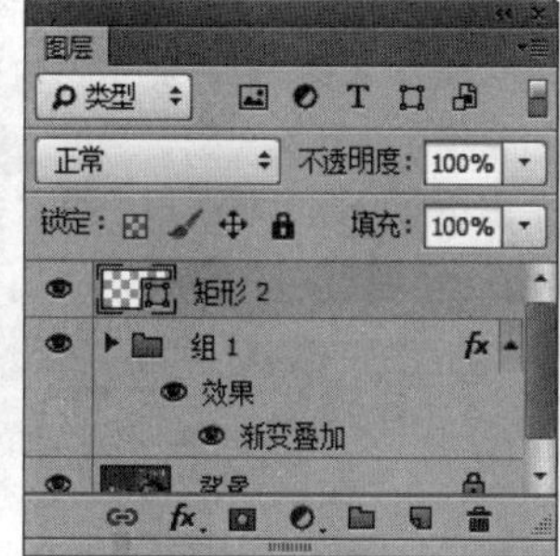

图14.22 绘制图形

STEP 08 在“图层”面板中选中“矩形2”图层，单击面板底部的“添加图层样式”按钮，在菜单中选择“内阴影”命令，在弹出的对话框中将“混合模式”更改为正常，“颜色”更改为白色，取消“使用全局光”复选框，“角度”更改为90度，“距离”更改为1像素，“阻塞”更改为50%，完成之后单击“确定”按钮，如图14.23所示。

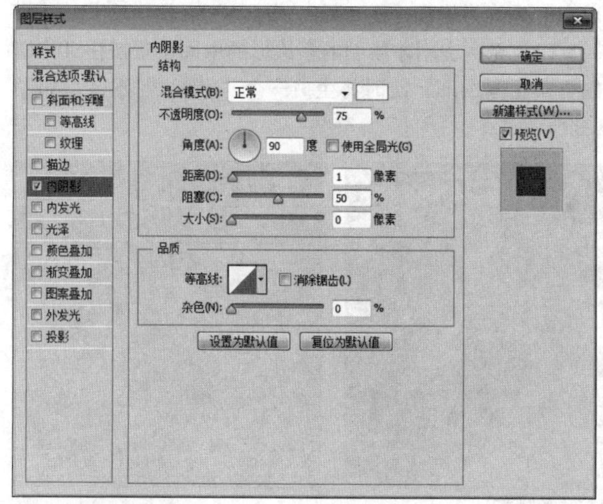

图14.23 设置内阴影

STEP 09 选择工具箱中的“钢笔工具”，在选项栏中单击“选择工具模式” 路径 按钮，在弹出的选项中选择“形状”，将“填充”更改为黑色，“描边”更改为无，在“组1”组左侧位置绘制一个不规则图形，此时将生成一个“形状1”图层，将“形状1”图层移至“背景”图层上方，并将其图层“不透明度”更改为10%，如图14.24所示。

图14.24 绘制图形

STEP 10 选中“形状 1”图层，执行菜单栏中的“滤镜”|“模糊”|“高斯模糊”命令，在弹出的对话框中将“半径”更改为2像素，完成之后单击“确定”按钮，如图14.25所示。

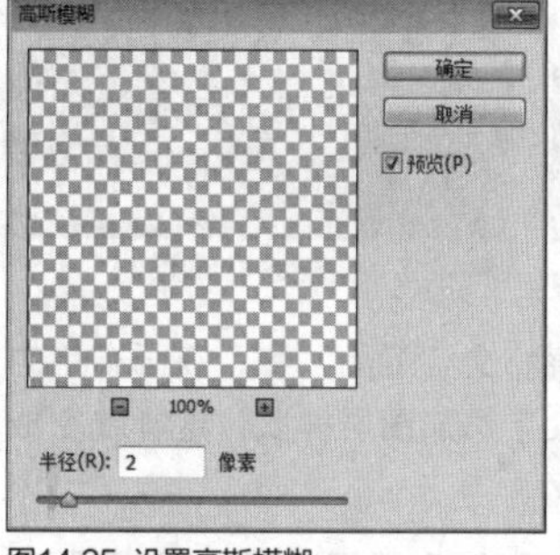

图14.25 设置高斯模糊

STEP 11 选择工具箱中的“钢笔工具”，在选项栏中单击“选择工具模式” 路径 按钮，在弹出的选项中选择“形状”，将“填充”更改为黑色，“描边”更改为无，在图形底部位置绘制一个不规则图形，此时将生成一个“形状2”图层，将“形状2”图层移至“组1”组下方，再将其图层“不透明度”更改为10%，如图14.26所示。

图14.26 绘制图形并更改不透明度

STEP 12 选中“形状2”图层，按Ctrl+F组合键为其添加高斯模糊效果，如图14.27所示。

图14.27 添加高斯模糊

STEP 13 在“图层”面板中选中“形状 2”图层，单击面板底部的“添加图层蒙版”按钮，为其图层添加图层蒙版，如图14.28所示。

STEP 14 选择工具箱中的“渐变工具”，编辑黑色到白色的渐变，单击选项栏中的“线性渐变”按钮，在图像上从下至上拖动，将部分图像隐藏，如图14.29所示。

图14.28 添加图层蒙版

图14.29 设置渐变并隐藏图形

STEP 15 选择工具箱中的“横排文字工具”，在画布中的适当位置添加文字并为部分文字添加图层样式，这样就完成了效果制作，最终效果如图14.30所示。

图14.30 最终效果

实战 435

镂空组合标签

- 素材位置：素材\第14章\镂空组合标签
- 案例位置：效果\第14章\镂空组合标签.psd
- 视频位置：视频\实战435.avi
- 难易指数：★★☆☆☆

• 实例介绍 •

镂空组合标签的制作特点在于对两个组合图形中的其中一个添加镂空效果，这种标签特别强调了镂空图形的内部信息，最终效果如图14.31所示。

图14.31 最终效果

• 操作步骤 •

STEP 01 执行菜单栏中的“文件”|“打开”命令，打开“背景.jpg”文件，如图14.32所示。

图14.32 打开素材

STEP 02 选择工具箱中的“多边形工具”，在选项栏中单击图标，在弹出的面板中将“填充”更改为橙色（R：232，G：136，B：50），勾选“星形”复选框，将“缩进边依据”更改为5%，“边”更改为40，按住Shift键绘制一个多边形，此时将生成一个“多边形1”图层，如图14.33所示。

图14.33 绘制图形

STEP 03 选择工具箱中的“椭圆工具”，在选项栏中将“填充”更改为橙色（R：232，G：136，B：50），“描边”更改为无，在刚才绘制的多边形的中间位置按住Shift键绘制一个正圆图形，此时将生成一个“椭圆1”图层，如图14.34所示。

图14.34 绘制图形

STEP 04 在“图层”面板中选中“多边形1”图层，单击面板底部的“添加图层蒙版”按钮，为其图层添加图层蒙版，如图14.35所示。

STEP 05 按住Ctrl键单击“椭圆1”图层缩览图，将其载入选区，如图14.36所示。

图14.35 添加图层蒙版

图14.36 载入选区

STEP 06 执行菜单栏中的“选择”|“修改”|“扩展”命令，在弹出的对话框中将“扩展量”更改为3像素，完成之后单击“确定”按钮，如图14.37所示。

STEP 07 将选区填充为黑色，将部分图形隐藏，完成之后按Ctrl+D组合键将选区取消，再将图层“不透明度”更改为80%，如图14.38所示。

图14.37 扩展选区

图14.38 隐藏图形

STEP 08 选择工具箱中的“横排文字工具”T，在画布中的适当位置添加文字，这样就完成了效果制作，最终效果如图14.39所示。

图14.39 最终效果

实战 436 燕尾组合标签

▶素材位置：素材\第14章\燕尾组合标签
▶案例位置：效果\第14章\燕尾组合标签.psd
▶视频位置：视频\实战436.avi
▶难易指数：★★★☆☆

• 实例介绍 •

本例讲解燕尾组合标签，它的制作过程比较简单，通过对图形进行简单变形即可完成，最终效果如图14.40所示。

图14.40 最终效果

• 操作步骤 •

STEP 01 执行菜单栏中的“文件”|“打开”命令，打开“背景.jpg”文件，如图14.41所示。

图14.41 打开素材

STEP 02 选择工具箱中的“矩形工具”，在选项栏中将“填充”更改为黄色（R：230，G：196，B：152），“描边”更改为无，在画布左上角位置绘制一个矩形，此时将生成一个“矩形1”图层，如图14.42所示。

图14.42 绘制图形

STEP 03 选择工具箱中的“椭圆工具”，在矩形左上角位置按住Alt键绘制椭圆图形，将部分图形减去，如图14.43所示。

图14.43 减去图形

提示

按住Alt键可以将图形减去，按住Shift键可以合并图形。

STEP 04 在“图层”面板中选中“矩形1”图层，将其拖至面板底部的“创建新图层”按钮上，复制1个“矩形1 拷贝”图层，如图14.44所示。

STEP 05 选中“矩形1 拷贝”图层，按Ctrl+T组合键对其执行“自由变换”命令，单击鼠标右键，从弹出的快捷菜单中选择“水平翻转”命令，完成之后按Enter键确认，再将图形与原图形对齐，如图14.45所示。

图14.44 复制图层

图14.45 变换图形

STEP 06 同时选中“矩形1 拷贝”及“矩形1”图层，按Ctrl+E组合键将其合并，将生成的“矩形1 拷贝”拖至面板底部的“创建新图层”按钮上，复制1个“矩形1 拷贝2”图层，如图14.46所示。

STEP 07 选中“矩形1 拷贝2”图层，按Ctrl+T组合键对其执行“自由变换”命令，单击鼠标右键，从弹出的快捷菜单中选择“垂直翻转”命令，完成之后按Enter键确认，再将图形与原图形底部对齐，如图14.47所示。

图14.46 合并及复制图层

图14.47 变换图形

STEP 08 同时选中“矩形1 拷贝2”及“矩形1 拷贝”图层，按Ctrl+E组合键将其合并，将合并生成的图层名称更改为“图形”，将“图形”图层拖至面板底部的“创建新图层”按钮上，复制一个图层，如图14.48所示。

STEP 09 选中“图形 拷贝”图层，将其图形颜色更改为稍深的黄色（R：210，G：173，B：128），按Ctrl+T组合键对其执行“自由变换”命令，将图形等比例缩小，完成之后按Enter键确认，如图14.49所示。

图14.48 合并及复制图层

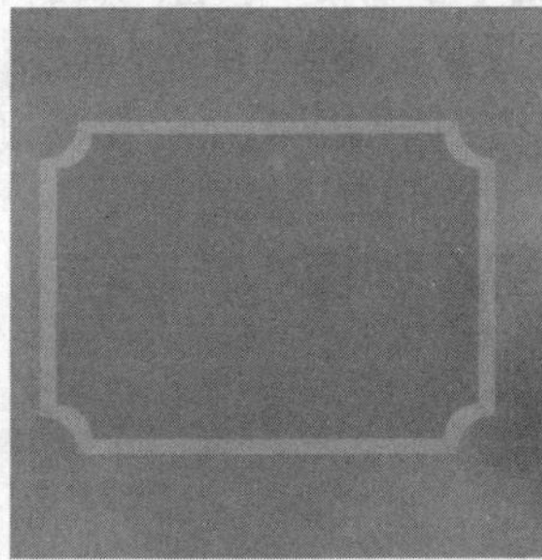
图14.49 变换图形

STEP 10 在“图层”面板中选中“图形 拷贝”图层，单击面板底部的“添加图层样式”按钮，在菜单中选择“描边”命令，在弹出的对话框中将“大小”更改为3像素，“位置”更改为内部，“颜色”更改为黄色（R：172，G：143，B：85），如图14.50所示。

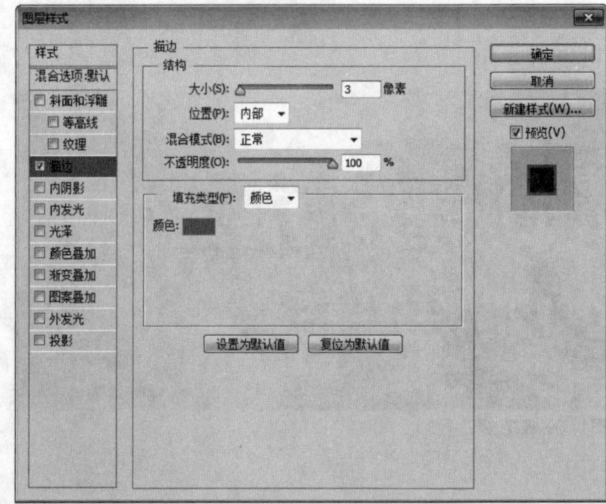
图14.50 设置描边

STEP 11 勾选“图案叠加”复选框，单击“图案”后方的按钮，在弹出的面板中单击右上角图标，在弹出的菜单中选择“艺术表面”，在面板中选择“纱布”，将“不透明度”更改为10%，完成之后单击“确定”按钮，如图14.51所示。

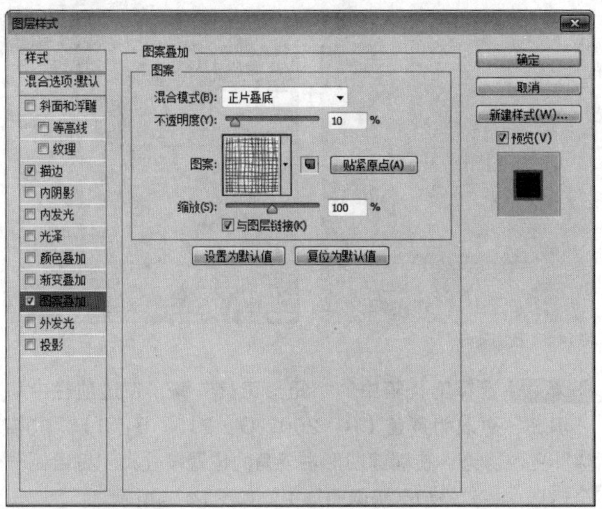

图14.51 设置图案叠加

STEP 12 选择工具箱中的“矩形工具”，在选项栏中将“填充”更改为浅黄色（R：245，G：228，B：210），“描边”更改为无，在图形靠下方位置绘制一个矩形，此时将生成一个“矩形1”图层，如图14.52所示。

图14.52 绘制图形

STEP 13 在“图层”面板中选中“矩形1”图层，将其拖至面板底部的“创建新图层”按钮上，复制1个“矩形1 拷贝”图层，如图14.53所示。

STEP 14 选中“矩形1 拷贝”图层，将其向左上角方向移动，再缩小其宽度，如图14.54所示。

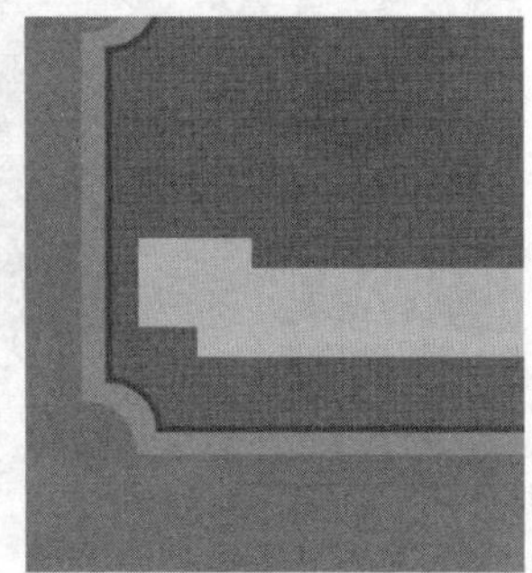

图14.53 复制图层　　图14.54 变换图形

STEP 15 选择工具箱中的“添加锚点工具”，在“矩形1 拷贝”图形左侧的中间位置单击添加锚点，如图14.55所示。

STEP 16 选择工具箱中的“转换点工具”单击添加的锚点，选择工具箱中的“直接选择工具”选中锚点，向右侧稍微拖动，如图14.56所示。

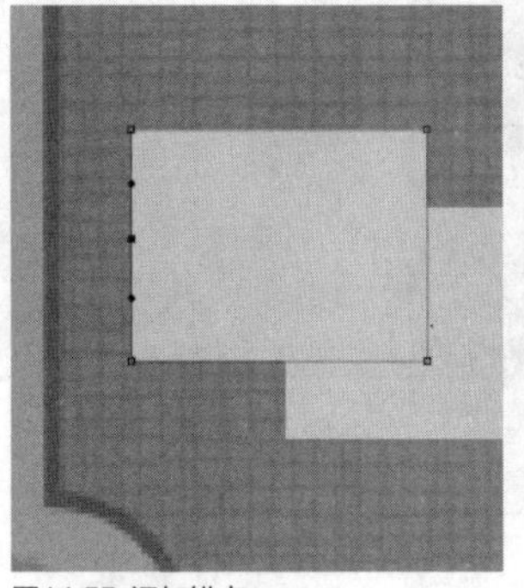

图14.55 添加锚点　　图14.56 拖动锚点

STEP 17 在“图层”面板中选中“矩形1 拷贝”图层，将其拖至面板底部的“创建新图层”按钮上，复制1个“矩形1 拷贝2”图层，如图14.57所示。

STEP 18 选中“矩形1 拷贝2”图层，按Ctrl+T组合键对其执行“自由变换”命令，单击鼠标右键，从弹出的快捷菜单中选择“水平翻转”命令，完成之后按Enter键确认，再将图形平移至右侧的相对位置，如图14.58所示。

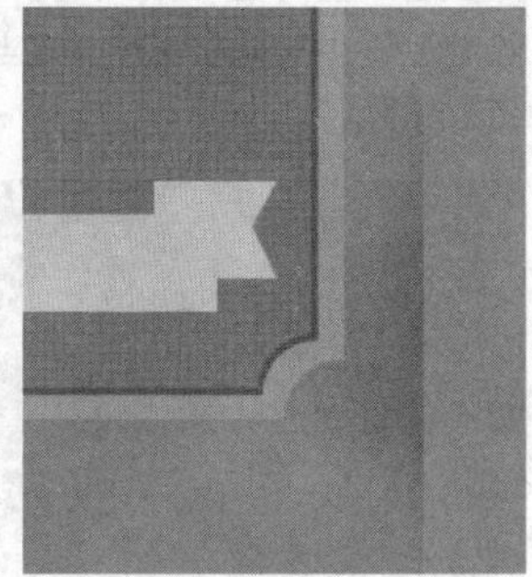

图14.57 复制图层　　图14.58 翻转图形

STEP 19 在“图形 拷贝”图层上单击鼠标右键，从弹出的快捷菜单中选择“拷贝图层样式”命令，在“矩形1”图层上单击鼠标右键，从弹出的快捷菜单中选择“粘贴图层样式”命令，将“图案叠加”样式删除，再双击“描边”图层样式，在弹出的对话框中将“描边”更改为1像素，再将其移至所有图层上方，如图14.59所示。

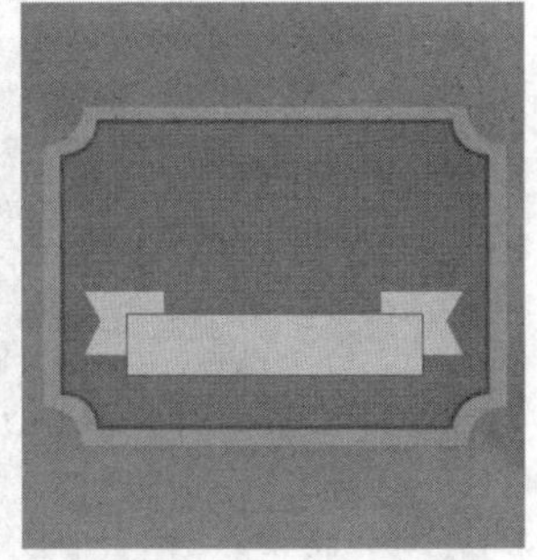

图14.59 复制并粘贴图层样式

STEP 20 选择工具箱中的“横排文字工具”T，在画布中的适当位置添加文字，这样就完成了效果制作，最终效果如图14.60所示。

图14.60 最终效果

实战 437 指向性标签

▶素材位置：素材\第14章\指向性标签
▶案例位置：效果\第14章\指向性标签.psd
▶视频位置：视频\实战437.avi
▶难易指数：★★☆☆☆

• 实例介绍 •

打开素材，分别绘制椭圆及矩形图形，然后将这两个图形组合成指向性标签。指向性标签的制作方法十分简单，在绘制过程中只需将图形以适当的方法合并即可，最终效果如图14.61所示。

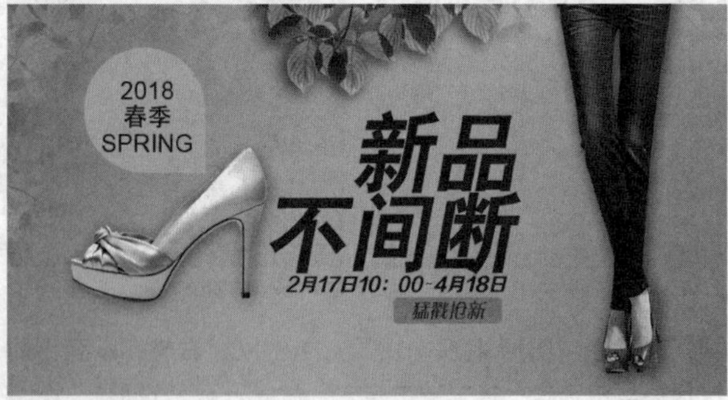

图14.61 最终效果

• 操作步骤 •

STEP 01 执行菜单栏中的“文件”|“打开”命令，打开“背景.jpg”文件，如图14.62所示。

图14.62 打开素材

STEP 02 选择工具箱中的“椭圆工具”●，在选项栏中将“填充”更改为黄色（R：250，G：213，B：0），“描边”更改为无，在鞋子上方的位置按住Shift键绘制一个正圆图形，此时将生成一个“椭圆1”图层，如图14.63所示。

图14.63 绘制图形

STEP 03 选择工具箱中的“矩形工具”■，在选项栏中将“填充”更改为黄色（R：250，G：213，B：0），“描边”更改为无，在椭圆图形右下角的位置按住Shift键绘制一个矩形，将其添加至椭圆图形中，如图14.64所示。

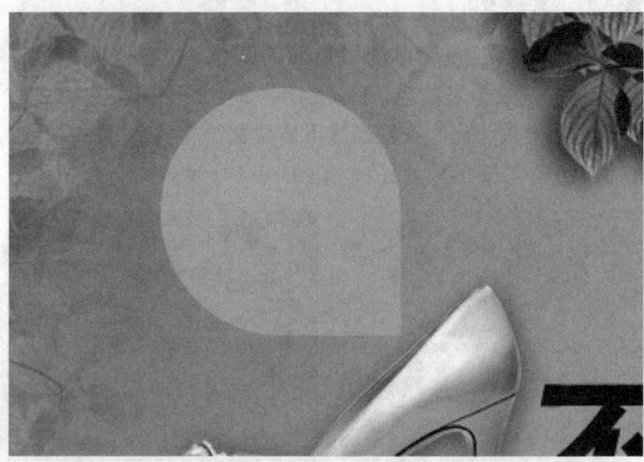
图14.64 绘制图形

STEP 04 选择工具箱中的“横排文字工具”T，在指向性图形位置添加文字，这样就完成了效果制作，最终效果如图14.65所示。

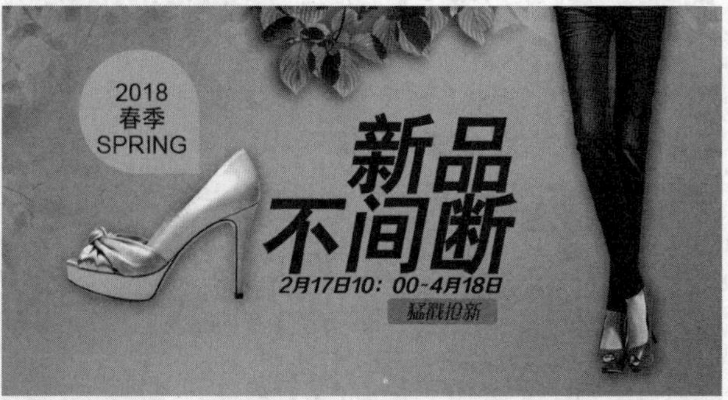

图14.65 最终效果

实战 438 对话样式标签

▶素材位置：素材\第14章\对话样式标签
▶案例位置：效果\第14章\对话样式标签.psd
▶视频位置：视频\实战438.avi
▶难易指数：★★☆☆☆

• 实例介绍 •

对话样式标签一般以象形形式存在，通过绘制模拟的对话样式图形特别地指明信息，最终效果如图14.66所示。

图14.66 最终效果

• 操作步骤 •

STEP 01 执行菜单栏中的“文件”|“打开”命令，打开“背景.jpg”文件，如图14.67所示。

图14.67 打开素材

STEP 02 选择工具箱中的“椭圆工具”，在选项栏中将“填充”更改为黄色（R：255，B：210，B：0），“描边”更改为无，按住Shift键绘制一个正圆图形，此时将生成一个“椭圆1”图层，如图14.68所示。

图14.68 绘制图形

STEP 03 选择工具箱中的“添加锚点工具”，在刚才所绘制的椭圆左下角位置单击，添加3个锚点，如图14.69所示。

STEP 04 选择工具箱中的“转换点工具”，单击刚才所添加的3个锚点的中间锚点，如图14.70所示。

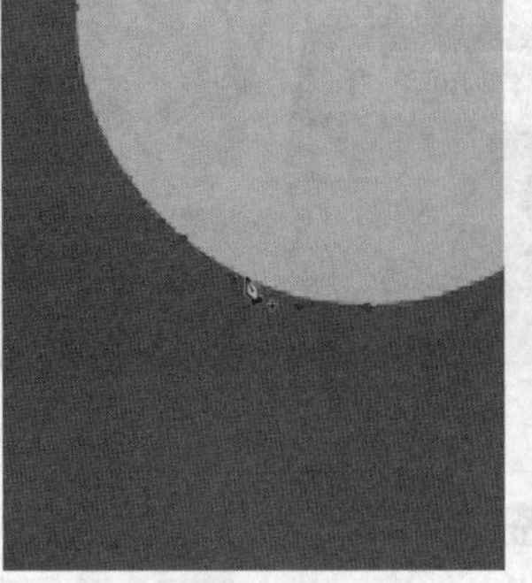

图14.69 添加锚点

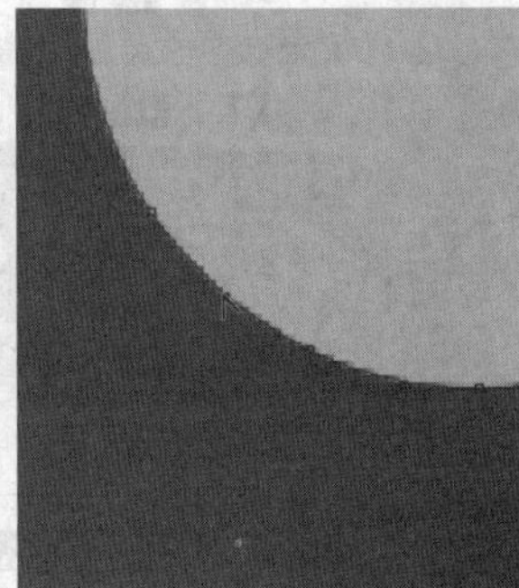

图14.70 转换节点

STEP 05 选择工具箱中的“直接选择工具”，再选中刚才经过转换的锚点，向左下角方向拖动，再分别选中两侧锚点内侧的控制杆按住Alt键向内侧拖动，将图形变形，如图14.71所示。

图14.71 转换锚点

STEP 06 选中“椭圆1”图层，按住Alt键将其复制2份，如图14.72所示。

图14.72 复制图形

STEP 07 选择工具箱中的“横排文字工具”，在图形上添加文字，这样就完成了效果制作，最终效果如图14.73所示。

图14.73 最终效果

实战 439 可爱提示标签

▶素材位置：素材\第14章\可爱提示标签
▶案例位置：效果\第14章\可爱提示标签.psd
▶视频位置：视频\实战439.avi
▶难易指数：★★★☆☆

• 实例介绍 •

本例讲解可爱提示标签的制作方法。此款标签由心形变形而成，整个标签的制作过程比较简单，需要把握好标签的造型，最终效果如图14.74所示。

图14.74 最终效果

• 操作步骤 •

STEP 01 执行菜单栏中的“文件”|“打开”命令，打开“背景.jpg”文件，如图14.75所示。

图14.75 打开素材

STEP 02 选择工具箱中的“自定形状工具”，在画布中单击鼠标右键，在弹出的面板中选择“红心形卡”形状，在选项栏中将“填充”更改为白色，“描边”更改为无，在画布左下角位置绘制一个心形图形，如图14.76所示。

图14.76 绘制图形

STEP 03 选择工具箱中的“直接选择工具”，拖动图形锚点将其变形，如图14.77所示。

STEP 04 在“图层”面板中选中“形状1”图层，将其拖至面板底部的“创建新图层”按钮上，复制1个“形状1 拷贝”图层，如图14.78所示。

图14.77 将图形变形

图14.78 复制图层

STEP 05 选中“形状1 拷贝”图层，按Ctrl+T组合键对其执行“自由变换”命令，将图形等比例缩小，并将其填充颜色更改为浅粉色（R：255，G：233，B：246），完成之后按Enter键确认，如图14.79所示。

图14.79 将图形缩小

STEP 06 选择工具箱中的“椭圆工具”，在选项栏中将“填充”更改为白色，“描边”更改为无，在心形左上角位置按住Shift键绘制一个正圆图形，此时将生成一个“椭圆1”图层，如图14.80所示。

图14.80 绘制图形

STEP 07 选中“椭圆1”图层，按住Alt键将图形复制多份并铺满整个心形，如图14.81所示。

STEP 08 选中包括“椭圆1”在内的多个拷贝图层，按Ctrl+E组合键将图层合并，将生成的图层名称更改为“圆点”，如图14.82所示。

图14.81 复制图形　　图14.82 合并图层

STEP 09 选中“圆点”图层，执行菜单栏中的“图层”|“创建剪贴蒙版”命令，为当前图层创建剪贴蒙版，将部分图形隐藏，如图14.83所示。

图14.83 创建剪贴蒙版

STEP 10 在“图层”面板中选中“形状1 拷贝”图层，单击面板底部的“添加图层样式”fx按钮，在菜单中选择“描边”命令，在弹出的对话框中将“大小”更改为3像素，“位置”更改为内部，“颜色”更改为咖啡色（R：128，G：56，B：32），完成之后单击“确定”按钮，如图14.84所示。

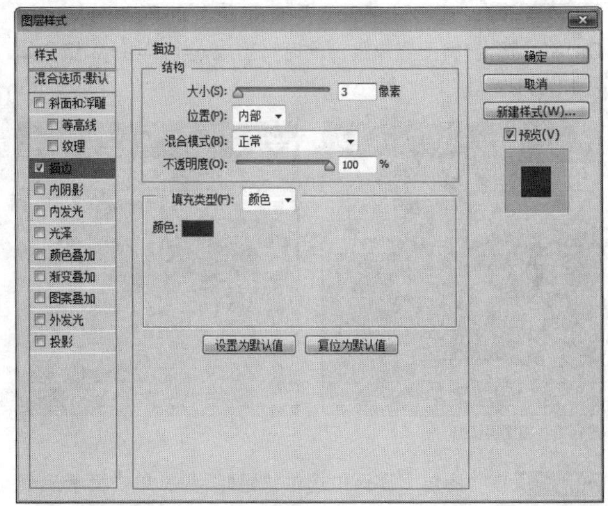

图14.84 设置描边

STEP 11 选择工具箱中的“钢笔工具”，在选项栏中单击“选择工具模式”路径按钮，在弹出的选项中选择“形状”，将“填充”更改为白色，“描边”更改为无，在心形下方位置绘制一个稍宽的线条图形，此时将生成一个“形状2”图层，将“形状2”图层移至“背景”图层上方，如图14.85所示。

图14.85 绘制图形

STEP 12 在选项栏中将“填充”更改为无，“描边”更改为咖啡色（R：128，G：56，B：32），“大小”更改为1点，单击“设置形状描边类型”按钮，在弹出的选项中选择第2种描边类型，在刚才绘制的线条图形上再次绘制一个线条图形，此时将生成一个“形状3”图层，如图14.86所示。

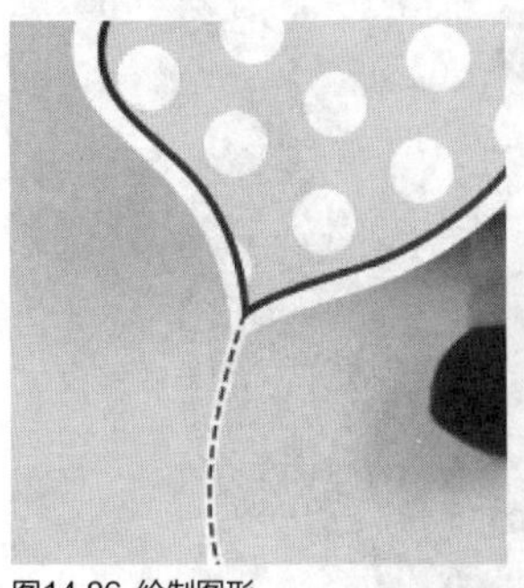

图14.86 绘制图形

STEP 13 同时选中除“背景”图层之外的所有图层，按Ctrl+G组合键将图层编组，此时将生成一个“组1”组，如图14.87所示。

图14.87 将图层编组

STEP 14 在“图层”面板中选中“组1”组，单击面板底部的“添加图层样式”fx按钮，在菜单中选择“投影”命令，在弹出的对话框中将“不透明度”更改为30%，“距离”更改为5像素，“大小”更改为8像素，完成之后单击“确定”按钮，如图14.88所示。

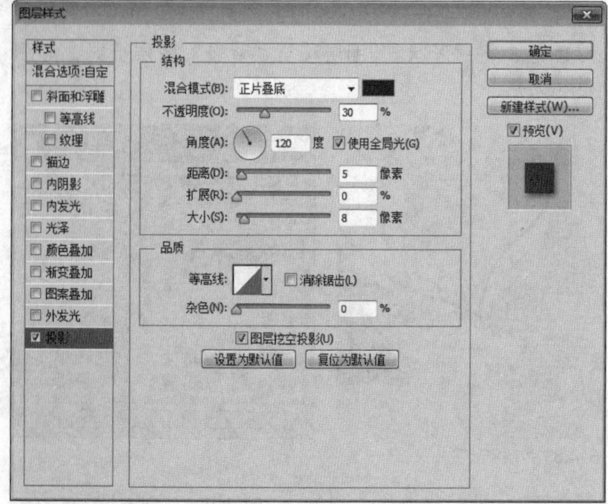

图14.88 设置投影

STEP 15 选择工具箱中的“横排文字工具”T，在画布中的适当位置添加文字，这样就完成了效果制作，最终效果如图14.89所示。

图14.89 最终效果

实战440 拟物标签

▶素材位置：素材\第14章\拟物标签.jpg
▶案例位置：效果\第14章\拟物标签.psd
▶视频位置：视频\实战440.avi
▶难易指数：★★☆☆☆

• 实例介绍 •

打开素材，绘制矩形及水滴图形并将部分矩形减去使两个图形组合成一个拟物标签，该标签的制作重点是图形的结合，最终效果如图14.90所示。

图14.90 最终效果

• 操作步骤 •

● 打开素材

STEP 01 执行菜单栏中的“文件”|“打开”命令，打开“背景.jpg”文件，如图14.91所示。

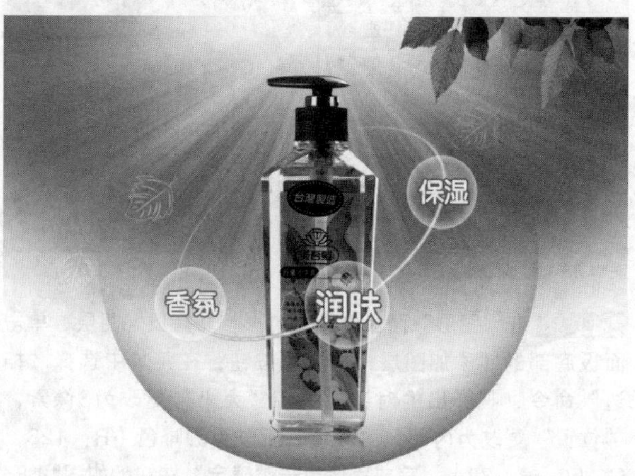

图14.91 打开素材

STEP 02 选择工具箱中的“矩形工具”■，在选项栏中将“填充”更改为白色，“描边”更改为无，在画布左上角位置绘制一个矩形，此时将生成一个“矩形1”图层，如图14.92所示。

图14.92 绘制图形

STEP 03 在“图层”面板中选中“矩形1”图层，单击面板底部的“添加图层样式” 按钮在菜单中选择“渐变叠加”命令，在弹出的对话框中将“渐变”更改为绿色（R：100，G：164，B：13）到黄绿色（R：176，G：203，B：0），“角度”更改为0，完成之后单击“确定”按钮，如图14.93所示。

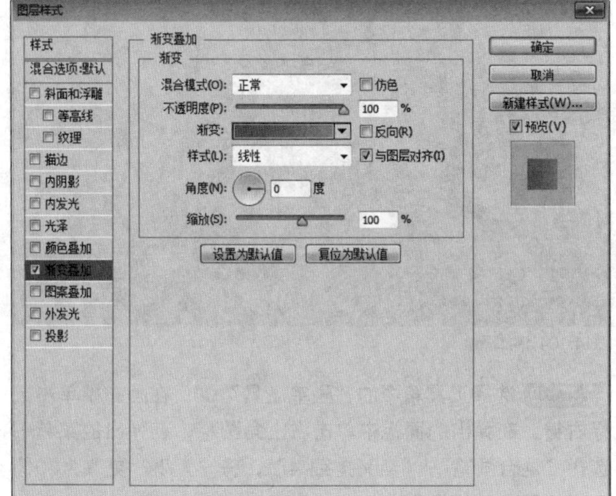

图14.93 设置渐变叠加

STEP 04 选择工具箱中的“钢笔工具” ，在选项栏中单击“选择工具模式” 按钮，在弹出的选项中选择“形状”，将“填充”更改为白色，“描边”更改为无，在矩形右侧位置绘制一个不规则图形，此时将生成一个“形状1”图层，如图14.94所示。

图14.94 绘制图形

STEP 05 在“图层”面板中选中“形状1”图层，将其拖至面板底部的“创建新图层” 按钮上，复制1个“形状1 拷贝”图层，如图14.95所示。

STEP 06 选中“形状1 拷贝”图层，按Ctrl+T组合键对其执行“自由变换”命令，单击鼠标右键，从弹出的快捷菜单中选择“水平翻转”命令，完成之后按Enter键确认，再将图形与原图形对齐，如图14.96所示。

图14.95 复制图层

图14.96 变换图形

STEP 07 同时选中“形状 1 拷贝”及“形状1”图层，按Ctrl+E组合键将图层合并。在“矩形1”图层上单击鼠标右键，从弹出的快捷菜单中选择“拷贝图层样式”命令，在“形状 1 拷贝”图层上单击鼠标右键，从弹出的快捷菜单中选择“粘贴图层样式”命令，双击“形状 1 拷贝”图层样式名称，在弹出的对话框中勾选“反向”复选框，将“样式”更改为径向，“缩放”更改为130%，拖动鼠标更改渐变的位置，如图14.97所示。

图14.97 合并图层并复制粘贴图层样式

● 添加高光

STEP 01 选择工具箱中的“钢笔工具” ，在选项栏中单击“选择工具模式” 按钮，在弹出的选项中选择“形状”，将“填充”更改为白色，“描边”更改为无，在绘制的“水滴”图像左侧靠边缘位置绘制一个不规则图形，此时将生成一个“形状1”图层，如图14.98所示。

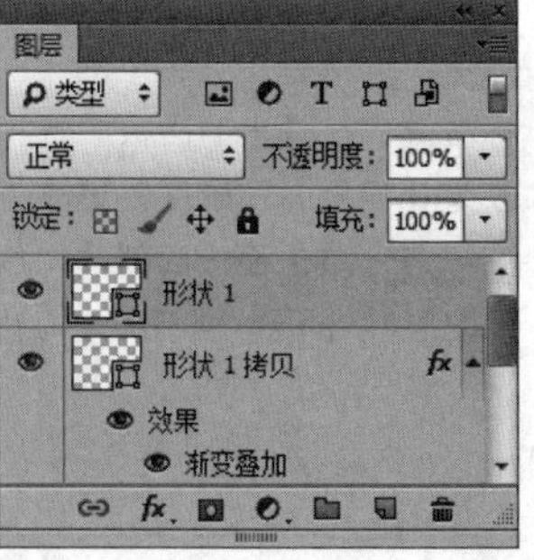

图14.98 绘制图形

STEP 02 选中“形状1”图层，执行菜单栏中的“滤镜”|“模糊”|“高斯模糊”命令，在弹出的对话框中将“半径”更改为2像素，完成之后单击“确定”按钮，如图14.99所示。

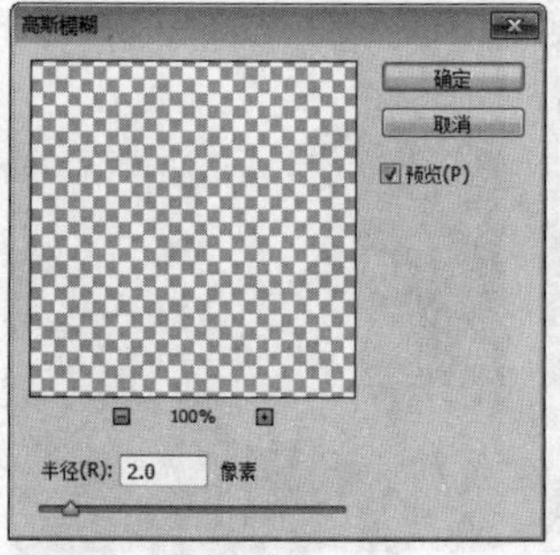

图14.99 设置高斯模糊

STEP 03 在“图层”面板中选中“形状1”图层，将其图层混合模式设置为“叠加”，“不透明度”更改为80%，如图14.100所示。

图14.100 设置图层混合模式

STEP 04 以同样的方法在水滴图像右侧位置绘制一个稍小的图形并添加高斯模糊效果和高光效果，如图14.101所示。

图14.101 绘制图形与添加高光效果

STEP 05 选择工具箱中的“画笔工具”，在画布中单击鼠标右键，在弹出的面板中选择一种圆角笔触，将“大小”更改为15像素，“硬度”更改为0%，如图14.102所示。

STEP 06 单击面板底部的“创建新图层”按钮，新建一个“图层1”图层，如图14.103所示。

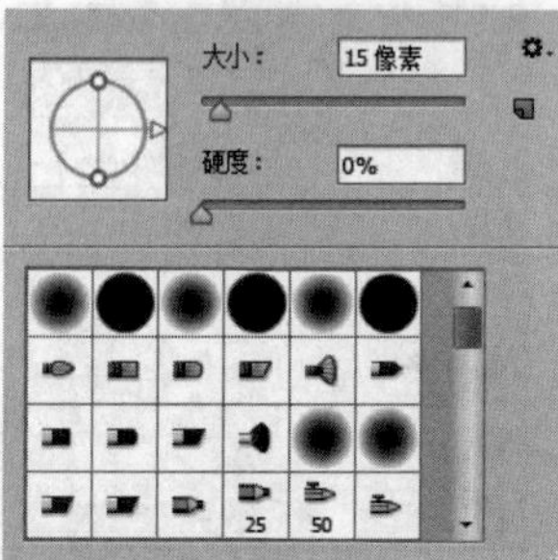

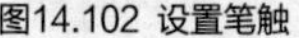

图14.102 设置笔触

图14.103 新建图层

STEP 07 选中“图层1”图层，将前景色更改为白色，在水滴图像左上角位置单击，如图14.104所示。

图14.104 添加图像

STEP 08 选择工具箱中的“画笔工具”，在画布中单击鼠标右键，在弹出的面板中单击右上角图标，在弹出的菜单中选择“混合画笔”|“交叉排线 4”，将“大小”更改为30像素，如图14.105所示。

STEP 09 选中“图层1”图层，将前景色更改为白色，在刚才添加的图像位置单击，添加星光图像，如图14.106所示。

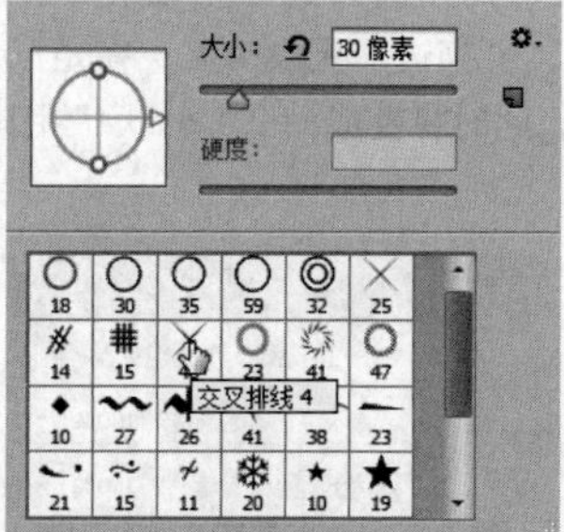

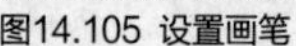

图14.105 设置画笔

图14.106 添加图像

STEP 10 在“图层”面板中选中“矩形1”图层，单击面板底部的“添加图层蒙版”按钮，为其图层添加图层蒙版，如图14.107所示。

STEP 11 按住Ctrl键单击“形状1 拷贝”图层缩览图，将其载入选区，如图14.108所示。

图14.107 添加图层蒙版

图14.108 载入选区

STEP 12 执行菜单栏中的“选择”|“修改”|“扩展”命令，在弹出的对话框中将“扩展量”更改为5像素，完成之后单击“确定”按钮，如图14.109所示。

STEP 13 将选区填充为黑色，将部分图像隐藏，完成之后按Ctrl+D组合键将选区取消，如图14.110所示。

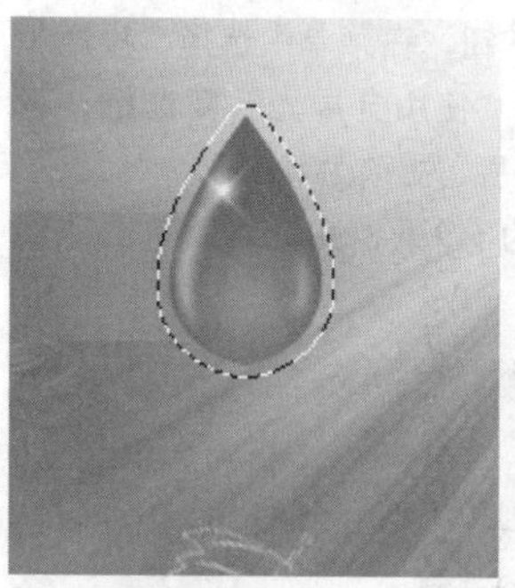
图14.109 扩展选区

图14.110 隐藏图形

STEP 14 选择工具箱中的“横排文字工具”T，添加文字，这样就完成了效果制作，最终效果如图14.111所示。

图14.111 最终效果

实战 441 提示标签

- 素材位置：素材\第14章\提示标签
- 案例位置：效果\第14章\提示标签.psd
- 视频位置：视频\实战441.avi
- 难易指数：★★☆☆☆

• 实例介绍 •

打开素材，绘制圆角矩形，然后为其添加锚点将其变形，完成提示标签的制作。提示标签具有指向性，一般用作文字的提示说明，最终效果如图14.112所示。

图14.112 最终效果

• 操作步骤 •

• 打开素材

STEP 01 执行菜单栏中的“文件”|“打开”命令，打开“背景.jpg”文件，如图14.113所示。

图14.113 打开素材

STEP 02 选择工具箱中的“圆角矩形工具”，在选项栏中将“填充”更改为白色，“描边”更改为无，“半径”更改为10像素，在画布靠右上角位置绘制一个圆角矩形，此时将生成一个“圆角矩形1”图层，如图14.114所示。

图14.114 绘制图形

STEP 03 在“图层”面板中选中“圆角矩形1”图层，单击面板底部的“添加图层样式”fx按钮，在菜单中选择“描边”命令，在弹出的对话框中将“大小”更改为2像素，“位置”更改为内部，“混合模式”更改为叠加，“颜色”更改为白色，如图14.115所示。

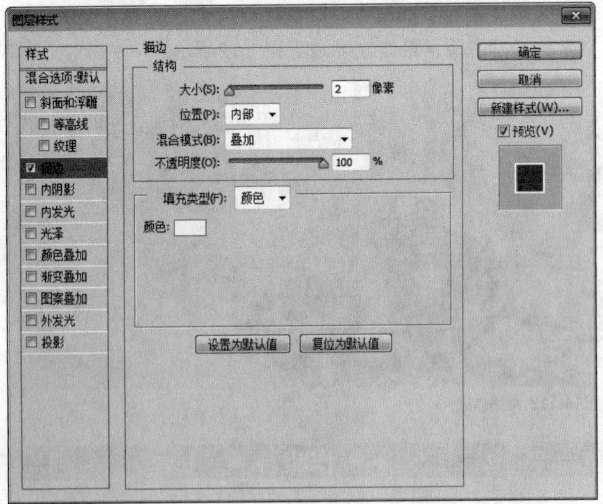

图14.115 设置描边

STEP 04 勾选“渐变叠加”复选框，将“渐变”更改为黄色（R：247，G：210，B：2）到橙色（R：240，G：168，B：4），完成之后单击“确定”按钮，如图14.116所示。

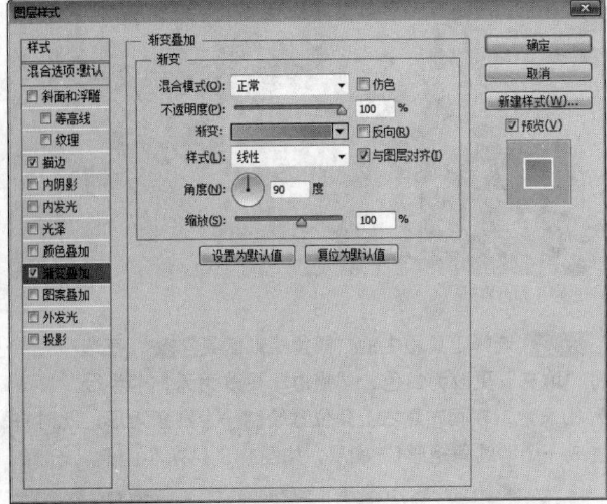

图14.116 设置渐变叠加

- **将图形变形**

STEP 01 选择工具箱中的“添加锚点工具”，在圆角矩形左下角的位置单击添加锚点，如图14.117所示。

STEP 02 选择工具箱中的“转换点工具”，单击左下角刚添加的锚点，如图14.118所示。

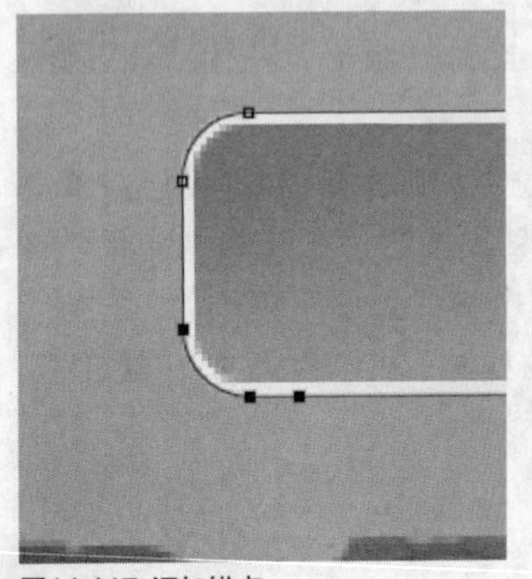

图14.117 添加锚点

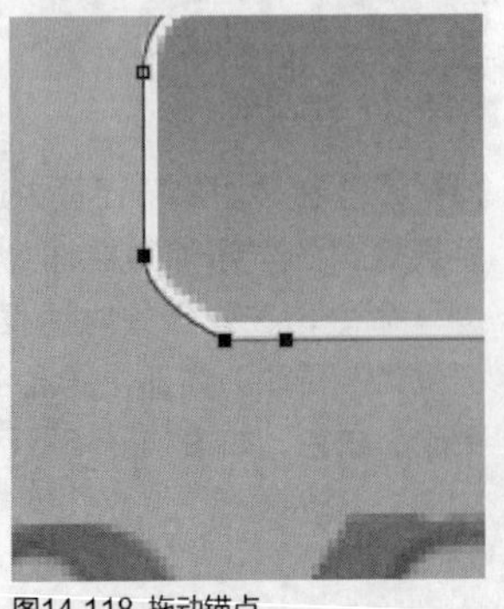

图14.118 拖动锚点

STEP 03 选择工具箱中的“直接选择工具”，选中转换的锚点向左下角方向拖动，如图14.119所示。

STEP 04 选择工具箱中的“横排文字工具”，在圆角矩形位置添加文字，如图14.120所示。

图14.119 拖动锚点　　图14.120 添加文字

STEP 05 在“图层”面板中选中“绝对新鲜”图层，单击面板底部的“添加图层样式”按钮，在菜单中选择“投影”命令，在弹出的对话框中取消“使用全局光”复选框，将“不透明度”更改为40%，“角度”更改为120度，“距离”更改为1像素，“大小”更改为3像素，完成之后单击“确定”按钮，如图14.121所示。

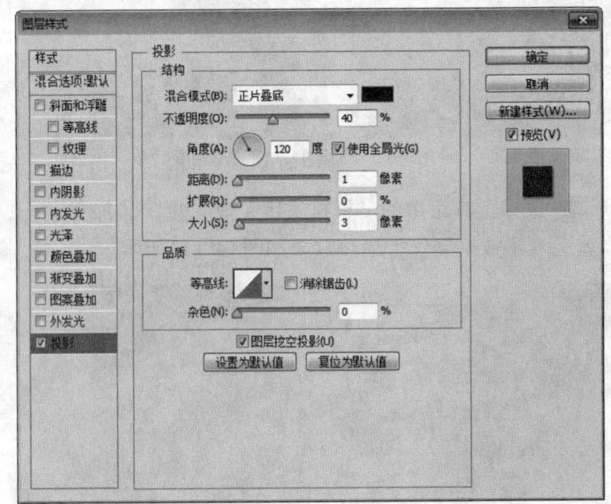

图14.121 设置投影

STEP 06 选择工具箱中的“直线工具”，在选项栏中将“填充”更改为无，“描边”更改为白色，“大小”更改为1点，“粗细”更改为1像素，并将线型设置为虚线，在文字下方位置按住Shift键绘制一条水平线段，此时将生成一个“形状1”图层，如图14.122所示。

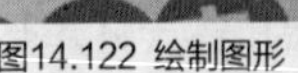

图14.122 绘制图形

STEP 07 在"绝对新鲜"图层上单击鼠标右键，从弹出的快捷菜单中选择"拷贝图层样式"命令，在"形状1"图层上单击鼠标右键，从弹出的快捷菜单中选择"粘贴图层样式"命令，这样就完成了效果制作，最终效果如图14.123所示。

图14.123 最终效果

实战 442 促销标签

▶素材位置：素材\第14章\促销标签
▶案例位置：效果\第14章\促销标签.psd
▶视频位置：视频\实战442.avi
▶难易指数：★★☆☆☆

• 实例介绍 •

打开素材，绘制矩形及线段图形，然后将两个图形组合成标签，最后添加文字信息完成效果制作。促销标签的形式比较多样化，本例讲解的是一款相对简洁的标签的制作方法，最终效果如图14.124所示。

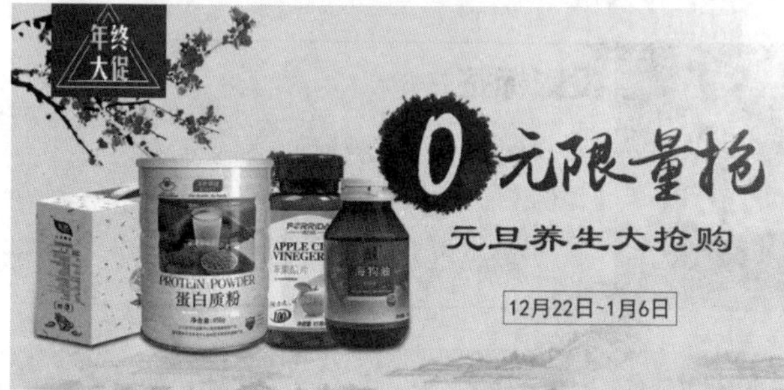

图14.124 最终效果

• 操作步骤 •

• 打开素材

STEP 01 执行菜单栏中的"文件"|"打开"命令，打开"背景.jpg"文件，如图14.125所示。

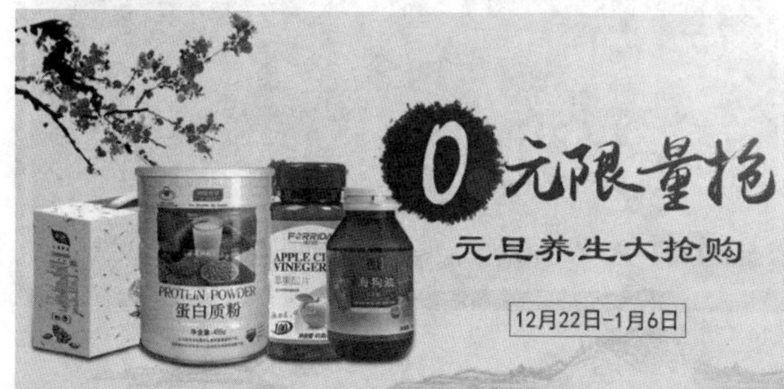

图14.125 打开素材

STEP 02 选择工具箱中的"矩形工具"，在选项栏中将"填充"更改为红色（R：182，G：8，B：10），"描边"更改为无，在画布左上角位置绘制一个矩形，此时将生成一个"矩形1"图层，如图14.126所示。

图14.126 绘制图形

STEP 03 选择工具箱中的"矩形工具"，在选项栏中将"填充"更改为无，"描边"更改为白色，"大小"更改为1点，在刚才绘制的图形位置按住Shift键绘制一个矩形，此时将生成一个"矩形2"图层，如图14.127所示。

图14.127 绘制图形

STEP 04 选中"矩形2"图层，按Ctrl+T组合键对其执行"自由变换"命令，在选项栏中的"旋转"文本框中输入45，完成之后按Enter键确认，如图14.128所示。

STEP 05 选择工具箱中的"删除锚点工具"，单击矩形底部锚点将其删除，调整三角形的大小，如图14.129所示。

图14.128 变换图形

图14.129 删除锚点

STEP 06 在"图层"面板中选中"矩形2"图层，将其拖至面板底部的"创建新图层"按钮上，复制1个"矩形2 拷贝"图层，如图14.130所示。

STEP 07 选中"矩形2 拷贝"图层，按Ctrl+T组合键对其执行"自由变换"命令，将图像等比例缩小，完成之后按Enter键确认，如图14.131所示。

图14.130 复制图层

图14.131 变换图形

• 添加文字

STEP 01 选择工具箱中的“横排文字工具”T，在刚才绘制的图形位置添加文字，如图14.132所示。

图14.132 添加文字

STEP 02 同时选中“矩形2 拷贝”及“矩形2”图层，按Ctrl+G组合键将其编组，将生成的组名称更改为“三角形”，选中“三角形”组，单击面板底部的“添加图层蒙版”按钮，如图14.133所示。

STEP 03 按住Ctrl键单击“年终大促”图层缩览图，将其载入选区，如图14.134所示。

图14.133 添加图层蒙版

图14.134 载入选区

STEP 04 执行菜单栏中的“选择”|“修改”|“扩展”命令，在弹出的对话框中将“扩展量”更改为3像素，完成之后单击“确定”按钮，如图14.135所示。

STEP 05 选择工具箱中的“矩形选框工具”，在选区中靠下半部分的位置按住Alt键将部分选区减去，如图14.136所示。

图14.135 扩展选区

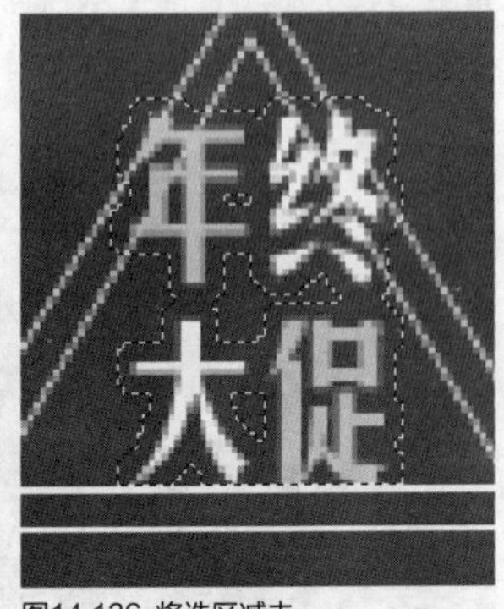

图14.136 将选区减去

STEP 06 将选区填充为黑色，将部分图形隐藏，完成之后按Ctrl+D组合键将选区取消，这样就完成了效果制作，最终效果如图14.137所示。

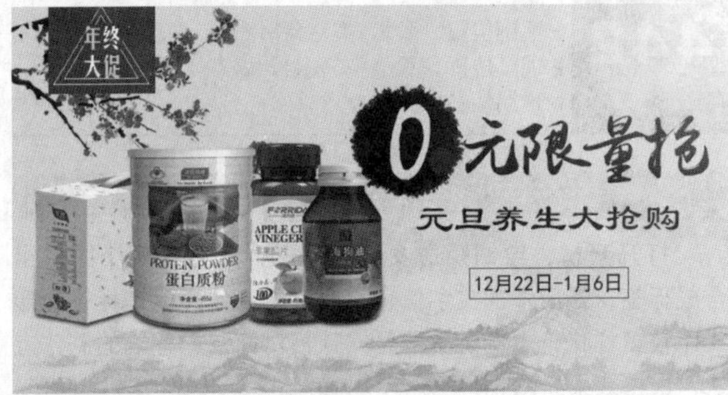

图14.137 最终效果

实战443 投影标签

- 素材位置：素材\第14章\投影标签
- 案例位置：效果\第14章\投影标签.psd
- 视频位置：视频\实战443.avi
- 难易指数：★★☆☆☆

• 实例介绍 •

打开素材，绘制图形并为其制作虚线描边装饰及投影效果，然后添加文字信息完成最终效果制作。投影标签的制作重点在于投影效果的制作，在本例的制作过程中需要注意图像的变形，最终效果如图14.138所示。

图14.138 最终效果

• 操作步骤 •

• 打开素材

STEP 01 执行菜单栏中的“文件”|“打开”命令，打开“背景.jpg”文件，如图14.139所示。

图14.139 打开素材

STEP 02 选择工具箱中的“矩形工具”，在选项栏中将“填充”更改为粉色（R：255，G：128，B：140），“描边”更改为无，绘制一个矩形，此时将生成一个“矩形1”图层，如图14.140所示。

图14.140 绘制图形

STEP 03 在“图层”面板中选中“矩形1”图层，将其拖至面板底部的“创建新图层”按钮上，分别复制“矩形1 拷贝”及“矩形1 拷贝2”图层，如图14.141所示。

STEP 04 选中“矩形1 拷贝2”图层，将其“填充”更改为无，“描边”更改为白色，“大小”更改为1点，单击“设置形状描边类型”按钮，分别将图形宽度和高度等比例缩小，完成之后按Enter键确认，如图14.142所示。

图14.141 复制图层

图14.142 变换图形

• 制作阴影

STEP 01 选中“矩形1”图层，将其图形颜色更改为黑色，按Ctrl+T组合键对其执行“自由变换”命令，分别将图形高度和宽度适当缩小，再单击鼠标右键，从弹出的快捷菜单中选择“变形”命令，拖动控制点将图形变形，完成之后按Enter键确认，如图14.143所示。

图14.143 将图形变形

STEP 02 选中“矩形 1”图层，执行菜单栏中的“滤镜”|“模糊”|“高斯模糊”命令，在弹出的对话框中将“半径”更改为1像素，完成之后单击“确定”按钮，再将其图层“不透明度”更改为35%，如图14.144所示。

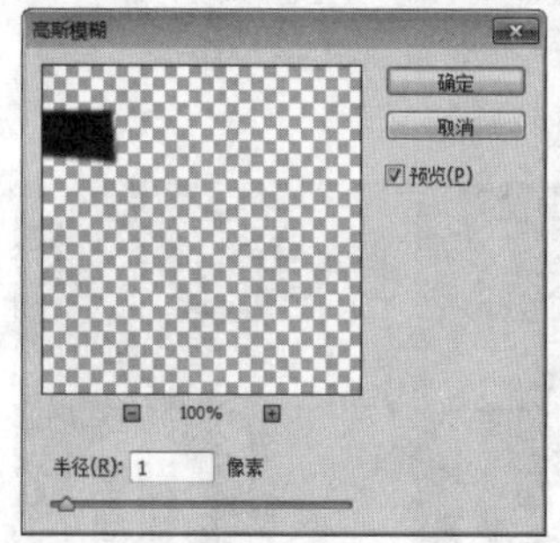

图14.144 设置高斯模糊

STEP 03 选择工具箱中的“横排文字工具”，在刚才绘制的图形位置添加文字，这样就完成了效果制作，最终效果如图14.145所示。

图14.145 最终效果

实战 444

复合标签

▶素材位置：素材\第14章\复合标签
▶案例位置：效果\第14章\复合标签.psd
▶视频位置：视频\实战444.avi
▶难易指数：★★☆☆☆

• 实例介绍 •

打开素材，绘制图形，然后添加投影效果并添加文字信息完成效果制作。复合标签的制作过程比较简单，制作重点在于图形的叠加，最终效果如图14.146所示。

图14.146 最终效果

• 操作步骤 •

• 打开素材

STEP 01 执行菜单栏中的“文件”|“打开”命令，打开“背景.jpg”文件，如图14.147所示。

图14.147 打开素材

STEP 02 选择工具箱中的“矩形工具”，在选项栏中将“填充”更改为深红色（R：160，G：0，B：4），“描边”更改为无，在画布右上角位置绘制一个矩形，此时将生成一个“矩形1”图层，如图14.148所示。

图14.148 绘制图形

STEP 03 在“图层”面板中选中“矩形1”图层，将其拖至面板底部的“创建新图层”按钮上，复制1个“矩形1 拷贝”图层，如图14.149所示。

STEP 04 选中“矩形1 拷贝”图层，按Ctrl+T组合键对其执行“自由变换”命令将图形缩小，将“填充”更改为黄色（R：253，G：178，B：34），如图14.150所示。

图14.149 复制图层

图14.150 变换图形

• 将图形变形

STEP 01 选择工具箱中的“添加锚点工具”在“矩形1 拷贝”图层右侧的中间位置单击添加锚点，选择工具箱中的“转换点工具”，单击添加的锚点，如图14.151所示。

图14.151 添加锚点并转换锚点

STEP 02 选择工具箱中的“直接选择工具”，选中转换后的锚点向右侧拖动，如图14.152所示。

图14.152 拖动锚点

STEP 03 在“图层”面板中选中“矩形1 拷贝”图层，单击面板底部的“添加图层样式”按钮，在菜单中选择“投影”命令，在弹出的对话框中将“不透明度”更改为30%，取消“使用全局光”复选框，将“角度”更改为50度，“距离”更改为3像素，“大小”更改为3像素，完成之后单击“确定”按钮，如图14.153所示。

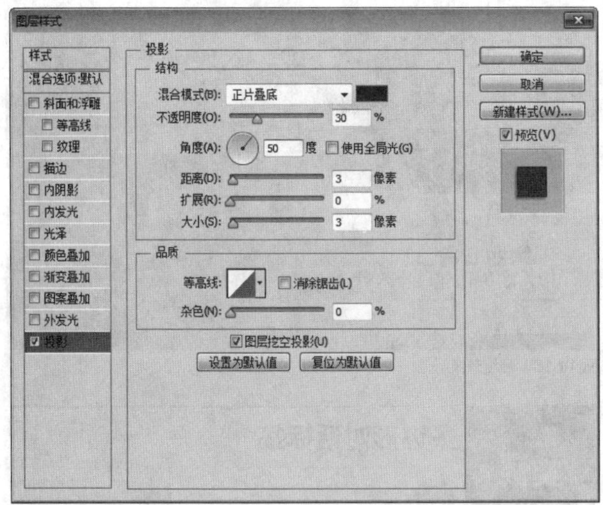

图14.153 设置投影

STEP 04 选择工具箱中的“横排文字工具”T，添加文字，这样就完成了效果制作，最终效果如图14.154所示。

图14.154 最终效果

实战 445

花形标签

▶素材位置：素材\第14章\花形标签

▶案例位置：效果\第14章\花形标签.psd

▶视频位置：视频\实战445.avi

▶难易指数：★★★☆☆

• 实例介绍 •

打开素材，绘制图形并添加文字信息，然后添加装饰图像完成效果制作，最终效果如图14.155所示。

图14.155 最终效果

• 操作步骤 •

• 打开素材

STEP 01 执行菜单栏中的“文件”|“打开”命令，打开“背景.jpg”文件，如图14.156所示。

图14.156 打开素材

STEP 02 选择工具箱中的“椭圆工具”，在选项栏中将“填充”更改为黄色（R：255，G：205，B：88），“描边”更改为无，在画布右上角位置按住Shift键绘制一个正圆图形，此时将生成一个“椭圆1”图层，如图14.157所示。

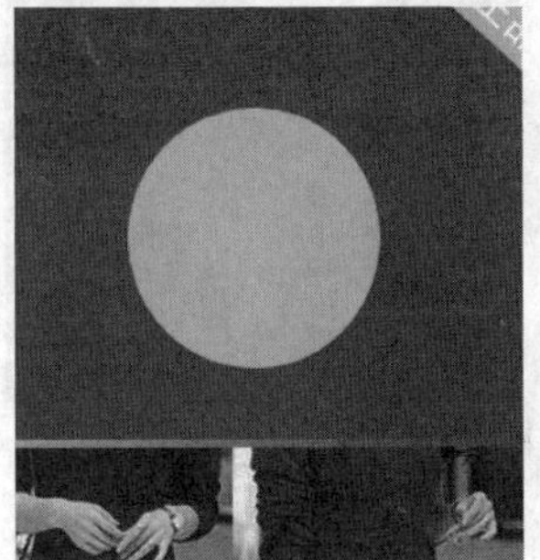

图14.157 绘制图形

STEP 03 在“图层”面板中选中“椭圆1”图层，将其拖至面板底部的“创建新图层”按钮上，复制1个“椭圆1 拷贝”图层，如图14.158所示。

STEP 04 选中“椭圆1 拷贝”图层，按Ctrl+T组合键对其执行“自由变换”命令，将图形等比例缩小，再将其“填充”更改为无，“描边”更改为白色，“大小”更改为1点，单击“设置形状描边类型”按钮，在弹出的面板中选择第2种描边类型，再将图形等比例缩小，完成之后按Enter键确认，如图14.159所示。

图14.158 复制图层

图14.159 变换图形

STEP 05 选择工具箱中的"矩形工具"，在选项栏中将"填充"更改为灰色（R：246，G：246，B：246），"描边"更改为无，在椭圆图形位置绘制一个矩形，此时将生成一个"矩形1"图层，将其适当旋转，如图14.160所示。

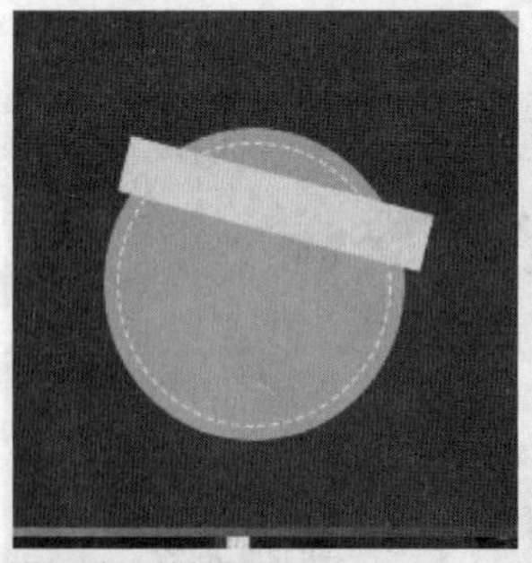

图14.160 绘制图形

STEP 06 选中"矩形 1"图层，将其移至"椭圆1 拷贝"图层下方，执行菜单栏中的"图层"|"创建剪贴蒙版"命令，为当前图层创建剪贴蒙版，将部分图形隐藏，如图14.161所示。

图14.161 创建剪贴蒙版

- **添加素材**

STEP 01 执行菜单栏中的"文件"|"打开"命令，打开"叶子.psd"文件，将打开的素材拖入画布中并适当缩小，如图14.162所示。

STEP 02 选中"树叶"图层，将其复制1份并适当缩小及旋转，如图14.163所示。

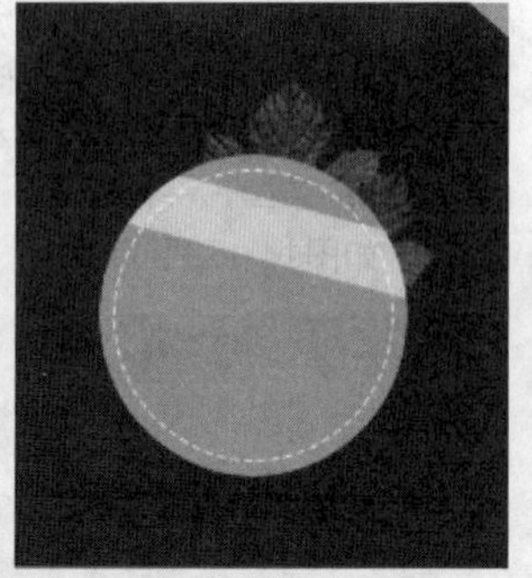

图14.162 添加素材　　图14.163 复制并变换图像

STEP 03 选择工具箱中的"横排文字工具"，添加文字，这样就完成了效果制作，最终效果如图14.164所示。

图14.164 最终效果

实战 446 多边形对话标签

- 素材位置：素材\第14章\多边形对话标签
- 案例位置：效果\第14章\多边形对话标签.psd
- 视频位置：视频\实战446.avi
- 难易指数：★★☆☆☆

• 实例介绍 •

打开素材，绘制图形并将其变形，添加文字信息完成效果制作，最终效果如图14.165所示。

图14.165 最终效果

• 操作步骤 •

- **打开素材**

STEP 01 执行菜单栏中的"文件"|"打开"命令，打开"背景.jpg"文件，如图14.166所示。

图14.166 打开素材

STEP 02 选择工具箱中的“矩形工具”■，在选项栏中将“填充”更改为白色，“描边”更改为无，在画布靠右上角位置绘制一个矩形，此时将生成一个“矩形1”图层，如图14.167所示。

图14.167 绘制图形

STEP 03 选择工具箱中的“添加锚点工具”，分别在刚才绘制的矩形的左右两侧边缘位置单击添加锚点，如图14.168所示。

STEP 04 选择工具箱中的“转换点工具”，分别单击刚才添加的锚点，如图14.169所示。

图14.168 添加锚点　　图14.169 转换锚点

STEP 05 选择工具箱中的“直接选择工具”，分别选中添加的2个锚点并向外侧拖动，将图形变形，如图14.170所示。

图14.170 拖动锚点将图形变形

STEP 06 以同样的方法在图形的右下角位置添加锚点，并将图形变形，如图14.171所示。

图14.171 添加锚点并将图形变形

STEP 07 在“图层”面板中选中“矩形1”图层，将其拖至面板底部的“创建新图层”按钮上，复制1个“矩形1拷贝”图层，将“矩形1”图层的颜色更改为黑色，如图14.172所示。

STEP 08 选中“矩形1”，在画布中按Ctrl+T组合键对其执行“自由变换”命令，单击鼠标右键，从弹出的快捷菜单中选择“变形”命令，拖动控制点将图形变形，完成之后按Enter键确认，如图14.173所示。

图14.172 复制图层　　图14.173 将图形变形

- **制作阴影**

STEP 01 选中“矩形 1”图层，执行菜单栏中的“滤镜”|“模糊”|“高斯模糊”命令，在弹出的对话框中将“半径”更改为2像素，设置完成之后单击“确定”按钮，再将其图层“不透明度”更改为50%，如图14.174所示。

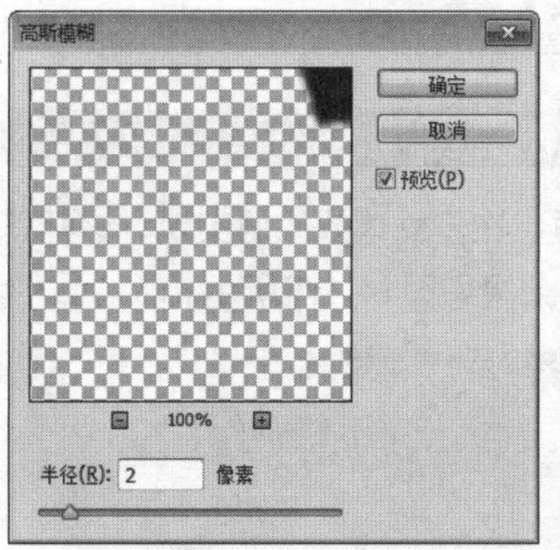

图14.174 设置高斯模糊并更改不透明度

STEP 02 在“图层”面板中选中“矩形1拷贝”图层，单击面板底部的“添加图层样式”fx按钮，在菜单中选择“渐变叠加”命令，在弹出的对话框中将其渐变颜色更改为黄色（R：254，G：223，B：108）到橙色（R：255，G：137，B：8），“角度”更改为90度，“缩放”更改为100%，完成之后单击“确定”按钮，如图14.175所示。

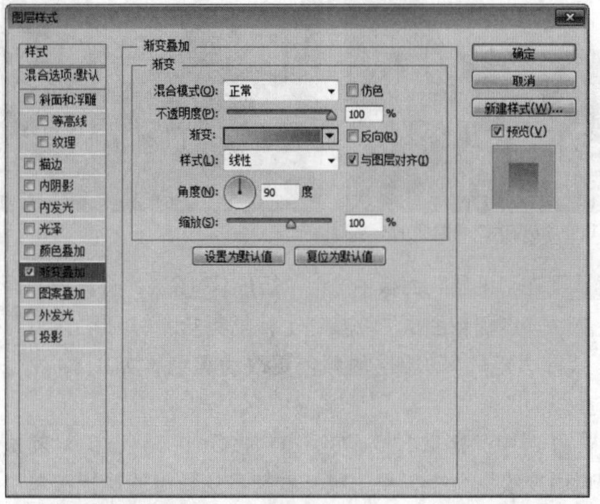

图14.175 设置渐变叠加

STEP 03 选择工具箱中的“横排文字工具”，在图形上添加文字，这样就完成了效果制作，最终效果如图14.176所示。

图14.176 最终效果

实战447 立体指向标签

- 素材位置：素材\第14章\立体指向标签
- 案例位置：效果\第14章\立体指向标签.psd
- 视频位置：视频\实战447.avi
- 难易指数：★★★☆☆

• 实例介绍 •

立体指向标签的制作重点在于立体效果的实现，该标签通常以折叠形式出现，最终效果如图14.177所示。

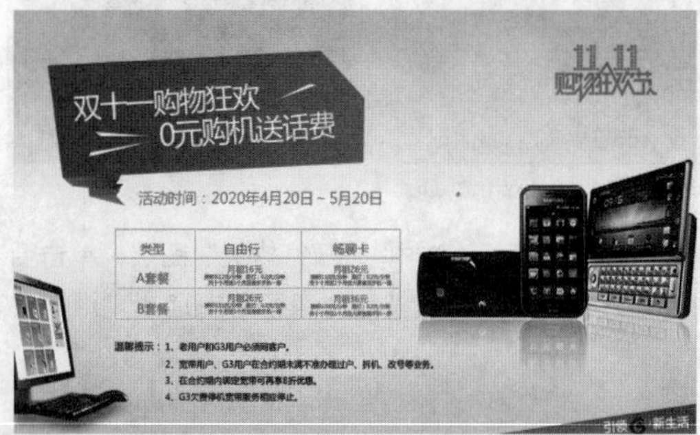

图14.177 最终效果

• 操作步骤 •

• 打开素材

STEP 01 执行菜单栏中的“文件”|“打开”命令，打开“背景.jpg”文件，如图14.178所示。

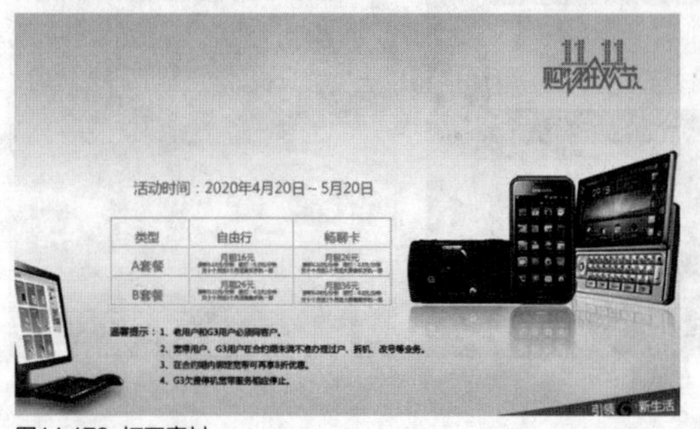

图14.178 打开素材

STEP 02 选择工具箱中的“钢笔工具”，在选项栏中单击“选择工具模式”路径按钮，在弹出的选项中选择“形状”，将“填充”更改为白色，“描边”更改为无，在画布靠上位置绘制一个不规则图形，此时将生成一个“形状1”图层，如图14.179所示。

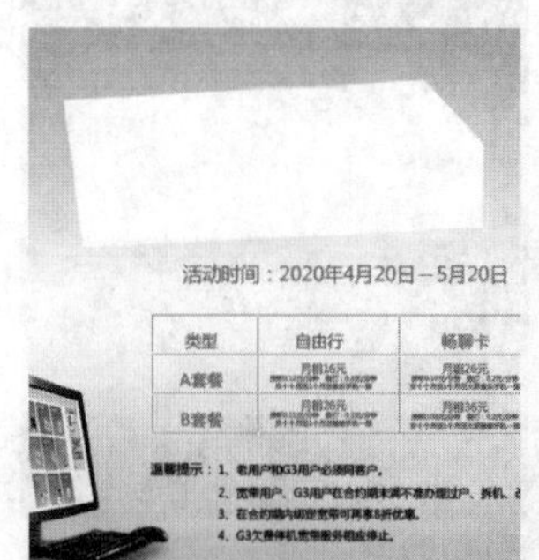

图14.179 绘制图形

STEP 03 在“图层”面板中选中“形状1”图层，单击面板底部的“添加图层样式”按钮，在菜单中选择“渐变叠加”命令，在弹出的对话框中将“渐变”更改为绿色（R：94，G：175，B：80）到绿色（R：50，G：120，B：57），“角度”更改为180度，完成之后单击“确定”按钮，如图14.180所示。

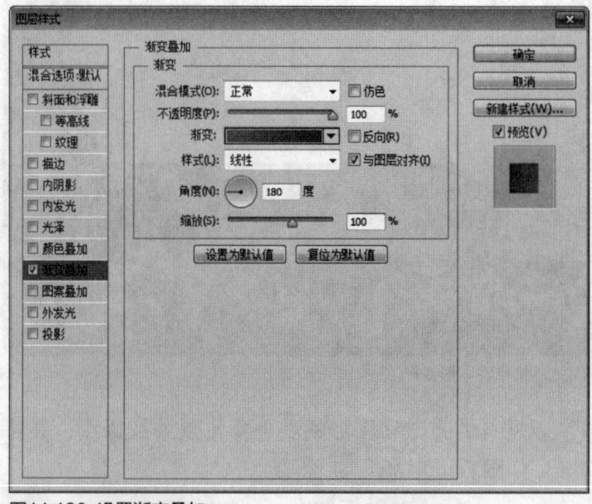

图14.180 设置渐变叠加

STEP 04 以同样的方法在刚才绘制的图形的左下角靠下位置绘制一个稍小的不规则图形，此时将生成一个“形状2”图层，将“形状2”图层移至“形状1”图层下方，如图14.181所示。

图14.181 绘制图形

STEP 05 在“形状1”图层上单击鼠标右键，从弹出的快捷菜单中选择“拷贝图层样式”命令，在“形状2”图层上单击鼠标右键，从弹出的快捷菜单中选择“粘贴图层样式”命令，双击“形状2”图层样式名称，在弹出的对话框中勾选“反向”复选框，完成之后单击“确定”按钮，如图14.182所示。

图14.182 复制并粘贴图层样式

● 添加文字

STEP 01 以同样的方法在刚才绘制的图形的下方位置继续绘制图形并组合成一个折叠样式的立体图形，效果如图14.183所示。

STEP 02 选择工具箱中的“横排文字工具”T，在绘制的图形位置添加文字，如图14.184所示。

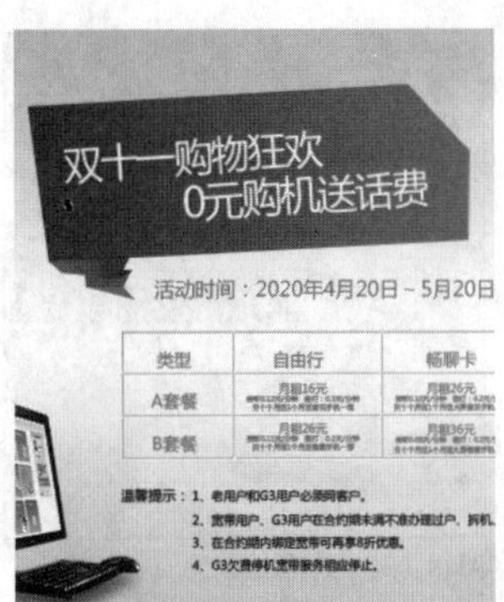

图14.183 绘制图形　图14.184 添加文字

STEP 03 选择工具箱中的“钢笔工具”，在选项栏中单击“选择工具模式”路径按钮，在弹出的选项中选择“形状”，将“填充”更改为白色，“描边”更改为无，在添加的文字的旁边位置绘制一个不规则图形，如图14.185所示。

图14.185 绘制图形

STEP 04 以同样的方法在文字旁边的其他位置绘制相似的图形，这样就完成了效果制作，最终效果如图14.186所示。

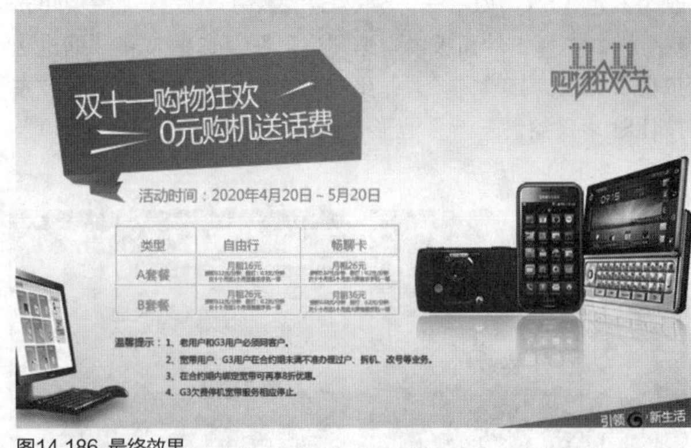

图14.186 最终效果

实战 448

双色多边形标签

▶素材位置：素材\第14章\双色多边形标签
▶案例位置：效果\第14章\双色多边形标签.psd
▶视频位置：视频\实战448.avi
▶难易指数：★★☆☆☆

• 实例介绍 •

双色多边形标签是将近似的两种颜色图形进行组合，从而在视觉上产生一种错位感，能起到对文字信息进行强调说明的作用，最终效果如图14.187所示。

图14.187 最终效果

• 操作步骤 •

• 打开素材

STEP 01 执行菜单栏中的“文件”|“打开”命令，打开“背景.jpg”文件，如图14.188所示。

图14.188 打开素材

STEP 02 选择工具箱中的“多边形工具”，将“填充”更改为紫色（R：175，G：54，B：215），在选项栏中单击图标，在弹出的面板中勾选“星形”复选框，将“缩进边依据”更改为10%，“边”更改为30，在背景中的适当位置按住Shift键绘制一个多边形，此时将生成一个“多边形1”图层，如图14.189所示。

图14.189 绘制图形

STEP 03 在“图层”面板中选中“多边形1”图层，单击面板底部的“添加图层样式”按钮，在菜单中选择“外发光”命令，在弹出的对话框中将“混合模式”更改为正常，“不透明度”更改为10%，“颜色”更改为黑色，“大小”更改为5像素，完成之后单击“确定”按钮，如图14.190所示。

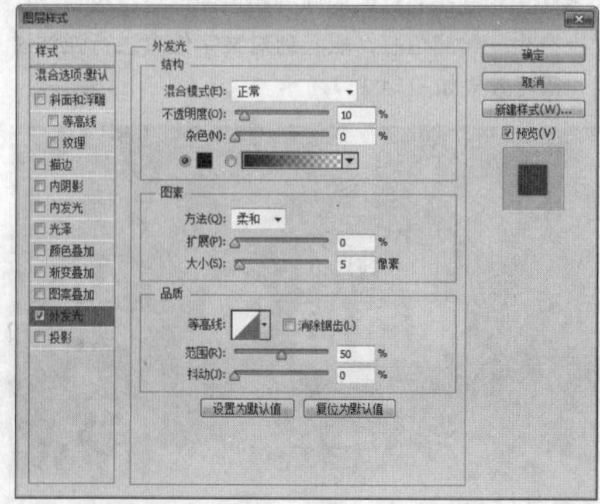

图14.190 设置外发光

STEP 04 选择工具箱中的“椭圆工具”，在选项栏中将“填充”更改为白色，“描边”更改为无，在多边形位置按住Shift键绘制一个正圆图形，此时将生成一个“椭圆1”图层，如图14.191所示。

图14.191 绘制图形

STEP 05 在“图层”面板中选中“椭圆1”图层，将其拖至面板底部的“创建新图层”按钮上，复制1个“椭圆1 拷贝”图层，如图14.192所示。

STEP 06 选中“椭圆1 拷贝”图层，在选项栏中将其“填充”更改为无，“描边”更改为灰色（R：210，G：210，B：208），“大小”更改为3点，再按Ctrl+T组合键对其执行“自由变换”命令，将图形等比例缩小，完成之后按Enter键确认，如图14.193所示。

图14.192 复制图层

图14.193 变换图形

STEP 07 在“图层”面板中选中“椭圆1 拷贝”图层，单击面板底部的“添加图层蒙版”按钮，为其图层添加图层蒙版，如图14.194所示。

STEP 08 选择工具箱中的“矩形选框工具”，在椭圆图形位置绘制一个矩形选区，如图14.195所示。

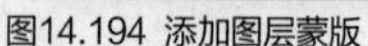

图14.194 添加图层蒙版

图14.195 绘制选区

STEP 09 将选区填充为黑色，将部分图形隐藏，完成之后按Ctrl+D组合键将选区取消，如图14.196所示。

图14.196 隐藏图形

● **添加文字**

STEP 01 选择工具箱中的“横排文字工具” T，在椭圆位置添加文字，如图14.197所示。

STEP 02 同时选中“超值 优惠券”及“椭圆 1 拷贝”图层，按Ctrl+T组合键对其执行“自由变换”命令，将图形及文字顺时针适当旋转，完成之后按Enter键确认，如图14.198所示。

图14.197 添加文字

图14.198 旋转图文

STEP 03 同时选中除“背景”之外的所有图层，按Ctrl+G组合键将其编组，此时将生成一个“组1”组，选中“组1”组，将其拖至面板底部的“创建新图层”按钮上，复制1个“组1 拷贝”组，如图14.199所示。

STEP 04 选中“组1 拷贝”组，按Ctrl+E组合键将其合并，此时将生成一个“组1 拷贝”图层，如图14.200所示。

图14.199 将图层编组并复制组

图14.200 合并组

STEP 05 在“图层”面板中选中“组 1 拷贝”图层，将其图层混合模式设置为“正片叠底”，如图14.201所示。

STEP 06 选择工具箱中的“多边形套索工具”，在标签位置绘制一个不规则选区，如图14.202所示。

图14.201 设置图层混合模式

图14.202 绘制选区

STEP 07 选中“组1 拷贝”图层，将选区中的图像删除，完成之后按Ctrl+D组合键将选区取消，这样就完成了效果制作，最终效果如图14.203所示。

图14.203 最终效果

实战 449 弧形燕尾标签

▶素材位置：素材\第14章\弧形燕尾标签
▶案例位置：效果\第14章\弧形燕尾标签.psd
▶视频位置：视频\实战449.avi
▶难易指数：★★★☆☆

• 实例介绍 •

本例讲解弧形燕尾标签的制作方法，此款标签是从燕尾标签发展而来的，将其稍加变形即可，最终效果如图14.204所示。

图14.204 最终效果

• 操作步骤 •

• 打开素材

STEP 01 执行菜单栏中的“文件”|“打开”命令，打开“背景.jpg”文件，如图14.205所示。

图14.205 打开素材

STEP 02 选择工具箱中的“矩形工具”■，在选项栏中将“填充”更改为黄色（R：255，G：255，B：173），“描边”更改为无，在画布中的适当位置绘制一个矩形，此时将生成一个“矩形1”图层，如图14.206所示。

图14.206 绘制图形

STEP 03 在“图层”面板中选中“矩形1”图层，将其拖至面板底部的“创建新图层”■按钮上，复制1个“矩形1 拷贝”图层，如图14.207所示。

STEP 04 选中“矩形1 拷贝”图层，将其图形颜色更改为稍深的黄色（R：247，G：247，B：160），并将其宽度适当缩小，如图14.208所示。

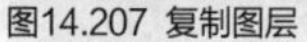

图14.207 复制图层

图14.208 变换图形

STEP 05 选择工具箱中的“添加锚点工具”，在“矩形1 拷贝”图层中图形的左侧中间位置单击，添加锚点，如图14.209所示。

STEP 06 选择工具箱中的“转换点工具”，单击刚才添加的锚点，选择工具箱中的“直接选择工具”，选中添加的锚点并向右侧拖动将图形变形，如图14.210所示。

图14.209 添加锚点

图14.210 拖动锚点

STEP 07 选择工具箱中的“钢笔工具”，在选项栏中单击“选择工具模式”路径按钮，在弹出的选项中选择“形状”，将“填充”更改为深黄色（R：196，G：178，B：90），“描边”更改为无，在紧挨两个图层重叠部分的正下方位置绘制一个不规则图形，此时将生成一个“形状1”图层，将“形状1”图层移至“矩形1”图层下方，如图14.211所示。

图14.211 绘制图形

STEP 08 同时选中“形状1拷贝”及“矩形1”图层，按住Alt+Shift组合键向右侧拖动将图形复制，再按Ctrl+T组合键对其执行“自由变换”命令，单击鼠标右键，从弹出的快捷菜单中选择“水平翻转”命令，完成之后按Enter键确认，如图14.212所示。

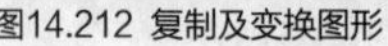

图14.212 复制及变换图形

• 添加文字

STEP 01 选择工具箱中的“横排文字工具” T，在刚才绘制的图形位置添加文字，如图14.213所示。

STEP 02 同时选中除“背景”之外的所有图层，按Ctrl+E组合键将图层合并，将生成的图层名称更改为“标签”，如图14.214所示。

图14.213 添加文字

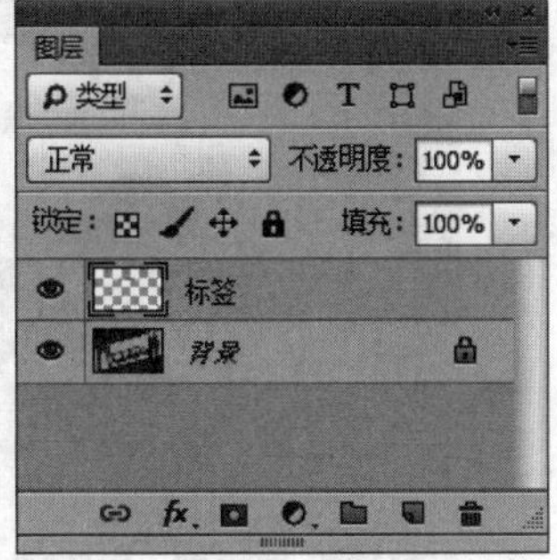

图14.214 合并图层

STEP 03 选中“标签”图层，按Ctrl+T组合键对其执行“自由变换”命令，将其适当旋转，再单击鼠标右键，从弹出的快捷菜单中选择“变形”命令，拖动变形框控制点，将标签变形完成之后按Enter键确认，如图14.215所示。

图14.215 将图像变形

STEP 04 在“图层”面板中选中“标签”图层，单击面板底部的“添加图层样式” fx 按钮，在菜单中选择“投影”命令，在弹出的对话框中将“不透明度”更改为25%，“距离”更改为4像素，“大小”更改为4像素，完成之后单击“确定”按钮，如图14.216所示。

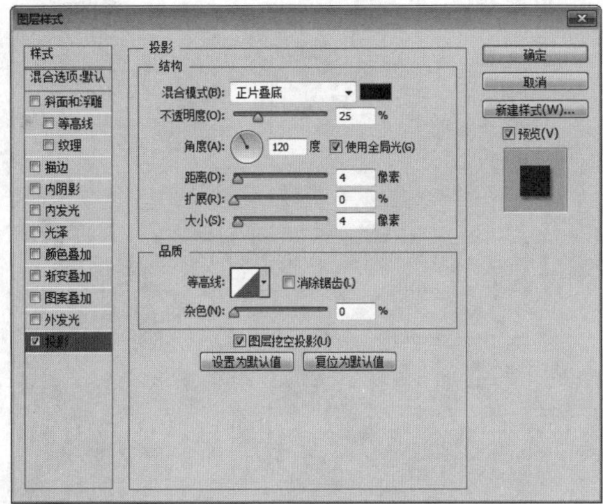

图14.216 设置投影

STEP 05 选择工具箱中的“横排文字工具” T，添加文字，这样就完成了效果制作，最终效果如图14.217所示。

图14.217 最终效果

第章

第15章 醒目标识设计

本章导读

本章主要讲解醒目标识的设计方法。标识类图形在广告中具有举足轻重的地位，标识可以引导顾客快速得到自己需要的信息，同时标识也在一定程度上指引广告的方向。标识与标签的最大区别在于标识可以让广告更加形象，同时某些特定的标识可以起到视觉引导的作用。通过本章实例的练习我们可以对标识有一个深层次的理解。

要点索引

- 学习组合标识的图形设计方法
- 掌握象形化标识的制作方法
- 了解传统标识的设计思路
- 学会别样标识的设计方法

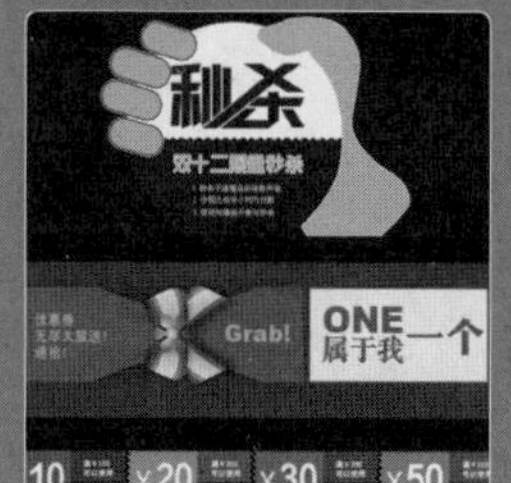

实战 450 便签纸标识

▶素材位置：素材\第15章\便签纸标识
▶案例位置：效果\第15章\便签纸标识.psd
▶视频位置：视频\实战450.avi
▶难易指数：★★☆☆☆

• 实例介绍 •

打开素材，绘制图形并为其制作锯齿效果，然后添加文字信息完成便签标识制作，本例在制作过程中要重点注意锯齿效果的制作，最终效果如图15.1所示。

图15.1 最终效果

• 操作步骤 •

STEP 01 执行菜单栏中的“文件”|“打开”命令，打开“背景.jpg”文件，如图15.2所示。

图15.2 打开素材

STEP 02 选择工具箱中的“矩形工具”，在选项栏中将“填充”更改为红色（R：248，G：137，B：156），“描边”更改为无，在文字下方位置绘制一个矩形，此时将生成一个“矩形1”图层，如图15.3所示。

图15.3 绘制图形

STEP 03 选中“矩形1”图层，执行菜单栏中的“滤镜”|“扭曲”|“波浪”命令，在弹出的对话框中将“生成器数”更改为1，“波长”中的“最小”更改为2，“最大”更改为4，“波幅”中的最小更改为2，“最大”更改为3，完成之后单击“确定”按钮，如图15.4所示。

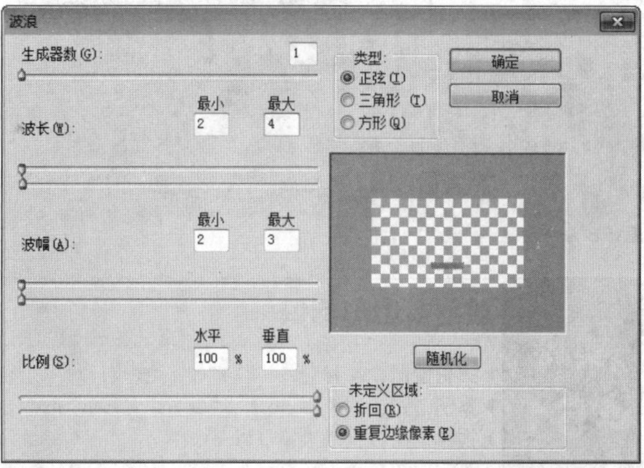

图15.4 设置波浪

提示

在添加“波浪”效果的时候，当询问是否需要栅格化形状时，直接单击“确定”按钮即可。

STEP 04 选择工具箱中的“矩形选框工具”，在图像靠顶部的边缘位置绘制一个矩形选区以选中部分图像，选中“矩形1”图层，按Delete键将图像删除，如图15.5所示。

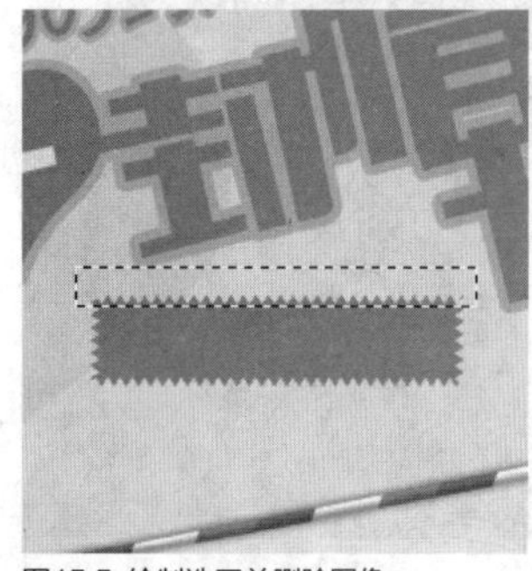

图15.5 绘制选区并删除图像

STEP 05 将选区向下移至图像靠底部位置，按Delete键将图像删除，完成之后按Ctrl+D组合键将选区取消，如图15.6所示。

STEP 06 选中“矩形1”图层，按住Alt+Shift组合键向下拖动，将图像复制，如图15.7所示。

图15.6 删除图像

图15.7 复制图像

STEP 07 选择工具箱中的“横排文字工具”T，在矩形位置添加文字，这样就完成了效果制作，最终效果如图15.8所示。

图15.8 最终效果

实战 451 放射多边形标识

▶素材位置：素材\第15章\放射多边形标识
▶案例位置：效果\第15章\放射多边形标识.psd
▶视频位置：视频\实战451.avi
▶难易指数：★★☆☆☆

• 实例介绍 •

打开素材，绘制图形，然后拖动锚点以增强图形的视觉冲击力，最后添加文字信息完成效果制作，本例中的标识具有超强的视觉冲击力，制作方法十分简单，最终效果如图15.9所示。

图15.9 最终效果

• 操作步骤 •

STEP 01 执行菜单栏中的“文件”|“打开”命令，打开“背景.jpg”文件，如图15.10所示。

图15.10 打开素材

STEP 02 选择工具箱中的“多边形工具”，在选项栏中将“填充”更改为黄色（R：251，G：222，B：42），“描边”更改为无，在选项栏中单击图标，在弹出的面板中勾选“星形”复选框，将“缩进边依据”更改为40%，“边”更改为18，在画布中绘制一个多边形，此时将生成一个“多边形1”图层，如图15.11所示。

图15.11 绘制图形

STEP 03 选择工具箱中的“直接选择工具”，拖动刚才绘制的图形锚点，将图形变形，如图15.12所示。

图15.12 拖动锚点

STEP 04 选择工具箱中的“横排文字工具”T，添加文字，这样就完成了效果制作，最终效果如图15.13所示。

图15.13 最终效果

实战 452 收藏标识

▶素材位置：素材\第15章\收藏标识
▶案例位置：效果\第15章\收藏标识.psd
▶视频位置：视频\实战452.avi
▶难易指数：★★★☆☆

• 实例介绍 •

本例讲解收藏标识的制作方法。收藏标识的制作难点在于将精练的图形与文字结合，在有限的文字布局中传递一种直接有效的信息，最终效果如图15.14所示。

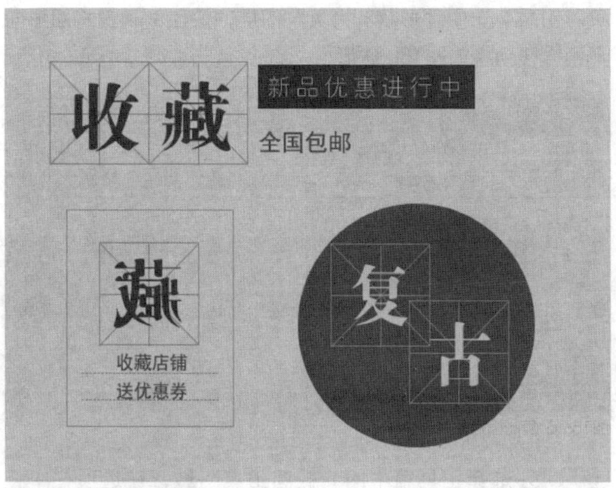

图15.14 最终效果

● 操作步骤 ●

STEP 01 执行菜单栏中的“文件”|“打开”命令，打开“背景.jpg”文件，如图15.15所示。

图15.15 打开并添加素材

STEP 02 选择工具箱中的“矩形工具”，在选项栏中将“填充”更改为无，“描边”更改为土黄色（R：182，G：170，B：154），“大小”更改为1点，在画布左上角位置按住Shift键绘制一个矩形，此时将生成一个“矩形1”图层，如图15.16所示。

图15.16 绘制图形

STEP 03 选择工具箱中的“直线工具”，在选项栏中将“填充”更改为土黄色（R：182，G：170，B：154），“描边”更改为无，“粗细”更改为1像素，在矩形内部绘制一条对角线段，此时将生成一个“形状1”图层，如图15.17所示。

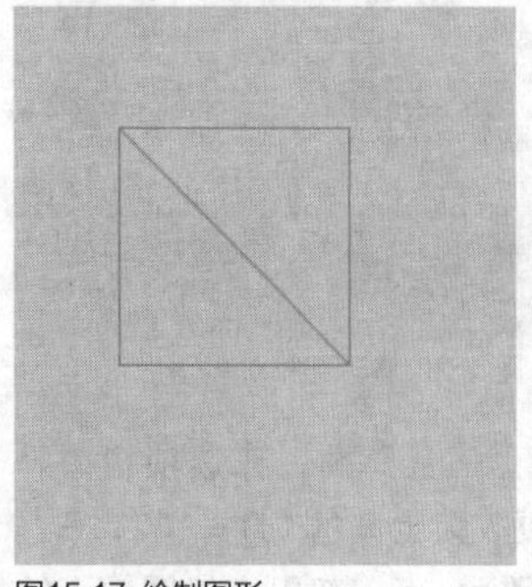

图15.17 绘制图形

STEP 04 在“图层”面板中选中“形状1”图层，将其拖至面板底部的“创建新图层”按钮上，复制1个“形状1 拷贝”图层，如图15.18所示。

STEP 05 选中“形状1 拷贝”图层，按Ctrl+T组合键对其执行“自由变换”命令，单击鼠标右键，从弹出的快捷菜单中选择“水平翻转”命令，完成之后按Enter键确认，如图15.19所示。

图15.18 复制图层

图15.19 变换图形

STEP 06 以同样的方法再次绘制2条线段，使其组合成田字格图案，如图15.20所示。

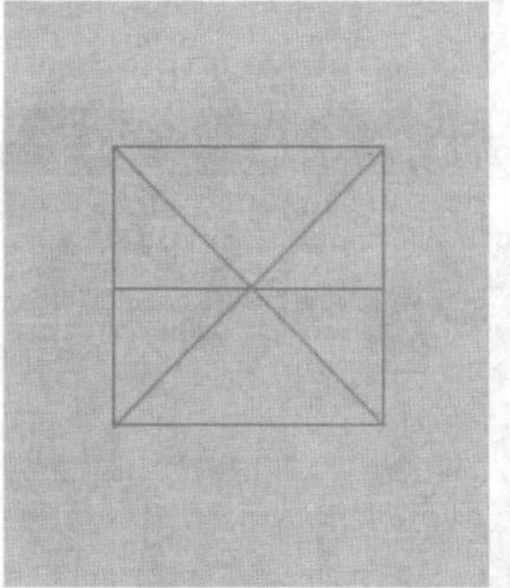

图15.20 绘制图形

STEP 07 同时选中除“背景”之外的所有图层，按Ctrl+G组合键将图层编组，将生成的组名称更改为“田字格”，选中“田字格”组，将其拖至面板底部的“创建新图层”按钮上，复制1个“田字格 拷贝”组，如图15.21所示。

STEP 08 选中“田字格 拷贝”组，在画布中将图像向右侧平移，如图15.22所示。

图15.21 将图层编组并复制组

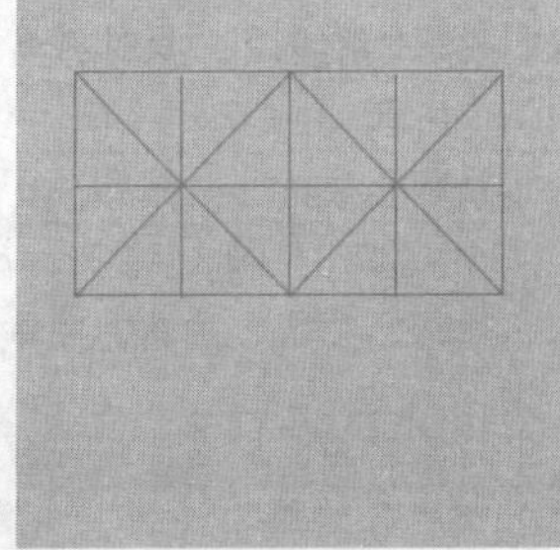

图15.22 移动图像

STEP 09 选择工具箱中的“矩形工具”，在选项栏中将“填充”更改为无，“描边”更改为土黄色（R：182，G：170，B：154），“大小”更改为1点，在田字格图像下绘制一个矩形，此时将生成一个“矩形2”图层，如图15.23所示。

STEP 10 选择“田字格”组，将其复制一份，移动到大矩形中，如图15.24所示。

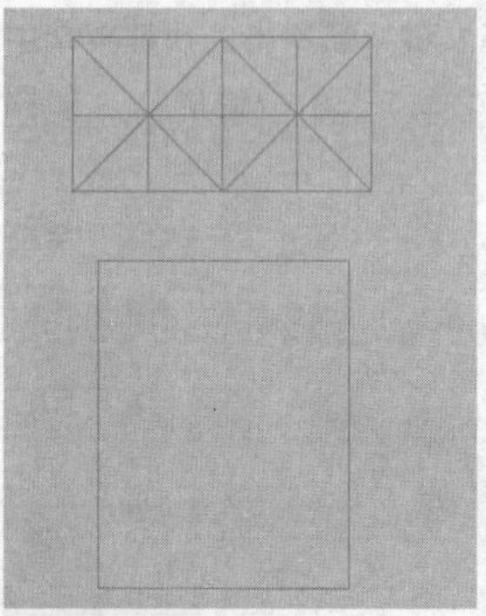

图15.23 绘制图形

图15.24 复制图形

STEP 11 选择工具箱中的“直线工具”，在选项栏中将“填充”更改为无，“描边”更改为土黄色（R：182，G：170，B：154），“粗细”更改为1点，单击“设置形状描边类型”按钮，在弹出的选项中选择第2种描边类型，按住Shift键绘制一条线段，此时将生成一个“形状1”图层，如图15.25所示。

图15.25 绘制图形

STEP 12 在“图层”面板中选中“形状3”图层，将其拖至面板底部的“创建新图层”按钮上，复制1个“形状3 拷贝”图层，选中“形状3 拷贝”图层，按住Shift键将图形向下稍微移动，如图15.26所示。

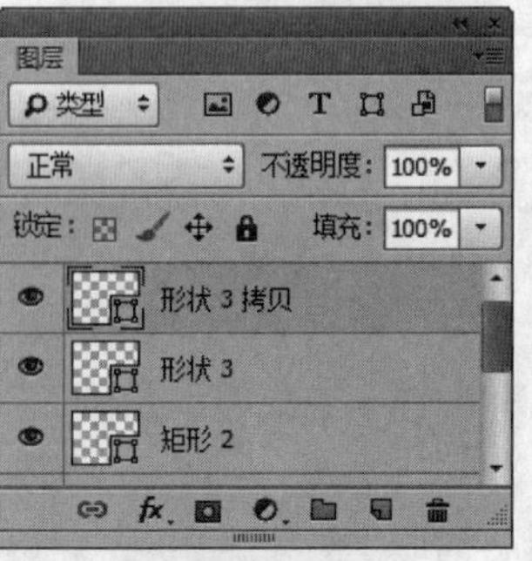

图15.26 复制图层并移动图形

STEP 13 选择工具箱中的“椭圆工具”，在选项栏中将“填充”更改为咖啡色（R：134，G：100，B：76），“描边”更改为无，在右下角位置按住Shift键绘制一个正圆图形，此时将生成一个“椭圆1”图层，如图15.27所示。

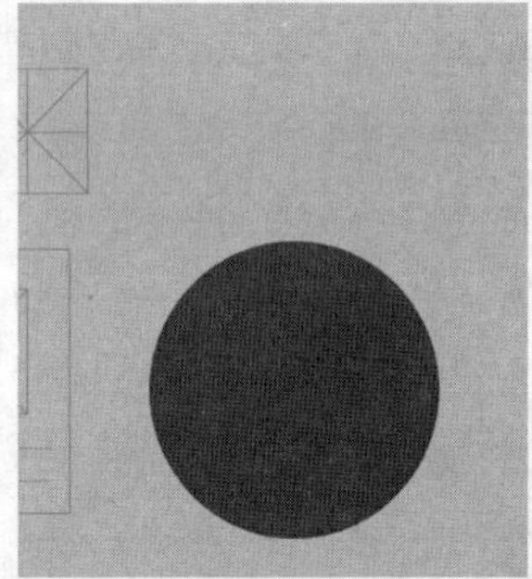

图15.27 绘制图形

STEP 14 选中“田字格”组，在画布中按住Alt键将图像复制2份并移至椭圆图形位置，如图15.28所示。

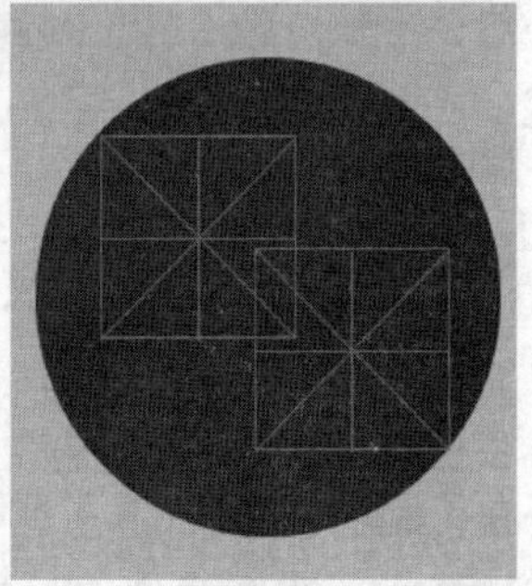

图15.28 复制组并移动图像

STEP 15 选择工具箱中的“矩形工具”，在选项栏中将“填充”更改为深红色（R：142，G：7，B：7），“描边”更改为无，在画布靠顶部位置绘制一个矩形，如图15.29所示。

STEP 16 选择工具箱中的“横排文字工具”，在画布中的适当位置添加文字，如图15.30所示。

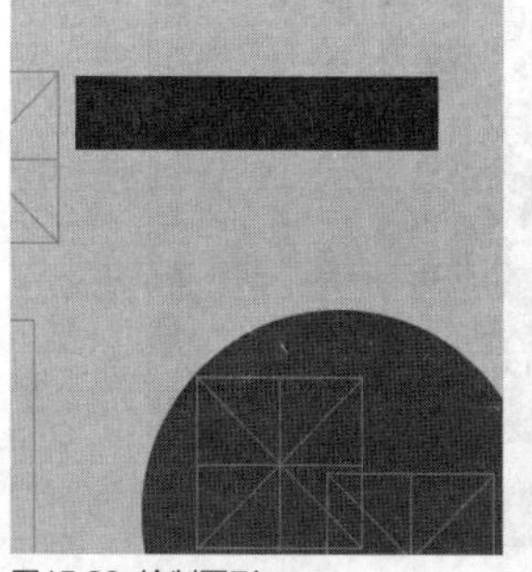

图15.29 绘制图形

图15.30 添加文字

STEP 17 选中“藏”图层，按Ctrl+T组合键对其执行“自由变换”命令，单击鼠标右键，从弹出的快捷菜单中选择“水平翻转”命令，完成之后按Enter键确认，这样就完成了效果制作，最终效果如图15.31所示。

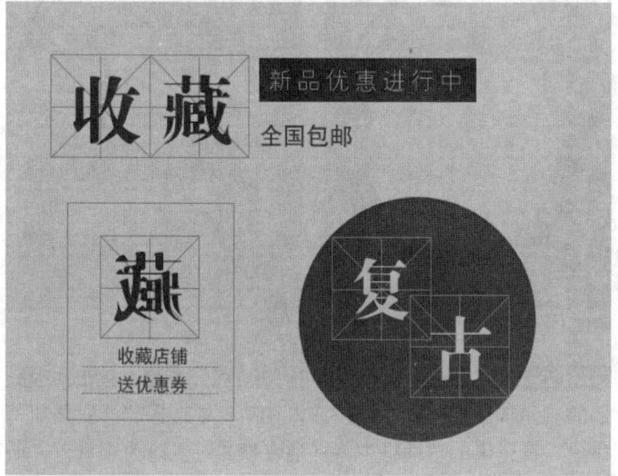

图15.31 最终效果

实战 453 猪头标识

▶素材位置：素材\第15章\猪头标识
▶案例位置：效果\第15章\猪头标识.psd
▶视频位置：视频\实战453.avi
▶难易指数：★★☆☆☆

• 实例介绍 •

本例讲解猪头标识的制作方法。此种标识一般用于对食品类广告的特别说明，加入的标识可以使整个画布看起来更加活泼生动，最终效果如图15.32所示。

图15.32 最终效果

• 操作步骤 •

STEP 01 执行菜单栏中的“文件”|“打开”命令，打开“背景.jpg”文件，如图15.33所示。

图15.33 打开素材

STEP 02 选择工具箱中的“椭圆工具”，在选项栏中将“填充”更改为深红色（R：163，G：46，B：50），“描边”更改为无，在画布靠左侧位置绘制一个椭圆图形，此时将生成一个“椭圆1”图层，如图15.34所示。

图15.34 绘制图形

STEP 03 选择工具箱中的“钢笔工具”，在选项栏中单击“选择工具模式”路径按钮，在弹出的选项中选择“形状”，将“填充”更改为深红色（R：163，G：46，B：50），“描边”更改为无，在椭圆图形左上角位置绘制一个不规则图形，此时将生成一个“形状1”图层，如图15.35所示。

图15.35 绘制图形

STEP 04 在“图层”面板中选中“形状1”图层，将其拖至面板底部的“创建新图层”按钮上，复制1个“形状1 拷贝”图层，如图15.36所示。

STEP 05 选中“形状1 拷贝”图层，按Ctrl+T组合键对其执行“自由变换”命令，将图形适当旋转并向右侧移动，完成之后按Enter键确认，如图15.37所示。

图15.36 复制图形

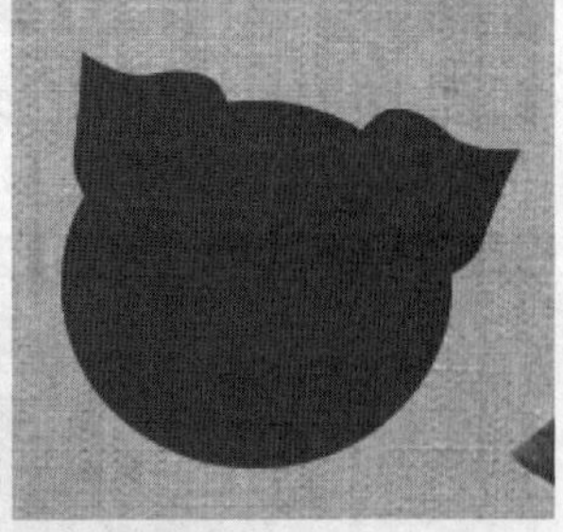

图15.37 变换图形

STEP 06 选择工具箱中的“横排文字工具” T，添加文字并将其适当旋转，这样就完成了效果制作，最终效果如图15.38所示。

图15.38 最终效果

实战454 圆字组合标识

▶素材位置：素材\第15章\圆字组合标识
▶案例位置：效果\第15章\圆字组合标识.psd
▶视频位置：视频\实战454.avi
▶难易指数：★★★☆☆

• 实例介绍 •

打开素材，绘制图形并将其变形，添加文字信息完成效果制作，圆字组合标识在制作过程中以椭圆图形与文字信息的结合为主，最终效果如图15.39所示。

图15.39 最终效果

• 操作步骤 •

• 打开素材

STEP 01 执行菜单栏中的“文件”|“打开”命令，打开“背景.jpg”文件，如图15.40所示。

图15.40 打开素材

STEP 02 选择工具箱中的“椭圆工具”，在选项栏中将“填充”更改为白色，“描边”更改为无，在右侧位置按住Shift键绘制一个正圆图形，此时将生成一个“椭圆1”图层，如图15.41所示。

图15.41 绘制图形

STEP 03 在“图层”面板中选中“椭圆1”图层，单击面板底部的“添加图层样式” fx 按钮，在菜单中选择“渐变叠加”命令，在弹出的对话框中将“混合模式”更改为正常，“渐变”更改为黄色（R：249，G：233，B：207）到黄色（R：250，G：217，B：146），“角度”更改为-128度，如图15.42所示。

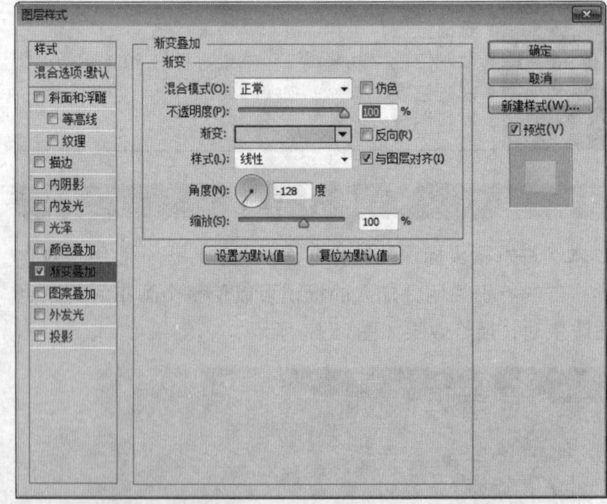

图15.42 设置渐变叠加

STEP 04 选择“投影”复选框，将“颜色”更改为深红色（R：111，G：15，B：26），“不透明度”更改为60%，取消“使用全局光”复选框，将“角度”更改为57度，“距离”更改为4像素，“大小”更改为4像素，完成之后单击“确定”按钮，如图15.43所示。

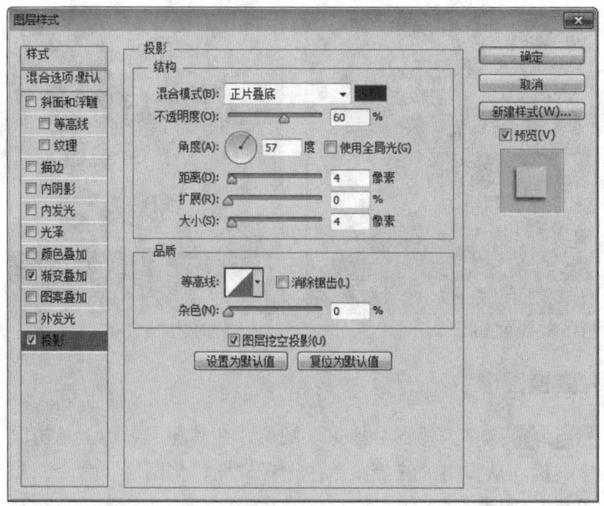

图15.43 设置投影

STEP 05 在“图层”面板中选中“椭圆1”图层，单击面板底部的“添加图层蒙版”按钮，为其图层添加图层蒙版，如图15.44所示。

STEP 06 选择工具箱中的“多边形套索工具”，在椭圆图形右上角位置绘制一个不规则选区以选中部分图形，将选区填充为黑色，将部分图形隐藏，完成之后按Ctrl+D组合键将选区取消，如图15.45所示。

图15.44 添加图层蒙版

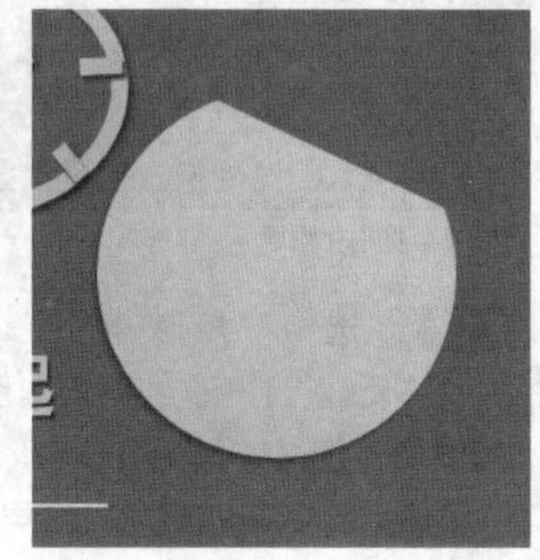

图15.45 隐藏图形

• 添加文字

STEP 01 选择工具箱中的“横排文字工具”，在椭圆位置添加文字并进行适当调整，如图15.46所示。

图15.46 添加文字

STEP 02 在“图层”面板中选中“最后”图层，单击面板底部的“添加图层样式”按钮，在菜单中选择“内阴影”命令，在弹出的对话框中将“不透明度”更改为50%，“距离”更改为1像素，“大小”更改为1像素，完成之后单击“确定”按钮，如图15.47所示。

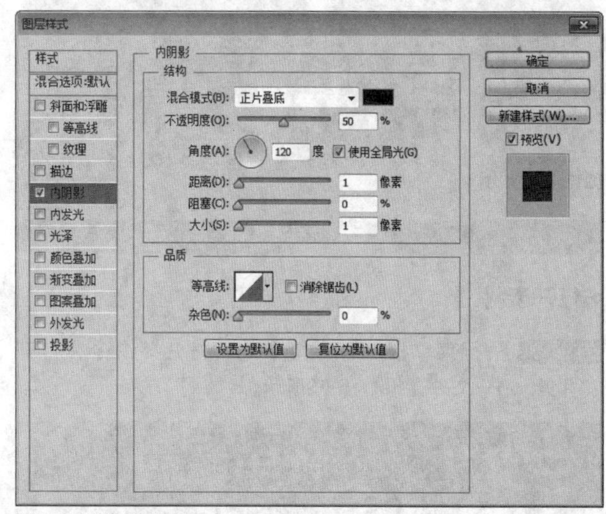

图15.47 设置内阴影

STEP 03 在“最后”图层上单击鼠标右键，从弹出的快捷菜单中选择“拷贝图层样式”命令，同时选中“7”及“天”图层，在其图层名称上单击鼠标右键，从弹出的快捷菜单中选择“粘贴图层样式”命令，这样就完成了效果制作，最终效果如图15.48所示。

图15.48 最终效果

实战 455

镂空箭头标识

- 素材位置：素材\第15章\镂空箭头标识
- 案例位置：效果\第15章\镂空箭头标识.psd
- 视频位置：视频\实战455.avi
- 难易指数：★★☆☆☆

• 实例介绍 •

打开素材，绘制图形，然后将部分图形减去组合成箭头图形，最后添加文字信息完成效果制作，镂空箭头标识的制作需要重点掌握镂空箭头的制作方法，最终效果如图15.49所示。

图15.49 最终效果

• 操作步骤 •

• 打开素材

STEP 01 执行菜单栏中的“文件”|“打开”命令，打开“背景.jpg”文件，如图15.50所示。

图15.50 打开素材

STEP 02 选择工具箱中的“矩形工具”■，在选项栏中将“填充”更改为粉色（R：254，G：217，B：225），“描边”更改为无，绘制一个矩形，此时将生成一个“矩形1”图层，如图15.51所示。

图15.51 绘制图形

STEP 03 在“图层”面板中选中“矩形1”图层，将其拖至面板底部的“创建新图层”按钮上，复制1个“矩形1 拷贝”图层，如图15.52所示。

STEP 04 选中“矩形1 拷贝”图层，将其图形颜色更改为橙色（R：255，G：120，B：0），按Ctrl+T组合键对其执行“自由变换”命令，分别将图形宽度和高度等比例缩小，完成之后按Enter键确认，如图15.53所示。

图15.52 复制图层

图15.53 变换图形

• 变换图形

STEP 01 选中“矩形1 拷贝”图层，在其图层名称上单击鼠标右键，从弹出的快捷菜单中选择“栅格化图层”命令，如图15.54所示。

STEP 02 选择工具箱中的“多边形套索工具”，在栅格化后的图形的右侧位置绘制一个不规则选区，如图15.55所示。

图15.54 栅格化图层

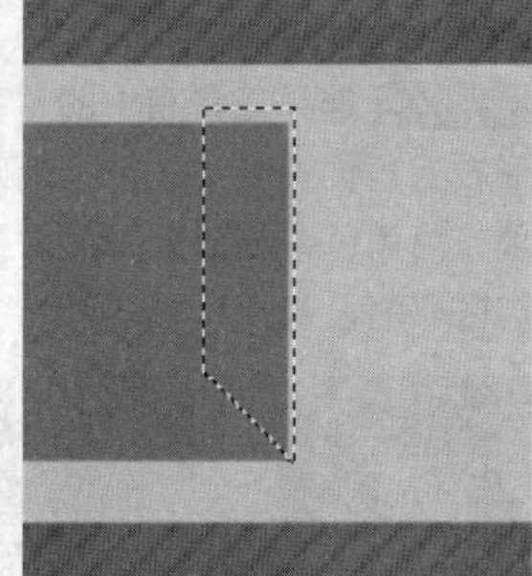

图15.55 绘制选区

STEP 03 选中“矩形 拷贝”图层，执行菜单栏中的“图层”|“新建”|“通过剪切的图层”命令，此时将生成一个“图层1”图层，如图15.56所示。

STEP 04 选中“图层1”图层，按Ctrl+T组合键对其执行“自由变换”命令，单击鼠标右键，从弹出的快捷菜单中选择“水平翻转”命令，完成之后按Enter键确认，如图15.57所示。

图15.56 通过剪切的图层

图15.57 变换图像

STEP 05 选择工具箱中的“横排文字工具”T，在图形位置添加文字，这样就完成了效果制作，最终效果如图15.58所示。

图15.58 最终效果

实战 456 长条形标识

▶素材位置：素材\第15章\长条形标识
▶案例位置：效果\第15章\长条形标识.psd
▶视频位置：视频\实战456.avi
▶难易指数：★★☆☆☆

• 实例介绍 •

打开素材，绘制图形，然后添加文字信息完成效果制作，本例的制作方法十分简单，只需绘制长条图形并添加文字信息即可，最终效果如图15.59所示。

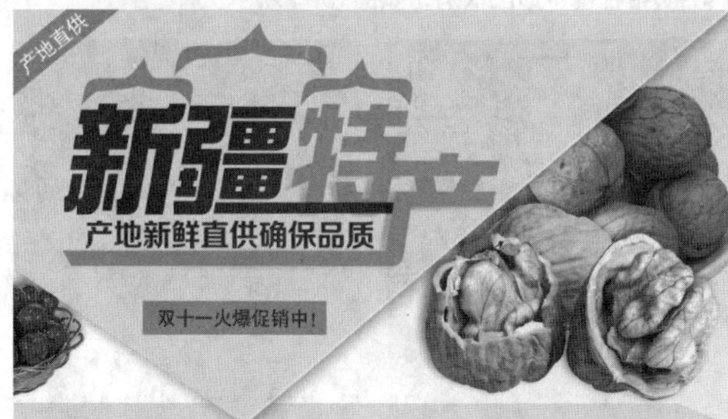

图15.59 最终效果

• 操作步骤 •

• 打开素材

STEP 01 执行菜单栏中的“文件”|“打开”命令，打开“背景.jpg”文件，如图15.60所示。

图15.60 打开素材

STEP 02 选择工具箱中的“矩形工具”■，在选项栏中将“填充”更改为橙色（R：253，G：150，B：0），“描边”更改为无，在文字下方位置绘制一个矩形，此时将生成一个“矩形1”图层，如图15.61所示。

STEP 03 在“图层”面板中选中“矩形1”图层，将其拖至面板底部的“创建新图层”按钮上，复制1个“矩形1 拷贝”图层，如图15.62所示。

图15.61 绘制图形

图15.62 复制图层

添加文字

STEP 01 选择工具箱中的“横排文字工具”T，在绘制的图形位置添加文字，如图15.63所示。

STEP 02 同时选中“产地直供”“矩形 1 拷贝”图层，按Ctrl+T组合键对其执行“自由变换”命令，将图形适当旋转并移至画布左上角位置，完成之后按Enter键确认，如图15.64所示。

图15.63 添加文字

图15.64 旋转图形及文字

STEP 03 选择工具箱中的“横排文字工具”T，在原矩形位置添加文字，这样就完成了效果制作，最终效果如图15.65所示。

图15.65 最终效果

实战 457

镂空对比标识

▶素材位置：素材\第15章\镂空对比标识
▶案例位置：效果\第15章\镂空对比标识.psd
▶视频位置：视频\实战457.avi
▶难易指数：★★☆☆☆

• 实例介绍 •

打开素材，绘制图形并将部分图形隐藏制作镂空效果，添加文字信息完成效果制作，最终效果如图15.66所示。

图15.66 最终效果

• 操作步骤 •

• 打开素材

STEP 01 执行菜单栏中的“文件”|“打开”命令，打开“背景.jpg”文件，如图15.67所示。

图15.67 打开素材

STEP 02 选择工具箱中的“椭圆工具”，在选项栏中将“填充”更改为橙色（R：255，G：150，B：16），“描边”更改为无，在左下角位置按住Shift键绘制一个正圆图形，此时将生成一个“椭圆1”图层，如图15.68所示。

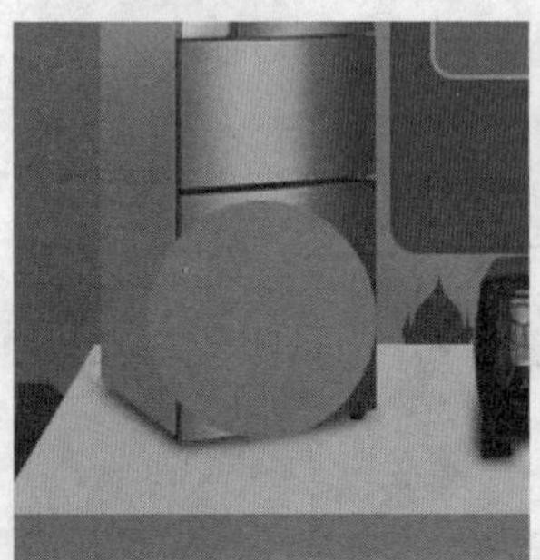

图15.68 绘制图形

STEP 03 在“图层”面板中选中“椭圆1”图层，单击面板底部的“添加图层蒙版”按钮，为其图层添加图层蒙版，如图15.69所示。

STEP 04 按住Ctrl键单击“椭圆1”图层蒙版缩览图，将其载入选区，再执行菜单栏中的“选择”|“修改”|“收缩”命令，在弹出的对话框中将“收缩量”更改为5像素，完成之后单击“确定”按钮，如图15.70所示。

图15.69 添加图层蒙版　图15.70 载入并收缩选区

• 隐藏图形

STEP 01 选择工具箱中的“矩形选框工具”，按住Alt键将正圆上半部分选区减去，如图15.71所示。

STEP 02 将选区填充为黑色，将部分图形隐藏，完成之后按Ctrl+D组合键将选区取消，如图15.72所示。

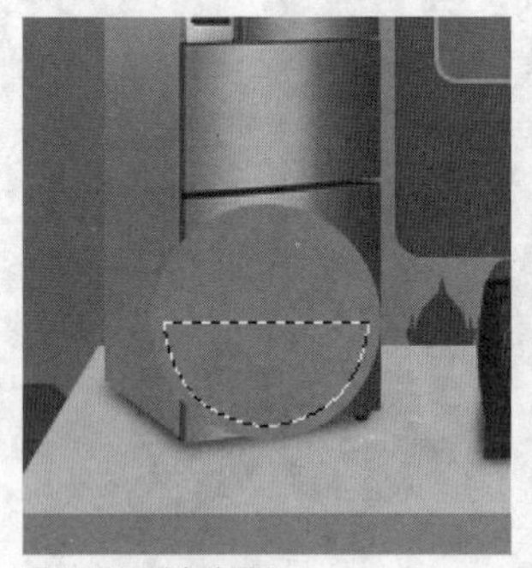

图15.71 减去选区　图15.72 隐藏图形

STEP 03 选择工具箱中的“横排文字工具”，在椭圆图形位置添加文字，然后同时选中“椭圆1”及文字图层，将其适当旋转，这样就完成了效果制作，最终效果如图15.73所示。

图15.73 最终效果

实战 458 双色拼字标识

▶素材位置：素材\第15章\双色拼字标识
▶案例位置：效果\第15章\双色拼字标识.psd
▶视频位置：视频\实战458.avi
▶难易指数：★★★☆☆

• 实例介绍 •

双色拼字标识意在强调商品的特点，同时双色的对比效果在视觉上可以使广告效应更加出色，最终效果如图15.74所示。

图15.74 最终效果

• 操作步骤 •

打开素材

STEP 01 执行菜单栏中的“文件”|“打开”命令，打开“背景.jpg”文件，如图15.75所示。

图15.75 打开素材

STEP 02 选择工具箱中的“椭圆工具”，在选项栏中将“填充”更改为深黄色（R：242，G：206，B：120），“描边”更改为无，在左下角位置按住Shift键绘制一个正圆图形，此时将生成一个“椭圆1”图层，如图15.76所示。

图15.76 绘制图形

STEP 03 在“图层”面板中选中“椭圆1”图层，在其图层名称上单击鼠标右键，从弹出的快捷菜单中选择“栅格化图层”命令，如图15.77所示。

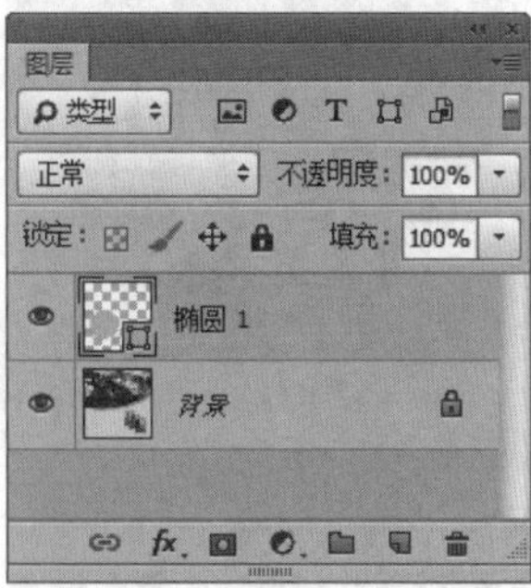

图15.77 栅格化图层

STEP 04 选择工具箱中的“多边形套索工具”，在椭圆位置绘制一个不规则选区以选中部分图形，如图15.78所示。

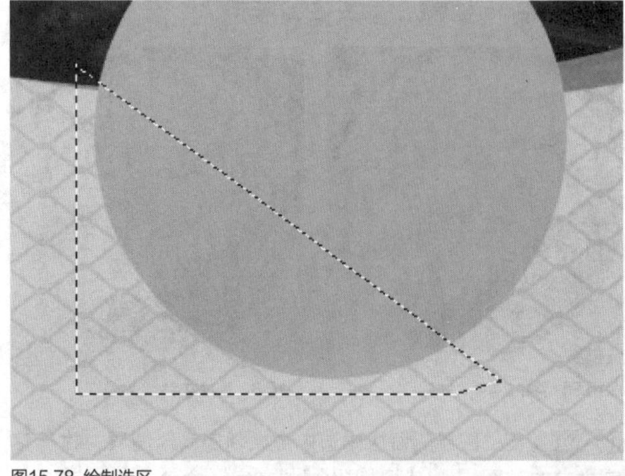

图15.78 绘制选区

STEP 05 在“图层”面板中选中“椭圆1”图层，单击面板上方的“锁定透明像素”按钮，将当前图层中的透明像素锁定，如图15.79所示。

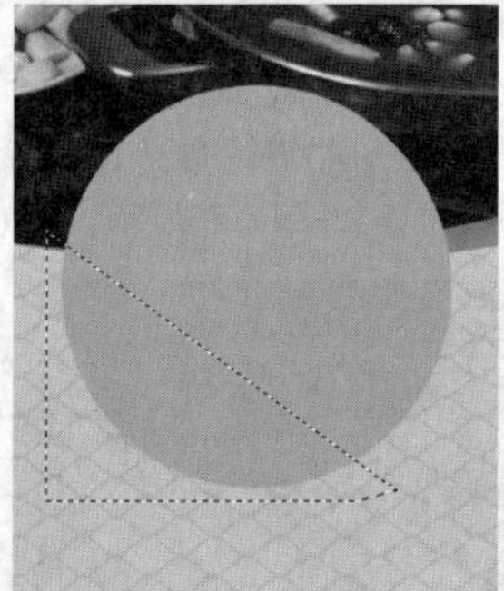

图15.79 锁定透明像素

STEP 06 选中“椭圆1”图层，将选区填充为红色（R：183，G：14，B：14），填充完成之后按Ctrl+D组合键将选区取消，如图15.80所示。

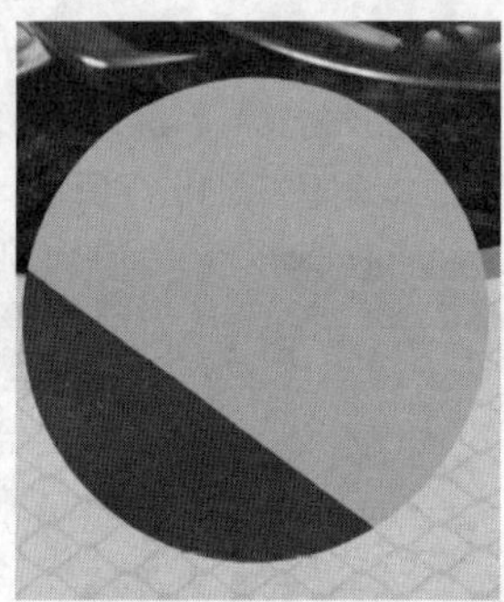

图15.80 填充颜色

- **添加文字**

STEP 01 选择工具箱中的“横排文字工具”T，在椭圆位置添加文字，如图15.81所示。

STEP 02 选中“火锅底料”文字层，按Ctrl+T组合键对其执行“自由变换”命令，将文字适当旋转并放在适当位置，完成之后按Enter键确认，如图15.82所示。

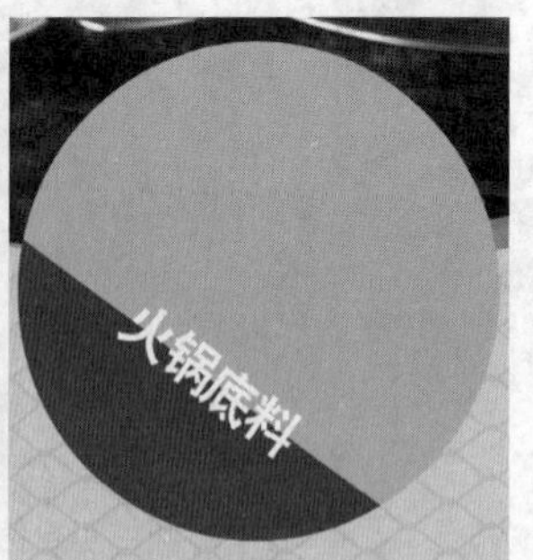

图15.81 添加文字

图15.82 变换文字

STEP 03 在“图层”面板中选中“火锅底料”图层，执行菜单栏中的“图层”|“栅格化”|“文字”命令，将当前文字栅格化，如图15.83所示。

STEP 04 选择工具箱中的“多边形套索工具”，沿着红色边缘绘制一个不规则图形以选中部分文字，如图15.84所示。

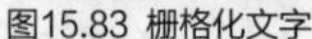

图15.83 栅格化文字

图15.84 绘制选区

STEP 05 选中“火锅底料”图层，单击面板上方的“锁定透明像素”按钮，将当前图层中的透明像素锁定，如图15.85所示。

STEP 06 选中“火锅底料”图层，将选区填充为深黄色（R：242，G：206，B：120），如图15.86所示。

图15.85 锁定透明像素

图15.86 填充颜色

STEP 07 在画布中执行菜单栏中的“选择”|“反向”命令，将选区反向选择，再将选区填充为红色（R：183，G：14，B：14），填充完成之后按Ctrl+D组合键将选区取消，如图15.87所示。

图15.87 填充颜色

STEP 08 选择工具箱中的“横排文字工具”T，在椭圆图形位置添加文字，这样就完成了效果制作，最终效果如图15.88所示。

图15.88 最终效果

实战 459 卡通手握标识

▶素材位置：素材\第15章\卡通手握标识
▶案例位置：效果\第15章\卡通手握标识.psd
▶视频位置：视频\实战459.avi
▶难易指数：★★★☆☆

• 实例介绍 •

本例中的标识制作过程稍微复杂，制作重点在于卡通手形的绘制，在绘制过程中一定要掌握好比例，最终效果如图15.89所示。

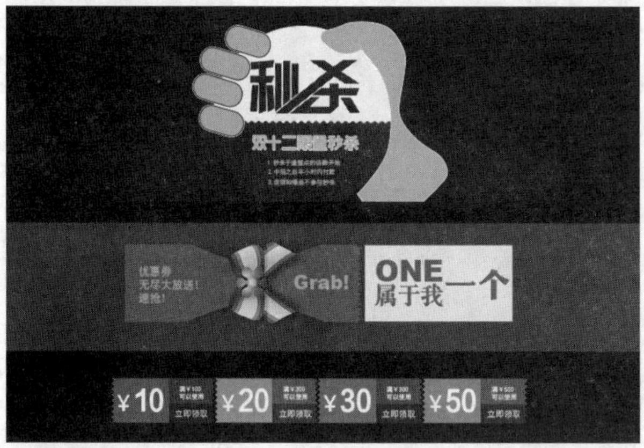

图15.89 最终效果

• 操作步骤 •

● 打开素材

STEP 01 执行菜单栏中的“文件”|“打开”命令，打开“背景.jpg”文件，如图15.90所示。

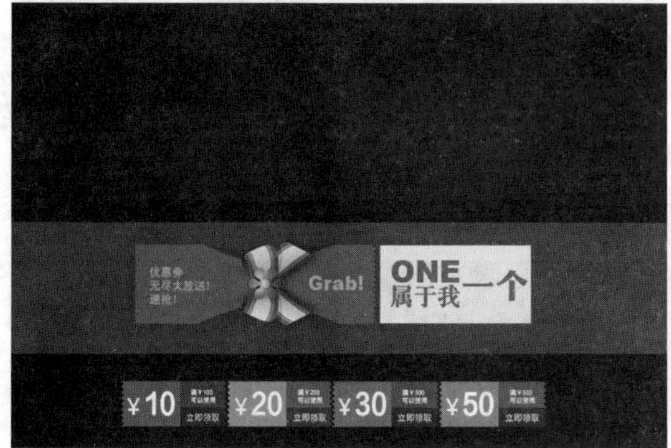

图15.90 打开素材

STEP 02 选择工具箱中的“椭圆工具”，在选项栏中将“填充”更改为白色，“描边”更改为无，在画布靠上方位置按住Shift键绘制一个正圆图形，此时将生成一个“椭圆1”图层，如图15.91所示。

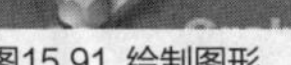

图15.91 绘制图形

STEP 03 选择工具箱中的“矩形工具”，在选项栏中将“填充”更改为紫色（R：104，G：3，B：145），“描边”更改为无，在椭圆图形下半部分位置绘制一个矩形，此时将生成一个“矩形1”图层，如图15.92所示。

图15.92 绘制图形

STEP 04 选中“矩形1”图层，执行菜单栏中的“滤镜”|“扭曲”|“波浪”命令，在弹出的对话框中将“生成器数”更改为1，“波长”中的“最小”更改为2，“最大”更改为5，“波幅”中的最小更改为1，“最大”更改为2，完成之后单击“确定”按钮，如图15.93所示。

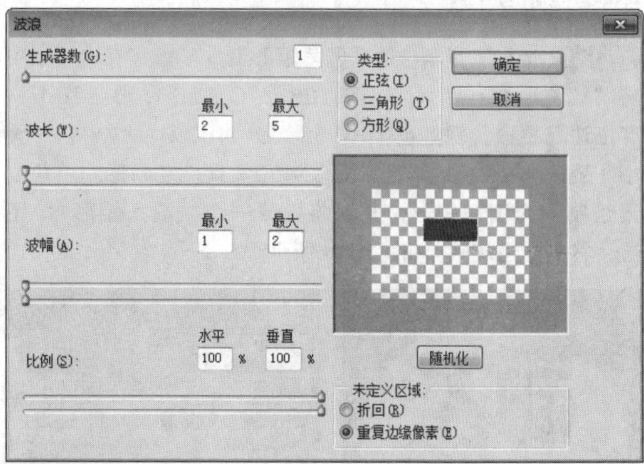

图15.93 设置波浪

提示

在添加“波浪”效果的时候，当询问是否需要栅格化形状时直接单击“确定”按钮即可。

STEP 05 选中“矩形1”图层，执行菜单栏中的“图层”|“创建剪贴蒙版”命令，为当前图层创建剪贴蒙版，将部分图像隐藏，如图15.94所示。

图15.94 创建剪贴蒙版

- **添加文字**

STEP 01 选择工具箱中的“横排文字工具”T，在椭圆图形上添加文字，将部分文字转换为形状并变形，如图15.95所示。

图15.95 添加文字并变形

STEP 02 选择工具箱中的“圆角矩形工具”，在选项栏中将“填充”更改为黄色（R：255，G：206，B：26），“描边”更改为深红色（R：32，G：18，B：17），“大小”更改为1点，“半径”更改为30像素，在圆形左上角位置绘制一个圆角矩形，此时将生成一个“圆角矩形1”图层，将其适当旋转，如图15.96所示。

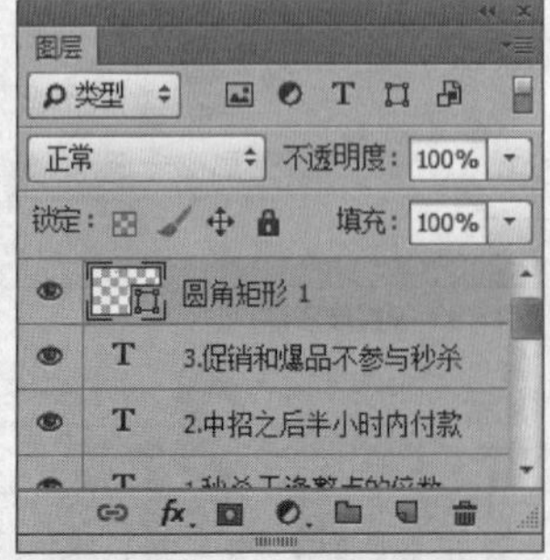

图15.96 绘制图形

STEP 03 选中“圆角矩形1”图层，单击面板底部的“添加图层样式”fx按钮，在菜单中选择“描边”命令，在弹出的对话框中将“大小”更改为2像素，“颜色”更改为白色，完成之后单击“确定”按钮，如图15.97所示。

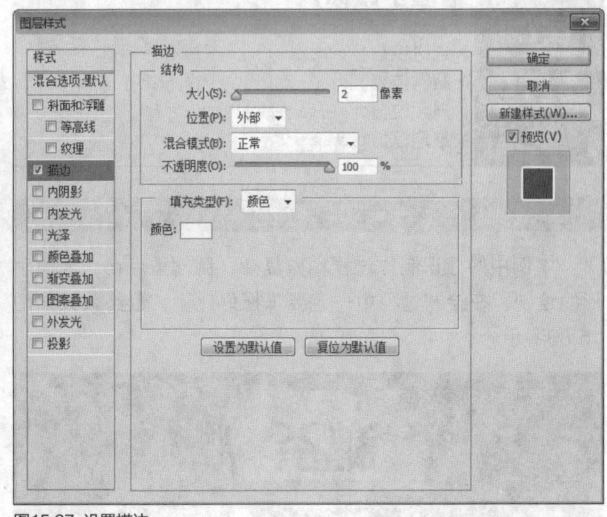

图15.97 设置描边

STEP 04 在“图层”面板中选中“圆角矩形1”图层，将其拖至面板底部的“创建新图层”按钮上，复制1个“圆角矩形1 拷贝”图层，如图15.98所示。

STEP 05 选中“圆角矩形1 拷贝”图层，按Ctrl+T组合键对其执行“自由变换”命令，将图形适当旋转，完成之后按Enter键确认，选择工具箱中的“直接选择工具”拖动圆角矩形左侧锚点增加图形长度，如图15.99所示。

图15.98 复制图层　　图15.99 变换图形

STEP 06 以同样的方法将图形再次复制2份并进行移动变换，如图15.100所示。

图15.100 复制并变换图形

STEP 07 选择工具箱中的“钢笔工具”，在选项栏中单击“选择工具模式”按钮，在弹出的选项中选择“形状”，将“填充”更改为黄色（R：255，G：206，B：26），“描边”更改为白色，“大小”更改为1点，在圆形右侧位置绘制半个手掌形状的不规则图形，此时将生成一个“形状1”图层，如图15.101所示。

图15.101 绘制图形

STEP 08 同时选中除“背景”图层之外的所有图层，按Ctrl+G组合键将图层编组，将生成的组名称更改为“标签”，选中“标签”组，单击面板底部的“添加图层蒙版”按钮，为其图层添加图层蒙版，如图15.102所示。

图15.102 将图层编组并添加图层蒙版

STEP 09 选择工具箱中的“矩形选框工具”，在“标签”图像底部位置绘制一个矩形选区，如图15.103所示。

STEP 10 将选区填充为黑色，将部分图像隐藏，完成之后按Ctrl+D组合键将选区取消，如图15.104所示。

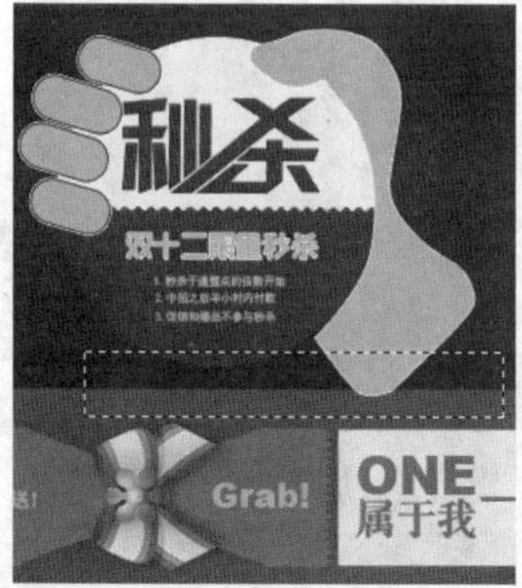

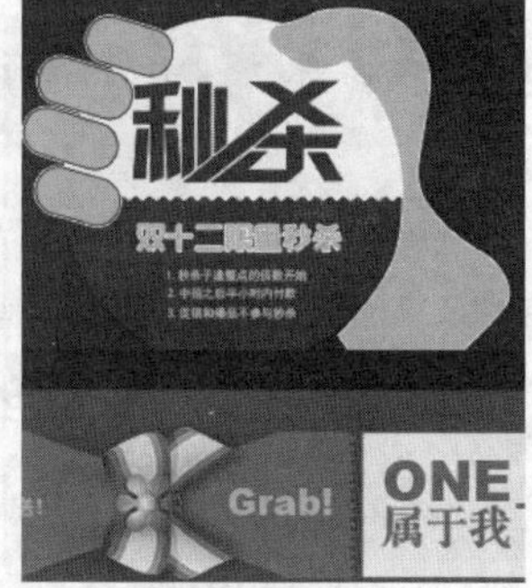

图15.103 绘制选区　　图15.104 隐藏图形

STEP 11 同时选中“标签”组及“背景”图层，单击选项栏中的“水平居中对齐”按钮，将标签与背景对齐，这样就完成了效果制作，最终效果如图15.105所示。

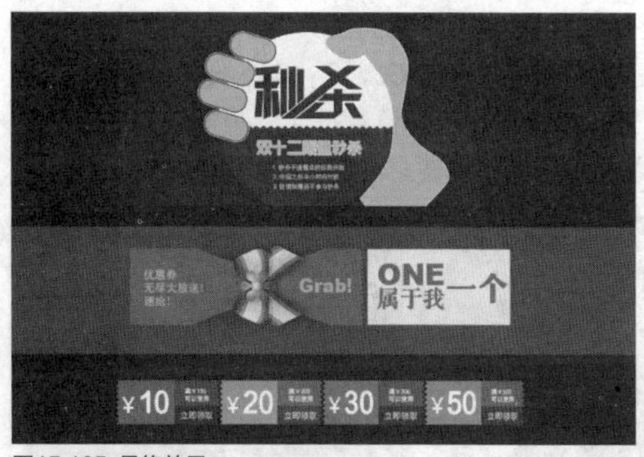

图15.105 最终效果

实战460 悬吊标识

▶素材位置：素材\第15章\悬吊标识
▶案例位置：效果\第15章\悬吊标识.psd
▶视频位置：视频\实战460.avi
▶难易指数：★★☆☆☆

• 实例介绍 •

打开素材，绘制图形并制作小孔效果，然后添加文字信息完成效果制作。悬吊标识的制作方法比较简单，只需将线段与椭圆图形准确结合即可，最终效果如图15.106所示。

图15.106 最终效果

• 操作步骤 •

打开素材

STEP 01 执行菜单栏中的“文件”|“打开”命令，打开“背景.jpg”文件，如图15.107所示。

图15.107 打开素材

STEP 02 选择工具箱中的“椭圆工具”，在选项栏中将“填充”更改为洋红色（R：255，G：54，B：110），“描边”更改为无，在画布右下角位置按住Shift键绘制一个正圆图形，此时将生成一个“椭圆1”图层，如图15.108所示。

图15.108 绘制图形

STEP 03 选择工具箱中的“圆角矩形工具”，在选项栏中将“填充”更改为浅粉色（R：255，G：247，B：250），“描边”更改为无，“半径”更改为5像素，在椭圆图形上方位置绘制一个圆角矩形，此时将生成一个“圆角矩形1”图层，如图15.109所示。

图15.109 绘制图形

STEP 04 在“图层”面板中选中“圆角矩形1”图层，单击面板底部的“添加图层样式”按钮，在菜单中选择“内发光”命令，在弹出的对话框中将“混合模式”更改为正常，“颜色”更改为洋红色（R：250，G：55，B：113），“大小”更改为2像素，完成之后单击“确定”按钮，如图15.110所示。

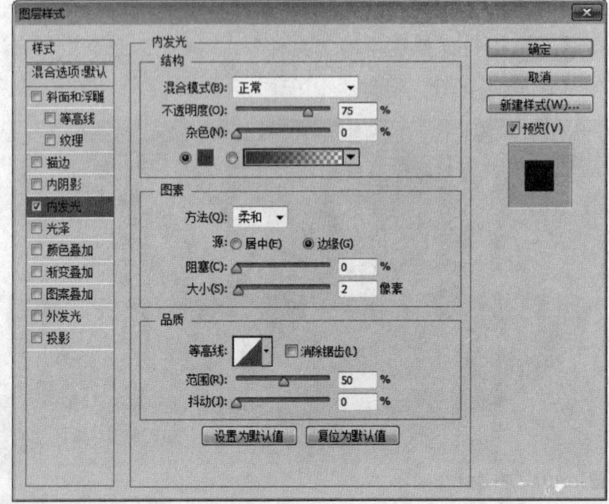

图15.110 设置内发光

● 绘制图形

STEP 01 选择工具箱中的“椭圆工具”，在选项栏中将“填充”更改为浅粉色（R：255，G：247，B：250），“描边”更改为无，在圆角矩形底部位置按住Shift键绘制一个正圆图形，此时将生成一个“椭圆2”图层，将“椭圆2”图层移至“圆角矩形1”图层下方，如图15.111所示。

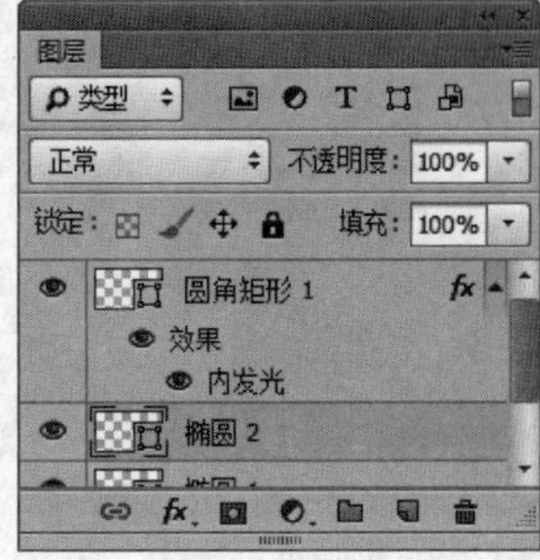

图15.111 绘制图形

STEP 02 在“圆角矩形1”图层上单击鼠标右键，从弹出的快捷菜单中选择“拷贝图层样式”命令，在“椭圆2”图层上单击鼠标右键，从弹出的快捷菜单中选择“粘贴图层样式”命令，如图15.112所示。

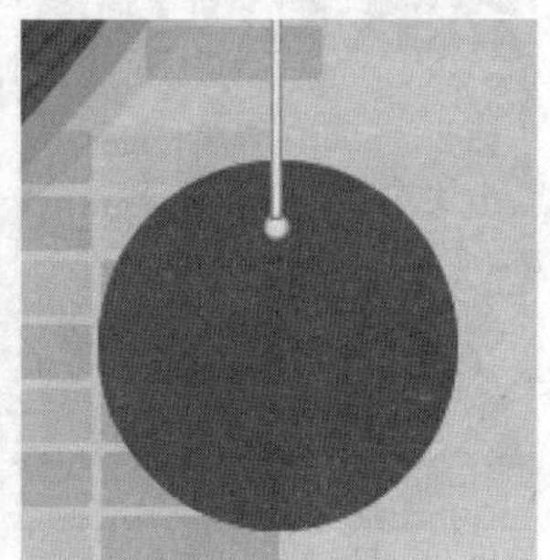

图15.112 复制并粘贴图层样式

STEP 03 在“图层”面板中选中“椭圆2”图层，将其拖至面板底部的“创建新图层”按钮上，复制1个“椭圆2 拷贝”图层，然后选中“椭圆2 拷贝”图层，将其向上垂直移动至圆角矩形顶部位置，如图15.113所示。

图15.113 复制图层并移动图形

STEP 04 选择工具箱中的“横排文字工具”，在圆形上添加文字，这样就完成了效果制作，最终效果如图15.114所示。

图15.114 最终效果

实战 461

重叠燕尾标识

- 素材位置：素材\第15章\重叠燕尾标识
- 案例位置：效果\第15章\重叠燕尾标识.psd
- 视频位置：视频\实战461.avi
- 难易指数：★★★☆☆

• 实例介绍 •

打开素材，绘制图形并制作立体效果，然后将图形复制完成效果制作。重叠燕尾标识的制作重点在于重叠效果，本例是以双立体图形组合的样式来展现标识效果，最终效果如图15.115所示。

图15.115 最终效果

• 操作步骤 •

• 打开素材

STEP 01 执行菜单栏中的“文件”|“打开”命令，打开“背景.jpg”文件，如图15.116所示。

图15.116 打开素材

STEP 02 选择工具箱中的“矩形工具”■，在选项栏中将“填充”更改为蓝色（R：38，G：70，B：114），“描边”更改为无，在画布靠右下角位置绘制一个矩形，此时将生成一个“矩形1”图层，如图15.117所示。

图15.117 绘制图形

STEP 03 在“图层”面板中选中“矩形1”图层，将其拖至面板底部的“创建新图层”■按钮上，复制1个“矩形1 拷贝”图层，如图15.118所示。

STEP 04 选中“矩形1”图层，将其颜色更改为蓝色（R：47，G：82，B：105），按Ctrl+T组合键对其执行“自由变换”命令，将图形宽度缩小，完成之后按Enter键确认，然后将图形向左侧平移，如图15.119所示。

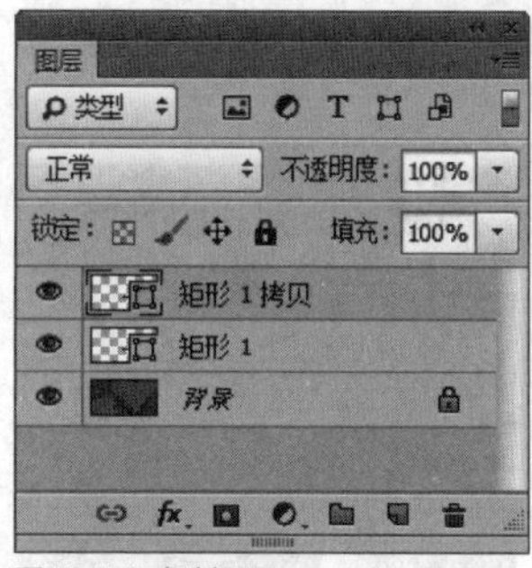

图15.118 复制图层

图15.119 变换图形

STEP 05 选择工具箱中的“添加锚点工具”，在“矩形1”图形的左侧边缘中间位置单击，添加锚点，如图15.120所示。

STEP 06 选择工具箱中的“转换点工具”，单击添加的锚点，选择工具箱中的“直接选择工具”，选中锚点并向右侧拖动将图形变形，如图15.121所示。

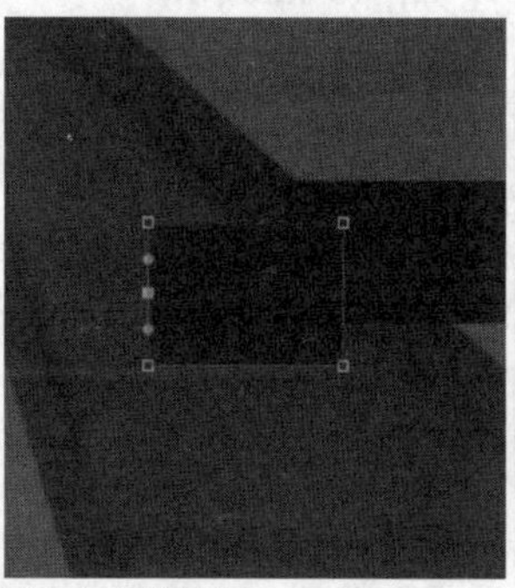

图15.120 添加锚点

图15.121 拖动锚点

STEP 07 选择工具箱中的“钢笔工具”，在选项栏中单击“选择工具模式”按钮，在弹出的选项中选择“形状”，将“填充”更改为深蓝色（R：28，G：50，B：80），“描边”更改为无，在刚才绘制的两个图形之间绘制一个不规则图形，此时将生成一个“形状1”图层，如图15.122所示。

图15.122 绘制图形

- **制作阴影**

STEP 01 在“图层”面板中选中“矩形1”图层，将其拖至面板底部的“创建新图层”按钮上，复制1个“矩形1 拷贝2”图层，如图15.123所示。

STEP 02 选中“矩形1”图层，将图形颜色更改为黑色，选择工具箱中的“直接选择工具”，拖动图形锚点将其变形，如图15.124所示。

图15.123 复制图层 图15.124 拖动锚点缩小图形

STEP 03 选中“矩形1”图层，执行菜单栏中的“滤镜”|“模糊”|“高斯模糊”命令，在弹出的对话框中将“半径”更改为2像素，完成之后单击“确定”按钮，然后将图层“不透明度”更改为50%，如图15.125所示。

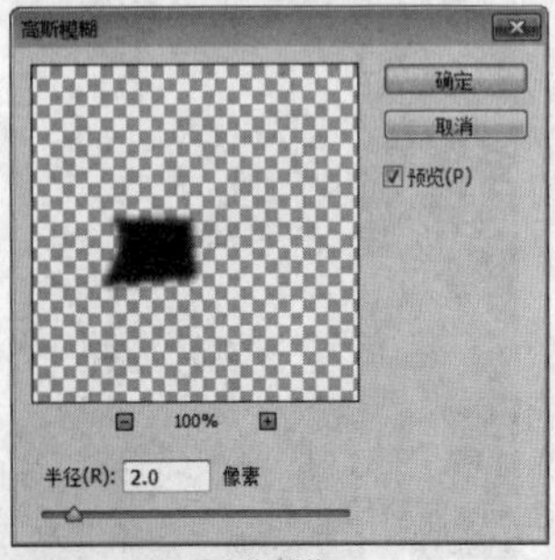

图15.125 设置高斯模糊

STEP 04 在“图层”面板中选中“形状 1”图层，单击面板底部的“添加图层样式”按钮，在菜单中选择“内阴影”命令，在弹出的对话框中将“不透明度”更改为40%，“距离”更改为5像素，“大小”更改为5像素，完成之后单击“确定”按钮，如图15.126所示。

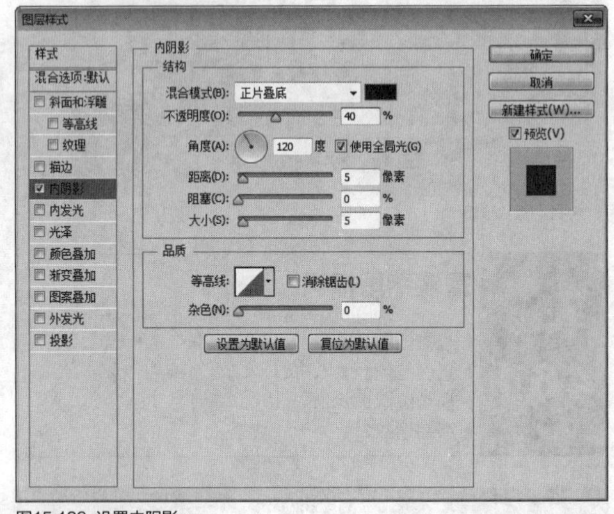

图15.126 设置内阴影

STEP 05 选择工具箱中的“椭圆工具”，在选项栏中将“填充”更改为深蓝色（R：10，G：20，B：25），“描边”更改为无，在图形靠左侧位置绘制一个椭圆图形，此时将生成一个“椭圆1”图层，将“椭圆1”图层移至“矩形1拷贝”图层下方，如图15.127所示。

图15.127 绘制图形

STEP 06 选中“椭圆1”图层，执行菜单栏中的“滤镜”|“模糊”|“高斯模糊”命令，在弹出的对话框中将“半径”更改为8像素，完成之后单击“确定”按钮，将图像进行适当移动，如图15.128所示。

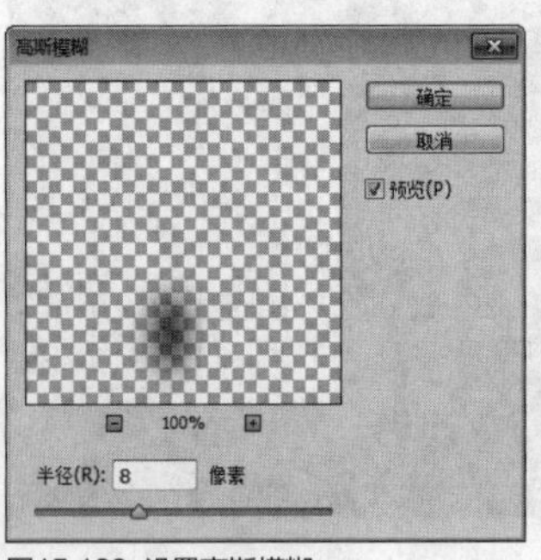

图15.128 设置高斯模糊

STEP 07 在“图层”面板中选中“矩形1 拷贝”图层，单击面板底部的“添加图层样式” fx 按钮，在菜单中选择“投影”命令，在弹出的对话框中将“不透明度”更改为50%，取消“使用全局光”复选框，将“角度”更改为90度，“距离”更改为4像素，“大小”更改为8像素，完成之后单击“确定”按钮，如图15.129所示。

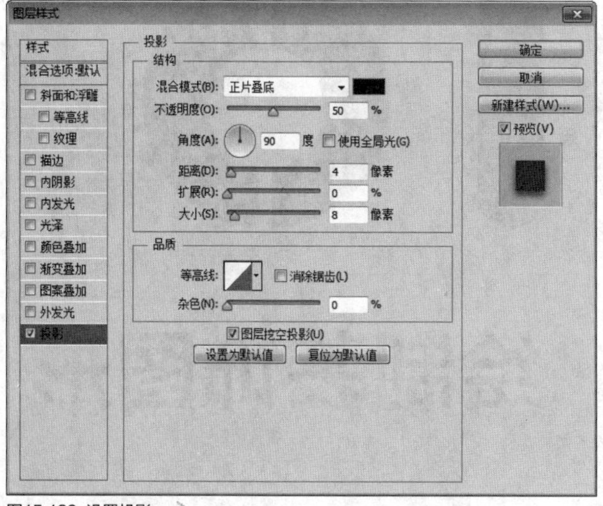

图15.129 设置投影

STEP 08 同时选中除“矩形1 拷贝”之外的所有图层，按Ctrl+G组合键将其编组，此时将生成一个“组1”组，然后将“组1”组移至“矩形1 拷贝”图层下方，如图15.130所示。

图15.130 将图层编组

STEP 09 在“图层”面板中选中“组1”组，将其拖至面板底部的“创建新图层”按钮上，复制1个“组1 拷贝”组，如图15.131所示。

STEP 10 选中“组1 拷贝”组，按Ctrl+T组合键对其执行“自由变换”命令，单击鼠标右键，从弹出的快捷菜单中选择“水平翻转”命令，完成之后按Enter键确认，将图像平移至右侧相对的位置，如图15.132所示。

图15.131 复制组

图15.132 变换图像

STEP 11 同时选中除“背景”之外的所有图层和组，按住Alt+Shift组合键向下拖动将图形复制，按Ctrl+T组合键对其执行“自由变换”命令，将图形等比例缩小，完成之后按Enter键确认，这样就完成了效果制作，最终效果如图15.133所示。

图15.133 最终效果

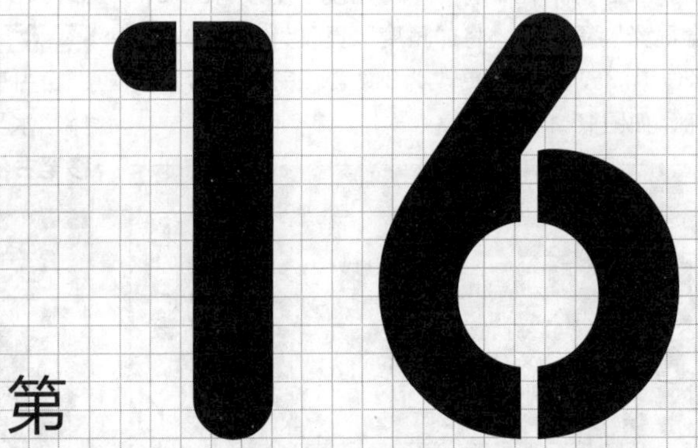

绘制装饰图形

本章导读

本章主要讲解装饰图形的绘制方法。在大部分的广告中装饰图形是一种经常被用到的修饰图像，它能很好地衬托出文字、图像等在图形中的美感，使整个页面更加灵动、活泼。通过大量实例的练习我们在绘制图形时可以更好地掌握对整体图像美感的表现，同时对装饰元素的理解能力也会更上一个层次。

要点索引

- 了解特效图形的设计方法
- 学会制作传统装饰图形
- 掌握经典装饰图形的绘制方法
- 学习质感装饰图形的制作方法

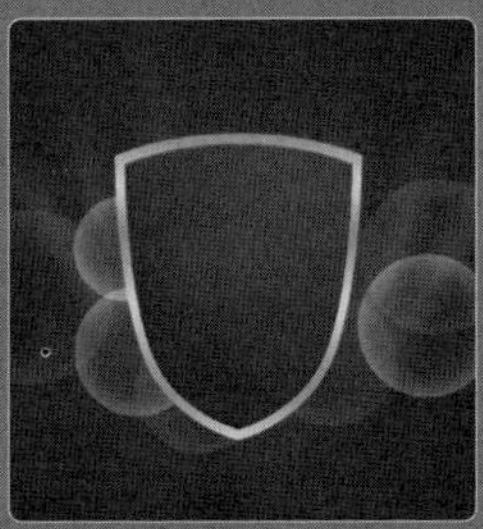

实战 462 开口图像

▶素材位置：素材\第16章\开口图像
▶案例位置：效果\第16章\开口图像.psd
▶视频位置：视频\实战462.avi
▶难易指数：★★★☆☆

• 实例介绍 •

本例具有较强的视觉效果，它以打开的口袋作为展示图像，同时飞出的优惠图像也是整个广告的亮点所在，最终效果如图16.1所示。

图16.1 最终效果

• 操作步骤 •

STEP 01 执行菜单栏中的“文件”|“打开”命令，打开“背景.jpg”文件，如图16.2所示。

图16.2 打开素材

STEP 02 选择工具箱中的“钢笔工具”，在选项栏中单击“选择工具模式”路径按钮，在弹出的选项中选择“形状”，将“填充”更改为红色（R：207，G：32，B：75），“描边”更改为无，在画布靠左下角位置绘制一个不规则图形，此时将生成一个“形状1”图层，如图16.3所示。

STEP 03 在“图层”面板中选中“形状1”图层，将其拖至面板底部的“创建新图层”按钮上，复制1个“形状1 拷贝”图层，如图16.4所示。

图16.3 绘制图形

图16.4 复制图层

STEP 04 选择工具箱中的“添加锚点工具”，分别在“形状1 拷贝”图层中的图形左侧及下方位置单击，添加锚点，如图16.5所示。

图16.5 添加锚点

STEP 05 选择工具箱中的“直接选择工具”，拖动“形状1 拷贝”图形锚点，将图形变形，如图16.6所示。

图16.6 拖动锚点将图形变形

STEP 06 在“图层”面板中选中“形状1 拷贝”图层，单击面板底部的“添加图层样式”按钮，在菜单中选择“渐变叠加”命令，在弹出的对话框中将“渐变”更改为黄色（R：252，G：235，B：210）到黄色（R：223，G：174，B：107），“样式”更改为径向，“角度”更改为0度，如图16.7所示。

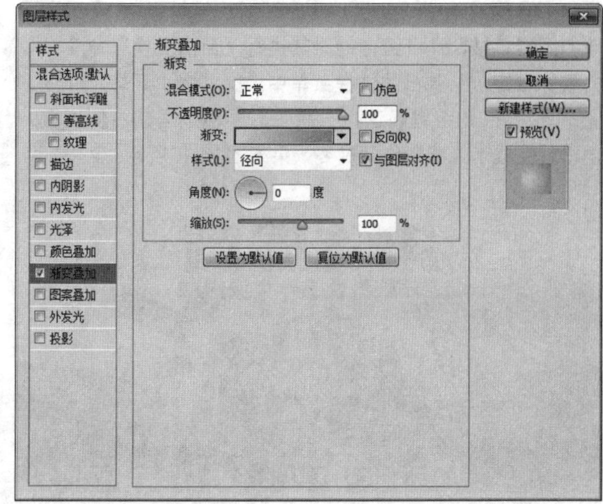

图16.7 设置渐变叠加

STEP 07 勾选“投影”复选框，将“不透明度”更改为10%，取消“使用全局光”复选框，“角度”更改为78度，“距离”更改为5像素，“扩展”更改为100%，“大小”更改为4像素，完成之后单击“确定”按钮，如图16.8所示。

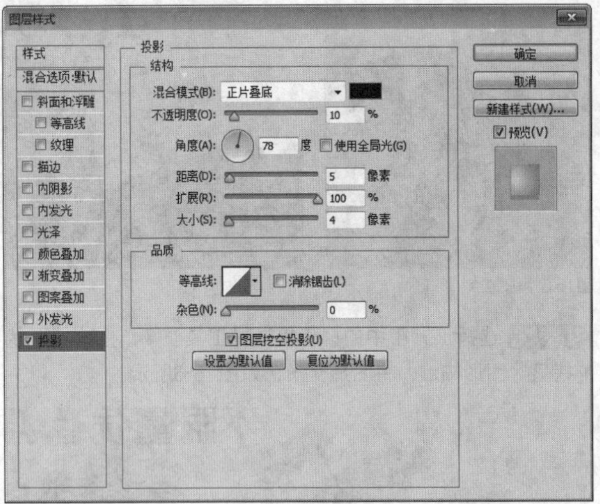

图16.8 设置投影

STEP 08 在“图层”面板中同时选中“形状1 拷贝”及“形状1”图层，将其拖至面板底部的“创建新图层”按钮上，复制“形状1 拷贝3”及“形状1 拷贝2”2个新的图层，如图16.9所示。

图16.9 复制图层

STEP 09 同时选中“形状1 拷贝3”及“形状1 拷贝2”2个新的图层，按Ctrl+T组合键对其执行“自由变换”命令，单击鼠标右键，从弹出的快捷菜单中选择“水平翻转”命令，完成之后按Enter键确认，再将图形平移至画布右侧位置，这样就完成了效果制作，最终效果如图16.10所示。

图16.10 最终效果

实战 463

百变装饰图形

- 素材位置：素材\第16章\百变装饰图形
- 案例位置：效果\第16章\百变装饰图形.psd
- 视频位置：视频\实战463.avi
- 难易指数：★★☆☆☆

• 实例介绍 •

百变装饰图形的绘制过程比较简单，过程中需要注意图形的不规则摆放及颜色搭配。此种图形主要应用于潮流类商品的广告中，最终效果如图16.11所示。

图16.11 最终效果

• 操作步骤 •

STEP 01 执行菜单栏中的“文件”|“打开”命令，打开“背景.jpg”文件，如图16.12所示。

图16.12 打开素材

STEP 02 选择工具箱中的“矩形工具”，在选项栏中将“填充”更改为灰白色（R：247，G：242，B：242），“描边”更改为无，在画布中绘制一个矩形，此时将生成一个“矩形1”图层，将矩形适当旋转，如图16.13所示。

图16.13 绘制图形

STEP 03 选择工具箱中的“矩形工具”■，在选项栏中将“填充”更改为蓝色（R：117，G：70，B：255），在左侧位置绘制一个矩形，此时将生成一个“矩形2”图层，如图16.14所示。

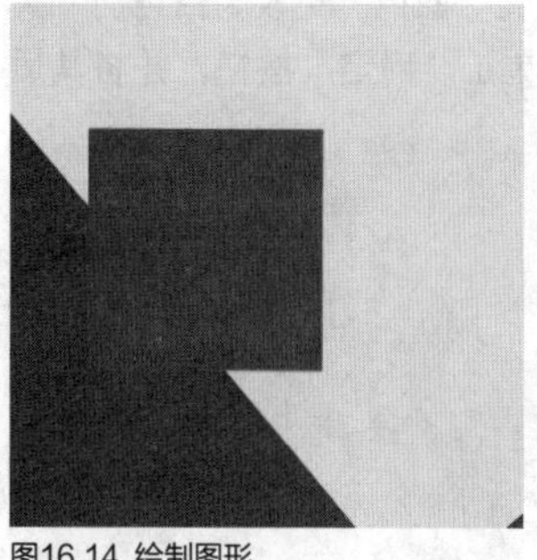

图16.14 绘制图形

STEP 04 选中“矩形2”图层，按Ctrl+T组合键对其执行“自由变换”命令，将图形适当旋转并移动，完成之后按Enter键确认，如图16.15所示。

图16.15 旋转图形

STEP 05 在“图层”面板中选中“矩形2”图层，将其拖至面板底部的“创建新图层”按钮上，复制1个“矩形2 拷贝”图层，如图16.16所示。

STEP 06 选中“矩形2 拷贝”图层，将其图形颜色更改为灰白色（R：247，G：242，B：242），再将其向右侧平移至画布右侧位置并调整形状，如图16.17所示。

图16.16 复制图层

图16.17 变换图形

STEP 07 选择工具箱中的“钢笔工具”，在选项栏中单击“选择工具模式”路径按钮，在弹出的选项中选择“形状”，将“填充”更改为淡紫色（R：185，G：125，B：247），“描边”更改为无，在画布右上角的位置绘制一个不规则图形，此时将生成一个“形状1”图层，如图16.18所示。

图16.18 绘制图形

STEP 08 以同样的方法绘制2个相似的图形，然后将这两个图形组合成一个立体多边形图形，这样就完成了效果制作，最终效果如图16.19所示。

图16.19 最终效果

实战 464 妈咪座垫

▶素材位置：素材\第16章\妈咪座垫
▶案例位置：效果\第16章\妈咪座垫.psd
▶视频位置：视频\实战464.avi
▶难易指数：★★☆☆☆

• 实例介绍 •

本例讲解妈咪座垫图形的绘制方法。广告整体色彩柔和，由实物图像与模特组合而成，温馨有爱，最终效果如图16.20所示。

图16.20 最终效果

• 操作步骤 •

STEP 01 执行菜单栏中的“文件”|“打开”命令，打开“背景.jpg”文件，如图16.21所示。

图16.21 打开素材

STEP 02 选择工具箱中的“椭圆工具”，在选项栏中将“填充”更改为白色，“描边”更改为无，在左侧位置按住Shift键绘制一个正圆图形，此时将生成一个“椭圆1”图层，如图16.22所示。

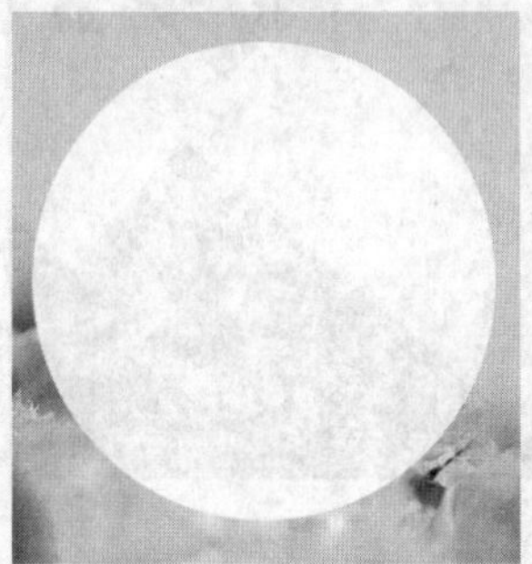

图16.22 绘制图形

STEP 03 在“图层”面板中选中“椭圆1”图层，单击面板底部的“添加图层样式”按钮，在菜单中选择“渐变叠加”命令，在弹出的对话框中将“渐变”更改为浅粉色（R：255，G：237，B：248）到浅粉色（R：249，G：220，B：238），完成之后单击“确定”按钮，如图16.23所示。

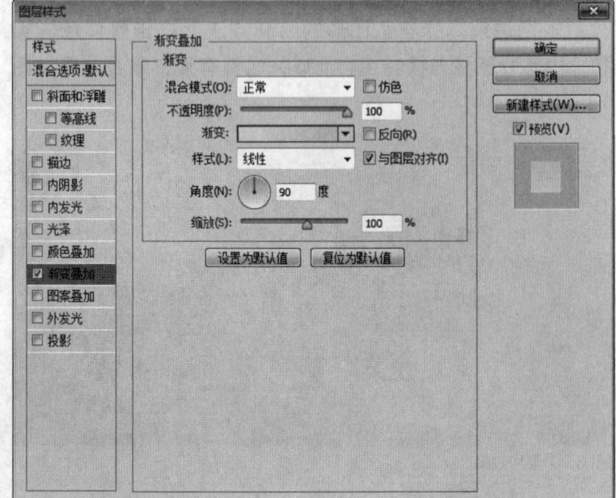

图16.23 设置渐变叠加

STEP 04 在“图层”面板中选中“椭圆 1”图层，将其拖至面板底部的“创建新图层”按钮上，复制1个“椭圆 1 拷贝”图层，如图16.24所示。

STEP 05 双击“椭圆1 拷贝”图层样式名称，在弹出的对话框中勾选“外发光”复选框，将“颜色”更改为白色，“大小”更改为8像素，完成之后单击“确定”按钮，并将其适当缩小，如图16.25所示。

图16.24 复制图层

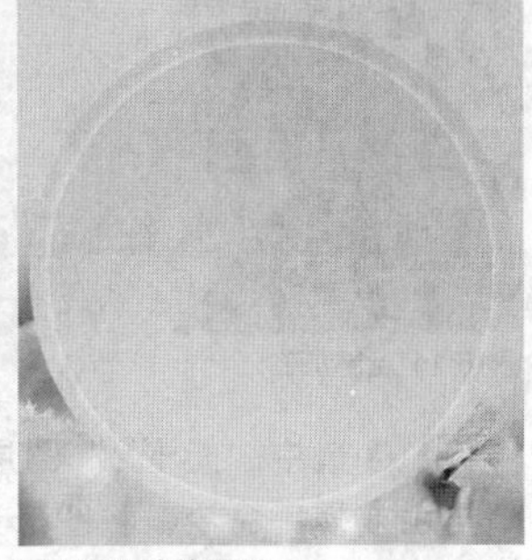
图16.25 变换图形

STEP 06 选择工具箱中的“横排文字工具”，在图形位置添加文字，这样就完成了效果制作，最终效果如图16.26所示。

图16.26 最终效果

实战 465

弧形分割图形

- 素材位置：素材\第16章\弧形分割图形
- 案例位置：效果\第16章\弧形分割图形.psd
- 视频位置：视频\实战465.avi
- 难易指数：★★☆☆☆

• 实例介绍 •

本例讲解弧形分割图形的制作方法，整个制作过程十分简单，这也是广告制作中最为常用的一种图形图像类型，最终效果如图16.27所示。

图16.27 最终效果

• 操作步骤 •

STEP 01 执行菜单栏中的“文件”|“打开”命令，打开“背景.jpg”文件，如图16.28所示。

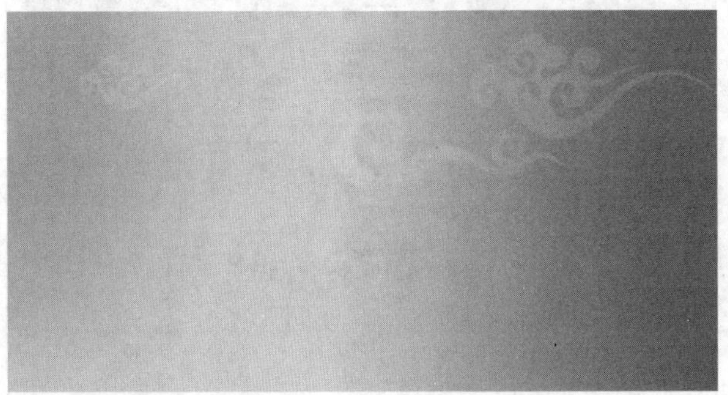

图16.28 打开素材

STEP 02 选择工具箱中的“钢笔工具”，在选项栏中单击“选择工具模式” 路径 按钮，在弹出的选项中选择“形状”，将“填充”更改为绿色（R：156，G：190，B：10），“描边”更改为无，在画布底部位置绘制一个不规则图形，此时将生成一个“形状1”图层，如图16.29所示。

STEP 03 在“图层”面板中选中“形状1”图层，将其拖至面板底部的“创建新图层”按钮上，复制1个“形状1 拷贝”图层，如图16.30所示。

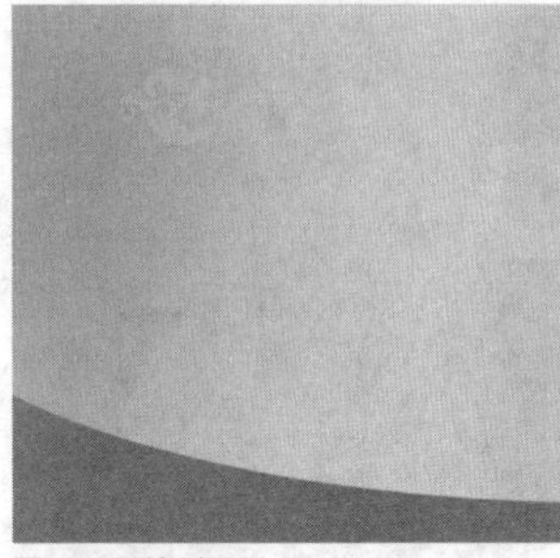

图16.29 绘制图形

图16.30 复制图层

STEP 04 选中“形状1拷贝”图层，将图形颜色更改为浅绿色（R：183，G：220，B：20），选择工具箱中的“直接选择工具”，拖动图形右上角锚点将图形变形，这样就完成了效果制作，最终效果如图16.31所示。

图16.31 最终效果

实战 466 炫酷展台

▶素材位置：素材\第16章\炫酷展台
▶案例位置：效果\第16章\炫酷展台.psd
▶视频位置：视频\实战466.avi
▶难易指数：★★★☆☆

• 实例介绍 •

打开素材，绘制图形并添加质感及发光装饰效果，将图形复制并变换完成效果制作，最终效果如图16.32所示。

图16.32 最终效果

• 操作步骤 •

STEP 01 执行菜单栏中的“文件”|“打开”命令，打开“背景.jpg”文件，如图16.33所示。

图16.33 打开素材

STEP 02 选择工具箱中的“椭圆工具”，在选项栏中将“填充”更改为白色，“描边”更改为无，在画布左侧位置绘制一个椭圆图形，此时将生成一个“椭圆1”图层，如图16.34所示。

图16.34 绘制图形

STEP 03 在“图层”面板中选中“椭圆1”图层，单击面板底部的“添加图层样式”fx按钮，在菜单中选择“内阴影”命令，在弹出的对话框中将“混合模式”更改为叠加，“颜色”更改为白色，“不透明度”更改为52%，取消“使用全局光”复选框，“角度”更改为-90度，“距离”更改为1像素，“阻塞”更改为100%，如图16.35所示。

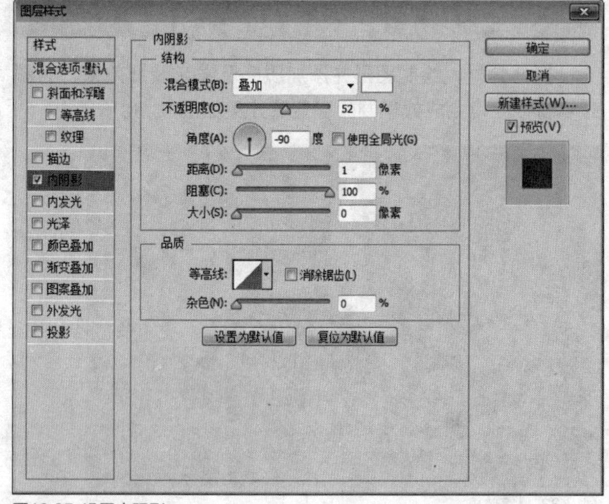

图16.35 设置内阴影

STEP 04 勾选“渐变叠加”复选框，将“渐变”更改为蓝色（R：23，G：100，B：163）到浅蓝色（R：75，G：195，B：204）再到蓝色（R：23，G：100，B：163），“角度”更改为0度，如图16.36所示。

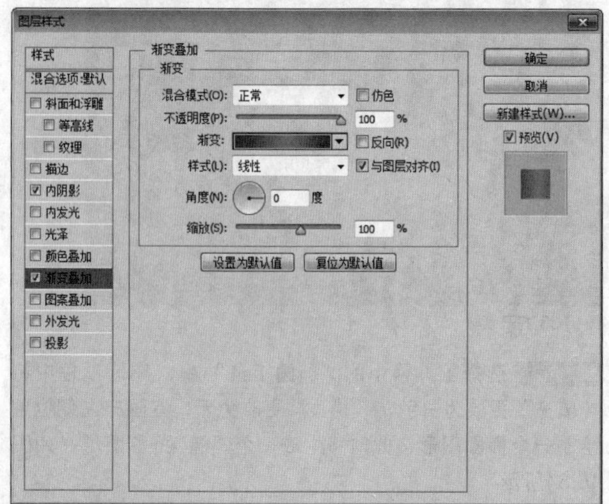

图16.36 设置渐变叠加

STEP 05 勾选“投影”复选框，将“混合模式”更改为正常，“颜色”更改为白色，取消“使用全局光”复选框，“角度”更改为90度，“距离”更改为5像素，“大小”更改为13像素，完成之后单击“确定”按钮，如图16.37所示。

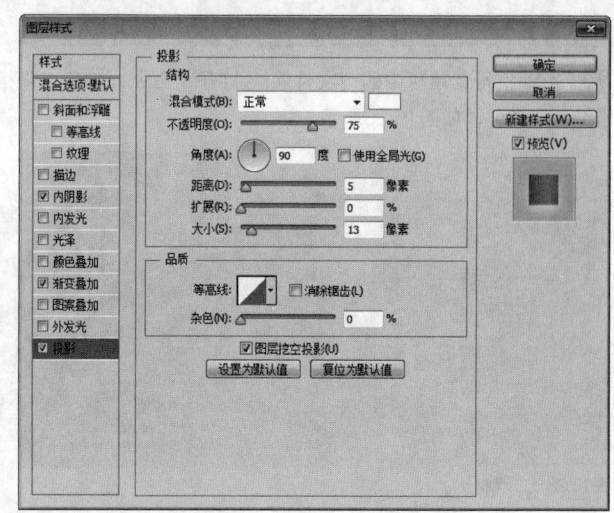

图16.37 设置投影

STEP 06 在“图层”面板中选中“椭圆1”图层，将其拖至面板底部的“创建新图层”按钮上，复制2个拷贝图层，如图16.38所示。

STEP 07 选中“椭圆1 拷贝”图层，按Ctrl+T组合键对其执行“自由变换”命令，将图形等比例缩小，完成之后按Enter键确认，再将其向上稍微移动，然后以同样的方法选中“椭圆1 拷贝2”图层将其缩小并移动，如图16.39所示。

图16.38 复制图层

图16.39 变换图形

STEP 08 双击“椭圆1 拷贝2”图层样式名称，在弹出的对话框中选中“渐变叠加”复选框，将“渐变”更改为蓝色（R：75，G：195，B：204）到蓝色（R：23，G：100，B：163），“样式”更改为径向，“角度”更改为0度，这样就完成了效果制作，最终效果如图16.40所示。

图16.40 最终效果

实战 467 悬挂页面

▶素材位置：素材\第16章\悬挂页面
▶案例位置：效果\第16章\悬挂页面.psd
▶视频位置：视频\实战467.avi
▶难易指数：★★☆☆☆

• 实例介绍 •

打开素材，绘制图形，为部分图形添加模糊特效并制作阴影质感图像，完成效果制作。最终效果如图16.41所示。

图16.41 最终效果

• 操作步骤 •

STEP 01 执行菜单栏中的“文件”|“打开”命令，打开“背景.jpg”文件，如图16.42所示。

图16.42 打开素材

STEP 02 选择工具箱中的“圆角矩形工具”，在选项栏中将“填充”更改为红色（R：153，G：10，B：6），“描边”更改为无，“半径”更改为6像素，绘制一个圆角矩形，此时将生成一个“圆角矩形1”图层，如图16.43所示。

图16.43 绘制图形

STEP 03 在“图层”面板中选中“圆角矩形1”图层，将其拖至面板底部的“创建新图层”按钮上，复制1个“圆角矩形1 拷贝”图层，如图16.44所示。

STEP 04 选中“圆角矩形1 拷贝”图层，将图形向下移动，选择工具箱中的“直接选择工具”，拖动“圆角矩形1 拷贝”图形锚点缩小其高度，如图16.45所示。

图16.44 复制图层

图16.45 变换图形

STEP 05 选择工具箱中的“椭圆工具”，在选项栏中将“填充”更改为黑红色（R：47，G：0，B：0），“描边”更改为无，在刚才绘制的圆角矩形顶部位置绘制一个椭圆图形，此时将生成一个“椭圆1”图层，如图16.46所示。

图16.46 绘制图形

STEP 06 选中“椭圆 1”图层，执行菜单栏中的“滤镜”|“模糊”|“高斯模糊”命令，在弹出的对话框中将“半径”更改为6像素，完成之后单击“确定”按钮，如图16.47所示。

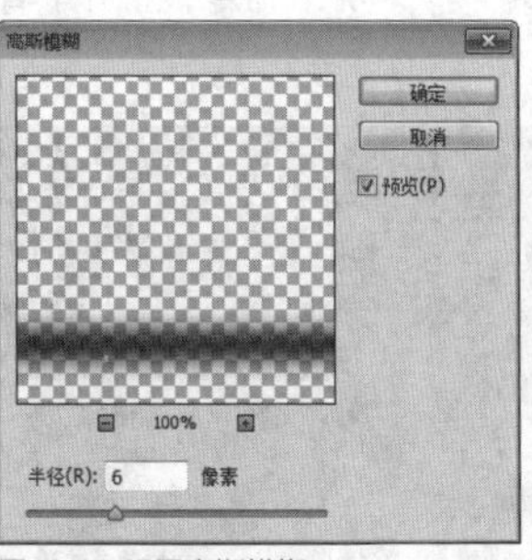

图16.47 设置高斯模糊

STEP 07 选择工具箱中的“矩形选框工具”，在“椭圆1”图层中的图像位置绘制一个矩形选区，以选中部分图像，选中“椭圆1”图层，按Delete键将选区中图像删除，完成之后按Ctrl+D组合键将选区取消，这样就完成了效果制作，最终效果如图16.48所示。

图16.48 最终效果

实战 468 拟物化展板

▶素材位置：素材\第16章\拟物化展板
▶案例位置：效果\第16章\拟物化展板.psd
▶视频位置：视频\实战468.avi
▶难易指数：★★☆☆☆

• 实例介绍 •

本例以模拟手提袋为主视觉，以此作为广告的展板使整个信息的展示效果更加直观易懂，最终效果如图16.49所示。

图16.49 最终效果

• 操作步骤 •

STEP 01 执行菜单栏中的“文件”|“打开”命令，打开“背景.jpg”文件，如图16.50所示。

图16.50 打开素材

STEP 02 选择工具箱中的“圆角矩形工具”，在选项栏中，将“填充”更改为白色（R：230，G：90，B：0），“描边”更改为橙色“大小”更改为1点，“半径”更改为6像素，在画布中绘制一个圆角矩形，此时将生成一个“圆角矩形1”图层，如图16.51所示。

图16.51 绘制图形

STEP 03 在“图层”面板中选中“圆角矩形 1”图层，单击面板底部的“添加图层样式”fx按钮，在菜单中选择“渐变叠加”命令，在弹出的对话框中将“渐变”更改为深黄色（R：223，G：104，B：0）到浅黄色（R：254，G：196，B：38），“样式”更改为“线性”，“角度”更改为-90度，设置完成之后单击“确定”按钮，如图16.52所示。

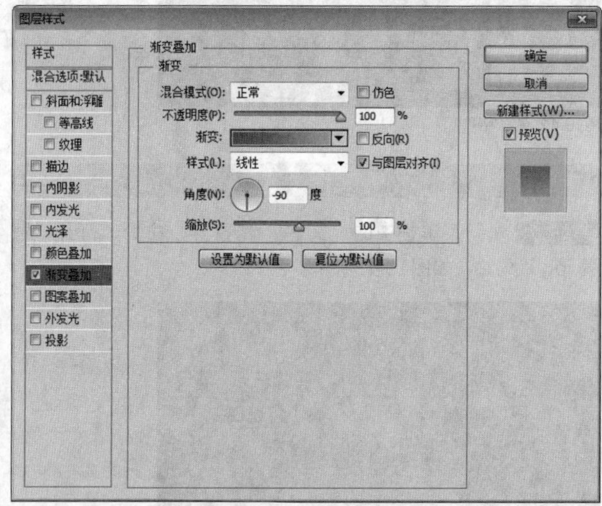

图16.52 设置渐变叠加

STEP 04 选择工具箱中的“椭圆工具”，在选项栏中将“填充”更改为无，“描边”更改为白色，“大小”更改为6点，在画布中绘制一个椭圆，此时将生成一个“椭圆1”图层，如图16.53所示。

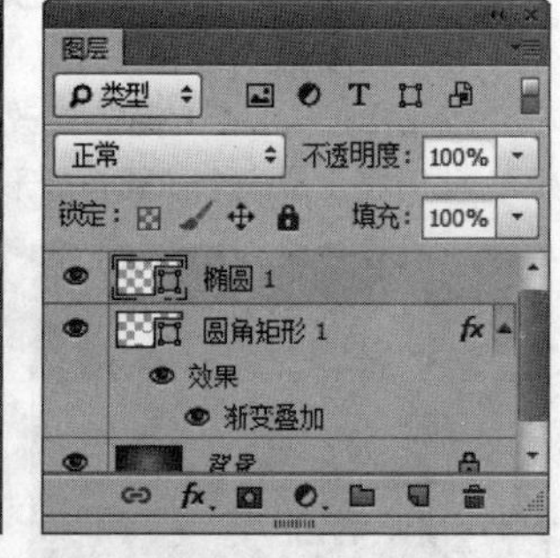

图16.53 绘制图形

STEP 05 在“图层”面板中选中“椭圆1”图层，单击面板底部的“添加图层样式”fx按钮，在菜单中选择“描边”命令，在弹出的对话框中将“大小”更改为1像素，“颜色”更改为橙色（R：240，G：95，B：0），如图16.54所示。

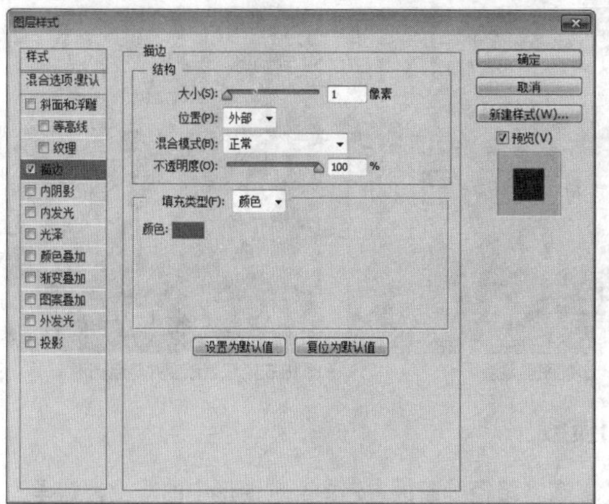

图16.54 设置描边

STEP 06 勾选“渐变叠加”复选框，将“渐变”更改为浅黄色（R：250，G：248，B：96）到稍深的黄色（R：254，G：196，B：38），“角度”更改为-90度，完成之后单击“确定”按钮，如图16.55所示。

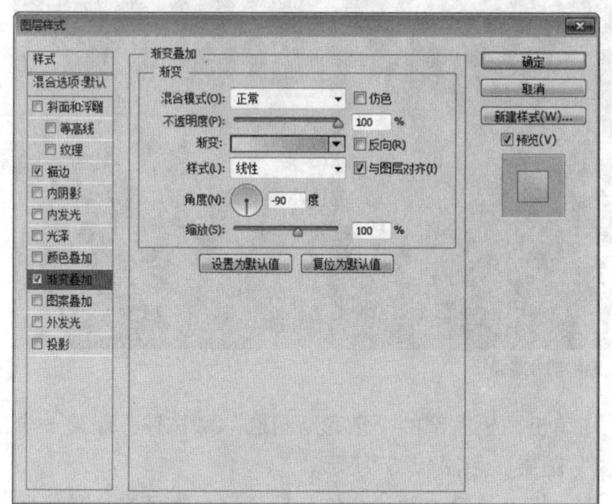

图16.55 设置渐变叠加

STEP 07 选择工具箱中的“椭圆工具”，在选项栏中将“填充”更改为无，“描边”更改为深黄色（R：182，G：70，B：0），“大小”更改为3点，在椭圆图形左侧位置绘制一个椭圆图形，此时将生成一个“椭圆2”图层，如图16.56所示。

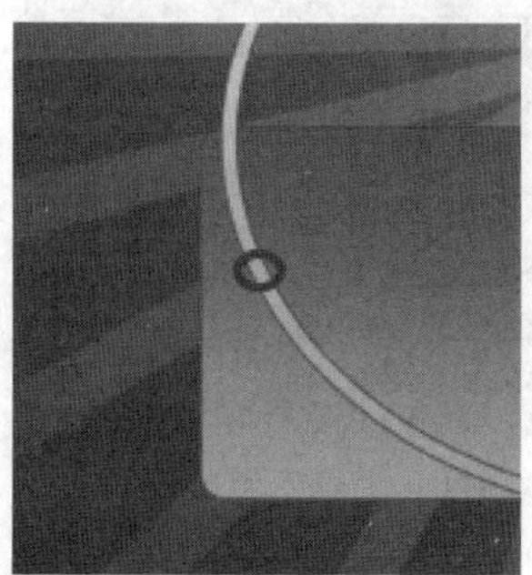

图16.56 绘制图形

STEP 08 在“图层”面板中选中“椭圆2”图层，将其拖至面板底部的“创建新图层”按钮上，复制1个“椭圆2 拷贝”图层，选中“椭圆2 拷贝”图层，将图形向右侧平移，如图16.57所示。

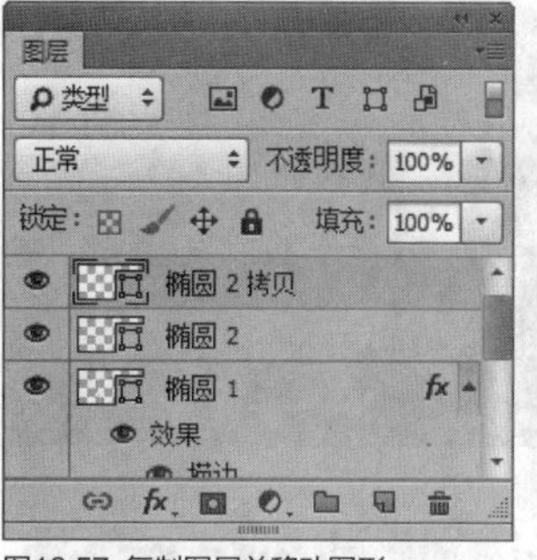

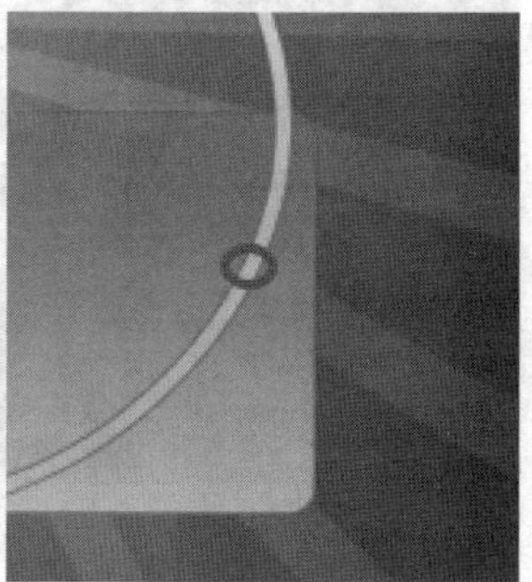

图16.57 复制图层并移动图形

STEP 09 在“图层”面板中选中“椭圆1”图层，单击面板底部的“添加图层蒙版”按钮，为其图层添加图层蒙版，如图16.58所示。

STEP 10 选择工具箱中的“矩形选框工具”，在画布中椭圆1与椭圆2图形交叉的下方位置，绘制一个矩形选区以选中椭圆1部分图形，如图16.59所示。

图16.58 添加图层蒙版

图16.59 绘制选区

STEP 11 将选区填充为黑色，将部分图形隐藏，完成之后按Ctrl+D组合键将选区取消，再将“椭圆1”移至图层最上方，这样就完成了效果制作，最终效果如图16.60所示。

图16.60 最终效果

实战 469

透明底座

- 素材位置：素材\第16章\透明底座
- 案例位置：效果\第16章\透明底座.psd
- 视频位置：视频\实战469.avi
- 难易指数：★★★☆☆

• 实例介绍 •

打开素材，绘制图形并添加质感边缘效果，然后将图像进行复制，完成最终效果制作。最终效果如图16.61所示。

图16.61 最终效果

• 操作步骤 •

• 打开素材

STEP 01 执行菜单栏中的“文件”|“打开”命令，打开“背景.jpg”文件，如图16.62所示。

图16.62 打开素材

STEP 02 选择工具箱中的“钢笔工具”，在选项栏中单击“选择工具模式”按钮，在弹出的选项中选择“形状”，将“填充”更改为白色，“描边”更改为无，在左侧位置绘制一个不规则图形，此时将生成一个“形状1”图层，将其图层“不透明度”更改为50%，如图16.63所示。

图16.63 更改图层不透明度

STEP 03 在“图层”面板中选中“形状1”图层，单击面板底部的“添加图层蒙版”按钮，为其图层添加图层蒙版，如图16.64所示。

STEP 04 选择工具箱中的“渐变工具”，在选项栏中单击“点按可编辑渐变”按钮，在弹出的对话框中选择“黑白渐变”，设置完成之后单击“确定”按钮，再单击选项栏中的“线性渐变”按钮，在选项栏中将“不透明度”更改为30%，在图形上拖动，降低图形部分区域的不透明度，如图16.65所示。

图16.64 添加图层蒙版

图16.65 设置渐变并隐藏图形

• 添加质感

STEP 01 在“路径”面板中选中当前图形中的路径，选择工具箱中的“直接选择工具”，选中路径上半部分图形上的锚点将其删除，如图16.66所示。

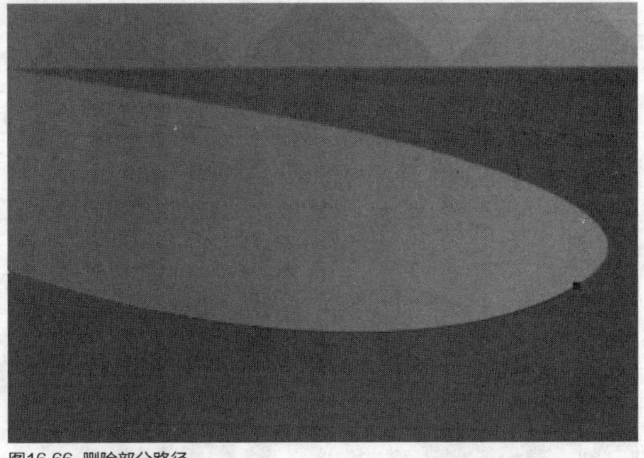

图16.66 删除部分路径

STEP 02 单击面板底部的“创建新图层”按钮，新建一个“图层1”图层，如图16.67所示。

STEP 03 选择工具箱中的“画笔工具”，在画布中单击鼠标右键，在弹出的面板中选择一种圆角笔触，将“大小”更改为3像素，“硬度”更改为100%，如图16.68所示。

图16.67 新建图层

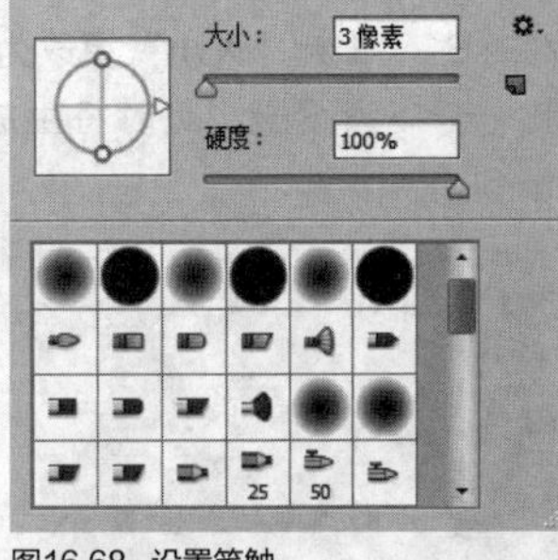

图16.68 设置笔触

STEP 04 将前景色更改为白色，选中“图层1”图层，在“路径”面板中的“形状1形状路径”上单击鼠标右键，从出现的快捷菜单中选择“描边路径”命令，在弹出的对话框中选择“工具”为画笔，确认勾选“模拟压力”复选框，完成之后单击“确定”按钮，如图16.69所示。

图16.69 设置描边路径

STEP 05 在“图层”面板中同时选中“图层1”及“形状1”图层，按Ctrl+G组合键将图层编组，将生成的组名称更改为“底座”，选中“底座”组，将其拖至面板底部的“创建新图层”按钮上，复制1个“底座 拷贝”组，选中“底座”组按Ctrl+E组合键将其合并，如图16.70所示。

图16.70 合并图层

STEP 06 选中“底座”图层，按住Shift键将其向下垂直移动，再按Ctrl+T组合键对其执行“自由变换”命令，单击鼠标右键，从弹出的快捷菜单中选择“变形”命令，拖动控制点将图像扭曲变形，完成之后按Enter键确认，如图16.71所示。

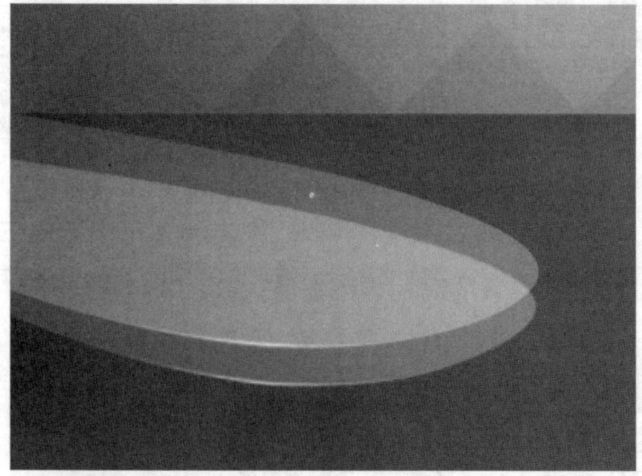

图16.71 将图像变形

STEP 07 在“图层”面板中选中“底座”图层，单击面板底部的“添加图层蒙版”按钮，为其图层添加图层蒙版，如图16.72所示。

STEP 08 在“图层”面板中，按住Ctrl键单击“底座 拷贝”组中的“形状1”图层缩览图，将其载入选区，将选区填充为黑色，将部分图像隐藏，完成之后按Ctrl+D组合键将选区取消，如图16.73所示。

图16.72 添加图层蒙版

图16.73 载入选区

STEP 09 选中“底座”图层，将其图层“不透明度”更改为60%，如图16.74所示。

STEP 10 在“图层”面板中同时选中“底座 拷贝”组及“底座”图层，将其拖至面板底部的“创建新图层”按钮上，如图16.75所示。

图16.74 更改不透明度

图16.75 复制图层

STEP 11 按Ctrl+T组合键对其执行“自由变换”命令，单击鼠标右键，从弹出的快捷菜单中选择“水平翻转”命令，完成之后按Enter键确认，将图像移动到右侧边缘，这样就完成了效果制作，最终效果如图16.76所示。

图16.76 最终效果

实战 470

招牌图形

- 素材位置：素材\第16章\招牌图形
- 案例位置：效果\第16章\招牌图形.psd
- 视频位置：视频\实战470.avi
- 难易指数：★★★☆☆

• 实例介绍 •

打开素材，绘制图形并为部分图形添加质感效果，再绘制装饰图像完成最终效果制作。本例的制作方法比较简单，重点在于对图形整体造型的把握，最终效果如图16.77所示。

图16.77 最终效果

• 操作步骤 •

• 添加素材

STEP 01 执行菜单栏中的“文件”|“打开”命令，打开“背景.jpg”文件，如图16.78所示。

图16.78 添加素材

STEP 02 选择工具箱中的“圆角矩形工具”，在选项栏中将“填充”更改为白色，“描边”更改为无，“半径”更改为65像素，在画布中绘制一个圆角矩形，此时将生成一个“圆角矩形1”图层，如图16.79所示。

图16.79 绘制图形

STEP 03 在“图层”面板中选中“圆角矩形1”图层，将其拖至面板底部的“创建新图层”按钮上，复制1个“圆角矩形1 拷贝”图层，并将“圆角矩形1”图层中图形颜色更改为灰色（R：152，G：152，B：152），如图16.80所示。

STEP 04 选中“圆角矩形1 拷贝”图层，按Ctrl+T组合键对其执行“自由变换”命令，将图形高度缩小，完成之后按Enter键确认，如图16.81所示。

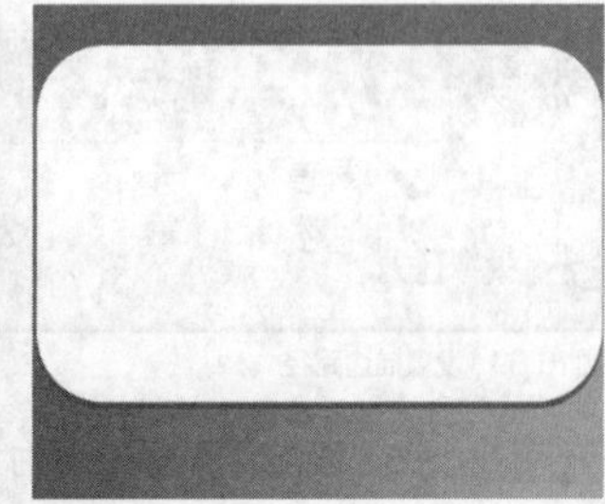

图16.80 复制图层更改图形颜色　图16.81 变换图形

STEP 05 在“图层”面板中选中“圆角矩形1 拷贝”图层，单击面板底部的“添加图层样式”按钮，在菜单中选择“渐变叠加”命令，在弹出的对话框中将“渐变”更改为灰色（R：190，G：192，B：192）到灰色（R：233，G：233，B：233），如图16.82所示。

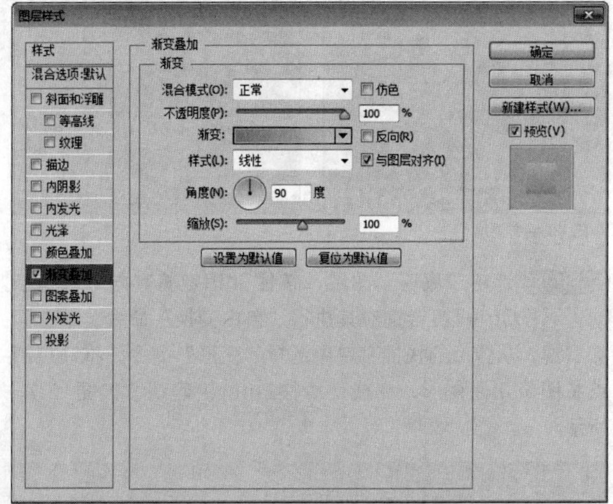

图16.82 设置渐变叠加

STEP 06 勾选“投影”复选框，将“混合模式”更改为正常，“颜色”更改为白色，取消“使用全局光”复选框，“角度”更改为90度，“距离”更改为1像素，“大小”更改为1像素，完成之后单击“确定”按钮，如图16.83所示。

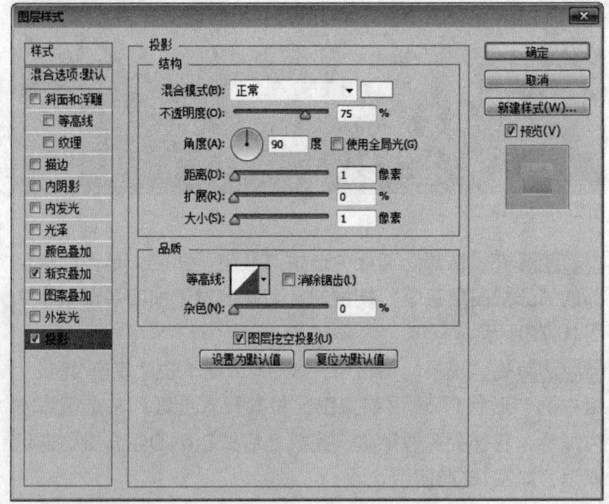

图16.83 设置投影

● 绘制图形

STEP 01 选择工具箱中的“圆角矩形工具”，在选项栏中将“填充”更改为白色，“描边”更改为无，“半径”更改为65像素，在刚才图形靠上半部分位置，再次绘制一个圆角矩形，此时将生成一个“圆角矩形2”图层，按住Alt键在绘制的图形位置再次绘制图形，将部分图形减去，如图16.84所示。

图16.84 绘制及减去图形

STEP 02 以同样的方法再次绘制一个圆角矩形，此时将生成一个“圆角矩形3”图层，如图16.85所示。

图16.85 绘制图形

STEP 03 在“图层”面板中选中“圆角矩形 3”图层，单击面板底部的“添加图层样式”按钮，在菜单中选择“内阴影”命令，在弹出的对话框中将“不透明度”更改为10%，取消“使用全局光”复选框，“角度”更改为90度，“距离”更改为8像素，“阻塞”更改为100%，如图16.86所示。

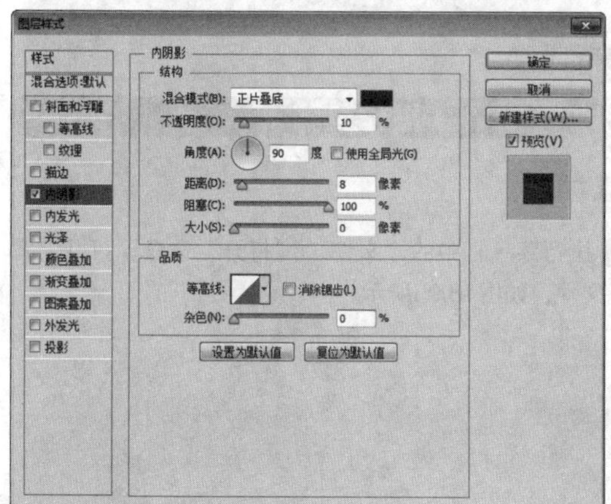

图16.86 设置内阴影

STEP 04 勾选“渐变叠加”复选框，将“渐变”更改为红色（R：223，G：0，B：17）到暗红色（R：190，G：70，B：40），将第2个红色色标位置更改为50%，完成之后单击“确定”按钮，如图16.87所示。

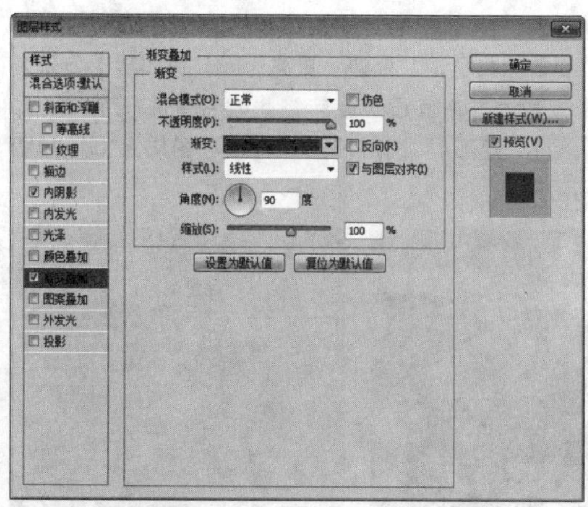

图16.87 设置渐变叠加

STEP 05 同时选中除“背景”之外的所有图层，按Ctrl+T组合键对其执行“自由变换”命令，将图形适当旋转，完成之后按Enter键确认，如图16.88所示。

图16.88 旋转图像

STEP 06 在“图层”面板中选中“圆角矩形1”图层，单击面板底部的“添加图层样式”按钮，在菜单中选择“投影”命令，在弹出的对话框中将“颜色”更改为深红色（R：80，G：0，B：3），“不透明度”更改为50%，取消“使用全局光”复选框，将“角度”更改为53度，“距离”更改为8像素，“大小”更改为10像素，完成之后单击“确定”按钮，如图16.89所示。

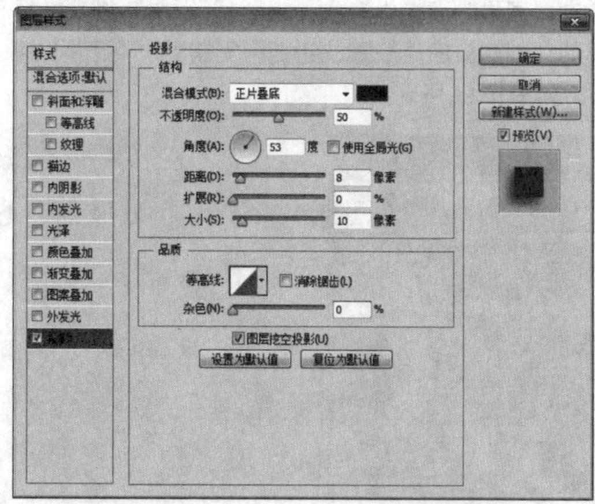

图16.89 设置投影

STEP 07 选择工具箱中的“矩形工具”■，在选项栏中将“填充”更改为白色，“描边”更改为无，在图形上方位置绘制一个矩形，并将其适当旋转，此时将生成一个“矩形1”图层，将“矩形1”图层移至“背景”图层上方，如图16.90所示。

图16.90 绘制图形

STEP 08 在“图层”面板中选中“矩形1”图层，单击面板底部的“添加图层样式”fx按钮，在菜单中选择“内发光”命令，在弹出的对话框中将“混合模式”更改为正常，“颜色”更改为灰色（R：185，G：185，B：185），“大小”更改为6像素，完成之后单击“确定”按钮，如图16.91所示。

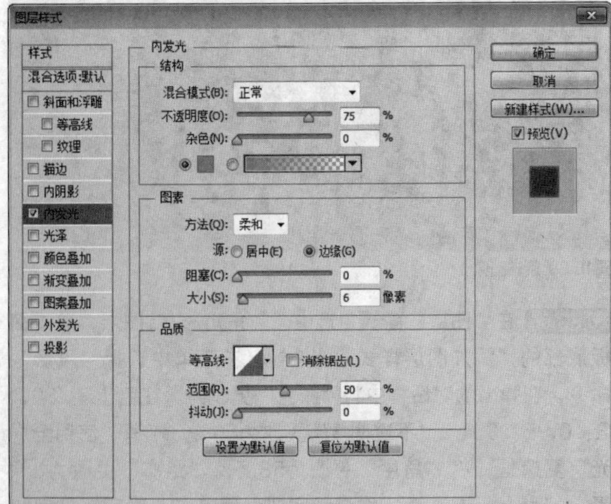

图16.91 设置内发光

STEP 09 在“图层”面板中选中“矩形1”图层，将其拖至面板底部的“创建新图层”■按钮上，复制1个“矩形1 拷贝”图层，如图16.92所示。

图16.92 复制图层

STEP 10 选中“矩形1 拷贝”图层，按Ctrl+T组合键对其执行“自由变换”命令，单击鼠标右键，从弹出的快捷菜单中选择“水平翻转”命令，完成之后按Enter键确认，再将其向右侧平移，这样就完成了效果制作，最终效果如图16.93所示。

图16.93 最终效果

实战 471 唯美展板

▶素材位置：素材\第16章\唯美展板
▶案例位置：效果\第16章\唯美展板.psd
▶视频位置：视频\实战471.avi
▶难易指数：★★☆☆☆

• 实例介绍 •

本例中的图像以柔和唯美的背景作为线索，通过添加卡通女孩图像从而形成一个唯美展板，最终效果如图16.94所示。

图16.94 最终效果

• 操作步骤 •

• 打开素材

STEP 01 执行菜单栏中的“文件”|“打开”命令，打开“背景.jpg”文件，如图16.95所示。

图16.95 打开素材

STEP 02 选择工具箱中的“矩形工具”■，在选项栏中将“填充”更改为白色，“描边”更改为无，在画布中绘制一个矩形并适当旋转，此时将生成一个“矩形1”图层，选中“矩形1”图层，将其拖至面板底部的“创建新图层”按钮上，复制1个“矩形1 拷贝”图层，如图16.96所示。

图16.96 绘制图形

STEP 03 在“图层”面板中选中“矩形1拷贝”图层，单击面板底部的“添加图层样式”fx按钮，在菜单中选择“渐变叠加”命令，在弹出的对话框中将“渐变”更改为黄色（R：254，G：220，B：168）到黄色（R：255，G：240，B：222）再到黄色（R：254，G：220，B：168），“角度”更改为30度，完成之后单击“确定”按钮，如图16.97所示。

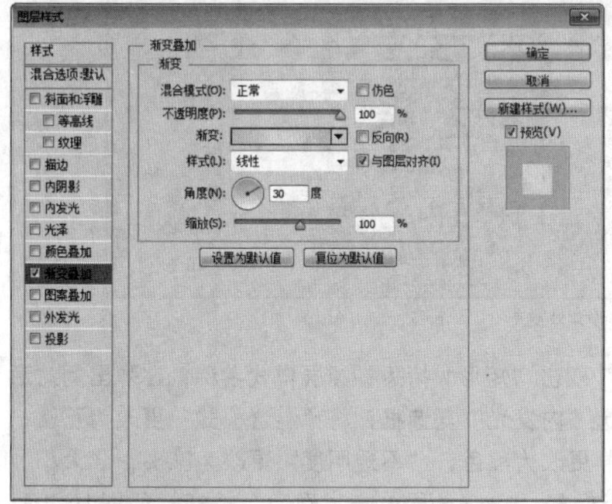

图16.97 设置渐变叠加

STEP 04 选择工具箱中的“直接选择工具”，分别选中“矩形1”图层中图形4个角的锚点向内侧拖动将图形缩小，如图16.98所示。

图16.98 缩小图形

提示

在缩小图形时切忌使用拖动锚点的方法进行操作，使用“自由变换”命令无法将图形等比例缩小。

STEP 05 选择工具箱中的“矩形工具”■，在选项栏中将“填充”更改为浅红色（R：240，G：147，B：162），“描边”更改为无，在画布靠左侧位置绘制一个细长矩形并适当旋转，此时将生成一个“矩形2”图层，如图16.99所示。

图16.99 绘制图形

STEP 06 在“图层”面板中选中“矩形2”图层，将其拖至面板底部的“创建新图层”按钮上，复制1个“矩形2 拷贝”图层，选中“矩形2 拷贝”图层，将其图形颜色更改为蓝色（R：97，G：148，B：205），在画布中将其向右侧平移，如图16.100所示。

图16.100 复制图层并移动图形

STEP 07 在“图层”面板中同时选中“矩形2”及“矩形2 拷贝”图层，将其向下移至“矩形1 拷贝”图层下方，按Ctrl+Alt+G组合键创建剪贴蒙版，将部分图形隐藏，如图16.101所示。

图16.101 更改图层顺序并创建剪贴蒙版

STEP 08 同时选中“矩形2 拷贝”及“矩形2”图层，按Ctrl+Shift组合键向右侧拖动，将图形复制数份并每隔一段铺满矩形顶部边缘，如图16.102所示。

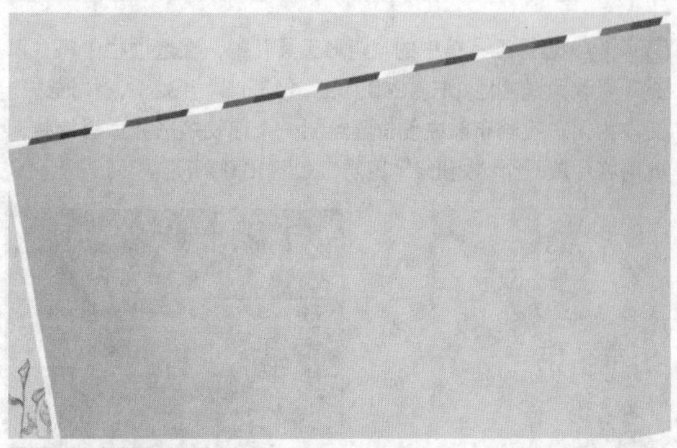

图16.102 复制图形

STEP 09 同时选中矩形顶部边缘图形，按住Alt键向下移至矩形底部制作相同纹理效果，如图16.103所示。

图16.103 复制图形

STEP 10 以同样的方法将图形复制数份并分别放在矩形左右两侧位置，如图16.104所示。

图16.104 复制图形

• 添加立体效果

STEP 01 在“图层”面板中选中“矩形1”图层，单击面板底部的“添加图层样式”fx按钮，在菜单中选择“斜面与浮雕”命令，在弹出的对话框中将“大小”更改为4像素，“高光模式”更改为正常，“颜色”更改为黑色，“不透明度”更改为20%，“阴影模式”中的“不透明度”更改为28%，如图16.105所示。

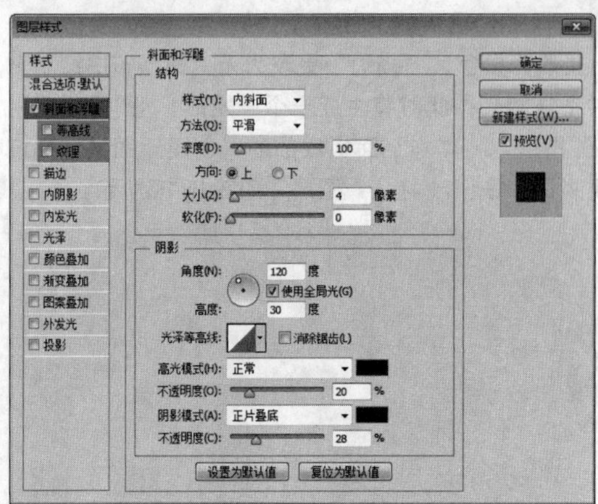

图16.105 设置斜面与浮雕

STEP 02 勾选“外发光”复选框，将“混合模式”更改为正常，“不透明度”更改为20%，“颜色”更改为黑色，“大小”更改为5像素，完成之后单击“确定”按钮，如图16.106所示。

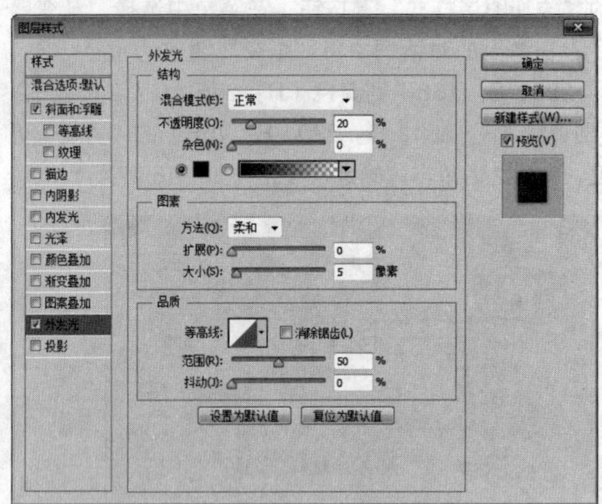

图16.106 设置外发光

STEP 03 双击“矩形1 拷贝”图层样式名称，在弹出的对话框中勾选“内发光”复选框，将“混合模式”更改为正常，“颜色”更改为黑色，“不透明度”更改为30%，“大小”更改为5像素，完成之后单击“确定”按钮，如图16.107所示。

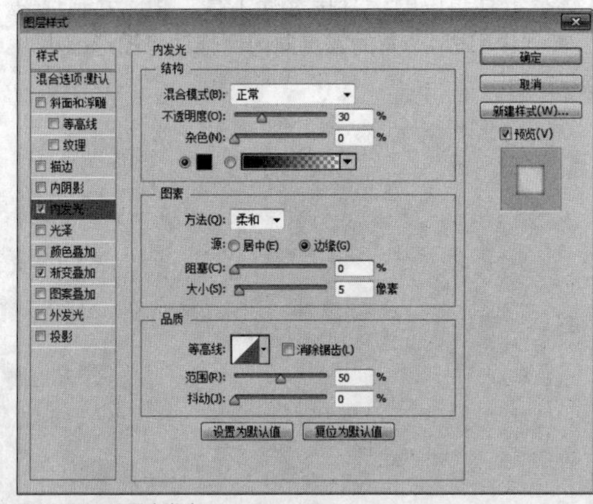

图16.107 设置内发光

提示

在制作出条纹图形之后再为“矩形1 拷贝”图层中的图形添加内发光，这样可以更好地把握数值的调整。

STEP 04 执行菜单栏中的“文件”|“打开”命令，打开“女孩.psd”文件，将打开的素材拖入画布靠右下角位置并适当缩小，如图16.108所示。

图16.108 添加素材

STEP 05 在“图层”面板中选中“女孩”图层，单击面板底部的“添加图层样式” fx 按钮，在菜单中选择“外发光”命令，在弹出的对话框中将“混合模式”更改为正常，“不透明度”更改为10%，“颜色”更改为黑色，“大小”更改为10像素，完成之后单击“确定”按钮，如图16.109所示。

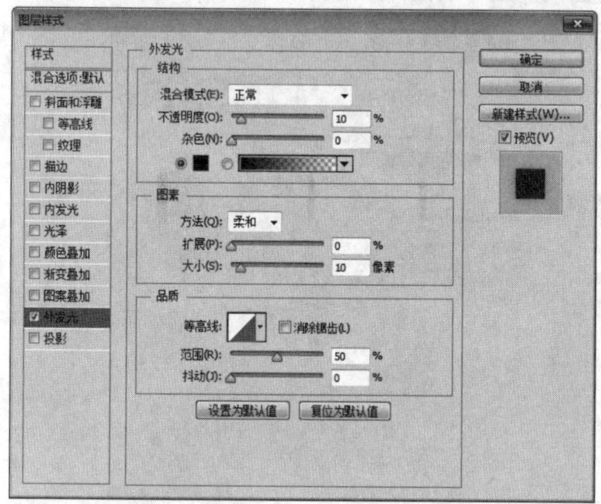

图16.109 设置外发光

STEP 06 选择工具箱中的“自定形状工具”，在画布中单击鼠标右键，在弹出的面板中选择“红心形卡”形状，在选项栏中将“填充”更改为红色（R：247，G：137，B：155），“描边”更改为无，在添加的“女孩”图像上方位置按住Shift键绘制一个心形图形，如图16.110所示。

图16.110 设置形状绘制图形

STEP 07 选中绘制的心形，将其复制数份并将部分图形缩小及旋转，这样就完成了效果制作，最终效果如图16.111所示。

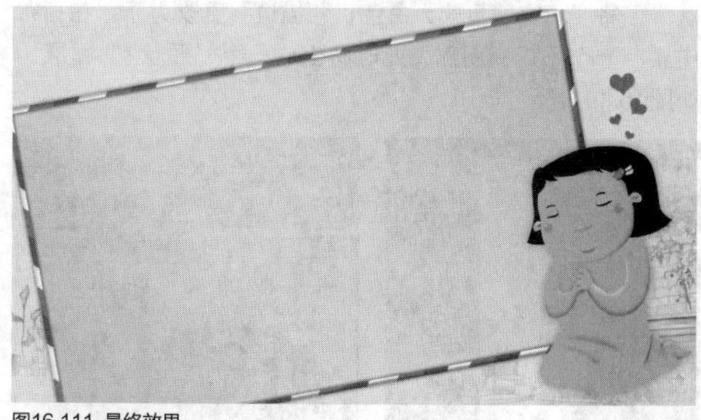

图16.111 最终效果

实战 472 盾牌装饰

- 素材位置：素材\第16章\盾牌装饰
- 案例位置：效果\第16章\盾牌装饰.psd
- 视频位置：视频\实战472.avi
- 难易指数：★★☆☆☆

• 实例介绍 •

打开素材，绘制图形并复制、变换，制作盾牌图形轮廓，然后为图形添加质感，完成效果制作，最终效果如图16.112所示。

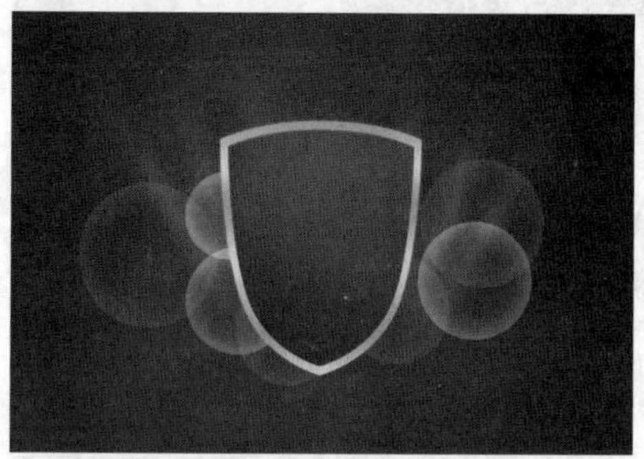

图16.112 最终效果

• 操作步骤 •

• 打开素材

STEP 01 执行菜单栏中的“文件”|“打开”命令，打开“背景.jpg”文件，如图16.113所示。

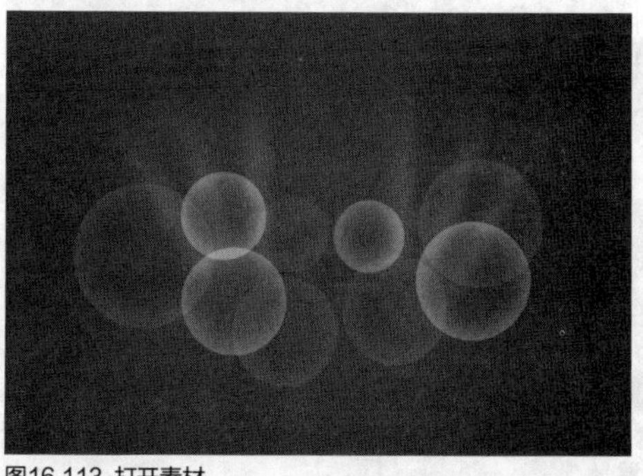

图16.113 打开素材

STEP 02 选择工具箱中的“钢笔工具”，在选项栏中单击“选择工具模式”路径按钮，在弹出的选项中选择“形状”，将“填充”更改为白色，“描边”更改为无，在画布中绘制一个不规则图形，此时将生成一个“形状1”图层，如图16.114所示。

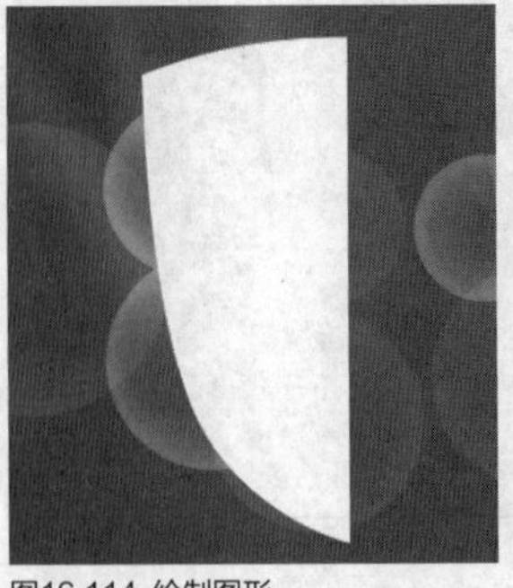

图16.114 绘制图形

STEP 03 选中“形状1”图层，将其拖至面板底部的“创建新图层”按钮上，复制1个“形状1 拷贝”图层，如图16.115所示。

STEP 04 选中“形状1 拷贝”图层，按Ctrl+T组合键对其执行“自由变换”命令，单击鼠标右键，从弹出的快捷菜单中选择“水平翻转”命令，完成之后按Enter键确认，再将图形与原图形对齐，如图16.116所示。

图16.115 复制图层

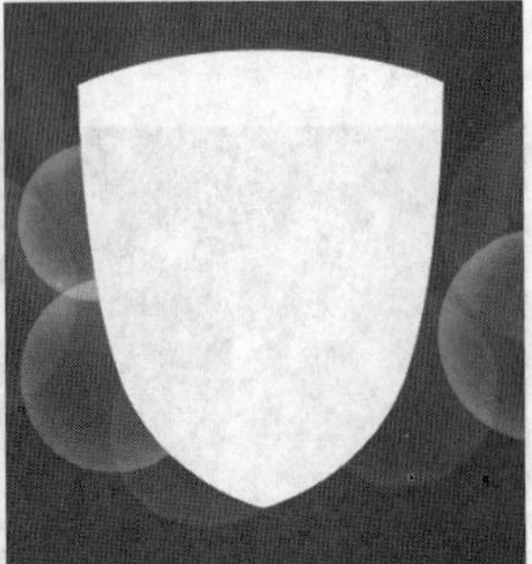

图16.116 变换图形

提示

变换图形之后可以根据实际的图形位置将其适当移动。

STEP 05 同时选中“形状 1 拷贝”及“形状 1”图层，按Ctrl+E组合键将图层合并，将生成的图层名称更改为“盾牌”，选中“盾牌”图层，将其拖至面板底部的“创建新图层”按钮上，复制1个“盾牌 拷贝”图层，如图16.117所示。

图16.117 合并图层

STEP 06 在“图层”面板中选中“盾牌 拷贝”图层，单击面板底部的“添加图层样式”按钮，在菜单中选择“内阴影”命令，在弹出的对话框中将“混合模式”更改为正常，“颜色”更改为白色，“不透明度”更改为40%，“距离”更改为2像素，“大小”更改为1像素，如图16.118所示。

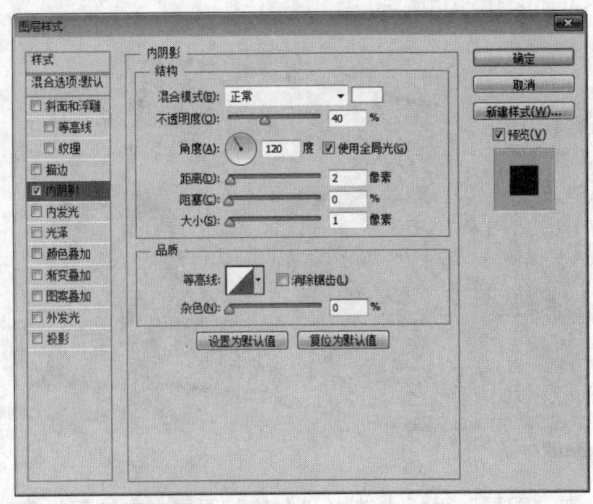

图16.118 设置内阴影

STEP 07 勾选“渐变叠加”复选框，将“渐变”更改为红色（R：170，G：22，B：0）到红色（R：243，G：40，B：24），“角度”更改为55度，“缩放”更改为75%，完成之后单击“确定”按钮，如图16.119所示。

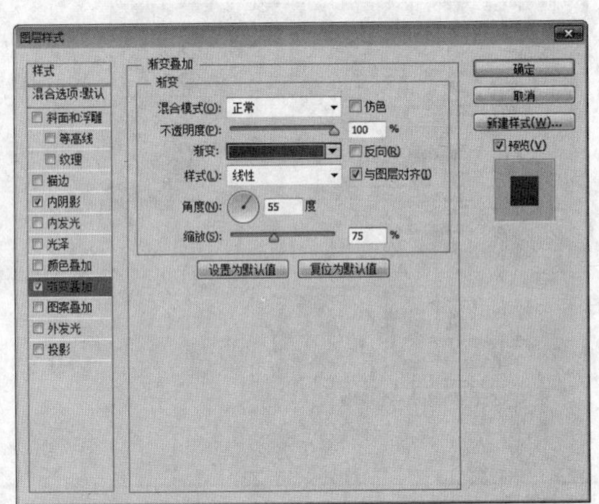

图16.119 设置渐变叠加

STEP 08 选中“形状1 拷贝”图层，按Ctrl+T组合键对其执行“自由变换”命令，按住Alt+Shift组合键将图形等比例缩小，完成之后按Enter键确认，如图16.120所示。

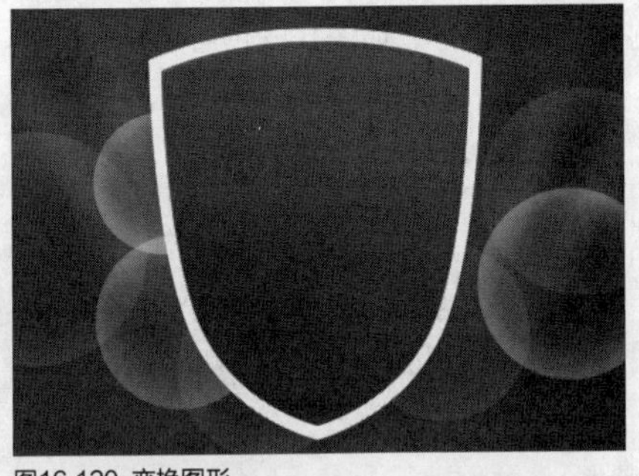

图16.120 变换图形

STEP 09 在“图层”面板中选中“盾牌”图层，单击面板底部的“添加图层样式”fx按钮，在菜单中选择“渐变叠加”命令，在弹出的对话框中将“渐变”更改为浅灰色（R：243，G：243，B：243）到灰色（R：192，G：205，B：208）2种颜色系的渐变，完成之后单击“确定”按钮，如图16.121所示。

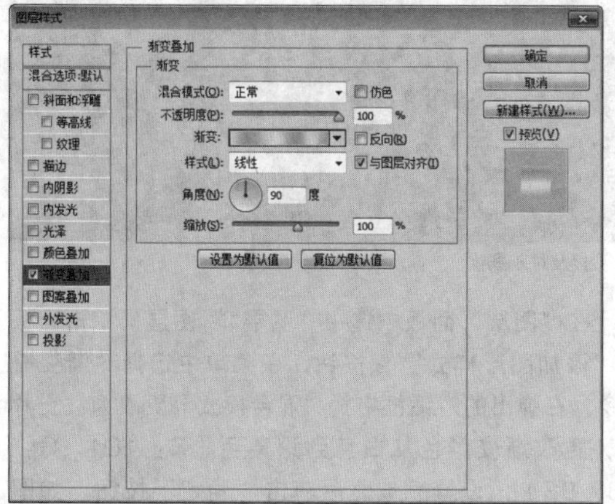

图16.121 设置渐变叠加

提示

在设置渐变的时候可以将色标复制数个同时观察画布中的图形渐变情况。

STEP 10 勾选“外发光”复选框，将“不透明度”更改为30%，“颜色”更改为白色，“大小”更改为5像素，完成之后单击“确定”按钮，如图16.122所示。

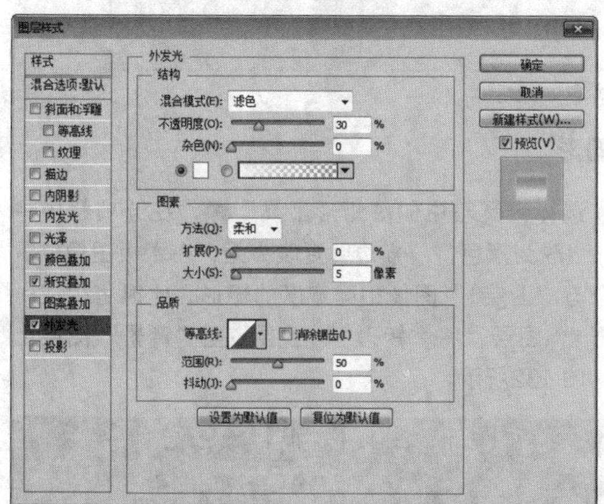

图16.122 设置外发光

● 减淡图像

STEP 01 在“图层”面板中选中“盾牌 拷贝”图层，在其图层名称上单击鼠标右键，从弹出的快捷菜单中选择“栅格化图层样式”命令，如图16.123所示。

STEP 02 选择工具箱中的“减淡工具”，在画布中单击鼠标右键，在弹出的面板中选择一种圆角笔触，将“大小”更改为180像素，“硬度”更改为0%，如图16.124所示。

图16.123 栅格化图层样式

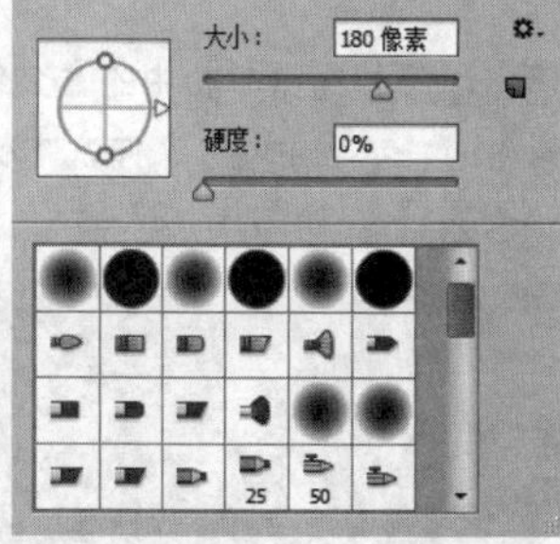

图16.124 设置笔触

STEP 03 选中“盾牌 拷贝”图层，在画布中其图像上的部分区域进行涂抹，将部分图形颜色减淡，这样就完成了效果制作，最终效果如图16.125所示。

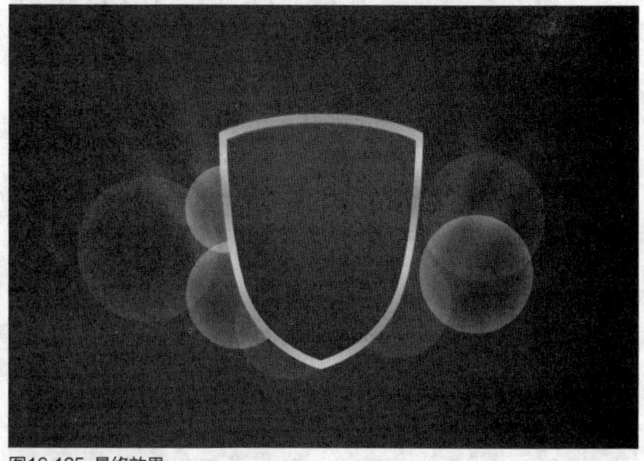
图16.125 最终效果

实战 473 木质展台

▶素材位置：素材\第16章\木质展台
▶案例位置：效果\第16章\木质展台.psd
▶视频位置：视频\实战473.avi
▶难易指数：★★★☆☆

• 实例介绍 •

木质展台的制作以真实的木板图像作为主体元素，通过变形形成一种立体的展台效果，最终效果如图16.126所示。

图16.126 最终效果

• 操作步骤 •

● 打开素材

STEP 01 执行菜单栏中的“文件”|“打开”命令，打开“背景.jpg、木板.jpg”文件，木板图像所在图层名称将更改为“图层1”，如图16.127所示。

图16.127 打开素材

STEP 02 在“图层”面板中选中“图层1”图层，将其拖至面板底部的“创建新图层”按钮上，复制一个“图层1 拷贝”图层，如图16.128所示。

图16.128 复制图层

STEP 03 选中“图层1”图层，按Ctrl+T组合键对其执行“自由变换”命令，单击鼠标右键，从弹出的快捷菜单中选择“透视”命令，拖动控制点将图像变形，完成之后按Enter键确认，如图16.129所示。

图16.129 变换图形

STEP 04 选中“图层1 拷贝”图层，按Ctrl+T组合键对其执行“自由变换”命令，将图形上下缩短，右右拉长使其长度与“图层1”中的图形一样，完成之后按Enter键确认，同时选中所有图层单击选项栏中的“水平居中对齐”按钮，将图形对齐，如图16.130所示。

图16.130 变换及对齐图形

STEP 05 在“图层”面板中选中“图层1”图层，单击面板底部的“添加图层样式”按钮，在菜单中选择“渐变叠加”命令，在弹出的对话框中将“混合模式”更改为“正片叠底”，更改渐变颜色从白色到深黄色（R：184，G：134，B：92），设置完成之后单击“确定”按钮，如图16.131所示。

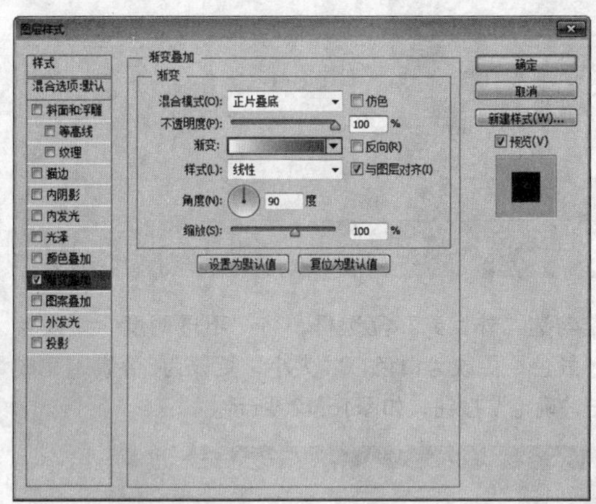

图16.131 设置渐变叠加

● 绘制图形

STEP 01 选择工具箱中的“矩形工具”，在选项栏中将“填充”更改为黑色，“描边”更改为无，在木板图像位置绘制一个与“图层1”图像相同宽度的矩形，此时将生成一个“矩形1”图层，将“矩形1”图层移至“背景”图层上方，如图16.132所示。

图16.132 绘制图形

STEP 02 选中“矩形1”图层，执行菜单栏中的“滤镜”|“模糊”|“高斯模糊”命令，在弹出的对话框中将“半径”更改为2像素，完成之后单击“确定”按钮，如图16.133所示。

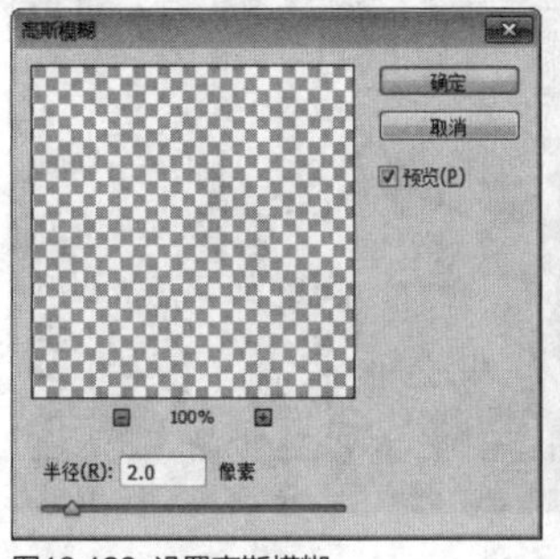

图16.133 设置高斯模糊

STEP 03 选中“矩形1”图层，执行菜单栏中的“滤镜”|“模糊”|“动感模糊”命令，在弹出的对话框中将“角度”更改为90度，“距离”更改为50像素，设置完成之后单击“确定”按钮，如图16.134所示。

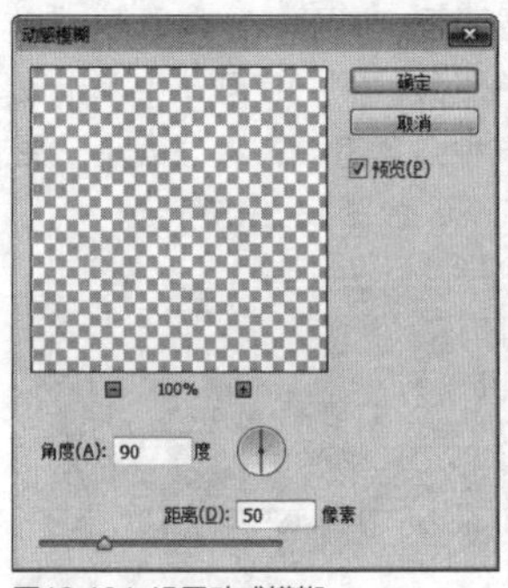

图16.134 设置动感模糊

STEP 04 选中“矩形1”图层，将图像向下稍微移动，这样就完成了效果制作，最终效果如图16.135所示。

图16.135 最终效果

实战 474 动感泡泡

▶素材位置：素材\第16章\动感泡泡
▶案例位置：效果\第16章\动感泡泡.psd
▶视频位置：视频\实战474.avi
▶难易指数：★★★☆☆

• 实例介绍 •

本例讲解动感泡泡的制作方法，素材图像为一个化妆品广告，泡泡的绘制为整个画布增添了活泼元素，同时也提升了整个广告的效果，最终效果如图16.136所示。

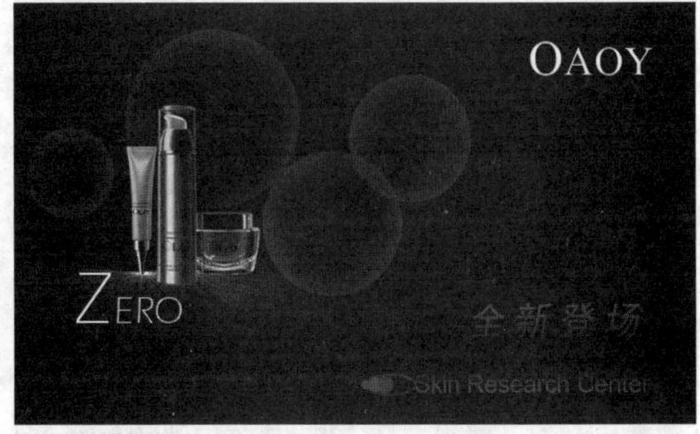

图16.136 最终效果

• 操作步骤 •

打开素材

STEP 01 执行菜单栏中的“文件”|“打开”命令，打开“背景.jpg”文件，如图16.137所示。

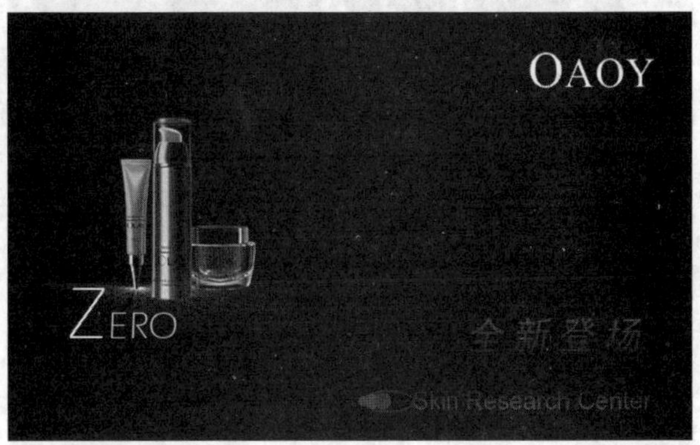

图16.137 打开素材

STEP 02 选择工具箱中的“椭圆工具”，在选项栏中，将“填充”更改为深红色（R：152，G：7，B：34），“描边”更改为无，按住Shift键绘制一个正圆图形，此时将生成一个“椭圆1”图层，如图16.138所示。

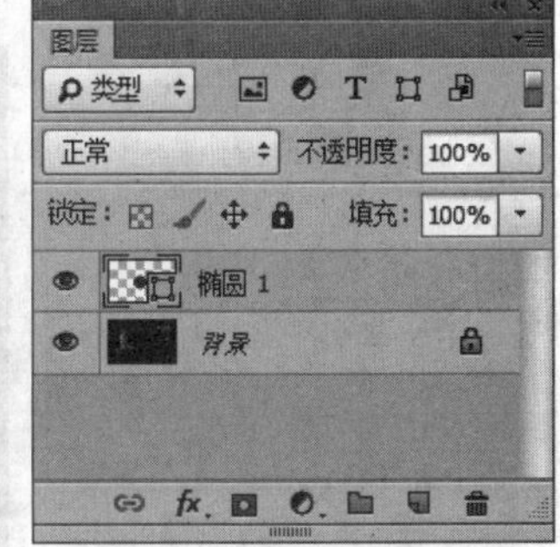

图16.138 绘制图形

STEP 03 在“图层”面板中选中“椭圆1”图层，单击面板底部的“添加图层样式”fx按钮，在菜单中选择“内发光”命令，在弹出的对话框中将“颜色”更改为深红色（R：152，G：7，B：34），“大小”更改为35像素，完成之后单击“确定”按钮，如图16.139所示。

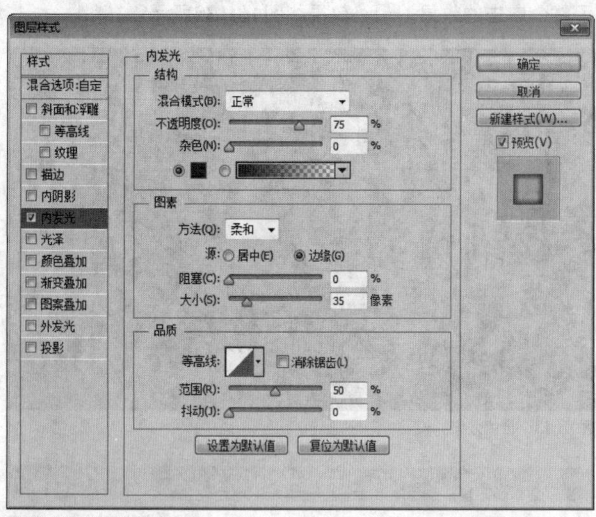

图16.139 设置内发光

STEP 04 在“图层”面板中选中“椭圆1”图层，将其图层“填充”更改为0%，如图16.140所示。

图16.140 更改填充

STEP 05 再选中“椭圆1”图层，将其拖至面板底部的“创建新图层”按钮上，复制1个“椭圆1 拷贝”图层，如图16.141所示。

STEP 06 选中“椭圆1 拷贝”图层，将图形向右上角方向稍微移动，再按Ctrl+T组合键对其执行“自由变换”命令，将图形等比例缩小，完成之后按Enter键确认，如图16.142所示。

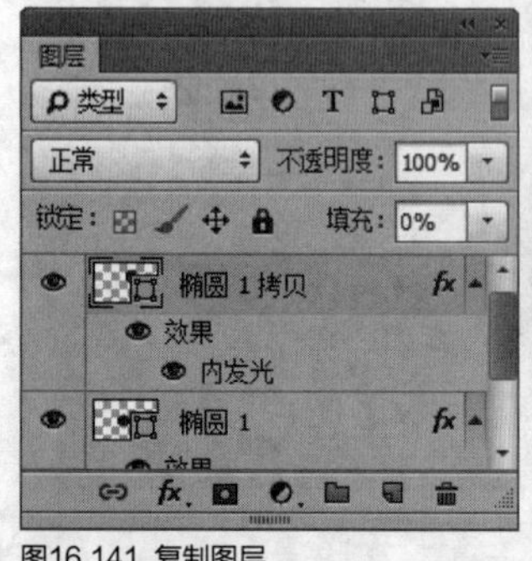

图16.141 复制图层

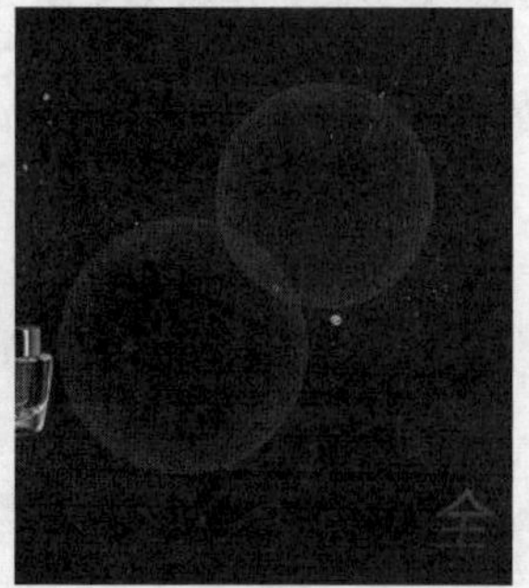

图16.142 变换图形

STEP 07 以同样的方法将图形复制数份并将部分图形缩放，如图16.143所示。

图16.143 复制并变换图形

● **隐藏图像**

STEP 01 在“图层”面板中选中最大椭圆图形的所在图层，在其图层名称上单击鼠标右键，从弹出的快捷菜单中选择“栅格化图层样式”命令，再单击面板底部的“添加图层蒙版”按钮，为其图层添加图层蒙版，如图16.144所示。

STEP 02 选择工具箱中的“画笔工具”，在画布中单击鼠标右键，在弹出的面板中选择一种圆角笔触，将“大小”更改为100像素，“硬度”更改为0%，如图16.145所示。

图16.144 添加图层蒙版

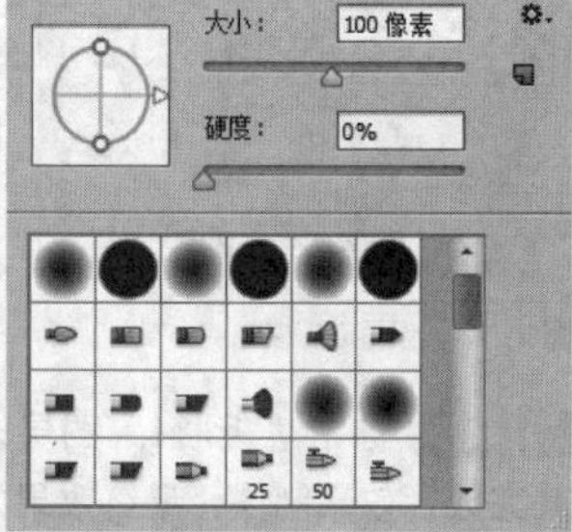

图16.145 设置笔触

STEP 03 将前景色更改为黑色，在图像上部分区域进行涂抹，将其隐藏，如图16.146所示。

图16.146 隐藏图像

STEP 04 以同样的方法选中部分图层并将其图层样式栅格化，添加图层蒙版后隐藏部分图像，这样就完成了效果制作，最终效果如图16.147所示。

图16.147 最终效果

实战 475 展示图形

- 素材位置：素材\第16章\展示图形
- 案例位置：效果\第16章\展示图形.psd
- 视频位置：视频\实战475.avi
- 难易指数：★★☆☆☆

• 实例介绍 •

本例讲解展示图形的制作方法。多边形的绘制稍显复杂，制作重点在于圆点图像的制作，最终效果如图16.148所示。

图16.148 最终效果

• 操作步骤 •

• 打开素材

STEP 01 执行菜单栏中的“文件”|“打开”命令，打开“背景.jpg”文件，如图16.149所示。

图16.149 打开素材

STEP 02 选择工具箱中的“矩形工具”，在选项栏中将“填充”更改为白色，“描边”更改为无，在画布中绘制一个矩形，此时将生成一个“矩形1”图层，如图16.150所示。

图16.150 绘制图形

STEP 03 选中“矩形1”图层，按Ctrl+T组合键对其执行“自由变换”命令，单击鼠标右键，从弹出的快捷菜单中选择“透视”命令，拖动控制点将图形变形，完成之后按Enter键确认，如图16.151所示。

STEP 04 以同样的方法在图形上方位置绘制一个“矩形2”图形，将其变形，如图16.152所示。

图16.151 将图形变形

图16.152 绘制及变形图形

STEP 05 同时选中“矩形2”及“矩形1”图层，按Ctrl+E组合键将图层合并，将生成的图层名称更改为“图形”，如图16.153所示。

STEP 06 选中“图形”图层，在选项栏中将其“描边”更改为白色，“大小”更改为6点，如图16.154所示。

图16.153 将图层合并

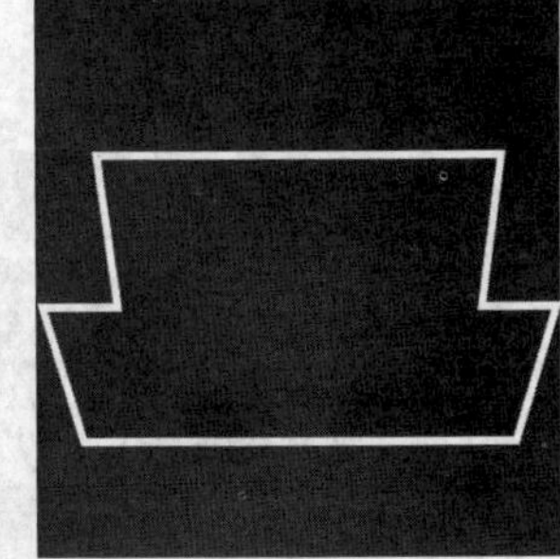
图16.154 设置描边

STEP 07 在“图层”面板中选中“图形”图层，单击面板底部的“添加图层样式”fx按钮，在菜单中选择“渐变叠加”命令，在弹出的对话框中将“渐变”更改为紫色（R：138，G：34，B：173）到紫色（R：88，G：20，B：120），“样式”更改为径向，“角度”更改为0度，“缩放”更改为80%，完成之后单击“确定”按钮，如图16.155所示。

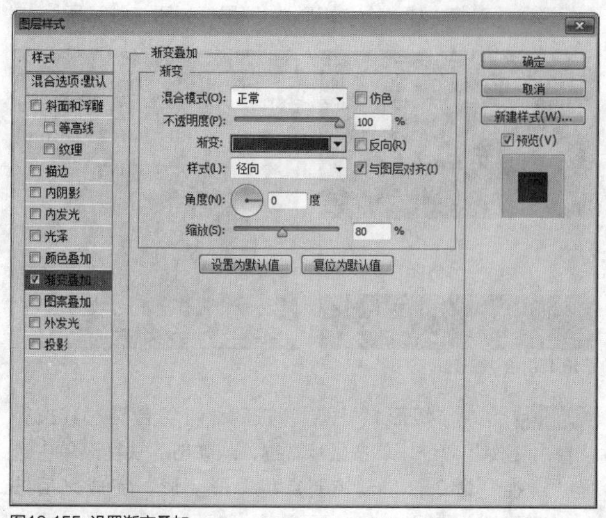

图16.155 设置渐变叠加

• 添加图像

STEP 01 单击面板底部的“创建新图层”按钮，新建一个“图层1”图层，如图16.156所示。

STEP 02 选择工具箱中的“画笔工具”，在画布中单击鼠标右键，在弹出的面板中选择一种圆角笔触，将“大小”更改为50像素，“硬度”更改为0%，如图16.157所示。

图16.156 新建图层

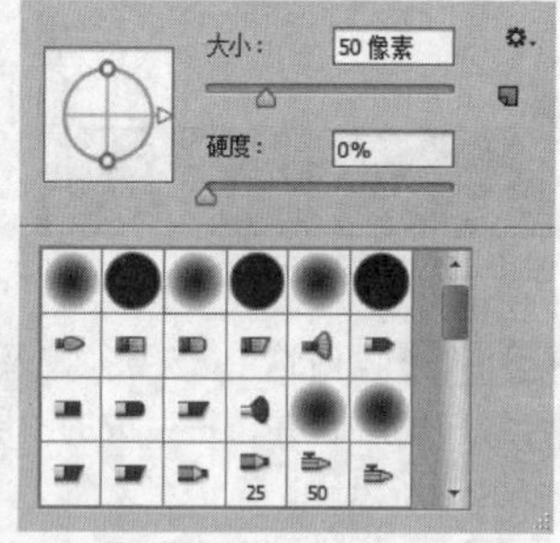

图16.157 设置笔触

STEP 03 将前景色更改为紫色（R：228，G：0，B：255），选中“图层1”图层，在画布中单击添加图像，如图16.158所示。

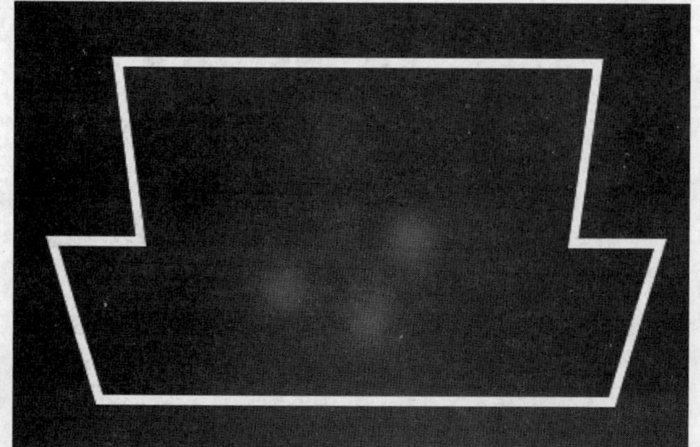

图16.158 添加图像

STEP 04 选中“图层1”图层，执行菜单栏中的“滤镜”|“模糊”|“高斯模糊”命令，在弹出的对话框中将“半径”更改为22像素，完成之后单击“确定”按钮，如图16.159所示。

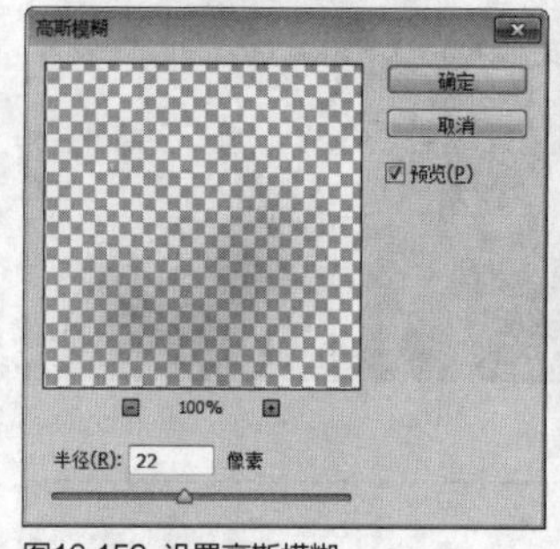

图16.159 设置高斯模糊

STEP 05 选择工具箱中的“钢笔工具”，再沿图形内侧边缘绘制一个封闭路径，如图16.160所示。

图16.160 绘制路径

STEP 06 在“画笔”面板中选择一个圆角笔触，将“大小”更改为5像素，“硬度”更改为70%，“间距”更改为150%，如图16.161所示。

STEP 07 勾选“平滑”复选框，如图16.162所示。

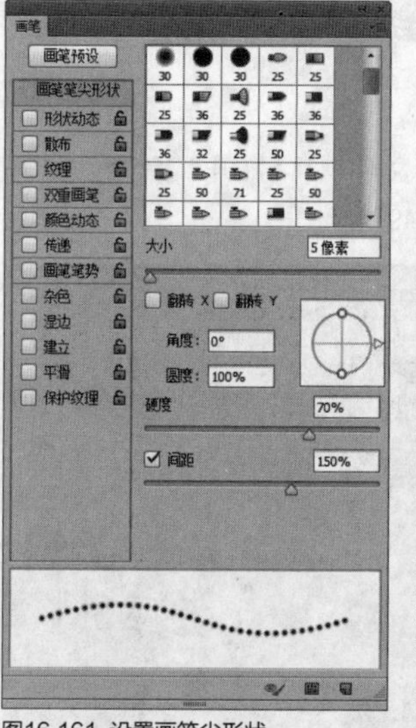

图16.161 设置画笔尖形状

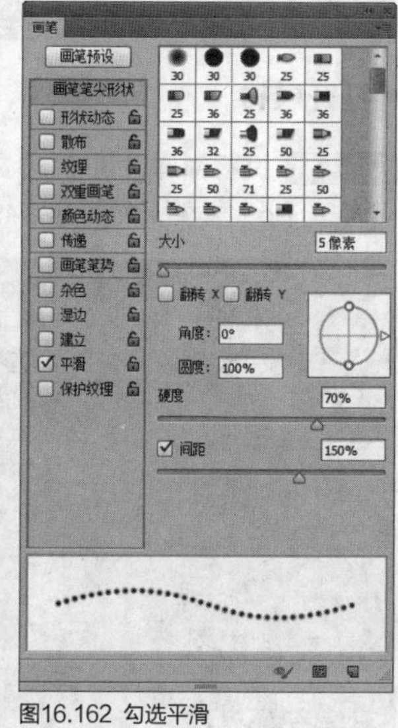

图16.162 勾选平滑

STEP 08 将前景色更改为白色，选中“图层1”图层，在“路径”面板中选中“工作路径”，在其名称上单击鼠标右键，从弹出的快捷菜单中选择“描边路径”命令，在弹出的对话框中选择“工具”为“画笔”，确认取消勾选“模拟压力”复选框，完成之后单击“确定”按钮，如图16.163所示。

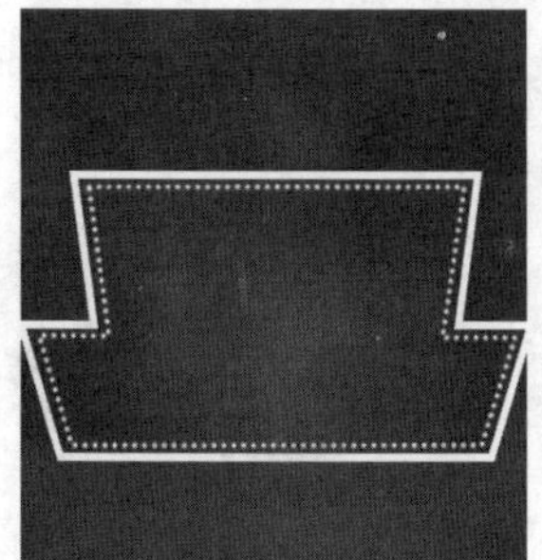

图16.163 描边路径

STEP 09 在“图层”面板中选中“图层1”图层，单击面板底部的“添加图层样式” fx 按钮，在菜单中选择“外发光”命令，在弹出的对话框中将“颜色”更改为紫色（R：156，G：25，B：190），“大小”更改为5像素，完成之后单击“确定”按钮，如图16.164所示。

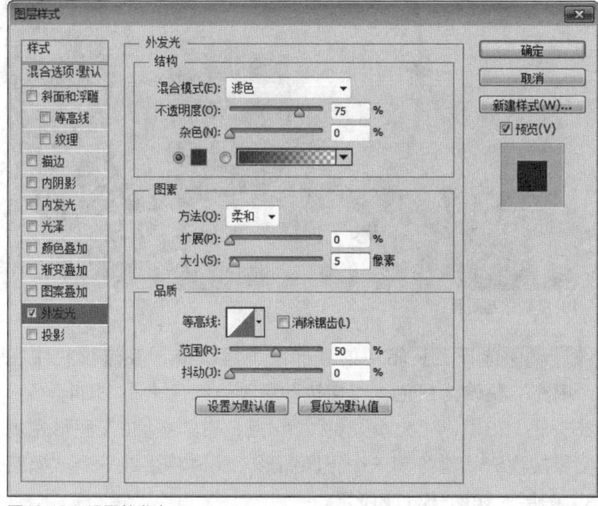

图16.164 设置外发光

STEP 10 选择工具箱中的“横排文字工具” T，在画布中的适当位置添加文字，这样就完成了效果制作，最终效果如图16.165所示。

图16.165 最终效果

实战 476 电饭煲特征

▶素材位置：素材\第16章\电饭煲特征
▶案例位置：效果\第16章\电饭煲特征.psd
▶视频位置：视频\实战476.avi
▶难易指数：★★★☆☆

• 实例介绍 •

本例的制作比较简单，它是围绕精品工业设计来展开图形的绘制及信息的描述的，整体看来亮点十足、布局完美。最终效果如图16.166所示。

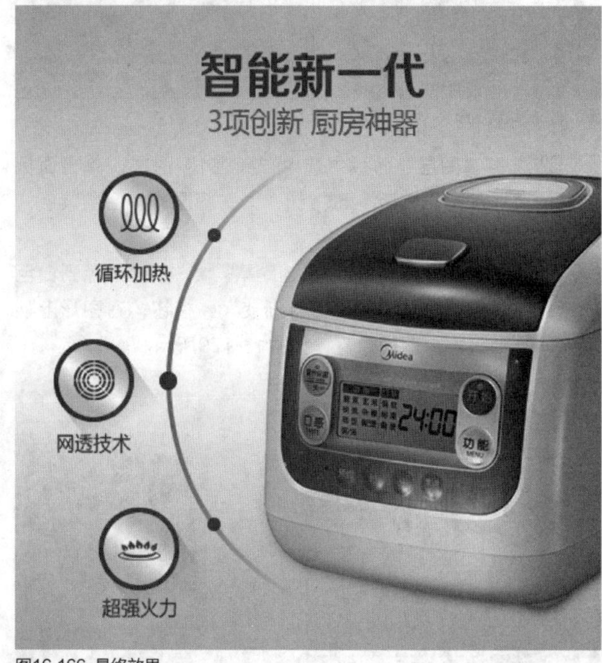

图16.166 最终效果

• 操作步骤 •

● 打开素材

STEP 01 执行菜单栏中的“文件”|“打开”命令，打开“背景.jpg”文件，如图16.167所示。

图16.167 打开素材

STEP 02 选择工具箱中的“椭圆工具”，在选项栏中将“填充”更改为无，“描边”更改为红色（R：104，G：26，B：38），“大小”更改为4点，在画布左侧位置绘制一个椭圆图形，此时将生成一个“椭圆 1”图层，如图16.168所示。

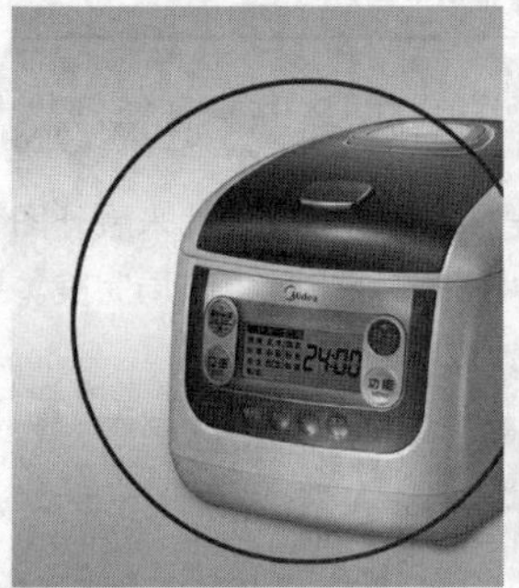

图16.168 绘制图形

STEP 03 在“图层”面板中选中“椭圆1”图层，单击面板底部的“添加图层蒙版”按钮，为其图层添加图层蒙版，如图16.169所示。

STEP 04 选择工具箱中的“渐变工具”，编辑黑色到白色的渐变，单击选项栏中的“线性渐变”按钮，在图形上从右至左拖动将部分图形隐藏，如图16.170所示。

图16.169 添加图层蒙版

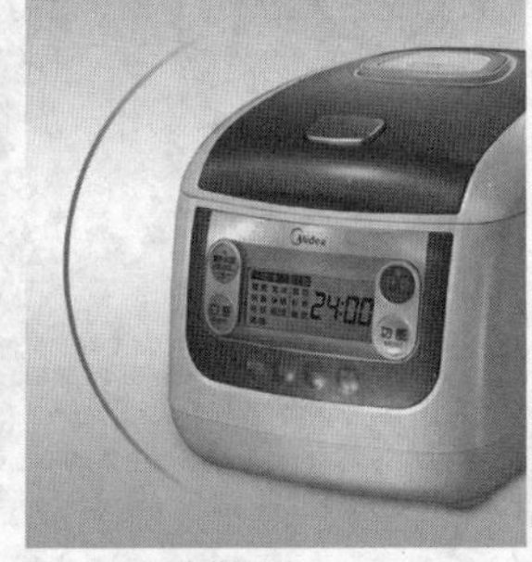

图16.170 隐藏图形

STEP 05 选择工具箱中的“椭圆工具”，在选项栏中将“填充”更改为红色（R：104，G：26，B：38），“描边”更改为无，在椭圆图形中间位置按住Shift键绘制一个正圆图形，此时将生成一个“椭圆2”图层，如图16.171所示。

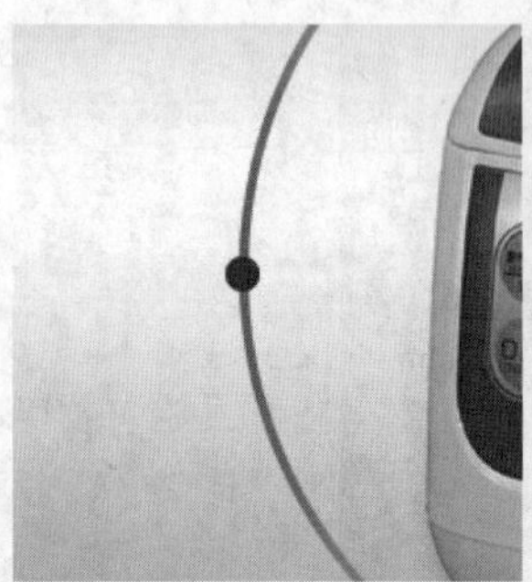

图16.171 绘制图形

STEP 06 在“图层”面板中选中“椭圆2”图层，将其拖至面板底部的“创建新图层”按钮上，复制1个“椭圆2 拷贝”图层，如图16.172所示。

STEP 07 选中“椭圆2 拷贝”图层，按Ctrl+T组合键对其执行“自由变换”命令，将图形等比例缩小，完成之后按Enter键确认，如图16.173所示。

图16.172 复制图层

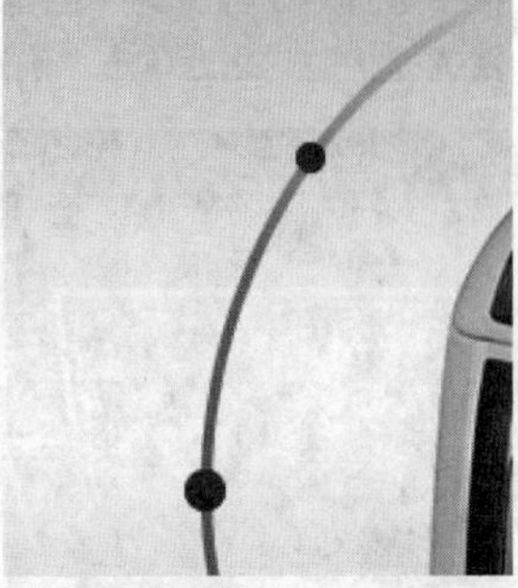

图16.173 变换图形

STEP 08 选中“椭圆2 拷贝2”图层，按住Alt+Shift组合键向下拖动，将图形复制，如图16.174所示。

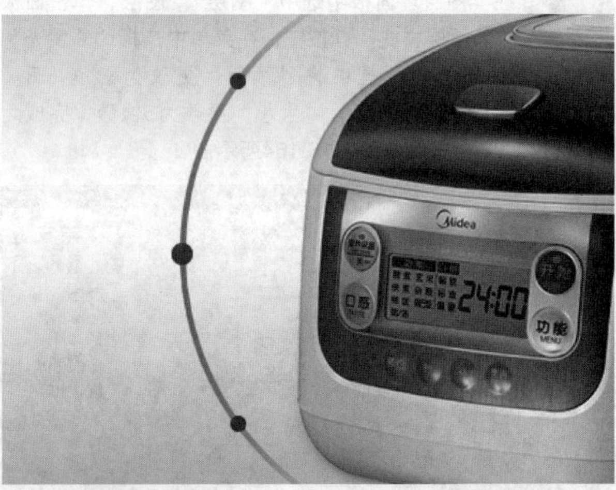

图16.174 复制图层

STEP 09 选择工具箱中的“椭圆工具”，在选项栏中将“填充”更改为白色，“描边”更改为红色（R：104，G：26，B：38），“大小”更改为4点，在“椭圆2”图形左侧位置按住Shift键绘制一个正圆图形，此时将生成一个“椭圆3”图层，如图16.175所示。

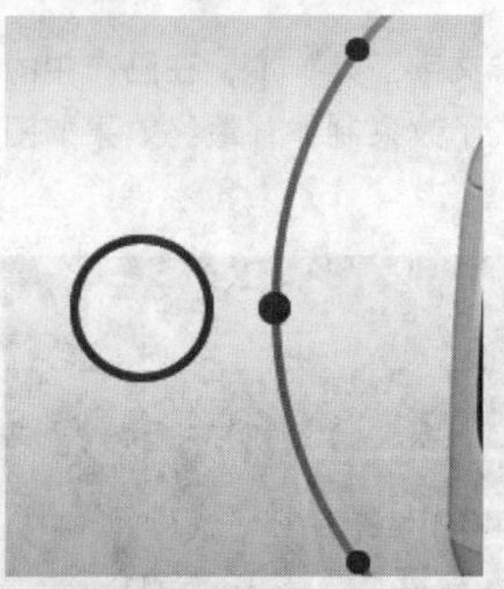

图16.175 绘制图形

STEP 10 在“图层”面板中选中“椭圆3”图层，单击面板底部的“添加图层样式”按钮，在菜单中选择“渐变叠加”命令，在弹出的对话框中将“渐变”更改为粉色（R：250，G：205，B：188）到白色再到粉色（R：250，G：205，

B：188），“角度”更改为60度，“缩放”更改为50%，完成之后单击“确定”按钮，如图16.176所示。

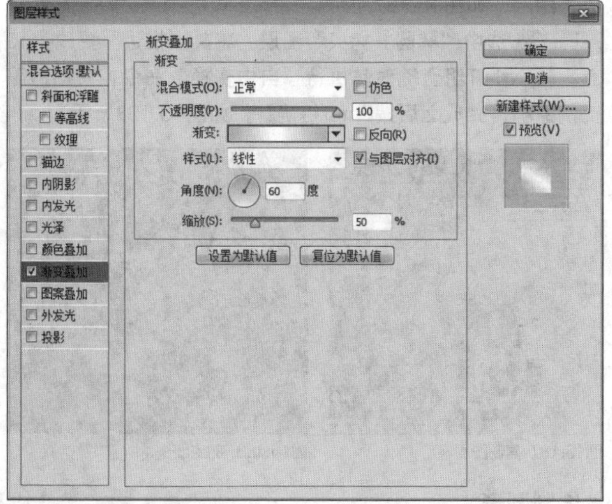
图16.176 设置渐变叠加

STEP 11 选择工具箱中的“矩形工具”■，在选项栏中将“填充”更改为黑色，“描边”更改为无，在椭圆图形位置绘制一个矩形并将其适当旋转，此时将生成一个“矩形1”图层，将“矩形1”图层移至“椭圆3”图层下方，如图16.177所示。

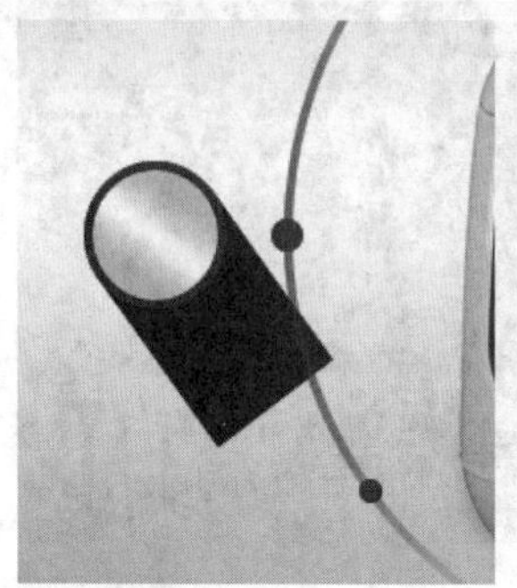
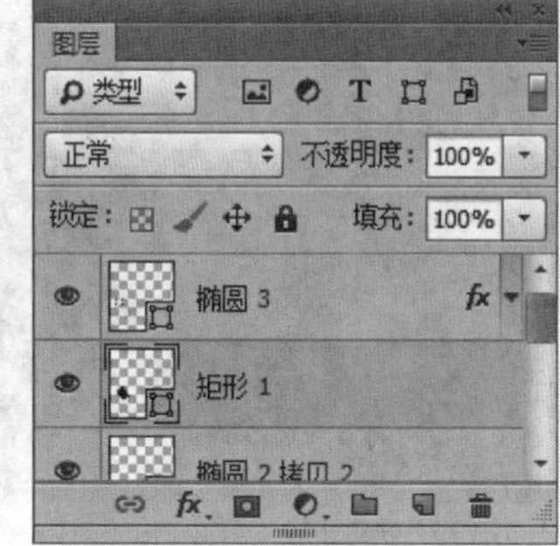
图16.177 绘制图形

STEP 12 在“图层”面板中选中“矩形1”图层，单击面板底部的“添加图层蒙版”■按钮，为其图层添加图层蒙版，如图16.178所示。

STEP 13 选择工具箱中的“渐变工具”■，编辑黑色到白色的渐变，单击选项栏中的“线性渐变”■按钮，在图形上拖动将部分图形隐藏，如图16.179所示。

图16.178 添加图层蒙版

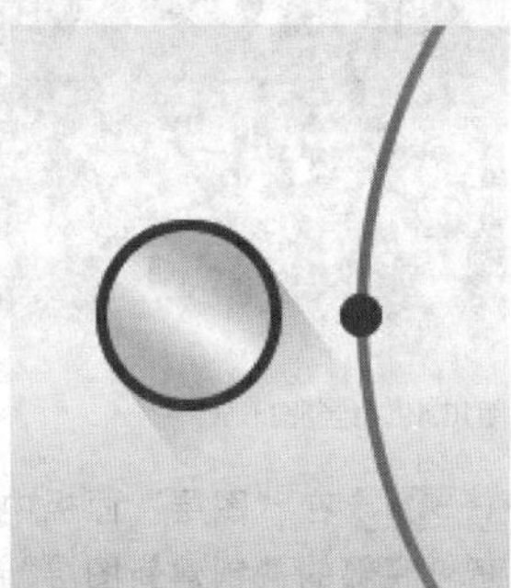
图16.179 隐藏图形

● 添加素材

STEP 01 同时选中“椭圆3”及“矩形1”图层，按住Alt键将图形复制2份并放在适当位置，如图16.180所示。

STEP 02 执行菜单栏中的“文件”|“打开”命令，打开“图标.psd”文件，将打开的素材拖入画布中刚才绘制的椭圆图形位置并适当缩小，如图16.181所示。

图16.180 复制图形

图16.181 添加素材

STEP 03 选择工具箱中的“横排文字工具”T，在图形位置添加文字，这样就完成了效果制作，最终效果如图16.182所示。

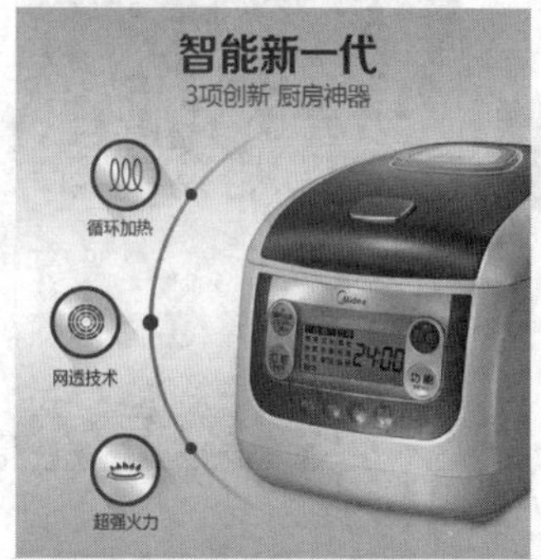

图16.182 最终效果

实战 477 拱形图像

▶素材位置：素材\第16章\拱形图像
▶案例位置：效果\第16章\拱形图像.psd
▶视频位置：视频\实战477.avi
▶难易指数：★★★☆☆

• 实例介绍 •

拱形图像的制作方法比较简单，它通过椭圆图形及其他图形的变换组合而成，在多种商品广告中被广泛地使用，最终效果如图16.183所示。

图16.183 最终效果

• 操作步骤 •

• 打开素材

STEP 01 执行菜单栏中的“文件”|“打开”命令，打开“背景.jpg”文件，如图16.184所示。

图16.184 打开素材

STEP 02 选择工具箱中的“椭圆工具”，在选项栏中将“填充”更改为无，“描边”更改为白色，“大小”更改为50点，在画布中间位置绘制一个椭圆图形，此时将生成一个“椭圆1”图层，如图16.185所示。

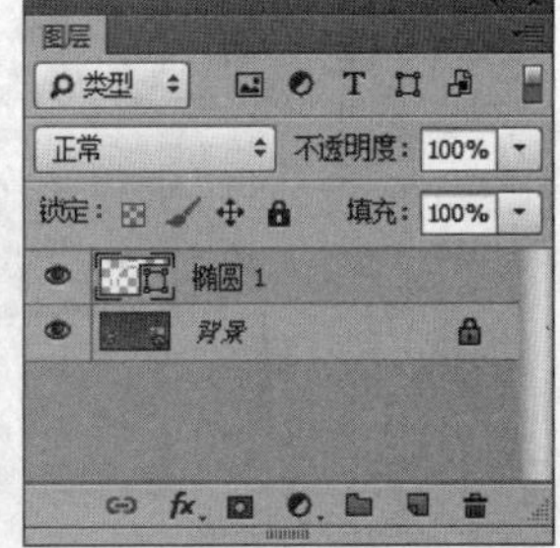

图16.185 绘制图形

STEP 03 在“图层”面板中选中“椭圆1”图层，单击面板底部的“添加图层样式”按钮，在菜单中选择“渐变叠加”命令，在弹出的对话框中将“渐变”更改为紫色（R：255，G：38，B：196）到浅橙色（R：255，G：147，B：80），完成之后单击“确定”按钮，如图16.186所示。

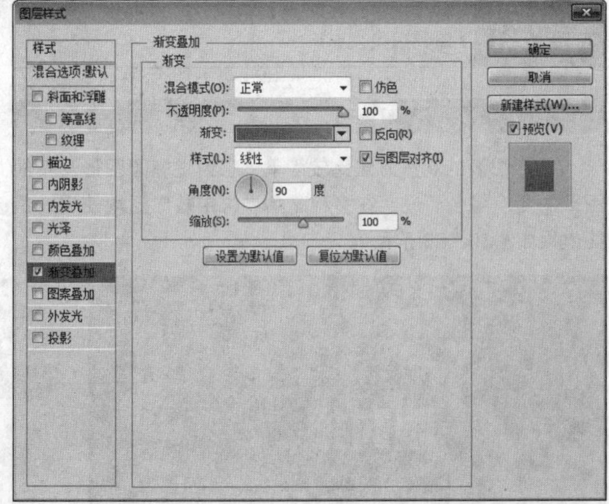

图16.186 设置渐变叠加

STEP 04 在“图层”面板中选中“椭圆1”图层，将其拖至面板底部的“创建新图层”按钮上，复制1个“椭圆1 拷贝”图层，如图16.187所示。

STEP 05 选中“椭圆1 拷贝”图层，将其“描边”更改为10点，按Ctrl+T组合键对其执行“自由变换”命令，将图形等比例缩小，完成之后按Enter键确认，如图16.188所示。

图16.187 复制图层

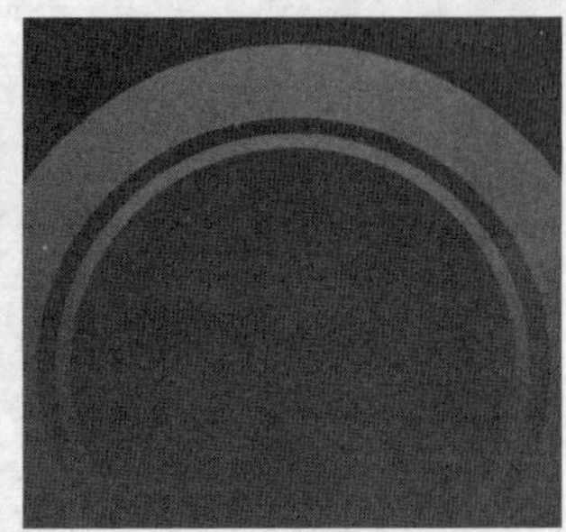

图16.188 变换图形

• 绘制图形

STEP 01 选择工具箱中的“钢笔工具”，在选项栏中单击“选择工具模式”路径按钮，在弹出的选项中选择“形状”，将“填充”更改为黄色（R：255，G：230，B：10），“描边”更改为无，在画布底部位置绘制一个弧形图形，此时将生成一个“形状1”图层，如图16.189所示。

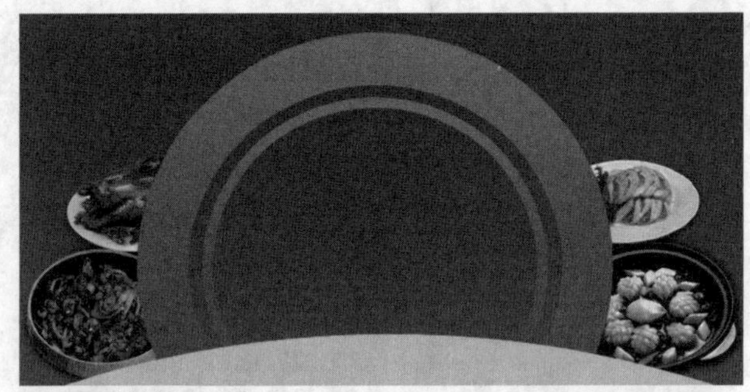

图16.189 绘制图形

STEP 02 选择工具箱中的“矩形工具”，在选项栏中将“填充”更改为红色（R：190，G：40，B：76），“描边”更改为无，在画布中绘制一个矩形，此时将生成一个“矩形1”图层，如图16.190所示。

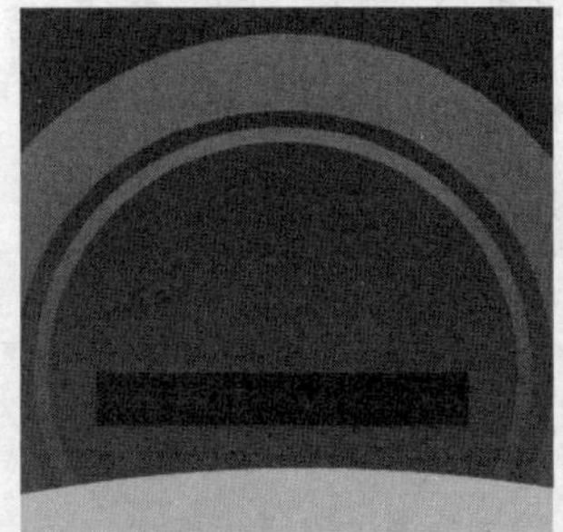

图16.190 绘制图形

STEP 03 在“图层”面板中选中“矩形1”图层，将其拖至面板底部的“创建新图层”按钮上，复制1个“矩形1 拷贝”图层，如图16.191所示。

STEP 04 选中“矩形1”图层，按Ctrl+T组合键对其执行“自由变换”命令，单击鼠标右键，从弹出的快捷菜单中选择“透视”命令，拖动变形框控制点将图形变形，完成之后按Enter键确认，如图16.192所示。

图16.191 复制图层

图16.192 变换图形

STEP 05 以同样的方法将“矩形1 拷贝”图层再次复制1份，更改为稍深的颜色，并将其透视变形，如图16.193所示。

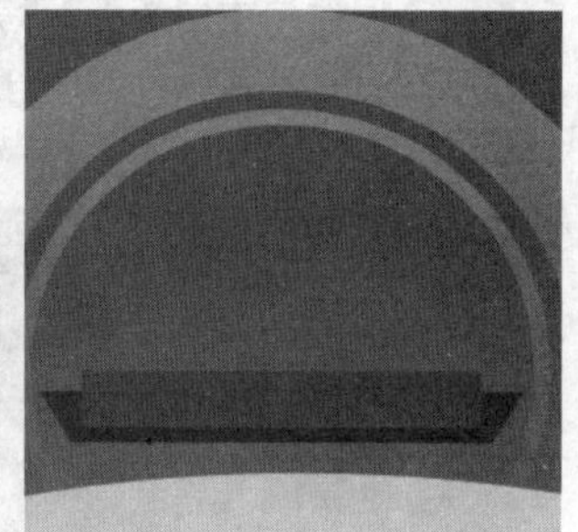

图16.193 复制并变换图形

STEP 06 选择工具箱中的“圆角矩形工具”，在选项栏中将“填充”更改为深红色（R：147，G：25，B：55），“描边”更改为无，“半径”更改为3像素，在图形左侧位置按住Shift键绘制一个圆角矩形，此时将生成一个“圆角矩形1”图层，如图16.194所示。

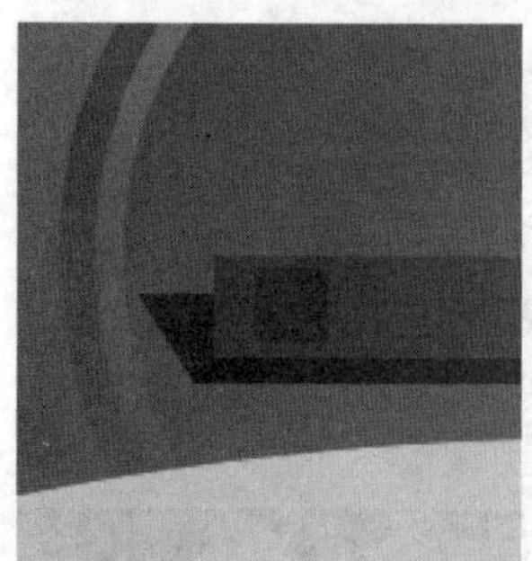

图16.194 绘制图形

STEP 07 在“图层”面板中选中“圆角矩形1”图层，单击面板底部的“添加图层样式”按钮，在菜单中选择“内发光”命令，在弹出的对话框中将“混合模式”更改为正常，“颜色”更改为深红色（R：98，G：18，B：37），“大小”更改为5像素，完成之后单击“确定”按钮，如图16.195所示。

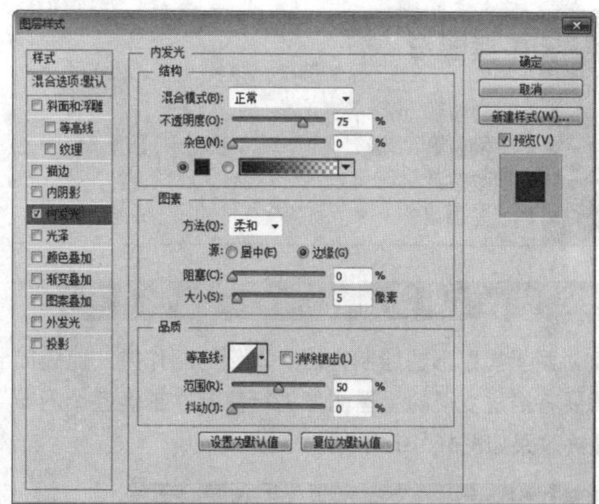

图16.195 设置外发光

STEP 08 选中“圆角矩形1”图层，按住Alt+Shift组合键向右侧拖动，将图形复制3份，如图16.196所示。

图16.196 复制图形

STEP 09 选择工具箱中的“圆角矩形工具”，在选项栏中，将“填充”更改为橙色（R：255，G：125，B：10），“描边”更改为无，“半径”更改为5像素，在画布底部绘制一个圆角矩形，此时将生成一个“圆角矩形2”图层，如图16.197所示。

图16.197 绘制图形

STEP 10 选择工具箱中的“横排文字工具”，在图形位置添加文字，这样就完成了效果制作，最终效果如图16.198所示。

图16.198 最终效果

实战 478 星星图形

▶素材位置：素材\第16章\星星图形
▶案例位置：效果\第16章\星星图形.psd
▶视频位置：视频\实战478.avi
▶难易指数：★★☆☆☆

• 实例介绍 •

本例讲解星星图形的绘制方法。本例的制作方法比较简单，只需要将经过变形的星星图像进行复制并铺满整个画布即可，最终效果如图16.199所示。

图16.199 最终效果

• 操作步骤 •

• 打开素材

STEP 01 执行菜单栏中的“文件”|“打开”命令，打开“背景.jpg”文件，如图16.200所示。

图16.200 打开素材

STEP 02 选择工具箱中的“矩形工具”，在选项栏中将“填充”更改为深红色（R：152，G：16，B：16），“描边”更改为无，在画布中绘制一个长度大于画布的矩形，此时将生成一个“矩形1”图层，如图16.201所示。

图16.201 绘制图形

STEP 03 在“图层”面板中选中“矩形1”图层，将其拖至面板底部的“创建新图层”按钮上，复制1个“矩形1 拷贝”图层，如图16.202所示。

STEP 04 选中“矩形1 拷贝”图层，将其图形颜色更改为黄色（R：255，G：206，B：0），再按Ctrl+T组合键对其执行“自由变换”命令，将图形高度等比例缩小，完成之后按Enter键确认，如图16.203所示。

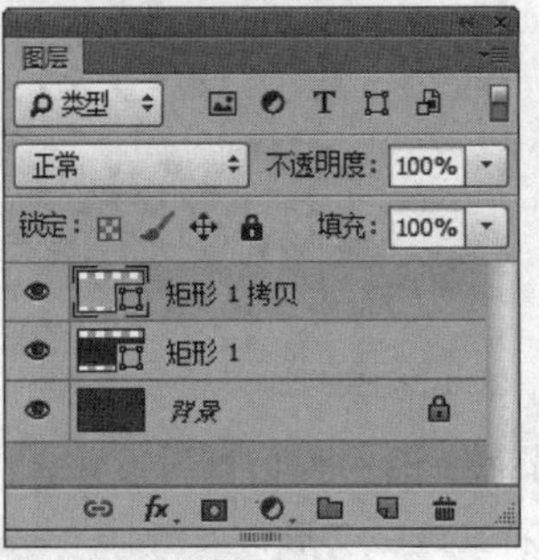

图16.202 复制图层

图16.203 变换图形

STEP 05 同时选中“矩形1 拷贝”及“矩形1”图层，按Ctrl+T组合键对其执行“自由变换”命令，将图形适当旋转，完成之后按Enter键确认，如图16.204所示。

图16.204 旋转图形

• 绘制图形

STEP 01 选择工具箱中的“多边形工具”，将“填充”更改为无，“描边”更改为白色，“大小”更改为5点，单击图标，在弹出的面板中勾选“星形”复选框，将“缩进边依据”更改为50%，“边”更改为5，在画布中绘制一个星形图形，此时将生成一个“多边形1”图层，如图16.205所示。

图16.205 绘制图形

STEP 02 选中“多边形1”图层，按Ctrl+T组合键对其执行“自由变换”命令，单击鼠标右键，从弹出的快捷菜单中选择“扭曲”命令，拖动控制点将图形扭曲变形，完成之后按Enter键确认，如图16.206所示。

图16.206 将图形变形

STEP 03 在“图层”面板中选中“多边形1”图层，将其图层混合模式设置为“柔光”，“不透明度”更改为50%，如图16.207所示。

图16.207 设置图层混合模式

STEP 04 选中“多边形1”图层，按住Alt键将图形复制数份并适当移动缩小，如图16.208所示。

图16.208 复制图形

STEP 05 在“图层”面板中选中“矩形1 拷贝”图层，单击面板底部的“添加图层样式”fx按钮，在菜单中选择“内阴影”命令，在弹出的对话框中将“混合模式”更改为叠加，“颜色”更改为白色，取消“使用全局光”复选框，“角度”更改为-158度，“距离”更改为15像素，“大小”更改为2像素，如图16.209所示。

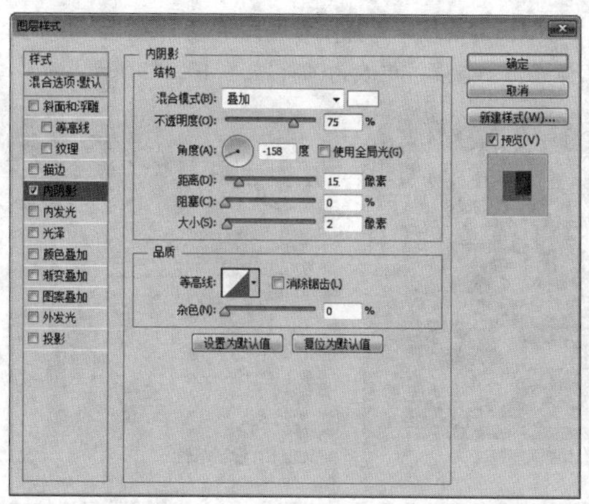

图16.209 设置内阴影

STEP 06 勾选“投影”复选框，取消“使用全局光”复选框，“角度”更改为-160度，“距离”更改为10像素，“大小”更改为8像素，完成之后单击“确定”按钮，如图16.210所示。

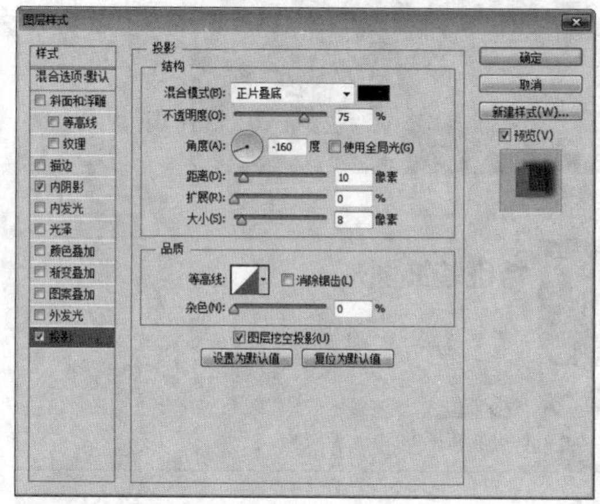

图16.210 设置投影

STEP 07 在“矩形1 拷贝”图层样式名称上单击鼠标右键，从弹出的快捷菜单中选择“创建图层”命令，此时将生成“‘矩形 1 拷贝’的内阴影”及“‘矩形 1 拷贝’的投影”2个新的图层，如图16.211所示。

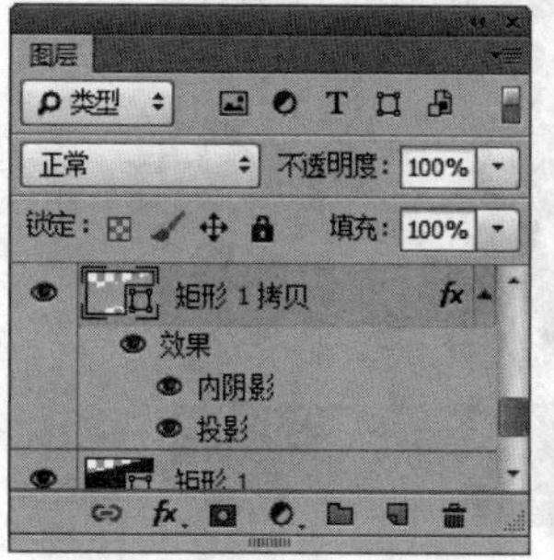

图16.211 创建图层

STEP 08 在“图层”面板中选中“‘矩形 1 拷贝’的投影”图层，单击面板底部的“添加图层蒙版”按钮，为其图层添加图层蒙版，如图16.212所示。

STEP 09 选择工具箱中的“画笔工具”，在画布中单击鼠标右键，在弹出的面板中选择一种圆角笔触，将“大小”更改为250像素，“硬度”更改为0%，如图16.213所示。

图16.212 添加图层蒙版

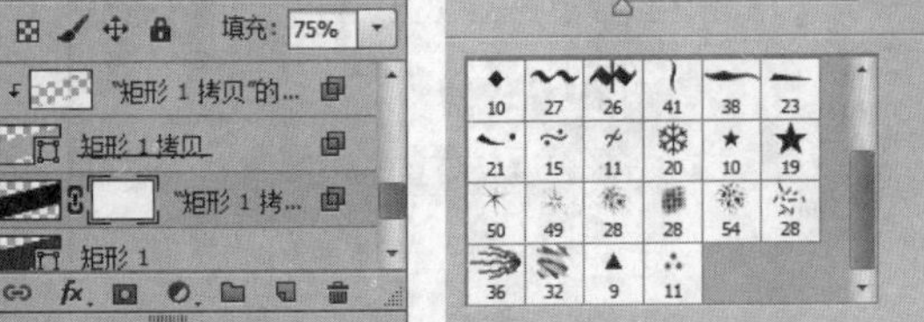

图16.213 设置笔触

STEP 10 将前景色更改为黑色，在图像上部分区域进行涂抹将其隐藏，这样就完成了效果制作，最终效果如图16.214所示。

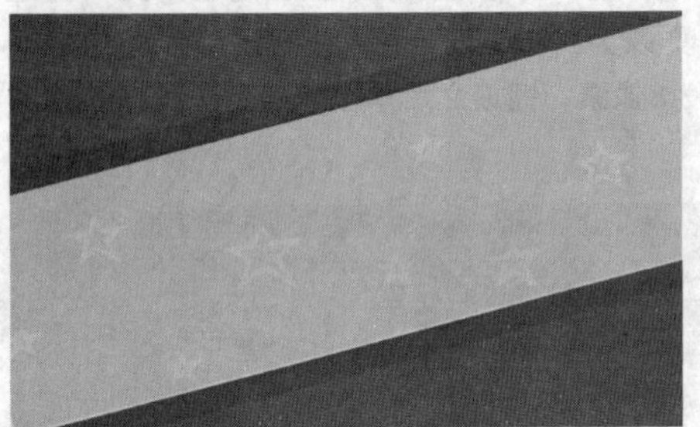

图16.214 最终效果

实战 479 特征装饰图形

▶素材位置：素材\第16章\特征装饰图形

▶案例位置：效果\第16章\特征装饰图形.psd

▶视频位置：视频\实战479.avi

▶难易指数：★★★☆☆

• 实例介绍 •

本例讲解特征装饰图形的制作方法。本例中的背景图像是传统欧式皮具的产品，在绘制装饰图形时采用了相同风格的配色及相应的文字信息，最终效果如图16.215所示。

图16.215 最终效果

• 操作步骤 •

• 打开素材

STEP 01 执行菜单栏中的“文件”|“打开”命令，打开“背景.jpg”文件，如图16.216所示。

图16.216 打开素材

STEP 02 选择工具箱中的“多边形工具”，在选项栏中将“填充”更改为深红色（R：26，G：12，B：6），“描边”更改为无，“边”更改为6，在画布底部位置按住Shift键绘制一个多边形，此时将生成一个“多边形1”图层，如图16.217所示。

STEP 03 在“图层”面板中选中“多边形1”图层，将其拖至面板底部的“创建新图层”按钮上，复制1个“多边形1拷贝”图层，如图16.218所示。

图16.217 绘制图形

图16.218 复制图层

STEP 04 在“图层”面板中选中“多边形1”图层，单击面板底部的“添加图层样式”按钮，在菜单中选择“描边”命令，在弹出的对话框中将“大小”更改为1像素，“位置”更改为内部，“填充类型”更改为渐变，“渐变”更改为土黄色（R：153，G：130，B：110）到灰色（R：75，G：63，B：54）再到土黄色（R：153，G：130，B：110），如图16.219所示。

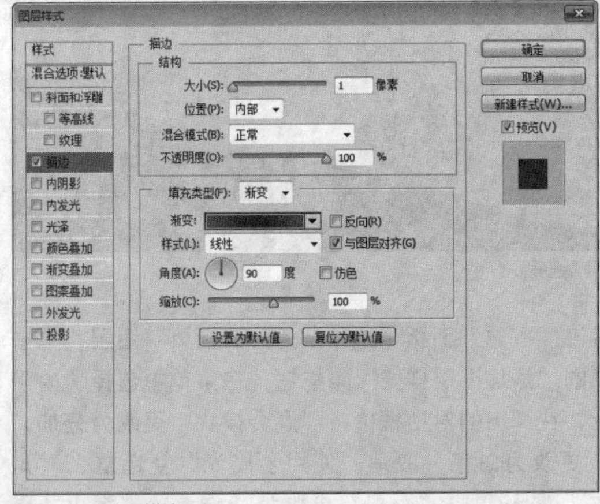

图16.219 设置描边

STEP 05 勾选“投影”复选框，将“不透明度”更改为50%，取消“使用全局光”复选框，“角度”更改为90度，“距离”更改为5像素，“大小”更改为3像素，完成之后单击“确定”按钮，如图16.220所示。

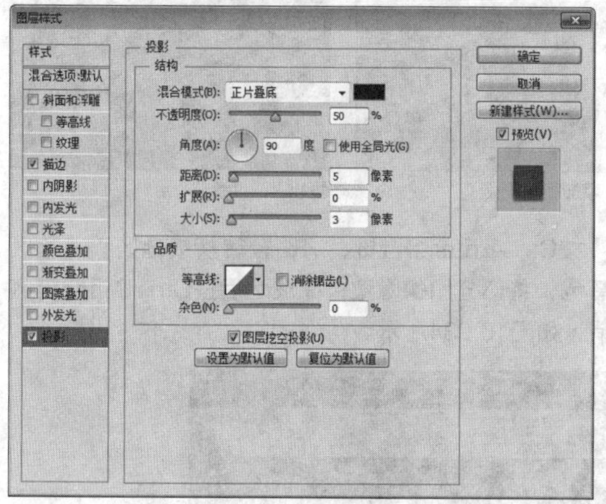

图16.220 设置投影

STEP 06 选中“多边形1 拷贝”图层，将其“填充”更改为无，“描边”更改为白色，“大小”更改为2点，图层混合模式更改为“柔光”，按Ctrl+T组合键对其执行“自由变换”命令，将图形等比例缩小，完成之后按Enter键确认，如图16.221所示。

图16.221 复制图层并缩小图形

STEP 07 在“图层”面板中选中“多边形1 拷贝”图层，单击面板底部的“添加图层蒙版”按钮，为其图层添加图层蒙版，如图16.222所示。

STEP 08 选择工具箱中的“渐变工具”，编辑白色到黑色到白色的渐变，单击选项栏中的“线性渐变”按钮，在图形上从下至上拖动将部分图形隐藏，如图16.223所示。

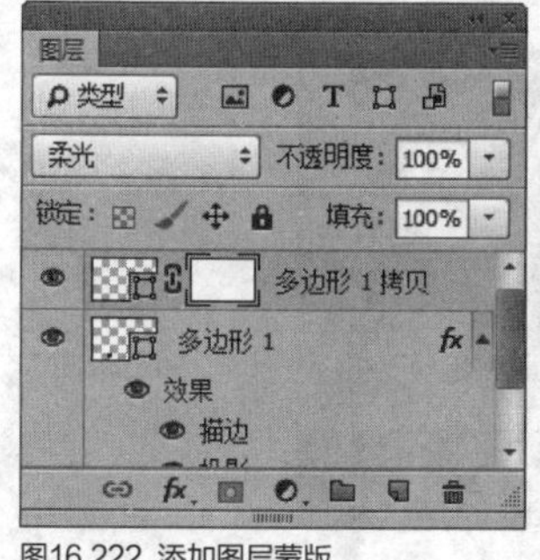

图16.222 添加图层蒙版

图16.223 隐藏图形

STEP 09 选择工具箱中的“直线工具”，在选项栏中将“填充”更改为白色，“描边”更改为无，“粗细”更改为2点，在多边形图形中绘制一条水平线段，此时将生成一个“形状1”图层，如图16.224所示。

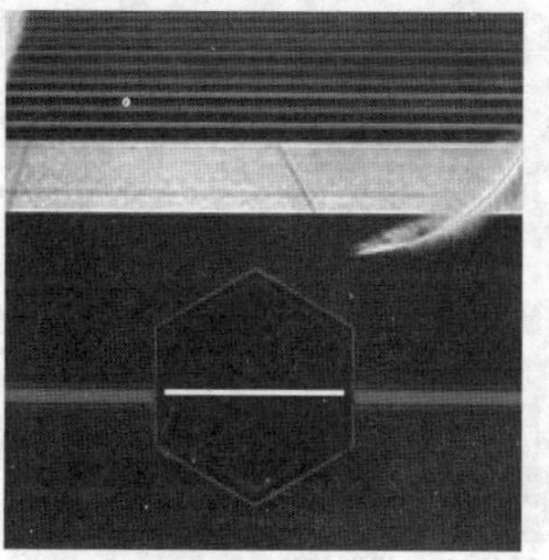

图16.224 绘制图形

STEP 10 在“图层”面板中选中“形状1”图层，单击面板底部的“添加图层蒙版”按钮，为其图层添加图层蒙版，如图16.225所示。

STEP 11 选择工具箱中的“渐变工具”，编辑黑色到白色再到黑色的渐变，单击选项栏中的“线性渐变”按钮，在图形上拖动将部分图菜隐藏，如图16.226所示，将“形状1”图层混合模式设置为“柔光”。

图16.225 添加图层蒙版

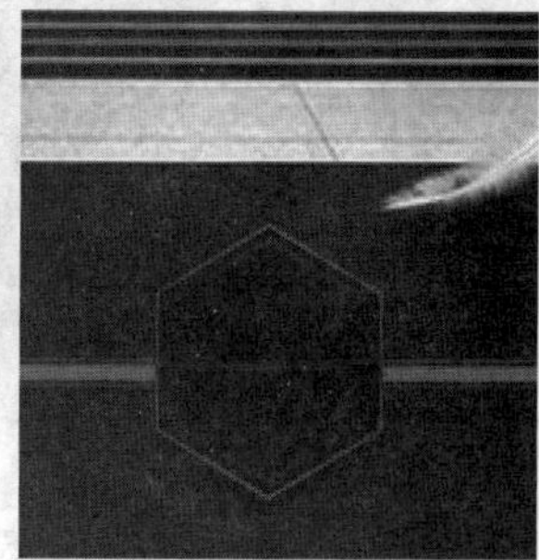

图16.226 隐藏图形

- **添加文字**

STEP 01 选择工具箱中的“横排文字工具”，在图形位置添加文字，如图16.227所示。

图16.227 添加文字

STEP 02 在“图层”面板中选中“多边形1”图层，单击面板底部的“创建新图层”按钮，新建一个“图层1”图层，选中“图层1”图层，按Ctrl+Alt+G组合键创建剪贴蒙版，如图16.228所示。

STEP 03 选择工具箱中的“画笔工具”，在画布中单击鼠标右键，在弹出的面板中选择一种圆角笔触，将“大小”更改为80像素，“硬度”更改为0%，如图16.229所示。

图16.228 创建剪贴蒙版

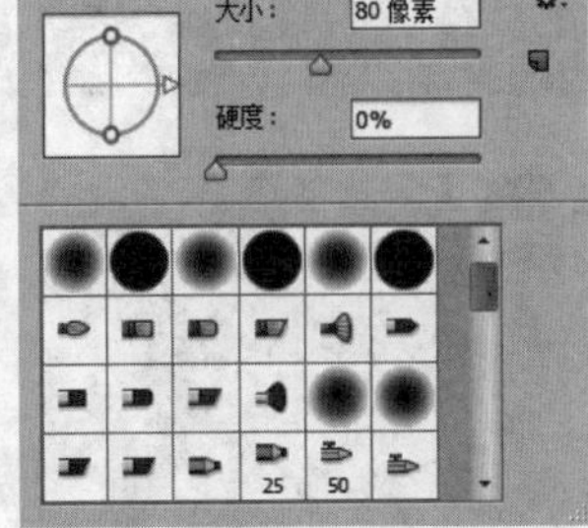

图16.229 设置笔触

STEP 04 将前景色更改为深黄色（R：152，G：128，B：110），选中“图层1”图层，在多边形图形上半部分位置单击，添加高光效果，如图16.230所示。

图16.230 添加高光

STEP 05 在“图层”面板中选中“图层1”图层，将其拖至面板底部的“创建新图层”按钮上，复制1个“图层1 拷贝”图层，选中“图层1 拷贝”图层，将图像向下移动至多边形图像下半部分位置，如图16.231所示。

图16.231 复制图层并移动图像

STEP 06 在“图层”面板中选中“图层1”图层，单击面板底部的“添加图层蒙版”按钮，为其图层添加图层蒙版，如图16.232所示。

STEP 07 选择工具箱中的“钢笔工具”，在“图层1”图像位置绘制一个不规则封闭路径以选中部分图像，如图16.233所示。

图16.232 添加图层蒙版

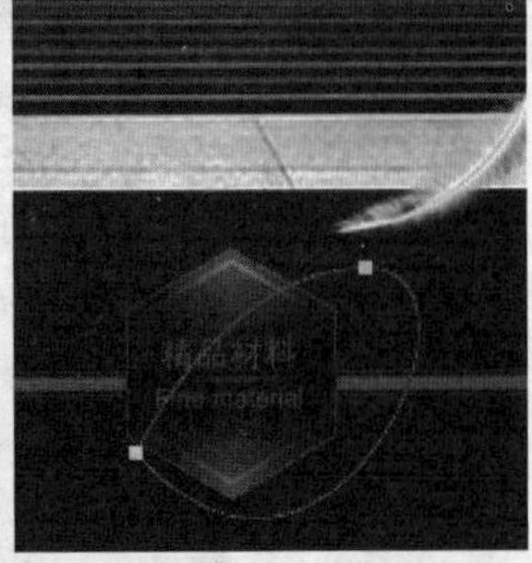

图16.233 绘制路径

STEP 08 按Ctrl+Enter组合键，将路径转换成选区，将选区填充为黑色，将部分图像隐藏，完成之后按Ctrl+D组合键将选区取消，如图16.234所示。

图16.234 隐藏图像

STEP 09 同时选中除“背景”之外所有图层，按Ctrl+G组合键将图层编组，此时将生成一个“组1”组，如图16.235所示。

图16.235 将图层编组

STEP 10 选中“组1”组，按住Alt+Shift组合键向右侧拖动将图像复制多份，再同时选中包括“组1”在内所有相关的拷贝组,单击选项栏中的“水平居中分布”按钮将图像对齐，如图16.236所示。

图16.236 复制图像

STEP 11 分别更改每个图形上的文字信息，这样就完成了效果制作，最终效果如图16.237所示。

图16.237 最终效果

实战 480 透明展示牌

▶素材位置：素材\第16章\透明展示牌
▶案例位置：效果\第16章\透明展示牌.psd
▶视频位置：视频\实战480.avi
▶难易指数：★★☆☆☆

• 实例介绍 •

本例以模拟的空间图像作为背景，绘制透明质感图像，从而给人一种通透的视觉享受，最终效果如图16.238所示。

图16.238 最终效果

• 操作步骤 •

• **打开素材**

STEP 01 执行菜单栏中的“文件”|“打开”命令，打开“背景.jpg”文件，如图16.239所示。

图16.239 打开素材

STEP 02 选择工具箱中的“圆角矩形工具”，在选项栏中将“填充”更改为白色，“描边”更改为无，“半径”更改为5像素，在画布左下方位置绘制一个圆角矩形，此时将生成一个“圆角矩形1”图层，并将其图层“不透明度”更改为20%，如图16.240所示。

图16.240 绘制图形

STEP 03 选择工具箱中的“直线工具”，在选项栏中将“填充”更改为白色，“描边”更改为无，“粗细”更改为1像素，在圆角矩形图形顶部边缘的位置按住Shift键绘制一条水平线段，此时将生成一个“形状1”图层，如图16.241所示。

图16.241 绘制图形

STEP 04 在“图层”面板中选中“形状1”图层，将其图层“不透明度”更改为60%，再单击面板底部的“添加图层蒙版”按钮，为其图层添加图层蒙版，如图16.242所示。

STEP 05 选择工具箱中的“渐变工具”，在选项栏中单击“点按可编辑渐变”按钮，在弹出的对话框中将渐变颜色更改为黑色到白色再到黑色，将白色色标位置更改为70，设置完成之后单击“确定”按钮，再单击选项栏中的“线性渐变”按钮，在图形上拖动，将部分图形隐藏，如图16.243所示。

图16.242 添加图层蒙版

图16.243 隐藏图形

STEP 06 在“图层”面板中选中“形状1”图层，将其拖至面板底部的“创建新图层”按钮上，复制一个“形状1 拷贝”图层，如图16.244所示。

STEP 07 选中“形状1 拷贝”图层，按Ctrl+T组合键对其执行“自由变换”命令，单击鼠标右键，从弹出的快捷菜单中选择“旋转90度（顺时针）”命令，再将其高度缩小并移至圆角矩形右侧边缘上，完成之后按Enter键确认，如图16.245所示。

图16.244 复制图层

图16.245 变换图形

● 添加高光

STEP 01 单击面板底部的“创建新图层”按钮，新建一个“图层1”图层，如图16.246所示。

STEP 02 选择工具箱中的“画笔工具”，在画布中单击鼠标右键，在弹出的面板中选择一种圆角笔触，将“大小”更改为100像素，“硬度”更改为0%，如图16.247所示。

图16.246 新建图层

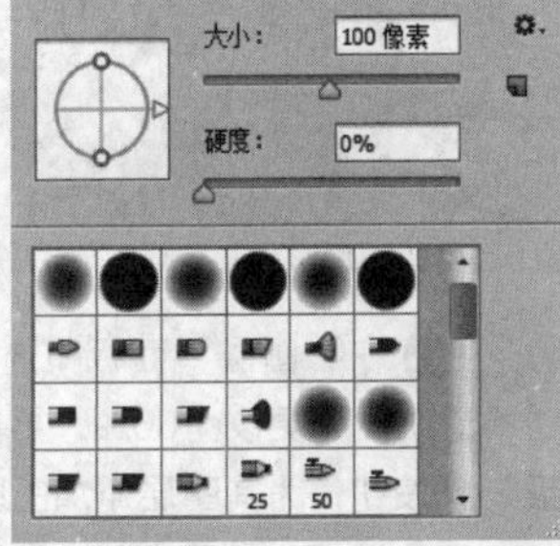
图16.247 设置笔触

STEP 03 将前景色更改为白色，选中“图层1”图层，在图形右下角位置单击添加图像，如图16.248所示。

图16.248 添加图像

STEP 04 按住Ctrl键单击“圆角矩形1”图层缩览图，将其载入选区，如图16.249所示。

STEP 05 执行菜单栏中的“选择”|“反向”命令，将选区反向，选中“图层1”图层将选区中图像删除，完成之后按Ctrl+D组合键将选区取消，如图16.250所示。

图16.249 载入选区

图16.250 删除图像

● 制作阴影

STEP 01 选择工具箱中的“椭圆工具”，在选项栏中将“填充”更改为黑色，“描边”更改为无，在图形底部位置绘制一个椭圆图形，此时将生成一个“椭圆1”图层，如图16.251所示。

图16.251 绘制图形

STEP 02 选中“椭圆1”图层，执行菜单栏中的“滤镜”|“模糊”|“高斯模糊”命令，在弹出的对话框中将“半径”更改为3像素，完成之后单击“确定”按钮，再将其图层“不透明度”更改为50%，如图16.252所示。

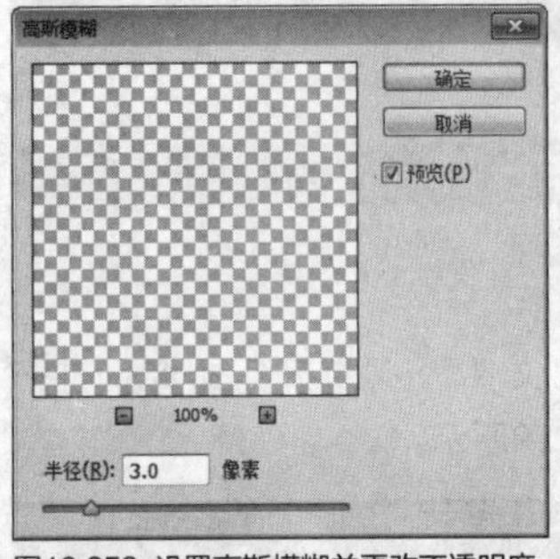

图16.252 设置高斯模糊并更改不透明度

STEP 03 同时选中除“背景”之外的所有图层，按住Alt+Shift组合键向右侧拖动，将底座图像复制2份，选择工具箱中的“横排文字工具”，在圆角矩形图形上添加文字，这样就完成了效果制作，最终效果如图16.253所示。

图16.253 最终效果

实战 481 口袋图形

▶素材位置：素材\第16章\口袋图形
▶案例位置：效果\第16章\口袋图形.psd
▶视频位置：视频\实战481.avi
▶难易指数：★★☆☆☆

• 实例介绍 •

打开素材绘制图形，为绘制的图形添加模糊效果以制作口袋开口的效果，将绘制的口袋图像复制数份完成最终效果制作。最终效果如图16.254所示。

图16.254 最终效果

• 操作步骤 •

• 打开素材

STEP 01 执行菜单栏中的“文件”|“打开”命令，打开“背景.jpg”文件，如图16.255所示。

图16.255 打开素材

STEP 02 选择工具箱中的“矩形工具”，在选项栏中将“填充”更改为白色，“描边”更改为无，在画布中的左侧位置按住Shift键绘制一个矩形，此时将生成一个“矩形1”图层，如图16.256所示。

图16.256 绘制图形

STEP 03 在“图层”面板中选中“矩形1”图层，单击面板底部的“添加图层样式”按钮，在菜单中选择“描边”命令，在弹出的对话框中将“大小”更改为1像素，“位置”更改为内部，“不透明度”更改为50%，“颜色”更改为白色，如图16.257所示。

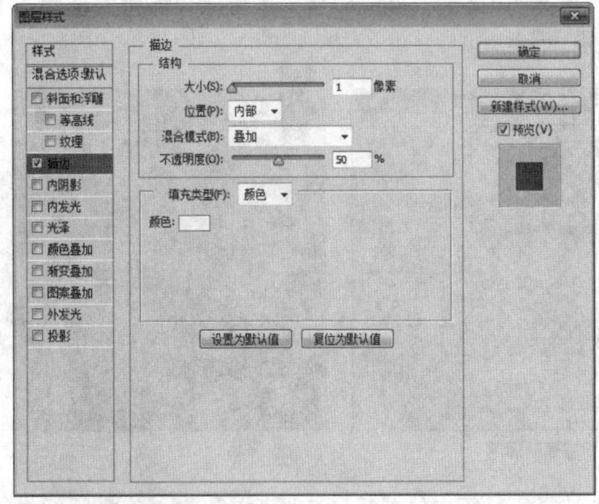

图16.257 设置描边

STEP 04 勾选“渐变叠加”复选框，将“渐变”更改为黄色（R：200，G：127，B：40）到黄色（R：218，G：160，B：50），完成之后单击“确定”按钮，如图16.258所示。

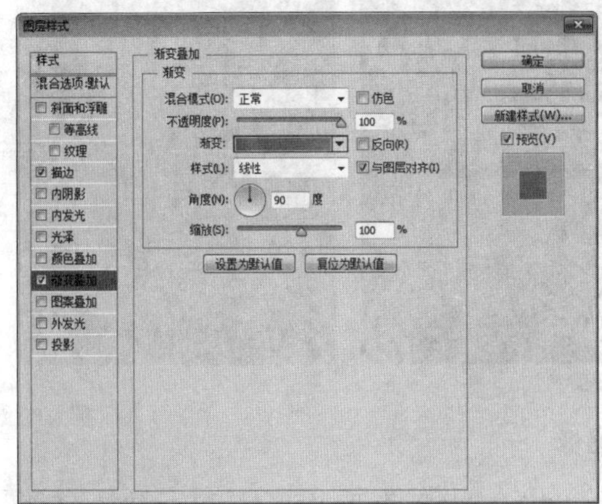

图16.258 设置渐变叠加

• 绘制图形

STEP 01 选择工具箱中的“椭圆工具”，在选项栏中将“填充”更改为黑色，“描边”更改为无，在矩形位置绘制一个细长的椭圆图形，此时将生成一个“椭圆1”图层，如图16.259所示。

STEP 02 选中“椭圆1”图层，在其图层名称上单击鼠标右键，从弹出的快捷菜单中选择“栅格化图层”命令将当前图形删格化，如图16.260所示。

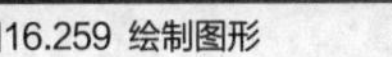

图16.259 绘制图形

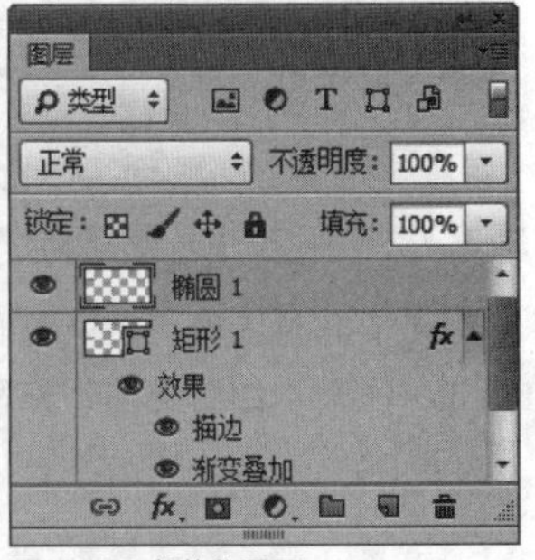

图16.260 栅格化图层

STEP 03 选中“椭圆1”图层，执行菜单栏中的“滤镜”|“模糊”|“高斯模糊”命令，在弹出的对话框中将“半径”更改为2像素，设置完成之后单击“确定”按钮，如图16.261所示。

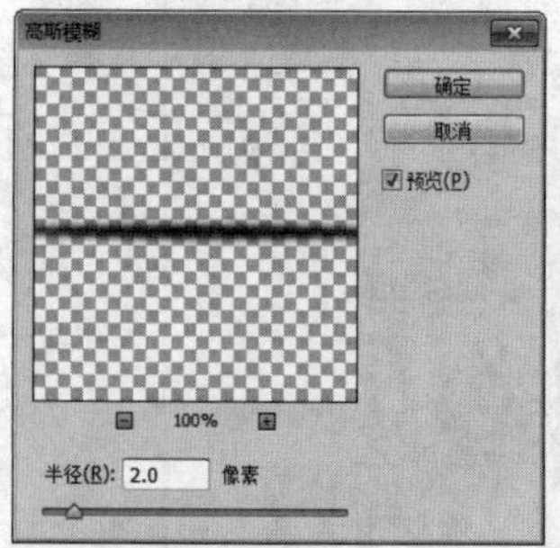

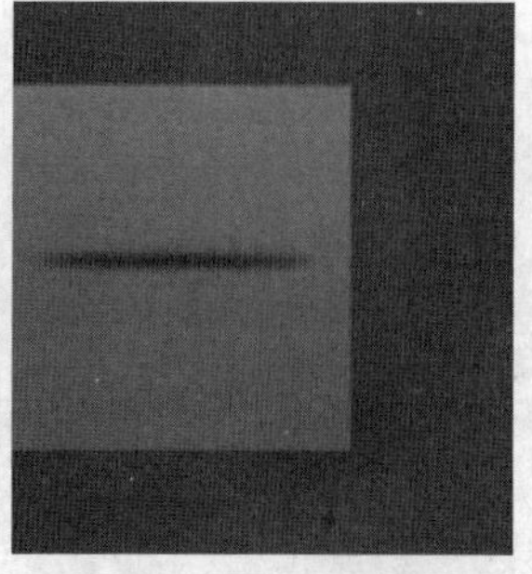

图16.261 设置高斯模糊

STEP 04 选择工具箱中的“矩形选框工具”，在椭圆图像底部位置绘制一个矩形选区，将椭圆图形下半部分选中，选中“椭圆1”图层，将选区中的图像删除，完成之后按Ctrl+D组合键将选区取消，如图16.262所示。

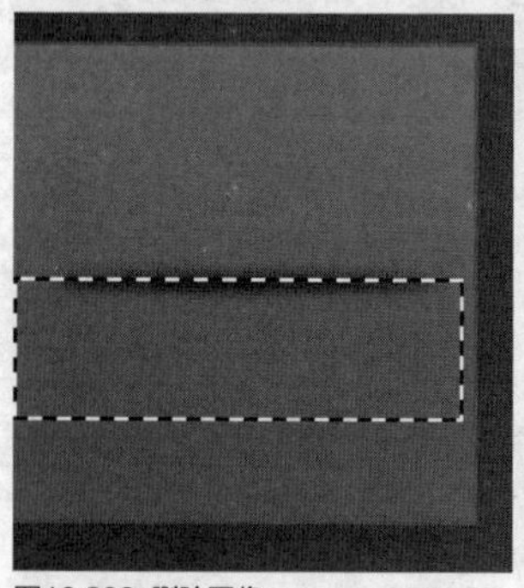

图16.262 删除图像

• 复制图像

STEP 01 同时选中“椭圆1”及“矩形1”图层，按Ctrl+G组合键将图层编组，将生成的组名称更改为“口袋图形”，选中“口袋图形”图层，将其拖至面板底部的“创建新图层”按钮上，复制1个“口袋图形 拷贝”组，选中“口袋图形 拷贝”组，将图形向右侧平移，如图16.263所示。

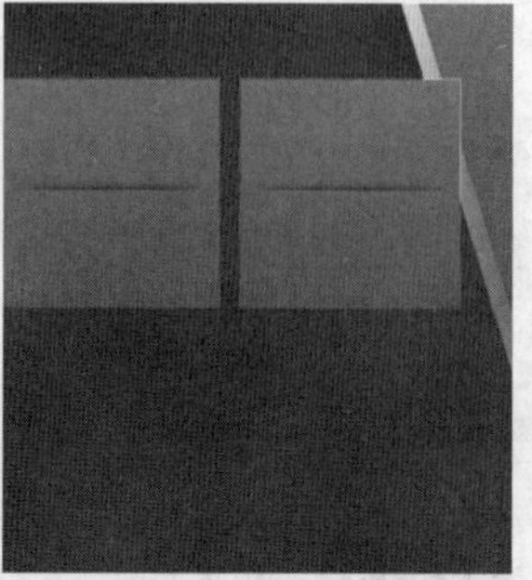

图16.263 将图层编组复制组并移动图像

STEP 02 同时选中“口袋图形 拷贝”及“口袋图形”组，按住Alt+Shift组合键向下拖动，将图形复制，如图16.264所示。

图16.264 复制图形

STEP 03 在“图层”面板中选中“口袋图形 拷贝”图层，单击面板底部的“添加图层蒙版”按钮，为其添加蒙版，如图16.265所示。

STEP 04 选择工具箱中的“多边形套索工具”，在“口袋图形 拷贝”图形右上角位置绘制一个不规则选区以选中部分图形，如图16.266所示。

图16.265 添加蒙版

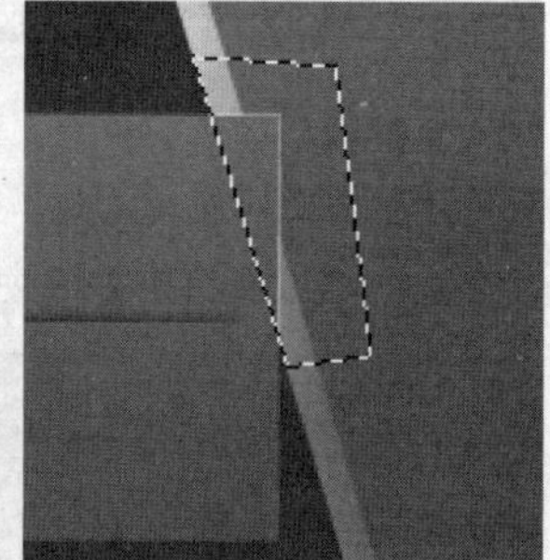

图16.266 绘制选区

STEP 05 将选区填充为黑色，将部分图形隐藏，完成之后按Ctrl+D组合键将选区取消，这样就完成了效果制作，最终效果如图16.267所示。

图16.267 最终效果

实战 482 撕纸特效

▶素材位置：素材\第16章\撕纸特效
▶案例位置：效果\第16章\撕纸特效.psd
▶视频位置：视频\实战482.avi
▶难易指数：★★★☆☆

• 实例介绍 •

打开素材，绘制图形并修改图形撕边效果，然后添加阴影高光质感效果，最后将图形复制组合成完整撕纸完成效果制作，最终效果如图16.268所示。

图16.268 最终效果

• 操作步骤 •

• 打开素材

STEP 01 执行菜单栏中的“文件”|“打开”命令，打开“背景.jpg”文件，如图16.269所示。

图16.269 打开素材

STEP 02 选择工具箱中的“钢笔工具”，在选项栏中单击“选择工具模式” 路径 按钮，在弹出的选项中选择“形状”，将“填充”更改为白色，“描边”更改为无，绘制一个不规则图形，此时将生成一个“形状1”图层，如图16.270所示。

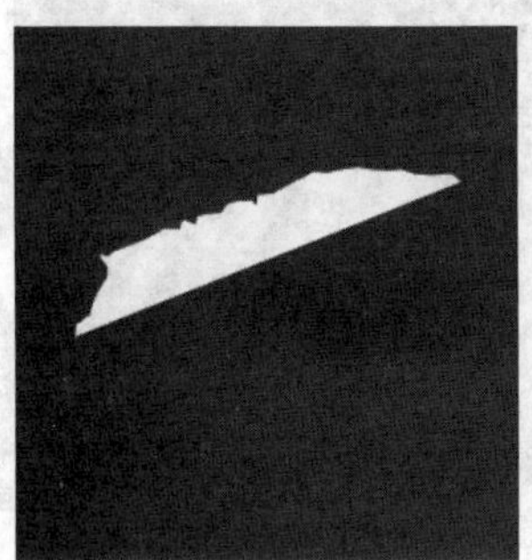

图16.270 绘制图形

STEP 03 在“图层”面板中选中“形状1”图层，单击面板底部的“添加图层蒙版”按钮，为其图层添加图层蒙版，如图16.271所示。

STEP 04 选择工具箱中的“画笔工具”，在画布中单击鼠标右键，在弹出的面板中选择“圆扇形细硬毛刷”笔触，将“大小”更改为10像素，如图16.272所示。

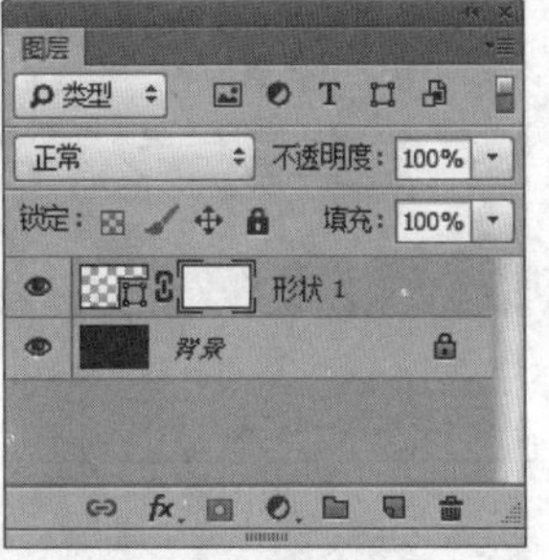

图16.271 添加图层蒙版

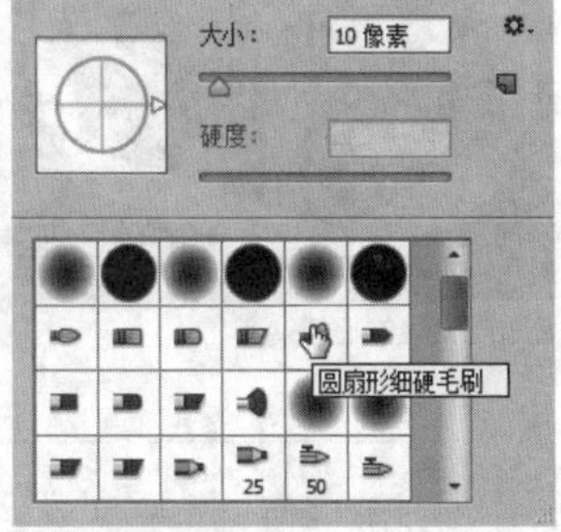

图16.272 设置笔触

STEP 05 单击“形状 1”图层蒙版缩览图，在图形上拖动出不规则边缘效果，将部分图形隐藏，如图16.273所示。

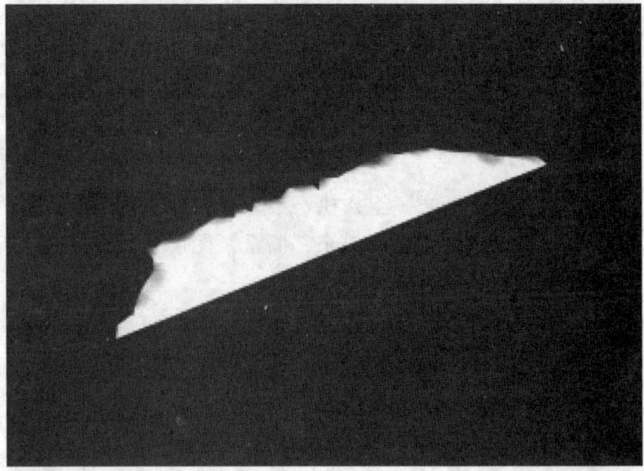

图16.273 隐藏图形

STEP 06 在“图层”面板中选中“形状1”图层，单击面板底部的“添加图层样式”按钮，在菜单中选择“渐变叠加”命令，在弹出的对话框中将渐变颜色更改为黑白渐变，“角度”更改为109度，“缩放”更改为50%，完成之后单击“确定”按钮，如图16.274所示。

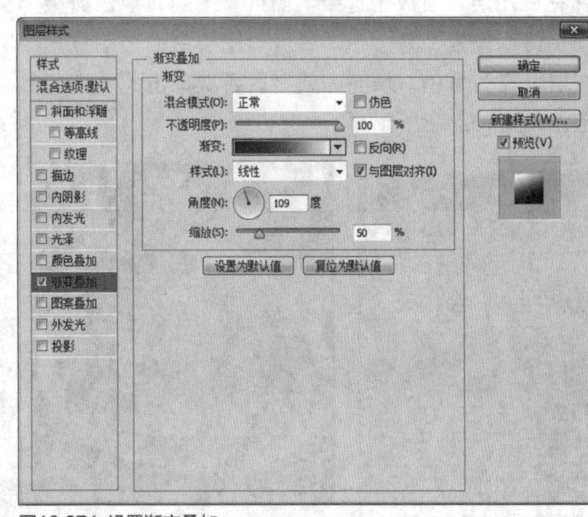

图16.274 设置渐变叠加

STEP 07 以刚才同样的方法绘制数个同样的图形并围绕成一个圆圈图案，如图16.275所示。

图16.275 绘制图形

提示

绘制图形之后，在添加渐变叠加效果的时候需要注意角度及颜色深浅变化。

• 制作阴影

STEP 01 在“图层”面板中同时选中除 “背景”之外的所有图层，按Ctrl+G组合键将图层编组，将生成的组名称更改为“撕纸”，选中“撕纸”组，将其拖至面板底部的“创建新图层”按钮上，复制一个“撕纸 拷贝”组，如图16.276所示。

STEP 02 选中“撕纸”组，执行菜单栏中的“图层”|“合并组”命令，此时将生成一个“撕纸”图层，如图16.277所示。

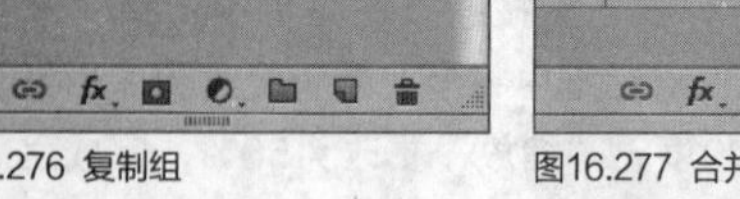

图16.276 复制组　　图16.277 合并组

STEP 03 在“图层”面板中选中“撕纸”图层，单击面板上方的“锁定透明像素”按钮，将当前图层中的透明像素锁定，将图层填充为黑色，填充完成之后再次单击此按钮将其解除锁定，如图16.278所示。

图16.278 锁定透明像素并填充颜色

STEP 04 选中“撕纸”图层，执行菜单栏中的“滤镜”|“模糊”|“高斯模糊”命令，在弹出的对话框中将“半径”更改为7像素，设置完成之后单击“确定”按钮，然后将其图层“不透明度”更改为50%，如图16.279所示。

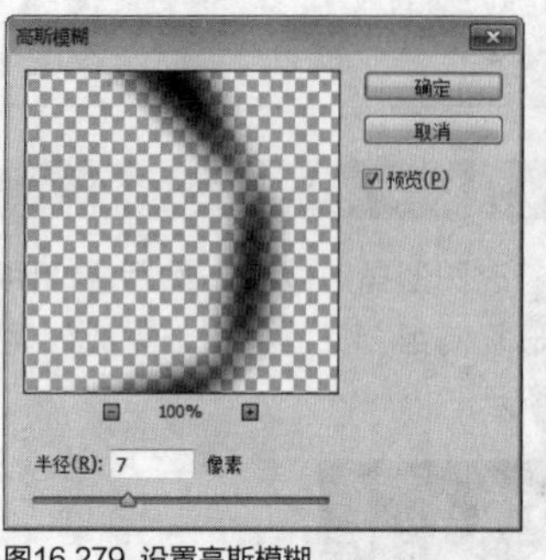

图16.279 设置高斯模糊

提示

为“撕纸”图层添加高斯模糊效果之前必须单击“锁定透明像素”按钮解除锁定，否则将无法添加模糊效果。

STEP 05 选择工具箱中的“钢笔工具”，在选项栏中单击“选择工具模式”按钮，在弹出的选项中选择“形状”，将“填充”更改为黄色（R：254，G：208，B：75），“描边”更改为无，在撕纸图像内部位置绘制一个不规则图形，此时将生成一个“形状7”图层，将“形状7”图层移至“撕纸”图层下方，如图16.280所示。

图16.280 绘制图形

• 添加高光

STEP 01 选择工具箱中的“椭圆工具”，在选项栏中将“填充”更改为白色，“描边”更改为无，在撕纸图像中间位置绘制一个椭圆图形，此时将生成一个“椭圆1”图层，如图16.281所示。

图16.281 绘制图形

STEP 02 选中“椭圆 1”图层，执行菜单栏中的“滤镜”|“模糊”|“高斯模糊”命令，在弹出的对话框中将“半径”更改为50像素，完成之后单击“确定”按钮，如图16.282所示。

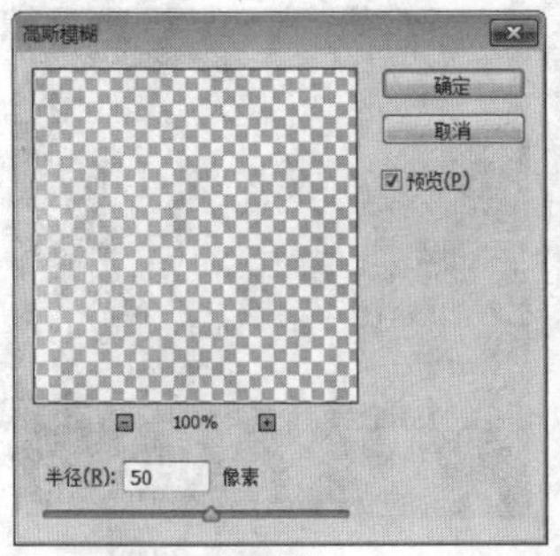

图16.282 设置高斯模糊

STEP 03 在“图层”面板中选中“椭圆 1”图层，将其图层混合模式设置为“叠加”，这样就完成了效果制作，最终效果如图16.283所示。

图16.283 最终效果

实战 483 黄金底座

▶素材位置：素材\第16章\黄金底座
▶案例位置：效果\第16章\黄金底座.psd
▶视频位置：视频\实战483.avi
▶难易指数：★★★☆☆

• 实例介绍 •

打开素材，绘制图形并为图形添加质感效果，然后将图形复制组合成立体底座效果，最后为底座制作倒影完成效果制作，最终效果如图16.284所示。

图16.284 最终效果

• 操作步骤 •

• 打开素材

STEP 01 执行菜单栏中的“文件”|“打开”命令，打开“背景.jpg”文件，如图16.285所示。

图16.285 打开素材

STEP 02 选择工具箱中的“椭圆工具”，在选项栏中将“填充”更改为白色，“描边”更改为无，在画布靠下的位置绘制一个椭圆图形，此时将生成一个“椭圆1”图层，如图16.286所示。

STEP 03 在“图层”面板中选中“椭圆1”图层，将其拖至面板底部的“创建新图层”按钮上，复制一个“椭圆1拷贝”图层，如图16.287所示。

图16.286 绘制图形

图16.287 复制图层

STEP 04 在“图层”面板中选中“椭圆1”图层，单击面板底部的“添加图层样式”按钮，在菜单中选择“渐变叠加”命令，在弹出的对话框中将渐变颜色更改为黄色（R：250，G：166，B：0）到红色（R：220，G：36，B：28），完成之后单击“确定”按钮，如图16.288所示。

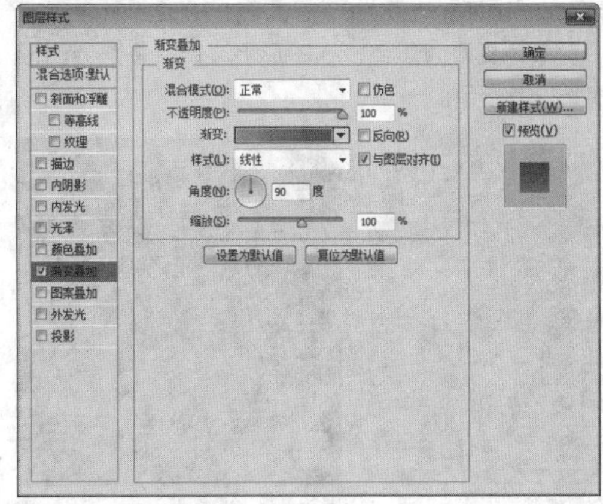

图16.288 设置渐变叠加

STEP 05 在“图层”面板中选中“椭圆1 拷贝”图层，单击面板底部的“添加图层样式” 按钮，在菜单中选择“描边”命令，在弹出的对话框中将“大小”更改为2像素，“位置”更改为内部，“颜色”更改为黄色（R：253，G：220，B：22），完成之后单击“确定”按钮，如图16.289所示。

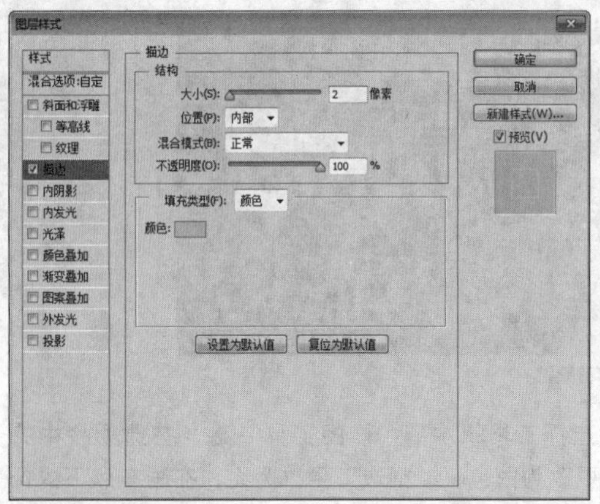

图16.289 设置描边

STEP 06 在“图层”面板中选中“椭圆 1 拷贝”图层，将其图层“填充”更改为0%，在其图层名称上单击鼠标右键，从弹出的快捷菜单中选择“栅格化图层新式”命令，如图16.290所示。

STEP 07 在“图层”面板中选中“椭圆1 拷贝”图层，单击面板底部的“添加图层蒙版” 按钮，为其图层添加图层蒙版，如图16.291所示。

图16.290 栅格化图层样式

图16.291 添加图层蒙版

STEP 08 选择工具箱中的“画笔工具” ，在画布中单击鼠标右键，在弹出的面板中选择一种圆角笔触，将“大小”更改为100像素，“硬度”更改为0%，如图16.292所示。

STEP 09 将前景色更改为黑色，在图形上涂抹，将部分图形隐藏，如图16.293所示。

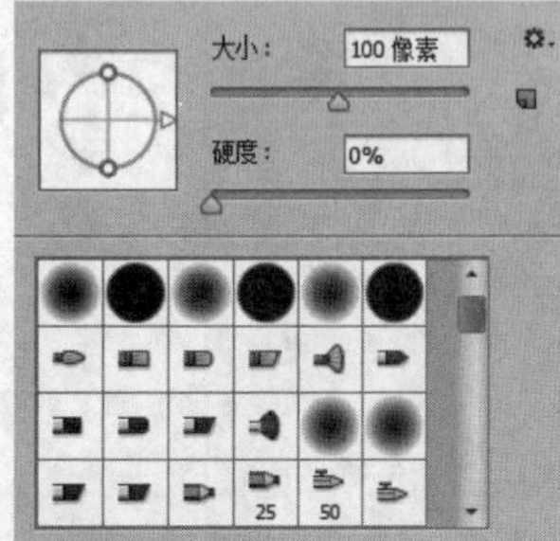

图16.292 设置笔触

图16.293 隐藏图形

STEP 10 在“图层”面板中选中“椭圆 1 拷贝”图层，将其拖至面板底部的“创建新图层” 按钮上复制一个“椭圆 1 拷贝 2”图层，选中“椭圆1 拷贝2”图层，按住Shift键将其向下垂直移动，如图16.294所示。

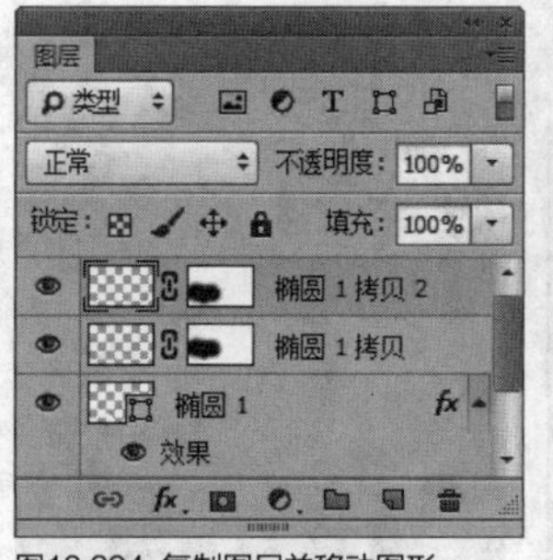

图16.294 复制图层并移动图形

STEP 11 在“图层”面板中选中“椭圆 1 拷贝 2”图层，单击面板上方的“锁定透明像素” 按钮，将当前图层中的透明像素锁定，将图层填充为红色（R：224，G：52，B：25），填充完成之后再次单击此按钮将其解除锁定，如图16.295所示。

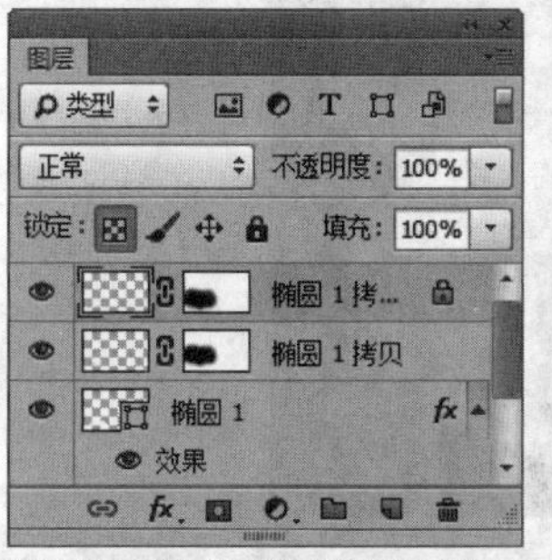

图16.295 锁定透明像素并填充颜色

STEP 12 在“图层”面板中选中“椭圆 1 拷贝 2”图层，单击面板底部的“添加图层样式” 按钮，在菜单中选择“投影”命令，在弹出的对话框中将“距离”更改为3像素，“大小”更改为3像素，完成之后单击“确定”按钮，如图16.296所示。

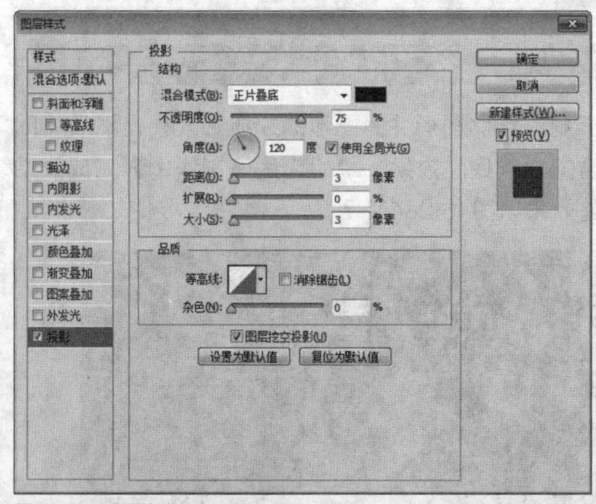

图16.296 设置投影

● 绘制图形

STEP 01 选择工具箱中的“钢笔工具” ，在选项栏中单击

"选择工具模式" 路径 按钮，在弹出的选项中选择"形状"，将"填充"更改为白色，"描边"更改为无，绘制一个不规则图形，此时将生成一个"形状1"图层，将"形状1"图层移至"背景"图层上方，如图16.297所示。

图16.297 绘制图形

STEP 02 在"图层"面板中选中"形状 1"图层，单击面板底部的"添加图层样式" fx 按钮，在菜单中选择"渐变叠加"命令，在弹出的对话框中将渐变颜色更改为橙色（R：250，G：83，B：4）到黄色（R：248，G：190，B：13）到橙色（R：250，G：83，B：4）到黄色（R：248，G：190，B：13）再到橙色（R：250，G：83，B：4），"角度"更改为0度，完成之后单击"确定"按钮，如图16.298所示。

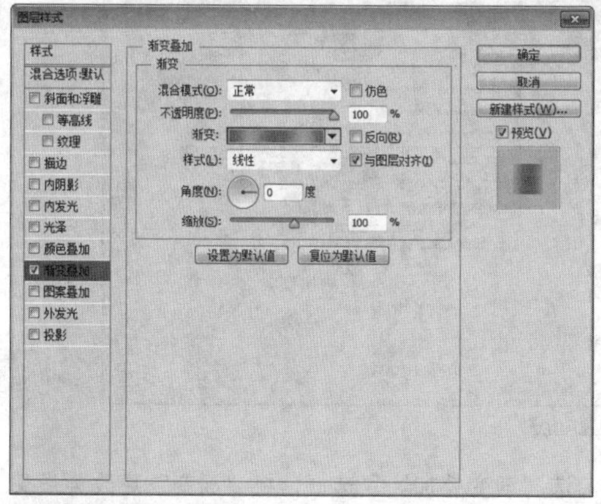

图16.298 设置渐变叠加

STEP 03 选择工具箱中的"画笔工具" ，在画布中单击鼠标右键，在弹出的面板中选择一种圆角笔触，将"大小"更改为100像素，"硬度"更改为0%，如图16.299所示。

STEP 04 单击"椭圆 1 拷贝 2"图层蒙版缩览图，在图形上沿着"图层2"图层中的图像边缘涂抹，将部分图像变淡，如图16.300所示。

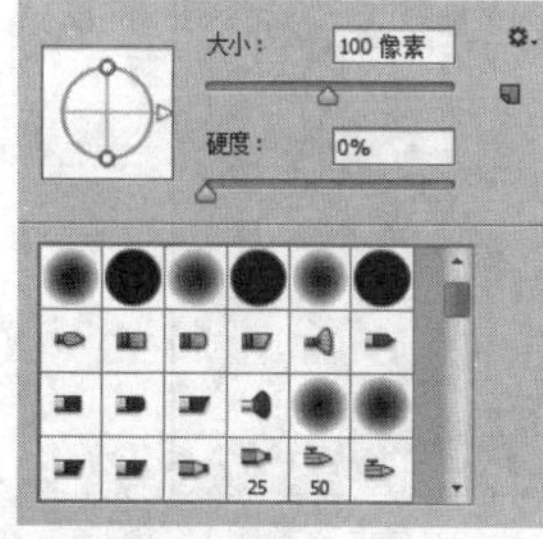

图16.299 设置笔触

图16.300 隐藏图像

● **制作倒影**

STEP 01 同时选中除"背景"之外的所有图层，按Ctrl+G组合键将其编组，将生成的组名称更改为"底座"，如图16.301所示。

STEP 02 选中"底座"组，将其复制一份，然后按Ctrl+E组合键将其合并，如图16.302所示。

图16.301 将图层编组

图16.302 合并组

STEP 03 选中"底座"图层，执行菜单栏中的"滤镜"|"模糊"|"动感模糊"命令，在弹出的对话框中将"角度"更改为90度，"距离"更改为30像素，设置完成之后单击"确定"按钮，如图16.303所示。

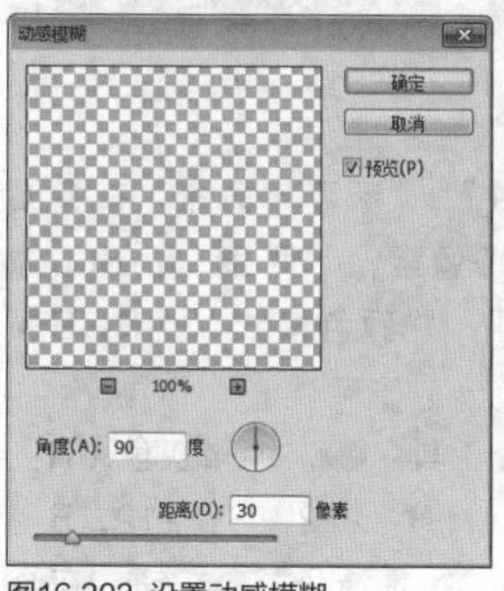

图16.303 设置动感模糊

STEP 04 选中"底座"图层，将其图层"不透明度"更改为40%，这样就完成了效果制作，最终效果如图16.304所示。

图16.304 最终效果

实战 484

牛肉详细描述

▶素材位置：无
▶案例位置：效果\第16章\牛肉详细描述.psd
▶视频位置：视频\实战484.avi
▶难易指数：★★☆☆☆

• 实例介绍 •

本例讲解牛肉详细描述图片的制作方法，绘制的多角度指示图像指明了牛肉的优点，指向性十分明确，最终效果如图16.305所示。

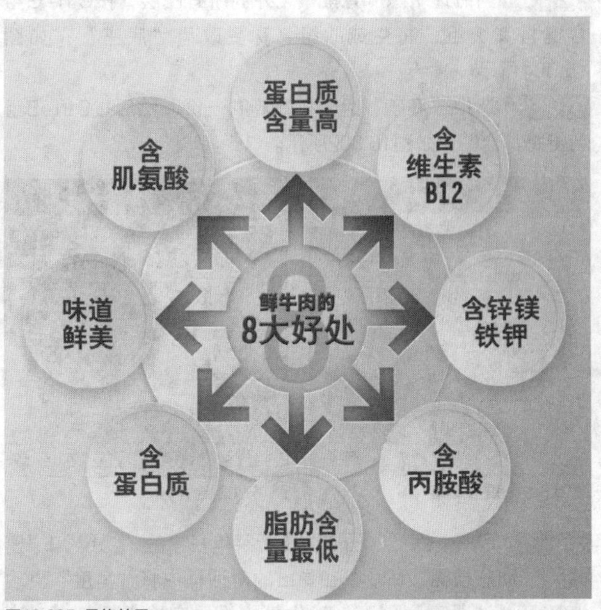

图16.305 最终效果

• 操作步骤 •

● 新建画布

STEP 01 执行菜单栏中的“文件”|“新建”命令，在弹出的对话框中设置“宽度”为800像素，“高度”为800像素，“分辨率”为72像素/英寸，“颜色模式”为RGB颜色，新建一个空白画布。

STEP 02 选择工具箱中的“渐变工具”，编辑灰色（R：252，G：246，B：244）到灰色（R：222，G：212，B：206）的渐变，单击选项栏中的“线性渐变”按钮，在画布中从左上角向右下角方向拖动，为画布填充渐变，如图16.306所示。

图16.306 新建画布并填充渐变

STEP 03 选择工具箱中的“椭圆工具”，在选项栏中将“填充”更改为白色，“描边”更改为无，按住Shift键绘制一个正圆图形，此时将生成一个“椭圆1”图层，如图16.307所示。

STEP 04 在“图层”面板中选中“椭圆1”图层，将其拖至面板底部的“创建新图层”按钮上复制1个“椭圆1 拷贝”图层，如图16.308所示。

图16.307 绘制图形

图16.308 复制图层

STEP 05 在“图层”面板中选中“椭圆1”图层，单击面板底部的“添加图层样式”按钮，在菜单中选择“内阴影”命令，在弹出的对话框中将“混合模式”更改为正常，“颜色”更改为白色，取消“使用全局光”复选框，“角度”更改为90度，“距离”更改为2像素，“阻塞”更改为100%，“大小”更改为2像素，如图16.309所示。

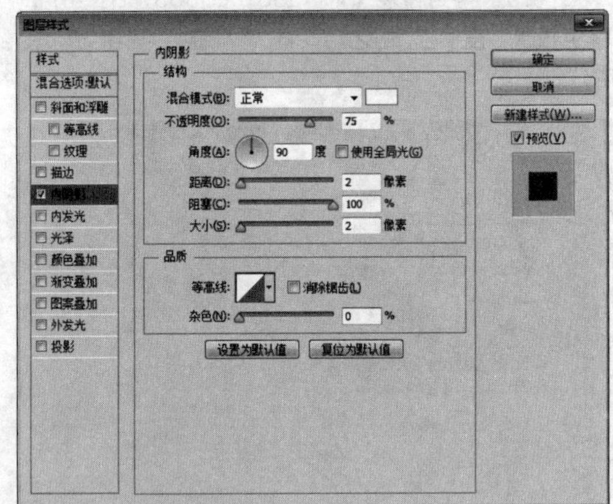

图16.309 设置内阴影

STEP 06 勾选“渐变叠加”复选框，将“渐变”更改为浅黄色（R：252，G：248，B：245）到浅粉色（R：240，G：220，B：213），“角度”更改为0度，如图16.310所示。

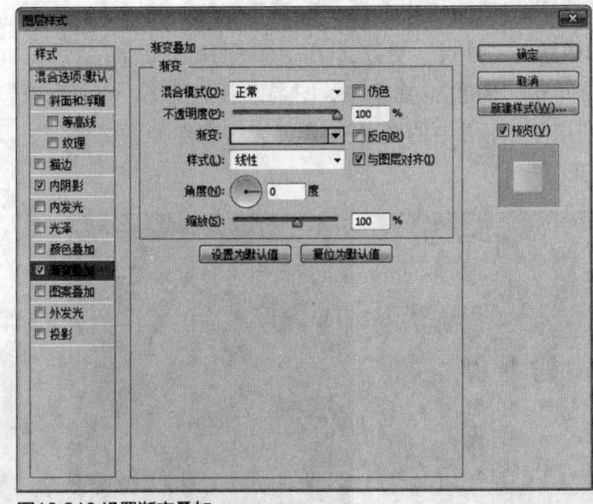

图16.310 设置渐变叠加

STEP 07 勾选“投影”复选框，将“颜色”更改为灰色（R：200，G：190，B：186），取消“使用全局光”复选框，“角度”更改为70度，“距离”更改为3像素，“大小”更改为9像素，完成之后单击“确定”按钮，如图16.311所示。

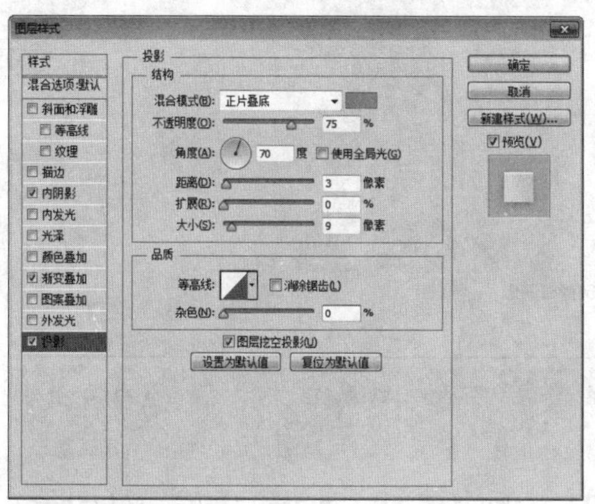

图16.311 设置投影

● 制作图形

STEP 01 选择工具箱中的“矩形工具”，在选项栏中将“填充”更改为无，“描边”更改为白色，“大小”更改为20点，在椭圆图形位置按住Shift键绘制一个矩形，此时将生成一个“矩形1”图层，如图16.312所示。

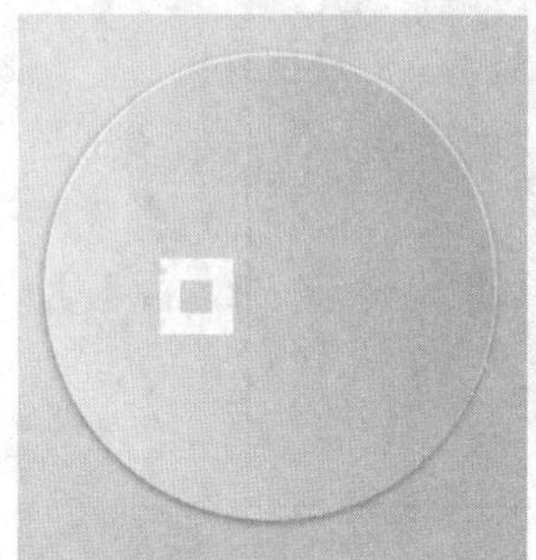

图16.312 绘制图形

STEP 02 选中“矩形1”图层，按Ctrl+T组合键对其执行“自由变换”命令，当出现变形框以后在选项栏中“旋转”后方的文本框中输入45，完成之后按Enter键确认，如图16.313所示。

STEP 03 选择工具箱中的“直接选择工具”，选中矩形右侧锚点将其删除，再将其稍微移动，如图16.314所示。

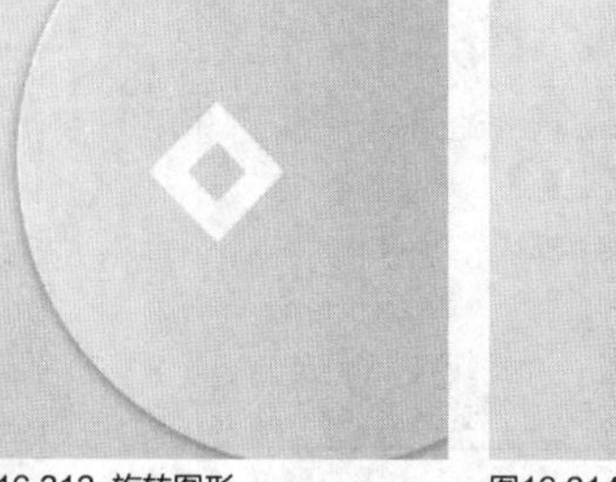

图16.313 旋转图形

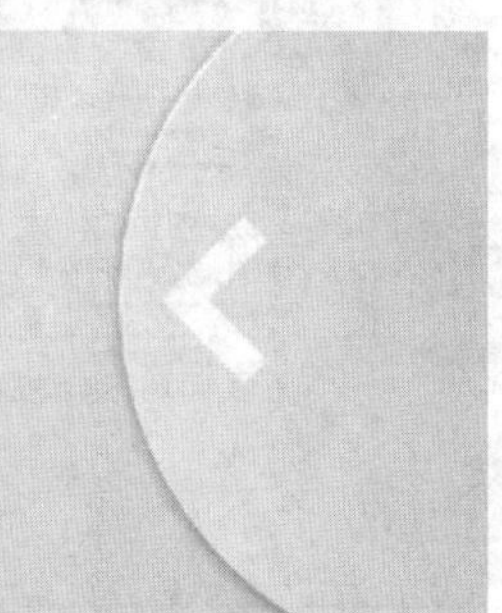

图16.314 删除锚点

STEP 04 选择工具箱中的“矩形工具”，在选项栏中将“填充”更改为白色，“描边”更改为无，在图形右侧位置绘制一个矩形，此时将生成一个“矩形2”图层，如图16.315所示。

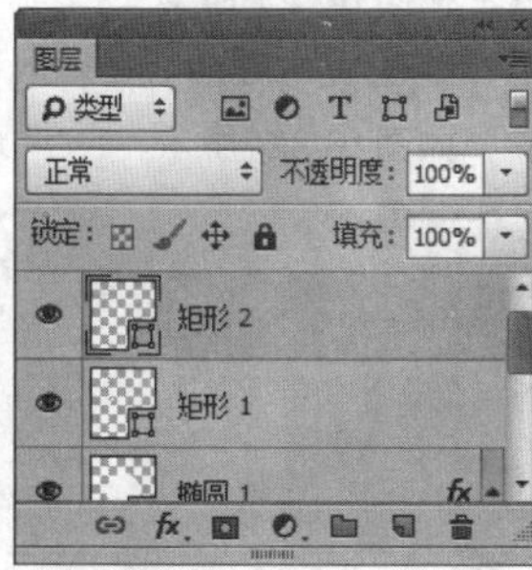

图16.315 绘制图形

STEP 05 在“图层”面板中选中“矩形1”图层，将其拖至面板底部的“创建新图层”按钮上，复制1个“矩形1 拷贝”图层，如图16.316所示。

STEP 06 选中“矩形1 拷贝”图层，按Ctrl+T组合键对其执行“自由变换”命令，单击鼠标右键，从弹出的快捷菜单中选择“水平翻转”命令，完成之后按Enter键确认，再将其向右侧平移至与原图形相对的位置，如图16.317所示。

图16.316 复制图层

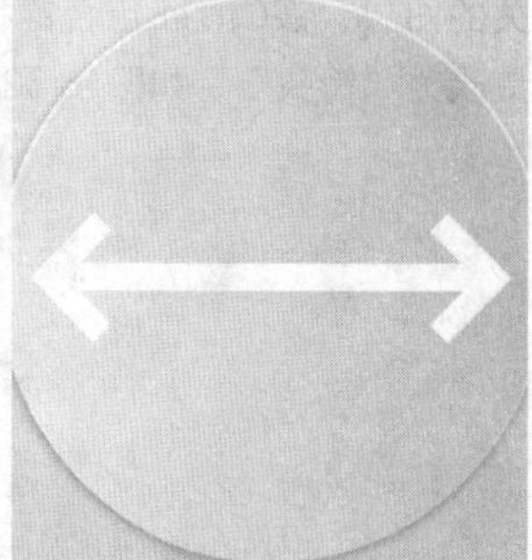

图16.317 变换图形

提示

水平翻转图形之后图形变大是因为描边的对齐问题，选中当前图形所在图层，在选项栏中单击“设置形状描边类型”按钮，在弹出的面板中单击“对齐”下方的按钮，在弹出的选项中选择一个适合当前图形的显示方式的选项即可。

STEP 07 同时选中“矩形 2”“矩形 1 拷贝”及“矩形1”图层，按Ctrl+G组合键将其编组，将生成的组名称更改为“箭头”，如图16.318所示。

STEP 08 选中“箭头”组，按Ctrl+E组合键将其合并，再将其拖至面板底部的“创建新图层”按钮上，复制1个“箭头 拷贝”图层，如图16.319所示。

图16.318 将图层编组

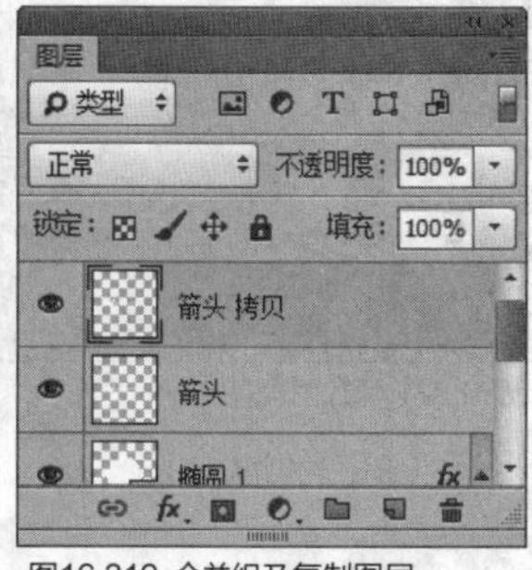

图16.319 合并组及复制图层

STEP 09 选中“箭头 拷贝”图层，按Ctrl+T组合键对其执行“自由变换”命令，单击鼠标右键，从弹出的快捷菜单中选择“旋转90度（顺时针）”命令，完成之后按Enter键确认，如图16.320所示。

STEP 10 以同样的方法将“箭头”图像复制数份并适当旋转，如图16.321所示。

图16.320 旋转图像

图16.321 变换图像

STEP 11 选中“椭圆1 拷贝”图层，将其移至所有图层上方，按Ctrl+T组合键对其执行“自由变换”命令，将图像等比例缩小，完成之后按Enter键确认，如图16.322所示。

STEP 12 同时选中包括“椭圆1 拷贝”及所有和“箭头”相关的图层，按Ctrl+E组合键将图层合并，将生成的图层名称更改为“箭头”，如图16.323所示。

图16.322 变换图形

图16.323 合并图层

STEP 13 在“图层”面板中选中“椭圆1”图层，在其图层名称上单击鼠标右键，从弹出的快捷菜单中选择“栅格化图层样式”命令，再单击面板底部的“添加图层蒙版”按钮，为其添加图层蒙版，如图16.324所示。

STEP 14 按住Ctrl键单击“箭头”图层缩览图，将其载入选区，如图16.325所示。

图16.324 添加图层蒙版

图16.325 载入选区

STEP 15 将选区填充为黑色，将部分图像隐藏，完成之后按Ctrl+D组合键将选区取消，如图16.326所示。

图16.326 隐藏图像

提示

将“箭头”图层暂时隐藏以后才可以观察图像的实际隐藏效果。

STEP 16 在“图层”面板中选中“箭头”图层，单击面板底部的“添加图层样式”按钮，在菜单中选择“内阴影”命令，在弹出的对话框中将“不透明度”更改为20%，“距离”更改为3像素，“大小”更改为10像素，如图16.327所示。

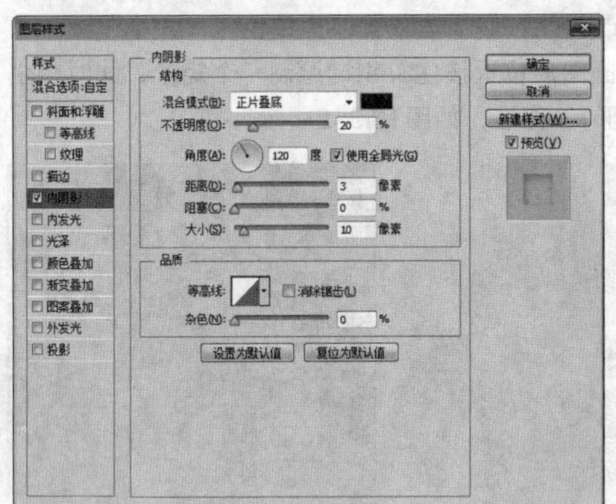

图16.327 设置内阴影

STEP 17 勾选“投影”复选框，将“混合模式”更改为正常，“颜色”更改为白色，“距离”更改为1像素，“扩展”更改为100%，“大小”更改为1像素，完成之后单击“确定”按钮，如图16.328所示。

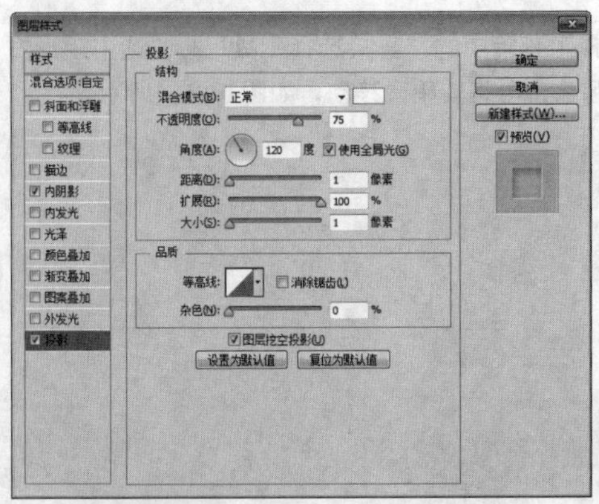

图16.328 设置投影

STEP 18 在“图层”面板中选中“箭头”图层，将其图层“填充”更改为0%，如图16.329所示。

图16.329 更改填充

STEP 19 单击面板底部的“创建新图层”按钮新建一个“图层1”图层，将其移至“背景”图层上方，如图16.330所示。

STEP 20 选择工具箱中的“画笔工具”，在画布中单击鼠标右键，在弹出的面板中选择一种圆角笔触，将“大小”更改为180像素，“硬度”更改为0%，如图16.331所示。

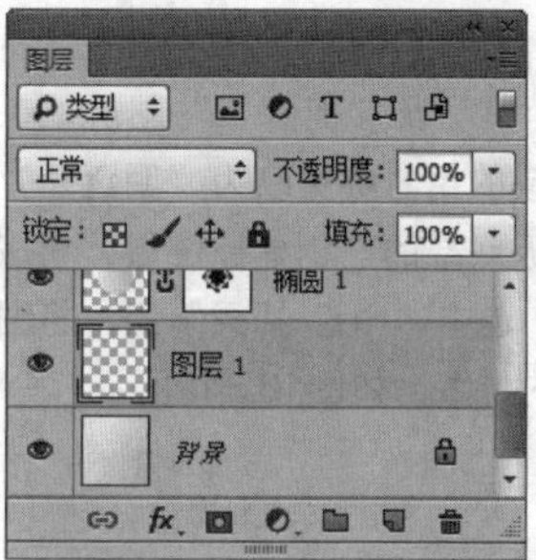

图16.330 新建图层

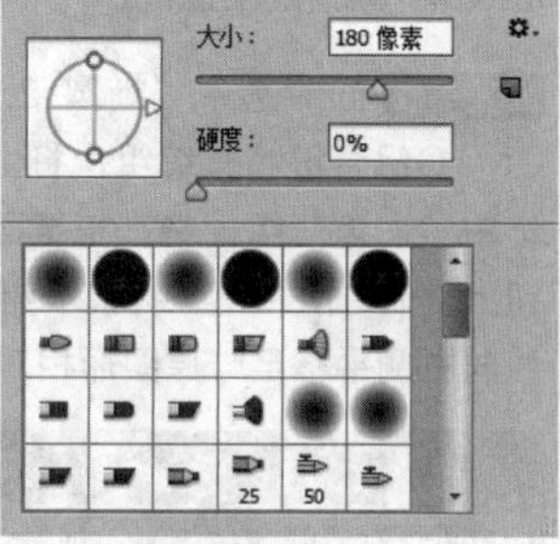

图16.331 设置笔触

- **添加色彩**

STEP 01 将前景色更改为青色（R：46，G：164，B：150），选中“图层1”图层，在画布中箭头图像位置单击添加图像，在添加图像的过程中可以不断地更改前景色，如图16.332所示。

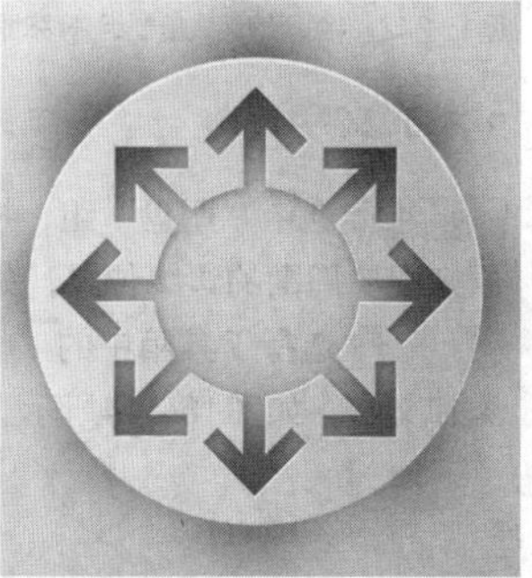

图16.332 添加图像

STEP 02 在“图层”面板中选中“图层1”图层，单击面板底部的“添加图层蒙版”按钮，为其图层添加图层蒙版，如图16.333所示。

STEP 03 按住Ctrl键单击“箭头”图层缩览图将其载入选区，执行菜单栏中的“选择”|“反向”命令将选区反向，将选区填充为黑色，将部分图像隐藏，完成之后按Ctrl+D组合键将选区取消，如图16.334所示。

图16.333 添加图层蒙版

图16.334 隐藏图形

STEP 04 选择工具箱中的“椭圆工具”，在选项栏中将“填充”更改为白色，“描边”更改为无，在图像靠左侧的位置按住Shift键绘制一个正圆图形，此时将生成一个“椭圆2”图层，如图16.335所示。

STEP 05 在“图层”面板中选中“椭圆2”图层，将其拖至面板底部的“创建新图层”按钮上，复制1个“椭圆2 拷贝”图层，如图16.336所示。

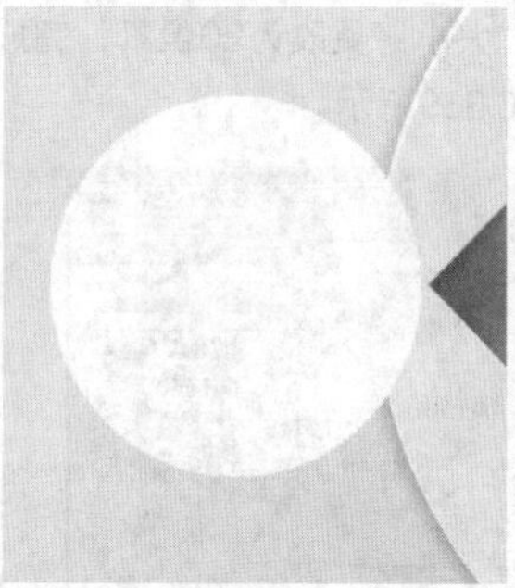

图16.335 绘制图形

图16.336 复制图层

STEP 06 在“图层”面板中选中“椭圆2”图层，单击面板底部的“添加图层样式”按钮，在菜单中选择“内阴影”命令，在弹出的对话框中将“混合模式”更改为正常，“颜色”更改为白色，“不透明度”更改为80%，取消“使用全局光”复选框，“角度”更改为45度，“距离”更改为1像素，“阻塞”更改为100%，如图16.337所示。

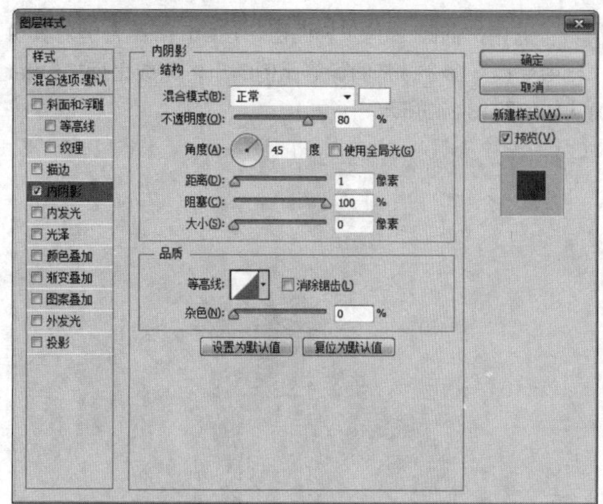

图16.337 设置内阴影

STEP 07 勾选“渐变叠加”复选框，将“渐变”更改为浅粉色（R：253，G：250，B：250）到粉色（R：240，G：226，B：220），“角度”更改为45度，如图16.338所示。

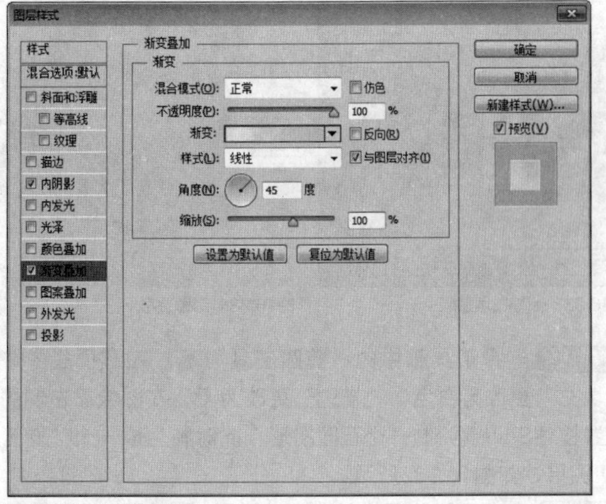

图16.338 设置渐变叠加

STEP 08 勾选“投影”复选框，将“不透明度”更改为10%，取消“使用全局光”复选框，“角度”更改为110度，“距离”更改为10像素，“大小”更改为20像素，完成之后单击“确定”按钮，如图16.339所示。

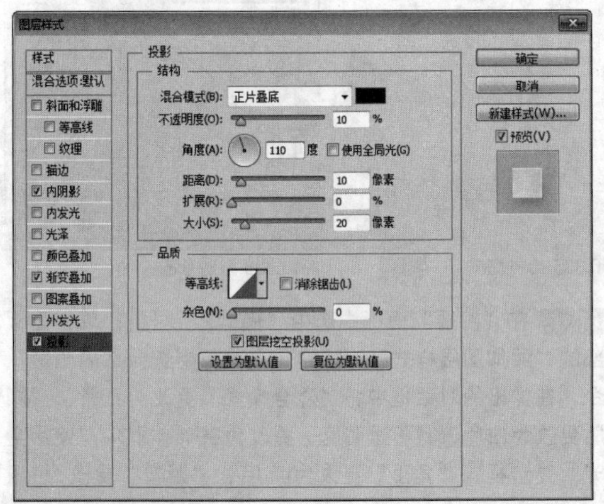

图16.339 设置投影

STEP 09 选中“椭圆 2 拷贝”图层，按Ctrl+T组合键对其执行“自由变换”命令，将图像等比例缩小，完成之后按Enter键确认，如图16.340所示。

图16.340 变换图形

STEP 10 在“椭圆 2”图层上单击鼠标右键，从弹出的快捷菜单中选择“拷贝图层样式”命令，在“椭圆 2 拷贝”图层上单击鼠标右键，从弹出的快捷菜单中选择“粘贴图层样式”命令，将“椭圆 2 拷贝”图层中的“投影”图层样式删除，再双击其图层样式，在弹出的对话框中选中“内阴影”复选框，将“混合模式”更改为叠加，“不透明度”更改为100%，“角度”更改为45度，“距离”更改为1像素，“阻塞”更改为10%，“大小”更改为3像素，完成之后单击“确定”按钮，如图16.341所示。

图16.341 复制并粘贴图层样式

STEP 11 同时选中“椭圆 2 拷贝”及“椭圆 2”图层，按Ctrl+G组合键将其编组，将生成的组名称更改为“明盘”，选中“明盘”组，将其拖至面板底部的“创建新图层”按钮上复制1个“明盘 拷贝”组，选中“明盘 拷贝”组，将图像向右侧平移至与原图形相对的位置，如图16.342所示。

图16.342 将图层编组、复制组并移动图形

- **添加文字**

STEP 01 选中“明盘”组，按住Alt键将图像复制多份并放在原来图像周围的边缘位置，如图16.343所示。

STEP 02 选择工具箱中的“横排文字工具” T，在适当位置添加文字，如图16.344所示。

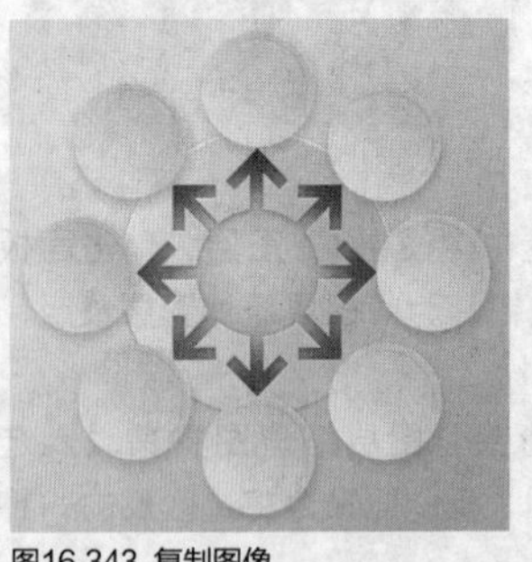

图16.343 复制图像

图16.344 添加文字

STEP 03 在“图层”面板中选中“鲜牛肉的”图层，单击面板底部的“添加图层样式” fx 按钮，在菜单中选择“斜面与浮雕”命令，在弹出的对话框中将“大小”更改为2像素，“角度”更改为110度，完成之后单击“确定”按钮，如图16.345所示。

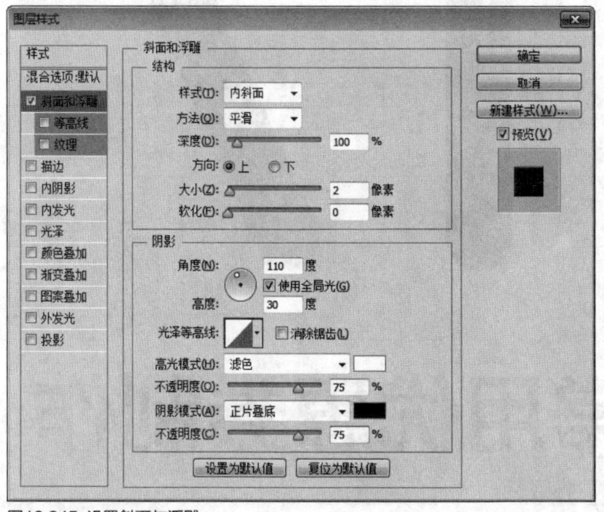

图16.345 设置斜面与浮雕

STEP 04 在“鲜牛肉的”图层上单击鼠标右键，从弹出的快捷菜单中选择“拷贝图层样式”命令，在“8大好处”图层上单击鼠标右键，从弹出的快捷菜单中选择“粘贴图层样式”命令，如图16.346所示。

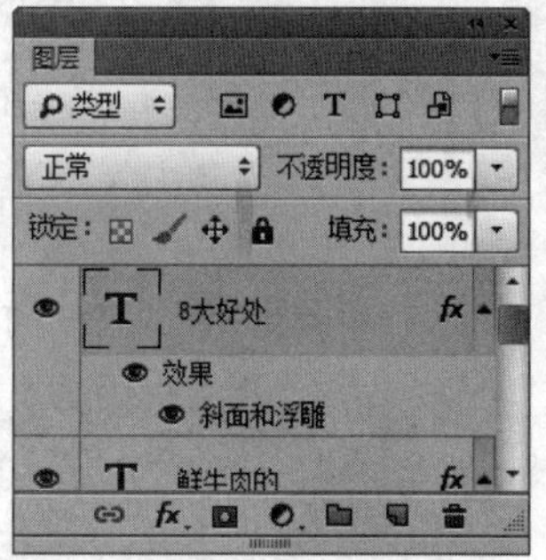

图16.346 复制并粘贴图层样式

STEP 05 在“图层”面板中选中“8”图层，单击面板底部的“添加图层样式” fx 按钮，在菜单中选择“投影”命令，在弹出的对话框中将“不透明度”更改为10%，“距离”更改为2像素，“扩展”更改为100%，“大小”更改为2像素，完成之后单击“确定”按钮，如图16.347所示。

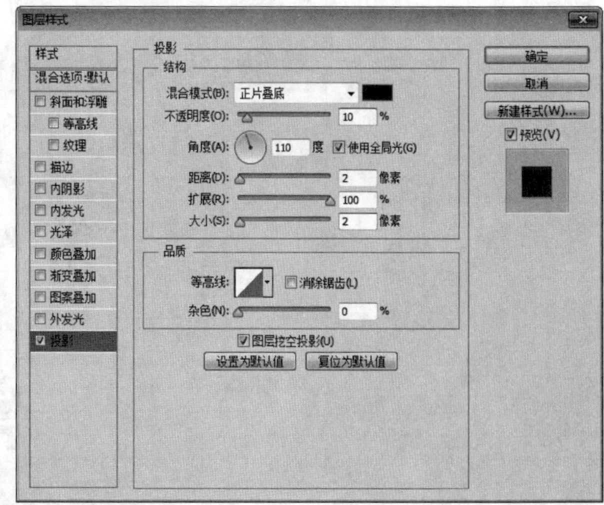

图16.347 设置投影

STEP 06 选择工具箱中的“横排文字工具” T，在适当位置添加文字，这样就完成了效果制作，最终效果如图16.348所示。

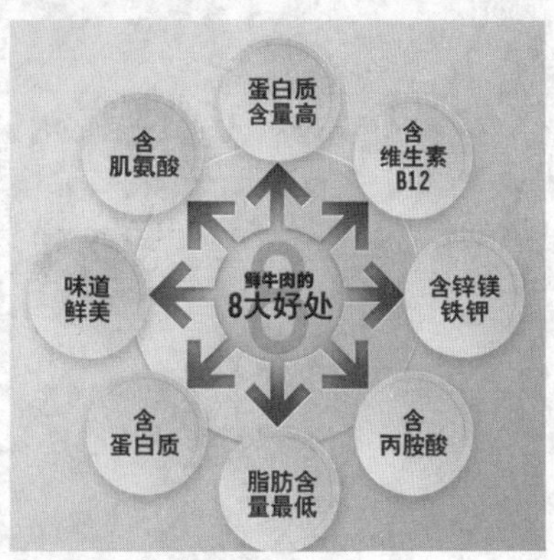

图16.348 最终效果

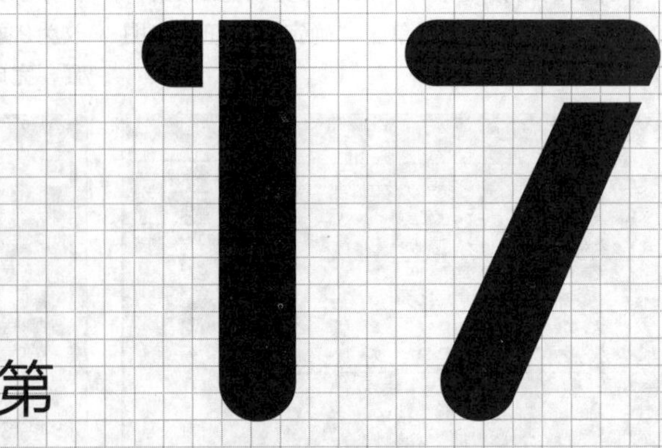

第 17 章 常用优惠券制作

本章导读

本章讲解优惠券的制作方法。优惠券是淘宝商品广告中最常用到的元素，它是商品宣传、促销、折扣等的一种强调性附加值，通常此类图像在绘制的过程中会重点强调整个广告的中心，同时亦可作为单独的优惠券使用，比如针对某一种商品的促销直接使用优惠券加以说明。

要点索引

- 学习传统优惠券的制作方法
- 了解经典传统券的制作方法
- 学会制作主题优惠券
- 掌握食品类优惠券的制作思路

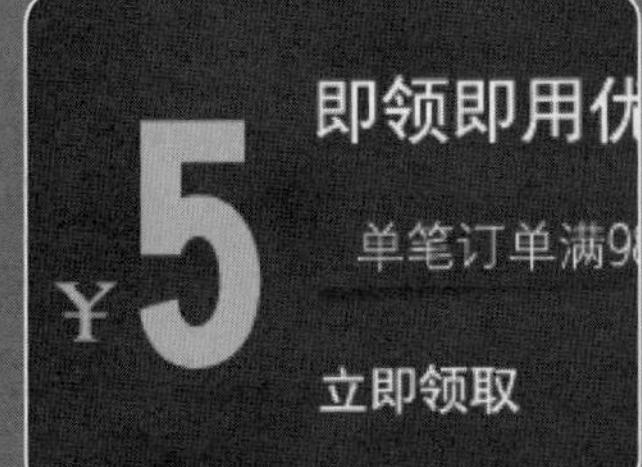

实战 485

抵用券

▶素材位置：素材\第17章\抵用券
▶案例位置：效果\第17章\抵用券.psd
▶视频位置：视频\实战485.avi
▶难易指数：★★☆☆☆

• 实例介绍 •

本例讲解抵用券的绘制方法，绘制的过程比较简单，同时整个优惠信息也十分明确，具有广泛的应用性，最终效果如图17.1所示。

图17.1 最终效果

• 操作步骤 •

STEP 01 执行菜单栏中的“文件”|“打开”命令，打开“背景.jpg”文件，如图17.2所示。

图17.2 打开素材

STEP 02 选择工具箱中的“矩形工具”，在选项栏中将“填充”更改为红色（R：204，G：30，B：44），“描边”更改为无，在画布中绘制一个矩形，此时将生成一个“矩形1”图层，如图17.3所示。

图17.3 绘制图形

STEP 03 在“图层”面板中选中“矩形1”图层，将其拖至面板底部的“创建新图层”按钮上，复制1个“矩形1 拷贝”图层，选中“矩形1 拷贝”图层，将其图形颜色更改为黄色（R：250，G：246，B：175），如图17.4所示。

图17.4 复制图层并更改颜色

STEP 04 选中“矩形1 拷贝”图层，执行菜单栏中的“滤镜”|“扭曲”|“波浪”命令，在弹出的对话框中将“生成器数”更改为1，“波长”中的“最小”更改为2，“最大”更改为5，“波幅”中的“最小”更改为2，“最大”更改为3，完成之后单击“确定”按钮，如图17.5所示。

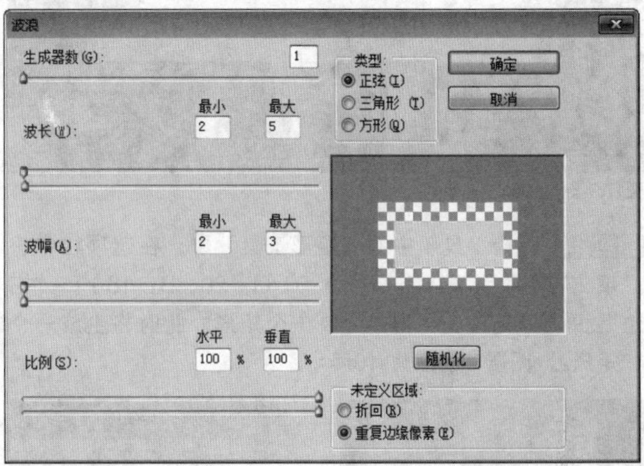

图17.5 设置波浪

STEP 05 选中“矩形1 拷贝”图层，按Ctrl+T组合键对其执行“自由变换”命令，分别将图像高度和宽度等比例缩小，完成之后按Enter键确认，如图17.6所示。

图17.6 缩小图像

STEP 06 选择工具箱中的“矩形选框工具”，在“矩形1 拷贝”图像顶部边缘绘制一个矩形选区以选中边缘锯齿图像，如图17.7所示。

STEP 07 选中“矩形1 拷贝”图层，将选区中的图像删除，如图17.8所示。

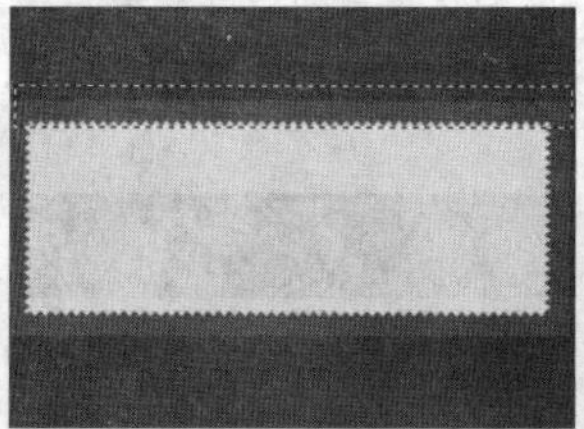
图17.7 绘制选区

图17.8 删除图像

STEP 08 将选区向下移动至图像底部锯齿位置，将选区中的锯齿图像删除，完成之后按Ctrl+D组合键将选区取消，如图17.9所示。

图17.9 删除图像

STEP 09 选择工具箱中的“矩形工具”，在选项栏中将“填充”更改为深红色（R：150，G：20，B：18），“描边”更改为无，在画布中绘制一个矩形，此时将生成一个“矩形2”图层，如图17.10所示。

图17.10 绘制图形

STEP 10 在“图层”面板中选中“矩形2”图层，将其拖至面板底部的“创建新图层”按钮上，复制1个“矩形2 拷贝”图层，如图17.11所示。

STEP 11 选中“矩形2 拷贝”图层，在选项栏中将填充颜色更改为无，描边为红色（R：204，G：30，B：44），“大小”更改为1点，单击“设置形状描边类型”按钮，在弹出的选项中选择第2种描边类型。

STEP 12 按Ctrl+T组合键对其执行“自由变换”命令，分别将图像高度和宽度等比例缩小，完成之后按Enter键确认，如图17.12所示。

图17.11 复制图层

图17.12 变换图形

STEP 13 同时选中“矩形2 拷贝”及“矩形2”图层，按Ctrl+G组合键将图层编组，将生成的组名称更改为“图形”，如图17.13所示。

STEP 14 在“图层”面板中选中“图形”组，单击面板底部的“添加图层蒙版”按钮，为其图层添加蒙版，如图17.14所示。

图17.13 将图层编组

图17.14 添加蒙版

STEP 15 选择工具箱中的“椭圆选区”，在“图形”组中的图形左侧位置按住Shift键绘制一个正圆选区，如图17.15所示。

STEP 16 将选区填充为黑色，将部分图像隐藏，完成之后按Ctrl+D组合键将选区取消，如图17.16所示。

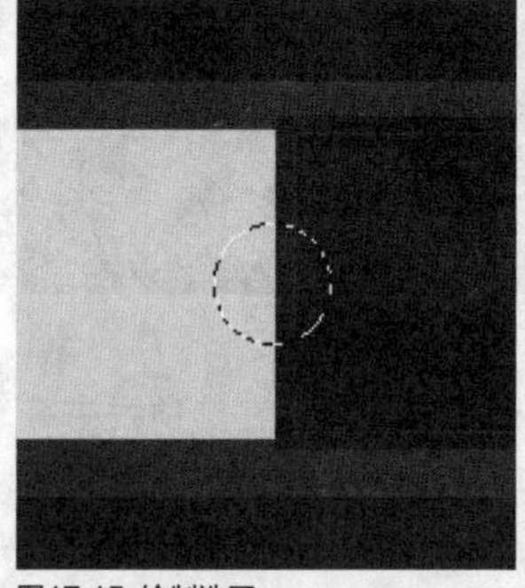
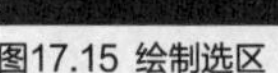
图17.15 绘制选区

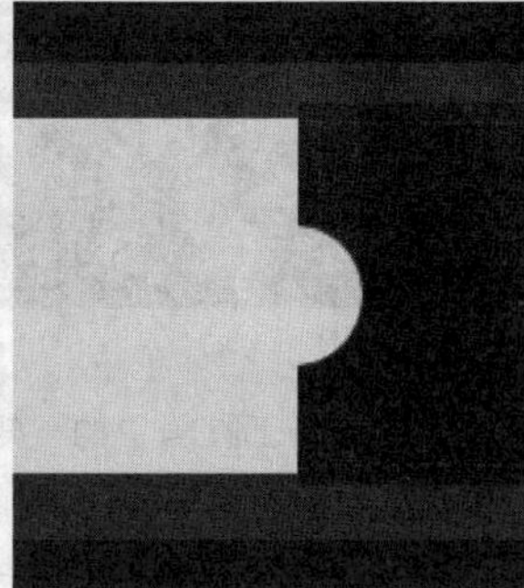
图17.16 隐藏图形

STEP 17 选中“图形”组，单击面板底部的“添加图层样式”按钮，在菜单中选择“投影”命令，在弹出的对话框中将“不透明度”更改为50%，取消“使用全局光”复选框，将“角度”更改为0度，“距离”更改为2像素，“大小”更改为2像素，完成之后单击“确定”按钮，如图17.17所示。

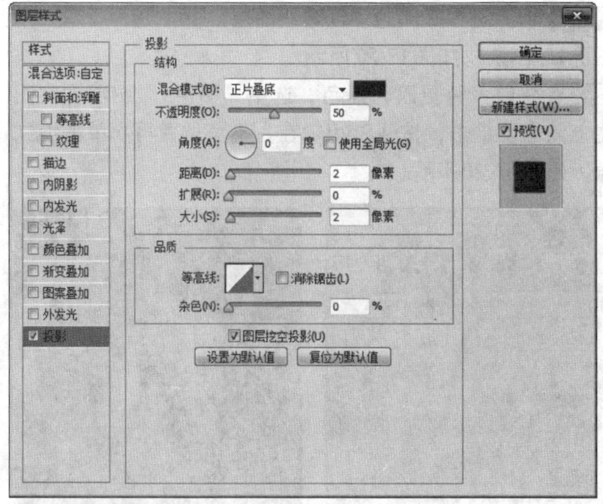

图17.17 设置投影

STEP 18 选择工具箱中的“横排文字工具”T，在画布中的适当位置添加文字，这样就完成了效果制作，最终效果如图17.18所示。

图17.18 最终效果

实战 486 票据式优惠券

▶素材位置：素材\第17章\票据式优惠券

▶案例位置：效果\第17章\票据式优惠券.psd

▶视频位置：视频\实战486.avi

▶难易指数：★★★☆☆

• 实例介绍 •

拟物化优惠券的制作思路是以拟物为中心，通过绘制图形来模拟真实优惠券，一方面体现出优惠券的象形，同时视觉效果也十分出色。需要特别注意的是拟物化优惠券的绘制略显麻烦，在制作过程中一定要特别注意图像细节，最终效果如图17.19所示。

图17.19 最终效果

• 操作步骤 •

STEP 01 执行菜单栏中的“文件”|“打开”命令，打开“背景.jpg”文件，如图17.20所示。

图17.20 打开素材

STEP 02 选择工具箱中的“圆角矩形工具”▢，在选项栏中将“填充”更改为白色，“描边”更改为无，“半径”更改为10像素，在画布中绘制一个细长的圆角矩形，此时将生成一个“圆角矩形1”图层，如图17.21所示。

图17.21 绘制图形

STEP 03 在“图层”面板中选中“圆角矩形 1”图层，单击面板底部的“添加图层样式”fx按钮，在菜单中选择“描边”命令，在弹出的对话框中将“大小”更改为1像素，“混合模式”更改为叠加，“不透明度”更改为80%，“填充类型”更改为渐变，“渐变”更改为透明到白色，“缩放”更改为150%，如图17.22所示。

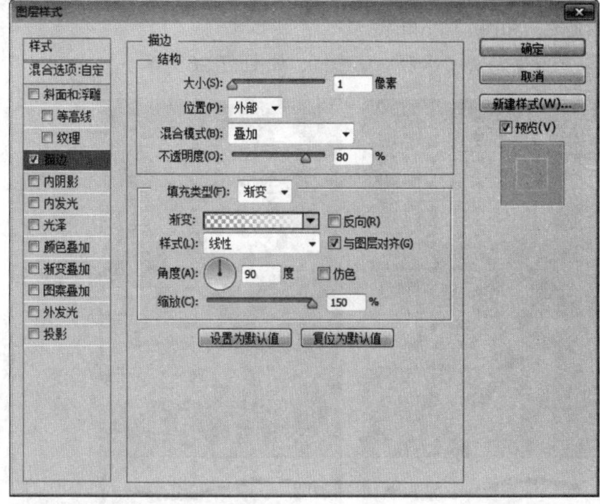

图17.22 设置描边

STEP 04 勾选“内阴影”复选框，将“大小”更改为13像素，完成之后单击“确定”按钮，如图17.23所示。最后将“圆角矩形1”的“填充”更改为0%。

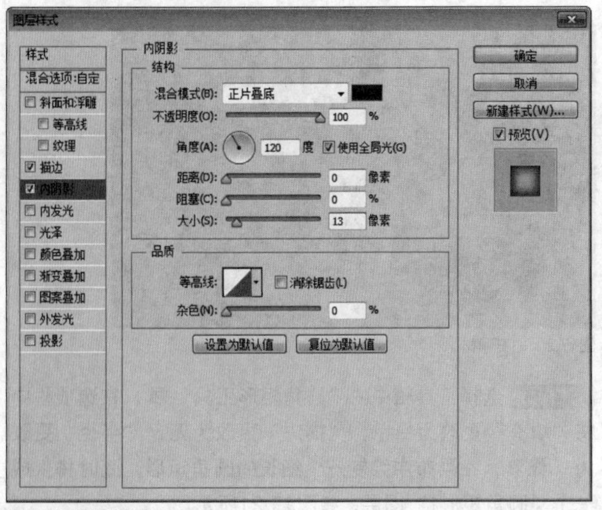

图17.23 设置内阴影

STEP 05 选择工具箱中的“矩形工具”■，在选项栏中将“填充”更改为紫色（R：238，B：65，B：147），“描边”更改为无，在圆角矩形下方位置绘制一个矩形，此时将生成一个“矩形1”图层，如图17.24所示。

图17.24 绘制图形

STEP 06 在“画笔”面板中选择一个圆角笔触，将“大小”更改为10像素，“硬度”更改为100%，“间距”更改为100%，如图17.25所示。

STEP 07 勾选“平滑”复选框，如图17.26所示。

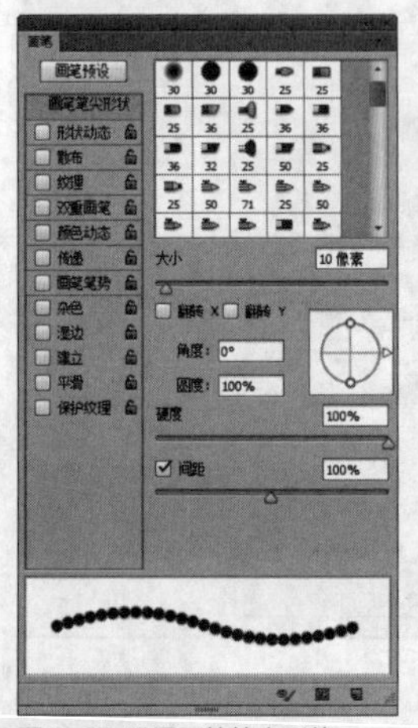

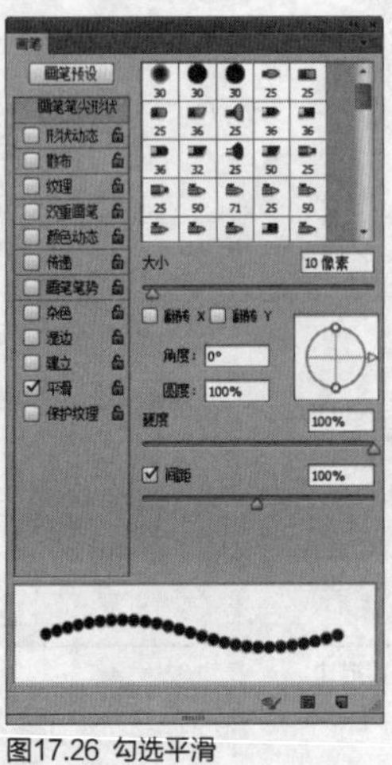

图17.25 设置画笔笔尖形状　　图17.26 勾选平滑

STEP 08 单击面板底部的“创建新图层”■按钮，新建一个“图层1”图层，如图17.27所示。

STEP 09 将前景色更改为黑色，选中“图层1”图层，在图形左上角位置单击，按住Shift键在左下角位置再次单击绘制图像，如图17.28所示。

图17.27 新建图层　　图17.28 绘制图形

提示

将前景色更改为黑色的目的是可以很好地与下方的图形颜色区分。

STEP 10 在“图层”面板中选中“矩形1”图层，单击面板底部的“添加图层蒙版”■按钮，为其图层添加图层蒙版，如图17.29所示。

STEP 11 按住Ctrl键单击“图层 1”图层，将其载入选区，将选区填充为黑色，将部分图形隐藏，如图17.30所示。

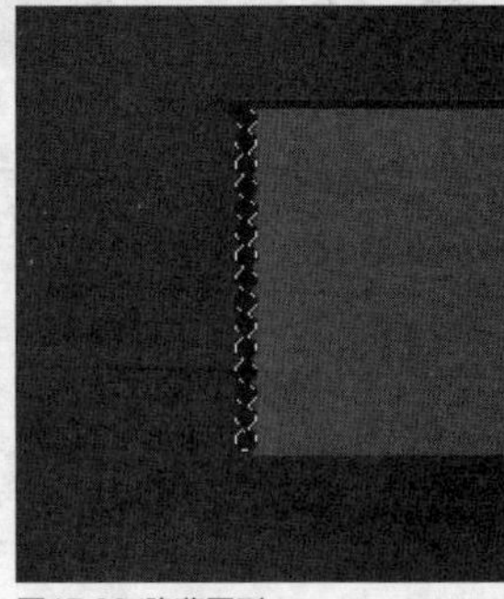

图17.29 载入选区　　图17.30 隐藏图形

STEP 12 选中“图层1”图层，按住Shift键将图形向右侧平移至矩形右侧边缘位置，如图17.31所示。

STEP 13 以同样的方法将右侧的图形隐藏，如图17.32所示。

图17.31 移动图像　　图17.32 隐藏图形

提示

将矩形图形两侧的图形隐藏之后可以直接将“图层1”删除。

STEP 14 在“矩形1”图层名称上单击鼠标右键，从弹出的快捷菜单中选择“转换为智能对象”命令，如图17.33所示。

图17.33 转换为智能对象

STEP 15 选中“矩形1”图层，执行菜单栏中的“滤镜”|“杂色”|“添加杂色”命令，在弹出的对话框中将“数量”更改为2%，分别勾选“平均分布”单选按钮和“单色”复选框，完成之后单击“确定”按钮，如图17.34所示。

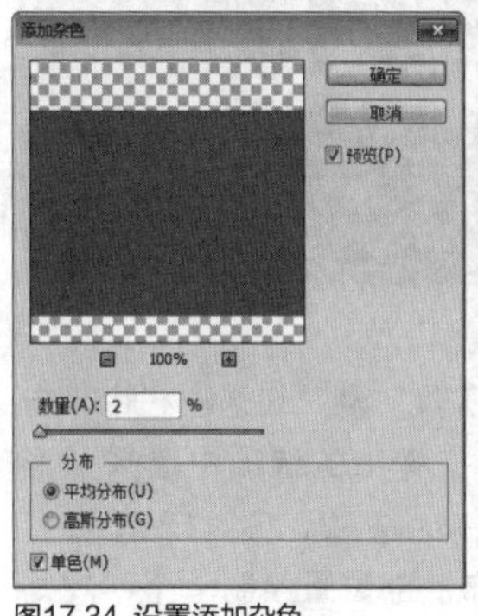

图17.34 设置添加杂色

STEP 16 在“图层”面板中选中“矩形1”图层，单击面板底部的“添加图层样式”fx按钮，在菜单中选择“投影”命令，在弹出的对话框中将“不透明度”更改为50%，取消“使用全局光”复选框，将“角度”更改为90度，“距离”更改为10像素，“大小”更改为18像素，完成之后单击“确定”按钮，如图17.35所示。

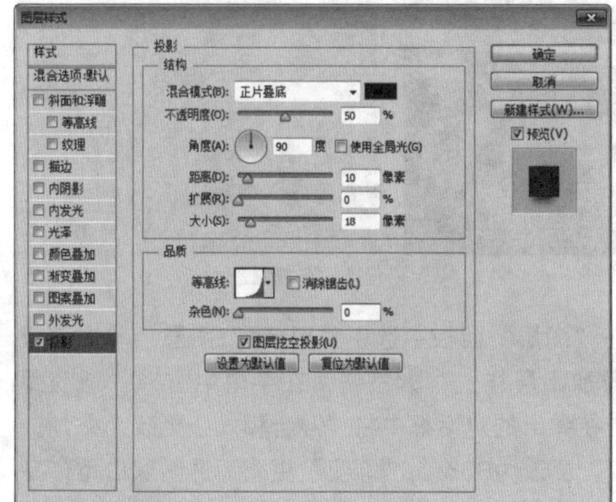

图17.35 设置投影

STEP 17 选择工具箱中的“矩形工具”，在选项栏中将“填充”更改为黑色，“描边”更改为无，在之前绘制的细长圆角矩形位置绘制一个矩形，此时将生成一个“矩形2”图层，如图17.36所示。

图17.36 绘制图形

STEP 18 选中“矩形2”图层，执行菜单栏中的“滤镜”|“模糊”|“高斯模糊”命令，在弹出的对话框中将“半径”更改为3像素，完成之后单击“确定”按钮，如图17.37所示。

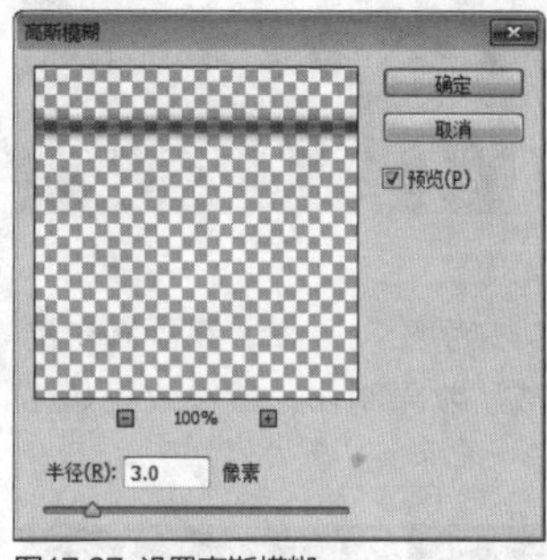

图17.37 设置高斯模糊

STEP 19 选择工具箱中的“矩形工具”，在选项栏中将“填充”更改为灰色（R：240，G：240，B：240），“描边”更改为无，在优惠券靠下方位置绘制一个矩形，此时将生成一个“矩形3”图层，如图17.38所示。

图17.38 绘制图形

STEP 20 选择工具箱中的“矩形工具”，在选项栏中将“填充”更改为白色，“描边”更改为无，在刚才绘制的图形靠上半部分位置绘制一个矩形，此时将生成一个“矩形4”图层，如图17.39所示。

图17.39 绘制图形

STEP 21 选中“矩形4”图层，执行菜单栏中的“图层”|“创建剪贴蒙版”命令，为当前图层创建剪贴蒙版，将部分图形隐藏，如图17.40所示。

图17.40 创建剪贴蒙版

STEP 22 选择工具箱中的“横排文字工具”T，在画布中的适当位置添加文字，这样就完成了效果制作，最终效果如图17.41所示。

图17.41 最终效果

实战 487

金袋优惠券

- 素材位置：素材\第17章\金袋优惠券
- 案例位置：效果\第17章\金袋优惠券.psd
- 视频位置：视频\实战487.avi
- 难易指数：★★☆☆☆

• 实例介绍 •

在绘制金袋优惠券的时候要以模拟金袋为主，并通过卡通形象的效果来展示一种别样的优惠券，最终效果如图17.42所示。

图17.42 最终效果

• 操作步骤 •

• 打开素材

STEP 01 执行菜单栏中的“文件”|“打开”命令，打开“背景.jpg”文件，如图17.43所示。

图17.43 打开素材

STEP 02 选择工具箱中的“钢笔工具”，在选项栏中单击“选择工具模式”路径按钮，在弹出的选项中选择“形状”，将“填充”更改为橙色（R：252，G：136，B：0），“描边”更改为无，在画布底部位置绘制一个不规则图形，此时将生成一个“形状1”图层，如图17.44所示。

STEP 03 选中“形状1”图层，将其拖至面板底部的“创建新图层”按钮上，复制“形状1 拷贝”及“形状1 拷贝2”2个新的图层，如图17.45所示。

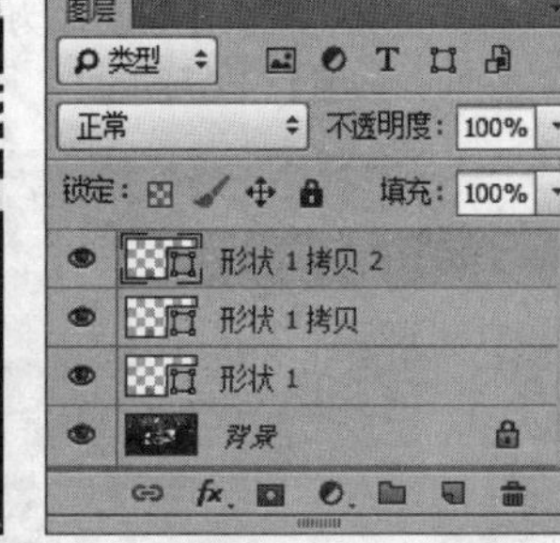

图17.44 绘制图形　图17.45 复制图层

STEP 04 在“图层”面板中选中“形状1”图层，单击面板底部的“添加图层样式”fx按钮，在菜单中选择“渐变叠加”命令，在弹出的对话框中将“混合模式”更改为叠加，“不透明度”更改为60%，“渐变”更改为透明到白色，完成之后单击“确定”按钮，如图17.46所示。

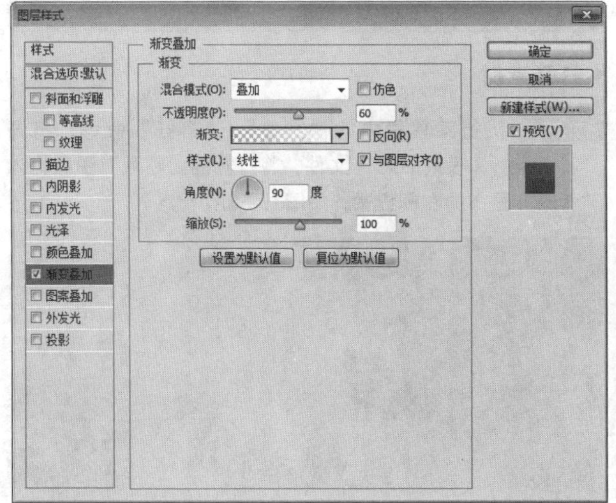

图17.46 设置渐变叠加

STEP 05 选中“形状 1 拷贝”图层，将图形颜色更改为红色（R：255，G：46，B：100），如图17.47所示。

STEP 06 选择工具箱中的“椭圆工具”，在“形状1 拷贝”图层中的图形上，按住Alt键绘制一个椭圆图形，将部分图形减去，如图17.48所示。

图17.47 更改图形颜色

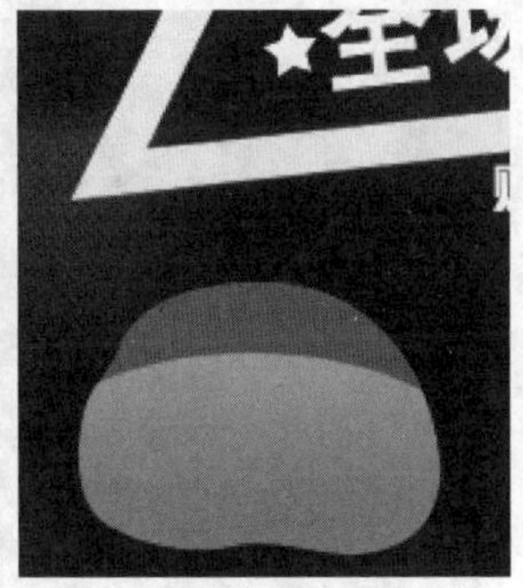

图17.48 减去部分图形

提示

在对“形状1 拷贝”及“形状1”图层中的图形进行编辑的过程中，为了方便观察效果，可以先将“形状 1 拷贝 2”图层暂时隐藏。

STEP 07 选中“形状 1 拷贝 2”图层，将其图形颜色更改为白色，“不透明度”更改为20%，如图17.49所示。

STEP 08 选择工具箱中的“直接选择工具”，选中图形右下角的几个锚点，拖动将图形变形，如图17.50所示。

图17.49 更改颜色及不透明度

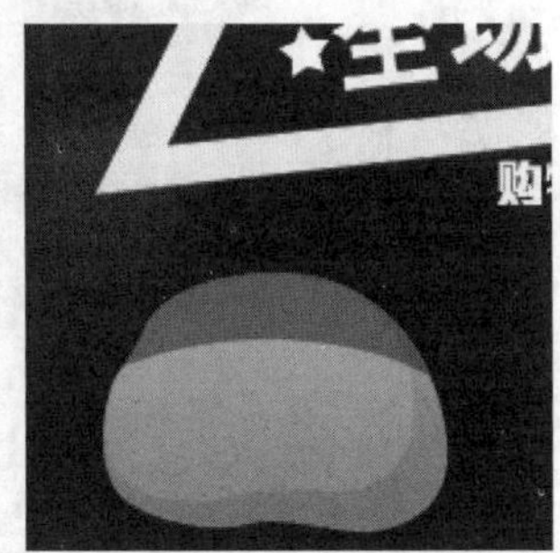

图17.50 将图形变形

STEP 09 选择工具箱中的“钢笔工具”，在选项栏中单击“选择工具模式”按钮，在弹出的选项中选择“形状”，将“填充”更改为无，“描边”更改为红色（R：230，G：0，B：18），“大小”更改为2点，在图形左上角位置绘制一条不规则线段，此时将生成一个“形状2”图层，将“形状2”图层移至“背景”图层上方，如图17.51所示。

图17.51 绘制图形

● 添加文字

STEP 01 以同样的方法在刚才绘制的线段旁边的位置再次绘制一条弯曲线段，如图17.52所示。

STEP 02 选择工具箱中的“横排文字工具”，在画布中的适当位置添加文字，如图17.53所示。

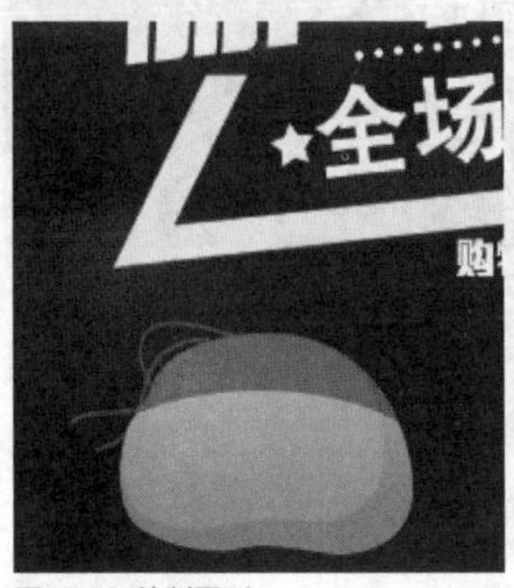

图17.52 绘制图形

图17.53 添加文字

STEP 03 选择工具箱中的“矩形工具”，在选项栏中将“填充”更改为红色（R：255，G：88，B：132），“描边”更改为无，在文字位置绘制一个矩形，此时将生成一个“矩形1”图层，将“矩形1”图层移至“满99元使用”图层下方，如图17.54所示。

图17.54 绘制图形

STEP 04 同时选中除“背景”之外的所有图层，按住Alt+Shift组合键将图形及文字复制，并更改生成的拷贝图层中的文字信息，如图17.55所示。

图17.55 复制并更改文字信息

STEP 05 以同样的方法同时选中绘制的金袋图像，将其再复制一份，并更改相关文字信息，这样就完成了效果制作，最终效果如图17.56所示。

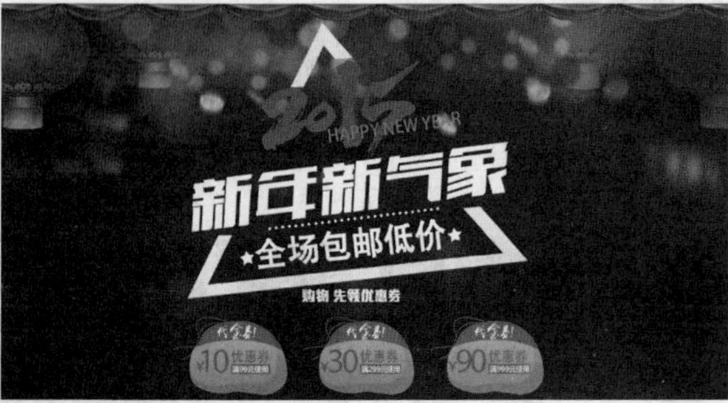

图17.56 最终效果

实战 488

食品优惠券

- 素材位置：素材\第17章\食品优惠券
- 案例位置：效果\第17章\食品优惠券.psd
- 视频位置：视频\实战488.avi
- 难易指数：★★★☆☆

• 实例介绍 •

食品类优惠券的绘制以体现食品本身的特性为思路，通过对文字及图形的变换，绘制出能快速体现优惠券特征的图像，使优惠券的特点十分突出，最终效果如图17.57所示。

图17.57 最终效果

• 操作步骤 •

● 打开素材

STEP 01 执行菜单栏中的“文件”|“打开”命令，打开“背景.jpg、喷溅.psd”文件，将打开的“喷溅”图像拖入“背景”画布的右侧位置，如图17.58所示。

图17.58 打开素材

STEP 02 在“图层”面板中选中“喷溅”图层，单击面板底部的“添加图层样式”fx按钮，在菜单中选择“内阴影”命令，在弹出的对话框中将“距离”更改为1像素，“大小”更改为5像素，如图17.59所示。

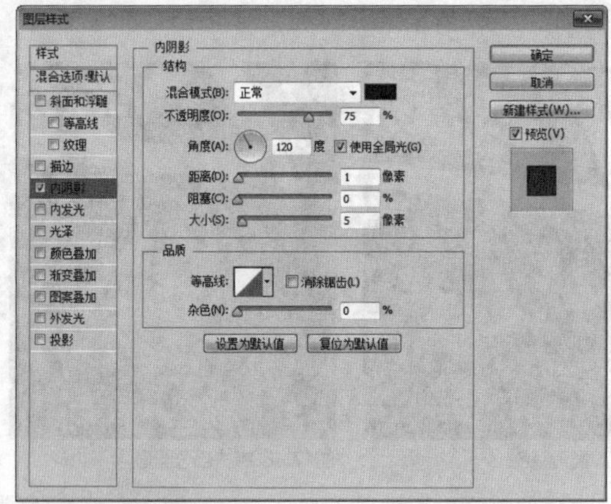

图17.59 设置内阴影

STEP 03 勾选“渐变叠加”复选框，将“渐变”更改为深黄色（R：183，G：104，B：0）到咖啡色（R：80，G：40，B：12），“样式”更改为径向，“缩放”更改为60%，完成之后单击“确定”按钮，如图17.60所示。

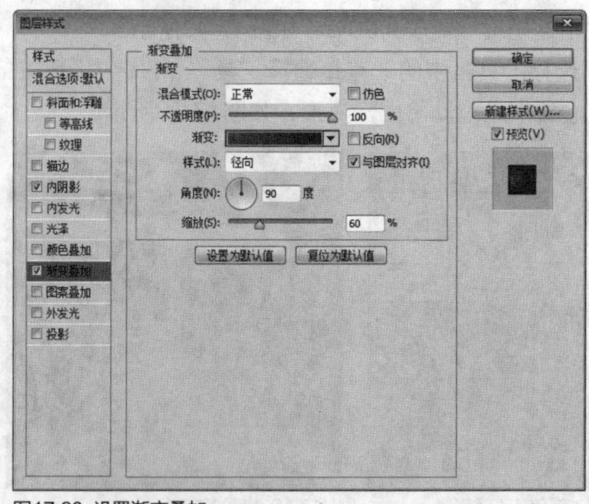

图17.60 设置渐变叠加

STEP 04 选择工具箱中的“椭圆工具”，在选项栏中将“填充”更改为深黄色（R：230，G：123，B：40），“描边”更改为无，在画布靠顶部的边缘位置绘制一个椭圆图形，此时将生成一个“椭圆1”图层，如图17.61所示。

图17.61 绘制图形

STEP 05 选中“椭圆1”图层，执行菜单栏中的“滤镜”|“模糊”|“高斯模糊”命令，在弹出的对话框中将“半径”更改为40像素，完成之后单击“确定”按钮，如图17.62所示。

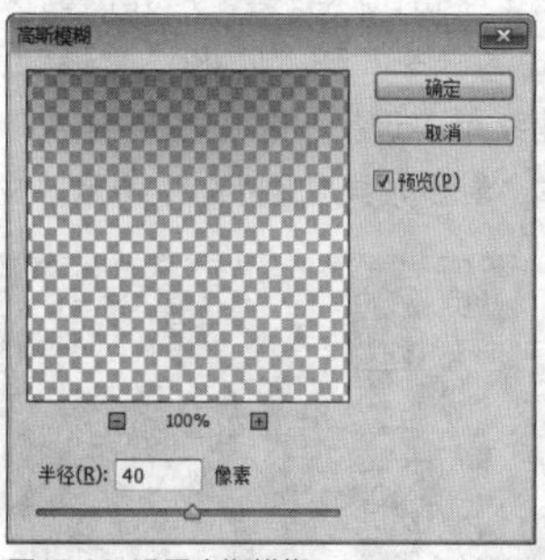

图17.62 设置高斯模糊

STEP 06 在“图层”面板中选中“椭圆1”图层，将其图层混合模式设置为“滤色”，如图17.63所示。

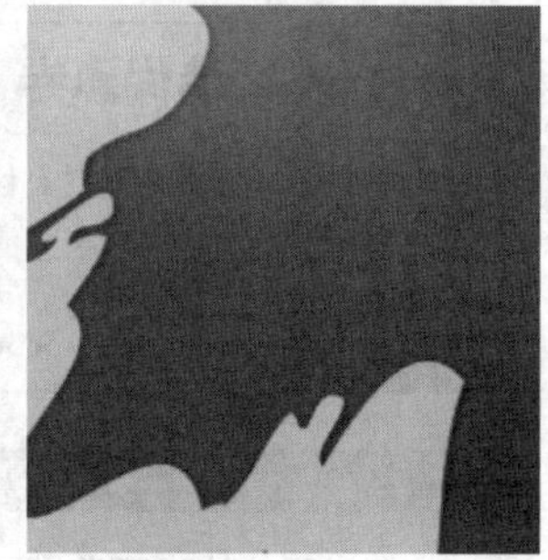
图17.63 设置图层混合模式

● 添加文字

STEP 01 选择工具箱中的“横排文字工具”T，在画布中的适当位置添加文字，如图17.64所示。

图17.64 添加文字

STEP 02 在“50”图层名称上单击鼠标右键，从弹出的快捷菜单中选择“转换为形状”命令，如图17.65所示。

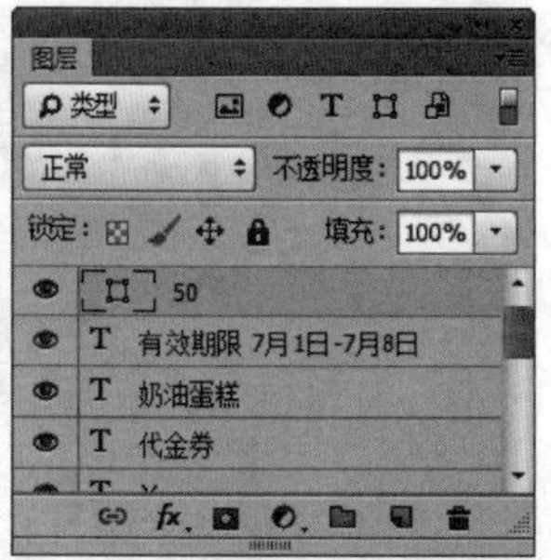
图17.65 转换为形状

STEP 03 选择工具箱中的“钢笔工具”，在选项栏中单击“选择工具模式”路径按钮，在弹出的选项中选择“形状”，将“填充”更改为黄色（R：222，G：140，B：10），“描边”更改为无，在“50”文字底部位置绘制一个不规则图形，此时将生成一个“形状1”图层，如图17.66所示。

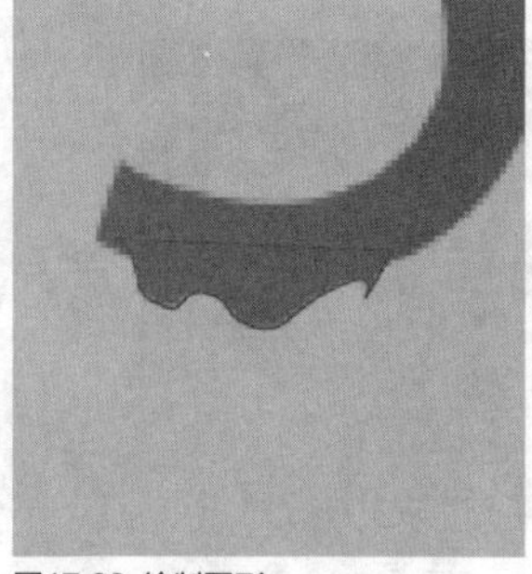

图17.66 绘制图形

STEP 04 以同样的方法在文字的其他位置绘制相似图形，同时选中包括“50”和“形状1”在内所有相关图层，按Ctrl+E组合键将图层合并，将生成的图层名称更改为“50”，如图17.67所示。

图17.67 绘制图形并合并图层

STEP 05 在“图层”面板中选中“50”图层，单击面板底部的“添加图层样式”fx按钮，在菜单中选择“斜面和浮雕”命令，在弹出的对话框中将“大小”更改为5像素，“阴影模式”中的“不透明度”更改为25%，如图17.68所示。

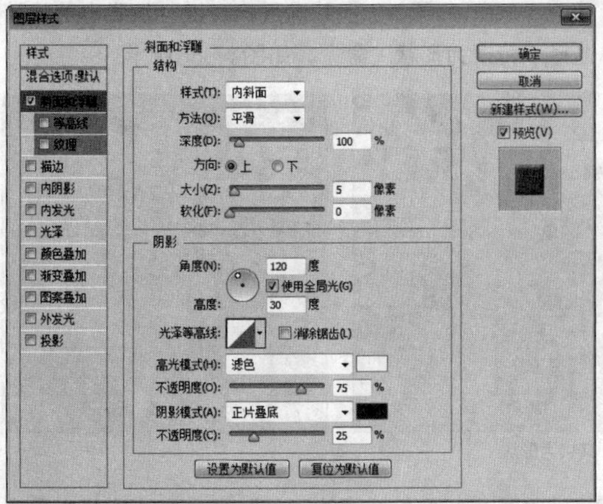

图17.68 设置斜面和浮雕

STEP 06 勾选“投影”复选框，将“颜色”更改为深黄色（R：125，G：67，B：6），“不透明度”更改为30%，取消“使用全局光”复选框，“角度”更改为90度，“距离”更改为3像素，“大小”更改为10像素，完成之后单击“确定”按钮，如图17.69所示。

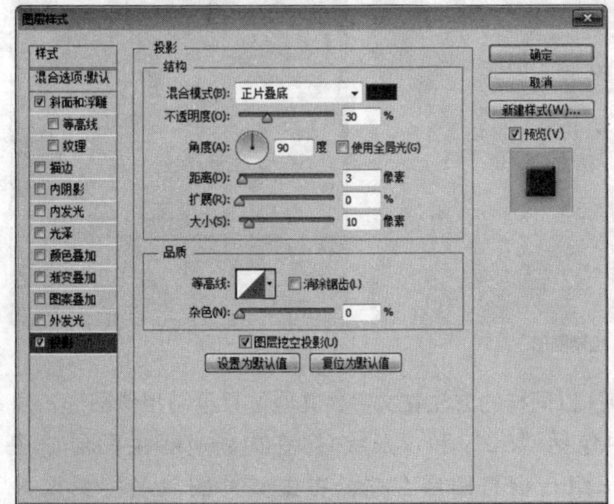

图17.69 设置投影

STEP 07 在“50”图层上单击鼠标右键，从弹出的快捷菜单中选择“拷贝图层样式”命令，在“¥”图层上单击鼠标右键，从弹出的快捷菜单中选择“粘贴图层样式”命令，如图17.70所示。

图17.70 复制并粘贴图层样式

STEP 08 在“图层”面板中选中“奶油蛋糕”图层，单击面板底部的“添加图层样式”fx按钮，在菜单中选择“投影”命令，在弹出的对话框中将“不透明度”更改为50%，取消“使用全局光”复选框，将“角度”更改为90度，“距离”更改为2像素，“大小”更改为1像素，完成之后单击“确定”按钮，如图17.71所示。

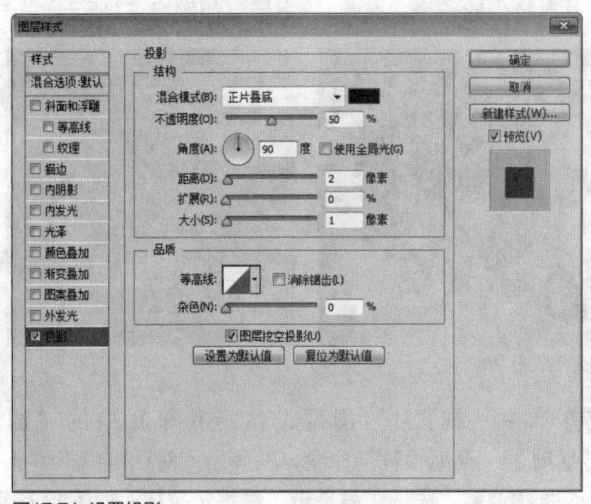

图17.71 设置投影

STEP 09 在“奶油蛋糕”图层上单击鼠标右键，从弹出的快捷菜单中选择“拷贝图层样式”命令，在“Cake”图层上单击鼠标右键，从弹出的快捷菜单中选择“粘贴图层样式”命令，这样就完成了效果制作，最终效果如图17.72所示。

图17.72 最终效果

实战 489

简洁优惠券

- 素材位置：素材\第17章\简洁优惠券
- 案例位置：效果\第17章\简洁优惠券.psd
- 视频位置：视频\实战489.avi
- 难易指数：★★☆☆☆

• 实例介绍 •

本例讲解简洁优惠券的绘制方法。此种优惠的绘制十分简单，特别是信息清晰明确、图形构造简单，最终效果如图17.73所示。

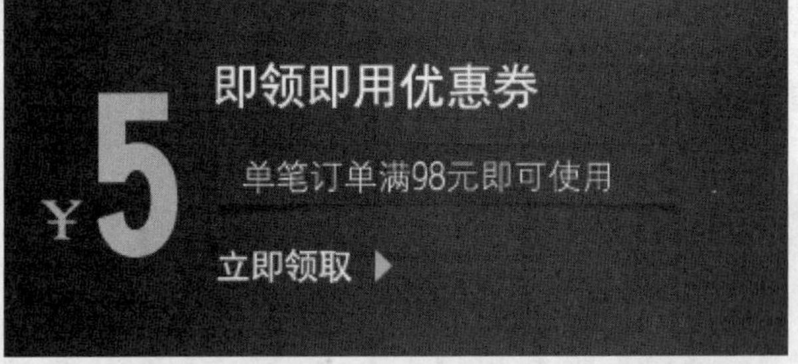

图17.73 最终效果

• 操作步骤 •

• 打开素材

STEP 01 执行菜单栏中的“文件”|“打开”命令，打开“背景.jpg”文件。选择工具箱中的“矩形工具”，在选项栏中将“填充”更改为红色（R：214，G：10，B：30），“描边”更改为无，在画布中绘制一个矩形，此时将生成一个“矩形1”图层，如图17.74所示。

图17.74 打开素材

STEP 02 选择工具箱中的“添加锚点工具”，在矩形右侧的中间位置单击添加锚点，如图17.75所示。

STEP 03 选择工具箱中的“转换点工具”，单击添加的锚点，选择工具箱中的“直接选择工具”，选中锚点并拖动，将其变形，如图17.76所示。

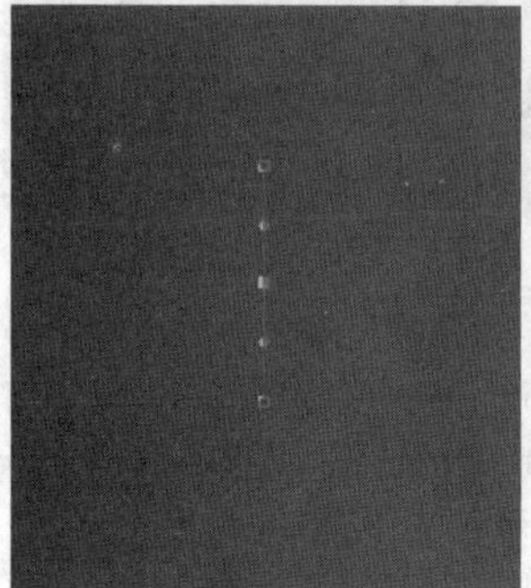

图17.75 添加锚点

图17.76 拖动锚点

STEP 04 在“图层”面板中选中“矩形1”图层，将其拖至面板底部的“创建新图层”按钮上，复制1个“矩形1 拷贝”图层，选中“矩形1”图层，将其图形颜色更改为黑色，如图17.77所示。

STEP 05 在“矩形1”图层上单击鼠标右键，从弹出的快捷菜单中选择“栅格化图层”命令，如图17.78所示。

图17.77 更改图形颜色

图17.78 栅格化图层

STEP 06 选中“矩形1”图层，按Ctrl+T组合键对其执行“自由变换”命令，单击鼠标右键，从弹出的快捷菜单中选择“变形”命令，拖动控制点将图像变形，完成之后按Enter键确认，如图17.79所示。

图17.79 将图像变形

提示

将图形栅格化之后变成图像。

STEP 07 选中“矩形1”图层，执行菜单栏中的“滤镜”|“模糊”|“高斯模糊”命令，在弹出的对话框中将“半径”更改为1像素，完成之后单击“确定”按钮，再将其图层“不透明度”更改为30%，如图17.80所示。

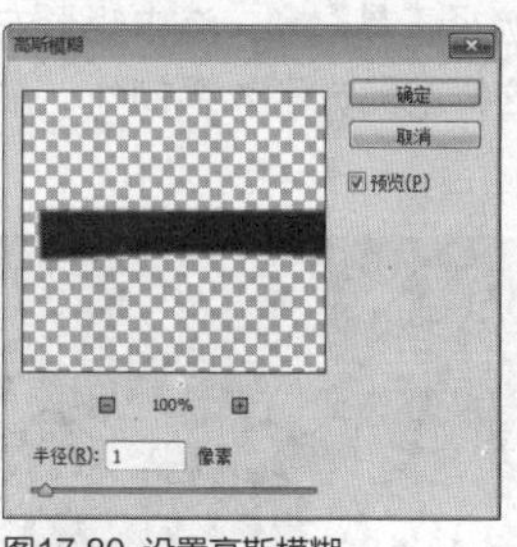

图17.80 设置高斯模糊

• 添加文字

STEP 01 选择工具箱中的“横排文字工具”，在画布中的适当位置添加文字，如图17.81所示。

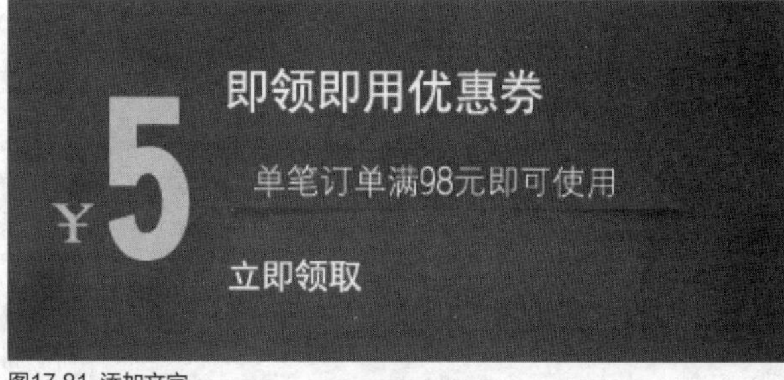

图17.81 添加文字

STEP 02 选择工具箱中的“矩形工具”，在选项栏中将“填充”更改为黄色（R：255，G：222，B：0），“描边”更改为无，在部分文字的右侧位置按住Shift键绘制一个矩形，此时将生成一个“矩形2”图层，如图17.82所示。

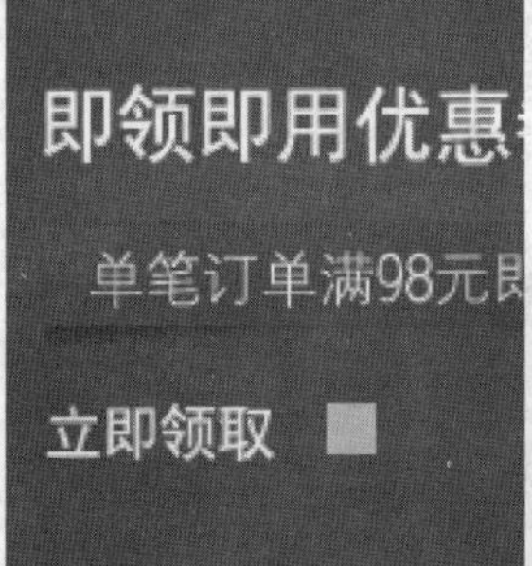

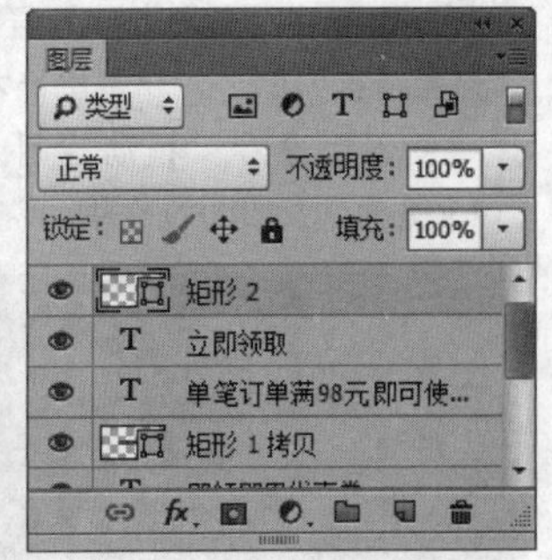

图17.82 绘制图形

STEP 03 选中“矩形2”图层，按Ctrl+T组合键对其执行“自由变换”命令，在选项栏中的“旋转”文本框中输入45，完成之后按Enter键确认，如图17.83所示。

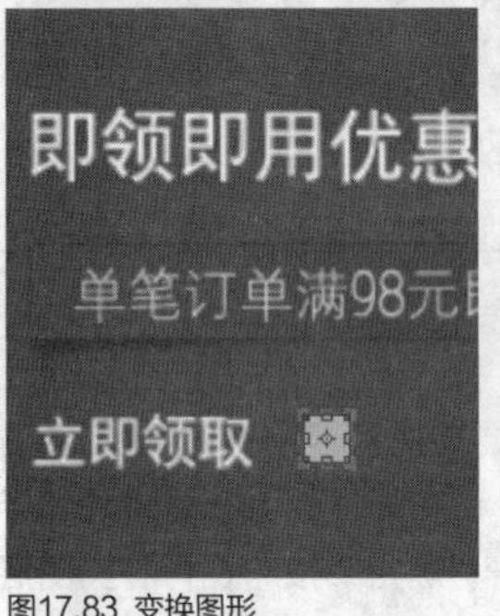

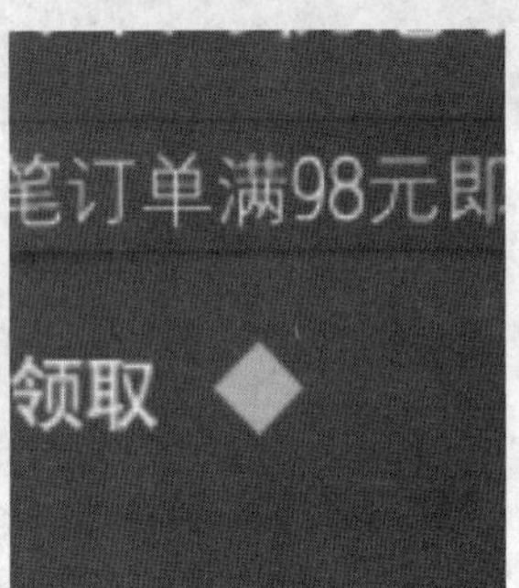

图17.83 变换图形

STEP 04 选择工具箱中的“直接选择工具”，选中矩形左侧锚点，按Delete键将其删除，这样就完成了效果制作，最终效果如图17.84所示。

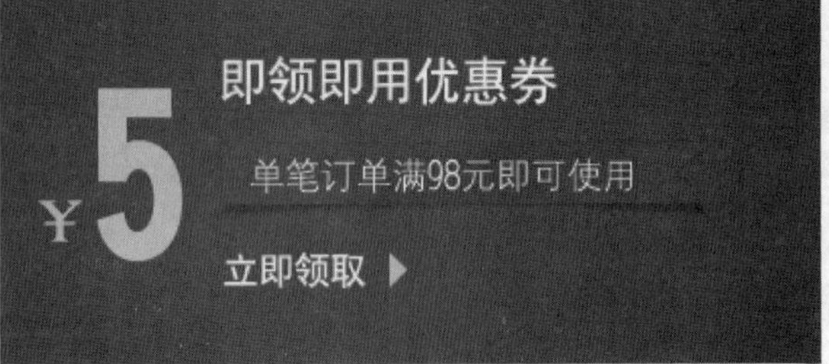

图17.84 最终效果

实战 490

蝴蝶结式优惠券

- 素材位置：素材\第17章\蝴蝶结式优惠券
- 案例位置：效果\第17章\蝴蝶结式优惠券.psd
- 视频位置：视频\实战490.avi
- 难易指数：★★★☆☆

• 实例介绍 •

打开素材，绘制图形并将其变形，再绘制图形制作立体质感效果，添加素材装饰图像及文字信息完成效果制作。蝴蝶结式优惠券的制作方法稍有难度，重点在于质感图像的绘制，最终效果如图17.85所示。

图17.85 最终效果

• 操作步骤 •

• 打开素材

STEP 01 执行菜单栏中的“文件”|“打开”命令，打开“背景.jpg”文件，如图17.86所示。

图17.86 打开素材

STEP 02 选择工具箱中的“矩形工具”，在选项栏中将“填充”更改为红色（R：253，G：77，B：77），“描边”更改为无，在画布中绘制一个矩形，此时将生成一个“矩形1”图层，如图17.87所示。

STEP 03 在“图层”面板中选中“矩形1”图层，将其拖至面板底部的“创建新图层”按钮上，复制1个“矩形1 拷贝”图层，如图17.88所示。

图17.87 绘制图形

图17.88 复制图层

STEP 04 选中“矩形1”图层，执行菜单栏中的“滤镜”|“扭曲”|“波浪”命令，在弹出的对话框中将“生成器数”更改为1，“波长”中的“最小”更改为4，“最大”更改为5，“波幅”中的最小更改为2，“最大”更改为3，完成之后单击“确定”按钮，如图17.89所示。

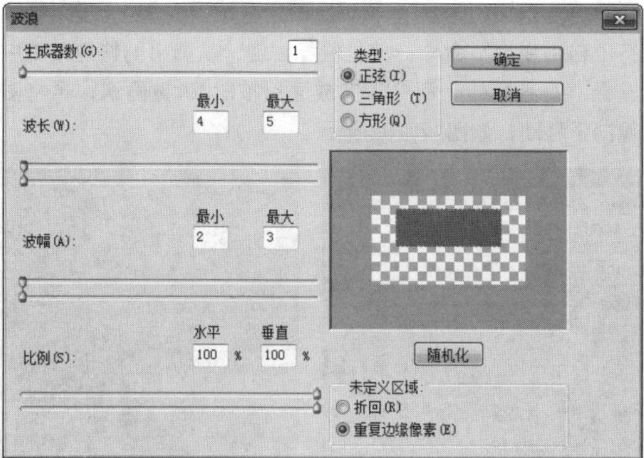

图17.89 设置波浪

提示

在添加"波浪"效果的时候，当询问是否需要栅格化形状时直接单击"确定"按钮即可。

STEP 05 选择工具箱中的"矩形选框工具"，在图形上绘制一个矩形选区，选中"矩形1"图层，将选区中的图像删除，完成之后按Ctrl+D组合键将选区取消，再将图像向右侧平移，如图17.90所示。

图17.90 绘制选区并删除部分图像

STEP 06 同时选中"矩形1 拷贝"及"矩形1"图层，按Ctrl+E组合键将图层合并，将生成的图层名称更改为"优惠券"，如图17.91所示。

STEP 07 在"图层"面板中选中"优惠券"图层，将其拖至面板底部的"创建新图层"按钮上，复制1个"优惠券 拷贝"图层，如图17.92所示。

图17.91 合并图层

图17.92 复制图层

STEP 08 选择工具箱中的"钢笔工具"，在"优惠券 拷贝"图像上半部分位置绘制一个封闭路径，如图17.93所示。

STEP 09 按Ctrl+Enter组合键将刚才所绘制的封闭路径转换成选区，选中"优惠券 拷贝"图层，将选区中的图像删除，完成之后按Ctrl+D组合键将选区取消，如图17.94所示。

图17.93 绘制路径

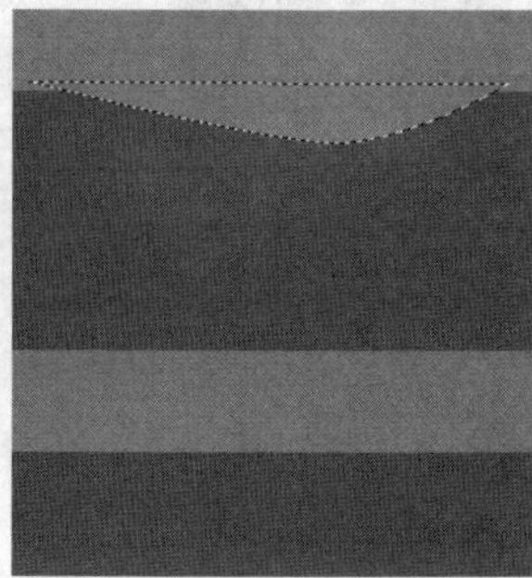

图17.94 删除图像

STEP 10 将选区向下移动，单击鼠标右键，从弹出的快捷菜单中选择"变换选区"命令，再单击鼠标右键，从弹出的快捷菜单中选择"垂直翻转"命令，完成之后按Enter键确认，选中"优惠券 拷贝"图层，以同样的方法将选区中的图像删除，完成之后按Ctrl+D组合键将选区取消，如图17.95所示。

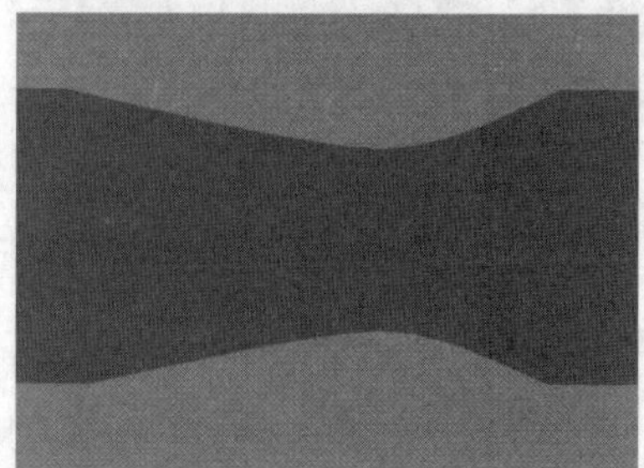

图17.95 删除图像

• 制作阴影

STEP 01 在"图层"面板中选中"优惠券"图层，单击面板上方的"锁定透明像素"按钮，将当前图层中的透明像素锁定，在画布中将图像填充为黑色，填充完成之后再次单击此按钮将其解除锁定，如图17.96所示。

STEP 02 选中"优惠券"图层，按Ctrl+T组合键对其执行"自由变换"命令将图像等比例缩小，再单击鼠标右键，从弹出的快捷菜单中选择"变形"命令将图像变形使其与优惠券图像弧度相对，完成之后按Enter键确认，如图17.97所示。

图17.96 填充颜色

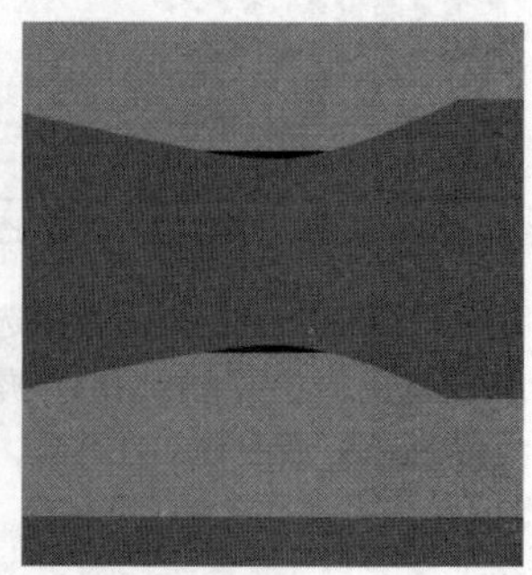

图17.97 变换图形

STEP 03 选中“优惠券”图层，执行菜单栏中的“滤镜”|“模糊”|“高斯模糊”命令，在弹出的对话框中将“半径”更改为8像素，完成之后单击“确定”按钮，再将其图层“不透明度”更改为50%，如图17.98所示。

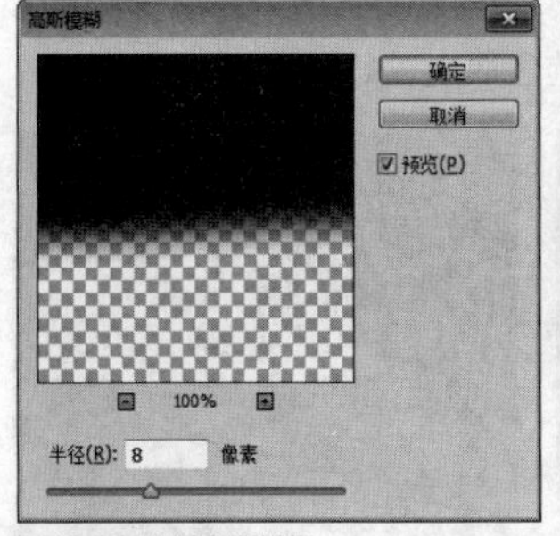
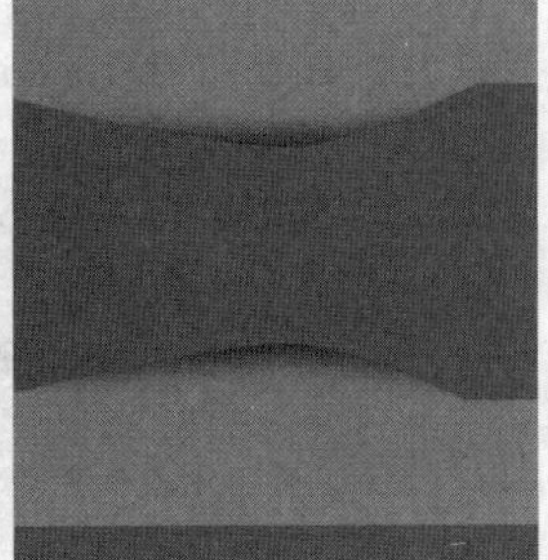

图17.98 设置高斯模糊

● 制作折痕

STEP 01 选择工具箱中的“钢笔工具”，在选项栏中单击“选择工具模式” 路径 按钮，在弹出的选项中选择“形状”，将“填充”更改为黑色，“描边”更改为无，在便签图像上绘制一个不规则图形，此时将生成一个“形状1”图层，如图17.99所示。

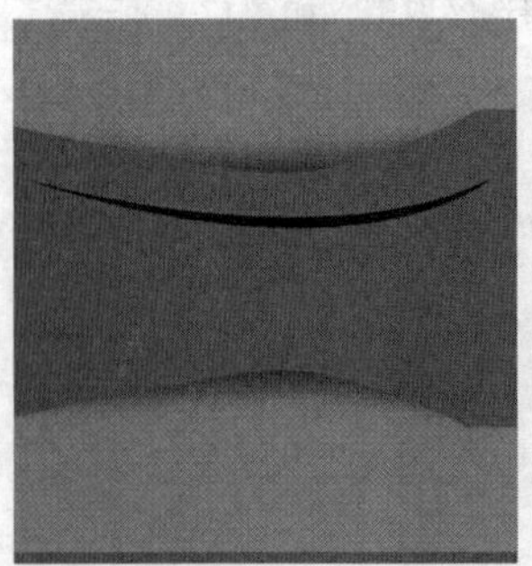

图17.99 绘制图形

STEP 02 选中“形状1”图层，按Ctrl+Alt+F组合键打开“高斯模糊”命令对话框，在弹出的对话框中将“半径”更改为5像素，完成之后单击“确定”按钮，再将其图层“不透明度”更改为20%，如图17.100所示。

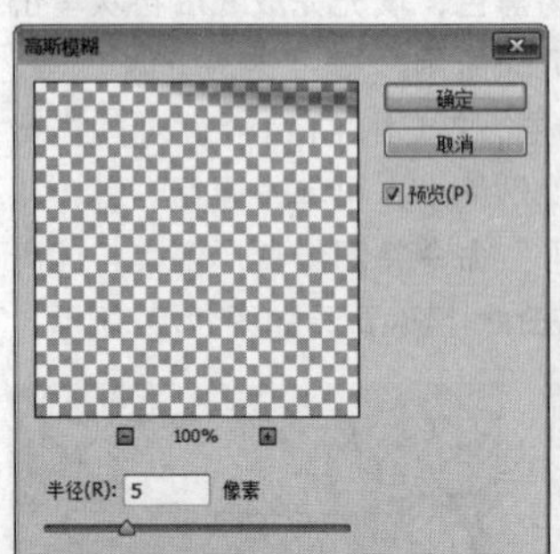
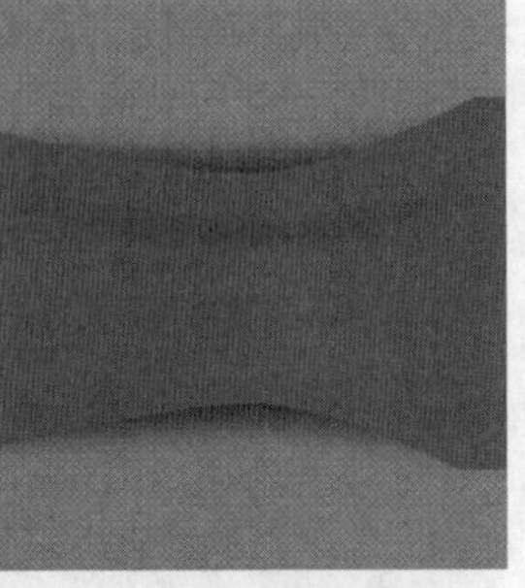

图17.100 设置高斯模糊并更改图层不透明度

STEP 03 在“图层”面板中选中“形状 1”图层，将其拖至面板底部的“创建新图层”按钮上，复制1个“形状 1 拷贝”图层，如图17.101所示。

STEP 04 选中“形状 1 拷贝”图层，按Ctrl+T组合键对其执行“自由变换”命令，单击鼠标右键，从弹出的快捷菜单中选择“垂直翻转”命令，完成之后按Enter键确认，再将图像向下移动，如图17.102所示。

图17.101 复制图层

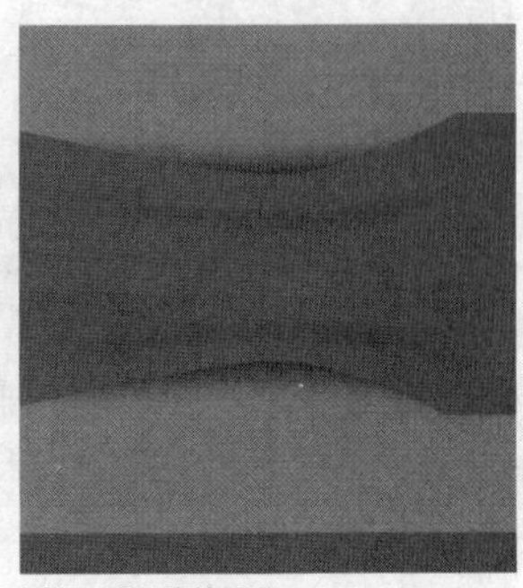

图17.102 变换图像

STEP 05 选择工具箱中的“椭圆工具”，在选项栏中将“填充”更改为黑色，“描边”更改为无，在优惠券图像的中间位置绘制一个细长的椭圆图形，此时将生成一个“椭圆 1”图层，如图17.103所示。

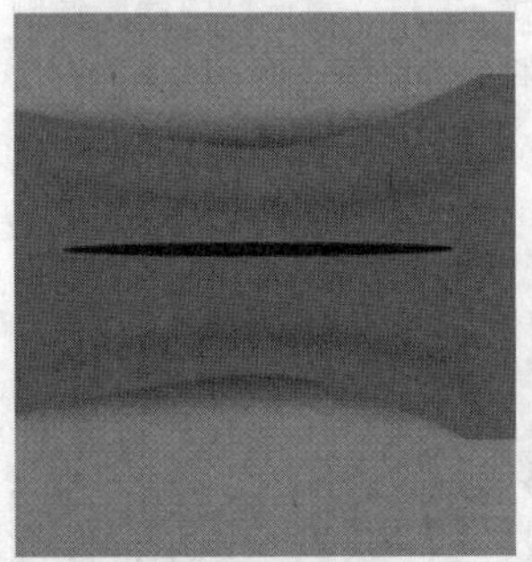

图17.103 绘制图形

STEP 06 选中“椭圆 1”图层，按Ctrl+ F组合键为其添加高斯模糊效果，如图17.104所示。

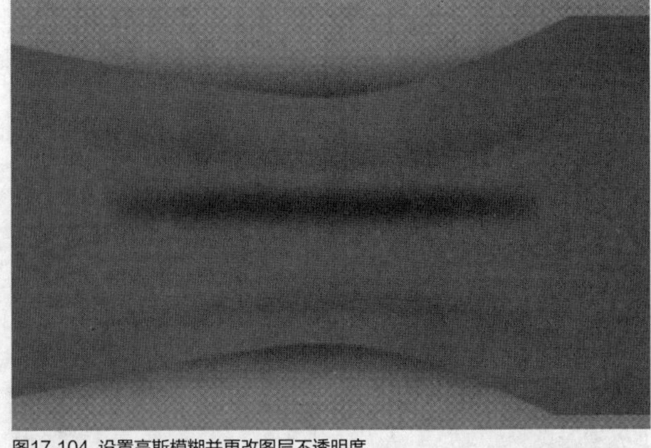

图17.104 设置高斯模糊并更改图层不透明度

STEP 07 选中“椭圆 1”图层，执行菜单栏中的“滤镜”|“模糊”|“动感模糊”命令，在弹出的对话框中将“角度”更改为0度，“距离”更改为150像素，设置完成之后单击“确定”按钮，再将其图层“不透明度”更改为30%，如图17.105所示。

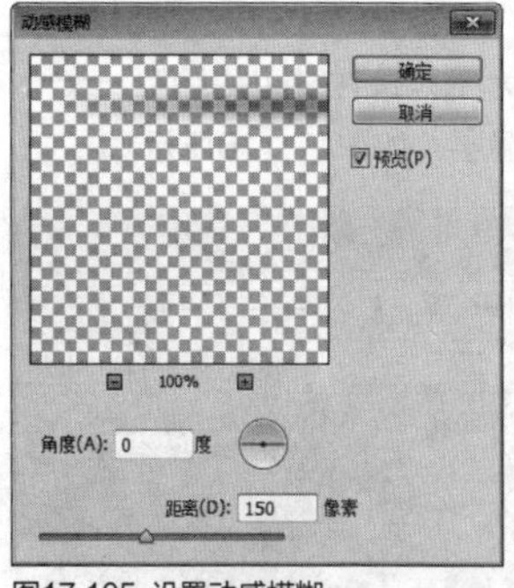

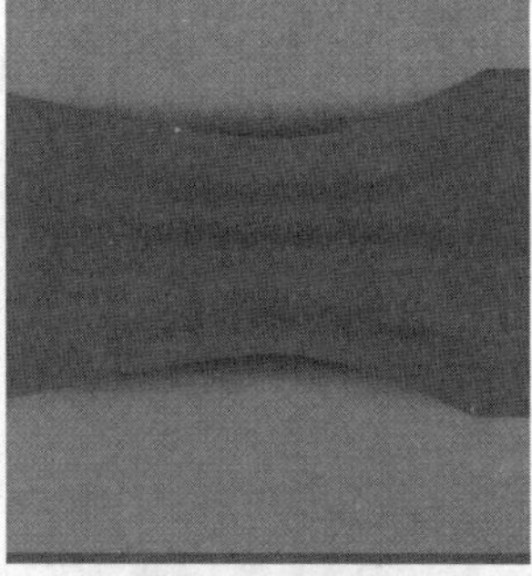

图17.105 设置动感模糊

STEP 08 在“图层”面板中选中“椭圆1”图层，将其拖至面板底部的“创建新图层”按钮上，复制1个“椭圆1 拷贝”图层，将“椭圆1 拷贝”图层的“不透明度”更改为10%，如图17.106所示。

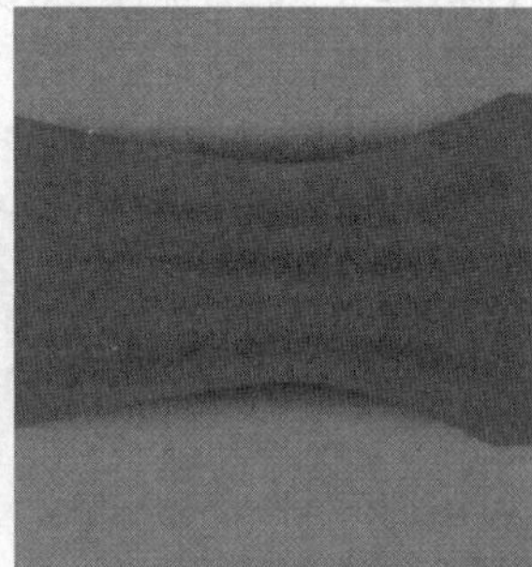

图17.106 复制图层并更改不透明度

● 添加素材

STEP 01 执行菜单栏中的“文件”|“打开”命令，打开“蝴蝶节.psd”文件，将打开的素材拖入刚才绘制的图像位置并适当缩小。

STEP 02 选中“蝴蝶结”图层，按Ctrl+T组合键对其执行“自由变换”命令，单击鼠标右键，从弹出的快捷菜单中选择“旋转90度（逆时针）”命令，完成之后按Enter键确认，如图17.107所示。

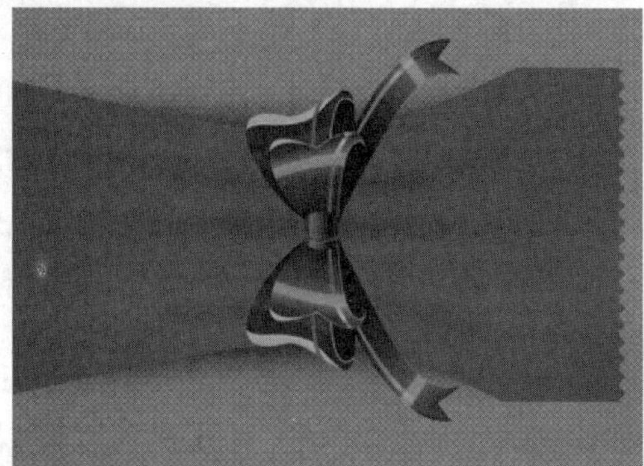

图17.107 添加素材并变换图像

STEP 03 在“图层”面板中选中“蝴蝶结”图层，单击面板底部的“添加图层样式”按钮，在菜单中选择“投影”命令，在弹出的对话框中将“不透明度”更改为50%，“距离”更改为4像素，“大小”更改为13像素，完成之后单击“确定”按钮，如图17.108所示。

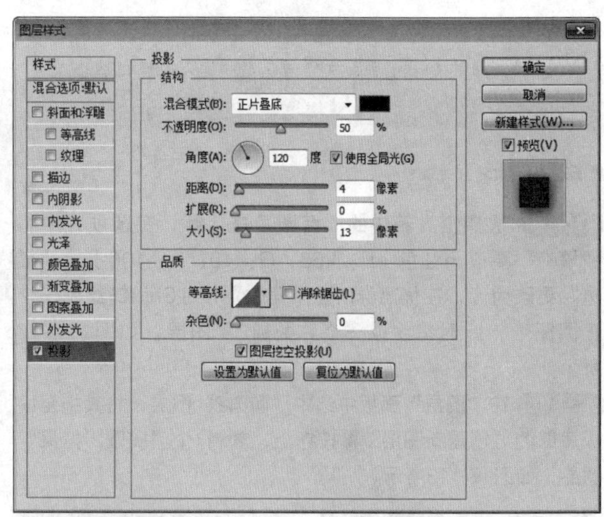

图17.108 设置投影

● 添加文字

STEP 01 选择工具箱中的“横排文字工具”T，在左侧位置添加文字，如图17.109所示。

STEP 02 同时选中添加的文字图层，按Ctrl+E组合键将其合并，此时将生成一个“速抢 优惠券”图层，如图17.110所示。

图17.109 添加文字

图17.110 合并图层

STEP 03 选中“速抢 优惠券”图层，按Ctrl+T组合键对其执行“自由变换”命令，单击鼠标右键，从弹出的快捷菜单中选择“变形”命令，拖动变形框控制点将文字变形，完成之后按Enter键确认，如图17.111所示。

图17.111 将文字变形

提示

将文字变形的目的是使文字与优惠券的弯曲度相贴合以呈现出视觉立体感。

• 绘制图形

STEP 01 选择工具箱中的“椭圆工具”，在选项栏中将“填充”更改为红色（R：253，G：40，B：106），“描边”更改为无，在优惠券的左下角位置按住Shift键绘制一个正圆图形，此时将生成一个“椭圆2”图层，如图17.112所示。

STEP 02 在“图层”面板中选中“椭圆2”图层，将其拖至面板底部的“创建新图层”按钮上，复制1个“椭圆2 拷贝”图层，如图17.113所示。

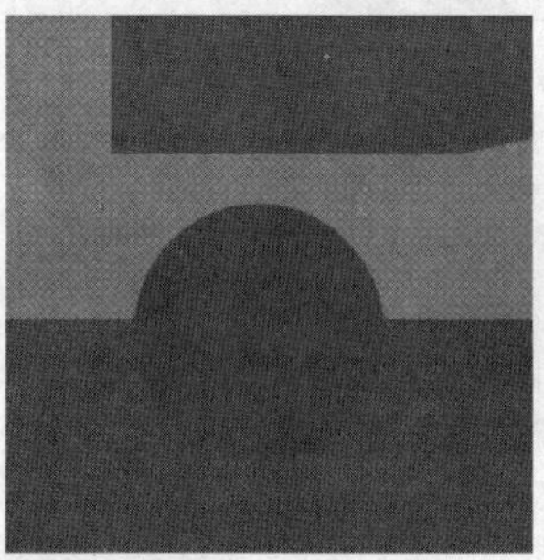

图17.112 绘制图形

图17.113 复制图层

STEP 03 选中“椭圆2 拷贝”图层，按住Shift键将图像向右侧平移，如图17.114所示。

STEP 04 选择工具箱中的“自定形状工具”，在画布中单击鼠标右键，从弹出的快捷菜单中选择“红心形卡”图形，如图17.115所示。

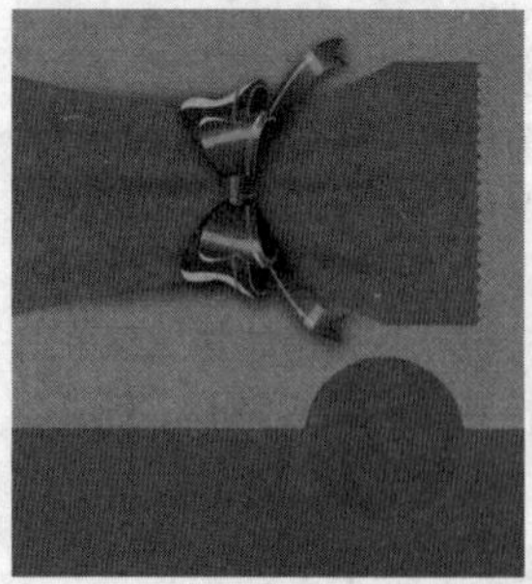

图17.114 移动图形

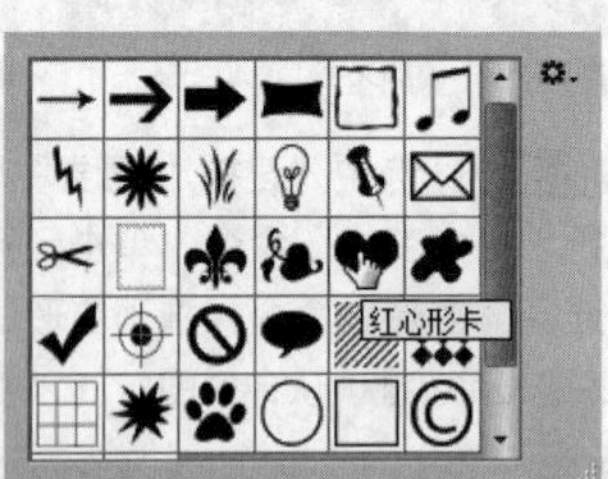

图17.115 设置形状

STEP 05 在选项栏中将“填充”更改为红色（R：253，G：40，B：106），“描边”更改为无，按住Shift键绘制一个心形，此时将生成一个“形状2”图层，如图17.116所示。

图17.116 绘制图形

STEP 06 选择工具箱中的“横排文字工具”，在图形位置添加文字，这样就完成了效果制作，最终效果如图17.117所示。

图17.117 最终效果

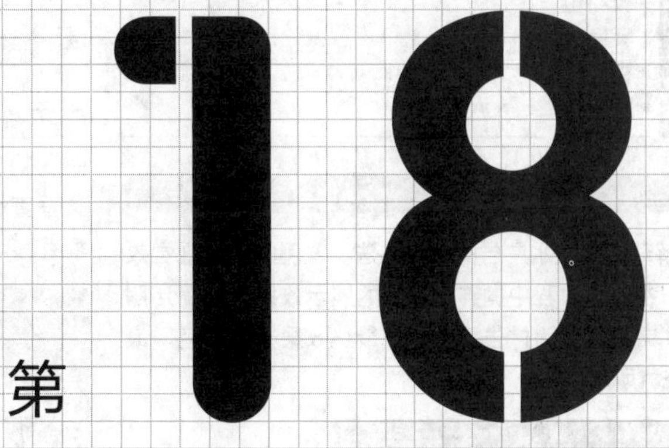

第 18 章

个护化妆广告设计

本章导读

本章主要讲解个护品妆广告的制作方法。个护品妆类的商品广告重点强调产品本身的特点，对于附加的描述相对较少，以突出产品本身特点、卖点为中心，同时，在其制作过程中需要添加针对产品本身的图像特效，在其整个的绘制过程中需要我们具备一定的概念。通过本章的学习我们可以对个护品妆类的商品广告有更深层次的认识，并以此为基础完全掌握此类商品广告的制作方法。

要点索引

- 学习洗浴用品广告设计思路
- 了解洗发护发广告制作方法
- 掌握化妆品广告设计思路
- 学习个人护理用品广告制作方法

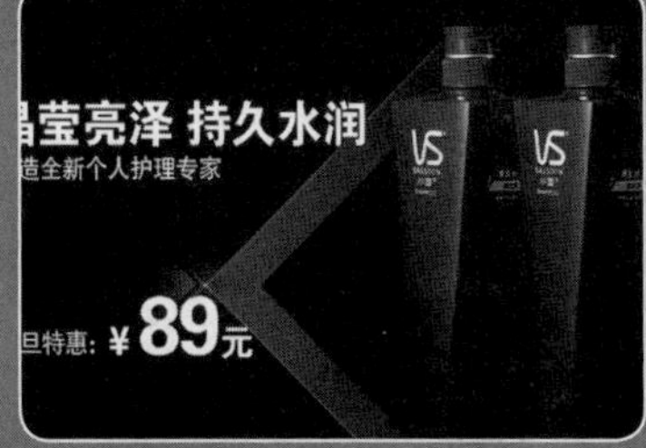

实战491 动感洗发水广告设计

▶素材位置：素材\第18章\动感洗发水
▶案例位置：效果\第18章\动感洗发水广告设计.psd
▶视频位置：视频\实战491.avi
▶难易指数：★★★☆☆

• 实例介绍 •

本例讲解动感洗发水广告的制作方法。本例的整个视觉效果十分精致，在制作过程中抛弃了花哨的展示效果，以简洁明了的图像及文字说明作为广告重点，使最终效果十分出色，最终效果如图18.1所示。

图18.1 最终效果

• 操作步骤 •

• 打开素材

STEP 01 执行菜单栏中的"文件"|"打开"命令，打开"背景.jpg、洗发水.psd"文件，并将"洗发水.psd"拖动到"背景.jpg"画布中，如图18.2所示。

图18.2 打开素材

STEP 02 在"图层"面板中选中"洗发水"图层，将其拖至面板底部的"创建新图层"按钮上，复制1个"洗发水 拷贝"图层，将"洗发水 拷贝"图层混合模式更改为叠加，如图18.3所示。

图18.3 复制图层并设置图层混合模式

STEP 03 同时选中"洗发水"及"洗发水 拷贝"图层，按Ctrl+G组合键将其编组，将生成的组名称更改为"洗发水"，选中"洗发水"组，将其拖至面板底部的"创建新图层"按钮上，复制1个"洗发水 拷贝"组，将"洗发水"组"不透明度"更改为50%，如图18.4所示。

STEP 04 选中"洗发水"组，按Ctrl+T组合键对其执行"自由变换"命令，单击鼠标右键，从弹出的快捷菜单中选择"垂直翻转"命令，完成之后按Enter键确认，将图像向下垂直移动并与原图像对齐，如图18.5所示。

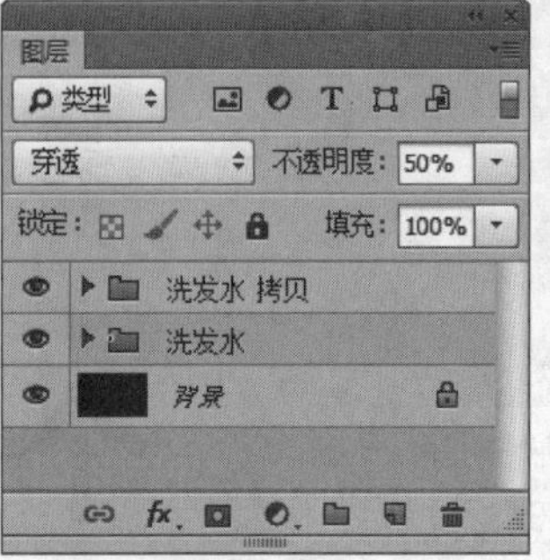

图18.4 更改不透明度　图18.5 变换图像

STEP 05 同时选中"洗发水 拷贝"及"洗发水"组，按住Alt+Shift组合键向右侧拖动将图像复制，如图18.6所示。

图18.6 复制图像

• 绘制图形

STEP 01 选择工具箱中的"矩形工具"，在选项栏中将"填充"更改为无，"描边"更改为白色，"大小"更改为35点，在洗发水图像左侧位置绘制一个矩形，此时将生成一个"矩形1"图层，将"矩形1"图层移至"洗发水 拷贝"组下方，如图18.7所示。

图18.7 绘制图形

STEP 02 选中“矩形1”图层，按Ctrl+T组合键对其执行“自由变换”命令，在选项栏中的“旋转”文本框中输入45，将图形适当旋转，完成之后按Enter键确认，如图18.8所示。

图18.8 旋转图形

STEP 03 在“图层”面板中选中“矩形1”图层，单击面板底部的“添加图层样式” fx 按钮，在菜单中选择“斜面和浮雕”命令，在弹出的对话框中将“大小”更改为3像素，取消“使用全局光”复选框，“角度”更改为-180度，“高度”更改为5，“高光模式”中的“不透明度”更改为65%，“阴影模式”中的“不透明度”更改为0%，如图18.9所示。

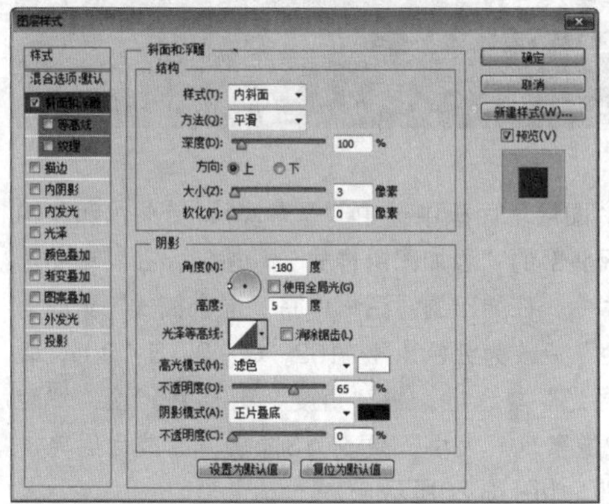

图18.9 设置斜面与浮雕

STEP 04 勾选“渐变叠加”复选框，将“渐变”更改为浅红色（R：255，G：95，B：113）到深红色（R：43，G：0，B：2），“角度”更改为0度，“缩放”更改为75%，完成之后单击“确定”按钮，如图18.10所示。

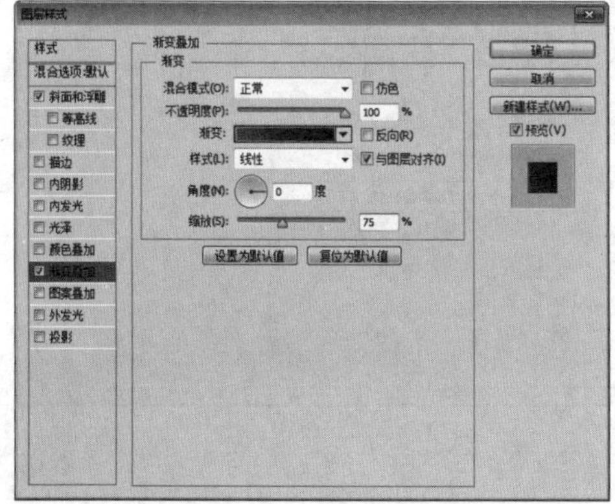

图18.10 设置渐变叠加

• **添加高光**

STEP 01 选择工具箱中的“椭圆工具”，在选项栏中将“填充”更改为红色（R：212，G：0，B：0），“描边”更改为无，在图形左侧位置按住Shift键绘制一个正圆图形，此时将生成一个“椭圆1”图层，将“椭圆1”图层移至“矩形1”图层下方，如图18.11所示。

图18.11 绘制图形

STEP 02 选中“椭圆1”图层，执行菜单栏中的“滤镜”|“模糊”|“高斯模糊”命令，在弹出的对话框中将“半径”更改为30像素，完成之后单击“确定”按钮，如图18.12所示。

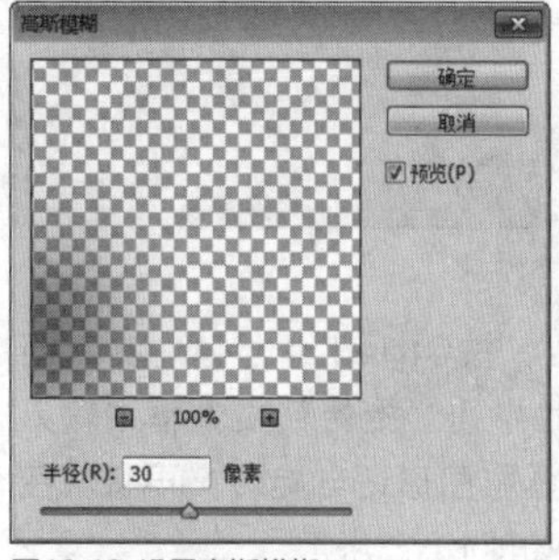

图18.12 设置高斯模糊

STEP 03 在“图层”面板中选中“椭圆1”图层，将其拖至面板底部的“创建新图层”按钮上，复制1个“椭圆1 拷贝”图层，将“椭圆1 拷贝”图层移至所有图层上方，再按Ctrl+T组合键对其执行“自由变换”命令，将图像等比例缩小，完成之后按Enter键确认，如图18.13所示。

图18.13 复制图层并变换图像

STEP 04 选择工具箱中的“画笔工具”，在画布中单击鼠标右键，在弹出的面板中单击右上角菜单图标，在弹出的菜单中选择“混合画笔”|“交叉排线4”笔触，如图18.14所示。

STEP 05 将前景色更改为白色，选中“椭圆1 拷贝”图层，在矩形左侧位置单击，添加图像，如图18.15所示。

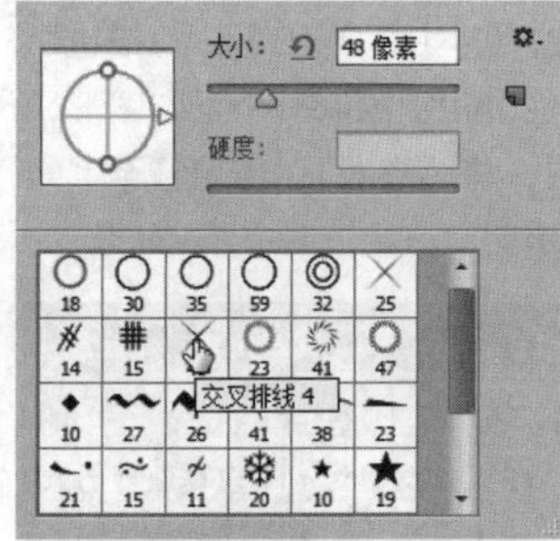

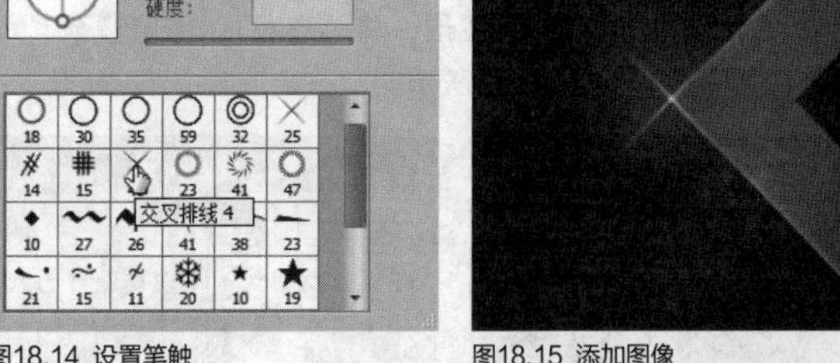

图18.14 设置笔触　　图18.15 添加图像

STEP 06 选择工具箱中的“矩形工具”，在选项栏中将“填充”更改为白色，“描边”更改为无，在左上角位置按住Shift键绘制一个矩形，此时将生成一个“矩形2”图层，如图18.16所示。

图18.16 绘制图形

STEP 07 选中“矩形2”图层，按Ctrl+T组合键对其执行“自由变换”命令，在选项栏中的“旋转”文本框中输入45，完成之后按Enter键确认，将图形适当旋转，再将其图层混合模式设置为“叠加”，如图18.17所示。

图18.17 旋转图形并设置图层混合模式

STEP 08 在“图层”面板中选中“矩形2”图层，将其拖至面板底部的“创建新图层”按钮上，复制1个“矩形2 拷贝”图层，选中“矩形2 拷贝”图层，按Ctrl+T组合键对其执行“自由变换”命令，将图形等比例缩小，完成之后按Enter键确认，再稍微移动，如图18.18所示。

图18.18 复制并变换图形

● 添加文字

STEP 01 选择工具箱中的“横排文字工具”，在画布中的适当位置添加文字，如图18.19所示。

图18.19 添加文字

STEP 02 在“图层”面板中选中“晶莹亮泽 持久水润”图层，单击面板底部的“添加图层样式”按钮，在菜单中选择“投影”命令，在弹出的对话框中将“混合模式”更改为正常，“颜色”更改为红色（R：162，G：0，B：0），取消“使用全局光”复选框，将“角度”更改为90度，“距离”更改为2像素，“大小”更改为3像素，完成之后单击“确定”按钮，如图18.20所示。

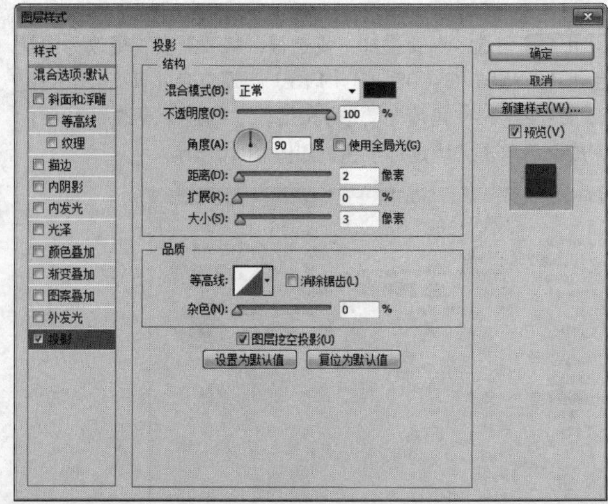

图18.20 设置投影

STEP 03 在“晶莹亮泽 持久水润”图层上单击鼠标右键，从弹出的快捷菜单中选择“拷贝图层样式”命令，同时选中“打造全新个人护理专家”和“￥89元”及“元旦特惠：”图层，在图层上单击鼠标右键，从弹出的快捷菜单中选择“粘贴图层样式”命令，这样就完成了效果的制作，最终效果如图18.21所示。

图18.21 最终效果

实战 492 精致剃须刀广告设计

- 素材位置：素材\第18章\精致剃须刀
- 案例位置：效果\第18章\精致剃须刀广告设计.psd
- 视频位置：视频\实战492.avi
- 难易指数：★★★☆☆

• 实例介绍 •

本例讲解精致剃须刀的制作方法。本例中的文字十分富有特点，以华丽的背景与质感文字相结合，同时整个画布的元素布局十分科学，使整个画面给人极舒适的浏览体验，最终效果如图18.22所示。

图18.22 最终效果

• 操作步骤 •

• 打开素材

STEP 01 执行菜单栏中的“文件”|“打开”命令，打开“背景.jpg、剃须刀.psd”文件，将打开的“剃须刀.psd”素材图像拖入“背景.jpg”画布中，如图18.23所示。

图18.23 打开及添加素材

STEP 02 选择工具箱中的“多边形套索工具”，在“剃须刀”图像位置绘制一个不规则选区以选中部分区域，如图18.24所示。

STEP 03 选中“剃须刀”图层，执行菜单栏中的“图层”|“新建”|“通过拷贝的图层”命令，此时将生成一个“图层1”图层，如图18.25所示。

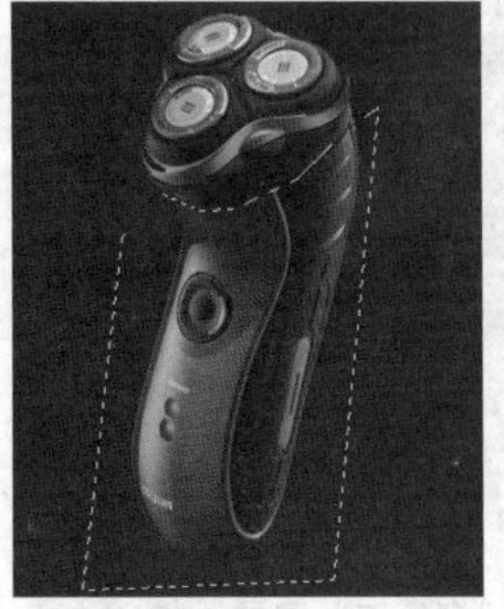

图18.24 绘制选区

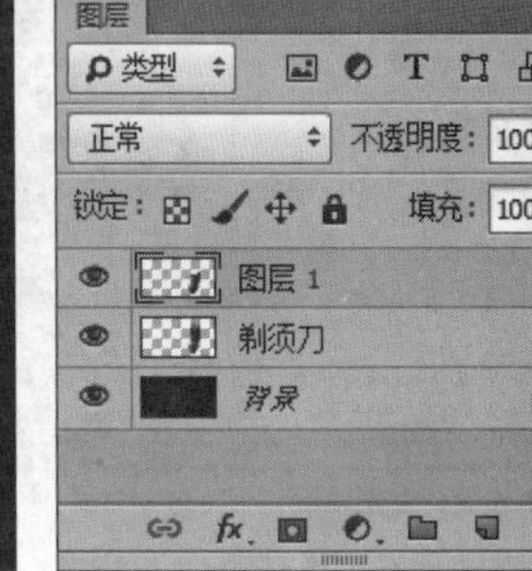

图18.25 通过复制的图层

STEP 04 在“图层”面板中选中“图层1”图层，单击面板上方的“锁定透明像素”按钮，将透明像素锁定，将图像填充为红色（R：255，G：32，B：58），填充完成之后再次单击此按钮将其解除锁定，如图18.26所示。

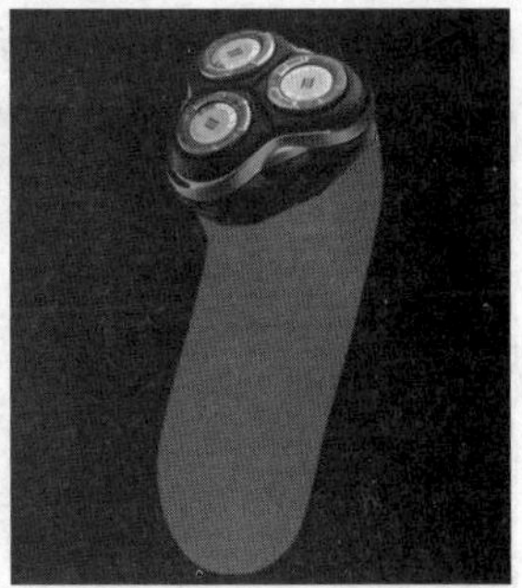

图18.26 锁定透明像素并填充颜色

STEP 05 选中“图层1”图层，将图层混合模式设置为“叠加”，“不透明度”更改为60%，如图18.27所示。

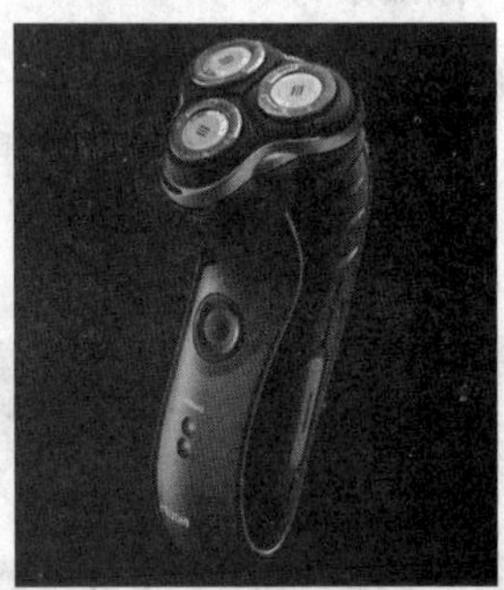

图18.27 设置图层混合模式

STEP 06 在“图层”面板中选中“剃须刀”图层，单击面板底部的“添加图层样式”按钮，在菜单中选择“外发光”命令，在弹出的对话框中将“不透明度”更改为30%，“颜色”更改为红色（R：207，G：0，B：24），“大小”更改为20像素，完成之后单击“确定”按钮，如图18.28所示。

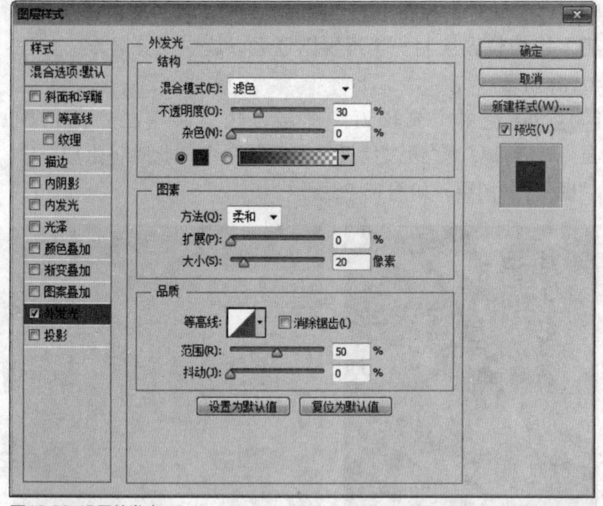

图18.28 设置外发光

STEP 07 同时选中“图层 1”及“剃须刀”图层，按Ctrl+G组合键将图层编组，将生成的组名称更改为“剃须刀”，选中“剃须刀”组，将其拖至面板底部的“创建新图层”按钮上，复制1个“剃须刀 拷贝”组，如图18.29所示。

STEP 08 选中“剃须刀”组，按Ctrl+T组合键对其执行“自由变换”命令，将图像等比例缩小并适当旋转，完成之后按Enter键确认，如图18.30所示。

图18.29 将图层编组并复制组

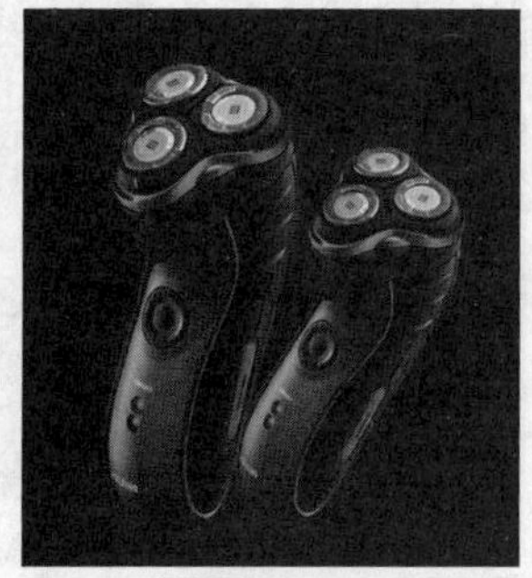

图18.30 变换图像

• 添加素材

STEP 01 执行菜单栏中的“文件”|“打开”命令，打开“光.jpg”文件，将打开的素材拖入画布中的图像顶部位置并适当缩小，其图层名称将更改为“图层2”，如图18.31所示。

图18.31 添加素材

STEP 02 在“图层”面板中选中“图层2”图层，将其图层混合模式设置为“滤色”，如图18.32所示。

图18.32 设置图层混合模式

STEP 03 在“图层”面板中选中“图层2”图层，将其拖至面板底部的“创建新图层”按钮上，复制1个“图层2 拷贝”图层，如图18.33所示。

STEP 04 选中“图层2 拷贝”图层，将其向右侧平移，再按Ctrl+T组合键对其执行“自由变换”命令，将图像等比例缩小，完成之后按Enter键确认，如图18.34所示。

图18.33 复制图层

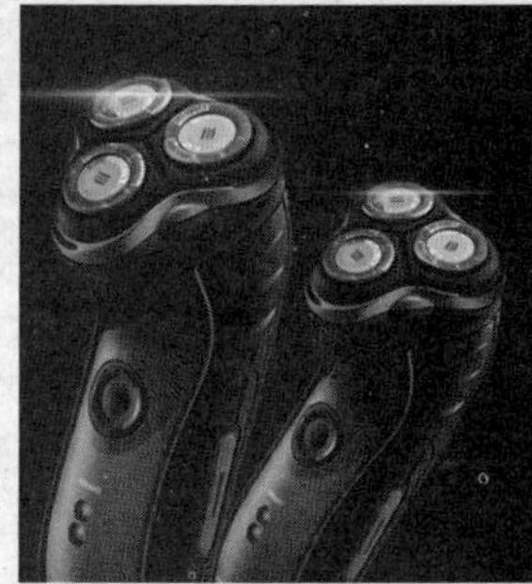

图18.34 变换图像

• 绘制图形

STEP 01 选择工具箱中的“多边形工具”，在选项栏中将“填充”更改为无，“描边”更改为黄色（R：243，G：243，B：40），“大小”更改为10点，单击选项栏中图标，在弹出的选项中勾选“星形”复选框，将“缩进边依据”更改为40%，“边”更改为5，在画布左侧位置绘制一个多边形，此时将生成一个“多边形1”图层，如图18.35所示。

图18.35 绘制图形

STEP 02 选中“多边形1”图层，按Ctrl+T组合键对其执行“自由变换”命令，单击鼠标右键，从弹出的快捷菜单中选择“扭曲”命令将其扭曲变形，完成之后按Enter键确认，如图18.36所示。

图18.36 将图形变形

• **添加文字**

STEP 01 选择工具箱中的“横排文字工具” T，在画布中的适当位置添加文字，如图18.37所示。

图18.37 添加文字

STEP 02 同时选中所有的文字图层，在图层上单击鼠标右键，从弹出的快捷菜单中选择“转换为形状”命令，如图18.38所示。

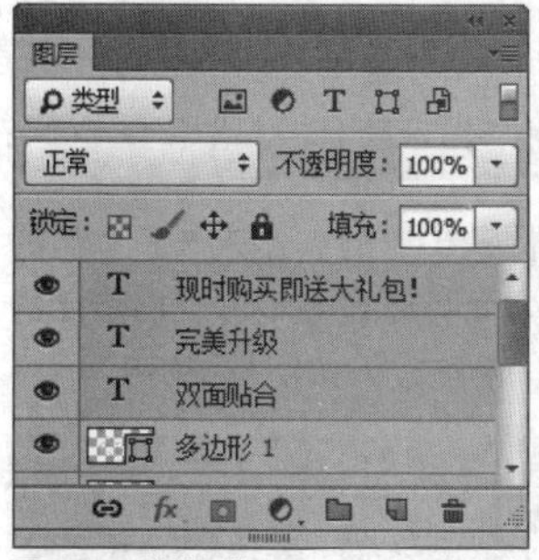

图18.38 转换形状

STEP 03 选中“双面贴合”图层，按Ctrl+T组合键对其执行“自由变换”命令，单击鼠标右键，从弹出的快捷菜单中选择“扭曲”命令，拖动变形框控制点将其扭曲变形，完成之后按Enter键确认，以同样的方法选中其他两个文字图层，将其扭曲变形，如图18.39所示。

图18.39 将文字变形

STEP 04 在“图层”面板中选中“双面贴合”图层，单击面板底部的“添加图层样式” fx 按钮，在菜单中选择“渐变叠加”命令，在弹出的对话框中将“渐变”更改为黄色（R：205，G：184，B：58）到黄色（R：254，G：240，B：156），如图18.40所示。

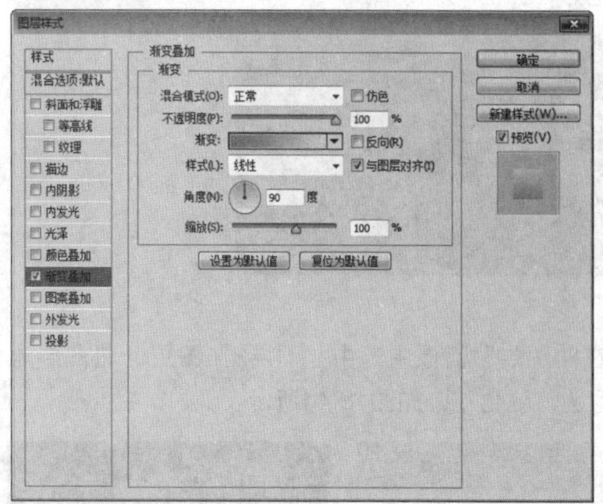

图18.40 设置渐变叠加

STEP 05 勾选“投影”复选框，将“颜色”更改为深红色（R：33，G：2，B：7），“距离”更改为3像素，“扩展”更改为100%，“大小”更改为4像素，完成之后单击“确定”按钮，如图18.41所示。

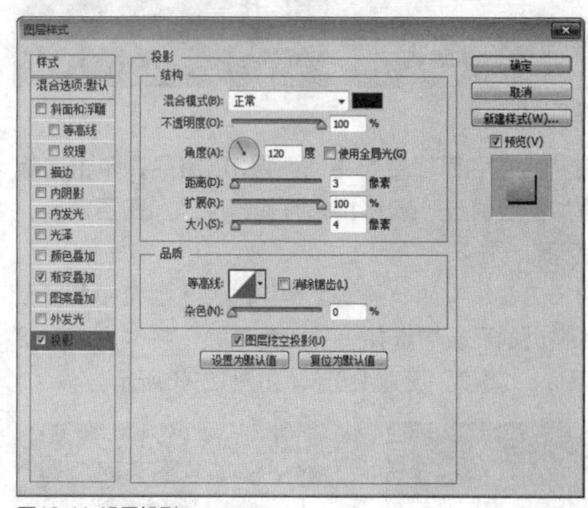

图18.41 设置投影

STEP 06 在“双面贴合”图层上单击鼠标右键，从弹出的快捷菜单中选择“拷贝图层样式”命令，同时选中“完美升级”及“现时购买即送大礼包！”图层，在图层上单击鼠标右键，从弹出的快捷菜单中选择“粘贴图层样式”命令，如图18.42所示。

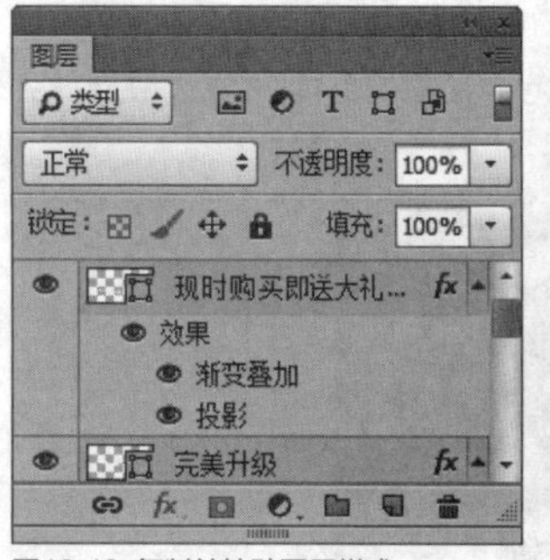

图18.42 复制并粘贴图层样式

- **添加素材**

STEP 01 执行菜单栏中的"文件"|"打开"命令，打开"光2.jpg"文件，将打开的素材拖入画布中并适当缩小，其图层名称将更改为"图层3"，将"图层3"图层移至"背景"图层上方，如图18.43所示。

图18.43 添加素材

STEP 02 在"图层"面板中选中"图层3"图层，将图层混合模式设置为"滤色"，如图18.44所示。

图18.44 设置图层混合模式

STEP 03 在"图层"面板中选中"图层3"图层，单击面板底部的"添加图层蒙版"按钮，为其图层添加图层蒙版，如图18.45所示。

STEP 04 选择工具箱中的"画笔工具"，在画布中单击鼠标右键，在弹出的面板中选择一种圆角笔触，将"大小"更改为150像素，"硬度"更改为0%，如图18.46所示。

图18.45 添加图层蒙版

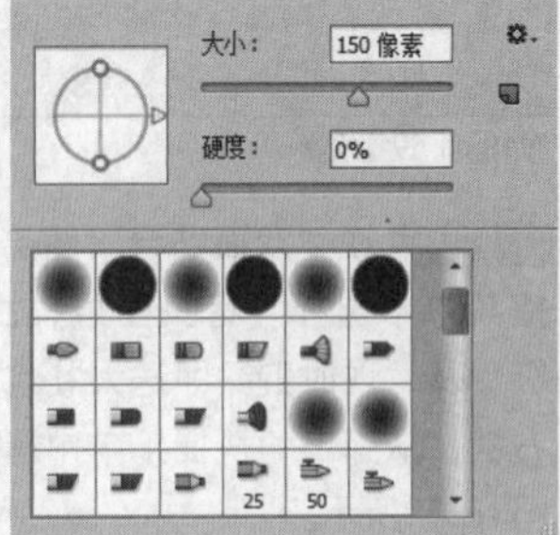

图18.46 设置笔触

STEP 05 将前景色更改为黑色，在图像上的部分区域涂抹，将其隐藏，如图18.47所示。

图18.47 设置投影

STEP 06 执行菜单栏中的"文件"|"打开"命令，打开"光3.jpg"文件，将打开的素材拖入画布中并适当缩小，其图层名称将更改为"图层4"，将"图层4"图层移至所有图层上方，如图18.48所示。

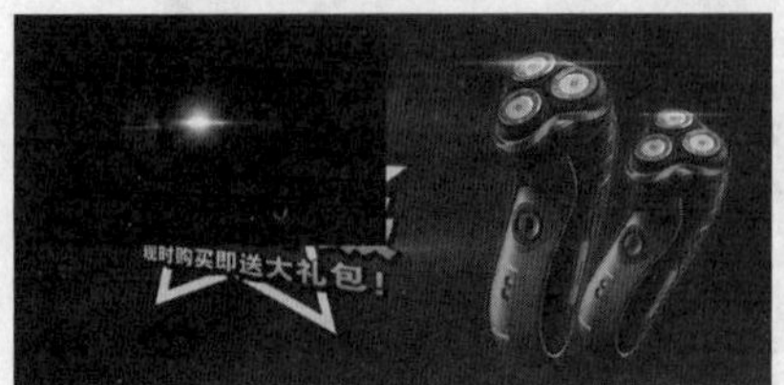

图18.48 添加素材

STEP 07 在"图层"面板中选中"图层4"图层，将其图层混合模式设置为"滤色"，这样就完成了效果制作，最终效果如图18.49所示。

图18.49 最终效果

实战 493

洗护满减广告设计

- 素材位置：素材\第18章\洗护满减
- 案例位置：效果\第18章\洗护满减广告设计.psd
- 视频位置：视频\实战493.avi
- 难易指数：★★☆☆☆

• 实例介绍 •

本例讲解洗护满减的商品促销广告的制作方法。本例的制作重点在于背景的制作，一方面可以很好地体现出产品的特点，同时视觉效果十分出色，最终效果如图18.50所示。

图18.50 最终效果

• 操作步骤 •

- **打开素材**

STEP 01 执行菜单栏中的"文件"|"打开"命令，打开"背景.jpg、沙子.jpg"文件，将"沙子.jpg"拖动到"背景.jpg"画布中，沙子图层名称将自动更改为"图层1"，如图18.51所示。

图18.51 打开素材

STEP 02 选中“图层1”图层，按Ctrl+T组合键对其执行“自由变换”命令，单击鼠标右键，从弹出的快捷菜单中选择“透视”命令，拖动图像控制点将其变形，完成之后按Enter键确认，如图18.52所示。

STEP 03 在“图层1”图层上单击鼠标右键，从弹出的快捷菜单中选择“转换为智能对象”命令，如图18.53所示。

图18.52 将图像变形

图18.53 转换为智能对象

STEP 04 选中“图层1”图层，执行菜单栏中的“滤镜”|“模糊”|“高斯模糊”命令，在弹出的对话框中将“半径”更改为5像素，完成之后单击“确定”按钮，如图18.54所示。

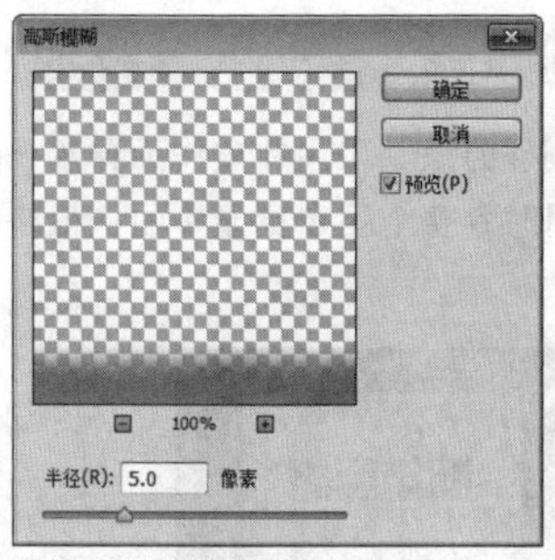

图18.54 设置高斯模糊

STEP 05 选择工具箱中的“画笔工具”，在画布中单击鼠标右键，在弹出的面板中选择一种圆角笔触，将“大小”更改为100像素，“硬度”更改为0%，“不透明度”更改为30%，如图18.55所示。

STEP 06 单击“智能滤镜”蒙版缩览图，将前景色更改为黑色，在画布中沙子图像的中间位置涂抹，将部分模糊效果隐藏，如图18.56所示。

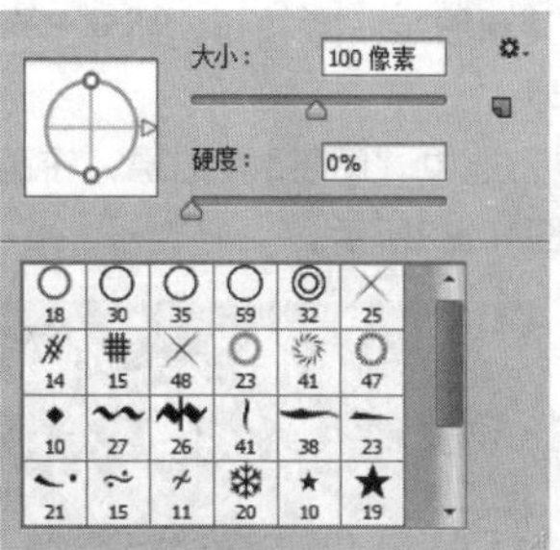

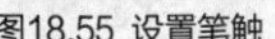

图18.55 设置笔触

图18.56 隐藏图像

STEP 07 在“画笔”面板中选择一个圆角笔触，将“大小”更改为20像素，“硬度”更改为0%，将“间距”更改为220%，如图18.57所示。

STEP 08 选择“形状动态”复选框，将“大小抖动”更改为100%，如图18.58所示。

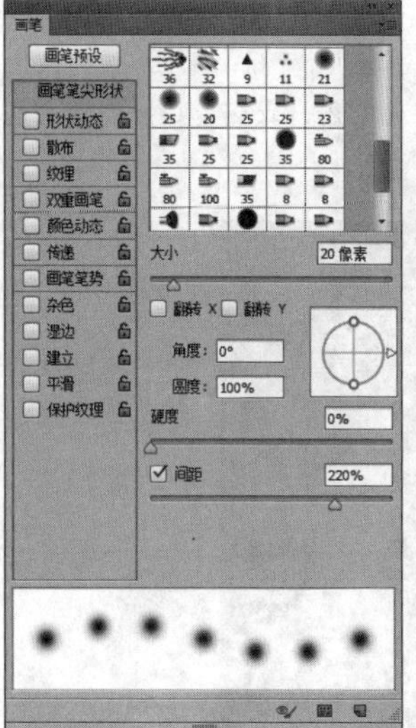

图18.57 设置画笔笔尖形状

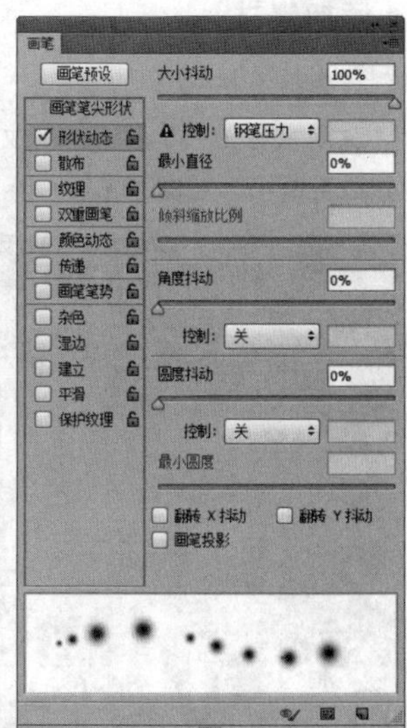

图18.58 设置形状动态

STEP 09 勾选“散布”复选框，将“散布”更改为1000%，如图18.59所示。

STEP 10 勾选“传递”复选框，将“不透明度抖动”更改为100%，如图18.60所示。

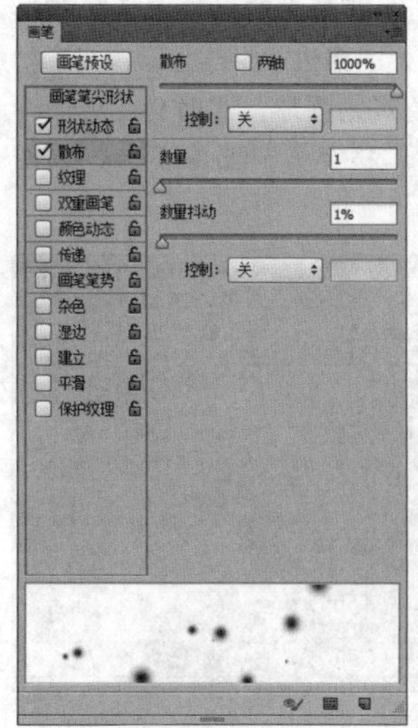

图18.59 设置散布

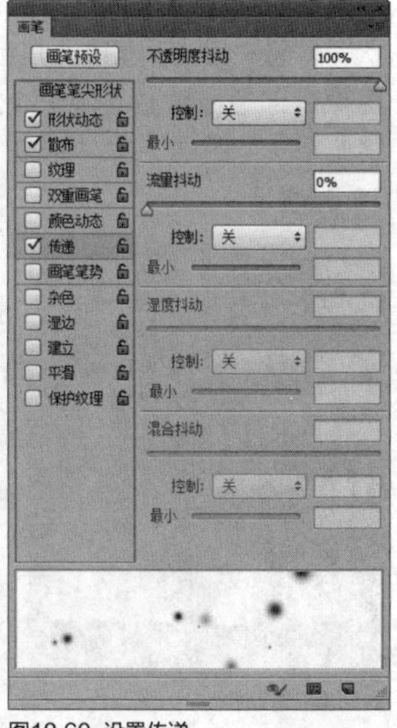

图18.60 设置传递

STEP 11 单击面板底部的“创建新图层”按钮，新建一个“图层1”图层，如图18.61所示。

STEP 12 将前景色更改为白色，选中“图层1”图层，在画布中涂抹，添加特效图像，如图18.62所示。

图18.61 新建图层

图18.62 添加图像

● **添加素材**

STEP 01 执行菜单栏中的“文件”|“打开”命令，打开“洗发水.psd、护肤.psd”文件，将打开的素材拖入画布中并适当缩小，如图18.63所示。

图18.63 添加素材

提示

添加图像以后可以适当隐藏素材图像底部的模糊特效。

STEP 02 选择工具箱中的“钢笔工具”，在选项栏中单击“选择工具模式”按钮，在弹出的选项中选择“形状”，将“填充”更改为黑色，“描边”更改为无，在素材图像底部边缘位置绘制一个不规则图形，此时将生成一个“形状1”图层，将“形状1”移至素材图像下方，如图18.64所示。

图18.64 绘制图形

STEP 03 选中“形状1”图层，按Ctrl+Alt+F组合键打开“高斯模糊”命令对话框，将“半径”更改为3像素，完成之后单击“确定”按钮，如图18.65所示。

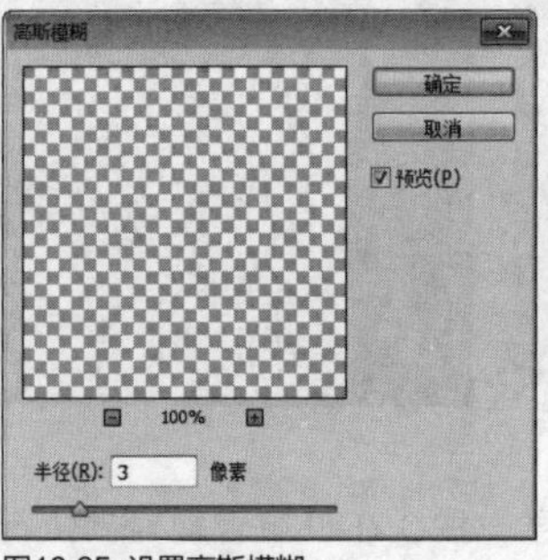

图18.65 设置高斯模糊

STEP 04 选择工具箱中的“横排文字工具”，在画布中的适当位置添加文字，这样就完成了效果制作，最终效果如图18.66所示。

图18.66 最终效果

实战 494

高档化妆品广告设计

▶素材位置：素材\第18章\高档化妆品

▶案例位置：效果\第18章\高档化妆品广告设计.psd

▶视频位置：视频\实战494.avi

▶难易指数：★★☆☆☆

• 实例介绍 •

本例讲解高档化妆品的制作方法。采用礼盒作为背景一方面可以衬托出文字信息，同时令整个画布更显华丽，最终效果如图18.67所示。

图18.67 最终效果

• 操作步骤 •

● **打开素材**

STEP 01 执行菜单栏中的“文件”|“打开”命令，打开“背景.jpg、化妆品.psd”文件，将打开的“化妆品.psd”图像拖

入"背景.jpg"画布中靠左侧的位置，如图18.68所示。

图18.68 打开及添加素材

STEP 02 在"图层"面板中选中"化妆品"图层，将其拖至面板底部的"创建新图层"按钮上，复制1个"化妆品 拷贝"图层，如图18.69所示。

STEP 03 选中"化妆品 拷贝"图层，按Ctrl+T组合键对其执行"自由变换"命令，单击鼠标右键，从弹出的快捷菜单中选择"垂直翻转"命令，完成之后按Enter键确认，将图像向下移动与原图像对齐，如图18.70所示。

图18.69 添加图层蒙版

图18.70 设置渐变并隐藏图形

STEP 04 选中"化妆品 拷贝"图层，单击面板底部的"添加图层蒙版"按钮，为其图层添加图层蒙版，如图18.71所示。

STEP 05 选择工具箱中的"渐变工具"，编辑黑色到白色的渐变，单击选项栏中的"线性渐变"按钮，在图像上从下至上拖动，将部分图像隐藏，如图18.72所示。

图18.71 添加图层蒙版

图18.72 设置渐变并隐藏图形

• 绘制图形

STEP 01 选择工具箱中的"圆角矩形工具"，在选项栏中将"填充"更改为红色（R：215，G：0，B：67），"描边"更改为无，"半径"更改为5像素，在右侧位置绘制一个圆角矩形，此时将生成一个"圆角矩形1"图层，如图18.73所示。

图18.73 添加锚点

STEP 02 在"图层"面板中选中"圆角矩形1"图层，将其拖至面板底部的"创建新图层"按钮上，复制1个"圆角矩形1 拷贝"图层，如图18.74所示。

STEP 03 选中"圆角矩形1 拷贝"图层，将图形颜色更改为淡粉色（R：255，G：243，B：246），按Ctrl+T组合键对其执行"自由变换"命令，当出现变形框以后分别将图形宽度和高度缩小，完成之后按Enter键确认，如图18.75所示。

图18.74 复制图层

图18.75 变换图形

STEP 04 在"图层"面板中选中"圆角矩形1"图层，单击面板底部的"添加图层样式"按钮，在菜单中选择"斜面和浮雕"命令，在弹出的对话框中将"大小"更改为3像素，"软化"更改为2像素，完成之后单击"确定"按钮，如图18.76所示。

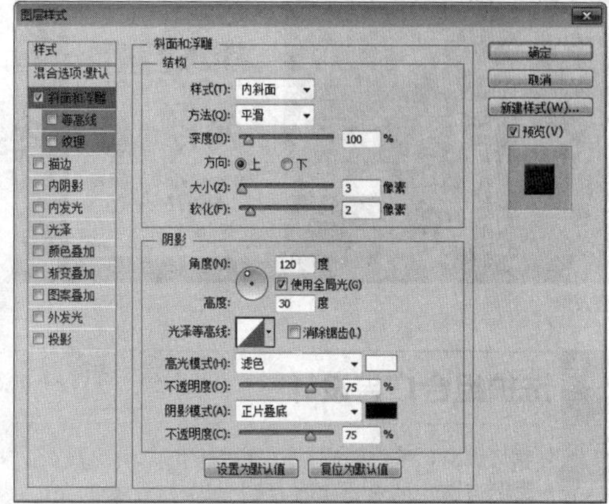

图18.76 设置斜面与浮雕

• 添加素材

STEP 01 执行菜单栏中的"文件"|"打开"命令，打开"花纹.psd"文件，将打开的素材拖入画布中并适当缩小，如图18.77所示。

STEP 02 选择工具箱中的“横排文字工具”T，在图形位置添加文字，如图18.78所示。

图18.77 添加素材

图18.78 添加文字

STEP 03 在“圆角矩形1”图层上单击鼠标右键，从弹出的快捷菜单中选择“拷贝图层样式”命令，在“新年巨惠”图层上单击鼠标右键，从弹出的快捷菜单中选择“粘贴图层样式”命令，如图18.79所示。

图18.79 复制并粘贴图层样式

STEP 04 执行菜单栏中的“文件”|“打开”命令，打开“图案.psd”文件，将打开的素材拖入画布中文字旁边的位置并适当缩小，这样就完成了效果制作，最终效果如图18.80所示。

图18.80 最终效果

实战 495 洗护组合广告设计

- 素材位置：素材\第18章\洗护组合
- 案例位置：效果\第18章\洗护组合广告设计.psd
- 视频位置：视频\实战495.avi
- 难易指数：★★☆☆☆

• 实例介绍 •

本例讲解洗护组合的制作方法。本例的整体视觉效果华丽活泼，一方面很好地表现出了洗护用品的特点，同时也体现出了对美的定义，最终效果如图18.81所示。

图18.81 最终效果

• 操作步骤 •

• 打开素材

STEP 01 执行菜单栏中的“文件”|“打开”命令，打开“背景.jpg、洗护组合.psd”文件，将打开的洗护组合图像拖入画布靠右侧位置，如图18.82所示。

图18.82 打开及添加素材

STEP 02 在“图层”面板中选中“洗护组合”图层，将其拖至面板底部的“创建新图层”按钮上，复制1个“洗护组合 拷贝”图层，如图18.83所示。

STEP 03 选中“洗护组合”图层，按Ctrl+T组合键对其执行“自由变换”命令，单击鼠标右键，从弹出的快捷菜单中选择“垂直翻转”命令，完成之后按Enter键确认，然后将图像向下拖动，与原图像底部对齐，如图18.84所示。

图18.83 复制图层

图18.84 变换图像

STEP 04 在“图层”面板中选中“洗护组合 拷贝”图层，单击面板底部的“添加图层蒙版”按钮，为其图层添加图层蒙版，如图18.85所示。

STEP 05 选择工具箱中的“渐变工具”，编辑黑色到白色的渐变，单击选项栏中的“线性渐变”按钮，在图像上从下至上拖动，将部分图像隐藏，为其制作倒影效果，如图18.86所示。

图18.85 添加图层蒙版

图18.86 设置渐变并隐藏图形

• 绘制图形

STEP 01 选择工具箱中的“自定形状工具”，在画布中单击鼠标右键，在弹出的面板中选择“红心形卡”形状，如图18.87所示。

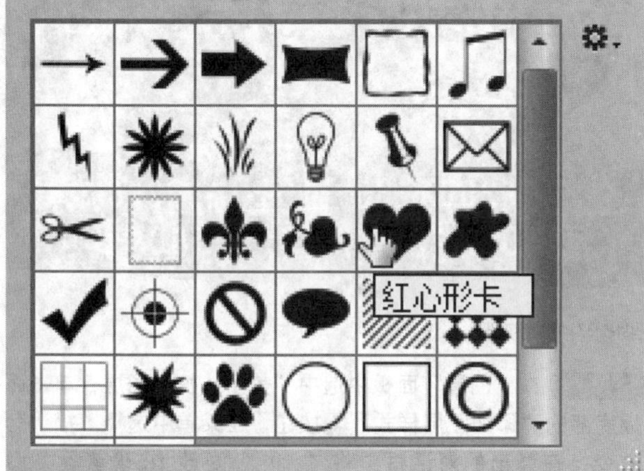

图18.87 设置形状

STEP 02 在选项栏中将“填充”更改为红色（R：243，G：152，B：183），在左侧位置绘制心形图形，此时将生成一个“形状1”图层，如图18.88所示。

图18.88 绘制图形

STEP 03 在“图层”面板中选中“形状1”图层，将其拖至面板底部的“创建新图层”按钮上，复制1个“形状1 拷贝”图层，选中“形状1”，将图形颜色更改为白色，将其向左侧稍微移动，如图18.89所示。

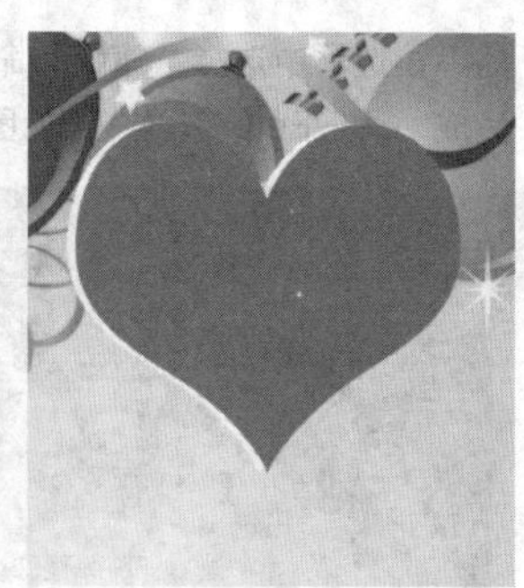

图18.89 复制图层更改颜色并移动图形

STEP 04 在“图层”面板中选中“形状1 拷贝”图层，单击面板底部的“添加图层样式”按钮，在菜单中选择“渐变叠加”命令，在弹出的对话框中将“混合模式”更改为叠加，“渐变”更改为灰色（R：216，G：216，B：216）到黑色，“样式”更改为径向，完成之后单击“确定”按钮，如图18.90所示。

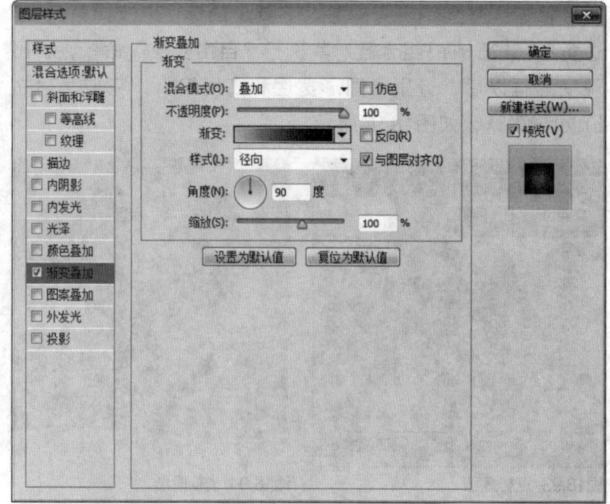

图18.90 设置渐变叠加

STEP 05 选择工具箱中的“矩形工具”，在选项栏中将“填充”更改为红色（R：243，G：150，B：180），“描边”更改为无，在心形下方绘制一个矩形，此时将生成一个“矩形1”图层，如图18.91所示。

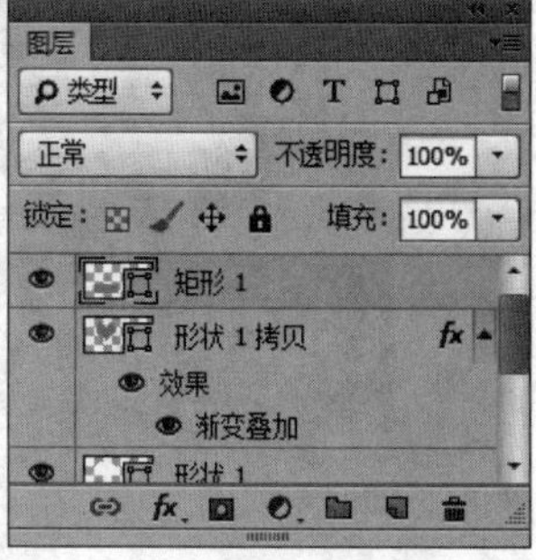

图18.91 绘制图形

STEP 06 选中“矩形1”图层，按Ctrl+T组合键对其执行“自由变换”命令，单击鼠标右键，从弹出的快捷菜单中选择“变形”命令，在选项栏中单击 自定 按钮，在弹出的下拉选项中选择“旗帜”命令，将“弯曲”更改为10%，完成之后按Enter键确认，如图18.92所示。

图18.92 将图形变形

STEP 07 在“图层”面板中选中“矩形1”图层，将其拖至面板底部的“创建新图层”按钮上，复制1个“矩形1 拷贝”图层，如图18.93所示。

STEP 08 选中“矩形1 拷贝”图层，将图形“填充”更改为无，“描边”更改为白色，“大小”更改为1点，单击“设置形状描边类型”按钮，在弹出的选项中选择第2种描边类型，按Ctrl+T组合键对其执行“自由变换”命令，当出现变形框以后，分别将图形宽度和高度缩小，完成之后按Enter键确认，如图18.94所示。

图18.93 复制图层

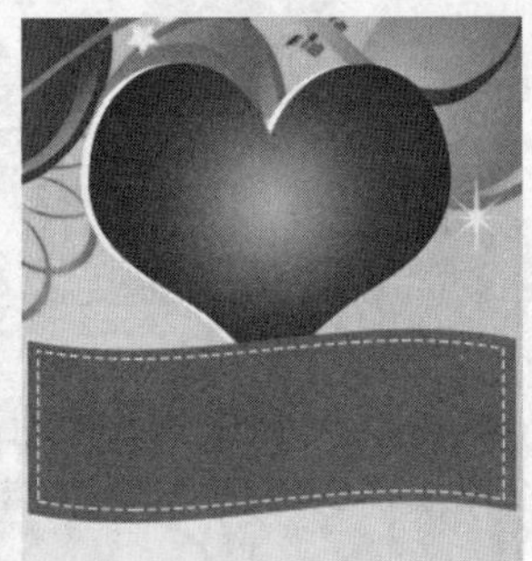

图18.94 变换图形

- **添加文字**

STEP 01 选择工具箱中的“横排文字工具”，在画布中的适当位置添加文字，如图18.95所示。

图18.95 添加文字

STEP 02 选中“美丽洗护”图层，按Ctrl+T组合键对其执行“自由变换”命令，单击鼠标右键，从弹出的快捷菜单中选择“斜切”命令，拖动变形框控制点将文字变形，以同样的方法选中“年终让利”图层，将文字变形，完成之后按Enter键确认，如图18.96所示。

图18.96 将文字变形

STEP 03 选中“全场满200减60”图层，按Ctrl+T组合键对其执行“自由变换”命令，单击鼠标右键，从弹出的快捷菜单中选择“变形”命令，在选项栏中单击按钮，在弹出的下拉选项中选择“旗帜”命令，将“弯曲”更改为10%，完成之后按Enter键确认，以同样的方法选中“满100减20”图层将文字变形，如图18.97所示。

图18.97 将文字变形

STEP 04 在“图层”面板中选中“美丽洗护”图层，单击面板底部的“添加图层样式”按钮，在菜单中选择“描边”命令，在弹出的对话框中将“大小”更改为5像素，“颜色”更改为红色（R：255，G：190，B：213），如图18.98所示。

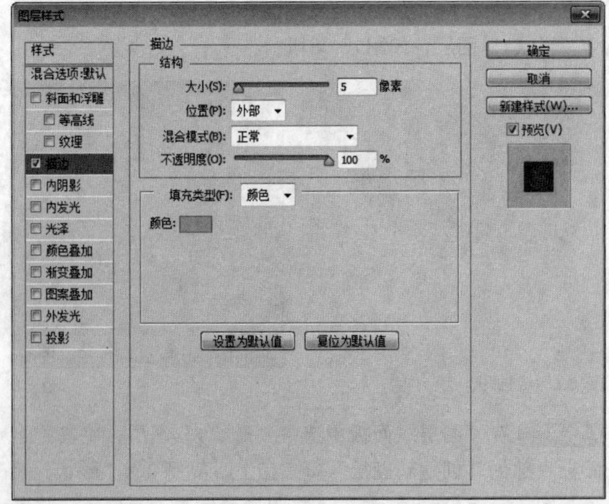

图18.98 设置描边

STEP 05 勾选“外发光”复选框，将“颜色”更改为白色，“大小”更改为15像素，完成之后单击“确定”按钮，如图18.99所示。

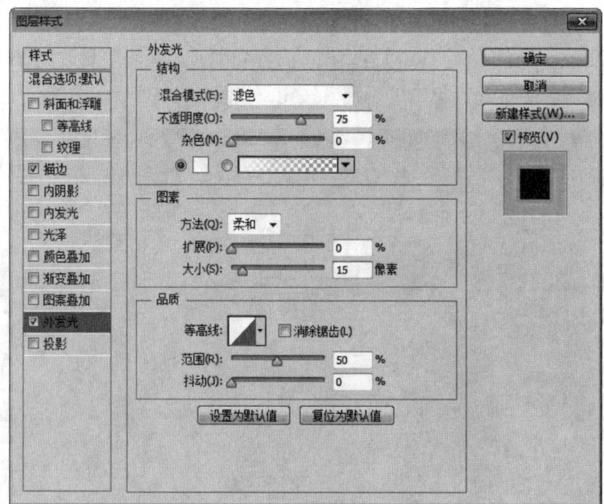

图18.99 设置外发光

STEP 06 在“美丽洗护”图层上单击鼠标右键，从弹出的快捷菜单中选择“拷贝图层样式”命令，同时选中“满100减20”“全场满200减60”及“年终让利”图层，然后在图层上单击鼠标右键，从弹出的快捷菜单中选择“粘贴图层样式”命令，如图18.100所示。

图18.100 复制并粘贴图层样式

STEP 07 选择工具箱中的“自定形状工具”，在画布中单击鼠标右键，在弹出的面板中选择“红心形卡”形状，如图18.101所示。

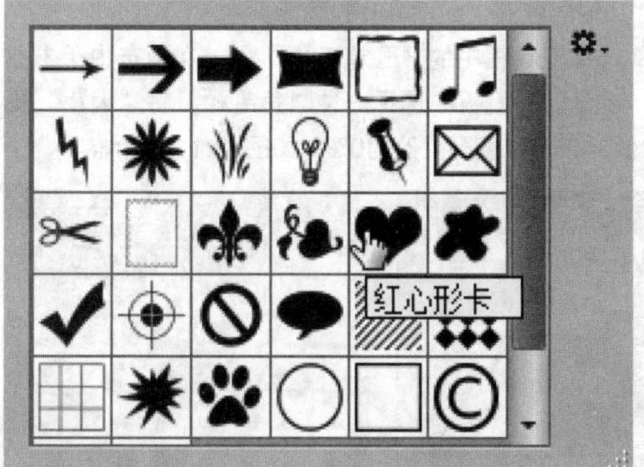

图18.101 设置形状

STEP 08 在选项栏中将“填充”更改为白色，在文字右上角位置绘制一个心形图形，此时将生成一个“形状2”图层，如图18.102所示。

图18.102 绘制图形

STEP 09 在“图层”面板中选中“形状2”图层，将其拖至面板底部的“创建新图层”按钮上，复制1个“形状2 拷贝”图层，如图18.103所示。

STEP 10 选中“形状2 拷贝”图层，按Ctrl+T组合键对其执行“自由变换”命令，将图形适当旋转并放大，完成之后按Enter键确认，如图18.104所示。

图18.103 复制图层

图18.104 变换图形

STEP 11 同时选中“形状2 拷贝”及“形状2”图层，在其图层上单击鼠标右键，从弹出的快捷菜单中选择“粘贴图层样式”命令，这样就完成了效果制作，最终效果如图18.105所示。

图18.105 最终效果

实战 496 香氛洗浴广告设计

- 素材位置：素材\第18章\香氛洗浴
- 案例位置：效果\第18章\香氛洗浴广告设计.psd
- 视频位置：视频\实战496.avi
- 难易指数：★★★☆☆

• 实例介绍 •

本例讲解香氛洗浴的制作方法。本例在产品的描述过程中以美丽的透明图像作为衬托以体现出产品之美，最终效果如图18.106所示。

图18.106 最终效果

• 操作步骤 •

• 打开素材

STEP 01 执行菜单栏中的“文件”|“打开”命令，打开“背景.jpg”文件，如图18.107所示。

图18.107 打开素材

STEP 02 选择工具箱中的“椭圆工具”，在选项栏中将“填充”更改为白色，“描边”更改为无，在画布中绘制一个椭圆图形，此时将生成一个“椭圆1”图层，如图18.108所示。

图18.108 绘制图形

STEP 03 在“图层”面板中选中“椭圆1”图层，单击面板底部的“添加图层样式”按钮，在菜单中选择“内发光”命令，在弹出的对话框中将“混合模式”更改为正常，“颜色”更改为绿色（R：64，G：188，B：43），“大小”更改为85像素，完成之后单击“确定”按钮，如图18.109所示。

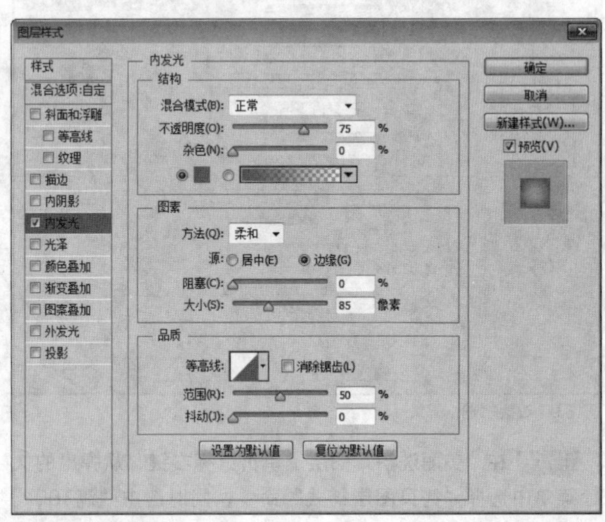

图18.109 设置内发光

STEP 04 在“图层”面板中选中“椭圆1”图层，将其图层“填充”更改为0%，如图18.110所示。

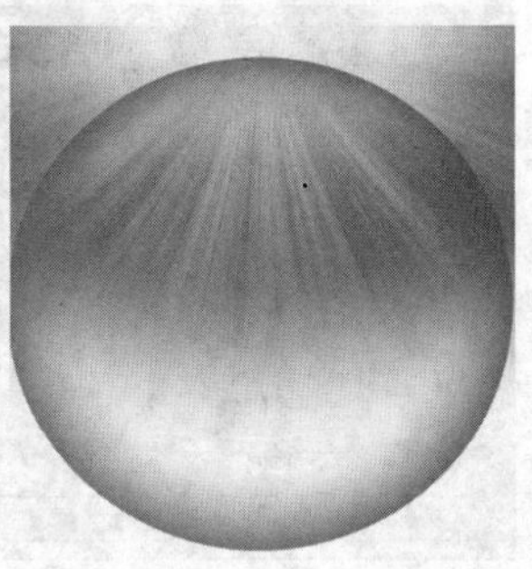

图18.110 更改填充

STEP 05 在“图层”面板中选中“椭圆1”图层，在其图层上单击鼠标右键，从弹出的快捷菜单中选择“栅格化图层样式”命令，再单击面板底部的“添加图层蒙版”按钮，为其图层添加图层蒙版，如图18.111所示。

STEP 06 选择工具箱中的“画笔工具”，在画布中单击鼠标右键，在弹出的面板中选择一种圆角笔触，将“大小”更改为300像素，“硬度”更改为0%，如图18.112所示。

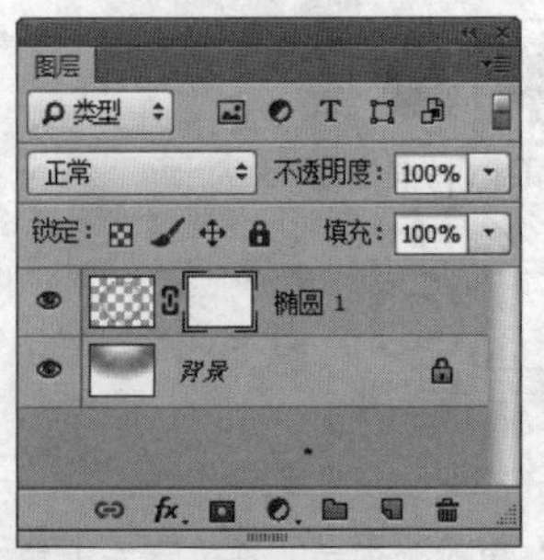

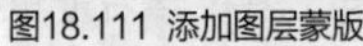

图18.111 添加图层蒙版

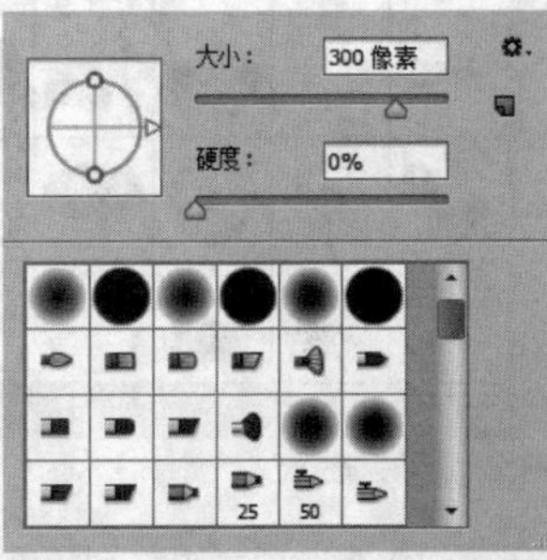

图18.112 设置笔触

● 添加素材

STEP 01 将前景色更改为黑色，在图像上的部分区域涂抹，将其隐藏，如图18.113所示。

STEP 02 执行菜单栏中的“文件”|“打开”命令，打开“洗浴露.psd”文件，将打开的素材拖入画布中并适当缩小，如图18.114所示。

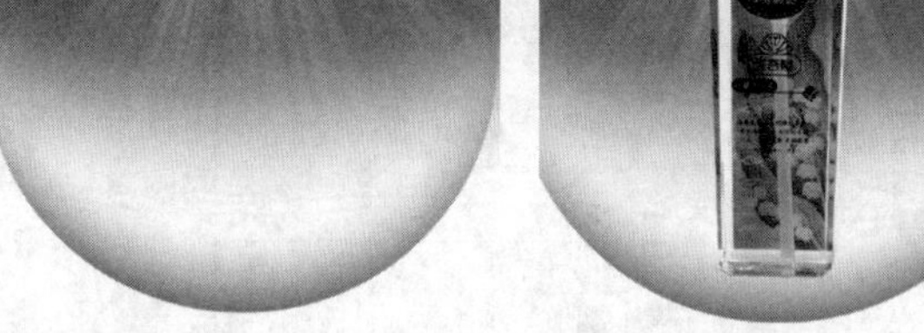

图18.113 隐藏图像　　图18.114 添加素材

STEP 03 在“图层”面板中选中“沐浴露”图层，将其拖至面板底部的“创建新图层”按钮上，复制1个“沐浴露 拷贝”图层，如图18.115所示。

STEP 04 选中“沐浴露 拷贝”图层，按Ctrl+T组合键对其执行“自由变换”命令，单击鼠标右键，从弹出的快捷菜单中选择“垂直翻转”命令，完成之后按Enter键确认，再将其向下拖动，与原图像底部对齐，如图18.116所示。

图18.115 复制图层　　图18.116 变换图像

STEP 05 在“图层”面板中选中“沐浴露 拷贝”图层，单击面板底部的“添加图层蒙版”按钮，为其图层添加图层蒙版，如图18.117所示。

STEP 06 选择工具箱中的“渐变工具”，编辑黑色到白色的渐变，单击选项栏中的“线性渐变”按钮，在图像上从下至上拖动，将部分图像隐藏，为原图像制作倒影，再将其移至“椭圆 1”图层下方，如图18.118所示。

图18.117 添加图层蒙版　　图18.118 设置渐变并隐藏图形

● 绘制图像

STEP 01 选择工具箱中的“椭圆工具”，在选项栏中单击“选择工具模式”按钮，在弹出的选项中选择“路径”，按住Shift键绘制一个路径，如图18.119所示。

图18.119 绘制路径

STEP 02 单击面板底部的“创建新图层”按钮，新建一个“图层1”图层，如图18.120所示。

STEP 03 选择工具箱中的“画笔工具”，在画布中单击鼠标右键，在弹出的面板中选择一种圆角笔触，将“大小”更改为10像素，“硬度”更改为0%，如图18.121所示。

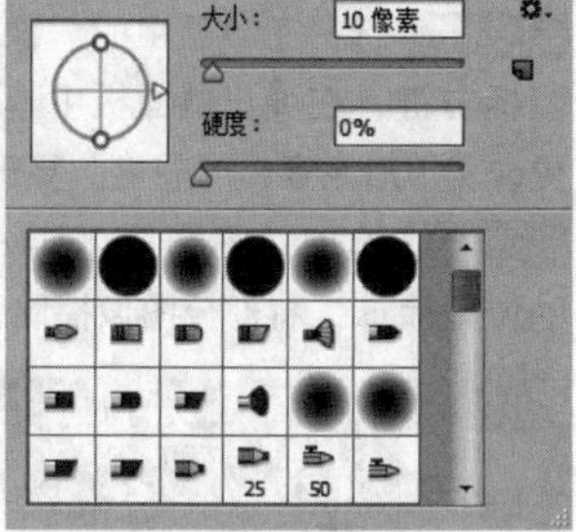

图18.120 新建图层　　图18.121 设置笔触

STEP 04 将前景色更改为白色，选中“图层1”图层，在“路径”面板中选中工作路径，单击鼠标右键，从弹出的快捷菜单中选择“描边路径”命令，在弹出的对话框中选择“工具”为画笔，确认勾选“模拟压力”复选框，完成之后单击“确定”按钮，如图18.122所示。

STEP 05 选中“图层1”图层，按Ctrl+T组合键对其执行“自由变换”命令，将图像高度缩小并适当旋转，完成之后按Enter键确认，如图18.123所示。

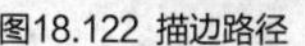

图18.122 描边路径　　图18.123 变换图像

STEP 06 在“图层”面板中选中“图层1”图层，单击面板底部的“添加图层样式” 按钮，在菜单中选择“内发光”命令，在弹出的对话框中将“混合模式”更改为正常，“不透明度”更改为25%，“颜色”更改为绿色（R：64，G：188，B：43），“大小”更改为3像素，完成之后单击“确定”按钮，如图18.124所示。

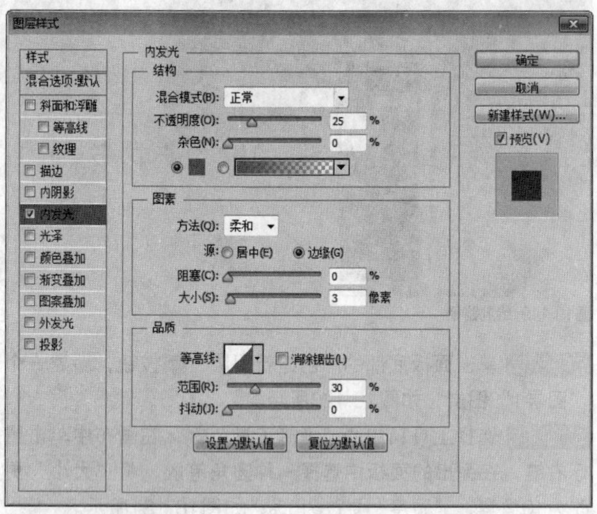

图18.124 设置内发光

STEP 07 选择工具箱中的“橡皮擦工具” ，在画布中单击鼠标右键，在弹出的面板中选择一种圆角笔触，将“大小”更改为100像素，“硬度”更改为0%，如图18.125所示。

STEP 08 选中“图层1”图层，在图像上半部分与瓶身交叉的位置涂抹，将部分图像擦除，如图18.126所示。

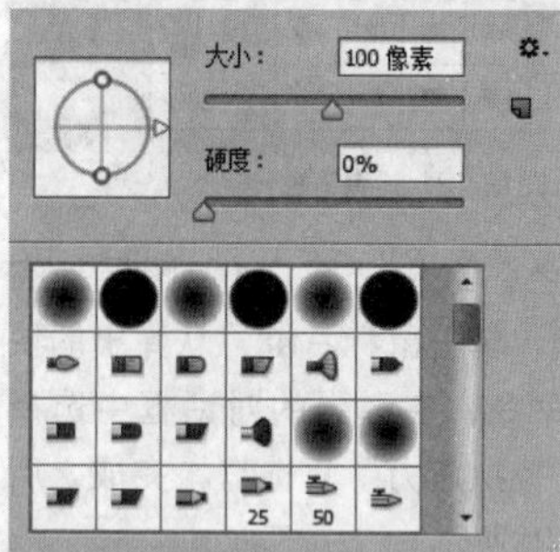

图18.125 设置笔触

图18.126 隐藏图像

STEP 09 选择工具箱中的“椭圆工具” ，在选项栏中将“填充”更改为白色，“描边”更改为无，在画布中绘制一个椭圆图形，此时将生成一个“椭圆2”图层，如图18.127所示。

图18.127 绘制图形

STEP 10 在“图层”面板中选中“椭圆2”图层，单击面板底部的“添加图层样式” 按钮，在菜单中选择“内发光”命令，在弹出的对话框中将“混合模式”更改为正常，“颜色”更改为白色，“大小”更改为20像素，完成之后单击“确定”按钮，如图18.128所示。

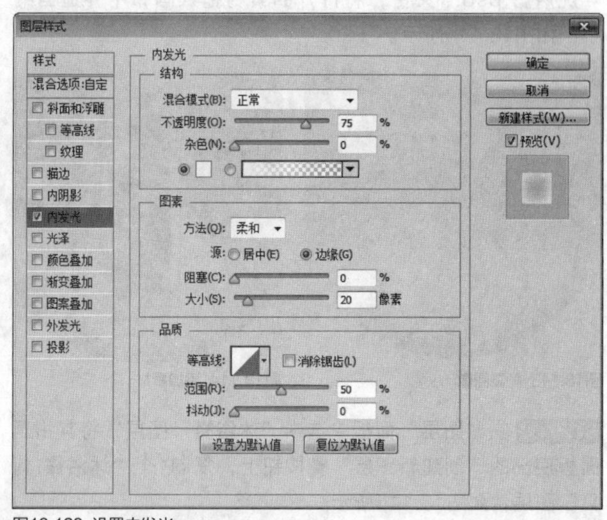

图18.128 设置内发光

STEP 11 在“图层”面板中选中“椭圆2”图层，将其图层“填充”更改为0%，如图18.129所示。

图18.129 更改填充

STEP 12 选择工具箱中的“钢笔工具” ，在选项栏中单击“选择工具模式” 按钮，在弹出的选项中选择“形状”，将“填充”更改为白色，“描边”更改为无，在椭圆图形位置绘制一个不规则图形，此时将生成一个“形状1”图层，如图18.130所示。

图18.130 绘制图形

STEP 13 选中“形状1”图层，执行菜单栏中的“滤镜”|“模糊”|“高斯模糊”命令，在弹出的对话框中将“半径”更改为7像素，完成之后单击“确定”按钮，如图18.131所示。

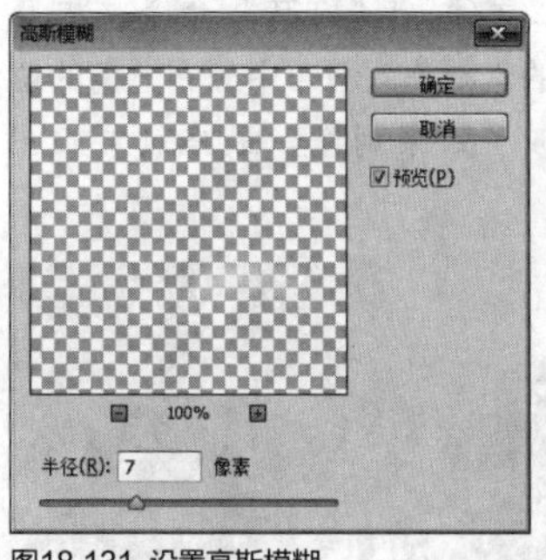

图18.131 设置高斯模糊

STEP 14 在“图层”面板中同时选中“形状1”及“椭圆2”图层，将其拖至面板底部的“创建新图层”按钮上，复制1个拷贝图层，按Ctrl+T组合键对其执行“自由变换”命令，将图像等比例缩小，完成之后按Enter键确认，再将“形状1 拷贝”图层“不透明度”更改为70%，如图18.132所示。

图18.132 复制图层并更改不透明度

- **添加文字**

STEP 01 以同样的方法将图像再复制一份并向左侧移动，如图18.133所示。

STEP 02 选择工具箱中的“横排文字工具”T，在画布中的适当位置添加文字，如图18.134所示。

图18.133 复制图像

图18.134 添加文字

STEP 03 在“图层”面板中选中“香氛”图层，单击面板底部的“添加图层样式”fx按钮，在菜单中选择“描边”命令，在弹出的对话框中将“大小”更改为2像素，“颜色”更改为绿色（R：64，G：188，B：43），如图18.135所示。

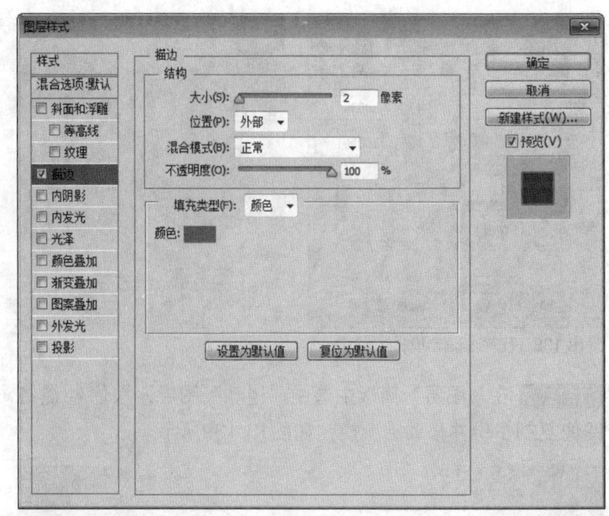

图18.135 设置描边

STEP 04 在“香氛”图层上单击鼠标右键，从弹出的快捷菜单中选择“拷贝图层样式”命令，同时选中“保湿”“润肤”图层，在图层上单击鼠标右键，从弹出的快捷菜单中选择“粘贴图层样式”命令，如图18.136所示。

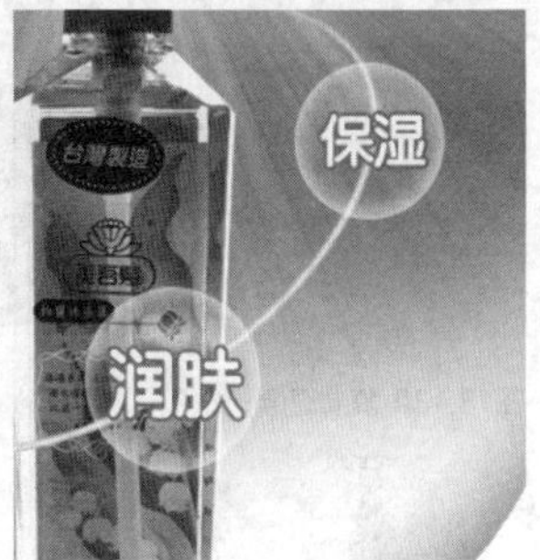

图18.136 复制并粘贴图层样式

STEP 05 执行菜单栏中的“文件”|“打开”命令，打开“树叶.psd”文件，将打开的素材拖入画布中沐浴露图像的靠左侧位置并适当缩小，如图18.137所示。

图18.137 添加素材

STEP 06 选中“树叶”图层，将图层混合模式设置为“叠加”，并将其移至“背景”图层上方，如图18.138所示。

图18.138 设置图层混合模式

STEP 07 在“图层”面板中选中“树叶”图层，按住Alt键将图像复制多份并移动、变换，如图18.139所示。

图18.139 复制图像

提示

在复制图像的时候可以降低部分图像的不透明度，这样装饰的效果会更加自然。

STEP 08 执行菜单栏中的“文件”|“打开”命令，打开“绿叶.psd”文件，将打开的素材拖入画布中靠右上角的位置并适当缩小，这样就完成了效果制作，最终效果如图18.140所示。

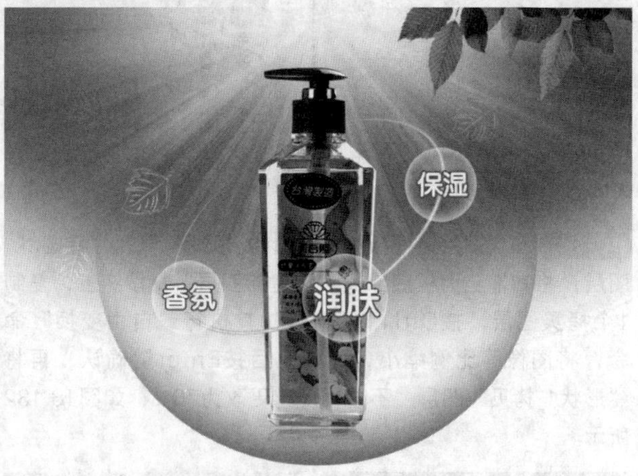

图18.140 最终效果

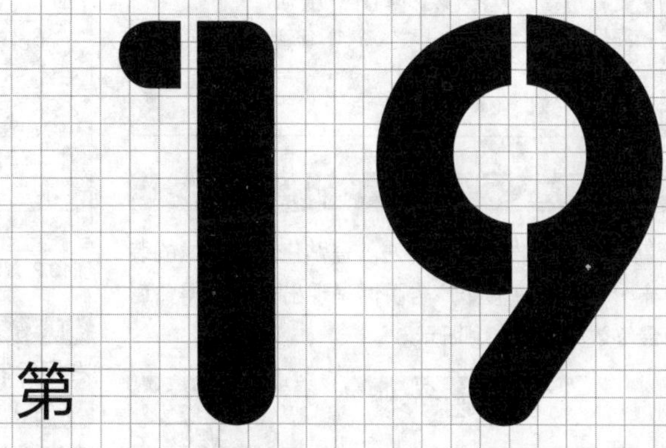

第19章 数码时代硬广设计

本章导读

本章讲解世纪数码时代的制作方法。本章中的所有案例都是以数码类商品为主。在网购盛行的今天，越来越多的人乐于在网上淘他们喜欢的数码产品，比如手机、电脑等，此类广告的制作要求比较明确，以最大程度地体现出价格与相应的服务优势为主。在本章中的大量实例中我们可以学习到关于数码类广告的设计与制作方法。

要点索引

- 学会通信类商品的广告制作方法
- 掌握电脑类商品的广告设计方法
- 了解传统数码的广告制作方法
- 学习新潮类数码的设计方法

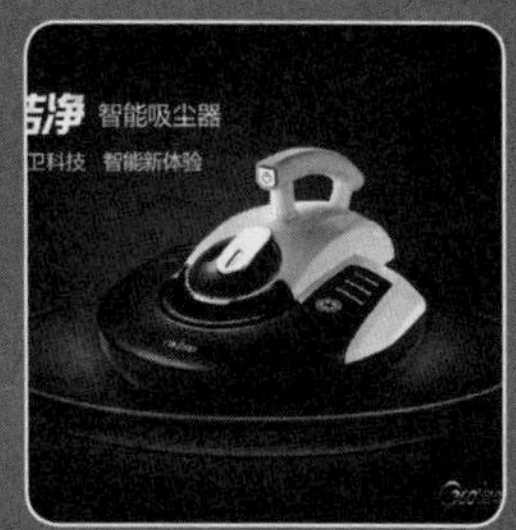

实战 497 新机上市硬广设计

▶素材位置：素材\第19章\新机上市广告
▶案例位置：效果\第19章\新机上市硬广设计.psd
▶视频位置：视频\实战497.avi
▶难易指数：★★☆☆☆

• 实例介绍 •

本例讲解新机上市广告的制作方法。瓷贴化素材图像的装饰与手机定位十分融合，使整个广告页面呈现出一种相得益彰的视觉效果，最终效果如图19.1所示。

图19.1 最终效果

• 操作步骤 •

STEP 01 执行菜单栏中的“文件”|“打开”命令，打开“背景.jpg、手机.psd、手机2.psd、标志.psd”文件，将标志和手机素材拖入背景文档的适当位置并缩小，如图19.2所示。

图19.2 打开及添加素材

STEP 02 在“图层”面板中选中“手机”图层，将其拖至面板底部的“创建新图层”按钮上，复制1个“手机 拷贝”图层，如图19.3所示。

STEP 03 选中“手机”图层，按Ctrl+T组合键对其执行“自由变换”命令，单击鼠标右键，从弹出的快捷菜单中选择“垂直翻转”命令，完成之后按Enter键确认，再将图像向下移动，与原图像底部对齐，如图19.4所示。

图19.3 复制图层

图19.4 变换图像

STEP 04 选择工具箱中的“矩形选框工具”，在手机图层右侧绘制一个矩形选区以选中部分图像，如图19.5所示。

STEP 05 选中“手机”图层，按Ctrl+T组合键对其执行“自由变换”命令，将变形框同上移动，完成之后按Enter键确认，再按Ctrl+D组合键取消选区，如图19.6所示。

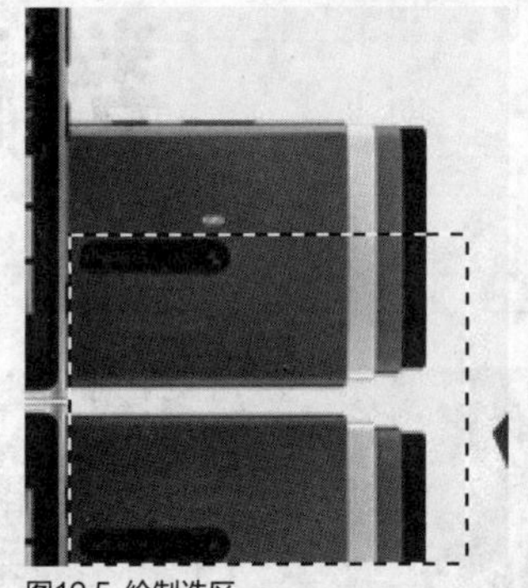

图19.5 绘制选区

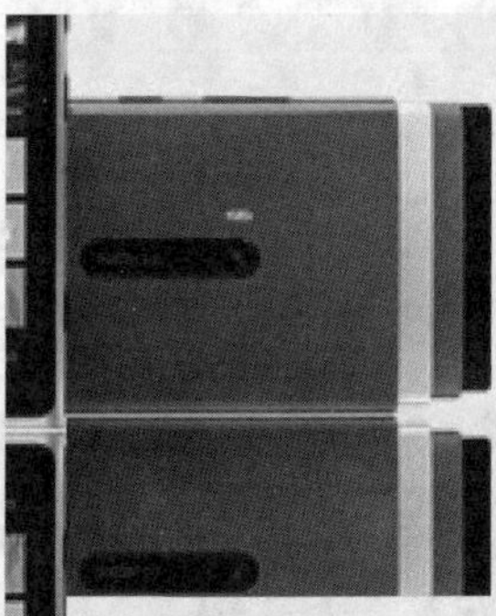

图19.6 变换图像

STEP 06 在“图层”面板中选中“手机”图层，单击面板底部的“添加图层蒙版”按钮，为其图层添加图层蒙版，如图19.7所示。

STEP 07 选择工具箱中的“渐变工具”，编辑黑色到白色的渐变，单击选项栏中的“线性渐变”按钮，在图像上从下至上拖动，将部分图像隐藏，如图19.8所示。

图19.7 添加图层蒙版

图19.8 设置渐变并隐藏图形

STEP 08 在“图层”面板中选中“手机2”图层，将其拖至面板底部的“创建新图层”按钮上，复制1个“手机2 拷贝”图层，如图19.9所示。

STEP 09 以同样的方法将“手机2”图层中的图像变形，为手机2图像制作倒影效果，如图19.10所示。

图19.9 复制图层

图19.10 将图像变形并制作倒影

提示

在对图像进行变形的时候一定要注意物体的透视，准确的图像变形才能制作出真实的倒影效果。

STEP 10 选择工具箱中的“横排文字工具” T，在画布中的适当位置添加文字，这样就完成了效果制作，最终效果如图19.11所示。

图19.11 最终效果

实战 498

吸尘器硬广设计

- 素材位置：素材\第19章\吸尘器广告
- 案例位置：效果\第19章\吸尘器硬广设计.psd
- 视频位置：视频\实战498.avi
- 难易指数：★★★☆☆

• 实例介绍 •

本例以动感的深绿色背景搭配科技感十足的商品图像，整个视觉效果十分出色。打开并添加素材图像，为素材图像制作阴影，然后添加文字信息完成效果制作，最终效果如图19.12所示。

图19.12 最终效果

• 操作步骤 •

• 打开素材

STEP 01 执行菜单栏中的“文件”|“打开”命令，打开“背景.jpg、吸尘器.psd”文件，将打开的“吸尘器”素材图像拖入背景中并适当缩小，如图19.13所示。

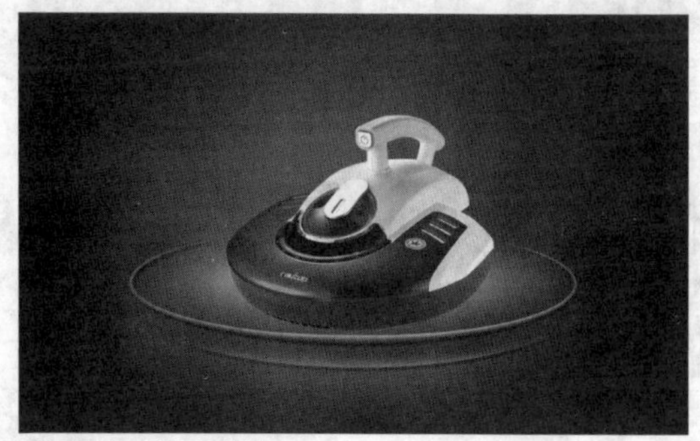

图19.13 打开并添加素材

STEP 02 在“图层”面板中选中“吸尘器”图层，将其拖至面板底部的“创建新图层”按钮上，复制1个“吸尘器 拷贝”图层，如图19.14所示。

STEP 03 在“图层”面板中选中“吸尘器”图层，单击面板上方的“锁定透明像素”按钮，将当前图层中的透明像素锁定，将图像填充为黑色，填充完成之后再次单击此按钮将其解除锁定，如图19.15所示。

图19.14 复制图层

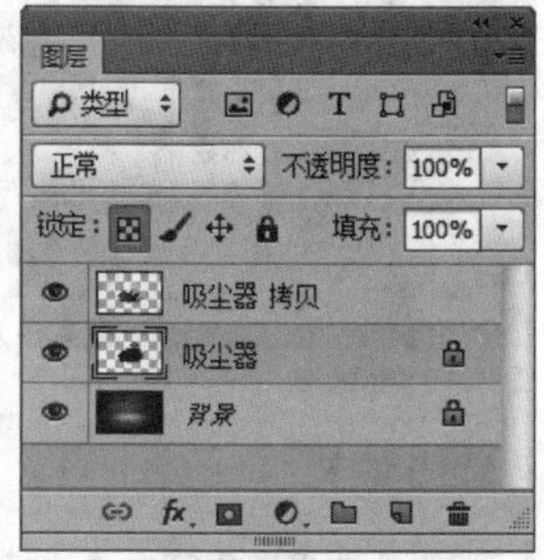

图19.15 锁定透明像素并填充颜色

STEP 04 选中“吸尘器”图层，执行菜单栏中的“滤镜”|“模糊”|“高斯模糊”命令，在弹出的对话框中将“半径”更改为10像素，完成之后单击“确定”按钮，如图19.16所示。

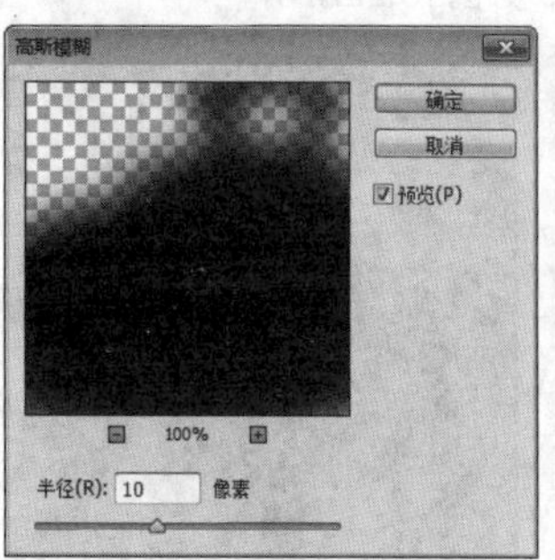

图19.16 设置高斯模糊

STEP 05 在“图层”面板中选中“吸尘器”图层，单击面板底部的“添加图层蒙版”按钮，为其图层添加图层蒙版，如图19.17所示。

STEP 06 选择工具箱中的“画笔工具”，在画布中单击鼠标右键，在弹出的面板中选择一种圆角笔触，将“大小”更改为150像素，“硬度”更改为0%，如图19.18所示。

图19.17 添加图层蒙版

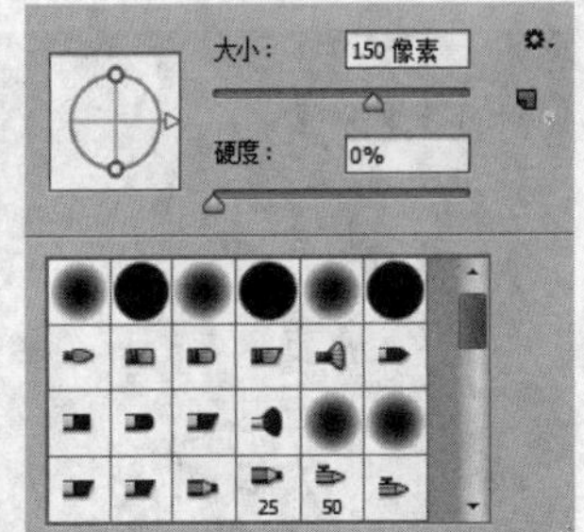

图19.18 设置笔触

STEP 07 将前景色更改为黑色，在图像上的部分区域涂抹，将其隐藏，如图19.19所示。

STEP 08 选中“吸尘器”图层，将图层混合模式设置为“叠加”，如图19.20所示。

图19.19 隐藏图像

图19.20 设置图层混合模式

- **添加文字**

STEP 01 选择工具箱中的“横排文字工具”T，在画布中靠左上角的位置添加文字，如图19.21所示。

STEP 02 选中“超洁净”图层，按Ctrl+T组合键对其执行“自由变换”命令，单击鼠标右键，从弹出的快捷菜单中选择“斜切”命令，将光标移至变形框顶部控制点并向右侧平移，完成之后按Enter键确认，如图19.22所示。

图19.21 添加文字

图19.22 变形文字

STEP 03 执行菜单栏中的“文件”|“打开”命令，打开“20年.psd、logo.psd、文字说明.psd”文件，将打开的素材拖入画布中的适当位置并缩小，这样就完成了效果制作，最终效果如图19.23所示。

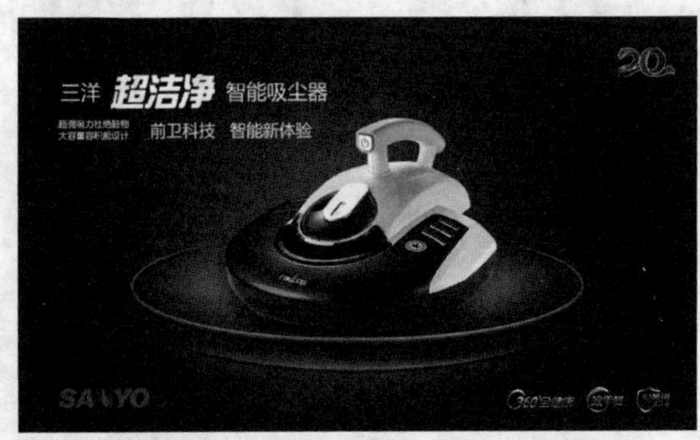

图19.23 最终效果

实战 499 家电超市促销硬广设计

- 素材位置：素材\第19章\家电超市促销
- 案例位置：效果\第19章\家电超市促销硬广设计.psd
- 视频位置：视频\实战499.avi
- 难易指数：★★★☆☆

• 实例介绍 •

打开素材并添加素材图像，绘制图形，然后添加文字信息完成效果制作。本例以展台为背景，通过将多样化组合的图像与背景展板相结合制作出了一款商品广告，最终效果如图19.24所示。

图19.24 最终效果

• 操作步骤 •

- **打开素材**

STEP 01 执行菜单栏中的“文件”|“打开”命令，打开“背景.jpg、家电.psd”文件，将打开的家电素材图像拖入背景中，如图19.25所示。

图19.25 添加素材

STEP 02 选择工具箱中的“钢笔工具”，在选项栏中单击“选择工具模式”路径按钮，在弹出的选项中选择“形状”，将“填充”更改为黑色，“描边”更改为无，在冰箱图像底部位置绘制一个不规则图形，此时将生成一个“形状1”图层，将“形状1”图层移至“冰箱”图层下方，如图19.26所示。

图19.26 绘制图形

STEP 03 选中“形状1”图层，执行菜单栏中的“滤镜”|“模糊”|“高斯模糊”命令，在弹出的对话框中将“半径”更改为3像素，完成之后单击“确定”按钮，再将其图层“不透明度”更改为70%，如图19.27所示。

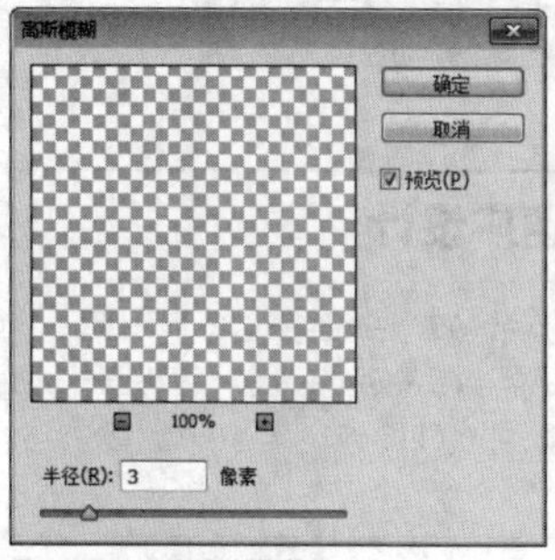

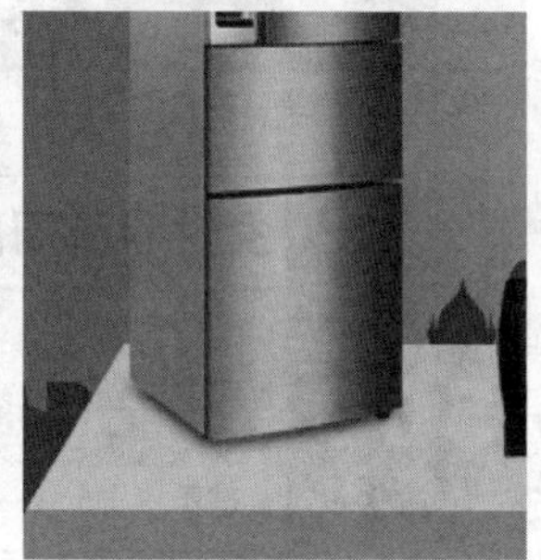

图19.27 设置高斯模糊

STEP 04 以同样的方法在其他几个家电图像的底部位置绘制图形，制作阴影效果，如图19.28所示。

图19.28 制作阴影

STEP 05 选择工具箱中的“圆角矩形工具”，在选项栏中将“填充”更改为蓝色（R：3，G：113，B：200），“描边”更改为无，“半径”更改为10像素，在画布中绘制一个圆角矩形，此时将生成一个“圆角矩形1”图层，将“圆角矩形1”图层移至“背景”图层上方，如图19.29所示。

图19.29 绘制图形

STEP 06 选中“圆角矩形 1”图层，将其拖至面板底部的“创建新图层”按钮上，复制1个“圆角矩形 1 拷贝”图层，如图19.30所示。

STEP 07 选中“圆角矩形1 拷贝”图层，将图形颜色更改为浅蓝色（R：60，G：152，B：237），“描边”更改为淡青色（R：126，G：206，B：244），“大小”更改为2点，按Ctrl+T组合键对其执行“自由变换”命令，将其等比例缩小并移动位置，完成之后按Enter键确认，如图19.31所示。

图19.30 复制图层

图19.31 变换图形

STEP 08 在“图层”面板中选中“圆角矩形 1”图层，单击面板底部的“添加图层样式”按钮，在菜单中选择“投影”命令，在弹出的对话框中将“颜色”更改为蓝色（R：24，G：115，B：148），取消“使用全局光”复选框，将“角度”更改为45度，“距离”更改为2像素，“扩展”更改为100%，“大小”更改为2像素，完成之后单击“确定”按钮，如图19.32所示。

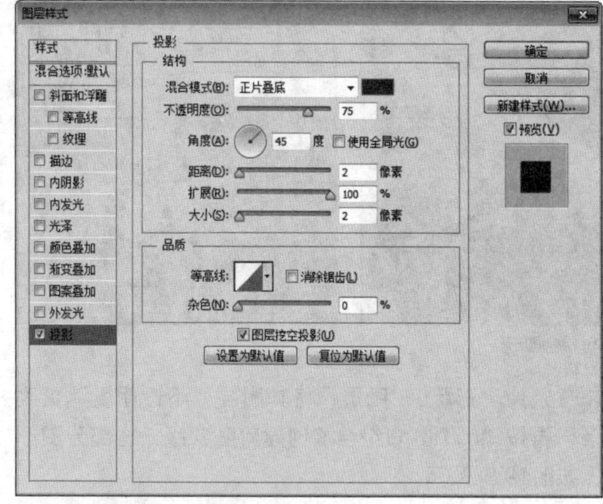

图19.32 设置投影

• 添加文字

STEP 01 选择工具箱中的"横排文字工具"T，在矩形上添加文字，如图19.33所示。

图19.33 添加文字

STEP 02 在"圆角矩形 1"图层上单击鼠标右键，从弹出的快捷菜单中选择"拷贝图层样式"命令，在"狂欢主妇节 大家电满千减百"图层上单击鼠标右键，从弹出的快捷菜单中选择"粘贴图层样式"命令，双击"狂欢主妇节 大家电满千减百"图层样式名称，在弹出的对话框中将"不透明度"更改为50%，完成之后单击"确定"按钮，如图19.34所示。

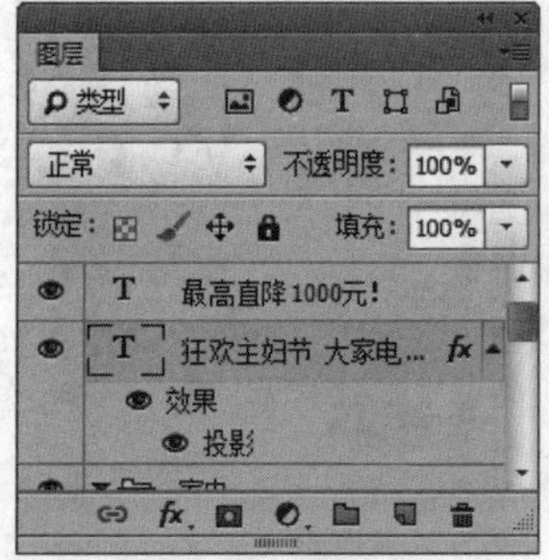

图19.34 复制并粘贴图层样式

STEP 03 选择工具箱中的"钢笔工具"，在选项栏中单击"选择工具模式"路径按钮，在弹出的选项中选择"形状"，将"填充"更改为白色，"描边"更改为无，在文字位置绘制一个不规则图形，此时将生成一个"形状5"图层，将"形状 5"图层移至"狂欢主妇节 大家电满千减百"图层上方，如图19.35所示。

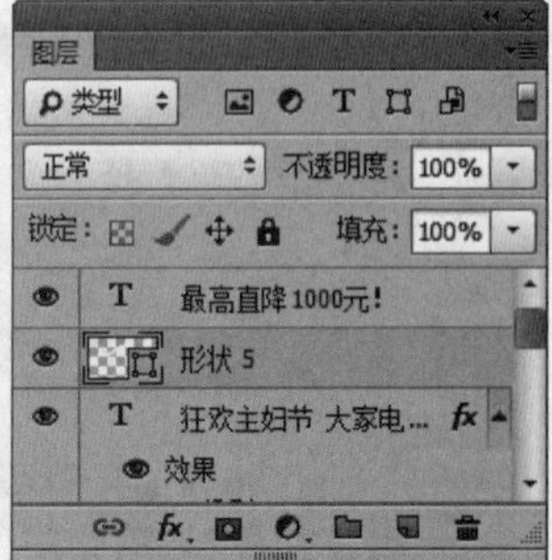

图19.35 绘制图形

STEP 04 选中"形状5"图层，将其图层"不透明度"更改为70%，再按Ctrl+Alt+G组合键创建剪贴蒙版，将部分图形隐藏，如图19.36所示。

图19.36 设置图层混合模式

STEP 05 选中"形状5"图层，按住Alt键将图形复制数份并调整位置，这样就完成了效果制作，最终效果如图19.37所示。

图19.37 最终效果

实战 500

女性手机周硬广设计

- 素材位置：素材\第19章\女性手机周
- 案例位置：效果\第19章\女性手机周硬广设计.psd
- 视频位置：视频\实战500.avi
- 难易指数：★★☆☆☆

• 实例介绍 •

本例讲解女性手机周广告的制作方法。本例以美丽的女性化元素为亮点，整个制作过程围绕主题进行，最终效果如图19.38所示。

图19.38 最终效果

• 操作步骤 •

• 打开背景

STEP 01 执行菜单栏中的"文件" | "打开"命令，打开"背景.jpg"文件，如图19.39所示。

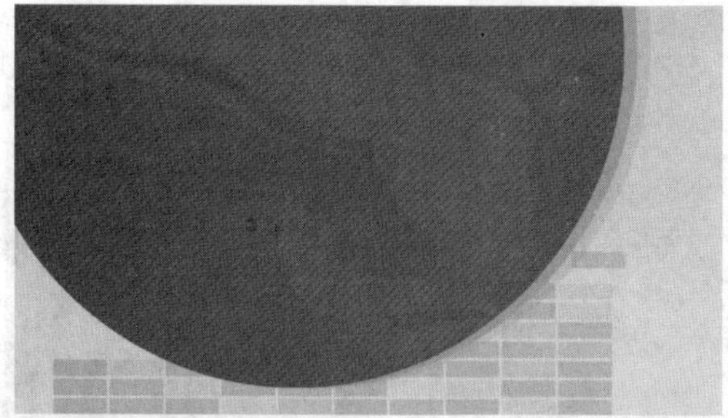

图19.39 添加素材

STEP 02 选择工具箱中的“横排文字工具” T，在画布中的适当位置添加文字，如图19.40所示。

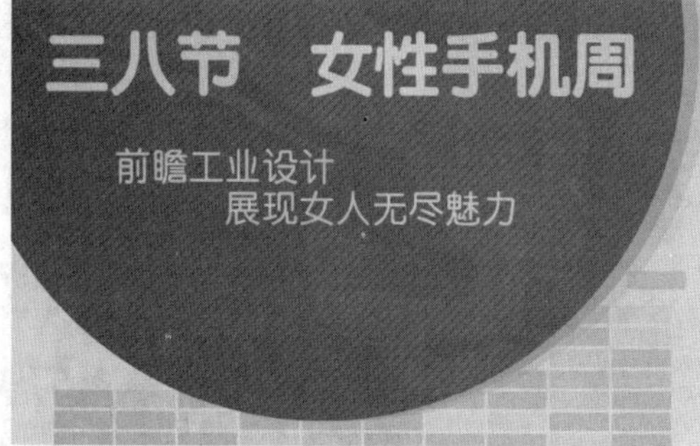

图19.40 添加文字

STEP 03 在“图层”面板中选中“三八节 女性手机周”图层，单击面板底部的“添加图层样式” fx 按钮，在菜单中选择“投影”命令，在弹出的对话框中将“颜色”更改为深红色（R：144，G：8，B：50），取消“使用全局光”复选框，将“角度”更改为90度，“距离”更改为4，“大小”更改为4，完成之后单击“确定”按钮，如图19.41所示。

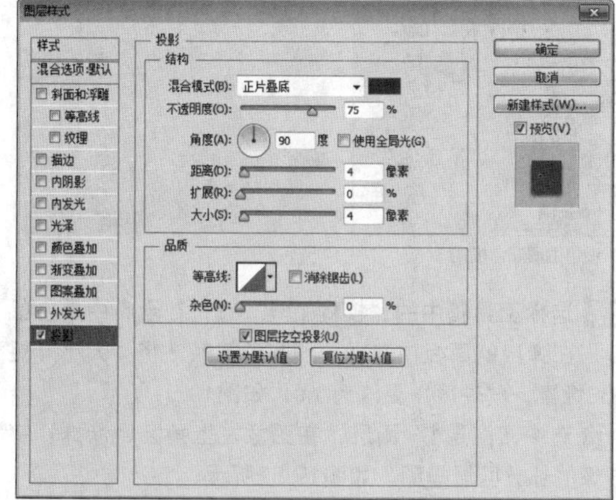

图19.41 设置投影

• 绘制图形

STEP 01 选择工具箱中的“钢笔工具”，在选项栏中单击“选择工具模式” 路径 按钮，在弹出的选项中选择“形状”，将“填充”更改为白色，“描边”更改为无，在文字顶部的位置绘制一个不规则图形，此时将生成一个“形状1”图层，将“形状1”图层移至“三八节 女性手机周”图层上方，如图19.42所示。

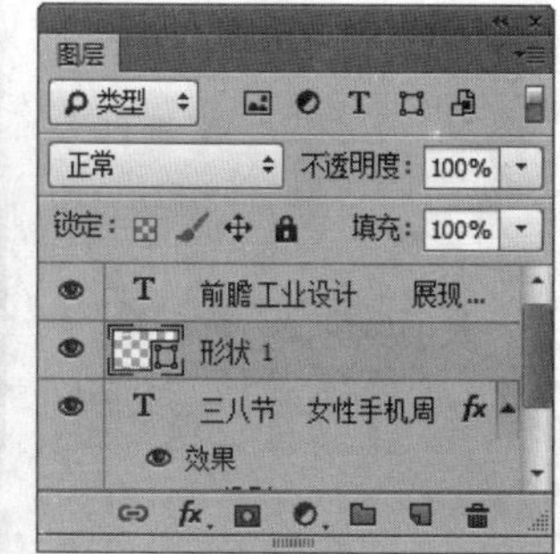

图19.42 绘制图形

STEP 02 选中“形状1”图层，执行菜单栏中的“图层”|“创建剪贴蒙版”命令，为当前图层创建剪贴蒙版，将部分图形隐藏，再将其图层“不透明度”更改为60%，如图19.43所示。

图19.43 创建剪贴蒙版

STEP 03 在“图层”面板中选中“形状1”图层，将其拖至面板底部的“创建新图层”按钮上，复制1个“形状1 拷贝”图层，选中“形状1 拷贝”图层，将其向右侧移动，然后选择工具箱中的“直接选择工具”调整其图形锚点将其稍微变形，这样就完成了效果制作，最终效果如图19.44所示。

图19.44 最终效果

实战 501

电视换新硬广设计

- 素材位置：素材\第19章\电视换新
- 案例位置：效果\第19章\电视换新硬广设计.psd
- 视频位置：视频\实战501.avi
- 难易指数：★★☆☆☆

• 实例介绍 •

本例讲解电视换新广告的制作方法。本例采用粉红色系作为背景，同时和绿色的字体组合在一起形成了春天元素，最终效果如图19.45所示。

图19.45 最终效果

• 操作步骤 •

• 打开素材

STEP 01 执行菜单栏中的“文件”|“打开”命令，打开“背景.jpg、电视.psd”文件，将打开的电视素材图像拖入画布中靠右侧的位置并适当缩小，如图19.46所示。

图19.46 打开及添加素材

STEP 02 选择工具箱中的“钢笔工具”，在选项栏中单击“选择工具模式”路径按钮，在弹出的选项中选择“形状”，将“填充”更改为黑色，“描边”更改为无，在电视底部绘制一个带有弧度的图形，此时将生成一个“形状1”图层，将“形状 1”图层移至“背景”图层上方，如图19.47所示。

图19.47 绘制图形

STEP 03 选中“形状1”图层，执行菜单栏中的“滤镜”|“模糊”|“高斯模糊”命令，在弹出的对话框中将“半径”更改为5像素，完成之后单击“确定”按钮，如图19.48所示。

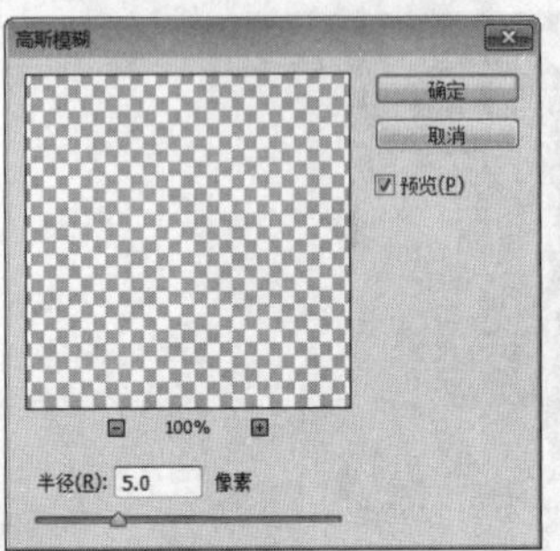

图19.48 设置高斯模糊

STEP 04 执行菜单栏中的“文件”|“打开”命令，打开“桃花.jpg”文件，将打开的素材拖入画布中左上角的位置并适当缩小，其图层名称将更改为“图层1”，如图19.49所示。

图19.49 添加素材

STEP 05 选中“图层 1”图层，将图层混合模式设置为“正片叠底”，如图19.50所示。

图19.50 设置图层混合模式

STEP 06 选择工具箱中的“模糊工具”，在画布中单击鼠标右键，在弹出的面板中选择一种圆角笔触，将“大小”更改为100像素，“硬度”更改为0%，如图19.51所示。

STEP 07 选中“图层1”图层，在图像左上角区域涂抹，将花朵图像的部分区域模糊，如图19.52所示。

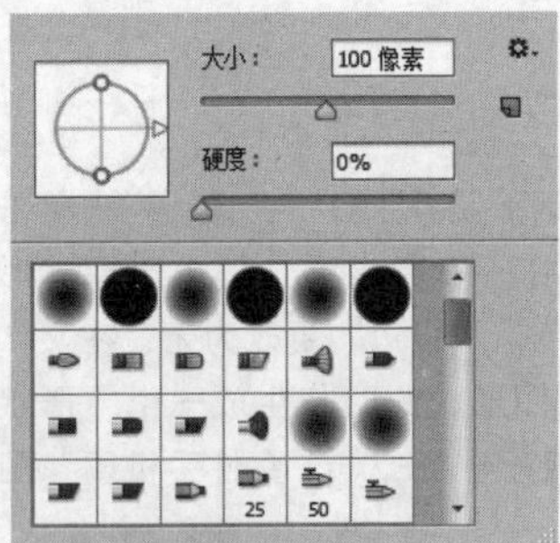

图19.51 设置笔触

图19.52 模糊图像

● 添加素材

STEP 01 执行菜单栏中的“文件”|“打开”命令，打开“花瓣.psd”文件，将打开的素材拖入电视图像的左侧位置并适当缩小，如图19.53所示。

STEP 02 在“图层”面板中选中“花瓣”图层，将其拖至面板底部的“创建新图层”按钮上，复制1个“花瓣 拷贝”图层，如图19.54所示。

图19.53 添加素材

图19.54 复制图层

STEP 03 选中“花瓣”图层，执行菜单栏中的“滤镜”|“模糊”|“动感模糊”命令，在弹出的对话框中将“角度”更改为38度，“距离”更改为70像素，设置完成之后单击“确定”按钮，如图19.55所示。

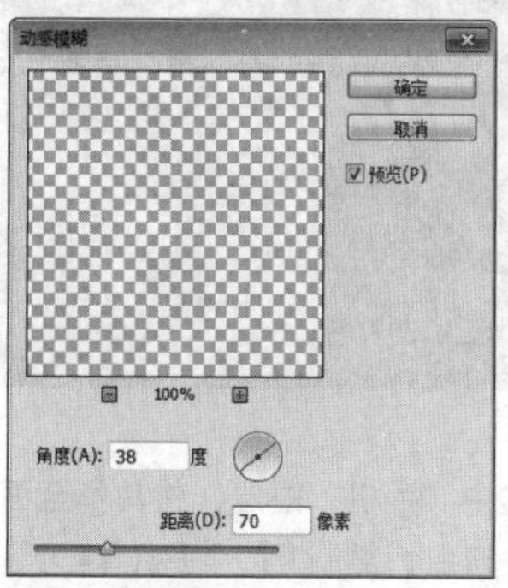

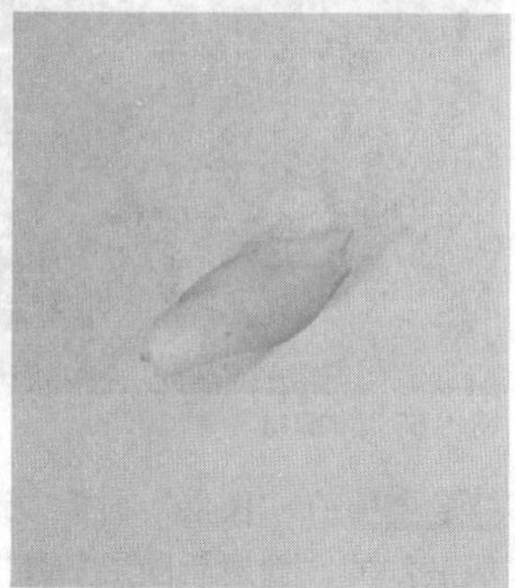

图19.55 设置动感模糊

STEP 04 在“图层”面板中同时选中“花瓣 拷贝”及“花瓣”图层，将其拖至面板底部的“创建新图层”按钮上，复制2个拷贝图层，将图像移动并变换，如图19.56所示。

图19.56 复制并变换图像

STEP 05 在“图层”面板中同时选中所有和“花瓣”相关的图层，将图层混合模式设置为“正片叠底”，“不透明度”更改为25%，如图19.57所示。

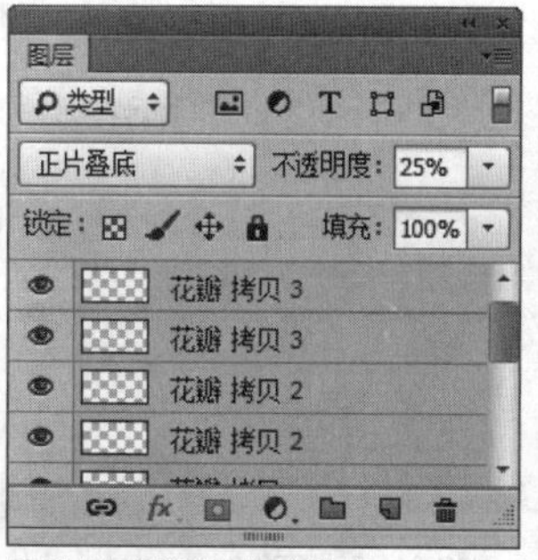

图19.57 设置图层混合模式

● 添加文字

STEP 01 选择工具箱中的“横排文字工具”T，在画布中的适当位置添加文字，如图19.58所示。

图19.58 添加文字

STEP 02 选择工具箱中的“矩形工具”，在选项栏中将“填充”更改为红色（R：230，G：22，B：80），“描边”更改为无，在部分文字位置绘制一个矩形，此时将生成一个“矩形1”图层，将“矩形1”图层移至“背景”图层上方，如图19.59所示。

图19.59 绘制图形

STEP 03 在“图层”面板中选中“矩形1”图层，将其拖至面板底部的“创建新图层”按钮上，复制1个“矩形1 拷贝”图层，如图19.60所示。

STEP 04 选中“矩形1 拷贝”图层，将图形颜色更改为绿色（R：160，G：202，B：64），将图形向下移动，如图19.61所示。

图19.60 复制图层

图19.61 移动图形

STEP 05 在“图层”面板中选中“活动时间：2019.3.15~2019.3.29”图层，将其拖至面板底部的“创建新图层”按钮上，复制1个“活动时间：2019.3.15~2019.3.29 拷贝”图层，如图19.62所示。

图19.62 复制图层

STEP 06 选中“活动时间：2019.3.15~2019.3.29”图层，将文字颜色更改为红色（R：230，G：22，B：80）并向下稍微移动，这样就完成了效果制作，最终效果如图19.63所示。

图19.63 最终效果

实战 502

科技手机硬广设计

▶素材位置：素材\第19章\科技手机
▶案例位置：效果\第19章\科技手机硬广设计.psd
▶视频位置：视频\实战502.avi
▶难易指数：★★☆☆☆

● 实例介绍 ●

本例采用质感背景，并以绝美的工业设计手机为素材图像，搭配十分协调，最终效果如图19.64所示。

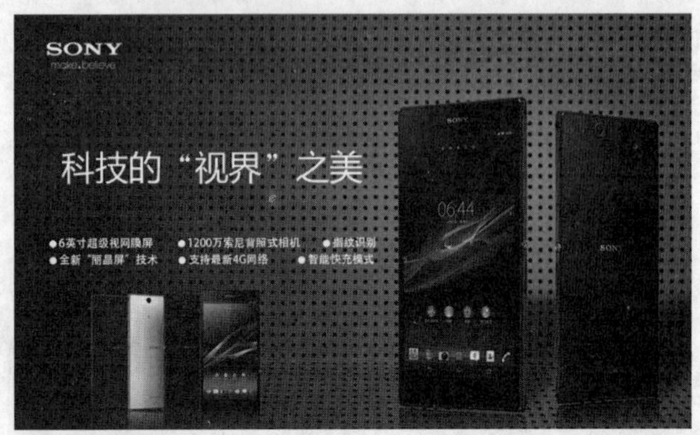

图19.64 最终效果

● 操作步骤 ●

● **打开素材**

STEP 01 执行菜单栏中的“文件”|“打开”命令，打开“背景.jpg、手机.psd”文件，将打开的素材拖入画布中的适当位置并缩小，如图19.65所示。

图19.65 添加素材

STEP 02 在“图层”面板中选中“手机”图层，将其拖至面板底部的“创建新图层”按钮上，复制1个“手机 拷贝”图层，如图19.66所示。

STEP 03 在“图层”面板中选中“手机”图层，单击面板上方的“锁定透明像素”按钮将当前图层透明像素锁定，将图像填充为黑色，填充完成之后再次单击此按钮将其解除锁定，如图19.67所示。

图19.66 复制图层

图19.67 锁定透明像素并填充颜色

STEP 04 选中“手机”图层，按Ctrl+T组合键对其执行“自由变换”命令将图像高度缩小，再单击鼠标右键，从弹出的快捷菜单中选择“扭曲”命令，拖动变形框顶部控制点将图像变形，完成之后按Enter键确认，如图19.68所示。

图19.68 将图像变形

STEP 05 选中“手机”图层，执行菜单栏中的“滤镜”|“模糊”|“高斯模糊”命令，在弹出的对话框中将“半径”更改为7像素，设置完成之后单击“确定”按钮，再将其图层“不透明度”更改为50%，如图19.69所示。

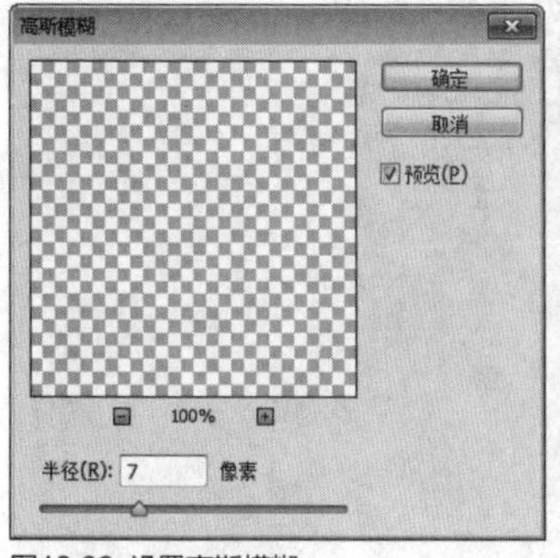

图19.69 设置高斯模糊

- **制作倒影**

STEP 01 在“图层”面板中选中“手机 拷贝”图层，将其拖至面板底部的“创建新图层”按钮上，复制1个“手机 拷贝2”图层，如图19.70所示。

STEP 02 选择工具箱中的“矩形选框工具”，在手机图像右侧部分绘制一个矩形选区以选中右侧的手机图像，如图19.71所示。

图19.70 复制图层

图19.71 绘制选区

STEP 03 选中“手机 拷贝2”图层，将选区中的图像删除，完成之后按Ctrl+D组合键将选区取消。

STEP 04 按Ctrl+T组合键对其执行“自由变换”命令，先将其垂直翻转，再利用“斜切”命令将图像变形并与原图像底部对齐，完成之后按Enter键确认，如图19.72所示。

图19.72 删除及变换图像

STEP 05 在“图层”面板中选中“手机 拷贝 2”图层，单击面板底部的“添加图层蒙版”按钮，为其图层添加图层蒙版，如图19.73所示。

STEP 06 选择工具箱中的“渐变工具”，编辑黑色到白色的渐变，单击选项栏中的“线性渐变”按钮，在图像上从下至上拖动，将部分图像隐藏，为手机制作倒影效果，如图19.74所示。

图19.73 添加图层蒙版

图19.74 设置渐变并隐藏图形

STEP 07 以同样的方法将“手机 拷贝”图层再复制一份，并将左侧的手机图像删除，制作同样的倒影效果，如图19.75所示。

图19.75 复制图层并制作倒影

STEP 08 以刚才同样的方法选中“手机2”图层，将其复制，然后为其制作倒影效果，如图19.76所示。

图19.76 复制图层制作倒影

STEP 09 执行菜单栏中的“文件”|“打开”命令，打开“logo.psd”文件，将打开的素材拖入画布中的左上角位置并适当缩小，如图19.77所示。

图19.77 添加素材

STEP 10 选择工具箱中的“横排文字工具” T，在画布中的适当位置添加文字，这样就完成了效果制作，最终效果如图19.78所示。

图19.78 最终效果

实战 503 平板电脑硬广设计

▶素材位置：素材\第19章\平板电脑
▶案例位置：效果\第19章\平板电脑硬广设计.psd
▶视频位置：视频\实战503.avi
▶难易指数：★★☆☆☆

• 实例介绍 •

本例讲解平板电脑的广告制作方法。本例的制作以突出平板电脑的特点为主，通过炫丽的展台完美地表现平板的定位，最终效果如图19.79所示。

图19.79 最终效果

• 操作步骤 •

● 打开素材

STEP 01 执行菜单栏中的“文件”|“打开”命令，打开“背景.jpg、平板电脑.psd”文件，将平板电脑素材拖入背景靠左侧位置并适当缩小，如图19.80所示。

图19.80 添加素材

STEP 02 在“图层”面板中选中“平板电脑”图层，将其拖至面板底部的“创建新图层” 按钮上，复制1个“平板电脑 拷贝”图层，如图19.81所示。

STEP 03 选中“平板电脑 拷贝”图层，按Ctrl+T组合键对其执行“自由变换”命令，单击鼠标右键，从弹出的快捷菜单中选择“垂直翻转”命令，完成之后按Enter键确认，再将图像向下垂直移动并与原图像对齐，如图19.82所示。

图19.81 复制图层

图19.82 变换图像

STEP 04 在“图层”面板中选中“平板电脑 拷贝”图层，单击面板底部的“添加图层蒙版” 按钮，为其图层添加图层蒙版，如图19.83所示。

STEP 05 选择工具箱中的“渐变工具”，编辑黑色到白色的渐变，单击选项栏中的“线性渐变”按钮，在图像上从下至上拖动，将部分图像隐藏，为原图像制作倒影，如图19.84所示。

图19.83 添加图层蒙版

图19.84 设置渐变并隐藏图形

STEP 06 选择工具箱中的“画笔工具”，在画布中单击鼠标右键，在弹出的面板中选择一种圆角笔触，将“大小”更改为60像素，“硬度”更改为0%，如图19.85所示。

STEP 07 将前景色更改为黑色，在图像底部多余的区域涂抹，使倒影更加真实，如图19.86所示。

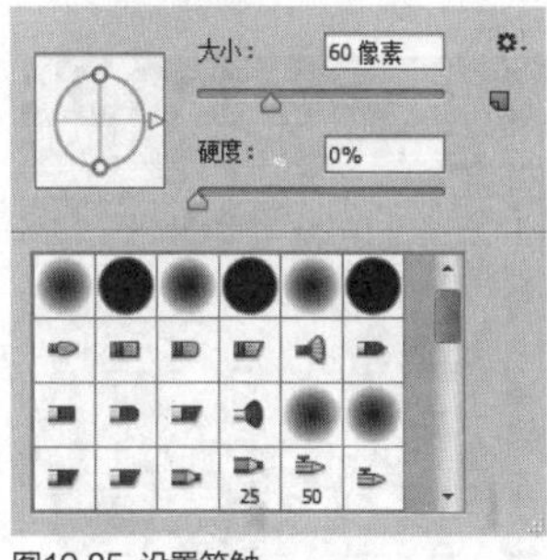

图19.85 设置笔触

图19.86 隐藏图像

● 添加文字

STEP 01 选择工具箱中的“横排文字工具”，在画布靠右侧的适当位置添加文字，如图19.87所示。

图19.87 添加文字

STEP 02 在“图层”面板中选中“新款畅娱系列”图层，单击面板底部的“添加图层样式”按钮，在菜单中选择“描边”命令，在弹出的对话框中将“大小”更改为1像素，“不透明度”更改为50%，“颜色”更改为橙色（R：255，G：156，B：0），完成之后单击“确定”按钮，如图19.88所示。

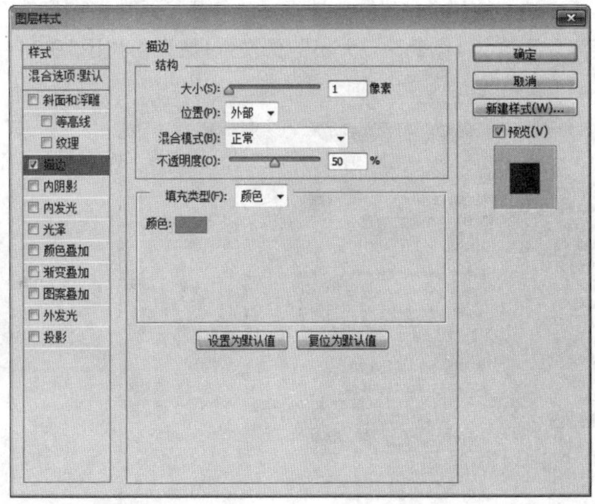

图19.88 设置描边

STEP 03 选择工具箱中的“圆角矩形工具”，在选项栏中将“填充”更改为白色，“描边”更改为无，“半径”更改为5像素，绘制一个圆角矩形，此时将生成一个“圆角矩形1”图层，将“圆角矩形1”图层移至“立即订购”图层下方，如图19.89所示。

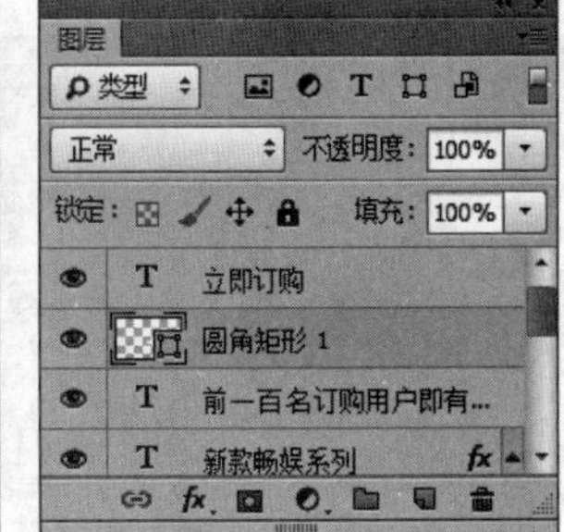

图19.89 绘制图形

STEP 04 选中“圆角矩形1”图层，单击面板底部的“添加图层样式”按钮，在菜单中选择“渐变叠加”命令，在弹出的对话框中将“渐变”更改为橙色（R：255，G：114，B：0）到橙色（R：255，G：197，B：74），如图19.90所示。

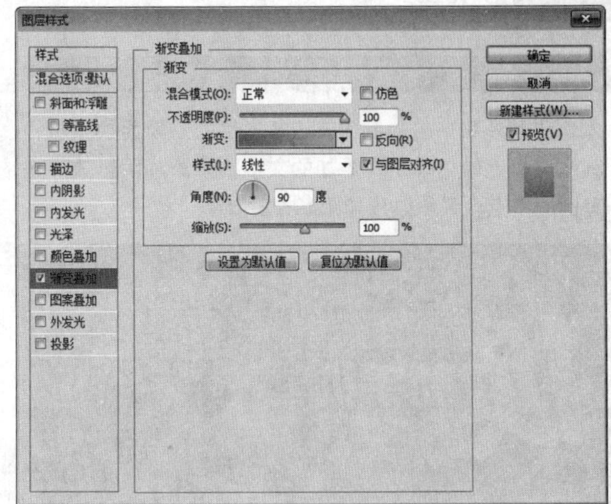

图19.90 设置渐变叠加

STEP 05 勾选“投影”复选框，将“不透明度”更改为30%，取消“使用全局光”复选框，“角度”更改为90度，“距离”更改为1像素，“大小”更改为1像素，如图19.91所示。

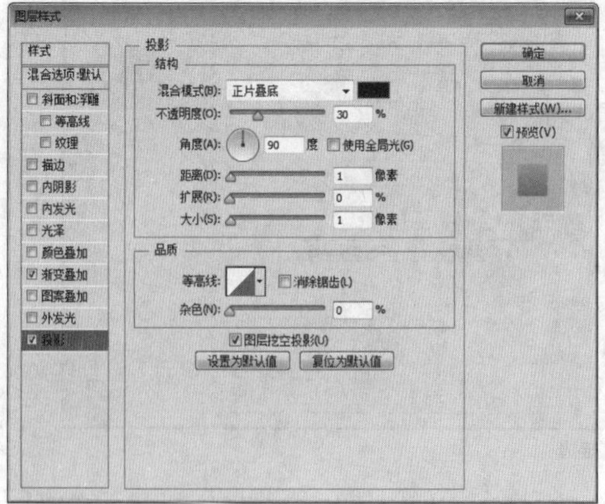

图19.91 设置投影

STEP 06 执行菜单栏中的“文件”|“打开”命令，打开“平板电脑2.psd”文件，将打开的素材拖入画布中靠右下角的位置并适当缩小，以刚才同样的方法为其制作倒影，这样就完成了效果制作，最终效果如图19.92所示。

图19.92 最终效果

实战 504 手机硬广设计

▶素材位置：素材\第19章\手机广告

▶案例位置：效果\第19章\手机硬广设计.psd

▶视频位置：视频\实战504.avi

▶难易指数：★★★☆☆

• 实例介绍 •

本例讲解手机广告的制作方法。本例的主题为换手机，整个制作过程比较简单，在添加的文字下方添加阴影效果是整个案例的亮点，最终效果如图19.93所示。

图19.93 最终效果

• 操作步骤 •

● 打开素材

STEP 01 执行菜单栏中的“文件”|“打开”命令，打开“背景.jpg、手机.psd”文件，将打开的手机素材图像拖入画布中靠右侧的位置并适当缩小，如图19.94所示。

图19.94 打开及添加素材

STEP 02 选择工具箱中的“钢笔工具”，在选项栏中单击“选择工具模式” 路径 按钮，在弹出的选项中选择“形状”，将“填充”更改为黑色，“描边”更改为无，在“手机2”手机图像底部绘制一个不规则图形，此时将生成一个“形状1”图层，将“形状1”图层移至“背景”图层上方，如图19.95所示。

图19.95 绘制图形

STEP 03 选中“形状 1”图层，执行菜单栏中的“滤镜”|“模糊”|“高斯模糊”命令，在弹出的对话框中将“半径”更改为3像素，完成之后单击“确定”按钮，如图19.96所示。

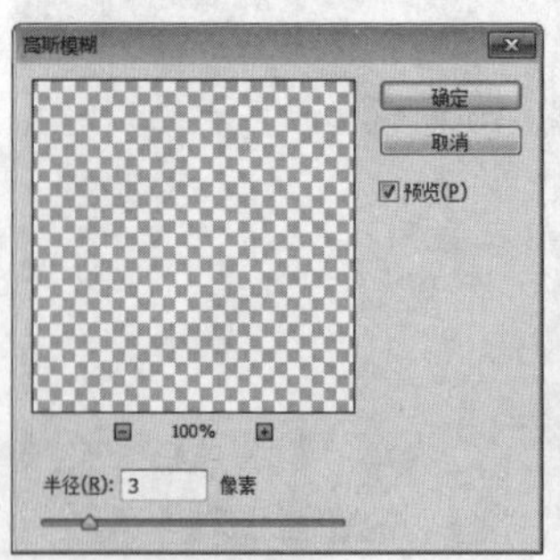

图19.96 设置高斯模糊

STEP 04 以同样的方法在其他两个手机图像的底部位置制作阴影效果，如图19.97所示。

图19.97 添加阴影效果

• 添加文字

STEP 01 选择工具箱中的“横排文字工具” T，在画布中的适当位置添加文字，如图19.98所示。

图19.98 添加文字

STEP 02 选择工具箱中的“椭圆工具”，在选项栏中将“填充”更改为黑色，“描边”更改为无，在左侧文字底部绘制一个椭圆图形，此时将生成一个“椭圆1”图层，将“椭圆1”图层移至“背景”图层上方，如图19.99所示。

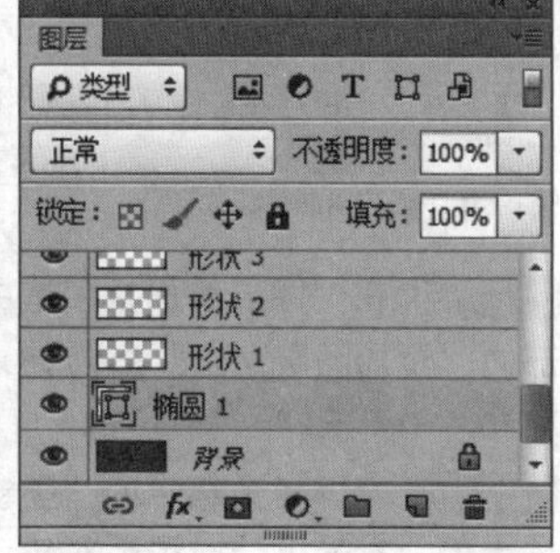

图19.99 绘制图形

STEP 03 选中“椭圆 1”图层，执行菜单栏中的“滤镜”|“模糊”|“高斯模糊”命令，在弹出的对话框中将“半径”更改为5像素，完成之后单击“确定”按钮，如图19.100所示。

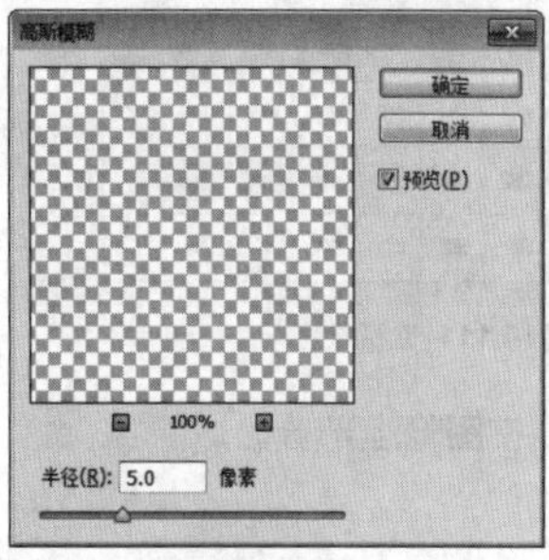

图19.100 设置高斯模糊

STEP 04 选中“椭圆 1”图层，执行菜单栏中的“滤镜”|“模糊”|“动感模糊”命令，在弹出的对话框中将“角度”更改为-6度，“距离”更改为150像素，设置完成之后单击“确定”按钮，如图19.101所示。

图19.101 设置动感模糊

STEP 05 选择工具箱中的“圆角矩形工具”，在选项栏中将“填充”更改为黄色（R：255，G：194，B：34），“描边”更改为无，“半径”更改为5像素，在画布中绘制一个圆角矩形，此时将生成一个“圆角矩形1”图层，如图19.102所示。

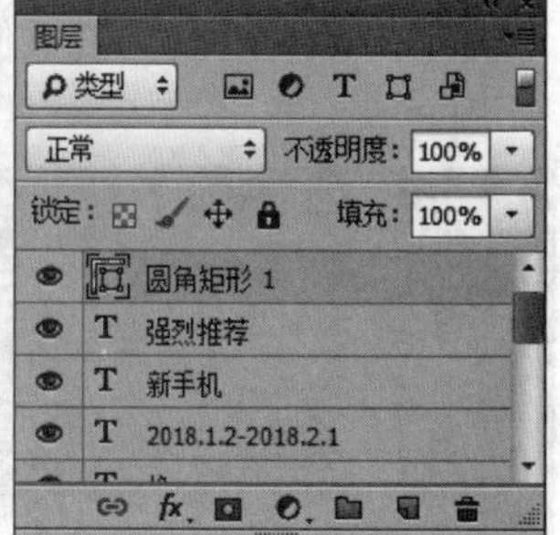

图19.102 绘制图形

STEP 06 在“图层”面板中选中“圆角矩形 1”图层，单击面板底部的“添加图层样式” fx 按钮，在菜单中选择“投影”命令，在弹出的对话框中将“混合模式”更改为正常，“颜色”更改为深黄色（R：205，G：110，B：4），“不透明度”更改为100%，取消“使用全局光”复选框，将“角度”更改为90度，“距离”更改为5像素，“大小”更改为3像素，完成之后单击“确定”按钮，如图19.103所示。

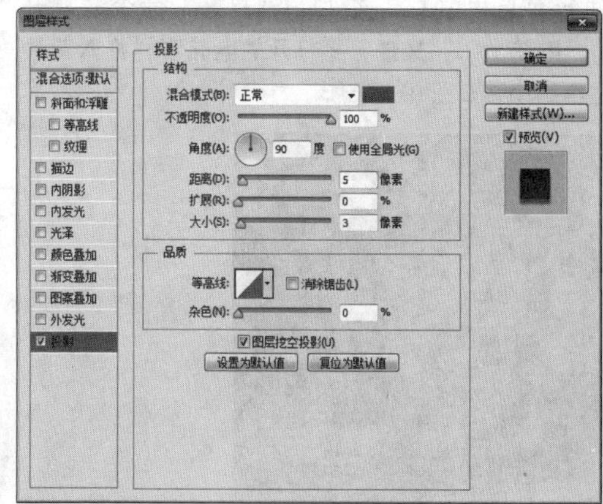

图19.103 设置投影

STEP 07 选择工具箱中的"横排文字工具" T，在画布中的适当位置添加文字，这样就完成了效果制作，最终效果如图19.104所示。

图19.104 最终效果

实战 505 游戏电脑硬广设计

- 素材位置：素材\第19章\游戏电脑
- 案例位置：效果\第19章\游戏电脑硬广设计.psd
- 视频位置：视频\实战505.avi
- 难易指数：★★★☆☆

• 实例介绍 •

本例讲解游戏电脑广告的制作方法。游戏电脑广告的特点是突出游戏性，使整个信息传递十分直接，最终效果如图19.105所示。

图19.105 最终效果

• 操作步骤 •

• 打开素材

STEP 01 执行菜单栏中的"文件" | "打开"命令，打开"背景.jpg、电脑.psd"文件，将打开的电脑素材拖入背景素材中并适当缩小，如图19.106所示。

图19.106 添加素材

STEP 02 在"图层"面板中选中"电脑"图层，将其拖至面板底部的"创建新图层"按钮上，复制1个"电脑 拷贝"图层，如图19.107所示。

STEP 03 在"图层"面板中选中"电脑"图层，单击面板上方的"锁定透明像素"按钮，将当前图层中的透明像素锁定，将图像填充为红色（R：68，G：6，B：10），填充完成之后再次单击此按钮将其解除锁定，如图19.108所示。

图19.107 复制图层

图19.108 填充颜色

STEP 04 选中"电脑"图层，执行菜单栏中的"滤镜" | "模糊" | "高斯模糊"命令，在弹出的对话框中将"半径"更改为5像素，设置完成之后单击"确定"按钮，为素材图像制作阴影效果，如图19.109所示。

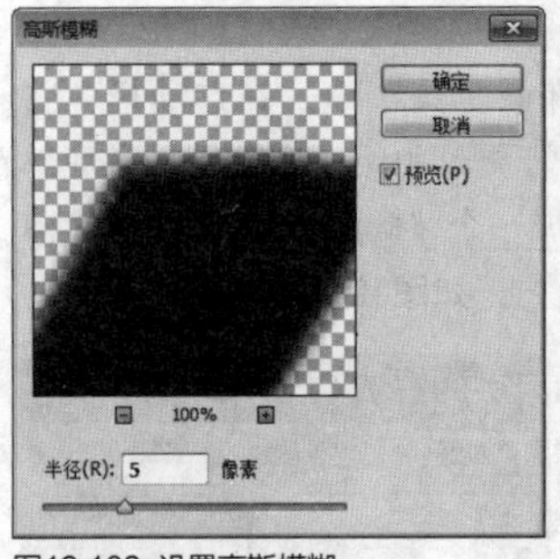

图19.109 设置高斯模糊

STEP 05 在"图层"面板中选中"电脑"图层，单击面板底部的"添加图层蒙版"按钮，为其图层添加图层蒙版，如图19.110所示。

STEP 06 选择工具箱中的"画笔工具"，在画布中单击鼠标右键，在弹出的面板中选择一种圆角笔触，将"大小"更改为150像素，"硬度"更改为0%，如图19.111所示。

图19.110 添加图层蒙版

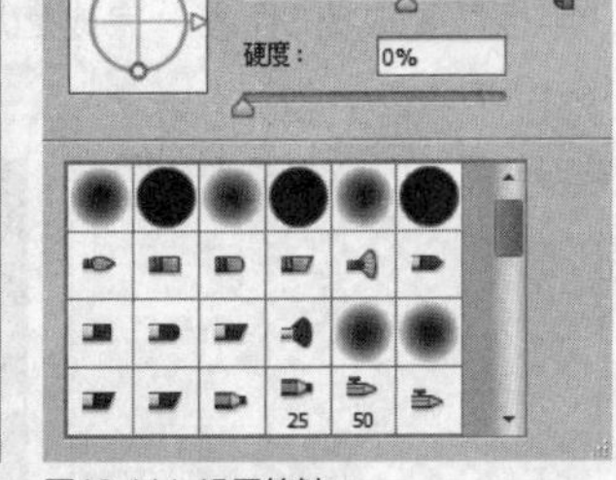

图19.111 设置笔触

STEP 07 将前景色更改为黑色，在图像上部分区域涂抹，将其隐藏，如图19.112所示。

图19.112 隐藏图像

● 添加文字

STEP 01 选择工具箱中的"横排文字工具"T，在画布中的适当位置添加文字，如图19.113所示。

图19.113 添加文字

STEP 02 在"图层"面板中选中"新款"图层，在其图层名称上单击鼠标右键，从弹出的快捷菜单中选择"转换为形状"命令，如图19.114所示。

STEP 03 选择工具箱中的"直接选择工具"，选中"新"文字右下角锚点向下拖动将文字变形，如图19.115所示。

图19.114 转换为形状

图19.115 拖动锚点

STEP 04 执行菜单栏中的"文件"|"打开"命令，打开"logo.psd、英特尔标志.psd"文件，将打开的素材拖入画布中并适当缩小，这样就完成了效果制作，最终效果如图19.116所示。

图19.116 最终效果

实战 506 手机促销硬广设计

- 素材位置：素材\第19章\手机促销
- 案例位置：效果\第19章\手机促销硬广设计.psd
- 视频位置：视频\实战506.avi
- 难易指数：★★☆☆☆

• 实例介绍 •

本例的制作以经典的图形排列为特点，整个画面十分规整且文字信息简洁明了，最终效果如图19.117所示。

图19.117 最终效果

• 操作步骤 •

● 制作背景

STEP 01 执行菜单栏中的"文件"|"新建"命令，在弹出的对话框中设置"宽度"为700像素，"高度"为400像素，"分辨率"为72像素/英寸，"颜色模式"为RGB颜色，新建一个空白画布。

STEP 02 选择工具箱中的"渐变工具"，编辑蓝色（R：7，G：203，B：252）到蓝色（R：0，G：155，B：255）的渐变，单击选项栏中的"线性渐变"按钮，在画布中从左向右拖动，为画布填充渐变，如图19.118所示。

图19.118 新建画布并填充渐变

STEP 03 选择工具箱中的“矩形工具”■，在选项栏中将“填充”更改为蓝色（R：0，G：172，B：207），“描边”更改为无，在左侧位置绘制一个矩形，此时将生成一个“矩形1”图层，如图19.119所示。

图19.119 绘制图形

STEP 04 在“图层”面板中选中“矩形1”图层，单击面板底部的“添加图层蒙版”.■按钮，为其图层添加图层蒙版，如图19.120所示。

STEP 05 选择工具箱中的“矩形选框工具”⬚，在矩形图形中间位置绘制一个细长选区，如图19.121所示。

图19.120 添加图层蒙版

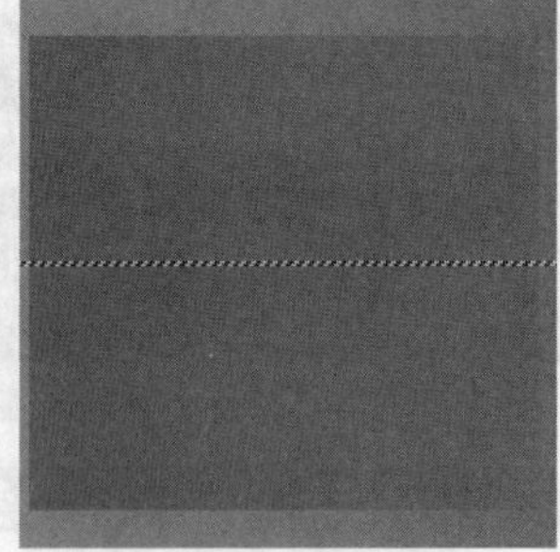

图19.121 绘制选区

STEP 06 将选区填充为黑色，将部分图像隐藏，如图19.122所示。

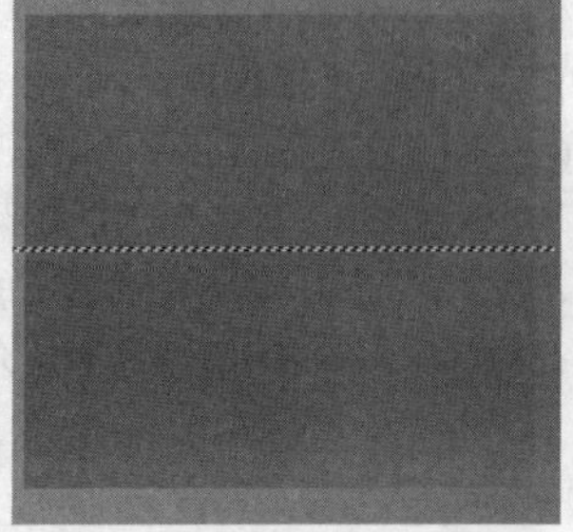

图19.122 绘制选区并隐藏图形

STEP 07 选择工具箱中的任意选区工具，在选区中单击鼠标右键，从弹出的快捷菜单中选择“变换选区”命令，再单击鼠标右键，从弹出的菜单中选择“旋转90度（顺时针）”，完成之后按Enter键确认，将选区填充为黑色，再按Ctrl+D组合键将选区取消，如图19.123所示。

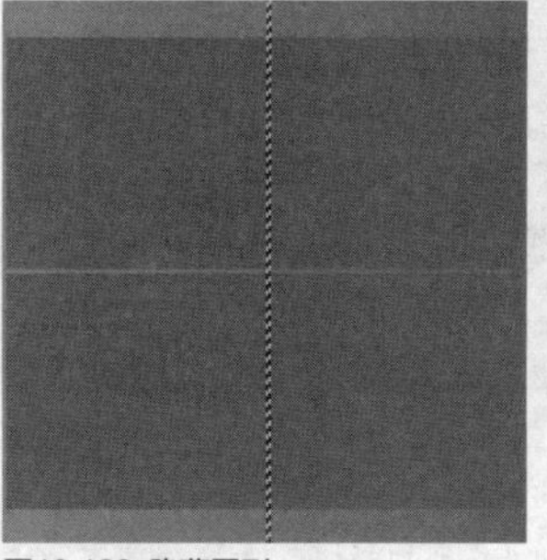

图19.123 隐藏图形

• 添加素材

STEP 01 执行菜单栏中的“文件”|“打开”命令，打开“手机.jpg”文件，将打开的素材拖入画布中并适当缩小，如图19.124所示。

图19.124 添加素材

STEP 02 在“图层”面板中选中“手机”组，将其拖至面板底部的“创建新图层”■按钮上，复制1个“手机 拷贝”组，如图19.125所示。

STEP 03 在“图层”面板中选中“手机 拷贝”组，将其图层混合模式设置为“柔光”，“不透明度”更改为50%，如图19.126所示。

图19.125 复制组

图19.126 设置混合模式

- **添加文字**

STEP 01 选择工具箱中的“横排文字工具” T，在画布中靠右侧的位置添加文字，如图19.127所示。

图19.127 添加文字

STEP 02 选择工具箱中的“矩形工具”，在选项栏中将“填充”更改为黄色（R：255，G：255，B：103），“描边”更改为无，在“降200”文字位置绘制一个矩形，此时将生成一个“矩形2”图层，将“矩形2”图层移至“背景”图层上方，如图19.128所示。

图19.128 绘制图形

STEP 03 在“图层”面板中选中“矩形2”图层，单击面板底部的“添加图层蒙版”按钮，为其图层添加图层蒙版，如图19.129所示。

STEP 04 按住Ctrl键单击“降200”图层缩览图，将其载入选区，如图19.130所示。

图19.129 添加图层蒙版

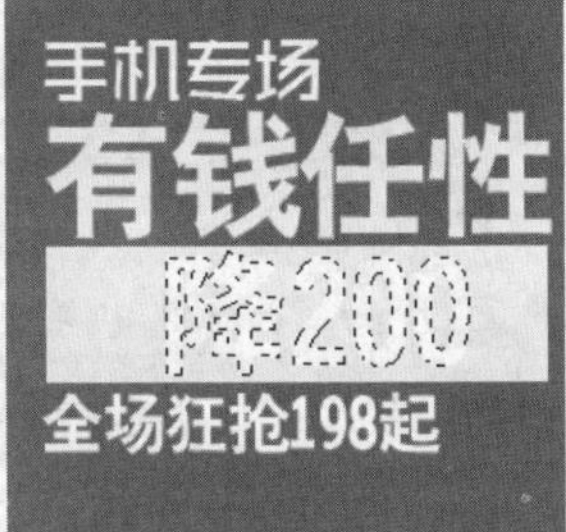

图19.130 载入选区

STEP 05 将选区填充为黑色，将部分图形隐藏，完成之后按Ctrl+D组合键将选区取消，再将“降200”文字图层删除，这样就完成了效果制作，最终效果如图19.131所示。

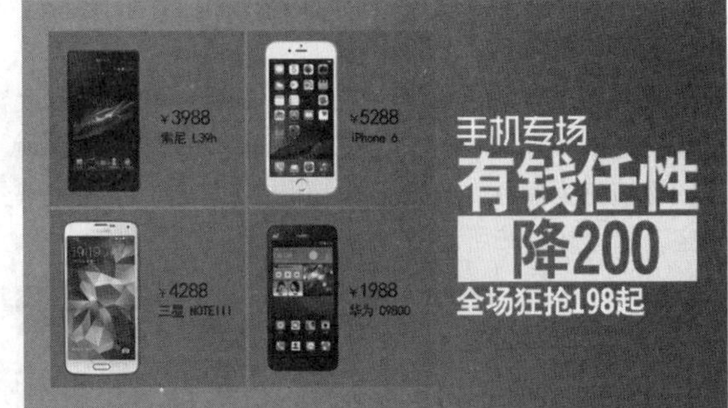

图19.131 最终效果

实战 507

音箱秒杀硬广设计

- 素材位置：素材\第19章\音箱秒杀
- 案例位置：效果\第19章\音箱秒杀硬广设计.psd
- 视频位置：视频\实战507.avi
- 难易指数：★★☆☆☆

• 实例介绍 •

秒杀类广告在制作过程中要突出主题，以快速地传递信息为制作重点，最终效果如图19.132所示。

图19.132 最终效果

• 操作步骤 •

- **打开背景**

STEP 01 执行菜单栏中的“文件”|“打开”命令，打开“背景.jpg、音箱.psd”文件，将音箱图像拖入打开的背景画布中，如图19.133所示。

图19.133 添加素材

STEP 02 在“图层”面板中选中“音箱”图层，将其拖至面板底部的“创建新图层”按钮上，复制1个“音箱 拷贝”图层，如图19.134所示。

STEP 03 在“图层”面板中选中“音箱”图层，单击面板上方的“锁定透明像素”按钮，将当前图层中的透明像素锁定，将图像填充为黑色，填充完成之后再次单击此按钮将其解除锁定，如图19.135所示。

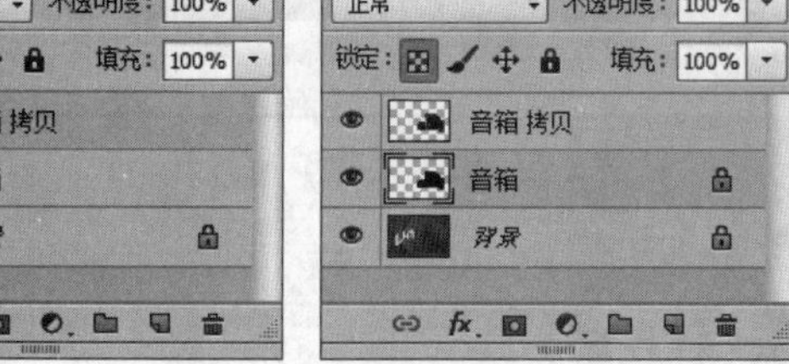

图19.134 复制图层　　图19.135 填充颜色

STEP 04 选中“音箱”图层，执行菜单栏中的“滤镜”|“模糊”|“高斯模糊”命令，在弹出的对话框中将“半径”更改为3像素，完成之后单击“确定”按钮，如图19.136所示。

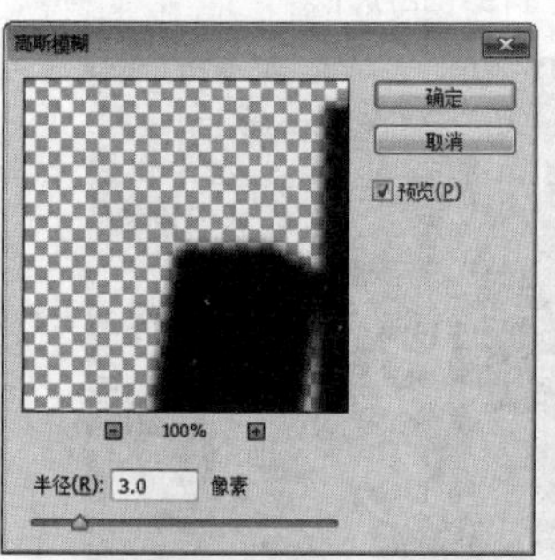

图19.136 设置高斯模糊

STEP 05 在“图层”面板中选中“音箱”图层，单击面板底部的“添加图层蒙版”按钮，为其图层添加图层蒙版，如图19.137所示。

STEP 06 选择工具箱中的“画笔工具”，在画布中单击鼠标右键，在弹出的面板中选择一种圆角笔触，将“大小”更改为150像素，“硬度”更改为0%，如图19.138所示。

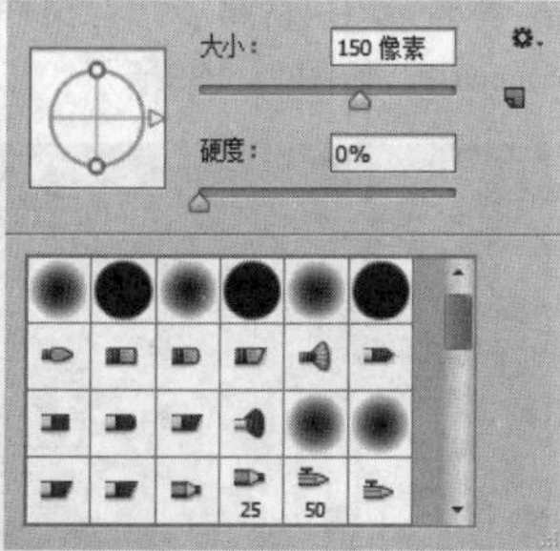

图19.137 添加图层蒙版　　图19.138 设置笔触

STEP 07 将前景色更改为黑色，在图像上部分区域涂抹，将其隐藏，如图19.139所示。

图19.139 隐藏图像

● **添加文字**

STEP 01 选择工具箱中的“横排文字工具”T，在画布中的适当位置添加文字，如图19.140所示。

STEP 02 选中“整点开秒”图层，按Ctrl+T组合键对其执行“自由变换”命令，单击鼠标右键，从弹出的快捷菜单中选择“斜切”命令，将文字斜切变形，完成之后按Enter键确认，以同样的方法将“限量版 ￥299”变形，如图19.141所示。

图19.140 添加文字　　图19.141 将文字变形

STEP 03 在“图层”面板中选中“整点开秒”图层，单击面板底部的“添加图层样式”按钮，在菜单中选择“投影”命令，在弹出的对话框中将“颜色”更改为红色（R：146，G：0，B：10），将“距离”更改为3像素，“扩展”更改为30%，“大小”更改为3像素，完成之后单击“确定”按钮，如图19.142所示。

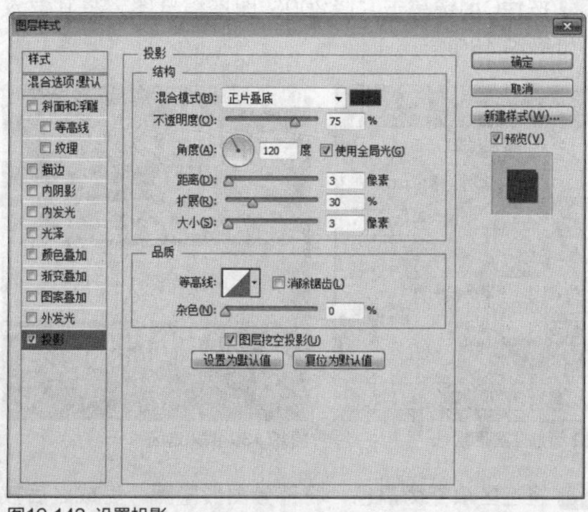

图19.142 设置投影

STEP 04 在“整点开秒”图层上单击鼠标右键，从弹出的快捷菜单中选择“拷贝图层样式”命令，在“限量版 ￥299”图层上单击鼠标右键，从弹出的快捷菜单中选择“粘贴图层样式”命令，如图19.143所示。

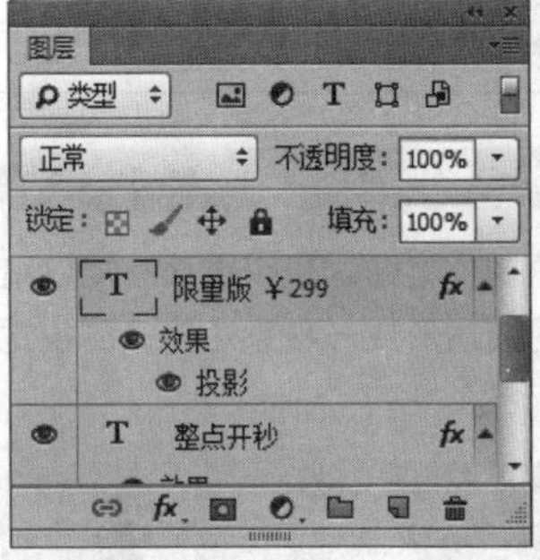

图19.143 复制并粘贴图层样式

● **绘制图形**

STEP 01 选择工具箱中的“钢笔工具”，在选项栏中单击“选择工具模式”路径按钮，在弹出的选项中选择“形状”，将“填充”更改为黄色（R：255，G：240，B：0），“描边”更改为无，在画布中的适当位置绘制一个三角形状的图形，此时将生成一个“形状1”图层，如图19.144所示。

图19.144 绘制图形

STEP 02 选中“形状 1”图层，将其拖至面板底部的“创建新图层”按钮上，复制1个“形状 1 拷贝”图层，如图19.145所示。

STEP 03 选中“形状 1 拷贝”图层，将其图形颜色更改为深黄色（R：187，G：133，B：30），选择工具箱中的“直接选择工具”，拖动图形锚点将其稍微变形，如图19.146所示。

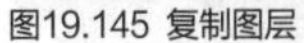

图19.145 复制图层　　图19.146 变换图形

STEP 04 同时选中“形状 1 拷贝”及“形状1”图层，按Ctrl+G组合键将其编组，此时将生成一个“组1”组，选中“组1”组，将其拖至面板底部的“创建新图层”按钮上，复制1个“组1拷贝”组，如图19.147所示。

STEP 05 选中“组1拷贝”组，按Ctrl+T组合键对其执行“自由变换”命令，将图形适当旋转，完成之后按Enter键确认，如图19.148所示。

图19.147 将图层编组复制组　　图19.148 变换图形

STEP 06 在“图层”面板中选中“组1”组，单击面板底部的“添加图层样式”按钮，在菜单中选择“投影”命令，在弹出的对话框中将“颜色”更改为红色（R：146，G：0，B：10），将“距离”更改为4像素，“大小”更改为4像素，完成之后单击“确定”按钮，如图19.149所示。

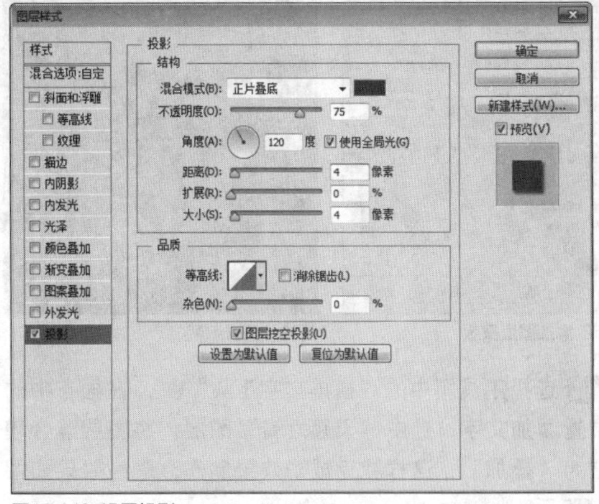

图19.149 设置投影

STEP 07 在“组1”组上单击鼠标右键，从弹出的快捷菜单中选择“拷贝图层样式”命令，在“组1 拷贝”图层上单击鼠标右键，从弹出的快捷菜单中选择“粘贴图层样式”命令，如图19.150所示。

图19.150 复制并粘贴图层样式

STEP 08 选择工具箱中的“矩形工具”，在选项栏中将“填充”更改为白色，“描边”更改为无，在音箱图像上方的位置绘制一个矩形，此时将生成一个“矩形1”图层，如图19.151所示。

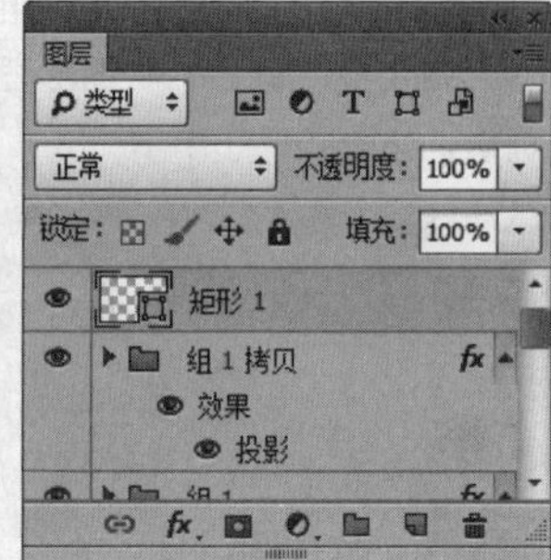

图19.151 绘制图形

STEP 09 在“图层”面板中选中“矩形1”图层，单击面板底部的“添加图层蒙版”按钮，为其图层添加图层蒙版，如图19.152所示。

STEP 10 选择工具箱中的“渐变工具”，编辑黑色到白色再到黑色的渐变，单击选项栏中的“线性渐变”按钮，在图像上从左向右拖动，将部分图形隐藏，再将图层“不透明度”更改为35%，如图19.153所示。

图19.152 添加图层蒙版

图19.153 隐藏图形

STEP 11 选择工具箱中的“横排文字工具”，在画布中的适当位置添加文字，选中“天籁之音”图层，将图层混合模式设置为“叠加”，这样就完成了效果制作，最终效果如图19.154所示。

图19.154 最终效果

实战 508 潮流数码硬广设计

▶素材位置：素材\第19章\潮流数码
▶案例位置：效果\第19章\潮流数码硬广设计.psd
▶视频位置：视频\实战508.avi
▶难易指数：★★★☆☆

• 实例介绍 •

本例讲解潮流数码广告的制作方法。整个页面布局以踏青为主题，通过对摄影主题的描述形成一种直达信息的视觉效果，最终效果如图19.155所示。

图19.155 最终效果

• 操作步骤 •

• 打开素材

STEP 01 执行菜单栏中的“文件”|“打开”命令，打开“背景.jpg”文件，如图19.156所示。

图19.156 打开素材

STEP 02 选择工具箱中的“矩形工具”，在选项栏中将“填充”更改为亮绿色（R：205，G：255，B：144），“描边”更改为无，在画布中绘制一个与画布相同大小的矩形，如图19.157所示，此时将生成一个“矩形1”图层。

图19.157 绘制图形

STEP 03 选择工具箱中的“直接选择工具”分别选中矩形左上角和左下角的锚点并向右侧拖动，将图形变形，如图19.158所示。

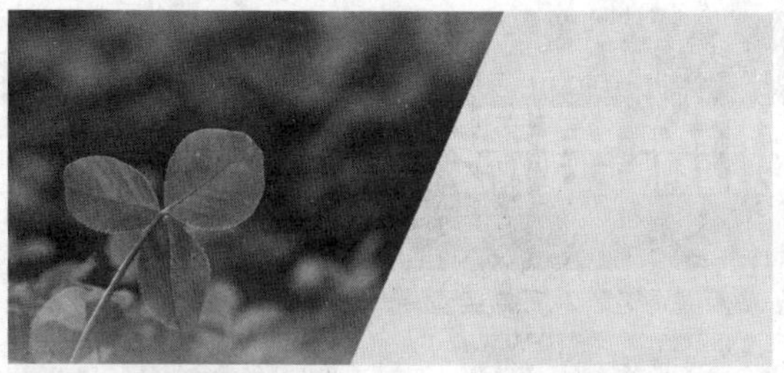

图19.158 将图形变形

STEP 04 选择工具箱中的“矩形工具”，在选项栏中将“填充”更改为亮绿色（R：205，G：255，B：144），“描边”更改为无，在画布靠下方的位置绘制一个矩形，此时将生成一个“矩形2”图层，将其适当调整，如图19.159所示。

图19.159 绘制图形并调整

● 添加素材

STEP 01 执行菜单栏中的“文件”|“打开”命令，打开“相机.psd、三脚架.psd”文件，将打开的素材拖入画布中靠右侧的位置并适当缩小，如图19.160所示。

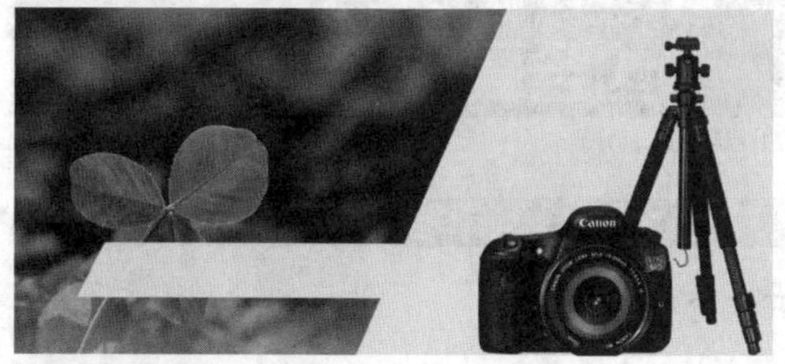

图19.160 添加素材

STEP 02 选择工具箱中的“横排文字工具”，在画布中的适当位置添加文字，如图19.161所示。

图19.161 添加文字

STEP 03 选择工具箱中的“矩形选框工具”，在画布左上角的位置绘制一个矩形选区以选中背景中的部分图像，如图19.162所示。

STEP 04 选中“背景”图层，执行菜单栏中的“图层”|“新建”|“通过拷贝的图层”命令，将生成的“图层1”图层移至所有图层上方，如图19.163所示。

图19.162 绘制选区

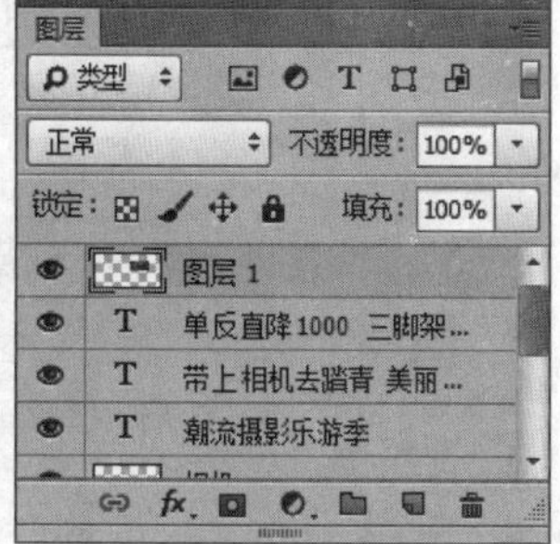

图19.163 通过复制的图层

STEP 05 选中“图层1”图层，将图像移至“潮流摄影乐游季”文字右侧的位置，将其覆盖，如图19.164所示。

STEP 06 按住Ctrl键单击“潮流摄影乐游季”图层缩览图将其载入选区，执行菜单栏中的“选择”|“反向”命令，选中“图层1”图层，将选区中的图像删除，完成之后按Ctrl+D组合键将选区取消，如图19.165所示。

图19.164 移动图像

图19.165 隐藏图像

STEP 07 按住Ctrl键单击“矩形1”图层缩览图，将其载入选区，执行菜单栏中的“选择”|“反向”命令，选中“图层1”图层，将选区中的图像删除，完成之后按Ctrl+D组合键将选区取消，如图19.166所示。

图19.166 载入选区并删除图像

STEP 08 在“图层”面板中选中“潮流摄影乐游季”图层，单击面板底部的“添加图层样式”fx按钮，在菜单中选择“投影”命令，在弹出的对话框中将“距离”更改为3像素，“大小”更改为3像素，完成之后单击“确定”按钮，如图19.167所示。

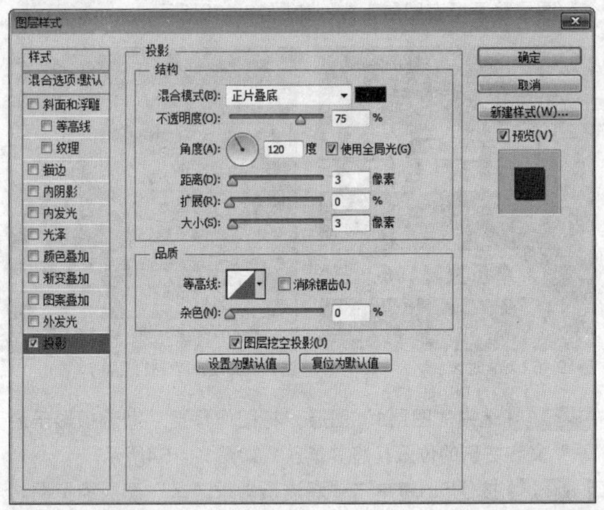

图19.167 设置投影

STEP 09 选中“单反直降1000 三脚架直降50”图层，按Ctrl+T组合键对其执行“自由变换”命令，单击鼠标右键，从弹出的快捷菜单中选择“斜切”命令，拖动变形框顶部控制点将文字斜切变形，完成之后按Enter键确认，如图19.168所示。

图19.168 将文字变形

● 绘制图形

STEP 01 选择工具箱中的“直线工具”，在选项栏中将“填充”更改为亮绿色（R：205，G：255，B：144），“描边”更改为无，“粗细”更改为1像素，在画布左上角的位置绘制一条倾斜线段，此时将生成一个“形状1”图层，如图19.169所示。

图19.169 绘制图形

STEP 02 选中“形状1”图层，按住Alt键将图形复制数份并移动到不同位置，这样就完成了效果制作，最终效果如图19.170所示。

图19.170 最终效果

实战 509

女人手机硬广设计

- 素材位置：素材\第19章\女人手机
- 案例位置：效果\第19章\女人手机硬广设计.psd
- 视频位置：视频\实战509.avi
- 难易指数：★★☆☆☆

• 实例介绍 •

本例讲解女人手机广告的制作方法。整个画布采用红色系主题，以一种绝美的图像效果体现出了女人手机的特点，最终效果如图19.171所示。

图19.171 最终效果

• 操作步骤 •

● 打开素材

STEP 01 执行菜单栏中的“文件”|“打开”命令，打开“背景.jpg”“纹理.jpg”文件，将“纹理.jpg”拖动到“背景.jpg”画布中，将“纹理.jpg”所在图层的名称更改为“图层1”，如图19.172所示。

图19.172 打开及添加素材

STEP 02 选择工具箱中的“矩形工具”，在选项栏中将“填充”更改为红色（R：245，G：111，B：138），“描边”更改为无，在素材图像位置绘制一个矩形，此时将生成一个“矩形1”图层，如图19.173所示。

图19.173 绘制图形

STEP 03 按住Ctrl键单击“矩形1”图层缩览图，执行菜单栏中的“选择”|“反向”命令，选中“图层1”图层，按Delete键将选区中的图像删除，完成之后按Ctrl+D组合键将选区取消，如图19.174所示。

图19.174 载入选区并删除图像

STEP 04 选中“矩形 1”图层，将图层混合模式设置为“正片叠底”，如图19.175所示。

图19.175 设置图层混合模式

STEP 05 执行菜单栏中的“文件”|“打开”命令，打开“手机.psd”文件，将打开的素材拖入画布中并适当缩小，将“手机”组移至“背景”图层上方，如图19.176所示。

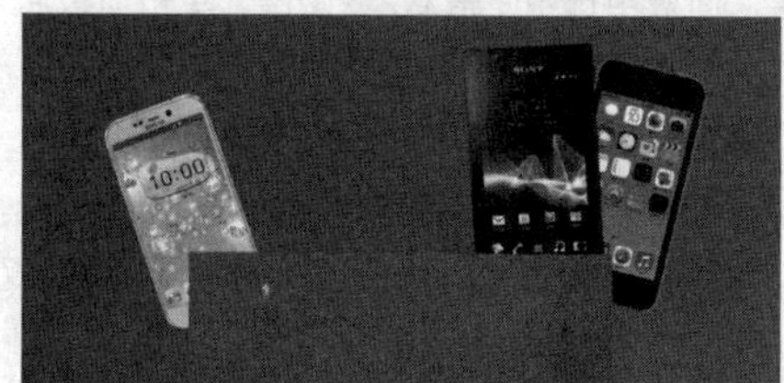
图19.176 添加素材

● **绘制图形**

STEP 01 选择工具箱中的“自定形状工具”，在画布中单击鼠标右键，在弹出的面板中选择“红心形卡”形状，如图19.177所示。

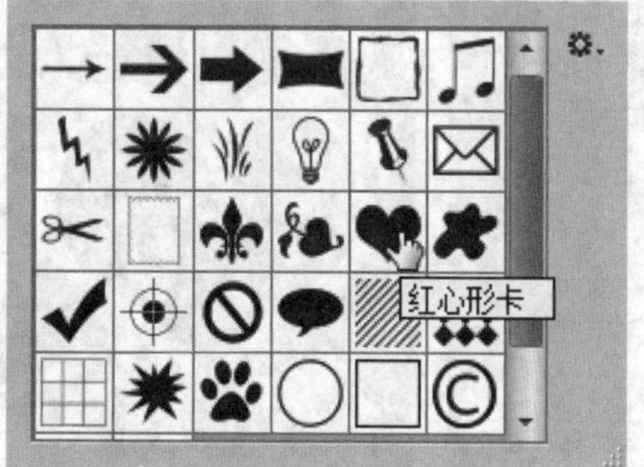

图19.177 设置形状

STEP 02 在选项栏中将“填充”更改为白色，在手机图像旁边的位置按住Shift键绘制一个心形图形，此时将生成一个“形状1”图层，如图19.178所示。

图19.178 绘制图形

STEP 03 在“图层”面板中选中“形状1”图层，将其拖至面板底部的“创建新图层”按钮上，复制1个“形状1 拷贝”图层，如图19.179所示。

STEP 04 选中“形状1 拷贝”图层，将“填充”更改为红色（R：235，G：15，B：87）按Ctrl+T组合键对其执行“自由变换”命令，将图形等比例缩小，完成之后按Enter键确认，如图19.180所示。

图19.179 复制图层

图19.180 变换图形

STEP 05 在“图层”面板中选中“形状1 拷贝”图层，将其拖至面板底部的“创建新图层”按钮上，复制1个“形状1 拷贝 2”图层，将“填充”更改为黑色，如图19.181所示。

STEP 06 选择工具箱中的“矩形选框工具”，在“形状1拷贝2”图层中图像的左侧位置绘制一个矩形选区，按Delete键将选区中的图像删除，完成之后按Ctrl+D组合键将选区取消，如图19.182所示。

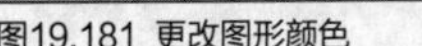

图19.181 更改图形颜色

图19.182 删除图像

STEP 07 在“图层”面板中选中“形状 1 拷贝 2”图层，单击面板底部的“添加图层蒙版”按钮，为其图层添加图层蒙版，如图19.183所示。

STEP 08 选择工具箱中的“渐变工具”，编辑黑色到白色的渐变，单击选项栏中的“线性渐变”按钮，在图像上从右至左拖动，将部分图像隐藏，将图层“不透明度”更改为60%，如图19.184所示。

图19.183 添加图层蒙版

图19.184 隐藏图形

STEP 09 在“图层”面板中选中“形状1 拷贝”图层，单击面板底部的“添加图层样式”按钮，在菜单中选择“投影”命令，在弹出的对话框中将“不透明度”更改为30%，“距离”更改为2像素，“扩展”更改为100%，“大小”更改为1像素，完成之后单击“确定”按钮，如图19.185所示。

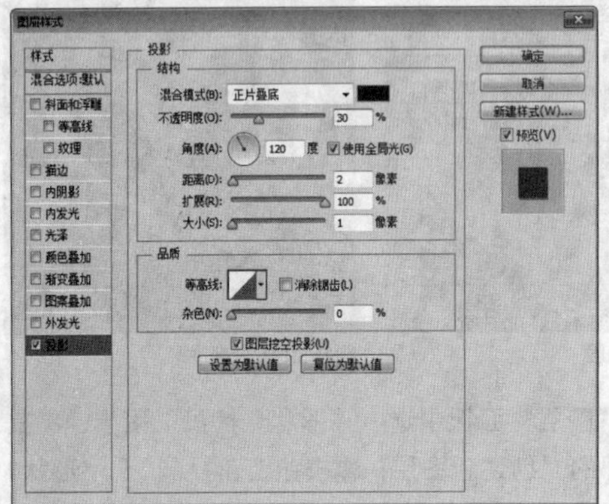

图19.185 设置投影

• **添加文字**

STEP 01 选择工具箱中的“横排文字工具”，在画布中的适当位置添加文字，如图19.186所示。

图19.186 添加文字

STEP 02 选择工具箱中的“自定形状工具”，在画布中单击鼠标右键，在弹出的面板中选择“红心形卡”形状，如图19.187所示。

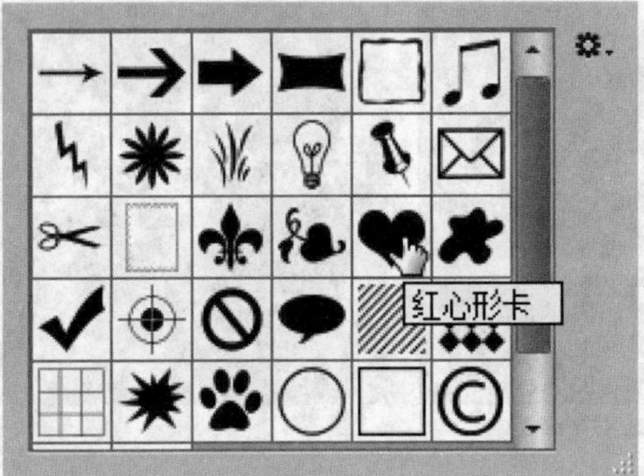

图19.187 设置形状

STEP 03 在选项栏中将“填充”更改为白色，在画布左侧的位置绘制一个稍小的心形图形，此时将生成一个“形状2”图层，如图19.188所示。

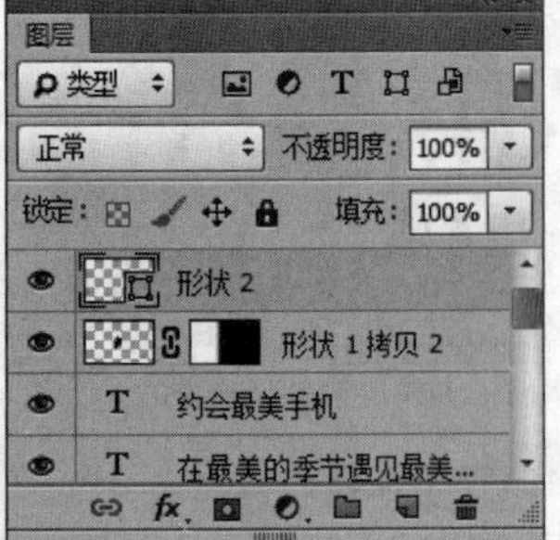

图19.188 绘制图形

STEP 04 在“图层”面板中选中“形状2”图层，单击面板底部的“添加图层样式”按钮，在菜单中选择“渐变叠加”命令，在弹出的对话框中将“渐变”更改为浅红色（R：255，G：220，B：226）到红色（R：247，G：94，B：120），“样式”更改为径向，完成之后单击“确定”按钮，如图19.189所示。

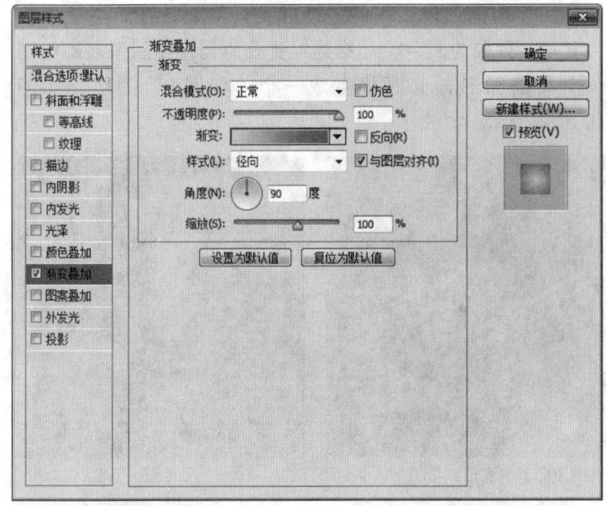

图19.189 设置渐变叠加

STEP 05 选中“形状1”图层，按住Alt键将图形复制数份并调整，这样就完成了效果制作，最终效果如图19.190所示。

图19.190 最终效果

实战 510 投影仪硬广设计

▶素材位置：素材\第19章\投影仪广告

▶案例位置：效果\第19章\投影仪硬广设计.psd

▶视频位置：视频\实战510.avi

▶难易指数：★★★☆☆

• 实例介绍 •

本例讲解投影仪广告的制作方法。本例以拉幕图像为主视觉，模拟出影幕感觉，同时体现出投影仪的特点，最终效果如图19.191所示。

图19.191 最终效果

• 操作步骤 •

• 打开素材

STEP 01 执行菜单栏中的“文件”|“打开”命令，打开“背景.jpg”文件，如图19.192所示。

图19.192 打开及添加素材

STEP 02 选择工具箱中的“矩形工具”，在选项栏中将“填充”更改为橙色（R：255，G：104，B：0），“描边”更改为无，在画布中绘制一个与画布相同高度的矩形，此时将生成一个“矩形1”图层，如图19.193所示。

图19.193 绘制图形

STEP 03 在“图层”面板中选中“矩形1”图层，将其拖至面板底部的“创建新图层”按钮上，复制1个“矩形1 拷贝”图层，如图19.194所示。

STEP 04 选中“矩形1 拷贝”图层，将其图形颜色更改为黄色（R：255，G：185，B：0），在画布中将图形向右侧平移，如图19.195所示。

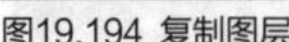

图19.194 复制图层

图19.195 更改颜色并移动图形

STEP 05 同时选中“矩形1 拷贝”及“矩形1”图层，按住Alt+Shift组合键向右侧拖动，将图形复制数份，如图19.196所示。

图19.196 复制图形

STEP 06 同时选中除“背景”图层之外的所有图层，按Ctrl+G组合键将图层编组，将生成的组名称更改为“条纹”，选中“条纹”组，按Ctrl+E组合键将其合并，此时将生成一个“条纹”图层，如图19.197所示。

图19.197 将图层编组并合并组

STEP 07 选中“条纹”图层，按Ctrl+T组合键对其执行“自由变换”命令，单击鼠标右键，从弹出的快捷菜单中选择“变形”命令，当出现变形框以后分别拖动变形框右下角和左下角的锚点将其变形，完成之后按Enter键确认，如图19.198所示。

图19.198 将图像变形

STEP 08 在“图层”面板中选中“条纹”图层，单击面板底部的“添加图层蒙版”按钮，为其图层添加图层蒙版，如图19.199所示。

STEP 09 选择工具箱中的“渐变工具”，编辑黑色到白色的渐变，单击选项栏中的“线性渐变”按钮，在图像上从下至上拖动，将部分图像隐藏，如图19.200所示。

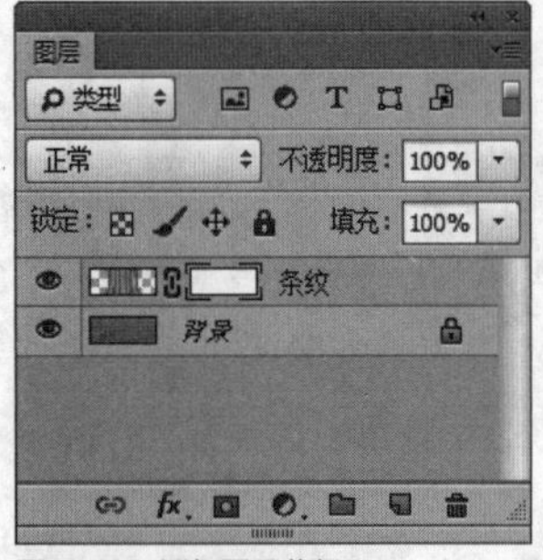

图19.199 添加图层蒙版

图19.200 隐藏图形

- **添加素材**

STEP 01 执行菜单栏中的“文件”|“打开”命令，打开“投影仪.psd”文件，将打开的素材拖入画布中并适当缩小，如图19.201所示。

图19.201 添加素材

STEP 02 选择工具箱中的“椭圆工具”，在选项栏中将“填充”更改为黑色，“描边”更改为无，在图像底部绘制一个椭圆图形，此时将生成一个“椭圆1”图层，如图19.202所示。

图19.202 绘制图形

STEP 03 选中“椭圆1”图层，执行菜单栏中的“滤镜”|“模糊”|“高斯模糊”命令，在弹出的对话框中将“半径”更改为10像素，完成之后单击“确定”按钮，将图层“不透明度”更改为50%，如图19.203所示。

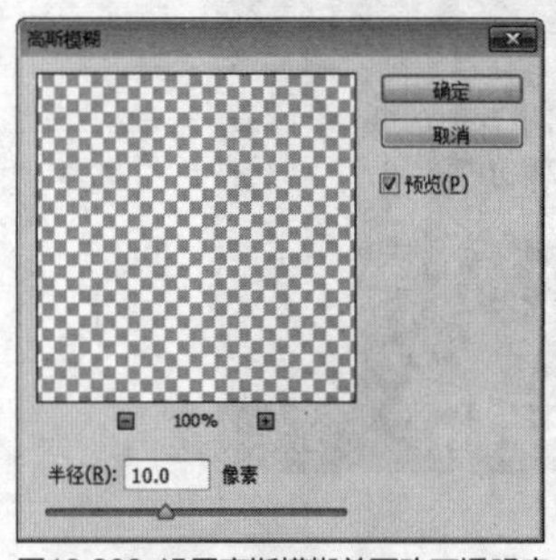

图19.203 设置高斯模糊并更改不透明度

STEP 04 选择工具箱中的“椭圆工具”，在选项栏中将“填充”更改为蓝色（R：0，G：144，B：255），“描边”更改为无，在镜头位置绘制一个椭圆图形，此时将生成一个“椭圆1”图层，如图19.204所示。

图19.204 绘制图形

STEP 05 选中“椭圆1”图层，执行菜单栏中的“滤镜”|“模糊”|“高斯模糊”命令，在弹出的对话框中将“半径”更改为20像素，完成之后单击“确定”按钮，如图19.205所示。

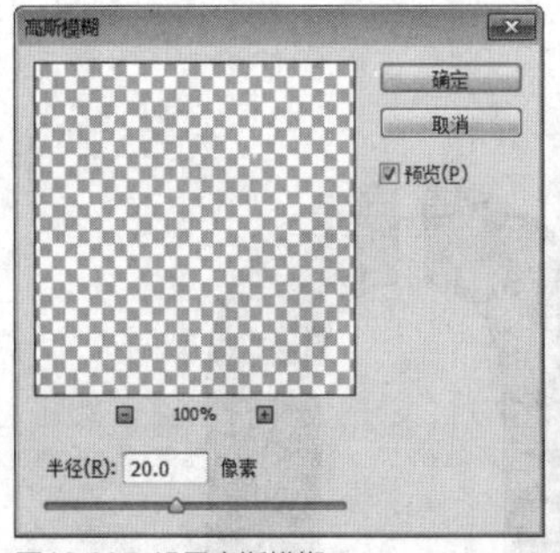

图19.205 设置高斯模糊

- **添加文字**

STEP 01 选择工具箱中的“横排文字工具”T，在画布中的适当位置添加文字，如图19.206所示。

图19.206 添加文字

STEP 02 选择工具箱中的“矩形工具”，在选项栏中将“填充”更改为白色，“描边”更改为无，在添加的文字中间位置绘制一个细长的矩形，此时将生成一个“矩形1”图层，如图19.207所示。

图19.207 绘制图形

STEP 03 在“图层”面板中选中“瞬间心动”图层，单击面板底部的“添加图层样式”fx按钮，在菜单中选择“投影”命令，在弹出的对话框中将“不透明度”更改为30%，“距离”更改为3像素，“大小”更改为3像素，完成之后单击“确定”按钮，如图19.208所示。

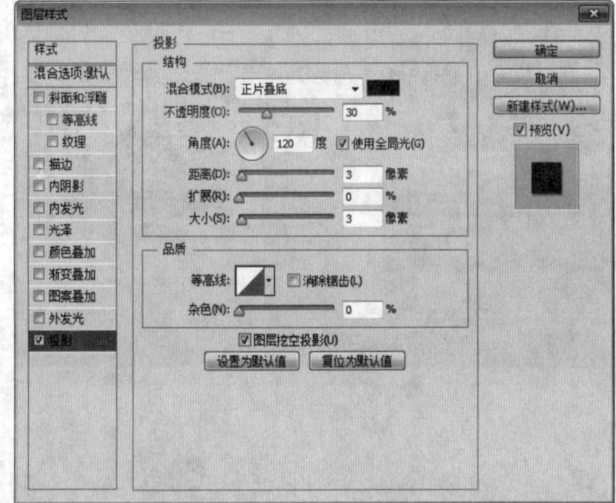

图19.208 设置投影

STEP 04 在“瞬间心动”图层上单击鼠标右键，从弹出的快捷菜单中选择“拷贝图层样式”命令，同时选中“恒久钟情”“矩形 1”及“黑莱影院级巨幕投影仪”图层，在其图层名称上单击鼠标右键，从弹出的快捷菜单中选择“粘贴图层样式”命令，如图19.209所示。

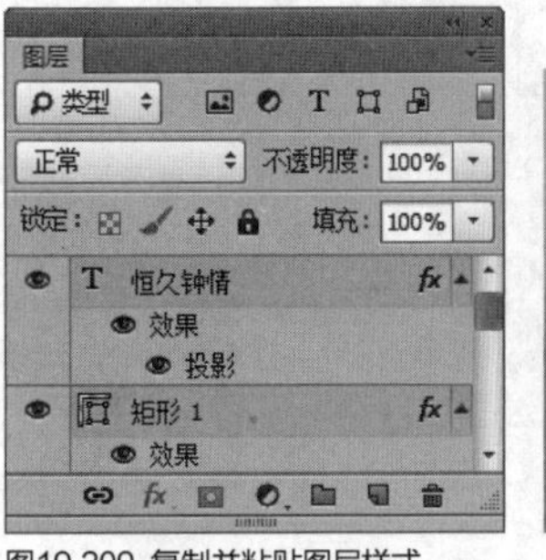

图19.209 复制并粘贴图层样式

- **绘制图形**

STEP 01 选择工具箱中的“椭圆工具”，在选项栏中将“填充”更改为黄色（R：255，G：234，B：0），“描边”更改为无，按住Shift键绘制一个正圆图形，此时将生成一个“椭圆3”图层，如图19.210所示。

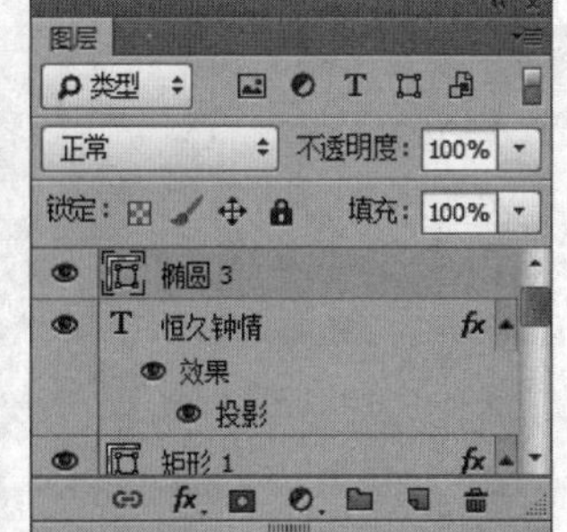

图19.210 绘制图形

STEP 02 选择工具箱中的“横排文字工具”T，在椭圆图形位置添加文字，如图19.211所示。

图19.211 添加文字

STEP 03 同时选中“1998”“特价”及“￥”图层，在其图层名称上单击鼠标右键，从弹出的快捷菜单中选择“粘贴图层样式”命令，这样就完成了效果制作，最终效果如图19.212所示。

图19.212 最终效果

第20章 淘宝服饰家居硬广设计

本章导读

本章讲解淘宝服装家居类的广告制作方法。此类广告在淘宝店铺中是最为常见的广告类型，整体的风格以体现服饰家居的品质为主，同时围绕主题进行创作。通过本章的练习我们可以独立制作相对应的店铺广告。

要点索引

- 学习服装类广告的制作方法
- 掌握家居广告的设计方法
- 了解家电广告的设计方法
- o学会家装类广告的制作方法

实战 511 女装促销硬广设计

▶素材位置：素材\第20章\女装促销
▶案例位置：效果\第20章\女装促销硬广设计.psd
▶视频位置：视频\实战511.avi
▶难易指数：★★☆☆☆

• 实例介绍 •

本例讲解女装促销广告的制作方法，整体的画布以红黄双色作为主色调，同时，倾斜的布局令整个布局多了几分灵动感，最终效果如图20.1所示。

图20.1 最终效果

• 操作步骤 •

STEP 01 执行菜单栏中的“文件”|“打开”命令，打开“背景.jpg、衣服.psd”文件，将衣服图像适当旋转，如图20.2所示。

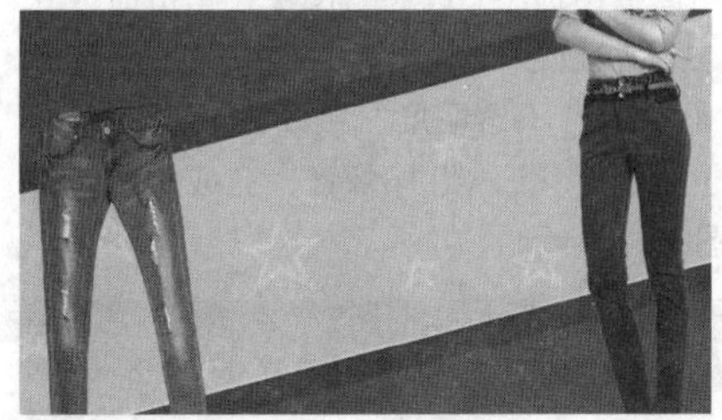

图20.2 打开及添加素材

STEP 02 在“图层”面板中选中“衣服”组，单击面板底部的“添加图层样式” fx 按钮，在菜单中选择“投影”命令，在弹出的对话框中将“不透明度”更改为30%，取消“使用全局光”复选框，将“角度”更改为60度，“距离”更改为5像素，“扩展”更改为20%，“大小”更改为10像素，完成之后单击“确定”按钮，如图20.3所示。

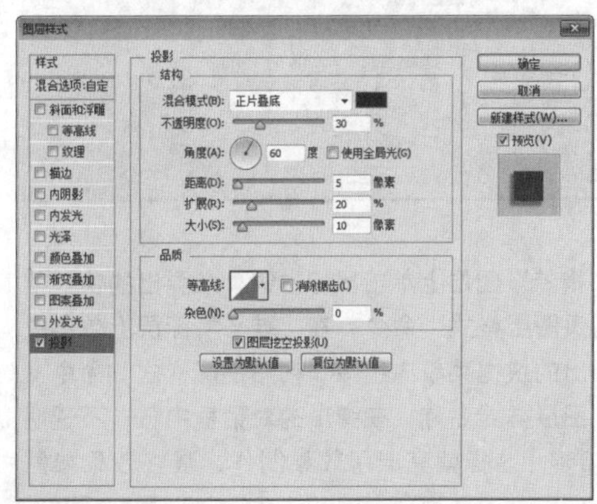

图20.3 设置投影

STEP 03 选择工具箱中的“横排文字工具” T，在画布中的适当位置添加文字，如图20.4所示。

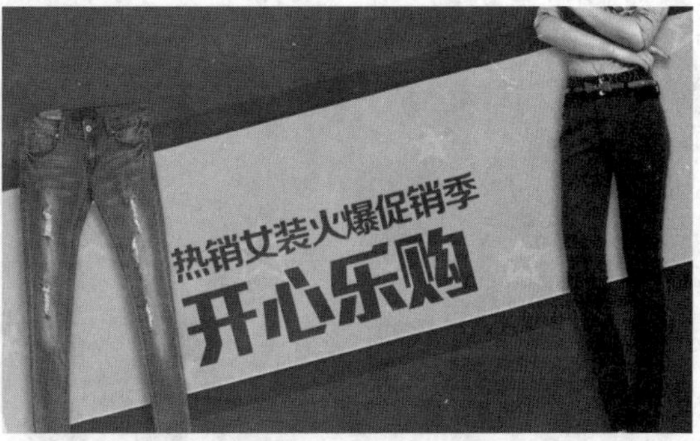

图20.4 添加文字

STEP 04 在文字右上角的位置绘制图形，制作指示标识，完成效果制作，最终效果如图20.5所示。

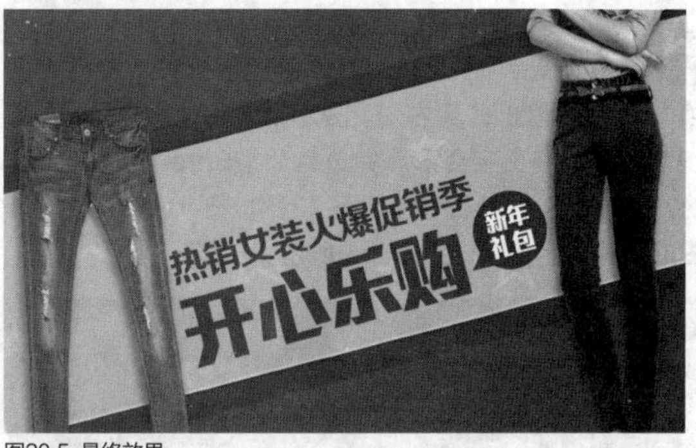

图20.5 最终效果

实战 512 春装上市硬广设计

▶素材位置：素材\第20章\春装上市
▶案例位置：效果\第20章\春装上市硬广设计.psd
▶视频位置：视频\实战512.avi
▶难易指数：★★☆☆☆

• 实例介绍 •

本例以春色为主题，通过添加简单的商品图像及简单的文字信息传达一种简洁明了的春装上市广告效果，最终效果如图20.6所示。

图20.6 最终效果

• 操作步骤 •

STEP 01 执行菜单栏中的“文件”|“打开”命令，打开“背景.jpg”文件，如图20.7所示。

图20.7 打开素材

STEP 02 选择工具箱中的“横排文字工具”T，在画布中的适当位置添加文字，如图20.8所示。

STEP 03 选中“新品”图层，按Ctrl+T组合键对其执行“自由变换”命令，单击鼠标右键，从弹出的快捷菜单中选择“斜切”命令，将文字变形，完成之后按Enter键确认，以同样的方法分别选中“不间断”及“2月17日10：00~4月18日”图层，将文字变形，如图20.9所示。

图20.8 添加文字

图20.9 将文字变形

STEP 04 选择工具箱中的“圆角矩形工具”，在选项栏中将“填充”更改为黄绿色（R：172，G：190，B：17），“描边”更改为无，“半径”更改为5像素，在文字下方位置绘制一个圆角矩形，此时将生成一个“圆角矩形1”图层，如图20.10所示。

图20.10 绘制图形

STEP 05 选择工具箱中的“横排文字工具”T，在圆角矩形的位置添加文字并将其变形，如图20.11所示。

图20.11 添加文字并将其变形

STEP 06 执行菜单栏中的“文件”|“打开”命令，打开“鞋子.psd、模特.psd”文件，将打开的素材拖入画布中的左右两侧位置并适当缩小，如图20.12所示。

图20.12 添加素材

STEP 07 在“图层”面板中选中“模特”图层，单击面板底部的“添加图层样式”fx按钮，在菜单中选择“投影”命令，在弹出的对话框中将“不透明度”更改为45%，“距离”更改为4像素，“大小”更改为18像素，完成之后单击“确定”按钮，如图20.13所示。

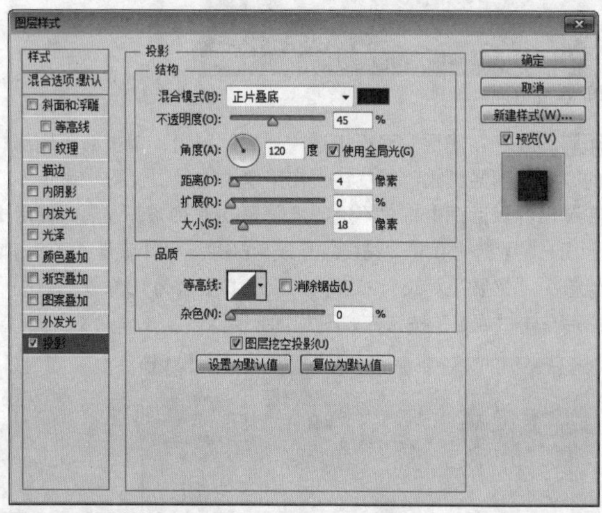

图20.13 设置投影

STEP 08 在“模特”图层上单击鼠标右键，从弹出的快捷菜单中选择“拷贝图层样式”命令，在“鞋子”图层上单击鼠标右键，从弹出的快捷菜单中选择“粘贴图层样式”命令，双击“鞋子”图层样式名称，在弹出的对话框中将“不透明度”更改为30%，这样就完成了效果制作，最终效果如图20.14所示。

图20.14 最终效果

实战 513

时尚男人志硬广设计

- 素材位置：素材\第20章\时尚男人志
- 案例位置：效果\第20章\时尚男人志硬广设计.psd
- 视频位置：视频\实战513.avi
- 难易指数：★★☆☆☆

• 实例介绍 •

本例讲解时尚男人志广告的制作方法。整个广告以记录的形式展示魅力男士的商品，整体的色调以沉稳的沉黄色为主，最终效果如图20.15所示。

图20.15 最终效果

• 操作步骤 •

STEP 01 执行菜单栏中的“文件”|“打开”命令，打开“背景.jpg、物品.psd”文件，将打开的物品素材图像拖入背景画布中的适当位置并缩小，如图20.16所示。

图20.16 添加素材

STEP 02 在“图层”面板中分别选中“物品”组中的图像进行等比例缩小，然后分别移至背景中的适当位置，如图20.17所示。

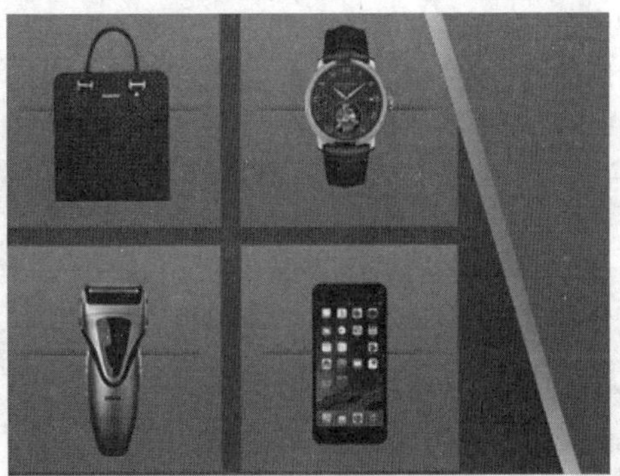

图20.17 缩小图像

STEP 03 在“图层”面板中选中“物品”组，单击面板底部的“添加图层蒙版”按钮，为其图层添加蒙版，如图20.18所示。

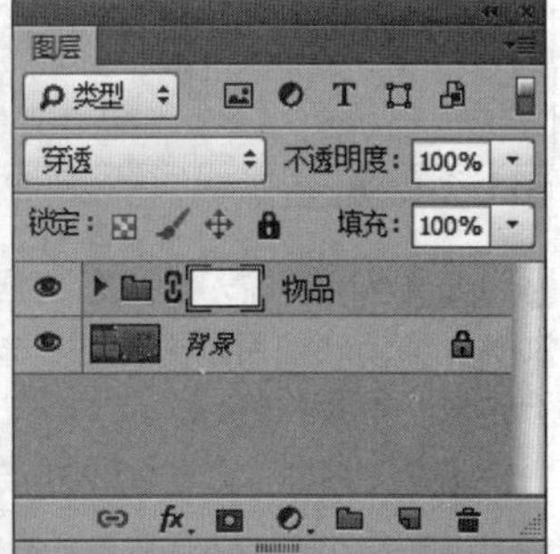

图20.18 添加图层蒙版

STEP 04 选择工具箱中的“矩形选框工具”，在物品图像下方的位置绘制矩形选区，如图20.19所示。

STEP 05 将选区填充为黑色，完成之后按Ctrl+D组合键将选区取消，如图20.20所示。

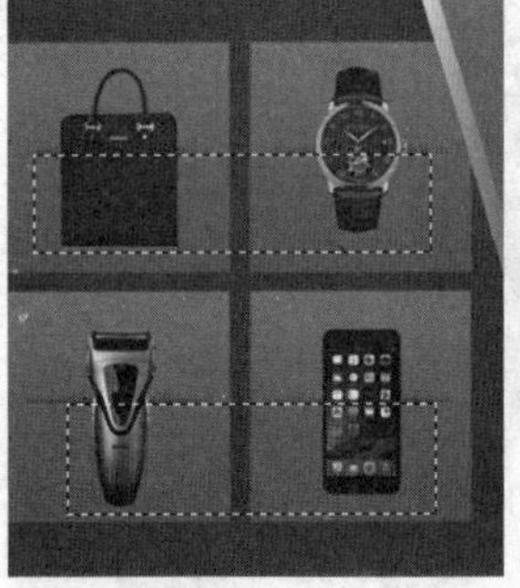

图20.19 绘制选区

图20.20 隐藏图形

STEP 06 选择工具箱中的“横排文字工具”，在画布中的适当位置添加文字，如图20.21所示。

图20.21 添加文字

STEP 07 在“图层”面板中选中“时尚”图层，单击面板底部的“添加图层样式”fx按钮，在菜单中选择“渐变叠加”命令，在弹出的对话框中将“不透明度”更改为10%，“渐变”更改为黑色到白色，“角度”更改为-145度，如图20.22所示。

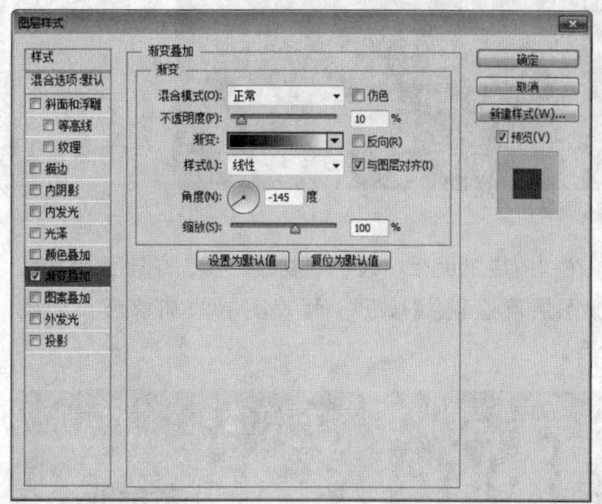

图20.22 设置渐变叠加

STEP 08 勾选“投影”复选框，将“不透明度”更改为30%，取消“使用全局光”复选框，“角度”更改为90度，“距离”更改为2像素，“大小”更改为2像素，完成之后单击“确定”按钮，如图20.23所示。

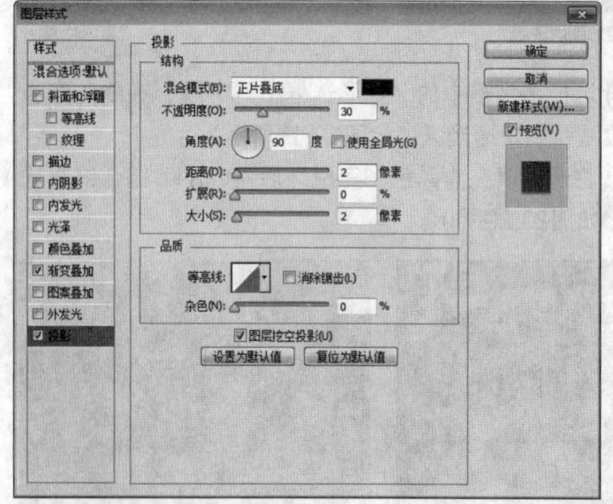

图20.23 设置投影

STEP 09 在“时尚”图层上单击鼠标右键，从弹出的快捷菜单中选择“拷贝图层样式”命令，在“魅力男人志”图层上单击鼠标右键，从弹出的快捷菜单中选择“粘贴图层样式”命令，如图20.24所示。

图20.24 复制并粘贴图层样式

STEP 10 选择工具箱中的“矩形工具”，在选项栏中将“填充”更改为无，“描边”更改为白色，“大小”更改为4点，在稍大的文字左下角位置按住Shift键绘制一个矩形，此时将生成一个“矩形1”图层，如图20.25所示。

图20.25 绘制图形

STEP 11 选择工具箱中的“直接选择工具”，选中矩形右上角的锚点，按Delete键将其删除，如图20.26所示。

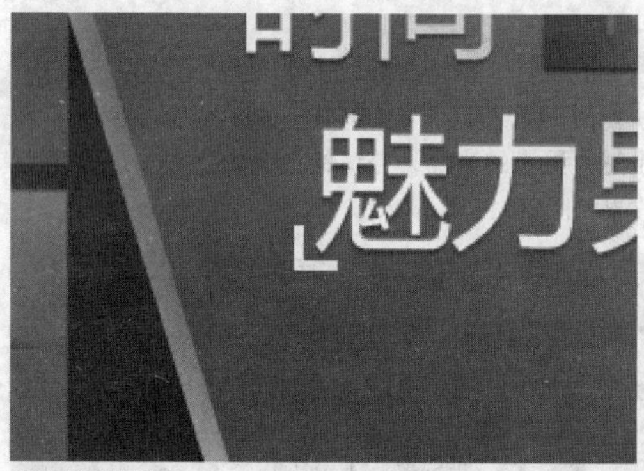

图20.26 删除锚点

STEP 12 选中“矩形1”图层，将其图层“不透明度”更改为40%，如图20.27所示。

STEP 13 在“图层”面板中选中“矩形1”图层，将其拖至面板底部的“创建新图层”按钮上，复制一个“矩形1 拷贝”图层，如图20.28所示。

图20.27 更改不透明度

图20.28 复制图层

STEP 14 选中“矩形1 拷贝”图层，按Ctrl+T组合键对其执行“自由变换”命令，单击鼠标右键，从弹出的快捷菜单中选择“旋转180度”，将图形移至文字右侧位置，完成之后按Enter键确认，这样就完成了效果制作，最终效果如图20.29所示。

图20.29 最终效果

实战 514

亮色羽绒服硬广设计

- 素材位置：素材\第20章\亮色羽绒服
- 案例位置：效果\第20章\亮色羽绒服硬广设计.psd
- 视频位置：视频\实战514.avi
- 难易指数：★★☆☆☆

• 实例介绍 •

本例讲解冬日亮色羽绒服广告的制作方法，以冬日元素为背景，搭配清晰明了的文字信息，给人一种直观的展示感受，最终效果如图20.30所示。

图20.30 最终效果

• 操作步骤 •

• 打开素材

STEP 01 执行菜单栏中的“文件”|“打开”命令，打开“背景.jpg”文件，如图20.31所示。

图20.31 打开素材

STEP 02 执行菜单栏中的“文件”|“打开”命令，打开“亮色羽绒服.psd”文件，将打开的素材拖入打开的素材背景中靠右侧的位置并适当缩小，如图20.32所示。

STEP 03 选择工具箱中的“横排文字工具”T，在画布中靠左侧的位置添加文字，如图20.33所示。

图20.32 添加素材

图20.33 添加文字

STEP 04 在“图层”面板中选中“羽绒服”图层，单击面板底部的“添加图层样式”fx按钮，在菜单中选择“投影”命令，在弹出的对话框中将“不透明度”更改为50%，“距离”更改为4像素，“大小”更改为20像素，完成之后单击“确定”按钮，如图20.34所示。

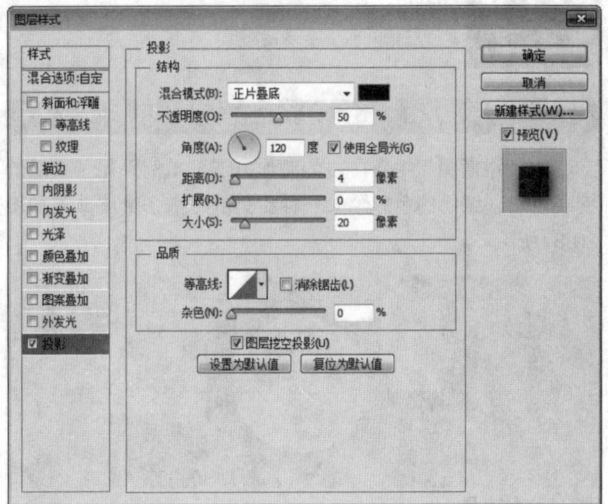

图20.34 设置投影

• 绘制图形

STEP 01 选择工具箱中的“直线工具”/，在选项栏中将“填充”更改为无，“描边”更改为白色，“大小”更改为1点，“粗细”更改为1像素并设置为虚线，在“冬日”文字下方位置按住Shift键绘制一条水平线段，此时将生成一个“形状1”图层，如图20.35所示。

图20.35 绘制图形

STEP 02 选中“形状 1”图层，将其“不透明度”更改为50%，再选中“WINTER WARM FEELINGS THIS WORLD THE WAY”图层，将其图层不透明度更改为30%，这样就完成了效果制作，最终效果如图20.36所示。

图20.36 最终效果

实战515 糖果毛衣硬广设计

- 素材位置：素材\第20章\糖果毛衣
- 案例位置：效果\第20章\糖果毛衣硬广设计.psd
- 视频位置：视频\实战515.avi
- 难易指数：★★★☆☆

• 实例介绍 •

本例讲解糖果毛衣广告的制作方法。本例采用了大量的糖果色彩，缤纷的色彩给人一种甜美的心情，最终效果如图20.37所示。

图20.37 最终效果

• 操作步骤 •

• 打开素材

STEP 01 执行菜单栏中的“文件”|“打开”命令，打开“背景.jpg、糖果.psd、毛衣.psd文件，将打开的素材图像拖入背景画布中并缩小，如图20.38所示。

图20.38 打开及添加素材

STEP 02 在“图层”面板中选中“毛衣 2”图层，单击面板底部的“添加图层蒙版”按钮，为其图层添加图层蒙版，如图20.39所示。

STEP 03 按住Ctrl键单击“糖果”图层缩览图，将其载入选区，如图20.40所示。

图20.39 添加图层蒙版

图20.40 载入选区

STEP 04 将选区填充为黑色，将部分图像隐藏，完成之后按Ctrl+D组合键将选区取消，如图20.41所示。

图20.41 隐藏图像

STEP 05 选择工具箱中的“画笔工具”，在画布中单击鼠标右键，在弹出的面板中选择一种圆角笔触，将“大小”更改为70像素，“硬度”更改为100%，如图20.42所示。

STEP 06 将前景色更改为白色，在图像的右下角区域涂抹，将其显示，如图20.43所示。

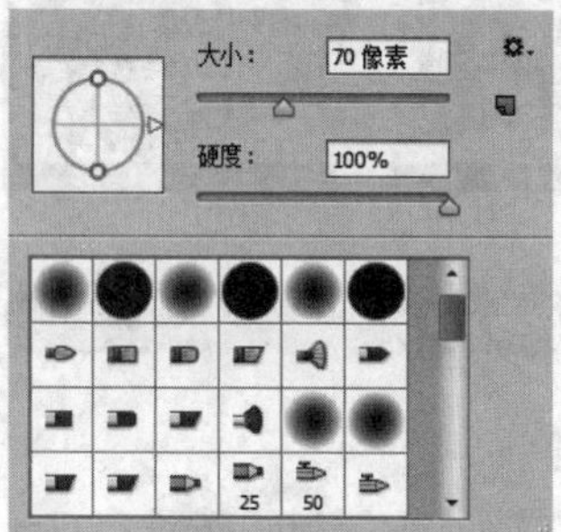

图20.42 设置笔触

图20.43 显示图像

STEP 07 在“图层”面板中同时选中“毛衣”及“毛衣 2”图层，将其拖至面板底部的“创建新图层”按钮上，复制1个“拷贝”图层，再按Ctrl+G组合键将拷贝图层编组，此时将生成一个“组1”组，如图20.44所示。

图20.44 将图层编组

STEP 08 选中“组1”层，将图层混合模式设置为“滤色”，“不透明度”更改为30%，如图20.45所示。

图20.45 设置图层混合模式

- **添加文字**

STEP 01 选择工具箱中的“横排文字工具” T，在画布中的适当位置添加文字，如图20.46所示。

图20.46 添加文字

STEP 02 选择工具箱中的“矩形工具”，在选项栏中将“填充”更改为黄色（R：255，G：230，B：0），“描边”更改为无，在文字位置绘制一个矩形，此时将生成一个“矩形1”图层，将“矩形1”图层移至“背景”图层上方，如图20.47所示。

图20.47 绘制图形

STEP 03 选择工具箱中的“添加锚点工具”，在矩形左侧边框的中间位置单击添加锚点，如图20.48所示。

STEP 04 选择工具箱中的“转换点工具”，单击添加的锚点，如图20.49所示。

图20.48 添加锚点

图20.49 转换锚点

STEP 05 选择工具箱中的“直接选择工具”，拖动经过转换的锚点将图形变形，以同样的方法在矩形右侧位置添加相同锚点并将图形变形，如图20.50所示。

图20.50 将图形变形

STEP 06 同时选中“全国包邮”及“矩形1”图层，按Ctrl+E组合键将图层合并，此时将生成一个“全国包邮”图层，如图20.51所示。

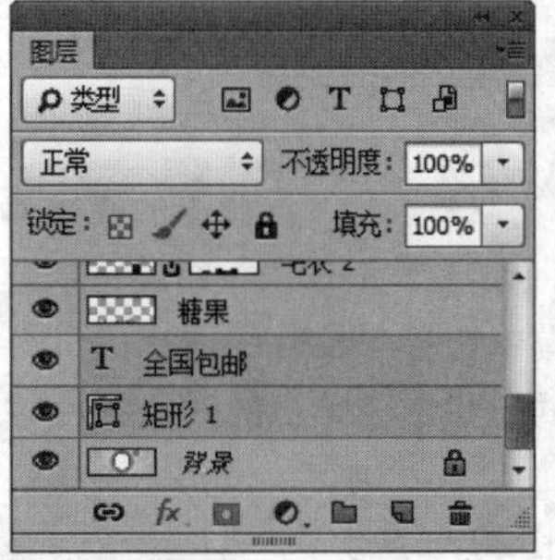

图20.51 合并图层

STEP 07 选中“全国包邮”图层，按Ctrl+T组合键对其执行“自由变换”命令，单击鼠标右键，从弹出的快捷菜单中选择“变形”命令，单击选项栏中 自定 按钮，在弹出的选项中选择“扇形”，将“弯曲”更改为10%，完成之后按Enter键确认，如图20.52所示。

图20.52 将图像变形

STEP 08 执行菜单栏中的“文件”|“打开”命令，打开“气球.psd”文件，将打开的素材拖入画布中两侧的位置并适当缩小，如图20.53所示。

图20.53 添加素材

STEP 09 在“图层”面板中选中“气球”图层，单击面板底部的“添加图层样式”fx按钮，在菜单中选择“投影”命令，在弹出的对话框中将“不透明度”更改为15%，取消“使用全局光”复选框，将“角度”更改为30度，“距离”更改为7像素，“大小”更改为1像素，完成之后单击“确定”按钮，如图20.54所示。

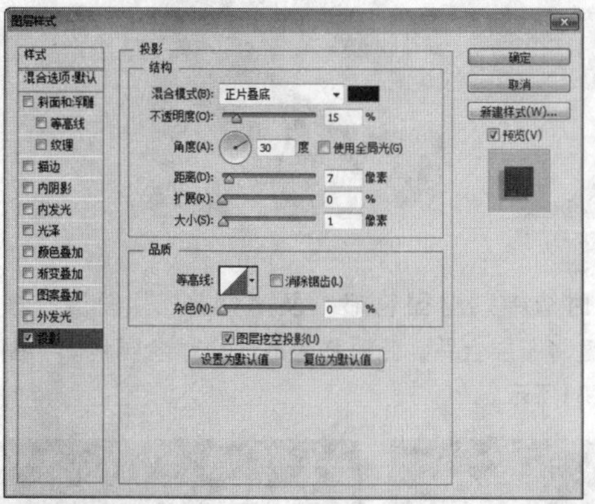

图20.54 设置投影

STEP 10 在“气球”图层上单击鼠标右键，从弹出的快捷菜单中选择“拷贝图层样式”命令，在“气球 2”图层上单击鼠标右键，从弹出的快捷菜单中选择“粘贴图层样式”命令，双击“气球 2”图层样式名称，在弹出的对话框中将“角度”更改为150，完成之后单击“确定”按钮，这样就完成了效果制作，最终效果如图20.55所示。

图20.55 最终效果

实战 516 超轻运动鞋硬广设计

- 素材位置：素材\第20章\超轻运动鞋
- 案例位置：效果\第20章\超轻运动鞋硬广设计.psd
- 视频位置：视频\实战516.avi
- 难易指数：★★★☆☆

• 实例介绍 •

本例讲解超轻运动鞋广告的制作方法，通过添加超轻材质元素体现出运动鞋轻质的特点，最终效果如图20.56所示。

图20.56 最终效果

• 操作步骤 •

• 打开素材

STEP 01 执行菜单栏中的“文件”|“打开”命令，打开“背景.jpg、鞋.psd”文件，将打开的素材图像拖入画布中的靠右侧位置并缩小，如图20.57所示。

图20.57 打开及添加素材

STEP 02 在“图层”面板中选中“鞋”图层，将其拖至面板底部的“创建新图层”按钮上，复制1个“鞋 拷贝”图层，选中“鞋 拷贝”图层，将图层混合模式更改为柔光，如图20.58所示。

图20.58 设置图层混合模式

STEP 03 选择工具箱中的“椭圆工具”，在选项栏中将“填充”更改为黑色，“描边”更改为无，在鞋子图像底部的位置绘制一个椭圆图形，此时将生成一个“椭圆1”图层，如图20.59所示。

图20.59 绘制图形

STEP 04 选中“椭圆1”图层，执行菜单栏中的“滤镜”|“模糊”|“高斯模糊”命令，在弹出的对话框中将“半径”更改为5像素，完成之后单击“确定”按钮，如图20.60所示。

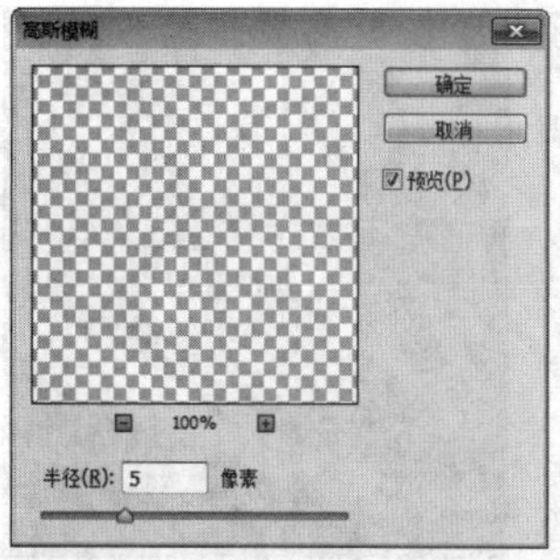

图20.60 设置高斯模糊

STEP 05 在“图层”面板中选中“椭圆1”图层，单击面板底部的“添加图层蒙版”按钮，为其图层添加图层蒙版，如图20.61所示。

STEP 06 选择工具箱中的“渐变工具”，编辑黑色到白色的渐变，单击选项栏中的“线性渐变”按钮，在图像上从右向左拖动将部分图像隐藏，如图20.62所示。

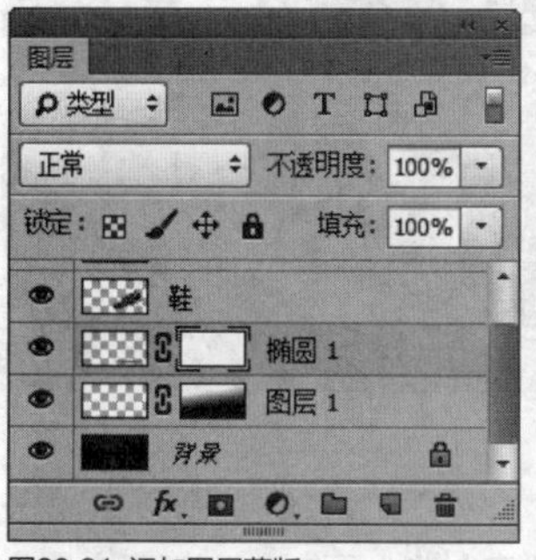

图20.61 添加图层蒙版

图20.62 设置渐变并隐藏图形

STEP 07 执行菜单栏中的“文件”|“打开”命令，打开“翅膀.psd”文件，将打开的素材拖入画布中并适当缩小，将“翅膀”图层移至“鞋”图层下方，如图20.63所示。

图20.63 添加素材

STEP 08 在“图层”面板中选中“翅膀”图层，将其拖至面板底部的“创建新图层”按钮上，复制1个“翅膀 拷贝”图层，将“翅膀 拷贝”图层移至“鞋 拷贝”图层上方，如图20.64所示。

图20.64 复制图层并更改图层顺序

STEP 09 选中“翅膀”图层，按Ctrl+T组合键对其执行“自由变换”命令，单击鼠标右键，从弹出的快捷菜单中选择“扭曲”命令，拖动变形框控制点将图像变形，完成之后按Enter键确认，以同样的方法选中“翅膀 拷贝”图层，将图像扭曲变形，如图20.65所示。

图20.65 将图像变形

STEP 10 在“图层”面板中选中“翅膀 拷贝”图层，单击面板底部的“添加图层蒙版”按钮，为其图层添加图层蒙版，如图20.66所示。

STEP 11 选择工具箱中的“画笔工具”，在画布中单击鼠标右键，在弹出的面板中选择一种圆角笔触，将“大小”更改为50像素，“硬度”更改为0%，如图20.67所示。

图20.66 添加图层蒙版

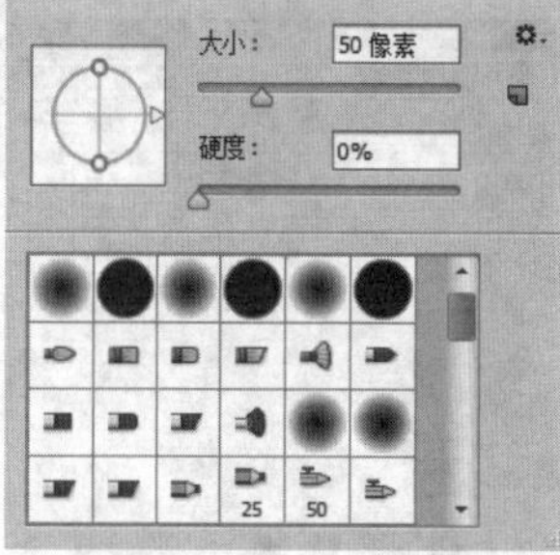

图20.67 设置笔触

STEP 12 将前景色更改为黑色，在图像上的部分区域涂抹，将其隐藏，使其与鞋子图像更加完美地融合，如图20.68所示。

图20.68 隐藏图像

STEP 13 在“图层”面板中选中“翅膀 拷贝”图层，单击面板底部的“添加图层样式”按钮，在菜单中选择“投影”命令，在弹出的对话框中将“不透明度”更改为50%，将“角度”更改为180度，“距离”更改为10像素，“大小”更改为5像素，完成之后单击“确定”按钮，如图20.69所示。

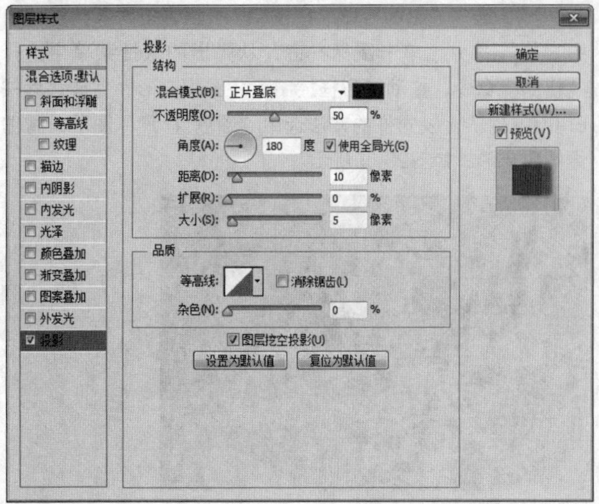

图20.69 设置投影

STEP 14 同时选中除“背景”及“椭圆1”图层之外的所有图层，按Ctrl+G组合键将图层编组，此时将生成一个“组1”组，选中“组1”组，将其拖至面板底部的“创建新图层”按钮上，复制1个“组1 拷贝”组，如图20.70所示。

STEP 15 选中“组1 拷贝”组，按Ctrl+E组合键将其合并，如图20.71所示。

图20.70 将图层编组并复制组

图20.71 合并组

STEP 16 选中“组1 拷贝”图层，执行菜单栏中的“滤镜”|“模糊”|“动感模糊”命令，在弹出的对话框中将“角度”更改为34度，“距离”更改为60像素，设置完成之后单击“确定”按钮，如图20.72所示。

图20.72 设置动感模糊

STEP 17 选中“组1 拷贝”图层，将图层混合模式设置为“叠加”，如图20.73所示。

图20.73 设置图层混合模式

• 添加文字

STEP 01 选择工具箱中的“横排文字工具”T，在画布中的适当位置添加文字，如图20.74所示。

图20.74 添加文字

STEP 02 执行菜单栏中的“文件”|“打开”命令，打开“鞋2.psd”文件，将打开的素材拖入画布中文字下方的位置并适当缩小，如图20.75所示。

图20.75 添加素材

STEP 03 在“图层”面板中选中“鞋 2”组，将其拖至面板底部的“创建新图层”按钮上，复制1个“鞋 2 拷贝”组，将“鞋 2 拷贝”组图层的混合模式更改为“叠加”，如图20.76所示。

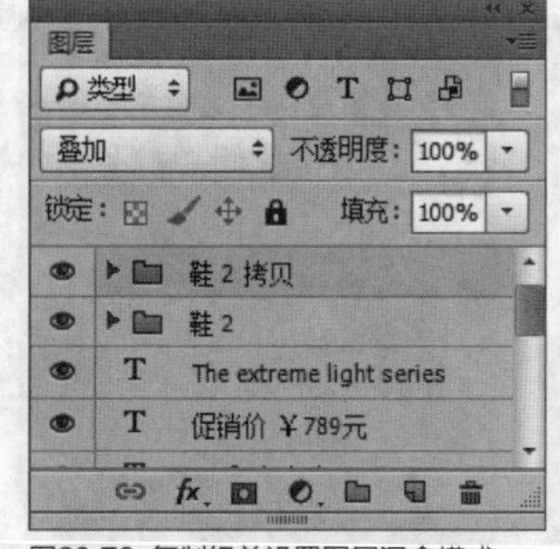

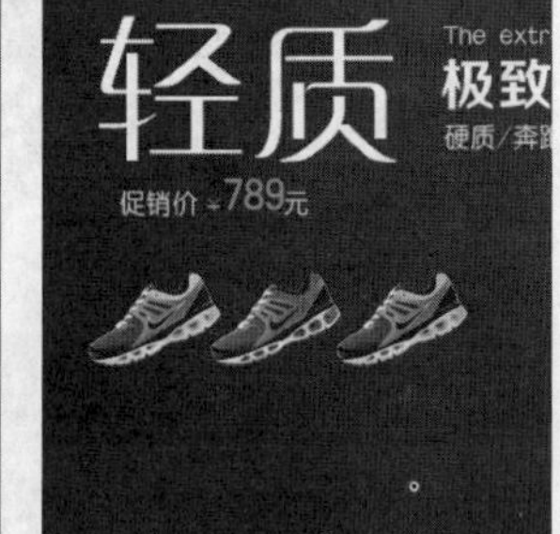

图20.76 复制组并设置图层混合模式

STEP 04 选择工具箱中的“椭圆工具”，在选项栏中将“填充”更改为黑色，“描边”更改为无，在鞋子图像下方的位置绘制一个椭圆图形，此时将生成一个“椭圆2”图层，如图20.77所示。

图20.77 绘制图形

STEP 05 选中“椭圆2”图层，执行菜单栏中的“滤镜”|“模糊”|“高斯模糊”命令，在弹出的对话框中将“半径”更改为3像素，完成之后单击“确定”按钮，如图20.78所示。

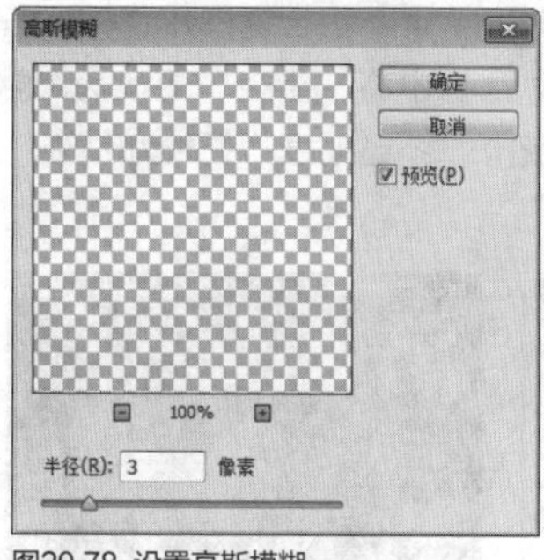

图20.78 设置高斯模糊

STEP 06 选中“椭圆2”图层，按住Alt+Shift组合键向右侧拖动，将图像复制两份，这样就完成了效果制作，最终效果如图20.79所示。

图20.79 最终效果

实战 517

鹿皮皮鞋硬广设计

▶素材位置：素材\第20章\鹿皮皮鞋

▶案例位置：效果\第20章\鹿皮皮鞋硬广设计.psd

▶视频位置：视频\实战517.avi

▶难易指数：★★☆☆☆

• 实例介绍 •

本例以大自然为主题元素，同时整体的画面感较强，通过立体空间的图像组合给人一种原生态的感觉，最终效果如图20.80所示。

图20.80 最终效果

• 操作步骤 •

• 打开素材

STEP 01 执行菜单栏中的“文件”|“打开”命令，打开“背景.jpg、皮鞋.psd、鹿.psd”文件，将打开的素材图像拖入画布中并缩小，如图20.81所示。

图20.81 打开及添加素材

STEP 02 在“图层”面板中选中“皮鞋”图层，将其拖至面板底部的“创建新图层”按钮上，复制1个“皮鞋 拷贝”图层，如图20.82所示。

STEP 03 在“图层”面板中选中“皮鞋”图层，单击面板上方的“锁定透明像素”按钮，将透明像素锁定，将图像填充为黑色，填充完成之后再次单击此按钮将其解除锁定，如图20.83所示。

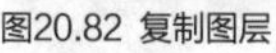

图20.82 复制图层

图20.83 填充颜色

STEP 04 选中“皮鞋”图层，按Ctrl+T组合键对其执行“自由变换”命令，单击鼠标右键，从弹出的快捷菜单中选择“扭曲”命令，拖动变形框控制点将图像扭曲变形，完成之后按Enter键确认，如图20.84所示。

图20.84 将图像变形

STEP 05 选中“皮鞋”图层，执行菜单栏中的“滤镜”|“模糊”|“高斯模糊”命令，在弹出的对话框中将“半径”更改为3像素，完成之后单击“确定”按钮，如图20.85所示。

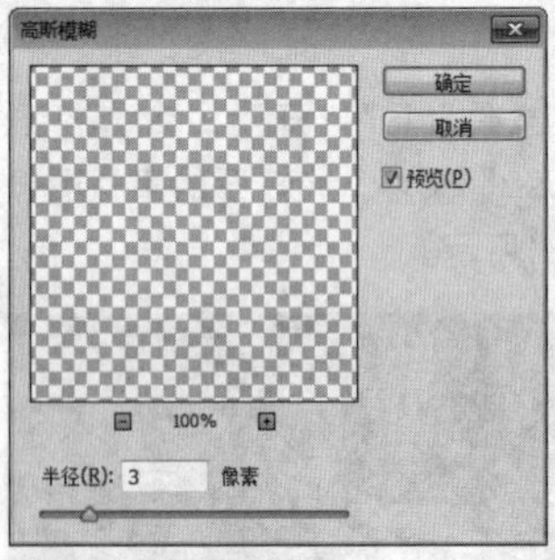

图20.85 设置高斯模糊

STEP 06 在“图层”面板中选中“皮鞋”图层，单击面板底部的“添加图层蒙版”按钮，为其图层添加图层蒙版，如图20.86所示。

STEP 07 选择工具箱中的“画笔工具”，在画布中单击鼠标右键，在弹出的面板中选择一种圆角笔触，将“大小”更改为250像素，“硬度”更改为0%，如图20.87所示。

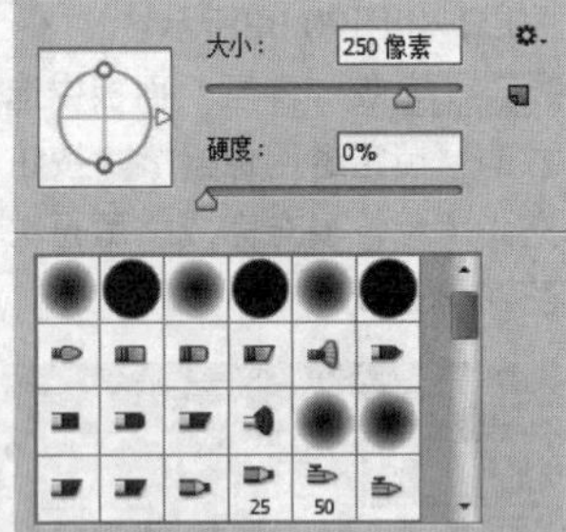

图20.86 添加图层蒙版　　图20.87 设置笔触

STEP 08 将前景色更改为黑色，在图像上的部分区域涂抹，将其隐藏，如图20.88所示。

图20.88 隐藏图像

STEP 09 在“图层”面板中选中“鹿”图层，将其拖至面板底部的“创建新图层”按钮上，复制1个“鹿 拷贝”图层，选中“鹿”图层，单击面板上方的“锁定透明像素”按钮将透明像素锁定，将图像填充为黑色，填充完成之后再次单击此按钮将其解除锁定，如图20.89所示。

STEP 10 选中“鹿”图层，按Ctrl+T组合键对其执行“自由变换”命令，将图像变形，完成之后按Enter键确认，如图20.90所示。

图20.89 填充颜色　　图20.90 将图像变形

STEP 11 选中“鹿”图层，按Ctrl+Alt+F组合键打开“高斯模糊”命令对话框，在弹出的对话框中将“半径”更改为2像素，完成之后单击“确定”按钮，“不透明度”更改为50%，如图20.91所示。

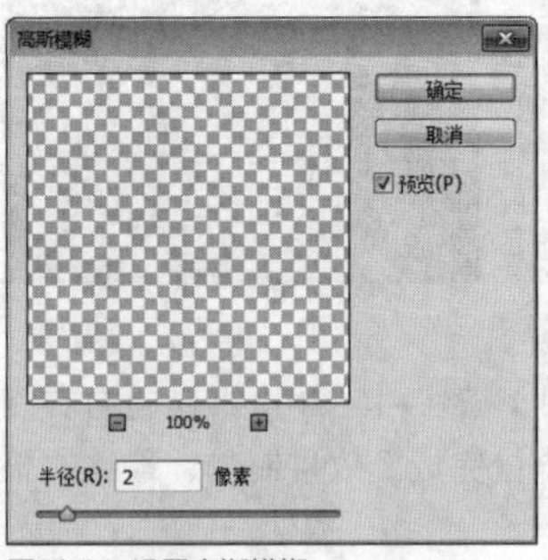

图20.91 设置高斯模糊

STEP 12 执行菜单栏中的“文件”|“打开”命令，打开“光芒.psd”文件，将打开的素材拖入画布靠顶部的位置并适当缩小，将其“不透明度”更改为70%，如图20.92所示。

图20.92 添加素材

● 绘制图形

STEP 01 选择工具箱中的“椭圆工具”，在选项栏中将“填充”更改为无，“描边”更改为绿色（R：74，G：198，B：19），“大小”更改为2点，按住Shift键绘制一个正圆图形，此时将生成一个“椭圆1”图层，如图20.93所示。

图20.93 绘制图形

STEP 02 选择工具箱中的“横排文字工具” T，在椭圆的中心位置添加文字，如图20.94所示。

图20.94 添加文字

STEP 03 在“图层”面板中选中“手工精致皮鞋”图层，单击面板底部的“添加图层样式” fx 按钮，在菜单中选择“描边”命令，在弹出的对话框中将“大小”更改为1像素，“不透明度”更改为70%，“颜色”更改为绿色（R：135，G：255，B：0），如图20.95所示。

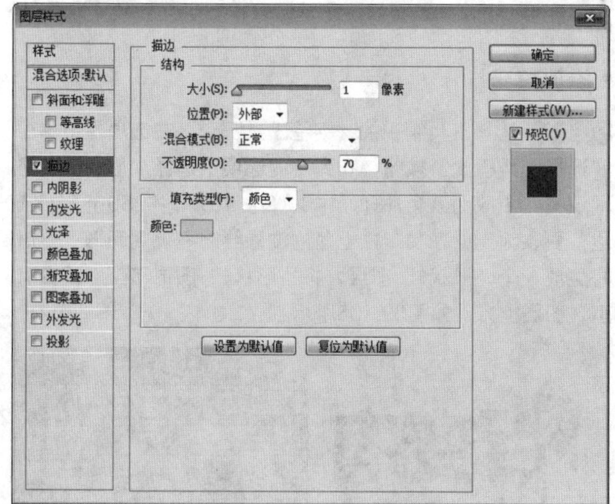

图20.95 设置描边

STEP 04 勾选“渐变叠加”复选框，将“渐变”更改为绿色（R：182，G：255，B：0）到绿色（R：102，G：155，B：80），如图20.96所示。

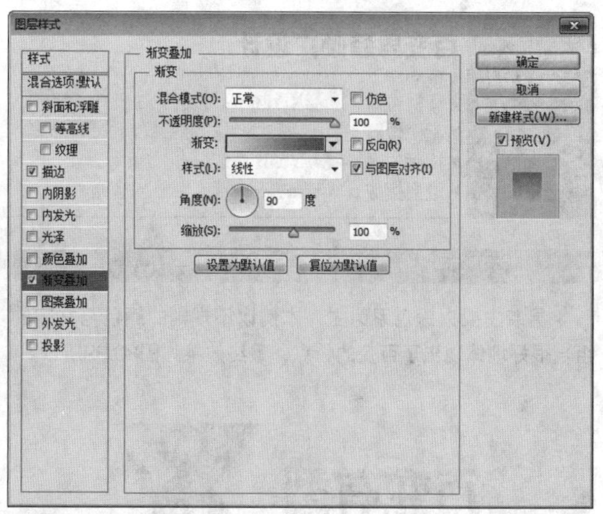

图20.96 设置渐变叠加

STEP 05 勾选“投影”复选框，取消“使用全局光”复选框，将“角度”更改为90度，“距离”更改为2像素，“大小”更改为3像素，完成之后单击“确定”按钮，如图20.97所示。

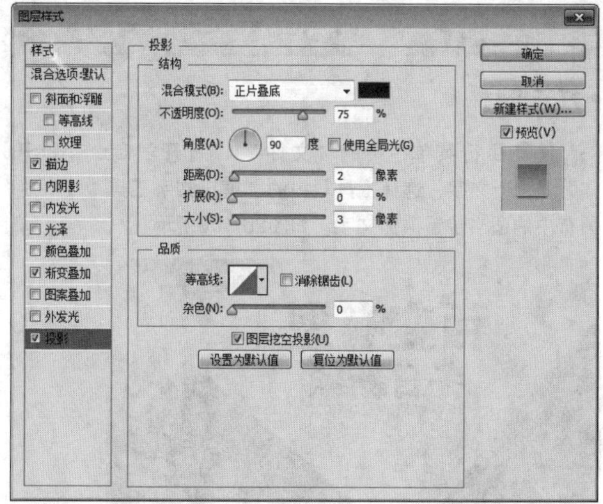

图20.97 设置投影

STEP 06 在“手工精致皮鞋”图层上单击鼠标右键，从弹出的快捷菜单中选择“拷贝图层样式”命令，同时选中“spring in my life”及“2016”图层，在其图层名称上单击鼠标右键，从弹出的快捷菜单中选择“粘贴图层样式”命令，这样就完成了效果制作，最终效果如图20.98所示。

图20.98 最终效果

实战 518

百变男装硬广设计

▶素材位置：素材\第20章\百变男装
▶案例位置：效果\第20章\百变男装硬广设计.psd
▶视频位置：视频\实战518.avi
▶难易指数：★★★☆☆

• 实例介绍 •

男装主要以深色系为主，本例以不规则的颜色与文字的组合很好地体现出了百变的特点，最终效果如图20.99所示。

图20.99 最终效果

• 操作步骤 •

• 打开素材

STEP 01 执行菜单栏中的“文件”|“打开”命令，打开“背景.jpg文字，选择工具箱中的“横排文字工具”T，在画布中的适当位置添加文字，如图20.100所示。

图20.100 打开素材并添加文字

STEP 02 选择工具箱中的“矩形工具”▇，在选项栏中将“填充”更改为无，“描边”更改为灰色（R：40，G：42，B：37），“大小”更改为6点，在添加的部分文字周围的位置绘制一个矩形，此时将生成一个“矩形1”图层，如图20.101所示。

图20.101 绘制图形

STEP 03 在“图层”面板中选中“矩形1”图层，单击面板底部的“添加图层蒙版”▣按钮，为其图层添加图层蒙版，如图20.102所示。

STEP 04 选择工具箱中的“矩形选框工具”⬚，在矩形位置绘制一个矩形选区，如图20.103所示。

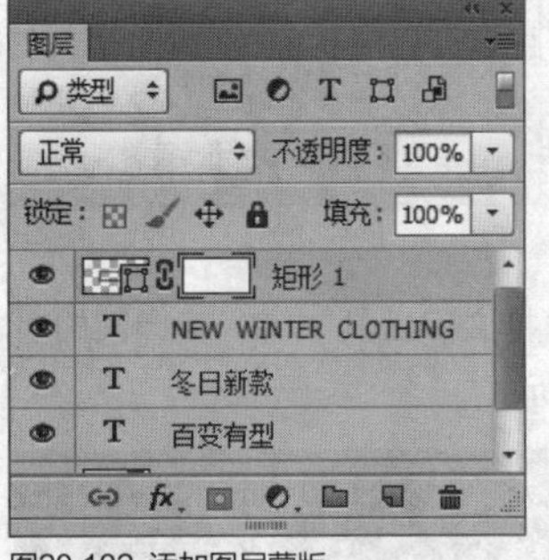

图20.102 添加图层蒙版

图20.103 绘制选区

STEP 05 将选区填充为黑色，将部分图形隐藏，完成之后按Ctrl+D组合键将选区取消，如图20.104所示。

图20.104 隐藏图形

• 添加色块

STEP 01 选择工具箱中的“钢笔工具”✒，在选项栏中单击“选择工具模式”按钮，在弹出的选项中选择“形状”，将“填充”更改为紫色（R：140，G：40，B：250），“描边”更改为无，在文字左上角的位置绘制不规则图形，此时将生成一个“形状1”图层，将“形状1”图层移至“百变有型”图层上方，如图20.105所示。

图20.105 绘制图形

STEP 02 选中“形状1”图层，执行菜单栏中的“图层”|“创建剪贴蒙版”命令，为当前图层创建剪贴蒙版，将部分图形隐藏，如图20.106所示。

图20.106 创建剪贴蒙版

STEP 03 以同样的方法在文字位置绘制数个不规则图形，并创建剪贴蒙版，如图20.107所示。

图20.107 绘制图形并创建剪贴蒙版

STEP 04 选择工具箱中的“矩形工具”，在选项栏中将“填充”更改为紫色（R：140，G：40，B：250），“描边”更改为无，在添加的文字下方绘制一个矩形，如图20.108所示。

STEP 05 选择工具箱中的“横排文字工具”，在画布中的适当位置添加文字，如图20.109所示。

图20.108 绘制图形　　图20.109 添加文字

● 添加素材

STEP 01 执行菜单栏中的“文件”|“打开”命令，打开“衣服.psd”文件，将打开的素材拖入画布中的适当位置并缩小，如图20.110所示。

图20.110 添加素材

STEP 02 在“图层”面板中选中“衣服”图层，单击面板底部的“添加图层样式”按钮，在菜单中选择“投影”命令，在弹出的对话框中将“距离”更改为4像素，“大小”更改为4像素，完成之后单击“确定”按钮，如图20.111所示。

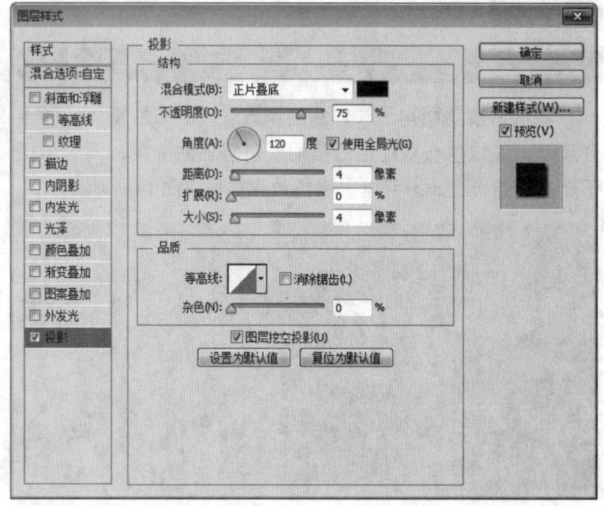

图20.111 设置投影

STEP 03 在“图层”面板中选中“衣服”组，将其拖至面板底部的“创建新图层”按钮上，复制1个“衣服 拷贝”图层，选中“衣服 拷贝”图层，在其图层名称上单击鼠标右键，从弹出的快捷菜单中选择“清除图层样式”命令，如图20.112所示。

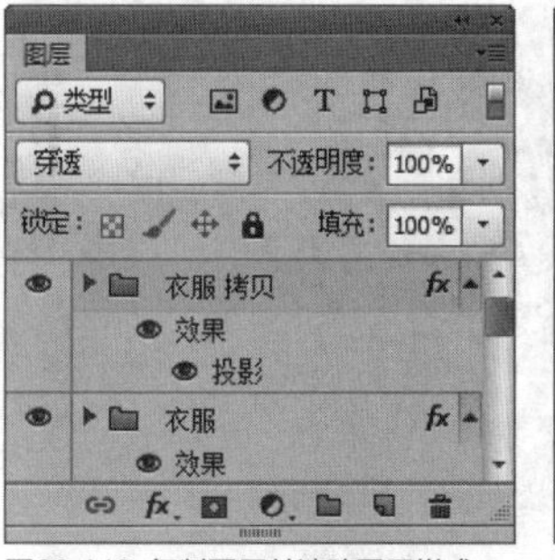

图20.112 复制图层并清除图层样式

STEP 04 在“图层”面板中选中“衣服 拷贝”组，将图层混合模式设置为“正片叠底”，“不透明度”更改为20%，这样就完成了效果制作，最终效果如图20.113所示。

图20.113 最终效果

实战 519 美丽裙子硬广设计

▶素材位置：素材\第20章\美丽裙子
▶案例位置：效果\第20章\美丽裙子硬广设计.psd
▶视频位置：视频\实战519.avi
▶难易指数：★★☆☆☆

• 实例介绍 •

本例讲解美丽裙子广告的制作方法。画布的整体色彩十分淡雅，浅绿色与粉红色的搭配既是舒适的象征，同时与裙子商品的组合也十分和谐，最终效果如图20.114所示。

图20.114 最终效果

• 操作步骤 •

• 打开素材

STEP 01 执行菜单栏中的“文件”|“打开”命令，打开“背景.jpg，如图20.115所示。

图20.115 打开及添加素材

STEP 02 选择工具箱中的“模糊工具”，在画布中单击鼠标右键，从弹出的快捷菜单中选择一个圆角笔触，将“大小”更改为250像素，“硬度”更改为0%，如图20.116所示。

STEP 03 在背景中花朵图像的位置涂抹，将部分图像模糊，如图20.117所示。

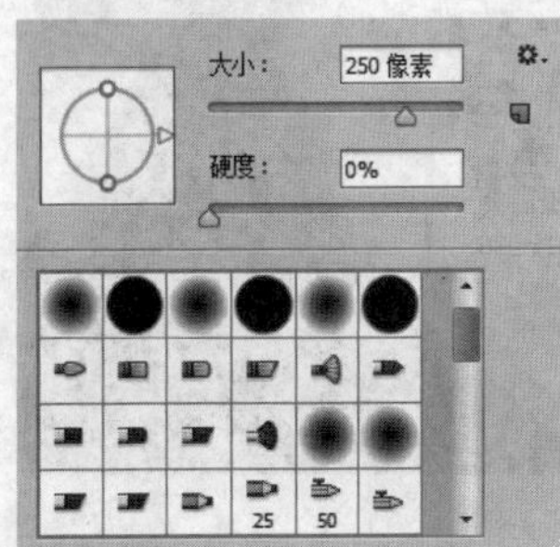

图20.116 设置笔触

图20.117 模糊图像

• 添加素材

STEP 01 执行菜单栏中的“文件”|“打开”命令，打开“裙子.psd”文件，将打开的素材拖入画布中靠右侧的位置并适当缩小，如图20.118所示。

图20.118 添加素材

STEP 02 在“图层”面板中选中“裙子”图层，将其拖至面板底部的“创建新图层”按钮上，复制1个“裙子 拷贝”图层，如图20.119所示。

STEP 03 在“图层”面板中选中“裙子”图层，单击面板上方的“锁定透明像素”按钮将当前图层中的透明像素锁定，将图像填充为黑色，填充完成之后再次单击此按钮将其解除锁定，如图20.120所示。

图20.119 复制图层

图20.120 锁定透明像素并填充颜色

STEP 04 选中“裙子”图层，执行菜单栏中的“滤镜”|“模糊”|“高斯模糊”命令，在弹出的对话框中将“半径”更改为3像素，完成之后单击“确定”按钮，再将其图层“不透明度”更改为20%，将其向右下角方向稍微移动，如图20.121所示。

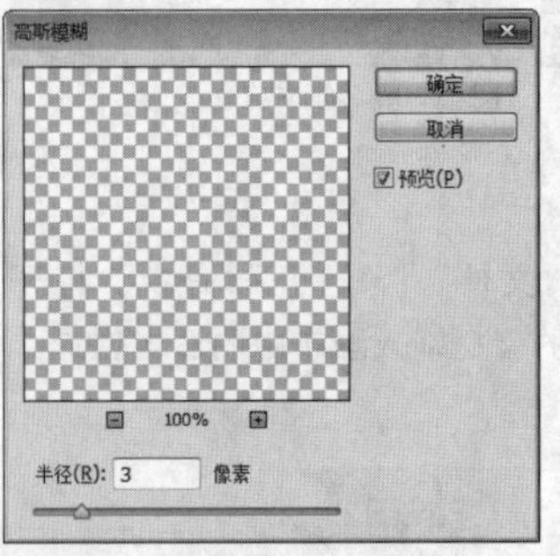

图20.121 设置高斯模糊

• 绘制图形

STEP 01 选择工具箱中的“椭圆工具”，在选项栏中将“填充”更改为绿色（R：93，G：137，B：73），“描边”更改为无，在左侧位置按住Shift键绘制一个正圆图形，此时将生成一个“椭圆1”图层，将其“不透明度”更改为40%，如图20.122所示。

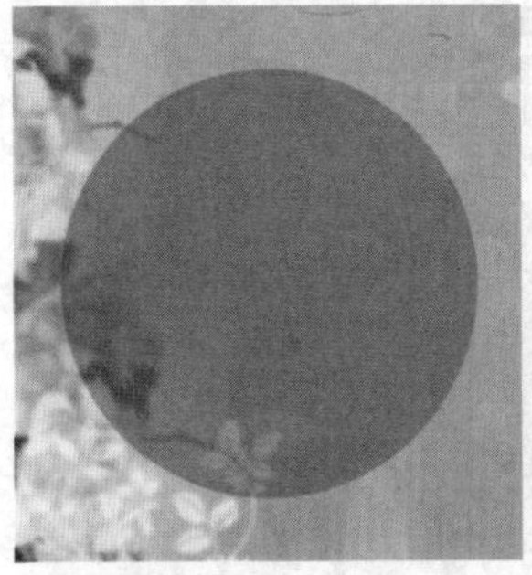

图20.122 绘制图形

STEP 02 选择工具箱中的“横排文字工具”T，在画布中的适当位置添加文字，如图20.123所示。

STEP 03 选择工具箱中的“直线工具”，在选项栏中将“填充”更改为白色，“描边”更改为无，“粗细”更改为2像素，绘制一条水平线段，此时将生成一个“形状1”图层，如图20.124所示。

图20.123 添加文字

图20.124 绘制图形

STEP 04 选择工具箱中的“矩形工具”，在选项栏中将“填充”更改为白色，“描边”更改为无，在“精点美装 世纪之遇”文字位置绘制一个矩形，此时将生成一个“矩形1”图层，将“矩形1”图层移至“精点美装 世纪之遇”图层下方，如图20.125所示。

图20.125 绘制图形

STEP 05 选中“矩形1”图层，将图层“不透明度”更改为40%，这样就完成了效果制作，最终效果如图20.126所示。

图20.126 最终效果

实战 520 绿色心情包包硬广设计

- 素材位置：素材\第20章\绿色心情包包
- 案例位置：效果\第20章\绿色心情包包硬广设计.psd
- 视频位置：视频\实战520.avi
- 难易指数：★★☆☆☆

• 实例介绍 •

本例通过拟物化的手法来表现可爱的卡通造型的包包，以大自然为元素，并使之与包包图像组合成一个完美的整体，最终效果如图20.127所示。

图20.127 最终效果

• 操作步骤 •

• 打开素材

STEP 01 执行菜单栏中的“文件”|“打开”命令，打开“背景.jpg、包包.jpg”文件，将“包包.jpg”拖动到“背景.jpg”画布中，如图20.128所示。

图20.128 打开及添加素材

STEP 02 选择工具箱中的“椭圆工具”，在选项栏中将“填充”更改为深绿色（R：30，G：45，B：0），“描边”更改为无，在包包图像的底部绘制一个椭圆图形，此时将生成一个“椭圆1”图层，将“椭圆1”图层移至“包包”图层下方，如图20.129所示。

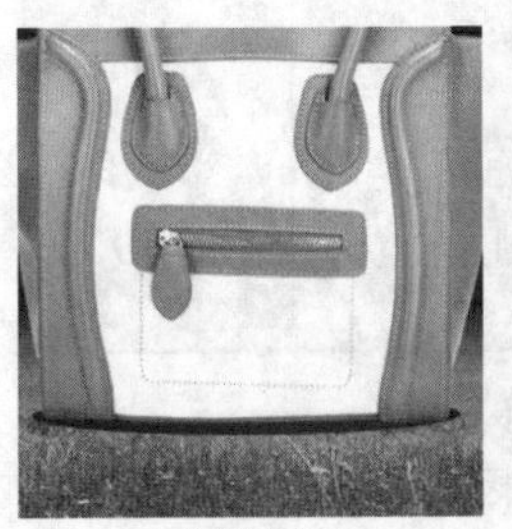

图20.129 绘制图形

STEP 03 选中“椭圆1”图层，执行菜单栏中的“滤镜”|“模糊”|“高斯模糊”命令，在弹出的对话框中将“半径”更改为5像素，完成之后单击“确定”按钮，如图20.130所示。

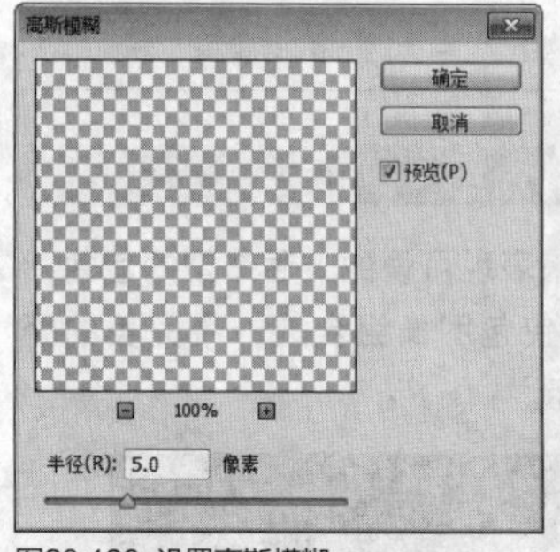

图20.130 设置高斯模糊

STEP 04 执行菜单栏中的“文件”|“打开”命令，打开“装饰图像.psd”文件，将打开的素材拖入画布中包包图像周围的位置，并适当缩小，如图20.131所示。

图20.131 添加素材

STEP 05 在“图层”面板中选中“蝴蝶”图层，单击面板底部的“添加图层样式”fx按钮，在菜单中选择“外发光”命令，在弹出的对话框中将“颜色”更改为黄色（R：240，G：255，B：0），“大小”更改为10像素，完成之后单击“确定”按钮，如图20.132所示。

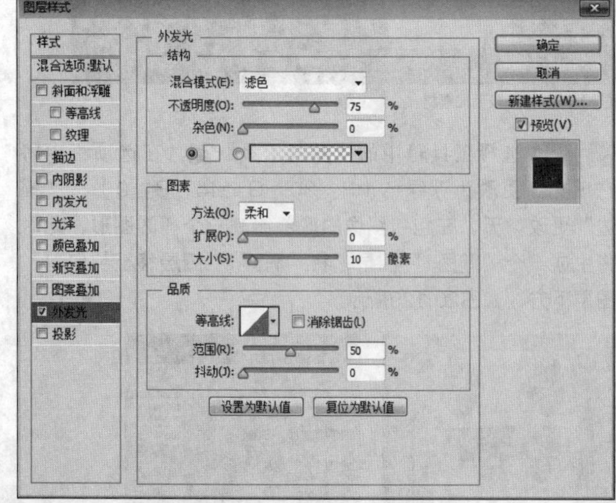

图20.132 设置外发光

STEP 06 在“蝴蝶”图层上单击鼠标右键，从弹出的快捷菜单中选择“拷贝图层样式”命令，在“蝴蝶 2”图层上单击鼠标右键，从弹出的快捷菜单中选择“粘贴图层样式”命令，如图20.133所示。

图20.133 复制并粘贴图层样式

- **制作投影**

STEP 01 在“图层”面板中选中“树”图层，将其拖至面板底部的“创建新图层”按钮上，复制1个“树 拷贝”图层，选中“树”图层，单击面板上方的“锁定透明像素”按钮，将当前图层中的透明像素锁定，将图像填充为深绿色（R：30，G：45，B：0），填充完成之后再次单击此按钮将其解除锁定，如图20.134所示。

STEP 02 选中“树”图层，按Ctrl+T组合键对其执行“自由变换”命令，单击鼠标右键，从弹出的快捷菜单中选择“扭曲”命令，拖动变形框控制点将图像扭曲变形，完成之后按Enter键确认，如图20.135所示。

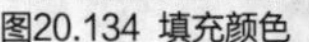

图20.134 填充颜色

图20.135 将图像变形

STEP 03 选中“树”图层，执行菜单栏中的“滤镜”|“模糊”|“高斯模糊”命令，在弹出的对话框中将“半径”更改为3像素，完成之后单击“确定”按钮，再将图层“不透明度”更改为50%，如图20.136所示。

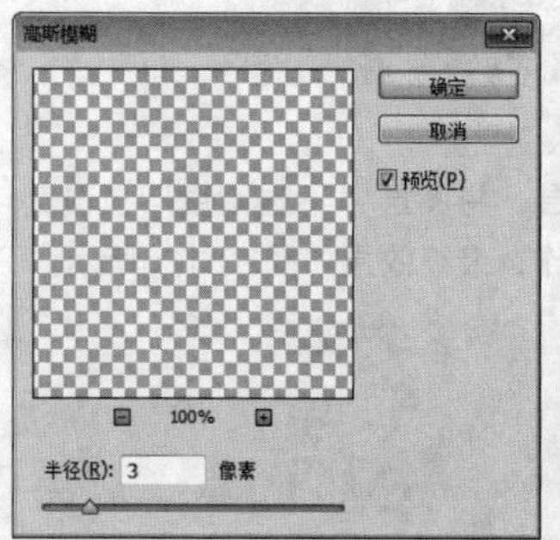

图20.136 设置高斯模糊并更改不透明度

STEP 04 以同样的方法为其他几棵树的图像制作投影效果，如图20.137所示。

图20.137 制作投影

- **添加文字**

STEP 01 选择工具箱中的“横排文字工具” T，在画布中的适当位置添加文字，如图20.138所示。

图20.138 添加文字

STEP 02 选择工具箱中的“椭圆工具”，在选项栏中将“填充”更改为灰白色（R：253，G：253，B：253），“描边”更改为无，在右上角的位置按住Shift键绘制一个正圆图形，此时将生成一个“椭圆2”图层，如图20.139所示。

图20.139 绘制图形

STEP 03 在“图层”面板中选中“椭圆2”图层，将其拖至面板底部的“创建新图层”按钮上，复制1个“椭圆2 拷贝”图层，如图20.140所示。

STEP 04 选中“椭圆2 拷贝”图层，按Ctrl+T组合键对其执行“自由变换”命令，将图形等比例缩小，完成之后按Enter键确认，在选项栏中将“填充”更改为无，“描边”更改为深绿色（R：30，G：45，B：0），“大小”更改为1点，单击“设置形状描边类型”按钮，在弹出的选项中选择第2种描边类型，如图20.141所示。

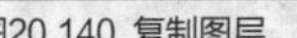
图20.140 复制图层

图20.141 变换图形

STEP 05 选择工具箱中的“横排文字工具” T，在适当的位置添加文字，这样就完成了效果制作，最终效果如图20.142所示。

图20.142 最终效果

实战 521

运动鞋广告硬广设计

- 素材位置：素材\第20章\运动鞋广告
- 案例位置：效果\第20章\运动鞋硬广设计.psd
- 视频位置：视频\实战521.avi
- 难易指数：★★★☆☆

• 实例介绍 •

本例中的运动鞋以跑道为背景，同时立体的鞋子展示也很好地体现出了鞋子的特点，最终效果如图20.143所示。

图20.143 最终效果

• 操作步骤 •

- **打开素材**

STEP 01 执行菜单栏中的“文件”|“打开”命令，打开“背景.jpg、鞋子.psd”文件，将打开的素材拖入画布中适当缩小并旋转，如图20.144所示。

图20.144 添加素材

STEP 02 选择工具箱中的“钢笔工具”，在选项栏中单击“选择工具模式”路径按钮，在弹出的选项中选择“形状”，将“填充”更改为灰色（R：85，G：84，B：82），“描边”更改为无，在鞋子图像的底部位置绘制一个不规则图形，此时将生成一个“矩形1”图层，如图20.145所示。

STEP 03 选中“形状1”图层，执行菜单栏中的“图层”|“栅格化”|“形状”命令，将当前图形栅格化，如图20.146所示。

图20.145 绘制图形

图20.146 栅格化形状

STEP 04 在“图层”面板中选中“形状1”图层，单击面板底部的“添加图层蒙版”按钮，为其图层添加图层蒙版，如图20.147所示。

STEP 05 选择工具箱中的“渐变工具”，编辑黑色到白色的渐变，单击选项栏中的“线性渐变”按钮，从右上方向左下方拖动鼠标，将部分图形隐藏，如图20.148所示。

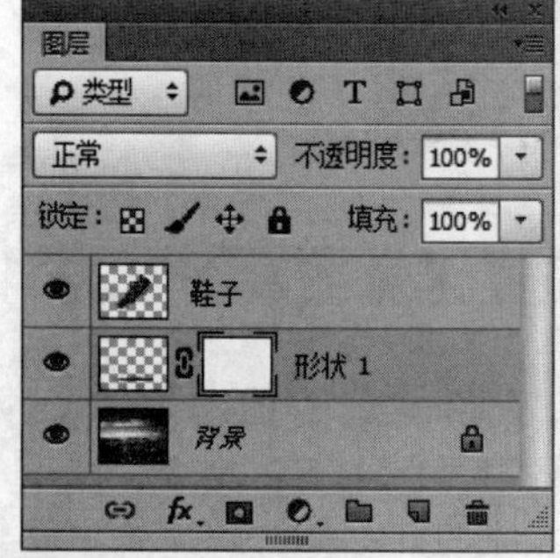

图20.147 添加图层蒙版

图20.148 隐藏图形

STEP 06 选择工具箱中的“模糊工具”，在画布中单击鼠标右键，从弹出的快捷菜单中选择一个圆角笔触，将“大小”更改为115像素，“硬度”更改为0%，如图20.149所示。

STEP 07 选中“形状1”图层，在图形靠左侧部分的位置涂抹，将部分图形模糊，如图20.150所示。

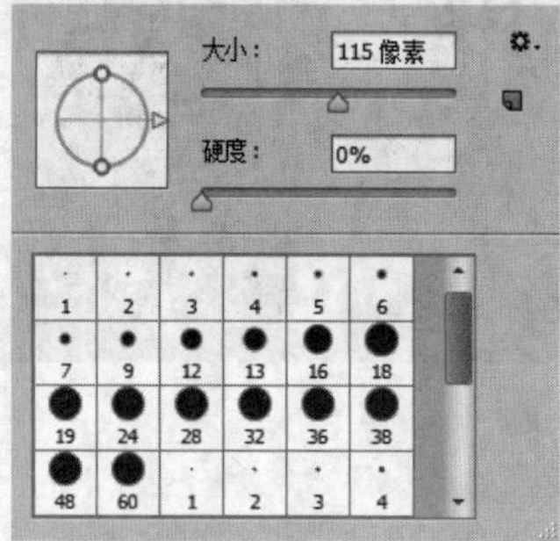

图20.149 设置笔触

图20.150 模糊图形

提示

在选择“形状1”图层的时候切记一定要单击“形状1”图层的缩览图，不要点“形状1”图层蒙版缩览图，它们的概念完全不同。

STEP 08 选中“形状1”图层，将其图层混合模式设置为“正片叠底”，如图20.151所示。

图20.151 设置图层混合模式

● 添加素材

STEP 01 执行菜单栏中的“文件”|“打开”命令，打开“鞋子2.psd”文件，将打开的素材拖入画布中靠左上角的位置并适当缩小，如图20.152所示。

图20.152 绘制图形

STEP 02 选中“鞋子 2”图层，单击面板底部的“添加图层样式” fx 按钮，在菜单中选择“外发光”命令，在弹出的对话框中将“颜色”更改为白色，“大小”更改为10像素，完成之后单击“确定”按钮，如图20.153所示。

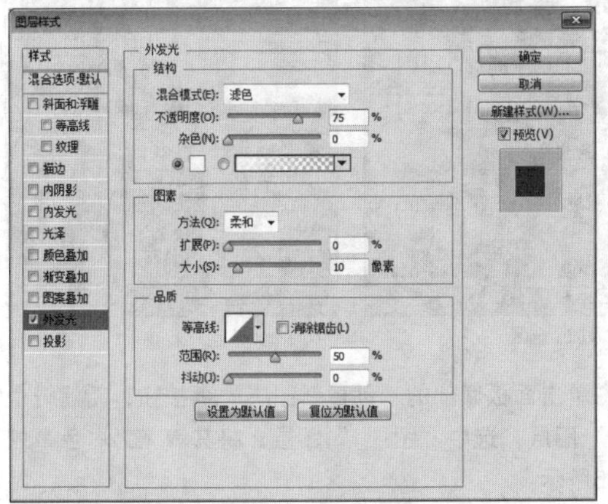

图20.153 设置外发光

STEP 03 在“鞋子 2”图层上单击鼠标右键，从弹出的快捷菜单中选择“拷贝图层样式”命令，在“鞋子 3”图层上单击鼠标右键，从弹出的快捷菜单中选择“粘贴图层样式”命令，如图20.154所示。

图20.154 复制并粘贴图层样式

- **添加文字**

STEP 01 选择工具箱中的“横排文字工具” T，在画布中添加文字，如图20.155所示。

图20.155 添加文字

STEP 02 选择工具箱中的“矩形工具”，在选项栏中将“填充”更改为黑色，“描边”更改为无，在文字旁边的位置绘制一个矩形，此时将生成一个“矩形2”图层，如图20.156所示。

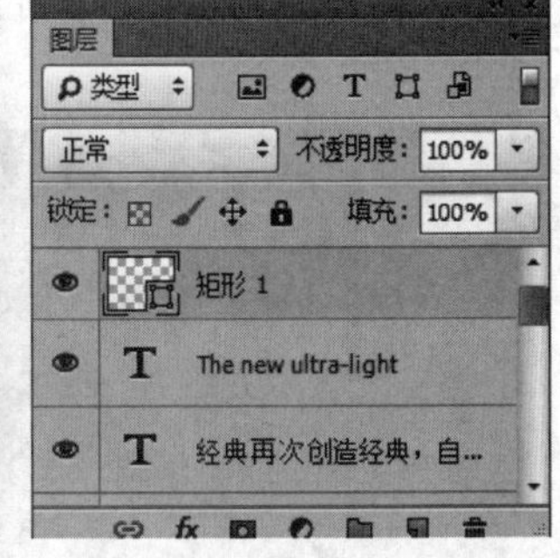

图20.156 绘制图形

STEP 03 在“图层”面板中选中“矩形1”图层，单击面板底部的“添加图层蒙版”按钮，为其图层添加图层蒙版，如图20.157所示。

STEP 04 选择工具箱中的“渐变工具”，编辑黑色到白色的渐变，单击选项栏中的“线性渐变”按钮，在图形上从右向左拖动，将部分图形隐藏，如图20.158所示。

图20.157 添加图层蒙版

图20.158 隐藏图形

STEP 05 选择工具箱中的“横排文字工具” T，在图形位置添加文字，这样就完成了效果制作，最终效果如图20.159所示。

图20.159 最终效果

实战 522

春季新运动硬广设计

- 素材位置：素材\第20章\春季新运动
- 案例位置：效果\第20章\春季新运动硬广设计.psd
- 视频位置：视频\实战522.avi
- 难易指数：★★☆☆☆

• 实例介绍 •

本例讲解春季新运动广告的制作方法，以春天元素为背景，为商品图像制作出运动的视觉效果，最终效果如图20.160所示。

图20.160 最终效果

• 操作步骤 •

• 打开素材

STEP 01 执行菜单栏中的“文件”|“打开”命令，打开“背景.jpg、鞋.psd”文件，将打开的素材图像拖入画布中并缩小，如图20.161所示。

图20.161 打开及添加素材

STEP 02 在“图层”面板中选中“鞋”图层，将其拖至面板底部的“创建新图层”按钮上，复制3个“拷贝”图层，如图20.162所示。

STEP 03 选中“鞋”图层，将其图层“不透明度”更改为20%，在画布中将其顺时针适当旋转，以同样的方法分别选中其他几个图层，更改其图层“不透明度”并旋转图像，如图20.163所示。

图20.162 复制图层

图20.163 旋转图像

STEP 04 按住Ctrl键单击“鞋”图层缩览图，将其载入选区，再按住Ctrl+Shift组合键单击其他几个拷贝图层缩览图，将其添加至选区，如图20.164所示。

图20.164 添加至选区

STEP 05 单击面板底部的“创建新图层”按钮，新建一个“图层1”图层，选中“图层1”图层，将其填充为白色，如图20.165所示。

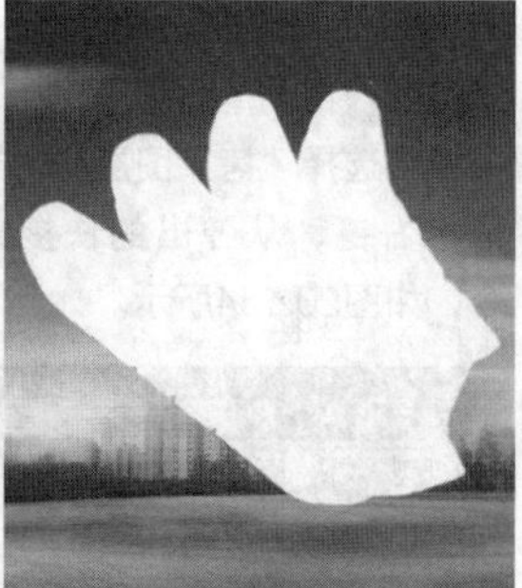

图20.165 新建图层并填充颜色

• 添加特效

STEP 01 选中“图层1”，将其移至“背景”图层上方，执行菜单栏中的“滤镜”|“模糊”|“动感模糊”命令，在弹出的对话框中将“角度”更改为0度，“距离”更改为200像素，设置完成之后单击“确定”按钮，如图20.166所示。

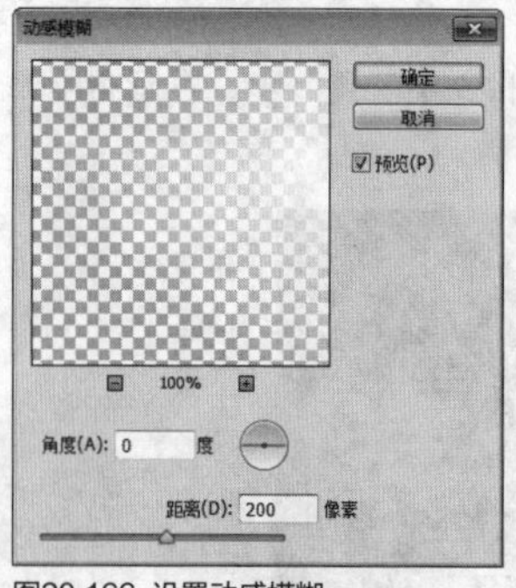

图20.166 设置动感模糊

STEP 02 选择工具箱中的“椭圆工具”，在选项栏中将“填充”更改为黑色，“描边”更改为无，在鞋子下方绘制一个椭圆图形，此时将生成一个“椭圆1”图层，将“椭圆1”图层移至“背景”图层上方，如图20.167所示。

图20.167 绘制图形

STEP 03 选中“椭圆1”图层，执行菜单栏中的“滤镜”|“模糊”|“高斯模糊”命令，在弹出的对话框中将“半径”更改为10像素，完成之后单击“确定”按钮，如图20.168所示。

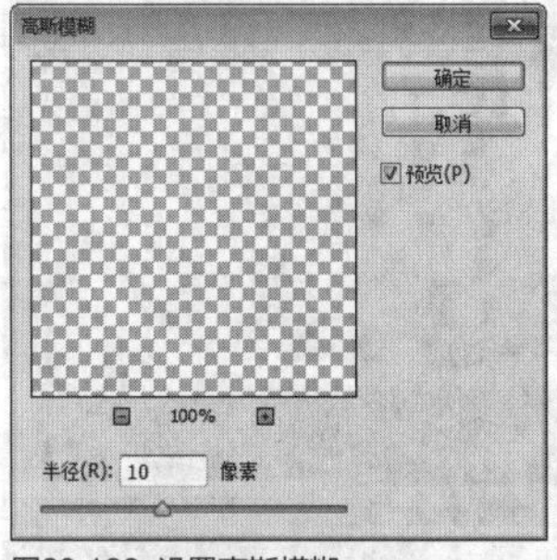

图20.168 设置高斯模糊

STEP 04 执行菜单栏中的“滤镜”|“模糊”|“动感模糊”命令，在弹出的对话框中将“角度”更改为0度，“距离”更改为100像素，设置完成之后单击“确定”按钮，如图20.169所示。

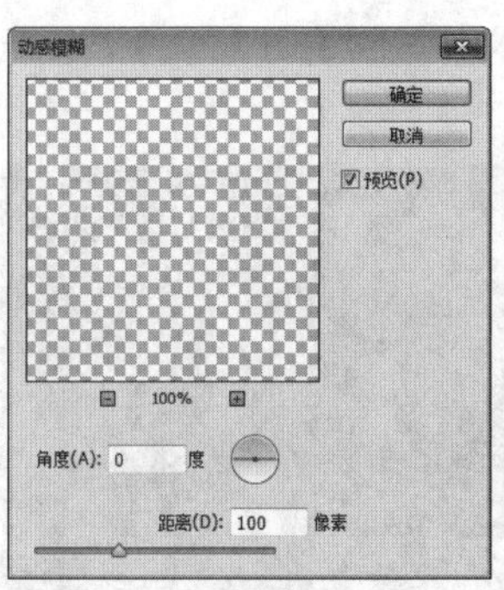

图20.169 设置高斯模糊

● 绘制图形

STEP 01 选择工具箱中的“矩形工具”，在选项栏中将“填充”更改为亮绿色（R：178，G：234，B：28），“描边”更改为无，在画布左侧的位置绘制一个矩形，此时将生成一个“矩形1”图层，如图20.170所示。

图20.170 绘制图形

STEP 02 选择工具箱中的“横排文字工具”T，在绘制的矩形位置添加文字，如图20.171所示。

图20.171 添加文字

STEP 03 选择工具箱中的“直线工具”，在选项栏中将“填充”更改为白色，“描边”更改为无，“粗细”更改为1像素，在刚才绘制的矩形上按住Shift键绘制一条水平线段，此时将生成一个“形状1”图层，如图20.172所示。

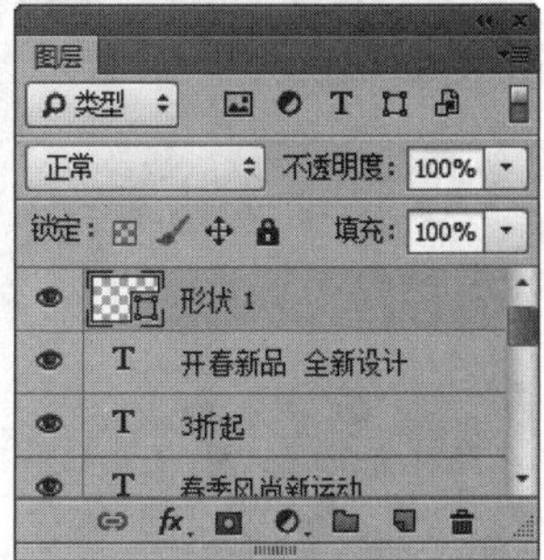

图20.172 绘制图形

STEP 04 在“图层”面板中选中“形状1”图层，单击面板底部的“添加图层蒙版”按钮，为其图层添加图层蒙版，如图20.173所示。

STEP 05 选择工具箱中的“矩形选框工具”，在线段位置绘制一个矩形选区，如图20.174所示。

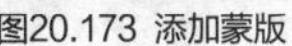

图20.173 添加蒙版　图20.174 绘制矩形选区

STEP 06 将选区填充为黑色，将部分线段隐藏，完成之后按Ctrl+D组合键将选区取消，如图20.175所示。

图20.175 隐藏图形

STEP 07 选择工具箱中的“椭圆工具”，在选项栏中将“填充”更改为黄色（R：255，G：216，B：0），“描边”更改为无，在文字右下角位置按住Shift键绘制一个正圆图形，此时将生成一个“椭圆2”图层，如图20.176所示。

STEP 08 选择工具箱中的“钢笔工具”，在选项栏中单击“选择工具模式” 路径 按钮，在弹出的选项中选择“形状”，将“填充”更改为黄色（R：255，G：216，B：0），“描边”更改为无，在椭圆图形左上角的位置绘制一个不规则图形，此时将生成一个“形状1”图层，如图20.177所示。

图20.176 绘制椭圆

图20.177 绘制图形

STEP 09 选择工具箱中的“横排文字工具”T，在椭圆图形位置添加文字，这样就完成了效果制作，最终效果如图20.178所示。

图20.178 最终效果

实战 523 家装节硬广设计

▶素材位置：素材\第20章\家装节
▶案例位置：效果\第20章\家装节硬广设计.psd
▶视频位置：视频\实战523.avi
▶难易指数：★★★☆☆

• 实例介绍 •

本例在制作过程中以家装图像为背景，同时家装图像元素的添加能很好地体现出主题信息，最终效果如图20.179所示。

图20.179 最终效果

• 操作步骤 •

• 打开素材

STEP 01 执行菜单栏中的“文件”|“打开”命令，打开“背景.jpg”，如图20.180所示。

图20.180 打开素材

STEP 02 选择工具箱中的“矩形工具”，在选项栏中将“填充”更改为白色，“描边”更改为无，在画布左上角的位置绘制一个矩形，此时将生成一个“矩形1”图层，将绘制的图形适当旋转，如图20.181所示。

STEP 03 在“图层”面板中选中“矩形1”图层，将其拖至面板底部的“创建新图层”按钮上，复制3个“拷贝”图层，如图20.182所示。

图20.181 调整图形

图20.182 复制图层

STEP 04 分别选中其他几个图层，将图形旋转并移动，如图20.183所示。

图20.183 旋转图形

- **添加素材**

STEP 01 执行菜单栏中的“文件”|“打开”命令，打开“家装.jpg”文件，将打开的素材拖入画布中，其图层名称将更改为“图层1”，如图20.184所示。

图20.184 添加素材

STEP 02 选中“图层1”图层，执行菜单栏中的“图层”|“创建剪贴蒙版”命令，为当前图层创建剪贴蒙版，将部分图像隐藏，再将图形适当等比例缩小，如图20.185所示。

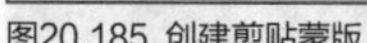

图20.185 创建剪贴蒙版

STEP 03 执行菜单栏中的“文件”|“打开”命令，打开“家装2.jpg、家装3.jpg、家装4.jpg”文件，将打开的素材拖入画布中，以刚才同样的方法为图像创建剪贴蒙版，如图20.186所示。

图20.186 添加素材并创建剪贴蒙版

提示

在创建剪贴蒙版的时候需要注意图像所在图层的前后顺序。

STEP 04 在“图层”面板中选中“矩形1”图层，单击面板底部的“添加图层样式” fx 按钮，在菜单中选择“投影”命令，在弹出的对话框中将“距离”更改为1像素，“大小”更改为1像素，完成之后单击“确定”按钮，如图20.187所示。

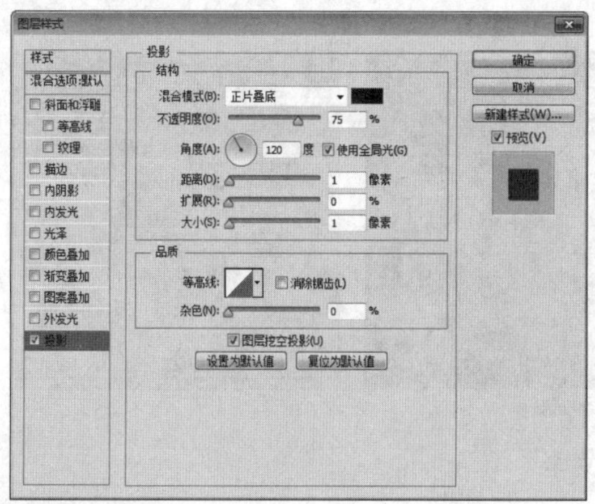

图20.187 设置投影

STEP 05 在“矩形1”图层上单击鼠标右键，从弹出的快捷菜单中选择“拷贝图层样式”命令，同时选中“矩形1 拷贝”“矩形1 拷贝2”及“矩形1 拷贝3”图层，在其图层上单击鼠标右键，从弹出的快捷菜单中选择“粘贴图层样式”命令，如图20.188所示。

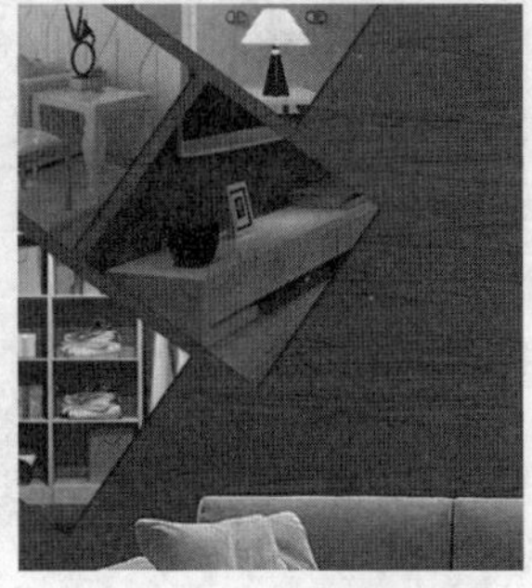

图20.188 复制并粘贴图层样式

● 绘制图形

STEP 01 选择工具箱中的“椭圆工具”，在选项栏中将“填充”更改为黄色（R：255，G：156，B：0），“描边”更改为无，按住Shift键绘制一个正圆图形，此时将生成一个“椭圆1”图层，如图20.189所示。

图20.189 绘制图形

STEP 02 选择工具箱中的“钢笔工具”，在选项栏中单击“选择工具模式”路径按钮，在弹出的选项中选择“形状”，将“填充”更改为黄色（R：255，G：156，B：0），“描边”更改为无，在椭圆图形左侧的位置绘制一个不规则图形，此时将生成一个“形状1”图层，如图20.190所示。

图20.190 绘制图形

● 添加文字

STEP 01 选择工具箱中的“横排文字工具”T，在画布中的适当位置添加文字，如图20.191所示。

图20.191 添加文字

STEP 02 在“图层”面板中选中“椭圆1”图层，单击面板底部的“添加图层蒙版”按钮，为其图层添加图层蒙版，如图20.192所示。

STEP 03 按住Ctrl键单击“家”图层缩览图，将其载入选区，将选区填充为黑色，将部分图形隐藏，完成之后按Ctrl+D组合键将选区取消，如图20.193所示。

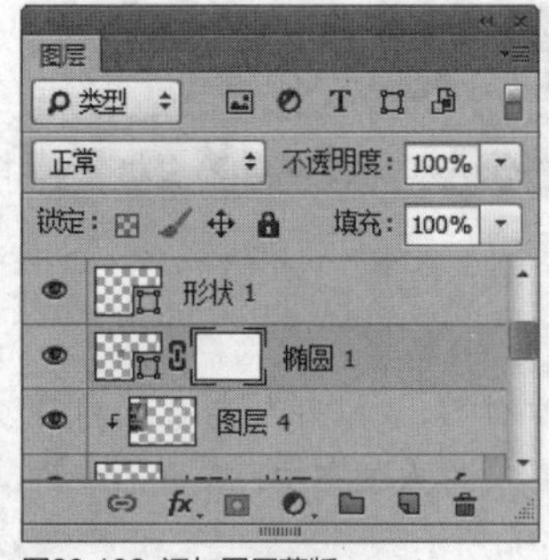

图20.192 添加图层蒙版

图20.193 隐藏图形

STEP 04 执行菜单栏中的“文件”|“打开”命令，打开“灯.psd”文件，将打开的素材拖入画布中右上角的位置并适当缩小，如图20.194所示。

图20.194 添加素材

STEP 05 在“图层”面板中选中“灯”图层，单击面板底部的“添加图层样式”fx按钮，在菜单中选择“投影”命令，在弹出的对话框中将“不透明度”更改为35%，取消“使用全局光”复选框，将“角度”更改为90度，“距离”更改为1像素，“大小”更改为13像素，完成之后单击“确定”按钮，如图20.195所示。

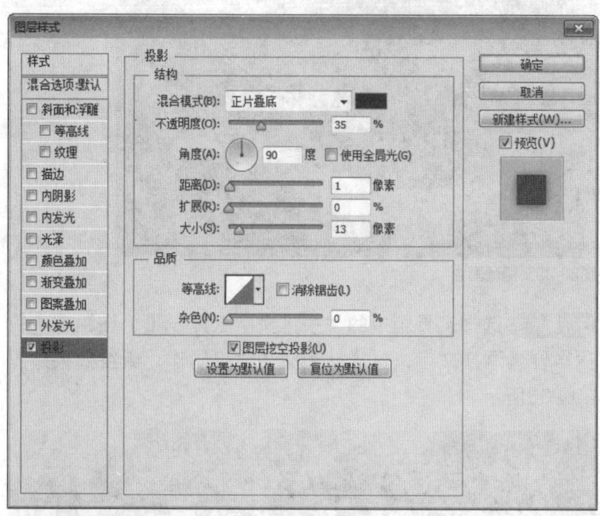

图20.195 设置投影

STEP 06 选择工具箱中的“直线工具” ，在选项栏中将“填充”更改为无，“描边”更改为白色，“大小”更改为2点，单击“设置形状描边类型” 按钮，在弹出的选项中选择第2种描边类型，“粗细”更改为2像素，在部分文字中间的位置按住Shift键绘制一条垂直线段，这样就完成了效果制作，最终效果如图20.196所示。

图20.196 最终效果

实战 524 炫酷运动鞋硬广设计

- 素材位置：素材\第20章\炫酷运动鞋
- 案例位置：效果\第20章\炫酷运动鞋硬广设计.psd
- 视频位置：视频\实战524.avi
- 难易指数：★★☆☆☆

• 实例介绍 •

本例以真实的公路为背景体现出了运动鞋的特点，运动鞋素材图像的动感特效的添加使整个画布更加富有动感，最终效果如图20.197所示。

图20.197 最终效果

• 操作步骤 •

• 打开素材

STEP 01 执行菜单栏中的“文件”|“打开”命令，打开“背景.jpg”文件，如图20.198所示。

图20.198 打开素材

STEP 02 执行菜单栏中的“文件”|“打开”命令，打开“鞋子.psd”文件，将打开的素材图像拖入画布中靠右侧的位置，如图20.199所示。

STEP 03 在“图层”面板中选中“鞋子”图层，将其拖至面板底部的“创建新图层” 按钮上，复制2个拷贝图层，如图20.200所示。

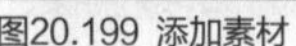
图20.199 添加素材

图20.200 复制图层

STEP 04 在“图层”面板中选中“鞋子 拷贝 2”图层，将其图层混合模式设置为“正片叠底”，“不透明度”更改为40%，如图20.201所示。

图20.201 设置图层混合模式

- **添加特效**

STEP 05 选中"鞋子"图层，执行菜单栏中的"滤镜"|"模糊"|"动感模糊"命令，在弹出的对话框中将"角度"更改为18度，"距离"更改为250像素，设置完成之后单击"确定"按钮，如图20.202所示。

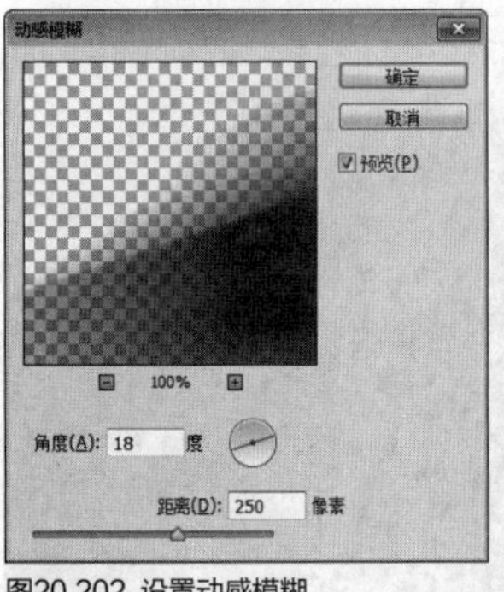

图20.202 设置动感模糊

STEP 06 在"图层"面板中选中"鞋子"图层，单击面板底部的"添加图层蒙版"按钮，为其图层添加图层蒙版，如图20.203所示。

STEP 07 选择工具箱中的"画笔工具"，在画布中单击鼠标右键，在弹出的面板中选择一种圆角笔触，将"大小"更改为130像素，"硬度"更改为0%，如图20.204所示。

图20.203 添加图层蒙版

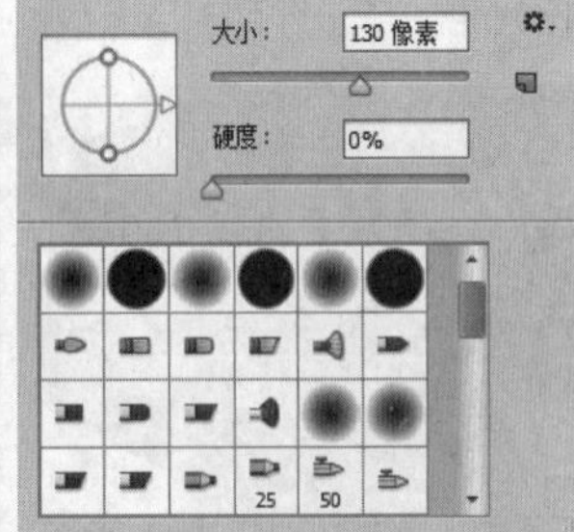

图20.204 设置笔触

STEP 08 将前景色更改为黑色，在图像上的部分区域涂抹，将其隐藏，如图20.205所示。

图20.205 隐藏图像

STEP 09 选择工具箱中的"横排文字工具"，在画布中的适当位置添加文字，这样就完成了效果制作，最终效果如图20.206所示。

图20.206 最终效果

实战 525

元旦活动硬广设计

- 素材位置：素材\第20章\元旦活动
- 案例位置：效果\第20章\元旦活动硬广设计.psd
- 视频位置：视频\实战525.avi
- 难易指数：★★☆☆☆

• 实例介绍 •

本例以多种商品的排列为主视觉，通过多种商品的展示很好地与主题信息搭配，整齐规整的排列方式使浏览感受十分舒适，最终效果如图20.207所示。

图20.207 最终效果

• 操作步骤 •

• 打开素材

STEP 01 执行菜单栏中的“文件”|“打开”命令，打开“背景.jpg、家居.psd”文件，将打开的“家居”图像拖入背景文档中，如图20.208所示。

图20.208 打开及添加素材

STEP 02 在“图层”面板中选中“锅”图层，单击面板底部的“添加图层样式”fx按钮，在菜单中选择“投影”命令，在弹出的对话框中将“不透明度”更改为30%，“距离”更改为4像素，“大小”更改为4像素，完成之后单击“确定”按钮，如图20.209所示。

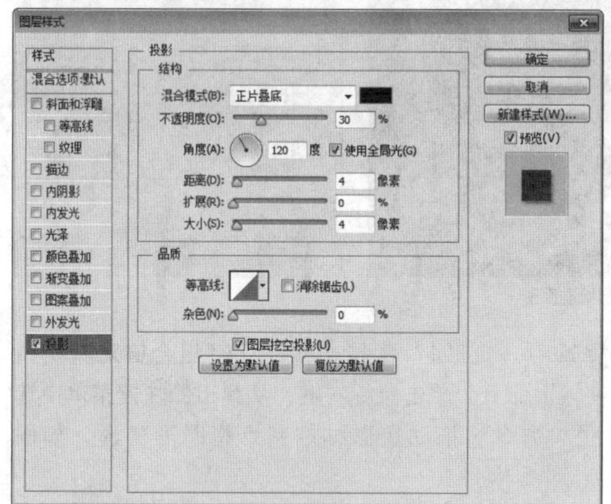

图20.209 设置投影

STEP 03 在“锅”图层上单击鼠标右键，从弹出的快捷菜单中选择“拷贝图层样式”命令，同时选中“电水壶”“电视”“鞋子”“包”“抱枕”图层，在图层上单击鼠标右键，从弹出的快捷菜单中选择“粘贴图层样式”命令，如图20.210所示。

图20.210 复制并粘贴图层样式

• 绘制图形

STEP 01 选择工具箱中的“矩形工具”，在选项栏中将“填充”更改为绿色（R：152，G：203，B：102），“描边”更改为无，在文字下方的位置绘制一个矩形，此时将生成一个“矩形1”图层，如图20.211所示。

STEP 02 在“图层”面板中选中“矩形1”图层，将其拖至面板底部的“创建新图层”按钮上，复制1个“矩形1 拷贝”图层，如图20.212所示。

图20.211 绘制图形

图20.212 复制图层

STEP 03 选中“矩形1 拷贝”图层，按Ctrl+T组合键对其执行“自由变换”命令，单击鼠标右键，从弹出的快捷菜单中选择“透视”命令，拖动控制点将图形变形，完成之后按Enter键确认，如图20.213所示。

STEP 04 选中“矩形 1”图层，将图形颜色更改为紫色（R：214，G：18，B：203），再将其向下移动，如图20.214所示。

图20.213 将图形变形

图20.214 移动图形

STEP 05 选择工具箱中的“添加锚点工具”，在“矩形1”图层中图形左侧的位置单击添加锚点，如图20.215所示。

STEP 06 选择工具箱中的“转换点工具”，单击刚才添加的锚点，如图20.216所示。

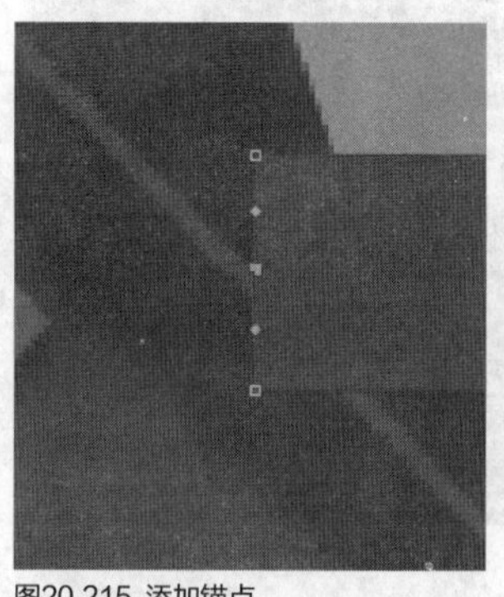

图20.215 添加锚点

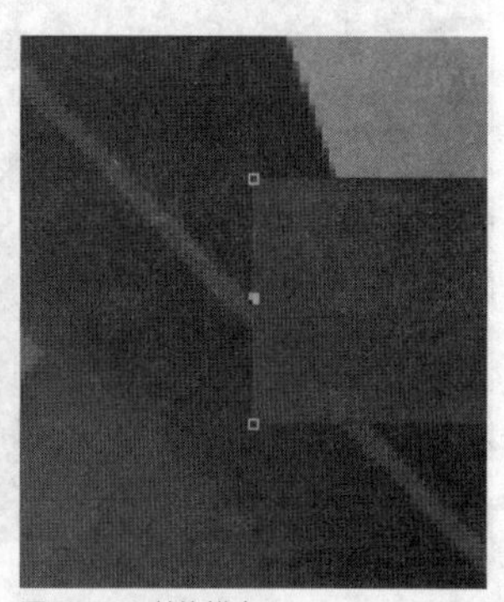

图20.216 转换锚点

STEP 07 选择工具箱中的“直接选择工具”，选中经过转换的锚点向右侧拖动，以同样的方法将矩形右侧的位置变形，如图20.217所示。

图20.217 拖动锚点将图形变形

STEP 08 选择工具箱中的“横排文字工具”T，在画布中的适当位置添加文字，这样就完成了效果制作，最终效果如图20.218所示。

图20.218 最终效果

实战 526

家居展台硬广设计

- 素材位置：素材\第20章\家居展台
- 案例位置：效果\第20章\家居展台硬广设计.psd
- 视频位置：视频\实战526.avi
- 难易指数：★★☆☆☆

• 实例介绍 •

本例中的展台效果十分富有空间及立体感，这种效果是通过对图形的组合绘制得到的，最终效果如图20.219所示。

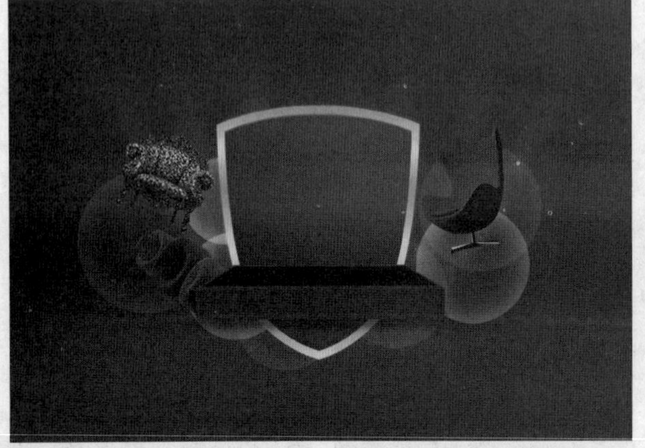

图20.219 最终效果

• 操作步骤 •

• 打开素材

STEP 01 执行菜单栏中的“文件”|“打开”命令，打开“背景.jpg”文件，如图20.220所示。

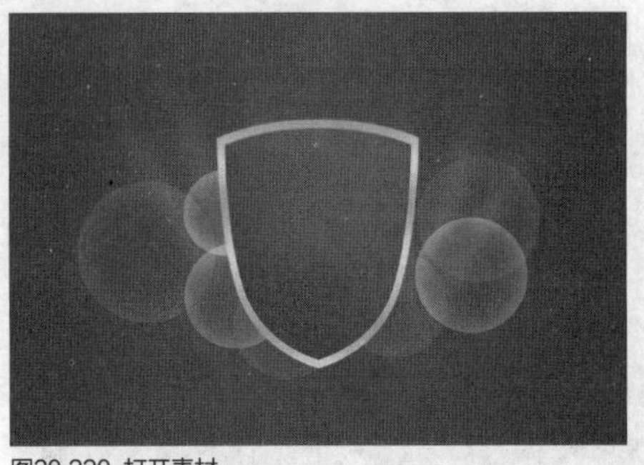

图20.220 打开素材

STEP 02 选择工具箱中的“矩形工具”，在选项栏中将“填充”更改为深红色（R：107，G：17，B：0），“描边”更改为无，在画布中绘制一个矩形，此时将生成一个“矩形1”图层，如图20.221所示。

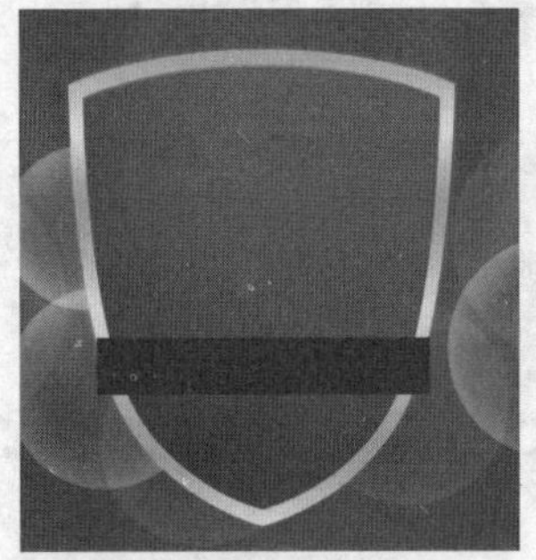

图20.221 绘制图形

STEP 03 选中“矩形1”图层，按Ctrl+T组合键对其执行“自由变换”命令，单击鼠标右键，从弹出的快捷菜单中选择“透视”命令，拖动变形框控制点将图形变形，如图20.222所示。

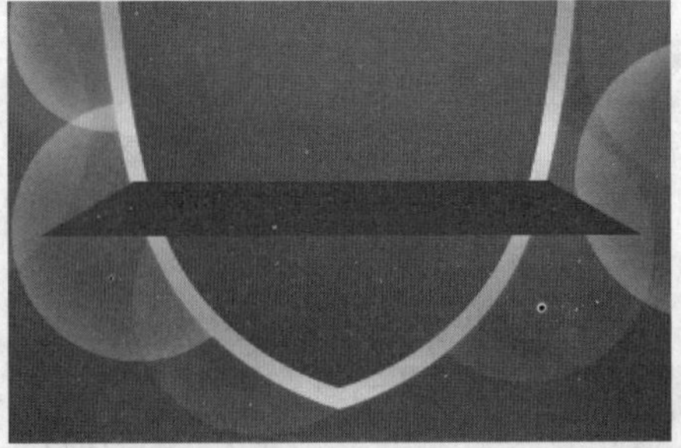

图20.222 将图形变形

STEP 04 在“图层”面板中选中“矩形1”图层，单击面板底部的“添加图层样式”fx按钮，在菜单中选择“描边”命令，在弹出的对话框中将“大小”更改为2像素，“位置”更改为内部，“颜色”更改为红色（R：230，G：0，B：20），如图20.223所示。

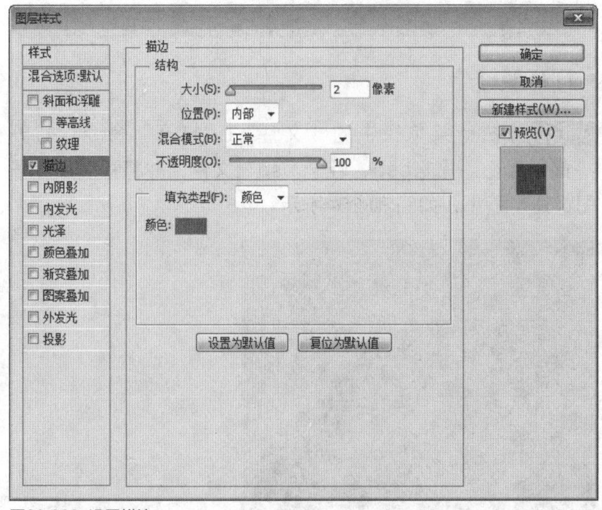

图20.223 设置描边

STEP 05 选择工具箱中的“圆角矩形工具”，在选项栏中将“填充”更改为红色（R：250，G：0，B：18），“描边”更改为无，“半径”更改为8像素，在“矩形1”图形下方的位置绘制一个圆角矩形，此时将生成一个“圆角矩形1”图层，如图20.224所示。

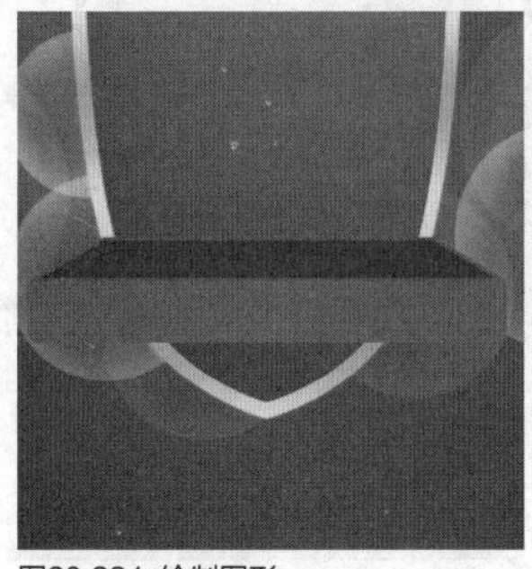

图20.224 绘制图形

● 添加纹理

STEP 01 执行菜单栏中的“文件”|“打开”命令，打开“皮革纹理.jpg”文件，将打开的素材拖入画布中并适当缩小，其图层名称将更改为“图层1”，如图20.225所示。

STEP 02 在“图层”面板中选中“图层1”图层，单击面板底部的“添加图层蒙版”按钮，为其图层添加图层蒙版，如图20.226所示。

图20.225 添加素材

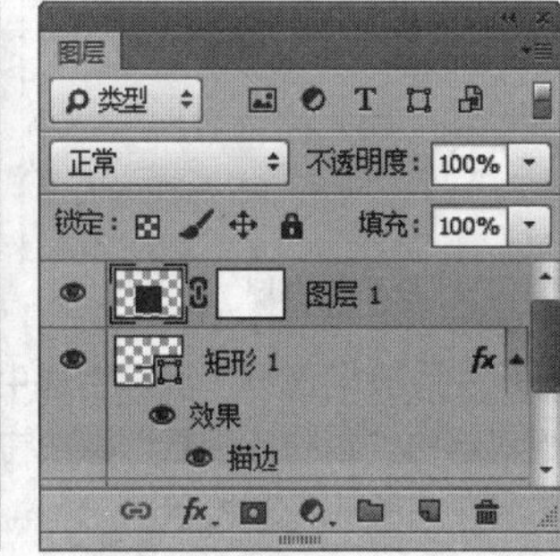

图20.226 添加图层蒙版

STEP 03 按住Ctrl键单击“圆角矩形1”图层蒙版缩览图，将其载入选区，如图20.227所示。

STEP 04 执行菜单栏中的“选择”|“反向”命令，将选区反向，将选区填充为黑色，将部分图像隐藏，完成之后按Ctrl+D组合键将选区取消，如图20.228所示。

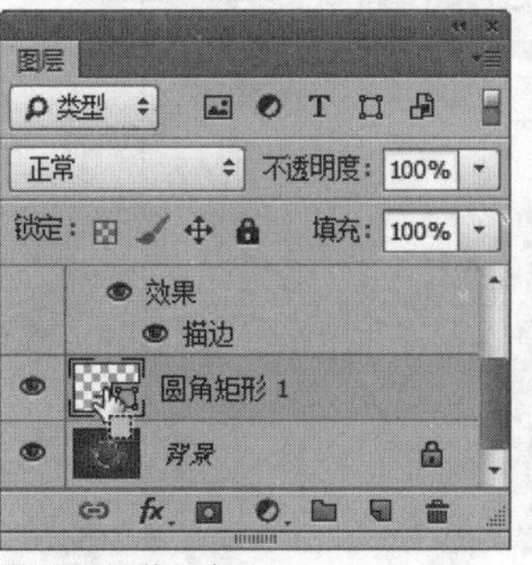

图20.227 载入选区

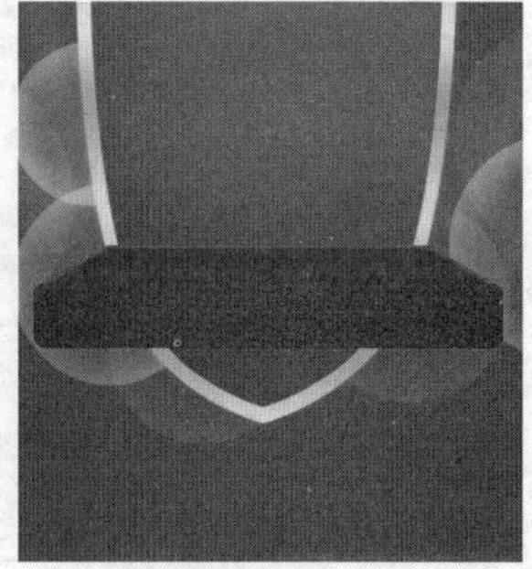

图20.228 隐藏图像

STEP 05 选中“图层1”图层，将图层混合模式设置为“正片叠底”，“不透明度”更改为35%，如图20.229所示。

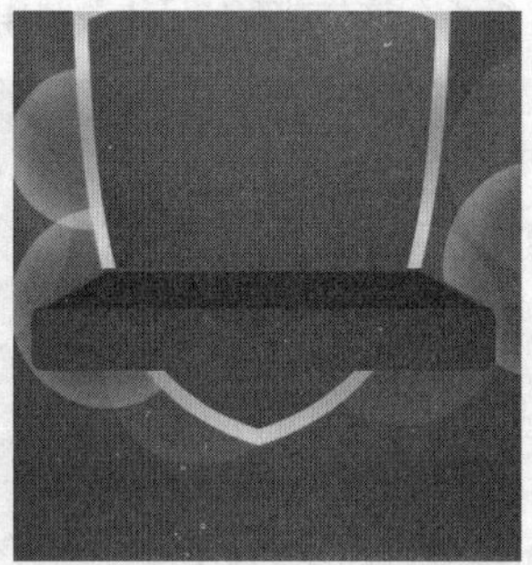

图20.229 设置图层混合模式

STEP 06 选中“图层1”图层，单击面板底部的“添加图层样式”按钮，在菜单中选择“斜面与浮雕”命令，在弹出的对话框中将“大小”更改为6像素，如图20.230所示。

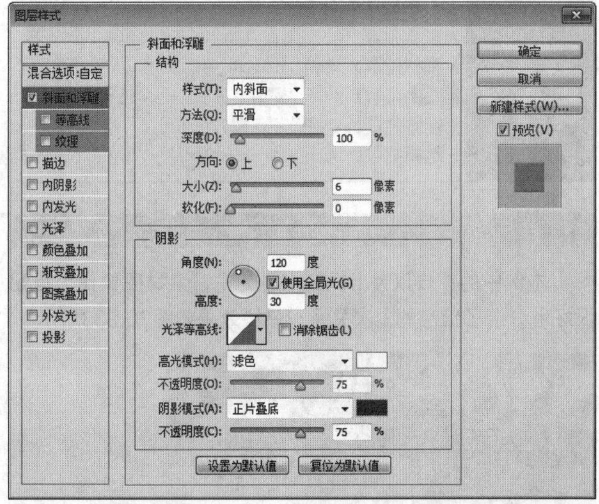

图20.230 设置斜面与浮雕

STEP 07 勾选“投影”复选框，将“不透明度”更改为100%，取消“使用全局光”复选框，“角度”更改为90度，“距离”更改为10像素，“大小”更改为10像素，完成之后单击“确定”按钮，如图20.231所示。

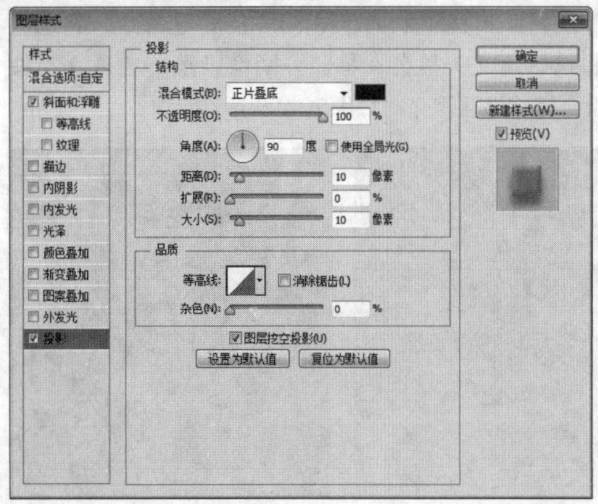

图20.231 设置投影

STEP 08 执行菜单栏中的“文件”|“打开”命令，打开“沙发.psd”文件，将打开的素材拖入画布中适当的位置并缩小，这样就完成了效果制作，最终效果如图20.232所示。

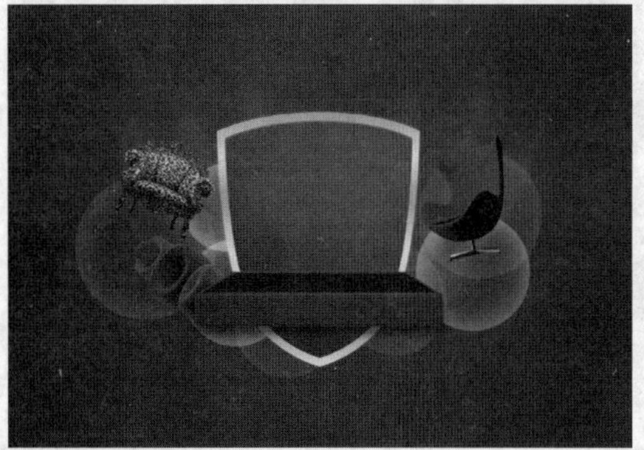

图20.232 最终效果

实战 527

男鞋硬广设计

- 素材位置：素材\第20章\男鞋广告
- 案例位置：效果\第20章\男鞋硬广设计.psd
- 视频位置：视频\实战527.avi
- 难易指数：★★★☆☆

• 实例介绍 •

本例中的广告以突出促销信息为主，素材图像作为搭配很好地分清了信息的主次关系，最终效果如图20.233所示。

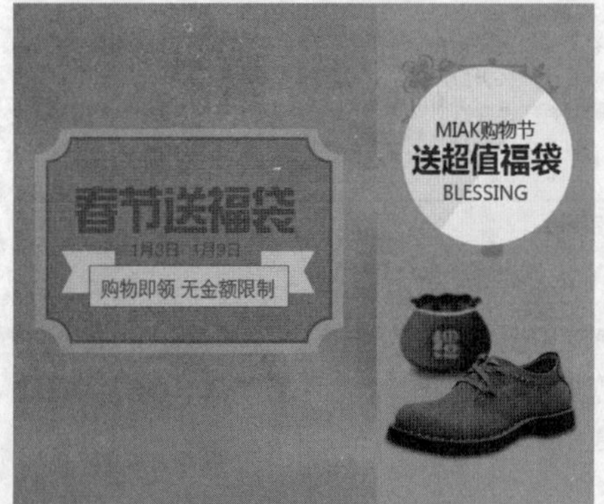

图20.233 最终效果

• 操作步骤 •

• 打开素材

STEP 01 执行菜单栏中的“文件”|“打开”命令，打开“背景.jpg、福袋.psd、鞋子.psd”文件，并将福袋及鞋子图像适当缩小，如图20.234所示。

图20.234 打开及添加素材

STEP 02 选择工具箱中的“椭圆工具”，在选项栏中将“填充”更改为黑色，“描边”更改为无，在“福袋”图像底部绘制一个椭圆图形，此时将生成一个“椭圆1”图层，将“椭圆1”图层移至“福袋”图层下方，如图20.235所示。

图20.235 绘制图形

STEP 03 选中“椭圆1”图层，执行菜单栏中的“滤镜”|“模糊”|“高斯模糊”命令，在弹出的对话框中将“半径”更改为4像素，完成之后单击“确定”按钮，如图20.236所示。

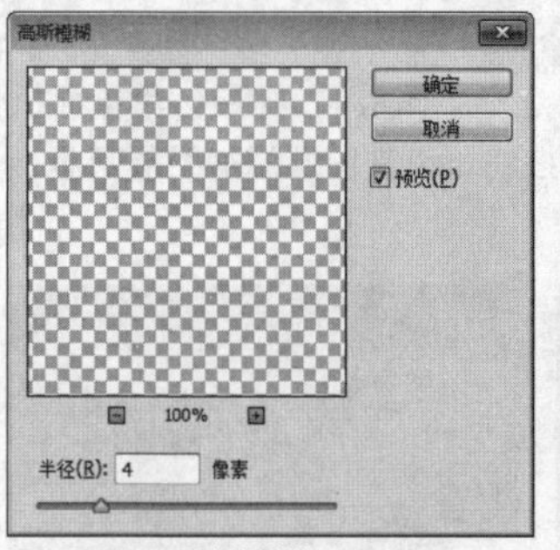

图20.236 设置高斯模糊

STEP 04 在“图层”面板中选中“鞋子”图层，将其拖至面板底部的“创建新图层”按钮上，复制1个“鞋子 拷贝”图层，如图20.237所示。

STEP 05 在“图层”面板中选中“鞋子”图层，单击面板上方的“锁定透明像素”按钮将当前图层中的透明像素锁定，将图像填充为黑色，填充完成之后再次单击此按钮将其解除锁定，如图20.238所示。

图20.237 复制图层

图20.238 填充颜色

STEP 06 选中“鞋子”图层，按Ctrl+Alt+F组合键打开“高斯模糊”命令对话框，在弹出的对话框中将“半径”更改为2像素，完成之后单击“确定”按钮，如图20.239所示。

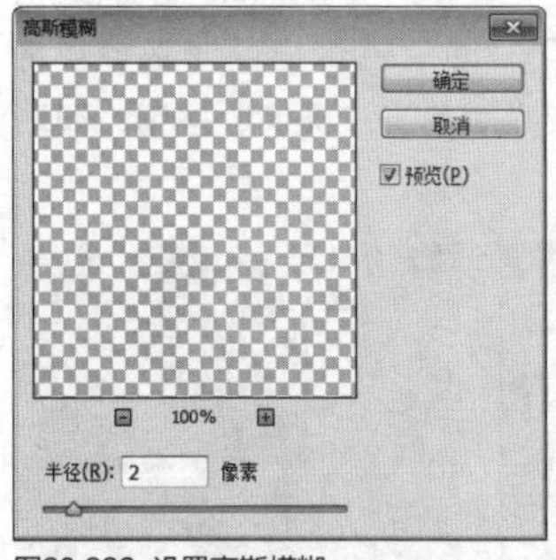

图20.239 设置高斯模糊

STEP 07 选择工具箱中的“橡皮擦工具”，选中“鞋子”图层，在图像的上半部分区域涂抹，将部分图像擦除，如图20.240所示。

图20.240 隐藏图像

STEP 08 选中“福袋”图层，按Ctrl+Alt+F组合键打开“高斯模糊”命令对话框，在弹出的对话框中将“半径”更改为1像素，完成之后单击“确定”按钮，如图20.241所示。

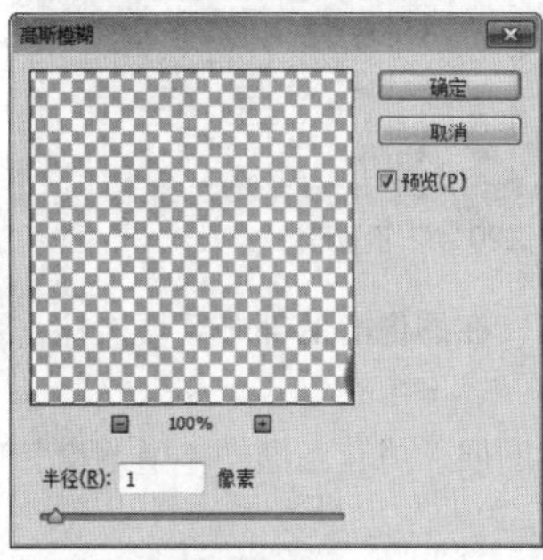

图20.241 设置高斯模糊

● 绘制图形

STEP 01 选择工具箱中的“椭圆工具”，在选项栏中将“填充”更改为灰白色（R：253，G：250，B：246），“描边”更改为无，按住Shift键绘制一个正圆图形，此时将生成一个“椭圆2”图层，在“椭圆2”图层名称上单击鼠标右键，从弹出的快捷菜单中选择“栅格化图层”命令，如图20.242所示。

图20.242 绘制图形并栅格化图层

STEP 02 选择工具箱中的“多边形套索工具”，在椭圆图形上绘制一个不规则选区以选中部分图像，如图20.243所示。

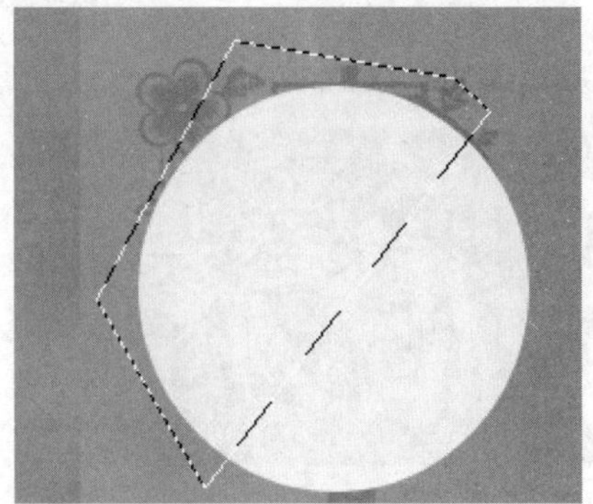

图20.243 绘制选区

STEP 03 在“图层”面板中选中“椭圆2”图层，单击面板上方的“锁定透明像素”按钮将当前图层中的透明像素锁定，在画布中将图像填充为灰色（R：244，G：240，B：236），如图20.244所示。

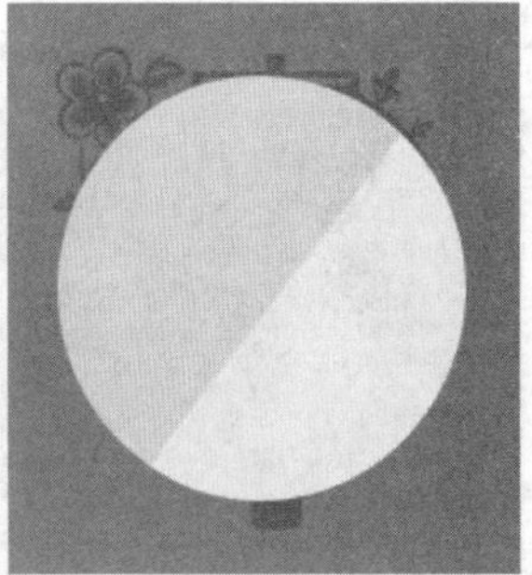

图20.244 锁定透明像素并填充颜色

STEP 04 选择工具箱中的“横排文字工具”，在画布中的适当位置添加文字，这样就完成了效果制作，最终效果如图20.245所示。

图20.245 最终效果

实战528 春装上新硬广设计

- 素材位置：素材\第20章\春装上新
- 案例位置：效果\第20章\春装上新硬广设计.psd
- 视频位置：视频\实战528.avi
- 难易指数：★★☆☆☆

• 实例介绍 •

本例讲解春装上新广告的制作方法。本例中的春装以女装为商品展示图，同时简单的文字信息与柔和的背景组合令整个页面布局十分协调，最终效果如图20.246所示。

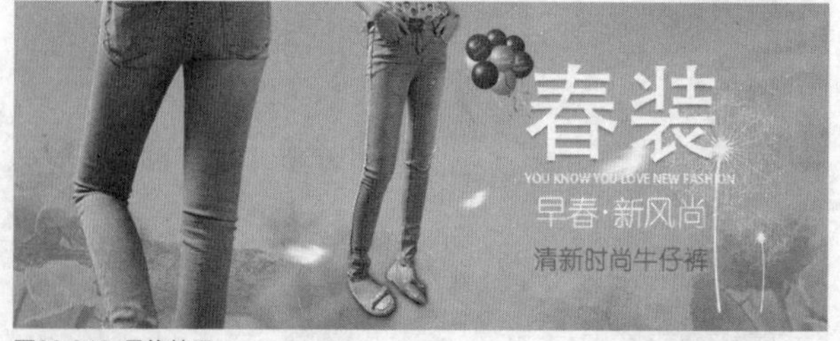

图20.246 最终效果

• 操作步骤 •

• 打开素材

STEP 01 执行菜单栏中的“文件”|“打开”命令，打开“背景.jpg、牛仔裤.psd、蒲公英.jpg”文件，分别将打开的素材图像添加至画布中并放在适当位置，如图20.247所示。

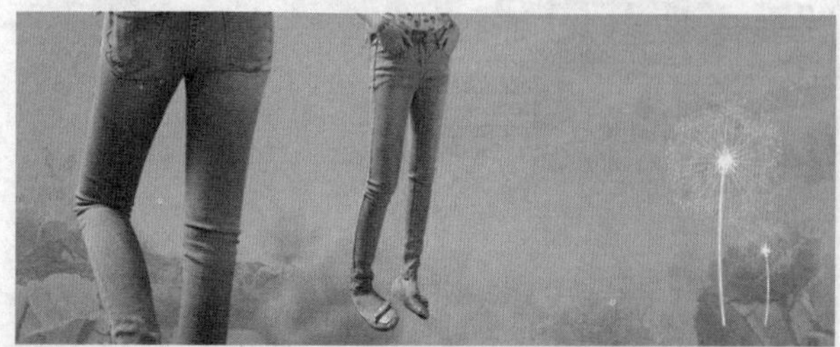

图20.247 打开及添加素材

STEP 02 在“图层”面板中选中“牛仔裤正面”图层，将其拖至面板底部的“创建新图层”按钮上，复制1个“牛仔裤正面 拷贝”图层，如图20.248所示。

STEP 03 在“图层”面板中选中“牛仔裤正面”图层，单击面板上方的“锁定透明像素”按钮将当前图层中的透明像素锁定，将图像填充为黑色，填充完成之后再次单击此按钮将其解除锁定，如图20.249所示。

图20.248 复制图层

图20.249 填充颜色

STEP 04 选中“牛仔裤正面”图层，执行菜单栏中的“滤镜”|“模糊”|“高斯模糊”命令，在弹出的对话框中将“半径”更改为3像素，完成之后单击“确定”按钮，如图20.250所示。

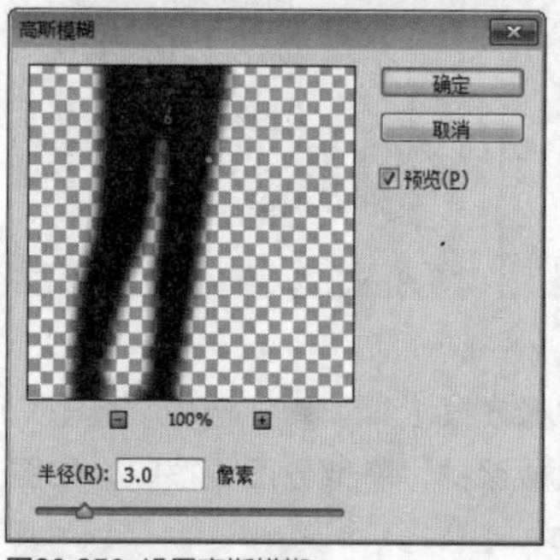

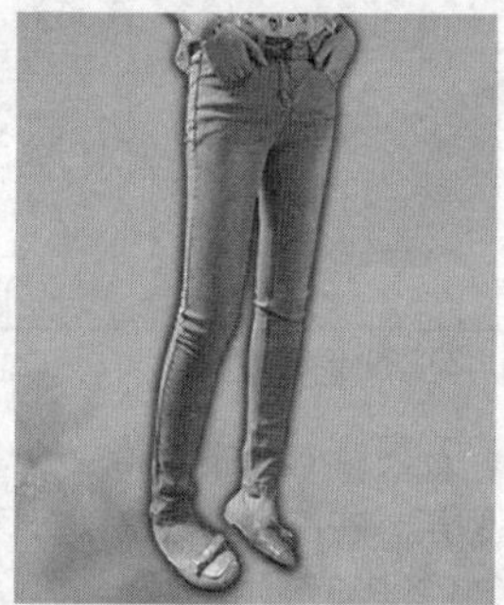

图20.250 设置高斯模糊

STEP 05 在“图层”面板中选中“牛仔裤正面”图层，单击面板底部的“添加图层蒙版”按钮，为其图层添加图层蒙版，如图20.251所示。

STEP 06 选择工具箱中的“画笔工具”，在画布中单击鼠标右键，在弹出的面板中选择一种圆角笔触，将“大小”更改为100像素，“硬度”更改为0%，如图20.252所示。

图20.251 添加图层蒙版

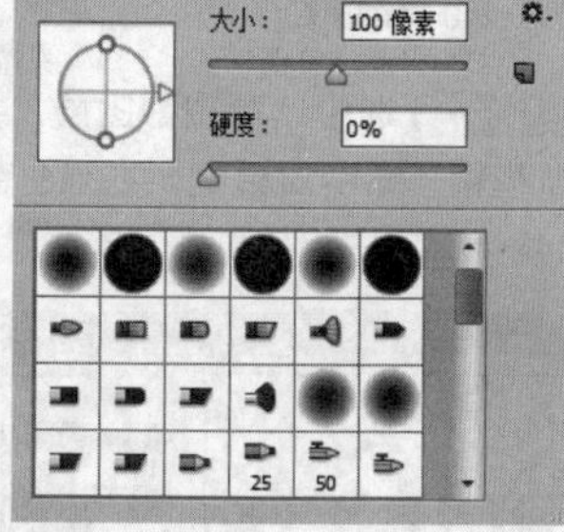

图20.252 设置笔触

STEP 07 将前景色更改为黑色，在图像上的部分区域涂抹，将其隐藏，如图20.253所示。

STEP 08 选中“牛仔裤正面”图层，将其图层“不透明度”更改为80%，如图20.254所示。

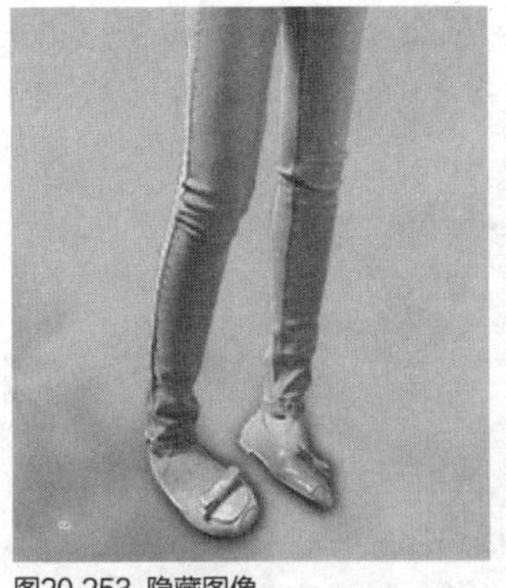

图20.253 隐藏图像

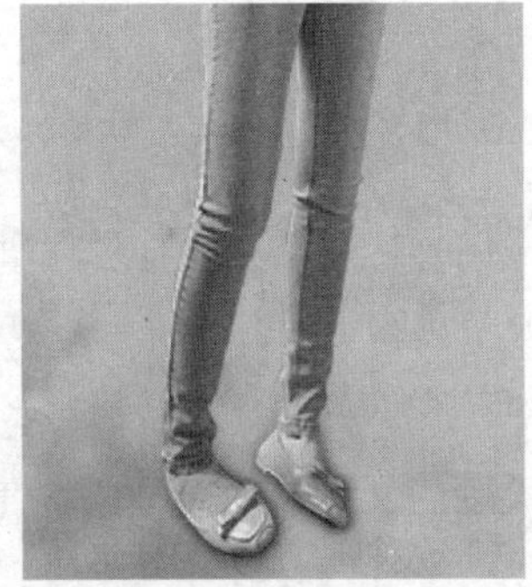
图20.254 更改不透明度

• **添加文字**

STEP 01 选择工具箱中的“横排文字工具”T，在画布中的适当位置添加文字，如图20.255所示。

图20.255 添加文字

STEP 02 在“图层”面板中选中“春装”图层，单击面板底部的“添加图层样式”fx按钮，在菜单中选择“投影”命令，在弹出的对话框中将“颜色”更改为红色（R：224，G：155，B：176），取消“使用全局光”复选框，将“角度”更改为90度，“距离”更改为4像素，“大小”更改为4像素，“等高线”更改为“等高线”|“对数”，完成之后单击“确定”按钮，如图20.256所示。

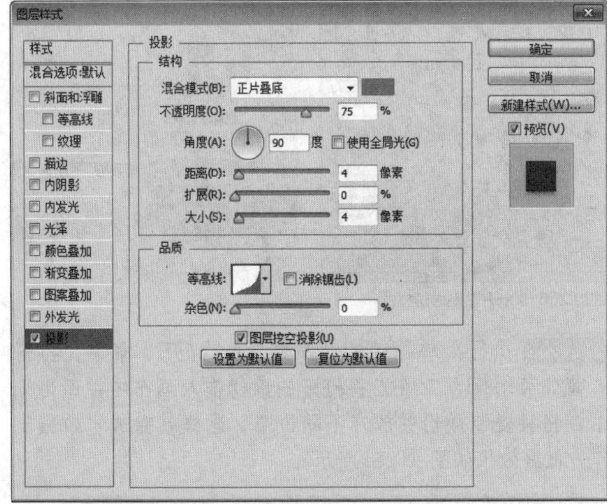

图20.256 设置投影

STEP 03 执行菜单栏中的“文件”|“打开”命令，打开“装饰图像.psd”文件，将打开的素材拖入画布中的适当位置并缩小，如图20.257所示。

图20.257 最终效果

实战 529 跑向春天硬广设计

▶素材位置：素材\第20章\跑向春天
▶案例位置：效果\第20章\跑向春天硬广设计.psd
▶视频位置：视频\实战529.avi
▶难易指数：★★☆☆☆

• 实例介绍 •

本例讲解鞋子广告的制作方法。本例整体以青春色彩为基调，以大量的春元素为主题，很好地衬托出了鞋子的特点，最终效果如图20.258所示。

图20.258 最终效果

• 操作步骤 •

• **打开素材**

STEP 01 执行菜单栏中的“文件”|“打开”命令，打开“背景.jpg、鞋子.psd”文件，将打开的素材图像添加至背景图像靠右侧的位置，如图20.259所示。

图20.259 打开及添加素材

STEP 02 选择工具箱中的“椭圆工具”●，在选项栏中将“填充”更改为黑色，“描边”更改为无，在鞋子图像下方绘制一个椭圆图形，此时将生成一个“椭圆 1”图层，如图20.260所示。

图20.260 绘制图形

STEP 03 选中“椭圆1”图层，执行菜单栏中的“滤镜”|“模糊”|“高斯模糊”命令，在弹出的对话框中将“半径”更改为2像素，完成之后单击“确定”按钮，如图20.261所示。

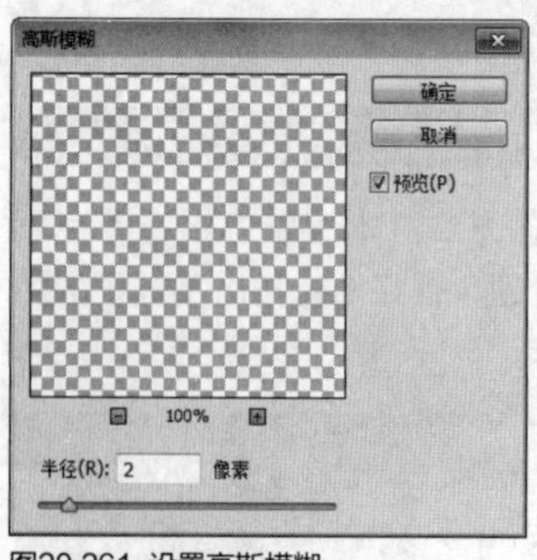

图20.261 设置高斯模糊

STEP 04 在“图层”面板中选中“椭圆 1”图层，单击面板底部的“添加图层蒙版”按钮，为其图层添加图层蒙版，如图20.262所示。

STEP 05 选择工具箱中的“渐变工具”，编辑黑色到白色的渐变，单击选项栏中的“线性渐变”按钮，在图像上从右向左拖动，将部分图像隐藏，再将其图层“不透明度”更改为80%，如图20.263所示。

图20.262 添加图层蒙版　　图20.263 隐藏图形

- **添加文字**

STEP 01 选择工具箱中的“横排文字工具”，在画布中的适当位置添加文字，如图20.264所示。

图20.264 添加文字

STEP 02 选中“跑”图层，单击面板底部的“添加图层样式”按钮，在菜单中选择“描边”命令，在弹出的对话框中将“大小”更改为3像素，“颜色”更改为白色，完成之后单击“确定”按钮，如图20.265所示。

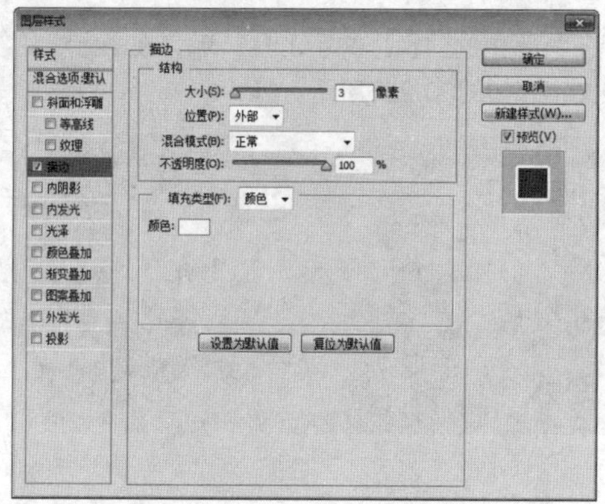

图20.265 设置描边

STEP 03 在“跑”图层上单击鼠标右键，从弹出的快捷菜单中选择“拷贝图层样式”命令，同时选中“春”“天”“向”“全新春季鞋子上新”及“火热劲情促销中！”图层，在其图层上单击鼠标右键，从弹出的快捷菜单中选择“粘贴图层样式”命令，如图20.266所示。

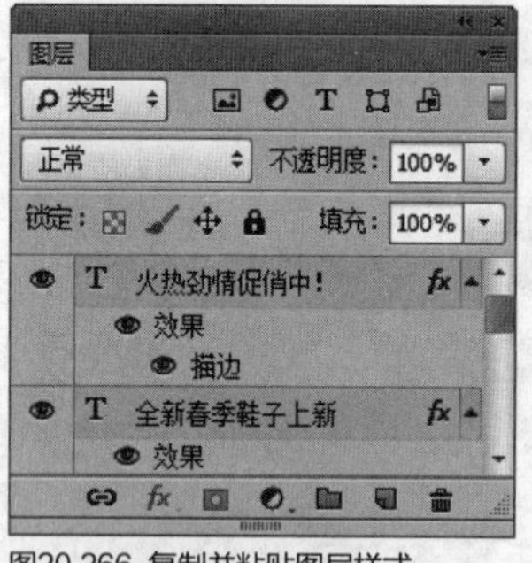

图20.266 复制并粘贴图层样式

STEP 04 执行菜单栏中的“文件”|“打开”命令，打开“蒲公英.psd”文件，将打开的素材拖入画布中并适当缩小，将其复制数份并放在不同位置，这样就完成了效果制作，最终效果如图20.267所示。

图20.267 最终效果

实战 530 个性女鞋硬广设计

▶素材位置：素材\第20章\个性女鞋
▶案例位置：效果\第20章\个性女鞋硬广设计.psd
▶视频位置：视频\实战530.avi
▶难易指数：★★☆☆☆

• 实例介绍 •

本例讲解个性女鞋广告的制作方法。整个广告围绕个性这一主题进行设计，以线条和不同颜色的图形组合作为背景，同时简洁的布局使整个画面的视觉效果比较舒适，最终效果如图20.268所示。

图20.268 最终效果

• 操作步骤 •

• 打开素材

STEP 01 执行菜单栏中的“文件”|“打开”命令，打开“背景.jpg”文件，如图20.269所示。

图20.269 打开素材

STEP 02 选择工具箱中的“矩形工具”，在选项栏中将“填充”更改为灰色（R：242，G：240，B：246），“描边”更改为无，在画布左侧位置绘制一个与画布相同高度的矩形，此时将生成一个“矩形1”图层，如图20.270所示。

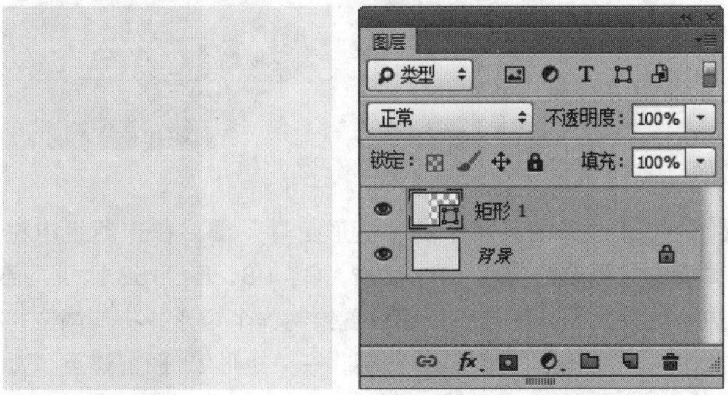

图20.270 绘制图形

STEP 03 选中“矩形1”图层，按Ctrl+T组合键对其执行“自由变换”命令，单击鼠标右键，从弹出的快捷菜单中选择“透视”命令，拖动右侧变形框控制点将图形透视变形，完成之后按Enter键确认，如图20.271所示。

图20.271 将图形变形

STEP 04 在“图层”面板中选中“矩形1”图层，将其拖至面板底部的“创建新图层”按钮上，复制1个“矩形1 拷贝”图层，如图20.272所示。

STEP 05 选中“矩形1 拷贝”图层，将其图形颜色更改为紫色（R：222，G：98，B：158），按Ctrl+T组合键对其执行“自由变换”命令，单击鼠标右键，从弹出的快捷菜单中选择“水平翻转”命令，完成之后按Enter键确认，再将图形移至画布右下角的位置，如图20.273所示。

图20.272 复制图层

图20.273 变换图形

• 添加素材

STEP 01 执行菜单栏中的“文件”|“打开”命令，打开“女鞋.psd”文件，将打开的素材拖入画布中并适当缩小，如图20.274所示。

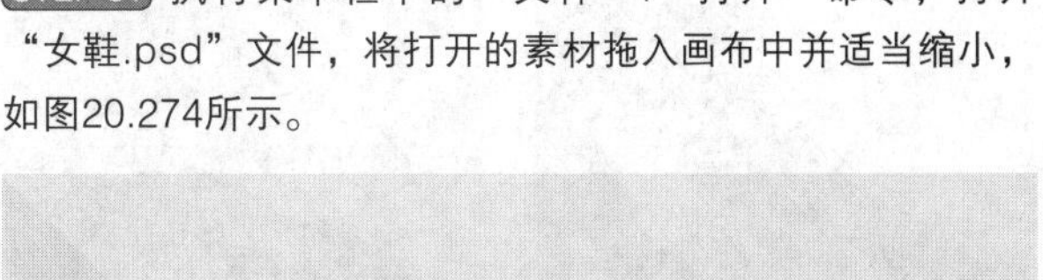

图20.274 添加素材

STEP 02 选择工具箱中的“钢笔工具”，在选项栏中单击“选择工具模式” 路径 按钮，在弹出的选项中选择“形状”，将“填充”更改为黑色，“描边”更改为无，在鞋子底部的位置绘制一个不规则图形，此时将生成一个“形状1”图层，将“形状1”图层移至“鞋子”组下方，如图20.275所示。

图20.275 绘制图形

STEP 03 选中“形状1”图层，执行菜单栏中的“滤镜”|“模糊”|“高斯模糊”命令，在弹出的对话框中将“半径”更改为3像素，完成之后单击“确定”按钮，再将其图层“不透明度”更改为50%，如图20.276所示。

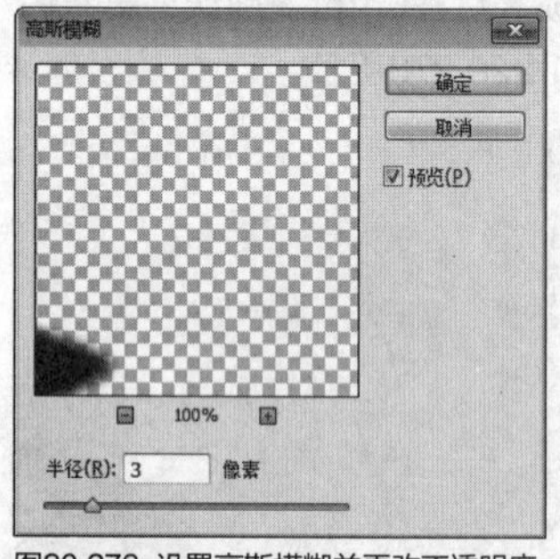

图20.276 设置高斯模糊并更改不透明度

STEP 04 选择工具箱中的“橡皮擦工具”，选中“形状1”图层，将图像多余部分擦除，如图20.277所示。

STEP 05 以同样的方法为另外一双鞋子制作阴影，如图20.278所示。

图20.277 擦除图像

图20.278 制作阴影

STEP 06 选择工具箱中的“直线工具”，在选项栏中将“填充”更改为无，“描边”更改为紫色（R：222，G：98，B：158），“大小”更改为0.5点，“粗细”更改为1像素，并设置为第2种虚线，绘制线段，此时将生成一个“形状3”图层，将“形状3”图层移至“鞋子”组下方，如图20.279所示。

图20.279 绘制图形

STEP 07 在“图层”面板中选中“形状3”图层，将其拖至面板底部的“创建新图层”按钮上，复制1个“形状3 拷贝”图层，如图20.280所示。

STEP 08 选中“形状3 拷贝”图层，按Ctrl+T组合键对其执行“自由变换”命令，单击鼠标右键，从弹出的快捷菜单中选择“水平翻转”命令，完成之后按Enter键确认，再将线段向右侧平移，如图20.281所示。

图20.280 复制图层

图20.281 变换图形

STEP 09 选择工具箱中的“椭圆工具”，在选项栏中将“填充”更改为紫色（R：222，G：98，B：158），“描边”更改为无，在线段交叉位置按住Shift键绘制一个正圆图形，如图20.282所示。

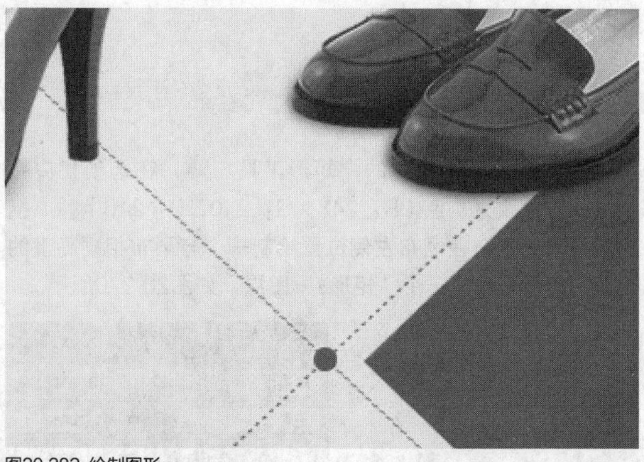

图20.282 绘制图形

STEP 10 选择工具箱中的“矩形工具”，在选项栏中将“填充”更改为紫色（R：222，G：98，B：158），“描边”更改为无，在画布顶部位置绘制一个矩形并将其调整，此时将生成一个“矩形2”图层，将“矩形2”图层移至“背景”图层上方，如图20.283所示。

图20.283 绘制图形

STEP 11 在“图层”面板中选中“矩形2”图层，单击面板底部的“添加图层样式”fx按钮，在菜单中选择“投影”命令，在弹出的对话框中将“不透明度”更改为30%，取消“使用全局光”复选框，将“角度”更改为90度，“距离”更改为3像素，“大小”更改为6像素，完成之后单击“确定”按钮，如图20.284所示。

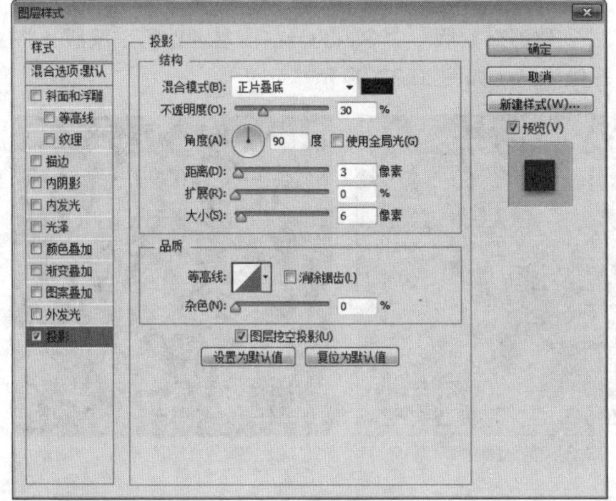

图20.284 设置投影

● **添加文字**

STEP 01 选择工具箱中的“横排文字工具”T，在画布中的适当位置添加文字，如图20.285所示。

图20.285 添加文字

提示

为了突出视觉主次，可以适当降低添加的部分文字的不透明度。

STEP 02 选择工具箱中的“矩形工具”■，在选项栏中将“填充”更改为红色（R：210，G：0，B：0），“描边”更改为无，在画布中价格文字下方的位置绘制一个矩形，选中绘制的矩形按住Alt键将其拖至另外一个价格文字底部的位置，如图20.286所示。

图20.286 绘制图形并复制图形

STEP 03 选择工具箱中的“横排文字工具”T，在画布中的适当位置添加文字，这样就完成了效果制作，最终效果如图20.287所示。

图20.287 最终效果

实战 531

三色毛衣硬广设计

▶素材位置：素材\第20章\三色毛衣广告

▶案例位置：效果\第20章\三色毛衣硬广设计.psd

▶视频位置：视频\实战531.avi

▶难易指数：★★☆☆☆

• 实例介绍 •

本例以鲜艳的红色作为背景，以经典的对比色展示了美丽的多彩毛衣，最终效果如图20.288所示。

图20.288 最终效果

• 操作步骤 •

● 打开素材

STEP 01 执行菜单栏中的“文件”|“打开”命令，打开“背景.jpg”文件，如图20.289所示。

图20.289 打开素材

STEP 02 选择工具箱中的“矩形工具”▣，在选项栏中将“填充”更改为灰白色（R：246，G：246，B：246），“描边”更改为无，在画布下方的位置绘制一个矩形，此时将生成一个“矩形1”图层，如图20.290所示。

图20.290 绘制图形

STEP 03 在“图层”面板中选中“矩形1”图层，单击面板底部的“添加图层样式”fx按钮，在菜单中选择“描边”命令，在弹出的对话框中将“大小”更改为4像素，“填充类型”更改为渐变，“渐变”更改为棕色（R：158，G：100，B：20）到黄色（R：255，G：205，B：88）到棕色（R：158，G：100，B：20），“角度”更改为0度，完成之后单击“确定”按钮，如图20.291所示。

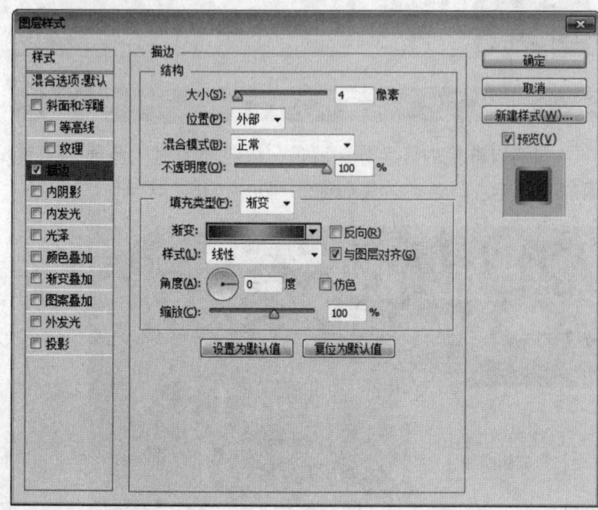

图20.291 设置描边

● 添加素材

STEP 01 执行菜单栏中的“文件”|“打开”命令，打开“毛衣.jpg”文件，将打开的素材拖入画布中靠右下角的位置并适当缩小，其图层名称将更改为“图层1”，如图20.292所示。

图20.292 添加素材

STEP 02 选中“图层 1”图层，执行菜单栏中的“图层”|“创建剪贴蒙版”命令，为当前图层创建剪贴蒙版，将部分图像隐藏，如图20.293所示。

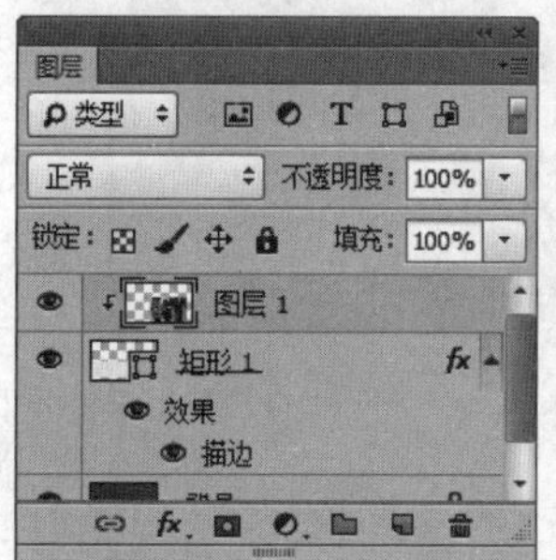

图20.293 创建剪贴蒙版

STEP 03 执行菜单栏中的“文件”|“打开”命令，打开“蝴蝶结.psd”文件，将打开的素材拖入画布中毛衣素材左上角的位置，并适当缩小，如图20.294所示。

图20.294 添加素材

● 绘制图形

STEP 01 选择工具箱中的“矩形工具”▣，在选项栏中将“填充”更改为无，“描边”更改为任意颜色，“大小”更改为4点，在素材图像的左侧位置绘制一个矩形，此时将生成一个“矩形2”图层，如图20.295所示。

图20.295 绘制图形

STEP 02 在“图层”面板中选中“矩形 2”图层，单击面板底部的“添加图层样式”fx按钮，在菜单中选择“渐变叠加”命令，在弹出的对话框中将“渐变”更改为棕色（R：158，G：100，B：20）到黄色（R：250，G：196，B：70），完成之后单击“确定”按钮，如图20.296所示。

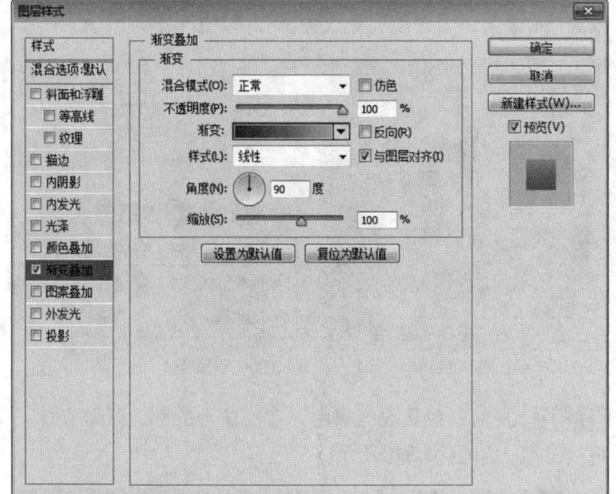

图20.296 设置渐变叠加

STEP 03 在“图层”面板中选中“矩形2”图层，单击面板底部的“添加图层蒙版”按钮，为其图层添加图层蒙版，如图20.297所示。

STEP 04 选择工具箱中的“矩形选框工具”，在矩形位置绘制一个矩形选区，将选区填充为黑色，将部分图形隐藏，完成之后按Ctrl+D组合键将选区取消，如图20.298所示。

图20.297 添加图层蒙版

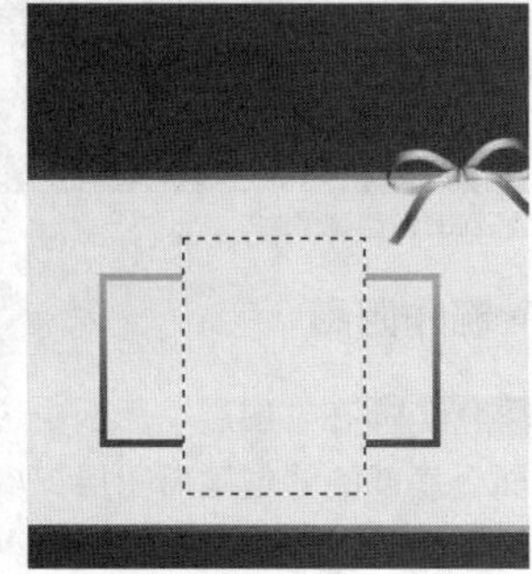

图20.298 隐藏图形

STEP 05 选择工具箱中的“横排文字工具”T，在画布中的适当位置添加文字，如图20.299所示。

STEP 06 选择工具箱中的“直线工具”，在选项栏中将“填充”更改为黄色（R：255，G：205，B：88），“描边”更改为无，“粗细”更改为1像素，在文字下方拖动绘制直线，如图20.300所示。

图20.299 添加文字

图20.300 绘制图形

STEP 07 选择工具箱中的“矩形工具”，在选项栏中将“填充”更改为黄色（R：255，G：205，B：88），“描边”更改为无，在刚才添加的文字下方的位置绘制一个矩形，此时将生成一个“矩形3”图层，如图20.301所示。

STEP 08 以同样的方法在图形位置添加文字，如图20.302所示。

图20.301 绘制图形

图20.302 添加文字

STEP 09 在“图层”面板中选中“矩形3”图层，将其拖至面板底部的“创建新图层”按钮上，复制1个“矩形3 拷贝”图层，选中“矩形3 拷贝”图层，按Ctrl+T组合键对其执行“自由变换”命令增加图形宽度，完成之后按Enter键确认，如图20.303所示。

STEP 10 选择工具箱中的“横排文字工具”T，在经过变形的图形位置添加文字，如图20.304所示。

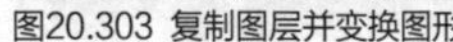

图20.303 复制图层并变换图形

图20.304 添加文字

STEP 11 同时选中“正品保证”及“矩形3 拷贝”图层，按Ctrl+T组合键对其执行“自由变换”命令，将图形适当旋转并移至画布右上角的位置，完成之后按Enter键确认，如图20.305所示。

图20.305 最终效果

实战532 电烤锅硬广设计

▶素材位置：素材\第20章\电烤锅广告
▶案例位置：效果\第20章\电烤锅硬广设计.psd
▶视频位置：视频\实战532.avi
▶难易指数：★★☆☆☆

• 实例介绍 •

本例讲解电烤锅的商品广告的制作方法。本例背景采用红黄双色，通过对比，将真实的电烤锅的使用体验直观地展示了出来，在商业广告中具有很好的视觉感受，最终效果如图20.306所示。

图20.306 最终效果

• 操作步骤 •

• 打开素材

STEP 01 执行菜单栏中的“文件”|“打开”命令，打开“背景.jpg、电烤锅.psd、电水壶.psd、电磁炉.psd”文件，将打开的电器素材拖入背景画布中的适当位置并缩小，如图20.307所示。

图20.307 打开及添加素材

STEP 02 在“图层”面板中选中“电烤锅”图层，单击面板底部的“添加图层蒙版”按钮，为其图层添加图层蒙版，如图20.308所示。

STEP 03 选择工具箱中的“画笔工具”，在画布中单击鼠标右键，在弹出的面板中选择一种圆角笔触，将“大小”更改为150像素，“硬度”更改为0%，如图20.309所示。

图20.308 添加图层蒙版

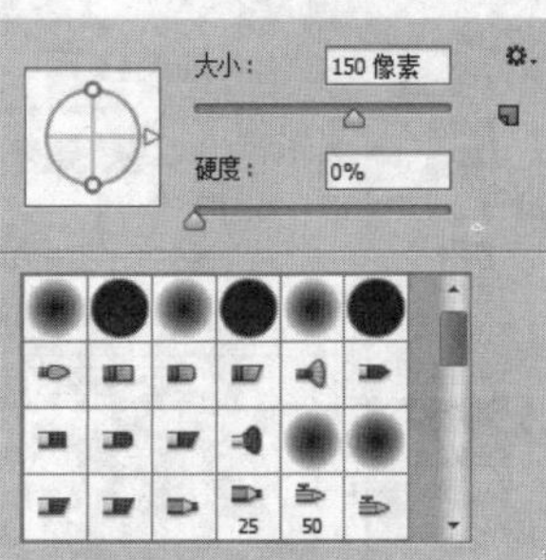

图20.309 设置笔触

STEP 04 将前景色更改为黑色，在图像上的部分区域涂抹，将其隐藏，如图20.310所示。

图20.310 隐藏图像

• 制作阴影

STEP 01 在“图层”面板中选中“电烤锅”图层，将其拖至面板底部的“创建新图层”按钮上，复制1个“电烤锅 拷贝”图层，如图20.311所示。

STEP 02 在“图层”面板中选中“电烤锅”图层，单击面板上方的“锁定透明像素”按钮将当前图层中的透明像素锁定，将图像填充为黑色，填充完成之后再次单击此按钮将其解除锁定，如图20.312所示。

图20.311 复制图层

图20.312 填充颜色

STEP 03 选中“电烤锅”图层，执行菜单栏中的“滤镜”|“模糊”|“高斯模糊”命令，在弹出的对话框中将“半径”更改为8像素，完成之后单击“确定”按钮，如图20.313所示。

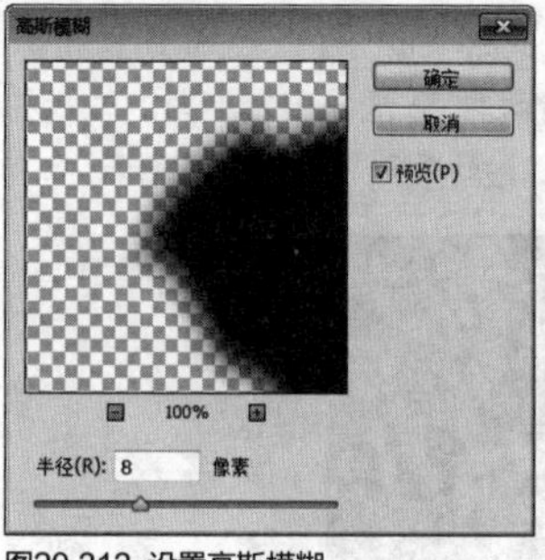

图20.313 设置高斯模糊

STEP 04 选择工具箱中的“画笔工具”，在画布中单击鼠标右键，在弹出的面板中选择一种圆角笔触，将“大小”更改为150像素，“硬度”更改为0%，如图20.314所示。

STEP 05 将前景色更改为黑色，在图像上的部分区域涂抹，将其隐藏，增强阴影真实性，如图20.315所示。

图20.314 添加图层蒙版

图20.315 隐藏图像

STEP 06 选择工具箱中的“钢笔工具”，在选项栏中单击“选择工具模式”按钮，在弹出的选项中选择“形状”，将“填充”更改为黑色，“描边”更改为无，在电磁炉底部的位置绘制一个不规则图形，此时将生成一个“形状2”图层，将“形状2”图层移至“电磁炉”图层下方，如图20.316所示。

图20.316 绘制图形

STEP 07 选中“形状2”图层，按Ctrl+Alt+F组合键打开“高斯模糊”命令对话框，在弹出的对话框中将“半径”更改为4像素，完成之后单击“确定”按钮，如图20.317所示。

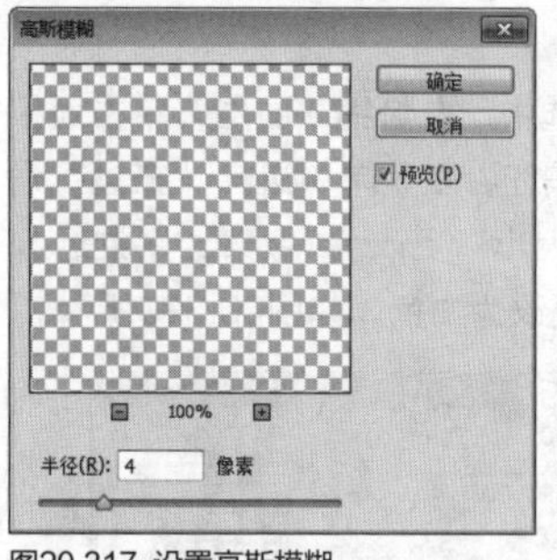

图20.317 设置高斯模糊

- **添加文字**

STEP 01 选择工具箱中的“横排文字工具”，在画布中的适当位置添加文字，如图20.318所示。

图20.318 添加文字

STEP 02 在“图层”面板中选中“智能创新”图层，单击面板底部的“添加图层样式”按钮，在菜单中选择“描边”命令，在弹出的对话框中将“大小”更改为1像素，“混合模式”更改为叠加，“颜色”更改为红色（R：185，G：0，B：12），完成之后单击“确定”按钮，如图20.319所示。

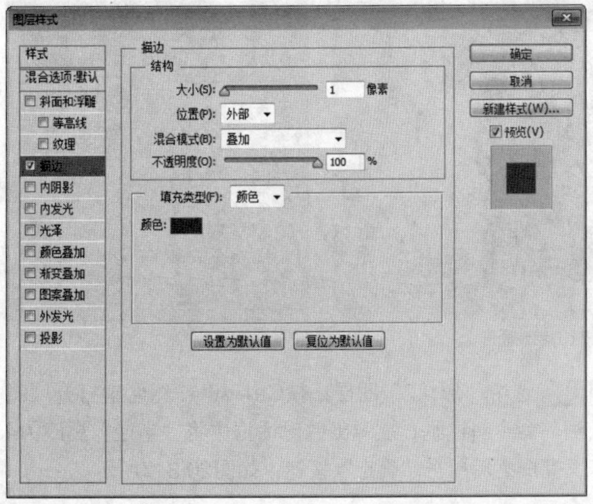

图20.319 设置描边

STEP 03 在“图层”面板中选中“电烤锅”图层，单击面板底部的“添加图层样式”fx按钮，在菜单中选择“描边”命令，在弹出的对话框中将“大小”更改为1像素，“混合模式”更改为叠加，“颜色”更改为白色，如图20.320所示。

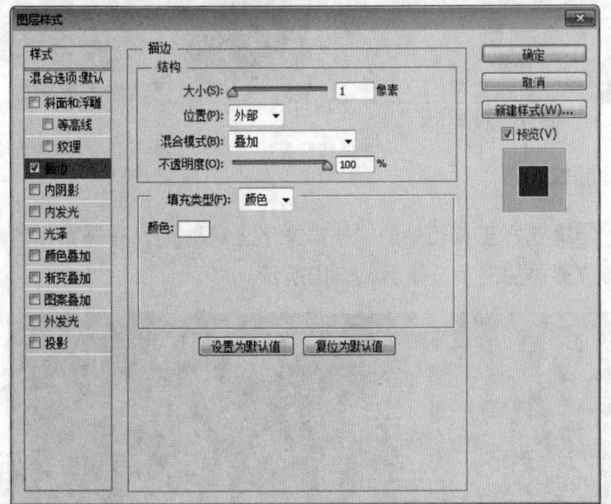

图20.320 设置描边

STEP 04 勾选“渐变叠加”复选框，将“渐变”更改为橙色（R：252，G：178，B：0）到红色（R：235，G：0，B：0），“角度”更改为-90度，如图20.321所示。

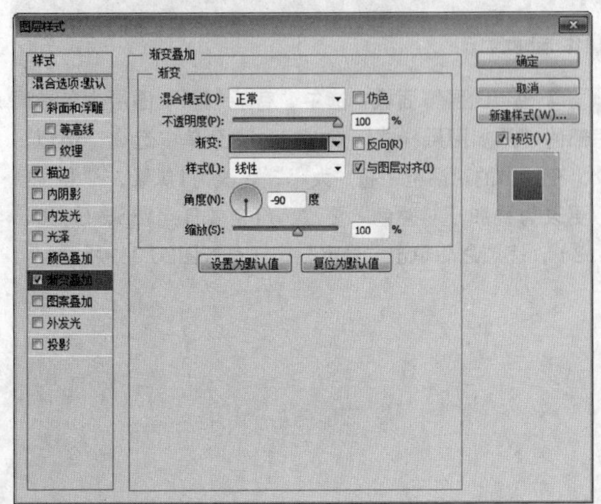

图20.321 设置描边

STEP 05 勾选“投影”复选框，将“不透明度”更改为50%，取消“使用全局光”复选框，“角度”更改为90度，“距离”更改为2像素，“大小”更改为3像素，完成之后单击“确定”按钮，如图20.322所示。

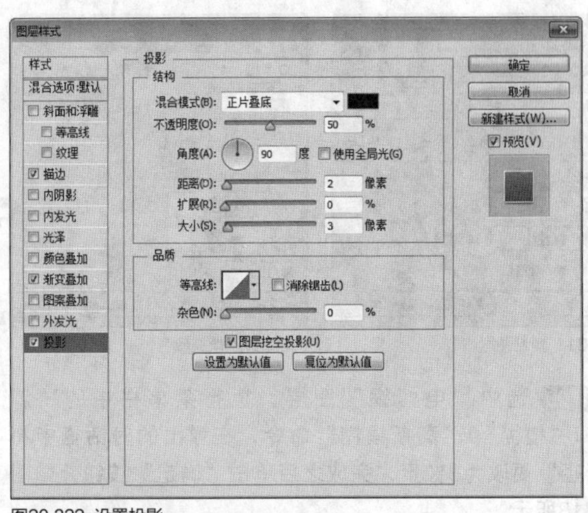

图20.322 设置投影

STEP 06 执行菜单栏中的“文件”|“打开”命令，打开“logo.psd”文件，将打开的素材拖入画布中左上角的位置并缩小，这样就完成了效果制作，最终效果如图20.323所示。

图20.323 最终效果

实战 533 厨电促销硬广设计

▶素材位置：素材\第20章\厨电促销
▶案例位置：效果\第20章\厨电促销硬广设计.psd
▶视频位置：视频\实战533.avi
▶难易指数：★★☆☆☆

• 实例介绍 •

本例讲解厨房电器促销广告的制作方法。整个广告以醒目的文字提示信息为主，同时撕纸特效图像背景令整个图文信息更加直观易读，最终效果如图20.324所示。

图20.324 最终效果

• 操作步骤 •

• 打开素材

STEP 01 执行菜单栏中的“文件”|“打开”命令，打开“背景.jpg、厨电.psd”文件，将打开的厨电素材图像拖入背景画布靠右下角的位置并适当缩小，如图20.325所示。

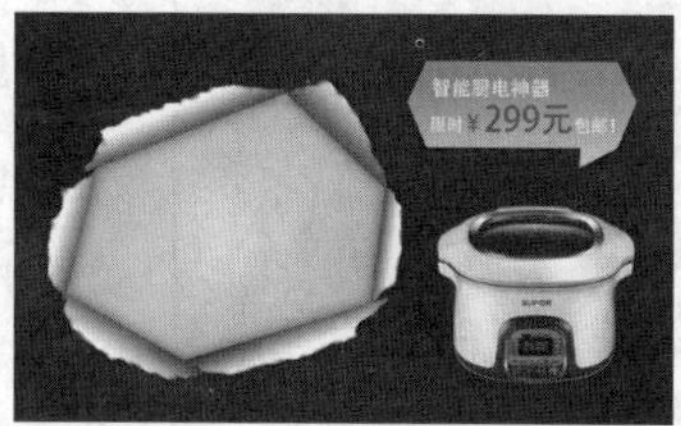

图20.325 打开及添加素材

STEP 02 选择工具箱中的“钢笔工具”，在选项栏中单击“选择工具模式” 路径 按钮，在弹出的选项中选择“形状”，将“填充”更改为黑色，“描边”更改为无，在电器图像底部的位置绘制一个不规则图形，此时将生成一个“形状1”图层，将“形状1”图层移至“厨电”图层下方，如图20.326所示。

图20.326 绘制图形

STEP 03 选中“形状1”图层，执行菜单栏中的“滤镜”|“模糊”|“高斯模糊”命令，在弹出的对话框中将“半径”更改为4像素，完成之后单击“确定”按钮，如图20.327所示。

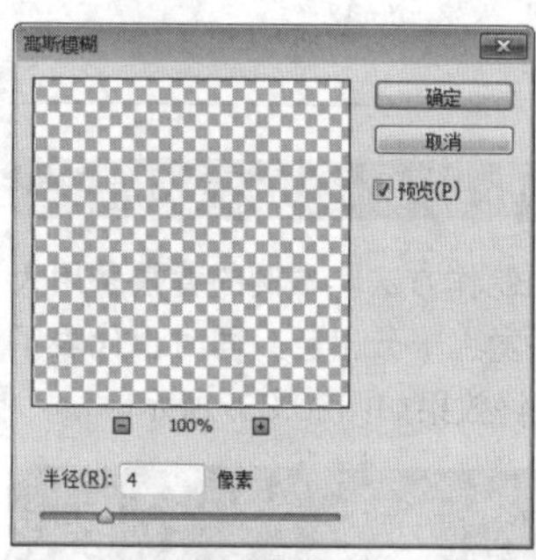

图20.327 设置高斯模糊

• 绘制图形

STEP 01 选择工具箱中的“矩形工具”，在选项栏中将“填充”更改为橙色(R：255，G：132，B：0)，“描边”更改为无，在画布靠左侧位置绘制一个矩形，此时将生成一个“矩形1”图层，如图20.328所示。

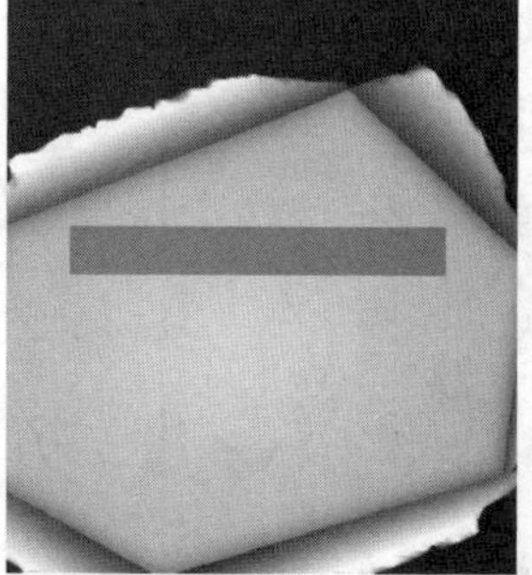

图20.328 绘制图形

STEP 02 选择工具箱中的“直接选择工具”，选中矩形顶部锚点向右侧拖动，将图形变形，如图20.329所示。

图20.329 将图形变形

STEP 03 在“图层”面板中选中“矩形1”图层，单击面板底部的“添加图层样式”按钮，在菜单中选择“内发光”命令，在弹出的对话框中将“混合模式”更改为正常，“不透明度”更改为60%，“颜色”更改为黄色（R：255，G：255，B：190），“大小”更改为10像素，如图20.330所示。

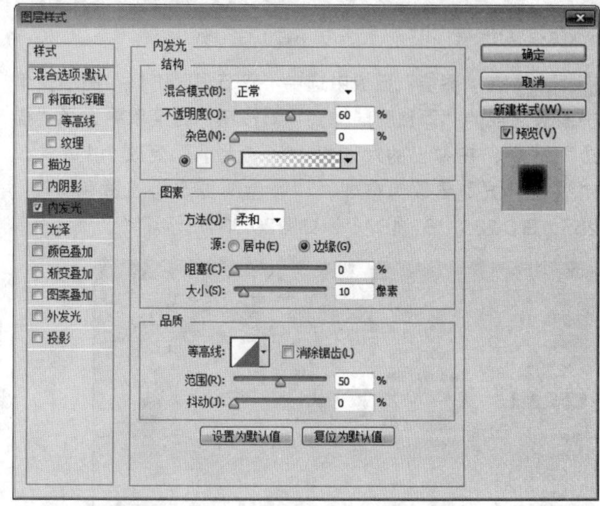

图20.330 设置内发光

STEP 04 勾选“投影”复选框，将“不透明度”更改为20%，“距离”更改为2像素，“大小”更改为2像素，完成之后单击“确定”按钮，如图20.331所示。

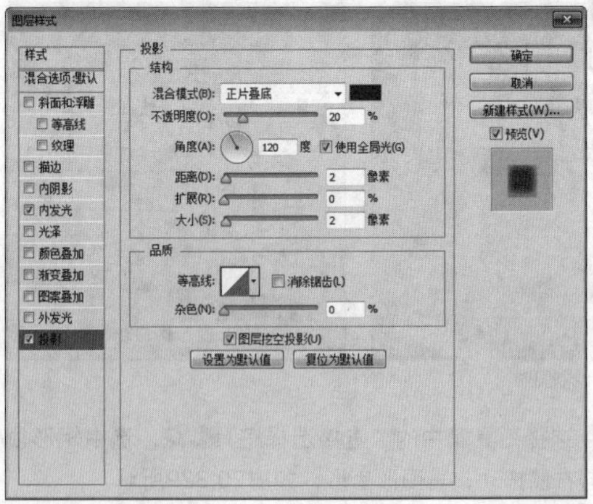

图20.331 设置投影

- **添加文字**

STEP 01 选择工具箱中的“横排文字工具” T，在画布中的适当位置添加文字，如图20.332所示。

STEP 02 选中“双节限时价！”图层，按Ctrl+T组合键对其执行“自由变换”命令，单击鼠标右键，从弹出的快捷菜单中选择“斜切”命令，拖动控制点将文字变形，完成之后按Enter键确认，如图20.333所示。

图20.332 添加文字　　图20.333 将文字变形

STEP 03 在“图层”面板中选中“双节限时价！”图层，单击面板底部的“添加图层样式” fx 按钮，在菜单中选择“描边”命令，在弹出的对话框中将“大小”更改为1像素，“混合模式”更改为叠加，“颜色”更改为浅黄色（R：255，G：238，B：187），如图20.334所示。

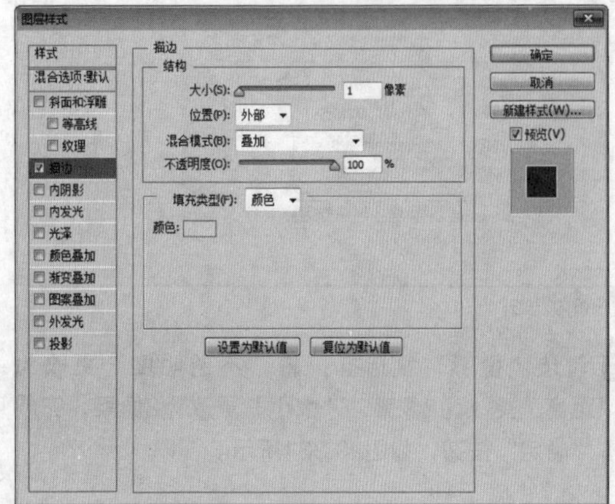

图20.334 设置描边

STEP 04 勾选“投影”复选框，将“不透明度”更改为50%，“距离”更改为2像素，“大小”更改为2像素，完成之后单击“确定”按钮，如图20.335所示。

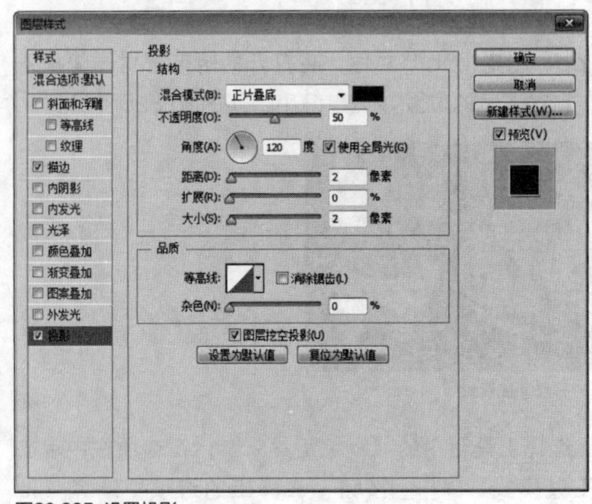

图20.335 设置投影

STEP 05 执行菜单栏中的“文件”|“打开”命令，打开“logo.psd”文件，将打开的素材拖入画布中靠左上角的位置并适当缩小，这样就完成了效果制作，最终效果如图20.336所示。

图20.336 最终效果

实战 534

浪漫床品硬广设计

- 素材位置：素材\第20章\浪漫床品
- 案例位置：效果\第20章\浪漫床品硬广设计.psd
- 视频位置：视频\实战534.avi
- 难易指数：★★☆☆☆

• 实例介绍 •

本例讲解浪漫床品广告的制作方法。本例的背景采用大量的薰衣草元素，一方面在视觉上十分出色，同时也代表了爱情，体现出浪漫的特点，最终效果如图20.337所示。

图20.337 最终效果

• 操作步骤 •

• 打开素材

STEP 01 执行菜单栏中的“文件”|“打开”命令，打开“背景.jpg、床品.psd”文件，将打开的素材图像添加至背景图像靠右侧的位置，如图20.338所示。

图20.338 打开及添加素材

STEP 02 选中“床品”图层，单击面板底部的“添加图层样式”fx按钮，在菜单中选择“投影”命令，在弹出的对话框中将“不透明度”更改为50%，取消“使用全局光”复选框，将“角度”更改为108度，“距离”更改为5像素，“大小”更改为5像素，完成之后单击“确定”按钮，如图20.339所示。

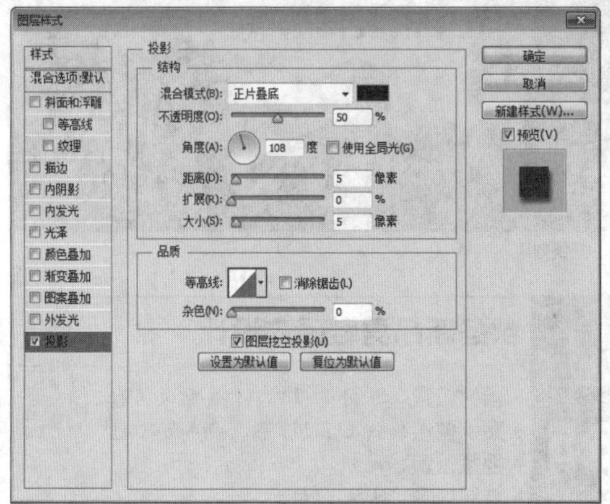

图20.339 设置投影

STEP 03 选择工具箱中的“椭圆选区”◯，在床品靠左侧的位置按住Shift键绘制一个正圆选区，如图20.340所示。

STEP 04 选中“背景”图层，执行菜单栏中的“图层”|“通过拷贝的图层”命令，将生成的“图层1”图层移至“床品”图层上方，如图20.341所示。

图20.340 绘制图形

图20.341 通过复制的图层

STEP 05 在“图层”面板中选中“图层1”图层，单击面板底部的“添加图层样式”fx按钮，在菜单中选择“描边”命令，在弹出的对话框中将“大小”更改为3像素，“不透明度”更改为50%，“颜色”更改为淡粉色（R：235，G：227，B：220），如图20.342所示。

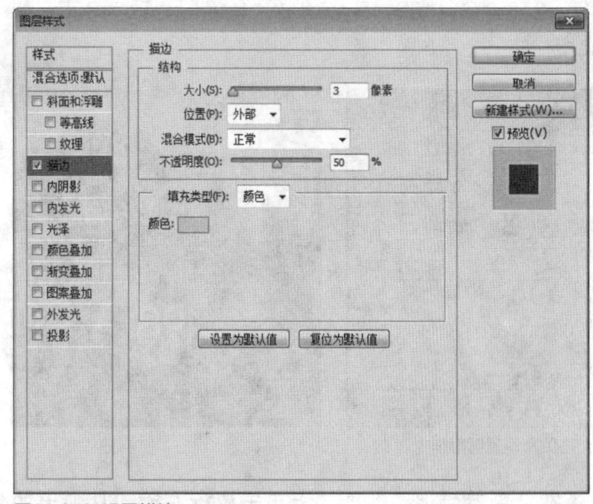

图20.342 设置描边

• 添加文字

STEP 01 选择工具箱中的“横排文字工具”T，在画布中的适当位置添加文字，如图20.343所示。

图20.343 添加文字

STEP 02 在“图层”面板中选中“感谢”图层，单击面板底部的“添加图层样式”fx按钮，在菜单中选择“渐变叠加”命令，在弹出的对话框中将“渐变”更改为透明到紫色（R：120，G：52，B：153），完成之后单击“确定”按钮，如图20.344所示。

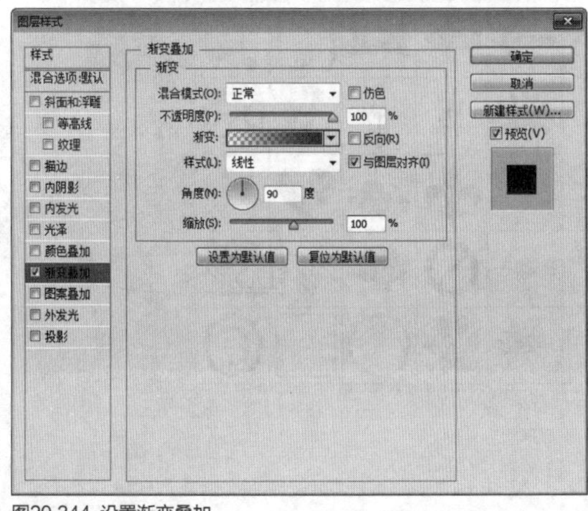

图20.344 设置渐变叠加

STEP 03 在“感谢”图层上单击鼠标右键，从弹出的快捷菜单中选择“拷贝图层样式”命令，在“新品特促：”图层上单击鼠标右键，从弹出的快捷菜单中选择“粘贴图层样式”命令，双击“新品特促：”图层样式名称，在弹出的对话框中将“渐变”更改为黄色（R：220，G：225，B：164）到黄色（R：216，G：163，B：72）“角度”更改为0度，如图20.345所示。

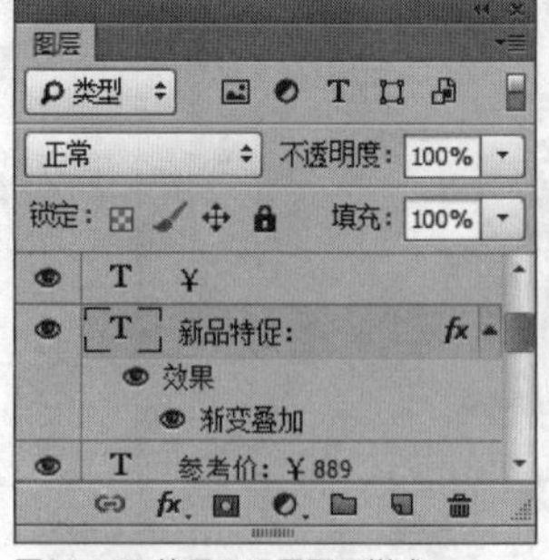

图20.345 拷贝及设置图层样式

STEP 04 在“新品特促：”图层上单击鼠标右键，从弹出的快捷菜单中选择“拷贝图层样式”命令，同时选中“¥”及“198”图层，在其图层名称上单击鼠标右键，从弹出的快捷菜单中选择“粘贴图层样式”命令，如图20.346所示。

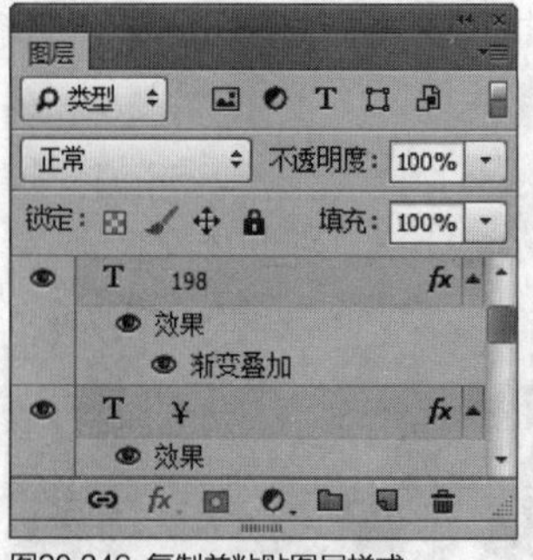

图20.346 复制并粘贴图层样式

- **绘制图形**

STEP 01 选择工具箱中的“自定形状工具”，选择“红心形卡”形状，在选项栏中将“填充”更改为紫色（R：120，G：52，B：153），如图20.347所示。

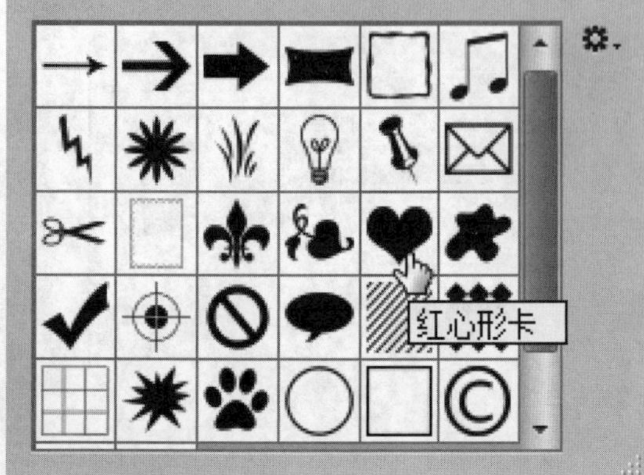

图20.347 选择形状

STEP 02 在画布文字上方位置绘制一个心形图形，此时将生成一个“形状1”图层，如图20.348所示。

STEP 03 在“图层”面板中选中“形状1”图层，将其拖至面板底部的“创建新图层”按钮上，复制1个“形状1 拷贝”图层，如图20.349所示。

图20.348 绘制图形

图20.349 复制图层

STEP 04 选中“形状1 拷贝”图层，在画布中按Ctrl+T组合键对其执行“自由变换”命令，将图形等比例缩小并适当旋转，完成之后按Enter键确认，这样就完成了效果制作，最终效果如图20.350所示。

图20.350 最终效果

实战 535 秋冬新品男鞋硬广设计

- 素材位置：素材\第20章\秋冬新品男鞋
- 案例位置：效果\第20章\秋冬新品男鞋硬广设计.psd
- 视频位置：视频\实战535.avi
- 难易指数：★★☆☆☆

• 实例介绍 •

本例讲解秋冬新品男鞋广告的制作方法。本例的布局比较简单，在制作方面掌握好画面的整体透视比例即可，最终效果如图20.351所示。

图20.351 最终效果

• 操作步骤 •

• 打开素材

STEP 01 执行菜单栏中的“文件”|“打开”命令，打开“背景.jpg、雪山.jpg”文件，将打开的素材图像拖入画布中并缩小至与画布相同大小，其图层名称将更改为“图层1”，如图20.352所示。

图20.352 打开及添加素材

STEP 02 在“图层”面板中选中“图层1”图层，单击面板底部的“添加图层蒙版”按钮，为其图层添加图层蒙版，如图20.353所示。

STEP 03 选择工具箱中的“画笔工具”，在画布中单击鼠标右键，在弹出的面板中选择一种圆角笔触，将“大小”更改为300像素，“硬度”更改为0%，如图20.354所示。

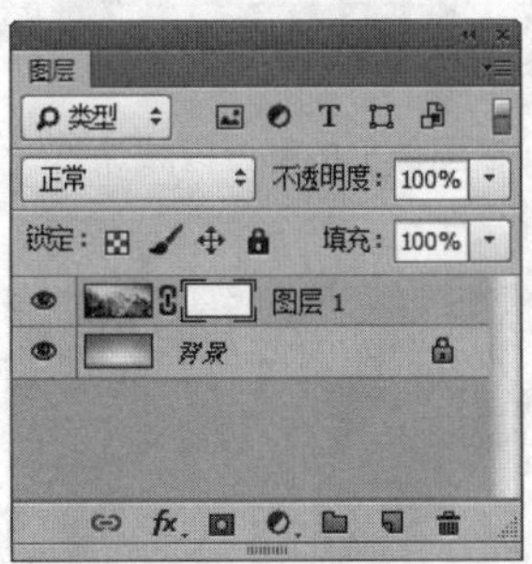

图20.353 添加图层蒙版　　图20.354 设置笔触

STEP 04 将前景色更改为黑色，在图像上的部分区域涂抹，将其隐藏，如图20.355所示。

图20.355 隐藏图像

• 添加素材

STEP 01 执行菜单栏中的“文件”|“打开”命令，打开“木板.jpg”文件，将打开的素材拖入画布中并适当缩小，其图层名称将更改为“图层2”，如图20.356所示。

图20.356 添加素材

STEP 02 在“图层”面板中选中“图层2”图层，将其拖至面板底部的“创建新图层”按钮上，复制1个“图层2 拷贝”图层。

STEP 03 选中“图层2”图层，按Ctrl+T组合键对其执行“自由变换”命令，单击鼠标右键，从弹出的快捷菜单中选择“透视”命令，拖动控制点将图像变形，完成之后按Enter键确认，再选中“图层2 拷贝”图层，将图像高度缩小并与经过变形的图像底部对齐，如图20.357所示。

图20.357 将图像变形

STEP 04 选中“图层2”图层，执行菜单栏中的“图像”|“调整”|“曲线”命令，在弹出的对话框中调整曲线，增强图像亮度，完成之后单击“确定”按钮，如图20.358所示。

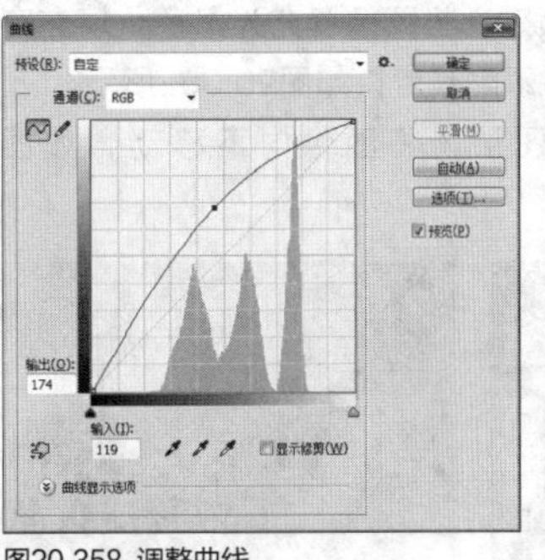

图20.358 调整曲线

STEP 05 在“图层”面板中选中“图层2”图层，将其拖至面板底部的“创建新图层”按钮上，复制1个“图层2 拷贝2”图层。

STEP 06 选中“图层2 拷贝2”图层，单击面板上方的“锁定透明像素”按钮将透明像素锁定，将图像填充为白色，填充完成之后再次单击此按钮将其解除锁定，如图20.359所示。

图20.359 锁定透明像素并填充颜色

STEP 07 在“图层”面板中选中“图层2 拷贝2”图层，单击面板底部的“添加图层蒙版”按钮，为其图层添加图层蒙版，如图20.360所示。

STEP 08 选择工具箱中的“渐变工具”，编辑黑色到白色的渐变，单击选项栏中的“线性渐变”按钮，在图像上从上至下拖动，将部分图像隐藏，如图20.361所示。

图20.360 添加图层蒙版

图20.361 隐藏图形

STEP 09 在“图层”面板中选中“图层2”图层，将其拖至面板底部的“创建新图层”按钮上，复制1个“图层2 拷贝3”图层。

STEP 10 选中“图层2”图层，单击面板上方的“锁定透明像素”按钮将透明像素锁定，将图像填充为黑色，填充完成之后再次单击此按钮将其解除锁定，如图20.362所示。

STEP 11 选中“图层2”图层，将图像向下移动，如图20.363所示。

图20.362 复制并填充颜色

图20.363 移动图像

STEP 12 选中“图层2”图层，执行菜单栏中的“滤镜”|“模糊”|“高斯模糊”命令，在弹出的对话框中将“半径”更改为3像素，完成之后单击“确定”按钮，如图20.364所示。

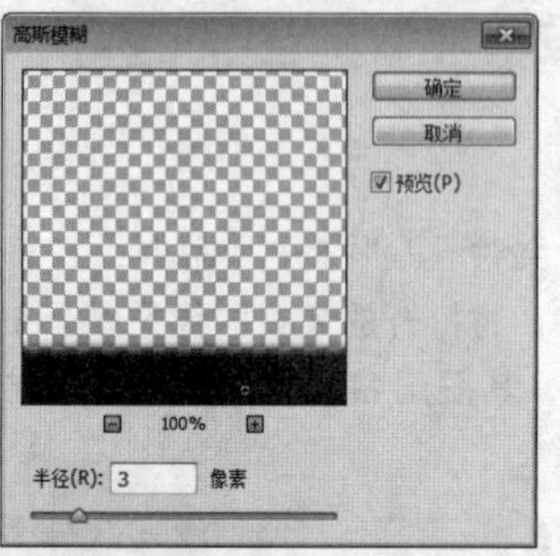

图20.364 设置高斯模糊

STEP 13 选中“图层2”图层，单击面板底部的“添加图层蒙版”按钮，为其图层添加图层蒙版，如图20.365所示。

STEP 14 选择工具箱中的“画笔工具”，在画布中单击鼠标右键，在弹出的面板中选择一种圆角笔触，将“大小”更改为200像素，“硬度”更改为0%，如图20.366所示。

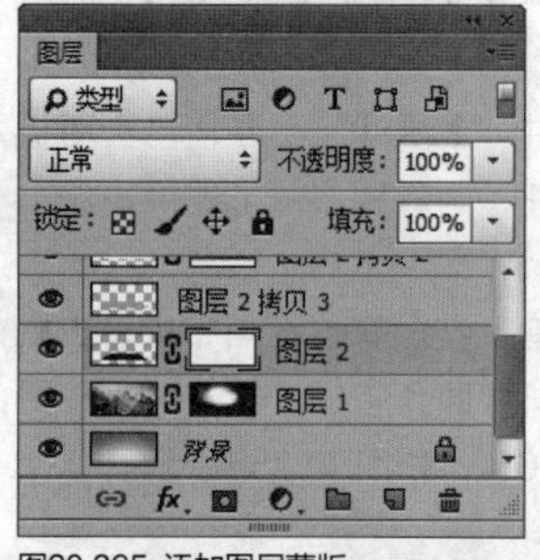

图20.365 添加图层蒙版

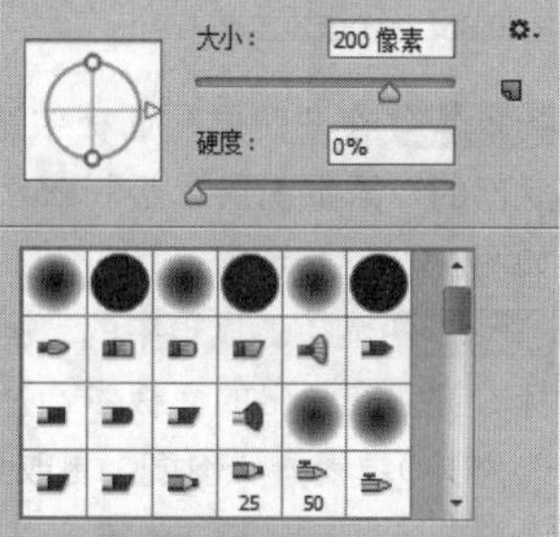

图20.366 设置笔触

STEP 15 将前景色更改为黑色，在图像上的部分区域涂抹，将其隐藏，如图20.367所示。

图20.367 隐藏图像

STEP 16 执行菜单栏中的“文件”|“打开”命令，打开“树.psd”文件，将打开的素材拖入画布中并适当缩小，如图20.368所示。

图20.368 添加素材

STEP 17 在“图层”面板中选中“树”图层，将其拖至面板底部的“创建新图层”按钮上，复制1个“树 拷贝”图层。

STEP 18 在“图层”面板中选中“树 拷贝”图层，单击面板上方的“锁定透明像素”按钮将透明像素锁定，将图像填充为黑色，填充完成之后再次单击此按钮将其解除锁定，如图20.369所示。

STEP 19 选中“树 拷贝”图层，按Ctrl+T组合键对其执行“自由变换”命令，单击鼠标右键，从弹出的快捷菜单中选择“扭曲”命令，拖动控制点将图像扭曲变形，完成之后按Enter键确认，如图20.370所示。

图20.369 填充颜色

图20.370 将图像变形

STEP 20 选中“树 拷贝”图层，执行菜单栏中的“滤镜”|“模糊”|“高斯模糊”命令，在弹出的对话框中将“半径”更改为1像素，完成之后单击“确定”按钮，“不透明度”更改为20%，如图20.371所示。

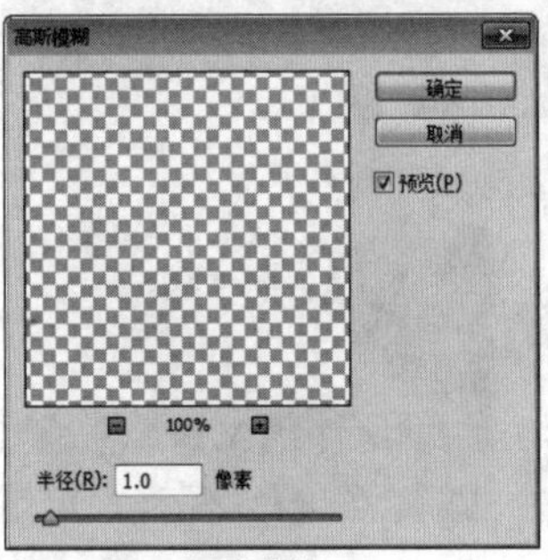

图20.371 设置高斯模糊

STEP 21 执行菜单栏中的“文件”|“打开”命令，打开“鞋.psd”文件，将打开的素材拖入画布中并适当缩小，如图20.372所示。

图20.372 添加素材

STEP 22 在“图层”面板中选中“鞋”组，将其拖至面板底部的“创建新图层”按钮上，复制1个“鞋 拷贝”组，选中“鞋”组按Ctrl+E组合键将其合并，此时将生成一个“鞋”图层，如图20.373所示。

STEP 23 选中“鞋”图层，单击面板上方的“锁定透明像素”按钮将透明像素锁定，将图像填充为黑色，填充完成之后再次单击此按钮将其解除锁定，如图20.374所示。

图20.373 复制及合并组

图20.374 填充颜色

STEP 24 选中“鞋”图层，执行菜单栏中的“滤镜”|“模糊”|“高斯模糊”命令，在弹出的对话框中将“半径”更改为5像素，完成之后单击“确定”按钮，如图20.375所示。

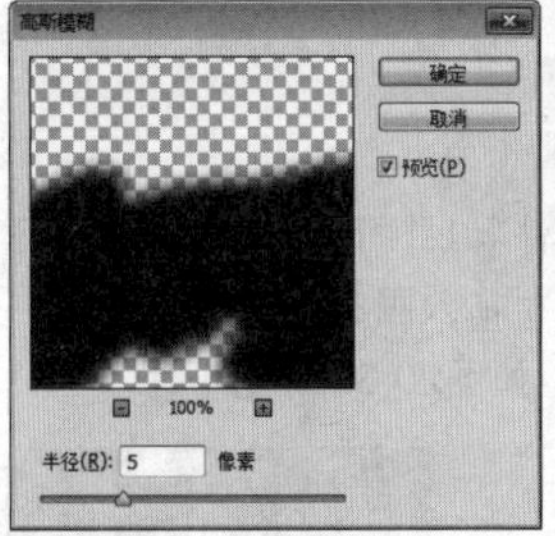

图20.375 设置高斯模糊

STEP 25 在“图层”面板中选中“鞋”图层，单击面板底部的“添加图层蒙版”按钮，为其图层添加图层蒙版，如图20.376所示。

STEP 26 选择工具箱中的“画笔工具”，在画布中单击鼠标右键，在弹出的面板中选择一种圆角笔触，将“大小”更改为100像素，“硬度”更改为0%，如图20.377所示。

图20.376 添加图层蒙版

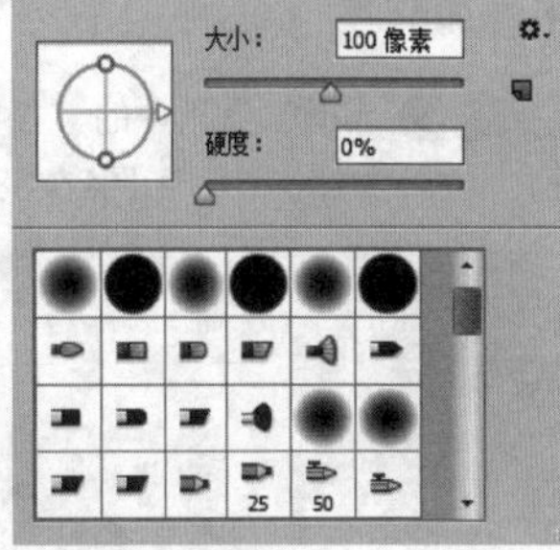

图20.377 设置笔触

STEP 27 将前景色更改为黑色，在图像上的部分区域涂抹，将其隐藏，如图20.378所示。

图20.378 隐藏图像

STEP 28 执行菜单栏中的“文件”|“打开”命令，打开“叶子.psd”文件，将打开的素材拖入画布中，如图20.379所示。

图20.379 添加素材

STEP 29 执行菜单栏中的“文件”|“打开”命令，打开“木板.jpg”文件，将打开的素材拖入画布中并适当缩小，其图层名称将更改为“图层2”，如图20.380所示。

图20.380 复制并变换图像

• **添加文字**

STEP 01 选择工具箱中的“横排文字工具”T，在画布中的适当位置添加文字，如图20.381所示。

图20.381 添加文字

STEP 02 在“图层”面板中选中“2019年秋冬新品发布”图层，单击面板底部的“添加图层样式”fx按钮，在菜单中选择“渐变叠加”命令，在弹出的对话框中将“混合模式”更改为叠加，“渐变”更改为黑色到白色，完成之后单击“确定”按钮，如图20.382所示。

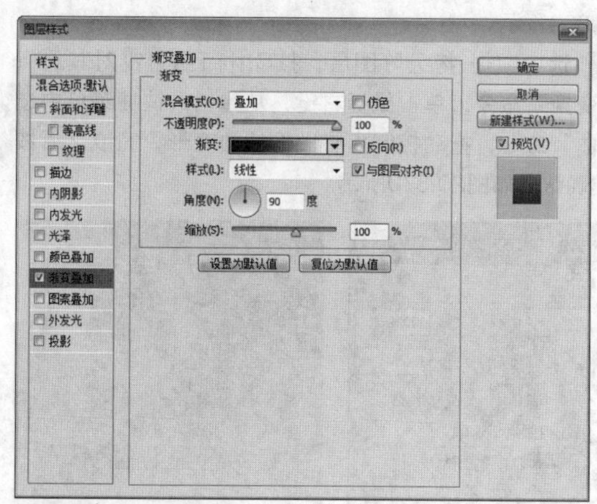

图20.382 设置渐变叠加

STEP 03 在“2019年秋冬新品发布”图层上单击鼠标右键，从弹出的快捷菜单中选择“拷贝图层样式”命令，在“2019 AUTUMN AND WINTER NEW RELEASE”图层上单击鼠标右键，从弹出的快捷菜单中选择“粘贴图层样式”命令，如图20.383所示。

图20.383 复制并粘贴图层样式

• **添加光效**

STEP 01 执行菜单栏中的“文件”|“打开”命令，打开“光.jpg”文件，将打开的素材拖入画布中并适当缩小，其图层名称将更改为“图层3”，如图20.384所示。

图20.384 打开素材

STEP 02 选中“图层3”图层，将其图层混合模式设置为“滤色”，这样就完成了效果制作，最终效果如图20.385所示。

图20.385 最终效果

实战 536 炫酷运动鞋上新硬广设计

- 素材位置：素材\第20章\炫酷运动鞋上新
- 案例位置：效果\第20章\炫酷运动鞋上新硬广设计.psd
- 视频位置：视频\实战536.avi
- 难易指数：★★☆☆☆

• 实例介绍 •

本例讲解炫酷运动鞋上新广告的制作方法。本例的视觉效果十分华丽，且整个风格较为统一，最终效果如图20.386所示。

图20.386 最终效果

• 操作步骤 •

• 打开素材

STEP 01 执行菜单栏中的“文件”|“打开”命令，打开“背景.jpg、鞋子.psd、颗粒.jpg”文件，将打开的鞋子及颗粒图像移至画布靠右侧位置，颗粒图像所在图层名称将更改为“图层1”，如图20.387所示。

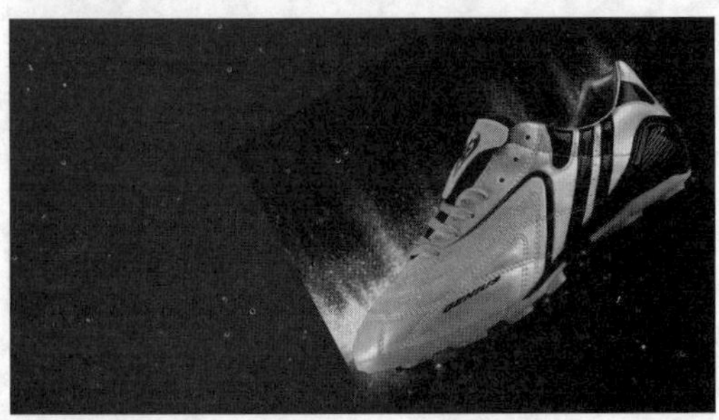
图20.387 打开素材

STEP 02 在“图层”面板中选中“图层1”图层，将其图层混合模式设置为“滤色”，如图20.388所示。

图20.388 设置图层混合模式

STEP 03 选中“图层1”图层，按Ctrl+T组合键对其执行“自由变换”命令，再单击鼠标右键，从弹出的快捷菜单中选择“扭曲”命令，将图像扭曲变形，完成之后按Enter键确认，如图20.389所示。

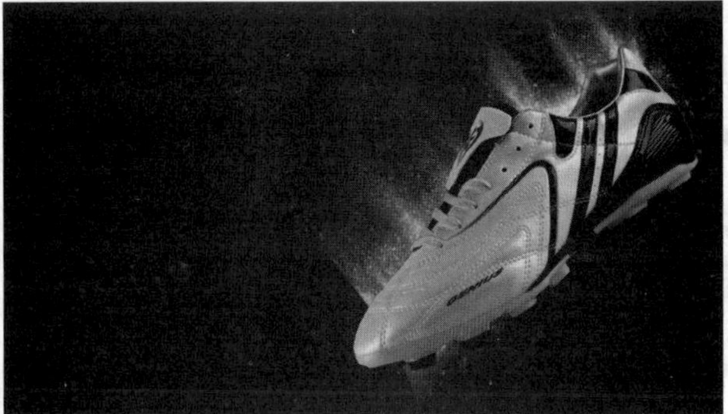
图20.389 将图像变形

STEP 04 在“图层”面板中选中“图层1”图层，单击面板底部的“添加图层蒙版”按钮，为其图层添加图层蒙版，如图20.390所示。

STEP 05 选择工具箱中的“画笔工具”，在画布中单击鼠标右键，在弹出的面板中选择一种圆角笔触，将“大小”更改为250像素，“硬度”更改为0%，如图20.391所示。

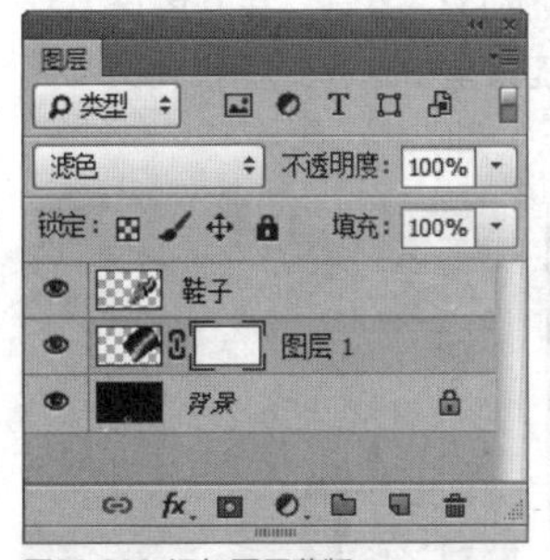

图20.390 添加图层蒙版

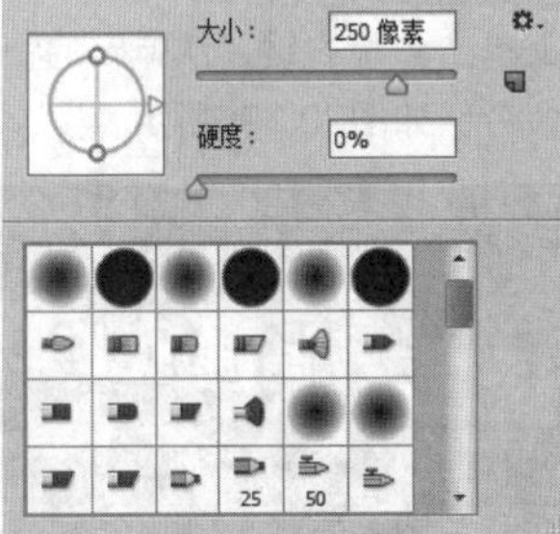

图20.391 设置笔触

STEP 06 将前景色更改为黑色，单击“图层1”图层蒙版缩览图，在其图像上的部分区域涂抹，将其隐藏，如图20.392所示。

图20.392 隐藏图像

STEP 07 在“图层”面板中选中“图层1”图层，将其拖至面板底部的“创建新图层”按钮上，复制1个“图层1 拷贝”图层，如图20.393所示。

STEP 08 选中“图层1 拷贝”图层，按Ctrl+T组合键对其执行“自由变换”命令，将图像适当旋转并移动画布左下角位置，完成之后按Enter键确认，如图20.394所示。

图20.393 复制图层

图20.394 旋转图像

• 添加文字

STEP 01 选择工具箱中的“横排文字工具”T，在画布左侧的位置添加文字，选中文字图层，按Ctrl+T组合键对其执行“自由变换”命令，单击鼠标右键，从弹出的快捷菜单中选择“斜切”命令，拖动变形框控制点将文字变形，完成之后按Enter键确认，如图20.395所示。

STEP 02 选中“硬性之巅 逢战必胜”图层，在其图层名称上单击鼠标右键，从弹出的快捷菜单中选择“栅格化文字”命令，如图20.396所示。

图20.395 添加文字并将其变形

图20.396 栅格化文字

STEP 03 选择工具箱中的“多边形套索工具”，在最左侧文字的位置绘制选区，以选中其中单个文字，如图20.397所示。

STEP 04 选中“硬性之巅 逢战必胜”图层，执行菜单栏中的“图层”|“新建”|“通过剪切的图层”命令，此时将生成一个“图层2”图层，如图20.398所示。

图20.397 绘制选区

图20.398 通过剪切的图层

STEP 05 以同样的方法分别在其他几个文字位置绘制选区，并执行同样的命令，此时将生成多个新的图层，如图20.399所示。

图20.399 通过剪切的图层

提示

将所有的文字图层剪切之后可以将原文字图层删除。

STEP 06 在“图层”面板中选中“图层2”图层，单击面板底部的“添加图层样式”fx按钮，在菜单中选择“渐变叠加”命令，在弹出的对话框中将“渐变”更改为黄色（R：235，G：243，B：46）到绿色（R：90，G：153，B：2），完成之后单击“确定”按钮，如图20.400所示。

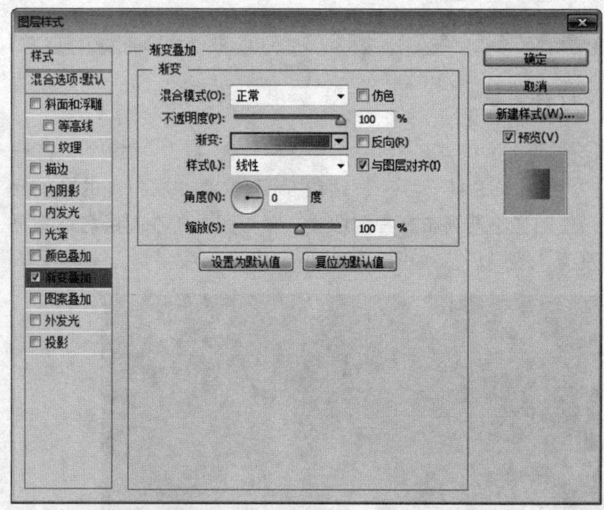
图20.400 设置渐变叠加

STEP 07 在“图层2”图层上单击鼠标右键，从弹出的快捷菜单中选择“拷贝图层样式”命令，同时选中其他几个文字所在的图层，在其图层名称上单击鼠标右键，从弹出的快捷菜单中选择“粘贴图层样式”命令，如图20.401所示。

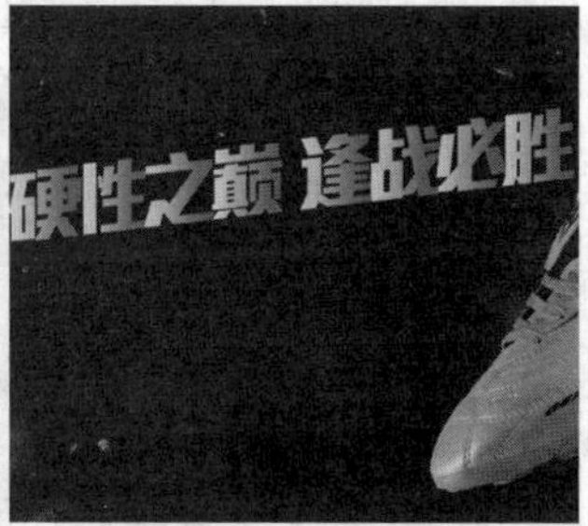

图20.401 复制并粘贴图层样式

STEP 08 选择工具箱中的“直线工具”，在选项栏中将“填充”更改为无，“描边”更改为绿色（R：176，G：243，B：46），“粗细”更改为1像素，在文字下方绘制一条倾斜线段，此时将生成一个“形状1”图层，如图20.402所示。

STEP 09 在“形状1”图层上单击鼠标右键，从弹出的快捷菜单中选择“栅格化形状”命令，如图20.403所示。

图20.402 绘制图形　　图20.403 栅格化形状

STEP 10 选择工具箱中的“横排文字工具”T，在绘制的线段上添加文字，如图20.404所示。

STEP 11 选中添加的文字，按Ctrl+T组合键对其执行“自由变换”命令，单击鼠标右键，从弹出的快捷菜单中选择“斜切”命令，拖动控制点将其变形，完成之后按Enter键确认，如图20.405所示。

图20.404 添加文字　　图20.405 将文字变形

STEP 12 在“2016新款轻质硬性上新”图层上单击鼠标右键，从弹出的快捷菜单中选择“粘贴图层样式”命令，如图20.406所示。

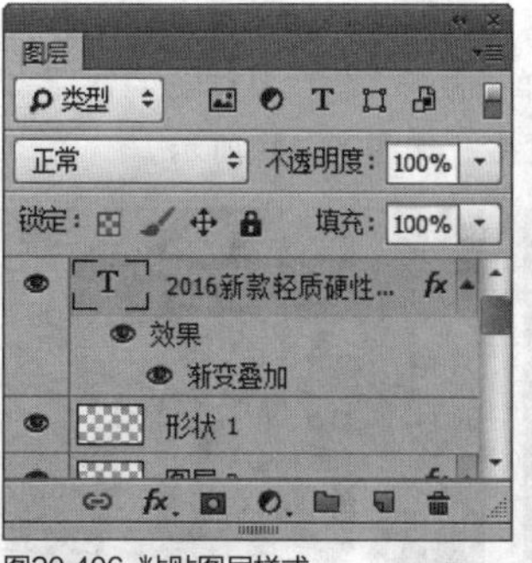

图20.406 粘贴图层样式

STEP 13 以刚才同样的方法添加文字并将其斜切变形，如图20.407所示。

图20.407 添加文字并将其变形

STEP 14 同时选中刚才添加的文字图层，在其图层名称上单击鼠标右键，从弹出的快捷菜单中选择“粘贴图层样式”命令，如图20.408所示。

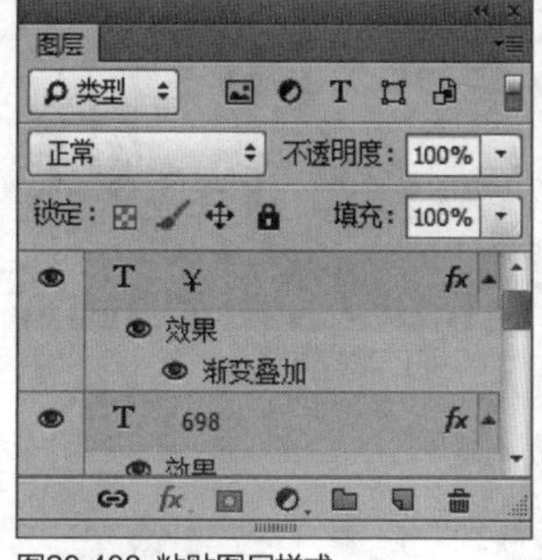

图20.408 粘贴图层样式

- **绘制图形**

STEP 01 选择工具箱中的“矩形工具”，在选项栏中将“填充”更改为任意颜色，“描边”更改为无，在刚才添加的文字下方绘制一个矩形，此时将生成一个“矩形1”图层，如图20.409所示。

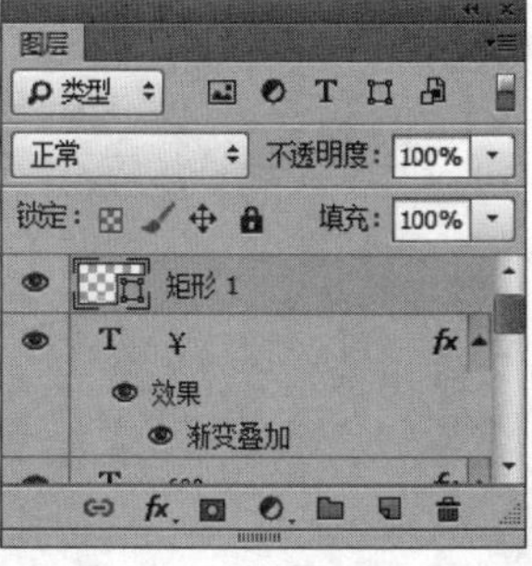

图20.409 绘制图形

STEP 02 选中“矩形1”图层，以刚才同样的方法将图形斜切变形，并在其图层名称上单击鼠标右键，从弹出的快捷菜单中选择“粘贴图层样式”命令，如图20.410所示。

图20.410 将图形变形并粘贴图层样式

STEP 03 选择工具箱中的“横排文字工具” T，在图形位置添加文字并将文字斜切变形，如图20.411所示。

STEP 04 选择工具箱中的“直线工具” ，在选项栏中将“填充”更改为无，“描边”更改为绿色（R：176，G：243，B：46），“粗细”更改为1像素，在刚才添加的文字位置绘制一条倾斜线段，此时将生成一个“形状2”图层，如图20.412所示。

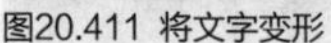

图20.411 将文字变形

图20.412 绘制图形

STEP 05 选择工具箱中的“多边形套索工具” ，在“形状1”图层中的线段上绘制一个不规则选区以选中部分线段，如图20.413所示。

STEP 06 选中“形状1”图层，将选区中的部分线段删除，完成之后按Ctrl+D组合键将选区取消，如图20.414所示。

图20.413 绘制选区

图20.414 删除线段

STEP 07 以同样的方法在“形状2”图层中的线段上绘制选区，并将部分线段删除，这样就完成了效果制作，最终效果如图20.415所示。

图20.415 最终效果

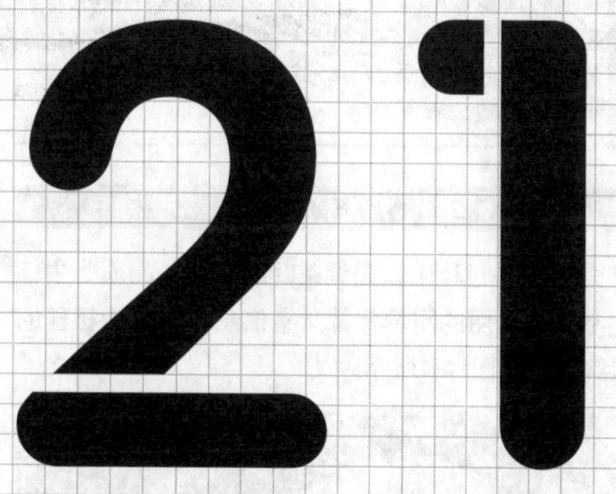

第21章 淘宝食品饮料广告设计

本章导读

本章讲解吃货我最大广告的制作方法。在如今的电子商务时代，食品类商品越来越多地出现在淘宝店铺中，与在传统商店购物不同是，在网上购物时我们无法直接看到商品实物，而此时具有品质、色泽和诱人类的商品广告就成为制作重点了。本章中的广告大多添加了实物图像，同时以图像及文字说明来展示一个十分完美的食品类广告，通过对这些实例广告的练习我们可以掌握食品类广告的制作方法。

要点索引

- 学会制作肉类零食广告
- 了解食材类广告的制作方法
- 学习传统食物广告的设计方法
- 掌握经典零食广告的设计方法

实战 537

茶叶广告设计

▶素材位置：素材\第21章\茶叶广告
▶案例位置：效果\第21章\茶叶广告设计.psd
▶视频位置：视频\实战537.avi
▶难易指数：★★☆☆☆

• 实例介绍 •

茶叶类广告在制作过程中以强调茶叶的新鲜、品质为主，对产品的描述尽量以美丽的图像代替文字信息，着实为极佳的宣传类型，最终效果如图21.1所示。

图21.1 最终效果

• 操作步骤 •

• 打开素材

STEP 01 执行菜单栏中的“文件”|“打开”命令，打开“背景.jpg”文件，如图21.2所示。

图21.2 打开素材

STEP 02 选择工具箱中的“椭圆工具”，在选项栏中将“填充”更改为浅黄色（R：243，G：243，B：198），“描边”更改为无，在画布中间的位置绘制一个椭圆图形，此时将生成一个“椭圆1”图层，如图21.3所示。

图21.3 绘制图形

STEP 03 在“图层”面板中选中“椭圆1”图层，将其拖至面板底部的“创建新图层”按钮上，复制1个“椭圆1 拷贝”图层，如图21.4所示。

STEP 04 选中“椭圆1”图层，将其图层“不透明度”更改为50%，再选中“椭圆 1 拷贝”图层，按Ctrl+T组合键对其执行“自由变换”命令，将图形等比例缩小，完成之后按Enter键确认，如图21.5所示。

图21.4 复制图层

图21.5 变换图形

STEP 05 执行菜单栏中的“文件”|“打开”命令，打开“茶叶.psd”文件，将打开的茶叶素材图像放在椭圆图形的左右两侧，如图21.6所示。

图21.6 添加素材

STEP 06 同时选中“茶叶”及“茶叶 2”图层，执行菜单栏中的“图层”|“创建剪贴蒙版”命令，为当前图层创建剪贴蒙版，将部分图像隐藏，如图21.7所示。

图21.7 创建剪贴蒙版

• 绘制图形

STEP 01 选择工具箱中的“矩形工具”，在选项栏中将“填充”更改为绿色（R：70，G：114，B：16），“描边”更改为无，在椭圆图形位置绘制一个矩形，此时将生成一个“矩形1”图层，如图21.8所示。

图21.8 绘制图形

STEP 02 选中“矩形1”图层，执行菜单栏中的“图层”|“创建剪贴蒙版”命令，为当前图层创建剪贴蒙版，将部分图形隐藏，如图21.9所示。

图21.9 创建剪贴蒙版

- **添加文字**

STEP 01 选择工具箱中的“横排文字工具”T，在画布中的适当位置添加文字，如图21.10所示。

STEP 02 在“新茶　真情上市”图层名称上单击鼠标右键，从弹出的快捷菜单中选择“栅格化图层”命令，如图21.11所示。

图21.10 添加文字

图21.11 栅格化文字

STEP 03 选择工具箱中的“直线工具”，在选项栏中将“填充”更改为绿色（R：70，G：114，B：16），“描边”更改为无，“粗细”更改为2像素，在文字位置按住Shift键绘制一条水平线段，此时将生成一个“形状1”图层，如图21.12所示。

STEP 04 在“图层”面板中选中“形状1”图层，单击面板底部的“添加图层蒙版”按钮，为其图层添加图层蒙版，如图21.13所示。

图21.12 绘制图形

图21.13 添加图层蒙版

STEP 05 选择工具箱中的“矩形选框工具”，在线段位置绘制一个矩形选区，如图21.14所示。

STEP 06 将选区填充为黑色，将部分线段隐藏，完成之后按Ctrl+D组合键将选区取消，如图21.15所示。

图21.14 绘制选区　　图21.15 隐藏图形

STEP 07 执行菜单栏中的“文件”|“打开”命令，打开“茶叶2.jpg”文件，将打开的素材拖入画布中文字旁边的位置，如图21.16所示。

图21.16 添加素材

STEP 08 在“图层”面板中选中“茶叶 2”图层，单击面板底部的“添加图层样式”按钮，在菜单中选择“投影”命令，在弹出的对话框中将“不透明度”更改为30%，“角度”更改为90度，“距离”更改为4像素，“大小”更改为4像素，完成之后单击“确定”按钮，如图21.17所示。

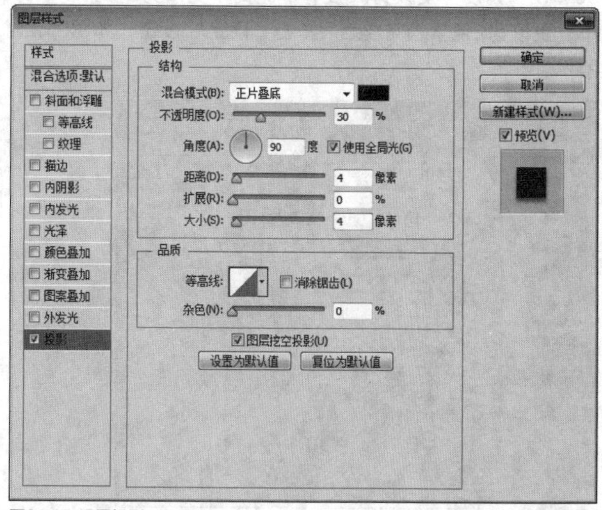

图21.17 设置投影

STEP 09 选中“新茶　真情上市”图层，按Ctrl+T组合键对其执行“自由变换”命令，单击鼠标右键，从弹出的快捷菜单中选择“透视”命令，拖动变形框控制点将文字变形，完成之后按Enter键确认，如图21.18所示。

图21.18 将文字变形

STEP 10 在“图层”面板中选中“新茶　真情上市”图层，单击面板底部的“添加图层样式”fx按钮，在菜单中选择“渐变叠加”命令，在弹出的对话框中将“渐变”更改为浅黄色（R：250，G：235，B：178）到浅黄色（R：255，G：253，B：245），如图21.19所示。

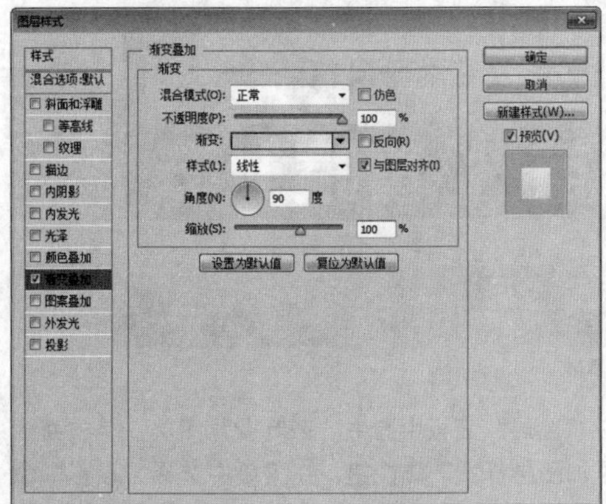

图21.19 设置渐变叠加

STEP 11 勾选“投影”复选框，将“不透明度”更改为50%，“角度”更改为90度，“距离”更改为2像素，“大小”更改为2像素，完成之后单击“确定”按钮，如图21.20所示。

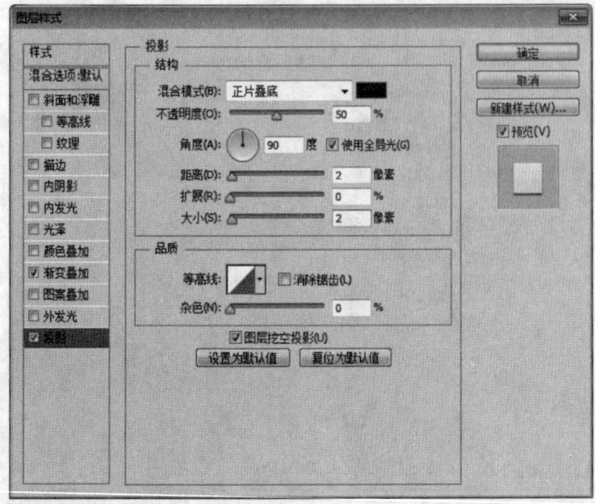

图21.20 设置投影

STEP 12 执行菜单栏中的“文件”|“打开”命令，打开“茶.jpg”文件，将打开的素材拖入画布中文字下方的位置并适当缩小，再将其图层混合模式更改为“正片叠底”，这样就完成了效果制作，最终效果如图21.21所示。

图21.21 最终效果

实战 538

养生品广告设计

- 素材位置：素材\第21章\养生品广告
- 案例位置：效果\第21章\养生品广告设计.psd
- 视频位置：视频\实战538.avi
- 难易指数：★★☆☆☆

• 实例介绍 •

本例讲解养生品广告的制作方法。简单的中国风背景与简单明了的文字信息组合给人一种十分直观的商品展示效果，最终效果如图21.22所示。

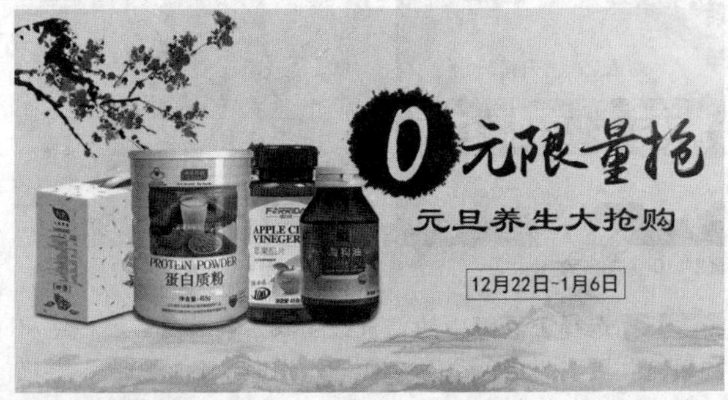

图21.22 最终效果

• 操作步骤 •

• 打开素材

STEP 01 执行菜单栏中的“文件”|“打开”命令，打开“背景.jpg”文件，如图21.23所示。

图21.23 打开素材

STEP 02 执行菜单栏中的“文件”|“打开”命令，打开“养生品.psd”文件，将打开的素材拖入打开的素材背景中并适当缩小，如图21.24所示。

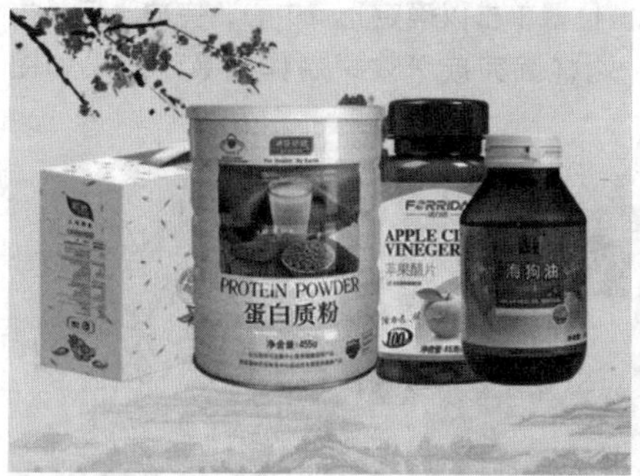

图21.24 添加素材

STEP 03 在“图层”面板中选中“养生品”组，将其拖至面板底部的“创建新图层”按钮上，复制1个“养生品 拷贝”组，如图21.25所示。

STEP 04 选中“养生品”组，按Ctrl+E组合键将其合并，选中“养生品”图层，单击面板上方的“锁定透明像素”按钮将当前图层中的透明像素锁定，将图像填充为黑色，填充完成之后再次单击此按钮将其解除锁定，如图21.26所示。

图21.25 复制组

图21.26 填充颜色

STEP 05 选中“养生品”图层，执行菜单栏中的“滤镜”|“模糊”|“高斯模糊”命令，在弹出的对话框中将“半径”更改为2像素，完成之后单击“确定”按钮，如图21.27所示。

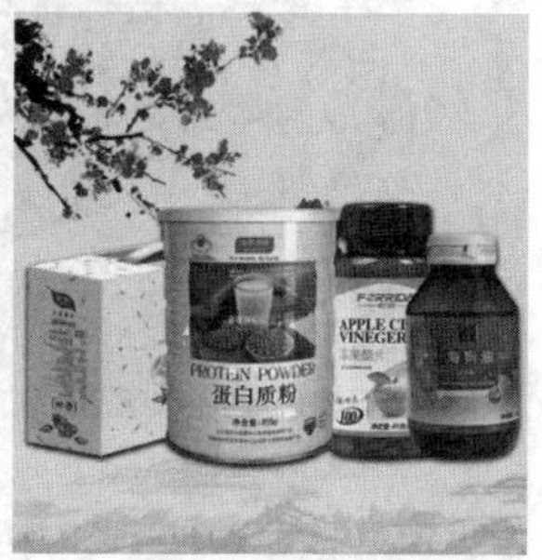

图21.27 设置高斯模糊

STEP 06 选择工具箱中的“橡皮擦工具”，在画布中单击鼠标右键，在弹出的面板中选择一种圆角笔触，将“大小”更改为200像素，“硬度”更改为0%，如图21.28所示。

STEP 07 选中“养生品”图层，在图像上半部分区域涂抹，将部分图像隐藏，如图21.29所示。

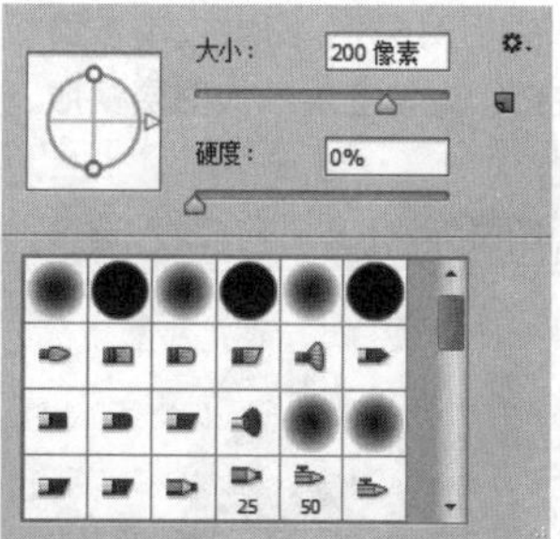

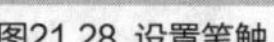

图21.28 设置笔触

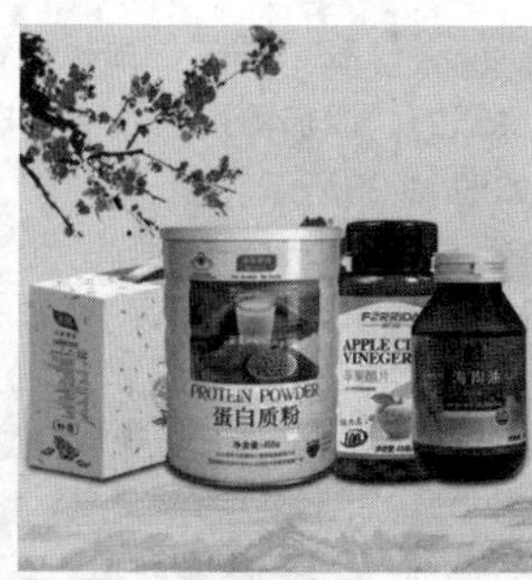

图21.29 隐藏图像

- **添加素材**

STEP 01 执行菜单栏中的“文件”|“打开”命令，打开“墨迹.jpg”文件，将打开的素材拖入画布中并适当缩小，其图层名称将更改为“图层 1”，如图21.30所示。

图21.30 添加素材

STEP 02 在“图层”面板中选中“图层 1”图层，将其图层混合模式设置为“正片叠底”，如图21.31所示。

图21.31 设置图层混合模式

STEP 03 选择工具箱中的“横排文字工具”T，在画布中的适当位置添加文字，如图21.32所示。

图21.32 添加文字

STEP 04 在“图层”面板中选中“图层1”图层，单击面板底部的“添加图层蒙版”按钮，为其图层添加图层蒙版，如图21.33所示。

STEP 05 按住Ctrl键单击“0”图层缩览图，将其载入选区，如图21.34所示。

图21.33 添加图层蒙版

图21.34 载入选区

STEP 06 将选区填充为黑色，将部分图像隐藏，完成之后按Ctrl+D组合键将选区取消，再将“0”图层删除，如图21.35所示。

STEP 07 选择工具箱中的“矩形工具”，在选项栏中将“填充”更改为无，“描边”更改为红色（R：255，G：33，B：20），“大小”更改为1点，在“12月22日~1月6日”文字周围绘制一个矩形，如图21.36所示。

图21.35 隐藏图像

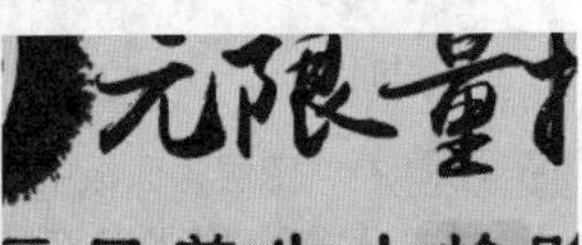

图21.36 绘制图形

STEP 08 单击面板底部的“创建新图层”按钮，新建一个“图层2”图层，如图21.37所示。

STEP 09 选中“图层2”图层，按Ctrl+Alt+Shift+E组合键执行“盖印可见图层”命令，如图21.38所示。

图21.37 新建图层

图21.38 盖印可见图层

提示

盖印可见图层只对当前显示的图层有效，隐藏的图层不受影响。

STEP 10 选中“图层2”图层，执行菜单栏中的“滤镜”|“渲染”|“镜头光晕”命令，在弹出的对话框中勾选“50~300毫米变焦”单选按钮，将“亮度”更改为150%，并在预览区右上角位置单击以确定光晕中心，完成之后单击“确定”按钮，这样就完成了效果制作，最终效果如图21.39所示。

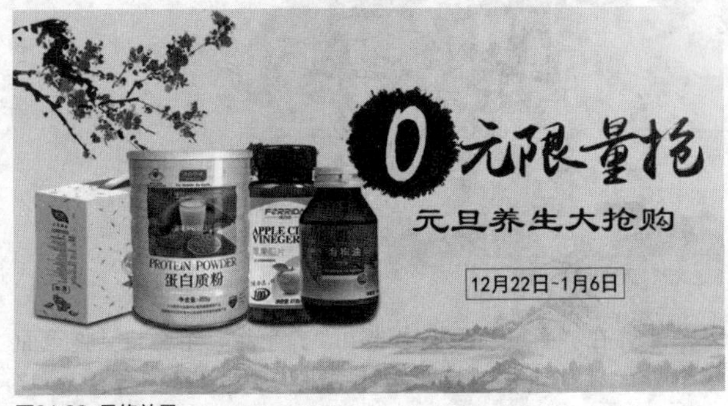

图21.39 最终效果

实战 539

XO酱牛肉粒广告设计

- 素材位置：素材\第21章\ XO酱牛肉粒.jpg
- 案例位置：效果\第21章\ XO酱牛肉粒广告设计.psd
- 视频位置：视频\实战539.avi
- 难易指数：★★☆☆☆

• 实例介绍 •

本例讲解的是XO酱牛肉粒促销广告的制作方法。本例在制作过程中以透明的背景和清晰明了的信息为组合，同时清晰的图像令人食欲倍增，最终效果如图21.40所示。

图21.40 最终效果

• 操作步骤 •

● 打开素材

STEP 01 执行菜单栏中的“文件”|“打开”命令，打开“牛肉粒.jpg”文件，如图21.41所示。

图21.41 打开素材

STEP 02 选择工具箱中的“圆角矩形工具”，在选项栏中将“填充”更改为白色，“描边”更改为无，“半径”更改为5像素，在图像左侧位置绘制一个圆角矩形，并使图形顶部稍微超出画布，此时将生成一个“圆角矩形1”图层，如图21.42所示。

图21.42 绘制图形

STEP 03 选择工具箱中的“矩形工具”，在选项栏中将“填充”更改为红色（R：220，G：40，B：22），“描边”更改为无，在圆角矩形靠顶部位置绘制一个矩形，此时将生成一个“矩形1”图层，如图21.43所示。

图21.43 绘制图形

STEP 04 选择工具箱中的“直接选择工具”，选中“矩形1”图层中的图形右下角锚点向上拖动，如图21.44所示。

图21.44 拖动锚点

STEP 05 在“图层”面板中选中“矩形1”图层，将其拖至面板底部的“创建新图层”按钮上，复制1个“矩形1 拷贝”图层，选中“矩形1”图层，将其图形颜色更改为红色（R：208，G：32，B：26），如图21.45所示。

STEP 06 选中“矩形 1”图层，按Ctrl+T组合键对其执行“自由变换”命令，再单击鼠标右键，从弹出的快捷菜单中选择“水平翻转”命令，完成之后按Enter键确认，如图21.46所示。

图21.45 复制图层　　图21.46 设置笔触

STEP 07 在“图层”面板中选中“矩形 1 拷贝”图层，单击面板底部的“添加图层样式”按钮，在菜单中选择“投影”命令，在弹出的对话框中将“不透明度”更改为20%，取消“使用全局光”复选框，将“角度”更改为100度，“距离”更改为1像素，“大小”更改为3像素，完成之后单击“确定”按钮，如图21.47所示。

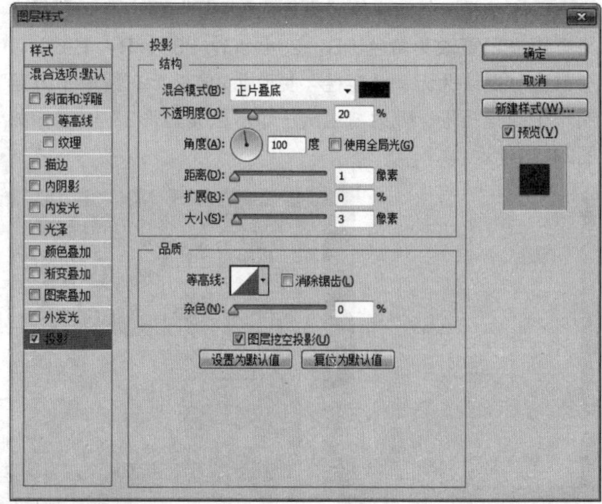

图21.47 设置投影

STEP 08 选择工具箱中的“直线工具”，在选项栏中将“填充”更改为无，“描边”更改为灰色（R：100，G：100，B：100），“粗细”更改为1像素，在矩形图形下方的位置按住Shift键绘制一条水平线段，此时将生成一个“形状1”图层，如图21.48所示。

图21.48 绘制图形

STEP 09 在“图层”面板中选中“形状1”图层，将其拖至面板底部的“创建新图层”按钮上，复制1个“形状1 拷贝”图层，选中“形状1 拷贝”图层，将线段向下垂直移动，如图21.49所示。

图21.49 复制图层并移动图形

STEP 10 选择工具箱中的“圆角矩形工具”，在选项栏中将“填充”更改为黄色（R：254，G：230，B：126），“描边”更改为无，“半径”更改为2像素，在线段下方绘制一个圆角矩形，此时将生成一个“圆角矩形2”图层，如图21.50所示。

图21.50 绘制图形

STEP 11 在“图层”面板中选中“圆角矩形2”图层，将其拖至面板底部的“创建新图层”按钮上，复制1个“圆角矩形2 拷贝”图层，如图21.51所示。

STEP 12 选中“圆角矩形2 拷贝”图层，按Ctrl+T组合键对其执行自由变换命令，分别将图形高度和宽度等比例缩小，将其描边设置为褐色（R：104，G：87，B：15），“大小”设置为1点，并设置为虚线，完成之后按Enter键确认，如图21.52所示。

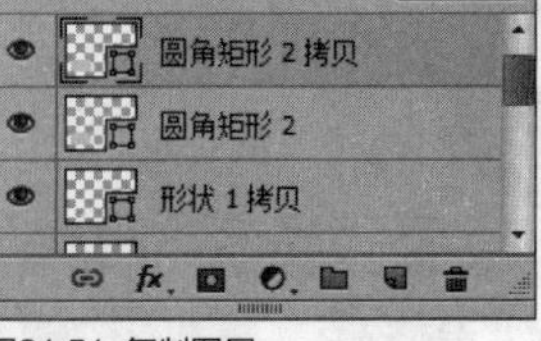

图21.51 复制图层

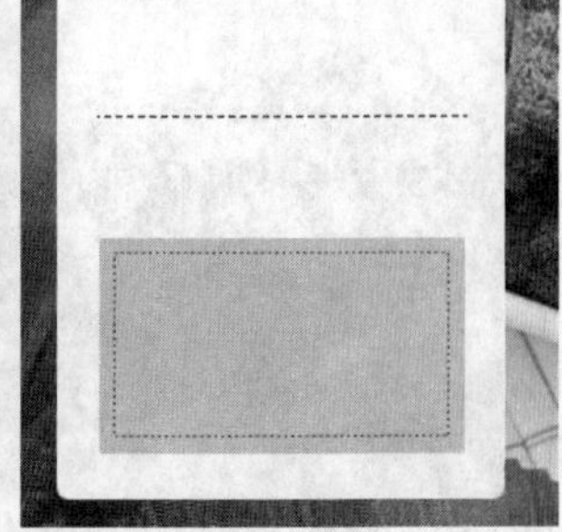

图21.52 变换图形

• 添加文字

STEP 01 选择工具箱中的“横排文字工具”T，在绘制的图形的适当位置添加文字，如图21.53所示。

STEP 02 选中“整点抢”图层，按Ctrl+T组合键对其执行“自由变换”命令，再单击鼠标右键，从弹出的快捷菜单中选择“斜切”命令，拖动变形框控制点将文字斜切变形，完成之后按Enter键确认，如图21.54所示。

图21.53 添加文字

图21.54 将文字变形

STEP 03 在“矩形1 拷贝”图层上单击鼠标右键，从弹出的快捷菜单中选择“拷贝图层样式”命令，在“整点抢”图层上单击鼠标右键，从弹出的快捷菜单中选择“粘贴图层样式”命令，双击“整点抢”图层样式名称，在弹出的对话框中将“不透明度”更改为30%，“距离”更改为2像素，如图21.55所示。

图21.55 复制并粘贴图层样式

STEP 04 选中“圆角矩形1”图层，将其图层“不透明度”更改为75%，如图21.56所示。

图21.56 更改图层不透明度

STEP 05 执行菜单栏中的"文件"|"打开"命令，打开"标志.psd"文件，将打开的素材拖入画布中右上角的位置并适当缩小，这样就完成了效果制作，最终效果如图21.57所示。

图21.57 最终效果

实战 540 麻辣花生广告设计

- 素材位置：素材\第21章\麻辣花生.jpg
- 案例位置：效果\第21章\麻辣花生广告设计.psd
- 视频位置：视频\实战540.avi
- 难易指数：★★☆☆☆

• 实例介绍 •

本例讲解麻辣花生广告的制作方法。食品本身的图像十分出色，而合适的文字信息及柔和的色彩搭配则很好地体现出了食品的品质，最终效果如图21.58所示。

图21.58 最终效果

• 操作步骤 •

• 打开素材

STEP 01 执行菜单栏中的"文件"|"打开"命令，打开"背景.jpg"文件，如图21.59所示。

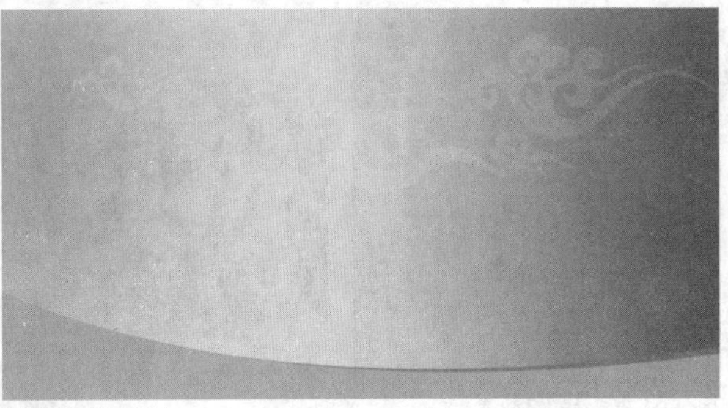

图21.59 打开素材

STEP 02 执行菜单栏中的"文件"|"打开"命令，打开"花生.psd、辣椒.psd"文件，将打开的素材拖入打开的素材背景中靠右侧的位置并适当缩小，如图21.60所示。

图21.60 添加素材

STEP 03 在"图层"面板中选中"花生"图层，将其拖至面板底部的"创建新图层"按钮上，复制1个"花生 拷贝"图层，如图21.61所示。

STEP 04 在"图层"面板中选中"花生"图层，单击面板上方的"锁定透明像素"按钮将当前图层中的透明像素锁定，将图像填充为黑色，填充完成之后再次单击此按钮将其解除锁定，如图21.62所示。

图21.61 复制图层

图21.62 填充颜色

- **制作阴影**

STEP 01 选中“花生”图层，执行菜单栏中的“滤镜”|“模糊”|“高斯模糊”命令，在弹出的对话框中将“半径”更改为15像素，完成之后单击“确定”按钮，如图21.63所示。

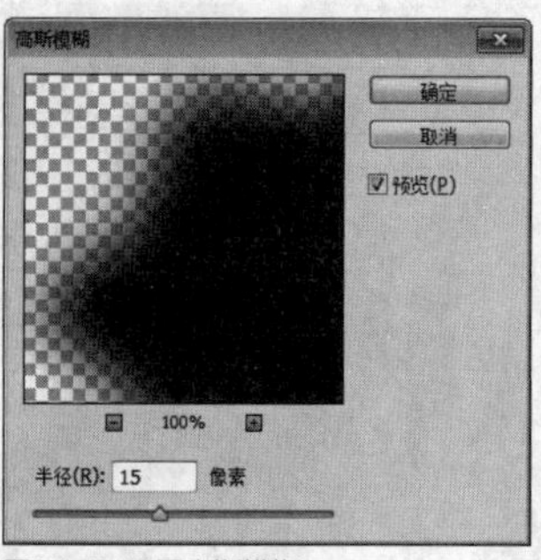

图21.63 设置高斯模糊

STEP 02 在“图层”面板中选中“花生”图层，单击面板底部的“添加图层蒙版”按钮，为其图层添加图层蒙版，如图21.64所示。

STEP 03 选择工具箱中的“画笔工具”，在画布中单击鼠标右键，在弹出的面板中选择一种圆角笔触，将“大小”更改为170像素，“硬度”更改为0%，如图21.65所示。

图21.64 添加图层蒙版

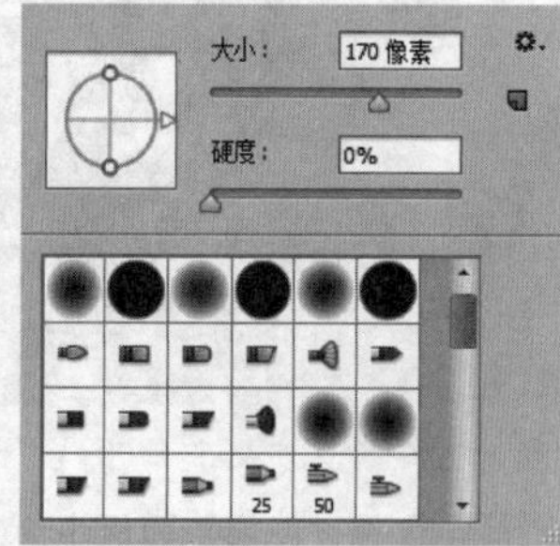

图21.65 设置笔触

STEP 04 将前景色更改为黑色，在图像上的部分区域涂抹，将其隐藏，为花生图像制作阴影，如图21.66所示。

图21.66 隐藏图像

STEP 05 选择工具箱中的“横排文字工具”T，在画布中的适当位置添加文字，这样就完成了效果制作，最终效果如图21.67所示。

图21.67 最终效果

实战 541 春天的味道广告设计

- 素材位置：素材\第21章\春天的味道
- 案例位置：果\第21章\春天的味道广告设计.psd
- 视频位置：视频\实战541.avi
- 难易指数：★★☆☆☆

• 实例介绍 •

本例讲解春天的味道广告的制作方法。本例在制作过程中采用柔和的春天为背景，食物图像与文字颜色相协调，给人一种挑动味蕾的感受，最终效果如图21.68所示。

图21.68 最终效果

• 操作步骤 •

- **打开素材**

STEP 01 执行菜单栏中的“文件”|“打开”命令，打开“背景.jpg、美食.psd”文件，将打开的美食图像拖入画布的中间位置，如图21.69所示。

图21.69 打开及添加素材

STEP 02 在“图层”面板中选中“美食”图层，将其拖至面板底部的“创建新图层”按钮上，复制1个“美食 拷贝”图层，如图21.70所示。

STEP 03 在“图层”面板中选中“美食”图层，单击面板上方的“锁定透明像素”按钮将透明像素锁定，将图像填充为黑色，填充完成之后再次单击此按钮将其解除锁定，如图21.71所示。

图21.70 复制图层

图21.71 填充颜色

STEP 04 选中“美食”图层，执行菜单栏中的“滤镜”|“模糊”|“高斯模糊”命令，在弹出的对话框中将“半径”更改为15，完成之后单击“确定”按钮，再将图层“不透明度”更改为60%，如图21.72所示。

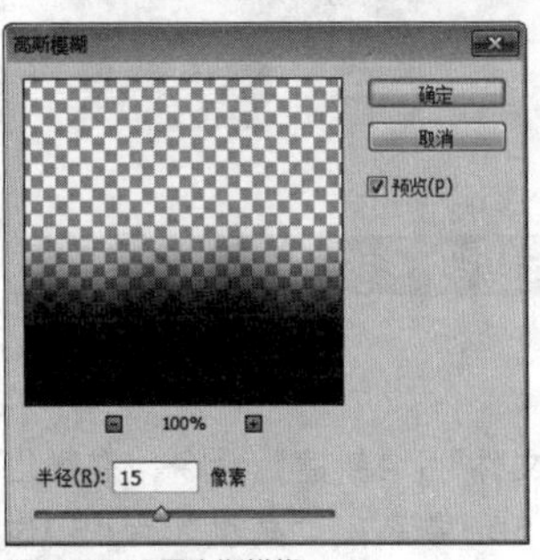

图21.72 设置高斯模糊

STEP 05 在“图层”面板中选中“美食”图层，单击面板底部的“添加图层蒙版”按钮，为其图层添加图层蒙版，如图21.73所示。

STEP 06 选择工具箱中的“画笔工具”，在画布中单击鼠标右键，在弹出的面板中选择一种圆角笔触，将“大小”更改为150像素，“硬度”更改为0%，如图21.74所示。

图21.73 添加图层蒙版

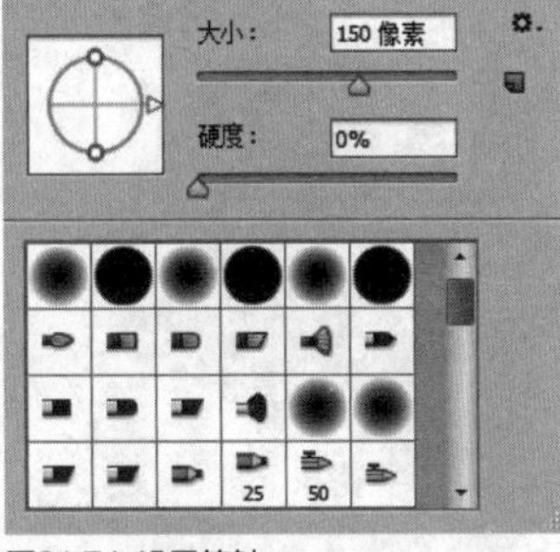

图21.74 设置笔触

STEP 07 将前景色更改为黑色，在图像上的部分区域涂抹，将其隐藏，如图21.75所示。

图21.75 隐藏图像

● 添加文字

STEP 01 选择工具箱中的“横排文字工具”，在画布中的适当位置添加文字，并将添加的文字稍微变形，如图21.76所示。

图21.76 添加文字并变形

STEP 02 在“图层”面板中选中“春”图层，单击面板底部的“添加图层样式”按钮，在菜单中选择“渐变叠加”命令，在弹出的对话框中将“渐变”更改为红色（R：255，G：78，B：35）到橙色（R：255，G：156，B：17），完成之后单击“确定”按钮，如图21.77所示。

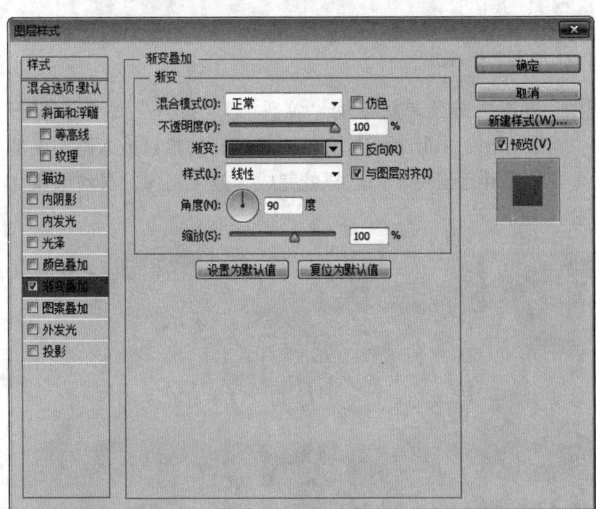

图21.77 设置渐变叠加

STEP 03 在“春”图层上单击鼠标右键，从弹出的快捷菜单中选择“拷贝图层样式”命令，同时选中“道”“味”“的”“天”“月”及“4”图层，在其图层名称上单击鼠标右键，从弹出的快捷菜单中选择“粘贴图层样式”命令，如图21.78所示。

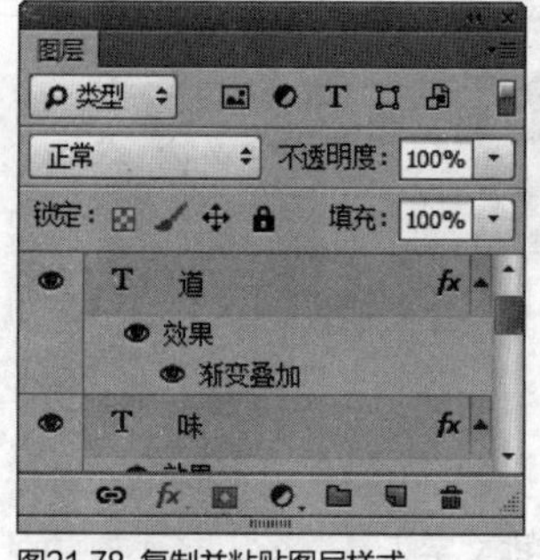

图21.78 复制并粘贴图层样式

STEP 04 在“图层”面板中选中“Spring”图层，单击面板底部的“添加图层样式”fx按钮，在菜单中选择“渐变叠加”命令，在弹出的对话框中将“渐变”更改为绿色（R：66，G：130，B：3）到亮绿色（R：160，G：230，B：40）到绿色（R：66，G：130，B：3），“角度”更改为60度，完成之后单击“确定”按钮，如图21.79所示。

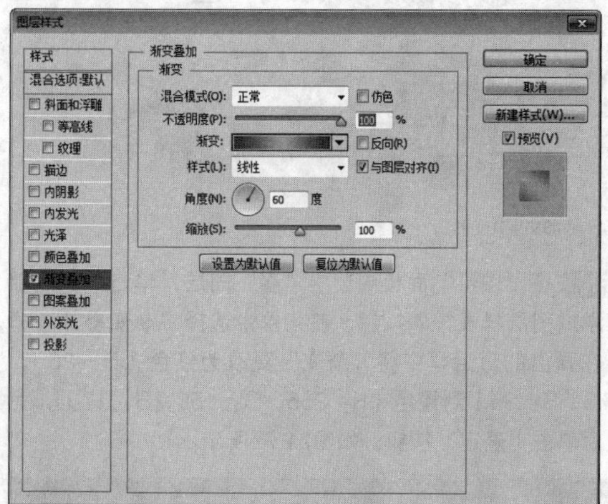

图21.79 设置渐变叠加

STEP 05 执行菜单栏中的“文件”|“打开”命令，打开“蝴蝶.psd、绿叶.psd”文件，将打开的素材拖入画布中的适当位置并适当缩小，这样就完成了效果制作，最终效果如图21.80所示。

图21.80 最终效果

实战542 干果展示页

▶素材位置：素材\第21章\干果展示页
▶案例位置：效果\第21章\干果展示页.psd
▶视频位置：视频\实战542.avi
▶难易指数：★★☆☆☆

• 实例介绍 •

本例讲解干果说明广告的制作方法。本例的制作过程比较简单，需要注意不同颜色对干果特点的影响，最终效果如图21.81所示。

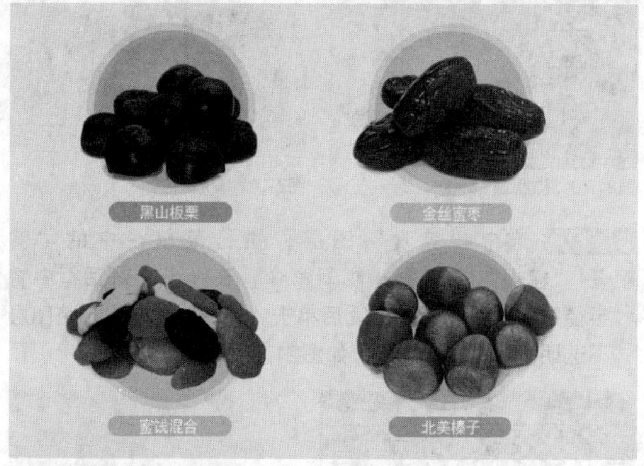

图21.81 最终效果

• 操作步骤 •

• 新建画布

STEP 01 执行菜单栏中的“文件”|“新建”命令，在弹出的对话框中设置“宽度”为500像素，“高度”为450像素，“分辨率”为72像素/英寸，将画布填充为浅红色（R：250，G：245，B：245）。

STEP 02 选择工具箱中的“椭圆工具”，在选项栏中将“填充”更改为绿色（R：177，G：220，B：90），“描边”为浅绿色（R：200，G：230，B：137），“大小”更改为6点，在画布左上角位置按住Shift键绘制一个正圆图形，此时将生成一个“椭圆1”图层，如图21.82所示。

图21.82 绘制图形

STEP 03 在“图层”面板中选中“椭圆1”图层，单击面板底部的“添加图层样式”fx按钮，在菜单中选择“描边”命令，在弹出的对话框中将“大小”更改为8像素，“颜色”

更改为浅绿色（R：233，G：245，B：210），如图21.83所示。

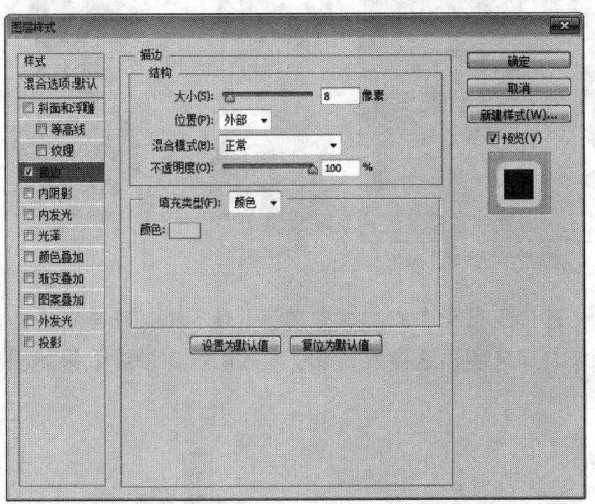

图21.83 描边

STEP 04 勾选“渐变叠加”复选框，将“混合模式”更改为柔光，“渐变”更改为白色到灰色（R：167，G：167，B：167），“样式”更改为径向，完成之后单击“确定”按钮，如图21.84所示。

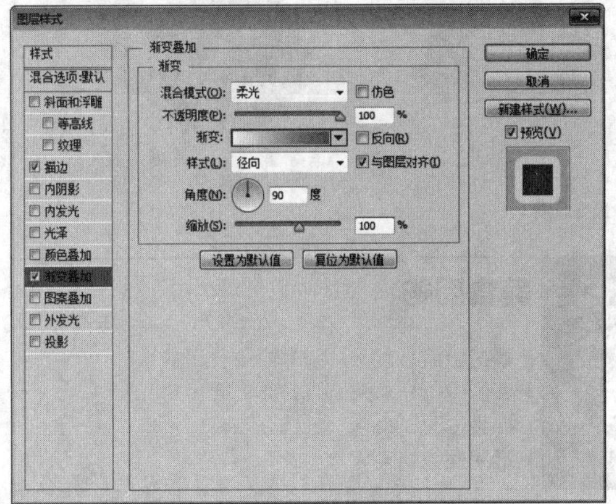

图21.84 设置渐变叠加

STEP 05 执行菜单栏中的“文件”|“打开”命令，打开“干果.jpg”文件，选择工具箱中的“矩形选框工具”，在左上角的板栗图像位置绘制一个矩形选区以选中图像，按Ctrl+C组合键将选区中的图像复制。

STEP 06 在当前文档中按Ctrl+V组合键将图像粘贴，其图层名称将更改为“图层1”，如图21.85所示。

图21.85 复制粘贴图像

STEP 07 在“图层”面板中选中“图层1”图层，将其图层混合模式设置为“深色”，再将图像适当等比例的缩小，如图21.86所示。

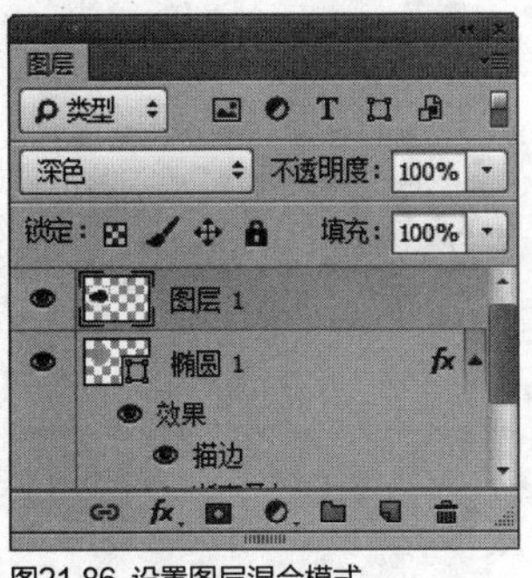

图21.86 设置图层混合模式

STEP 08 在“图层”面板中选中“椭圆1”图层，将其拖至面板底部的“创建新图层”按钮上，复制1个“椭圆1 拷贝”图层，选中“椭圆1 拷贝”图层，按住Shift键向右侧平移，再将“填充”更改为黄色（R：250，G：208，B：50），“描边”更改为浅黄色（R：246，G：222，B：130），双击图层样式名称，在弹出的对话框中将“描边”颜色更改为浅黄色（R：252，G：240，B：186），如图21.87所示。

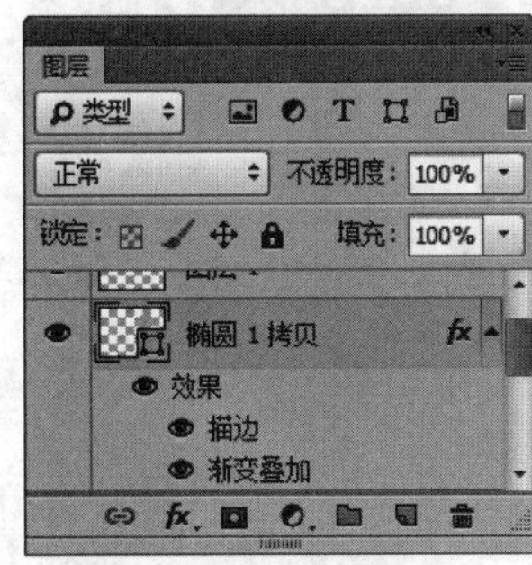

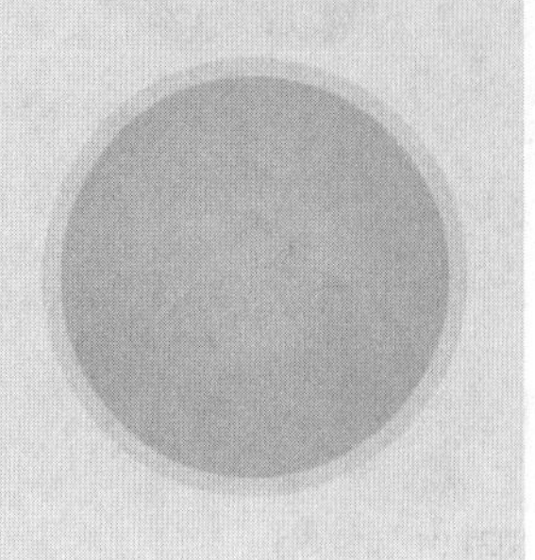

图21.87 移动图形及更改颜色

● 添加素材

STEP 01 以同样的方法在打开的“干果”文件中选中干果图像，将其粘贴至当前画布中，并为其设置图层混合模式，如图21.88所示。

图21.88 添加素材并设置图层混合模式

STEP 02 在“图层”面板中同时选中“椭圆1”及“椭圆1 拷贝”图层，将其拖至面板底部的“创建新图层”按钮上，复制拷贝图层，如图21.89所示。

STEP 03 同时选中复制生成的拷贝图层，按Ctrl+T组合键对其执行“自由变换”命令，再单击鼠标右键，从弹出的快捷菜单中选择“水平翻转”命令，完成之后按Enter键确认，如图21.90所示。

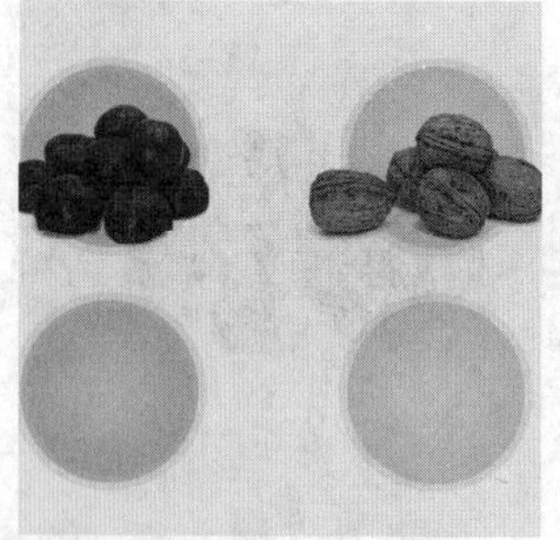
图21.89 复制图层

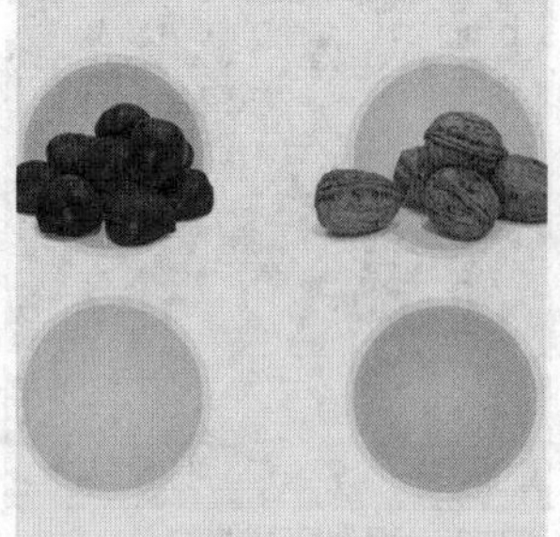
图21.90 变换图形

STEP 04 以同样的方法在“干果”文件中选中几个干果图像，将其复制后再粘贴至当前图层中，并设置图层混合模式，如图21.91所示。

图21.91 添加素材

STEP 05 选择工具箱中的“圆角矩形工具”，在选项栏中将“填充”更改为绿色（R：177，G：221，B：90），“描边”更改为无，“半径”更改为20像素，在“板栗”图像下方的位置绘制一个圆角矩形，此时将生成一个“圆角矩形1”图层，如图21.92所示。

图21.92 绘制图形

STEP 06 在“图层”面板中选中“圆角矩形 1”图层，复制几份并修改颜色，放在其他图形的下方，如图21.93所示。

图21.93 复制图层并更改图形颜色

STEP 07 选择工具箱中的“横排文字工具”，在画布中的适当位置添加文字，这样就完成了效果制作，最终效果如图21.94所示。

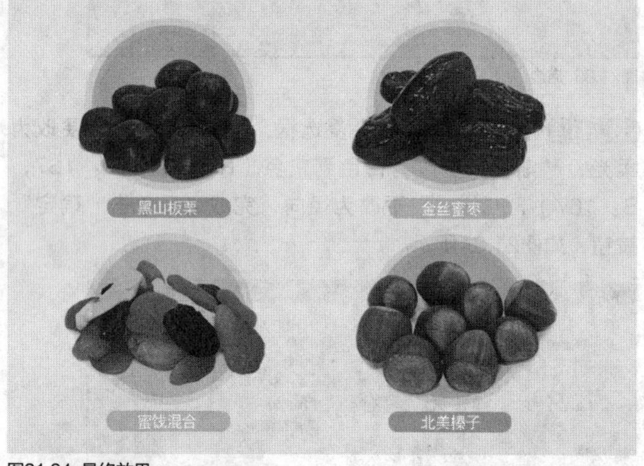

图21.94 最终效果

实战 543 美食团购

- 素材位置：素材\第21章\美食团购
- 案例位置：效果\第21章\美食团购.psd
- 视频位置：视频\实战543.avi
- 难易指数：★★☆☆☆

• 实例介绍 •

美食类的广告在制作过程中需要重点注意配色对视觉的影响，一般来说黄色及橙色系最能挑动人们的味蕾，最终效果如图21.95所示。

图21.95 最终效果

● 操作步骤 ●

● 打开素材

STEP 01 执行菜单栏中的“文件”|“打开”命令，打开“背景.jpg”文件，如图21.96所示。

图21.96 打开素材

STEP 02 选择工具箱中的“矩形工具”，在选项栏中将“填充”更改为深红色（R：134，G：68，B：46），“描边”更改为无，在画布中绘制一个与画布相同大小的矩形，此时将生成一个“矩形1”图层，如图21.97所示。

图21.97 绘制图形

STEP 03 选择工具箱中的“直接选择工具”，分别选中右下角和右上角锚点向左侧拖动，将图形变形，如图21.98所示。

图21.98 将图形变形

STEP 04 在“图层”面板中选中“矩形1”图层，单击面板底部的“添加图层样式”按钮，在菜单中选择“渐变叠加”命令，在弹出的对话框中将“混合模式”更改为叠加，“不透明度”更改为50%，“渐变”更改为透明到黑色，“样式”更改为径向，“角度”更改为0度，“缩放”更改为130%，完成之后单击“确定”按钮，如图21.99所示。

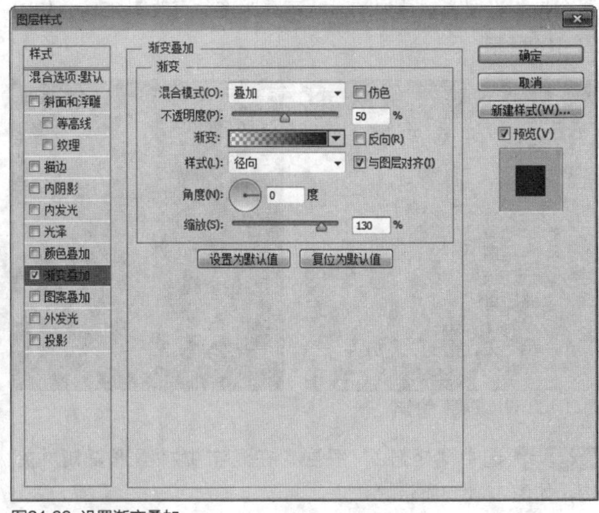

图21.99 设置渐变叠加

● 绘制图形

STEP 01 选择工具箱中的“矩形工具”，在选项栏中将“填充”更改为白色，“描边”更改为无，在画布中绘制一个矩形，此时将生成一个“矩形2”图层，如图21.100所示。

图21.100 绘制图形

STEP 02 选中“矩形2”图层，按Ctrl+T组合键对其执行“自由变换”命令，再单击鼠标右键，从弹出的快捷菜单中选择“透视”命令，拖动控制点将图形扭曲变形，完成之后按Enter键确认，如图21.101所示。

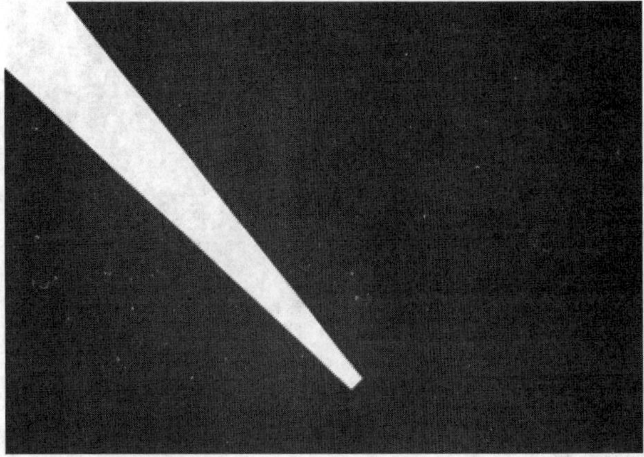

图21.101 将图形变形

STEP 03 在“图层”面板中选中“矩形2”图层，将其图层混合模式设置为“叠加”，“不透明度”更改为15%，如图21.102所示。

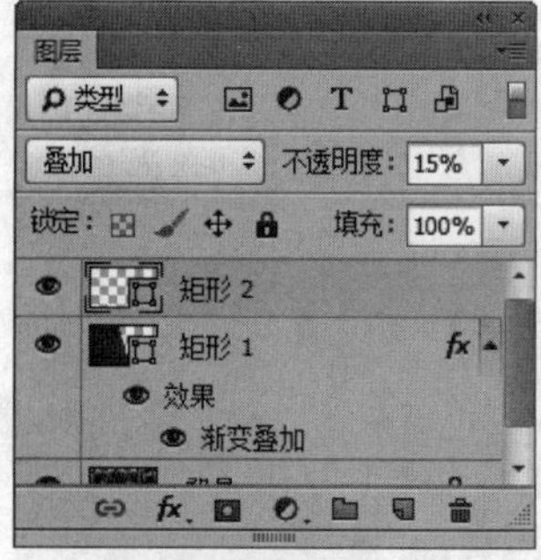

图21.102 设置图层混合模式

STEP 04 选中“矩形2”图层，在画布中将图形复制并旋转，如图21.103所示。

STEP 05 同时选中所有和“矩形2”有关的图层，按Ctrl+E组合键将图层合并，将生成的图层名称更改为“放射图形”，如图21.104所示。

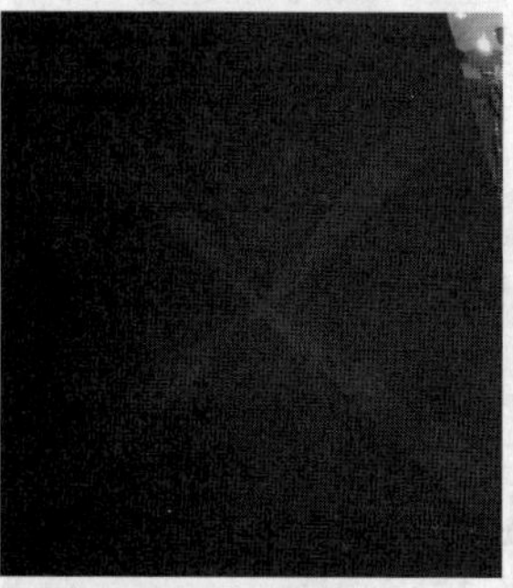

图21.103 复制并变换图形　　图21.104 合并图层

STEP 06 在“图层”面板中选中“放射图形”图层，单击面板底部的“添加图层蒙版”按钮，为其图层添加图层蒙版，如图21.105所示。

STEP 07 选择工具箱中的“渐变工具”，编辑黑色到白色的渐变，单击选项栏中的“径向渐变”按钮，在图层上从中间向边缘方向拖动，将部分图形隐藏，如图21.106所示。

图21.105 添加图层蒙版　　图21.106 隐藏图形

● 添加文字

STEP 01 选择工具箱中的“横排文字工具”，在画布中的适当位置添加文字，如图21.107所示。

图21.107 添加文字

STEP 02 在“图层”面板中选中“美食汇”图层，单击面板底部的“添加图层样式”按钮，在菜单中选择“渐变叠加”命令，在弹出的对话框中将“渐变”更改为橙色（R：255，G：200，B：58）到黄色（R：250，G：240，B：75），完成之后单击“确定”按钮，如图21.108所示。

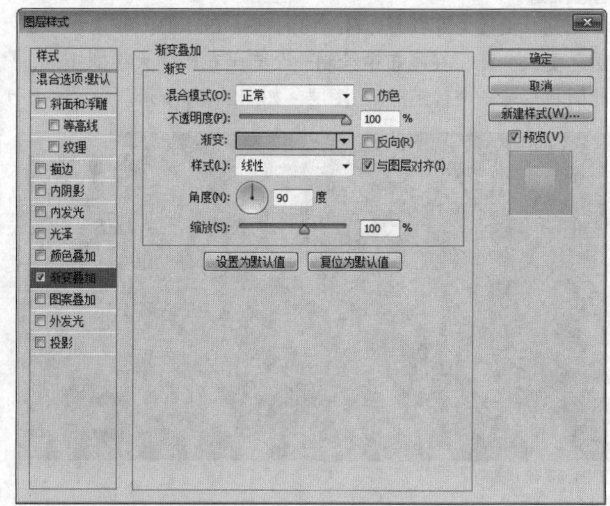

图21.108 设置渐变叠加

STEP 03 选择工具箱中的“矩形工具”，在选项栏中将“填充”更改为橙色（R：255，G：200，B：58），“描边”更改为无，在“入冬季大补限量发售”文字位置绘制一个矩形，此时将生成一个“矩形2”图层，将“矩形2”图层移至“入冬季大补限量发售”图层下方，如图21.109所示。

图21.109 绘制图形

STEP 04 选择工具箱中的“添加锚点工具”，在矩形左侧的中间位置单击添加锚点，如图21.110所示。

STEP 05 选择工具箱中的“转换点工具”，单击添加的锚点，如图21.111所示。

图21.110 添加锚点

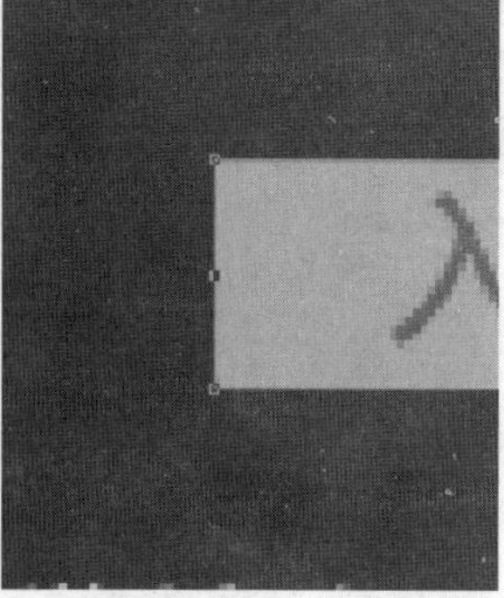
图21.111 转换锚点

STEP 06 选择工具箱中的“直接选择工具”，选中锚点向里侧拖动，将图形变形，以同样的方法对右侧进行处理，如图21.112所示。

图21.112 将图形变形

STEP 07 选择工具箱中的“直线工具”，在选项栏中将“填充”更改为橙色（R：255，G：200，B：58），“描边”更改为无，“粗细”更改为2像素，在文字下方位置按住Shift键绘制一条水平线段，此时将生成一个“形状1”图层，如图21.113所示。

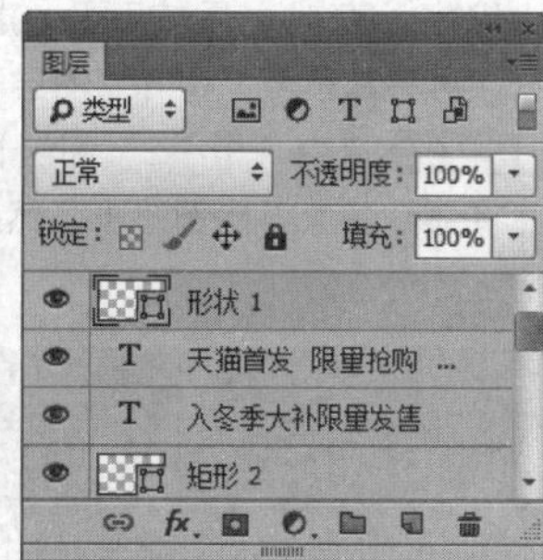

图21.113 绘制图形

STEP 08 在“图层”面板中选中“形状1”图层，单击面板底部的“添加图层蒙版”按钮，为其图层添加图层蒙版，如图21.114所示。

图21.114 添加图层蒙版

STEP 09 选择工具箱中的“渐变工具”，编辑黑色到白色再到黑色的渐变，单击选项栏中的“线性渐变”按钮，在图形上从左向右拖动，将部分图像隐藏，这样就完成了效果制作，最终效果如图21.115所示。

图21.115 最终效果

实战 544 冲调橙汁广告设计

- 素材位置：素材\第21章\冲调橙汁广告
- 案例位置：效果\第21章\冲调橙汁广告设计.psd
- 视频位置：视频\实战544.avi
- 难易指数：★★☆☆☆

• 实例介绍 •

本例在制作过程中以大自然为背景，同时冲饮与新鲜橙子的结合突出了新鲜的特点，最终效果如图21.116所示。

图21.116 最终效果

• 操作步骤 •

• 新建画布

STEP 01 执行菜单栏中的“文件”|“新建”命令，在弹出的对话框中设置“宽度”为1000像素，“高度”为700像素，“分辨率”为72像素/英寸。

STEP 02 执行菜单栏中的“文件”|“打开”命令，打开“天空.jpg”文件，将打开的素材拖入画布中并适当缩小，其图层名称将更改为“图层1”，如图21.117所示。

图21.117 添加素材

STEP 03 在“图层”面板中选中“图层1”图层，单击面板底部的“添加图层蒙版”按钮，为其图层添加图层蒙版，如图21.118所示。

STEP 04 选择工具箱中的“渐变工具”，编辑黑色到白色的渐变，单击选项栏中的“线性渐变”按钮，在图像上从下至上拖动，将部分图像隐藏，再将图层“不透明度”更改为75%，如图21.119所示。

图21.118 添加图层蒙版

图21.119 隐藏图形

STEP 05 执行菜单栏中的“文件”|“打开”命令，打开“木板.psd”文件，将打开的素材拖入画布中并适当缩小，如图21.120所示。

STEP 06 选中“木板”图层，按Ctrl+T组合键对其执行“自由变换”命令，再单击鼠标右键，从弹出的快捷菜单中选择“透视”命令，拖动变形框控制点将图像变形，完成之后按Enter键确认，如图21.121所示。

图21.120 添加素材

图21.121 将图像变形

STEP 07 执行菜单栏中的“文件”|“打开”命令，打开“草.psd、橙子.psd、冲饮.psd、树叶.psd”文件，将打开的素材拖入画布中并适当缩小，分别放在适当的位置，如图21.122所示。

图21.122 添加素材

提示

添加素材图像时应当注意图层的前后顺序。

STEP 08 选中“橙子2”图层，将其复制一份，选中拷贝图层，按Ctrl+T组合键对其执行“自由变换”命令，将图像等比缩小，完成之后按Enter键确认并移至“树叶”图像位置，再将其移至“树叶”图层下方，如图21.123所示。

STEP 09 选中“橙子2”图层，按住Alt键将图像复制数份，并将部分图像等比例缩小，然后放在适当位置，如图21.124所示。

图21.123 变换树叶

图21.124 复制图像并缩小

• 制作阴影

STEP 01 选择工具箱中的“钢笔工具”，在选项栏中单击“选择工具模式” 路径 按钮，在弹出的选项中选择“形状”，将“填充”更改为黑色，“描边”更改为无，在“冲饮”图像底部位置绘制一个不规则图形，此时将生成一个“形状1”图层，如图21.125所示。

图21.125 绘制图形

STEP 02 选中“形状 1”图层，执行菜单栏中的“滤镜”|“模糊”|“高斯模糊”命令，在弹出的对话框中将“半径”更改为5像素，完成之后单击“确定”按钮，如图21.126所示。

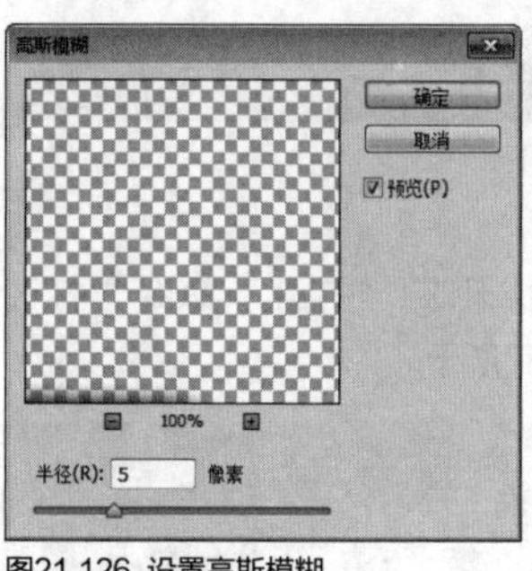

图21.126 设置高斯模糊

• 添加文字

STEP 01 以同样的方法在右侧的橙子图像的底部位置绘制图形，并添加高斯模糊效果制作阴影，如图21.127所示。

STEP 02 选择工具箱中的“横排文字工具” T，在画布中的适当位置添加文字，如图21.128所示。

图21.127 添加阴影

图21.128 添加文字

STEP 03 在“图层”面板中选中“纯天然冲饮果汁”图层，单击面板底部的“添加图层样式” fx 按钮，在菜单中选择“描边”命令，在弹出的对话框中将“大小”更改为2像素，“颜色”更改为绿色（R：85，G：116，B：6），完成之后单击“确定”按钮，如图21.129所示。

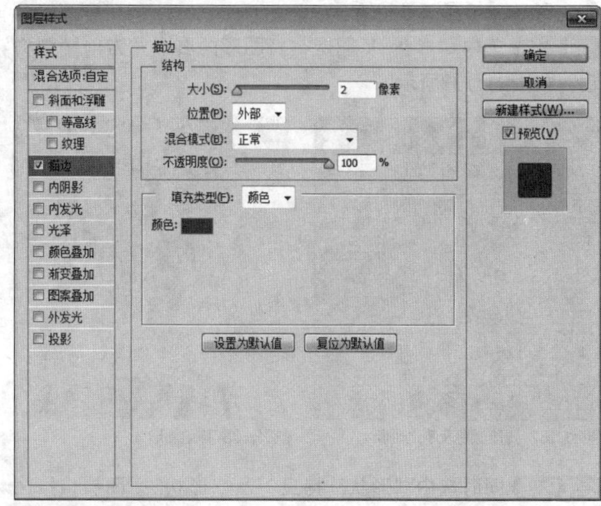

图21.129 设置描边

STEP 04 选中“纯天然冲饮果汁”图层，将其图层“填充”更改为80%，如图21.130所示。

图21.130 更改填充

STEP 05 选择工具箱中的“钢笔工具”，在选项栏中单击“选择工具模式” 路径 按钮，在弹出的选项中选择“形状”，将“填充”更改为橙色（R：255，G：168，B：24），“描边”更改为无，在文字下方的位置绘制一个不规则图形并将图形适当旋转，此时将生成一个“形状5”图层，如图21.131所示。

图21.131 绘制图形

STEP 06 在“图层”面板中选中“形状5”图层，将其拖至面板底部的“创建新图层”按钮上，复制1个“形状5 拷贝”图层。

STEP 07 将“形状5”图层中的图形颜色更改为深橙色（R：212，G：152，B：54），再将图层“不透明度”更改为50%，如图21.132所示。

STEP 08 选中“形状5”图层，将图形向右下角方向稍微移动，如图21.133所示。

图21.132 更改颜色及不透明度

图21.133 移动图形

STEP 09 同时选中“形状5 拷贝”及“形状5”图层，按住Alt+Shift组合键向右侧拖动，将图形复制2份，如图21,134所示。

图21.134 复制图形

STEP 10 选择工具箱中的“横排文字工具”T，在画布中的适当位置添加文字，这样就完成了效果制作，最终效果如图21.135所示。

图21.135 最终效果

实战 545 食材组合装

▶素材位置：素材\第21章\食材组合装
▶案例位置：效果\第21章\食材组合装.psd
▶视频位置：视频\实战545.avi
▶难易指数：★★☆☆☆

• 实例介绍 •

本例讲解食材组合装广告的制作方法。食材组合给人一种不太明确的定义，所以在制作过程中需要在文字说明及版式布局上加以说明，最终效果如图21.136所示。

图21.136 最终效果

• 操作步骤 •

• 打开素材

STEP 01 执行菜单栏中的“文件”|“打开”命令，打开“背景.jpg”文件，如图21.137所示。

图21.137 打开素材

STEP 02 执行菜单栏中的“文件”|“打开”命令，打开“桌布.jpg”文件，将打开的素材拖入打开的素材背景中并适当缩小，其图层名称将更改为“图层1”，如图21.138所示。

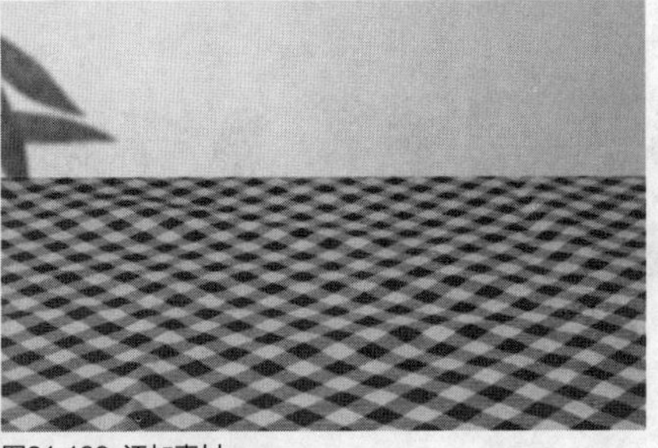

图21.138 添加素材

STEP 03 在“图层”面板中选中“图层1”图层，将其拖至面板底部的“创建新图层”按钮上，复制1个“图层1 拷贝”图层，如图21.139所示。

STEP 04 选中“图层1 拷贝”图层，单击面板上方的“锁定透明像素”按钮，将当前图层中的透明像素锁定，将图像填充为绿色（R：197，G：217，B：34），填充完成之后再次单击此按钮将其解除锁定，如图21.140所示。

图21.139 复制图层

图21.140 填充颜色

STEP 05 在“图层”面板中选中“图层1 拷贝”图层，将图层混合模式设置为“柔光”，如图21.141所示。

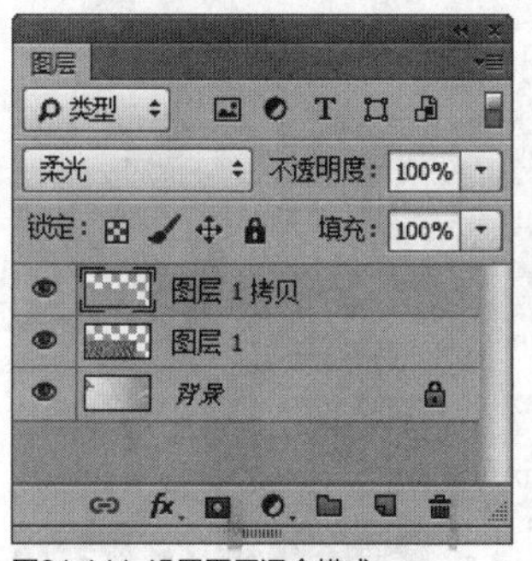

图21.141 设置图层混合模式

提示

添加颜色的目的是让桌布的颜色与画布环境颜色相统一，这样整个色调会更加协调。

STEP 06 同时选中“图层1 拷贝”及“图层1”图层，按Ctrl+E组合键将图层合并，将生成的图层名称更改为“桌布”，选中“桌布”图层，单击面板底部的“添加图层蒙版”按钮，为其图层添加图层蒙版，如图21.142所示。

STEP 07 选择工具箱中的“多边形套索工具”，在画布中绘制一个不规则选区以选中部分图像，如图21.143所示。

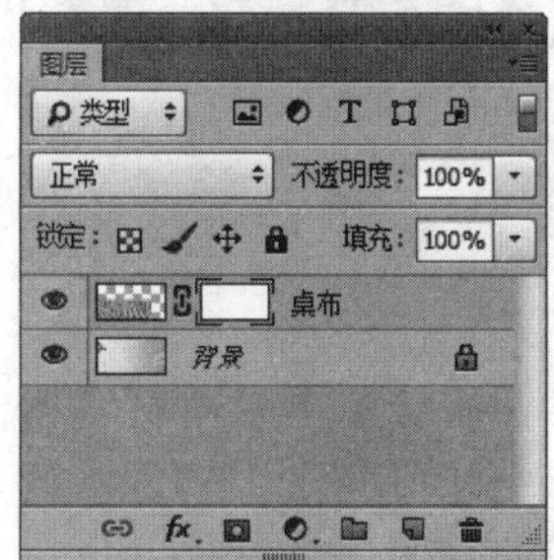

图21.142 添加图层蒙版

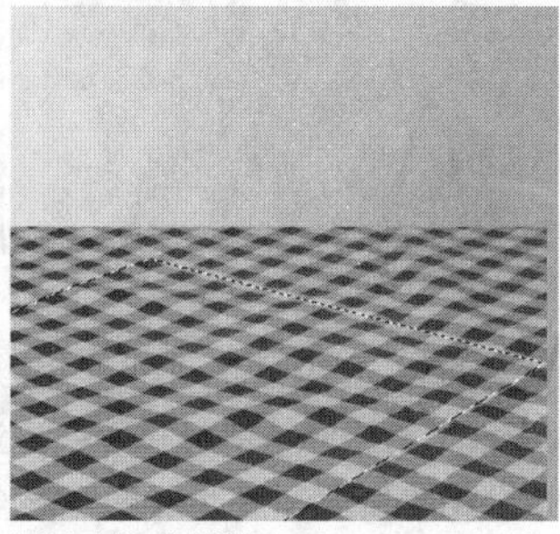
图21.143 绘制选区

STEP 08 执行菜单栏中的“选择”|“反向”命令将选区反向，将选区填充为黑色，将部分图像隐藏，完成之后按Ctrl+D组合键将选区取消，如图21.144所示。

STEP 09 执行菜单栏中的“文件”|“打开”命令，打开“食材.jpg”文件，将打开的素材拖入画布中并适当缩小，其图层名称将更改为“图层1”，如图21.145所示。

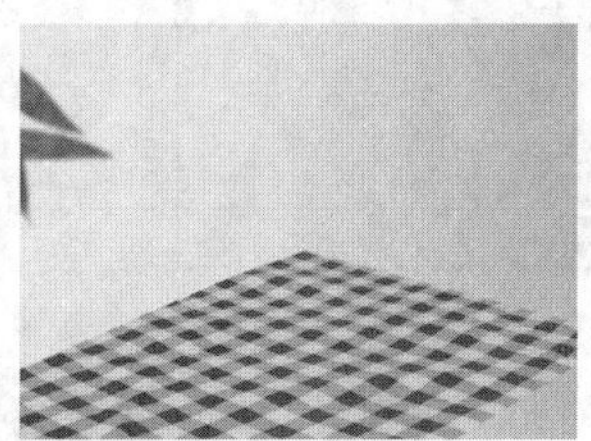
图21.144 隐藏图形

图21.145 添加素材

STEP 10 在“图层”面板中选中“图层1”图层，将其图层混合模式设置为“变暗”，如图21.146所示。

STEP 11 选择工具箱中的“画笔工具”，在画布中单击鼠标右键，在弹出的面板中选择一种圆角笔触，将“大小”更改为100像素，“硬度”更改为0%，如图21.147所示。

图21.146 设置图层混合模式

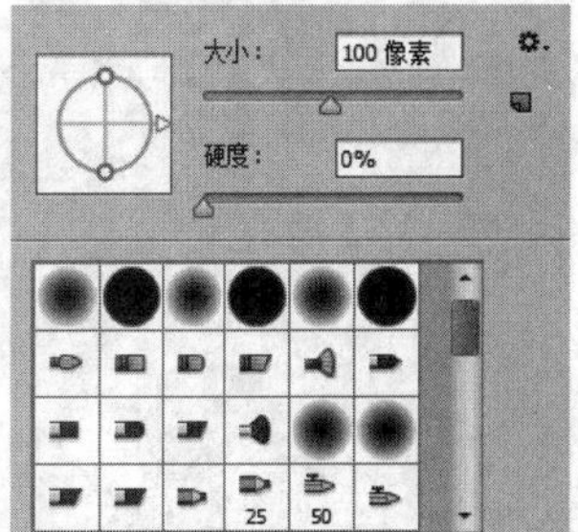

图21.147 调整画笔

STEP 12 将前景色设置为黑色，单击“桌布”图层的蒙版缩览图，在水果图像区域涂抹，将多余图像隐藏，如图21.148所示。

图21.148 隐藏图像

STEP 13 在“图层”面板中选中“桌布”图层，单击面板底部的“添加图层样式”按钮，在菜单中选择“投影”命令，在弹出的对话框中将“不透明度”更改为30%，“距离”更改为2像素，“大小”更改为5像素，完成之后单击“确定”按钮，如图21.149所示。

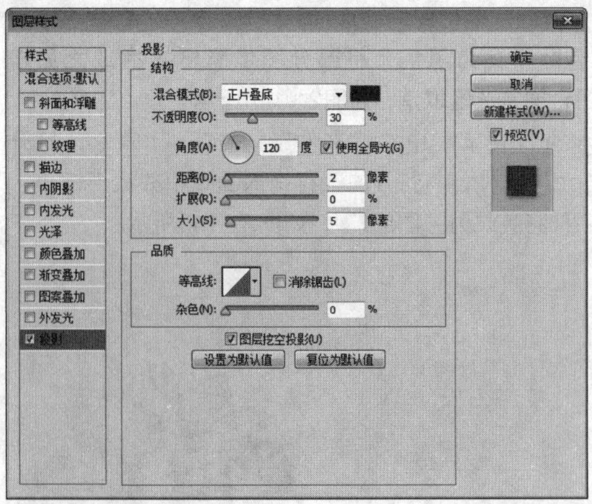

图21.149 设置投影

• 添加装饰图像

STEP 01 在“画笔”面板中选择一个圆角笔触，将“大小”更改为30像素，“硬度”更改为0%，“间距”更改为500%，如图21.150所示。

STEP 02 勾选“形状动态”复选框，将“大小抖动”更改为70%，如图21.151所示。

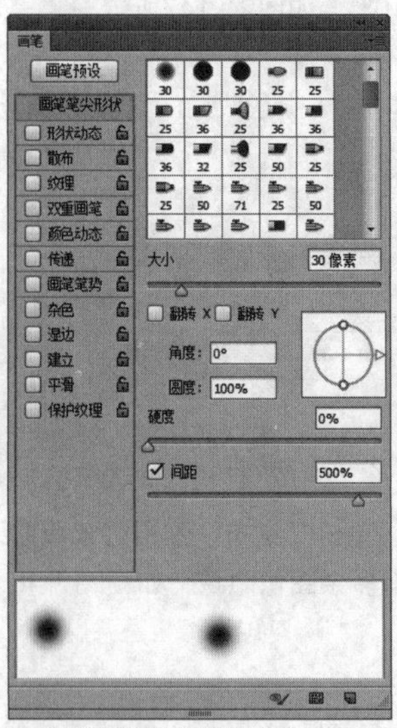

图21.150 设置画笔笔尖形状

图21.152 新建图层

图21.153 添加图像

STEP 03 单击面板底部的“创建新图层”按钮，新建一个“图层2”图层，如图21.152所示。

STEP 04 选中“图层2”图层，将前景色更改为白色，在画布中拖动，添加笔触图像，如图21.153所示。

STEP 05 选中“图层 2”图层，将图层混合模式设置为“叠加”，如图21.154所示。

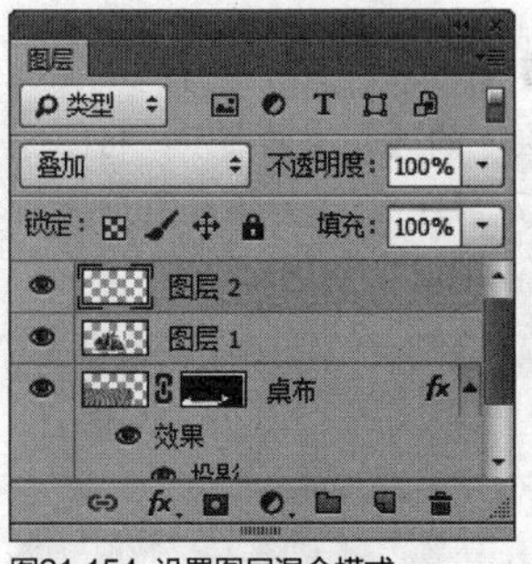

图21.154 设置图层混合模式

• 添加文字

STEP 01 选择工具箱中的“横排文字工具” T，在画布中的适当位置添加文字，如图21.155所示。

STEP 02 选中“新年”图层，按Ctrl+T组合键对其执行“自由变换”命令，在单击鼠标右键，从弹出的快捷菜单中选择“斜切”命令，拖动变形框右侧控制点将文字斜切变形，完成之后按Enter键确认，如图21.156所示。

图21.155 添加文字

图21.156 将文字变形

STEP 03 选择工具箱中的“钢笔工具”，在选项栏中单击“选择工具模式” 路径 按钮，在弹出的选项中选择“形状”，将“填充”更改为白色，“描边”更改为无，在“新年”文字左上角的位置绘制一个不规则图形，此时将生成一个“形状1”图层，如图21.157所示。

图21.157 绘制图形

STEP 04 选中“形状1”图层，执行菜单栏中的“图层”|“创建剪贴蒙版”命令，为当前图层创建剪贴蒙版，将部分图像隐藏，再将其图层混合模式更改为“柔光”，如图21.158所示。

图21.158 设置图层混合模式

STEP 05 以同样的方法在“厨房组合食材”文字上半部分位置绘制一个相似图形，并创建剪贴蒙版及设置图层混合模式，如图21.159所示。

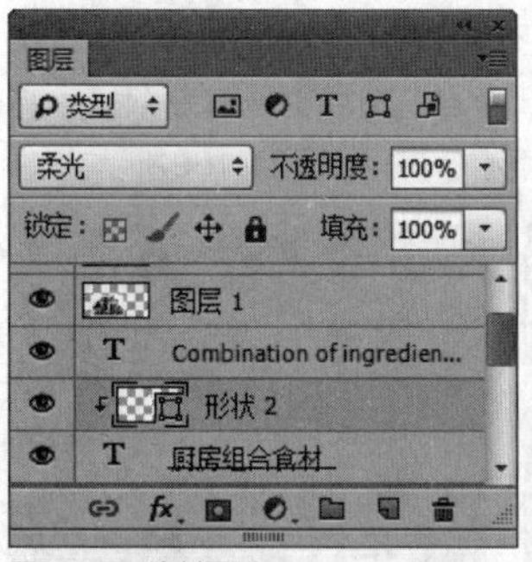

图21.159 绘制图形

STEP 06 在“图层”面板中选中“新年”图层，单击面板底部的“添加图层样式” 按钮，在菜单中选择“投影”命令，在弹出的对话框中将“不透明度”更改为40%，“距离”更改为1像素，“大小”更改为1像素，完成之后单击“确定”按钮，如图21.160所示。

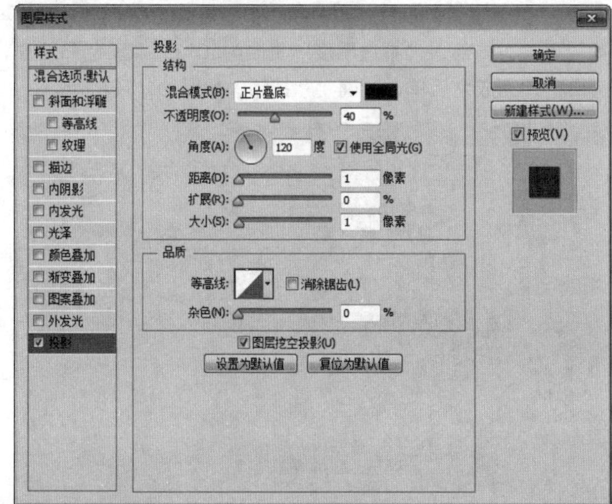
图21.160 设置投影

STEP 07 在“新年”图层上单击鼠标右键，从弹出的快捷菜单中选择“拷贝图层样式”命令，在“厨房组合食材”图层上单击鼠标右键，从弹出的快捷菜单中选择“粘贴图层样式”命令，这样就完成了效果制作，最终效果如图21.161所示。

图21.161 最终效果

实战 546 苹果详细展示

- 素材位置：素材\第21章\苹果详细展示
- 案例位置：效果\第21章\苹果详细展示.psd
- 视频位置：视频\实战546.avi
- 难易指数：★★☆☆☆

• 实例介绍 •

本例讲解苹果详细展示广告的制作方法。苹果作为大众化水果，品质不尽相同，本例将以真实的苹果的生长环境体现出苹果的特点，最终效果如图21.162所示。

图21.162 最终效果

• 操作步骤 •

• 打开素材

STEP 01 执行菜单栏中的“文件”|“打开”命令，打开“苹果.jpg”文件，如图21.163所示。

STEP 02 在“背景”图层上单击鼠标右键，从弹出的快捷菜单中选择“转换为智能对象”命令，其图层名称将更改为“图层0”，如图21,164所示。

图21.163 打开素材　图21.164 转换为智能对象

STEP 03 选中“图层0”图层，执行菜单栏中的“滤镜”|“模糊”|“高斯模糊”命令，在弹出的对话框中将“半径”更改为6像素，完成之后单击“确定”按钮，如图21.165所示。

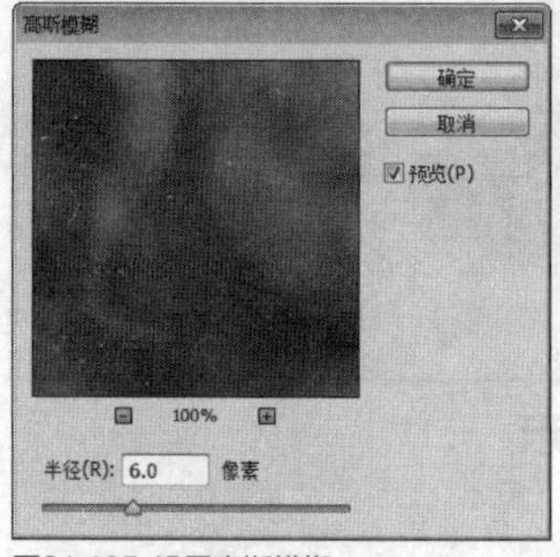

图21.165 设置高斯模糊

STEP 04 选择工具箱中的“矩形工具”，在选项栏中将“填充”更改为黑色，“描边”更改为无，在画布中绘制一个与画布相同宽度的矩形，此时将生成一个“矩形1”图层，将图层“不透明度”更改为30%，如图21.166所示。

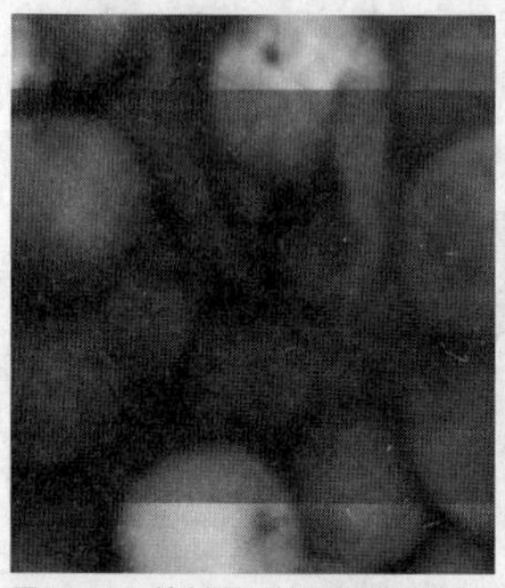

图21.166 绘制图形并更改不透明度

STEP 05 选择工具箱中的“多边形工具”，在选项栏中将“填充”更改为白色，“边”更改为6，在左侧位置按住Shift键绘制一个图形，此时将生成一个“多边形1”图层，如图21.167所示。

图21.167 绘制图形

• 添加素材

STEP 01 执行菜单栏中的“文件”|“打开”命令，打开“果园.jpg”文件，将打开的素材拖入画布中并适当缩小，其图层名称将更改为“图层1”如图21.168所示。

图21.168 添加素材

STEP 02 选中“图层 1”图层，执行菜单栏中的“图层”|“创建剪贴蒙版”命令，为当前图层创建剪贴蒙版，将部分图像隐藏，再将图像等比例缩小，如图21.169所示。

图21.169 创建剪贴蒙版

STEP 03 在“图层”面板中选中“多边形 1”图层，单击面板底部的“添加图层样式”fx按钮，在菜单中选择“描边”命令，在弹出的对话框中将“大小”更改为6像素，“位置”更改为内部，“不透明度”更改为50%，“颜色”更改为白色，完成之后单击“确定”按钮，如图21.170所示。

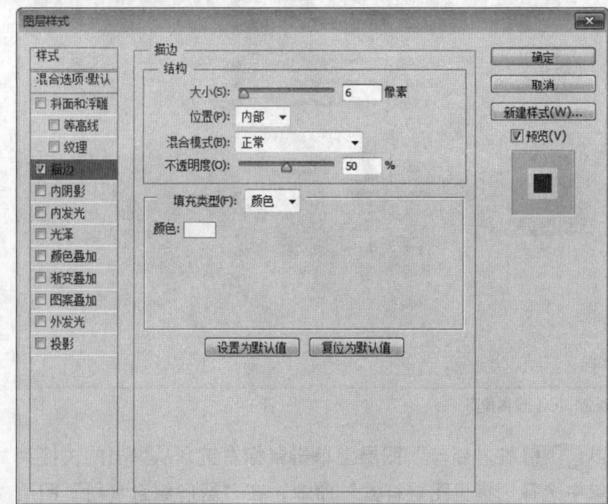

图21.170 设置描边

STEP 04 同时选中"图层1"及"多边形1"图层，按住Alt+Shift组合键向右侧拖动，将图形及图像复制，此时将生成"图层1 拷贝"及"多边形1拷贝"两个新的图层，如图21.171所示。

图21.171 复制图像

STEP 05 执行菜单栏中的"文件"|"打开"命令，打开"湖水.jpg"文件，将打开的素材拖入画布中并适当缩小，其图层名称将更改为"图层2"，如图21.172所示。

STEP 06 将"图层1 拷贝"图层删除，再为"图层2"图层创建剪贴蒙版，隐藏部分图像，如图21.173所示。

图21.172 添加素材　图21.173 添加蒙版

STEP 07 同时选中"多边形1 拷贝"及"图层2"图层，将其复制，再将"图层2 拷贝"图层删除。

STEP 08 执行菜单栏中的"文件"|"打开"命令，打开"果树.jpg"文件，将打开的素材拖入画布中并适当缩小，再为其创建剪贴蒙版，将原图像替换，如图21.174所示。

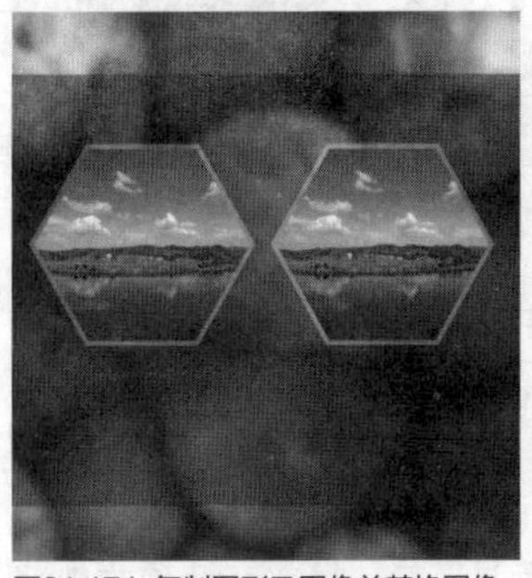

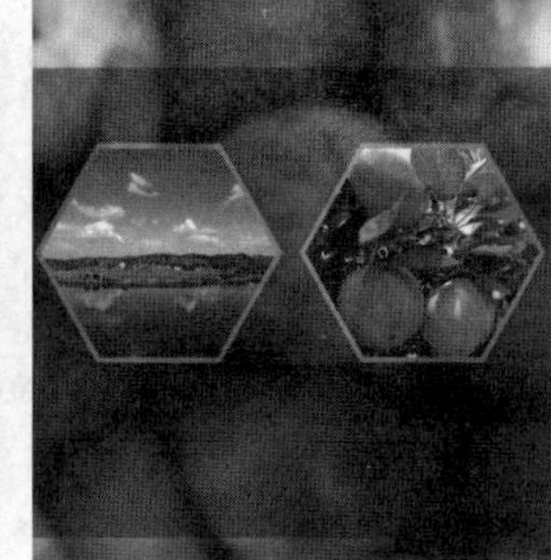

图21.174 复制图形及图像并替换图像

● 绘制图形

STEP 01 选择工具箱中的"圆角矩形工具"，在选项栏中将"填充"更改为绿色（R：165，G：187，B：36），"描边"更改为无，"半径"更改为10像素，在"果园"图像下方的位置绘制一个圆角矩形，此时将生成一个"圆角矩形1"图层，如图21.175所示。

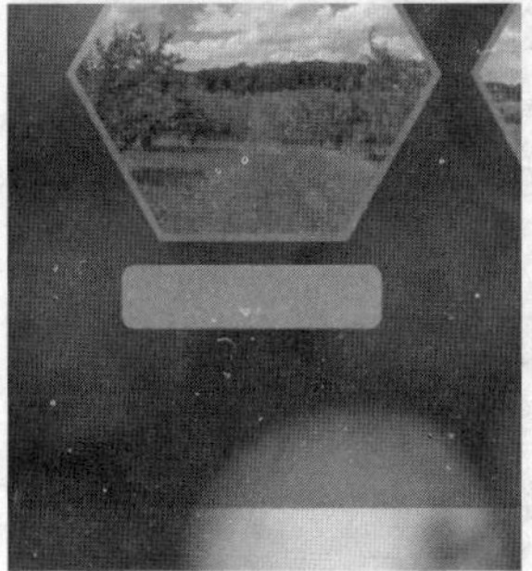

图21.175 绘制图形

STEP 02 选中"圆角矩形1"图层，按住Alt+Shift组合键向右侧拖动，将图形复制2份，如图21.176所示。

STEP 03 选择工具箱中的"横排文字工具" T，在画布中的适当位置添加文字，如图21.177所示。

图21.176 复制图形　图21.177 添加文字

STEP 04 选择工具箱中的"矩形工具"，在选项栏中将"填充"更改为绿色（R：40，G：95，B：13），"描边"更改为无，在画布靠底部的位置绘制一个与画布相同宽度的矩形，这样就完成了效果制作，最终效果如图21.178所示。

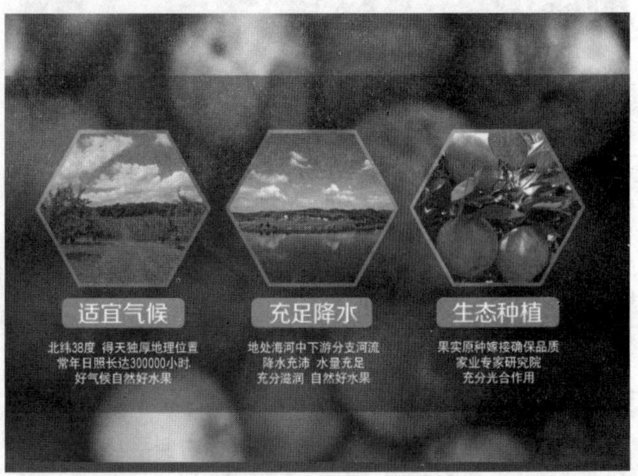

图21.178 最终效果

实战 547 柚子茶广告设计

▶素材位置：素材\第21章\柚子茶广告
▶案例位置：效果\第21章\柚子茶广告设计.psd
▶视频位置：视频\实战547.avi
▶难易指数：★★☆☆☆

• 实例介绍 •

打开及添加素材，绘制分隔图像，添加文字信息后完成效果制作，最终效果如图21.179所示。

图21.179 最终效果

• 操作步骤 •

• 打开素材

STEP 01 执行菜单栏中的“文件”|“新建”命令，在弹出的对话框中设置“宽度”为800像素，“高度”为500像素，“分辨率”为72像素/英寸。

STEP 02 执行菜单栏中的“文件”|“打开”命令，打开“背景.jpg、西柚.psd、柚子茶.psd”文件，将素材拖动到新建的画布中，如图21.180所示。

图21.180 打开素材

STEP 03 在“图层”面板中选中“西柚”图层，将其拖至面板底部的“创建新图层”按钮上，复制1个“西柚 拷贝”图层，选中“西柚 拷贝”图层，将其向右侧平移并水平翻转，如图21.181所示。

图21.181 复制图层并移动图像

• 制作阴影

STEP 01 选择工具箱中的“钢笔工具”，在选项栏中单击“选择工具模式”按钮，在弹出的选项中选择“形状”，将“填充”更改为黑色，“描边”更改为无，在素材图像底部位置绘制一个不规则图形，此时将生成一个“形状1”图层，将“形状1”图层移至“图层1”图层上方，如图21.182所示。

图21.182 绘制图形

STEP 02 选中“形状 1”图层，执行菜单栏中的“滤镜”|“模糊”|“高斯模糊”命令，在弹出的对话框中将“半径”更改为5像素，完成之后单击“确定”按钮，将图层“不透明度”更改为50%，如图21.183所示。

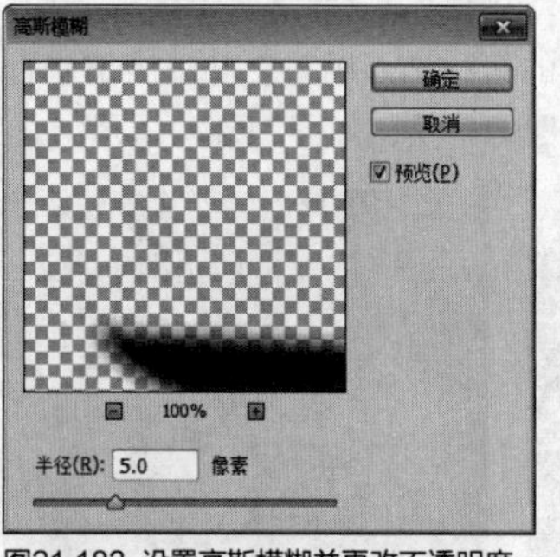

图21.183 设置高斯模糊并更改不透明度

• 绘制图形

STEP 01 选择工具箱中的“椭圆工具”，在选项栏中将“填充”更改为黑色，“描边”更改为无，在素材图像靠左侧的位置绘制一个细长椭圆图形，此时将生成一个“椭圆1”图层，如图21.184所示。

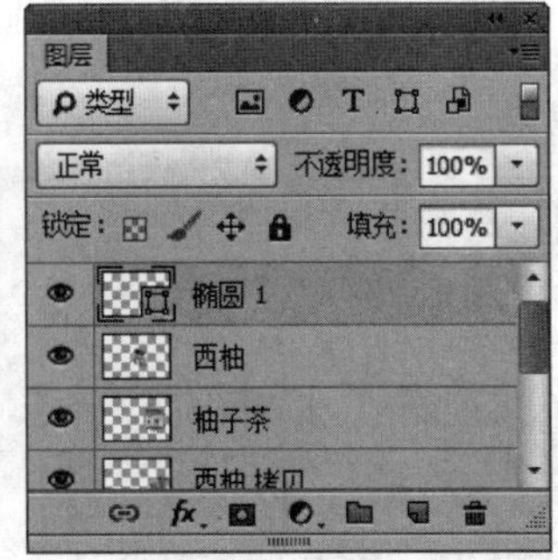

图21.184 绘制图形

STEP 02 选中“椭圆1”图层，按Ctrl+Alt+F组合键打开“高斯模糊”命令对话框，在弹出的对话框中将“半径”更改为15像素，完成之后单击“确定”按钮，将图像宽度等比例缩小，如图21.185所示。

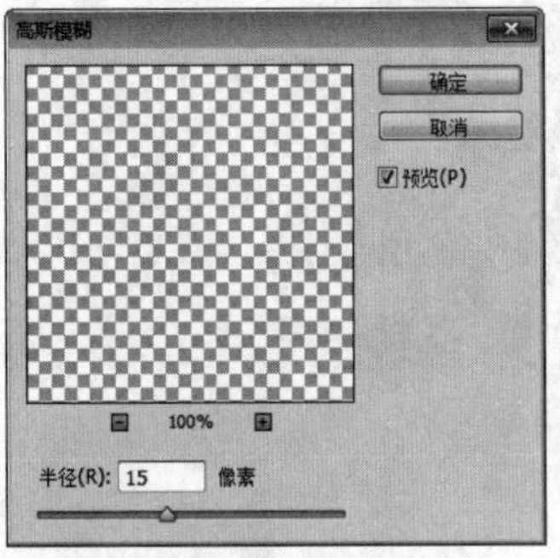

图21.185 设置高斯模糊

STEP 03 选择工具箱中的“矩形选框工具”，在图像右侧绘制一个矩形选区，选中“椭圆1”图层，按Delete键将选区中的图像删除，完成之后按Ctrl+D组合键将选区取消，按Ctrl+T组合键对其执行“自由变换”命令将图形适当旋转，完成之后按Enter键确认并适当移动，如图21.186所示。

图21.186 删除并旋转图像

STEP 04 在“图层”面板中选中“椭圆1”图层，将其拖至面板底部的“创建新图层”按钮上，复制1个“椭圆1 拷贝”图层，如图21.187所示。

STEP 05 在“图层”面板中选中“椭圆1 拷贝”图层，单击面板上方的“锁定透明像素”按钮将当前图层中的透明像素锁定，将图像填充为深黄色（R：165，G：120，B：50），填充完成之后再次单击此按钮将其解除锁定，如图21.188所示。

图21.187 复制图层

图21.188 填充颜色

STEP 06 选择工具箱中的“矩形工具”，在选项栏中将“填充”更改为橙红色（R：218，G：146，B：102），“描边”更改为无，在画布左侧绘制一个矩形，此时将生成一个“矩形1”图层，如图21.189所示。

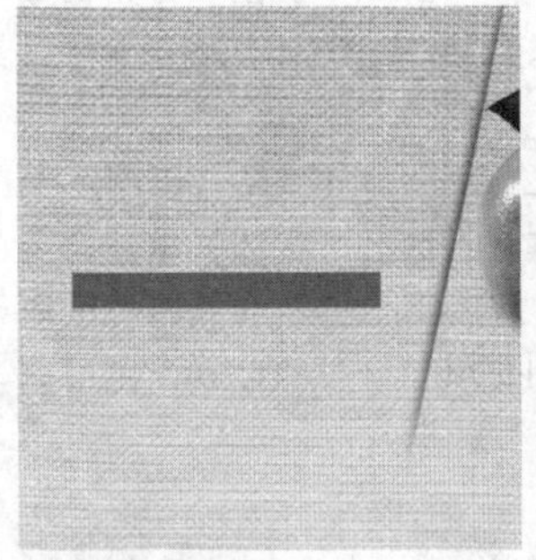

图21.189 绘制图形

- **添加文字**

STEP 01 选择工具箱中的“横排文字工具”，在画布的左侧位置添加文字，如图21.190所示。

图21.190 添加文字

STEP 02 在“图层”面板中选中“原汁纯维C 多喝多漂亮”图层，单击面板底部的“添加图层样式”按钮，在菜单中选择“投影”命令，在弹出的对话框中将“颜色”更改为深黄色（R：177，B：114，B：37），将“距离”更改为5像素，“大小”更改为4像素，完成之后单击“确定”按钮，如图21.191所示。

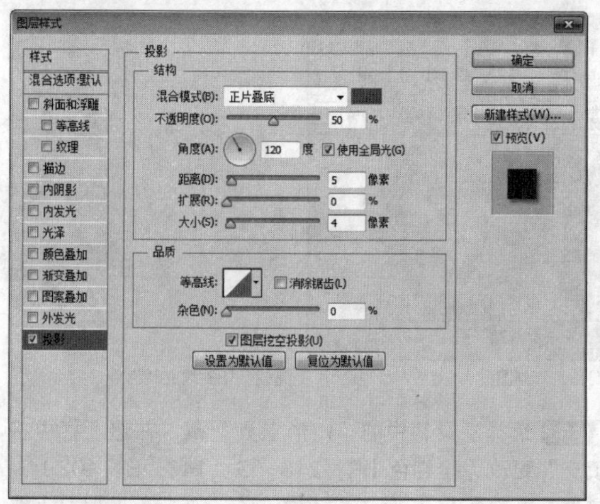

图21.191 设置投影

STEP 03 在“图层”面板中选中“矩形1”图层，单击面板底部的“添加图层蒙版”按钮，为其图层添加图层蒙版，如图21.192所示。

STEP 04 按住Ctrl键单击“CLOSE PCKING HEAL TH NATURA”图层缩览图，将其载入选区，将选区填充为黑色，将部分图像隐藏，完成之后按Ctrl+D组合键将选区取消，再将“CLOSE PCKING HEAL TH NATURA”图层删除，如图21,193所示。

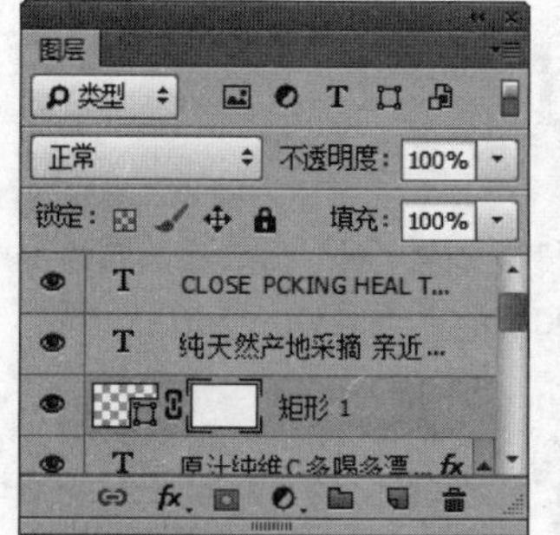

图21.192 添加图层蒙版隐藏图形

图21.193 添加文字

STEP 05 执行菜单栏中的“文件”|“打开”命令，打开“矢量水果.psd”文件，将打开的素材拖入画布中靠左上角的位置并适当缩小，如图21.194所示。

图21.194 添加素材

STEP 06 在“图层”面板中选中“矢量水果”图层，将其图层混合模式设置为“正片叠底”，“不透明度”更改为30%，如图21.195所示。

图21.195 设置图层混合模式

STEP 07 选中“矢量水果”图层，按住Alt键将图像复制两份并移动及适当缩小，这样就完成了效果制作，最终效果如图21.196所示。

图21.196 最终效果

提示

复制图像之后可以适当更改下方图像的不透明度使之与背景更加协调。

实战 548

气泡酒广告设计

- 素材位置：素材\第21章\气泡酒广告
- 案例位置：效果\第21章\气泡酒广告设计.psd
- 视频位置：视频\实战548.avi
- 难易指数：★★☆☆☆

• 实例介绍 •

本例的制作以气泡酒的特点为思路，采用泡泡背景可以很好地反映出酒水的品质特点，最终效果如图21.197所示。

图21.197 最终效果

• 操作步骤 •

• 打开素材

STEP 01 执行菜单栏中的“文件”|“打开”命令，打开“光晕背景.jpg”文件，如图21.198所示。

图21.198 打开素材

STEP 02 选择工具箱中的“矩形工具”，在选项栏中将“填充”更改为白色，“描边”更改为无，在画布底部位置绘制一个与画布相同宽度的矩形，此时将生成一个“矩形1”图层，如图21.199所示。

图21.199 绘制图形

STEP 03 选择工具箱中的“直接选择工具”，选中“矩形1”左下角锚点向上稍微拖动，如图21.200所示。

图21.200 拖动锚点

STEP 04 选中“矩形1”图层，执行菜单栏中的“滤镜”|“杂色”|“添加杂色”命令，在弹出的对话框中分别勾选“平均分布”单选按钮及“单色”复选框，将“数量”更改为2%，完成之后单击“确定”按钮，如图21.201所示。

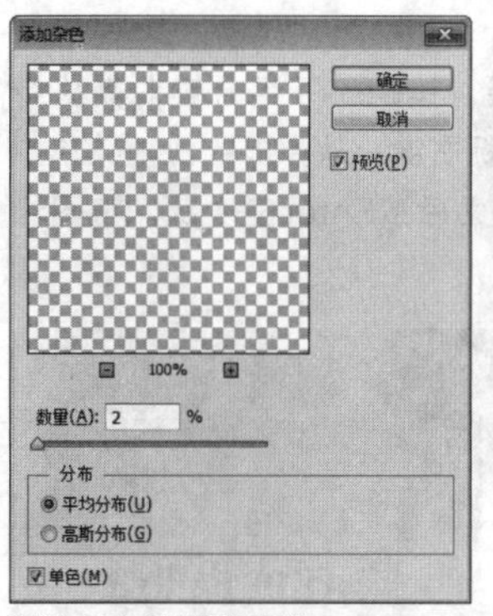

图21.201 设置添加杂色

STEP 05 选中“矩形1”图层，单击面板底部的“添加图层样式”按钮，在菜单中选择“渐变叠加”命令，在弹出的对话框中将“混合模式”更改为正片叠底，“渐变”更改为浅粉色（R：255，G：190，B：163）到白色再到浅粉色（R：255，G：190，B：163），“角度”更改为0度，完成之后单击“确定”按钮，如图21.202所示。

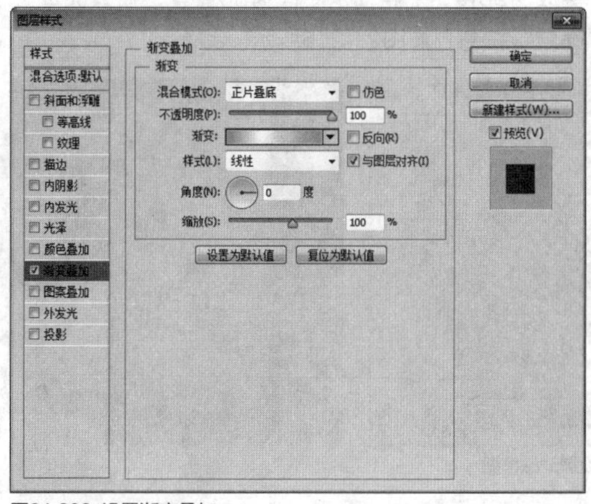

图21.202 设置渐变叠加

• 添加素材

STEP 01 执行菜单栏中的“文件”|“打开”命令，打开“酒杯psd”“戒指.psd”“气泡酒.psd”文件。

STEP 02 将打开的素材拖入画布中靠左侧的位置并适当缩小，如图21.203所示。

图21.203 添加素材

• 制作倒影

STEP 01 在“图层”面板中选中“气泡酒”图层，将其拖至面板底部的“创建新图层”按钮上，复制1个“气泡酒 拷贝”图层，如图21.204所示。

STEP 02 选中“气泡酒”图层，按Ctrl+T组合键对其执行“自由变换”命令，再单击鼠标右键，从弹出的快捷菜单中选择“垂直翻转”命令，完成之后按Enter键确认，将图像向下移动，如图21.205所示。

图21.204 复制图层

图21.205 变换图像

STEP 03 选中“气泡酒”图层，执行菜单栏中的“滤镜”|“模糊”|“动感模糊”命令，在弹出的对话框中将“角度”更改为90度，“距离”更改为30像素，设置完成之后单击“确定”按钮，如图21.206所示。

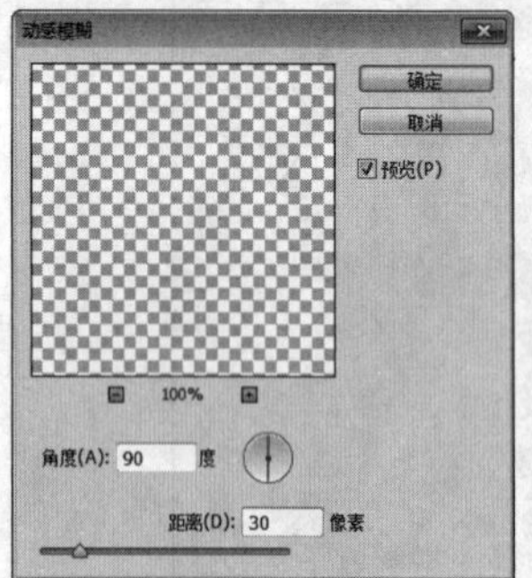

图21.206 设置动感模糊

提示

动感模糊在一定程度上能体现出物体的真实倒影效果，所以在制作过程中一定要添加此效果。

STEP 04 在“图层”面板中选中“气泡酒”图层，单击面板底部的“添加图层蒙版”按钮，为其图层添加图层蒙版，如图21.207所示。

STEP 05 选择工具箱中的“渐变工具”，编辑黑色到白色的渐变，单击选项栏中的“线性渐变”按钮，在图像上从下至上拖动，将部分图像隐藏，如图21,208所示。

图21.207 添加图层蒙版

图21.208 隐藏图形

STEP 06 以同样的方法分别为“戒指”和“酒杯”图像制作倒影效果，如图21.209所示。

图21.209 制作倒影

● 绘制图形

STEP 01 选择工具箱中的“矩形工具”，在选项栏中将“填充”更改为红色（R：120，G：30，B：30），“描边”更改为无，在画布靠右侧的位置绘制一个矩形，此时将生成一个“矩形2”图层，如图21.210所示。

图21.210 绘制图形

STEP 02 选择工具箱中的“椭圆工具”，在选项栏中将“填充”更改为白色，“描边”更改为无，在矩形右上角位置按住Shift键绘制一个正圆图形，此时将生成一个“椭圆1”图层，如图21.211所示。

图21.211 绘制图形

STEP 03 在“图层”面板中选中“椭圆1”图层，单击面板底部的“添加图层样式”按钮，在菜单中选择“描边”命令，在弹出的对话框中将“大小”更改为2像素，“混合模式”更改为叠加，“不透明度”更改为13%，“颜色”更改为白色，如图21.212所示。

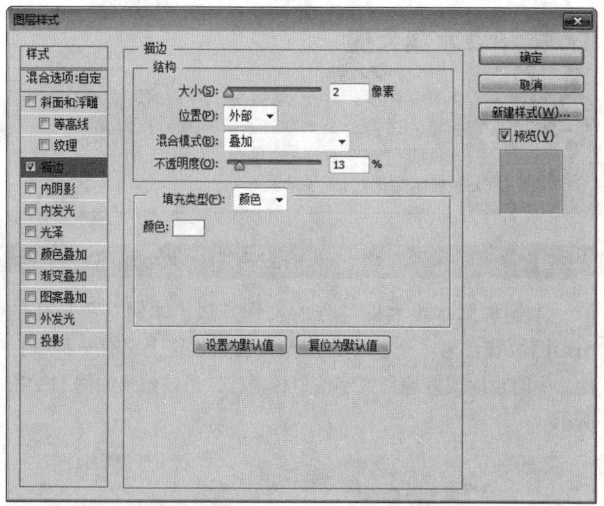
图21.212 设置描边

STEP 04 勾选“内发光”复选框，将“混合模式”更改为叠加，“不透明度”更改为10%，“颜色”更改为白色，“大小”更改为20像素，完成之后单击“确定”按钮，如图21.213所示。

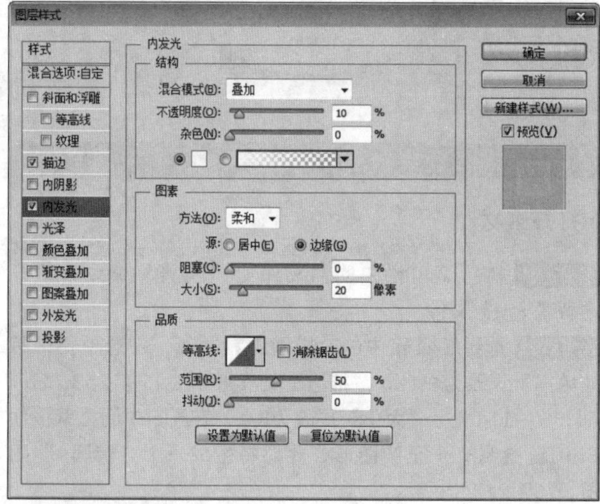
图21.213 设置内发光

STEP 05 在“图层”面板中选中“椭圆1”图层，将图层“填充”更改为0%，如图21.214所示。

图21.214 更改填充

STEP 06 在“图层”面板中选中“矩形2”图层，将图层“不透明度”更改为40%，选中“矩形2”图层，在其图层名称上单击鼠标右键，从弹出的快捷菜单中选择“栅格化图层”命令，如图21.215所示。

图21.215 更改填充

STEP 07 选择工具箱中的“多边形套索工具”，在“矩形2”图层的左上角位置绘制一个三角形选区以选中部分图像，选中“矩形2”图层，将选区中的图像删除，完成之后按Ctrl+D组合键将选区取消，如图21.216所示。

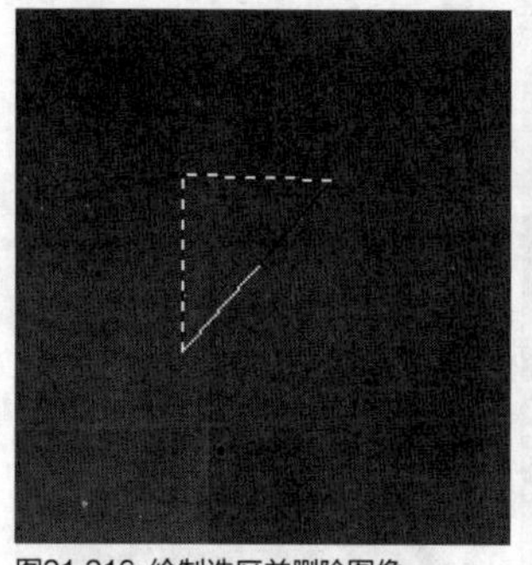

图21.216 绘制选区并删除图像

STEP 08 选择工具箱中的“钢笔工具”，在选项栏中单击“选择工具模式”按钮，在弹出的选项中选择“形状”，将“填充”更改为深红色（R：190，G：80，B：73），“描边”更改为无，在刚才删除图像的位置绘制一个三角形图形，此时将生成一个“形状1”图层，如图21.217所示。

图21.217 绘制图形

STEP 09 以同样的方法在矩形底部位置绘制两个不规则图形，并填充不同深浅的红色，如图21.218所示。

图21.218 绘制图形

STEP 10 在“图层”面板中选中“椭圆1”图层，将其拖至面板底部的“创建新图层”按钮上，复制1个“椭圆1 拷贝”图层，如图21.219所示。

STEP 11 选中“椭圆1 拷贝”图层，按Ctrl+T组合键对其执行“自由变换”命令，将图形等比例缩小，完成之后按Enter键确认，再将图形向左侧稍微移动，如图21.220所示。

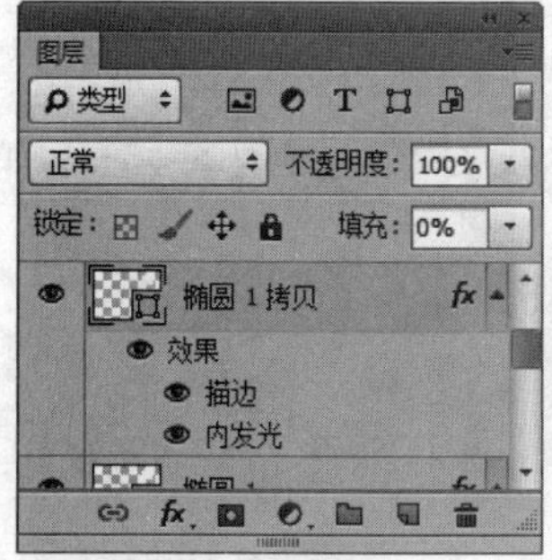

图21.219 复制图层

图21.220 变换图形

STEP 12 选择工具箱中的“横排文字工具”T，在画布中的适当位置添加文字，这样就完成了效果制作，最终效果如图21.221所示。

图21.221 最终效果

实战 549 水果大促

▶素材位置：素材\第21章\水果大促
▶案例位置：效果\第21章\水果大促.psd
▶视频位置：视频\实战549.avi
▶难易指数：★★☆☆☆

• 实例介绍 •

本例讲解水果大促广告的制作方法。本例将象形化的图形图像整合为一个整体，使其在视觉效果上具有一种概括性，同时也能很好地与文字信息相对应，最终效果如图21.222所示。

图21.222 最终效果

• 操作步骤 •

• 打开素材

STEP 01 执行菜单栏中的“文件”|“打开”命令，打开“背景.jpg”文件。

STEP 02 选择工具箱中的“椭圆工具”，在选项栏中将“填充”更改为白色，“描边”更改为红色（R：253，G：86，B：114），“大小”更改为8点，在画布中间位置按住Shift键绘制一个正圆图形，此时将生成一个“椭圆1”图层，如图21.223所示。

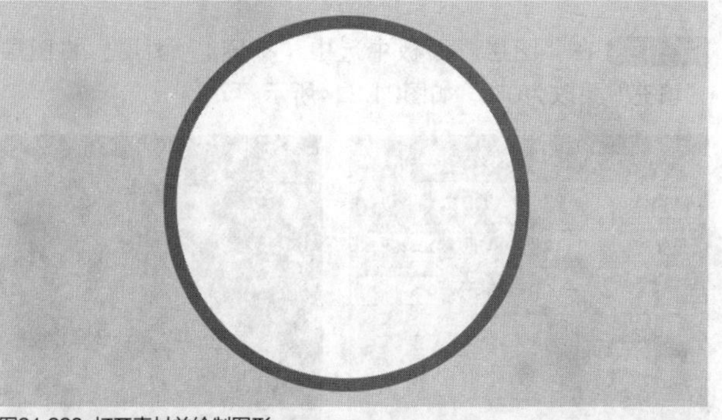

图21.223 打开素材并绘制图形

STEP 03 在“图层”面板中选中“椭圆1”图层，将其拖至面板底部的“创建新图层”按钮上，复制1个“椭圆1 拷贝”图层，如图21.224所示。

STEP 04 选中“椭圆1 拷贝”图层，在选项栏中将“填充”更改无，“描边”更改为灰色（R：140，G：117，B：120），“大小”更改为1点，单击“设置形状描边类型” [----] 按钮，在弹出的选项中选择第2种描边类型，按Ctrl+T组合键对其执行“自由变换”命令，将图像等比例缩小，完成之后按Enter键确认，如图21.225所示。

图21.224 复制图层

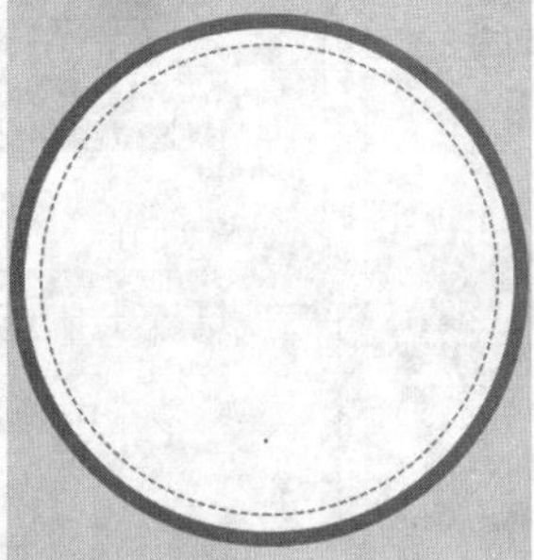

图21.225 变换图形

STEP 05 在“图层”面板中选中“椭圆1”图层，单击面板底部的“添加图层样式” fx 按钮，在菜单中选择“外发光”命令，在弹出的对话框中将“混合模式”更改为正常，“不透明度”更改为20%，“颜色”更改为红色（R：204，G：23，B：54），“大小”更改为25像素，完成之后单击“确定”按钮，如图21.226所示。

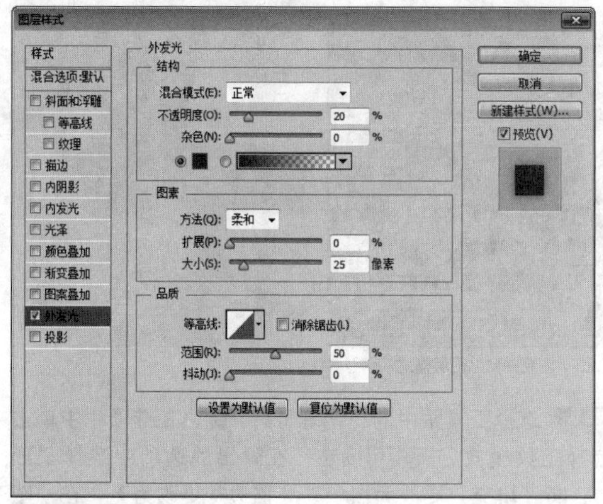

图21.226 设置外发光

- **添加素材**

STEP 01 执行菜单栏中的“文件”|“打开”命令，打开“水果.psd”文件，将打开的素材拖入画布中椭圆图形的上半部分位置并适当缩小，将“水果”组移至“背景”图层上方，如图21.227所示。

图21.227 添加素材

STEP 02 在“图层”面板中选中“水果”图层，单击面板底部的“添加图层样式” fx 按钮，在菜单中选择“投影”命令，在弹出的对话框中将“不透明度”更改为20%，“角度”更改为100度，“距离”更改为10像素，“大小”更改为20像素，完成之后单击“确定”按钮，如图21.228所示。

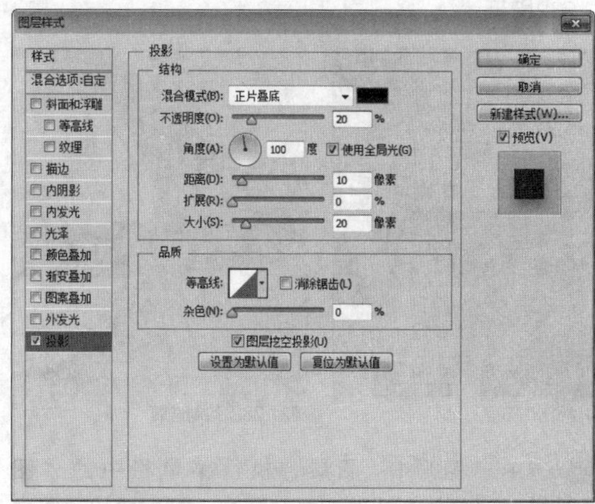

图21.228 设置投影

- **绘制图形**

STEP 01 选择工具箱中的“矩形工具” ，在选项栏中将“填充”更改为红色（R：253，G：86，B：114），“描边”更改为无，在画布中间位置绘制一个矩形，此时将生成一个“矩形1”图层，如图21.229所示。

图21.229 设置投影

STEP 02 选中“矩形1”图层，按Ctrl+T组合键对其执行“自由变换”命令，再单击鼠标右键，从弹出的快捷菜单中选择“变形”命令，在选项栏中单击 [自定] 按钮，在弹出的选项中选择“扇形”，将“弯曲”更改为-10%，完成之后按Enter键确认，如图21.230所示。

图21.230 添加素材

STEP 03 在“图层”面板中选中“矩形1”图层，在其图层名称上单击鼠标右键，从弹出的快捷菜单中选择“栅格化图层”命令，如图21.281所示。

STEP 04 选择工具箱中的“多边形套索工具”，在“矩形1”图层的左侧位置绘制一个不规则选区以选中部分图像，如图21.232所示。

图21.231 栅格化图层

图21.232 绘制选区

STEP 05 选中“矩形1”图层，执行菜单栏中的“图层”|“新建”|“通过剪切的图层”命令，将生成的“图层1”图层移至“矩形 1”图层下方，并在画布中将其向下稍微移动，如图21.233所示。

图21.233 通过剪切的图层

STEP 06 以同样的方法选中“矩形1”图层中图像右侧位置的部分图像，执行同样的命令，将生成的“图层2”图层移至“矩形1”图层下方，并在画布中将其向下移动，如图21.234所示。

图21.234 通过剪切的图层并移动图像

STEP 07 在“图层”面板中选中“图层1”图层，单击面板底部的“添加图层样式”按钮，在菜单中选择“渐变叠加”命令，在弹出的对话框中将“混合模式”更改为叠加，“不透明度”更改为40%，“渐变”更改为黑色到透明，将右侧“不透明度色标”更改为30%，“角度”更改为0度，完成之后单击“确定”按钮，如图21.235所示。

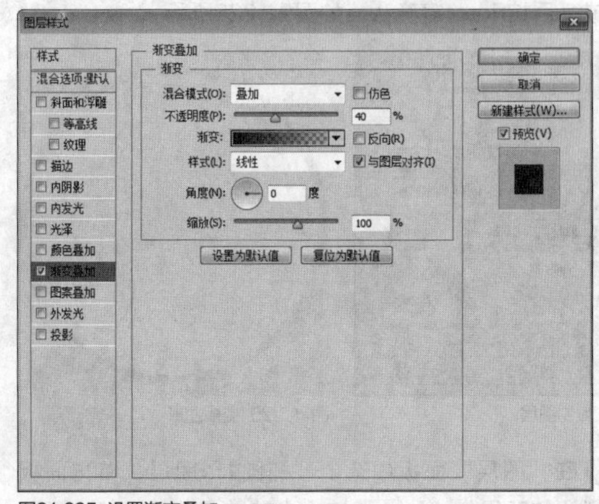
图21.235 设置渐变叠加

STEP 08 在“图层1”图层上单击鼠标右键，从弹出的快捷菜单中选择“拷贝图层样式”命令，在“图层 2”图层上单击鼠标右键，从弹出的快捷菜单中选择“粘贴图层样式”命令，如图21.236所示。

图21.236 复制并粘贴图层样式

STEP 09 选择工具箱中的“钢笔工具”，在选项栏中单击“选择工具模式”路径按钮，在弹出的选项中选择“形状”，将“填充”更改为白色，“描边”更改为无，在“图层1”图层中图像的右侧位置绘制一个不规则图形，此时将生成一个“形状1”图层，将“形状1”图层移至“矩形1”图层下方，如图21.237所示。

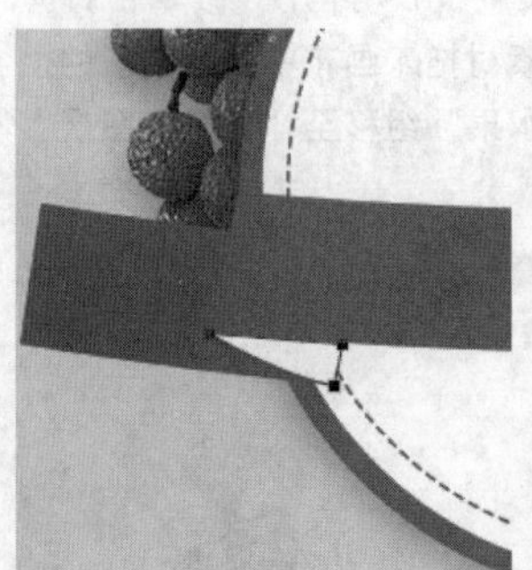

图21.237 绘制图形

STEP 10 在“图层”面板中选中“形状1”图层，单击面板底部的“添加图层样式”按钮，在菜单中选择“渐变叠加”命令，在弹出的对话框中将“渐变”更改为紫色（R：

160，G：25，B：73）到红色（R：210，G：42，B：60），“角度”更改为0度，完成之后单击“确定”按钮，如图21.238所示。

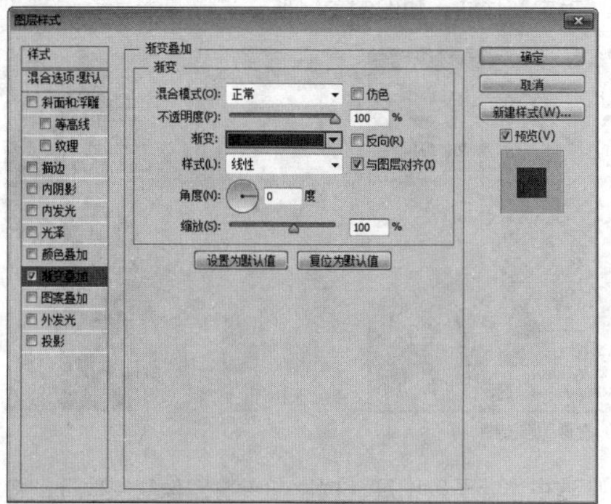

图21.238 设置渐变叠加

STEP 11 在“图层”面板中选中“形状1”图层，将其拖至面板底部的“创建新图层”按钮上，复制1个“形状1 拷贝”图层，如图21.239所示。

STEP 12 选中“形状1 拷贝”图层，按Ctrl+T组合键对其执行“自由变换”命令，再单击鼠标右键，从弹出的快捷菜单中选择“水平翻转”命令，完成之后按Enter键确认，将图形平移至右侧的相对位置，如图21.240所示。

图21.239 复制图层

图21.240 变换图形

STEP 13 选择工具箱中的“多边形套索工具”，在“图层1”图层的左侧位置绘制一个不规则选区以选中部分图像，如图21.241所示。

STEP 14 选中“图层1”图层，将选区中的图像删除，完成之后按Ctrl+D组合键将选区取消，如图21.242所示。

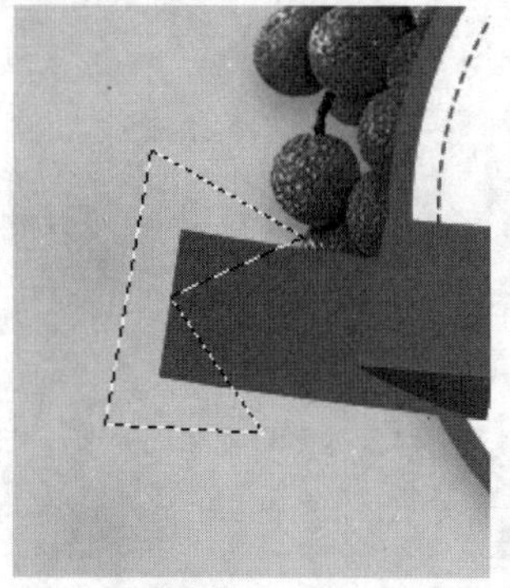

图21.241 绘制选区

图21.242 删除图像

STEP 15 选择工具箱中的任意选区工具，在选区中单击鼠标右键，从弹出的快捷菜单中选择“变换选区”命令，当出现变形框以后再单击鼠标右键，从弹出的快捷菜单中选择“水平翻转”命令，完成之后按Enter键确认，将选区平移至右侧的相对位置，如图21.243所示。

STEP 16 选中“图层2”图层，按Delete键将选区中的图像删除，完成之后按Ctrl+D组合键将选区取消，如图21.244所示。

图21.243 变换选区

图21.244 删除图像

STEP 17 同时选中“矩形1”“形状 1 拷贝”“形状 1”“图层 2”及“图层 1”图层，按Ctrl+G组合键将图层编组，如图21.245所示。

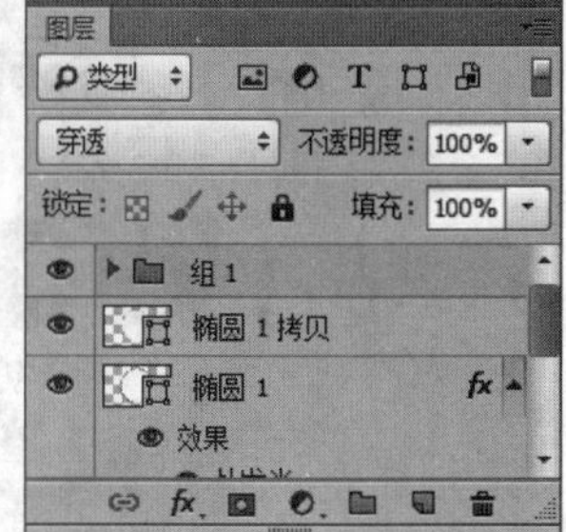

图21.245 将图层编组

STEP 18 在“图层”面板中选中“组1”组，单击面板底部的“添加图层样式”按钮，在菜单中选择“投影”命令，在弹出的对话框中将“不透明度”更改为20%，取消“使用全局光”复选框，将“角度”更改为90度，“距离”更改为7像素，“大小”更改为7像素，完成之后单击“确定”按钮，如图21.246所示。

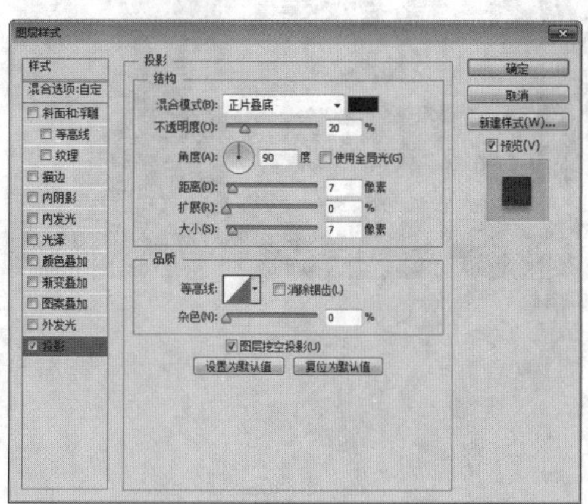

图21.246 设置投影

- **添加文字**

STEP 01 选择工具箱中的“横排文字工具” T，在画布中的适当位置添加文字，如图21.247所示。

图21.247 添加文字

STEP 02 选中“空运新鲜荔枝免费送”图层，按Ctrl+T组合键对其执行“自由变换”命令，再单击鼠标右键，从弹出的快捷菜单中选择“变形”命令，在选项栏中单击 自定 按钮，在弹出的选项中选择“扇形”，将“弯曲”更改为-5%，完成之后按Enter键确认，如图21.248所示。

图21.248 将图形变形

STEP 03 执行菜单栏中的“文件”|“打开”命令，打开“荔枝.psd、叶子.psd”文件，将打开的素材拖入画布中文字左右两侧的位置并适当缩小，如图21.249所示。

图21.249 添加素材

STEP 04 选中“叶子”图层，执行菜单栏中的“滤镜”|“模糊”|“动感模糊”命令，在弹出的对话框中将“角度”更改为15度，“距离”更改为15像素，设置完成之后单击“确定”按钮，如图21.250所示。

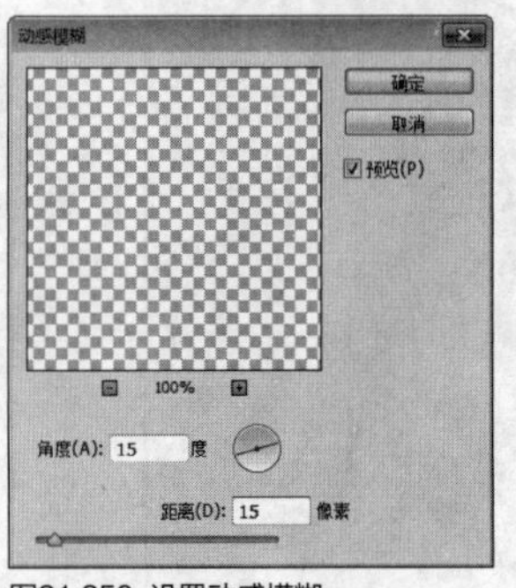

图21.250 设置动感模糊

STEP 05 选中“叶子”图层，按住Alt键将图像复制数份，将其缩小并移动，这样就完成了效果制作，最终效果如图21.251所示。

图21.251 最终效果

第22章 节日促销广告

本章导读

本章讲解节日促销广告的制作方法。节日促销广告的制作以体现节日的特点为主，通常此类广告的视觉效果比较华丽，以快速吸引顾客注意力为目的，同时对视觉效果的认识有一定要求。通过本章的学习我们能快速地掌握促销类广告的制作思路。

要点索引

- 学习促销类广告的制作方法
- 掌握主题促销广告的设计方法
- 学习节日类广告的制作方法
- 了解新潮流类广告的设计方法
- 掌握主题广告的设计思路

实战 550 圣诞大促

▶素材位置：素材\第22章\圣诞大促
▶案例位置：效果\第22章\圣诞大促.psd
▶视频位置：视频\实战550.avi
▶难易指数：★★☆☆☆

• 实例介绍 •

本例讲解圣诞大促广告的制作方法。本例以华丽的视觉效果体现促销信息，同时圣诞主题文字的制作也是整个案例的最大亮点所在，最终效果如图22.1所示。

图22.1 最终效果

• 操作步骤 •

• 打开素材

STEP 01 执行菜单栏中的“文件”|“打开”命令，打开“背景.jpg、包和鞋.psd”文件，将打开的“包和鞋”图像拖入画布靠右侧的位置，如图22.2所示。

图22.2 打开素材

STEP 02 在“图层”面板中选中“包和鞋”组，将其拖至面板底部的“创建新图层”按钮上，复制1个“包和鞋 拷贝”组，选中“包和鞋”组，按Ctrl+E组合键将其合并，此时将生成一个“包和鞋”图层，如图22.3所示。

STEP 03 在“图层”面板中选中“包和鞋”图层，单击面板上方的“锁定透明像素”按钮将透明像素锁定，将图像填充为黑色，填充完成之后再次单击此按钮将其解除锁定，如图22.4所示。

图22.3 复制及合并组

图22.4 填充颜色

STEP 04 选中“包和鞋”图层，执行菜单栏中的“滤镜”|“模糊”|“高斯模糊”命令，在弹出的对话框中将“半径”更改为8像素，完成之后单击“确定”按钮，如图22.5所示。

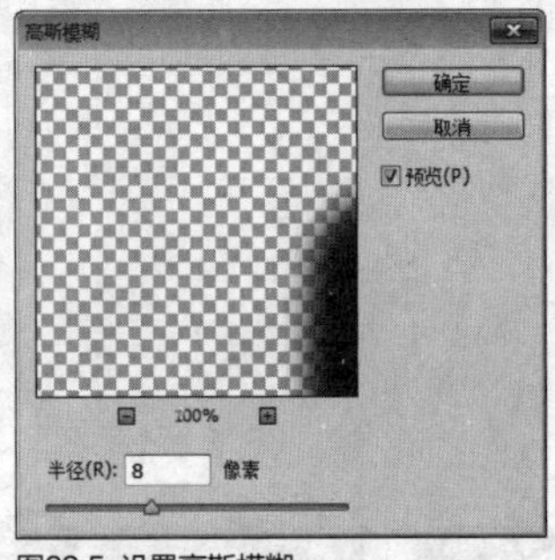

图22.5 设置高斯模糊

STEP 05 在“图层”面板中选中“包和鞋”图层，单击面板底部的“添加图层蒙版”按钮，为其图层添加图层蒙版，如图22.6所示。

STEP 06 选择工具箱中的“画笔工具”，在画布中单击鼠标右键，在弹出的面板中选择一种圆角笔触，将“大小”更改为150像素，“硬度”更改为0%，如图22.7所示。

图22.6 添加图层蒙版

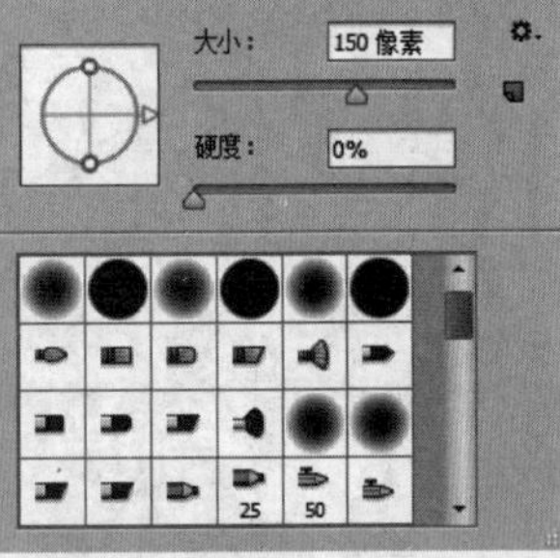

图22.7 设置笔触

STEP 07 将前景色更改为黑色，在图像上的部分区域涂抹，将其隐藏，如图22.8所示。

图22.8 隐藏图像

• 添加文字

STEP 01 选择工具箱中的“横排文字工具”T，在画布中靠左侧的位置添加文字，如图22.9所示。

STEP 02 选中“圣诞大促”图层，在其图层名称上单击鼠标右键，从弹出的快捷菜单中选择“转换为形状”命令，如图22.10所示。

图22.9 添加文字

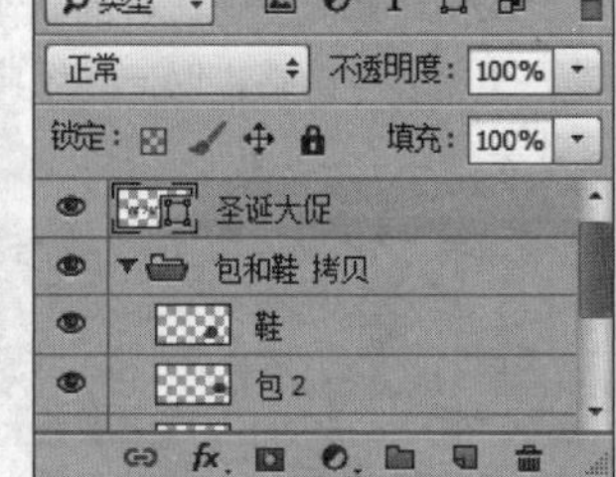

图22.10 转换形状

STEP 03 选中“圣诞大促”图层，按Ctrl+T组合键对其执行“自由变换”命令，再单击鼠标右键，从弹出的快捷菜单中选择“斜切”命令，拖动变形框控制点将文字变形，完成之后按Enter键确认，如图22.11所示。

STEP 04 在“图层”面板中选中“圣诞大促”图层，将其拖至面板底部的“创建新图层”按钮上，复制1个“圣诞大促 拷贝”图层，如图22.12所示。

图22.11 将文字变形

图22.12 复制图层

STEP 05 选中“圣诞大促”图层，将文字颜色更改为白色，再将其向上移动，如图22.13所示。

图22.13 移动文字

• 绘制图形

STEP 01 选择工具箱中的“钢笔工具”，在选项栏中单击“选择工具模式”路径按钮，在弹出的选项中选择“形状”，将“填充”更改为白色，“描边”更改为无，在文字左侧底部的位置绘制一个不规则图形，此时将生成一个“形状1”图层，如图22.14所示。

图22.14 绘制图形

STEP 02 以同样的方法绘制多个图形，如图22.15所示。

STEP 03 同时选中所有的形状图层及“圣诞大促 拷贝”图层，按Ctrl+E组合键将图层合并，如图22.16所示。

图22.15 绘制图形

图22.16 合并图层

STEP 04 在“图层”面板中选中“形状 1”图层，单击面板底部的“添加图层样式”fx按钮，在菜单中选择“斜面和浮雕”命令，在弹出的对话框中将“大小”更改为13像素，“光泽等高线”更改为高斯，“阴影模式”中的“不透明度”更改为40%，如图22.17所示。

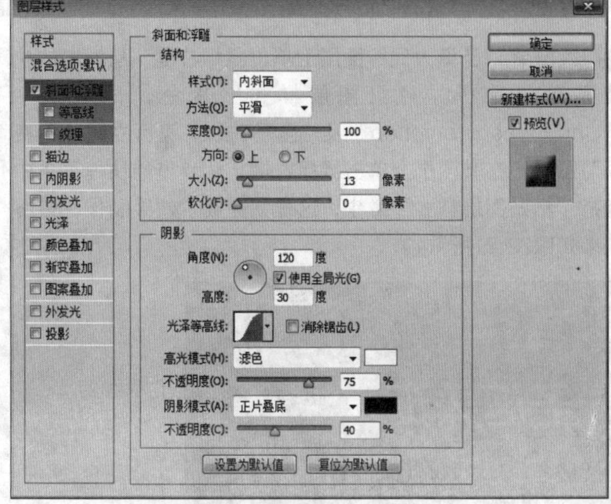

图22.17 设置斜面和浮雕

STEP 05 勾选“投影”复选框，取消“使用全局光”复选框，将“角度”更改为104度，“距离”更改为4像素，“大小”更改为1像素，完成之后单击“确定”按钮，如图22.18所示。

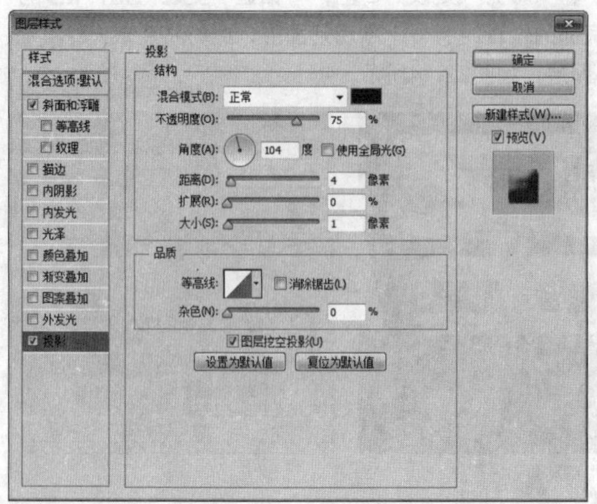

图22.18 设置投影

STEP 06 选择工具箱中的“横排文字工具” T ，在文字上方及下方的位置再次添加文字，如图22.19所示。

STEP 07 选中“Christmas promotion”图层，按Ctrl+T组合键对其执行“自由变换”命令，再单击鼠标右键，从弹出的快捷菜单中选择“斜切”命令，拖动变形框控制点将文字变形，完成之后按Enter键确认。

STEP 08 以同样的方法选中“全场3折起 满百立减券免费领”图层，将文字斜切变形，如图22.20所示。

图22.19 添加文字

图22.20 将文字变形

STEP 09 在“圣诞大促”图层上单击鼠标右键，从弹出的快捷菜单中选择“拷贝图层样式”命令，同时选中“Christmas promotion”及“全场3折起 满百立减券免费领”图层，在其图层上单击鼠标右键，从弹出的快捷菜单中选择“粘贴图层样式”命令，这样就完成了效果制作，最终效果如图22.21所示。

图22.21 最终效果

实战 551 疯狂送

▶素材位置：素材\第22章\疯狂送
▶案例位置：效果\第22章\疯狂送.psd
▶视频位置：视频\实战551.avi
▶难易指数：★★☆☆☆

• 实例介绍 •

本例讲解疯狂送广告的制作方法。本例在制作过程中强调了视觉的冲击感，以一种经典的手法定义了主题信息，最终效果如图22.22所示。

图22.22 最终效果

• 操作步骤 •

• 打开素材

STEP 01 执行菜单栏中的“文件”|“打开”命令，打开“背景.jpg”文件，如图22.23所示。

图22.23 打开素材

STEP 02 选择工具箱中的“横排文字工具” T ，在画布中的适当位置添加文字，如图22.24所示。

STEP 03 同时选中所有的文字图层，在其图层名称上单击鼠标右键，从弹出的快捷菜单中选择“转换为形状”命令，如图22.25所示。

图22.24 添加文字

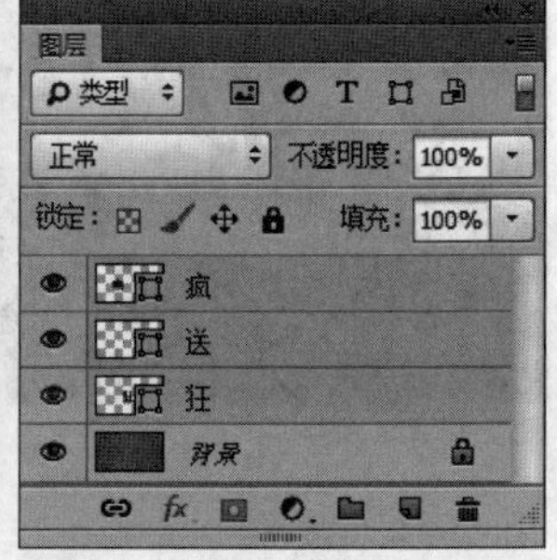

图22.25 转换形状

STEP 04 选中“疯”图层，按Ctrl+T组合键对其执行“自由变换”命令，再单击鼠标右键，从弹出的快捷菜单中选择“斜切”命令，拖动变形框控制点将文字变形，完成之后按Enter键确认，以同样的方法分别选中其他两个文字图层将其变形，如图22.26所示。

STEP 05 选择工具箱中的“直接选择工具”，拖动文字锚点将其变形，如图22.27所示。

图22.26 将文字变形

图22.27 拖动锚点

STEP 06 同时选中所有文字图层，按Ctrl+E组合键将其合并，将生成的“疯”图层拖至面板底部的“创建新图层”按钮上，复制1个“疯 拷贝”图层，如图22.28所示。

STEP 07 选中“疯 拷贝”图层，将文字颜色更改为黄色（R：250，G：223，B：0），并将其向左上角方向稍微移动，如图22.29所示。

图22.28 复制图层

图22.29 更改颜色并移动文字

STEP 08 在“图层”面板中选中“疯 拷贝”图层，单击面板底部的“添加图层样式”按钮，在菜单中选择“斜面和浮雕”命令，在弹出的对话框中将“大小”更改为10像素，“光泽等高线”更改为高斯，“阴影模式”的颜色更改为白色，完成之后单击“确定”按钮，如图22.30所示。

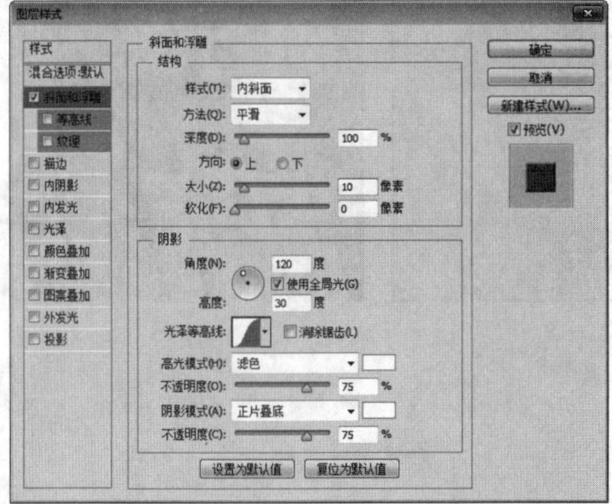

图22.30 设置斜面和浮雕

STEP 09 选择工具箱中的“钢笔工具”，在选项栏中单击“选择工具模式” 路径 按钮，在弹出的选项中选择“形状”，将“填充”更改为些紫色（R：142，G：0，B：94），“描边”更改为无，沿文字边缘绘制一个不规则图形，此时将生成一个“形状1”图层，将“形状1”图层移至“背景”图层上方，如图22.31所示。

图22.31 绘制图形

STEP 10 在“图层”面板中选中“形状1”图层，单击面板底部的“添加图层样式”按钮，在菜单中选择“投影”命令，在弹出的对话框中将“不透明度”更改为30%，“距离”更改为5像素，“大小”更改为2像素，完成之后单击“确定”按钮，如图22.32所示。

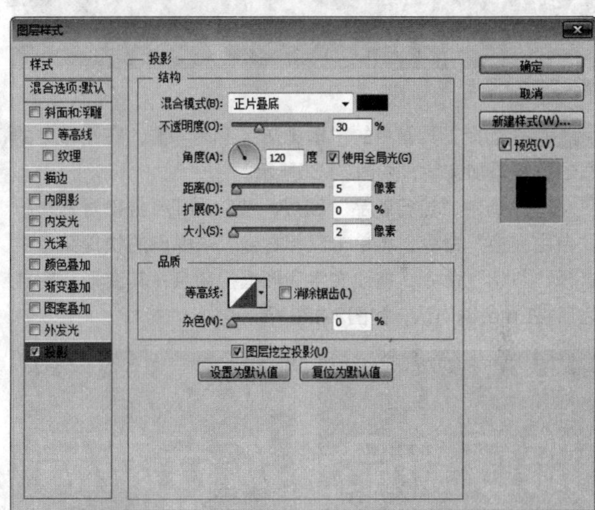

图22.32 设置投影

● 绘制图形

STEP 01 选择工具箱中的“钢笔工具”，在选项栏中单击“选择工具模式” 路径 按钮，在弹出的选项中选择“形状”，将“填充”更改为紫色（R：190，G：30，B：136），“描边”更改为无，在“形状1”图层中图形左下角的位置绘制一个不规则图形，此时将生成一个“形状2”图层，如图22.33所示。

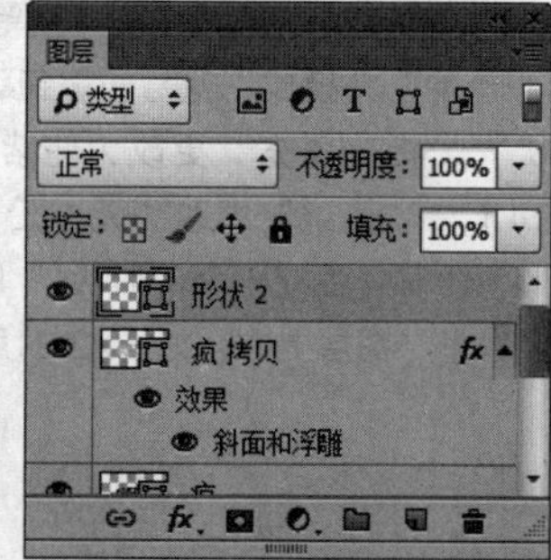

图22.33 绘制图形

STEP 02 以同样的方法在其他几个角的位置绘制相似图形，如图22.34所示。

图22.34 绘制图形

STEP 03 选择工具箱中的“横排文字工具”T，在画布中的适当位置添加文字，如图22.35所示。

STEP 04 选中“流行新品”图层，按Ctrl+T组合键对其执行“自由变换”命令，再单击鼠标右键，从弹出的快捷菜单中选择“斜切”命令，拖动文字变形框控制点将其变形，完成之后按Enter键确认，如图22.36所示。

图22.35 添加文字　图22.36 将文字变形

STEP 05 在“图层”面板中选中“流行新品”图层，将其拖至面板底部的“创建新图层”按钮上，复制1个“流行新品 拷贝”图层，如图22.37所示。

STEP 06 在“图层”面板中选中“流行新品”图层，在其图层名称上单击鼠标右键，从弹出的快捷菜单中选择“栅格化图层”命令，如图22.38所示。

图22.37 复制图层　图22.38 栅格化图层

STEP 07 在“图层”面板中选中“流行新品 拷贝”图层，单击面板底部的“添加图层样式”fx按钮，在菜单中选择“渐变叠加”命令，在弹出的对话框中将“渐变”更改为粉色（R：255，G：214，B：215）到浅粉色（R：255，G：250，B：250），完成之后单击“确定”按钮，如图22.39所示。

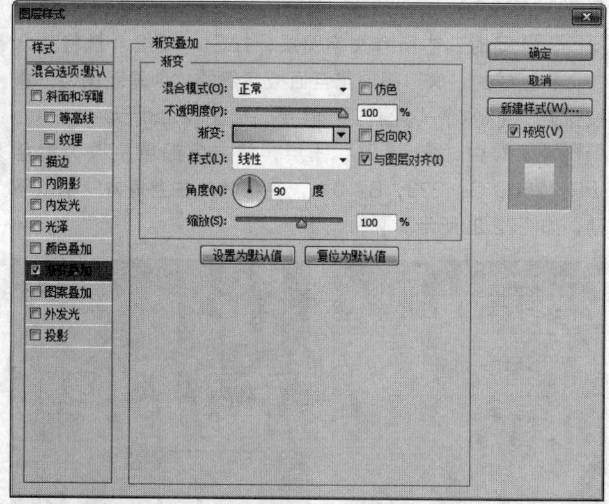

图22.39 设置渐变叠加

STEP 08 选中“流行新品”图层，执行菜单栏中的“滤镜”|“风格化”|“风”命令，在弹出的对话框中分别勾选“风”及“从右”单选按钮，完成之后单击“确定”按钮，如图22.40所示。

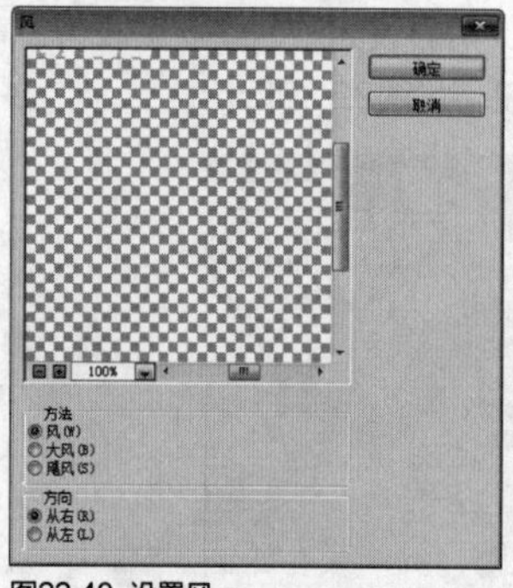

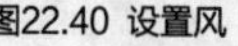

图22.40 设置风

STEP 09 选中“流行新品”图层，按Ctrl+F组合键重复为其添加风效果，再将图层“不透明度”更改为30%，如图22.41所示。

图22.41 重复添加风效果并更改不透明度

STEP 10 选择工具箱中的“椭圆工具”，在选项栏中将“填充”更改为黄色（R：254，G：234，B：0），“描边”更改为无，在文字右上角位置按住Shift键绘制一个正圆图形，此时将生成一个“椭圆1”图层，如图22.42所示。

图22.42 绘制图形

STEP 11 选择工具箱中的“钢笔工具”，在选项栏中单击“选择工具模式”路径按钮，在弹出的选项中选择“形状”，将“填充”更改为黄色（R：254，G：234，B：0），“描边”更改为无，在椭圆图形左下角的位置绘制一个不规则图形，此时将生成一个“形状6”图层，同时选中“形状6”及“椭圆1”图层，按Ctrl+E组合键将其合并，如图22.43所示。

图22.43 绘制图形并合并图层

STEP 12 选中“形状6”图层，单击面板底部的“添加图层样式”按钮，在菜单中选择“投影”命令，在弹出的对话框中将“不透明度”更改为20%，“距离”更改为3像素，“扩展”更改为100%，“大小”更改为1像素，完成之后单击“确定”按钮，如图22.44所示。

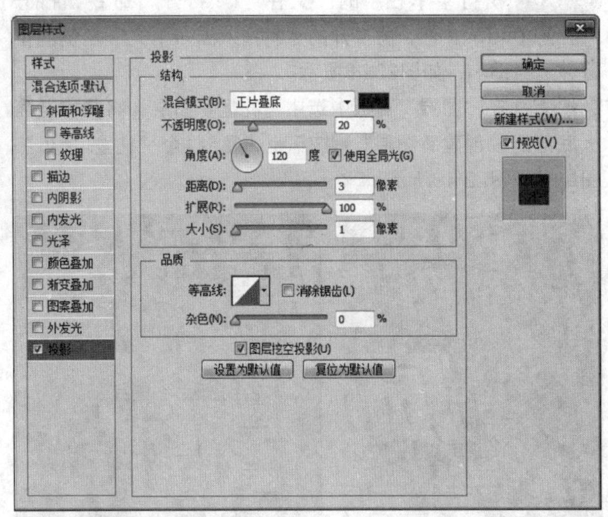

图22.44 设置投影

● **添加文字**

STEP 01 选择工具箱中的“横排文字工具”，在画布靠底部的位置添加文字，如图22.45所示。

STEP 02 选中“免单大奖等你拿”图层，按Ctrl+T组合键对其执行“自由变换”命令，再单击鼠标右键，从弹出的快捷菜单中选择“斜切”命令，拖动变形框控制点将文字变形，完成之后按Enter键确认，如图22.46所示。

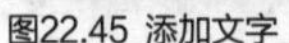

图22.45 添加文字　　图22.46 将文字变形

STEP 03 选择工具箱中的“钢笔工具”，在选项栏中单击“选择工具模式”路径按钮，在弹出的选项中选择“形状”，将“填充”更改为白色，“描边”更改为无，在文字下方位置绘制一个不规则图形，如图22.47所示。

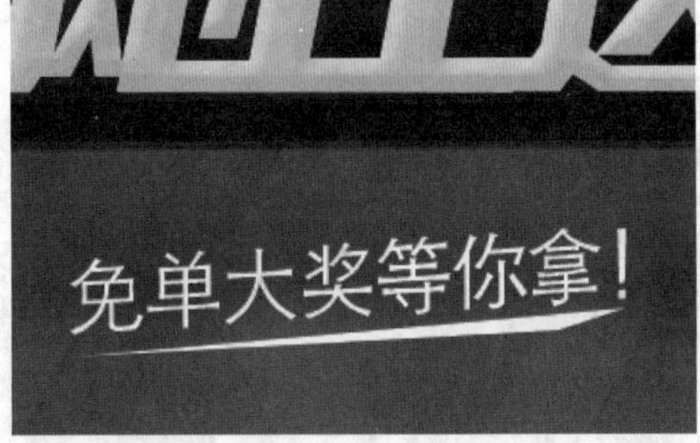

图22.47 绘制图形

- **添加素材**

STEP 01 执行菜单栏中的“文件”|“打开”命令，打开“礼盒.psd”文件，将打开的素材拖入画布中文字左侧的位置并适当缩小，如图22.48所示。

STEP 02 在“图层”面板中选中“礼盒”图层，将其拖至面板底部的“创建新图层”按钮上，复制1个“礼盒 拷贝”图层，如图22.49所示。

图22.48 添加素材

图22.49 复制图层

STEP 03 选中“礼盒”图层，执行菜单栏中的“滤镜”|“模糊”|“动感模糊”命令，在弹出的对话框中将“角度”更改为60度，“距离”更改为10像素，设置完成之后单击“确定”按钮，如图22.50所示。

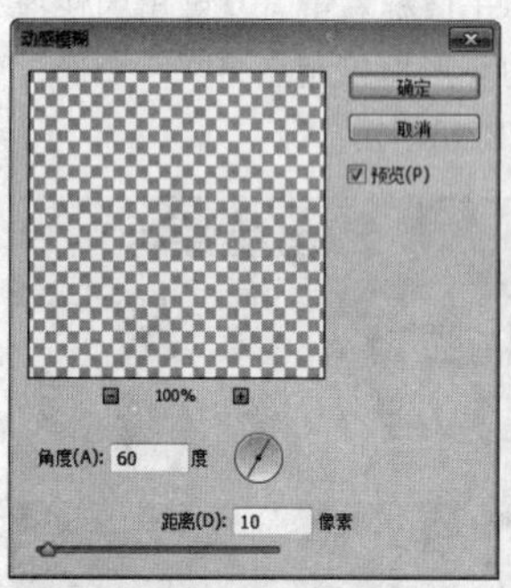

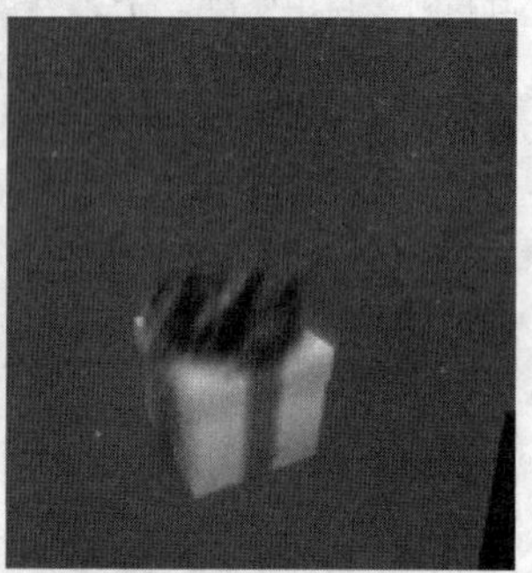

图22.50 设置动感模糊

STEP 04 选中“礼盒 拷贝”图层，按Ctrl+Alt+F组合键打开“动感模糊”对话框，将“角度”更改为60度，“距离”更改为130像素，设置完成之后单击“确定”按钮，如图22.51所示。

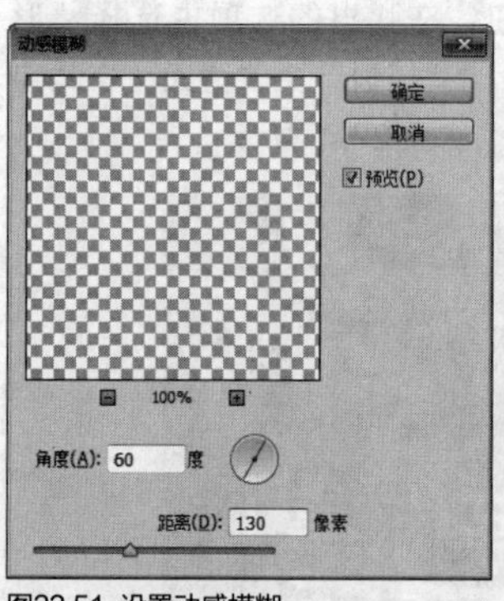

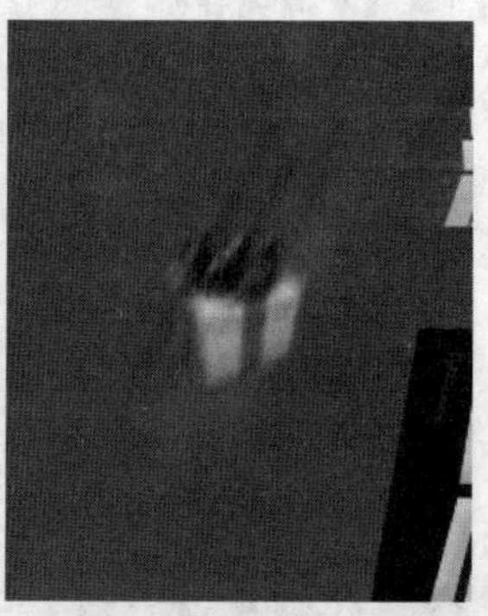

图22.51 设置动感模糊

STEP 05 同时选中“礼盒”及“礼盒 拷贝”图层，按住Alt键将图像复制数份，将部分图像适当缩小，这样就完成了效果制作，最终效果如图22.52所示。

图22.52 最终效果

实战 552

优惠券派送

- 素材位置：素材\第22章\优惠券派送
- 案例位置：效果\第22章\优惠券派送.psd
- 视频位置：视频\实战552.avi
- 难易指数：★★★☆☆

• 实例介绍 •

本例讲解优惠券派送广告的制作方法。本例整个画面的视觉效果十分出色，以生动的图像说明特别展示出了派送的特点，最终效果如图22.53所示。

图22.53 最终效果

• 操作步骤 •

- **打开素材**

STEP 01 执行菜单栏中的“文件”|“打开”命令，打开“背景.jpg”文件，如图22.54所示。

图22.54 打开素材

STEP 02 选择工具箱中的“矩形工具”，在选项栏中将“填充”更改为白色，“描边”更改为无，在画布底部位置绘制一个矩形，此时将生成一个“矩形1”图层，如图22.55所示。

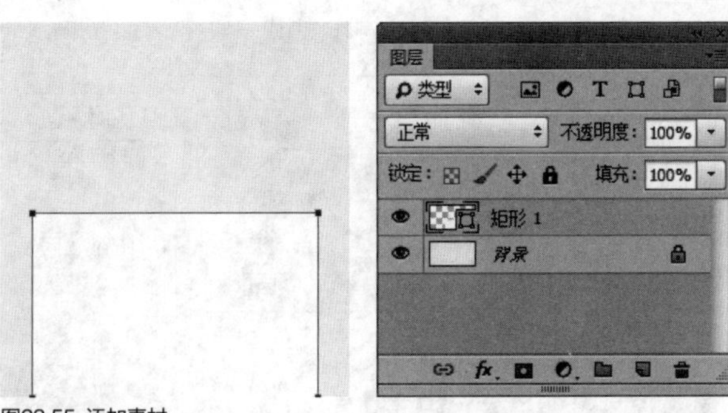

图22.55 添加素材

STEP 03 选择工具箱中的“添加锚点工具”，在矩形顶部的中间位置单击添加锚点，如图22.56所示。

STEP 04 选择工具箱中的“转换点工具”，单击添加的锚点，再选择工具箱中的“直接选择工具”，选中锚点向下拖动，如图22.57所示。

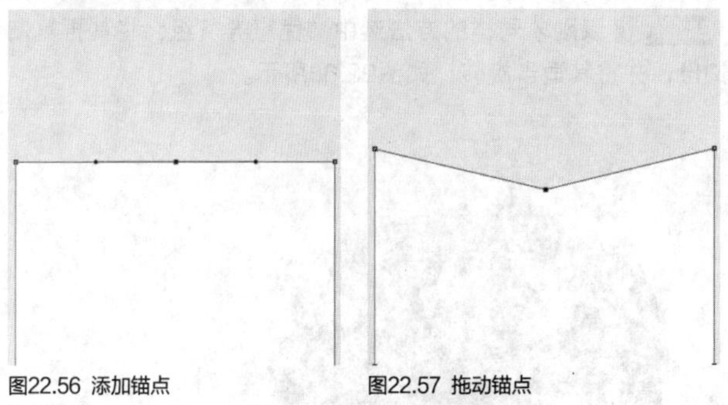

图22.56 添加锚点　　图22.57 拖动锚点

STEP 05 在“图层”面板中选中“矩形1”图层，单击面板底部的“添加图层样式”按钮，在菜单中选择“内阴影”命令，在弹出的对话框中将“混合模式”更改为叠加，“颜色”更改为白色，取消“使用全局光”复选框，“角度”更改为90度，“距离”更改为1像素，“阻塞”更改为100%，“大小”更改为1像素，如图22.58所示。

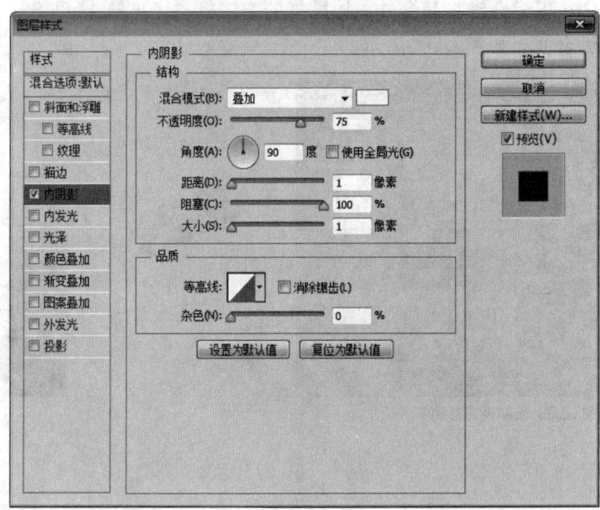

图22.58 设置内阴影

STEP 06 勾选“渐变叠加”命令，在弹出的对话框中将“渐变”更改为红色（R：240，G：37，B：86）到红色（R：207，G：32，B：73），“样式”更改为径向，“角度”更改为0度，完成之后单击“确定”按钮，如图22.59所示。

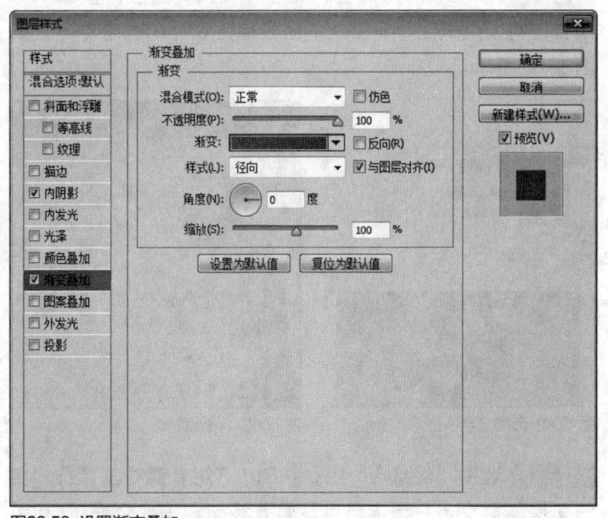

图22.59 设置渐变叠加

STEP 07 选择工具箱中的“矩形工具”，在选项栏中将“填充”更改为深红色（R：53，G：4，B：15），“描边”更改为无，在图形靠上的位置绘制一个矩形，此时将生成一个“矩形2”图层，将“矩形2”图层移至“矩形1”图层下方，如图22.60所示。

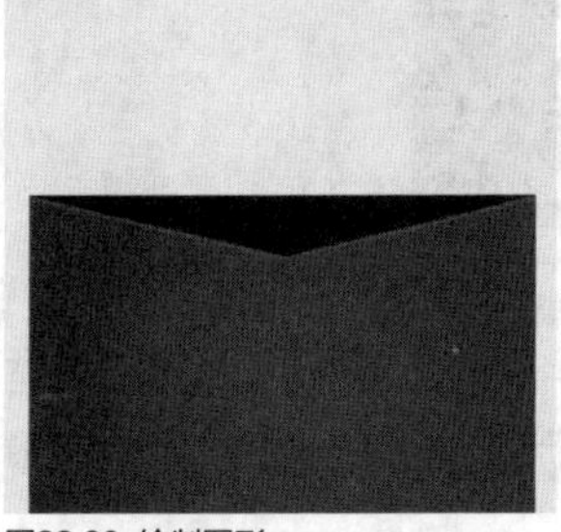

图22.60 绘制图形

STEP 08 选择工具箱中的“矩形工具”，在选项栏中将“填充”更改为浅红色（R：255，G：88，B：100），“描边”更改为无，在图形上方位置再次绘制一个矩形，此时将生成一个“矩形3”图层，将“矩形3”图层移至“矩形1”和“矩形2”图层之间，如图22.61所示。

图22.61 绘制图形

- **添加文字**

STEP 01 选择工具箱中的“横排文字工具” T，在绘制的矩形位置添加文字，并为文字添加图层样式，如图22.62所示。

STEP 02 同时选中添加的文字及“矩形3”图层，按Ctrl+G组合键将图层编组，将生成的组名称更改为“优惠券”，如图22.63所示。

图22.62 添加文字

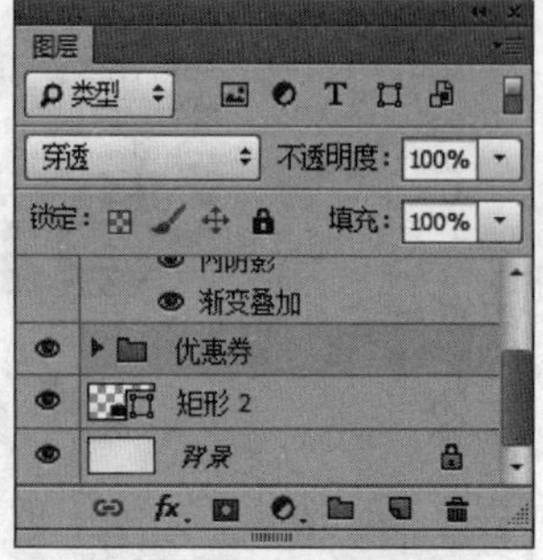

图22.63 将图层编组

STEP 03 选中“优惠券”组，按Ctrl+T组合键对其执行“自由变换”命令，将图形适当旋转并移动，完成之后按Enter键确认，如图22.64所示。

图22.64 旋转图形

STEP 04 在“图层”面板中选中“优惠券”图层，将其拖至面板底部的“创建新图层”按钮上，复制1个“优惠券 拷贝”组，如图22.65所示。

STEP 05 选中“优惠券 拷贝”组，按Ctrl+T组合键对其执行“自由变换”命令，将图像适当旋转，完成之后按Enter键确认，如图22.66所示。

图22.65 复制组

图22.66 旋转图像

STEP 06 在“图层”面板中选中“优惠券拷贝”组，单击面板底部的“添加图层样式” fx 按钮，在菜单中选择“投影”命令，在弹出的对话框中将“距离”更改为4像素，“大小”更改为4像素，完成之后单击“确定”按钮，如图22.67所示。

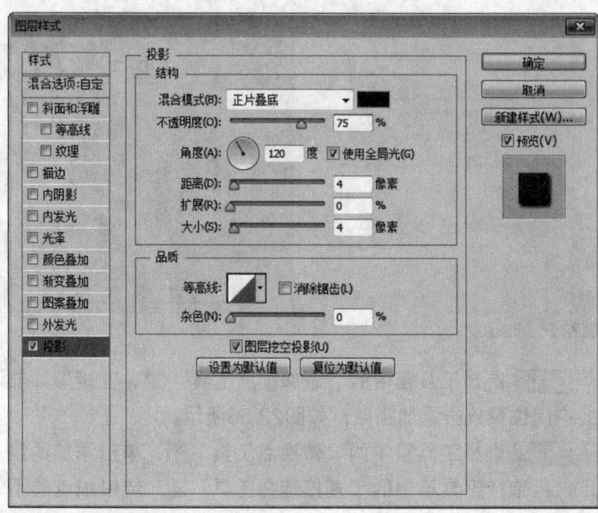

图22.67 设置投影

STEP 07 以刚才同样的方法选中“优惠券”组，将其再复制3份，并将其适当旋转，如图22.68所示。

图22.68 旋转图形

STEP 08 在“图层”面板中选中“优惠券”组，将其拖至面板底部的“创建新图层”按钮上，复制1个“优惠券 拷贝5”和“优惠券 拷贝 6”组，选中“优惠券 拷贝 6”组按Ctrl+E组合键将其合并，以同样的方法将“优惠券 拷贝 5”组合并，如图22.69所示。

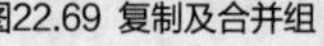

图22.69 复制及合并组

STEP 09 选中“优惠券 拷贝 5”图层，执行菜单栏中的“滤镜”|“模糊”|“动感模糊”命令，在弹出的对话框中将“角度”更改为-25度，“距离”更改为35像素，设置完成之后单击“确定”按钮，如图22.70所示。

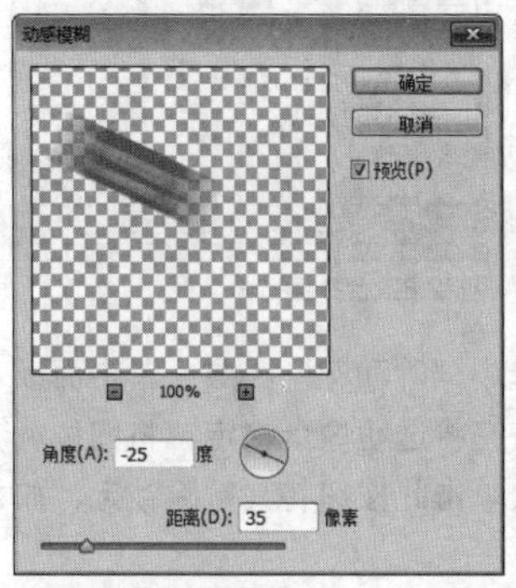

图22.70 设置动感模糊

STEP 10 同时选中“优惠券 拷贝 5”及“优惠券 拷贝 6”图层，按住Alt键将其复制数份，将部分图像适当调整并放置在不同的位置，如图22.71所示。

图22.71 复制图像

STEP 11 选择工具箱中的“横排文字工具”T，在适当位置添加文字并为部分文字添加图层样式，这样就完成了效果制作，最终效果如图22.72所示。

图22.72 最终效果

实战 553 潮装换新季

▶素材位置：素材\第22章\潮装换新季
▶案例位置：效果\第22章\潮装换新季.psd
▶视频位置：视频\实战553.avi
▶难易指数：★★☆☆☆

• 实例介绍 •

潮装类广告的制作重点在于对潮流的定义，将具有独特个性的图像与文字结合诠释潮流时装的特点，最终效果如图22.73所示。

图22.73 最终效果

• 操作步骤 •

● 打开素材

STEP 01 执行菜单栏中的“文件”|“打开”命令，打开“背景.jpg”文件。

STEP 02 选择工具箱中的“椭圆工具”，在选项栏中将“填充”更改为白色，“描边”更改为深绿色（R：28，G：78，B：15），“大小”更改为3点，在画布靠左侧位置按住Shift键绘制一个正圆图形，此时将生成一个“椭圆1”图层，如图22.74所示。

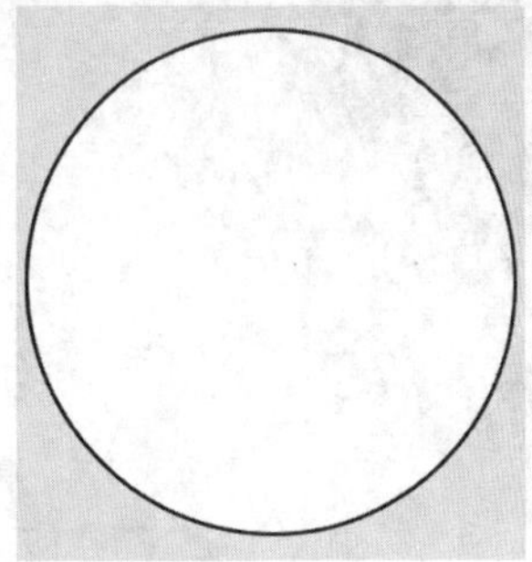

图22.74 绘制图形

STEP 03 在“图层”面板中选中“椭圆1”图层，将其拖至面板底部的“创建新图层”按钮上，复制1个“椭圆1 拷贝”图层，如图22.75所示。

STEP 04 选中“椭圆1 拷贝”图层，将其图层“不透明度”更改为20%，按Ctrl+T组合键对其执行“自由变换”命令，将图形等比例缩小，完成之后按Enter键确认，在选项栏中将“描边”更改为1点，如图22.76所示。

图22.75 复制图层

图22.76 变换图形

● **添加文字**

STEP 01 选择工具箱中的“横排文字工具” T，在椭圆图形位置添加文字，如图22.77所示。

STEP 02 同时选中“AHIION”及“F”图层，将图层“不透明度”更改为30%，如图22.78所示。

图22.77 添加文字

图22.78 更改填充

STEP 03 执行菜单栏中的“文件”|“打开”命令，打开“叶和花.psd”文件，将打开的素材拖入画布中并适当变换，并选中“叶和花”组中的“花”图层，将其移至所有图层上方，如图22.79所示。

图22.79 添加素材

STEP 04 选中“叶和花”组中的“叶”图层，将其复制并移动，如图22.80所示。

图22.80 复制并变换图像

STEP 05 在“图层”面板中选中“叶和花”组，将其拖至面板底部的“创建新图层”按钮上，复制1个“叶和花 拷贝”组，如图22.81所示。

STEP 06 选中“叶和花”组，按Ctrl+E组合键将其合并，如图22.82所示。

图22.81 复制图层

图22.82 合并组

STEP 07 在“图层”面板中选中“叶和花”图层，单击面板上方的“锁定透明像素”按钮将透明像素锁定，将图像填充为黑色，填充完成之后再次单击此按钮将其解除锁定，如图22.83所示。

图22.83 锁定透明像素并填充颜色

STEP 08 选中“叶和花”图层，执行菜单栏中的“滤镜”|“模糊”|“高斯模糊”命令，在弹出的对话框中将“半径”更改为2像素，完成之后单击“确定”按钮，再将图层“不透明度”更改为20%，再将其向下稍微移动，如图22.84所示。

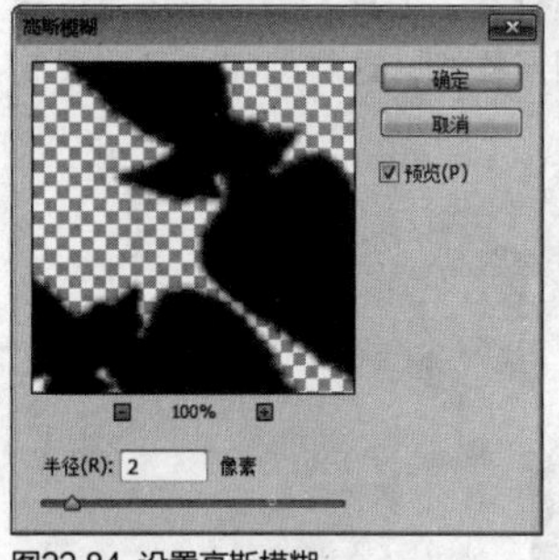

图22.84 设置高斯模糊

STEP 09 执行菜单栏中的“文件”|“打开”命令，打开“男装.psd”文件，将打开的素材拖入画布中靠右侧的位置并适当缩小，如图22.85所示。

图22.85 添加素材

STEP 10 在“图层”面板中选中“男装”图层，将其拖至面板底部的“创建新图层”按钮上，复制1个“男装 拷贝”图层。

STEP 11 选中“男装”图层，单击面板上方的“锁定透明像素”按钮将透明像素锁定，将图像填充为黑色，填充完成之后再次单击此按钮将其解除锁定，如图22.86所示。

STEP 12 选中“男装”图层，按Ctrl+T组合键对其执行“自由变换”命令，单击鼠标右键，从弹出的快捷菜单中选择“扭曲”命令，拖动变形框控制点将图像变形，完成之后按Enter键确认，如图22.87所示。

图22.86 填充颜色

图22.87 将图像变形

STEP 13 选中“男装”图层，执行菜单栏中的“滤镜”|“模糊”|“高斯模糊”命令，在弹出的对话框中将“半径”更改为3像素，完成之后单击“确定”按钮，如图22.88所示。

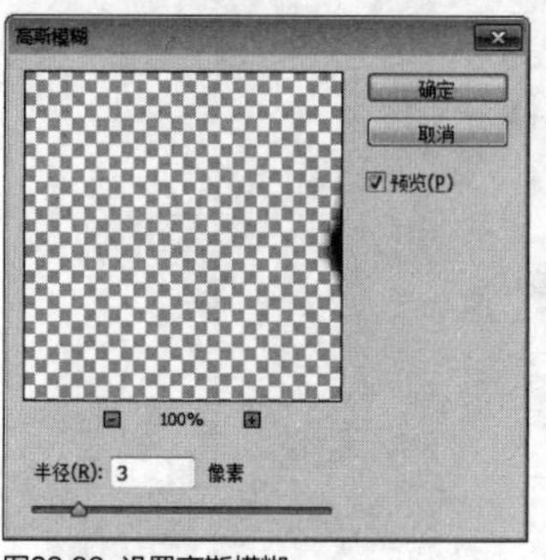

图22.88 设置高斯模糊

STEP 14 选中“男装”图层，将图层“不透明度”更改为30%，这样就完成了效果制作，最终效果如图22.89所示。

图22.89 最终效果

实战 554 双12来了

▶素材位置：素材\第22章\双12来了
▶案例位置：效果\第22章\双12来了.psd
▶视频位置：视频\实战554.avi
▶难易指数：★★★☆☆

• 实例介绍 •

本例讲解双12促销广告的制作方法。本例以实物素材为装饰，同时简单、明了的文字信息表明了促销意图，最终效果如图22.90所示。

图22.90 最终效果

• 操作步骤 •

• 打开素材

STEP 01 执行菜单栏中的“文件”|“打开”命令，打开“背景.jpg”文件。

STEP 02 选择工具箱中的“矩形工具”，在选项栏中将“填充”更改为灰色（R：235，G：235，B：235），“描边”更改为无，在画布中绘制一个矩形，此时将生成一个“矩形1”图层，如图22.91所示。

图22.91 绘制图形

STEP 03 选中“矩形1”图层，按Ctrl+T组合键对其执行“自由变换”命令，单击鼠标右键，从弹出的快捷菜单中选择“透视”命令，拖动变形框控制点将图形变形，完成之后按Enter键确认，如图22.92所示。

图22.92 将图形变形

STEP 04 选择工具箱中的“矩形工具”，在选项栏中将“填充”更改为白色，“描边”更改为无，在矩形下方位置绘制一个矩形，此时将生成一个“矩形2”图层，如图22.93所示。

STEP 05 同时选中“矩形1”及“矩形2”图层，按Ctrl+G组合键将图层编组，此时将生成一个“组1”组，如图22.94所示。

图22.93 绘制图形

图22.94 编组

STEP 06 在“图层”面板中选中“组1”组，单击面板底部的“添加图层样式”按钮，在菜单中选择“投影”命令，在弹出的对话框中将“不透明度”更改为50%，取消“使用全局光”复选框，将“角度”更改为90度，“距离”更改为7像素，“大小”更改为25像素，完成之后单击“确定”按钮，如图22.95所示。

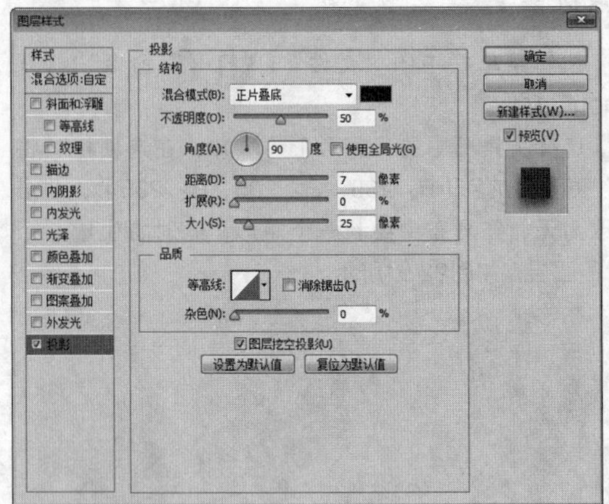

图22.95 设置投影

STEP 07 选择工具箱中的“多边形工具”，在选项栏中，将“填充”更改为紫红色（R：215，G：43，B：97），“边”更改为6，在图形上方位置绘制一个多边形，此时将生成一个“多边形1”图层，如图22.96所示。

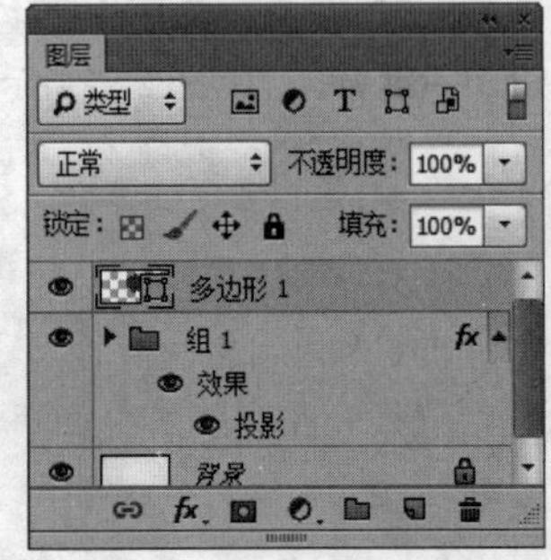

图22.96 绘制图形

STEP 08 选中“多边形1”图层，按Ctrl+T组合键对其执行“自由变换”命令，单击鼠标右键，从弹出的快捷菜单中选择“扭曲”命令，拖动变形框控制点将图形变形，完成之后按Enter键确认，如图22.97所示。

STEP 09 在“图层”面板中选中“多边形1”图层，将其拖至面板底部的“创建新图层”按钮上，复制1个“多边形1拷贝”图层，如图22.98所示。

图22.97 将图形变形

图22.98 复制图层

STEP 10 在“图层”面板中选中“多边形1 拷贝”图层，单击面板底部的“添加图层样式”按钮，在菜单中选择“渐变叠加”命令，在弹出的对话框中将“渐变”更改为紫色（R：162，G：18，B：152）到紫色（R：70，G：6，B：74），“样式”更改为径向，如图22.99所示。

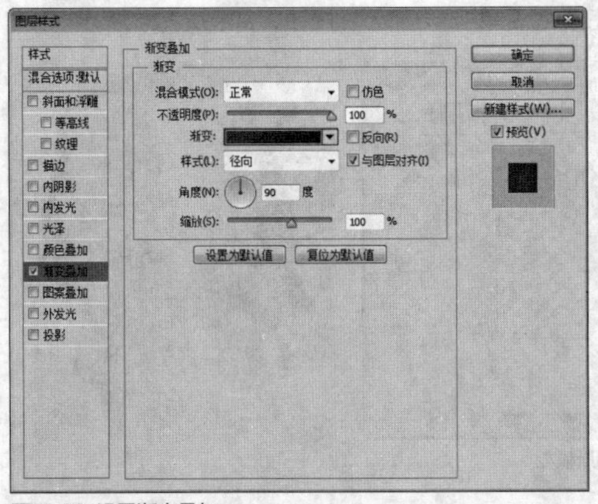

图22.99 设置渐变叠加

STEP 11 勾选“投影”复选框，将“距离”更改为3像素，“大小”更改为1像素，完成之后单击“确定”按钮，如图22.100所示。

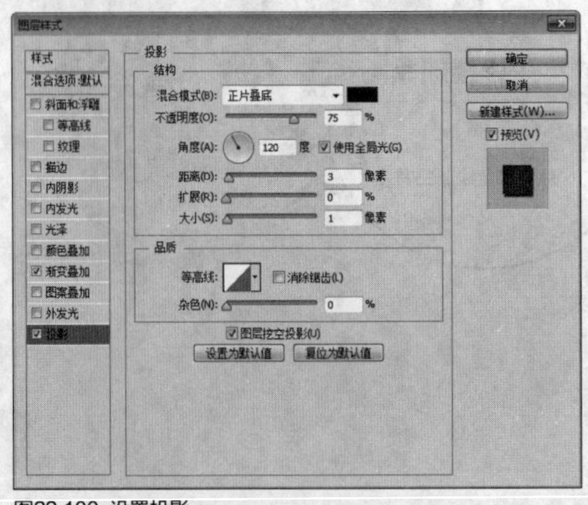

图22.100 设置投影

- **添加文字**

STEP 01 选择工具箱中的“横排文字工具”T，在刚才绘制的图形位置添加文字，如图22.101所示。

STEP 02 同时选中添加的2个文字图层，在其图层上单击鼠标右键，从弹出的快捷菜单中选择“转换为形状”命令，如图22.102所示。

图22.101 添加文字

图22.102 转换形状

提示

对文字变形之前尽量将其转换成形状图形，这样可以更加方便地对其进行变形等操作。

STEP 03 选中“来了！”图层，按Ctrl+T组合键对其执行“自由变换”命令，单击鼠标右键，从弹出的快捷菜单中选择“斜切”命令，拖动变形框控制点将文字变形，完成之后按Enter键确认，以同样的方法选中“双12”图层，将文字变形，如图22.103所示。

图22.103 将文字变形

STEP 04 同时选中“来了！”及“双12”图层，按Ctrl+E组合键将图层合并，将生成的图层名称更改为“文字”，如图22.104所示。

STEP 05 在“图层”面板中选中“文字”图层，将其拖至面板底部的“创建新图层”按钮上，复制1个“文字 拷贝”图层，选中“文字”图层，将文字颜色更改为黑色，如图22.105所示。

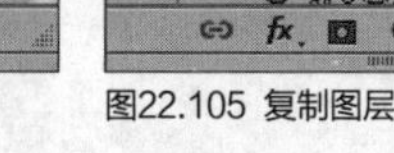

图22.104 合并图层

图22.105 复制图层

STEP 06 在“图层”面板中选中“文字 拷贝”图层，单击面板底部的“添加图层样式”fx按钮，在菜单中选择“渐变叠加”命令，在弹出的对话框中将“渐变”更改为黄色（R：255，G：230，B：77）到浅黄色（R：255，G：246，B：195），如图22.106所示。

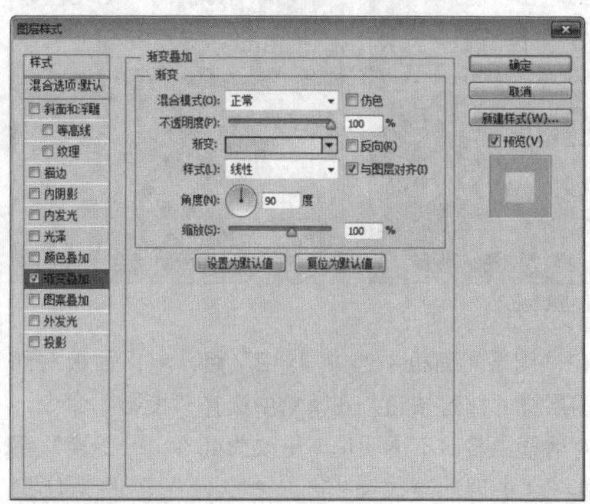

图22.106 设置渐变叠加

STEP 07 勾选“投影”复选框，将“颜色”更改为紫色（R：80，G：7，B：83），取消“使用全局光”复选框，“角度”更改为150度，“距离”更改为3像素，“扩展”更改为100%，“大小”更改为1像素，完成之后单击“确定”按钮，如图22.107所示。

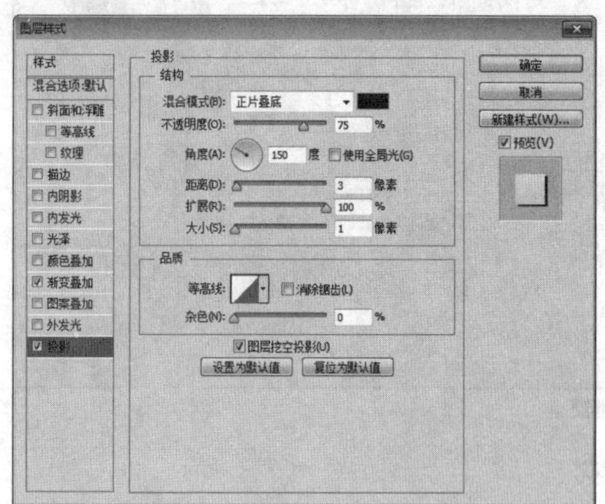

图22.107 设置投影

STEP 08 选中“文字”图层，执行菜单栏中的“滤镜”|“模糊”|“动感模糊”命令，在弹出的对话框中将“角度”更改为90度，“距离”更改为30像素，设置完成之后单击“确定”按钮，如图22.108所示。

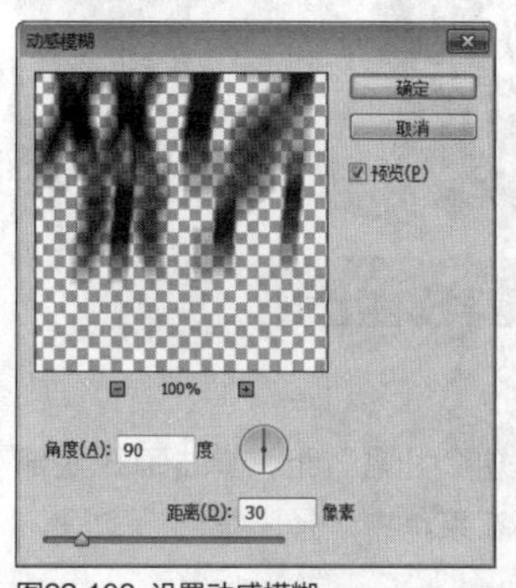

图22.108 设置动感模糊

STEP 09 同时选中“文字 拷贝”“文字”“多边形 1 拷贝”及“多边形 1”图层，按Ctrl+G组合键将图层编组，此时将生成一个“组2”组，如图22.109所示。

图22.109 将图层编组

STEP 10 在“图层”面板中选中“组2”组，单击面板底部的“添加图层样式” fx 按钮，在菜单中选择“投影”命令，在弹出的对话框中将“不透明度”更改为40%，“距离”更改为3像素，“扩展”更改为25%，“大小”更改为10像素，完成之后单击“确定”按钮，如图22.110所示。

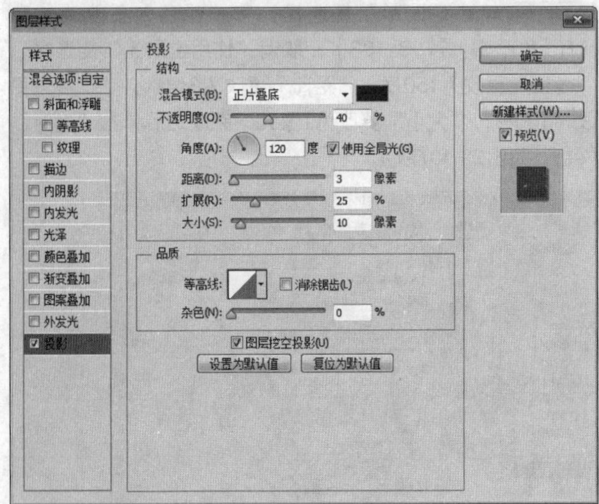

图22.110 设置投影

- **添加素材**

STEP 01 执行菜单栏中的“文件”|“打开”命令，打开“人物.psd、字.psd、优惠.psd、礼盒.psd”文件，将打开的素材拖入画布中的适当位置，如图22.111所示。

图22.111 添加素材

STEP 02 在“图层”面板中选中“礼盒”组，单击面板底部的“添加图层样式” fx 按钮，在菜单中选择“投影”命令，在弹出的对话框中将“距离”更改为1像素，“大小”更改为7像素，完成之后单击“确定”按钮，如图22.112所示。

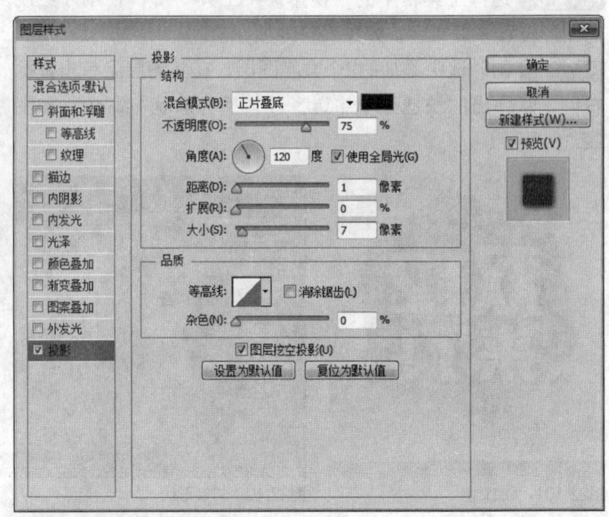

图22.112 设置投影

STEP 03 以同样的方法为“优惠”图层添加投影图层样式，这样就完成了效果制作，最终效果如图22.113所示。

图22.113 最终效果

实战 555

购物季疯抢

- 素材位置：素材\第22章\购物季疯抢.jpg
- 案例位置：效果\第22章\购物季疯抢.psd
- 视频位置：视频\实战555.avi
- 难易指数：★★★☆☆

• 实例介绍 •

本例讲解购物季疯抢广告的制作方法。本例的视觉效果比较出色，以立体的文字与华丽的背景相组合，整个色彩及布局十分舒适，最终效果如图22.114所示。

图22.114 最终效果

• 操作步骤 •

● 打开素材

STEP 01 执行菜单栏中的“文件”|“打开”命令，打开“背景.jpg”文件。

STEP 02 选择工具箱中的“横排文字工具”T，在画布中添加文字，如图22.115所示。

图22.115 添加文字

STEP 03 在“图层”面板中选中“购物季疯抢”图层，将其拖至面板底部的“创建新图层”按钮上，复制1个“购物季疯抢 拷贝”图层，选中“购物季疯抢 拷贝”图层，将文字颜色更改为白色，再将其向上移动，如图22.116所示。

图22.116 复制图层并移动文字

STEP 04 在“图层”面板中选中“购物季疯抢 拷贝”图层，单击面板底部的“添加图层样式”fx按钮，在菜单中选择“渐变叠加”命令，在弹出的对话框中将“渐变”更改为浅黄色（R：255，G：234，B：173）到浅黄色（R：255，G：252，B：242），完成之后单击“确定”按钮，如图22.117所示。

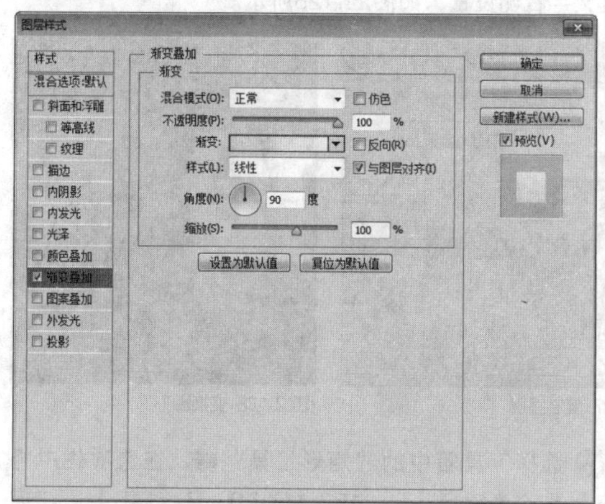

图22.117 设置渐变叠加

STEP 05 选中“购物季疯抢”图层，单击面板底部的“创建新图层”按钮，新建一个“图层1”图层，选中“图层1”图层按Ctrl+Alt+G组合键，为当前图层创建剪贴蒙版，如图22.118所示。

STEP 06 选择工具箱中的“画笔工具”，在画布中单击鼠标右键，在弹出的面板中选择一种圆角笔触，将“大小”更改为80像素，“硬度”更改为0%，如图22.119所示。

图22.118 创建剪贴蒙版

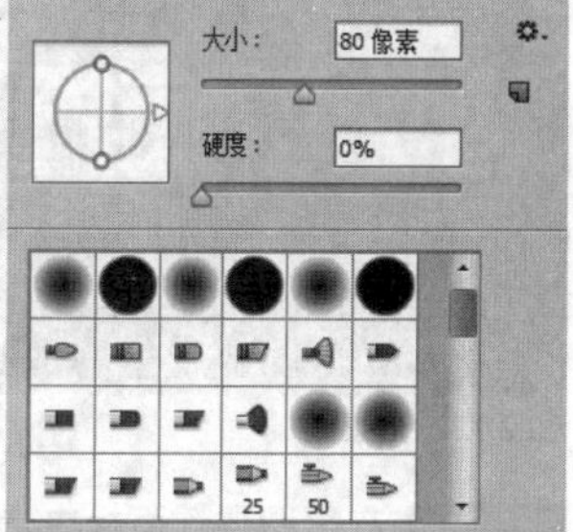

图22.119 设置笔触

● 绘制图形

STEP 01 将前景色更改为黄色（R：254，G：190，B：0），选中“图层1”图层，在画布中文字棱角的位置单击，添加质感效果。

STEP 02 选择工具箱中的“矩形工具”，在选项栏中将“填充”更改为无，“描边”更改为紫色（R：190，G：6，B：242），“大小”更改为8点，在文字位置绘制一个矩形，此时将生成一个“矩形1”图层，如图22.120所示。

图22.120 添加质感效果并绘制图形

STEP 03 选中“矩形1”图层，按Ctrl+T组合键对其执行“自由变换”命令，单击鼠标右键，从弹出的快捷菜单中选择“透视”命令，拖动变形框控制点将图形变形，完成之后按Enter键确认，如图22.121所示。

图22.121 将图形变形

STEP 04 选择工具箱中的“矩形工具”■，在选项栏中将“填充”更改为深紫色（R：30，G：0，B：40），“描边”更改为无，在矩形内部位置再次绘制一个矩形，此时将生成一个“矩形2”图层，将“矩形2”图层移至“购物季疯抢 拷贝”图层下方，如图22.122所示。

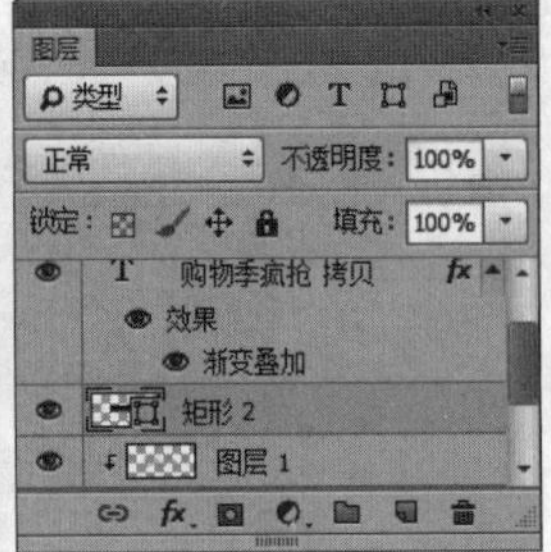

图22.122 绘制图形

STEP 05 在“图层”面板中选中“矩形2”图层，将其拖至面板底部的“创建新图层”■按钮上，复制1个“矩形2 拷贝”图层，将“矩形2 拷贝”图层移至“背景”图层上方。

STEP 06 按Ctrl+T组合键对其执行“自由变换”命令，单击鼠标右键，从弹出的快捷菜单中选择“透视”命令，拖动变形框右下角控制点将图形变形，完成之后按Enter键确认，如图22.123所示。

图22.123 将图形变形

STEP 07 在“图层”面板中选中“矩形2 拷贝”图层，单击面板底部的“添加图层样式”fx按钮，在菜单中选择“渐变叠加”命令，在弹出的对话框中将“渐变”更改为紫色（R：52，G：8，B：80）到深紫色（R：23，G：6，B：33）完成之后单击“确定”按钮，如图22.124所示。

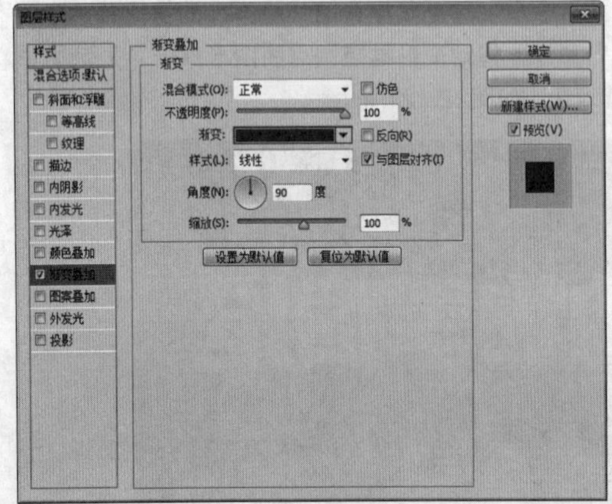

图22.124 设置渐变叠加

STEP 08 选择工具箱中的“钢笔工具”，在选项栏中单击“选择工具模式”路径按钮，在弹出的选项中选择“形状”，将“填充”更改为深紫色（R：52，G：8，B：80），“描边”更改为无，在左侧位置绘制一个不规则图形，此时将生成一个“形状1”图层，如图22.125所示。

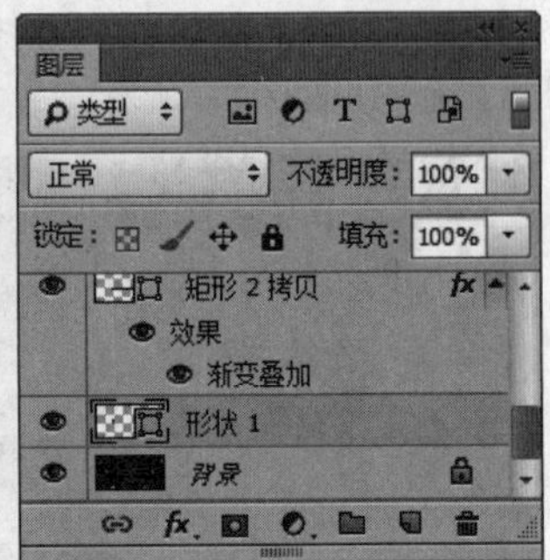

图22.125 绘制图形

STEP 09 在“矩形 2 拷贝”图层上单击鼠标右键，从弹出的快捷菜单中选择“拷贝图层样式”命令，在“形状1”图层上单击鼠标右键，从弹出的快捷菜单中选择“粘贴图层样式”命令，如图22.126所示。

图22.126 复制并粘贴图层样式

STEP 10 在“图层”面板中选中“形状1”图层，将其拖至面板底部的“创建新图层”■按钮上，复制1个“形状1 拷贝”图层，如图22.127所示。

STEP 11 选中“形状1 拷贝”图层，按Ctrl+T组合键对其执行“自由变换”命令，单击鼠标右键，从弹出的快捷菜单中选择“水平翻转”命令，完成之后按Enter键确认，将图形平移至文字右侧位置，如图22.128所示。

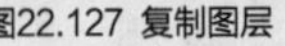

图22.127 复制图层

图22.128 变换图形

STEP 12 选择工具箱中的“矩形工具”■，在选项栏中将“填充”更改为紫色（R：156，G：0，B：140），“描边”更改为无，在“矩形1”图形底部的位置绘制一个与其宽度相同的矩形，此时将生成一个“矩形3”图层，如图22.129所示。

图22.129 绘制图形

STEP 13 选中“矩形3”图层，按Ctrl+T组合键对其执行“自由变换”命令，单击鼠标右键，从弹出的快捷菜单中选择“透视”命令，拖动变形框右下角控制点将图形变形，完成之后按Enter键确认，如图22.130所示。

图22.130 将图形变形

STEP 14 在“图层”面板中选中“矩形3”图层，将其拖至面板底部的“创建新图层”按钮上，复制1个“矩形3 拷贝”图层，如图22.131所示。

STEP 15 选中“矩形3 拷贝”图层，将图形颜色更改为紫色（R：135，G：13，B：148），以刚才同样的方法将图形稍微变形，如图22.132所示。

图22.131 复制图层

图22.132 将图形变形

STEP 16 在“图层”面板中选中“矩形3”图层，单击面板底部的“添加图层样式”按钮，在菜单中选择“渐变叠加”命令，在弹出的对话框中将“不透明度”更改为30%，“渐变”更改为透明到黑色，完成之后单击“确定”按钮，如图22.133所示。

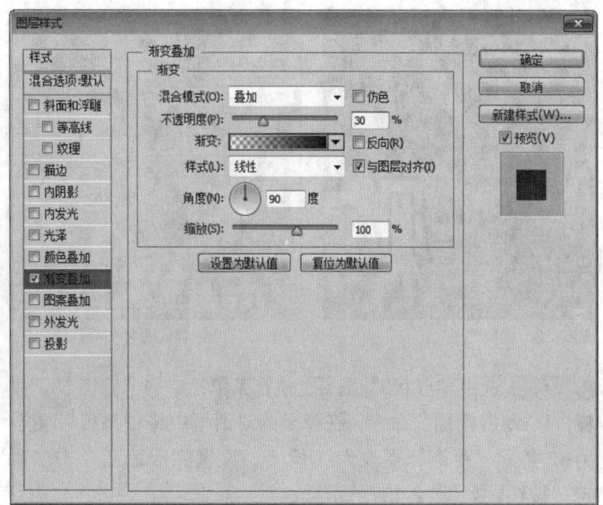

图22.133 设置渐变叠加

STEP 17 在“矩形3”图层上单击鼠标右键，从弹出的快捷菜单中选择“拷贝图层样式”命令，在“矩形3 拷贝”图层上单击鼠标右键，从弹出的快捷菜单中选择“粘贴图层样式”命令，双击“矩形3 拷贝”图层样式名称，在弹出的对话框中勾选“反向”复选框，完成之后单击“确定”按钮，如图22.134所示。

图22.134 复制并粘贴图层样式

STEP 18 选择工具箱中的“横排文字工具”，在画布中的适当位置添加文字，如图22.135所示。

图22.135 添加文字

- **绘制图形**

STEP 01 选择工具箱中的“钢笔工具”，在选项栏中单击“选择工具模式”路径按钮，在弹出的选项中选择“形状”，将“填充”更改为黄色（R：250，G：253，B：8），“描边”更改为无，在画布靠左上角的位置绘制一个三角形图形，此时将生成一个“形状2”图层，如图22.136所示。

图22.136 绘制图形

STEP 02 选中“形状2”图层，执行菜单栏中的“滤镜”|“模糊”|“动感模糊”命令，在弹出的对话框中将“角度”更改为65度，“距离”更改为20像素，设置完成之后单击“确定”按钮，如图22.137所示。

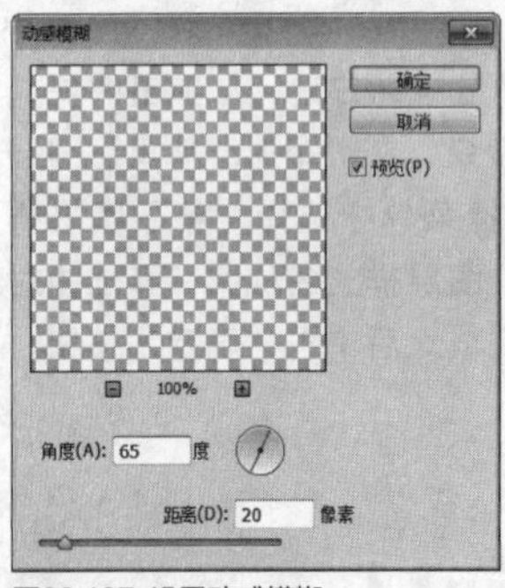

图22.137 设置动感模糊

STEP 03 以同样的方法在画布其他位置绘制多个图形，并添加动感模糊效果，这样就完成了效果制作，最终效果如图22.138所示。

图22.138 最终效果

实战 556

年终盛典

- ▶素材位置：素材\第22章\年终盛典
- ▶案例位置：效果\第22章\年终盛典.psd
- ▶视频位置：视频\实战556.avi
- ▶难易指数：★★★☆☆

• 实例介绍 •

本例讲解年终盛典广告的制作方法。整个广告的画面十分喜庆，以冬日元素和促销信息相结合很好地体现出了整个广告的主题，最终效果如图22.139所示。

图22.139 最终效果

• 操作步骤 •

● 打开素材

STEP 01 执行菜单栏中的“文件”|“打开”命令，打开“背景.jpg”文件。

STEP 02 选择工具箱中的“横排文字工具” T，在画布中的适当位置添加文字，如图22.140所示。

图22.140 打开素材并添加文字

STEP 03 在“年终盛典”图层上单击鼠标右键，从弹出的快捷菜单中选择“转换为形状”命令，如图22.141所示。

STEP 04 选择工具箱中的“直接选择工具” ，拖动文字锚点将其变形，如图22.142所示。

图22.141 转换为形状

图22.142 拖动锚点

STEP 05 选中“年终盛典”图层，单击面板底部的“添加图层样式” fx 按钮，在菜单中选择“斜面和浮雕”命令，在弹出的对话框中将“深度”更改为480%，“大小”更改为100像素，“光泽等高线”更改为环形，“高光模式”更改为“颜色减淡”，“颜色”更改为浅蓝色（R：210，G：247，B：255），“不透明度”更改为50%，“阴影模式”中的“颜色”更改为深青色（R：24，G：33，B：33），如图22.143所示。

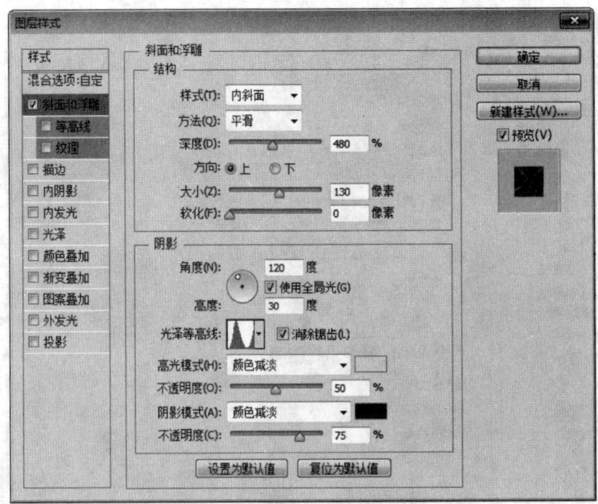

图22.143 设置斜面和浮雕

STEP 06 勾选“纹理”复选框，单击“图案”后方的按钮，在弹出的面板中选择“岩石图案”|“花岗岩”，将“缩放”更改为1%，“深度”更改为-1%，如图22.144所示。

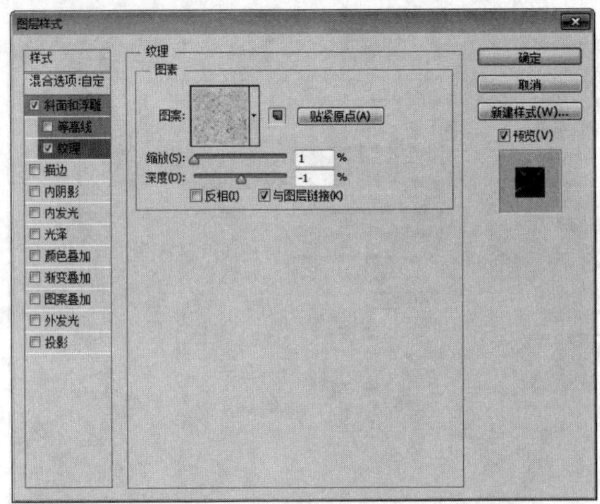

图22.144 设置纹理

STEP 07 勾选“描边”复选框，将“大小”更改为1像素，“混合模式”更改为浅色，“颜色”更改为黑色，如图22.145所示。

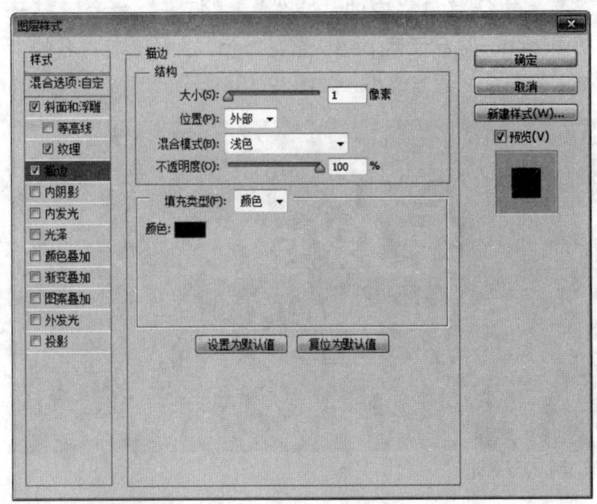

图22.145 设置描边

STEP 08 勾选“内阴影”复选框，将“混合模式”更改为叠加，“颜色”更改为白色，“不透明度”更改为100%，“距离”更改为1像素，“大小”更改为1像素，“等高线”更改为环形，如图22.146所示。

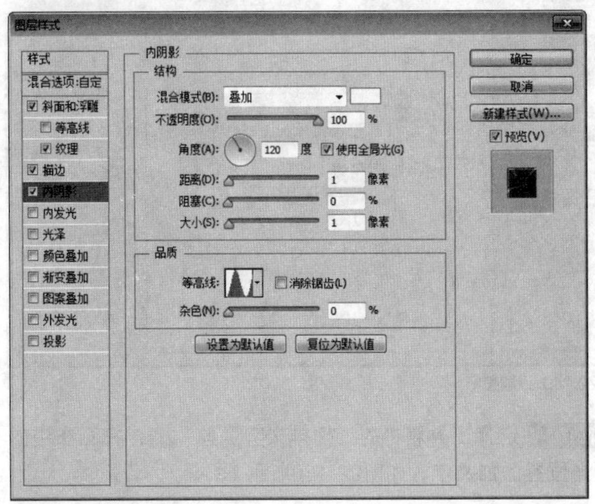

图22.146 设置内阴影

STEP 09 勾选“渐变叠加”复选框，将“渐变”更改为灰色系渐变，“缩放”更改为85%，如图22.147所示。

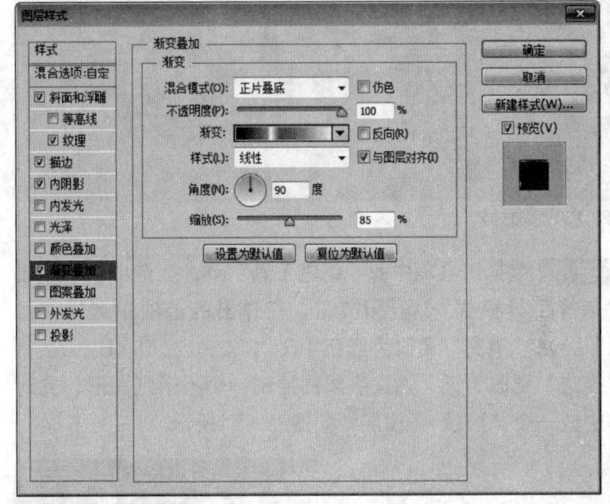

图22.147 设置渐变叠加

提示

此时编辑的灰色系渐变效果如图22.148所示。

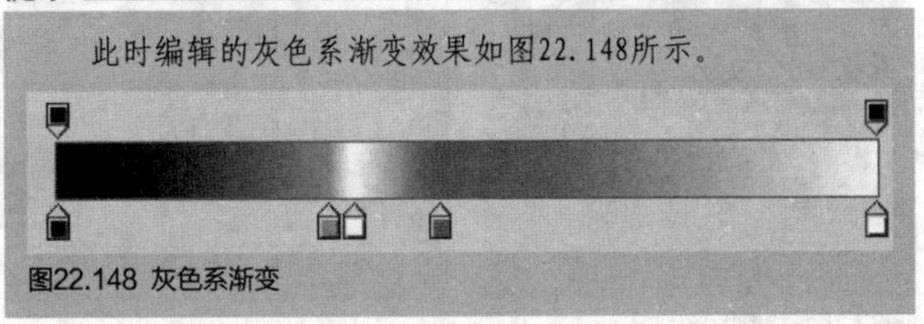
图22.148 灰色系渐变

STEP 10 勾选“投影”复选框，将“混合模式”更改为正常，“不透明度”更改为90%，取消“使用全局光”复选框，“角度”更改为90度，“距离”更改为5像素，“大小”更改为5像素，如图22.149所示。

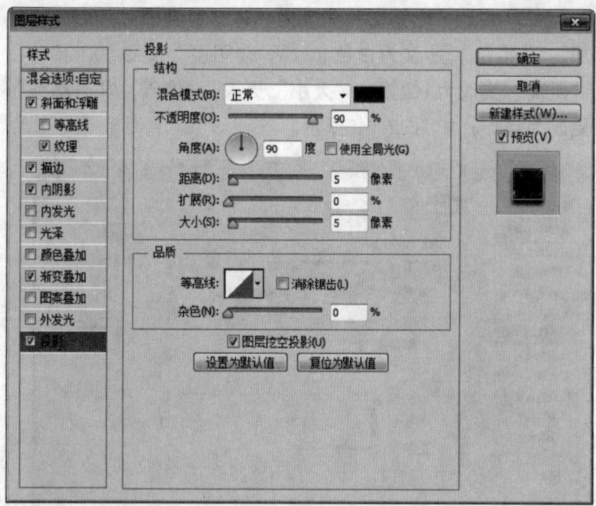

图22.149 设置投影

STEP 11 选择工具箱中的“横排文字工具”T，在画布中的适当位置添加文字，如图22.150所示。

图22.150 添加文字

STEP 12 选择工具箱中的“钢笔工具”，在选项栏中单击“选择工具模式”路径按钮，在弹出的选项中选择“形状”，将“填充”更改为红色（R：255，G：0，B：0），“描边”更改为无，沿文字周围绘制一个不规则图形，此时将生成一个“形状1”图层，如图22.151所示。

图22.151 绘制图形

STEP 13 在“图层”面板中选中“形状1”图层，单击面板底部的“添加图层样式”fx按钮，在菜单中选择“斜面和浮雕”命令，在弹出的对话框中将“深度”更改为750%，“大小”更改为3像素，“光泽等高线”更改为画圆步骤，“高光模式”更改为正常，“不透明度”更改为100%，“阴影模式”更改为正常，颜色更改为白色，“不透明度”更改为90%，如图22.152所示。

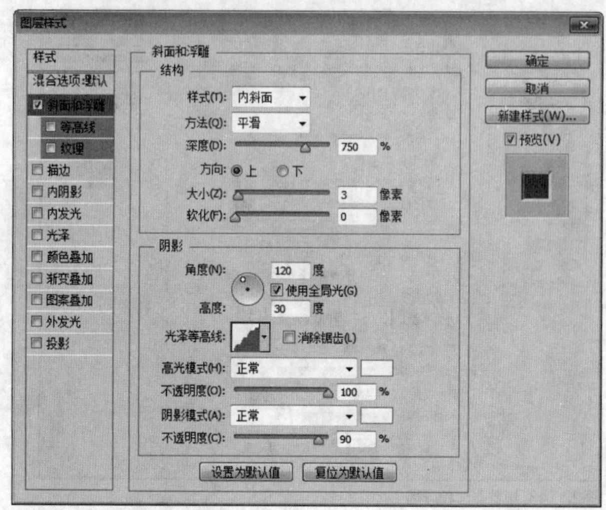

图22.152 设置斜面和浮雕

STEP 14 勾选“投影”复选框，将“距离”更改为5像素，“大小”更改为5像素，完成之后单击“确定”按钮，如图22.153所示。

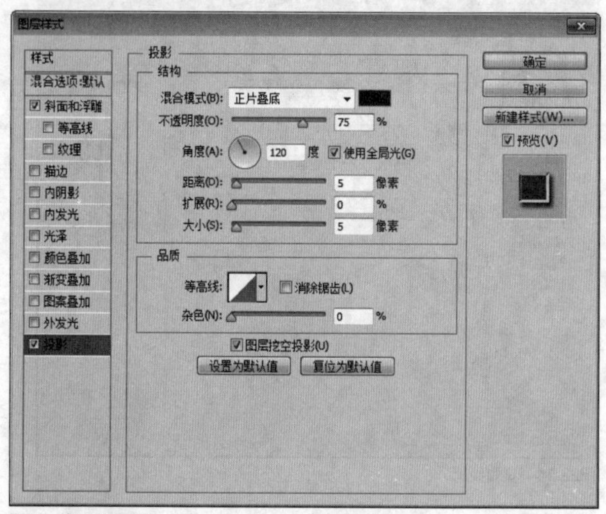

图22.153 设置投影

• 添加素材

STEP 01 执行菜单栏中的“文件”|“打开”命令，打开“插画.psd、礼品元素.psd、雪花.psd”文件，将打开的素材拖入画布中并适当缩小，如图22.154所示。

图22.154 打开素材

STEP 02 选中“雪花”图层，按住Alt键将图像复制数份并将部分图像等比例缩小，如图22.155所示。

图22.155 复制并变换图像

STEP 03 选择工具箱中的“钢笔工具”，在选项栏中单击“选择工具模式” 路径 按钮，在弹出的选项中选择“形状”，将“填充”更改为白色，“描边”更改为无，在底部位置绘制一个与画布相同宽度的不规则图形，此时将生成一个“形状2”图层，如图22.156所示。

图22.156 绘制图形

• **绘制图形**

STEP 01 选择工具箱中的“矩形工具”，在选项栏中将“填充”更改为深红色（R：125，G：0，B：10），“描边”更改为无，在画布底部绘制一个与画布相同宽度的矩形，如图22.157所示。

图22.157 绘制图形

STEP 02 执行菜单栏中的“文件”|“打开”命令，打开“优惠券.psd”文件，将打开的素材拖入画布中靠底部的位置，这样就完成了效果制作，最终效果如图22.158所示。

图22.158 最终效果

实战 557 约惠春天

▶素材位置：素材\第22章\约惠春天
▶案例位置：效果\第22章\约惠春天.psd
▶视频位置：视频\实战557.avi
▶难易指数：★★☆☆☆

• 实例介绍 •

本例中的广告以谐音为线索，通过“约会”与“约惠”字面意思的对比突出春季商品的优惠信息，最终效果如图22.159所示。

图22.159 最终效果

• 操作步骤 •

• **打开素材**

STEP 01 执行菜单栏中的“文件”|“打开”命令，打开“背景.jpg、叶子.psd”文件，将打开的叶子图像拖入画布中靠顶部的位置，如图22.160所示。

图22.160 打开及添加素材

STEP 02 在“图层”面板中选中“叶子”图层，单击面板底部的“添加图层样式”fx按钮，在菜单中选择“投影”命令，在弹出的对话框中将“不透明度”更改为20%，取消“使用全局光”复选框，将“角度”更改为90度，“距离”更改为5像素，“大小”更改为3像素，完成之后单击“确定”按钮，如图22.161所示。

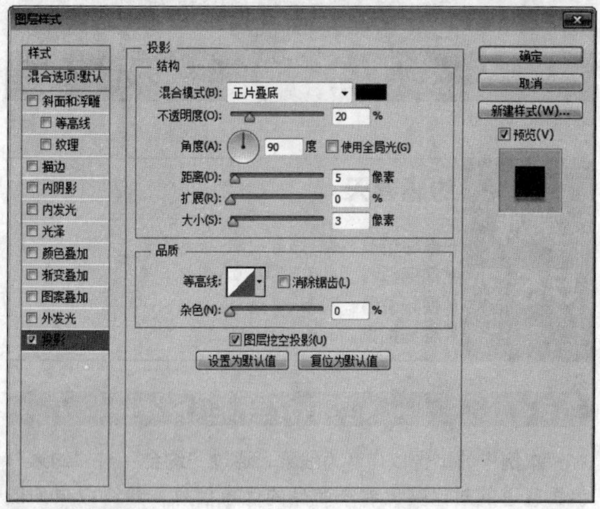

图22.161 设置投影

• 打开素材

STEP 01 选择工具箱中的“横排文字工具”T，在画布中的适当位置添加文字，如图22.162所示。

STEP 02 在“约惠春天”图层上单击鼠标右键，从弹出的快捷菜单中选择“转换形状”命令，如图22.163所示。

图22.162 添加文字

图22.163 转换形状

STEP 03 选择工具箱中的“自定形状工具”，在画布中单击鼠标右键，在弹出的面板中选择“红心形卡”形状，如图22.164所示。

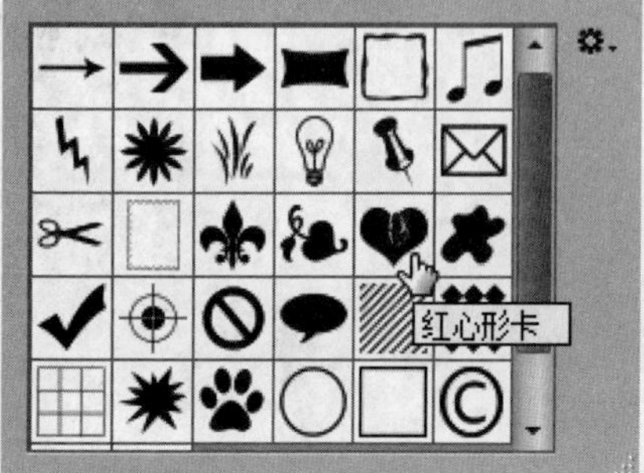

图22.164 选择形状

STEP 04 在选项栏中将“填充”更改无，“描边”更改为红色（R：200，G：0，B：0），“大小”更改为20点，在文字位置按住Shift键绘制一个心形，此时将生成一个“形状1”图层，如图22.165所示。

图22.165 绘制图形

STEP 05 在“图层”面板中选中“约惠春天”图层，单击面板底部的“添加图层蒙版”按钮，为其图层添加图层蒙版，如图22.166所示。

STEP 06 按住Ctrl键单击“形状1”图层缩览图，将其载入选区，执行菜单栏中的“选择”|“修改”|“扩展”命令，在弹出的对话框中将“扩展量”更改为3像素，完成之后单击“确定”按钮，如图22.167所示。

图22.166 添加图层蒙版

图22.167 载入并扩展选区

STEP 07 将选区填充黑色，将部分文字隐藏，再执行菜单栏中的“选择”|“修改”|“收缩”命令，在弹出的对话框中将“收缩量”更改为26像素，如图22.168所示。

图22.168 收缩选区

STEP 08 将选区填充为白色，将部分文字显示，如图22.169所示。

图22.169 显示文字

STEP 09 选择工具箱中的“矩形工具”，在选项栏中将“填充”更改为红色（R：200，G：0，B：0），“描边”更改为无，在文字底部绘制一个矩形，此时将生成一个“矩形1”图层，将“矩形1”图层移至“背景”图层上方，如图22.170所示。

图22.170 绘制图形

STEP 10 在“图层”面板中选中“矩形1”图层，单击面板底部的“添加图层蒙版”按钮，为其图层添加图层蒙版，如图22.171所示。

STEP 11 选择工具箱中的“多边形套索工具”，在心形下半部分的矩形图形位置绘制选区以选中部分多余矩形，如图22.172所示。

图22.171 添加图层蒙版

图22.172 绘制选区

STEP 12 将选区填充黑色，将部分图形隐藏，如图22.173所示。

STEP 13 选择工具箱中的“画笔工具”，在画布中单击鼠标右键，在弹出的面板中选择一种圆角笔触，将“大小”更改为25像素，“硬度”更改为100%，如图22.174所示。

图22.173 隐藏图形

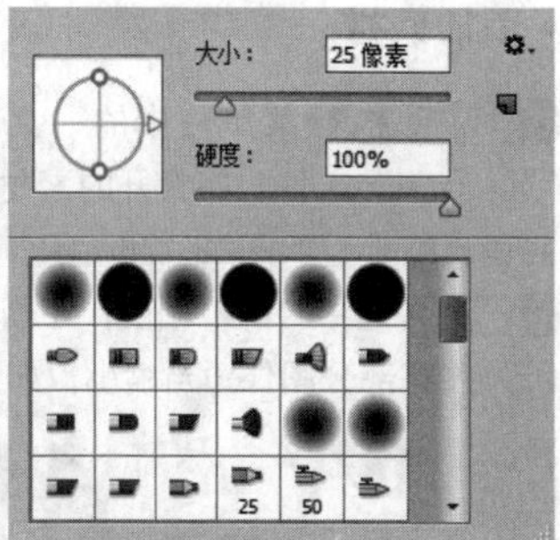

图22.174 设置笔触

STEP 14 将前景色更改为黑色，在画布中多余的位置单击，将其隐藏，如图22,175所示。

图22.175 隐藏文字

STEP 15 同时选中“形状1”“矩形1”及“约惠春天”图层，按Ctrl+G组合键将图层编组，此时将生成一个“组1”组，如图22,176所示。

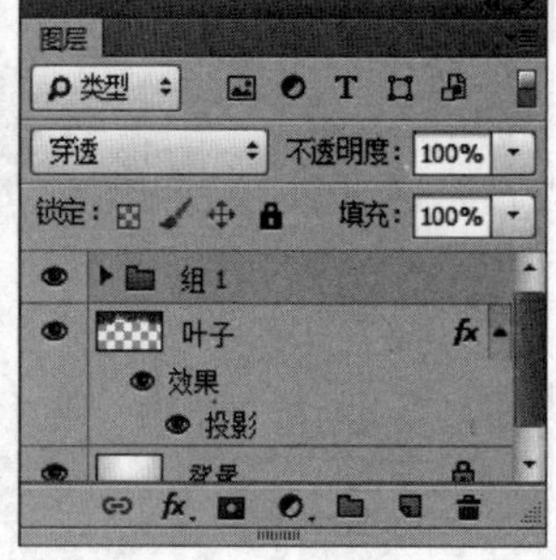

图22.176 将图层编组

STEP 16 在“图层”面板中选中“组1”图层，单击面板底部的“添加图层样式”按钮，在菜单中选择“投影”命令，在弹出的对话框中将“不透明度”更改为20%，取消“使用全局光”复选框，将“角度”更改为90度，“距离”更改为5像素，完成之后单击“确定”按钮，如图22.177所示。

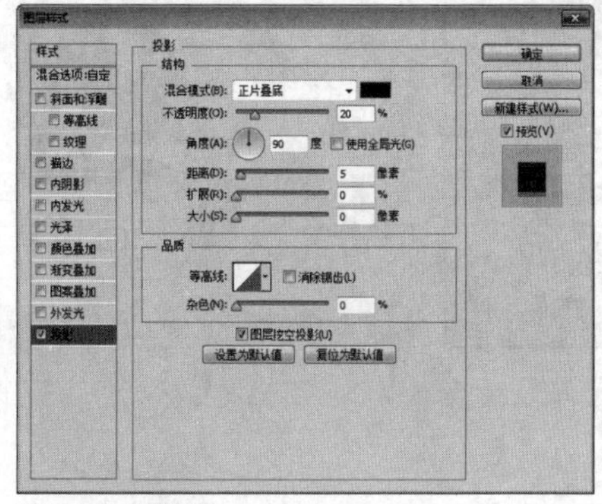

图22.177 设置投影

- **添加素材**

STEP 01 执行菜单栏中的“文件”|“打开”命令，打开“叶.psd”文件，将打开的素材拖入画布中文字左侧的位置并适当缩小，如图22.178所示。

STEP 02 选中“叶”图层，在画布中按住Alt键将图像复制两份，并将部分图像适当缩小，如图22.179所示。

图22.178 添加素材

图22.179 变换图像

STEP 03 选中“叶 拷贝”图层，执行菜单栏中的“滤镜”|“模糊”|“动感模糊”命令，在弹出的对话框中将“角度”更改为30度，“距离”更改为10像素，设置完成之后单击“确定”按钮，如图22.180所示。

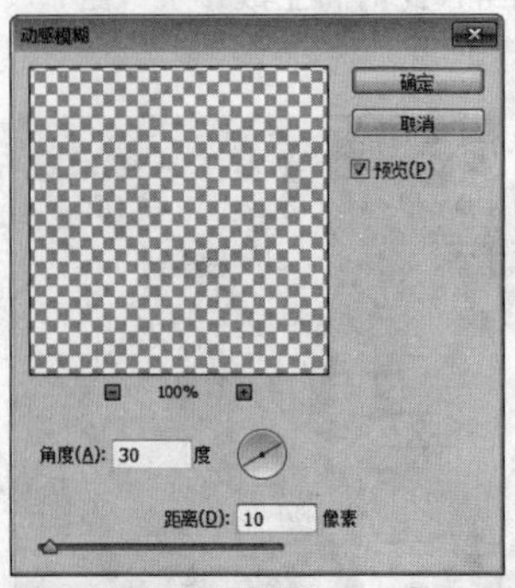

图22.180 设置动感模糊

STEP 04 选中“叶”图层，按Ctrl+Alt+F组合键打开“动感模糊”命令对话框，在弹出的对话框中将“角度”更改为-60度，“距离”更改为30像素，完成之后单击“确定”按钮，如图22.181所示。

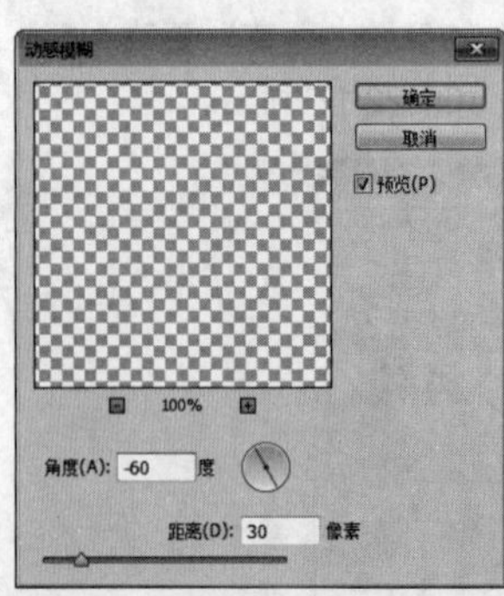

图22.181 设置动感模糊

STEP 05 执行菜单栏中的“文件”|“打开”命令，打开“叶2.psd”文件，将打开的素材拖入画布中文字右侧的位置并适当缩小，如图22.182所示。

图22.182 添加素材

STEP 06 在“图层”面板中选中“叶2”图层，将其拖至面板底部的“创建新图层”按钮上，复制1个“叶2 拷贝”图层，选中“叶2”图层，单击面板上方的“锁定透明像素”按钮将透明像素锁定，将图像填充为黑色，填充完成之后再次单击此按钮将其解除锁定，如图22.183所示。

STEP 07 选中“叶2”图层，按Ctrl+T组合键对其执行“自由变换”命令，单击鼠标右键，从弹出的快捷菜单中选择“斜切”命令，拖动变形框顶部控制点将图像变形，完成之后按Enter键确认，如图22.184所示。

图22.183 填充颜色

图22.184 将图像变形

STEP 08 选中“叶 2”图层，执行菜单栏中的“滤镜”|“模糊”|“高斯模糊”命令，在弹出的对话框中将“半径”更改为2像素，完成之后单击“确定”按钮，再将图层“不透明度”更改为30%，如图22.185所示。

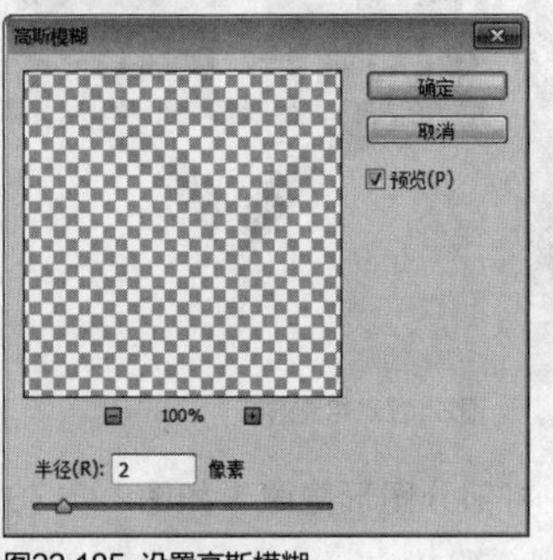

图22.185 设置高斯模糊

STEP 09 选择工具箱中的“横排文字工具” T ，在画布中添加文字，这样就完成了效果制作，最终效果如图22.186所示。

图22.186 最终效果

实战 558 潮礼福箱

- 素材位置：素材\第22章\潮礼福箱
- 案例位置：效果\第22章\潮礼福箱.psd
- 视频位置：视频\实战558.avi
- 难易指数：★★☆☆☆

• 实例介绍 •

打开并添加素材并为素材图像添加阴影，同时添加文字信息完成整个潮礼福箱广告的制作，最终效果如图22.187所示。

图22.187 最终效果

• 操作步骤 •

• 打开素材

STEP 01 执行菜单栏中的“文件”|“打开”命令，打开“背景.jpg、礼箱.psd”文件，将打开的礼箱图像拖入画布中靠右侧的位置，如图22.188所示。

图22.188 打开及添加素材

STEP 02 选择工具箱中的“钢笔工具” ，在选项栏中单击“选择工具模式” 路径 按钮，在弹出的选项中选择“形状”，将“填充”更改为黑色，“描边”更改为无，在礼箱底部绘制一个不规则图形，此时将生成一个“形状1”图层，如图22.189所示。

图22.189 绘制图形

STEP 03 选中“形状1”图层，执行菜单栏中的“滤镜”|“模糊”|“高斯模糊”命令，在弹出的对话框中将“半径”更改为5像素，完成之后单击“确定”按钮，如图22.190所示。

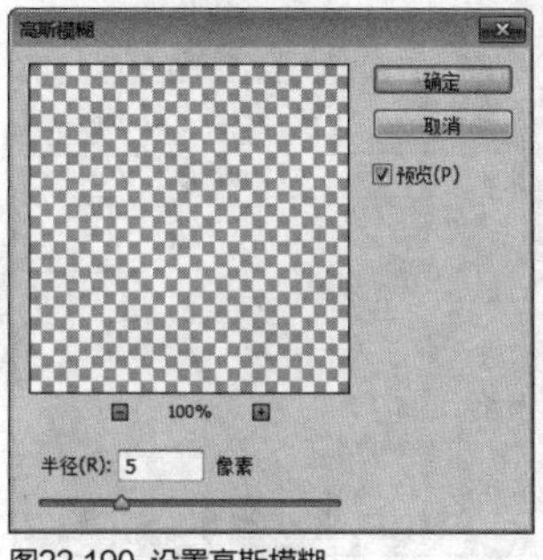

图22.190 设置高斯模糊

• 添加文字

STEP 01 选择工具箱中的“横排文字工具” T ，在画布中靠左侧的位置添加文字，如图22.191所示。

图22.191 添加文字

STEP 02 在“图层”面板中选中“潮礼”图层，单击面板底部的“添加图层样式” fx 按钮，在菜单中选择“外发光”命令，在弹出的对话框中将“混合模式”更改为正常，“不透明度”更改为50%，“颜色”更改为深红色（R：105，G：10，B：10），“大小”更改为13像素，完成之后单击“确定”按钮，如图22.192所示。

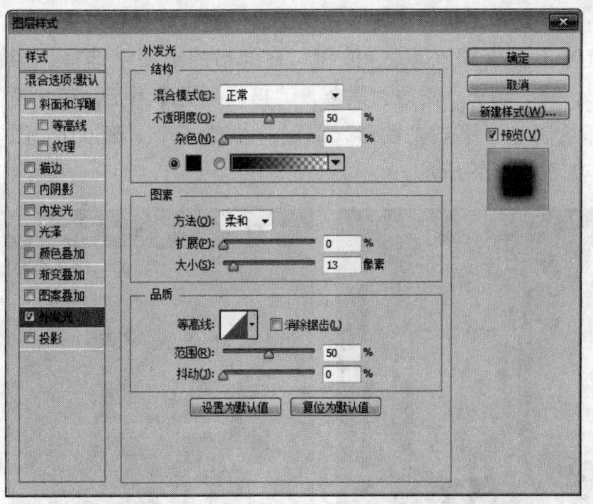
图22.192 设置外发光

STEP 03 选择工具箱中的“椭圆工具”，在选项栏中将“填充”更改为白色，“描边”更改为无，在礼盒靠右侧位置按住Shift键绘制一个正圆图形，此时将生成一个“椭圆1”图层，如图22.193所示。

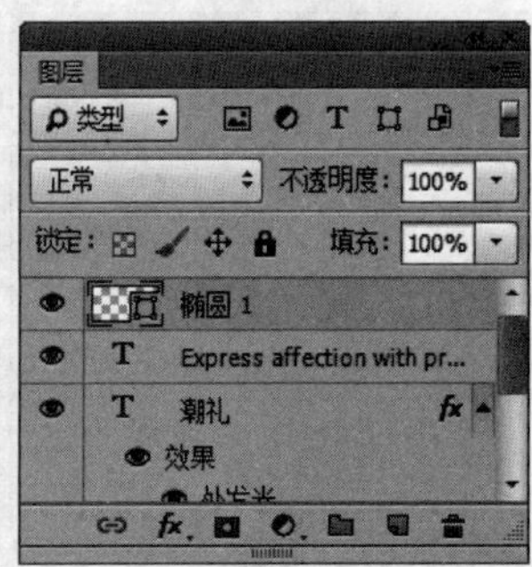
图22.193 绘制图形

STEP 04 选择工具箱中的“横排文字工具”，在圆形上添加文字，这样就完成了效果制作，最终效果如图22.194所示。

图22.194 最终效果

实战 559

情人节促销

- 素材位置：素材\第22章\情人节促销
- 案例位置：效果\第22章\情人节促销.psd
- 视频位置：视频\实战559.avi
- 难易指数：★★★☆☆

• 实例介绍 •

本例讲解情人节促销广告的制作方法。整个广告的文字信息很少，以春节和情人节的相遇为线索，同时将2种节日元素进行组合，从而产生一种令人耳目一新的广告效果，最终效果如图22.195所示。

图22.195 最终效果

• 操作步骤 •

• 打开素材

STEP 01 执行菜单栏中的“文件”|“打开”命令，打开“情人节促销\背景.jpg”文件，如图22.196所示。

图22.196 打开素材

STEP 02 选择工具箱中的“自定形状工具”，在画布中单击鼠标右键，在弹出的面板中选择“红心形卡”形状，在选项栏中填充任意一种颜色，在画布靠中间的位置绘制一个心形，此时将生成一个“形状1”图层，如图22.197所示。

图22.197 设置形状并绘制图形

• 添加素材

STEP 01 执行菜单栏中的“文件”|“打开”命令，打开“花.psd”文件，将打开的素材拖入画布的中心形位置并适当缩小，如图22.198所示。

STEP 02 选中“花”图像，按住Alt键将图像复制数份铺满整个心形并将部分图像缩小及旋转，完成之后将“形状1”图层删除，如图22.199所示。

图22.198 添加素材　　图22.199 复制并变换图像

STEP 03 选择工具箱中的“横排文字工具” T，在画布中的适当位置添加文字，这样就完成了效果制作，最终效果如图22.200所示。

图22.200 最终效果

实战 560

开春礼

- 素材位置：素材\第22章\开春礼
- 案例位置：效果\第22章\开春礼.psd
- 视频位置：视频\实战560.avi
- 难易指数：★★☆☆☆

• 实例介绍 •

本例讲解开春礼广告的制作方法。本例的制作重点在于立体文字的制作，同时在色彩搭配上以鲜艳的对比色为主，最终效果如图22.201所示。

图22.201 最终效果

• 操作步骤 •

● 打开素材

STEP 01 执行菜单栏中的“文件”|“打开”命令，打开“背景.jpg”文件。

STEP 02 选择工具箱中的“横排文字工具” T，在画布中的适当位置添加文字，如图22.202所示。

图22.202 添加文字

STEP 03 选择工具箱中的“椭圆工具”，在选项栏中将“填充”更改为无，“描边”更改为深红色（R：80，G：30，B：33），“大小”更改为6点，在文字中间的位置按住Shift键绘制一个正圆图形，此时将生成一个“椭圆1”图层，如图22.203所示。

图22.203 绘制图形

STEP 04 在“图层”面板中选中“开春”图层，单击面板底部的“添加图层蒙版”按钮，为其图层添加图层蒙版，如图22.204所示。

STEP 05 按住Ctrl键单击“椭圆1”图层缩览图，将其载入选区，如图22.205所示。

图22.204 添加图层蒙版　　图22.205 载入选区

STEP 06 执行菜单栏中的“选择”|“修改”|“扩展”命令，在弹出的对话框中将“扩展量”更改为10像素，完成之后单击“确定”按钮，如图22.206所示。

STEP 07 将选区填充为黑色，将部分图形隐藏，完成之后按Ctrl+D组合键将选区取消，如图22.207所示。

图22.206 扩展选区　　图22.207 隐藏图形

STEP 08 选择工具箱中的“横排文字工具”T，在椭圆图形中心的位置添加文字，如图22.208所示。

STEP 09 在“礼”图层缩览图上单击鼠标右键，从弹出的快捷菜单中选择“转换为形状”命令，如图22.209所示。

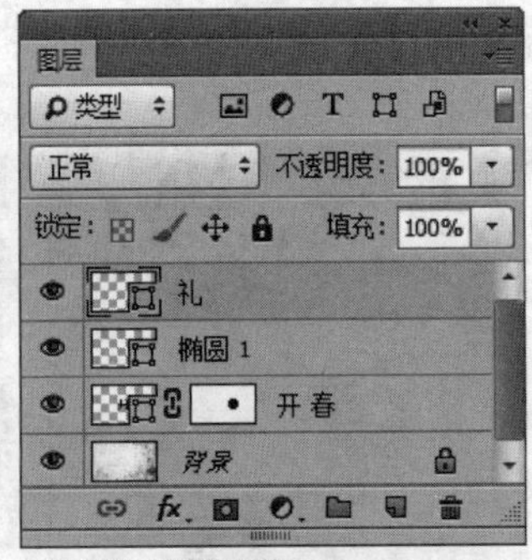

图22.208 添加文字　　图22.209 转换为形状

STEP 10 同时选中除“背景”图层之外的所有图层，按Ctrl+G组合键将图层编组，此时将生成一个“组1”组，如图22.210所示。

图22.210 将图层编组

● **将文字变形**

STEP 01 选中“组1”组，按Ctrl+T组合键对其执行“自由变换”命令，单击鼠标右键，从弹出的快捷菜单中选择“透视”命令，拖动控制点将文字变形，完成之后按Enter键确认，如图22.211所示。

STEP 02 在“图层”面板中选中“组1”组，将其拖至面板底部的“创建新图层”按钮上，复制1个“组1 拷贝”组，如图22.212所示。

图22.211 将文字变形　　图22.212 复制组

STEP 03 在“图层”面板中选中“组1 拷贝”组，单击面板底部的“添加图层样式”fx按钮，在菜单中选择“渐变叠加”命令，在弹出的对话框中将“渐变”更改为黄色（R：255，G：212，B：95）到紫红色（R：250，G：52，B：155），“样式”更改为径向，“角度”更改为0，“缩放”更改为40%，完成之后单击“确定”按钮，如图22.213所示，最后将该图层向上稍移动一些。

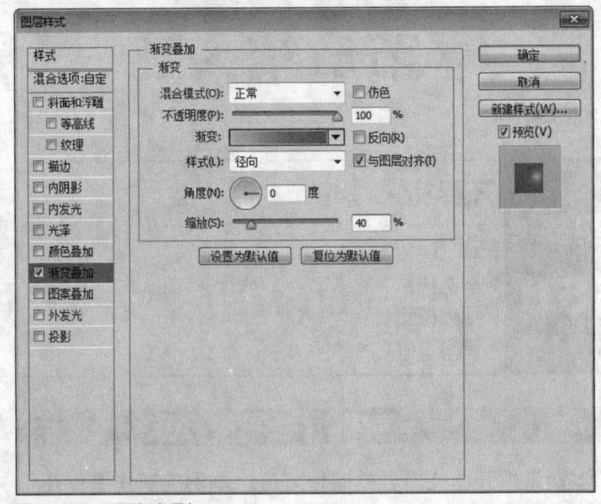

图22,213 设置渐变叠加

STEP 04 单击面板底部的“创建新图层”按钮，新建一个“图层1”图层，如图22.214所示。

STEP 05 选择工具箱中的“画笔工具”，在画布中单击鼠标右键，在弹出的面板中选择一种圆角笔触，将“大小”更改为150像素，“硬度”更改为0%，在选项栏中将“不透明度”更改为50%，如图22.215所示。

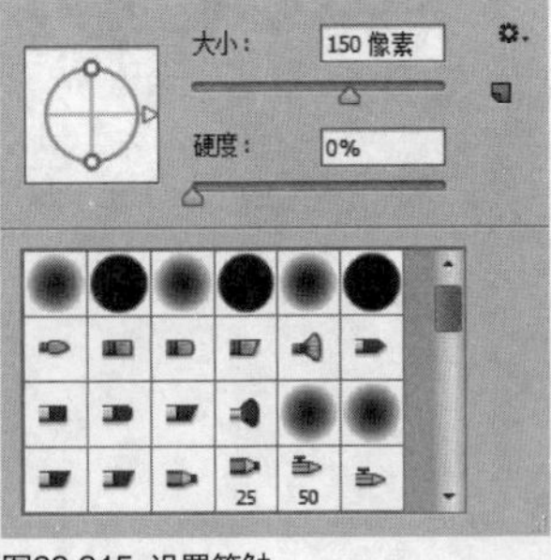

图22.214 新建图层　　图22.215 设置笔触

STEP 06 将前景色更改为白色，选中“图层1”图层，在文字位置单击添加高光，如图22.216所示。

图22.216 添加高光

STEP 07 在“图层”面板中选中“图层1”图层，将其图层混合模式设置为“叠加”，如图22.217所示。

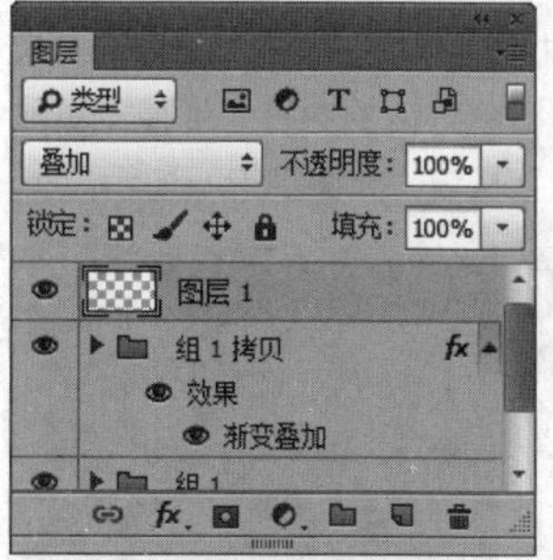

图22.217 设置图层混合模式

STEP 08 在“图层”面板中选中“组1”组，单击面板底部的“添加图层样式”fx按钮，在菜单中选择“投影”命令，在弹出的对话框中将“不透明度”更改为50%，取消“使用全局光”复选框，将“角度”更改为90度，“距离”更改为5像素，“大小”更改为8像素，完成之后单击“确定”按钮，如图22.218所示。

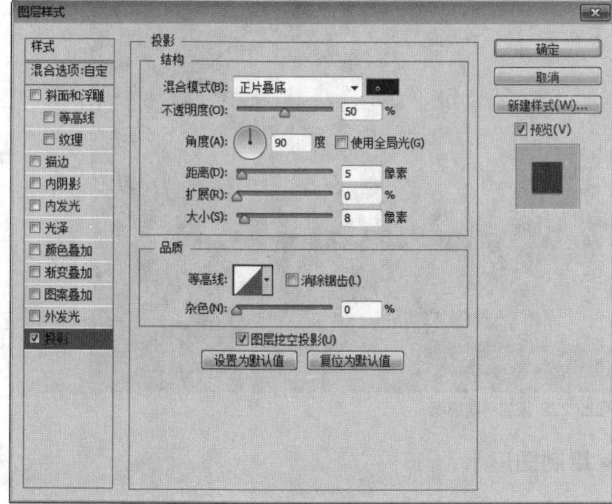

图22.218 设置投影

STEP 09 选择工具箱中的“矩形工具”■，在选项栏中将“填充”更改为白色，“描边”更改为无，在文字下方绘制一个与画布相同宽度的矩形，将图层“不透明度”更改为30%，如图22.219 所示。

图22.219 绘制图形并更改不透明度

STEP 10 选择工具箱中的“横排文字工具”T，在画布中的适当位置添加文字，这样就完成了效果制作，最终效果如图22.220所示。

图22.220 最终效果

实战 561

再战双12

▶素材位置：素材\第22章\再战双12
▶案例位置：效果\第22章\再战双12.psd
▶视频位置：视频\实战561.avi
▶难易指数：★★★☆☆

• 实例介绍 •

本例讲解再战双12广告效果的制作方法。首先导入素材，然后绘制圆形并对圆形进行调整变换，最后添加文字，完成效果制作，最终效果如图22.221所示。

图22.221 最终效果

• 操作步骤 •

• 打开素材

STEP 01 执行菜单栏中的“文件”|“打开”命令，打开“背景.jpg、商品.psd”文件，将打开的商品图像拖入背景中并适当缩小，如图22.222所示。

图22.222 打开并添加素材

STEP 02 在“图层”面板中选中“电脑”图层，将其拖至面板底部的“创建新图层”按钮上，复制1个“电脑 拷贝”图层，如图22.223所示。

STEP 03 选中“电脑 拷贝”图层，按Ctrl+T组合键对其执行“自由变换”命令，单击鼠标右键，从弹出的快捷菜单中选择“垂直翻转”命令，完成之后按Enter键确认，如图22.224所示。

图22.223 复制图层

图22.224 变换图像

STEP 04 在“图层”面板中选中“电脑 拷贝”图层，单击面板底部的“添加图层蒙版”按钮，为其图层添加图层蒙版，如图22.225所示。

STEP 05 选择工具箱中的“渐变工具”，编辑黑色到白色的渐变，单击选项栏中的“线性渐变”按钮，在图像上从下至上拖动，将部分图像隐藏，为“电脑”图像制作倒影，如图22.226所示。

图22.225 添加图层蒙版

图22.226 设隐藏图形

STEP 06 以同样的方法分别为“平板电脑”“香水”图像制作倒影效果，如图22.227所示。

图22.227 制作倒影

STEP 07 选中“空调”图层，执行菜单栏中的“滤镜”|“模糊”|“高斯模糊”命令，在弹出的对话框中将“半径”更改为2像素，完成之后单击“确定”按钮，如图22.228所示。

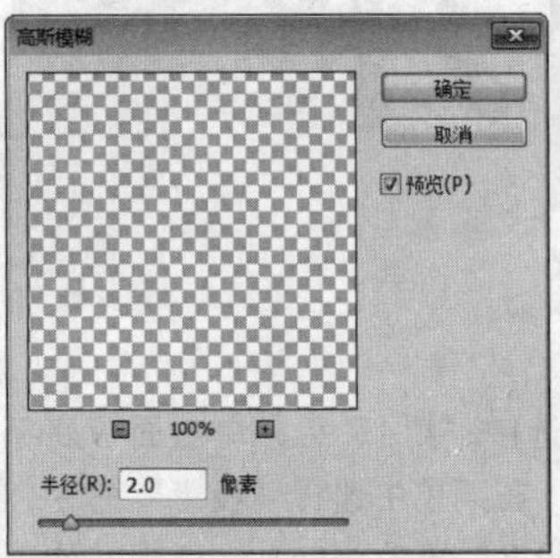

图22.228 设置高斯模糊

STEP 08 选中“空调 2”图层，按Ctrl+F组合键为其添加相同的高斯模糊效果，如图22.229所示。

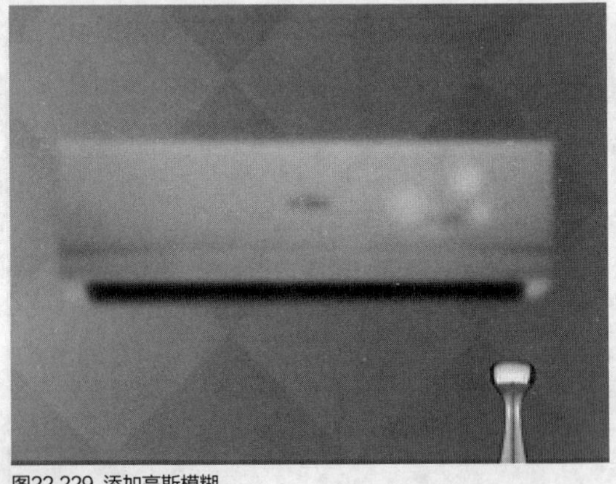

图22.229 添加高斯模糊

• 绘制图形

STEP 01 选择工具箱中的“椭圆工具”，在选项栏中将“填充”更改为白色，“描边”更改为无，在画布靠中间的位置按住Shift键绘制一个正圆图形，此时将生成一个“椭圆1”图层。

STEP 02 选中"椭圆1"图层，将其拖至面板底部的"创建新图层"按钮上，复制2个新的"椭圆1拷贝"及"椭圆1拷贝2"图层，如图22.230所示。

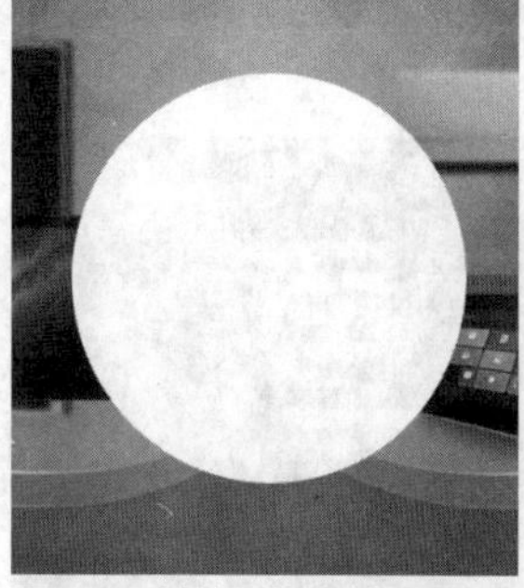

图22.230 绘制图形并复制图层

STEP 03 选中"椭圆1"图层，执行菜单栏中的"滤镜"|"模糊"|"高斯模糊"命令，在弹出的对话框中将"半径"更改为40像素，设置完成之后单击"确定"按钮，再将图层"不透明度"更改为30%，如图22.231所示。

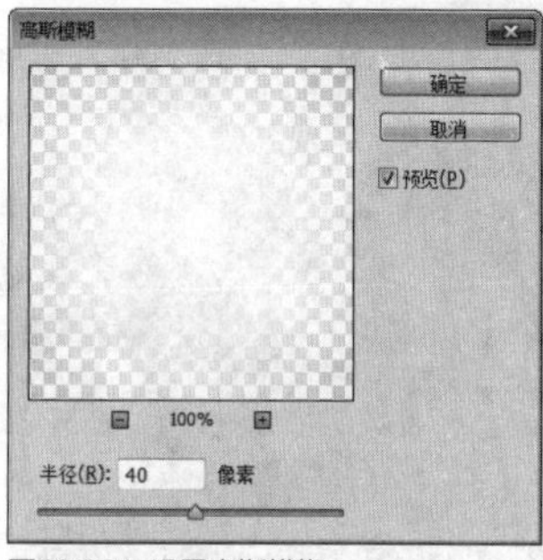

图22.231 设置高斯模糊

STEP 04 选中"椭圆1 拷贝"图层，将"填充"更改为橙色（R：230，G：145，B：3），选中"椭圆1 拷贝2"图层，将"填充"更改为红色（R：216，G：38，B：8），如图22.232所示。

图22.232 更改图形颜色

STEP 05 在"图层"面板中选中"椭圆1 拷贝"图层，单击面板底部的"添加图层蒙版"按钮，为其图层添加图层蒙版，再选中"椭圆1 拷贝2"图层，以同样的方法为其添加图层蒙版，如图22.233所示。

图22.233 添加图层蒙版

STEP 06 选择工具箱中的"多边形套索工具"，在椭圆上绘制一个不规则选区以选中部分图形，如图22.234所示。

STEP 07 单击"椭圆1 拷贝"图层蒙版缩览图，将选区填充为黑色，将部分图形隐藏。

STEP 08 执行菜单栏中的"选择"|"反向"命令，将选区反向选择，单击"椭圆1 拷贝2"图层蒙版缩览图，将选区填充为黑色，再次将部分图形隐藏，完成之后按Ctrl+D组合键将选区取消，如图22.235所示。

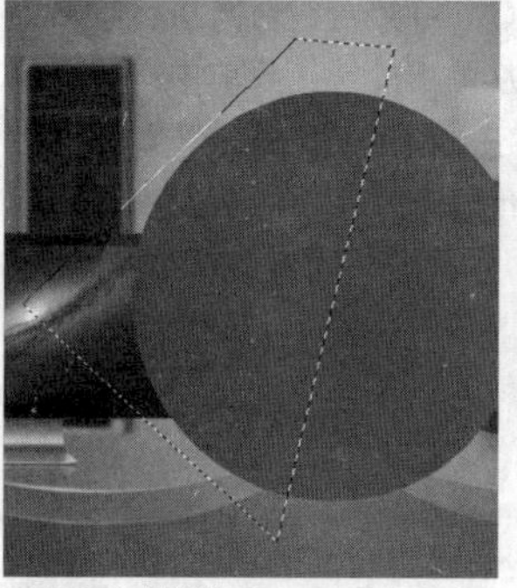

图22.234 绘制选区

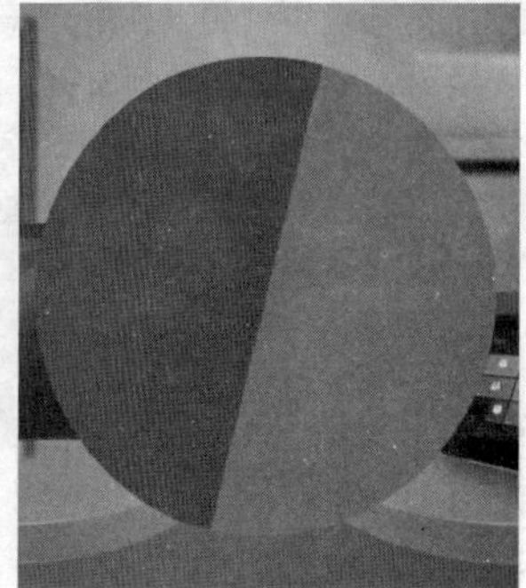

图22.235 隐藏图形

STEP 09 在"图层"面板中选中"椭圆 1 拷贝 2"图层，单击面板底部的"添加图层样式"按钮，在菜单中选择"渐变叠加"命令，在弹出的对话框中将"混合模式"更改为柔光，"渐变"更改为黑色到白色，完成之后单击"确定"按钮，如图22.236所示。

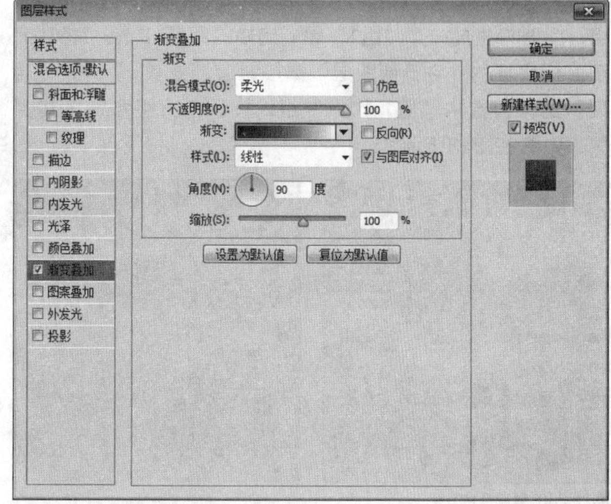

图22.236 设置渐变叠加

STEP 10 在“椭圆 1 拷贝 2”图层上单击鼠标右键，从弹出的快捷菜单中选择“拷贝图层样式”命令，在“椭圆 1 拷贝”图层上单击鼠标右键，从弹出的快捷菜单中选择“粘贴图层样式”命令，将其位置适当移动，如图22.237所示。

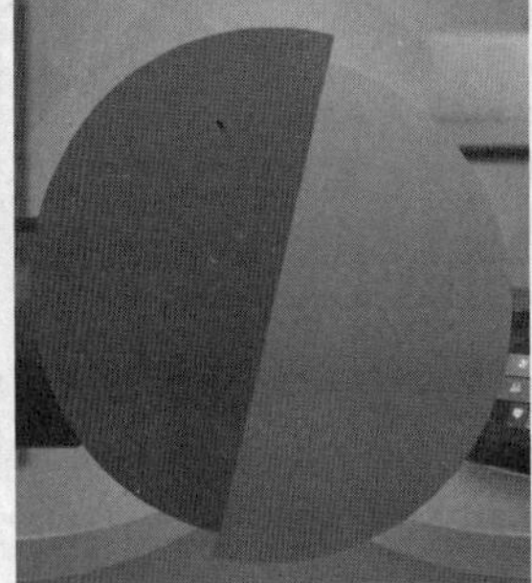

图22.237 复制并粘贴图层样式

• 添加文字

STEP 01 选择工具箱中的“横排文字工具” T，在椭圆位置添加文字，如图22.238所示。

STEP 02 选中“再”图层，按Ctrl+T组合键对其执行“自由变换”命令，单击鼠标右键，从弹出的快捷菜单中选择“斜切”命令，拖动控制点将文字变形，完成之后按Enter键确认，以同样的方法分别选中其他几个文字图层将其变形，如图22.239所示。

图22.238 添加文字

图22.239 将文字变形

STEP 03 同时选中所有文字图层，按Ctrl+G组合键将其编组，此时将生成一个“组1”组，选中“组1”图层，将其拖至面板底部的“创建新图层”按钮上，复制1个“组1 拷贝”组，再选中“组1 拷贝”组，按Ctrl+E组合键将其合并，如图22.240所示。

图22.240 复制及合并组

STEP 04 在“图层”面板中选中“组1 拷贝”图层，单击面板上方的“锁定透明像素”按钮将当前图层中的透明像素锁定，将图像填充为黄色（R：255，G：234，B：117），填充完成之后再次单击此按钮将其解除锁定，如图22.241所示。

图22.241 锁定透明像素并填充颜色

STEP 05 选中“组1”组，将其向下方稍微移动，这样就完成了效果制作，最终效果如图22.242所示。

图22.242 最终效果

实战 562

促销信息

▶素材位置：素材\第22章\促销信息
▶案例位置：效果\第22章\促销信息.psd
▶视频位置：视频\实战562.avi
▶难易指数：★★★☆☆

• 实例介绍 •

促销信息的制作重点在于醒目的促销信息，整个信息应当明了、易懂，最终效果如图22.243所示。

图22.243 最终效果

• 操作步骤 •

• 打开素材

STEP 01 执行菜单栏中的“文件”|“打开”命令，打开“背景.jpg”文件，如图22.244所示。

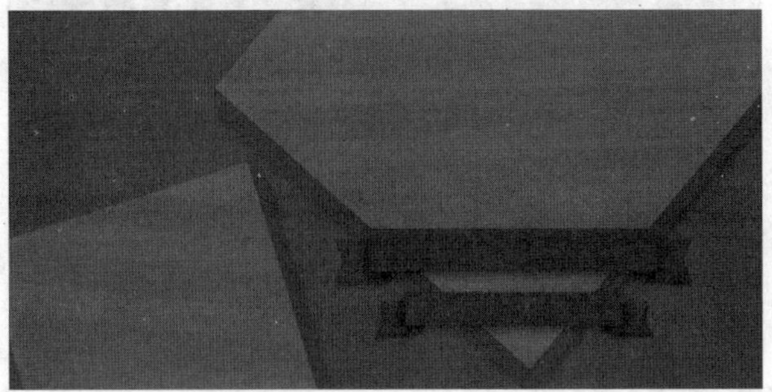

图22.244 打开素材

STEP 02 选择工具箱中的“横排文字工具” T，在画布中的适当位置添加文字，如图22.245所示。

图22.245 添加文字

STEP 03 选中“全场3折起”图层，按Ctrl+T组合键对其执行“自由变换”命令，单击鼠标右键，从弹出的快捷菜单中选择“斜切”命令，拖动变形框控制点将文字变形，完成之后按Enter键确认，以同样的方法分别选中其他几个文字将其变形，如图22.246所示。

图22.246 将文字变形

STEP 04 在“图层”面板中选中“全场3折起”图层，单击面板底部的“添加图层样式” fx 按钮，在菜单中选择“渐变叠加”命令，在弹出的对话框中将“渐变”更改为黄色（R：247，G：227，B：114）到淡黄色（R：250，G：255，B：174），完成之后单击“确定”按钮，如图22.247所示。

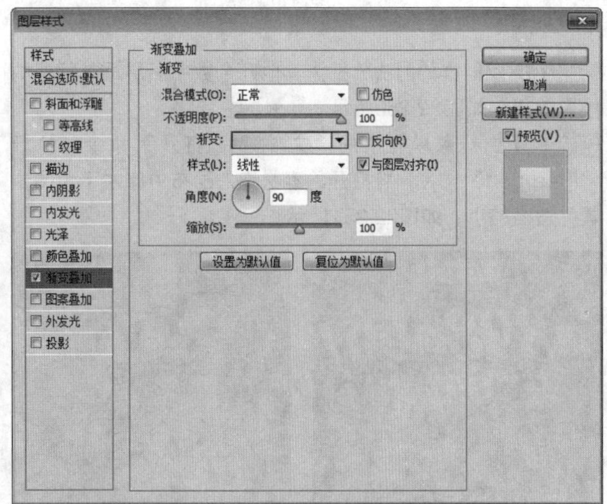

图22.247 设置渐变叠加

STEP 05 在“全场3折起”图层上单击鼠标右键，从弹出的快捷菜单中选择“拷贝图层样式”命令，分别选中其他几个文字图层，在其图层名称上单击鼠标右键，从弹出的快捷菜单中选择“粘贴图层样式”命令，如图22.248所示。

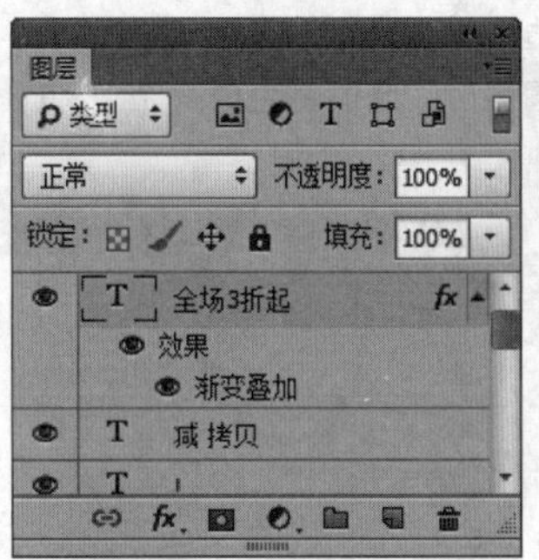

图22.248 复制并粘贴图层样式

STEP 06 双击“398”图层样式名称，在弹出的对话框中勾选“投影”复选框，将“不透明度”更改为40%，完成之后单击“确定”按钮，如图22.249所示。

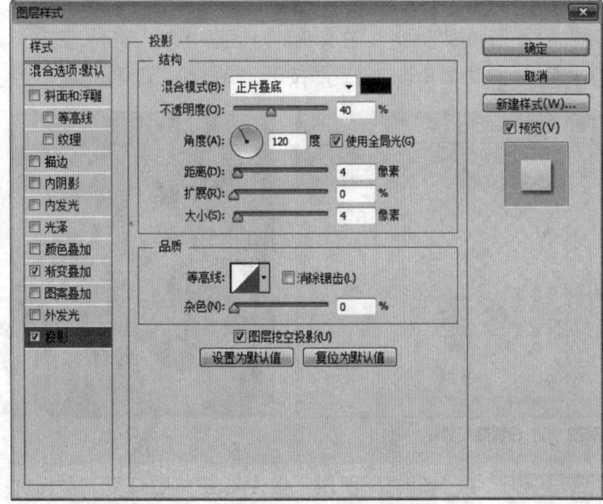

图22.249 设置投影

● 添加素材

STEP 01 以同样的方法分别为其他几个数字图层添加相似的投影效果，如图22.250所示。

STEP 02 执行菜单栏中的“文件”|“打开”命令，打开“iPad.psd”文件，将打开的素材拖入画布中靠左下角的位置并适当缩小，如图22.251所示。

图22.250 添加投影效果

图22.251 添加素材

● 绘制图形

STEP 01 选择工具箱中的“椭圆工具”，在选项栏中将“填充”更改为白色，“描边”更改为无，在画布靠左侧的位置按住Shift键绘制一个正圆图形，此时将生成一个“椭圆1”图层，如图22.252所示。

图22.252 绘制图形

STEP 02 选中“椭圆1”图层，执行菜单栏中的“滤镜”|“模糊”|“高斯模糊”命令，在弹出的对话框中将“半径”更改为8像素，完成之后单击“确定”按钮，如图22.253所示。

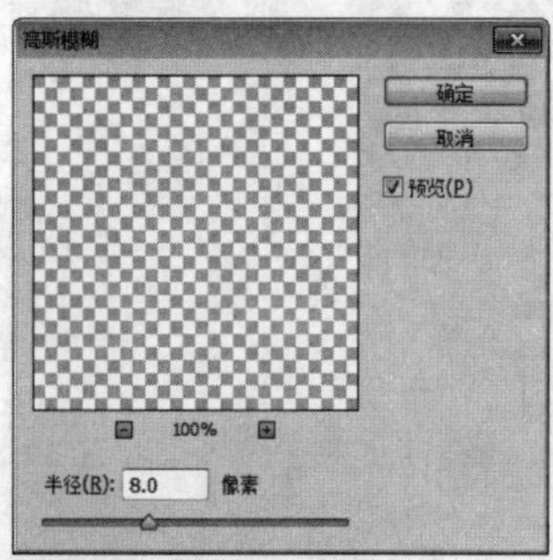

图22.253 设置高斯模糊

STEP 03 选中“椭圆1”图层，按住Alt键将图像复制数份并将部分图像缩小，这样就完成了效果制作，最终效果如图22.254所示。

图22.254 最终效果

实战 563 年终大促

▶素材位置：素材\第22章\年终大促
▶案例位置：效果\第22章\年终大促.psd
▶视频位置：视频\实战563.avi
▶难易指数：★★☆☆☆

• 实例介绍 •

本例讲解年终大促广告的制作方法。整个广告的制作围绕醒目的文字信息与炫目的光效进行，在制作过程中应当注意文字的颜色与背景的搭配，最终效果如图22.255所示。

图22.255 最终效果

• 操作步骤 •

● 打开素材

STEP 01 执行菜单栏中的“文件”|“打开”命令，打开“背景.jpg”文件。

STEP 02 选择工具箱中的“横排文字工具”T，在画布中的适当位置添加文字，如图22.256所示。

图22.256 打开素材并添加文字

STEP 03 选中“底价出击”图层，按Ctrl+T组合键对其执行“自由变换”命令，单击鼠标右键，从弹出的快捷菜单中选择“斜切”命令，拖动变形框控制点将文字变形，完成之后按Enter键确认，以同样的方法选中“年中大促”图层，将文字变形，如图22.257所示。

图22.257 将文字变形

STEP 04 在“图层”面板中同时选中“底价出击”及“年中大促”图层，将其拖至面板底部的“创建新图层”按钮上，复制1个拷贝图层，并将拷贝图层中的文字颜色更改为黄色（R：254，G：235，B：75），如图22.258所示。

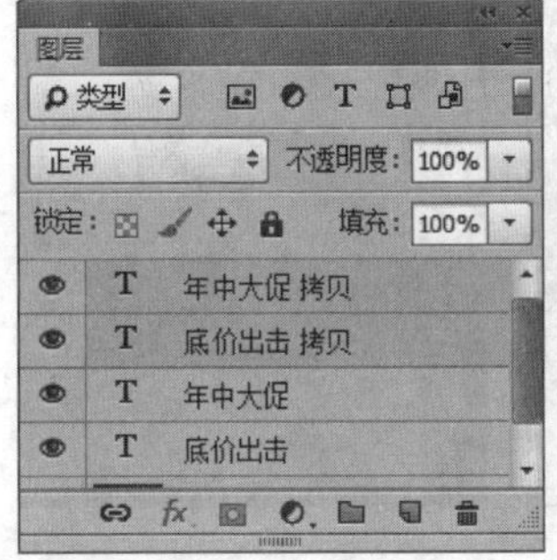

图22.258 复制图层并更改颜色

STEP 05 在“图层”面板中选中“底价出击 拷贝”图层，单击面板底部的“添加图层样式”按钮，在菜单中选择“斜面和浮雕”命令，在弹出的对话框中将“大小”更改为10像素，“软化”更改为4像素，“阴影模式”中的“颜色”更改为橙色（R：255，G：138，B：0），完成之后单击“确定”按钮，如图22.259所示。

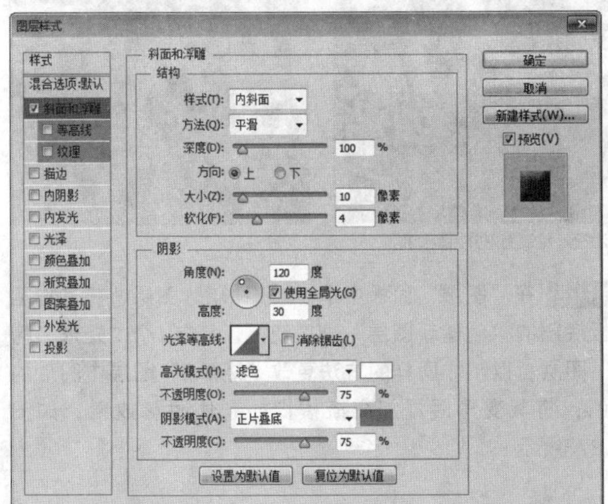

图22.259 设置斜面和浮雕

STEP 06 在“底价出击 拷贝”图层上单击鼠标右键，从弹出的快捷菜单中选择“拷贝图层样式”命令，在“年中大促拷贝”图层上单击鼠标右键，从弹出的快捷菜单中选择“粘贴图层样式”命令，如图22.260所示。

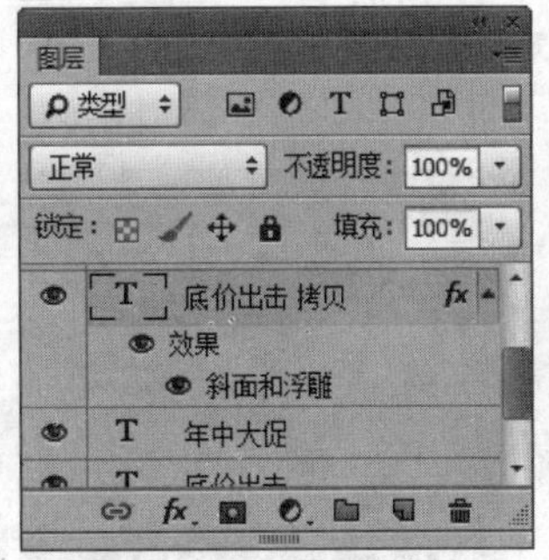

图22.260 复制并粘贴图层样式

STEP 07 同时选中“年中大促”及“底价出击”图层，按Ctrl+G组合键将图层编组，此时将生成一个“组1”组，如图22.261所示。

STEP 08 选中“组1”组，单击面板底部的“创建新图层”按钮，新建一个“图层1”图层，选中“图层1”图层，按Ctrl+Alt+G组合键为当前图层创建剪贴蒙版，如图22.262所示。

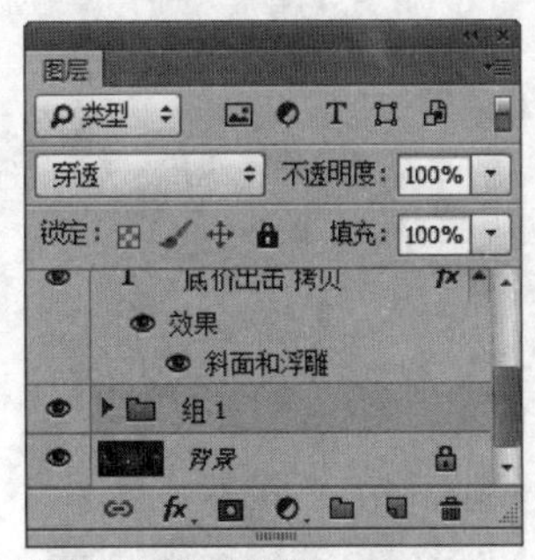

图22.261 将图层编组

图22.262 创建剪贴蒙版

STEP 09 选择工具箱中的“画笔工具”，在画布中单击鼠标右键，在弹出的面板中选择一种圆角笔触，将“大小”更改为100像素，“硬度”更改为0%，如图22.263所示。

STEP 10 将前景色更改为黄色（R：204，G：90，B：0），选中“图层1”图层，在画布中文字部分的位置单击，添加颜色，如图22.264所示。

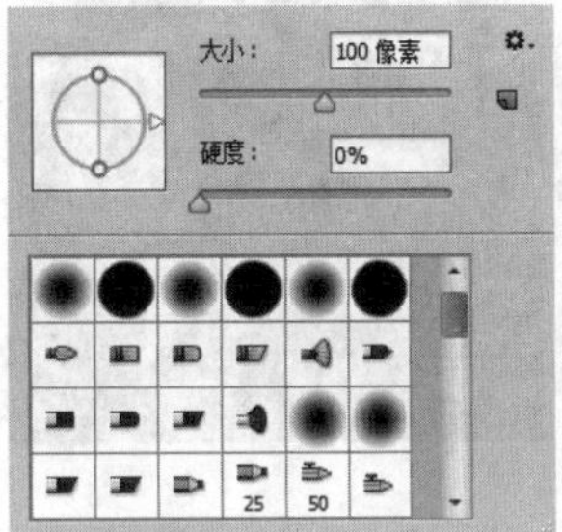

图22.263 设置笔触

图22.264 添加颜色

- **绘制图形**

STEP 01 选择工具箱中的“矩形工具”，在选项栏中将“填充”更改为紫色（R：82，G：5，B：122），“描边”更改为无，在文字下方的位置绘制一个矩形，此时将生成一个“矩形1”图层，将“矩形1”图层移至“背景”图层上方，如图22.265所示。

图22.265 绘制图形

STEP 02 选择工具箱中的“添加锚点工具”，在矩形左侧的中间位置单击，添加锚点，如图22.266所示。

STEP 03 选择工具箱中的“转换点工具”，单击添加的锚点，如图22.267所示。

图22.266 添加锚点

图22.267 转换锚点

STEP 04 选择工具箱中的“直接选择工具”，选中经过转换的锚点向内侧拖动，将图形变形，再将图形适当旋转及移动，如图22.268所示。

图22.268 将图形变形

STEP 05 在“图层”面板中选中“矩形1”图层，将其拖至面板底部的“创建新图层”按钮上，复制1个“矩形1 拷贝”图层，选中“矩形1”图层，将图形颜色更改为黑色，如图22.269所示。

STEP 06 选中“矩形1”图层，按Ctrl+T组合键对其执行“自由变换”命令，单击鼠标右键，从弹出的快捷菜单中选择“扭曲”命令，拖动变形框控制点将图形扭曲变形，完成之后按Enter键确认，如图22.270所示。

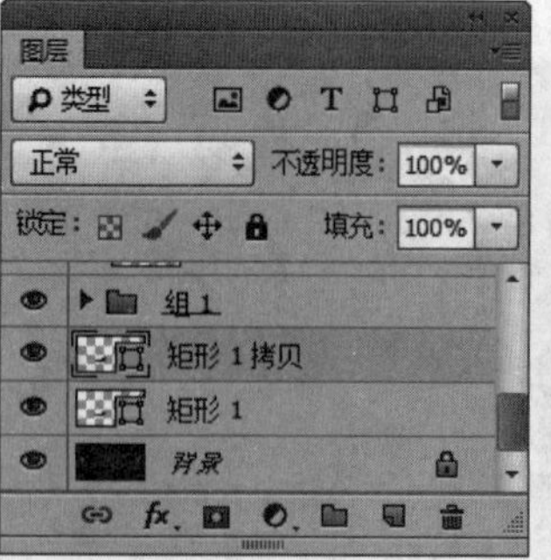

图22.269 更改图形颜色

图22.270 将图形变形

STEP 07 选中“矩形1”图层，执行菜单栏中的“滤镜”|“模糊”|“高斯模糊”命令，在弹出的对话框中将“半径”更改为3，完成之后单击“确定”按钮，如图22.271所示。

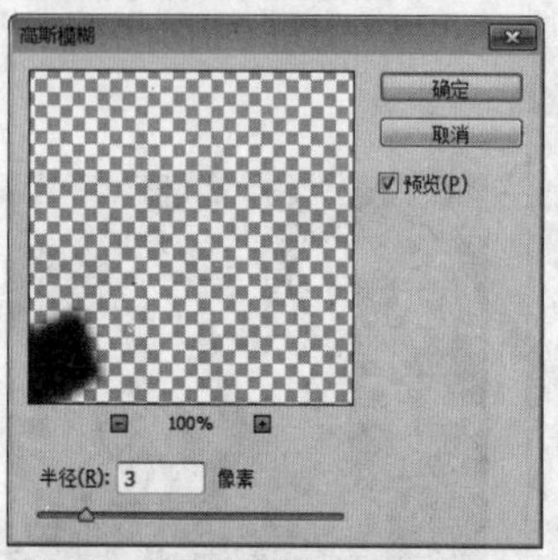

图22.271 设置高斯模糊

STEP 08 以刚才同样的方法在文字底部位置再次绘制一个图形，此时将生成一个“矩形2”图层，将其变形，如图22.272所示。

图22.272 绘制图形并将其变形

STEP 09 在“图层”面板中选中“矩形2”图层，将其拖至面板底部的“创建新图层”按钮上，复制1个“矩形2 拷贝”图层，以刚才同样的方法更改“矩形2”图层中图形的颜色，将其变形后添加高斯模糊并制作阴影效果，如图22.273所示。

图22.273 复制图层制作阴影

● **添加文字**

STEP 01 选择工具箱中的“横排文字工具” T，在画布中的适当位置添加文字，如图22.274所示。

STEP 02 同时选中添加的2个文字图层，在其图层名称上单击鼠标右键，从弹出的快捷菜单中选择“转换为形状”命令，如图22.275所示。

图22.274 添加文字

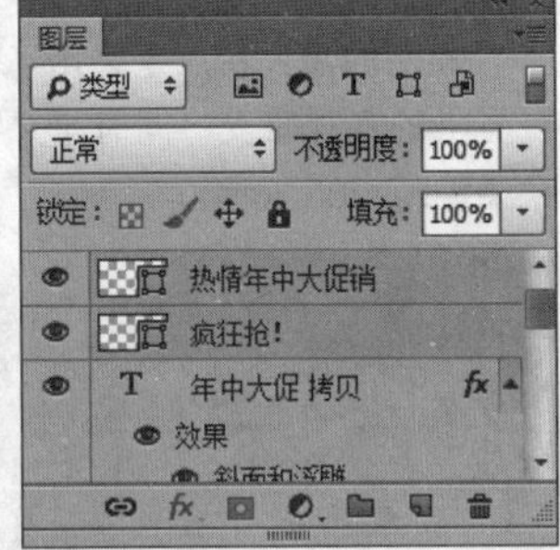

图22.275 转换形状

STEP 03 选中“疯狂抢”图层，按Ctrl+T组合键对其执行“自由变换”命令，单击鼠标右键，从弹出的快捷菜单中选择“扭曲”命令，拖动变形框控制点将文字变形，完成之后按Enter键确认，以同样的方法选中“热情年中大促销”图层，将文字变形，如图22.276所示。

图22.276 将文字变形

STEP 04 选择工具箱中的“矩形工具”，在选项栏中将“填充”更改为紫色（R：82，G：5，B：122），“描边”更改为无，在文字右上角的位置绘制一个矩形并将矩形适当旋转，此时将生成一个“矩形3”图层，将“矩形3”图层移至“年中大促 拷贝”图层下方，如图22.277所示。

STEP 05 执行菜单栏中的“文件”|“打开”命令，打开“礼品盒.psd”文件，将打开的素材拖入画布中刚才绘制的矩形右上角的位置并适当缩小，如图22.278所示。

图22.277 绘制图形

图22.278 添加素材

STEP 06 选择工具箱中的“钢笔工具”，在选项栏中单击“选择工具模式” 路径 按钮，在弹出的选项中选择“形状”，将“填充”更改为黄色（R：255，G：224，B：5），“描边”更改为无，在文字左侧位置绘制一个三角形图形，此时将生成一个“形状1”图层，如图22.279所示。

图22.279 绘制图形

STEP 07 选中“形状1”图层，执行菜单栏中的“滤镜”|“模糊”|“动感模糊”命令，在弹出的对话框中将“角度”更改为70度，“距离”更改为20像素，设置完成之后单击“确定”按钮，如图22.280所示。

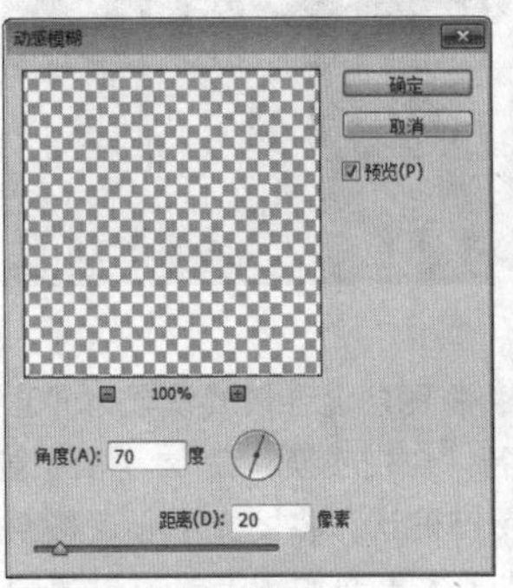

图22.280 设置动感模糊

STEP 08 选中“形状1”图层，按住Alt键将图像复制数份并将部分图像适当缩小、移动及旋转，如图22.281所示。

图22.281 复制图层并变换图像

• 添加光效

STEP 01 单击面板底部的“创建新图层”按钮，新建一个“图层2”图层，选中“图层2”图层，将其填充为黑色，如图22,282所示。

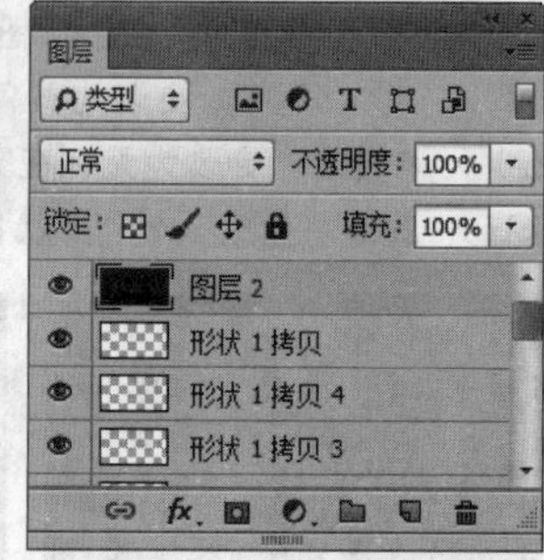

图22.282 新建图层并填充颜色

STEP 02 选中“图层2”图层，执行菜单栏中的“滤镜”|“渲染”“镜头光晕”命令，在弹出的对话框中将“亮度”更改为80%，勾选“50-300毫米变焦”单选按钮，完成之后单击“确定”按钮，如图22.283所示。

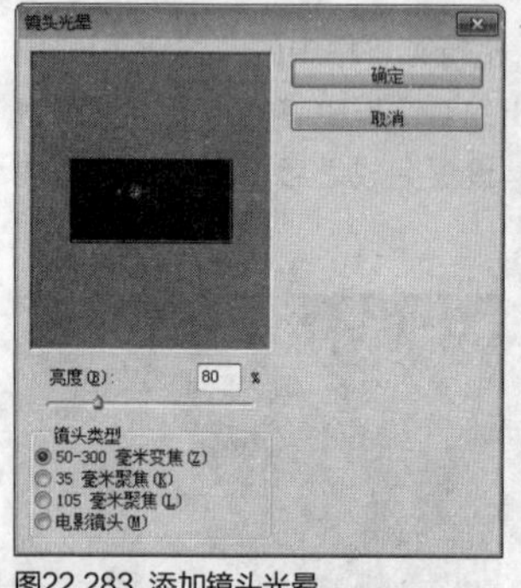

图22.283 添加镜头光晕

STEP 03 选中“图层 2”图层，将图层混合模式设置为“滤色”，按Ctrl+T组合键对其执行“自由变换”命令，将图像等比例缩小，完成之后按Enter键确认，将发光中心点移至上方文字的位置，这样就完成了效果制作，最终效果如图22.284所示。

图22.284 最终效果

实战 564

疯狂底价

▶素材位置：素材\第22章\疯狂底价
▶案例位置：效果\第22章\疯狂底价.psd
▶视频位置：视频\实战564.avi
▶难易指数：★★★☆☆

• 实例介绍 •

本例的最大特点是采用了夸张的拟物化图像，给人一种视觉上的直观感受，同时与文字的组合也十分协调，最终效果如图22.285所示。

图22.285 最终效果

• 操作步骤 •

• 打开素材

STEP 01 执行菜单栏中的“文件”|“打开”命令，打开“背景.jpg”文件，如图22.286所示。

图22.286 打开素材

STEP 02 选择工具箱中的“钢笔工具”，在选项栏中单击“选择工具模式” 路径 按钮，在弹出的选项中选择“形状”，将“填充”更改为白色，绘制一个不规则图形，此时将生成一个“形状1”图层，如图22.287所示。

图22.287 绘制图形

STEP 03 在“图层”面板中选中“形状 1”图层，将其拖至面板底部的“创建新图层”按钮上，复制1个“形状 1 拷贝”图层，如图22.288所示。

STEP 04 选中“形状 1 拷贝”图层，按Ctrl+T组合键对其执行“自由变换”命令，单击鼠标右键，从弹出的快捷菜单中选择“水平翻转”命令，完成之后按Enter键确认，将图形与原图形对齐，如图22.289所示。

图22.288 复制图层

图22.289 变换图形

STEP 05 选择工具箱中的“钢笔工具”，在选项栏中单击“选择工具模式” 路径 按钮，在弹出的选项中选择“形状”，将“填充”更改为白色，在刚才绘制的图形的底部位置绘制一个不规则图形，此时将生成一个“形状2”图层，如图22.290所示。

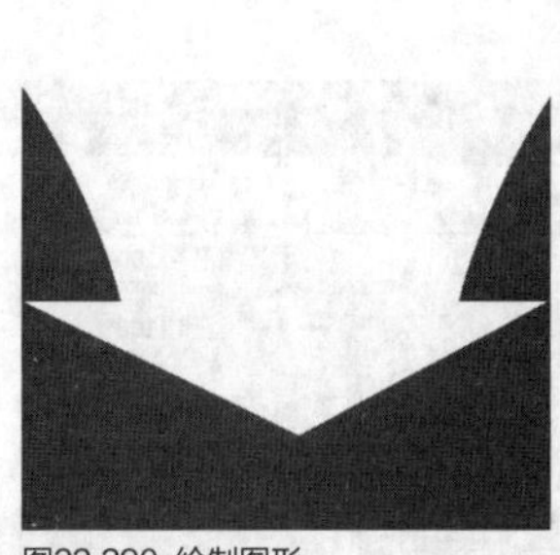

图22.290 绘制图形

STEP 06 同时选中除“背景”图层之外的所有图层，按Ctrl+E组合键将其合并，将生成的图层名称更改为“箭头”，如图22.291所示。

图22.291 合并图层

STEP 07 在“图层”面板中选中“箭头”图层，单击面板底部的“添加图层样式”按钮，在菜单中选择“渐变叠加”命令，在弹出的对话框中将“渐变”更改为橙色（R：255，G：158，B：0）到橙色（R：253，G：202，B：50），完成之后单击“确定”按钮，如图22.292所示。

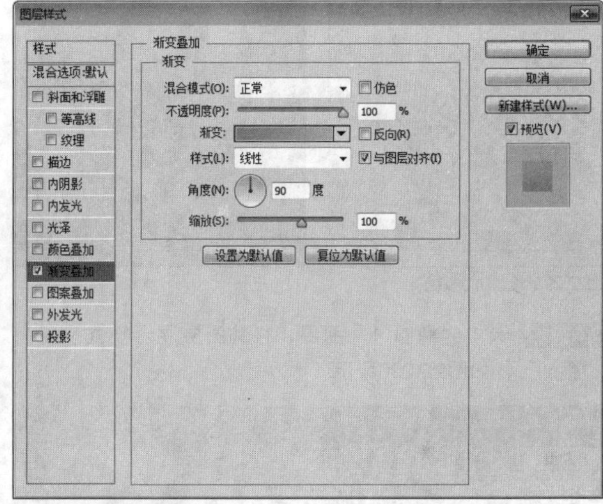

图22.292 设置渐变叠加

STEP 08 选择工具箱中的“椭圆工具”，在选项栏中将“填充”更改为白色，“描边”更改为无，在箭头图形的底部位置绘制一个椭圆图形，此时将生成一个“椭圆1”图层，如图22.293所示。

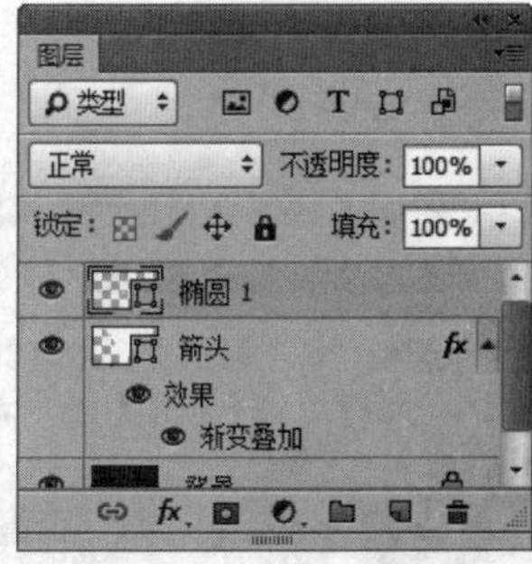

图22.293 绘制图形

STEP 09 选中“椭圆1”图层，执行菜单栏中的“滤镜”|“模糊”|“高斯模糊”命令，在弹出的对话框中将“半径”更改为6像素，完成之后单击“确定”按钮，如图22.294所示。

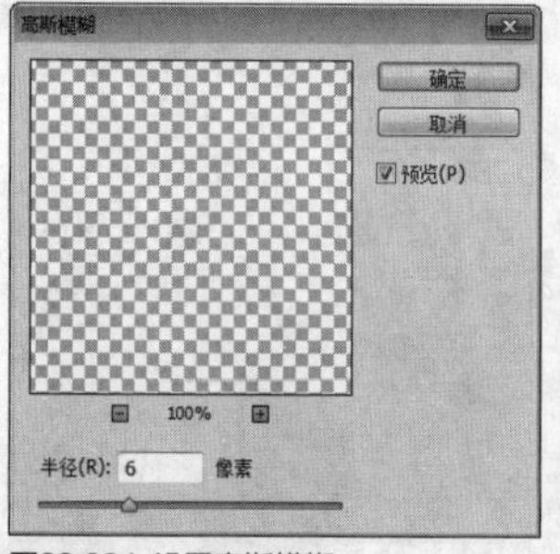

图22.394 设置高斯模糊

STEP 10 执行菜单栏中的“滤镜”|“模糊”|“动感模糊”命令，在弹出的对话框中将“角度”更改为0度，“距离”更改为100像素，设置完成之后单击“确定”按钮，如图22.295所示。

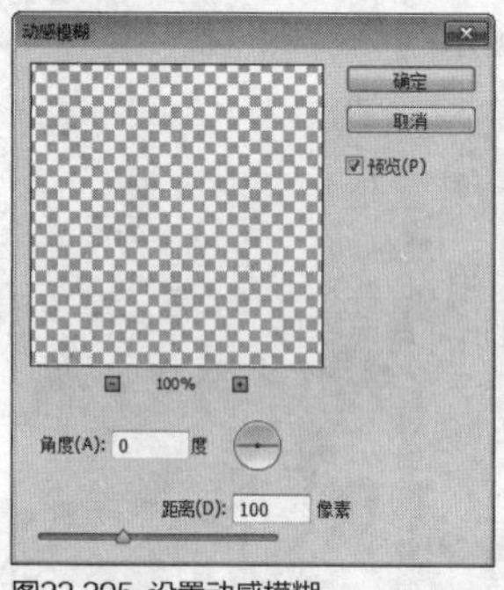
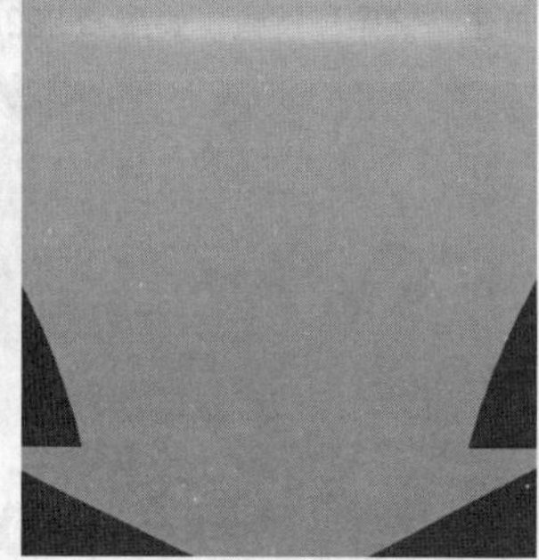

图22.295 设置动感模糊

STEP 11 选中“椭圆 1”图层，将其图层混合模式设置为“叠加”，如图22.296所示。

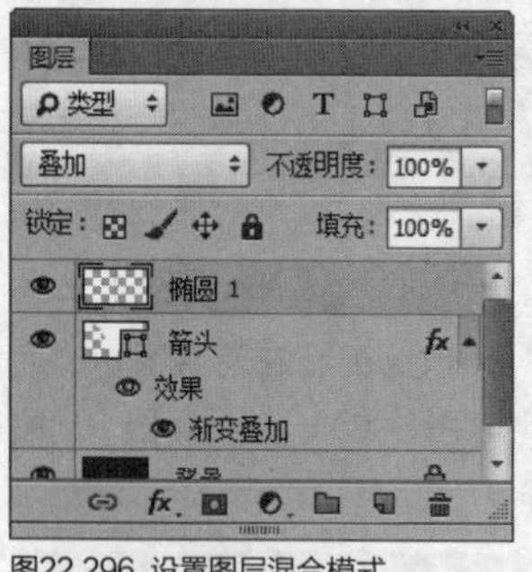
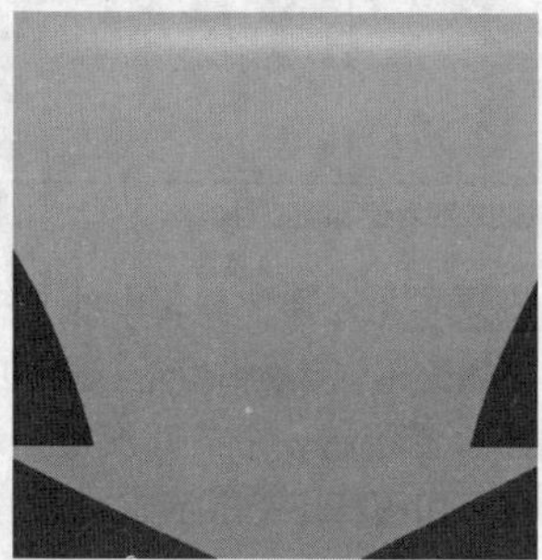

图22.296 设置图层混合模式

• 添加文字

STEP 01 选择工具箱中的“横排文字工具”T，在画布中的适当位置添加文字，如图22.297所示。

图22.297 添加文字

STEP 02 同时选中“一降到底”“年终疯狂”图层，在其图层上单击鼠标右键，从弹出的快捷菜单中选择“转换为形状”命令，如图22,298所示。

STEP 03 选择工具箱中的“直接选择工具”，拖动文字锚点将其变形，如图22.399所示。

图22.298 转换形状

图22.299 将文字变形

STEP 04 选择工具箱中的“多边形工具”，在选项栏中将“填充”更改为红色（R：190，G：5，B：2），单击选项栏中的图标，在弹出的选项中，分别勾选“星形”及“平滑缩进”复选框，将“缩进边依据”更改为80%，“边”更改为8，在文字左下角的位置绘制一个多边形，此时将生成一个“多边形1”图层，如图22.300所示。

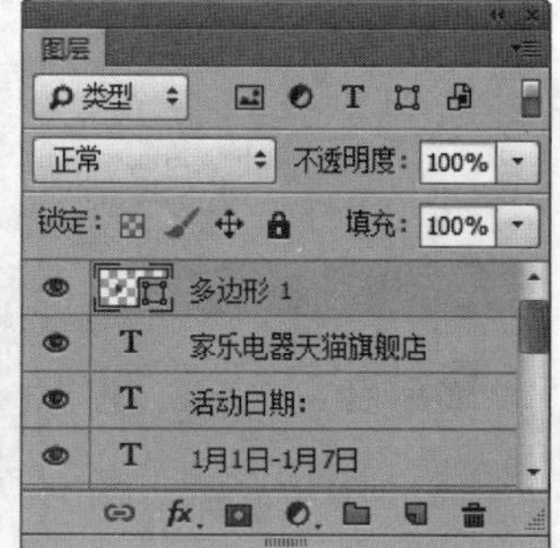

图22.300 绘制图形

STEP 05 选中“多边形1”图层，按Ctrl+T组合键对其执行“自由变换”命令，单击鼠标右键，从弹出的快捷菜单中选择“扭曲”命令，拖动变形框控制点将图形扭曲变形，完成之后按Enter键确认，如图22.301所示。

STEP 06 同时选中“多边形 1”“一降到底”及“年终疯狂”图层，按Ctrl+E组合键将其合并，此时将生成一个“多边形1”图层，如图22.302所示。

图22.301 将图形变形

图22.302 合并图层

STEP 07 在“图层”面板中选中“多边形1”图层，单击面板底部的“添加图层样式”按钮，在菜单中选择“投影”命令，在弹出的对话框中将“混合模式”更改为正常，“颜色”更改为黄色（R：247，G：190，B：114），“不透明度”更改为100%，取消“使用全局光”复选框，“角度”更改为0度，“距离”更改为3像素，“大小”更改为1像素，完成之后单击“确定”按钮，如图22.303所示。

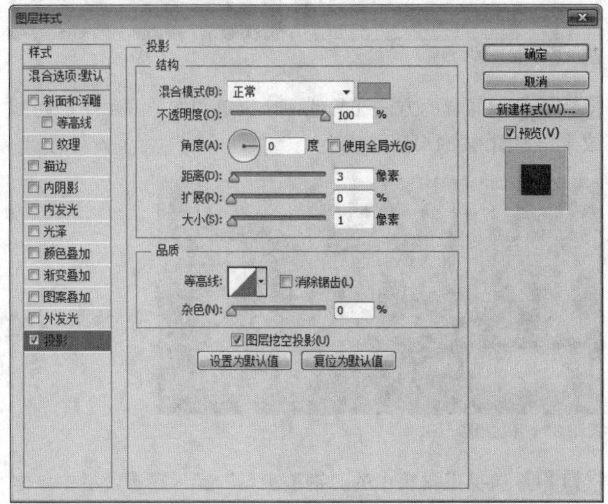

图22.303 设置投影

STEP 08 选择工具箱中的“横排文字工具”，在星形图形的位置添加文字，如图22.304所示。

STEP 09 选中“满千 减百”图层，按Ctrl+T组合键对其执行“自由变换”命令，单击鼠标右键，从弹出的快捷菜单中选择“斜切”命令，拖动变形框控制点将文字变形，完成之后按Enter键确认，如图22.305所示。

图22.304 添加文字

图22.305 将文字变形

● 绘制图形

STEP 01 选择工具箱中的“钢笔工具”，在选项栏中单击“选择工具模式”按钮，在弹出的选项中选择“形状”，将“填充”更改为黑色，“描边”更改为无，在箭头图形底部的位置绘制一个不规则图形，此时将生成一个“形状1”图层，将“形状 1”图层移至“背景”图层上方，如图22.306所示。

图22.306 绘制图形

STEP 02 在“图层”面板中选中“形状1”图层，单击面板底部的“添加图层样式”按钮，在菜单中选择“内发光”命令，在弹出的对话框中将“混合模式”更改为正常，“不透明度”更改为100%，“颜色”更改为深红色（R：80，G：0，B：0），“大小”更改为3像素，完成之后单击“确定”按钮，如图22.307所示。

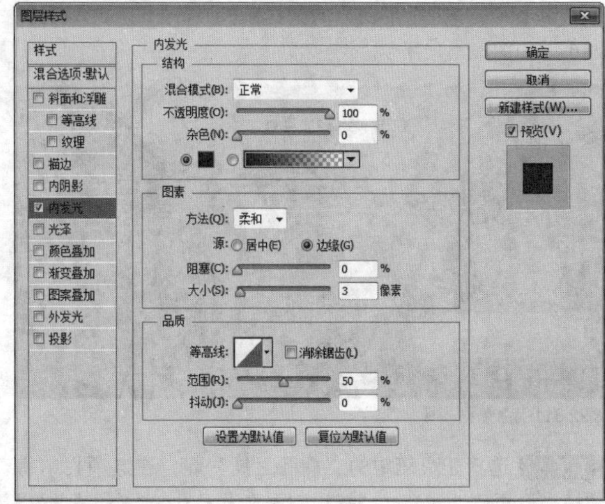

图22.307 设置外发光

STEP 03 在“图层”面板中选中“形状1”图层，单击面板底部的“添加图层蒙版”按钮，为其图层添加图层蒙版，如图22.308所示。

STEP 04 选择工具箱中的“画笔工具”，在画布中单击鼠标右键，在弹出的面板中选择一种圆角笔触，将“大小”更改为50像素，“硬度”更改为0%，如图22.309所示。

图22.308 添加图层蒙版

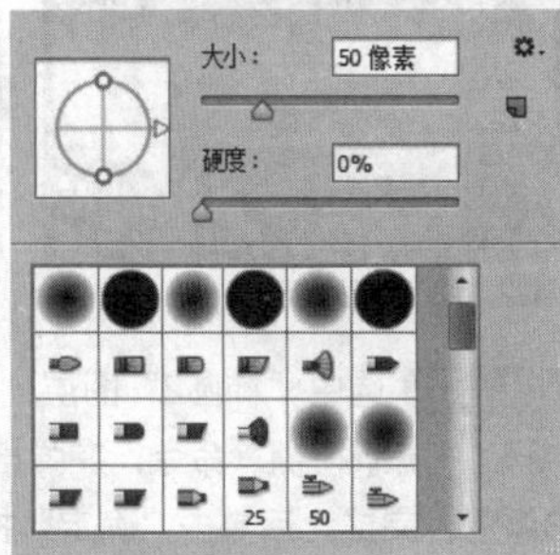

图22.309 设置笔触

STEP 05 将前景色更改为黑色，在图像上的部分边缘区域涂抹，将其隐藏，如图22.310所示。

图22.310 隐藏图像

• 添加素材

STEP 01 执行菜单栏中的“文件”|“打开”命令，打开“家电.psd”文件，将打开的素材拖入画布中的适当位置并缩小，如图22.311所示。

图22.311 添加素材

STEP 02 选择工具箱中的“椭圆工具”，在选项栏中将“填充”更改为黑色，“描边”更改为无，在“空调”图层的底部绘制一个椭圆图形，此时将生成一个“椭圆2”图层，将“椭圆2”图层移至“家电”组下方，如图22.312所示。

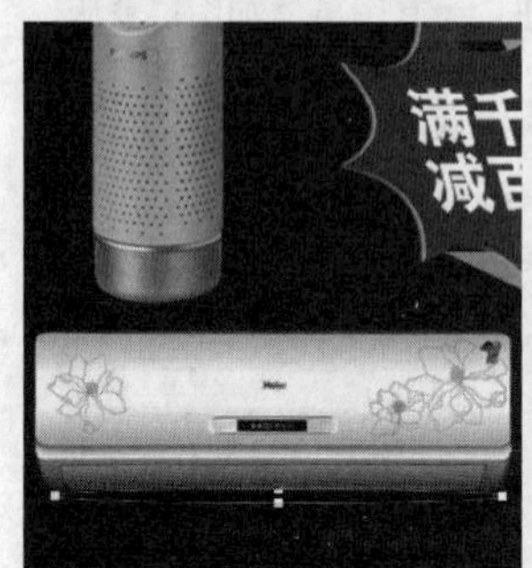

图22.312 绘制图形

STEP 03 选中“椭圆2”图层，执行菜单栏中的“滤镜”|“模糊”|“高斯模糊”命令，在弹出的对话框中将“半径”更改为3像素，完成之后单击“确定”按钮，如图22.313所示。

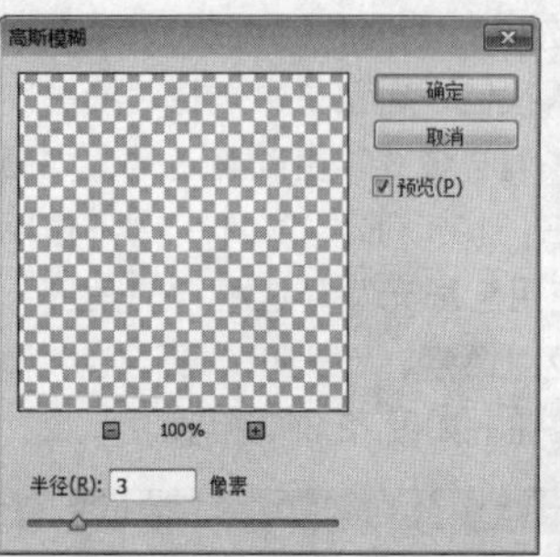

图22.313 设置高斯模糊

STEP 04 以同样的方法在其他两个家电图像的底部添加阴影效果，如图22.314所示。

图22.314 添加阴影

STEP 05 选择工具箱中的“钢笔工具”，在选项栏中单击“选择工具模式” 路径 按钮，在弹出的选项中选择“形状”，将“填充”更改为黄色（R：253，G：198，B：45），“描边”更改为无，在文字左侧的位置绘制一个不规则图形，此时将生成一个“形状2”图层，如图22.315所示。

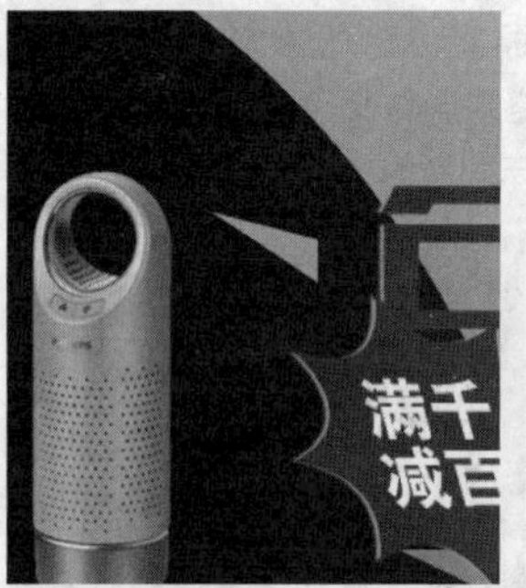

图22.315 绘制图形

STEP 06 选中“形状2”图层，执行菜单栏中的“滤镜”|“模糊”|“动感模糊”命令，在弹出的对话框中将“角度”更改为-42度，“距离”更改为15像素，设置完成之后单击“确定”按钮，如图22.316所示。

图22.316 设置动感模糊

STEP 07 选中“形状2”图层，按住Alt键将图像复制数份并将其移动及缩小，这样就完成了效果制作，最终效果如图22.317所示。

图22.317 最终效果

实战 565 决战双十一

- 素材位置：素材\第22章\决战双十一
- 案例位置：效果\第22章\决战双十一.psd
- 视频位置：视频\实战565.avi
- 难易指数：★★★☆☆

• 实例介绍 •

本例中在制作过程中重点强调了文字信息的重要性，画布四周图像的加入使整个画面视觉聚焦十分出色，为文字添加的高光也是文字的亮点，这样可以更好地使目光转移至文字位置，最终效果如图22.318所示。

图22.318 最终效果

• 操作步骤 •

• 打开素材

STEP 01 执行菜单栏中的“文件”|“打开”命令，打开“背景.jpg”文件。

STEP 02 选择工具箱中的“钢笔工具”，在选项栏中单击“选择工具模式”路径按钮，在弹出的选项中选择“形状”，将“填充”更改为无，“描边”更改为红色（R：240，G：113，B：176），“大小”更改为1点，在画布中绘制一条不规则的线段，此时将生成一个“形状1”图层，如图22.319所示。

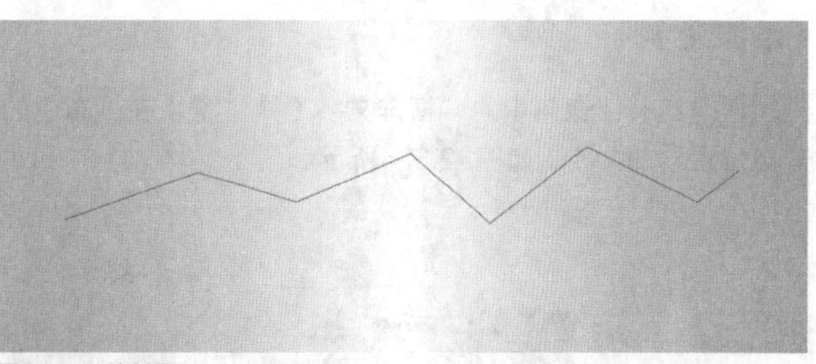

图22.319 绘制图形

STEP 03 选择工具箱中的“椭圆工具”，在选项栏中将“填充”更改为红色（R：240，G：113，B：176），“描边”更改为无，按住Shift键绘制一个正圆图形，此时将生成一个“椭圆1”图层，如图22.320所示。

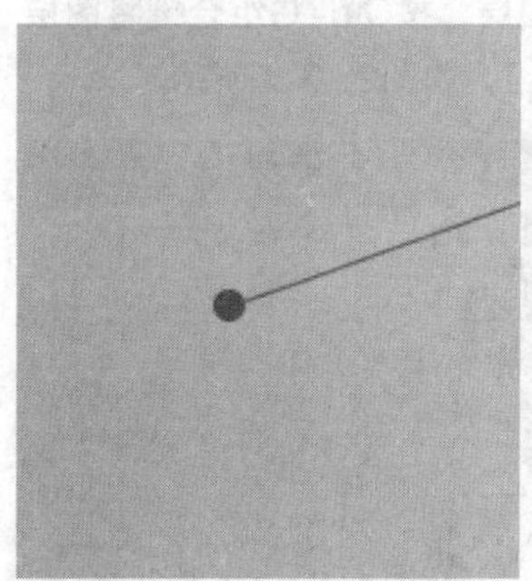

图22.320 绘制图形

STEP 04 在“图层”面板中选中“椭圆1”图层，将其拖至面板底部的“创建新图层”按钮上，复制1个“椭圆1 拷贝”图层，如图22.321所示。

STEP 05 选中“椭圆1 拷贝”图层，将其移至弯曲处，按Ctrl+T组合键对其执行“自由变换”命令，将图形等比例缩小，完成之后按Enter键确认，如图22.322所示。

图22.321 复制图层

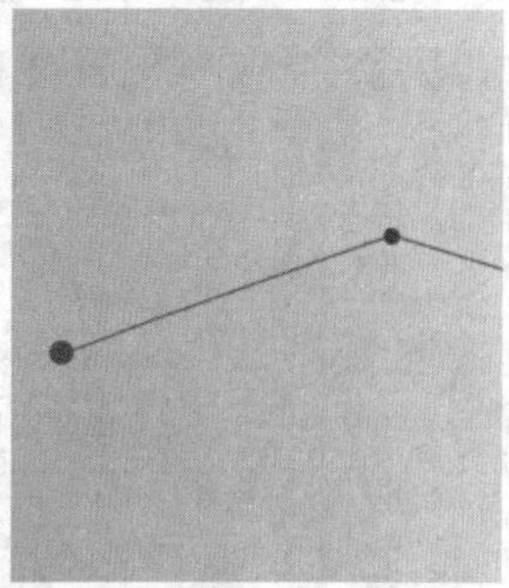

图22.322 变换图形

STEP 06 以同样的方法将图形复制数份，并适当缩小及移动，如图22.323所示。

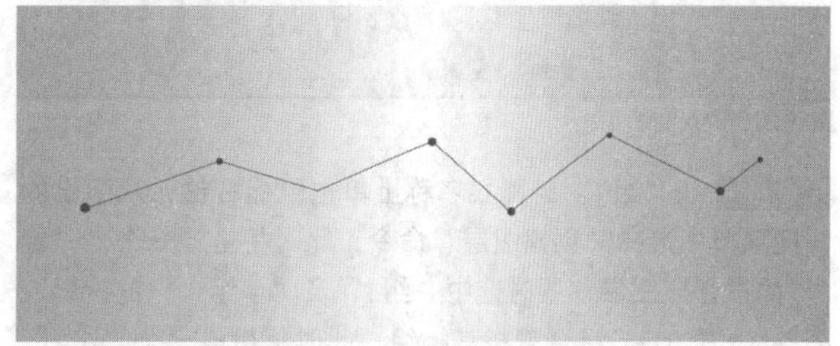

图22.323 复制并变换图形

- **添加文字**

STEP 01 选择工具箱中的“横排文字工具”T，在画布中的适当位置添加文字，如图22.324所示。

图22.324 添加文字

STEP 02 同时选中所有的文字图层，按Ctrl+G组合键将图层编组，此时将生成一个“组1”组，如图22.325所示。

图22.325 将图层编组

STEP 03 在“图层”面板中选中“组1”组，单击面板底部的“添加图层样式”fx按钮，在菜单中选择“投影”命令，在弹出的对话框中取消“使用全局光”复选框，将“角度”更改为70度，“距离”更改为2像素，“大小”更改为1像素，完成之后单击“确定”按钮，如图22.326所示。

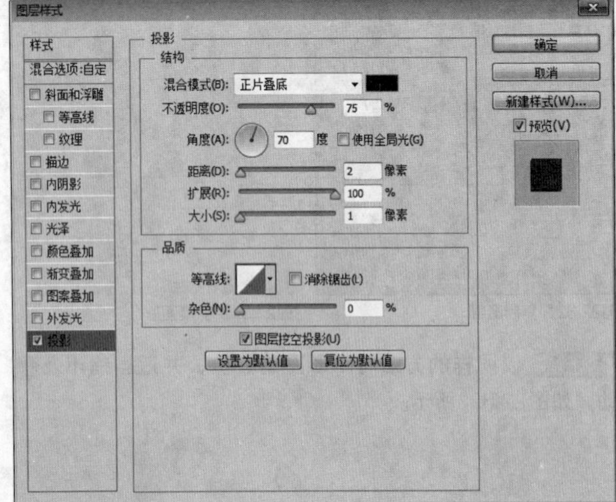

图22.326 设置投影

STEP 04 在“组1”组样式名称上单击鼠标右键，从弹出的快捷菜单中选择“创建图层”命令，此时将生成一个“‘组1’的投影”图层，同时选中“组1”及“‘组 1’的投影”图层，按Ctrl+G组合键将其编组，此时将生成一个“组2”组，如图22.327所示。

图22.327 创建图层

STEP 05 在“图层”面板中选中“组2”图层，单击面板底部的“添加图层样式”fx按钮，在菜单中选择“描边”命令，在弹出的对话框中将“大小”更改为12像素，“颜色”更改为白色，完成之后单击“确定”按钮，如图22.328所示。

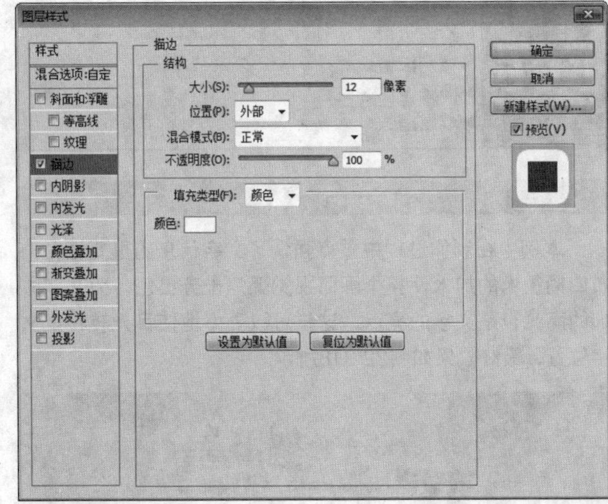

图22.328 设置描边

STEP 06 在“组2”组样式名称上单击鼠标右键，从弹出的快捷菜单中选择“创建图层”命令，此时将生成一个“‘组2’的外描边”图层，如图22.329所示。

图22.329 创建图层

STEP 07 在“图层”面板中选中“‘组 2’的外描边”图层，单击面板底部的“添加图层样式”fx按钮，在菜单中选择“投影”命令，在弹出的对话框中取消“使用全局光”复选框，将“不透明度”更改为30%，“角度”更改为75度，“距离”更改为4像素，“扩展”更改为100%，“大小”更改为1像素，完成之后单击“确定”按钮，如图22.330所示。

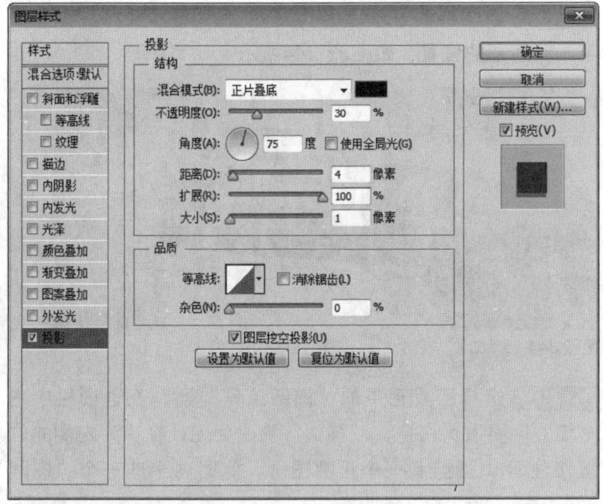

图22.330 设置投影

STEP 08 选择工具箱中的“钢笔工具”，在选项栏中单击“选择工具模式” 路径 按钮，在弹出的选项中选择“形状”，将“填充”更改为黄色（R：250，G：233，B：120），如图22.331所示。

图22.331 绘制图形

STEP 09 在“图层”面板中选中“形状2”图层，将其拖至面板底部的“创建新图层”按钮上，复制1个“形状2 拷贝”图层，将“形状2 拷贝”图形颜色更改为黄色（R：252，G：216，B：5），如图22.332所示。

STEP 10 选择工具箱中的“直接选择工具”，拖动“形状2 拷贝”图层中的图形锚点将其变形，如图22.333所示。

图22.332 复制图层

图22.333 将图形变形

● 添加素材

STEP 01 执行菜单栏中的“文件”|“打开”命令，打开“包包.psd、万能淘宝.psd”文件，将打开的素材拖入画布中的适当位置并缩小，如图22.334所示。

图22.334 添加素材

STEP 02 在“图层”面板中选中“包包”图层，将其拖至面板底部的“创建新图层”按钮上，复制1个“包包 拷贝”图层，如图22.335所示。

STEP 03 选中“包包”图层，按Ctrl+T组合键对其执行“自由变换”命令，单击鼠标右键，从弹出的快捷菜单中选择“垂直翻转”命令，完成之后按Enter键确认，将图像与原图像底部对齐，如图22.336所示。

图22.335 复制图层　　图22.336 变换图像

STEP 04 在“图层”面板中选中“包包”图层，单击面板底部的“添加图层蒙版”按钮，为其图层添加图层蒙版，如图22.337所示。

STEP 05 选择工具箱中的“渐变工具”，编辑黑色到白色的渐变，单击选项栏中的“线性渐变”按钮，在图像上从下至上拖动，将部分图像隐藏，制作倒影，如图22,338所示。

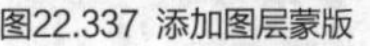

图22.337 添加图层蒙版　　图22.338 隐藏图形

● **绘制图形**

STEP 01 选择工具箱中的“钢笔工具”，在选项栏中单击“选择工具模式” 路径 按钮，在弹出的选项中选择“形状”，将“填充”更改为淡紫色（R：234，G：110，B：174），如图22.339所示。

图22.339 绘制图形

STEP 02 在“图层”面板中选中“形状 3”图层，将其拖至面板底部的“创建新图层”按钮上，复制1个“形状 3 拷贝”图层，如图22.340所示。

STEP 03 选中“形状 3 拷贝”图层，将其图形颜色更改为红色（R：252，G：0，B:113），选择工具箱中的“直接选择工具”，拖动图形锚点将其变形，如图22.341所示。

图22.340 复制图层　　图22.341 变换图形

STEP 04 同时选中“形状3”及“形状3 拷贝”图层，按Ctrl+G组合键将其编组，此时将生成一个“组3”组，选中“组3”组，将其拖至面板底部的“创建新图层”按钮上，复制1个“组3 拷贝”组，如图22.342所示。

STEP 05 选中“组3 拷贝”组，将其移至画布靠右上角的位置，如图22.343所示。

图22.342 将图层编组并复制组　　图22.343 移动图像

STEP 06 以同样的方法选中“组3”组，将其复制两份并移至画布底部的位置，如图22.344所示。

图22.344 移动图像

STEP 07 选择工具箱中的“椭圆工具”，在选项栏中将“填充”更改为白色，“描边”更改为无，在文字左侧的位置按住Shift键绘制一个正圆图形，此时将生成一个“椭圆2”图层，如图22.345所示。

图22.345 绘制图形

STEP 08 选中“椭圆2”图层，执行菜单栏中的“滤镜”|“模糊”|“高斯模糊”命令，在弹出的对话框中将“半径”更改为35像素，完成之后单击“确定”按钮，这样就完成了效果制作，最终效果如图22.346所示。

图22.346 最终效果

实战 566

春季8折

▶素材位置：素材\第22章\春季8折

▶案例位置：效果\第22章\春季8折.psd

▶视频位置：视频\实战566.avi

▶难易指数：★★★☆☆

● 实例介绍 ●

本例的制作重点在于立体文字的实现，同时，在制作过程中需要多加留意文字高光及阴影的变化，最终效果如图22.347所示。

图22.347 最终效果

● 操作步骤 ●

● 打开素材

STEP 01 执行菜单栏中的“文件”|“打开”命令，打开“背景.jpg”文件。

STEP 02 选择工具箱中的“横排文字工具” T，在画布中添加文字，如图22.348所示。

图22.348 添加文字

STEP 03 选中“8”图层，按Ctrl+T组合键对其执行“自由变换”命令，增加文字高度并缩小文字宽度，完成之后按Enter键确认，如图22.349所示。

STEP 04 在“图层”面板中选中“8”图层，将其拖至面板底部的“创建新图层”按钮上，复制2个“拷贝”图层，如图22.350所示。

图22.349 添加文字

图22.350 复制图层

STEP 05 在“图层”面板中选中“8 拷贝 2”图层，单击面板底部的“添加图层样式” fx 按钮，在菜单中选择“渐变叠加”命令，在弹出的对话框中将“渐变”更改为紫色（R：106，G：4，B：62）到红色（R：234，G：46，B：3）到浅红色（R：255，G：220，B：210），将红色色标位置更改为65%，完成之后单击“确定”按钮，如图22.351所示。

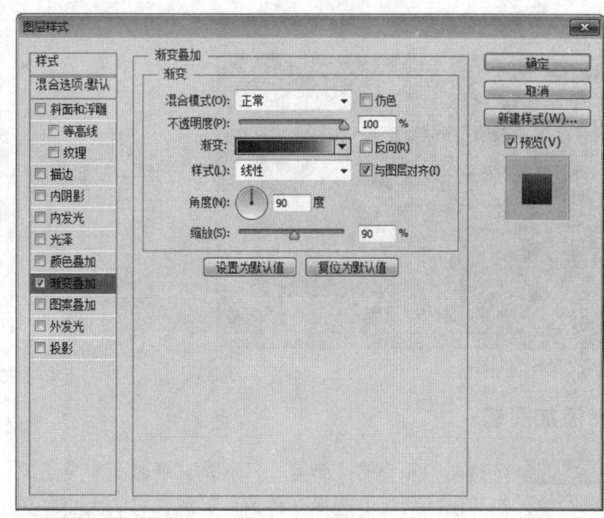

图22.351 设置渐变叠加

STEP 06 在“8 拷贝2”图层上单击鼠标右键，从弹出的快捷菜单中选择“拷贝图层样式”命令，同时选中“8 拷贝”及“8”图层，在图层名称上单击鼠标右键，从弹出的快捷菜单中选择“粘贴图层样式”命令，再分别双击“8 拷贝”及“8”图层样式名称，在弹出的对话框中更改其渐变颜色，分别将上方的两个文字向右侧稍微移动，如图22.352所示。

图22.352 粘贴图层样式并移动文字

STEP 07 选中“8 拷贝2”图层，在其图层名称上单击鼠标右键，从弹出的快捷菜单中选择“转换为形状”命令，如图22.353所示。

STEP 08 单击面板底部的“创建新图层”按钮，新建一个“图层1”图层，如图22.354所示。

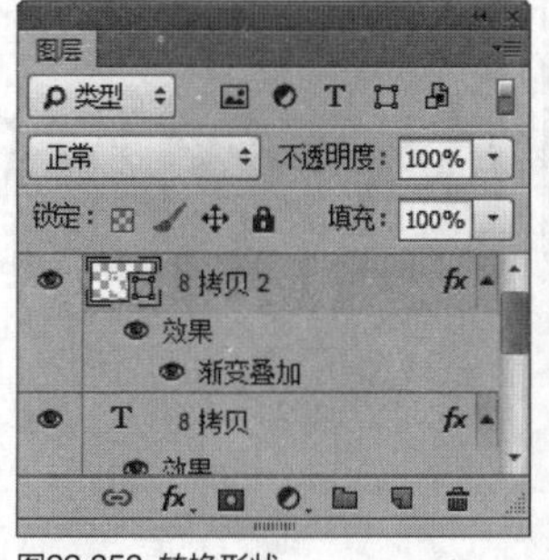

图22.353 转换形状

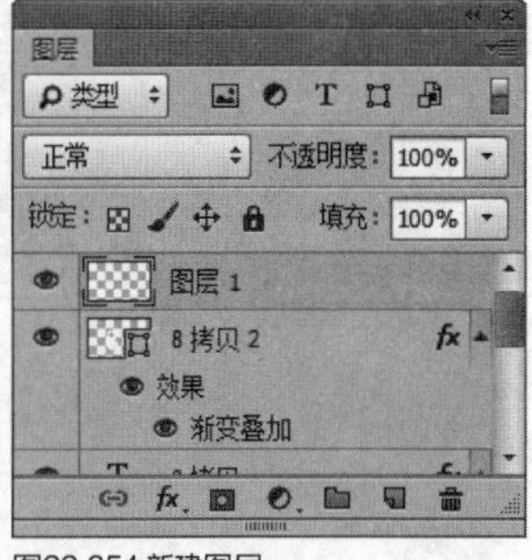

图22.354 新建图层

STEP 09 在“路径”面板中选中“8 拷贝 2 形状路径”路径，将其拖至面板底部的“创建新路径”按钮上将其复制，此时将生成一个“8 拷贝 2 形状路径 拷贝”路径，如图22.355所示。

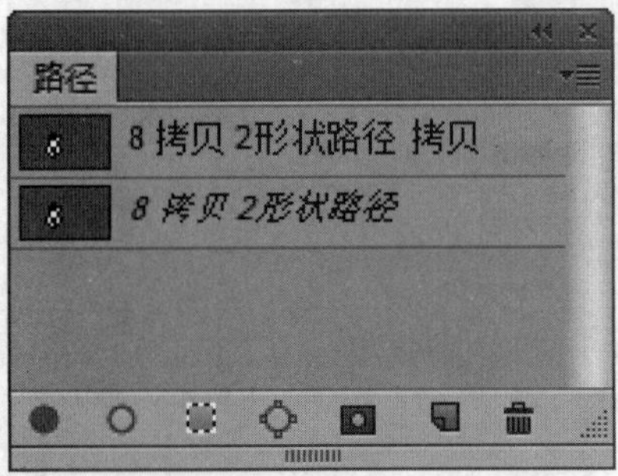

图22.355 复制路径

- **添加质感**

STEP 01 选择工具箱中的“画笔工具”，在画布中单击鼠标右键，在弹出的面板中选择一种圆角笔触，将“大小”更改为1像素，“硬度”更改为100%，如图22.356所示。

STEP 02 选中“图层1”图层，将前景色更改为白色，在“8 拷贝 2 形状路径 拷贝”路径名称上单击鼠标右键，从弹出的快捷菜单中选择“描边路径”命令，在弹出的对话框中选择“工具”为画笔，完成之后单击“确定”按钮，如图22.357所示。

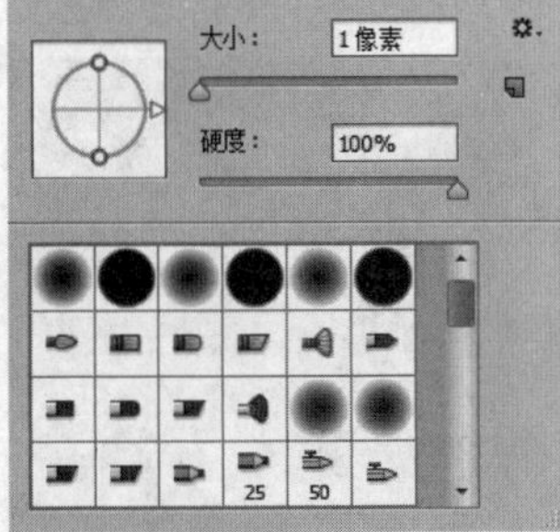

图22.356 设置笔触

图22.357 描边路径

STEP 03 选中“图层1”图层，将图层混合模式设置为“叠加”，如图22.359所示。

图22.358 设置图层混合模式

STEP 04 选择工具箱中的“椭圆工具”，在选项栏中将“填充”更改为白色，“描边”更改为无，在“8”图层上方绘制一个椭圆图形，此时将生成一个“椭圆1”图层，如图22.359所示。

图22.359 绘制图形

STEP 05 选中“椭圆1”图层，执行菜单栏中的“滤镜”|“模糊”|“高斯模糊”命令，在弹出的对话框中将“半径”更改为4像素，完成之后单击“确定”按钮，如图22.360所示。

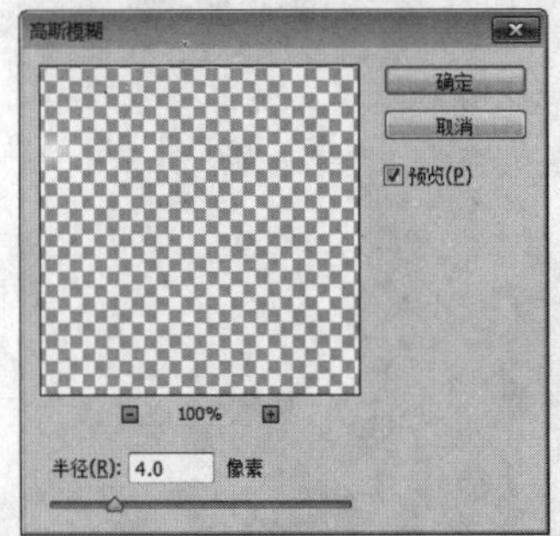

图22.360 设置高斯模糊

STEP 06 为“椭圆1”图层添加图层蒙版，按住Ctrl键单击“8”图层缩览图，将其载入选区，执行菜单栏中的“选择”|“反向”命令，将选区反向，将选区填充为黑色，将部分图像隐藏，完成之后按Ctrl+D组合键将选区取消，如图22,361所示。

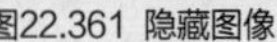

图22.361 隐藏图像

STEP 07 选中"椭圆1"图层，将其拖至面板底部的"创建新图层"按钮上，复制1个"椭圆1 拷贝"图层，选中"椭圆1 拷贝"图层，再将其向下移动，如图22.362所示。

图22.362 复制图层并移动图像

• 制作投影

STEP 01 在"图层"面板中选中"8 拷贝2"图层，将其拖至面板底部的"创建新图层"按钮上，复制1个"8 拷贝3"图层，选中"8 拷贝3"图层，在其图层名称上单击鼠标右键，从弹出的快捷菜单中选择"栅格化图层样式"命令，如图22.363所示。

图22.363 复制图层并栅格化图层样式

STEP 02 选中"8 拷贝3"图层，按Ctrl+T组合键对其执行"自由变换"命令，单击鼠标右键，从弹出的快捷菜单中选择"斜切"命令，拖动变形框控制点将其变形，完成之后按Enter键确认，如图22.364所示。

图22.364 将图像变形

STEP 03 在"图层"面板中选中"8 拷贝 3"图层，单击面板底部的"添加图层蒙版"按钮，为其图层添加图层蒙版，如图22.365所示。

STEP 04 选择工具箱中的"渐变工具"，编辑黑色到白色的渐变，单击选项栏中的"线性渐变"按钮，在图像上拖动，将部分图像隐藏，如图22.366所示。

图22.365 添加图层蒙版

图22.366 隐藏图形

• 绘制图形

STEP 01 选择工具箱中的"钢笔工具"，在选项栏中单击"选择工具模式" 路径 按钮，在弹出的选项中选择"形状"，将"填充"更改为白色，"描边"更改为无，在画布靠底部的位置绘制一个不规则图形，此时将生成一个"形状1"图层，如图22.367所示。

图22.367 绘制图形

STEP 02 在"图层"面板中选中"形状1"图层，单击面板底部的"添加图层样式"按钮，在菜单中选择"渐变叠加"命令，在弹出的对话框中将"渐变"更改为橙色（R：255，G：110，B：43）到红色（R：237，G：23，B：70），"角度"更改为0度，如图22.368所示。

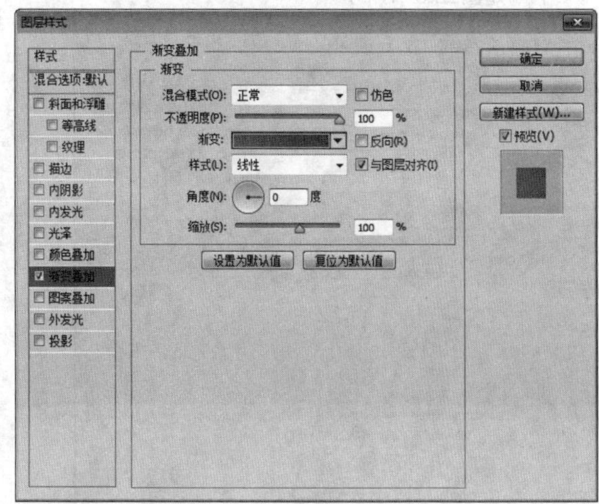

图22. 368 设置渐变叠加

STEP 03 勾选“投影”复选框，将“颜色”更改为白色，“不透明度”更改为50%，取消“使用全局光”复选框，“角度”更改为-90度，“距离”更改为5像素，“扩展”更改为100%，“大小”更改为1像素，完成之后单击“确定”按钮，如图22.369所示。

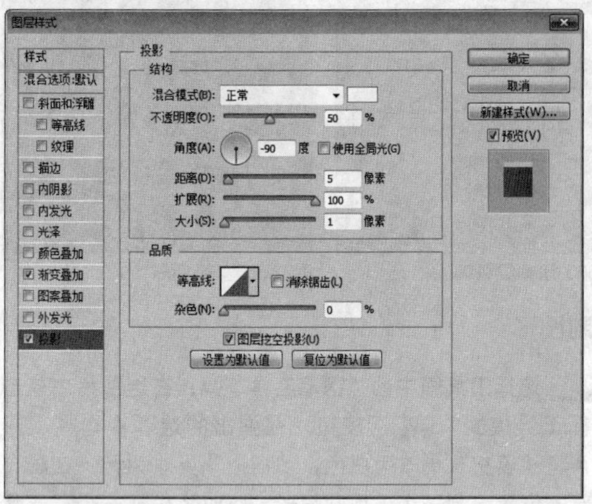

图22.369 设置投影

- **添加文字**

STEP 01 选择工具箱中的“横排文字工具” T，在画布中的适当位置添加文字，如图22.370所示。

图22.370 添加文字

STEP 02 在“图层”面板中选中“全场”图层，单击面板底部的“添加图层样式” fx 按钮，在菜单中选择“渐变叠加”命令，在弹出的对话框中将“渐变”更改为黄色（R：244，G：255，B：67）到浅黄色（R：252，G：255，B：198），如图22.371所示。

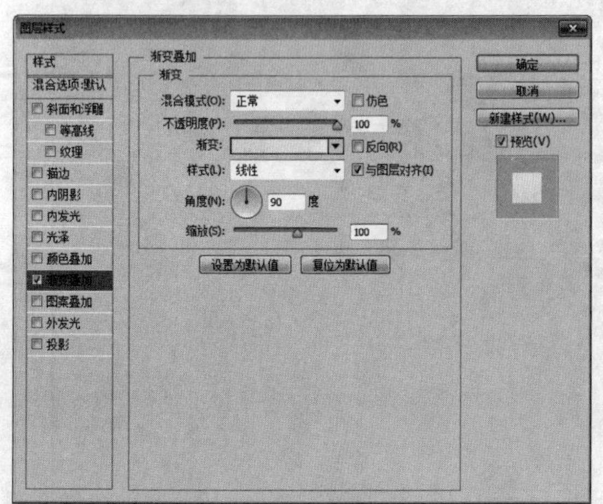

图22.371 设置渐变叠加

STEP 03 勾选“投影”复选框，将“不透明度”更改为30%，取消“使用全局光”复选框，“角度”更改为90度，“距离”更改为2像素，“大小”更改为2像素，完成之后单击“确定”按钮，如图22.372所示。

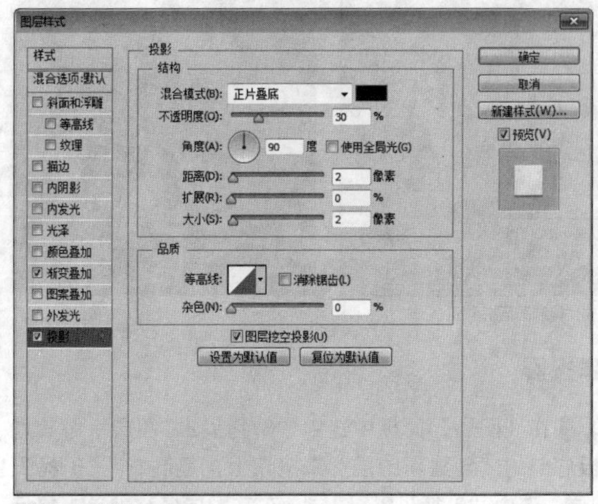

图22.372 设置投影

STEP 04 在“全场”图层上单击鼠标右键，从弹出的快捷菜单中选择“拷贝图层样式”命令，在“折”图层上单击鼠标右键，从弹出的快捷菜单中选择“粘贴图层样式”命令，如图22.373所示。

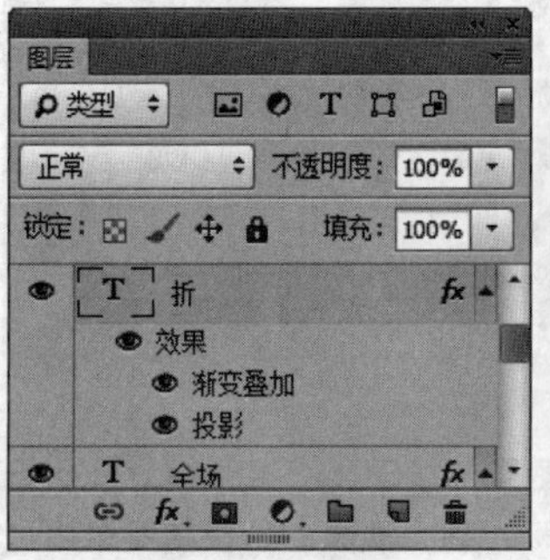

图22.373 复制并粘贴图层样式

STEP 05 选择工具箱中的“直线工具” ／，在选项栏中将“填充”更改为橙色（R：254，G：105，B：45），“描边”更改为无，“粗细”更改为1像素，在促销文字位置绘制一条倾斜线段，此时将生成一个“形状2”图层，如图22.374所示。

图22.374 绘制图形

STEP 06 选中“形状2”图层，按住Alt键将其复制多份并铺满文字，如图22.375所示。

STEP 07 同时选中所有和线段相关的图层，按Ctrl+E组合键将图层合并，将生成的图层名称更改为“线段”，如图22.376所示。

图22.375 复制图形

图22.376 合并图层

STEP 08 选中“线段”图层，执行菜单栏中的“图层”|“创建剪贴蒙版”命令，为当前图层创建剪贴蒙版，将部分图形隐藏，再将图层“不透明度”更改为50%，这样就完成了效果制作，最终效果如图22.377所示。

图22.377 最终效果

实战 567

低价风暴

▶素材位置：素材\第22章\低价风暴
▶案例位置：效果\第22章\低价风暴.psd
▶视频位置：视频\实战567.avi
▶难易指数：★★★☆☆

• 实例介绍 •

本例讲解低价风暴广告的制作方法。整个广告的版式及视觉效果比较前卫，通过分隔的背景与立体商品图像的组合很好地体现出了低价的诱人之处，最终效果如图22.378所示。

图22.378 最终效果

• 操作步骤 •

• 打开素材

STEP 01 执行菜单栏中的“文件”|“打开”命令，打开“背景.jpg、鞋.psd”文件，将打开的鞋子图像拖入画布中，如图22.379所示。

图22.379 打开及添加素材

STEP 02 在“图层”面板中选中“鞋”组，将其拖至面板底部的“创建新图层”按钮上，复制1个“鞋 拷贝”组，如图22.380所示。

STEP 03 选中“鞋”组，按Ctrl+E组合键将其合并，再单击面板上方的“锁定透明像素”按钮将透明像素锁定，将图像填充为白色，填充完成之后再次单击此按钮将其解除锁定，如图22.381所示。

图22.380 复制及合并组

图22.381 填充颜色

• 添加特效

STEP 01 选中“鞋”图层，执行菜单栏中的“滤镜”|“风格化”|“风”命令，在弹出的对话框中分别勾选“风”及“从右”单选按钮，完成之后单击“确定”按钮，如图22.382所示。

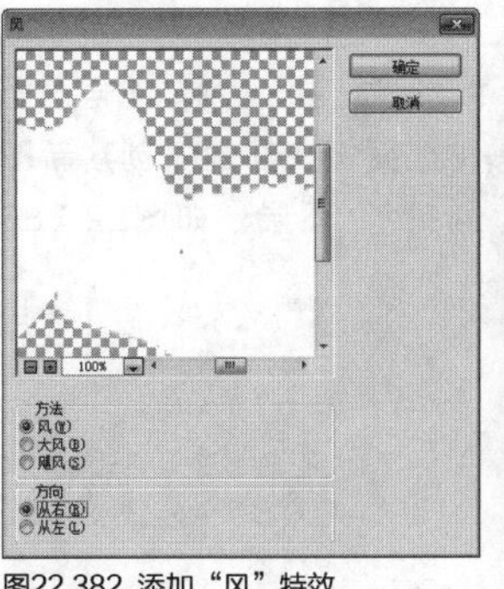

图22.382 添加“风”特效

STEP 02 选中“鞋”图层，按Ctrl+F组合键数次重复为其添加“风”效果，如图22.383所示。

图22.383 重复添加“风”效果

STEP 03 选中“鞋”图层，按Ctrl+Alt+F组合键打开“风”滤镜对话框，在弹出的对话框中勾选“从左”单选按钮，完成之后单击“确定”按钮，再按Ctrl+ F组合键数次，重复为其添加“风”效果，如图22.384所示。

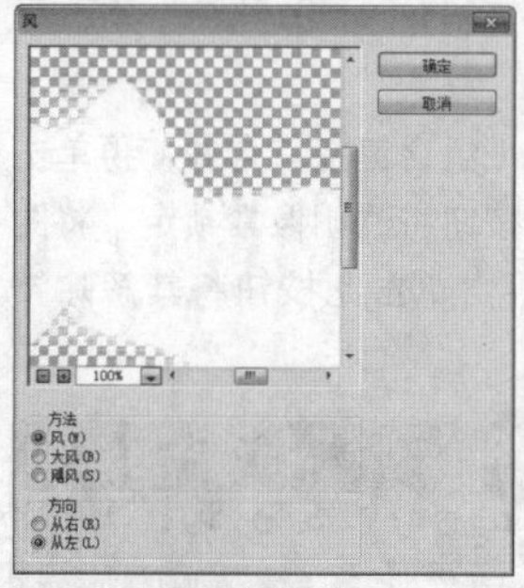

图22.384 设置“风”效果

STEP 04 执行菜单栏中的“滤镜”|“模糊”|“高斯模糊”命令，在弹出的对话框中将“半径”更改为3，完成之后单击“确定”按钮，如图22.385所示。

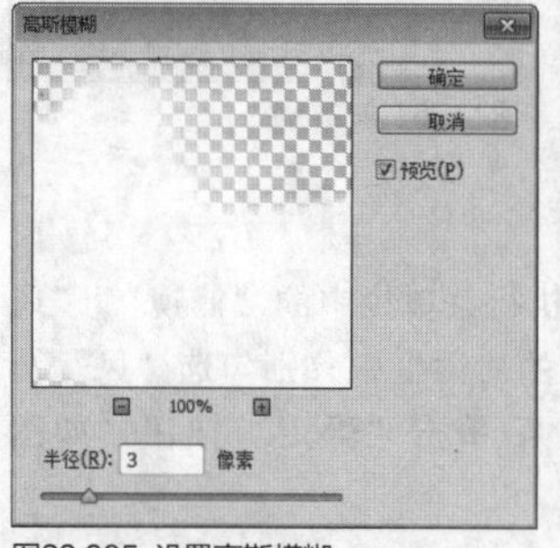

图22.385 设置高斯模糊

STEP 05 在“图层”面板中选中“鞋”图层，将其图层混合模式设置为“柔光”，再将其拖至面板底部的“创建新图层”按钮上，复制1个“鞋 拷贝2”图层，如图22.386所示。

图22.386 复制图层

- **绘制图形**

STEP 01 选择工具箱中的“钢笔工具”，在选项栏中单击“选择工具模式” 路径 按钮，在弹出的选项中选择“形状”，将“填充”更改为黑色，“描边”更改为无，在鞋的左侧位置绘制一个不规则图形，此时将生成一个“形状1”图层，将“形状1”图层移至“背景”图层上方，如图22.387所示。

图22.387 绘制图形

STEP 02 在“图层”面板中选中“形状1”图层，单击面板底部的“添加图层蒙版”按钮，为其图层添加图层蒙版，如图22.388所示。

STEP 03 选择工具箱中的“渐变工具”，编辑黑色到白色的渐变，单击选项栏中的“线性渐变”按钮，在图形上拖动，将部分图形隐藏，如图22,389所示。

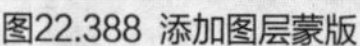

图22.388 添加图层蒙版

图22.389 隐藏图形

STEP 04 以同样的方法在“鞋”图像右侧的位置绘制相似图形，制作阴影效果，如图22.390所示。

图22.390 绘制图形制作阴影

● **添加文字**

STEP 01 选择工具箱中的“横排文字工具” T，在画布中的适当位置添加文字，如图22.392所示。

STEP 02 在“低价风暴”图层上单击鼠标右键，从弹出的快捷菜单中选择“转换为形状”命令，如图22.393所示。

图22.391 添加文字

图22.392 转换形状

STEP 03 选择工具箱中的“直接选择工具”，拖动文字锚点将部分文字变形，再以刚才同样的方法在经过变形后的位置再次添加文字，如图22.393所示。

图22.393 将文字变形并添加文字

STEP 04 在“图层”面板中选中“低价风暴”图层，单击面板底部的“添加图层样式” fx 按钮，在菜单中选择“渐变叠加”命令，在弹出的对话框中将“渐变”更改为浅紫色（R：236，G：210，B：240）到浅紫色（R：255，G：245，B：254），完成之后单击“确定”按钮，如图22.394所示。

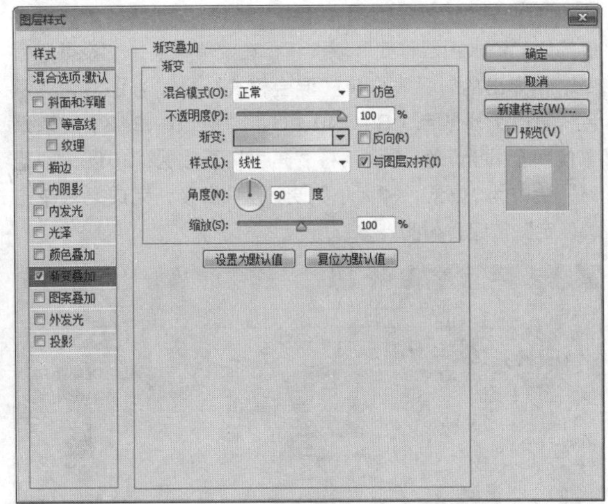

图22.394 设置渐变叠加

STEP 05 在“低价风暴”图层上单击鼠标右键，从弹出的快捷菜单中选择“拷贝图层样式”命令，在“3折起”图层上单击鼠标右键，从弹出的快捷菜单中选择“粘贴图层样式”命令，如图22.395所示。

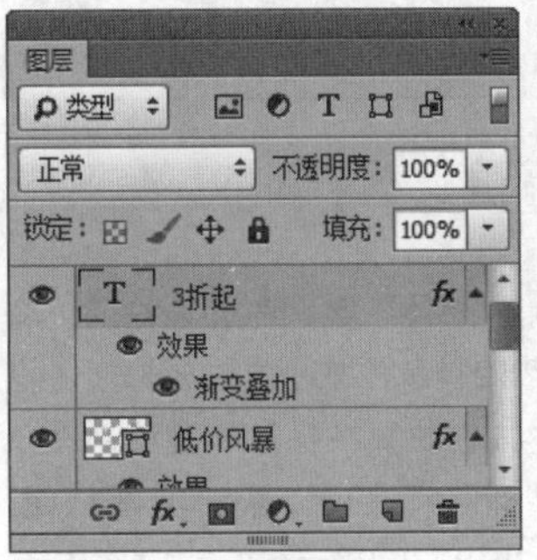

图22.395 复制并粘贴图层样式

STEP 06 选择工具箱中的“钢笔工具”，在选项栏中单击“选择工具模式” 路径 按钮，在弹出的选项中选择“形状”，将“填充”更改为红色（R：155，G：0，B：30），“描边”更改为无，沿文字边缘位置绘制一个不规则图形，此时将生成一个“形状3”图层，将“形状3”图层移至“鞋 拷贝”组下方，如图22.396所示。

图22.396 绘制图形

STEP 07 在“图层”面板中选中“形状3”图层，单击面板底部的“添加图层样式”fx按钮，在菜单中选择“投影”命令，在弹出的对话框中将“混合模式”更改为正常，“颜色”更改为浅紫色（R：240，G：214，B：242），取消“使用全局光”复选框，将“角度”更改为-30度，“距离”更改为3像素，“大小”更改为1像素，完成之后单击“确定”按钮，如图22.397所示。

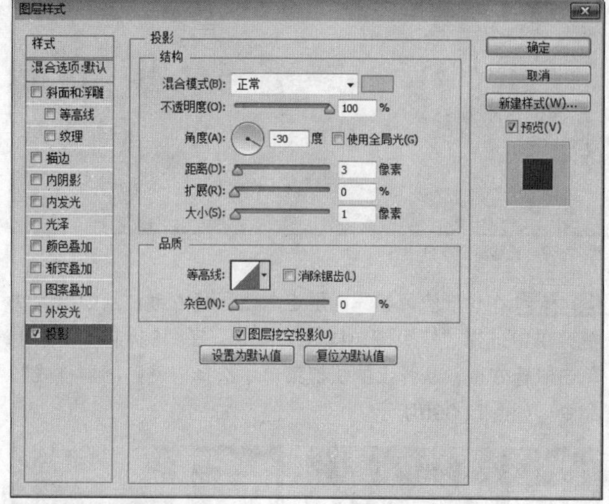

图22.397 设置投影

● **绘制图形**

STEP 01 选择工具箱中的“椭圆工具”，在选项栏中，将“填充”更改为红色（R：252，G：10，B：3），“描边”更改为无，在鞋子图像的左侧位置按住Shift键绘制一个正圆图形，此时将生成一个“椭圆1”图层，将“椭圆1”图层移至“鞋 拷贝”组下方，如图22.398所示。

图22.398 绘制图形

STEP 02 在“图层”面板中选中“椭圆1”图层，将其拖至面板底部的“创建新图层”按钮上，复制1个“椭圆1 拷贝”图层，将“椭圆1 拷贝”图形颜色更改为黄色（R：255，G：220，B：80），如图22.399所示。

图22.399 复制图层并更改图形颜色

STEP 03 在“图层”面板中选中“椭圆1 拷贝”图层，在其图层名称上单击鼠标右键，从弹出的快捷菜单中选择“栅格化图层”命令，如图22.400所示。

STEP 04 选择工具箱中的“矩形选框工具”，在椭圆图形的上半部分绘制一个矩形选区以选中部分图像，如图22.401所示。

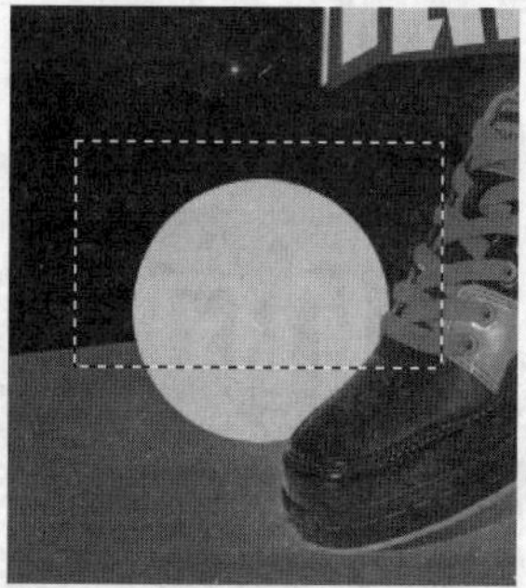

图22.400 栅格化图层

图22.401 绘制选区

STEP 05 选中“椭圆1 拷贝”图层，按Delete键将选区中的图像删除，完成之后按Ctrl+D组合键将选区取消，如图22.402所示。

STEP 06 选择工具箱中的“横排文字工具”T，在椭圆图像位置添加文字，如图22.403所示。

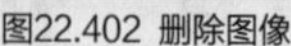

图22.402 删除图像

图22.403 添加文字

STEP 07 在“图层”面板中选中“¥198”图层，单击面板底部的“添加图层样式”fx按钮，在菜单中选择“投影”命令，在弹出的对话框中取消“使用全局光”复选框，将“角度”更改为-90度，“距离”更改为2像素，“大小”更改为2像素，完成之后单击“确定”按钮，如图22.404所示。

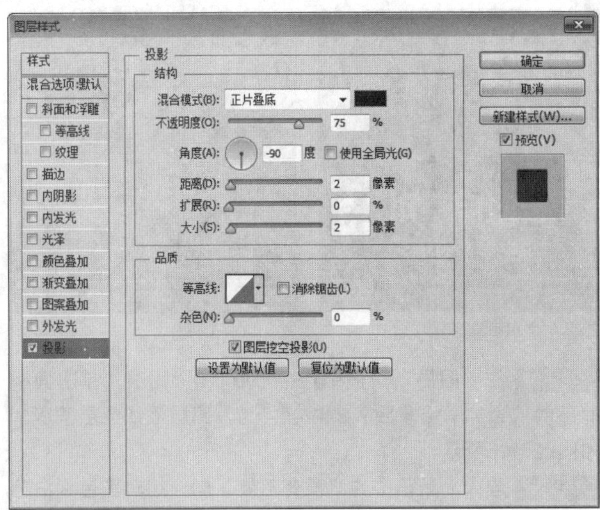
图22.404 设置投影

STEP 08 选择工具箱中的“椭圆工具”，在选项栏中将“填充”更改为黑色，“描边”更改为无，在椭圆图形底部的位置再次绘制一个稍扁的椭圆图形，此时将生成一个“椭圆2”图层，将“椭圆2”图层移至“椭圆1”图层下方，如图22.405所示。

图22.405 绘制图形

STEP 09 选中“椭圆2”图层，执行菜单栏中的“滤镜”|“模糊”|“高斯模糊”命令，在弹出的对话框中将“半径”更改为4像素，完成之后单击“确定”按钮，如图22.406所示。

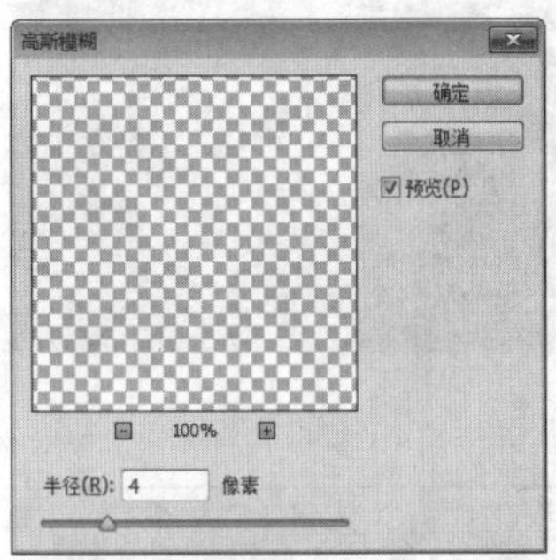

图22.406 设置高斯模糊

STEP 10 选择工具箱中的“矩形工具”，在选项栏中将“填充”更改为深红色（R：177，G：10，B：10），“描边”更改为无，在鞋子下方绘制一个矩形，此时将生成一个“矩形1”图层，如图22.407所示。

图22.407 绘制图形

STEP 11 选择工具箱中的“直接选择工具”，选中矩形右上角锚点向上方拖动，将图形变形，如图22.408所示。

图22.408 拖动锚点将图形变形

STEP 12 在“图层”面板中选中“矩形1”图层，将其拖至面板底部的“创建新图层”按钮上，复制1个“矩形1 拷贝”图层，如图22.409所示。

STEP 13 选中“矩形1拷贝”图层，按Ctrl+T组合键对其执行“自由变换”命令，单击鼠标右键，从弹出的快捷菜单中选择“水平翻转”命令，完成之后按Enter键确认，再将图形与原图形右侧边缘对齐，如图22.410所示。

图22.409 复制图层

图22.410 变换图形

- **制作阴影**

STEP 01 选择工具箱中的“椭圆工具”，在选项栏中将“填充”更改为黑色，“描边”更改为无，在矩形图形的底部位置绘制一个椭圆图形，此时将生成一个“椭圆3”图层，将“椭圆3”图层移至“背景”图层上方，如图22.411所示。

图22.411 绘制图形

STEP 02 选中“椭圆3”图层，执行菜单栏中的“滤镜”|“模糊”|“高斯模糊”命令，在弹出的对话框中将“半径”更改为4像素，完成之后单击“确定”按钮，再将图层“不透明度”更改为60%，如图22.412所示。

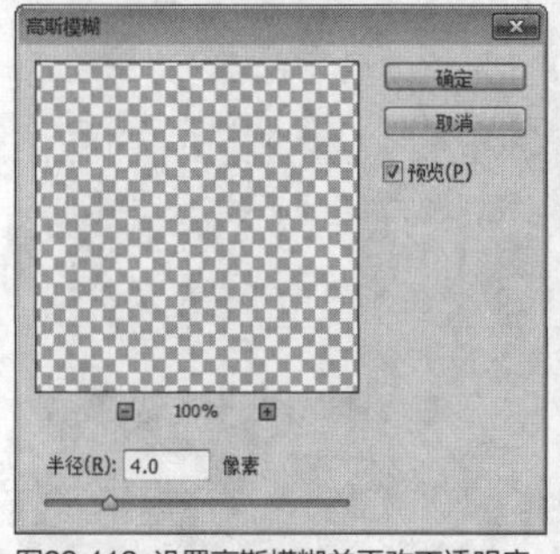

图22.412 设置高斯模糊并更改不透明度

STEP 03 选择工具箱中的“直线工具”，在选项栏中将“填充”更改为深红色（R：152，G：0，B：0），“描边”更改为无，“粗细”更改为1像素，在矩形图形的中间位置按住Shift键绘制一条垂直线段，如图22.413所示。

STEP 04 选择工具箱中的“横排文字工具”T，在绘制的线段两侧位置添加文字，如图22.414所示。

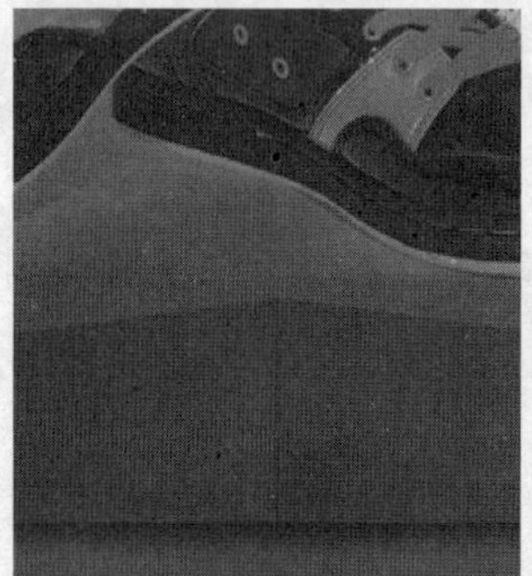

图22.413 绘制图形　　图22.414 添加文字

STEP 05 选择工具箱中的“钢笔工具”，在选项栏中单击“选择工具模式”路径按钮，在弹出的选项中选择“形状”，将“填充”更改为黑色，“描边”更改为无，在左侧文字的位置绘制一个不规则图形，此时将生成一个“形状5”图层，将“形状5”图层移至文字图层下方，如图22.415所示。

图22.415 绘制图形

STEP 06 在“图层”面板中选中“形状5”图层，单击面板底部的“添加图层蒙版”按钮，为其图层添加图层蒙版，如图22.416所示。

STEP 07 选择工具箱中的“渐变工具”，编辑黑色到白色的渐变，单击选项栏中的“线性渐变”按钮，在图层上拖动，将部分图形隐藏，如图22.417所示。

图22.416 添加图层蒙版　　图22.417 设置渐变并隐藏图形

STEP 08 选中“形状5”图层，按住Alt+Shift组合键将图形向右侧拖动至右侧文字的位置，这样就完成了效果制作，最终效果如图22.418所示。

图22.418 最终效果

提示

将图形拖至右侧之后可根据图形的实际宽度及大小将图形适当变形。

第23章

纵情车友会与旅行文化

本章导读

本章讲解纵情车友会与旅行文化广告的制作方法。在淘宝网店中以汽车为中心的广告类制作相对较少，通常以汽车周边产品的广告为主，此类广告在制作过程中有极强的方向性，以打造产品的最佳卖点为原则，同时，广告中的特效图像用得较多，需要对特效图像的绘制有一定的基础。而旅行文化与汽车同属一种商品广告类型，它以突出旅行及周边文化为特点。通过本章的学习我们可以掌握汽车周边产品及旅行类广告的制作方法。

要点索引

- 学习经典汽车广告的制作方法
- 掌握汽车周边产品广告的设计方法
- 了解机车类广告的制作方法
- 学习旅行类广告的设计方法

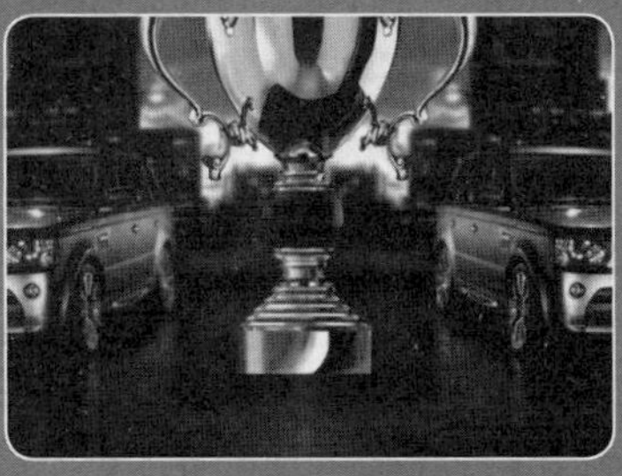

实战 568 旅游广告设计

▶素材位置：素材\第23章\旅游广告
▶案例位置：效果\第23章\旅游广告设计.psd
▶视频位置：视频\实战568.avi
▶难易指数：★★☆☆☆

• 实例介绍 •

旅游广告的制作重点在于突出所要表达的主题，本例以旅行主题为背景，同时丰富的旅行元素使整个画面具有相当不错的美感，最终效果如图23.1所示。

图23.1 最终效果

• 操作步骤 •

STEP 01 执行菜单栏中的“文件”|“打开”命令，打开“背景.jpg、标记.psd”文件，将打开的标记素材拖入背景文档画布靠左侧的位置并适当缩小，如图23.2所示。

图23.2 打开图像并添加素材

STEP 02 选择工具箱中的“椭圆工具”，在选项栏中将“填充”更改为橙色（R：230，G：120，B：23），“描边”更改为无，在标识图像的位置按住Shift键绘制一个正圆图形，此时将生成一个“椭圆1”图层，如图23.3所示。

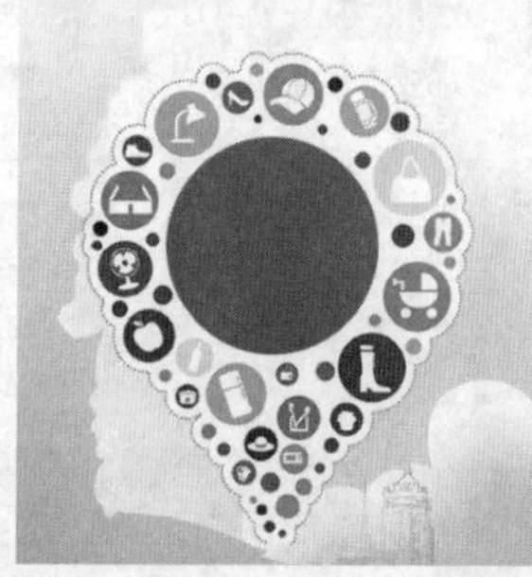

图23.3 绘制图形

STEP 03 执行菜单栏中的“文件”|“打开”命令，打开“二维码.jpg”文件，将打开的素材拖入画布中的椭圆图形上并适当缩小，如图23.4所示。

STEP 04 选择工具箱中的“横排文字工具” T，在刚才添加的素材图像下方的位置添加文字，如图23.5所示。

图23.4 添加素材　　图23.5 添加文字

STEP 05 执行菜单栏中的“文件”|“打开”命令，打开“象形文字.psd、手机.psd”文件，将打开的素材拖入画布中的适当位置并缩小，如图23.6所示。

STEP 06 选择工具箱中的“横排文字工具” T，在画布中的适当位置添加文字，如图23.7所示。

图23.6 添加素材

图23.7 添加文字

STEP 07 选中“扫描赢大奖”图层，按Ctrl+T组合键对其执行“自由变换”命令，单击鼠标右键，从弹出的快捷菜单中选择“变形”命令，在选项栏中单击“变形”后方的按钮 无 ，在弹出的列表中选择“增加”，将“弯曲”更改为30，完成之后按Enter键确认，这样就完成了效果制作，最终效果如图23.8所示。

图23.8 最终效果

实战 569 旅行页设计

- 素材位置：素材\第23章\旅行页设计
- 案例位置：效果\第23章\旅行页设计.psd
- 视频位置：视频\实战569.avi
- 难易指数：★★☆☆☆

• 实例介绍 •

本例讲解旅行页的制作方法。本例的制作看似简单，但在制作过程中应当重点注意图像中元素的摆放，同时整体的配色应当遵循整体一致的原则，最终效果如图23.9所示。

图23.9 最终效果

• 操作步骤 •

STEP 01 执行菜单栏中的“文件”|“打开”命令，打开“背景.jpg”文件，如图23.10所示。

图23.10 打开素材

STEP 02 选择工具箱中的“圆角矩形工具”，在选项栏中将“填充”更改为深青色（R：74，G：172，B：166），“描边”更改为无，“半径”更改为5像素，在画布靠中间的位置绘制一个圆角矩形，此时将生成一个“圆角矩形1”图层，如图23.11所示。

图23.11 绘制图形

STEP 03 选中“圆角矩形1”图层，单击面板底部的“添加图层样式”按钮，在菜单中选择“描边”命令，在弹出的对话框中将“大小”更改为3像素，“位置”更改为内部，“不透明度”更改为80%，“颜色”更改为青色（R：0，G：193，B：193），完成之后单击“确定”按钮，如图23.12所示。

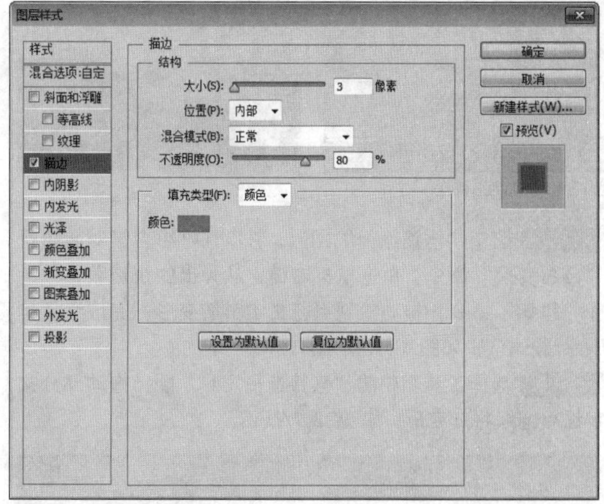

图23.12 设置描边

STEP 04 在“图层”面板中选中“圆角矩形1”图层，将其“填充”更改为60%，如图23.13所示。

图23.13 更改填充

STEP 05 择工具箱中的“横排文字工具”T，在画布中的适当位置添加文字，如图23.14所示。

图23.14 添加文字

STEP 06 在“图层”面板中的“乐途旅行”文字图层上单击鼠标右键，从弹出的快捷菜单中选择“转换为形状”命令，将当前文字转换为形状图形，如图23.15所示。

图23.15 转换为形状

STEP 07 选中“乐途旅行”图层，按Ctrl+T组合键对其执行“自由变换”命令，单击鼠标右键，从弹出的快捷菜单中选择“斜切”命令，拖动控制点将文字斜切变形，完成之后按Enter键确认，如图23.16所示。

STEP 08 选择工具箱中的“直接选择工具”，拖动部分文字锚点继续将其变形，如图23.17所示。

图23.16 将文字变形　　图23.17 调整文字

STEP 09 在“图层”面板中选中“乐途旅行”图层，单击面板底部的“添加图层样式”fx按钮，在菜单中选择“描边”命令，在弹出的对话框中将“大小”更改为5像素，“不透明度”更改为60%，将“颜色”更改为青色（R：0，G：153，B：153），设置完成之后单击“确定”按钮，如图23.18所示。

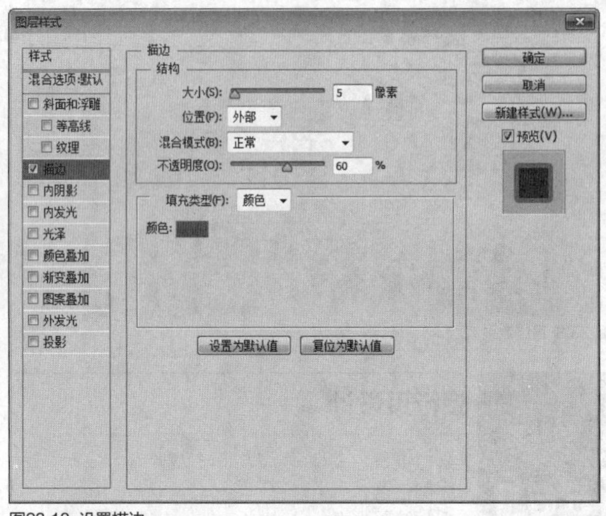

图23.18 设置描边

STEP 10 选择工具箱中的“圆角矩形工具”，在选项栏中，将“填充”更改为深青色（R：61，G：153，B：190），“描边”更改为无，“半径”更改为3像素，在文字下方的位置再次绘制一个圆角矩形，此时将生成一个“圆角矩形2”图层，如图23.19所示。

图23.19 绘制图形

STEP 11 选择工具箱中的“横排文字工具”T，在圆角矩形上方及下方位置添加文字，这样就完成了效果制作，最终效果如图23.20所示。

图23.20 最终效果

实战 570 汽车背景设计

▶素材位置：素材\第23章\汽车背景设计
▶案例位置：效果\第23章\汽车背景设计.psd
▶视频位置：视频\实战570.avi
▶难易指数：★★☆☆☆

• 实例介绍 •

本例讲解汽车背景的制作方法。此款背景采用的是对称样式的汽车图像，同时中间奖杯图像的加入令整个画面具有平衡感的同时也提升了背景的档次，最终效果如图23.21所示。

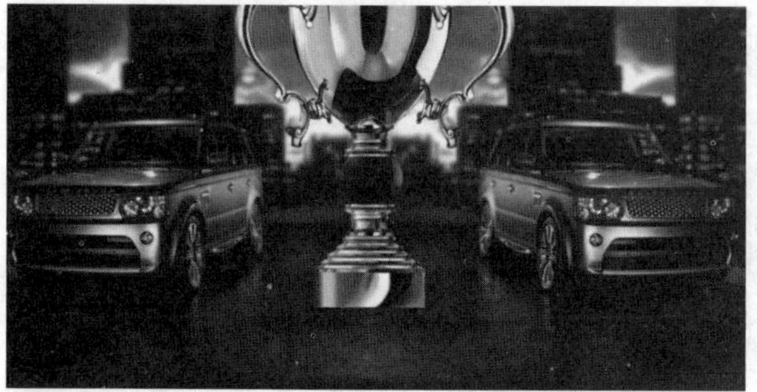

图23.21 最终效果

• 操作步骤 •

• 新建画布

STEP 01 执行菜单栏中的“文件”|“新建”命令，在弹出的对话框中设置“宽度”为800像素，“高度”为400像素，“分辨率”为72像素/英寸。

STEP 02 执行菜单栏中的“文件”|“打开”命令，打开“汽车.jpg”文件，将打开的素材拖入画布中靠右侧的位置并适当缩小，其图层名称将更改为“图层1”，如图23.22所示。

STEP 03 在“图层”面板中选中“图层1”图层，将其拖至面板底部的“创建新图层”按钮上，复制1个“图层1 拷贝”图层，如图23.23所示。

图23.22 添加素材

图23.23 复制图层

STEP 04 选中“图层1 拷贝”图层，按Ctrl+T组合键对其执行“自由变换”命令，单击鼠标右键，从弹出的快捷菜单中选择“水平翻转”命令，完成之后按Enter键确认，将图像与原图像对齐，如图23.24所示。

图23.24 变换图像

STEP 05 同时选中“图层1 拷贝”及“图层1”图层，按Ctrl+E组合键将图层合并，将生成的图层名称更改为“汽车”，如图23.25所示。

STEP 06 选择工具箱中的“模糊工具”，在画布中单击鼠标右键，在弹出的面板中选择一种圆角笔触，将“大小”更改为200像素，“硬度”更改为0%，如图23.26所示。

图23.25 合并图层

图23.26 设置笔触

STEP 07 选中“汽车”图层，在图像上除“汽车”之外的图像区域涂抹，将背景及地面图像做模糊处理，如图23.27所示。

图23.27 添加模糊效果

提示

在进行模糊效果处理的过程中可以根据不同的图像区域不断地更改笔触大小及硬度，这样处理的效果会更加自然。

• 添加颜色

STEP 01 选择工具箱中的“椭圆工具”，在选项栏中将“填充”更改为蓝色（R：16，G：170，B：203），“描边”更改为无，在画布中绘制一个椭圆图形，此时将生成一个“椭圆1”图层，如图23.28所示。

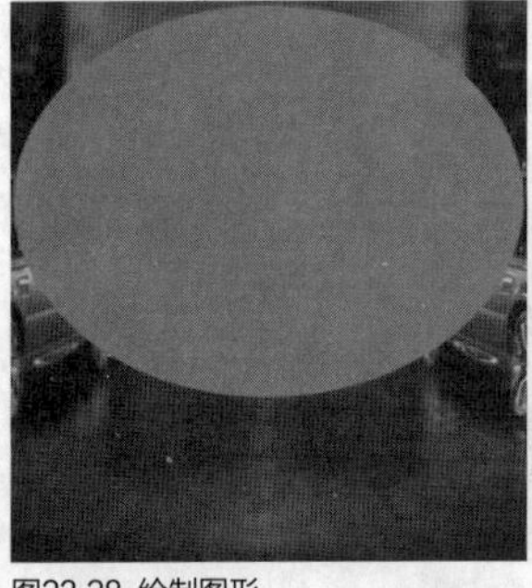

图23.28 绘制图形

STEP 02 选中“椭圆1”图层，执行菜单栏中的“滤镜”|“模糊”|“高斯模糊”命令，在弹出的对话框中将“半径”更改为45像素，完成之后单击“确定”按钮，如图23.29所示。

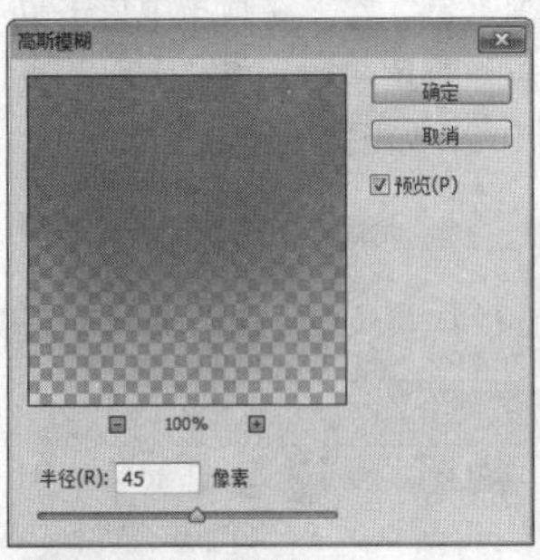

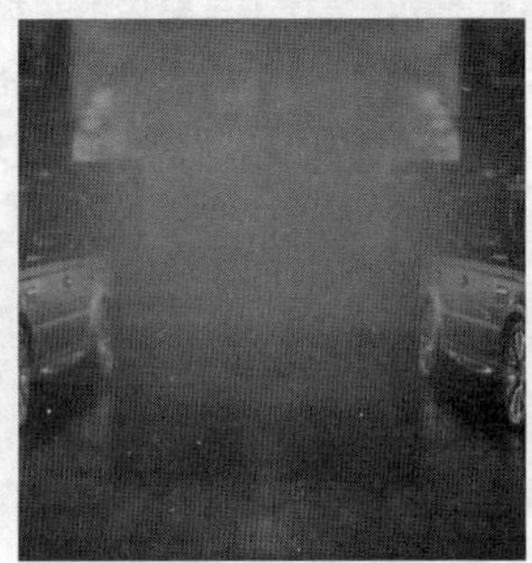

图23.29 设置高斯模糊

STEP 03 在“图层”面板中选中“椭圆 1”图层，将其图层混合模式设置为“柔光”，如图23.30所示。

图23.30 设置图层混合模式

STEP 04 在“图层”面板中选中“椭圆1”图层，将其拖至面板底部的“创建新图层”按钮上，复制1个“椭圆1 拷贝”图层。

STEP 05 执行菜单栏中的“文件”|“打开”命令，打开“奖杯.psd”文件，将打开的素材拖入画布靠中间的位置并适当缩小，这样就完成了效果制作，最终效果如图23.31所示。

图23.31 最终效果

实战571 航空保险设计

▶素材位置：素材\第23章\航空保险设计
▶案例位置：效果\第23章\航空保险设计.psd
▶视频位置：视频\实战571.avi
▶难易指数：★★★☆☆

• 实例介绍 •

本例讲解航空保险类广告的制作方法。本例在制作过程中以放射的蓝天为背景，与航空主题相呼应，同时，飞机图像的添加使图像具有了很好的主题视觉效应，最终效果如图23.32所示。

图23.32 最终效果

• 操作步骤 •

• 打开素材

STEP 01 执行菜单栏中的“文件”|“打开”命令，打开“背景.jpg、飞机.psd”文件，将打开的飞机素材拖入背景文档中并适当缩小，如图23.33所示。

图23.33 打开图像并添加素材

STEP 02 在“图层”面板中选中“飞机”图层，将其拖至面板底部的“创建新图层”按钮上，复制1个“飞机 拷贝”图层，如图23.34所示。

STEP 03 在“图层”面板中选中“飞机 拷贝”图层，单击面板上方的“锁定透明像素”按钮将当前图层中的透明像素锁定，在画布中将图像填充为深蓝色（R：0，G：20，B：48），填充完成之后再次单击此按钮将其解除锁定，如图23.35所示。

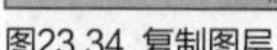
图23.34 复制图层

图23.35 填充颜色

STEP 04 在“图层”面板中选中“飞机 拷贝”图层，将图层混合模式更改为“叠加”，再单击面板底部的“添加图层蒙版”按钮，为其图层添加图层蒙版，如图23.36所示。

STEP 05 选择工具箱中的“画笔工具”，在画布中单击鼠标右键，在弹出的面板中选择一种圆角笔触，将“大小”更改为150像素，“硬度”更改为0%，如图23.37所示。

图23.36 添加图层蒙版

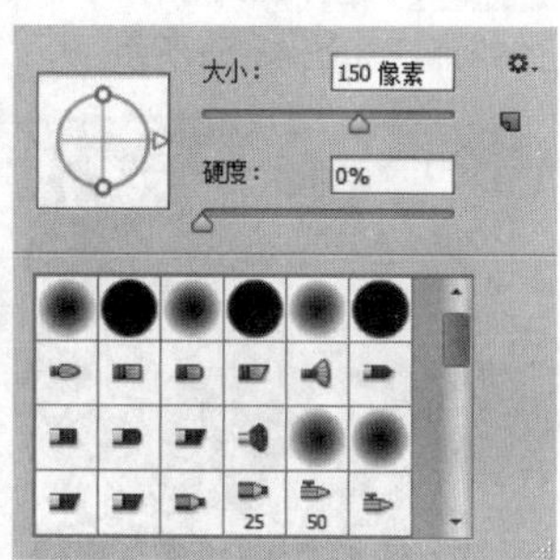

图23.37 设置笔触

STEP 06 将前景色更改为黑色，在图像上的部分区域涂抹，将其隐藏，以加深飞机机腹位置的颜色，如图23.38所示。

图23.38 隐藏图像

● 绘制图形

STEP 01 选择工具箱中的“矩形工具”，在选项栏中将“填充”更改为白色，“描边”更改为无，在画布中绘制一个矩形，此时将生成一个“矩形1”图层，如图23.39所示。

图23.39 绘制图形

STEP 02 在“图层”面板中选中“矩形1”图层，单击面板底部的“添加图层蒙版”按钮，为其图层添加图层蒙版，如图23.40所示。

STEP 03 选择工具箱中的“画笔工具”，在画布中单击鼠标右键，在弹出的面板中选择一种圆角笔触，将“大小”更改为250像素，“硬度”更改为0%，如图23.41所示。

图23.40 添加图层蒙版

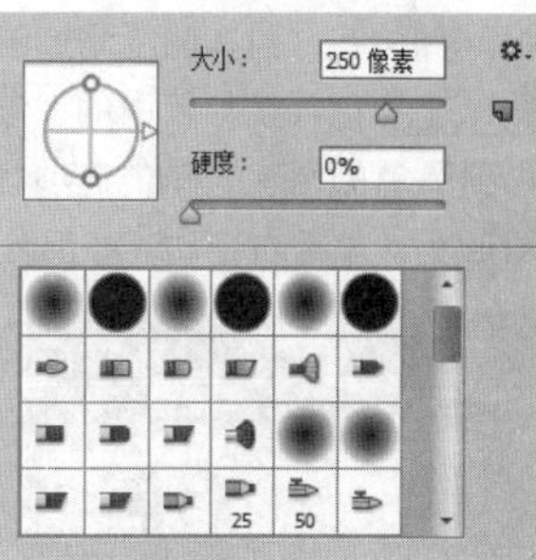

图23.41 设置笔触

STEP 04 将前景色更改为黑色，在图形上左右两侧的部分区域涂抹，将部分图像隐藏，如图23.42所示。

图23.42 隐藏图像

STEP 05 在“图层”面板中选中“矩形 1”图层，将其图层混合模式设置为“柔光”，如图23.43所示。

图23.43 设置图层混合模式

STEP 06 选择工具箱中的“直线工具”，在选项栏中将“填充”更改为白色，“描边”更改为无，“粗细”更改为2像素，在矩形图形顶部的边缘位置按住Shift键绘制一条水平线段，此时将生成一个“形状1”图层，如图23.44所示。

图23.44 绘制图形

STEP 07 在“图层”面板中选中“形状1”图层，将图层“不透明度”更改为80%，单击面板底部的“添加图层蒙版”按钮，为其图层添加图层蒙版，如图23.45所示。

STEP 08 选择工具箱中的“渐变工具”，编辑黑色到白色再到黑色的渐变，单击选项栏中的“线性渐变”按钮，在图形上从左至右拖动，将部分图形隐藏，如图23.46所示。

图23.45 添加图层蒙版

图23.46 隐藏图形

STEP 09 选择工具箱中的“矩形工具”，在选项栏中将“填充”更改为绿色（R：28，G：178，B：154），“描边”更改为无，在画布中绘制一个矩形，此时将生成一个“矩形2”图层，如图23.47所示。

图23.47 绘制图形

STEP 10 在“图层”面板中选中“矩形2”图层，将其拖至面板底部的“创建新图层”按钮上，复制1个“矩形2 拷贝”图层，如图23.48所示。

STEP 11 选中“矩形2”图层，将其向左侧移动并缩小，再将颜色更改为稍深的绿色（R：10，G：142，B：110），如图23.49所示。

图23.48 复制图层

图23.49 更换颜色并移动

STEP 12 选择工具箱中的“添加锚点工具”，在“矩形2拷贝”图层中图形左侧边缘靠中间的位置单击添加锚点，如图23.50所示。

STEP 13 选择工具箱中的“转换点工具”，单击刚才添加的锚点，如图23.51所示。

图23.50 添加锚点

图23.51 转换锚点

STEP 14 选择工具箱中的“直接选择工具”，选中经过转换的锚点向内侧拖动，如图23.52所示。

图23.52 拖动锚点将图形变形

STEP 15 选择工具箱中的“钢笔工具”，在选项栏中单击“选择工具模式” 路径 按钮，在弹出的选项中选择“形状”，将“填充”更改为绿色（R：6，G：167，B：127），“描边”更改为无，在左下角的位置绘制一个不规则图形，此时将生成一个“形状2”图层，如图23.53所示。

图23.53 绘制图形

STEP 16 同时选中“矩形2”及“形状2”图层，按住Alt+Shift组合键向右侧拖动，将图形复制，按Ctrl+T组合键对其执行“自由变换”命令，单击鼠标右键，从弹出的快捷菜单中选择“水平翻转”命令，完成之后按Enter键确认，如图23.54所示。

图23.54 复制并变换图形

提示

复制并变换图形之后需要注意图层的前后顺序。

STEP 17 选择工具箱中的“横排文字工具”T，在画布中的适当位置添加文字，如图23.55所示。

图23.55 添加文字

STEP 18 选择工具箱中的“多边形工具”，在选项栏中将其“填充”更改为白色，“描边”更改为无，“边”更改为6，在添加的文字正上方的位置绘制一个多边形，此时将生成一个“多边形1”图层，如图23.56所示。

图23.56 绘制图形

STEP 19 执行菜单栏中的“文件”|“打开”命令，打开“小伞.psd”文件，将打开的素材拖入画布中的多边形上方并适当缩小，这样就完成了效果制作，最终效果如图23.57所示。

图23.57 最终效果

实战 572 汽车座椅广告设计

▶素材位置：素材\第23章\汽车座椅广告
▶案例位置：效果\第23章\汽车座椅广告设计.psd
▶视频位置：视频\实战572.avi
▶难易指数：★★☆☆☆

• 实例介绍 •

汽车座椅广告的制作以突出产品的特点为制作重点，本例在制作过程中为汽车图像添加了动感运动特效，使整个画布运动感十足，同时也体现出了座椅的运动特点，最终效果如图23.58所示。

图23.58 最终效果

• 操作步骤 •

• 打开素材

STEP 01 执行菜单栏中的“文件”|“打开”命令，在弹出的对话框中选择配套光盘中的“背景.jpg、汽车.psd”文件并打开，如图23.59所示。

图23.59 打开素材

STEP 02 在“图层”面板中选中“汽车”图层，将其拖至面板底部的“创建新图层”按钮上，复制1个“汽车 拷贝”图层，如图23.60所示。

图23.60 复制图层

• 制作特效

STEP 01 选中“汽车”图层，执行菜单栏中的“滤镜”|“模糊”|“动感模糊”命令，在弹出的对话框中将“角度”更改为-7度，“距离”更改为270像素，设置完成之后单击“确定”按钮，如图23.61所示。

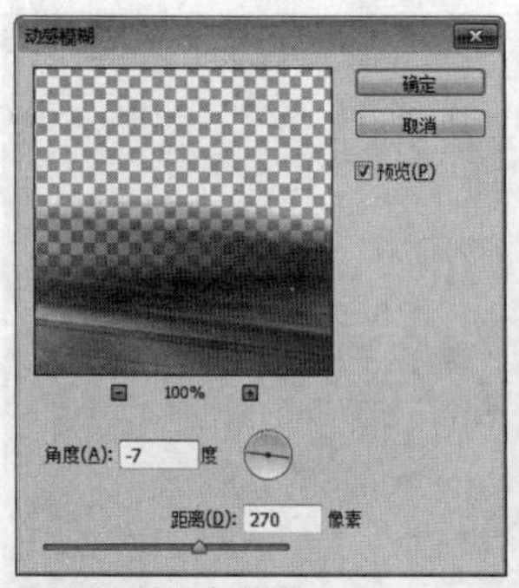

图23.61 设置动感模糊

STEP 02 在“图层”面板中选中“汽车”图层，将其拖至面板底部的“创建新图层”按钮上，复制1个“汽车 拷贝2”图层，如图23.62所示。

STEP 03 在“图层”面板中选中“汽车 拷贝2”图层，将其移至图层面板顶部，再单击面板底部的“添加图层蒙版”按钮，为其图层添加图层蒙版，如图23.63所示。

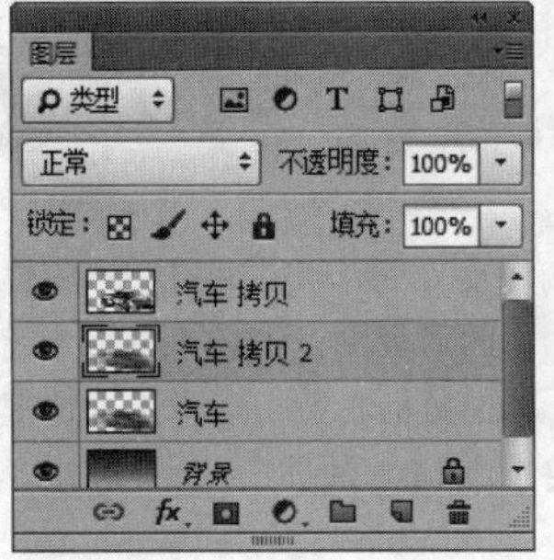

图23.62 复制图层

图23.63 添加图层蒙版

STEP 04 选择工具箱中的“画笔工具”，在画布中单击鼠标右键，在弹出的面板中选择一种圆角笔触，将“大小”更改为180像素，“硬度”更改为0%，如图23.64所示。

STEP 05 将前景色更改为黑色，在图像的部分区域涂抹，将部分图像隐藏，如图23.65所示。

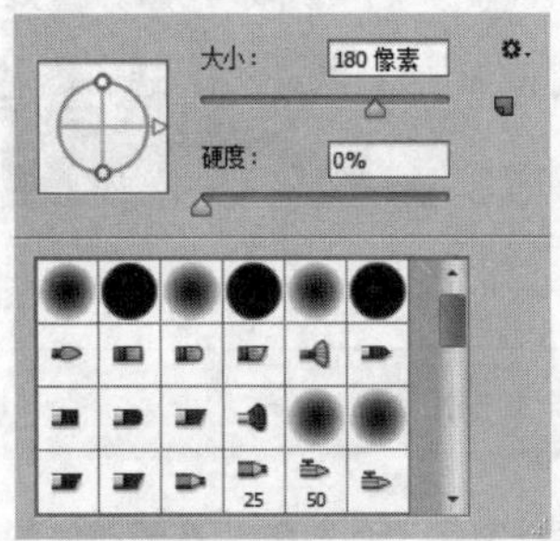

图23.64 设置笔触

图23.65 隐藏图像

STEP 06 以同样的方法为“汽车”图层添加图层蒙版，并将部分图像隐藏，如图23.66所示。

图23.66 隐藏图像

● 绘制图形

STEP 01 选择工具箱中的“矩形工具”，在选项栏中将“填充”更改为白色，“描边”更改为无，绘制一个矩形，此时将生成一个“矩形1”图层，如图23.67所示。

图23.67 绘制图形

STEP 02 选择工具箱中的“直接选择工具”，选中图形顶部锚点向右侧拖动，将图形变形，如图23.68所示。

STEP 03 选中“矩形1”图层，按住Alt+Shift组合键向右侧拖动，将图形复制2份，此时将生成“矩形1 拷贝”及“矩形1 拷贝2”图层，如图23.69所示。

图23.68 将图形变形

图23.69 复制图形

STEP 04 执行菜单栏中的“文件”|“打开”命令，打开“座椅.psd”文件，将打开的素材拖入画布中刚才复制的图形的位置并适当缩小，如图23.70所示。

图23.70 添加素材

STEP 05 选中“座椅”组中的“座椅”图层，将其移至“矩形1”图层上方，执行菜单栏中的“图层”|“创建剪贴蒙版”命令，为当前图层创建剪贴蒙版，将部分图像隐藏，如图23.71所示。

图23.71 创建剪贴蒙版

STEP 06 以同样的方法分别选中“座椅2”及“座椅3”图层，更改其图层顺序并创建剪贴蒙版，隐藏图像，如图23.72所示。

图23.72 创建剪贴蒙版隐藏图像

● 添加文字

STEP 01 选择工具箱中的“横排文字工具”T，在画布中的适当位置添加文字，如图23.73所示。

STEP 02 选中“运动本色”图层，按Ctrl+T组合键对其执行“自由变换”命令，单击鼠标右键，从弹出的快捷菜单中选择“斜切”命令，拖动变形框将文字变形，完成之后按Enter键确认，如图23.74所示。

图23.73 添加文字

图23.74 将文字变形

STEP 03 在“图层”面板中选中“运动本色”图层，将其拖至面板底部的“创建新图层”按钮上，复制1个“运动本色 拷贝”图层，如图23.75所示。

STEP 04 选中“运动本色”图层，将其图层“不透明度”更改为50%，如图23.76所示。

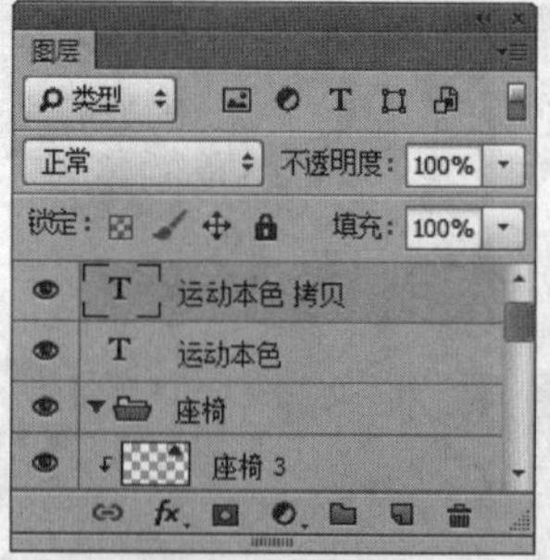
图23.75 复制图层

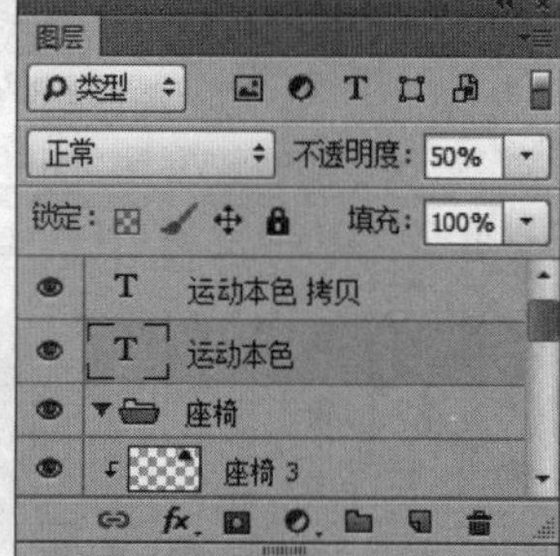
图23.76 更改不透明度

STEP 05 选中“运动本色”图层，将文字颜色更改为黑色，将其向下稍微移动，这样就完成了效果制作，最终效果如图23.77所示。

图23.77 最终效果

实战 573

儿童座椅广告设计

▶素材位置：素材\第23章\儿童座椅广告
▶案例位置：效果\第23章\儿童座椅广告设计.psd
▶视频位置：视频\实战573.avi
▶难易指数：★★☆☆☆

• 实例介绍 •

本例讲解儿童座椅广告的制作方法。本例的重点在于文字的处理及装饰图像的绘制，通过具有针对性的表达方法体现出座椅安全的特点，最终效果如图23.78所示。

图23.78 最终效果

• 操作步骤 •

• 打开素材

STEP 01 执行菜单栏中的“文件”|“打开”命令，打开“背景.jpg、座椅.psd”文件，将打开的素材图像拖入画布中的适当位置，如图23.79所示。

图23.79 打开并添加素材

STEP 02 选择工具箱中的“椭圆工具”，在选项栏中将“填充”更改为黑色，“描边”更改为无，在座椅图像底部的位置绘制一个椭圆图形，此时将生成一个“椭圆1”图层，将“椭圆1”图层移至“座椅”图层下方，如图23.80所示。

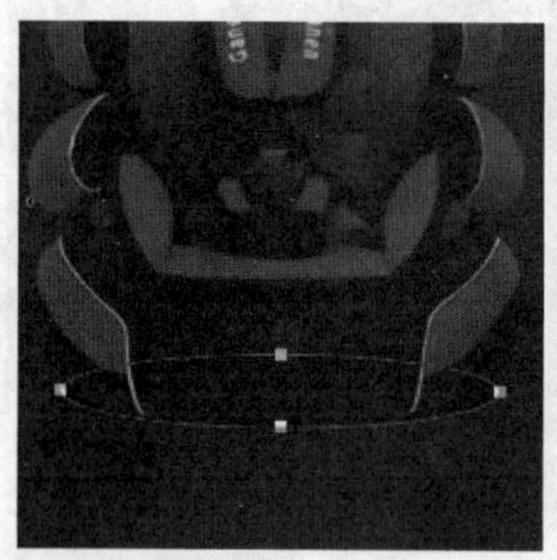

图23.80 绘制图形

STEP 03 选中“椭圆1”图层，执行菜单栏中的“滤镜”|“模糊”|“高斯模糊”命令，在弹出的对话框中将“半径”更改为8像素，完成之后单击“确定”按钮，如图23.81所示。

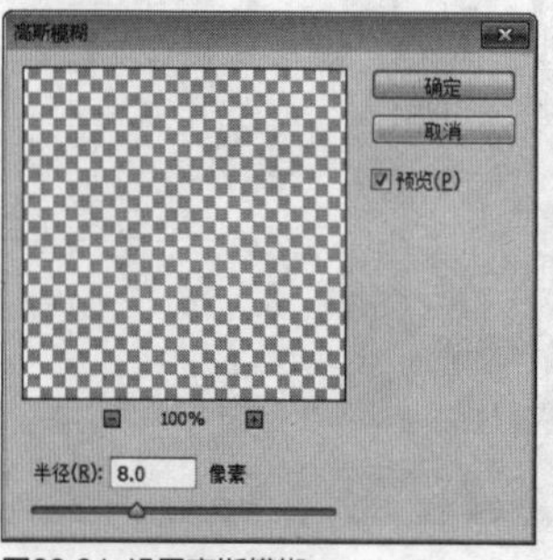
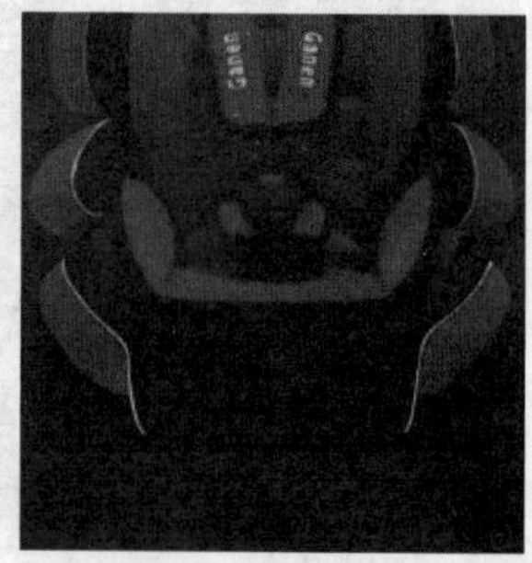
图23.81 设置高斯模糊

• 添加文字

STEP 01 选择工具箱中的“横排文字工具”T，在画布中的适当位置添加文字，如图23.82所示。

STEP 02 在文字图层上单击鼠标右键，从弹出的快捷菜单中选择“转换为形状”命令，如图23.83所示。

图23.82 添加文字

图23.83 转换形状

STEP 03 选中“极致安全”图层，按Ctrl+T组合键对其执行“自由变换”命令，单击鼠标右键，从弹出的快捷菜单中选择“斜切”命令，拖动控制点将文字变形，完成之后按Enter键确认，如图23.84所示。

STEP 04 选择工具箱中的“直接选择工具”，拖动文字部分锚点将其变形，如图23.85所示。

图23.84 将文字变形

图23.85 拖动锚点

STEP 05 在“图层”面板中选中“极致安全”图层，单击面板底部的“添加图层样式”按钮，在菜单中选择“渐变叠加”命令，在弹出的对话框中将“渐变”更改为白色到灰色（R：172，G：173，B：177），“角度”更改为0度，如图23.86所示。

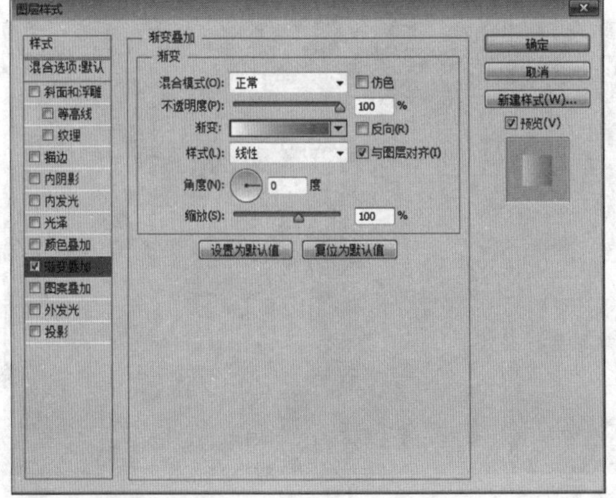

图23.86 设置渐变叠加

STEP 06 勾选“投影”复选框，将“距离”更改为3像素，“大小”更改为4像素，完成之后单击“确定”按钮，如图23.87所示。

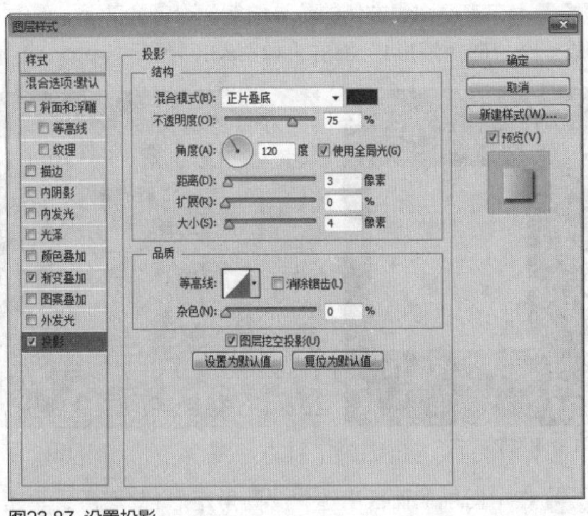

图23.87 设置投影

● **绘制图形**

STEP 01 选择工具箱中的“钢笔工具”，在选项栏中单击“选择工具模式”路径按钮，在弹出的选项中选择“形状”，将“填充”更改为无，“描边”更改为灰色（R：102，G：106，B：123），“大小”更改为1点，在画布左上角的位置绘制一个三角形状的图形，此时将生成一个“形状1”图层，如图23.88所示。

图23.88 绘制图形

STEP 02 在“图层”面板中选中“形状1”图层，将其拖至面板底部的“创建新图层”按钮上，复制1个“形状1 拷贝”图层，如图23.89所示。

STEP 03 选中“形状1 拷贝”图层，将其移至文字右侧的位置，按Ctrl+T组合键对其执行“自由变换”命令，将图形等比例缩小并旋转，完成之后按Enter键确认，如图23.90所示。

图23.89 复制图层

图23.90 变换图形

STEP 04 选择工具箱中的“圆角矩形工具”，在选项栏中将“填充”更改为白色，“描边”更改为无，“半径”更改为10像素，在座椅图像右侧的位置绘制一个圆角矩形，此时将生成一个“圆角矩形1”图层，如图23.91所示。

图23.91 绘制图形

STEP 05 在“图层”面板中选中“圆角矩形1”图层，单击面板底部的“添加图层蒙版”按钮，为其图层添加图层蒙版，如图23.92所示。

STEP 06 选择工具箱中的“渐变工具”，编辑黑色到白色的渐变，单击选项栏中的“线性渐变”按钮，在图形上拖动，将部分图形隐藏，将“圆角矩形1”图层的“不透明度”更改为40%，如图23.93所示。

图23.92 添加图层蒙版

图23.93 隐藏图形

STEP 07 选择工具箱中的“直线工具”，在选项栏中将“填充”更改为白色，“描边”更改为无，“粗细”更改为1点，在圆角矩形顶部边缘的位置按住Shift键绘制一条水平线段，此时将生成一个“形状2”图层，如图23.94所示。

图23.94 绘制图形

STEP 08 在“图层”面板中选中“形状2”图层，单击面板底部的“添加图层蒙版”按钮，为其图层添加图层蒙版，如图23.95所示。

STEP 09 选择工具箱中的“渐变工具”，编辑黑色到白色再到黑色的渐变，单击选项栏中的“线性渐变”按钮，在图形上拖动，将部分图形隐藏，如图23.96所示。

图23.95 添加图层蒙版

图23.96 隐藏图形

STEP 10 在“图层”面板中选中“形状2”图层，将其拖至面板底部的“创建新图层”按钮上，复制1个“形状2 拷贝”图层，如图23.97所示。

STEP 11 选中“形状2 拷贝”图层，按Ctrl+T组合键对其执行“自由变换”命令，单击鼠标右键，从弹出的快捷菜单中选择“旋转90度（顺时针）”命令，完成之后按Enter键确认，再将图形移至圆角矩形左侧边缘的位置，如图23.98所示。

图23.97 复制图层

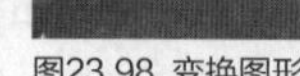

图23.98 变换图形

• 添加文字

STEP 01 选择工具箱中的“横排文字工具”，在画布中的适当位置添加文字，如图23.99所示。

图23.99 添加文字

STEP 02 在“极致安全”图层上单击鼠标右键，从弹出的快捷菜单中选择“拷贝图层样式”命令，同时选中刚才添加的所有文字图层，在其图层名称上单击鼠标右键，从弹出的快捷菜单中选择“粘贴图层样式”命令，这样就完成了效果制作，最终效果如图23.100所示。

图23.100 最终效果

实战 574 机车改装广告设计

- 素材位置：素材\第23章\机车改装广告
- 案例位置：效果\第23章\机车改装广告设计.psd
- 视频位置：视频\实战574.avi
- 难易指数：★★★☆☆

• 实例介绍 •

本例讲解机车改装广告的制作方法。整个广告以图像和文字相结合的方法进行制作，经过变形的文字与图像结合组成了机车改装元素，最终效果如图23.101所示。

图23.101 最终效果

• 操作步骤 •

● 打开素材

STEP 01 执行菜单栏中的“文件”|“打开”命令，打开“背景.jpg”文件。

STEP 02 选择工具箱中的“横排文字工具” T，在画布中的适当位置添加文字，如图23.102所示。

图23.102 添加文字

STEP 03 同时选中所有文字图层，在其图层上单击鼠标右键，从弹出的快捷菜单中选择“转换为形状”命令，如图23.103所示。

图23.103 转换形状

STEP 04 分别选中文字图层，按Ctrl+T组合键对其执行“自由变换”命令，单击鼠标右键，从弹出的快捷菜单中选择“斜切”命令，拖动变形框控制点将文字变形，完成之后按Enter键确认，选择工具箱中的“直接选择工具”，选中文字锚点拖动将其变形，如图23.104所示。

图23.104 将文字变形

提示

在对文字变形之后可根据整个画布的版面将文字适当缩放及移动。

● **绘制图形**

STEP 01 选择工具箱中的“椭圆工具”，在选项栏中将“填充”更改为无，“描边”更改为白色，“大小”更改为2点，在文字底部的位置按住Shift键绘制一个正圆图形，此时将生成一个“椭圆1”图层，如图23.105所示。

图23.105 绘制图形

STEP 02 在“图层”面板中选中“椭圆1”图层，将其拖至面板底部的“创建新图层”按钮上，复制1个“椭圆 1拷贝”图层，如图23.106所示。

STEP 03 选中“椭圆1 拷贝”图层，将其稍微移动，如图23.107所示。

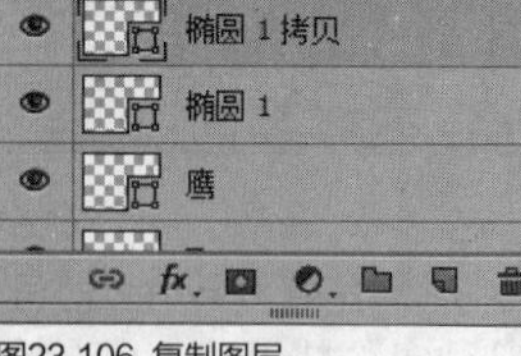

图23.106 复制图层　图23.107 移动图形

STEP 04 选择工具箱中的“椭圆工具”，在选项栏中将“填充”更改为无，“描边”更改为白色，“大小”更改为10点，在部分文字位置再次按住Shift键绘制一个正圆图形，此时将生成一个“椭圆2”图层，如图23.108所示。

图23.108 绘制图形

STEP 05 在“图层”面板中选中“飞”图层，单击面板底部的“添加图层蒙版”按钮，为其图层添加图层蒙版，如图23.109所示。

STEP 06 按住Ctrl键单击“椭圆2”图层缩览图，将其载入选区，如图23.110所示。

图23.209 添加图层蒙版　图23.210 载入选区

STEP 07 执行菜单栏中的“选择”|“修改”|“扩展”命令，在弹出的对话框中将“扩展量”更改为3像素，完成之后单击“确定”按钮，如图23.111所示。

STEP 08 将选区填充为黑色，将部分文字隐藏，完成之后按Ctrl+D组合键将选区取消，如图23.112所示。

图23.111 扩展选区　图23.112 隐藏文字

STEP 09 在“图层”面板中选中“椭圆2”图层，将其拖至面板底部的“创建新图层”按钮上，复制1个“椭圆 2拷贝”图层，如图23.113所示。

STEP 10 选中“椭圆 2拷贝”图层，按Ctrl+T组合键对其执行“自由变换”命令，将图形等比例缩小，完成之后按Enter键确认，如图23.114所示。

图23.113 复制图层　图23.114 缩小图形

STEP 11 在“图层”面板中同时选中“椭圆2 拷贝”及“椭圆2”图层，将其拖至面板底部的“创建新图层”按钮上，复制两个“椭圆2 拷贝 2”图层，如图23.115所示。

STEP 12 同时选中两个“椭圆 2拷贝2”图层，按Ctrl+T组合键对其执行“自由变换”命令，将图形等比例缩小，完成之后按Enter键确认，将图形移至文字右侧的位置，如图23.116所示。

图23.115 复制图层

图23.116 变换图形

STEP 13 以刚才同样的方法将图形载入选区，将选区扩展后将部分文字隐藏，如图23.117所示。

图23.117 隐藏部分文字

STEP 14 同时选中除“背景”图层之外的所有图层，按Ctrl+G组合键将图层编组，此时将生成一个“组1”组，如图23.118所示。

图23.118 将图层编组

STEP 15 在“图层”面板中选中“组1”组中的图层，单击面板底部的“添加图层样式”按钮，在菜单中选择“斜面和浮雕”命令，在弹出的对话框中将“大小”更改为1像素，“光泽等高线”更改为高斯，“高光模式”中的“不透明度”更改为40%，“阴影模式”中的“不透明度”更改为0%，如图23.119所示。

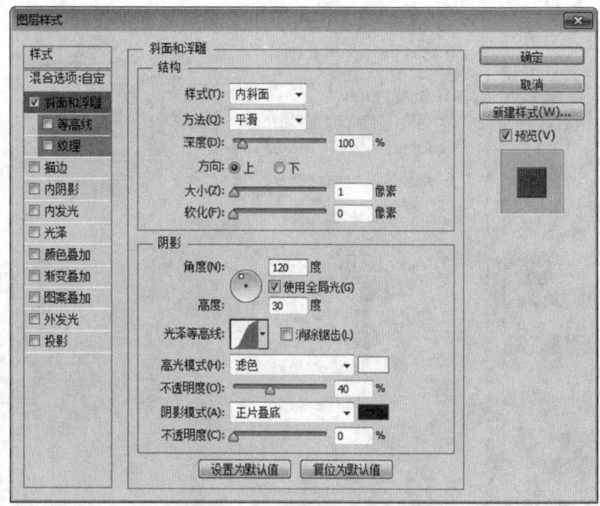

图23.119 设置斜面和浮雕

STEP 16 勾选“渐变叠加”复选框，将“渐变”更改为蓝色系渐变，“角度”更改为60度，如图23.120所示。

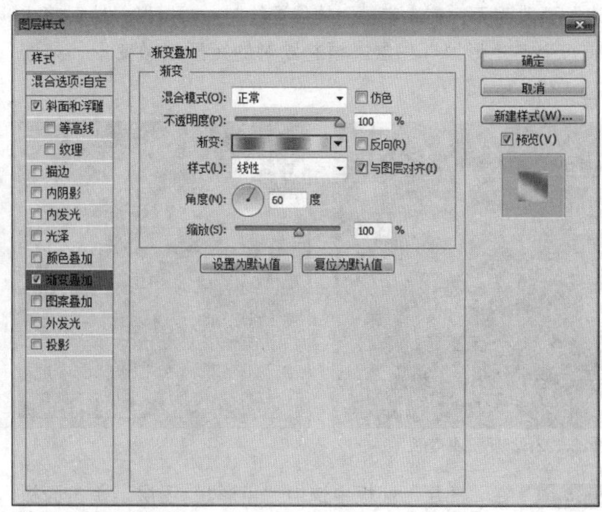

图23.120 设置渐变叠加

提示

在设置渐变的时候可以增加多个蓝色系色标，这样可以使渐变更加富有立体感。

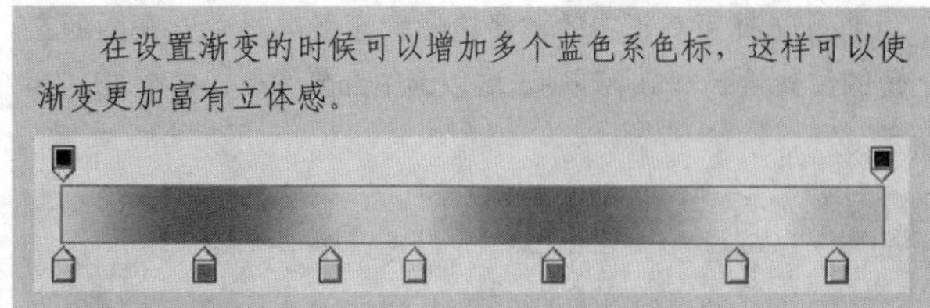

STEP 17 勾选“投影”复选框，将“不透明度”更改为30%，“距离”更改为1像素，“大小”更改为1像素，完成之后单击“确定”按钮，如图23.121所示。

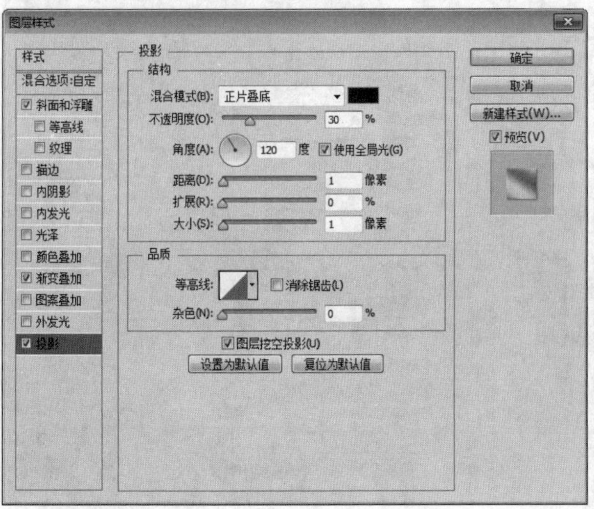

图23.121 设置投影

STEP 18 选择工具箱中的“矩形工具”，在选项栏中将“填充”更改为蓝色（R：20，G：157，B：193），“描边”更改为无，在文字左侧的位置绘制一个矩形，此时将生成一个“矩形 1”图层，再将绘制的矩形稍微变形，如图23.122所示。

图23.122 绘制图形并变形

STEP 19 在“图层”面板中选中“矩形1”图层，单击面板底部的“添加图层蒙版”按钮，为其图层添加图层蒙版，如图23.123所示。

STEP 20 选择工具箱中的“多边形套索工具”，在图形左上角的位置绘制一个不规则选区以选中部分图形，如图23.124所示。

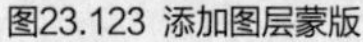

图23.123 添加图层蒙版

图23.124 绘制选区

STEP 21 将选区填充为黑色，将部分图形隐藏，以同样的方法将右下角也做同样处理，完成之后按Ctrl+D组合键将选区取消，如图23.125所示。

STEP 22 选中“矩形1”图层，按住Alt键向左侧拖动，将图形复制2份，如图23.126所示。

图23.125 隐藏图形

图23.126 复制图形

● 添加文字

STEP 23 选择工具箱中的“横排文字工具”，在图形位置添加文字，并将图形稍微斜切变形，如图23.127所示。

图23.127 添加文字并将其变形

STEP 24 以同样的方法在其他几个图形位置添加文字，如图23.128所示。

图23.128 添加文字

STEP 25 选择工具箱中的“椭圆工具”，在选项栏中将“填充”更改为无，“描边”更改为蓝色（R：48，G：138，B：255），“大小”更改为3点，在刚才添加的文字下方的位置按住Shift键绘制一个正圆图形，此时将生成一个“椭圆3”图层，如图23.129所示。

图23.129 绘制图形

STEP 26 在“图层”面板中选中“椭圆3”图层，将其拖至面板底部的“创建新图层”按钮上，复制两个拷贝图层，如图23.130所示。

STEP 27 选中“椭圆3 拷贝 2”图层，将“填充”更改为无，“描边”更改为2点，按Ctrl+T组合键对其执行“自由变换”命令，将图形等比例缩小，完成之后按Enter键确认，选中“椭圆3 拷贝”图层，将描边“大小”更改为7点，再以同样的方法将其等比例缩小，如图23.131所示。

图23.130 复制图层

图23.131 变换图形

STEP 28 在“图层”面板中选中“椭圆3 拷贝”图层，单击面板底部的“添加图层蒙版”按钮，为其图层添加图层蒙版，如图23.132所示。

STEP 29 选择工具箱中的“多边形套索工具”，在椭圆图形位置绘制选区以选中“椭圆3 拷贝”图层中的部分图形，如图23.133所示。

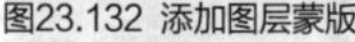
图23.132 添加图层蒙版

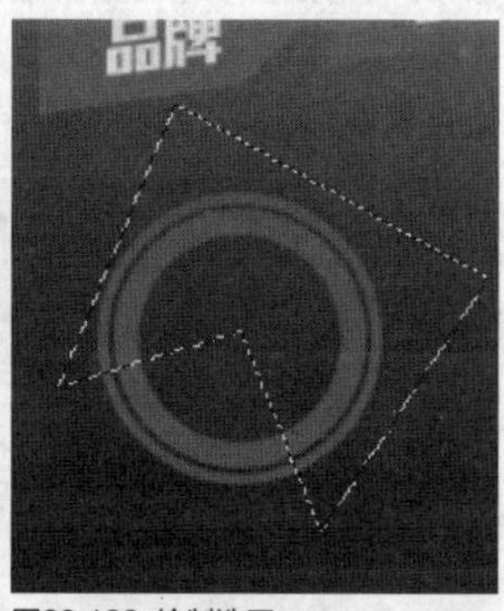

图23.133 绘制选区

STEP 30 将选区填充为黑色，将部分图形隐藏，完成之后按Ctrl+D组合键将选区取消，如图23.134所示。

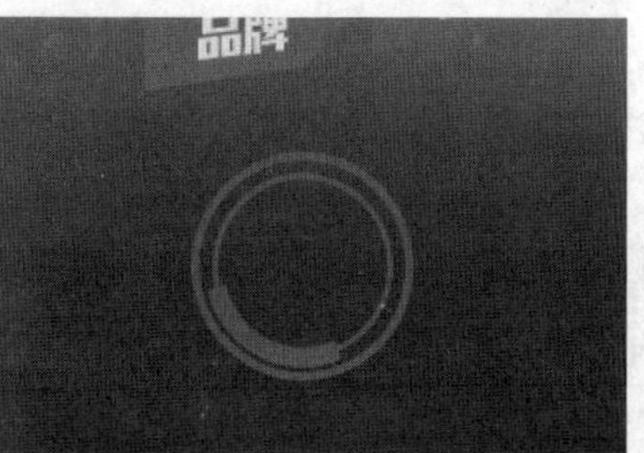

图23.134 隐藏图形

STEP 31 在“图层”面板中选中“椭圆3”图层，单击面板底部的“添加图层样式”按钮，在菜单中选择“外发光”命令，在弹出的对话框中将“颜色”更改为蓝色（R：0，G：128，B：255），“大小”更改为5像素，完成之后单击“确定”按钮，如图23.135所示。

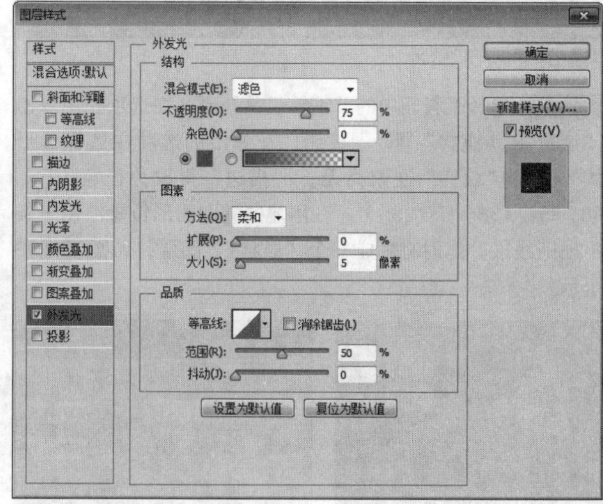

图23.135 设置外发光

STEP 32 同时选中“椭圆3”“椭圆3 拷贝”及“椭圆3 拷贝2”图层，按住Alt键向右侧拖动，将图形复制，按Ctrl+T组合键对其执行“自由变换”命令，将图形等比例放大，完成之后按Enter键确认，如图23.136所示。

STEP 33 选中描边较粗的“椭圆3 拷贝3”图层中的图形，按Ctrl+T组合键对其执行“自由变换”命令，将图形适当旋转并放大，完成之后按Enter键确认，如图23.137所示。

图23.136 复制并变换图形

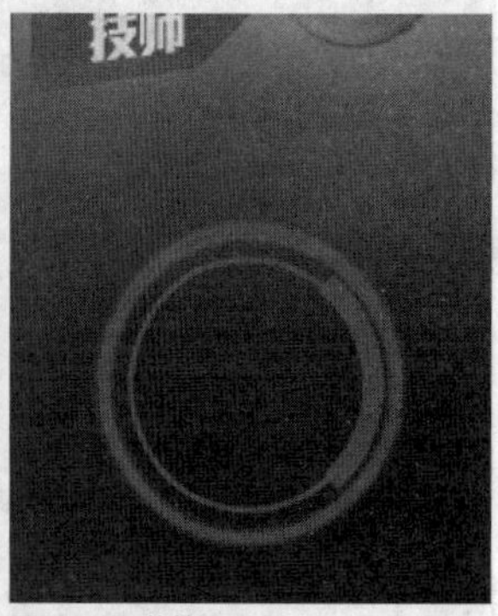

图23.137 旋转图形

● 复制图像

STEP 01 以同样的方法将图形再复制1份并旋转，如图23.138所示。

图23.138 复制并变换图形

STEP 02 选择工具箱中的“钢笔工具”，在选项栏中单击“选择工具模式” 路径 按钮，在弹出的选项中选择“形状”，将“填充”更改为无，“描边”更改为蓝色（R：48，G：138，B：255），在刚才的椭圆图形位置绘制一条不规则线段，此时将生成一个“形状1”图层，如图23.139所示。

图23.139 绘制图形

STEP 03 以同样的方法在其他几个椭圆图形位置绘制线段，如图23.140所示。

图23.140 绘制线段

STEP 04 选择工具箱中的“横排文字工具”，在椭圆图形位置添加文字，如图23.141所示。

图23.141 添加文字

STEP 05 执行菜单栏中的“文件”|“打开”命令，打开“街车.psd”文件，将打开的素材拖入画布中右下角的位置并适当缩小，如图23.242所示。

图23.142 添加素材

STEP 06 在“图层”面板中选中“街车”图层，将其拖至面板底部的“创建新图层”按钮上，复制1个“街车 拷贝”图层，选中“街车 拷贝”图层，单击面板上方的“锁定透明像素”按钮将透明像素锁定，在画布中将图像填充为蓝色（R：0，G：92，B：183），填充完成之后再次单击此按钮将其解除锁定，如图23.143所示。

图23.143 填充颜色

STEP 07 在“图层”面板中选中“街车 拷贝”图层，将其图层混合模式设置为“柔光”，如图23.144所示。

图23.144 设置图层混合模式

STEP 08 选择工具箱中的“椭圆工具”，在选项栏中将“填充”更改为黑色，“描边”更改为无，在街车图像底部的位置绘制一个椭圆图形，将生成的椭圆图形“不透明度”更改为40%，如图23.145所示。

图23.145 最终效果

实战 575 汽车用品广告设计

- 素材位置：素材\第23章\汽车用品广告
- 案例位置：效果\第23章\汽车用品广告设计.psd
- 视频位置：视频\实战575.avi
- 难易指数：★★☆☆☆

• 实例介绍 •

本例讲解汽车用品广告的制作方法。本例以汽车用品为主视觉图像，同时搭配简单明了的文字信息，使整个广告易读易懂，并且特效图像的添加很好地突出了汽车用品文化，最终效果如图23.146所示。

图23.146 最终效果

• 操作步骤 •

• 打开素材

STEP 01 执行菜单栏中的“文件”|“打开”命令，打开“背景.jpg、汽车用品.psd”文件，将打开的素材图像拖入画布中的适当位置，如图23.147所示。

图23.147 打开并添加素材

STEP 02 在“图层”面板中选中“轮胎”图层，将其拖至面板底部的“创建新图层”按钮上，复制1个“轮胎 拷贝”图层，选中“轮胎 拷贝”图层，单击面板上方的“锁定透明像素”按钮，将透明像素锁定，将图像填充为红色（R：255，G：45，B：5），填充完成之后再次单击此按钮将其解除锁定，如图23.148所示。

图23.148 填充颜色

STEP 03 选中“轮胎 拷贝”图层，执行菜单栏中的“滤镜”|“模糊”|“径向模糊”命令，在弹出的对话框中将“数量”更改为100，分别勾选“旋转”及“最好”单选按钮，完成之后单击“确定”按钮，如图23.149所示。

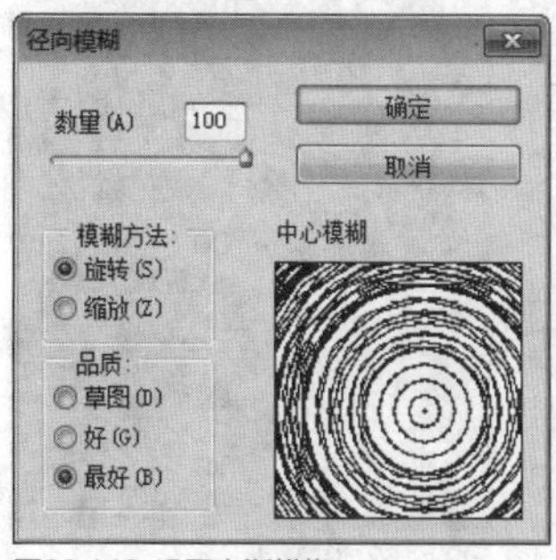

图23.149 设置高斯模糊

STEP 04 在“图层”面板中选中“轮胎 拷贝”图层，将其图层混合模式设置为“叠加”，“不透明度”更改为70%，如图23.150所示。

图23.150 设置图层混合模式

• 绘制图形

STEP 01 选择工具箱中的“椭圆工具”，在选项栏中将“填充”更改为无，“描边”更改为浅黄色（R：255，G：210，B：93），“大小”更改为1点，在轮胎位置按住Shift键绘制一个正圆图形，此时将生成一个“椭圆1”图层，如图23.151所示。

图23.151 绘制图形

STEP 02 在“图层”面板中选中“椭圆1”图层，单击面板底部的“添加图层蒙版”按钮，为其图层添加图层蒙版，如图23.152所示。

STEP 03 选择工具箱中的“渐变工具”，编辑黑色到白色的渐变，单击选项栏中的“线性渐变”按钮在图形中拖动，将部分图形隐藏，如图23.153所示。

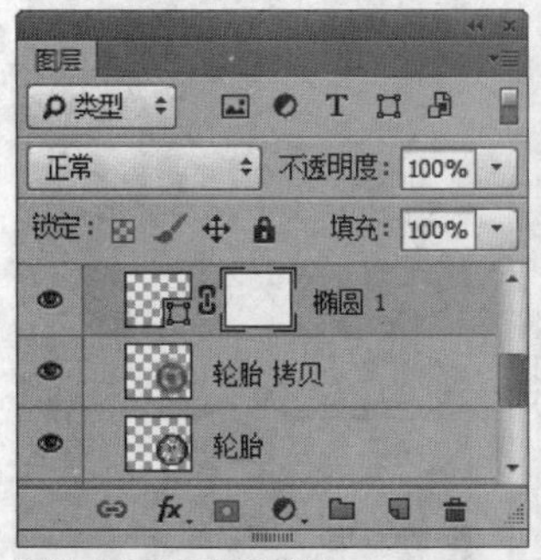
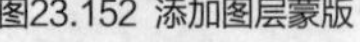

图23.152 添加图层蒙版　图23.153 设隐藏图形

STEP 04 在“图层”面板中选中“汽车用品”组，将其拖至面板底部的“创建新图层”按钮上，复制1个“汽车用品 拷贝”组。

STEP 05 选中“汽车用品 拷贝”组，按Ctrl+E组合键将其合并，此时将生成一个“汽车用品 拷贝”图层，单击面板上方的“锁定透明像素”按钮将透明像素锁定，将图像填充为红色（R：255，G：45，B：5），填充完成之后再次单击此按钮将其解除锁定，如图23.154所示。

图23.154 填充颜色

STEP 06 在“图层”面板中选中“轮胎 拷贝”图层，将图层混合模式设置为“叠加”，“不透明度”更改为40%，如图23.155所示。

图23.155 设置图层混合模式

• 添加素材

STEP 01 执行菜单栏中的“文件”|“打开”命令，打开“光.jpg”文件，将打开的素材拖入画布中电子狗图像的位置并适当缩小，其图层名称将更改为“图层1”，如图23.156所示。

图23.156 添加素材

STEP 02 在“图层”面板中选中“图层1”图层，将图层混合模式设置为“滤色”，如图23.157所示。

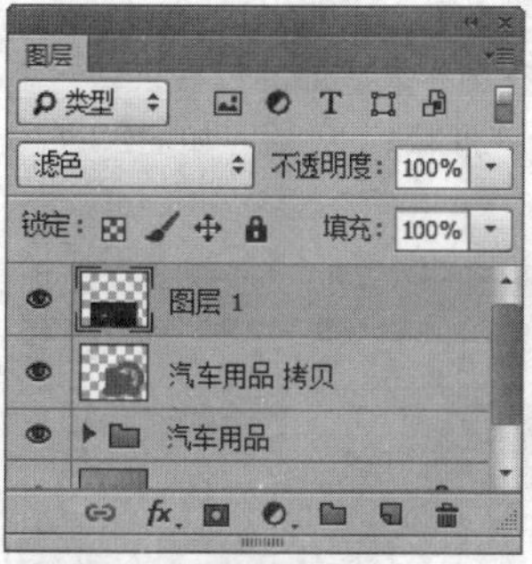

图23.157 设置图层混合模式

- **制作阴影**

STEP 01 在“图层”面板中选中“图层1”图层，将其拖至面板底部的“创建新图层”按钮上，复制1个“图层1 拷贝”图层，如图23.158所示。

STEP 02 选中“图层1 拷贝”图层，将图像移至电子狗右侧车灯的位置，按Ctrl+T组合键对其执行“自由变换”命令，将图像等比例缩小，完成之后按Enter键确认，如图23.159所示。

图23.158 复制图层

图23.159 变换图像

STEP 03 按住Ctrl键单击“汽车用品”图层缩览图，将其载入选区，如图23.160所示。

STEP 04 单击面板底部的“创建新图层”按钮，新建一个“图层2”图层，如图23.161所示。

图23.160 载入选区

图23.161 新建图层

STEP 05 选中“图层2”图层，将其填充为黑色，完成之后按Ctrl+D组合键将选区取消，再将其向下稍微移动，如图23.162所示。

图23.162 填充颜色

STEP 06 选中“图层2”图层，执行菜单栏中的“滤镜”|“模糊”|“高斯模糊”命令，在弹出的对话框中将“半径”更改为5，完成之后单击“确定”按钮，如图23.163所示。

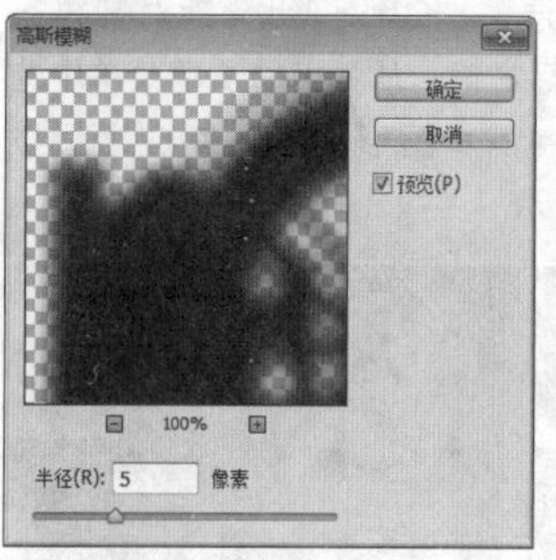

图23.163 设置高斯模糊

STEP 07 在“图层”面板中选中“图层2”图层，单击面板底部的“添加图层蒙版”按钮，为其图层添加图层蒙版，如图23.164所示。

STEP 08 选择工具箱中的“画笔工具”，在画布中单击鼠标右键，在弹出的面板中选择一种圆角笔触，将“大小”更改为250像素，“硬度”更改为0%，如图23.165所示。

图23.164 添加图层蒙版

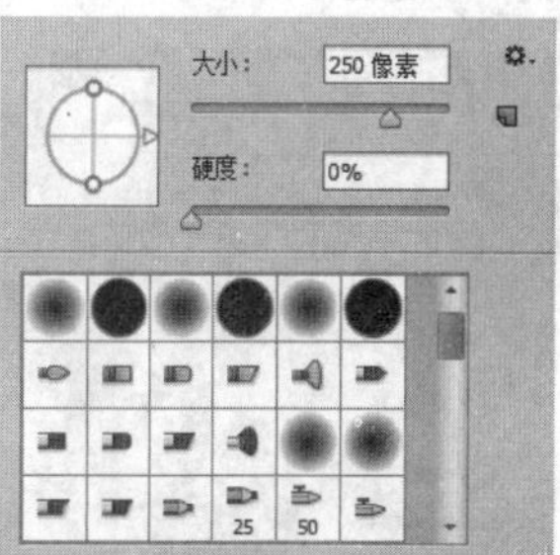
图23.165 设置笔触

STEP 09 将前景色更改为黑色，在图像上的部分区域涂抹将其隐藏，以增强阴影的真实性，选择工具箱中的“横排文字工具”T，在画布中的适当位置添加文字，如图23.166所示。

图23.166 隐藏图像

● **绘制图形**

STEP 01 选择工具箱中的“矩形工具”■，在选项栏中将“填充”更改为橙色（R：237，G：120，B：54），“描边”更改为无，在文字下方的位置绘制一个矩形，此时将生成一个“矩形1”图层，如图23.167所示。

STEP 02 选中“矩形1”图层，按Ctrl+T组合键对其执行“自由变换”命令，单击鼠标右键，从弹出的快捷菜单中选择“斜切”命令，拖动控制点将图形变形，完成之后按Enter键确认，如图23.168所示。

图23.167 绘制图形

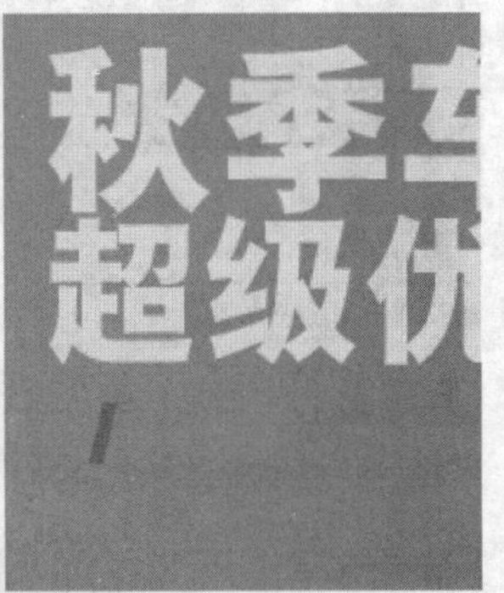

图23.168 将图形变形

STEP 03 选中“矩形1”图层，按住Alt+Shift组合键向右侧拖动，将图形复制数份，如图23.169所示。

图23.169 复制图形

STEP 04 选择工具箱中的“钢笔工具”，在选项栏中单击“选择工具模式”路径按钮，在弹出的选项中选择“形状”，将“填充”更改为黄色（R：255，G：224，B：147），“描边”更改为无，在画布靠底部的位置绘制一个三角形图形，此时将生成一个“形状1”图层，如图23.170所示。

图23.170 绘制图形

STEP 05 选中“形状1”图层，执行菜单栏中的“滤镜”|“模糊”|“动感模糊”命令，在弹出的对话框中将“角度”更改为50度，“距离”更改为40像素，完成之后单击“确定”按钮，如图23.171所示。

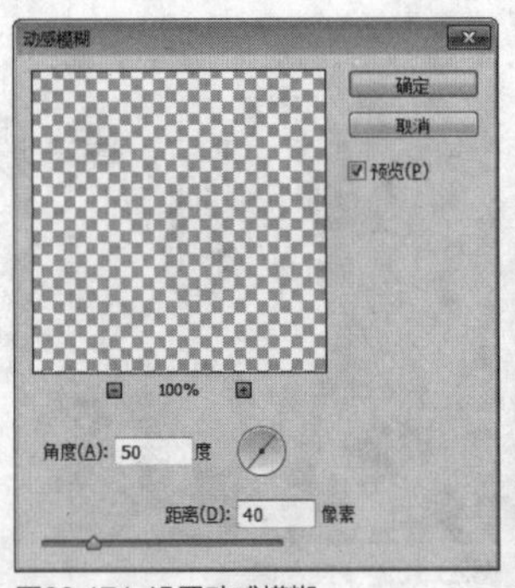

图23.171 设置动感模糊

STEP 06 以同样的方法在画布中的其他位置绘制图形并添加同样的模糊效果，这样就完成了效果制作，最终效果如图23.172所示。

图23.172 最终效果

第24章

网店banner设计与制作

本章导读

本章讲解网店banner的制作方法。banner可以理解为网店页面的横幅广告，它的最大特点主要是体现针对商品本身的中心意旨，形象鲜明地表达最主要的思想定位或宣传中心。它可以以GIF动画的形式存在，同时还可以以静态页面的形式进行展示，本章主要以静态页面的制作为主。通过对本章实例的练习我们可以对网店banner有一个全新的认识，同时在制作上也会更加得心应手。

要点索引

- 学习唯美banner的制作方法
- 了解店招的制作技巧
- 学习促销类banner的制作方法
- 掌握经典banner的设计思路
- 学习简洁banner的制作方法

实战 576 春装banner设计

- 素材位置：素材\第24章\春装banner
- 案例位置：效果\第24章\春装banner设计.psd
- 视频位置：视频\实战576.avi
- 难易指数：★★☆☆☆

• 实例介绍 •

本例讲解春装banner的制作方法，画面整体色调偏素，区别于传统的绿色主题春装类广告，具有十分浓郁的中国风，最终效果如图24.1所示。

图24.1 最终效果

• 操作步骤 •

• 打开素材

STEP 01 执行菜单栏中的“文件”|“打开”命令，打开“背景.jpg、人物.psd”文件，将打开的人物图像拖入背景中靠左侧的位置并适当缩小，如图24.2所示。

图24.2 打开并添加素材

STEP 02 在“图层”面板中选中“人物 2”图层，将其拖至面板底部的“创建新图层”按钮上，复制1个“人物 2 拷贝”图层。

STEP 03 选中“人物 2”图层，单击面板上方的“锁定透明像素”按钮将当前图层中的透明像素锁定，将图像填充为黑色，再次单击此按钮将其解除锁定，如图24.3所示。

STEP 04 选中“人物 2”图层，按Ctrl+T组合键对其执行“自由变换”命令，单击鼠标右键，从弹出的快捷菜单中选择“扭曲”命令，拖动变形框顶部控制点将图像扭曲变形，完成之后按Enter键确认，如图24.4所示。

图24.3 填充颜色

图24.4 扭曲图像

STEP 05 选中“人物 2”图层，执行菜单栏中的“滤镜”|“模糊”|“高斯模糊”命令，在弹出的对话框中将“半径”更改为5像素，完成之后单击“确定”按钮，再将图层“不透明度”更改为20%，如图24.5所示。

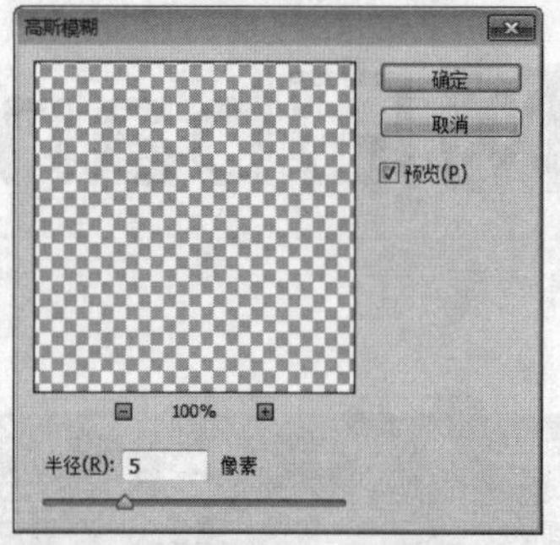

图24.5 设置高斯模糊

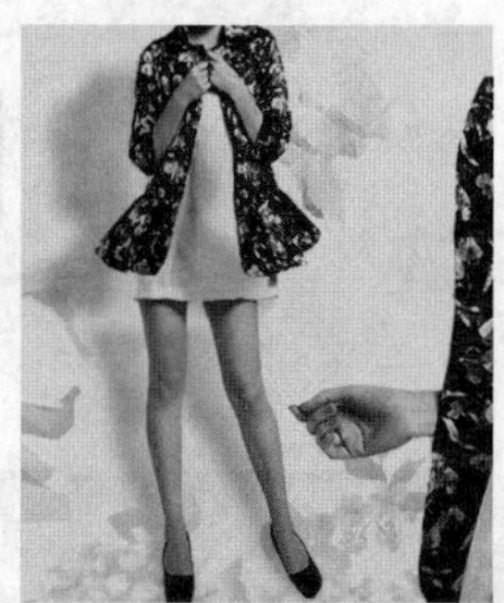

STEP 06 在“图层”面板中选中“人物 2”图层，单击面板底部的“添加图层蒙版”按钮，为其图层添加图层蒙版，如图24.6所示。

STEP 07 选择工具箱中的“画笔工具”，在画布中单击鼠标右键，在弹出的面板中选择一种圆角笔触，将“大小”更改为80像素，“硬度”更改为0%，如图24.7所示。

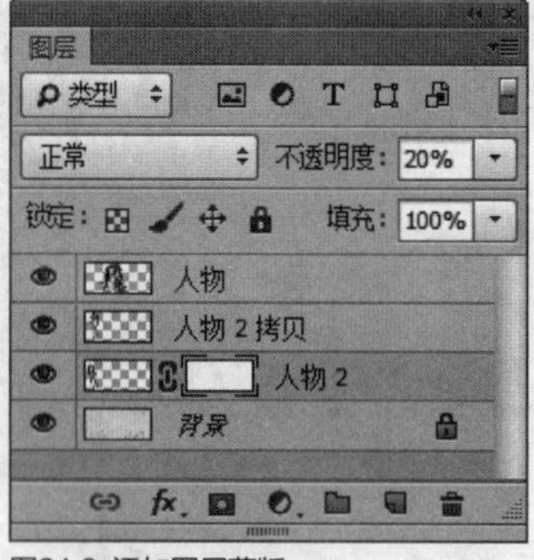

图24.6 添加图层蒙版

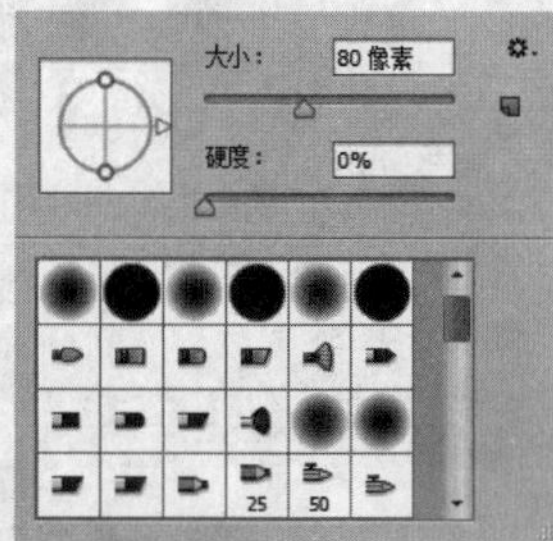

图24.7 设置笔触

STEP 08 将前景色更改为黑色，在图像上的部分区域涂抹，将多余投影图像隐藏，如图24.8所示。

STEP 09 以同样的方法为“人物”图像制作投影效果，如图24.9所示。

图24.8 隐藏图像

图24.9 制作投影

● **添加文字**

STEP 01 选择工具箱中的“横排文字工具”T，在画布中靠右侧的位置添加文字，如图24.10所示。

图24.10 添加文字

STEP 02 在“图层”面板中选中“初春记忆”图层，单击面板底部的“添加图层样式”fx按钮，在菜单中选择“渐变叠加”命令，在弹出的对话框中将“渐变”更改为红色（R：140，G：22，B：44）到紫色（R：75，G：52，B：94）到紫色（R：75，G：52，B：94）再到青色（R：27，G：90，B：105），将第1个紫色色标的位置更改为25%，第2个紫色色标的位置更改为75%，完成之后单击“确定”按钮，如图24.11所示。

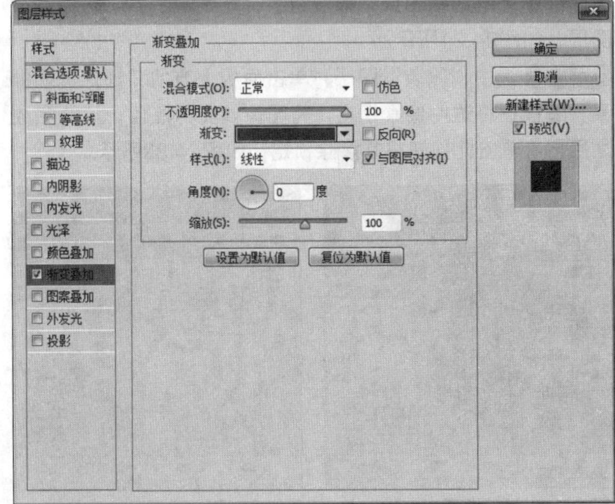

图24.11 设置渐变叠加

STEP 03 选择工具箱中的“直线工具”╱，在选项栏中将“填充”更改为灰色（R：200，G：200，B：200），“描边”更改为无，“粗细”更改为1像素，在画布中英文文字左侧的位置绘制一条垂直线段，这样就完成了效果制作，最终效果如图24.12所示。

图24.12 最终效果

实战 577

美丽的鞋子banner设计

▶素材位置：素材\第24章\美丽的鞋子banner
▶案例位置：效果\第24章\美丽的鞋子banner设计.psd
▶视频位置：视频\实战577.avi
▶难易指数：★★☆☆☆

• 实例介绍 •

本例讲解美丽的鞋子banner的制作方法，本例整体的风格偏向于日系风，淡绿色的背景在视觉效果上令人十分舒适，最终效果如图24.13所示。

图24.13 最终效果

• 操作步骤 •

● **打开素材**

STEP 01 执行菜单栏中的“文件”|“打开”命令，打开“背景.jpg、鞋子.psd”文件，将打开的鞋子图像拖入画布中并适当缩小，其图层名称将更改为“图层1”，如图24.14所示。

图24.14 打开并添加素材

STEP 02 在“图层”面板中选中“图层1”图层，将其图层混合模式设置为“正片叠底”，如图24.15所示。

图24.15 设置图层混合模式

- **添加文字**

STEP 01 选择工具箱中的“横排文字工具”T，在画布中的适当位置添加文字，如图24.16所示。

STEP 02 选择工具箱中的“矩形工具”■，在选项栏中将“填充”更改为黑色，“描边”更改为无，在文字下方的位置绘制一个矩形，此时将生成一个“矩形1”图层，如图24.17所示。

图24.16 添加文字　　图24.17 绘制图形

STEP 03 选择工具箱中的“横排文字工具”T，在刚才绘制的矩形及其下方位置添加文字，这样就完成了效果制作，最终效果如图24.18所示。

图24.18 最终效果

实战 578

时装banner设计

- 素材位置：素材\第24章\时装banner
- 案例位置：效果\第24章\时装banner设计.psd
- 视频位置：视频\实战578.avi
- 难易指数：★★★☆☆

• 实例介绍 •

本例讲解时装banner的制作方法。时装类的广告制作以体现时尚前沿信息为主，本例通过不规则图形的绘制与时装图像的搭配形成了一种独特的视觉效果，最终效果如图24.19所示。

图24.19 最终效果

• 操作步骤 •

- **打开素材**

STEP 01 执行菜单栏中的“文件”|“打开”命令，打开“背景.jpg、服装.psd”文件，将打开的服装素材图像拖入画布中间的位置，如图24.20所示。

图24.20 打开及添加素材

STEP 02 在“图层”面板中选中“服装”图层，将其拖至面板底部的“创建新图层”■按钮上，复制1个“服装 拷贝”图层，如图24.21所示。

STEP 03 选中“服装”图层，单击面板上方的“锁定透明像素”⊠按钮将透明像素锁定，将图像填充为黑色，填充完成之后再次单击此按钮将其解除锁定，如图24.22所示。

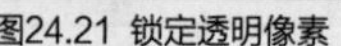

图24.21 锁定透明像素　　图24.22 填充颜色

STEP 04 选中“服装”图层，执行菜单栏中的“滤镜”|“模糊”|“高斯模糊”命令，在弹出的对话框中将“半径”更改为6像素，完成之后单击“确定”按钮，再将图层“不透明度”更改为30%，如图24.23所示。

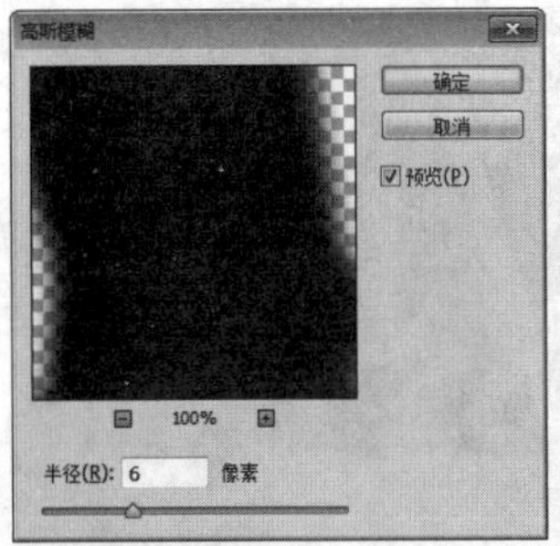

图24.23 添加素材

STEP 05 在“图层”面板中选中“服装 拷贝”图层，将其拖至面板底部的“创建新图层”按钮上，复制1个“服装 拷贝 2”图层，如图24.24所示。

STEP 06 选中“服装 拷贝2”图层，执行菜单栏中的“图像”|“调整”|“去色”命令，将图像中的颜色信息去除，如图24.25所示。

图24.24 复制图层　　图24.25 去色

STEP 07 选中“服装 拷贝2”图层，执行菜单栏中的“图像”|“调整”|“色阶”命令，在弹出的对话框中将数值更改为（56，1.23，250），完成之后单击“确定”按钮，如图24.26所示。

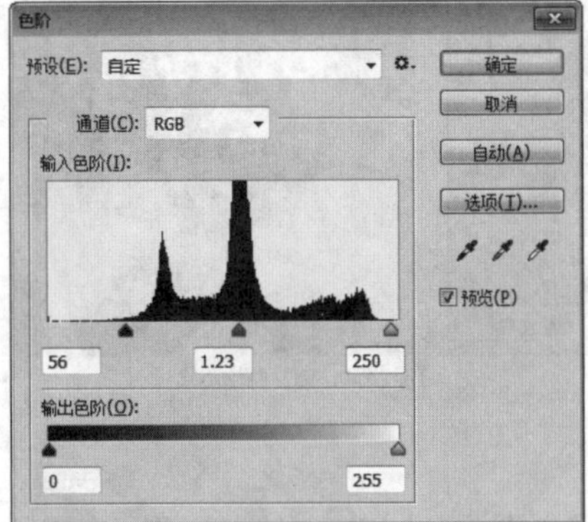

图24.26 调整色阶

STEP 08 在“图层”面板中选中“服装 拷贝 2”图层，单击面板底部的“添加图层蒙版”按钮，为其图层添加图层蒙版，如图24.27所示。

STEP 09 选择工具箱中的“画笔工具”，在画布中单击鼠标右键，在弹出的面板中选择一种圆角笔触，将“大小”更改为50像素，“硬度”更改为100%，如图24.28所示。

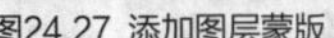

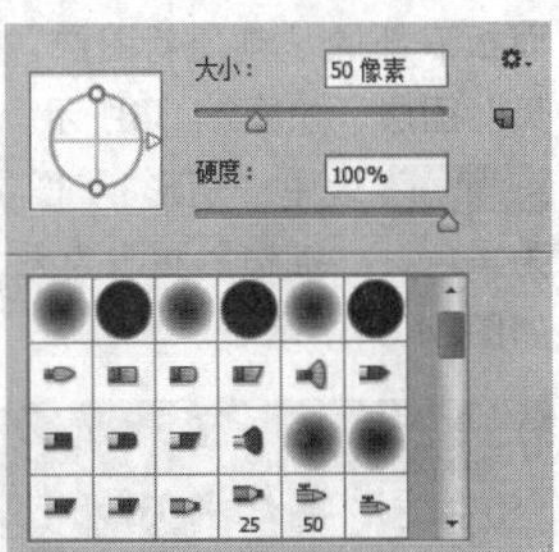

图24.27 添加图层蒙版　　图24.28 设置笔触

STEP 10 将前景色更改为黑色，在图像上的部分区域涂抹，将其隐藏，如图24.29所示。

图24.29 隐藏图像

● **绘制图形**

STEP 01 选择工具箱中的“矩形工具”，在选项栏中将“填充”更改为无，“描边”更改为白色，“大小”更改为25点，在画布中绘制一个矩形，此时将生成一个“矩形1”图层，如图24.30所示。

图24.30 绘制图形

STEP 02 选择工具箱中的“删除锚点工具”，单击矩形右上角锚点将其删除，如图24.31所示。

STEP 03 选中“矩形1”图层，选择工具箱中的“直接选择工具”，拖动图形锚点将其变形，如图24.32所示。

图24.31 删除锚点　　图24.32 将图形变形

STEP 04 在“图层”面板中选中“矩形1”图层，将其拖至面板底部的“创建新图层”按钮上，复制1个“矩形1 拷贝”图层，如图24.33所示。

STEP 05 选中“矩形1”图层，在选项栏中将“填充”更改为黑色，“描边”更改为无，在画布中向右下角方向移动，如图24.34所示。

图24.33 复制图层

图24.34 变换图形

STEP 06 选中“矩形1”图层，将其移至“背景”图层的上方，再将图层“不透明度”更改为30%，如图24.35所示。

图24.35 更改图层顺序及不透明度

STEP 07 在“图层”面板中选中“矩形1 拷贝”图层，单击面板底部的“添加图层蒙版”按钮，为其图层添加图层蒙版，如图24.36所示。

STEP 08 选择工具箱中的“多边形套索工具”，在“矩形1 拷贝”图形与服装交叉的位置绘制不规则选区以选中部分图形，如图24.37所示。

图24.36 添加图层蒙版

图24.37 绘制选区

STEP 09 将选区填充为黑色，将部分图形隐藏，完成之后按Ctrl+D组合键将选区取消，如图24.38所示。

图24.38 隐藏图形

STEP 10 选择工具箱中的“矩形工具”，在选项栏中将“填充”更改为深紫色（R：67，G：17，B：50），“描边”更改为无，在画布中绘制一个矩形，此时将生成一个“矩形2”图层，将其放置在适当的位置，如图24.39所示。

图24.39 绘制图形

STEP 11 在“图层”面板中选中“矩形2”图层，将其拖至面板底部的“创建新图层”按钮上，复制1个“矩形2 拷贝”图层，如图24.40所示。

STEP 12 选中“矩形2 拷贝”图层，将图形“填充”更改为紫色（R：255，G：0，B：193），将图形适当缩小并移动，如图24.41所示。

图24.40 复制图层

图24.41 填充并缩小

• 添加文字

STEP 01 选择工具箱中的“横排文字工具”，在画布中的适当位置添加文字，如图24.42所示。

图24.42 添加文字

STEP 02 在“图层”面板中选中“矩形1 拷贝”图层，单击面板底部的“添加图层样式” fx 按钮，在菜单中选择“渐变叠加”命令，在弹出的对话框中将“渐变”更改为紫色（R：255，G：0，B：216）到紫色（R：255，G：0，B：156），完成之后单击“确定”按钮，如图24.43所示。

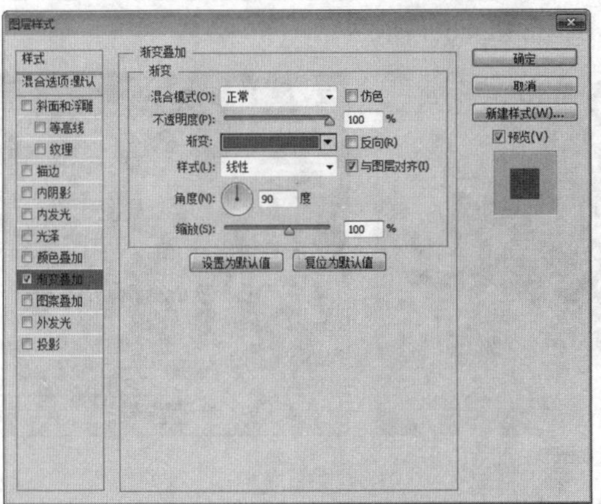

图24.43 设置渐变叠加

STEP 03 选择工具箱中的“横排文字工具” T，在画布中的适当位置添加文字，将添加的文字所在的图层移至“背景”图层上方，将图层“不透明度”更改为20%，这样就完成了效果制作，最终效果如图24.44所示。

图24.44 最终效果

实战 579 春茶上新banner设计

- 素材位置：素材\第24章\春茶上新banner
- 案例位置：效果\第24章\春茶上新banner设计.psd
- 视频位置：视频\实战579.avi
- 难易指数：★★☆☆☆

• 实例介绍 •

本例讲解春茶上新banner的制作方法。本例中的茶元素图像十分丰富，中国风古典背景与淡雅的茶壶图像相组合，给人一种宁静致远的感觉，最终效果如图24.45所示。

图24.45 最终效果

• 操作步骤 •

• 打开素材

STEP 01 执行菜单栏中的“文件”|“打开”命令，打开“背景.jpg、柳叶.psd、茶.psd”文件，将打开的素材图像拖入画布中的适当位置并缩小，如图24.46所示。

图24.46 打开并添加素材

STEP 02 选择工具箱中的“钢笔工具” ，在选项栏中单击“选择工具模式” 路径 按钮，在弹出的选项中选择“形状”，将“填充”更改为黑色，“描边”更改为无，沿茶壶底部的边框绘制一个不规则图形，此时将生成一个“形状 1”图层，将“形状 1”图层移至“背景”图层上方，如图24.47所示。

图24.47 绘制图形

STEP 03 选中“形状 1”图层，执行菜单栏中的“滤镜”|“模糊”|“高斯模糊”命令，在弹出的对话框中将“半径”更改为3像素，完成之后单击“确定”按钮，如图24.48所示。

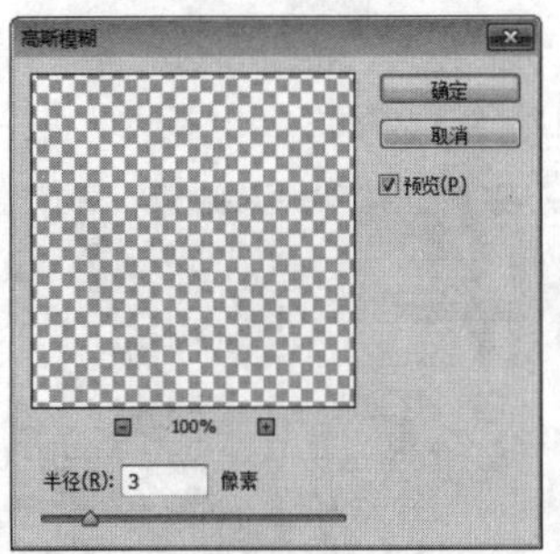

图24.48 设置高斯模糊

STEP 04 选择工具箱中的“横排文字工具” T，在画布中的适当位置添加文字，如图24.49所示。

图24.49 添加文字

STEP 05 执行菜单栏中的“文件”|“打开”命令，打开“茶叶.psd”文件，将打开的素材拖入画布中“茶”文字的位置并适当缩小，如图24.50所示。

图24.50 添加素材

STEP 06 选中“茶叶”图层，执行菜单栏中的“图层”|“创建剪贴蒙版”命令，为当前图层创建剪贴蒙版，将部分图像隐藏，如图24.51所示。

图24.51 创建剪贴蒙版

STEP 07 同时选中“远”及“永”图层，按Ctrl+G组合键将其编组，此时将生成一个“组1”组，如图24.52所示。

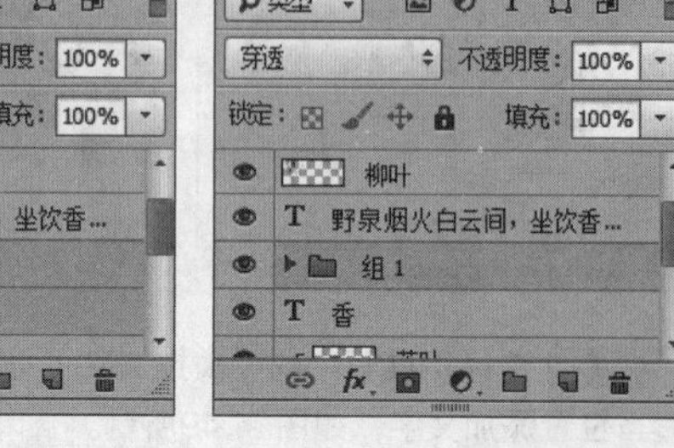

图24.52 将图层编组

● **绘制图形**

STEP 01 选择工具箱中的“椭圆工具”，在选项栏中将“填充”更改为红色（R：195，G：56，B：56），“描边”更改为无，在文字右侧的位置按住Shift键绘制一个正圆图形，此时将生成一个“椭圆1”图层，将“椭圆1”图层移至“组1”组上方，如图24.53所示。

图24.53 绘制图形

STEP 02 选中“椭圆 1”图层，执行菜单栏中的“滤镜”|“模糊”|“高斯模糊”命令，在弹出的对话框中将“半径”更改为20像素，完成之后单击“确定”按钮，如图24.54所示。

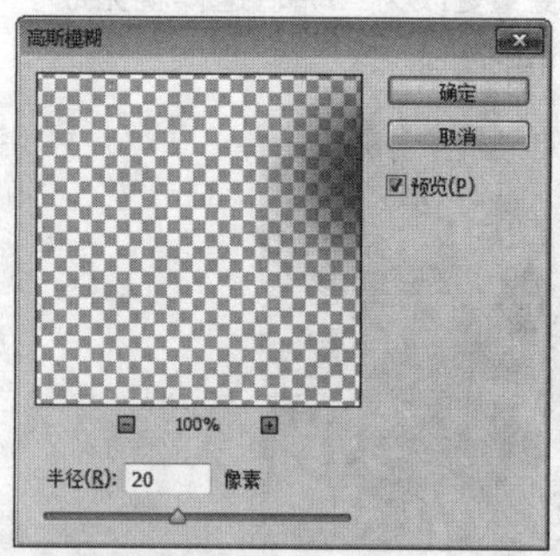

图24.54 设置高斯模糊

STEP 03 选中“椭圆1”图层，执行菜单栏中的“图层”|“创建剪贴蒙版”命令，为当前图层创建剪贴蒙版，将部分图像隐藏，如图24.55所示。

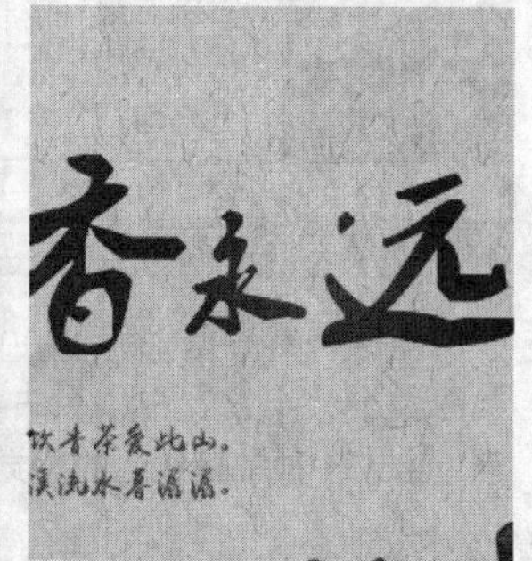

图24.55 创建剪贴蒙版

STEP 04 执行菜单栏中的“文件”|“打开”命令，打开“茶叶.psd”文件，将打开的素材拖入画布中茶壶图像左上角的位置并适当缩小，如图24.56所示。

图24.56 添加素材

STEP 05 选中“茶叶”图层，按住Alt键将图像复制数份并适当旋转及缩小，这样就完成了效果制作，最终效果如图24.57所示。

图24.57 最终效果

实战 580

保暖衣banner设计

- ▶素材位置：素材\第24章\保暖衣banner
- ▶案例位置：效果\第24章\保暖衣banner设计.psd
- ▶视频位置：视频\实战580.avi
- ▶难易指数：★★★☆☆

• 实例介绍 •

本例讲解女性保暖衣banner的制作方法。本例的背景十分女性化，唯美、舒适是其最大亮点，保暖衣图像的颜色与背景很好地结合在一起，使整个banner的效果相当出色，最终效果如图24.58所示。

图24.58 最终效果

• 操作步骤 •

● 打开素材

STEP 01 执行菜单栏中的“文件”|“打开”命令，打开“背景.jpg、人物.psd”文件，将打开的人物图像拖入画布中靠右侧的位置，如图24.59所示。

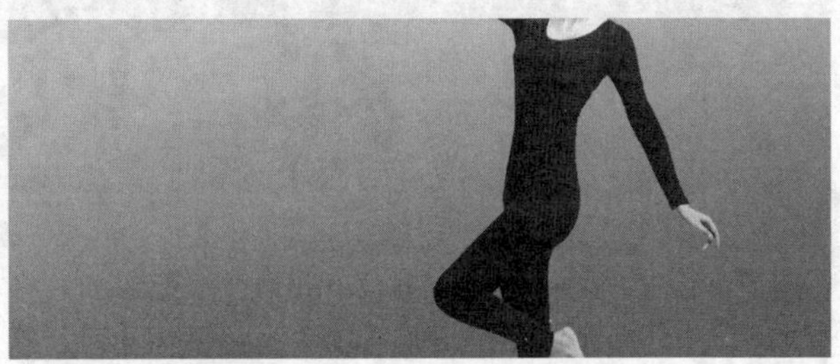

图24.59 打开并添加素材

STEP 02 在“图层”面板中选中“人物”图层，将其拖至面板底部的“创建新图层”按钮上，复制1个“人物 拷贝”图层。

STEP 03 选中“人物”图层，单击面板上方的“锁定透明像素”按钮将当前图层中的透明像素锁定，将图像填充为黑色，填充完成之后再次单击此按钮将其解除锁定，如图24.60所示。

STEP 04 选中“人物”图层，按Ctrl+T组合键对其执行“自由变换”命令，将图像稍微变形，完成之后按Enter键确认，如图24.61所示。

图24.60 填充颜色

图24.61 变换图像

STEP 05 选中“人物”图层，执行菜单栏中的“滤镜”|“模糊”|“高斯模糊”命令，在弹出的对话框中将“半径”更改为3像素，完成之后单击“确定”按钮，再将图层“不透明度”更改为10%，如图24.62所示。

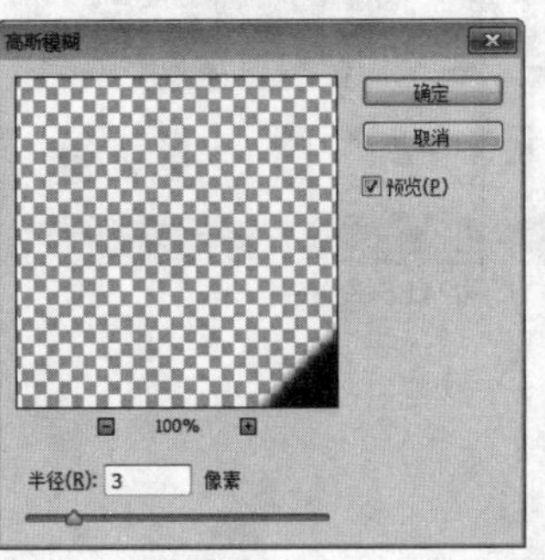

图24.62 更改不透明度

STEP 06 执行菜单栏中的“文件”|“打开”命令，打开“花朵.psd”文件，将打开的素材拖入画布中靠左上角的位置并适当缩小，如图24.63所示。

图24.63 添加素材

STEP 07 选中“花朵”图层，按住Alt键将图像复制2份，将其适当缩小并更改不透明度，比如为20%、60%、80%，如图24.64所示。

图24.64 复制并变换图像

• 添加图像

STEP 01 在“画笔”面板中选择一个圆角笔触，将“大小”更改为25像素，“间距”更改为180%，如图24.65所示。

STEP 02 勾选“形状动态”复选框，将“大小抖动”更改为80%，如图24.66所示。

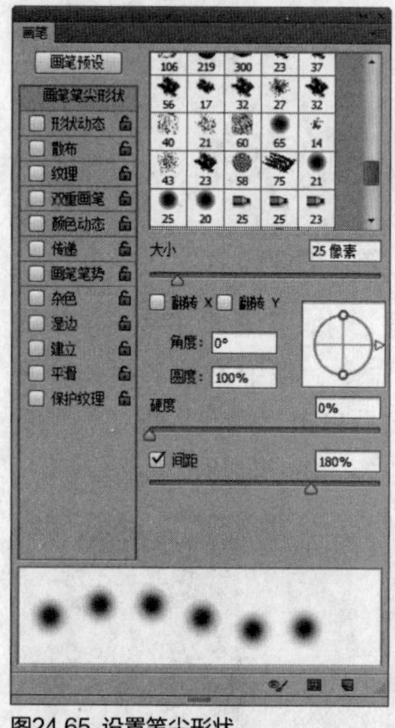
图24.65 设置笔尖形状

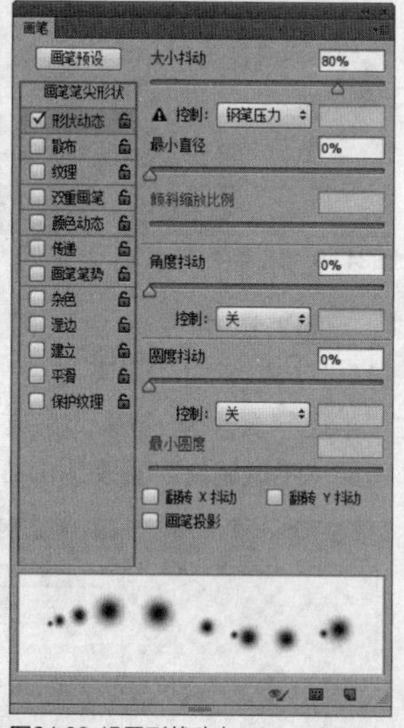
图24.66 设置形状动态

STEP 03 勾选“散布”复选框，将“散布”更改为1000%，如图24.67所示。

STEP 04 勾选“平滑”复选框，如图24.68所示。

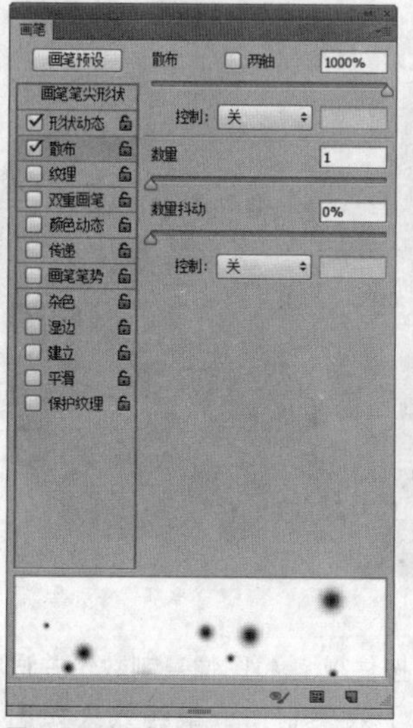
图24.67 设置散布

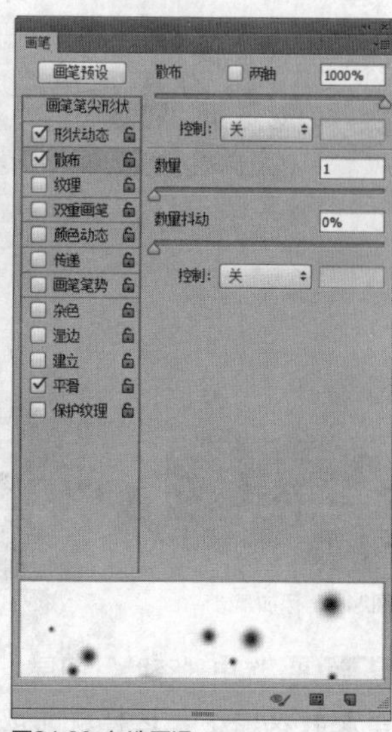
图24.68 勾选平滑

STEP 05 单击面板底部的“创建新图层”按钮，新建一个“图层1”图层，选中“图层1”图层，将其移至“背景”图层的上方，如图24.69所示。

图24.69 新建图层并更改图层顺序

STEP 06 在选项栏中将“不透明度”更改为40%，选中“图层1”图层，在画布中拖动鼠标，添加画笔笔触图像，如图24.70所示。

图24.70 添加图像

• 添加文字

STEP 01 选择工具箱中的“横排文字工具”T，在画布中的适当位置添加文字，如图24.71所示。

图24.71 添加文字

STEP 02 在“图层”面板中选中“钟情美丽 相约金秋”图层，单击面板底部的“添加图层样式”fx按钮，在菜单中选择“渐变叠加”命令，在弹出的对话框中将“渐变”更改为紫红色（R：225，G：32，B：118）到紫红色（R：255，G：80，B：160），完成之后单击“确定”按钮，如图24.72所示。

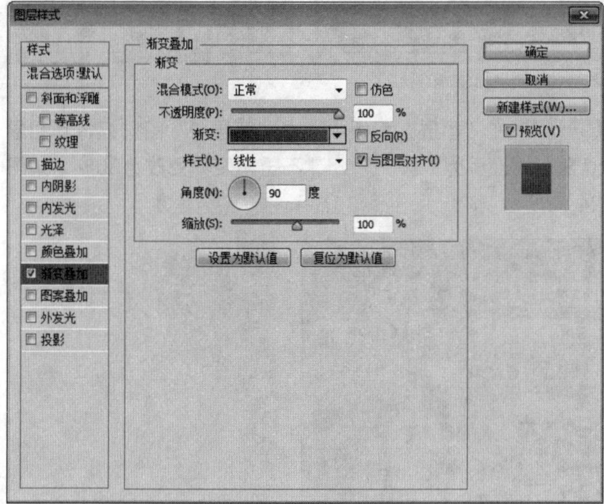

图24.72 设置渐变叠加

STEP 03 在“钟情美丽 相约金秋”图层上单击鼠标右键，从弹出的快捷菜单中选择“拷贝图层样式”命令，在“Love beautiful meet autumn”图层上单击鼠标右键，从弹出的快捷菜单中选择“粘贴图层样式”命令，如图24.73所示。

图24.73 复制并粘贴图层样式

STEP 04 选择工具箱中的“圆角矩形工具”，在选项栏中将“填充”更改为紫红色（R：246，G：80，B：154），“描边”更改为无，“半径”更改为5像素，在“秋装保暖新款发售”文字的位置绘制一个圆角矩形，此时将生成一个“圆角矩形1”图层，将其移至“秋装保暖新款发售”图层的下方，如图24.74所示。

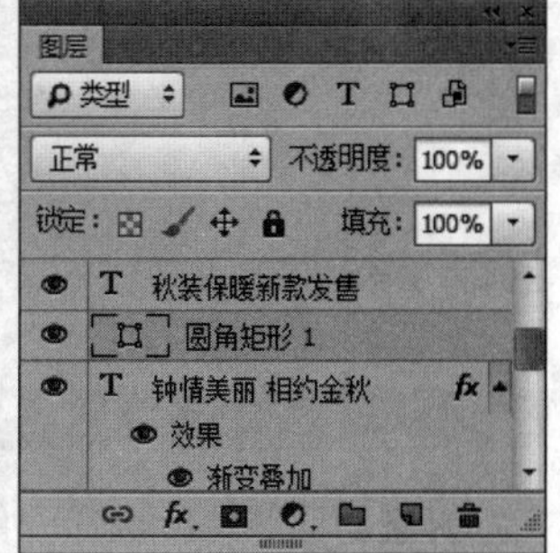

图24.74 绘制图形

STEP 05 选择工具箱中的“横排文字工具”T，在画布中的适当位置添加文字，如图24.75所示。

图24.75 添加文字

STEP 06 执行菜单栏中的“文件”|“打开”命令，打开“丝带.psd”文件，将打开的素材拖入画布中文字下方的位置并适当缩小，这样就完成了效果制作，最终效果如图24.76所示。

图24.76 最终效果

实战 581

文艺时装banner设计

- 素材位置：素材\第24章\文艺时装banner
- 案例位置：效果\第24章\文艺时装banner设计.psd
- 视频位置：视频\实战581.avi
- 难易指数：★★★☆☆

• 实例介绍 •

本例讲解文艺时装banner的制作方法。在本例的制作过程中并没有添加素材图像，文字信息以绿色树叶为底纹制作而成，整个画面文艺感十足，最终效果如图24.77所示。

图24.77 最终效果

• 操作步骤 •

• 打开素材

STEP 01 执行菜单栏中的“文件”|“打开”命令，打开“背景.jpg、花.psd”文件，将打开的“花”图像拖入画布中靠左上角的位置，其图层名称将更改为“图层1”，如图24.78所示。

图24.78 打开并添加素材

STEP 02 在“图层”面板中选中“图层1”图层，将其图层混合模式设置为“正片叠底”，如图24.79所示。

图24.79 设置图层混合模式

STEP 03 在“图层”面板中选中“图层 1”图层，将其拖至面板底部的“创建新图层”按钮上，复制1个“图层 1 拷贝”图层，如图24.80所示。

STEP 04 选中“图层 1 拷贝”图层，按Ctrl+T组合键对其执行“自由变换”命令，单击鼠标右键，从弹出的快捷菜单中选择“旋转180度”命令，完成之后按Enter键确认，将图像移动至右侧边缘的位置，如图24.81所示。

图24.80 复制图层

图24.81 变换图像

STEP 05 单击面板底部的“创建新图层”按钮，新建一个“图层2”图层，将其填充为黄色（R：255，G：255，B：200），如图24.82所示。

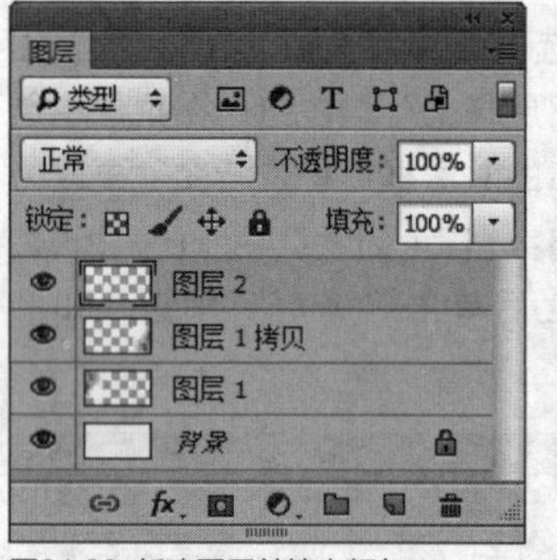

图24.82 新建图层并填充颜色

STEP 06 在“图层”面板中选中“图层 2”图层，将其图层混合模式设置为“柔光”，“不透明度”更改为80%，如图24.83所示。

图24.83 设置图层混合模式

• 添加文字

STEP 01 选择工具箱中的“横排文字工具”T，在画布中的适当位置添加文字，如图24.84所示。

图24.84 添加文字

STEP 02 在“图层”面板中选中“2019”图层，单击面板底部的“添加图层样式” fx 按钮，在菜单中选择“渐变叠加”命令，在弹出的对话框中将“渐变”更改为红色（R：230，G：8，B：17）到橙色（R：240，G：124，B：0），完成之后单击“确定”按钮，如图24.85所示。

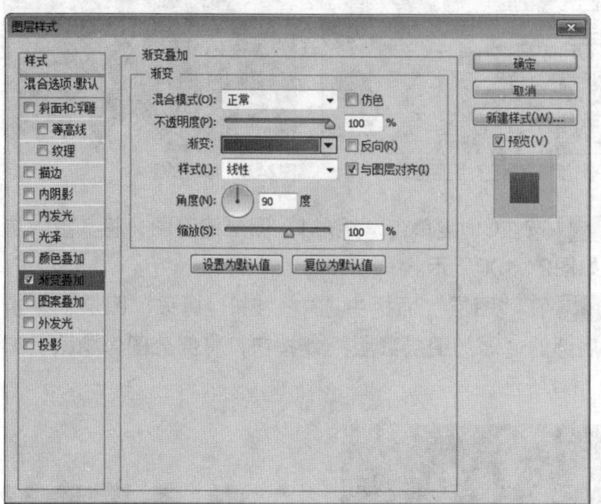

图24.85 设置渐变叠加

STEP 03 在“图层”面板中选中“2019”图层，单击面板底部的“添加图层蒙版” 按钮，为其图层添加图层蒙版，如图24.86所示。

STEP 04 选择工具箱中的“多边形套索工具” ，在数字1的位置绘制一个不规则选区，如图24.87所示。

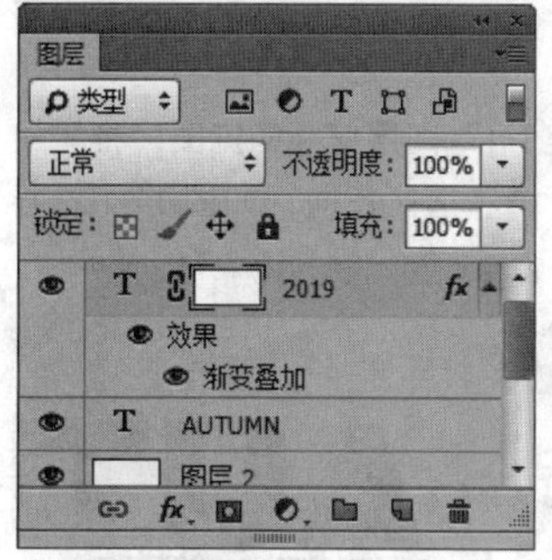

图24.86 添加图层蒙版

图24.87 绘制选区

- **添加素材**

STEP 01 将选区填充为黑色，将部分文字隐藏，完成之后按Ctrl+D组合键将选区取消，如图24.88所示。

STEP 02 执行菜单栏中的“文件”|“打开”命令，打开“花朵.psd”文件，将打开的花朵图像拖入画布中隐藏文字的位置，如图24.89所示。

图24.88 隐藏文字

图24.89 添加素材

STEP 03 执行菜单栏中的“文件”|“打开”命令，打开“树叶.psd”文件，将打开的素材拖入画布中文字的位置并适当缩小，将“AUTUMN”文字覆盖，如图24.90所示。

图24.90 添加素材

STEP 04 按住Ctrl键单击“AUTUMN”图层缩览图，将其载入选区，如图24.91所示。

STEP 05 在“图层”面板中选中“树叶”图层，单击面板底部的“添加图层蒙版” 按钮，效果如图24.92所示。

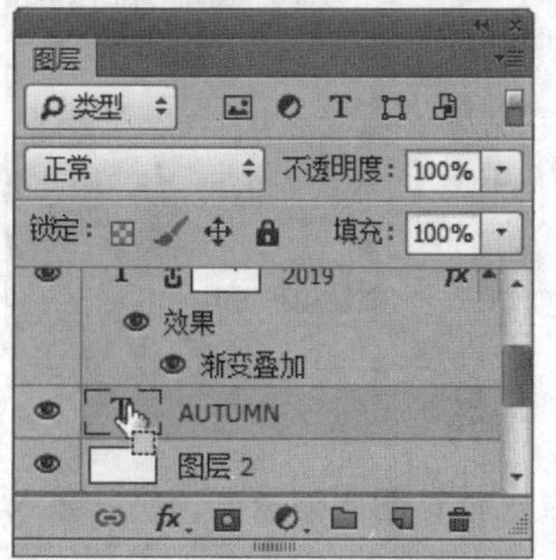

图24.91 载入选区

图24.92 隐藏图像

STEP 06 选择工具箱中的“横排文字工具” T，在画布中的适当位置再次添加文字，如图24.93所示。

图24.93 添加文字

STEP 07 在“2019”图层上单击鼠标右键，从弹出的快捷菜单中选择“拷贝图层样式”命令，在“文艺复古装”图层上单击鼠标右键，从弹出的快捷菜单中选择“粘贴图层样式”命令，如图24.94所示。

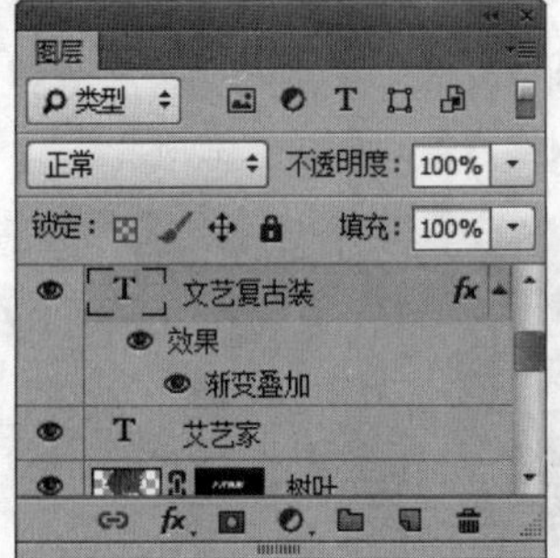

图24.94 复制并粘贴图层样式

STEP 08 选择工具箱中的“矩形工具”▭，在选项栏中将“填充”更改为绿色（R：97，G：118，B：2），“描边”更改为无，在“艾艺家”文字位置绘制一个矩形，将文字覆盖，此时将生成一个“矩形1”图层。

STEP 09 将“矩形1”图层移至“艾艺家”图层下方，选中“矩形1”图层，单击面板底部的“添加图层蒙版”◘按钮，为其图层添加图层蒙版，如图24.95所示。

图24.95 绘制图形并添加图层蒙版

STEP 10 按住Ctrl键单击“艾艺家”图层缩览图，将其载入选区，如图24.96所示。

STEP 11 将选区填充为黑色，将部分图形隐藏，完成之后按Ctrl+D组合键将选区取消，如图24.97所示。

图24.96 载入选区　　图24.97 隐藏文字

STEP 12 在“图层”面板中选中“树叶”图层，将其拖至面板底部的“创建新图层”◘按钮上，复制1个“树叶 拷贝”图层，选中“树叶 拷贝”图层蒙版将其删除，如图24.98所示。

STEP 13 选中“树叶 拷贝”图层，将图像向下移动，将矩形覆盖，如图24.99所示。

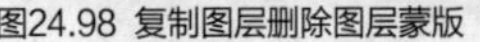

图24.98 复制图层删除图层蒙版　　图24.99 移动图像

STEP 14 按住Ctrl键单击“矩形1”图层缩览图，将其载入选区，如图24.100所示。

STEP 15 在“图层”面板中选中“树叶 拷贝”图层，单击面板底部的“添加图层蒙版”◘按钮，将部分图像隐藏，如图24.101所示。

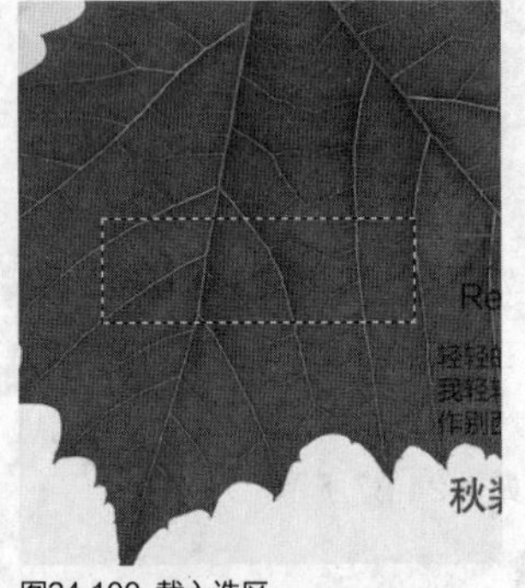

图24.100 载入选区　　图24.101 隐藏图像

STEP 16 按住Ctrl键单击“矩形1”图层蒙版缩览图，将其载入选区，按Ctrl+Shift+I组合键将选区反向，如图24.102所示。

图24.102 载入选区

STEP 17 将选区填充为黑色，将部分图像隐藏，完成之后按Ctrl+D组合键将选区取消，这样就完成了效果制作，最终效果如图24.103所示。

图24.103 最终效果

实战 582 运动季banner设计

▶素材位置：素材\第24章\运动季banner
▶案例位置：效果\第24章\运动季banner设计.psd
▶视频位置：视频\实战582.avi
▶难易指数：★★★☆☆

• 实例介绍 •

本例讲解运动季banner的制作方法。其背景采用的是动感水蓝色，同时为文字添加的特效更加凸显了运动元素，最终效果如图24.104所示。

图24.104 最终效果

• 操作步骤 •

● 打开素材

STEP 01 执行菜单栏中的“文件”|“打开”命令，打开“背景.jpg、鞋子.psd、T恤.psd”文件，将打开的素材图像拖入画布中靠左侧的位置并适当缩小，如图24.105所示。

图24.105 打开并添加素材

STEP 02 按住Ctrl键单击“鞋子 2”图层缩览图，将其载入选区，按住Ctrl+Shift组合键单击“鞋子”图层缩览图，将其添加至选区，如图24.106所示。

图24.106 载入选区

STEP 03 选中“背景”图层，单击面板底部的“创建新图层”按钮，在其图层上方新建一个“图层1”图层，如图24.107所示。

STEP 04 选中“图层1”图层，将选区填充为黑色，完成之后按Ctrl+D组合键将选区取消，再将图像向下稍微移动，如图24.108所示。

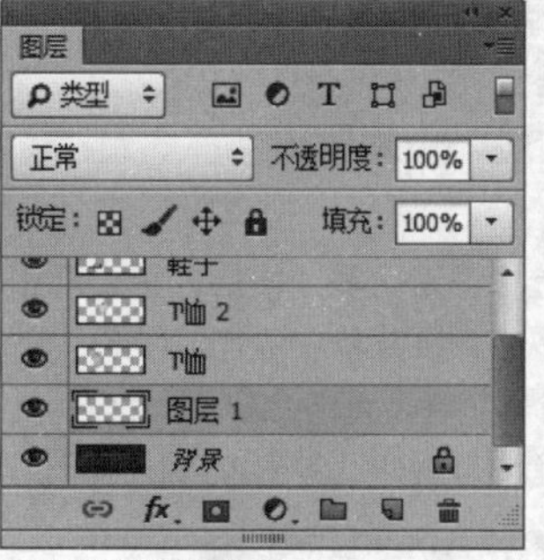

图24.107 新建图层　　图24.108 填充颜色

STEP 05 选中“图层 1”图层，执行菜单栏中的“滤镜”|“模糊”|“高斯模糊”命令，在弹出的对话框中将“半径”更改为5像素，完成之后单击“确定”按钮，如图24.109所示。

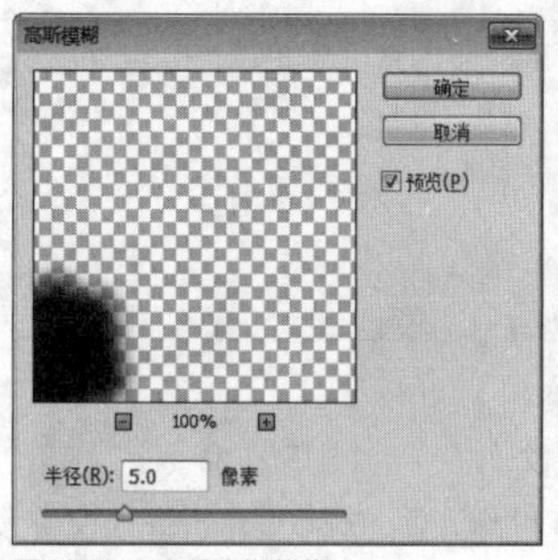

图24.109 设置高斯模糊

STEP 06 在“图层”面板中选中“T恤 2”图层，单击面板底部的“添加图层样式”按钮，在菜单中选择“投影”命令，在弹出的对话框中将“不透明度”更改为15%，取消“使用全局光”复选框，将“角度”更改为25度，“距离”更改为8像素，“大小”更改为16像素，完成之后单击“确定”按钮，如图24.110所示。

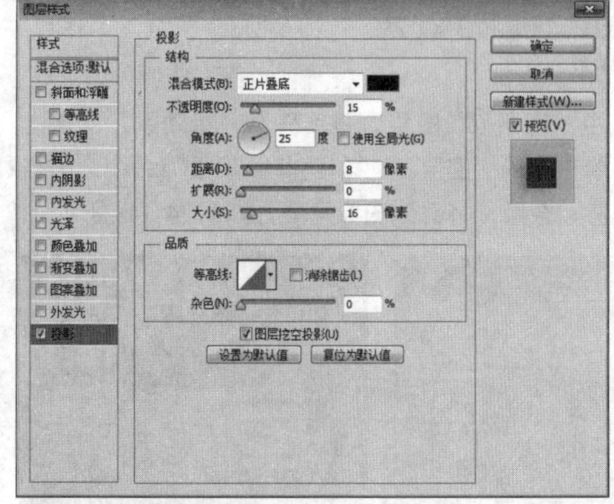

图24.110 设置投影

● 添加文字

STEP 01 选择工具箱中的“横排文字工具”，在画布中的适当位置添加文字，如图24.111所示。

图24.111 添加文字

STEP 02 在“图层”面板中选中“运动季”图层，单击面板底部的“添加图层样式”fx按钮，在菜单中选择“投影”命令，在弹出的对话框中将“距离”更改为2像素，“大小”更改为2像素，完成之后单击“确定”按钮，如图24.112所示。

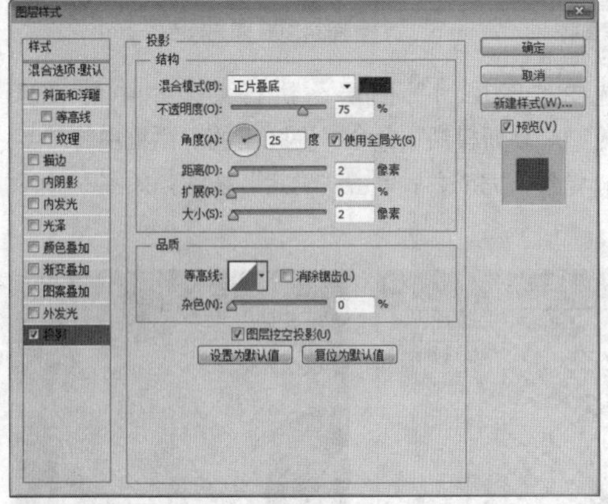
图24.112 设置投影

STEP 03 执行菜单栏中的“文件”|“打开”命令，打开“水.jpg”文件，将打开的素材拖入画布中“运动季”文字的位置并缩小，其图层名称将更改为“图层2”，如图24.113所示。

图24.113 添加素材

STEP 04 选中“图层 2”图层，将其移至“运动季”图层上方，执行菜单栏中的“图层”|“创建剪贴蒙版”命令，为当前图层创建剪贴蒙版，将部分图像隐藏，如图24.114所示。

图24.114 创建剪贴蒙版

● 绘制图形

STEP 01 选择工具箱中的“矩形工具”，在选项栏中将“填充”更改为白色，“描边”更改为无，在文字下方的位置绘制一个矩形，此时将生成一个“矩形1”图层，如图24.115所示。

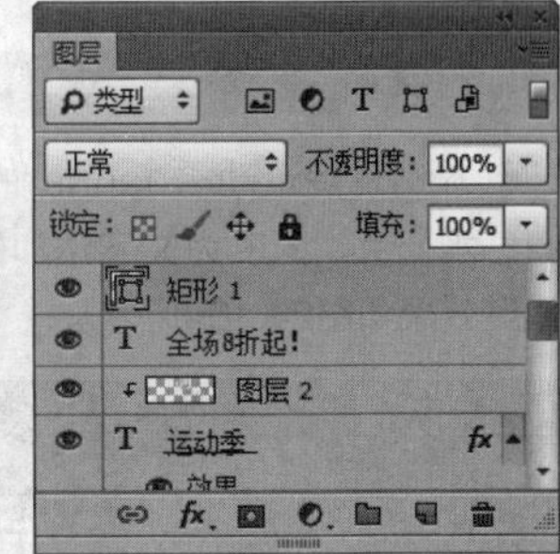
图24.115 绘制图形

STEP 02 在“图层”面板中选中“矩形1”图层，将图层“不透明度”更改为25%，单击面板底部的“添加图层蒙版”按钮，为其图层添加图层蒙版，如图24.116所示。

STEP 03 选择工具箱中的“渐变工具”，编辑黑色到白色的渐变，单击选项栏中的“线性渐变”按钮，在图像上从右向左拖动，将部分图形隐藏，如图24.117所示。

图24.116 添加图层蒙版

图24.117 隐藏图形

STEP 04 选择工具箱中的“圆角矩形工具”，在选项栏中将“填充”更改为蓝色（R：62，G：140，B：207），“描边”更改为淡蓝色（R：235，G：244，B：250），“半径”更改为5像素，在矩形上绘制一个圆角矩形，此时将生成一个“圆角矩形1”图层，如图24.118所示。

图24.118 绘制图形

STEP 05 选择工具箱中的“椭圆工具”，在选项栏中将“填充”更改为深蓝色（R：24，G：63，B：96），“描边”更改为无，在圆角矩形底部的位置绘制一个椭圆图形，此时将生成一个“椭圆1”图层，将“椭圆1”图层移至“圆角矩形1”图层的下方，如图24.119所示。

图24.119 绘制图形

STEP 06 选中“椭圆 1”图层，执行菜单栏中的“滤镜”|“模糊”|“高斯模糊”命令，在弹出的对话框中将“半径”更改为3像素，完成之后单击“确定”按钮，如图24.120所示。

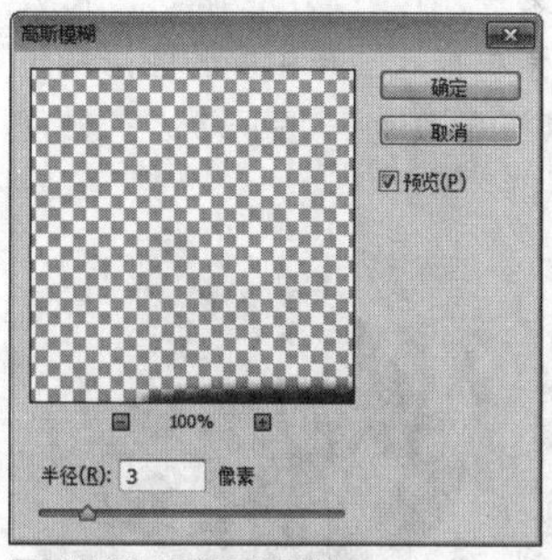

图24.120 设置高斯模糊

STEP 07 选择工具箱中的“横排文字工具”T，在圆角矩形的位置添加文字，这样就完成了效果制作，最终效果如图24.121所示。

图24.121 最终效果

实战 583 女人节疯狂购banner设计

▶素材位置：素材\第24章\女人节疯狂购banner
▶案例位置：效果\第24章\女人节疯狂购banner设计.psd
▶视频位置：视频\实战583.avi
▶难易指数：★★★☆☆

• 实例介绍 •

本例讲解疯狂购banner的制作方法。疯狂购的定义是建立在出色的文字信息描述之上的，在本例中，文字信息与图形的组合是整个广告的最出色之处，最终效果如图24.122所示。

图24.122 最终效果

• 操作步骤 •

• 打开素材

STEP 01 执行菜单栏中的“文件”|“打开”命令，打开“背景.jpg、人物.psd、包包.psd”文件，将打开的素材图像拖入画布中靠右侧的位置并适当缩小，如图24.123所示。

图24.123 打开及添加素材

STEP 02 在“图层”面板中选中“人物”图层，将其拖至面板底部的“创建新图层”按钮上，复制1个“人物 拷贝”图层。

STEP 03 选中“人物”图层，单击面板上方的“锁定透明像素”按钮将透明像素锁定，将图像填充为黑色，填充完成之后再次单击此按钮将其解除锁定，如图24.124所示。

STEP 04 选中“人物”图层，按Ctrl+T组合键对其执行“自由变换”命令，单击鼠标右键，从弹出的快捷菜单中选择“扭曲”命令，拖动变形框控制点将图像变形，完成之后按Enter键确认，如图24.125所示。

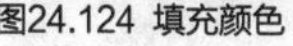
图24.124 填充颜色

图24.125 将图像变形

STEP 05 选中“人物”图层，执行菜单栏中的“滤镜”|“模糊”|“高斯模糊”命令，在弹出的对话框中将“半径”更改为3像素，完成之后单击“确定”按钮，再将图层“不透明度”更改为20%，如图24.126所示。

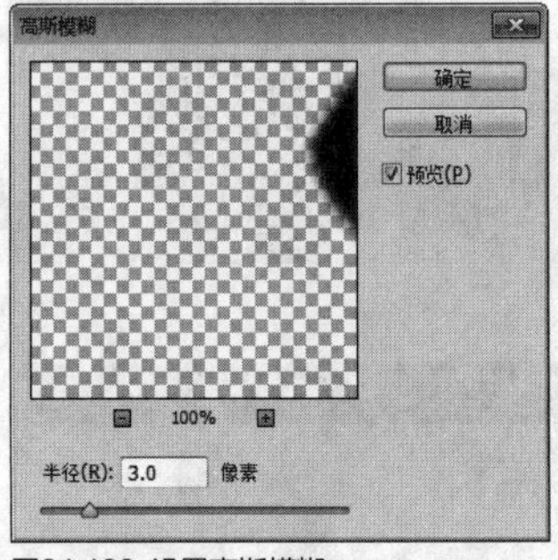

图24.126 设置高斯模糊

STEP 06 在“图层”面板中选中“包包”图层，将其拖至面板底部的“创建新图层”按钮上，复制1个“包包 拷贝”图层，将其垂直翻转并移到原图形下方，如图24.127所示。

图24.127 复制图层并变换图像

STEP 07 在“图层”面板中选中“包包 拷贝”图层，单击面板底部的“添加图层蒙版”按钮，为其图层添加图层蒙版，如图24.128所示。

STEP 08 选择工具箱中的“渐变工具”，编辑黑色到白色的渐变，单击选项栏中的“线性渐变”按钮，在图像上从下至上拖动，将部分图像隐藏，为包包制作倒影，如图24.129所示。

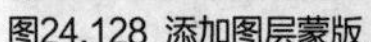

图24.128 添加图层蒙版　　图24.129 设置渐变并隐藏图形

• 绘制图形

STEP 01 选择工具箱中的“椭圆工具”，在选项栏中将“填充”更改为黑色，“描边”更改为无，在画布中靠左侧的位置按住Shift键绘制一个正圆图形，此时将生成一个“椭圆1”图层，如图24.130所示。

图24.130 绘制图形

STEP 02 执行菜单栏中的“文件”|“打开”命令，打开“方格.jpg”文件，将打开的素材拖入画布中椭圆图形的位置并适当缩小，其图层名称将更改为“图层1”，如图24.131所示。

图24.131 添加素材

STEP 03 在“图层”面板中选中“图层1”图层，单击面板底部的“添加图层蒙版”按钮，为其图层添加图层蒙版，如图24.132所示。

STEP 04 按住Ctrl键单击“椭圆1”图层缩览图，将其载入选区，执行菜单栏中的“选择”|“反向”命令，将选区反向，将选区填充为黑色，将部分图像隐藏，完成之后按Ctrl+D组合键将选区取消，如图24.133所示。

图24.132 添加图层蒙版　　图24.133 隐藏图像

STEP 05 选择工具箱中的“矩形工具”，在选项栏中将“填充”更改为白色，“描边”更改为无，在椭圆图形中间的位置绘制一个矩形，此时将生成一个“矩形1”图层，如图24.134所示。

图24.134 绘制图形

STEP 06 选中“矩形1”图层，按Ctrl+T组合键对其执行“自由变换”命令，在选项栏中的“旋转”文本框中输入45，完成之后按Enter键确认，如图24.135所示。

STEP 07 按住Ctrl键单击“矩形1”图层缩览图，将其载入选区，执行菜单栏中的“选择”|“反向”命令，将选区反向，如图24.136所示。

图24.135 旋转图形

图24.136 载入选区并将其反向

STEP 08 单击“图层1”的图层蒙版缩览图，将选区填充为黑色，将部分图像隐藏，完成之后按Ctrl+D组合键将选区取消，再将“矩形1”图层删除，如图24.137所示。

图24.137 隐藏图像

- **添加文字**

STEP 01 选择工具箱中的“横排文字工具”T，在隐藏图像的位置添加文字，如图24.138所示。

图24.138 添加文字

STEP 02 在“图层”面板中选中“女人节疯狂购”图层，单击面板底部的“添加图层样式”fx按钮，在菜单中选择“描边”命令，在弹出的对话框中将“大小”更改为3像素，“颜色”更改为白色，完成之后单击“确定”按钮，如图24.139所示。

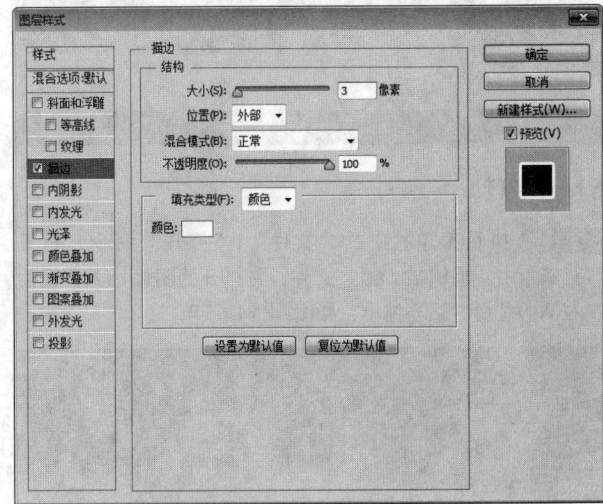

图24.139 设置描边

STEP 03 选择工具箱中的“矩形工具”，在选项栏中将“填充”更改为深黄色（R：216，G：146，B：74），“描边”更改为无，在“早春新装折上折/满百立减”文字的位置绘制一个矩形，此时将生成一个“矩形1”图层，将“矩形1”图层移至其文字下方，这样就完成了效果制作，最终效果如图24.140所示。

图24.140 最终效果

实战 584

羽绒被banner设计

▶素材位置：素材\第24章\羽绒被banner
▶案例位置：效果\第24章\羽绒被banner设计.psd
▶视频位置：视频\实战584.avi
▶难易指数：★★☆☆☆

• 实例介绍 •

整个画面以冬日元素为背景，广告的指向性十分明确，同时羽绒被图像很好地与背景融合在了一起，最终效果如图24.141所示。

图24.141 最终效果

• 操作步骤 •

• 打开素材

STEP 01 执行菜单栏中的“文件”|“打开”命令，打开“背景.jpg、羽绒被.psd”文件，将打开的图像拖入背景中靠右侧的位置并适当缩小，如图24.142所示。

图24.142 打开并添加素材

STEP 02 在“图层”面板中选中“羽绒被”图层，单击面板底部的“添加图层样式”fx按钮，在菜单中选择“投影”命令，在弹出的对话框中将“不透明度”更改为50%，取消“使用全局光”复选框，将“角度”更改为90度，“距离”更改为7像素，“大小”更改为13像素，完成之后单击“确定”按钮，如图24.143所示。

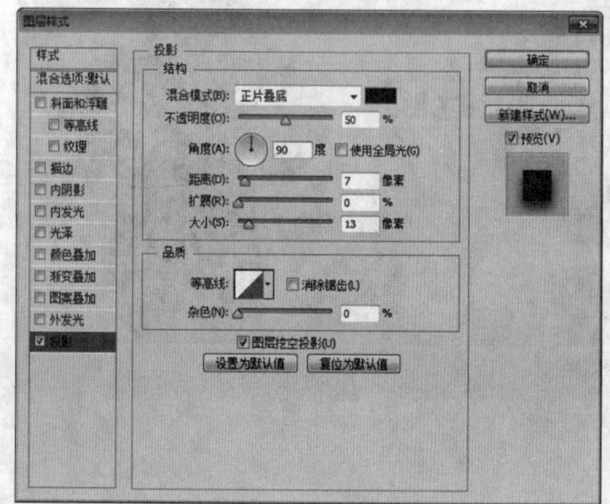

图24.143 设置投影

STEP 03 在“羽绒被”图层样式名称上单击鼠标右键，从弹出的快捷菜单中选择“创建图层”命令，此时将生成一个“‘羽绒被’的投影”图层，如图24.144所示。

图24.144 创建图层

STEP 04 在“图层”面板中选中“‘羽绒被’的投影”图层，单击面板底部的“添加图层蒙版”按钮，为其图层添加图层蒙版，如图24.145所示。

STEP 05 选择工具箱中的“画笔工具”，在画布中单击鼠标右键，在弹出的面板中选择一种圆角笔触，将“大小”更改为150像素，“硬度”更改为0%，如图24.146所示。

图24.145 添加图层蒙版

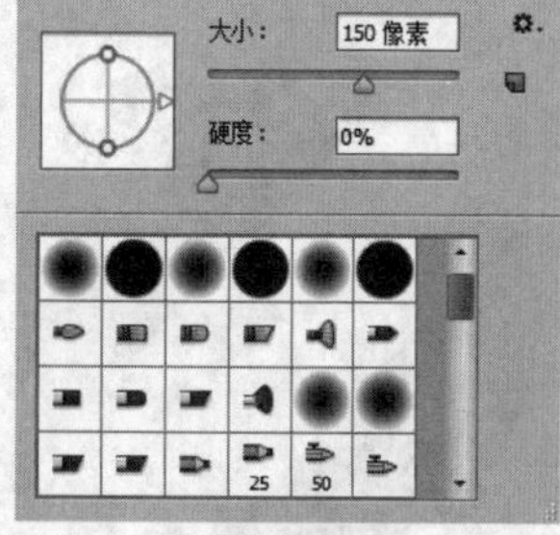

图24.146 设置笔触

STEP 06 将前景色更改为黑色，在图像上的部分区域涂抹将其隐藏，以增强阴影的真实性，如图24.147所示。

图24.147 隐藏图像

• 绘制图形

STEP 01 选择工具箱中的“椭圆工具”，在选项栏中将“填充”更改为白色，“描边”更改为无，在画布中靠中间的位置按住Shift键绘制一个正圆图形，此时将生成一个“椭圆1”图层，如图24.148所示。

图24.148 绘制图形

STEP 02 选中“椭圆1”图层，将其拖至面板底部的“创建新图层”按钮上，复制1个“椭圆1 拷贝”图层，如图24.149所示。

STEP 03 选中“椭圆1 拷贝”图层，按Ctrl+T组合键对其执行“自由变换”命令，将图形等比例缩小，完成之后按Enter键确认。

STEP 04 在选项栏中将“填充”更改为无，“描边”更改为红色（R：172，G：30，B：30）“大小”更改为1点，样式更改为虚线，如图24.150所示。

图24.149 复制图层

图24.150 变换图形

- **添加文字**

STEP 01 选择工具箱中的“横排文字工具”T，在画布中的适当位置添加文字，如图24.151所示。

图24.151 添加文字

STEP 02 选择工具箱中的“矩形工具”，在选项栏中将“填充”更改为红色（R：192，G：0，B：0），“描边”更改为无，在添加的文字的中间位置绘制一个矩形，此时将生成一个“矩形1”图层，将“矩形1”图层移至“羽绒被”图层下方，如图24.152所示。

图24.152 绘制图形

STEP 03 选择工具箱中的“横排文字工具”T，在刚才绘制的矩形位置再次添加文字，如图24.153所示。

图24.153 添加文字

STEP 04 在“图层”面板中选中“最美寒冬腊月天不再冷！”图层，单击面板底部的“添加图层样式”fx按钮，在菜单中选择“投影”命令，在弹出的对话框中将“不透明度”更改为60%，取消“使用全局光”复选框，将“角度”更改为90度，“距离”更改为1像素，完成之后单击“确定”按钮，如图24.154所示。

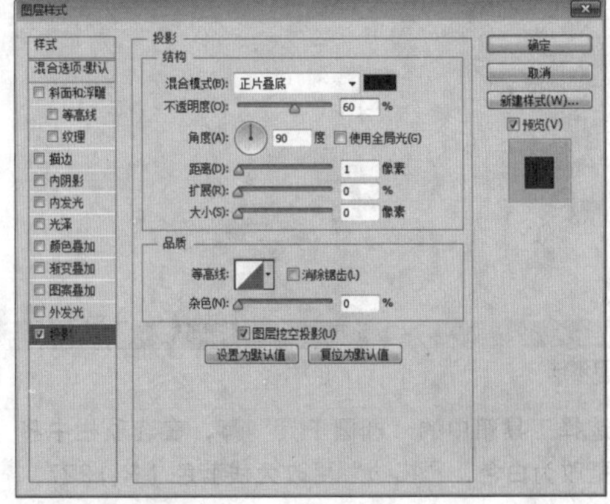

图24.154 设置投影

STEP 05 在“最美寒冬腊月天不再冷！”图层上单击鼠标右键，从弹出的快捷菜单中选择“拷贝图层样式”命令，同时选中“2029”及“H”图层，在其图层名称上单击鼠标右键，从弹出的快捷菜单中选择“粘贴图层样式”命令，这样就完成了效果制作，最终效果如图24.155所示。

图24.155 最终效果

实战 585

早春童鞋banner设计

▶素材位置：素材\第24章\早春童鞋banner
▶案例位置：效果\第24章\早春童鞋banner设计.psd
▶视频位置：视频\实战585.avi
▶难易指数：★★☆☆☆

• 实例介绍 •

本例讲解早春童鞋banner的制作方法。此类案例在制作的过程中应当抓住产品的卖点，以舒适淡雅的描述方式来表现商品的特点，最终效果如图24.156所示。

图24.156 最终效果

• 操作步骤 •

• 打开素材

STEP 01 执行菜单栏中的“文件”|“打开”命令，打开“背景.jpg”文件，如图24.157所示。

图24.157 打开素材

STEP 02 选择工具箱中的“椭圆工具”，在选项栏中将“填充”更改为白色，“描边”更改为浅蓝色（R：227，G：244，B：248），“大小”更改为15点，在画布中靠左侧的位置按住Shift键绘制一个正圆图形，此时将生成一个“椭圆1”图层，如图24.158所示。

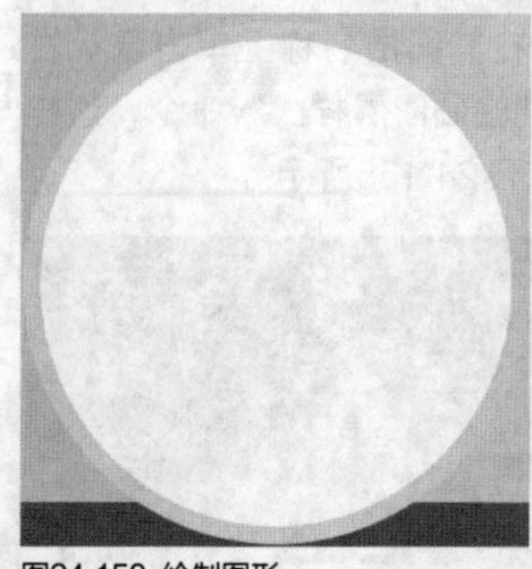

图层
类型
正常 不透明度：100%
锁定： 填充：100%
椭圆 1
背景

图24.158 绘制图形

• 添加素材

STEP 01 执行菜单栏中的“文件”|“打开”命令，打开“花朵.jpg”文件，将打开的素材拖入画布中椭圆图形的位置并适当缩小，其图层名称将更改为“图层1”，将“图层1”图层移至“椭圆1”图层下方，如图24.159所示。

图24.159 添加素材

STEP 02 在“图层”面板中选中“图层 1”图层，将其图层混合模式设置为“正片叠底”，如图24.160所示。

图24.160 设置图层混合模式

STEP 03 选中“图层1”图层，按住Alt键将图像复制数份并适当缩小及变换，如图24.161所示。

图24.161 复制图像

• 添加文字

STEP 01 选择工具箱中的“横排文字工具”T，在画布中的适当位置添加文字，如图24.162所示。

STEP 02 选择工具箱中的“矩形工具”，在选项栏中将“填充”更改为橙色（R：233，G：114，B：28），“描边”更改为无，在画布中绘制一个矩形，此时将生成一个“矩形1”图层，如图24.163所示。

图24.162 添加文字　　图24.163 绘制图形

STEP 03 选择工具箱中的“横排文字工具” T，在图形及其下方位置添加文字，如图24.164所示。

STEP 04 选中“2019”图层，按Ctrl+T组合键对其执行“自由变换”命令，单击鼠标右键，从弹出的快捷菜单中选择“斜切”命令，将文字斜切变形，完成之后按Enter键确认，以同样的方法选中“早春新品”图层，将文字变形，如图24.165所示。

图24.164 添加文字　　图24.165 将文字变形

STEP 05 执行菜单栏中的“文件”|“打开”命令，打开“鞋子.psd”文件，将打开的素材拖入画布中靠右侧的位置并适当缩小，如图24.166所示。

图24.166 添加素材

- **制作阴影**

STEP 01 选择工具箱中的“钢笔工具”，在选项栏中单击“选择工具模式” 路径 按钮，在弹出的选项中选择“形状”，将“填充”更改为黑色，“描边”更改为无，沿鞋子底部的边缘绘制一个不规则图形，如图24.167所示。

图24.167 绘制图形

STEP 02 选中“形状1”图层，执行菜单栏中的“滤镜”|“模糊”|“高斯模糊”命令，在弹出的对话框中将“半径”更改为6像素，完成之后单击“确定”按钮，如图24.168所示。

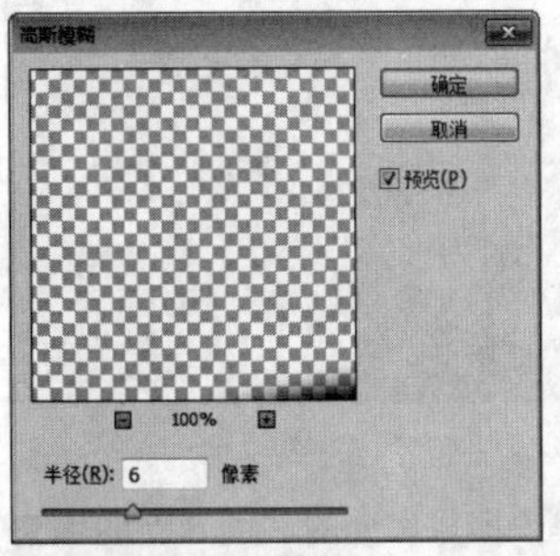

图24.168 设置高斯模糊

STEP 03 执行菜单栏中的“文件”|“打开”命令，打开“蝴蝶.psd”文件，将打开的素材拖入画布中鞋子的位置并适当缩小，这样就完成了效果制作，最终效果如图24.169所示。

图24.169 最终效果

实战 586

樱花季婚纱banner设计

- 素材位置：素材\第24章\樱花季婚纱banner
- 案例位置：效果\第24章\樱花季婚纱banner设计.psd
- 视频位置：视频\实战586.avi
- 难易指数：★★☆☆☆

• 实例介绍 •

本例以浪漫的樱花作为主视觉图像，整个画面十分唯美，与婚纱图像的组合十分协调，最终效果如图24.170所示。

图24.170 最终效果

• 操作步骤 •

• 打开素材

STEP 01 执行菜单栏中的“文件”|“打开”命令，打开“背景.jpg、婚纱.psd”文件，将打开的图像拖入背景中靠右侧的位置并适当缩小，如图24.171所示。

图24.171 打开并添加素材

STEP 02 在“图层”面板中单击面板底部的“创建新的填充或调整图层”按钮，在弹出快捷菜单中选中“照片滤色”命令，在弹出的面板中单击面板底部的“此调整影响下面的所有图层”按钮，勾选“颜色”单选按钮，将“颜色”更改为黄色（R：255，G：200，B：138），将“浓度”更改为30%，如图24.172所示。

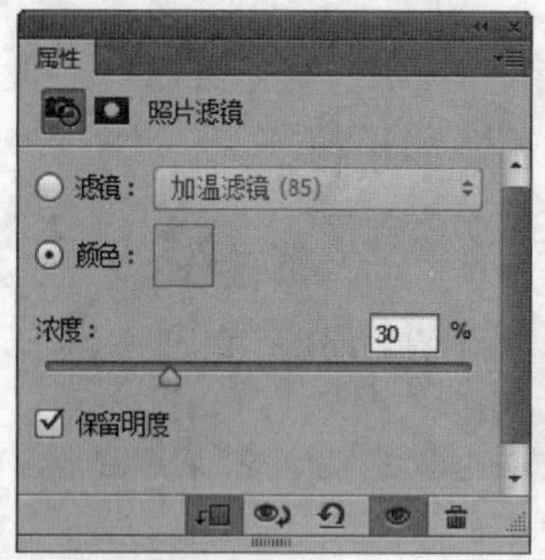

图24.172 设置照片滤镜

• 绘制图形

STEP 01 选择工具箱中的“椭圆工具”，在选项栏中将“填充”更改为白色，“描边”更改为无，在画布中靠左侧的位置按住Shift键绘制一个正圆图形，此时将生成一个“椭圆1”图层，如图24.173所示。

图24.173 绘制图形

STEP 02 在“图层”面板中选中“椭圆1”图层，单击面板底部的“添加图层样式”按钮，在菜单中选择“描边”命令，在弹出的对话框中将“大小”更改为1像素，“颜色”更改为白色，如图24.174所示。

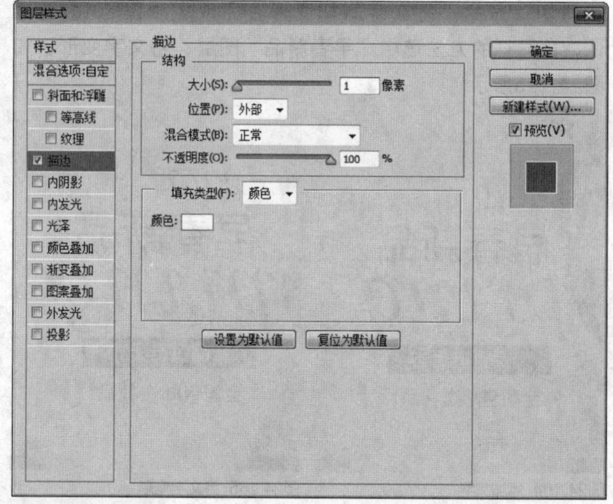

图24.174 设置描边

STEP 03 在“图层”面板中选中“椭圆1”图层，将图层“填充”更改为60%，如图24.175所示。

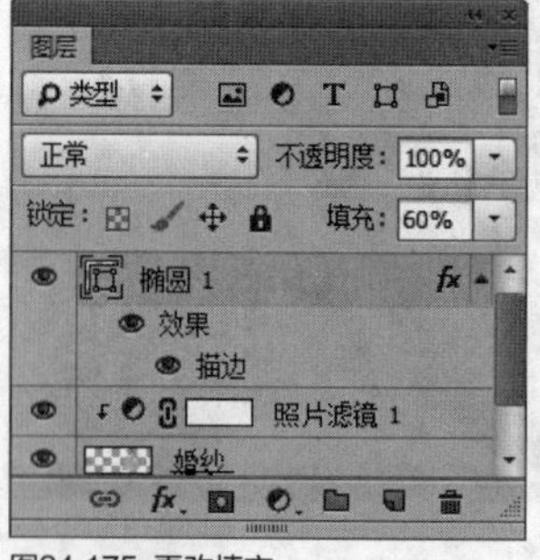

图24.175 更改填充

• 添加文字

STEP 01 选择工具箱中的“横排文字工具”，在绘制的图形位置添加文字，如图24.176所示。

图24.176 添加文字

STEP 02 在“图层”面板中选中“浪漫樱花”图层，单击面板底部的“添加图层样式”fx按钮，在菜单中选择“投影”命令，在弹出的对话框中将“不透明度”更改为60%，取消“使用全局光”复选框，将“角度”更改为90度，“距离”更改为1像素，完成之后单击“确定”按钮，如图24.177所示。

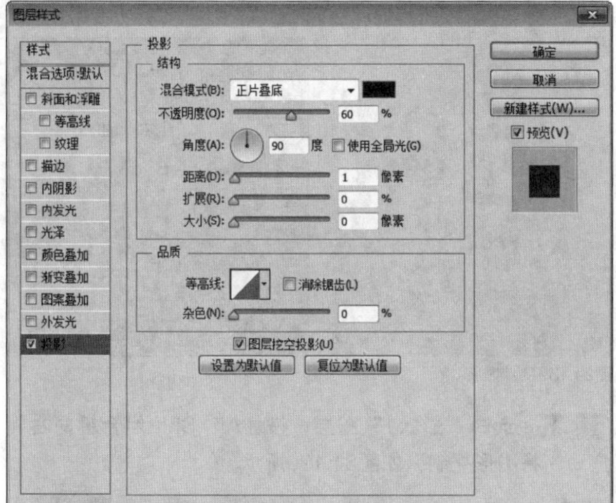

图24.177 设置投影

STEP 03 在“浪漫樱花”图层上单击鼠标右键，从弹出的快捷菜单中选择“拷贝图层样式”命令，同时选中“The new ……”及“新品私人……”图层，在其图层上单击鼠标右键，从弹出的快捷菜单中选择“粘贴图层样式”命令，如图24.178所示。

图24.178 复制并粘贴图层样式

STEP 04 执行菜单栏中的“文件”|“打开”命令，打开“花瓣.psd”文件，将打开的素材图像拖入画布中并适当缩小，如图24.179所示。

图24.179 打开并添加素材

STEP 05 在“图层”面板中选中“花瓣”图层，将图层“填充”更改为70%，再单击面板底部的“添加图层蒙版”按钮，为其图层添加图层蒙版，如图24.180所示。

STEP 06 选择工具箱中的“画笔工具”，在画布中单击鼠标右键，在弹出的面板中选择一种圆角笔触，将“大小”更改为150像素，“硬度”更改为0%，如图24.181所示。

图24.180 添加图层蒙版

图24.181 设置笔触

STEP 07 将前景色更改为黑色，在图像上的部分区域涂抹，将其隐藏，如图24.182所示。

图24.182 隐藏图像

- **添加素材**

STEP 01 执行菜单栏中的“文件”|“打开”命令，打开“太阳.psd”文件，将打开的素材图像拖入画布中并适当缩小，如图24.183所示。

图24.183 打开并添加素材

STEP 02 在“图层”面板中选中“太阳”图层，将图层混合模式设置为“叠加”，这样就完成了效果制作，最终效果如图24.184所示。

图24.184 最终效果

实战587 雪纺衫banner设计

▶素材位置：素材\第24章\雪纺衫banner
▶案例位置：效果\第24章\雪纺衫banner设计.psd
▶视频位置：视频\实战587.avi
▶难易指数：★★★☆☆

• 实例介绍 •

雪纺衫banner在制作过程中以体现雪纺衫美丽的特点为重点，本例以柔和绿为背景，同时采用图形与文字独特的结合形式使视觉效果相当完美，最终效果如图24.185所示。

图24.185 最终效果

• 操作步骤 •

• 打开素材

STEP 01 执行菜单栏中的“文件”|“打开”命令，打开“背景.jpg、人物.psd”文件，如图24.186所示。

图24.186 打开并添加素材

STEP 02 选择工具箱中的“横排文字工具”T，在画布中靠左侧的位置添加文字，如图24.187所示。

图24.187 添加文字

• 绘制图形

STEP 01 选择工具箱中的“自定形状工具”，在画布中单击鼠标右键，在弹出的面板中选择“红心形卡”形状，如图24.188所示。

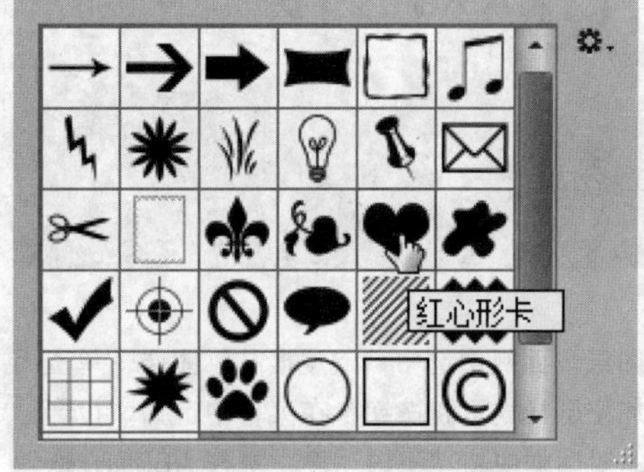

图24.188 设置形状

STEP 02 在选项栏中将“填充”更改为红色（R：255，G：60，B：0），在左侧字母的位置按住Shift键绘制一个心形图形，此时将生成一个“形状1”图层，如图24.189所示。

图24.189 绘制图形

STEP 03 选中“形状1”图层，按住Alt+Shift组合键向右侧拖动，将图形复制，如图24.190所示。

图24.190 复制图形

STEP 04 执行菜单栏中的“文件”|“打开”命令，打开“叶子.psd”文件，将打开的素材拖入画布顶部的位置并适当缩小，这样就完成了效果制作，最终效果如图24.191所示。

图24.191 最终效果

实战 588 包包banner设计

▶素材位置：素材\第24章\包包banner
▶案例位置：效果\第24章\包包banner设计.psd
▶视频位置：视频\实战588.avi
▶难易指数：★★☆☆☆

• 实例介绍 •

本例讲解包包banner的制作方法。包包之美可以吸引更多的顾客进行选购，在本例中添加的飘落的花瓣的效果为整个画面增色很多，最终效果如图24.192所示。

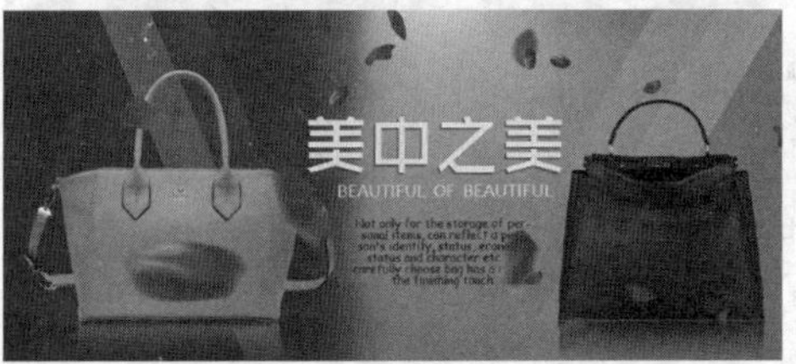

图24.192 最终效果

• 操作步骤 •

• 打开素材

STEP 01 执行菜单栏中的“文件”|“打开”命令，打开“背景.jpg、包包.psd”文件，将打开的包包素材图像拖入画布中，分别放在左右两侧的位置，如图24.193所示。

图24.193 打开并添加素材

STEP 02 在“图层”面板中选中“包包”图层，将其拖至面板底部的“创建新图层”按钮上，复制1个“包包 拷贝”图层，如图24.194所示。

STEP 03 选中“包包 拷贝”图层，按Ctrl+T组合键对其执行“自由变换”命令，单击鼠标右键，从弹出的快捷菜单中选择“垂直翻转”命令，将图像垂直翻转后与原图像的底部对齐，完成之后按Enter键确认，如图24.195所示。

图24.194 复制图层

图24.195 变换图像

STEP 04 在“图层”面板中选中“包包 拷贝”图层，单击面板底部的“添加图层蒙版”按钮，为其图层添加图层蒙版，如图24.196所示。

STEP 05 选择工具箱中的“渐变工具”，编辑黑色到白色的渐变，单击选项栏中的“线性渐变”按钮，在图像上从下至上拖动，将部分图像隐藏，制作倒影效果，如图24.197所示。

图24.196 添加图层蒙版

图24.197 隐藏图形

STEP 06 以同样的方法为“包包 2”图层制作倒影效果，如图24.198所示。

图24.198 复制图层并制作阴影

• 添加文字

STEP 01 选择工具箱中的“横排文字工具”T，在画布中适当的位置添加文字，如图24.199所示。

STEP 02 在“图层”面板中选中“美中之美”图层，将其拖至面板底部的“创建新图层”按钮上，复制1个“美中之美 拷贝”图层，如图24.200所示。

图24.199 添加文字

图24.200 复制图层

STEP 03 选中“美中之美”图层，将其文字颜色更改为红色（R：113，G：30，B：50），执行菜单栏中的“滤镜”|“模糊”|“动感模糊”命令，在弹出的对话框中将

"角度"更改为60度，"距离"更改为5像素，设置完成之后单击"确定"按钮，如图24.201所示。

STEP 04 将文字向左下角方向稍微移动，如图24.202所示。

图24.201 设置动感模糊

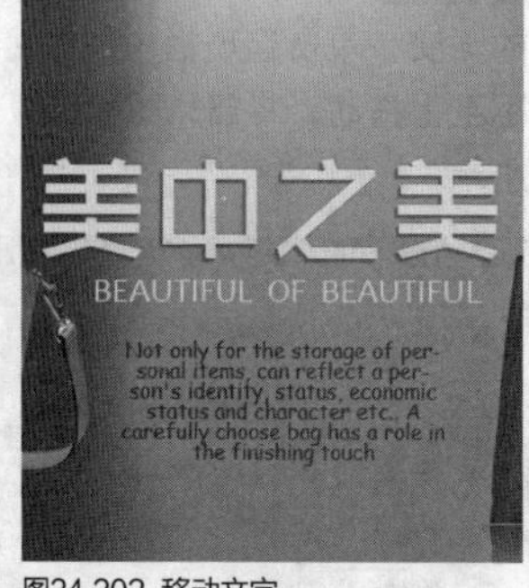

图24.202 移动文字

STEP 05 执行菜单栏中的"文件"|"打开"命令，打开"花瓣.psd"文件，将打开的素材拖入画布中并适当缩小，这样就完成了效果制作，最终效果如图24.203所示。

图24.203 最终效果

实战 589

素雅banner设计

- 素材位置：素材\第24章\素雅banner
- 案例位置：效果\第24章\素雅banner设计.psd
- 视频位置：视频\实战589.avi
- 难易指数：★★☆☆☆

• 实例介绍 •

素雅视觉感觉是永远不会过时的广告元素，本例以不规则的线条作为铺垫，为整个banner诠释了一种最为纯真的素雅风格banner，最终效果如图24.204所示。

图24.204 最终效果

• 操作步骤 •

• 新建画布

STEP 01 执行菜单栏中的"文件"|"新建"命令，在弹出的对话框中设置"宽度"为1000像素，"高度"为300像素，"分辨率"为72像素/英寸，"颜色模式"为RGB颜色，新建一个空白画布，将画布填充为浅黄色（R：247，G：243，B：235）。

STEP 02 选择工具箱中的"直线工具"，在选项栏中将"描边"更改为无，"填充"更改为浅黄色（R：242，G：230，B：210），"粗细"更改为2像素，绘制一条与画布相同宽度的线段，此时将生成一个"形状1"图层，如图24.205所示。

图24.205 填充颜色

STEP 03 选中"形状1"图层，按住Alt+Shift组合键向下拖动，将线段复制多份并铺满整个画布，如图24.206所示。

图24.206 复制线段

STEP 04 同时选中除"背景"之外所有图层，按Ctrl+E组合键将其合并，将生成的图层名称更改为"线段"。

STEP 05 选中"线段"图层，单击面板底部的"添加图层蒙版"按钮，为其图层添加图层蒙版，如图24.207所示。

STEP 06 选择工具箱中的"画笔工具"，在画布中单击鼠标右键，在弹出的面板中选择一种圆角笔触，将"大小"更改为300像素，"硬度"更改为0%，如图24.208所示。

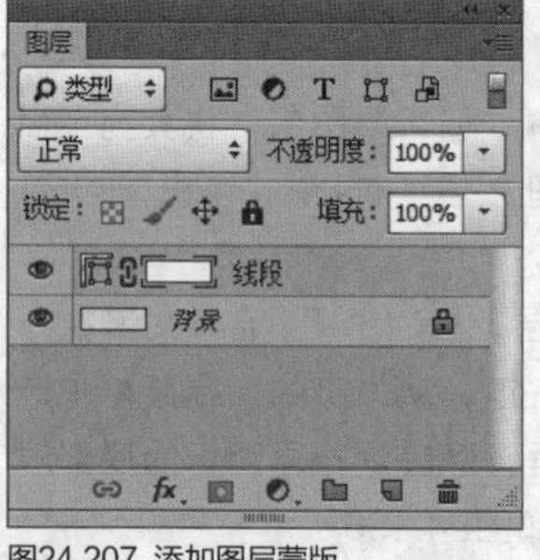

图24.207 添加图层蒙版

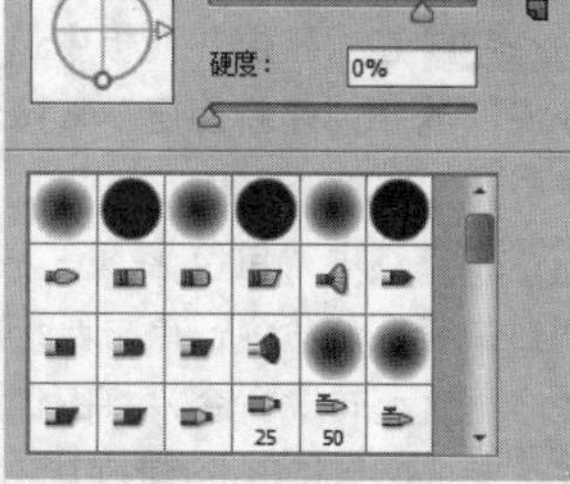

图24.208 设置笔触

STEP 07 将前景色更改为黑色，在画布中的部分位置单击或拖动，将图形隐藏，如图24.209所示。

图24.209 隐藏图形

STEP 08 选择工具箱中的“矩形工具”■，在选项栏中将“填充”更改为浅黄色（R：227，G：210，B：178），“描边”更改为无，在画布底部绘制一个与画布相同宽度的矩形，此时将生成一个“矩形1”图层，如1.210图所示。

图24.210 绘制图形

• 添加文字

STEP 01 选择工具箱中的“横排文字工具”T，在画布中的适当位置添加文字，如图24.211所示。

图24.211 添加文字

STEP 02 在“图层”面板中选中“秋叶琳”图层，单击面板底部的“添加图层样式”fx按钮，在菜单中选择“渐变叠加”命令，在弹出的对话框中将“混合模式”更改为叠加，“渐变”更改为白色到黑色，完成之后单击“确定”按钮，如图24.212所示。

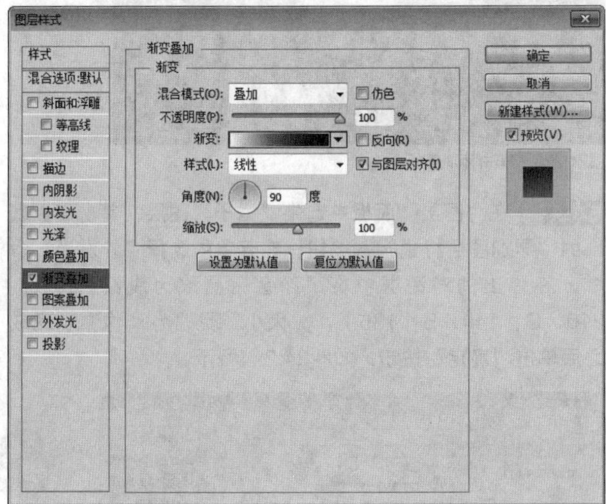

图24.212 设置渐变叠加

STEP 03 在“秋叶琳”图层上单击鼠标右键，从弹出的快捷菜单中选择“拷贝图层样式”命令，在“AKIBA LIN”图层上单击鼠标右键，从弹出的快捷菜单中选择“粘贴图层样式”命令，如图24.213所示。

图24.213 复制并粘贴图层样式

STEP 04 在“图层”面板中选中“矩形1”图层，将其拖至面板底部的“创建新图层”■按钮上，复制1个“矩形1 拷贝”图层，选中“矩形1 拷贝”图形，将颜色更改为红色（R：203，G：0，B：0），如图24.214所示。

STEP 05 选中“矩形1 拷贝”图层，按Ctrl+T组合键对其执行“自由变换”命令，将图形宽度缩小，完成之后按Enter键确认，如图24.215所示。

图24.214 复制图层

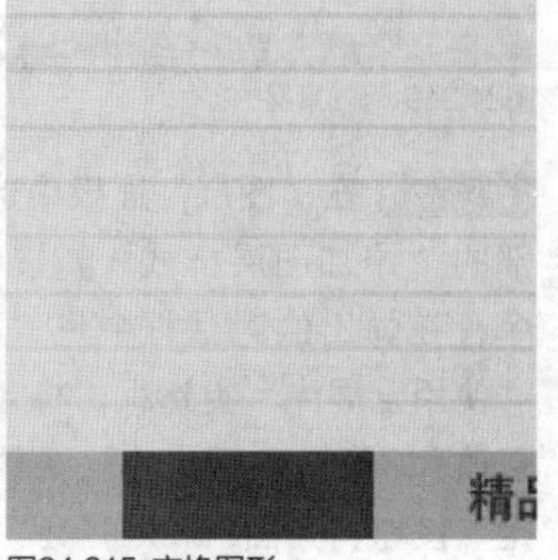

图24.215 变换图形

STEP 06 选中“春装上新……”图层中的“春装上新”文字，将其颜色更改为白色，如图24.216所示。

STEP 07 选择工具箱中的“直接选择工具”↖，选中矩形左上角和右下角的锚点并拖动将图形变形，如图24.217所示。

图24.216 更改文字颜色

图24.217 将文字变形

STEP 08 在“矩形1 拷贝”图层上单击鼠标右键，从弹出的快捷菜单中选择“粘贴图层样式”命令，如图24.218所示。

图24.218 复制图层样式

STEP 09 执行菜单栏中的“文件”|“打开”命令，打开“花瓣.psd”文件，将打开的素材拖入画布中文字左右两侧的位置并适当缩小，如图24.219所示。

图24.219 添加素材

STEP 10 在“图层”面板中选中“花瓣”图层，单击面板底部的“添加图层样式”fx按钮，在菜单中选择“投影”命令，在弹出的对话框中将“不透明度”更改为20%，取消“使用全局光”复选框，将“角度”更改为90度，“距离”更改为3像素，“大小”更改为2像素，完成之后单击“确定”按钮，如图24.220所示。

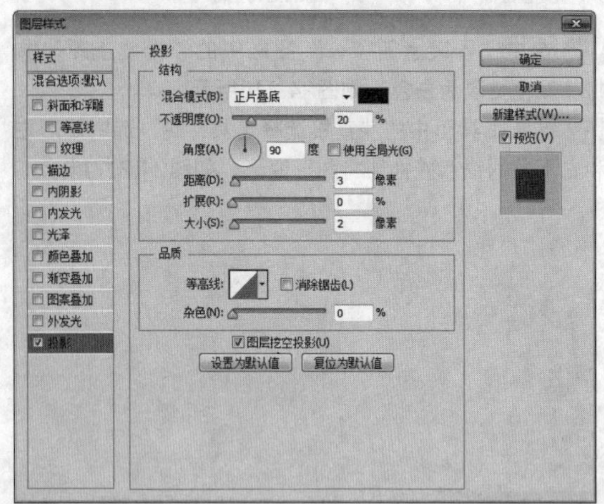

图24.220 设置投影

STEP 11 在“花瓣”图层上单击鼠标右键，从弹出的快捷菜单中选择“拷贝图层样式”命令，在“花瓣 2”图层上单击鼠标右键，从弹出的快捷菜单中选择“粘贴图层样式”命令，这样就完成了效果制作，最终效果如图24.221所示。

图24.221 最终效果

实战 590

亲近自然banner设计

- 素材位置：素材\第24章\亲近自然banner
- 案例位置：效果\第24章\亲近自然banner设计.psd
- 视频位置：视频\实战590.avi
- 难易指数：★★☆☆☆

• 实例介绍 •

本例的制作十分简单，自然背景的添加使整个画面十分舒适和养眼，最终效果如图24.222所示。

图24.222 最终效果

• 操作步骤 •

• 打开素材

STEP 01 执行菜单栏中的“文件”|“打开”命令，打开“背景.jpg、裙子.psd”文件，将打开的裙子素材拖入画布中靠右侧的位置并适当缩小，如图24.223所示。

图24.223 打开并添加素材

STEP 02 在“图层”面板中选中“裙子”图层，单击面板底部的“添加图层样式”fx按钮，在菜单中选择“外发光”命令，在弹出的对话框中将“颜色”更改为浅红色（R：210，G：144，B：135），“大小”更改为30像素，完成之后单击“确定”按钮，如图24.224所示。

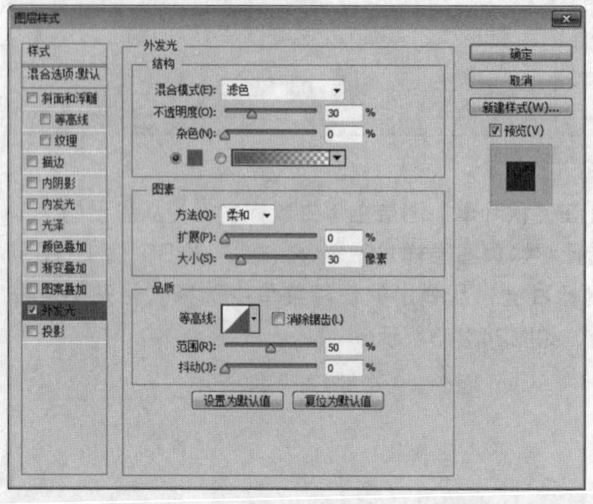

图24.224 设置外发光

● 绘制图形

STEP 01 选择工具箱中的“矩形工具”■，在选项栏中将“填充”更改为白色，“描边”更改为无，在画布中靠左侧的位置绘制一个矩形，此时将生成一个“矩形1”图层，将图层“不透明度”更改为70%，如图24.225所示。

图24.225 绘制图形并更改不透明度

STEP 02 选择工具箱中的“横排文字工具”T，在矩形位置添加文字，如图24.226所示。

图24.226 添加文字

STEP 03 选择工具箱中的“椭圆工具”●，在选项栏中将“填充”更改为绿色（R：44，G：78，B：30），“描边”更改为无，在文字下方的位置按住Shift键绘制一个正圆图形，此时将生成一个“椭圆1”图层，如图24.227所示。

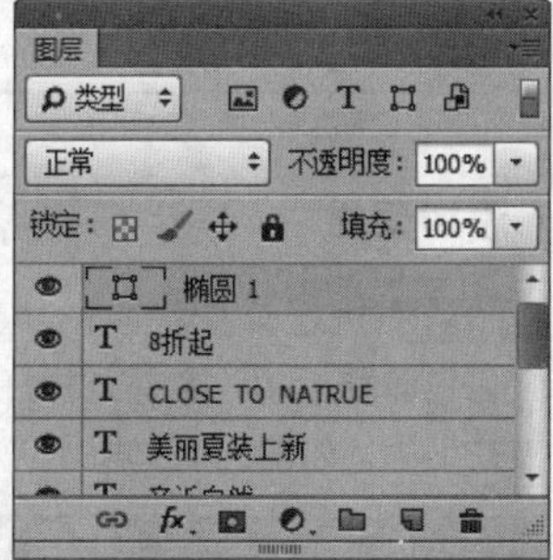

图24.227 绘制图形

STEP 04 在“图层”面板中选中“椭圆1”图层，将其拖至面板底部的“创建新图层”按钮上，复制1个“椭圆1 拷贝”图层，如图24.228所示。

STEP 05 选中“椭圆1 拷贝”图层，在选项栏中将其“填充”更改为无，“描边”更改为浅绿色（R：143，G：196，B：124），“大小”更改为0.5点，单击“设置形状描边类型”按钮，在弹出的选项中选择第2种描边类型，按Ctrl+T组合键对其执行“自由变换”命令，将图像等比例缩小，完成之后按Enter键确认，如图24.229所示。

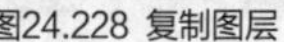

图24.228 复制图层

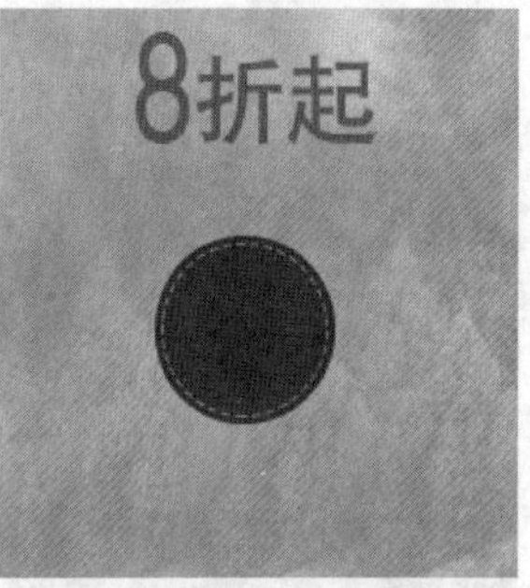

图24.229 变换图形

STEP 06 选择工具箱中的“矩形工具”■，在选项栏中将“填充”更改为绿色（R：44，G：78，B：30），“描边”更改为无，在椭圆图形下方的位置绘制一个比“矩形1”图形稍宽的矩形，此时将生成一个“矩形2”图层，如图24.230所示。

图24.230 绘制图形

STEP 07 选择工具箱中的“钢笔工具”，在选项栏中单击“选择工具模式”路径按钮，在弹出的选项中选择“形状”，将“填充”更改为深绿色（R：17，G：34，B：10），“描边”更改为无，在“矩形2”图形右下角的位置绘制一个不规则图形，此时将生成一个“形状1”图层，将“形状1”图层移至“矩形2”图层下方，如图24.231所示。

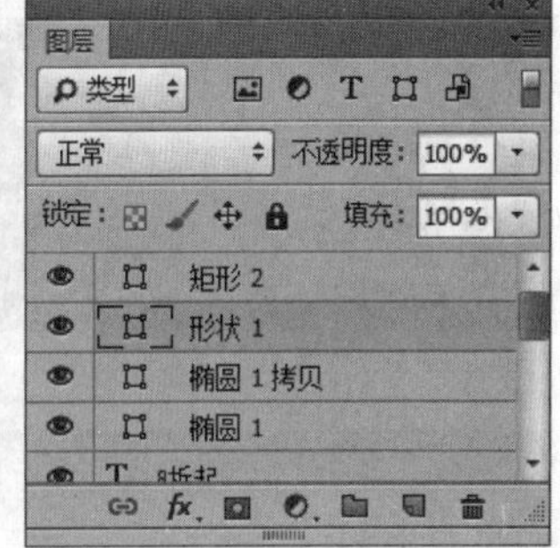

图24.231 绘制图形

STEP 08 选择工具箱中的“直线工具”╱，在选项栏中将“填充”更改为无，“描边”更改为浅绿色（R：143，G：196，B：124），“大小”更改为1点，单击“设置形状描边类型”按钮，在弹出的选项中选择第2种描边类型，在“矩形2”图形靠顶部边缘的位置按住Shift键绘制一条与其宽度相同的水平线段，此时将生成一个“形状2”图层，如图24.232所示。

STEP 09 选中“形状2”图层，按住Alt+Shift组合键向下拖动，将图形复制，如图24.233所示。

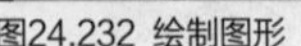
图24.232 绘制图形

图24.233 复制图形

STEP 10 选择工具箱中的"横排文字工具"T添加文字，这样就完成了效果制作，最终效果如图24.234所示。

图24.234 最终效果

实战591 女人节新品banner设计

- 素材位置：素材\第24章\女人节新品banner
- 案例位置：效果\第24章\女人节新品banner设计.psd
- 视频位置：视频\实战591.avi
- 难易指数：★★★☆☆

• 实例介绍 •

本例讲解女人节新品banner的制作方法。整个画面十分时尚，以倾斜的图形为视角，同时与素材图像的组合十分协调，最终效果如图24.235所示。

图24.235 最终效果

• 操作步骤 •

• 打开素材

STEP 01 执行菜单栏中的"文件"|"打开"命令，打开"背景.jpg、人物.psd"文件，将打开的人物图像拖入画布靠右侧的位置，如图.236所示。

图24.236 打开及添加素材

STEP 02 在"图层"面板中选中"人物"图层，将其拖至面板底部的"创建新图层"按钮上，复制1个"人物 拷贝"图层，选中"人物"图层，单击面板上方的"锁定透明像素"按钮将透明像素锁定，将图像填充为黑色，填充完成之后再次单击此按钮将其解除锁定，如图24.237所示。

STEP 03 选中"人物"图层，按Ctrl+T组合键对其执行"自由变换"命令，将图像稍微变形，完成之后按Enter键确认，如图24.238所示。

图24.237 填充颜色

图24.238 将图像变形

STEP 04 选中"人物"图层，执行菜单栏中的"滤镜"|"模糊"|"高斯模糊"命令，在弹出的对话框中将"半径"更改为2像素，完成之后单击"确定"按钮，再将图层"不透明度"更改为20%，如图24.239所示。

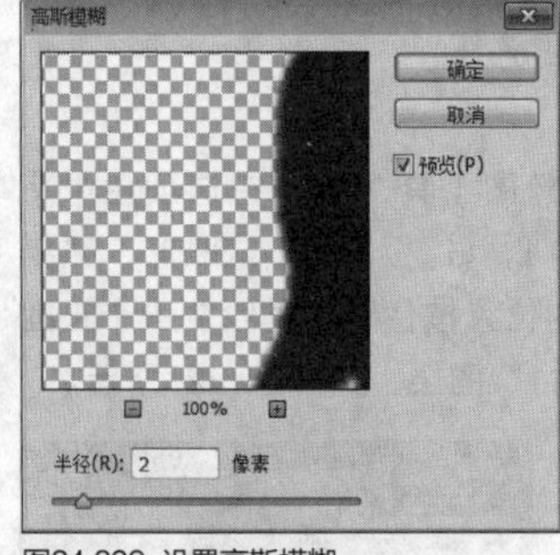

图24.239 设置高斯模糊

• 添加素材

STEP 01 执行菜单栏中的"文件"|"打开"命令，打开"包包和鞋.psd"文件，将打开的素材拖入画布中适当的位置并缩小，如图24.240所示。

图24.240 添加素材

STEP 02 选择工具箱中的"横排文字工具"T，在画布中左侧的位置添加文字，如图24.241所示。

图24.241 添加文字

STEP 03 在“图层”面板中选中“women's day”图层，单击面板底部的“添加图层样式”fx按钮，在菜单中选择“渐变叠加”命令，在弹出的对话框中将“渐变”更改为黄色（R：238，G：214，B：108）到白色，完成之后单击“确定”按钮，如图24.242所示。

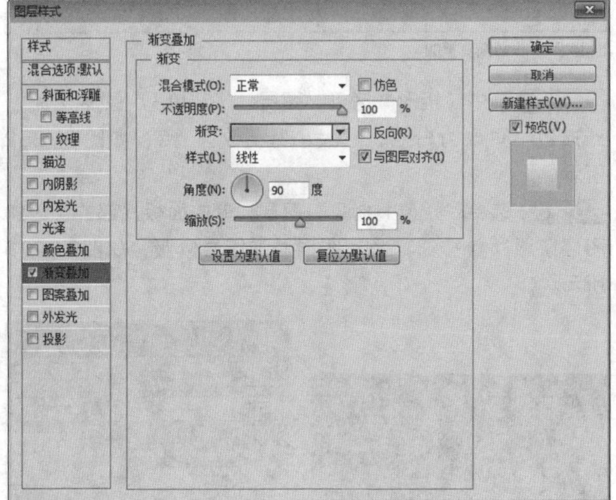

图24.242 设置渐变叠加

STEP 04 选择工具箱中的“直线工具”，在选项栏中将“填充”更改为深紫色（R：60，G：0，B：100），“描边”更改为无，“粗细”更改为1像素，在文字左侧的位置按住Shift键绘制一条稍短的水平线段，此时将生成一个“形状1”图层，如图24.243所示。

STEP 05 选中“形状1”图层，按住Alt+Shift组合键向右侧拖动，将线段复制，如图24.244所示。

图24.243 绘制图形　　图24.244 复制图形

STEP 06 选择工具箱中的“矩形工具”，在选项栏中将“填充”更改为紫红色（R：247，G：107，B：200），“描边”更改为无，在文字下方的位置绘制一个矩形，此时将生成一个“矩形1”图层，如图24.245所示。

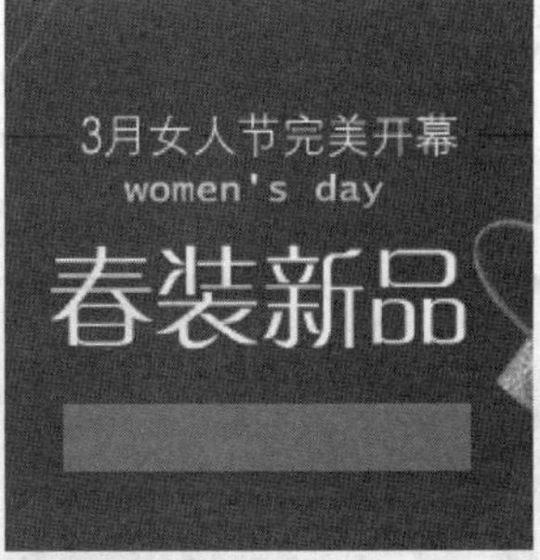

图24.245 绘制图形

STEP 07 选择工具箱中的“横排文字工具”T，在矩形上方的位置添加文字，这样就完成了效果制作，最终效果如图24.246所示。

图24.246 最终效果

实战 592

洗护促销banner设计

▶素材位置：素材\第24章\洗护促销banner
▶案例位置：效果\第24章\洗护促销banner设计.psd
▶视频位置：视频\实战592.avi
▶难易指数：★★★☆☆

• 实例介绍 •

本例讲解洗护促销banner的制作方法。本例的制作以大量的素材图像作为铺垫，同时象形化文字的添加也为整个案例增添了几分光彩，最终效果如图24.247所示。

图24.247 最终效果

• 操作步骤 •

● **打开素材**

STEP 01 执行菜单栏中的“文件”|“打开”命令，打开“背景.jpg”文件。

STEP 02 选择工具箱中的“矩形工具”，在选项栏中将“填充”更改为白色，“描边”更改为无，在画布靠底部的位置绘制一个矩形，此时将生成一个“矩形1”图层，如图24.248所示。

图24.248 打开素材并绘制图形

STEP 03 选中“矩形1”图层，按Ctrl+T组合键对其执行“自由变换”命令，单击鼠标右键，从弹出的快捷菜单中选择“变形”命令，在选项栏中单击 自定 按钮，在弹出的下拉选项中选择“扇形”命令，将“弯曲”更改为-3%，完成之后按Enter键确认，如图24.249所示。

图24.249 将图形变形

STEP 04 在“图层”面板中选中“矩形1”图层，将其拖至面板底部的“创建新图层”按钮上，复制1个“矩形1 拷贝”图层，如图24.250所示。

图24.250 复制图层

STEP 05 在“图层”面板中选中“矩形1”图层，单击面板底部的“添加图层样式”按钮，在菜单中选择“渐变叠加”命令，在弹出的对话框中将“渐变”更改为蓝色（R：32，G：148，B：250）到紫色（R：137，G：72，B：250），“角度”更改为0度，完成之后单击“确定”按钮，如图24.251所示。

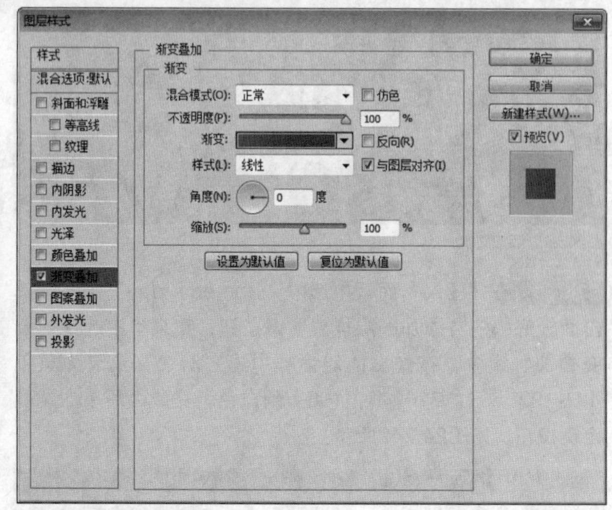

图24.251 设置渐变叠加

STEP 06 选中“矩形1 拷贝”图层，将“填充”更改为无，“描边”更改为白色，“大小”更改为1点，如图24.252所示。

STEP 07 选中“矩形1 拷贝”图层，单击面板底部的“添加图层蒙版”按钮，为其图层添加图层蒙版，如图24.253所示。

图24.252 变换图形

图24.253 添加图层蒙版

STEP 08 选择工具箱中的“渐变工具”，编辑黑色到白色再到黑色的渐变，单击选项栏中的“线性渐变”按钮，在图像上从左向右拖动，将部分图像隐藏，如图24.254所示。

图24.254 设置渐变并隐藏图形

STEP 09 在“图层”面板中选中“矩形1 拷贝”图层，将图层混合模式设置为“叠加”，如图24.255所示。

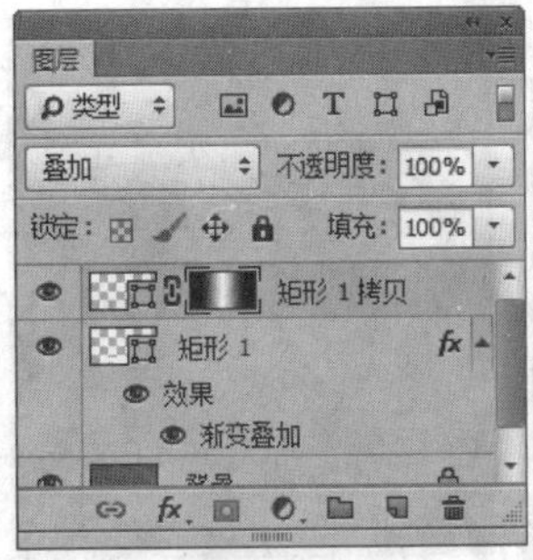

图24.255 设置图层混合模式

STEP 10 选择工具箱中的“矩形工具”，在选项栏中将“填充”更改为蓝色（R：48，G：52，B：211），“描边”更改为无，在图形左侧的位置绘制一个矩形，此时将生成一个“矩形2”图层，将“矩形2”图层移至“背景”图层上方，如图24.256所示。

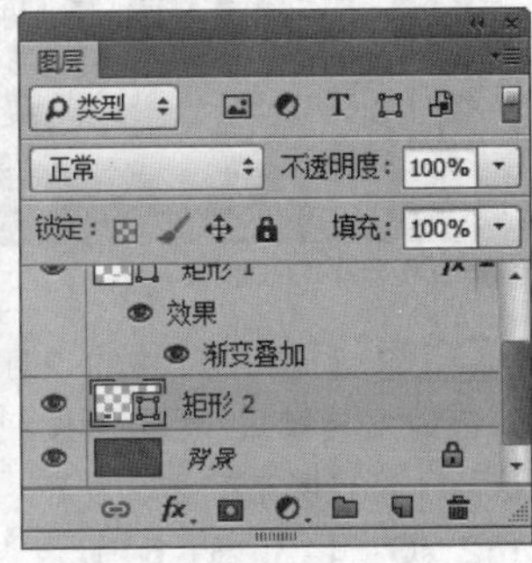

图24.256 绘制图形

STEP 11 选择工具箱中的“添加锚点工具”，在矩形左侧中间的位置单击，添加锚点，如图24.257所示。

STEP 12 选择工具箱中的“转换点工具”，单击添加的锚点，如图24.258所示。

图24.257 添加锚点

图24.258 转换锚点

STEP 13 选择工具箱中的“直接选择工具”，选中经过转换的锚点向内侧拖动，将图形变形，如图24.259所示。

图24.259 拖动锚点将图形变形

STEP 14 在“图层”面板中选中“矩形2”图层，单击面板底部的“添加图层样式”按钮，在菜单中选择“投影”命令，在弹出的对话框中将“不透明度”更改为30%，取消“使用全局光”复选框，将“角度”更改为35度，“距离”更改为5像素，“大小”更改为5像素，完成之后单击“确定”按钮，如图24.260所示。

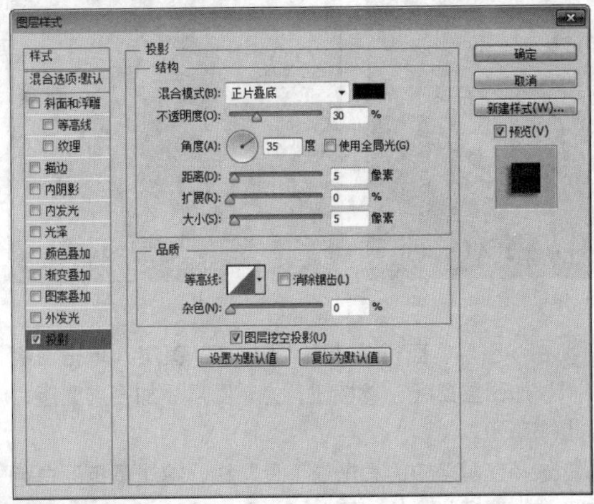

图24.260 设置投影

STEP 15 在“图层”面板中选中“矩形2”图层，将其拖至面板底部的“创建新图层”按钮上，复制1个“矩形2 拷贝”图层，如图24.261所示。

STEP 16 选中“矩形2 拷贝”图层，按Ctrl+T组合键对其执行“自由变换”命令，单击鼠标右键，从弹出的快捷菜单中选择“水平翻转”命令，完成之后按Enter键确认，将图形平移至右侧位置，如图24.262所示。

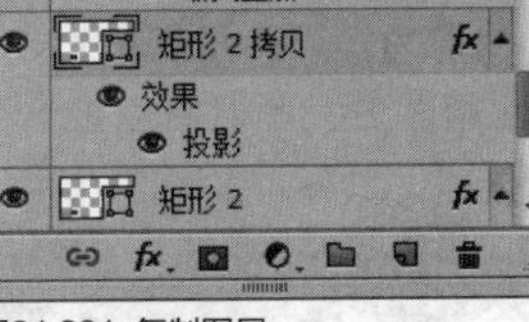

图24.261 复制图层

图24.262 变换图形

- **添加素材**

STEP 01 执行菜单栏中的“文件”|“打开”命令，打开“洗衣液.psd、洗洁精.psd、洗衣粉.psd”文件，将打开的素材拖入画布中并适当缩小，如图24.263所示。

图24.263 添加素材

STEP 02 选择工具箱中的“椭圆工具”，在选项栏中将“填充”更改为白色，“描边”更改为无，在素材左上角的位置按住Shift键绘制一个正圆图形，此时将生成一个“椭圆1”图层，如图24.264所示。

图24.264 绘制图形

STEP 03 在“图层”面板中选中“椭圆1”图层，单击面板底部的“添加图层蒙版”按钮，为其图层添加图层蒙版，如图24.265所示。

STEP 04 选择工具箱中的“渐变工具”，编辑黑色到白色的渐变，单击选项栏中的“径向渐变”按钮，在图形上拖动，将部分图像隐藏，如图24.266所示。

图24.265 添加图层蒙版

图24.266 隐藏图形

STEP 05 选择工具箱中的“椭圆工具”，在选项栏中将“填充”更改为白色，“描边”更改为无，在椭圆左上角的位置再次按住Shift键绘制一个正圆图形，此时将生成一个“椭圆2”图层，如图24.267所示。

图24.267 绘制图形

STEP 06 选中“椭圆2”图层，执行菜单栏中的“滤镜”|“模糊”|“高斯模糊”命令，在弹出的对话框中将“半径”更改为5像素，完成之后单击“确定”按钮，如图24.268所示。

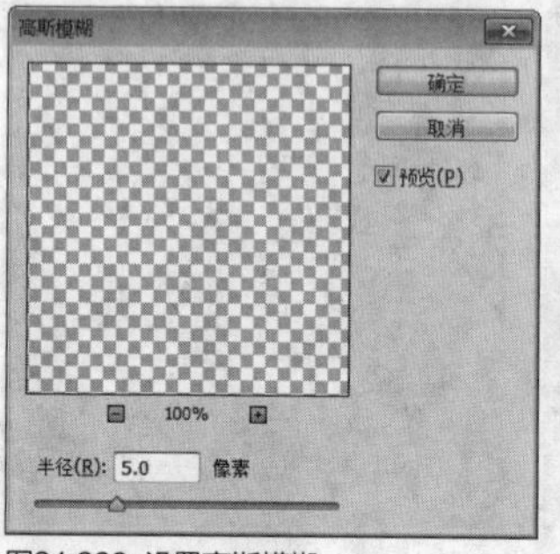

图24.268 设置高斯模糊

STEP 07 同时选中“椭圆1”及“椭圆2”图层，按住Alt键将图像复制数份并适当缩小及移动，如图24.269所示。

图24.269 复制并变换图像

STEP 08 选择工具箱中的“钢笔工具”，在选项栏中单击“选择工具模式”按钮，在弹出的选项中选择“形状”，将“填充”更改为无，“描边”更改为深黄色（R：182，G：142，B：64），“大小”更改为2点，在画布顶部边缘的位置绘制一条弧形线段，此时将生成一个“形状1”图层，如图24.270所示。

图24.270 绘制图形

STEP 09 执行菜单栏中的“文件”|“打开”命令，打开“夹子.psd”文件，将打开的素材拖入画布中刚才绘制的线条下方的位置并适当缩小，如图24.271所示。

图24.271 添加素材

STEP 10 选中“夹子”图层，按住Alt键将图像复制3份并移动，如图24.272所示。

图24.272 复制图像

STEP 11 选择工具箱中的“横排文字工具”T，在画布中的适当位置添加文字，如图24.273所示。

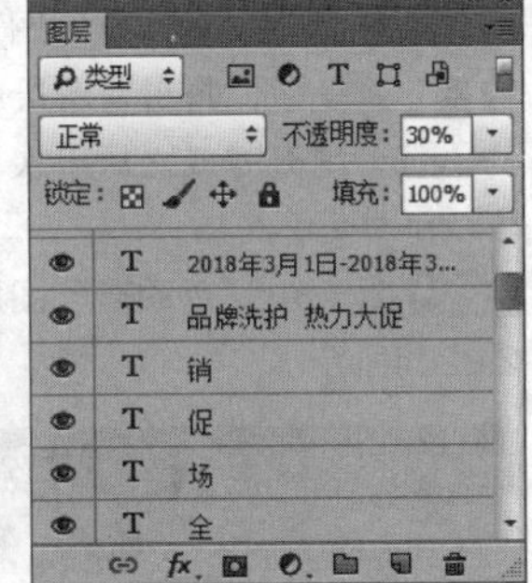

图24.273 添加文字

STEP 12 在“图层”面板中选中“品牌洗护 热力大促”图层，单击面板底部的“添加图层样式”fx按钮，在菜单中选择“投影”命令，在弹出的对话框中取消“使用全局光”复选框，将“角度”更改为90度，“距离”更改为2像素，“大小”更改为2像素，完成之后单击“确定”按钮，如图24.274所示。

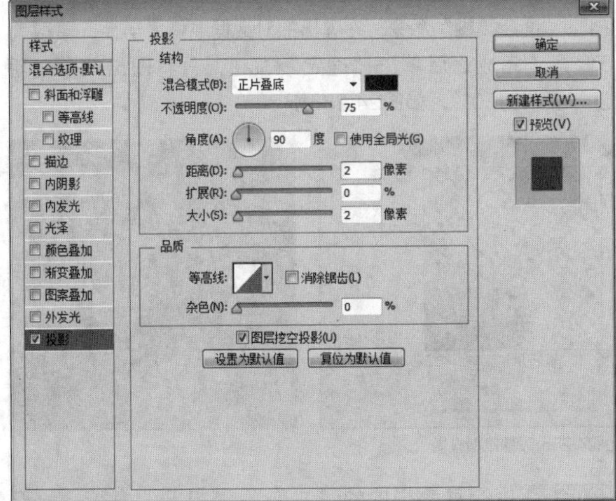

图24.274 设置投影

STEP 13 在“图层”面板中选中“全”图层，单击面板底部的“添加图层样式”fx按钮，在菜单中选择“描边”命令，在弹出的对话框中将“大小”更改为1像素，“颜色”更改为青色（R：0，G：222，B：255），完成之后单击“确定”按钮，如图24.275所示。

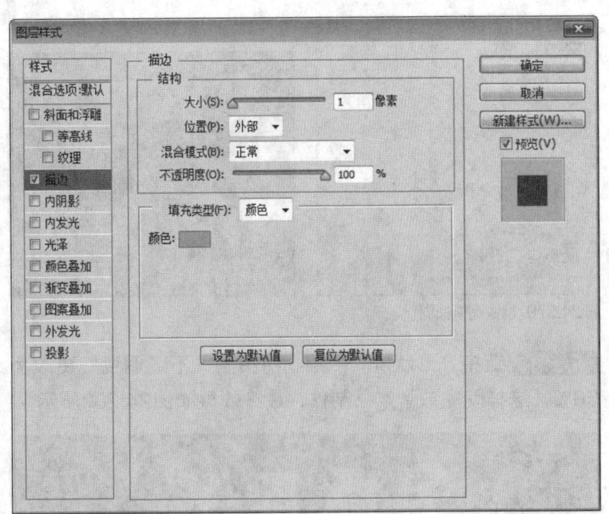

图24.275 设置描边

STEP 14 在“全”图层上单击鼠标右键，从弹出的快捷菜单中选择“拷贝图层样式”命令，同时选中“场”“促”及“销”图层，在其图层名称上上单击鼠标右键，从弹出的快捷菜单中选择“粘贴图层样式”命令，如图24.276所示。

图24.276 复制并粘贴图层样式

STEP 15 在“图层”面板中选中“形状1”图层，将其拖至面板底部的“创建新图层”按钮上，复制1个“形状1 拷贝”图层，如图24.277所示。

STEP 16 选中“形状1”图层，将其“描边”更改为黑色，再将其稍微变形，如图24.278所示。

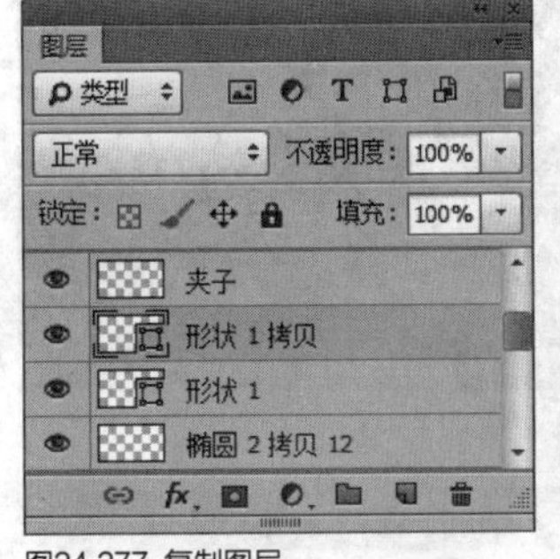

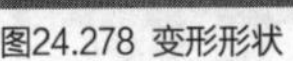

图24.277 复制图层　图24.278 变形形状

STEP 17 选中“形状1”图层，执行菜单栏中的“滤镜”|“模糊”|“高斯模糊”命令，在弹出的对话框中将“半径”更改为2像素，完成之后单击“确定”按钮，如图24.279所示。

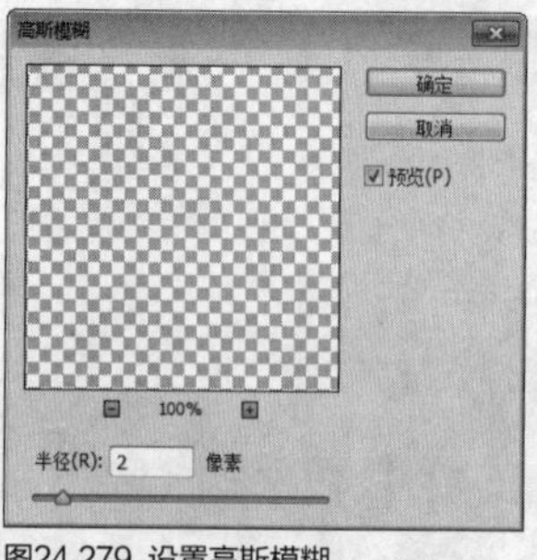

图24.279 设置高斯模糊

STEP 18 选中“形状 1”图层，将图层“不透明度”更改为30%，这样就完成了效果制作，最终效果如图24.280所示。

图24.280 最终效果

实战 593 倾情让利banner设计

- 素材位置：素材\第24章\倾情让利banner
- 案例位置：效果\第24章\倾情让利banner设计.psd
- 视频位置：视频\实战593.avi
- 难易指数：★★★☆☆

• 实例介绍 •

本例讲解倾情让利banner的制作方法。本例的制作重点在于立体文字的制作，不同的透视角度会产生不同的立体效果，在制作过程中一定要特加留意，最终效果如图24.281所示。

图24.281 最终效果

• 操作步骤 •

• 打开素材

STEP 01 执行菜单栏中的“文件”|“打开”命令，打开“背景.jpg、运动鞋.psd”文件，将打开的运动鞋图像拖入画布中靠右侧的位置，如图24.282所示。

图24.282 打开并添加素材

STEP 02 在“图层”面板中选中“运动鞋”图层，将其拖至面板底部的“创建新图层”按钮上，复制1个“运动鞋 拷贝”图层。

STEP 03 选中“运动鞋”图层，单击面板上方的“锁定透明像素”按钮，将当前图层中的透明像素锁定，将图像填充为黑色，填充完成之后再次单击此按钮将其解除锁定，如图24.283所示。

STEP 04 选中“运动鞋”图层，将图像向下稍微移动，如图24.284所示。

图24.283 复制图层

图24.284 填充颜色

STEP 05 选中“运动鞋”图层，执行菜单栏中的“滤镜”|“模糊”|“高斯模糊”命令，在弹出的对话框中将“半径”更改为5像素，完成之后单击“确定”按钮，再将图层“不透明度”更改为50%，如图24.285所示。

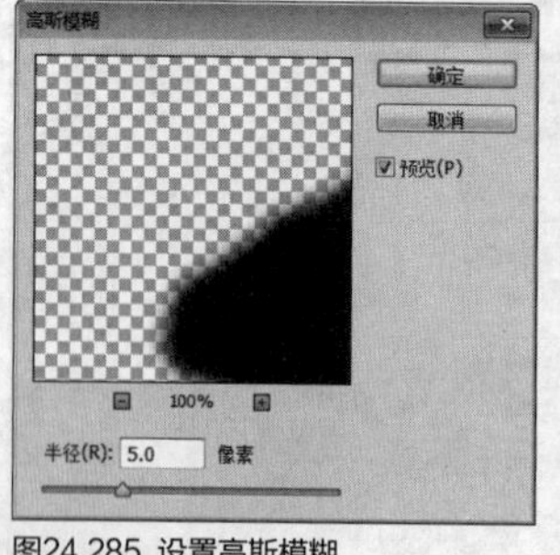

图24.285 设置高斯模糊

STEP 06 执行菜单栏中的“文件”|“打开”命令，打开“礼盒.psd”文件，将打开的图像拖入画布中鞋子旁边的位置，如图24.286所示。

图24.286 添加素材

STEP 07 在“图层”面板中选中“礼盒”图层，将其拖至面板底部的“创建新图层”按钮上，复制1个“礼盒 拷贝”图层，如图24.287所示。

STEP 08 以同样的方法为礼盒制作阴影效果，如图24.288所示。

图24.287 复制图层

图24.288 制作阴影

• 添加文字

STEP 01 选择工具箱中的“横排文字工具”T，在画布中的适当位置添加文字，如图24.289所示。

STEP 02 在“倾情让利”图层名称上单击鼠标右键，从弹出的快捷菜单中选择“栅格化文字”命令，如图24.290所示。

图24.289 添加文字

图24.290 栅格化文字

STEP 03 选中“倾情让利”图层，按Ctrl+T组合键对其执行“自由变换”命令，单击鼠标右键，从弹出的快捷菜单中选择“透视”命令，拖动变形框控制点将文字变形，完成之后按Enter键确认，如图24.291所示。

图24.291 将文字变形

STEP 04 在“图层”面板中选中“倾情让利”图层，将其复制一份，然后选中“倾情让利”图层，单击面板上方的“锁定透明像素”按钮将当前图层中的透明像素锁定，将图像填充为黄色（R：220，G：168，B：0），填充完成之后再次单击此按钮将其解除锁定，在画布中将其向右侧平移，如图24.292所示。

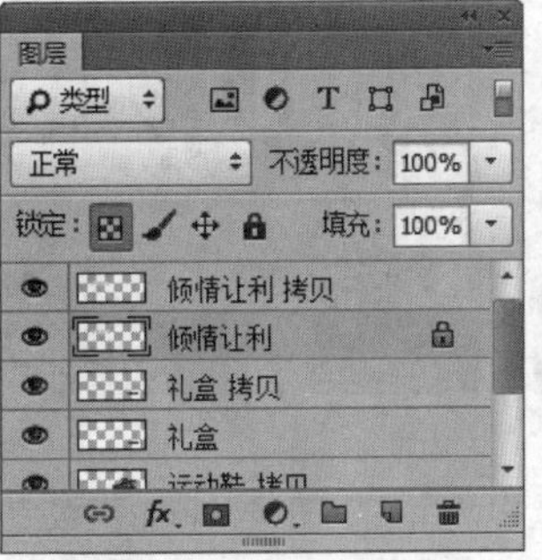

图24.292 锁定透明像素并填充颜色

STEP 05 选中“倾情让利”图层，按住Alt+Shift组合键平移，将其复制多份，为文字制作厚度效果，如图24.293所示。

STEP 06 同时选中除“倾情让利 拷贝”图层之外的所有和文字相关的图层，按Ctrl+E组合键将其合并，将生成的图层名称更改为“厚度”，如图24.294所示。

图24.293 复制文字

图24.294 合并图层

STEP 07 在“图层”面板中选中“厚度”图层，将其拖至面板底部的“创建新图层”按钮上，复制1个“厚度 拷贝”图层，如图24.295所示。

STEP 08 在“图层”面板中选中“厚度 拷贝”图层，单击面板上方的“锁定透明像素”按钮将当前图层中的透明像素锁定，将图像填充为黑色，填充完成之后再次单击此按钮将其解除锁定，如图24.296所示。

图24.295 复制图层

图24.296 填充颜色

STEP 09 选中"厚度 拷贝"图层，执行菜单栏中的"滤镜"|"模糊"|"高斯模糊"命令，在弹出的对话框中将"半径"更改为3像素，完成之后单击"确定"按钮，再将图层混合模式更改为"叠加"，如图24.297所示。

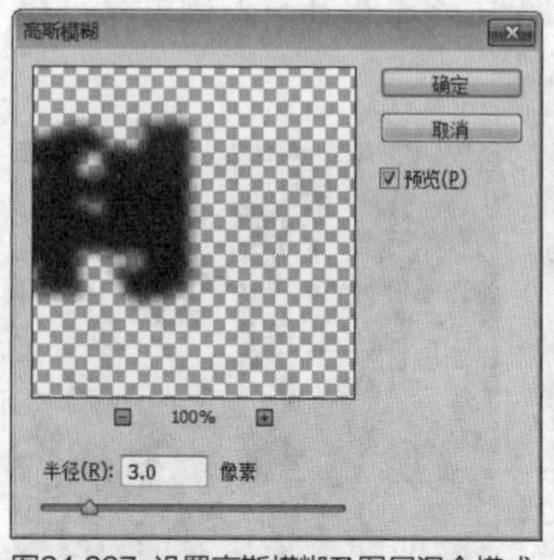

图24.297 设置高斯模糊及图层混合模式

STEP 10 在"图层"面板中选中"厚度"图层，单击面板底部的"添加图层样式" fx 按钮，在菜单中选择"渐变叠加"命令，在弹出的对话框中将"混合模式"更改为叠加，"不透明度"更改为30%，"渐变"更改为黑色到白色，"角度"更改为0度，完成之后单击"确定"按钮，如图24.298所示。

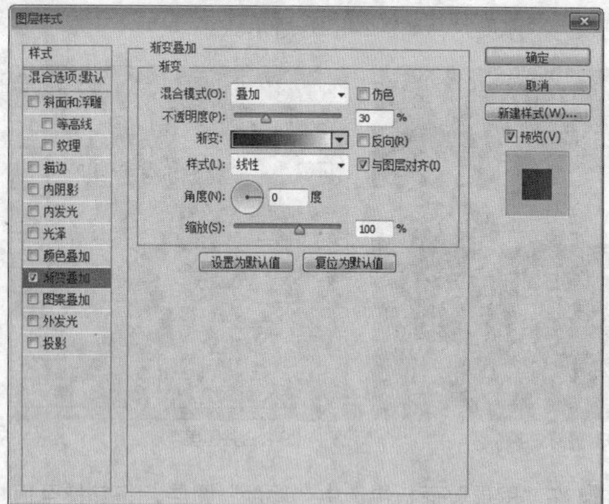

图24.298 设置渐变叠加

● 绘制图形

STEP 01 选择工具箱中的"矩形工具"，在选项栏中将"填充"更改为白色，"描边"更改为无，在文字下方绘制一个矩形，此时将生成一个"矩形1"图层，将图层"不透明度"更改为30%，如图24.299所示。

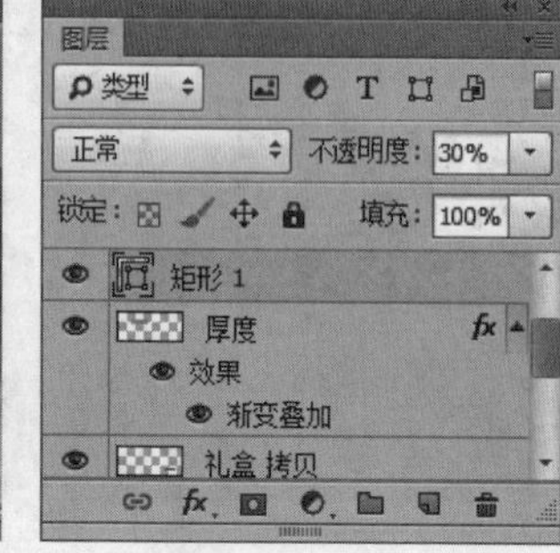

图24.299 绘制图形

STEP 02 执行菜单栏中的"文件"|"打开"命令，打开"红包.psd"文件，将打开的素材拖入画布中矩形的位置并适当缩小，这样就完成了效果制作，最终效果如图24.300所示。

图24.300 最终效果

实战 594 职场新装banner设计

▶素材位置：素材\第24章\职场新装banner
▶案例位置：效果\第24章\职场新装banner设计.psd
▶视频位置：视频\实战594.avi
▶难易指数：★★☆☆☆

• 实例介绍 •

本例讲解职场新装banner的制作方法，整个画面十分简练，素色的背景让整个商品图像有一个很好的展示平台，同时文字信息的简单易读也是本例的亮点，最终效果如图24.301所示。

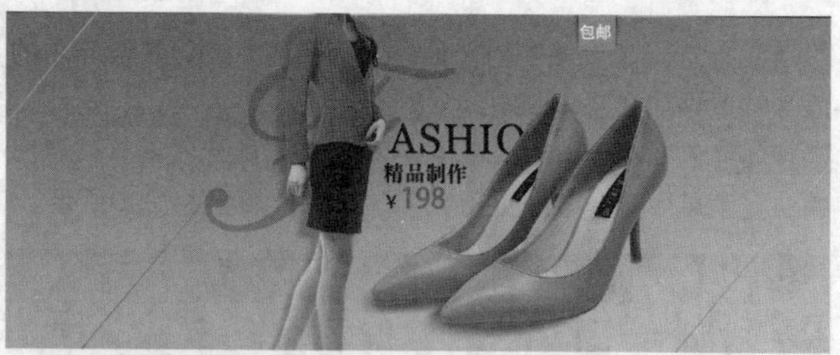

图24.301 最终效果

• 操作步骤 •

● 打开素材

STEP 01 执行菜单栏中的"文件"|"打开"命令，打开"背景.jpg、人物.psd"文件，将打开的人物素材拖入画布中间稍靠左的位置，如图24.302所示。

图24.302 打开素材

STEP 02 在“图层”面板中选中“人物”图层，将其拖至面板底部的“创建新图层”按钮上，复制1个“人物 拷贝”图层。

STEP 03 选中“人物”图层，单击面板上方的“锁定透明像素”按钮将当前图层中的透明像素锁定，将图像填充为黑色，填充完成之后再次单击此按钮将其解除锁定，如图24.303所示。

STEP 04 选中“人物 拷贝”图层，将图像向右侧稍微移动，如图24.304所示。

图24.303 填充颜色

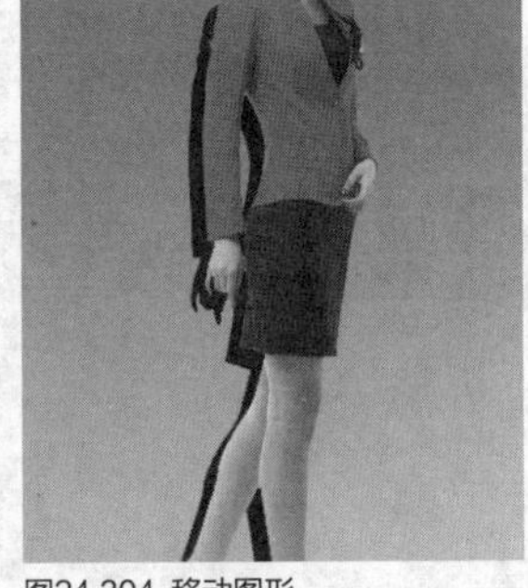

图24.304 移动图形

STEP 05 选中“人物”图层，执行菜单栏中的“滤镜”|“模糊”|“高斯模糊”命令，在弹出的对话框中将“半径”更改为3像素，完成之后单击“确定”按钮，将图层“不透明度”更改为15%，如图24.305所示。

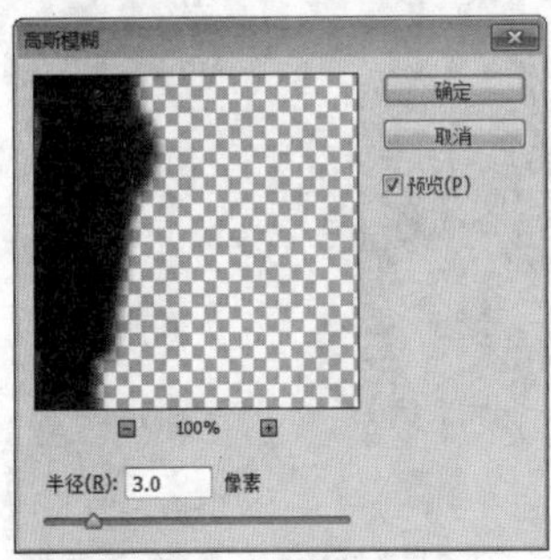

图24.305 设置高斯模糊

STEP 06 执行菜单栏中的“文件”|“打开”命令，打开“高跟鞋.psd”文件，将打开的素材拖入画布中适当的位置并缩小，如图24.306所示。

图24.306 添加素材

STEP 07 在“图层”面板中选中“高跟鞋”图层，将其拖至面板底部的“创建新图层”按钮上，复制1个“高跟鞋 拷贝”图层。

STEP 08 选中“高跟鞋”图层，单击面板上方的“锁定透明像素”按钮将当前图层中的透明像素锁定，将图像填充为黑色，填充完成之后再次单击此按钮将其解除锁定，如图24.307所示。

图24.307 锁定透明像素并填充颜色

STEP 09 选中“高跟鞋”图层，执行菜单栏中的“滤镜”|“模糊”|“高斯模糊”命令，在弹出的对话框中将“角度”更改为30度，“距离”更改为60度，完成之后单击“确定”按钮，如图24.308所示。

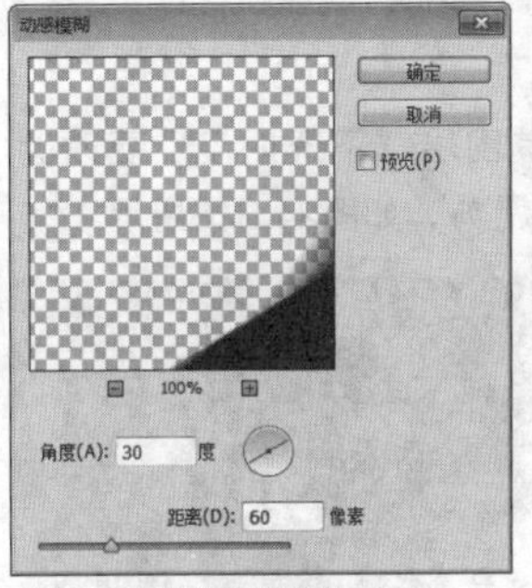

图24.308 设置高斯模糊

STEP 10 在“图层”面板中选中“高跟鞋”图层，单击面板底部的“添加图层蒙版”按钮，为其图层添加图层蒙版，如图24.309所示。

STEP 11 选择工具箱中的“画笔工具”，在画布中单击鼠标右键，在弹出的面板中选择一种圆角笔触，将“大小”更改为150像素，“硬度”更改为0%，如图24.310所示。

图24.309 添加图层蒙版

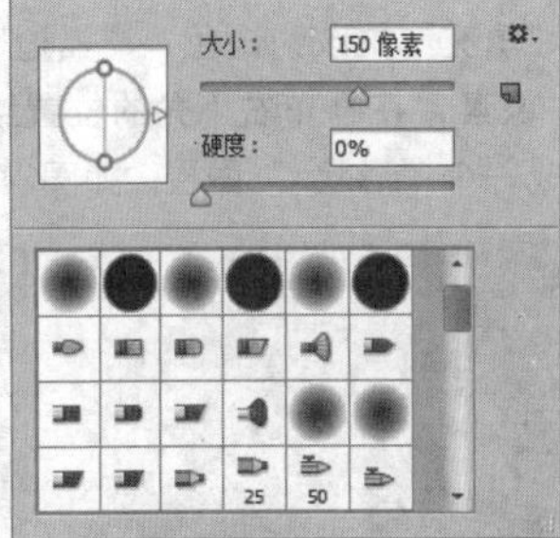

图24.310 设置笔触

STEP 12 将前景色更改为黑色，在图像上的部分区域涂抹，将其隐藏，如图24.311所示。

图24.311 隐藏图像

• 添加文字

STEP 01 选择工具箱中的“横排文字工具” T，在画布中的适当位置添加文字，如图24.312所示。

图24.312 添加文字

STEP 02 选中“F”图层，将其图层“不透明度”更改为20%，再将其移至“背景”图层上方，如图24.313所示。

图24.313 更改图层不透明度

• 绘制图形

STEP 01 选择工具箱中的“直线工具”，在选项栏中将“填充”更改为白色，“描边”更改为无，“粗细”更改为1像素，在画布右下角的位置绘制一条倾斜线段，此时将生成一个“形状1”图层，如图24.314所示。

图24.314 绘制图形

STEP 02 在“图层”面板中选中“形状 1”图层，单击面板底部的“添加图层样式” fx 按钮，在菜单中选择“渐变叠加”命令，在弹出的对话框中将“不透明度”更改为60%，“渐变”更改为浅红色（R：190，G：92，B：76）到黄色（R：238，G：228，B：112），完成之后单击“确定”按钮，如图24.315所示。

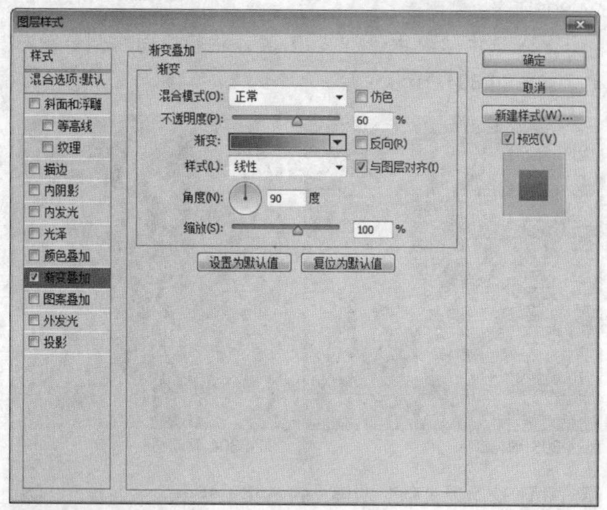

图24.315 设置渐变叠加

STEP 03 选中“形状1”图层，按住Alt键将线段复制两份，增加部分线段的长度并放在不同的位置，如图24.316所示。

图24.316 复制并变换线段

STEP 04 选择工具箱中的“矩形工具”，在选项栏中将“填充”更改为橙色（R：255，G：168，B：0），“描边”更改为无，在画布上方绘制一个矩形，此时将生成一个“矩形1”图层，如图24.317所示。

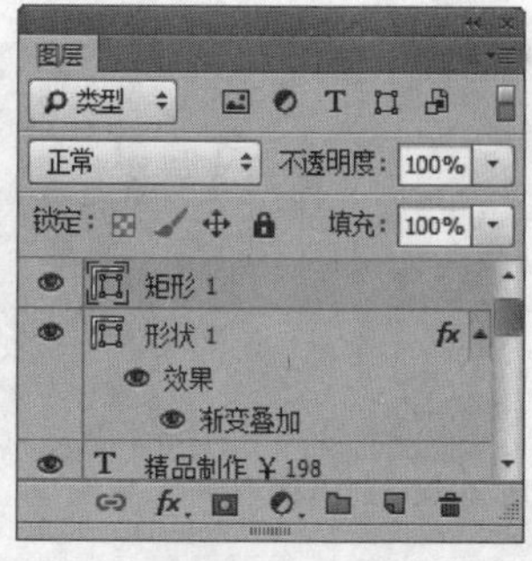

图24.317 绘制图形

STEP 05 选择工具箱中的“钢笔工具”，在选项栏中单击“选择工具模式” 路径 按钮，在弹出的选项中选择“形状”，将“填充”更改为黑色，“描边”更改为无，在矩形底部的位置绘制一个不规则图形，此时将生成一个“形状2”图层，将“形状2”图层移至“矩形1”图层下方，如图24.318所示。

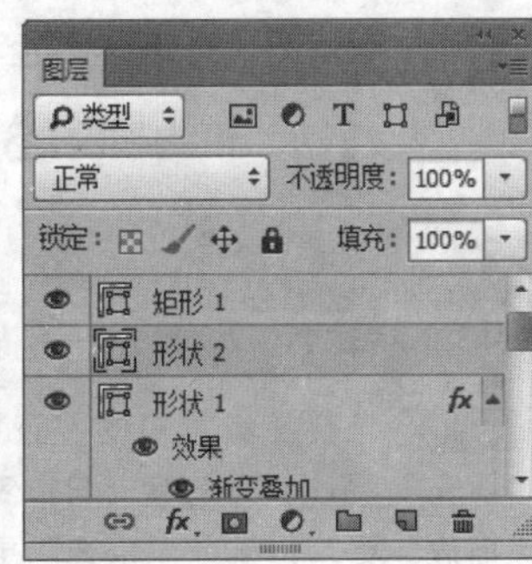

图24.318 绘制图形

STEP 06 选中“形状 2”图层，执行菜单栏中的“滤镜”|“模糊”|“高斯模糊”命令，在弹出的对话框中将“半径”更改为2像素，完成之后单击“确定”按钮，再将图层“不透明度”更改为25%，如图24.319所示。

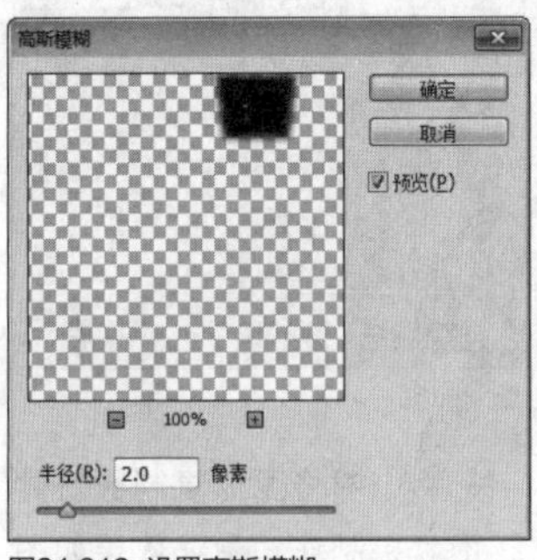

图24.319 设置高斯模糊

STEP 07 选择工具箱中的“横排文字工具”T，在矩形上添加文字，这样就完成了效果制作，最终效果如图24.320所示。

图24.320 最终效果

实战 595 开春单鞋banner设计

▶素材位置：素材\第24章\开春单鞋banner
▶案例位置：效果\第24章\开春单鞋banner设计.psd
▶视频位置：视频\实战595.avi
▶难易指数：★★☆☆☆

• 实例介绍 •

本例讲解开春单鞋banner的制作方法。本例的视觉效果十分新潮，通过不规则图形与文字的组合展示了一种别样的广告效果，最终效果如图24.321所示。

图24.321 最终效果

• 操作步骤 •

● **打开素材**

STEP 01 执行菜单栏中的“文件”|“打开”命令，打开“背景.jpg、腿.psd”文件，将打开的腿素材图像拖入画布中靠右侧的位置，如图24.322所示。

图24.322 打开及添加素材

STEP 02 在“图层”面板中选中“腿”图层，将其拖至面板底部的“创建新图层”按钮上，复制1个“腿 拷贝”图层。

STEP 03 选中“腿”图层，单击面板上方的“锁定透明像素”按钮将透明像素锁定，将图像填充为黑色，填充完成之后再次单击此按钮将其解除锁定，如图24.323所示。

STEP 04 选中“腿”图层，按Ctrl+T组合键对其执行“自由变换”命令，单击鼠标右键，从弹出的快捷菜单中选择“扭曲”命令，拖动变形框控制点将图像变形，完成之后按Enter键确认，如图24.324所示。

图24.323 填充颜色

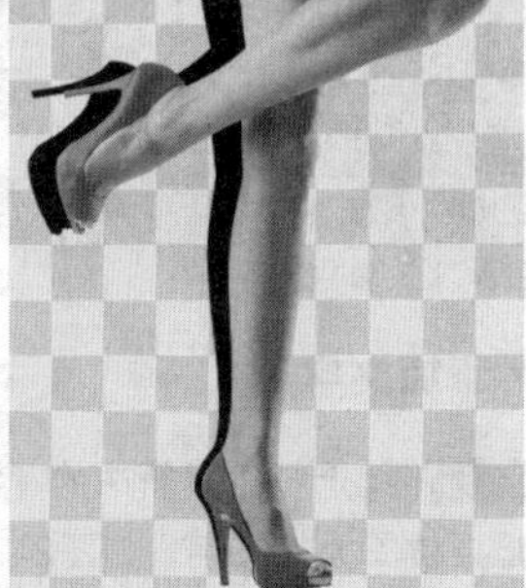

图24.324 将图像变形

STEP 05 选中“腿”图层，执行菜单栏中的“滤镜”|“模糊”|“高斯模糊”命令，在弹出的对话框中将“半径”更改为2像素，完成之后单击“确定”按钮，再将图层“不透明度”更改为10%，如图24.325所示。

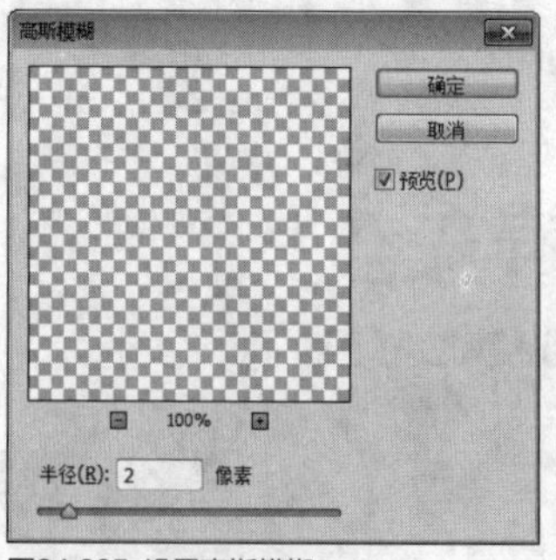
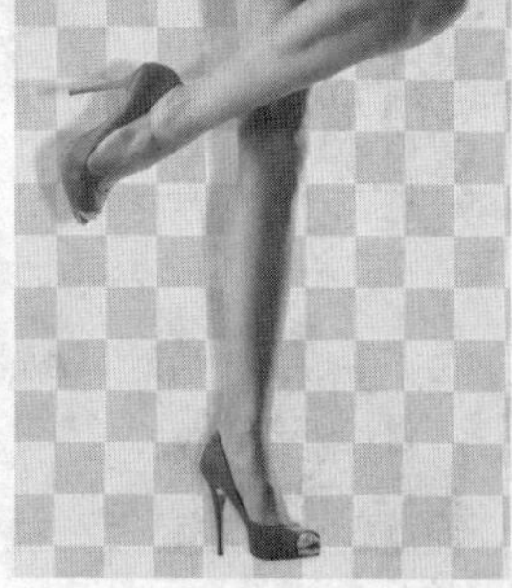

图24.325 设置高斯模糊

• 绘制图形

STEP 01 选择工具箱中的“矩形工具”，在选项栏中将“填充”更改为紫色（R：222，G：40，B：160），“描边”更改为无，在画布左上角的位置绘制一个矩形，此时将生成一个“矩形1”图层，将矩形适当旋转，如图24.326所示。

图24.326 绘制图形

STEP 02 在“图层”面板中选中“矩形1”图层，将其拖至面板底部的“创建新图层”按钮上，复制1个“矩形1 拷贝”图层，如图24.327所示。

STEP 03 选中“矩形1 拷贝”图层，将其移动到画布底部，如图24.328所示。

图24.327 复制图层

图24.328 变换图形

• 添加文字

STEP 01 选择工具箱中的“横排文字工具”，在画布中的适当位置添加文字，如图24.329所示。

图24.329 添加文字

STEP 02 选择工具箱中的“直线工具”，在选项栏中将“填充”更改为紫红色（R：243，G：64，B：140），“描边”更改为无，“粗细”更改为2像素，在画布中的适当位置绘制倾斜线段，此时将生成一个“形状1”图层，如图24.330所示。

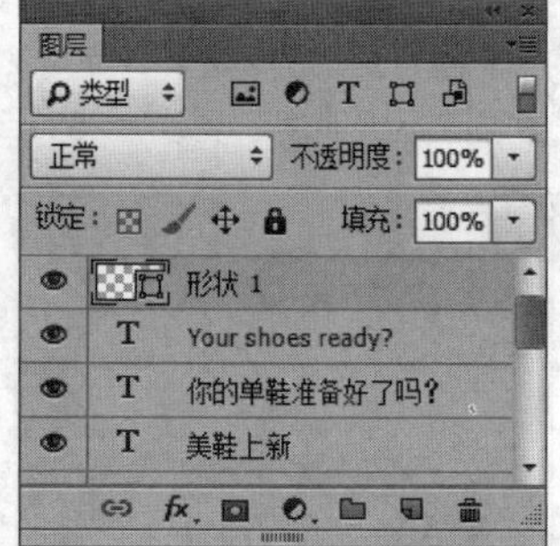

图24.330 绘制图形

STEP 03 选中“形状1”图层，按住Alt键将图形复制数份并调整到不同的位置，这样就完成了效果制作，最终效果如图24.331所示。

图24.331 最终效果

实战 596 彩虹banner设计

- 素材位置：素材\第24章\无
- 案例位置：效果\第24章\彩虹banner设计.psd
- 视频位置：视频\实战596.avi
- 难易指数：★★★☆☆

• 实例介绍 •

本例讲解彩虹banner的制作方法。本例的制作方法比较简单，在制作过程中需要注意彩虹颜色与背景色的搭配，最终效果如图24.332所示。

图24.332 最终效果

• 操作步骤 •

• 新建画布

STEP 01 执行菜单栏中的“文件”|“新建”命令，在弹出的对话框中设置“宽度”为1000像素，“高度”为300像素，“分辨率”为72像素/英寸，“颜色模式”为RGB颜色，新建一个空白画布，将画布填充为黄色（R：255，G：208，B：194），如图24.333所示。

图24.333 新建画布

STEP 02 单击面板底部的“创建新图层”按钮，新建一个“图层1”图层，如图24.334所示。

STEP 03 选择工具箱中的“画笔工具”，在画布中单击鼠标右键，在弹出的面板中选择一种圆角笔触，将“大小”更改为500像素，“硬度”更改为0%，如图24.335所示。

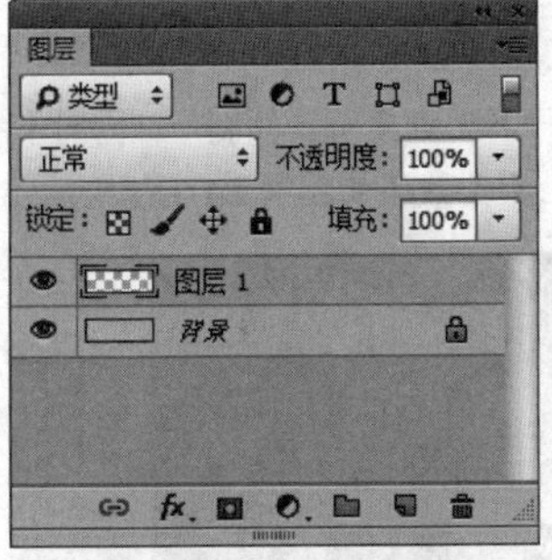

图24.334 新建图层

图24.335 设置笔触

STEP 04 将前景色更改为浅绿色（R：210，G：224，B：204），选中“图层1”图层，分别在画布左侧和右侧的位置单击，添加颜色，如图24.336所示。

图24.336 添加颜色

STEP 05 将前景色更改为浅黄色（R：255，G：253，B：205），选中“图层1”图层，在画布中间及下方的位置单击，添加颜色，如图24.337所示。

图24.337 添加颜色

• 绘制图形

STEP 01 选择工具箱中的“椭圆工具”，在选项栏中将“填充”更改为无，“描边”更改为亮绿色（R：210，G：247，B：190），“大小”更改为30点，在画布中绘制一个稍大的椭圆图形，此时将生成一个“椭圆1”图层，如图24.338所示。

图24.338 绘制图形

STEP 02 在“图层”面板中选中“椭圆1”图层，将其拖至面板底部的“创建新图层”按钮上，复制3个拷贝图层，分别选中拷贝图层，将其缩小并更改描边颜色，如图24.339所示。

图24.339 复制图层

STEP 03 同时选中包括“椭圆1”图层在内所有相关的拷贝图层，按Ctrl+G组合键将图层编组，此时将生成一个“组1”组，选中“组1”组，按Ctrl+E组合键将其合并，如图24.340所示。

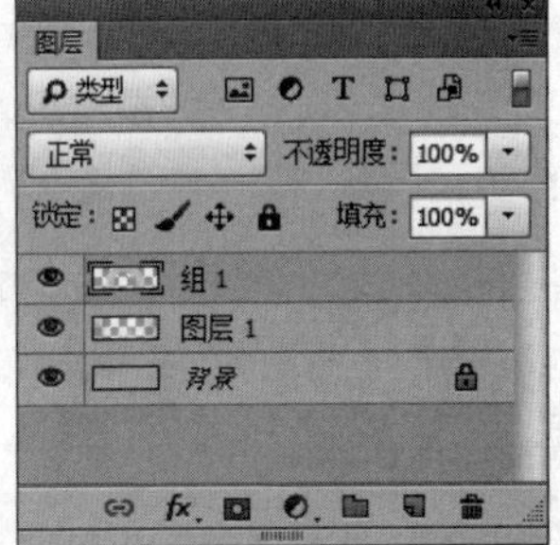

图24.340 将图层编组并合并组

STEP 04 选中“组1”图层，执行菜单栏中的“滤镜”|“模糊”|“高斯模糊”命令，在弹出的对话框中将“半径”更改为20像素，完成之后单击“确定”按钮，如图24.341所示。

图24.341 添加高斯模糊效果

STEP 05 选择工具箱中的“矩形工具”，在选项栏中将“填充”更改为咖啡色（R：184，G：82，B：0），“描边”更改为无，在画布底部的位置绘制一个与画布宽度相同的矩形，此时将生成一个“矩形1”图层，如图24.342所示。

图24.342 绘制图形

- **添加文字**

STEP 01 选择工具箱中的“横排文字工具” T，在矩形位置添加文字，如图24.343所示。

图24.343 添加文字

STEP 02 选择工具箱中的“椭圆工具”，在选项栏中将“填充”更改为黄色（R：255，G：238，B：144），“描边”更改为无，在文字左侧的位置绘制一个椭圆图形，此时将生成一个“椭圆1”图层，将“椭圆1”图层移至“矩形1”图层的上方，如图24.344所示。

图24.344 绘制图形

STEP 03 选中“椭圆1”图层，执行菜单栏中的“滤镜”|“模糊”|“高斯模糊”命令，在弹出的对话框中将“半径”更改为20像素，完成之后单击“确定”按钮，如图24.345所示。

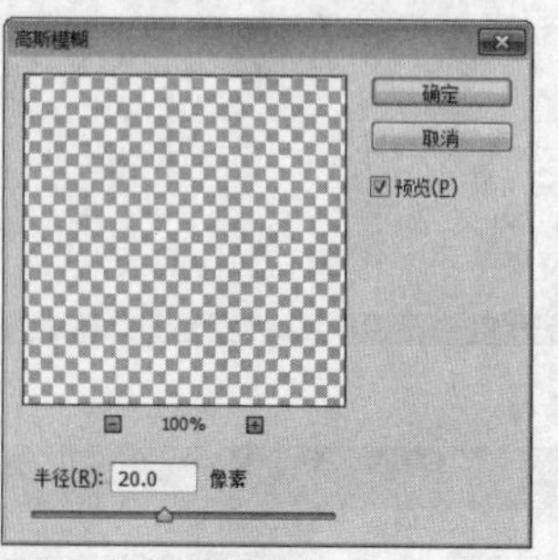

图24.345 设置高斯模糊

STEP 04 选中“椭圆1”图层，执行菜单栏中的“图层”|“创建剪贴蒙版”命令，为当前图层创建剪贴蒙版，将部分图像隐藏，这样就完成了效果制作，最终效果如图24.346所示。

图24.346 最终效果

实战 597 节日banner设计

- 素材位置：素材\第24章\节日banner
- 案例位置：效果\第24章\节日banner设计.psd
- 视频位置：视频\实战597.avi
- 难易指数：★★☆☆☆

• 实例介绍 •

节日banner的制作重点在于春节元素背景的制作，同时书法字体也是本例中的一大亮点，最终效果如图24.347所示。

图24.347 最终效果

• 操作步骤 •

- **打开素材**

STEP 01 执行菜单栏中的“文件”|“打开”命令，打开“背景.jpg”文件，如图24.348所示。

图24.348 打开并添加素材

STEP 02 选择工具箱中的“钢笔工具”，在选项栏中单击“选择工具模式”路径按钮，在弹出的选项中选择“形状”，将“填充”更改为深红色（R：176，G：3，B：7），在画布中靠左侧的位置绘制一个不规则图形，此时将生成一个“形状1”图层，如图24.349所示。

图24.349 绘制图形

STEP 03 选中“形状1”图层，执行菜单栏中的“滤镜”|“杂色”|“添加杂色”命令，在弹出的对话框中分别勾选“平均分布”单选按钮及“单色”复选框，将“数量”更改为2%，完成之后单击“确定”按钮，如图24.350所示。

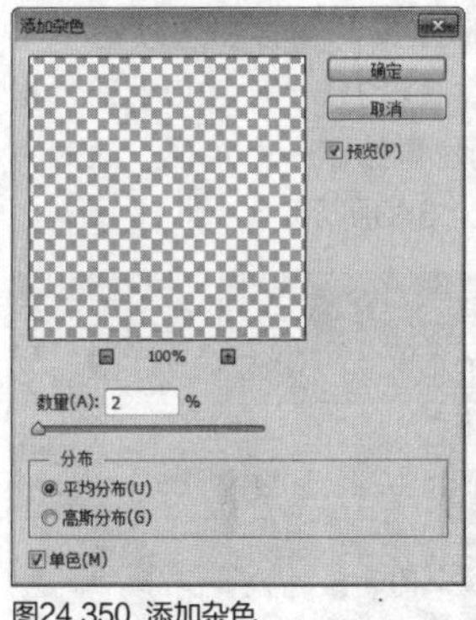

图24.350 添加杂色

• 制作折痕

STEP 01 选择工具箱中的“钢笔工具”，在刚才绘制的图形的位置绘制一个封闭路径以选中部分图形，按Ctrl+Enter组合键将路径转换成选区，如图24.351所示。

STEP 02 选中“形状1”图层，执行菜单栏中的“图层”|“新建”|“通过剪切的图层”命令，此时将生成一个“图层1”图层，如图24.352所示。

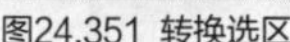
图24.351 转换选区　图24.352 通过剪切的图层

STEP 03 选择工具箱中的“减淡工具”，在画布中单击鼠标右键，在弹出的面板中选择一种圆角笔触，将“大小”更改为130像素，“硬度”更改为0%，如图24.353所示。

STEP 04 选中“形状1”图层，在图像左侧边缘的位置涂抹，将颜色减淡，如图24.354所示。

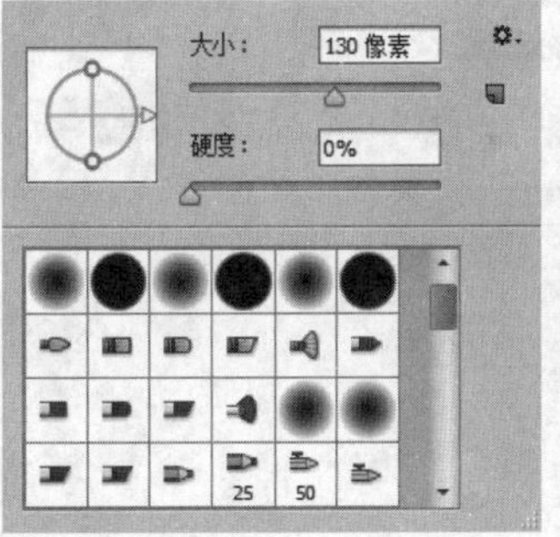

图24.353 设置笔触　图24.354 减淡图像

STEP 05 以刚才同样的方法在画布左上角的位置再次绘制一个路径并执行“通过剪切的图层”命令，如图24.355所示。

STEP 06 以同样的方法使用“减淡工具”将部分图像颜色减淡，如图24.356所示。

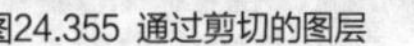
图24.355 通过剪切的图层　图24.356 减淡图像

STEP 07 选择工具箱中的“钢笔工具”，在选项栏中单击“选择工具模式”路径按钮，在弹出的选项中选择“形状”，将“填充”更改为深红色（R：146，G：0，B：3），“描边”更改为无，在绘制的图形底部的位置再次绘制一个不规则图形，此时将生成一个“形状2”图层，将“形状2”图层移至“背景”图层的上方，如图24.357所示。

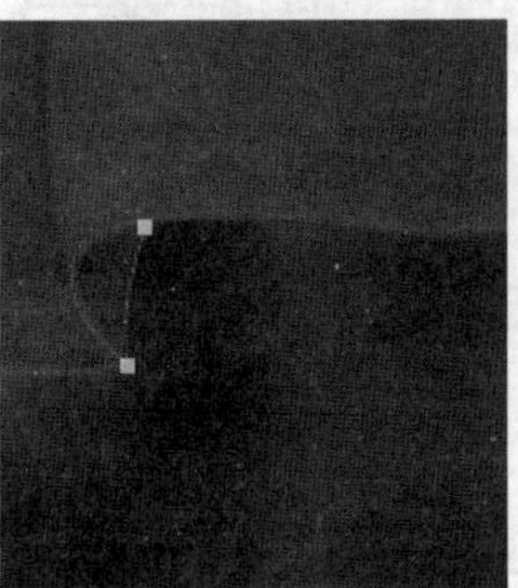

图24.357 绘制图形

STEP 08 在“图层”面板中选中“形状2”图层，单击面板底部的“添加图层样式”按钮，在菜单中选择“渐变叠加”命令，在弹出的对话框中将“混合模式”更改为叠加，

"渐变"更改为透明到黑色，完成之后单击"确定"按钮，如图24.358所示。

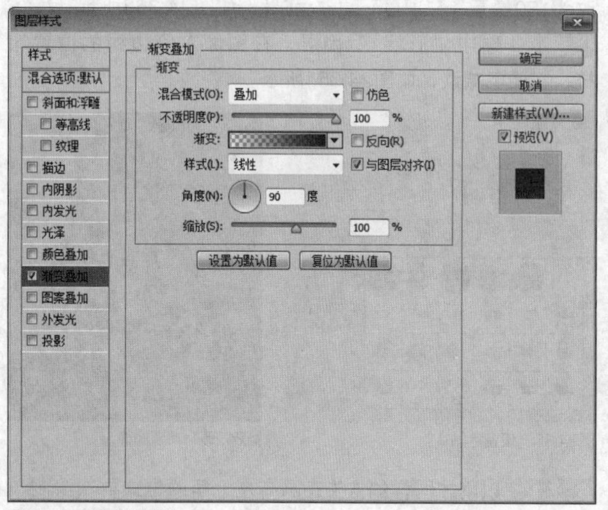

图24.358 设置渐变叠加

STEP 09 同时选中除"背景"之外的所有图层，按Ctrl+G组合键将其编组，此时将生成一个"组1"组，如图24.359所示。

图24.359 将图层编组

STEP 10 在"图层"面板中选中"组1"组，单击面板底部的"添加图层样式" 按钮，在菜单中选择"投影"命令，在弹出的对话框中将"大小"更改为15像素，完成之后单击"确定"按钮，如图24.360所示。

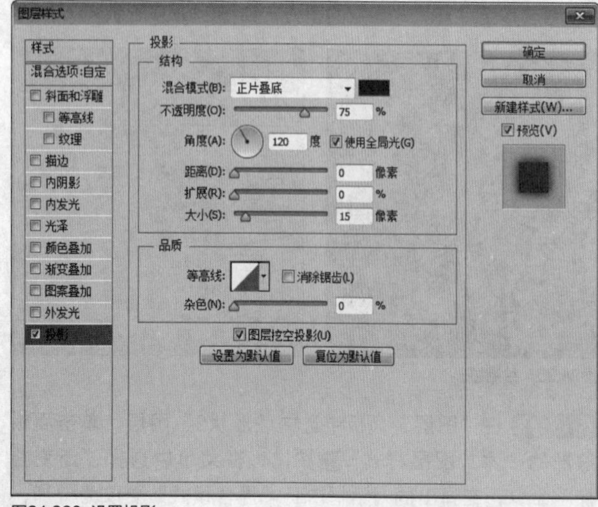

图24.360 设置投影

STEP 11 选中"组1"组，将其拖至面板底部的"创建新图层" 按钮上，复制1个"组1 拷贝"组，双击"组1 拷贝"组样式名称，在弹出的对话框中取消"使用全局光"复选框，"角度"更改为60度，如图24.361所示。

STEP 12 选中"组1 拷贝"组，按Ctrl+T组合键对其执行"自由变换"命令，单击鼠标右键，从弹出的快捷菜单中选择"水平翻转"命令，完成之后按Enter键确认，将图像平移至画布右侧位置，如图24.362所示。

图24.361 复制组并设置样式

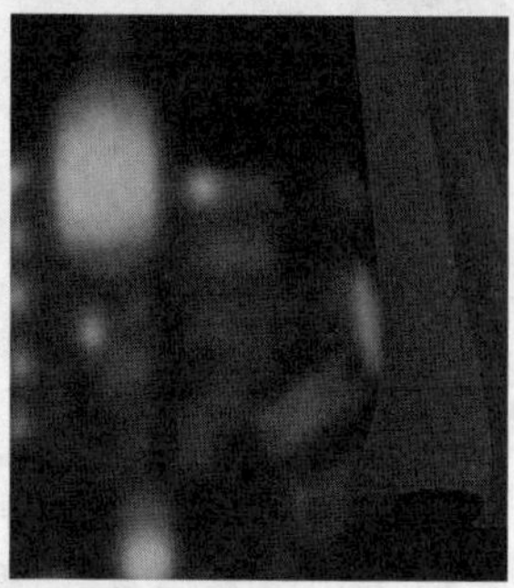

图24.362 变换图像

● **绘制图形**

STEP 01 选择工具箱中的"矩形工具" ，在选项栏中将"填充"更改为黄色（R：248，G：216，B：90），"描边"更改为无，在画布靠中间的位置绘制一个矩形，此时将生成一个"矩形1"图层，如图24.363所示。

图24.363 绘制图形

STEP 02 选中"矩形1"图层，按Ctrl+T组合键对其执行"自由变换"命令，在选项栏中的"旋转"文本框中输入45度，完成之后按Enter键确认，如图24.364所示。

STEP 03 选中"矩形1"图层，将图层"不透明度"更改为10%，如图24.365所示。

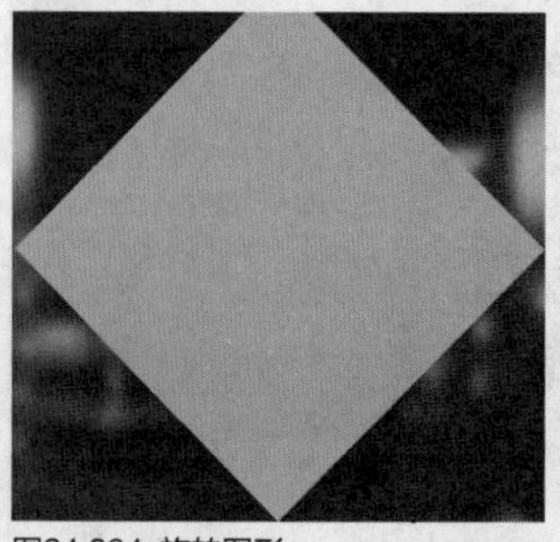

图24.364 旋转图形

图24.365 更改不透明度

STEP 04 执行菜单栏中的“文件”|“打开”命令，打开“小灯笼.psd”文件，将打开的素材拖入画布中刚才绘制的矩形左上角的位置并适当缩小，如图24.366所示。

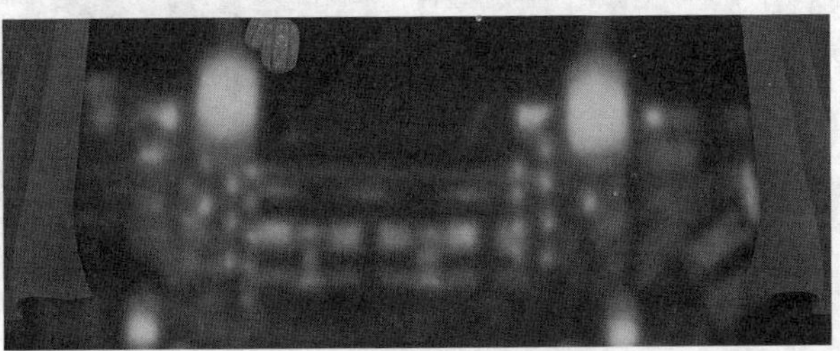

图24.366 添加素材

STEP 05 在“图层”面板中选中“小灯笼”图层，将其拖至面板底部的“创建新图层”按钮上，复制1个“小灯笼 拷贝”图层，如图24.367所示。

STEP 06 选中“小灯笼 拷贝”图层，按Ctrl+T组合键对其执行“自由变换”命令，单击鼠标右键，从弹出的快捷菜单中选择“水平翻转”命令，完成之后按Enter键确认，将灯笼平移至右侧相对的位置，如图24.368所示。

图24.367 复制图层

图24.368 变换图像

- **添加文字**

STEP 01 选择工具箱中的“横排文字工具”，在画布中的适当位置添加文字，如图24.369所示。

STEP 02 在“图层”面板中同时选中“过”“大”及“年”图层，将其拖至面板底部的“创建新图层”按钮上，复制相应的拷贝图层，如图24.370所示。

图 24.369 添加文字

图24.370 复制图层

STEP 03 分别选中“过”“大”及“年”图层，将其文字颜色更改为红色（R：182，G：3，B：7），将文字向下稍微移动，这样就完成了效果制作，最终效果如图24.371所示。

图24.371 最终效果

实战 598 旗舰店招banner设计

- 素材位置：素材\第24章\旗舰店招banner
- 案例位置：效果\第24章\旗舰店招banner设计.psd
- 视频位置：视频\实战598.avi
- 难易指数：★★★★☆

• 实例介绍 •

本例讲解旗舰店招banner的制作方法。本例中的视觉效果十分华丽，以炫彩泡泡为背景主视觉，同时透明图形与简练的文字信息很好地定义了旗舰的意义，最终效果如图24.372所示。

图24.372 最终效果

• 操作步骤 •

- **打开素材**

STEP 01 执行菜单栏中的“文件”|“打开”命令，打开“背景.jpg”文件，如图24.373所示。

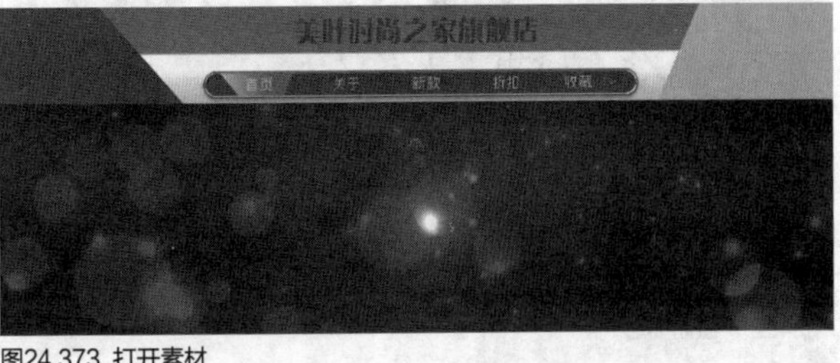

图24.373 打开素材

STEP 02 选择工具箱中的“矩形工具”，在选项栏中将“填充”更改为白色，“描边”更改为无，在画布中间的位置绘制一个矩形，此时将生成一个“矩形1”图层，如图24.374所示。

图24.374 绘制图形

STEP 03 在“图层”面板中选中“矩形1”图层，单击面板底部的“添加图层蒙版”按钮，为其图层添加图层蒙版，如图24.375所示。

STEP 04 选择工具箱中的“渐变工具”，编辑白色到黑色的渐变，单击选项栏中的“径向渐变”按钮，在图形上拖动，将部分图形隐藏，将“矩形1”图层“不透明度”更改为40%，如图24.376所示。

图24.375 添加图层蒙版

图24.376 更改不透明度

● **绘制图形**

STEP 01 选择工具箱中的“直线工具”，在选项栏中将“填充”更改为白色，“描边”更改为无，“粗细”更改为1像素，在矩形顶部边缘按住Shift键绘制一条与其相同宽度的水平线段，此时将生成一个“形状1”图层，如图24.377所示。

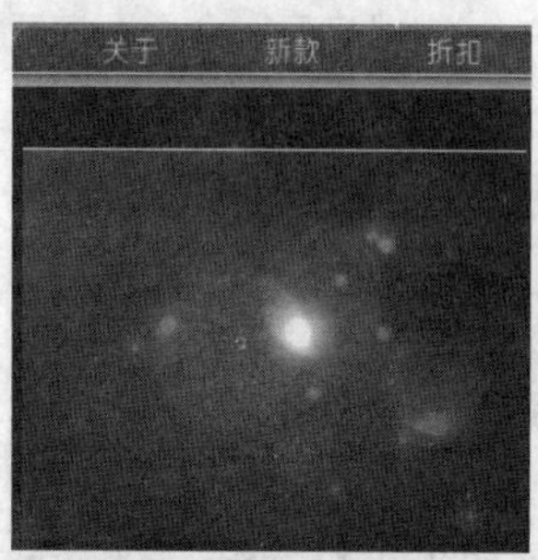

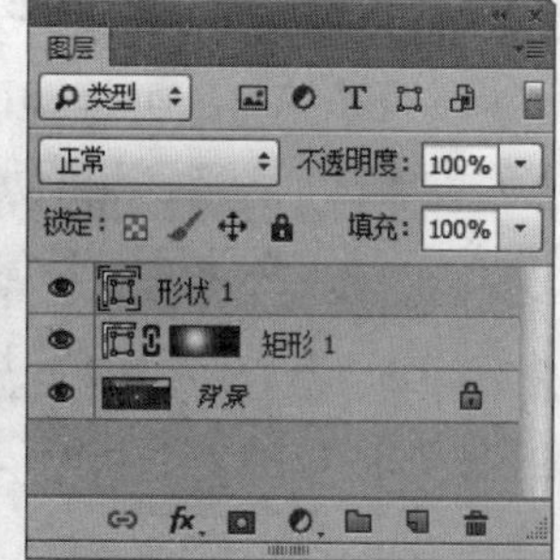

图24.377 绘制图形

STEP 02 在“图层”面板中选中“形状1”图层，单击面板底部的“添加图层蒙版”按钮，为其图层添加图层蒙版，如图24.378所示。

STEP 03 选择工具箱中的“渐变工具”，编辑黑色到白色的渐变，单击选项栏中的“线性渐变”按钮，在图形上从右侧向左侧拖动，将部分图形隐藏，如图24.379所示。

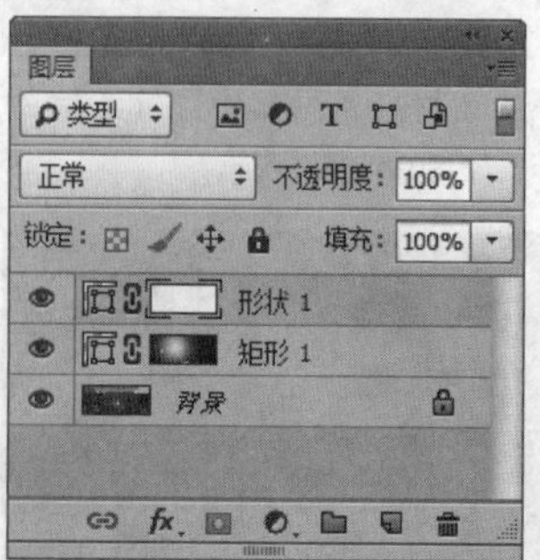

图24.378 添加图层蒙版

图24.379 隐藏图形

STEP 04 在“图层”面板中选中“形状 1”图层，将其拖至面板底部的“创建新图层”按钮上，复制1个“形状 1 拷贝”图层，如图24.380所示。

STEP 05 选中“形状 1 拷贝”图层，按Ctrl+T组合键对其执行“自由变换”命令，单击鼠标右键，从弹出的快捷菜单中选择“旋转90度（顺时针）”命令，再将其高度缩短，完成之后按Enter键确认，如图24.381所示。

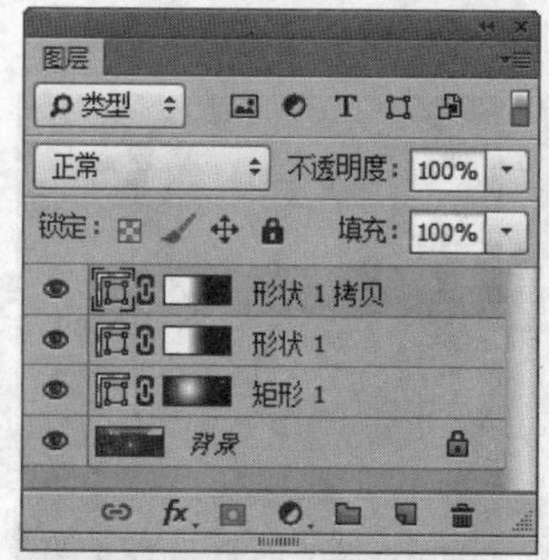

图24.380 复制图层

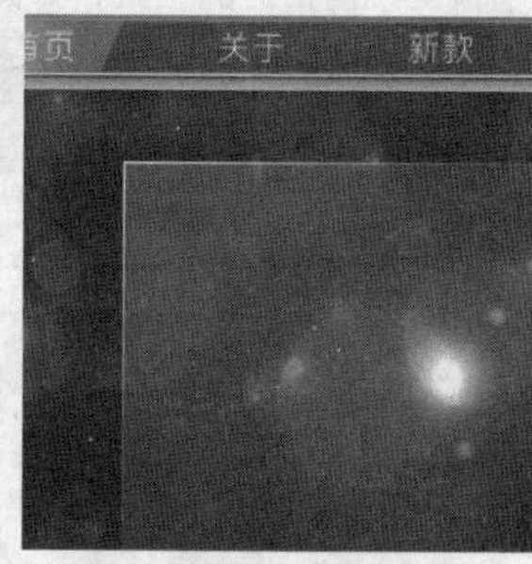

图24.381 变换图形

● **添加文字**

STEP 01 选择工具箱中的“横排文字工具”，在画布中的适当位置添加文字，如图24.382所示。

图24.382 添加文字

STEP 02 在“图层”面板中选中“年度聚惠”图层，单击面板底部的“添加图层样式”按钮，在菜单中选择“斜面和浮雕”命令，在弹出的对话框中将“大小”更改为2像素，“角度”更改为90，“阴影模式”的颜色更改为白色，如图24.383所示。

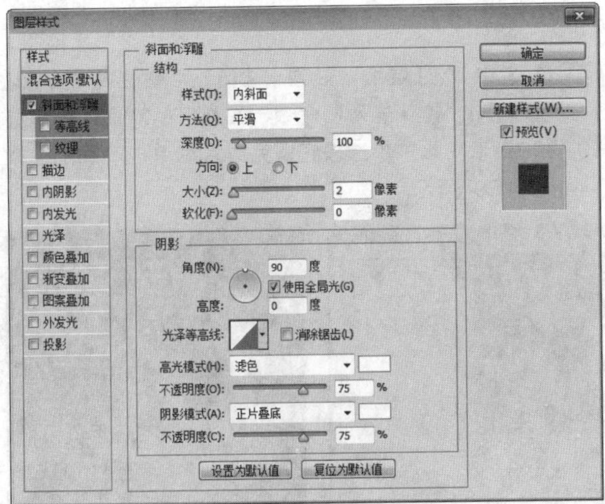

图24.383 添加文字

STEP 03 勾选“等高线”复选框，将“范围”更改为15%，如图24.384所示。

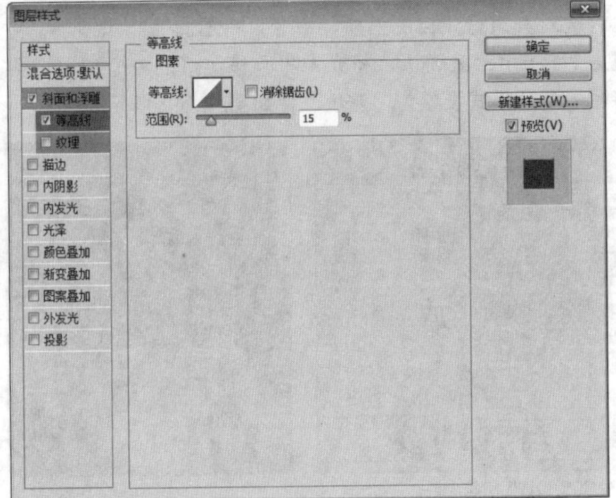

图24.384 设置等高线

STEP 04 勾选“渐变叠加”复选框，将“渐变”更改为白色到白色到灰色（R：153，G：153，B：153），将第2个白色色标的位置更改为40%，“角度”更改为-90度，完成之后单击“确定”按钮，如图24.385所示。

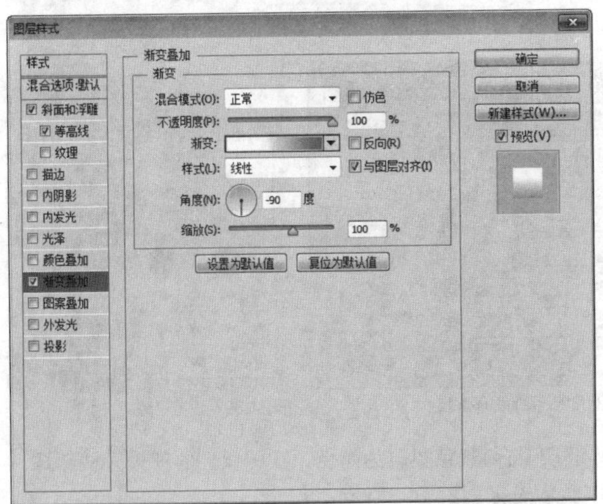

图24.385 设置渐变叠加

STEP 05 在“年度聚惠”图层上单击鼠标右键，从弹出的快捷菜单中选择“拷贝图层样式”命令，同时选中“EW”“N”及“新店开张”图层，在其图层名称上单击鼠标右键，从弹出的快捷菜单中选择“粘贴图层样式”命令。

STEP 06 选择工具箱中的“矩形工具”■，在选项栏中将“填充”更改为白色，“描边”更改为无，在画布文字左上角的位置绘制一个矩形，此时将生成一个“矩形2”图层，如图24.386所示。

图24.386 绘制图形

STEP 07 选中“矩形2”图层，按Ctrl+T组合键对其执行“自由变换”命令，单击鼠标右键，从弹出的快捷菜单中选择“透视”命令，拖动变形框控制点将图形变形，完成之后按Enter键确认，如图24.387所示。

图24.387 将图形变形

STEP 08 选中“矩形2”图层，执行菜单栏中的“滤镜”|“模糊”|“高斯模糊”命令，在弹出的对话框中将“半径”更改为3像素，完成之后单击“确定”按钮，如图24.388所示。

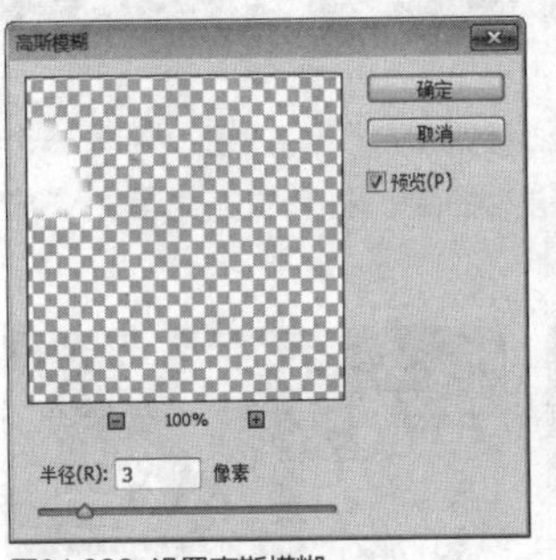

图24.388 设置高斯模糊

STEP 09 在“图层”面板中选中“矩形2”图层，单击面板底部的“添加图层蒙版”■按钮，为其图层添加图层蒙版，如图24.389所示。

STEP 10 选择工具箱中的“渐变工具”，编辑黑色到白色的渐变，单击选项栏中的“线性渐变”按钮，在图像上从下至上拖动，将部分图像隐藏，如图24.390所示。

图24.389 添加图层蒙版

图24.390 隐藏图形

STEP 11 选中“矩形2”图层，按住Alt+Shift组合键向右侧拖动，将图像复制3份，如图24.391所示。

图24.391 复制图像

STEP 12 执行菜单栏中的“文件”|“打开”命令，打开“灯.psd”文件，将打开的素材拖入画布中右侧底部的位置并适当缩小，如图24.392所示。

图24.392 添加素材

STEP 13 单击面板底部的“创建新图层”按钮，新建一个“图层1”图层，选中“图层1”图层，将其填充为黑色，如图24.393所示。

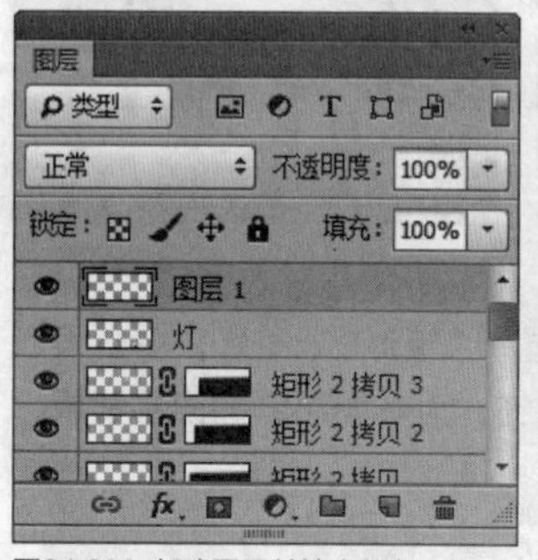

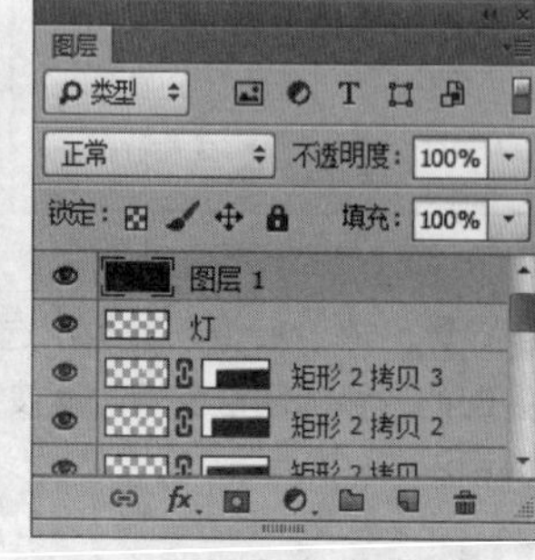

图24.393 新建图层并填充颜色

● 添加光晕

STEP 01 选中“图层1”图层，执行菜单栏中的“滤镜”|“渲染”|“镜头光晕”命令，在弹出的对话框中勾选“50-300毫米变焦”单选按钮，完成之后单击“确定”按钮，如图24.394所示。

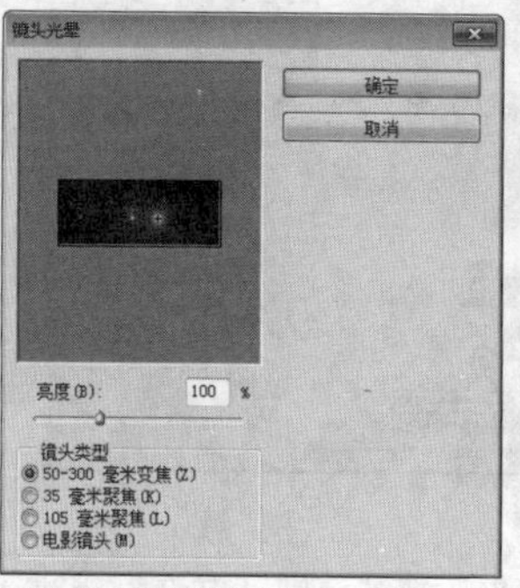

图24.394 设置镜头光晕

STEP 02 在“图层”面板中选中“图层 1”图层，按Ctrl+T组合键对其执行“自由变换”命令，将图像等比例缩小，完成之后按Enter键确认，将光晕中心移至灯的中心位置，再将图层混合模式设置为“滤色”，如图24.395所示。

图24.395 设置图层混合模式

STEP 03 在“图层”面板中选中“图层 1”图层，单击面板底部的“添加图层蒙版”按钮，为其图层添加图层蒙版，如图24.396所示。

STEP 04 选择工具箱中的“画笔工具”，在画布中单击鼠标右键，在弹出的面板中选择一种圆角笔触，将“大小”更改为200像素，“硬度”更改为0%，如图24.397所示。

图24.396 添加图层蒙版

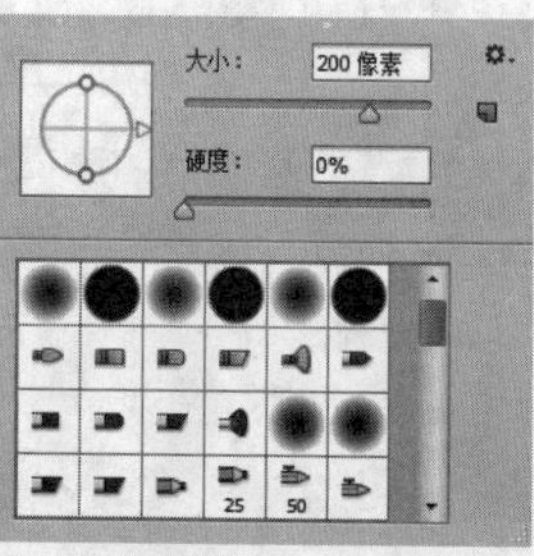

图24.397 设置笔触

STEP 05 将前景色更改为黑色，在图像上的部分区域涂抹，将其隐藏，如图24.398所示。

STEP 06 在“图层”面板中同时选中“图层1”及“灯”图层，将其拖至面板底部的“创建新图层”按钮上，复制“拷贝”图层，如图24.399所示。

图24.398 隐藏图像

图24.399 复制图层

STEP 07 同时选中“图层 1 拷贝”及“灯 拷贝”图层，按Ctrl+T组合键对其执行“自由变换”命令，单击鼠标右键，从弹出的快捷菜单中选择“水平翻转”命令，完成之后按Enter键确认，将图像稍微移动并与之前的灯相对，这样就完成了效果制作，最终效果如图24.400所示。

图24.400 最终效果

实战 599

棉衣banner设计

- 素材位置：素材\第24章\棉衣banner
- 案例位置：效果\第24章\棉衣banner设计.psd
- 视频位置：视频\实战599.avi
- 难易指数：★★★☆☆

• 实例介绍 •

本例讲解棉衣banner的制作方法。本例的制作方法比较简单，将条纹状图案与棉衣素材图像相结合令整个画面增添了几分灵动感，最终效果如图24.401所示。

图24.401 最终效果

• 操作步骤 •

• 打开素材

STEP 01 执行菜单栏中的“文件”|“打开”命令，打开“背景.jpg”文件。

STEP 02 选择工具箱中的“矩形工具”，在选项栏中将“填充”更改为青色（R：98，G：196，B：170），“描边”更改为无，在画布靠左侧的位置绘制一个细长矩形，此时将生成一个“矩形1”图层，如图24.402所示。

图24.402 打开素材并绘制图形

STEP 03 选中“矩形1”图层，按住Alt+Shift组合键向右侧拖动，将图形复制多份并铺满整个画布，此时将生成多个图层，如图24.403所示。

图24.403 复制图形

STEP 04 同时选中除“背景”图层之外的所有图层，按Ctrl+E组合键将图层合并，将生成的图层名称更改为“矩形”，选中“矩形”图层，按Ctrl+T组合键对其执行“自由变换”命令，将图形适当旋转，完成之后按Enter键确认，如图24.404所示。

图24.404 旋转图形

STEP 05 在“图层”面板中选中“矩形”图层，单击面板底部的“添加图层蒙版”按钮，为其图层添加图层蒙版，如图24.405所示。

STEP 06 按Ctrl+A组合键执行“全选”命令，选择工具箱中任意的选区工具，在选区中单击鼠标右键，从弹出的快捷菜单中选择“变换选区”命令，分别将选区高度和宽度等比例缩小，完成之后按Ctrl+D组合键将选区取消，如图24.406所示。

图24.405 添加图层蒙版

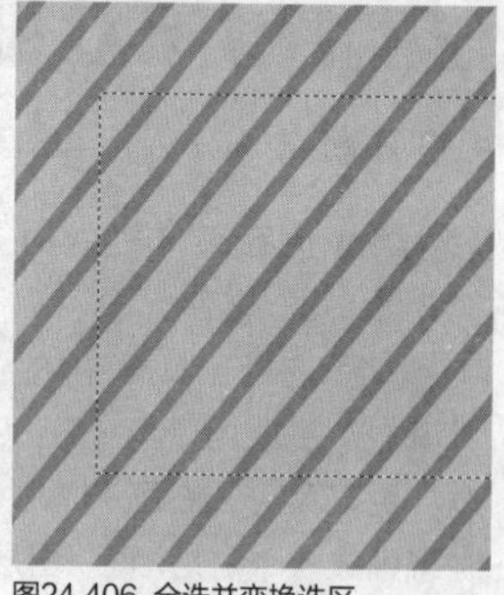
图24.406 全选并变换选区

STEP 07 执行菜单栏中的“选择”|“反向”命令，将选区反向，将选区填充为黑色，将部分图像隐藏，如图24.407所示。

图24.407 隐藏图像

STEP 08 执行菜单栏中的“选择”|“反向”命令，将选区反向，将选区高度等比例缩小，如图24.408所示。

STEP 09 将选区填充为黑色，将部分图像隐藏，完成之后按Ctrl+D组合键将选区取消，如图24.409所示。

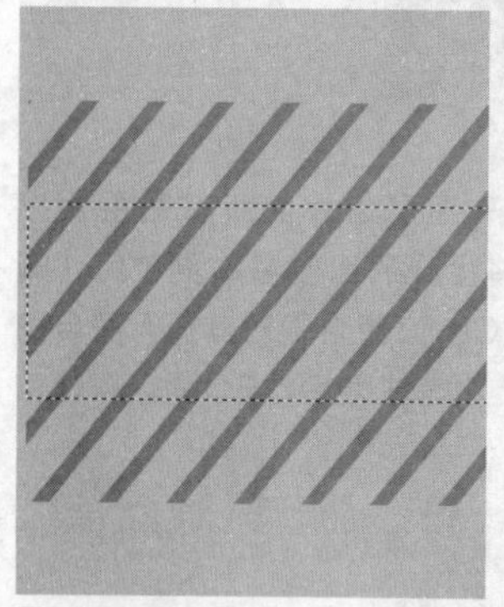
图24.408 变换选区

图24.409 隐藏图像

- **添加素材**

STEP 01 执行菜单栏中的“文件”|“打开”命令，打开“棉衣.psd”文件，将打开的素材拖入画布中靠左侧的位置并适当缩小，如图24.410所示。

图24.410 添加素材

STEP 02 选择工具箱中的“画笔工具”，在画布中单击鼠标右键，在弹出的面板中选择一种圆角笔触，将“大小”更改为100像素，“硬度”更改为0%，如图24.411所示。

STEP 03 将前景色更改为黑色，单击“矩形”图层蒙版缩览图，在棉衣图像的左侧区域涂抹，将多余图像隐藏，如图24.412所示。

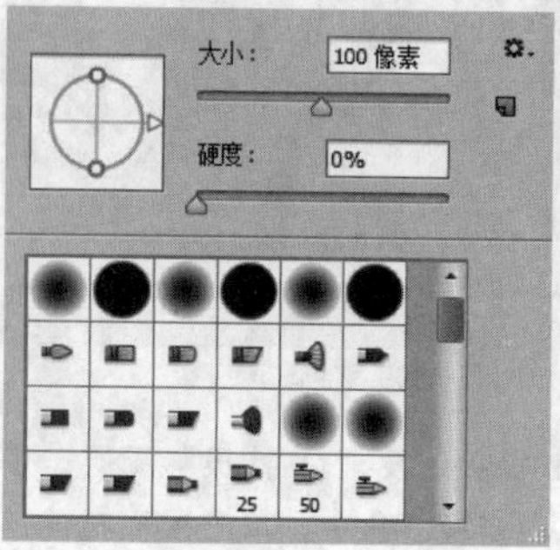
图24.411 设置笔触

图24.412 隐藏图像

- **添加文字**

STEP 01 选择工具箱中的“横排文字工具”T，在画布中的适当位置添加文字，如图24.413所示。

图24.413 添加文字

STEP 02 在“图层”面板中选中“winter coat”图层，单击面板底部的“添加图层样式”fx按钮，在菜单中选择“投影”命令，在弹出的对话框中将“颜色”更改为黄色（R：230，G：180，B：60），取消“使用全局光”复选框，将“角度”更改为90度，“距离”更改为5像素，“大小”更改为5像素，完成之后单击“确定”按钮，如图24.414所示。

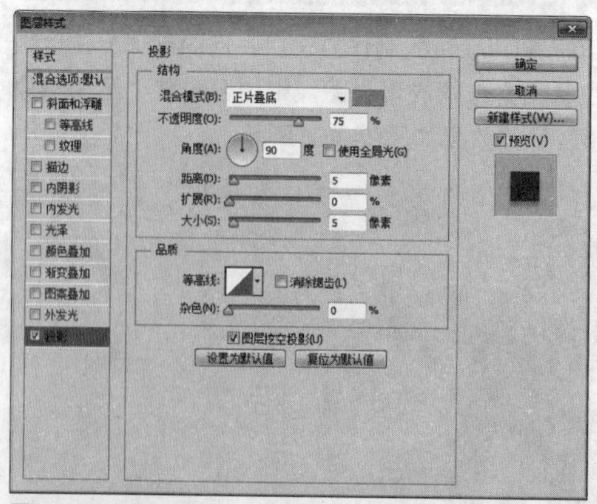
图24.414 设置投影

- **绘制图形**

STEP 01 选择工具箱中的“矩形工具”，在选项栏中将“填充”更改为蓝色（R：98，G：196，B：170），“描边”更改为无，在文字右侧的位置绘制一个矩形，此时将生成一个“矩形1”图层，如图24.415所示。

STEP 02 选择工具箱中的“钢笔工具”，在选项栏中单击“选择工具模式” 路径 按钮，在弹出的选项中选择“形状”，将“填充”更改为蓝色（R：98，G：196，B：170），“描边”更改为无，在“矩形1”图形左下角的位置绘制一个不规则图形，如图24.416所示。

图24.415 绘制矩形

图24.416 绘制不规则图形

STEP 03 选择工具箱中的“矩形工具”，在选项栏中将“填充”更改为红色（R：233，G：56，B：70），“描边”更改为无，在条纹图像的位置绘制一个矩形，此时将生成一个“矩形2”图层，如图24.417所示。

图24.417 绘制图形

STEP 04 在“图层”面板中选中“矩形2”图层，单击面板底部的“添加图层蒙版”按钮，为其图层添加图层蒙版，如图24.418所示。

STEP 05 选择工具箱中的“多边形套索工具”，在矩形左上角与下方条纹重叠的位置绘制一个不规则选区以选中部分图形，如图24.419所示。

图24.418 添加图层蒙版

图24.419 绘制选区

STEP 06 将选区填充为黑色，将部分图像隐藏，完成之后按Ctrl+D组合键将选区取消，如图24.420所示。

图24.420 隐藏图形

STEP 07 选择工具箱中的“钢笔工具”，在选项栏中单击“选择工具模式” 路径 按钮，在弹出的选项中选择“形状”，将“填充”更改为黑色，“描边”更改为无，在隐藏的图形位置绘制一个不规则图形，此时将生成一个“形状2”图层，将“形状 2”图层移至“背景”图层上方，如图24.421所示。

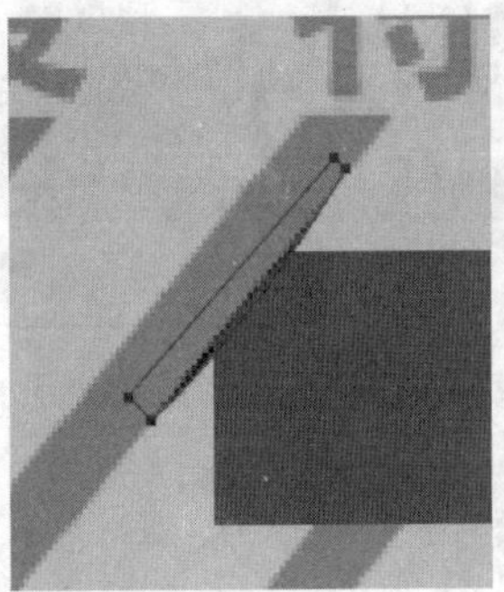

图24.421 绘制图形

STEP 08 选中“形状2”图层，执行菜单栏中的“滤镜”|“模糊”|“高斯模糊”命令，在弹出的对话框中将“半径”更改为3像素，完成之后单击“确定”按钮，如图24.422所示。

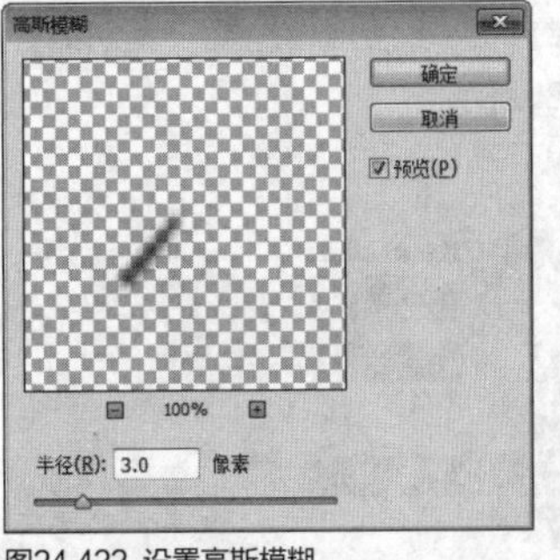

图24.422 设置高斯模糊

STEP 09 选中“形状 2”图层，执行菜单栏中的“滤镜”|“模糊”|“动感模糊”命令，在弹出的对话框中将“角度”更改为50度，“距离”更改为30像素，设置完成之后单击“确定”按钮，如图24.423所示。

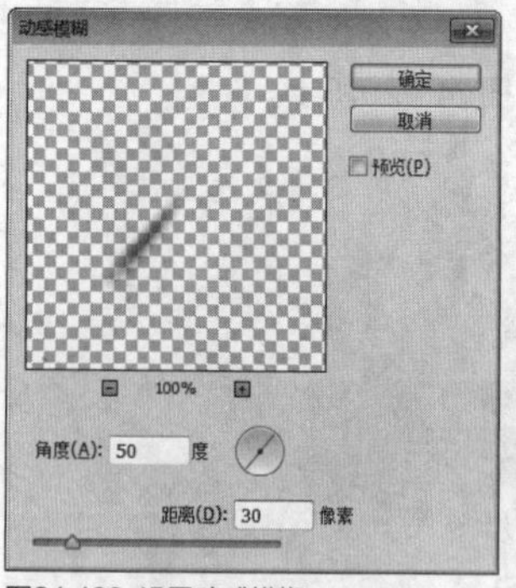

图24.423 设置动感模糊

STEP 10 选择工具箱中的“横排文字工具”T，在画布中的适当位置添加文字，最终效果如图24.424所示。

图24.424 最终效果

实战 600

变形本banner设计

- 素材位置：素材\第24章\变形本banner
- 案例位置：效果\第24章\变形本banner设计.psd
- 视频位置：视频\实战600.avi
- 难易指数：★★★☆☆

• 实例介绍 •

本例讲解变形本banner的制作方法。本例的制作重点在于素材图像的变形，同时简练的文字信息也是整个案例的亮点所在，最终效果如图24.425所示。

图24.425 最终效果

• 操作步骤 •

• 打开素材

STEP 01 执行菜单栏中的“文件”|“打开”命令，打开“背景.jpg、电脑.psd”文件，将打开的电脑素材图像拖入画布中靠左侧的位置，如图24.426所示。

图24.426 打开及添加素材

STEP 02 在“图层”面板中选中“电脑”图层，将其拖至面板底部的“创建新图层”按钮上，复制“电脑 拷贝”及“电脑 拷贝2”2个图层，如图24.427所示。

STEP 03 选中“电脑 拷贝”图层，按Ctrl+T组合键对其执行“自由变换”命令，单击鼠标右键，从弹出的快捷菜单中选择“扭曲”命令，拖动变形框控制点将图像扭曲变形，完成之后按Enter键确认，以同样的方法选中“电脑”图层，在画布中将图像扭曲变形，如图24.428所示。

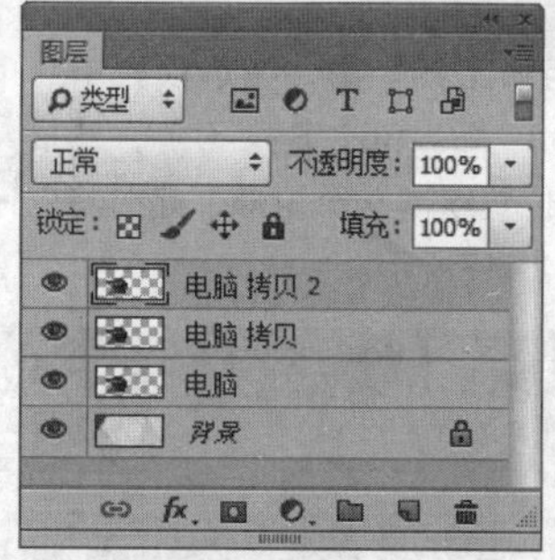

图24.427 复制图层

图24.428 将图像变形

STEP 04 选择工具箱中的“多边形套索工具”，在图像的下半部分图像区域绘制不规则选区以选中多余图像，选中其所在图层，将选区中的图像删除，完成之后按Ctrl+D组合键将选区取消，如图24.429所示。

图24.429 绘制选区并删除图像

STEP 05 选中“电脑”图层，将图层“不透明度”更改为20%，选中“电脑 拷贝”图层，将图层“不透明度”更改为50%，如图24.430所示。

图24.430 更改不透明度

● 绘制阴影

STEP 01 选择工具箱中的“钢笔工具”，在选项栏中单击“选择工具模式” 按钮，在弹出的选项中选择“形状”，将“填充”更改为黑色，“描边”更改为无，在电脑底部绘制一个不规则图形，此时将生成一个“形状1”图层，将“形状1”图层移至“背景”图层上方，如图24.431所示。

图24.431 绘制图形

STEP 02 选中“形状1”图层，执行菜单栏中的“滤镜”|“模糊”|“高斯模糊”命令，在弹出的对话框中将“半径”更改为2像素，完成之后单击“确定”按钮，如图24.432所示。

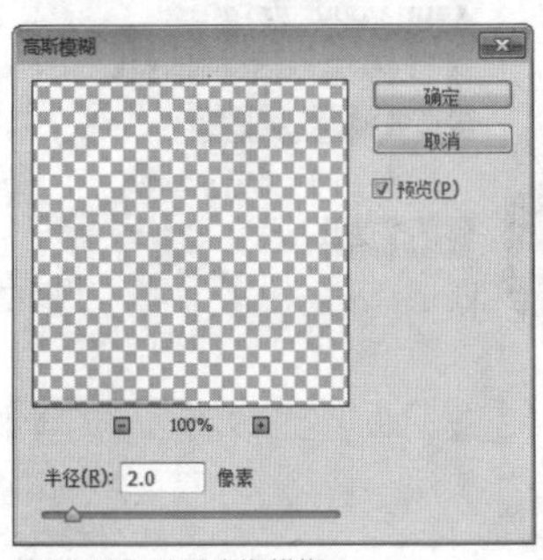

图24.432 设置高斯模糊

STEP 03 在“图层”面板中选中“形状 1”图层，单击面板底部的“添加图层蒙版” 按钮，为其图层添加图层蒙版，如图24.433所示。

STEP 04 选择工具箱中的“渐变工具”，编辑黑色到白色的渐变，单击选项栏中的“线性渐变” 按钮，在图像上从上至下拖动，将部分图像隐藏，如图24.434所示。

图24.433 添加图层蒙版　　图24.434 隐藏图形

● 添加素材

STEP 01 执行菜单栏中的“文件”|“打开”命令，打开“旅行箱.psd”文件，将打开的素材拖入画布中电脑旁边的位置，并适当缩小，如图24.435所示。

图24.435 添加素材

STEP 02 在“图层”面板中选中“旅行箱”图层，将其拖至面板底部的“创建新图层” 按钮上，复制1个“旅行箱 拷贝”图层，如图24.436所示。

STEP 03 选中“旅行箱 拷贝”图层，按Ctrl+T组合键对其执行“自由变换”命令，单击鼠标右键，从弹出的快捷菜单中选择“垂直翻转”命令，完成之后按Enter键确认，将图像与原图像对齐，如图24.437所示。

图24.436 复制图层　　图24.437 变换图像

STEP 04 在“图层”面板中选中“旅行箱 拷贝”图层，单击面板底部的“添加图层蒙版” 按钮，为其图层添加图层蒙版，如图24.438所示。

STEP 05 选择工具箱中的“渐变工具”，编辑黑色到白色的渐变，单击选项栏中的“线性渐变” 按钮，在图像上从下至上拖动，将部分图像隐藏，如图24.439所示。

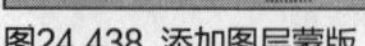

图24.438 添加图层蒙版

图24.439 隐藏图形

● 绘制图形

STEP 01 选择工具箱中的“多边形工具”，在选项栏中将“填充”更改为红色（R：190，G：2，B：0），单击选项栏中图标，在弹出的选项中分别勾选“星形”复选框，将“缩进边依据”更改为20%，“边”为20，在旅行箱的位置绘制一个多边形，此时将生成一个“多边形1”图层，如图24.440所示。

图24.440 绘制图形

STEP 02 选择工具箱中的“横排文字工具”，在画布中的适当位置添加文字，如图24.441所示。

图24.441 添加文字

STEP 03 选择工具箱中的“矩形工具”，在选项栏中将“填充”更改为红色（R：190，G：2，B：0），“描边”更改为无，在文字下方的位置绘制矩形，然后复制1份，然后移动到上一个矩形正下方的位置并添加文字，如图24.442所示。

图24.442 绘制图形

STEP 04 选择工具箱中的“矩形工具”，在选项栏中将“填充”更改为无，“描边”更改为白色，“大小”更改为1点，在“立即抢购”文字右侧的位置，按住Shift键绘制一个矩形，此时将生成一个“矩形2”图层，如图24.443所示。

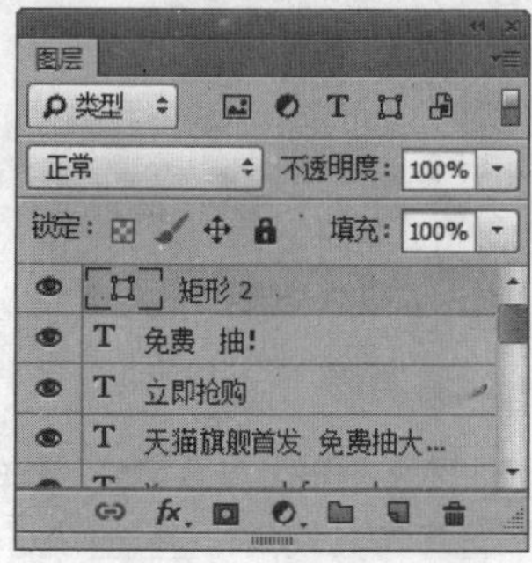

图24.443 绘制图形

STEP 05 选中“矩形2”图层，按Ctrl+T组合键对其执行“自由变换”命令，在选项栏中的“旋转”文本框中输入45，将图形旋转，完成之后按Enter键确认，如图24.444所示。

图24.444 旋转图形

STEP 06 选择工具箱中的“直接选择工具”，选中矩形左侧锚点按Delete键将其删除，这样就完成了效果制作，最终效果如图24.445所示。

图24.445 最终效果